HANDBUCH DER ERBBIOLOGIE DES MENSCHEN

IN GEMEINSCHAFT MIT

K. H. BAUER
BRESLAU

E. HANHART
ZÜRICH

J. LANGE†
BRESLAU

HERAUSGEGEBEN VON

GÜNTHER JUST
BERLIN-DAHLEM

ERSTER BAND

DIE GRUNDLAGEN DER ERBBIOLOGIE DES MENSCHEN

REDIGIERT VON **G. JUST**

SPRINGER-VERLAG BERLIN HEIDELBERG GMBH
1940

DIE GRUNDLAGEN DER ERBBIOLOGIE DES MENSCHEN

BEARBEITET VON

K. BONNEVIE · E. HANHART · G. HEBERER · P. HERTWIG
G. JUST · H. NACHTSHEIM · E. RODENWALDT
N. W. TIMOFÉEFF-RESSOVSKY · H. ZWICKY

MIT 366 ABBILDUNGEN IM TEXT
UND AUF 6 TAFELN

SPRINGER-VERLAG BERLIN HEIDELBERG GMBH
1940

ISBN 978-3-642-89052-9   ISBN 978-3-642-90908-5 (eBook)
DOI 10.1007/978-3-642-90908-5

Additional material to this book can be downloaded from http://extras.springer.com

Vorwort.

Es mag manchem als fraglich erscheinen, ob für das Erscheinen eines Handbuches der Erbbiologie des Menschen bereits die Zeit gekommen sei. Wer aber in einem Handbuch nicht bloß eine Zusammenfassung eines mehr oder weniger feststehenden Wissensbestandes sucht, sondern ein Werkzeug lebendiger Forschungsarbeit, wird die Bereitstellung eines solchen Werkzeuges gerade im gegenwärtigen Forschungsstande der Humangenetik für besonders notwendig halten.

In den letztvergangenen Jahren hat die menschliche Erbbiologie, gerade auch in Deutschland, eine überaus lebhafte Entwicklung durchgemacht, extensiv wie vor allem intensiv. Auch die experimentelle Genetik befindet sich gerade gegenwärtig in einer Periode rapider Entwicklung, wiederum unter entscheidender Beteiligung auch der deutschen Forschung. Um so dringlicher wird in einer solchen Situation die Notwendigkeit, daß zwischen den an dieser Gesamtforschungsarbeit beteiligten Sonderdisziplinen die gegenseitige Fühlung, die für die weitere Entwicklung einer jeden einzelnen von ihnen zum mindesten förderlich, oft aber unmittelbar notwendig ist, nicht nur nicht verlorengeht, sondern womöglich noch enger gestaltet wird. Dieser Einzelarbeit in den verschiedenen Disziplinen der Erbbiologie und dieser Zusammenarbeit zum Aufbau und Ausbau vererbungswissenschaftlicher Erkenntnis überhaupt will unser Handbuch dienen.

Im Interesse einer wirklich umfassenden Gesamtdarstellung der *Erbbiologie des normalen und pathologischen Geschehens beim Menschen* sind die Grenzen des im Handbuch behandelten Gebietes nach zwei Seiten hin weit abgesteckt worden. Einerseits wurde versucht, durch die Einbeziehung der *Konstitutionsbiologie und Konstitutionspathologie* die *Verbindung zur klinischen Arbeit* möglichst eng und fruchtbar zu gestalten. Andererseits wurde als breite *allgemeinbiologische und vergleichende Grundlage* die Erbbiologie und Erbpathologie des *Säugetiers* in die Darstellung einbezogen. In einigen Kapiteln greift die Darstellung noch über das Säugetier hinaus in die *allgemeine Genetik* hinein, weil die betreffenden Fragestellungen und Ergebnisse für die weitere Forschungsarbeit auf humangenetischem Gebiete von Bedeutung zu werden versprechen. Daß in einer Reihe von Kapiteln auch *rassenbiologische und rassenhygienische* Fragen berührt werden, versteht sich von selbst.

Die *Aufgliederung* des so gegebenen Gesamtstoffes geht manche neuen Wege. Wenn dabei die grundsätzlichen, theoretischen Gesichtspunkte im Vordergrunde stehen, so geschieht dies aus der Überzeugung heraus, daß die menschliche Erbforschung nur auf diese Weise sich voll in die Genetik als Gesamtwissenschaft einzuordnen vermag, und daß sie nur von fester theoretischer Basis aus der Klinik einerseits, der Rassenhygiene andererseits ihre vollen Dienste leisten kann, für solche praktische Anwendung Grundlagen und derzeitige Grenzen aufzeigend.

Eine solche umfassende Gesamtdarstellung unseres Wissens über die Vererbung beim Menschen und zugleich der in den Teilgebieten der Humangenetik gegenwärtig bestehenden Problemlage konnte nur durch eine *Zusammenarbeit zahlreicher Fachgenossen* ermöglicht werden, deren jeder zugleich von seinem Standort aus und unter seiner besonderen Blickrichtung, sei es als Anthropologe

oder Konstitutionspathologe, als Kliniker oder Erbstatistiker, als Experimental-
genetiker oder Psychologe, seinen Gegenstand zur Darstellung bringt. Da auf
unserem Gesamtgebiet zu vieles im Fluß ist, als daß nicht jede Erörterung auch
eines Teilgebietes einen mehr oder weniger deutlichen Einschlag auch von
subjektiver Stellungnahme haben müßte, so werden, gerade *wenn* unser Handbuch aus lebendiger Forschung herauswächst und ihr zu dienen bemüht ist,
in ihm auch die „heuristischen Widersprüche“, die aus verantwortungsbewußter
Subjektivität erwachsen, klar zum Ausdruck kommen dürfen, ja müssen;
aus ihren Problemen atmet ja die Wissenschaft.

Für nicht wenige der zahlreichen Mitarbeiter, zu denen auch hervorragende
außerdeutsche Forscher gehören, hat die Durchführung ihrer Arbeit manches
persönliche Opfer erfordert. Jedem einzelnen gebührt Dank für das Zustandekommen des Ganzen. Daß der Mitredakteur des zuerst erschienenen V. Bandes,
der feinsinnige JOHANNES LANGE, der am Werden des Werkes so lebhaften
tätigen Anteil genommen hatte, sein Erscheinen nicht mehr erlebt hat, können
wir nur in Trauer aussprechen.

Vor allem aber gebührt, wie in vielen ähnlichen Fällen, der Verlagsbuch-
handlung JULIUS SPRINGER der Dank der Wissenschaft dafür, daß ein so umfassendes Werk in Angriff genommen und trotz gewisser durch die Kriegsver-
hältnisse bedingter geringfügiger Verzögerungen planmäßig durchgeführt werden
konnte, so daß es nun innerhalb der Spanne nur eines Jahres vollendet vorliegt.

Das Erscheinen des Werkes fällt in eine von schweren Wolken verhangene
Zeit. Möge es ein Zeugnis auch dafür sein, daß die deutsche Wissenschaft ihren
Dienst an den großen Menschheitsfragen niemals aus dem Auge verlieren wird!

Berlin-Dahlem, Dezember 1939 — November 1940.

GÜNTHER JUST.

Inhaltsverzeichnis.

Genetische und entwicklungsphysiologische Grundlagen. Seite

Die Chromosomenverhältnisse des Menschen.
Von Professor Dr. G. HEBERER, Jena. (Mit 30 Abbildungen) 1
  I. Allgemeines über den morphologischen und genetischen Feinbau der Chromosomen 1
  II. Die Chromosomenverhältnisse des Menschen 2
    1. Die Chromosomen der Mitose. 3
      a) Somazellen. 3
      b) Keimbahnzellen. 8
    2. Die Chromosomen der Meiose und der Geschlechtschromosomenmechanismus 12
    3. Abweichungen. 21
  III. Die Frage chromosomaler Rassenunterschiede beim Menschen 22
  IV. Chromosomen und Genetik beim Menschen 24
  V. Anhang: Chromosomen und Pathologie beim Menschen 26
  Schrifttum 28

Genetisch-entwicklungsphysiologische Grundlagen 31
Vorbemerkungen. Von Professor Dr. KRISTINE BONNEVIE, Oslo und Dr. N. W. TIMOFÉEFF-RESSOVSKY, Berlin-Buch 31
Allgemeine Erscheinungen der Genmanifestierung.
Von Dr. N. W. TIMOFÉEFF-RESSOVSKY, Berlin-Buch. (Mit 26 Abbildungen) . . 32
  I. Einleitung 32
  II. Allgemeine Beziehungen zwischen Gen und Merkmal 33
    1. Art der Merkmalsänderungen durch Mutationen 34
    2. Konstanz der Genmanifestierung 36
    3. Beziehungen zwischen Merkmal und Zahl der Gene 38
    4. Dominanzverhältnisse 41
    5. Heterogene Merkmalsgruppen. 44
    6. Polyphäne Gene. 47
  III. Erscheinungen der variablen Genmanifestierung 50
    1. Intensität der Genmanifestierung 51
    2. Spezifität der Genmanifestierung 53
    3. Faktoren, die die Genmanifestierung beeinflussen 56
  IV. Symmetrieverhältnisse in der Genmanifestierung 58
  V. Quantitatives und Qualitatives in der Manifestation verschiedener Allele. 62
    1. Serriierbare und nichtseriierbare multiple Allele 62
    2. Beziehungen zwischen den Wirkungen von mutierten und Ausgangsallelen 64
  VI. Schlußbetrachtungen 67
  Schrifttum 70

Tatsachen der genetischen Entwicklungsphysiologie.
Von Professor Dr. KRISTINE BONNEVIE, Oslo. (Mit 103 Abbildungen) 73
  I. Insekten 73
    1. Manifestierung des Zeichnungsmusters bei Schmetterlingen 73
    2. Manifestierung der Augenpigmentierung usw. 92
      a) Ephestia. 92
      b) Drosophila 96
      c) Vergleich der bei verschiedenen Arten bekannten Augenpigment-Wirkstoffe 105
    3. Hormonregulierung der Insektenmetamorphose 108

Seite

II. Vögel 112
  Manifestierung mutierter Gene beim Krüper- und Strupphuhn 112
    a) Krüperhuhn 112
    b) Strupphuhn („Frizzle") 117
III. Säugetiere (einschl. Mensch) 121
  1. Manifestierung und Rolle der Epidermispolster in der Entwicklung der
     Papillarmuster 121
  2. Manifestierung des mbl-Gens in der Entwicklung der LITTLE- und BAGG-
     schen Blasenmäuse 127
  3. Manifestierung der Pseudencephalie 144
  4. Mutationen bei der Hausmaus, die u. a. eine Verkürzung des Schwanzes
     hervorrufen 154
    a) Manifestierung der Allelomorphgruppe T, t^0, t' der Brachy- und Anury-
       mäuse (Manifestierung des T-Gens in der Entwicklung der Brachy-
       mäuse) 154
    b) Manifestierung des Sd-Gens der D-short-Mäuse 157
    c) Manifestierung des s^t-Gens der kurzschwänzigen Tanzmäuse 159
  5. Manifestierung einer vererbbaren Hydrocephalie der Hausmaus 168
  IV. Rückblick 171
  Schrifttum 172

Der Positionseffekt der Gene.
  Von Dr. N. W. TIMOFÉEFF-RESSOVSKY, Berlin-Buch. (Mit 6 Abbildungen) 181
    1. Einleitung 181
    2. Das Merkmal Bar 181
    3. Weitere Fälle des Positionseffektes 183
    4. Analyse des Positionseffektes an den normalen Allelen von Cubitus inter-
       ruptus und hairy 184
    5. Deutung des Positionseffektes 187
    6. Schlußbemerkungen 188
  Schrifttum 189

Schlußbemerkungen. Von Professor Dr. KRISTINE BONNEVIE, Oslo
  und Dr. N. W. TIMOFÉEFF-RESSOVSKY, Berlin-Buch 191

Die Entstehung neuer Erbanlagen.
Allgemeines über die Entstehung neuer Erbanlagen.
  Von Dr. N. W. TIMOFÉEFF-RESSOVSKY, Berlin-Buch. (Mit 20 Abbildungen) . . . 193
    I. Einleitung 193
    II. Historisches 194
    III. Spontane Mutabilität 196
      1. Qualitatives Bild des Mutierens 197
      2. Quantitatives Bild des Mutierens 200
      3. Mutationen in freilebenden Populationen 203
    IV. Auslösung von Mutationen durch Strahlungen 206
      1. Einleitung; Allgemeinheit des Effektes 207
      2. Analyse der mutationsauslösenden Wirkung der Strahlungen 210
        a) Direktheit der Strahlenwirkung 210
        b) Art der Strahlenwirkung und Einfluß von Begleitumständen 212
        c) Dosisproportionalität 216
        d) Intensität und zeitliche Verteilung der Dosen 216
        e) Grenzen wirksamer Strahlungen 217
        f) Wellenlängenunabhängigkeit der mutationsauslösenden Wirkung . . . 220
      3. Analyse der durch Strahlung ausgelösten Mutabilität 221
        a) Allgemeines 221
        b) Auslösung von Chromosomenmutationen 225
      4. Physikalische Analyse des Mutationsvorganges 227
    V. Auslösung von Mutationen durch Temperatur und Chemikalien 231
      1. Temperaturversuche 231
      2. Beeinflussung durch Chemikalien 233
    VI. Schlußbemerkungen 234
  Schrifttum 236

Seite

Mutationen bei den Säugetieren und die Frage ihrer Entstehung durch kurzwellige Strahlen und Keimgifte. Von Professor Dr. PAULA HERTWIG, Berlin-Dahlem. (Mit 20 Abbildungen) 245

  I. Einleitung: Die Bedeutung der Mutationsforschung bei Säugetieren für rassenhygienische Fragen 245

  II. Einiges über Häufigkeit und Art sog. Spontanmutationen bei Säugetieren und beim Menschen 246

  III. Zur Methodik der Mutationsforschung bei Säugetieren 247
    1. Die Histologie der Keimdrüsen- und Keimzellschädigung 247
      a) Der Röntgenhoden 247
      b) Das Röntgenovar 249
      c) Die Wirkung von chemischen Stoffen und anderen Umwelteinflüssen auf die Keimdrüsen 251
    2. Grundsätzliches über den Nachweis von Mutationen im Säugetierversuch 254

  IV. Versuche über Mutationsauslösung durch Röntgenstrahlen . . . 255
    1. Bestrahlung von Männchen 255
      a) Die F_1-Generation vor dem Eintritt der temporären Sterilität . . . 255
      b) Die F_1-Generation nach der Sterilitätsperiode 263
      c) Die F_2- und F_3-Generation 265
    2. Bestrahlung von Weibchen 268

  V. Versuche über Mutationsauslösung durch Alkohol oder andere chemische Stoffe (Coffein, Blei) 269
    1. Die Alkoholversuche 270
      a) Versuche mit Mäusen 270
      b) Versuche mit Ratten 273
      c) Die Versuche mit Meerschweinchen 274
    2. Versuche mit Coffein 278
    3. Versuche mit Bleipräparaten 279

  VI. Der Stand der Erbschädigungsforschung durch Strahlen und Keimgifte beim Menschen 280
    1. Strahlenschädigung 280
      a) Untersuchungen von Kindern strahlenbehandelter Mütter 281
      b) Fertilität und Nachkommenschaft früherer Röntgenassistentinnen . . 281
      c) Erhebungen über die Nachkommenschaft von Röntgenärzten und -technikern 281
    2. Keimgiftschädigung 282

  VII. Rassenhygienische Folgerungen 283
Schrifttum 284

Die Entstehung und Ausbreitung von Mutationen beim Menschen. Von Dozent Dr. ERNST HANHART, Zürich. (Mit 40 Abbildungen im Text und auf 6 Tafeln) 288

  I. Mutationen als Folgezustände (Idiovariationen) 289

  II. Anwendung des Mutationsbegriffs auf Krankheitsanlagen 291

  III. Die Geschlechterkunde (Genealogie) im Dienste der Erbbiologie 293

  IV. Mutmaßlicher Ursprung und nachweisbare Ausbreitung krankhafter Erbänderungen (Mutationen) beim Menschen 303
    1. Mutationen mit dominantem Erbgang 303
    2. Mutationen mit einfach-recessivem Erbgang 314
    3. Mutationen mit geschlechtsgebunden-recessivem Erbgang 356
    4. Mutmaßliche Häufigkeit der Mutationsbildung beim Menschen 360

  V. Mutation als Vorgang (Idiokinese) 364
Schrifttum 367

Die mendelistischen Grundlagen der Erbbiologie des Menschen. Von Professor Dr. GÜNTHER JUST, Berlin-Dahlem. (Mit 41 Abbildungen) 371

  I. Einleitung 371

  II. Grundergebnisse und Grundbegriffe 377

  III. Die Umwelt 383
    1. Der Umweltbegriff und das Verhältnis von Anlage und Umwelt . . . 383
    2. Umweltprobleme 389

                                                                                              Seite
    IV. Die MENDELschen Erbgänge 398
         1. Der Geltungsbereich MENDELscher Vererbung 398
         2. Monomerie 404
         3. Dimerie und Polymerie 414
              a) Vorbemerkungen 414
              b) Dimerie 415
     V. Anlagenkoppelung und Anlagenaustausch 419
         1. Vorbemerkungen 419
         2. Koppelung und Austausch autosomaler Gene 421
         3. Koppelung und Austausch geschlechtsgebundener Gene 423
    VI. Multiple Allelie 430
         1. Allgemeines 430
         2. Sichere Fälle multipler Allelie beim Menschen 434
         3. Fragliche Fälle multipler Allelie 440
              a) Fragliche Fälle im Bereich des Normalen 440
              b) Fragliche Fälle im Bereich des Pathologischen 443
   VII. Die Erbgrundlagen der Konstitution 446
Schrifttum 450

Konstitutionsbiologische und konstitutionspathologische Grundlagen.

Allgemeines über Konstitution.

Von Dozent Dr. ERNST HANHART, Zürich. (Mit 1 Abbildung)

Von Dozent Dr. ERNST HANHART, Zürich. (Mit 1 Abbildung) 461
    Einleitung 461
      I. Die Stellung der Pathologen und Anatomen zum Konstitutionsbegriff . . 462
     II. Die Stellung der Kliniker zum Konstitutionsbegriff 465
    III. Die Stellung der Erbbiologen zum Konstitutionsbegriff 473
Schrifttum 482

Konstitution beim Säugetier. Von Professor Dr. H. ZWICKY, Zürich

Konstitution beim Säugetier. Von Professor Dr. H. ZWICKY, Zürich 485
      I. Allgemeine Grundlagen konstitutionsbiologischer Natur 485
         1. Übersicht über die Konstitutionsforschung beim Säugetier 485
         2. Konstitutionsmerkmale und -typen; Habitus und Komplexion; Kom-
            plexionstypen 485
         3. Habitus und Komplexion in ihren Beziehungen zu den wichtigsten
            Leistungen und Fähigkeiten der Säugetiere 490
         4. Peristatische und parastatische Momente modifizieren die Konstitution . 492
         5. Konstitutionsmerkmale im Senium der Säugetiere 493
         6. Kondition als zeitweilige Befähigungsform 494
         7. Widerstandsvermögen der Säugetiere gegenüber der Leistungsbeanspru-
            chung, den Infektionskrankheiten und Giften; die Immunität und das
            Seuchenproblem 494
     II. Pathologische Konstitutionsformen und -merkmale 498
Schrifttum 505

Konstitution beim Menschen.

Von Dozent Dr. ERNST HANHART, Zürich. (Mit 9 Abbildungen)

Von Dozent Dr. ERNST HANHART, Zürich. (Mit 9 Abbildungen) 507
      I. Konstitution und Vererbung 507
     II. Typologie der Konstitutionen 509
    III. Konstitution und Blutdrüsensystem 528
     IV. Konstitution und Nervensystem 533
      V. Die „Asthenie" als Konstitutionsanomalie 541
     VI. Konstitutionsbewertung 544
Schrifttum 548

Rassenbiologische Grundlagen.

Allgemeine Grundlagen der Rassenbildung.

Von Professor Dr. HANS NACHTSHEIM, Berlin-Dahlem. (Mit 7 Abbildungen)

Von Professor Dr. HANS NACHTSHEIM, Berlin-Dahlem. (Mit 7 Abbildungen) . . . 552
    Vorbemerkungen 552
      I. Art- und Rassebegriff 553
     II. Milieu und Rasse 558
    III. Rassenbildung beim Haustier 564
     IV. Rassen- und Artbildung in der freien Wildbahn 573
Schrifttum 579

Seite

Die jüngere Stammesgeschichte des Menschen.
Von Professor Dr. G. HEBERER, Jena. (Mit 63 Abbildungen) 584
    I. Einleitung 584
    II. Die paläontologische Geschichte der Säugetiere 585
    III. Die Geschichte der Primaten und die stammesgeschichtliche Verwurzelung
        des Menschen im Primatenstamm 590
    IV. Die Entfaltung der Hominiden während des Diluviums 609
    V. Zur Rassengeschichte des nordeuropäischen Menschen 631
Schrifttum 636

Allgemeine Rassenbiologie des Menschen.
Von Professor Dr. ERNST RODENWALDT, Heidelberg 645
    I. Einleitung 645
    II. Rasse als Produkt der Scholle 647
    III. Rassenkonstitution und Krankheit 652
    IV. Rassenzersetzung und Rassenneuaufbau 663
    V. Rassentod 671
Schrifttum 677

Berichtigung zum Beitrag ABEL „Physiognomik und Mimik" in Bd. II 679

Namenverzeichnis 680

Sachverzeichnis 696

Genetische und entwicklungsphysiologische Grundlagen.

Die Chromosomenverhältnisse des Menschen.

Von Gerhard Heberer, Jena.

Mit 30 Abbildungen.

I. Allgemeines über den morphologischen und genetischen Feinbau der Chromosomen.

Seit den endgültigen Beweisführungen für die Richtigkeit der Chromosomentheorie der Vererbung (vgl. die Zusammenstellungen bei Heberer, 1933, 1934), der allgemeinen Theorie (Chromosomen als Genträger) sowohl als auch der speziellen (lineare und spezielle Anordnung der Gene in den Chromosomen), hat sich die Chromosomenforschung, vielfach in engster Verbindung mit der experimentellen Genetik erfolgreich bemüht, den morphologischen und genetischen Feinbau der Chromosomen immer weiter aufzuhellen. Es lassen sich dabei zwei Hauptrichtungen der Forschung deutlich erkennen.

Die eine Richtung bearbeitet mit allen verfügbaren Methoden die innere Struktur der Chromosomen und hat bei diesem Bestreben bereits ultravisible Bereiche in Angriff genommen. Ihr Ziel ist die Schaffung eines Modelles des Chromosomenbaues (vgl. Heberer, 1938a, b), das über alle Strukturteile Auskunft gibt. Die Arbeiten dieser Richtung haben bisher zu folgenden allgemeinen Ergebnissen geführt: Das grundlegende und konstante Bauelement ist das Chromonema. Es wird von einer Hüllsubstanz (Matrix, Kalymma), die weitgehend mit dem „Chromatin" der klassischen Cytologie wesensgleich ist, umgeben. Das Chromonema ist fast immer mehr oder weniger schraubig gewunden („spiralisiert"), meiotische Chromosomen können sogar ein doppeltes Windungssystem zeigen („spiral within spiral-structure", Major- und Minorspirale), worauf ihre extreme Verkürzung beruht. Dieser Schraubenbau der Chromosomen muß als allgemein verbreitet angesehen werden. Es ist auch der Nachweis gelungen, daß das Chromonema als konstantes Gebilde die Kernruhe überdauert, wobei es zu einer völligen Abrollung der Spirale kommen kann. Ein Ruhekern stellt eine der Chromosomenzahl entsprechende Gruppe meist abgewickelter und von ihrer Matrix weitgehend entblößter Chromonemen dar. In bestimmten Abständen ist, besonders deutlich erkennbar an den fast völlig gestreckten Chromonemen der frühen Meiose, das Chromonema mit stark chromatischen (nucleinsauren) Substanzauflagerungen von relativ konstanter Größe und Lage besetzt. Es sind die Chromomeren. Sie bilden das zweite grundlegende Bauelement des Chromosomes. Das Bild wird noch komplizierter durch das fast stete Vorhandensein von mehr als einem Chromonema in jedem Chromosom. In den Anaphasen sind häufig zwei beobachtet worden, d. h. das Chromosom ist bereits in Chromatiden zerspalten, die Chromosomenspaltung ist in der Anlage einen Mitosezyklus vorweggenommen. Für eine Reihe von Fällen werden aber in den Anaphasenchromosomen sogar vier Chromonemen angegeben, die Chromatiden sind hier schon in Halbchromatiden zerlegt, d. h. zugleich, daß die Chromosomenspaltung in die Tochterchromosomen zwei Mitosezyklen vorher angelegt wird. Die Vermehrung der Chromonemen wird meist in den Metaphasen sichtbar, dürfte effektiv aber in den Ruhekernen vor sich gehen.

Dieser Chromosomenbau ist durch die Entdeckung von Riesenchromosomen in den Kernen der larvalen Speicheldrüsen der Dipteren in allen wesentlichen Einzelheiten bestätigt worden. Die Chromosomen zeigen in diesen hochpolyploiden Riesenkernen gegenüber den normalen Verhältnissen etwa hundertfach vergrößerte Ausmaße. Es liegen jedoch nicht nur zwei oder vier Chromonemen nebeneinander, sondern bis zu mehreren hundert! Die Chromonemen selbst zeigen nur eine sehr schwache Spiralwindung und aus ihrer fast völligen Streckung — vielleicht ist auch ein Längswachstum beteiligt — erklärt sich die beträchtliche Länge, aus der großen Zahl der nebeneinanderliegenden Chromonemen die bedeutende Dicke der Riesenchromosomen. Man kann diese demnach als Chromonemenkabel bezeichnen. Jedes Chromonema trägt in der gleichen Weise seine Chromomeren. Die nebeneinandergelegenen homologen Chromomeren sind zum Teil zu Aggregatchromomeren verschmolzen, die dann das Chromonemenkabel wie eine Scheibe durchsetzen. Hüllsubstanzen sind bei den Riesenchromosomen nur schwach oder gar nicht ausgebildet.

Die zweite — cytogenetische — Richtung der Chromosomenforschung versucht, die ermittelten Feinstrukturen mit den Genen selbst in Beziehung zu setzen. Da die gewöhnlichen Chromosomen zu klein sind, waren bis vor kurzem genauere Ergebnisse nicht zu erzielen. Die Vermutung, daß die Genorte in den Chromonemen durch die Chromomeren bezeichnet werden, ist jedoch schon nahezu gesichert. Die Entdeckung der Riesenchromosomen bei den Dipteren *(Drosophila!)* hat die Mittel in die Hand gegeben („Speicheldrüsenmethode"), durch die Auswertung der verschiedenen Chromosomenmutationen (Deletionen, Inversionen u. a.), bestimmte Gene mit bestimmten morphologischen Strukturen in Verbindung zu bringen (Vergleich der statistischen mit der cytogenetischen Chromosomenkarte). Eine ganze Reihe von Genen ist auf diese Weise bei *Drosophila* in bestimmte morphologisch charakterisierbare Chromosomenabschnitte lokalisiert worden und es ist auf das äußerste wahrscheinlich, daß die Gene in den Chromonemen wirklich an den Stellen gelegen sind, die uns sichtbarlich als Chromomeren entgegentreten. Darüber hinaus sind mit Hilfe der Speicheldrüsenmethode zahlreiche wichtige Fortschritte in Richtung auf das Zentralproblem der Genetik überhaupt, d. h. also in Richtung auf die Wesensfrage des Genes gemacht worden.

Eine zusammenfassende Darstellung dieser soeben in aller Kürze skizzierten Ergebnisse über den morphologischen und genetischen Feinbau der Chromosomen haben Geitler 1938 und Heberer 1938a gegeben, worauf hier verwiesen werden muß. Daselbst finden sich auch ausführliche Schriftenverzeichnisse.

Im ganzen Organismenreich zeigen die Chromosomen in ihrer äußeren Erscheinungsweise, in ihrem Feinaufbau und in ihrem Verhalten eine grundsätzliche Übereinstimmung. Es erscheint deshalb nicht als bedenklich, die allgemein erkannten Gesetzmäßigkeiten des morphogenetischen Aufbaues der Chromosomen auch auf solche Fälle zu übertragen, die derartigen Analysen nicht oder nur begrenzt zugänglich sind. Ein solcher Fall aber liegt im Menschen vor!

II. Die Chromosomenverhältnisse des Menschen.

Wie die Säugetiere ganz allgemein ist auch der Mensch ein cytologisch schwieriges Objekt. Es ist deshalb nicht verwunderlich, wenn es lange Zeit gedauert hat, bis die technischen Schwierigkeiten, die der Erlangung verläßlicher Ergebnisse entgegenstanden, überwunden werden konnten. Eine Übersicht über das mit Flemming (1882) beginnende Schrifttum zeigt, daß es erstmalig v. Winiwarter

(1912) gelungen ist, eine cytologische Basis für weitere Arbeit zu schaffen. Er erkannte zuerst, daß die diploide Chromosomenzahl des Menschen 48 beträgt. Alle Arbeiten, die vor und auch nach 1912 zu grundsätzlich abweichenden Resultaten gelangten, können als technisch mangelhaft beiseite gelassen werden. Ein das Gesamtschrifttum über den Menschen enthaltendes Verzeichnis ist 1935 von Heberer gegeben worden. Die vorliegende Darstellung befaßt sich also nur mit den tatsächlichen Verhältnissen und übergeht historisch Erledigtes.

Das Chromosom als phasenhaftes Gebilde tritt uns in zwei durch bestimmte Erscheinungen grundsätzlich geschiedenen Phasenzyklen entgegen in Mitose und Meiose. Wir betrachten zuerst die Mitose.

1. Die Chromosomen der Mitose.

a) Somazellen.

Es hat verhältnismäßig lange gedauert, bis es gelang, die diploide Chromosomenzahl in den Somazellen festzulegen. Die Gründe dafür lagen hier ebenfalls im Technischen, zum Teil aber auch in der Wahl der untersuchten Gewebe. Erst als Kemp (1929) einen neuen Weg beschritt und Gewebekulturen (Explantate von embryonalem Milz-, Leber- und Herzgewebe) verwendete, wurden klare Ergebnisse

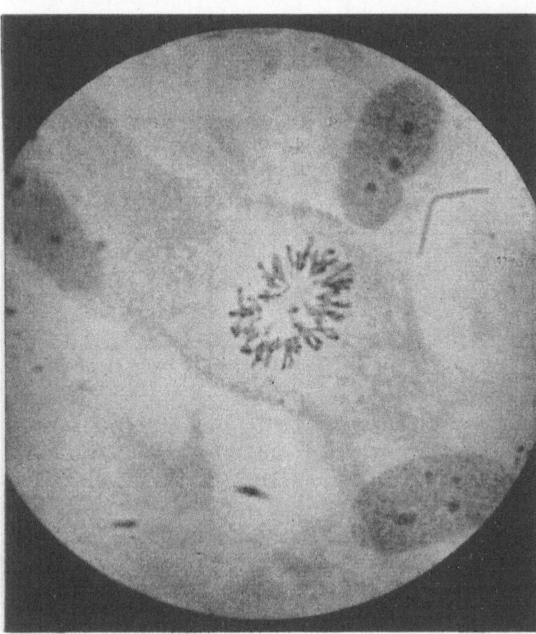

Abb. 1 a und b. Somatische Mitose aus einer Gewebekultur (Herzgewebe eines 11,5 cm langen Embryos), 48 Chromosomen. a Mikrophoto, Vergrößerung 1000 mal. b Zeichnung derselben Teilung, Vergrößerung 4500 mal. (Nach Kemp, 1929.)

erzielt. Es wurden von Kemp aus 25 Kulturen Fibroblastenteilungen analysiert. Ein Beispiel gibt Abb. 1. Die von Kemp gemachten Zahlenfeststellungen weichen höchstens um 1 oder 2 von der Zahl 48 ab. Die Geschlechtschromosomen waren nicht erkennbar. Da auch im männlichen Geschlecht 48 Chromosomen gezählt wurden, konnte hier mit einem X- *und* einem Y-Chromosom gerechnet werden. Bestätigt wurden diese Ergebnisse durch Evans und Swezy (1929). Aus Embryonen beider Geschlechter wurden die verschiedensten Gewebearten, besonders Mesenchymzellen, dazu auch Uterusmesenchym und Lippencarcinom Erwachsener untersucht und ebenfalls für beide Geschlechter

Tabelle 1.

	Prophasen					Metaphasen				
	I	II	III	Schwankungsbreite	orthoploide Zellen %	I	II	III	Schwankungsbreite	orthoploide Zellen %
A. Außer-embryonales Gewebe										
a) Ektoderm (Amnion)	11	15	4	37—54		9	7	1	34—52	
b) Mesoderm	1	3	2	36—72		—	—	—		
Total	12	18	6		50,0	9	7	1		41,2
B. Embryonales Gewebe a) Ektoderm:										
1. Hautepithel . .	1	7	9	39—71		2	2	—	39—47	
Total	1	7	9		41,2	2	2	—		50,0
b) Mesoderm: Bindegewebe										
1. Haut	—	6	10	46—66		3	9	1	32—54	
2. Darm	—	—	3	52—69		2	5	3	41—57	
3. Lunge	2	5	1	41—59		—	—	—		
Total	2	11	14		40,7	5	14	4		60,9
c) Entoderm: Epithel										
1. Darm	1	5	7	41—71		1	2	—	42—47	
2. Lunge	—	9	4	45—54		2	1	—	39—49	
Total	1	14	11		53,8	3	3	—		50,0
d) Epithel des Nervenrohres:										
1. Gehirn	—	1	1	51—73		—	1	—	45	
Total	16	51	41		47,2	19	27	5		52,9

die Zahl 48 ermittelt. Eine Anordnung der Chromosomen zu homologen Paaren ergab in den männlichen Zellen ein heteromorphes Paar mit einem sehr kleinen Partner, der als Y-Chromosom angesehen wurde und an dessen Stelle in weiblichen Zellen ein größeres Element vorhanden war. Neuerdings hat Schwarz (1938) an durch Sternalpunktion gewonnenen Promegaloblasten ebenfalls die Zahl 48 ermittelt. Leider ist das Geschlecht nicht angegeben. — So hatte es den Anschein, daß in vielen, besonders embryonalen Geweben, konstant die Zahl von 48 Chromosomen als die typische Diploidzahl auftritt.

Die Feststellungen von Rappeport (1922), vorher schon von Grosser (1921), und von Karplus (1929) ergaben jedoch besonders für fetale Häute (Pleura, Peritoneum, Amnionuntersuchung an Totalpräparaten) zweifellos das Vorkommen starker Zahlenschwankungen. Rappeport fand solche zwischen 32 und 52, Karplus sogar zwischen 24 und 64. Für die Entstehung dieser Verschiedenheiten sind asymmetrisch-polypolare Teilungen verantwortlich.

Wenn auch bei dem von Rappeport und Karplus verwendeten Material (fetale Häute) Sonderverhältnisse vorliegen, so haben doch die Untersuchungen der letzten Zeit gezeigt, daß ganz allgemein in allen Gewebetypen auch normalerweise mit einer Schwankung der Chromosomenzahlen um die Diploidzahl 48 herum gerechnet werden muß. Diesbezügliche Feststellungen sind von Andres und Jiv (1936) gemacht worden. Verwendet wurden dabei ebenfalls embryonale Gewebe verschiedenster Art, darunter auch extraembryonales Ekto- und Mesoderm. Das Alter der Embryonen schwankte zwischen 3 Wochen und

5 Monaten. Die gewonnenen Zahlen wurden in 3 Gruppen zusammengestellt: I. subdiploid bis 45 (Amnion 46) Chromosomen, II. orthoploid 45—51 (Amnion 47—49) und III. hyperploid über 51 bzw. 49 Chromosomen. In Tabelle 1 sind die Resultate zusammengestellt.

Das Gesamtergebnis zeigt, daß in 159 Mitosen eine Gesamtschwankungsbreite von 32—73 Chromosomen vorhanden ist, und daß etwas weniger als die Hälfte aller Zellen (49%) orthoploid, die übrigen subdiploid (32%) und hyperploid (29%) sind. Die für die Entstehung dieser Abweichungen verantwortlichen Mechanismen wurden ebenfalls gefunden. Die Hauptursache ist in einer abnormen Verteilung der Chromosomen in der Mitose, insbesondere in häufigem Nichttrennen Homologer zu sehen (Abb. 2). Oft sind in den Anaphasen verbundene Paare homologer Chromosomen an einem Pol zu sehen. Fragmentationen, Assoziationen und Eliminationen sind ebenfalls wirksam, während polypolare Mitosen keine wesentliche Rolle zu spielen scheinen.

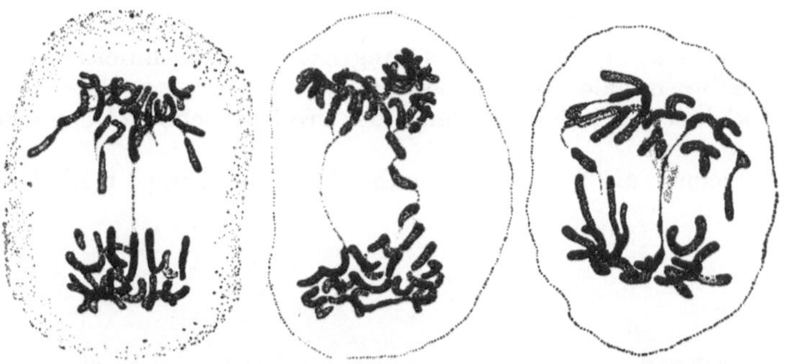

Abb. 2. Mitoseabweichungen in Amnionzellen, Nichttrennen und Nachhinken. (Nach ANDRES und JIV, 1936.)

Es muß nach diesen Erfahrungen also damit gerechnet werden, daß in den Geweben des Menschen allenthalben eine um die Diploidzahl schwankende Chromosomenzahl vorhanden ist[1].

Im allgemeinen hatte man sich bis in die jüngste Zeit mit Zählungen der Chromosomen allein begnügt oder nur unbestimmtere Aussagen über Größe und Gestalt der Einzelchromosomen gemacht [v. WINIWARTER und OGUMA (1926): 10 Paar größere hufeisenförmige, 13 Paar stäbchenförmige Elemente, ein unpaares gleichschenkliges X, oder SHIWAGO und ANDRES (1932) unterschieden eine Gruppe von 7—8 langhufeisen- oder hakenförmigen Paaren, eine zweite Gruppe von 11 mittelgroßen und eine dritte mit 4—5 kleineren Paaren, dies zum Teil auf Grund von Feststellungen an Keimbahnzellen]. Identifizierungsversuche waren nur in bezug auf die Geschlechtschromosomen vorgenommen worden. Davon wird noch ausführlich die Rede sein.

In einer mit größter Genauigkeit durchgeführten Untersuchung haben es nun ANDRES und NAVASCHIN (1936) versucht, auch einzelne Autosomen zu individualisieren, und zwar bei Somazellen (Uterusmucosa, Amnion, embryonale Lunge und Mesenchym in vitro, Hautepithel, Sarcoma Kaposi) und auch bei Keimzellen (Ovarium und Testis). Zur Analyse wurden dabei Prämetaphasen und Metaphasen mit strenger Diploidie verwendet. Insgesamt wurden 34 Chromosomensätze analysiert und es gelang, die 10 größten Autosomenpaare zu individualisieren, so daß sie auf Grund ihrer phänischen Eigentümlichkeiten wiedererkannt

---

[1] Allerdings mit der Einschränkung, daß die Schwankungsbreite in den Geweben nach Abschluß der Ontogenese vielleicht weniger stark ist. Neuerdings gibt SHIW (1938) für embryonales Ovarialgewebe bei Epithelzellen 48 als konstante Zahl an, während in Bindegewebszellen Schwankungen zwischen 43—53 gefunden wurden.

werden können. Dieses Wiedererkennen ist allerdings äußerst schwierig, setzt selbstverständlich den allerbesten Zustand des Materiales voraus und größte Vertrautheit mit dem Objekt. Außerdem sind nicht in jeder Teilung alle 10 Autosomen so günstig gelagert, um individualisierbar zu sein. Zweifellos befinden wir uns nahe der Grenze des formanalytisch Erreichbaren.

Die 10 ersten Autosomen sind im Schema in Abb. 3 wiedergegeben. Sie werden wie folgt charakterisiert:

Abb. 3. Schematische Darstellung der ersten 10 Autosomen des Menschen.
(Nach ANDRES und NAVASCHIN, 1936.)

1. Autosom. Das größte, etwas ungleichschenklig-hufeisenförmig, submedialer bis subterminaler Spindelfaseransatz.

2. Etwas kleiner als 1, hakenförmig, der größere Schenkel etwa doppelt so lang wie der kleinere.

3. Etwas kleiner als 2, gleichschenklig-hufeisenförmig, medialer Spindelfaseransatz.

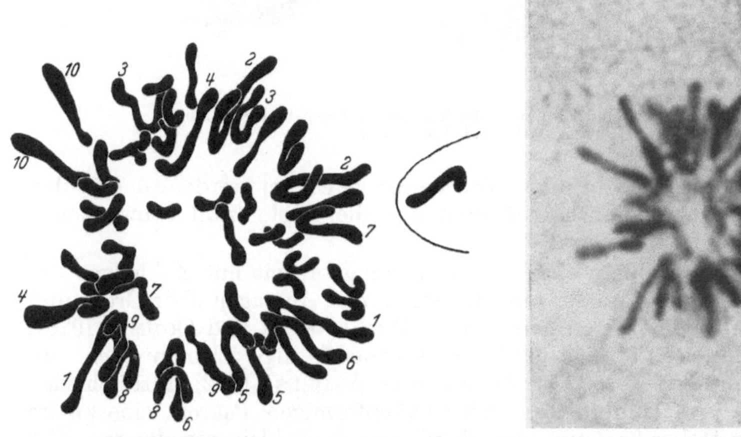
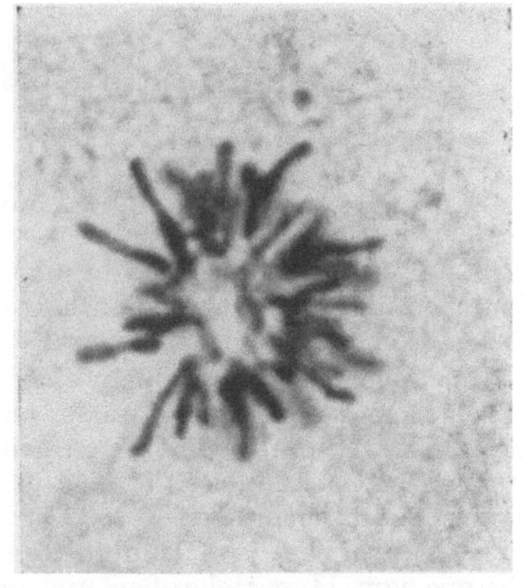

Abb. 4. Epitheliale Zellen aus der Kultur der Haut eines 60jährigen Mannes (Sarcoma Kaposi).
Rechts Mikrophoto, links Autosomenanalyse. (Nach ANDRES und NAVASCHIN, 1936.)

4.—7. Fast gleichartige und nur schwer unterscheidbare Gruppe, alle hakenförmig mit submedialem Spindelfaseransatz, bei 4 und 5 ist die Länge des kürzeren Schenkels etwa ein Viertel des längeren, dabei ist 4 insgesamt etwas länger als 5, bei 6 ist der kleine Schenkel etwa halb so lang wie der große, 7 ist ähnlich 6, aber etwas kleiner.

8. Mittelgroßes gleichschenkliges Hufeisen, medialer Spindelfaseransatz, Schenkellänge etwa einhalb der von 1.

9. Stäbchenförmig mit bohnenförmigem Satelliten von etwa ein Zehntel der Gesamtlänge.

10. Stäbchenförmig, öfters mit einem Endköpfchen, Unterscheidung von 9 sehr schwer, da der Satellit von 9 bei größerer Annäherung an das Chromosom wie das Endköpfchen von 10 erscheinen kann.

Bei den übrigen 13 Paaren homologer Antosomen ist bisher eine Individualisierung nicht durchführbar gewesen. In Abb. 4 ist als Beispiel einer solchen Analyse eine Epithelzelle (Sarcoma Kaposi) gegeben, wobei die Paare 1—10 entsprechend numeriert sind.

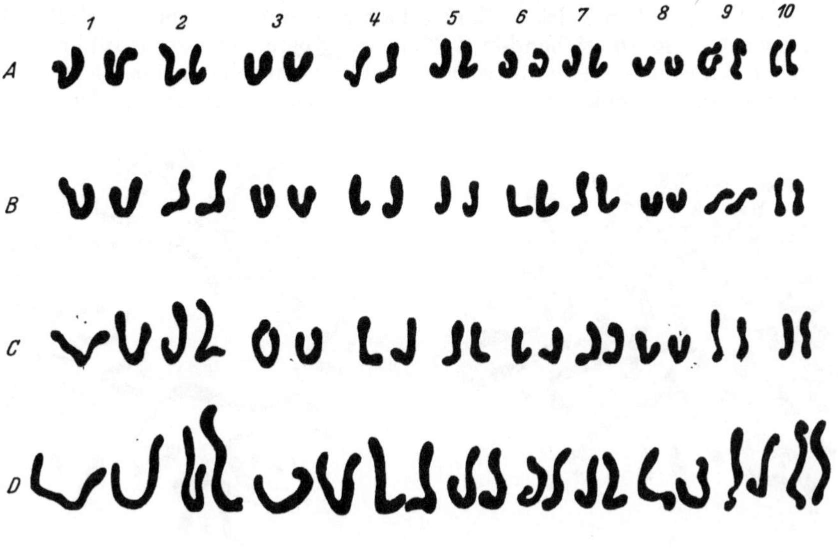

Abb. 5. Die ersten Autosomenpaare aus Zellen verschiedener Gewebe. A Oogonie aus einem embryonalen
4 monatigem Eierstock, B Spermatogonie eines erwachsenen Russen, C Spermatogonie eines Japaners, D embryonale Lungenmesenchymzelle, männlich, 2 Monate alt, in vitro, E embryonaler Fibroblast, in vitro, F Haut-
epithelzelle eines 60jährigen Mannes, Sarcoma Kaposi, in vitro, G Amnionzelle von einer 8—9 monatigen Frucht,
H Drüsenepithelzelle aus der Uterusmucosa einer 35jährigen Frau. (Nach ANDRES und NAVASCHIN, 1936.)

Ein Vergleich der einzelnen Chromosomenindividuen aus verschiedenen
Zellarten läßt eine außerordentliche phänische Verschiedenheit erkennen. Diese
ist aus Abb. 5 zu ersehen, in der aus 8 verschiedenen Zellarten die 10 ersten
Autosomenpaare neben bzw. untereinander gestellt sind.

Andres und Navaschin haben nun auch mit Erfolg versucht, in den von anderen Forschern gegebenen Bildern nachträglich die 10 ersten Autosomen aufzufinden. In Abb. 6 ist dies für 3 Fälle durchgeführt worden.

Fassen wir zusammen, was über die Chromosomen der Somazellen bekannt ist: Die Diploidzahl beträgt 48 [dabei ist die Frage des Y-Chromosoms (s. unten) außer Betracht geblieben]. Diese Zahl erhält sich nur in etwa der Hälfte der Zellen konstant. Die abweichenden Zahlen, subdiploid oder hyperdiploid, entstehen durch Störungen des mitotischen Verteilungsmechanismus. Auf Grund bestimmter Eigentümlichkeiten lassen sich zur Zeit die 10 ersten Autosomen

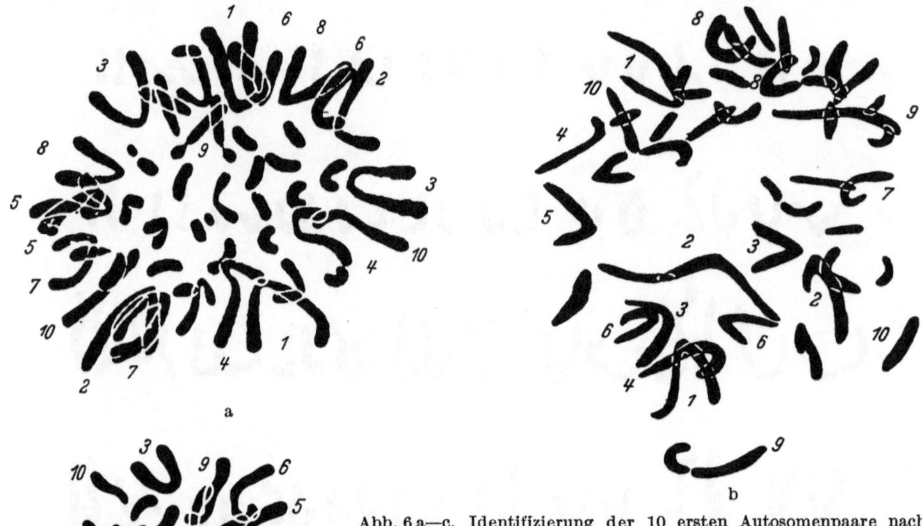

Abb. 6 a—c. Identifizierung der 10 ersten Autosomenpaare nach Bildern von Winiwarter und Oguma (a spermatogoniale Äquatorialplatte eines Belgiers), Kemp (b Äquatorialplatte eines Fibroblasten aus einer Gewebekultur) und Minouchi und Ohta (c spermatogoniale Äquatorialplatte eines Japaners). (Aus Andres und Navaschin, 1936.)

individualisieren, die sonst in den verschiedenen Gewebearten eine bedeutende phänische Verschiedenheit erkennen lassen. Auf Größenmessungen wird in Abschnitt III einzugehen sein.

b) Keimbahnzellen.

In der Keimbahn sind Teilungen der Urgeschlechtszellen chromosomenanalytisch nicht untersucht. Alles Bekannte bezieht sich, soweit Mitosen in Frage kommen, auf Spermatogonien und Oogonien. In beiden tritt eine weit größere Konstanz der Diploidzahl auf, als dies bei Somazellen der Fall ist. Hinsichtlich der wirklichen Diploidzahl sind, wie schon hier bemerkt werden muß, die Autoren in zwei Gruppen zerspalten, je nachdem ob sie einen XX♀-XO♂-Typus oder einen XX♀-XY♂-Typus des Geschlechtschromosomenmechanismus vertreten. Im ersten Fall werden im männlichen Geschlecht 47, im zweiten Fall 48 Chromosomen gefunden. Auf diese Frage wird bei Besprechung der Meiose genau eingegangen.

Die Chromosomen der Spermatogonien und Oogonien sind denen der somatischen Zellen recht ähnlich. In Abb. 5 und 6 ist ihre Erscheinungsweise zum Teil bereits erkennbar. Winiwarter hat 1912 die ersten brauchbaren Bilder veröffentlicht, später Painter (1923) u. a. Vorzüglich dargestellt wurden die Chromosomen der Spermatogonien durch MINOUCHI und OHTA (1935), hier in Abb. 7 wiedergegeben. Die linke Platte in der zweiten Reihe ist die gleiche wie in Abb. 6 c. Für die in Abb. 7 dargestellten Fälle geben MINOUCHI und OHTA durchweg die Zahl von 48 Chromosomen, die sie stets fanden, an, d. h. es ist ein Y-Chromosom vorhanden. Allerdings weist OGUMA (1937) darauf hin, daß die linke Platte der zweiten Reihe nur 47, die rechte Platte in der ersten und die linke in der dritten Reihe je 49 Elemente zeigen. Wenn dies auch das Vertrauen zu den sonstigen Zahlenangaben etwas herabsetzt, so scheint doch entgegen den Zählungen von WINIWARTER (1912), WINIWARTER und OGUMA (1925, 1926, 1930), OGUMA (1930), OGUMA und KIHARA (1922, 1923), die nur 47 Elemente und damit das Fehlen von Y feststellten, die Zahl 48 für die Spermatogonien

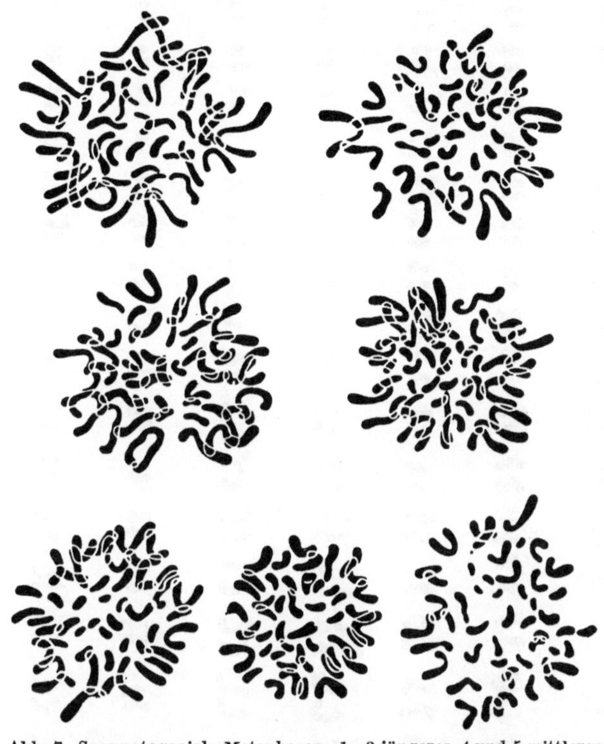

Abb. 7. Spermatogoniale Metaphasen. 1—3 jüngeres, 4 und 5 mittleres, 6 und 7 ausgebildetes Stadium. (Nach MINOUCHI und OHTA, 1934.)

wahrscheinlicher. Denn nicht nur PAINTER (1923, 1924), sondern auch EVANS und SWEZY (s. S. 3—4), ganz besonders aber ANDRES und seine Mitarbeiter haben ebenso wie MINOUCHI und OTHA immer wieder 48 Elemente gezählt. Ganz neuerdings hat KOLLER (1937) in einer vorzüglich durchgeführten Untersuchung, auf die noch mehrfach zurückzukommen sein wird, ebenfalls 48 Einzelelemente in den Spermatogonien gefunden.

Eine Identifizierung von XY ist mehrfach versucht worden. Insbesondere bei Zeilenanalysen der Chromosomensätze wurde wiederholt ein heteromorphes Chromosomenpaar festgestellt und als XY angesprochen. Wie aus Abb. 9 zu ersehen ist, wurde als Y immer das kleinste Element angesehen, das unpaar auftreten soll. Von den Vertretern des XO-Typus hingegen wird das kleinste Element paarig gefunden. In Abb. 8 ist eine weitere spermatogeniale

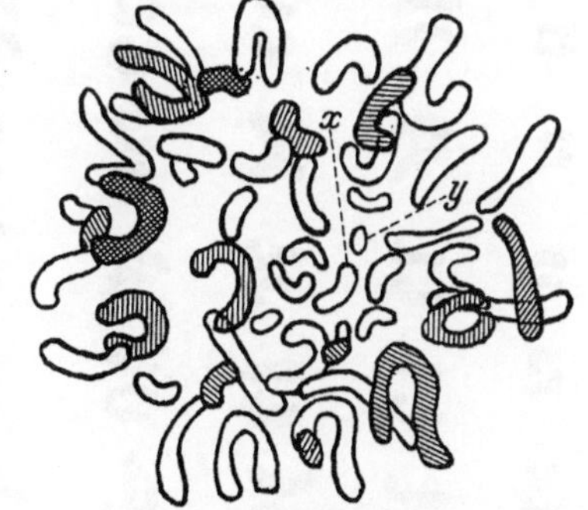

Abb. 8.
Spermatogoniale Metaphase (Weißer), mit bezeichnetem XY-Komplex.
(Nach SHIWAGO und ANDRES, 1932.)

Äquatorialplatte dargestellt mit bezeichneten X- und Y-Chromosomen. Man muß hier allerdings MATTHEY (1936) recht geben, wenn er diese Bezeichnung willkürlich nennt, aber — und darauf sei hier im Hinblick auf den nächsten Abschnitt ganz besonders hingewiesen — es sind auch in diesem wie in vielen

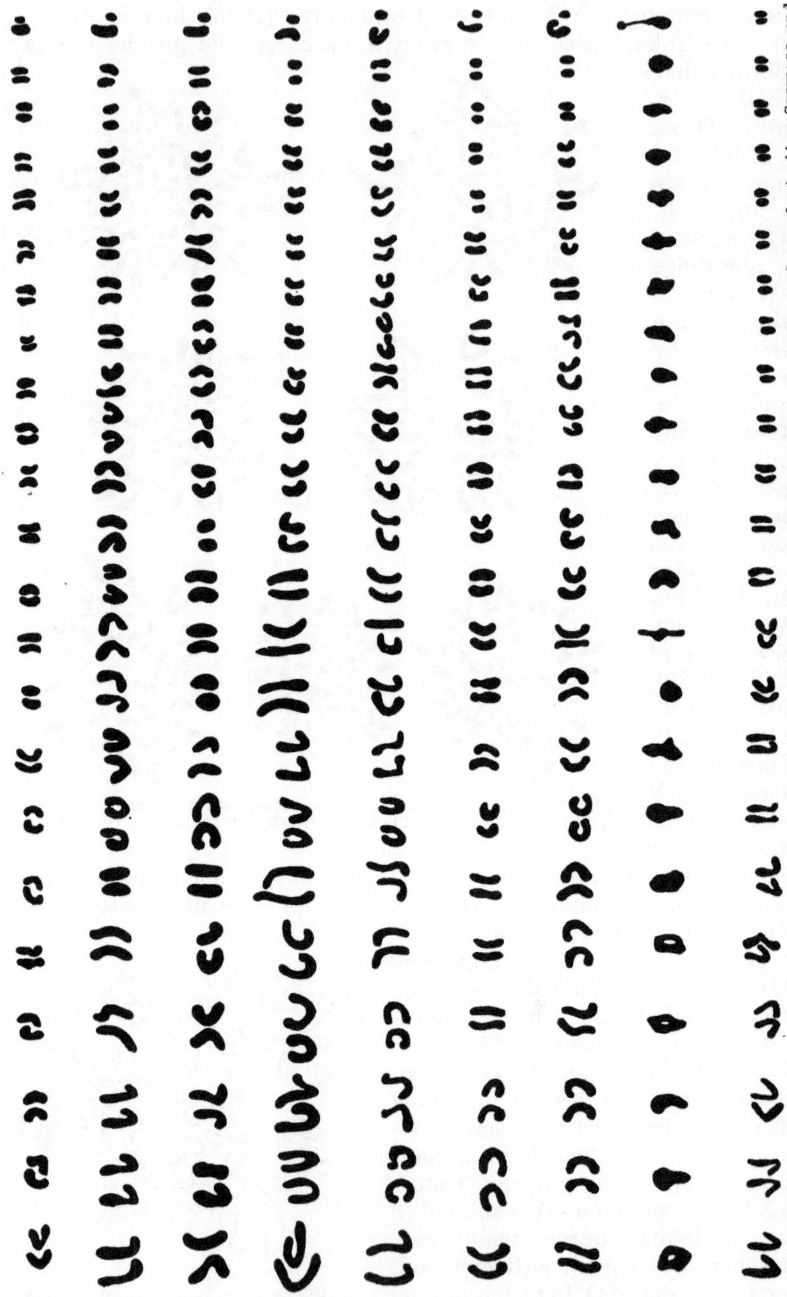

Abb. 9. Vergleich männlicher Chromosomensätze. Die Elemente nach teilweise nur mutmaßlich homologen Paaren der Größe nach geordnet. (Aus SHIWAGO und ANDRES, 1932.) A aus Spermatogonie (nach EVANS und SWEZY, 1929), B aus Spermatogonie eines Weißen (nach PAINTER, 1923), C aus Spermatogonie eines Negers (nach PAINTER, 1923), D und E aus Spermatogonie eines Weißen (nach SHIWAGO und ANDRES, 1932), F und G aus Reduktionsteilung, echte Homologe (nach SHIWAGO und ANDRES, 1932), H aus Reduktionsteilung (nach EVANS und SWEZY, 1929), I aus Spermatogonie eines Weißen (nach WINIWARTER und OGUMA. 1926). In A—G liegt der XY-Komplex links, in I liegt das als X aufgefaßte große Chromosom rechts.

anderen Fällen 48 *Einzelelemente* vorhanden; es muß darunter ein Y-Element sich befinden. Besondere Aufmerksamkeit hat KOLLER (1937) dem spermatogonialen

XY-Komplex geschenkt. Da in den mitotischen Prophasen X und Y keine „Precocity" = Frühreife (DARLINGTON), d. h. vorzeitige Kontraktion und Kondensation, zeigen, sind sie in diesen Phasen nicht erkennbar. In den Metaphasen konnte KOLLER Y aber an seiner Kleinheit erkennen. In 19,1% aller Fälle fand KOLLER in den Metaphasen dislocierte Chromosomen, die er für Geschlechtschromosomen hält. Gestützt wird diese Auffassung durch Befunde an verschiedenen Säugern [Ratte, Maus und Frettchen (KOLLER, 1936a und b, KOLLER und DARLINGTON, 1934)]. In Abb. 27, untere Reihe, sind derartige dislocierte Elemente zu sehen und in Abb. 12a ist eine Telophase mit nachhinkenden („lagging") Y-Elementen dargestellt. Für X gibt KOLLER eine Länge von 4—5 μ an. Es besitzt — für später ist diese Feststellung sehr wichtig — eine subterminale Einschnürung, besteht also aus zwei Segmenten! Die Größe von Y soll etwa 1,5 μ betragen. Das Element ist oval und besitzt keine Einschnürung. Durch diese Feststellungen KOLLERs ist die Existenz des Y-Chromosoms sehr gestüzt worden, ja eigentlich sichergestellt.

Auch in Keimbahnmitosen haben — wie erwähnt (Abb. 6) — ANDRES und NAVASCHIN eine Individualisierung der ersten 10 Autosomenpaare durchgeführt. Abb. 5 zeigt dies von einer embryonalen Oogonie (A) und einer Spermatogonie eines erwachsenen Mannes (B). Für Oogonien liegen klare Zählungen von WINIWARTER (1912) und neuestens auch von ANDRES und VÖGEL (1937) vor. Sehen wir dabei von gelegentlichen Abweichungen (s. unten) ab, so findet sich

Abb. 10. Zeilenanalysen von 4 verschiedenen orthoploiden Oogonienplatten. Die 10 ersten Autosomenpaare sind individualisiert. (Nach ANDRES und VÖGEL, 1936.)

auch hier die Diploidzahl 48 (46 Autosomen und 2 X-Chromosomen). Die Zeilenanalyse (Abb. 10) ergibt demnach wie in weiblichen Somazellen (Evans und Swezy, 1929) 24 isomorphe Chromosomenpaare, von denen Andres und Vögel die ersten 10 Paare wiederum individualisieren konnten.

Wir können somit sagen, daß die Mitosechromosomen der Keimbahnzellen in typischer Zahl und Erscheinungsweise mit den Mitosechromosomen der Somazellen übereinstimmen. Durch viele Zählungen erscheint das Vorhandensein von 48 Einzelelementen gesichert. 48 Einzelelemente finden sich auch in den Oogonien. Während Abweichungen von der strengen Diploidie in somatischen Mitosen in etwa 50% auftreten, finden sich solche in Keimbahnzellen nur selten (vgl. Abschnitt II, 3).

2. Die Chromosomen der Meiose und der Geschlechtschromosomenmechanismus.

Die Meiose ist gegenüber der Mitose vor allem durch die Konjugation der homologen Chromosomen und die Reduktion der Chromosomen von 2n auf n ausgezeichnet. Über das äußere Bild dieser Erscheinungen sind wir bis in die Einzelheiten hinein bei allen Organismengruppen schon tiefgehend unterrichtet. Überall hat sich ergeben, daß in den meiotischen Prophasen die Konjugation

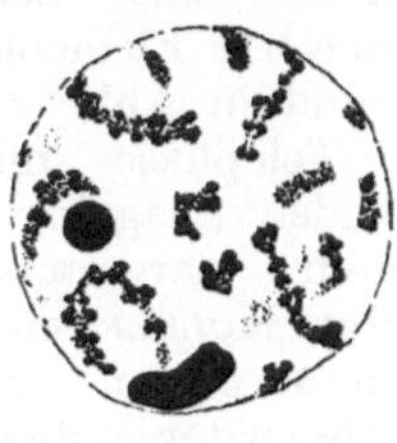

Abb. 11 a—c. Meiotische Prophasen. a Leptophase, b Zygophase, c Ansatz zur postsyndetischen Interphase. In allen drei Phasen ist das heteropyknotische Geschlechtselement deutlich. (Nach Oguma und Kihara, 1923.)

der homologen Chromosomen längsweis erfolgt mit nahezu gestreckten Chromonemen. Während der Konjugationsphase kommt es vielfach zu einem Chromosomenstückaustausch zwischen den Homologen, der uns äußerlich als Faktorenaustausch entgegentritt. In der Reifephase aber werden die homologen Chromosomen voneinander geschieden und dem Zufall nach (Mendeln!) auf die Gonen verteilt.

Über die Vorstadien der Reduktionsteilungen sind wir beim Menschen erst seit kurzem (Koller, 1937) einigermaßen unterrichtet. Man ist hier sehr lange über die ersten Beschreibungen Winiwarters (1912) nicht hinausgekommen. Kurze Hinweise gaben Oguma und Kihara (1923) mit einigen guten Bildern (Abb. 11). Sie zeigen sehr schön die parallele Vereinigung der Homologen mit ihren homologen Chromomeren. Auch bei Painter (1923—1924) finden sich hierüber einige Angaben. Eine neuere Arbeit von Evans und Swezy (1929), welche die gesamte Spermatocytogenese berücksichtigt, ist leider an einem Material durchgeführt, dessen Zustand mit Recht beanstandet worden ist, doch zeigen auch diese Befunde die für die Reifeprophasen typischen Erscheinungen, wenn sie auch in mancher Hinsicht im Stiche lassen. Die abwegigen Meinungen Stieves (1930) sind von Heberer (1935) kritisiert worden, wir brauchen darauf nicht zurück zu kommen. Auch die Kollerschen Bilder geben, soweit die Autosomen in Betracht kommen, keine weiteren Einblicke (Abb. 12 c u. d).

Sind demnach über die Spermatocytogenese wenigstens einige Daten gut bekannt, so ist unser Wissen über die kerngeschichtlichen Abläufe während der Oocytogenese ganz besonders lückenhaft. Es sei hier verwiesen auf die

Zusammenstellungen von UFFENORDE (1934), HINSELMANN (1927, 1929) und ALLEN, PRATT, NEWELL, BLAND (1930).

Bei der außerordentlichen Bedeutung, welche die Reifungsprophasen für das Vererbungsgeschehen besitzen (vgl. DARLINGTON, 1937) ist es bedauerlich, daß wir beim Menschen erst verhältnismäßig wenig über die Vorgänge in diesen Phasen wissen. Es ist eine Aufgabe der Zukunft, diese Lücke nach Möglichkeit zu schließen. Wir wenden uns nunmehr den meiotischen Chromosomen selbst zu.

Bereits in Abschnitt II, 1 b wurde ausgeführt, daß in Spermatogonien und Oogonien eine strenge Diploidie herrscht und Abweichungen hiervon nur selten

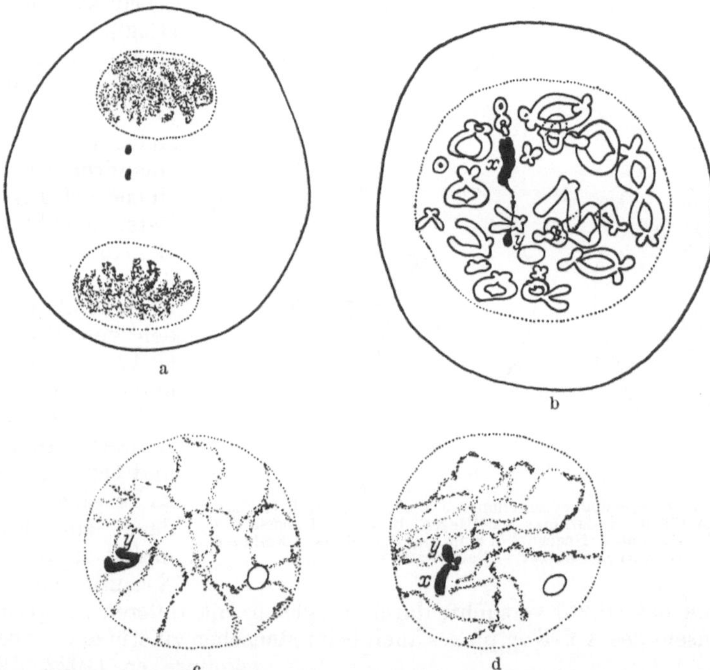

Abb. 12 a—d. Spermatogonie und Spermatocyten I. a Spermatogoniale Telophase mit nachhinkenden Y-Chromosomen. b Diakinese mit chiasmatypischen Gemini. XY mit terminaler Bindung. c und d Pachytänstadium mit kondensiertem (precocions) XY-Komplex. (Nach KOLLER, 1937.)

vorkommen. ANDRES und NAVASCHIN (1936) war es außerdem gelungen, die 10 ersten Autosomen in beiden Gonienarten zu identifizieren, dazu war für Spermatogonien verschiedentlich das Erkennen von X und Y angegeben worden, während andererseits ein Y nicht vorhanden sein sollte und eine sichere Identifizierung von X nicht gelungen war. Auf Grund dieser an den Gonien gewonnenen Ergebnisse treten erwartungsgemäß in den jungen diakinetischen Cyten — es sind genauer nur Spermatocyten bekannt — 24 Gemini auf, wie das erstmalig WINIWARTER (1912) zeigen konnte. Dieser Forscher gab auch bereits eine Darstellung der Morphologie der Gemini, die in Form von Kreuz- und Ringtetraden (Abb. 12, Abb. 14) auftreten. Insbesondere von PAINTER (1923, 1924) ist dann die Kenntnis der menschlichen Gemini weiter vertieft worden. Die neueren Arbeiten von EVANS und SWEZY (1929), SHIWAGO und ANDRES (1932) und MINOUCHI und OHTA (1934) haben die älteren Befunde bestätigt (Abb. 14, Abb. 15). Wesentliche Fortschritte brachte die Arbeit KOLLERs (1937, Abb. 12 b).

Keinerlei Widersprüche bestehen bezüglich der Zahl der Autosomengemini. Es sind 23 deutlich unterscheidbare Doppelelemente. Hinsichtlich der Auffassung der Geschlechtschromosomen aber gehen die Meinungen genau so auseinander wie bei der Mitose. Während Painter, Evans und Swezy, Shiwago und Andres, Minouchi und Ohta, Gatenby und Beams (1936), King und Beams (1937) und Koller (1937) einen heteromorphen XY-Geminus, bestehend aus einem stäbchenförmigen X und einem fast kugeligen Y feststellen (Abb. 9 F, G, H, Abb. 12, Abb. 13, Abb. 14, Abb. 20, Abb. 21, Abb. 22) werden von Winiwarter (1912), Winiwarter und Oguma (1925, 1926, 1930), Oguma und Kihara (1922, 1923) und Oguma (1937) nur 23 Bivalente gefunden, dazu ein verhältnismäßig großes unpaares X-Chromosom.

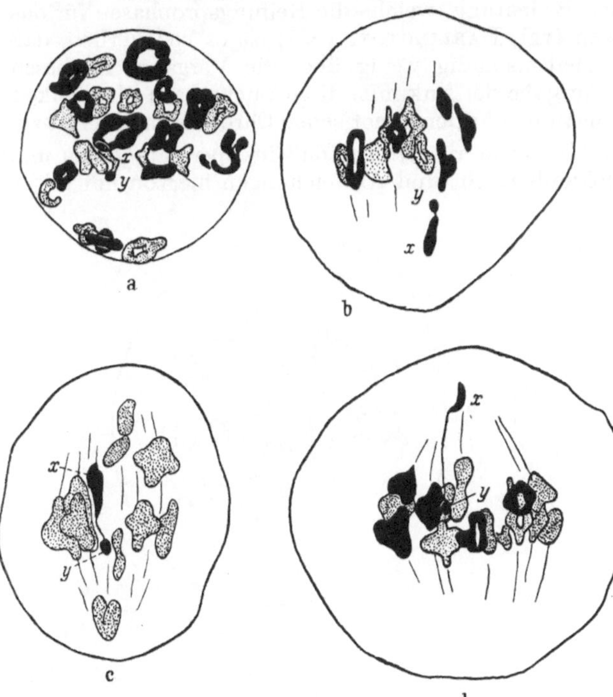

Abb. 13 a—d. Erste Spermatocytenteilung. a Diakinese, definitive Form der Gemini, 24 Elemente, darunter XY (Neger), b erste Reifungsspindel seitlich, mit XY-Komplex (Neger), c XY im Äquator, d erste Reifungsspindel seitlich (Weißer). (Nach Painter, 1923.)

Painter hat (1926) versucht, durch Vergleich mit anderen Säugetieren das Vorhandensein des XY-Komplexes auch beim Menschen zu stützen, insbesondere konnte er (1922, 1924) bei Affen *(Macacus* und *Cebus)* einen den Befunden am Menschen völlig entsprechenden XY-Geminus nachweisen, wie er auch bei anderen Säugern gefunden wird (Abb. 20). Bei fast allen untersuchten Säugetieren, insbesondere bei Beuteltieren kann an der Existenz eines Y-Chromosoms nicht der geringste Zweifel bestehen. Matthey hat 1936 eine erfreulich kritische Übersicht über das Heterochromosomenproblem bei Säugern gegeben. Wenn Matthey auch

Abb. 14. Zwei Metaphasen der ersten Reifeteilung der Spermatocyten mit herausdifferenzierten und wohl etwas veränderten homologen Partnern in einem jeden Geminus. (Nach Shiwago und Andres, 1932.)

nicht glaubt, daß es immer gelungen ist, X und Y sicher zu identifizieren, so kommt er doch zu dem Schluß, daß ganz allgemein für die Säugetiere einschließlich des Menschen der XY-Typus des Geschlechtschromosomenmechanismus gesichert sei und daß der XO-Typus, vielleicht mit einer Ausnahme[1]

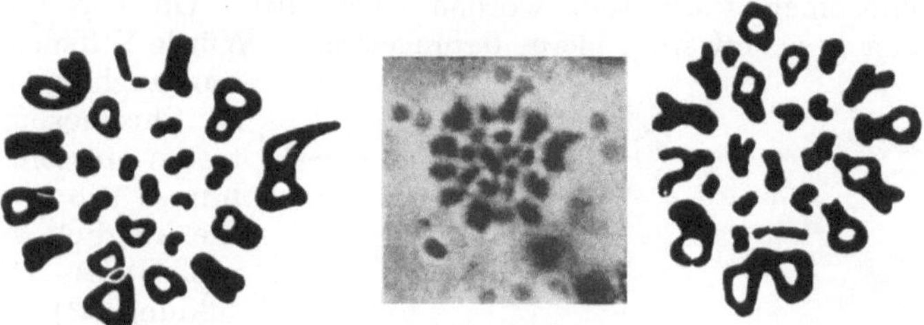

Abb. 15. Metaphasen der ersten Reifeteilung in Polansicht mit 24 Elementen, darunter der XY-Komplex. (Nach MINOUCHI und OHTA, 1934.)

nicht vorkomme, während OGUMA (1937) die Meinung vertritt, daß innerhalb der Säuger beide Geschlechtschromosomentypen verwirklicht sind (vgl. auch OGUMA und MAKINO, 1937). Nicht ohne Wichtigkeit für das Problem ist auch z. B. die Feststellung von AGAR (1932) bei *Macropus* (Marsup.), daß Verschmelzungen von Geschlechtschromosomen mit Autosomen vorkommen können, und weiterhin die Beobachtung, daß X und Y sich eng miteinander vereinigen können Hierfür hat nun auch KOLLER für den Menschen das Material vorgelegt.

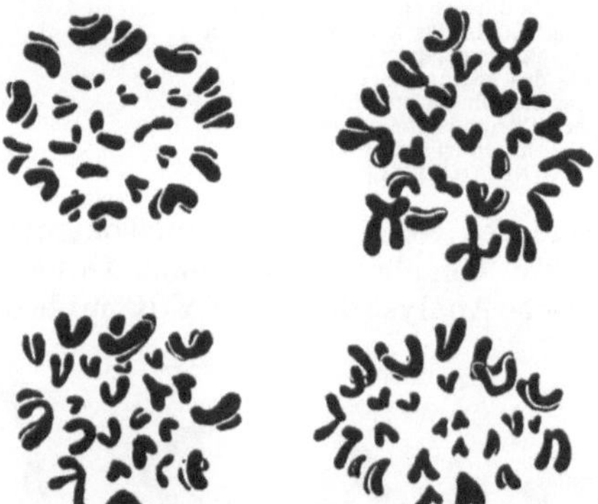

Abb. 16. Polansichten von Metaphasen der zweiten Reifeteilung (Spermatocyten) mit 24 Chromosomen. (Nach MINOUCHI und OHTA, 1934.)

Die umfangreiche Diskussion über die Verhältnisse beim Menschen im einzelnen braucht hier nicht wiederholt zu werden (vgl. HEBERER, 1935). Sie hat durch neue Veröffentlichungen durch OGUMA (1937) und gleichzeitig von KOLLER (1937) ein neues Doppelgesicht erhalten. Bevor jedoch hierauf eingegangen werden kann, muß noch folgendes schon jetzt bemerkt werden: Wesentlich für die Entscheidung, ob ein Y-Element oder keines vorhanden ist, muß vor allem die Feststellung der Haploidzahl sein,

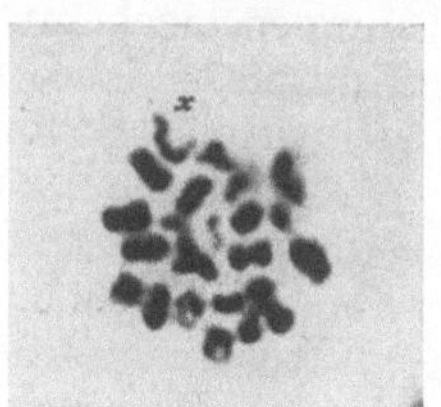 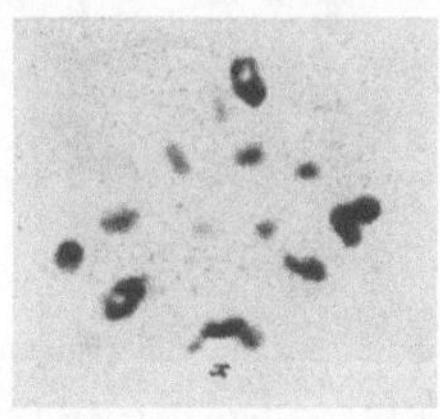 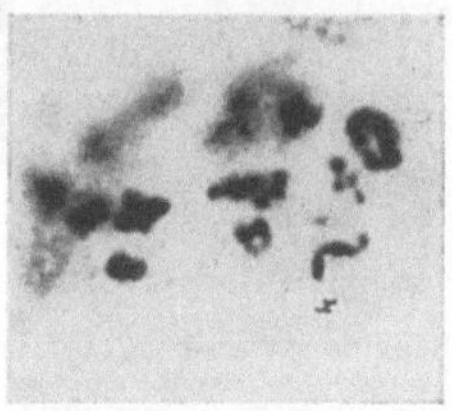

Abb. 17. Drei verschiedene Erscheinungsformen des segmentierten X-Chromosoms in der ersten Reifeteilung der Spermatocyten. (Nach OGUMA, 1937.)

---

[1] Bei der japanischen Maus *Apodemus speciosus ainu* THOS (OGUMA, 1934) fehlt Y, während *A. sylvaticus* L. und *A. agrarius* PALLAS ein Y besitzen (MATTHEY, 1936), ebenso wie andere Rassen der japanischen Art, nämlich *A. speciosus speciosus, A. agrarius ningpoensis, A. semotus* (TATEISHI, 1934, 1935). Ein Fehlen von Y gibt OGUMA auch für *Evatomys (Clethriomys) bedfordiae* THOMAS und *Microtus montebelli* EDW. ganz neuerdings an. Hiergegen hat sich MATTHEY (1938) auf Grund einer vorzüglichen Analyse des Heterochromosomenproblems bei den Nagetieren gewandt. Nach seinen Ergebnissen gilt allgemein der XY-Typus der Geschlechtschromosomen.

d. h. es müssen Platten der zweiten Reifeteilung (Spermatocyten) durchgezählt werden. Solche Zählungen sind von Minouchi und Otha ausgeführt und dabei stets 24 Chromosomen festgestellt worden (Abb. 16). Ob allerdings diese Zählungen immer gesichert sind, bleibe dahingestellt. Würde Y fehlen, so hätten auch Platten mit 23 Chromosomen auftreten müssen. Weiterhin sei schon jetzt auf die kürzlich von King und Beams (1937, Abbildung 23) und von Koller (1937) gemachten Mitteilungen verwiesen, durch die der bisher fehlende Nachweis einer heteropolen Verteilung von X und Y unseres Erachtens erbracht worden ist.

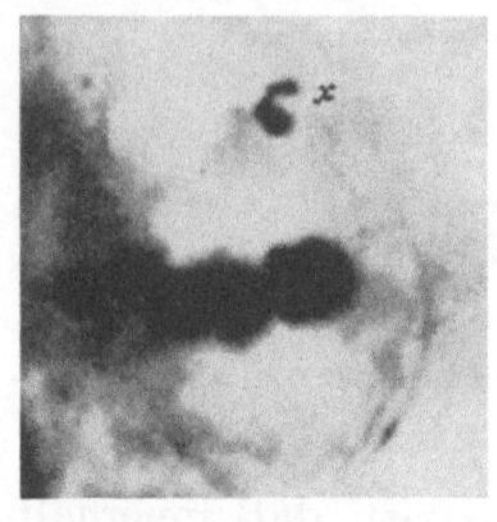

1

Abb. 18. Das segmentierte X-Chromosom in der ersten Spermatocytenteilung. Links das X-Chromosom an einen Pol verlagert (Metaphase), rechts das segmentierte X wandert in der Anaphase an einen Pol, die untere Chromosomenplatte ist nur unscharf abgebildet. (Nach Oguma, 1937.)

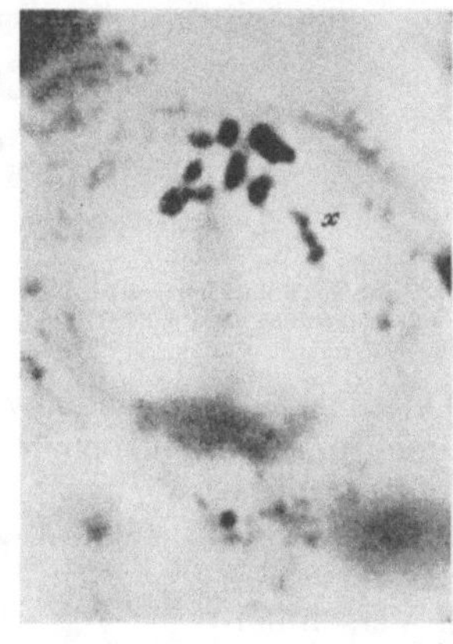

2

Von seiten Ogumas (1937) sind nun zur Frage des Geschlechtschromosomentypus beim Menschen ganz neue Gesichtspunkte beigebracht worden. Oguma hat an neuem Material eine morphologische Analyse des sog. XY-Komplexes durchgeführt. Er bemängelte mit Recht, und Matthey (1936) hat dies ebenfalls getan, daß der XY-Komplex bei den verschiedenen Autoren ein ganz verschiedenes Aussehen zeigt — man vergleiche z. B. die hier gegebenen Bilder von Shiwago und Andres (Abb. 14) und von Minouchi und Ohta (Abb. 15)! Auch in Painters Abbildungen erscheint der XY-Komplex sehr verschiedenartig. Schon früher (1934) hatte Oguma die Meinung vertreten, daß verschiedentlich aberrante Autosomentetraden für den XY-Komplex gehalten worden seien.

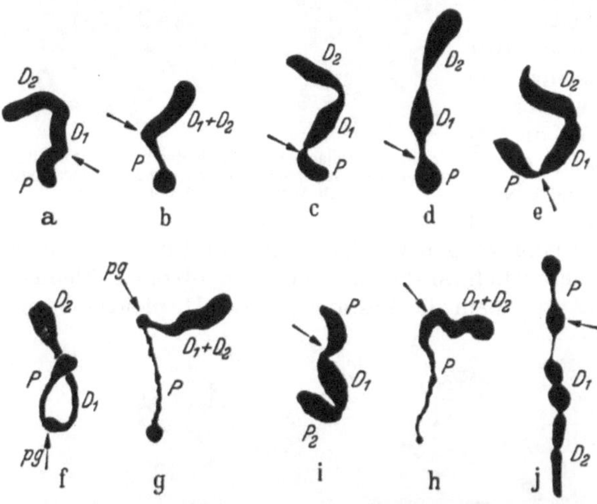

Abb. 19. Nebeneinanderstellung der Erscheinungsformen des segmentierten X-Chromosoms des Menschen. P Proximalsegment, D_1 und D_2 Distalsegmente, pg Proximalgranulum. Im Fall j weitere Unterteilung der Distalsegmente. (Nach Oguma, 1937.)

In seinem neuen Material findet nun Oguma allerdings ein Element in den ersten Reifeteilungen der Spermatocyten, das die größte Ähnlichkeit mit dem so vielfach von den früheren Autoren beschriebenen XY-Komplex zeigt und stark von den Autosomengemini abweicht. Es weicht auch beträchtlich von Ogumas früheren Angaben ab. Das strittige Element ist nach Ogumas Meinung ein einzelnes X-Chromosom! Es besitzt zwei Einschnürungen, zeigt demnach einen dreiteiligen Bau. Die eine Einschnürung ist schärfer ausgeprägt und gliedert ein kleines Endstück (P = proximales Segment) ab, das auch stärker kondensiert ist und *wie ein Y erscheint* (Abb. 17, 1—3). Dieses Proximalsegment wird von OGUMA nun mit dem Y-Chromosom der Autoren gleichgesetzt, während die anderen beiden Segmente ($D_1 + D_2 =$ distale Segmente) dem X-Chromosom entsprechen, von dem bisher eine Einschnürung nicht bekannt geworden war, von OGUMA aber auch in Präparaten von MINOUCHI und OHTA aufgefunden werden konnte. Wen diese Befunde noch nicht überzeugen, daß das Proximalsegment wirklich kein Y ist, dem sollen Anaphasenbilder der ersten Reifeteilung zeigen, daß alle drei Segmente ungetrennt an einen

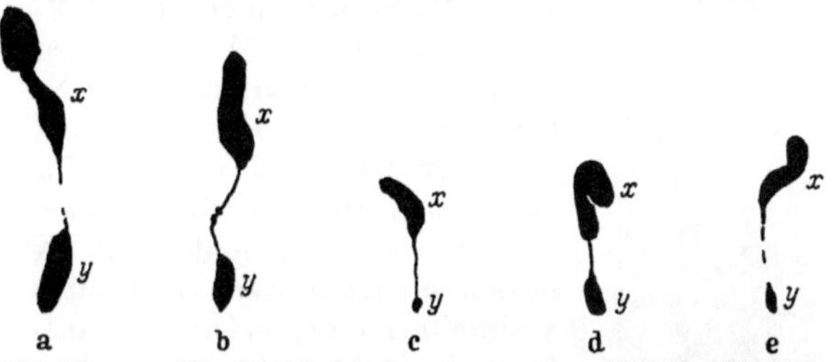

Abb. 20 a—e. Die Geschlechtschromosomen verschiedener Säugetiere aus Spermatocyten I. a Opossum, b Neger, c Macacus, d Cebus, e Pferd. (Nach PAINTER, 1925.)

Abb. 21. Die 24 Gemini einer ersten Reifeteilung (Spermatocyte) mit XY-Komplex. (Nach PAINTER, 1924.)

Pol wandern (Abb. 18). So scheint es nach OGUMAs Meinung, daß in der Tat beim Menschen das X-Chromosom einen dreiteiligen Bau zeigen kann.

In Abb. 19 sind die verschiedenen Erscheinungsweisen des X-Chromosoms, die OGUMA in seinem Material fand, nebeneinander gestellt. Es zeigt sich, daß das Proximalsegment sich sehr weit von den distalen Segmenten abgliedern kann, wobei es im allgemeinen um so kleiner erscheint, je stärker die Abgliederung ausgebildet ist. Diese Formveränderlichkeit erklärt sich nach OGUMA durch verschiedene Grade der Abwicklung des Chromonemas. Zeigt der Verbindungsfaden zwischen P und D_1 mittlere Verdickungen (Abb. 22!), so liegen erhalten gebliebene Windungen des Chromonemas vor, eine Deutung, die durchaus einleuchtet. OGUMA zeigte weiterhin, daß bei Muriden das X-Chromosom ebenfalls die drei Segmente besitzt, dazu ist aber noch ein Y-Element vorhanden.

Vergleicht man nun den von OGUMA gefundenen Bau des X-

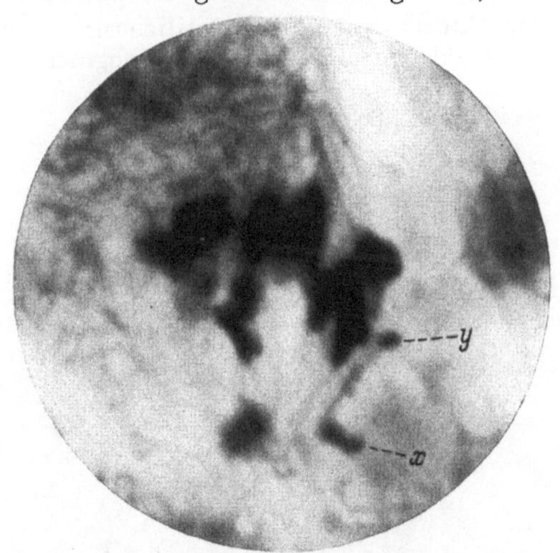

Abb. 22. Der XY-Komplex in der Metaphase der ersten Reifeteilung. (Nach SHIWAGO und ANDRES, 1932.)

Chromosoms mit den Bildern derjenigen Forscher, die sich im Sinne des XY-Typus entschieden haben (vgl. Abb. 19 mit den Abb. 12, 14, 20, 21 und 22), so kann man sich zunächst dem Eindruck kaum entziehen, daß OGUMA recht hat, wenn er diese Bilder im Sinne eines segmentierten X-Chromosomes und nicht als XY-Komplex auffaßt. Auch in Spermatogonien sind von OGUMA wiederum nur 47 Chromosomen gefunden worden[1].

---

[1] Früher hatte OGUMA als X ein großes hufeisenförmiges Element bezeichnet (vgl. Abb. 9 links). Er hält dies auch jetzt noch für richtig, nur seien bei der damals verwandten Technik die Einschnürungen unsichtbar geblieben.

So gelangt Oguma also zu dem Resultat, daß der Geschlechtschromosomenmechanismus beim Menschen dem XO-Typus entspricht.

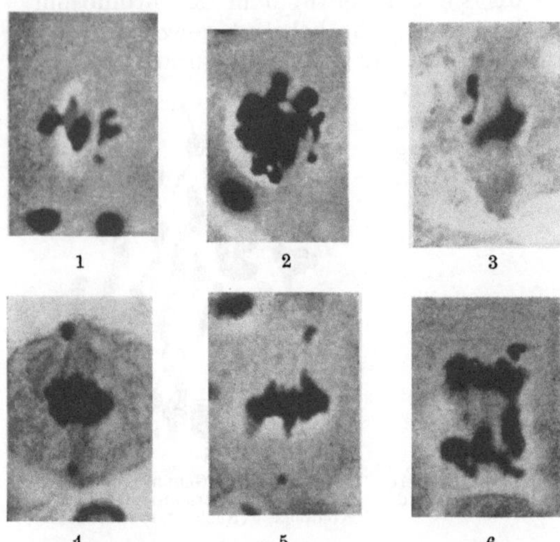

Abb. 23. Der XY-Komplex in der ersten Reifeteilung. 1 Feulgen, 2 Eisenhämatoxylin, 3 Feulgen, 4 Eisenhämatoxylin, 5 Feulgen, 6 Färbung nicht angegeben. 4—6 zeigen die heteropole Verteilung von XY. (Nach King und Beams, 1936.)

Es ist die Frage, ob das Geschlechtschromosomenproblem beim Menschen mit diesen Ergebnissen nun entschieden ist. Davon kann keine Rede sein und nach Kollers Mitteilungen kann man nur der Meinung sein, daß beim Menschen doch der XY-Typus vorliegt. Wir könnten höchstens zugeben, daß das X-Chromosom des Menschen segmentiert ist, und daß die für XY bisher angesprochenen Elemente dem segmentierten X entsprechen könnten. Es erheben vielmehr sich gegen Ogumas Auffassung doch zahlreiche Bedenken. Es ist gewiß richtig, daß es bisher nicht mit Sicherheit gelungen ist, in Spermatogonien X bzw. XY einwandfrei zu identifizieren, wenn auch Kollers Angaben sehr fundiert sind.

Auch Oguma war eine Identifizierung von XY nicht möglich, weder früher noch jetzt! Warum aber tritt das segmentierte X-Chromosom bei allen Autoren nur in den Reifeteilungen auf? Das wäre eine Sonderfrage. Ganz besonders wichtig aber sind einmal die vielen Zählungen von 48 Einzelelementen und von regelrechten Vielfachen davon bei Riesenzellen (s. unten), dann die Fälle in denen in Platten der ersten Reifeteilung ein kleines Element völlig getrennt neben X liegt (Abb. 14!), und vor allem sprechen doch die Auszählungen der Platten der zweiten Reifeteilung (s. oben) wesentlich zugunsten des XY-Typus.

Dazu kommen noch die kürzlich mitgeteilten Befunde von King und Beams (1936), die zeigen, daß es in der ersten Reifeteilung zu einer heteropolen Ver-

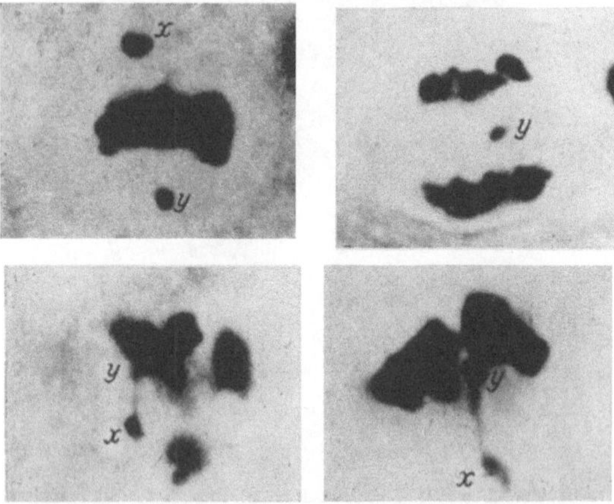

Abb. 24. Spermatogoniale Mitosen (oben) mit dislozierten Geschlechtschromosomen. Spermatocyten I (unten) mit asymmetrischem XY-Komplex. (Nach Koller, 1937.)

teilung eines größeren und eines kleineren Elementes kommt (Abb. 23). Man wird an diesen Bildern bemängeln, daß keine Zählungen durchgeführt worden sind (Seitenansichten) und einwenden können, daß es sich bei dem kleinen Element an dem einen Pol um einen chromatoiden Körper handeln könne. Da King und Beams aber mit der Feulgen-Reaktion gearbeitet haben, kann an der Chromosomennatur des kleinen Elementes nicht gezweifelt werden, und

auch der letzte noch mögliche Einwand, es könne sich um ein Chromosomen-
fragment handeln, ist wenig wahrscheinlich; denn einmal sind solche Fragmente
innerhalb der Keimbahn wenig häufig und dann wäre es doch ein merkwürdiger Zufall, wenn solche Bruchstücke immer da angetroffen würden, wo man ein Y erwartet.

In den Fällen nun, in denen der XY-Komplex der Autoren dem dreiteiligen X OGUMAs entsprechen sollte, könnte Y übersehen worden sein. Das wäre psychologisch insofern erklärlich, als man annehmen kann, daß bei Auffassung des Proximalsegmentes als Y, man die
Suche nach dem außerdem vorhandenen echten Y aufgab. Y kann ja auch

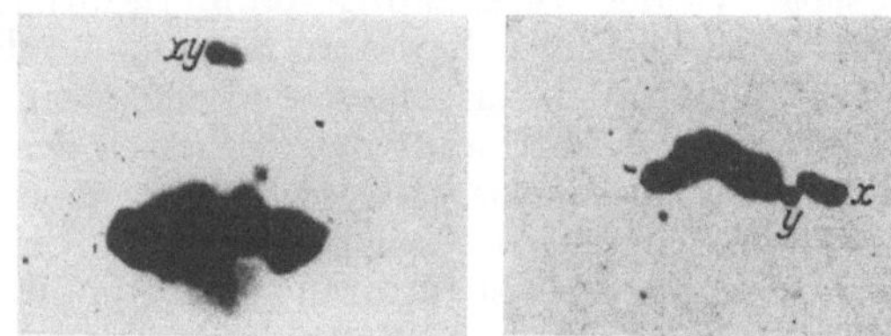

Abb. 25. Symmetrische XY-Gemini. (Nach KOLLER. 1937.

leicht durch eine große Autosomentetrade verdeckt sein. Andererseits möchte man aber auch OGUMA nicht ohne weiteres damit belasten, Y allenthalben übersehen zu haben[1], und rassische oder individuelle Unterschiede des Materiales sind sehr unwahrscheinlich, worauf HEBERER (1935) ausdrücklich hingewiesen hat. Festzustehen scheint, daß die Kritik OGUMAs höchstens teilweise berechtigt ist und nach den gleichzeitigen Veröffentlichungen KOLLERs besteht erst recht kein Grund, am XY-Typus des Geschlechtschromosomenmechanismus beim Menschen nicht festzuhalten, zumal auch genetische Befunde dafür ins Feld geführt werden können (s. unten Abschnitt IV). Der Mensch fällt damit nicht aus dem allgemeinen Säugertypus

[1] OGUMA gibt an, daß eine starke Bleichung der Präparate nötig sei, um die Chromosomenstrukturen zu erkennen. Sollte vielleicht Y durch zu starke Bleichung sich dem Nachweis entzogen haben?

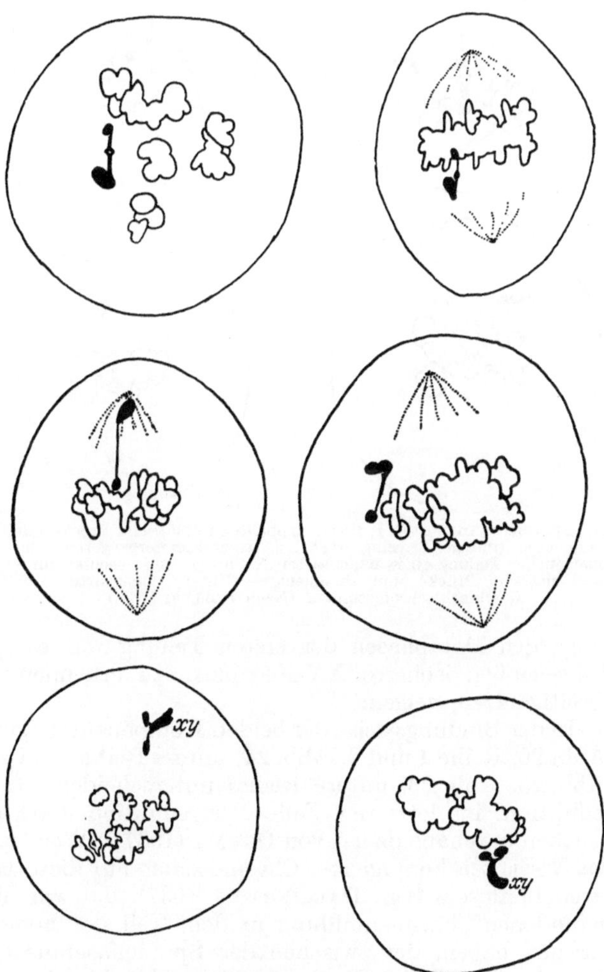

Abb. 26. Spermatocyten I. Diakinese und Metaphase: Oben: Asymmetrischer XY-Komplex mit subterminalem Chiasma. Mitte: Asymmetrischer XY-Komplex mit terminalem Chiasma. Unten: Symmetrischer XY-Komplex. (Nach KOLLER, 1937.)

heraus[1]. Koller hatte ja bei Spermatogonien (s. oben) festgestellt, daß das X-Chromosom eine subterminale Einschnürung besitzt! Ist es dazu mit Y in postpachytäner Vereinigung, dann resultiert die von Oguma beschriebene Gestalt. Solche Bilder hat nun Koller in der Tat in größerer Anzahl vorgelegt! Einige davon seien hier wiedergegeben (Abb. 24, untere Reihe, Abb. 25, Abb. 26). Er hat überhaupt das Verhalten des XY-Komplexes in den späteren Stadien der Spermatocytenentwicklung genau analysiert, und zwar unter modern cytogenetischen Gesichtspunkten! Seine Arbeit ist der erste Versuch, den XY-Komplex mit strukturellen und qualitativen Differenzierungen der Geschlechtschromosomen in Verbindung zu bringen (weiteres hierüber in Abschnitt IV).

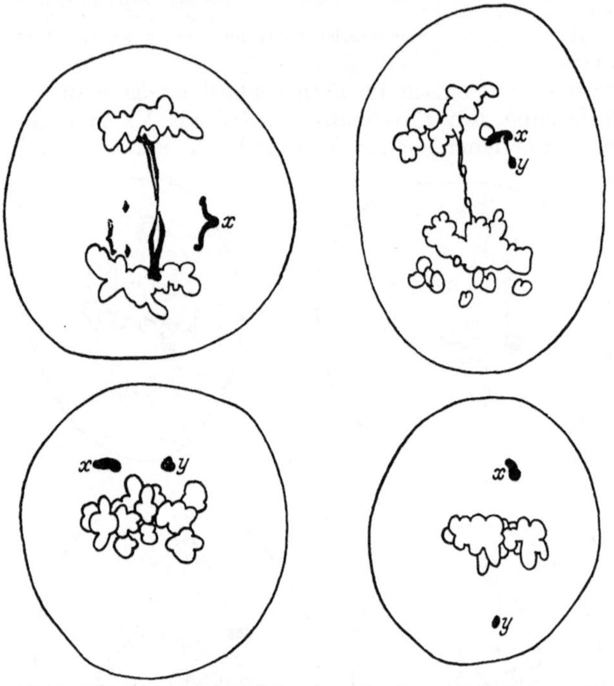

In den Leptotän- und Zygotänkernen findet Koller XY in „frühreifem" (precocious) Zustand, d. h. kontrahiert und gepaart (Abb. 12b bis d). Es läßt sich dabei feststellen, daß die freien oder ungepaarten Abschnitte ungleich lang sind (im Verhältnis 1:3, Abb. 28 oben, eventuell bezieht sich die Paarung nur auf eine kurze terminale Region). Später ist der Zusammenhang beider Elemente nur noch terminal (Abb. 12b) oder doch subterminal.

Besonders eingehend hat Koller Aussehen und Verhalten des XY-Komplexes in der späten Diakinese und in der 1. Reifeteilung beachtet.

Abb. 27. Oben: Anaphasen I, links: doppelte chromatische Brücke mit Fragmenten (infolge Crossing over bei Inversionsheterozygoten) und äquationeller Teilung eines ungepaarten X-Chromosoms; rechts: chromatische Brücke ohne Fragment. — Unten: ungepaarte Geschlechtschromosomen. (Nach Koller, 1937.)

In den Metaphasen der ersten Teilung war es möglich, in 35% der Fälle einigermaßen isolierte XY-Komplexe zu erkennen, die allgemein eine etwas abseitige Lage zeigen.

In der Bindungsweise der beiden Komponenten kann man eine asymmetrische (Abb. 26, Reihe 1 und 2, Abb. 24, untere Reihe) und eine symmetrische Bindung (Abb. 25, Abb. 26, untere Reihe) unterscheiden. Im ersten Falle fände Präreduktion, im letzteren Falle Postreduktion statt (vgl. Abb. 28). Die Bilder gleichen durchaus denen von Oguma (1937)! Wendet man die Kenntnisse über das Verhalten konjugierter Chromosomen auf diese Bilder an, so kann es kaum zweifelhaft sein (vgl. Darlington, 1937), daß wir hier den Effekt einer stattgefundenen Chiasmenbildung in dem Teil der homologen Abschnitte von XY vor uns haben, der zwischen der Spindelfaseransatzstelle („Centromer") und den nichthomologen Regionen (vgl. Abb. 28, oben rechts) gelegen ist.

---

[1] Es müßten übrigens auf Grundlage der Befunde Ogumas die Säugetiere erneut überprüft werden, das geht aus Abb. 20 deutlich hervor.

Von besonderer Wichtigkeit, auch im Hinblick auf die Angaben Ogumas, aber ist die Feststellung Kollers, daß in 3—4% der Fälle XY ungepaart vorhanden ist (Abb. 27, untere Reihe), wobei in den Metaphasen X und Y auf der gleichen oder auf verschiedenen Seiten der Äquatorialplatte liegen können. Wir haben hier vielleicht eine voreilige anaphatische Trennung von X und Y vor uns (vgl. auch Abb. 23!).

Nach diesen Ergebnissen Kollers — sie erschienen etwa gleichzeitig mit den Mitteilungen Ogumas — kann es eigentlich nicht mehr zweifelhaft sein, daß in der Diskussion über das Y-Chromosom, die Vertreter des letzteren durchaus die meisten Stützen vorweisen können. Die Genetik (Abschnitt IV) liefert dazu noch weitere Stützen. Ogumas dreiteiliges X ist in Wahrheit ein XY-Komplex und das P-Segment entspricht dem Y. Ogumas Beobachtungen stimmen, nicht aber die Deutung dieser Beobachtungen.

3. Abweichungen.

Die diploide Chromosomenzahl beim Menschen beträgt 48, im männlichen Geschlecht 47, wenn — was sehr unwahrscheinlich — ein Y-Chromosom wirklich fehlen sollte. Die neueren Arbeiten, besonders die von Andres und Jiv (1936) haben jedoch gezeigt, daß zumindest in den embryonalen Geweben aller Keimblätter die echte Diploidzahl nicht beibehalten

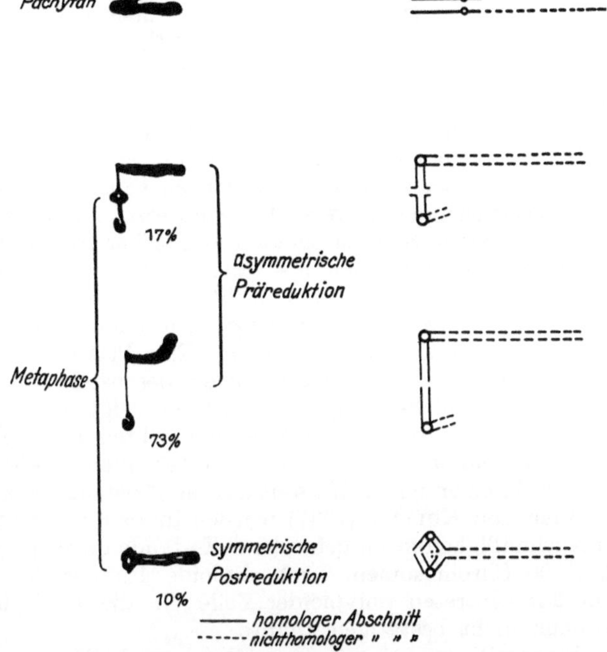

Abb. 28. Schema der verschiedenen Typen des XY-Komplexes. (Nach Koller, 1937.)

wird, sondern daß in fast 50% aller Fälle Abweichungen von dieser Zahl vorkommen. Das wurde Seite 4—5 näher ausgeführt und wir können in diesen Zahlenschwankungen keine Abweichungen vom „normalen" Geschehen erblicken.

Wir müssen jedoch der Frage nachgehen, ob nicht Zahlenschwankungen auch in den Keimbahnzellen gefunden werden. In der Tat trifft man sowohl in der Spermatogenese als auch in der Oogenese Abweichungen verschiedener Art mit einiger Regelmäßigkeit an, wobei wir Degenerationserscheinungen und pathologische Verhältnisse jedoch außer Betracht lassen wollen.

Es ist zunächst das Vorkommen von Riesenzellen in den Samenkanälchen zu erwähnen, von Widersperg (1885) zuerst beschrieben. Bei Duesberg (1906) finden sich Angaben über die vergleichsweise hohe Chromosomenzahl und die Mehrkernigkeit dieser Zellen. Die ersten Chromosomenzählungen hat Winiwarter (1912) durchgeführt. Er stellte einen Chromosomenbestand von 65 bis 86 Elementen und damit eine starke Hyperploidie fest. In polyzentrischen Teilungsfiguren fand er sogar bis 150 Chromosomen. Weitere Mitteilungen über die Riesenzellen (Spermatogonien) verdanken wir Painter (1923). Er fand annähernd Tetraploidie (etwa 96 Chromosomen) und in Riesenspermatocyten 48 Tetraden von normaler Gestalt[1].

Diese Riesenspermatocyten gehen zwar teilweise zugrunde, aber es ist durchaus annehmbar, daß einige sich auch weiter entwickeln und zu Riesenspermatozoen werden, wie solche durch Broman (1902) bekannt geworden sind.

Nimmt man an, daß solche diploiden Riesenspermatozoen befruchtungsfähig sind — und es spricht nichts direkt dagegen — so kann mit der Existenz triploider Menschen gerechnet werden. Bei ihnen wären bei Annahme der „XY-Theorie" folgende Kombinationen von Geschlechtschromosomen zu erwarten:

$$XX\male + X\female = XXX \quad (= \text{triploides } \female \text{ bei } \textit{Drosophila})$$
$$XY\male + X\female = XXY \quad (= \text{Intersex bei } \textit{Drosophila})$$
$$YY\male + X\female = XYY \quad (= \text{Hyper-}\male \text{ bei } \textit{Drosophila})\ [2]$$

Cytologisch sind solche Kombinationen bisher nicht gefunden worden. Es sind unseres Wissens Intersexe oder andere Sexualabnormitäten bisher auch noch nicht chromosomenanalytisch bearbeitet worden, wäre aber wohl zu wünschen.

Insbesondere hat Andres (1933) die auch von Evans und Swezy (1929) als tetraploid bezeichneten Riesenzellen (Spermatogonien und Spermatocyten) einer vergleichenden Untersuchung unterzogen. Es zeigte sich, daß einkernige und mehrkernige Spermatogonien in gleicher Anzahl vorhanden sind[3]. Bei den einkernigen Zellen wurden in 4 Fällen 96, in einem 97, in einem anderen 98 Chromosomen gezählt[4]. Die Geschlechtschromosomen waren in allen Fällen nicht zu erkennen. In Riesenspermatocyten konnte Andres 47 und 48 Tetraden nachweisen, sämtlich paarig gebaut. Eine Platte der zweiten Reifeteilung zeigte klar 48 Elemente. In den mehrkernigen Riesenzellen (5—7 Kerne) gelangen Zahlenfeststellungen nicht, polypolare Mitosen zeigten jedoch bis 200 Chromosomen.

Nach den an den Riesenzellen gemachten Beobachtungen kann man kaum daran zweifeln, daß die einkernigen unter ihnen wirklich tetraploid sind und man kann darin einen neuen Hinweis auf die Existenz eines Y-Chromosoms erblicken.

Auch von Koller (1937) wurden in den Spermatogonien eine Anzahl von Unregelmäßigkeiten aufgefunden. Es fanden sich polyploide Zellen (2,8%) mit etwa 90 Chromosomen, auch diploide Riesenzellen (3,8%). Painter (1923) gibt das Eintreten polyploider Zellen in die Reifephase an, ein Befund, den Koller nicht bestätigen konnte.

Eine weitere, auch schon von Painter (1923) mitgeteilte Abweichung bezieht sich auf die Form der spermatogonialen Chromosomen, die als „balled" gegenüber der normalen Gestaltung bezeichnet wird. Koller fand solche Spermatogonien in 23,1%. Die Chromosomen sind sehr stark kontrahiert, zum Teil von bohnenförmiger Gestalt. Vielleicht trifft die Erklärung Kollers zu, daß die Spermatogonien mit derartigen Chromosomen sich in der letzten prämeiotischen Teilung befinden. Eine verlängerte Prophase bedingt hier eine stärkere Kontraktion (Spiralisierung, „Precocity") der Chromosomen.

Eine Untersuchung der frühen Oogenese durch Andres und Vögel (1936) ergab in den meisten Fällen für die Oogonien strenge Orthoploidie bzw. Diploidie mit 48 Chromosomen (Abb. 10). Es fand sich aber auch Subdiploidie (41 bis 43 Chromosomen) und ein Fall von Hyperploidie mit 87 Chromosomen (vielleicht Tetraploidie ?). Auch die Entstehung dieser Abweichungen durch Mitosestörungen konnte verfolgt werden. Es wurden dreipolige und mehrpolige Mitosen nachgewiesen, dazu Heterokinese und Elimination einzelner Chromosomen oder ganzer Chromosomengruppen, ebenso Nichttrennen von Chromosomenpaaren.

---

[1] Man vergleiche hierzu auch die Angaben von Biasi (1929) und Stieve (1930).
[2] Bridges (1921).
[3] Koller fand zweikernige Spermatogonien.
[4] Ein Chromosom zerschnitten, so daß in Wirklichkeit 97 Elemente vorhanden sind.

Man muß ANDRES und VÖGEL beipflichten, wenn sie es für wahrscheinlich halten, daß die heteroploiden Keimzellen keine Zukunft haben.

Gegenüber dem Soma sind die Abweichungen in der Keimbahn also im ganzen genommen wesentlich geringer. Über ihre Bedeutung wissen wir nichts, die Frage sollte eingehend weiter behandelt werden.

III. Die Frage chromosomaler Rassenunterschiede beim Menschen.

Über das Vorhandensein chromosomenmorphologisch erkennbarer Rassenunterschiede ist zur Zeit Sicheres nicht bekannt (HEBERER, 1935). Unterschiede könnten erkennbar auftreten hinsichtlich Zahl, Größe, Gestalt und inneren Struktur der Chromosomen. Innere Strukturunterschiede, wie solche z. B. bei Drosophila-Rassen *(Drosophila pseudoobscura)* mit Hilfe der Speicheldrüsenmethode deutlich gemacht werden können, entziehen sich hier natürlich dem Nachweis. Doch hat KOLLER (1937) kürzlich auf Beobachtungen hingewiesen, die im Sinne chromosomenstruktureller Hybridie gedeutet werden müssen. Es fand sich mehrfach eine doppelte chromatische Brücke in der Anaphase der ersten Spermatocytenteilung, dazu zwei acentrische Fragmente (Abb. 27, oben links). Wir wissen, daß ein derartiges Verhalten eintritt, wenn bei Inversionsheterozygoten Chromosomenstückaustausch stattgefunden hat[1]. Das Individuum, von dem die Zelle Abb. 27, links oben stammt, ist inversionsheterozygot[2]. Nachforschungen ergaben als Großeltern Schotten und Franzosen. Rassenkreuzungen können sich so zu erkennen geben. Bisher gibt es aber noch keinerlei cytologische Untersuchungen an menschlichen Rassenbastarden, die in dieser Beziehung von großem Interesse wären.

Rassische Unterschiede hinsichtlich der Zahl gibt es nicht. Eine ältere Diskussion zwischen GUYER und PAINTER ist erledigt (MORGAN, 1914), da GUYERs Behauptung, daß bei Negern nur 24 Chromosomen vorhanden seien falsch war und zurückgenommen worden ist. Auch das mehrfach als Möglichkeit erwogene Fehlen des Y-Chromosoms als Rassenunterschied kann nicht angenommen werden, da sowohl die Vertreter des XY-Typus als auch des XO-Typus alle Hauptrassen (Weiße, Neger, Mongolen) untersucht haben, ebensowenig kann man in dem Fehlen von Y eine individuelle Verschiedenheit sehen, da nicht einzusehen ist, daß den Vertretern des XY-Typus immer Individuen mit Y und denen des XO-Typus immer solche ohne Y zur Untersuchung vorgelegen haben sollten. Bei den Seite 14—21 auseinandergesetzten derzeitigen Kenntnissen der Geschlechtschromosomen beim Menschen können diese Elemente für die Frage chromosomaler Rassenunterschiede nicht verwendet werden, denn Y ist so gut wie gesichert. Zum Nachweis etwa vorhandener Größenunterschiede der Chromosomen bei verschiedenen Rassen reichen die bisherigen Angaben nicht aus. Vergleichbare Maße werden sich überhaupt nur bei gleicher Untersuchungstechnik gewinnen lassen. Von gelegentlichen Angaben über Chromosomengrößen bei PAINTER (1923) — größtes Chromosom 6,2 μ, kleinstes (Y) 0,78 μ —, KEMP (1929) — Schwankung der Chromosomenlänge zwischen 1 und 8 μ —, EVANS und SWEZY (1929) — ihre Maßangaben sind wegen unzureichender Technik belanglos — und KOLLER (1937) — größte Spermatogonienchromosomen 6—7, kleinste 1,5 μ — haben in neuerer Zeit ANDRES und NAVASCHIN (1937) größere Serienmessungen an

---

[1] Näheres bei DARLINGTON (1937) und LUDWIG (1938).
[2] Neben diesen Inversionen sind nun kürzlich auch andere Chromosomenmutationen beim Menschen (Translokationen und Deficiencies) durch ANDRES (1938) beschrieben worden.

menschlichen Chromosomen durchgeführt. Ein Teil der von ihnen gewonnenen Werte ist in Tabelle 2 zusammengestellt.

Tabelle 2.

Chromosomen	Spermatogonien				Oogonien		Embryonales männliches Lungenmesenchym in vitro	
	Russen		Japaner					
	Zahl der Messungen	Länge in μ	Zahl der Messungen	Länge in μ	Zahl der Messungen	Länge in μ	Zahl der Messungen	Länge in μ
1	4	5,3—6,6	5	6,3—7,2	13	4,0—6,0	4	10,0—10,8
2	5	4,4—5,3	3	5,5—6,1	10	3,4—4,8	3	8,4—10,0
3	3	3,6—4,2	3	5,0—6,4	17	2,7—4,2	3	8,4
4	2	3,4—4,4	3	3,4—4,0	8	3,0—4,0	2	6,3—7,2
5	2	3,1—4,0	2	4,0—4,4	5	2,8—3,3	2	5,0—6,8
6	2	3,4—4,4	4	3,6—4,0	5	2,9—3,6	3	5,6—6,4
7	3	3,3—4,0	—	—	—	—	—	—
8	3	2,8—3,3	2	3,0—3,3	8	2,5—3,4	—	—
9	—	—	—	—	—	—	1	5,6
10	2	2,5—2,8	—	—	1	2,3	3	5,0—7,8

Andres und Navaschin machen besonders auf die in der Tabelle zum Ausdruck kommende starke phänische Verschiedenheit der Chromosomen aufmerksam. Als Besonderheit tritt der große Längenunterschied der drei ersten Chromosomen in den Spermatogonien hervor. Sie sind bei Japanern 20—50% länger als bei Russen. Es ist möglich, daß hier ein Rassenunterschied vorliegt, doch sind weitere Untersuchungen notwendig.

Hinsichtlich gestaltlicher Unterschiede zwischen den Chromosomen verschiedener Rassen ist so gut wie nichts bekannt. In den Abbildungen Painters erscheint das erste (größte) Autosom nicht hufeisenförmig, wie allenthalben in den Analysen von Andres und Navaschin, sondern als ein Haken und ähnelt mehr dem zweiten Autosom im Sinne der russischen Forscher. Da Painters Angaben sich auf Neger beziehen, ist auch hier vielleicht ein Rassenunterschied aufgefunden. Nach den Feststellungen Ogumas könnte man auch an Größenunterschiede der größten Chromosomen bei Belgiern und Japanern denken.

Fassen wir zusammen, so sehen wir, daß nach jeder Richtung hin an eine „chromosomale Rassendiagnose" zur Zeit auch nicht entfernt gedacht werden kann.

IV. Chromosomen und Genetik beim Menschen.

Über die Beziehungen zwischen bestimmten Genen und bestimmten Chromosomen wissen wir beim Menschen nur sehr wenig (vgl. Just, 1934, 1935). Da der Mensch 24 Paare homologer Chromosomen besitzt, ist mit dem Vorhandensein von 24 Gruppen gekoppelter Mendelfaktoren zu rechnen. Wirklich gesicherte Koppelungen sind bisher nur für geschlechtsgebundene Faktoren bekannt, die demnach im X-Chromosom lokalisiert werden können. Allerding gibt es nur einen Fall, in dem *gleichzeitig* zwei Gene im X nachgewiesen werden konnten. Es handelt sich um das gleichzeitige Vorkommen von Hämophilie und Farbenblindheit (Bell und Haldane, 1938; Davenport, 1930; Madelener, 1928). Rath (1938), ein Schüler v. Verschuers, hat weiterhin nicht nur eine weitere Sippe mit Koppelung beider Erbkrankheiten aufgefunden, sondern auch einen entsprechenden Faktorenaustausch, der auf einem Chromosomenstückaustausch beruhen muß. Auch Riddell (1937) hat, wenn auch nicht völlig gesichert, einen Fall von Faktorenaustausch für Rotgrünblindheit und Hämophilie beschrieben. Es gibt Hinweise dafür, daß auch im Y-Chromosom Gene lokalisiert sind, wie schon aus den — wenn auch nicht eindeutigen — Mitteilungen von Schofield (1921)

und CASTLE (1922) entnommen werden kann. Alle nicht geschlechtsgebunden
sich vererbenden Gene sind sonst im Autosomensatz lokalisiert. Über diese
allgemeine Aussage hinaus sind zur Zeit für die Autosomen weitere Angaben
nicht möglich. Doch ist das Problem wenigstens methodisch in Angriff genommen (BERNSTEIN, 1932; HOGBEN, 1933, 1934).

Anders steht es für das Y-Chromosom: Nach einer Zusammenstellung von
LEVIT (1935)[1] sind es von 30 angeblich geschlechtsgebundenen Genen nur 11,
deren geschlechtsgebundener Erbgang gesichert ist. Für eine ganze Anzahl
von Genen ist ein unvollkommen geschlechtsgebundener Erbgang bekannt geworden. Für solche Gene kann die Annahme gemacht werden, daß sie in gewissen
Fällen durch Chromosomenstückaustausch (crossing over) in ein anderes Chromosom gelangen. Am wahrscheinlichsten ist dabei, daß dieses andere Chromosom das Y-Chromosom ist. Wir wissen von *Drosophila* durch die Speicheldrüsenmethode, daß Teile des Y-Chromosoms mit entsprechenden Teilen des X-Chromosoms homolog sind, wie dies Untersuchungen
von PROKOFJEVA-BELGOVSKAJA (1937) gezeigt haben, und es ist weiterhin auch
Austausch zwischen X und Y bekannt geworden. HALDANE (1936) weist nun
darauf hin, daß nach KOLLER und DARLINGTON (1929) auch bei· Säugetieren
(Rattus norvegicus) das X-Chromosom teilweise dem Y-Chromosom homolog ist

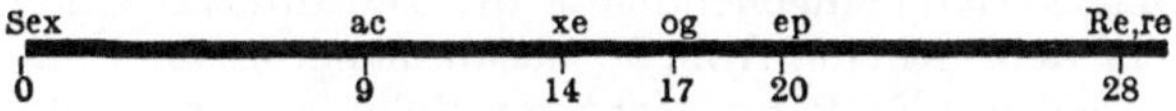

Abb. 29a. Die vorläufige genetische Karte des zu Y homologen Teiles des X-Chromosoms. (Nach HALDANE, 1936.)

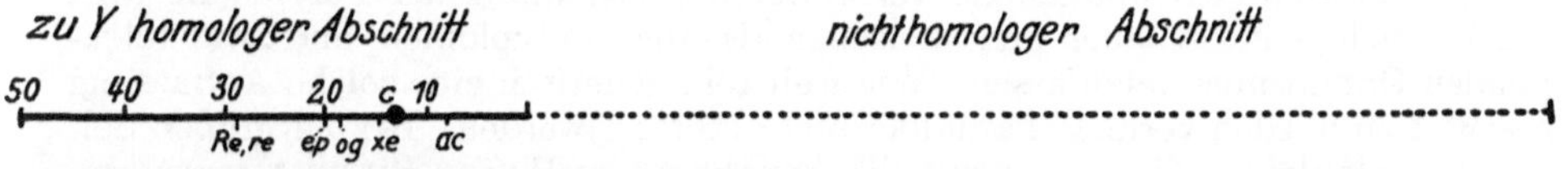

Abb. 29b. Die Karte des X-Chromosoms des Menschen. In dem zu Y nicht homologen Abschnitt (. . . . .) müssen die vollkommen geschlechtsgebundenen Gene lokalisiert werden. c = Centromer (Spindelfaserregion). Die Geschlechtsgebundenheit nimmt mit der Entfernung nach außen von c ab. (Nach KOLLER, 1937.)

und daß ein Chromosomenstückaustausch vorkommt (Chiasmenbildung). Seite 19
bis 20 sind die neuen Befunde über die Konjugation von X und Y, die KOLLER
beim Menschen erheben konnte, ausführlich mitgeteilt worden. Die von diesem
Austausch betroffenen Gene würden demnach einen unvollständig an das X gebundenen Erbgang zeigen. HALDANE übertrug nun diese Verhältnisse auf
den Menschen. Für 6 Gene (Erbkrankheiten), deren unvollständig geschlechtsgebundenen Erbgang als erwiesen betrachtet und deren Koppelung von FISHER
(1936) bestätigt wird — es sind nach FISHER allerdings auch andere als die
von HALDANE angenommenen Koppelungswerte möglich und vielleicht sind
einige Gene Allele — ist HALDANE der Meinung, daß sie in einem Abschnitt
des X-Chromosoms lokalisiert sind, der Y homolog ist und mit diesem gelegentlich Stücke austauschen kann. Die postpachytäne Vereinigung der homologen
Abschnitte von X und Y muß geradezu als ein Hinweis auf einen stattgefundenen Chromosomenstückaustausch betrachtet werden. Die Cross-over-
Häufigkeit [Methode muß bei HALDANE (1936) eingesehen werden, daselbst
auch weitere Literatur] der 6 Gene ist annähernd berechenbar, so daß für
diesen Teil des X-Chromosoms eine Genkarte konstruiert werden kann (Abb. 29a).
Es ist die erste für den Menschen aufgestellte genetische Chromosomenkarte, die von HALDANE selbst als provisorisch bezeichnet wird. Die Karte
ist nach links zu verlängern um den die geschlechtsbestimmenden Faktoren
enthaltenden Teil des X-Chromosoms. Dies ist von KOLLER ausgeführt in
Abb. 29b.

---

[1] Russisch, zit. nach TIMOFÉEFF-RESSOVSKY.

Es sind die Gene folgender Erbkrankheiten lokalisiert worden: Achromatopsia (ac), recessiv; Xeroderma pigmentosum (xe), recessiv; Oguchische Krankheit (og), recessiv; Epidermolysis bullosa dystrophica (ep), recessiv; Retinitis pigmentosa (Re), dominant und (re) recessiv. Die Gene ac, xe, og, ep, Re, re erscheinen ihren Austauschwerten entsprechend in der bekannten linearen Anordnung. Allerdings hängen alle diese Ableitungen von der Existenz eines Y-Chromosoms ab. Würde Y fehlen, wie dies (s. oben) neuerdings Oguma (1937) noch einmal angenommen hat, müßte auf Austausch zwischen X und den Autosomen geschlossen werden, wenn man nicht eine andere Erklärung vorzieht. Die Paarungsverhältnisse von XY hat — wie schon S. 19—20 dargestellt — Koller (1937) eingehend geprüft. Die Interpretation der verschiedenen Figuren ist in dem Schema Abb. 28 zusammengestellt, worauf hier nochmals verwiesen sein möge. Es kann nicht zweifelhaft sein, daß die Haldanesche Kartenkonstruktion cytologisch gut unterbaut ist.

Auch sonst sind spezielle Verhältnisse, die die X-Chromosomen betreffen, zur Erklärung bestimmter Erbgänge herangezogen worden, so z. B. für einen von Cunier (1839) bekanntgemachten Erbgang von Farbenblindheit, bei dem durch 5 Generationen die Weitergabe nur an die Töchter erfolgte. Gowen hat 1933 versucht, dieses Verhalten durch die Annahme von dauernd verbundenen X-Chromosomen („attached X") verständlich zu machen[1].

Zuletzt soll noch kurz auf ein weiteres Problem eingegangen werden, das neuerdings von Haase-Bessell (1936) aufgegriffen worden ist. Ausgehend von der im Pflanzenreich weitgehend verbreiteten Erscheinung der Polyploidie wird der Versuch gemacht, auch den Menschen als einen Polyploiden, und zwar tetraploiden Organismus aufzufassen. Wie weit rein genetisch eine solche Auffassung gestützt zu werden vermag, kann hier nicht erörtert werden. Bei der großen Seltenheit polyploider Tiere erscheint die Annahme von Haase-Bessell von vornherein nicht gerade wahrscheinlich. Cytologisch scheint uns eine Stütze der Polyploidiehypothese ebenfalls nicht gegeben zu sein. Sehen wir von dem Geschlechtschromosomenmechanismus ab, der eine Zweisätzigkeit vortäuschen könnte (Haase-Bessell), so spricht die nunmehr für die ersten 10 Autosomen bekannt gewordene feinere Morphologie doch wohl entscheidend gegen die Polyploidie. Die Meinung Haase-Bessells, daß es nicht schwer fallen werde, beim Menschen Doppelpaare von Chromosomen wahrscheinlich zu machen, kann nicht mehr aufrecht erhalten werden und auch bei voller Anrechnung der Fixierungslabilität bleibt der Befund von Andres und Navaschin bestehen, daß etwa 10 Paare der größten Chromosomen *immer* erkennbar sind, wenn überhaupt eine gute Fixierung, gleich welcher Art, vorliegt (vgl. Abb. 6). Eine im Laufe der Stammesgeschichte erfolgte Umbildung zu einer sekundären morphologischen Diploidie sieht doch etwas stark nach einer ad hoc-Annahme aus und bietet cytologisch nichts. So gibt uns die heutige Kenntnis auch der Karyologie des Menschen keine Handhabe, Polyploidie als wahrscheinlich anzunehmen. Immerhin erscheint die Hypothese Haase-Bessells beachtlich genug, um auch in diesem Zusammenhang Erwähnung zu finden.

V. Anhang: Chromosomen und Pathologie beim Menschen.

In den Rahmen der soeben gegebenen Darstellung der normalen Chromosomenverhältnisse des Menschen gehören die pathologischen Zustände an sich nicht mit hinein, bei der großen Bedeutung aber, die für das Verständnis des Wesens entarteter Gewebe auch den Chromosomen zukommt, kann auf einige Bemerkungen allgemeiner Art nicht verzichtet werden.

---

[1] Nicht für befugt halten wir uns, auf die Existenz von Y so weitreichende Spekulationen zu gründen, wie Paul dies kürzlich (1937) getan hat.

Eine zusammenfassende Übersicht über die pathologischen Chromosomenverhältnisse beim Menschen hofft der Verf. demnächst vorlegen zu können.

Die Frage, inwieweit pathologische Zustände der Zelle im chromosomalen Bild zum Ausdruck kommen, ist *allgemein* nur wenig bekannt, im *besonderen* aber ist eine schon sehr umfangreiche, aber auch recht widerspruchsvolle Literatur

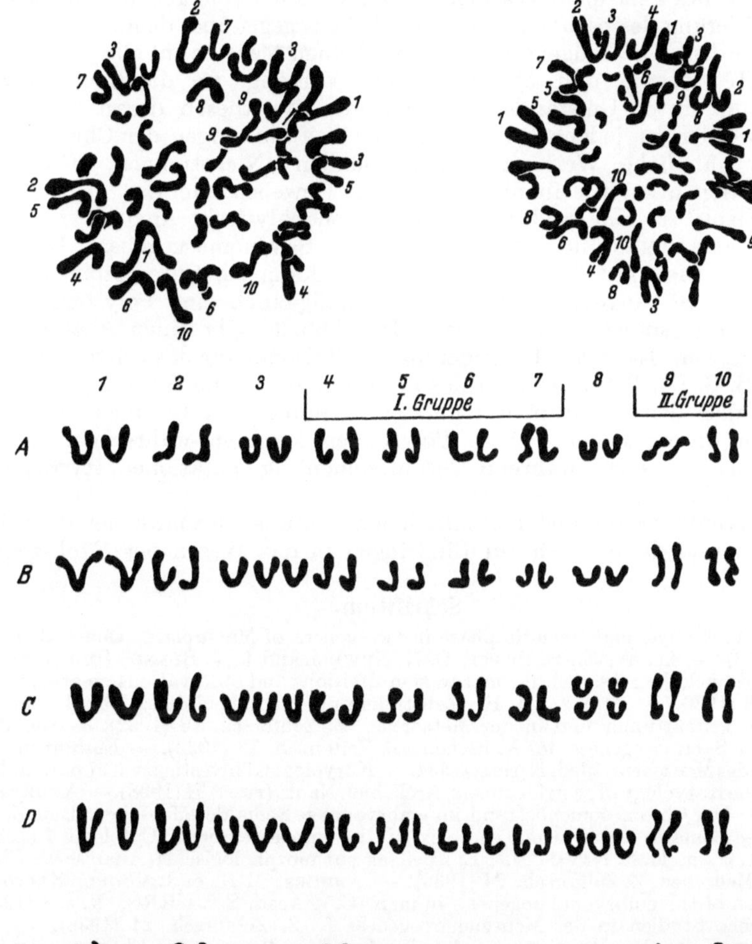

Abb. 30. Chromosomenanalysen von Seminomzellen. Links oben Seminomzelle mit 49 Chromosomen, rechts oben Seminomzelle mit 55 Chromosomen. A die ersten 10 Autosomenpaare aus einer normalen Spermatogonie, B—E Chromosomensätze aus Seminomzellen. B Trisomie für das 3. Chromosom, C Trisomie für das 3., Tetrasomie für das 8. Chromosom, D Trisomie für das 3. und 8. Chromosom, zwei überzählige Chromosomen in Gruppe I, E Extrachromosom in Gruppe I, wahrscheinlich 5. (Nach ANDRES und CHESSIN, 1937.)

über die Chromosomen der Krebszellen vorhanden. Zweifellos sind in den Krebszellen *auch* chromosomale Sonderverhältnisse gegeben, was vorwiegend in den zum Teil sehr starken Zahlenschwankungen sichtbar zum Ausdruck gelangt. So fand z. B. ANDRES (1932) in Hautbasilomen eine Schwankungsbreite von 29—583 Chromosomen, HEIBERG und KEMP (1933) geben Zahlen bis zu 103 Chromosomen an, SCHAIRER (1935) fand in Basalzellen und Plattenepithelcarcinomen ebenfalls bis zu 103 Chromosomen und konnte auf Grund zahlreicher Zählungen zeigen, daß die Zahlenschwankungen einer Binomialkurve entsprechen, d. h. aber zugleich, daß Chromosomensatzverdoppelungen (Diploidie zu Tetraploidie) nicht wesentlich für die Krebszelle sein können.

Leider sind die Chromosomenanalysen in der Mehrzahl der Untersuchungen nicht mit allen cytologisch notwendigen und auch möglichen Mitteln durchgeführt worden. Ist dies aber nicht geschehen, so kann auch eine genaue karyologische Charakterisierung des pathologischen Geschehens gegenüber dem normalen nicht gegeben werden. Ungenügend gestützt erscheinen bisher wohl alle die Angaben, die eine Heterotypie, d. h. also meiotische Vorgänge für die Krebszellen behaupten und unter Umständen weitgehende Hypothesen daran anschließen. Erkannt worden ist jedoch bereits, daß die Schwankungen der Chromosomenzahlen auf ähnliche Weise zustande kommen (Nichttrennen, Elimination, Fragmentation u. a.) wie in nichtentarteten Geweben auch.

Ein Beispiel für eine moderne chromosomenanalytische Analyse von Tumorzellen haben Andres und Chessin (1936) für Seminome gegeben. Es wurden hierbei nicht wie sonst üblich nur die Schwankung der Chromosomenzahl, die hier bis 61 geht, angegeben, sondern erstmalig auch eine Polysomie für bestimmte Chromosomen nachgewiesen. Die Abb. 30 gibt einen Ausschnitt aus diesen Analysen. Es trat unter anderem auf: Trisomie für das dritte Chromosom (Abb. 30 B, C, D), Tetrasomie für das 8. Chromosom (Abb. 30 C, D) und weitere Vermehrungen der als Gruppen I und II zusammengefaßten nicht ganz sicher trennbären Chromosomen. Diese Polysomien kommen wahrscheinlich durch Nichttrennen zustande, während Chromosomenfragmentationen Hyperploidien vortäuschen können.

Die Zukunft bringt uns hoffentlich ein weiteres chromosomenanalytisches Vordringen und damit auch ein Eindringen in das Wesen der Krebszelle.

Schrifttum.

Agar, W. E.: The male meiotic phase in two genera of Marsupials. Quart. J. microsc. Sci. **67** (1923). — Allen, E., D. Pratt, Q. N. Newell and L. T. Bland: Human ova from large follicles including a search for maturation divisions and observations on atresia. Amer. J. Anat. **46** (1930). — Andres, A. H.: Zellstudien am Menschenkrebs. Der chromosomale Bestand im Primärtumor und in der Metastase. Z. Zellforsch. **16** (1932). — Die Riesenzellen in der Spermatogenese des Menschen. Z. Zellforsch. **18** (1933). — Einführung in die Karyologie des Menschen. Medgis (russ.) **1934**. — Karyological investigation of human blastomata. On the Karyology of gastric cancers. Arch. biol. Nauk. (russ.) **51** (1938). — Andres, A. H. i B. W. Jiv: Der Chromosomenbestand im embryonalen Soma des Menschen. Biol. Ž. (russ.) **4** (1935). — Somatic chromosome complex of the human embryo. Cytologia **7** (1936). — Andres, A. H. u. M. S. Navaschin: Ein Beitrag zur morphologischen Analyse der Chromosomen des Menschen. Z. Zellforsch. **24** (1936). — Andres, A. H. et I. Vögel: Karyological investigation of the embryonal oogenesis in man. C. r. Acad. Sci. URRS., N. s. **4** (1935). — Karyologische Studien in der Menschenovogenese I. Z. Zellforsch. **24** (1936).

Bernstein, F.: Berichtigung zur Arbeit: Zur Grundlegung der Chromosomentheorie der Vererbung beim Menschen mit besonderer Berücksichtigung der Blutgruppen, Bd. 57, S. 113—128. Z. Abstammgslehre **63** (1932). — Biasi, W. de: Über mehrkernige Spermatiden und Spermatidenriesenzellen im menschlichen Hoden. Virchows Arch. **275** (1929). — Bridges, C. B.: Triploid intersexes in *Drosophila melanogaster*. Science (N. Y.), N. s. **54** (1921). — Broman, I.: Über atypische Spermien speziell beim Menschen. Anat. Anz. **21** (1902).

Caffier, P.: Chromosomenstudien an menschlichem embryonalen Gewebe. Ein Beitrag zum Problem des Wachstums von Embryo und Tumor. Z. Geburtsh. **110** (1932). — Castle, W. E.: Y-chromosome type of sex linked inheritance in man. Science (N.Y.) **55** (1922).

Darlington, C. D.: Recent advances in cytology. London 1937.

Evans, H. M. and O. Swezy: The chromosomes in man sex and somatic. University of California Press 1929.

Fisher, R. A.: Tests of significance applied to Haldane's data on partial sex linkage. Ann. of Eugen. **7** (1936). — Flemming, W.: Beiträge zur Kenntnis der Zelle III. Arch. mikrosk. Anat. **20** (1882).

Gatenby, I. B. and H. W. Beams: The cytoplasmic inclusions in the spermatogensis of man. Quart. J. microsc. Sci. **78** (1935). — Geitler, L.: Chromosomenbau. Berlin

1938. — Gowen, I. W.: Anomalous human sex linked inheritance of colour-blindness in relation to attached sex-chromosomes. Human. Biol. 5 (1933). — Grosser, O.: Über die Chromosomenzahl beim Menschen. Anat. Anz. 54, Erg.-H. (1921).

Haase-Bessell, G.: Polyploidie? Vielsätzigkeit der Chromosomen? Arch. Rassenbiol. 29 (1936). — Kernsymbiose-Polyploidie in Beziehung auf menschliche Verhältnisse. Z. menschl. Vererbgslehre 20 (1936). — Haldane, I. B. S.: A provisional map of a human chromosome. Nature (Lond.) 137 (1936). — A search for incomplete sex linkage in man. Ann. of Eugen. 7 (1936). — Heberer, G.: 50 Jahre Chromosomentheorie der Vererbung. Leipzig 1933. — Die Chromosomentheorie der Vererbung. Wiss. Woche Frankfurt a. M. I. (1934). — Die Ergebnisse der Chromosomenforschung beim Menschen. Z. menschl. Vererbgslehre 19 (1935). — Gibt es chromosomale Rassenunterschiede beim Menschen? Z. Rassenkde 1 (1935). — Neuere Fortschritte der Chromosomenforschung mit besonderer Berücksichtigung des Menschen. Verh. dtsch. Ges. Rassenforsch. 9 (1938a). — Ein morphologisches Chromosomenmodell. Biologe 7 (1938b). — Heiberg, K. u. T. Kemp: Über die Zahl der Chromosomen in Carcinomzellen des Menschen. Virchows Arch. 273 (1933). — Hinselmann, H.: Zur Frage der Reife des menschlichen Eierstockeies. Klin. Wschr. 1927 I, 127. — Weiteres über den Reifegrad der menschlichen Eizelle im Eierstock. Z. mikrosk. anat. Forsch. 19 (1929). — Hoadley, W. and D. Simons: Maturation phases in human oocytes. Amer. J. Anat. 41 (1928). — Hogben, L.: Theoretical basis of the human chromosome map. Nature (Lond.) 133 (1933). — The detection of linkage in human families. I. Both heterozygous genotypes in determinate. Proc. roy. Soc. Lond. B 114 (1934). — The detection of linkage in human familis. II. One heterozygous genotype indeterminate. Proc. roy. Soc. Lond. B 114 (1934).

Iriki, S.: A preliminary report on the human chromosomes. Zool. Mag. (Japan) 1936.

Just, G.: Faktorenkoppelung, Faktorenaustausch und Chromosomenaberrationen beim Menschen. Erg. Biol. 10 (1934). — Multiple Allelie und menschliche Erblehre. Erg. Biol. 12 (1935).

Karplus, H.: Ein Beitrag zur Kenntnis der somatischen Mitose beim Menschen. Z. Zellforsch. 10 (1929). — Kemp, T.: Über das Verhalten der Chromosomen in den somatischen Zellen des Menschen. Z. mikrosk.-anat. Forsch. 16 (1929). — Über die somatischen Mitosen beim Menschen und warmblütigen Tieren unter normalen und pathologischen Verhältnissen. Z. Zellforsch. 11 (1930). — King, R. L. and H. W. Beams: The sex chromosomes in man with special reference to the first spermatocyte. Anat. Rec. 65 (1936). — Koller, P. C.: Meiosis during anoestrus in Ferret and Mole. Proc. roy. Soc. Lond. 121 (1936a). — The genetical and mechanical properties of sex chromosomes II. Marsupials. J. Genet. 32 (1936b). — The genetical and mechanical properties of sex chromosomes. III. Man. Proc. roy. Soc. Edinburgh 57 (1937). — Koller, P. C. and C. D. Darlington: The genetical and mechanical properties of the sex chromosomes. I. *Rattus norvegicus* ♂. J. Genet. 29 (1934).

Levit, S. G.: Geschlechtsgebundene Gene beim Menschen. C. r. Accad. Sci. URSS. (russ.) 2 (1935). — Ludwig, W.: Faktorenkoppelung und Faktorenaustausch bei normalem und aberrantem Chromosomenbestand. Leipzig 1938.

Matthey, R.: Les chromomes sexuels des mammifères euthériens. C. r. Soc. Biol. Paris 120 (1935). — Le problème des hétérochromosomes chez les mammifères. Archives de Biol. 47 (1936). — Contribution nouvelle à l'étude des hétérochromosomes chez les mammifères, et singulièrement chez les rongeurs. J. Genet. 34 (1938). — Minouchi, O. and T. Ohta: On the number of chromosomes and the type of sex chromosomes in man. Cytologia 5 (1934). — Molas, L. G. G.: Nucléogenese ovulaire et transmission hériditaire chez l'homme. Trav. Labor. Recherch. biol. Univ. Madrid 24 (1928). — Morgan, T. H.: Has the white man more chromosomes than the negro? Science (N. Y.), N. s. 39 (1924).

Oguma, K.: A further study on the human chromosoms. Archives de Biol. 40 (1930). — A new type of the mammalian sex chromosomes of rats and mice. Proc. jap. Assoc. Acad. Sci. 10 (1934). — A revision of the mammalian chromosomes. Jap. J. Genet. 9 (1934). — Problems on the human chromosomes and their solution. Proc. jap. Assoc. advanc. Sci. 11 (1936). — Absence of the Y-Chromosome in the vole, *Microtus montebelli* Edw. with supplementary remarcs on the sex chromosomes of *Evatomys* and *Apodemus*. Cytologia 7 (Fujii-Festschr.) (1937). — The segmentary structure of the human X-chromosome compared with that of rodents. J. Morph. a. Physiol. 61 (1937). — Oguma, K. and H. Kihara: A preliminary report on the human chromosomes. Zool. Mag. (Tokyo) 1922, 1934. — Etude des chromosomes chez l'homme. Archives de Biol. 33 (1923). — Oguma, K. and S. Makino: A new list of the chromosome numbers in Vertebrata. J. Fac. Sc. Hokkaido. imp. Univ., VI. s., Zool 5 (März 1937).

Painter, T. S.: The Y-chromosome in mammals. Science (N. Y.), N. s. 53 (1921). — The sex chromosomes of the monkey. Science (N. Y.), N. s. 56 (1922). — Further observations of the sex chromosomes of mammals. Science (N. Y.), N. s. 58 (1923). — Studies in mammalian spermatogenesis II. The spermatogenesis of man. J. of exper, Zool. 37

(1923). — The sex chromosomes of the monkeys. J. of exper. Zool. **39** (1924). — The sex chromosomes of man. Amer. Naturalist **58** (1924). — A comparative studie of the chromosomes in mammals. Amer. Naturalist **59** (1925). — Paul, A.: Der besondere Erbgang der Y-Kernschleife und ihre rassenbiologische Bedeutung. Arch. Rassenbiol. **31** (1937).

Rappeport, T.: Über die somatische Mitose des Menschen. Arch. Zellforsch. **16** (1922). — Rath, B.: Rotgrünblindheit in der Calmbacher Blutersippe. Nachweis des Faktorenaustausches beim Menschen. Arch. Rassenbiol. **32** (1938).

Saez, F. A.: Estadu actual del problema relativo a los cromosomas en la especie humana. V. Congr. nac. Med., Rosario **3** (1935). — Schairer, E.: Kernmessungen und Chromosomenzählungen an menschlichen Geschwülsten. Z. Zellforsch. **43** (1935). — Schofield, R.: Inheritance of webbed toes. J. Hered. **12** (1921). — Schwarz, E.: Chromosomes in man. Amer. J. Canc. **33** (1938). — Shiw, B. W.: Karyologische Untersuchungen der Ovogenese beim Menschen. Biol. Ž. **7** (1938). — Shiwago, P. I. u. A. H. Andres: Geschlechtschromosomen des Menschen. Z. Zellforsch. **16** (1932). — Die heteromorphen Chromosomen in der menschlichen Spermatogenese. Biol. Ž. (russ.) **1** (1932). — Stieve, H.: Die männlichen Geschlechtsorgane. Handbuch der mikroskopischen Anatomie des Menschen, Bd. 7. 1930.

Tateishi, S.: On the sex chromosomes of 11 species of the Muridae. Proc. jap. Assoc. advanc. Sci. **10** (1935).

Uffenorde, H.: Zur Frage der Eibildung im Eierstock der geschlechtsreifen Frau. Z. Geburtsh. **25** (1934).

Verschuer, O. v.: Der erste Nachweis von Faktorenaustausch (Crossing over) beim Menschen. Erbarzt **1938**. — Zur Frage des Faktorenaustausches beim Menschen. Erbarzt **1938**.

Widersperg, F.: Beitrag zur Entwicklungsgeschichte der Samenkörper. Arch. mikrosk. Anat. **25** (1885). — Winiwarter, H. v.: Etudes sur la spermatogenèse humaine. I. Cellule de Sertoli. II. Hétérochromosome et mitoses de l'épithélium séminale. Archives de Biol. **27** (1912). — Winiwarter, H. v. et K. Oguma: Recherches sur quelques points controversés de la spermatogenèse humaine. C. r. Assoc. Anat. Turin **1925**. — Nouvelles recherches sur la spermatogenèse humaine. Archives de Biol. **34** (1926). — La formule chromosomiale humaine (à propos de deux travaux recents). Archives de Biol. **40** (1930).

Genetisch-entwicklungsphysiologische Grundlagen.

Vorbemerkungen.

Von **K. Bonnevie**, Oslo und **N. W. Timoféeff-Ressovsky**, Berlin-Buch.

Die Beziehungen zwischen Gen und Merkmal stellen ein Gebiet der Genetik dar, das zunächst noch kaum auf so klare Schemata zurückgeführt werden kann, wie es beispielsweise die Chromosomentheorie der Vererbung ist. Dieses Gebiet steht in engster Berührung mit der Embryologie und Entwicklungsphysiologie und hat zur Aufgabe eine vom Genotyp aus gesehene Klärung der kausalen Verhältnisse der Ontogenese.

Für die angewandte Genetik schwerzüchtbarer Objekte, besonders für die Erbpathologie des Menschen, haben Kenntnisse auf diesem Gebiet in zweierlei Hinsicht eine Bedeutung. Erstens kann die Kenntnis der allgemeinen Erscheinungen der Genmanifestation eine ätiologisch korrekte Klassifikation von Erbkrankheiten und sonstigen Erbmerkmalen des Menschen wesentlich erleichtern. Zweitens wird auf Erfahrungen der genetischen Entwicklungsphysiologie sich in Zukunft die Verhütung und Heilung mancher Erbkrankheiten aufbauen können.

Deswegen soll, trotz der besonderen Schwierigkeiten, die sich aus den noch sehr fragmentarischen Kenntnissen auf diesem Gebiet ergeben, im weiteren versucht werden, das Wesentlichste über die Beziehungen zwischen Gen und Merkmal zusammenzufassen.

Dem Material und den Arbeitsmethoden entsprechend ergibt sich eine Dreiteilung des zu behandelnden Stoffes:

1. Allgemeine Erscheinungen der Genmanifestierung,
2. Phänogenetik oder genetische Entwicklungsphysiologie und
3. Positionseffekt der Gene.

Das erste Gebiet betrifft die Endstufen der Merkmalsentwicklung und wird mit Hilfe von Kreuzungen und eines Vergleiches und biometrischen Bearbeitung der variierenden genbedingten Merkmale studiert.

Das zweite Gebiet betrifft die Ontogenie der erbbedingten Merkmale, wobei zum Studium neben den genetischen — auch embryologisch-entwicklungsphysiologische Untersuchungsmethoden herangezogen werden.

Schließlich betrifft das dritte Gebiet Vorgänge, die sich in der unmittelbaren Genumgebung abspielen und manche Genwirkungen beeinflussen können; sie werden durch Vergleich der Wirkungen mancher Gene in normalen Chromosomen und in Chromosomenaberrationen studiert. Das letztere Gebiet, das noch ganz jung ist und erst in den Anfängen der Untersuchung steht, wird hier nur kurz am Schluß des Kapitels behandelt werden.

Allgemeine Erscheinungen der Genmanifestierung.

Von **N. W. Timoféeff-Ressovsky**, Berlin-Buch.

Mit 26 Abbildungen.

I. Einleitung.

Die Untersuchungen über die Realisation der genbedingten Merkmale bilden das im ganzen jüngste und uneinheitlichste Gebiet der experimentellen Genetik. Die Uneinheitlichkeit ist sowohl durch das Material als auch durch die Untersuchungsmethoden und -ziele bedingt. Denn in dieses Gebiet gehört die ganze ungeheure morphologische Mannigfaltigkeit der erblichen Merkmale in allen Entwicklungsstadien bei allen Lebewesen; es können zur Untersuchung dieser Mannigfaltigkeit fast alle biologischen Arbeitsmethoden angewandt werden; es können schließlich die verschiedensten Ziele in den einzelnen Arbeiten gesetzt werden. Daraus ergeben sich selbstverständlich vor allem große Schwierigkeiten für die Abgrenzung dieses Gesamtgebietes, wobei diese Schwierigkeiten noch dadurch gesteigert werden, daß dieses junge Gebiet noch über keinerlei schematische, einfache und allgemein gültige theoretische Grundlage verfügt, die man z. B. mit der Chromosomentheorie der Vererbung und der linearen Genanordnung in den Chromosomen aus dem Gebiete des Vererbungsmechanismus vergleichen könnte. Dadurch erklärt sich auch, daß die bisherigen Versuche, dieses ganze Gebiet unter einheitlichen methodologischen Gesichtspunkten als in sich abgeschlossene Disziplin zu betrachten, recht unbefriedigend geblieben sind. Als Beispiel eines methodologisch besonders klaren, sachlich aber gänzlich unbefriedigenden Versuches dieser Art möchte ich nur an die *Phänogenetik* im Sinne Haeckers erinnern. Einerseits wollte Haecker in der Phänogenetik *die* Wissenschaft von der Realisation des Genotyps sehen; andererseits schlug er als einzige Methode das rein beschreibende embryologische Zurückverfolgen eines alternativen erblichen Merkmalspaares bis zu dem Entwicklungsstadium vor, in dem die morphologische Embryologie keinen Unterschied mehr zwischen den beiden alternativen Merkmalsträgern finden kann (,,Phänokritische Phase"). Es ist klar, daß eine methodisch so begrenzte Phänogenetik nichts anderes als eine auf einige (meistens spätere) Embryonalstadien ausgedehnte Merkmalsbeschreibung darstellt, die zwar als sehr nützliche Materialsammlung betrachtet werden muß, aber nicht wesentlich zur Vertiefung unserer Kenntnisse über die Beziehungen zwischen Gen und Merkmal beitragen konnte. Ich glaube, daß auch jeder andere Versuch, das Gesamtgebiet klar zu definieren und methodologisch zu unterbauen, zunächst notwendigerweise zu einem unbefriedigenden Ergebnis führen würde.

Wie in den kurzen Vorbemerkungen zu diesem Gesamtkapitel schon erwähnt wurde, wollen wir deshalb zunächst das Gesamtgebiet lediglich auf Grund der sich heute bietenden Ansatzstellen zur Analyse der Genmanifestierung in drei Untergebiete einteilen. Dabei wird bewußt auf eine erschöpfende und strenge Klassifikation verzichtet. Letzteres muß einer hoffentlich nahen Zukunft überlassen bleiben.

In diesem ersten Abschnitt, der den allgemeinen Erscheinungen der Genmanifestierung gewidmet ist, wollen wir kurz die verschiedenen Phänomene der Genmanifestation aufzählen, die sich aus einer vergleichenden Betrachtung der Endstufen elementarer Erbmerkmale und deren Kombinationen ergeben. Notwendigerweise wird auch dieser Teilabschnitt als solcher auf eine wirkliche Erschöpfung des unübersehbar großen Tatsachenmaterials verzichten müssen. Es soll hier nur auf die allgemeinsten, bei der Betrachtung der Endstufen der Erbmerkmale immer wiederkehrenden Erscheinungen hingewiesen werden. Eine derartige Phänomenologie der Genmanifestierung hat auf den ersten Blick wenig analytische Bedeutung. Sie muß aber unseres Erachtens, einerseits, bei den weiteren Versuchen einzelne Beziehungen zwischen Gen und Merkmal tiefer zu analysieren, als Gesamtbild der Manifestationsmöglichkeiten vor Augen gehalten werden; andererseits hilft sie auch in dem meistens bis zur genügenden Exaktheit nicht analysierbaren Wirrwarr der Erbgänge verschiedener Merkmale bei den der exakten genetischen Analyse schwer zugänglichen Objekten (vor allem auch in der Erbpathologie des Menschen) sich zurecht zu finden.

Die meisten Beispiele werden der Drosophila-Genetik entnommen, da letztere uns das bestanalysierte und umfangreichste genetische Material liefert. Es soll aber versucht werden, nur diejenigen Erscheinungen zu beschreiben, die, auf Grund von Stichproben an anderen Objekten, als für alle, oder die meisten, Lebewesen gültig erkannt wurden.

II. Allgemeine Beziehungen zwischen Gen und Merkmal.

In diesem Teil der Arbeit wollen wir die wichtigsten allgemeinen Phänomene der Genmanifestierung aufzählen und an Hand einiger Beispiele illustrieren. Es soll aber vorher noch kurz daran erinnert werden, was in der experimentellen Genetik als analysierbares Erbmerkmal betrachtet wird.

Merkmale, die in dem ganzen uns zur Verfügung stehenden Material innerhalb einer Art (die in diesem Fall als potentielle Fortpflanzungsgemeinschaft verstanden wird) erblich einheitlich sind, können genetisch nicht analysiert werden, sind also als genetisch „nicht existent" zu betrachten und können lediglich als typische Artmerkmale registriert werden. Für ihre Analyse stehen uns nur die nicht genetischen Methoden zur Verfügung, die es uns in verschiedener Weise gestatten, derartige Merkmale nicht erblich zu modifizieren. Alles, was wir als Erbmerkmale im engeren Sinne des Wortes bezeichnen, muß in dem uns zur Verfügung stehenden Material in mindestens zwei erblich verschiedenen Formen vorhanden sein; anders gesagt, beruht also die genetische Analysierbarkeit eines Merkmals auf einer früher stattgefundenen Erbänderung. Da die meisten (wenn nicht alle) Erbänderungen auf Mutationen beruhen, so wird oft von „normalen" und „mutanten" Merkmalen gesprochen, vor allem dort, wo die betreffende Merkmalsalternative so ist, daß das eine Glied eindeutig zu dem normalen Merkmalsbestand der betreffenden Art oder Unterart gehört, das andere aber eine deutliche und seltene Abweichung davon darstellt. Selbstverständlich ist es in sehr vielen Fällen unmöglich zu sagen, welches von den Allelen historisch als „normales" und welches als „mutantes" zu betrachten ist. In der experimentellen Genetik wird deshalb oft irgendein Genotyp sozusagen künstlich, auf Verabredung als normaler bezeichnet, und die in diesem Standard-Genotyp nicht vorhandenen Allele als mutant. Wir wollen auf diese Fragen nicht weiter eingehen, da sie in dem uns jetzt interessierenden Zusammenhang belanglos sind. Es sollte lediglich daran erinnert werden, daß, wenn wir von Erbmerkmalen im engeren Sinne des Wortes sprechen, immer Merkmalsunterschiede, die auf durch Mutation entstandenen Allelunterschieden bzw. deren Kombinationen beruhen, gemeint sind. In diesem Sinne müssen auch die allgemeinen Phänomene der Genmanifestierung verstanden werden; sie werden aus der vergleichenden Betrachtung der Merkmalspaare, die auf entsprechenden Allelenpaaren oder Allelenkombinationen beruhen, abgeleitet.

1. Art der Merkmalsänderungen durch Mutationen.

Die auf Mutationen und deren Kombinationen beruhende erbliche Variabilität kann sämtliche Merkmale und Eigenschaften des Organismus in verschiedenstem Grade betreffen. Auch die einzelnen, elementaren, auf einem Allelenpaar beruhenden Merkmalsunterschiede können sehr verschieden sein. Neben ganz starken morphologischen Abweichungen, die von entsprechenden physiologischen Unterschieden begleitet werden, gibt es alle Übergänge zu ganz schwachen Merkmalsabweichungen, die sich morphologisch nur in ganz geringfügigen quantitativen Merkmalsänderungen, oder in kleinen Unterschieden in physiologischen Eigenschaften äußern. Es hat den Anschein, daß „kleine" Mutationen bei allen Lebewesen wesentlich häufiger als „große" stattfinden; deren unzählige Kombinationen bilden die erbliche Variabilität sämtlicher quantitativer Merkmale und deren Kombinationen. Auf Abb. 1 ist das Ergebnis eines Versuches dargestellt, in dem durch Röntgenbestrahlung, neben Letalfaktoren (also „große" Mutationen, die in homozygotem Zustand die Lebensunfähigkeit des Organismus bedingen), in noch höherer Rate kleine Abweichungen von der normalen Vitalität des Organismus (also „kleine" physiologische Mutationen) hervorgerufen wurden. Die meisten großen Mutationen, insofern sie nicht durch das Sieb der natürlichen Auslese gegangen sind, oder Anpassungen an

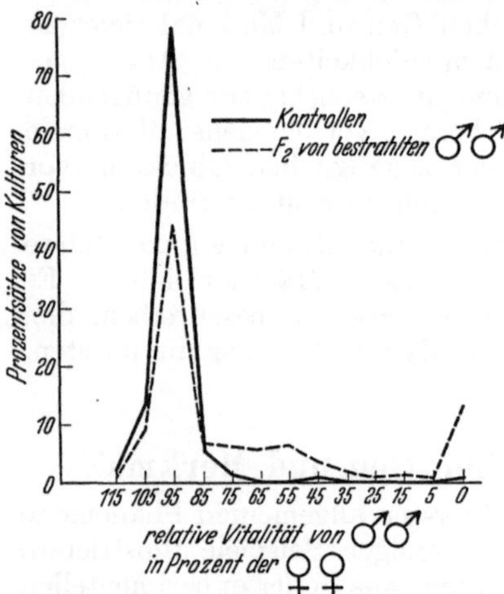

Abb. 1. Beispiel „kleiner" physiologischer Mutationen. Auslösung geschlechtsgebundener Vitalitätsmutationen bei Drosophila melanogaster durch Röntgenbestrahlung der P-♂♂; in F₂-Kulturen wurde das Zahlenverhältnis der Geschlechter festgestellt, und ergab gegenüber der Kontrolle einen Anstieg nicht nur der Rate letaler und subletaler Faktoren, sondern auch der Gruppe von Kulturen mit schwach herabgesetzter (85—35%) und erhöhter (115%) Vitalität der ♂♂. Weitere Prüfungskreuzungen zeigten, daß Abweichungen in der relativen Vitalität der ♂♂ auf recessiven Mutationen im X-Chromosom beruhen. (Nach Timoféeff-Ressovsky 1935.)

bestimmte Milieubedingungen darstellen, rufen eine mehr oder minder starke Herabsetzung der Vitalität des normalen Durchschnittstypes der betreffenden Sippe hervor. Auf Tabelle 1 ist die Schätzung der Einteilung der Mutationen bei dem genetisch bestuntersuchten Objekt, der *Drosophila melanogaster*, in bezug auf ihre Vitalität dargestellt; daraus ist ersichtlich, wie gering die Rate der Mutationen mit normaler Vitalität ist. Durch den Mutationsprozeß können bei verschiedenen Organismengruppen, auch bei nahe verwandten Arten,

Tabelle 1. Ungefähre Schätzung des relativen Anteils von in bezug auf morphologische Abweichung und Vitalität verschiedener Mutationen in dem durch Röntgenbestrahlung bei Drosophila ausgelösten Gesamtmutationsprozeß.

Gesamtzahl der Mutationen %	Morphologisch unauffällig				Morphologisch auffällig		
	homoz. letal %	subletal %	herabgesetzte Vitalität %	normale Vitalität %	homoz. letal %	herabgesetzte Vitalität %	normale Vitalität %
100	etwa 30	etwa 5	etwa 60	etwa 2	etwa 0,4	etwa 2,4	etwa 0,2

Tabelle 2. Die Zahlen mutierter Allele, klassifiziert nach den durch sie beeinflußten Merkmalen, bei Drosophila melanogaster und Drosophila funebris. (Nach TIMOFEÉFF-RESSOVSKY 1936.)

Drosophila-arten	Zahl mutierter Allele, beeinflussend die							total
	Körper-färbung	Augenfarbe	Augen-struktur	Flügelform und Lage	Borsten und Haare	Flügeladern	Sonstige Merkmale	
melano-gaster	40 7,8%	89 17,5%	63 12,4%	112 22,2%	94 18,5%	34 6,6%	77 15,0%	509 100%
funebris	— —	3 2,6%	4 3,5%	19 16,7%	32 28,1%	39 34,2%	17 14,9%	114 100%

vorwiegend verschiedene Merkmale betroffen werden. Auf Tabelle 2 ist ein Vergleich der prozentualen Verteilung mutanter Allele auf verschiedene Körpermerkmale bei zwei Drosophilaarten angeführt. Auf derartigen Unterschieden im Mutationsprozeß verschiedener Arten und auf Unterschieden im Evolutionsschicksal verschiedener Merkmale, beruhen die Unterschiede in der erblichen Variabilität einzelner Eigenschaften bei verschiedenen Organismenarten.

Die meisten Mutationen rufen Abweichungen des betreffenden Merkmals in einer bestimmten Richtung von der Norm hervor. Die Färbung eines Körperteils kann in bestimmter Richtung geändert, verstärkt oder geschwächt werden;

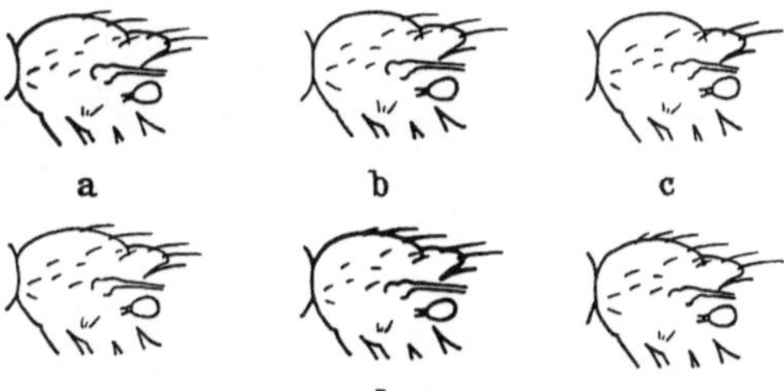

Abb. 2a—c. Zwei verschiedene Mutationen von Drosophila melanogaster, von denen die eine (Dichaeta, oben) die Zahl der dorsozentralen Borsten reduziert, und die andere (Polychaeta, unten) die Zahl dieser Borsten erhöht. a die normale Fliege, b und c verschiedene Grade der Manifestation der Mutationen.

die Größe oder Form eines Organs oder Merkmals kann in einer bestimmten Richtung verändert werden; bestimmte Merkmale können in den einen Fällen reduziert werden oder verschwinden, in anderen Fällen neu gebildet werden, usw. Auf Abb. 2 ist oben eine Mutation dargestellt, die auf dem Thorax der Drosophila die Borstenzahl reduziert; eine andere, auf derselben Abbildung unten dargestellte Mutation erhöht die Zahl der thorakalen Borsten. Neben dem Gros der Mutationen, die derartige, in einer bestimmten Richtung von der Norm abweichende Merkmalsänderungen hervorrufen, gibt es aber auch Fälle, in denen eine Genmutation ein bestimmtes Merkmal sozusagen ins Schwanken bringt, so daß es Abweichungen in zwei entgegengesetzten Richtungen von der Norm ergeben kann. Bei Drosophila funebris ist z. B. eine Mutation bekannt, die die auf Abb. 2 abgebildeten Thoraxborsten so beeinflußt, daß in homozygoten reinen Kulturen dieser Mutation verschiedene Individuen die verschiedensten Borstenzahlen aufweisen, von solchen, die geringer als die Norm sind, bis zu solchen, die die Norm wesentlich übersteigen. In einem anderen Fall einer Borstenmutation bei derselben Art konnte gezeigt werden (N. W. und H. A. TIMOFÉEFF-RESSOVSKY, 1934), daß die betreffende Mutation bei schwacher Manifestation eine Verdoppelung bestimmter Borsten, bei starker Manifestation eine Reduktion derselben Borsten erzeugt. Auf Abb. 3 sind zwei verschiedene Mutationen von Drosophila melanogaster angeführt, von denen die eine die Halteren am Thorax der Fliegen reduziert, die andere aber die Halteren sowohl zur Reduktion als auch zur weiteren Ausbildung in einen kleinen Flügel beeinflussen kann. Neben einseitig von der Norm abweichenden mutanten Merkmalen kann es somit auch solche geben, die sozusagen *polar* variieren.

Das in diesem Abschnitt gesagte kann folgendermaßen resumiert werden. Erbliche Unterschiede können beliebige Merkmale und in sehr verschiedener Stärke betreffen. Die meisten Merkmalsabweichungen verlaufen in jeweils einer bestimmten Richtung von der Norm. In einzelnen Fällen kann aber eine Mutation auch ein polares Schwanken eines Merkmals, d. h. also Abweichungen, die von Individuum zu Individuum in verschiedener Richtung von der Norm verlaufen, hervorrufen.

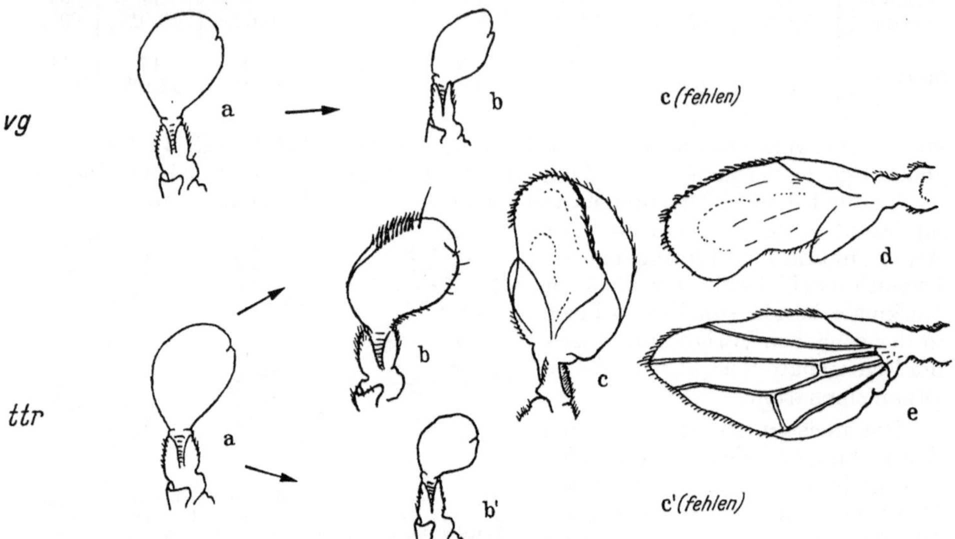

Abb. 3 a—e. Zwei verschiedene Mutationen von Drosophila melanogaster, von denen die eine (vestigial, oben) die Halteren der Fliegen reduziert, und die andere (tetraptera, unten) sie entweder ebenfalls reduziert (b'—c'), oder zu einem Flügelchen ausbildet (b—e). a normale Halteren; b—c, b—e und b'—c' verschiedene Grade der Manifestation der Mutationen.

2. Konstanz der Genmanifestierung.

Im vorangegangenen Abschnitt wurde betont, daß es in bezug auf ihre morphologische Wirkung und in bezug auf die Stärke der Abweichung von der „Norm" alle denkbaren Arten von Erbmerkmalen gibt. Unter den Mutationen, die bei verschiedenen Objekten in der experimentellen Genetik für Versuchszwecke benutzt werden, überwiegen sogenannte „gute" Mutationen, d. h. solche, die sich mehr oder weniger alternativ und deutlich von der „Norm" abheben und sich mehr oder minder konstant manifestieren. Es ist klar, daß derartige Erbmerkmale als Material für die experimentell-genetische Arbeit besonders bequem sind; die „schlechten" Mutationen, also solche, die sich sehr variabel manifestieren, unauffällige oder nur schwer feststellbare Merkmalsabweichungen erzeugen, bleiben entweder in den gewöhnlichen Züchtungsversuchen, in denen kein Wert auf die Erfassung sämtlicher Mutanten gelegt wird, unentdeckt, oder, sie werden nach Entdeckung und Vorversuchen vernachlässigt und nicht weiter gezüchtet. Dadurch entsteht aber bei den persönlich mit den verschiedenen Objekten der Genetik nicht Vertrauten der Eindruck, daß bei den meisten genetisch gut untersuchten pflanzlichen und tierischen Objekten hauptsächlich „gute", alternative und konstant sich manifestierende Erbmerkmale bei weitem überwiegen. Deshalb gewinnen auch manchmal Forscher, die aus irgendwelchen speziellen Gründen sich mit der Analyse nicht ausgewählter, möglichst sämtlicher Erbmerkmale, die zu einer bestimmten morphologischen Gruppe bei einem bestimmten Objekt gehören, beschäftigen müssen (z. B. bei der monographischen

Bearbeitung einer bestimmten Gruppe von Erbkrankheiten des Menschen) den Eindruck, als ob ihr Material sich diesbezüglich wesentlich von dem in der experimentellen Genetik bekannten unterscheidet. Dieser Eindruck ist aber falsch und beruht lediglich auf der vorhin erwähnten Tatsache, daß die experimentellen Genetiker sich das für ihre Zwecke passende Material aus der Fülle der ihnen zur Verfügung stehenden Mutationen und Kombinationen nach Wunsch aussuchen können.

Sichtet man ohne Auswahl die gesamte erbliche Variabilität eines beliebigen Objektes, so findet man, daß unter den Mutationen und Kombinationen meistens die „schlechten" Erbmerkmale weitaus überwiegen, und daß es in bezug auf

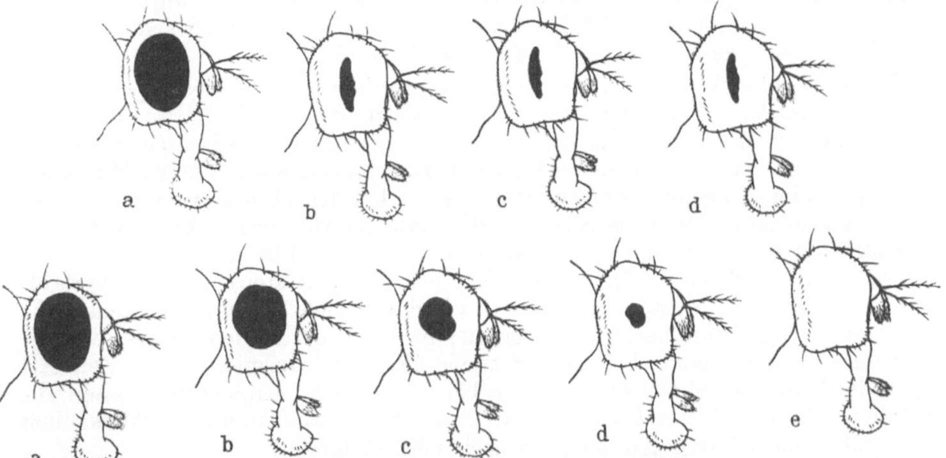

Abb. 4 a—e. Zwei Mutationen von Drosophila melanogaster, von denen die eine (Bar, oben) eine relativ sehr konstante Reduktion der Augen hervorruft, und die andere (eyeless, unten) im Mittel ebenso stark (in extremen Fällen noch stärker), aber sehr variabel die Augen reduziert. a das normale Auge; b—d und b—e verschiedene Grade der Manifestation der Mutationen.

Schärfe und Konstanz der Manifestierung alle Übergänge zwischen „gut" und sehr „schlecht" sich manifestierenden Mutationen und Kombinationen gibt. Auf Abb. 4 sind zwei Beispiele gebracht, die in besonders klarer Form die Unterschiede in der Konstanz der Manifestierung illustrieren. Es handelt sich um zwei verschiedene Mutationen, die bei Drosophila melanogaster die Größe und Form der Augen beeinflussen. Im Durchschnitt ist die Reduktion der Augengröße in homozygoten Kulturen dieser beiden Mutationen ungefähr gleich. Während aber eine Mutation (Bar) unter normalen Zuchtbedingungen eine nur sehr geringe interindividuelle Variabilität in bezug auf den Grad der Merkmalsausprägung zeigt, variiert die Manifestation der anderen Mutation (eyeless) unter den gleichen Bedingungen so stark, daß auf der einen Seite augenlose und auf der anderen Seite Individuen mit fast normal ausgebildeten Augen vorkommen, mit allen Zwischenstufen, die sich ungefähr nach einer gewöhnlichen Variationskurve verteilen.

Eine derartige Konstanz bzw. Inkonstanz der Manifestierung ist nicht, wie die Sichtung eines großen Materials bei genetisch gut untersuchten Objekten zeigt, nur an bestimmte Merkmale gebunden und hängt auch nicht von dem durchschnittlichen Abweichungsgrad des mutanten Merkmals von der Norm ab. Sowohl unter „großen" Mutationen als auch unter ganz „kleinen" gibt es neben ganz konstant sich manifestierenden auch alle Übergänge zu solchen, deren Manifestation sehr variabel ist. Bei den Variablen kann die Manifestationsschwankung in verschiedenem Grade mit der „Norm" transgredieren; dadurch

entsteht unvollkommene Manifestation auch in genetisch bezüglich des ins
Auge gefaßten Merkmals homogenem Material. Man hat dann Erbmerkmale,
die sich unter normalen Zuchtbedingungen nur in einem bestimmten Prozentsatz der Individuen phänotypisch manifestieren; durch genetische Züchtungs-
versuche kann dabei leicht gezeigt werden, daß zwischen den phänotypisch
normal bleibenden und den manifesten Individuen keine wesentlichen genetischen
Unterschiede bestehen, da sie in ihrer Nachkommenschaft wieder gleiche Prozentsätze phänotypisch manifester bzw. normaler Individuen liefern. Es gibt Mutationen, die sich unter normalen Zuchtbedingungen in homozygoten Kulturen
nur zu einem ganz geringen Prozentsatz phänotypisch manifestieren; in extremen
Fällen ist es manchmal sogar schwer zu entscheiden, ob es sich um eine nicht-
erbliche, zufällige, aber recht häufige Modifikation, oder eine schwach sich
manifestierende, sehr „schlechte" Mutation handelt.

Die variabel sich manifestierenden Merkmale können meistens experimentell
beeinflußt werden. Entweder gibt es andere Gene, die die Manifestation der ins
Auge gefaßten Mutation hemmen oder fördern, sogenannte *Modifikationsgene*,
von denen wiederum verschiedene einzeln verschieden stark die Manifestation
des „Hauptgens" beeinflussen können; oder es können Milieubedingungen bzw.
äußere Faktoren gefunden werden, die die Manifestation des in Frage kommenden Merkmals mehr oder weniger stark beeinflussen. Für beides sind an verschiedensten Objekten unzählige Beispiele bekannt. Meistens kann die variable
Genmanifestierung in einem gewissen Grade durch viele verschiedene genetische
und äußere Faktoren beeinflußt werden; in einzelnen Fällen gelingt es aber
einzelne stark wirkende Faktoren festzustellen; als Beispiel der letzten Art
kann die Mutation Abnormal abdomen bei Drosophila melanogaster dienen, die
sich in feuchten Kulturen bei allen Individuen stark manifestiert, bei Trockenheit
und Futtermangel dagegen phänotypisch normal bleibt.

Auf Einzelheiten der variablen Manifestation werden wir im III. Kapitel
noch später zurückkommen. Hier soll lediglich festgestellt werden: daß die auf
Mutationen und deren Kombinationen beruhenden Erbmerkmale alle Zwischenstufen zwischen sehr hoher Konstanz und einer weitgehenden Labilität ihrer
phänotypischen Manifestierung aufweisen können; daß der Grad der Konstanz
eines Merkmals ganz unabhängig von dem Grad seiner durchschnittlichen Abweichung von der Norm und von der Art des betreffenden Merkmals ist; und
schließlich, daß die variable Manifestation sowohl von genetischen, als auch
von äußeren Faktoren beeinflußt werden kann. Es muß noch betont werden,
daß alle hier gemeinten Fälle der variablen Genmanifestierung nichts mit einer
Labilität der ihnen zugrunde liegenden Gene zu tun haben; in genetischen
Züchtungsversuchen kann leicht gezeigt werden, daß die phänotypisch normalen
und die phänotypisch verschieden manifesten Individuen aus homozygoten
Kulturen dieselbe Mutation in derselben unveränderten Form enthalten. Somit
haben diese Fälle nichts zu tun mit sogenannten „labilen Allelen", d. h. einigen
seltenen bekannten Fällen, wo durch Mutation Allele entstanden sind, die
relativ häufig weiter, meistens zurück zum normalen Ausgangsallel, mutieren;
derartige „labile Allele" können im genetischen Versuch leicht von der in-
konstanten Manifestierung unterschieden werden.

3. Beziehungen zwischen Merkmal und Zahl der Gene.

Die mendelistische Kreuzungsanalyse vieler Erbmerkmale zeigt eine monohybride Aufspaltung, woraus der Schluß gezogen werden muß, daß dem betreffenden Merkmalsunterschied der Unterschied in einem Allelenpaar zugrunde
liegt. In solchen Fällen sagt man, daß das betreffende Merkmal *monogen* bedingt

ist, oder daß ihm ein Gen zugrunde liegt. Man kann in diesen Fällen auch von genetisch elementaren Merkmalsunterschieden sprechen.

In anderen Fällen erfolgt nach Kreuzung von zwei phänotypisch verschiedenen Individuen eine komplizierte Aufspaltung, aus der hervorgeht, daß die Merkmalsunterschiede der beiden Individuen genetisch nicht elementar waren, sondern auf Unterschieden in mehreren Allelenpaaren beruhten. In solchen Fällen kann es sich einerseits herausstellen, daß die verschiedenen Allelenpaare, jedes für sich, ein typisches, verschiedenes Teilmerkmal des in die Kreuzung eingegangenen komplexen Merkmals bedingen; andererseits kann es sich herausstellen, daß die polygene Aufspaltung die morphologische Einheitlichkeit des ursprünglichen Merkmalsunterschiedes nicht auflöst, sondern daß die einzelnen Allelenpaare rein quantitativ diese Merkmalsunterschiede beeinflussen und sich in ihren Wirkungen mehr oder weniger einfach addieren. Im ersten Fall spricht man von einem genetisch nicht elementaren Merkmalsunterschied, der sich aus einer Kombination an sich verschiedener Elementarmerkmale zusammensetzt; sehr oft zeigt erst eine genetische Kreuzungsanalyse, ob ein phänotypischer Unterschied in diesem Sinn als *ein* Merkmalsunterschied betrachtet werden kann, oder ob es sich um eine Kombination womöglich ganz verschiedener Einzelmerkmale bei dem ursprünglichen phänotypischen Unterschied handelt. In der zweiten von den vorhin erwähnten Möglichkeiten spricht man von Polymerie.

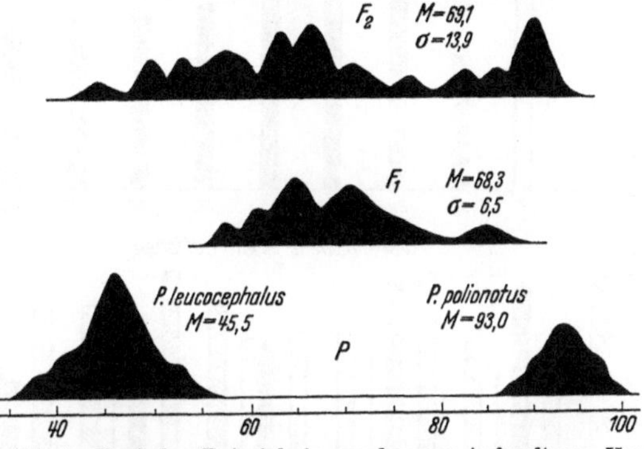

Abb. 5. Typisches Beispiel einer polygenen Aufspaltung. Vererbung der Ausdehnung dunkler Fellfärbung in der Kreuzung Peromyscus polionotus polionotus × P. p. leucocephalus. (Nach SUMNER 1930.)

Als *Polymerie* werden somit solche Fälle bezeichnet, in denen mehrere Allelenpaare eine quantitative Wirkung auf 'an sich dasselbe Merkmal ausüben und sich in ihren Wirkungen summieren. Polymere Vererbung wird besonders häufig bei sogenannten quantitativen Merkmalen (wie z. B. Gewicht, Wuchs oder Anzahl bestimmter mehrfach vorhandener morphologischer Strukturen) festgestellt. Auf Abb. 5 ist ein Beispiel einer polymeren Vererbung der Ausdehnung dunkler Fellfärbung in der Kreuzung von zwei Unterarten der amerikanischen Hirschmaus angeführt. Von Polymerie soll man nur dann sprechen, wenn jedes einzelne der polymeren Allelenpaare allein das in Frage kommende Merkmal in gewissem Ausmaße erzeugen kann. Somit fällt nicht jede polyhybride Aufspaltung unter den Begriff der Polymerie. Einerseits würden z. B. Fälle, in denen ein bestimmter Merkmalsunterschied überhaupt nur dann zustande kommt, wenn zwei oder drei Allelunterschiede sich kombinieren, nicht als Polymerie bezeichnet werden sollen: in diesen Fällen müßte man einfach von *polygener Bedingtheit* des betreffenden Merkmalsunterschiedes sprechen. Andererseits gehören auch solche Fälle nicht zu der Polymerie, in denen ein bestimmter Merkmalsunterschied an sich qualitativ durch einen Allelunterschied erzeugt wird, sich aber wesentlich besser bzw. schlechter manifestiert in Anwesenheit einer Reihe anderer Allelunterschiede; in diesen Fällen müßte man von einem *Hauptgen* und von *Modifikationsgenen* sprechen. Im letzteren Fall könnte man den Polymeriebegriff lediglich auf die Modifikationsfene allein anwenden, falls diese Modifikationsgene sich in der quantitativen Beeinflussung der Manifestation des Hauptgens summieren.

Wir haben anfangs schon Fälle erwähnt, bei denen eine polyhybride Aufspaltung zeigt, daß der in die Kreuzung hineingegangene phänotypische Unterschied auf einer Kombination verschiedener Elementarmerkmale beruht. Bei Kombinationen genetisch verschiedener Merkmale kann es sich wiederum um eine Reihe verschiedener Erscheinungen handeln. In vielen Fällen ergibt die Kombination von zwei verschiedenen Merkmalen die erwartete Summe dieser Merkmale. In anderen Fällen verhalten sich aber die Kombinationen genetisch verschiedener Merkmale anders. Bei Drosophila, und auch bei anderen Objekten, sind viele Fälle bekannt, in denen die Kombination von zwei verschiedenen

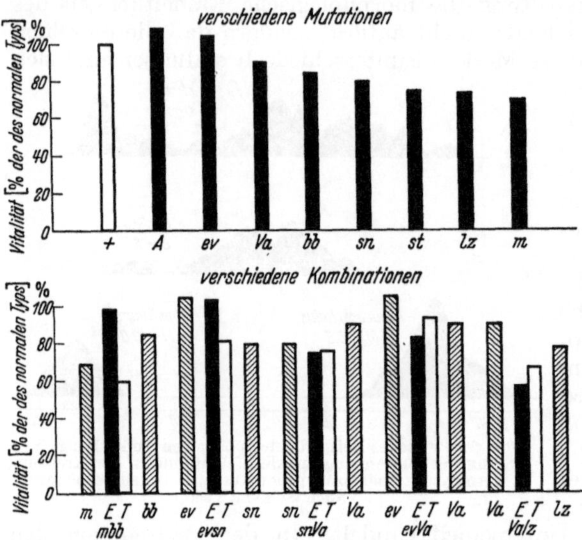

Abb. 6. Die relative Vitalität (Schlüpfungsraten ausgedrückt in Prozent der des normalen Typs) von 8 verschiedenen Mutationen (oben) und 5 Mutationskombinationen (unten) bei Drosophila funebris. Die Mutationen A und Va heterozygot; alle anderen homozygot. Für Kombinationen wurde neben dem empirischen Vitalitätswert (E, schwarz) auch ein theoretischer (T, weiß) angegeben, der auf Grund der Annahme einer rein additiven Kombinationswirkung berechnet wurde. (Nach Timoféeff-Ressovsky 1934.)

Mutationen, von denen jede einzelne eine Aufhellung bzw. Verdunkelung bzw. Änderung der Färbung erzeugt, eine solche Kombinationsfärbung zeigen, die der additiven Wirkung der beiden einzelnen Mutationen entsprechen würde; solche Fälle würden unter die vorhin erstgenannten Möglichkeiten fallen. Es gibt aber andererseits bei denselben Objekten Kombinationen, bei denen die Färbung entweder derjenigen der einen von den in Kombination getretenen Mutationen entspricht, so daß die zweite Mutation gewissermaßen in Anwesenheit der ersten wirkungslos bleibt; oder die Kombination zeigt eine ganz andere Färbung als diejenige der Einzelmutationen; solche Fälle fallen also nicht unter die Addition der einzelnen Genwirkungen: in der Kombination wird etwas Neues gebildet oder die in Kombination tretenden Gene beeinflussen sich gegenseitig in spezifischer Weise in bezug auf das Endergebnis ihrer Wirkungen.

Auf Abb. 6 sind verschiedene Formen der Kombinationswirkungen an dem Beispiel der relativen Vitalität verschiedener Mutationen illustriert: in verschiedenen Fällen zeigt die Kombination entweder additive Wirkung, oder die Vitalität der Kombination kann geringer bzw. höher als die auf Grund der Additionswirkung zu erwartende sein.

Das vorhin Gesagte kann folgendermaßen resumiert werden. Neben monogenen Merkmalsunterschieden, denen also ein Allelenpaar zugrunde liegt, gibt es polygene Merkmalsunterschiede, unter denen diejenigen Fälle, wo mehrere verschiedene Allelenpaare dasselbe Merkmal unabhängig voneinander quantitativ beeinflussen und sich in ihren Wirkungen summieren, als Polymerie bezeichnet werden. Um Mißverständnissen vorzubeugen, muß noch folgendes gesagt werden. Die Beziehung zwischen Merkmal und Gen wurde hier in dem am Anfang des Kapitels gegebenen Sinne verstanden, indem als Erbmerkmal ein auf einem oder mehreren mutierten Allelen beruhender Merkmalsunterschied gemeint war. Wenn wir von einem monogenen Merkmal sprechen, so bedeutet es aber nicht, daß für das betreffende Merkmal allein das Gen, dessen Mutation in dem gegebenen Fall den betreffenden Merkmalsunterschied erzeugt hat, entscheidend ist; oder noch mehr — daß jedes Merkmal nur von einem oder wenigen Genen abhängt, die jeweils durch die Kreuzungsanalyse festgestellt werden konnten. Die wahren Beziehungen zwischen Genen und Merkmalen sind wesentlich komplizierter und wir können die den einzelnen Organen, Merkmalen und Eigenschaften des Organismus zugrunde liegenden Genzahlen überhaupt nicht feststellen: denn wir dürfen nie vergessen, wie es früher schon betont wurde, daß wir lediglich die Merkmalsänderungen registrieren können, die als Folge von Änderungen bestimmter Gene entstanden sind. Wir haben gewisse Gründe anzunehmen, daß letzten Endes für das Zustandekommen jedes Merkmals alle, oder fast alle, Gene notwendig sind; dieses geht z. B. daraus hervor, daß homozygotes Ausfallen weniger oder sogar einzelner Gene in den allermeisten Fällen zu der vollkommenen Lebensunfähigkeit der betreffenden Zygote führt: unter der sehr großen Zahl der bei Drosophila bekannten kleinen und kleinsten deficiencies sind nur wenige einzelne homozygot lebensfähig, und in diesen Fällen gibt es berechtigte Gründe zu der Annahme, daß es sich um das Ausfallen von Genen handelt, die nochmals an einer anderen Stelle des Genoms vorhanden sind, für die also die betreffende Art normalerweise sozusagen tetraploid ist.

4. Dominanzverhältnisse.

Nach der Wiederentdeckung der Mendelgesetze am Anfang dieses Jahrhunderts, in der ersten Periode der Entwicklung der modernen Genetik, wurde oft angenommen, daß die meisten Allelenpaare vollkommene Dominanz bzw. Recessivität zeigen, mit nur wenigen Ausnahmen, bei denen die Heterozygoten sich intermediär verhalten. Allmählich, nachdem immer mehr und mehr Material analysiert wurde und Mutationen bekannt wurden, stellte es sich heraus, daß die Dominanzverhältnisse in den meisten Fällen nicht so einfach und klar sind.

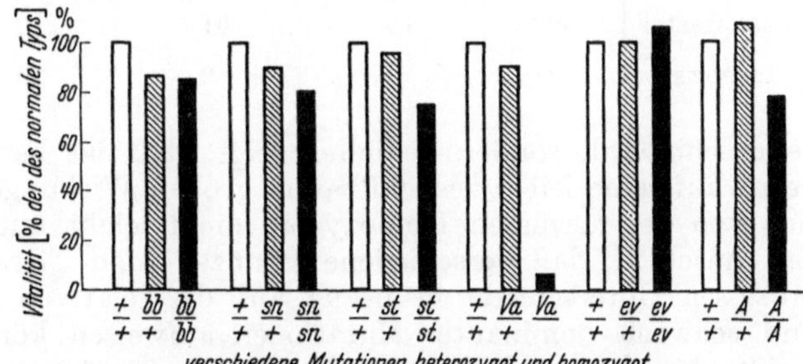

Abb. 7. Die relative Vitalität von sechs verschiedenen Mutationen in heterozygotem und homozygotem Zustand bei Drosophila funebris, die verschiedene Dominanzverhältnisse aufweisen.

Die dominanten Mutationen bei verschiedenen Drosophilaarten und auch bei anderen Objekten zeigten meistens eine unvollkommene Dominanz, die sich darin äußerte, daß sich die dominante Homozygote morphologisch oder physiologisch von der Heterozygote unterscheiden ließ. Auch bei vielen von den auf den ersten Blick vollkommen recessiven Mutationen können gewisse, wenn auch geringe Unterschiede zwischen der Heterozygote und der normalen Homozygote gefunden werden.

Es kann somit heute eigentlich nicht von der Alternative „dominant" und „recessiv" gesprochen werden, sondern vielmehr von verschiedenen *Dominanzgradationen* in den verschiedenen Fällen. Dabei können die vollkommene Dominanz und die vollkommene Recessivität nur als Grenzfälle betrachtet werden, zwischen denen es von starker Dominanz über schwache Dominanz, intermediären Erbgang und schwache Recessivität bis zu starker Recessivität alle Übergänge geben kann. Auf Abb. 7 sind verschiedene Dominanzverhältnisse in bezug auf die Vitalität, durch Vergleich der relativen Vitalität der Hetero- und Homozygoten bei 6 verschiedenen Mutationen von Drosophila funebris angegeben.

Der Dominanzgrad in den einzelnen Fällen wird durch Vergleich der durchschnittlichen Merkmalsausprägung bei den Heterozygoten und den beiden Homozygoten festgestellt, da ja das Dominanzphänomen sich immer auf die Manifestationsunterschiede zwischen der Heterozygote und den beiden Homozygoten bezieht.

Die Dominanzverhältnisse stellen in vielen Fällen auch nicht etwas absolut starres dar; in sehr vielen Fällen kann der Grad der Dominanz eines Allels sowohl durch äußere Bedingungen, als auch vor allem durch Mitwirkung bestimmter Modifikationsgene mehr oder weniger stark beeinflußt werden.

Die Betrachtung des Mutationsprozesses bei genetisch gut untersuchten Objekten zeigt, daß die meisten von den neu auftretenden Mutationen recessiv gegenüber dem normalen Ausgangstyp der betreffenden Art sind (wobei in diesem Falle „recessiv" nicht unbedingt im Sinne der absoluten Recessivität

Tabelle 3. Die Zahlen von dominanten (in der Heterozygote sich deutlich und alternativ von der Norm abhebenden), schwach und unregelmäßig dominanten (nur in geringem und schwankenden Prozentsatz, oder in sehr schwacher Ausprägung bei den Heterozygoten sich manifestierenden) und rezessiven mutierten Allelen bei Drosophila melanogaster und Drosophila funebris. (Nach Timoféeff-Ressovsky 1936.)

Drosophilaarten	Zahl mutierter Allele					Prozentsatz aller dominanter und schwach dominanter Allele
	total	dominant, lebensfähig	dominant, homozygot letal	schwach und unregelmäßig dominant	recessiv	
melanogaster	502	15	61	10	416	17,1%
funebris	94	5	9	25	55	41,5%

gebraucht wird, sondern lediglich zeigt, daß das betreffende mutante Allel in bezug auf seine leicht feststellbaren, groben Wirkungen in heterozygoter Form sich von der normalen Homozygote nicht leicht unterscheiden läßt). Es hat den Anschein, daß verschiedene Pflanzen- und Tierarten in ihren Mutationsprozessen Unterschiede in bezug auf die relativen Prozentsätze dominanter und schwach dominanter Mutationen aufweisen können. Auf Tabelle 3 sind die Zahlen der dominanten, schwach dominanten und recessiven Mutationen bei Drosophila melanogaster und Drosophila funebris gegenübergestellt; das bisherige Material zeigt bei Drosophila funebris einen wesentlich höheren Prozentsatz der dominanten, und besonders der schwach dominanten Allele unter den Mutationen. Solche Vergleiche dürfen aber nur bei in bezug auf ihre Mutabilität gut untersuchten Objekten gezogen werden; denn es ist klar, daß, besonders bei den schwer züchtbaren und deshalb genetisch schwer analysierbaren Objekten, das Auffinden von Mutationen, die sich schon in der Heterozygote mehr oder minder deutlich manifestieren, wesentlich leichter ist als das der recessiven. Bei solchen Objekten können derartige Vergleiche leichter an Hand der geschlechtsgebundenen Mutationen, die sich beim heterogametischen Geschlecht immer manifestieren müssen, gemacht werden.

Es wurde öfters versucht, sich Vorstellungen über das *Wesen der Dominanz* zu machen; man ist aber bisher diesbezüglich noch zu keinem definitiven und endgültigen Ergebnis gekommen. Die verschiedenen bestehenden Ansichten können in drei Untergruppen eingeteilt werden.

Die älteste Vorstellung über die Natur der Dominanzerscheinungen ist an die alte Batesonsche „presence-absence"-Hypothese gebunden; danach dominiert das vorhandene normale Allel, und seine Zerstörung durch Mutation verhält sich recessiv. Diese eindeutige, klare, aber grobe ursprüngliche Form der presence-absence-Hypothese kann heute nicht mehr aufrecht erhalten werden, und damit auch die an sie sich anlehnende einfache Dominanztheorie.

Die zweite Gruppe der Dominanztheorien sieht im Dominanzphänomen vor allem ein entwicklungsphysiologisches Problem, und zwar in der Form, daß nach einer Art Stufen- oder Alles- oder Nichts-Gesetz in den meisten Fällen auch eine einfache Dosis des normalen Allels in der Heterozygote genügt, um in mehr oder minder vollendeter Form das entsprechende normale Ausgangsmerkmal zu erzeugen. In gewissem Sinne stehen diese Anschauungen der presence-absence-Dominanztheorie nahe. Am scharfsinnigsten wurde ein entwicklungsphysiologischer Deutungsversuch der Dominanzphänomene von S. WRIGHT (1934) entwickelt; sicherlich trifft die entwicklungsphysiologische Dominanztheorie wenigstens teilweise das richtige.

Von einer ganz anderen Seite wurde die Klärung des Dominanzproblems in der dritten Gruppe der Dominanztheorien in Angriff genommen. Es fällt auf, daß bei den meisten daraufhin untersuchten Objekten die meisten neu entstehenden Mutationen mehr oder minder recessiv gegenüber dem normalen Ausgangstyp sind; das Dominanzproblem kann deshalb auch so formuliert werden: weshalb verhält sich die Mehrzahl der normalen Ausgangsallele dominant gegenüber neu entstehenden Mutationen. Das Dominanzproblem wird somit zu einem historischen Problem über die Entstehungsursache des Dominanzphänomens. Da, wie vorhin schon erwähnt wurde, der Dominanzgrad nicht immer starr ist, sondern auch durch andere Modifikationsgene abgeändert werden kann, so kann die Frage gestellt werden, ob nicht im Laufe der Evolution, durch natürliche Auslese die Manifestation der nicht zum normalen Typ gehörenden, also selektionistisch negativen Mutationen durch Selektion entsprechender Modifikationsgene dauernd unterdrückt wird. Am konsequentesten hat R. A. FISHER (1928, 1931) diese selektionistische Dominanztheorie entwickelt und vertreten; dabei legte er das größte Gewicht auf den Versuch zu beweisen, daß das wiederholte Auftreten auch einer seltenen selektionistisch negativen Mutation genügen würde, um, zwar sehr langsam, einen Prozeß der positiven Auslese der die heterozygote Manifestation einer solchen Mutation unterdrückenden Modifikationsgene auszulösen.

Es ist fraglich, ob in dieser speziellen Form die evolutionistische Theorie der Dominanz aufrecht erhalten werden kann, da, wie die Polemik zwischen FISHER und WRIGHT gezeigt hat, der „Selektionsdruck" einzelner Mutationsraten außerordentlich gering ist. Es unterliegt aber keinem Zweifel, daß der Grundgedanke der selektionistischen Beeinflussung und Gestaltung des Dominanzphänomens im Laufe der Evolution richtig ist. Jede freilebende Population enthält viele, zu dem normalen, positiv-selektionierten Typ der Sippe nicht gehörende Mutationen in heterozygotem Zustande; es ist sehr wahrscheinlich, daß auf selektionistischem Wege, durch Selektion entsprechender Modifikationsgene, durch Selektion entwicklungsphysiologisch besonders alternativ wirkender normaler Allele und durch optimale Gestaltung polyheterozygoter Genotypen, die Sippen so gestaltet werden, daß die meisten Heterozygoten dem positiv selektionierten Ausgangstyp am nähesten stehen. Es hat den Anschein, daß das Dominanzproblem eine befriedigende Lösung in einer Kombination des selektionistisch-historischen und des entwicklungsphysiologischen Prinzips der Erklärung von Dominanzphänomenen finden wird.

Zum Schluß soll hier noch auf ein häufiges Mißverständnis eingegangen werden. Es werden manchmal, vor allem bei Insekten, Fälle beobachtet, in denen gewisse Mutationen bei der Larve oder im frühen Entwicklungsstadium ein Merkmal hervorrufen und sich dabei dominant bzw. recessiv verhalten; in späteren Entwicklungsstadien, z. B. bei der Imago, ruft dieselbe Mutation ein ähnliches oder auch anderes Merkmal hervor, verhält sich aber in bezug auf die Dominanz nunmehr anders. Für solche Fälle wurde der Ausdruck „*Dominanzwechsel*" geprägt. Es kommt aber leider vor, daß als Dominanzwechsel Fälle bezeichnet werden, bei denen das mutante Merkmal in heterozygoter Kombination erst spät im individuellen Leben in Erscheinung tritt. Solche Fälle sind nicht selten in der Erbpathologie des Menschen; dabei sind die entsprechenden mutanten Homozygoten nicht bekannt und man kann deshalb selbstverständlich gar nicht von Dominanzwechsel, sondern lediglich von Manifestierung in späteren Entwicklungsstadien oder höherem Alter sprechen.

5. Heterogene Merkmalsgruppen.

Bei allen genetisch gut untersuchten Objekten, bei denen schon eine große Zahl verschiedener Mutationen bekannt ist, stellt sich immer wieder heraus, daß verschiedene Mutationen verschiedener Gene, unabhängig voneinander,

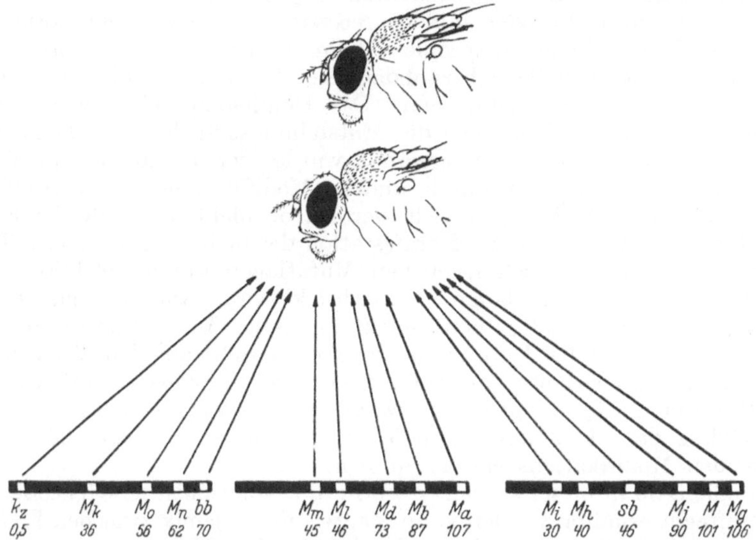

Abb. 8. Die heterogene Minute-Gruppe bei Drosophila melanogaster. Oben: Kopf und Thorax mit normalen Borsten; darunter: das Minute-Merkmal (kurze Borsten); unten: schematisch die drei langen Chromosome mit den Genen, deren Mutationen, jede einzeln, das äußerlich ganz oder fast ganz gleiche Minute-Merkmal hervorrufen. (Aus Timoféeff-Ressovsky 1934.)

phänotypisch sehr ähnliche, manchmal fast vollkommen identische Merkmale hervorrufen. Auf Abb. 8 ist ein besonders klares Beispiel dieser Art angeführt. Es handelt sich um verschiedene Mutationen bei Drosophila melanogaster, die, jede für sich, das sogenannte Minute-Merkmal (verkürzte Borsten auf Kopf und Thorax der Fliegen) hervorrufen. Zur Vereinfachung der Zeichnung wurden bei weitem nicht alle Mutationen in die Abb. 8 aufgenommen, die dieses Merkmal hervorrufen; unter diesen Mutationen gibt es geschlechtsgebundene und autosomale, recessive und dominante. Bei einem sehr genauen Vergleich der an sich ähnlichen Merkmale innerhalb einer solchen *heterogenen Gruppe* kann in einem Teil der Fälle festgestellt werden, daß die einzelnen Mutationen sich in bezug auf einige Details ihrer Wirkung etwas voneinander unterscheiden; im Falle der heterogenen Minute-Gruppe wird die phänotypische Ähnlichkeit der verschiedenen Mutationen aber noch dadurch erhöht, daß die meisten dieser Gene, nicht nur gleich aussehende kurze Borsten, sondern einen ganzen Merkmalskomplex hervorrufen, der darin besteht, daß neben kurzen Borsten noch abnorme Abdomenbänderung und verlangsamte Entwicklung auftritt. Bei den genetisch gut untersuchten Objekten, bei denen viele Mutationen bekannt sind, findet man eine ganze Reihe derartiger heterogener Gruppen. Bei Drosophila ist es z. B. heutzutage sogar schwer ein mutativ entstandenes Merkmal zu finden, das in bezug auf seine morphologische Ausprägung einzigartig wäre; sogar für solche eigenartigen Merkmale wie die Umwandlung der Halteren in Flügel sind schon verschiedene Mutationen von mindestens drei verschiedenen

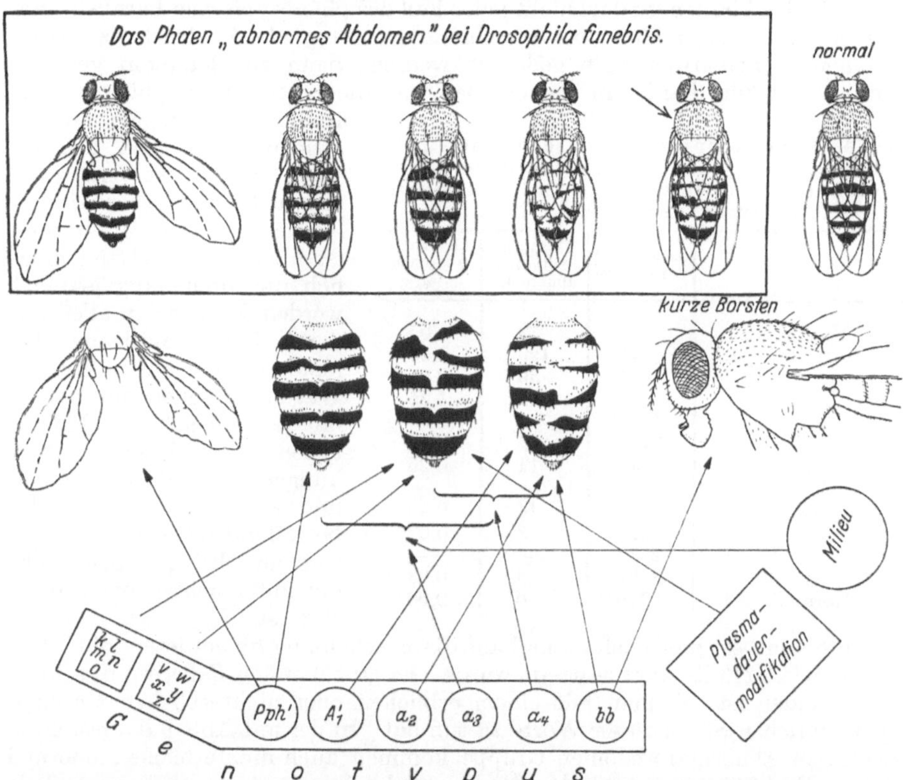

Abb. 9. Die heterogene Abnormal abdomen-Gruppe bei Drosophila funebris. Äußerlich ähnliche Abdomen-Merkmale können (zum Teil in Kombination mit anderen Merkmalen) durch: 1. verschiedene Gene und Genkombinationen, 2. Dauermodifikationen und 3. äußere Bedingungen (nicht erblich!) hervorgerufen werden. (Aus TIMOFÉEFF-RESSOVSKY 1934.)

Genen bekannt. Es kann also allgemein der Satz gelten, daß es viel mehr verschiedene Mutationen als verschiedene Merkmale gibt.

In gewissen Fällen treten auch nicht-erbliche Modifikationen auf, die phänotypisch bestimmten Mutationen sehr ähnlich sind. Eine derartige heterogene Gruppe, die neben verschiedenen Mutationen auch nicht-erbliche Modifikationen enthält, ist auf Abb. 9 angeführt. Bei der Untersuchung großer Zahlen von nichterblichen Modifikationen bei einem bestimmten Objekt findet man, daß alle oder fast alle nichterblichen Modifikationen auch eine phänotypische Parallele unter den Mutationen haben; allerdings gibt es viel mehr verschiedene Phänotypen unter den Mutationen als unter den nichterblichen Modifikationen. Letzteres ist auch verständlich, wenn man bedenkt, wie viel differenzierter die Mutationen, sozusagen von innen, als die äußeren Faktoren, auf denen letzten Endes die nichterblichen Modifikationen beruhen, in das Entwicklungsgeschehen eingreifen können.

Die Parallelität der phänotypischen Manifestation verschiedener Mutationen innerhalb jeweils einer Art von Organismen, findet ihren Ausdruck auch darin, daß verschiedene, nahe verwandte Arten weitgehende Parallelismen in ihrer erblichen Variabilität aufweisen; eine Erscheinung, die an Hand eines sehr großen Materials unter verschiedenen Kulturpflanzen von Vavilov unter dem „Gesetz der homologen Reihen" zusammengefaßt wurde (Vavilov 1922, 1935). Da aber viele, wenn nicht die meisten, Merkmale innerhalb jeder Art heterogene Gruppen bilden können, so darf nicht jeder Fall des phänotypischen Parallelismus in der erblichen Variabilität bei verschiedenen Arten als Ausdruck der wirklichen genetischen Homologie gedeutet werden; denn zur letzteren gehören eigentlich nur die Fälle, in denen bei verschiedenen Arten phänotypisch ähnliche Merkmale durch gleiche Mutationen gleicher Gene erzeugt werden. Eine eindeutige und sichere Homologisierung von Mutationen ist aber nur bei Arten möglich, die miteinander gekreuzt werden können; in allen anderen Fällen muß die Homologisierung auf indirekten Wegen geschehen, durch sorgfältige Vergleiche der Phänotypen, der Zusammenwirkungen mit anderen Genen und vor allem der Lage der betreffenden Gene im Genom, was nur bei genetisch sehr gut untersuchten Arten möglich ist.

Tabelle 4. Vorkommen von nichterblichen „Abnormal abdomen"-Modifikationen in verschiedenen Kulturen von Drosophila funebris. (Nach Timoféeff-Ressovsky 1932.)

Kulturen	Gesamtzahl der Fliegen	Darunter „Abnormal abdomen"	Abnormal abdomen %
ev, Va′, m, lz	3139	33	1,05
st, cv, ri, vti², ci	6341	129	2,03
D′, st, cv, ri, vti², ci	1367	39	2,05
D′, I′, Pxm	3481	47	1,35
ev	4226	—	—
Va′	3452	5	0,14
m	4133	11	0,26
D′	2267	—	—
st	3481	14	0,40
cv	4417	3	0,07
vti²	2832	—	—
ri	8421	3	0,03
Normal	9746	6	0,06

Zum Schluß sei hier noch einmal auf die Erscheinung hingewiesen, die schon im zweiten Abschnitt kurz gestreift wurde. Es gibt nämlich Fälle, wo es schwer zu entscheiden ist, ob man mit einem erblichen oder nichterblichen Merkmal im gewöhnlichen Sinne dieser Worte zu tun hat. In der auf Abb. 9 dargestellten heterogenen Abnormal abdomen-Gruppe kommen auch nichterbliche Abnormal abdomen-Modifikationen vor; ihre Nichterblichkeit geht daraus hervor, daß sie nur sehr selten unter normalen Bedingungen auftreten (in Bruchteilen eines Prozentes) und sich als solche nicht vererben, da in der Nachkommenschaft der modifizierten Individuen die Zahl dieser Modifikationen nicht höher als in dem Kontrollmaterial ist. Es handelt sich also um „zufällige" teratologische Entwicklungsstörungen. Wie aber aus Tabelle 4 zu ersehen ist, treten solche nichterblichen Abnormal abdomen-Modifikationen in genetisch verschiedenen Kulturen von Drosophila funebris in sehr verschiedenen (obwohl immer recht kleinen) Prozentsätzen auf; es ist dabei auffallend, daß der Prozentsatz dieser Modifikationen in den Kulturen, die mehrere Mutationen enthalten und deshalb eine stark herabgesetzte Vitalität haben, besonders erhöht ist. Es ist somit in genetisch verschiedenen Stämmen eine verschiedene Disposition zur Bildung an sich nichterblicher Modifikationen vorhanden; diese Disposition ist insofern unspezifisch, als die Häufung verschiedenster Mutationen, die die Vitalität des betreffenden Stammes herabsetzen, zur Erhöhung des Prozentsatzes der Modifikationen führt. Wir haben hier wiederum mit Grenzfällen der Erblichkeit zu tun, da diese Fälle einerseits als solche nicht erblich sind, anderseits, da sie sozusagen familiär angehäuft vorkommen können, auf gewisser erblicher Disposition beruhen; es ist in gewissem Sinne eine Parallele zu der erblichen Disposition gegenüber gewissen Infektionskrankheiten.

6. Polyphäne Gene.

In dem vorigen Abschnitt wurde gezeigt, daß verschiedene Mutationen verschiedener Gene unabhängig voneinander das gleiche oder ein ähnliches Merkmal erzeugen können. Es ist aber bekannt, daß andererseits viele einzelne Mutationen mehrere verschiedene Merkmale erzeugen bzw. beeinflussen können.

Früher stellte man sich oft die Beziehung zwischen Gen und Merkmal recht einfach und schematisch vor. Man nahm an, daß die Mutation eines bestimmten

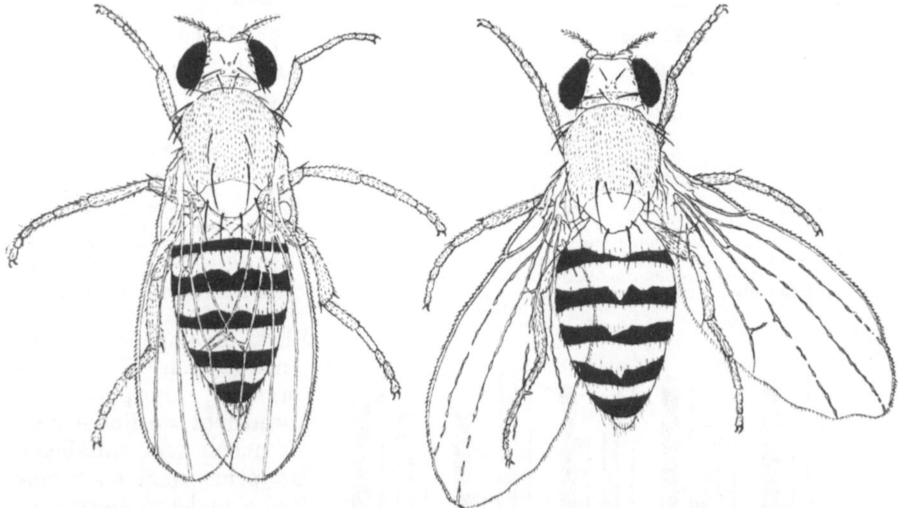

Abb. 10. Links normales Drosophila funebris-Weibchen; rechts ein Weibchen, das für die pleiotrope Mutation Polyphän (Pph′) heterozygot ist. Pph′ ruft: „rauhe" Augen, Verlagerung von Borsten, Borstenreduktion, abnormes Abdomen, gespreizte Flügelhaltung und abnorme (unterbrochene) Flügeladern hervor. (Aus TIMOFÉEFF-RESSOVSKY 1934.)

Gens eine bestimmte Merkmalsänderung hervorruft, und daß der Organismus also als einfache Summe von Merkmalen und sein Genotypus als Summe von Genen betrachtet werden kann. Im Laufe der Zeit wurden aber immer mehr Mutationen beobachtet, die gleichzeitig mehrere morphologische Merkmale hervorrufen. Solche Mutationen werden nach PLATE als *pleiotrop* bezeichnet; man kann sie auch als *polyphäne* oder *polytope* Mutationen bezeichnen.

Auf Abb. 10 ist eine solche Mutation von Drosophila funebris dargestellt. Sie ruft „rauhe" Augen, abnormes Abdomen, Verlagerungen, Verdoppelungen und Reduktionen verschiedener Borstenpaare auf Kopf und Thorax, gespreizte Flügelhaltung und abnorme, tropfenförmig unterbrochene Flügeladern hervor; außerdem kann durch eingehende biometrische Analyse eine Reihe weiterer Abweichungen von der Norm in verschiedenen quantitativen Merkmalen gefunden werden. Auf Abb. 11 ist ein ähnlicher anderer Fall, ebenfalls bei Drosophila funebris, angeführt. Es handelt sich hier um eine rezessive Mutation, die unter normalen Zuchtbedingungen sich nur sehr schwach manifestiert: viele Fliegen bleiben phänotypisch vollkommen normal, andere zeigen kleine Verkürzungen einer Längsader am Flügel oder „rauhe" Augen. Unter höherer Temperatur und bestimmten Futterverhältnissen wird die phänotypische Manifestation dieser Mutation verstärkt, und es kommen, in verschiedenen Kulturen in einer verschiedenen Reihenfolge, stärkere Flügeladernunterbrechungen, Ausschnitte am Flügelrand, Verstärkung der Rauhheit der Augenoberfläche, Augenverkleinerungen, Borstenreduktionen, Verkrüppelungen der Beine und starke Flügelreduktionen hinzu.

Es sind heutzutage bei verschiedenen Objekten eine ganze Reihe von derartigen polyphänen Mutationen bekannt. Werden auch die auf den ersten

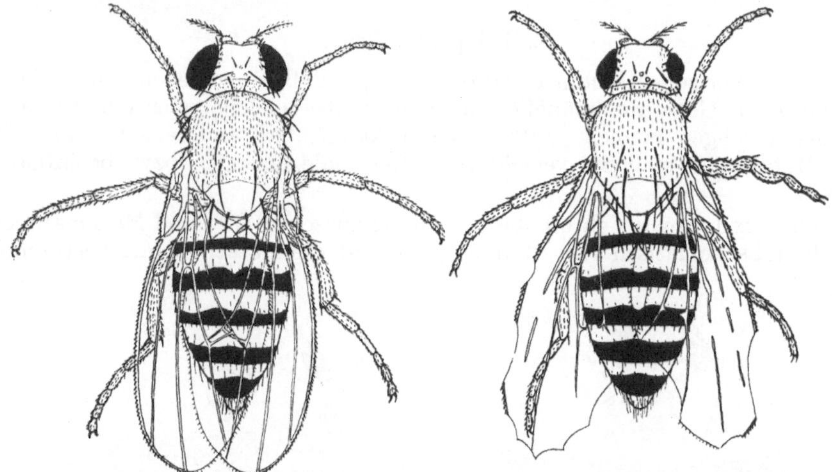

Abb. 11. Links normales Drosophila funebris-Weibchen; rechts ein Weibchen mit starker Manifestation der recessiven, pleiotropen Mutation polymorpha (pm). pm manifestiert sich sehr variabel: die meisten Fliegen in einer homozygoten pmpm-Kultur bleiben unter normalen Zuchtbedingungen phänotypisch normal; die Manifestation wird verstärkt durch hohe Temperatur und bestimmte Futterverhältnisse, sie beginnt mit schwachen Flügeladerunterbrechungen, Ausschnitten am Flügelrand, oder „rauhen" Augen; dann kombinieren und verstärken sich diese Merkmale und es treten Augenverkleinerungen, Verunstaltungen der Flügel und der Beine hinzu.

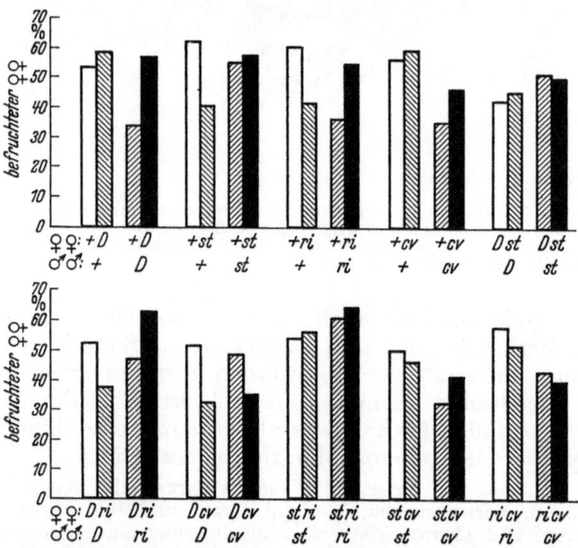

Abb. 12. Verhältnisse der Befruchtungsaffinitäten von verschiedenen Mutationen untereinander und mit der normalen Ausgangsform bei Drosophila funebris. Prozentsätze der Befruchtung von Drosophila funebris-Weibchen aus verschiedenen Kulturen durch Männchen aus der eigenen oder aus einer fremden Kultur. Gläser mit je 10 ♀♀ aus zwei verschiedenen und 10 ♂♂ aus einer dieser Kulturen wurden angesetzt, und nach 4 Tagen wurden die Weibchen einzeln auf erfolgte Befruchtung geprüft. + normal; D Divergens; st scarlet; ri radius incompletus; cv curved.

Blick „monophänen" oder „monotropen" Mutationen sorgfältig morphologisch untersucht, so findet man oft neben dem auffälligen Hauptmerkmal noch eine Reihe anderer Merkmale, in denen sie sich von dem Ausgangstyp unterscheiden. Dehnt man die Untersuchung auch auf physiologische Eigenschaften aus, so kann man wohl behaupten, daß es überhaupt keine streng monophänen Mutationen gibt. Schon früher (Abb. 6 und 7) haben wir gesehen, daß verschiedene Mutationen, neben ihrem typischen morphologischen Unterscheidungsmerkmal, auch die Vitalität des sie enthaltenden Organismus beeinflussen. Auf Abb. 12 sind Versuchsergebnisse über die Befruchtungsaffinitäten von verschiedenen Mutationen untereinander und mit der normalen Ausgangsform von Drosophila funebris angeführt; sie zeigen, daß morphologisch auffällige Mutationen sich daneben auch in einigen solchen, man könnte wohl sagen beinahe psychologischen Merkmalen voneinander und von der Ausgangsform unterscheiden können.

Die angeführten Beispiele genügen um zu zeigen, daß wir heute annehmen müssen, daß die Wirkung einer Genmutation sich zwar vorwiegend in der Änderung eines bestimmten Merkmals ausprägt, daneben aber meistens auch noch mehrere andere Merkmale und Eigenschaften des Organismus beeinflussen kann.

Über die *Natur der pleiotropen Wirkung* von Genmutationen kann man sich zunächst noch keine endgültigen Vorstellungen bilden, da entsprechende entwicklungsphysiologische Analysen noch fehlen. Es steht fest, daß in gewissen Fällen die verschiedenen, von einer polyphänen Mutation beeinflußten Merkmale sich in gewissem Grade unabhängig voneinander verhalten können.

Die Untersuchung der Korrelationsverhältnisse zwischen dem Manifestationsgrad der verschiedenen, von der auf Abb. 10 angeführten Mutation *Polyphän* beeinflußten Merkmale hat gezeigt (H. A. Timoféeff-Ressovsky 1931), daß manche von diesen Merkmalen eine deutliche positive Korrelation aufweisen, andere dagegen in ihrem Variieren vollkommen unabhängig voneinander sind; die Ergebnisse dieser Untersuchung sind auf Tabelle 5 angeführt.

Tabelle 5. Korrelationen zwischen dem Grade der Manifestierung verschiedener Polyphänmerkmale. (Nach H. A. Timoféeff-Ressovsky 1931.)

Merkmalspaare	Abnormes Abdomen · Aderung	Chaetotaxie Thorax Kopf Chaetotaxie	Chaetotaxie Thorax Aderung	Abnormes Abdomen Flügelhaltung	Chaetotaxie Thorax Flügelhaltung	Abnormes Abdomen Chaetotaxie	Flügelhaltung Aderung
Korrelations-koeffiziente	+ 0,43	+ 0,40	+ 0,14	+ 0,12	+ 0,11	+ 0,09	+ 0,04
	Positive Korrelation		Sehr schwache positive Korrelation			Keine Korrelation	

Tabelle 6. Einfluß der Temperatur auf die phänotypische Manifestierung von sechs verschiedenen Merkmalen der pleiotropen (polyphänen) Mutation Polyphän bei Drosophlia funebris. (Nach H. A. Timoféeff-Ressovsky 1931.)

Temperatur °C	Manifestationsgrad der mutanten Merkmale					
	rauhe Augen %	Flügelhaltung	Flügeladerung	abnormes Abdomen	Thoraxborsten	Kopfborsten
25	100	schwach	schwach	sehr schwach	schwach	schwach
20	100	mittel	mittel	sehr schwach	mittel	schwach
15	100	stark	stark	stark	stark	stark

Auf Tabelle 6 ist das Ergebnis von Temperaturversuchen mit derselben polyphänen Mutation angeführt; auch hier zeigt es sich, daß die verschiedenen Merkmale nicht ganz parallel in bezug auf den Grad ihrer Manifestation auf den Temperaturreiz reagieren, obwohl alle durch Herabsetzung der Temperatur verstärkt werden. Dieselben Temperaturversuche mit dieser Mutation zeigten außerdem, daß verschiedene Merkmale dieses pleiotropen Merkmalskomplexes Unterschiede in bezug auf temperatursensible Perioden aufweisen: das Borstenmerkmal hat eine ausgesprochene kurze temperatursensible Periode am Ende des Larven- und Anfang des Puppenstadiums, das abnorme Abdomen wird gleichmäßig während des ganzen Larvenstadiums beeinflußt, während die Flügelhaltung und die Flügeladern stärker während des Anfangs und schwächer gegen das Ende des Larvenstadiums durch Temperatur beeinflußt werden.

In noch nicht abgeschlossenen Versuchen mit der auf Abb. 11 angeführten Mutation *polymorpha* scheint es zu gelingen, einerseits, durch verschiedene äußere Bedingungen (wie Temperatur und verschiedene Futterzusammensetzung) vorwiegend verschiedene Merkmale des polyphänen Komplexes zu beeinflussen; andererseits gelingt es durch verschieden gerichtete Selektion (also durch Anhäufung verschiedener Modifikationsgene) die Manifestation des polyphänen Komplexes in der Richtung der vorwiegenden Ausbildung einzelner verschiedener Merkmale zu verschieben.

In manchen Fällen sind sicherlich unter den Merkmalen eines polyphänen Komplexes „sekundäre" Eigenschaften vorhanden, d. h. solche, die als notwendige entwicklungsmechanische oder physiologische Folge eines anderen, primärerzeugten Merkmals entstehen müssen. Es ist aber zunächst kein Grund vorhanden sämtliche Fälle der Pleiotropie auf ein genetisch erzeugtes Primärmerkmal mit sekundären entwicklungsmechanisch-physiologischen Folgen zurückzuführen; es ist durchaus denkbar, daß dieselbe Mutation als solche primär in verschiedenen Geweben und Organen des Organismus, im Sinne der entwicklungsmechanisch-physiologischen Korrelation unabhängig voneinander, verschiedene Merkmale erzeugt. Dabei sind wiederum verschiedene Wege einer derartigen primären pleiotropen Wirkung denkbar. Entweder hat das betreffende Allel primär eine einheitliche Wirkung, die sich bloß an verschiedenen Stellen des Organismus ortsspezifisch auswirkt; oder es wird von demselben Allel in verschiedenen Geweben ein jeweils verschiedener Wirkstoff induziert. Alle diese Fragen können zunächst nicht entschieden werden; in weiteren Versuchen muß an geeignetem Material geprüft werden, inwiefern man primäre und sekundäre Wirkungen trennen kann, und ob die primären Wirkungen in bezug auf Genwirkstoffe einheitlich oder nichteinheitlich sind. Diese Fragen werden sicherlich in nächster Zukunft experimentell angegriffen werden können, und zwar einserseits mit Hilfe der modernen genetisch-entwicklungsphysiologischen Methoden, andererseits aber vielleicht auch (besonders in bezug auf die Frage der primären und sekundären Merkmale) durch eingehende klinische, physiologische und anatomische Analysen pleiotroper Erbkrankheiten beim Menschen.

III. Erscheinungen der variablen Genmanifestierung.

In dem Abschnitt II, 2 wurde schon darauf hingewiesen, daß verschiedene mutante Erbmerkmale sehr große Unterschiede in bezug auf Konstanz ihrer Manifestierung aufweisen können. Es wurde dort in allgemeiner Form erwähnt, daß diesbezüglich alle Zwischenstufen von hochgradiger Manifestationskonstanz bis zu sehr starken Manifestationsschwankungen unter den verschiedenen Erbmerkmalen vorkommen, verschiedenste Faktoren die Manifestation variabler Merkmale beeinflussen können und verschiedene Seiten des variierenden Merkmals dabei verändert werden. Hier soll etwas eingehender vor allem das Letztere besprochen werden.

Bei der Betrachtung variierender morphologischer Merkmale können meistens zwei Seiten des Variierens mehr oder weniger deutlich unterschieden werden: die „*Intensität*" der Merkmalsmanifestation und deren „*Spezifität*", oder Art des sich Manifestierens. Diese zwei Seiten der Merkmalsvariabilität treten nur beim Vergleich verschiedener Variationsreihen klar hervor, d. h. wenn man nicht die einzelnen Individuen, sondern das Variieren der Individuen in bezug auf ein ins Auge gefaßtes Erbmerkmal in verschiedenen Familien, Kulturen, Stämmen oder sonst biologisch definierbaren Gruppen miteinander vergleicht. Als Intensität der Manifestierung kann man dabei den Grad der durchschnittlichen morphologischen Abweichung der Individuen der ins Auge gefaßten homogenen Gruppe von der Norm, oder den Prozentsatz der sich überhaupt phänotypisch manifestierenden Individuen innerhalb dieser Gruppe betrachten. Als Spezifität der Manifestierung kann dann der Variationsmodus, d. h. die typische Lokalisation und Variationsrichtung des Merkmals bezeichnet werden. An vielen morphologisch dazu nicht geeigneten Merkmalen können diese zwei Seiten der Manifestierung nicht getrennt werden; bei morphologisch oder räumlich genügend differenzierten Merkmalen können dagegen nicht nur diese zwei Seiten getrennt, sondern unter Umständen noch weiter unterteilt werden.

Wir werden weiter an Hand einiger günstiger Beispiele die Variabilität der Intensität und der Spezifität der Manifestierung etwas näher betrachten. Als Hauptbeispiel soll uns dabei die recessive Mutation vti bei Drosophila funebris dienen, die diesbezüglich ziemlich eingehend untersucht wurde.

1. Intensität der Genmanifestierung.

Homozygote Kulturen verschiedener Gene mit ähnlichen phänotypischen Wirkungen und verschiedene Stämme oder Kulturen desselben mutanten Merkmals können zweierlei Unterschiede in der Intensität der Merkmalsmanifestierung aufweisen.

Erstens kann die Manifestationswahrscheinlichkeit, also die Häufigkeit, mit der das betreffende Merkmal in einer in bezug auf das ins Auge gefaßte Hauptgen homogener Kultur überhaupt zur feststellbaren phänotypischen Manifestation kommt, verschieden sein.

Unter den verschiedenen cut-Allelen von Drosophila melanogaster, die Ausschnitte am Flügelrand hervorrufen, manifestieren sich z. B. einige zu 100%, andere ergeben verschiedene Prozentsätze phänotypisch normal-bleibender Individuen und einige manifestieren sich so schwach, daß in einer homozygoten Kultur nur recht wenige Individuen das cut-Merkmal zeigen; ein anderes gutes Beispiel ist die Mutation Beaded bei Drosophila melanogaster, die meistens nur einen recht geringen Prozentsatz phänotypisch manifester Individuen ergibt, deren Manifestation aber durch Selektion verschiedener Modifikationsgene auf 100% gebracht werden kann; schließlich bildet die Mutation Abnormal abdomen bei Drosophila melanogaster noch ein gutes Beispiel, die in feuchten Kulturen sich 100%ig, sogar in heterozygotem Zustande manifestiert, auf trockenem Futter dagegen einen meist nur geringen Manifestationsprozentsatz auch in homozygoten Kulturen ergibt.

Zweitens findet man Unterschiede in dem Grade der Merkmalsausprägung bei den manifesten Individuen.

Das Allel buff der multiplen white-Allelenreihe der Drosophila melanogaster ruft z. B. eine wesentlich stärkere Aufhellung der Augenfarbe als das Allel coral hervor; durch bestimmte Modifikationsgene kann man bei der vorhin erwähnten Mutation Beaded die Ausprägung des Merkmals wesentlich verstärken; und bei dem ebenfalls vorhin erwähnten Abnormal abdomen wird durch Feuchtigkeit nicht nur die Manifestationswahrscheinlichkeit, sondern auch der Grad der morphologischen Abdomenveränderung gesteigert.

Die erstere dieser Erscheinungen, die Manifestationswahrscheinlichkeit, kann als „*Penetranz*" und die zweite, der Grad der Merkmalsausprägung, als „*Expressivität*" des betreffenden Gens in bezug auf das in Frage kommende Merkmal bezeichnet werden.

Im allgemeinen besteht eine Korrelation zwischen Penetranz und Expressivität der Manifestation beim Vergleich verschiedener Kulturen oder Stämme desselben variierenden mutanten Merkmals. An Hand spezieller Versuche kann aber bei günstigen Objekten gezeigt werden, daß diese zwei Seiten der Manifestationsintensität durch zum Teil verschiedene Modifikationsgene beeinflußt werden und somit in gewissem Sinne unabhängig vererbt werden.

Die recessive Mutation vti ruft Unterbrechungen oder vollkommenes Fehlen der Queradern an den Flügeln von Drosophila funebris hervor. Die Manifestation dieser Mutation ist auch in homozygoten Kulturen sehr gering; sie wird aber wesentlich verstärkt in Anwesenheit einer anderen recessiven Mutation, radius incompletus, so daß man praktisch nur mit den doppelt recessiven vti ri-Kulturen arbeiten kann, in denen die Penetranz von vti zwischen etwa 40—100% variiert. Die Variabilität von vti in verschiedenen Kulturen ist auf Abb. 13 dargestellt. Die vti-Manifestation kann durch Temperatur (worauf wir später zurückkommen werden) und auch durch eine ganze Reihe von Modifikationsgenen wesentlich beeinflußt werden. Um letzteres zu untersuchen, wurde das vti-Allel in verschiedenes „genotypisches Milieu" (d. h. in verschiedene Kombinationen anderer Gene) hineingeführt, durch Kreuzung von vti-Fliegen mit genetisch verschiedenen Stämmen und nachfolgende Selektion auf verschiedene Manifestation in strenger Inzucht. Dadurch wurden im Laufe vieler Inzuchtsgenerationen homozygote vti-Stämme gewonnen, die alle in sich praktisch homogen, homozygot für vti und ri, aber verschieden in bezug auf den Restgenotypus waren. Nun konnte die Manifestation des vti-Merkmals in verschiedenen Stämmen unter gleichen Milieubedingungen verglichen werden. Tabelle 7 bringt einen derartigen Vergleich von 30 solchen selektionierten vti-Stämmen; die Penetranz des vti-Merkmals, gemessen in Prozent der phänotypisch veränderten Flügel, variiert in diesen Stämmen von etwa 40—100%. Viele Kreuzungen verschiedener Stämme miteinander zeigten, daß die Penetranzunterschiede durch sehr viele verschiedene Modifikationsgene bedingt werden.

In den verschiedenen selektionierten vti-Stämmen ist ein gewisser Zusammenhang zwischen Penetranz und Expressivität vorhanden, der sich darin äußert, daß die schwächste Expressivität unter schwach penetranten Stämmen gefunden wird und umgekehrt. Die Expressivität wurde dabei durch den Prozentsatz der Flügel mit dem stärksten Ausprägungsgrad des Merkmals (vollkommenes Fehlen der zweiten Querader, Klasse 2 der Tabelle 7) unter allen Flügeln, die das vti-Merkmal zeigen, ausgedrückt. Die Tabelle 7 zeigt aber auch, daß trotz dieses Zusammenhanges eine gewisse Unabhängigkeit der Penetranz und Expressivität

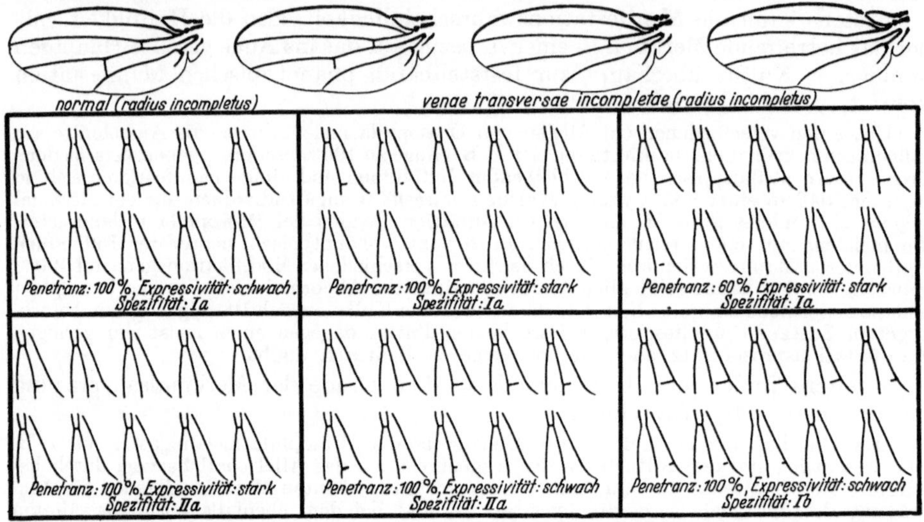

Abb. 13. Manifestationsschwankungen der recessiven Mutation vti bei Drosophila funebris. Jedes Viereck stellt eine bestimmte Kultur dar, in der vti in ein anderes „genotypisches Milieu" hineingekreuzt (mit anderen „Modifikationsgenen" kombiniert) wurde; jede Zeichnung im Viereck stellt 10% der Flügel dar. Durch Modifikationsgene werden, zum Teil unabhängig voneinander, die Penetranz (Manifestationswahrscheinlichkeit) Expressivität (Ausprägungsgrad) und Spezifität (Ausdehnung des Wirkungsfeldes des Gens und des Variationsmusters) von vti beeinflußt. (Aus Timoféeff-Ressovsky 1934.)

besteht: es gibt schwach-penetrante und stark-expressive und auch absolut-penetrante und dabei schwach-expressive Kulturen. Kreuzungen der verschiedenen Stämme miteinander zeigten, daß die Expressivität ebenfalls durch eine ganze Reihe verschiedener Modifikationsgene beeinflußt werden kann.

Die Versuche an vti, sowie eine ganze Reihe anderer, an kleinerem Material durchgeführter Stichproben mit anderen Merkmalen zeigten somit, daß die Intensität der Genmanifestierung durch das genotypische Milieu, in dem sich das ins Auge gefaßte Hauptgen befindet, also durch Modifikationsgene, bei variabel sich manifestierenden Merkmalen zum Teil sehr stark beeinflußt werden kann. Die Penetranz und die Expressivität zeigen immer eine gewisse Korrelation, werden aber zum Teil unabhängig voneinander, also vorwiegend durch verschiedene Modifikationsgene, mitbedingt.

Auf den ersten Blick erscheint es naheliegend eine engere Beziehung der Intensität der Genmanifestierung zur Dominanz anzunehmen. Erstens darf man aber nicht vergessen, daß die Dominanz und die Manifestationsintensität definitionsgemäß voneinander streng zu unterscheiden sind, da das Dominanzphänomen sich lediglich auf die Verhältnisse der Manifestationsintensitäten der beiden Homozygoten und der Heterozygote bezieht. Zweitens ergibt die Durchsicht verschiedener Mutationen bei verschiedenen Objekten, daß verschiedene Grade der Manifestationsintensität sowohl unter dominanten als auch

Tabelle 7. Intensität (Penetranz und Expressivität) der vti-Manifestierung in 30 verschiedenen selektionierten, lange ingezüchteten Stämmen von Drosophila funebris, die nach ansteigender Penetranz angeordnet sind. (Nach TIMOFÉEFF-RESSOVSKY 1934.)

Die Klassen bedeuten: + normal; 1 = 2. Querader unterbrochen; 2 = 2. Querader fehlt vollkommen. Die Penetranz ist in Prozent der manifesten unter allen Flügeln, und die Expressivität in Prozent der extrem-manifesten (Klasse 2) unter allen manifesten (Klassen 1 + 2) ausgedrückt.

Nr.	Kulturen	Zahl der linken Flügel				Penetranz	Expressivität
		Klassen			Total		
		+	1	2			
1	Nr. 20	252	154	22	428	41,1	12,5
2	Nr. 27	157	132	47	336	46,7	26,2
3	Nr. 33	171	138	80	389	56,0	36,7
4	Nr. 3	168	107	111	386	56,5	50,9
5	Nr. 85	148	106	92	346	57,2	46,5
6	„H"	221	89	232	542	59,2	72,3
7	„F"	166	149	119	434	61,7	44,4
8	„II"	142	193	88	423	66,4	31,3
9	Nr. 32	163	127	214	514	67,6	62,7
10	„E"	161	221	173	555	71,0	43,9
11	Nr. 17	138	181	203	522	73,6	52,8
12	Nr. 37	107	261	98	466	77,0	27,3
13	„A"	98	164	200	462	78,8	55,0
14	„K"	95	45	386	481	80,3	88,3
15	Nr. 34	78	152	183	413	81,1	54,6
16	„III"	53	81	187	321	83,5	69,6
17	Nr. 35	57	243	145	465	87,2	35,5
18	„D"	48	227	261	536	91,0	53,5
19	„C"	30	91	265	386	92,2	74,4
20	Nr. 7	13	151	287	451	97,1	65,5
21	Nr. 215	5	124	229	358	98,6	64,9
22	„L"	—	316	131	447	100	29,3
23	Nr. 13	—	216	193	409	100	47,1
24	„B"	—	195	208	403	100	51,6
25	„I"	—	106	267	373	100	71,6
26	Nr. 88	—	112	351	463	100	75,8
27	„IV"	—	81	331	412	100	80,3
28	Nr. 31	—	73	349	422	100	84,7
29	Nr. 225	—	4	399	403	100	99
30	Nr. 235	—	1	427	428	100	100

unter recessiven Mutationen vorkommen. Im Abschnitt II, 4 wurde schon erwähnt, daß der Grad der Dominanz bei verschiedenen Mutationen schwanken kann und durch Selektion bestimmter Modifikationsgene beeinflußt wird. Auch die vti-Mutation von Drosophila funebris zeigte in einigen Kulturen schwache Dominanz, oder vielmehr unvollkommene Recessivität, indem bei Kreuzungen mit Normal ein Teil der Heterozygoten schwache vti-Manifestierung aufwies; diese schwache Dominanz wurde dabei interessanterweise nicht nur bei Stämmen mit der stärksten Intensität der vti-Manifestierung beobachtet. Es ist somit anzunehmen, daß der Dominanzgrad eines Allels unabhängig (also vorwiegend durch andere Modifikationsgene) von dem Intensitätsgrad der Genmanifestierung beeinflußt wird.

2. Spezifität der Genmanifestierung.

Unter Spezifität der Genmanifestierung wird, wie früher schon erwähnt, die Lokalisation, morphologische Art und der Variationsmodus des betreffenden Merkmals verstanden. Es ist selbstverständlich, daß verschiedene Mutationen verschiedener Gene klare Unterschiede in der Spezifität ihrer Manifestierung aufweisen können. Bei näherer Betrachtung und geeigneten Merkmalen stellt sich aber heraus, daß auch die Spezifität der Manifestierung eines bestimmten ins Auge gefaßten Allels variieren und beeinflußt werden kann. Wir wollen das an demselben Beispiel der vti-Mutation von Drosophila funebris etwas näher betrachten.

Bei den variabel sich manifestierenden Mutationen, die solche Merkmale beeinflussen, die sich auf bestimmte Organe oder Körpergebiete ausdehnen, kann die Lokalisation des Merkmals variieren. Mit ansteigender Expressivität dehnen sich die meisten morphologischen Merkmale aus. Jeder Genotypus hat aber in bezug auf jedes von ihm bedingte Merkmal ein bestimmtes „Wirkungsfeld", d. h. ein potentielles Gebiet, in dem das betreffende Merkmal sich manifestieren kann und das je nach Grad der Expressivität mehr oder weniger voll ausgenutzt wird. Bei zwei borstenreduzierenden Mutationen

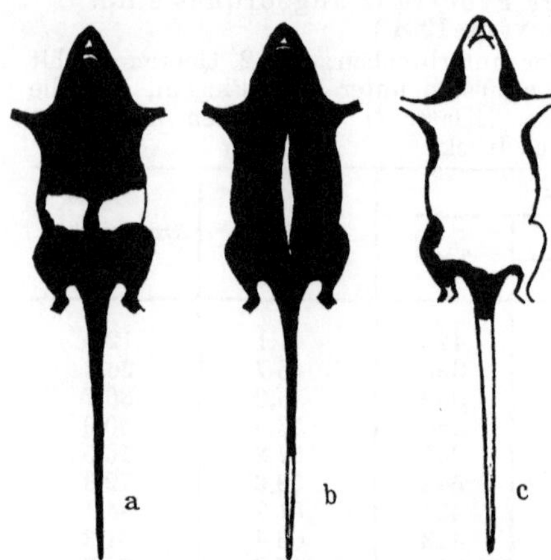

Abb. 14a—c. Zwei Scheckungsmutationen und deren Kombination bei Mus musculus. a recessive Scheckung, homozygot (ss); b dominante Scheckung, heterozygot (Ww); c Kombination (ssWw). Die zwei Scheckungsgene haben deutlich verschiedene Wirkungsfelder. (Nach Zimmermann, unveröffentlicht.)

von Drosophila kann z. B. die eine die Borsten auf dem Thorax, die andere auf dem Kopf oder Scutellum angreifen. Die Wirkungsfelder verschiedener Gene können ganz getrennt sein, sie können sich aber auch überschneiden, oder mehr oder weniger vollkommen decken. Auf Abb. 14 sind verschiedene Wirkungsfelder von Scheckungsmutationen der Hausmaus an zwei Beispielen angeführt. Unterschiede in derartigen Wirkungsfeldern können auch in verschiedenen Stämmen desselben Hauptgens beobachtet werden.

Werden die vorhin schon erwähnten und auf Tabelle 7 und Abb. 13 angeführten verschiedenen selektionierten homozygoten vti-Stämme von Drosophila funebris genauer in bezug auf die Einzelheiten der Queraderunterbrechung untersucht, so zeigen sich auch dort deutliche Unterschiede in den potentiellen Wirkungsfeldern der verschiedenen Kulturen. Ein deutliches Beispiel dafür bilden die zwei Stämme, die auf Abb. 13 schematisch in den oberen und unteren linken Rechtecken dargestellt sind: der Stamm, der links unten dargestellt ist, hat eine deutlich stärkere Expressivität, indem bei fast allen Flügeln die zweite Querader voll-

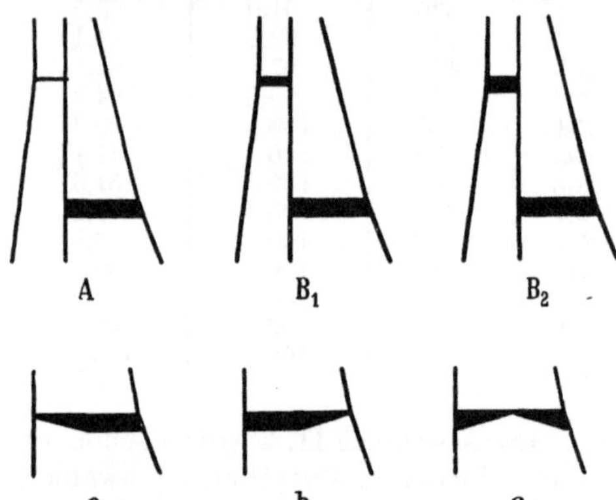

Abb. 15. Schematische Darstellung verschiedener Wirkungsfelder (oben: A, B₁ und B₂) und verschiedener Variationsmodi (unten: a, b und c) der Mutation vti (Unterbrechung oder Fehlen der Queradern am Flügel) in verschiedenen daraufhin selektionierten homozygoten, ingezüchteten Kulturen von Drosophila funebris. Die dick gezeichneten Stellen der Queradern entsprechen einer besseren Manifestation des vti-Merkmals; bei A wird nur die zweite Querader, bei B₁ die zweite Qa erst nach Veränderung der ersten und bei B₂ werden beide Adern gleichmäßig verändert; bei a wird die zweite Qa von rechts nach links, bei b von links nach rechts und bei c von beiden Enden aus nach der Mitte unterbrochen. (Nach Timoféeff-Ressovsky 1934.)

ständig fehlt, wogegen bei dem links oben dargestellten Stamm die meisten Flügel nur schwach verändert sind; bei dem letzteren wird aber mit gleicher Wahrscheinlichkeit auch die erste Querader betroffen, die bei dem ersteren dieser Stämme nie angegriffen wird. Zwischen diesen Stämmen besteht also ein Unterschied in dem potentiellen Wirkungsfeld des vti-Allels: in dem einen dehnt sich das Wirkungsfeld gleichmäßig auf beide

Queradern aus und in dem anderen ist es auf die zweite Querader beschränkt. Bei näherer Betrachtung konnten weitere Unterschiede in den Wirkungsfeldern unter den verschiedenen vti-Stämmen gefunden werden, deren Wesen schematisch in der oberen Reihe der Abb. 15 dargestellt ist: einige Stämme besitzen ein Wirkungsfeld, das lediglich auf die zweite Querader sich ausdehnt; bei anderen Stämmen erstreckt es sich auf beide Queradern, wobei aber in den einen Fällen die erste Querader nur dann angegriffen wird, wenn die zweite Querader vollkommen verschwunden ist, und in anderen wird sie zur gleichen Zeit mit der

Tabelle 8. Zusammenfassung über die vti-Manifestierung in 30 verschiedenen selektionierten, homozygoten, ingezüchteten Stämmen von Drosophila funebris. (Nach TIMOFÉEFF-RESSOVSKY 1934.)

Die Prozentsätze der Penetranz und Expressivität sind auf Klassenunterschiede von 10% bzw. 5% abgerundet. A, B_1, B_2, a, b und c entsprechen den Schemen der Abb. 15. As und Ds Asymmetrie bzw. Dissymmetrie (s. nächstes Kapitel).

Nr.	Kulturen	Penetranz in %	Expressivität in %	Wirkungs- feld	Variations- modus	Symmetrie
1	Nr. 20	45	15	B	a	As
2	Nr. 27	45	25	B_{II}	c	As
3	Nr. 33	55	35	B	b	Da
4	Nr. 85	55	45	B_I	a	As
5	Nr. 3	55	50	A	c	As
6	„H"	55	75	B	c	Ds
7	„II"	65	30	B	a	As
8	„F"	65	45	B_I	b	As
9	Nr. 32	65	65	A	a	Ds
10	Nr. 37	75	25	A	a	As
11	E"	75	45	B_{II}	a	As
12	Nr. 17	75	55	A	b	Ds
13	„A"	75	55	A	a	As
14	Nr. 35	85	35	A	a	As
15	Nr. 34	85	55	B_{II}	c	As
16	„III"	85	70	B_{II}	a	As
17	„K"	85	90	B_I	c	Ds
18	„D"	95	55	B_{II}	c	As
19	Nr. 7	95	65	A	b	As
20	Nr. 215	95	65	B_I	a	Ds
21	„C"	95	75	B_I	a	As
22	„L"	100	30	B	c	
23	Nr. 13	100	45	B_I	a	
24	„B"	100	50	B_{II}	b	
25	„I"	100	70	A	c	
26	Nr. 88	100	75	B_I	a	
27	„IV"	100	80	A	a	
28	Nr. 31	100	85	B_{II}	a	
29	Nr. 225	100	100	B_I		
30	Nr. 235	100	100	A		

zweiten Querader beeinflußt. Wie aus Tab. 8 zu ersehen ist, wird der Typ (ꜱ Wirkungs- feldes ganz unabhängig von der Penetranz und Expressivität bedingt, da alle d.ꜱi Wirkungs- feldtypen bei Stämmen mit verschiedensten Graden der Penetranz und der Expressivität vorkommen können.

Wie wir eben gesehen haben, hat eine Mutation, die sich in einem bestimmten genotypischen Milieu befindet, ein bestimmtes Wirkungsfeld. Das Wirkungs- feld legt die Ausdehnungsgrenzen fest, innerhalb deren das betreffende Merkmal variieren kann. Aber auch innerhalb bestimmter Ausdehnungsgrenzen kann das Merkmal verschiedene „*Varationsmodi*" zeigen.

Auf Abb. 15, unten, sind schematisch drei, bei den verschiedenen vti-Stämmen vorkommende Typen der Variation in der Unterbrechung der zweiten Querader dargestellt. Bei dem einen (a) beginnt die Unterbrechung am unteren Ende der zweiten Querader und schreitet nach oben fort, bis die Querader vollkommen verschwunden ist; bei dem zweiten (b) verläuft der Prozeß in entgegengesetzter Richtung; bei dem dritten Typ (c) wird die zweite Querader zuerst an einem, dann an dem anderen Ende unterbrochen, und als resistenteste bleibt am längsten die Mitte der Querader bestehen. Auf Abb. 13 ist der Variationsmodus „a" z. B. bei dem Stamme, der im mittleren Rechteck der unteren Reihe dargestellt ist, vorhanden, wogegen der im rechten unteren Rechteck dargestellte Stamm den Variationsmodus „b" aufweist.

Aus Tabelle 8 ist zu ersehen, daß ebenso wie das Wirkungsfeld, der Variationsmodus in den verschiedenen Stämmen sich unabhängig von der Penetranz, Expressivität und dem Wirkungsfeld verhält.

Die vorhin geschilderten Selektionsversuche mit der vti-Mutation von Drosophila funebris zeigten also, daß die Spezifität der Genmanifestierung, ebenso wie die Intensität, durch viele Modifikationsgene, also durch das genotypische Milieu, in dem sich das betreffende Hauptgen befindet, und zwar weitgehend unabhängig von der Intensität, beeinflußt wird. Stichproben an einer ganzen Reihe anderer Mutationen bestätigen dieses Ergebnis.

3. Faktoren, die die Genmanifestierung beeinflussen.

Die Zusammenfassung der Ergebnisse über die vti-Manifestierung in den 30 verschiedenen selektionierten Stämmen von Drosophila funebris auf Tabelle 8 zeigte deutlich folgende wesentliche Züge der variablen Genmanifestierung:

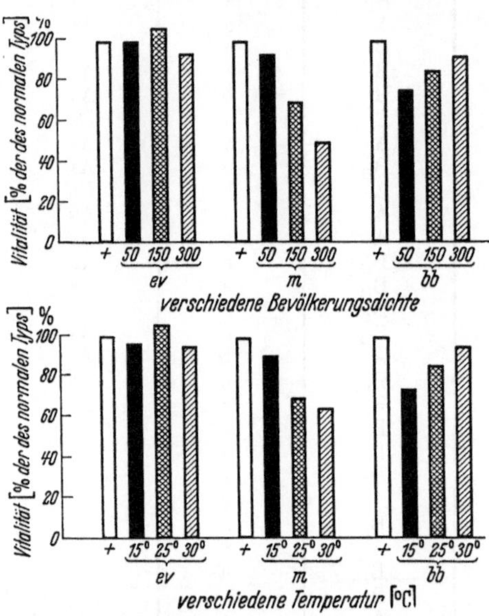

1. Die phänotypische Manifestierung eines ins Auge gefaßten Gens kann wesentlich durch eine ganze Reihe anderer Gene (die selbst, in Abwesenheit des Hauptgens, das in Frage kommende Merkmal nicht erzeugen) beeinflußt werden. 2. In den Manifestationsschwankungen eines Gens kann man die Intensität und die Spezifität der Manifestierung unterscheiden, da sie unabhängig voneinander variieren können (was sich darin äußert, daß selektionierte Stämme mit gleicher Intensität verschiedene Spezifität, und umgekehrt, zeigen können). 3. Innerhalb der Intensität der Manifestierung kann man unter Umständen die Penetranz und Expressivität unterscheiden, da sie ebenfalls zum Teil unabhängig voneinander variieren; innerhalb der Spezifität gilt dasselbe für die Ausdehnung des potentiellen Wirkungsfeldes des Gens und für den Variationsmodus innerhalb eines bestimmten Wirkungsfeldes. 4. Da die in Tabelle 8 zusammengefaßten Drosophila funebris-Stämme durch Selektion und strenge Inzucht gewonnen wurden,

Abb. 16. Die relative Vitalität von drei verschiedenen Mutationen von Drosophila funebris: 1. unter verschiedenen Bevölkerungsdichten (oben: Kulturen mit 50, 150 bzw. 300 Eiern pro Glas) und 2. unter verschiedenen Temperaturen (unten: Bevölkerungsdichte von 150 Eier pro Glas, 15° C, 25° C bzw. 30° C). (Nach Timoféeff-Ressovsky 1934).

und da, wie früher schon erwähnt, Kreuzungen der verschiedenen Stämme untereinander auf komplizierte Spaltungen bezüglich ihrer Manifestationsunterschiede hinwiesen, muß angenommen werden, daß eine sehr große Zahl von Modifikationsgenen die Manifestierung von vti beeinflußt und daß verschiedene Modifikationsgene in verschiedenem Grade die verschiedenen Seiten der Manifestierung mitbedingen.

Bei vielen anderen Mutationen mit variabler phänotypischer Manifestierung konnte ähnliches gefunden werden. Man kann also den allgemeinen Satz formulieren, daß die Manifestation vieler einzelner Hauptgene (wobei als „Hauptgen" das ins Auge gefaßte, einfach mendelnde und eine bestimmte alternative Merkmalsänderung erzeugende Allel bezeichnet wird) wesentlich durch das „genotypische Milieu" (also die übrige Allelenkombination) in dem sie sich befinden, beeinflußt werden kann.

Wie früher schon erwähnt wurde, können auch Außenbedingungen die schwankende Manifestierung beeinflussen. Auf Abb. 16 ist als Beispiel des Einflusses einiger Faktoren des äußeren Milieus die Abhängigkeit der relativen Vitalität von 3 verschiedenen Mutationen der Drosophila funebris von der Populationsdichte und Temperatur angeführt. Es wurde auch schon erwähnt,

Tabelle 9. Manifestierung von vti unter tiefer und hoher Temperatur in 9 verschiedenen selektionierten Stämmen von Drosophila funebris. Klassenbezeichnungen wie in Tabelle 7. (Nach TIMOFÉEFF-RESSOVSKY 1934.)

| Stämme | Temperatur °C | Zahl der linken Flügel | | | | Penetranz in % | Expressivität in % |
| | | Klassen | | | Total | | |
		+	1	2			
„7"	18	11	88	137	236	95,3	60,9
	28	6	79	145	230	97,4	64,7
„D"	13	17	81	94	192	91,1	53,7
	28	30	122	176	328	90,9	59,1
„C"	13	14	93	142	249	94,4	60,4
	28	42	75	162	279	84,9	68,3
„215"	13	—	51	183	234	100	78,2
	28	9	76	191	276	96,7	64,0
„17"	13	52	85	119	256	80,0	58,5
	28	91	92	120	303	69,9	56,6
„F"	13	81	116	150	367	72,5	56,4
	28	152	134	92	378	59,8	40,7
„34"	13	13	90	16	219	94,0	56,5
	28	93	150	53	396	76,5	50,5
„A"	13	14	180	77	471	97,0	60,6
	28	152	200	243	595	74,4	54,8
„E"	13	—	89	193	282	100	68,4
	28	85	105	83	273	68,8	44,1

daß das vorhin betrachtete vti-Merkmal von Drosophila funebris ebenfalls auf Temperatur reagiert. Auf Tabelle 9 ist das Ergebnis von Temperaturversuchen mit 9 verschiedenen selektionierten Stämmen der Mutation vti angegeben. In fast allen Stämmen wird durch Erhöhung der Temperatur die Penetranz und Expressivität des vti-Merkmals herabgesetzt; es ist aber zu bemerken, daß dieser Temperatureinfluß in den genotypisch verschiedenen Stämmen sehr verschieden ist, sowohl in bezug auf den Gesamteinfluß der Temperatur auf die Manifestationsintensität, als auch in bezug auf die Wirkungen auf Penetranz und Expressivität.

Die Wirkung verschiedener Faktoren des äußeren Milieus auf die Genmanifestierung wurde ebenfalls an sehr vielen verschiedenen Mutationen beobachtet. Hier, wo wir lediglich die Phänomene der Genmanifestierung behandeln, können wir nicht auf eine ganze Reihe von Arbeiten eingehen, in denen Temperaturversuche zur tieferen Analyse des entwicklungsphysiologischen Geschehens bei der Genmanifestierung benutzt wurden. Wir wollen lediglich nur noch an Hand eines Beispiels aus den Versuchen mit derselben vti-Mutation von Drosophila funebris zeigen, wie sich die verschiedenen Seiten der Genmanifestierung gegenüber einem Außenfaktor, in diesem Falle der Temperatur, verhalten. Auf Tabelle 10 ist das Ergebnis der Temperaturversuche mit 5 verschiedenen vti-Stämmen gebracht, in denen nicht nur auf die Intensität, sondern auch auf die Spezifität der vti-Manifestierung genau geachtet wurde. In allen diesen Stämmen reagiert die Intensität der Manifestierung (Penetranz und Expressivität) recht stark auf Temperatur; die Spezifität (das Wirkungsfeld und das Variationsmuster des vti-Merkmals) bleibt aber in allen Fällen unverändert. In einer Reihe von Versuchen mit anderen Mutationen wurde im wesentlichen dasselbe gefunden, nämlich daß auf äußere Reize vorwiegend die Intensität, nicht aber die Spezifität der Manifestierung reagiert.

Wir können unsere bisherigen Erfahrungen bei der Analyse der variablen Genmanifestierung folgendermaßen zusammenfassen: 1. Der Grad und die Art der Manifestation eines ins Auge gefaßten Allels kann stark sowohl durch verschiedene Kombinationen anderer Allele, d. h. das „genotypische Milieu“, als auch durch verschiedene Faktoren des „äußeren Milieus“ beeinflußt werden; 2. in der Manifestationsvariabilität können in günstigen Fällen verschiedene Seiten (die Intensität, die wiederum in Penetranz und Expressivität besteht, und die Spezifität, die das Wirkungsfeld und das Variationsmuster des Merkmals innerhalb des Wirkungsfeldes umfaßt) der phänotypischen Realisation des Gens unterschieden werden; und 3. die Intensität der Genmanifestierung wird sowohl vom genotypischen als auch vom äußeren Milieu beeinflußt, wogegen die Spezifität vorwiegend erblich bedingt ist.

Tabelle 10. Einfluß der Temperatur auf die Manifestation der recessiven Mutation vti bei Drosophila funebris in 5 verschiedenen ingezüchteten Stämmen. Die Intensität der Manifestierung (Penetranz und Expressivität) ist temperaturabhängig; die Spezifität (Wirkungsfeld und Variationsmuster) ist temperaturunabhängig. (Nach Timoféeff-Ressovsky 1934.)

Stämme	Temperatur °C	Penetranz in %	Expressivität in %	Wirkungsfeld	Variationsmuster
„A“	13—14	97	61	A	a
	28—29	74	55	A	a
„E“	13—14	100	68	B_2	a
	28—29	89	44	B_2	a
„F“	13—14	73	56	B_1	b
	28—29	60	41	B_1	b
„17“	13—14	80	59	A	b
	28—29	70	57	A	b
„34“	13—14	94	56	B_2	c
	28—29	76	50	B_2	c

IV. Symmetrieverhältnisse in der Genmanifestierung.

Es soll jetzt noch ein Phänomen berücksichtigt werden, das ebenfalls wesentliche Unterschiede aufweisen kann: verschiedene Fälle der variablen Genmanifestierung können verschiedene Symmetrieverhältnisse des Merkmals zeigen.

Man kann theoretisch die verschiedenen Symmetrieformen der Merkmale bei bilateral gebauten Lebewesen zunächst in solche einteilen, die ausschließlich oder bevorzugt auf einer Körperseite auftreten, und solche, die sich mit gleicher Wahrscheinlichkeit auf beiden Körperseiten manifestieren. Die ersteren gehören mehr in das große vergleichend-morphologische Rechts-Links-Problem des Körperbautypus. Hier wollen wir uns näher mit der zweiten Gruppe, den „beiderseitigen“ Merkmalen befassen.

Innerhalb der Gruppe der Merkmale, die sich mit gleicher Wahrscheinlichkeit auf der rechten und linken Körperhälfte manifestieren, kann man theoretisch folgende Typen unterscheiden:

1. „Symmetrische Merkmale", d. h. solche, bei denen die Manifestation des betreffenden Merkmals auf der rechten und linken Seite eines Individuums immer gleich ist; oder, variationsstatistisch ausgedrückt, bei denen eine absolute oder sehr hohe positive Rechts-Links-Korrelation vorhanden ist.

2. „Asymmetrische Merkmale", d. h. solche, bei denen die Manifestierung rechts und links unabhängig voneinander variiert, so daß die Zahl der symmetrisch manifesten Individuen sich aus der zufälligen Kombination der Rechts- und Links-Manifestierung ergibt; variationsstatistisch ist in diesen Fällen keine Rechts-Links-Korrelation der Manifestierung vorhanden; oder man kann es noch anders ausdrücken, indem man sagt, daß in diesen Fällen nicht das ganze Individuum, sondern jede bilaterale Körperhälfte als unabhängige Manifestationseinheit dient.

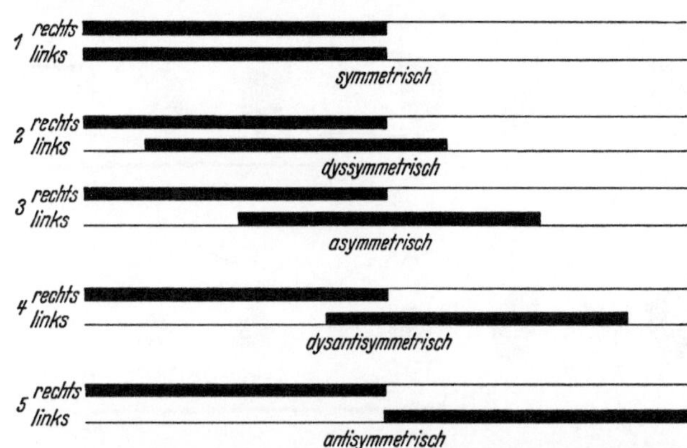

Abb. 17. Denkbare Symmetrieverhältnisse bei bilateralen, variablen aber auf beiden Seiten sich mit gleicher Wahrscheinlichkeit manifestierenden Merkmalen. Es ist der Fall von 50% Manifestation auf jeder Seite angenommen. Als „symmetrisch" wird absolute positive Korrelation beider Seiten, als „dyssymmetrisch" positive Korrelation, als „asymmetrisch" Fehlen einer Korrelation, als „dysantisymmetrisch" negative Korrelation und als „antisymmetrisch" absolute negative Korrelation beider Seiten in bezug auf die Manifestation des betreffenden Merkmals bezeichnet.

3. „Antisymmetrische Merkmale", d. h. solche, bei denen eine Abstoßung zwischen Rechts- und Links-Manifestierung besteht; die also variationsstatistisch eine absolute oder sehr starke negative Rechts-Links-Korrelation zeigen.

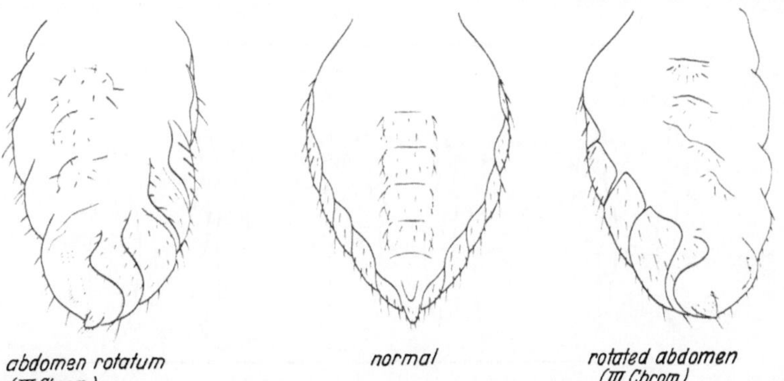

Abb. 18. Beispiele „einseitiger" Merkmale: die Mutation abdomen rotatum (IV. Chromosom) und rotated abdomen (III. Chromosom) bei Drosophila melanogaster.

Diese 3 Typen stellen Grenzfälle dar, zwischen denen selbstverständlich Übergänge möglich sind, die man für die Fälle einer positiven aber nicht sehr starken Rechts-Links-Korrelation als *„Dyssymmetrie"* und für die Fälle einer nicht sehr ausgesprochenen negativen Korrelation als *„Dysantisymmetrie"* bezeichnen kann. Auf Abb. 17 sind diese verschiedenen theoretisch denkbaren Typen der Symmetrieverhältnisse schematisch dargestellt. Die Abb. 18 bringt als Beispiel zwei „einseitige" Merkmale, d. h. solche, die zu dem ersten der anfangs erwähnten Typen gehören und sich ausschließlich in einer Richtung der Abweichung vom bilateralen Symmetrietyp äußern. Die Abb. 19 bringt Beispiele des symmetrischen Variationstyps beiderseitiger Merkmale, der dadurch sich auszeichnet, daß die intraindividuellen Unterschiede verschwindend gering

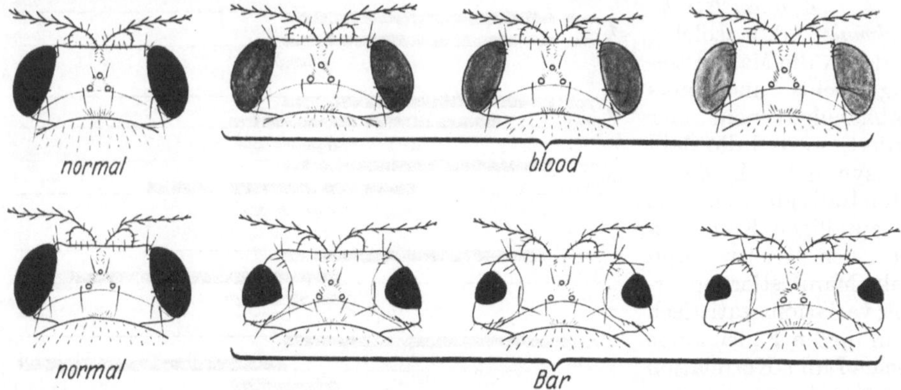

Abb. 19. Beispiele zweier symmetrisch variierender genbedingter Merkmale: oben blood und unten Bar bei Drosophila melanogaster.

im Vergleich zu den interindividuellen Manifestationsunterschieden sind. Die Abb. 20 zeigt zwei Fälle von asymmetrisch variierenden genbedingten Merkmalen, bei denen, wie vorhin erwähnt wurde, die Variation der Manifestierung des betreffenden Merkmals auf der rechten und linken Körperseite unabhängig

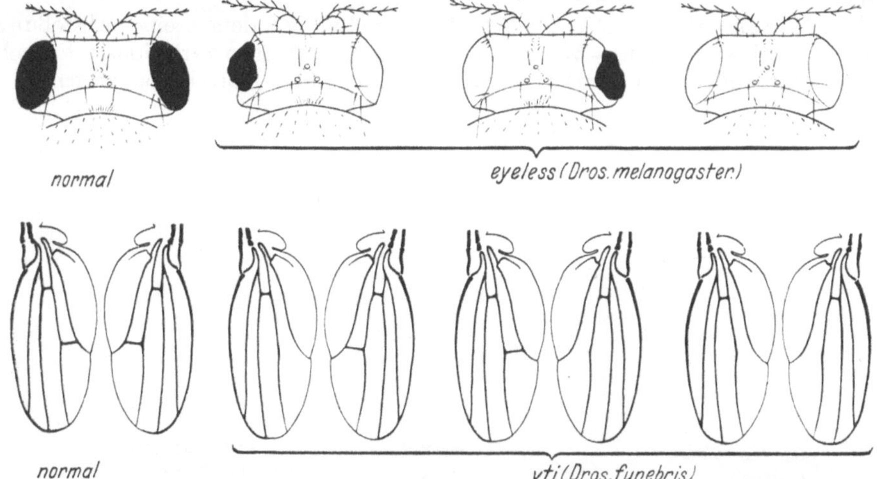

Abb. 20. Beispiele asymmetrisch variierender genbedingter Merkmale: oben eyeless bei Drosophila melanogaster, unten vti bei Drosophila funebris.

verläuft. Beispiele von antisymmetrischem Variieren, d. h. von sehr starker oder absoluter negativer Korrelation der Manifestierung Rechts und Links, sind bisher unbekannt. Es gelingt aber in einigen Fällen durch Selektion den asymmetrischen Typ in Richtung einer gewissen positiven oder negativen Rechts-Links-Korrelation zu verschieben, d. h. zum dyssymmetrischen oder dysantisymmetrischen Typ umzuwandeln. Derartiges konnte bei einigen Stämmen der im vorhergehenden Abschnitt oft erwähnten Mutation vti erzielt werden.

In einigen Fällen können, innerhalb desselben ingezüchteten Stammes einer pleiotrop wirkenden Mutation, verschiedene Merkmale des durch dasselbe Hauptallel erzeugten Merkmalskomplexes verschiedene Symmetrietypen der Manifestierung aufweisen. Ein derartiges Beispiel ist schematisch auf Abb. 21 dargestellt.

Das Vorkommen verschiedener Symmetrietypen und die Tatsache, daß sie in manchen Fällen in gewissem Grade durch Selektion beeinflußt werden können,

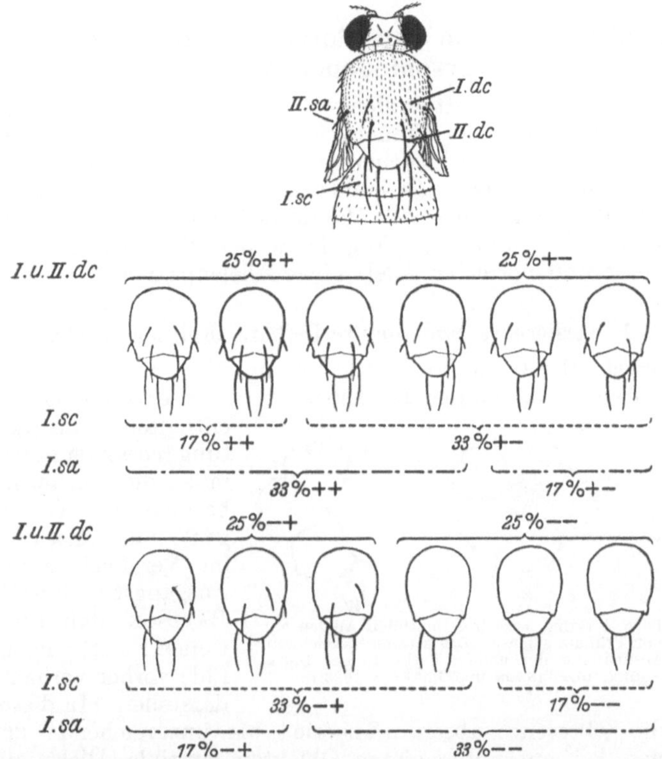

Abb. 21. Oben Thorax und Borstenbezeichnungen einer normalen Drosophila funebris; darunter asymmetrische (die Borsten I. dc und II. dc), dyssymmetrische (I. sc.) und dysantisymmetrische (I. sa) Manifestationsschwankungen der durch das gleiche pleiotrope Gen Pph′ bedingten Reduktionen verschiedener Borstenpaare bei Drosophila funebris. Der Übersichtlichkeit wegen wurde der Schwund verschiedener Borstenpaare als absolut korreliert, und die Penetranz auf jeder Körperseite als gleich 50% gezeichnet.

deutet darauf hin, daß unter den Faktoren, die über das Manifestieren oder einen bestimmten Expressivitätsgrad entscheiden, es einerseits solche geben kann, für die der Gesamtorganismus als Einheit dient, und andererseits solche, die in beiden bilateralen Organanlagen oder Körperhälften unabhängig voneinander variieren können, und daß der Symmetrietypus in manchen Fällen nicht nur von der Art der Wirkung des Hauptgens, sondern auch von dem genotypischen Milieu, in dem sich das Hauptgen befindet, abhängt. Das asymmetrische Variieren auch in praktisch homogenen, lange ingezüchteten Stämmen, die sich außerdem unter praktisch konstanten äußeren Bedingungen entwickeln, deutet darauf hin, daß für die Manifestation eines ins Auge gefaßten Allels, außer dem *genotypischen* und dem *äußeren Milieu*, auch das Variieren des „*inneren Milieus*" von Bedeutung sein kann; unter dem letzteren verstehen wir zunächst eine vielleicht recht heterogene Gruppe von Faktoren, die sich z. B. aus eventuellen plasmatischen Unterschieden im befruchteten Ei, physiologischen

Unterschieden der rechten und linken Körperhälfte und der sicherlich vorhandenen, weitgehend autonomen, zufälligen Fluktuation der relativen Entwicklung verschiedener Anlagen zusammensetzt. Untersuchungen über den Vergleich der Merkmalsdivergenz bei eineiigen Zwillingen und in beiden Körperhälften deuten darauf hin, daß das innere Milieu eine überraschend große Rolle innerhalb der gesamten paratypischen Variabilität der Merkmalsmanifestation spielen kann (Zarapkin 1939).

V. Quantitatives und Qualitatives in der Manifestation verschiedener Allele.

In diesem letzten Abschnitt wollen wir auf einige Erscheinungen eingehen, die sich aus dem Vergleich der phänotypischen Wirkungen verschiedener Allele desselben Gens, z. B. bei verschiedener Anzahl mutanter Allele in dem ins Auge gefaßten Individuum, ergeben. Es handelt sich dabei um die Betrachtung von zwei Gebieten: des Vergleiches der Manifestation verschiedener Glieder einer multiplen Allelenreihe und des Vergleiches der Wirksamkeit verschiedener Zahlen mutanter und normaler Allele eines Allelenpaares.

1. Seriierbare und nichtseriierbare multiple Allele.

Die historisch älteste konkrete Vorstellung über das, was eine Mutation eines Gens darstellt, ist in der Batesonschen „Presence-absence-Hypothese"
enthalten. Aus der Betrachtung recessiver mutanter Merkmale, die meistens, biologisch betrachtet, „Verschlechterungen" oder „Merkmalsausfälle" im Vergleich zum normalen Ausgangstyp darstellen, schloß Bateson, daß recessive Mutationen Zerstörungen bzw. Ausfälle vorher vorhandener Gene darstellen. In dieser Form erwies

Abb. 22. Seriierbare Wirkung von drei multiplen Allelen auf die Blütenfarbe von Primula sinensis. Das schwarz gezeichnete entspricht der Ausdehnung der gelben Farbe in der Blüte. (Nach Gregory, de Winton und Bateson 1923.)

wies sich die „Presence-absence-Theorie" als unzureichend, da von den meisten Genen bei gut untersuchten Objekten multiple Allelenreihen festgestellt werden konnten; und es ist klar, daß man nicht mehrere verschiedene Mutationen durch denselben Ausfall desselben Gens erklären kann. Es wurde aber bald an einigen besonders auffälligen Serien multipler Allele beobachtet, daß sie, phänotypisch betrachtet, einfach seriierbar sind, d. h. daß die durch verschiedene Allele erzeugten Merkmale in eine einfach abgestufte quantitative Reihe angeordnet werden können. Auf Abb. 22 ist eine derartige einfach-seriierbare multiple Allelenreihe der Blütenfärbung von Primula sinensis dargestellt. Solche einfach-seriierbaren multiplen Allelenreihen konnten auf Grund einer Modifikation der ursprünglichen „Presence-absence-Hypothese" gedeutet werden, indem man annahm, daß verschiedene Allele verschiedene quantitative Abstufungen der Genzerstörung darstellen.

Aber auch gegen eine derartige modifizierte „Presence-absence-Hypothese" ließen sich eine Reihe von Einwänden erheben. Es ist hier nicht der Ort um eingehend diese Einwände zu betrachten, denn dieses gehört mehr in den Rahmen einer theoretischen Diskussion des Genproblems. Wir wollen lediglich die wichtigsten aufzählen. Bei vielen Genen wurden im Laufe der Zeit Rückmutationen beobachtet, die auch durch Röntgenbestrahlung, neben direkten Mutationen, erzeugt werden können; das Vorkommen von Hin- und Rückmutationen in beiden entgegengesetzten Richtungen läßt sich aber schwer mit der Ansicht, daß die Mutation lediglich eine vollkommene oder teilweise Zerstörung des ursprünglichen Gens ist, vereinbaren. Es wurde außerdem bald erkannt, daß es methodologisch als nicht berechtigt erscheint, zu einfache Rückschlüsse aus dem Phänotyp auf die Struktur des Gens zu ziehen. Die Tatsache, daß die meisten Mutationen den normalen Ausgangstyp der Sippe eher verschlechtern als verbessern, kann ganz anders erklärt werden: da jede Sippe seit jeher unter Druck der natürlichen Auslese sich befindet, so werden dauernd die „besten" Mutationen allmählich in den „normalen" Typ der Sippe durch natürliche Auslese aufgenommen, so daß es klar ist, daß jeweils unter den verschiedenen zufälligen Mutationen der größte Teil eher schädlich als nützlich für den harmonischen, wohlbalancierten normalen Typ der Sippe sein muß. Schließlich hat die chemische und physiologische Analyse der Wirkstoffe und Hormone uns gelehrt, daß manchmal ganz winzige Strukturänderungen eines

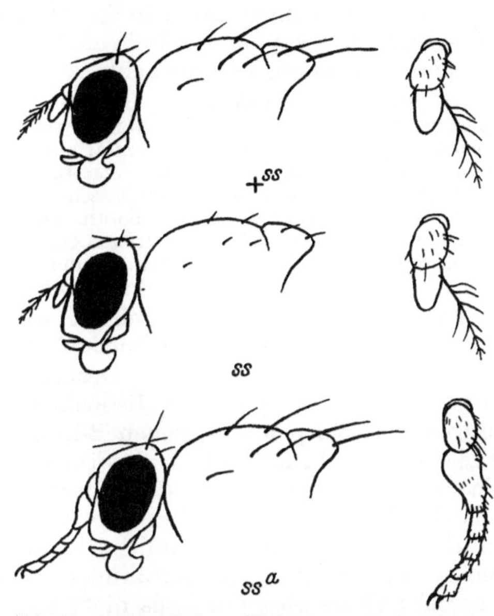

Abb. 23. Nichtseriierbare Wirkung von drei multiplen Allelen bei Drosophila melanogaster: ;Normal (+ss), spineless (ss) und aristopedia (ss¹).

mehr oder minder komplizierten und großen Moleküls seine biologische Wirksamkeit grundsätzlich ändern bzw. aufheben können. Alle diese Feststellungen und Überlegungen führten zu der Ablehnung einer vereinfachten „Presence-absence"-Vorstellung über die Natur der Mutationen.

Außerdem zeigte eine eingehende Betrachtung multipler Allelenreihen, daß durchaus nicht immer ihre Wirkungen einfach quantitativ seriierbar sind. Abb. 23 zeigt ein ziemlich krasses Beispiel von quantitativ nicht seriierbaren multiplen Allelen: das eine mutante Allel diese Serie ruft eine Borstenverkleinerung hervor, wogegen das andere die Borsten normal oder fast normal läßt, dagegen aber die Fühler in beinartige Gebilde umwandelt. Es sind heute viele

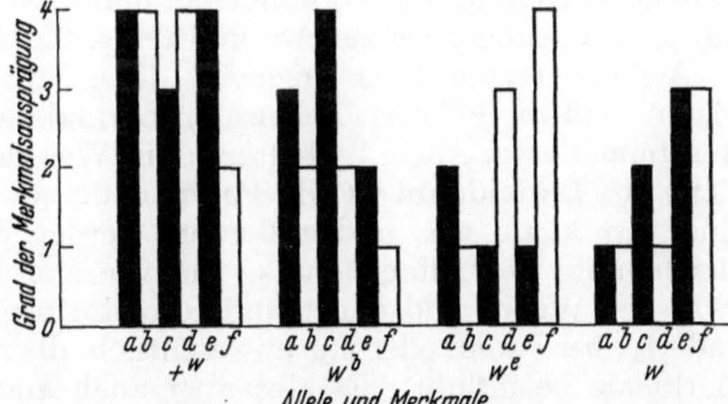

Abb. 24. Nicht gleichsinnig seriierbare Wirkung von vier Gliedern der multiplen white Allelenreihe bei Drosophila melanogaster (Normal, blood, eosin und white) auf sechs verschiedene Merkmale. Die Merkmalsausprägung wurde in vier Stufen eingeteilt. a Augenfarbe; b Hodenfärbung; c Spermathekenindex; d relat. Vitalität; e Fertilität; f Entwicklungsgeschwindigkeit. (Nach DOBZHANSKY 1927, TIMOFÉEFF-RESSOVSKY 1933 und unveröffentlicht.)

Fälle von multiplen Allelenreihen bei verschiedenen Objekten bekannt, die nicht ohne weiteres in eine quantitativ seriierbare Reihe angeordnet werden können (STERN 1930).

Noch schwieriger wird das quantitative Seriieren multipler Allele dann, wenn man nicht nur ein, sondern mehrere, durch pleiotrope Wirkung der betreffenden Allele beeinflußte Merkmale zusammen betrachtet. In solchen Fällen findet man oft, daß zwar jedes einzelne Merkmal mehr oder weniger leicht in eine quantitativ abgestufte Reihe angeordnet werden kann; aber die auf diesem Wege für jedes einzelne Merkmal aufgestellten Abstufungsreihen passen nicht zusammen, da sie nicht gleichsinnig seriierbar sind. Dadurch wird eine eindeutige Seriierbarkeit des phänotypischen Gesamteffektes der betreffenden multiplen Allelenreihen unmöglich gemacht.

Auf Abb. 24 ist ein derartiges Beispiel angeführt. Vier verschiedene Glieder der multiplen white-Allelenreihe von Drosophila melanogaster sind von links nach rechts in der Reihenfolge der Abnahme der Augenfärbung angeordnet; außerdem sind 5 andere, durch dieses Allel beeinflußte Merkmale eingetragen, die aber gar nicht in die Reihe der Abstufungen der Augenfärbung hineinpassen; der Spermathekenindex nimmt z. B. nicht von normal zu white wie die Augenfarbe ab, sondern ist am größten bei dem zweiten Glied, blood, und am kleinsten bei dem dritten Glied, eosin, und die Entwicklungsgeschwindigkeit ist am größten bei dem dritten Gliede und am kleinsten bei dem zweiten Glied der nach Abnahme der Augenfarbe angeordneten Vierergruppe.

Aus dem vorhin Gesagten geht hervor, daß auch die Betrachtung der quantitativen Seriierbarkeit der phänotypischen Wirkungen multipler Allelenreihen kein einheitliches Bild ergibt. Deshalb kann sie, auch wenn man die vorhin kurz erwähnten allgemeinen Bedenken gegen die Gültigkeit der Schlußfolgerungen aus dem phänotypischen Bild auf die Natur der betreffenden mutanten Allele außer acht läßt, nicht als Stütze einer modifizierten „Presence-absence-" Theorie benutzt werden. In dem Zusammenhang dieses Unterkapitels interessiert uns aber lediglich das Manifestationsphänomen als solches, und in diesem Sinne führt die Betrachtung der multiplen Allelie zu dem Schluß, daß multiple Allele meistens zwar dieselben oder ähnliche Merkmale und Merkmalskomplexe beeinflussen, daß sie aber durchaus nicht unbedingt eindeutig quantitativ seriierbar zu sein brauchen.

2. Beziehungen zwischen den Wirkungen von mutierten und Ausgangsallelen.

Als letztes Phänomen der Genmanifestierung wollen wir die tatsächliche Beziehung zwischen der Merkmalsmanifestation und der Zahl der in dem betreffenden Individuum vorhandenen mutanten oder normalen Allele betrachten, wie es am Anfang dieses Abschnittes schon kurz erwähnt wurde.

Auf den ersten Blick erscheint diese Fragestellung recht unklar; denn wir wissen, daß die höheren Lebewesen normalerweise diploid sind, also von jedem Gen immer zwei Allele enthalten. Ein Weg der Erhöhung der Allelenzahl eines Gens pro Individuum ist die Polyploidie; sie kommt aber bei Tieren innerhalb einer Art kaum vor, und außerdem werden durch Polyploidie sämtliche Gene gleichmäßig vervielfacht, was, wie wir aus Erfahrungen an Pflanzen wissen, zwar den Wuchs und einige andere quantitative Eigenschaften des Organismus ändert, aber kaum, oder nur unwesentlich, die relativen Manifestationen einzelner Merkmale beeinflußt. Es gibt aber auch andere Wege, das Problem über die Beziehung zwischen Merkmalsmanifestation und der Zahl der diesem Merkmal zugrunde liegenden Allele eines bestimmten Gens zu prüfen.

Erstens gibt es bei allen Tieren ein Geschlechtschromosom, das bei einem Geschlecht doppelt, bei dem anderen einfach vertreten ist; bei vielen Arten ist der Partner dieses Geschlechtschromosoms im heterogametischen Geschlecht genetisch zum Teil „leer". Das bedeutet also, daß ein großer Teil von recessiven geschlechtsgebundenen Mutationen bei dem homogametischen Geschlecht in Form von zwei, und im heterogametischen nur eines Allels normalerweise vorhanden ist. Es wird auch bei einigen geschlechtsgebundenen recessiven Mutationen von Drosophila beobachtet, daß sie sich bei Weibchen und Männchen etwas verschieden manifestieren. Dieses Phänomen läßt aber keine weitergehenden Schlüsse zu, denn es handelt sich um einen Unterschied der Allelenzahl nicht nur eines, sondern vieler Gene bei den beiden Geschlechtern; außerdem muß angenommen werden, daß, da der chromosomale Geschlechtsbestimmungsmechanismus eine phylogenetisch sehr alte und „normale" Erscheinung bei den in Frage kommenden Lebewesen ist, auf dem Wege der natürlichen Auslese, durch Ansammlung entsprechender Modifikationsfaktoren, die Wirksamkeit vieler Gene des Geschlechtschromosoms (mit Ausnahme der geschlechtsbestimmenden und geschlechtsbeeinflussenden) bei den beiden Geschlechtern, trotz des Unterschiedes in der Chromosomenzahl, sich weitgehend ausgeglichen hat.

Außer der Betrachtung geschlechtsgebundener Mutationen bei beiden Geschlechtern gibt es aber noch einen anderen Weg die Wirkung verschiedener Allelenzahlen auf die Merkmalsmanifestation festzustellen. Durch Röntgenbestrahlung kann eine ganze Reihe von Chromosomenaberrationen erzeugt werden, unter denen auch Duplikationen ganz kleiner Stückchen bestimmter Chromosomenteile vorkommen. Mit Hilfe bestimmter Kreuzungsanordnungen können bei Drosophila Individuen hergestellt werden, die mehrere gleiche kleine Chromosomenstückchen, außer dem normalen diploiden Chromosomensatz, enthalten. Solche Individuen besitzen also mehrere gleiche Allele der wenigen, in dem Chromosomenbruchstückchen enthaltenen Gene. Diese Methode der Herstellung von Individuen mit erhöhter Allelenzahl eines bestimmten Gens ist sehr mühsam, weitgehend vom Zufall abhängig und in vielen Fällen gar nicht nach Wunsch durchführbar. In einigen Fällen gelang es aber auf diesem Wege Individuen mit verschiedenen Zahlen normaler und auch mutanter Allele bestimmter Gene herzustellen und in bezug auf die Manifestation der betreffenden Merkmale zu vergleichen.

Dabei stellte sich heraus, daß verschiedene Mutationen sich in bezug auf ihre Wirkung ganz verschieden bei Erhöhung der Zahl mutanter Allele und bei Gegenüberstellung verschiedener Zahlen von mutierten und normalen Allelen verhalten. In einigen Fällen ergab die Erhöhung der Zahl mutanter Allele eine immer größere Annäherung an den normalen Ausgangstyp; man muß also annehmen, daß in diesem Falle das mutante Allel an der Ausbildung desselben Merkmals und in der gleichen Richtung wie das Ausgangsallel mitwirkt, daß seine Wirkung aber schwächer als die des Ausgangsallels ist; mit Erhöhung der Zahl derartiger mutanter Allele wird ihre Wirkung entsprechend verstärkt und es kann angenommen werden, daß bei genügend hoher Allelenzahl das normale Ausgangsmerkmal wieder restituiert wird. Solche Allele, die erstmalig von STERN (1929) entdeckt und als „additive Wirkung multipler Allele" beschrieben wurden, hat MULLER (1932) „*hypomorphe*" Allele genannt; das entsprechende Ausgangsallel ist dann ein „*hypermorphes*" und solche Allelenpaare zeigen somit die Erscheinung der „Hyper- bzw. Hypomorphie". Andere mutante Allele ergeben bei Anhäufung innerhalb desselben Individuums ein ganz anderes Bild. Durch Erhöhung der Zahl mutanter Allele wird das abweichende, mutante Merkmal verstärkt, also die Abweichung von der Norm vergrößert; das entsprechende Ausgangsallel verhält sich ebenso, bloß daß es in entgegengesetzter Richtung wirkt; je nach Wirkungsverhältnis mutanter und Ausgangsallele kann eine intermediäre Manifestation durch Kombination von mutanten und Ausgangsallelen erzeugt werden, und die Erhöhung der absoluten Zahl der Allele pro Individuum wird beim Gleichbleiben des Zahlenverhältnisses zwischen mutanten und Ausgangsallelen das betreffende Merkmal nicht beeinflussen. Solche Allelenpaare wurden von MULLER als „*antimorph*" bezeichnet. Schließlich gibt es mutante Allele, deren Anhäufung das entsprechende mutante Merkmal verstärkt, die sich aber ganz indifferent gegenüber dem Ausgangsallel verhalten; es ist mit anderen Worten egal, ob kein, eins, oder mehr Ausgangsallele den mutanten beigefügt worden: der Manifestationsgrad des mutanten Merkmals hängt lediglich von der Zahl der mutanten Allele ab. Solche Allelenpaare werden nach MULLER als „*heteromorph*" oder „*neo- bzw. amorph*" bezeichnet, wodurch zum Ausdruck gebracht wird, daß die Wirkungen des mutanten und Ausgangsallels in bezug auf das ins Auge gefaßte Merkmal überhaupt nichts gemeinsam haben. Auf Abb. 25 sind schematisch drei diesbezüglich untersuchte Beispiele von Mutationen der Drosophila melanogaster angeführt, die die Hypo-Hypermorphie, die Antimorphie und die Heteromorphie (oder Neo-Amorphie) illustrieren.

Die vorhin dargestellte Methode der Untersuchung der Art der Beziehungen zwischen dem mutanten Allel und dem betreffenden Merkmal wurde in diesem Zusammenhang erwähnt um zu zeigen, daß das mutante Merkmal als solches noch keinerlei Aufschluß über die Art seiner Beziehung zur Genquantität ergibt. Es gibt weitere Anzeichen dafür, daß die Hypomorphie, Antimorphie bzw.

Hyper- und Hypomorphe $\qquad \overrightarrow{1\,bb < 2\,bb < 3\,bb < 1 +^{bb}}$

(bobbed): $\qquad\qquad 5\,bb \sim 1 +^{bb}$

Antimorphe $\qquad \overleftarrow{3\,e > 2\,e > 1\,e} / \overrightarrow{1 +^{e} < 2 +^{e} < 3 +^{e}}$

(ebony): $\qquad\qquad 1 +^{e} + 1\,e \sim 2 +^{e} + 2\,e$

Neo- und Amorphe $\qquad \overrightarrow{1\,Hw < 2\,Hw < 3\,Hw}$

(Hairywing): $\qquad 1\,Hw + 1 +^{Hw} \sim 1\,Hw + 2 +^{Hw}$

Abb. 25. Wirkungsbeziehungen von Allelenpaaren (normal und mutiert), gezeigt an Änderungen der Genzahl (durch Duplikation entsprechender Chromosomenstücke) bei verschiedenen „Morphietypen" der Genwirkung von Drosophila melanogaster. (Nach STERN 1929, MULLER 1932 und TIMOFÉEFF-RESSOVSKY unveröffentlicht.)

Heteromorphie nicht an einen allgemeinen Zustand, z. B. teilweise oder vollständige Zerstörung des mutanten Allels als Ganzes, geknüpft werden können. Diese Erscheinungen beziehen sich, ebenso wie die quantitative Seriierbarkeit der Wirkung multipler Allele, lediglich auf die entwicklungsphysiologische Wirkung des betreffenden Allels auf das ins Auge gefaßte Merkmal. Das geht daraus hervor, daß in einigen Fällen es gelungen ist zu zeigen, daß dasselbe mutante Allel sich in bezug auf ein Merkmal als hypomorph, in bezug auf ein anderes aber als antimorph oder heteromorph erweisen kann (TSUBINA 1935).

Die Klassifikation der mutanten Merkmale nach Art ihrer Abhängigkeit von der Zahl der ihnen zugrunde liegenden mutanten Allelen und ihrem Verhalten gegenüber der Zahl der Ausgangsallele, ist von großer theoretischer Bedeutung für die zukünftige entwicklungsphysiologische Analyse der Genwirkungen. Sie ist aber praktisch nur für eine sehr beschränkte Zahl von Fällen durchführbar, denn, wie wir gesehen haben, sie erfordert eine vorausgehende Analyse von Individuen mit verschiedener Zahl von Allelen eines bestimmten Gens; und solche Individuen lassen sich nur bei besonders günstigen Objekten (und auch da nur unter günstigen Umständen) und mit viel Arbeitsaufwand herstellen. Es ist denkbar, daß man in Zukunft die Hypomorphie von Mutationen in bezug auf bestimmte mutante Merkmale auf anderen Wegen wird feststellen können. Eine Denkmöglichkeit in dieser Richtung bestände darin, daß man mit möglichst vielen Mutationen, die sich auf Grund von Versuchen mit der vorhin beschriebenen Methodik als hypomorph herausstellten, Temperaturversuche durchführt, um festzustellen, ob für Hypomorphie nicht eine bestimmte Richtung der Temperaturreaktion des mutanten Merkmals sich als Regel ergibt. In früheren Versuchen mit der im vorhergehenden Abschnitt öfters zitierten Mutation vti wurde festgestellt (TIMOFÉEFF-RESSOVSKY 1928, 1934), daß mit Erhöhung der Temperatur die Queradernausbildung sich der Norm nähert und daraus wurde geschlossen, daß vielleicht das mutante vti-Allel in bezug auf Queraderbeeinflussung sich gegenüber dem Ausgangsallel als hypomorph verhält. Derartige Schlüsse sind für jeden Einzelfall nur mit größter Vorsicht zu ziehen, denn die Temperaturreaktion jedes einzelnen Merkmals hängt stark von dem Zusammenspiel der relativen Geschwindigkeiten der Gesamtentwicklung und vieler einzelner Entwicklungsabläufe und deren, zwar immer gleich gerichteten, aber verschieden starken Temperaturreaktionen ab. Nur die diesbezügliche Prüfung vieler Fälle könnte zeigen, ob wenigstens eine weitgehende Übereinstimmung zwischen Hypomorphie und einer bestimmten Richtung der Temperaturreaktion des mutanten Merkmals besteht. Der einzige bisher geprüfte Fall deutet in dieser Richtung: Das mutante bobbed-Merkmal bei Drosophila melanogaster wird, ebenso wie vti, mit Erhöhung der Temperatur in der Richtung zur Norm verändert; und die Mutation bobbed wurde (wie aus Abb. 25 zu ersehen ist) in bezug auf das mutante Borstenmerkmal mit Hilfe der vorhin erwähnten Methodik der Allelenanhäufung als hypomorph erkannt.

VI. Schlußbetrachtungen.

Die rein beschreibende Durchsicht der allgemeineren Phänomene der Genmanifestierung, die in den vorhergehenden Abschnitten gegeben wurde, führt, trotzdem wir uns eigentlich hier gar nicht mit einer eingehenden kausalen Analyse des Weges vom Gen zum Merkmal beschäftigt haben, zu gewissen allgemeineren Vorstellungen über die phänotypische Realisation der genbedingten Merkmale.

Die Tatsachen der weiten Verbreitung heterogener Gruppen und des Parallelismus der erblichen und nichterblichen Variabilität auf der einen Seite und die pleiotrope Wirkung der meisten Gene auf der anderen Seite zeigen, daß die Beziehung zwischen Gen und Außenmerkmal nicht in einzelnen unabhängigen Reaktionsketten, die von einem bestimmten Gen zu einem bestimmten Merkmal führen, bestehen, sondern wesentlich komplizierter sind. Man erhält vielmehr den Eindruck, daß fast jedes Gen am gesamten Entwicklungsvorgang beteiligt ist; in diesem Sinne könnten alle Mutationen als Modifikationsfaktoren der Merkmalsausbildung bezeichnet werden. Änderungen verschiedener einzelner Gene wirken sich aber vorwiegend in Änderungen bestimmter einzelner Merkmale aus. Diese Vorstellung wird auch bekräftigt durch die Analyse der variablen Genmanifestierung. Wir haben gesehen, daß die Penetranz, die Expressivität, das Wirkungsfeld, das Variationsmuster und die Symmetrieverhältnisse eines variabel sich manifestierenden, durch ein bestimmtes Hauptgen erzeugten Merkmals durch Selektion, also durch eine ganze Reihe weiterer Modifikationsgene mitbeeinflußt werden, wobei die Beeinflussung der verschiedenen vorhin aufgezählten Seiten der Manifestationsvariabilität zum Teil unabhängig voneinander erfolgt. Das zeigt, daß an dem Zustandekommen eines bestimmten Erbmerkmals sehr viele experimentell erfaßbare einzelne Modifikationsfaktoren mitbeteiligt sind. Wir haben keinen Grund und nicht die Möglichkeit anzunehmen, daß es sich bei der Beeinflussung der Manifestation jedes einzelnen Merkmals um spezifische, nur für das betreffende Merkmal bestimmte „Spezialmodifikationsgene" handelt, da wir sonst zu irrsinnig hohen Gesamtgenzahlen kommen würden. Wir müssen also annehmen, daß jedes Gen an einer ganzen Reihe von Entwicklungsvorgängen in verschiedenem Maße beteiligt sein muß. Diese Vorstellung wird schließlich auch durch die Tatsache gestützt, daß unter der sehr großen Zahl der bei Drosophila bekannten Chromosomenbrüche und -reorganisationen es kaum welche gibt, bei denen auch nur die kleinsten Ausfälle aus dem Genom homozygot lebensfähig wären; die ganz wenigen Fälle von homozygot lebensfähigen Deficiencies erklären sich dadurch, daß es sich in diesen Fällen um Chromosomengebiete handelt, die an anderen Stellen des Genoms in Form von Duplikationen vorhanden sind, für die also das normale diploide Genom sozusagen tetraploid ist.

Es gibt Mutationen, die einen Entwicklungsvorgang so spezifisch und stark modifizieren, daß ihre Manifestation unter allen Umständen, in allen Genotypen und unter Einfluß aller praktisch vorkommenden Außenbedingungen sich unverändert durch das komplizierte Entwicklungslabyrinth der Ontogenese durchsetzt; das sind die „guten", konstant sich manifestierenden Mutationen. Andere werden mehr oder weniger stark in ihrer Entwicklung durch verschiedene andere an der Entwicklung beteiligte Faktoren beeinflußt, gehemmt oder gefördert; das sind die „schlechten", variabel sich manifestierenden Mutationen, bei denen die verschiedensten vorhin aufgezählten Seiten ihrer Manifestationsschwankungen durch genetische Modifikationsfaktoren und Milieubedingungen beeinflußt werden; dabei kann die Intensität ihrer Manifestierung, wie wir gesehen haben, durch Faktoren sowohl des genotypischen, als auch des äußeren Milieus beeinflußt werden; die Spezifitätsänderungen dagegen, sind ausschließlich oder vorwiegend, erblich bedingt.

Die Faktoren, die die Manifestation der einzelnen ins Auge gefaßten Gene beeinflussen, kann man alle in bezug auf das betreffende Hauptgen als *„Milieu"*, in dem sich das betreffende Gen manifestiert, bezeichnen; in diesem „Gesamtmilieu" kann man leicht das *„genotypische"* und das *„äußere" Milieu* unterscheiden. Unter ersterem verstehen wir die Kombination aller übrigen Allele, in der sich das betreffende Hauptgen bei dem gegebenen Individuum oder homogenen Sippe befindet; und das äußere Milieu umfaßt die Summe der Umwelteinflüsse verschiedenster Art. Durch diese zwei Teile wird aber das Gesamtmilieu noch nicht erschöpft: wir müssen, neben dem genotypischen und äußerem Milieu, noch einen dritten Begriff herausgliedern, der zunächst summarisch als *„inneres" Milieu* bezeichnet werden kann. Zu diesem inneren Milieu rechnen wir einerseits die zunächst noch wenig analysierten Möglichkeiten des Einflusses der Plasmakonstitution und der eventuellen plasmatischen Unterschiede auf die Entwicklung der ins Auge gefaßten genbedingten Merkmale. Andererseits gehören hierher alle Variationen des Entwicklungssystems innerhalb eines Individuums, die in dem komplizierten Aufbau der Ontogenese immer vorhanden sind und oft in keiner direkten Beziehung mehr zum Variieren des äußeren und genotypischen Milieus stehen, ihrerseits aber die Manifestation gewisser Gene in verschiedenen Individuen und verschiedenen Teilen eines Individuums mitbeeinflussen können. Diese letztere Erscheinung geht besonders klar aus der intraindividuellen Variation der Genmanifestierung hervor (Astauroff 1930, Timoféeff-Ressovsky 1934, Zarapkin 1939).

Wir müssen uns also die Beziehung zwischen einem bestimmten Gen und dem von seiner Änderung beeinflußten Außenmerkmal als Zusammenwirkung der entsprechenden genbedingten Modifikation des Entwicklungsvorgangs mit einem bestimmten genotypischen, äußeren und inneren Milieu vorstellen, in einem Entwicklungssystem, dessen alle Elemente von dem Gesamtgenotypus kontrolliert werden. Auf Abb. 26 ist in grober Annäherung diese Vorstellung in Form eines Schemas dargestellt.

Zum Schluß wollen wir noch die Anwendungsbereiche der Phänomenologie der Genmanifestierung kurz andeuten.

Als erste Anwendung kann die Bedeutung der rein phänomenologischen, klassifizierenden und beschreibenden Untersuchung der Manifestationserscheinungen als Grundlage für die weiteren Arbeiten auf dem Gebiete der genetischen Entwicklungsphysiologie bezeichnet werden. Die kausale Analyse einzelner genbedingter Entwicklungsvorgänge ist für das Verständnis der eigentlichen Zusammenhänge zwischen Genen und Merkmalen unbedingt notwendig; derartige Analysen bilden sogar den einzigen Weg zur Klärung dieser Beziehungen (Ephrussi 1938, Kühn 1936, 1937). Es muß aber auch bei diesen Analysen das rein beschreibende und klassifikatorische Gesamtbild der Manifestationsphänomene vor Augen gehalten werden, um einseitige und voreilige Generalisationen zu vermeiden. Für einheitliche, allgemeine Theorien der kausalen Beziehungen der Gene zu den Merkmalen in der Ontogenese ist die Zeit noch nicht gekommen; es muß weiterhin noch viel Einzelarbeit geleistet werden.

Die Phänomenologie der Genmanifestierung kann aber schon jetzt der genealogisch und statistisch arbeitenden angewandten Genetik schwer züchtbarer Objekte, vor allem auch der Erbpathologie des Menschen wesentlich helfen. Die Analyse des Erbganges bei züchterisch ungünstigen Objekten wird noch dadurch erschwert, daß viele praktisch wichtige Erbmerkmale sehr variabel sind. Um trotzdem zu einigermaßen exakten Ergebnissen zu gelangen, muß in diesen Fällen der Analyse des Erbganges eine ätiologisch einigermaßen korrekte Klassifikation vorausgehen; und dabei ist die Kenntnis dessen, womit man in der Variabilität der Genmanifestierung zu rechnen hat, sehr nützlich.

Das Vorkommen von heterogenen Gruppen und von Parallelismen zwischen erblichen und nichterblichen Merkmalen zeigt z. B., daß bei statistischen Bearbeitungen phänotypisch ähnlicher Merkmale bzw. Erbkrankheiten, aus verschiedenen nicht verwandten Familien, größte Vorsicht geboten ist. Man muß in solchen Fällen auf verschiedensten Umwegen und mit Hilfe verschiedener Indizien festzustellen versuchen, ob die in bestimmter Weise abgegrenzte phänotypische Einheit auch als genetisch einheitlich angesehen werden kann. Hier kann nur eine Kombination

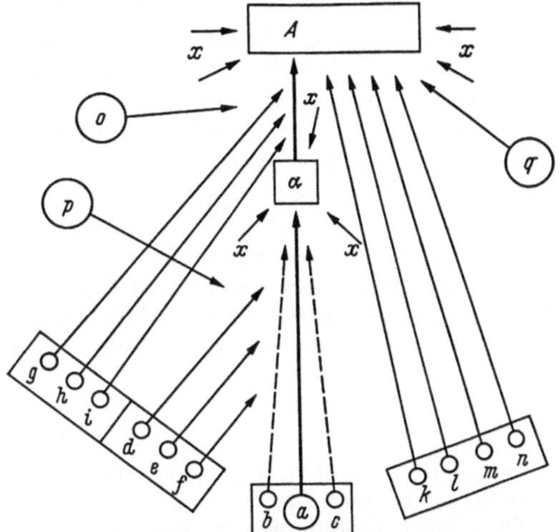

Abb. 26. Formales Schema der Genmanifestierung. a das ins Auge gefaßte „Hauptgen"; A das entsprechende Merkmal; α eine der entwicklungsphysiologischen Vorstufen des Merkmals A; oberes Viereck das „substrat" des Merkmals A; untere Vierecke der Genotypus (nicht einzelne Chromosome!) mit verschiedenen Genen ($b—n$), die die Manifestation des Gens a in verschiedener Weise beeinflussen ($b—c$, Gene, die denselben Entwicklungsablauf wie a spezifisch mitbeeinflussen, $d—f$, Modifikationsgene, die über andere Entwicklungsvorgänge die frühen Stufen, $g—i$ die späten Stufen des durch a eingeleiteten Entwicklungsablaufes beeinflussen; $k—n$, Gene, die das „Substrat" des Merkmals A mitbeeinflussen); Kreise o, p und q äußere Milieubedingungen, die verschiedene Seiten und Stufen des durch a eingeleiteten Entwicklungsablaufes mitbeeinflussen; x Faktoren des „inneren Milieus" (vorwiegend die Beschaffenheit des Plasmas und die „autonome" Variabilität der Ontogenese), die die Realisation von a mitbeeinflussen.

von eingehenden Familienuntersuchungen mit sippenmäßig und geographisch gegliederter Populationsstatistik zu einer einwandfreien genetischen Ätiologie der betreffenden phänotypischen Einheiten führen. Von großer Bedeutung ist auch die Suche nach pleiotropen Merkmalskomplexen, die durch dieselben, vor allem als Erbkrankheiten zu bezeichnenden, mutanten Allele erzeugt werden. Viele Erbkrankheiten des Menschen manifestieren sich z. B. erst bei erwachsenen Individuen oder in späteren Stadien des individuellen Lebens; in solchen Fällen kann das Auffinden von manchmal ganz unauffälligen Frühsymptomen im Rahmen der pleiotropen Genwirkung von großer Bedeutung sein. Die Kenntnis pleiotroper Merkmalskomplexe verschärft auch die ätiologische Klassifikation innerhalb phänotypisch ähnlicher heterogener Gruppen.

Die häufige Verbreitung der unvollkommenen Dominanz und der unvollkommenen und variablen Intensität der Genmanifestierung erschwert sehr die genealogisch betriebene Mendelanalyse. Viele Erbkrankheiten, die auf den ersten Blick wegen ihrer seltenen und sporadischen Manifestation innerhalb der betreffenden Sippe für recessiv gehalten werden könnten, stellen sich bei näherer Untersuchung als schwach dominante Mutationen mit schwacher und variabler Manifestationsintensität heraus.

Die Kenntnis der pleiotropen Genmanifestierung und der variablen Intensität und Spezifität, zusammen mit der Berücksichtigung der Möglichkeit des Vorkommens polar-variierender Erbmerkmale, könnte in manchen Fällen die Analyse stark variierender, phänotypisch nicht einheitlicher Merkmale erleichtern. Viele Fälle von äußerlich recht verschiedenen krankhaften Symptomen und Merkmalen müssen als letzten Endes genetisch einheitlich betrachtet werden, da sie qualitativ auf dasselbe Hauptgen zurückzuführen sind.

Wesentliche Fortschritte der Erbpathologie des Menschen und der genetischen Analyse von vielen normalen Merkmalen und Eigenschaften des Menschen und der Haustiere könnten durch sorgfältige genealogische Familienuntersuchungen innerhalb verschiedener Sippen und Rassen und in geographisch verschiedenen Gegenden unter Berücksichtigung der Phänomene der Genmanifestierung erzielt werden. Die Erbpathologie des Menschen ist für derartige Studien vielleicht ein besonders dankbares Gebiet, da der Mensch als Objekt, neben vielen Nachteilen, auch den großen Vorteil hat, daß er der morpho-physiologisch am besten bis in die feinsten Details durchforschte Organismus ist.

Schrifttum.

Altenburg, E. and H. J. Muller: The genetic basis of Truncate wing, an inconstant and midifiable character in Drosophila. Genetics 5 (1920). — Astauroff, B. L.: Studien über die erbliche Veränderung der Halteren bei Drosophila melanogaster. Roux' Arch. 115 (1929). — Analyse der erblichen Störungsfälle der bilateralen Symmetrie. Z. Abstammgslehre 55 (1930).

Balkaschina, E. I.: Einfluß des Genotyps auf die mannigfaltige Manifestierung der Genovariation alae curvatae bei Drosophila funebris. Ž. eksper. Biol. (russ.) 2 (1926). — Ein Fall von Erbhomöosis (aristopedia) bei Drosophila melanogaster. Ž. eksper. Biol. (russ.) 4 (1928). — Boehm, H.: Erbkunde. Berlin: Heymanns 1936. — Bonnevie, K.: Embryological analysis of gene manifestation in Little and Bagg's abnormal mouse tribe. J. of exper. Zool. 67 (1934). — Vererbbare Mißbildungen und Bewegungsstörungen. Erbarzt 3 (1935). — Pseudencephalie als spontane recessive Mutation bei der Hausmaus. Skr. N. Vidsk. Akad. Oslo Kl. I (1936). — Borissenko, E. J.: Eine neue autosomale Genovariation radius incompletus bei Drosophila melanogaster. Ž. eksper. Biol. (russ.) 6 (1930). — Bridges, C. B.: Specific modifiers of eosin eye-colour in Drosophila melanogaster. J. of exper. Zool. 28 (1919). — Bridges, C. B. and E. G. Gabritschevsky: The giant mutant in Drosophila. Z. Abstammgslehre 46 (1928). — Bridges, C. B. and O. L. Mohr: The inheritance of the mutant character vortex. Genetics 4 (1919).

Davidenkov, S.: Über die neurotische Muskelatrophie. Z. Neur. 107/108 (1927). — Das Problem des Polymorphismus der erblichen Nervenkrankheiten (russ.). Leningrad 1934. — Genetik und Klinik. Konferenz über med. Genetik, Moskau 1934. — Dobzhansky, Th. G.: Studies on the manifold effects of certain genes in Drosophila. Z. Abstammgslehre 43 (1927). — The manifold effects of the genes Stubble and stubbloid in Drosophila. Z. Abstammgslehre 54 (1930). — Driver, E. C.: The temperature effective period-the key to eye facet number in Drosophila. J. of exper. Zool. 46 (1926).

Ephrussi, B.: Aspects of the physiology of gene action. Amer. Naturalist 72 (1938). Fisher, R. A.: The evolution of dominance. Biol. Rev. Cambridge philos. Soc. 6 (1931). Iljin, N. A.: Studies on morphogenetics of animal pigmentation. I—IV. Trans. Labor. exper. Biol. Zoopark of Moscow (russ.) 1/3 (1926/27). — The distribution and inheritance of white spots in guinea-pigs. Trans. Labor. exper. Biol. Zoopark of Moscow (russ.) 4 (1928).

Just, G.: Multiple Allelie und menschliche Erblehre. Erg. Biol. 12 (1935). Koltzoff, N. K.: Die Rolle der Genetik in der Biologie des Menschen. Konf. med. Genetik, Moskau 1934. — Die Rolle des Gens in der Entwicklungsphysiologie. Biol. Ž. (russ.) 4 (1935). — Kühn, A.: Vererbung und Entwicklungsphysiologie. Wiss. Woche Frankfurt a. M., Bd. 1. Leipzig: Georg Thieme 1934. — Erbkunde, 1936. — Über die Wirkungsweise von Erbanlagen. Comptes Rendus 12. Congr. internat. Zool. Lissabon 1936. — Entwicklungsphysiologisch-genetische Ergebnisse an Ephestia. Z. Abstammgslehre 1937. —

KÜHN, A. u. K. HENKE: Genetische und entwicklungsphysiologische Untersuchungen an der Mehlmotte Ephestia. I—VII. Abh. Ges. Wiss. Göttingen, Math.-physik. Kl., N. F. 15, Nr 1 (1929). — Genetische und entwicklungsphysiologische Untersuchungen an der Mehlmotte Ephestia. VIII—XII. Abh. Ges. Wiss. Göttingen, Math.-physik. Kl., N. F. 15, Nr 2 (1932). — KÜHNE, K.: Die Vererbung der Variationen der menschlichen Wirbelsäule. Z. Morph. u. Anthrop. 30 (1931). — Symmetrieverhältnisse und die Ausbreitungszentren in der Variabilität der regionalen Grenzen der Wirbelsäule des Menschen. Z. Morph. u. Anthrop. 34 (1934). — Die Zwillingswirbelsäule. Z. Morph. u. Anthrop. 35 (1936).

LEBEDEFF, G. A.: Interaction of ruffled and rounded genes of Drosophila virilis. Proc. nat. Acad. Sci. U.S.A. 18 (1932). — LEVIT, S.: Sex-linked genes in Man. C. r. Acad. Sci. (USSR.) 2 (1935). — Dominance in Man. C. r. Acad. Sci. USSR. 2 (1935). — LÜERS, H.: Die Beeinflussung der Vitalität durch multiple Allele. Roux' Arch. 33 (1935). — Shaker, eine erbliche Bewegungsstörung bei Drosophila. Z. Abstammgslehre 72 (1936). — Zur vergleichenden Genetik der Drosophila-Arten. Verh. 7. internat. Kongr. Entom. Berlin 1939. — LUXENBURGER, H.: Untersuchungen an schizophrenen Zwillingen und ihren Geschwistern. Z. Neur. 154 (1936).

MORGAN, T. H.: The role of environment in the realization of a sex-linked mendelian character in Drosophila. Amer. Naturalist 49 (1915). — MORGAN, BRIDGES and STURTEVANT: The genetics of Drosophila. Bibliogr. genetica 2 (1925). — MULLER, H. J.: Genetic varibility, twin hybrids, and constant hybrids in a case of balanced lethal factors. Genetics 3 (1918). — Further studies on the nature and causes of gene mutations. Proc. 6. internat. Congr. Genetics 1932, Vol. 1. — On the variability of mixed races. Amer. Naturalist 70 (1936).

PATZIG, B.: Die Bedeutung der schwachen Gene in der menschlichen Pathologie, insbesondere bei der Vererbung striärer Erkrankungen. Naturwiss. 21 (1933). — Zur Bedeutung der Familienforschung. Klin. Wschr. 1934 I. — Zur Vererbung striärer Erkrankungen. Erbarzt 4 (1936). — Untersuchungen zur Frage des Erbganges und der Manifestierung schizophrener Erkrankungen. Z. Neur. 161 (1938). — PLUNKETT, C. R.: The interaction of genetic and environmental factors in development. J. of exper. Zool. 46 (1926). — PROMPTOFF, A. N.: Die pleiotrope Genovariation polymorpha bei Drosophila funebris. Ž. éksper. Biol. (russ.) 5 (1929).

REINIG, W. F.: Über das Manifestieren zweier Genovariationen bei Drosophila funebris. Biol. Zbl. 48 (1928). — ROKIZKY, P.: Über die Zusammenwirkung der Gene. Ž. éksper. Biol. (russ.) 5 (1929). — Über die differentielle Wirkung des Gens auf verschiedene Körpergegenden. Z. Abstammgslehre 57 (1930). — Gen und Merkmal. Ž. éksper. Biol. (russ.) 7 (1931).

SCHULZ, J.: The minute reaction in the development of Drosophila. Genetics 14 (1929). — STERN, C.: Über additive Wirkungen multipler Allele. Biol. Zbl. 49 (1929). — Multiple Allelie. Berlin: Gebrüder Bornträger 1930. — STUBBE, H.: Genmutation. Berlin: Gebrüder Bornträger 1938. — STURTEVANT, A. H.: An analysis of the effects of selection. Carnegie Inst. Wash. Publ. 1918, 264.

TIMOFÉEFF-RESSOVSKY, H. A.: Gynandromorphen und Genitalienabnormitäten bei Drosophila funebris. Roux' Arch. 113 (1928). — Über phänotypische Manifestierung der polytopen (pleiotropen) Genovariation Polyphän von Drosophila funebris. Naturwiss. 1 (1931). — Temperature modifications of pigmentation in different races of Epilachna. Proc. 6. internat. Congr. Genetics 1932, Vol. 2. — Divergens, eine Mutation von Epilachna chrysomelina, F. Z. Abstammgslehre 68 (1935). — TIMOFÉEFF-RESOVSKY, H. A. u. N. W.: Über das phänotypische Manifestieren des Genotyps. II. Über idiosomatische Variationsgruppen bei Drosophila funebris. Roux' Arch. 108 (1926). — TIMOFÉEFF-RESSOVSKY, N. W.: Studies on the phaenotypic manifestation of hereditary factors. I. Ž. éksper. Biol. (russ.) 1 (1925) und Genetics 12 (1927). — Der Einfluß der Temperatur auf die Ausbildung der Queradern bei einer Genovariation bei Drosophila funebris. Ž. éksper. Biol. (russ.) 4 (1928) und J. Psychol. u. Neur. 38 (1929). — The phaenotypic realization of the gene vti in Drosophila funebris. Proc. Allruss. Congr. Genet. 1929, Vol. 2. — Gerichtetes Variieren in der phänotypischen Manifestierung einiger Genovariationen von Drosophila funebris. Naturwiss. 19 (1931). — Die heterogene Variationsgruppe abnormes Abdomen bei Drosophila funebris. Z. Abstammgslehre 62 (1932). — Mutations of the gene in different directions. Proc. 6. internat. Congr. Genetics 1932, Vol. 1. — Rückmutationen und die Genmutabilität in verschiedenen Richtungen. V. Z. Abstammgslehre 66 (1933). — Über die Vitalität einiger Genmutationen und ihrer Kombinationen bei Drosophila funebris und ihre Abhängigkeit vom genotypischen und äußeren Milieu. Z. Abstammgslehre 66 (1934). — Über den Einfluß des genotypischen Milieus und der Außenbedingungen auf die Realisation des Genotyps. Genmutation vti bei Drosophila funebris. Nachr. Ges. Wiss. Göttingen. Math.-physik. Kl., Fachgr. 6, N. F. 1, Nr 6 (1934). — Verknüpfung von Gen und Außenmerkmal. Wiss. Woche Frankfurt a. M., Bd. 1. Leipzig: Georg Thieme 1934. — Auslösung von Vitalitätsmutationen bei Drosophila. Nachr. Ges. Wiss. Göttingen, Math.-physik. Kl., Fachgr. 6, N. F. 1, Nr 11

1935). — Über ,,mütterliche" Vererbung bei Drosophila. Naturwiss. **23** (1935). — Qualitativer Vergleich der Mutabilität von Drosophila funebris und Drosophila melanogaster. Z. Abstammgslehre **71** (1936). — Experimentelle Mutationsforschung in der Vererbungslehre. Dresden: Theodor Steinkopff 1937. — Genetik und Evolution. Z. Abstammgslehre **76** (1939). — Timoféeff-Ressovsky, N. W. u. H. A.: Polare Schwankungen in der phänotypischen Manifestierung einiger Genmutationen bei Drosophila. Z. Abstammgslehre **67** (1934). — Timoféeff-Ressovsky, N. W. u. O. Vogt: Über idio-somatische Variationsgruppen und ihre Bedeutung für die Klassifikation der Krankheiten. Naturwiss. **14** (1926). — Timoféeff-Ressovsky, N. W. u. S. R. Zarapkin: Zur Analyse der Formvariationen. Biol. Zbl. **52** (1932).

Verschuer, O. v.: Allgemeine Erbpathologie des Menschen. Erg. Path. **26** (1932). — Erbpathologie. Dresden: Theodor Steinkopff 1937. — Vogt, C. u. O.: Weitere biologische Beleuchtungen des Problems der Klassifikation der Erkrankungen des Nervensystems. Z. Neur. **128** (1930). — Sitz und Wesen der Krankheiten. Leipzig: Johann Ambrosius Barth 1938. — Vogt, M.: Zur Unabhängigkeit der einzelnen Eigenschaften der Manifestierung einer schwachen polaren Mutation bei Drosophila melanogaster. J. Psychol. u. Neur. **47** (1937).

Wright, S.: Physiological and evolutionary theories of dominance. Amer. Naturalist **68** (1934).

Zarapkin, S. R.: Über gerichtete Variabilität bei den Coccinelliden. I—VII. Z. Morph. u. Ökol. Tiere **17, 18, 24, 34** (1930/38). — Zur Phänoanalyse von geographischen Rassen und Arten. Arch. Naturgesch., N. F. **3** (1934). — Analyse der Größenunterschiede bei Drosophila funebris. I—III. Z. Abstammgslehre **67** (1934). — Phänoanalyse von einigen Populationen der Epilachna chrysomelina. Z. Abstammgslehre **73** (1937). — Autonome Variation der Merkmale des Individuums und Analyse von Divergenzerscheinungen bei Zwillingen, Z. menschl. Vererbgs- u. Konstit.lehre **23** (1939). — Zarapkin, S. R. u. H. A. Timoféeff-Ressovsky: Zur Analyse der Formvariationen. II. Naturwiss. **20** (1932). — Zimmermann, K.: Erbliche Gehirnerkrankungen der Hausmaus. Erbarzt **3** (1935).

Tatsachen der genetischen Entwicklungsphysiologie.

Von **Kristine Bonnevie**, Oslo.

Mit 103 Abbildungen.

Schon vor etwa 20 Jahren, zu einer Zeit als nur noch wenige Tatsachen über Genmanifestierung vorlagen, hat Goldschmidt (1920b, 1927) mit weit vorausssehendem Forscherblick eine allgemeine Entwicklungstheorie ausgeworfen, die „Theorie der abgestimmten Geschwindigkeiten". So einleuchtend erschien diese inspirierende Theorie, daß die derselben zugrunde liegende Betrachtungsweise immer noch in die neueren Untersuchungen als integrierender Anteil hineingeht. Selbstverständlich wird hier jedoch eine Wechselwirkung stattfinden müssen, indem nicht nur die Theorie zur Erklärung neuer Tatsachen, sondern auch die Letzteren zur Prüfung der Theorie dienen werden.

Goldschmidts Theorie war, wie bekannt, mit seiner Auffassung von der Natur des Gens, und von der Mutation als einer quantitativen Änderung desselben aufs genaueste verbunden — eine Frage, die aber in dieses Kapitel über spezielle Tatsachen nicht hineingehört. Was hier interessiert ist in Wirklichkeit nur seine Auffassung des Zusammenwirkens der während der normalen oder abgeänderten Entwicklung auftretenden Reaktionen. Geschehen diese in einer solchen Weise, daß eine Annahme nebeneinander laufender, abgestimmter Reaktionsgeschwindigkeiten in jedem einzelnen Fall genügen würde um die Reihenfolge und die Lokalisation der Differenzierung erklären zu können?

Daß solche abgestimmte Geschwindigkeiten für den normalen Entwicklungsverlauf eine entscheidende Rolle spielen, erscheint a priori einleuchtend, sowie auch daß eine Störung dieser Balance des Entwicklungsgeschehens eine um so viel größere Wirkung ausüben muß, je früher dieselbe eintritt. Die weitere Frage dagegen, ob eine Änderung der Reaktionsgeschwindigkeit in jedem einzelnen Fall die richtige Erklärung gibt, kann nur durch stetig neu vorgelegte Tatsachen beantwortet werden.

I. Insekten.

1. Manifestierung des Zeichnungsmusters bei Schmetterlingen.

Unter den für Goldschmidt, bei der Abfassung seiner Theorie, vorliegenden Tatsachen hat die Entwicklung des *Zeichnungsmusters der Schmetterlingsflügel* eine wesentliche Rolle gespielt. Vor allem kamen hier in Betracht die von ihm selbst (1920a, 1923) durch Austrocknen der Puppenflügel gewonnenen Resultate.

Am getrockneten Flügel der intersexuellen Lymantriapuppen erschienen nämlich in den später weißen, weiblichen Bezirken die Schuppen schon fest und mit Luft gefüllt, während sie in den später schwarzen, männlichen Bezirken immer noch weich und blutgefüllt waren, so daß sie beim Austrocknen zusammenfielen. In gleicher Weise konnte an den Flügeln des Schwalbenschwanzes *(Thais polyxena)* demonstriert werden, daß die verschiedenen Areale des Musters sich durch verschiedene Entwicklungs- bzw. Differenzierungsgeschwindigkeit voneinander unterscheiden (Abb. 1). Die Schuppen der roten Flecken auf den Hinterflügeln waren die ersten, die fertig wurden, dann kamen die gelben Zeichnungselemente, während die schwarzen Teile des Musters am letzten differenziert wurden.

Nach erneuter Bestätigung dieser Resultate werden dieselben jetzt von Goldschmidt (1938) dahin präzisiert, daß sich die verschiedene Differenzierungsgeschwindigkeit nicht auf das Wachstum der Schuppen bezieht, sondern vielmehr auf die Erhärtung des Chitins derselben, ein Prozeß der für die Aufnahme eines kolloidal gelösten Pigments eine wesentliche Rolle spielt.

Die neueren experimentellen Untersuchungen über das Flügelmuster der Schmetterlinge, die vor allem aus dem Kühnschen Institut in Göttingen hervorgegangen sind, lassen an die bekannten Temperaturexperimente von Weismann (1875, 1896), Standfuss (1895—1905), Merrifield (1889, 1894) und Fischer (1895—1899) einen direkten Anschluß erkennen, obwohl die Problemstellung unter dem Einfluß der streng kritischen Gesichtspunkte der Genetik jetzt durchgehend eine andere geworden ist.

Abb. 1. Ausgetrocknete Flügel einer Puppe des Schwalbenschwanzes *(Thais polyxena)* mit dem Schuppenrelief: später hell erscheint hier hoch, später dunkel erscheint tief. (Nach Goldschmidt.)

Als Hauptresultat der älteren Untersuchungen hat sich schon feststellen lassen, daß bei Schmetterlingen die Temperaturexperimente nur dann von Erfolg waren, wenn sie an jungen Puppen, innerhalb einer „kritischen Periode" derselben, vorgenommen wurden. Eine eingehende Analyse dieser *kritischen oder „sensiblen" Periode* ist nun für die neueren Untersuchungen das wichtigste Ziel gewesen, und zwar sind hier immerfort die experimentell gewonnenen Modifikationen mit genetischen Kreuzungsresultaten parallelisiert worden, wodurch diese Untersuchungen über das Zeichnungsmuster der Schmetterlingsflügel für das Problem der Genmanifestierung eine hervorragende Rolle zu spielen kommen.

Schon in seinen zuerst publizierten Resultaten hat Alfred Kühn (1926) für mehrere Vanessa-Arten, deren Puppen mit Kältereiz (Temperatur von — 5° bis — 10° C) behandelt waren, die äußeren Grenzen einer kritischen Periode feststellen können. Daß diese sensible Periode nicht nur vom Alter der Puppe, sondern auch von der Temperatur abhängt, geht schon aus Versuchen von Prochnow (1914), sowie auch aus denjenigen von Süffert (1924b) hervor.

Die hiermit in Verbindung stehenden Entwicklungsprobleme wurden von Kühn zuerst mit Schmetterlingen aus der Gattung *Argynnis (A. paphia* und *A. latonia)* in Angriff genommen.

Als Resultat seiner Kälteversuche mit *Argynnis*puppen hat er bei den ausschlüpfenden Schmetterlingen eine überraschende Komplikation ihrer Abänderungen vorgefunden, die darin ihren Grund hat, daß sich die schwarzen Zeichnungselemente des Flügelmusters in gewisse Gruppen einordnen lassen, die sich den Temperaturreizen gegenüber verschieden verhalten. Die Glieder jeder Gruppe änderten sich gleichzeitig und im gleichen Sinn. Die verschiedenen Gruppen dagegen änderten sich mehr oder weniger unabhängig voneinander. Als solche Abänderungssysteme ließen sich (Abb. 2) am Flügelrand von *Argynnis* ein „Randflecksystem" erkennen und mehr proximal ein „Augenflecksystem" und eine „Querbinde", Zeichnungssysteme, die jede für sich auch verschiedene sensible Perioden haben.

Sehr interessant war nun die Tatsache, daß diese experimentell konstatierten, unter sich selbständig variierenden Abänderungssysteme der *Argynnis*flügel mit den von SCHWANWITSCH (1924) und von SÜFFERT (1924, 1926) an anderen Schmetterlingen, und zwar auf Grund ihrer Modifikation im Freien, konstatierten Gruppen von „Querelementen" zusammenfallen. Die Temperaturversuche KÜHNs auf *Argynnis* haben also gezeigt, daß diejenigen Zeichnungselemente, welche sich in ihrer Abänderung in der Artenreihe als zusammengehörig erweisen, auch im Temperaturexperiment gemeinsam modifizierbar sind.

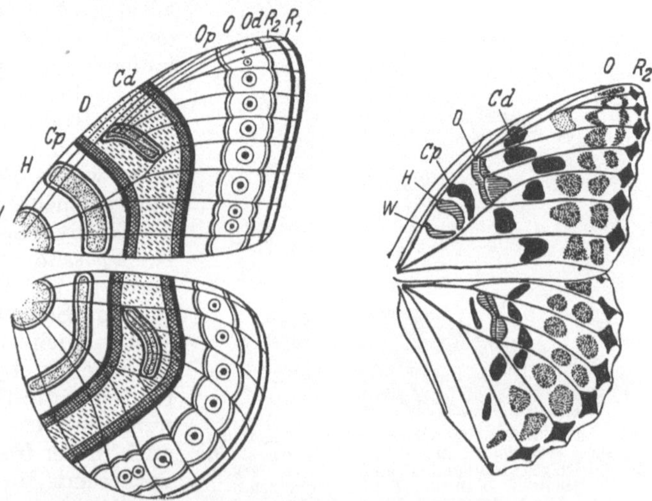

Abb. 2. Vergleich zwischen der Nymphalidenzeichnung, links (nach SÜFFERT) und der Zeichnung der *Argynnis*-Flügel. Die Flecken die den SÜFFERTschen Systemen angehören sind in verschiedener Weise, die zusammengehörenden jeweils gleichartig, gezeichnet. *W* Wurzelbinde, *H* Hohlbinde, *D* Discoidalfleck, *Cp* und *Cd* Innen- und Außenbinde, *O* Ocellarsystem, *R* Randbinde. (Nach KÜHN 1926.)

Für ein weiteres Eindringen in die hiermit verbundenen Probleme ist nun, von KÜHN, die Mehlmotte (*Ephestia kühniella* ZELLER) erwählt worden, ein Schmetterling der sowohl wegen der Leichtigkeit, womit er gezüchtet werden kann, als auch wegen seiner Modifizierbarkeit und seiner genetischen Analysierbarkeit, jetzt allmählich als das klassische Objekt der KÜHNschen Schule berühmt worden ist.

Es sollen hier zunächst die grundlegenden, von KÜHN und HENKE gewonnenen Resultate kurz besprochen werden. — Mit Ausnahme der schwarzen Varianten, die in einzelnen Stämmen von *Ephestia* auftreten, wird stets in verschiedenen Flügelteilen durch verschiedene Pigmentierung der Schuppen ein *Zeichnungsmuster* gebildet, das aus einer Reihe konstant auftretender, aber unter sich unabhängig variierender Zeichnungselemente zusammengesetzt wird. Diese Elemente, die zu dem Adernetz des Flügels in mehr oder weniger enger Beziehung stehen, sind die folgenden (Abb. 3):

1. *Die symmetrischen Querbinden*, Distal- und Proximalbinde (D, P), die in sich symmetrisch gebaut sind, indem in jedem ein helles Band (Dw, Pw) von zwei dunklen Fleckenreihen (D, P I—II) begrenzt wird. Diese beiden Querbinden, die zwischen sich ein Zentralfeld umfassen, können eine Verschiebung erleiden,

an der die übrigen Zeichnungselemente nicht teilnehmen. 2. Die zwei dunklen *Mittelflecken* (M), die am Außenrand der Discoidalzelle vorgefunden werden,

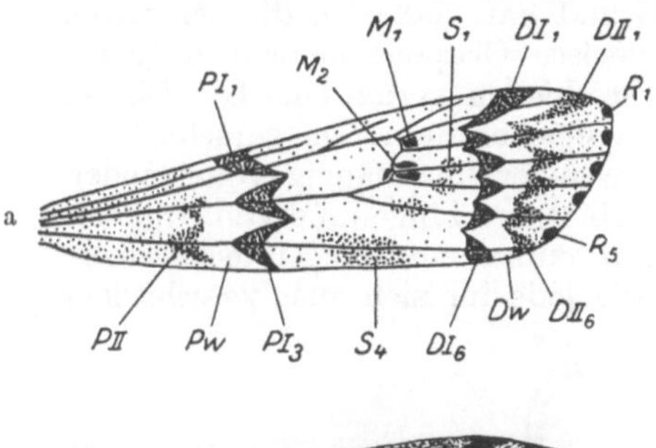

zeigen sich, trotzdem sie im Zentralfeld des eben besprochenen Symmetriesystems ihren Platz haben, in ihren Variationen von dem letzteren unabhängig. 3. Die *Randflecken* (R), eine Reihe von scharf abgesetzten, dunklen Flecken in den Intercostalräumen des Flügelaußenrandes. 4. Die weniger scharf ausgeprägten *Schatten* (S), die innerhalb des Zentralfeldes in einer schräg verlaufenden Reihe ihren Platz finden.

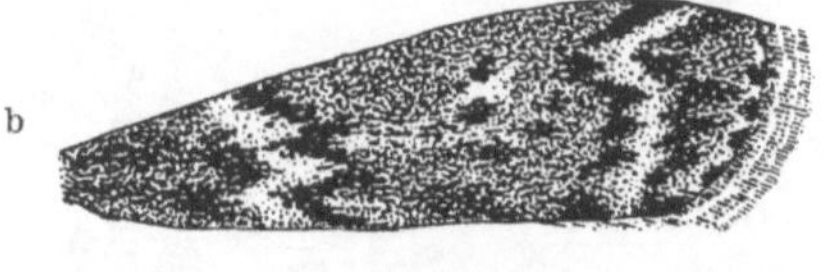

Abb. 3 a—c. Zeichnungsmuster des Vorderflügels von *Ephestia kühniella* Z., in a schematisch dargestellt, b wildfarbige, c schwarze Rasse. *M* Mittelflecken, *S* Schatten, *D* Distal-, *P* Proximalbinden. (Nach Kühn und Henke 1929.)

Bei den *schwarzen Rassen* (Abb. 3 c) fallen als Muster nur die weißen Felder der Querbinden auf, vielfach neben anderen weißen Flecken der übrigen Zeichnungselemente.

Ein Symmetriesystem, wie das hier bei *Ephestia* nachgewiesene, paßt aufs beste in die Reihe der oben erwähnten von Schwanwitsch und Süffert, später auch von Henke (1928) beschriebenen Symmetriesysteme anderer Schmetterlinge hinein, deren Zeichnungselemente sich, wie schon erwähnt, auch in der freien Natur als selbständig variierende Musterteile verhalten. Eine Temperaturabhängigkeit der Zeichnung ist bei *Ephestia* experimentell nachgewiesen worden, und zwar so, daß die bei Zimmertemperatur gehaltenen Tiere eines Stammes dunkler und in allen Systemen stärker gezeichnet sind, als Tiere die sich bei 25° C entwickelt haben. Auch die Entwicklungsdauer ist, wie schon von Hase (1927) nachgewiesen, von der Zuchttemperatur abhängig, indem dieselbe bei höherer Temperatur in gewissem Maße verkürzt wird.

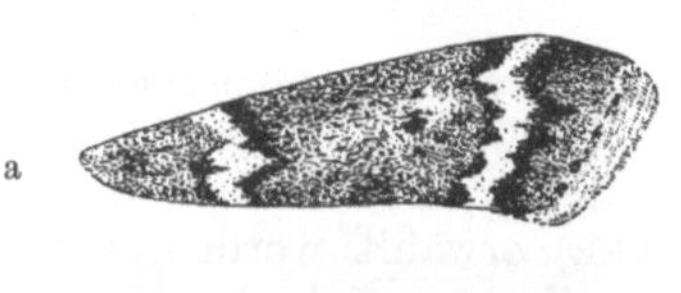

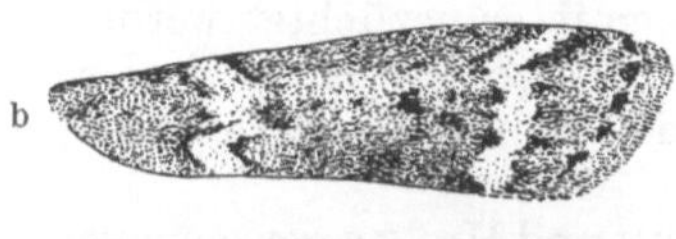

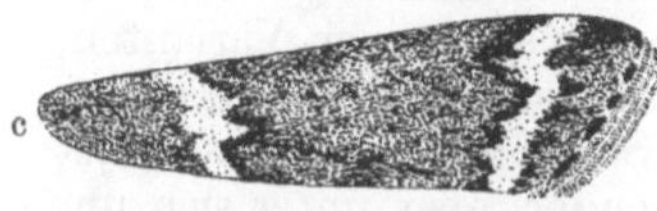

Abb. 4 a—c. Typische Repräsentanten dreier verschiedener wildfarbener Rassen der Mehlmotte. a Stamm XI b Stamm V, c Stamm IX. (Nach Henke 1933.)

Für eine Kreuzungsanalyse an *Ephestia kühniella* Z. wurden von Kühn und Henke eine Reihe von selektierten Stämmen verwertet, die jedesmal auf die betreffenden Merkmale reinzüchtend waren. Es war schon früher, von Whiting (1927) festgestellt worden, daß die wildfarbigen Stämme der Mehlmotte den schwarzen gegenüber vollkommen dominant sind, sowie daß der Unterschied zwischen beiden auf einem Faktorenpaar beruht. Diese von Whiting gewonnenen Resultate sind von Kühn und Henke (1929) bestätigt worden, und Kreuzungen zwischen den beiden als V und XI bezeichneten Stämmen

(Abb. 4) haben in betreff einer Reihe von charakteristischen Merkmalen weitere genetische Resultate gegeben. Diese beiden Stämme unterscheiden sich sowohl in betreff der Helligkeit ihrer Flügel als auch in betreff der Farbe derselben. Unter den Zeichnungssystemen sind gleichzeitig sowohl die Querbinden als die Randflecken beider Stämme unter sich verschieden. Diese vier gegensätzlichen Merkmalspaare haben sich sämtlich als frei kombinierbar erwiesen.

Die Kenntnis der genetischen Unabhängigkeit einzelner Zeichnungscharaktere des Flügelmusters bei *Ephestia kühniella* Z. ist auch später wesentlich erweitert worden, und zwar, neben neueren Kreuzungsresultaten von KÜHN und HENKE (1932, 1935, 1936), auch durch Arbeiten von KÜHN (1932b, 1934b), HÜGEL (1933), STROHL und KÖHLER (1935) und CLAUSEN (1937).

Die genetischen Untersuchungen haben also den Beweis gebracht, daß verschiedene Mendelfaktorenpaare die einzelnen Zeichnungssysteme beeinflussen. Im Hinblick auf die unten näher zu besprechenden Modifikationsexperimente läßt sich somit schließen, daß dieselben Vorgänge, welche in den sensiblen Perioden der einzelnen Zeichnungssysteme beeinflußt werden, von bestimmten Genen abhängig sind. Dieser Nachweis eines dreifachen Parallelismus 1. der Variationen in der freien Natur, 2. der experimentell hervorgerufenen Modifikationen und 3. des genetischen Verhaltens der Zeichnungssysteme der *Ephestia*-Flügel, gehört ohne Zweifel zu den interessantesten Befunden der Entwicklungsphysiologie.

Als Grundlage eines Eindringens in die Frage nach der die Zeichnungssysteme betreffenden Genmanifestierung sollen zunächst einige Resultate über die Träger

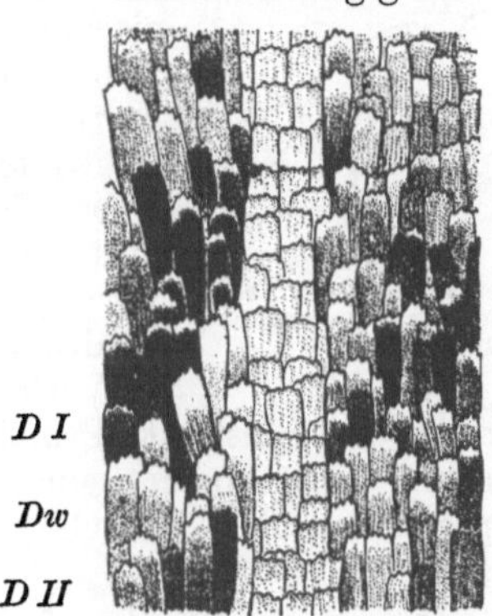
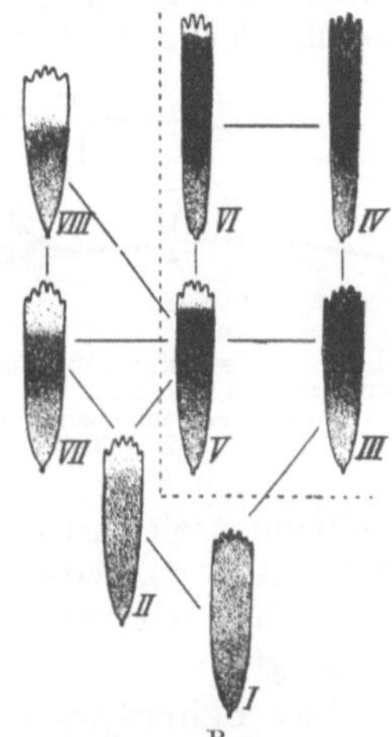

Abb. 5 A und B. A Stück des Vorderflügels von *Ephestia*, links unversehrt, rechts Mittelschuppen bloßgelegt, in der Mitte Tiefenschuppen. B Deckschuppentypen schematisch dargestellt. (Nach KÜHN 1923.)

des Zeichnungsmusters, die *Schuppen* der Schmetterlingsflügel, kurz dargestellt werden.

Es lassen sich (KÜHN und HENKE, 1932) an der Oberseite der Vorderflügel von *Ephestia kühniella* Z. an jeder Stelle drei Form- und Größentypen der Schuppen unterscheiden (Abb. 5).

Die Tiefenschuppen sind sämtlich gleichförmig gefärbt, während sowohl Mittel- als Deckschuppen, die das Flügelmuster bilden, verschiedene Farbentypen aufweisen. Interessant ist nun, daß diese verschiedenen Farbtypen der Schuppen nicht nur durch die Pigmentierung, sondern gleichzeitig auch durch Schuppenform charakterisiert sind, indem die dunklen Farbtypen länger und schlanker, mehr linealförmig sind als die hellen. Auch in betreff der Schuppenstruktur sind sie verschieden, insofern als die dunklen Farbtypen aus stärkerem Chitin bestehen und mit höheren Längsleisten versehen sind, als die hellen. Diese Beziehung zwischen Farbe, Form und Struktur der Schuppe ist, wie die Verfasser ausdrücklich betonen, konstant, gleichgültig wo auf dem Flügel eine Schuppe steht, oder ob das Tier einer hellen oder dunklen, einer stark oder schwach gezeichneten Rasse angehört.

Eine grundlegende Bedeutung für die Erforschung der Modifikationsvorgänge des Schmetterlingsflügels, und daher auch für das Verständnis der Genmanifestierung seines Zeichnungsmusters, haben die beiden Untersuchungen von

Köhler (1932) und von Feldotto (1933) über die ontogenetische Entwicklung der *Ephestia*flügel bzw. über die sensiblen Perioden der einzelnen Elemente des Zeichnungsmusters derselben.

Während des Vorpuppenstadiums der Mehlmotte, das mit dem VI. Larvenstadium identisch ist, geschieht die Ausstülpung und Ausdehnung der Flügelanlagen, ein Prozeß der von Köhler genau studiert worden ist. Sie geschieht ohne aktive Mitwirkung der Flügelanlagen selbst, durch Kontraktion bestimmter Muskel und unter dem Druck der in sie hineinströmenden Hämolymphe. Die ausgestülpten Flügelanlagen kommen in einen allseitig abgegrenzten Raum zu liegen, indem sie bei ihrer weiteren Ausdehnung nach ventral an den eben ausgestülpten Beinen Widerstand finden; nach vorn und hinten sind sie ebenso durch die Segmentgrenzen behindert, während endlich in lateraler Richtung das sie überdeckende Larvenchitin gegen weitere Ausdehnung Widerstand leistet.

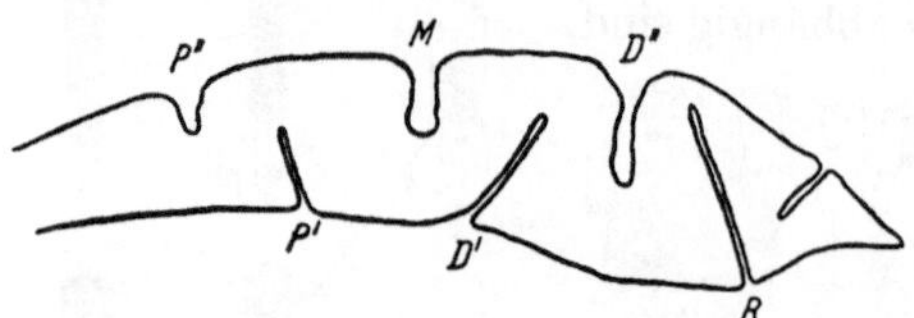

Abb. 6. Längsschnitt durch einen gefalteten Vorpuppenflügel von *Ephestia*. Die Bezeichnungen der Falten entsprechen denjenigen des Zeichnungsmusters auf Abb. 2. (Nach Köhler 1932.)

Als Folge dieser allseitigen, mechanischen Hemmung beginnt nun der Flügel sich in Falten zu legen, eine Faltung die bis zum Zerreißen und Abstreifen der alten Larvenhaut, etwa einen Tag, bestehen bleibt. Dieser Faltung der *Ephestia*flügel auf dem Vorpuppenstadium, die, wie Köhler ausdrücklich hervorhebt, wenigstens im Verlaufe der Hauptfalten bei allen Individuen gleich ist, und die das günstigste Prinzip der Raumausnutzung darstellt (Abb. 6), wird von ihm in der hier besprochenen Arbeit als möglichem Glied einer entwicklungsphysiologischen Ursachenkette entscheidendes Gewicht beigelegt.

Das Faltensystem des Vorpuppenflügels wird wohl beim Abstreifen des Larvenchitins wieder ausgeglättet, aber es treten, 1—2 Tage vor der Ausfärbung der Puppenflügel, wieder eine Reihe Einbuchtungen der chitinigen Flügelscheiden zum Vorschein, die einerseits auf die frühere Faltung der Flügel zurückzuführen sind, die aber andererseits die Stellen markieren, unter denen nachher im ausgefärbten Flügel dunkle Zeichnungselemente liegen.

In seiner Zusammenstellung der Beziehungen zwischen der Zeichnung des fertigen Flügels und früheren Entwicklungsvorgängen sagt Köhler (s. S. 671) weiter: „Wenn auch entwicklungsgeschichtlich ein Zusammenhang zwischen diesen grundsätzlich verschiedenen, symmetrischen Erscheinungen nicht direkt nachgewiesen werden kann, so ist doch diese dreimalige Wiederkehr von Bildungen, die in denselben Regionen des Flügels symmetrisch zu einer mittleren Querachse auf dem Flügel auftreten, sehr auffallend. Ob hier nur ein formales Zusammentreffen oder ein kausaler Zusammenhang besteht, können natürlich erst Experimente entscheiden."

Dieser von Köhler (1932) auseinandergesetzte Zusammenhang ist hier aus dem Grunde so stark betont worden, weil derselbe in späteren Abhandlungen überhaupt kaum erwähnt und also wohl auch nicht zu weiterer Bearbeitung aufgenommen worden ist, weder durch Experimente noch durch supplierende Beobachtungen. Wenn aber auch Köhler selbst diese Frage später zur Seite geschoben hat, so steht jedoch der nachgewiesene Zusammenhang immer noch so lange fest, bis er durch neue, abschwächende Erläuterungen seinen Platz verloren hat. Sollte auf der anderen Seite, bei komparativer Untersuchung, auch bei anderen Schmetterlingen ein entsprechender Zusammenhang zwischen einer Faltung ihrer jungen Flügelanlagen und ihrem späterem Zeichnungsmuster nachgewiesen werden, dann würde auch die Frage nach einem entwicklungsphysiologischen Zusammenhang beider Phänomene weiter geprüft werden müssen.

An und für sich darf es ja nicht als ausgeschlossen betrachtet werden, daß die Lage einer Zellgruppe auf einer freien Fläche oder in der Tiefe einer eng zusammengepreßten Falte, etwa durch den Unterschied der Oxydationsbedingungen beider Stellen einen determinierenden Einfluß auf die späteren Entwicklungspotenzen dieser Zellen üben könnte. KÜHN und HENKE (1936) scheinen jetzt auch die Möglichkeit offen zu halten, daß irgendeine örtliche „Schwellenbildung" an der Flügelfläche durch die von KÖHLER nachgewiesenen Falten bewirkt werden könnte, die wieder für das Fortschreiten des Determinationsprozesses der Flügelanlage von Bedeutung sein würde. Hier fehlen aber immer noch die Tatsachen, die eine weitere Diskussion erlauben würden.

KÖHLER hat (1932) weiter nachgewiesen, daß an verschiedenen Stellen der jungen Flügelanlage die Mitosenhäufigkeit variiert (Abb. 7), und weiter auch, daß die Mitosenmaxima mit den später pigmentierten Bezirken zusammenfallen. — Die Kernteilungen der Flügelanlage finden (bei 18°C) bei der Mehlmotte in einer Periode zwischen 60 und 80 Stunden Puppenalter statt. Sie sind von zweierlei Art, nämlich neben den Mitosen der gewöhnlichen Hypodermiszellen auch sog. „differentielle" Mitosen der später schuppenbildenden Zellen. — In diesem Punkt hat STOSSBERG (1937) die von KÖHLER (1932) gemachten Befunde komplettiert. Auch SÜFFERT (1937) hat durch Veröffentlichung seiner schon 1924 durchgeführten Untersuchungen zur Klarlegung dieser Mitosenfrage wesentlich beigetragen.

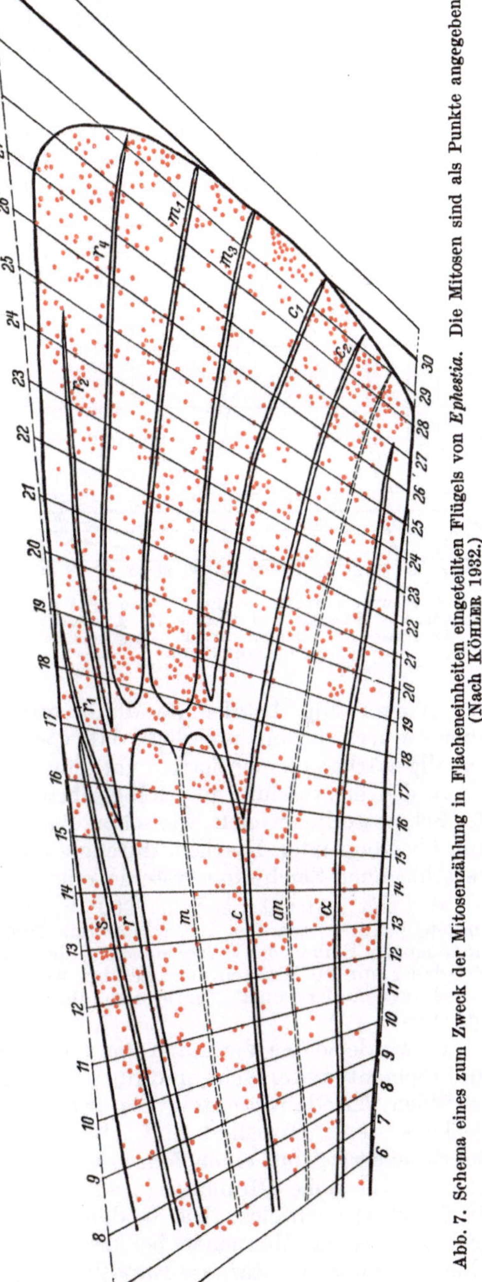

Abb. 7. Schema eines zum Zweck der Mitosenzählung in Flächeneinheiten eingeteilten Flügels von *Ephestia*. Die Mitosen sind als Punkte angegeben. (Nach KÖHLER 1932.)

Die Existenz von Mitosenmaxima an Stellen später pigmentierter Bezirke wird von KÖHLER als Ausdruck besonders reger Entwicklung dieser Bezirke aufgefaßt. Dagegen wendet Goldschmidt (1938) ein, daß diese Mitosenmaxima auch als Stellen verspäteter Entwicklung aufgefaßt werden dürfen, was mit seinen eigenen oben referierten Resultaten besser übereinstimmen würde. Auch Köhler hat indessen schon diese Möglichkeit geprüft und zwar mit negativem Resultat. Über diesen Punkt werden daher erneute Untersuchungen wünschenswert sein.

Die Schuppenentwicklung, die an und für sich mit der Hervorwölbung eines Plasmabuckels über die Oberfläche des Epithels anfängt, folgt im wesentlichen der Periode der Kernteilungen nach. Köhler konnte in betreff der Grundzüge derselben die Resultate früherer Forscher bestätigen.

Köhler hat endlich auch die Ausfärbung der *Ephestia*flügel, die mit etwa 400 Stunden Puppenalter einsetzt, genau studiert. Die Reihenfolge der Pigmentierung der einzelnen Zeichnungselemente des Flügelmusters war (bei 150 während der Ausfärbung untersuchten Flügeln) immer die gleiche, obwohl die verschiedenen Zeichnungselemente, die zu einem System zusammengehören, nicht gleichzeitig gefärbt werden. Offenbar sind, sagt er (s. S. 655) die Vorbestimmung der Lage und Ausdehnung der Systeme, die in einer früh liegenden sensiblen Periode stattfindet, und die Ausfärbung dieser vorbestimmten Areale ganz verschiedene Vorgänge. Als Resultat seiner Untersuchungen ergibt sich, in Übereinstimmung mit Goldschmidts Resultate an *Lymantria*, daß die Ausfärbung im Flügel in erster Linie von der Wurzel zum distalen Rand hin fortschreitet. Diese Reihenfolge erscheint aber dadurch diskontinuierlich, daß von enger benachbarten Zeichnungselementen die stärker pigmentierten vor den schwächer pigmentierten auftreten.

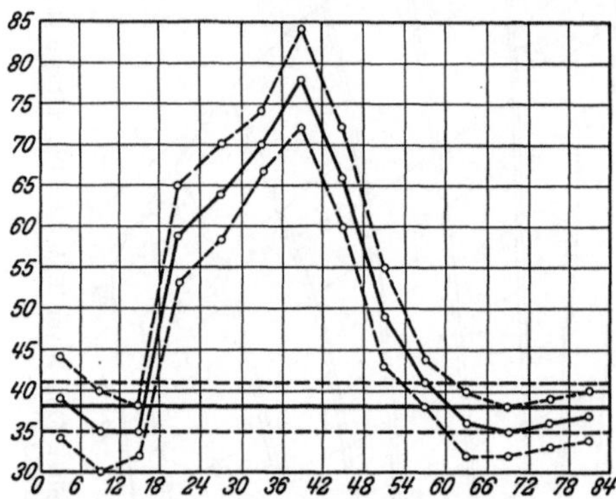

Abb. 8. Schuppenanzahl in den Randflecken der Vorderflügel von *Ephestia* (vgl. Tabelle 1). Abszissen: Altersklassen, Ordinaten: Anzahl Schuppen. (Nach Feldotto 1933.)

In den entwicklungsphysiologischen Untersuchungen über das Flügelmuster der Schmetterlinge spielt, wie schon oben erwähnt, auch die von Feldotto (1933) mit überzeugender Klarheit durchgeführte Feststellung der sensiblen Perioden verschiedener Zeichnungssysteme eine grundlegende Rolle.

An einem Material von nahe 6000 Puppen, die in bestimmter Weise in Altersklassen aufgeteilt waren, wurden durch Hitzereiz Modifikationsversuche angestellt, die — nach einer langen Reihe von Vorversuchen — bei einer Temperatur von 44,5—45,5° und einer Reizdauer von 45 Minuten durchgeführt wurden. Für Puppen über 300 Stunden wurde jedoch wegen der sonst sehr großen Mortalität eine Temperatur von nur 43,5—44,5° angewandt.

Es wurde so das Verhalten von einer Reihe verschiedener Zeichnungssysteme und Elemente untersucht, und für jedes derselben die Dauer und der Verlauf ihrer sensiblen Periode festgestellt. So zeigt sich z. B. die sensible Periode des Randfleckensystems (Tabelle 1 und Abb. 8) im Puppenalter von 6—78 Stunden zu liegen, und zwar mit einem Maximum der Randfleckengröße bei 30—42 Stunden, dem ein schwaches Minimum (6—18 Stunden) vorangeht und ein anderes (60 bis 78 Stunden) nachfolgt. Die beiden Geschlechter verhielten sich insofern verschieden als die Männchen bei den gereizten Tieren, wie in der Kontrolle, in allen Altersklassen stärkere Randflecken haben als die Weibchen. Ein Vergleich der drei für die Untersuchung des Randfleckensystems benutzten Flecke (R_2—R_4) ergab, daß sich ihre Mittelwerte nach Hitzereizung in den verschiedenen Altersklassen stets gleichsinnig verschieben.

In entsprechender Weise wurde dann auch das Querbindensystem analysiert, und zwar sowohl die Modifikation seiner Stärke als auch eine durch Hitzereizung hervorgerufene Annäherung der beiden Querbinden, die in Verbindung mit der entsprechenden Wirkung eines Gens (Sy) weiter unten besprochen werden soll.

Tabelle 1. Randfleckensystem *(Ephestia)*. Summe der Schuppenanzahlen in den Randflecken R_2—R_4, bei der Kontrolle und nach Reizung in verschiedenen Altersklassen. (Nach Feldotto, 1933.)

Altersklassen (Stunden)	Geschlecht	Variantenklassen					Flügelanzahl	M	σ	m	3 m
		I 0—19	II 20—39	III 40—59	IV 60—79	V 80—x					
Kontrolle	♂	—	26	35	—	—	61	41,5	9,9	1,3	3,8
	♀	2	56	21	—	—	79	34,8	9,6	1,1	3,3
0— 6	♂	—	8	12	—	—	20	42,0	9,8	2,2	7,6
	♀	1	11	7	—	—	19	36,3	11,3	2,6	7,8
6—12	♂	—	6	3	—	—	9	36,7	9,4	3,1	9,4
	♀	2	24	11	—	—	37	34,9	10,8	1,8	5,3
12—18	♂	1	18	10	2	—	31	38,4	13,2	2,4	7,1
	♀	—	46	6	1	—	53	33,0	8,1	1,1	3,4
	♂+♀	1	68	16	3	—	88	35,0	10,5	1,1	3,4
18—24	♂	—	2	19	13	13	47	65,8	18,0	2,6	7,9
	♀	—	11	25	10	5	51	53,5	17,6	2,5	7,4
24—30	♂	—	—	12	12	19	43	73,3	16,7	2,5	7,6
	♀	—	10	30	14	11	65	58,0	18,8	2,3	7,0
30—36	♂	—	—	8	21	9	38	70,5	13,4	2,2	6,5
	♀	—	1	18	25	21	65	70,3	16,2	2,0	6,1
	♂+♀	—	—	28	48	31	108	70,2	15,3	1,5	4,4
36—42	♂	—	—	8	1	41	50	83,2	14,8	2,1	6,3
	♀	—	4	12	6	26	48	72,5	21,0	3,0	9,1
42—48	♂	—	5	15	18	17	55	67,1	19,2	2,6	7,8
	♀	—	3	13	9	11	36	65,5	19,5	3,3	9,8
48—54	♂	—	5	17	16	3	41	58,3	15,9	2,5	7,4
	♀	4	23	28	1	5	61	43,4	18,7	2,4	7,2
54—60	♂	—	20	21	7	—	48	44,6	14,0	2,0	6,1
	♀	1	39	23	2	—	65	38,0	11,5	1,4	4,3
	♂+♀	1	62	49	9	—	121	40,9	12,8	1,2	3,5
60—66	♂	4	23	14	4	—	45	38,0	15,4	2,3	6,9
	♀	5	46	17	1	—	69	34,1	11,6	1,4	4,2
66—72	♂	1	26	19	1	—	47	38,5	11,5	1,7	5,0
	♀	4	42	7	—	—	53	31,1	9,2	1,3	3,8
72—78	♂	1	37	23	2	—	63	38,3	11,6	1,5	4,4
	♀	2	34	8	—	—	44	32,8	9,2	1,4	4,1
78—84	♂	1	13	14	—	—	28	39,7	11,3	2,1	6,4
	♀	—	34	15	—	—	49	36,1	9,2	1,3	3,9

Die sensible Periode wurde auch für eine Tendenz zur Entschuppung der Flügelfläche, d. h. für eine mit Deformierung der Schuppenbälge in Zusammenhang stehende Entleerung derselben festgestellt. Der Anfang derselben fällt mit dem von Köhler (1932) nachgewiesenen Stadium des Auswachsens der Schuppen zusammen. — Auch für Aufhellung sowie für Verdunkelung des Untergrundes der Flügelzeichnung wurden die sensiblen Perioden festgestellt, und zwar für Aufhellung eine frühe Periode im Alter von 18—36 Stunden, während bei älteren Puppen (372—408 Stunden), die gleich vor ihrer Ausfärbung stehen, eine Verdunkelung der Flügel durch Hitzewirkung hervorgerufen werden kann. Eine ebensolche Verdunkelung ist schon früher von Merrifield (1894) durch Kältewirkung auf demselben Stadium hervorgerufen worden. — Endlich konnte Feldotto, nach Hitzereizung der Puppen im Alter von 42—72 Stunden, eine Abänderung der Flügelform, und zwar eine Verbreiterung derselben konstatieren.

Ein Vergleich der Wirkung von Hitze- und Frostreizen ist später von Wulkoff (1936) durchgeführt worden.

Für die Schatten wurde von Wulkopf gezeigt (Abb. 9), daß sie nach Hitze- sowohl wie nach Frostreizen eine Verminderung ihrer Stärke erleiden. Für das Randflecksystem dagegen konnten nach Hitze- bzw. Frostreizen unter sich sehr verschiedene Wirkungen konstatiert werden. Die Frostreizung bewirkt, nach einer kurzen Vermehrung der Schuppenanzahl eines Randfleckes, eine zweimalige Verringerung derselben. Nach Hitzereizen tritt nur eine Verstärkung der Randflecken ein, die gleich nach der Verpuppung einsetzt. Das Ausmaß der Modifikationen ist auch nach Hitzereizen größer als nach Frostreizen. — In bezug auf die Stärke des Querbindensystems, sowie auch der Mittelflecken, sind wieder die Mittelwertkurven der durch Hitze und durch Frost gereizten Tiere einander sehr ähnlich.

Für das Problem der Genmanifestierung sind die in betreff der „*Symmetriesysteme*" *der Schmetterlingsflügel* gewonnenen Resultate von besonderem Interesse. In erster Linie sind hier die Untersuchungen von Henke (1933 a—b) an *Philosamia cynthia* Drury zu erwähnen, durch welche er es wahrscheinlich gemacht hat, daß die linienförmigen Elemente der solche Symmetriefelder begrenzenden Querbinden als Randbildungen auf der Grenze

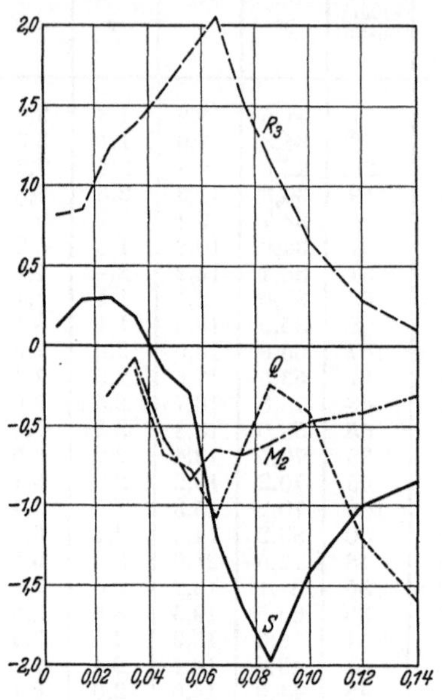
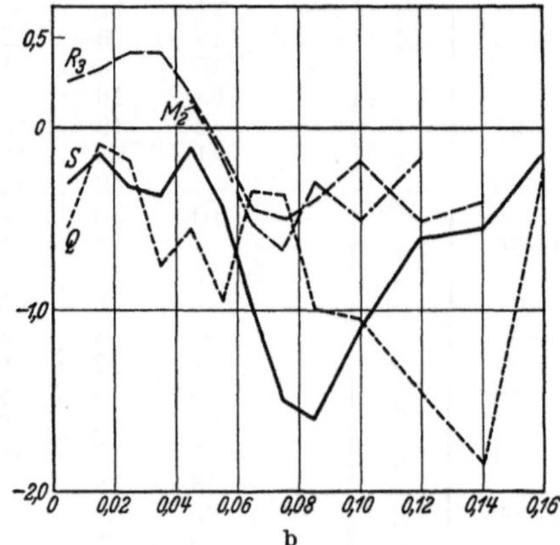

a   b

Abb. 9 a und b. Lage der sensiblen Periode verschiedener Zeichnungssysteme der Vorderflügel von *Ephestia* nach Hitzereizen (a) und nach Frostreizen (b). Abszisse: Altersklassen; Ordinate: Streuung der Kontrollen *S* Schatten, R_3 Randflecken 3, *Q* Querbinde D_1, M_2 Mittelfleck 2. (Nach Wulkopf 1936.)

zwischen verschieden differenzierten Feldern aufgefaßt werden dürfen. Als eine weitere Eigentümlichkeit der zentralen Symmetriesysteme wurde auch nachgewiesen, daß hier ein fortlaufender Zusammenhang zwischen beiden Flügelseiten besteht. Durch experimentelle Eingriffe an der Flügelanlage der Raupe und Puppe von *Philosomia cynthia* hat Henke dann auch die Determinationsweise verschiedener Musterelemente näher studieren können. Interessant ist dabei eine Übereinstimmung der Symmetriesysteme mit den Ozellen, die ja beide aus Feldern mit konzentrisch angeordneten Zonen verschiedener Differenzierung bestehen (Abb. 10), und die nach den Befunden Henkes auch in ihrem entwicklungsphysiologischen Verhalten eine Reihe gemeinsamer Züge aufweisen, die es erlauben, sie beide als „zentrierte Systeme" zusammenzufassen. Wenn nämlich beide Flügelseiten, eventuell auch die angrenzenden Teile des Rumpfes zusammen betrachtet werden, zeigen sich die Symmetriesysteme, wie die Ozellen, als allseitig geschlossene Figuren. Beide lassen sich wohl durch operative Eingriffe an der Imaginalscheibe sowohl in ihrer Lage als in betreff ihrer Ausdehnung beeinflussen, sie sind aber beide nach Art eines harmonisch-äquipotentiellen Systems teilbar, indem ihre Randzonen auch nach solchen Änderungen ihren typischen Bau behalten.

Das Problem der Symmetriesysteme des Flügelmusters war gleichzeitig auch bei der Mehlmotte in Angriff genommen, und zwar sowohl experimentell als genetisch. So haben hier KÜHN und v. ENGELHARDT (1933) durch operative

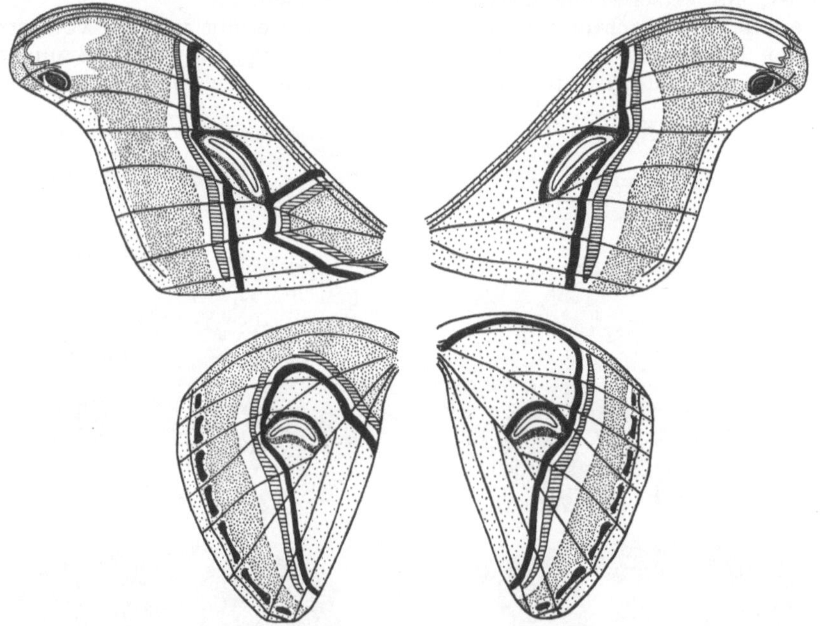

Abb. 10. *Philosamia cynthia* DRURY. Normale Flügelzeichnung, schematisch. Links Oberseite, rechts Unterseite. (Nach HENKE 1933.)

Eingriffe versucht in die Natur der Symmetriesysteme einen tieferen Einblick zu erreichen. Sie suchten die folgenden Hauptfragen zu beantworten: 1. In welchem Entwicklungsstadium werden die Ausdehnung des Symmetriesystems

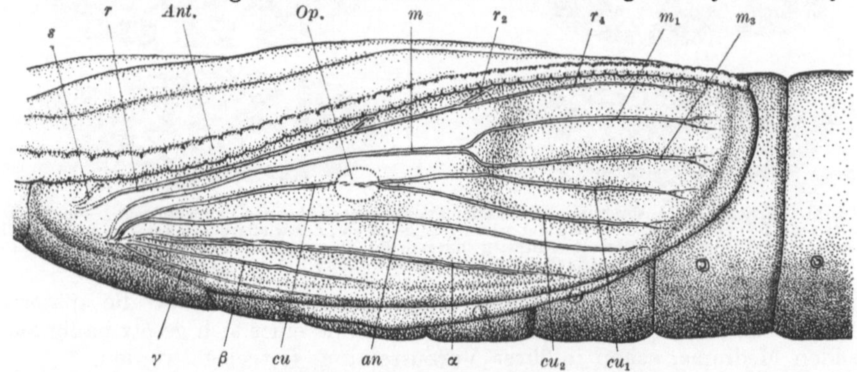

Abb. 11. Puppenstadium von *Ephestia* (Ventralseite nach oben), auf welches mit Thermokauter operiert worden ist *(Op.)*. *Ant.* Antenne, *an* Analis, *cu* Cubitus, *m* Media, *r* Radius, *S* Subcosta, α, β, γ Axillaris. (Nach KÜHN und v. ENGELHARDT 1933.)

und seine Gliederung in einzelne Zonen festgelegt? 2. Vollzieht sich die Determination des Symmetriemusters als eine Zergliederung der Flügelfläche in verschiedene Teilbezirke, deren Ausdehnung von vornherein festgelegt wird, oder breitet sich die Determination des Symmetriesystems von bestimmten Flügelstellen her über eine Flügelfläche aus?

Die Puppen, die bei 18° C gezüchtet waren, wurden auf bestimmten Stadien und an bestimmten Stellen der Flügel mit einem kleinen Thermokauter operiert (Abb. 11). Sie wurden später, am Ende ihrer Ausfärbung, aus ihrer Hülle auspräpariert und die Flügel auf Objektträger angeheftet.

Die Operationserfolge ließen sich, je nach dem Alter, in welchem der Eingriff erfolgt ist, auf verschiedene *Reaktionstypen* verteilen.

Eine nähere Betrachtung dieser Reaktionstypen ergibt von der vom ersten bis dritten Puppentag fortschreitenden Differenzierung des ganzen Symmetriesystems ein sehr interessantes Bild. Man sieht hier, wie auch bei *Philosamia*

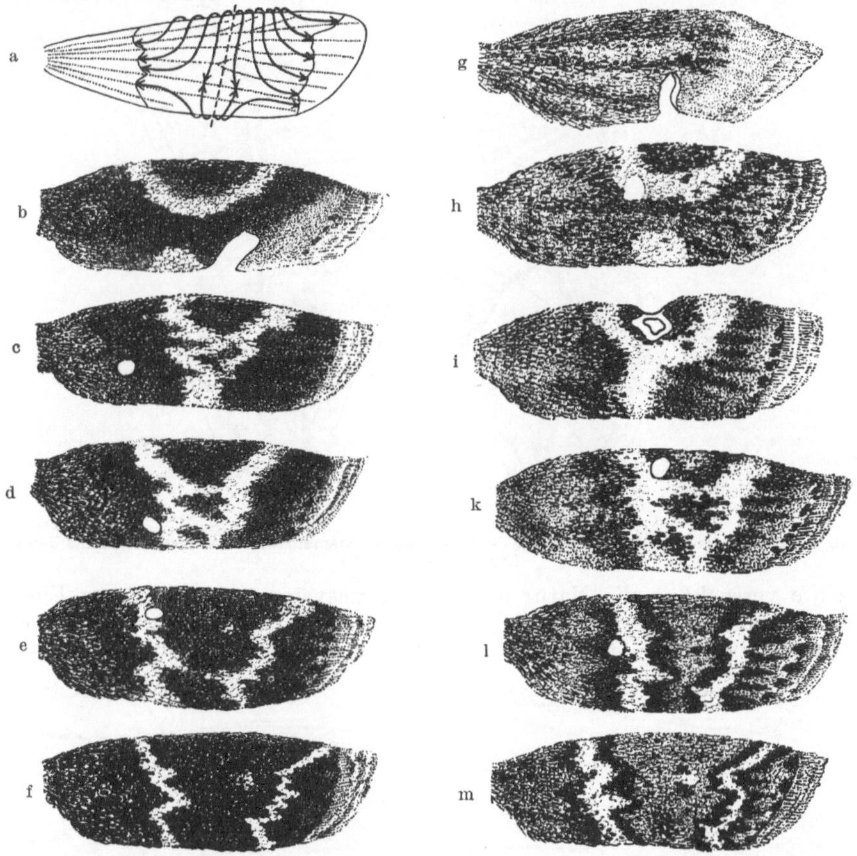

Abb. 12a—m. a Schema der Ausbreitung des Determinationsvorgangs über den Puppenflügel. b—m herauspräparierte rechte Puppenflügel, b—f von der schwarzen, g—m von der wildfarbigen Rasse. f, m Kontrollflügel, sonst Operationserfolge. Operationsalter: g unter 6 Std., b unter 24 Std., c—e, h—l 24—72 Std. (Nach KÜHN und HENKE 1936.)

cynthia, einen Differenzierungsvorgang sozusagen „im Fluß", wo die späteren weißen und schwarzen Querbinden, als Grenzsäume eines sich gesetzmäßig ausbreitenden Mediums, schon in ihrer Voraussetzung festgelegt werden.

Aus den Operationserfolgen des ersten Puppentages, dem Reaktionstypus I, läßt sich der Schluß ziehen, daß zu dieser Zeit noch keine Stelle der Flügeloberseite als Teil des Symmetriesystems determiniert worden ist. Eine durch die Operation bewirkte Epithelausschaltung außerhalb der präsumptiven Gebiete der weißen Querbinden übt auf die Ausbildung des Symmetriefeldes gar keine Wirkung aus. Wird aber im Bereich dieser weißen Querbinden oder im Gebiet des späteren Infelds, also zwischen denselben operiert, dann wird der Defekt immer von einer durchlaufenden weißen Binde auf der Zentralfeldseite umzogen und damit zum Umfeld geschlagen.

Je nachdem die Operationen am Vorder- oder Hinterrand des Flügels, oder auch im Inneren des Infelds, durchgeführt worden sind, zeigen auch ihre Erfolge charakteristische Besonderheiten, die über den normalen Determinationsverlauf des Symmetriesystems wichtige Aufschlüsse geben. Über 300 Operationserfolge des ersten Reaktionstypus sind von Kühn und v. Engelhardt genau studiert worden. Das Bild, das sie von dem fortschreitenden Determinationsvorgang des Symmetriefeldes gegeben haben, soll hier mit den Worten der Verfasser, nochmals wiedergegeben werden (Abb. 12 und 13): „Das Einbiegen der Binden um die verschiedenen Defektsstellen herum in den normalen Bindenverlauf hinein und auf die Analisbrücke zu, bildet geradezu die Ausbreitungsrichtungen eines in zwei geschlossenen Ausbreitungsfeldern vordringenden *Determinationsstromes* ab: Vom Vorderrand und vom Hinterrand kommend stößt er in einer etwas hinter den Mittelflecken liegenden Achse quer über den Flügel vor. An einer dieser Achse liegenden Schranke teilt er sich und fließt proximal und distal davon auf das Analisfeld zu." „Hiernach wird die Ausbildung eines Symmetriefeldes durch einen Vorgang determiniert, der von einem begrenzten Bereich des Vorderrandes und des Hinterrandes ausgeht und bedingt, daß am Rande seines Ausbreitungsgebietes eine weiße Binde entsteht. Der von ihr eingefaßte Teil der Flügelfläche, über welche der Determinationsvorgang hinweggegangen ist, erscheint bei der schwarzen Rasse als einheitliches Infeld."

Gegenüber dieser Wirkung des ersten Reaktionstypus sehen wir die Operationen des Reaktionstypus II, ganz unabhängig von der Flügelstelle wo sie treffen, eine Hemmung des ganzen Differenzierungsvorgangs bewirken, und zwar so, daß eine mehr oder weniger starke Verminderung der Ausdehnung des ganzen Symmetriesystems daraus resultiert.

Eine ebensolche Zusammenschiebung der Querbinden, aber nur die schwächsten Grade derselben, ist, wie schon oben (S. 81) erwähnt, von Feldotto (1933) auch als Modifikation durch Hitzereiz erreicht worden (Abb. 14) und zwar mit einer sensiblen Periode (2—4 Tage), die mit dem für den zweiten Reaktionstypus charakteristischen Alter übereinstimmt. Eine Hitzereizung vor dieser Zeit, innerhalb der ersten 36 Stunden der Puppenruhe, bewirkt

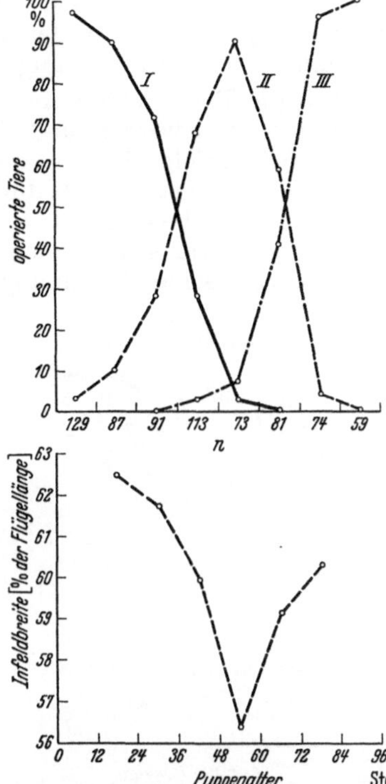

Abb. 13. Obere Kurven: Häufigkeit der drei Operationserfolge (Kühn und v. Engelhardt 1933) in den Altersstufen von 0 bis 96 Stunden. *I* örtliche Zurückstauung eines Teils des Symmetriefeldes. *II* Hemmung der Ausdehnung des ganzen Symmetriefeldes, *III* mosaikartiger Ausfall der zerstörten Epithelfläche aus dem sonst unbeeinflußten Muster. Untere Kurve: Mittelwertskurve für die Breite des Infeldes in der sensiblen Periode der Symmetriefeldverengerung im Hitzeversuch. (Nach Kühn und Henke 1936.)

Abb. 14a—c. Rechte Vorderflügel von *Ephestia*. a gewöhnliches, wildfarbiges Muster (Stamm XI). b genetisch bedingte Verschmälerung des Symmetriefeldes *(Sy/sy)*. c durch Hitzereiz verschmälertes Symmetriefeld. (Nach Kühn und Henke 1936.)

dagegen (Kühn und Henke, 1936) eine Verbreiterung des Symmetriefeldes. Der Umschlag zwischen beiden Reaktionen ist sehr scharf, und das Maximum der Symmetriefeldverkleinerung liegt zwischen 48—60 Stunden (Abb. 13 b).

Durch die Brenndefekte kann aber die Hemmung des Differenzierungsvorgangs weit stärker werden, und eine Zusammenstellung der verschiedenen Grade der Operationserfolge hat es, wie von den Verfassern hervorgehoben, höchstwahrscheinlich gemacht, daß durch den Operationsreiz das Ausbreitungsfeld in der Ausdehnung, die es gerade erreicht hatte, festgelegt wird, gleichsam erstarrt. Das Symmetriefeld scheint also, bei *Ephestia* wie auch bei *Philosamia*, nicht nur in betreff seines Zeichnungsmusters, sondern auch in betreff der Determination desselben als ein „Zentriertes System" aufzufassen zu sein, dessen mehr oder weniger weite Ausbreitung durch äußere Einflüsse modifiziert werden kann.

Auch eine genetisch bedingte Verschiebung der beiden Querbinden des Symmetriesystems kann innerhalb gewisser Stämme der Mehlmotte vorkommen. Und zwar sind durch eingehende Kreuzungsanalysen zwei verschiedene, die Lage der Querbinden beeinflussende Faktoren in ihrer Wirkung bekannt geworden. Der Faktor Sy wirkt (Kühn 1932) homozygot letal und kann also nur in den Bastarden, den Sy/sy-Tieren, realisiert werden. Er ist hier in bezug auf seine Manifestation am Flügelmuster vollkommen dominant und bewirkt, neben einer geringen Verschiebung des Mittelflecks in der Richtung nach dem Flügelaußenrand zu, auch eine Verengerung des Symmetriefeldes. Der Faktor Syb (Kühn

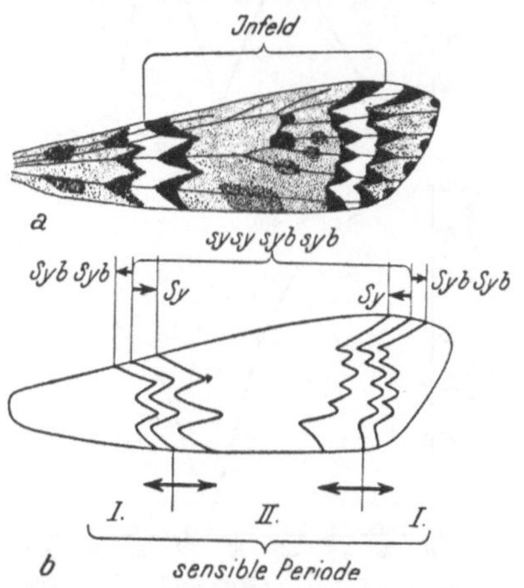

Abb. 15 a und b. Schema des Vorderflügelmusters (a) und Verschiebung der Infeldgrenze (b) bei verschiedenen Genotypen (oben) und nach Reizung im Abschnitt I (0—36 Std.) und im Abschnitt II (36—72 Std.) der sensiblen Periode (unten). (Nach Kühn 1937.)

und Henke 1936), der homozygot realisiert werden kann, bewirkt im Gegensatz zu Sy eine Verbreiterung des Symmetriefeldes und dazu noch eine Verschiebung des Mittelflecks basalwärts.

Die Sy-Tiere repräsentieren also in betreff ihres Zeichnungsmusters einen bestimmten unvollständigen Ausbreitungszustand des Symmetriefeldes, wie er auf dem Puppenflügel genetisch normaler sy/sy-Tiere durch Brenndefekte festgehalten werden kann. Durch den Genotypus Syb/Syb scheint, auf der anderen Seite, eine Ausbreitung des Symmetriefeldes bewirkt zu werden, deren Grenze auch durch Hitzereize nicht weiter überschritten wird (Abb. 15).

Interessant ist nun die Wirkung von Hitzereiz und Brennversuchen bei den Sy-Tieren. Nach Hitzereiz am Anfang der Puppenruhe wird wohl auch hier das Symmetriefeld verbreitert, aber nicht zur vollen Ausdehnung der sy/sy-Tiere. Und im Brennversuch werden bei Sy-Tieren die frühen Ausbreitungsstadien relativ sehr häufig festgehalten, was darauf hindeutet, daß als Wirkung des Sy-Gens die Ausbreitung des Determinationsvorganges besonders in den ersten Stadien verlangsamt wird.

Eine ontogenetisch frühe Manifestation dieses Faktors ist auch von Braun (1936) direkt nachgewiesen worden. Er hat durch eine Untersuchung der jungen Puppenflügel von Sy/sy-Tieren zeigen können, daß das von Köhler (1932) entdeckte Mitosenmuster bei den letzteren eine Verschiebung erlitten hat, derjenigen der späteren Querbinden entsprechend.

Nach der Häufigkeit zu urteilen, mit welcher die verschiedenen Ausbreitungsetappen des Determinationsstromes zum Vorschein kommen, lassen sich nach KÜHN und HENKE, in dem Ausbreitungsvorgang besonders drei Phasen (Abb. 16)

unterscheiden, von denen die letzte bei den Sy-Tieren nicht erreicht wird. Die Wirkung der Brenndefekte scheint ja auch darauf hinzudeuten, daß bei diesen genetisch verschobenbindigen Tieren die Anfangsstadien des Ausbreitungsvorganges langsamer vor sich gehen als bei den normalen. Besonders auch die Stadien des Überganges zwischen der ersten und der zweiten Phase kommen bei den Sy-Tieren erheblich viel häufiger zum Vorschein, als bei genetisch normalen Tieren.

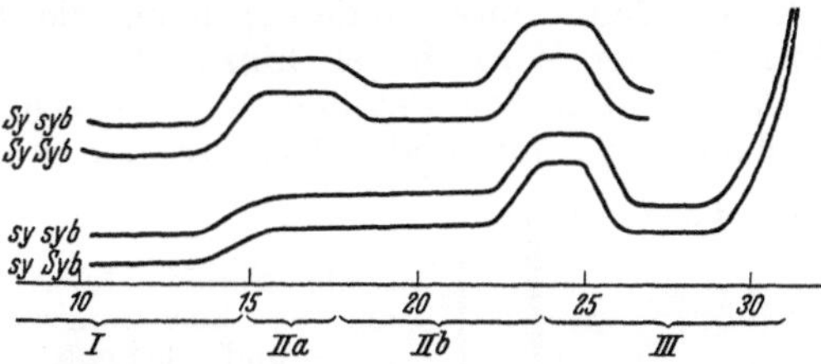

Abb. 16. Schema zur Abhängigkeit des Ausbreitungsvorganges, durch den die Ausdehnung des Symmetriefeldes determiniert wird, von den Faktoren Sy/sy und Syb/syb. Die Abszisse stellt den halben Flügellängsschnitt auf der einen Seite der Symmetrieachse dar (vgl. Abb. 12). Die Abszissenwerte geben die jeweils erreichte Breite des halben Infeldes in Prozent der Flügellänge an. Die mit römischen Ziffern bezeichneten Abschnitte stellen die Phasen des Ausbreitungsvorganges dar. Die Ordinatenwerte der Kurven bezeichnen die Resultanten aus dem Ausbreitungswiderstand und dem Ausbreitungsantrieb für die verschiedenen Flügelteile verschiedener Genotypen. (Nach KÜHN und HENKE 1936.)

Als eine mögliche, und auch weiter analysierbare Erklärung der so bestehenden Ungleichförmigkeit des Ausbreitungsvorganges wird nun von KÜHN und HENKE (1936) vorausgesetzt, daß in der Region des Flügels, welche von dem Ausbreitungsfeld der Sy-Tiere erreicht wird, eine Schwelle liegt, die

dem Ausbreitungsvorgang einen erhöhten Widerstand entgegensetzt. Eine ebensolche, mehr distale Schwellenbildung läßt sich auch an der Stelle des Flügels vorstellen, wo bei den Tieren mit genetisch erweitertem Symmetriefeld (Syb/Syb) die Querbinden gebildet werden.

In betreff der Natur solcher „Schwellen"bildung liegen, wie von KÜHN und HENKE erwähnt, zwei Hauptmöglichkeiten vor, erstens nämlich diejenige, daß in dem Ausbreitungsantrieb des Determinationsstromes eine Ungleichförmigkeit existiere, zweitens aber auch die Möglichkeit örtlicher Verschiedenheiten des Substrates an welchem seine Ausbreitung stattfinden soll, eine Erhöhung also des Ausbreitungswiderstandes.

Eine wertvolle Parallele der an der Mehlmotte gewonnenen Resultate liegt auch in den *Vanessa*-Untersuchungen von KÖHLER und FELDOTTO vor (1935, 1937). Die Puppen wurden, um die Entwicklungsprozesse zeitlich sicher erfassen zu können,

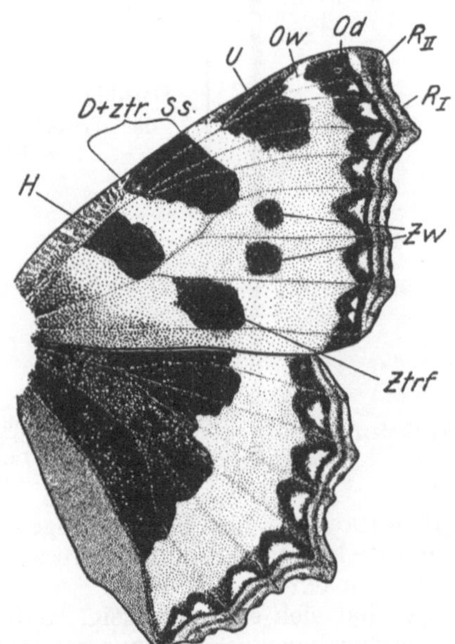

Abb. 17. Die Flügelzeichnung der Oberseiten von *Vanessa urticae*. Zw Zwillingsflecken. (Nach KÖHLER und FELDOTTO 1937.)

auch hier für kürzere Zeit ($^3/_4$ Stunden) extrem hohen Temperaturen ausgesetzt (jüngere Puppen 45,5—46,5° C, ältere Puppen 45—46° C).

Das Flügelmuster von *Vanessa urticae* läßt sich, wie KÖHLER und FELDOTTO teilweise auf Grundlage ihrer experimentellen Analyse gezeigt haben, ebenso wie dasjenige von *Argynnis* und *Ephestia*, mit dem Nymphalidenschema parallelisieren, indem an den Unterseiten und Oberseiten der *Vanessa*flügel die Ausbreitung eines distalen „Ozellensystems", eines „Hohlflecksystems" und eines zentralen „Symmetriesystems" klargelegt wurde. Als neue Musterelemente kommen dann unter anderem noch die beiden „Zwillingsflecken", an der Oberseite der Vorderflügel, hinzu (Abb. 17).

Als Resultat einer detaillierten Feststellung der sensiblen Perioden sämtlicher Zeichnungssysteme und -elemente der *Vanessa*flügel, konnten Köhler und

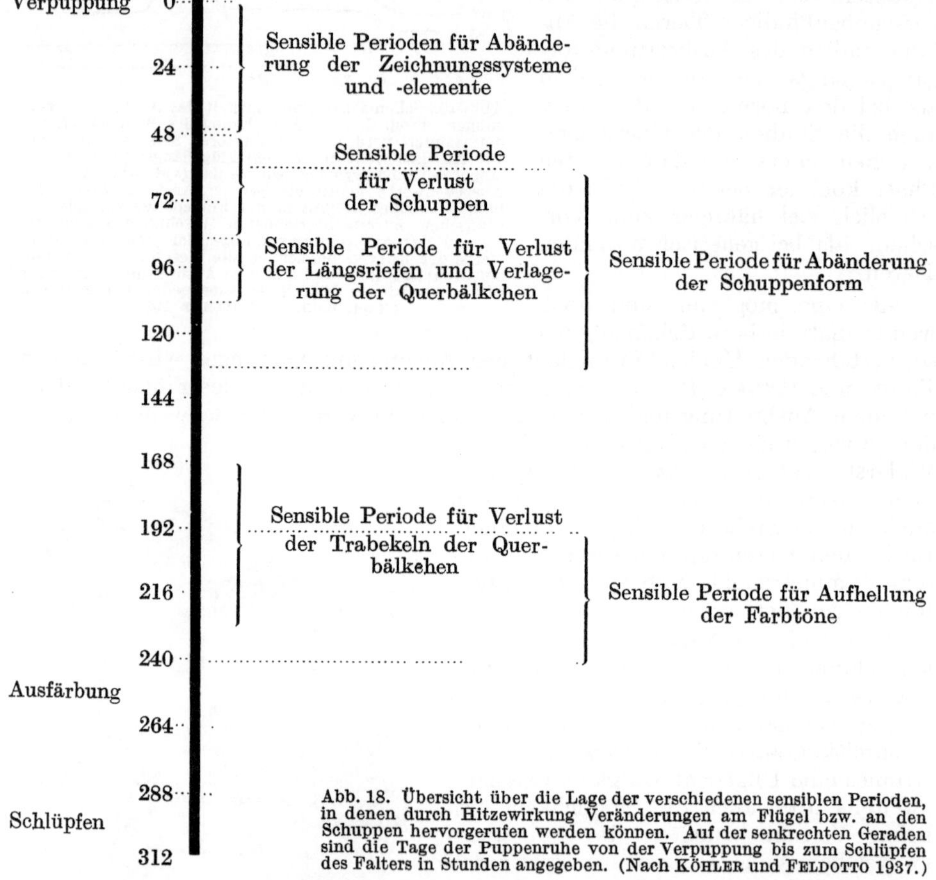

Abb. 18. Übersicht über die Lage der verschiedenen sensiblen Perioden, in denen durch Hitzewirkung Veränderungen am Flügel bzw. an den Schuppen hervorgerufen werden können. Auf der senkrechten Geraden sind die Tage der Puppenruhe von der Verpuppung bis zum Schlüpfen des Falters in Stunden angegeben. (Nach Köhler und Feldotto 1937.)

Feldotto auch hier eine durchgehende Unabhängigkeit der einzelnen Musterelemente konstatieren, innerhalb welcher aber eine Gesetzmäßigkeit sich deutlich geltend macht.

Es hat sich erstens gezeigt, daß bei *Vanessa urticae*, wie auch bei anderen Schmetterlingen von Merrifield (1893) und von Feldotto (1933) nachgewiesen, nicht nur am Anfang der Puppenzeit eine sensible Periode vorhanden ist, sondern daß der Organismus während der ganzen Entwicklung, von der Verpuppung bis zur Ausfärbung des Falters in der Puppenhülle, zu Abänderungen neigt. In der jungen Puppe (1—2 Tage) sind aber allein die Zeichnungssysteme und -elemente, also größere Areale des Gesamtzeichnungsmusters modifikabel, und zwar setzt sich diese sensible Periode für die Zeichnungsmuster aus einer großen Anzahl von sensiblen Perioden für die einzelnen Zeichnungssysteme und -elemente zusammen (Abb. 18). Es folgt dann ein Entwicklungsabschnitt

(48—90 Stunden), in welchem keine Musterbestandteile, sondern vielmehr ein detaillierter Entwicklungsprozeß, nämlich die Schuppenbildung, sich beeinflußbar erwiesen hat. In einer dritten Phase (90—102 Stunden) scheinen gewisse feinere Strukturen in den Schuppen modifikabel zu sein, und in einer letzten Phase (168—240 Stunden) wird endlich mit der Abänderung der Farbtöne der verschiedenen Pigmente ein Prozeß erfaßt, der unmittelbar an deren kleinsten Bestandteilen, den Molekülen, angreifen dürfte. Mit der Fertigstellung des Zeichnungsmusters in der Ausfärbung ist schließlich der Organismus in seiner Gesamtheit determiniert. Diese sensiblen Perioden der einzelnen Zeichnungselemente können aber an und für sich nicht eine erste Manifestation der für die betreffende Art charakteristischen Modifikabilität sein. Vor derselben muß wieder eine Determination von Reaktionsabläufen vorausgegangen sein, die das Auftreten derselben zu bestimmten Zeiten der späteren Individualentwicklung bedingen. Von großer Bedeutung ist hier der Nachweis, daß verschiedene Elemente in den Minima ihrer sensiblen Perioden vollständig verschwinden können — so z. B. die Zwillingsflecke, die Querbinden u. a. —, und daß auch umgekehrt Elemente im Maximum ihrer sensiblen Periode neu entstehen können (Abb. 19). Durch diesen Nachweis wird weiter bewiesen, *erstens* daß die prospektive Bedeutung der Flügelanlage von *V. urticae*, wie auch von *V. io*, kleiner ist als ihre prospektive Potenz, und daß in jedem Flügel ein Grundplan angelegt sein muß, der weit

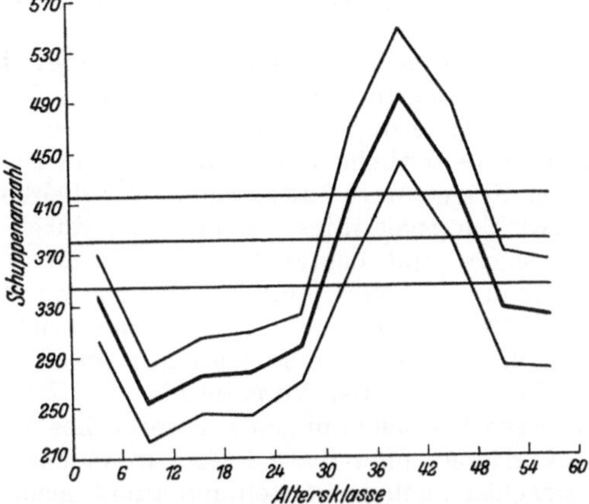

Abb. 19. Mittelwertkurven für die Anzahl schwarzer Schuppen im großen (hinteren) Zwillingsfleck der Vorderflügeloberseite von *Vanessa urticae*. Abszisse: Altersklassen (Stunden), auf welchen die Hitzebehandlung vorgenommen wurde. Ordinate: Schuppenanzahlen. (Nach KÖHLER und FELDOTTO 1935.)

vielgestaltiger ist als das sichtbar ausgebildete Muster — und *zweitens* auch daß jedes Element dieses Grundplans seine sensible Periode hat, einerlei ob es später sichtbar in Erscheinung tritt oder nicht.

Im zweiten Teil ihrer Arbeit, haben KÖHLER und FELDOTTO (1937) eine weitere, sowohl morphologische als experimentelle Untersuchung über die Modifikabilität der Schuppen bei *Vanessa urticae* veröffentlicht. Die Verfasser haben hier die Bedeutung der bei verschiedenen Schmetterlingen, und besonders auch bei der Mehlmotte, zu Tage tretenden Korrelation zwischen Farbe, Form und Struktur der Schuppen eingehend diskutiert. Sind dieselben in irgendwelcher Weise voneinander abhängig, oder werden sie vielleicht alle von einem ontogenetisch sehr früh wirkenden übergeordneten Faktor bestimmt?

Zugunsten der letztgenannten Möglichkeit sprachen schon einige von FELDOTTO (1933) über Aufhellung und Verdunklung der *Ephestia*flügel gemachten Befunde (s. S. 81). Eine eingehende morphologisch-statistische Untersuchung der Schuppen verschieden gefärbter Areale der *Vanessa*flügel hat nun weiter ergeben, daß bei dieser Art in betreff der Schuppengröße eine vollkommene Unabhängigkeit von der Farbe existiert, und zwar gilt dies für Schuppen mit Strukturfarben sowohl als für solche mit Pigmentfarben, und sowohl für Länge als für Breite der Schuppen. Auch der Feinbau verschieden gefärbter Schuppen ist genau untersucht worden, und zwar mit dem Resultat, daß zwischen Färbung und Struktur der Schuppen von *Vanessa urticae* keine Korrelation besteht.

Die Variabilität der Strukturen der Schuppen folgt ähnlichen Gesetzmäßigkeiten, wie sie für die Größe und Form der Schuppen gefunden wurden: sie wechselt auf den verschiedenen Arealen des Flügels („feldgemäße Bedingtheit"), steht aber in keiner engeren Beziehung zum Zeichnungsmuster.

Eine ebensolche *primäre* Unabhängigkeit zwischen Form und Farbe der Schuppen haben Strohl und Köhler (1934) auch bei der Mehlmotte konstatieren können. Nach CO_2-Behandlung junger Puppen (0—24 Stunden) haben sie im Infeld des Symmetriesystems eine starke Aufhellung der Farbe erreicht, während auf späteren Puppenstadien (84—96 Stunden) dieselbe Behandlung eine Formänderung der Schuppen hervorruft, und zwar im Sinne einer Längen- und Breitenabnahme derselben. Diese Umänderung der Form geht also unabhängig von derjenigen der Farbe vor sich.

Die *allgemeinen Ergebnisse* der hier besprochenen Untersuchungen über das Zeichnungsmuster der Schmetterlingsflügel sind für die Frage nach der Genmanifestierung von großem Interesse, und zwar in erster Reihe als eine detaillierte zeitliche Feststellung, bis in Stunden, der während der Puppenruhe in der Flügelanlage existierenden Möglichkeiten einer Abänderung des normalen Entwicklungsverlaufes. Längs den durch einen solchen „Stundenplan" aufgezogenen, und begrenzten, Linien müssen ja sämtliche Abweichungen, die überhaupt realisiert werden sollen, ihren Weg finden, gleichgültig ob dieselben durch Mutationen zuerst bewirkt, oder vielmehr als Modifikationen durch äußere Einflüsse hervorgerufen worden waren.

Für ein tieferes Verständnis der *Phänokopien* (Goldschmidt 1935a) ist in diesen Untersuchungen ein wertvolles Material geliefert worden. Interessante Diskussionen über diese Frage, in welchen auf Grundlage der neu vorgelegten Tatsachen auch eine Stellungnahme gesucht wird zu Goldschmidts „Theorie der abgestimmten Reaktionsgeschwindigkeiten", werden in mehreren der neuesten Publikationen vorgefunden (Henke 1937, Köhler und Feldotto 1937, Kühn 1937b). Ein Eingehen auf diese theoretischen Fragen liegt jedoch außerhalb des Rahmens dieses Referates über „Tatsachen" der Genmanifestierung, und ich muß mich damit begnügen auf die Originalarbeiten hinzuweisen.

Welches auch die theoretischen Auffassungen der verschiedenen Forscher sind, insoweit sprechen die von ihnen vorgelegten Tatsachen eine eindeutige Sprache, daß in betreff sowohl der Modifikationen als der Mutationen das Maß der hervorgerufenen Abänderung als eine Funktion aufgefaßt werden muß von dem früheren oder späteren Stadium des die normale Entwicklung beeinflussenden Angriffs. Ebenso wie Goldschmidt (1935b) dies für eine Reihe von Flügel*mutationen* bei *Drosophila* ausgesprochen und direkt nachgewiesen hat, so sind auch die *Ephestia*- und *Vanessa*forscher durch ihre *Modifikations*untersuchungen zu ganz entsprechenden Resultaten gekommen. Köhler und Feldotto (1935) haben hier besonders klar demonstriert, wie Hitzereize, die in früheren sensiblen Perioden angreifen, auf größere Kategorien des Zeichnungsmusters Einfluß üben als diejenigen die später wirken, und weiter auch, daß die zeitliche Aufeinanderfolge der verschiedenwertigen sensiblen Perioden mit der Differenzierungsfolge der morphogenetischen Prozesse in Zusammenhang steht. Für die Schuppen der *Vanessa*flügel können sie auch ganz allgemein aussprechen (1937, S. 390) „daß kein Differenzierungsprozeß, der den Bau und das allgemeine Aussehen der Schuppe mitbestimmt, nicht durch Außenfaktoren beeinflußt wird. Vielmehr scheint jeweils einer besonders aktiven Entwicklungsphase ein empfindliches Stadium vorauszugehen, so daß die Empfindlichkeit als ein wesentlicher Bestandteil des Differenzierungsgeschehens erscheint." Im Gegensatz zu den von

GOLDSCHMIDT (1921—1938) veröffentlichten Resultaten an anderen Schmetterlingen heben jedoch KÖHLER und FELDOTTO (1937) als eines ihrer Hauptergebnisse hervor, daß bei *Vanessa* „während des ganzen Verlaufs der Schuppenentwicklung keinerlei Unterschiede in der Entwicklungsgeschwindigkeit zwischen den Schuppen verschiedener Areale vorliegen. Der Ausfall der Schuppen in der sensiblen Periode für Schuppenverlust, die Formveränderung der Schuppen, die Reduktion der verschiedenen Strukturen und die Aufhellung der Farbentöne kurz vor der Ausfärbung gehen bei allen Schuppen ohne Unterschied der Farbe zu gleicher Zeit und in gleicher Weise vor sich".

Von allgemeinem Interesse ist weiter der von KÖHLER und FELDOTTO (1935) gegebene Nachweis, daß am Schmetterlingsflügel gewisse Zeichnungselemente durch Temperaturreize während ihrer sensiblen Periode bis zum Unsichtbarwerden verringert werden können, während gleichzeitig andere am normalen Flügel nicht sichtbare Elemente jedoch in ihrer Anlage existieren. Auch diese haben ihre sensiblen Perioden und können während derselben durch Außeneinflüsse bis zum deutlichen Hervortreten im Zeichnungsmuster verstärkt werden. Dies führt ja nämlich in die zentralen Fragen über das Zusammenwirken der Gene mit den Außeneinflüssen bei der Rassen- und Artenbildung direkt hinein, Fragen die gerade in betreff der *Vanessa*arten mehr als ein Menschenalter hindurch für lebhafte Diskussionen Gegenstand gewesen sind.

Auch GOLDSCHMIDT hat (1929, 1935a) von einem modernen Gesichtspunkt aus dieselbe Frage wieder aufgenommen. Durch Hitzeexposition der *Drosophila*-Larven war es ihm gelungen Mutationen hervorzurufen, unter welchen einige Fälle, wo schon in der behandelten Generation die Fliegen phänotypische Abänderungen zeigten, die mit den Mutationsfolgen der späteren Generationen übereinstimmten, die also, in der älteren Sprache, wie in den STANDFUSS-FISCHERschen *Vanessa*-Experimenten „vererbt" wurden. Dies ist von GOLDSCHMIDT (1935) so erklärt worden, daß die Hitzebehandlung durch Dominanzverschiebung ein selten vorhandenes recessives Gen sichtbaren Effekt ausüben läßt und so die Auswahl zweier Heterozygoten ermöglicht, die sonst kaum zusammengekommen wären.

Die gleichzeitig erschienene Erklärung von KÖHLER und FELDOTTO (1935) setzt auch ein Sichtbarwerden früher verborgener Anlagen voraus, ohne daß jedoch eine genetische Veränderung dafür notwendig wäre. Neben der mitteleuropäischen Form von *V. urticae* existieren, wie bekannt, zwei Varietäten, eine südliche „variatio *ichnusa*" auf Korsika und Sardinien, und die nördliche „variatio *polaris*". Bei der ersten fehlen auf den Vorderflügeln die beiden Zwillingsflecken, während die letztere durch ein quer über den Vorderflügel, auf Ober- und Unterseite verlaufendes, dunkles Band charakterisiert wird. Die ganze Grundlage der langen, über diese Variationen geführten Diskussion ist ja der Nachweis (FISCHER 1895, STANDFUSS 1895) gewesen, daß innerhalb der mitteleuropäischen Form, durch Wärme- oder durch Kältebehandlung der Puppen, Modifikationen hervorgebracht werden konnten, die in betreff der erwähnten Charaktere mit der südlichen, bzw. der nördlichen Varietät übereinstimmten. KÖHLER und FELDOTTO haben nun, durch Anwendung höherer Hitzegrade in kurzer Zeit und in bestimmten Altersklassen, den „*ichnusa*"-Zustand mit Fehlen der Zwillingsflecken hervorbringen können, durch Behandlung in anderen Altersklassen dagegen den „*polaris*"-Zustand mit dem dunklen Querband über die Vorderflügel. Jeder dieser Zustände ist also nur eine der innerhalb der Reaktionsnorm von *Vanessa urticae* liegenden Entwicklungsmöglichkeiten. Durch den gleichen Außenfaktor konnten diese Forscher auch eine Vergrößerung der Zwillingsflecken und ebenso ein vollständiges Verschwinden des braunen Bandes erreichen. Es kommt dabei nur auf die Zeit an, in der dieser Außenfaktor zur Wirksamkeit gelangt ist.

Von genereller Bedeutung ist endlich auch der von Kühn und Henke (1936) gegebene Beitrag zur Kenntnis des in der, sowohl zeitlich als örtlich fixierten, Ausbreitung des Symmetriefeldes der *Ephestia*flügel wirksamen Determinationsstromes.

2. Manifestierung der Augenpigmentierung usw.

a) Ephestia.

Während das Zeichnungsmuster der *Ephestia*flügel in die *Wege* der Genmanifestierung einen Einblick erlaubt hat, bietet gleichzeitig die Pigmentierung der Augen und anderer Organe desselben Schmetterlings eine Möglichkeit, die *Mittel* der Genmanifestierung zu studieren, eine Möglichkeit, die wieder von der Kühnschen Schule voll ausgenützt worden ist.

Schon 1929 ist unter den normal schwarzäugigen Mehlmotten eine rotäugige Mutation zum Vorschein getreten (Kühn und Henke 1930a), die sich als monohybrid-recessiv erwiesen hat. Als Symbole dieses Augenfarbenunterschieds wurde das Faktorpaar A(schwarzäugig)—a (rotäugig) erwählt. Es hat sich später gezeigt (Kühn, Caspari und Plagge 1935, Piepho 1935), daß hier in der Tat von einer Reihe multipler Allelomorphen die Rede ist, A—a^k—a, die in ihrer Temperaturabhängigkeit alle Übergänge von schwarz über dunkel („Kaffee“)-braun bis hellrot repräsentieren können. Auch eine transparentäugige Mutation (T/t), die jedoch nur in rotäugigen Tieren, als homozygot recessiv, zum Vorschein tritt, ist von Kühn (1932a) nachgewiesen worden.

Die Gene sämtlicher dieser Augenmutationen sind schon daher als pleiotroph zu bezeichnen, weil sie neben der Pigmentierung auch die Vitalität ihrer Träger beeinflussen, und zwar so, daß die letztere unter dem Einfluß der Allelen der a-Serien herabgesetzt wird, während sie durch das Hinzutreten von tt wieder steigt. Aber auch der Einfluß des a-Gens an die Pigmentierung erstreckt sich nicht nur über eine Reihe von Organsystemen, sondern er kann sich auch auf allen Entwicklungsstadien des Tieres bemerkbar machen (Caspari 1933). So unterscheiden sich die A- von den a-Tieren in betreff der Pigmentierung der Larvenaugen sowohl als derjenigen der Imaginalaugen, der Testikel, der Larvenhaut und verschiedener Gehirnteile. Überall sieht man hier bei den A-Tieren eine dunklere Pigmentierung. Dazu kommt der schon erwähnte Unterschied in betreff der Vitalität.

Caspari hat nun, als Glied seiner Untersuchung dieser verschiedenen, von einem und demselben Gen beeinflußten, Organe, auch Transplantationen ausgeführt, indem er zuerst versucht hat, zwischen den Larven verschiedener Genotypen die jungen Testikelanlagen auszuwechseln. Die in dieser Weise an *Ephestia* gewonnenen Resultate, die bald auch an *Drosophila* weitergeführt wurden (Beadle und Ephrussi, s. unten), sind für eine Analyse der Genmanifestierung von entscheidender Bedeutung gewesen, indem sie die Existenz eines hormonalen Zwischengliedes zwischen einem bestimmten Gen und der Manifestation desselben im Erfolgsorgan bewiesen haben.

Es hat sich erstens gezeigt, daß die Pigmentierung der Augen sowohl als diejenige des Hodens temperaturabhängig sind, stärker bei höherer Temperatur, und daß die beiden erwähnten Organe in diesem Punkt eine deutliche Korrelation zeigen. Durch Kreuzungen ist dann weiter auch die genetische Zusammengehörigkeit der variierenden Pigmentierungsgrade beider Organe bewiesen worden, was wieder besagt, daß sie von einem und demselben ontogenetischen Prozeß abhängig sein müssen. Auch die Pigmentierung der Larvenhaut steht mit derjenigen der Augen in voller Übereinstimmung.

Die Hodentransplantationen wurden von CASPARI auf dem letzten oder vorletzten Larvenstadium vorgenommen, und zwar so, daß Spender und Empfänger stets gleichen Alters waren. Die Implantate sind nur selten frei in der Leibeshöhle liegen geblieben, sondern sie sind entweder an andere Organe festgewachsen oder auch ganz oder teilweise resorbiert worden.

Als allgemeines Resultat einer Reihe von reziproken Transplantationen hat sich ergeben, daß die Pigmentierung sämtlicher Organe an das A-Gen gebunden ist. A-Hoden, in aa-Tiere implantiert, werden ursprungsgemäß pigmentiert obwohl nicht mit voller Stärke. aa-Hoden dagegen werden in A-Tieren wirtsgemäß pigmentiert. Die A-Implantate zeigen auch auf die Pigmentierung der Wirtsorgane ihre Wirkung, und es ist durch weitere Nachzuchtskreuzungen einwandfrei bewiesen worden, daß eine Schwarzfärbung der Organe von aa-Tieren jedesmal nur durch das A-Implantat bewirkt worden ist. CASPARI nimmt als Resultat seiner Transplantationsuntersuchungen an, daß der A-Hoden ins Blut einen

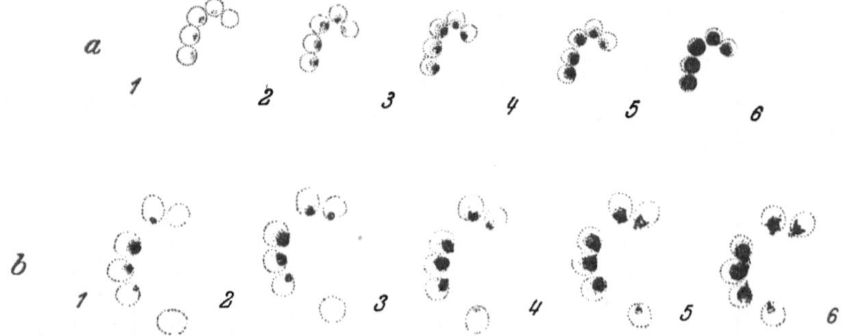

Abb. 20 a und b. Klasseneinteilung der Varianten der Stemmatapigmentierung a für frisch geschlüpfte Raupen, b für Raupen vom 25. Tage nach dem Schlüpfen an. (Nach CASPARI 1936.)

Stoff abgibt, der die Eigenschaft hat, Hoden und Augen, in deren Zellen das Gen A fehlt, zu starker Pigmentbildung zu veranlassen. Dieser Stoff wird (KÜHN, CASPARI und PLAGGE 1935) als *A-Hormon* bezeichnet. — Später (BECKER 1938) ist, wegen der Analogie mit *Drosophila* die Wildrasse von *Ephestia* als a$^+$ und der eben besprochene Stoff als *a$^+$-Hormon* bezeichnet worden. Auch in diesem Referat werden die letzteren Bezeichnungen benutzt werden.

Nachdem nun der Bau und die Entwicklung der Raupenozellen der Mehlmotte von BUSSELMANN (1934), und gleichzeitig auch die Ontogenese des Komplexauges von UMBACH (1934), klargelegt worden waren, konnten auf Grundlage ihrer Resultate bestimmte Altersklassen der Larven und Puppen charakterisiert und für statistische Behandlung verwertet werden. Besonders leisten hier die Raupenaugen guten Dienst, zwar aber so, daß für ganz junge und für ältere Larvenstadien zwei verschiedene Klasseneinteilungen benutzt werden müssen (Abb. 20). Die Raupenaugen von aa-Tieren sind nämlich im ersten Raupenstadium normal ganz pigmentlos und unterscheiden sich also stark von denjenigen der A-Tiere, während später (vom 25. Larventag an) der Unterschied nicht mehr so stark ist.

In betreff der Verbreitung des a$^+$-Hormons ist erstens von KÜHN, CASPARI und PLAGGE (1935) gefunden worden, daß nicht nur die Hoden, sondern auch die Ovarien und das Gehirn der Mehlmottenlarven davon Träger sind, jedoch so (KÜHN 1936, PLAGGE 1936), daß Implantation eines Hodens stärker wirkt als diejenige eines Ovariums oder eines Gehirns. PLAGGE (1936 b) ist es weiter gelungen die Hoden von mehreren Arten verschiedener Schmetterlingsfamilien in jeweils 4—5 Tage alte aa-*Ephestia*puppen zu implantieren, und zwar mit dem Resultat, daß ein wie das a$^+$-Hormon wirkender Stoff auch von diesen Implantaten freigemacht worden ist. Das a$^+$-Hormon scheint also *nicht artgebunden* zu sein und Plagge setzt als wahrscheinlich voraus, daß bei den verschiedenen Schmetterlingen stets ein dem a^+-Gen von *Ephestia* entsprechendes Gen vorkommt, das sich über einen dem a^+-Hormon gleichen oder ähnlichen Stoff auswirkt.

Plagge (1936a) hat auch den zeitlichen Verlauf der Auslösbarkeit von Hoden- und Imaginalaugenfärbung durch das a^+-Hormon analysiert, indem a^+-Hoden als Hormonspender in a-Tiere verschiedenen Alters implantiert wurden. Er hat so für die Auslösung der Hodenfärbung der aa-Tiere eine sensible Periode konstatieren können, die kurz vor der Verpuppung abläuft. Für die aa-Komplexaugen gilt (Tabelle 2), daß die Implantation eines A-Hodens innerhalb der neun ersten Puppentage geschehen muß, damit eine Schwarzfärbung derselben erfolgen soll.

Tabelle 2. Verteilung der Imaginalaugenfärbung auf die Helligkeitsstufen bei Implantation von A-Hoden in aa-Puppen verschiedenen Alters. (Nach Plagge 1936a.)

Puppenalter bei der Implantation in Tagen	Augenhelligkeitsklassen							n	M	m
	rot				kaffeebraun	schwarz				
	7	8	9	10	11	12	13 (+ 14)			
1						1	7	8	12,88	
2					4	7	37	48	12,81	0,07
3					3	3	27	33	12,78	0,10
4		2		1	2	4	37	46	12,57	0,16
5					2	2	9	13	12,54	0,21
6					3	2	11	16	12,50	0,20
7					2	1	8	11	12,09	
8						3	18	21	12,65	0,08
9		1			1	6	33	41	12,72	0,12
10	1	3	1	1	2	7	4	19	11,11	0,43
11	5	12	1	1	3	1	4	27	9,43	0,37
12	1	10	9	1				21	8,76	0,16
13 u. folgende	2	7	5					14	8,54	0,21
aa-Kontrollen .	6	21	10	3				40	8,44	0,12

Die Leistungsmöglichkeit eines a^+-Hodens ist von Plagge auch in der Weise geprüft worden, daß derselbe in a-Larven oder -Puppen verschiedenen Alters implantiert und jedesmal nach drei Tagen wieder herausgenommen worden ist. Es ist dadurch bewiesen worden, daß das a^+-Hormon vom letzten Larvenstadium an im Blut gespeichert werden kann, um erst in einem späteren Stadium auf die Augenpigmentierung seine Wirksamkeit zu üben. Durch direkte Injektion von Hämolymphe konnte die Existenz von a^+-Hormon in derselben bis jetzt nicht konstatiert werden.

Plagge hat endlich auch einen aus einer jungen a^+-Larve exstirpierten Hoden, der selbst indessen allmählich ausgewachsen und pigmentiert worden ist, durch mehrere (bis 9) a-Wirte passieren lassen, deren Organe sämtlich durch seine Wirkung mehr oder weniger stark pigmentiert wurden.

Während die Hoden so als hormonbildende Organe sich geltend gemacht haben, scheinen die Ovarien mehr eine hormonspeichernde Rolle zu spielen. Dies wird besonders daraus geschlossen (Tabelle 3), daß nach Kühn (1936b) und Plagge (1936a) jung implantierte a^+-Ovarialanlagen, die im aa-Wirt festwachsen und sich normal weiter entwickeln, nur eine relativ schwache Hormonwirkung üben, während auf der anderen Seite losgelöste a^+-Eierschläuche, die nach der Implantation im a-Wirt teilweise resorbiert werden, überraschend stark wirken, und zwar um so stärker, je größer die Anzahl der implantierten Schläuche

Tabelle 3. Verteilung der Imaginalaugenfärbung (in %) auf die Helligkeitsstufen nach Einsetzen von Eischläuchen in junge (unter 3 Tage alte) Puppen des hellrotäugigen („orangeäugigen") aa-Stammes.

	4—6 orange	7+8 hellrot	9+10 dunkelrot	11+12 kaffeebraun	13+14 schwarz	n	M
aa-Kontrolle	79,0	21,0	—	—	—	81	5,87
aa-Eischlauch in aa. . . .	82,5	17,5 .	—	—	—	40	5,75
1 a+-Eischlauch in aa . .	15,5	25,9	36,7	19,6	2,5	158	8,85
obere ²/₃ eines a+-Eischlauchs in aa	27,3	24,2	24,2	24,2	—	33	8,87
8—10 ausgewachsene a+-Eier in aa	9,5	14,3	66,7	9,5	—	21	9,65
1 *Acidalia*-Eischlauch in aa	7,3	23,0	25,4	37,5	6,7	165	10,20

gewesen ist. Die *Quantität* des gespeicherten Stoffes spielt also hier eine wichtige Rolle. Selbst aus durch Frieren abgetöteten Ovarialschläuchen kann (KÜHN, CASPARI und PLAGGE 1935) eine starke Wirkung konstatiert werden.

Mit dieser Speicherung des a+-Hormons, besonders im Ovarium, steht auch der Nachweis einer prädeterminierenden Wirkung desselben (KÜHN, CASPARI und PLAGGE 1935, CASPARI 1936, KÜHN und PLAGGE 1937) in bester Übereinstimmung. Reziproke Kreuzungen zwischen a-Tieren und den a+a-Bastarden

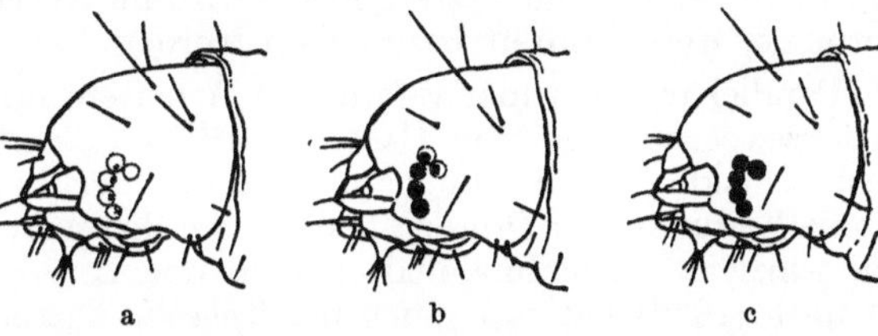

Abb. 21 a—c. Stemmata von Raupen (Stad. I). a Rasse aa, b genetisch aa, durch einen der Mutter implantierten a+-Hoden prädeterminiert, c Rasse a+. (Nach KÜHN, CASPARI, PLAGGE 1935.)

haben in betreff der Larven der nächsten Generation eine *matrokline* Vererbung klargelegt. In Kreuzungen mit a+a-Müttern werden nämlich solche Raupen, die den Genotypus aa besitzen und später rotäugige Imagines ergeben, zunächst den a+-Phänotypus zeigen. Daß der mütterliche Einfluß in diesem Fall wirklich auf einer Speicherung von a+-Hormon in der Eizelle beruht, wird dadurch bewiesen, daß auch ein a-Weibchen, in welches ein a+-Hoden implantiert worden ist, mit einem a-Männchen gekreuzt, eine ganz entsprechende prädeterminierende a+-Wirkung auf die Nachkommen ausübt (Abb. 21 und 22).

Diese Prädetermination scheint mit allen Mitteln, die überhaupt die a+-Hormonwirkung konstatieren lassen, hervorgerufen werden zu können. So, neben dem Gen a+ selbst, auch mit dem a+-Hormon eines implantierten Gehirns, eines arteigenen oder artfremden Hodens und endlich auch mit den Ovarialschläuchen von der Mehlmotte oder von anderen Schmetterlingen. Schon die Implantation der oberen zwei Drittel eines Eischlauches mit herangewachsenen Eiern, oder sogar nur 8—10 ausgewachsene Eier aus dem unteren Abschnitt eines Eischlauchs hat sich als zureichend erwiesen um eine Prädetermination hervorzurufen.

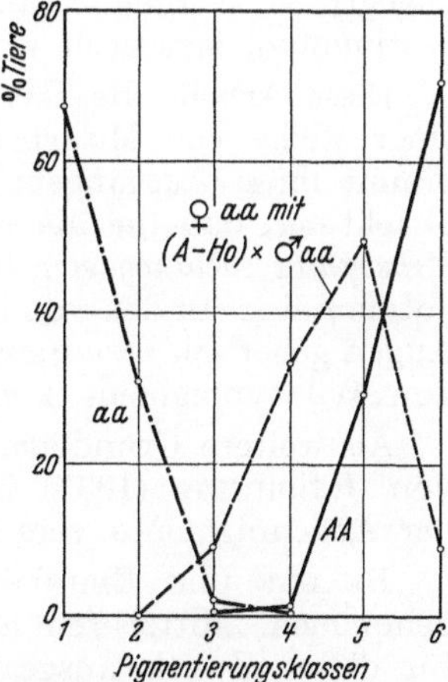

Abb. 22. Pigmentierung der Stemmata frisch geschlüpfter Räupchen. (Nach KÜHN, CASPARI, PLAGGE 1935.)

Die Prädeterminationswirkung eines absterbenden Eischlauchs erstreckt sich, nach KÜHN und PLAGGEs Befunden, auf die nacheinander abgelegten Eier in immer schwächerem Grade. Im Gegensatz dazu werden von den am Leben bleibenden, und längere Zeit hindurch a$^+$-Hormon abscheidenden, Hoden und Gehirnen auch noch die später, während der Legezeit, heranwachsenden Eier versorgt. Die Rolle der beiden letzteren Organe als Hormonbildner bekommt hierdurch eine neue Stütze.

Während Hoden und Ovarien in ihrer Wirkung auf die Pigmentierung unter sich nur einen quantitativen Unterschied aufweisen, indem sie beide in gleicher Weise dieselben Organe beeinflussen, so scheint von dem Gehirn eine auch qualitativ verschiedene Wirkung ausgeübt zu werden (Kühn 1936). Ein implantiertes a$^+$-Raupengehirn ruft nämlich nur in den Augen des a-Wirtes, nicht aber im Hoden desselben eine Pigmentierung hervor. Es besteht hier also zwischen den Pigmentierungserfolgen der Hoden und Ovarien auf der einen und des Gehirns auf der anderen Seite keine Korrelation, was wohl nur in einem qualitativen Unterschied zwischen den in den erwähnten Organen gebildeten Stoffen verursacht sein kann. Das Hormon wird übrigens nur im Larvengehirn, nicht aber im Puppengehirn gebildet, und Kühn vermutet, daß etwaige mit der Verpuppung in Verbindung stehende Änderungen des Gehirns dem Aufhören zugrunde liegen. Die letztere Frage wird im Abschnitt über die Metamorphosenhormone, weiter unten besprochen werden.

Parallel mit den hier referierten Arbeiten, und teilweise auf den Transplantationsexperimenten von Caspari (1933) fußend, ist seit 1935 eine unten zu besprechende Untersuchungsreihe, unter der Leitung von G. W. Beadle und Boris Ephrussi, an *Drosophila* durchgeführt worden, indem es ihnen gelungen ist die winzigen Augenimaginalscheiben der *Drosophila*larven zu transplantieren. Plagge (1936) hat nun auch bei *Ephestia* dasselbe gemacht und zwar mit dem Resultat, daß an implantierten Augenscheiben, ebenso wie auch von den letzteren an ihre Wirte, die Wirkung des a$^+$-Hormons demonstriert werden konnte.

b) Drosophila.

Die Frage nach der Genmanifestierung bei der Pigmentbildung des Insektenauges ist, wie eben erwähnt, in der letzten Zeit auch von *Drosophila*forschern angegriffen worden, und zwar durch Transplantationsexperimente zwischen bestimmten, genetisch wohlbekannten Augenmutanten.

Diese Arbeit, die seit 1935 von G. W. Beadle und Boris Ephrussi, mit einer Reihe von Mitarbeitern, in sehr positiver Weise gefördert worden ist, nimmt ihren Ausgangspunkt in der von Sturtevant (1932) vorgelegten Beobachtung, daß die als *vermilion* bekannte, leuchtend rotäugige Mutante von *Drosophila melanogaster* in der Entwicklung ihres Augenpigments nicht ganz autonom ist. In den von ihm studierten „Mosaiken" hat er in Individuen, deren Augen genetisch *vermilion* waren, unter gewissen Umständen eine Entwicklung von Wildtyppigment konstatieren können.

Als weitere Grundlage der neuen Untersuchungen dienen auch die Befunde von J. Schultz (1935) über die Natur und die ontogenetische Entwicklung der Augenpigmente verschiedener Drosophilamutanten.

Beadle und Ephrussi haben nun diese Frage experimentell in Angriff genommen. Mittels fein ausgezogener Glaspipetten und unter Anwendung einer für diesen Zweck ausgearbeiteten Technik (Beadle und Ephrussi 1935a,b, Ephrussi und Beadle 1936a) ist es ihnen gelungen verschiedene Organanlagen zwischen den Larven von *Drosophila* zu transplantieren. Es wurden zuerst vor allem die larvalen Ovarien transplantiert, sowie auch die Imaginalscheiben der Augen, Flügel und anderer Organe. Die Ovarien haben sich nach Implantation in die Bauchhöhle anderer Larven normal weiter entwickelt. In betreff ihrer Bedeutung für die hier zu behandelnde Frage nach der Pigmentierung der Augen haben sie jedoch bis jetzt nur negative Resultate gegeben (EPHRUSSI und BEADLE 1935b, CLANSY und BEADLE 1937).

Die transplantierten Augenimaginalscheiben haben sich meistens auch in betreff ihrer Feinstrukturen normal weiter entwickelt, nur so daß sie, anstatt konvex, schalenförmig konkav wurden (EPHRUSSI und BEADLE 1935a, CHEVAIX 1937). Auch ihre Pigmentierung ist zu rechter Zeit eingetreten, und zwar haben sich die meisten Augenmutanten insofern als autonom erwiesen, als ihre in Wildtyplarven implantierten Augenscheiben die für ihre genetische Konstitution charakteristische Pigmentierung entwickelt haben (BEADLE und EPHRUSSI 1936a).

Wie schon nach den von STURTEVANT gewonnenen Resultaten zu erwarten, hat in dieser Beziehung die Mutante *vermilion* (*v*) eine Ausnahme gebildet, indem ihre Augenscheiben in Wildtyplarven eingepflanzt auch Wildtyppigmentierung entwickelten. Dasselbe ist mit der Mutante *cinnabar* (*cn*) der Fall. Auch vielen anderen Augenmutanten gegenüber zeigen die implantierten Augenscheiben von *v* und *cn* eine nichtautonome Entwicklung, indem sie auch hier die Pigmentierung des Wildtyps mehr oder weniger vollkommen kopieren.

Diese beiden Mutanten gehören, zufolge SCHULTZ (1935), mit *cardinal* (*cd*) und *scarlet* (*st*) zusammen, in die Gruppe der leuchtend rotäugigen Fliegen. Ein Vergleich mit dem Verhalten der letzteren (EPHRUSSI und BEADLE 1937c) wird daher von Interesse sein (Tabelle 4). Die vollkommene Autonomie von *cd* und *st* mit der in verschiedener Weise abhängigen Pigmentierung der Mutanten *v* und *cn* verglichen beweist, daß die äußere Übereinstimmung der Pigmentierung der vier Mutanten nur phänotypischer Art ist. Die reziproken Transplantationen zwischen den beiden nicht autonomen Mutanten *v* und *cn* ergeben, daß eine *v*-Augenscheibe in *cn* implantiert Wildpigmentierung entwickelt, während umgekehrt das *cn*-Implantat in *v* sich autonom verhält, also ein *cn*-Auge liefert. Dies beweist, daß trotz ihrem ähnlichen Verhalten bei Transplantationen, nicht nur dem Wildtyp sondern auch den übrigen Wirtstieren gegenüber, zwischen diesen beiden Mutanten ein Unterschied bestehen muß, der sich bei gegenseitigen Augentransplantationen geltend macht.

Wie aus der schematischen Darstellung der Abb. 23 hervorgeht, zeigt auch eine dritte Mutante, nämlich *claret* (*ca*), ein recht eigentümliches Verhalten. Eine Wildtypaugenscheibe, die sich sonst immer autonom entwickelt, liefert, wenn sie (auf jungen Stadien) in eine *ca*-Larve implantiert wird, ein *claret*-Auge, während umgekehrt *ca*, in den Wildtyp (+) eingepflanzt, sich autonom entwickelt. Auch *v* und *cn* gegenüber nimmt *ca* insofern eine Sonderstellung ein, als dieselben im Gegensatz zu ihrem Verhalten in so vielen anderen Mutanten sich hier autonom entwickeln.

Um diese so eigentümlich variierende gegenseitige Beeinflussung gewisser Augenmutanten von *Drosophila melanogaster* unter einem gemeinsamen Gesichtspunkt zu sammeln, haben BEADLE und EPHRUSSI (1936a) die folgende Arbeitshypothese aufgestellt, die dann in späteren Arbeiten einer allseitigen, kritischen Prüfung unterworfen, und auch weiter ausgebaut worden ist:

Tabelle 4. Reziproke Transplantationen der Augenscheiben von vier leuchtend roten Augenmutanten von *Dros. melanogaster*. cd cardinal, cn cinnabar, st scarlet, v vermilion. (Nach EPHRUSSI und BEADLE 1937.)

Implantat	Wirt				
	+	cd	cn	st	v
cd	cd	cd	cd	cd	cd
cn	+	+	cn	+	cn
st	st	st	st	st	st
v	+	+	+	+	v

A. Das Verhalten der erwähnten drei Mutanten dem Wildtyp gegenüber läßt sich unter der Voraussetzung von drei verschiedenen „diffusiblen Substanzen" erklären, die sämtlich in der Entwicklung des Wildtypaugenpigments mitwirken.

Es sind dies (Beadle 1937a):

1. Die ca^+-Substanz, eine Substanz[1], die ein *claret*-Wirtstier einem Wildtypimplantant nicht verschaffen kann.

2. Die v^+-Substanz, die, wenn sie der Augenanlage einer *vermilion* Mutante zugeführt wird, die Pigmentierung der letzteren in diejenige eines Wildtypauges transformiert.

3. Die cn^+-Substanz, eine Substanz, die in der Augenanlage einer *cinnabar*-Mutante dasselbe Resultat hervorruft.

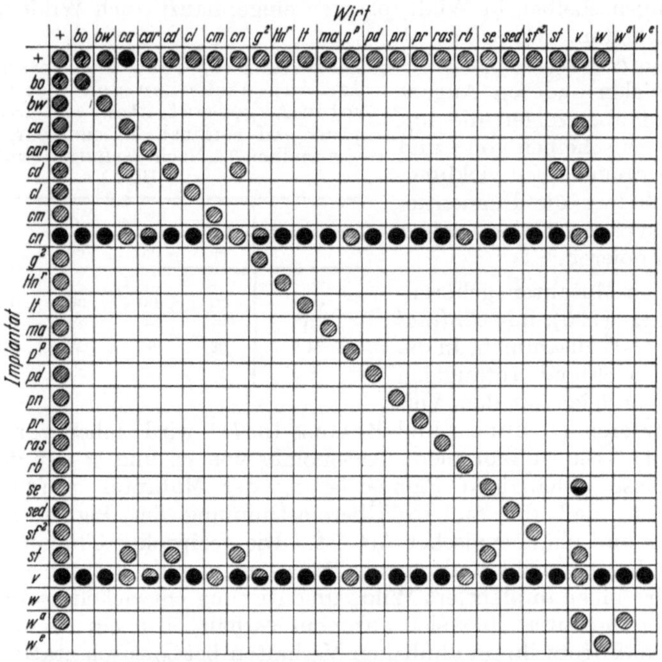

Abb. 23. Schematische Darstellung der Resultate reziproker Augentransplantationen bei *Dros. melanogaster*. Autonome Pigmentierung schraffiert, nicht autonome Pigmentierung schwarz. Intermediäre Entwicklung des Pigments halb schwarz. (Nach Beadle und Ephrussi 1936.)

B. Als zweites Glied dieser Arbeitshypothese folgt weiter die Voraussetzung, daß die erwähnten Substanzen nacheinander folgende Stufen einer linearen Reihe bilden, indem die ca^+-Substanz[1] in irgendwelcher Weise für die Bildung von v^+-Substanz, und die letztere wieder für die Bildung von cn^+-Substanz notwendig sind, eine Kette also, die schematisch so dargestellt werden kann:

1. → ca^+-Substanz[1]   2. → v^+-Substanz   3. → cn^+-Substanz.

In betreff der *ca-Mutanten* sind die bis jetzt vorgelegten Tatsachen nicht zureichend, um ein irgendwie klares Bild der entwicklungsphysiologischen Vorgänge zu geben.

---

[1] Spätere Untersuchungen (Gottschewski und Tan 1938, Beadle, Anderson und Maxwell 1938) deuten darauf hin, daß diese sogenannte ca^+-Substanz in Wirklichkeit nicht als solche existiert, sondern daß der „claret-Effect" eine der Wirkungen von entweder der v^+- oder der cn^+-Substanz repräsentiert.

Zur Kenntnis der beiden anderen in der Arbeitshypothese von BEADLE und EPHRUSSI vorausgesetzten diffusiblen Substanzen, der v^+-*Substanz* und der cn^+-*Substanz*, ist dagegen schon jetzt ein reiches und allseitiges Tatsachenmaterial zurecht gelegt worden.

Schon die oben erwähnten zuerst ausgeführten Transplantationen (BEADLE und EPHRUSSI 1936a) haben bewiesen, daß Augenanlagen von v- oder cn-Mutanten, wenn sie in die Bauchhöhle von Wildtyplarven, oder sogar von Larven vieler anderer Augenmutanten, eingeführt werden, dadurch die Fähigkeit bekommen, Wildpigment zu entwickeln. Ein „etwas", was den v- und cn-Mutanten früher gefehlt hat, ist ihnen also dadurch zugeführt worden. Die reziproken Transplantationen zwischen den beiden Mutanten v und cn haben auch schon den Fingerzeig gegeben, daß dies „etwas" für beide Mutanten nicht identisch ist. Die cn-Mutante hat zwar selbst nicht die Fähigkeit, ohne Zufuhr von „cn^+-Substanz" die · Wildpigmentierung zu entwickeln. Sie scheint jedoch immer noch einer *vermilion* Augenanlage die nötige Substanzzufuhr geben zu können, um in derselben diese Pigmentierung hervorzurufen, oder mit anderen Worten: Es fehlt der *cinnabar*-Mutante nur die eine, die cn^+-Substanz, während die v^+-Substanz in ihr vorhanden ist. In einer v-Mutante dagegen, in welcher eine implantierte cn-Augenanlage immer noch keine Wildpigmentierung entwickeln kann, fehlen also beide Substanzen.

Eine Substanzzufuhr zu den in der Bauchhöhle der Larven frei liegenden Implantaten kann nur durch die Lymphe des Wirtstieres geschehen. Durch Injektion der Lymphe aus Wildtyppuppen (EPHRUSSI, CLANCY und BEADLE 1936) in v- oder cn-Larven ist es nun auch gelungen, die Augenfarbe dieser Fliegen in Wildpigmentierung zu transformieren.

Für die *weitere Analyse der* v^+- *und der* cn^+-*Substanzen*, durch vielfach variierte Transplantations- und Injektionsexperimente, sind übrigens meistens nicht die reinen v- oder cn-Mutanten benutzt worden, sondern vielmehr gewisse Doppelrecessive, in welchen v oder cn homozygot vertreten sind. Besonders haben hier Verbindungen mit *apricos* (w^a) oder *braun* (b^w) guten Dienst geleistet. Ihre Augenfarbe ist heller und für die Beeinflussung von seiten des Mediums mehr sensitiv, als das leuchtend rotgefärbte Pigment der v- und cn-Mutanten, die übrigens (BEADLE und EPHRUSSI 1936a) in solchen Kombinationen genau dasselbe Benehmen aufweisen, wie wenn allein vertreten. Ein $w^a v$-Auge wird so durch Zufuhr von v^+-Substanz in $w^a v^+$- transformiert, indem mit dem Übergang von v zu Wildtyp die erhellende Wirkung von v verschwindet. Ein ebensolches Verhältnis sieht man auch in betreff der Doppelrecessiven $w^a cn$ und $b^w cn$ (EPHRUSSI und HARNLY 1936).

Diese mehr sensitiven Doppelrecessiven erlauben in der Tat auch eine zweite Reihe von Experimenten. Sie reagieren nämlich auf so geringe Mengen der durch die Lymphe zugeführten Substanzen, daß nun auch die kleinen Implantate, durch ihren auf die Wirtsaugen geübten Einfluß, auf ihren Substanzinhalt geprüft werden können.

Noch ein drittes Verfahren (BEADLE und EPHRUSSI 1937a) ist benutzt worden, nämlich eine gleichzeitige Implantation zweier Augenscheiben von verschiedenen Mutanten in eine Larve, in deren Lymphe die zu untersuchende Substanz nicht vertreten ist. Die beiden Implantate werden dann so gewählt, daß eines derselben als Spender dieser Substanz, das andere als Empfänger derselben dienen können. Die in der Tabelle 5 zusammengestellten Versuche solcher Art lassen jedoch nur in einem Fall positive Resultate erscheinen, nämlich wo eine cn-Augenscheibe als Spender die Pigmentierung des Empfängers $w^a v$ deutlich beeinflußt. Die auffallende Tatsache, daß eine Wildtyp-Augenscheibe als Spender dem $w^a v$-Empfänger gegenüber keine nachweisbare Wirkung ausübt, wird aber, wie weiter unten (S. 102) besprochen werden soll, in dem Verhalten zwischen Produktion und Ausscheidung der diffusiblen Substanzen eine Erklärung finden.

In betreff des *Vorkommens der v^+- und cn^+-Substanzen*, ist durch eine Reihe von Injektions- und Transplantationsexperimenten konstatiert worden, daß sie beide unter den verschiedensten Insekten als weit verbreitet erscheinen, daß sie also *nicht artspezifisch* sind (Howland, Clancy und Sonnenblick 1937).

In betreff des *zeitlichen Auftretens* der v^+- und cn^+-Substanzen in der Lymphe ist weiter durch gegenseitige Injektionen der Larven und Puppen verschiedener Alterstadien gefunden worden (Beadle, Clancy und Ephrussi 1937, Harnly und Ephrussi 1937), daß dieselben erst kurz vor der Verpuppung in der Wildtyplymphe in nachweisbarer Menge vorhanden sind, daß sie aber während des größten Teils der Puppenzeit (3—80 Stunden) in hoher Konzentration nachgewiesen werden können. Für die v^+-Substanz ist weiter gefunden worden, daß ihr Einfluß auf die Augenpigmentierung der $w^a v$-Mutanten während der ganzen Larvenzeit derselben, sowie in den Puppen bis zu einem Alter von 65 Stunden, dauert. Nach dieser Zeit scheint die v-Pigmentierung determiniert zu sein.

Tabelle 5. Gegenseitiges Influieren der Pigmentierung zweier implantierten Augenscheiben von *Dros. melanogaster*. (Nach Beadle und Ephrussi 1937.)

Augenscheiben implant.		Wirt	Anzahl der Fälle	Phänotyp. des Empfängers
Spender	Empfänger			
0	$w^a v$	v cn	3	$w^a v$
+	$w^a v$	v cn	4	$w^a v$
+	$w^a v$	v	8	$w^a v$
cn	$w^a v$	v cn	8	w^a (hell?)
+	$w^a cn$	v cn	5	$w^a cn$
+	$w^a cn$	v	6	$w^a cn$

Die Frage ist auch, und zwar in negativer Weise, beantwortet worden, ob etwa die in der Lymphe befindlichen Zellen als Produzenten der diffusiblen Substanzen fungieren, und so vielleicht auch nach der Injektion im neuen Wirt ihre Wirksamkeit fortsetzen könnten. Es hat sich nämlich gezeigt (Ephrussi und Harnly 1936, Harnly und Ephrussi 1937), daß eine Vorbehandlung mit extremer Kälte oder Hitze, wodurch die Zellen abgetötet werden, die Effektivität einer Lympheinjektion nicht verringert.

Die *Produktion der v^+-Substanz* geschieht in der Wildtypaugenscheibe selbst, was dadurch bewiesen wird, daß eine solche, in eine v-Larve implantiert, doch Wildpigment entwickelt. Auch eine ganze Reihe von Mutanten, deren Augenscheiben sich in v-Larven mehr oder weniger vollständig autonom entwickeln, werden wahrscheinlich die für ihre Pigmentierung nötige v^+-Substanz selbst bilden können (Ephrussi und Beadle 1937a). Ausnahmen bilden hier jedoch die Mutanten *Bar* und *sepia*, die in v-Larven ein *vermilion*-Pigment entwickeln.

Auch in anderen Organen ist die Produktion von v^+-Substanz konstatiert worden. Die Ovarien haben zwar, wie schon oben erwähnt, in dieser Beziehung negative Resultate gegeben, und dasselbe ist mit den Speicheldrüsen (Beadle 1937b) der Fall. Dagegen zeigen sich sowohl die Fettkörper als die Malpighischen Gefäße in der Produktion von v^+-Substanz sehr aktiv. Für die cn^+-Substanz haben sich nur das Augengewebe und die Malpighischen Gefäße als aktive Produktionsstellen erwiesen. Die Fettkörper gaben hier negative Resultate (Beadle 1937b).

Eine Organproduktion von v^+-Substanz wird auch bei einer Reihe anderer Mutanten (Beadle und Ephrussi 1937a) dadurch wahrscheinlich gemacht, daß Augenimplantate derselben in v-Mutanten eine etwas hellere Farbe entwickeln, als sie nach ihrer genetischen Konstitution haben sollten. Die von diesen

Implantaten entwickelte v^+-Substanz scheint also für die Entwicklung ihrer typischen Augenfarbe nicht ganz zureichend zu sein, und der Rest muß also *in situ* irgendwo im eigenen Körper produziert werden (Abb. 24).

Die *Ausscheidung* der betreffenden Substanzen in die Lymphe fällt aber nicht notwendig mit ihrer Produktion in den Organen zusammen. Durch Injektion von Extrakt der MALPIGHIschen Gefäße ist so (BEADLE 1937) bewiesen worden, daß sowohl v^+- als cn^+-Substanzen hier sehr früh, in Larven schon 24 Stunden nach dem Schlüpfen, vorhanden sind, während, wie oben erwähnt, die diffusiblen Substanzen erst viel später, nahe vor der Verpuppung, in der Lymphe nachweisbar sind.

Einen Beweis dafür, daß Produktion und Ausscheidung der diffusiblen Substanzen nicht immer zur selben Zeit geschieht, liefert auch die als Implantat benutzte Wildtypaugenscheibe. In ein Doppelrecessiv $w^a cn$ implantiert vermag wohl dieselbe die Augen des Wirtes in die Richtung nach w^a zu transformieren. Es wird also vom Implantat cn^+-Substanz ausgeschieden. Bei der entsprechenden Implantation in eine $w^a v$-Larve, oder mit einer $w^a v$-Augenscheibe zusammen, werden indessen die Augen des Wirtstieres nicht verändert (vgl. Tabelle 5, S. 100). Es wird also hier von der Wildaugenscheibe keine v^+-Substanz losgelassen, obwohl gleichzeitig die Entwicklung von Wildpigment in der implantierten Augenscheibe selbst ein Beweis dafür ist, daß in derselben v^+-Substanz produziert worden ist (EPHRUSSI und BEADLE 1937).

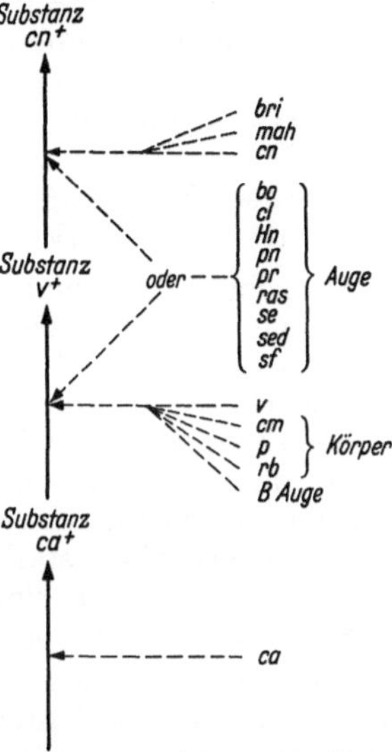

Abb. 24. Schematische Darstellung der wahrscheinlichen Relationen verschiedener Gene zu den drei diffusiblen Substanzen von *Dros. melanogaster*. (Nach BEADLE und EPHRUSSI 1937c.)

Das *gegenseitige Verhältnis zwischen den v^+- und cn^+-Substanzen* ist noch durch eine Reihe weiterer Tatsachen klargelegt worden, die alle darauf hindeuten, daß erstens die zwei Substanzen unter sich verschieden sind, zweitens aber auch, daß die v^+-Substanz zuerst entsteht, während die cn^+-Substanz in ihrer Entstehung von derselben abhängig ist.

Auch durch das Phänomen des „doppelten Effektes" (BEADLE und EPHRUSSI 1937a) wird eine solche Auffassung gestützt: Eine v-Augenscheibe in eine Wirtslarve $w^a cn$ implantiert entwickelt, wie in einer reinen cn-Larve, ein typisches Wildpigment unter dem Einfluß der im Wirtstiere vorhandenen v^+-Substanz. Gleichzeitig werden aber auch die Augen des Wirtstieres ($w^a cn$) in w^a-Pigmentierung transformiert. Diese gegenseitige Beeinflussung zwischen Wirt und Implantat wird von den Verfassern so erklärt, daß

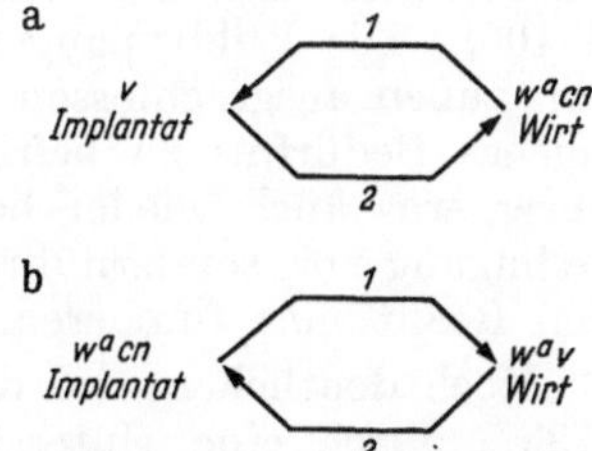

Abb. 25a und b. Schematische Darstellung des zwischen Implantat und Wirt stattfindenden „doppelten Effekts" in betreff der Augenpigmentierung. (Nach EPHRUSSI und BEADLE 1937.

zuerst dem implantierten v-Auge von seiten des Wirtes v^+-Substanz zugeführt wird. Ein Teil derselben wird hier zur Entwicklung der Wildpigmentierung ausgenützt, ein anderer Teil wird in cn^+-Substanz transformiert und in die umgebende Lymphe ausgeschieden, und jetzt läßt sich, als zweiter Effekt, ein Einfluß der cn^+-Substanz auf die Augen des Wirtstieres spüren (Abb. 25).

Ein ebensolcher doppelter Effekt wird bei der Implantation eines $w^a cn$-Auge in eine $w^a v$-Larve erreicht. Sowohl das Implantat wie auch die Augen des Wirtes werden dadurch mehr oder weniger vollständig in w^a-Augen transformiert, und zwar ist hier in ähnlicher

Weise eine Erklärung postuliert worden. Mit Ausgangspunkt diesmal im w^acn-Implantat besteht ein erster Effekt in Ausscheidung aus demselben von v^+-Substanz, durch welche die Augen des Wirtes (w^av) in w^a transformiert werden. Dann werden die letzteren aber auch, als zweiter Effekt, cn^+-Substanz ausscheiden können und so auch im Implantat eine Transformierung des Auges in die Richtung nach w^a vermitteln.

Auch die Bedeutung der *Quantität* der zur Verfügung stehenden diffusiblen Substanzen wird durch diese gegenseitige Beeinflussung zwischen Wirt und Implantat beleuchtet. Die beiden Augen eines Wirtstieres werden ja mehr Substanz ausscheiden können als die eine implantierte Augenscheibe, und dementsprechend hat sich die Wirkung auf das Wirtstier stets schwächer dokumentiert als die reziproke Wirkung vom Wirt auf das Implantat.

Eine ebensolche quantitative Wirkung hat Beadle (1937b) bei Implantation von Malpighischen Gefäßen konstatieren können, indem mit steigender Anzahl der implantierten Schläuche auch eine steigende Wirkung der in denselben produzierten Substanzen wahrgenommen werden konnte. Interessant ist hier auch, daß zwischen der Intensität der Farbe der Malpighischen Gefäße und der Menge der in denselben enthaltenen diffusiblen Substanzen eine Korrelation zu bestehen scheint. So wirken z. B. die tiefgelben Malpighischen Gefäße einer Wildlarve erheblich stärker transformierend als die beinahe farblosen Gefäße der beiden Mutanten *claret* (*ca*) und *white* (*w*).

In betreff der *Wirkungsweise der diffusiblen Substanzen* erhebt sich endlich auch die Frage, ob sie nur als Vorbedingung gewisser Reaktionen dienen, oder ob sie an denselben direkt teilnehmen.

Es läßt sich für die Wildtypaugenscheibe nachweisen, daß die letztere Möglichkeit realisiert wird. Wie oben schon erwähnt, wird eine solche Augenscheibe in w^acn implantiert cn^+-Substanz ausscheiden und so die Augen des Wirtstieres in die Richtung von w^acn^+ transformieren. In eine v-Larve implantiert scheidet aber dieselbe Augenscheibe weder v^+- noch cn^+-Substanzen aus, was aus dem folgenden Experiment deutlich genug hervorgeht: Bei gleichzeitiger Implantation einer Wildtyp- und einer w^acn-Augenscheibe in eine vcn-Larve, die also keine der beiden Substanzen liefern kann, wird das w^acn-Auge nicht transformiert und das Wildauge bleibt etwas heller als normal (vgl. Tabelle 5, S. 100). Die Wildtypaugenscheibe hat also in Umgebungen, wo jede Zufuhr von außen ausgeschlossen ist, kaum genug der diffusiblen Substanzen um ihr eigenes Bedürfnis zu befriedigen. Es ist dann auch nichts zum Ausscheiden übrig, was auch wieder beweist, daß diese beiden Substanzen nicht als Vorbedingung vor, sondern direkt als Teilnehmer an den zur Pigmentierung führenden Reaktionen fungieren.

Noch deutlicher wird dies illustriert durch die von Ephrussi und Chevais (1937) durch eine Untersuchung der multiplen Allelomorphe der *weiß*-Serie gewonnenen Resultate.

Für die Mutanten dieser Serie ist durch Transplantationsexperimente bewiesen worden, daß sie sowohl v^+- als cn^+-Substanzen enthalten. Das mehr oder weniger totale Fehlen von Augenpigment muß daher hier durch eine genetische Störung anderer Art bewirkt worden sein. Diese Serie multipler Allelomorphen ist nun benutzt, um das Verhältnis zwischen der Menge der von einer Augenscheibe ausgeschiedenen Substanz und der Intensität der eigenen Augenpigmentierung der betreffenden Mutante näher zu studieren.

Vier Allelomorphe der Weißserie — *white* (*w*), *honey* (w^h), *cherry* (w^{ch}) und white[331] (w^{331}) — sind hier als Implantate benutzt worden, teils allein in Wirtslarven der Konstitution w^av, teils auch mit w^acn zusammen in Larven der Konstitution vcn, in Wirtslarven also die sowohl die v^+- als die cn^+-Substanzen entbehren.

Im ersteren Fall (Abb. 26) ist für die v^+-Substanz, im zweiten für die cn^+-Substanz demonstriert worden, daß mit steigender Intensität der eigenen Pigmentierung die Mengen der von einer Augenscheibe ausgeschiedenen Substanzen entsprechend verringert werden.

Dies Resultat wird auch durch anders angeordnete Transplantationen bestätigt, und zwar mit dem Resultat, daß hier auch die Fähigkeit eines Auges

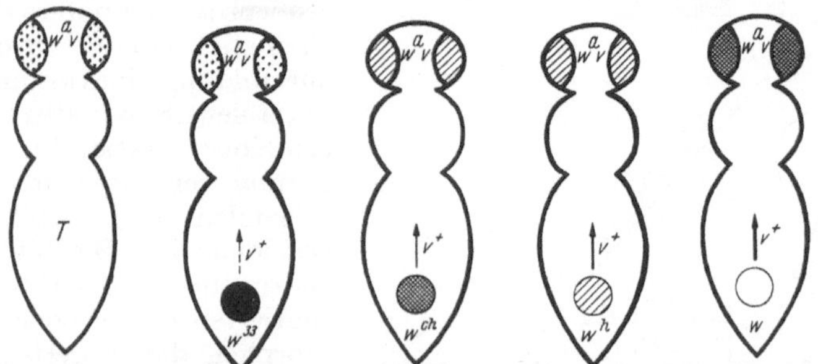

Abb. 26. Schematische Darstellung der Ausscheidung von v^+-Substanz aus implantierten Augenscheiben verschiedener Allelomorphen der w (weiß)-Serie bei *Dros. melanogaster*. Die Wirkung auf die Augenpigmentierung des doppelrecessiven Wirtstieres ($w^a v$) ist desto größer, je schwächer die Pigmentierung des Implantats. T Kontrolle. (Nach EPHRUSSI und CHEVAIS 1938.)

die v^+-Substanz in cn^+-Substanz zu transformieren von der Pigmentierung des betreffenden Auges abhängig zu sein scheint (Abb. 27).

Die hier gewonnenen Resultate ergeben also, daß die Menge der von einer Augenscheibe ausgeschiedenen Substanz die Differenz repräsentiert zwischen der überhaupt produzierten und der vom Auge selbst benutzten Substanzmenge, und weiter, daß ein die v^+-Substanz produzierendes Auge

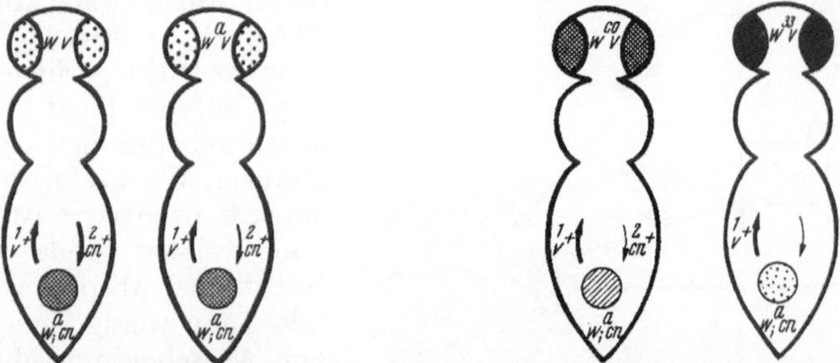

Abb. 27. Transformation der v^+-Substanz in cn^+-Substanz in Doppelrecessiven der Weiß-Reihe ($w^x v$). Die implantierten Augenscheiben von $w^a cn$-Tieren scheiden (*1*) eine konstante Menge von v^+-Substanz aus. Der Wirt gibt dann (*2*) dem Implantat cn^+-Substanz zurück, aber desto kleinere Mengen, je stärker seine eigenen Augen pigmentiert sind. (Auf die Änderung der Pigmentierung der Wirtsaugen unter dem Einfluß der v^+-Substanz ist in diesem Schema keine Rücksicht genommen.) (Nach EPHRUSSI und CHEVAIS 1938.)

dieselbe solange nicht ausscheiden wird, bis sein eigenes Bedürfnis gedeckt worden ist. Auch die Ausscheidung von cn^+-Substanz und die Bildung der letzteren durch Transformierung von v^+-Substanz werden in entsprechender Weise reguliert.

Die von BEADLE und EPHRUSSI (1936a) postulierte Reaktionskette: $\to v^+$ $\to cn^+$ ist neuerlich von EPHRUSSI und CHEVAIS (1937), mit später gewonnenen Resultaten kombiniert, durch die Schemata der Abb. 28a—b übersichtlich dargestellt worden. Die beiden oberen voll aufgezogenen Pfeile dieser Schemata deuten gewisse im Wildtypauge verlaufende Reaktionen an, die zur Bildung der diffusiblen Substanzen v^+ und cn^+ führen, indem die letztere durch Transformation aus der ersteren Substanz geschieht. Diese Transformation braucht indessen auch die Intervention eines, unabhängig von der v^+-Substanz gebildeten, Faktors a (den mittleren Pfeil). Die vertikalen, mit Strich gezeichneten Pfeile zeigen die Punkte an, wo durch die mutierten Gene v oder cn die für die Bildung von v^+-Substanz, oder von dem Faktor a, notwendigen Reaktionen unterbrochen werden können, was in beiden Fällen weiter zu einem Nichtentstehen von cn^+-Substanz führen würde. Der untere horizontale Pfeil stellt eine Reaktion dar, die zur Bildung eines an und für sich variablen „Substrates" führt, dessen Konzentration für eine Regulierung der Intensität der nachfolgenden Pigmentbildung entscheidend ist. Die Bildung dieses Substrates wird (Abb. 28a) vom mutierten Gen w oder den Allelomorphen dieser Serie ganz oder teilweise behindert. Diese beiden Schemata illustrieren die äußersten Extreme einer variierenden Konzentration des Substrates, daher auch einer entsprechenden Variation der Intensität der Augenpigmentierung. Die letztere wird dann endlich für die mehr oder weniger starke Ausscheidung der diffusiblen Substanzen entscheidend. Ein schwach konzentriertes Substrat, schwache Pigmentierung, bewirkt geringe Absorption und entsprechend starke Ausscheidung der produzierten Substanzen. Wo das Substrat dagegen stark konzentriert ist, da werden auch relativ große Mengen der Substanzen absorbiert, und nichts oder nur wenig derselben bleibt zur Ausscheidung übrig.

Es ist schon oben erwähnt worden, daß die beiden in ihrer Entstehung sowohl als in ihrer Wirkung so spezifischen v^+- und cn^+-Substanzen jedoch in ihrem

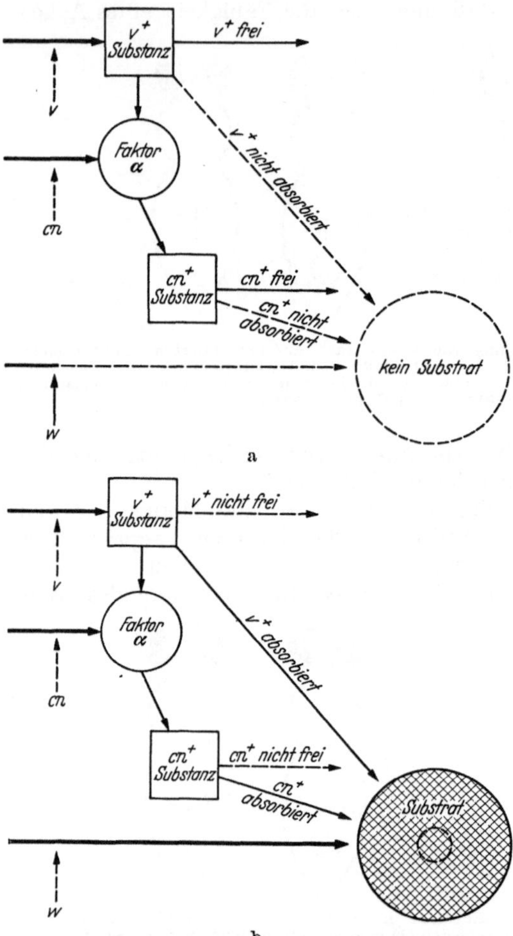

Abb. 28a und b. Schematische Darstellung der Relation zwischen der Ausscheidung diffusibler Substanzen und der Pigmentierung der Augen von *Dros. melanogaster*. Erklärung im Text. (Nach Ephrussi und Chevais 1937.)

Vorkommen nicht artspezifisch sind, indem sie sowohl innerhalb des Kreises der Insekten als auch sogar außerhalb desselben nachgewiesen worden sind. Sie kommen so z. B. in der Lymphe der Puppen der Fliege *Calliphora erythrocephala* vor, und können hier in genügend großen Quantitäten extrahiert werden, um auch für eine chemische Untersuchung Gegenstand zu werden. Eine solche Analyse ist schon eingeleitet worden (Khouvine, Ephrussi, Harnly 1936, Khouvine, Ephrussi 1937, Thimann und Beadle 1937), und man hat auf Grundlage des Verhaltens der diffusiblen Substanzen Temperaturänderungen gegenüber, sowie in betreff ihrer Löslichkeit, Dialysierbarkeit usw. schon erschließen dürfen, daß die v^+- und cn^+-Substanzen keine Enzyme sind, und auch keine Proteine im gewöhnlichen Sinn des Wortes. Sie sind weiter keine Fette oder Sterole, sondern gehören wahrscheinlich zur Gruppe der Aminobasen. Die aktiven Extrakte sind, auf dem bis jetzt erreichten Stadium der Reinigung, auffallend reich an Nucleinsäure, was anscheinend auf eine Relation zu den Chromosomen hindeutet.

EPHRUSSI (1938) hat die bis dahin vorliegenden Resultate über die diffusiblen Substanzen in folgender Weise zusammengefaßt: Die Gene üben in den hier studierten Fällen ihre Wirkung mittels spezieller Substanzen oder Hormone, die zu bestimmten Zeiten in speziellen Organen produziert werden. Diese Substanzen sind, obwohl nicht artspezifisch, in ihrer Wirkung stark spezialisiert, indem sie auf bestimmten Entwicklungsstadien bestimmte Organe beeinflussen. Ihre Wirkung ist ihrer Konzentration proportional. Die Substanzen sind nicht nur als Vorbedingungen bestimmter Reaktionen aufzufassen, sondern sie nehmen an diesen Reaktionen selbst Teil. Sie sind chemisch keine Enzyme, Fette oder gewöhnliche Proteine. Vielleicht sind sie mit den Chromosomen nahe verwandt.

c) Vergleich der bei verschiedenen Arten bekannten Augenpigment-Wirkstoffe.

Die vielen Parallelen, die zwischen den an *Drosophila melanogaster* gewonnenen und den entsprechenden, schon oben referierten, Resultaten an *Ephestia* gezogen werden dürfen, sind sogleich auffallend. In beiden Fällen ist hier die Existenz spezieller Wirkstoffe nachgewiesen worden, mittels welcher bestimmte Gene ihre Manifestierung durchführen. Von großem Interesse wird dann auch ein direkter Vergleich sein zwischen den Wirkstoffen beider Formen, sowie auch eine Untersuchung über die Verbreitung derselben oder ähnlicher Stoffe bei anderen Insekten.

Schon oben ist erwähnt worden, daß weder das a^+-Hormon von *Ephestia* (S. 93) noch die v^+- und cn^+-Substanzen von *Drosophila* (S. 100) artspezifisch sind. So kommen z. B., was durch Injektionsversuche bewiesen worden ist, sämtliche diese Wirkstoffe in der Lymphe der Wachsmotte *Galleria* vor, während das eine oder andere derselben auch in verschiedenen anderen Insekten nachgewiesen worden ist.

Die Existenz entsprechender Wirkstoffe ist, von WHITING und WHITING (1934), auch bei der Schlupfwespe *Habrobracon* vermutet

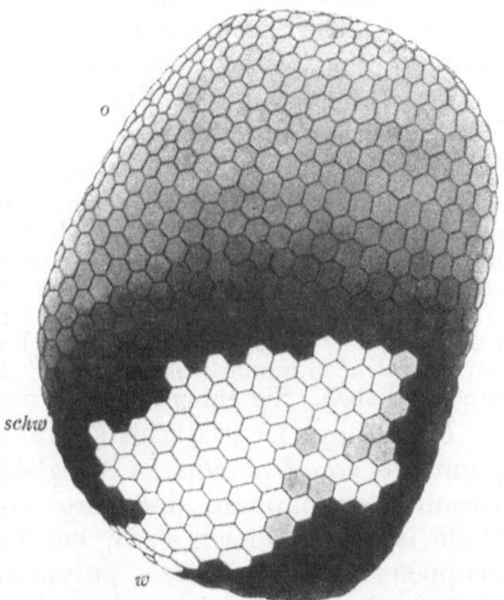

Abb. 29. Rechtes Auge eines Mosaik-Männchens von *Habrobracon* mit weißen (*w*), schwarzen (*schw.*) und orange (*o*) gefärbten Ommatidien.
(Nach WHITING und WHITING 1934.)

worden, und zwar in betreff der beiden allelomorphen Augenmutationen *orange* (*o*) und *ivory* (*o′*).

Diese können in den Augen der schon früher von P. W. WHITING (1932) beschriebenen Mosaik-Wespen neben den schwarzen Ommatidien des Wildtyps zum Vorschein treten. Während aber andere recessive Farben, wie z. B. weiß, in solchen Mosaikaugen gegen die schwarzen Ommatidien scharf begrenzt erscheinen, läßt sich zwischen den schwarzen (eventuell weißen) und den *orange-* (*ivory-*) gefärbten Teilen des Auges eine mehr oder weniger breite Übergangszone wahrnehmen (Abb. 29). Dies wird von den Verfassern durch die Annahme erklärt, daß eine vom o^+-Gen bewirkte lösliche Substanz sich von den schwarzen (weißen) Ommatidien über die Grenzlinie zu den dieser Substanz entbehrenden, *orange* (o) — oder *ivory* (o′) — gefärbten Teilen des Auges hinaus verbreitet.

Gottschewski und Tan (1937, 1938) und Tan und Poulson (1937) haben für *Drosophila melanogaster* und *Drosophila pseudobscura* ein völlig übereinstimmendes Verhalten ihrer Augenfarben-Gene *vermilion, v (m)* und *v (p)*, und *claret, ca (m)* und *ca (p)*, nachgewiesen. Auch zwischen dem *cinnabar* von *melanogaster, cn (m)*, und dem *orange, o (p)*, von *pseudobscura* wurde eine völlige Übereinstimmung festgestellt.

Die von Becker und Plagge (1937), Plagge und Becker (1938), durch wechselseitige Extraktinjektionen zwischen *Ephestia* und *Drosophila* gewonnenen Resultate haben ergeben, erstens, daß die Wildtypen beider Arten jeweils nicht nur für ihre eigene Augenausfärbung, sondern auch für diejenige der anderen Art die nötigen Wirkstoffe enthalten. Reziproke Extraktinjektionen zwischen den *a- (Ephestia)* und den *v- (Drosophila)* Mutanten üben dagegen auf ihre Augenfärbung keinerlei Wirkung. Wichtig ist hier auch das Verhalten der *cn*-Mutanten von *Drosophila*, denen ja der cn^+-Stoff fehlt während sie den v^+-Stoff enthalten. Reziproke Injektionen mit *a-Ephestia*-Tieren geben nämlich hier das Resultat, daß *a*-Extrakt in *cn*-Mutanten wirkungslos bleibt, während umgekehrt *cn*-Extrakt in *a-Ephestia* die Augen zur Dunkelfärbung bringt. — Die Erklärung dieser Verhältnisse ist (Becker 1938), daß die Wirkstoffketten dieser beiden Arten einander völlig entsprechen, und daß sie durch die Mutationen *a* bei *Ephestia* und *v* bei *Drosophila* an der gleichen Stelle unterbrochen werden.

Die Mutation *a* bei *Ephestia* stimmt also mit der Mutation *v* bei *Drosophila* überein, und das aus der Wildform von *Ephestia* gewonnene Gen-a^+-Hormon ist gleich der Summe aus v^+-Stoff und cn^+-Stoff. Auch das chemische Verhalten dieser Stoffe stützt eine solche Annahme, indem der a^+-Stoff von *Ephestia* nach den vorliegenden Ergebnissen (Becker 1937) kein Protein oder lipoidlöslicher Körper sein kann, was mit den oben (S. 104) referierten Resultaten an den diffusiblen Substanzen von *Drosophila* wohl übereinstimmt.

Auch mit der in *Habrobracon* wirkenden diffusiblen Substanz ist, von Beadle, Anderson und Maxwell (1938), ein Vergleich durchgeführt worden. Durch wechselseitige Extraktinjektionen und Transplantationen ist hier bewiesen worden, daß sowohl die v^+- als die cn^+-Substanz von *Drosophila* in den *Habrobracon*-Wildtyp-Augen wirksam ist. Was den *Habrobracon*-Mutanten *orange (o)* und *ivory (o')* fehlt, ist aber nicht, wie bei den *a-Ephestia*-Larven, die v^+-Substanz, sondern vielmehr die cn^+-Substanz. Die Mutation o^+ zu *o (o')* bei *Habrobracon* kann also zuerst nach Bildung der v^+-Substanz die Wirkstoffkette unterbrochen haben. Sie entspricht also der Mutation *cn* bei *Drosophila*.

Neuerdings ist Becker (1939) nach eingehender Untersuchung der Augenpigmente von *Ephestia*, in Vergleich mit denjenigen anderer Insekten, zu dem Resultat gekommen, daß hier von zwei verschiedenen Pigmentgruppen die Rede ist. So spielen z. B. bei Lepidopteren, Hymenopteren u. a. Insektengruppen hochmolekulare polymere, dunkelrote und braune Farbstoffe die Hauptrolle. Dieselben stehen den Melaninen nahe und werden von Becker als „Ommine“ bezeichnet. — Die Augenpigmente von *Drosophila, Calliphora* und anderen Fliegen repräsentieren dagegen die zweite Pigmentgruppe, für welche Becker den Namen „Phäommatin“ vorgeschlagen hat. Der gelbe Farbstoff des *Calliphora*-Auges ist hier am besten bekannt.

Becker weist auch auf die interessante Tatsache hin, daß diese beiden, unter sich nicht verwandten, Farbstoffgruppen von einem und demselben gen-gesteuerten Wirkstoff, der a^+- (oder v^+-) -Substanz, bedingt werden können. Der Wirkungsmechanismus dieser Wirkstoffe ist also nicht auf die Produktion eines bestimmten Körpers als Endprodukt eingestellt. Bei *Ephestia* wird sogar in verschiedenen Geweben, Augen und Raupenhaut, die Bildung verschiedener Pigmente von diesem Wirkstoff bedingt. Der letztere kann also nur insofern als spezifisch aufgefaßt werden, als er Zellen bestimmter entwicklungsphysiologischer und funktioneller Systeme zur Pigmententwicklung bringt. Die

Wirkstoffe können daher, nach BECKERs Resultaten, nur an einer Stufe angreifen, die allen beeinflußten Pigmenten gemeinsam ist.

BECKER ist weiter auch, durch subjektive Beurteilung der Helligkeitsklassen der *Ephestia*-Augen, zum Schluß geführt worden, daß hier ebenso wie bei *Drosophila* (TATUM und BEADLE 1938) bis zur Stufe völliger Ausfärbung die produzierte Farbstoffmenge der wirksamen Hormonmenge direkt proportional ist.

Weitere Transplantationsexperimente von Augenimaginalscheiben bei *Drosophila melanogaster und Drosophila pseudobscura* haben (GOTTSCHEWSKI und TAN 1938) die Existenz von wenigstens einem neuen Gen-Wirkstoff, nämlich der *rb- (ruby-)* Substanz, ergeben.

GOTTSCHEWSKI und PLAGGE (1939) haben auch für andere Gene dieser beiden Arten konstatieren können, daß dieselben zum Teil in das v^+, cn^+-System eingreifen können. Dies ist z. B. mit den beiden Augenstruktur-Genen *lozenge* (*lz*) und *glass* (*gl*) der Fall. Die *lz*-Augenanlagen beider *Drosophila*-Arten besitzen bis zum Vorpuppenstadium keine v^+-Substanz und benötigen für ihre Ausfärbung einer Zufuhr derselben. Im Gegensatz dazu besteht in den *gl*-Augenanlagen ein Mangel an cn^+-Stoff, während eine Ausfärbung dieser sonst beinahe pigmentfreien Augen durch einen in $+$-Tieren vorhandenen Wirkstoff, der von dem v^+, cn^+-System unabhängig ist, hervorgerufen werden kann.

Durch Fütterungsexperimente (BEADLE und LAW 1938) sowie auch durch Kultivierung der Augenanlagen *in vitro* (FISCHER und GOTTSCHEWSKI 1939, GOTTSCHEWSKI und FISCHER 1939) werden endlich in der letzten Zeit durch kontrollierte Zugabe von *Calliphora*-Extrakt, der ja v^+-Substanz enthält, weitere Analysen des Verhaltens der diffusiblen Substanzen in rascher Reihenfolge fortgesetzt. Besonders gilt dies auch für das Verhalten zwischen der v^+-Substanz und dem Bar-Auge von *Drosophila melanogaster* (STEINBERG und ABRAMOWITZ 1938, CHEVAIS, EPHRUSSI und STEINBERG 1938).

Eine Übersicht der Resultate dieser neuesten Fortschritte auf dem Gebiet der genabhängigen Wirkstoffe, mit Literaturangaben, ist von ULRICH (1939) gegeben worden.

Die Genmanifestierung der im obigen besprochenen Fälle, eine Pigmentierung verschiedener Insektenorgane, repräsentiert wahrscheinlich an und für sich einen relativ einfachen Entwicklungsprozeß. Es wäre daher wohl denkbar, daß das nachgewiesene Hormon die für die in jedem Fall charakteristische Pigmentierung nötigen Entwicklungsschritte direkt hervorrufen könnte.

In betreff dieses Verhältnisses zwischen Gen und Hormon liegt jedoch die Frage noch nicht ganz klar. So wird von KÜHN (KÜHN, CASPARI, PLAGGE 1935, KÜHN 1936a, 1937) ausdrücklich hervorgehoben, daß die Hormonbildung nicht die erste, unmittelbare Wirkung des a^+-Gens sein kann, sondern daß davor noch eine *Primärreaktion* im Plasma verlaufen sein muß. Diese Annahme ist in der Tatsache begründet, daß die pigmentierende Wirkung eines implantierten Organs von der Quantität des Implantates abhängig erscheint, und also nicht dem „Alles- oder Nichtsprinzip" folgt, während es jedoch gleichzeitig bei *Ephestia* ganz gleichgültig zu sein scheint, ob in dem zur Implantation benutzten a^+-Tiere das a^+-Gen in homo- oder in heterozygotem Zustand auftritt. Die Dominanzerscheinung äußert sich also nicht direkt in einer der Anzahl der Gene entsprechenden a^+-Hormonmenge, sondern sie muß ihre Wirkung schon während des Abspielens der Primärreaktion geltend gemacht haben, und zwar so, daß schon die von einem einzigen a^+-Gen bewirkte Primärreaktion genügend stark ist, um die gesamte für die Pigmentierung nötige Menge von a^+-Stoff zu bilden.

EPHRUSSI (1938) stellt auf der anderen Seite die Frage, ob wohl die vorliegenden Tatsachen die Annahme einer solchen Primärreaktion notwendig machen? Eine andere ebenso befriedigende Erklärung würde er z. B. in der Annahme sehen, daß die Quantität des elementaren Materials, aus dem das Hormon gebildet wird, begrenzt wäre. Wenn schon das eine a⁺-Gen genügen würde, um das ganze vorliegende Material für Hormonbildung auszunützen, so wäre von vornherein ausgeschlossen, daß ein zweites a⁺-Gen die Wirkung des Hormons noch steigern könnte.

Die geschlechtsgebundene Vererbung der Mutation *vermilion* eröffnet bei *Drosophila* die Möglichkeit eines weiteren Eindringens in diese Frage. Die *v*-Gene, die im X-Chromosom ihren Platz haben, werden ja bei den Männchen immer nur in Einzahl auftreten können, während sie in Weibchen in doppelter, in abnormen Fällen sogar in dreifacher, Anzahl wirksam sein können. Wie auf dem 7. Internat. Genet.Kongreß (1939) demonstriert wurde, werden jetzt diese Möglichkeiten von Ephrussi und Vogt ausgenützt um eine eventuelle Proportionalität zwischen Genen-Zahl und Hormonwirkung zu konstatieren.

3. Hormonregulierung der Insektenmetamorphose.

Schon seit Anfang der zwanziger Jahre sind positive Beiträge erschienen zur Beleuchtung der bei der Insektenmetamorphose wirksamen Ursachenkette,

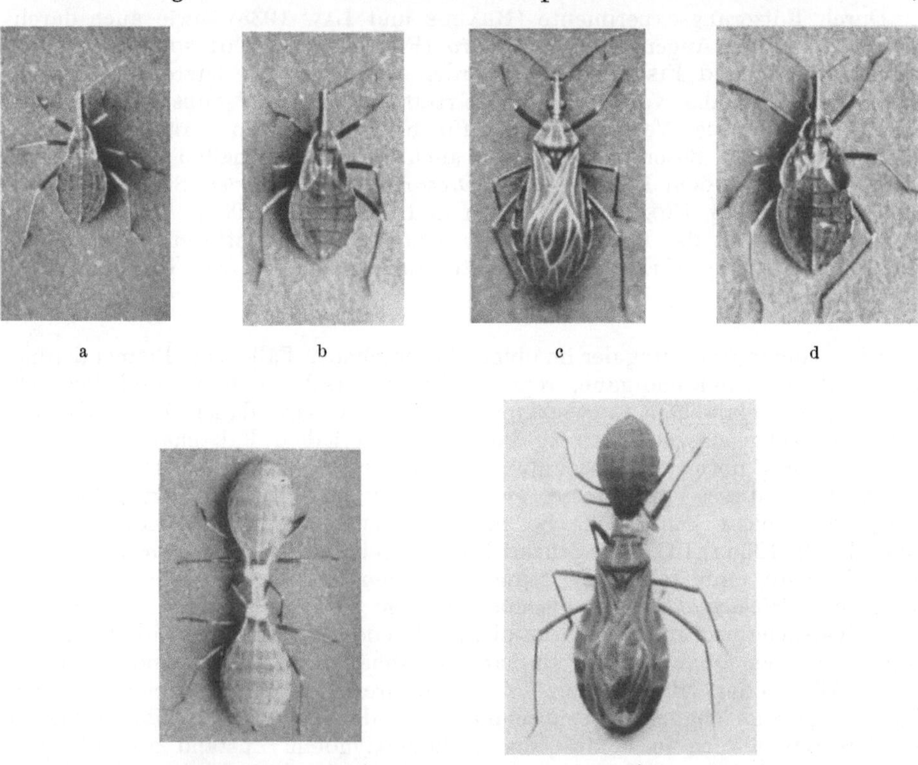

a   b   c   d

e   f

Abb. 30a—f. *Rhodnius prolixus* (Hemiptera). a und b Nymphen der Stadien 4 und 5. c Imago. d Nymphe 6. Stadiums, durch Implantation von *Corpus allatum* eines jüngeren Stadiums in eine Nymphe 5 erzeugt. e Zwei dekapitierte Nymphen (Stadium 4) durch eine Capillar-Röhre in Verbindung gesetzt. f Dekapitierte Imago und Nymphe (Stadium 4) durch Paraffinwachs verschmolzen. (Nach Wigglesworth 1936.)

indem sogleich auf die Bedeutung des Gehirns oder seiner nächsten Nachbarschaft die Aufmerksamkeit gerichtet wurde. Durch Exstirpation des Gehirns oder durch Ligaturen an *Lymantria*-Larven hat Kopéc (1922) die Verpuppung verhindern und „Dauerlarven" hervorbringen können, vorausgesetzt daß solche

Eingriffe vor einem gewissen Altersstadium ausgeführt wurden. FRÄNKEL (1934, 1935, 1938) ist ebenfalls nach systematisch durchgeführten Experimenten an *Calliphora* zu dem Resultat gekommen, daß die Verpuppungserregung entweder im Ganglion selbst oder in dessen unmittelbarer Nachbarschaft ihren Ursprung hat. Die Annahme einer innersekretorischen Beschleunigung sowohl der larvalen Häutungen als auch der Verpuppung ist auch von KOLLER (1929) und von BUDDENBROCK (1930, 1931) gestützt worden.

BODENSTEIN (1933a), der selbst (1933b) an Lepidopterenraupen eine mit der Wirtshäutung synchrone, durch die Wirtslymphe induzierte Häutung implantierter Beinanlagen nachgewiesen hatte, macht darauf aufmerksam, daß das Metamorphosenproblem eigentlich drei verschiedene Stufen umfaßt, die er als *larvale*, *puppale* und *imaginale* Metamorphose bezeichnet. Auch für die letztere meint HACHLOW (1931) bei *Aporia* und *Vanessa* im Vorderkörper der Puppe ein Metamorphosenzentrum lokalisiert zu haben.

Die hormonale Natur der Wirkungsmittel eines solchen im Kopfe gelegenen Zentrums wird durch die interessanten Untersuchungen von WIGGLESWORTH (1934, 1936) an *Rhodnius*, einem blutsaugenden Hemipter, in überzeugender Weise demonstriert. Bei diesen Tieren, die zwischen je zwei Häutungen nur eine einzige Mahlzeit einnehmen, ließ sich in ursächlicher Verbindung mit, und in bestimmtem Zeitabstand von dieser Mahlzeit eine „kritische Periode" nachweisen. Innerhalb dieser Periode, die auch histologisch durch das Einsetzen einer von vorn nach hinten sich verbreitenden Mitosenwelle charakterisiert wird, läßt sich das Eintreten einer Nymphenhäutung in verschiedener Weise beeinflussen (Abb. 30).

Durch Verschmelzung zweier entköpften Nymphen verschiedener Reifestadien oder durch Verbindung derselben durch Capillarrohre in solcher Weise, daß der Blutstrom durch beide Tiere frei passieren kann, ist es WIGGLESWORTH gelungen, nicht nur zwischen den verschiedenen Nymphestadien des *Rhodnius*, sondern auch zwischen Nymphe- und Imagostadien, eine gegenseitige Hormonwirkung zustande zu bringen. So kann z. B. eine bestimmte Häutung in dieser Weise beschleunigt oder verspätet werden, oder es kann in einer jungen Nymphe, selbst einer solchen des ersten Stadiums, durch Zufuhr von Blut aus älteren Tieren anstatt einer Nymphenhäutung eine Imagohäutung hervorgerufen werden. Ebenso könnte in Nymphen des letzten Stadiums durch Blut eines jüngeren Tieres anstatt der Imagohäutung eine neue überzählige Nymphenhäutung induziert werden. Später (WIGGLESWORTH 1939) ist auch gezeigt worden, daß bei entköpften Imagines von *Rhodnius* immer noch eine neue Häutung hervorgerufen werden kann, wenn man in dieselben Blut von Nymphen, welche ihre kritische Periode passiert haben, übertreten läßt.

Die Fähigkeit der Hypodermis zur Nymphen- sowie auch zur Imagohäutung scheint also auf allen Stadien gleich zu sein. Sie bedarf aber eines durch Hormonzufuhr gegebenen Impulses, der als ersten Häutungsschritt eine Mitosenwelle auslöst. Wenn aber der weitere Verlauf des Häutungsprozesses bei jüngeren und älteren Nymphen unter sich verschieden ist, kann dies, nach WIGGLESWORTH (1934), nur so erklärt werden, daß hier zwei verschiedene Hormone im Spiel sind — ein „Häutungshormon" nämlich, das für sämtliche Stadien das gleiche ist, daneben aber auch ein „Hemmungshormon", das in den jüngeren Nymphen eine volle Entwicklung der imaginalen Haut verhindern wird.

Die weitere Frage über die Ursprungsstelle solcher Hormone ist auch von WIGGLESWORTH (1934) für *Rhodnius* beantwortet worden, und zwar durch eine histologische Analyse sämtlicher Kopforgane. Das einzige derselben, in welchem von Tag zu Tag cyclische Veränderungen, die mit der kritischen Periode zusammenfallen, nachgewiesen werden konnten, ist das kleine, dem Gehirn naheliegende *Corpus allatum*. — Die Funktion dieses Körpers ist dann (Wiggles-worth 1937, 1939) experimentell durch Exstirpations- und Transplantations-versuche weiter untersucht worden, und zwar mit dem Resultat, daß das Corpus allatum als eine innersekretorische Drüse betrachtet werden muß, die bei *Rhodnius* sowohl für die nymphale als auch für die imaginale Häutung das Hormon liefert. In den jüngeren Nymphen (Stad. 1—4) wird dann nachher vom *Corpus allatum* auch das Hemmungshormon abgegeben. Das *Corpus allatum* eines jüngeren Nymphenstadiums, in eine Nymphe des letzten (5.) Sta-diums eingepflanzt, bewirkt nämlich in der Tat, daß anstatt einer Imago ein 6., ja sogar auch ein 7. Nymphestadium entstehen.

Beide Hormone haben sich durch Injektion in andere Hemiptera *(Triatoma, Cimex)* als nicht artspezifisch erwiesen.

Die Frage über das Verpuppungshormon ist indessen auch von Kühn und seinen Mitarbeitern aufgenommen worden (Caspari und Plagge 1935, Kühn und Piepho 1936), vor allem an *Ephestia* und an der Wachsmotte *Galleria*. Neben der Feststellung einer kritischen Periode des Vorpuppenstadiums, die wie bei *Rhodnius* durch eine Mitosenwelle charakterisiert wird, werden hier auch interessante Mitteilungen über eine sogenannte „Teilverpuppung" gegeben, bei welcher am selben Körper Merkmale der Raupe und der Puppe stückweise nebeneinander zum Vorschein treten. Dies beweist, nach Kühn und Piepho, daß die Hypodermis nicht als ganzes auf den hormonalen Anstoß reagiert, sondern den einzelnen Hypodermisgebieten muß eine bestimmte, für verschiedene Stellen verschieden große Hormonmenge zufließen, damit sich Verpuppungs-veränderungen vollziehen.

In späteren Arbeiten (Kühn und Piepho 1938, Piepho 1938a—d, 1939a—b) sind, durch Implantation von Hautstücken verschiedener Stadien in den Fett-körper anderer Larven, die für die Haut charakteristischen Anlagen sowie auch der jeweilige Determinationszustand dieser Anlagen näher analysiert worden. Vor der Determination läßt sich auch hier stets eine kritische Periode markieren, innerhalb welcher das Verpuppungshormon seine Wirkung ausüben kann.

Piepho (1938c) hat konstatieren können, daß Hautstücke von der kleinen Wachsmotte *Achroea* in die große Wachsmotte *Galleria* implantiert nicht nur am Leben bleiben, sondern auch eine typische Entwicklung durchlaufen. Von Plagge und Becker (1938), Becker und Plagge (1939) ist weiter gezeigt worden, daß auch Extrakte von *Calliphora* und anderen Fliegenarten einen Wirkstoff enthalten, der in *Galleria* die Puparienbildung hervorruft, und *vice versa*. Die Wirkung des Verpuppungshormons ist also weder art- noch gattungs-oder ordnungsspezifisch. — Eine chemische Untersuchung des Verpuppungs-hormons ist von denselben Forschern schon angefangen worden.

In betreff der Lokalisation der Ausscheidung von Hormon scheint bei Schmetterlingen nach den bis jetzt durch Schnürungs- und Enthirnungsversuche sowie auch durch Gehirn-transplantationen gewonnenen Resultaten das Gehirn das produzierende Organ zu sein, indem die Anwesenheit von *Corpora allata* neben demselben gleichgültig erscheint (Kühn und Piepho 1936, Plagge 1938). Plagge läßt jedoch die Frage offen, ob nicht vielleicht ein primärer Einfluß des *Corpus allatums* auf das Gehirn notwendig sei. Dies scheint nun um so mehr wahrscheinlich, als Schrader (1938) trotz eingehender, histologischer und embryologischer Untersuchung des *Ephestia*gehirns überhaupt keine sekretorischen Nerven-zellen nachweisen konnte, während die Zellen des *Corpus allatums* mit Sicherheit als Drüsen-zellen charakterisiert werden müßten.

In Diptera, wo *Corpora allata* bei *Chironomus*-Larven, sowie bei *Tipula* nachgewiesen worden sind, tritt (Burt 1938, 1939) bei den eigentlichen Fliegen, wie *Calliphora*, an deren Stelle eine dem Gehirn dicht anliegende und die Aorta umschließende „Ringdrüse" zum Vorschein, die schon von Weismann (1864) wahrgenommen und beschrieben wurde. Dies Organ wird von Burt sowohl histologisch als auch funktionell als modifizierte *Corpora allata* betrachtet — eine Annahme, die Hadorn (1937a) sowie Scharrer und Hadorn

(1938) auch für *Drosophila* bestätigt haben. Eingehende Untersuchungen von PFLUG-FELDER (1937a—b, 1938a—c) geben gleichzeitig über den Bau, die Entwicklung und die Funktion der *Corpora allata* bei *Dixippus* und bei *Termiten* Aufschluß.

Durch die im obigen referierten Arbeiten, die auch durch die experimentellen Untersuchungen von BOUNHIOL (1937, 1938), BODENSTEIN (1938a—c) und HADORN und NEEL (1938) sowohl an Dipteren als auch an Schmetterlingen suppliert und gestützt worden sind, ist eine hormonale Regulierung der Häutung und Puparienbildung bei Insekten in überzeugender Weise konstatiert worden.

Eine weitere Verfolgung dieses Problems, bis auf die Gen-Manifestierung zurück, ist vor allem durch die Untersuchungen von HADORN (1937a—b) und HADORN und NEEL (1938), und zwar zuerst an der *Drosophila*-Mutante „*lethal giant*" (lgl) durchgeführt worden. — Die Letalität dieser Mutante äußert sich unter anderem in einer stark verspäteten Pupariumbildung. Anstatt der normal etwa 5tägigen Larvenzeit findet man hier eine Verlängerung derselben bis auf $8^1/_2$ Tage (HADORN 1937a) und mehr. Einzelne Riesenlarven können bis zu 25 Tagen ohne Verpuppung am Leben bleiben.

Durch Implantation verschiedener Organe aus normalen *Drosophila*-Larven hat HADORN konstatiert, daß implantierte Ringdrüsen eine Beschleunigung dieser Pupariumbildung hervorbringen können, während keine andere der von ihm benutzten Implantate eine ähnliche Wirkung übten. Es bildeten sich jedoch durch solche Beschleunigung nur „Pseudopuppen", aus denen keine Fliegen schlüpfen, und HADORN (1938) hat gezeigt, daß dies in einer völligen Degeneration der Imaginalscheiben solcher letaler Riesenlarven begründet ist. Die Imaginal-anlagen scheinen also von dem Letalfaktor erheblich schwerer angegriffen zu sein als die Haut, die auf Zufuhr von Verpuppungshormon immer noch eine normale Pupariumbildung durchführen kann. Gerade diese Hormonzufuhr scheint aber durch Unterentwicklung der larvalen Ringdrüse (SCHARRER und HADORN, 1938) mehr oder weniger stark unterdrückt zu sein.

Durch planmäßig durchgeführte Experimente mit Implantation von 1—3 normalen Ringdrüsen in lgl-Larven verschiedenen Alters haben HADORN und NEEL (1938) weiter gezeigt, daß bis zu einer bestimmten Grenze, oberhalb welcher eine gesteigerte Zufuhr keine weitere Beschleunigung der Puparien-bildung bewirken wird, die Quantität des Hormons von Bedeutung ist. — Durch Implantation oder Injektion artfremder *(Drosophila melanogaster → Dr. hydei)* und familienfremder *(Lucilia → Drosophila melanogaster)* Ringdrüsensubstanz wurde weiter bewiesen, daß der von der Ringdrüse abgegebene Stoff von *artunspezifischer* Wirksamkeit ist und daß er durch die Körperflüssigkeit übermittelt wird.

Die ursächliche Verbindung zwischen Pupariumbildung und genetischer Konstitution ist von HADORN und NEEL auch durch Implantation von normalen Ringdrüsen in die letalen Bastardmännchen der Kreuzung *Drosophila melano-gaster* (♀) × *Drosophila simulans* (♂) weiter geprüft worden. Auch hier macht sich die Letalität durch eine stark verspätete Pupariumbildung geltend, die mit einer unternormalen Wirksamkeit der Ringdrüse in Zusammenhang steht. Das reagierende Material, die larvale Haut, kann aber nicht primär betroffen sein, denn die Implantation normaler Ringdrüsen-Substanz wirkt auch in diesem Fall beschleunigend auf die Pupariumbildung.

Die verschiedenen entwicklungsphysiologischen Prozesse zeigen sich also in den eben besprochenen Fällen in ungleichem Ausmaße von den Auswirkungen des Letalfaktors betroffen, eine Situation, die von HADORN (1938) mit derjenigen der von ihm studierten Amphibien-Merogonen verglichen wird, in welchen eine disharmonische Kern-Plasmakombination zur Letalität des Keimes führt. Eine ähnliche Annahme hat schon BYTINSKI-SALZ (1933) für die letalen Bastard-puppen der Schmetterlingskreuzung *Celerio gallii* (♂) × *Celerio euphorbia* (♀)

ausgesprochen, indem er die mangelhafte Entwicklung dieser Bastarde durch das Fehlen der normalen Balance zwischen dem väterlichen X- und dem mütterlichen Y-Chromosom (oder eventuell dem Plasma) erklärt.

Während aber von Hadorn (1938) beim Bastard-Merogon ein ganzes artfremdes Genom in die entfernte Eizelle eingeführt worden war, handelt es sich in den hier besprochenen Fällen um eine disharmonische Reaktion einzelner Mendeleinheiten.

Übersichtliche Darstellungen mit Literaturangaben über verschiedene Seiten des Metamorphosenproblems werden bei Hanström (1937), Giersberg (1939) und Seidel (1939) vorgefunden.

II. Vögel.

1. Manifestierung mutierter Gene beim Krüper- und Strupphuhn.

Zwei Mutationen beim Haushuhn sind an „Storrs Agricultural Experiment-Station", Connecticut, von Walther Landauer und seinen Mitarbeitern untersucht worden. Sie geben in die verwickelten Wege der Genmanifestierung einen

Abb. 31. Chondrodystrophisches (homozygotes) Embryo, 20 Tage, des Krüperhuhns. (Nach Landauer 1927.)

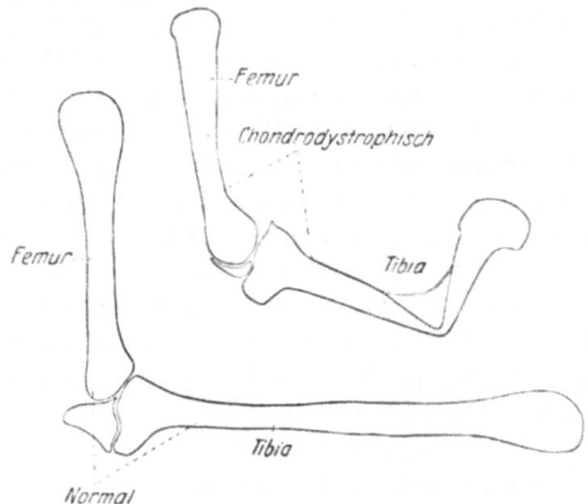

Abb. 32. Typische Größen- und Gestaltverhältnisse von Femur und Tibia eines normalen (unten) und eines chondrodystrophischen Embryos von 20 Tagen. (Nach Landauer 1927.)

sehr interessanten Einblick. Beide Fälle supplieren sich gegenseitig, insofern als in dem einen das Gen sich auf sehr frühen Stadien durch eine generelle Wirkung manifestiert, die während der späteren Entwicklung sekundäre, und weitere Manifestierungen spezifischer Art hervorruft, während im zweiten Fall ein peripher, in spezifischer Weise, angreifendes Gen weit verbreitete Manifestationen genereller Art bewirkt. Auch ein weiteres Interesse bieten diese beiden Mutationen dar, weil sie in verschiedener Weise zur Beleuchtung krankhafter oder anomaler, bei Säugetieren und Menschen bekannten Zustände Material liefern.

a) Krüperhuhn.

Schon 1926 ist von Dunn und Landauer gezeigt worden, daß die durch ihre kurzen Beine ausgezeichnete „Krüper"-Variation des Haushuhns von einem einzigen dominanten Gen bedingt ist, das in homozygotem Zustand letal wirkt. Die Embryonen von Krüperkreuzungen zeigen auf frühen Stadien eine hohe Mortalität, und es wurde angenommen, daß es die homozygoten Krüperembryonen sind, die meistens so früh absterben. In einzelnen Fällen jedoch haben dieselben diese kritische Periode überleben können und sind nahe vor dem Ende der Brutperiode, einmal sogar am 23. Bruttag, immer noch lebend im Ei vorgefunden worden. Kein homozygotes Krüperhühnchen ist jedoch aus dem Ei geschlüpft. Sowohl die erwachsenen heterozygoten Krüperhühner, als noch mehr diese älteren homozygoten Embryonen stimmen mit den als „chondrodystrophisch" bekannten Säugetieren auffallend überein (Abb. 31).

Bei den älteren homozygoten Krüperembryonen sind es (LANDAUER 1927) vor allem die langen Knochen des Hinterbeines, die charakteristische Verkürzung und Knickungen zeigen, und besonders die letzteren sind an der Tibia mehr auffallend als an Femur und Metatarsus (Abb. 32). Charakteristisch ist auch, daß die Fibula hier weniger reduziert ist als bei normalen Hühnchen. Die Abnormität der langen Knochen läßt sich auf Unregelmäßigkeiten der jungen Epiphysenknorpel direkt zurückführen, die sich besonders in einem Fehlen der normalen Säulenanordnung ihrer Knorpelzellen ausdrückt (Abb. 33 und 34). Die enchondrale Ossifikation wird dadurch mehr oder weniger stark

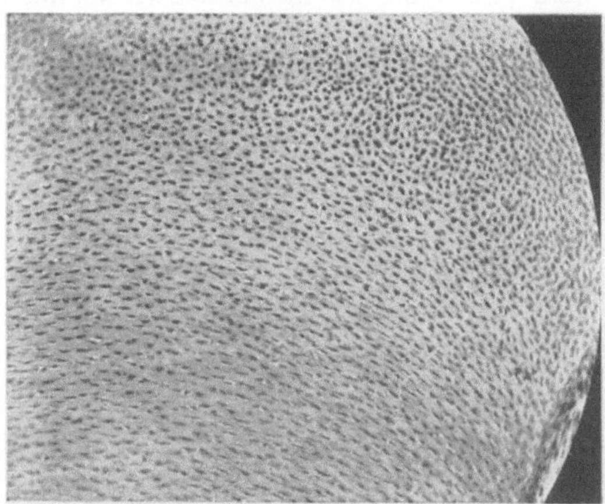

Abb. 33. Proximales Epiphysenende der Tibia eines normalen, 11tägigen Embryos mit in parallelen Reihen angeordneten Knorpelzellen. (Nach LANDAUER 1931.)

gestört, während die perichondrale Ossifikation ungestört fortschreitet oder sogar beschleunigt wird.

Auch die Biegungen der langen Extremitätenknochen lassen sich, unter Berücksichtigung der physiologischen Entwicklungsverhältnisse, als Folgen dieser abnormen Weichheit der Knorpelanlagen direkt erklären. Auch die Tatsache, daß solche Biegungen in der distalen Hälfte der Tibia am häufigsten, am Femur dagegen am seltensten zu Tage treten, findet, obwohl die Abnormität

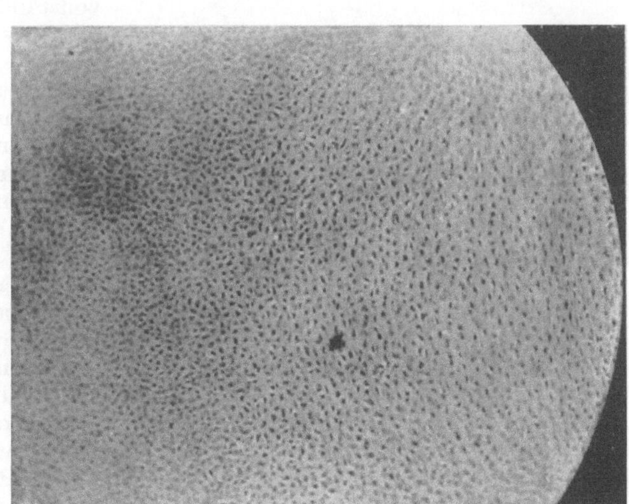

Abb. 34. Proximales Epiphysenende der Tibia eines 11tägigen Krüperembryos, mit unregelmäßig zerstreuten Knorpelzellen. (Nach LANDAUER 1931.)

des Epiphysenknorpels sich in diesen beiden Knochen mit gleicher Stärke geltend macht, in der Lage derselben im Embryo eine Erklärung. Alle Biegungen des abnorm weichen Knorpels geschehen ja nämlich unter dem Zug der embryonalen Muskeln und in der physiologischen Biegungsrichtung. Der Femur liegt aber in ganzer Länge dem Körper dicht an, und dasselbe ist mit dem proximalen Teil der Tibia der Fall. Dadurch wird hier dem Muskelzug genügender Widerstand geboten, und so erklärt sich, daß erst in der distalen Hälfte der Tibia hochgradige Abknickungen der bis dahin noch nicht ossifizierten Diaphysen zum Vorschein treten. Am freiliegenden Metatarsus kommen auch häufig Biegungen vor, hier aber gewöhnlich etwa in der Mitte des Knochens.

Von prinzipiellem Interesse ist die von Landauer (1927) gemachte Beobachtung, daß in diesen verschiedengradigen Biegungen: „in jedem einzelnen Falle die Anordnung der Knochenbälkchen genau mit dem übereinstimmt, was wir nach dem Verlauf der Zug- und Drucklinien erwarten müssen" (S. 261), eine Tatsache die für die viel diskutierte Frage nach einer phylogenetischen Bedeutung solcher funktionell erworbener Strukturen von entscheidender Bedeutung ist. Trajektorielle Strukturen an den Biegungsstellen der Diaphysen der Krüperembryonen beweisen ja nämlich, daß hier „schon während der Embryonalentwicklung eine vollständige und unmittelbare Anpassungsfähigkeit der Ossifikation an neue Beanspruchungen" besteht, was zu dem Schluß zwingt, „daß auch die Ausbildung der normalen Knochenstruktur während der Embryonalentwicklung allein ein Resultat der statischen Bedingungen des Muskeltonus darstellt" (S. 275).

Neben den schon besprochenen Anomalien der Hinterbeine der Krüperhühner verlangt noch die hohe Entwicklung ihrer Fibula eine Erklärung. Es scheint hier die sonst normal eintretende Rudimentierung dieses Knochens nicht zu rechter Zeit eingetreten zu sein. Landauer (1931) nimmt an, daß auch hier die Ursache in dem

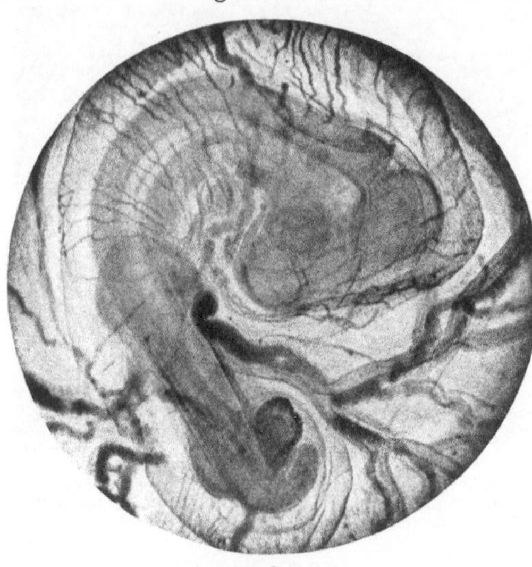

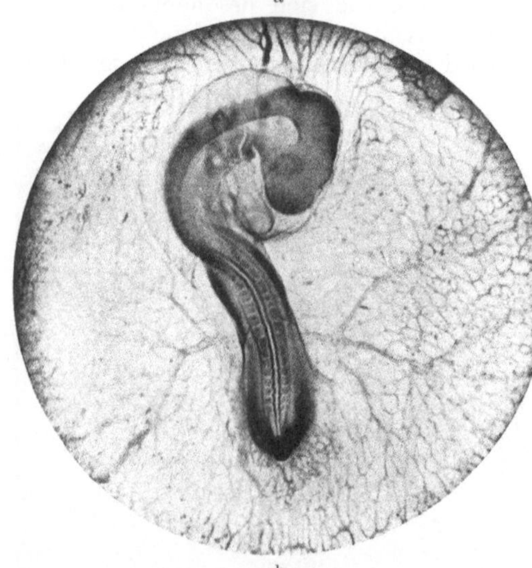

Abb. 35a und b. Embryonen, 72 Stunden, von Krüpereltern.
a normal, b homozygot.

abnormen Verhältnis zwischen der enchondralen und der periostalen Ossifikation zu erkennen ist, indem die Rudimentierung der Fibula durch die gerade in diesem Knochen sehr ausgesprochene Beschleunigung der periostalen Ossifikation inhibiert worden ist.

Auch im Cranium der homozygoten Krüperembryonen lassen sich charakteristische Anomalien erkennen. So findet sich z. B. häufig eine völlige Synostose von Basioccipitale und Basisphenoid sowie der das Foramen magnum umgebenden Occipitalia. Der Winkel zwischen Basioccipitalia und Basisphenoid ist dabei ungewöhnlich steil. Überhaupt läßt sich in allen Teilen des Kopfskeletes, auch den bindegewebigen Teilen, eine Beschleunigung der Ossifikation wahrnehmen, die zweifellos die Wachstumsfähigkeit und Plastizität des Schädels stark beeinflussen.

Punkt für Punkt lassen sich, wie schon erwähnt, die verschiedenen Manifestationen des Krüpergens mit entsprechenden, bei Säugetieren und Menschen bekannten, Zuständen parallelisieren. Ein Vergleich der Befunde am Extremitätenskelet von Krüperhühnern und von menschlichen chondrodystrophischen Zwergen, läßt, nach LANDAUER, keinen Zweifel darüber, daß wir es beim Krüperhuhn mit Chondrodystrophie als Rasseeigenschaft zu tun haben. Für die im Ei gebliebenen älteren homozygoten Krüperembryonen wird auf Grund morphologischer sowohl wie histologischer Befunde weiter gefunden (LANDAUER und DUNN 1930a, LANDAUER 1932a), daß ihre Extremitätenbildung eine echte, der menschlichen Mißbildung in ihrer Ausdrucksweise sehr nahe stehende „Phokomelie" repräsentiert. In einem Punkt nur trifft der Vergleich mit chondrodystrophischen Säugetieren nicht zu, nämlich in betreff der Vorderextremitäten, die ja bei Säugetieren stets von der Anomalie stark angegriffen sind, während sie bei den Krüperhühnern annähernd normal erscheinen. Dies wird jedoch von LANDAUER (1927) auf die Tatsache zurückgeführt, daß sich die Hinterbeine der Vögel erheblich rascher entwickeln als die Flügelanlagen. Und schon eine Betrachtung der Skeletanomalien deutet darauf hin, daß die chondrodystrophische Entwicklungsstörung wahrscheinlich sehr früh, und zwar in den Vorbereitungsstadien oder allerersten Schritten der Knorpelbildung gesucht werden muß.

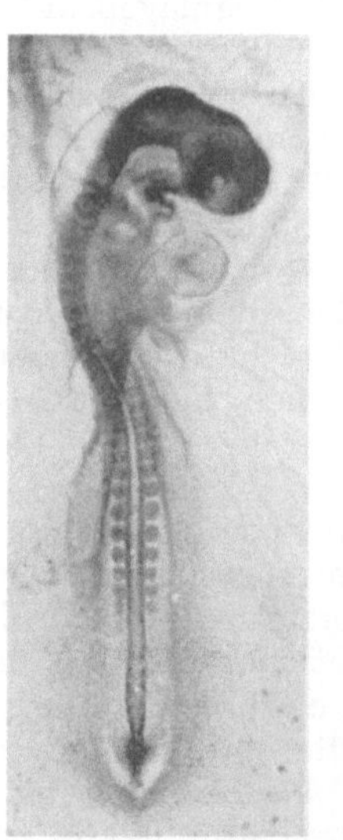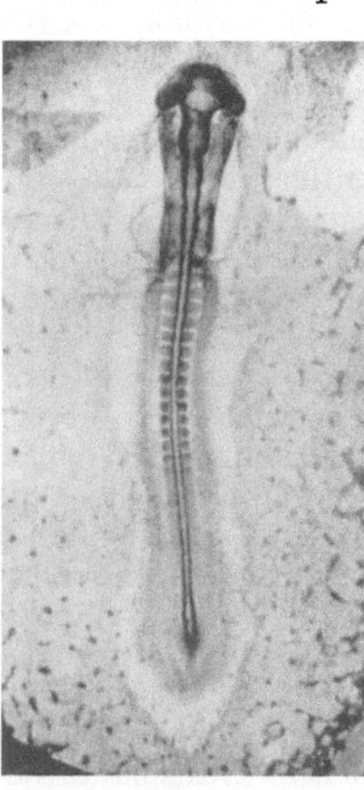

a   b
Abb. 36a und b. Embryonen, 48 Stunden, von Krüpereltern.
a normal, b homozygot.

Diese Annahme wird (LANDAUER, 1932a) durch eine Untersuchung der während der vier ersten Bruttage abgestorbenen, homozygoten Krüperembryonen vollauf bestätigt. Genaue Messungen aller Teile dieser jungen Embryonen haben nämlich ergeben, daß auf den zwischen 36 und 72 Stunden liegenden Altersstadien eine progressive, generelle Retardation im Wachstum stattfindet, die sich allmählich in der Kopfregion am stärksten geltend macht, ohne daß jedoch die Morphogenese eine entsprechende Retardation erleidet (Abb. 35—36). Der allgemeine Charakter dieser letal wirkenden Retardation wird dadurch betont, daß sie auch im extraembryonalen Blutgefäßsystem stark in Erscheinung tritt.

Die im Skeletbau, besonders des Craniums und der Hinterextremitäten, so auffallenden Manifestationen des Krüpergens scheinen also durch keine spezifische, direkt auf diese Teile wirkenden Faktoren hervorgerufen zu sein, sondern vielmehr als sekundäre, und weitere Folgen einer durch das Gen bewirkten allgemeinen Hemmung des frühembryonalen Wachstums aller Körperteile aufzufassen. Bei den wenigen homozygoten Embryonen, die diese kritische Periode der Wachstumshemmung überlebten, hat während ihrer weiteren Entwicklung,

8*

innerhalb der allgemeinen Genwirkung, eine selektive Spezifikation stattgefunden, indem diejenigen Organanlagen, die schon zur Zeit der Retardation in voller Entwicklung begriffen waren, wie dies gerade mit den Vorstadien der Knorpelbildung im Kopf und in den Hinterbeinen der Fall ist, auch am stärksten von der Störung betroffen worden sind. In diese Kategorie gehören auch verschiedene Augenanomalien der Krüperembryonen (Landauer 1932 b) hinein.

Diese Annahme Landauers einer generellen, frühembryonalen Wachstumsretardation als Ursache der chondrodystrophischen und phokomelischen Mißbildungen der Krüperhühner ist weiter auch durch *in vitro*-Kulturen geprüft und insofern gestützt worden, als Fell und Landauer (1935) durch Kultivierung normaler Extremitätenanlagen in einem wachstumshemmenden Medium in denselben eine chondrodystrophische Entwicklung hervorrufen konnten. David (1936) hat gleichzeitig auch durch Explantation von Geweben aus verschiedenen Organanlagen homozygoter Krüperembryonen gezeigt, daß dieselben sämtlich im Stande sind über die kritische Periode hinaus am Leben zu bleiben. Keines der spezifischen Keimblätter (Landauer 1932 a) oder Gewebe hat also hier seine Lebensfähigkeit verloren, sondern es sind die normalen Entwicklungskorrelationen zwischen denselben gestört worden.

Entsprechende Resultate hat auch Hamburger (1939 b) durch seine Transplantationsversuche gewonnen, indem transplantierte Extremitätenanlagen von homozygoten Krüperembryonen in normalen Wirten ihr letales Stadium überleben können.

Seine Versuche haben aber gleichzeitig ergeben, daß eine allgemeine Entwicklungshemmung an und für sich nicht genügt, um die chondrodystrophischen Krüperphänomene hervorzurufen. In früheren Arbeiten (Hamburger 1938, 1939 a) war schon gezeigt worden, daß normale Beinanlagen aus 2—3 Tage alten Hühnerembryonen, die in andere normale Embryonen desselben Stadiums implantiert wurden, häufig eine Wachstumshemmung erleiden, deren Größenordnung mit derjenigen der Krüperembryonen vergleichbar ist. Obwohl bei solchen Transplantaten Skeletmißbildungen oft wahrgenommen wurden, hat Hamburger jedoch niemals hier die für die Krüperbeine charakteristischen Deformitäten vorgefunden. Durch Implantation von Extremitätenanlagen heterozygoter und homozygoter Krüperembryonen in die Seitenflächen oder in das Coelom von normalen Embryonen hat Hamburger (1939 b) gleichzeitig eine typische Entwicklung aller charakteristischen Krüperanomalien konstatieren können, woraus er den Schluß zieht, daß der Krüperfaktor, jedenfalls vom Stadium des ersten Hervortretens der Extremitätenanlagen an, in den letzteren schon eine lokale Wirkung ausüben kann.

Spezielle Untersuchungen (Landauer 1934 b) sind auch durchgeführt worden, um in betreff der Wirkungen eines D-Vitaminmangels — Rachitis — die Krüperhühner mit normalen zu vergleichen. Es hat sich dabei gezeigt, daß die Krüperhühnchen, die entweder sogleich nach dem Schlüpfen oder erst fünf Wochen später auf D-vitaminarme Nahrung gesetzt wurden, sowohl früher als auch stärker von Rachitis angegriffen wurden als die entsprechend behandelten normalen Hühnchen. Dies bedeutet aber nicht, daß sie an und für sich eine größere Geneigtheit für diese Krankheit zeigen, sondern es schienen in den chondrodystrophischen Hühnchen gewisse Reaktionen nicht einzutreten, die unter normalen Verhältnissen die Wirkung der D-vitaminarmen Nahrung teilweise begrenzen. Hier werden sie daher verstärkt zum Vorschein kommen.

In betreff einer Zufuhr von Beinextrakt und der Wirkung desselben auf den Phosphatasegehalt der Knochen war zwischen normalen und chondrodystrophischen Hühnern kein Unterschied zu spüren (Landauer 1935). Dasselbe ist auch mit der Wirkung einer Bestrahlung mit ultraviolettem Licht (Landauer 1932 b) der Fall gewesen.

b) Strupphuhn („Frizzle").

Auch die zweite, hier zu besprechende Mutation beim Haushuhn, ist schon lange in heterozygotem Zustand als Hühnerrasse bekannt, und zwar unter dem Namen „Strupphühner" (englisch: „Frizzle"). Charakteristisch für diese Rasse ist, daß die Federn gebogen sind, so daß das ganze Federkleid lockig aussieht.

Eine erste Mitteilung über die genetischen Verhältnisse der Strupphühner ist von DAVENPORT (1906) gegeben worden, indem er die Eigentümlichkeit dieser Rasse als von einem einzigen, dominanten Gen bedingt, bezeichnet hat. Sowohl CREW (1925) als auch WRIEDT (1925) sind zu dem Resultat gekommen, daß dies Gen eine recessive Letalwirkung hat, indem homozygote Strupphühner von ihnen nie vorgefunden wurden. Später konnten jedoch LANDAUER und DUNN (1930b) konstatieren, daß auch die homozygoten Strupphühner schlüpfen, daß also hier von einer Letalwirkung nicht die Rede ist. Dieselben repräsentieren aber einen neuen Typus von Strupphühnern, mit extremen Anomalien ihres Federkleides, und mit sehr niedriger Vitalität, —was wieder dafür eine Erklärung gibt, daß nur die Heterozygoten gezüchtet werden (Abb. 37).

Die homozygoten Strupphühner sind während ihres ersten Lebensjahres annähernd nackt, jedoch mit variierenden Rudimenten eines Federkleides. Die so existierenden Federn sind in verschiedener Weise defekt und brüchig, und auch die Daunen, die länger als normal behalten bleiben, sind vielfach defekt. Wenn am Ende des ersten erwachsenen Jahres die Federn endlich erscheinen, sind sie er-

Abb. 37. Englisches Strupphuhn, homozygot. (Nach LANDAUER und DUNN 1930.)

heblich stärker aufgerollt als bei den heterozygoten Strupphühnern. Dies neue Federkleid wird jedoch bald wieder abgeworfen, und auch die erwachsenen Homozygoten machen immer wieder mehr oder weniger nackte Perioden durch. Dies bewirkt, daß sie der Züchtung große Schwierigkeiten bieten, indem sie stets gegen Kälte geschützt werden müssen. Meistens erreichen sie nicht volle Geschlechtsreife, was auch mit der Temperatur in ursächlicher Verbindung zu stehen scheint. Endlich hat sich, bei an und für sich gelungenen reziproken Kreuzungen zwischen normalen und homozygoten Strupphühnern, auch gezeigt, daß die embryonale Mortalität mit dem Genotypus der Mutter stark wechselt. In Eiern von Homozygoten ist die Mortalität erheblich größer als in denjenigen der normalen Hühnchen. Dies wird von den Verfassern so gedeutet, daß die starken Ansprüche, die durch das defekte Federkleid an den Stoffwechsel der Strupphühner gestellt werden, auch auf die Wirksamkeit der Gonaden herabsetzend wirken.

Die zuerst, gleich nach dem Schlüpfen, nachweisbare Manifestation des homozygoten Strupphühnerzustandes ist hier also in den Daunen zu erkennen, deren Strahlen mehr oder weniger defekt sind und leicht abbrechen. Später kommen dann, neben weiteren Anomalien des Federkleides, auch eine ganze Reihe von Manifestationen physiologischer Art, so besonders in betreff der Wärmeproduktion des Körpers, der Fettablagerung, der Wirksamkeit endokriner Drüsen und der eben besprochenen Tendenz zu Sterilität.

Die ursächlichen Verbindungen zwischen diesen verschiedenen, von dem Struppgen bedingten, Manifestationen sind nun in einer Reihe von Arbeiten aus „Storrs Agricultural Experimental-Station" klargelegt worden, und zwar mit dem Resultat, daß hier, im Gegensatz zu den Verhältnissen beim Krüperhuhn, ein in spezifischer Weise angreifendes Gen erst sekundär die weit verbreiteten physiologischen Manifestationen zur Folge hat.

Es wurden hier zuerst (Benedict, Landauer und Fox 1932) unter variierenden äußeren Verhältnissen Respirations- und Temperaturuntersuchungen an verschiedenen Typen (Hetero- und Homozygoten) von Strupphühnern vorgenommen. Die Wärmeproduktion hat sich bei denselben, im Vergleich mit den normalen Verhältnissen, als mehr oder weniger stark erhöht erwiesen, und zwar annähernd proportional mit der Defektivität des Federkleids. Besonders bei den homozygoten Strupphühnern, teilweise aber auch bei den heterozygoten, zeigt sich die Fähigkeit eine gewisse Körpertemperatur aufrecht zu halten mehr oder weniger stark gestört, gleichzeitig wie die mangelhafte Fettablagerung ein Beweis dafür ist, daß die Tiere, trotz erhöhter Nahrungsaufnahme, nicht imstande sind ihren starken Wärmeverlust zu balancieren. Die äußere Temperatur spielt daher natürlich für die Strupphühner eine um so viel größere Rolle, je mehr defekt ihr Federkleid ist. Auch die Wirksamkeit der Gonaden hat sich als temperaturabhängig erwiesen, indem in beiden Geschlechtern eine Sterilität weniger häufig auftritt bei hoher Temperatur als in der Kälte.

Eine Steigerung des ganzen Stoffwechsels findet man, wie bekannt, bei Säugetieren unter dem Einfluß eines pathologisch oder experimentell hervorgebrachten Hyperthyreoidismus. Interessant ist nun, daß auch bei den homozygoten Strupphühnern die Schilddrüse abnorm vergrößert erscheint. Es hat sich aber trotzdem gezeigt, daß die Strupphühner auf Zufuhr von Thyroidsubstanz weniger stark reagieren als normale Hühner, daß sie also in Wirklichkeit keinen Hyper-, sondern im Gegenteil einen Hypothyroidismus zeigen. Erst durch plötzliche Erhöhung der äußeren Temperatur werden auch hier alle Zeichen eines starken Hyperthyroidismus zum Vorschein treten, wie rasches Auswachsen des Federkleides, starke Pigmentierung usw.

Eingehende Untersuchungen über das Gewicht und die Funktion der übrigen Organe der heterozygoten und homozygoten Strupphühner haben, besonders am Herzen und in der Zusammensetzung des Blutes (Boas und Landauer 1933, 1934; Landauer und David 1933), Anomalien klargelegt, die mit derjenigen vom Hyperthyreoidismus bei Säugetieren sehr wohl übereinstimmen. Beide Herzventrikel zeigen Hypertropie mit Steigerung ihrer Wirksamkeit, und der Hämoglobingehalt des Blutes erscheint, neben anderen Änderungen der Zusammensetzung des Blutes, herabgesetzt. Diese Anomalien waren nach Entwicklung der Tiere in niedriger Temperatur am stärksten hervortretend. Auch in betreff der übrigen Organe wurden vielfach (Landauer und Upham 1936) Gewichtsänderungen vorgefunden, die sämtlich in das Bild des abnorm beschleunigten Stoffwechsels der Strupphühner sehr wohl hineinpassen.

Die Hauptlinien dieses Bildes werden von Landauer und David (1934) in folgender Weise zusammengefaßt: Bei den homozygoten Strupphühnern ist wegen ihres abnorm starken Wärmeverlustes eine Steigerung ihres Stoffwechsels eingetreten, deren Größe von der umgebenden Temperatur abhängig ist. Die Schilddrüse hypertrophiert kompensatorisch, kann aber doch in kalter Umgebung nicht eine genügende Hormonmenge produzieren, um die Ansprüche des beschleunigten Stoffwechsels zu befriedigen, und die Vögel verbleiben in einem Zustand von Hypothyroidismus. Durch eine plötzliche Überführung in warme Umgebung wird jedoch der Wärmeverlust herabgesetzt, und die Ansprüche des Stoffwechsels an die Schilddrüse werden automatisch entsprechend herabreguliert. Dies führt dann temporär in einen Zustand von Hyperthyroidismus über.

Diese Auffassung, die sämtliche bis dahin gemachten Beobachtungen über die Strupphühner unter einem gemeinsamen Gesichtspunkt erklärt, fußt gleichzeitig auf der allgemein erkannten Tatsache, daß zwischen dem im Körper zirkulierenden Thyroidhormon und der Höhe des Stoffwechsels eine quantitative Relation besteht. Sie setzt aber auch voraus, daß diese Relation reziprok wirkend ist, eine Annahme die auch durch weitere Versuche geprüft und bestätigt worden ist.

So sind von Landauer (1934c) drei verschiedene Versuchsserien durchgeführt worden, um die ursächlichen Verbindungen der verschiedenen Stoffwechselanomalien der Strupphühner klarzulegen. — Erstens hat er an normalen Hühnern, sowie auch an Strupphühnern in kalter Umgebung, die Wirkung einer Zufuhr von Thyroidhormon auf die Körpertemperatur untersucht. Nur bei den Strupphühnern ist dadurch die Körpertemperatur erhöht worden (Abb. 38), wie dies unter einem Zustand von Hypothyreoidismus zu erwarten wäre. —

Zweitens hat sich in gleicher Weise gezeigt, daß eine plötzliche Überführung in warme Umgebung bei den Strupphühnern eine beträchtliche Erhöhung der Körpertemperatur zur Folge hat, was wieder mit der Tatsache in bester Übereinstimmung steht, daß die Aktivität der Schilddrüse an Änderungen in der äußeren Umgebung langsamer adaptiert wird als der Stoffwechsel an und für sich, und daß daher bei den Strupphühnern ein temporärer Hyperthyroidismus eintritt (Abb. 39). — Drittens hat

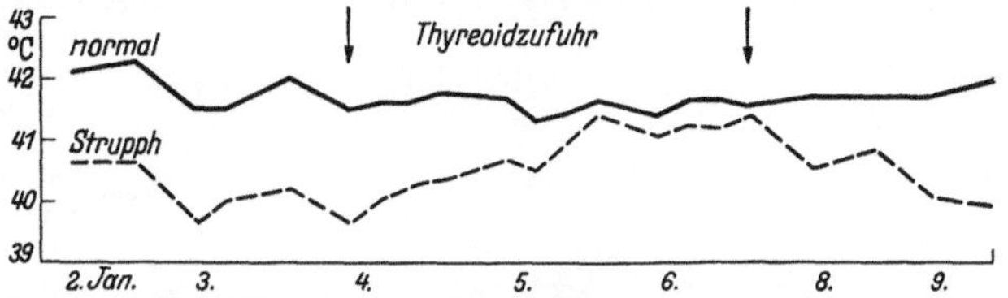

Abb. 38. Mittlere Körpertemperatur von zwei normalen Leghorn- —— und zwei homozygoten Strupphühnern ———, in kaltem Raum (0—14⁰ C) gehalten und (vom 4.—8. Januar, zwischen den beiden Pfeilen) Thyroidfütterung unterworfen. (Nach LANDAUER 1934.)

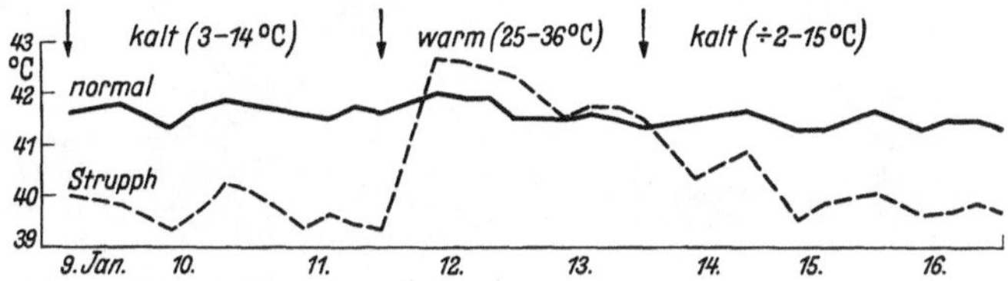

LANDAUER endlich auch versucht durch Zufuhr von β-Tetrahydronaphthylamin dem sympathischen Nervensystem einen allgemeinen Stimulus beizubringen. In kalten Umgebungen wird dadurch die Körpertemperatur der normalen Hühner rasch herabgesetzt, während bei den Strupphühnern, deren Temperatur schon vorher subnormal erscheint, diese Wirkung ausbleibt. Auch die Respiration wird bei den normalen Hühnern stark erschwert, bei den Strupphühnern dagegen nur sehr wenig.

Abb. 39. Mittlere Körpertemperatur von zwei normalen Leghorn- —— und zwei homozygoten Strupphühnern ———, unter wechselnder äußerer Temperatur. (Nach LANDAUER 1934.)

Dies wird von LANDAUER so erklärt, daß bei den letzteren, solange sie in kalter Umgebung leben, schon der starke Wärmeverlust an und für sich genügt, um das sympathische Nervensystem bis zur Grenze seiner Leistungsfähigkeit zu stimulieren, und daß daher die chemische Stimulanz keine weitere Wirkung ausüben kann. In warmer Umgebung verhalten sich die normalen und die abnormen Hühner in dieser Beziehung unter sich gleich, und zwar nimmt jetzt bei beiden die stimulierende Wirkung eine mittlere Lage ein.

Um das Verhalten der Schilddrüse unter verschiedenen äußeren Umständen zu konstatieren, sind von LANDAUER und ABERLE (1935) weitere Versuche mit histologischen Untersuchungen

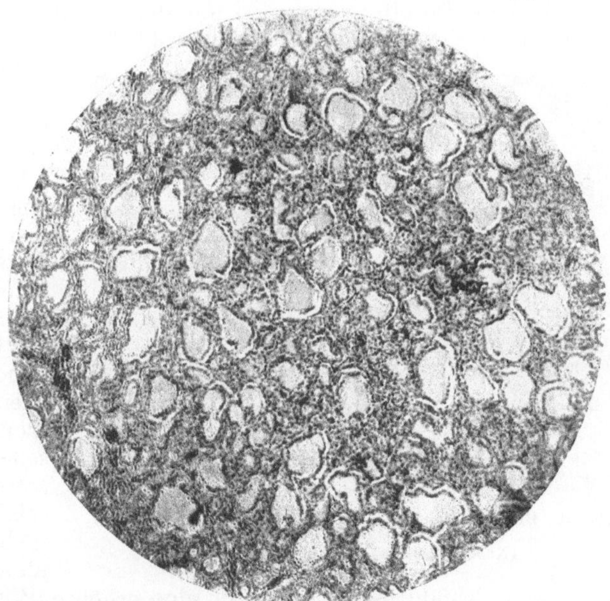

Abb. 40. Schnitt durch die hypertrophische Schilddrüse eines homozygoten Strupphuhns, das in warmen Umgebungen mit gewöhnlicher Nahrung gefüttert worden war. (Nach LANDAUER und ABERLE 1935.)

des jedesmaligen Drüsenzustandes durchgeführt worden.

Die Versuchs- und Kontrolltiere wurden hier während ihrer Entwicklung auf drei Gruppen verteilt, und zwar so, daß die Tiere der ersten Gruppe im Freien und mit gewöhnlicher Nahrung gehalten wurden, diejenigen der zweiten im warmen Raum, während in der dritten Gruppe den Tieren, neben der gewöhnlichen Nahrung, auch 50% vegetabilisches Fett (Crisco) gegeben wurde. Sämtliche Tiere wurden im Alter von 8 Monaten getötet, nachdem ihr Körpergewicht gleich vorher notiert worden war. Die zu untersuchenden inneren Organe wurden dann auch gewogen und nachher histologisch untersucht.

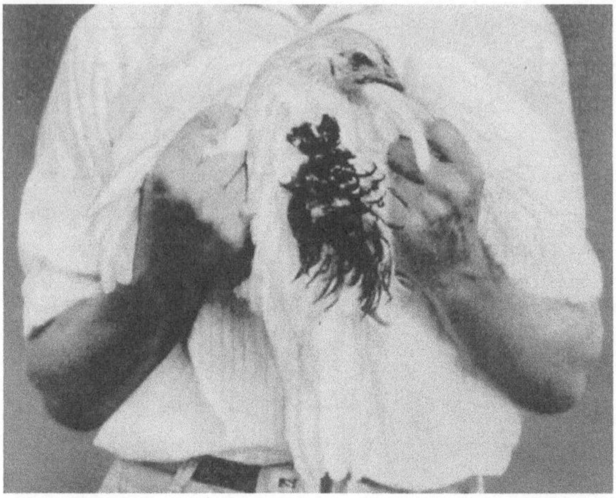

In betreff der Schilddrüse haben sich nun innerhalb der drei erwähnten Gruppen zwischen Strupphühnern und normalen interessante Unterschiede feststellen lassen. Bei den in der Kälte und auf gewöhnlicher Nahrung (I) lebenden Strupphühnern hatte die Schilddrüse volle Größe, während das histologische Bild auf funktionelle Ruhe, wahrscheinlich durch Überanstrengung hervorgebracht, hindeutete. Bei den in Wärme lebenden Strupphühnern (II) dagegen war die Schilddrüse sowohl in Gewicht als in Funktion hypertrophisch (Abb. 40), während sie bei den entsprechenden normalen Kontrolltieren in typischer Ruhe vorgefunden wurde. In der dritten Gruppe endlich, wo neben Wärme auch fettreiche

Abb. 41. Normales Hühnchen, auf welches ein Stück Haut eines homozygoten Strupphuhns vor drei Monaten implantiert worden war. (Nach Landauer und Aberle 1935.)

Nahrung den Strupphühnern gegeben wurde (III), gibt die immer noch große Schilddrüse ein Bild normaler Funktion.

Auch diese Resultate stimmen mit der Annahme einer kompensatorischen Hypertrophie der Schilddrüse sehr wohl überein, einer Hypertrophie, die jedoch erst in warmer Umgebung zu temporärem Hyperthyroidismus zu führen vermag. In einem Punkt nur scheint zwischen den Befunden dieser Versuchsreihe und den Erwartungen der Arbeitshypothese Landauers keine richtige Übereinstimmung zu bestehen, nämlich in betreff der Schilddrüse neugeschlüpfter Strupphühnchen die, wenn die Hypertrophie der Drüse erwachsener Hühner nur kompensatorischer Art ist, normal sein sollte. Dies trifft nun nicht zu. Sowohl die Größe als auch das histologische Bild

Abb. 42. Homozygotes Strupphuhn mit Implantat von einem normalen Hühnchen, 3 Monate nach der Implantation. (Nach Landauer und Aberle 1935.)

der jungen Schilddrüse deuten auf eine erhöhte Wirksamkeit derselben hin.

Die Frage jedoch inwieweit die Federanomalie der Strupphühner von einer solchen primären Schilddrüsenhypertrophie hervorgerufen sein könnte, ist schon in der erwähnten Arbeit von Landauer und Aberle beantwortet worden, und zwar in negativer Weise. Durch reziproke Transplantationen von Hautstücken zwischen abnormen und normalen Hühnern hat sich nämlich mit voller Sicherheit erwiesen, daß der Charakter der Federn schon in der Haut der

Spender genetisch determiniert worden, und von den endokrinen Drüsen des neuen Wirtes völlig unabhängig ist (Abb. 41, 42). Auch wenn, 12 Monate nach der Transplantation, die Strupphühner ihre Federn verlieren, verhält sich auf dem von einem normalen Spender transplantierten Hautstück das Federkleid immer noch ganz normal.

Eine spezifische Manifestierung des Gens in den Federfollikeln der Strupphühner ist dadurch sicher bewiesen, obwohl in diesem Fall nichts darüber bekannt ist, in welcher Weise und durch welche Mittel das Gen seine Wirkung ausgeübt hat. Eine embryologische Untersuchung der Haut, und besonders auch der jungen Federfollikel, der Strupphühner im Vergleich mit denjenigen normaler Hühnchen würde hier von großem Interesse sein.

Auch ohne dies stellen indessen die Strupphühner ein illustrierendes Beispiel einer in den allgemeinen Stoffwechsel eingreifenden Nachwirkung einer spezifischen, peripher lokalisierten Genmanifestierung dar. Sie geben gleichzeitig auch in die Ursachenkette der aus dem pathologischen, oder experimentell hervorgerufenen, Hyperthyroidismus folgenden Änderungen sowohl im Bau als in der Funktion verschiedener Organe einen tieferen Einblick.

III. Säugetiere (einschl. Mensch).

1. Manifestierung und Rolle der Epidermispolster in der Entwicklung der Papillarmuster.

Die *Papillarmuster der menschlichen Finger* sollen in einem eigenen Kapitel dieses Handbuches von W. ABEL behandelt werden. Wenn ich sie jedoch an dieser Stelle ganz kurz erwähne, geschieht dies einerseits weil die embryologische Untersuchung dieser Strukturen (BONNEVIE 1927—1932) sowohl chronologisch als auch sachlich für die später zu besprechende Frage der Genmanifestierung verschiedener Gehirnanomalien eine Grundlage bildet, andererseits aber auch weil in betreff der Genmanifestierung der Papillarmuster immer noch offene Fragen bestehen, deren Lösung vielleicht in Verbindung mit derjenigen der letzteren gesucht werden müssen.

In betreff einer genetischen Analyse der Papillarmuster, und besonders des quantitativen Wertes derselben (Anzahl von Leisten an der größten Seite des Musters), sei hier nur so viel konstatiert, daß dieser quantitative Wert eines Individuums von drei unter sich unabhängigen Erbfaktoren bedingt wird, die sämtlich, zur Zeit der ersten Musteranlage (2.—3. Embryonalmonat), in der Epidermisdicke der distalen Phalangen von Fingern und Zehen sich manifestieren. Auf diesem Stadium werden die Charaktere der zukünftigen Muster in allem wesentlichen in ihrer Voraussetzung festgelegt. Die Kräfte, die für eine weitere Ausformung derselben bestimmend sind, bauen in verschiedener Weise an den schon hier bestehenden Anlagen.

Die drei eben erwähnten Erbfaktoren der Epidermisdicke der embryonalen Finger- und Zehenhaut sind die folgenden: 1. Die Variation (V/v) der allgemeinen Epidermisdicke. 2. Die Existenz einer polsterartigen Verdickung der Haut an der radialen Seite (R/r), und 3. einer ebensolchen an der ulnaren Seite (U/u) der embryonalen Handplatte. Es sind die beiden letzteren Charaktere, das Auftreten von radialen oder ulnaren „Epidermispolstern", die neben ihrer Teilnahme an der Bestimmung der gesamten individuellen Variation der Papillarmuster, auch an und für sich für die Variation des quantitativen Wertes der Finger eines und desselben Individuums verantwortlich sind. Als Glied dieser Auswirkung greifen die Epidermispolster in die Druck- und Formverhältnisse der Fingerbeere ein und können so auch auf diesem Umweg die Ausformung der Papillarmuster beeinflussen.

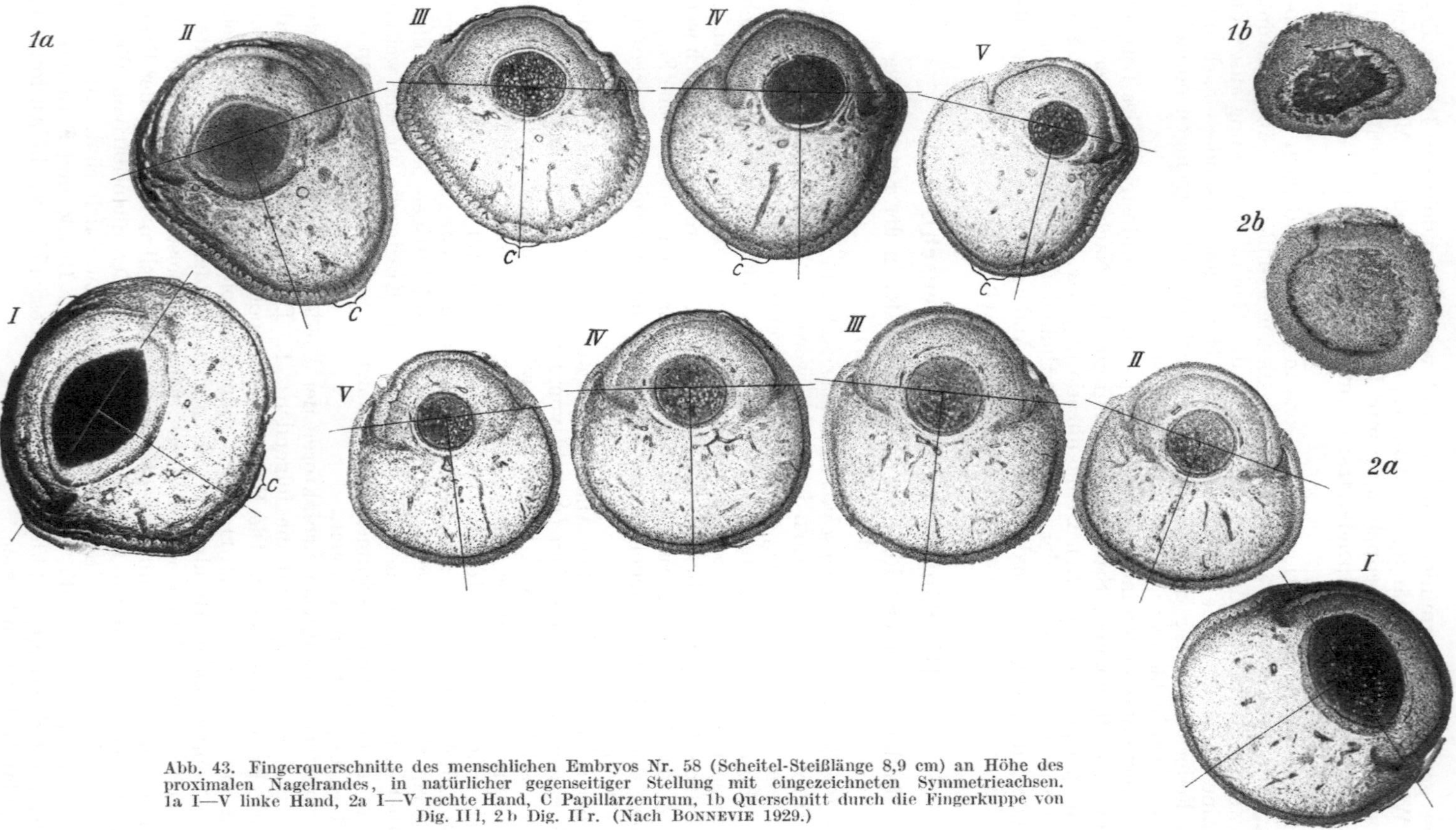

Abb. 43. Fingerquerschnitte des menschlichen Embryos Nr. 58 (Scheitel-Steißlänge 8,9 cm) an Höhe des proximalen Nagelrandes, in natürlicher gegenseitiger Stellung mit eingezeichneten Symmetrieachsen. 1a I—V linke Hand, 2a I—V rechte Hand, C Papillarzentrum, 1b Querschnitt durch die Fingerkuppe von Dig. II l, 2 b Dig. II r. (Nach BONNEVIE 1929.)

Die Entdeckung der Epidermispolster, sowie auch die erste Kenntnis ihrer Natur und Wirkungsweise, verdanken wir gewissen Anomalien der Finger und Zehen menschlicher Embryonen, die in dem von Bonnevie (1929, 1932) untersuchten Material vorlagen. Einige dieser Anomalien sollen, um die noch offenen Fragen der Genmanifestierung zu präzisieren, im folgenden kurz erwähnt werden.

Bei einem Embryo des dritten Monats (Nr. 58, S.-S. Länge 8,9 cm) war die linke Hand insofern abnorm, als ihre sämtlichen Fingerquerschnitte auffallend schief waren, mit Unregelmäßigkeiten auch ihrer Epidermisdicke. Die Finger der rechten Hand dagegen waren ganz normal. Durch eine nähere Untersuchung der anormalen Finger dieses Embryos ist (Bonnevie 1929) die Existenz eines

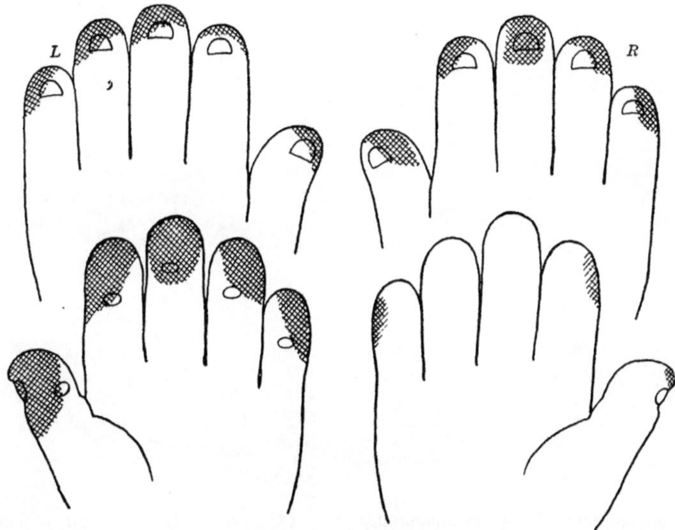

Abb. 44. Schematische Darstellung der Verbreitung der Epidermispolster an beiden Händen des Embryos Nr. 58. An der Volarseite der linken Hand sind die Papillarzentren als kleine Ovale eingezeichnet worden. (Nach Bonnevie 1929.)

Epidermispolsters zuerst nachgewiesen worden. Gerade weil dasselbe in diesem Fall eine abnorme Dicke hatte, konnte hier auch in die Natur und Wirkungsweise solcher Polster ein Einblick erreicht werden.

Ein Blick auf die zusammengestellten Querschnitte sämtlicher Finger der abnormen linken Hand des Embryo Nr. 58 (Abb. 43), in Vergleich mit den normalen der rechten Hand, ergibt *erstens*, daß zwischen der Oberflächenkrümmung der Fingerbeere und der Epidermisdicke eine bestimmte Relation besteht, und zwar so, daß, je dicker die Epidermis, desto mehr abgeflacht erscheint an der betreffenden Stelle die Peripherie des Querschnittes. An Strecken mit dünner Epidermis dagegen läßt sich an diesen abnormen Fingerquerschnitten eine ungemein starke Wölbung der Oberfläche wahrnehmen, die anscheinend den Ansprüchen des inneren Druckes gemäß kompensatorisch hervorgerufen worden ist. *Zweitens* sieht man aber auch, daß die gepolsterten Epidermisbezirke nicht regellos über die Fingerbeeren zerstreut sind, sondern daß sie, wenn die Hand als ein Ganzes betrachtet wird, einen Streifen bilden, der über die distalen Enden sämtlicher Finger hinzieht, und zwar in einer solchen Weise wie wenn die Entstehung dieses Polsterstreifens auf einem Entwicklungsstadium, wo die embryonale Handplatte noch nicht in einzelne Finger zerlegt worden war, stattgefunden hätte (Abb. 44). Die aneinander stoßenden Seiten sämtlicher Finger sind nämlich überall dünnhäutig, während solche Bezirke, die früher der distalen Oberfläche der Handplatte angehört haben, mit dick gepolsterter Epidermis bedeckt erscheinen. Die

Verbreitung des Polsters ist an der Volarseite der Hand weiter als dorsal, und wenn die Finger einzeln betrachtet werden findet man, wie nach der eben erwähnten Annahme zu erwarten ist, das Polster an Dig. I und II radial gelegen, an Dig. IV und V dagegen ulnar, während es an Dig. III endlich etwa median die Volarseite bedeckt.

Auch an der ganz normalen rechten Hand desselben Embryos sind Epidermispolster zu spüren. Sie sind aber hier lange nicht so stark verdickt wie an der linken Hand, und die Polsterung bedeckt die Fingerkuppen wesentlich nur dorsal, während die Volarflächen derselben alle dünnhäutig sind. Die Fingerquerschnitte zeigen daher an der rechten Hand sämtlich die normalen Symmetrieverhältnisse mit schön abgerundeter Wölbung der Fingerbeere.

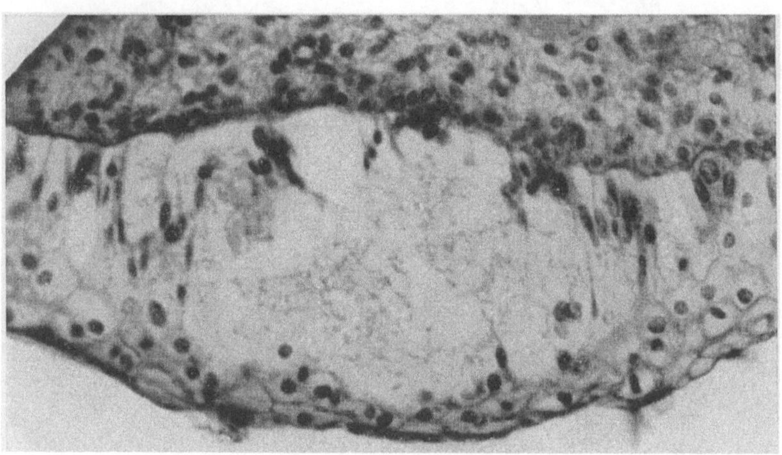

Abb. 45. Blasenförmige Auftreibung des Epidermispolsters (Embryo Nr. 11, S.-S. 7 cm; Dig. II des rechten Fußes.) (Nach Bonnevie 1932.)

In betreff des Auftretens von Epidermispolstern auch an den Fingern einer Anzahl normaler Embryonen, sowie der Bedeutung derselben für die Genetik der Papillarmuster möchte ich auf die im dritten Band dieses Handbuches gegebene Darstellung von W. Abel hinweisen. Für die Frage nach der Genmanifestierung wird es jedoch hier von Interesse sein die bis jetzt bekannten Tatsachen zusammenzustellen, die über die Natur und den Ursprung dieser immer noch rätselhaften, für die Ausformung und Variation der Papillarmuster so bedeutungsvollen Epidermispolster Auskunft geben könnten.

1. Die Verdickung der gepolsterten Epidermis ist nicht in einer Vergrößerung der Zellenzahl begründet, sondern vielmehr in einer Steigerung der Zellengröße. Ein Vergleich zwischen der gepolsterten und der polsterfreien Epidermis ergibt als sehr wahrscheinlich, daß diese Vergrößerung der Zellen in einem mehr oder weniger hohen Flüssigkeitsgehalt derselben besteht. Die Frage nach dem Ursprung dieser Flüssigkeit, ob sie an Ort und Stelle produziert oder von außen her zugeführt worden ist, wird sich nur durch weitere Untersuchungen entscheiden lassen, obwohl schon jetzt durch einen Vergleich der über die menschlichen Finger vorliegenden Resultate mit ebensolchen an anderen Organismen gewonnenen, eine Antwort etwas näher gerückt werden darf.

2. Die Annahme einer Flüssigkeitsansammlung als Ursache der Polsterung wird auch durch Anomalien bestätigt, wo innerhalb des Bereiches der Polsterung die Epidermis in Blasen aufgetrieben erscheint (Abb. 45, Bonnevie 1932). Die Zellen des *Stratum intermedium* können in solchen Fällen bis zur Sprengung

aufgetrieben werden, während die Basalmembran und das Periderm der Epidermis noch eine zeitlang Stand halten. Zuweilen wird aber das letztere zerrissen, während in anderen Fällen auch unterhalb der Basalmembran eine Flüssigkeitsansammlung vorgefunden werden kann.

3. Die schon oben besprochene, am Embryo Nr. 58 zuerst beobachtete, Relation zwischen Epidermispolsterung und Oberflächenkrümmung der Fingerbeere hat sich durch weitere Untersuchungen auch an normalen Fingern und Zehen als eine allgemein gültige Erscheinung erwiesen. Die Elastizität der gepolsterten Epidermis scheint mit steigender Dicke des Polsters verringert zu werden, und die embryonale Haut wird so dem inneren Druck der Fingerbeeren

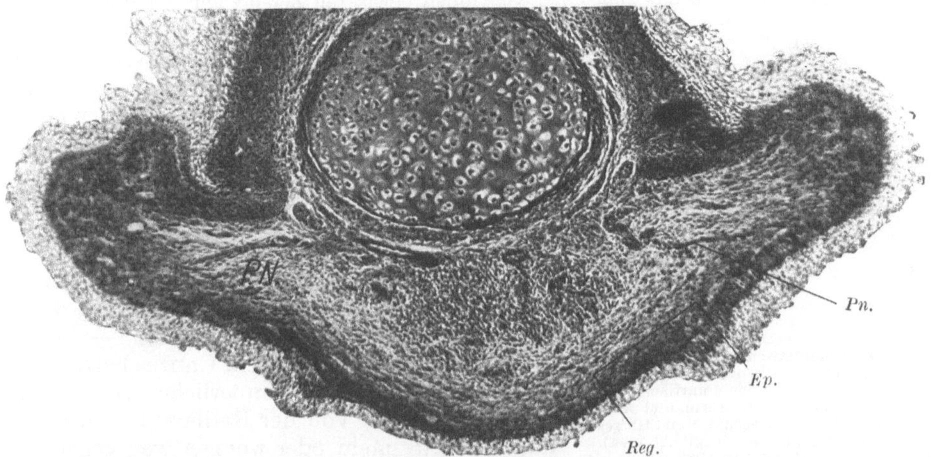

Abb. 46. Querschnitt durch Dig. III der linken Hand vom Embryo Nr. 19 (S.-S. 8 cm). Die dick gepolsterte und schon gefaltete Epidermis ist längs der Mitte der Volarseite des Fingers zersprengt, die Wunde ist aber schon durch ein dünnes Regenerat gedeckt worden. *Pn.* Die mit der zersprengten Haut zur Seite gezogenen Papillarnerven, *Ep.* Epidermispolster, *Reg.* regenerierte Haut. (Nach BONNEVIE 1932.)

einen entsprechend stärkeren Widerstand leisten. Die „Wölbungswerte" polsterloser Fingerbeeren sind daher ganz allgemein beträchtlich höher als diejenigen stark gepolsterter Finger. Dieser Unterschied macht sich beim Eintreten der Papillarfaltung besonders stark geltend, indem die tiefen und kontinuierlich verbreiteten Falten der gepolsterten Epidermis eine schon früher existierende Elastizitätsdifferenz akzentuieren.

4. Die hier besprochene Relation zwischen Epidermisdicke und Oberflächenkrümmung der Fingerbeere ist das Zeugnis eines während der Entwicklung der Papillarmuster vor sich gehenden Balancestreites zwischen inneren und äußeren, in den Finger- (und Zehen-) Anlagen wirksamen Kräften. Der innere Druck wird einer Erweiterung und Abrundung der Finger- und Zehenbeeren zustreben, während die embryonale Haut gegen solche Erweiterung einen passiven Widerstand leistet. Unter normalen Verhältnissen ist jedoch dieser Widerstand nicht größer, als daß die Beeren im ganzen eine harmonisch abgerundete Form bewahren, wenn auch ihre Wölbungswerte der Polsterdicke der Epidermis gemäß beträchtlich variieren können. Nur bei abnorm dicker Polsterung kann die Elastizität der Epidermis zu stark herabgesetzt werden, um eine Abrundung der Beerenoberfläche zu erlauben, wie dies schon an der linken Hand des Embryos Nr. 58 demonstriert worden ist. Andere Beispiele entsprechender Art sind auch schon wahrgenommen und beschrieben worden (BONNEVIE 1929).

Der eben besprochene Balancestreit kann jedoch auch zuweilen ein entgegengesetztes Resultat geben (Bonnevie 1932), indem der innere Druck dem Widerstand der Epidermis gegenüber sich als der stärkere erweist.

Dies ist z. B. an der linken Hand des Embryos Nr. 19 der Fall, ebenso wie auch an seinem linken Fuß. Die Epidermis war hier abnorm dick gepolstert und die Beeren erscheinen dementsprechend bis zur Deformierung abgeflacht. Dazu kommt aber noch (Abb. 46), daß an einem Finger und an nicht weniger als drei Zehen deutliche Spuren zu erkennen sind von einer gewaltsamen Zerstörung der überdicken und daher sehr wenig elastischen Epidermis, die jedoch schon vor dem Tod des Embryos durch Regeneration teilweise geheilt worden war. Durch Rekonstruktion der betreffenden Fingerbeere (Dig. III der linken Hand, Abb. 47) sieht man die Narbe, die proximal spitz ausläuft, sich gegen die Fingerspitze rasch verbreitern — genau was zu erwarten wäre, wenn ein distalwärts gerichteter innerer Druck eine äußere Hülle zersprengt hätte. — Die rekonstruierten Zehenbeeren geben in gleicher Weise das Bild einer von innen bewirkten Zersprengung der Epidermis.

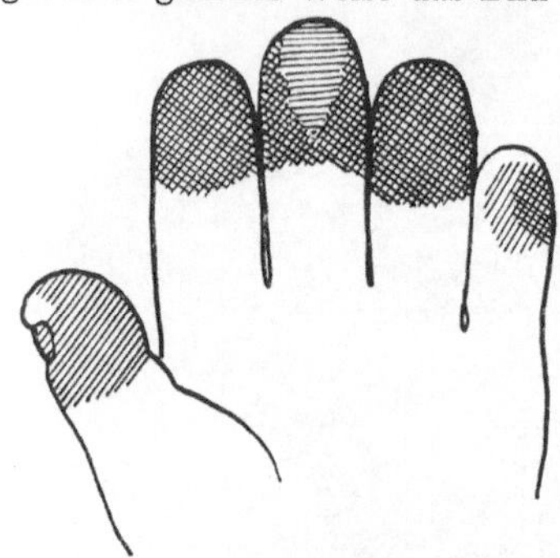

Abb. 47. Schematische Rekonstruktion des Epidermispolsters an der linken Hand des Embryos 19. An der Volarfläche des Dig. III sieht man die Form und Ausbreitung des hier eingeschalteten Stückes regenerierter Epidermis (vgl. Abb. 44). (Nach Bonnevie 1932.)

Die bei den hier besprochenen Anomalien augenfällige Herabsetzung der Elastizität der gepolsterten Epidermis stimmt mit der Auffassung wohl überein, daß die Polsterung in einer Steigerung der in der Epidermis enthaltenen Flüssigkeitsmenge besteht.

5. In betreff der Lokalisation der Epidermispolster läßt sich bis jetzt nur sagen, daß sie bei einer Anzahl menschlicher Embryonen an den distalen Phalangen von Fingern und Zehen wahrgenommen worden sind. Ihre Lage ist dann stets eine solche, daß die Polster — wenn Hand- oder Fußpolster als ein Ganzes betrachtet wird —, zusammen kontinuierliche Streifen bilden, die entweder von der Radialseite oder von der Ulnarseite mehr oder weniger weit gegen die Mitte hin verlaufen. Der Daumen nimmt jedoch in betreff seiner Polsterung, den anderen Fingern gegenüber, eine recht selbständige Stellung ein. Die radialen sowohl als die ulnaren Polsterstreifen haben sich als unter sich unabhängig vererbbar erwiesen.

Auch in betreff ihrer mehr oder weniger distalen Lage und Ausbreitung können die Polsterstreifen variieren. Sie können über die Fingerbeeren volar verlaufen oder sich über die Fingerkuppen auf die dorsale Seite des Fingers hinüber ausbreiten, oder endlich, sie können ausschließlich dorsal, um die Nagelanlage herum, gelagert sein, ohne überhaupt die Fingerbeeren zu berühren. Eine Vererbung solcher Verschiebung der Polsterstreifen in proximal-distaler Richtung ist nicht nachgewiesen worden.

Polsterung der Epidermis ist weiter auch von Bonnevie (unpubliziert) interdigital an der embryonalen Handfläche wahrgenommen worden, ohne daß jedoch bis jetzt nähere Untersuchungen über ihre Verbreitung an dieser Stelle vorgenommen sind. Dagegen wurden sie an digital gepolsterten Embryonen an den beiden proximalen Phalangen derselben nicht vorgefunden.

6. Die Dickenvariationen vorhandener Polsterstreifen haben sich als vererbbar erwiesen. Im allgemeinen verhalten sich dabei die Extremitäten beider Seiten eines Individuums annähernd aber nicht ganz gleich. Eine Dissymmetrie macht sich nämlich hier geltend, und zwar so, daß die Epidermispolster sich an der linken Seite etwas stärker geltend machen als an der rechten. Die radialen oder ulnaren Epidermispolster können bei gewissen Individuen auch ganz fehlen, ein Zustand der sich der Polsterung gegenüber recessiv vererbt.

7. In betreff einer zeitlichen Begrenzung des Auftretens der Epidermispolsterstreifen läßt sich zur Zeit konstatieren, daß sie im allgemeinen schon auf einem

Stadium zum Vorschein treten, wenn die Hand- und Fußplatten noch nicht in ihre Radien zerlegt worden sind. Dies läßt sich nicht nur aus der streifenförmigen Anordnung der Polster über die Volar- oder Dorsalflächen der Finger oder Zehen erschließen, sondern auch aus ihrem Verhalten zur Nagelanlage, indem die mit dieser Anlage eingebuchtete Epidermis häufig gepolstert, die äußere Haut dagegen dünn und ungepolstert erscheint. Die Polsterung muß also mindestens ebenso alt sein als die Nagelanlage.

Über die Dauer der Polsterung, die Frage also ob die Epidermispolster, wenn einmal gebildet, auch permanent bestehen bleiben, oder ob sie als temporäre Bildungen zu betrachten sind, — darüber läßt sich zur Zeit nichts weiteres sagen, als daß die digitalen Polster wesentlich nur bei Embryonen von 6—10 cm, und überhaupt bei keinem Embryo über 12 cm S.-S. Länge beobachtet worden sind. Die Anzahl der genau untersuchten Embryonen dieser Größenordnung ist jedoch bis jetzt zu klein, um sichere Schlüsse zu erlauben.

8. Die letzte Frage endlich, über den Ursprung der Epidermispolster, oder richtiger der in denselben enthaltenen Flüssigkeit, wird an normalen Menschenembryonen kaum ihre Antwort finden können. Den bis jetzt gewonnenen Einblick in die Existenz und Wirkungsweise der Polster verdanken wir wesentlich nur den abnorm verdickten Polsterbildungen gewisser Embryonen. Man könnte daher vielleicht hoffen, durch ein weiteres Studium von Extremitätenanomalien bei Menschen oder Säugetieren auch diesen Fragen näher zu treten (vgl. weitere Bemerkungen S. 143).

2. Manifestierung des m^{bl}-Gens in der Entwicklung der LITTLE- und BAGGschen Blasenmäuse.

Ein *Mäusestamm mit vererbbaren Extremitätenanomalien* war schon durch die Untersuchungen von LITTLE und BAGG (1924), BAGG und LITTLE (1924) BAGG (1926, 1929) und MURRAY (1929) bekannt geworden, und zwar treten hier im allgemeinen Anomalien der Augen mit denjenigen der Extremitäten zusammen auf (Abb. 48).

Diese Augenanomalien, die überaus häufig vorkommen, können einseitig oder beiderseitig, und auch in ihrem Stärkegrad stark variierend sein. Von einer kurzen kaum merkbaren Verminderung der Lidöffnungen lassen sich alle Übergänge konstatieren bis zum völlig von der Haut überdeckten Auge, oder zu Augen die von Blutgerinnsel überdeckt oder umgeben sind. — Auch die Abnormitäten der Füße sind

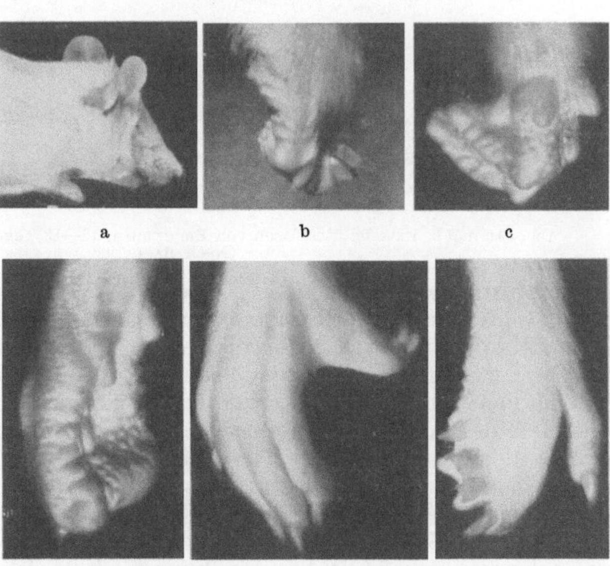

Abb. 48a—f. Beispiele charakteristischer Anomalien homozygoter Blasenmäuse. a Augen, b—c Vorderfüße, d—f Hinterfüße. (Nach BONNEVIE 1932.)

sowohl in ihrem Auftreten wie in ihrer Ausformung stark wechselnd. An Vorder- und an Hinterfüßen, an einer Seite oder an beiden, können die Füße abnorm sein. Klumpfüße können neben reiner Syndaktylie oder Polydaktylie zum Vorschein treten, und gerade diese Mannigfaltigkeit der Manifestation der Vererbung hat natürlich in genetischer und auch in embryologischer Hinsicht zahlreiche Probleme zur Lösung geboten.

Durch Kreuzungsanalysen ist von den schon erwähnten amerikanischen Forschern festgestellt worden, daß die hier besprochenen Anomalien, neben mehr zerstreut auftretenden Deformitäten des Kopfes, auf eine einzige, recessive

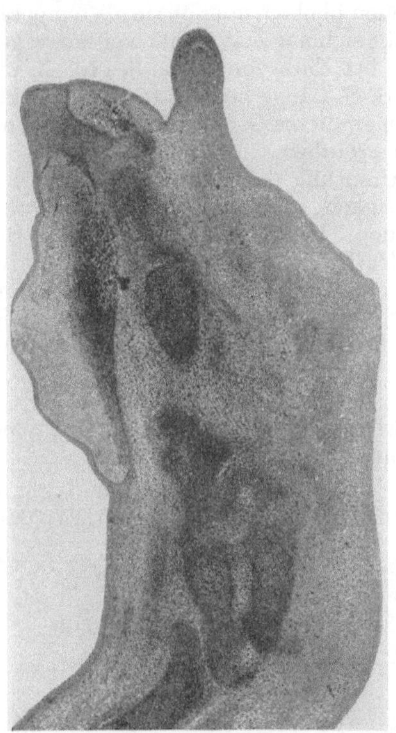
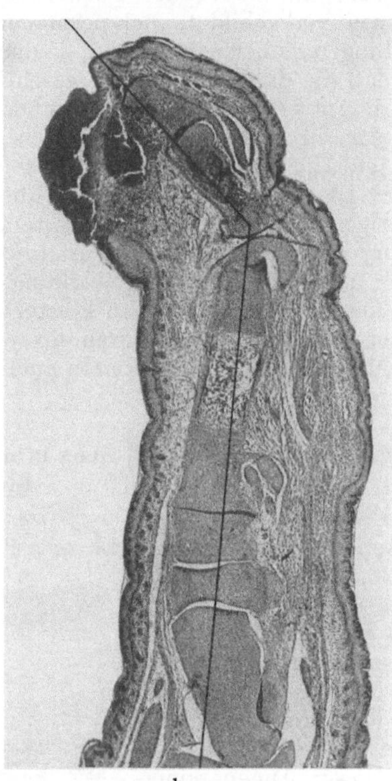

a   b

Abb. 49 a und b. Extremitätenblasen von Embryonen, 12—13 Tage (a) und 14—15 Tage alt (b).
(Nach Bagg 1929.)

Mutation zurückzuführen sind. Dieselbe ist 1921 von Little und Bagg beobachtet worden, und zwar in einem vor einigen Generationen mit Röntgenstrahlen behandelten Material. Ein Beweis dafür, daß die Mutation von dieser Bestrahlung hervorgerufen wurde, ist jedoch nicht geliefert worden. Später sind besonders von Murray (1929), von Little (1931) und Little und McPheters (1932) innerhalb des mutierten Stammes spezielle Linien selektiert worden, in welchen einmal die Anzahl normaler Tiere, ein anderes Mal auch der Tiere mit Augenanomalien allein, erheblich gesteigert worden sind. In anderen Fällen waren es die Anomalien der Vorderfüße oder diejenigen der Hinterfüße, deren relative Anzahl durch Selektion verändert wurde. Nur ist es, trotz langen Versuchen, nie gelungen eine Linie hervorzubringen, in welcher nach Ausschaltung der Augenanomalien die Fußanomalien allein bestehen blieben. Die Resultate dieser Selektionsversuche beweisen, daß wenn auch ein Hauptgen für die Entstehung sämtlicher Anomalien verantwortlich ist, das variierende Auftreten derselben von modifizierenden Genen dirigiert wird, die durch Selektion in wechselnder Weise gruppiert werden können.

Auch in betreff der Manifestierung des Hauptgens lagen (BAGG 1929) interessante Beobachtungen vor. Durch Eröffnung des Uterus gravider Mäuse hat BAGG an den Extremitäten der Embryonen Blasenbildungen wahrgenommen, und zwar waren dieselben bei jüngeren Embryonen (12—13 Tage) mit farbloser Flüssigkeit gefüllt, während sie bei den älteren (14—15 Tage) als Blutblasen oder Blutgerinnsel zum Vorschein traten (Abb. 49a und b). BAGG hat auch weiter, nach Eröffnung der Amnionhaut, an blasentragenden Embryonen die Schwanzspitze abgeschnitten, um nach der Geburt dieselben identifizieren zu können. In dieser Weise hat er in einzelnen Fällen konstatieren können, daß die embryonalen Fußblasen für bleibende Anomalien die Vorläufer sind.

Auf Grundlage solcher Beobachtungen hat BAGG den Schluß gezogen, daß das hier wirksame Gen sich in einer Anomalie der Lymphgefäße manifestiert, die zur Blasenbildung führt und dadurch rein mechanisch eine normale Fußentwicklung verhindert. Auch PLAGENS (1933) glaubt, nach Untersuchungen wesentlich an Schnittserien, die zuerst manifestierte Anomalie in das Gefäßsystem lokalisieren zu müssen, und zwar vor allem als eine Tendenz zur Thrombenbildung in den Gefäßen. Die Blasen sollen an und für sich dabei eine unwesentliche Rolle spielen, obwohl zwischen denselben und den Thromben jedoch irgendeine ursächliche Verbindung zu bestehen scheint.

Die im folgenden zu referierenden Resultate von BONNEVIE (1931, 1934) stimmen mit keiner von diesen Auffassungen ganz überein insofern als sie beweisen, daß die embryonalen Blasen nicht an Ort und Stelle der späteren Anomalien zum Vorschein kommen, sondern stets nur in der Nackenregion ganz junger Embryonen (11—12 Tage), und daß sie von dieser Stelle an, der Oberfläche entlang, in verschiedenen Richtungen verschoben werden, vordem ihre endgültige Lokalisation erreicht wird. Zu der Blasenflüssigkeit, die allem Anschein nach aus dem vierten Ventrikel des embryonalen Gehirns ausgetreten ist, kann jedoch unter Umständen, nach Störung unterliegender Capillaren, sowohl Blut als Lymphe zugemengt werden.

Tabelle 5. Embryonale Blasen in Prozent der untersuchten m^{bl}-Homozygoten, nach ihrer Lokalisation und dem Entwicklungsstadium der betreffenden Embryonen gruppiert. l linke, r rechte Seite, m dorso-median. (Nach BONNEVIE 1934.)

Länge der Embryonen mm	Kreuz.	Embr.	Kopf u. Augen – Klare Blasen l.	m.	r.	Kopf u. Augen – Blut l.	m.	r.	Randblasen links rad.	tib.	uln.	fib.	Randblasen rechts rad.	tib.	uln.	fib.	Schulter, Vorderbeine – Klare Blasen l.	m.	r.	Schulter, Vorderbeine – Blut l.	m.	r.	Rücken, Hinterbeine – Klare Blasen l.	m.	r.	Schw.	Rücken, Hinterbeine – Blut l.	m.	r.
1—7	22	137	—	—	—	—	—	—	—	—	—	—	—	—	—	—	—	—	—	—	—	—	—	—	—	—	—	—	—
ca. 7	4	32	3,1	31,0	15,5	—	—	—	—	—	—	—	—	—	—	—	1,1	4,5	—	—	—	—	—	5,6	—	3,4	—	—	—
7—8	11	89	62,0	77,5	49,5	—	—	—	1,1	29,1	—	9,0	°	29,1	—	3,4	20,8	20,8	14,9	0,8	—	0,4	3,2	22,2	11,2	10,6	1,2	1,9	0,4
9—10	38	254	55,0	92,0	55,5	5,5	1,9	7,9	0,4	49,0	—	4,3	—	40,2	—	4,3	47,0	3,2	42,0	17,8	—	11,3	14,5	11,3	4,5	—	6,4	6,4	3,2
11—12	13	62	42,0	82,5	45,2	17,8	8,1	25,8	—	9,6	—	—	—	6,4	—	—	7,7	1,5	10,7	40,0	—	23,0	6,2	1,5	6,2	—	4,6	10,7	3,1
13—14	14	65	30,8	30,8	12,3	23,0	10,7	30,8	—	3,4	—	—	—	—	—	—	2,4	—	2,4	43,0	—	27,0	—	—	—	—	9,8	17,0	14,6
15—17	9	41	9,8	14,6	4,9	29,2	17,0	36,6	—	—	—	—	—	—	—	—	—	—	—	22,5	—	19,3	—	—	—	—	6,4	—	—
17—	9	31	19,3	9,7	12,9	16,0	3,2	3,2	—	—	—	—	—	—	—	—	—	—	—	—	—	—	—	—	—	—	—	—	—
	120	711																											

Die Resultate Bonnevies sind an Material aus dem Little-Baggschen Mäusestamme gewonnen worden, jedoch mit zweimaliger Einkreuzung von anderen, in betreff der hier zu untersuchenden Anomalie normalen Stämmen. Es wurden für die embryologische Untersuchung nur homozygot recessive Tiere zur Kreuzung benutzt, so daß stets sämtliche Embryonen aller Würfe als Träger des Hauptgens zu betrachten waren. Das Verhalten

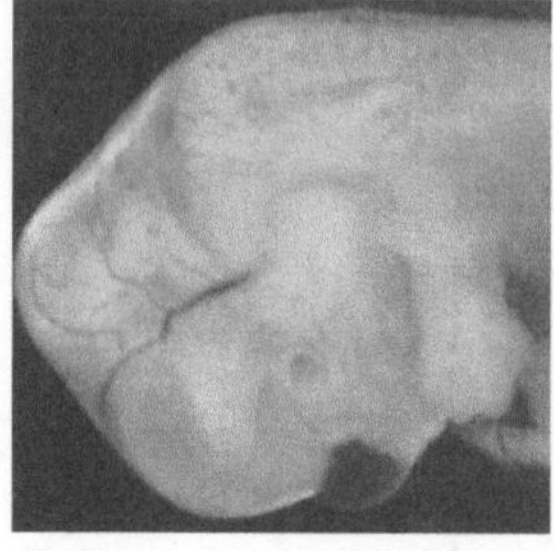 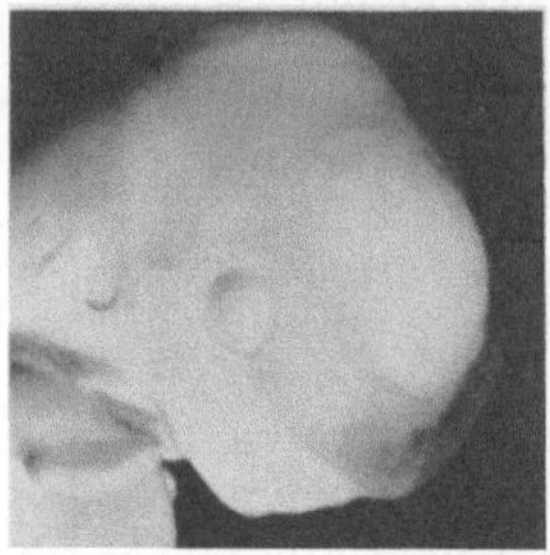 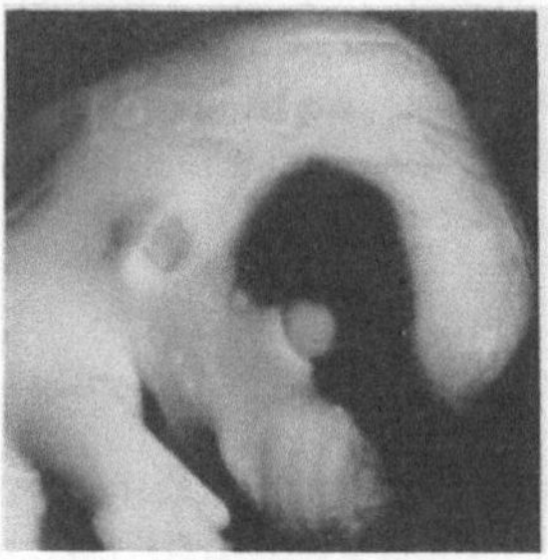

a   b   c

Abb. 50 a—c. Verschiedene Typen von Kopfblasen homozygoter m^{bl}-Embryonen. a Embryo am Leben photographiert, b lebend fixiert, c im Uterus gestorben. (Nach Bonnevie 1934.)

der embryonalen Blasen und auch der bleibenden Anomalien ist vor allem an lebenden oder an frisch fixierten Embryonen studiert worden, indem jedoch stets die so gewonnenen Resultate an Schnittserien suppliert und kontrolliert wurden. Etwa 1300 Individuen, unter welchen etwa 1000 Embryonen verschiedener Stadien, sind für diese Untersuchung in Betracht genommen worden.

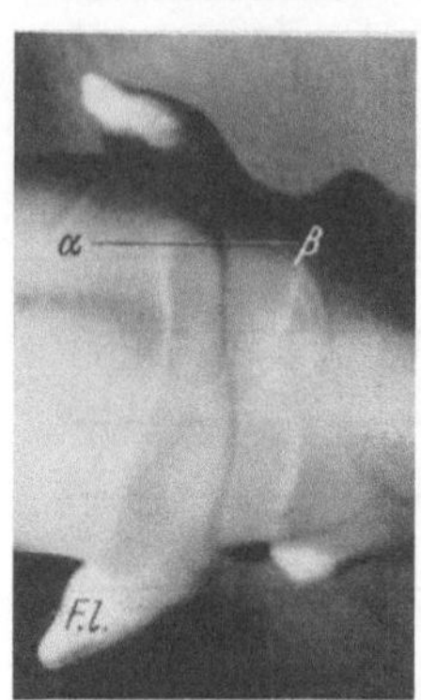

Abb.51. Sattelförmige Schulterblase eines m^{bl}-Embryos (10 mm), von der Dorsalseite gesehen. α—β bezeichnet die Lage des für den Hinterrand einer sich bewegenden Blase charakteristischen Regenerationsherdes. F.l. linker Vorderfuß. (Nach Bonnevie 1934.)

Die Frage nach der zu Augen- und Fußanomalien führenden Genmanifestierung umfaßt, wie aus den schon besprochenen Kreuzungsresultaten hervorgeht, in Wirklichkeit zwei verschiedene Probleme, dasjenige nämlich der Manifestierung des pleiotrop wirkenden Hauptgens, und weiter auch dasjenige der modifizierenden Gene.

In betreff der *Manifestation des Hauptgens* ist zuerst eine statistische Untersuchung sämtlicher Embryonen vorgenommen worden, indem hier etwaige Blasenbildungen unter Berücksichtigung ihrer Lokalisation und des Altersstadiums ihrer Träger gruppiert worden sind. Eine tabellarische Zusammenstellung der so gewonnenen Resultate (Tabelle 5) ergibt sogleich, daß bei den embryonalen Blasen dieses Mäusestammes eine Verschiebung zu bemerken ist, die auch über die Natur und den Ursprung derselben Auskunft geben kann. Man sieht bei den jüngsten Embryonen (vor 7 mm Länge) keine einzige Blase, aber von diesem Stadium an sind sie stets vorhanden. Zuerst treten in rasch steigender Anzahl ganz klare Blasen in der Nackenregion und an den Seiten des Kopfes zum Vorschein. Bei Embryonen von 9—10 mm Länge sind dieselben bei über 90% der Embryonen in der dorsalen Medianlinie und bei 55% auch an jeder der beiden Kopfseiten zu finden (Abb. 50). Von diesem Alter an wird aber die Zahl der klaren Kopfblasen allmählich verringert, während an ihrer Stelle Blutblasen sich geltend machen, bis meistens vor der Geburt auch die letzteren im Schwinden begriffen sind.

Gleichzeitig sind jedoch, schon bei etwa 8 mm langen Embryonen, auch an anderen Stellen des Körpers klare Blasen aufgetreten, die zum Teil mit den schon am Nacken vorgefundenen in Verbindung stehen. Dies ist mit den in der Schulterregion und auch weiter hinten am Rücken bemerkten Blasen der Fall, die sehr oft mit den Nackenblasen kontinuierlich verbunden sind, oder als eine direkte Erweiterung derselben erscheinen (Abb. 51, 52). Auch an diesen Stellen sieht man die Zahl der klaren Blasen bis zu einem gewissen Altersstadium der Embryonen (10 mm) rasch zunehmen, um dann allmählich zu sinken. In der Schulterregion ist es auffallend, daß die Zahl der median gelegenen klaren Blasen schon auf einem Stadium stark verringert wird, wenn diejenigen der beiden Vorderbeine immer noch in raschem Steigen begriffen sind, eine Verschiebung der Blasen also von der dorsalen Schulterregion gegen die beiden Vorderbeine hin. Auffallend ist dabei auch das Übergewicht der Anzahl linksseitiger Blasen über diejenige der rechten Seite. Wie am Kopfe, sieht man auch hier am Vorderkörper

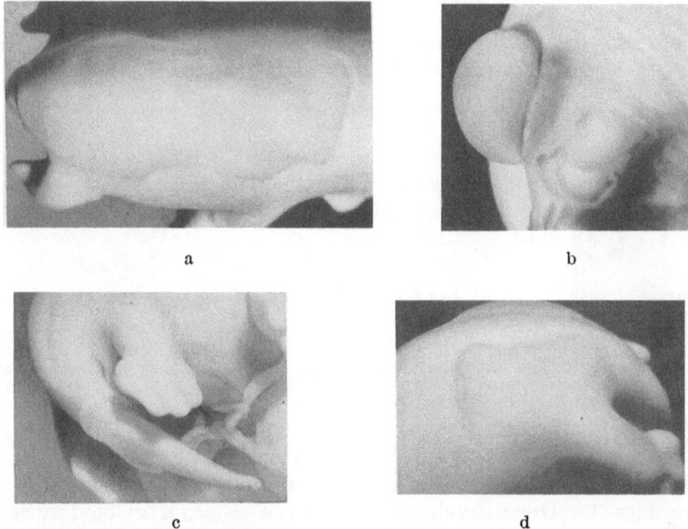

Abb. 52 a—d. Embryonale Blasen am Hinterkörper und Schwanz der m^{bl}-Homozygoten. (Nach BONNEVIE 1934.)

nach einem gewissen Altersstadium (10—12 mm) die Zahl der klaren Blasen zugunsten der mit Blut gefüllten rasch schwinden. Als Folge der eben besprochenen Verschiebung treten aber, in dem für die Statistik der Tabelle 5 zugrunde liegenden Material, die Blutblasen nicht in der Medianlinie, sondern vielmehr an den Vorderfüßen zutage.

Am Hinterkörper gibt die Statistik insofern ein etwas anderes Bild, als die laterale Verschiebung der median zum Vorschein getretenen klaren Blasen nicht sehr auffallend ist. Die Blutblasen machen sich daher hier nicht nur auf beiden Seiten, sondern auch am dorsalen Hinterrücken in steigender Anzahl geltend. Von hier aus geschieht aber eine Verschiebung der Blasenflüssigkeit nach dem Schwanze hin, wo bald eine Reihe klarer Blasen in steigender Anzahl zum Vorschein treten. Nachdem ihre Anzahl bei 10 mm langen Embryonen ihr Maximum erreicht hat, verschwinden aber diese Schwanzblasen ganz plötzlich, ohne von Blutblasen nachgefolgt zu werden, was wohl nur so erklärt werden kann, daß der Blasendruck die noch zarte Haut der Schwanzspitze durchbricht, so daß die klare Flüssigkeit hier ausgeschieden wird.

Noch eine Kategorie der embryonalen Blasen macht sich in der statistischen Zusammenstellung (Tabelle 5) in eigentümlicher Weise geltend, nämlich die zuerst winzig kleinen „Randblasen", die, von den besprochenen Blasengruppen isoliert, meistens am tibialen Rand der Hinterextremitäten, zuweilen aber auch am fibularen Rand derselben oder an den Vorderbeinen, zum Vorschein treten

(Abb. 53). Diese Randblasen sind schon früh, bei Embryonen von 8—10 mm Länge, in großer Menge zu erkennen, während nach diesem Alter ihre Anzahl rasch bis zum völligen Schwinden herabgesetzt wird. Wie später gezeigt werden soll, läßt sich schon embryonal konstatieren, daß in ihrer Folge sehr charakteristische Anomalien auftreten, obwohl lange nicht so zahlreich wie die kleinen Randblasen selbst. Es läßt sich für die letzteren nicht selten eine Vergrößerung, aber keine Verschiebung nachweisen, und diese winzigen Flüssigkeitsmengen scheinen, nach dem 10 mm-Stadium der Embryonen, in vielen Fällen ohne irgendwelche Spur nachzulassen resorbiert zu werden.

Die hier besprochenen statistischen Resultate (Tabelle 5) geben, mit direkter Beobachtung zusammen, das folgende Bild von dem ganzen Verhalten der embryonalen Blasen:

Man sieht die Blasenflüssigkeit von der Nackenregion, wo die Blasen bei Embryonen

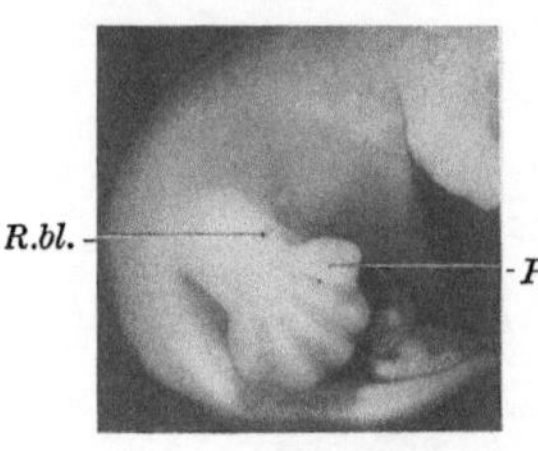

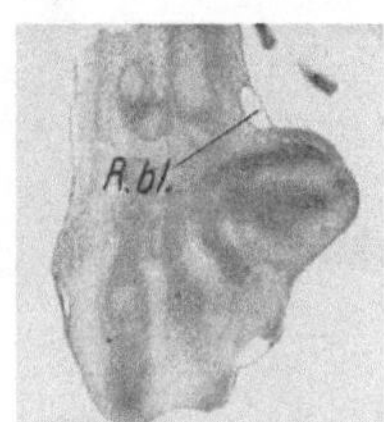

a   b   c

Abb. 53 a—c. a Embryo mit tibialen Randbläschen (*R.bl.*) und Verdoppelung des Dig. I am rechten Hinterfuß. b Flächenschnitt durch denselben. c Teil eines Schnittes, die Druckwirkung einer Randblase zeigend. (Nach Bonnevie 1934.)

von 7 mm Länge zum Vorschein treten, sich am Kopf und Rücken verschieben, und von hier aus weiter nach den beiden Körperseiten hin. Dabei werden, sowohl an der Dorsalfläche des Embryos als auch an beiden Seiten, charakteristische Stellen und Wege deutlich bevorzugt. Am Kopfe verschieben sich die Blasen beiderseits, längs der seichten Furchen unter dem stark gewölbten, embryonalen Mesencephalon, gegen die Augen- und Nasenregion hin. In der Schulterregion wird sehr häufig ein sattelförmig gelagerter Blasengürtel abgegrenzt, dessen Inhalt jedoch bald lateralwärts nach den Vorderfüßen hin verschoben wird, indem hier in betreff der Verschiebungsrichtung eine linksseitig betonte Dissymmetrie sich geltend macht. Am stark konvexen Hinterkörper verhalten sich die Blasen mehr wechselnd, indem sie entweder am Rücken liegen bleiben und dann oft stark anwachsen können, oder sie werden lateralwärts oder auch dem Schwanz entlang verschoben, in letzterem Fall in Form von tropfenähnlichen Blasen, die zuletzt durch die Haut der Schwanzspitze entleert werden.

Für alle diese Blasen des Kopfes und Rückens gilt es, daß ihr Ursprung von den zuerst in der Nackenregion erschienenen Blasen ganz klar hervortritt. Sicher ist weiter auch, daß an solchen Stellen, wo die Blasenflüssigkeit aus irgendeinem Grund zum Stillstand kommt und so bei fortgesetztem Zufluß einen steigenden Druck an ihre Unterlage übt, die zuerst klaren Blasen allmählich in Blutblasen umgewandelt werden. Direkte Beobachtung (Bonnevie 1934) an noch lebenden Embryonen hat ergeben, daß diese Umwandlung durch Blutung von unterliegenden, durch den Druck gestörten, Capillaren geschieht.

Plagens (1933) hat auch direkt durch Zählungen konstatiert, daß in den Gefäßen von älteren Embryonen, besonders solcher, die große oder zahlreiche Blasen tragen, die Anzahl der Blutzellen gesteigert erscheint. Dies wird von ihm durch ein Austreten der Blutflüssigkeit in die Blasen erklärt.

Unter den für Blutblasenbildung bevorzugten Stellen sind vor allem die Augen- und Nasenregion zu erwähnen, dann auch die Extremitätenspitzen und nicht selten der Hinterkörper, alles Stellen wo — wie weiter unten gezeigt werden soll — schon die klaren Blasen durch ihre Form oder Größe deutliche Zeichen eines starken inneren Druckes erweisen. An anderen Stellen dagegen, wo die Flüssigkeit während der Verschiebung der Blasen ohne Druckwirkung nur vorbeipassiert, werden keine Blutblasen gebildet. Dies gilt z. B. meistens für die sattelförmigen Blasen der Schulterregion, deren Flüssigkeit auf die Vorderbeine hin verschoben wird, sowie auch für den Schwanz, wo die kleinen Blasen anscheinend ohne Druckwirkung abgleiten.

Die Randblasen der Extremitäten nehmen auch insofern eine Sonderstellung ein, als ihr ursächlicher Zusammenhang mit den im Nacken schon entstandenen Blasen nicht direkt nachgewiesen worden ist, gleichzeitig wie sie sicher nicht

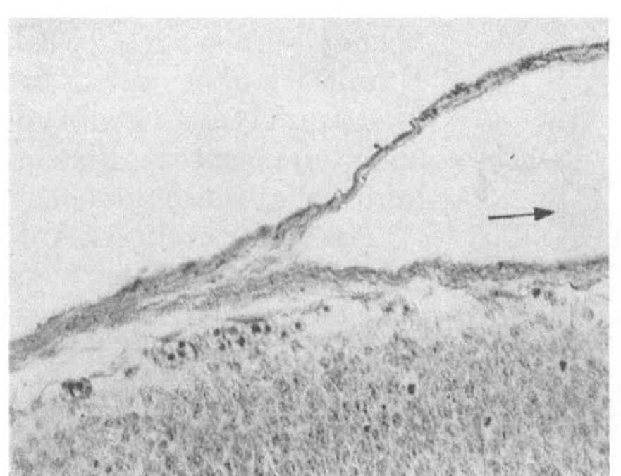 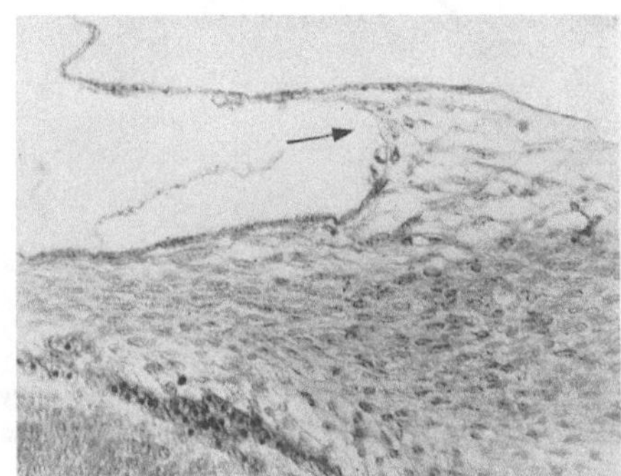

a   b

Abb. 54a und b. Beide Enden einer embryonalen Blase, die in die Richtung der Pfeile verschoben wird. (Nach BONNEVIE 1934.)

von den weiter hinten liegenden Rückenblasen abzuleiten sind. Die letzteren kommen ja, wie aus Tabelle 5 zu sehen, auch erst später zum Vorschein als die Randblasen. Vieles deutet indessen darauf hin, daß die winzigen Flüssigkeitsmengen, die der Bildung der Randblasen zugrunde liegen, der Ventralseite der Embryonen entlang von der Halsregion nach hinten fließen, indem sie aus latero-ventral verschobenen Abzweigungen der Nackenblasen herstammen. Für diese Auffassung spricht nicht nur der Zeitpunkt des ersten Auftretens der Randblasen unmittelbar nach dem Erscheinen der ersten Nackenblasen, sondern auch die Tatsache, daß kleinste tropfenähnliche Bläschen an der Ventralseite von Embryonen dieses Stadiums (7—8 mm Länge) mehrmals von BONNEVIE vorgefunden worden sind.

Ein eingehendes Studium der embryonalen Blasen auf Schnittserien (BONNEVIE 1934) hat als Resultat ergeben, daß dieselben unterhalb der dünnen Epidermis gelagert sind. Die letztere wird durch die hervordringende Flüssigkeit von der Unterlage emporgehoben, um dann nach eventueller Weiterverschiebung des Blaseninhalts wieder anzuheilen (Abb. 54). An Stellen, wo eine Blase eben vorbeipassiert ist, läßt sich sowohl in der Epidermis als auch im Bindegewebe eine rege Zellteilung wahrnehmen, als Zeichen einer hier vor sich gehenden Regeneration gestörter Verbindungen. Als treibende Kräfte bei der Verschiebung der Blasen, ist vor allem die Elastizität der stark gespannten Blasenhaut in Betracht zu ziehen, deren Druck die unterliegende Flüssigkeit über eine größere Fläche zu verteilen sucht, oder wenn möglich in die Richtung des geringsten Widerstandes zu verschieben. Aber auch die eben besprochene regenerative Wirksamkeit am Hinterrand einer solchen, in Verschiebung begriffenen

Blase muß hier in Betracht gezogen werden, insofern als sie dazu beitragen wird, die einmal eingeschlagene Richtung der Bewegung möglichst aufrecht zu erhalten.

In betreff des Ursprungs der Blasenflüssigkeit ist von Bonnevie (1932, 1934) die Auffassung begründet worden, daß sie vom Inneren des embryonalen Gehirns herstammt. Bei jungen Embryonen von 7 mm Länge an wird sie nämlich durch eine vor dem späteren Adergeflecht des Myelencephalons liegende Durchtrittsstelle, das *Foramen anterius*, vom vierten Ventrikel ausgeschieden (Abb. 55).

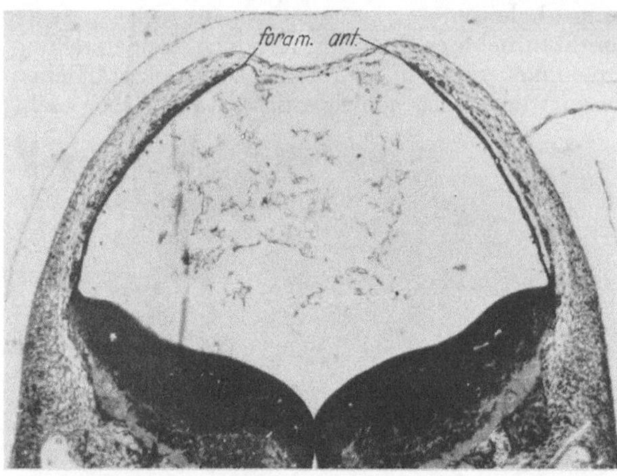

a

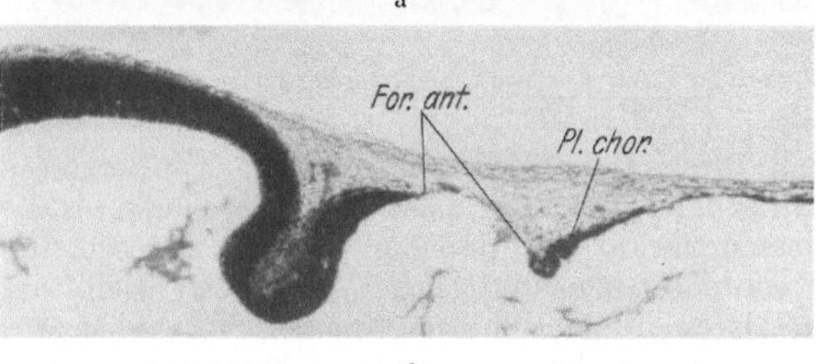

b

Abb. 55a und b. Embryo (7 mm). a Querschnitt durch das Myelencephalon, das Foramen anterius zeigend. b Medianschnitt durch die Decke des vierten Ventrikels mit Foramen anterius (*For.ant.*), Anlage des Plexus chorioideus (*Pl.chor.*). Hinter dem letzteren (rechts) wird später das Formen Magendie hervortreten. (Nach Bonnevie 1934.)

Die Existenz dieses Foramens ist indessen nur temporär, indem die betreffende Strecke des Gehirndaches allmählich in die Vorderwand des Adergeflechts einbezogen wird. Damit ist aber auch, bei 9—10 mm langen Embryonen, eine weitere Blasenbildung ausgeschlossen.

Als Stützen dieser Auffassung sind, neben dem an Totalpräparaten sowie auch an Schnittserien konstatierten Erstauftreten der Blasen an dieser Stelle, auch die von amerikanischen Forschern (Weed 1917, Keegan 1917 u. a.), schon früher gemachten Befunde einer ebensolchen Ausscheidung cerebrospinaler Flüssigkeit bei normalen Embryonen anderer Wirbeltiere zu erwähnen. Weed hat so bei Schweineembryonen experimentell nachgewiesen nicht nur die Existenz einer Durchtrittsstelle des Gehirndaches vor der Plexuseinbuchtung, sondern auch, daß auf einem bestimmten Entwicklungsstadium ein Austritt von Cerebrospinalflüssigkeit hier tatsächlich stattfindet, als Glied einer Regulierung des Gehirndruckes. Keegan hat beim Hühnchen ganz entsprechende Verhältnisse nachgewiesen, und die frühembryonale Existenz eines *Foramen anterius* ist auch von Bonnevie bei verschiedenen Säugetieren (Ratte, Mensch) konstatiert worden. Nur bei niederen Wirbeltieren scheint keine scharf begrenzte Austrittsstelle zu existieren, sondern die ganze Decke des vierten Ventrikels bleibt hier eine zeitlang außerordentlich dünn.

Eine Druckregulierung durch Ausscheidung von Gehirnflüssigkeit scheint also noch vor der Bildung eines Plexus chorioideus und gerade zur Zeit der starken Biegungen des Gehirnrohres ein normales Ereignis zu sein. Die Anomalie der hier besprochenen Mäuserasse besteht also nicht an und für sich in einer Ausscheidung von Cerebrospinalflüssigkeit, sondern vielmehr darin, daß die Quantität der durch das *Foramen anterius* ausgeschiedenen Flüssigkeit abnorm groß erscheint. Dies ist in der Tat auch die erste, und einzige, bis jetzt als „primär" zu charakterisierende Wirksamkeit des Hauptgens. LITTLE (1932) hat für das letztere, wegen dieser Manifestation in Myelencephalonblasen, das Symbol m^{bl} (normal M^{BL}) vorgeschlagen.

Die für die Blasenmäuse charakteristischen, bleibenden Anomalien sind sämtlich als Folgeerscheinungen dieser primären Manifestation direkt erklärbar. Wahrscheinlich wird es wohl durch eingehende Untersuchungen noch früherer Stadien möglich sein, die letztere weiter zurück zu verfolgen. Ein „zu viel" von Gehirnflüssigkeit wird doch gewiß in irgendeiner Entwicklungsanomalie seinen Grund haben, wenn auch bis jetzt die Zeichen einer solchen nicht nachgewiesen worden sind.

Die bleibenden Anomalien des hier besprochenen Mäusestammes sind, wie oben erwähnt, meistens nur an den Augen und den Extremitäten lokalisiert. Nur zuweilen werden, bei neugeborenen Jungen, auch Narbenbildungen nach großen Blasen des Hinterrückens vorgefunden, die wohl allmählich heilen, aber doch eine Verspätung des Haarwuchses an dieser Stelle bewirken können.

Eine zahlenmäßige Zusammenstellung sämtlicher in dem von BONNEVIE (1934) vorgelegten m^{bl}-Material auftretenden Anomalien ist in Tabelle 6 gegeben worden. Die embryonalen Blasen figurieren also hier neben den bleibenden Anomalien der Augen und der Extremitäten.

Die Anomalien von drei, nach verschiedenen Ausgangskreuzungen selektierten, Homozygotengruppen (Hom. I bis III) sind jedoch getrennt in Betracht genommen worden, um neben der Manifestierung des Hauptgens eventuell auch derjenigen modifizierender Gene auf die Spur zu kommen.

Die so zusammengestellten Daten geben das Bild einer stark „variierenden Manifestation". Die Penetranz des Hauptgens (m^{bl}) erscheint überall sehr

Tabelle 6. Statistische Übersicht der bei drei selektierten Stämmen von m^{bl}-Homozygoten vorgefundenen embryonalen und postembryonalen Anomalien. Hom. I sind die ursprünglichen m^{bl}-Homozygoten D (vgl. Abb. 62). Hom. II stammen aus einer Kreuzung D × C (Abb. 62). Hom. III stammen aus einer Kreuzung D × A (Abb. 62).

Kreuzungen		Material					Anomalien																			
		Individuen				Kopf und Augen							Schulter und Vorderbeine							Rücken und Hinterbeine						
			I	II		III		Lokalisation					IV		Lokalisation					V		Lokalisation				
				Abnorm		Indiv.					l. + r.		Indiv.					l. + r.		Indiv.					l. + r.	
Eltern	Nr.	Stadium	Total Nr.	abs.	% v. I	abs.	% v. II	l.	m.	r.	abs.	% v. III	abs.	% v. II	l.	m.	r.	abs.	% v. IV	abs.	% v. II	l.	m.	r.	abs.	% v. V
Hom. I	43	Postembr.	153	152	99,5	140	92,5	78	—	83	28	20,0	114	75,0	99	—	55	40	35,0	24	15,8	16	—	11	3	12,5
		Embr.	114	108	95,0	102	92,0	84	51	62	20	19,6	85	78,5	74	21	47	21	24,7	78	72,0	56	68	49	15	19,3
Hom. II	81	Postembr.	179	176	98,5	176	100,0	118	—	136	78	44,3	16	9,1	9	—	8	1	6,2	21	11,9	9	—	12	—	—
		Embr.	344	342	99,4	340	99,5	228	250	226	111	32,7	77	22,5	32	40	18	6	7,8	191	55,9	141	38	132	92	48,0
Hom. III	13	Postembr.	28	26	93,0	22	84,8	10	—	17	5	22,7	19	73,2	13	—	15	9	47,2	1	3,8	1	—	—	—	—
		Embr.	91	90	99,0	78	87,0	33	68	47	19	24,2	46	51,2	42	2	38	35	76,0	26	28,9	20	2	18	12	46,3

hoch, indem beinahe 100% sämtlicher recessiver Homozygoten die Anomalie an Kopf oder Füßen manifestiert.

Die Expressivität dagegen zeigt sich innerhalb jeder der drei Homozygotengruppen, durch einen Vergleich embryonaler und postembryonaler Stadien, stark variierend, und zwar an den Füßen viel stärker als am Kopfe. Die Anzahl der Individuen mit Anomalien des Kopfes oder der Augen erscheint embryonal und postembryonal gleichmäßig hoch, oder mit anderen Worten: Die embryonalen Kopfblasen werden beinahe immer in postembryonalen Anomalien eine Nachwirkung zeigen. Am Vorderkörper sowohl wie am Hinterkörper findet man dagegen überall bei den Embryonen eine beträchtlich höhere Expresivität als nach der Geburt. Besonders auffallend ist dies am Hinterkörper, besonders an den Hinterbeinen der Homozygotengruppe I, wo 72% embryonaler Abnormitäten den 15,8% der postembryonalen entsprechen. Auch bei den Hom. II sieht man einen entsprechenden Unterschied sowohl am Vorder- als am Hinterkörper, und ebenso auch am Hinterkörper der Hom. III. Die embryonalen Blasen am Vorder- und Hinterkörper treten also bei sämtlichen Homozygotengruppen in erheblich größerer Anzahl zum Vorschein, als die von ihnen bewirkten postembryonalen Anomalien. Eine beträchtliche Anzahl dieser Blasen werden, mit anderen Worten, unter glatter Anheilung der hochgehobenen Epidermis ohne Nachwirkung resorbiert.

Ein Vergleich der Statistik sämtlicher Homozygotengruppen ergibt weiter auch in betreff der Spezifität der Manifestation des m^{bl}-Gens interessante Erläuterungen. Während z. B. in Gruppe I die postembryonalen Fälle von Vorderbeinanomalien (75%) etwa fünfmal so zahlreich sind wie die postembryonalen Anomalien der Hinterbeine (15,8%), so finden sich bei Hom. II überhaupt relativ wenige (9,1—11,9%) Embryonen mit postembryonalen Fußanomalien, und dieselben sind an den Vorderbeinen noch weniger häufig als an den Hinterbeinen. In Gruppe III endlich, wo übrigens das Material zu klein ist, um zuverlässige Daten zu geben, sieht man wieder postembryonal ein großes Übergewicht der Vorderbeinanomalien über diejenigen der Hinterbeine. Auch in betreff der embryonalen Blasen ist zwischen den beiden Gruppen I und II ein auffallender Unterschied zu notieren, indem in der letzteren Gruppe die Anzahl von Blasen am Vorderkörper (22,5%), derjenigen der Gruppe I gegenüber (78,5%), sehr stark verringert ist. Die für die beiden Gruppen II und III zugrunde liegenden Kreuzungen scheinen also in dem genetischen Milieu der ursprünglichen Homozygoten (Gruppe I) auffallende Änderungen bedingt zu haben, die sowohl die embryonale als auch die postembryonale Manifestation des Hauptgens beeinflussen.

Es sei hier noch auf die Symmetrieverhältnisse der Fußanomalien aufmerksam gemacht, indem besonders in betreff der Vorderbeinanomalien eine auffallende Bevorzugung der linken Seite des Embryos sich geltend macht, während am Kopfe die Anomalien auf beiden Seiten mit etwa gleicher Häufigkeit zum Vorschein treten. Als Ursache dieser Dissymmetrie der Fußanomalien ist von Bonnevie (1932) auf die spiralige Drehung der ganz jungen Embryonen hingewiesen worden, die stets eine rechtsseitige ist. Dieselbe wird in den Spannungsverhältnissen der embryonalen Haut an beiden Körperseiten des Embryos einen Unterschied bedingen müssen, und zwar besonders in der Region der Vorderbeinanlagen, wo die spiralige Krümmung am stärksten ist. Ein solcher Spannungsunterschied der elastischen Haut gerade zu einer Zeit, wenn durch diese Spannung die Blasen verschoben werden, wird ganz automatisch auch eine Dissymmetrie der Lokalisierung der Blasen bedingen müssen. Damit ist jedoch nicht die Möglichkeit ausgeschlossen, daß auch in dieser Beziehung modifizierende Gene eine Rolle spielen können, so z. B. wenn in der Homozygotengruppe III die Dissymmetrie weniger scharf hervortretend ist als in den beiden anderen Gruppen.

Ein Einblick in die Genmanifestierung der m^{bl}-Mäuse, besonders auch in diejenige *modifizierender Gene*, ist von BONNEVIE auch durch eine Analyse der verschiedenen Typen der bleibenden Anomalien und deren Entwicklungsgeschichte gewonnen worden.

Die Augenanomalien gehören trotz ihres variierenden Ausbildungsgrades doch sämtlich einem und demselben Typus an (Abb. 56). Die ersten Anlagen

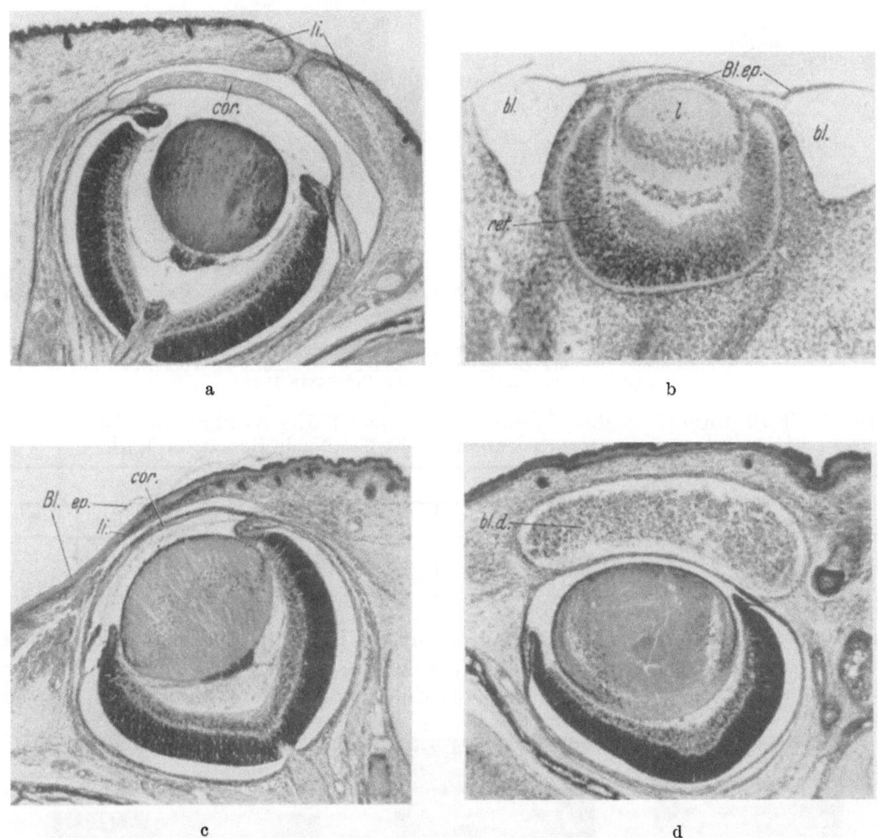

Abb. 56a—d. Medianschnitte durch Augenanlagen der m^bl-Homozygoten. a Normales, c—d abnorme Augen von älteren Embryonen, 15 mm, b Augenanlage eines Embryos, 9 mm. *ret.* Retina, *l* Linse, *li.* Augenlider, *cor.* Cornea. *bl.* embryonale Blasen, *bl.dl.* Blutgerinnsel, *Bl.ep.* Blasenepidermis. (Nach BONNEVIE 1934.)

der Augen sind immer ganz normal, und auch die Weiterentwicklung von Retina und Linse geschieht in normaler Weise. Durch Blasenbildung in der nächsten Umgebung dieser Anlagen wird aber sehr häufig die Epidermis hochgehoben, und wenn auch nach Resorption der Blasenflüssigkeit eine völlige Regeneration der Haut gelingen sollte, so ist indessen die Zeit verpaßt worden, in welcher eine normale Teilnahme der Epidermis an Cornea- und Augenlidbildung stattfinden kann. Bei älteren Embryonen, deren Augenlider normal geschlossen sind, äußert sich die Anomalie daher sehr oft in einem Offenbleiben des einen oder anderen Auges, oder durch Verschiedenheit zwischen beiden Augen in betreff der Größe oder Form ihrer noch offenen Spalte. Nach der Geburt treten dann in solchen Fällen weitere Störungen der Hornhaut oder der Umgebung des Auges sehr häufig zutage.

138   K. BONNEVIE: Tatsachen der genetischen Entwicklungsphysiologie.

Die verschiedenen Typen der *Fußanomalien*, sowie auch die Lokalisation derselben an Vorder- oder Hinterbeinen, sind für die Frage nach der Genmanifestierung insofern von besonderem Interesse, als sie in das Zusammenwirken zwischen Hauptgen und modifizierenden Genen einen Einblick geben.

Sämtliche Fußanomalien lassen sich (BONNEVIE 1934) auf fünf verschiedene Typen verteilen, von denen jeder auf eine

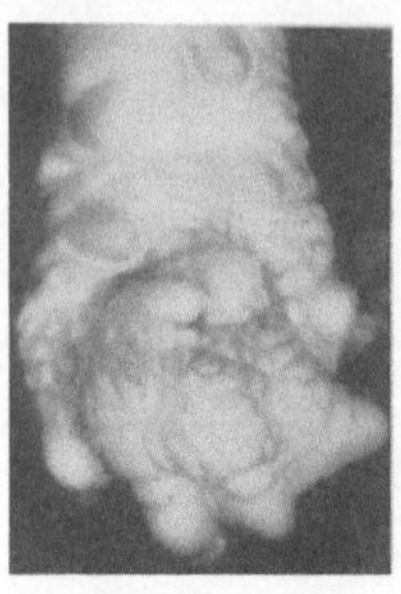
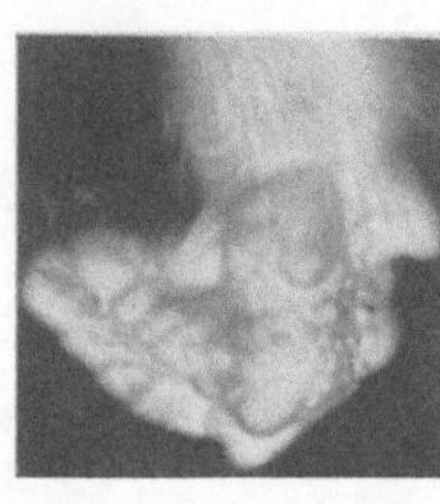
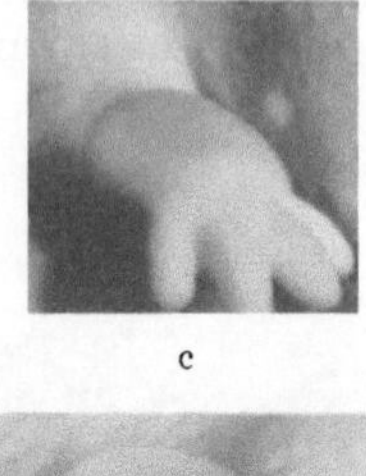
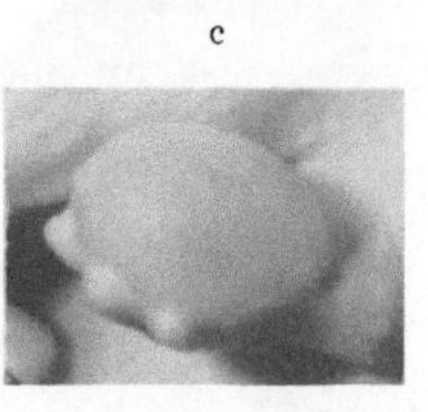
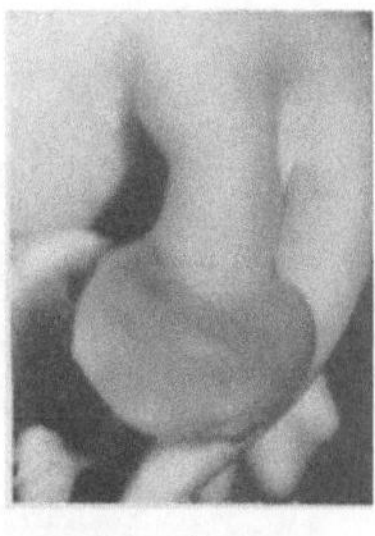

a   b   c   d   e

Abb. 57 a—e. Fußanomalien des Typus I, Syndaktylie mit dorsaler Flexion in postembryonaler (a—b) und embryonaler (c—e) Manifestation. a linker Hinterfuß, b rechter Vorderfuß, c—d Vorderfüße mit dorsalen Blasen, e linker Hinterfuß. (Nach BONNEVIE 1934.)

Tabelle 7. Fußanomalien des Typus I in Prozent der Anzahl von Individuen mit mindestens einem abnormen Fuß. (Nach BONNEVIE 1934.)

Fußanomalien Typus I	Vorderbeine				Hinterbeine			
	links	%	rechts	%	links	%	rechts	%
Dorsale Blasen . .	147	42,8	102	29,7	14	4,1	9	—
Syndakt., dors. Flex.	136	65,5	101	49,9	8	3,3	3	1,2

charakteristische Lokalisation von embryonalen Fußblasen zurückzuführen ist. Dorsal gelegene Fußblasen können (I) eine *Syndaktylie* mit *dorsaler Flexion* des Fußes (Abb. 57, Tabelle 7) hervorrufen, während (II) eine viel seltener

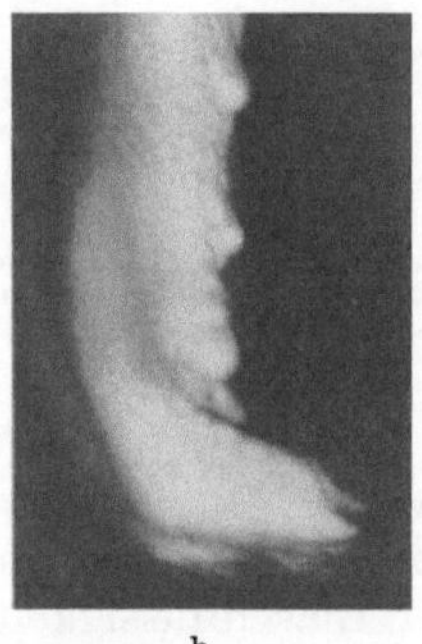
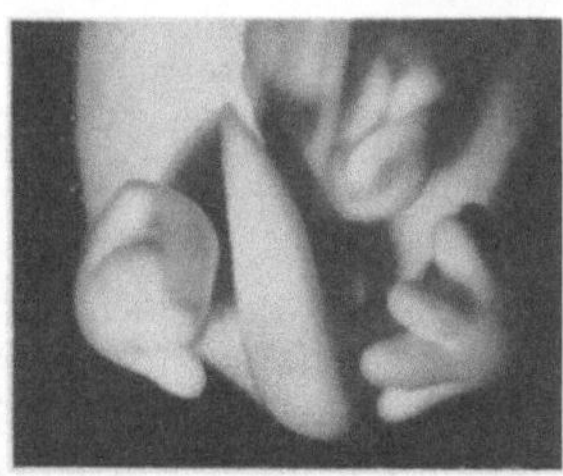

a   b   c

Abb. 58 a—c. Fußanomalien des Typus II, Syndaktylie mit ventraler Flexion. a linker, b rechter Hinterfuß. c Hinterkörper eines Embryos von der Ventralseite gesehen, der rechte Hinterfuß mit ventraler Blase. (Nach BONNEVIE 1934.)

auftretende Syndaktylie mit *ventraler Flexion* auf ebenso selten zum Vorschein tretende ventrale Fußblasen zurückzuführen sind (Abb. 58, Tabelle 8). Distal gelagerte Blasen liegen (III) für *Hypodaktylie* (Abb. 59, Tabelle 9), eine Unterdrückung der Zehenbildung besonders im medianen Teil der Fußplatte, zugrunde.

Tabelle 8. Fußanomalien des Typus II (vgl. Tabelle 7).   (Nach Bonnevie 1934.)

Fußanomalien Typus II	Vorderbeine				Hinterbeine			
	links	%	rechts	%	links	%	rechts	%
Ventr. Blasen . . .	1	0,3	—	—	2	0,6	3	0,9
Syndakt., ventr. Flex.	—	—	—	—	1	0,5	1	0,5

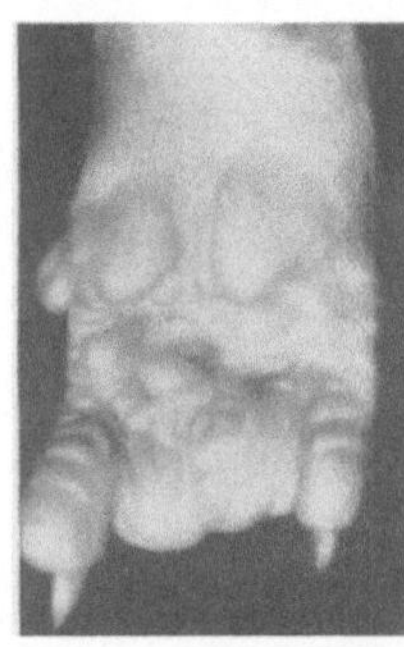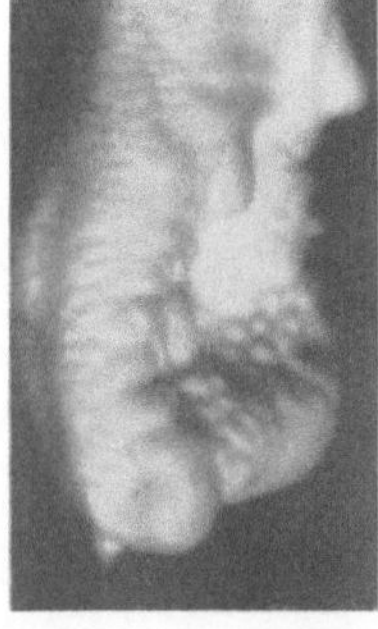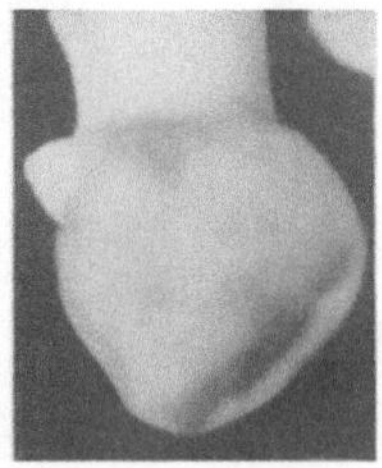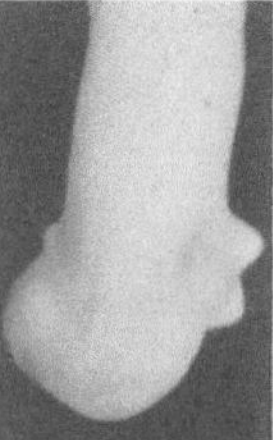

a   b   c   d

Abb. 59 a—d. Fußanomalien des Typus III, Hypodaktylie. a linker Vorderfuß, b linker Hinterfuß, c—d linke Hinterfüße zweier Embryonen. (Nach Bonnevie 1934.)

Tabelle 9. Fußanomalien des Typus III (vgl. Tabelle 7).

Fußanomalien Typus III	Vorderbeine				Hinterbeine			
	links	%	rechts	%	links	%	rechts	%
Distale Blasen . .	—	—	—	—	7	2,0	1	0,3
Hypodaktylie . . .	2	0,9	2	0,9	10	4,8	1	0,5

Die zwei letzten Typen der Fußanomalien, die *partielle Syndaktylie mit dorso-tibialer Flexion* (IV) und die *Polydaktylie*, oder Abduktion, des Daumens (V) stehen beide mit der Existenz von Randblasen in ursächlicher Verbindung (Abb. 60—61, Tabelle 10). Wie für die Randblasen konstatiert wurde, so kommen auch diese zwei Typen von Fußanomalien wesentlich nur an den Hinterfüßen und zwar an der tibialen Seite derselben zum Vorschein, und dem Unterschied zwischen beiden Typen entspricht ein verschiedenes Verhalten der Randblasen. Dieselben können, was in den meisten Fällen geschieht, ohne irgendwelche Nachwirkung resorbiert werden, oder sie können sich oberflächlich an

Tabelle 10. Fußanomalien der beiden Typen IV und V, als von Randblasen herstammenden Schwesteranomalien, zusammengestellt.

Fußanomalien Typus IV und V	Hinterbeine			
	links	%	rechts	%
Randblasen	177	52,0	163	47,0
Polydakt., Abduktion . . .	15	2,7	52	9,5
Lat. Blasen, lat. Flex. . . .	20	3,7	9	1,6
Zusammen (IV + V) . . .	35	6,4	61	11,1

der Fußplatte mehr oder weniger stark ausbreiten und so partielle Syndaktylie mit tibio-dorsaler Flexion verursachen, oder endlich, die Randblasen können, obwohl sie oberflächlich ganz klein bleiben, jedoch nach innen eine Vergrößerung erleiden und auf das unterliegende weiche Bindegewebe einen so starken Druck üben, daß eine Verdoppelung oder Abduktion der Daumenanlage daraus resultiert (vgl. Abb. 53, S. 132).

Die beiden letzterwähnten Typen (IV und V) von Fußanomalien sind also insofern miteinander verwandt, als sie sich in divergierenden Linien von einem und demselben Ausgangspunkt, von den Randblasen aus, entwickeln. In gleicher

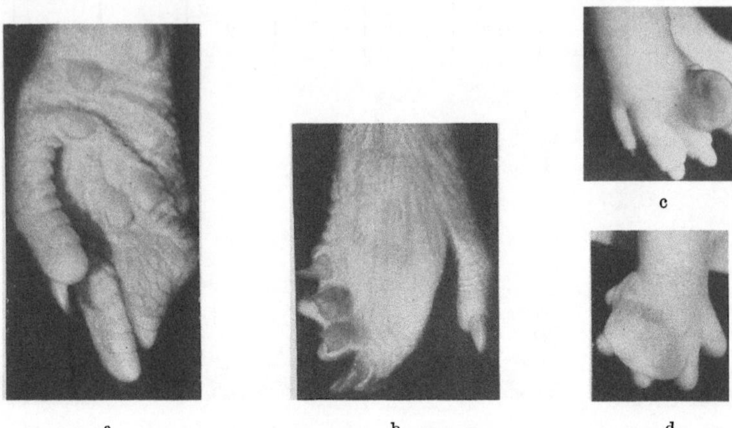

Abb. 60 a—d. Fußanomalien des Typus IV, partielle Syndaktylie mit tibiodorsaler Flexion. a—b linke Hinterfüße von der ventralen (a) und dorsalen (b) Seite gesehen. c rechter, d linker Hinterfuß zweier Embryonen. (Nach Bonnevie 1934.)

Weise lassen sich die beiden Typen I und III als zusammengehörig betrachten, weil die distal lokalisierten Blasen, die der Hypodaktylie zugrunde liegen, aus früher dorsalen Fußblasen entstanden sind. Es lassen sich daher auch viele Übergänge zwischen beiden Typen nachweisen.

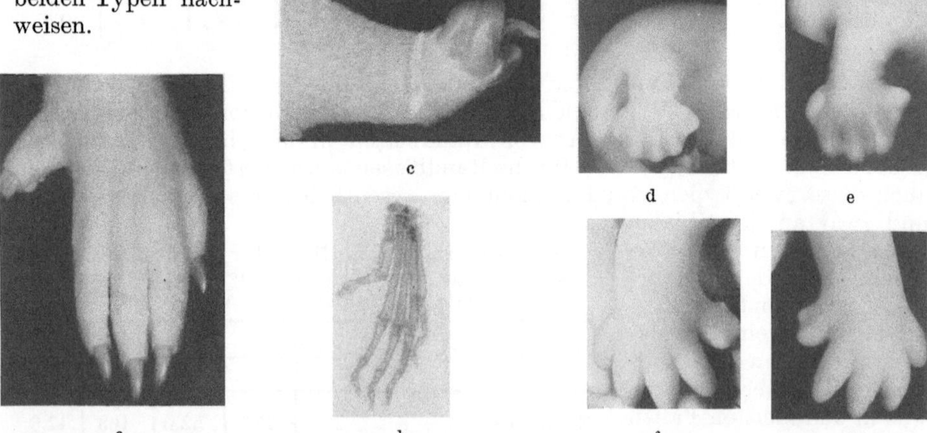

Abb. 61 a—g. Fußanomalien des Typus V, Polydaktylie oder Abduktion des Dig. I. a—b linker Hinterfuß (a) mit Röntgenogramm (b). c rechter Hinterfuß. Dig. I mit drei Krallen. d—f rechte Hinterfüße, g linker Hinterfuß verschiedener Embryonen mit noch sichtbaren Randblasen (d, f) oder mit Anlagen zur Abduktion oder Polydaktylie (e, g). (Nach Bonnevie 1934.)

Die Annahme (Bonnevie 1934) einer kausalen Verbindung zwischen der Lokalisation embryonaler Blasen und charakteristischen Typen von Fußanomalien wird auf zwei verschiedene Tatsachengruppen gestützt, erstens auf direkte Beobachtung, indem in vielen Fällen die Anlagen der Anomalien schon bei den Embryonen zum Vorschein kommen können, bevor noch die letzten Blasenreste der betreffenden Stelle resorbiert sind, zweitens aber auch auf die Resultate der statistischen Behandlung des gesamten Materials von Fußanomalien, auf die erwähnten 5 Typen verteilt (Tabellen 7—10).

Die durchgehende Übereinstimmung des zahlenmäßigen Auftretens sowohl wie auch der Lokalisation von embryonalen und postembryonalen Anomalien innerhalb sämtlicher erwähnten Typen bedeutet für die zuerst nur auf eine Formanalyse begründete Annahme ihrer Zusammengehörigkeit eine sehr wesentliche Stütze.

Die Spezifität der drei in Tabelle 6 (S. 135) dargestellten Homozygotengruppen, die sich in der Tat nicht nur in der Anzahl, sondern auch in den Typen ihrer Fußanomalien äußert, muß daher in einer für jede Gruppe charakteristischen Lokalisation der embryonalen Fußblasen Ausdruck finden, oder mit anderen Worten in einem charakteristischen Verlauf der Blasenverschiebung. In welcher Weise ist der letztere durch modifizierende Gene verändert worden?

Wenn die von BONNEVIE ausgesprochene Auffassung einer rein mechanischen Verschiebung der embryonalen Blasen richtig ist, nach welcher der Verlauf dieser Verschiebung einerseits vom Druck der stark gespannten Blasenhaut, andererseits aber auch von dem Oberflächenrelief des embryonalen Körpers dirigiert wird, dann würde jede Modifikation des letzteren die Spezifität der Manifestation des Hauptgens (m^{bl}) beeinflussen können.

Für eine Analyse des Oberflächenreliefs der Mäuseembryonen wurden (BONNEVIE 1934), als deutlich definierbare und zahlenmäßig ausdrückbare Charaktere derselben, besonders der Nackenwinkel und die Rückenlinie junger Embryonen benutzt.

Auf einem Material von etwa 400 vergrößerten Profilphotographien von Embryonen (7,0—9,5 mm) sind diese Charaktere genau registriert worden. Sie ändern sich beide mit der fortschreitenden Entwicklung der Embryonen, und nur Embryonen eines und desselben Stadiums lassen sich daher für einen Vergleich benützen.

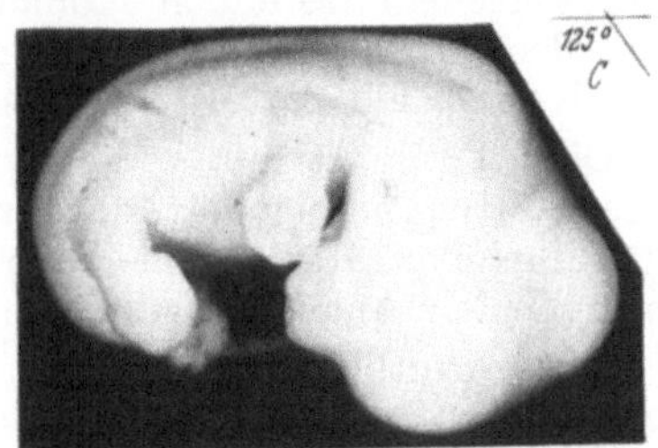
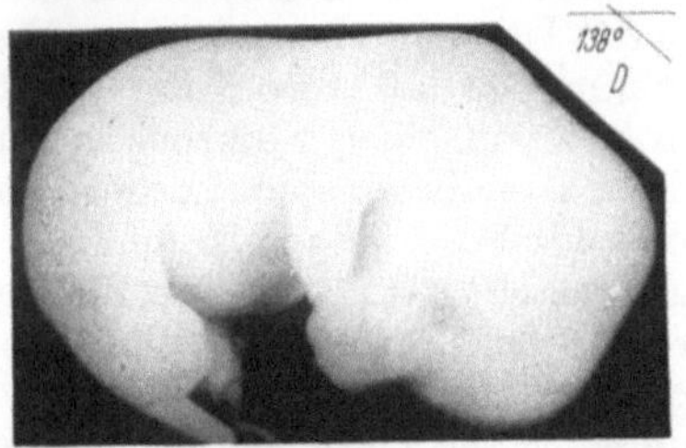
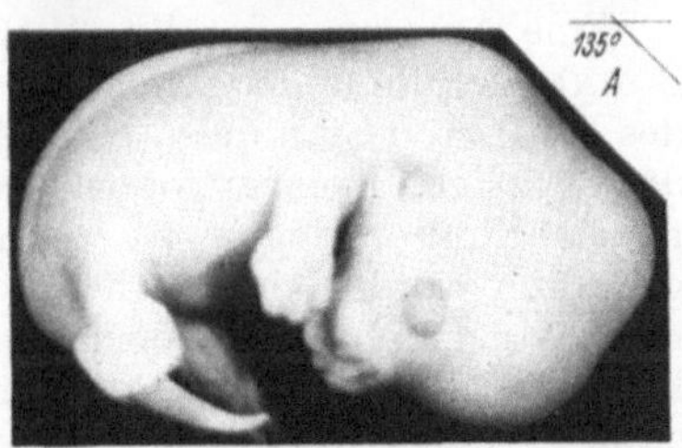

Abb. 62. Photographien von Embryonen (7—8 mm) dreier verschiedener Mäuserassen (C, D, A), die für die Selektion der Homozygotengruppen I—III (Tabelle 6) als Ausgangsrassen benutzt worden sind. Nackenwinkel nebenbei notiert. (Nach BONNEVIE 1934.)

Die drei, für die im obigen (Tabelle 6) schon besprochenen Homozygotengruppen zugrunde liegenden, Ausgangsstämme zeigen in betreff dieser beiden Charaktere auffallende Verschiedenheiten (Abb. 62). Der Nackenwinkel ist bei einer derselben (C) erheblich schärfer (125°) als bei den zwei anderen Stämmen auf entsprechenden Stadien (135—138°). Dies wird ohne Zweifel für die Verschiebung der vor der Nackenbeuge ausgeschiedenen Blasenflüssigkeit nach hinten eine Rolle spielen können, aber die Verhältnisse liegen auf diesem Punkt für eine statistische Behandlung immer noch zu kompliziert.

In betreff des Profils der Rückenlinie scheinen die Ursachenverhältnisse dagegen klar genug zu liegen, um für eine weitere Analyse schon verwertet werden zu dürfen.

Die bei ganz jungen Embryonen stets konvexe Rückenlinie wird während der weiteren Entwicklung zuerst in eine gerade geändert, die aber früher oder später in der Schulterregion eine deutliche Konkavität aufweist. Nun hat sich bei den blasentragenden Embryonen konstatieren lassen, daß in einer solchen Konkavität die häufig zum Vorschein tretenden sattelförmigen Schulterblasen (Abb. 51, S. 130) ihre Lage finden. Der Inhalt dieser Schulterblasen wird aber meistens bald auf die Vorderfüße hin verschoben — und die zu prüfende Frage wäre dann, ob zwischen der Anzahl der auf einem gewissen Embryonalstadium zum Vorschein tretenden Konkavitäten der Rückenlinie auf der einen Seite, und derjenigen der Individuen mit Vorderfußanomalien auf der anderen, eine Korrelation zu bestehen scheint.

Diese Frage ist nun von Bonnevie in positiver Weise beantwortet worden, indem es sich gezeigt hat, daß mit der Häufigkeit eines frühzeitigen Auftretens einer konkaven Rückenlinie auch die Anzahl von embryonalen Blasen und postembryonalen Anomalien der Vorderbeine entsprechend gesteigert wird.

Unter sämtlichen Embryonen von 8 mm Länge der drei schon oben erwähnten Ausgangsrassen (A, C und D) ist z. B. konstatiert worden, daß eine konkave Rückenlinie bei 100% der A-Tiere, bei etwa 60% der D-Tiere aber nur bei 8% der C-Tiere zu erkennen war. Dies steht mit der Tatsache in der besten Übereinstimmung, daß sowohl im D-Stamm selbst (Hom. I, Tabelle 6, S. 135) als auch in der von einer Einkreuzung mit A herstammenden Homozygotengruppe III die postembryonalen Vorderbeinanomalien außerordentlich viel häufiger (75% bzw. 73,2%) zutage treten als in der von C herstammenden Homozygotengruppe II (9,1%). Die zur Zeit der Blasenbildung immer noch konvexe Schulterregion der Embryonen dieser letzteren Gruppe scheint also die Bildung einer quergelagerten Schulterblase zu erschweren, daher aber weiter auch eine von dieser Stelle ausgehende Bildung von Vorderbeinblasen zu verhindern.

Eine Änderung der Spezifität in entgegengesetzter Richtung wird, infolge Bonnevie (unpubliziert), nach weiteren Einkreuzungen mit normalen Mäusen des bekannten Stammes „Bagg Albino", der auch schon früher in der Aszendenz der recessiven Homozygoten D repräsentiert gewesen war, erreicht. Nach diesen neuen Einkreuzungen ist nämlich eine m^{bl}-Homozygotengruppe (IV) ausgespalten worden, in welcher der Rücken der Embryonen breit und die Konkavität der Schulterregion ungemein tief waren. Die Statistik (n = 300) ergibt hier, in Vergleich mit dem ursprünglichen m^{bl}-Stamm, eine Steigerung der Anzahl medianer Rückenblasen auch bei älteren Embryonen, und zwar nicht nur am Hinterrücken, sondern auch in der Schulterregion, wo in dem früher untersuchten Material überhaupt keine medianen Blasen bei Embryonen von 12 mm Länge mehr zu finden waren (Tabelle 5, S. 129). Interessant ist dabei, daß in dieser neuen Homozygotengruppe zum erstenmal auch Fälle gefunden wurden, wo in der Schulterblase ein Blutaustritt stattgefunden hatte — was nur an solchen Stellen des Körpers geschieht, wo durch Anstauung stillstehender Blasen eine Drucksteigerung in denselben erfolgt ist.

Diese Tatsachen geben eine neue Stütze für die Annahme, daß durch Einkreuzung eingeführte modifizierende Gene neue Oberflächenformationen bewirken, durch welche die Verschiebung und Lokalisation der embryonalen Blasen und damit auch die bleibenden Anomalien beeinflußt werden können.

Ein Rückblick auf das gesamte, bis jetzt untersuchte Material von Blasenmäusen läßt schließen, daß das Hauptgen (m^{bl}) allein, neben der Auswirkung der Blasenbildung an und für sich, auch für die überall recht einförmigen Augenmißbildungen im wesentlichen direkt verantwortlich ist. Trotz aller Einkreuzungen wird nämlich an beiden Seiten des Kopfes ein Verschiebungsweg für die Blasenflüssigkeit immer noch stets offen bleiben.

In betreff der Fußanomalien dagegen scheinen eine ganze Anzahl von verschiedenen modifizierenden Genen mit dem Hauptgen zusammenzuwirken in der Entscheidung sowohl der Typen als auch der Lokalisation bleibender Anomalien. Nur so lassen sich die nach jeder Einkreuzung eintretenden Änderungen der Spezifität der Manifestation des Hauptgens erklären.

Bonnevie (1932a, b) hat zuletzt auch die Frage diskutiert, inwieweit aus den im obigen besprochenen Tatsachen etwaige Schlüsse gezogen werden dürfen über die Natur und den Ursprung der menschlichen Epidermispolster (vgl. S. 127).

In dieser Verbindung muß, unter einer Reihe an und für sich seltener Typen der Fußanomalien der Blasenmäuse, besonders ein Fall in Betracht gezogen werden. Bei einen Embryo der Homozygotengruppe III sind die klaren Blasen anscheinend an der Extremitätenspitze erst angelangt, nachdem schon die

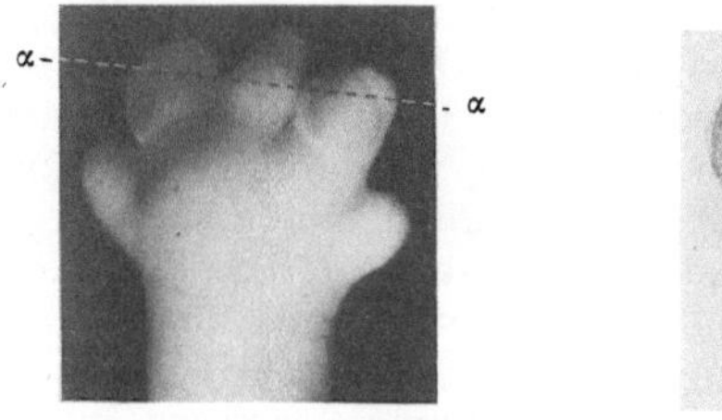
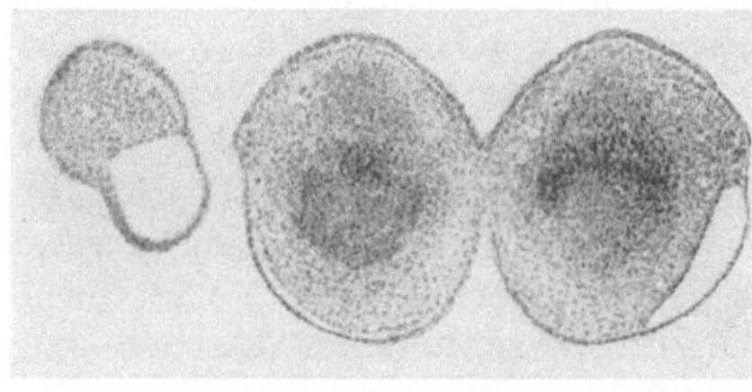

a   b

Abb. 63a und b. Linker Hinterfuß (a) mit Blasen an den drei mittleren Zehen. b Schnitt durch die letzteren in der durch die Linie α—α bezeichneten Richtung. (Nach Bonnevie 1934.)

Zehenbildung weit vorgeschritten war (Abb. 63). Die Folge ist, daß in diesem Fall an jeder der drei mittleren Zehen eine kleine Blase, in solcher Weise gelagert wurde, daß dies Bild an die Polsterstreifen der menschlichen Fingeranlagen stark erinnert. An Schnittserien dieser Zehen sieht man, wie zu erwarten, die Epidermis hochgehoben, was bei einer abnorm übertriebenen Polsterbildung der menschlichen Finger in ganz ähnlicher Weise an den letzteren geschehen kann.

Eine solche Analogie allein würde wohl nicht genügen, um die Flüssigkeit der Epidermispolster mit derjenigen der m^{bl}-Blasen zu identifizieren. Es sind jedoch noch eine Reihe anderer Parallelismen zu notieren, denen eine gewisse Bedeutung beigelegt werden darf. Dieselben sind von Bonnevie (1932b) zusammengestellt worden.

Neben der blasenbildenden Tätigkeit beider Flüssigkeiten ist hier erstens zu erwähnen, daß die Epidermispolster, ebenso wie die m^{bl}-Blasen, anscheinend temporäre Bildungen sind, deren Lokalisation charakteristischen Variationen unterworfen erscheint. Sie sind weiter beide, in Auftreten sowohl als in Lokalisation und Ausbreitung, jedenfalls teilweise genetisch bedingt. Besonders bietet in dieser Beziehung ein Vergleich zwischen den menschlichen Epidermispolstern und den Randbläschen der Mäuse interessante Übereinstimmungspunkte, indem auch die ersteren an den Rand der Hand- oder Fußplatte in ihrer Erscheinung gebunden sind. Die radialen und die ulnaren Epidermispolster treten als voneinander unabhängig vererbbar zum Vorschein, und zwar die radialen in einer erheblich viel größeren Anzahl als die ulnaren, genau wie bei den Mäusen die genetisch bedingten tibialen Randblasen viel häufiger sind als die fibularen. Interessant ist weiter die in gleicher Richtung wirkende Dissymmetrie beider Bildungen, die sich sowohl in betreff der Epidermispolster wie auch der m^{bl}-Blasen in einem Übergewicht ihrer Anzahl an der linken Seite der Embryonen ausdrückt.

Die normal auftretenden Epidermispolster der menschlichen Embryonen dürfen indessen in der Tat nicht mit den nur als Anomalien zum Vorschein tretenden embryonalen Blasen der m^{bl}-Mäuse direkt parallelisiert werden, sondern vielmehr mit dem entsprechenden normalen M^{BL}-Zustand. Es ist daher wichtig zu erinnern, daß auch bei normalen Embryonen eine gewisse Menge von Cerebrospinalflüssigkeit durch das *Foramen anterius* ausgeschieden wird, sowie daß auch diese Flüssigkeit an den beiden Seiten des Kopfes in derselben Richtung verschoben wird, wie bei den abnormen die blasenbildende Flüssigkeit (Bon-nevie 1934). Diese normale Flüssigkeitsmenge ist aber so gering, daß ihr Verlauf wohl ohne spezielles Suchen kaum entdeckt worden wäre. Er ist aber am Kopfe der Embryonen ganz konstant, und äußert sich in einer schwachen Schwellung der Haut mit Verspätung der Coriumbildung, sowie auch in einer entsprechen-den Verspätung des Haarwuchses längs einem am Unterrand des Mesencephalons verlaufenden Gürtel der Kopfhaut.

Es darf wohl auch angenommen werden, daß eventuell andere Wege der Blasenflüssigkeit von der normal ausgeschiedenen Gehirnflüssigkeit benutzt werden können. Ein direkter Nachweis solcher winzigen Flüssigkeitsmengen würde jedoch nur an solchen Stellen zu erwarten sein, wo durch Anstauung der Flüssigkeit an bestimmten Lokalitäten ihre Menge genügend gesteigert wäre. Als solche Stellen einer natürlichen Anstauung wären aber gerade die Extremi-tätenspitzen besonders geeignet, wie dies bei der häufigen Bildung von Fuß-blasen bei den Blasenmäusen deutlich genug demonstriert worden ist.

Es bedarf aber hier noch supplierender Untersuchungen, erstens in betreff der menschlichen Epidermispolster, sowohl ihrer örtlichen Ausbreitung als auch der zeitlichen Begrenzung ihres Auftretens, und zweitens auch in betreff des Verhaltens, auch bei anderen Säugetieren, der normal aus dem embryonalen Gehirn ausgetretenen Flüssigkeit.

3. Manifestierung der Pseudencephalie.

In einem Zweig der eben besprochenen Blasenmäuse (Bonnevie 1931, 1934) wurden, im Oktober 1934, bei zwei mit ihrem Bruder gekreuzten Schwestern je ein Embryo vorgefunden, dessen Kopf stark deformiert war, indem das dorsal geöffnete Gehirnrohr oben auf dem Kopf wie eine Art Perücke ausgewölbt dalag. — Es erinnerte dies an eine bei menschlichen Mißbildungen schon lange bekannte Anomalie, und eingehende Untersuchung der vorliegenden Literatur hat auch die Identität der Manifestation beider Abnormitäten sichergestellt. — In betreff des Auftretens dieser Anomalie bei dem Menschen sei auf einen späteren Abschnitt dieses Handbuchs hingewiesen. Hier soll nur die während der Em-bryonalentwicklung zum Vorschein tretende Manifestation derselben besprochen werden.

Ganz entsprechende Anomalien sind schon lange bei Vögeln beobachtet worden (Lebedeff 1881). Sie sind auch neuerdings von Snell, Bodemann und Hollander (1934), Snell und Picken (1935) durch X-Bestrahlung bei Mäusen künstlich hervorgerufen worden.

Der Höhepunkt der Manifestation dieser Anomalie scheint in allen Fällen nur embryonal erkennbar zu sein. Was an geborenen Individuen oder an nahe vor der Geburt stehenden Embryonen vorgefunden worden ist, läßt sich nämlich stets als eine mehr oder weniger rückgebildete Manifestation derselben charak-terisieren. Dies findet auch seinen Ausdruck in den beim Menschen vielfach benutzten Namen, wie *Anencephalie, Rhachischisis, Cranioschisis, Acranie, Hol-acranie* u. a., die sich meistens nur auf Folgeerscheinungen der zu besprechenden Anomalie beziehen. Auf der vollen Manifestationshöhe derselben ist nämlich in der Tat kein Teil des Gehirns fehlend, und auch die Spaltbildungen oder andersartigen Defekte des Craniums sind der primären Gehirnanomalie gegenüber als Folgeerscheinungen anzusehen. Daher hat BONNEVIE (1936) vorgezogen, nur den von VERAGUTH (1901) vorgeschlagenen Namen: *Pseudencephalie* zu benutzen.

In betreff der formalen und kausalen Genese der Pseudencephalie schließen sich die meisten jüngeren Verfasser mit ERNST (1909) einer schon von v. RECKLINGHAUSEN (1886) ausgesprochenen Auffassung an, daß hier schon in der ersten Embryonalanlage eine Hemmung des Verschlußvermögens der Medullarplatte vorliegt. Zu dieser Gruppe schließen sich auch STRÖER und VAN DER ZWAN (1939) auf Grundlage einer Untersuchung menschlicher Embryonen. KERMAUNER (1909) auf der anderen Seite schließt sich einer von LEBEDEFF (1881) nach Untersuchungen an Hühnerembryonen vertretenen Ansicht an, nach welcher die Ursache der Pseudencephalie mechanischer Natur sein soll, indem abnorme Verkrümmungen des embryonalen Körpers einen soliden Verschluß der Medullarplatte zum Gehirnrohr verhindern.

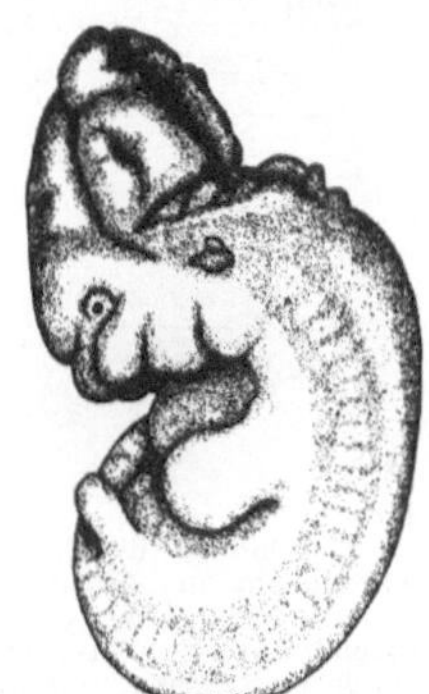

Abb. 64. Pseudencephales Embryo der Hausmaus, $12^1/_4$ Tage alt, mit offenem Mes- und Metencephalon, von einem röntgenbestrahlten Männchen herstammend. (Nach SNELL, BODEMANN, HOLLANDER 1934.)

Auch SNELL und seine Mitarbeiter (1934, 1935) schließen sich in betreff der von ihnen durch Bestrahlung hervorgerufenen Defekte (Abb. 64) der ersten Auffassung an, indem sie das Fehlen eines Verschlusses der Medullarplatte als eine ursprüngliche Anomalie bezeichnen. Sie haben an verschiedenen Embryonalstadien die Anomalie wahrgenommen und teilweise genau studiert (SNELL und PICKEN 1935), und zwar mit dem Resultat, daß keine zwei Embryonen in betreff ihrer Anomalien als ganz gleich bezeichnet werden dürften. — Ein Vergleich mit der von BONNEVIE (1936) dargestellten Manifestationsserie der Pseudencephalie ergibt jedoch, daß jedes einzelne derselben in diese Serie sehr gut hineinpaßt. Die Tatsachen beider Untersuchungen dürfen daher auch hier zusammen referiert werden.

Obwohl in diesen beiden Fällen die Vererbbarkeit der Pseudencephalie gesichert erscheint, kann das genetische Verhalten der betreffenden Mutationen kaum als endgültig klargelegt betrachtet werden. — Die durch Bestrahlung hervorgerufene Mutation, die nicht nur durch Inzucht, sondern auch durch Kreuzung bestrahlter, semisteriler Männchen mit normalen Weibchen, vererbt wird, läßt sich nach SNELL und Mitarbeitern am besten als eine Translokation erklären. — In dem von BONNEVIE untersuchten Stamm war der Vererbungstypus ein anderer. Sämtliche abnorme Embryonen sind hier nur nach Inzucht erschienen, obwohl die so benutzten Männchen auch vielfach, als Kontrolle, mit normalen Weibchen anderer Stämme gekreuzt worden sind. Ohne dafür statistisch gesicherte Zahlenangaben als Beleg liefern zu können, findet BONNEVIE es daher wahrscheinlich, daß hier von einer spontanen, recessiv vererbbaren und letal wirkenden Mutation die Rede ist.

Der Vater der beiden einleitungsweise erwähnten pseudencephalen Embryonen ist nach Auskreuzung mit normalen Weibchen der BAGG-Albinorasse, als Ausgangspunkt eines durch Inzucht weiter verfolgten Stammes mit vererbbarer Pseudencephalie benutzt worden. Auch unter den nächsten Verwandten der besprochenen Geschwistergruppe sind später einzelne Fälle erschienen, und die Mutation muß daher etwa vor Anfang 1934 stattgefunden haben. — Es lagen, nach beendeter Züchtung, über 30 abnorme Embryonen der verschiedensten Stadien vor, die sämtlich in eine Manifestationsreihe der Pseudencephalie ganz ungezwungen eingeordnet werden dürfen.

Schon eine statistische Zusammenstellung dieses Materials läßt vermuten, daß hier während der embryologischen Entwicklung der Anomalie wenigstens zwei kritische Stadien existieren. Die Anzahl abnormer Embryonen unter 6 mm Länge erscheint erstens erheblich größer (17,5%) als diejenige älterer Abnormen (8,3%). Die ganz jungen Embryonen durchlaufen also gewiß ein Stadium, auf welchem eine Anzahl derselben in ihrer Entwicklung stehen bleiben. Es sind dies die von Snell, Bodemann und Hollander (1934) als „solid moles" und als „small chorion" bezeichneten abnormen Keime, die auch

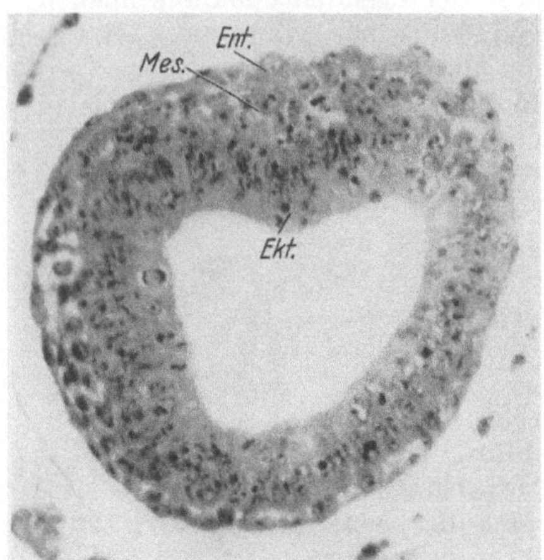

Abb. 65. Schnitt durch ein abnormes Embryo des pseudencephalen Mäusestammes, dessen Entwicklung auf dem Keimblattstadium stehengeblieben ist, während die Schwesterembryonen schon vier Ursegmente aufweisen können. (Nach Bonnevie 1936.)

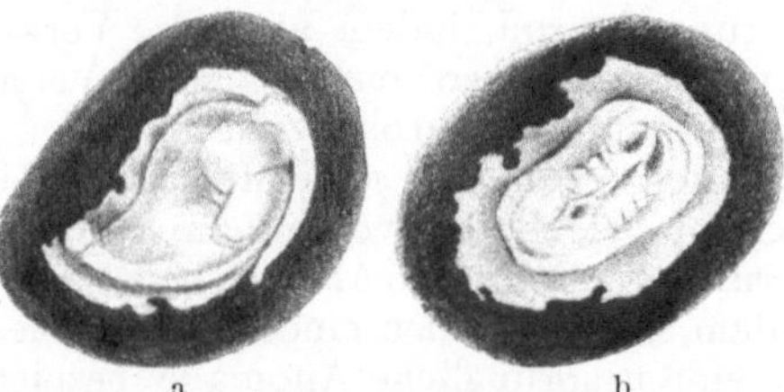

Abb. 66 a und b. Ein abnormes Embryo mit vier Ursegmenten (die Schwesterembryonen haben 11—16 U.sgm.) und mit stark verengerten Embryonalhäuten. Das abnorme Verhalten der Chordaplatte ist in Abb. 79 dargestellt worden. a in dorsaler, b in ventraler Ansicht. (Nach Bonnevie 1936.)

von Bonnevie (1936) als Gastrulastadien mit nicht getrennten Keimblättern (Abb. 65), sowie in einem abnormen Embryo mit vier Ursegmenten aber mit stark verengertem Amnion (Abb. 66) erkannt worden sind.

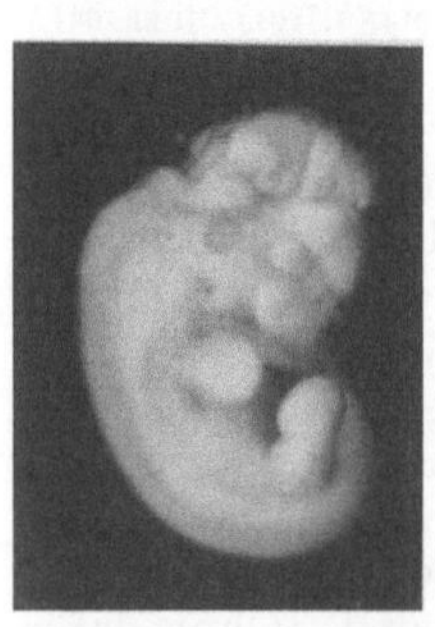

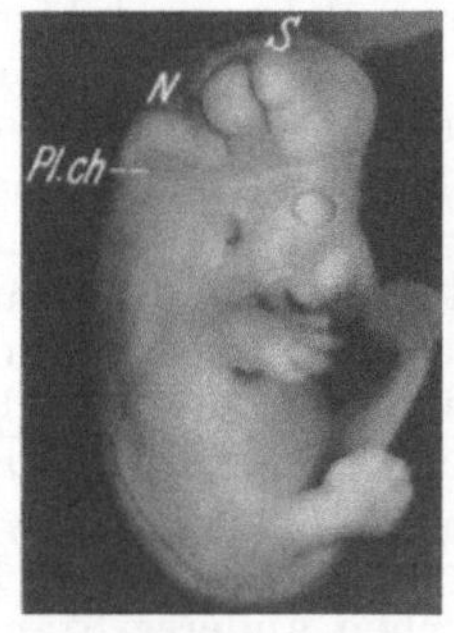

Abb. 67a und b. Pseudencephales Mäuseembryo von 8 mm Länge. a von der Seite, b von oben gesehen. (Nach Bonnevie 1936.)

Abb. 68 a und b. Pseudencephales Embryo von 9 mm Länge. a von der Seite, b von oben gesehen, N Nackenöffnung, S Scheitelöffnung, Pl.ch. Plexus chorioideus. (Nach Bonnevie 1936.)

Das nächste kritische Stadium erfolgt erst am Ende der Embryonalentwicklung, nachdem die Manifestation der Pseudencephalie ihre Höhe schon passiert hat. So war unter den 30 Pseudencephalen, die von Bonnevie studiert wurden, kein einziger bis zur Geburt entwickelt. Ein lebendig geborenes Junge ist zwar von Snell und Picken (1935) notiert worden, und auch beim Menschen sind ja wiederholt ebensolche Fälle vorgekommen. Der Zustand solcher Früchte erscheint jedoch immer so schlecht, daß von einem wirklichen „Leben" derselben kaum gesprochen werden darf.

Aus praktischen Gründen sollen hier die Mäuseembryonen von mehr als 6 mm Länge, deren Kopf schon eine ausgesprochene Pseudencephalie aufweist, zuerst besprochen werden. Nachher wird dann eine Analyse auch der Vorstadien dieser Anomalie folgen.

Die pseudencephalen Embryonen zeigen schon bei einer oberflächlichen Betrachtung, in all ihrer Verschiedenheit, gewisse gemeinsame Charaktere (Abb. 67—69). Erstens sieht man das Gehirn in seiner dorsalen Medianlinie mehr oder weniger weit geöffnet, so daß seine beiden Hälften umgekrempelt daliegen, mit der Innenseite nach außen gekehrt. Bei größeren Embryonen, von 12—14 mm Länge, wo diese Umkrempelung am stärksten hervortritt,

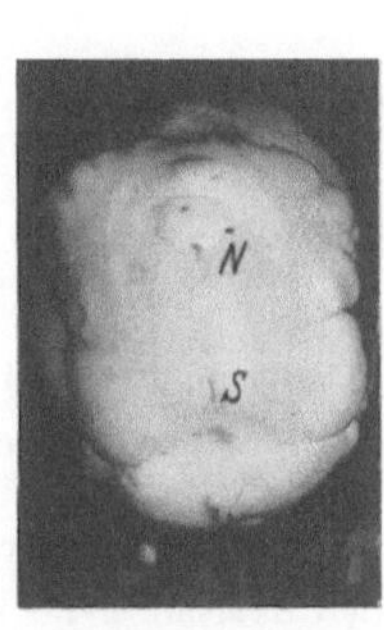

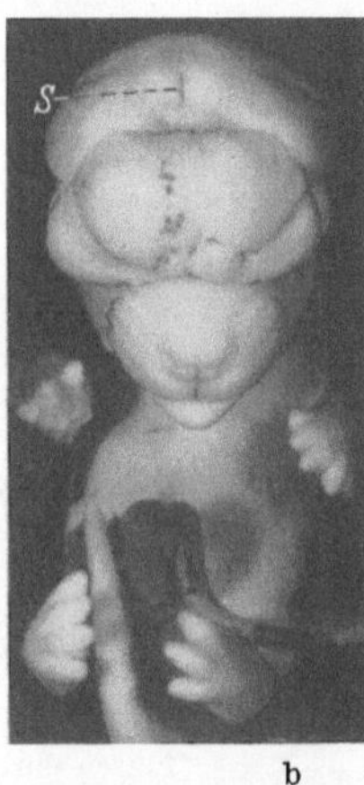

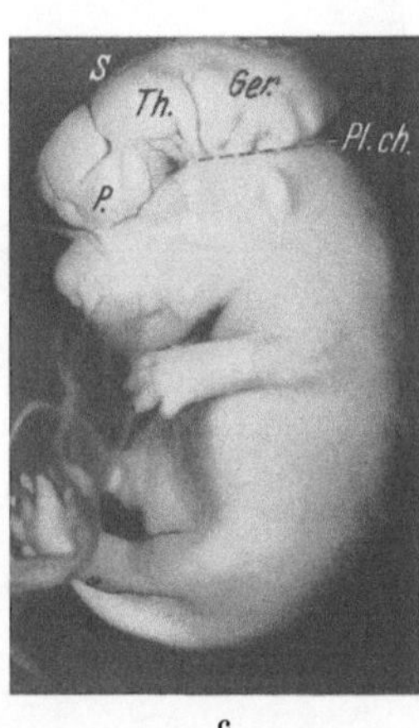

a   b   c

Abb. 69 a—c. Pseudencephales Embryo von 14 mm Länge. a von oben, b von der Ventralseite, c von der Seite gesehen. Bezeichnungen wie Abb. 68, weiter: *Cer.* Cerebellum, *Th.* Thalamus, *P.* Pallium der umgekrempelten Hemisphäre. (Nach BONNEVIE 1936.)

erinnert das Gehirn an eine den Kopf überdeckende Allongeperücke, deren Oberfläche symmetrisch zur Medianlinie schön gebuckelt daliegt. Die Buckeln der Perücke sind sämtlich mit charakteristischen, an und für sich ganz normal differenzierten, Gehirnabschnitten zu identifizieren, die im normalen Gehirn des entsprechenden Stadiums das innere Gehirnlumen begrenzen. Die Medianlinie selbst zeigt immer zwei Vertiefungen, eine vordere Scheitel- und eine hintere Nackenöffnung. Eine Zusammenstellung sämtlicher Embryonen, ihrem Alter nach, ergibt als Resultat, daß dieser Umkrempelungsprozeß progressiv ist, und zwar in betreff sowohl der Länge der offenen Gehirnspalte als auch des Grades der Umkrempelung, die jedoch stets im hinteren Teil des Mesencephalondaches ihren Anfang genommen zu haben scheint. — Zweitens findet sich stets, wenn auch nicht immer an Totalembryonen sichtbar, eine mehr oder weniger starke, unregelmäßige Krümmung des Medullarrohres in der Nackenregion — dasselbe also, was schon LEBEDEFF (1881) wahrgenommen hat.

Durch eine Untersuchung kombinierter Sagittalschnitte (SNELL und PICKEN 1935), und noch mehr durch Medianrekonstruktionen und Modellierung der Gehirne auf Grundlage von Querschnittserien (BONNEVIE 1936), sind die während der Manifestation der Pseudencephalie sich abspielenden inneren Vorgänge in ihren Hauptzügen klargelegt worden.

Die progressiven Altersunterschiede der abnormen Gehirne sind zuerst, bei Embryonen von 7—11 mm Länge (Abb. 70) um den hinteren Hirnteil herum zentriert, und zwar im wesentlichen in Form einer rasch fortschreitenden Ausrichtung des Nachhirnbodens. Die schon angelegte Brückenbeuge schwindet

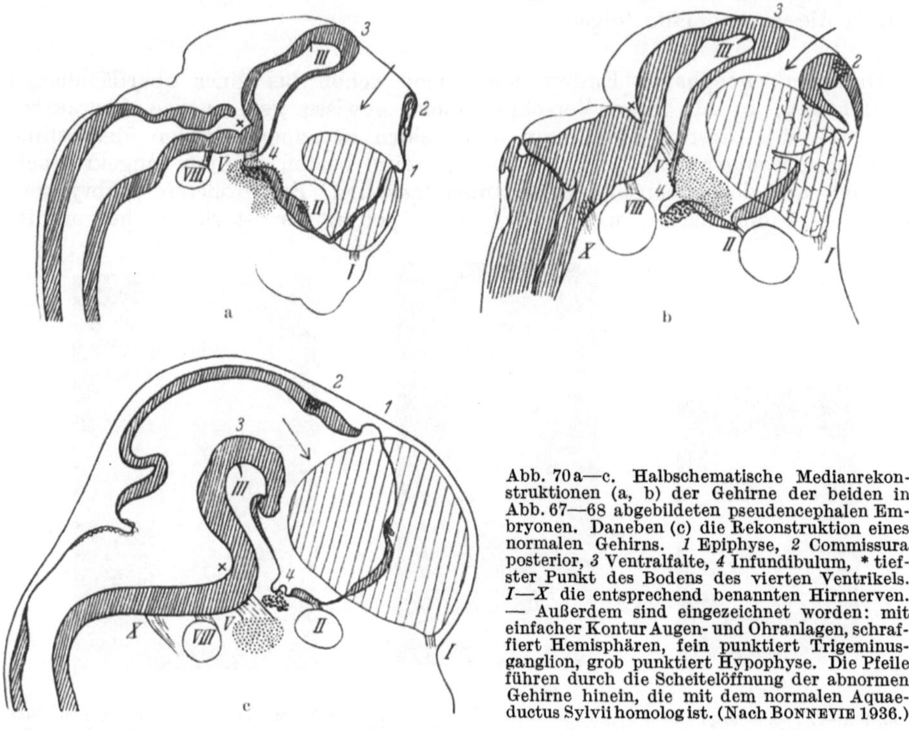

Abb. 70a—c. Halbschematische Medianrekonstruktionen (a, b) der Gehirne der beiden in Abb. 67—68 abgebildeten pseudencephalen Embryonen. Daneben (c) die Rekonstruktion eines normalen Gehirns. *1* Epiphyse, *2* Commissura posterior, *3* Ventralfalte, *4* Infundibulum, * tiefster Punkt des Bodens des vierten Ventrikels. *I—X* die entsprechend benannten Hirnnerven. — Außerdem sind eingezeichnet worden: mit einfacher Kontur Augen- und Ohranlagen, schraffiert Hemisphären, fein punktiert Trigeminusganglion, grob punktiert Hypophyse. Die Pfeile führen durch die Scheitelöffnung der abnormen Gehirne hinein, die mit dem normalen Aquaeductus Sylvii homolog ist. (Nach Bonnevie 1936.)

dadurch ganz, indem die Ventralfalte nach vorn und dorsalwärts vorgeschoben wird. Die geöffnete Mesencephalondecke ist indessen nach vorn und zur Seite

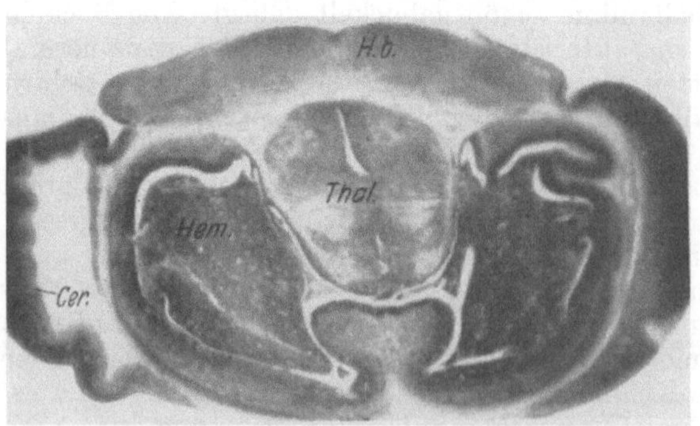

Abb. 71. Querschnitt durch das Gehirn eines pseudencephalen Embryos (13 mm). Man sieht die hochgehobene Hirnbrücke (*H.b.*) mit den lateral herabhängenden Cerebellarwänden (*Cer.*). Darunter liegen die stark zusammengedrückten vorderen Gehirnteile, Thalamus (*Thal.*) und die beiden Hemisphären (*Hem.*). (Nach Bonnevie 1936.)

geschlagen worden. Der Nachhirnboden mit der hinteren Wand der Ventralfalte vermag so die mittlere Oberfläche der Gehirnperücke zu bilden, während die symmetrisch geordneten Buckeln derselben von der Decke und den Seitenwänden des Mittel- und Nachhirns gebildet werden. Die freien Ränder dieser umgekrempelten Gehirnteile setzen sich in dem undifferenzierten Ektoderm kontinuierlich fort, indem jedoch um den vierten Ventrikel herum ein Gürtel von ganz typisch differenziertem Plexusgewebe zwischen beiden eingeschoben erscheint. In betreff der beiden dorso-medianen Öffnungen der Perücke gilt immer, daß die Scheitelöffnung in den dritten Ventrikel und die Nackenöffnung in den Zentralkanal direkt hineinführen.

Die beiden vorderen Hirnabschnitte, die auf den hier besprochenen Stadien noch nicht umgekrempelt worden sind, werden jedoch auch von den Verschiebungen des Nachhirnbodens beeinflußt. Die vordere Wand der Ventralfalte ist mit der hinteren Wand des Diencephalons identisch und das Hervorschieben der Ventralfalte bedeutet daher eine entsprechende Drehung der dorsoventralen Achse des dritten Ventrikels. Die Scheitelöffnung, die ja in der Tat nichts anderes ist als die Einmündung des Aquaeductus Sylvii in den dritten Ventrikel, wird schräg nach vorn, die Epiphyse aber ventralwärts gerichtet.

Die beiden Hemisphären werden dadurch auch mit nach vorn gepreßt, was in einer rasch steigenden, unregelmäßigen Faltung ihres Palliums mit entsprechender Verengerung ihres Lumens zum Ausdruck kommt (Abb. 71).

Die in dieser Weise hervorgerufene mechanische Spannung im vorderen Teil des Gehirns wird noch dadurch gesteigert, daß der hochgehobene Nachhirnboden fest verankert ist, und zwar durch die Hirnnerven mit ihren Sinnesorganen und Ganglien. Die Wurzeln der Hirnnerven leiden indessen die Verschiebungen des Gehirns mit, und sowohl die Augennerven als diejenigen der Ohren werden

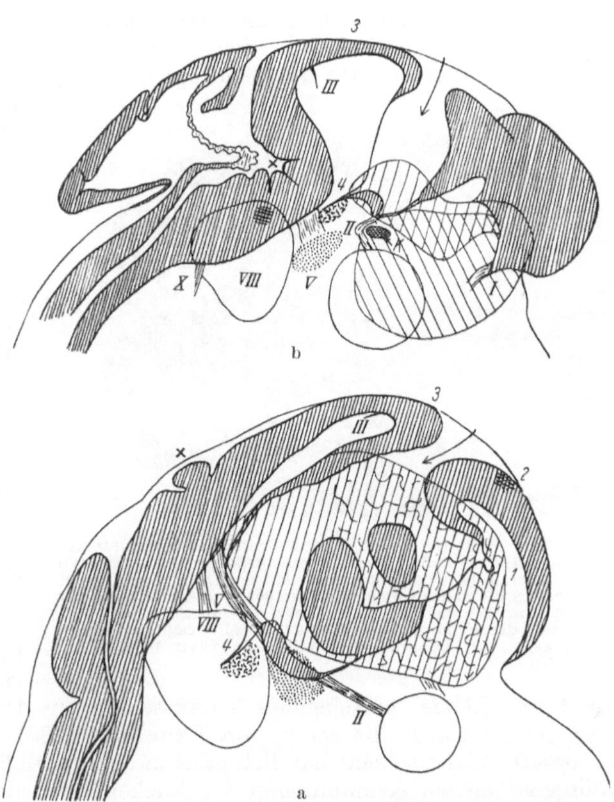

Abb. 72a und b. Medianrekonstruktionen der Gehirne von zwei pseudencephalen Embryonen, 13—14 mm. a Höhepunkt der pseudencephalen Spannung, die Trigeminuswurzeln liegen der hinteren Wand der Hemisphären dicht an. b Die Spannung ist durch Hervorwölbung der Hemisphären und Thalamus wieder ausgelöst worden. Bezeichnungen wie Abb. 70. (Nach Bonnevie 1936.)

unter steigender Spannung lang ausgestreckt. Dies gilt besonders auch für die Trigeminusnerven, die für die weitere Manifestation der Pseudencephalie eine wichtige Rolle spielen.

Bei Embryonen von 12—13 mm Länge (Abb. 72), wo diese Spannungsverhältnisse ihren Höhepunkt erreicht haben, liegen nämlich die Trigeminuswurzeln der hinteren Wand der Hemisphären so dicht an, daß sie nicht mehr gerade gestreckt sind, sondern der Oberflächenkrümmung der Hemisphären gemäß in einem straff gespannten Bogen verlaufen.

Diese katastrophale Spannung des embryonalen Kopfes ist, in den bis jetzt studierten Fällen, dadurch ausgelöst worden, daß sich die Trigeminuswurzeln den Hemisphären gegenüber als die stärkeren erwiesen haben. Die letzteren sind dann mit dem Diencephalon zusammen zu einer mehr oder weniger totalen

Umkrempelung (Abb. 73) gezwungen worden, wodurch wieder relativ stabile Verhältnisse reetabliert worden sind. Dies läßt sich sogleich dadurch erkennen, daß die vorher hochgehobene Hirnbrücke durch Kontraktion der stark gespannten Trigeminuswurzeln annähernd in ihre normale Lage zurückgezogen wird.

Diese rein mechanische Gehirnkatastrophe, die sich während der Manifestation der Pseudencephalie abspielt, hat natürlich eine mangelhafte Ausformung des Craniums zur Folge, und auch die Lage der Augen und Ohren wird davon stark beeinflußt. Nicht weniger gilt dies für die Hypophyse, die durch das Hervorschieben des Diencephalons mehr oder weniger stark gestört wird, was, wie schon Kohn (1924) bemerkt, auch für die Entwicklung der Nebennieren weitere Folgen haben mag. Diese sekundären und tertiären Folgeerscheinungen der Pseudencephalie haben aber für die Frage nach der Genmanifestierung nur ein nebensächliches Interesse. Dasselbe gilt auch in betreff der degenerativen Veränderung der ganz frei liegenden, und einer direkten Überspülung von seiten der Amnionflüssigkeit ausgesetzten, inneren Gehirnfläche.

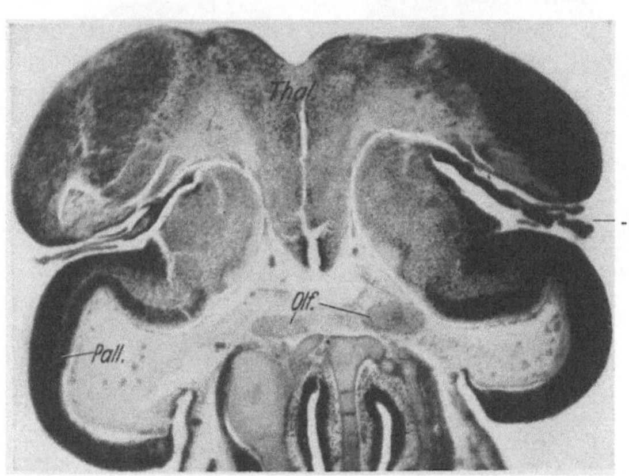

Abb. 73. Querschnitt durch das über die Nasenregion vorgewölbte Gehirn des in Abb. 69 und 72 abgebildeten pseudencephalen Embryo (14 mm). Man sieht oben Teile von Thalamus (*Thal.*), darunter auf beiden Seiten die wohl entwickelten chorioidalen Plexen (*Pl.ch.*) der lateralen Ventrikel und weiter beiderseits das umgekrempelte Pallium (*Pall.*) der Hemisphären mit der Corticalisanlage nach innen gekehrt. *Olf.* Lobi olfactorii. (Nach Bonnevie 1936.)

Viel wichtiger erscheint hier eine Analyse der bei den ganz jungen Embryonen, vor 6 mm Länge, bestehenden Voraussetzungen der Pseudencephalie, deren mechanische Natur die schon von Lebedeff (1881) gehegte Auffassung vollauf bestätigt. Es scheint nämlich ganz zweifellos, daß die von diesem Verfasser wahrgenommenen Krümmungen der Nackenregion des Medullarrohres mit der späteren Umkrempelung des Gehirns in ursächlicher Verbindung stehen, indem sie nicht nur den Verschluß des Medullarrohres erschweren, sondern auch die innere Spannung der Nachhirnregion verstärken können.

Ganz offen stand aber bis dahin die Frage nach dem Ursprung dieser Krümmungen, eine Frage, deren Beantwortung bei den jüngeren und jüngsten abnormen Embryonen des mit Pseudencephalie belasteten Mäusestammes gesucht worden ist (Bonnevie 1936).

Unter den Embryonen von 3—6 mm Länge, oder etwa 9—11 Tagen, finden sich eine Anzahl Abnorme, deren ganzes Gepräge von solchen unregelmäßigen Krümmungen und Runzelungen des Medullarrohres charakterisiert erscheint, und zwar sind diese Runzelungen nicht nur in der Längsrichtung des Medullarrohres, sondern auch an den dorsoventralen Wänden desselben zu erkennen. Man kann kaum umhin den Eindruck zu bekommen, daß das embryonale Gehirnrohr solcher Embryonen zu groß ist, um innerhalb ihrer Umgebung genügenden Platz zu haben. Gleichzeitig sieht man aber auch, daß das Verschlußvermögen des Medullarrohres an und für sich ganz normal ist, nur wird es natürlich bei einer unregelmäßigen Runzelung des im Verschließen begriffenen Rohres oft geschehen können, daß die Verschlußränder keinen genügend intimen Kontakt erreichen.

In dem vorliegenden Material (BONNEVIE 1936) ist eine ganze Reihe von Variationen solcher abnormen Verschlüsse zum Vorschein gekommen, von solchen die mit groben Schädigungen oder weit offenen Spalten des Medullarrohres verbunden waren, bis zu einzelnen Fällen, wo trotz schwacher Runzelung

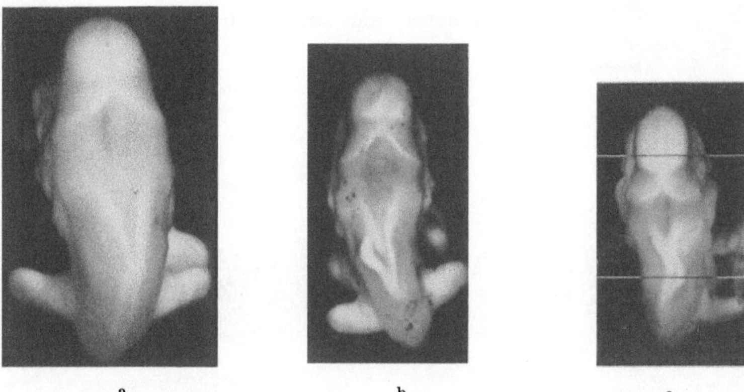

a   b   c

Abb. 74a—c. Drei Mäuseembryonen von 4,5—6 mm Länge. a normal, mit fest verschlossener Mesencephalondecke, b—c mit auffallenden Krümmungen des Medullarrohres und mit hervortretendem Verschlußsaum der Mesencephalondecke. (Nach BONNEVIE 1936.)

seines Verlaufs das Medullarrohr doch fest geschlossen erscheint — Ausnahmefällen also, in welchen auch die spätere Manifestation der Pseudencephalie wegfallen dürfte (Abb. 74).

Die meisten abnormen Embryonen liegen jedoch zwischen den beiden hier erwähnten Extremen. Charakteristisch für dieselben ist stets neben schwachen,

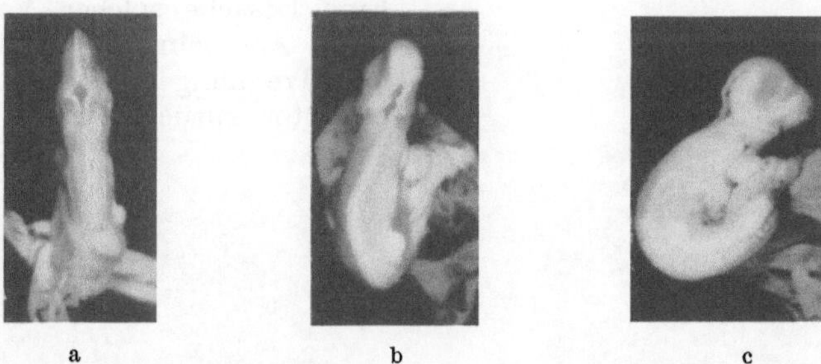

a   b   c

Abb. 75a—c. Zwei abnorme Schwesterembryonen von 3 mm Länge mit auffallender Runzelung ihrer Medullarrohre. Das eine (a) in dorsaler, das andere (b—c) auch in seitlicher Lage. (Nach BONNEVIE 1936.)

aber deutlich nachweisbaren Krümmungen des Medullarrohres auch eine Schwäche des Verschlusses im hinteren Teil der Mesencephalondecke, die sich schon an den Totalembryonen als eine vorragende Verdickung der Medianlinie kund gibt. Auch normal erscheint die Gehirndecke an dieser Stelle am dünnsten. Dies stimmt mit der schon oben erwähnten Erfahrung wohl überein, daß gerade hier, im hinteren Teil des Mesencephalons, die spätere Umkrempelung der Gehirndecke zuerst einsetzt. Hier findet sich stets der Punkt geringsten Widerstandes, gegen welchen ein Ausgleich der abnormen Spannung des Nachhirnrohres zuerst gerichtet werden wird (Abb. 75—77).

In betreff der frühesten Embryonalstadien ist das Bonnevie zur Verfügung stehende Material wegen einer Erkrankung des betreffenden Mäusestammes noch nicht genügend groß gewesen, um eine lückenlose Aufklärung der Genmanifestierung zu erreichen. So viel ist jedoch schon sicher, daß keine Organanlage in Bau oder in Entwicklungspotenzen abnorm erscheint, und daß auch die Keimblätter als solche in ihren ersten Anlagen

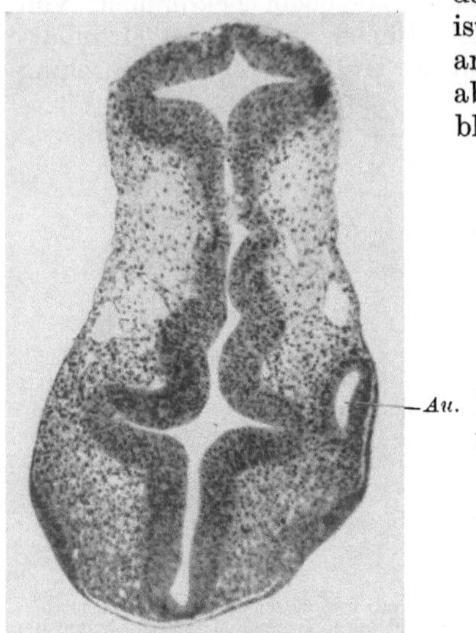

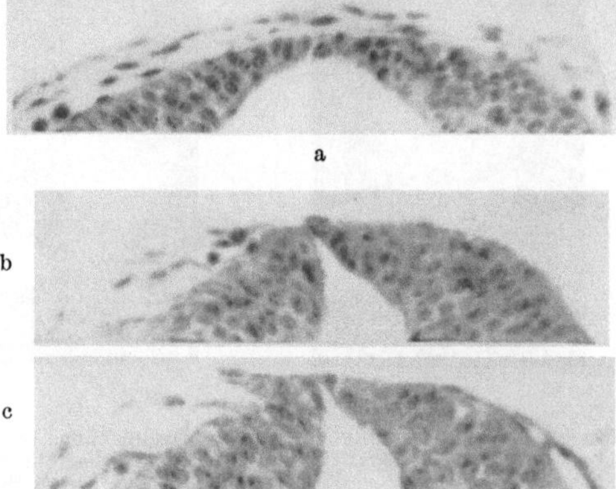

Abb. 76. Querschnitt durch das Gehirn (Mes- und Diencephalon) gerade vor der Augenanlage (*Au.*), von einem abnormen Embryo (vgl. Abb. 75). (Nach Bonnevie 1936.)

Abb. 77a—c. Aus stärker vergrößerten Querschnitten der auch in Abb. 76 repräsentierten Serie, um den Verschlußrand der hinteren Mesencephalondecke zu demonstrieren. a normaler, b—c abnormer Verschluß des Medullarrohres. (Nach Bonnevie 1936.)

nichts Abnormes zeigen. Die Manifestierung des betreffenden Gens äußert sich hier vielmehr durch eine sehr früh eintretende Verschiebung der Wachstumsbalance dieser an und für sich normalen Anlagen.

Eine Ursache solcher Verschiebung ist allem Anschein nach auf eine verspätete Trennung der beiden primären Keimblätter zurückzuführen (Abb. 78).

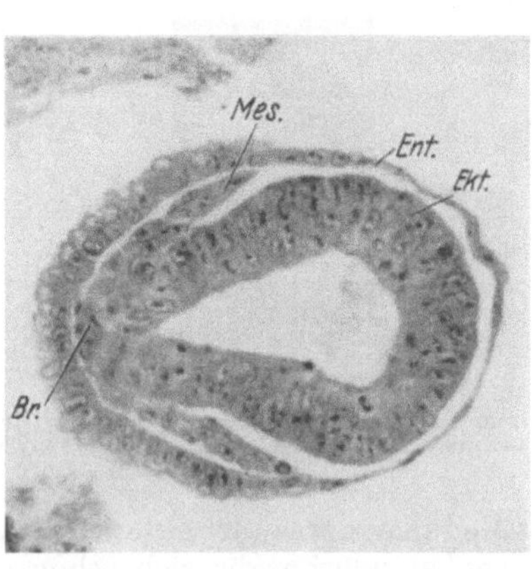

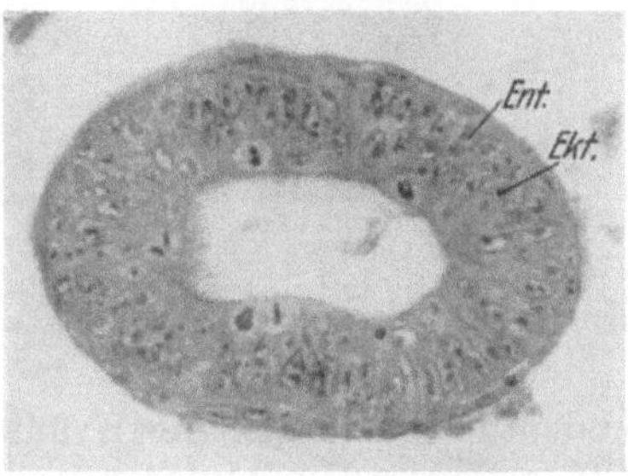

Abb. 78a und b. Querschnitte durch zwei Schwesterembryonen des pseudencephalen Mäusestammes, bald nach der Implantation. a normal, mit deutlich getrennten Keimblättern. b abnorm, Trennung der Keimblätter verspätet. (Nach Bonnevie 1936.)

Dieselbe kann in einzelnen Fällen allgemein verbreitet sein und schon auf dem Gastrulastadium zum Tod der Embryonen führen. Es ist dies das, schon einleitungsweise (Abb. 65) erwähnte, erste kritische Stadium der pseudencephalen Entwicklung, die „Solid Moles" von Snell, Bodemann, Hollander (1934).

In anderen Fällen ist das Festhalten beider Keimblätter aneinander auf die Region der Chordaplatte begrenzt. Im vorderen Teil des Gehirnbodens, wo

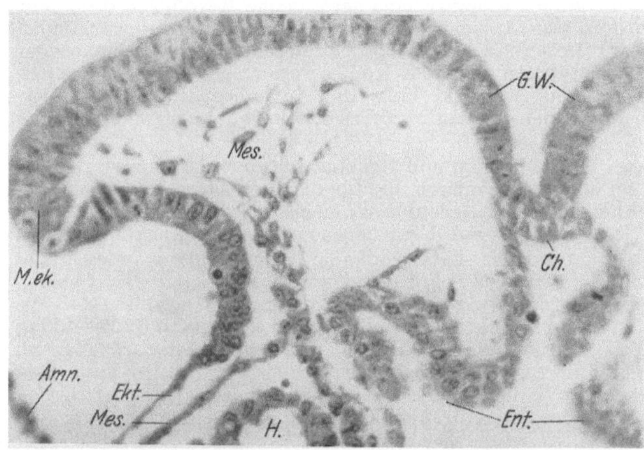

Abb. 79. Teil eines Querschnittes durch die Gehirnwülste des auch in Abb. 66 dargestellten abnormen Embryo. Man sieht die Chordaplatte (*Ch.*) dem Gehirnboden breit anhängend, wodurch auch der Vorderdarm (*Ent.*) dorsalwärts hochgehoben wird. Das Mesenchym (*Mes.*) der Gehirnwülste (*G.W.*) zeigt große Flüssigkeitsansammlungen, die auf abnorme Druckverhältnisse hindeuten. *Amn.* Amnion, *Ekt.* Ektoderm, *M.ek.* Anlage des Mesektoderms. (Nach BONNEVIE 1936.)

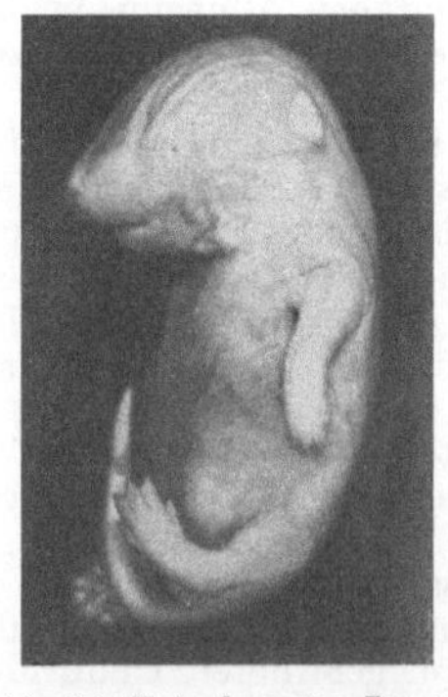

Abb. 80. Totgeborenes Junges, wahrscheinlich eine atypische Manifestation der Pseudencephalie. Kopf deformiert, beide Augen unter der Haut verborgen (an der rechten Seite eine starke subcutane Blutung an Stelle des Auges). (Nach BONNEVIE 1936.)

während der normalen Entwicklung die Ventralfalte sich von der unterliegenden Fortsetzung der Chordaplatte hochhebt, ist (BONNEVIE 1936) bei zwei abnormen Embryonen ein nach vorn verlängerter Zusammenhang zwischen Chordaplatte und Medullarrohr vorgefunden (Abb. 79).

Das eine dieser Embryonen (Abb. 66, S. 146), das den von SNELL und Mitarbeitern als „small chorion" bezeichneten Embryonen entspricht, zeigt in seinem Kopfmesenchym abnorme Verhältnisse der Gehirnwülste mit Flüssigkeitsansammlungen im Mesenchym, die eine normale Weiterentwicklung ohne Zweifel beeinflussen würden.

Es ist sehr wahrscheinlich, daß solche abnorme Verhältnisse, wenn sie auch nur auf einem kurzen Entwicklungsstadium zum Vorschein kommen, genügen würden, um eine Verschiebung in der Wachstumsbalance zwischen dem Gehirnrohr und dem dasselbe umgebenden Mesenchym zu bewirken. Es würde jedoch, wie schon erwähnt, gerade auf diesem Punkt von Bedeutung sein, ein reicheres Material untersuchen zu dürfen.

Eine interessante Abweichung von dem oben dargestellten Manifestationsbild der Pseudencephalie wird (BONNEVIE 1936) von einer bis zur Geburt entwickelten Maus repräsentiert, in welcher wohl die innere Spannung mit den daraus folgenden Umwälzungen der Kopforgane, nicht aber die typische Eröffnung und Umkrempelung der Gehirndecke sich geltend gemacht haben (Abb. 80, 81).

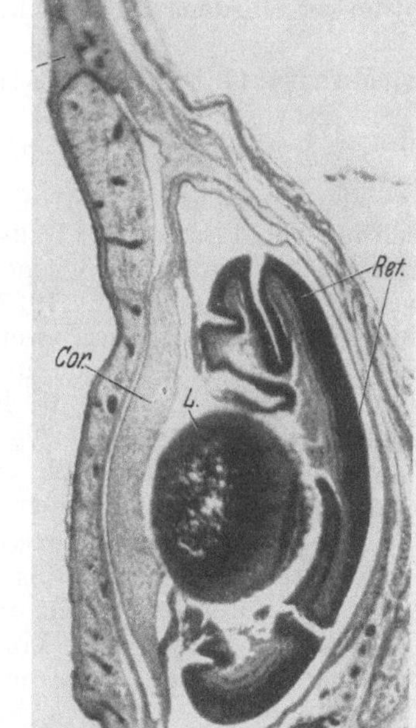

Abb. 81. Schnitt durch das linke Auge der in Abb. 80 photographierten Maus. *Lsp.* Lidspalte. *Cor.* Cornea, *Ret.* Retina. (Nach BONNEVIE 1936.)

Als Resultat sieht man, unter ganz intakter Haut und auch wesentlich intakten Gehirnhäuten, eine völlige Zerstörung der dorsalen und lateralen Teile des Gehirns, während auch die noch deutlich erkennbaren medialen Teile derselben mehr oder weniger stark verschoben worden sind. Auch die Augen scheinen eine gewaltsame Revolution durchlebt zu haben. Die an und für sich normalen Anlagen derselben sind von ihrer ursprünglichen Verbindung mit dem Integument unter starker Zusammenpressung ihrer Retinabecher losgerissen worden. Dies ist auf der rechten Seite des Kopfes von einer das Bild störenden subcutanen Blutung begleitet gewesen, während links die Augenlidspalte auf Schnittbildern deutlich erkennbar, aber von dem ventralwärts verschobenen Auge weit getrennt erscheint.

Ein eingehendes Studium von Querschnitten und Rekonstruktionen läßt als sehr wahrscheinlich vermuten, daß hier ein abortiver Versuch, die für die Pseudencephalie charakteristische Ausrichtung des Nachhirnbodens durchzuführen gemacht worden ist, ohne daß jedoch die anscheinend schon fest verschlossene Gehirndecke nachgegeben hat.

Auch der Ausgang des so entstandenen katastrophalen Spannungszustandes dieses Kopfes läßt sich in der Tat rekonstruieren. Die Schnittserie beweist nämlich, daß auf beiden Seiten desselben die Augennerven gewaltsam zerrissen erscheinen, und zwar so, daß die hinteren und vorderen Teile derselben durch einen beträchtlichen Abstand (225—450 μ) voneinander getrennt sind. Diese Zerreißung der beiden, sicherlich vorher zur äußersten Grenze ihrer Elastizität gestreckt gewesenen, Augennerven scheint in diesem Fall einen Ausgleich der Spannung gebracht zu haben demjenigen entsprechend, der während der normalen Manifestation der Pseudencephalie durch eine progressive Umkrempelung der schon geöffneten Gehirndecke gebracht wird.

4. Mutationen bei der Hausmaus,
die u. a. eine Verkürzung des Schwanzes hervorrufen.

Verschiedene Mutationen der Hausmaus manifestieren sich unter anderem durch eine *Verkürzung des Schwanzes,* bis zur völligen Schwanzlosigkeit. Genetisch haben sich solche Mutationen vielfach als voneinander unabhängig erwiesen, und die Degeneration eines kürzeren oder längeren Stückes des Schwanzendes scheint meistens nicht als eine primäre Genwirkung, sondern vielmehr als ein Symptom verschiedenartiger, vielleicht frühembryonaler Defekte aufzufassen zu sein.

a) Manifestierung der Allelomorphgruppe T, t^0, t' der Brachy- und Anurymäuse.

Manifestierung des T-Gens in der Entwicklung der Brachymäuse.

Von Chesley (1935), Columbia-Universität New York, ist eine kurzschwänzige Mutation der Hausmaus, die „Brachy" genannt wird, embryologisch untersucht worden. Das genetische Verhalten dieser Mutation ist von Dobrovolskaja-Zawadskaja (1927, 1928), sowie von Chesley und Dunn (1936) klargelegt worden. Ihre Vererbung ist dominant und die kurzschwänzigen Tiere sind sämtlich heterozygot, indem die Mutation homozygot letal ist. Chesley hat nachgewiesen, daß die homozygoten Embryonen etwa am 11. Tag ihrer Entwicklung absterben. Die Änderungen, die schrittweise zum Tod der Embryonen führen, sind auch von ihm verfolgt worden und lassen sich in folgenden Hauptpunkten resumieren:

Die homozygoten Embryonen (TT) lassen sich vor einem Stadium mit vier Ursegmenten, oder etwa bis am Anfang des 9. Tages, von heterozygoten und normalen Embryonen nicht unterscheiden. Nun treten aber gleichzeitig dreierlei Unregelmäßigkeiten zum Vorschein, nämlich erstens ein temporäres Auftreten von paarigen oder unpaaren Blasenbildungen (Abb. 82a) neben der dorsalen Medianlinie des Embryos, zweitens mehr oder weniger stark hervortretende Unregelmäßigkeiten im Verlauf des Medullarrohres, und drittens eine etwas unklare Abgrenzung der Ursegmente.

Auf einem wenig späteren Stadium, mit 10—12 Ursegmenten, sind die Blasen nicht mehr zu erkennen, die beiden anderen Abnormitäten sind aber deutlich gesteigert. Der hintere Teil des Medullarrohres zeigt auffallende Unregelmäßigkeiten (Abb. 82 b) und die Entwicklung der Ursegmente steht sowohl in betreff ihrer Anzahl als ihrer Formdifferenzierung derjenigen normaler Schwesterembryonen deutlich nach.

Am Ende des 10. Tages erscheint der ganze hintere Teil des embryonalen Körpers stark reduziert (Abb. 83). Das auf diesem Stadium sonst spiralig

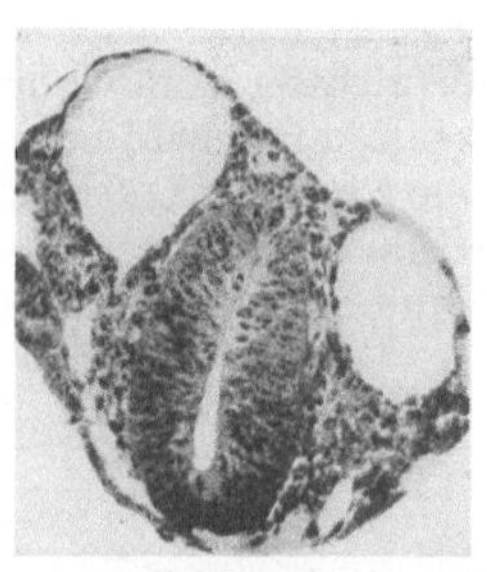
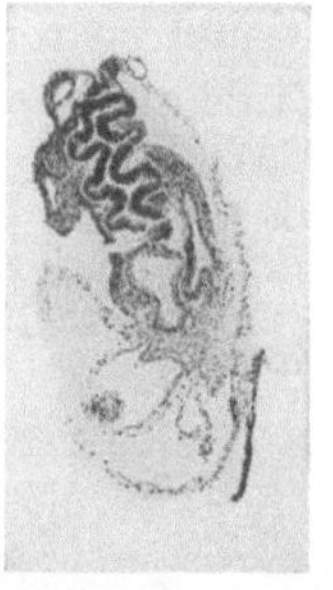

a   b   c

Abb. 82 a und b. Querschnitt durch ein homozygotes Brachyembryo (9 Tage) mit Blasen, ohne Chorda dorsalis. b Aus einem Frontalschnitt durch ein homozygotes Embryo. Im oberen Teil des Bildes sieht man das Medullarrohr unregelmäßig verzweigt. (Nach CHESLEY 1935.)

Abb. 83. Homozygotes Brachyembryo, 9 Tage, 8 Stunden. Nach CHESLEY 1935.)

aufgerollte Hinterende des Embryos ist ganz fehlend, und auch weiter vorn fehlt jetzt jede Segmentation des Körpers. Auch die Anlagen der Hinterextremitäten fehlen, während diejenigen der Vorderextremitäten, anstatt ventralwärts, hier dorsalwärts gerichtet sind. Auch die Medianlinie des Embryos ist nun sehr unregelmäßig. Das Absterben der Embryonen folgt bald

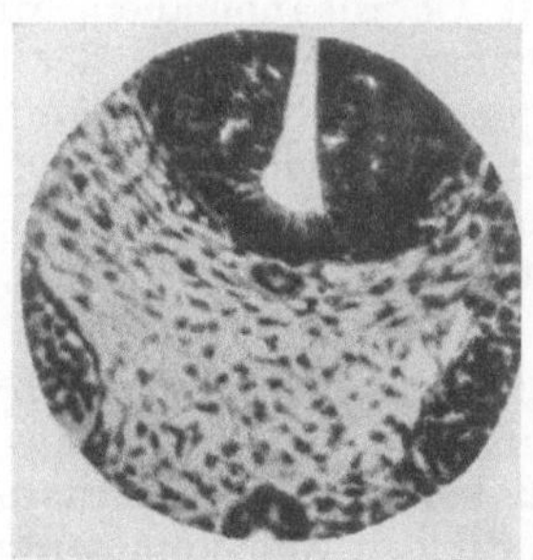
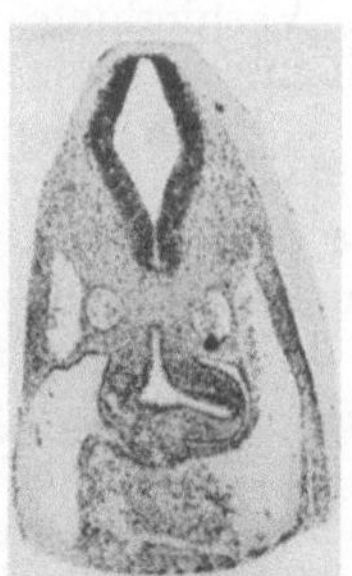
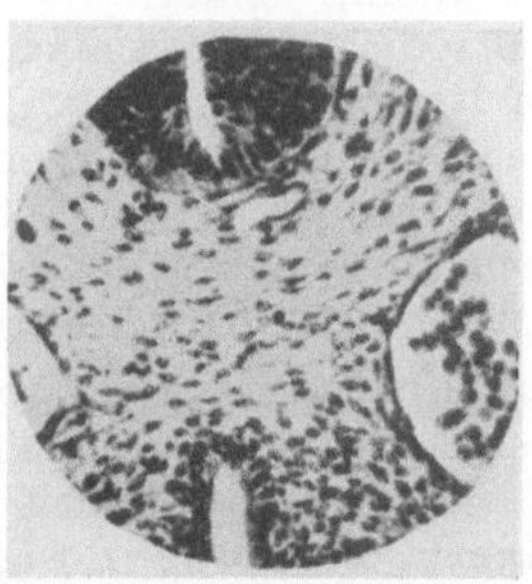

a   b   c

Abb. 84a—c. Querschnitte durch die Leberregion zweier Embryonen, 10 Tage 9 Std. alt. a normal, mit Chorda dorsalis, b—c abnorm, ohne Chordaanlage. (Nach CHESLEY 1935.)

nach diesem Stadium, auf welchem auch eine cellulare Degeneration durch das Auftreten von chromophilen Granula sich kundgibt.

Eine Untersuchung der inneren Organe der hier besprochenen Embryonalstadien hat als wesentliches Resultat eine Abnormität des Materials der Chordaplatte klargelegt, die von dem Stadium an, wo normal eine Chorda dorsalis deutlich differenziert wird, sich immer mehr geltend macht. Auf Querschnitten durch den Hinterkörper eines 10tägigen Embryos (Abb. 84b—c) ist überhaupt kein Chordastrang mehr zu spüren.

Auch bei den heterozygoten Embryonen sind, von CHESLEY, Unregelmäßigkeiten der Chordaentwicklung nachgewiesen worden, und zwar in Form von Ausbuchtungen, die sowohl in der Lumbal- und Sacral-, als auch in der Caudalregion

zum Vorschein treten können (Abb. 85). In der Lumbalregion der Heterozygoten, wo diese Ausbuchtungen wesentlich ventralwärts gerichtet sind, erscheint das Medullarrohr ganz normal entwickelt. Im Schwanz dagegen sind
die Ausbuchtungen der Chordaanlage meistens dorsalwärts gerichtet und das
hintere Ende des Medullarrohres zeigt ganz entsprechende Abnormitäten.
Dieser abnorme äußere Teil des Schwanzes wird dann, wie schon von Lang
(1912) bei kurzschwänzigen Mäusen nachgewiesen, bei älteren Embryonen
zuerst fadenförmig verdünnt und später abgeworfen.

Dem ursächlichen Verhältnis zwischen den Abnormitäten von Chorda und
Medullarrohr ist auch, von Chesley, große Aufmerksamkeit gewidmet worden,
und zwar mit dem Resultat, daß die Anomalie des Chordamaterials als die
primäre betrachtet werden muß. Abnormitäten des Medullarrohres erscheinen
nämlich an keiner Stelle des Embryos und auch zu keiner Zeit der Entwicklung

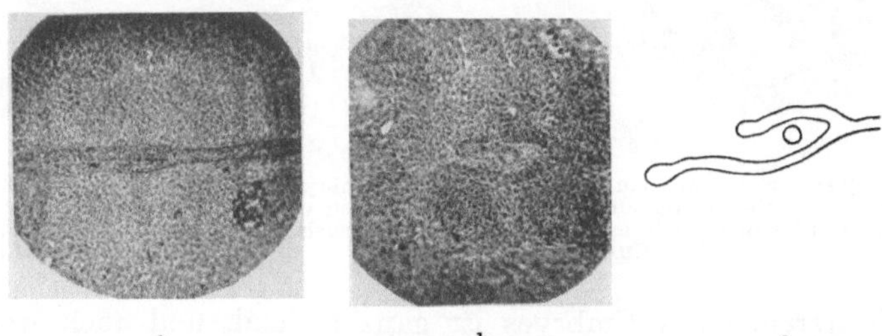

a   b   c

Abb. 85a—c. Aus Frontalschnitten durch den Schwanz zweier heterozygoten Brachyembryonen, 13 Tage
alt, auf dem Stadium der fadenförmigen Verdünnung des Schwanzendes. a mit Verdoppelung des Chorda-
endes; b—c Chorda Y-förmig, zwischen beiden Zweigen sieht man das Medullarrohr im Querschnitt.
(Nach Chesley 1935.)

für sich allein, sondern nur in Verbindung mit Chordaanomalien, während
umgekehrt die letzteren auch allein auftreten können, wie dies in der lumbo-
sacralen Region der heterozygoten Embryonen der Fall ist. Diese Auffassung
steht auch mit den experimentellen Resultaten an Amphibienkeimen in bester
Übereinstimmung, indem ja hier die Entwicklung eines Medullarrohres durch
das Vorhandensein von Chordamaterial induziert wird (Lehmann 1926, 1928;
Hunt 1931, 1932; Holtfreter 1933).

Auf Grundlage des ursprünglichen *Brachy*-Stammes haben Dobrovolskaja-
Zawadskaja und Kobozieff (1927b) drei verschiedene ganz schwanzlose
Linien selektiert. Sie haben auch erwiesen, daß bei Inzucht innerhalb jeder
dieser Linien die Schwanzlosigkeit (*anury*) bei sämtlichen Nachkommen wieder-
erscheint.

Die eine dieser Linien, die A-Linie, ist von Chesley und Dunn (1926) sowohl
genetisch als auch embryologisch untersucht worden, und zwar mit dem Resultat,
daß die schwanzlosen Mäuse für zwei letale Gene heterozygot sind. Neben dem
Brachy-Gen (T) tragen sie nämlich auch ein recessives *anury*-Gen (t^0), welches
in Verbindung mit T Schwanzlosigkeit hervorbringt. Die recessiven t^0t^0-Homo-
zygoten sterben schon bald nach der Implantation des Eies ab, während, wie
schon oben besprochen, die homozygoten Brachy-Embryonen (TT) erst etwa am
11. Tag ihrer Embryonalentwicklung sterben.

Untersuchungen der Embryonen im Uterus, etwa am 11. Tage, gaben also
drei verschiedene Typen derselben, nämlich 1. lebende schwanzlose *Anury*-
Embryonen ($T\,t^0$), 2. abnorme, sterbende *Brachy*-Embryonen (TT) vom oben
beschriebenen Typus, und 3. abnorme Embryonen (t^0t^0), die schon etwa am
7. Tag gestorben waren.

Später ist auch eine zweite der erwähnten schwanzlosen Linien, die 29-Linie, von DUNN (1937) genetisch analysiert worden. Er hat hier einen dritten, und zwar recessiven Letalfaktor (t') konstatieren können, der ebenso wie t^0 eine Allelomorphe des dominanten *Brachy*-Gens (T) repräsentiert. Auch t' ist homozygot letal — die Embryonen sterben, nach GLÜCKSOHN-SCHÖNHEIMER (1938a), wahrscheinlich schon vor der Implantation ab. Interessant ist weiter auch, daß hier wieder einmal die Heterozygoten zwischen den zwei Letalfaktoren T und t', ebenso wie Tt^0, lebensfähige schwanzlose Mäuse sind, ja daß die Kombination t^0t' sogar phänotypisch normale Mäuse ergibt. Diese Mutationen, die sämtlich die Schwanzlänge beeinflussen, greifen also schon in primäre Entwicklungsprozesse ein, die für die Lebensfähigkeit entscheidend sind — zwar aber je in verschiedener Weise, so daß ihre Wirkungen sich gegenseitig aufheben können.

Ein erster Einblick in solche Primärwirkungen ist, wie schon mitgeteilt, von CHESLEY (1935) für das T-Gen gegeben worden. — Neulich sind von GLÜCKSOHN-SCHÖNHEIMER (1938b) auch für die schwanzlosen Heterozygoten Tt^0 und Tt' der A- und der 29-Linien ebensolche embryologische Manifestationsdaten klargelegt worden.

Die Manifestierung der Schwanzlosigkeit, die sich vor dem 10. Embryonaltag nicht spüren läßt, äußert sich in beiden Linien ganz gleich. Im Laufe des 11. Tages sieht man eine Einschnürung am Grunde des Schwanzes, wonach das Wachstum des letzteren aufhört. Am 14. Tag ist der Schwanz außerhalb der Einschnürung dünn fadenförmig geworden, was mit dem Abfallen des Fadens bald zu völliger Schwanzlosigkeit führt.

Die inneren Vorgänge dieser Manifestation lassen sich schon einen Tag früher als die äußeren nachweisen, und zwar vor allem durch das Fehlen einer *Chorda dorsalis* in der sich verlängernden Schwanzanlage. Die Chorda scheint also mit dem Erscheinen einer Schwanzknospe ihr größtes Längenwachstum erreicht zu haben. Aber auch im hinteren Teil des Körpers ist die Entwicklung von jetzt an unregelmäßig, mit fingerförmigen Divertikeln sowohl von der Chordaanlage als auch vom hinteren Teil des Darmes. Als eine Möglichkeit wird erwähnt, daß der primäre Zusammenhang zwischen Chorda- und Darmanlage im Hinterkörper des Embryos vielleicht überhaupt nicht gelöst worden ist — oder mit anderen Worten, daß die Anomalien der untersuchten schwanzlosen Linien auf eine primäre Anomalie der Region des Primitivstreifens zurückgeführt werden könnten.

Die Ähnlichkeit dieser Manifestation mit der von CHESLEY beschriebenen Manifestation des T-Gens bei den kurzschwänzigen *Brachy*-Mäusen ist sogleich auffallend. Ein Unterschied ist jedoch darin zu sehen, daß die Verkürzung des Schwanzes bei den letzteren stark variierend erscheint, während in beiden schwanzlosen Linien die zur Verkürzung führende Einschnürung der Schwanzanlage immer an einer und derselben Stelle, nämlich am proximalen Ende derselben, einsetzt.

b) Manifestierung des Sd-Gens der D-short-Mäuse.

Aus demselben Laboratorium der Columbia-Universität New York stammt auch die Beschreibung einer neuen, dominanten Mutation der Hausmaus (*D-short*, Sd), die in heterozygotem Zustand wieder Kurzschwänzigkeit, als Homozygot aber Schwanzlosigkeit bewirkt (DUNN und GLÜCKSOHN-SCHÖNHEIMER 1938, GLÜCKSOHN-SCHÖNHEIMER 1939).

Die Heterozygoten auch dieser Mutation sehen den heterozygoten Brachymäusen ähnlich, obwohl ihr Schwanz meistens stärker verkürzt oder sogar ganz fehlend erscheinen kann. Beide Mutationen haben sich jedoch als genetisch unabhängig erwiesen.

Die *D-short*-Heterozygoten zeigen bei Dissektion auch charakteristische, obwohl stark variierende Abnormitäten des Urogenitalsystems. So können die eine oder beide Nieren in verschiedenem Grade bis zum völligen Verschwinden verkleinert sein. Dasselbe ist auch mit den Ureteren der Fall. Diese Abnormitäten zeigen in ihrem Auftreten eine Dissymmetrie, derjenigen der Blasenmäuse entsprechend (vgl. S. 136), indem sie auf der linken Seite erheblich häufiger sind als auf der rechten. So wurden unter 31 Fällen einseitig auftretender Anomalien nicht weniger als 27 auf der linken Seite vorgefunden.

Die Homozygoten der *D-short*-Mäuse sterben sämtlich innerhalb 24 Stunden ab. Sie sind, wie schon erwähnt, schwanzlos. Anus und äußere Genitalia fehlen, und auch im inneren zeigen sich vielerlei Anomalien aller Hinterkörperorgane (Abb. 86). Nieren

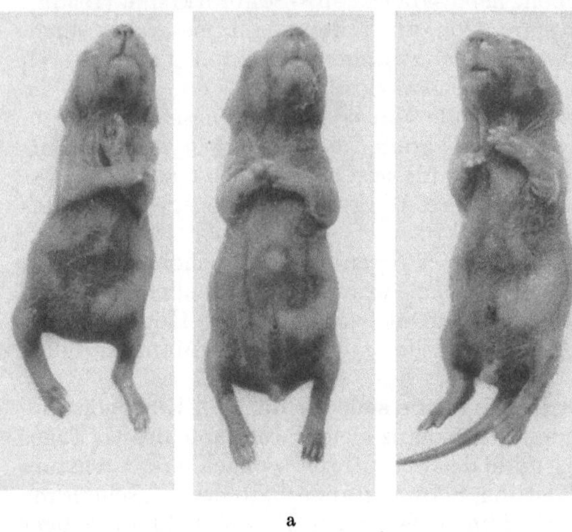

a

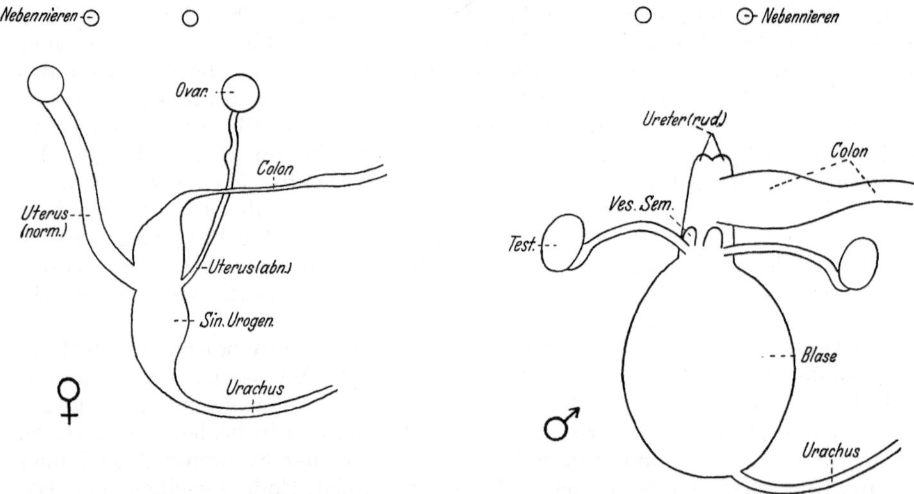

b

Abb. 86a und b. Manifestation des Sd-Gens bei der *D-short*-Maus. a Homozygote, SdSd, Maus (links), Heterozygote, S^d+ (Mitte) neben einer normalen Maus, ++ (rechts). b Urogenitalsystem weiblicher und männlicher *D-short*-Homozygoten (vgl. Text). (Nach Glücksohn-Schönheimer 1939.)

sind überhaupt nicht vorhanden, meistens auch nicht Ureteren und Urethra. Die inneren Genitalorgane, die bei den Männchen normal sind, können bei den Weibchen variierende Anomalien zeigen, so z. B. Verdünnung oder kugelige Anschwellungen der Uterushörner. An der stark verkürzten Wirbelsäule der Homozygoten fehlen nicht nur die Schwanz- und Sacralwirbel, sondern auch einige der Lendenwirbel. Das Neuralrohr reicht weiter nach hinten als die Wirbelsäule und bildet hier eine Cyste. — Eine embryologische Analyse dieser interessanten Mutation, die homozygot als *postnatal letal* bezeichnet wird, ist mit Spannung abzuwarten.

c) Manifestierung des s^t-Gens der kurzschwänzigen Tanzmäuse.

Schon früher (DUNN 1934) war die erste Mitteilung gegeben worden über eine monohybrid recessive Mutation der Hausmaus *(shaker-short* s^t*)*, die wie die eben besprochenen Mutationen Kurzschwänzigkeit hervorruft, die aber sonst sowohl genetisch als auch in ihrer Manifestation von denselben ganz verschieden ist.

Eine eingehende embryologische Analyse dieser kurzschwänzigen Tanzmäuse hat (BONNEVIE 1935a, b, 1936, samt bis jetzt unpublizierten Beobachtungen) die folgenden Hauptresultate gegeben:

Die *shaker-short*-Mutation ist, wie von DUNN (1934) erwiesen, monohybrid und recessiv. Das Gen ist in seiner Wirkung pleiotrop, und zwar bewirkt es neben den unten zu besprechenden embryonalen Abänderungen auch die folgenden Anomalien, die als bleibend charakterisiert werden dürfen (vgl. Diagramm, S. 167):

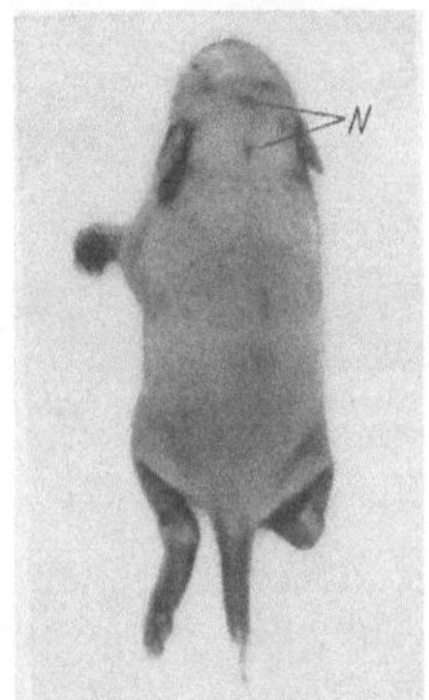

Abb. 87. Kurzschwänzige Tanzmaus, 7 Tage alt. *N* Narben. (Original.)

(1.u.2.) Die beiden schon in den Namen dieser Mutation eingehenden Charaktere, Kurzschwänzigkeit und Tendenz zu zirkulierenden Bewegungen, (3. u. 4.) völlige Taubheit und Fehlen des Gleichgewichts, so daß sich die Tiere leicht auf den Rücken umwälzen und nur schlecht die Bewegungen ihrer Füße koordinieren können, (5.) Abweichungen des Craniums und der Halswirbelsäule, unter welchen hier nur die eine erwähnt werden soll, daß die Occipitalregion auffallend kurz und breit und der Atlas stets dorsal offen bleibt, und (6.) eine mehr oder weniger absolute Sterilität. Bei jungen Tieren, bis zu 1—2 Wochen nach der Geburt, lassen sich endlich (7.) am Scheitel und eventuell auch in der Nackenregion, ein bis zwei deutliche Narben erkennen (Abb. 87), die jedoch später von Haaren überdeckt werden.

Durch seine genetischen Untersuchungen hat DUNN den Beweis gebracht, daß diese sämtlichen Anomalien durch die Mutation eines einzigen, recessiven Gens hervorgerufen werden. Die Wirkung dieses Gens ist schon zur Zeit der Implantation des Eies nachweisbar, und zwar in Form einer temporär zum Vorschein tretenden generellen Hypertrophie, die sich besonders im ektodermalen Keimblatt kundgibt.

Alle später erscheinenden Anomalien lassen sich in eine, an und für sich recht komplizierte, sekundär sich ausfaltende Ursachenkette ganz natürlich hineinfügen. Trotzdem die einzelnen Glieder dieser Ursachenkette nicht nur im Gehirn schwere Verletzungen hervorbringen, sondern auch in die Herztätigkeit des Embryos hineingreifen, steht doch die Tatsache fest, daß lebend geborene s^t-Homozygoten eine ebenso hohe Vitalität aufweisen als die normalen Tiere. Die Anzahl von Totgeburten erscheint jedoch relativ hoch.

Die neugeborenen oder gerade vor der Geburt stehenden homozygoten Jungen sind durch eine geradezu katastrophale Zerstörung ihres Gehirns charakterisiert, und zwar besonders der Mes- und Metencephalondecken derselben. Diese Hirnteile werden auf Schnittbildern (Abb. 88), wie chaotisch vermischte Bruchstücke, als der Inhalt von großen Hernien wiedergefunden. Die letzteren sind, von den meistens intakt gebliebenen Gehirnhäuten umgeben, in der dorsalen Mittellinie zwischen den Kranienknochen hervorgedrängt und haben zuweilen sogar die darüberliegende Haut gesprengt. Die oben erwähnten Narbenbildungen des Kopfes kommen in dieser Weise zustande. Der Inhalt solcher Gehirnhernien wird bei lebendgeborenen Jungen allmählich resorbiert, während die übrig gebliebenen Teile des Mes- und Metencephalon eine anscheinend normale innere Differenzierung durchlaufen.

Neben der besprochenen Hernienbildung der Gehirndecke sieht man den Hirnboden nach unten stark zusammengepreßt, wobei besonders die dünne hintere Wand des dritten Ventrikels abnorm gefaltet oder sogar ganz zerstört wird. Von dieser Region aus dringen dann sowohl Blut als losgerissene Zellen in den dritten Ventrikel hinein.

Diese Verhältnisse sind in dem halbschematischen, nach Querschnitten rekonstruierten, Medianbild (Abb. 89) dargestellt worden.

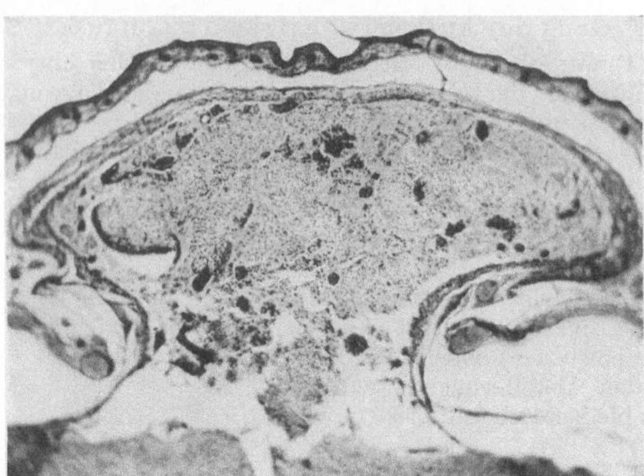

Abb. 88. Aus einem Querschnitt durch das Gehirn eines neugeborenen st-Homozygoten (Nr. 6858). Gehirnhernie mit Bruchstücken von Mes- und Metencephalon. (Original.)

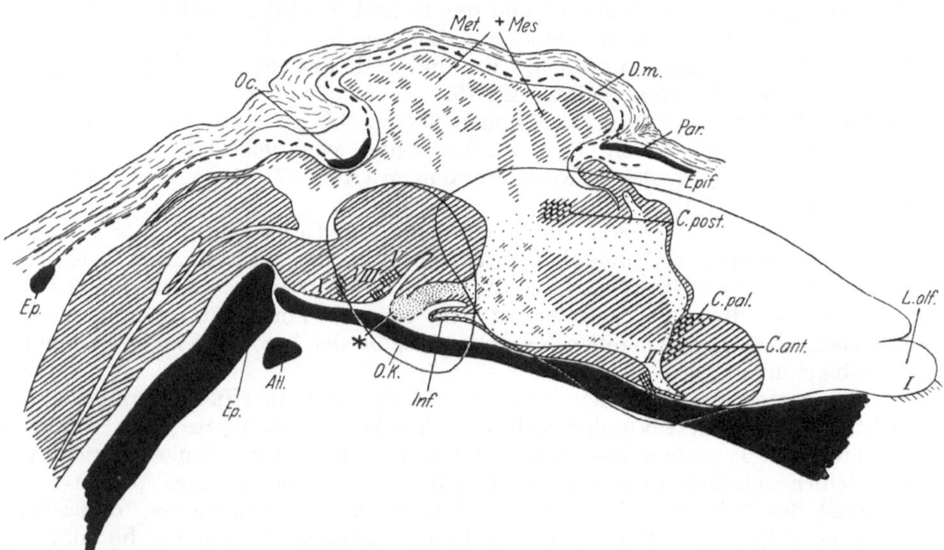

Abb. 89. Halbschematische Medianrekonstruktion, nach einer Querschnittserie, durch das Gehirn einer neugeborenen st-Homozygote (20 · 6 · 35), mit großer Gehirnhernie. *Atl.* Atlas, *C. ant., C. pall., C. post.* Comm. anterior, pallii und posterior; *D.m.* Dura mater, *Ep.* Epistropheus, *Epif.* Epiphyse, *Inf.* Infundibulum, *L. olf.* Lob. olfactorius, *Met.+Mes.* Met- und Mesencephalonbruchstücke, *Oc.* Occipitale, *Par.* Parietale, *I—X* Gehirnnerven. * Hintere Wand des dritten Ventrikels mit starker Blutung (fein punktiert) und mit Zellaustretung (gestrichelt). (Original.)

Welche Kräfte sind es nun, die eine solche explosionsartige Zerstörung des Gehirns bewirken können?

Man möchte wohl hier zuerst an irgend einen inneren Überdruck denken, entweder im Gehirnlumen oder innerhalb der Gehirnwände. Auf etwas früheren

Stadien (15—16 Tage) wird man jedoch nach Beweisen der Existenz eines inneren Druckes vergebens suchen. Im Gegenteil, das Gehirnlumen erscheint hier in allen seinen Teilen stark verengert, und auch die Gehirnwände zeigen in betreff ihrer inneren Differenzierung nichts Abnormes (Abb. 95, S. 164).

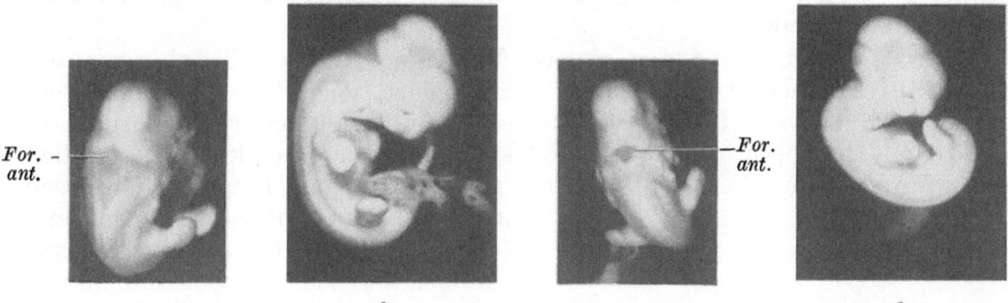

Abb. 90 a—d. Zwei Mäuseembryonen (12 · 3 · 36, etwa 10 Tage). a—b Normal, c—d sᵗ-Homozyg., in dorsaler (a, c) und in seitlicher Ansicht (b, d), *For.ant.* Foramen anterius. (Original.)

Das ganze Gehirn macht vielmehr den Eindruck, unter einem allseitigen äußeren Druck zu stehen, durch welchen seine Wände zusammengepreßt und teilweise zu Faltungen gezwungen erscheinen.

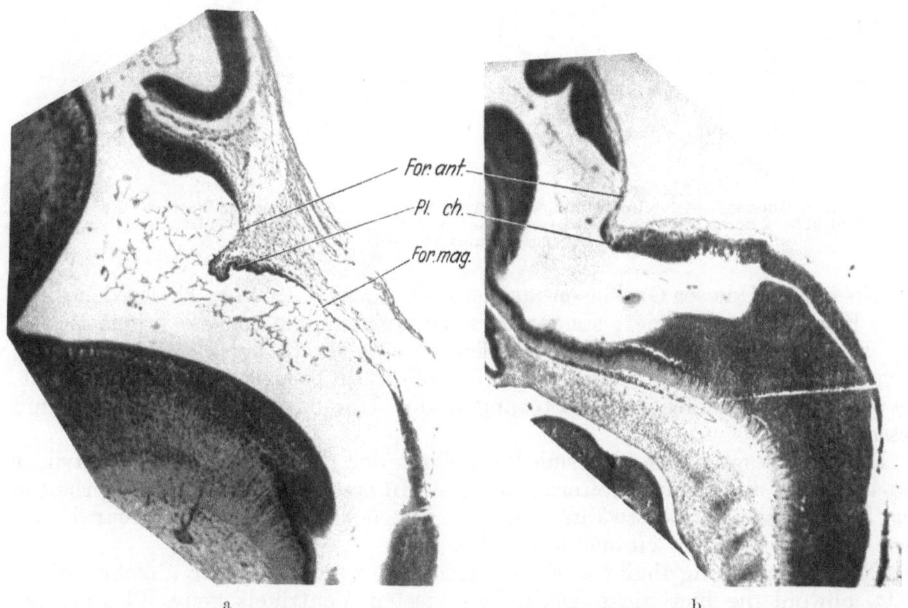

Abb. 91 a und b. Medianschnitte durch die Nackenregion eines normalen (a) und des in Abb. 90 dargestellten abnormen Embryo (b), mit verdickter Decke im hinteren Teil des vierten Ventrikels. *For.ant.* Foramen anterius, *For.mag.* Foramen magendie, *Pl.ch.* Einbuchtung zur Plexusbildung. (Original.)

Eine Betrachtung auch jüngerer Embryonen, bis zu 13 Tagen alt, ergibt, daß von der ursprünglichen Genwirkung bis zur endgültigen Manifestation der bleibenden Anomalien kein einfacher oder gerader Weg führt, sondern daß ein Zusammenwirken verschiedener Kräfte und Organsysteme notwendig ist, um die oben besprochene explosive Störung des Gehirns hervorzurufen.

Diese jüngeren Embryonen zeigen alle in der Nackenregion eine auffallende Einsenkung (Abb. 90), die nicht nur eine laterale Verengerung, sondern auch eine Verkürzung der dünnen, epithelialen Decke des vierten Ventrikels mit sich bringt. Als epithelial bleibt eigentlich nur das *Foramen anterius* übrig, oder mit anderen Worten der normal vor dem *Plexus chorioideus* liegende Teil dieser Decke, während der ganze hintere Teil, wo unter normalen Umständen das *Foramen magendie* seinen Platz findet, bei diesen abnormen Embryonen verdickt erscheint (Abb. 91a und b).

Die laterale Verengerung des vierten Ventrikels, die auf Totalpräparaten sowohl wie auf Querschnitten deutlich erkennbar ist, scheint für die neben dem Gehirnrohr sich entwickelnden Ohrblasen von entscheidender Bedeutung zu sein (Abb. 92). Die bei ihrer Anlage zuerst kugeligen Ohrblasen kommen nämlich dadurch während ihrer Weiterentwicklung unter abnormen Druckverhältnissen zu liegen, was weiter darin resultiert, daß die, mit der Bildung eines *Ductus endolymphaticus* in Zusammenhang stehende, frühzeitige Abflachung der

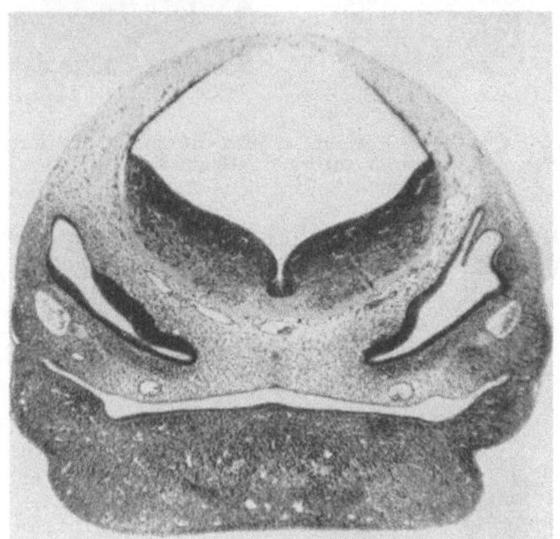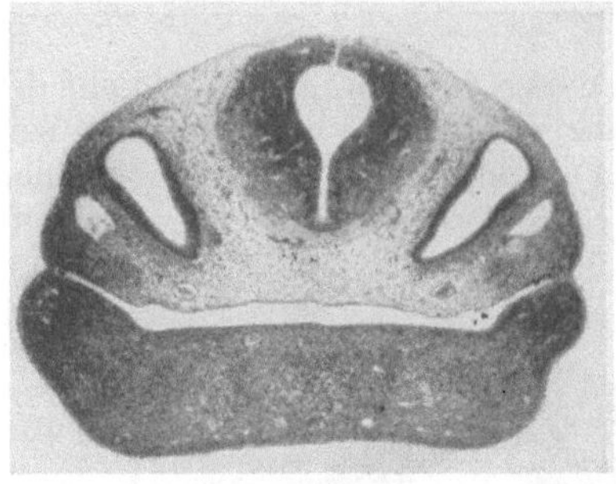

a   b

Abb. 92 a und b. Querschnitte durch die Ohrenregion zweier Embryonen aus demselben Wurfe wie diejenigen der Abb. 90 und 91b. a normal, b abnorm mit verengertem Gehirn, und Ohrblasen ohne Duct. endolymphaticus und Bogengängenanlagen. (Original.)

medianen Wand dieser Ohrblasen ausbleibt (Bonnevie 1936a). Es werden auch keine Bogengänge gebildet, sondern die Ohranlagen bleiben als offene Blasen bestehen, jedoch mit normaler Differenzierung ihrer sämtlichen Sinnesorgane, und auch mit abortiven Versuchen einer äußern Formdifferenzierung. Die Taubheit, sowie auch die Gleichgewichtsstörungen der Homozygoten finden hier ihre Erklärung.

Die oben besprochene abnorme Verdickung der Decke des vierten Ventrikels hat aber auch andere und weitere Folgen. — In erster Reihe muß das Verhalten des *Plexus chorioideus* erwähnt werden, der sich normal unmittelbar hinter dem *Foramen anterius* einbuchten sollte.

Eine Einbuchtung findet auch bei den Homozygoten an der üblichen Stelle statt, obwohl die hier dicke Decke des vierten Ventrikels keine Plexusfalten bilden kann. Die Blutzufuhr an dieser Stelle scheint jedoch ebenso reichlich zu sein wie unter normalen Umständen, mit der Folge, daß in den dem Gehirnrohr anliegenden Capillaren ein temporärer Überdruck hervorgebracht wird. Prall gefüllte Capillaren suchen in das abnorm dicke Medullarrohrgewebe hineinzudringen (Abb. 93). Andere verlaufen dem Medullarrohr entlang, und zwar bis zur Schwanzspitze nach hinten.

Bis zu diesem Stadium, etwa 12 Tage, ist der Schwanz der Embryonen ganz normal gewesen. Jetzt aber, gleichzeitig mit der abortiven Plexusbildung, wird seine Spitze durch die Blutspannung blasenförmig angeschwollen (Abb. 94a und b), was weiter zu einer Entwicklungshemmung und zu der, auch von anderen

Mutationen bekannten, mehr oder weniger langen, fadenförmigen Verdünnung dieser Spitze führt.

Eine auffallende Eigentümlichkeit der Plexusregion des vierten Ventrikels, auf dem eben besprochenen Stadium, ist auch darin zu sehen, daß eine an und für sich sehr variable Verbindung zwischen dem Medullarrohr und dem darüberliegenden Ektoderm meistens existiert, und zwar entweder in Form einer Ektodermeinbuchtung (BONNEVIE 1935a, Abb. 6), oder vielmehr als ein dorsaler Auswuchs von seiten des Medullarrohres. Es können auch mehrere solche Verbindungen hintereinander existieren. Bei etwas älteren Embryonen, 13—14 Tage, werden dieselben wohl allmählich gelöst. Doch werden sie durch ihre bloße Existenz dazu beigetragen haben, in den gerade zu dieser Zeit sich entwickelnden Gehirnhäuten eine lokalisierte Schwäche zu bewirken.

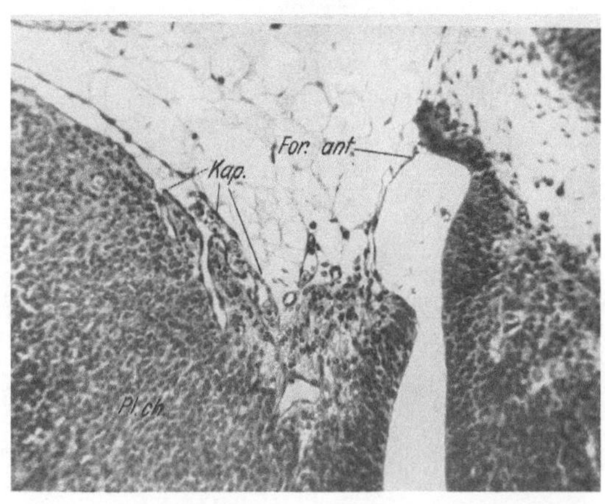

Abb. 93. Aus einem Medianschnitt durch die Nackenregion eines st-homozygoten Embryos (30. 10. 34), 14 Tage, mit reichlicher Blutzufuhr zur abortiven Plexusanlage. *For.ant.* Foramen anterius, *Kap.* stark erweiterte Capillaren. (Original.)

Durch die eben besprochene abortive Plexusbildung, mit tiefer Einbuchtung und starker Blutfüllung der verdickten Ventrikeldecke, erreicht die ganze hintere Region des Gehirns einen abnorm großen Umfang. Dies übt natürlich auch seine Wirkung auf die später erfolgende Skeletbildung, sowohl der Occipitalregion des Craniums als auch der vorderen Halsregion. Das dorsale Offenbleiben

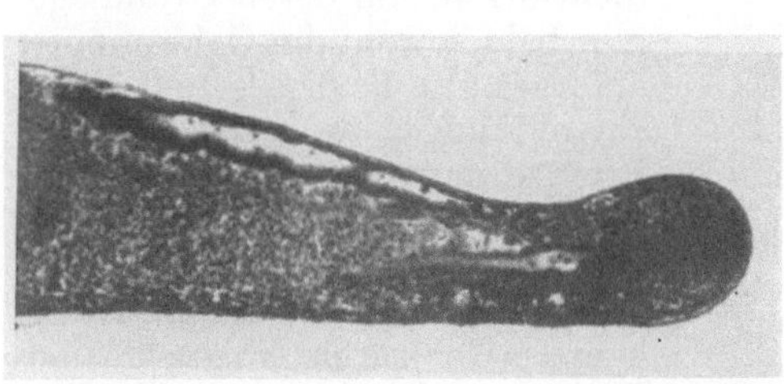

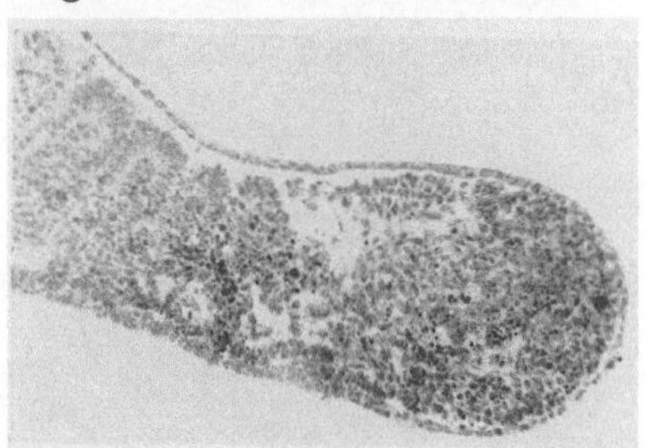

a   b

Abb. 94a und b. Schwanzspitze eines homozygoten st-Embryos (29. 10. 34), 12 Tage, a median, zeigt die stark erweiterten Capillaren, b seitlich, stärker vergrößert, zeigt Störung der Ursegmentbildung in der Schwanzspitze. (Original.)

des Atlas, sowie gewisse stets eintretende Abnormitäten des Craniums, finden in diesen Verhältnissen ohne weiteres eine Erklärung.

Auch in den vorderen Hirnteilen zeigen sich Abnormitäten, die ebenso wie im vierten Ventrikel in einer Entwicklungshemmung der unter normalen Umständen dünnen epithelialen Partien der Gehirndecke Ausdruck finden. Auch hier bleiben nämlich die chorioidalen Plexen rudimentär, und zwar so, daß nur die am weitesten lateral gelegenen Teile der paarigen Plexusanlagen überhaupt zum Vorschein treten (Abb. 95). Auch diese lateralen Rudimente bleiben bei den homozygoten Embryonen dick und im wesentlichen unverzweigt, und scheinen kaum funktionierend zu sein.

11*

Als Folgeerscheinung des Rudimentärbleibens sämtlicher chorioidalen Plexen macht sich eine quantitative Verringerung der Cerebrospinalflüssigkeit geltend,

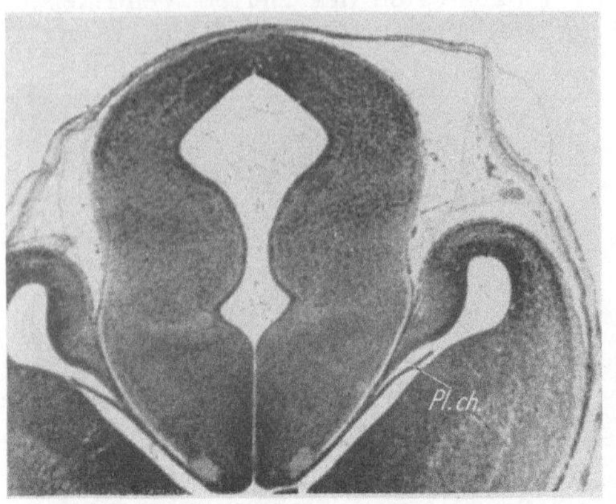 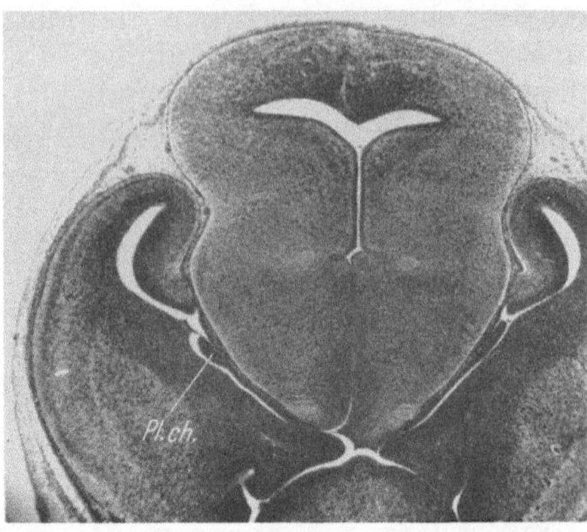

Abb. 95 a und b. Querschnitte durch die Hemisphären zweier Schwesterembryonen (9. 9. 36), 14 Tage. a normal, b abnorm. *Pl.ch.* Plexus chorioideus. (Original.)

und zwar nicht nur in dem verengerten Lumen des Gehirnrohres, sondern auch in betreff der Menge der aus dem vierten Ventrikel austretenden Gehirnflüssigkeit,

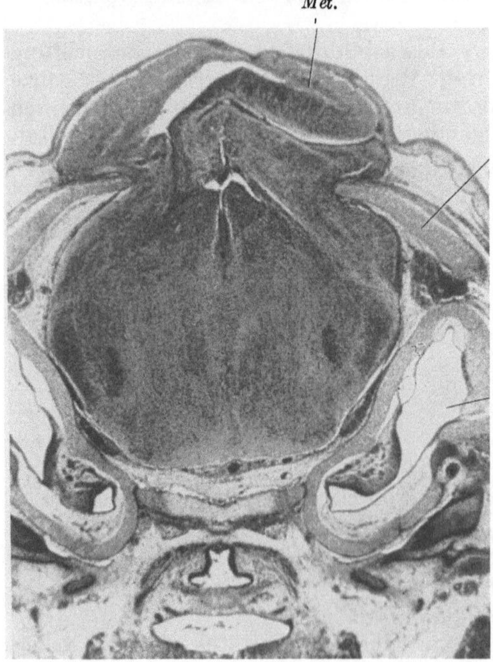

Abb. 96. Querschnitt durch die Ohrenregion eines homozygoten st-Embryos (2. 3. 36), etwa 16 Tage, eine verfrühte Hernienbildung zeigend. *Met.* zwischen den Occipitalknorpeln (*Oc.*) ausgetretenes Metencephalon, *Ohr.* Ohrblasen, ohne Bogengänge. (Original.)

— eine Tatsache, die wieder sehr verhängnisvolle weitere Folgen hat. Dadurch wird nämlich, wie aus der Abb. 95 b erkennbar, auch der Abstand verringert zwischen der Gehirnoberfläche und den sie umgebenden bindegewebigen Verdichtungen, auf deren Grundlage nun bald sowohl die Gehirnhäute als auch die Knorpel- und Knochenbildungen des Craniums sich herausdifferenzieren werden.

Diese abnorme Verengerung der rasch derber werdenden, bindegewebigen Kapsel, innerhalb welcher das Gehirnrohr eingeschlossen liegt, ist als eine erste direkte Ursache der herannahenden, schon oben besprochenen Gehirnkatastrophe aufzufassen.

Das in der Nachhirnregion auf beiden Seiten sich entwickelnde Primordialcranium läßt ja nämlich mehr oder weniger weite Spalten in der dorsalen Medianlinie offen, und einzelne Beispiele beweisen, daß schon vor dem Stadium der typischen Gehirnsprengung große Teile des Gehirns, die Häute vor sich herschiebend, durch solche Fontanellen sich sozusagen hinauszwängen können (Abb. 96). Dies geschieht durch starke und unregelmäßige

Faltungen der dorsalen Decke von sowohl Mes- als Metencephalon, aber ohne Blutung oder eigentliche Zerstörung der Gewebe des Gehirns. — Diese Tatsache ist von Bedeutung für einen Vergleich mit der bei den Homozygoten typischen, mehr explosiven, Zerstörung der entsprechenden Gehirnteile, die allgemein erst am 17. Embryonaltag eintritt.

Auf diesem Stadium ist nämlich noch ein neues Moment in die Ursachenkette eingetreten — nämlich eine plötzliche und starke Verlangsamung des Herzschlags — und zwar so, daß die beiden Herzventrikel beinahe blutlos in starker Systole verweilen, die Vorkammern und die großen Gefäße dagegen stark erweitert und mit Blut prall gefüllt erscheinen. Das in Abb. 97 dargestellte Bild ist in der Tat für sämtliche auf diesem Stadium fixierten Embryonen vollkommen typisch. — Als Ursache dieser plötzlichen Änderung der Herztätigkeit liegt es hier nahe, an den auf den Vagus- sowie auf den sympathischen Zentren gerade lastenden, abnorm starken Druck zu denken. Besonderes Interesse hat in dieser Verbindung auch die von Corey (1935) gemachte Beobachtung, daß bei Ratten die Wirkung der Vagusnerven auf das Herz gerade in den letzten Tagen der Fetalperiode einsetzt.

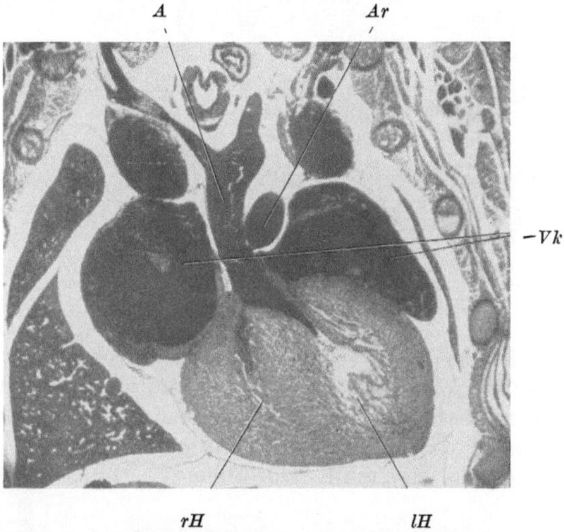

Die lange dauernde Systole des embryonalen Herzens übt sogleich auch auf die Capillaren der Gehirnwände ihre Wirkung, indem hier eine schwere Stase hervorgerufen wird. Zahlreiche Schnittbilder beweisen, daß dadurch sowohl innere als äußere Blutungen bewirkt werden, sowie auch Zerstörungen des Ependyms, mit Zellaustreten besonders aus der hinteren Wand desdritten Ventrikels. Im dorsalen Teil des Mes- und Metencephalon, wo — wie schon oben erwähnt — zwischen den Kranienknorpelplatten noch offene Spalten bestehen, werden durch den katastrophalen inneren Druck mit explosiver Kraft die Gehirnhernien hervorgeschossen, die für die Homozygoten der kurzschwänzigen Tanzmäuse so überaus charakteristisch sind.

Beinahe unglaublich erscheint es, daß Embryonen, die einer solchen, ihre vitalsten Organsysteme betreffenden Katastrophe unterworfen worden sind, überhaupt weiterleben können, was, wie schon oben erwähnt, sehr häufig geschieht, obwohl die Mortalität der späten Embryonalstadien größer als normal ist. Dies kann wohl nur so erklärt werden, daß die starke mit der Systole des Herzens in Verbindung stehende Spannung durch die Zerstörung des Gehirns und seiner Capillaren bald genug wieder gelöst wird, um das Leben des Embryos zu retten.

Die hier in ihren Hauptpunkten dargestellte Ursachenkette, die auf Umwegen, aber mit sicheren Schritten, zur Zerstörung des Gehirns der älteren homozygoten Embryonen führt, konnte (Abb. 91, S. 161) auf eine abnorme Verdickung der epithelialen Teile des frühembryonalen Hirndaches zurückgeführt werden. Nur noch ein paar Worte über den Ursprung dieser Verdickung, die bei den 9 Tage alten Embryonen schon leicht nachweisbar war.

Abb. 97. Schnitt durch das Herz eines st-Embryos (7. 2. 36), 17 Tage, in abnorm starker Systole. *A* Aorta, *Ar* Art. pulmon., *Vk* Vorkammer, *rH*, *lH* rechte und linke Herzkammer. (Original.)

Dieselbe hat sich in der Tat, wie schon einleitungsweise erwähnt, bis zur Zeit der Implantation des Keimes rückwärts verfolgen lassen, ohne daß damit gesagt werden darf, daß schon jetzt ein volles Verständnis der Natur dieser Abnormität gewonnen worden ist.

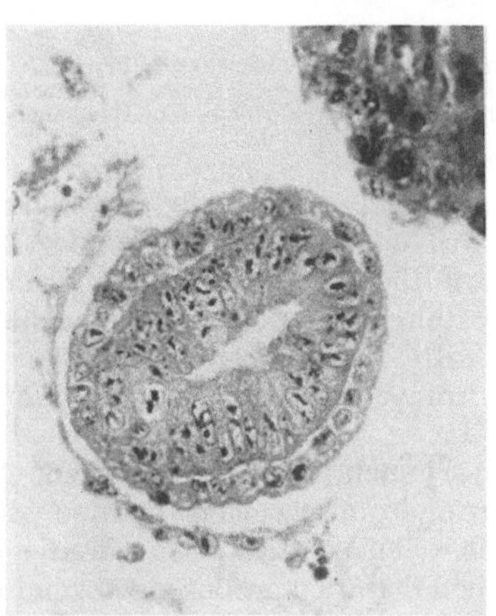

Sehr deutlich läßt sich die Abnormität der ganz jungen Homozygoten auf Stadien von etwa 8 Tagen demonstrieren, wo die Dorsalseite des Embryos noch tief eingebogen erscheint, und auf welchen der Verschluß der Medullarplatte in der Nackenregion des Embryos eben einsetzt. Schon hier sieht man nämlich bei den s^t-Homozygoten den dorsalen Verschlußrand des jungen Medullarrohres abnorm verdickt und sein Lumen deutlich verengert (Abb. 98). Das Zellmaterial, das zu dieser Verdickung beiträgt, erscheint in Form einer strangförmigen, aber sonst ganz ungeordneten Zellmasse, in welcher jedoch kein sicheres Zeichen einer Degeneration zu erkennen ist. Dieser Zellstrang steht

Abb. 98. Schnitt durch ein s^t-Embryo (9. 6. 37), 8 Tage, in der Region des ersten Ursegmentes (*Us. I*), mit hypertrophisch verdicktem Verschlußrand (*) des Medullarrohres. (Original.)

mit dem darunterliegenden Medullargewebe in intimer Verbindung und reicht nach vorn bis zu den noch weit auseinandergespreizten Gehirnwülsten, während er nach hinten erst allmählich verschwindet, indem auch am Hinterkörper der Verschlußrand des Medullarrohres unregelmäßig verdickt erscheint. Die oben (S. 163)

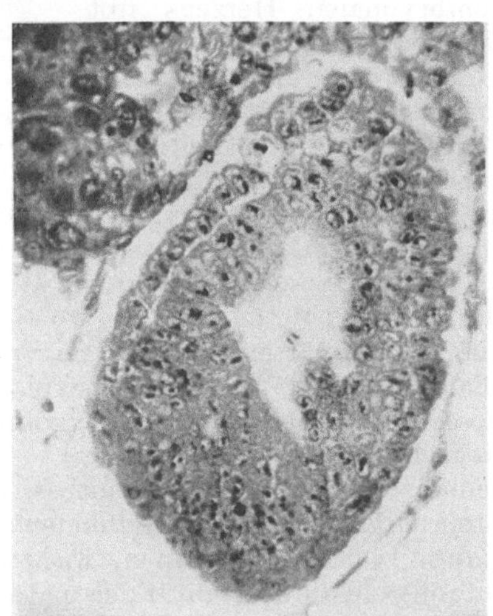

a   b

Abb. 99a und b. Zwei Mäuseembryonen aus einem Wurf (8. 5. 37), zur Zeit der Implantation. a normal, b hypertrophisch, abnorm.

besprochenen, bei 12—14 mm langen Embryonen vorgefundenen, abnormen Verbindungen zwischen der Dorsalwand des Medullarrohres und der Haut sind wohl als Überbleibsel dieses Zellstranges aufzufassen.

Auch auf jüngeren Stadien, an der ganz offenen Medullarplatte, läßt sich bei abnormen Embryonen eine Hypertrophie des Ektoderms erkennen, die sich besonders am späteren, schon etwas hervorragenden, Verschlußrand deutlich geltend macht. — Und noch früher, bis auf einem Stadium der Implantation, wo noch keine Mesodermzellen zwischen den beiden primären Keimblättern zu bemerken waren, sind hypertrophische Embryonen vorgefunden worden, bei denen besonders das Ektoderm durch seine Dicke und das ungeordnete Anhäufen seiner Zellen abnorm erscheint (Abb. 99).

Der ursächliche Zusammenhang dieser Hypertrophie der an der Implantation begriffenen Keime mit der oben dargestellten Manifestierung sämtlicher für die kurzschwänzigen Tanzmäuse charakteristischen Anomalien darf als gesichert betrachtet werden.

Über die Natur der Hypertrophie selbst, sowie auch darüber, ob dieselbe als eine Primärwirkung des Gens aufzufassen ist, läßt aber das vorhandene Material keinen begründeten Aufschluß zu. Welches auch die Ursachen einer hypertrophischen Entwicklung des Ektoderms sein mögen, soviel scheint jedoch sicher, daß sich ihre Wirkung nur als temporär betrachten läßt. Es sind nämlich nur die am frühesten verschlossenen Teile des Medullarrohres, die Nackenregion derselben und die Gegend der *Lamina terminalis*, die irgendwelche Nachwirkungen der Hypertrophie kundgeben, während im ganzen Verlauf zwischen der Epiphyse und dem vierten Ventrikel die Verschlußlinie des Gehirns an und für sich nichts Abnormes aufweist.

Diagrammatische Darstellung der wichtigsten Manifestationsschritte des st-Gens.

Alter	Manifestationsbild	Folgen	Bleibende Anomalien
≦ 8 Tage	Generelle Anomalie des ekt. Keimblattes	Verschlußrand des Medullarrohres verdickt	
9—11 „	Hemmung der Erweiterung des Gehirndaches (Lam. terminalis, Ventr. IV)	AbnormeEntwicklung der Ohrenblase, D. endol. und Bogengänge fehlen	Taubheit, Störung des Gleichgewichts
		Wände des Ventr. IV abnorm verdickt	Atlas dorsal offen
12—13 „	Pl. chorioid. rudimentär. Blutzufuhr normal	Temporärer Überdruck. Blutschwellung in der Schwanzspitze	Schwanz verkürzt
14—16 „	Cerebrospinalflüssigkeit verringert. Gehirnlumen eng. Meninges und Cranium abnorm dicht anliegend	Beim Weiterwachsen des Gehirns steigender Druck auch an die Gehirnzentren	
17—19 „	Verlangsamung des Herzschlags, Schwellung venöser Capillaren, Hypothalamusblutung	Austreten von Blut und Lymphe, Erweiterung des Gehirnlumens, Zersprengung des Ependyms, Zellaustretung	
Geburt	Gehirnhernien(Narben) Mes- und Metencephalon gestört	Störung d. Hypophyse	Sterilität ? Bewegungsstörungen

Die pleiotrope Manifestierung des „Shaker-Short"-Gens ist hier zuletzt, mit allen ihren Umwegen und Nebenwirkungen, diagrammatisch veranschaulicht worden, indem in der ersten Kolonne für die nacheinanderfolgenden Stadien der Embryonalentwicklung das charakteristische Manifestationsbild notiert wird. Dies Bild bezeichnet aber jedesmal auch einen neuen, statischen oder dynamischen, Zustand, der als Ausgangspunkt verschiedenartiger Folgeerscheinungen dient. Die letzteren sind teils rein mechanischer Natur, wie Veränderung wichtiger Druckverhältnisse inner- oder außerhalb des Gehirns, teils aber auch physiologischer Art. In erster Reihe muß hier die der ganzen abnormen Entwicklung zugrunde liegende Hypertrophie des jungen Keimes erwähnt werden, aber auch die plötzliche Verlangsamung des Herzschlages, die zuletzt zur völligen Zerstörung der Gehirndecke führt. Einzelne dieser Folgeerscheinungen sind unregulierbar, so z. B. die fehlende Formdifferenzierung der Ohrblasen, die Degeneration der Schwanzspitze u. a. Dieselben werden daher auch nach der Geburt als „bleibende Anomalien" der Homozygoten imponieren. Andere dagegen, wie z. B. die Erhöhung des Blutdruckes zur Zeit und als Folge der abortiven Plexusbildung, sind in ihrem Auftreten temporär und lassen sich später nur durch ihre weiteren Folgen erkennen. — Die Sterilität der Homozygoten ist in dem Diagramm mit einem Fragezeichen markiert worden, erstens weil tatsächlich einzelne Männchen fertil gewesen sind, zweitens aber auch weil die Geschlechtsdrüsen an und für sich normal entwickelt erscheinen. Die allgemein auftretende Sterilität wird daher wahrscheinlich auf die mehr oder weniger stark eingreifende Zerstörung der Hypophyse zurückzuführen sein.

5. Manifestierung einer vererbbaren Hydrocephalie der Hausmaus.

Neuerdings ist die Gen-Manifestierung auch eines Falles von vererbbarer Hydrocephalie untersucht worden (Bonnevie 1939), und zwar in einer Mutation der Hausmaus, die zuerst von Clark (1934) beschrieben worden ist. Die Mutation ist recessiv mit stark variierender Expressivität, was eine statistische Behandlung des Materials sehr erschwert.

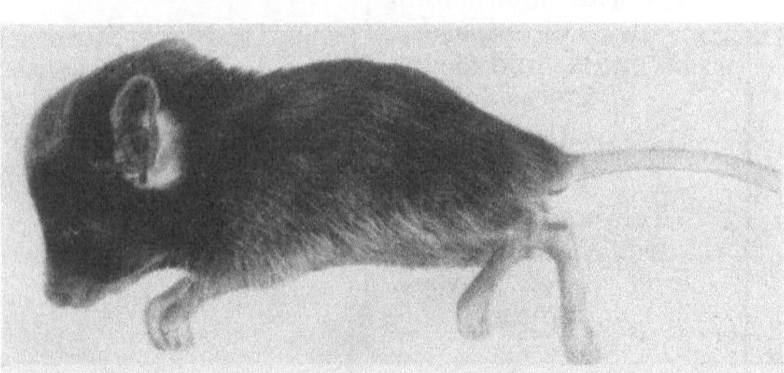

Abb. 100. (Ha′ 11, 20 Tage.) Extremer Fall von Hydrocephalie bei der Hausmaus. Alle Übergänge von dieser Kopfgröße bis zum normalen Kopf finden sich im untersuchten Material. (Original.)

Bei schon geborenen Individuen stimmt diese Hydrocephalie mit den beim Menschen und auch bei verschiedenen Tieren beschriebenen Fällen sehr wohl überein. Sie ist bei schwacher Manifestation als „intern", in extremen Fällen jedoch gleichzeitig als „extern" zu charakterisieren. Zwischen den stark erweiterten vorderen Ventrikeln (I—III) und dem vielleicht noch stärker erweiterten IV. Ventrikel kann, zur Zeit der Geburt oder später, die Zirkulation der Cerebrospinalflüssigkeit mehr oder weniger vollständig gesperrt erscheinen durch eine Verengerung des *Aquaeductus Sylvii*.

Eine solche Verengerung wird, wie bekannt (s. Bd. V/1, Kap. 1), meistens als eine primäre Ursache der Hydrocephalie betrachtet, was in betreff der erworbenen sowie auch der experimentell hervorgerufenen Anomalie ohne Zweifel zutreffend sein wird. Wie aus der embryologischen Analyse hervorgeht, ist aber in diesem Fall kongenitaler Hydrocephalie die Verengerung nicht als die Ursache, sondern vielmehr als eine der sekundären Folgeerscheinungen einer schon früher bestehenden Anomalie zu betrachten.

Die typische hydrocephale Manifestation, eine allgemeine Erweiterung des Gehirnlumens, läßt sich bis auf den 12. Embryonaltag zurückverfolgen — bis auf ein Stadium also, in dem die chorioidalen Plexen des Gehirns ihre Tätigkeit gerade eröffnen. Diese Plexusbildungen sind indessen an und für sich normal in betreff ihrer Größe sowohl als ihrer Struktur.

Die in einer fortgesetzten Überproduktion von Cerebrospinalflüssigkeit begründete Erweiterung des Gehirnlumens erreicht auf sehr verschiedenen Stadien der späteren Embryonalentwicklung ihr Maximum, was mit der Variation der definitiven Manifestation in engstem Zusammenhang steht. Diese Variation wird wohl unzweifelhaft vor allem in der variierenden Intensität der primären

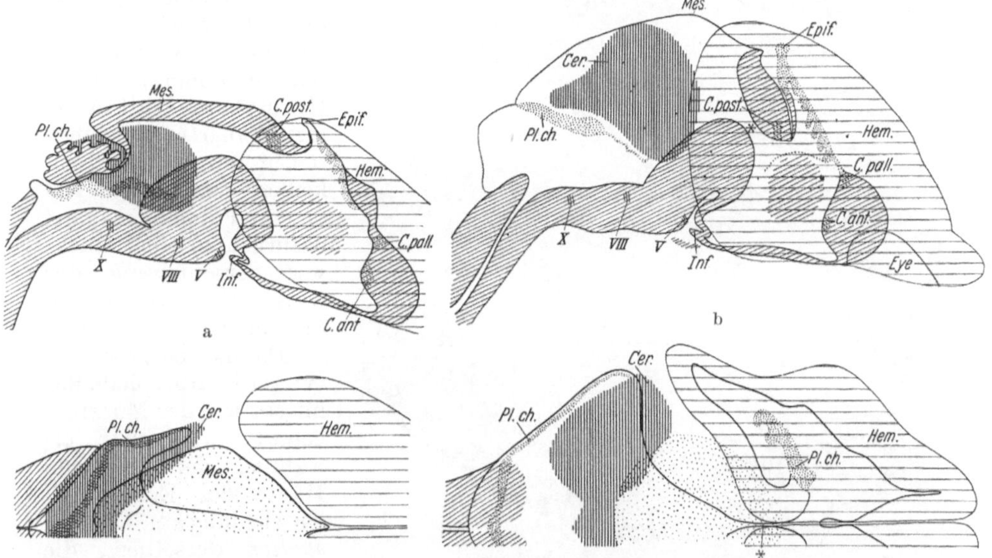

Abb. 101 a—d. Medianrekonstruktionen (oben) und Horizontalprojektionen (unten) eines normalen (links) und eines hydrocephalen Gehirns (rechts). Vgl. Text. (Original.)

Mutationswirkung begründet sein, oder mit anderen Worten in der für jedes Individuum charakteristischen, abnorm gesteigerten Flüssigkeitsproduktion. Sie wird aber auch von der Kompensationsfähigkeit der resorbierenden Gewebe abhängig sein, die augenscheinlich früher oder später eine Balance zwischen Produktion und Resorption der Cerebrospinalflüssigkeit wiederherstellen mag. Sobald eine solche Stabilisierung der Quantität zirkulierender Flüssigkeit stattgefunden hat, wird auch die Manifestation der Hydrocephalie ihren Höhepunkt erreicht haben. Spätere Veränderungen des hydrocephalen Kopfes werden dann in Verschiebungen innerhalb des weiter sich entwickelnden Gehirns ihre Erklärung finden.

Die hydrocephale Manifestation des Gehirnlumens hat sich stets zuerst als eine Erweiterung sämtlicher Gehirnabschnitte erwiesen. Je stärker diese Erweiterung, desto größer werden in jedem einzelnen Fall auch die sekundären Folgen derselben sein. Als solche ist in erster Reihe zu erwähnen: eine von hinten nach vorn sich verbreitende Verdünnung der medianen Met- und Mesencephalondecke, die bei starker Manifestation ganz membranartig dünn erscheinen kann, während ihre Zellsubstanz mit allen nervösen Zentren lateral verschoben und auch mehr oder weniger stark reduziert wird (Abb. 101). Nur vorn, um die *Commissura posterior* herum, behält die Mesencephalondecke ihre ursprüngliche Dicke, und gerade an dieser Stelle tritt während der letzten Tage der

Embryonalentwicklung die schon oben erwähnte Verengerung des *Aquaeductus Sylvii* zum Vorschein, die in extremen Fällen nahezu einen Verschluß der Zirkulationswege des Gehirns bewirken kann.

Diese Verengerung steht augenscheinlich mit der raschen Entwicklung der stark erweiterten Hemisphären in engster ursächlicher Verbindung. Ein nach hinten gerichteter Druck auf die *Commissura posterior* von seiten der abnorm großen Hemisphären wird in der membranartig verdünnten, hinteren Gehirndecke keinen genügenden Widerstand finden, was ganz natürlich zu einer Rückwärtsverschiebung der wulstartig verdickten Commissur führen muß.

Die hier besprochene, typisch hydrocephale Manifestation der Mutation gehört, wie schon erwähnt, der letzteren Hälfte der Embryonalentwicklung an. Die *Vorstadien* derselben, die wesentlich außerhalb des Gehirns sich abspielen, sind weiter rückwärts bis zur Implantation des Embryos verfolgt worden, während eine Untersuchung früherer Stadien noch fortgesetzt wird.

Auf dem Implantationsstadium, am 6. bis 7. Embryonaltag, gibt sich die Mutationswirkung als eine Änderung, quantitativ sowohl als qualitativ, des Flüssigkeitsgehalts des Embryos kund. Eine abnorm große Flüssigkeitsmenge, mit

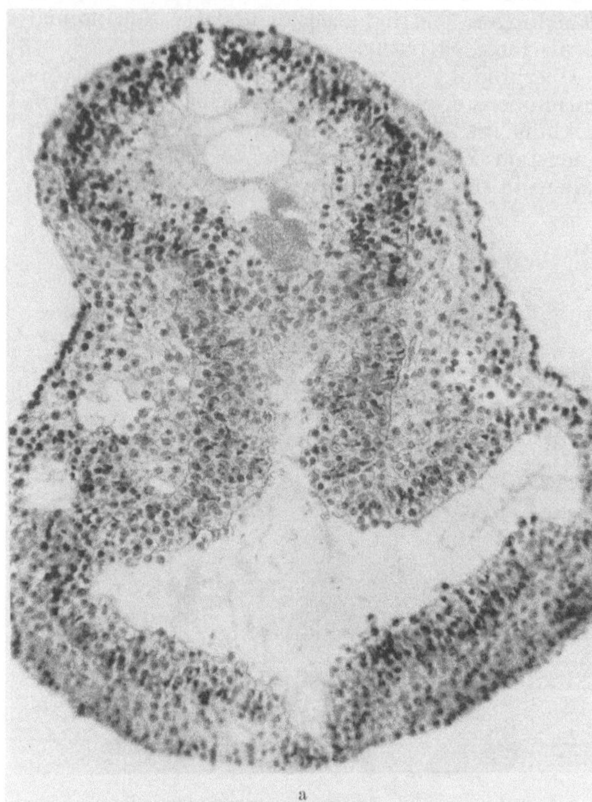

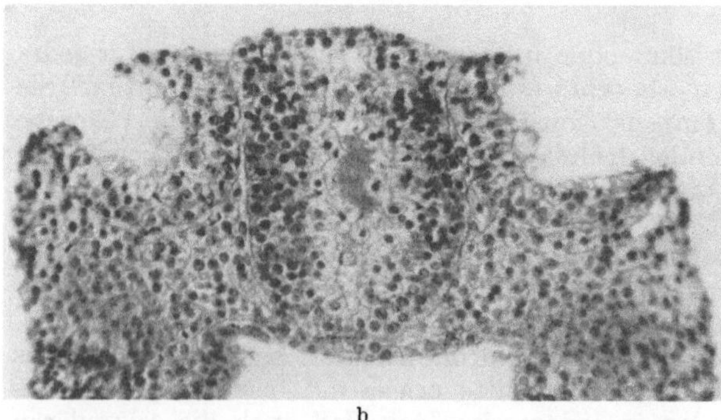

Abb. 102a und b. Transsudationsstadium zweier schwer abnormen Schwesterembryone (Ha' q 94, 11. 4. 39), 9—10 Tage (× 146). a Embr. IV. Schnitt durch Mes- und Diencephalon, mit Augenanlagen. b Embr. III. Schnitt durch die Ohranlagen und das Nachhirn. (Original.)

abnorm reichlichen Niederschlägen, wird nicht nur im Dottersack, sondern auch in den embryonalen Geweben vorgefunden. Am 8.—9. Tag läßt sich aus dem Bindegewebe des jungen Embryos eine Transsudation von Flüssigkeit wahrnehmen, durch die hohen Epithelien des Körpers (Medullarrohr, Ohranlagen usw.), und zwar am stärksten wo dieselben als Teile der embryonalen Oberfläche immer noch offen daliegen (Abb. 102). Die Epithelien werden während solcher Transsudation mehr oder weniger stark beeinflußt, mit drüsenartiger Aufquellung ihrer Zellen und Fehlen ihrer normal glatten Oberflächenmembran.

Das am meisten kritische Stadium wird aber von solchen Embryonen erst am 10.—11. Tag ihrer Entwicklung passiert, nachdem die äußeren Öffnungen des Medullarrohres und der Ohrblasen schon geschlossen sind, während die chorioidalen Plexen des Gehirnrohres noch nicht ihre Wirksamkeit eröffnet haben. Zu dieser Zeit kann man im Bindegewebe, besonders auch in den Capillaren, charakteristische Änderungen vorfinden, die auf einen abnorm starken Flüssigkeitsdruck hindeuten. In vielen Fällen sieht man, neben mehr oder weniger stark aufgetriebenen Capillaren, auch schwere Blutungen, die häufig direkt außerhalb des Gehirns auftreten, und zwar an denjenigen Stellen, wo die Adergeflechte der sich eben entwickelnden chorioidalen Plexen gehäuft daliegen. Die jungen Hemisphärenbläschen können durch solche äußeren Blutungen oft schwer deformiert, ihre Wände sogar zerbrochen werden (Abb. 103).

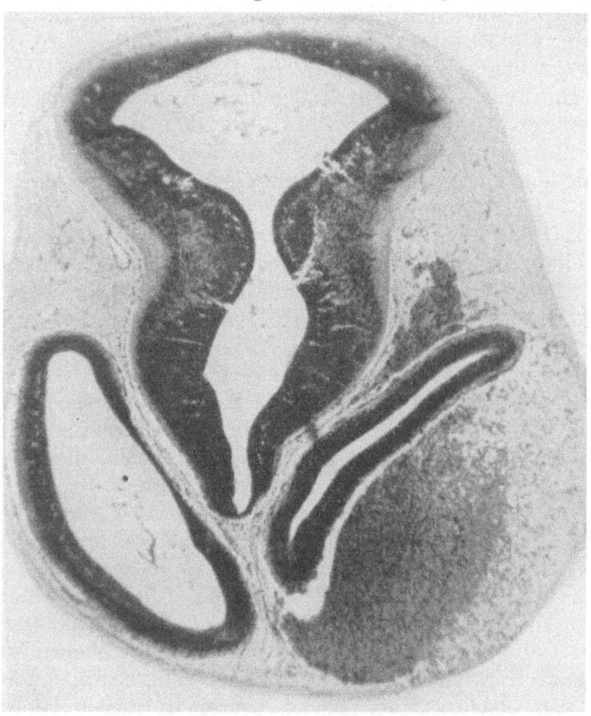

Abb. 103. Schnitt durch den Vorderkopf eines Embryos, etwa 11 Tage (Ha′ q 72, 20. 2. 37, × 34) mit schwerer Blutung aus den zwischen der einen Hemisphäre und dem Zwischenhirn sich befindenden Capillaren. Die Hemisphärenblase ist durch die Blutansammlung zusammengepreßt worden. (Original.)

Im Augenblick wo die chorioidalen Plexen, die hier augenscheinlich eine transsudatorische Rolle spielen, ihre Tätigkeit eröffnet haben, fängt eine Überführung des Flüssigkeitsüberschusses von den äußeren Geweben in das Gehirnlumen hinein an. Sämtliche abnorme Embryonen, die ohne zu schweren Schaden die eben besprochenen Vorstadien durchlaufen haben, sind damit in eine neue Manifestationsphase hineingetreten, diejenige nämlich der typisch hydrocephalen Gehirnerweiterung, deren Verlauf und Wirkungen schon oben beschrieben wurden.

IV. Rückblick.

Sämtliche Analysen vererbbarer Anomalien, die bei höheren Tieren durchgeführt worden sind, stimmen darin überein, daß die Manifestation der Genwirkung sich auf Abänderungen früher oder sogar frühester Stadien der Embryonalentwicklung zurückführen läßt. Weiter ist ihnen auch allen gemeinsam, daß die einer primären Genwirkung am nächsten stehende, zuerst nachweisbare Abnormität ganz verschieden sein kann von den definitiven, letal wirkenden oder noch beim geborenen Individuum wahrzunehmenden Anomalien.

Die ganze Reihe von sekundären und späteren Folgeerscheinungen der ursprünglichen Genwirkung tritt jedoch mit ebenso stark gebundener Gesetzmäßigkeit zum Vorschein, wie die entsprechenden Erscheinungen der normalen Entwicklung. Es sind auch vielfach dieselben physiologischen oder physikochemischen Prozesse, die sich in beiden Fällen geltend machen. Nur der Ausgangspunkt des Geschehens ist durch die Mutation verändert worden. In welcher Weise eine solche Änderung hervorgerufen worden ist — ob im einzelnen Fall von einer Modifikation oder von einer spontanen, oder vielleicht künstlich bewirkten Mutation die Rede ist —, dies alles wird daher für eine gesetzmäßige Durchführung der Manifestation der betreffenden Anomalien keine Rolle spielen.

Im Lichte oder zur Beleuchtung von Goldschmidts „Theorie der abgestimmten Geschwindigkeiten" werden die referierten Tatsachen der Gen-Manifestierung sämtlich dazu dienen, die auf allen Stadien und in den verschiedensten Weisen entscheidende Bedeutung einer gegenseitigen „Abgestimmtheit" gleichzeitig verlaufender Entwicklungsprozesse zu unterstreichen. In betreff der Art der Primärwirkung der mutierten Gene dagegen — ob dieselbe in einer Änderung der Geschwindigkeit irgendeiner Reaktion besteht oder ob sie vielmehr eine Änderung qualitativer Art hervorruft —, läßt sich auf Grundlage der bis jetzt vorliegenden Manifestationsanalysen nichts Positives aussagen.

Die am frühesten nachweisbaren Manifestationen der mutierten Genwirkung haben sich jedenfalls recht verschieden erwiesen. In gewissen Fällen können zwar die Frühmanifestationen auf eine zeitliche Verschiebung im gegenseitigen Verlauf frühester Entwicklungsprozesse hindeuten. Die generelle Retardation der Entwicklung junger Krüperembryonen, die in betreff der Trennung der primären Keimblätter manifestierte Verspätung bei der Pseudencephalie, vielleicht auch bei den schwanzlosen *Brachy*-Mäusen, lassen sich zugunsten einer solchen Auffassung anführen. Auf der anderen Seite würden die Frühmanifestationen sowohl der kurzschwänzigen Tanzmäuse *(shaker-short)* als auch der vererbbaren Hydrocephalie vielmehr auf irgendwelche qualitative Änderungen des Ausgangsmateriales hindeuten. — Ein Nachweis der Primärwirkungen von Genmutationen wird jedoch bei den höheren Tieren mit ihrer noch komplizierten Entwicklungsphysiologie wohl kaum erreichbar sein.

Ein bedeutsamer Schritt weiter in dieser Richtung ist indessen bei den Insekten *(Ephestia, Drosophila)* schon gemacht worden, indem die Manifestationen verschiedener, an und für sich relativ einfacher, Pigmentierungsprozesse bis auf die Produktion bestimmter Gen-Wirkstoffe zurückverfolgt werden konnten. Inwieweit hier wirkliche Primärwirkungen der Gene vorliegen, darüber läßt sich jedoch bis jetzt nichts Sicheres aussagen. Noch weniger lassen sich, auf dem jetzigen Standpunkt unseres Wissens, die an Insekten gewonnenen Resultate auch für die höheren Tiere oder für mehr komplizierte Entwicklungsprozesse generalisieren.

Schrifttum.

I. Insekten.

a) Flügelmuster, Augenpigmentierung.

Beadle, G. W.: The Development of Eye Colors in *Drosophila* as studied by Transplantation. Amer. Naturalist **71** (1937a). — Development of Eye Colors in *Drosophila*: Fat Bodies and Malpighian Tubes as Sources of Diffusable Substances. Proc. nat. Acad. Sci. U.S.A. **23** (1937b). — Beadle, G. W., R. L. Anderson and J. Maxwell: A comparison of the diffusable substances concerned with the eye color development in *Drosophila, Ephestia* and *Habrobracon*. Proc. nat. Acad. Sci. U.S.A. **24** (1938). — Beadle, G. W., C. W. Clancy and B. Ephrussi: Development of Eye Colors in *Drosophila*: Pupal Transplants and the Influence of Body Fluid on Vermilion. Proc. roy. Soc. Lond., Ser. B **122** (1937). — Beadle, G. W. and Boris Ephrussi: Différenciation de la couleur de l' oeil chez la *Drosophile (Drosophila* *melanogaster).* C. r. Acad. Sci. Paris **201** (1935a). — Transplantation in *Drosophila.* Proc. nat. Acad. Sci. U.S.A. **21** (1935b). — The Differentiation of Eye Pigments in *Drosophila* as studied by Transplantation. Genetics **21** (1936a). — Development of Eye Colors in *Drosophila:* Transplantation Experiments with Suppressor of Vermilion. Proc. nat. Acad. Sci. U.S.A. **22** (1936b). — Development of Eye Colors in *Drosophila:* Diffusable Substances and their Interrelations. Genetics **22** (1937a). — Development of Eye Colors in *Drosophila:* The Mutants BRIGHT and MAHOGANY. Amer. Naturalist **71** (1937b). — BEADLE, G. W. and L. W. LAW: Influence on the eye color of feeding diffusible substances to *Drosophila melanogaster.* Proc. Soc. exper. Biol. a. Med. **37** (1938). — BEADLE, G. W., E. L. TATUM and C. W. CLANCY: Food level in relation to rate of development and eye pigmentation in *Drosophila melanogaster.* Biol. Bull. Mar. biol. Labor. Wood's Hole **75** (1938). — BECKER, E.: Extraktion des bei der Mehlmotte *Ephestia kühniella* die dunkle Ausfärbung der Augen auslösenden Gen-A-Hormons. Naturwiss. **25** (1937). — Die Gen-Wirkstoffsysteme der Augenfärbung bei Insekten. Naturwiss. **26** (1938). — Über die Natur des Augenpigments von *Ephestia kühniella* und seinen Vergleich mit den Augenpigmenten anderer Insekten. Biol. Zbl. **59** (1939). — BECKER, E. u. E. PLAGGE: Vergleich der die Augenausfärbung bedingenden Gen-Wirkstoffe von *Ephestia* und *Drosophila.* Naturwiss. **25** (1937). — BRAUN, WERNER: Über das Zellteilungsmuster im Puppenflügelepithel der Mehlmotte *Ephestia kühniella* Z. in seiner Beziehung zur Ausbildung des Zeichnungsmusters. Arch. Entw.mechan. **135** (1936). — BUDDENBROCK, V.: Beiträge zur Histologie und Physiologie der Raupenhäutung. Z. Morph. u. Ökol. Tiere **18** (1930). — BURKHARDT, FR.: Zur Biologie der Mehlmotte (*Ephestia Kühniella* ZELL.). Z. angew. Entomol. **6** (1920). — BUSSELMANN, ANTONETTE: Bau und Entwicklung der Raupenocellen der Mehlmotte *Ephestia kühniella* Z. Z. angew. Entomol. **29** (1934).

CASPARI, E.: Über die Wirkung eines pleiotropen Gens bei der Mehlmotte *Ephestia kühniella* ZELLER. Roux' Arch. **130** (1933). — Zur Analyse der Matroklinie der Vererbung in der a-Serie der Augenfarbenmutationen bei der Mehlmotte *Ephestia kühnielle* Z. Z. Abstammgslehre **71** (1936). — CHEVAIS, SIMON: Sur la structure des yeux implantés de *Drosophila melanogaster.* Archives Anat. microsc. **33** (1937). — CHEVAIS, S. B. EPHRUSSI and A. G. STEINBERG: Facet number and the v+ hormone in the Bar eye of *Drosophila melanogaster.* Proc. nat. Acad. Sci. U.S.A. **24** (1938). — CHEVAIS, S. and A. G. STEINBERG: Relation entre la concentration de l'extrait de Calliphora et le nombre de facettes dans l'oeuil du mutant Bar de *Drosophila melanogaster.* C. r. Acad. Sci. Paris **207** (1938). — CLAUSEN, K. H.: Kreuzungsanalyse des Zeichnungsmusters zweier Stämme von *Ephestia kühniella* Z. („Siebenbürgen" und „Göttingen N VI"). Z. Abstammgslehre **72** (1937).

DORFMEISTER, G.: Über die Einwirkung verschiedener, während der Entwicklungsperioden angewandter Wärmegrade auf die Färbung und Zeichnung der Schmetterlinge. Mitt. naturwiss. Ver. Steiermark **1863/65.**

EPHRUSSI, BORIS: Aspects of the Physiology of Gene Action. Amer. Naturalist **72** (1938). — EPHRUSSI, B. and G. W. BEADLE: La transplantation des disques imaginaux chez la *Drosophile.* C. r. Acad. Sci. Paris **201** (1935a). — La transplantation des ovaires chez la *Drosophile.* Bull. biol. France et Belg. **69** (1935b). — Sur les conditions de l'autodifferenciation des caractères mendélins. C. r. Acad. Sci. Paris **201** (1935c). — A Technique of Transplantation for *Drosophila.* Amer. Naturalist **70** (1936a). — Development of Eye Colors in *Drosophila:* Studies of the Mutant CLARET. J. Genet. **33** (1936b). — Development of Eye Colors in *Drosophila:* Transplantation Experiments on the Interaction of Vermilion with other Eye Colors. Genetics **22** (1937a). — Development des Couleurs des Yeux chez la *Drosophile:* Influence des Implants sur la Couleur des Yeux de l'hote. Bull. biol. France et Belg. **1** (1937b). — Development des Couleurs des Yeux chez la *Drosophile:* Revue des experiences de Transplantation. Bull. biol. France et Belg. **1** (1937c). — Development of Eye Colors in *Drosophila:* Production and Release of cn+ substance by the Eyes of Different Eye Color Mutants. Genetics **22** (1937d). — EPHRUSSI, B. and S. CHEVAIS: Development of Eye Colors in *Drosophila:* Relation between Pigmentation and Release of the diffusible Substances. Proc. nat. Acad. Sci. U.S.A. **23** (1937). — Development des Couleurs des Yeux chez la *Drosophile.* Relations entre Production, Utilisation et Libération des Substances diffusibles. Bull. biol. France et Belg. **72** (1938). — EPHRUSSI, B., G. W. CLANCY et G. W. BEADLE: Influence de la Lymphe sur la couleur des yeux vermilion chez la *Drosophile (Drosophila melanogaster).* C. r. Acad. Sci. Paris **203** (1936). — EPHRUSSI, B. et M. H. HARNLY: Sur la présence, chez differents Insectes, des substances intervenant dans la pigmentation des yeux de *Drosophila melanogaster.* C. r. Acad. Sci. Paris **203** (1936). — EPHRUSSI, B., Y. KHOUVINE and S. CHEVAIS: Genetic Control of a Morphogenetic Substance in *Drosophila melanogaster?* Nature (Lond.) **141** (1938).

FELDOTTO, W.: Sensible Perioden des Flügelmusters bei *Ephestia kühniella* ZELLER. Arch. Entw.mechan. **128** (1933). — FISCHER, E.: Transmutation der Schmetterlinge infolge Temperaturveränderungen. Berlin 1895. — Neue Untersuchungen und Betrachtungen über das Wesen und die Ursachen der Aberrationen bei den Vanessen. Berlin: Friedlaender &

Sohn 1896. — Experimentelle kritische Untersuchungen über das prozentuale Auftreten der durch tiefe Kälte erzeugten Vanessa-Aberrationen. Soc. Entomol. 13 (1899). — Lepidopterologische Experimentalforschungen, III. Z. Entomol. 5 (1900). — Experimentelle Untersuchungen über die Vererbung erworbener Eigenschaften. Allg. Z. Entomol. 6 (1901). — Artbastarde von Schmetterlingen und ihre F_2- und Rückkreuzungsgenerationen. Schweiz. naturforsch. Ges. Zürich 76 (1931). — Fischer, J. u. G. Gottschewski: Gewebekultur in Drosophila. Naturwiss. 27 (1939).

Geissel, H.: Entwicklungsdauer, Flügellänge und Vitalität eingezüchteter Mehlmottenstämme und ihrer Kreuzungen. Z. Abstammgslehre 71 (1936). — Gierke, Else v.: Über die Häutungen und die Entwicklungsgeschwindigkeit der Larven der Mehlmotte Ephestia kühniella Zeller. Arch. Entw.mechan. 127 (1932). — Giersberg, H.: Die Färbung der Schmetterlinge I. Z. vergl. Physiol. 9 (1929). — Goldschmidt, R.: Untersuchungen zur Entwicklungsphysiologie der Schmetterlinge. Arch. Entw.mechan. 47 (1920a). — Die quantitative Grundlage von Vererbung und Artbildung. Berlin 1920b. — Einige Materialien zur Theorie der abgestimmten Geschwindigkeiten. Arch. mikrosk. Anat. 98 (1923). — Physiologische Theorie der Vererbung. Berlin 1927. — Experimentelle Mutation und das Problem der sogenannten Parallelinduktion. Versuche an Drosophila. Biol. Zbl. 49 (1929). — Gen und Außeneigenschaft (Drosophila) I und II. Z. Abstammgslehre 69 (1935a). — Gen und Außencharakter, III. Biol. Zbl. 55 (1935b). — Physiological Genetics. New York and London 1938. — Goldschmidt, R. u. E. Fischer: Argynnis paphia-valesina, ein Fall geschlechtskontrollierter Vererbung bei Schmetterlingen. II. Bericht über die Zucht. Genetica ('s-Gravenhage) 4 (1922). — Gottschewski, G. u. I. Fischer: Über das Pigmentbildungsvermögen von Drosophila-Augenanlagen in vitro. Naturwiss. 27 (1939). — Gottschewski, G. u. C. C. Tan: Die Homologie der Augenfarbgene von Drosophila melanogaster und Drosophila pseudobscura, bestimmt durch das Transplantationsexperiment. Biol. Zbl. 57 (1937). — The homology of the eye color genes in Drosophila melanogaster and Drosophila pseudobscura as determined by transplantation. II. Genetics 23 (1938).

Harnly, M. H. and B. Ephrussi: Development of Eye Colors in Drosophila: Time of Action of Body Fluid on Cinnabar. Genetics 22 (1937). — Hase, A.: Über Temperaturversuche mit den Eiern der Mehlmotte (Ephestia kühniella Zell.). Arb. biol. Reichsanst. Land- u. Forstw. 15 (1927). — Henke, K.: Die Färbung und Zeichnung der Feuerwanze (Pyrrhocoris apterus L.) und ihre experimentelle Beeinflußbarkeit. Z. vergl. Physiol. 1 (1924). — Über die Variabilität des Flügelmusters bei Larentia sordidata F. und einigen anderen Schmetterlingen. Z. Morph. u. Ökol. Tiere 12 (1928). — Untersuchungen an Philosamia cynthia Drury zur Entwicklungsphysiologie des Zeichnungsmusters auf dem Schmetterlingsflügel. Biol. Zbl. 53 (1933a). — Zur vergleichenden Morphologie des zentralen Symmetriesystems auf dem Schmetterlingsflügel. Biol. Zbl. 53 (1933b). — Zur Morphologie und Entwicklungsphysiologie der Tierzeichnungen. Naturwiss. 21 (1935a). — Entwicklung und Bau tierischer Zeichnungsmuster. Verh. dtsch. zool. Ges. 37 (1935b). — Allgemeine Genetik (einschl. Genphysiol.). Fortschr. Zool., N. F. 1 (1937). — Howland, R. B., E. A. Clancy and B. P. Sonnenblick: Transplantation of wild type and vermilion eye disks among four species of Drosophila. Genetics 22 (1937). — Hügel, Eckhardt: Über das genetische Verhalten der weißen Distalbinde und ihre genetischen Korrelationen zu anderen Merkmalen auf dem Vorderflügel der Mehlmotte Ephestia kühniella Zeller. Arch. Entw.mechan. 130 (1933).

Khouvine, Y. et B. Ephrussi: Fractionnement des substances qui interviennent dans la pigmentation des yeux de Drosophila melanogaster. C. r. Soc. Biol. Paris 124 (1937). — Khouvine, Y., B. Ephrussi and S. Chevais: Development of eye colors in Drosophila: Nature of the diffusible substances; effects of yeast, peptones and starvation on their production. Biol. Bull. Mar. biol. Labor. Wood's Hole 75 (1938). — Khouvine, Y., B. Ephrussi et M. H. Harnly: Extraction et solubilité des substances intervenant dans la pigmentation des yeux de Drosophila melanogaster. C. r. Acad. Sci. Paris 203 (1936). — Kikkawa, H.: Studies on the relation between eyecolor and the egg-color of a silkworm by means of ovarian transplantation. Zool. Mag. (Japan) 49 (1937). — Köhler, Wilhelm: Die Entwicklung der Flügel bei der Mehlmotte Ephestia kühniella Zeller. Z. Morph. u. Ökol. Tiere 24 (1932). — Köhler, Wilhelm u. W. Feldotto: Die sensiblen Perioden des Flügelmusters und der Zeichnungselemente von Vanessa urticae. Verh. Schweiz. naturforsch. Ges. Zürich 1934. — Experimentelle Untersuchungen über die Modifikabilität der Flügelzeichnung, ihrer Systeme und Elemente in den sensiblen Perioden von Vanessa urticae L. nebst einigen Beobachtungen an Vanessa io L. Arch. Klaus-Stiftg 10 (1935). — Morphologische und experimentelle Untersuchungen über Farbe, Form und Struktur der Schuppen von Vanessa urticae und ihre gegenseitigen Beziehungen. Arch. Entw. mechan. 136 (1937). — Kühn, A.: Über die Änderung des Zeichnungsmusters von Schmetterlingen durch Temperaturreize und das Grundschema der Nymphalidenzeichnung. Nachr. Ges. Wiss. Göttingen, Math.-physik. Kl. 1926. — Die Pigmentierung von Habrobracon juglandis Ashmed, ihre Prädetermination und ihre Vererbung durch Gene und Plasmon. Nachr. Ges. Wiss. Göttingen, Math.-physik. Kl. 1927. —

Entwicklungsphysiologische Wirkungen einiger Gene von *Ephestia kühniella*. Naturwiss. **20** (1932a). — Zur Genetik und Entwicklungsphysiologie des Zeichnungsmusters der Schmetterlinge. Nachr. Ges. Wiss. Göttingen, Math.-physik. Kl. **1932**b. — Untersuchungen über die Entwicklungsphysiologie der Zeichnung des Schmetterlingsflügels. Forschgn u. Fortschr. **8** (1932c). — Vererbung und Entwicklungsphysiologie. Wiss. Woche Frankfurt **1934**a. — Genetik und Physiologie. Dtsch. physiol. Ges. Göttingen **1934**b. — Physiologie der Vererbung und Artumwandlung. Naturwiss. **24** (1935). — Über die Wirkungsweise von Erbanlagen, insbesondere über Phänokopien und hormonale Genwirkungen. C. r. 12. Congr. internat. Zool. Lisbonne 1936a. — Weitere Untersuchungen über den Gen-A-Wirkstoff bei der Mehlmotte *Ephestia kühniella* Z. Nachr. Ges. Wiss. Göttingen, Math.-physik. Kl. (Biol.) **2** (1936b). — Genetische und entwicklungsphysiologische Untersuchungen an *Ephestia kühniella* Z. Z. Abstammgslehre **67** (1936c). — Versuche über die Wirkungsweise der Erbanlagen. Naturwiss. **24** (1936d). — Entwicklungsphysiologische Wirkungen der Erbanlagen. Nova Acta Leop., N. F. **3** (1936e). — Hormonale Wirkungen in der Insektentwicklung. Forschgn u. Fortschr. **13** (1937a). — Entwicklungsphysiologisch-genetische Ergebnisse an *Ephestia kühniella* Z. Z. Abstammgslehre **73** (1937b). — KÜHN, A., E. CASPARI u. E. PLAGGE: Über hormonale Genwirkungen bei *Ephestia kühniella* Z. Nachr. Ges. Wiss. Göttingen, Math.-physik. Kl., N. F., Fachgr. VI (Biol.) **2** (1935). — KÜHN, A. u. M. v. ENGELHARDT: Über die Determination des Symmetriesystems auf dem Vorderflügel von *Ephestia kühniella* ZELLER. Arch. Entw.mechan. **130** (1933). — Über die Determination des Flügelmusters bei *Abraxas grossulatiata*. Göttinger Gelehrten-Anz. **198** (1936). — KÜHN, A. u. K. HENKE: Genetische und entwicklungsphysiologische Untersuchungen an der Mehlmotte *Ephestia kühniella* ZELLER, I—VII. Abh. wiss. Ges. Göttingen, Math.-physik. Kl., N. F. **15**/1 (1929). — Eine Mutation der Augenfarbe und Entwicklungsgeschwindigkeit bei der Mehlmotte *Ephestia kühniella* Z. Arch. Entw.mechan. **122** (1930a). — Genetische und entwicklungsphysiologische Untersuchungen an der Mehlmotte *Ephestia kühniella* ZELLER, VIII—XII. Abh. wiss. Ges. Göttingen, Math.-physik. Kl., N. F. **15** (1932). — Über einen Fall von geschlechtsgekoppelter Vererbung mit wechselnder Merkmalsausprägung bei der Mehlmotte *Ephestia kühniella* ZELLER. Nachr. Ges. Wiss. Göttingen, Math.-physik. Kl., N. F. (Biol.) **1** (1935). — Genetische und entwicklungsphysiologische Untersuchungen an der Mehlmotte *Ephestia kühniella* Z., XIII u. XIV. Abh. wiss. Ges. Göttingen, Math.-physik. Kl. **15** (1936). — KÜHN, A. u. E. PLAGGE: Prädetermination der Raupenaugenpigmentierung bei *Ephestia kühnella* Z. durch den Genotypus der Mutter und durch arteigene und artfremde Implantate. Biol. Zbl. **57** (1937).

MAGNUSSEN, K.: Untersuchungen zur Entwicklungsphysiologie des Schmetterlingsflügels. Arch. Entw.mechan. **128** (1933). — MERRIFIELD, F.: Temperature experiments on Lepidoptera. Proc. entomol. Soc. Lond. 1889. — Experiments in temperature-variation on Lepidoptera and their bearing on theories of heredity. Proc. entomol. Soc. Lond. **1894**. — MORGAN, T. H., C. B. BRIDGES and JACK SCHULTZ: Constitution of the germinal material in relation to heredity. Year Book. Carnegie Inst. Wash. **35** (1936). — MOROHSI, S.: Transplantation of optic discs and eye colors in *Bombyx mori*. Jap. J. Genet. **14** (1938).

NEUHAUS, M. E.: An additional method of studying the gene action. C. r. Acad. Sci. URSS. **1938**.

PIEPHO, H.: Über die Temperaturmodifikabilität und Genetik zweier rotäugiger Rassen der Mehlmotte *Ephestia kühniella* ZELLER. Arch. Entw.mechan. **133** (1935). — PLAGGE, E.: Die Pigmentierung der Imaginal- und Raupenaugen der Mehlmotte *Ephestia kühniella* ZELLER bei verschiedenen Rassen, Transplantatträgern und Rassenkreuzungen. Arch. Entw.mechan. **132** (1935). — Der zeitliche Verlauf der Auslösbarkeit von Hoden- und Imaginalaugenfärbung durch den Gen-A-Wirkstoff bei *Ephestia kühniella* und die zur Ausscheidung einer wirksamen Menge nötige Zeitdauer. Z. Abstammgslehre **72** (1936a). — Bewirkung der Augenausfärbung der rotäugigen Rasse von *Ephestia kühniella* Z. durch Implantation artfremder Hoden. Nachr. Ges. Wiss. Göttingen, Math.-physik. Kl. (Biol.) **2** (1936b). — Transplantationen von Augenimaginalscheiben zwischen der schwarz- und der rotäugigen Rasse von *Ephestia kühniella*. Z. Biol. Zbl. **56** (1936c). — Genbedingte Prädeterminationen (sog. „mütterliche Vererbung") bei Tieren. Naturwiss. **26** (1938). — PLAGGE, E. u. E. BECKER: Die Übereinstimmung der genbestimmten Augenausfärbungswirkstoffe bei *Ephestia* und *Drosophila*. Biol. Zbl. **58** (1938a). — Wirkung arteigener und artfremder Verpuppungshormone in Extrakten. Naturwiss. **26** (1938b). — PROCHNOW, O.: Die analytische Methode bei Gewinnung der Temperatur-Aberrationen der Schmetterlinge. Biol. Zbl. **34** (1914). — Die Färbung der Insekten. Handbuch der Entomologie, Bd. 2 (SCHRÖDER). 1926.

SCHULTZ, J.: Aspects of the Relation between Genes and Development in *Drosophila*. Amer. Naturalist **69** (1935). — SCHWANWITSCH, B. N.: On the Ground-plan of Wing pattern in Nymphalid and certain other Families of the Rhopalocerous Lepidoptera. Proc. zool. Soc. Lond. **1924**a. — On the Modes of evolution of the Wing-pattern in Nymphalids and certain other Families of the Rhopalocerous Lepidoptera. Proc. zool. Soc. Lond. **1924**b. —

Studies upon the wing-pattern of Pierella and related Genera of South American Satyridan Butterflies. Z. Morph. u. Ökol. Tiere **10** (1928a). — Pierellisation of Stripes in the Wingpattern of the Genus Rhaphicera *(Lepidoptera Satyridae)*. Z. Morph. u. Ökol. Tiere **11** (1928b). — Two schemes of the wing-pattern of butterflies. Z. Morph. u. Ökol. Tiere **14** (1929). — Evolution of the wing-pattern in palaearctic Satyridae II. Z. Morph. u. Ökol. Tiere **14** (1931). — Standfuss, M.: Über die Gründe der Variation und Aberration des Falterstadiums bei den Schmetterlingen. Insektenbörse **12** (1895a). — Weitere Mitteilungen über den Einfluß extremer Temperatur auf Schmetterlingspuppen. Entomol. Z. Guben **1895b**. — Experimentelle zoologische Studien an Lepidopteren. Denkschr. schweiz. naturforsch. Ges. **36** (1898). — Gesamtbild der bis 1898 an Lepidopteren vorgenommenen Temperatur- und Hybridationsexperimente. Insektenbörse **16** (1899). — Die Resultate 30jähriger Experimente mit Bezug auf Artbildung und Umgestaltung in der Tierwelt. Verh. Schweiz. naturforsch. Ges. Luzern **1905**. — Steinberg, A. G. and M. Abramowitz: The bar „Locus" and the v^+ reaction in *Drosophila melanogaster*. Proc. nat. Acad. Sci. U.S.A. **24** (1938). — Stossberg, G.: Über die Entwicklung der Schmetterlingsschuppen (Untersuchungen an *Ephestia kühniella* Z. Biol. Zbl. **57** (1937). — Strohl, J. u. W. Köhler: Experimentelle Untersuchungen über die Entwicklungsphysiologie der Flügelzeichnung bei der Mehlmotte. Verh. schweiz. naturforsch. Ges. Zürich **1934**. — Die Wirkung eines pleiotropen Gens auf Färbung, Lebensdauer und Fortpflanzungsfähigkeit der Imago bei der Mehlmotte *Ephestia kühniella* Z. Nachr. Ges. Wiss. Göttingen, Math.-physik. Kl., N.F. **2** (1935). — Sturtevant, A. H.: The Use of Mosaics in the Study of the Developmental Effects of Genes. Proc. 6. internat. Congr. Genetics **1** (1932). — Sturtevant, A. H. and C. C. Tan: The comparative genetics of *Drosophila pseudobscura* and *Drosophila melanogaster*. J. Genet. **34** (1937). — Süffert, F.: Das Symmetriesystem der Schmetterlingszeichnung (publ. 1926). In Prochnows Handbuch der Entomologie, **1924a**. — Bestimmungsfaktoren des Zeichnungsmusters beim Saisondimorphismus von *Araschnia lebana-prorsa*. Biol. Zbl. **44** (1924b). — Morphologie und Optik der Schmetterlingspuppen, insbesondere die Schillerfarben der Schmetterlinge. Z. Morph. u. Ökol. Tiere **1** (1924c). — Geheime Gesetzmäßigkeiten in der Zeichnung der Schmetterlinge. Rev. Suisse Zool. Genève **32** (1925). — Zur vergleichenden Analyse der Schmetterlingszeichnung. Biol. Zbl. **47** (1927). Die Ausbildung des imaginalen Flügelschnittes in der Schmetterlingspuppe. Z. Morph. u. Ökol. Tiere **14** (1929a). — Morphologische Erscheinungsgruppen in der Flügelzeichnung der Schmetterlinge, insbesondere die Querbindenzeichnung. Arch. Entw.mechan. **120** (1929b). — Die Geschichte der Bildungszellen im Puppenflügelepithel bei einem Tagschmetterling. Biol. Zbl. **57** (1937).

Tan, C. C. and D. F. Poulson: The behaviour of vermilion and orange eye colors in transplantation in *Drosophila*-pseudobscura. J. Genet. **34** (1937). — Tatum, E. L. and G. W. Beadle: Development of the eye colors in *Drosophila*. Some properties of the hormons concerned. J. gen. Physiol. **22** (1938). — Thimann, V. and G. W. Beadle: Development of Eye Color in *Drosophila*: Extraction of the Diffusable Substances concerned. Proc. nat. Acad. Sci. U.S.A. **23** (1937).

Ulrich, H.: Allgemeine Genetik (einschl. Genphysiologie). II. Genabhängige Wirkstoffe. Fortschr. Zool., N.F. **4** (1939). — Umbach, W.: Entwicklung und Bau des Komplexauges der Mehlmotte *Ephestia kühniella* Zeller nebst einigen Bemerkungen über die Entstehung der optischen Ganglien. Z. Morph. u. Ökol. Tiere **28** (1934).

Weismann, Aug.: Studien zur Descendenztheorie I. Über Saisondimorphismus der Schmetterlinge, **1875**. — Das Keimplasma, eine Theorie der Vererbung. Jena **1892**. — Neue Versuche zum Saisondimorphismus der Schmetterlinge. Zool. Jb., System. **8** (1896). — Vorträge über Descendenztheorie, Bd. 2. **1902/13**. — Whiting, A. R.: Eye colors in the parasitic wasp *Habrobracon* and their behavior in multiple recessivs and in mosaics. J. Genet. **29** (1934). — Whiting, P. W.: Genetic Studies on the Mediterranian Flour-Moth *Ephestia kühniella* Zeller. J. of exper. Zool. **28** (1919). — Rearing meal moths and parasitic wasps for experimental purposes. J. Hered. **12** (1921). — Reversal of Dominance and Production of a Secondary Sexual Character in the Mediterranean Flour-Moth. Amer. Naturalist **61** (1927). — Modification of traits in mosaics from binucleate eggs of *Habrobracon*. Biol. Bull. Mar. biol. Labor. Wood's Hole **63** (1932). — Whiting, P. W. and R. L. Anderson: Red, rd (eyes), a second nonautonomous locus in *Habrobracon*. Genetics **24** (1938). — Whiting, P. W. and A. R. Whiting: A unique fraternity in *Habrobracon*. J. Genet. **29** (1934). — Wulkopf, H.: Hitze- und Frostreize in ihrer Wirkung auf das Flügelmuster der Mehlmotte *Ephestia kühniella* Zeller. Arch. Entw.mechan. **134** (1936). Zeller: *Ephestia kühniella* n. sp. Stettin. entomol. Ztg **40** (1879).

b) Metamorphosen-Hormone.

Becker, E. u. E. Plagge: Über das die Pupariumbildung auslösende Hormon der Fliegen. Biol. Zbl. **59** (1939). — Bodenstein, D.: Zur Frage der Bedeutung hormoneller Beziehungen bei der Insektenmetamorphose. Naturwiss. **21** (1933a). — Beintransplantationen an Lepidopterenraupen. I. Arch. Entw.mechan. **128** (1933b). — Das Determinationsgeschehen bei Insekten mit Ausschluß der frühembryonalen Determination. Erg. Biol. **13** (1936). — Untersuchungen zum Metamorphoseproblem. I. Kombinierte Schnürungs- und Transplantationsexperimente an *Drosophila*. Arch. Entw.mechan. **137** (1938a). — Dasselbe II. Entwicklungsrelationen in verschmolzenen Puppenteilen. Arch. Entw.mechan. **137** (1938b). — Dasselbe III. Über die Ovarien im thoraxlosen Puppenabdomen. Biol. Zbl. **58** (1938c). — Investigations on the problem of metamorphosis V. Some factors determining the facet number in the *Drosophila* mutant Bar. Genetics **24** (1939). — Bounhiol, J. J.: Métamorphose prématurée par ablation des corpora allata chez le jeune ver à soie. C. r. Acad. Sci. Paris **205** (1937a). — La métamorphose des insects serait inhibée dans leur jeune âge par les corpora allata. C. r. Soc. Biol. Paris **126** (1937b). — Rôle possible du ganglion frontal dans la métamorphose de Bombyx mori L. C. r. Acad. Sci. Paris **206** (1938). — Buddenbrock, W. v.: Beitrag zur Histologie und Physiologie der Raupenhäutung mit besonderer Berücksichtigung der Versonschen Drüsen. Z. Morph. u. Ökol. Tiere **18** (1930). — Untersuchungen über die Häutungshormone der Schmetterlingsraupen. Z. vergl. Physiol. **14** (1931). — Burtt, E. T.: On the corpora allata of dipterous insects I. Proc. roy. Soc. Lond., Ser. B **124** (1938). — On the corpora allata of dipterous insects. II. Proc. roy. Soc. Lond., Ser. B **126** (1939). — Bytinsky-Salz, H.: Untersuchungen an Lepidopterenhybriden. II. Entwicklungsphysiologische Experimente über die Wirkung der disharmonischen Chromosomenkombinationen. Arch. Entw.mechan. **129** (1933).

Caspari, E. u. E. Plagge: Versuche zur Physiologie der Verpuppung von Schmetterlingsraupen. Naturwiss. **23** (1935).

Fraenkel, G.: A hormone causing pupation in the blowfly *Calliphora erythrocephala*. Proc. roy. Soc. Lond., Ser. B **118** (1935). — The number of moults in the cyclorraphous flies (Diptera). Proc. entomol. Soc. Lond., Ser. A **13** (1938).

Giersberg, H.: Hormone (Häutung und Verpuppung bei Insekten). Fortschr. Zool., N. F. **4** (1939).

Hachlow, V.: Zur Entwicklungsmechanik der Schmetterlinge. Arch. Entw.mechan. **125** (1931). — Hadorn, E.: An accelerating effect of normal „ring-glands" on puparium-formation in lethal larvae of *Drosophila melanogaster*. Proc. nat. Acad. Sci. U.S.A. **23** (1937a). — Transplantation of gonads from lethal to normal larvae in *Drosophila melanogaster*. Proc. Soc. exper. Biol. a. Med. **36** (1937b). — Die Degeneration der Imaginalscheiben bei lethalen *Drosophila*-Larven der Mutation „lethal-giant". Rev. Suisse Zool. Genève **45** (1938). — Hadorn, E. u. J. Neel: Der hormonale Einfluß der Ringdrüse (Corpus allatum) auf die Pupariumbildung bei Fliegen. Arch. Entw.mechan. **138** (1938). — Hanström, B.: Inkretorische Organe und Hormonfunktionen bei den Wirbellosen. Erg. Biol. **14** (1937).

Koller: Die innere Sekretion bei wirbellosen Tieren. Biol. Rev. **4** (1929). — Kopeč, Stephan: Studies on the necessity of the brain for the inception of Insect Metamorphosis. Biol. Bull. Mar. biol. Labor. Wood's Hole **42** (1922). — Kühn, A. u. H. Piepho: Über hormonale Wirkungen bei der Verpuppung der Schmetterlinge. Nachr. Ges. Wiss. Göttingen, Math.-physik. Kl., N. F. (Biol.) **2** (1936). — Die Reaktionen der Hypodermis und der Versonschen Drüsen auf das Verpuppungshormon bei *Ephestia kühniella*. Biol. Zbl. **58** (1938).

Pflugfelder, O.: Untersuchungen über die Funktion der Corpora allata der Insekten. Zool. Anz. Suppl. **10** (1937a). — Bau, Entwicklung und Funktion der Corpora allata und cardiaca von *Dixippus morosus* Br. Z. Zool. A **149** (1937b). — Untersuchungen über die histologischen Veränderungen und das Kernwachstum der Corpora allata von Termiten. Z. Zool. **150** (1938a). — Farbveränderungen und Gewebsentartungen nach Nervendurchschneidung und Exstirpation der Corpora allata von *Dixippus morosus* Br. Zool. Anz. Suppl. **11** (1938b). — Weitere experimentelle Untersuchungen über die Funktion der Corpora allata von *Dixippus morosus* Br. Z. Zool. **151** (1938c). — Piepho, H.: Nicht-artspezifische Metamorphosenhormone bei Schmetterlingen. Naturwiss. **26** (1938a). — Wachstum und totale Metamorphose an Hautimplantaten von Schmetterlingen. Biol. Zbl. **58** (1938b). — Über die Auslösung von Raupenhäutung, Verpuppung und Imaginalentwicklung an Hautimplantaten von Schmetterlingen. Biol. Zbl. **58** (1938c). — Über die experimentelle Auslösbarkeit überzähliger Häutungen und vorzeitiger Verpuppung an Hautstücken bei Kleinschmetterlingen. Naturwiss. **26** (1938d). — Über den Determinationszustand der Vorpuppenhypodermis der Wachsmotte *Galleria mellonella* L. Biol. Zbl. **59** (1939a). — Raupenhäutungen bereits verpuppter Hautstücke bei der Wachsmotte *Galleria mellonella* L. Naturwiss. **27** (1939b) — Hemmung der Verpuppung durch Corpora allata von Jungraupen bei der Wachsmotte *Galleria mellonella* L. Naturwiss. **27** (1939c). — Plagge, E.: Weitere Untersuchungen über das Verpuppungshormon bei Schmetterlingen. Biol. Zbl. **58** (1938). — Das Verpuppungshormon der Schmetterlinge. Forschgn u. Fortschr. **15** (1939a). — Hormone bei wirbellosen Tieren. Biologe **8** (1939b). — Plagge, E. u. E. Becker: Wirkung arteigener und artfremder Verpuppungshormone in Extrakten. Naturwiss. **26** (1938).

Scharrer, Bertha and B. Hadorn: The Structure of the Ring-gland (Corpus allatum) in normal and lethal Larvae of *Drosophila melanogaster*. Proc. nat. Acad. Sci. U.S.A. **24** (1938). — Schrader, K.: Untersuchungen über die Normalentwicklung des Gehirns und Gehirntransplantationen bei der Mehlmotte *Ephestia kühniella* Z. nebst einigen Bemerkungen über das Corpus allatum. Biol. Zbl. **58** (1938). — Seidel, Fr.: Entwicklungsphysiologie (Arthropoda). Fortschr. Zool., N. F. **4** (1939). Weismann, Aug.: Z. Zool. **14** (1864). — Wigglesworth, V. B.: The physiology of ecdysis in Rhodnius prolixus (Hemiptera). II. Factors controlling moulting and „metamorphosis“. Quart. J. microsc. Sci. **77** (1934). — The function of the corpus allatum in the growth and reproduction of *Rhodnius prolixus*. Quart. J. microsc. Sci. **79** (1936). — Häutung bei Imagines von Wanzen. Naturwiss. **27** (1939).

II. Vögel.

Benedict, F. G., W. Landauer and Edw. L. Fox: The Physiology of Normal and Frizzle Fowl, with Special Reference to the Basal Metabolism. Storrs' Bull. **177** (1932). — Boas, E. P. and W. Landauer: The Effect of Elevated Metabolism on the Hearts of Frizzle Fowl. Amer. J. med. Sci. **185** (1933). — The Effect of Elevated Metabolism on the Heart of Frizzle Fowl. II. Increased Ratio of Heart to Body Weight. Amer. J. med. Sci. **188** (1934). Crew, F. A. E.: Animal Genetics, 1925. Davenport, C. B.: Inheritance in Poultry. Publ. Carnegie Inst. Washington **1906**, Nr 52. — David, P. R.: Studies on the Creeper fowl. X. A Study of the Mode of Action of a lethal Factor by Explantation Methods. Arch. Entw.mechan. **135** (1936). — Dunn, L. C. and W. Landauer: The lethal Nature of the „Creeper“ Variation in the Domestic Fowl. Amer. Naturalist **60** (1926). Fell, H. B. and W. Landauer: Experiments on Skeletal Growth and Development *in vitro* in Relation to the Problem of Avian Phokomelia. Proc. roy. Soc. Lond., Ser. B **1935**, Nr 807. Hamburger, V.: Morphogenetic and axial self-differentiation of transplanted limb primordia of 2-day chick embryos. J. of exper. Zool. **77** (1938). — The development and innervation of transplanted limb primordia of chick embryos. J. of exper. Zool. **80** (1939a). A Study of Hereditary Chondrodystrophia in the Chick („Creeper“ Fowl) by Means of Embryonic Transplantation. Proc. Soc. exper. Biol. a. Med. **41** (1939b). Landauer, W.: Untersuchungen über Chondrodystrophie I. Allgemeine Erscheinungen und Skelet chondrodystrophischer Hühnerembryonen. Arch. Entw.mechan. **110** (1927). — Genetics and Biology of the Creeper (Scotch Dumpie) and the Frizzle Fowl. 4. World Poultry Congr. London 1930. — Untersuchungen über das Krüperhuhn. II. Morphologie und Histologie des Skelets, insbesondere des Skelets der langen Extremitätenknochen. Z. mikrosk.-anat. Forsch. **25** (1931). — Linkage Test in Poultry. I. Biol. Genetics, Vol. VIII. 1932a. — The Effect of Irradiating Eggs with Ultra-Violet Light upon the Development of Chicken Embryos. Experiments with Frizzle and Creeper Fowl. Storrs' Bull. **179** (1932b). — Studies on the Creeper Fowl. III. The early Development and lethal Expression of homozygous Creeper Embryos. J. Genet. **25** (1932c). — Über die entwicklungsmechanischen und genetischen Ursachen des Coloboms und anderer embryonaler Augenmißbildungen. Graefes Arch. **129** (1932d). — Concerning the Existence of Genes with a specific Effect upon one Germ-Layer. Proc. 6. internat. Congr. Genetics, Vol. II. 1932e. — Studies on the Creeper Fowl. V. The Linkage of the Genes for Creeper and Single-Comb. J. Genet. **26** (1932f). — A Gene Modifying Frizzling in the Fowl. J. Hered. **84** (1933a). — Creeper and Single-Comb Linkage in Fowl. Nature (Lond.) **132** (1933b). — Untersuchungen über das Krüperhuhn. IV. Die Mißbildungen homozygoter Krüperembryonen auf späteren Entwicklungsstadien. (Phokomelie und Chondrodystrophie.) Z. mikrosk.-anat. Forsch. **32** (1933c). — Studies on the Creeper Fowl. VI. Skeletal Growth in Creeper Chickens. Storrs' Bull. **193** (1934a). — Studies on the Creeper Fowl. VII. The Expression of Vitamin Deficiency (Rickets) in Creeper Chicks. Amer. J. Anat. **55** (1934b). — Thyroid Activity and Environmental Temperature in Frizzle Fowl. II. The Regulation of Body Temperature. Arch. internat. Pharmacodynamie **49** (1934c). — Studies on the Creeper Fowl. IX. Malformations occuring in the Creeper Stock. J. Genet. **30** (1935). — Landauer, W. and S. D. Aberle: Studies on the Endocrine Glands of Frizzle Fowl. Amer. J. Anat. **57** (1935). — Landauer, W. and L. T. David: Elevated Metabolism, blood cells, and hemoglobin content of the blood in the Frizzle Fowl. Fol. haemat. (Lpz.) **50** (1933). — Thyroid Activity and Environmental Temperature in Frizzle Fowl. I. The Acetonitril Test. Arch. internat. Pharmacodynamie **49** (1934). — Landauer, W. and L. C. Dunn: Chondrodystrophia in Chicken Embryos. Proc. Soc. exper. Biol. a. Med. **23** (1926). — Studies on the Creeper Fowl. I. Genetics. J. Genet. **23** (1930a). — The „Frizzle“ charakter of Fowls. J. Hered. **21** (1930b). — Landauer, W. and E. Upham: Weight and Size of Organs in Frizzle Fowl. Storrs' Bull. **210** (1936). Wriedt, C.: Letale Faktoren. Z. Tierzüchtg **3** (1925).

III. Säugetiere.

Bagg, H. J.: Hereditary abnormalities of the viscera. II. A morphological study with special reference to abnormalities of the kidneys in the descendants of x-rayed mice. Amer. J. Anat. **36** (1926). — Hereditary abnormalities of the limbs, their origin and transmission. II. A morphological study with special reference to the etiology of club-feet, syndactylism, hypodactylism, and congenital amputation in the descendants of x-rayed mice. Amer. J. Anat. **43** (1929). — Bagg, H. J. and C. C. Little: Hereditary structural defects in the descendants of mice exposed to Roentgen ray irradiation. Amer. J. Anat. **33** (1924). — Bonnevie, Kristine: Die ersten Entwicklungsstadien der Papillarmuster der menschlichen Fingerballen. Nytt Mag. Naturwiss. **65** (1927). — Zur Mechanik der Papillarmusterbildung. I. Die Epidermis als formativer Faktor in der Entwicklung der Fingerbeere und der Papillarmuster. Arch. Entw.mechan. **117** (1929). — Was lehrt die Embryologie der Papillarmuster über ihre Bedeutung als Rassen- und Familiencharakter? III. Zur Genetik des quantitativen Wertes der Papillarmuster. Z. Abstammgslehre **59** (1931)a. — Vererbbarer Cerebrospinaldefekt (?) bei Mäusen mit sekundären Augen- und Fußanomalien, nebst Turmschädelanlage. Abh. N. Vidsk.-Akad. Oslo, Kl. I **1931**b, Nr 13. — Die vererbbaren Kopf- und Fußanomalien der Little- und Baggschen Mäuserasse in ihrer embryologischen Bedingtheit. Dtsch. Ges. Vererb.wiss. **1932**a. — Zur Mechanik der Papillarmusterbildung. II. Anomalien der menschlichen Finger- und Zehenbeeren, nebst Diskussion über die Natur der hier wirksamen Epidermispolster. Arch. Entw.mechan. **126**(1932b).—Embryological analysis of gene manifestation in Little and Bagg's abnormal mouse tribe. J. of exper. Zool. **67** (1934). — Vererbbare Mißbildungen und Bewegungsstörungen auf embryonale Gehirnanomalien zurückführbar. Erbarzt **1935**a, Nr 10. — Vererbbare Gehirnanomalien bei kurzschwänzigen Tanzmäusen. Acta path. scand. (Københ.) Suppl. **1935**b. — Abortive Differentiation of the Ear Vesicles following a hereditary Brain-Anomaly in the „Short-tailed Waltzing Mice". Genetica ('s-Gravenhage) **18** (1936a). — Pseudencephalie als spontane recessive (?) Mutation bei der Hausmaus. Skr. N. Vidsk.-Akad. Oslo, Kl. I **1936**b, Nr 9. — Manifestation of Hereditary Hydrocephalus in Mice. Rep. 7. internat. Congr. Genetics Edinburgh, 1939.

Chesley, Paul: Lethal action in the short-tailed mutation in the house-mouse. Proc. Soc. exper. Biol. a. Med. **29** (1932). — Development of the short-tailed mutant in the house mouse. J. of exper. Zool. **70** (1935). — Chesley, P. and L. C. Dunn: The Inheritance of Taillessness (Anury) in the House Mouse. Genetics **21** (1936). — Clark, F. H.: Anatomical Basis of Hereditary Hydrocephalus in the House Mouse. Anat. Rec. **58** (1934). — Corey, E. L.: Observations on Cardiac Activity in the Fetal Rat. J. of exper. Zool. **72** (1935).

Dobrovolskaja-Zawadskaja, N.: Sur la mortification spontanée de la queue chez la souris nouveau née et sur l'existence d'un caractére (facteur héréditaire) non-viable. C. r. Soc. Biol. Paris **97** (1927). — L'irradiation des testicules et l'hérédité chez la souris. Archives de Biol. **38** (1928a). — Sur une souche de souris, présentant une mutabilité insolite de la queue. C. r. Acad. Sci. Paris **187** (1928b). — Une mutation de la queue survenue dans la descendance des souris-mâles à testicule irradiés. I. Congr. internat. Electr.-rad.-biol. Venezia, Vol. II. 1935. — Dobrovolskaja-Zawadskaja, N. et N. Kobozieff: Sur la reproduction des souris anoures. C. r. Soc. Biol. Paris **97** (1927). — Sur le facteur léthal accompagnant l'anourie et la brachyurie chez la souris. C. r. Acad. Sci. Paris **19** (1930). — Terminaison sus-pelvienne de la collonne vertébrale chez les souris adultes sans queue. C. r. Soc. Biol. Paris **109** (1932a). — Les souris anoures et la queue filiforme qui se reproduisent entre elles sans disjunction. C. r. Soc. Biol. Paris **110** (1932b). — Dobrovolskaja-Zawadskaja, N. et S. Veretennikoff: Etude morphologique et génétique de la brachyurie chez les descendants de souris à testicules irradiès. Archives de Zool. **76** (1934). — Dubosq, O.: Une lignée de souris anoures et ectroméles. Assoc. franç. Avanc. Sci. **46** (1922). — Dunn, L. C.: A gene affecting behaviour and skeleton in the house mouse. Proc. nat. Acad. Sci. U.S.A. **20** (1934). — A Third Lethal in the T (Brachy) Series in the House Mouse. Proc. nat. Acad. Sci. U.S.A. **23** (1937). — Dunn, L. C. and S. Glücksohn-Schoenheimer: A dominant short-tail mutation in the house-mouse with recessive lethal effect. Genetics **23** (1938).

Ernst, P.: Mißbildungen des Nervensystems. In Schwalbe: Morphologie der Mißbildung, Bd. III. 1909.

Glücksohn-Schoenheimer, S.: Time of Death of Lethal Homozygotes in the T (Brachyury) Series of the Mouse. Proc. Soc. exper. Biol. a. Med. **39** (1938a). — The Development of Two Tailless Mutants in the House-Mouse. Genetics **23** (1938b). — A New Lethal Mutation in Mice affecting Tail and Urogenital System. Rep. 7. internat. Congr. Genetics Edinburgh 1939.

Holtfreter, J.: Der Einfluß von Wirtsalter und verschiedenen Organbezirken auf die Differenzierung von angelagertem Gastrulaektoderm. Arch. Entw.mechan. **127** (1933). — Hunt, T. E.: An experimental study of the independent differentiation of the isolated

Hensen's node and its relation to the formation of axial and non-axial parts in the chick embryo. J. of exper. Zool. **59** (1931). — Potencies of transverse levels of the chick blastoderm in the definitive-streak stage. Anat. Rec. **55** (1932).

Keegan, J. J.: A comparative study of the roof of the fourth ventricle. Anat. Rec. **11** (1917). — Kermauner, F.: Mißbildungen des Rumpfes. In Schwalbe: Morphologie der Mißbildungen, Bd. III. 1909. — Kobozieff, N.: Recherches morphologiques et génétiques sur l'anourie chez la souris. Bull. biol. France et Belg. **69** (1935). — Kohn, A.: Anencephalie und Nebenniere. Arch. Entw.mechan. **102** (1924).

Lebedeff, A.: Über die Entstehung der Anencephalie und Spina bifida bei Vögeln und Menschen. Virchows Arch. **86** (1881). — Lehmann, F. E.: Entwicklungsstörungen in der Medullaranlage von Triton, erzeugt durch Unterlagerungsdefekte. Arch. Entw.mechan. **108** (1926). — Die Bedeutung der Unterlagerung für die Entwicklung der Medullarplatte von Triton. Arch. Entw.mechan. **113** (1928). — Little, C. C.: The effect of selection on eye and foot abnormalities occurring among the descendants of x-rayed mice. Amer. Naturalist **65** (1931). — Little, C. C. and H. J. Bagg: The occurrence of four inheritable morphological variations in mice and their possible reaction to treatment with x-rays. J. of exper. Zool. **41** (1924). — Little, C. C. and B. W. McPheters: Further Studies in the genetics of abnormalities appearing in the descendants of x-rayed mice. Genetics **17** (1932).

Murray, W. S.: Studies of developmental anomalies in the descendants of x-rayed mice. Michigan Acad. Sci., Arts and Letters **10** (1929).

Plagens, G. M.: An embryological study of a special strain of deformed x-rayed mice. J. Morph. a. Physiol. **55** (1933).

Recklinghausen, F. v.: Untersuchungen über die Spina bifida. Virchows Arch. **105** (1886).

Snell, G. D., E. Bodemann and W. Hollander: A translocation in the House Mouse and its Effect on Development. J. of exper. Zool. **67** (1934). — Snell, G. D. and D. I. Picken: Abnormal Development in the Mouse caused by Chromosome Unbalance. J. Genet. **31** (1935). — Ströer, W. F. H. and A. van der Zwan: Anencephaly and Rhachischisis posterior, with the Description of a Human Hemicephalus of 18 mm. J. of Anat. **73** (1939).

Vallois, H. V.: Etude anatomique d'une lignée de souris anoures, brachyoures et ectromeles. Archives de Biol. Exp. **62** (1924). — Veraguth, O.: Über nieder differenzierte Mißbildungen des Zentralnervensystems. Arch. Entw.mechan. **12** (1901).

Weed, Lewis: The development of the cerebrospinal spaces in pig and in man. Contrib. to Embryol. 1917, Nr 14. Carnegie Inst. Publ. Nr 225.

Der Positionseffekt der Gene.

Von **N. W. Timoféeff-Ressovsky**, Berlin-Buch.

Mit 6 Abbildungen.

1. Einleitung.

In diesem Abschnitt wollen wir kurz auf Erscheinungen eingehen, die nach den bisherigen Versuchsergebnissen in das große Gebiet der Genrealisationen gehören und die ersten, tiefsten Genwirkungen oder unmittelbare Genprodukte zu betreffen scheinen. Diese Erscheinungen, die als „Positionseffekt" der Gene bezeichnet wurden, stehen heute in der experimentellen Genetik im Vordergrund des Interesses. Das experimentelle Material über den Positionseffekt ist aber noch zu gering, um allgemeine weittragende Schlußfolgerungen zu ermöglichen. Es ist aber andererseits schon möglich einen gewissen Einblick in dieses Gebiet zu gewinnen, und das soll hier geschehen.

Das gesamte, bisher genau analysierte Material über den Positionseffekt bezieht sich zunächst auf Drosophila.

2. Das Merkmal Bar.

Bei Drosophila melanogaster ist seit langem eine geschlechtsgebundene Mutation bekannt, die sich intermediär in bezug auf Dominanz verhält, die Augengröße und -form beeinflußt und die Bezeichnung *Bar* erhalten hat. Bar-Männchen und homozygote Bar-Weibchen haben stark reduzierte Augen, von denen nur ein langer Streifen von etwa 70 Facetten (statt etwa 750 im normalen Auge) übrig bleibt; heterozygote Weibchen haben Augen, die der Größe nach ungefähr intermediär zwischen homozygotem Bar und Normal sind. Beim Bar-Faktor wurde eine weitere Mutation beobachtet, die die Bezeichnung *Infrabar* erhielt und die Augen schwächer reduziert: homozygote Weibchen und Infrabar-Männchen haben etwa 350 Augenfacetten, die heterozygoten Weibchen sind wiederum intermediär zwischen Infrabar und Normal.

Nun wurde schon vor fast 20 Jahren beobachtet, daß sowohl in homozygoten Bar-Kulturen als auch in homozygoten Infrabar-Kulturen von Zeit zu Zeit mit im Vergleich zu sonstigen Mutationen sehr hoher Frequenz (ungefähr 1 pro 2—3000) Mutationen zurück zur Norm, aber auch zu starker Bar-Manifestierung erfolgen. Zunächst wurde diese Erscheinung als ein Fall besonders hoher Genmutationsrate betrachtet. Dann ist aber Sturtevant und Morgan (1923) aufgefallen, daß in allen Zuchten, in denen es nachkontrolliert werden konnte, die „Rückmutationen" von Bar und Infrabar und die Mutationen zur stärkeren Wirkung von Bar oder Infrabar (die als double-Bar bzw. double-Infrabar bezeichnet werden) immer bei Individuen auftreten, die gleichzeitig einen Faktorenaustausch in der Gegend des Bar-Locus aufwiesen. Es bestand auch eine gewisse Koinzidenz zwischen den „Rückmutationen" und den „Mutationen" zu stärkerer Wirkung. Daraufhin hat Sturtevant die Theorie aufgestellt, daß Bar ein Etwas im Chromosom darstellt, was dem normalen X-Chromosom vollkommen fehlt, und daß die sogenannten Mutationen des Bar-Locus (mit Ausnahme von Infrabar) durch ungleichen Faktorenaustausch in diesem Locus entstehen. Diese Theorie wurde von Sturtevant (1925, 1928) einer eingehenden Prüfung unterworfen und hat sich voll und ganz bestätigt. Die Art der Prüfung ist auf Abb. 1 dargestellt. Durch ungleichen Faktorenaustausch, d. h. durch Fälle, in denen das eine der X-Chromosome links, das andere rechts von Bar den zum Austausch führenden Bruch zeigt,

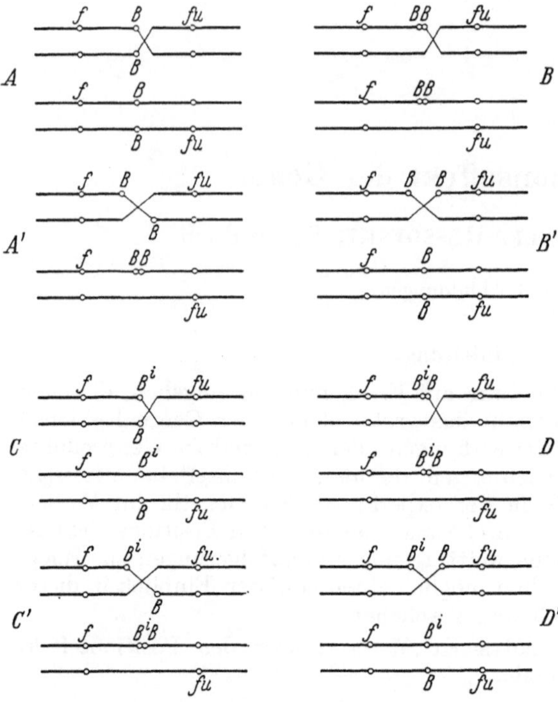

Abb. 1. Schema des Entstehens bei Drosophila melanogaster: von double-Bar aus Bar und umgekehrt (A′ und B′), von double-Bar-Infrabar aus dem Bar-Infrabar Compound (C′) und von Bar und Infrabar aus double-Bar-Infrabar (D′) durch „ungleichen" Faktorenaustausch. A—D „gleicher", A′—D′ „ungleicher" Faktorenaustausch [am Bar-Locus. (Nach Sturtevant.)

Tabelle 1. Die Zahl der Augenfacetten bei Bar-, Infrabar- und Bar-Infrabar-Weibchen von Drosophila melanogaster, in Abhängigkeit von der Lage der betreffenden Faktoren in den Chromosomen. (Nach Sturtevant 1925.)

Kombinationen von Bar und Infrabar	Durchschnittszahl der Facetten pro Auge
$\dfrac{B}{B}$	$68{,}12 \pm 1{,}09$
$\dfrac{BB}{+}$	$45{,}42 \pm 0{,}24$
$\dfrac{B^i}{B^i}$	$348{,}4 \pm 12{,}4$
$\dfrac{B^i\,B^i}{+}$	$200{,}2 \pm 8{,}6$
$\dfrac{B^i}{B}$	$73{,}53 \pm 1{,}29$
$\dfrac{B^i\,B}{+}$	$50{,}46 \pm 0{,}40$

müssen zwei neue Chromosome entstehen, von denen das eine Bar nicht mehr enthält, das andere aber zwei Bar-Faktoren besitzt. Unter Benutzung von Stämmen, die rechts und links von Bar bzw. Infrabar, „Signal-Gene" (forked und fused) zum Nachweis des Faktorenaustausches enthielten, konnte gezeigt werden, daß sogenannte Rückmutationen und sogenannte Mutationen zu double-Bar und double-Infrabar tatsächlich ausnahmslos an den Faktorenaustausch in der Gegend des Bar-Locus gebunden sind. Eine weitere Bestätigung dieser Annahme besteht darin, daß, wie aus der rechten Seite der Abb. 1 zu ersehen ist, erwartungsgemäß durch denselben Mechanismus aus double-Bar bzw. double-Infrabar auch „Rückmutationen" zu Bar bzw. Infrabar erhalten werden können. Neuerdings hat die Theorie des ungleichen Faktorenaustausches eine zytogenetische Bestätigung darin gefunden, daß Bridges (1936) und unabhängig von ihm Muller, Prokofyeva und Kossikov (1936) an den Speicheldrüsen-Riesenchromosomen von Drosophila melanogaster feststellen konnten, daß Bar sich von Normal durch eine kleine Duplikation eines Chromosomenstückchens unterscheidet.

Es wurde somit bewiesen, daß: erstens Bar bzw. Infrabar ein Etwas darstellt, was dem normalen Chromosom fehlt, zweitens die Rückmutationen zur Norm auf ungleichem Faktorenaustausch beruhen, der eins der beiden X-Chromosome von dem Etwas wieder befreit und so den normalen Zustand wieder herstellt, und drittens die ebenfalls durch ungleichen Faktorenaustausch entstandenen double-Bars bzw. -Infrabars in ihren X-Chromosomen je zwei nebeneinander liegende Bar- bzw. Infrabar-Faktoren besitzen. Bei der Betrachtung der verschiedenen homozygoten und heterozygoten Bar, Infrabar, double-Bar und double-Infrabar-Kombinationen ist Sturtevant weiterhin aufgefallen, daß homozygote Bar- und heterozygote double-Bar-Weibchen bzw. homozygote Infrabar- und heterozygote double-Infrabar- bzw. Compounds aus Bar und Infrabar und heterozygote Bar-Infrabar-Weibchen, die jeweils nach ihrem Genbestand gleich sein sollten, trotzdem gewisse phänotypische

Unterschiede aufweisen. Durchgeführte umfangreiche Messungen zeigten das in Tabelle 1 wiedergegebene Ergebnis. Aus dieser Tabelle ist zu ersehen, daß der Einfluß von Bar- und Infrabar auf die Facettenzahl immer bedeutend größer ist, wenn *beide Faktoren nebeneinander im gleichen Chromosom* und *nicht in den zwei verschiedenen X-Chromosomen* gelagert sind. Dieses Ergebnis veranlaßte STURTEVANT die Behauptung aufzustellen, daß in gewissen Fällen die Lage des Gens im Chromosom bzw. seine unmittelbare Nachbarschaft die Wirkung des betreffenden Gens beeinflussen kann. Das bildet den ersten gesicherten Fall und den Ausgangspunkt der Erforschung des Positionseffektes der Gene.

Der Positionseffekt besteht also darin, daß in gewissen Fällen gewisse Gene, falls sie in Nachbarschaft mit anderen Genen als die normalerweise vorhandenen Nachbarn kommen, veränderte Wirkungen aufweisen können.

Für den Bar-Fall besteht sogar die Möglichkeit, daß das erstmalige Auftreten von Bar ebenfalls auf Positionseffekt beruht, dadurch, daß das duplizierte Chromosomenstück zumindestens an der einen Seite nun eine neue Nachbarschaft haben muß; allerdings bleibt das zunächst eine unbeweisbare Vermutung, denn es konnte sich bei dem ersten Auftreten von Bar ebensogut um eine qualitative Mutation innerhalb des duplizierten Chromosomenstückes, oder um eine auf quantitativer Änderung des Genmaterials beruhende Wirkung handeln. Die Mutation von Bar zu Infrabar muß auf jeden Fall als „gewöhnliche" qualitative Genmutation betrachtet werden.

3. Weitere Fälle des Positionseffektes.

Inversionen, Translokationen und andere Umgruppierungen des Chromosomenmaterials werden oft von letalen oder morphologischen Wirkungen begleitet. Es ist verlockend, nach dem Muster des Bar-Falles solche Fälle auf Positionseffekt zurückzuführen. Eine gewisse derartige Tendenz besteht auch bei manchen Forschern, sie ist aber in dieser radikalen Form sicherlich übertrieben. Durch die Analyse der unzähligen, im Laufe der letzten Jahre durch Röntgenbestrahlung bei Drosophila ausgelösten Chromosomenmutationen ist es aber doch gelungen, einige weitere Fälle von Positionseffekt zu finden oder wahrscheinlich zu machen.

Abb. 2. Schema der X-II-Translokation bei Drosophila melanogaster mit dem Bruchpunkt im X-Chromosom in der Nähe des Bar-Locus, die zum Auftreten von baroid führte. Oben normale X- und II-Chromosome; unten Translokation. (Nach DOBZHANSKY.)

Auf Abb. 2 ist der sogenannte *baroid*-Fall von DOBZHANSKY (1932) schematisch dargestellt. Es wurde eine Bar-ähnliche Mutation in der Nachkommenschaft eines bestrahlten normalen Männchens beobachtet. Die zytogenetische Analyse ergab, daß es sich, wie aus Abb. 2 hervorgeht, um eine reziproke Translokation zwischen dem X- und dem II. Chromosom handelt, bei der der Bruch des X-Chromosoms in der Gegend des Bar-Locus erfolgt ist. Da baroid sich wie ein Allel zu Bar verhält, und zusammen mit dem Chromosomenbruch am Bar-Locus entstanden ist, liegt es nahe anzunehmen, daß der phänotypische Effekt auf Positionseffekt der Gene an der Bruchstelle im X-Chromosom beruht. OFFERMANN (1935) hat beobachtet, daß eine Translokation zwischen dem X-und dem IV. Chromosom, bei der der Bruch im X-Chromosom neben dem vorhandenen Bar-Faktor erfolgte, eine verstärkte Bar-Wirkung gezeigt hat. Neuerdings haben DUBININ und VOLOTOV (1936) und VOLOTOV (1937) eine ganze Reihe von Fällen gesammelt, in denen die zytogenetische Analyse einen Einfluß der in der Nähe des Bar-Locus erfolgenden Translokationen auf die Manifestation von Bar zeigt.

SIVERTZEV-DOBZHANSKY und DOBZHANSKY (1933) haben eine Reihe von Fragmenten, die das normale Allel von *bobbed* enthalten, in Kombination mit verschiedenen bobbed-Allelen untersucht, und dabei wurde festgestellt, daß in einem Fall, in dem der Bruch des X-Chromosoms in der Nähe des normalen Allels von bobbed erfolgt ist, dieses normale Allel von bobbed an Dominanz über die mutanten bobbed-Allele eingebüßt hat. DOBSHANSKY (1936) führte auch diesen Fall auf Positionseffekt zurück.

Schließlich werden auf Positionseffekt einige Fälle von sogenannten *mottled* (gefleckten) Augenmutationen und einige Erscheinungen in der fast unübersehbar langen und komplizierten *scute*-Allelenreihe von Drosophila melanogaster zurückgeführt (Muller 1932, Muller und Prokofyeva 1934, Noujdin 1935, 1936, Sacharov 1935, 1936, Schultz 1936). In allen diesen Fällen, ebenso wie in einigen Translokationen, bei denen der Bruchpunkt in der Gegend des Faktors *Plum* im zweiten Chromosom von Drosophila melanogaster liegt (Dubinin 1936), läßt man die Annahme des Positionseffektes als plausibelste Erklärungshypothese zu.

Ein strenger Beweis des Positionseffektes konnte aber an Hand dieser Fälle nicht durchgeführt werden. Eine solche Beweisführung wurde erst an den im nächsten Abschnitt beschriebenen Fällen von cubitus interruptus und hairy ermöglicht.

4. Analyse des Positionseffektes an den normalen Allelen von cubitus interruptus und hairy.

Von Dubinin und Sidorov (1934) wurden eine Reihe von Translokationen zwischen dem III. und IV. Chromosom von Drosophila melanogaster untersucht.

Abb. 3. Schema einer III—IV-Translokation bei Drosophila melanogaster, die einen Positionseffekt des normalen Allels von cubitus interruptus (ci) zeigt. A normale Struktur des III. und IV. Chromosomenpaares, heterozygot für ci, phänotypisch normal; B homozygot für die Translokation und das normale Allel von ci ($+^{ci'}$ normales Allel von ci im translokierten Chromosom), phänotypisch normal; C heterozygot für die Translokation, haploid für das IV. Chromosom, phänotypisch normal; D heterozygot für die Translokation, das normale Allel von ci im translokierten Chromosom und das recessive ci-Allel im normalen IV. Chromosom, phänotypisch ci wegen Abschwächung der Dominanz des normalen Allels von ci durch Positionseffekt.
(Nach Dubinin und Sidorov.)

In vielen von den Kreuzungen, die zur Analyse dieser Translokationen durchgeführt wurden, wurde die recessive Mutation *cubitus interruptus (ci)* im IV. Chromosom als „Indicator" benutzt.

Dabei wurde eine Erscheinung festgestellt, die schematisch auf Abb. 3 dargestellt ist. Das Allel ci ist normalerweise vollkommen recessiv; die heterozygoten ci-Fliegen sind deshalb phänotypisch normal. In vielen III—IV-Translokationen, in denen das translokierte Chromosom das normale Allel von ci enthält, zeigen dagegen die ci-Heterozygoten, die also ein recessives ci-Allel im normalen, nicht translokierten IV. Chromosom enthalten (Abb. 3 D), phänotypisch das ci-Merkmal (das in Verkürzung der 4. Längsader der Flügel besteht). Diese Erscheinung wurde auf Positionseffekt zurückgeführt und es konnte eine weitere Analyse der Positionseffekt-Hypothese durchgeführt werden. Die Alternative zu der Annahme eines Positionseffektes, die in der Annahme einer gleichzeitig mit der Translokation stattfindenden Genmutation am ci-Locus besteht, wird erstens dadurch höchst unwahrscheinlich gemacht, daß das heterozygote Manifestieren von ci in sehr vielen unabhängig voneinander entstandenen III—IV-Translokationen beobachtet wurde; die Annahme einer zufälligen Kombination von Chromosomenbruch und Mutation ist dadurch ausgeschlossen, und man könnte höchstens an ein spezifisches Mutieren des normalen $+^{ci}$ Allels in den Fällen, wo in der Nähe ein Chromosomenbruch erfolgt ist, denken. Diese letztere Annahme wurde in der Weise geprüft wie es auf Abb. 3 B und C dargestellt ist. Ein Teil der III—IV-Translokationen ist homozygot lebensfähig; würde das normale Allel von ci im translokierten Chromosom mutiert sein, so müßte man bei Fliegen, die homozygot für die Translokation sind, das ci-Merkmal beobachten können; das ist aber nie der Fall gewesen (Abb. 3 B). Es wurden auch Fliegen hergestellt, die heterozygot für die Translokation waren, bei denen aber das zweite normale IV. Chromosom fehlte (sogenannte Haplo-IV-Fliegen). Sollte das normale Allel von ci recessiv mutiert sein, so müßte sich auch in diesem Falle, wegen des Fehlens eines kompensierenden normalen Allels, das ci-Merkmal zeigen; solche Haplo-IV-Fliegen waren aber sämtlich phänotypisch normal (Abb. 3 C).

Durch diese Analysen wurde somit sehr wahrscheinlich gemacht, daß es sich nicht um richtige Mutationen des normalen $+^{ci}$ Allels handelt, sondern um Abschwächungen der Dominanz des normalen Allels über das recessive ci in den Fällen, in denen das normale $+^{ci}$ Allel sich in der Nähe des Bruchpunktes in einer Translokation befindet.

Eine ausführliche zytogenetische Nachprüfung der den Positionseffekt von ci zeigenden III—IV-Translokationen, die an den Speicheldrüsen-Riesenchromosomen durchgeführt wurde (DUBININ und SOKOLOV 1935) hat bestätigt, daß es sich tatsächlich jedesmal um Brüche in der Nähe des ci-Locus im IV. Chromosom handelt. Es hat sich aber dabei auch gezeigt, daß der zum Positionseffekt führende Bruch nicht unmittelbar am betroffenen Gen erfolgen muß; in einigen Fällen lagen sicherlich zwischen dem Bruchpunkt und dem Locus ci einige andere, allerdings nur wenige Gene. Diese letztere Feststellung machte es noch unwahrscheinlicher, daß beim Positionseffekt das in Frage kommende Gen sich ändert.

Die Häufigkeit des Positionseffektes von ci bei Translokationen, in denen das IV. Chromosom mit einbegriffen ist, ist so hoch, daß man diesen Positionseffekt als einfache und bequeme Methode der Feststellung von Translokationen nach Röntgenbestrahlung und ähnlichen Reizen benutzen kann (CHVOSTOVA und GAVRILOVA 1935). PANSHIN (1936) konnte durch zytogenetische Analyse der Translokationen, die an dem Auftreten des ci-Positionseffektes festgestellt wurden, zeigen, daß unter ihnen III—IV-Translokationen die II—IV-Translokationen stark überwiegen. Führt man eine Feststellung von Translokationen ohne Rücksicht auf den Positionseffekt des ci-Gens durch, so erhält man einerseits eine überhaupt höhere Totalrate von Translokationen, und andererseits findet man dann, daß II—IV- und III—IV-Translokationen mit ungefähr gleicher Häufigkeit auftreten. Daraus geht hervor, daß nicht alle Translokationen des IV. Chromosoms einen Positionseffekt des ci-Gens zeigen, und daß anscheinend es nicht gleichgültig ist,

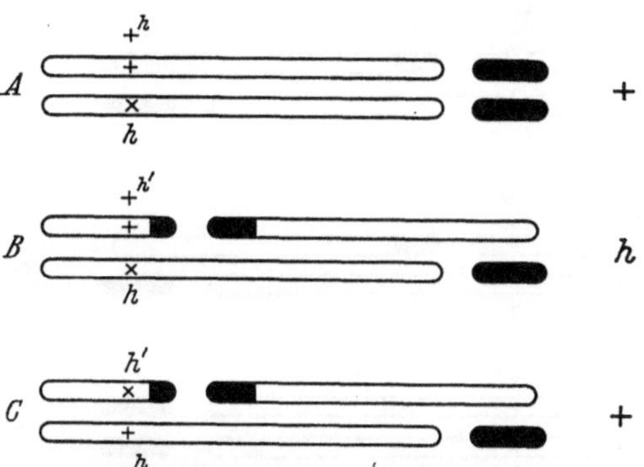

Abb. 4. Schema einer III—IV-Translokation bei Drosophila melanogaster, die einen Positionseffekt des normalen Allels von hairy (h) zeigt. A normale Struktur des III. und IV. Chromosoms, heterozygot für h, phänotypisch normal; B heterozygot für die Translokation, das normale Allel von h im translokierten Chromosom und das recessive h-Allel im normalen III. Chromosom ($+^{h'}$ normales Allel von h im translokierten Chromosom), phänotypisch hairy wegen Abschwächung der Dominanz des normalen Allels von h durch Positionseffekt; C heterozygot für die Translokation und für hairy (wobei sich aber das normale Allel im normalen und das h-Allel im translokierten Chromosom befindet), phänotypisch normal. (Nach DUBININ und SIDOROV.)

welches neue Chromosomenstück sich an die Bruchstelle des IV. Chromosoms anheftet; mit anderen Worten geht daraus eine gewisse Spezifität des Zustandekommens des Positionseffektes hervor. CHVOSTOVA (1936) konnte zeigen, daß in den Fällen, wo an die Bruchstelle des IV. Chromosoms sich die sogenannte inerte Region der Autosomen anheftet, kein Positionseffekt des ci-Gens entsteht; dagegen zeigen viele Translokationen zwischen dem IV. Chromosom und den inerten Regionen des X- und Y-Chromosoms einen Positionseffekt von ci. Diese Versuche zeigen ebenfalls eine gewisse Spezifität des Positionseffektes.

Eine in gewissem Sinne noch weitergehende Analyse des Positionseffektes konnte mit Hilfe des normalen Allels der im linken Arm des III. Chromosoms liegenden recessiven Mutation *hairy* durchgeführt werden.

DUBININ und SIDOROV (1935) haben festgestellt, daß in Translokationen, bei denen der Bruchpunkt im III. Chromosom in der Nähe des hairy-Locus liegt, bei Fliegen, die außerdem heterozygot für die recessive Mutation hairy sind (die im normalen III. Chromosom bei diesen Fliegen sich befindet), sich unerwarteter Weise das hairy-Merkmal zeigt. Diese Erscheinung, die schematisch auf Abb. 4 dargestellt ist, wurde auf Positionseffekt zurückgeführt. Der Fall des Positionseffektes des normalen Allels von hairy zeigte genau dasselbe wie der vorhin beschriebene Fall von ci. Es konnten außerdem noch einige weitere, für das Verständnis des Positionseffektes wichtige Schritte in der Analyse durchgeführt werden. Erstens konnte gezeigt werden, daß falls im translokierten Chromosom sich das mutante recessive hairy-Allel befindet und im normal gebliebenen III. Chromosom das dominante normale Allel, das hairy-Merkmal nicht manifestiert wird (Abb. 4C). Zweitens konnten in gewissem, allerdings sehr geringem Prozentsatz Fälle von Faktorenaustausch zwischen dem Normal-Allel von hairy und dem Bruchpunkt im III. Chromosom erhalten werden. Auf diese Weise ist es gelungen (DUBININ und SIDOROV 1935) zu zeigen, daß ein anderes normales Allel von hairy, das durch Faktorenaustausch in das translokierte Chromosom an Stelle desjenigen normalen Allels von hairy, welches zur Zeit der Translokation in dem Chromosom drin war, gebracht wurde, ebenso wie das erste nun in heterozygoter Kombination mit dem recessiven hairy-Allel den Positionseffekt zeigt (Abb. 5B).

Dadurch wird in strenger und endgültiger Form die Annahme, daß es sich doch um eine gleichzeitig mit der Translokation stattgefundene Mutation des hairy-Locus handelt, ausgeschlossen. In ähnlicher Weise, ebenfalls durch einen sehr seltenen Faktorenaustausch zwischen der Bruchstelle und dem hairy-Gen, ist es an einem anderen Fall von Positionseffekt des normalen Allels von hairy (TIMOFÉEFF-RESSOVSKY, unveröffentlicht) gelungen, die reziproke Ergänzung zu den eben beschriebenen Befunden zu machen. Man könnte annehmen, daß der Positionseffekt zwar nicht durch Koinzidenz des Bruches mit einer Genmutation entsteht, doch aber auf einer irreversiblen Änderung des betreffenden Gens, induziert durch die neue fremde Nachbarschaft in die es durch Translokation gebracht wurde, beruht. In diesem Fall müßte das den Positionseffekt zeigende normale Allel auch in dem Fall, wenn es sich wieder in einem normalen Chromosom befindet, den Positionseffekt weiter zeigen. Durch Faktorenaustausch konnte ein III. Chromosom hergestellt werden, in dem sich nun das normale Allel von hairy aus dem translokierten Chromosom, das den Positionseffekt gezeigt hatte, befindet. In heterozygoter Kombination mit dem recessiven hairy-Allel (Abb. 5C) zeigte es aber keine Spur des früheren Positionseffektes und benahm sich als vollkommen normales dominantes Allel. Dadurch wurde gezeigt, daß der Positionseffekt nicht auf einer irreversiblen, mutationsartigen Änderung des betreffenden normalen Allels beruht; eine Feststellung, die übrigens ganz den anfangs beschriebenen Befunden an Bar und double-Bar bzw. an Infrabar und double-Infrabar entspricht.

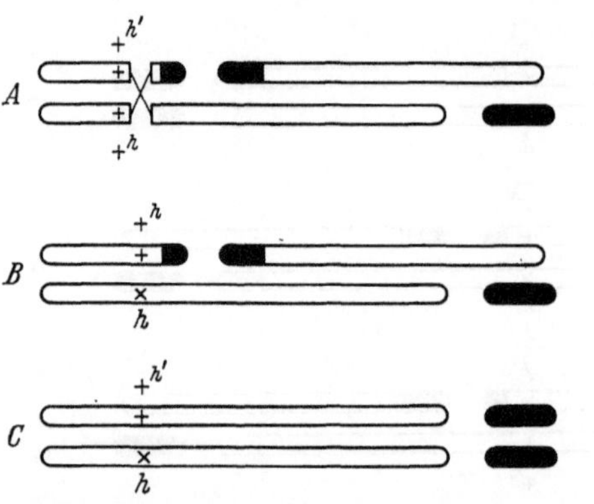

Abb. 5. Schema der Prüfung der Frage, ob der Positionseffekt des normalen Allels von hairy in einer III bis IV-Translokation bei Drosophila melanogaster, nicht eventuell auf gleichzeitiger Translokation und Genmutation beruht. A Faktorenaustausch zwischen dem Locus des normalen Allels von h und der Bruchstelle der Translokation in einem ♀ das für die Translokation und ein normales III. Chromosom heterozygot ist (dadurch wird in das translokierte Chromosom ein neues normales Allel von h hineingebracht, und das normale, einen Positionseffekt zeigende Allel von h aus dem translokierten Chromosom in ein normales III. Chromosom übergeführt); B heterozygot für die Translokation (mit einem neuen normalen Allel von h) und das recessive hairy-Allel, phänotypisch hairy; C heterozygot für das aus dem translokierten Chromosom stammende normale Allel von h und das recessive hairy-Allel, phänotypisch normal. (Nach DUBININ und SIDOROV und unveröffentlichten Versuchen von TIMOFÉEFF-RESSOVSKY.)

Schließlich konnte in letzter Zeit PANSHIN (1938) noch zeigen, daß der Positionseffekt des Gens *white* (der bei Translokationen und Inversionen, die den Locus w in die Nähe heterochromatischer Gebiete des X-Chromosoms oder der Autosomen bringen, in dem Auftreten von gefleckten *mottled*-Augen besteht) ebenfalls reversibel ist.

Sekundäre Inversionen und Translokationen des w^{mt11}-Chromosoms (das einen relativ starken Positionseffekt zeigt) können — je nachdem ob noch mehr heterochromatisches Material in die Nähe von w gebracht wird, oder ob durch die sekundären Chromosomenmutationen der Locus w von heterochromatischen Teilen weiter entfernt wird — den „mottled"-Effekt weiter verstärken oder reduzieren (in einigen Fällen bis zur völligen Rückkehr zur Norm). Außerdem hat PANSHIN die früheren eigenen (1936) und von CHVOSTOVA (1936) gemachten Feststellungen bestätigt und erweitert, daß die heterochromatischen Partien der Autosomen und ein Teil der inerten (heterochromatischen) Region der Geschlechtschromosome, die gerade starkes „mottled" hervorrufen, keinen Positionseffekt von cubitus interruptus erzeugen.

Somit verhalten sich die Gene w und ci in bezug auf Positionseffekt grundsätzlich ähnlich; nur ist eine gewisse negative Korrelation bezüglich der die Wirksamkeit des normalen Allels herabsetzenden Teile des Chromosomenmaterials vorhanden, indem das normale Allel von w durch Nachbarschaft „fremder" inerter Teile des Genoms, und das normale Allel von ci durch die der „fremden" aktiven Teile in seiner Wirkung abgeschwächt wird.

5. Deutung des Positionseffektes.

Auf dem Gebiet der Analyse des Positionseffektes sind bisher vier Fälle besonders eingehend untersucht worden: Bar, cubitus interruptus, white (mottled) und hairy. Alle vier Fälle weisen gemeinsame Züge auf, indem es sich um eine reversible Änderung der Wirksamkeit des betreffenden Allels, hervorgerufen durch einen Bruch in der Nähe des betreffenden Locus und Anheftung „fremden" Genmaterials handelt. Sämtliche anderen, weniger eingehend analysierten Fälle des Positionseffektes widersprechen den an den drei gut untersuchten Fällen gewonnenen Ergebnissen nicht.

Es ist selbstverständlich noch verfrüht, einigermaßen endgültige Theorien des Positionseffektes zu entwickeln. Es können aber Arbeitshypothesen allgemeiner Art aufgestellt werden, die in weiteren Versuchen geprüft und eventuell geändert werden müssen. Am plausibelsten erscheint folgende Vorstellung, die in allgemeinsten

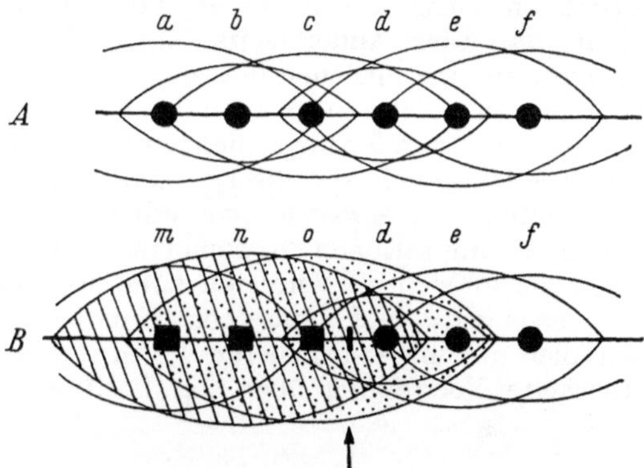

Abb. 6. Schema der Erklärung des Positionseffektes durch Annahme einer gegenseitigen Beeinflussung der unmittelbaren Genumgebung, die von den Genen mitbeeinflußt wird, aber auch eine Rückwirkung auf ihre Tätigkeit ausübt. A normales Stück eines Chromosoms mit den Genen a—f und den von ihnen beeinflußten Gebieten ihres unmittelbaren Milieus; B der rechte Teil desselben Chromosomenstückes mit den Genen d—f, an den ein anderes Chromosomenstück mit den Genen m—o an dem durch den Pfeil bezeichneten Bruchpunkt sich angeheftet hat; die normale unmittelbare Umgebung von d—f wird durch die neuen Nachbargene beeinflußt und eventuell geändert.

Zügen schon in der STURTEVANTschen Idee des Positionseffektes angedeutet war, und dann von MULLER (1935) und anderen weiter ausgebaut wurde. Man muß annehmen, daß die normale Wirksamkeit der Gene an ihre unmittelbare Umgebung angepaßt ist, bzw. daß diese unmittelbare Umgebung der Gene in ihrer chemischen Struktur von den Genen selbst mitbestimmt wird. Es kann dabei angenommen werden, daß diese unmittelbare Umgebung von jedem einzelnen Gen in einem bestimmten Umkreis beeinflußt wird; diese „Wirkungsfelder" der Gene müssen sich weitgehend überschneiden, so daß jedes Gen sich in einem engeren Milieu befindet, das von ihm selbst und den Nachbargenen gebildet wird. Bei Translokationen und Inversionen muß dann an dem Bruchpunkt insofern eine Änderung eintreten, als nun das unmittelbare Genmilieu durch neue Gen-Kombinationen (neue „Nachbarn") gebildet wird. Es ist zunächst in der allgemeinen Form dieser Hypothese belanglos, ob man sich diese unmittelbare Genumgebung lediglich als Substrat der Genwirkung, oder schon in Form primärer Wirkungsprodukte der Gene vorstellt; in beiden Fällen muß angenommen werden, daß eine am Bruchpunkt des Chromosoms stattfindende Änderung des unmittelbaren Genmilieus unter Umständen die Wirksamkeit der in der Nähe des Bruchpunktes liegenden Gene beeinflussen kann. Das braucht nicht immer der Fall zu sein; es brauchen auch nicht unbedingt die zum Bruchpunkt nächsten Gene auf die Änderung zu reagieren. Nach dieser Vorstellung ist es auch am wahrscheinlichsten, daß durch Positionseffekt im wesentlichen die normale Wirksamkeit eines Gens herabgesetzt und keine neuen spezifischen Wirkungen ausgelöst werden. Das alles entspricht den vorher beschriebenen bisherigen Versuchsergebnissen, aus denen hervorging, daß das Gros der Fälle von Positionseffekt in einer Herabsetzung der Dominanz des vom Positionseffekt betroffenen normalen Allels über ein recessives mutantes Allel besteht. Eine derartige Vorstellung wird auch dadurch bekräftigt, daß, wie wir vorhin gesehen haben, zwar eine gewisse Spezifität des Positionseffektes darin besteht, daß nicht alle Translokationen und Inversionen, die einen Bruchpunkt in der Nähe eines bestimmten Gens haben, einen Positionseffekt des betreffenden Gens aufweisen; daß aber andererseits sehr viele verschiedene Chromosomenumgruppierungen im wesentlichen dasselbe, nämlich eine Herabsetzung der Dominanz des normalen Allels, also irgendeine Störung seiner Funktionsfähigkeit hervorrufen. Es ist allerdings nicht ausgeschlossen, daß in gewissen Fällen durch Positionseffekt auch spezifische, „mutationsähnliche" Wirkungen erzeugt werden könnten. So etwas ist vor allem bei Genen zu erwarten, die auch durch richtige Genmutationen hypomorphe Allele (Muller 1932) ergeben, d. h. solche, die an sich im Vergleich zum normalen Ausgangsallel nichts spezifisch neues erzeugen, und denselben Entwicklungsprozeß wie das normale Ausgangsallel nur in schwächerer Form beeinflussen. Auf Abb. 6 ist die eben entwickelte Vorstellung über den Positionseffekt schematisch dargestellt.

6. Schlußbemerkungen.

Die theoretische Deutung des Positionseffektes ist zunächst bei weitem noch nicht endgültig. Das Phänomen selbst ist aber von großer Bedeutung sowohl für die weitere, tiefere Analyse des Problems über die Genstruktur und Genmutation, als auch für die Analyse der Genwirkungen. Die Wichtigkeit des Positionseffektes besteht vor allem darin, daß es zunächst der einzige Weg ist, auf dem wir analytisch bis in die unmittelbare Genumgebung vordringen können. Durch Röntgen- und Radiumbestrahlung ist die Möglichkeit gegeben bei günstigen Versuchsobjekten unzählige, verschiedenste Chromosomenumgruppierungen zu erzeugen. An diesem umfangreichen Material werden in absehbarer Zeit unsere Kenntnisse über verschiedene mögliche Auswirkungen des Positionseffektes erweitert werden.

Es ist zum Beispiel denkbar, daß durch Änderung der unmittelbaren Genumgebung unter anderem die Mutabilität der in der Nähe des Bruchpunktes liegenden Gene beeinflußt werden könnte; man könne sich dabei vorstellen, daß z. B. die Bedingungen des Energietransportes in der Nähe des Gens für die Mutationswahrscheinlichkeit entscheidend sein könnten.

Gewisse, allerdings bei weitem noch nicht gesicherte, Andeutungen darauf scheinen die Versuche von Sidorov (1936) über die röntgeninduzierte Mutabilität von yellow, scute und achaete in Kulturen, die Inversionen enthalten, bei denen einer der Bruchpunkte im extremen linken Ende des

X-Chromosoms von Drosophila melanogaster liegt, zu enthalten. Die neuerdings an sehr großem Material durchgeführten Versuche von GEPTNER (1938) zeigten, daß Inversionen einen, allerdings sehr geringen, Einfluß auf die Mutabilität einiger Gene im Vergleich zu der des normalen Chromosoms haben können.

Vor allem werden aber in der Zukunft unsere Vorstellungen über den Mechanismus der Genwirkungen sich an die Ergebnisse der Positionseffektforschung anpassen müssen; außerdem werden begründete Ansichten über die Primärvorgänge der Genwirkung sich wahrscheinlich vorwiegend aus der Analyse des Positionseffektes ergeben.

Schrifttum.

BAUER, H.: Cytogenetik. Fortschr. Zool., N. F. 1 (1937); 2 (1937). — Die Chromosomenmutationen. Z. Abstammgslehre 76 (1939). — BRIDGES, C. B.: The Bar gene a duplication. Science (N. Y.) 83 (1936).

CHVOSTOVA, V.: Detection of translocations in the proximal region of the X-chromosome of Drosophila by means of position effect. Biol. Ž (russ.) 5 (1936). — CHVOSTOVA, V. and A. GAVRILOVA: A new method for discovering translocations. Biol. Ž (russ.) 4 (1935). — Relation between the number of translocations in Drosophila and the dosage of X-rays. Biol. Ž. (russ.) 7 (1938).

DOBZHANSKY, TH.: The baroid mutation in Drosophila melanogaster. Genetics 17 (1932). — Position effects of genes. Biol. Rev. Cambridge philos. Soc. 11 (1936a). — L'effet de position et la theorie de l'hérédité. Paris: Hermann 1936b. — DOBZHANSKY, TH. and A. STURTEVANT: Change in dominance of genes lying in duplicated fragments of chromosomes. Proc. 6. internat. Congr. Genetics 1932, Vol. 2. — DUBININ, N. P.: Ein neuer phänotypischer Effekt des Y-Chromosoms. Biol. Ž. (russ.) 3 (1934). — Discontinuity and continuity in the structure of the hereditary material. Trudy Dinam. Razvit. (russ.) 10 (1935). — A new type of position effect. Biol. Ž. (russ.) 5 (1936). — DUBININ, N. P. and B. N. SIDOROV: Relation between the effect of a gene and its position in the system. Biol. Ž. (russ.) 3 (1934). — The position effect of the hairy gene. Biol. Ž. (russ.) 4 (1935). — DUBININ, N. P., N. N. SOKOLOV and G. G. TINIAKOV: A cytogenetic study of the position effect. Biol. Ž. (russ.) 4 (1935). — DUBININ, N. P. and E. N. VOLOTOV: A study of mutations at the Bar locus in Drosophila. Bull. Biol. Med. Exper. 1 (1936).

EBERHARDT, K.: Über den Mechanismus strahleninduzierter Chromosomenmutationen bei Drosophila. Chromosoma 1 (1939).

GEPTNER, M.: Relation between the mutability of definite genes and their position in the chromosome. Biol. Ž. (russ.) 7 (1938).

KOLTZOFF, N. K.: Physikalisch-chemische Grundlage der Morphologie. Biol. Zbl. 48 (1928). — The structure of the chromosomes and their participation in cell-metabolism. Biol. Ž. (russ.) 7 (1938).

MORGAN, L. V.: Proof that Bar changes to not-bar by unequal crossing-over. Proc. nat. Acad. Sci. U.S.A. 17 (1931). — MULLER, H. J.: Further studies on the nature and causes of gene mutation. Proc. 6. internat. Congr. Genetics 1932, Vol. 1. — The position effect as evidence of the localization of the immediate products of gene activity. Paper read at 15. internat. Physiol. Congr. Moscow 1935. — The biological effects of radiations with special reference to mutation. Réun. internat. Phys. Chem. Biol. Paris 1937. — The remaking of chromosomes. Collect. Net. 13 (1938). — MULLER, H. J. and A. PROKOFYEVA: Continuity and discontinuity of the hereditary material. C. r. Acad. Sci. USSR. 4 (1934). — The individual gene in relation to chromomere and chromosome. Proc. nat. Acad. Sci. U.S.A. 2 (1935). — MULLER, H. J., A. PROKOFYEVA and K. KOSSIKOV: Unequal crossing-over in the Bar mutant as a result of duplication of a minute chromosome section. C. r. Acad. Sci. USSR. 1 (1936). — MULLER, H. J., A. PROKOFYEVA and D. RAFFEL: Minute rearrangements as a cause of apparent gene mutations. Nature (Lond.) 135 (1935).

NOUJDIN, N. I.: An investigation of an unstable chromosome and of the mosaicism caused by it. Zool. Ž. (russ.) 14 (1935). — Influence of the Y-chromosome and of the homologous of the X on mosaicism in Drosophila. Nature (Lond.) 1 (1936).

OFFERMANN, C. A.: The position effect and its bearing in genetics. Bull. Acad. Sci. USSR. 1 (1935).

PANSHIN, J. B.: New evidence for the position effect hypothesis. C. R. Acad. Sci. USSR. 4 (1935). — On the specifity of position effect. C. r. Acad. Sci. USSR. 1 (1936). — The cytogenetic nature of the position effects of the genes white (mottled) and cubitus interruptus in Drosophila. Biol. Ž. (russ.) 7 (1938).

SACHAROV, V. V.: Mottled in Drosophila as a case of the position effect. C. r. Acad. Sci. USSR. 4 (1935). — The character mottled in Drosophila as a result of the position effect. Biol. Ž. (russ.) 5 (1936). — SCHULTZ, J.: Variegation in Drosophila and the inert chromosome regions. Proc. nat. Acad. Sci. U.S.A. 22 (1936). — SIDOROV, B. N.: The mutability of yellow, scute and achaete in the stocks scute[8] and yellow[3 P]. Biol. Ž. (russ.) 5 (1936). — SIVERTZEV-DOBZHANSKY, N. P. and TH. DOBZHANSKY: Deficiency and duplications for the gene bobbed in Drosophila melanogaster. Genetics 18 (1933). — STURTEVANT, A. H.: The effects of unequal crossing-over at the Bar locus of Drosophila. Genetics 10 (1925). — A further study of so-called mutations of the Bar locus of Drosophila. Genetics 13 (1928). — Problèmes génétiques. Paris: Hermann 1936. — STURTEVANT, A. H. and T. H. MORGAN: Reverse mutation of the Bar gene correlated with crossing-over. Science (N. Y.) 27 (1923).

TIMOFÉEFF-RESSOVSKY, N. W.: Experimentelle Mutationsforschung in der Vererbungslehre. Dresden: Theodor Steinkopff 1937. — Le mécanisme des mutations et la structure du gène. Paris: Hermann 1939. — Zur Frage der Beziehungen zwischen strahlenausgelösten Punkt- und Chromosomenmutationen bei Drosophila. Chromosoma 1 (1939).

VOLOTOV, E. N.: A cytogenetic study of the Bar mutations in Drosophila. Biol. Ž. (russ.) 6 (1937).

ZELENY, CH.: The direction and frequency of mutation in the Bar eye series of Drosophila. J. of exper. Zool. 34 (1921).

Schlußbemerkungen.

Von **K. Bonnevie**, Oslo und **N. W. Timoféeff-Ressovsky**, Berlin-Buch.

In den drei Hauptabschnitten dieses Kapitels wurden die bisherigen Ergebnisse der Untersuchungen über die phänotypische Realisation genbedingter Merkmale zusammengefaßt; sie wurden dabei nach den drei wesentlichsten Gesichtspunkten und Untersuchungsmethoden eingeteilt: 1. der Klassifikation der hauptsächlichsten und allgemeinen Phänomene der Genmanifestierung; 2. der entwicklungsphysiologischen Analyse genbedingter Merkmale; und 3. der Analyse des „Positionseffektes" der Gene. Das Gesamtgebiet der Genrealisation enthält, wie wir gesehen haben, eine Fülle von Material, von exakt und, in einigen Fällen schon recht tief, analysierten Tatsachen.

Dabei ist hervorzuheben, daß, unabhängig davon, ob der Weg von einer primären Genwirkung zu dem endgültigen Merkmal kurz oder lang ist und ob es sich um relativ einfache oder sehr komplizierte Entwicklungsprozesse handelt, in solchen Analysen immer ein enger Zusammenhang der betreffenden Genwirkung mit dem „inneren Milieu", in welchem diese Wirkung ausgeübt wird, festgestellt werden kann. Der ontogenetische Aufbau eines Organismus und die dabei wirksamen entwicklungsphysiologischen Prozesse sind gegenseitig so scharf und exakt abgestimmt, daß eine beliebige früh eintretende Abänderung der Struktur, Funktion oder Entwicklungsmöglichkeit einer Anlage, auch für andere Organsysteme bzw. für den gesamten Organismus tiefstgehende Folgen haben kann.

Verschiedene Anlagen haben meistens auch je eine bestimmte, oft ganz kurze „sensible Periode", innerhalb welcher sie regulierbar sind. Wenn eine Organanlage außerhalb dieser Periode irgendwelchen Einflüssen ausgesetzt wird, so bleiben diese Einflüsse wirkungslos, falls sie nicht stark genug sind, um die weitere Entwicklung der Anlage zu stören oder sie auf blinde, abnorme Seitenwege der Entwicklung zu zwingen. Die entwicklungsphysiologischen Potenzen eines Organismus bestimmen und begrenzen somit seine Abänderungsmöglichkeiten. Es liegt sozusagen schon im Keim des lebenden Organismus nicht nur ein „Wegplan", sondern auch ein „Stundenplan" seiner Entwicklung vor, in welchen jede Erbänderung des normalen Verlaufes sich einordnen muß, um überhaupt zu einem lebensfähigen Individuum führen zu können; dadurch wird die große Anzahl letaler Mutationen ohne weiteres erklärt. Dadurch wird aber auch erklärt, daß ganz verschiedene Abänderungen (Modifikationen und Mutationen oder Mutationen verschiedener Gene) oft zu einem und demselben phänotypischen Endergebnis führen können („heterogene Merkmalsgruppen"). Die Anzahl der auf verschiedenen späteren Entwicklungsstadien feststellbaren Anomalien, besonders bei höheren Tieren mit komplizierter Entwicklung, muß daher auch stets geringer sein als die Zahl der verschiedenen Abänderungen der normalen Entwicklungsvorgänge auf frühen Entwicklungsstadien. Es ist deswegen auch klar, daß dieselbe, auch noch so komplizierte Anomalie in verschiedenen Stämmen sehr wohl auf verschiedenen Primärvorgängen beruhen, also verschiedene Ursachen haben kann.

Es ist aber zunächst noch unmöglich, eine alle diese Tatsachen umfassende und erklärende strenge Theorie zu bilden. Die Goldschmidtsche „Physiologische Theorie der Vererbung" und das auf S. 69 und Abb. 26 von einem von uns entworfene statischformale Schema können lediglich als Ansätze betrachtet werden, die in erster Annäherung die Fülle des Tatsachenmaterials kurz beschreibend zusammenfassen. Sie sind unseres Erachtens trotzdem wichtig, einerseits als Wegweiser durch das sonst unübersehbare Tatsachengewirr, und andererseits als Klassifikation und vergleichende Betrachtung der Hauptphänomene der Genrealisationen.

Einen tieferen Einblick in die Gen-Merkmal-Beziehungen gestattet die Entdeckung und Analyse von genbedingten Wirkungssubstanzen oder Genwirkstoffen (Caspari und Kühn bei Ephestia; Ephrussi und Beadle bei Drosophila). Dadurch wird die Frage der Genrealisation mit einigen allgemeinen Problemen der Entwicklungsphysiologie eng verknüpft. Weitgehende Generalisationen sind aber, ausgehend auch von dieser Arbeitsrichtung, zunächst nicht möglich. Denn einerseits wissen wir gerade auf Grund dieser Untersuchungen (und auch einiger früher bekanntgewordener Tatsachen), daß nicht alle Merkmale „nicht-autonom" sind und auf extracelluläre Wirkstoffeinflüsse reagieren. Andererseits wissen wir, unter anderem aus dem Positionseffektphänomen, daß intracelluläre, in der unmittelbaren Genumgebung sich abspielende Vorgänge für die Genrealisation wichtig sind; wir müssen sogar annehmen, daß in allen Fällen die uns zunächst völlig unbekannten, intracellulären, unmittelbaren Genwirkungen und Gen-Plasma-Beziehungen letzten Endes entscheidend für den Verlauf der Ontogenese sind.

Somit wird eine wirkliche, strenge Theorie der Genrealisation erst dann aufgebaut werden können, wenn, wenigstens in erster Annäherung, etwas Konkretes und experimentell Faßbares über die intracellulären Genwirkungen bekannt sein wird. Dieses Ziel wird hoffentlich in absehbarer Zeit, und zwar auf verschiedenen Wegen erreicht werden können: durch Ausbau der allgemeinen Theorie über die Natur der Gens, durch Verknüpfung der Gentheorie mit gewissen Seiten der modernen Virus- und Wirkstoff-Forschung, durch weitere Vertiefung der genetischen Entwicklungsphysiologie und deren engere Verknüpfung mit der Analyse der Positionseffekte und der „Morphie" mutanter Allele (vor allem der Hypo- und Antimorphie) und, schließlich, durch den Ausbau der Kern- und Genwirkstoff-Untersuchungen an einzelligen Organismen (methodische Ansätze dazu sind z. B. schon in den *Acetabularia*-Arbeiten von Hämmerling gegeben).

Die Entstehung neuer Erbanlagen.

Allgemeines über die Entstehung neuer Erbanlagen.

Von N. W. Timoféeff-Ressovsky, Berlin-Buch.

Mit 20 Abbildungen.

I. Einleitung.

In diesem Kapitel soll eine kurze Darstellung der gegenwärtigen Tatsachen und Vorstellungen über die Entstehung neuer Erbanlagen gegeben werden. Es sollen also die allgemeinen Züge der modernen experimentellen Mutationsforschung dargestellt werden. Dieses Forschungsgebiet gehört zu den jüngsten innerhalb der modernen Genetik, hat aber, besonders in den letzten 10 Jahren, sich sehr schnell entwickelt. Diese rasche Entwicklung der experimentellen Mutationsforschung kann wohl in der Hauptsache auf zwei Faktoren zurückgeführt werden: 1. ist bei einigen besonders günstigen Objekten der Genetik die Mutationsforschung, dank einer Reihe spezieller Kreuzungsmethoden, zu einem sehr exakten Gebiet geworden, auf dem streng quantitativ gearbeitet werden kann; und 2., und das ist vielleicht das Wichtigste, gehören die Kenntnisse über Art, Umfang und Ursache der erblichen Variabilität der Organismen, was den eigentlichen Inhalt der experimentellen Mutationsforschung ausmacht, zu den Arbeitsgebieten, die einen Biologen sowohl praktisch als auch theoretisch am meisten verlocken und faszinieren können. Denn damit hängt das tiefere Eindringen in zwei Hauptprobleme der Biologie zusammen: in das Problem der Grundlagen der organischen Evolution einerseits, und in das Problem des Wesens der Erbfaktoren, die die elementarsten Grundeinheiten des Lebens darstellen, andererseits. Da wir außerdem heutzutage zuverlässige Methoden der Beeinflussung der Mutabilität besitzen, wird das Interesse für die Mutationsforschung noch mehr gesteigert. Das alles führt dazu, daß diese Forschungsrichtung sich quantitativ und qualitativ so rasch entwickelt, daß eine zusammenhängende, abgerundete und einigermaßen abschließende Darstellung dieses Gebietes auf größte Schwierigkeiten stößt.

Außerdem hat die Möglichkeit, experimentell die Mutabilität zu beeinflussen, in fast alle Gebiete der experimentellen Genetik eingegriffen. Das ist verständlich, wenn man bedenkt, daß letzten Endes Mutationen das Material für alle experimentell-genetischen Versuche darstellen, ganz gleich welche speziellen Fragestellungen als Ziel der Versuche gesetzt werden. Wir sehen deshalb auch, daß die experimentelle Mutationsforschung in den letzten Jahren sowohl die Weiterentwicklung der Chromosomentheorie der Vererbung, als auch eine Reihe von Arbeitsrichtungen über die Wirkung und das Wesen der Erbfaktoren stimuliert hat. Daraus entstehen Schwierigkeiten der Abgrenzung des Gebietes der Mutationsforschung, da dieses Gebiet eigentlich mit fast allen Teilen der Genetik irgendwie zusammenhängt.

Im Rahmen dieses Kapitels wollen wir uns folgende Grenzen setzen. Die Darstellung soll auf das eigentliche Gebiet der Mutationsforschung sich beschränken, das heißt vorwiegend die Fragen über das qualitative und quantitative Bild des spontanen und induzierten Mutierens behandeln. Außerdem soll in diesen Rahmen eine kurze Darstellung des Vorkommens von Mutationen in freilebenden Populationen aufgenommen werden, da dieses für das Verständnis der Ursachen und des Mechanismus der erblichen Belastung menschlicher Populationen von Bedeutung ist. Die Darstellung soll keinerlei Ansprüche auf vollständige Berücksichtigung und Erschöpfung der Tatsachen und Ansichten der experimentellen Mutationsforschung erheben: eine in diesem Sinne erschöpfende Darstellung würde die Grenzen des zulässigen Umfanges dieses Kapitels weit überschreiten. Wir wollen uns auf die Darstellung der wesentlichsten und gesicherten Tatsachen und der allgemein wichtigen Vorstellungen auf diesem Gebiete beschränken. Dadurch wird dem Zweck dieses Handbuches entsprochen, da die allgemeinen genetischen Ergebnisse vorwiegend als Grundlage der Vererbungserscheinungen am Menschen dienen sollen. Im letzten Teil dieses Kapitels werden dann auch einige Grundlagen für Analogieschlüsse aus der experimentellen Mutationsforschung auf die Verhältnisse beim Menschen gegeben werden.

II. Historisches.

Die Fragen nach Art und Ursachen der erblichen Variationen haben seit jeher die Biologen lebhaft interessiert. Auch der außerwissenschaftlichen Beobachtung fällt es auf, daß die Organismen zwei Haupttendenzen äußern: die „konservative" Tendenz der Vererbung und die „ändernde" Tendenz der Variation. Die Biologen des 18. und 19. Jahrhunderts haben zunächst die erste dieser Tendenzen ins Auge gefaßt, was auch zweckmäßig gewesen ist und die Schaffung eines klassifizierenden Systems der Lebewesen ermöglicht hat. Nachher kam die Epoche des evolutionistischen Denkens in der Biologie. Als Grundlage für die Aufstellung von Evolutionstheorien mußte die zweite Tendenz der Organismen, die Variation, dienen. In der zweiten Hälfte des 19. Jahrhunderts entbrannte der Streit zwischen zwei Hauptrichtungen der Evolutionsforschung, den Darwinisten und den Lamarckisten. Die ersteren hielten die natürliche Auslese für den eigentlichen Evolutionsfaktor; als Material der Evolution sollten dabei ungerichtete, zufällige erbliche Variationen dienen, deren Vorhandensein bei allen Organismen beobachtet wurde und über deren Ursachen man sich zunächst keine besonderen Vorstellungen bildete. Die Lamarckisten dagegen wollten sowohl die Anpassung als auch die Differenzierung der Lebewesen, und vor allem das Gerichtete im Evolutionsprozeß, durch die Fähigkeit der Organismen, auf bestimmte Milieueinflüsse mit im Sinne der Anpassung und des gerichteten Evolutionsvorganges sinnvollen Erbvariationen direkt zu reagieren, erklären. Dieser Streit zwischen zwei verschiedenen Evolutionstheorien hat selbstverständlich das Interesse für die Variabilität der Organismen bei den Biologen geweckt. Im letzten Drittel des 19. Jahrhunderts wurden aber diese Fragen, mit ganz wenigen Ausnahmen, in Form der Bildung rein abstrakter Hypothesen diskutiert. Erst relativ spät, um die Jahrhundertwende und am Anfang des 20. Jahrhunderts, setzten Versuche ein, in denen hauptsächlich die Lamarckisten die Vererbbarkeit erworbener, milieubedingter Merkmale beweisen wollten. Wir wollen hier auf diese Versuche nicht näher eingehen, einerseits da sie in allgemein bekannten lamarckistischen Werken zusammengefaßt wurden (Kammerer 1925; Semon 1912), andererseits weil sie alle auch den elementarsten Anforderungen, die man an solche Versuche stellen muß, nicht standhalten. Es wurden denkbar ungünstige Versuchsobjekte gewählt, auf die Erbreinheit des Ausgangsmaterials nicht geachtet, und die Versuchstechnik und der Umfang der Versuche waren derart, daß, wie wir heute wissen, überhaupt kein einigermaßen zuverlässiges Ergebnis erhalten werden konnte.

Ziemlich unabhängig von den herrschenden Evolutionstheorien wurde am Ende des 19. Jahrhunderts ungefähr gleichzeitig von mehreren Forschern das Problem der Entstehung von Erbvariationen von einer ganz anderen Seite in Angriff genommen. Seit langem war den Pflanzenzüchtern, Tierzüchtern und vor allem den Gärtnern bekannt, daß bei verschiedenen Tier- und Pflanzenarten manchmal mehr oder weniger starke Merkmalsabweichungen plötzlich auftreten und weiterhin sich konstant erhalten. Die ersten registrierten und beschriebenen Fälle dieser Art stammen noch aus dem 17. Jahrhundert. Eine große Anzahl von Fällen solcher plötzlichen Erbänderungen wurden von KORSCHINSKY gesammelt, unter dem Namen „Heterogenesis“ zusammengefaßt und für die typische Art der Entstehung neuer Merkmale gehalten (KORSCHINSKY 1898). Einen weiteren Schritt in derselben Richtung machte DE VRIES (1901 bis 1903), der in seinen genau kontrollierten Aussaaten solche plötzlichen Merkmalsänderungen bei *Oenothera* direkt beobachtete und deren Erblichkeit in weiteren Kreuzungsversuchen prüfte. Er nannte sie „Mutationen“, und sein Hauptverdienst besteht darin, daß er den Begriff der Mutation mit dem der mendelnden Erbeinheit verband. Damit wurde die bis jetzt geltende allgemeine Vorstellung über *Mutation als plötzliche Änderung mendelnder Erbeinheiten* geschaffen.

Wiederum von einer anderen Seite, nämlich aus der am Ende des 19. Jahrhunderts entstehenden experimentellen Biologie und Cytologie, kamen die ersten sinnvollen Versuche, das Keimplasma experimentell zu beeinflussen. Es waren Versuche, die Kernstrukturen, deren Wichtigkeit für das Leben der Zellen und für die Vererbung klar erkannt wurde, experimentell zu beeinflussen. Den Ausgang dieser Richtung bildeten die klassischen Versuche von GERASSIMOW (1901), dem es gelang, bei *Spirogyra* durch Kältereiz den Chromosomensatz zu verdoppeln, also eine experimentelle Polyploidie zu erzeugen. Es stellte sich dabei in derartigen Versuchen immer wieder heraus, daß das Keimplasma gegenüber den meisten Reizen außerordentlich resistent ist; der wesentliche Teil der Kernstrukturen schien gut gegen äußere Einflüsse isoliert zu sein. Nachdem aber der starke histopathologische Einfluß der tief eindringenden Röntgen- und Radiumstrahlungen gezeigt wurde, schien es wieder aussichtsreich, auf diesem Wege die Kernstrukturen zu beeinflussen. Es konnte auch schon 1907 BARDEEN zeigen, daß durch Röntgenbestrahlung von Krötenspermien Entwicklungshemmungen auftreten. Ähnliches, und das Auftreten abnormer Kernstrukturen, konnte ein Jahr später von REGAUD und DUBREUIL (1908) bei Kaninchen und von GAGER (1908) und GUILLEMINOT (1908) bei Pflanzen gezeigt werden. Eine weitere Entwicklung erfuhr diese Richtung durch die Arbeiten von O. HERTWIG und seinen Mitarbeitern an Eiern und Spermien von Seeigeln, Fischen und Amphibien (1911—1920) und in den Arbeiten von E. STEIN (1922) am Gartenlöwenmaul. In allen diesen Versuchen gelang es zwar, das Substrat der Gene experimentell zu beeinflussen, die Versuche wurden aber vorwiegend cytologisch, nicht aber züchterisch ausgewertet.

Die moderne Mutationsforschung setzte erst ein, als einige Objekte der experimentellen Genetik so weit und gut untersucht wurden, daß man an sehr großen Zahlen einwandfrei das Auftreten neuer Mutationen verfolgen konnte. Die endgültige Klärung der Grundzüge des Vererbungsmechanismus und der Genlokalisation hat der exakten Beobachtung und eventuellen Beeinflussung des Mutationsprozesses neuen Inhalt und Bedeutung verliehen. Dieser modernen Mutationsforschung, die in der Registrierung und genetischen Prüfung spontaner oder unter Einfluß besonderer Bedingungen auftretender Mutationen besteht, werden die nächsten Abschnitte dieses Kapitels gewidmet. Als Versuchsobjekt spielt neben einigen Pflanzen *(Mais, Weizen, Gerste, Antirrhinum)* die *Taufliege Drosophila* in der experimentellen Mutationsforschung eine besonders große Rolle. Exakte Ergebnisse und bindende Schlüsse in bezug auf die Mutabilität können nur in Versuchen erreicht werden, die einer ganzen Reihe von Anforderungen entsprechen. Die wichtigsten dieser Anforderungen sind folgende: das Ausgangsmaterial solcher Versuche muß erbrein oder genetisch genau bekannt sein; es müssen sehr große Zahlen von Individuen untersucht werden, und in den Versuchen müssen solche Kreuzungsanordnungen benutzt werden, die eine einwandfreie Feststellung der auftretenden Mutationen ermöglichen; schließlich müssen die neu auftretenden Variationen genetisch geprüft werden. Nur solche Versuche, die allen diesen Anforderungen entsprechen, können ernstlich im Rahmen der Mutationsforschung berücksichtigt werden. Da diesen Anforderungen nur Versuche an besonders günstigen Objekten genügen können, so sind aus praktischen Gründen eine Reihe von Pflanzen- und Tierarten von einer Prüfung ihrer Mutabilität von vornherein ausgeschlossen. Deshalb muß in den Versuchen an günstigen Objekten besonders danach getrachtet werden, das Allgemeine, mit großer Wahrscheinlichkeit für alle Lebewesen Geltende zu prüfen und herauszuschälen, um die dann so gewonnenen allgemeinen Ergebnisse auch auf genetisch ungünstige Objekte in Form wohlbegründeter Analogieschlüsse übertragen zu können.

III. Spontane Mutabilität.

Mutationen, die wir ganz allgemein, in Übereinstimmung mit Korschinsky und de Vries, als plötzliche, erstmalig vereinzelt auftretende Erbänderungen, die sich dann nach Mendelregeln vererben, definieren wollen, werden bei allen daraufhin geprüften pflanzlichen und tierischen Objekten von Zeit zu Zeit beobachtet. Solche *unternormalen Bedingungen,* ohne daß spezielle Auslösungsreize angewandt werden, *auftretende Mutationen nennt man „spontane"* *Mutationen.* An für genetische Versuche günstigen Objekten, die in genügenden Individuenzahlen gezüchtet werden, wurden in den letzten 20 Jahren sehr viele spontane Mutationen beobachtet, so daß wir heute über ein recht vollständiges qualitatives Bild des spontanen Mutierens und auch über eine Reihe quantitativer Angaben verfügen.

Spontanes Mutieren ist eine ganz allgemeine Erscheinung bei den Organismen und wurde bei allen Lebewesen — Protisten, Pflanzen und Tieren — beobachtet. Bei allen Lebewesen zeigt die Mutabilität insofern eine Reihe gemeinsamer Züge, als alle im nächsten Paragraphen beschriebenen Typen von Änderungen bei allen daraufhin genügend untersuchten Objekten beobachtet werden konnten. Daneben aber hat jede Organismengruppe ihre spezifischen Züge in der Mutabilität, was die relativen Häufigkeiten verschiedener Typen und Formen von Mutationen betrifft. Sogar nahe Arten können auffallende Unterschiede in diesem Sinne aufweisen; als Beispiel ist auf den Tabellen 1 und 2 ein Vergleich der Mutabilität von *Drosophila melanogaster* und *Drosophila funebris* angeführt. Tabelle 1 zeigt,

Tabelle 1. Die Zahlen von dominanten (in der Heterozygote sich deutlich und alternativ von der Norm abhebenden), schwach und unregelmäßig dominanten (nur in geringem und schwankendem Prozentsatz oder in sehr .schwacher Ausprägung bei den Heterozygoten sich manifestierenden) und recessiven mutierten Allelen bei *Drosophila melanogaster* und *Drosophila funebris*.
(Nach Timoféeff-Ressovsky 1936.)

Drosophila-Arten	Zahl mutierter Allele					Prozentsatz aller dominanten und schwach dominanten Allele
	total	dominant, lebensfähig	dominant, homozygot letal	schwach und unregelmäßig dominant	recessiv	
melanogaster .	502	15	61	10	416	17,1%
funebris . .	94	5	9	25	55	41,5%

daß bei *Drosophila melanogaster* der Anteil recessiver Mutationen größer als
bei *Drosophila funebris* ist. Und Tabelle 2 zeigt, daß bei diesen Arten verschiedene
Merkmale als am häufigsten durch Mutation betroffen auftreten. In der spontanen Mutabilität treten somit einerseits eine Reihe von allgemeinen, für alle
Lebewesen grundsätzlich gleichen Zügen auf und andererseits solche, die man
als artspezifisch bezeichnen kann. Letztere beziehen sich hauptsächlich auf
quantitative Beziehungen verschiedener Mutationstypen und -formen. Die
Mutabilität kann einigermaßen vollständig nur an einigen besonders günstigen
Objekten untersucht werden. Da aber solche Objekte zum Teil zu sehr verschiedenen Gruppen gehören, und da an einer Reihe anderer Objekte weniger ausführliche „Stichproben" gemacht werden können, so sind wir schon jetzt in der Lage,
ein allgemeines, für sämtliche Organismen gültiges Bild des Mutierens zu entwerfen.

Tabelle 2. Die Zahlen mutierter Allele, klassifiziert nach den durch sie
beeinflußten Merkmalen, bei *Drosophila melanogaster* und *Drosophila funebris*.
(Nach TIMOFÉEFF-RESSOVSKY 1936.)

Drosophila-Arten	Zahl mutierter Allele, beeinflussend die							
	Körperfärbung	Augenfarbe	Augenstruktur	Flügelform und Lage	Borsten und Haare	Flügeladern	Sonstige Merkmale	Total
melanogaster . .	40	89	63	112	94	34	77	509
	7,8%	17,5%	12,4%	22,2%	18,5%	6,6%	15,0%	100%
funebris	—	3	4	19	32	39	17	114
	—	2,6%	3,5%	16,7%	28,1%	34,2%	14,9%	100%

1. Qualitatives Bild des Mutierens.

Die cytogenetische Analyse verschiedener neu auftretender Mutationen bei
verschiedenen Objekten hat gezeigt, daß man 3 grundsätzlich verschiedene
Typen von mutativen Erbänderungen unterscheiden kann. Den ersten Typ
bilden Mutationen, die in der *Änderung eines einzelnen Gens* bestehen. Den
zweiten Typ bilden Chromosomenmutationen, bei denen einzelne Gene nicht
geändert werden, sondern lediglich *quantitative Änderungen oder Umgruppierungen innerhalb einzelner oder mehrerer Chromosomen* stattfinden. Es ist eine
ganze Reihe verschiedener Formen von Chromosomenmutationen bekannt, die
man oft auch als Chromosomenaberrationen bezeichnet: einfacher Verlust eines
durch Bruch abgetrennten Chromosomenstückes, durch Doppelbruch erfolgen-
der Chromosomenstückausfall, Inversion (Umdrehung eines Stückes innerhalb
des Chromosoms), Translokation eines Stückes von einem an ein anderes Chromosom und gegenseitige oder reziproke Translokation. Den dritten Typ bilden
schließlich *Genommutationen*, also solche, bei denen weder einzelne Gene noch
Chromosome geändert werden, sondern lediglich *die Chromosomenzahl herabgesetzt oder erhöht wird;* dieser Typ zerfällt in zwei große Untergruppen:
Heteroploidien, bei denen die Zahl einzelner oder mehrerer Chromosome sich
ändert, und *Polyploidien*, bei denen der ganze Chromosomensatz verdoppelt
oder vervielfacht wird. Diese verschiedenen Mutationstypen sind schematisch
auf Abb. 1 dargestellt. Eigentliche qualitative Änderungen des Genotyps liegen
nur in Fällen von Genmutationen vor. Chromosomenmutationen und Genommutationen stellen nur quantitative Änderungen des Genotyps dar; sie können
aber spaltende Merkmalsunterschiede hervorrufen, die nur durch eingehende
cytogenetische Untersuchungen von Genmutationen zu unterscheiden sind.
Kleine Deficiencies (Chromosomenstückausfall) und Inversionen können oft
überhaupt nicht von Genmutationen unterschieden werden; es können sich
auch Gen- und Chromosomenmutationen kombinieren.

Mutationen können in verschiedenen Geweben und in verschiedenen Entwicklungsstadien der Organismen auftreten. Man unterscheidet vor allem „germinale" und „somatische" Mutationen: von ersteren spricht man, wenn die Mutation in einer Gamete oder in einer Zelle der Keimbahn erfolgt ist, wobei desto mehr mutante Gameten gebildet werden, in je früheren Stadien der Gametogenese die Mutation entstanden ist; dieses wird schematisch durch Abb. 2 erläutert. Somatische Mutationen können nur dann beobachtet werden, wenn das entsprechende mutante Merkmal in der Lage ist, sich als Mosaikfleck in einem Teil des Organismus zu manifestieren; es müssen also Merkmale sein, die sich in dem betreffenden Körperteil überhaupt zeigen können (z. B. kann ein Haarfärbungsmerkmal sich nur an behaarten Stellen des Körpers manifestieren), und dessen Manifestierung in einem kleineren, begrenzten Gewebegebiet nicht auf hormonalem oder ähnlichem Wege vom übrigen Soma unterdrückt wird. Je früher in der Ontogenese eine somatische Mutation auftritt, desto größer ist der Körperteil, der diese Mutation enthält, was schematisch auf Abb. 3 dargestellt ist. Rein somatische Mutationen werden selbstverständlich nicht weiter vererbt und können deshalb in vielen Fällen nicht mit Sicherheit als solche identifiziert werden; wenn aber die Furchungszelle, in der eine Mutation aufgetreten ist,

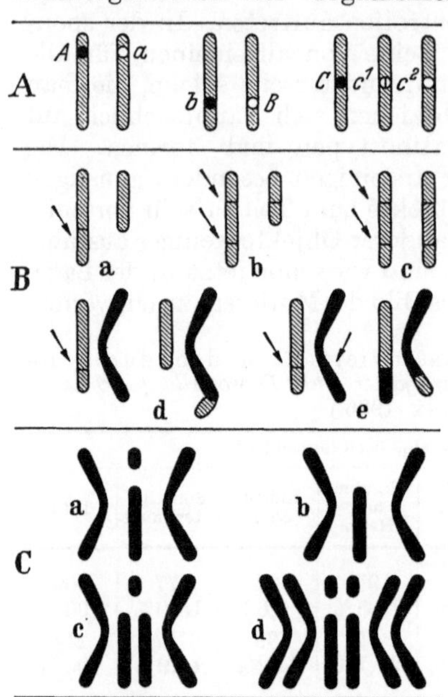

Abb. 1. Schematische Darstellung verschiedener Mutationstypen. A Genmutationen (a recessive Mutation des Gens *A*; *B* dominante Mutation des Gens *b*; *C*, *c¹* und *c²* multiple Allele). B Chromosomenmutationen (a einfacher Bruch; b Deletion = Stückausfall; c Inversion; d einfache Translokation; e gegenseitige Translokation). C Genommutationen (a normaler haploider Chromosomensatz = n; b—c Heteroploidien: n—l und n+l Chromosomen; d Polyploidie : 2 n Chromosomen). (Nach Timoféeff-Ressovsky 1937.)

später noch Keimbahnzellen abspaltet, so enthält das betreffende Individuum, neben einem somatischen Mutationsfleck, auch eine gewisse Anzahl die Mutation enthaltender Gameten.

Somatische Zellen der meisten höheren Organismen und nicht reduzierte Keimbahnzellen sind normalerweise diploid. Es entsteht nun eine theoretisch sehr wichtige Frage: ob Mutationen homozygot oder heterozygot in einer diploiden Zelle entstehen. In einer Reihe von Fällen kann diese Frage in exakter Form geprüft werden. Wir wollen hier als Beispiel die Prüfung dieser Frage an Hand somatischer Mutationen bei *Drosophila* anführen. Bei *Drosophila melanogaster* wurden im Laufe der letzten 25 Jahre unzählige Fälle von somatischer Mutation beobachtet. Dabei wurden bei Weibchen und Männchen mit ungefähr

Abb. 2 a—c. Schema der verschiedenen Zeitpunkte des Auftretens einer Mutation in der Keimbahn. a Die Mutation ist in einem späten Stadium der Gametogenese entstanden und ist dann nur in einer oder wenigen Gameten enthalten; b die Mutation ist früher entstanden, und es bilden sich dann mehr Gameten, die diese Mutation enthalten. c Die Mutation ist in einem noch früheren Stadium der Gametogenese entstanden und ist dann in mehreren, von der mutierten Zelle abstammenden Gameten enthalten. (Nach Timoféeff-Ressovsky 1937.)

gleicher Häufigkeit nur solche Mosaikflecke gefunden, die dominanten Mutationen entsprachen. Recessive autosomale Mutationen werden als somatische Mosaikflecke nur dann beobachtet, wenn in dem betreffenden Gewebe eins der entsprechenden zwei homologen Chromosome durch Nichttrennen oder andere Zellteilungsstörungen eliminiert wird. Ganz anders verhalten sich geschlechtsgebundene Mutationen: recessive geschlechtsgebundene Mutationen werden häufigst als somatische Mutationen bei Männchen (die nur 1 X-Chromosom haben) beobachtet, kommen aber bei Weibchen nie (mit Ausnahme der seltenen Fälle heterozygoter X-Chromosomenelimination, wie auch bei autosomalen recessiven Mutationen) vor. Diese Beobachtung, zusammen mit ähnlichen an einer Reihe anderer Objekte, zeigen deutlich, daß die Mutationen auch in diploiden Zellen wahrscheinlich nur heterozygot, also nur in dem einen der zwei homologen Gene, auftreten. Gesicherte Fälle der homozygoten Entstehung von Mutationen gibt es bisher nicht. Dieses ist eine theoretisch bedeutungsvolle Feststellung, denn sie zeigt, daß der Mutationsvorgang ein eng lokaler ist, der jeweils nur eines der zwei in der diploiden Zelle vorhandenen homologen Gene erfaßt. Auch im selben Chromosom erstreckt sich der Mutationsvorgang nicht auf benachbarte Gene, so daß bei neu entstehenden Mutationen normalerweise jeweils nur ein Gen mutiert ist.

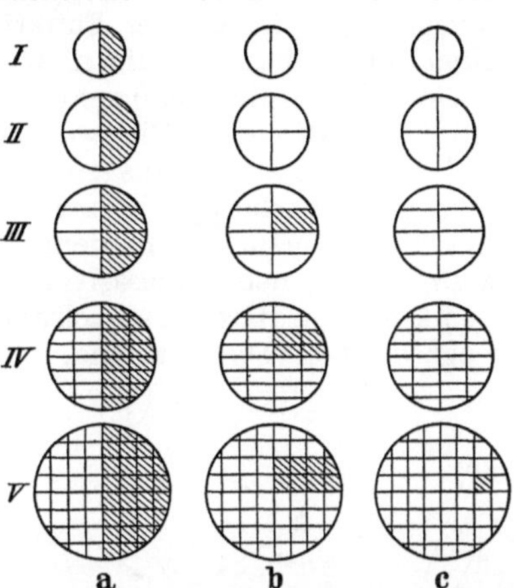

Abb. 3 a—c. Schema des Zeitpunktes des Auftretens einer somatischen Mutation. a Die Mutation ist in einem sehr frühen Furchungsstadium entstanden, und das entsprechende Merkmal zeigt sich dann in einem großen, von der mutierten Furchungszelle abstammenden Teil des Individuums; b DieMutation ist später entstanden und das entsprechende Merkmal wird sich in einem kleineren Teil des Individuums manifestieren. c Die Mutation tritt noch später auf, und das betreffende Individuum wird nur einen kleinen mutanten Fleck zeigen. (Nach TIMOFÉEFF-RESSOVSKY 1937.)

Durch Mutation können verschiedenste Merkmalsabweichungen erzeugt werden. Im Erbgang können Mutationen sich dominant, intermediär, oder recessiv verhalten. Der weitaus größte Teil der Mutationen ist recessiv oder intermediär; vollkommene Dominanz der Mutationen kommt selten vor. Was die Art der mutanten Merkmale betrifft, so können durch Mutation alle möglichen, bei dem betreffenden Objekt überhaupt vorkommenden morphologischen und physiologischen Merkmalsabweichungen erzeugt werden. Die morphologischen Abweichungen erstrecken sich von gröbsten, schwer pathologischen Anomalien und solchen Merkmalsunterschieden, die als systematische Art- und Gattungsmerkmale bewertet werden könnten, bis zu ganz geringen quantitativen, alternativ nicht mehr

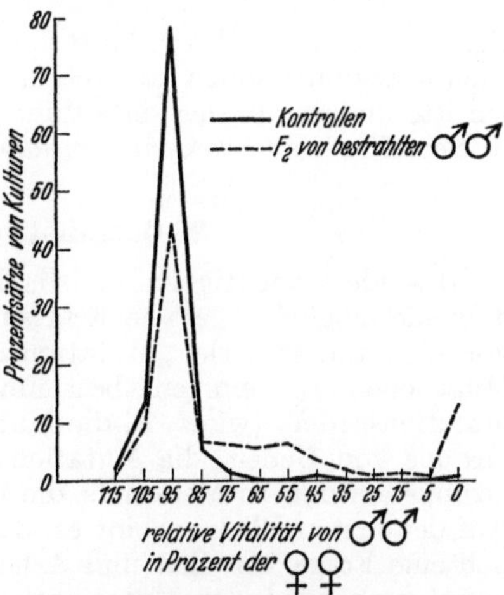

Abb. 4. Mutationen des X-Chromosoms von *Drosophila melanogaster*, die eine Vitalitätsherabsetzung hervorrufen. (Nach TIMOFÉEFF-RESSOVSKY 1935.)

feststellbaren Abweichungen von der Ausgangsform. Dieselbe breite Skala gilt auch für physiologische Eigenschaften der Mutationen, die von schwersten Funktionsstörungen, die die Lebensunfähigkeit in homozygotem Zustand erzeugen (recessive Letalfaktoren), bis zu ganz geringen Abweichungen, die schwache quantitative Änderungen der relativen Vitalität oder bestimmter allgemeiner physiologischer Funktionen hervorrufen, sich erstreckt. Schwache Merkmalsabweichungen, die man oft als „Kleinmutationen" bezeichnet, sind bei allen daraufhin genügend untersuchten Objekten weitaus häufiger als „große" Mutationen. Die weitaus meisten Mutationen rufen im Vergleich mit dem „normalen" Ausgangstyp herabgesetzte Vitalität hervor, und nur wenige sind diesbezüglich neutral oder gar positiv. Abb. 4 zeigt das Ergebnis eines Versuches, in dem durch Röntgenbestrahlung im X-Chromosom von *Drosophila* neben recessiven Letalfaktoren doppelt so häufig Mutationen, die eine intermediäre bzw. schwache Herabsetzung der Vitalität hervorrufen, erzeugt wurden. Die Tatsache, daß die meisten Mutationen die Vitalität herab-

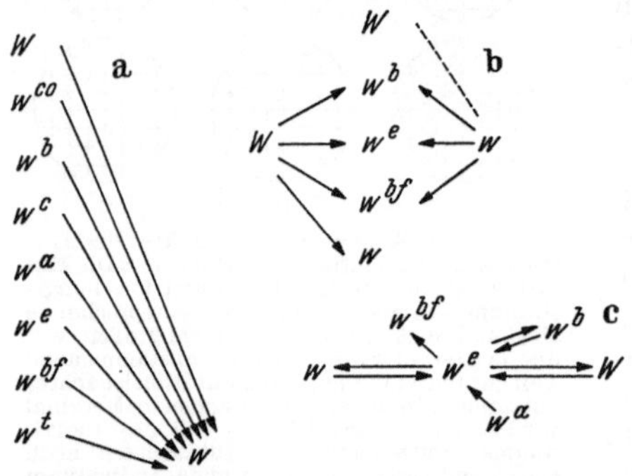

Abb. 5a—c. Mutabilität der *white*-Allelenreihe von *Drosophila melanogaster*. Durch Röntgenstrahlung wurden: a *white*-Mutationen aus verschiedenen anderen Allelen erzeugt; b gleiche Mutationen (*blood*, *eosin* und *buff*) aus *Normal* und aus *white* erzeugt; c verschiedene Mutationsschritte von und zu *eosin* ausgelöst. (Nach Timoféeff-Ressovsky 1932.)

setzen, ist nicht verwunderlich, wenn man bedenkt, daß jeder Organismus im Laufe seiner Evolution durch natürliche Auslese dauernd auf dem „optimalen Niveau" gehalten wird, so daß jede neue Änderung eher störend als fördernd in dieses harmonische System eingreifen müßte. Viele Mutationen zeigen einen deutlichen pleiotropen Effekt, d. h. daß sie nicht nur ein, sondern mehrere verschiedene Merkmals- oder Eigenschaftsabweichungen bedingen.

Schließlich muß noch erwähnt werden, daß der Vorgang der Mutation innerhalb von multiplen Allelenreihen durchaus nicht nur in einer Richtung verlaufen kann. Jedes Allel kann zu verschiedenen anderen mutieren, das gleiche Allel kann durch Mutation aus verschiedenen entstehen, und es können auch Rückmutationen auftreten. Auf Abb. 5 sind verschiedene Mutationsschritte innerhalb der daraufhin ausführlich untersuchten multiplen white-Allelenreihe von *Drosophila melanogaster* graphisch dargestellt.

2. Quantitatives Bild des Mutierens.

Besonders wichtig ist für die Mutationsforschung die quantitative Arbeit, d. h. die möglichst genaue Erfassung von Mutationsraten. Dabei kann es sich vor allem um zweierlei „Mutationsraten" handeln: um die gesamten Raten aller Mutationen bei einigen bestimmten Objekten, oder um bestimmte „Teilmutationsraten" (wie z. B. die Mutationsrate eines Gens oder einer bestimmten Gruppe von Genen, die Mutationsrate eines bestimmten Merkmals oder einer Gruppe bestimmter Merkmale, die Mutationsrate eines bestimmten Chromosoms). Auf den ersten Blick scheint es, daß die Feststellung von Mutationsraten lediglich eine Frage von Zeit und Arbeitsleistung sei, da wir wissen, daß alle überhaupt vorkommenden Mutationstypen und -formen zwar in sehr geringen, aber an genügend großem Material doch feststellbaren Raten auftreten. Bei näherer Betrachtung treten aber grundsätzliche Schwierigkeiten auf. Wir haben vorhin gesehen, daß durch Mutation Merkmalsabweichungen verschiedenster Art, darunter auch sehr geringe, erzeugt werden können. Es gehen somit alternative mutante Merkmalsabweichungen gleitend in die „Normalfluktuation" des Ausgangstyps über. Mit anderen Worten müssen sicherlich viele Mutationen einfach durch die Art der durch sie bedingten Merkmalsänderungen der Beobachtung entgehen; kleine physiologische Abweichungen können z. B. meistens nur mit Hilfe bestimmter, zeitraubender Spezialmethoden festgestellt werden. Daraus geht hervor, daß die volle Erfassung der gesamten Mutabilität eines Objektes unmöglich ist, und daß auch jeder Versuch einer möglichst vollkommenen Erfassung der Mutabilität einen schwankenden, unkontrollierbaren Beobachtungsfehler enthalten muß. Dieselben Schwierigkeiten trifft man auch beim Versuch, die gesamte Mutabilität eines einzelnen Gens zu erfassen. Auch hier haben wir Grund anzunehmen, daß jedes Gen neben klaren alternativen Allelen auch solche Mutanten ergeben kann, die der Beobachtung entgehen müssen. In der vorhin schon erwähnten white-Allelenreihe von *Drosophila melanogaster* wurden z. B. Allele entdeckt, die sich lediglich durch Unterschiede in der Mutabilität, nicht aber durch irgendwelche feststellbaren phänotypischen Merkmale unterscheiden. Aus diesen Gründen muß auf eine wirklich vollständige quantitative Erfassung sowohl der Gesamtmutabilität eines Objektes als auch der Gesamtmutabilität eines bestimmten Gens von vornherein verzichtet werden, und man muß sich darauf beschränken, möglichst genau erfaßbare, wohldefinierte Ausschnitte aus der Gesamtmutabilität festzustellen. Solche wohldefinierten Ausschnitte können dann in quantitativen Versuchen als Indikator für das Verhalten der Gesamtmutabilität benutzt werden; durch Spezialversuche gewonnene Angaben über die relative Häufigkeit verschiedener schwer erfaßbarer Mutationsformen können dann dazu benutzt werden, auf indirektem Wege zu ungefähren Schätzungen der wirklichen Gesamtmutabilität zu gelangen.

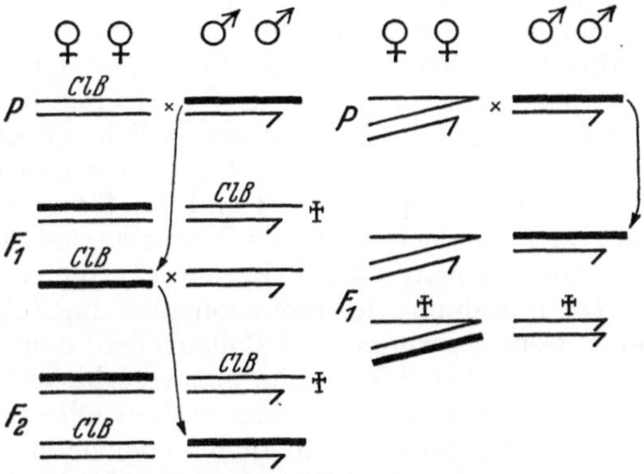

Abb. 6. Schema der „ClB"- und der „attached X"-Kreuzungsmethoden bei *Drosophila melanogaster*. Die „ClB"-♀♀ enthalten in einem der X-Chromosomen den dominanten Faktor Bar (B) und eine Inversion, die den Faktorenaustausch verhindert (C) und recessiv-letal wirkt (l); die Hälfte ihrer Söhne, die das ClB-Chromosom enthalten, kommt nicht zur Entwicklung; in F_2 erhält die überlebende Hälfte der ♂♂ das großväterliche X-Chromosom; falls in einem der großväterlichen X-Chromosome (in einem P-Spermium) eine neue Mutation entstanden ist, so werden alle F_2-Männchen der entsprechenden Kultur diese Mutation zeigen; die F_2-Kulturen, die ein großväterliches X-Chromosom mit einem neu entstandenen Letalfaktor erhalten, ergeben gar keine Männchen. Die „attached X"-♀♀ enthalten zwei aneinander geheftete X-Chromosome und ein überzähliges Y-Chromosom; in F_1 bleiben nur „matrokline" ♀♀ und „patrokline" ♂♂ am Leben; die F_1-♂♂ erhalten also ihr X-Chromosom vom Vater und müssen alle, auch recessive Mutationen, die im X-Chromosom der väterlichen Spermien entstehen, zeigen. Die durch diese Kreuzungsmethoden zu prüfenden X-Chromosome sind dick gezeichnet. (Aus Timoféeff-Ressovsky 1937.)

Bei günstigen Objekten können spezielle Kreuzungsmethoden benutzt werden, die es ermöglichen, bestimmte wohldefinierte Ausschnitte aus der Gesamtmutationsrate mit großer Genauigkeit und geringem Arbeitsaufwand zu erfassen. Auf Abb. 6 sind zwei solche Kreuzungsmethoden bei *Drosophila melanogaster* dargestellt.

Die eine, die sog. ClB-Kreuzungsmethode von Muller, erlaubt, sämtliche recessiven Letalfaktoren und großen morphologischen Mutationen des X-Chromosoms der großväterlichen Spermien in F_2 festzustellen; die andere, die sog. „attached X"- oder XXY-Kreuzungsmethode von Frau Morgan, gestattet es, die in den Spermien der P-♂♂ auftretenden geschlechtsgebundenen großen morphologischen Mutationen schon bei ihren F_1-Söhnen zu erfassen. Die meisten quantitativen Mutationsuntersuchungen werden bei *Drosophila* mit Hilfe dieser Kreuzungsmethoden am X-Chromosom durchgeführt. Auch für einzelne Autosome können bei *Drosophila* mit Hilfe von Signalgenen und balancierten Letalfaktoren der ClB-Methode ähnliche Kreuzungskombinationen benutzt werden. Bei Pflanzen kann es zweckmäßig sein, sich z. B. auf solche Mutationen zu konzentrieren, die, wie z. B. Chlorophylldefekte oder Zwergformen, schon bei Keimlingen deutlich erkennbar sind.

Das Benutzen der Mutabilität nur eines Chromosoms ist durchaus zulässig, denn Spezialversuche haben gezeigt, daß verschieden häufig mutierende Gene statistisch zufällig im Genom verteilt sind, so daß jeder große Abschnitt des Genoms, z. B. ein Chromosom, eine seiner Länge proportionale Mutabilität aufweist (s. Tabelle 22).

In die *Definition der Mutationsrate* muß außer der zu erfassenden Gruppe von Mutationen noch die Zeit, in der die Mutationen entstehen, und die Bedingungen, unter denen sich die Organismen befinden, aufgenommen werden. Praktisch erfolgt die Feststellung der spontanen Mutationsrate meistens pro eine Generation und unter für die betreffende Art „normalen" Zuchtbedingungen. Daraus ist aber noch nicht ersichtlich, ob und wie die Mutationsrate von den zwei wichtigsten Faktoren, die die meisten chemischen und biologischen Vorgänge beeinflussen, der *Zeit* und der *Temperatur*, abhängig ist. A priori könnte man ja annehmen, daß die Mutation lediglich an einen biologischen Zyklus, eine Organismen- oder Zellgeneration gebunden ist.

Die Beziehung der Mutationsrate zur Zeit kann an Ruhestadien der Keimzellen (reife Spermien und Pollenzellen) oder Pflanzensamen festgestellt werden. Auf Tabelle 3 sind Versuche mit verschieden alten Pollenzellen von *Antirrhinum majus* zusammengefaßt; die festgestellte Mutationsrate ist zeitproportional. Dasselbe Ergebnis zeigten auch Versuche mit verschieden alten ruhenden Samen bei verschiedenen Pflanzenarten. Versuche mit verschieden alten reifen Spermien von *Drosophila melanogaster*, die auf Tabelle 4 angeführt sind, zeigen ebenfalls eine Zeitproportionalität der spontanen Mutationsrate.

Tabelle 3. Erhöhung der spontanen Mutationsrate mit Verlängerung der Zeitspanne; Genmutationsraten in Pollenzellen verschiedenen Alters bei *Antirrhinum majus*. (Nach Stubbe 1937.)

Pollenalter (von der Reduktionsteilung ab gerechnet)	Zahl der F_2-Kulturen	Zahl der im Pollen aufgetretenen Mutationen	Prozentsatz der Genmutationen
1 Woche	312	3	$0{,}96 \pm 0{,}55$
5 Wochen	574	24	$4{,}18 \pm 0{,}83$
9 Wochen	506	31	$6{,}12 \pm 1{,}06$
11 Wochen	417	35	$8{,}63 \pm 1{,}37$

Tabelle 4. Erhöhung der spontanen Mutationsrate mit Verlängerung der Zeitspanne; Raten geschlechtsgebundener Letalfaktoren in frischen (sofort nach Schlüpfen) und in alten (20 Tage nach dem Schlüpfen) reifen Spermien der *Drosophila melanogaster-♂♂*. (Nach Timoféeff-Ressovsky 1935 und unveröff. Versuchen.)

Art der Versuche	Alter der Spermien	Zahl der Kulturen	Zahl der Letalfaktoren	Prozentsatz der Letalfaktoren
„ClB"-Versuche dauernd bei etwa 22° C	1. P-♂♂ sofort nach dem Schlüpfen gepaart	13 481	14	$0{,}104 \pm 0{,}028$
	2. P-♂♂ 20 Tage nach Schlüpfen gepaart	18 659	49	$0{,}263 \pm 0{,}038$

$$\text{Differenz}_{1-2} = 0{,}159 \pm 0{,}047.$$

Schon vor fast 20 Jahren konnten Muller und Altenburg (1919) zeigen, daß bei *Drosophila* die Mutationsrate mit steigender Temperatur zunimmt. Die damals statistisch nicht ganz gesicherten Versuchsergebnisse konnten in späteren Versuchen von Muller (1928) und Timoféeff-Ressovsky (1935) bestätigt werden, und es wurde der Temperaturquotient der spontanen Mutationsrate (für den „normalen" Temperaturbereich zwischen 10° C und 30° C) bestimmt, der, wie aus Tabelle 5 zu ersehen ist, ungefähr $t^0\,Q_{10} = 6$ ausmacht.

Tabelle 5. Versuche über die Abhängigkeit der spontanen Rate der geschlechtsgebundenen Letalfaktoren von der Temperatur (innerhalb normaler Temperaturgrenzen) bei *Drosophila melanogaster*-♂♂.
(Nach TIMOFÉEFF-RESSOVSKY 1935.)

Art der Versuche	Behandlung	Zahl der		Prozentsatz der Letalfaktoren
		F_1-F_2-Kulturen	geschlechtsgebundenen Letalfaktoren	
„ClB-Versuche über geschlechtsgebundene Letalfaktoren	1. P-♂♂ dauernd in 14° C	10 417	9	0,086 ± 0,029
	2. P-♂♂ dauernd in 22° C	7 841	15	0,191 ± 0,051
	3. P-♂♂ dauernd in 28° C	8 936	31	0,347 ± 0,062

Differenz$_{1-3}$ = 0,26% ± 0,07%; Entwicklungsdauer: 14° C — 22 Tage, 22° C — 14 Tage, 28° C — 11,5 Tage; korr. Mutationsraten: 14° C — 0,055%, 22° C — 0,191%, 28° C — 0,441%; $t^0\,Q_{10}$ = 2,9; korr. $t^0\,Q_{10}$ = 5,7.

Somit ist die spontane Mutationsrate zeitproportional und temperaturabhängig. Eine exakte Definition der spontanen Mutationsrate ist also: Prozentsatz mutationshaltiger haploider Gameten pro Zeiteinheit, unter bestimmter Temperatur und bei sonst normalen und konstanten Lebensbedingungen. Praktisch gilt die vorhin gegebene Definition (pro Generation, unter normalen Zuchtbedingungen), da ja bei jeder Art die Generationsdauer (unter „normalen" Bedingungen) um einen modalen Wert schwankt.

Über die spontanen Gesamtmutationsraten bei verschiedenen Pflanzen und Tieren ist noch wenig Exaktes bekannt. Bei *Antirrhinum majus* wird die Rate feststellbarer Mutationen von 0,5% bis über 1% geschätzt. Bei *Drosophila* ist die Totalrate leicht-feststellbarer Mutationen (Letalfaktoren und „große" morphologische Mutationen) gleich etwa 0,75%, und die Gesamtrate aller Mutationen muß auf etwas über 2% geschätzt werden. Die Raten einzelner, bestimmter Mutationen können sehr verschieden sein und ungefähr zwischen 0,001% und 0,0001% schwanken.

3. Mutationen in freilebenden Populationen.

Früher (und manchmal noch jetzt) wurde von einigen Biologen behauptet, daß Mutationen sozusagen Kunstprodukte bei domestizierten oder im Laboratorium gezüchteten Organismen darstellen, und in freier Natur nicht, oder auf jeden Fall nicht so häufig, vorkommen. Diese Ansicht beruht wohl darauf, daß die freilebenden Organismen im allgemeinen eine wesentlich geringere intraspezifische Variabilität als Haustiere, Kulturpflanzen und im Laboratorium für genetische Zwecke gezüchtete Arten zeigen. Letzteres beruht aber darauf, daß in freier Natur die meisten Mutationen, da sie, wie wir vorhin gesehen haben, in homozygotem Zustande eine im Vergleich zum Ausgangstyp herabgesetzte Vitalität besitzen, durch natürliche Auslese ausgemerzt werden, oder in nur geringer Konzentration in heterozygotem Zustande erhalten bleiben. Geht man von der Ansicht aus, daß der Mutationsprozeß in freier Natur ebenso wie im Labor verläuft, so führen theoretische Überlegungen zu dem Schluß, daß Populationen viele, vor allem recessiv-autosomale Mutationen in heterozygotem Zustand und in verschiedenen, meist ziemlich geringen Konzentrationen enthalten müssen.

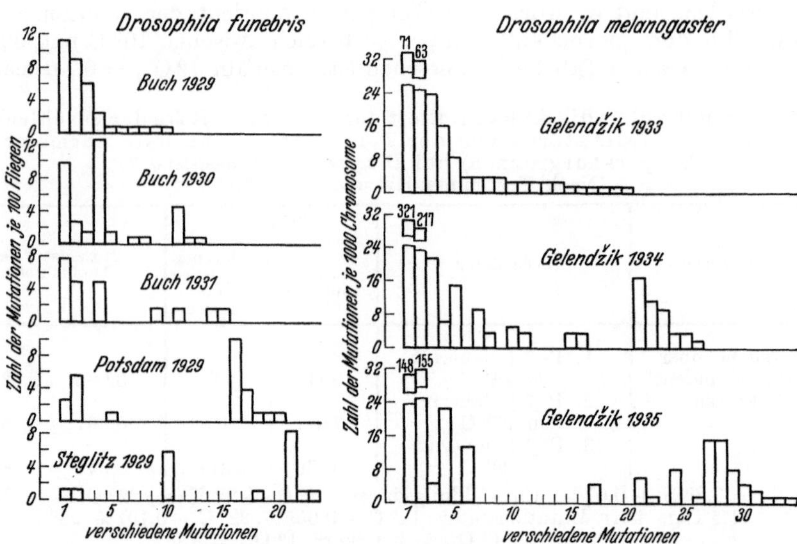

Abb. 7. Mutationen in freilebenden Populationen von *Drosophila funebris* (Timoféeff-Ressovsky) und *Drosophila melanogaster* (Dubinin). Auf den Abszissen sind verschiedene Mutationen (numeriert) aufgetragen, und die Ordinaten stellen die Häufigkeiten dieser Mutationen in den verschiedenen Populationen, oder in der gleichen Population zu verschiedener Zeit dar.

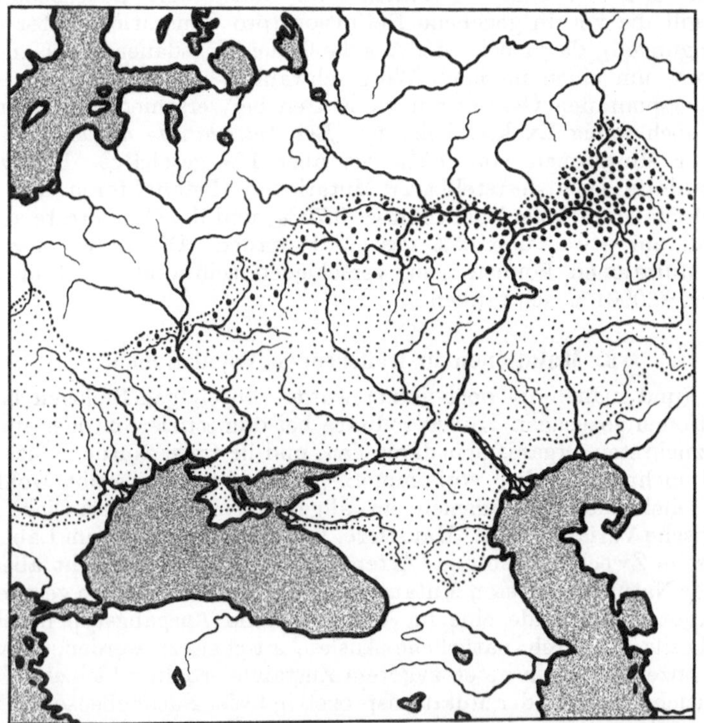

Abb. 8. Rassenbildung durch Verbreitung einer melanistischen Mutation beim Hamster. In der Kama-Gegend hat diese Mutation im Laufe der letzten 150 Jahre die Stammform ganz ersetzt und breitet sich längs der Nordgrenze des Artareals nach Westen aus. Vereinzelt, als Aberration, kommt sie überall gelegentlich vor.

Diese Schlußfolgerung kann experimentell geprüft werden, indem Individuen aus freilebenden Populationen durch zwei bis drei Generationen Inzucht auf Heterozygotie für verschiedene Mutationen geprüft werden. Solche Versuche wurden von verschiedenen Autoren an verschiedenen *Drosophila*-Arten systematisch durchgeführt. Auf Abb. 7 ist das Ergebnis derartiger Versuche bei *Drosophila funebris* und *Drosophila melanogaster* dargestellt; es zeigt, daß die untersuchten Populationen eine ganze Reihe von Mutationen in verschiedenen,

zum Teil sogar recht hohen Konzentrationen enthalten. Ähnliche Versuche wurden mit gleichem Ergebnis auch an anderen Populationen derselben Arten und an anderen *Drosophila*-Arten durchgeführt; bei einer Reihe anderer Organismen haben weniger ausführliche und systematische Beobachtungen im wesentlichen auch zum gleichen Ergebnis geführt. Es muß also angenommen werden, daß alle freilebenden Populationen durch eine ganze Reihe von Mutationen, von denen der größte Teil in homozygotem Zustande unter negative Auslese fallen würde, sozusagen „belastet" sind. Ein kleiner Teil dieser dauernd wieder auftretenden und in verschiedenen Teilen der Artpopulation in geringer Konzentration vorhandenen Mutationen wird auch unter bestimmten Umständen für die intraspezifischen Evolutionsvorgänge als Material benutzt; in solchen Fällen bilden die betreffenden Mutationen Rassen- und später eventuell auch Artunterschiede. Auf Abb. 8 ist ein solcher Fall von Rassenbildung dargestellt, wo beim gewöhnlichen Hamster *(Cricetus cricetus)* eine melanistische Mutation sich gegenüber der Ausgangsform in einem bestimmten (nordöstlichen) Teil des Artareals durchgesetzt und dort die „normale" Form ersetzt hat.

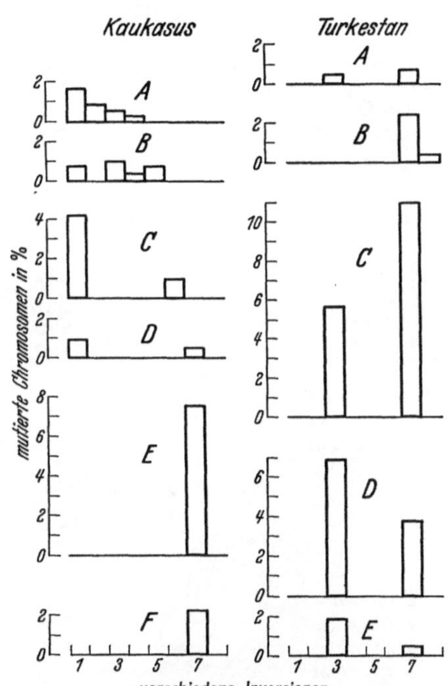

Abb. 9. Chromosomenmutationen in freilebenden Populationen von *Drosophila melanogaster*. Auf den Abszissen sind verschiedene Inversionen (numeriert) aufgetragen, und die Ordinaten stellen die Häufigkeiten der betreffenden Inversionen in verschiedenen Populationen dar. Kaukasus: A Kutais, B Gori, C Batum, D Baku, E Gelendžik, F Derbent; Turkestan: A Osch, B Samarkand, C Buchara, D Stalinabad, E Leninabad.
(Nach DUBININ und Mitarbeiter 1937.)

Es werden bei geeigneten Objekten und Benutzung geeigneter Untersuchungsmethoden auch Chromosomenmutationen in freilebenden Populationen in gewisser Konzentration gefunden. Auf Abb. 9 ist das Vorkommen von 8 verschiedenen Inversionen in einer Reihe von Populationen im Kaukasus und in Turkestan bei *Drosophila melanogaster* dargestellt. Dabei enthalten einige von den geographisch benachbarten Populationen gleiche Inversionen, was (bei geringer Wahrscheinlichkeit einer exakten Wiederholung der gleichen Inversion) auf unmittelbare genetische Zusammenhänge dieser Populationen hindeutet. Auf den Abb. 10 und 11 ist die geographische Verbreitung verschiedener Inversionen des dritten Chromosoms bei den sogenannten Rassen A und B von *Drosophila pseudoobscura* in Nordamerika dargestellt. Da manche Chromosomenmutationen eine Herabsetzung der Fertilität nach Kreuzung mit der Ausgangsform erzeugen, so kann wohl die „Belastung" der Populationen durch Chromosomenmutationen als Grundlage für den Vorgang der Bildung physiologisch isolierter Untergruppen betrachtet werden, einen Vorgang, der die Artdifferenzierung begleitet und ihr in vielen Fällen wahrscheinlich sogar zugrunde liegt.

Wir sehen also, daß die im Mutationsprozeß bei jeder Art auftretenden Gen- und Chromosomenmutationen erwartungsgemäß in freilebenden Populationen vorhanden sind. Diese in verschiedenen Konzentrationen und verschiedenen Zusammensetzungen in allen Populationen vorhandenen Mutationen bilden einerseits die Grundlage und das Material für den Evolutionsvorgang; andererseits, da die meisten Mutationen unter normalen Bedingungen eine herabgesetzte Vitalität besitzen, bilden sie bei jeder Organismenart das, was beim Menschen als „erbliche

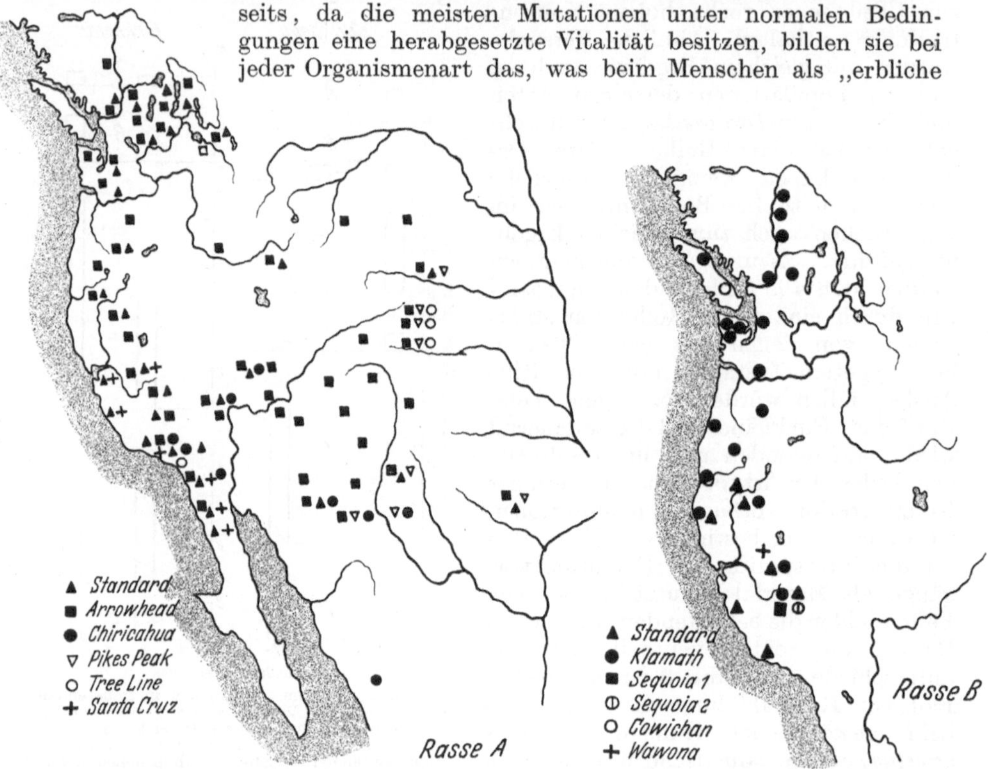

Abb. 10. Geographische Verbreitung verschiedener Inversionen des III. Chromosoms von *Drosophila pseudoobscura* Rasse A in Nordamerika. (Nach Dobzhansky und Sturtevant 1938.)

Abb. 11. Geographische Verbreitung verschiedener Inversionen des III. Chromosoms von *Drosophila pseudoobscura* Rasse B in Nordamerika. (Nach Dobzhansky und Sturtevant 1938.)

Belastung“ durch Erbkrankheiten bezeichnet wird. Eine solche erbliche Belastung von Populationen ist durchaus nicht spezifisch für den Menschen; nur daß bei geringer Intensität der natürlichen Auslese, die durch ständiges Wachsen der Populationen und geringe Frühsterblichkeitsziffer bedingt ist, diese erbliche Belastung beim Menschen schwerer ins Gewicht fällt.

IV. Auslösung von Mutationen durch Strahlungen.

In der Einleitung wurde schon kurz erwähnt, daß Versuche, durch äußere Reize Erbänderungen, also Mutationen, zu erzeugen, recht früh angesetzt wurden. Diese älteren Versuche können in zwei Gruppen eingeteilt werden: Versuche, die in Zusammenhang mit lamarckistischen Fragestellungen standen und bei denen an verschiedenen Objekten, hauptsächlich Schmetterlingen, Temperatur und Licht als äußere Reize benutzt wurden; und die große Gruppe von Alkoholbehandlungsversuchen, die an Mäusen, Ratten, Meerschweinchen und Kaninchen durchgeführt wurden. Aus Gründen, die in der Einleitung schon erwähnt wurden, haben alle diese Versuche zu keinen klaren Ergebnissen geführt. Außerdem wurden schon vor dem Kriege auch an *Drosophila*, einerseits später zu erwähnende Versuche über chemische Mutationsauslösung, und andererseits Ultraviolettbestrahlungsversuche angesetzt. Beide Versuchsreihen sind negativ verlaufen. Seit 1920 wurden Versuche über Auslösung neuer stabiler Formen bei den niederen Pilzen *Nadsonia* und *Sporobolomyces* durch Röntgen- und Radiumbestrahlungen mit positivem Ergebnis durchgeführt (NADSON, PHILIPPOV und ROCHLINA). Da aber bei diesen Objekten die Genetik nicht genügend ausgearbeitet war und deswegen eine exakte Analyse der neu entstehenden Formen nicht durchgeführt werden konnte, haben diese an sich schönen Versuche keinen wesentlichen Einfluß auf die Entwicklung der experimentellen Mutationsauslösung gehabt. Erst die Versuche von H. J. MULLER, der unter Benutzung exakter quantitativer Methoden die mutationsauslösende Wirkung von Röntgenstrahlen an *Drosophila* klar und eindeutig beweisen konnte, bildeten den Ausgangspunkt der modernen experimentellen Mutationsforschung.

1. Einleitung; Allgemeinheit des Effektes.

Die große Bedeutung der Versuche von MULLER liegt darin, daß sie durch Untersuchungen an der spontanen Mutabilität vorbereitet und mit einer ganz einwandfreien quantitativen Methodik durchgeführt wurden. Seit 1918 hat MULLER eingehend die Mutabilität von *Drosophila melanogaster* untersucht (MULLER 1918, 1920, 1922, 1923, 1927; MULLER und ALTENBURG 1919); dabei wurden spezielle Kreuzungsmethoden zur Erfassung nicht nur der grob morphologischen, sondern auch der recessiv-letalen Mutationen ausgearbeitet. Diese Vorbereitung hat es ermöglicht, auf quantitativer Grundlage einen Versuch zur Beeinflussung der Mutationsrate durchzuführen. Die Wahl der Röntgenstrahlen als Reiz lag nahe, da, wie wir vorhin gesehen haben, der Mutationsvorgang ein streng lokaler ist und kurzwellige ionisierende Strahlen besonders günstig sind, um an beliebiger Stelle des durchstrahlten Objektes, also auch in einzelnen Teilen des Genoms der Gameten, durch Energiezufuhr streng lokale Änderungen zu ermöglichen. Diese Umstände haben dazu geführt, daß schon die ersten Bestrahlungsversuche von MULLER zu ganz klaren, einwandfreien Ergebnissen geführt haben.

Auf Tabelle 6 ist das Ergebnis des ersten ClB-Bestrahlungsversuches von MULLER angeführt. Die Bestrahlung der Männchen rief eine starke Erhöhung

Tabelle 6. Resultate des „ClB-Röntgenbestrahlungsversuches" von H. J. MULLER mit *Drosophila melanogaster*. Bestrahlt wurden $\male\male$, die mit ClB-$\female\female$ gekreuzt wurden; in F_2 wurden die Letalfaktoren, die im bestrahlten X-Chromosom der P_1-$\male\male$ entstanden sind, registriert. (Nach MULLER 1928.)

Behandlung	Zahl der fertilen F_1-F_2-Kulturen	Zahl der aufgetretenen Mutationen		
		letale	semiletale	sichtbare
Unbestrahlte Kontrolle	198	0	0	0
Röntgenbestrahlt mit der Dosis t_2	676	49	4	1+
Röntgenbestrahlt mit der Dosis t_4	772	89	12	3+

der Mutationsraten in den bestrahlten Spermien hervor; es zeigte sich auch daß der Effekt dosisabhängig ist, denn durch stärkere Dosis wurde auch eine höhere Mutationsrate erzeugt. Schon im Anschluß an seine ersten Versuche hat MULLER eine ganze Reihe weiterer Bestrahlungen durchgeführt, durch die einige wesentliche Eigenschaften des strahleninduzierten Mutationsvorganges geklärt werden konnten. Es hat sich gezeigt, daß unter konstanten Bedingungen der Effekt ein äußerst konstanter ist, falls selbstverständlich die Versuche an genügend großen Zahlen von Individuen durchgeführt werden. Weiter konnte gezeigt werden, daß die Mutationsrate durch Röntgenbestrahlung bei allen Individuen und Stämmen der *Drosophila* im wesentlichen in gleicher Weise beeinflußt wird. Die Analyse der auftretenden Mutationen zeigte, daß alle Typen und Formen von Mutationen, die aus dem spontanen Mutationsprozeß von *Drosophila* bekannt sind, durch Röntgenbestrahlung hervorgerufen werden können. Wesentliche qualitative Unterschiede zwischen der spontanen und röntgeninduzierten Mutabilität konnten nicht gefunden werden; es konnte aber angedeutet werden, daß gewisse quantitative Unterschiede (abgesehen von der enormen Erhöhung der Totalrate) insofern bestehen, als der Anteil der Chromosomenmutationen verschiedenster Art nach Röntgenbestrahlung ein relativ. größerer ist.

Die ersten Bestrahlungsversuche von Muller (1927, 1928) konnten sofort von verschiedenen Seiten bestätigt werden. Von einer Reihe von Autoren konnten an *Drosophila* in Versuchen mit Röntgen- und Radiumstrahlung im wesentlichen gleiche Ergebnisse erzielt werden (Hanson 1928, Hanson und Heys 1928, 1929, Harris 1929, Patterson 1928, 1929, Serebrowsky und Mitarbeiter 1928, 1929, Timoféeff-Ressovsky 1928, 1929, Weinstein 1928). Außerdem wurden sehr bald Ergebnisse an anderen Objekten publiziert, in denen ebenfalls durch Röntgen- und Radiumstrahlung eine wesentliche Erhöhung der Mutationswerte erzielt werden konnte. Ein Teil dieser Versuche (Whiting 1928 an Schlupfwespen, Goodspeed 1928 an Tabak) wurden durch Mullers Ergebnisse angeregt; andere (Gager und Blakeslee 1927 an *Datura*; Stadler 1928 an Mais, Gerste, Hafer und Weizen) wurden unabhängig von den ersten Versuchen von Muller begonnen. In allen diesen Versuchen anderer Autoren wurden zum Teil verschiedene Qualitäten ionisierender Strahlungen benutzt (verschieden harte Röntgenstrahlen, Gamma- und Betastrahlen des Radiums), und es wurden auch verschiedene Gewebe und verschiedene Geschlechter bei den betreffenden Organismen bestrahlt; so daß es sich sehr bald herausgestellt hat, daß die mutationsauslösende Wirkung kurzwelliger ionisierender Strahlen als eine ganz allgemeine Erscheinung bezeichnet werden kann.

Die Allgemeingültigkeit der mutationsauslösenden Strahlenwirkung drückt sich in folgendem aus. Bei geeigneten Untersuchungsmethoden und ausreichenden Individuenzahlen kann durch Bestrahlung die Mutationsrate bei allen daraufhin geprüften Organismen erhöht werden. In Tabelle 7 sind die bisher mit Erfolg in strahlengenetischen Versuchen benutzten pflanzlichen und tierischen Objekte zusammengefaßt; da die verschiedensten systematischen Gruppen von Pflanzen und Tieren grundsätzlich gleiche Ergebnisse geliefert haben, so kann behauptet werden, daß die mutationsauslösende Wirkung kurzwelliger ionisierender Strahlen für sämtliche Lebewesen gilt. Ein weiterer Ausdruck der Allgemeinheit der mutationsauslösenden Strahlenwirkung ist die Fähigkeit dieser Strahlen, sämtliche bekannten Mutationstypen zu erzeugen, wobei diese Fähigkeit nicht auf irgendein bestimmtes Gewebe beschränkt ist; sämtliche Mutationstypen können durch Bestrahlung in allen den Geweben erzeugt werden, in denen Mutationen überhaupt festgestellt werden können.

Die Allgemeinheit der mutationsauslösenden Strahlenwirkung und gleichzeitig die Wohldefinierbarkeit des Strahlenreizes ermöglichen eine weitgehende Analyse der Eigenschaften und Bedingungen der mutationsauslösenden Strahlenwirkung. Diesen Fragen ist der nächste Abschnitt gewidmet.

Tabelle 7. Tier- und Pflanzenarten, die als Objekte in strahlengenetischen Versuchen benutzt wurden.

Gruppe	Art	Autor
Tiere:		
Protozoa	*Paramaecium caudatum*	RAFFEL, MIDDLETON
	Chilodon uncinatus	MacDOUGALL
Crustacea	*Daphnia magna*	BRONSTEIN
Insecta	*Apotettix eurycephalus*	NABOURS, ROBERTSON
	Loxoblemmus articulus	SUZUKI
	Circotettix verruculatus	HELWIG
	Macrosiphum rosae	PIROCCHI
	Habrobracon juglandis	WHITING, DUNNING, STANCATI
	Pteromalus puparum	DOZORCEVA, GHUL
	Bombyx mori	ASTAUROFF
	Bruchus obteculus	HEY
	Epilachna chrysomelina	H. TIMOFÉEFF-RESSOVSKY
	Drosophila melanogaster	MULLER, HANSON, OLIVER, PATTERSON, DEMEREC, TIMOFÉEFF-RESSOVSKY u. a.
	Drosophila simulans	KOSSIKOV, TIMOFÉEFF-RESSOVSKY
	Drosophila funebris	H. TIMOFÉEFF-RESSOVSKY, LÜERS, KELLER
	Drosophila virilis	DEMEREC, FUJII
	Drosophila pseudoobscura	SCHULTZ
	Drosophila subobscura	CHRISTIE
Aves	*Gallus domestica*	KRAJEVOJ, TARNAVSKY
Mammalia . . .	*Mus musculus*	DOBROVOLSKAJA-ZAVADSKAJA, SNELL, HERTWIG
	Cavia cobaya	STRANDSKOV, KRÖNING
	Lepus cuniculus	PAPALASCHWILI
	Ovis aries	ROKIZKY
Pflanzen:		
Mucoraceae . . .	*Nadsonia*	NADSON, PHILIPPOV, ROCHLINA
	Sporobolomyces	NADSON, PHILIPPOV, ROCHLINA
Ascomycetae . . .	*Glomerella lycopersici*	HÜTTIG
	Bombardia lunata	ZICKLER
	Neurospora sitophila	DÖRING
Hepaticae	*Sphaerocarpus Donnellii*	KNAPP
Filicinae	*Aspidium filix mas*	DÖPP
Gramineae	*Oryza sativa*	IMAI, ISHIJIMA
	Zea Mais	STADLER
	Secale cereale	LEVITSKY
	Triticum monococcum	STADLER, YEFEIKIN, CAMARA
	Triticum dicoccum	STADLER
	Triticum durum	STADLER, SAPEHIN, DELAUNAY
	Triticum vulgare	STADLER, SAPEHIN, DELAUNAY
	Hordeum sativum	STADLER, LUTKOV, NILSSON-EHLE
	Avena brevis	STADLER
	Avena strigosa	STADLER
	Avena byzantina	STADLER
	Avena sativa	STADLER, DERICK und LOVE
Polygonaceae . .	*Rumex acetosa*	YAMAMOTO
Nyctaginaceae . .	*Mirabilis jalapa*	BRITTINGHAM
Papilionaceae . .	*Pisum sativum*	KRAJEVOJ, RASSMUSSEN
	Vicia sativa	LEVITSKY, SAVTCHENKO
Malvaceae	*Gossipium hirsutum*	HORLACHER, GOODSPEED
Onagraceae . . .	*Epilobium hirsutum*	STUBBE
	Oenothera Lamarckiana	BRITTINGHAM
	Oenothera franciscana	BRITTINGHAM
	Oenothera Hookeri	RUDLOFF und STUBBE
	Oenothera biennis	LANGENDORFF
Primulaceae . . .	*Primula sinensis*	HALDANE
Convolvulaceae . .	*Pharbitis nil*	IMAI

Tabelle 7 (Fortsetzung).

Gruppe	Art	Autor
Solanaceae . . .	*Nicotiana tabaccum*	Goodspeed, Tollenaar
	Nicotiana rustica	Goodspeed
	Datura stramonium	Blakeslee, Gager u. a.
	Solanum tuberosum	Assejeva, Ternovsky
	Solanum lycopersicum	Lindstrom, Ternovsky
Scrophulariaceae .	*Antirrhinum majus*	Stubbe
Compositae . . .	*Crepis tectorum*	Navaschin, Levitsky

2. Analyse der mutationsauslösenden Wirkung der Strahlungen.

Schon in den ersten Versuchen von Muller und in den unmittelbar daran anknüpfenden Versuchen anderer Autoren wurde eine Reihe von Fragen über die Art der Strahlenwirkung auf den Mutationsvorgang angeschnitten. Die wichtigsten dieser Fragen sind folgende: a) ob die Strahlenwirkung eine direkte oder indirekte sei, b) inwiefern verschiedene Begleitbedingungen die Strahlenwirkung beeinflussen, c) wie die Beziehungen der ausgelösten Mutationsrate zur Bestrahlungsdosis und d) zur Intensität und der zeitlichen Verteilung der Dosis sind, e) welche sind die Grenzen der wirksamen Strahlenqualitäten und f) welchen Einfluß die Wellenlänge der Strahlung auf die ausgelöste Mutationsrate hat.

a) Direktheit der Strahlenwirkung.

A priori könnte zweierlei in bezug auf die Art der Strahlenwirkung angenommen werden: daß die Strahlenwirkung insofern eine direkte ist, als nur dann eine Mutation ausgelöst wird, wenn die betreffende Stelle des betreffenden Chromosoms durch die Strahlen oder ihre Sekundärprodukte direkt getroffen wird; oder daß die Strahlung einen indirekten Einfluß ausübt, indem die Mutationen sekundär auf irgendwelchen chemisch-physiologischen Umwegen erzeugt werden, die primär durch Strahlung an anderen Stellen der Zellen oder des Organismus hervorgerufen wurden. Diese Alternative kann experimentell geprüft werden. Die Prüfungsmöglichkeiten sind folgende: Man kann prüfen, ob eine Nachwirkung der Bestrahlung vorhanden ist, ob also in Chromosomen, die während der Bestrahlung mutationsfrei geblieben sind, später durch irgendwelche allgemeinen Änderungen im bestrahlten Organismus Mutationen in erhöhtem Prozentsatz auftreten; man kann weiterhin prüfen, ob die Bestrahlung des Zellplasmas einen Einfluß auf die Mutabilität von nichtbestrahlten Chromosomen, die sich in dem bestrahlten Plasma befinden, ausübt; schließlich kann man prüfen, ob die Bestrahlung des Somas die Mutabilität in nicht bestrahlten Geschlechtszellen beeinflußt. Solche Versuche wurden an *Drosophila* von verschiedenen Autoren durchgeführt.

Auf Abb. 12 sind Kreuzungsmethoden für die zwei ersten Prüfungsmöglichkeiten schematisch dargestellt. Die Söhne aus den Kreuzungen bestrahlter Männchen mit $\widehat{XX}Y$-Weibchen enthalten bestrahlte X-Chromosome; die am Leben bleibenden und keine geschlechtsgebundenen Mutationen zeigenden unter diesen F_1-Männchen haben also X-Chromosome, in denen während der Bestrahlung keine Mutationen aufgetreten sind; durch Kreuzung dieser Männchen mit ClB-Weibchen kann man prüfen, ob ihre früher bestrahlten X-Chromosome eine erhöhte Mutabilität aufweisen. Werden dagegen $\widehat{XX}Y$-Weibchen bestrahlt und mit nicht bestrahlten Männchen gekreuzt, so enthalten die F_1-Männchen nicht bestrahlte X-Chromosome, die in bestrahlte Eizellen eingekreuzt wurden; durch Kreuzung dieser F_1-Männchen mit ClB-Weibchen kann geprüft werden, ob die nichtbestrahlten X-Chromosome in bestrahlter Umgebung eine erhöhte Mutabilität aufweisen. Die dritte Frage, über die Bedeutung der Somabestrahlung, kann auf zwei Wegen geprüft werden: entweder durch Versuche, in denen die vordere oder hintere (die Gonaden enthaltende) Hälfte der Fliegen der Strahlung ausgesetzt und die andere jeweils abgeschirmt wird; oder durch Benutzung weicher Röntgenstrahlen, die ganz oder fast ganz in dem Soma absorbiert werden, ohne in die Tiefe der Gonaden durchzudringen.

Auf Tabelle 8 ist das Ergebnis verschiedener Versuche zur Prüfung der Direktheit der Strahlenwirkung angeführt. Alle Versuche sind negativ verlaufen, woraus zu schließen ist, daß Mutationen nur durch direkte Wirkung der Bestrahlung auf die betreffenden Chromosomen erzeugt werden können.

In dieser Tabelle sind die Versuche über Bestrahlung des hinteren bzw. vorderen Fliegenendes nicht angeführt. Bei der Kleinheit des Objektes stoßen solche Versuche auf große technische Schwierigkeiten bezüglich der Vermeidung von Streustrahlen. Diese

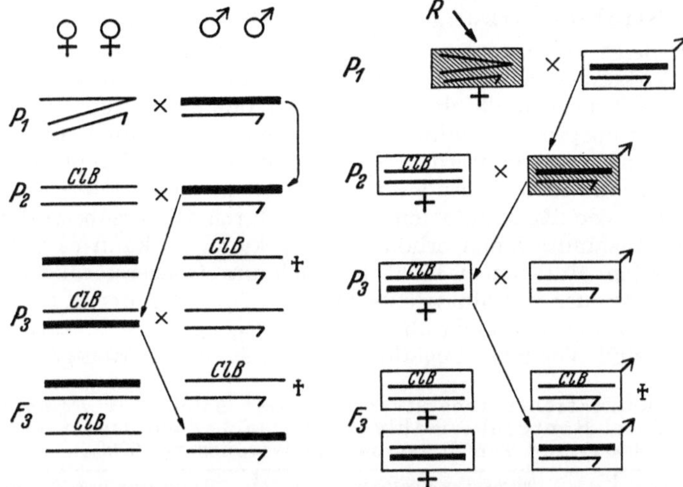

Abb. 12. Links: Kreuzungsschema zur Prüfung einer eventuellen „Nachwirkung" der Röntgenbestrahlung auf die Mutationsrate bei *Drosophila melanogaster*; Männchen werden bestrahlt (P_1-♂♂) und mit „attached X"- ♀♀ gekreuzt; die Söhne aus diesen Kreuzungen (P_2-♂♂), die am Leben bleiben und keine Mutationen zeigen (also aus Spermien entstanden sind, in deren X-Chromosom während der Bestrahlung keine Mutationen aufgetreten sind), werden mit ClB- ♀♀ gekreuzt, und an den F_3-♂♂ wird die Rate der Mutationen in den vorher bestrahlten, aber direkt nach Bestrahlung mutationsfreien X-Chromosomen der P_2-♂♂ festgestellt. Die bestrahlten X-Chromosome sind dick gezeichnet. Rechts: Kreuzungsschema zur Prüfung, ob bei *Drosophila melanogaster* röntgenbestrahltes Plasma die Mutationsrate der nichtbestrahlten Chromosome beeinflußt; „attached X"- ♀♀ (P_1- ♀♀) werden bestrahlt und mit nichtbestrahlten ♂♂ (P_1-♂♂) gekreuzt; die Söhne aus diesen Kreuzungen (P_2-♂♂), die ein nichtbestrahltes X-Chromosom im bestrahlten Plasma enthalten, werden mit ClB- ♀♀ gekreuzt, und in F_3 wird die Mutabilität des nichtbestrahlten X-Chromosoms im bestrahlten Plasma festgestellt. Das bestrahlte Plasma ist schraffiert und das zu prüfende nichtbestrahlte X-Chromosom dick gezeichnet. (Nach TIMOFÉEFF-RESSOVSKY 1931.)

Tabelle 8. Raten geschlechtsgebundener Mutationen bei *Drosophila melanogaster* in: 1. unbestrahlten Kontrollkulturen; 2. eine Generation nach Bestrahlung mit 3000—5000 r Röntgenstrahlen, in X-Chromosomen, die direkt nach Bestrahlung mutationsfrei waren; 3. nichtbestrahlten X-Chromosomen der Spermien, die sich nach Befruchtung in röntgenbestrahlten (3000 r) Eiern befanden; 4. direkt nicht bestrahlten X-Chromosomen, die sich aber in ♂♂ befanden, die mit einer sehr hohen Dosis sehr weicher, bis in die Gonaden nicht durchdringender Grenzstrahlen (2,5 kV) bestrahlt wurden; 5. X-Chromosomen direkt nach Röntgenbestrahlung mit 3000 r. (Nach TIMOFÉEFF-RESSOVSKY 1931—1937.)

Versuche	Zahl der Chromosomen	Zahl der Mutationen	Prozent der Mutationen
Unbestrahlte Kontrollen	3708	7	$0,19 \pm 0,07$
Früher bestrahlte X-Chromosome . . .	1839	4	$0,22 \pm 0,10$
Unbestrahlte X-Chromosome in bestrahlten Eiern	2163	3	$0,14 \pm 0,07$
P-♂♂ bestrahlt mit sehr weichen Röntgenstrahlen	945	3	$0,32 \pm 0,18$
X-Chromosome direkt mit 3000 r röntgenbestrahlt	2239	198	$8,84 \pm 0,59$

Schwierigkeiten haben auch dazu geführt, daß Versuchsergebnisse publiziert wurden (Gulbenkian 1934), in denen angeblich eine „somatische Induktion" bei der Mutationsauslösung durch Röntgenstrahlen beobachtet wurde. Die Nachprüfung dieser Versuchsergebnisse mit einer saubereren Methodik ist aber vollkommen negativ verlaufen (Kerkis 1935).

Die kurzwelligen Strahlungen üben somit einen direkten Einfluß bei der Mutationsauslösung aus. Auf indirektem Wege, durch irgendwelche chemisch-physiologische Umstimmungen der Zellen, wird die strahleninduzierte Mutationsrate nicht wesentlich beeinflußt.

b) Art der Strahlenwirkung und Einfluß von Begleitumständen.

Man ist geneigt anzunehmen, daß Röntgen- und Radiumstrahlen lediglich zerstörende Wirkungen ausüben. Man könnte deshalb annehmen, daß ihre Wirkung auf die Gene ebenfalls eine lediglich zerstörende ist, und da der strahleninduzierte Mutationsprozeß qualitativ dem spontanen ähnlich ist, so könnte daraus der Schluß gezogen werden, daß Mutationen überhaupt lediglich aus Genzerstörungen und nicht in Änderungen bestehen. Diese Frage kann geprüft werden an Hand von Rückmutationen. Falls durch Röntgenbestrahlung auch die Rate von Rückmutationen erhöht werden kann, so kann es sich bei den strahleninduzierten Mutationen nicht lediglich um Genzerstörungen handeln: denn es kann entweder der Mutationsschritt A → a, oder der Mutationsschritt a → A eine Zerstörung sein, nicht aber beide entgegengesetzte Mutationsschritte. Auf Tabelle 9 sind Versuche angeführt, in denen durch Röntgenbestrahlung

Tabelle 9. Rückmutationen recessiver mutanter Allele von *Drosophila melanogaster*, erzeugt durch Röntgenbestrahlung in Versuchen von Timoféeff-Ressovsky (5000 r) und von Johnston und Winchester (3900 r).

Bestrahlte Allele und ihre Loci	Timoféeff-Ressovsky		Johnston und Winchester	
	Zahl der Allele	Zahl der Mutationen	Zahl der Allele	Zahl der Mutationen
X-Chromosom:				
0 y	21 897	0	69 923	1
0 sc	17 676	3	101 042	5
1,5 w	29 233	2	—	—
1,5 w^c	23 472	2	—	—
1,5 w^a	—	—	69 302	0
5,5 ec	17 676	0	57 723	0
14 cv	16 460	2	—	—
20 ct	12 914	0	57 323	1
33 v	29 384	2	61 119	1
36 m	—	—	39 923	4
44 g	12 914	0	57 323	5
56 f	34 811	8	130 421	17
62 car	—	—	69 302	2
3-Chromosom:				
0 ru	12 755	0	—	—
26 h	27 155	1	—	—
42 th	5 681	0	—	—
44 st	27 155	1	—	—
48 p^p	21 474	4	—	—
50 cu	5 681	0	—	—
59 ss	21 474	0	—	—
62 sr	5 681	0	—	—
71 e^s	27 155	1	—	—
101 ca	5 681	0	—	—
Total:	390 709	26 0,0066%	713 001	36 0,0051%
Unbestrahlte Kontrolle:	152 352	0	700 000	0

eine ganze Reihe von Rückmutationen erzeugt werden konnte. In vielen
Fällen konnten durch weitere Bestrahlung Rückmutationen von Allelen, die
selbst in früheren Bestrahlungsversuchen aufgetreten sind, erzeugt werden.
Diese Ergebnisse zeigen, daß die Strahlenwirkung eine nicht lediglich zerstörende,
sondern umändernde Wirkung auf die Gene ausübt, und sind gleichzeitig ein
wichtiges Argument gegen die Annahme, daß die meisten Mutationen Genzerstörungen seien.

Es ist nicht leicht, in exakter Form die Frage nachzuprüfen, ob in verschiedenen Geweben und bei Bestrahlung verschiedener Entwicklungsstadien der
Organismen die ausgelösten Mutationsraten verschieden sind. Die Schwierigkeiten liegen darin, daß sehr oft kreuzungstechnische Bedingungen die Erfassung
von in verschiedenen Geweben auftretenden Mutationen erschweren und kaum
vergleichbar machen. Einigermaßen gesicherte Ergebnisse liegen deshalb zunächst nur vereinzelt vor. Es hat z. B. den Anschein, daß die Augenfarben-
mutation *white* bei *Drosophila melanogaster* als somatische Mutation im Ur-
facettengewebe nach gleicher Bestrahlung eine etwas geringere Rate ergibt als
in reifen Spermien.

Bei Bestrahlung geschlüpfter *Drosophila*-Männchen werden bei ihnen die
zur Zeit des Schlüpfens schon reichlich vorhandenen reifen Spermien, und daneben verschiedene Entwicklungsstadien der unreifen Geschlechtszellen bestrahlt. Falls man diese Männchen sofort nach Bestrahlung mit Weibchen paart,
so gelangen zunächst die zur Zeit der Bestrahlung reifen Spermien zur Befruchtung; inzwischen reifen allmählich neue Spermien heran, die also zur Zeit
der Bestrahlung sich noch in unreifem Stadium befanden. Falls man diese
Männchen nun alle paar Tage mit frischen unbefruchteten Weibchen paart
und dann getrennt die Mutationsraten dieser nacheinander folgenden Paarungen
vergleicht, so erhält man ein Bild davon, wie hoch die Mutationsraten in verschiedenen Entwicklungsstadien der Keimbahn nach gleicher Bestrahlung sind.
Die Ergebnisse solcher Versuche sind auf Tabelle 10 zusammengefaßt. Sie
zeigen, daß die letalen geschlechtsgebundenen Mutationen einen wesentlichen

Tabelle 10. Mutationen des X- (Letalfaktoren und sichtbare Mutationen getrennt) und des II-Chromosoms von *Drosophila melanogaster* nach Röntgenbestrahlung reifer Spermien und unreifer Geschlechtszellen (mit gleicher
Dosis), aus Versuchen verschiedener Autoren.

Versuchs-ergebnisse von	Raten der letalen Mutationen des X-Chromosoms in		Versuchs-ergebnisse von	Raten der sicht-baren Mutationen des X-Chromosoms in		Versuchs-ergebnisse von	Raten der letalen Mutationen des II-Chromosoms in	
	reifen Spermien	unreifen Spermien		reifen Spermien	unreifen Spermien		reifen Spermien	unreifen Spermien
Harris 1929	9,1 %	1,0 %	Hanson u. Winkel-mann 1929	0,47 %	0,15 %	Sidoroff 1931	24,8 %	22,7 %
Hanson u. Heys 1929	5,6 %	2,1 %	Timoféeff-Ressovsky 1930	0,47 %	0,42 %	Šapiro u. Neuhaus 1933	9,1	7,8
Šapiro 1936	8,6 %	1,3 %	Timoféeff-Ressovsky 1932	0,48 %	0,28 %	Serebrov-skaja u. Ša-piro 1935	26,0 %	12,0 %
Timoféeff-Ressovsky	8,8 %	1,6 %	Moore 1934	0,28 %	0,11 %	Šapiro 1936	23,0 %	7,3 %
Timoféeff-Ressovsky	9,2 %	1,5 %	Timoféeff-Ressovsky	0,46 %	0,32 %	Timoféeff-Ressovsky	21,6 %	11,2 %
Total-durchschnitt	**8,3 %** (100 %)	**1,5 %** (18,1 %)	*Total-durchschnitt*	**0,43 %** (100 %)	**0,29 %** (67,4 %)	*Total-durchschnitt*	**20,9 %** (100 %)	**12,2 %** (58,4 %

Unterschied in reifen und unreifen Spermien aufweisen; dieser Unterschied für nicht letale geschlechtsgebundene und für letale autosomale Mutationen ist wesentlich geringer. Daraus kann geschlossen werden, daß wenigstens ein Teil des Unterschiedes nicht auf entsprechendem Unterschied der Mutationsraten, sondern auf germinaler Selektion, durch die die sich noch teilenden unreifen Gameten, in denen (vor allem letale) Mutationen aufgetreten sind, benachteiligt sind und zum Teil ausgemerzt werden. Daneben ist aber sicherlich auch ein geringer Unterschied in der Entstehungsrate von Mutationen nach gleicher Bestrahlung in reifen Spermien einerseits und im unreifen germinativen Gewebe andererseits vorhanden. Ähnliche kleine Unterschiede weist auch die Mutationsrate nach gleicher Bestrahlung von Weibchen und Männchen bei *Drosophila* auf; dabei ist wahrscheinlich in reifen Spermien die Rate der Chromosomenmutationen besonders hoch.

Es wurde auch der Einfluß einer Reihe von äußeren Begleitfaktoren auf die mutationsauslösende Wirkung der Röntgen- oder Radiumbestrahlung geprüft. Stadler (1928) hat bei Gerste vor der Bestrahlung die Samen mit Schwermetallsalzen imprägniert; dadurch wurde die ausgelöste Mutationsrate erhöht, was auf Erhöhung der Strahlenabsorption durch Anwesenheit von Schwermetallatomen zurückzuführen ist. Ähnliche Versuche wurden auch an *Drosophila* mit gleichem Ergebnis durchgeführt, in denen die Schwermetallsalze verfüttert oder injiziert wurden (Medvedev 1933, 1935; Buchmann und Hoth 1937).

Weniger klare Ergebnisse lieferten Versuche, in denen man während der Bestrahlung verschiedene Temperaturen einwirken ließ. Versuche von Stadler an Pflanzen, in denen bei Temperaturen von unter 0° bis 50° C bestrahlt wurde, haben keinen Einfluß der Temperatur auf den Bestrahlungseffekt gezeigt. Ein

Tabelle 11. Raten der geschlechtsgebundenen Mutationen bei *Drosophila melanogaster* nach Bestrahlung mit gleicher Röntgendosis bei verschiedener Temperatur während der Bestrahlung (Strahlenqualität: 50 kV, 1 mm Aluminium).

Versuche	Bestrahlungsbedingungen	Zahl der Chromosomen	Zahl der Mutationen	Prozentsatz der Mutationen
Letalfaktoren („ClB"):				
	Kontrolle	1827	2	0,11 ± 0,10
Timoféeff-Ressovsky 1931	Etwa 3000 r, bei 10° C während der Bestrahlung . .	401	37	9,22 ± 1,44
	Etwa 3000 r, bei 35° C während der Bestrahlung . .	368	30	8,15 ± 1,45
Medvedev 1935	Röntgenbestrahlt bei 0° C .	1336	143	10,70 ± 0,84
	Dieselbe Röntgendosis bei 20° C	1594	102	6,40 ± 0,59
Timoféeff-Ressovsky 1936	Etwa 2750 r, bei 3° C während der Bestrahlung	838	73	8,71 ± 0,97
	Etwa 2750 r, bei 33° C während der Bestrahlung	748	57	7,62 ± 0,97
Timoféeff-Ressovsky 1937	Etwa 1200 r, bei 7° C während der Bestrahlung	976	23	2,36 ± 0,48
	Etwa 1200 r, bei 32° C während der Bestrahlung	465	15	3,23 ± 0,82
Sichtbare Mutationen („attached X"):				
	Konrolle	7936	0	0
Timoféeff-Ressovsky 1931—33	Etwa 3000 r, bei 10° C während der Bestrahlung	4852	13	0,27 ± 0,07
	Etwa 3000 r, bei 35° C während der Bestrahlung	5341	12	0,22 ± 0,07

ebenfalls negatives Resultat ergaben Versuche von MULLER (1930) und von TIMOFÉEFF-RESSOVSKY (1931) an *Drosophila*. Dagegen haben die Versuche von MEDVEDEV (1935) höhere Mutationsraten bei Bestrahlung in tiefer Temperatur ergeben. Spätere, dosimetrisch möglichst genau durchgeführte Versuche von TIMOFÉEFF-RESSOVSKY haben wieder ein negatives Resultat ergeben. Einige solche Versuche sind auf Tabelle 11 angeführt. Es ist wohl ziemlich sicher, daß die Temperatur während der Bestrahlung keinen ausgesprochenen Einfluß auf die strahleninduzierte Mutationsrate ausübt.

Tabelle 12. Auslösung geschlechtsgebundener Mutationen bei *Drosophila melanogaster* durch Gammastrahlen des Radiums: 1. ohne Narkose und 2. unter dauernder Äthernarkose. Bestrahlung: 200 mg Radiumelement, Filter 0,2 Platin + 0,8 Messing, homogenes Feld, 2,25 cm Abstand, etwa 220 r/h, 12 Stunden (Dosis etwa 2640 r). P—♂♂ bestrahlt und mit „ClB"-♀♀ gekreuzt. (Nach PICKHAN, TIMOFÉEFF-RESSOVSKY und ZIMMER 1936.)

Versuche	Zahl der F_1-F_2-Kulturen	Zahl der geschlechts-gebundenen Mutationen	Prozentsatz geschlechts-gebundener Mutationen
Unbestrahlte Kontrollen	943	2	0,21 ± 0,15
Radiumbestrahlung (12 Std.) ohne Narkose.	417	30	7,19 ± 1,26
Radiumbestrahlung (12 Std.) unter Äthernarkose	454	31	6,83 ± 1,18

Vollkommen negativ sind Versuche ausgefallen, in denen gleichzeitig mit der Bestrahlung Narkose angewandt wurde. *Drosophila*-Fliegen, die mit gleicher Dosis in wachem Zustand und in Äthernarkose bestrahlt wurden, ergaben gleiche Mutationsraten (KOSSIKOV 1935, PICKHAN, TIMOFÉEFF-RESSOVSKY und ZIMMER 1936, Tabelle 12). Ebenfalls negativ sind Versuche verlaufen, in denen während der Röntgenbestrahlung intermittierend *Drosophila* mit Kurzwellen behandelt wurde (PICKHAN, TIMOFÉEFF-RESSOVSKY und ZIMMER 1936, Tabelle 13).

Tabelle 13. Raten geschlechtsgebundener Mutationen bei *Drosophila melanogaster* nach Behandlung von P-♂♂ mit Röntgenstrahlen (125 KV$_{eff}$, 6 mA, 1mm Al, Exposition 202 Min. auf Drehrad bei 22 Umdrehungen pro Min., Dosis etwa 2050 r) und gleichzeitig intermittierend mit Kurzwellen (6 m; Siemens-Röhrensender „Ultratherm"; Kondensatorplattenabstand 3,8 cm; Indicator 35 Skalenteile; Exposition intermittierend auf Drehrad insgesamt 202 Min., bei etwa 22 Umdrehungen pro Min.) und Röntgenstrahlen (Exposition, Bedingungen und Dosis wie oben), verglichen mit unbestrahlten Kontrollkreuzungen. „ClB"-Kreuzungsmethode. (Nach PICKHAN, TIMOFÉEFF-RESSOVSKY und ZIMMER 1936.)

Versuche	Zahl der F_1-F_2-Kulturen	Zahl der geschlechts-gebundenen Mutationen	Prozentsatz geschlechts-gebundener Mutationen
Kontrolle	943	2	0,21 ± 0,15
Röntgenstrahlen	1032	69	6,68 ± 0,78
Kurzwellen und Röntgen, intermittierend.	1055	62	5,87 ± 0,72

Auf Grund der bisherigen Versuche muß angenommen werden, daß einige Begleitumstände, wie z. B. verschiedenes Gewebe, verschiedene Entwicklungsstadien des Organismus und einige äußere Faktoren, einen gewissen, allerdings geringen Einfluß auf die strahleninduzierten Mutationsraten ausüben können. Entscheidend für die Größenordnung der Mutationssteigerung sind diese Begleitumstände aber sicherlich nicht.

c) Dosisproportionalität.

Eine der wichtigsten Fragen in Zusammenhang mit der Art der Strahlenwirkung auf den Mutationsprozeß ist die nach der Beziehung zwischen Mutationsrate und Strahlendosis. Schon die ersten Versuche von Muller und die daran anknüpfenden Versuche anderer Autoren haben gezeigt, daß mit steigender Dosis auch die ausgelöste Mutationsrate ansteigt. Schon bald wurden an Pflanzen und an *Drosophila* Spezialversuche zur genauen Feststellung der Dosisproportionalität der ausgelösten Mutationsrate durchgeführt. Auf Abb. 13 sind die Ergebnisse großer Versuchsserien verschiedener Autoren an *Drosophila melanogaster* dargestellt. Diese Versuche haben eine klare direkte Proportionalität der ausgelösten Mutationsraten zu den Bestrahlungsdosen gezeigt. Nach Abzug der spontanen Mutationsraten steigen die ausgelösten Raten mit steigender Dosis vom 0-Punkt nach einer der gradlinigen Proportionalität entsprechenden Sättigungskurve an. Ganz ähnliche Versuchsergebnisse wurden von Keller und Lüers (1937) an *Drosophila funebris* gewonnen. Versuche von Stadler an Mais und Gerste und von Stubbe an *Antirrhinum majus* sowie verschiedene kleine Versuchsserien anderer Autoren an zum Teil anderen Objekten zeigten, daß auch bei Pflanzen die ausgelösten Mutationsraten den Bestrahlungsdosen direkt proportional sind.

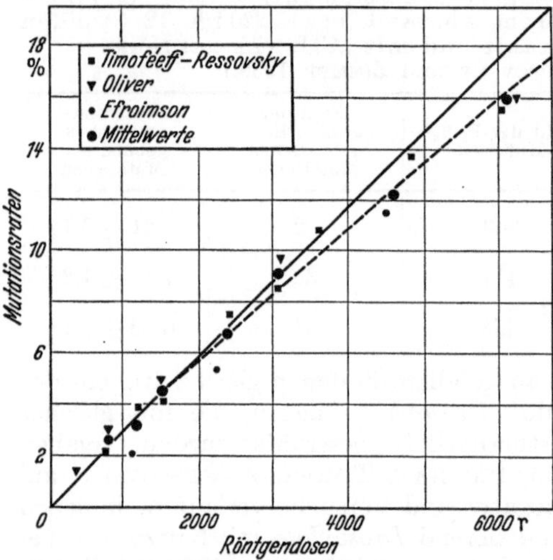

Abb. 13. Direkte Proportionalität der Raten geschlechtsgebundener Mutationen zu Röntgenbestrahlungsdosen bei *Drosophila melanogaster*. Gestrichelt ist die der direkten Proportionalität entsprechende Sättigungskurve gezeichnet. (Aus Timoféeff-Ressovsky 1937.)

Es kann als gesichert angenommen werden, daß die durch kurzwellige ionisierende Strahlung ausgelösten Mutationsraten bei allen daraufhin geprüften Pflanzen und Tieren eine direkte Proportionalität zu den Bestrahlungsdosen aufweisen. Eine Abweichung von dieser Regel zeigen nur (wie auch zu erwarten ist) die auf mindesten zwei Brüchen beruhenden Chromosomenmutationen; darauf werden wir in einem späteren Abschnitt genauer eingehen.

d) Intensität und zeitliche Verteilung der Dosen.

Schon aus der direkten Proportionalität der ausgelösten Mutationsraten zu den Bestrahlungsdosen geht hervor, daß kein Schwellenwert der minimal wirksamen Dosis zu erwarten ist, daß also beliebig kleine Dosen wirksam sind, indem sie entsprechend kleine Mutationsraten auslösen. Dieser Befund macht es auch von vornherein unwahrscheinlich, daß die Intensität oder zeitliche Verteilung der Dosis als solche (der sog. Zeitfaktor) einen Einfluß auf die ausgelöste Mutationsrate ausüben könnte. Da aber bei vielen physiologischen Reaktionen (z. B. der Erythembildung durch Strahlen) die Konzentration der Strahlung einen bestimmten Schwellenwert überschreiten muß, um die Reaktion überhaupt auszulösen, mußte diese Frage für die Mutationsauslösung einer besonderen Prüfung unterzogen werden.

Auf Abb. 14 ist das Ergebnis von Versuchen verschiedener Autoren an
Drosophila melanogaster graphisch dargestellt. In diesen Versuchen wurden
Bestrahlungsdosen benutzt, die durch Fraktionierung oder Herabsetzung des
Dosiszuflusses (Intensität) in verschiedener Zeit verabreicht wurden. Die Unterschiede der Expositionsdauer variierten in den einzelnen Versuchen von unter
einer Minute bis zu über 500 Stunden. Auf Grund der Dosisproportionalität
kann für jeden Versuch (trotzdem zum Teil verschiedene Gesamtdosen angewandt wurden) aus dem Ergebnis die Dosis berech-
net werden, die 10% geschlechtsgebundener Mutationen auslösen müßte. Wäre ein Einfluß des Zeitfaktors vorhanden, so müßte sich mit Verlängerung
der Expositionsdauer eine gerichtete Abweichung
der berechneten Dosis ergeben. Falls kein Einfluß
des Zeitfaktors vorhanden ist, so müssen die berechneten Dosen richtungslos um die Linie herum-
schwanken, die eine durchschnittliche, 10% Mutationen auslösende Dosis darstellt; letzteres ist auch
der Fall.

Diese Versuche zeigen also, daß der Zeitfaktor
als solcher keinen Einfluß auf die mutationsauslösende Wirkung der Bestrahlung hat. Die Mutationsrate hängt lediglich von der verabreichten Gesamtdosis ab. Damit ist gesichert, daß es für die
Mutationsauslösung keine untere, minimale Strahlendosis gibt, unter der die Strahlung unwirksam bleibt;
jede auch kleinste Strahlenmenge ruft eine entsprechend kleine Mutationsrate hervor, und kleine
Dosen summieren sich, so daß für die Gesamtmutationsrate lediglich die verabreichte Gesamtdosis
ausschlaggebend ist.

e) Grenzen wirksamer Strahlungen.

Die meisten der bisher erwähnten Versuche wurden
mit mittelharten Röntgenstrahlen durchgeführt. Es
entsteht die Frage nach den Grenzen der im Sinne
der Mutationsauslösung wirksamen Strahlenarten.

Kurzwellige ionisierende Strahlungen im Bereich
von harten Gammastrahlen des Radiums über Rönt-
genstrahlen verschiedener Härte bis zu ganz weichen Röntgenstrahlen, den
sogenannten Grenzstrahlen, wurden von verschiedenen Autoren zum Teil an
verschiedenen Objekten in verschiedenen Versuchen als wirksam gefunden.

Speziell geprüft wurden außerdem Korpuskularstrahlungen, die sowohl von
radioaktiven Substanzen als auch von künstlichen Quellen geliefert werden
können. Auf Tabelle 14 ist das Ergebnis von Versuchen mit Betastrahlen
angeführt. Durch Betastrahlen konnten bei *Drosophila* in ungefähr gleicher
Weise wie durch Röntgenstrahlen Mutationen ausgelöst werden, wobei die
Mutationsraten den Bestrahlungsdosen proportional sind. Bei *Drosophila* und
bei *Antirrhinum* (STUBBE 1937) konnten Mutationen auch durch Kathodenstrahlen (von künstlichen Quellen gelieferte Betastrahlen) erzeugt werden.
In Versuchen mit Betastrahlen, Kathodenstrahlen und weichen Röntgenstrahlen (Grenzstrahlen) werden Mutationen in den Gameten selbstverständlich
nur dann ausgelöst, wenn die betreffende Strahlung die Geschlechtszellen
erreicht, ohne in den darüber liegenden Gewebsschichten vollständig absorbiert

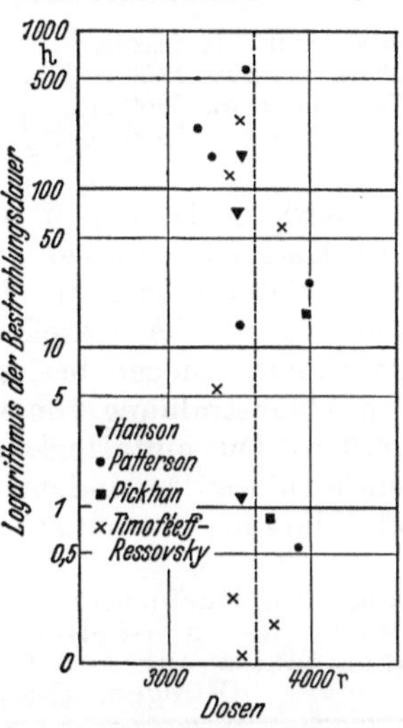

Abb. 14. Unabhängigkeit der strahleninduzierten Mutationsrate bei
Drosophila melanogaster vom „Zeitfaktor" (Intensität und zeitliche
Verteilung der Dosis). Aus Bestrahlungsversuchen verschiedener
Autoren berechnete Dosen (in r),
die eine geschlechtsgebundene Mutationsrate von 10% auslösen, aufgetragen gegen die Bestrahlungszeit
(diese im logarithmischen Maß-
stab). Diese Dosen schwanken
innerhalb der statistischen Fehlergrenzen um den aus der Proportionalitätskurve entnommenen
Idealwert von etwa 3600 r, und
zeigen somit eine Unabhängigkeit
vom Zeitfaktor. (Nach TIMOFÉEFF-
RESSOVSKY und ZIMMER 1935.)

Tabelle 14. Auslösung geschlechtsgebundener Mutationen durch β-Strahlen des Radiums bei *Drosophila melanogaster*. P-$\male\male$ wurden in einer Kammer mit dünnem Cellophanfenster mit Radiumemailpräparaten bestrahlt. Die Ionisation am Ort der Fliegenhoden war der von einem Röntgenstrahldosiszulauf von etwa 4,03 r/min. erzeugten äquivalent. Die bestrahlten P-$\male\male$ wurden mit ClB-$\female\female$ gekreuzt. (Nach Zimmer, Griffith und Timoféeff-Rossovsky 1937.)

Bestrahlungszeit und Dosis in r-Einheiten	Zahl der Kulturen	Zahl der Mutationen	Prozentsatz der Mutationen
Unbestrahlte Kontrolle	943	2	0,21 ± 0,15
360 min (etwa 1450 r)	833	30	3,60 ± 0,65
720 min (etwa 2900 r)	747	56	7,36 ± 0,96
1440 min (etwa 5800 r)	335	45	13,43 ± 1,95

zu werden. Deswegen machen Versuche mit sehr weichen Röntgenstrahlen und Kathodenstrahlen schon bei so kleinen Objekten wie *Drosophila* recht große Schwierigkeiten. Noch größer werden diese Schwierigkeiten bei Verwendung von Alphateilchen, die im Gewebe nur ein sehr geringes Durchdringungsvermögen besitzen. Schon bei *Drosophila* können durch Applikation von Alphastrahlung von außen Mutationen in den Gameten nicht mehr erzeugt werden. Die mutationsauslösende Wirksamkeit der Alphastrahlung kann aber bewiesen werden, indem man entweder abgelegte Eier bestrahlt (Ward 1935), oder die Fliegen emanationshaltige Luft einatmen läßt (Zimmer und Timoféeff-Ressovsky 1936); auf letzterem Wege wird die Alphastrahlung von innen appliziert, indem die gasförmige Radiumemanation, die durch weiteren Zerfall Alphateilchen liefert, in die Gewebe der Fliege eindringt. Auf Tabelle 15 sind Versuche zur Auslösung von Mutationen

Tabelle 15. Auslösung geschlechtsgebundener Mutationen durch α-Teilchen bei *Drosophila melanogaster* nach Einatmung von Radiumemanation durch die Fliegen. (Nach Beleites 1939.)

Dauer der Emanationseinatmung	Zahl der F_2-Kulturen	Zahl der Mutationen	Prozentsatz der Mutationen
Kontrolle . . .	4206	7	0,16 ± 0,06
20 Stunden . .	2125	21	0,98 ± 0,21
40 Stunden . .	1879	32	1,70 ± 0,30
80 Stunden . .	1815	67	3,65 ± 0,45

bei *Drosophila* mit Hilfe dieser Emanationseinatmungsmethode angeführt; sie ergaben ein klares positives Resultat.

Physiologisch in ihrem Wirkungsmechanismus den Alphateilchen im wesentlichen ähnliche Partikel können neuerdings durch Anwendung von Neutronenbestrahlung geprüft werden. Neutronen dringen leicht in die meisten Stoffe

Tabelle 16. Einfluß schneller Li + D-Neutronen auf die Rate der geschlechtsgebundenen Mutationen von *Drosophila melanogaster*. P-$\male\male$ wurden bestrahlt und mit ClB-$\female\female$ gekreuzt. (Nach Timoféeff-Ressovsky und Zimmer 1938.)

Versuche		Zahl der F_2-Kulturen	Zahl der Mutationen	Prozentsatz der Mutationen
Unbestrahlte Kontrolle		5619	8	0,14 ± 0,05
Vorversuch	Dosis etwa 400—500 r . .	1976	19	0,96 ± 0,21
	Dosis etwa 700—900 r . .	2012	33	1,64 ± 0,28
1. Versuch	Dosis 1: etwa 490 r . . .	2108	24	1,14 ± 0,23
	Dosis 2: etwa 930 r . . .	1661	36	2,17 ± 0,36
	Dosis 3: etwa 1760 r . . .	1273	45	3,53 ± 0,51
2. Versuch	Dosis 1: etwa 360 r . . .	2211	18	0,81 ± 0,19
	Dosis 2: etwa 680 r . . .	1395	20	1,43 ± 0,31
	Dosis 3: etwa 1280 r . . .	1109	23	2,07 ± 0,40

ein. Wird dabei wasserstoffhaltiges Material von Neutronen bestrahlt, so werden beim Aufprall der Neutronen auf Wasserstoff-Atomkerne, sog. Rückstoßprotonen erzeugt. Diese Protonen fliegen ähnlich den Alphateilchen über eine gewisse Strecke und rufen längs ihrer Bahn eine dichte Ionisation hervor. Da ihre physikalischen Eigenschaften ähnlich denen der Alphateilchen sind, so müssen sie ebenfalls Mutationen auslösen können. Die in Tabelle 16 zusammengefaßten Versuche zeigen, daß das auch der Fall ist.

Ähnliche Schwierigkeiten wie in Versuchen mit korpuskularen Strahlen und sehr weichen Röntgenstrahlen ergeben sich auch bei der Prüfung der mutationsauslösenden Wirkung langwelligerer Strahlen. Die ultravioletten Strahlen werden schon in dünnen Schichten von Gewebe, besonders wenn letzteres Pigment oder Chitin enthält, stark absorbiert. Deshalb haben die ersten Versuche von ALTENBURG (1928) ein negatives Resultat an *Drosophila melanogaster* ergeben. Diese Unwirksamkeit mußte aber hauptsächlich auf das Nichtdurchdringen der verabreichten Strahlen in die Gonaden der Fliegen zurückgeführt werden. Weitere Versuche von ALTENBURG und auch von anderen Autoren haben gezeigt, daß bei *Drosophila*, und auch bei anderen Objekten, Mutationen durch ultraviolette Strahlen im Bereich von 250—350 mμ erzeugt werden können. Auf Tabelle 17 sind die Ergebnisse solcher Versuche zusammengefaßt.

Tabelle 17. Einfluß der Ultraviolettbestrahlung auf die Rate der geschlechtsgebundenen Mutationen von *Drosophila melanogaster* und auf die Gesamtmutationsrate von *Antirrhinum majus*. Bestrahlt wurde mit Quarzquecksilberlampe, eventuell mit Filter, oder mit monochromatischem Ultraviolettlicht.

Objekt und Autor	Behandlung	Zahl der geprüften Gameten	Zahl der Mutationen	Prozentsatz der Mutationen
Drosophila, Imagostadium; PROMPTOV 1932	Kontrolle	613	1	0,16 $\pm$ 0,15
	UV, gefiltert (254—313 mμ) .	696	3	0,43 $\pm$ 0,25
Drosophila, befruchtete Eier; ALTENBURG 1934	Kontrolle	13 063	16	0,12 $\pm$ 0,03
	UV, ungefiltert	14 059	48	0,34 $\pm$ 0,05
Drosophila Imagostadium; REUSS 1935	Kontrolle	1 615	2	0,12 $\pm$ 0,08
	UV, ungefiltert; ♂♂ vom Rücken bestrahlt	9 239	23	0,26 $\pm$ 0,05
	UV, ungefiltert; ♂♂ vom Bauch bestrahlt	3 160	115	3,64 $\pm$ 0,34
Antirrhinum, Pollen; STUBBE u. NOETHLING 1936	UV, 265 mμ	2 087	61	1,32 $\pm$ 0,24
	UV, 297 mμ	706	41	4,20 $\pm$ 0,75
	UV, 303 mμ	147	10	5,19 $\pm$ 1,82
	UV, 313 mμ	309	20	4,87 $\pm$ 1,22
	UV, 366 mμ	147	3	0,96 $\pm$ 0,80

Von besonderer Wichtigkeit wird in Zukunft ein genauer Vergleich der durch verschiedene Spektralteile des ultravioletten Lichts ausgelösten Mutabilität, einerseits mit dem spontanen und andererseits mit dem röntgeninduzierten Mutationsvorgang, sein. Im Gebiet der kurzwelligen ionisierenden Strahlen und der Korpuskularstrahlungen ist die Wirkung eine ganz unspezifische; es werden alle möglichen Mutationen nach statistischen Zufallsgesetzen erzeugt. Im Gebiete der ultravioletten Strahlung wäre dagegen eine mehr selektive Wirkung auf bestimmte Gene denkbar, da wir eine entsprechende selektive oder spezifische photochemische Wirksamkeit verschiedener ultravioletter Strahlen kennen. Auch im Zusammenhang mit der Ultraviolettabsorption der in den Chromosomen vorhandenen Thymonucleinsäuren (Casperson 1936) wäre eine sorgfältige Prüfung der quantitativen und qualitativen Mutationsauslösung durch verschiedene Wellenlängen des ultravioletten Lichtes von großer Bedeutung. Solche Versuche stoßen aber auf große technische Schwierigkeiten, und Ansätze dazu wurden zunächst nur von Stadler an Mais gemacht (Stadler und Sprague 1936, 1937). In diesen Versuchen konnte festgestellt werden, daß die Ultraviolettbestrahlung in ihrer Wirksamkeit von den Röntgenstrahlen zumindest einen auffallenden Unterschied aufweist: im Gegensatz zu Röntgenstrahlen werden durch ultraviolettes Licht beim Mais nur sehr wenig Chromosomenmutationen ausgelöst. Nach Ausarbeitung der Methodik der künstlichen Besamung bei *Drosophila* (Gottschewski 1937) können weitere Versuche an freigelegten Spermien auch bei *Drosophila* mit Erfolg durchgeführt werden.

Tabelle 18. Raten geschlechtsgebundener Mutationen bei *Drosophila melanogaster* nach Behandlung von P-♂♂ mit Kurzwellen (6 m; Siemens-Röhrensender „Ultratherm"; Kondensatorplattenabstand 3,8 cm; Indicator 35 Skalenteile; Exposition intermittierend auf Drehgestell, insgesamt 202 Min., bei etwa 22 Umdrehungen pro Min.) und in unbehandelten Kontrollkreuzungen. „ClB"-Kreuzungsmethode. (Nach Pickhan, Timoféeff-Ressovsky und Zimmer 1936.)

Versuche	Zahl der F_1-F_2-Kulturen	Zahl der geschlechtsgebundenen Mutationen	Prozentsatz geschlechtsgebundener Mutationen
Kontrolle	943	2	0,21 ± 0,15
Kurzwellen	1117	2	0,18 ± 0,12

Alle bisherigen Versuche mit längeren Wellen, also sichtbarem und infrarotem Licht, Radiowellen (auch sog. Kurzwellen, Tabelle 18) und Ultraschallwellen, sowie Versuche mit elektrischem Strom und elektromagnetischem Feld sind negativ ausgefallen. Längere Wellen sind nicht mehr imstande, Mutationen zu erzeugen.

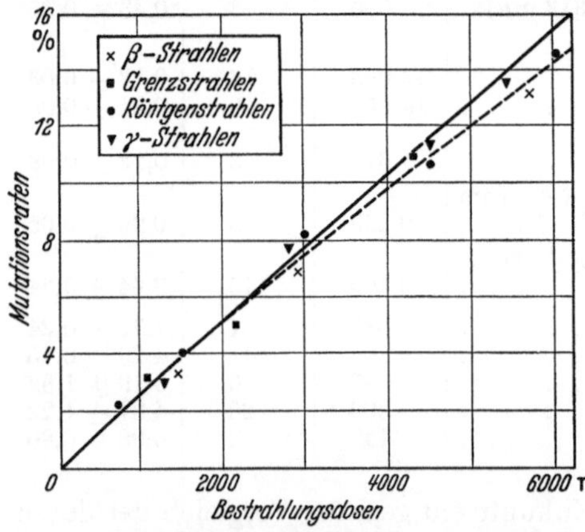

Abb. 15. Wellenlängenunabhängigkeit der mutationsauslösenden Wirkung verschiedener Strahlenarten. Vergleich der Raten geschlechtsgebundener Mutationen bei *Drosophila melanogaster* aus Versuchen mit Grenzstrahlen (sehr weiche Röntgenstrahlen, 10 kV), mittelharten Röntgenstrahlen (50—150 kV), Gammastrahlen und Betastrahlen des Radiums. (Nach Zimmer, Griffith und Timoféeff-Ressovsky 1937.)

f) Wellenlängenunabhängigkeit der mutationsauslösenden Wirkung.

Eine weitere Frage betrifft den Vergleich der mutationsauslösenden Wirkung verschiedener kurzwelliger ionisierender Strahlen. Die Dosis der ionisierenden Strahlungen wird in Ionisationseinheiten, den sog. r-Einheiten gemessen; das ermöglicht, eine vergleichbare Dosierung verschiedener ionisierender Strahlungsarten durchzuführen und somit gleiche (in r-Einheiten gemessen) Dosen verschieden harter Gamma- und Röntgenstrahlen und auch korpuskularer Strahlungen zu verabreichen.

Auf Abb. 15 ist das Ergebnis von Versuchen mit verschiedenen Strahlenqualitäten bei *Drosophila melanogaster* angeführt. Die Mutationsraten aus allen diesen Versuchen fügen sich sehr gut in dieselbe Proportionalitätskurve ein. Daraus geht hervor, daß die mutationsauslösende Wirkung der Gamma-strahlen, Röntgenstrahlen, Grenzstrahlen und Betastrahlen wellenlängen-unabhängig ist, so daß die ausgelösten Mutationsraten lediglich der in r-Ein-heiten gemessenen Dosis der betreffenden Strahlenarten proportional sind.

Auf Grund theoretischer Vorstellungen, die weiter unten entwickelt werden, schien es wahrscheinlich, daß besonders dicht ionisierende Strahlen, wie die Alphateilchen und Protonen, ein etwas abweichendes Ergebnis liefern könnten. Da Versuche mit Alphateilchen auf technische Schwierigkeiten stoßen, so wurden zum Vergleich mit Röntgenstrahlen die bei Neutronenbestrah-lung entstehenden Protonen benutzt. Nachdem eine mit der der Röntgen-strahlen vergleichbare Dosierung (in r-Einheiten) der Neutronen ausgearbeitet

wurde, wurden die durch Neutronen-bestrahlung und Röntgenbestrahlung ausgelösten Mutationsraten verglichen (TIMOFÉEFF-RESSOVSKY und ZIMMER 1938). Auf Abb. 16 ist das Ergebnis dieses Vergleiches dargestellt; die Ver-suche haben gezeigt, daß bei gleichen Dosen die Neutronen (eigentlich die durch Neutronen ausgelösten Protonen) um etwa 30—40% geringere Muta-tionsraten als die Röntgenstrahlen aus-lösen.

Es hat sich somit gezeigt, daß im Bereich von harten Gammastrahlen des Radiums bis zu sehr weichen Röntgen-strahlen (Grenzstrahlen) die mutations-auslösende Wirkung wellenlängenunab-

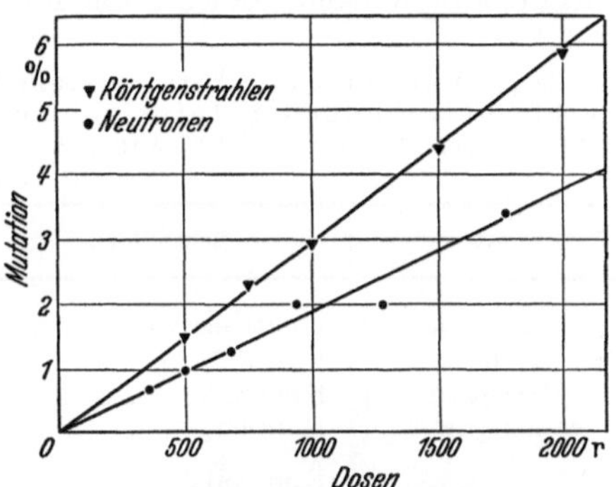

Abb. 16. Raten geschlechtsgebundener Mutationen bei *Drosophila melanogaster* nach Bestrahlung mit Röntgenstrahlen und Neutronen.
(Nach TIMOFÉEFF - RESSOVSKY und ZIMMER 1938.)

hängig ist; daß aber bei Strahlungen, die längs ihrer Bahn sehr dicht ioni-sieren, eine gewisse Herabsetzung der mutationsauslösenden Wirkung eintritt.

3. Analyse der durch Strahlung ausgelösten Mutabilität.

a) Allgemeines.

Die strahlenerzeugte Mutabilität ist, wie schon erwähnt wurde, der spon-tanen Mutabilität der betreffenden Art im wesentlichen ähnlich. Das äußert sich darin, daß dieselben Mutationstypen und -formen in beiden Fällen auf-treten, und daß man von keinen spezifischen „Röntgenmutationen" sprechen kann. Wie schon erwähnt wurde, können lediglich quantitative Unterschiede in dem relativen Anteil verschiedener Mutationstypen zwischen dem spontanen und dem strahleninduzierten Mutationsprozeß festgestellt werden. Die Tat-sache der weitgehenden Parallelität der beiden Mutationsvorgänge geht daraus besonders deutlich hervor, daß jedes Objekt nach Bestrahlung die spezifischen Züge seines eigenen spontanen Mutationsvorganges behält. Anfangs (Tabellen 1 und 2) wurde auf die Unterschiede in der Mutabilität von *Drosophila melano-gaster* und *Drosophila funebris* hingewiesen; dieselben Unterschiede bleiben auch erhalten nach Röntgenbestrahlung, bloß daß, wie vorhin schon erwähnt wurde, bei *Drosophila* nach Bestrahlung die Chromosomenmutationen relativ häufiger auftreten. Qualitative Unterschiede der Mutabilität nach Bestrahlung mit verschiedenen Dosen der gleichen Strahlung oder mit verschiedenen ionisierenden Strahlungen konnten nicht festgestellt werden.

Quantitative Vergleiche der strahleninduzierten Mutabilität bei verschiedenen Arten stoßen auf große Schwierigkeiten. Bei der Besprechung der spontanen

222 N. W. Timoféeff-Ressovsky: Allgemeines über die Entstehung neuer Erbanlagen.

Mutationsrate wurde schon darauf hingewiesen, daß eine vollständige Erfassung der Gesamtmutabilität auf unüberwindbare Schwierigkeiten stößt. Die Feststellung von Unterschieden qualitativer Art in der Mutabilität auch naher Arten läßt vermuten, daß bei verschiedenen weiter entfernten Arten die Schwierigkeiten der Erfassung der Gesamtmutabilität verschieden sein können, so daß qualitativ und quantitativ verschiedene Gruppen von Mutationen der Beobachtung entgehen könnten. Das bringt selbstverständlich einen wesentlichen Unsicherheitsfaktor in die Vergleiche der feststellbaren Mutationsraten bei verschiedenen Objekten hinein. Auf Tabelle 19 sind die Ergebnisse von Bestrahlungsversuchen an *Drosophila melanogaster*, *Drosophila simulans* und *Drosophila funebris* angeführt; bei diesen Arten sind die geschlechtsgebundenen Mutationsraten nach Bestrahlung mit gleicher Dosis annähernd gleich.

Tabelle 19. Vergleich der durch gleiche Röntgenbestrahlung ausgelösten Raten geschlechtsgebundener Mutationen bei *Drosophila simulans* und *Drosophila melanogaster* (Kossikov 1935) und bei *Drosophila funebris* und *Drosophila melanogaster* (Keller und Lüers 1937).

Art	Behandlung	Zahl der Gameten	Zahl der Mutationen	Prozentsatz der Mutationen
Drosophila simulans	Kontrolle	1446	12	0,41
	Röntgen	842	42	4,57
Drosophila melanogaster	Kontrolle	469	1	0,22
	Röntgen	1019	42	4,12
Drosophila funebris	Kontrolle	1117	3	0,27
	1500 r	1156	47	4,07
	3000 r	976	77	7,89
	6000 r	940	158	16,81
Drosophila melanogaster	Kontrolle	3058	4	0,13
	1500 r	805	34	4,23
	3000 r	619	53	8,56
	6000 r	416	65	15,62

Einen wesentlichen Unterschied in die Mutabilität auch naher Arten muß die Verdoppelung von Chromosomenstücken, ganzer Chromosomen oder gar ganzer Chromosomensätze bei der einen Art im Vergleich zu einer anderen nahen Art mit sich bringen. Bei solcher Verdoppelung werden recessive Mutationen der in den verdoppelten Genomgebieten liegenden Gene sich nicht manifestieren können, solange keine vollständige Wirkungsautonomie der verdoppelten Genpaare erreicht ist. Diese Annahme kann bei Pflanzenarten, die in ihren Chromosomenzahlen polyploide Reihen bilden, geprüft werden. Auf Tabelle 20 sind Versuche von Stadler an Hafer- und Weizenarten angeführt; diese Versuche

Tabelle 20. Durch Röntgenbestrahlung ausgelöste Mutationsraten bei Hafer- und Weizenarten mit verschiedenen Chromosomenzahlen (Stadler 1929).

Art	Haploide Chromosomenzahl	Mutationsraten nach Bestrahlung von					Mutationsrate pro Dosiseinheit
		5 Min.	10 Min.	20 Min.	30 Min.	40 Min.	
Avena brevis	7	$^0/_{266}$	$^0/_{24}$	$^2/_{51}$	$^3/_{33}$	$^0/_{12}$	4,1
„ *strigosa* . . .	7	$^2/_{444}$	$^3/_{484}$	$^1/_{101}$	$^1/_{44}$	$^2/_{38}$	2,6
„ *byzantina* . .	21	—	$^0/_{116}$	$^0/_{102}$	$^0/_{64}$	$^0/_{55}$	0
„ *sativa*	21	—	$^0/_{133}$	$^0/_{124}$	$^0/_{101}$	$^0/_{55}$	0
Triticum monococcum	7	—	$^4/_{133}$	—	—	—	10,4
„ *dicoccum* .	14	—	$^0/_{61}$	$^1/_{26}$	$^0/_{20}$	—	2,0
„ *durum* . .	14	—	$^0/_{55}$	$^3/_{237}$	$^1/_{73}$	$^2/_{79}$	1,9
„ *vulgare* . .	21	—	$^0/_{52}$	$^0/_{17}$	$^0/_{377}$	$^0/_{299}$	0

zeigen, daß die polyploiden Arten wesentlich weniger, oder auch gar keine Mutationen nach gleicher Bestrahlung ergeben.

Es ist somit zunächst gänzlich unmöglich, genaue vergleichbare Angaben über die Gesamtmutationsrate bei verschiedenen Arten zu machen. Es kann nur allgemein angenommen werden, daß einzelne Gene bei verschiedenen Arten recht große Stabilitätsunterschiede aufweisen könnten; daß aber neben Genstabilitätsunterschieden wahrscheinlich auch Manifestations- und Maskierungserscheinungen der Mutationen eine wesentliche Rolle in dem Zustandekommen von feststellbaren Mutationsunterschieden bei verschiedenen Arten spielen können.

Von Serebrovsky und seinen Mitarbeitern (1928, 1930) wurde die Frage geprüft, ob verschiedene Individuen innerhalb einer Art Unterschiede in der strahleninduzierten Mutabilität aufweisen. Es wurde berechnet, ob die Zahlen der Mutationen in der Nachkommenschaft einzelner, mit gleicher Dosis bestrahlter *Drosophila melanogaster*-Männchen von einer zufälligen statistischen Streuung solcher Zahlen wesentlich abweichen; da keine Abweichung gefunden wurde, so muß angenommen werden, daß keine individuellen Resistenzunterschiede gegenüber Mutationsauslösung vorhanden sind. Gelegentlich können vielleicht (Demerec 1938) gewisse Unterschiede in der strahlenausgelösten Mutabilität bei verschiedenen Rassen beobachtet werden; solche Unterschiede sind aber wohl nur gering und sehr selten, wie aus den auf Tabelle 21 angeführten

Tabelle 21. Durch eine Röntgendosis von 3000 r ausgelöste Raten geschlechtsgebundener Mutationen in 8 Stämmen von *Drosophila melanogaster* aus geographisch verschiedenen Gegenden. Die P-Männchen aus diesen Stämmen wurden bestrahlt und mit „ClB"-Weibchen gekreuzt, wonach in F_2 die Mutationsraten in üblicher Weise bestimmt wurden (Timoféeff-Ressovsky 1940).

Stämme aus	Zahl der geprüften X-Chromosomen	Zahl der Mutationen	Prozentsatz der Mutationen
Spanien	4163	367	8,81 ¼ 0,44
Frankreich	3283	284	8,65 ¼ 0,48
England	4336	352	8,11 ¼ 0,42
Deutschland I	4561	371	8,13 ¼ 0,41
Deutschland II	5081	422	8,31 ¼ 0,39
Rußland	4832	415	8,61 ¼ 0,40
Turkestan	3926	331	8,43 ¼ 0,44
Amerika	5274	419	7,94 ¼ 0,37
Total	35456	2961	8,35 ¼ 0,15

Ergebnissen einer Prüfung von 8 geographisch verschiedenen Stämmen von *Drosophila melanogaster* hervorgeht, die ganz negativ ausgefallen ist.

Bei der Besprechung der spontanen Mutabilität wurde schon erwähnt, daß die Mutabilität verschiedener Chromosome einfach ihrer Länge proportional ist. Auf Tabelle 22 ist das Ergebnis von Bestrahlungsversuchen an *Drosophila*

Tabelle 22. Vergleich von Mutationsraten (die durch gleiche Röntgenbestrahlung in verschiedenen Chromosomen ausgelöst wurden) mit den cytologischen Chromosomenlängen bei *Drosophila melanogaster*.

Versuche von	Chromosome von *Drosophila melanogaster*			
	1. Chromosom	2. Chromosom	3. Chromosom	4. Chromosom
Berg	8,4%	23,4%	—	0,3%
Šapiro und Serebrovskaja	8,4%	21,9%	—	—
Timoféeff-Ressovsky	9,1%	21,2%	24,2%	—
Verhältnisse der Mutationsraten	1	2,5	2,6	0,04
Verhältnisse der Chromosomenlängen:				
in der Mitose	1	1,5	1,5	0,05
in den Speicheldrüsen	1	2,2	2,4	0,06

melanogaster zusammengefaßt, die gezeigt haben, daß die Mutationsraten der einzelnen Chromosome eine gute Proportionalität zur Länge der entsprechenden Riesenchromosome in den Speicheldrüsen aufweisen; aus cytogenetischen Erfahrungen an *Drosophila* ist bekannt, daß gerade die Speicheldrüsenchromosome die relativen Längen der genhaltigen Teile der einzelnen Chromosomenpaare gut wiedergeben.

Schließlich bleibt noch die Frage nach den Raten einzelner Mutationsschritte und der Stabilität einzelner Gene zu klären. Einzelne Mutationsschritte, oder auch Gruppen leicht feststellbarer Mutationen einzelner Gene, können sehr große Unterschiede in ihren Raten aufweisen. Auf Tabelle 23 sind die Raten einzelner Mutationen bei *Drosophila melanogaster* und beim Mais angeführt,

Tabelle 23. Durch Röntgenbestrahlung ausgelöste Mutationsraten von vier verschiedenen Genen beim Mais (Stadler 1930) und von drei verschiedenen Genen bei *Drosophila melanogaster* (Timoféeff-Ressovsky 1937).

Art	Gene	Zahl der Gameten	Zahl der Mutationen	Mutationsraten in $^0/_{00}$
Zea mais	R	554 800	273	0,492
	J	265 400	28	0,106
	Pr	647 100	7	0,011
	Sh	2 469 300	3	0,001
Drosophila melanogaster	W → w	69 500	28	0,403
	F → f	43 000	11	0,256
	P → p	52 000	1	0,019

die sich größenordnungsmäßig unterscheiden lassen. Auch innerhalb multipler Allelenreihen können verschiedene Mutationsschritte wesentliche Unterschiede in ihren Raten nach gleicher Bestrahlung aufweisen. Auf Tabelle 24 sind quanti-

Tabelle 24. Vergleich verschiedener, durch gleiche Röntgenbestrahlung (etwa 5000 r) erzeugter Mutationsraten innerhalb der multiplen *white*-Allelenreihe von *Drosophila melanogaster*. (Nach Timoféeff-Ressovsky 1932.)

Mutationen	Zahl der Gameten	Zahl der Mutationen	Mutationsraten in $^0/_{00}$	Differenz der Mutationsraten
Alle direkten Mutationen .	136 000	63	$0,463 \pm 0,061$	$0,432 \pm 0,062$
Alle Rückmutationen . .	190 000	6	$0,031 \pm 0,013$	
$W \rightarrow w^x$	48 500	37	$0,763 \pm 0,125$	$0,708 \pm 0,128$
$w \rightarrow w^x$	54 000	3	$0,055 \pm 0,032$	
$W \rightarrow w$	48 500	25	$0,515 \pm 0,102$	$0,264 \pm 0,106$
$w^x \rightarrow w$	87 500	22	$0,251 \pm 0,056$	
$w^e \rightarrow w^{-e}$	72 000	22	$0,306 \pm 0,064$	$0,266 \pm 0,069$
$w^e \rightarrow w^{+e}$	72 000	3	$0,040 \pm 0,024$	
$W \rightarrow w^x$	48 500	37	$0,763 \pm 0,125$	$0,393 \pm 0,136$
$w^{e-co} \rightarrow w^x$	73 000	27	$0,370 \pm 0,071$	
$w^{-bf} \rightarrow w^x$	68 500	5	$0,073 \pm 0,032$	$0,297 \pm 0,078$

tative Angaben über die Mutabilität innerhalb der white-Allelenreihe von *Drosophila melanogaster* angeführt. Und die Tabelle 25 zeigt das Material über Auslösung von Mutationen der normalen Allele der white-Serie aus zwei verschiedenen Stämmen von *Drosophila melanogaster*; diese Versuche zeigten, daß die zwei äußerlich nicht unterscheidbaren „normalen" Allele nach gleicher Bestrahlung Mutabilitätsunterschiede aufweisen, und somit in ihrer Struktur verschieden sein müssen.

Tabelle 25. Durch gleiche Röntgenbestrahlung ausgelöste Gesamtmutationsraten der normalen Allele der white-Serie von *Drosophila melanogaster* aus einem
amerikanischen (W^A) und einem russischen (W^R) Stamm, sowie der W-Allele
des einen Stammes in dem übrigen Genom des anderen. Männchen wurden
mit etwa 5000 r mittelharter Röntgenstrahlen bestrahlt und mit $\widehat{XX}$Y-Weibchen
gekreuzt. (Nach Timoféeff-Ressovsky 1932a und späteren Versuchen.)

Stämme	Zahl der geprüften X-Chromosomen	Zahl der Mutationen	Prozentsatz der Mutationen
W^A in eigenem Stamm	61 200	56	0,091
W^R in eigenem Stamm.	68 000	35	0,051
W^A in russischem Stamm	28 200	28	0,100
W^R in amerikanischem Stamm . . .	26 100	14	0,054
W^A total	89 400	84	0,094 ± 0,010
W^R total	94 100	49	0,052 ± 0,007

$$\text{Diff}_{W^A-W^R} = 0,042 \pm 0,012.$$

b) Auslösung von Chromosomenmutationen.

Die in den Abschnitten 2 und 3a erwähnten Versuche bezogen sich fast
ausschließlich auf Gen- oder Punktmutationen. Chromosomenmutationen, d. h.
Umgruppierungen von Stücken eines oder mehrerer Chromosome, die auf
mindestens zwei Chromosomen-
brüchen beruhen, zeigen ein etwas
abweichendes Verhalten.

Am Anfang des Abschnittes 3a
wurde erwähnt, daß zwischen
dem spontanen und strahleninduzierten Mutationsprozeß ein weitgehender Parallelismus besteht.
Der einzige bisher feststehende
Unterschied bezieht sich darauf,
daß nach Bestrahlung relativ
mehr Chromosomenmutationen
auftreten. Es sind zwar auch aus
dem spontanen Mutationsprozeß
von *Drosophila* sämtliche Typen
von Chromosomenmutationen bekannt; sie sind aber im Verhältnis
zu der Rate der Punktmutationen
sehr selten. Nach Röntgenbestrahlung dagegen ist die Rate
der Chromosomenmutationen zwar
immer noch geringer als die der

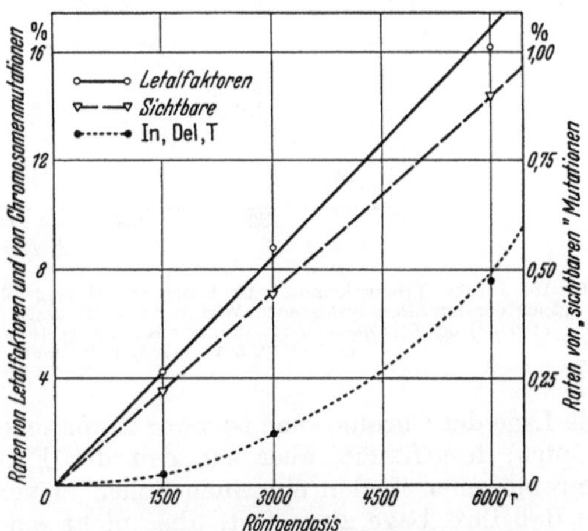

Abb. 17. Graphische Darstellung der direkten Proportionalität zur Röntgenbestrahlungsdosis der letalen und sichtbaren geschlechtsgebundenen Mutationen und der quadra-
tischen Dosisproportionalität der Aberrationen des X-Chromosoms (Inversionen, Deletionen und Translokationen) bei
Drosophila melanogaster. (Nach Timoféeff-Ressovsky 1939.)

Punktmutationen, aber relativ zu ihrem Anteil im spontanen Mutationsprozeß
wesentlich höher.

Chromosomenmutationen verhalten sich auch anders als die Punktmutationen
in bezug auf die Bestrahlungsdosis. Für Punktmutationen gilt, wie wir vorhin
gesehen haben, eine direkte Proportionalität der ausgelösten Mutationsraten
zu den Bestrahlungsdosen. Die bisher von verschiedenen Autoren durchgeführten Versuche über Auslösung verschiedener Typen von Chromosomenmutationen ergeben dagegen den Anfang einer S-förmigen Kurve (Bauer
1939, Bauer, Demerec und Kaufmann 1938, Belgovskij 1937, Sax 1938,
1939, Timoféeff-Ressovsky 1939). Die Chromosomenmutationsraten steigen
quadratisch oder fast quadratisch mit der Dosis an. Auf Abb. 17 ist die

Dosisproportionalität der Chromosomenmutationen im X-Chromosom von *Drosophila melanogaster* mit denen der letalen und sichtbaren geschlechtsgebundenen Punktmutationen verglichen.

Da sämtliche feststellbaren Chromosomenmutationen auf mindestens zwei Chromosomenbrüchen beruhen, so ist dieses Ergebnis auch nicht verwunderlich; die Chromosomenbrüche treten wohl mehr oder weniger unabhängig voneinander auf, so daß die endgültigen Chromosomenreorganisationen als Kombination von unabhängig entstandenen Fragmenten angesehen werden kann. Dieses Zufallsspiel wird allerdings wahrscheinlich etwas dadurch eingeschränkt, daß die gegenseitige Lage der einzelnen Chromosome eine gewisse Rolle spielen muß;

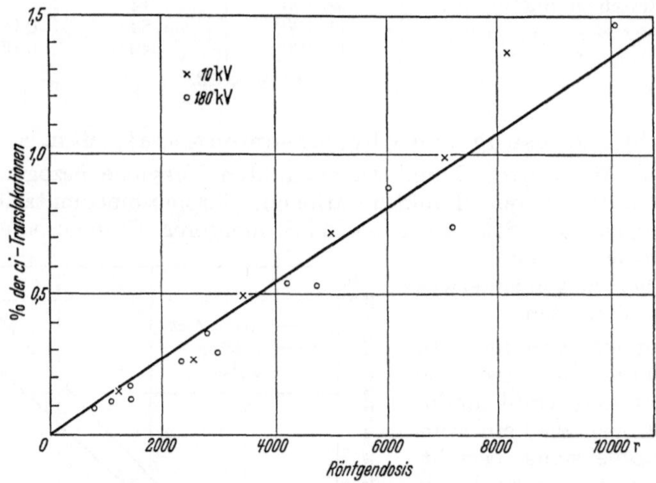

Abb. 18. Direkte Proportionalität der Raten von ci-Translokationen zu den Röntgenbestrahlungsdosen und Vergleich der mutationsauslösenden Wirkung von Grenzstrahlen (10 kV) und mittelharten Röntgenstrahlen (180 kV) bei *Drosophila melanogaster*; zusammengestellt nach Versuchsergebnissen von Khvostova und Gavrilova (1935, 1938) und von Eberhardt (1939).

die Lage der Chromosome ist zwar in manchen Zellarten (z. B. in den Spermienköpfen) fest fixiert, aber zur Zeit der Fixierung befinden sich die einzelnen Chromosomen in den einzelnen Zellen in verschiedener gegenseitiger Lagerung, so daß ihre Lage zwar fest, aber nicht eindeutig fixiert ist.

In gewissen Fällen kann durch Benutzung spezieller Kreuzungsanordnungen bei *Drosophila melanogaster* die Aufmerksamkeit auf einen Bruch eines bestimmten Chromosoms gerichtet werden und der zweite Bruch, der zu der endgültigen Chromosomenmutation führt, vernachlässigt werden (Bauer und Weschenfelder 1938, Eberhardt 1939). In diesen Fällen kann man in Bestrahlungsversuchen die Dosisproportionalität eines Ein-Bruch-Geschehens verfolgen. An Translokationen zwischen dem vierten und den anderen Chromosomen von *Drosophila melanogaster*, die zum Positionseffekt des Locus ci (cubitus interruptus) führen, wurden ausgedehnte Röntgenbestrahlungsversuche mit verschiedenen Dosen und verschiedenen Wellenlängen durchgeführt (Khvostova und Gavrilova 1935, 1938, Eberhardt 1939). Das Ergebnis dieser Versuche ist auf Abb. 18 dargestellt. Aus der Abbildung geht klar hervor, daß *ein Chromosomenbruch* eine direkte Proportionalität zur Bestrahlungsdosis und eine Wellenlängenunabhängigkeit zeigt. Die Erzeugung eines Chromosomenbruches durch ionisierende Strahlung ist somit der Auslösung einer Punktmutation ähnlich.

Schließlich muß noch erwähnt werden, daß, wiederum im Gegensatz zu den Punktmutationen, die Chromosomenmutationen zeitfaktorabhängig sind. Sowohl in Versuchen von SAX (1939) an Pflanzen als auch in den Versuchen von EBERHARDT (1939) an *Drosophila* wurde festgestellt, daß die Rate der ausgelösten Translokationen von der Verdünnung bzw. Fraktionierung der Bestrahlungsdosis abhängig ist. Dieses kann nur so interpretiert werden, daß die erzeugten Chromosomenbruchstücke eine begrenzte Verweilzeit haben, vor deren Ablauf die Reorganisation der Chromosomen erfolgen muß.

Im allgemeinen sind die Erfahrungen über Auslösung von Chromosomenmutationen noch recht gering, so daß zunächst keine endgültigen Ansichten über ihr Zustandekommen geäußert werden können. Als vorläufige Arbeitshypothese kann aber angenommen werden, daß: 1. die Chromosomenmutationen auf Rekombinationen unabhängig voneinander entstandener Chromosomenbruchstücke beruhen, und 2. die Strahlenauslösung eines einzelnen Chromosomenbruches der einer Punktmutation in manchen Hinsichten ähnlich ist.

Wir wollen jetzt kurz die *wesentlichsten Ergebnisse der Strahlengenetik zusammenfassen.* Sie können folgendermaßen formuliert werden:

Kurzwellige und korpuskulare ionisierende Strahlungen üben einen allgemeinen Einfluß auf die Mutabilität insofern aus, als durch diese Strahlungen die Rate sämtlicher bekannter Mutationstypen bei sämtlichen daraufhin geprüften Objekten wesentlich erhöht wird. Dabei übt die Strahlung einen direkten Einfluß auf die Chromosomen aus. Verschiedene Gewebe, physiologische Zustände, Entwicklungsstadien und auch einige Außenfaktoren können die strahlenausgelöste Mutationsrate in gewissem Umfang beeinflussen.

Die strahlenausgelösten Mutationsraten sind den Bestrahlungsdosen direkt proportional und unabhängig von der Intensität der zeitlichen Verteilung der applizierten Dosis. Es ist somit kein Schwellenwert vorhanden, unter dem die Strahlung wirkungslos bleibt.

Im Bereich von harten Gammastrahlen bis zu Grenzstrahlen und den Betastrahlen des Radiums ist die mutationsauslösende Wirkung wellenlängenunabhängig. Bei sehr dicht längs ihrer Bahn ionisierenden Korpuskularstrahlen ist die mutationsauslösende Wirkung gleicher Dosen etwas geringer als bei härteren Wellenstrahlungen. Die ultravioletten Strahlen sind ebenfalls noch wirksam, mit längeren Wellen können aber keine Mutationen mehr ausgelöst werden.

Der durch ionisierende Strahlungen ausgelöste Mutationsvorgang ist qualitativ dem spontanen im wesentlichen ähnlich. Verschiedene Gene scheinen recht große Stabilitätsunterschiede zu haben, was sicherlich für verschiedene einzelne Mutationsschritte gilt. Größere Abschnitte des Genoms, z. B. einzelne Chromosome, haben aber Mutationsraten, die einfach ihren Längen proportional sind. Individuelle Resistenzunterschiede gegenüber der mutationsauslösenden Strahlenwirkung scheinen nicht vorhanden zu sein. Quantitative Vergleiche der Mutabilität bei verschiedenen Arten stoßen auf große Schwierigkeiten und können zunächst noch nicht mit genügender Exaktheit durchgeführt werden.

4. Physikalische Analyse des Mutationsvorganges.

Die Anwendung der Bestrahlung zur Mutationsauslösung ergibt nicht nur eine starke Steigerung der Mutationsraten, sondern auch die Möglichkeit, einen Einblick in den Mechanismus des Mutationsvorgangs zu tun (TIMOFÉEFF-RESSOVSKY 1937, 1939). Letzteres ist deshalb möglich, weil im Gegensatz zu vielen anderen Außenfaktoren die kurzwellige Strahlung an allen Stellen des durchstrahlten Materials Energie in physikalisch wohldefinierter Form dem bestrahlten Stoff abgibt. Es kann deshalb versucht werden, sich begründete Vorstellungen über den Mechanismus der Mutationsentstehung zu bilden, woraus später auch Konsequenzen in bezug auf die Struktur der Gene und Chromosome gezogen werden könnten. Wir wollen hier kurz einige Ansätze zu einer derartigen Analyse bringen, wobei aber besonders betont werden soll, daß man auf diesem interessanten und wichtigen Gebiete zunächst noch zu keinen abschließenden und endgültigen Anschauungen gelangen kann.

Auf Abb. 19 ist schematisch der physikalische Vorgang der Energieabgabe eines eingestrahlten Quants an das durchstrahlte leichtatomige Material (z. B. Gewebe) dargestellt. Für unsere weiteren Überlegungen ist folgendes dabei

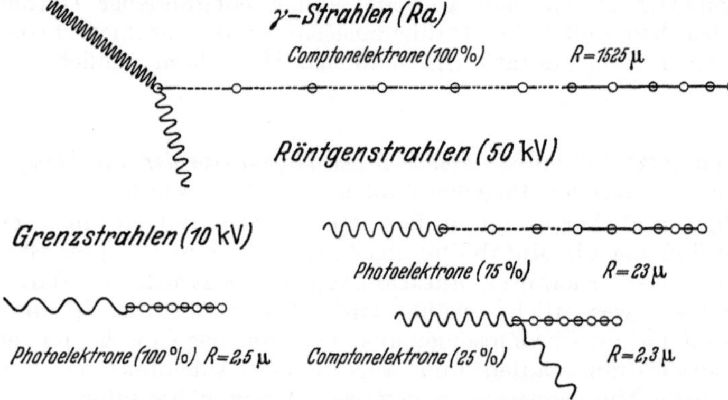

Abb. 19. Schematische Darstellung der Elementarvorgänge bei der Absorption der Energie der Quanten ionisierender Strahlungen in leichtatomigem Material. R = mittlere Reichweite der Sekundärelektronen; durchstrichener Kreis = Ionisation eines Atoms; Kreis = Atomanregung; wellige Linien = Quanten verschiedener Härte.

wichtig. Die Enregieabgabe erfolgt diskontinuierlich. Von der Wellenlänge der Strahlung hängt zweierlei ab: 1. sind bei harten Strahlen die Reichweiten der Sekundärelektrone und die Gesamtzahlen der Ionisationen und Anregungen von Atomen pro Sekundärelektron und Quant größer als bei weichen Strahlen; und 2. ist bei weicheren Strahlen die zeitliche und räumliche Dichte der Ionisationen längs der Bahn des Sekundärelektrons höher. Die Energie einer Ionisation ist annähernd konstant; da die Gesamtzahl der Ionisationen pro Sekundärelektron und Quant mit Härte der Strahlung steigt, so ist die Energie härterer Quanten größer als die der weichen, und daraus geht hervor, daß man bei gleicher Dosis desto weniger Quanten hat, je härter die Strahlung ist.

Auf den physikalischen Vorstellungen über die Energieabgabe durch ionisierende Strahlungen beruht das *Trefferprinzip der biologischen Strahlenwirkung*. Das Trefferprinzip besagt, daß die Strahlenwirkung (wegen der diskontinuierlichen Natur der Energieabgabe) mit einem Beschießen des betreffenden Stoffes verglichen werden kann. In den Fällen, wo die biologische Reaktion in wohldefinierte Reaktionseinheiten eingeteilt werden kann (z. B. Tötung von Zellen oder Auslösung von Mutationen), kann somit die Frage nach Zahl und Art der zur Auslösung einer Reaktionseinheit nötigen Treffer gestellt werden.

Die Zahl der zur Auslösung einer Reaktionseinheit nötigen Treffer wird aus der Dosisproportionalitätskurve berechnet (Blau und Altenburger 1922, Timoféeff-Ressovsky und Zimmer 1935). Einer direkten Dosisproportionalität entspricht dabei die Trefferzahl 1. Da, wie wir gesehen haben, die strahleninduzierten Mutationsraten den Bestrahlungsdosen direkt proportional sind, so *wird also zur Auslösung einer Mutation ein Treffer benötigt.*

Etwas schwieriger ist die Frage nach der Art des Treffers. Auf Abb. 20 ist schematisch dargestellt, daß drei Vorgänge als Treffer betrachtet werden könnten: die Absorption der ganzen Energie eines Quants (1), der Durchgang eines Sekundärelektrons durch ein bestimmtes Volumen (empfindliches Volumen), in dem die Reaktion erfolgen muß und in dem das Sekundärelektron die Energie mehrerer Ionisationen und Anregungen hinterläßt (2) und schließlich eine einzelne Ionisation bzw. Anregung (3). Zwischen diesen Möglichkeiten kann experimentell auf Grund von Versuchen mit verschiedenen Wellenlängen entschieden werden. Sollte die erste Annahme über die Art des Treffers richtig sein, so müßten harte Strahlen weniger wirksam als weiche sein, denn bei gleicher Dosis ist bei den ersteren die Zahl der Quanten wesentlich geringer. Für die Mutationsrate trifft das, wie wir vorhin gesehen haben, nicht zu (Abb. 15).

Die Prüfung der zweiten Annahme ist etwas schwieriger; wir wollen deshalb auf die Einzelheiten hier nicht eingehen und auf Spezialarbeiten verweisen (Timoféeff-Ressovsky und Zimmer 1935, Timoféeff-Ressovsky, Zimmer und Delbrück 1935, Timoféeff-Ressovsky 1937, 1939). Eine entsprechende Analyse zeigt, daß bei Anwendung verschiedener Wellenlängen sich bei Annahme (2) entweder ein Unterschied in der Wirksamkeit, oder in der Form der Proportionalitätskurve ergeben müßte.

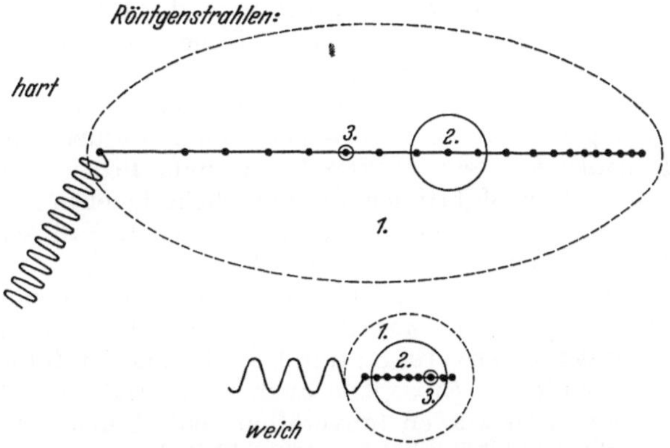

Abb. 20. Schematische Darstellung von 3 theoretisch denkbaren Annahmen über die Art des Treffers. 1. Der Treffer besteht in der Absorption der ganzen Energie eines Quants; 2. Der Treffer besteht in dem Durchdringen eines bestimmten Volumens durch ein Sekundärelektron, wobei letzteres in diesem Volumen die Energie mehrerer Ionisationen hinterläßt. 3. Der Treffer ist eine einzige Ionisation.

Wie aus Abb. 15 zu ersehen ist, trifft das ebenfalls für die Mutationsrate nicht zu. Es bleibt die Annahme (3), die den experimentellen Befunden voll entspricht. *Als Treffer muß somit eine Ionisation* (oder höchstens nur sehr wenige) *angesehen werden.*

Der physikalische Vorgang, der zur Auslösung einer Mutation führt, besteht also darin, daß in unmittelbarer Nähe der zu ändernden Stelle ein Atom ionisiert wird. Auf Grund der Kenntnis der Raten einzelner Mutationsschritte und der zu ihrer Auslösung benötigten Strahlendosen, kann in gewisser Annäherung *der Treffbereich*, also das Volumen, in dem die vorhin erwähnte Ionisation erfolgen muß, um die betreffende Mutation mit Sicherheit auszulösen, berechnet werden. Für derartige Berechnungen ist aber zunächst noch recht wenig Material vorhanden, so daß Treffbereiche nur in erster Annäherung (Minimalgrößen der Treffbereiche) und nur für einige wenige Mutationen von *Drosophila* bisher berechnet werden konnten (Timoféeff-Ressovsky und Delbrück 1936). Diese Berechnungen ergaben Werte von 100 bis über 1500 Atome pro Treffbereich. Es sei bemerkt, daß die Größe des Treffbereiches nichts mit der Gengröße zu tun zu haben braucht; wahrscheinlich ist sie meistens kleiner als die letztere.

Auf Grund der durchgeführten Analysen kann man folgendes *Modell des strahleninduzierten Mutationsmechanismus* entwerfen. Die Mutation besteht in einer Änderung, die dadurch ausgelöst wird; daß in der Nähe der sich ändernden Stelle (im Treffbereich) Energie in Form einer Ionisation absorbiert wird; diese Energie wird an die sich ändernde Stelle geleitet, wodurch die Änderung des betreffenden Allels zustande kommt. Auf Grund der bisherigen Kenntnisse über die photochemische Wirkung von Röntgen- und Radiumstrahlen und des Vorkommens von Rückmutationen ist es wahrscheinlich, daß *die Änderung die Struktur eines wohldefinierten Atomverbandes (Molekül, Micelle, Krystall, Kolloidteilchen) betrifft*. Ein Chromosomenbruch, der (in Kombination mit einem anderen Bruch) zu einer Chromosomenmutation führen kann, könnte in grundsätzlich gleicher Weise erfolgen, indem die Lösung von Bindungen der Längsstruktur der Chromosomenmicellen zwischen zwei „genischen" Stellen durch die in einem passenden Treffbereich erfolgte Ionisation induziert wird; letzteres kann mit oder ohne Veränderung der benachbarten „genischen" Stellen geschehen (Timoféeff-Ressovsky 1939).

Aus dieser Vorstellung können gewisse Konsequenzen gezogen werden, die zum Teil experimentell prüfbar sind (Timoféeff-Ressovsky, Zimmer und Delbrück 1935). Eine dieser Konsequenzen betrifft den Mechanismus der spontanen Mutabilität. Da wir gesehen haben, daß eine weitgehende qualitative Übereinstimmung zwischen dem spontanen und strahleninduzierten Mutationsvorgang besteht, so muß angenommen werden, daß in beiden Fällen ähnliche Mechanismen dem Mutieren zugrunde liegen. Die ursprüngliche Annahme, daß spontane Mutationen auf natürliche Quellen ionisierender Strahlung zurückgeführt werden könnten, trifft auf jeden Fall als eine allgemeine Erklärung nicht zu; denn Berechnungen haben gezeigt, daß die Dosis der natürlichen Strahlung etwa 500 bis 1500mal zu schwach ist, um die spontane Mutationsrate von *Drosophila melanogaster* auszulösen (Muller und Mott-Smith 1930, Timoféeff-Ressovsky 1931); durch Änderung der Intensität der kosmischen Strahlung konnte bei *Drosophila* auch keine Änderung der spontanen Mutationsrate hervorgerufen werden (unveröffentlichte Versuche). Es kann aber die Annahme gemacht werden, daß der größte Teil der spontanen Mutationen keiner besonderen Auslösungsfaktoren bedarf und lediglich der Ausdruck der beschränkten Stabilität aller chemischen Strukturen (Moleküle) ist, die von der Bindungsstärke der Atome im Molekül und den ständig vorhandenen, zufällig fluktuierenden sog. Temperaturschwingungen der Atome gegeneinander abhängt. Sollte das der Fall sein, so müßten die spontanen Mutationen denselben Regeln wie die Stabilität aller chemischen Moleküle folgen, nämlich zeitproportional und temperaturabhängig sein. Wie wir vorhin gesehen haben (Tabellen 3, 4 und 5), ist das auch der Fall; dabei zeigte die spontane Mutationsrate einen recht hohen Temperaturquotienten, der gerade für stabile Strukturen charakteristisch ist, zu denen ja die Gene auf Grund ihrer geringen spontanen Mutationsraten gerechnet werden müssen (Timoféeff-Ressovsky, Zimmer und Delbrück 1935). Es scheinen die gewonnenen Tatsachen mit dieser Konsequenz aus dem entworfenen Modell des Mutationsvorganges übereinzustimmen.

Eine weitere Konsequenz besteht darin, daß, falls man als Grundvorgang bei der Auslösung von Mutationen durch Strahlung einen Treffer in Form einer Ionisation annimmt, bei sehr dicht längs ihrer Bahn ionisierenden Korpuskularstrahlungen, wegen des „nutzlosen" Hineintreffens vieler Ionisationen in denselben Treffbereich und des dadurch bedingten „Sättigungseffektes", die Wirksamkeit solcher Strahlungen bei gleichen Dosen geringer als die der Röntgenstrahlen sein müßte. Das trifft auch, wie wir früher gesehen haben, zu (Abb. 16; Timoféeff-Ressovsky und Zimmer 1938).

Aus den eben angedeuteten Vorstellungen über den Mutationsmechanismus wird man auch gewisse Konsequenzen in bezug auf die Genstruktur ziehen können. Sie zu konkretisieren, ist aber zunächst verfrüht; denn eine begründete

Theorie über die Genstruktur muß, neben bestimmten Eigenschaften des Genmutierens, auch einer Reihe von Eigenschaften der Genwirkung und der Genvermehrung genügen. Auf diesen letzteren Gebieten verfügen wir aber zunächst noch über zu wenig gut begründete Anschauungen über die betreffenden Primärvorgänge. Es muß nur mit großer Wahrscheinlichkeit behauptet werden (Timoféeff-Rossovsky, Zimmer und Delbrück 1935, Timoféeff-Ressovsky 1939) daß die Gene (oder vielleicht auch ganze Chromosome) einzelne physikochemische Struktureinheiten darstellen (große Moleküle, Micellen, oder krystallartige Strukturen).

Wie anfangs erwähnt, kann der bisherige Versuch einer biophysikalischen Analyse des Mutationsvorganges zunächst nur den Anfang eines exakten naturwissenschaftlichen Angriffs auf das Genproblem bedeuten. In absehbarer Zeit wird hoffentlich eine wesentliche Ergänzung und Unterstützung dieses Arbeitsgebietes von seiten der modernen Virusforschung erfolgen können, da bei den chemisch rein darstellbaren Viren eine biologische Elementarstruktur mit denselben grundsätzlichen Definitionseigenschaften wie das Gen (konvariante Reduplikationsfähigkeit und spezifische Wirkung) wesentlich leichter als die Gene in vitro untersucht werden kann.

V. Auslösung von Mutationen durch Temperatur und Chemikalien.

Es wurden neben kurzwelligen Strahlungen auch verschiedene andere Außenfaktoren zur experimentellen Mutationsauslösung benutzt. Ein so ausgesprochener Effekt auf die Mutationsrate wie bei Bestrahlung konnte aber mit keinem anderen Außenfaktor erzielt werden. Es sind überhaupt bisher die meisten Mutationsauslösungsversuche, in denen abnorm hohe oder tiefe Temperaturen, oder Chemikalien als auslösende Faktoren benutzt wurden, mehr oder weniger negativ ausgefallen. Auf Grund der vorher entwickelten Vorstellungen über den Mutationsvorgang sollte man erwarten, daß auch eine Reihe chemischer Faktoren, falls sie in unmittelbare Nähe der Gene gelangen, fähig sein sollten, die Mutabilität zu beeinflussen. Bei chemischen Faktoren müßte man auch erwarten, daß, im Gegensatz zur allgemeinen, undifferenzierten Wirkung der Strahlen, man hier eventuell spezifisch selektive Mutationsauslösung erzielen könnte. Die Schwierigkeit liegt wohl aber darin, daß, im Gegensatz zu den überall gleichsinnig durchdringenden kurzwelligen Strahlungen, es sehr schwierig ist, chemische Änderungen der unmittelbaren Genumgebung experimentell zu erzeugen. Darauf beruhen wohl die unsicheren, schwankenden und quantitativ unzureichenden Ergebnisse der weiter zu beschreibenden Versuche.

1. Temperaturversuche.

Wir wollen hier nicht die vorhin schon behandelte normale Temperaturreaktion der spontanen Mutationsrate besprechen, sondern solche Versuche, in denen die Wirkung von Temperaturshocks, d. h. kurzen, aber außerhalb des normalen Toleranzbereichs der Art liegenden Erhöhungen bzw. Herabsetzungen der Temperatur, zur Mutationsauslösung benutzt wurden. Einige alte, noch aus der Vorkriegszeit stammende Versuche an Schmetterlingen lassen wir aus den im zweiten Abschnitt erwähnten Gründen weg. In neuerer Zeit wurde die Methode der Temperaturshocks zur Auslösung von Mutationen erstmalig von Muller (1928) bei *Drosophila melanogaster* angewandt. Es wurde in diesen Versuchen eine geringe, statistisch aber nicht ganz gesicherte Erhöhung der spontanen Mutationsrate erzielt. Zu gleichen Ergebnissen führten auch ungefähr gleichzeitig durchgeführte unveröffentlichte Versuche von Timoféeff-Ressovsky. Danach wurden von Goldschmidt (1929) und von Jollos (1930, 1931), ebenfalls an *Drosophila*, Versuche durchgeführt, in denen ältere Larven mit Temperaturshocks von 35°—38° C 10—20 Stunden lang behandelt wurden. Diese Autoren fanden, daß durch Temperaturshocks Mutationen en masse erzeugt werden, daß die Temperaturwirkung anscheinend insofern spezifisch ist, als vorwiegend bestimmte Mutationsformen ausgelöst werden, und daß (Jollos) durch Temperatur gerichtete Mutationsschritte vom normalen Ausgangstyp zu immer stärker abweichenden Allelen erzeugt werden können. Da in diesen Versuchen eine Reihe von allgemein interessanten Problemen angeschnitten wurden, so wurden sie von verschiedenen Autoren (Demereo, Ferry, Redfield, Rokizky, Sturtevant) nachgeprüft. Alle Nachprüfungen sind insofern negativ verlaufen, als die Ergebnisse ähnliches wie die vorhin erwähnten Versuche von Muller, nämlich lediglich eine ganz geringe Steigerung der spontanen Mutationsrate zeigten. Sehr ausführliche Temperaturshockversuche an *Drosophila* wurden von Plough und Ives und von Buchmann und Timoféeff-Ressovsky durchgeführt. In diesen Versuchen konnten die Schlußfolgerungen von Goldschmidt und Jolles ebenfalls nicht bestätigt werden; die Behandlung mit Temperaturshocks ruft lediglich eine geringe Steigerung der Mutationsrate hervor, die in der Größenänderung einer 2—3 fachen Erhöhung der spontanen Rate liegt. Auf Tabelle 26 sind solche Versuche zusammengefaßt. Ähnliches scheinen auch tiefe Temperaturshocks zu erzeugen (Gottschewski 1934, Birkina 1938.) An Pflanzen konnte durch Temperaturshocks die Mutationsrate bisher auch nicht wesentlich gesteigert werden.

Tabelle 26. Versuche über Auslösung geschlechtsgebundener Mutationen durch Temperaturshocks bei *Drosophila melanogaster* und Vergleich der mutationsauslösenden Wirkung von Temperaturshocks und Röntgenstrahlen. (Nach Buchmann und Timoféeff-Ressovsky 1936.)

Versuche	Behandlung	Zahl geprüfter Gameten	Zahl geschlechtsgebundener Mutationen	Prozentsatz geschlechtsgebundener Mutationen	$\mathrm{Diff.}_{1-4} \pm m_{\mathrm{Diff.}}$
Über geschlechtsgebundene Letalfaktoren („ClB")	Kontrolle . .	6 495	10	0,154 ± 0,048	
	P-♂♂ Temperaturshocks	4 635	19	0,410 ± 0,093	0,137 ± 0,069
	P-♀♀ Temperaturshocks	7 052	15	0,213 ± 0,054	
	Total behandelt .	11 687	34	0,291 ± 0,049	
	P-♂♂ röntgenbestrahlt (3000 r)	619	53	8,560 ± 1,120	
Über geschlechtsgebundene sichtbare Mutationen („attached X")	Kontrolle . .	84 015	8	0,0095 ± 0,0033	
	P-♂♂ Temperaturshocks	88 198	17	0,0193 ± 0,0046	0,0088 ± 0,0047
	P-♀♀ Temperaturshocks	64 300	11	0,0171 ± 0,0051	
	Total behandelt .	152 498	28	0,0183 ± 0,0034	
	P-♂♂ röntgenbestrahlt (3000 r)	8 598	25	0,2675 ± 0,0552	

Durch Temperaturshocks kann somit höchstens eine ganz geringe Steigerung der spontanen Mutationsrate erzielt werden. Trotzdem liegt wohl diese Erhöhung außerhalb der Grenzen der normalen Temperaturabhängigkeit der Mutationsrate; man könnte vielleicht annehmen, daß Temperaturshocks auf dem Umwege allgemeiner physiologischer Störungen im Organismus eine gewisse chemische Beeinflussung der Gene ausüben können.

2. Beeinflussung durch Chemikalien.

Wie schon früher erwähnt wurde, gehören Versuche, Erbänderungen durch chemische Beeinflussung zu erzeugen, zu den ältesten Mutationsauslösungsversuchen. Die älteren Versuche, sowie die ganze Reihe von Alkoholbehandlungsversuchen, führten aber zu keinen gesicherten Ergebnissen. Negativ sind auch Versuche von MORGAN (1914) und von MANN (1923), bei *Drosophila* durch Äther, Alkohol, Chinin, Morphium, Methylenblau, Blei, Lithium, Kupfer und Arsen die Mutabilität zu beeinflussen, verlaufen. Die Versuche von HARRISON und GARRET (1926), in denen bei *Selenia bilunaria* durch Blei und Mangan angeblich in höherem Prozentsatz melanistische Mutationen erzeugt wurden, enthalten eine Reihe methodischer Fehler. Negativ verlaufende Nachprüfungen und die Tatsache, daß melanistische Mutationen in hoher Konzentration in *Selenia*-Populationen vorkommen, lassen es als wahrscheinlich erscheinen, daß es sich in diesen Versuchen um das Herausspalten schon vorhandener recessiver Mutationen handelte. An Pflanzen wurden von STADLER (1928) Versuche über Beeinflussung der Mutationsrate durch Behandlung der Samen mit Schwermetallsalzen durchgeführt. Das Ergebnis war negativ. In großem Maßstabe an *Antirrhinum* angesetzte Versuche über Behandlung der Samen mit verschiedenen Chemikalien (BAUR 1936, 1932; STUBBE 1930, 1934) sind zum größten Teil ebenfalls negativ verlaufen. Von STUBBE werden jetzt Versuche über Beeinflussung der Mutabilität einzelner Gene durch verschiedene Chemikalien fortgesetzt; das Ergebnis scheint positiv zu sein, diese Versuche sind aber noch nicht ganz abgeschlossen. Positive Ergebnisse scheinen die noch nicht ganz abgeschlossenen Versuche von STUBBE und DÖRING über Behandlung des Nährbodens zu ergeben.

MULLER (1928, 1930) hat *Drosophila* mit subletalen Konzentrationen von Bleiacetat, Arsen, Magnesiumchlorid und Janusgrün im Futter mit negativem Erfolg behandelt. Ebenso negativ verliefen die Versuche von MEDVEDEV (1934), der *Drosophila* Schwermetallsalze verfütterte und injizierte. In letzter Zeit scheint es aber einer Reihe von Autoren zu gelingen, in großen Versuchsserien die Mutationsrate von *Drosophila* durch verschiedene chemische Behandlungsweisen (vor allem Ammoniak, Bleinitrat, Kaliumpermanganat, Kupfersulfat und Jod) etwas zu steigern. Diese Versuche sind auf Tabelle 27 zusammengefaßt. In allen positiv verlaufenden Versuchen ist aber die Steigerung der Mutationsrate nur sehr gering.

Tabelle 27. Versuche über den Einfluß von Chemikalien auf die Rate geschlechtsgebundener Mutationen bei *Drosophila melanogaster* nach Behandlung befruchteter Eier, Larven, oder Imagines (subletale Dosen, verabreicht durch Eintauchen, Verfüttern, Inhalationen oder Injektion).

Behandlungsart und Autor	Zahl der F_2-Kulturen	Zahl der Mutationen	Prozentsatz der Mutationen
Dest. Wasser (LOBASCHOW 1937)	1839	3	0,16 $\pm$ 0,09
Wasserstoffasphyxie (LOBASCHOW 1934)	2289	12	0,52 $\pm$ 0,15
Ammoniakdampf (LOBASCHOW 1937)	3567	18	0,50 $\pm$ 0,12
Essigsäure (LOBASCHOW 1937)	2970	5	0,17 $\pm$ 0,07
Salzsäure (GOLDAT und BELIAJEVA 1935)	1568	4	0,26 $\pm$ 0,13
Bleinitrat (PONOMAREV 1937)	6293	45	0,72 $\pm$ 0,10
Kaliumpermanganat (NAUMENKO 1936)	1693	31	1,89 $\pm$ 0,33
Kupfersulfat (MAGRZHIKOVSKAJA 1936)	3405	32	0,93 $\pm$ 0,17
Jod in Jodkali (SACHAROV 1933)	703	7	0,99 $\pm$ 0,37
Kupfersulfat (MAGRZHIKASKAJA 1938)	10268	64	0,62 $\pm$ 0,08

Auf dem Gebiete der chemischen Mutationsauslösung muß zunächst noch viel Arbeit geleistet werden; vor allem müssen Methoden gefunden werden, mit deren Hilfe man die zur Behandlung verwendeten Stoffe mit einiger Sicherheit in die unmittelbare Genumgebung bringen kann. Aussichtsreich erscheint dabei die Arbeit mit in vitro-Behandlung freigelegter Spermien von *Drosophila* (Gottschewski 1937) und mit freien Spermien einiger Moose und Farne (z. B. dem von Knapp in seinen Versuchen benutzten *Sphaerocarpus*). Durch eventuelle Aufdeckung spezifischer Ansprechbarkeit bestimmter Mutationsschritte einzelner Gene auf bestimmte chemische Stoffe könnte vielleicht in Zukunft eine konkretere chemische Analyse der Genstruktur gefördert werden.

VI. Schlußbemerkungen.

Die experimentelle Mutationsforschung, die, wie wir gesehen haben, schon über eine Reihe umfangreichen Materials verfügt, hat zweierlei allgemeinere Bedeutung. Erstens bildet sie, als eins der wichtigsten Kapitel der modernen Genetik, eine Grundlage für theoretische Überlegungen allgemein biologischer Art; zweitens kann sie als Grundlage für einige praktische Anwendungen benutzt werden.

Die theoretischen Anwendungen der Mutationsforschung liegen hauptsächlich auf zwei Gebieten: auf dem Gebiete des Genproblems und dem Gebiete der Analyse von Evolutionsvorgängen. Auf dem ersten dieser Gebiete werden die Ergebnisse der Mutationsforschung eine wesentliche Rolle spielen, weil bei den Mutationen es sich um Vorgänge, die unmittelbar das Gen und das Chromosom betreffen, handelt. Die Kenntnis dessen, wie Gene und Chromosome sich ändern können, wird auch wesentliche Aufschlüsse über ihre Struktur ergeben. Für die Evolutionstheorie ist die Mutationsforschung insofern von großer Bedeutung, als Mutationen im weiteren Sinne des Wortes das Material für die Anpassungs- und Differenzierungsvorgänge bilden.

Die praktischen Anwendungen der Ergebnisse der Mutationsforschung beziehen sich vor allem auf die Züchtung. In vielen Fällen kann die Auslösung neuer Mutationen von großem Wert für die Herstellung neuer Sorten von Kulturpflanzen sein. Von besonderer Bedeutung wird die Möglichkeit der experimentellen Auslösung von Chromosomen- und Genommutationen sein. Denn auf diesem Wege können ganz neue, eventuell sehr wertvolle Sippen von Kulturpflanzen züchterisch kombiniert werden. Schon jetzt hat die Herstellung von amphidiploiden Artbastarden dazu geführt, daß fertile neue Formen erzeugt wurden, die die Eigenschaften von zwei Arten oder sogar Gattungen von Pflanzen vereinigen.

In der Anwendung auf den Menschen hat die Mutationsforschung insofern eine Bedeutung, als sie einerseits im Rahmen allgemein genetischer Kenntnisse dem Verstehen und der Analyse der komplizierten Erbverhältnisse beim Menschen methodisch helfen kann, andererseits mahnt sie zur Vorsicht in der Anwendung solcher Faktoren beim Menschen, die eine wesentliche Steigerung der Mutabilität erzeugen können; denn die meisten Mutationen würden vom medizinischen Standpunkt aus als Erbkrankheiten, oder auf jeden Fall als Faktoren, die die Vitalität des Organismus herabsetzen, betrachtet werden müssen. Leider ist es zunächst unmöglich, exakte Grundlagen für die Abschätzung eventueller Erbschädigungsgefahren beim Menschen anzugeben. Man wird sich noch lange mit nur ungefähren, größenordnungsmäßig geltenden Analogieschlüssen begnügen müssen. Für vorsichtige Anwendungen sind aber derartige Grundlagen brauchbar, da die allgemeineren Erscheinungen der Mutabilität größenordnungsmäßig sicherlich für alle Organismen im wesentlichen gleich sind.

Es soll hier zum Schluß ein Versuch angegeben werden, die Erfahrungen an dem bestuntersuchten Objekt, der *Drosophila*, als Grundlage für eine

Abschätzung eventueller Erbschädigungsgefahren zusammenzufassen. Auf Tabelle 28 ist eine ungefähre Verteilung der Mutationen von *Drosophila* auf verschiedene Vitalitätsgruppen angegeben, woraus ganz deutlich hervorgeht, daß

Tabelle 28. Ungefähre Schätzung des relativen Anteils von in bezug auf morphologische Abweichung und Vitalität verschiedener Mutationen in dem durch Röntgenstrahlung bei *Drosophila* ausgelösten Gesamtmutationsprozeß.

Gesamtzahl der Mutationen	Morphologisch unauffällig				Morphologisch auffällig		
	homozygot letal	subletal	herabgesetzte Vitalität	normale Vitalität	homozygot letal	herabgesetzte Vitalität	normale Vitalität
100%	etwa 30%	etwa 5%	etwa 60%	etwa 2%	etwa 0,4%	etwa 2,4%	etwa 0,2%

die allermeisten Mutationen vitalitätsherabsetzend sind. Als stärkster mutationsauslösender Faktor ist uns die kurzwellige ionisierende Strahlung bekannt. Da sie in Industrie, Technik und Medizin immer weitere Verbreitung und Anwendung findet, so kann sie als wichtigster Erbschädigungsfaktor beim Menschen angesehen werden. Auf Tabelle 29 ist die Berechnung einer ungefähren Totalmutationsrate von *Drosophila* pro bestimmte Strahlendosis durchgeführt.

Tabelle 29. Berechnung der totalen Mutationsrate von *Drosophila* für eine Bestrahlungsdosis von 1000 r.

Die Rate geschlechtsgebundener Letalfaktoren pro 1000 r ist . . . . . = etwa 2,9%
Schwer feststellbare kleine und physiologische Mutationen treten etwa 2,5 mal häufiger als Letalfaktoren auf; deshalb ist die totale Mutationsrate des X-Chromosoms = etwa 2,9 + (2,9 × 2,5) . . . . = etwa 10,1%
Das X-Chromosom macht etwa 0,15 des Gesamtgenoms aus; und da alle Chromosome die gleiche relative Mutabilität aufweisen, so ist die totale Mutationsrate pro 1000 r bei *Drosophila* . . . . = etwa 60,0%
Da die in gleicher Weise berechnete totale spontane Mutationsrate von *Drosophila* etwa 2,1% ausmacht, so wird sie durch 1000 r um das etwa 29fache erhöht; verdoppelt wird die spontane Mutationsrate von ·*Drosophila* durch eine Dosis von . . . . etwa 35 r
Bei *Drosophila* wird 1% Mutationen ausgelöst durch . . . . etwa 16 r

Diese Berechnung führt zu dem Schluß, daß schon eine Dosis von etwa 35 r die spontane Mutationsrate verdoppeln kann, und 1% Mutationen werden durch etwa 16 r ausgelöst. Es wurde schon früher darauf hingewiesen, daß genaue Vergleiche der Mutationsraten bei verschiedenen Objekten zunächst unmöglich sind. Wie stark die Mutationssteigerung nach Bestrahlung beim Menschen sein mag, wissen wir nicht und werden es noch sehr lange Zeit nicht wissen. Der Befund an *Drosophila* gibt aber wahrscheinlich die für die meisten, wenn nicht alle Lebewesen gültige Größenordnung an, nach der man sich richten könnte. Der moderne Strahlenschutz in medizinischen und technischen Betrieben, vor allem wo es sich um Röntgenstrahlen handelt, kann meistens so gestaltet werden, daß die einer Bestrahlungsgefahr ausgesetzten Menschen auch im Laufe mehrerer Jahre nur geringe Gesamtbestrahlungsdosen erhalten. Daß aber bei weiterer Entwicklung des Strahlenschutzes Vorsicht und entsprechende Überlegung am Platze sind, zeigen die auf Tabelle 30 angeführten

Tabelle 30. Ergebnis von Schutzmessungen in einer Klinik. (Nach ZIMMER 1937.)
Eine Radiumschwester erhält an Gammastrahlung:
Durchschnittlich pro Tag (auf Grund von Messungen mit Kondensatorkammern, die sich über einen Monat erstreckten): a) in der Kitteltasche etwa 0,5 r und b) an der rechten Hand etwa 1,1 r pro Tag, also einen Tagesdurchschnitt von . . . . etwa 0,8 r
Im Laufe eines Jahres, bei Annahme von 325 Arbeitstagen, einen Jahresdurchschnitt von . . . . etwa 260 r

Schutzmessungen in einem Radiumbetrieb. Eine Radiumschwester in einer modernen Klinik erhält als Jahresdurchschnitt eine Dosis von etwa 250 r. Solche Dosen liegen sicherlich außerhalb der zulässigen Größenordnung. Solange ein ausreichender Strahlenschutz durchgeführt wird und nur wenige einzelne Personen stärkerer Bestrahlung ausgesetzt werden, bildet kurzwellige Strahlung praktisch keine Erbschädigungsgefahr beim Menschen. Bei Fahrlässigkeit und Ausdehnung auf große Bestandteile der Population können aber kurzwellige Strahlen merklich die Mutationsrate des Menschen beeinflussen. Dieser Gefahr kann sehr leicht und sicher durch gute Schutzmaßnahmen vorgebeugt werden.

Schrifttum.

Zusammenfassende Arbeiten.

Artzimovitch, M. V.: Step-allelomorphism. Bull. appl. Bot., Genet., Plant Breed. II. s. Nr 6 (1934\. — Bauer, H.: Cytogenetik. Fortschr. Zool., N. F. 1 (1937). — Cytogenetik. Fortschr. Zool., N. F. 3 (1938). — Die Chromosomenmutationen. Z. Abstammgslehre 76 (1938). — Bridges, C. B.: The developmental stages at which mutations occur in the germ tract. Proc Soc. exper. Biol. Med. 17 (1919). — Salivary chromosome maps. J. Hered. 26 (1935). — Bridges, C. B. and T. H. Morgan: The second chromosome group of mutant characters of *Drosophila melanogaster*. Carnegie Inst. Wash. Publ. Nr 278 (1919). — The third chromosome group of mutant characters of *Drosophila melanogaster*. Carnegie Inst. Wash. Publ. Nr 327 (1923).

Catcheside, D. G.: Biological effects of irradiation. Sci. J. roy. Coll. Sci. 6 (1936). — Chlop, M. L.: Das Problem der experimentellen Mutationsauslösung bei Pflanzen unter dem Einfluß der Röntgenbestrahlung. Bull. appl. Bot., Genet., Plant Breed., Ser. A Nr 18 (1936). — Correns, C.: Nicht mendelnde Vererbung. Berlin: Gebrüder Bornträger 1937.

Demerec, M.: The behavior of mutable genes. Verh. 5. intern. Kongreß Vererbungswiss. 1 (1928). — Unstable genes. Bot. Rev. 1 (1935). — Dobzhansky, Th.: Survey of the phenomena of the reconstruction of the chromosomal apparatus. Bull. appl. Bot., Genet., Plant Breed., II. s. 1934, Nr 6. — Induced chromosomal aberrations in animals. Biol. Effects of Radiat. New York 1936. — Genetics and the origin of species. New York 1937. — Dubinin, N. P.: Continuity and discontinuity in the structure of the hereditary substance. Trudy Dinam. Razvit. (russ.) 10 (1935).

Eyster, W. H.: Genetics of Zea mays. Bibliogr. Genetica 11 (1934).

Fischer, R. A.: The genetic theory of natural selection. Oxford: Clarendon Press 1930. — The evolution of dominance. Biol. Rev. Cambridge philos. Soc. 6 (1931).

Goodspeed, T. H.: Induced chromosomal alterations. Biol. Effects of Radiat. New York 1936.

Haldane, J. B. S.: The causes of evolution. London 1932. — Heitz, E.: Chromosomenstruktur und Gene. Z. Abstammgslehre 70 (1935). — Hertwig, P.: Partielle Keimschädigungen durch Radium und Röntgenstrahlen. Handbuch der Vererbungswissenschaft Nr 1. Berlin 1927. — Die künstliche Erzeugung von Mutationen und ihre theoretischen und praktischen Auswirkungen. Z. Abstammgslehre 61 (1932).

Johannsen, W.: Über Erblichkeit in Populationen und in reinen Linien. Jena 1903. Jordan, P.: Biologische Strahlenwirkung und Physik der Gene. Physik. Z. 39 (1938).

Kerkis, J.: Experimental alteration of chromosomes as a method of genetic investigation. Bull. appl. Bot., Genet., Plant Breed., II. s. Nr 6 (1934). — Knapp, E.: Künstliche Mutationsauslösung in der Pflanzenzüchtung. Forsch.dienst 4 (1937). — Koltzoff, N. K.: Physikalisch-chemische Grundlage der Morphologie. Biol. Zbl. 48 (1928). — Die Rolle des Gens in der Entwicklungsphysiologie. Biol. Ž. (russ.) 4 (1935). — On the possibility of the production of determinal mutations by different caryoclastic factors. Biol. Z. (russ.) 7 (1938). — Koržinsky, S. I.: Heterogenesis und Evolution. Zur Theorie der Artentstehung. Bull. Acad. imp. Petersburg (VIII) 9 (1898).

Morgan, T. H.: The theory of the gene. New Haven: Yale Univ. Press 1926. — Morgan, T. H. and C. B. Bridges: Sex-linked inheritance in *Drosophila*. Carnegie Inst. Was. Publ. Nr 237 (1916). — Morgan, T. H., C. B. Bridges and A. H. Sturtevant: The genetics of *Drosophila*. Bibliogr. genetica 2 (1925). — Morgan, T. H., A. H. Sturtevant, H. J. Muller and C. B. Bridges: The mechanism of mendelian heredity. New York 1925. — Muller, H. J.: Mutation. Eugen., Genet. a. Famil. 1 (1923). — The production of mutations by X-rays. Proc. nat. Acad. Sci. U.S.A. 14 (1928). — Radiation and genetics. Amer. Naturalist 64 (1930). — The effects of X-rays upon the hereditary material. The Science of Radiology. Springfield 1934. — The biological effects of radiations with special reference to mutation. Réun. Internat. Physique, Chimie et Biologie. Paris 1937.

OLIVER, C. P.: Radiation Genetics. Quart. Rev. Biol. **9** (1934).

ROZANOVA, M.: Über die Reorganisation der Chromosomen und Genmutationen bei den Pflanzen unter dem Einfluß der X-Strahlen und des Radiums. Ž. russk. bot. Obšč. **14** (1930).

SAPEHIN, A. A.: Röntgenmutationen als Quelle neuer Sorten von Kulturpflanzen. Priroda **1934**, Nr 9. — ŠAPIRO, N. I.: Erzeugung von Mutationen durch Röntgenbestrahlung. Usp. Sovrem. Biol. (russ.) **4** (1935). — SCHUBERT, G. u. A. PICKHAN: Erbschädigung. Leipzig: Georg Thieme 1938. — SCHULTZ, J.: Radiation and the study of mutation in animals. Biol. Effects of Radiat. New York 1936. — STADLER, L. J.: Some genetic effects of X-rays in plants. J. Hered. **21** (1930). — On the genetic nature of induced mutations in plants. Proc. 6. internat. Congr. Genet. **1** (1932). — STANLEY, W. M.: The biophysics and biochemistry of viruses. J. appl. Physics **9** (1938). — STERN, C.: Multiple Allelie. Handbuch der Vererbungswissenschaften Nr 14. Berlin 1930. — STUBBE, H.: Probleme der Mutationsforschung. Wiss. Woche Frankfurt a. M. **1** (Leipzig 1934). — Der gegenwärtige Stand der experimentellen Erzeugung von Mutationen durch Chemikalien. Angew. Chem. **50** (1937). — Spontane und strahleninduzierte Mutabilität. Leipzig: Georg Thieme 1937. — Genmutationen. Handbuch der Vererbungswissenschaft, Nr 23. Berlin 1938.

TIMOFÉEFF-RESSOVSKY, N. W.: Der Stand der Erzeugung von Genovariationen durch Röntgenbestrahlung. J. Psychol. u. Neur. **39** (1929). — Die bisherigen Ergebnisse der Strahlengenetik. Erg. med. Strahlenforsch. **5** (1931). — The experimental production of mutations. Biol. Rev. Cambridge philos. Soc. **9** (1934). — Experimentelle Mutationsforschung in der Vererbungslehre. Dresden: Theodor Steinkopff 1937. — Mutabilità sperimentale in genetica. Milano: Hoepli 1938. — Genetik und Evolution. Z. Abstammgslehre **76** (1939). — Le mécanisme des mutations et la structure du gène. Paris: Hermann 1939. — TIMOFÉEFF-RESSOVSKY, N. W. u. K. G. ZIMMER: Strahlengenetik. Strahlenther. **66** (1939). — TIMOFÉEFF-RESSOVSKY, N. W., K. G. ZIMMER u. M. DELBRÜCK: Über die Natur der Genmutation und der Genstruktur. Nachr. Ges. Wiss. Göttingen, Fachgr. 6, N. F. 1, Nr 13 (1935). — TSCHETVERIKOV, S. S.: On some moments of the process of evolution from the modern genetic standpoint. Žurn. eksper. Biol. (russ.) **2** (1926).

VRIES, H. DE: Mutationstheorie, Bd. 1 u. 2. Leipzig 1901—1903.

WOSKESSENSKY, N. M.: Röntgen-rays and the process of mutation. Priroda **5** (1930). — WRIGHT, S.: The roles of mutation, inbreeding, crossbreeding and selection in evolution. Proc. 6. internat. Congr. Genet. **1** (1932).

ZIMMER, K. G.: Strahlungen. Wesen, Erzeugung und biologische Wirkungen. Leipzig: Georg Thieme 1937.

Einzelarbeiten[1].

*ALEXANDER, J. and C. B. BRIDGES: Some physico-chemical aspects of life, mutation and evolution. Coll. Chem. (N.Y.) **2** (1928). — ALTENBURG, E.: The limit of radiation frequency effective in producing mutations. Amer. Naturalist **62** (1928). — The artifical production of mutations by ultra-violet light. Amer. Naturalist **68** (1934). — *The production of mutations by the polar cap method of treatment. Biol. Ž. (russ.) **5** (1936). — ASSEJEVA, T. and M. BLAGOVIDOVA: Künstlich ausgelöste Mutationen bei der Kartoffel. Bull. appl. Bot., Genet., Plant Breed., Ser. A Nr 15 (1935). — ASTAUROV, B.: Künstliche Mutationen bei der Seidenraupe (*Bombyx mori* L.). I. Versuch mit dem Geschlecht verbundene Letale mittels Radiumbestrahlung zu erhalten. Biol. Ž. (russ.) **2** (1933). — Künstlich ausgelöste Mutationen beim Seidenspinner (*Bombyx mori* L.), II. Biol. Ž. (russ.) **2** (1933). — Künstlich ausgelöste Mutationen beim Seidenspinner. III. Biol. Ž. (russ.) **4** (1935). — Künstlich ausgelöste Mutationen beim Seidenspinner. IV. Versuch einer Auslösung von autosomalen recessiven sichtbaren Mutationen. Biol. Ž. (russ.) **4** (1935). — Artifical mutations in the silk-worm *(Bombyx mori).* Genetica ('s-Gravenhage) **17** (1935). ASTAUROV, B. i S. FROLOVA: Künstlich ausgelöste Mutationen beim Seidenspinner (*Bombyx mori* L.), V. Biol. Ž. (russ.) **4** (1935). — AVERY, A. G. and A. F. BLAKESLEE: Radium experiments with *Datura*. 4. Visible genemutations. Anat. Rec. **41** (1928).

BABCOCK, E. B. and J. C. COLLINS: Does natural ionizing Radiation control rate of mutation? Proc. nat. Acad. Sci. U.S.A. **15** (1929). — BARDEEN, C. R.: Abnormal development of tood ova fertilized by spermatozoa exposed to Roentgen-rays. J. of exper. Zool. **4** (1908). — BAUER, H. DEMEREC, M. and B. KAUFMANN: X-ray induced chromosomal alterations in *Drosophila melanogaster*. Genetics **23** (1938). — BAUER, H. u. R. WESCHENFELDER: Verschiebung des Geschlechtsverhältnisses in der F_1 nach Röntgenbestrahlung der *Drosophila*. Naturwiss. **26** (1938). — BAUR, E.: Die Bedeutung der Mutationen für das Evolutionsproblem. Z. Abstammgslehre **37** (1925). — Mutationsauslösung bei *Antirrhinum majus*. Z. Bot. **23** (1930). — Der Einfluß von chemischen und physikalischen

---

[1] Arbeiten allgemeinen Inhalts und solche mit ausführlichen Literaturlisten sind mit * bezeichnet.

Reizungen auf die Mutationsrate von *Antirrhinum majus*. Z. Abstammgslehre **60** (1932). — Beleites, J.: Untersuchungen zur Mutationsauslösung durch Alphateilchen. Fund. Radiol. **5** (1933). — Belgovskij, M.: Dependance of translocation frequency in *Drosophila* upon the X-ray dosage. Bull. Inst. Genet., Acad. Sci. (USSR.) **11** (1937). — Berg, R. L.: The relative mutation frequencies in *Drosophila* chromosomes. C. r. Acad. Sci. USSR. **1934**. — The relative frequency of mutations. Genetics **22** (1937). — Birkina, B. N.: The effect of low temperature on the mutation process in *Drosophila*. Biol. Ž. **7** (1938). — Blakeslee, A. F.: Mutation in Mucors. J. Hered. **11** (1920). — Blau, M. u. K. Altenburger: Über einige Wirkungen von Strahlen, II. Z. Physik. **12** (1922). — *Bluhm, A.: Zum Problem Alkohol und Nachkommenschaft. München 1930. — Bostian, N. C.: Sex ratios and mutants from X-rayed adult females of *Habrobracon*. Anat. Rec. **51** (1933). — *Bridges, C. B.: Salivary chromosome maps. J. Hered. **26** (1935). — The Bar gene a duplication. Science (N.Y.) **83** (1936). — Brennecke, H.: Strahlenschädigung von Mäuse- und Rattensperma. Strahlenther. **60** (1937). — Bronstein, Z. S.: Experiments on the production of mutations by X-rays and on genogeography in *Daphnia magna*. Proc. 4^{rh} All-russ. Congr., Zool. Anat. a. Histol. Kiew **1930**. — Buchholz, J. T. and A. F. Blakeslee: Radium experiments with *Datura*. 1. The identification and transmission of lethals of pollen-tube growth in F_1 from radium treated parents. J. Hered. **21** (1930). — Buchmann, W. u. J. Hoth: Versuche an *Drosophila* über den Einfluß von Ferrum oxydatum auf die Mutationsauslösung durch Röntgenstrahlen. Biol. Zbl. **57** (1937). — Buchmann, W. u. N. W. Timoféeff-Ressovsky: Über die Wirkung der Temperatur auf den Mutationsprozeß bei *Drosophila melanogaster*. II. Behandlung der Männchen mit Temperaturshocks. Z. Abstammgslehre **70** (1935). — III. Behandlung der Weibchen mit Temperaturshocks. Z. Abstammgslehre **71** (1936). — V. Nicht-erbliche Modifikationen. Z. Abstammgslehre **74** (1938).

Carteledge, J. L. and A. F. Blakeslee: Mutation rate increase by aging seeds as shown by pollen abortion. Proc. nat. Acad. Sci. U.S.A. **20** (1934). — Caspersson, T.: Über den chemischen Aufbau der Strukturen des Zellkerns. Skand. Arch. Phyₛiol. (Berl. u. Lpz.) **73**, Suppl. 8 (1936). — Catcheside, D. G.: The effect of X-ray dosage upon the frequency of induced structural changes in the chromosomes of *Drosophila melanogaster*. J. Genet. **36** (1938). — Crowther, J. A.: The biological action of X-rays, a theoretical review. Brit. J. Radiol. **11** (1938).

Delaunay, L. N.: Resultate eines dreijährigen Röntgenversuches mit Weizen. Züchter **3** (1931). — X-ray mutations in wheat. Trudy Labor. Genet. (russ.) Nr 9 (1932). — Experimentell erhaltene Mutationen beim Weizen. Charkow, Inst. f. Pflanzenzüchtung **1934**. — Delbrück, M. and N. W. Timoféeff-Ressovsky: Cosmic rays and the origin of Species. Nature (Lond.) **137** (1936). — Demerec, M.: Effect of temperature on mutations. Exhibits organized at the 6th Congr. Genet. Proc. 6. internat. Congr. Genet. **2** (1932). — The effect of X-ray dosage on sterility and number of lethals in *Drosophila melanogaster*. Proc. nat. Acad. Sci. U.S.A. **19** (1933). — The gene and its role in ontogeny. Cold Spring Harbor Symp. on quantit. Biol. **2** (1934). — Unstable genes. Bot. Rev. **1** (1935). — *Heredity and Radiation. Radiology **27** (1936). — Frequency of „cell-lethals" among lethals obtained at random in the X-chromosome of *Drosophila melanogaster*. Proc. nat. Acad. Sci. U.S.A. **1936**. — *Hereditary effects of X-ray radiation. Radiology **30** (1938). — Dessauer, F.: Über einige Wirkungen von Strahlen, I. Z. Physik **12** (1922). — Quantenphysik der biologischen Röntgenstrahlenwirkungen. Z. Physik **84** (1933). — Dobrovolskaia-Zavadskaia, N.: L'irradiation des testicules et l'heredité chez la souris. Archives de Biol. **38** (1928). — Dobzhansky, Th.: Genetical and cytological proof of translocations involving the third and fourth chromosomes of *Drosophila melanogaster*. Biol. Zbl. **49** (1929). — Cytological map of the second chromosome of *Drosophila melanogaster*. Biol. Zbl. **50** (1930). — Cytological map of the X-chromosome of *Drosophila melanogaster*. Biol. Zbl. **52** (1932). — Dozorceva, R.: Artificial mutations in *Pteromalus puparum* induced by radium irradiation. C. r. Acad. Sci. USSR. **4** (1934). — Dubinin, N. P.: On the nature of artificially deleted chromosomes. Ž. eksper. Biol. (russ.) **7** (1930). — Experimental reduction of the number of chromosome pairs in *Drosophila melanogaster*. Biol. Ž. (russ.) **3** (1934). — Dubinin, N. P., M. Heptner, S. Bessmertnaja, S. Goldat, K. Panina, E. Pogosian, S. Saprikina, B. Sidorov, L. Ferry i M. Tsubina: Experimental study of the ecogenotypes of *Drosophila melanogaster*. First Part. Biol. Ž. (russ.) **3** (1934). — Dubinin, N. P., M. Heptner, Z. Nikoro, S. Bessmertnaja, W. Beljajewa, Z. Demidova, A. Krotkova i E. Postnikova: Second Part. Biol. Ž. (russ.) **3** (1934). — Dubinin, N. P. i V. Khvostova: The mechanism of the formation of complex chromosome rearrangements. Biol. Ž. (russ.) **4** (1935). — Dubinin, N. P., N. Sokolov i G. Tiniakov: Intraspecific chromosome variability. Biol. Ž. (russ.) **6** (1937). — Dubovsky, N. and Z. Kelstein: Reverse mutations of dominant autosomal genes with recessive lethal action in *Drosophila*. Bull. Acad. Sci. USSR., VII s., Nr 8/9 (1935). — Dunning, W. F.: A study of the effect of X-ray radiation on occurence of abnormal individuals, mutation rate, viability, and fertility of the parasitic wasp *Habrobracon juglandis* (Ashmead). Genetics **16** (1931).

EBERHARDT, K.: Über den Mechanismus strahleninduzierter Chromosomenmutationen bei *Drosophila*. Chromosoma (1939). — EFROIMSON, W. P.: Temperatur und der Mutationsprozeß. Ž. éksper. Biol. (russ.) **6** (1930). — Die transmutierende Wirkung der X-Strahlen und das Problem der genetischen Evolution. Biol. Zbl. **51** (1931). — EPHRUSSI, B.: The absence of autonomy in the development of the effects of certain deficiencies in *Drosophila melanogaster*. Proc. nat. Acad. Sci. U.S.A. **20** (1934).

FERRY, L., N. SHAPIRO and B. SIDOROFF: On the influence of temperature on the process of mutation, with reference to GOLDSCHMIDT's data. Amer. Naturalist **63** (1929). — FRICKE, H. and M. Demerec: The influence of wave-length on genetic effects of X-rays. Proc. nat. Acad. Sci. U.S.A. **23** (1937). — FRIESEN, H.: Vergleichende Untersuchung der Häufigkeit somatischer Chromosomenbrüche bei Weibchen und Männchen von *Drosophila melanogaster*. Biol. Ž. (russ.) **1** (1932). — Röntgenmorphosen bei *Drosophila*. Biol. Ž. (russ.) **4** (1935).

GAGER, S. C.: Effects of the rays of radium on plants. Mem. N. Y. Bot. Gard. **4** (1908). — GAGER, S. C. and BLAKESLEE: Chromosome and gene mutations in *Datura* following exposure to radium rays. Proc. nat. Acad. Sci. U.S.A. **13** (1927). — GEIGY, R.: Action de l'ultra-violet sur le pole germinal dans l'oeuf de *Drosophila melanogaster*. Rev. Suisse Zool. **38** (1931). — GEPTNER, M. and Z. DEMIDOVA: Relation between the dosage of X-rays and mutations of single genes in *Drosophila*. Biol. Ž. (russ.) **5** (1936). — GERASSIMOV: Über den Einfluß des Kerns auf das Wachstum der Zelle. Bull. Soc. imp. Naturalistes Moscou **1901**. — Die Abhängigkeit der Größe der Zelle von der Menge ihrer Kernmasse. Z. allg. Physiol. **1** (1902). — GLOCKER, R.: Quantenphysik der biologischen Röntgenstrahlenwirkung. Z. Physik **77** (1932). — GOLDAT, S. i V. BELIAEVA: Artificial induction of mutations in *Drosophila* by hydrochloric acid. Biol. Ž. (russ.) **4** (1935). — GOLDSCHMIDT, R.: Experimentelle Mutation und das Problem der sogenannten Parallelinduktion. Biol. Zbl. **49** (1929). — GOODSPEED, T. H.: The effects of X-rays and radium on the species of the genus *Nicotiana*. J. Hered. **20** (1929). — Cytogenetic consequences of treatment of *Nicotiana* species with X-rays and radium. Sv. bot. Tidskr. **26** (1932). — GOODSPEED, T. H. and A. R. OLSON: The production of variations in Nicotiana by X-ray treatment. Proc. nat. Acad. Sci. U.S.A. **14** (1928). — GOTTSCHEWSKI, G.: Untersuchungen an *Drosophila melanogaster* über die Umstimmbarkeit des Phänotypus und Genotypus durch Temperatureinflüsse. Z. Abstammgslehre **67** (1934). — Künstliche Befruchtung bei *Drosophila*. Naturwiss. **25** (1937). — GOWEN, J. W. and E. H. GAY: Gene number kind and size in *Drosophila*. Genetics **18** (1933). — *GRIFFITH, H. D. and K. G. ZIMMER: The time-intensity factor in relation to the genetic effects of radiation. Brit. J. Radiol. **8** (1935). — GRÜNEBERG, H.: Ein Beitrag zur Kenntnis der Röntgenmutationen des X-Chromosoms von *Drosophila melanogaster*. Biol. Zbl. **49** (1929). — Über die zeitliche Begrenzung genetischer Röntgenwirkungen bei *Drosophila melanogaster*. Biol. Zbl. **51** (1931). — GUHL, A.: Mutations produced by X-rays in the parasitic wasp *Pteromalus puparum*. C. r. Acad. Sci. USSR. **4** (1934). — GUILLEMINOT, M. H.: Effets des rayons X sur la cellule vegetale. J. Physiol. et Path. gén. **1908**. — GULBENKIAN, KH. G.: Mutations induced by X-raying the soma of *Drosophila melanogaster*. Biol. Ž. (russ.) **3** (1934). — GUYENOT, E.: Action des rayons ultra-violets sur *Drosophila ampelophila*. Bull. Sci. France et Belg. **5** (1914).

HALDANE, J. B. S.: The species problem in the light of genetics. Nature (Lond.) **124** (1929). — HANSON, F. B.: The effect of X-rays in producing return gene mutations in *Drosophila*. Science (N. Y.) **67** (1928). — An analysis of the effects of the different rays of radium in producing lethal mutations in *Drosophila*. Anat. Rec. **41** (1928). — Further data on the influence of physiological differences on the induced mutation rate: anestesia, starvation, and sex. Amer. Naturalist **69** (1935). — HANSON, F. B. and F. HEYS: An analysis of the effects of the different rays of radium in producing lethal mutations in *Drosophila*. Amer. Naturalist **63** (1929). — Duration of the effects of X-rays on male germ cells in *Drosophila*. Amer. Naturalist **63** (1929). — Radium and lethal mutations in *Drosophila*. Further evidence of the proportionality rule from a study of the effects of equivalent doses differently applied. Amer. Naturalist **66** (1932). — HANSON, F. B., F. HEYS and E. STANTON: The effects of increasing X-ray voltages on the production of lethal mutations in *Drosophila melanogaster*. Amer. Naturalist **65** (1931). — HANSON, F. B. and E. WINKELMANN: Visible mutations following radium radiation in *Drosophila melanogaster*. J. Hered. **20** (1929). — HARRIS, B. B.: The effects of aging of X-rayed males upon mutation frequency in *Drosophila*. J. Hered. **20** (1929). — HARRISON, J. W. H. and F. C. GARRET: The induction of melanism in the *Lepidoptera* and its subsequent inheritance. Proc. roy. Soc. Lond. **99** (1926). — HASEBROEK, K.: Über den Industrie- und Großstadtmelanismus der Schmetterlinge. Z. Abstammgslehre **1929**. — HASKINS, C. P.: A determination of the cell sensitive volume associated with the white-eye mutation in X-rayed *Drosophila*. Proc. nat. Acad. Sci. U.S.A. **21** (1935). — HEPTNER, M. i Z. DEMIDOVA: Relation between the dosage of X-rays and mutations of single genes in *Drosophila melanogaster*. Biol. Ž. (russ.) **5** (1936). —

Hersh, A., Karrer and Loomis: An attempt to induce mutations in *Drosophila* by means of supersonic vibrations. Amer. Naturalist **64** (1930). — Hertwig, P.: Wie muß man züchten, um die natürliche oder experimentelle Mutationsrate festzustellen? Arch. Rassenbiol. **27** (1932). — Über Sterilitätserscheinungen bei röntgenbestrahlten Mäusen und deren Nachkommenschaft. Z. Abstammgslehre **70** (1935). — *Allgemeine Erblehre. Teil 1. Zytogenetik und Mutationsforschung. Fortschr. Erbpath. **1** (1938). — Hertwig, P. u. H. Brennecke: Die Ursachen der herabgesetzten Wurfgröße bei Mäusen nach Röntgenbestrahlung des Spermas. Z. Abstammgslehre **72** (1937). — Horlacher, W. R.: An attempt to produce mutations by the use of electricity. Science (N. Y.) **72** (1930). — Horlacher, W. R. and D. T. Killough: Radiation-induced variations in Cotton. J. Hered. **22** (1931). — Progressive mutations induced in *Gossipium* by radiations. Amer. Naturalist **67** (1933). — Huxley, J. S. and Carr-Sounders: Absence of prenatal effects of lens-antibodies in rabbits. Brit. J. exper. Biol. **1** (1924).

Imai, Y.: The effect of X-rays on the production of sterile rice. Jap. J. Genet. **10** (1935). — Chlorophyll defiencies in *Oryza sativa* induced by X-rays. Jap. J. Genet. **11** (1935).

Johnston, C. and A. M. Winchester: Studies on reverse mutations in *Drosophila melanogaster*. Amer. Naturalist **68** (1934). — Jollos, V.: Studien zum Evolutionsproblem. I. Über die experimentelle Hervorrufung und Steigerung von Mutationen bei *Drosophila melanogaster*. Biol. Zbl. **50** (1930). — Die experimentelle Auslösung von Mutationen und ihre Bedeutung für das Evolutionsproblem. Naturwiss. **19** (1931).

Keller, C. u. H. Lüers: Röntgenstrahlendosis und Mutationsrate bei *Drosophila funebris*. Biol. Zbl. **57** (1937). — Kerkis, J.: Does irradiation of the soma produce mutations in the germ-cells. C. r. Acad. Sci. USSR. **1** (1935). — Khvostova, V. i A. Gavrilova: A new method for discovering translocations. Biol. Ž. (russ.) **4** (1935). — Relation between the number of translocations in *Drosophila* and the dosages of X-rays. Biol. Ž. (russ.) **7** (1938). — Knapp, E.: Untersuchungen über die Wirkung von Röntgenstrahlen an dem Lebermoos *Sphaerocarpus,* I. Z. Abstammgslehre **70** (1935). — Mutationsauslösung durch ultraviolettes Licht bei *Sphaerocarpus.* Z. Abstammgslehre **74** (1937). — *Über genetisch bedeutsame Zellbestandteile außerhalb der Chromosomen. Biol. Zbl. **58** (1938). — Knapp, E. u. H. Schreiber: Die Beeinflussung der Lebensfähigkeit, der Formbildung und des Geschlechtes durch Röntgenstrahlen. Strahlenther. **55** (1936). — Koltzoff, N. K.: Über experimentelle Mutationsauslösung. Ž. éksper. Biol. (russ.) **6** (1930). — The Structure of the Chromosomes in the Salivary Glands of *Drosophila*. Science (N.Y.) **80** (1934). — *The structure of the chromosomes and their participation in cell-metabolism. Biol. Ž. (russ.) **7** (1938). — Kondakova, A. A.: Einfluß des Jods auf das Auftreten letaler Mutationen im II. Chromosom von *Drosophila melanogaster*. Biol. Ž. (russ.) **4** (1935). — Kossikov, K. V.: X-ray mutations in *Drosophila simulans*. Acad. Sci. USSR. Bull. Inst. Genet. **10** (1935). — The lack of effect of etherization on the X-ray mutation rate in *Drosophila simulans*. Genetics **20** (1935). — The influence of the age and sex of the germ-cells on the frequency of mutations in *Drosophila*. Genetics **22** (1937). — Krajevoj, S.: Experimental production of mutations in *Pisum*. I. Lingering chromosome modification produced by X-rays. C. r. Acad. Sci. USSR. **1935**. — II. Permanent semi-sterility caused by X-rays. C. r. Acad. Sci. USSR. **1935**. — Kröning, F.: Die Beeinflussung der Brunftzyklen und der Fruchtbarkeit durch Röntgenbestrahlung der Ovarien des Meerschweinchens. Nachr. Ges. Wiss. Göttingen, Fachgr. 6, N. F. 1, Nr 7 (1934).

Langendorff, H.: Über die Erzeugung erblicher Veränderungen bei *Oenothera biennis gigas* durch Röntgenstrahlen. Biol. Zbl. **54** (1934). — Levitsky, G. A.: Experimentally induced alterations of the morphology of chromosomes. Amer. Naturalist **65** (1931). — Levitsky and A. G. Araratian: Transformations of chromosomes under the influence of X-rays. Bull. appl. Bot., Genet., Plant Breed. **27** (1931). — Levitsky, E. Schepeleva and N. Titova: Rassen mit neuem Karyotyp, gezüchtet aus der Nachkommenschaft röntgenbestrahlter Pflanzen. Bull. appl. Bot., Genet., Plant. Breed., Ser. A Nr 11 (1934) — Lindstrom, E. W.: Hereditary radium-induced variations in the tomato. J. Hered. **24** (1933). — Lobashov, M. E.: Über die Wirkung der Asfiktion auf den Mutationsprozeß bei *Drosophila melanogaster*. Trav. Soc. natur. Leningrad **63** (1934). — Über die Natur der Einwirkung chemischer Agenzien auf den Mutationsprozeß bei *Drosophila*. Genetica ('s-Gravenhage) **19** (1937). — Lobashov et F. Smirnov: On the nature of the action of chemical agents on the mutational process in *Drosophila*. II. The effect of ammoniac on the occurence of lethal transgenations. C. r. Acad. Sci. USSR. **3** (1934). — Lüers, H.: Erbänderungen durch Radiowellen? Dtsch. med. Wschr. **1936 II**. — Lutkov, A. N.: Entstehung von Wintergerste als Röntgenmutation. Bull. appl. Bot., Genet., Plant Breed., II. s. Nr 7 (1935).

MacArthur, J. W. and W. E. Lindstrom: Radium, cathode, and X-ray mutants. Proc. 6th internat. Congr. Genet. **2** (1932). — MacDougall, M. S.: Modifications in Chilodon uncinatus produced by ultraviolet radiation. J. of exper. Zool. **54** (1929). — MacKay, J. W. and T. H. Goodspeed: The effects of X-radiation on Cotton. Science (N.Y.) **71** (1930). — Magrzhikovskaja, K. V.: The influence of $CuSO_4$ on the mutational process in *Drosophila*.

Bull. Biol. Med. Exper. 2 (1936). — Dasselbe II. Biol. Ž. (russ.) 7 (1938). — MANN, M. C.: A demonstration of the stability of the genes of an inbred stock of *Drosophila melanogaster* under experimental conditions. J. of exper. Zool. 38 (1923). — MARSCHLEWSKI, T. et B. SLIZYNSKI: The effect of X-rays upon mutation frequency in *Drosophila funebris*. Bull. Acad. Pol. Sci. et Lettres, Ser. B 1931. — MATHER, K. and L. H. A. STONE: The effect of X-radiation upon somatic chromosomes. J. Genet. 28 (1933). — MAYNEORD, W. V.: The physical basis of the biological effects of high voltage radiations. Proc. roy. Soc. Lond. Ser. A 146 (1934). — MEDVEDEV, N. N.: The Production of mutations in *Drosophila melanogaster* by the combined influence of X-rays and salts of heavy metals. C. r. Acad. Sci. USSR. 1933. — Mutationserzeugung bei *Drosophila melanogaster* durch kombinierte Wirkung von Röntgenstrahlen und Schwermetallsalzen. Acad. Sci. USSR., Bull. Inst. Genet. 10 (1935). — The contributory effect of cold with irradiation in the production of mutations. C. r. Acad. Sci. USSR. 4 (1935). — Contributory effect of heat and irradiation in the production of mutations. C. r. Acad. Sci. USSR. 19 (1938). — MOHR, O. L.: Mikroskopische Untersuchungen zu Experimenten über den Einfluß der Radiumstrahlen und der Kältewirkung auf die Chromatinreifung und das Heterochromosom bei *Decticus verrucivorus*. Arch. mikrosk. Anat. u. Entw.mechan. 92 (1919). — MOL, W. E. DE: Änderungen der Chromosomengarnitur durch Röntgenbestrahlung und Temperaturwirkungen. Z. Abstammgslehre 59 (1931). — MOORE, W. C.: A comparison of the frequencies of visible mutations produced by X-ray treatment in different development stages of *Drosophila*. Genetics 19 (1934). — MORGAN, T. H.: The failure of ether to produce mutations in *Drosophila*. Amer. Naturalist 48 (1914). — The apparent inheritance of an acquired character and its explanation. Amer. Naturalist 64 (1930). — *MULLER, H. J.: Genetic variability, twin hybrids and constant hybrids in a case of balanced lethal factors in *Drosophila*. Genetics 3 (1918). — Further changes in the white-eye series of *Drosophila* and their bearing on the manner of occurance of mutations. J. of exper. Zool. 31 (1920). — Variations due to changes in the individual gene. Amer. Naturalist 56 (1922). — The measurement of the gene mutation rate in *Drosophila*. Genetics 13 (1928). — The problem of genic modification. Verh. 5. internat. Kongreß Vererbgswiss. 1 (1928). — *Further studies on the nature and causes of gene mutations. Proc. 6th internat. Congr. Genet. 1 (1932). — On the dimensions of chromosomes and genes in dipteran salivary glands. Amer. Naturalist 69 (1935). — *The remarking of chromosomes. The Collect Net. 13 (1938). — MULLER, H. J. and E. ALTENBURG: The rate of change of hereditary factors in *Drosophila*. Proc. Soc. exper. Biol. a. Med. 17 (1919). — The frequency of translocations produced by X-rays in *Drosophila*. Genetics 15 (1930). — MULLER, H. J. and L. M. MOTT-SMITH: Evidence that natural radio-activity is inadequate to explain the frequency of „natural" mutations. Proc. nat. Acad. Sci. U.S.A. 16 (1930). — MULLER, H. J. and T. S. PAINTER: The cytological expression of changes in gene alignement produced by X-rays in *Drosophila*. Amer. Naturalist 63 (1929). — MULLER, H. J. and A. A. PROKOFYEVA: The individual Gene in Relation to the Chromomere and the Chromosome. Proc. nat. Acad. Sci. U.S.A. 21 (1935).

NABOURS, R. K. and W. R. B. ROBERTSON: An X-ray induced chromosomal translocation in *Apotettix eurycephalus* Hancock (Grouse Locusts). Proc. nat. Acad. Sci. U.S.A. 19 (1933). — NADSON, G. A.: Influence of radium on yeast in connection with the general problem of the action of radium on living matter. Ann. de Röntgenol. (russ.) 1 (1920). — NADSON, G. A. et G. S. PHILIPPOV: Influence des rayons X sur la sexualité et la formation des mutantes ches les champignons inférieurs. C. r. Soc. Biol. Paris 93 (1925). — De la formation de nouvelles races stables chez les champignons inférieurs sous l'influence des rayons X. C. r. Acad. Sci. Paris 186 (1928). — De la formation de nouvelles races de microorganismes sous l'influence des rayons X. II et III. C. r. Acad. Sci. USSR. A 1931, No 1/2. — Über die Bildung neuer konstanter Mikroorganismen-Rassen unter dem Einfluß der Röntgenbestrahlung. Die Röntgenrassen des Hefepilzes *Sporobolomyces*. Ann. de Roentgenol. (russ.) 10 (1932). — NADSON, G. A. et E. J. ROCHLIN: Radium-races of yeasts and their practical significance. Ann. de Roentgenol. (russ.) 11 (1932). — NAUMENKO, B.: Lethal mutations in *Drosophila* by potassium permanganate. Bull. Biol. Med. Exper. 1 (1936). NAVASHIN, M. S.: A preliminary report on some Chromosome alterations by X-rays in *Crepis*. Amer. Naturalist 65 (1931). — Altern der Samen als Ursache der Chromosomenmutationen. Planta (Berl.) 20 (1933). — NEUHAUS, M.: The mutability of the locus of bobbed in *Drosophila melanogaster*. Biol. Ž. (russ.) 3 (1934). — The effect of X-rays on the mutational process in mature and immature sex cells of males of *Drosophila melanogaster*. Biol. Ž. (russ.) 3 (1934). — Zur Frage der Nachwirkung der Röntgenstrahlen auf den Mutationsprozeß. Z. Abstammgslehre 70 (1935). — NEUHAUS, M. i J. SCHECHTMANN: The effect of the length of X-ray waves on the frequency of visible mutations in *Drosophila melanogaster*. Biol. Ž. (russ.) 4 (1935). — NOETHLING, W. u. H. STUBBE: Untersuchungen über experimentelle Auslösung von Mutationen bei *Antirrhinum majus*, V. Z. Abstammgslehre 67 (1934).

OLIVER, C. P.: The effect of varying the duration of X-ray treatment upon the frequency of mutation. Science (N.Y.) 71 (1930). — An analysis of the effect of varying the duration of X-ray treatment upon the frequency of mutations. Z. Abstammgslehre **63** (1932). — Painter, T. S.: A new method for the study of chromosome aberrations and the plotting of chromosome maps in *Drosophila*. Genetics **19** (1934). — *Salivary chromosomes and the attack on the gene. J. Hered. **25** (1934). — Panshin, J.: The analysis of a bilateral mosaic mutation in *Drosophila melanogaster*. Acad. Sci. USSR., Bull. Inst. Genet. **10** (1935). — Papalashwili, G.: The effect of a combined action of X-rays and low temperature on the frequency of translocations in *Drosophila melanogaster*. Biol. Ž. (russ.) **4** (1935). — Künstliche Auslösung von Mutationen bei landwirtschaftlichen Tieren. Biol. Ž. (russ.) **4** (1935). — Patterson, J. T.: The production of mutations in somatic cells of *Drosophila melanogaster* by means of X-rays. J. of exper. Zool. **53** (1929). — *X-rays and somatic mutations. J. Hered. **20** (1929). — The production of gynandromorphs in *Drosophila melanogaster* by X-rays. J. of exper. Zool. **60** (1931). — Continuous versus interrupted irradiation and the rate of mutations in *Drosophila*. Biol. Bull. Mar. biol. Labor. Wood's Hole **61** (1931). — The question of delayed breakage in the chromosomes of *Drosophila*. J. of exper. Zool. **70** (1935). — Patterson, J. T. and H. J. Muller: Are progressive mutations produced by X-rays. Genetics **15** (1930). — Patterson, J. T., W. Stone, S. Bedichek and M. Suche: The production of translocations in *Drosophila*. Amer. Naturalist **68** (1934).— Pickhan, A.: Vergleich der mutationsauslösenden Wirkung von gleichen Dosen Röntgen- und Gammastrahlen. Strahlenther. **52** (1935). — Welche Strahlendosen dürfen bei der Röntgendiagnostik der weiblichen Zeugungsorgane nach den Ergebnissen der experimentellen Strahlengenetik in erbbiologischem Sinne als unschädlich betrachtet werden? Fortschr. Röntgenstr. **53** (1936). — Pickhan, A., N. W. Timoféeff-Ressovsky u. K. G. Zimmer: Versuche an *Drosophila melanogaster* über die Beeinflussung der mutationsauslösenden Wirkung von Röntgen- und Gammastrahlen durch Hochfrequenzfeld (Kurzwellen) und Äthernarkose. Strahlenther. **56** (1936). — Pickhan, A. u. K. G. Zimmer: Über die Herabsetzung der Strahlendosen bei gynäkologischer Röntgendiagnostik. Fortschr. Röntgenstr. **55** (1937). — Pirocchi, L.: Mutazioni ottenute in *Macrosiphum rosae* mediante l'azione dei ragge X. Riv. Biol. **15** (1933). — Plough, H. H. and P. Ives: Heat induced mutations in *Drosophila*. Proc. nat. Acad. Sci. U.S.A. **20** (1934). — Induction of mutations by hight temperature in *Drosophila*. Genetics **20** (1935). — Ponomarev, V. P.: Effect of lead nitrate on the mutation process in *Drosophila*. Biol. Ž. (russ.) **6** (1937). — Dasselbe II. Biol. Ž. (russ.) **7** (1938). — Promptov, A. N.: The effect of short ultraviolet rays on the appearance of hereditary variations in *Drosophila melanogaster*. J. Genet. **26** (1932).

Rajewsky, B.: Theorie der Strahlenwirkung und ihre Bedeutung für die Strahlentherapie. Frankf. wiss. Woche **2** (Leipzig 1934). — Rajewsky, B. N. u. N. W. Timoféeff-Ressovsky: Höhenstrahlung und die Mutationsrate von *Drosophila*. Z. Abstammgslehre **77** (1939). — Regaud, O. et G. Dubreuil: Perturbations dans le développment des oeufs fécondé par des spermatozoides roentgenisés chez le lapin. C. r. Soc. Biol. Paris **64** (1908). — Reuss, A.: Über die Auslösung von Mutationen durch Bestrahlung erwachsener *Drosophila*-Männchen mit ultraviolettem Licht. Z. Abstammgslehre **70** (1935). — Rokizky, P. Th.: Künstliche Auslösung von Mutationen bei landwirtschaftlichen Tieren, I. Biol. Ž. (russ.) **3** (1932). — Rokizky, P. Th., Neuhaus i Kardymowič, II. Biol. Ž. (russ.) **3** (1934). — Rokizky, P. Th., G. Papalaschwili i T. F. Chritowa, III. Biol. Ž. (russ.) **3** (1934). — Rokizky, P. Th., G. Papalaschwili i J. Schechtmann, IV. Über den Einfluß von Röntgenstrahlen verschiedener Härte auf die Befruchtungsfähigkeit der Spermien und die erste Generation bei Kaninchen. Biol. Ž. (russ.) **4** (1935). — Rudloff, C. F. u. H. Stubbe: Mutationsversuche mit *Oenothera Hookeri*. Flora (Jena) **29** (1935).

Sacharov, V.: Erregung des Mutationsprozesses bei *Drosophila melanogaster* durch Jodbehandlung. Biol. Ž. (russ.) **1** (1932). — Auslösung von Mutationen bei *Drosophila melanogaster* durch Jodeinwirkung. II. Auslösung von Letalfaktoren. Biol. Ž. (russ.) **2** (1933). — Jod als chemischer Mutationsauslösungsfaktor bei *Drosophila*. III. Auslösung autosomaler Letalfaktoren. Biol. Ž. (russ.) **4** (1935). — Jod als chemischer Faktor, der auf den Mutationsprozeß von *Drosophila* wirkt. Genetica ('s-Gravenhage) **18** (1937). — On the specifity of the action of the factors of mutation. Biol. Ž. (russ). **7** (1938). — Samjatina, N. D. i O. T. Popova: Der Einfluß von Jod auf die Entstehung von Mutationen bei *Drosophila melanogaster*. Biol. Ž. (russ.) **3** (1934). — Sapehin, A. A.: Röntgen-Mutationen beim Weizen. Züchter **2** (1930). — Röntgenmutationen beim harten Weizen. Bot. Ž. (russ.) **20** (1935). — Röntgenmutationen beim weichen Weizen. Bull. appl. Bot., Genet., Plant Breed., II. s. Nr 9 (1936). — Šapiro, N. J.: Einfluß des Alters der Keimzellen auf die Entstehung von Translokationen bei *Drosophila melanogaster*. Ž. eksper. Biol. (russ.) **7** (1931). — Gibt es eine Germinalselektion bei *Drosophila*. C. r. Acad. Sci. USSR. **9** (1936). — Šapiro, N. i K. Volkova: Rate of the mutation process in males and females in different stocks of *Drosophila melanogaster*. Biol. Ž. (russ.) **7** (1938). — Šapiro, N. J. i M. Neuhaus: Comparative analysis of the mutation rates in females and males of *Drosophila* *melanogaster.* Biol. Ž. (russ). 2 (1933). — Šapiro, N. J. i R. Serebrovskaja: Relative mutability of the X- and second Chromosomes of *Drosophila melanogaster.* C. r. Acad. Sci. USSR. 4 (1934). — Šapiro, N. J. i J. M. Žolonds: Data concerning the influence of complete anesthesia of the irradiated object on the frequency of mutations induced by X-rays. Zool. Ž. (russ.) 14 (1935). — Savchenko, P.: Cytological investigation of the progeny of X-rayed *Vicia sativa.* Bull. appl. Bot., Genet., Plant Breed., II. s. Nr 8 (1935). — Sax, K.: Chromosome aberrations induced by X-rays. Genetics 23 (1938). — The time-factor in X-ray production of chromosome aberrations. Proc. nat. Acad. Sci. U.S.A. 25 (1939). — Schkwarnikow, P. K.: Über Steigerung der Mutationsrate beim Weizen durch dauernde Aufbewahrung der Samen. Biol. Ž. (russ.) 5 (1936). — Schmitt, O. and C. P. Oliver: Electrostatic radiation and genetic effects. Amer. Naturalist 67 (1933). — Schultz, J.: X-ray effects on *Drosophila pseudoobscura.* Genetics 18 (1933). — Serebrovskaja, R. I. and N. J. Šapiro: The frequency of mutations induced by X-rays in the autosomes of mature and immature germ-cells of *Drosophila melanogaster* males. C. r. Acad. Sci. USSR. 2 (1935). — Serebrovsky, A. S.: A general scheme for the origin of mutations. Amer. Naturalist 63 (1929). — Serebrovsky, A. S. i N. P. Dubinin: Künstliche Erzeugung von Mutationen und das Problem des Gens. Usp. eksper. Biol. (russ.) 8 (1929). — X-ray experiments with *Drosophila.* J. Hered. 21 (1930). — Serebrovsky, A. S., N. P. Dubinin, J. J. Agol, W. N. Slepkoff i W. E. Altschuler: Erzeugung von Mutationen durch Röntgenbestrahlung bei *Drosophila melanogaster.* Ž. eksper. Biol. (russ.) 4 (1928). — Sidoroff, B. N.: Zur Frage über den Einfluß der X-Strahlen auf den Mutationsprozeß in unreifen Spermien von *Drosophila melanogaster.* Ž. eksper. Biol. (russ.) 7 (1931). — Einfluß der X-Strahlen auf die Mutationsrate verschiedener Gene im X-Chromosom von *Drosophila melanogaster.* Biol. Ž. (russ.) 3 (1934). — The mutability of yellow, scute and achaete in the stocks scute[8] and yellow[3]. Biol. Ž. (russ.) 5 (1936). — Snell, G. D.: Genetic changes in mice induced by X-rays. Amer. Naturalist 67 (1933). — The induction by X-rays of hereditary changes in mice. Genetics 20 (1935). — Stadler, L. J.: Genetic effects of X-rays in Maize. Proc. nat. Acad. Sci. U.S.A. 14 (1928). — Mutations in barley induced by X-rays and radium. Science (N.Y.) 68 (1928). — The rate of induced mutations in relation to dormancy temperature and dosage. Anat. Rec. 41 (1928). — Chromosome number and the mutation rate in *Avena* and *Triticum.* Proc. nat. Acad. Sci. U.S.A. 15 (1929). — The experimental modification of heredity in cropplants, I and II. Sci. Agricult. 11 (1931). — Stadler, L. J. and G. F. Sprague: Genetic effects of ultraviolet radiation on Maize. Proc. nat. Acad. Sci. U.S.A. 22 (1936). — Contrasts in the genetic effects of ultraviolet radiation and X-rays. Science (N.Y.) 85 (1937). — Stein, E.: Untersuchungen über Radiomorphosen von *Antirrhinum.* Z. Abstammgslehre 43 (1926). — Über Gewebeentartung bei Pflanzen als Folge von Radiumbestrahlung. Biol. Zbl. 49 (1929). — Zur Entstehung und Vererbung der durch Radiumbestrahlung erzeugten Phytocarcinome. Z. Abstammgslehre 62 (1932). — Strandskov, H. H.: Effect of X-rays in an inbred strain of guineapigs. J. of exper. Zool. 63 (1932). — Stubbe, H.: Untersuchungen über experimentelle Auslösung von Mutationen bei *Antirrhinum majus,* I. u. II. Z. Abstammgslehre 56 (1930). — III. Z. Abstammgslehre 60 (1932). — IV. Z. Abstammgslehre 64 (1933). — Einige Kleinmutationen von *Antirrhinum majus.* Züchter 6 (1934). — Samenalter und Genmutabilität bei *Antirrhinum majus.* Biol. Zbl. 55 (1935). — Weitere Untersuchungen über Samenalter und Genmutabilität bei *Antirrhinum majus.* Z. Abstammgslehre 70 (1935). — Das Merkmal Accorrugata von *Antirrhinum majus.* Nachr. Ges. Wiss. Göttingen, Biol. N. F. 2, Nr 3 (1935). — Die Beziehung zwischen Samen- und Goneomutabilität bei *Antirrhinum.* Forschgn u. Fortschr. 13 (1937). — Stubba, H. u. W. Noethling: Untersuchungen über experimentelle Auslösung von Mutationen bei *Antirrhinum.* VI. Z. Abstammgslehre 72 (1936). — Sturtevant, A. H.: The effect of unequal crossing over at the Bar locus in *Drosophila.* Genetics 10 (1925). — A further study of so-called mutations at the Bar locus of *Drosophila.* Genetics 13 (1928). — Effect of temperature on mutation. Exhibits; Proc. 6th internat. Congr. Genet. 2 (1932). — Sveschnikova, I. N.: Translocations in hybrids as an indicator of caryotype evolution. Biol.. Ž. (russ.) 5 (1936).

Ternovsky, M. F.: Ergebnisse der Versuche, künstliche Mutationen bei einigen Solanaceae zu erhalten. Genetica ('s-Gravenhage) 17 (1935). — Timoféeff-Ressovsky, H. A.: The effect of X-rays upon the mutability of *Drosophila funebris.* J. Hered. 21 (1930). — Röntgenbestrahlungsversuche mit *Drosophila funebris.* Naturwiss. 18 (1930). — *Timoféeff-Ressovsky, H. A. u. N. W.: Genetische Analyse einer freilebenden *Drosophila melanogaster*-Population. Roux' Arch. 109 (1927). — Timoféeff-Ressovsky, N. W.: A reverse genovariation in *Drosophila funebris.* Ž. eksper. Biol. (russ.) 1 (1925). — Genetics 12 (1927). — Eine somatische Rückgenovariation bei *Drosophila melanogaster.* Roux' Arch. 113 (1928). — Somatische Genovariationen und Rückgenovariationen eines bestimmten Gens unter dem Einfluß der Röntgenbestrahlung. Ž. eksper. Biol. (russ.) 5 (1928). — The effect of X-rays in producing somatic genovariations of a definite locus in different directions in *Drosophila melanogaster.* Amer. Naturalist 63 (1929). — Rückgenovariationen und die Genovariabilität in verschiedenen Richtungen. I. Somatische Genovariationen der Gene W, w^c und w bei *Drosophila melanogaster* unter dem Einfluß der Röntgenbestrahlung. Roux' Arch. **115** (1929). — Reverse genovariations and the genovariability in different directions. II. The production of reverse genovariations in *Drosophila melanogaster* by X-ray treatment. Ž. èksper. Biol. (russ.) **6** (1930). — J. Hered. **21** (1930). — Das Genovariieren in verschiedenen Richtungen bei *Drosophila melanogaster* unter dem Einfluß der Röntgenbestrahlung. Naturwiss. **18** (1930). — Does X-ray treatment produce a genetic aftereffect? Ž. èksper. Biol. (russ.) **6** (1930). — J. Hered. **21** (1930). — Zur Frage über das Funktionieren der Gene in den Keimzellen. Ž. èksper. Biol. (russ.) **6** (1930). — Einige Versuche an *Drosophila melanogaster* über die Art der Wirkung der Röntgenstrahlen auf den Mutationsprozeß. Roux' Arch. **124** (1931). — Verschiedenheit der normalen Allele der white-Serie aus zwei geographisch getrennten Populationen von *Drosophila melanogaster*. Biol. Zbl. **52** (1932). — *Mutations of the gene in different directions. Proc. 6th internat. Congr. Genet. **1** (1932). — Rückmutationen und die Genmutabilität in verschiedenen Richtungen. III. Röntgenmutationen in entgegengesetzten Richtungen am forked-Locus von *Drosophila melanogaster*. Z. Abstammgslehre **64** (1933). — IV. Röntgenmutationen in verschiedenen Richtungen am white - Locus von *Drosophila melanogaster*. Z. Abstammgslehre **65** (1933). — V. Gibt es ein wiederholtes Auftreten identischer Allele innerhalb der white-Allelenreihe von *Drosophila melanogaster*? Z. Abstammgslehre **66** (1933). — *Über die Vitalität einiger Genmutationen und ihrer Kombinationen bei *Drosophila funebris* und ihre Abhängigkeit vom genotypischen und vom äußeren Milieu. Z. Abstammgslehre **66** (1933). — Einige Versuche an *Drosophila melanogaster* über die Beziehungen zwischen Dosis und Art der Röntgenbestrahlung und der dadurch ausgelösten Mutationsrate. Strahlenther. **49** (1934). — *Auslösung von Vitalitätsmutationen durch Röntgenbestrahlung bei *Drosophila melanogaster*. Nachr. Ges. Wiss. Göttingen, Biol. N. F. **1**, Nr 11 (1935). — Über die Wirkung von Temperatur auf den Mutationsprozeß bei *Drosophila melanogaster*. I. Versuche innerhalb normaler Temperaturgrenzen. Z. Abstammgslehre **70** (1935). — Qualitativer Vergleich der Mutabilität von *Drosophila funebris* und *Drosophila melanogaster*. Z. Abstammgslehre **71** (1936). — Zur Frage über einen direkten oder indirekten Einfluß der Bestrahlung auf den Mutationsvorgang. Biol. Zbl. **57** (1937). — Über Mutationsraten in reifen und unreifen Spermien von *Drosophila melanogaster*. Biol. Zbl. **57** (1937). — Auslösung von Mutationen durch Neutronenbestrahlung. Forschgn u. Fortschr. **14** (1938). — Zur Frage über die Beziehungen zwischen strahlenausgelösten Punkt- und Chromosomenmutationen. Chromosoma (1939). — Mutabilität in geographisch verschiedenen Stämmen von *Drosophila*. Biol. Zbl. **60** (1940). — Timoféeff-Ressovsky, N. W. u. M. Delbrück: Strahlengenetische Versuche über sichtbare Mutationen und die Mutabilität einzelner Gene bei *Drosophila melanogaster*. Z. Abstammgslehre **71** (1936). — Timoféeff-Ressovsky, N. W. u. G. G. Zimmer: Strahlengenetische Zeitfaktorversuche an *Drosophila melanogaster*. Strahlenther. **53** (1935). — Wellenlängenunabhängigkeit der mutationsauslösenden Wirkung der Röntgen- und Gammastrahlen bei *Drosophila melanogaster*. Strahlenther. **54** (1935). — Neutronenbestrahlungsversuche zur Mutationsauslösung an *Drosophila melanogaster*. Naturwiss. **26** (1938). — Mutationsauslösung durch Röntgenbestrahlung unter verschiedener Temperatur bei *Drosophila melanogaster*. Biol. Zbl. **59** (1939). — Tschetverikov, S. S.: Über genetische Beschaffenheit wilder Populationen. Verh. 5. internat. Kongreß Vererbungswiss. **2** (1928). — Tsubina, M. G.: Do premutational processes exist in the gene? Biol. Ž. (russ.) **4** (1935). — Hypomorphism and antimorphism of the genes. Biol. Ž. (russ.) **4** (1925).

Vernadsky, V. I.: Sur la concentration du radium par les organismes vivants. C. r. Acad. Sci. USSR. A **2** (1929).

Weinstein, A.: The production of mutations and rearrangements of genes by X-rays. Science (N.Y.) **67** (1928). — Whiting, A. and C. Bostian: The effects of X-radiation of larvae in *Habrobracon*. Genetics **16** (1931). — Whiting, P. W.: The production of mutations by X-rays in *Habrobracon*. Science (N.Y.) **68** (1928). — X-rays and parasitic wasps. J. Hered. **20** (1929). — Wilhelmy, E., K. G. Zimmer u. N. W. Timoféeff-Ressovsky: Einige strahlengenetische Versuche mit sehr weichen Röntgenstrahlen an *Drosophila melanogaster*. Strahlenther **57** (1936). — Woskressensky, N. M.: Über Vererbung der beschleunigenden Wirkung der Röntgenbestrahlung auf die Entwicklung bei *Drosophila melanogaster*. Trudy Vsesoj. Sjezda po Genet. i Selekcii **1929**. — Wrinch, D. M.: On the molecular structure of chromosomes. Protoplasma (Berl.) **25** (1936).

Yefeikin, A. and B. Vasilyev: Artificial induction of haploid durum wheats by pollination with X-rayed pollen. Bull. appl. Bot., Genet., Plant Breed., II. s. **9** (1936).

Zimmer, K. G., H. D. Griffith u. N. W. Timoféeff-Ressovsky: Mutationsauslösung durch Betastrahlung des Radiums bei *Drosophila*. Strahlenther. **59** (1937). — Zimmer, K. G. u. N. W. Timoféeff-Ressovsky: Auslösung von Mutationen bei *Drosophila melanogaster* durch α-Teilchen nach Emanationseinatmung. Strahlenther. **55** (1936). — Dosimetrische und strahlenbiologische Versuche mit schnellen Neutronen II. Strahlenther. **63** (1938). — Note on the biological effects of densely ionizing radiation. Physic. Rev. 15. Febr. (1939).

Mutationen bei den Säugetieren
und die Frage ihrer Entstehung durch kurzwellige Strahlen und Keimgifte.

Von **Paula Hertwig**, Berlin.

Mit 20 Abbildungen.

I. Einleitung: Die Bedeutung der Mutationsforschung bei Säugetieren für rassenhygienische Fragen.

Die großen Erfolge der Mutationsforschung sind fast durchweg auf Beobachtungen an Pflanzen und niederen Tieren, vor allen Dingen an Drosophila zurückzuführen. Versuche mit Säugetieren haben bisher nur wenig zur Erweiterung unserer grundlegenden Ansichten beigetragen. Die Gründe hierfür liegen auf der Hand; denn mehr noch wie auf anderen Gebieten der Vererbungslehre ist für die Mutationsforschung die *Zahl* von ausschlaggebender Bedeutung. Ohne umfassende quantitative Sicherung der Versuche wäre eines der wichtigsten Gesetze der strahlengenetischen Forschung, die Beziehung der Mutationshäufigkeit zur Ionisationsrate, nicht gefunden worden. Der für solche zahlenabhängigen Feststellungen erforderliche Umfang der Versuche ist naturgemäß bei Säugetieren nur schwer zu erreichen. Es werden daher auch in Zukunft viele für die Keimschädigungsgefahr äußerst wichtigen Fragen, wie z. B. diejenige nach der unteren Grenze der mutationsauslösenden Bestrahlung, nur durch Versuche mit Drosophila gefördert werden können. Dennoch wird auch der Säugetierversuch seinen Platz in der Mutationsforschung behaupten, und zwar um so mehr, je stärker die Bedeutung der Mutationsforschung für unser praktisches, rassenhygienisches Handeln hervortritt. Zwar ist der Einwand, der oft von medizinischer Seite erhoben wurde, daß die Resultate von Versuchen mit Pflanzen und Drosophila nicht einfach auf den Menschen übertragbar seien, unberechtigt soweit es sich um die primären qualitativen Vorgänge in den Zellen, Chromosomen und Genen handelt; denn wir haben gut begründete Veranlassung, eine Gleichartigkeit der grundlegenden Lebens- und Vererbungserscheinungen für alle Organismen anzunehmen. Anders steht es aber bei der Frage nach der Mutationshäufigkeit, die z. B. nach bestimmten Bestrahlungsdosen zu erwarten wäre. Wir können hier nur für Drosophila melanogaster Angaben machen, und die Übertragung der Werte auf andere Objekte ist nicht ohne weiteres erlaubt. Man überprüft ja sogar noch für nahe miteinander verwandte Drosophilaarten, ob eine qualitativ und quantitativ gleiche Mutationshäufigkeit besteht. Aber selbst für Drosophila melanogaster ist die Mutationsrate in der Regel nur für eine einzige Zellart, für die reifen Spermatozoen bekannt. Es zeigt sich aber immer deutlicher, daß man nach Bestrahlung von Spermatogonien, Spermatocyten, Oocyten usw. andere Werte erhält. Die Gründe für diese Erscheinung werden später (S. 263) erörtert werden. Hier sei nur hervorgehoben, daß es für rassenhygienische Fragen unbedingt notwendig ist, den Einfluß der Bestrahlung auf alle Zellen der Keimdrüsen zu kennen; denn die Röntgen- und Radiumstrahlen der Medizin und Technik treffen nicht nur die fertigen Keimzellen, sondern desgleichen alle anderen Stadien. Bei der großen Verschiedenheit der Fortpflanzungsbiologie von Pflanzen, Drosophila und Mensch ist zu erwarten, daß Versuche mit Säugetieren uns näher an die beim Menschen gegebenen Verhältnisse heranführen.

Der Eigenwert der Säugetierversuche tritt noch klarer hervor, wenn wir an die Keimschädigung durch chemische Stoffe denken. Denn bei der Mutationsauslösung durch Strahlen besteht wenigstens für alle Objekte Gleichheit bezüglich der unmittelbaren Einwirkung des mutationsauslösenden Reizes. Dies ist nicht mehr der Fall, wenn es sich um die Wirkung eines chemischen Stoffes handelt. Hier ist dem Rassenhygieniker wenig mit Versuchen gedient, in denen etwa Keim- oder embryonale Zellen in direkte Berührung mit den chemischen Stoffen gebracht werden, wie es etwa beim Eintauchen von Eiern oder Pflanzen in chemische Lösungen geschieht; denn es kommt uns in der Regel nicht so sehr auf die Wirkung der reinen Chemikalien an, als daß wir festzustellen wünschen, ob die durch die Nahrung, durch Einatmen, durch Injektion usw. dem Körper einverleibten Stoffe und Gifte direkt oder auch indirekt auf die Keimzellen erbändernd einwirken können. Mit niederen Tieren sind daher Modellversuche kaum durchzuführen, und der Säugetierversuch ist die einzige, wenn auch in vieler Beziehung noch unzulängliche Möglichkeit, über diese Fragen Aufschluß zu erhalten.

II. Einiges über Häufigkeit und Art sog. Spontanmutationen bei Säugetieren und beim Menschen.

Bevor ich auf die Versuche, experimentell bei Säugetieren Mutationen auszulösen, eingehe, seien einige Worte über das Auftreten sog. Spontanmutationen gesagt. Es ist noch nicht lange her, daß von Borak (1931, 1932) und von Peller (1931) überhaupt Zweifel an dem Vorkommen von Spontanmutationen beim Menschen geäußert wurden, zum mindesten glaubte Peller die Rate als äußerst niedrig ansetzen zu müssen. Diese Annahme einer besonders geringen Mutationsfähigkeit des Säugetiers, speziell des menschlichen Genoms entbehrt jeglicher Begründung. Die neuesten statistischen Berechnungen von Haldane (1935) und von Penrose (1935) sprechen eher für eine recht große Mutabilität beim Menschen. Haldanes Rechnung über die Mutationshäufigkeit der Gens für Hämophilie ist nicht restlos gesichert, sie zeigt aber doch, daß wir keine Ursache haben, für den Menschen eine besonders große Festigkeit der Gene anzunehmen. Für die Säugetiere beweist das Vorhandensein von unzähligen erblichen Varietäten auch bei monophyletischen Arten, beweisen die vielen neuzeitlichen Beobachtungen über das Auftreten von abweichenden normalen und von pathologischen Formen (Nachtsheim 1938) die große Mutationsfähigkeit des Genoms. Freilich können wir noch bei keinem Säugetier zahlenmäßig die Mutationshäufigkeit angeben und ebensowenig können wir sagen, ob das Verhältnis von letalen, subletalen und phänischen Mutanten ein ähnliches ist, wie bei Drosophila, wo ja bekanntlich die letalen Mutationen bei weitem vorherrschen. Es ist nur aus allgemeinen Erwägungen heraus anzunehmen, daß auch bei den Säugetieren die letalen und subletalen Mutationen häufiger sind als die phänischen, und daß unter den phänischen diejenigen Mutanten überwiegen, die pathologischer Art sind. Denn jede Mutation bedingt eine Änderung der im normalen Organismus aufeinander abgestimmten Entwicklungsabläufe. Je höher aber eine Art differenziert ist, desto mehr bedeutet eine jede Änderung ein Risiko für die normale Ausbildung.

Wie im allgemeinen Teil von Timoféeff-Ressovsky auseinandergesetzt wurde, unterscheiden wir *Genmutationen* und *Chromosomenmutationen*. Beide kommen auch bei Säugetieren vor, wenn auch der Nachweis von Chromosomenmutationen, d. h. von Brüchen, Ausfall von Chromosomenstücken, Verlagerungen usw. bei Säugern bisher nur in wenigen Fällen gelungen ist, und zwar erstmalig durch die Zusammenarbeit von GATES (1927) und PAINTER (1927). Eine Kreuzung von japanischer Tanzmaus mit normalen Mäusen zeigte unerwartete Zahlenverhältnisse für das Tanzgen. Die gestörte Aufspaltung für das recessive Gen „v" wies auf das Fehlen des normalen Allels hin. PAINTER fand bei der zytologischen Untersuchung, daß außer den XY-Chromosomen noch ein zweites Chromosomenpaar heteromorph war (Abb. 1). Wir werden im folgenden sehen, daß gerade die Chromosomenmutationen bei den strahlengenetischen Versuchen eine große Rolle spielen.

Nach dem Gesagten sind wir zu folgenden Feststellungen berechtigt: Mutationen sind auch bei Säugetieren wie auch beim Menschen häufig. Sie treten sowohl als Gen- wie auch als Chromosomenmutationen auf. Die Mehrzahl der Mutanten sind lebensunfähig oder lebensschwach. Mithin ist bei *Erbänderungen* auch eine *Erbschädigung* zu befürchten.

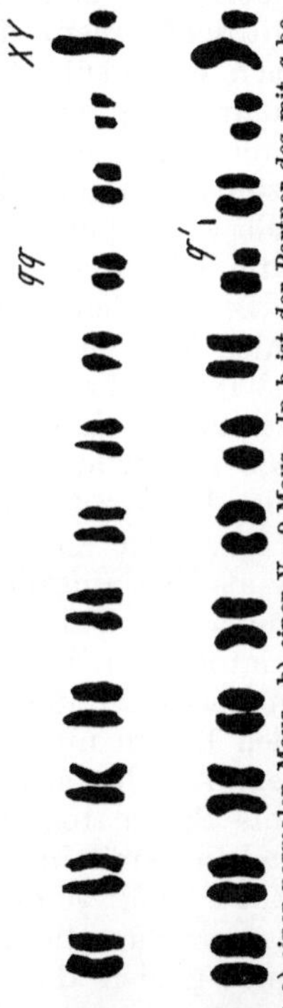

III. Zur Methodik der Mutationsforschung bei Säugetieren.

1. Die Histologie der Keimdrüsen- und Keimzellschädigung.

Eine *Keimdrüsenschädigung* ist nicht gleichbedeutend mit einer *Erbschädigung*, und ebensowenig ist es möglich, durch die zytologische Untersuchung der Spermio- oder Oogenese oder durch eine Formanalyse der fertigen Keimzellen, wie sie z. B. jüngst von STIASNY - GENERALES (1937) für die männlichen Keimzellen durchgeführt wurde, zu erkennen, ob „Genmutationen" aufgetreten sind, oder nicht. Jedoch läßt sich in günstigen Fällen wohl sehen, ob durch gestörte Mitosen gröbere Chromosomenabweichungen auftreten, und ob anormale hyperoder hypoploide Keimzellen gebildet werden. Man erkennt ferner, welche Stadien der Keimzellen trotz vorhandener Gonadenschädigung sich noch bis zur Reife differenzieren können, und es läßt sich zeigen, daß die Fähigkeit, Schädigungen zu überstehen, für die einzelnen Entwicklungsstadien eine ungleiche ist. Eine genaue Kenntnis der Keimzellgenese nach Bestrahlungen oder anders gearteten Keimdrüsenschädigungen scheint mir daher ein wichtiges Hilfsmittel für die richtige Beurteilung einer Erbschädigungsgefahr zu sein.

a) Der Röntgenhoden.

Die Einwirkung von Röntgenstrahlen auf den Säugetierhoden ist von REGAUD und seiner Schule (Ratte, Kaninchen, 1906—1928), von SCHINZ und SLOTOPOLSKY (Kaninchen, 1925), von DOBROVOLSKAJA (Maus, 1927), von GATENBY und WIGODER (Meerschweinchen, 1929), von WIGODER (Ratte, 1929), von STRANDSKOV (Meerschweinchen, 1932), von LANGENDORFF (Maus, 1936), von P. HERTWIG (Maus, 1938), von

Abb. 1 a und b. Chromosomenreihen aus den Spermatogonien a) einer normalen Maus, b) einer V—0-Maus. In b ist der Partner des mit q bezeichneten Chromosomenpaares deutlich kürzer und zeigt so cytologisch den Chromosomenstückausfall, der genetisch durch das Fehlen des Gens v erkannt wurde. (Aus PAINTER 1927.)

H. Schäfer (Maus, 1939) bearbeitet worden. Am ausführlichsten ist die schöne Monographie von Schinz und Slotopolsky, auf die auch für weitere Literaturangaben verwiesen sei. Die neueste, vorzügliche Arbeit von Langendorff behandelt eine Teilfrage, die Wirkung von Bestrahlungen mit 20—300 r auf die Mitosenfrequenz der Spermatogonien.

Nach Röntgenbestrahlung verläuft die Entartung des Keimepithels anders als im alternden oder anders geschädigten Hoden. Sie setzt mit einem Teilungsstillstand derjenigen Zellen ein, die von Regaud wegen ihrer Kernstruktur als „Krustenspermatogonien" bezeichnet wurden. Es sind dies die Zellen, die normalerweise durch ihre Teilungen für die dauernde Neubildung von Spermiocyten sorgen. Sie sind sehr strahlenempfindlich, denn Langendorff konnte schon 24 Stunden nach Bestrahlung mit 20—40 r eine deutliche Störung des normalen Teilungsrhythmus feststellen. Eine Hemmung der Teilungen ist bei 170—300 r nachzuweisen (Langendorff), und bei noch höheren Dosen sind abgestorbene pyknotische Spermatogonienzellen zahlreich vorhanden (Regaud, Schinz, Hertwig). Die Hemmung und erst recht das Absterben der Spermatogonien hat zur Folge, daß der normale Aufbau des Keimepithels gestört wird, denn es werden zu wenig, oder gar keine Spermiocyten neu gebildet. Es tritt daher als das auffallendste Merkmal der Röntgenschädigung eine allmähliche Verödung der Tubuli seminiferi ein. Zuerst schwindet der größte Teil der Spermatogonien, dann die Spermiocyten, und als letzte Stadien die Präspermiden, Spermiden und reifen Spermien. 10 Tage nach Bestrahlung mit 1500 r haben wir in allen Tubuli nur noch Sertolizellen und Reste der spermiogenetischen Endstadien. Aus diesen Beobachtungen zogen Schinz und Slotopolsky den Schluß, daß die Spermatogonien die strahlenempfindlichsten Zellen des Hodens sind. Sie stehen damit im Gegensatz zu der Meinung von Regaud, Dobrovolskaja, Gatenby und Wigoder. Auch ich glaube, daß die Ansicht von Schinz nicht ganz das Richtige trifft. Zwar ist es richtig, daß die Vernichtung der Spermatogonien das histologische Bild des Röntgenhodens am auffälligsten bestimmt. Genauere Beobachtung zeigt aber, daß auch die Spermiocyten und Folgestadien verändert sind. Schinz und Slotopolsky haben ja selbst auf abnorme Reifeteilungen sowie auf sehr ungleich große Spermiden aufmerksam gemacht, und Regaud und Blanc (Ratte, 1906), Schäfer (Maus, 1939) weisen eine Häufung von abnorm geformten Spermatozoen nach. Es ist äußerst wahrscheinlich, daß in Übereinstimmung mit anderen Bestrahlungsuntersuchungen wie die von Mohr und R. Eker an Heuschreckenhoden, auch bei den Säugetieren die frühen Prophasestadien am strahlenempfindlichsten sind, d. h. etwa gleichermaßen empfindlich die teilungsbereiten Krustenspermatogonien, die jungen Spermiocyten und die Präspermiden.

Es ist bekannt, daß bei niederen und mittleren Dosen eine Regeneration des Samenepithels erfolgt. Entgegen der Annahme von Schinz und Slotopolsky, die eine von entdifferenzierten Sertolizellen ausgehende Regeneration für wahrscheinlich hielten, glauben Regaud (1908), Villemin (1906), Simonds (1909, 1910), Dobrovolskaja (1927), P. Hertwig (1938), daß eine Repopulation nur möglich ist, wenn noch teilungsfähige Spermatogonien, d. h. helle Staubspermatogonien, die wohl mit den indifferenten Hodenzellen von Stieve identisch sind, erhalten blieben. Der Nachweis von überlebenden hellen Staubspermatogonien konnte bei Dosen bis zu 1000 r (P. Hertwig, 1938) geführt werden. Auch spricht die Wiederaufnahme der Spermiogenese in regellos über die Tubuli verteilten Inseln (Abb. 2) für die Richtigkeit der Annahme. Je höher die Bestrahlungsdosis, desto geringer die Zahl der überlebenden Spermatogonien und desto spärlicher die anfänglichen Repopulationsinseln. Wichtig ist, daß die nach der Sterilitätsperiode befruchtenden Spermatozoen als *ruhende* Zellen bestrahlt wurden, also in einer anderen Phase als die fertigen Spermatozoen und die übrigen Zellen des Keimepithels (vgl. S. 263).

Es ist von Interesse zu wissen, bei welchen Dosen absolute Sterilität eintritt. Bei der Maus dürfte die Grenze bei Dosen über 1500 r erreicht sein. Denn es wurden nur noch 4 von 21 mit 1500 r bestrahlten ♂♂ wieder fertil (P. Hertwig 1938). Für den Kaninchenhoden gibt Schinz die Grenze mit 2,5 HED. (etwa 1600 r) an. Die Hoden von 14 Ratten waren bei der gleichen Dosis nach 9 bis 10 Monaten zum Teil noch ganz verödet oder zeigten doch nur eine ungeordnete nicht zu Ende geführte Spermiogenese in einzelnen Kanälchen (P. Hertwig). Nach

Hooker (1925) wurden Ratten nach 3 HED. wieder fertil. Nach diesen spärlichen Angaben kann man noch nicht übersehen, ob die Sterilisationsgrenze bei den verschiedenen Tieren die gleiche ist. — Eine besondere Berücksichtigung verdient die Frage, wie hoch man bestrahlen kann, ohne daß die fertigen Spermatozoen ihre Befruchtungsfähigkeit einbüßen. Nach Gatenby und Wigoder sind die Spermatozoen von Meerschweinchen nach $8^1/_2$ HED. noch voll beweglich, nach Wigoder diejenigen der Ratte noch bei 7000 r. Sydney und Warren (1931) haben Kaninchensperma mit 18 HED. ohne Beeinträchtigung der Be-

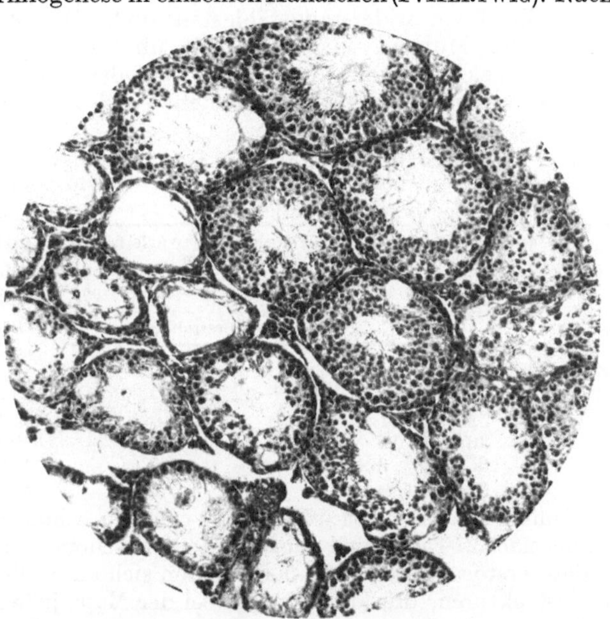

Abb. 2. Mäusehoden, 181 Tage nach Bestrahlung mit 800 r. — In 5 Kanälchen des Schnittes geordnetes Keimepithel mit Spermatozoen. — In 6 Kanälchenquerschnitten Keimepithel etwa bis zur Spermiocytenbildung. 4—5 Kanälchen ohne Keimepithel. Vergr. 100 mal. (Aus P. Hertwig 1938.)

weglichkeit bestrahlt, und geben an, nach 11 HED. noch einen Wurf erhalten zu haben, was mir freilich nicht recht glaubhaft erscheint. Bei Meerschweinchen erhielt Strandskov noch Würfe bei 2600 r, Rokizki (1934) bei Kaninchen und Schaf bei 3000 r. Gegenüber diesen durch die Versuche gut gesicherten Angaben ist es auffallend, daß man bei Mäusen schon bei Dosen wenig über 1500 r nur noch selten einen ausgetragenen Wurf erhält. Die Befruchtungsfähigkeit der Spermatozoen wurde allerdings auch bei der Maus noch bei 4000 r durch Untersuchung zweigeteilter Eier bewiesen (Hertwig-Brenneke 1937). Nach Papalaschiwili (1935) zerstört die Bestrahlung die Lipoidkapsel der Kaninchenspermien. Das soll schon bei 500 r bemerkbar sein und bei höheren Dosen bis zu 2000 r immer deutlicher werden. Mir scheint diese Angabe über eine sichtbare Wirkung der Strahlen auf die Spermatozoen recht zweifelhaft, besonders auch in Anbetracht der nachgewiesenermaßen guten Befruchtungsfähigkeit der Spermatozoen nach einer 4000 r Dosis.

b) Das Röntgenovar.

Während im Hoden eine große Verschiedenheit der spermiogenetischen Zellstadien vorhanden ist, finden wir im Ovar die weitaus größte Zahl der Keimzellen als Oocyten 1. Ordnung. Nur der Kern der Eier in den entleerungsreifen Follikeln ist nicht mehr im Prophasestadium der Reifeteilung sondern in der Metaphase der 1. Richtungsspindel. Vielleicht sind im Ovar der geschlechtsreifen Nagetiere auch noch Oogonien vorhanden, denn es mehren sich für Maus und Ratte die Angaben über eine Einwanderung von neuen jungen Eiern aus dem Oberflächenepithel, das damit den Namen „Keimepithel" mit Recht tragen würde (Hargitt, Allen und Creddick 1937). Für die übrigen Säugetiere muß zunächst noch die alte Annahme, daß im reifen Ovar keine Oogonien mehr vorhanden sind, gelten. Die Frage der Strahlenwirkung beschränkt sich daher auf die Untersuchung, ob die jungen oder älteren Oocyten, die Primärfollikel oder die Sekundär- und Tertiärfollikel am widerstandsfähigsten sind. Die Meinungen hierüber gehen auseinander. Murray, dessen Arbeit über die Strahlenempfindlichkeit des Mäuseovars sich dadurch auszeichnet, daß das normale Ovar mit der Summe seiner Altersveränderungen zum steten Vergleich herangezogen wird, gewann folgendes Bild: Nach Bestrahlung mit 27 r treten keine sicheren Unterschiede gegenüber den Kontrollen auf. Nach 54 r findet man 32 Tage nach Bestrahlung keine normalen Primärfollikel mehr, nach 150 Tagen sind die Ovarien afollikulär. Bei 150 r verschwinden nach 2 Tagen die Primärfollikel, nur die Sekundär- und Tertiärfollikel erscheinen noch normal. Nach 43 Tagen sind

Tabelle 1. Wurfhäufigkeit nach Bestrahlung von Mäuseweibchen mit 20—500 r. (Nach P. Hertwig und K. Hülsmann [unveröffentlicht].)

Dosis in r	Anzahl der bestrahlten ♀♀	Anzahl der Weibchen, die Würfe hatten, innerhalb von				
		39	70	130	170	190
		Tagen nach Bestrahlung				
20— 50	24	21	17	6	3	1
75—200	34	26	10	—	—	—
250	52	51	18	—	—	—
400	26	15	2	—	—	—
500	33	8	2	—	—	—

alle Follikel total zerstört. Nach 500 r fehlen schon nach 12 Tagen alle jungen Follikel, nach 21 Tagen sind nur wenige ältere scheinbar noch intakt, nach 43 Tagen ist alles zerstört. Nach 150—500 r bilden sich an Stelle der vernichteten Follikel Ersatzstrukturen, die anscheinend bei der Maus jede Regeneration verhindern. Die Arbeiten von Parkes (1925), Schugt (1928), von Schubert (1924) mit Mäusen, widersprechen nicht den obigen Angaben. Man vergleiche auch die Zuchtergebnisse, die in Tabelle 1 zusammengefaßt sind. Sie zeigen, daß nur bis zu höchstens 75 r jüngere Follikel noch normal heranreifen können. Bei höheren Dosen sind die Eier höchstens 50 Tage nach der Bestrahlung befruchtungs- und entwicklungsfähig. Bei der Maus sind also augenscheinlich die reifen oder fast reifen Follikel am widerstandsfähigsten.

Es ist zu beobachten, daß sich die Empfindlichkeit der jungen oder älteren Follikel nicht ohne weiteres mit der Empfindlichkeit von jungen oder älteren Eizellen deckt. Denn eine unversehrt gebliebene junge Oocyte kann auch durch Schädigung der Follikelzellen am Heranreifen verhindert werden. Hiermit hängt vielleicht auch zusammen, daß das Verhalten des Mäuseovars nicht ohne weiteres verallgemeinert werden kann. Drips (1932) glaubt, daß bei der Ratte trotz intensivster, bis an die Lebensgrenze reichender Bestrahlung noch Primärfollikel und Ureier unverletzt erhalten bleiben. Dyroff (1932) und Genther (1931) machen für das Meerschweinchen die gleichen Angaben, Genther freilich mit der Einschränkung, daß die zunächst normal erscheinenden Primordialfollikel beim Heranwachsen der Atresie verfallen. Diese Angabe würde sich mit denen von Geller, Schugt, Kikkava decken, daß bei Kaninchen und Ratten Dosen, die überhaupt histologische nachweisbare Schädigungen hervorrufen, alle Follikelsorten, auch die Primärfollikel beschädigen. Es bleiben aber die zahlreichen Berichte über das Auftreten einer temporären Sterilität bei vielen Tieren und beim Menschen. Nach DYROFF (1927) liegt die Dosis für temporäre Sterilität beim Kaninchen bei 80—100% der HED. (etwa 350—400 r), beim Meerschweinchen bei 120—140% der HED. (etwa 500—600 r), beim Menschen nach MARTIUS bei 30—40% der HED. Das Meerschweinchen soll nach einem halben Jahr, das Kaninchen nach 1—1$^1/_2$ Jahren wieder fertil werden (DYROFF 1937). Hiermit stimmen freilich wieder die Angaben von KRÖNING (1934) nicht gut überein. Er untersuchte in einer sehr sorgfältigen Arbeit die Wirkung der Röntgenbestrahlung auf die Brunstzyklen und die Fruchtbarkeit von Meerschweinchenweibchen und fand keine ausgesprochene Sterilitätsperiode, wie aus den Tabellen 11 und 12, S. 269 hervorgeht. Auffallend ist, besonders im Vergleich zu den Mäuseversuchen die relativ hohe Zahl der erfolgreichen Paarungen nach 700—900 r, ferner die Zahl der Ovulationen bzw. der Brunstzyklen, die noch zu Graviditäten führen können. KRÖNING findet noch erfolgreiche Befruchtungen im 11. bis 25. Brunstzyklus nach Bestrahlung, bei der Maus hingegen liefern nach 500 r nur noch bis 50 Tage Ovulationen befruchtungsfähige Eier. Beruht diese Differenz auf verschiedener Strahlenempfindlichkeit der Maus- und Meerschweinchenfollikel oder -eier? Überstehen die Eier der Primärfollikel die Bestrahlung besser wie die älteren Follikel, wie es von DYROFF für Meerschweinchen und Kaninchen und von den meisten Gynäkologen auch für den Menschen angenommen wird? Diese Fragen müssen noch offenbleiben. Spätere Untersuchungen werden jedenfalls die unterschiedliche Fortpflanzungsbiologie der verschiedenen Versuchsobjekte in Betracht ziehen müssen. Auf einen Unterschied mache ich hier aufmerksam. Bei der Maus werden bei jeder Brunst durchschnittlich 8—10 Eier reif, beim Meerschweinchen nur 3—4. Bedenkt man außerdem noch die rasche Brunstfolge bei der Maus, so ist klar, daß der Verbrauch an reifen und fast reifen Eiern bei der Maus viel stürmischer vor sich geht als beim Meerschweinchen. Vielleicht daß aus diesem Grund die Sterilität bei der Maus so viel früher eintritt. Ich halte es nicht für ausgeschlossen, daß die späten Würfe beim Meerschweinchen auf Eier zurückzuführen sind, die zur Zeit der Bestrahlung in den Tertiärfollikeln lagen. Andererseits zweifle ich nicht daran, daß junge Eier relativ hoch bestrahlt werden können, ohne die Fähigkeit heranzureifen, zu verlieren. Ich weise zur Bekräftigung dieser Ansicht, die sich mit derjenigen von DYROFF u. a. m. deckt, auf Bestrahlungen an 3 Monate alten Junghennen hin, die trotz Bestrahlung mit 700 und 800 r ein halbes Jahr später voll fertil waren (P. HERTWIG, unveröffentlicht).

c) Die Wirkung von chemischen Stoffen
und anderen Umwelteinflüssen auf die Keimdrüsen.

Zum Unterschied von der Strahlenwirkung auf die Gonaden, die einen spezifischen Einfluß auf die einzelnen Elemente des Keimepithels deutlich erkennen läßt, ist eine solche bei den sog. „Keimgiften" noch sehr umstritten. Als gesichert kann gelten, daß wir, wenn durch die Behandlung mit Alkohol, Nicotin, Coffein, Hitze usw. die Tiere an Körpergewicht einbüßen, oder andere Zeichen einer Allgemeinerkrankung, wie Krämpfe, Lähmungen, zeigen, auch eine Veränderung der Keimdrüsen finden, wie sie von SCHINZ und SLOTOPOLSKY (1924) für pathologische und alternde Hoden eingehend beschrieben wurden. Es schwinden zuerst die fertigen Spermien, dann die Spermiden, Präspermiden, Spermiocyten, bis als letzte Elemente Spermatogonien und Sertolizellen übrig bleiben. Von den Spermatogonien geht in der Regel nach Aufhören der Allgemeinerkrankung die Repopulation des Keimepithels aus. Die Degenerationshoden sind weiter dadurch gekennzeichnet, daß der Zerfall anfangs nicht alle Tubuli ergreift und nur bei sehr schweren Schädigungen zur Hodennekrose führt.

Charakteristisch sind auch die von Stieve wiederholt beschriebenen Spermagglutinate, d. h. Verklumpungen von Spermatiden und geschädigten Samenzellen zu vielkernigen Riesenzellen. Bei chronischem Alkoholismus ist auch, wie Stiasny-Generales nachweisen, die Zahl der morphologisch abnormen Spermatozoen erhöht (Abb. 3). Eine spezifische Schädigung durch den Alkohol, ist dadurch freilich noch nicht nachgewiesen, denn ähnliche Erhöhungen der abnormen Spermatozoen wurden auch von den gleichen Autoren bei den verschiedensten Erbkrankheiten, bei Schwachsinn, Epilepsie, Schizophrenie, ausgezählt.

Gibt es Stoffe, die, ohne zu einer Allgemeinerkrankung zu führen, nur auf die Keimdrüsen wirken? Mason (1930) zeigte, daß bei Mangel von Vitamin E als einziges Degenerationszeichen Hodenentartung eintritt. Auch Stieve glaubt Beweise für eine unmittelbare Wirkung eines „Keimgiftes", des Coffeins, zu haben. Er setzte in seinen Versuchen (1931) die Coffeingaben so weit herab, daß die Gaben 0,5 g pro Kilogramm Körpergewicht, monatelang ohne erkennbare gesundheitliche Beeinträchtigung vertragen wurden. Trotzdem besaß einer von vier behandelten Böcken einen geschädigten Hoden mit Spermagglutinaten und reduziertem Keimepithel. Bei etwas größeren Gaben, welche die Tiere, da sie allmählich an die höhere Dosis gewöhnt wurden, auch noch vertrugen, blieben nur die Hoden eines Bockes normal, die von zwei weiteren zeigten die üblichen Rückbildungen (Abb. 4), bei dem 4. Bock waren die Tubuli noch stärker verödet, und das Männchen war befruchtungsunfähig trotzdem es den Deckakt noch wiederholt vollzog. Es bleibt fraglich, ob man hier von unmittelbarer Wirkung des Coffeins reden darf, denn der Stoffwechsel kann ja trotz fehlender Schwan-

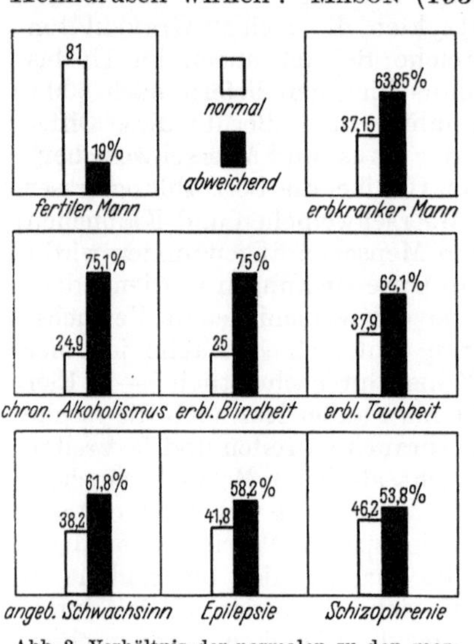

Abb. 3. Verhältnis der normalen zu den morphologisch abweichenden (pathologischen) Spermatozoen bei Alkoholismus und verschiedenen Erbkrankheiten. Durchschnittszahlen. (Nach Stiasny-Generales, aus Generales 1937.)

kungen des Gewichtes bei den Coffeintieren erheblich verändert sein.

Eine unmittelbare Wirkung auf die Keimzellen würde nur bewiesen sein, wenn die Angaben von Kostoff (1931) zu Recht bestehen. Er gibt an, daß beim Kaninchen eine Stunde, 10 Minuten nach einer subcutanen Injektion von 6 ccm 20% Alkohol 20—25% der Spermiocyten in anormale Reduktionsteilungen eingetreten sind, und daß 3 Stunden nach einer Injektion von 10 ccm 25% Alkohol bereits 55—60% anormal sind. Es wurden besonders häufig asymmetrische Mitosen gefunden (Abb. 5) die zu einer ungleichen Chromosomenverteilung auf die Präspermatiden führen müssen. Eine ebenso rasche Wirkung auf das Keimepithel glaubt Anna Veilands (1937) nach Chloroformierung von Mäusemännchen feststellen zu können, und zwar schon nach einer Behandlung von nur 20 Minuten und unmittelbar folgender Fixierung der Hoden. Stärker sind die pathologischen Veränderungen nach 30—40 Minunten Behandlung und sehr viel ausgesprochener, wenn die Fixierung erst 12—24 Stunden nach der Narkose erfolgte (Bildung von Riesenzellen, Vakuolisierung, Loslösung des Keimepithels).

Wie die weiblichen Keimzellen auf Keimgifte und andere Umwelteinflüsse reagieren ist in den Einzelheiten nicht genau bekannt. Gesichert ist nur, daß die

Eierstöcke noch empfindlicher sind gegenüber Schädigungen, die den Gesamtkörper treffen als die Hoden (STIEVE 1924). Sterilität tritt schneller ein und ist

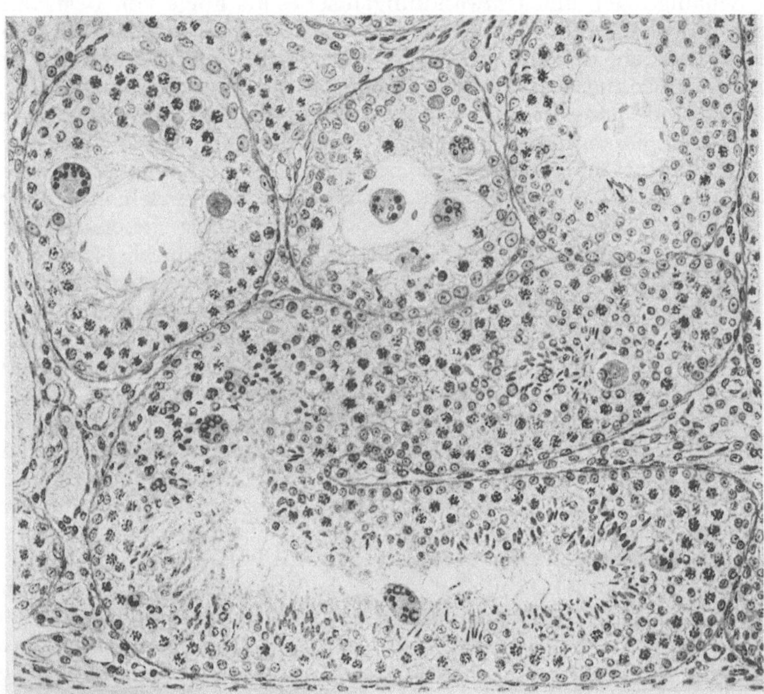

Abb. 4. Der Kaninchenbock erhielt etwa 1 Monat Kaffee mit der Schlundsonde. Der Hodenquerschnitt zeigt
Kanälchen auf der ersten Stufe der Rückbildung des Samenepithels mit zahlreichen Spermagglutinaten
Vergr. 200mal. (Aus STIEVE 1931.)

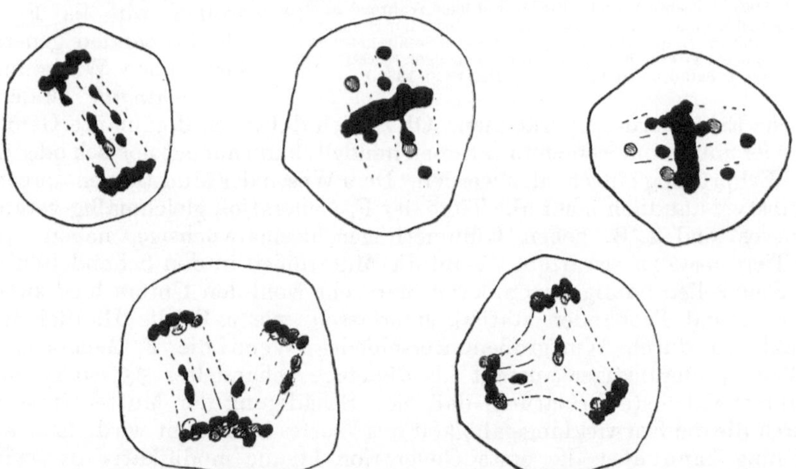

Abb. 5. Unregelmäßige Reifeteilungen aus dem Hoden eines Kaninchens, das 3 Stunden nach einer Injektion
von 10 ccm 25% igem Alkohol getötet wurde. (Aus KOSTOFF 1931.)

leichter eine endgültige, wie STIEVE (1924) in seinen Hitze- und Coffeinversuchen
zeigte. Das Ovar einer 174 Tage bei 37⁰ gehaltenen Maus enthält keine Eifollikel
mehr und ähnelt durchaus dem Ovar einer röntgenkastrierten Maus.

Außerordentlich zahlreich sind die Arbeiten, die sich um den Nachweis
erblicher Schädigungen und Umwandlungen sei es als Folge von Bestrahlungen,
sei es nach Einwirkung von „Keimgiften" bei Säugetieren bemühen. Es muß
leider gesagt werden, daß die meisten der Versuche genetisch wertlos sind, da
sie ohne die unbedingt erforderliche Kenntnis der Fortpflanzungsbiologie der
Versuchstiere und ohne die notwendigen erbkundlichen Voraussetzungen ausgeführt wurden. Es sei darum einleitend zusammengefaßt, was bei der Durchführung von Mutationsversuchen zu beachten ist, und was für Aufschlüsse

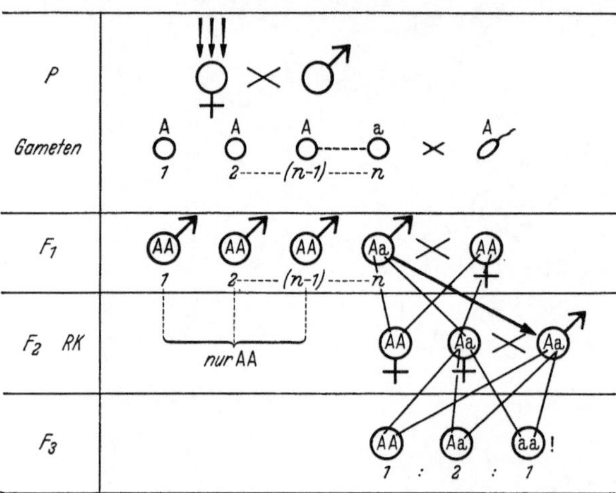

die einzelnen Generationen
eines genetisch einwand-
frei durchgeführten Versuches geben können. Die
erste Voraussetzung ist,
daß mit Inzuchtstämmen
deren Eigenschaften be-
kannt sind, gearbeitet
wird, und daß zu je-
dem Versuch eine entspre-
chende Kontrolle geführt
wird. Denn nur der Ver-
gleich mit gleichwertigen
Kontrollen gestattet einen
Schluß auf Erhöhung der
Mutationsrate. Die direk-
ten Nachkommen von be-
handelten Eltern, gleich-
gültig ob nur der Vater,
nur die Mutter, oder beide
Eltern behandelt wurden,
wollen wir als F_1 oder
als „Probanden"generation
bezeichnen. Wir können an
ihr *dominante* letale oder

Abb. 6. In dem Schema ist angenommen, daß das Weibchen bestrahlt
worden ist. Infolge der Bestrahlung soll unter n Eiern, die zur Entwicklung gelangen, in *einem* Ei das mutierte recessive Gen enthalten
sein. — Infolgedessen sind n-1 F_1-♂♂ normal homozygot, ein einziger
ist heterozygot. Dieser heterozygote Bock soll durch das Rückkreuzungsverfahren festgestellt werden. Zu diesem Zweck müssen alle
F_1-♂♂ mit etwa 7 Töchtern rückgekreuzt werden. Während in allen
F_2- und F_3-Nachkommen der n-1-Homozygoten wieder nur Homozygote
vorkommen, müssen einige Töchter des Aa-Bockes ebenfalls heterozygot
sein und in einigen F_3-Familien müssen die homozygot recessiven Mutanten herausmendeln. (Aus P. Hertwig 1932.)

phänische Erbänderungen erkennen. Ob es sich dabei um dominante Genmutationen oder um Chromosomenmutationen handelt, kann nur cytologisch oder durch
weitere Erbprüfung entschieden werden. Dem Wesen der Mutation entsprechend,
sind selbstverständlich nicht alle Tiere der F_1-Generation gleichmäßig verändert,
sondern es sind z. B. neben Kümmerlingen normalwüchsige, neben sterilen
fertile Tiere usw. zu erwarten. Wenn die Mutationen in den behandelten elterlichen Keimzellen häufig waren, kann man sehr wohl den Unterschied zwischen
Kontrollen und Probanden statistisch erfassen, wie z. B. die Häufigkeit von
Letalfaktoren durch Wurfgrößenunterschiede. Wenn die F_1-Generation behandelter ♀♀ ungünstiger ausfällt als diejenige behandelter ♂♂, so ist hierfür
die wahrscheinlichste Erklärung, daß eine Schädigung der Mutter eingetreten
ist, durch die die Entwicklungsfähigkeit des Wurfes beeinflußt wird. Eine solche
Schädigung kann über die erste Generation hinaus modifikativ nachwirken.
Es ist weiter mit der Möglichkeit einer Eiplasmaschädigung zu rechnen, die
erblich oder nicht erblich sein kann. Anhaltspunkte für Plasmaschädigungen
bzw. Plasmonänderungen liegen jedoch bis jetzt nicht vor. Drittens kann sich
die Heterogametie der Weibchen auswirken. Im X-Chromosom entstandene
recessive Mutationen können nur nach Behandlung der Weibchen in der F_1-
Generation bemerkbar werden, und zwar nur bei den F_1-♂♂. Will man phänische

Änderungen möglichst weitgehend erfassen, so empfiehlt es sich dem Vorgehen von SNELL und OESTERGAARD (1935) zu folgen und Sektionen von möglichst viel Tieren durchzuführen. Denn die äußere Organisation der Säugetiere ist relativ einfach verglichen mit der inneren, und Abweichungen, die wir sonst unter dem Sammelnamen des Kümmerwuchses anführen, können durch die anatomischen Untersuchungen auf Organveränderungen zurückgeführt werden, wie es z. B. SNELL bei einer Milzmutation (vgl. S. 266, Abb. 15) gelungen ist.

Die F_2-Generation, gleichviel ob sie in strenger Inzucht oder durch Kreuzung der Probanden mit normalen Partnern erzielt wurde, ist genetisch die am wenigsten ergiebige. Wir können dominante Mutationen die sich in der F_1 nicht manifestiert haben, also Mutationen mit geringer Penetranz nach der Nomenklatur von TIMOFÉEFF-RESSOVSKY, finden. Ferner Auswirkungen von Translokationen und recessive geschlechtsgebundene Mutationen aus dem behandelten X-Chromosome des Weibchens oder des Männchens.

Die autosomalen recessiven Mutationen können erst in der F_3 bzw. in der Rückkreuzungsgeneration $F_1 \times F_2$ herausmendeln. Hier ist strengste Inzucht, d. h. Geschwister- oder Elter × Kinderpaarung geboten. Und außerdem müssen die F_2-Paarungen so umfangreich sein, daß man mit einiger Wahrscheinlichkeit damit rechnen kann, die vorhandenen heterozygoten Erbträger auch wirklich zu erfassen. Das vorteilhafteste Paarungsschema ist in Abb. 6 wiedergegeben. Die Berechnung (Tabelle 2) zeigt, wie umfangreich ein Versuch durchgeführt werden muß, wenn er beweisend für einen Unterschied in der Mutationsrate von Kontrolle und Versuch sein soll. Durch Einkreuzung von Markierungsgenen in die Stämme kann man, wie SNELLs und HERTWIGs Arbeiten zeigen, die Exaktheit der Aussagen noch erhöhen (vgl. S. 266). Die zahlreichen Arbeiten, die den hier umrissenen Anforderungen nicht entsprechen, werden im folgenden weder besprochen noch angeführt werden. Ich verweise daher für die Bestrahlungsversuche auf das Schriftenverzeichnis und auf die Besprechungen von NÜRNBERGER (1926, 1927, 1930) und von OESTERGAARD (1935) und für die übrigen Keimschädigungsversuche auf das Referat von FRETS (1935).

Tabelle 2. Wie groß muß die Zahl der Zuchttiere sein, wenn von der Aussage über die Höhe der Mutationsrate eine 99%ige Sicherheit gefordert wird und wenn nach dem Rückpaarungsschema gezüchtet wird. (P. HERTWIG 1932.)

Hypothetische Zahl der mutierten Gene in %	Zahl der zu züchtenden F_1-♂♂	Nötige Zahl der ♀♀ Nachkommen in jeder F_1-Paarung	Notwendige Zahl von F_2-Rückpaarungen	Wünschenswerte Zahl von F_3-Tieren aus jeder F_2-Paarung
1	459		3213	
2	224		1568	
3	151		1057	
4	112		784	
5	90		630	
6	74	7	518	16
7	64		448	
8	55		385	
9	49		343	
10	44		308	
15	28		196	
p	$n = -\dfrac{2}{\log(1-p\%)}$		$7 \times n$	

IV. Versuche über Mutationsauslösung durch Röntgenstrahlen.

1. Bestrahlung von Männchen.

a) Die F_1-Generation vor dem Eintritt der temporären Sterilität.

Die erste deutliche Folge der Befruchtung von normalen Eiern mit bestrahlten Samenfäden ist eine Herabsetzung der Wurfgröße. Am besten durchgearbeitet sind die Mäuse. Nach Tabelle 3 tritt in allen 3 Versuchsserien die Abnahme der

Wurfgröße mit steigender Bestrahlungsdosis deutlich hervor. Sie ist eigentlich noch größer, als es die Zahlen der Tabelle 3 ausdrücken. Wenn wir gleichzeitig auf die Angaben über die erfolgreichen Deckungen achten, so erkennen wir,

Tabelle 3. Die Wirkung der Röntgenbestrahlung von Mäuseböcken auf die 1—16 Tage nach der Bestrahlung gezeugte Nachkommenschaft. Wurfgröße und Befruchtungserfolg.

Bestrahlungsdosis in r	Snell		Oestergaard Wurfgröße	Hertwig	
	Prozentzahl der erfolgreichen Deckungen	Wurfgröße		Prozentzahl der erfolgreichen Deckungen	Wurfgröße
100—300	—	—	4,48	—	—
200	67	5,52 ± 0,2	—	—	5,14 ± 0,3
360—400	—	—	3,71	—	—
400	100	4,20 ± 0,4	—	86,66	4,29 ± 0,4
500	—	—	—	75,26	4,38 ± 0,6
450—600	—	—	3,25	—	—
600	75	3,21 ± 0,2	—	78,26	2,69 ± 0,3
700—800	—	—	2,42	—	—
800	70	2,6 ± 0,2	—	63,13	2,21 ± 0,2
1000	—	—	—	62,37	2,00 ± 0,3
1200	50	1,3 ± 0,2	—	—	—
1200—1400	—	—	—	30,45	1,57 ± 0,8
1600	0	—	—	—	—
Kontrolle . . . . Versuchsböcke im Therapieraum einer Klinik. Streustrahlendauer geschätzt auf 2 bis 16 Wochen dauernden Betriebes . .	—	7,7 ± 0,2	6,28 ± 0,16 5,86 ± 0,19	—	5,54 ± 0,1

daß bei den stärkeren Bestrahlungen viele Schwangerschaften nicht zu Ende geführt werden, daß sich also die Gesamtzahl der ausfallenden Embryonen noch beträchtlich erhöht. Die Wurfgrößenherabsetzung ist nicht bedingt durch

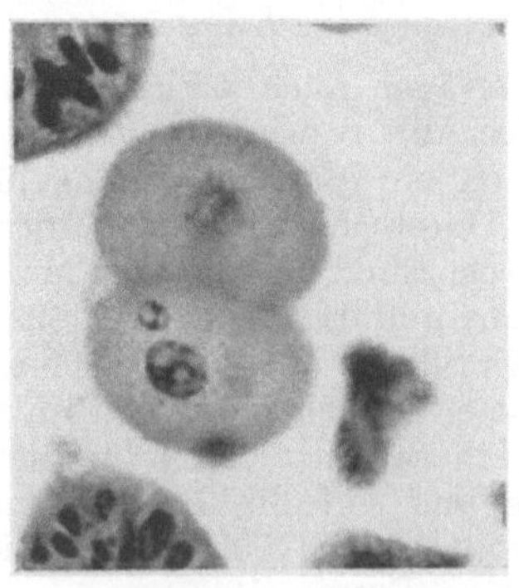
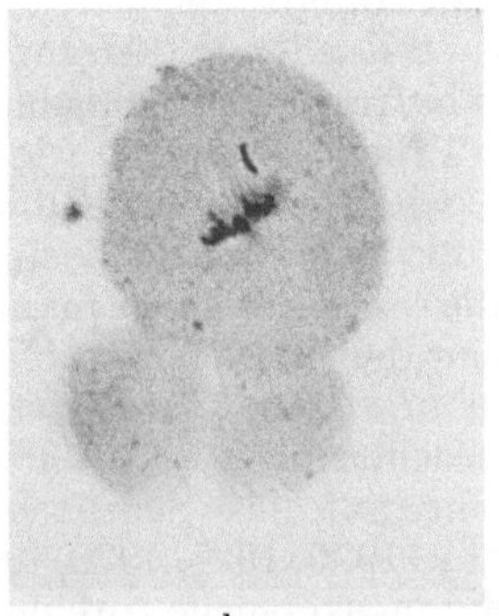

a   b

Abb. 7 a und b. Mäuseeier aus der Tube nach Befruchtung mit bestrahltem Spermatozoen. a) Zweigeteiltes Ei mit einem überzähligen Kern neben dem Furchungskern. Nach 2200 r. b) Fünfzelliges Ei. Metaphase mit nachhinkenden Chromosomen. Nach 1800 r. (Aus Brenneke 1937.)

nachlassende Befruchtungsfähigkeit der bestrahlten Samenfäden. Denn nach P. Hertwig (1937) besteht sogar nach 4000 r ein normaler Befruchtungserfolg. Aber nicht alle geteilten Eier sind normal. Brenneke (1937) fand nach Spermabestrahlung in einem Teil der 2—8 geteilten Eier abnorme Kernbildungen. Außer den Furchungskernen sind Nebenkerne, Mikronuclei oder auch nachhinkende Chromosomen bzw. Chromosomestücke zu finden (Abb. 7). Diese überzähligen Kerne sind fraglos auf Chromosomenbrüche zurückzuführen, die durch die Bestrahlung in den Spermatozoen entstanden sind, denn Chromosomenstücke, die den Zusammenhang mit dem kinetischen Apparat verloren haben, gelangen nicht mehr in die Tochterkerne sondern werden während der Karyokinese ausgeschieden. Diese hier bei Säugetiereiern erstmalig beobachtete Strahlenwirkung entspricht durchaus den Befunden an pflanzlichen und tierischen somatischen und generativen Zellen. Die Folge der Mikronucleibildung ist, daß Zellen mit abnormem Chromosomenbestand entstehen, und es ist dem Genetiker wohlbekannt, daß die Hyper- und Hypoploidie häufig zelletal ist. Zweitens kommt bei den Furchungszellen noch hinzu, daß die Nebenkerne, die ja eine nicht unbeträchtliche Größe aufweisen, abnorme Furchungen auslösen. Es ist daher durchaus begreiflich, daß die Mehrzahl der Eier mit Nebenkernen bereits im uterinen Teil der Tube zugrunde gehen (Abb. 8). Daß außerdem auch noch absterbende Embryonen nach der Implantation vorkommen, haben SNELL und BRENNEKE durch Sektionen

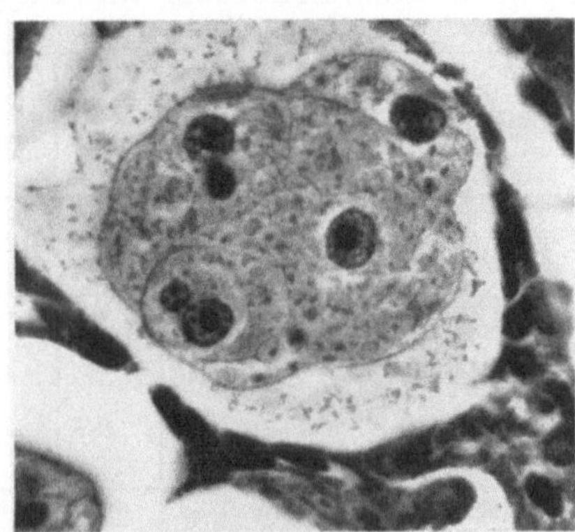

Abb. 8. Elfzelliges Mäuseei im uterinen Teil der Tube. In zwei Blastomeren liegen neben dem Hauptkern Teilkerne. Nach 800 r. (Aus BRENNEKE 1937.)

ebenfalls nachgewiesen. Die Zahl der Eier mit Mikronuclei steigt annähernd proportional der Bestrahlungsdosis, wie die Kurve Abb. 9 zeigt. Bei 4000 r sind nur noch 4,88 ± 3,7 der Eier ohne Mikronuclei, d. h. ohne sichtbare Kernschädigung. Die gleichen Nebenkernbildungen konnten in Ratteneiern nachgewiesen werden. Nach BRENNEKE scheint es als ob in den Rattenspermatozoen weniger häufig Brüche entstehen. Obgleich der von BRENNEKE gefundene Unterschied für 800 r fehlergesichert ist, müßte die vergleichende Untersuchung erst noch weiter fortgeführt werden, bevor der Schluß auf eine unterschiedliche Reaktionsfähigkeit der Spermien verschiedener Tierarten als gesichert gelten kann. Die Klärung erscheint mir wichtig, besonders wenn wir an die Übertragung der Versuchsergebnisse auf andere Objekte, z. B. auch auf den Menschen denken.

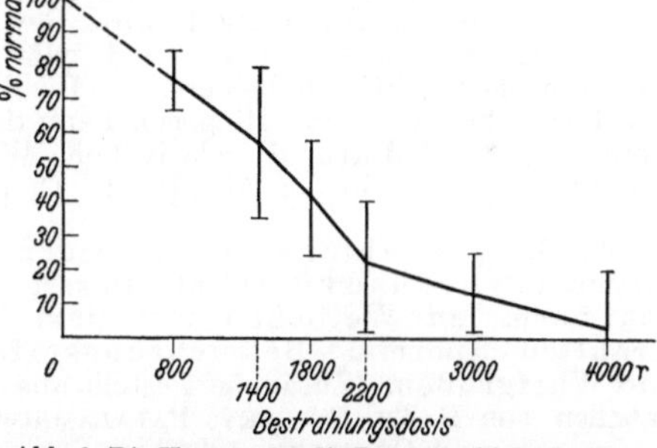

Abb. 9. Die Kurve zeigt die Prozentzahl der im Kernapparat noch normalen zweigeteilten Eier nach Spermabestrahlung von 800—4000 r. Die senkrechten Striche zeigen die Fehlergrenzen an. (Aus HERTWIG-BRENNEKE 1937.)

Außer bei den Mäusen und Ratten ist der Nachweis der Wurfgrößenherabsetzung als unmittelbare Folge der Bestrahlung von STRANDSKOV bei Meerschweinchen (Tabelle 4, Abschnitt 1 und 2), von ROKITZKY bei Kaninchen und Schafen geführt worden (Tabelle 5). Die Reduktion scheint geringer zu sein, als bei den Mäusen, dies ist besonders deutlich in dem Meerschweinchenversuch, denn STRANDSKOV gibt (zit. nach SNELL, 1933, S. 433) für Bestrahlungen mit 1296 bis 2592 r eine Wurfgröße von 1,70 gegenüber von 2,77 bei den Kontrollen an, also eine Reduktion um 39%, während sie bei den Mäusen schon bei 800 r 66% ausmacht. Auch hier wären wieder vergleichende Untersuchungen dringend erwünscht.

Die weiteren Beobachtungen über die F_1-Generation betreffen die Häufigkeit der Totgeburten, die Lebensfähigkeit der Jungen, die Fertilität. Gut belegt ist die Erhöhung der Totgeburten bei Mäusen durch die Angaben von Snell (1933) und P. Hertwig (1938), bei Meerschweinchen durch Strandskov. Das Geschlechtsverhältnis der F_1 zeigt keine Abweichungen vom Normalen. Dies

Tabelle 4. Übersicht über die Ergebnisse von Bestrahlungsversuchen mit Meerschweinchen. (Zusammengestellt aus Tabellen von Strandskov 1932).

	Zahl der Jungen	Wurf-größe	Prozent der Tot-geborenen	Prozent auf-gezogener Jungen	Prozent der ♂♂	Gewicht bei Geburt (ausgeglichene Werte)	Gewicht 30 Tage alt (ausgeglichene Werte)
1. Kontrolle	376	2,69	14,36	71,54	52,37	90,93	281,66
F_1 2—8 Min. bestrahlt . etwa 180—720 r	57	2,20	17,54	63,16	52,70	85,75	249,54
10 Min. bestrahlt . . . . etwa 900 r	68	2,13	27,94	60,30	62,69	89,06	279,62
15—30 Min. bestrahlt . . etwa 1400—2700 r	48	1,78	33,33	52,08	58,33	86,27	248,17
2. F_1 Summe aller vor Eintritt der temporären Sterilität	39	1,70	11,54	69,23	60,53	92,38	245,13
Desgl. nach Ablauf der temporären Sterilität : . .	134	2,16	29,85	55,97	58,02	86,35	265,73
3. Kontrolle	271	2,79	13,65	76,38	52,11	90,90	282,35
F_2	238	2,77	24,79	60,08	50,21	89,57	277,77
4. Kontrolle	185	2,80	15,68	74,59	52,00	91,56	286,79
F_3	185	3,14	15,13	69,19	60,33	88,41	270,37

Dem Unterschied in der Wurfgröße zwischen den Kontrollen und der Summe der Bestrahlten in der Abteilung 1 wird Gewicht beigelegt, da er fehlergesichert ist. — Der Wurfgrößenunterschied vor und nach der Sterilität (Abteilung 2) liegt innerhalb des zweifachen mittleren Fehlers. — Die Erhöhung der Totgeburtenzahl in der Abteilung 1 ist fehlergesichert. Hingegen kann die Zahl der Totgeborenen nach der temporären Sterilität (Abt. 3) durch die relativ hohe Wurfgröße mitbestimmt sein. — Dem Geburtsgewichtsunterschied in der Abt. 1 wird Gewicht beigelegt.

Tabelle 5. Bestrahlung von Kaninchensperma in vitro und künstliche Besamung von normalen Weibchen mit dem bestrahlten Sperma. Befruchtungserfolg und Wurfgrößen. (Zusammengestellt aus den Tabellen von B. Th. Rokizky, Papalaschwili und Chritowa 1934.)

Dosis in r	Be-fruchtungs-erfolg [1]	Zahl der Würfe	Wurfgröße
500	73,8	11	4,55 ± 0,61
750	16,6	1	6
1000	9,1	1	1
2000	0,0	—	—
3000 I [2]	7,71	3	1
3000 II	0,0	—	—
4000	0,0	—	—
6000	0,0	—	—
Kontrolle I [2]	93,3	13	7,62 ± 0,4
Kontrolle II	73,8	18	7,71 ± 0,44

beweist, daß die uterine Sterblichkeit, sowie die Sterblichkeit bei der Geburt sich gleichmäßig auf beide Geschlechter verteilt. Die totgeborenen Jungen sind meistens, soweit man das übersehen kann, normal, doch wurden auch einige wenige Mißbildungen gefunden. P. Hertwig (1938) beobachtete je ein Junges mit Augenliderdefekten, mit mißbildetem Unterkiefer, mit Leberhernie. In den Kontrollen trat keine derartige Mißbildung auf. Dobrovolskaja (1928) beschreibt nach Bestrahlung des Vaters mit etwa 800 r ein semiletales Junges, das noch im Alter von 3 Wochen ein nicht geschlossenes Schädeldach

[1] Bezogen auf die Zahl der bis zum Wurf führenden Graviditäten.
[2] Hierzu Kontrolle I. Dieser Versuch wurde gesondert von den andern in der Tabelle angeführten Bestrahlungen durchgeführt.

besaß. Die Parietal- und Frontal-Knochen schienen zu fehlen. Schließlich seien hier auch noch die wenigen bisher beobachteten lebensfähigen pathologischen F_1-Tiere erwähnt, deren Defekte weder in den Kontrollen noch sonst im Stamm beobachtet wurden. Es sind dies: ein von OESTERGAARD gefundenes F_1-Mäusemännchen ohne Vesiculae seminales (der Vater erhielt 700 r) und ein Meerschweinchenmännchen aus den Versuchen von STRANDSKOV, das einen verdoppelten Penis besaß. Nach Bestrahlung von Schafsperma mit 2400—3000 r und künstlicher Besamung wurde in den Versuchen von ROKIZKY und Mitarbeitern (1934) ein Lamm gefunden, das bald nach der Geburt an Krämpfen starb.

Mit der Aufzählung dieser wenigen deutlich pathologischen Befunde ist aber die Charakterisierung der Minderwertigkeit der F_1-Generation nicht erschöpft.

Tabelle 6. Aufzucht der Probanden. (P. HERTWIG 1938.)

Dosis in r	I. Frühprobanden, ♀ + ♂					II. Spätprobanden				
	Ge-zogen	Gestorben in Prozenten vom Rest			Einstell-bar	Ge-zogen	Gestorben in Prozenten vom Rest			Einstell-bar
		1.—7.	7.—25.	25.—75.			1.—7.	7.—25.	25.—75.	
		Tag nach der Geburt			%		Tag nach der Geburt			%
600	52	17,31	2,33	11,70	71,50	131	3,23	6,67	10,70	80,64
800	175	12,50	12,99	14,92	64,77	248	19,48	12,61	3,61	75,50
1000	76	14,47	10,77	25,86	56,57	140	10,60	3,77	4,13	82,85
1200—1400	—	—	—	—	—	80	10,00	12,30	—	78,75
1400—1600	—	—	—	—	—	40	10,00	—	—	90,00
Alle ab 800	252	13,09	12,33	18,23	62,30 ± 3,05	508	10,24	9,21	2,88	79,14 ± 1,80
Kontrolle	757	8,72	5,21	4,73	82,43 ± 1,38					

Differenz: Einstellbar in Prozenten (Kontrolle—Frühprobanden): 20,13 ± 3,35; Kontrolle—Spätprobanden: 3,29 ± 2,27; Spätprobanden—Frühprobanden: 16,84 ± 3,54.

Es kommen die nur statistisch faßbaren Unterschiede in der Jugendentwicklung hinzu. Beim Meerschweinchen stellte STRANDSKOV Gewichtsunterschiede sowohl zur Zeit der Geburt als auch im Alter von 30 Tagen fest. Bei Mäusen fand zwar OESTERGAARD keine gesicherten Entwicklungsunterschiede, doch sind sie in dem Material von P. HERTWIG (1938) fraglos vorhanden. Dies zeigt Tabelle 6, Abt. I, aus der wir auch die Abhängigkeit der behinderten Entwicklung von der Bestrahlungsdosis ersehen können. Wir müssen also damit rechnen, daß durch die Bestrahlung neben den embryonal sich auswirkenden dominanten letalen Gen- und Chromosomenmutationen auch Vitalitätsmutationen im Sinne von TIMOFÉEFF-RESSOVSKY (1935) in nicht unbeträchtlicher Zahl entstanden sind.

Es ist das Verdienst von SNELL (1933 und 1935), noch auf eine weitere eingreifende Schädigung des F_1-Generation aufmerksam gemacht zu haben. Er fand als erster, wenn wir von den ungesicherten Angaben von MARTIUS und v. SCHUGT absehen, daß die Fortpflanzungsfähigkeit der Probanden erheblich gestört ist. Er bezeichnet einen beträchtlichen Teil der F_1-Tiere als beschränkt fertil, denn sie zeugen, trotz Paarung mit einem normalen, gut fertilen Partner nur auffallend kleine Würfe. Die kleine Wurfgröße ist durch absterbende Embryonen bedingt. SNELL gibt an, daß von 110 F_1-Nachkommen bestrahlter Väter (mit 400—1200 r) 29 schlecht fertil waren, d. h. 26% gegenüber 0% der Kontrollen. P. HERTWIG (1938) fand folgende Zahlen (Tabelle 7):

Tabelle 7. (P. Hertwig 1938.)

	Gut fertil %		Steril %		Schlecht fertil %	
	♀♀	♂♂	♀♀	♂♂	♀♀	♂♂
Alle Früh-probanden	63,08±4,23	78,57±3,88	8,46±3,17	8,92±2,92	28,46±4,04	12,50±2,96
Alle Spät-probanden	92,30±2,61	98,89±0,32	1,92±1,34	—	5,77±2,99	1,11±0,32
Alle Kon-trollen . .	88,89±2,90	95,87±1,65	0,85±0,81	0,69±0,59	10,26±2,81	4,14±1,66

Gut fertil % $\begin{cases} \text{Differenz: Kontrolle—Frühprobanden} = 25,81 \pm 5,13 \; ♀♀ \; 17,30 \pm 4,21 \; ♂♂ \\ \text{Differenz: Spätproband.—Frühprob.} = 29,22 \pm 4,96 \; ♀♀ \; 20,32 \pm 4,01 \; ♂♂ \end{cases}$

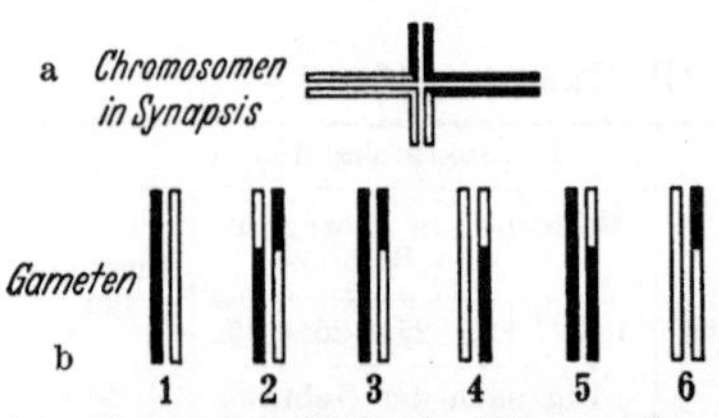

Abb. 10 a und b. Die Zeichnung zeigt die Gametentypen, die nach einer reziproken Translokation entstehen können. Es ist hier angenommen, daß der kurze Arm des weißen Chromosoms mit dem kurzen des schwarzen Chromosoms ausgetauscht wurde. a Die Paarung der Chromosomen mit den Translokationen in der Synapsis. b Die 6 möglichen Gametentypen. 1. Normal. 2. Translokation wie bei dem Elter, ausbalanziert. Gibt also bei Befruchtung mit einem normalen Partner wieder ein Individuum, das wie der Elter heterozygot für die Translokation ist. Die Typen 1 und 2 werden mit gleicher Häufigkeit gebildet und machen zusammen mindestens 50% aller Gameten aus. 3.—6. Gameten mit nicht ausbalanziertem Chromosomenbestand. Mit normalen Gameten kombiniert, werden die Zygoten meistens nicht lebensfähig sein oder doch pathologische Entwicklung ergeben. (Nach Snell 1935.)

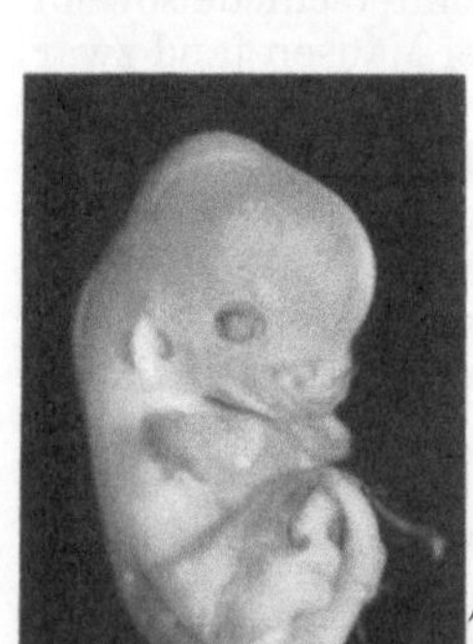

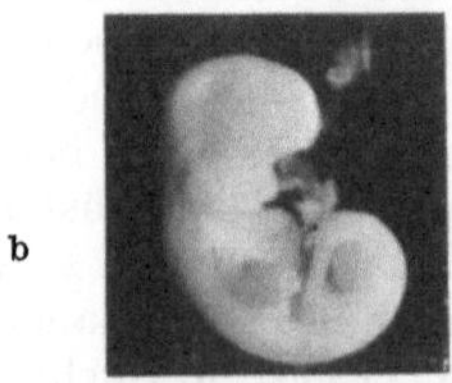

a

b

Abb. 11 a und b. Mäuseembryonen aus einem schlecht fertilen Stamm. (Ursache der schlechten Fertilität: Absterben von einem Teil der Embryonen. Die Entwicklung bleibt am 10. Tage stehen. Die Embryonen wachsen noch weiter, ohne sich nennenswert weiter zu differenzieren.) a Normaler und entwicklungsunfähiger Embryo 10 Tage alt. Vergr. 10 mal. b Normaler und absterbender Embryo, 12 bis 13 Tage alt. Vergr. 4 mal. Nach 600 r Bestrahlung. (Nach P. Hertwig, Original.)

Die schlechte Fertilität ist erblich. Snell verfolgte den Erbgang in 10 Linien, am eingehendsten in der Linie F_1-♂ 146. Das Verhältnis von normal fruchtbaren zu schlecht fertilen und zu im Uterus absterbenden Mäusen war hier = 29:29:42. Da die embryonale Fehlentwicklung auch nach Paarung mit normalen nicht verwandten Weibchen auftritt, kann es sich nicht um die Äußerung einer recessiven Erbanlage handeln. Ebensowenig kommt ein einfach-dominantes Letalgen in Frage, da ja in diesem Fall das ♂ 146 als Träger des dominanten Letalgens gar nicht lebensfähig sein dürfte, es sei denn, daß man ungewöhnlich große Manifestationsschwankungen für dieses Gen annehmen müßte. Besser erklärt sich der dominante Erbgang wie auch das Zahlenverhältnis, wenn wir mit Snell das Vorhandensein von reziproken Translokationen in dem Genom der schlecht fertilen Tiere annehmen. Eine reziproke Translokation, d. h. ein wechselseitiger Austausch von Chromosomenstücken unter nicht homologen

Chromosomen bedingt, daß die Paarung der Chromosomen vor der Reduktionsteilung nicht normal verläuft. Die Folge hiervon ist, wie im einzelnen Abb. 10 zeigt, daß neben normalen Gameten auch wieder Gameten mit der gleichen Translokation wie bei den Eltern gebildet werden und ferner Gameten, die nicht „ausbalanciert" sind. Die so entstehenden hyper- oder hypoploiden Gameten erlauben, besonders wenn die verlagerten Chromosomenstücke größer sind, keine normale Entwicklung der Zygoten. Am häufigsten sterben die Embryonen kurz nach der Implantation ab, also während der Bildung der Keimblätter und ersten Organanlagen im Alter von 6—7 Tagen. Relativ selten findet man ältere Embryonen mit sichtbaren Defekten, wie z. B. die von SNELL, BODEMANN und HOLLANDER (1934) beschriebenen manchmal noch bis zur Geburt lebenden Embryonen mit ausbleibendem Verschluß des Neuralrohrs und daraus sich ergebenden groben Hirnmißbildungen. Ich verweise hier auf die Abb. 2 im Artikel von NACHTSHEIM, Bd. V, S. 5. Als weiteres Beispiel einer behinderten Embryonalentwicklung in einem schlecht fertilen Stamm bringe ich die Abb. 11. Der kleinere Embryo zeigt auf Schnitten schon viele pyknotische Kerne besonders in der Kopfgegend. Er entwickelt sich nur unerheblich weiter, trotzdem er noch 1—2 Tage lebendig bleibt. Der Stammbaum (Abb. 12) zeigt den Erbgang dieses mit schlechter Fertilität verbundenen Letalfaktors. Der gleiche Erbgang

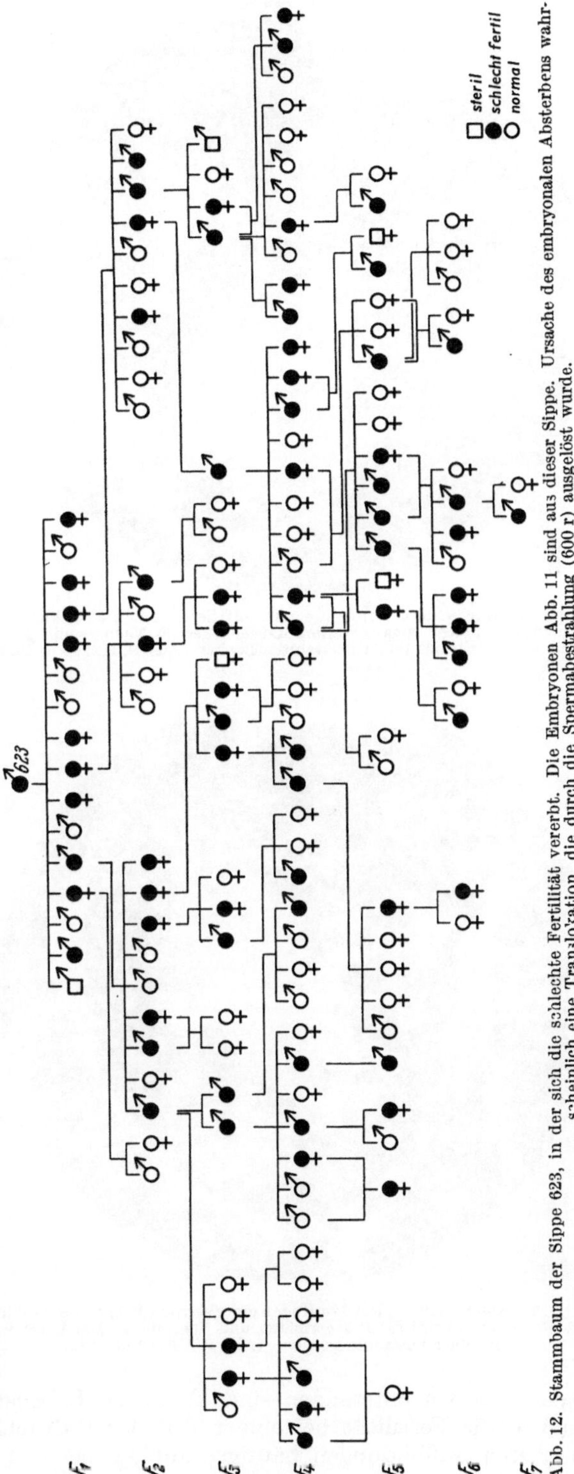

Abb. 12. Stammbaum der Sippe 623, in der sich die schlechte Fertilität vererbt. Die Embryonen Abb. 11 sind aus dieser Sippe. Ursache des embryonalen Absterbens wahrscheinlich eine Translokation, die durch die Spermabestrahlung (600 r) ausgelöst wurde.

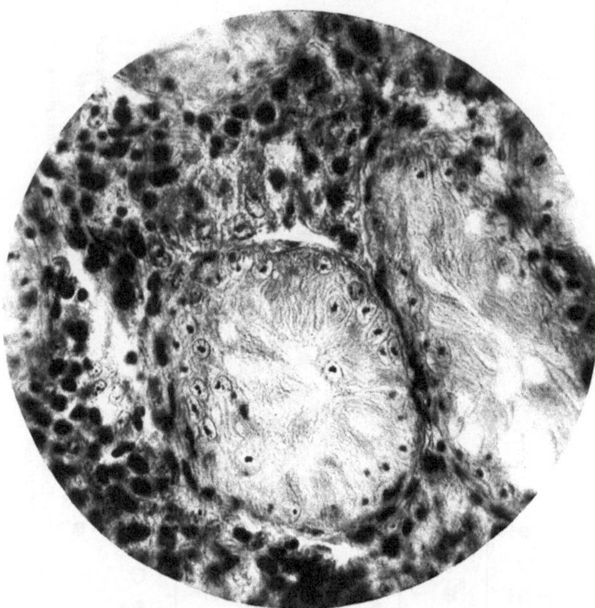

Abb. 13. Querschnitt durch die nur mit Sertolizellen ausgekleideten Hodenkanälchen eines ganz sterilen Mäusebockes. F_1-Nachkomme (Frühprobandus) eines mit 1200 r bestrahlten Bockes. (Aus P. Hertwig 1935.)

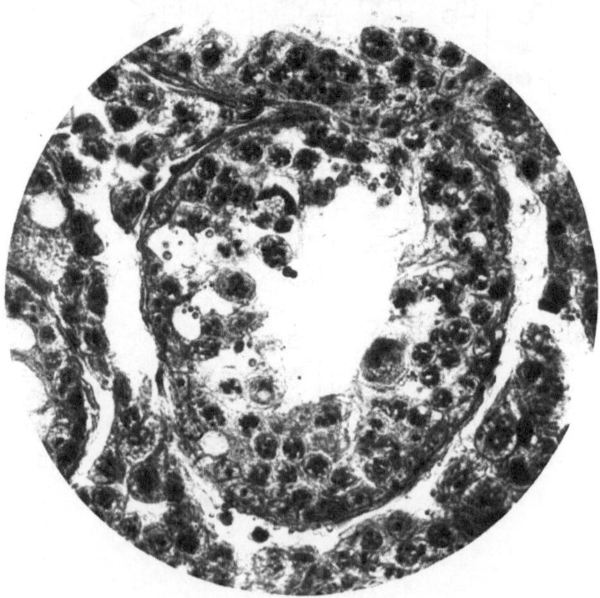

Abb. 14. Querschnitt durch den Hoden eines sterilen F_1 (Frühprobandus) ♂. Es fehlen überall die Präspermiden und Spermiden. Der Vater war mit 700 r bestrahlt worden. (Aus P. Hertwig 1935.)

konnte zum Teil bis zur 7. Generation in weiteren Stämmen verfolgt werden (P. Hertwig, unveröffentlicht).

Was die ebenfalls in der F_1 gehäufte absolute Sterilität anbetrifft, so kann sie wohl mannigfache bisher nur ungenau untersuchte Ursachen haben. Hodenuntersuchungen von sterilen Böcken ergaben teils Azoospermie, teils aber auch noch das Vorhandensein von Spermatozoen. In einigen Hoden waren die Tubuli nur mit Sertolizellen ausgekleidet (Abb. 13). In anderen war noch ein Keimepithel vorhanden, jedoch nur Spermatogonien und Spermatocyten. Man findet abnorme Reifeteilungen mit unregelmäßig angeordneten Chromosomen (Abb. 14). Wahrscheinlich ist die Sterilität konstitutionell genetisch bedingt, möglicherweise stören auch chromosomale Unregelmäßigkeiten die Spermiogenese.

Zusammenfassend sei gesagt, daß die Bestrahlung der Männchen für die vor dem Eintritt der Sterilität erzeugte F_1-Generation bei Dosen ab 200 r deutlich nachweisbare schädigende Folgen hat. Man findet 1. eine beträchtliche Vernichtung von Keimen vor und bald nach der Implantation infolge von Chromosomenbrüchen, die durch die Bestrahlung in den Spermatozoen entstanden sind, 2. ist die Lebensfähigkeit, 3. die Wüchsigkeit und 4. die Fertilität bei einem Teil der F_1-Nachkommen beeinträchtigt, und 5. treten Mißbildungen häufiger auf als bei den Kontrollzuchten.

b) Die F_1-Generation nach der Sterilitätsperiode.

Nur wenige Autoren haben sich eingehender mit den F_1-Tieren befaßt, die von bestrahlten temporär sterilen Böcken nach Wiedererlangung der Fertilität gezeugt wurden. Ich will diese Tiere zum Unterschied zu den bisher besprochenen Frühprobanden kurz als Spätprobanden bezeichnen. HOOKER (1925) bestrahlte Ratten mit 2—8 HED. Die Wurfgröße scheint sowohl vor als auch nach der Sterilitätsperiode verkleinert zu sein. SNYDER (1925) erhielt nach 1400 r bei der Ratte nach der temporären Sterilität noch 6,1 Junge pro Wurf. Er zog jeweils den ersten Wurf nach Wiedererlangung der Fertilität und bemerkte keinerlei Entwicklungsstörungen. STRANDSKOV findet beim Meerschweinchen auch nach Wiedereintritt der Fertilität eine herabgesetzte Wurfgröße (Tabelle 4), die freilich beim Vergleich mit den Kontrollen nur durch den zweifachen mittleren Fehler gesichert ist. SNELL findet bei Mäusen nach 600 und 800 r nach der Sterilitätspause normale Wurfgrößen. Am eingehendsten sind die Angaben von P. HERTWIG (1938), Tabelle 8 und 9. Wir finden innerhalb der hier geprüften Bestrahlungsstärken 1. keine Herabsetzung der Wurfgröße, 2. keine Störung der Jugendentwicklung und 3. kein Anzeichen von erhöhter Sterilität oder herabgesetzter Fertilität. Denn von 99 geprüften Spätprobanden war nur ein Männchen schlecht fertil (Tabelle 7). Schließlich fand sich unter 287 Spätprobanden keine einzige Mißbildung.

Es kann kein Zweifel darüber bestehen, daß der Unterschied zwischen Früh- und Spätprobanden damit zusammenhängt, daß verschiedene Stadien der Keimzellen von den Strahlen getroffen worden sind, nämlich bei den Frühprobanden in erster Linie die in den Samenspeichern gelagerten fertigen Spermatozoen, wahrscheinlich auch noch Spermatozoen aus dem Hoden und die letzten Umwandlungsstadien etwa von den Spermiden an, bei den Spätprobanden aber diejenigen Zellen, von denen die Repopulation des Keimepithels ausging, d. h. die Spermatogonien (vgl. S. 248). Auch bei Drosophila wurde eine niedrigere Mutationsrate nach Bestrahlung der Spermatogonien beobachtet (TIMOFÉEFF-RESSOVSKY 1937). Der Unterschied wird in erster Linie auf Keimzellselektion zurückgeführt. Denn die bestrahlten Spermatozoen gelangen fast unmittelbar zur Befruchtung ohne irgendwelche Umwandlungen durchzumachen, während sich aus den bestrahlten Spermatogonien erst das ganze Keimepithel aufbauen muß und es ist sehr wohl möglich, daß diejenigen Zellen, in denen Chromosomen-Brüche oder Verlagerungen entstanden sind, gar nicht oder nur zum geringen Teil an der Repopulation beteiligt sind. Wie weit daneben noch eine unterschiedliche Mutationsfähigkeit eine Rolle spielt, ist eine Frage von vorwiegend theoretischem Interesse. Für die Beurteilung der Strahlenschädigungsgefahr ist jedenfalls die Feststellung, daß dominante Erbschäden bei Bestrahlung der Spermatogonien mit Dosen bis zu 1500 r praktisch fast ganz geschwunden sind, sehr wichtig. Jedoch sei betont, daß in den besprochenen Säugetierversuchen eben nur von *dominanten* Mutationen, in erster Linie von solchen gröberer chromosomaler Natur die Rede war, denn über *recessive* Mutationen gibt die F_1 keinerlei Aufschluß.

Es werden nun aber nicht nur die Spermatogonien und Spermatozoen von den Strahlen getroffen, sondern auch alle Zwischenstadien. H. SCHÄFER (1939) zeigt, wie sich die Wirkung der Bestrahlung mit 200 r auf die *Spermatocyten* erfassen läßt. Es ist dies eine Dosis, bei der, wie SCHÄFER auch cytologisch nachweisen konnte, die bestrahlten Spermatocyten noch mehr oder weniger normal ausgebildete Spermien liefern, die 3 Wochen nach Bestrahlung zur Befruchtung gelangen. Zu dieser Zeit ist das Befruchtungsresultat mit 80,35% zur Gravidität führenden Deckungen ein recht gutes. Die Wurfgrößenherabsetzung von 6,6 auf 3,86 ist jedoch sehr beträchtlich. Sie ist erheblich größer als in den ersten

Tabelle 8. Angaben über Wurfgröße, Entwicklung und Fertilität der nach Wiedererlangung der Fertilität gezeugten F_1-Tiere. (Zusammengestellt nach den Tabellen von P. Hertwig 1938.)

Bestrahlungs-dosis	Wurfgröße	Jugendentwicklung. Prozentzahl der nach $2^1/_2$—3 Monaten zucht-reifen Jungen	Prozentzahl der voll fertilen Tiere von der Gesamtzahl der geprüften	
			♂♂	♀♀
400	5,42 ± 0,2	—	—	—
500	5,67 ± 0,38	—	100	87,50
600	4,86 ± 0,36	80,64	100	100
800	5,06 ± 0,2	75,50	—	—
1000	5,36 ± 0,2	82,85	95,20	87,10
1200—1400	5,70 ± 0,4	78,75	100	92,11
1500	5,62 ± 0,15	82,63	100	94,36
Kontrollen . .	5,54 ± 0,1	82,43 ± 1,38	95,87	88,90

Tabelle 9. Wurfgrößen in Abhängigkeit von der Bestrahlungsdosis bei den drei verschiedenen Gruppen von Probanden.

Röntgendosis in r	Zahl der bestrahlten ♂♂	Frühprobanden				Spätprobanden	
		1—8 Tage nach Bestrahlung gezeugt		8—14 Tage nach Bestrahlung gezeugt			
		Wurfzahl und Zahl der daran beteiligten ♂♂	Mittlere Wurf-größe	Wurfzahl und Zahl der daran beteiligten ♂♂	Mittlere Wurf-größe	Wurfzahl und Zahl der daran beteiligten ♂♂	Mittlere Wurf-größe
200	3	3 ♂♂ = 4	6,00	3 ♂♂ = 3	4,00	2 ♂♂ = 13	5,24
400	9	9 ♂♂ = 17	4,29	5 ♂♂ = 7	4,29	8 ♂♂ = 78	5,42
500	7	7 ♂♂ = 11	4,45	2 ♂♂ = 2	4,00	7 ♂♂ = 30	5,67
600	12	9 ♂♂ = 17	2,71	3 ♂♂ = 3	2,67	9 ♂♂ = 36	4,86
800	79	53 ♂♂ = 69	2,45	28 ♂♂ = 38	1,76	31 ♂♂ = 136	5,06
1000	52	21 ♂♂ = 34	2,12	7 ♂♂ = 7	1,43	26 ♂♂ = 110	5,36
1200—1400	17	5 ♂♂ = 6	1,67	1 ♂ = 1	1,00	5 ♂♂ = 30	5,70
1500—1600	18	—	—	—	—	4 ♂♂ = 14	4,64
Kontrollen	—	472	5,54				

Tabelle 10. Aufzucht der Frühprobanden.

	I. 1—8 Tage nach Bestrahlung gezeugt					II. 8—14 Tage nach Bestrahlung gezeugt				
600	44	22,23	—	11,41	70,46	3	—	12,52	14,29	75,00
800	129	10,07	9,49	15,23	69,92	47	19,18	23,71	13,79	53,18
1000—1400	68	11,75	5,00	26,38	61,67	8	37,51	80,00	—	12,50
Alle ab 800	197	10,63	7,96	18,50	66,99 ± 3,35	55	27,78	30,30	16,61	45,49 ±6,7

Differenz: Einstellbar (I.—II. Gruppe) = 21,50 ± 7,5
Differenz: Einstellbar (Kontrolle—I. Gruppe) = 15,44 ± 3,6.

Wochen nach 200 r Bestrahlung (vgl. Tabelle 3), und wir müssen den Schluß ziehen, daß die Spermiocyten mutationsempfindlicher sind als die fertigen Spermien. Bei Dosen über 400 r liefern bei der Maus die Spermiocyten keine befruchtungsfähigen Spermatozoen mehr, hingegen differenzieren sich bei 400—1000 r noch die Spermatiden weiter. Wenn man nun (P. Hertwig 1938) die Frühprobanden in zwei Gruppen einteilt, so finden wir in der ersten Gruppe, welche die 8—14 Tage nach der Bestrahlung gezeugten Tiere erfaßt, 1. eine erhöhte Zahl von Mikronuclei in den sich furchenden Eiern (Brenneke 1937, P. Hertwig 1938), 2. eine herabgesetzte Wurfgröße (Tabelle 9), 3. ein schlechteres Aufzuchtergebnis (Tabelle 10). Die Zelltypen der spermiogenetischen Endstadien reagieren demnach stärker auf die Bestrahlung als die fertig ausgebildeten, gespeicherten Spermatozoen.

c) Die F_2- und F_3-Generation.

Die F_2-Generation bietet verhältnismäßig wenig Interesse, da die dominanten Erbänderungen bereits in der F_1 erfaßt werden, und recessive noch nicht herausmendeln können. Umfangreicheres Material wurde bei Mäusen von SNELL, OESTERGAARD, P. HERTWIG, bei Meerschweinchen von STRANDSKOV gezogen, ohne daß sich gesicherte Abweichungen von der Norm feststellen ließen.

Nur DOBROVOLSKAJA-ZAVADSKAJA (1928, 1929) berichtet über 2 Mißbildungen. In der F_2 eines mit 1024 r bestrahlten Bockes wurde ein Männchen gefunden, das im Alter von 4 Wochen Schüttelbewegungen ausführte. Ferner wurde nach einer Bestrahlung mit etwa 2000 r in der F_2 ein Weibchen mit nur 4 Fingern gefunden, dieses Weibchen starb ohne Nachkommenschaft, während der Schüttler sein Leiden recessiv vererbte. Es ist unwahrscheinlich, daß diese beiden Mißbildungen auf die Bestrahlung zurückzuführen sind. Denn ein Herausmendeln eines recessiven Merkmals in der F_2 hat zur Voraussetzung, daß auch in dem Genom beider F_1-Eltern das gleiche recessive Gen enthalten war, und dies ist bei der Seltenheit des Mutationsvorganges durchaus unwahrscheinlich. Das Schüttelgen wird also wohl in dem von DOBROVOLSKAJA benutzten Stamm vorhanden gewesen sein, was um so eher möglich ist, als die Stämme vor den Versuchen nicht in Inzucht gehalten waren.

Die gleiche Annahme gilt mit noch größerer Wahrscheinlichkeit für das Gen für Kurzschwänzigkeit, dessen Erbgang von CHESLEY und DUNN (1929) eingehend untersucht wurde. Die Kurzschwänzigkeit trat einmal in der F_1 auf. Hier hatte der mit 690—700 r bestrahlte Vater bereits selbst einen deutlich verkürzten Schwanz, war also wohl sicher heterozygot für die Anlage, das zweitemal wurden Kurzschwänze in der F_2 gefunden als Nachkommen eines mit der gleichen Dosis bestrahlten langschwänzigen Bockes. Als strahleninduzierte Mutation dürfte Kurzschwänzigkeit nicht mehr zitiert werden. Auch die Erklärung von DOBROVOLSKAJA, daß die Bestrahlung nur eine bereits vorhandene latente Anlage offenbar werden läßt, ist abzulehnen.

Entscheidend für das Auftreten von recessiven Mutationen ist erst die F_3-Generation. Die älteste und viel zitierte Angabe über das Herausmendeln von recessiven Röntgenmutationen ist diejenige von LITTLE und BAGG (1929). Es wurden weibliche und männliche Mäuse an fünf aufeinanderfolgenden Tagen mit 10 mm ohne Filterung, Abstand 30 cm bestrahlt. Eine genaue Angabe über die Höhe der Dosis in r ist nicht mehr möglich. In der F_3-Generation von 2 Paaren, die 13 und 14 Wochen nach der Bestrahlung erstmalig warfen (Spätfertilität!) traten in der F_3-Generation Mißbildungen auf, die sich als erblich erwiesen. LITTLE und BAGG beschrieben sie als Augendefekte, Klumpfußbildungen und Hautanomalien. Wir wissen jetzt durch die Untersuchungen von BONNEVIE (1932), daß es sich um die verschiedenen Manifestationsformen ein und desselben Gens handelt, das als m^{bl}-Gen bezeichnet wird, und dessen recessiver Erbgang von LITTLE und MCPHETERS (1932) gesichert ist. Die wichtige Frage ist nun, ob diese Mutation, die vorschriftsmäßig in der F_3 zuerst bemerkt wurde, mit einiger Wahrscheinlichkeit auf die Bestrahlung zurückzuführen ist? Die Antwort kann kaum bejahend lauten, denn das Herausspalten der gleichen Mißbildung in der Nachkommenschaft von zwei verschiedenen Paaren, mahnt zur Vorsicht. Es ist unwahrscheinlich, daß die gleiche seltene Genmutation gleich in 2 Spermien entstanden ist. Da die Bestrahlungsstämme vorher nicht in Inzucht gehalten worden waren, kann es sich auch hier, wie in den Versuchen von DOBROVOLSKAJA um das Herausmendeln eines bereits in dem Stamm enthaltenen Gens gehandelt haben. BAGG hat in Zusammenarbeit mit MCDOWELL seine Bestrahlungsversuche wiederholt, es liegt nur eine kurze Mitteilung über die

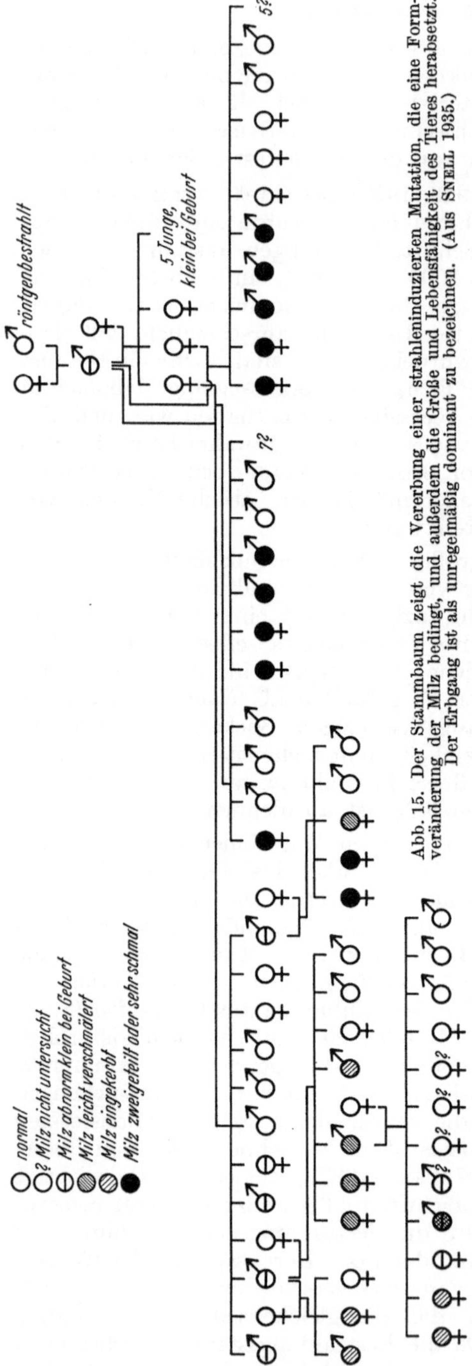

Abb. 15. Der Stammbaum zeigt die Vererbung einer strahleninduzierten Mutation, die eine Formveränderung der Milz bedingt, und außerdem die Größe und Lebensfähigkeit des Tieres herabsetzt. Der Erbgang ist als unregelmäßig dominant zu bezeichnen. (Aus Snell 1935.)

Arbeit vor (Bagg 1926). Unter mehreren 100 Tieren — die Verteilung derselben auf die einzelnen Generationen ist mir nicht bekannt — wurde keine Anomalie gefunden. Dieser negative Befund ist nun freilich auch kein Gegenbeweis des ersten Versuchsresultates, wie vielfach angenommen wird.

Genetisch allen Anforderungen entsprechend ist die Arbeit von Snell (Mäuse, 1935). Er arbeitete, um recessive Letalmutationen mit größerer Sicherheit zu finden, mit Kreuzungsstämmen, die für Fellfarben spalteten. Durch fünf recessive Gene, von denen zwei miteinander gekoppelt waren, sind vier Chromosome „markiert". Die Kreuzung war so eingerichtet, daß in der F_3 bzw. in der Rückkreuzungsgeneration die Aufspaltung der Markierungsgene eintrat, und ein mit diesem gekoppelter Letalfaktor durch das Fehlen des recessiven Farbtypus sich bemerkbar machen müßte. Es wurden nach Bestrahlungen mit 600—800 r 51 F_1-♂♂ und 41 F_1-♀♀ durchgeprüft, d. h. im ganzen 209 Chromosomen und zwar mit *negativem* Erfolg. Ebenso 34 Kontrollmännchen und 45 Kontrollweibchen, d. h. 166 Chromosomen. Recessive Letalfaktoren wurden auch in der Kontrollgruppe nicht gefunden. Die 209 Chromosomen entsprechen etwa dem Gesamtchromosomenbestand von $10^1/_2$ Maus. Der Versuch ist also, trotz des großen Tiermaterials im Vergleich zu den Drosophilaversuchen noch als sehr klein zu bezeichnen. Wenn wir bedenken, daß sich die Gesamtmutationsrate bei Drosophila nach Bestrahlung mit 700 r von 1% auf 2,5—3% erhöht, so ist es klar, daß sich diese Erhöhung mit 10—11 F_1 Kulturen gar nicht nachweisen läßt. Der negative Ausfall des Snellschen Versuchs besagt also zunächst nur, daß die Auslösung von recessiven Letalmutationen bei der Maus nicht wesentlich häufiger zu sein scheint, als bei Drosophila.

An phänischen Mutanten fand Snell in der F_3 folgende, nicht in den Kontrollen beobachteten Mißbildungen: 2 F_3-♂♂ und ein Rückkreuzungsweibchen waren totgeboren und zeigten ausgesprochene Anschwellungen auf dem Scheitel bei unverletzter Haut. Er bringt den Defekt in Zusammenhang mit den durch Translokationen bedingten Hirnanomalien, die auf S. 261 besprochen wurden. Außerdem fand er eine unregelmäßig dominante sich vererbende Milzverbildung (Stammbaum Abb. 15). Die Milz ist etwas verschmälert und zeigt Einschnürungen, durch die sie bisweilen fast in zwei ungleich große Hälften geteilt wird. Solche Tiere bleiben in der Regel im Wachstum zurück. Eine recessive phänische Mutation fand SNELL ebensowenig wie eine Letalmutation, obgleich insgesamt 997 bestrahlte Chromosomen auf Mutationen geprüft wurden.

Inzwischen ist es aber nun doch gelungen recessive letale und phänische Mutationen in der F_3 nachzuweisen (P. HERTWIG 1939). In den noch nicht vollständig abgeschlossenen Versuchen wurde mit Kreuzungen und Markierungen ähnlich wie von SNELL gearbeitet. Das Material umfaßt die Prüfung der F_3-Generation von 36 Frühprobanden, 60 Spätprobanden (Bestrahlungsdosis 600—1600 r) und 72 Kontrollen. Bei den Frühprobanden konnten 4 Letalgene und 2 Mutationen, die Kümmerwuchs bedingen, nachgewiesen werden. Bei den Spätprobanden, deren Unter-

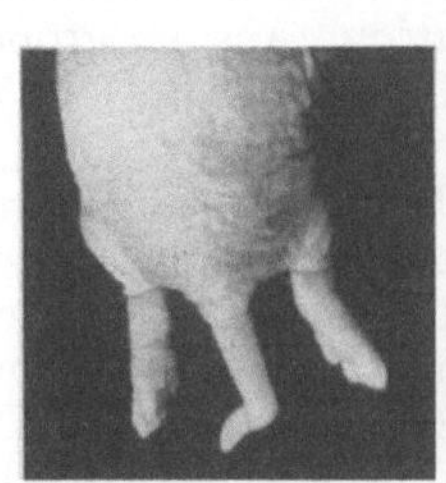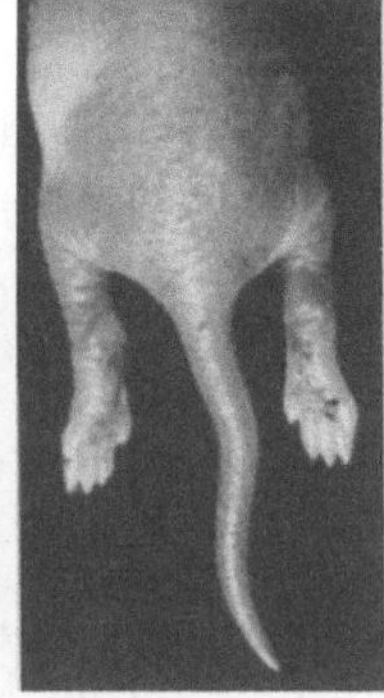

Abb. 16. Einen Tag alte oligodaktyle Maus mit Schwanzverkürzung und Knickung. Daneben normales Kontrolltier. Recessive Röntgenmutation. (Nach P. HERTWIG).

suchung zur Zeit noch nicht voll abgeschlossen ist, wurden zwei phänische Mutationen gefunden. Der Spätproband 958 war heterozygot für eine ulnare *Oligodaktylie*. Den homozygoten Mutanten fehlen die 5. bisweilen auch 4. und 5. Zehe an einer oder beiden Vorderpfoten. Seltener zeigen auch die Hinterbeine den Defekt. Meistens ist auch der Schwanz verkürzt oder geknickt

Abb. 17. 12 Tage alte oligodaktyle Maus, Schiefstellung der Pfoten, Kümmerwuchs. (Nach P. HERTWIG).

Abb. 18. 79 Tage alte anämische Maus mit welligem Haar. Recessive Röntgenmutation. (Nach P. HERTWIG).

(Abb. 16). Ältere Tiere haben schiefe Hand- und Fußstellungen (Abb. 17). Die oligodaktylen Tiere sind schwach lebensfähig, nur wenige erreichen ein Alter von mehreren Wochen. Die zweite Mutante ist eine recessive Anämie. Die homozygot behafteten Tiere sind gleich bei der Geburt sehr blaß und besitzen etwa nur $1/2$—$1/3$ soviel Erythrocyten wie ihre normalen Wurfgeschwister. Sie sterben meistens in den ersten Lebenstagen. Die überlebenden Tiere zeigen trotz guter Milchaufnahme Kümmerwuchs, und wenn sie älter werden eine deutliche Wellung der Haare (Abb. 18). Das Blut bleibt sehr erythrocytenarm, die Milz scheint bei den älteren Tieren sehr vergrößert. Zum Beispiel wog das 79 Tage alte Weibchen (Abb. 18) nur 6,3 g, sein normales Wurfgeschwister 20 g. Die Milz des anämischen Weibchens hingegen war bei der Sektion doppelt so schwer wie die des Kontrolltieres. Das mutierte Gen ist eng gekoppelt mit der Haarfarbe braun (Symbol: c). Die Koppelung ist deswegen wichtig, weil das Gen c von dem bestrahlten Männchen eingeführt wurde, und somit der Beweis gebracht wird, daß die Mutation in dem bestrahlten Genom entstanden ist. Außerdem zeigt die Koppelung, daß die hier beschriebene Anämie nicht identisch ist mit einer bei Mäusen schon bekannten, mit einem der Schekkungsfaktoren gekoppelten Form.

2. Bestrahlung von Weibchen.

Weibchenbestrahlungen der verschiedensten Säugetiere sind recht häufig ausgeführt worden, besonders im Hinblick auf die Keimschädigungsgefahr nach temporärer Sterilisation. Aus der großen Zahl der Arbeiten, die bei Nürnberger (1920—1932) und Oestergaard (1935) ausführlich referiert sind, bespreche ich hier nur die wichtigsten.

Nürnberger (1920) bestrahlte trächtige Mäuse einige Stunden oder 1 bis 3 Tage vor dem Wurf, und fand, daß nach einer Bestrahlung mit einer Coolidge-Röhre, 0,5 mm Zink, 3 mm Al., 23 cm Fokusabstand, 90 Sklerometer, 2 mA und 10 Minuten Dauer, die Keime schon als Blastulae absterben. Denn er fand bei Sektionen, die 7—8 Tage nach dem Wurf ausgeführt wurden, die Eier noch ohne Implantation im Uterus. Die Altersbestimmung der Keime scheint mir nicht ganz gesichert. Die Begattung wurde nicht beobachtet, und es könnte sich daher sehr wohl um die Eier aus einer zweiten, 4—5 Tage auf den Wurf folgenden Ovulation handeln. Es wurden weiter 144 F_1, und 40 F_2-Tiere gezogen, die als normal bezeichnet wurden.

Schugt (1928) bestrahlte mit 9 bis 140 r und paarte einmal 10 Tage nach der Bestrahlung (sog. Frühbefruchtung), und ein zweites Mal $3^1/_2$ Monate später an (Spätbefruchtung). Mit den auf S. 250 angeführten Beobachtungen stimmt es überein, wenn nur 5 mit 9—27 r bestrahlte ♀♀ überhaupt bei dem späten Termin noch trächtig wurden. Auch bei der ersten Paarung wurden nur 61,9% der ♀♀ trächtig gegenüber 100% bei den Kontrollen. Die Wurfgröße war sonst nicht herabgesetzt. Die Aufzucht der F_1-Tiere und der dazugehörigen Kontrollen war sehr schlecht wahrscheinlich infolge infektiösen Durchfalls. Von den 51 Frühprobanden und den 7 Spätprobanden waren nur 6 ♂♂ und 10 ♀♀ bzw. 1 ♀ und 1 ♂ fertil. Der Rest blieb bei Inzucht als auch bei Paarung mit fremden gut fertilen Partnern dauernd unfruchtbar. Schugt sieht hierin eine Wirkung der Bestrahlung. Es fragt sich aber doch sehr, ob die Sterilität nicht vielmehr eine Folge der durchgemachten Infektion und der damit verbundenen Entwicklungsstörungen war. Die histologische Untersuchung der sterilen Tiere zeigte keine Einheitlichkeit. Neben mehr weniger normaler Spermiogenese wurden auch stärkere Veränderungen des Keimepithels beobachtet.

Mit Meerschweinchen arbeiteten Dyroff (1932) und Kröning (1934). Aus Würfen nach der angenommenen Periode der temporären Sterilität erhielt Dyroff 183 normale F_1-Tiere. Nach Bestrahlung mit 80% HED. wurden 127 F_2, 47 F_3, 20 F_5 und je 2 F_5 und F_6-Tiere gezogen. Sie waren alle normal. Die einzige Arbeit die wenigstens für die erste Generation in einem Umfang durchgeführt wurde, daß ein Vergleich mit den Männchenbestrahlungen möglich wird, ist diejenige von Kröning. Wir sehen aus der Tabelle 11, daß der Prozentsatz der erfolgreichen Paarungen von mit 5—50 r bestrahlten ♀♀ anfangs sehr gut ist. Er weicht mit 39,4% nicht von dem Erfolg der Kontrollen ab. Mit steigendem Zeitabstand von der Bestrahlung nehmen die Graviditäten ab, ein Zeichen dafür, daß in dieser späteren Periode jüngere, strahlenempfindlichere Follikel zur Reife gelangt waren. Bei Dosen mit 700 r und darüber ist der Paarungserfolg von Anfang an mäßig, und wir finden, genau wie nach Spermienbestrahlung eine herabgesetzte Wurfgröße. Ob die Wurfgrößenverkleinerung durch dominante Letalfaktoren bedingt wird, ist noch nicht gesichert, denn es wurde noch nicht festgestellt, ob die Zahl der ovulierenden Eier die gleiche bleibt und ob sie alle befruchtet werden. Kröning macht einige Angaben über die Fertilität der Probanden. 23 F_1-♀♀ aus einem 5—50 r-Versuch wurden mit

Tabelle 11. Wurfhäufigkeit nach Röntgenbestrahlung von Meerschweinchen-weibchen. (Nach KRÖNING 1934.)

Bestrahlungsdosis in r	Anzahl der vorgenommenen Paarungen	Anzahl der Paarungen, die Würfe zeitigten	Prozent der erfolg-reichen Paarungen	Diff/m_{Diff}
5—50	108	31	28,7 $\pm$ 4,4	
100—400	40	8	20,0 $\pm$ 6,3	3,9
700	132	22	9,1 $\pm$ 2,5	4,8
9000	33	1	3,04 $\pm$ 3,0	2,4

Der Wert der erfolgreichen Paarungen bei 5—50 r weicht nicht oder wenig von dem Wert bei unbestrahlten Kontrollen ab.

Tabelle 12. Wurfhäufigkeit nach Röntgenbestrahlung von Meerschweinchen-weibchen geordnet nach aufeinanderfolgenden Zeitabschnitten nach der Bestrahlung. (Nach KRÖNING 1934.)

Bestrahlungs-dosis in r		Nr. der Brunstzyklen nach der Bestrahlung		
		1—5	6—10	11—25
5—50 r	Anzahl der vorgenommenen Paarungen .	61	26	21
	Anzahl der Paarungen, die Würfe ergaben	24	5	2
	Prozent erfolgreicher Paarungen	39,4	19,2	9,5
700 r	Anzahl der vorgenommenen Paarungen .	65	44	22
	Anzahl der Paarungen, die Würfe ergaben	6	4	2
	Prozent der erfolgreichen Paarungen. . .	9,2	9,1	9,1

einem F_1-♂ derselben Serie gepaart. Sie zeugten in 31 Würfen 79 Junge, waren also normal fruchtbar mit einer Wurfgröße von 2,6 $\pm$ 0,2. 7 F_1-♀♀ aus den 100—900 r-Bestrahlungen erzielten mit einem 5—50 r-♂ in 13 Würfen nur eine Wurfgröße von 1,8 $\pm$ 0,3. Die Differenz 2,6—1,8 ist durch den 2,2fachen mittleren Fehler gedeckt. Während KRÖNING bei den F_1-Tieren ein normales Geschlechtsverhältnis fand, macht er auf die sehr geringe Zahl von ♂♂ in der F_2Generation aufmerksam. Er fand hier bei 347 Tieren nur 30,4% ♂♂. Diese Zahl ist freilich, trotz der scheinbar starken Abweichung vom normalen 1:1-Verhältnis auch noch bei weitem nicht statistisch gesichert, so daß zunächst nach Eibestrahlung ebensowenig wie nach Samenbestrahlung eine Verschiebung des Geschlechtsverhältnisses festgestellt werden konnte.

V. Versuche über Mutationsauslösung durch Alkohol oder andere chemische Stoffe (Coffein, Blei).

Es ist nicht leicht einen Überblick über die Keimschädigungsversuche durch Alkohol oder andere chemische Stoffe zu geben. Nicht nur, daß die Schlußfolgerungen der Autoren sich stark widersprechen, auch die Versuchsanordnung und Durchführung ist selbst bei den großen, mit Sorgfalt und viel Aufwand durchgeführten Arbeiten so, daß genetisch einwandfreie Ergebnisse nicht erzielt werden konnten, ja daß sogar verhältnismäßig einfache Fragen, wie die Entwicklung der F_1-Nachkommenschaft, sich nicht klar übersehen lassen. Wir finden, daß der eine der Autoren bei den Versuchen seines Vorgängers die nicht durchgeführte Inzucht tadelt (DURHAM bei STOCKARD) und von anderer Seite wird wieder der Mangel an Fremdkreuzungen als Fehler in der Versuchsanordnung hervorgehoben. Ich verweise daher nochmals ausdrücklich auf das, was ich über die notwendigen Voraussetzungen eines Mutationsversuches auf S. 254 gesagt habe, um nicht bei jedem einzelnen Versuch die Kritik wiederholen zu müssen.

1. Die Alkoholversuche.

Die Methoden der Alkoholisierung sind verschiedenartig. Erstens kommt die Zuführung durch den Darmkanal in Frage, entweder als Beimischung zum Futter und Getränk (Nice 1912, Schröder 1913) oder durch Schlundsonde (Ferrari 1910, Laitinen 1924). Die Nachteile dieser Methode bestehen in schlechter Dosierbarkeit und Verdauungsstörungen.

Sehr beliebt ist, namentlich in den englischen und amerikanischen Versuchen die Inhalationsmethode. Die Tiere vertragen die Behandlung auf lange Zeit. Die Dosierung (gemessen an der Zeitdauer des Aufenthalts in dem Tank) ist natürlich meist recht ungenau. Als Anhaltspunkt für starke und schwache Behandlung dient der Zustand der Trunkenheit. Gesundheitsstörungen treten nach längerer Behandlung in Form von Augenentzündungen und Lungenerkrankungen auf. Diese Methode benutzten Stockard, Nice, Hanson, MacDowell, Durham und Woods. — Die genaueste Dosierung ist möglich mit Hilfe der Injektionsmethode, die anscheinend auch die geringsten gesundheitlichen Schäden nach sich zieht. Nachdem Ferrari 1910 erstmalig damit arbeitete, benutzte sie vor allen Dingen Agnes Bluhm in ihren großen Mäuseversuchen und ihrem Beispiel folgend auch noch andere Autoren, wie z. B. MacDowell.

Eine Dosierung im Sinne der Bestrahlungsversuche ist aber natürlich auch nicht mit Hilfe genau bekannter Injektionsmengen möglich. Man kann zwar die Konzentration und die Menge des gegebenen Alkohols angeben, wir wissen aber in keinem Fall welche Konzentration im Blut, bzw. in den Gonaden vorhanden war und auf wie lange Zeit die Gonaden unter Alkoholeinfluß standen. Das wird auch bei den verschiedenen Tieren entsprechend der Geschwindigkeit des Stoffwechsels sehr schwanken. Wir müssen uns auch klar machen, daß bei langer Behandlung, die sich ja zum Teil über Monate und Jahre erstreckt, nur eine Sorte von Keimzellen, die Reserve Spermatogonien und Reserve Oocyten während der ganzen Dauer des Versuches unter der Alkoholwirkung gestanden haben und zwar größtenteils als ruhende Zellen. Die restlichen Stadien der Keimzellbildung hingegen werden unabhängig von der zeitlichen Ausdehnung der Behandlung immer nur entsprechend der Dauer der einzelnen Phasen der Keimzellentwicklung getroffen.

In einer Anzahl der Versuche wurden beide Eltern (Hanson: Ratten; Ferrari, Kern, Laitinen: Meerschweinchen; Schröder: Kaninchen) behandelt, in anderen nur die Weibchen (MacDowell, Stockard, Rost und Wolf 1925), und zwar zum Teil auch noch während der Trächtigkeit. Diese Fälle schalten für die Beurteilung einer Keim- und Erbschädigung der direkten Nachkommen aus, denn jede Abweichung von der Kontrolle kann auch als direkte Schädigung der Jungen gedeutet werden (Fruchtschädigung). Eine Zusammenfassung aller Arbeiten unter gleichartigen Gesichtspunkten ist bei den Alkoholversuchen nicht möglich es bleibt nichts anderes übrig als die wichtigsten Arbeiten kritisch zu referieren. Eine Übersicht über die gesamte Literatur bis 1931 mit ausgiebigen Schriftenverzeichnis findet sich bei Frets. Außerdem verweise ich auf die Referate von A. Bluhm (1931, 1933, 1934).

a) Versuche mit Mäusen.

MacDowell und Lord (1927) untersuchten den Einfluß der Alkoholinhalation auf die pränatale Sterblichkeit. In der ersten Serie wurden nur die Weibchen behandelt. Bei der sog. leichten Behandlung, 45 Minuten täglich im Alkoholtank, war die vor- und nachgeburtliche Sterblichkeit unverändert. Wurden die Tiere jedoch 5mal wöchentlich bis zur Trunkenheit behandelt, war zwar die Zahl der ovulierten Eier etwas größer, die Wurfgröße aber trotzdem bei den Alkoholtieren um 0,5—0,7 verkleinert und die Totgeburtenzahl erhöht. MacDowell schätzt die Sterblichkeitserhöhung auf 1—2 Embryonen per Wurf. Auch die Behandlung der Böcke blieb nicht ganz ohne Einfluß auf die vorgeburtliche Sterblichkeit. Nach einer von MacDowell ausgearbeiteten Methode wurde die Zahl der Corpora lutea am lebenden Weibchen am 12.—18. Tage der Schwangerschaft ausgezählt und so die Differenz zwischen der Zahl der ovulierten Eier

Tabelle 13. Wurfgröße, vorgeburtliche Sterblichkeit und Zahl der toten Jungen
pro Wurf nach Alkoholisierung von Mäuseböcken.
(Zusammengestellt nach den Angaben von MacDowell und Lord 1927.)

Eltern		Durchschnittliche Wurfgröße	Differenz zwischen Zahl der Corpora lutea und den Jungen	Prozent der totgeborenen Jungen
Mäusestamm				
Bagg-Albino	1. Behandelt	5,68	3,53	6,64
	2. Kontrolle	5,50	3,39	6,29
	Differenz 1—2	+ 0,18	+ 0,14	+ 0,35
Little, aufgehellt blau	1. Behandelt	4,73	3,95	9,28
	2. Kontrolle	5,04	4,07	6,74
	Differenz 1—2	— 0,31	— 0,12	+ 2,54

Abb. 19 a—f. Die Kurven aus dem Alkoholversuch von A. Bluhm zeigen, wieviel Mäuse in Prozent das Alter von
3 Wochen in den verschiedenen geprüften Generationen erreichen. Kurve 1—3 gibt die Zahlen für die Inzuchtgenerationen an, Kurve 4—6 die Zahlen für die Kreuzungen der F_1 ♂♂ und ♀♀ mit normalen Kontrollen.
Man beachte in 1—3 die Übersterblichkeit der Alkoholtiere in F_1—F_2 und die dann deutlich werdende Untersterblichkeit. 4—6 zeigt, daß die Resultate der reziproken Kreuzungen verschieden ausfallen.
(Nach A. Bluhm 1930.)

und der ausgetragenen Embryonen bestimmt. Das Resultat ist aus Tabelle 13 ersichtlich. Obgleich die Wurfgröße keine Veränderung zeigt und auch die Summe der vorgeburtlichen Sterblichkeit ausgedrückt durch die Differenz der Corpora lutea und der Zahl der geworfenen Jungen nicht vergrößert ist, so sollen doch nach Behandlung der ♂♂ weniger Würfe ohne jeglichen embryonalen Verlust und mehr Würfe, bei denen 2 Junge fehlen vorkommen. Auch ist die Zahl der Totgeborenen etwas erhöht. Diese Abweichungen sind jedenfalls erheblich geringer als bei den Weibchenversuchen und trotz der sorgfältigen Durchführung der Versuche wohl nicht restlos gesichert. Die größere Wirkung nach der Weibchenbehandlung ist sicherlich als Folge einer Schädigung der Mutter zu deuten.

Den umfangreichsten Versuch mit Mäusen führte AGNES BLUHM durch. Es wurden 114 Böcke 6mal wöchentlich durch Injektionen von 0,2 ccm 15%

Tabelle 14. Die Wurfgröße der Nachkommen von alkoholisierten Mäusen und den Kontrollen in der F_1—F_7-Generation. (Nach A. BLUHM 1930.)

Generation	Alkoholiker		Kontrollen		Differenz in Prozent von A.
	Zahl der Jungen	Wurfgröße	Zahl der Jungen	Wurfgröße	
F_1	1077	4,50	1095	4,78	— 5,86 ± 2,31
F_2	1196	4,90	1213	4,85	+ 1,00 ± 2,25
F_3	633	4,79	1638	5,25	— 8,78 ± 2,36
F_4	699	4,40	1625	5,47	— 19,56 ± 2,34
F_5	607	4,74	1034	5,25	— 9,71 ± 2,77
F_6	746	5,33	1375	5,63	— 5,33 ± 2,96
F_7	669	5,27	1167	6,01	— 12,32 ± 2,78
Summe	5597	4,82	9147	5,41	— 9,23 ± 0,90

Äthylalkohol alkoholisiert, und mit ihren Schwestern angepaart. Die Ausgangstiere entstammten einem Inzuchtstamm, es waren mindestens 4 Generationen Geschwisterpaarung vorangegangen. Auch nach der Alkoholisierung wurde die Inzucht bis in die 7. Generation fortgesetzt. Das Gesamtmaterial umfaßt über 32000 Tiere. Geprüft wurde die Lebensdauer, besonders die pränatale und Säuglingssterblichkeit, Wachstum, Fruchtbarkeit, Mißbildungen und Degenerationszeichen.

Über die Wurfgrößenverhältnisse gibt Tabelle 14 Auskunft. Die Wurfgröße der Alkoholtiere ist in der F_1, aber auch in der F_3—F_7 fast immer statistisch gesichert herabgesetzt. Das kann im Sinne von dominanten Letalfaktoren in der F_1, von herausspaltenden recessiven Letalfaktoren in den anderen Generationen gedeutet werden. Zwingend ist der Schluß nicht, da keine Angaben über Befruchtungsprozent und absterbende Embryonen vorliegen. Größeren Wert legt A. BLUHM auf die Säuglingssterblichkeit (bis zum Alter von 3 Wochen). Die Resultate sind recht anschaulich in den Kurven (Abb. 19) wiedergegeben. Während die F_1-♂♂ und ♀♀ eine um 3,95 bzw. 5,33% größere Sterblichkeit aufweisen als die Kontrolltiere, tritt in den Folgegenerationen ein Umschlag auf zugunsten der Alkoholzuchten. Wurden nun die Kinder aus der Paarung einer normalen Kontrolltiertochter mit einem Alkoholikersohn aufgezogen, so hatten sie geringere Aussicht das Säuglingsalter zu überleben als die Kinder einer Alkoholikertochter mit einem Kontrolltierbock, das gleiche gilt für die entsprechenden Kreuzungen der Enkel, Urenkel und Ururenkel. BLUHM gibt für diese Erscheinung etwa folgende Erklärung: Um den Unterschied in der Übertragung der Säuglingssterblichkeit durch den Alkoholikersohn und der Alkoholikertochter zu erklären, wird eine Erbänderung in denjenigen Chromosomen angenommen, in denen die beiden Geschlechter verschieden sind, d. h. in den Geschlechtschromosomen (bei den Mäusen, wie bei allen Säugetieren XX beim ♀, Xy beim ♂). Da aber bei fortschreitender Inzucht, die anfängliche Übersterblichkeit in Untersterblichkeit umschlägt, wird die Zusatzhypothese aufgestellt, daß „die alkoholgeschädigte Samenzelle bei der Befruchtung im Eiplasma eine Abwehrreaktion auslöst, welche die Erbschädigung an ihrer Auswirkung hindert. Diese Stoffe sind bei den Kindern der behandelten Tiere noch nicht ausreichend vorhanden, sondern häufen sich erst im Laufe der Generationen an und sollen so zur Überkompensation führen". Das sind sehr weitgehende Schlüsse und die Annahme einer spezifischen Dauermodifikation des Eiplasmas als Antwort auf neu entstandene Letalgene ist etwas so durchaus Neues, daß meiner Ansicht nach zum Beweis der Hypothese das Material nicht ausreicht. Ich verweise auf das, was ich an anderer Stelle (P. Hertwig 1938) über Säuglingssterblichkeit bei Mäusen ausgeführt habe. Der Durchfall ist meiner Erfahrung nach abhängig von der Gesundheit der Mutter bzw. Amme und ist als Infektionskrankheit so weitgehend umweltsbedingt, daß es äußerst schwer sein dürfte, die genetischen Anteile zu erfassen. Nicht besser steht es mit der Sterblichkeit am 1. und 2. Tag, der Sterblichkeit aus „Lebensschwäche" nach Bluhm. Am Zugrundegehen von ganzen Würfen oder einzelnen Tieren trägt häufig die Mutter die alleinige Schuld. Als weitere Resultate der Bluhmschen Versuche sind noch hervorzuheben: Es besteht in der Gesamtheit der Versuchstiere eine stärkere Sterilität, nämlich bei den Alkohol♂♂ ein Plus an Unfruchtbaren von 14,49 ± 2,02, gegenüber den Kontroll♂♂, bei den Alkohol♀♀ ein Plus von 11,75 ± 1,85. Die Zahl der sterilen ♀♀ und ♂♂, die mit 15—25% bei den Kontrollen angegeben wird, ist ungewöhnlich hoch. Eine Zunahme an Mißbildungen konnte nicht nachgewiesen werden, hingegen ist die Zahl der Kümmerlinge in den Alkoholzuchten deutlich vermehrt.

b) Versuche mit Ratten.

Sehen wir von den Versuchen von MacDowell ab, deren Wert für die Keimschädigungsfrage zweifelhaft ist, weil die weiblichen Tiere auch noch während der Trächtigkeit behandelt wurden, so liegt nur die große Versuchsserie von Hanson und Heys (1923—1927) vor. Die Behandlung beider Eltern (Inhalationsmethode) wurde über 10 Generationen fortgesetzt und strenge Geschwisterpaarung durchgeführt. Die Weibchen wurden aber nur bis zur Paarung in den Tank gebracht. Die Alkohollinie leitet sich von einem einzigen anscheinend besonders gut züchtenden Ausgangspärchen ab. Die Schwankungen der Wurfgröße und des Geburtsgewichtes sind aus den Kurven (Abb. 20) zuersehen. Danach liegt die Wurfgröße der Versuchstiere in allen Generationen mit Ausnahme der zweiten etwas über derjenigen der Kontrollen. In der 3. und 5. Generation wie auch im Gesamtmaterial ist die Differenz statistisch gesichert, in

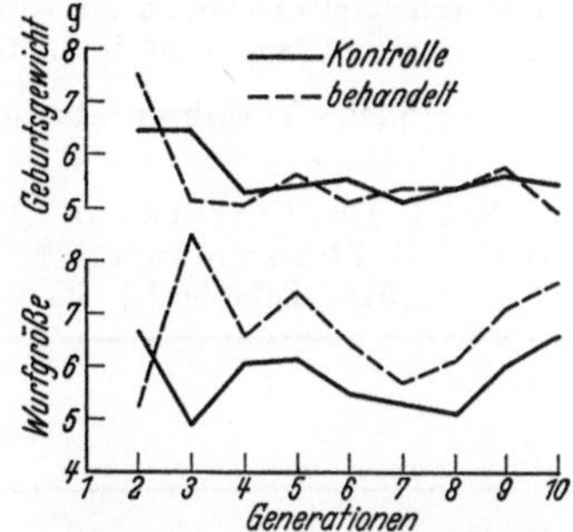

Abb. 20. Kurven von dem Geburtsgewicht (oben) und der Wurfgröße (unten) von normalen und während 10 Generationen alkoholisierten Ratten. (Nach Hanson und Heys 1927.)

der 8. und 9. ist die Sicherung annähernd erreicht (Diff./m = 2,2 bzw. 2,66). Es ist wahrscheinlich, daß sich in der Überlegenheit der Alkoholnachkommen eine Stammeseigenschaft zeigt, jedenfalls sprechen die Versuche durchaus gegen die Entstehung von Letalfaktoren durch die Behandlung, ebenso wie die Wuchskurven auch in keiner Hinsicht eine Benachteiligung des Alkoholstammes erweisen.

Sowohl MacDowell wie auch Hanson prüften die Ratten der Alkoholversuche auf ihre Lernfähigkeit, und zwar Hanson die Urenkel der 10. alkoholisierten Elterngeneration. Ich gehe auf die Versuche nicht näher ein, da bessere Tests für die Lernfähigkeit der Ratten ausgearbeitet werden müßten.

c) Die Versuche mit Meerschweinchen.
(Stockard, Pictet, Durham und Woods.)

Stockards umfangreiche und Aufsehen erregende Versuche mit alkoholisierten Meerschweinchen liefen von 1910—1918. Er behandelte in Inhaliertanks 28 ♂♂ und 34 ♀♀, und zwar täglich die ♂♂ 3 Stunden, die ♀♀ 2 Stunden. Er zog eine Nachkommenschaft von 594 Tieren des Alkoholstammes und 233 Kontrolltiere. In seiner Veröffentlichung von 1918, die ich zur Grundlage der Besprechung wähle, faßt er seine Versuche wie folgt zusammen (Tabelle 15):

Tabelle 15. Eigenschaften von Kontrollen und Alkoholikernachkommen.
(Zusammenstellung von Stockard, Meerschweinchenversuche 1918.)

Eigenschaften	Normal %	Alkoholstamm %
1. Wurfgröße	2,77	2,47
2. Versagende Deckungen	4,45	13,04
3. Frühe pränatale Sterblichkeit	niedrig	hoch
4. Späte pränatale Sterblichkeit	51,92	70,14
5. Postnatale Sterblichkeit	10,70	10,60
6. Totale Sterblichkeit	22,31	35,52
7. Abnormitäten	0	2,52
8. Großwüchsigkeit	5,57	2,86
9. Unterwüchsigkeit	0,42	1,34
10. Sterblichkeitsindex späterer Generationen	22,31	F_1 42,40 F_2 17,14
11. Geänderte Geschlechtsproportion	109,60	86,50 [1]
12. Durchschnittliches Gewicht eines Wurfes	197,12	170,00
13. Durchschnittsgewicht eines Neugeborenen	77,16	70,35
14. Durchschnittsgewicht im Alter von 1 Monat	228,64	213,94
15. Durchschnittsgewicht im Alter von 3 Monaten	425,11	404,13

[1] Weibliche Vorfahren alkoholisiert.

Tabelle 16. Der Einfluß von Alkoholisierung geschlechtsreifer Meerschweinchen auf die Nachkommenschaft. (Zusammengestellt nach Stockard und Papanicolau 1918, Tabelle 1.) Es wurde nur die Ausgangsgeneration alkoholisiert.

	I Prüfzuchten	II Alle alkoholischen Zuchten	III Prüfzuchten unter Inzucht	IV Alkoholiker unter Inzucht
Zahl der Tiere	233	594	41	302
Durchschnittliche Wurfgröße	2,77	2,41	2,42	2,60
Versagende Deckungen	4,54%	13,04%	12,5%	12,12%
Anteil der vorgeburtlichen Sterblichkeit an der Gesamtsterblichkeit	51,92%	70,14%	66,66%	65,25%
Tot innerhalb von 3 Monaten nach Geburt	48,08%	29,85%	33,33%	34,74%
Abnorm	—	2,52%	—	3,31%
Unterwüchsig	0,42%	1,34%	2,43%	3,64%
Würfe mit 1—2 Jungen	24,03%	33,61%	19,15%	30,72%
Würfe mit 4—5 Jungen	37,33%	19,32%	29,26%	21,52%
Es überleben 3 Monate aus Würfen mit 3 Jungen	83,33%	60,93%	76,20%	68,05%

Aus der Zusammenstellung soll hervorgehen, daß die Nachkömmlinge der alkoholbehandelten Tiere für 15 ausgewählte Merkmale den Kontrollen unterlegen sind, und wenn auch, wie die Durchsicht der einzelnen Zahlenangaben lehrt, durchaus nicht alle Werte statistisch gesichert sind, so scheint doch auf den ersten Blick das Beweismaterial sehr für die Annahme einer Keimzellenschädigung durch den Alkohol zu sprechen. Eine bessere Beurteilung für die Stichhaltigkeit der Annahme gibt Tabelle 16. Zwar ist auch hier wieder der Unterschied zwischen den Kontrollen und den Alkoholzuchten, Spalte I und Spalte II deutlich. Hingegen weist die Spalte III und IV auf den Fehler des STOCKARDschen Versuches hin. Die Kontrollen und die Versuchszuchten sind

Tabelle 17. Die F_1—F_4-Generation von Meerschweinchen nach Alkoholbehandlung der Väter oder der Mütter. (Zusammengestellt nach STOCKARD und PAPANICOLAU 1918, Tabelle 2 und 3.)

	I	II	III	IV	V	VI	VII
	Kontrollen wie auf Tabelle 16	F_1-Generation der Alkoholzuchten			F_2 bis F_4 Generation der Alkoholzuchten		
		Alle Zuchten	Nur Männchen behandelt	Nur Weibchen behandelt	Nur ♂♂ behandelt	nur ♀♀ behandelt	Beide Eltern behandelt
Zahl der Tiere	233	186	60	92	59	182	167
Wurfgröße	2,77	2,51	2,30	2,78	2,45	2,63	2,31
Anzahl der Würfe mit nur 1—2 Jungen in Prozent	24,03	34,61	40,00	20,65	37,28	24,72	40,11
Degl. mit 4—5 Jungen	37,33	17,74	20,00	17,39	42,37	15,93	16,76
Durchschnittliche Wurfgewichte in Gramm	197,12	165,31	170,38	170,57	170,95	176,75	168,82
Versagende Paarungen in Prozent	4,54	12,94	23,52	5,71	20,00	16,84	7,82
Es leben nach 3 Monaten in Prozent	77,68	64,47	66,66	48,91	62,71	67,03	69,46
Anteil der embryonalen Sterblichkeit an der Gesamtsterblichkeit	51,92	70,00	60,00	74,46	77,27	75,00	60,78

nicht gleichwertig, indem bei den Kontrollen nur wenig Inzucht ausgeübt wurde. Vergleicht man die wenigen in Inzucht gehaltenen Kontrollen mit den ingezüchteten Alkoholzuchten, schwindet der Unterschied so gut wie vollkommen. Aus diesem Grund erübrigt sich eine eingehendere Besprechung der F_2—F_4-Generation, die von STOCKARD in nicht unbeträchtlichem Umfang gezogen wurde, denn die Alternative, Inzucht oder Alkoholschädigung läßt sich mangels einer gleichartigen genügend umfangreichen Kontrolle nicht beantworten. Ich glaube wie andere Kritiker (PICTET, DURHAM und WOODS), daß man der Inzucht den Hauptanteil an den schlechteren Resultaten zuschreiben muß. Diese Beanstandung des Materials gilt aber nicht für die erste Generation, die daher etwas eingehender besprochen sein soll (Tabelle 17). Zwar sind auch hier die Kontrollen nicht ganz den Versuchszuchten entsprechend, da die Gesamtheit der Kontrollzuchten dem Teilergebnis gegenüber gestellt ist, doch lehrt die Durchsicht der Abhandlung von 1916, daß auch bei kleineren Kontrollen der angeführte Unterschied besteht. Es scheint mir kein Grund vorzuliegen, nicht mit STOCKARD anzunehmen, daß die F_1-Generation in der Tat hinsichtlich embryonaler und postembryonaler Sterblichkeit und Entwicklungsfähigkeit ungünstig abschneidet. Wichtig ist auch der Vergleich von Männchen und Weibchenbehandlung. Während die Wurfgröße nach ♀♀-Behandlung nicht herabgesetzt ist, ist die nachembryonale Sterblichkeit auffallend hoch. STOCKARD deutet dies mit Recht nicht als eine stärkere Schädigung der weiblichen Keimzellen sondern macht die Behandlung der Weibchen auch noch während der Trächtigkeitsperiode, also den direkten Einfluß des Alkohols auf die Jungen für das Resultat verantwortlich. Sehr anfechtbar scheinen mir wieder die Schlüsse, die Stockard aus den Spalten V—VII der Tabelle 17 zieht. Auf eine Keimschädigung deutet zwar hin, daß die Behandlung beider Eltern das ungünstigste Resultat gibt. Nicht so eindeutig scheint mir der Schluß auf eine bessere Fruchtbarkeit und Entwicklung der Nachkommen von behandelten ♀♀ im Gegensatz zu der von behandelten ♂♂. Die Zahlen der Spalte V stützen sich auf ein relativ kleines Material und die Unterschiede sind keineswegs statistisch gesichert. Stockard führt den seiner Meinung nach bestehenden Unterschied auf eine Selektion, die die Schwächlinge der F_1 durch die Behandlung der Mutter getroffen hat, zurück. Auch diesen Schluß kann ich nicht teilen, da recessive Mutationen, die die schlechtere Entwicklung der Folgegenerationen bedingen würden, in der F_1 nicht selektioniert werden könnten. Eher ist dann schon an die andere, von Stockard ebenfalls in Betracht gezogene Möglichkeit zu denken, an eine unterschiedliche Reaktion der weiblichen und männlichen Keimzellen.

Als den stärksten Beweis für eine Keimschädigung werden von Stockard die in den späteren Generationen auftretenden unterwüchsigen und abnormen Tiere angesehen. Er beschreibt sie (1916) etwa wie folgt: Viele der jungen Tiere zeigen Zeichen der Paralysis agitans. Augendefekte sind sehr häufig, besonders Cornea und Linsentrübung, ferner monophthalmische Asymmetrien, und schließlich Fehlen des Augapfels, der Sehnerven und der Chiasmata optica. Dazu kommen noch Mißbildungen der Extremitäten. An der Existenz dieser Abnormitäten kann nicht gezweifelt werden, und ebenso ist anzunehmen, daß sie, obgleich der Beweis nicht immer geführt wurde, zum großen Teil erblich sind. Wurden doch ähnliche erbliche Mißbildungen auch in anderen Meerschweinchenstämmen gefunden, z. B. in den sehr ausgedehnten Wrightschen Zuchten. Die Frage ist, ob wir mit Stockard das gehäufte Auftreten der Mißbildungen als durch den Alkohol verursacht deuten dürfen. An der Bejahung dieser Frage hindert uns wieder das schlechte Zuchtsystem von Stockard. Denn so wie die Dinge liegen, kann es sich sehr wohl um Gene handeln, die in dem benutzten Stamm heterozygot vorhanden waren und nach einigen Inzuchtgenerationen herausmendeln, wie wir es eben in Wrights Zuchten auch finden. Daß Stockard in den Kontrollen die gleichen Mißbildungen nicht gefunden hat, ist bei der geringen dort geübten Inzucht nur zu verständlich. Ein Beweis für pathologische durch Alkoholbehandlung der Vorfahren ausgelöste recessive Mutationen ist jedenfalls durch Stockards Versuche nicht gegeben. Die Werte der F_1-Generation könnten allerdings für das gehäufte Auftreten von dominanten Letal- und Subletalfaktoren sprechen.

Die gleichen Einwendungen, die eben gegen Stockards Versuche gemacht wurden, sind auch schon von Pictet (1924) und Durham und Woods (1932) erhoben worden, die beide versuchen, durch Wiederholung der Versuche ihre Meinung zu stützen. Pictets kleine Versuche (vier 1 Monat alte ♂♂ wurden 15 Monate lang alkoholisiert) gaben in der F_1 keine schlechtere Entwicklung als die Kontrollen. Da nach Inzucht in Pictets Kontrollen eine nicht geringe Zahl von Abnormitäten herausspalten, und da diese sich auf die gleichen Stammeltern zurückführen lassen, nimmt Pictet an, daß Stockards Mißbildungen nicht durch den Alkohol bedingt sind.

Mit der ausgesprochenen Absicht, Stockards Versuch zu überprüfen wurden die sehr umfangreiche Arbeit von Durham und Woods durchgeführt, und zwar in engster Anlehnung an Stockards Methoden aber mit strenger Inzucht von Alkoholzuchten und Kontrollen. In 3 Serien wurde entweder nur das ♂, nur das ♀,

Tabelle 18. Zusammenfassung der Zuchtergebnisse nach Alkoholisierung von Meerschweinchenböcken. (Nach DURHAM und WOODS 1932.)

	Zahl der Würfe	Zahl aller Jungen	Mittlere Wurfgröße	Totgeburten und nachgeburtlich Tote	Prozent der Sterblichkeit in allen Zuchten	Zahl der Fehlgeburten	Geschlechtsverhältnis bei Geburt	Zahl der gewogenen Jungen	Mittleres Geburtsgewicht in Gramm
Kontrolle	214	674	$3,2\pm0,07$	118	$17,5\pm0,99$	5	98	356	$83,1\pm0,75$
Alkoholiker: Eine Generation wurde alkoholisiert: F_1	252	813	$3,2\pm0,05$	153	$18,8\pm0,92$	2	102	616	$86,1\pm0,56$
F_2	287	887	$3,1\pm0,05$	118	$13,3\pm0,77$	7	101	778	$82,0\pm0,54$
F_3	126	376	$3,0\pm0,07$	62	$16,5\pm1,29$	4	115	333	$79,3\pm0,65$
F_4	39	121	$3,1\pm0,14$	24	$19,8\pm2,44$	2	144	113	$75,6\pm1,16$
Zwei Generationen wurden alkoholisiert: F_1	114	380	$3,3\pm0,07$	80	$21,1\pm1,40$	4	115	320	$83,9\pm0,74$
F_2	96	295	$3,1\pm0,09$	47	$15,9\pm1,44$	5	113	274	$79,2\pm0,65$
F_3	67	199	$3,0\pm0,08$	31	$15,6\pm1,73$	2	85	184	$78,5\pm1,35$
F_4	35	88	$2,5\pm0,13$	18	$20,5\pm2,90$	6	89	73	$79,3\pm1,65$
Drei Generationen wurden alkoholisiert: F_1	74	230	$3,1\pm0,09$	48	$20,9\pm1,38$	8	103	195	$88,0\pm0,92$
F_2	125	399	$3,2\pm0,07$	88	$22,1\pm1,40$	7	114	330	$82,2\pm0,69$
Vier Generationen wurden alkoholisiert: F_1	20	75	$3,8\pm0,13$	7	$9,3\pm2,26$	—	63	72	$76,9\pm1,32$

oder beide Eltern behandelt. Über den Umfang der Arbeit gibt Tabelle 18 Auskunft, die gleichzeitig lehrt, daß für alle aufgeführten Merkmale keine Benachteiligung der Alkoholzuchten zu bemerken ist, weder in der F_1 noch in irgendeiner der Folgegenerationen. Zwar weist in der F_1-Generation die Alkoholserie eine kleine Erhöhung der Totgeborenen und der Sterblichkeit innerhalb der ersten 3 Wochen auf. Es ist aber nicht ausgeschlossen, daß sich diese Erhöhung der Sterblichkeit in der Alkoholserie auf das Alter der Tiere zurückführen läßt, das mit demjenigen der Kontrollen nicht genau übereinstimmend gehalten werden konnte. Gegen eine Keimschädigung durch Alkohol spricht nach DURHAM auch die Tatsache, daß eine längere Dauer der Behandlung ohne jeglichen Einfluß auf Wurfgröße und Sterblichkeit der Nachkommen ist, wie Tabelle 19 zeigt.

Tabelle 19. Einfluß der Dauer der Alkoholisierung der Elterntiere auf die Nachkommenschaft. (Nach DURHAM und WOODS 1932.)

Dauer der Alkoholisierung	Wurfzahl	Zahl der Jungen	Durchschnittliche Wurfgröße	Verstorben	Sterblichkeit in %
Weniger als 6 Monate	69	220	3,2	30	13,6
6—12 „	69	196	3,1	26	13,3
12—18 „	53	182	3,4	28	15,4
18—24 „	28	99	3,5	35	35,4
24—30 „	19	56	2,9	17	30,4
30 Monate bis zum Tod	20	60	3,0	17	28,3

DURHAM fand unter 674 Kontrollen nur eine Mißbildung, jedoch 10 unter 6309 Alkoholnachkommen. Vier wurden in der F_1 gefunden, eine nach Behandlung der Mutter, eine nach Behandlung des Vaters, und zwei nach Behandlung von beiden Eltern. Die anderen Fälle verteilen sich auf F_2, F_3 und F_4. Die Stammbaumforschung ergab, daß sich sechs der Mißbildungen auf ein einziges Weibchen vier auf ein Männchen der gekauften Ausgangszucht zurückführen lassen. Es handelt sich um nervöses Zittern, Schiefköpfigkeit, mißbildete Augen und unentwickelte Fötusse, also um Mißbildungen, die auch in anderen Meerschweinchenstämmen häufig vorkommen. Es ist höchst unwahrscheinlich, daß sie als Folge der Alkoholbehandlung anzusehen sind.

Tabelle 20. Angaben über die F_1-Generation nach Coffeinbehandlung von Kaninchen. (Zusammengestellt nach den Angaben aus den Abhandlungen von H. Stieve 1928 und 1931.)

Anzahl der behandelten Tiere	Angaben über die verabfolgte Coffeinmenge	Prozentzahl der versagenden Deckungen	Zahl der Jungen	Wurfgröße	Prozentzahl der Jungen, die 4 Wochen überleben	Vor- und nachgeburtlicher Ausfall in Prozent an Jungen unter Berücksichtigung der versagenden Deckungen
1. Prüftiere: 10 ♂♂	Von 14 bis zu 107 Tagen tägl.	—	51	5,10	100	—
Behandelt: 10 ♂♂	0,05 steigend bis auf 0,2 g Coffein je kg Körpergew.	20	208	5,02	28	21
2. Prüftiere: 6 ♀♀	—	—	32	5,33	—	—
Behandelt: 6 ♀♀	6—12 Tage tägl. 0,05—0,15 g Coffein	50	11	3,67	—	37
3. Vorversuch Unbehandelt: 24 ♀♀	—	—	124	5,0	—	—
Dieselben 24 ♀♀ behandelt:	2—10 Tage tägl. je 0,1 im 10-Tage-Versuch auf 0,15 tägl. steigend	66,66	36	4,5	—	72
Dieselben 24 ♀♀ im Nachversuch ohne Behandlung	—	8,3	133	6,09	—	—
4. Behandlung von trächtigen 16 ♀♀	17 bis zu 30 Tagen 0,025 bis zu 0,075 tägl.	25	58	4,8	72	50
5. Prüftiere: 12 ♂♂	—	8,5	69	6,3	95,7	—
12 ♀♀ und ♂♂ behandelt	21 Tage lang tägl. m. Schlundsonde Kaffee = 0,018 bis 0,54 Coffein je kg Körpergew.	8,5	56	5,1	82,2	69,7% der Prüftiere
12 ♀♀ und ♂♂ behandelt	Wie oben, aber 33 Tage 0,018 bis 0,09 g	54,6	24	4,8	91,7	33,3% der Prüftiere

2. Versuche mit Coffein.

Nice (1912) gab sowohl beiden Eltern als auch den heranwachsenden Jungen Coffein in die Nahrung, daher sind die Versuche für die Erbschädigungsfrage nicht auszuwerten. Stieve (1928—1931) führte größere, noch nicht abgeschlossene Versuchsserien mit Kaninchen durch. Die Tiere erhielten das Coffein

teils als Injektion, teils als Getränk mittelst Schlundsonde und zwar in recht
hohen, bis an die Toleranzgrenze reichenden Mengen. Die Angaben über die
Veränderungen in den Gonaden habe ich bereits auf S. 252 besprochen. Zur
Beurteilung der Erbschädigungsfrage liegen Angaben über die F_1-Generation
vor, die ich nach den Arbeiten von 1928 und 1931 in Tabelle 20 verkürzt zusammengestellt habe. Wir sehen aus den Versuchsserien 2 und 3, weniger deutlich
aus dem Versuch 5, daß die Weibchenbehandlung die Wurfgröße stark herabsetzt. Da die Weibchen nur bis zur Anpaarung behandelt wurden und die Tiere
selbst durchaus gesund blieben, ist anzunehmen, daß die embryonale Sterblichkeit durch Keimschädigung verursacht wird. Freilich fehlt trotz des Umfangs
der Versuche die statistische Sicherung der Zahlen und ferner ist nicht geklärt
ob die Zahl der ovulierenden Eier nicht etwa durch die Behandlung beeinflußt
wird, ebenso fehlen Angaben über den Befruchtungserfolg der Eier und die embryonale Sterblichkeit. Im Gegensatz zu den Nachkommen der behandelten
Weibchen zeigt die F_1 von Versuchsmännchen keine Wurfgrößenherabsetzung.
Hingegen fällt die große Zahl der versagenden Deckungen und zweitens die
große Jugendsterblichkeit auf. Beides ist besonders deutlich im Versuch Nr. 1
der Tabelle 20. Aus welchem Grund 20% der Deckungen versagen, ist nicht voll-
geklärt. Bei einigen Männchen, deren Hoden auch Veränderungen zeigten,
nimmt STIEVE an, daß sie trotz normaler Deckfähigkeit nur schlecht oder gar
nicht befruchten. Für die hohe Sterblichkeit während der Geburt und in den
ersten Wochen wird keine andere Ursache als Lebensschwäche angegeben.
Auffallend ist, daß in der 5. Versuchsreihe in der ♂♂ und ♀♀ behandelt wurden,
weder die Herabsetzung der Wurfgröße, noch die Jugendsterblichkeit besonders
groß ist, wenn auch deutlich unterschieden von den Kontrollen. Der Gesamt-
ausfall an Jungen ist aber nicht entfernt so hoch wie in den Versuchen 1—3.
Man wird STIEVE zustimmen müssen, wenn er für bewiesen hält, daß das Coffein,
in den verabfolgten großen Mengen, sei es als reines Coffein, sei es als Bestandteil
des Kaffees, die Fortpflanzungsfähigkeit der Kaninchen beeinträchtigt, und zwar
in erster Linie durch eine Herabsetzung der Befruchtungsfähigkeit der behandelten Böcke. Ob außerdem in der Herabsetzung der Wurfgröße der behandelten
♀♀ und in der Jugendsterblichkeit nach der Behandlung der ♂♂ noch Erbschädigungen deutlich werden, läßt sich zur Zeit noch nicht übersehen.

3. Versuche mit Bleipräparaten.

Seitdem KONSTANTIN PAUL (1860), DENEUFBOURG (1905) und HAMILTON
(1925) darauf hingewiesen haben, daß Bleivergiftungen der Eltern oder auch
nur des Vaters die Ursache einer geschädigten Nachkommenschaft sein könnten,
wurde verschiedentlich versucht, durch Bleifütterungen an Tieren Keim- und
Erbschädigungen nachzuweisen. COLE und BACHHUBER (1914) fütterten Hühner
und Kaninchen mit Bleiacetat. Beide Versuche schienen ihnen durch die höhere
nachgeburtliche Sterblichkeit und durch Gewichtsunterschiede einen schädi-
genden Einfluß der väterlichen Bleibehandlung nachzuweisen. Die Resultate
sind jedoch nicht statistisch gesichert, wenn man, was bei Kaninchenversuchen
unbedingt notwendig ist, die Lebensaussichten von großen und kleinen Würfen
berücksichtigt. Bei den Hühnerversuchen wird die Beurteilung dadurch schwierig,
daß eine Inzucht mit einer Rassenkreuzung verglichen wird; der Unterschied
in der pränatalen Sterblichkeit kann auch durch die Heterosis der Bastarde
begründet sein. Aus der mit Bleiacetat behandelten Kaninchensippe mendelte
später ein „Tanzkaninchen" heraus (COLE und STELLE 1922). Diese recessive
Mutation wird von COLE auf die Bleibehandlung zurückgeführt, ob mit Recht
scheint mir sehr zweifelhaft. WELLER (1915) arbeitete mit Meerschweinchen.
Er fütterte die Männchen während $3^1/_2$ bis zu 12 Monaten täglich mit 0,006 bis

0,082 g Bleiweiß. In der F_1 beobachtete er eine Reduktion des Geburtsgewichtes, eine erhöhte Sterblichkeit in der ersten Lebenswoche und ein langsameres Wachstum. Aber auch diese Angaben sind nicht genügend gesichert, weil nicht die negative Korrelation zwischen Wurfgröße und Gewicht und Lebensaussichten berücksichtigt wurden. Allen Anforderungen einer sorgfältigen Auswertung des Materials erfüllt die Arbeit von COLIN. Er behandelte 85 ♂♂ und 5 ♀♀ eines hinsichtlich seiner erblichen Anlagen gut bekannten Stammes mit Bleiacetat bis die Tiere deutliche Zeichen einer Bleivergiftung zeigten. 722 F_1, 269 F_2, 154 F_3-Tiere wurden gezogen. Die Wurfhäufigkeit und die Wurfgröße waren in allen 3 Generationen nicht herabgesetzt. Die Zahl der Totgeborenen und die Jugendsterblichkeit war in einigen Zuchten erhöht, doch kann hierfür eine unbeabsichtigte Fütterung der Mütter oder der Jungen mit Bleiacetat verantwortlich gemacht werden. Sowohl das Geburtsgewicht, als auch das Gewicht am 30. Tag zeigte keine Abweichung von den Kontrollen und ebensowenig wurde eine Vermehrung pathologischer Tiere gefunden.

Die Arbeit von COLIN spricht gegen schwere Erbschädigungen durch die Bleibehandlung.

Mit dieser kurzen Zusammenstellung einiger Alkohol-, Blei- und Nicotinversuche schließe ich den Bericht über Keimschädigung durch chemische Stoffe. Es scheint mir, als ob die meisten der eben besprochenen Arbeiten nur geringen Anspruch erheben können, positive oder negative Beiträge zur Frage der Mutationsauslösung gebracht zu haben. In noch höherem Maße gilt dies von einigen weiteren Versuchen der letzten Jahre mit Arsen-, Ricin-, Nicotin-, Hypophysenvorderlappenhormonbehandlung, so daß ich auf diese Versuche nur verweise, ohne sie zu besprechen. Die älteren Arbeiten über Quecksilber, Thallium, Antimon, Jod, Morphium sind bei FRETS erwähnt, für unsere Fragestellung sind sie ohne Bedeutung.

VI. Der Stand der Erbschädigungsforschung durch Strahlen und Keimgifte beim Menschen.
(Kurze Übersicht.)

Obgleich ich die mir gestellte Aufgabe, die Entstehung neuer Erbanlagen bei Säugetieren darzustellen, etwas überschreite, so will ich die Abhandlung doch nicht schließen, ohne nicht wenigstens einen kurzen Hinweis auf den Stand der Erbschädigungsforschung beim Menschen zu geben. Es ist freilich unmöglich, _ine Vollständigkeit auch nur hinsichtlich des Schriftennachweises anzustreben. Ich beschränke mich daher auf einige wenige der neueren deutschen Arbeiten, an deren Hand es möglich sein wird, sich über Zweck und Ziel der Forschungen zu unterrichten.

Die Schwierigkeiten eines jeden Versuches am menschlichen Material den Nachweis von Erbänderungen und Erbschädigungen zu führen, hat LUXENBURGER (1932) treffend geschildert. Wir übersehen nur eine, höchstens zwei Generationen. Negative Befunde sind wegen der Kleinheit des Materials belanglos und positive schließen die Deutung nicht aus, daß einer der Eltern einer Familie entstammt, in welcher krankhafte Erbanlagen zu Hause waren. So bleibt unserer Generation wohl im wesentlichen die Aufgabe, das Material zu sammeln und zu sichten, aus dem die später Kommenden ihre Schlüsse ziehen können.

1. Strahlenschädigung.

Verhältnismäßig am übersichtlichsten ist noch das Ergebnis der Zusammenstellungen über die Strahlenwirkung auf die unmittelbare Nachkommenschaft (F_1-Generation). Die Erhebungen gliedern sich in 3 Gruppen.

a) Untersuchungen von Kindern strahlenbehandelter Mütter.

Eine ausführliche Besprechung von 214 Kindern von Müttern, die vor der Befruchtung bestrahlt worden waren, brachte FLASKAMPS (1927). Die Zusammenstellung wurde ergänzt durch MAURER (1932), der 15 weitere Fälle bespricht, fünf von diesen aus der eigenen Erfahrung. Von den 229 Kindern wurden 53 pathologische Befunde berichtet, doch sind die Krankheitserscheinungen mit Ausschluß von 5 Fällen nicht schwerwiegend und bedeuten keine Erhöhung im Vergleich zur restlichen Bevölkerung. Von MARTIUS (1927), SEYNSCHE (1926), FLASKAMPS (1927), SCHMITT (1929) wird die Häufigkeit von Aborten hervorgehoben, im ganzen etwa bei 26% der Graviditäten. Dies scheint in der Tat eine nicht unbedeutende Erhöhung gegenüber dem sonstigen Durchschnitt zu sein. Doch bleibt es verfrüht, alle Fehlgeburten auf eine Strahlenschädigung des Keimes zurückzuführen. Denn die bestrahlten Frauen waren ja nicht gesund, sondern wurden wegen krankhafter Veränderungen der Geschlechtsorgane bestrahlt. Man wird nicht ausschließen können, daß die *Krankheit* der Mutter und nicht die *Bestrahlung* die Schuld an den Fehlgeburten trägt. FLASKAMPS hebt freilich hervor, daß sich kaum alle Aborte auf diese Weise erklären lassen. In Amerika bearbeitete MURPHY (1929) 625 Schwangerschaften von bestrahlten Frauen und fand keine Schädigungen.

b) Fertilität und Nachkommenschaft früherer Röntgenassistentinnen.

Ich verweise hier auf die sorgfältige Zusammenstellung und Erhebung von NAUJOKS (1929). Sie umfaßt 91 verheiratete ehemalige Röntgenassistentinnen, von denen 22, ein sehr hoher Prozentsatz kinderlos blieben und von denen ein Teil nachweisbar durch die Röntgenstrahlen sterilisiert war. Die übrigen 69 Mütter hatten 125 Kinder, von denen 9 mehr oder weniger schwere Hemmungen und Störungen der Entwicklung und Erkrankungen des Nervensystems zeigten. Das scheint eine ziemlich hohe Zahl zu sein, die nach NAUJOKS an der äußersten Grenze der durchschnittlichen Erwartung in der Vergleichsbevölkerung liegt. Auch besteht wieder eine Neigung zu Fehlgeburten. 8 von den 48 Frauen hatten vor der ersten Geburt 1—2 Aborte. Hierzu ist zu bemerken, daß die befragten Röntgenassistentinnen zum großen Teil noch mit den mangelhaft geschützten Apparaten vor 20 und 30 Jahren arbeiteten. Eine tiefgreifende Gesundheitsschädigung der späteren Mütter ist nicht auszuschließen, und mag ihr Teil an der ungünstigen Beschaffenheit der Nachkommenschaft beigetragen haben.

c) Erhebungen über die Nachkommenschaft von Röntgenärzten und -technikern.

An der Nachkommenschaft von Männern, deren Keimdrüsen der Einwirkung von Röntgenstrahlen ausgesetzt waren, würde sich am schlagendsten ein ursächlicher Zusammenhang zwischen Bestrahlung und krankhaften Kindern nachweisen lassen. Leider liegt bis jetzt nur eine, wenn auch sorgfältige Erhebung vor, diejenige von LOEFFLER (1929). Er fand in einem Gesamtmaterial von 110 röntgenologisch tätigen Männern 20 Fälle von mikroskopisch nachgewiesener Samenschädigung. In 7 Fällen wurden nach Rückgang derselben normale Kinder geboren. Desgleichen wurden in einem besonders genau verfolgten Fall trotz bestehender Oligospermie, die auf Azoospermie und Nekrospermie folgte, fünf normale Kinder gezeugt. Auch in dem Gesamtmaterial wurde weder eine Erhöhung der Fehlgeburten noch sonst bemerkenswerte Anomalien gefunden. LOEFFLER ist weit davon entfernt, aus diesem negativen Befund auf eine Unschädlichkeit der Bestrahlungen zu schließen, und weist, in richtiger Erkenntnis von dem nur beschränkten Wert der statistischen Erhebungen, auf die Bedeutung der Tierexperimente hin.

Es erhebt sich die Frage, wie hoch sind die Dosen, die unter den heutigen Bedingungen die Keimdrüsen des Patienten, des Arztes, des ärztlichen Hilfspersonals und der in der Technik mit Röntgen- und Radiumstrahlen beschäftigten Menschen treffen. Es liegen eine Anzahl von neuen, zum Teil noch nicht abgeschlossenen Untersuchungen vor, so namentlich diejenigen von Neeff (1934), Zimmer (1937) (vgl. Timoféeff, Bd. I, S. 236), von Jäger und Stubbe (1938). Für die Gefährdung des Patienten sind Dosismessungen bei Beckenaufnahmen und Durchleuchtungen von Bedeutung. So erhalten hier bei Aufnahmen die Keimzellen etwa $\frac{1}{2}$ r, bei Durchleuchtungen 1—2 r pro Minute. Bei allen anderen Durchleuchtungen gelangen, wenn überhaupt, nur äußerst geringfügige Dosen bis zu den Keimzellen. Stärker ist die Gefährdung des Arztes und des Hilfspersonals. Hier sind besonders in der Radiumverarbeitung die an den Kitteltaschen der Radiumschwestern gemessenen Dosen nicht unbeträchtlich hoch, nach Zimmer im Jahresdurchschnitt etwa 240 r. Eine wie große Verbreitung die Röntgen- und Radiumstrahlen in der heutigen Medizin haben, geht aus der Abhandlung von Holfelder (1939) hervor. Holfelder weist nachdrücklich auf die durch die Summierung kleinster Bestrahlungsdosen entstehende Erbschädigungsgefahr für die Gesamtheit der Bevölkerung hin. Es erhebt sich also immer wieder die Forderung, die Röntgen- und Radiumtechnik so auszubauen, daß die auf die Keimdrüsen der Patienten und des Personals kommenden Strahlen auf ein Minimum herabgesetzt werden (Schubert-Pickhan 1938).

2. Keimgiftschädigung.

Wenn wir uns nun zu den Beobachtungen über die Erbschädigungen durch sog. Keimgifte beim Menschen wenden, so betreten wir hier in noch viel höherem Maße unsicheren Boden. Man findet zwar unzweifelhaft in der Nachkommenschaft von Alkoholikern, Morphiumsüchtigen usw. besonders viele körperlich und geistig unter dem Durchschnitt der Bevölkerung stehende Kinder, wohl auch eine Häufung von Erbkrankheiten. Es läßt sich aber schwer entscheiden, inwieweit erstens die sozialen Umstände die Schuld daran tragen, und zweitens wieweit nicht schon erbliche Belastung die Ursache des Alkoholmißbrauchs oder der Süchtigkeit ist. Man hat auf verschiedene Weise versucht, die möglicherweise vorhandene erbliche Belastung von Erbschädigung in den Erhebungen zu trennen. So hat Pohlisch (1927) in seinen Untersuchungen von Delirium tremens-Kranken alle Fälle ausgeschaltet, bei denen er erbliche Belastung in der Aszendenz feststellen konnte, und nur die Kinder solcher erkrankten Personen untersucht, die so weit übersehbar aus erbgesunden Sippen stammten. Er fand dann keine nennenswerte Belastung mit Erbdefekten. Panse (1929) teilte die Nachkommenschaft von 200 chronischen Alkoholikern in 2 Gruppen. Die 264 Kinder der ersten Gruppe waren vor dem Einsetzen des väterlichen Alkoholismus gezeugt, 457 Kinder nach Erkrankung des Vaters. Er fand in der ersten Gruppe 22 Aborte und 19,3 Debile, in der zweiten 49 Aborte und 21,8 Debile, es ergaben sich also keine Anhaltspunkte für eine Häufung von dominanten, durch den Alkoholmißbrauch entstandenen Mutationen. Einen noch anderen Weg wählte Boss (1929). Er vergleicht die Nachkommenschaft von sog. stigmatisierten Alkoholikern, d. h. Alkoholikern aus bereits belasteten heruntergekommenen Familien, die wahrscheinlich aus Veranlagung der Trunksucht anheimfielen mit „Umweltsalkoholikern", d. h. Personen, die durch ihr Gewerbe Trinker wurden. Unter den 1246 Kindern der 572 Umweltstrinker waren nur wenig irgendwie nicht normale, bei den stigmatisierten Trinkern hingegen lag die Zahl der Debilen über dem sonstigen Durchschnitt der Bevölkerung (weitere Statistiken bei Brugger 1934, Gabriel 1934 und 1935).

Diese wenigen Angaben müssen genügen um das Problem und die Angriffsmöglichkeiten zu charakterisieren. Halten wir die bisherigen Ergebnisse mit den Ergebnissen der Tierversuche zusammen, so ergibt sich unzweifelhaft, das bisher eine mutationsauslösende Wirkung des Alkohols und damit die Entstehung neuer Erbkrankheiten durch Alkoholmißbrauch nicht nachgewiesen wurde. Mehr freilich, und das sei nochmals betont, sagen weder Experimente noch Statistiken aus und es wäre verfehlt, nun die Unschädlichkeit des Alkoholmißbrauchs für Fortpflanzung und Nachkommenschaft zu verkünden!

Nahe verwandt mit dem schweren Alkoholismus, wenn auch nicht so verbreitet ist der Morphiummißbrauch. Die Frage der Erb- und Fruchtschädigung bei den Kindern männlicher und weiblicher Morphinisten hat Pohlisch (1934) eingehend verfolgt, zum Teil bis in die 2. und 3. Generation. Die F_1-Generation der männlichen Morphinisten ergibt wiederum nach Trennung in die beiden Gruppen der vor (77 Kinder) und während des Morphinismus (200 Kinder) gezeugten keinen Anhaltspunkt für die Entstehung mutativer Schädigungen. Da der Morphinismus der Frau bzw. die Entziehung der Droge den Ablauf der Schwangerschaft und die Stillfähigkeit merklich beeinflußt, ist die Nachkommenschaft weiblicher Morphinisten für die Frage der Keimzellenschädigung weniger beweisend, doch glaubt Pohlisch auch hier den Nachweis von Erbschädigungen verneinen zu können.

Arbeiten, wie die von Naujoks, Loeffler und Pohlisch, die auf Grund sorgfältiger Materialsammlung und -deutung, zu einer Trennung des Anteils kommen, den erbliche Belastung und Umwelt an der Minderwertigkeit der Nachkommenschaft von Strahlenbehandelten und -süchtigen hat, sind sehr wertvoll, da sie dazu beitragen, richtige Vorstellungen über Fragen der Mutation und Keimschädigung zu verbreiten.

VII. Rassenhygienische Folgerungen.

Fassen wir kurz zusammen, was sich aus den Mutationsversuchen mit Säugetieren für Folgerungen ergeben. Am wichtigsten scheint mir die Bestätigung der Beobachtungen an Drosophila und anderen Objekten, daß durch kurzwellige Strahlen, die bis zu den Keimzellen gelangen, Mutationen in größerer Häufigkeit ausgelöst werden. Besonders zu beachten ist, daß nach Röntgenbestrahlung der fertigen Spermien und der spermiogenetischen Endstadien sehr häufig Chromosomenbrüche und Chromosomenstückverlagerungen entstehen, die sich in der direkten Nachkommenschaft meistens als dominante Letal- oder Subletalfaktoren auswirken. Ihre Häufigkeit zeigt eine direkte Abhängigkeit von der Bestrahlungsdosis und erreicht bei 800 r etwa eine Höhe von 20%. Die Mehrzahl dieser Genomänderungen wird freilich bereits mit der F_1-Generation ausgemerzt. Jedoch bleiben in der Generationsfolge die Translokationen erhalten, die eine Herabsetzung der Fertilität in Zusammenhang mit dem Absterben von jungen Embryonen bedingen. Die Häufigkeit mit der die vererbbare herabgesetzte Fertilität entsteht, ist nicht unbeträchtlich, sie kann in den Mäuseversuchen nach 800 r auf 10—15% geschätzt werden. Daß die Translokationen auch an der Vererbung von Mißbildungen beteiligt sein können, zeigen die auf S. 260 besprochenen Versuche von Snell. War schon auf Grund der Drosophilaversuche mit einer an Sicherheit grenzenden Wahrscheinlichkeit zu erwarten, daß wir nicht nur mit einer starken Erhöhung der dominanten sondern auch der recessiven Mutationsrate zu rechnen haben, so ist der Nachweis jetzt auch gelungen, da eine Häufung von recessiven phänischen- und Letalmutationen festgestellt werden konnte mit der Aussicht, auch bald statistisch gesicherte Zahlen zu erhalten.

Wir kommen daher auf Grund der Säugetierversuche zu den gleichen Folgerungen, wie sie auf Grund der Drosophilaarbeiten gezogen worden sind (vgl. Timoféeff-Ressovsky, Bd. I, S. 235). Es ist geboten, bei der Bestrahlung der männlichen und weiblichen Keimdrüsen in jedem Fall äußerste Vorsicht walten zu lassen und „sowohl bei der therapeutischen als auch bei diagnostischen Bestrahlungen im Gebiet des Unterleibs nur mit strengster medizinischer Indikation und unter Abwägung des Nutzens vorzugehen wobei die Dosen so klein wie möglich zu halten sind". (Beschluß der Kommission der Deutschen Gesellschaft für Vererbungswissenschaft und der Deutschen Röntgengesellschaft zur Prüfung der Frage der Erbschädigung durch Röntgenstrahlen, Göttingen 1933.)

Die Forderung für einen ausreichenden Strahlenschutz der Keimzellen ist aber auch auf alle Betriebe, in denen mit kurzwelligen Strahlen gearbeitet wird, auszudehnen. Der Schutz des Röntgen- und namentlich des Radiumpersonals, das dauernd den Streustrahlen ausgesetzt ist, ist vielleicht noch wichtiger als der Schutz der Patienten. Bei der Ausdehnung und der mannigfaltigen Anwendung der Röntgen- und Radiumstrahlen in Medizin und Industrie mag es vielleicht schwer sein, alle Mißstände mit Verordnungen zu beseitigen. Darum ist Aufklärung über die mögliche Gefahr dringendes Gebot. Die Schärfung des rassenhygienischen Gewissens wird dazu beitragen, die Gefahren, die den künftigen Generationen drohen, herabzumindern.

Dürfen wir ähnliche rassenhygienische Forderungen auch schon hinsichtlich des Alkohol-, Nicotin-, Coffeingebrauchs erheben? Ich glaube noch nicht, wenn auch eine Beeinträchtigung der Funktion der Keimdrüsen zweifelsohne erwiesen ist, und obgleich ich auch eine Keimschädigung namentlich durch Alkohol durchaus nicht für ausgeschlossen halte. Dennoch fehlt bis jetzt der einwandfreie Nachweis der am leichtesten feststellbaren dominanten Erbänderungen in der F_1-Generation, von einer Vererbung von Schädigungen auf spätere Generationen ganz zu schweigen. Somit ist das wissenschaftliche Rüstzeug noch nicht vorhanden, das dem Genetiker die Pflicht auferlegen würde, seine Stimme warnend zu erheben. Uns bescheidend, müssen wir erkennen, daß trotz vieler aufopferungsvollen Arbeit, noch keine entscheidenden Ergebnisse erzielt worden sind. Doch wird der Forschungswille nicht erlahmen, bevor nicht auch zur Frage der chemischen Mutationsauslösung entscheidende Befunde beigebracht worden sind.

Schrifttum.

Zusammenfassende Arbeiten.

Frets, G.: Alkohol and the Germ Poisons. Den Haag: M. Nijhoff 1931.

Hamilton, Alice: Industrial poisons in the United States. New York: MacMillan & Co. 1925. — Hertwig, P.: Die genetische Grundlage der Röntgenmutationen. Strahlenther. **45** (1932). — Holfelder: Fortschr. Erbpath. u. Rassenhyg. **2** (1938).

Östergaard-Christensen: Strahlengenetik und klinische Röntgenwirkung. Aalborg 1935.

Panse, F.: Alkohol und Nachkommenschaft. Allg. Z. Psychiatr. **92** (1929).

Schubert u. Pickhan: Erbschädigungen. Leipzig: Georg Thieme 1938. — Stiasny-Generales: Erbkrankheit und Fertilität. Stuttgart: Ferdinand Enke 1936.

Einzelarbeiten.

Allen, Edgar and Creadiek: Ovogenesis during sexual maturity. Anat. Rec. **69** (1937).

Bagg, H.: The present status of our knowledge of the effect of irradiation upon the generative organs of the offspring. Amer. J. Roentgenol. **16** (1926). — Bagg, H. S. and Halter: Further studies on the inheritance of structural defects in the descendants of mice exposed to Roentgen-ray irradiation. Anat. Rec. **37** (1927). — Bagg, H. J. and Little: Hereditary structural defects in the descendants of mice exposed to Roentgen-ray irradiation. Amer.

J. Anat. 33 (1924). — BAGG, W. C., MacDOWELL and E. M. LORD: Further experiments with X-rayed mice and their descendants. Anat. Rec. 31 (1925). — BERGONIER et TRIBONDEAU: Action des rayons X sur le testicule du rat blanc. C. r. Soc. Biol. Paris 57 (1904). — BLUHM, AGNES: Zum Problem „Alkohol und Nachkommenschaft". Arch. Rassenbiol. 24 (1930). — Über eine entgegengesetzt gerichtete Mutation und Modifikation, bewirkt durch einunddasselbe Agens (Alkohol). Biol. Zbl. 50 (1930). — Darf die Erblichkeit der Alkoholschäden als bewiesen gelten? Z. Sex.wiss. u. Sex.polit. 18 (1931). — Das neueste Experiment über Alkohol und Vererbung. Internat. Z. Alkoholism. 1933. — Der gegenwärtige Stand der experimentellen Keimgiftforschung. Internat. Z. Alkoholism. 1934. — Über das Verhalten der Nachkommenschaft gegen Gift immunisierter Mäuseweibchen. Z. Abstammgslehre 70 (1935). — Über erworbene Immunität, Giftüberempfindlichkeit und Vererbung. Arch. Rassenbiol. 32 (1938). — BONNEVIE, K.: Die vererbbaren Kopf- und Fußanomalien der LITTLE- und BAGGschen Mäuserasse in ihrer embryologischen Bedingtheit. Z. Abstammgslehre 62 (1932). — BORAK, S.: Über neuere Versuche zur Frage Keimdrüsenbestrahlung und Vererbung. Arch. Gynäk. 147 (1931). — Über die Möglichkeit und Wahrscheinlichkeit von Keimschädigung nach Ovarialbestrahlung. Strahlenther. 45 (1932). — BOSS, M.: Zur Frage der erbbiologischen Bedeutung des Alkohols. Mschr. Psychiatr. 72 (1929). — BRENNEKE, H.: Strahlenschädigung von Mäuse- und Rattensperma, beobachtet an der Frühentwicklung der Eier. Strahlenther. 60 (1937). — BRUGGER, C.: Zbl. Neurochir. 1935, 151.

CHESLEY and DUNN: The inheritance of taillessness (anury) in the house mouse. Genetics 21 (1936). — COLE and BACHHUBER: The effect of lead on the germ cell of the male rabbitt and fowl as indicated by their progeny. Proc. Soc. experm. Biol. a. Med. 12 (1914). — The effect of lead on the male germ cells studied by means of double matings. Science (N. Y.) 39 (1914). — COLE J. LEON and DEWEY G. STEELE: A waltzing rabbit. J. Hered. 13 (1922). — COLIN, E. C.: Genetic studies on lead on Guinea-Pigs. J. of experm. Zool. 60 (1931).

DENEUFBOURG, H.: L'intoxication saturnine dans ses rapports avec la grossesse. Paris 1905. — DOBROVOLSKAIA-ZAVADSKAIA: Etude sur les effects produits par les rayons X dans le testicule de la Souris. Archives Anat. microsc. 23 (1927). — DOBROVOLSKAJA-ZAVADSKAJA, N.: L'irradiation des testicules et l'hérédité chez la souris. Archives de Biol. 38 (1928). — The problem of species in view of the origin of some new forms in mice. Biol. Rev. Cambridge philos. Soc. 4 (1929). — DÖDERLEIN, A.: Strahlenbehandlung und Nachkommenschaft. Dtsch. med. Wschr. 1928 S. 1997. — DRIPS, DELLA G. and FRANCES: The study of the effects of Roentgen rays on the oestral cycle and the ovaries of the white rat. Surg. etc. 55 II (1932). — DURHAM, F. M. and H. M. WOODS: Alkohol and inheritance: An experimental study. Med. Res. Council, Serie 168. London 1932. — DYROFF, R.: Experimentelle Beiträge zur Frage der Nachkommenschädigung durch Röntgenstrahlen. Strahlenther. 24 (1927). — Vergleichende Ovarhistologie in Beziehung zur Keimschädigungsgefahr durch Röntgenstrahlen. Strahlenther. 45 (1932).

EKER, REIDAR: Studies on the effects of Roentgen-Rays upon the male germ cells in Tachycines asynamorus. Nord. Vidensk. Akad. Oslo 1936, Nr 13.

FLASKAMP, W.: Direkte und indirekte Fruchtschädigung durch Röntgenstrahlen. Zbl. Gynäk. 1925/27. — Zur Frage der Schädigung der Nachkommenschaft durch Röntgenstrahlen. Strahlenther. 24 (1927).

GABRIEL, E.: Rassenhygiene und Alkoholismus. Arch. Rassenbiol. 29 (1935). — GATENBY and WIGODER: The effect of X-radiation on the Spermatogenesis of the Guinea-Pig. Proc. roy. Soc. Lond. B 104 (1929). — GATES, W. H.: A case of non-disjunction in the mouse. Genetics 12 (1927). — GENERALES, K.: Mikropathologie der Spermatozoen bei Erbkranken. Z. Abstammgslehre 73 (1937). — GENTHER, IDA: Irradiation of the ovaries of guinea pigs and its effect on the oestrous cycle. Amer. J. Anat. 48 (1931).

HALDANE, J. B. S.: The rate of spontaneous mutation of a human gene. J. Genet. 31 (1935). — HANSON, F. B. and Z. COOPER: The effects of 10 generations of alcoholic ancestry upon learning ability in the albino rat. J. of exper. Zool. 56 (1930). — HANSON, F. B. and FLORENCE HEYS: Alkohol and the sex ratio. Genetics 10 (1925). — HANSON, F. B. and HANDY: Effects of alcohol fumes on the albino rat I. Introduction and sterility data of the first treated generation. Amer. Naturalist 57 (1923). — HARGITT, S. T.: The formation of the sex glands and germ cells in mammals. I—IV. J. Morph. a. Physiol. 40, 42, 49, 50 (1925/30). — HERTWIG, PAULA: Wie muß man züchten, um bei Säugetieren die natürliche oder experimentelle Mutationsrate festzustellen. Arch. Rassenbiol. 27 (1932). — Sterilitätserscheinungen bei röntgenbestrahlten Mäusen. Z. Abstammgslehre 70 (1935). — Unterschiede in der Entwicklungsfähigkeit von F_1-Mäusen nach Röntgenbestrahlung von Spermatogonien, fertigen und unfertigen Spermatozoen. Biol. Zbl. 58 (1938). — Zwei subletale recessive Mutationen in der Nachkommenschaft von röntgenbestrahlten Mäusen. Erbarzt 1939, Nr 4. — HERTWIG, P, u. H. BRENNEKE: Die Ursachen der herabgesetzten Wurfgröße bei Mäusen nach Röntgenbestrahlung des Spermas. Z. Abstammgslehre 72 (1937). —

Hooker, D. R.: The effect of exposure to roentgen rays on reproduction in male rats. Amer. J. Roentgenol. 14 (1925).

Jaeger u. Stubbe: Strahlenschutzmessungen in medizinischen und technischen Röntgenbetrieben mit Berücksichtigung der Keimschädigungsgefahr. Fortschr. Röntgenstr. 58 (1938).

Kostoff, Dontscho u. Hadjidimitroff: Spermatogenesis der alkoholisierten Kaninchen. Z. Zellforsch. 14 (1931). — Kröning, F.: Die Beeinflussung der Brunftcyclen und der Fruchtbarkeit durch Röntgenbestrahlung der Ovarien des Meerschweinchens. Nachr. Ges. Wiss. Göttingen, N. F. 1, Nr 7 (1934).

Laitinen, F.: 18. Internat. Kongreß zur Bekämpfung des Alkoholismus in Dorpat. Z. ärztl. Fortbildg 22 (1926). — Langendorff, H.: Über die Wirkung einseitig verabreichter Röntgendosen auf den rhythmischen Verlauf der Spermatogonienteilungen im Mäusehoden. Strahlenther. 55 (1936). — Little and Bagg: The occurrence of four inheritable morphological variations in mice and their possible relation to treatment with X-rays. J. of exper. Zool. 41 (1924). — Little and McPheters: Further studies on the genetics of abnormalities appearing in the descendants of X-rayed mice. Genetics 17 (1932). — Loeffler, L.: Röntgenschädigungen der männlichen Keimzelle und Nachkommenschaft. Ergebnisse einer Umfrage bei Röntgenärzten und -technikern. Strahlenther. 34 (1929). — Luxenburger: Temporäre Strahlenamenorrhoe und menschliche Erbforschung. Strahlenther. 45 (1932).

MacDowell, E. C.: The influence of alcohol on the fertility of white rats. Alkoholism and the growth of white rats. Genetics 7 (1922). — Alcoholism and the behaviour of white rats. — The maze behavior of treated rats and their offspring. J. of exper. Zool. 37 (1923). — Reproduction in alcoholic mice. I. Treated females etc. Arch. Entw.mechan. 109 (1927); II. 110 (1927). — Martius, H.: Ovarialbestrahlung und Nachkommenschaft. Strahlenther. 24 (1927). — Mason, H. E.: The specifity of Vitamine E for the testis; relations between Vitamines A und B. J. of exper. Zool. 55 (1930). — Maurer, E.: Untersuchungen an Kindern strahlenbehandelter Mütter. Strahlenther. 45 (1932). — Mohr, O. L.: Mikroskopische Untersuchungen zu Experimenten über den Einfluß der Radiumstrahlen und der Kältewirkung auf die Chromatinreifung und das Heterochromosom bei Decticus verrucivorus. Arch. mikrosk. Anat. 92 (1919). — Murphy, D. P.: The outcome of 625 pregnances in women subjected to pelvic radium or Roentgen irradiation. Amer. J. Obstetr. 18 (1929). — Preconception ovarian irradiation its influence upon the descendants of the albino rat (Mus norvegicus). Surg. etc. 48, 50 (1930). — Murray, J. M.: A study of the histological structure of mouse ovaries following exposure to Roentgen irradiation. Amer. J. Roentgenol. 25 (1931).

Nachtsheim, H.: Die Genetik einiger Erbleiden des Kaninchens. Dtsch. tierärztl. Wschr. 1936 II. — Naujoks, H.: Fertilität und Nachkommenschaft früherer Röntgenassistentinnen. Strahlenther. 32 (1929). — Nice, L. B.: Comparative studies on the effect of alcohol, nicotine, tabacco smoke and coffeine on white mice. I. Effects on reproduction and growth. J. exper. Zool. 12 (1912). — Nürnberger, L.: Können Strahlenschädigungen der Keimdrüsen (Hoden und Ovaria) zur Entstehung einer kranken oder minderwertigen Nachkommenschaft führen? Fortschr. Röntgenstr. 27 (1920). — Zur Frage der Keimschädigung durch Röntgenstrahlen. Strahlenther. 21 (1926). — Ovarienbestrahlung und Nachkommenschaft. Strahlenther. 24 (1927). — Die tierexperimentellen Grundlagen zur Frage der Spätschädigung durch Röntgenstrahlen. Strahlenther. 37 (1930). — Röntgenmutationen und Spätschädigung durch Röntgenstrahlen. Klin. Wschr. 1930 I.

Painter, Th.: The chromosome constitution of Gates' „non-disjunction" (v-o) mice. Genetics 12 (1927). — Papalaschiwili, G.: Die künstliche Auslösung von Mutationen bei landwirtschaftlichen Tieren. V. Die Resistenz der Spermien und das Problem des genetischen Effektes der Röntgenstrahlen beim Kaninchen. Biol. Ž. (russ.) 4 (1935). — Parkes, A. S.: The effects on fertility and the sex-ratio of substerility exposures to X-rays. Proc. roy Soc. Lond. B 98 (1925). — Paul, Konstantin: Étude sur l'intoxication lente par les préparations de plomb de son influence sur le produit de la conception. Arch. gén. Méd. 1 (1860). — Pearl, R.: The experimental modification of germ-cells. I., II., III. J. of exper. Zool. 22 (1927). — Peller, S.: Über die Wahrscheinlichkeit von Erbschädigungen nach Ovarialbestrahlungen. Arch. Gynäk. 147 (1931). — Penrose and Sunther: J. Genet. 31 (1935). — Pictet, A.: Résultats négatifs d'expériences d'alcoolisme sur les Cobayes. C. r. Soc. phys. et d'hist. nat. Genève 41 (1924). — Polisch, K.: Die Nachkommenschaft Delirium tremens-Kranker. (Ein Beitrag zur Frage Alkohol und Keimschädigung.) Mschr. Psychiatr. 64 (1927c). — Die Kinder männlicher und weiblicher Morphinisten. 1934.

Regaud, Cl.: Action des rayons X sur la spermatogénèse du rat blanc. Arch. Electr. méd. 1906. — Action des rayons de Roentgen sur l'épithelium séminal. C. r. Assoc. Anat. Lille 1907. — Action des rayons X sur le testicule du lapin. C. r. Soc. Biol. Paris 63 (1907). — Influence de la roentgénisation des testicules sur la structure de l'épithelium séminal du lapin. Lyon méd. 110 (1908). — Rokizky, P. Th.: The first results of experiments in inducing hereditary variations in domestic animals by means of roentgen rays. Dep. of Genetics and Selection. Moskau 1934. — ROKIZKY, NEUHAUS u. KARDYMOWITOREK: Künstliche Auslösung von Mutationen bei landwirtschaftlichen Tieren. II. Mitt. Z. Biol. (russ.) I—III **1934**, Nr 3. — ROKIZKY, S. PAPALASCHWILI u. CHRITOWAS: Künstliche Auslösung von Mutationen bei landwirtschaftlichen Tieren. Z. Biol. (russ.) III **1934**, Nr 4. — ROST, E. u. G. WOLF: Zur Frage der Beeinflussung der Nachkommenschaft durch den Alkohol im Tierversuch. Arch. Hyg. **95** (1925).

SCHÄFER, H.: Die Fertilität von Mäusemännchen nach Bestrahlung mit 200 r. Z. mikrosk.-anat. Forsch. **46** (1939). — SCHINZ, R. u. B. SLOTOPOLSKY: Beiträge zur experimentellen Pathologie des Hodens. Denkschr. schweiz. naturforsch. Ges. **61** (1924). — SCHINZ, H. R. u. SLOTOPOLSKY: Der Röntgenhoden. Erg. med. Strahlenforsch. **1** (1925). — SCHMIDT, W.: Nochmals zur Frage der Nachkommenschädigung. Strahlenther. **21** (1926). — Neue Beobachtungen zur Frage der Nachkommenschädigung nach Ovarialbestrahlung. Strahlenther. **30** (1928). — SCHRÖDER, P.: Versuche mit chronischer Alkoholintoxikation bei Kaninchen. Mschr. Psychiatr. **34** (1913). — SCHUBERT, v.: Ovarbestrahlung bei Mäusen. Med. Klin. **1926** II, 1942. — SCHUGT, P.: Untersuchungen über Schädigungen der Nachkommenschaft durch Röntgenstrahlen. Strahlenther. **28** (1928). — SEYNSCHE, K.: Keimdrüsenbestrahlung und Nachkommenschaft. Strahlenther. **21** (1926). — SIMONDS, M.: Über die Einwirkung von Röntgenstrahlen auf den Hoden. Fortschr. Röntgenstr. **14** (1909). — SNELL, G. D.: X-ray sterility in the male house mouse. J. of exper. Zool. **65** (1933). — The induction by X-rays of hereditary changes in mice. Genetics **20** (1935). — SNELL, S. D., ELSIE BODEMANN and W. HOLLANDER: A translocation in the house mouse and its effect on development. J. of exper. Zool. **67** (1934). — SNELL, G. and DOROTHEA PICKEN: Abnormal development in the mouse caused by chromosome unbalance. J. Genet. **31** (1935). — SNYDER, L. H.: Roentgen rays induced sterility and the production of genetic modifications. Amer. J. Roentgenol. **14** (1925). — STIEVE, H.: Untersuchungen über die Wechselbeziehungen zwischen Gesamtkörper und Keimdrüsen. II. Beobachtungen und Versuche an männlichen Haus- und Feldmäusen. Arch. mikrosk. Anat. **99** (1923). — Untersuchungen über die Wechselbeziehungen zwischen Gesamtkörper und Keimdrüsen. VI. Der Einfluß des Coffeins auf die Fortpflanzung des Russenkaninchens. VII. Durch Kaffeegenuß bewirkte Schädigung der Hoden und der Fruchtbarkeit. Z. mikrosk.-anat. Forsch. **15** (1928); **23** (1931). — STOCKARD, CH. R.: The effect on the offspring of intoxicating the male parent and the transmission of the defects to subsequent generations. Amer. Naturalist **47** (1913). — Alkohol as a selective agent in the improvement of racial stock. Brit. med. J. **1922**, Nr 8215. — STOCKARD, C. R. and CRAIG: An exp. study of the influence of alkohol on the germ cells and the developing embryos of mammals. Arch. Entw.mechan. **35** (1912). — STOCKARD and PAPANICOLAOU: The effect of alcohol on treated guineapigs and their descendants. J. of exper. Zool. **26** (1918). — STRANDSKOV, H. J.: Effects of X-rays in an inbred strain of guinea-pigs. J. of exper. Zool. **63** (1932). — SYDNEY, A. ASDELL and ST. L. WARREN: The effect of high voltage X-Radiation (200 R.V.) upon the fertility and motility of the sperm of the rabbitt. Amer. J. Roentgenol. **25** (1931).

TIMOFÉEFF-RESSOVSKY: Auslösung von Vitalitätsmutationen durch Röntgenbestrahlung bei Drosophila mel. Nachr. Ges. Wiss. Göttingen, N. F. **1** (1935). — Über Mutationsraten in reifen und unreifen Spermien von Drosophila mel. Biol. Zbl. **57** (1937).

VEILANDS, ANNA: Abnormalities caused by Chloroform and Ether in the Spermatogenesis of Mammals. Acta Soc. Biol. Latviae **7** (1937). — VILLEMIN, F.: Sur la régénération de la glande séminale après destruction par les Rayons X. C. r. Soc. Biol. Paris **60** (1906).

WELLER, C. V.: The blastophthoric effect of chronic lead poisoning. J. med. Res. **28** (1915). — WIGODER, SYLVIA: The effect of X-Rays on the testis. Brit. J. Radiol. N. s. **2** (1929). — WOLFF, FR. u. MARG. WOLFF: Schwere Erbschädigung der weißen Maus durch Hypophysenvorderlappenhormon. Z. Geburtsh. **114** (1936).

ZIMMER, K. G.: Über Strahlenschutzmessungen. Strahlenther. **59** (1937).

Die Entstehung und Ausbreitung von Mutationen beim Menschen.

Von **E. Hanhart**, Zürich.

Mit 40 Abbildungen im Text und auf 6 Tafeln.

Als H. de Vries um die Jahrhundertwende den Begriff der *Mutation* aufgestellt hatte, lag es nahe, die unvermittelt, gleichsam sprunghaft auftretenden Erbvarianten beim Menschen entsprechend aufzufassen. Verhältnismäßig schon sehr bald darauf hat dann E. Apert (1907) in seinem noch heute lesenswerten Buche: „*Maladies familiales et maladies congénitales*" aus guter Kenntnis der Ergebnisse des holländischen Botanikers und Erbbiologen eine Reihe von menschlichen Mißbildungen und Anomalien, wie die Hüftgelenksluxation, die Achondroplasie und die cleidokranialen Dysostosen ausdrücklich auf Mutationen im Sinne von de Vries bezogen. Überzeugend belegt und mit größtem Nachdruck verfochten wurde diese Anschauung in den letzten 12 Jahren von dem Züricher Hämatologen und Konstitutionspathologen O. Naegeli, der als gleichzeitiger Pflanzengeograph über vielfältige eigene Beobachtungen aus dem Gebiet der Botanik verfügte und diese mit seinen ärztlichen Erfahrungen zu vergleichen suchte.

Auf der anderen Seite sah sich Erwin Baur allerdings veranlaßt, am Schlusse seiner „*Allgemeinen Erblehre*" in dem mit E. Fischer und F. Lenz herausgegebenen Standardwerk darauf aufmerksam zu machen, daß die Beurteilung, ob ein Unterschied zwischen zwei Menschen auf *Modifikation,* auf *Kombination* oder auf *Mutation* beruht, meist sehr schwierig sei und nur durch gründlichstes Studium entschieden werden könne. Glücklicherweise erlaubt uns nun aber in der menschlichen Erbbiologie die Zwillingsmethode, wenigstens die bloß modifikatorischen von den erblich bedingten Variationen auseinanderzuhalten, und der Nachweis eines bestimmten Erbganges berechtigt uns zur Annahme, daß die einem Merkmale zugrunde liegende Anlage irgend einmal mutativ entstanden sein muß.

Der Einwand, die Auffassung erblicher Anomalien und „Heredodegenerationen" als Mutationen habe uns in der Erkenntnis des Wesens ihrer Entstehung nicht weitergebracht, ist nur so lange begründet, als man sich nicht davor hütet, statt wie früher überall von „*Degeneration*" nunmehr voreilig von „*Mutation*" zu sprechen, und es unterläßt, dem letzteren Begriffe eine sichere Unterlage im Rahmen einer Analogie zu den von Pflanzen und Tieren bekannt gewordenen Tatsachen über spontane sowie eventuell auch künstlich hervorgerufene Erbänderungen und damit den nötigen Inhalt zu verschaffen.

Hier soll gezeigt werden, daß sich die Bezeichnung der Erbvarianten beim Menschen als Mutation wegen der bis ins einzelne gehenden Übereinstimmung unserer klinischen und genealogischen Erfahrungen mit den Fundamenten der experimentellen Genetik unbedingt rechtfertigt und nicht bloß heuristisch von Wert ist.

Es scheint sich in der menschlichen Erbpathologie größtenteils, wenn nicht ausschließlich, um *faktorielle Mutationen* zu handeln, bei denen zumeist nur ein einziges Gen — weit seltener mehrere — aus einstweilen noch völlig unbekannter Ursache quantitativ oder qualitativ verändert wurden. Gerade, weil wir beim Menschen über den *Vorgang der Mutation*, die sog. *Idiokinese* (F. LENZ), und ihre Ursachen noch ganz auf Vermutungen angewiesen sind und das, was sich darüber sagen läßt, nur aus der Kenntnis der Verbreitung entsprechend entstandener Erbanlagen erläutert werden kann, sind hier in erster Linie die

I. Mutationen als Folgezustände (Idiovariationen)

in Betracht zu ziehen. Dabei ist zu betonen, daß die durch Veränderung eines oder mehrerer Gene bedingten sog. *Verlustmutationen*, mit denen wir es, ähnlich wie beim Tier, so gut wie ausschließlich zu tun haben, ja nicht etwa phänotypisch aufgefaßt und mit den „*Minusvarianten*", wie sie der Kliniker F. MARTIUS rein nach dem Erscheinungsbild definierte, verwechselt werden dürfen[1].

DE VRIES, der seine Mutationstheorie in erster Linie zur Stützung der Abstammungslehre aufstellt, spricht von *progressiven* und *retrogressiven* Mutationen, vermeidet es aber, das ebenso begreifliche wie anfechtbare Moment einer *Wertung* in seine Betrachtungsweise einzubeziehen. Er meinte, daß diese Erbänderungen vor allem es seien, welche den MENDELschen *Gesetzen* folgen.

S. TSCHULOK (1922), der die Entwicklung — wohl mit Recht — als irreversibel bezeichnet und deshalb eine Rückbildung, somit auch das Vorkommen regressiver Mutationen für unmöglich hält, gebraucht einzig die von jeder Spekulation freien Begriffe „*ursprünglich*" und „*abgeleitet*", wie sie sich aus den paläontologischen Funden ohne weiteres belegen lassen.

Auch L. PLATE (1933) vermeidet die Ausdrücke „progressiv" und „regressiv" ganz und bemerkt nur, daß die meisten Mutanten zugrunde gingen, weil sie Verschlechterungen zeigten. Allerdings könne nicht bezweifelt werden, daß auch manche Varietäten — vor allem bei Pflanzen sei dies nachgewiesen — bezüglich der Größe und Struktur der Organe günstig auf deren Leistung einwirkten, da sie sonst nicht erhalten blieben.

Am klarsten ist die Stellungnahme E. BAURs, der schon 1919 riet, zunächst von einer Bewertung durch Einteilung der Mutationen in *progressive* und *regressive* oder *positive* und *negative* abzusehen, da man sich dadurch bloß eingebildete Schwierigkeiten schaffe. Auch eine Unterscheidung von „*Verlust-*" und „*Gewinn-*" *Mutationen* sei unbegründet und beruhe auf der „Infizierung unserer Denkweise durch die sprachliche Formulierung der Rassenunterschiede". Die genau bekannten *Mutationen bei Pflanzen* erweisen sich nach diesem hierin erfahrensten Autor als *teils progressiv, teils regressiv*.

Auf jeden Fall sind diese letzteren höchst problematischen Begriffe stets nur im Hinblick auf die Evolution zu verwenden und nicht, wie es immer wieder geschieht, in Beziehung auf ein Plus oder Minus gegenüber dem als normal erachteten Durchschnitt in der Ausprägung eines morphologischen oder funktionellen Merkmals.

Sind doch gerade manche *Reduktionen* z. B. am Brustkorb oder am Gebiß auch beim Menschen sicher von ursprünglichen Formen ableitbar, also, wenn

---

[1] Möglicherweise gibt es auch „*Gewinnmutationen*", wie dies I. BROMAN (1920) annimmt; Beweise dafür fehlen bisher. Solche Erbänderungen würden im Erwerb eines neuen, bisher nicht zum Genom gehörenden Faktors bestehen, wären aber keineswegs am Phänotypus im Sinne MARTIUSscher *Plusvarianten* zu erkennen, zu denen dieser Autor unter anderen z. B. die Polydaktylie zählt.

Im Abschnitt „*Allgemeines über Konstitution*" dieses Handbuches werde ich auf die heute in der alten Fassung nicht mehr verwendbaren Begriffe des verdienten Rostocker Konstitutionspathologen näher eingehen, da es sich dabei um eine Auseinandersetzung von grundsätzlicher Bedeutung handelt.

man will „*progressiv*“, während dies von einer Verminderung der Finger und Zehen wie sie sich aus der so besonders gut bekannten Entwicklungsreihe des Pferdes ergibt und dort unzweifelhaft ein späteres Verhalten darstellt, keineswegs behauptet werden könnte. Die Frage, ob ein Merkmal tatsächlich progressiv, d. h. *fortschrittlich* im Verlauf der Entwicklung des Menschengeschlechts genannt werden darf, ist sehr schwierig zu beantworten.

Jedenfalls bedeutet das von H. Frey (1924) festgestellte Vorkommen der *Costa decima fluctuans* bei 75% der Zürcher Bevölkerung noch keinen Beweis für deren Fortschritt in der Phylogenese, noch weniger freilich für deren konstitutionelle Minderwertigkeit im Sinne der „Asthenie“ Stillers.

Ebensowenig sind die zu über 30% mit Reduktionserscheinungen an den seitlichen Schneidezähnen behafteten Bewohner der von mir mit A. Jöhr (1934) durchforschten Schwyzer Berggemeinde Obermatt[1] als entsprechend „*fortschrittlich*“ organisiert zu betrachten, trotzdem die sich an ihrem Gebisse als *dominantes Merkmal* äußernde Tendenz gegenüber dem durchschnittlichen und besonders dem primitiven Zustande der breitere Mahlflächen an den Backenzähnen aufweisenden Ureinwohner Australiens deutlich als „progressiv“ erscheint.

Noch viel gewagter wäre es, mit V. Haecker (1921) den beim Menschen als ziemlich häufige Konstitutionsanomalie auftretenden *Kryptorchismus* für eine *regressive Mutation* zu halten, kommt ein solcher doch weder bei den Affen, noch selbst bei den Pferden („Klopfhengsten“) jemals normalerweise vor. Außerdem haben wir es beim Kryptorchismus des Menschen nach den Erfahrungen bei *eineiigen Zwillingen* — es fand sich dabei fünfmal eine Diskordanz (v. Verschuer, 1937) — anscheinend längst nicht immer mit einem idiotypisch bedingten Merkmal zu tun.

Zur Frage der „*Progressivität*“ und „*Regressivität*“ sei vor allem auch auf die Stellungnahme von Eugen Fischer (1935) hingewiesen, zu der dieser führende Anthropologe namentlich durch die entscheidenden Ergebnisse seines Schülers Kühne über die Variationen im Bereiche der menschlichen Wirbelsäule gelangte.

Inwieweit das Keim*plasma* an der Entstehung von Erbänderungen beim Menschen beteiligt ist und ob nicht gelegentlich *Disharmonien zwischen Genom und Plasmon* echte Mutationen vortäuschen können, wissen wir noch nicht und haben deshalb allen Grund, die Analogieschlüsse zu den Ergebnissen der experimentellen Genetik nicht zu weit zu treiben und uns nicht einseitigen Vorstellungen hinzugeben. Die diesbezüglich „*fragenden Worte zum Mutationsbegriff*“ von A. Bluhm (1928) sind immer noch sehr am Platze; beachtenswert ist auch die Vermutung dieser Autorin, es könnten manche sich nur *physiologisch* auswirkenden Merkmale auf Plasmoneinfluß beruhen. Bekanntlich ist man heute geneigt, sonst dafür vor allem die „*Kleinmutationen*“ E. Baurs verantwortlich zu machen[2].

Auf die „*Mutationen der Körperzellen*“, die „niemals ererbt, noch vererbbar“ sind (K. H. Bauer), braucht hier nicht eingegangen zu werden.

Als wichtigste Tatsache sei nochmals hervorgehoben, daß *weitaus der größte Teil der bei Pflanze, Tier und Mensch neu auftretenden Erbänderungen eine Herabsetzung der Vitalität und Anpassungsfähigkeit bewirkt.*

Dasselbe gilt für die an spontanen Mutanten ähnlich reiche, wie kein anderes Lebewesen planmäßig durchgezüchtete *Drosophila.*

Totaler bzw. *universeller Albinismus* ist beim Menschen zu oft mit sonstigen Defekten (vor allem am Sehorgan und Gehirn) verbunden, als daß an deren Korrelation zu der, wie wir unter anderem hier zeigen werden, einfach-recessiven Anlage gezweifelt werden könnte.

Eine reinerbig albinotische Bevölkerung, wie sie durch Auslese und fortgesetzte Inzucht aus einer entsprechend veranlagten Sippe künstlich herausgezüchtet werden könnte, ver-

---

[1] Pseudonym.

[2] G. Wolff (1933) meinte zwar, ob nicht mit dem Begriff der „*Kleinmutation*“ derjenige der Mutation aufgegeben werde und die Variation als längst bekannte Grunderscheinung des Lebens damit nicht einfach unter neuem Namen wiederkehre.

möchte auf natürlichem Wege nicht zu entstehen, da die menschlichen Albinos gewöhnlich konstitutionell derart beeinträchtigt und anpassungsunfähig sind, daß sie, obwohl zeugungsfähig, von der Fortpflanzung ausgeschaltet werden dürften.

Damit kommen wir zur

II. Anwendung des Mutationsbegriffs auf Krankheitsanlagen.

Es hat sich gezeigt, daß die krankhaften Anlagen größtenteils viel leichter nach ihrem Erbgang zu erkennen sind, als diejenigen, welche die Entwicklung und Ausprägung physiologischer Zustände und Bereitschaften determinieren. Selbst sehr komplizierte, sich auf die Abkömmlinge aller drei Keimblätter erstreckende Defekte und Krankheiten können durch den Ausfall oder die Änderung eines einzigen Erbfaktors bedingt sein, während die scheinbar einfacheren Eigenschaften normaler Natur, so z. B. die somatischen Rassenmerkmale, durchwegs polymer, d. h. durch mehrere Gene bestimmt zu sein pflegen.

Hier stellt sich unweigerlich die Frage, was für eine Reaktion denn unmittelbar von der Erbanlage bewirkt wird und ob sich diese irgendwie schon im Laufe der Entwicklung wahrnehmbar äußert. Leider ist die vor nunmehr 22 Jahren von V. Haecker (1918) in seiner *„Phänogenetik"* angestrebte *„entwicklungsgeschichtliche Eigenschaftsanalyse"* beim Menschen noch nicht über die ersten Ansätze hinaus gelangt, während bei der *Maus* von K. Bonnevie (1929 und 1932), sowie beim *Krüperhuhn* von Landauer (1932 und 1933) in dieser Hinsicht höchst bemerkenswerte Ergebnisse erzielt wurden (vgl. den Abschnitt von K. Bonnevie in diesem Band).

In der Humanpathologie verdanken wir O. Naegeli (1919) folgendes Beispiel für die Möglichkeit eines *phänogenetischen* Zusammenhangs: Er setzt voraus, daß bei den von ihm als rein erblich aufgefaßten *hämolytischen Anämien* die Gestalt der hier besonders kleinen roten Blutkörperchen *kugelförmig* sei und keinerlei Übergänge zur normalen Form dabei vorkämen, somit also eine *morphologische Mutation* vorliege, aus der sich alle oder doch die wesentlichen Symptome dieses bekanntlich starken Manifestationsschwankungen unterworfenen Syndroms erklären ließen; denn die Kugelform der Erythrocyten bedinge ihre verminderte Resistenz gegenüber den mannigfaltigen Einflüssen der Außenwelt, welch letzteren eine sehr große Bedeutung für die Auslösung des vollen Krankheitsbildes aus dem mehr oder weniger latenten Zustand bloßer Anfälligkeit zuzuschreiben sei.

Der allerdings noch nicht genügend gesicherte Beweis für die Richtigkeit der sich zu diesem Hypothesengebäude ergänzenden Annahmen würde tatsächlich einen großen Fortschritt darstellen, weil damit ein ganzer Komplex scheinbar verschiedenartigster Krankheitsäußerungen nicht nur auf eine bestimmte konstitutionelle Minderwertigkeit, sondern sogar auf eine einfache, *mutativ entstehende Formvariante* zurückgeführt wäre.

Später macht Naegeli (1934) darauf aufmerksam, daß es *„Kugelzellenanämien"* gebe, die in der einen Sippe ungeheuer schwer und in anderen ganz mild auftreten; er berichtet jedoch nichts über morphologische Befunde, die diesen enormen familiären Manifestationsunterschieden entsprechen würden.

Als drei weitere Formmutanten der roten Blutkörperchen seien die *Ovalocyten, Megalocyten und Sichelzellen* zu erwähnen, denen indessen keine pathologische Bedeutung zukomme.

Seit Spielmeyers (1933) grundlegenden Forschungen über die Pathogenese der *amaurotischen Idiotie* wissen wir, daß diese einfach-recessiv erbliche Heredodegeneration auf einem Gen bzw. dessen Ausfall beruht, das sich nicht — wie zu erwarten — *primär* am Gehirn, sondern in einer Störung des *Lipoidstoffwechsels* auswirkt und zwar nach Art der Niemann-Pickschen Splenohepatomegalie. Es handelt sich hier also ursprünglich gar nicht um eine Nervenerkrankung, vielmehr um eine Stoffwechselkrankheit, bei der sich die Körperzellen mit Lipoiden vollstopfen. Die so veränderten Ganglienzellen führen erst sekundär zum Bilde der infantilen, juvenilen oder der adulten Form der amaurotischen Idiotie. Ausnahmsweise kann sich der Prozeß aber auch einmal am Kleinhirn abspielen und dann als *cerebelläre Ataxie* äußern (Bielschowsky, Kufs). Hieraus wurde die alte Beobachtung von Higier verständlich, der das Vorkommen je eines Falles von amaurotischer Idiotie und eines solchen von Cerebellarataxie in derselben Geschwisterschaft als Beweis für die polymorphe Manifestation der damals noch für genetisch einheitlich gehaltenen „Heredodegeneration" Jendrassiks betrachten zu müssen glaubte. Auf dieses, die große Wichtigkeit phänogenetischer Erkenntnis schlagartig beleuchtende Beispiel hat schon F. Curtius (1935) in seinem ausgezeichneten Buche über die Erbkrankheiten des Nervensystems aufmerksam gemacht. Die grundsätzliche Bedeutung der Entdeckung Spielmeyers ist bereits von E. Fischer (1934) kurz gewürdigt worden.

Einigermaßen beeinträchtigt wird die Erkenntnis der einheitlichen Pathogenese der verschiedenen Formen der amaurotischen Idiotie sowie der Niemann-Pickschen Krankheit durch die Tatsache, daß die weiter unten hier noch ausführlich zu besprechende Sammelforschung T. Sjögrens (1931) statt der eigentlich zu erwartenden stark polymorphen Zustandsbilder das Vorliegen einer *auffallend gleichförmigen Symptomatologie* bei den klinisch-genealogisch und auch *histologisch* mustergültig untersuchten 18 Fällen von einfach-recessiver und stets nur *juveniler amaurotischer Idiotie* ergab.

Es muß dabei also notwendig eine ganz *spezifische Mutation* für die sich eben doch als umschriebener Biotyp erweisende juvenile Form der amaurotischen Idiotie angenommen werden.

Wir haben allen Anlaß, bei der Abgrenzung klinischer Merkmale als *Biotypen* vorsichtig zu sein und alle mehr oder weniger regelmäßig dabei gefundenen Begleiterscheinungen, die sog. *Syntropien* v. Pfaundlers, auch dann auf die sich aus dem Erbgang ergebende Anlage zu beziehen, wenn sie einem ganz anderen Organsystem angehören. Dagegen müssen wir uns davor hüten, ohne genügende statistische Unterlagen Symptomkomplexe zu konstruieren und als genetisch einheitlich aufzufassen.

V. Hammerschlag hat in unzulässiger Übertragung des von Kufs für die Verhältnisse bei der amaurotischen Idiotie geprägten Begriffs einer „*Heredopathia acustico-optico-cerebro-spinalis*" nicht bloß sämtliche erblichen Defekte des Gehörorgans, sondern auch solche am Auge und Gehirn und sodann die Heredoataxien auf eine gemeinsame Anlage bezogen, trotzdem sowohl die recessive Taubheit, die dominante Innenohrschwerhörigkeit als auch die Otosklerose nachweisbar unabhängig voneinander vererbt werden und nichts weniger als obligat mit den genannten andern Erbkrankheiten verbunden, sondern höchstens zuweilen damit vergesellschaftet sind.

Zur Frage der Abgrenzung pathogener Erbeinheiten haben F. Lenz (1934) und F. Curtius eine etwas verschiedene Stellung eingenommen, während E. Hanhart (1938) hierin einen vermittelnden Standpunkt vertritt.

Scheinbar grundverschiedene Krankheitsbilder, wie z. B. die so mannigfachen Manifestationen der *allergischen Bereitschaft*, können auf ein und derselben Erbanlage beruhen; im letzteren Falle besteht diese in einer gesteigerten Sensibilisierbarkeit, deren eigentliches Wesen noch unbekannt ist. Die Herausstellung dieser Anlage, die den mitwirkenden Hilfsmomenten (Realisationsfaktoren usw.) nach den Ergebnissen der umfangreichen Familienforschungen Hanharts übergeordnet ist und sich unabhängig davon als *dominante Mutation* vererbt, bedeutete einen ätiologischen Fortschritt in der Auffassung der zuvor völlig rätselhaften Idiosynkrasien.

Inwieweit die einzelnen Erbänderungen beim Menschen miteinander übereinstimmen, d. h. sich allel sind, und wie stark sie vom jeweiligen *Genmilieu* von Individuum zu Individuum und von Sippe zu Sippe beeinflußt werden, kann einzig durch eine immer mehr Generationen umfassende intensive und extensive Familienforschung mit der Zeit klargestellt werden. Die oft bis ins kleinste gehende Übereinstimmung gewisser *Familieneigentümlichkeiten*, auf welche unter anderem O. NAEGELI (1932) aufmerksam machte, beweist die große Konstanz des einmal anlagemäßig gegebenen Typus gegenüber den aus der ständigen Neukombination resultierenden Einflüssen.

Klarzustellen wäre auch, inwieweit dasselbe Merkmal je nach dem Erbgang der Anlage variiert und welche Ausnahmen von der namentlich von BREMER (1922) hervorgehobenen Regel vorkommen, daß sich die *Dominanz* eines Merkmals jeweilen mit *leichterer*, deren *Recessivität* dagegen mit *schwererer Ausprägung* verbindet. Ferner ist zu erweisen, ob nicht die Dominanz gelegentlich in Recessivität umschlägt oder umgekehrt, wie FEDERLEY (1922), ferner LEVIT (1936) auch für den Menschen annehmen, und schließlich, ob sich auch pathogene Erbfaktoren so *labil* zeigen können, daß sie zurückmutierend die Wiederkehr normaler Verhältnisse und damit eine echte Regeneration ermöglichen.

Planmäßig durchgeführte Familienforschungen in relativ abgeschlossenen Bevölkerungen, wie ich sie seit 1922 in den *Schweizer Inzuchtgebieten* betreibe, werden diese im Vergleich zur bloßen Feststellung des Erbgangs schwierigeren Fragen allmählich ihrer Lösung näher bringen. Wenn einmal darüber genügend repräsentative Erfahrungen aus verschiedensten Gegenden vorliegen, wird es sich dann herausstellen, ob *Rasse* und *Umwelteinflüsse* (Bodenbeschaffenheit, Klima usw.) auch in Bezug auf die besondere Art einer Erbänderung von erheblicher Bedeutung sind; eine solche *medizinische Geographie der Mutationen* dürfte im Hinblick auf die sehr bemerkenswerten Unterschiede zwischen den einerseits aus *Skandinavien* und andererseits aus *Süddeutschland* und der *Schweiz* bekannt gewordenen „*heredodegenerativen* „*Typen*" immer lohnender werden. Allerdings beweist die verdienstvolle Sammlung der bereits recht umfangreichen erbpathologischen Ergebnisse aus *Japan* (T. KOMAI, 1934), daß die dort gefundenen Entartungsmerkmale trotz der enormen Verschiedenheit der gesamten Verhältnisse dieses ostasiatischen Inselreiches mit den in Europa auftretenden sehr weitgehend übereinstimmen.

Freilich brauchen zwei nach klinischem Bild, Verlauf und Erbgang als systematische Einheit imponierende Erbkrankheiten noch nicht Ausdruck ein und desselben Genotyps zu sein. So scheint es z. B. ähnlich wie beim *Hydrocephalus* wildlebender Hausmäuse (F. H. CLARK, 1932; K. ZIMMERMANN, 1935) bei der *recessiven Taubheit des Menschen* mindestens zwei verschiedene Genotypen (W. E. MÜHLMANN, 1930) zu geben, da aus der Verbindung homozygoter Partner lauter merkmalsfreie Kinder hervorgehen, die vermutlich bezüglich beider einander nicht alleler Taubheitsanlagen heterozygot sind.

Um die Deutung der im speziellen Teil dieses Abschnittes zur Veranschaulichung der Ausbreitung einzelner Mutationen beigegebenen *Sippen-* und *Abstammungstafeln*, sowie der ihnen zugrundeliegenden *Methodik* zu erleichtern, seien hier die erbbiologisch wichtigen Grundzüge der *Geschlechterkunde (Genealogie)* zunächst besprochen, was manchen Leser zu selbständigen Familienforschungen anregen mag.

III. Die Geschlechterkunde (Genealogie) im Dienste der Erbbiologie.

Die *Geschlechterkunde (Genealogie)* ist ein unentbehrliches Hilfsmittel der anthropologischen und medizinischen Familienforschung geworden. Schon 1888 von dem Jenenser Historiker OTTOKAR LORENZ zur Lösung erbbiologischer Probleme empfohlen, wurde sie erst seit der naturwissenschaftlichen Begründung einer menschlichen Erblehre dazu recht geeignet und zwar vor allem zum Nachweis des einfach-recessiven Erbgangs, wobei es ja darauf ankommt, die Abstammung aller Probandeneltern, d. h. der mutmaßlichen Heterozygoten, von einem gemeinsamen Ahnenpaar festzustellen und damit die Bedeutung der elterlichen Blutsverwandtschaft aufzuklären.

Während man unter dem Einfluß patriarchalischer Vorstellungen von der Überwertigkeit männlichen Ahnenerbes bis in die neuere Zeit bloß dessen Namenslinien verfolgte und ausgehend vom frühest bekannten Vertreter des väterlichen Geschlechtes *Stammtafeln* auszog und mit besonderer Vorliebe in Form von *Stammbäumen* darstellte[1], ist es heute allmählich zum Allgemeingut geworden, daß nur die *Ahnentafel* über die Herkunft einer Person Bescheid gibt, weil einzig sie die Aszendenz beider Eltern gleichmäßig berücksichtigt. Gleiche Ahnen prägen ähnlich geartete Sippen und solche ein sich einheitlich aufbauendes Volk!

Bekanntlich nimmt die theoretische Ahnenzahl eines jeden nach der geometrischen Progression 2^x (x = Zahl der Generationen) zu und wächst wegen der ständigen Verdoppelung von Ahnenreihe zu Ahnenreihe rasch ins Ungemessene, wie die Weizenkörner bei dem uralten Schachbrettproblem. Es müssen die einzelnen Aszendenzen deshalb in den weiter zurückliegenden Generationen immer reichlicher identische Ahnen enthalten, was man mit dem mißverständlichen, aber überall eingebürgerten Ausdruck „*Ahnenverlust*" bezeichnet.

Da ein jeder von uns ohne Blutsverwandtschaft zur Zeit des dreißigjährigen Krieges, d. h. vor etwa 10 Generationen, *theoretisch* bereits $2^{10} = 1024$ verschiedene Ahnen hätte und im 8. Jahrhundert $2^{40} =$ über eine Billion, während die damalige Bevölkerung Europas (ohne Rußland) höchstens 35 Millionen betrug, müssen die Menschen dieses Erdteils, namentlich diejenigen relativ in sich abgeschlossener Gebiete, sehr weitgehend blutsverwandt sein.

Erreichen wir doch schon im 12. Jahrhundert alle eine theoretische Ahnenzahl, die dem Total der damaligen europäischen Bevölkerung entspricht. Wir stammen somit durchschnittlich von jedem Mitteleuropäer jener Zeit ab. Von den Abkömmlingen der alteingesessenen Bürgerschaften Zürichs oder Berns wird diese Gleichheit der theoretischen Ahnenzahl mit der damaligen Einwohnerzahl bereits zur Reformationszeit, d. h. im 16. Jahrhundert erlangt. Von jedem Zeitgenossen *Karls des Großen* aber stammen wir im Durchschnitt mindestens zehntausendfach ab und von *Karl* selbst läßt sich die Abstammung jedes Altzürichers hunderte von Malen, die jedes Altberners sogar tausende Male über genau erforschte Adelslinien herleiten. Von dem 1728 geborenen Markgrafen *Karl Friedrich von Baden-Durlach* hat O. K. Roller (1902) gar festgestellt, daß er mindestens 97 487 mal, also etwa hunderttausendfach von Karl dem Großen abstammt; um wieviel mehr also wohl seine heute sieben Generationen jüngeren Nachkommen[2]!

Die regionäre Ahnengleichheit muß noch weit größer sein, weil die Vermischung erst in neuerer Zeit stärker einsetzte und die einzelnen Stämme früher viel enger mit ihren uralten Heimatorten verbunden blieben, wo strenge *Endogamie*, d. h. das Heiraten innerhalb der Gemeinde oder wenigstens desselben Bezirks die Regel war.

Meine sich auf 5—7 Generationen weit zurück erstreckenden Aszendenzforschungen an der gesamten eingesessenen Bevölkerung von fünf Schweizer Inzuchtgebieten haben einen „*Ahnenverlust*" von bis 80%, d. h. das Vorhandensein von nur 20% verschiedener Ahnen ergeben. Es hat sich jedoch gezeigt, daß die näheren Konsanguinitäten, vor allem die Geschwisterkinderehen, meist gar nicht sehr häufig sind und die Ahnengleichheit erst von der V. und VI. Generation an stärker zu werden pflegt.

Folgende *tabellarische Übersicht* über die Verteilung der näheren Konsanguinitätsgrade bei über 2000 Familien aus 14 Inzuchtgebieten zeigt wegen des verhältnismäßig großen Ausgangsmaterials repräsentative Verhältnisse:

---

[1] Die gleichbedeutenden Ausdrücke „*Stammtafel*" und „*Stammbaum*" werden außerdem immer noch ganz allgemein zur Bezeichnung familiärer Zusammenhänge verwendet, die in den Bereich der *Sippschaftstafel* gehören. Da nun aber *Stammbäume im engern Sinne* willkürlich einseitige Deszendenztafeln von sehr beschränktem erbbiologischen Wert sind, täte man gut daran, seine graphischen Darstellungen von Verwandtschaftsbeziehungen nicht mit diesem nachgerade verpönten Ausdruck zu diskreditieren. Die meisten Autoren — auch ich — sind jedoch hierin inkonsequent.

[2] In der die umfangreichste und gründlichste Aszendenzforschung der Weltliteratur darstellenden, von Ed. Rübel u. W. H. Ruoff (1939) bearbeiteten Ahnentafel Rübel-Blass kommt Karl d. Große 42 405 mal vor.

Tabelle 1. Verteilung der näheren Konsanguinitätsgrade in Familien aus 14 Inzuchtgebieten Süddeutschlands und der Schweiz [1].

Autor	Gemeinde mit Zahl der untersuchten Familien	Zahl der Verwandtenehen nach Konsanguinitätsgrad				
		II⁰	II—III⁰	III⁰	III—IV⁰	IV⁰
SPINDLER	Hirschau (Württemberg)	3	—	13	4	9
	111 Familien	2,7%		11,7%	3,6%	8,1%
	Wurmlingen	1	3	10	4	4
	138 Familien	0,7%	2,2%	7,7%	2,9%	2,9%
	U. Jesingen	5	—	9	1	9
	204 Familien	2,5%		4,4%	0,5%	4,4%
REUTLINGER	Haigerloch (Hohenzollern)	15	—	4	—	3
	82 Familien	18,3	—	4,9%	—	3,6%
	Hechingen	4	—	—	—	—
	35 Familien	11,4%				
	betr. nur jüd. Familien					
WULZ	Bergkirchen bei München	2	2	3	—	7
	200 Familien	1,0%	1,0%	1,5%		3,5%
BRENK	Lungern (Obwalden)	5	1	20	11	39
	270 Familien	1,9%	0,4%	7,4%	4,1%	14,4%
GROB	Amden (St. Gallen)	1	3	10	3	14
	139 Familien	0,7%	2,1%	7,1%	2,1%	10,0%
EGENTER	Obermatt [2] (Schwyz)	6	5	17	4	6
	52 Familien	11,5%	9,6%	32,7%	7,7%	11,5%
RUEPP	Weißtannen (St. G.)	3	3	9	1	5
	77 Familien	3,9%	3,9%	11,7%	1,2%	6,4%
WALKER	Realp (Uri)	8	8	31	49	26
	199 Familien	4,0%	4,0%	15,6%	24,6%	13,1%
	Meiental (Uri)	11	3	32	14	18
	224 Familien	4,9%	1,3%	14,3%	6,2%	8%
	Isental (Uri)	5	9	28	5	21
	342 Familien	1,5%	2,6%	8,2%	1,5%	6,1%
HAUSER	Soglio (Graubünden)	8	3	7	11	25
	106 Familien	7,5%	2,8%	6,6%	10,4%	23,6%
9 Autoren	*Total* aus 14 Gemeinden (über 2000 Familien)	3,5%	2,1%	9,0%	5,7%	8,6%

Ungleich größer ist der „*Ahnenverlust*", d. h. die *Ahnenidentität* in manchen fürstlichen Familien. Als Beispiel sei die *Ahnentafel des Don Carlos* (Abb. 1) angeführt, dessen Eltern doppelt Geschwisterkinder, d. h. konsanguin im zweiten Grade waren und damit den höchst möglichen legitimen Grad von Blutsverwandtschaft erreichten. Statt 8 Urgroßeltern und 16 Urgroßeltern finden wir hier nur mehr deren 4 bzw. 8 und damit die Eltern *Johanna's der Wahnsinnigen*, die sog. katholischen Könige, nicht weniger als viermal in der Sechzehnerreihe und staunen, daß die auf die beiden Eltern des entarteten Prinzen fallende halbe, aber bereits doppelseitige Belastung noch zu keiner ausgesprochenen Geisteskrankheit geführt hat, vielmehr — wenigstens bei dem allerdings hochgradig schizoiden Philipp II. von Spanien — zu einer teilweise unbestreitbar genialen Begabung wesentliches beigetragen zu haben scheint.

Die Verarbeitung der beiden erbbiologisch wichtigsten Abstammungslinien dieser Ahnentafel zu einer kombinierten Erbtafel zeigt Abb. 11, die zur Veranschaulichung der

---

[1] Die beiden ersten Autoren sind Schüler von W. WEITZ, der dritte von F. LENZ und die übrigen sechs von E. HANHART.

[2] Pseudonym.

Vererbung des *Habsburgischen Familientypus* am Schlusse unserer Betrachtung über *dominante Mutationen* steht und als Beispiel für die von mir geübte Darstellungsmethode zur Besprechung der Erbänderungen mit einfach-recessivem Erbgang überleitet.

Fälle gleich naher Blutsverwandtenehen habe ich bisher nur zweimal in Inzuchtdörfern gefunden. Die Konsanguinität derartiger seit Jahrhunderten stark in sich abgeschlossener Bevölkerungen ist also doch nicht so groß, wie man sich meist vorstellt, und diejenige städtischer Bürgerschaften noch viel weniger,

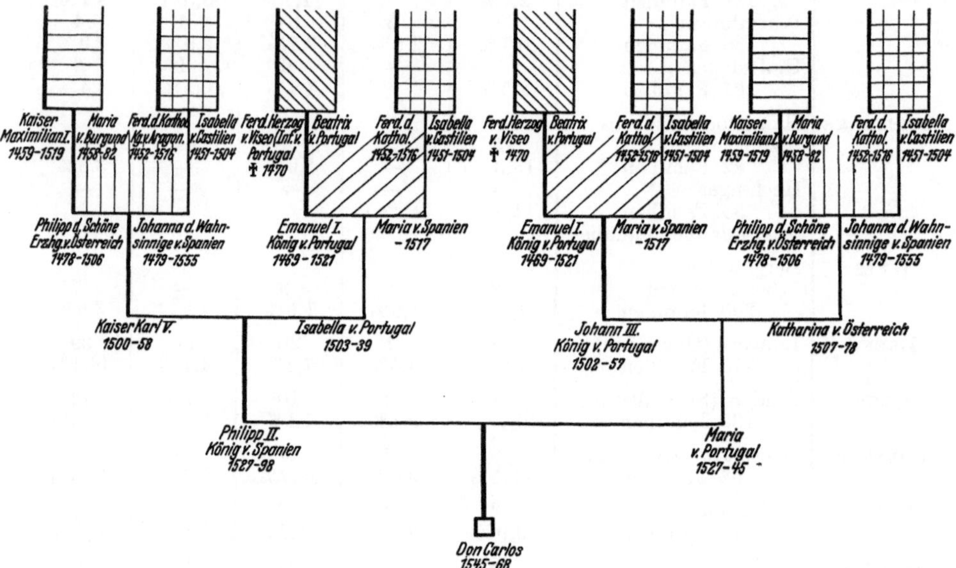

Abb. 1. Ahnentafel des Don Carlos.

auch wenn sie ebenfalls einem eng umgrenzten Gebiet entstammen. Ein sprechendes Beispiel hierfür bietet die beistehend abgebildete Ahnentafel des berühmten Pädagogen Heinrich Pestalozzi, 1746—1827, die beidseits bis zu den Urgroßeltern, in väterlicher Linie sogar noch zwei Generationen weiter zurück keine Ahnengleichheit erkennen läßt, trotzdem Pestalozzi ganz überwiegend von deutsch-schweizerischen, vor allem züricherischen Geschlechtern abstammt, da auch sein gleichnamiger italienischer Vorfahr Andreas, 1581—1644, schon eine Deutsch-Schweizerin zur Frau hatte.

So sicher die Einführung der *Ahnentafel* in die Erbforschung beim Menschen einen großen Fortschritt darstellt, so einseitig ist ihr Wert anfänglich überschätzt worden; und zwar nicht nur von dem biologischen Laien O. Lorenz, der in der vaterrechtlichen Anschauungsweise des Historikers befangen blieb, wie W. Weinberg (1911) in seiner eingehenden Kritik von dessen Lehrbuch mit Recht bemerkt, sondern auch von dem Vorkämpfer für eine Wiedergeburt der Konstitutionslehre in der Medizin, F. Martius (1914), der da erklärte, daß „die gesuchte biologische Struktur der Ahnenmasse eines Menschen nur in der Ahnentafel ihren vollen bildlichen Ausdruck findet und deswegen einzig zum Studium allgemeingültiger biologischer Vererbungsgesetze dienen kann".

Wir werden sehen, daß diese Auffassung für den einfach-recessiven Erbgang, dessen Bedeutung für die menschliche Erbpathologie Martius übrigens völlig verkannte, nur sehr bedingt zutrifft, da die Sekundärfälle zumeist nicht in der Aszendenz der Probanden, vielmehr ganz überwiegend in deren *Seitenverwandtschaft* auftreten. Dagegen kommt den Ahnentafeln der Probandeneltern insofern

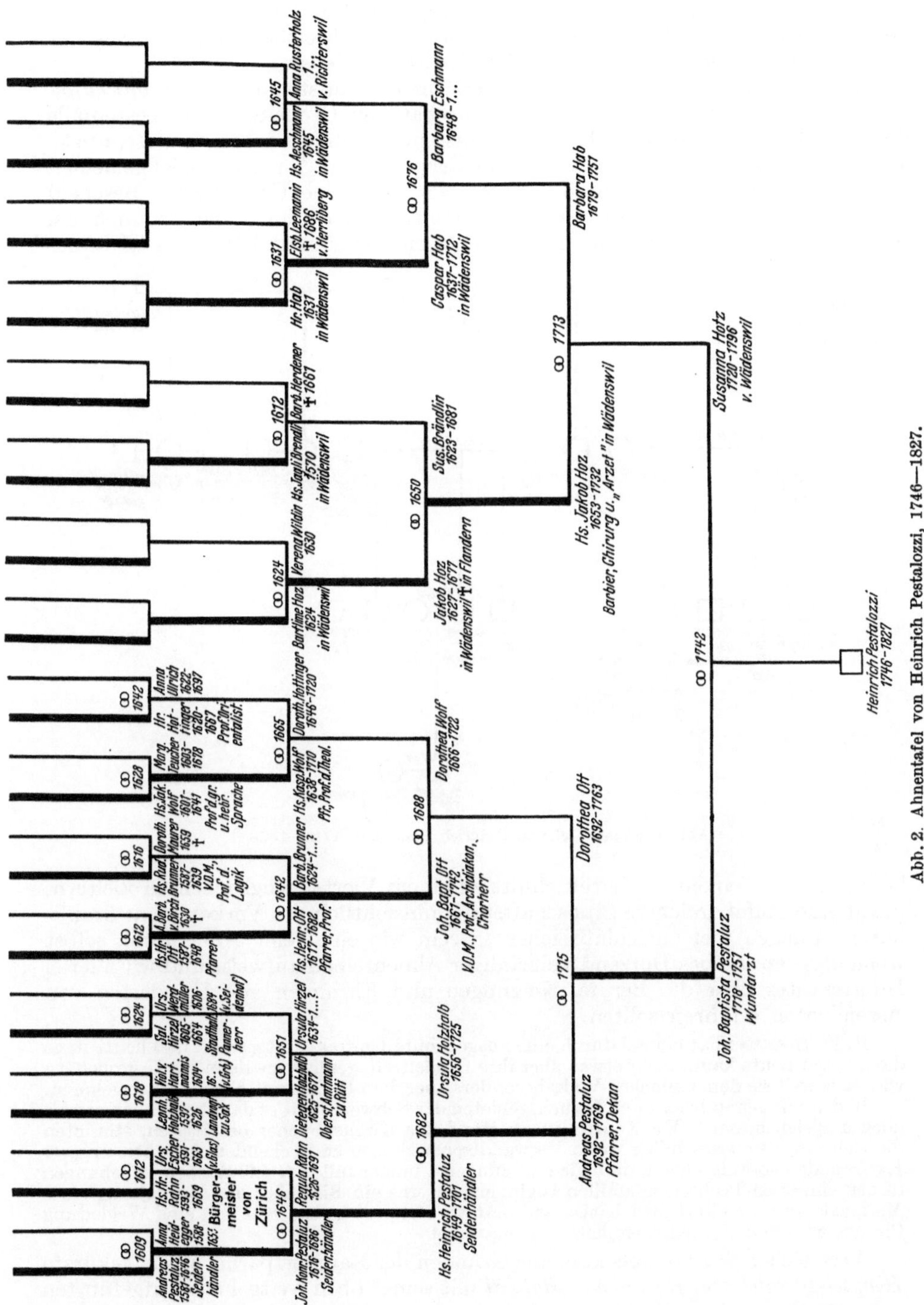

Abb. 2. Ahnentafel von Heinrich Pestalozzi, 1746—1827.

eine entscheidende Rolle zu, als nur sie erlauben, den wahrscheinlichen Weg
der Übertragung der latenten Anlage aufzudecken und aus dem gemeinsamen

Stammelternpaar zu dem mutmaßlichen Ursprung der heterozygoten Belastung vorzudringen. Dazu bedarf es aber so weit zurückreichender genealogischer Quellen, wie sie gewöhnlich nicht zur Verfügung stehen.

In der Praxis müssen wir uns zumeist mit der Aufstellung von *Sippschaftstafeln* begnügen, welche die Nachkommenschaft der Großeltern oder bestenfalls der Urgroßeltern unserer Probanden umfassen. Je kinderreicher diese ist, um so sicherer wird die daraus zu gewinnende Erbprognose. Da man im allgemeinen weit eher über seine Vettern und Basen als über seine Urgroßeltern Bescheid weiß, mit welchen man durchschnittlich gleich viel Ahnenerbe, nämlich ein Achtel, gemeinsam hat, und man wohl auch seine Tanten und Onkel meist besser

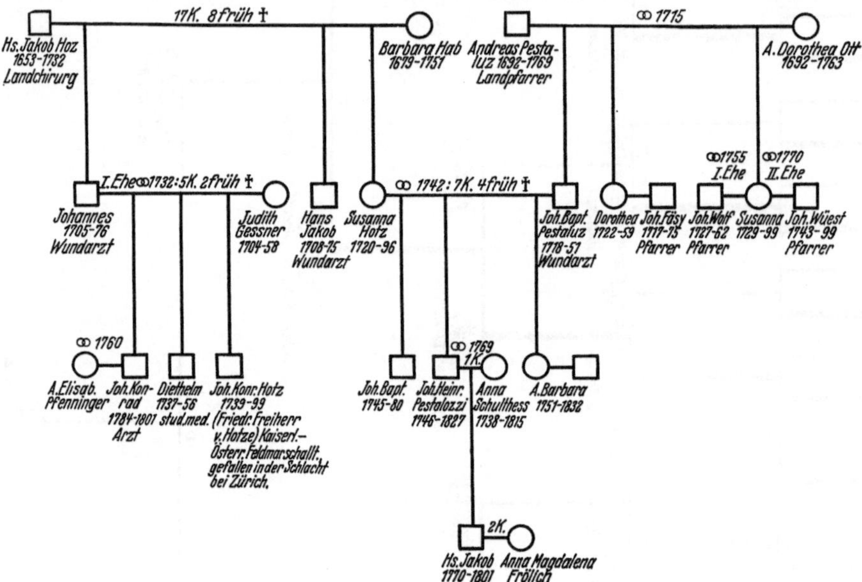

Abb. 3. Sippentafel von Heinrich Pestalozzi, 1746—1827.

kennt als seine einem im Durchschnitt zu einem Viertel erbgleichen Großeltern, pflegt eine umfangreichere Sippschaftstafel hinsichtlich des Vorkommens krankhafter Anlagen viel aufschlußreicher zu sein wie eine reine Ahnentafel, selbst wenn diese ein halbes Dutzend vollzähliger Ahnenreihen aufweist und wir allerlei Interessantes über die Berufe, Neigungen und Ehrungen von Hunderten von Aszendenten erfahren sollten.

H. W. Siemens hat einmal durch eine ausgedehnte Umfrage festgestellt, daß heutzutage die meisten Leute kaum mehr etwas über ihre Großeltern, geschweige denn die Urgroßeltern wissen, soweit sie dem einfachen Volk, besonders aber dem Proletariat der Städte angehören.

In den mir genau bekannten Inzuchtgebieten der Schweiz steht es damit glücklicherweise noch ungleich besser. Wie Kontrollen an Hand der Kirchenbücher bestätigten, stimmten die sich oft über erstaunlich weite Verwandtschaftskreise erstreckenden Angaben unserer Exploranden so weitgehend, daß wir nun zunächst immer mit den mündlichen Erhebungen in den einzelnen Probandenfamilien beginnen, um uns ein Bild über die Ausbreitung eines Merkmals und die elterlichen Konsanguinitätsverhältnisse zu machen und eine Wegleitung für das Studium der Kirchenbücher zu gewinnen.

Vergleichen wir vorstehende, aus Gründen der Raumersparnis etwas gekürzte *Sippschaftstafel* von *Heinrich Pestalozzi* mit seiner oben weitgehend aufgeführten *Ahnentafel*, so zeigt sich der Vorteil der ersteren klar. Lassen doch mütterlicherseits die einfachen, bäuerlichen Vorfahren des großen Pädagogen keineswegs vermuten, wieviel Begabung und Tatkraft er gerade von dieser Seite ererbt haben mag. Und doch scheint das väterliche, sich vornehmlich in hohem Ethos und theologischer Befähigung auswirkende Erbgut erst durch diese Mischung zur unvergänglichen Leistung angetrieben worden zu sein.

Nicht nur daß es einem Sohne eines Bruders der Mutter Pestalozzis gelang, sich aus einfachen ländlichen Verhältnissen zum hervorragenden Arzte heraufzuarbeiten; es stieg ein anderer Vetter dieser Linie sogar vom Baderssohne zum höchsten militärischen Range der Habsburgischen Monarchie und verdienstadeligen Freiherrn empor, ein für jene Zeit und namentlich das damalige Österreich ganz unerhörter Aufstieg, der fraglos auf eine außergewöhnliche Tüchtigkeit schließen läßt.

MOLLISON (1929) führte die öfters nachweisbare Häufung bedeutender Nachkommen auf Auslesevorgänge zurück und hob die ausschlaggebende Bedeutung der Gattenwahl hervor. Er zeigte, an Hand der *Berufs-Ahnentafeln* großer Männer, daß die Gattenwahl aus derselben Ausleseschicht zu erfolgen pflegt und die Aszendenz ein starkes Vorwiegen höherer Berufe erkennen läßt.

H. W. RATH (1927) hat in seinem prächtigen Werke über „*Regina, die schwäbische Geistesmutter*" festgestellt, daß der sprichwörtliche Reichtum Württembergs an Geistesgrößen zum beträchtlichen Teil aus gemeinsamen Blutsquellen stammt; so gehen *Uhland*, *Hölderlin und Schelling* in sechster Generation auf *Regina Burckhardt*, die Gattin des Leibarztes Dr. Bardili, 1600—1647, *Mörike* dagegen auf die erste Ehe von deren Vater, des Universitätsprofessors Burckhardt zurück. Mit FR. BRETSCHNEIDER (1935) muß die schlagwortartige Heraushebung Reginas als *der* Geistesmutter Schwabens beanstandet werden, da jeder der von ihr abstammenden drei Genialen ja noch 63 weitere Ahnen in jener Vorfahrenreihe hat, von denen er der Wahrscheinlichkeit nach gleichviel geerbt haben kann.

Noch mehr verdient diese Überlegung berücksichtigt zu werden, wenn ein bedeutender Stammvater auch nur eine Generation weiter zurückliegt, wie z. B. der Reutlinger Reformator *Matthäus Alber*, 1495—1570, der *Schiller, Uhland, Hegel, Fr. Th. Vischer* und den Physiker *Planck* zu seinen allerdings sicher sehr zahlreichen Nachkommen zählt (RENTSCHLER).

Was die Art der Aufzeichnung von Sippschaftstafeln betrifft, so ist die von K. ASTEL vorgeschlagene in der Praxis der Eheberatung die brauchbarste, da sie eine gedrängte und doch übersichtliche Registrierung der wichtigsten Personaldaten gestattet.

Hierauf hat LOTHAR STENGEL-V. RUTKOWSKI (1935), der statt der alten historischen Genealogie eine züchterische Familienkunde verlangt, mit Recht hingewiesen.

Zur Darstellung der verwickelten Blutsverwandtschaftsverhältnisse, wie sie beim einfach-recessiven Erbgang zur Klärung der verschiedenen Wege latenter Belastung von den Probandeneltern bis zu den mutmaßlich ersten Heterozygoten unbedingt vollständig eingezeichnet werden müssen, eignet sich die von HANHART seit 1923 geübte direkte Linienführung, welche die Eltern einer Geschwisterschaft durch einen geraden Strich verbindet und die Kinder unmittelbar daran anfügt, entschieden besser, weil sonst infolge allzuvieler Durchkreuzungen ein nurmehr mit großer Mühe zu deutendes Gewirr von Abstammungslinien entsteht.

Da mich die Erfahrung lehrte, daß die einfachen Quadrat- und Kreissymbole für männliches bzw. weibliches Geschlecht von den Setzern viel weniger leicht unrichtig wiedergegeben werden und sie offenbar auch deshalb die bekannte große Verbreitung gewannen, habe ich daran festgehalten und die in Deutschland sonst meist verwendeten Zeichen ♂ und ♀ nirgends verwendet. Die zahlreichen, zur Illustrierung dieses Abschnittes eingefügten Sippentafeln zeigen, wie übersichtlich und auf verhältnismäßig engem Raum sich die kompliziertesten Beziehungen gehäufter Konsanguinität auf solche Weise darstellen und überblicken lassen, weil darauf nur diejenigen Linien — davon aber allerdings sämtliche — berücksichtigt sind, die einem möglichen Belastungswege entsprechen.

Das bei vermutlich einfach-recessiv vererbten Merkmalen einzuschlagende Verfahren besteht letztlich in der Aufstellung einer von den ersten gemeinsamen Ahnen sämtlicher Probandeneltern ausgehenden *Nachfahren-* oder *Deszendenztafel*, die alle vom Merkmal betroffene Zweige enthält und somit einen Ausschnitt aus der meist recht umfangreichen Nachkommenschaft des mutmaßlich ersten Heterozygoten *(Mutanten* oder *Idiovarianten)* darstellt. Das Verhältnis der sich aus den Belastungslinien ergebenden weiteren Heterozygoten zu ihren ebenfalls verheirateten und kinderreichen Geschwistern läßt sich dann an Hand der vollständigen Deszendenztafel des sog. *Stammelternpaars* öfters als weitgehend übereinstimmend mit der Mendelschen Durchschnittsproportion aus der Kreuzung DR × DD = 2DR + 2DD nachweisen.

Die Anwendung dieser seiner *kombinierten Aszendenz-Deszendenzkontrolle* hat Hanhart (1938) am Beispiele der sog. *sporadischen Taubheit* ausführlich erläutert. Sie dürfte, ebenso wie seine Art der graphischen Darstellung als Methode der Wahl zur Sicherstellung des einfach-recessiven Erbgangs einer Anlage gelten. Ihre Durchführung in jenen „idealen" Inzuchtgebieten mit über 300 Jahre zurückreichenden *Familienregistern* (s. unten) gestaltet sich folgendermaßen:

1. Bestimmung der durchschnittlichen Konsanguinität der betreffenden Bevölkerung durch Aufstellung der Ahnentafel jedes einzelnen Bürgers. Letzteres fällt in Gemeinden mit nicht mehr als 500 alteingesessenen Bewohnern[1] verhältnismäßig leicht und ist durch die ebenfalls von Hanhart (1923) angegebene, nur in katholischen Gegenden mögliche Methode der Auszählung der in den letzten hundert Jahren in die Ehebücher eingetragenen *Konsanguinitätsdispense*[2] bloß dann zu ersetzen, wenn kein Familienbuch vorliegt.

2. Feststellung sämtlicher aus dem zu erforschenden Inzuchtgebiet hervorgegangenen Träger des auf seinen Erbgang verfolgten Merkmals einschließlich der Fälle, die von den ältesten zuverlässigen Auskunftspersonen aus früherer Zeit gemeldet werden, sowie vor allem auch der in den aus der Heimatgemeinde abgewanderten Familien vorgekommenen Manifestationen. Genaue Aufnahme von Anamnese und Status jedes einzelnen erreichbaren Merkmalsträgers unter Berücksichtigung der gesamten konstitutionellen Befunde, die sich bei ihm und seiner Familie (Eltern, Geschwistern, Kindern und auch Seitenverwandten) erheben lassen.

Aufstellung einer möglichst alle vorgefundenen Fälle in sich vereinigenden *Sippschaftstafel* mit vollständiger Angabe aller Nachkommen mindestens der Großeltern der Merkmalsträger; hierbei ist auf die genaue Geburtenfolge[3] zu achten und außerdem das Alter der bereits Verstorbenen und deren Todesursache anzugeben. Erfahrungsgemäß lassen sich in derartigen Gebieten auch die etwaigen illegitimen Väter ziemlich sicher herausfinden, da diese nur ganz selten unbekannt bleiben und sich auch viel weniger, als in städtischen Verhältnissen, berechtigterweise auf die ominöse exceptio plurium herausreden können, weil das sittliche Empfinden in solchen vom Trubel der Welt abgeschlossenen

---

[1] Mein Mitarbeiter H. Brenk (1931) hat sich der schon viel schwierigeren Aufgabe unterzogen, die Aszendenz von nicht weniger als 270 Ehepaaren (sog. juristischen Familien) mit 1450 Angehörigen in der Obwaldnischen Gemeinde L. bis 1600 und zum Teil noch weiter zurück aus dem dortigen, in *einem* großen Folianten vorliegenden Familienregister (sog. Stammbuch) auszuziehen.

Daß die wirklich kompletten, nicht etwa nur aus einem Ahnentafelgerüst von fortlaufenden Verweisen und Ordnungszahlen bestehenden *Kirchenbuchauszüge* wegen der oft genug mangelhaften Aufbewahrung der Originaldokumente wertvollstes genealogisches Material für die Nachwelt erhalten helfen, sei hier nur beiläufig bemerkt.

In Deutschland ist eine besondere Abteilung des *Reichssippenamtes* zu Berlin damit beschäftigt, Photokopien sämtlicher deutscher Kirchenbücher herzustellen, so daß hier nun kaum mehr Verluste an diesen genealogisch wichtigsten Unterlagen zu befürchten sind.

[2] Diese umfaßten bis 1918 auch den IV. Konsanguinitätsgrad, d. h. eine Identität von Ururgroßeltern, seither nurmehr den III. Grad elterlicher Blutsverwandtschaft, der einer Vetternehe II. Grades entspricht.

[3] Mindestens in den Originalprotokollen müssen die Geburts-, Ehe- und Sterbedaten auf Monat und Tag genau verzeichnet sein, um später auftauchende Unstimmigkeiten oder doch Unwahrscheinlichkeiten (wie z. B. die gelegentlich vorkommende Geburt von Zwillingen in nicht demselben Jahre oder ein ungewöhnlich frühes Zeugungsalter eines Elters usw.) einwandfrei zu belegen oder auch die Nachprüfung gewisser periodischer Vorgänge bei der menschlichen Vererbung im Sinne der „*Generationsrhythmen*" Hans Günthers (1923 und 1932) zu ermöglichen.

Bevölkerungen noch erfreulich unverdorben zu sein pflegt. Oft geben sog. *Still-standsprotokolle* sowie Entscheide der früher vielerorts amtenden *Ehegerichte* wertvolle Anhaltspunkte zur nachträglichen Eruierung einer Vaterschaft.

3. Aufstellung der Ahnentafeln aller Probandeneltern und Vergleich derselben auf identische Ahnen.

Feststellung desjenigen allen Probandeneltern gemeinsamen Ahnenpaars, das am wenigsten weit zurückliegt und bei dem sämtliche Heterozygotenlinien einmünden, so daß dessen einer Partner als *der* erste nachweisliche Heterozygot angesprochen werden muß bzw. als *Idiovariant* oder *Mutant*.

4. Aufstellung der vollständigen *Deszendenz* dieses gemeinsamen *Stammeltern-paars* der Sippe hinsichtlich ihrer einfach-recessiv vererbten Belastung und damit Nachweis der Übereinstimmung mit der MENDELschen Durchschnittsproportion von deren Ursprung an. Vergleich der verschont gebliebenen mit den vom Merkmal manifest betroffenen Zweigen innerhalb der Nachkommenschaft des Stammelternpaars und Aufstellung der *Abstammungstafel* der vereinigten und bezüglich der zu klärenden Heterozygotenlinien möglichst in sich geschlossenen Sippe. Sie stellt, wie bereits erwähnt, einen Ausschnitt aus der viel umfang-reicheren und sehr viel Raum beanspruchenden Gesamtdeszendenz dar und ist eine *Kombination von Sippschafts-, Ahnen- und Nachfahrentafeln*, die einen Überblick über den mutmaßlichen Ursprung und die Ausbreitung der dem Merkmal zugrunde liegenden Erbänderung *(Mutation)* erlaubt und nicht nur alle *wahrscheinlichen*, sondern auch alle die verschiedenen *möglichen* Wege der Über-tragung einer überdeckten Anlage berücksichtigt.

Die Aufstellung von *Deszendenztafeln* weiter zurückliegender Persönlichkeiten ist sehr viel umständlicher als diejenige der Ahnentafeln heutiger Personen im allgemeinen zu sein pflegt. Bei dem früher meist sehr großen Kinderreichtum breiten sich die späteren Zweige öfters äußerst weitläufig aus, weil nicht bloß in der geometrischen Progression von 2^x, sondern eher von 3^x und mehr ansteigend. Ein treffliches Beispiel liefert uns die von W. H. RUOFF (1937) zur Zeit bearbeitete Nachfahrentafel des Züricher Reformators *Ulrich Zwingli*, 1484—1531, der zwar nur 2 verheiratete Kinder, von diesen aber 16 Enkel, 50 Ur-enkel und 86 Ururenkel hatte, von welch ersteren 7 bzw. 15 wieder zur Fortpflanzung ge-langten, so daß sich seine gesamte Nachkommenschaft heute auf gegen 100 000 Personen belaufen mag.

Noch weit mehr Nachfahren dürfte der Württemberger Reformator *Johannes Brenz*, 1499—1570, aufweisen, da er nach A. RENTSCHLER (1921) nicht weniger als 18 Kinder und 49 Enkel hatte, von denen 9 bzw. 32 verheiratet waren.

Ein großer Irrtum wäre es auch z. B. anzunehmen, daß die lebenden Nachkommen *Dr. Martin Luthers*, 1483—1546, sich nur auf das halbe Tausend belaufe, das der Hannove-raner Pastor OTTO SARTORIUS (1926) auf Grund der unvollständigen genealogischen Quellen ausfindig machen konnte. Wissen wir doch unter anderem gar nichts über die eventuell recht zahlreichen Nachfahren zweier verheirateter Enkelinnen des Reformators!

Es ist allerdings ein Ding der Unmöglichkeit, auch nur annähernd die Zahl der Nach-kommen von Persönlichkeiten aus jener Zeit abzuschätzen, vor allem wegen der beim Menschen eben recht *ungleichen Dauer der Generationen.*

Der von vielen Genealogen, so auch von O. LORENZ vorausgesetzte *Ausgleich der Generationsdauer* braucht sich nämlich selbst im Ablauf von über 350 Jahren durchaus noch nicht einzustellen. So hat z. B. der langjährige Züricher Staatsarchivar Prof. Dr. PAUL SCHWEIZER (1916) in seiner eigenen, auf einen 1401 ins Stadtbürgerrecht aufgenom-menen „Stammvater" zurückgehenden Familie eine *dominierende Tendenz zu langen Gene-rationen* nachweisen können, da die Fortpflanzer seines Geschlechtes meist Pfarrer waren und deshalb erst später zum Heiraten kamen. Seine Ahnenreihe ist in den letzten 400 Jahren gegenüber dem Durchschnitt um ganze drei Generationen zurückgeblieben, so daß er von der Zeit der Schlacht bei Marignano, anno 1515, statt 14 bloß 10 Generationen entfernt ist. Eine andere alte Züricher Familie dagegen, die *Escher*, haben seit 1385 eine Zahl von 20 Ahnen-reihen, also eine durchschnittliche Generationsdauer von nur 25 Jahren erreicht.

Auch auf die in kinderreichen Familien sich besonders geltend machenden, namentlich durch stärkere Altersunterschiede von Ehegatten bedingten *Generationsverschiebungen* sei hier hingewiesen. Sie kommen am häufigsten in fürstlichen Geschlechtern vor und bewirkten z. B., daß die Enkel *Bernhards von Meiningen* nach ihren Geburtsdaten zwischen

1706 und 1762 bis zu 56 Jahren, d. h. um fast das Doppelte der gewöhnlich auf 30 Jahre veranschlagten Generationsdauer voneinander abweichen.

An dieser Stelle sei noch auf die hie und da irrtümliche Verwendung des Begriffes der *Seitenlinien* in Kommentaren zu Nachfahrentafeln aufmerksam gemacht. Als solche bezeichnet der einseitig historisch bzw. dynastisch eingestellte Genealoge alle Zweige, die nicht direkte Thronfolger betreffen oder wenigstens der den Namen des Geschlechtes tragenden sog. *Stammlinie* angehören.

Für den Erbbiologen jedoch sind die *Seitenlinien* im Gegensatz zur direkten Aszendenz und Deszendenz Abzweigungen, die von Geschwistern irgend eines Vorfahren oder eigenen Geschwistern ausgehen.

Wer z. B. seine Aszendenz auf eine Tochter Luthers zurückführen kann, stammt nicht etwa aus dessen Seitenlinie, sondern nur diejenigen, welche Nachkommen eines seiner Geschwister oder der Geschwister seiner Vorfahren sind.

Zur Feststellung all dieser das Gerüst unserer Tafeln bildenden genealogischen Daten sind wir in den früheren Generationen so gut wie ausschließlich auf die Einträge in *Kirchenbüchern* angewiesen, wie sie sich als kulturelle Errungenschaft der Neuzeit erstmals im 16. Jahrhundert systematisch verzeichnet finden. Im Mittelalter hat man es noch nicht für nötig gefunden, über Geburt, Eheschließung und Tod der gewöhnlichen, nicht mit dem Adel oder der höheren Geistlichkeit versippten Volksgenossen Buch zu führen.

Erst *Zwingli*, der auch hierin reformierend wirkte, hat seit dem Jahre 1525 damit begonnen, sämtliche Taufen und Trauungen aufzuzeichnen, so daß der Kanton Zürich über die ältesten Tauf- und Ehebücher aller christlichen Lande überhaupt verfügt. Die deutsche Stadt *Konstanz* folgte dann 1531 bereits auf Verordnung ihres reformierten Magistrats nach, während für die katholische Kirche als Maßnahme der Gegenreformation 1563 vom *Tridentiner Konzil* dafür gesorgt wurde, daß die Führung von Tauf- und Traubüchern den Geistlichen künftig vorgeschrieben war.

Totenregister kamen erst wesentlich später auf und reichen nur in wenigen Gemeinden bis ins 16. Jahrhundert zurück. Gerade sie aber enthalten die für die Vererbungsforschung wichtigsten Angaben über allfällige Gebrechen und die Todesursachen der Verstorbenen und geben uns Anhaltspunkte für das Auftreten früherer Manifestationen der heute sich äußernden krankhaften Erbanlagen; allerdings darf aus dem Mangel entsprechender Vermerke ja nicht etwa schon auf das Fehlen von Entartungserscheinungen in alter Zeit geschlossen werden. Hing es doch gänzlich von der individuell sehr wechselnden Einstellung des jeweiligen Pfarrherrn ab, ob er dergleichen nicht zu seinem Pflichtenkreis gehörende Eigentümlichkeiten verschwieg oder aber latine umschrieb oder gar als „Curiosa" in deutscher Sprache hervorhob und aus dem Totenbuch eine lebendige Chronik der zeitgenössischen Zustände machte. Auf jeden Fall soll man sich der Mühe nicht verdrießen lassen, die sämtlichen Sterberegister aufmerksam nach derartigen Einträgen durchzusehen. Man wird dabei, wie einige sprechende Beispiele weiter unten zeigen, zuweilen reich belohnt und vermag dann gelegentlich sonst unerklärliche Belastungen, d. h. von Probandeneltern ausgehende Aszendenzlinien auf Geschwister von früheren mit dem Merkmal behafteten Personen, also auf mutmaßlich heterozygote Individuen zurückzuführen.

Familienregister (auch *Stammbücher* oder *Gemeinderödel* genannt), welche die Einträge aller Tauf-, Ehe- und Sterbebücher nach Familien geordnet zusammenfassen und das Nachschlagen durch Verweise von einem Zweige zu den nächsthöheren und tieferen und damit die Aufstellung von Ahnen-, Nachfahren- und Sippentafeln enorm erleichtern, sind in der Schweiz schon seit 1628 angelegt worden und erlauben demgemäß nicht selten rasch einen vollständigen Abstammungsnachweis bis in die zweite Hälfte des 16. Jahrhunderts hinein. Erst sie ermöglichen die Ausführung der oben skizzierten vergleichenden *Aszendenz-Deszendenzkontrolle*.

Vielerorts sind erst in späterer Zeit derartige für den Genealogen unschätzbare Familienregister erstellt worden, die dann nicht alle vorhandenen Quellen erschöpfen, aber sich weiter vervollständigen ließen. Wir sind in solchen Fällen darauf angewiesen, die Ahnenreihen aus den Tauf-, Ehe- und Totenbüchern zu rekonstruieren, was besonders in größeren Gemeinden so schwierig und zeitraubend wird, daß man sich darauf beschränken muß, die wichtigsten Belastungslinien herauszuarbeiten.

Die größten Schwierigkeiten dabei erwachsen einem durch die sich häufig sogar auch auf die Vornamen erstreckende *Namensgleichheit,* der nur durch eine ausgiebige Berücksichtigung der allfälligen „*Übernamen*", d. h. der von den Dorfgenossen gebrauchten, oft drolligen Bezeichnungen einigermaßen beizukommen ist.

Nicht selten bedarf es einer umständlichen *Ausschließungsmethode,* um die verschiedenen, bis zu einem halben Dutzend herausgefundenen Personen gleichen Vor- und Zunamens näher zu identifizieren, wobei die Kombinationsgabe des Familienforschers, ebenso aber auch seine Gründlichkeit stark auf die Probe gestellt wird.

Ein sprechendes Beispiel hierfür folgt im Unterabschnitt bei der Besprechung einer *Sippentafel* mit *universellem Albinismus* aus dem Kanton Schwyz.

Das einzig zuverlässige Vorgehen bildet hier das Herausschreiben sämtlicher Abkömmlinge der in Betracht kommenden Geschlechter, woraus sich dann die Zuordnung der einzelnen Personen noch am ehesten ergibt. Noch verhältnismäßig leicht fällt dies, wenn in den Tauf- und Ehebüchern auch die Väter der Eltern und in den Sterbebüchern die eventuellen Ehegatten näher bezeichnet sind. Dabei wird es oft möglich, für die Annahme der Zugehörigkeit einer bestimmten Person zu einer erforschten Familie eine Reihe von bestätigenden Anhaltspunkten zu gewinnen.

Das klassische *Handbuch der praktischen Genealogie* von ED. HEYDENREICH (1913) ist bisher unerreicht geblieben. Eine anregende *Einführung in die naturwissenschaftliche Familienkunde (Familienanthropologie)* hat W. SCHEIDT (1923) verfaßt. Wertvoll sind auch die „*Hinweise auf wichtige Werke und Quellen zur schweizerischen Familienforschung* meines Mitarbeiters ROB. OEHLER (1935), dem Schriftleiter des „Schweizer Familienforscher", einer seit 1933 bestehenden kleinen Zeitschrift, die freilich mit dem seit 1928 von E. WENTSCHER herausgegebenen „*Archiv für Sippenforschung*" und den „*Familiengeschichtlichen Blättern*" der Zentralstelle für deutsche Personen- und Familiengeschichte, Leipzig, nicht mehr Schritt halten kann. E. WENTSCHER (1933) hat eine kurze „*Einführung in die praktische Genealogie*" geschrieben, die für deutsche Verhältnisse wegleitend ist.

Über die „erb- und bevölkerungsbiologischen Aufgaben der Familiengeschichtsforschung" hat sich W. SCHEIDT (1928), sowie über die „*Bedeutung der Familienforschung*" im allgemeinen R. v. UNGERN-STERNBERG (1934) kritisch geäußert.

Ausdrücklich aufmerksam gemacht sei noch auf das „*Familienbuch*" von W. SCHEIDT (1924), das „*Familien- und Heimatbuch*" von M. SACHSENRÖDER (1928) und auf den von K. v. BEHR-PINNOW und E. HANHART (1934) bei A. E. Starke, Görlitz herausgegebenen „*Konstitutionsbogen für Familien- und Erbkunde*" für alle diejenigen, die ihre Familiengeschichte übersichtlich und für erbbiologische Zwecke verwendbar nach vorgedruckten Fragen und Rubriken aufzeichnen wollen.

Um den Wünschen nach rascher Orientierung auf dem heute erfreulicherweise weiteste Kreise interessierenden Gebiete der *Familienforschung* entgegenzukommen, habe ich das einschlägige *Schrifttum* vom übrigen gesondert zusammengestellt.

IV. Mutmaßlicher Ursprung und nachweisbare Ausbreitung krankhafter Erbänderungen (Mutationen) beim Menschen.

1. Mutationen mit dominantem Erbgang.

Der Ursprung einer dominanten Erbanlage ist im allgemeinen leichter zu bestimmen, als derjenige einer recessiven, besonders, wenn es sich um ein Merkmal handelt, das auffällig genug ist, um der Überlieferung nicht zu entgehen. Unregelmäßig dominante Anlagen sind dagegen unter Umständen schwieriger auf den ungefähren Zeitpunkt ihrer Entstehung zu prüfen, als einfach-recessive, sowie namentlich geschlechtsgebunden-recessive.

In folgenden beiden Sippen mit einfach-dominanter Vererbung augenscheinlich desselben seltenen Merkmals konnte der mutmaßliche Ursprung der vorauszusetzenden Mutation mit hoher Wahrscheinlichkeit auf je einen *erstbehafteten Ahnen* bzw. den einen von seinen Eltern bezogen werden.

Es handelt sich um eine *Brachyphalangie beider Zeigefinger*, wie sie zuerst von Mohr und Wriedt (1919) in Norwegen und 5 Jahre später von Hanhart (1924) im Oberwallis *regelmäßig-dominant* in 6 bzw. 5 Generationen je einer kinderreichen Sippe beobachtet wurde.

Bei derjenigen in Norwegen war das Merkmal von einem seiner Träger in der von ihm verfaßten Familienchronik einläßlich berücksichtigt worden, so daß wir mit Mohr und Wriedt annehmen dürfen, seine gleich ihm damit behaftete Mutter, 1764—1826, sei die erste des Geschlechtes gewesen, welche diese kleine Mißbildung manifestierte. Die entsprechende Erbänderung muß demnach entweder an einer Keimzelle ihres aus Aarhus auf Jütland in Dänemark stammenden Vaters oder ihrer im südlichen Teil Norwegens geborenen Mutter entstanden sein.

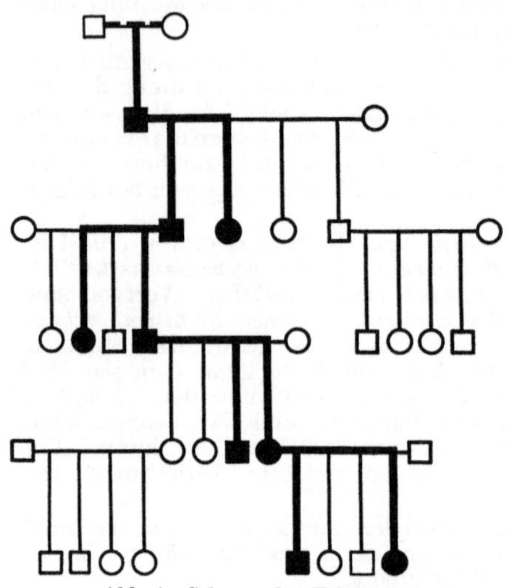

Anfänglich schien die Dominanz der in der großen Nachkommenschaft dieser Stammutter ausgebreiteten Anlage mehrfach unterbrochen zu sein, bis die von den meisten Personen der letzten 4 Generationen der Sippe aufgenommenen Röntgenbilder bei den betreffenden Überträgern sowie auch anderen Abkömmlingen eine meßbare bzw. berechenbare relative Verkürzung der sonst fehlenden oder doch stark rudimentären Mittelphalangen der Zeigefinger, also eine *Variante leichterer Ausprägung* erkennen ließen. Die Autoren nennen sie den B-Typ gegenüber dem B!-Typ, welch letzterer die volle, ohne weiteres in die Augen springende Manifestation bedeutet.

Man kann nun einwenden, daß diese erstmals bei zwei Enkelinnen nachweisbare, relative Latenz des Merkmals vielleicht bereits auch bei einem der Eltern der genannten Stammutter bestanden hätte und deshalb übersehen worden wäre.

Abb. 4. Schema des Erbgangs einer regelmäßig-dominanten Mutation.

Der Beweis, daß der schwachen Ausprägung des Merkmals in dieser Sippe dieselbe Erbanlage wie der starken entspricht, liegt in dem höchst bemerkenswerten Ergebnis einer darin vorgekommenen Verbindung eines solchen B- mit einem B!-Typ, aus welcher allem nach ein *homozygot* veranlagtes Individuum hervorgegangen ist (vgl. unsere Tafel)[1]. Das betreffende, 1 Jahr alt gestorbene Töchterchen soll nämlich ein *entwicklungsunfähiger Krüppel* gewesen sein, was allgemein als Ausdruck einer homozygoten, subletalen Anlage betrachtet wird.

Leider konnte dieser in der Literatur fast einzig[2] dastehende Fall, derwegen des Vorhandenseins noch je eines merkmalsfreien und eines mit dem B-Typ behafteten Geschwisters obigen Krüppels genau der Kreuzung DR × DR = 2 DR + RR + DD entspräche, bezüglich des hier vor allem interessierenden Zustands des Skelets, insbesondere der Extremitäten, nicht genauer untersucht werden.

In einer von dem hervorragenden Züricher Zoologen und Erblichkeitsforscher Arnold Lang ausgelegten Sippentafel von C. Schlatter (1904) fehlt nun allerdings ein solches, mit schwerster Mißbildung verbundenes Homozygotwerden einer einfach-dominanten Anlage vollständig, trotzdem zwei derartige Ehen darin vorkommen, die eine sogar mit 8 Kindern, von denen sämtliche syndaktyl sind.

---

[1] Wie aus der Originalarbeit Mohr und Wriedts ersichtlich, fehlt dort eine diese so wichtige Manifestationsschwankung und damit die genaue Belastung aufzeigende Übersichtstafel. Das hauptsächliche Ergebnis dieser sonst mustergültigen Familienforschung ist deshalb in der bisherigen Literatur meist nicht genügend gewürdigt worden. Es handelt sich bei meiner hier gegebenen Darstellung also nicht bloß um eine Umzeichnung.

[2] Ein anderer Fall ist von M. R. Francillon (1938) beschrieben worden.

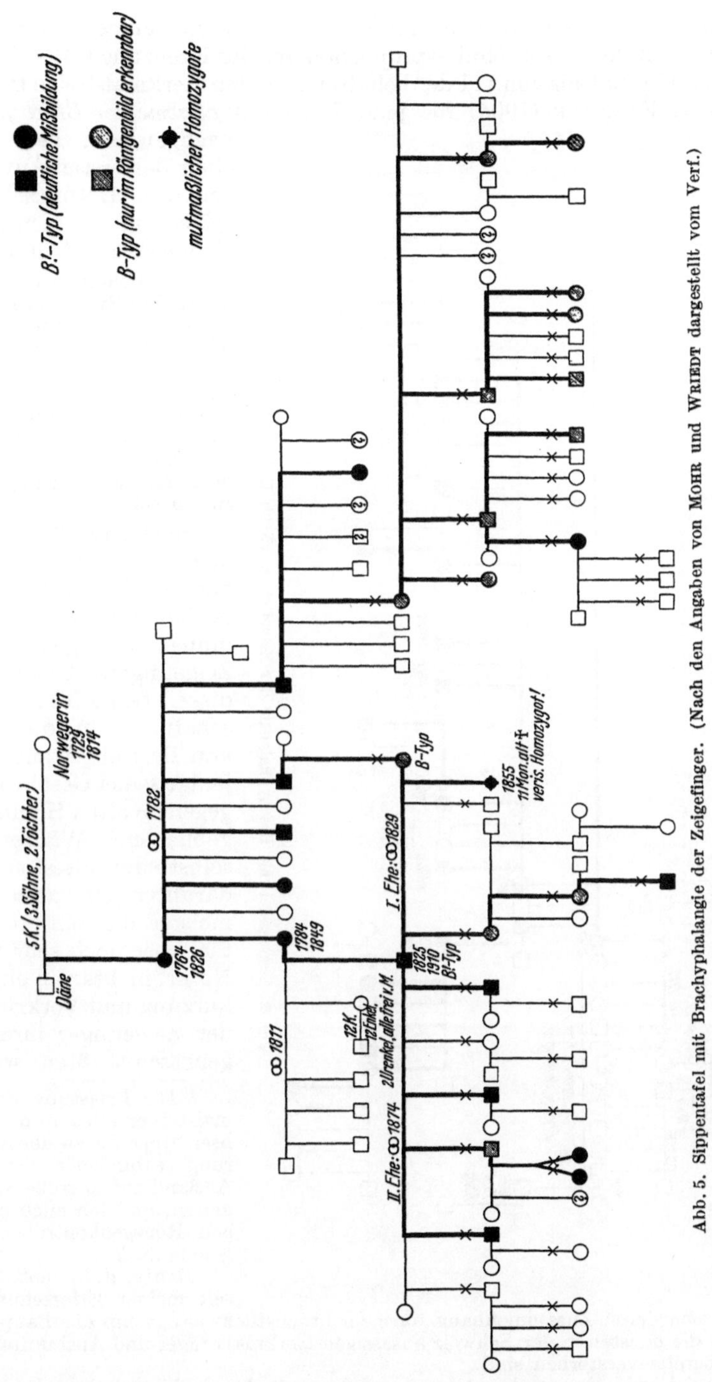

Abb. 5. Sippentafel mit Brachyphalangie der Zeigefinger. (Nach den Angaben von MOHR und WRIEDT dargestellt vom Verf.)

In der von mir im Wallis ohne Kenntnis der Beobachtung MOHRs und WRIEDTs 1923 entdeckten *Brachyphalangikersippe*, die bezüglich des B!-Typs ganz derjenigen aus Skandinavien gleicht, einen intermediären Zustand aber nicht aufzuweisen scheint[1], besteht demgemäß durchwegs regelmäßige Dominanz und das fast genau mit der Durchschnittsproportion aus der Kreuzung $DR \times RR$ übereinstimmendes Verhältnis von 1:1 der behafteten zu den merkmalsfreien Personen, ähnlich wie es Farabee (1905) für jene Sippe mit *allgemeiner Brachydaktylie* nachgewiesen hat, die zu einer der ersten Anwendungen des Mendelschen Gesetzes auf ein menschliches Erbmerkmal Anlaß gab.

Das Behaftetsein mit symmetrischer Syndaktylie der Zehen der Tochter eines von Mißbildungen anscheinend freien Bruders der sieben, rechts außen auf der Tafel verzeichneten Merkmalsträger dürfte kaum auf die sich sonst so einheitlich äußernde Anlage zu Brachyphalangie der Zeigefinger zu beziehen sein.

Nach zuverlässiger Überlieferung war der 1790 geborene Großvater meiner beiden ältesten Explorandinnen mit gleich kurzen Zeigefingern behaftet, wie diese. Seine Nachkommenschaft ist in die Gegend von Brig abgewandert, diejenige seiner Geschwister dagegen im alten Heimatort V. geblieben. Während hier selbst die ältesten Leute, darunter ein alter Schulmeister und ein hochbetagter, aber noch sehr rüstiger Notar, nichts von einer Verkürzung und Verkrümmung der Zeigefinger ihrer Dorfgenossen wußten, war diese

[1] Die Erfassung der Merkmalsträger stieß in dieser Walliser Sippe wegen der Abwanderung zahlreicher Glieder ins Ausland auf so große Schwierigkeiten, daß ich mich mit wenigen Röntgenkontrollen begnügen mußte.
Heute, d. h. bloß 15 Jahre seit meiner Erforschung dieser

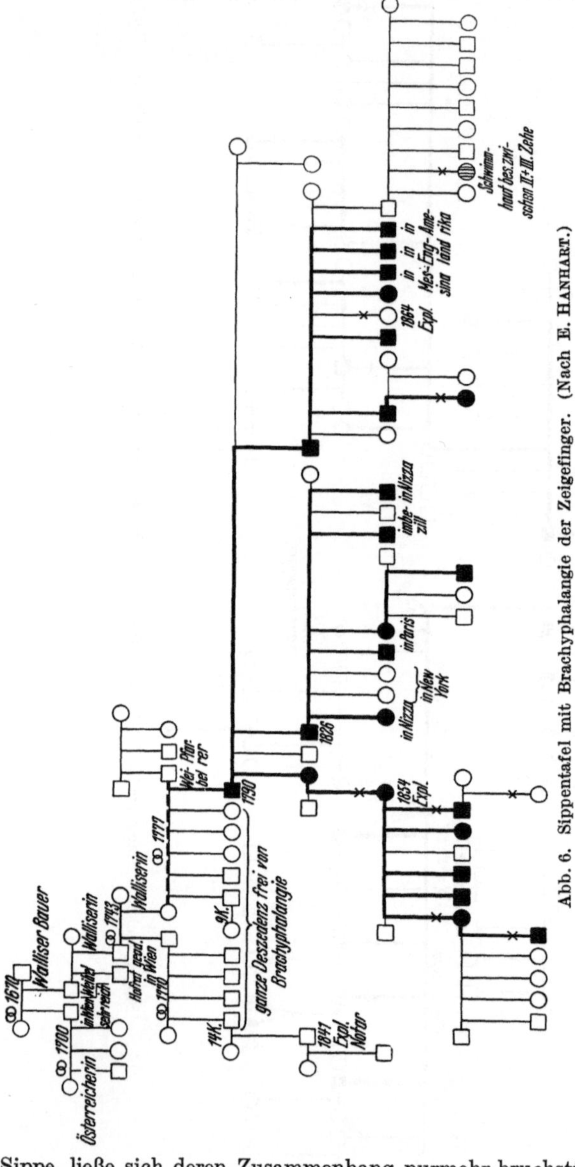

Abb. 6. Sippentafel mit Brachyphalangie der Zeigefinger. (Nach E. Hanhart.)

Sippe, ließe sich deren Zusammenhang nurmehr bruchstückweise, wenn überhaupt, rekonstruieren, da die meisten in der Schweiz ansässigen Merkmalsträger und Auskunftspersonen inzwischen bereits verstorben sind.

Ein Beispiel, wie dringend notwendig es ist, mit der erbbiologischen Bestandsaufnahme nicht zu säumen!

Die obige Sippentafel dieser Walliser Brachyphalangiker ist in der Studie „Die Entstehung neuer Erbanlagen" von G. Just (1925) nach meinen Angaben erstmals veröffentlicht worden.

als Familieneigentümlichkeit in dem weggewanderten Zweige allgemein bekannt und mit einer eigenen Bezeichnung versehen worden. Wenn sich dagegen in der recht umfangreichen Deszendenz der 5 Geschwister und 4 Vettern des genannten Ahnen keine Brachyphalangiker fanden, spricht dies in hohem Grade dafür, daß er tatsächlich der erste manifest behaftete Träger der Anlage war und die letztere als *Mutation* im Keimplasma eines seiner beiden, 1777 verheirateten Eltern entstanden ist.

Sie hat also annähernd um dieselbe Zeit stattgefunden, wie die Erbänderung, welche bei der von MOHR und WRIEDT festgestellten Idiovariantin erstmals in

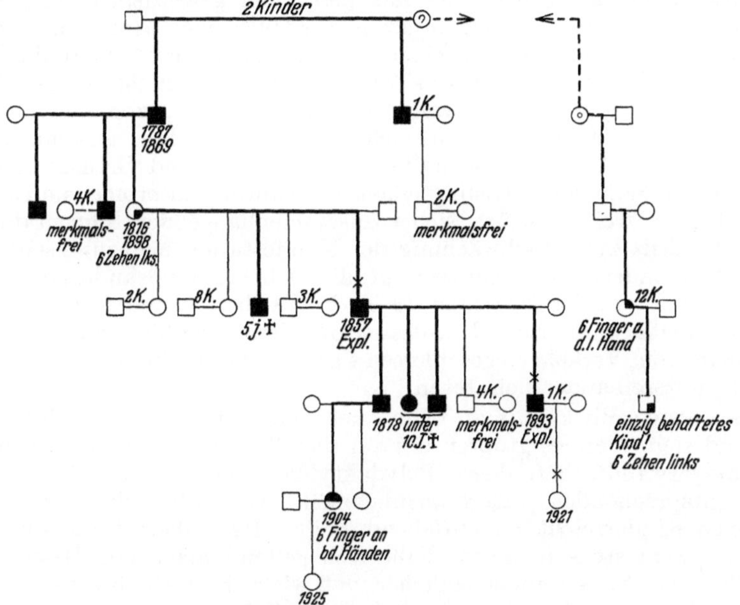

Abb. 7. Sippentafel mit Polydaktylie (Verdoppelung des V. Strahls) aus der Dauphiné. (Eigene Beobachtung.)

Erscheinung trat. Die sich hieraus ergebende Übereinstimmung ist um so wertvoller, als es sich bei den beiden Sippen um die gleiche, sonst noch nirgends beobachtete Mißbildung handelt, deren plötzliches Auftreten an zwei orographisch und klimatisch so verschiedenen und weit auseinanderliegenden Orten einen gemeinsamen Ursprung sicher ausschließt.

Viel größere Schwierigkeiten bietet der Nachweis des mutmaßlichen Zeitpunktes der mutativen Entstehung bei den *Polydaktylien*, die übrigens bekanntlich *genotypisch* wie *phänotypisch* uneinheitlich sind. Kommen dabei doch ungewöhnlich starke Manifestationsschwankungen, ja sogar Diskordanzen bei EZ vor, die wie im Falle von O. KOEHLER (1924) vollständig sein oder, wie in dem von W. LEHMANN und E. A. WITTELER (1935) sich auf die Füße beschränken können.

Möglicherweise gehört eine der Polydaktylieanlagen zu den *labilen Genen*, die zum ursprünglichen, dem normalen Zustande entsprechenden Verhalten zurückmutieren.

Hierfür spräche das, wie ich 1931 an Ort und Stelle nachweisen konnte, gar nicht mehr häufige Vorkommen dieser Mißbildung in der Gegend der Gemeinde *Izeaux* im französischen Departement Isère, allwo nach den allerdings nicht sehr glaubwürdigen, aber trotzdem bis jetzt überall in der Literatur weitergegebenen Mitteilungen in der nicht mehr aufzufindenden, vielleicht auch gar nicht existierenden Arbeit eines Autors namens Potton die Sechsfingerigen seinerzeit einmal die Mehrheit der dortigen Bevölkerung gebildet hätten; ähnlich wie in dem von H. v. Maltzan (1872) in Südarabien entdeckten Herrschergeschlecht der Fodli oder Ozmani, dessen sämtliche Mitglieder sogar mehr oder weniger polydaktyl gewesen sein sollen, was nach Erich Ebstein (1916) besser beglaubigt ist, als obige Behauptung jenes Potton, der die phantastische Häufung der Sechsfingerigkeit in der Nähe von Grenoble als Inzuchtfolge erklärt und den schon von ihm gemeldeten allmählichen Rückgang in der Frequenz dieses Merkmals auf eine regenerierende Blutmischung bezogen hatte.

In Wirklichkeit kann nach der mir persönlich gewordenen Überlieferung durch einen noch sehr rüstigen 74jährigen Exploranden einzig angenommen werden, daß das bei ihm und 11 seiner Angehörigen vorhandene Merkmal, eine *Polydaktylie durch Verdoppelung des V. Strahls*, in jener gar nicht sehr abgelegenen Gegend anfangs des letzten Jahrhunderts häufiger vorgekommen ist als in neuerer Zeit. Jedenfalls vermochte ich 1931 in den drei, zusammen etwa 10000 Einwohner zählenden Ortschaften Izeaux, Rives und Grenage nur mehr ganz vereinzelte Fälle von Sechsfingrigkeit in Erfahrung zu bringen und an Hand folgender beider, weiter zurück sicher zusammenhängender Sippentafeln eine deutliche Tendenz zur Abschwächung der Manifestation nachzuweisen[1].

Wesentlich andere Verhältnisse zeigt die sich auf eine andersartige *Polydaktylie*, nämlich *mit Verdoppelung des I. Strahls*, beziehende folgende Sippentafel aus dem Oberwalliserdorf Tö., dessen 620 Bewohner bis vor 2 Jahren noch weitestgehend vom Verkehr abgeschlossen waren und deshalb seit Jahrhunderten vorwiegend untereinander heirateten.

Auf den ersten Blick ist man denn auch versucht, in Anbetracht der vielfältigen und sich überdies größtenteils auf dieselben Ahnen beziehenden elterlichen Blutsverwandtschaft dieser Polydaktyliker einen einfach-recessiven Erbgang der entsprechenden Anlage anzunehmen. Aber schon die angesichts des vorhandenen Kinderreichtums auffallend geringe Häufigkeit der Manifestation, sowie deren wenigstens in einem Falle sich geltend machende Beschränkung auf die Füße, macht es wahrscheinlicher, daß wir es hier wie in einer Reihe von Sippen der Literatur mit einem mehrfachen Überspringen von Generationen infolge unregelmäßiger Dominanz zu tun haben, ganz abgesehen davon, daß Recessivität bei dieser Affektion nie beobachtet wurde. Recht auffällig bleibt immerhin, daß nicht nur alle 6 Eltern der bloß 3 Sechsfingerigen — andere kamen laut zuverlässiger Überlieferung in den letzten Generationen nicht am Orte vor — sondern auch deren sämtliche 19 Kinder anscheinend gänzlich frei von der Anlage geblieben sind, so daß das Verhältnis behafteter zu merkmalsfreien Kindern statt 1:1 gar 1:8 beträgt.

So bildet das derart sporadische und im Gegensatz zu seiner Spärlichkeit theoretisch höchst bemerkenswerte Auftreten der Polydaktylie in dieser Walliser Sippe einen schwerwiegenden Grund zu der bereits oben in Betracht gezogenen Annahme eines *labilen Gens*.

Ähnlich günstige Vorbedingungen zur Feststellung des mutmaßlichen Ursprungs und der Ausbreitung derartiger dominanter Mutationen fanden sich in Skandinavien, da wo die Geburtenrationierung noch nicht um sich gegriffen hatte. So ist von A. Sverdrup (1922) ein *„postaxialer Polydaktylismus"* in 6 Generationen eines norwegischen und von O. Thomsen (1927) eine Kombination

---

[1] Die gewaltigen Nachteile, die der Erbforschung aus dem *Ein- bis Zweikindersystem* erwachsen, machen sich in den letzten beiden Generationen dieser südfranzösischen Sippe bereits unangenehm fühlbar, im Gegensatz zu dem *Kinderreichtum* der drei andern in diesem Zusammenhang besprochenen Sippen, der eine Reihe von entscheidenden Schlußfolgerungen erst ermöglichte.

von *Poly-* und *Syndaktylie* aus 7 Generationen eines dänischen Geschlechtes geschildert worden. In beiden Sippen zeigten sich recht beträchtliche *Manifestationsschwankungen*, in derjenigen von THOMSEN sogar so weitgehend, daß der Phänotypus wahrscheinlich behafteter, weil übertragender Personen nicht von

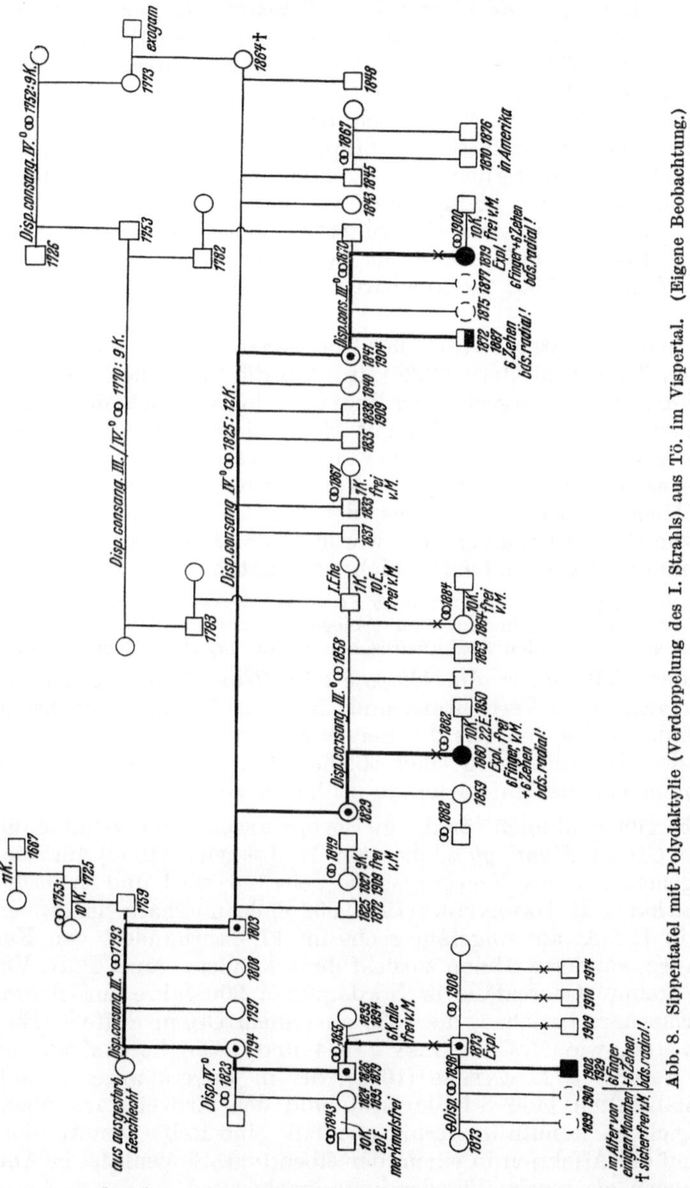

Abb. 8. Sippentafel mit Polydaktylie (Verdoppelung des I. Strahls) aus Tö. im Vispertal. (Eigene Beobachtung.)

der Norm zu unterscheiden war. Dennoch handelt es sich in jener Sippe um einen durchaus einheitlichen Merkmalskomplex — vom Autor als „Vordingborgtyp" bezeichnet — der als Äußerung einer besonderen, sonst nirgends beobachteten Mutation aufzufassen ist. Ein scheinbar sporadisch aufgetretener Fall gleichen Typs, über den THOMSEN erst später berichten konnte, erwies sich als zu einem illegitimen Zweig der Sippe gehörig.

Während wir es bei den hier besprochenen Fingermißbildungen mit verhältnismäßig jungen, ihrem mutmaßlichen Ursprung nach nur etwa 200 Jahre alten Erbänderungen zu tun hatten, so sind zwei andere Mutationen dominanten Erbgangs sicher wesentlich früher entstanden.

Für die sog. *kongenitale idiopathische Hemeralopie*, jene Form von Nachtblindheit, die ohne Veränderungen an der Netzhaut besteht, konnte von Cunier (1838) ein schon 1637 geborener Merkmalsträger, nämlich der Metzger Jean Nougaret aus dem Dorfe Vendémian bei Montpellier, als Stammvater einer zur Zeit der ergänzenden Nachforschungen Trucs und Nettleships (1907) bereits 2116 Personen umfassenden Sippe mit 135 Hemeralopen in 10 Generationen nachgewiesen werden. Die Dominanz der Anlage in diesem in den letzten 30 Jahren leider nicht weiter verfolgten Geschlecht ist vollkommen regelmäßig, wenn auch statt des zu erwartenden Verhältnisses von 1:1 ein solches von 134:246 auf Grund der wahrscheinlich nicht immer ganz zuverlässigen Angaben über merkmalsfreie und behaftete Personen vorzuliegen scheint.

Da der genannte Stammvater den Dorfnamen „le provençal" gehabt haben soll, nehmen Truc und Opin (1925) an, daß die von ihnen im Dorfe Néoules (Dépt. du Var) entdeckten sechs allerdings genealogisch noch nicht als zusammenhängend nachgewiesenen Familien mit Hemeralopie vom *Typ Nougaret* Reste des dort gelegenen Ursprungsherdes der Mutation sein könnten. Diese Auffassung findet eine weitere Stütze durch das Vorhandensein eines 4 Generationen umfassenden Hemeralopenstammbaums, der bereits 1885 von Sedan aufgestellt und 1895 von C. W. Cutler ergänzt worden ist und den, wie A. Franceschetti (1930) vermutet, Truc und Opin nicht gekannt haben.

Ob die neuerdings im Berner Jura nach Franceschetti (1930) von Koby aufgefundene Familie mit dominanter Hemeralopie ein Ableger der also möglicherweise auf eine einzige Erbänderung zurückgehenden südfranzösischen Herde ist, steht noch dahin.

Auf jeden Fall gehört die *idiopathische Hemeralopie* zu den dominanten Erbänderungen, deren Verbreitung und Ursprung überall möglichst genau festgestellt werden sollte, um mit der Zeit einen Einblick in die durchschnittliche Frequenz der Neuentstehung einer solchen Anlage zu bekommen und damit auf die entsprechende Mutationsrate schließen zu können.

Dasselbe gilt wohl auch für die in Europa anscheinend ziemlich gleichmäßig verbreitete *Chorea Huntington*, die von H. Josephy (1936) für die häufigste Heredodegeneration des Nervensystems gehalten wird und typisch herdweise auftritt. So hat C. B. Davenport (1915) 962 Fälle innerhalb vier großer Familienverbände in U.S.A. auf ungefähr sechs im 17. Jahrhundert von Europa nach Amerika ausgewanderte Ahnen zurückführen können. Auch P. R. Vessie (1932 und 1933) konnte Choreafälle in Nordamerika 300 Jahre zurückverfolgen und sie auf 3 Ehepaare beziehen, die 1630 aus einem Ort in Suffolk (England) eingewandert und, wie M. Critchley (1934 und 1935) herausfand, miteinander verwandt waren! J. L. Entres (1921), der in Bayern unter 21000 Patienten von 3 Heilanstalten bloß 8 Fälle fand, und den Erbveitstanz noch als recht selten bezeichnet, konnte immerhin ebenfalls eine Reihe von Herden ausfindig machen und die Affektion in einem derselben (vgl. Sippentafel in Abb. 9) durch 7 Generationen als regelmäßig dominant nachweisen.

T. Sjögren (1935) vermochte von 88 sicheren Fällen mit Erbveitstanz aus zwei kleinen nordschwedischen Kirchspielen nicht weniger als 50 auf *ein* Stammelternpaar, 27 auf ein zweites und die übrigen 11 auf drei weitere Ahnenpaare zurückzuführen und nimmt deshalb an, daß diese sämtlichen 5 Stammelternpaare gleichen Ursprungs seien.

Im Gegensatz zu Schweden und auch Norddeutschland, woselbst durch Fr. MEGGENDORFER (1933) von Hamburg, ferner durch F. KEHRER (1936) von Münster in Westfalen aus mehrere Huntingtonsippen erforscht werden konnten, scheint in der sonst an nervösen Heredodegenerationen aller Art so reichen Nordost- und Zentralschweiz die betreffende Mutation noch seltener zu entstehen, wie in Bayern; erheblich öfter dagegen auffallenderweise wieder in der Westschweiz.

Allerdings sind die diagnostischen Schwierigkeiten, die durch die schon von C. B. DAVENPORT und E. B. MUNCEY (1916) nachgewiesene Aufspaltung der Erbchorea in verschiedene, zum Teil als „formes frustes" zu bezeichnende Biotypen, sowie durch die namentlich von F. KEHRER (1928), dann B. PATZIG (1933, 1935, 1936) und neuerdings von M. MEIERHOFER (1937) beschriebene Heterophänie der Anlage bedingt werden, so beträchtlich, daß die Krankheit noch heute mancherorts unerkannt bleiben dürfte.

Das älteste dominante Sippenmerkmal ist der bekannte *Gesichtstypus der Habsburger*, der vor allem in *Progenie* (Prognathia inferior) und übermäßig entwickelter, hängender Unterlippe besteht und häufig von einigen anderen physiognomischen Eigentümlichkeiten, wie einer besonders großen und langen Nase, mehr oder weniger deutlichem Exophthalmus und transversaler Abflachung des Schädels begleitet ist (O. RUBBRECHT, 1910 und 1930). Letzterer Autor, ein Stomatologe in Gent, der die sagittalen Varianten der Stellung von Ober- und Unterkiefer eingehend auf ihre Ätiologie studierte und deren erbliche Bedingtheit nachwies, hat in seiner preisgekrönten Monographie über diesen Gegenstand einzig die Progenie aus dem Habsburgischen Merkmalskomplex herausgegriffen, weil sie aus Profilbildnissen leicht erkennbar und einigermaßen quantitativ einzuschätzen ist. Er belegte die mannigfachen Schwankungen in der Ausprägung dieses hervorstechenden Zeichens an Hand einer Auswahl von 11 trefflich wiedergegebenen Portraits.

Die Deszendenztafel, die RUBBRECHT aufstellte, geht von *Ernst dem Eisernen*, 1377 bis 1424, aus, von dem schon V. HAECKER (1911) auf Grund eines Profilbildes aus der

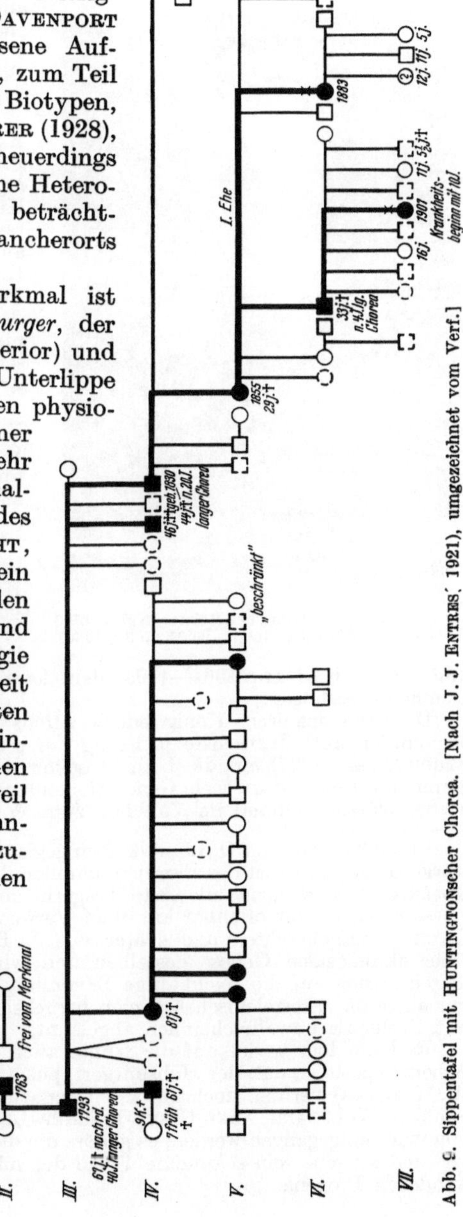

Abb. 2. Sippentafel mit HUNTINGTONscher Chorea. [Nach J. J. ENTRES' 1921), umgezeichnet vom Verf.]

Wiener Hofbibliothek das Bestehen einer Progenie wahrscheinlich gemacht hatte [1].

Beim Sohn und Enkel dieses Fürsten, den deutschen Kaisern *Friedrich III.* und *Maximilian I.*, von welch letzterem ein Bildnis im Viertelprofil von *Albrecht Dürer* vorliegt, bestand eine solche ebenfalls deutlich, dagegen kaum bei *Philipp dem Schönen*, dem nächsten Stammhalter der Linie, so daß die dominante Erbfolge hinsichtlich unseres Merkmals hier unterbrochen wäre, hätte nicht dessen Gattin, *Johanna die Wahnsinnige* dasselbe, offenbar von ihrem Vater, *Ferdinand von Aragon* her besessen.

Da bei dem berühmten Sohn dieses Paares, *Karl V.*, 1500—1558, die Progenie einen ganz exzessiven Grad erreicht hat und geradezu zur Mißbildung ausartete, könnte man annehmen, daß sein Vater, *Philipp der Schöne*, ebenfalls ein, wenn auch leichtest behafteter Träger der Anlage gewesen und diese zufolge Belastung seitens beider Eltern bei ihm homozygot aufgetreten sei.

Abb. 10. *Karl V.* Flämischer Meister, Kgl. Schloß Windsor, gegen 1515. (Nach O. Rubbrecht, 1930).

Hiergegen spricht jedoch eindeutig, daß *Karl V.* von seiner immerhin auch leicht mit Progenie behafteten Gemahlin, *Isabella von Portugal*, neben zwei entsprechend gezeichneten Kindern eines hatte, nämlich *Johanna von Österreich*, das frei vom Merkmal war und daß auch die beiden unehelichen Kinder, die der Kaiser von den bürgerlichen Frauen *Johanna van der Cheynst* und *Barbara Blomberg* hatte: *Margaretha von Parma* und *Don Juan d'Austria* nichts von dieser Kiefervariante erkennen lassen, obwohl an der Vaterschaft Karls keine Zweifel bestehen sollen.

Auch sonst scheint es trotz mehrfacher Verbindungen von gleicherweise deutlich mit Progenie ausgestatteten Gliedern dieses alten und umfangreichsten Herrscherhauses nirgends zu einer Homozygotie der Anlage gekommen zu sein.

Von Karls genialem aber seelisch noch krankhafter veranlagtem Erben, *Philipp II.*, König von Spanien, der wieder eine sehr ausgesprochene Progenie hatte und in vierter Ehe eine gleichartig ausgestattete Gemahlin wählte, läßt sich das Merkmal noch drei Generationen weit bis zu Karl II., 1661—1700, dem letzten spanischen Habsburger, in regelmäßiger Dominanz verfolgen.

Der letzte spanische König jedoch, Alfons XIII., der seine habsburgische Abstammung bekanntlich aufs deutlichste in Bezug auf seine Kiefer- und Lippenbildung verrät, was Strohmayer (1937) auf die Inzucht seiner Ahnen zurückführen wollte, beweist, daß die dominante Anlage dazu viele Generationen lang mehr oder weniger latent bleiben und dann wieder plötzlich einmal im Vollbilde zum Vorschein kommen kann.

---

[1] Die alte, aber von O. Lorenz noch geglaubte Märe, wonach die hünenhafte und bärenstarke Gemahlin Ernst des Eisernen, nämlich die aus der Gegend von Warschau stammende *Cimburgis von Masovien* die erste Trägerin des nachmalig Habsburgischen Familientypus gewesen sei, beruht offenbar auf einer Verwechslung; sie ist der Ausdruck der schon von Galippe aufgebrachten und später von V. Haecker (1921) übernommenen Hypothese einer akromegalen Genese desselben und wird neuerdings von W. Strohmayer (1937) in seiner sich auf die reichhaltige Sammlung des Grafen Zichy stützenden und deshalb vor allem die österreichischen Linien berücksichtigenden, prachtvoll ausgestatteten Studie mit Recht als unwahrscheinlich abgelehnt.

Es kann hier weder auf die früher auch von Eugen Fischer in Betracht gezogene Arbeitshypothese, daß der Habsburgertypus auf einer *„erblichen Anomalie der Hypophyse"* (V. Haecker) beruhe, noch auf die Vermutung einer komplexen Genese im Sinne seines Schülers Wolfgang Abel (Baur-Fischer-Lenz ,1936), noch auf die Meinung von Kantorowicz eingegangen werden, es gehöre die dicke Lippe überhaupt nicht zum Habsburgertyp und sei eine rein sekundäre Folge der mit dauerndem Offenhalten des Mundes verbundenen Progenie.

Wie aus meiner Darstellung (vgl. Tafel in Abb. 11) der Abstammungsverhältnisse und Versippung der Habsburger klar hervorgeht, läßt sich deren *Progenie
keinesfalls auf einen gemeinsamen Ursprung* zurückführen, da einerseits, wie

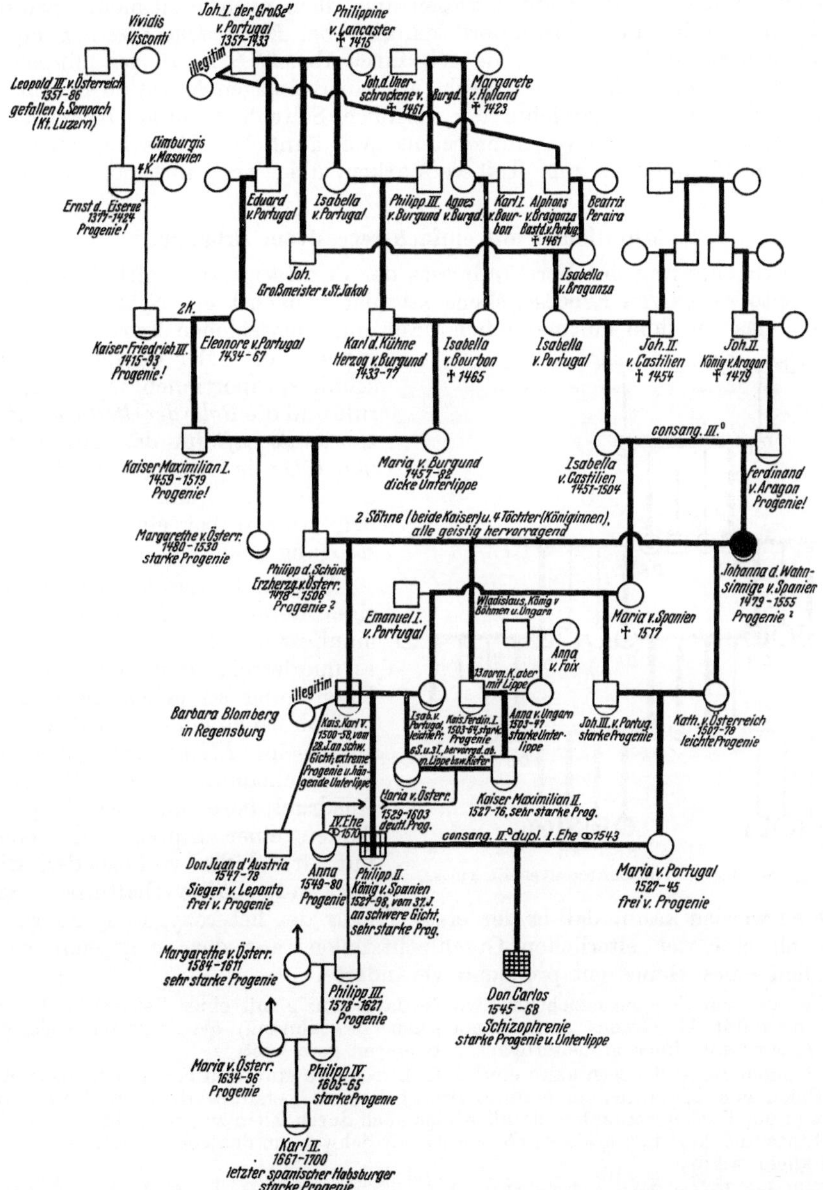

Abb. 11. Abstammungstafel des Habsburgischen Fürstengeschlechts mit besonderer Berücksichtigung
der älteren spanischen Linie.

oben erwähnt, der zuvor in 3 Generationen als dominant erwiesene Erbgang
bei *Philipp dem Schönen* wahrscheinlich abreißt und andererseits dessen nach
O. Rubbrecht samt ihrem Vater mit Progenie behaftete Gemahlin, *Johanna
die Wahnsinnige* nur mütterlicherseits auf jene Lancaster-Linie zurückgeht,

welche wohl durch *Eleonore von Portugal* auf *Kaiser Maximilian I.* abzweigt, aber die manifeste Belastung von dessen Vater und Großvater nicht zu erklären vermöchte.

Es ist somit durchaus nicht erwiesen und allem nach auch nicht erweisbar, daß die bereits im 14. Jahrhundert, nämlich bei *Ernst dem Eisernen* hervortretende *habsburgische Progenie*, die sich durch über *20 Generationen* mit seltener Treue als *dominantes Merkmal* vererbt auf einer einzigen Mutation beruht. Es dürfte sich vielmehr angesichts der geringen Seltenheit dieser Kieferbildung um ein Zusammentreffen von mindestens zwei ähnlichen Mutationen handeln, die sich im Phänotypus zum Teil verstärken, aber wohl nirgends homozygot auftreten.

2. Mutationen mit einfach-recessivem Erbgang.

Zur Erleichterung des Verständnisses der in diesem Abschnitt dargestellten Dokumente recessiven Erbgeschehens sei hier zunächst ein *Schema* (Abb. 11) gegeben, das von dem mutmaßlichen Ursprung einer solchen Erbänderung ausgehend die Mendelschen Durchschnittsproportionen in Erinnerung ruft und die *Rolle der elterlichen Blutsverwandtschaft* für das Offenbarwerden einer heterozygot entstandenen und deshalb zunächst latent bleibenden Anlage bei einfach-recessivem Erbgang zeigt.

Es geht daraus auch hervor, wann eine derartige Mutation erstmals manifest werden kann bzw. wie lange es mindestens vom Zeitpunkt ihrer Entstehung an gehen muß, bis sie endlich bei einem oder mehreren Urenkeln eines *Idiovarianten (Mutanten)* in Erscheinung tritt. Mit diesem Ausdruck bezeichnen wir denjenigen Ahnen einer Sippe, von welchem auf Grund der vorliegenden Blutsverwandtschaftsverhältnisse ange-

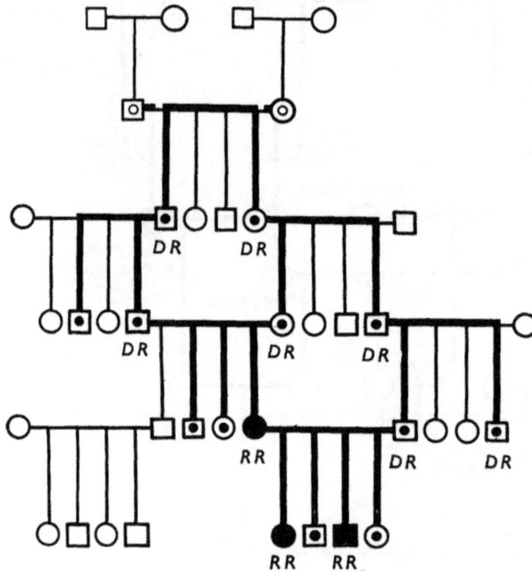

Abb. 12. Schema des einfach-recessiven Erbgangs.

nommen werden kann, daß er der erste Träger der heterozygoten Anlage war, weil sich eine der elterlichen Geschlechtszellen, aus der er gezeugt wurde, bezüglich eines Genes entsprechend veränderte.

Wie aus dem Schema ersichtlich, wurde darin einzig mit einer Vetternehe I. Grades (Konsanguinität II. Grades nach kanonischer Bezeichnung) als frühester Gelegenheit eines Zusammentreffens großelterlicher Erbanlagen gerechnet.

Bei einem *Inzest* dagegen kann eine einfach-recessive Mutation bereits bei einem Kinde oder Enkel eines Mutanten zur Manifestation gelangen. Letzteres, d. h. eine Manifestation bereits in der F_2-Generation könnte allerdings auch durch Ehen zwischen Onkel und Nichte oder Tante und Neffen, wie sie im Gegensatz zur Schweiz im deutschen Reich erlaubt sind, verwirklicht werden.

Von der Entstehung einer einfach-recessiven Anlage an bedarf es dann also mindestens 50—60 Jahre, bis nach Ablauf der ersten beiden Generationen durch Vereinigung zweier heterozygot behafteter Personen Homozygotie und damit die Manifestation des Merkmals eintritt. Wie hier durch eine Reihe geeigneter Beispiele belegt werden wird, erfolgt das erste Auftreten solcher Erbkrankheiten zumeist noch erheblich später, ja durchschnittlich sogar nicht vor 200—300 Jahren nach dem Ursprung der Erbänderung.

Hierauf hat F. LENZ schon in der ersten Auflage seiner Erblehre (BAUR-FISCHER-LENZ, 1921) auf Grund theoretischer Überlegungen hingewiesen und bereits 1919 mathematisch abgeleitet, daß, je seltener ein recessives Merkmal auftritt, um so größere Bedeutung der elterlichen Konsanguinität für dessen Manifestation zukommt.

Es ist jedoch lange nicht etwa jede sich aus den Ahnentafeln zweier Eheleute ergebende Blutsgemeinschaft für das Herausmendeln einer recessiven Anlage

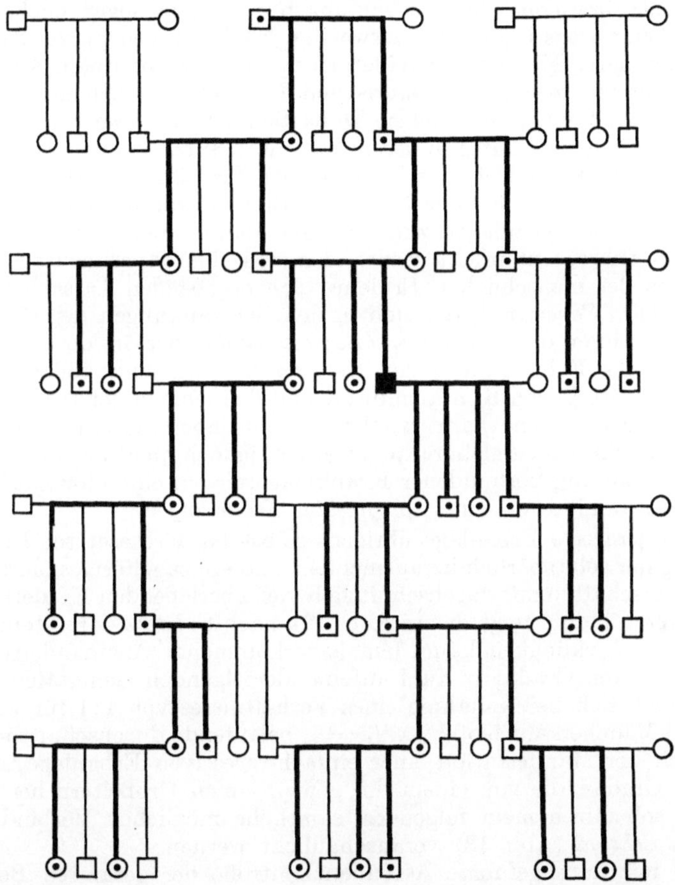

Abb. 12a. Schema des Erbgangs einer recessiven Anlage mit isoliertem Auftreten des durch Zusammentreffen zweier Anlagen bedingten Merkmals. (Nach F. LENZ, umgezeichnet vom Verf.)

von Belang und somit auch nicht, wie manche meinen, der Gesamtahnenverlust eines Probanden. Entscheidend ist einzig die mindestens einmalige — öfters sogar zwei- bis mehrfache — Abstammung der als heterozygotisch zu betrachtenden Eltern eines Merkmalsträgers von jenem Ahnenpaar, in welches die Aszendenzen aller oder doch möglichst vieler anderer mutmaßlicher Heterozygoten einmünden. Die elterliche Konsanguinität bloß *einer* Familie dagegen kann in stärker ingezüchteten Bevölkerungen sehr wohl auch einmal rein zufällig bestehen und ist darum mit Vorsicht zu bewerten. Je mehr einzelne Familien mit Merkmalsträgern in einer Sippe über beide Eltern auf ein derartiges *Stammelternpaar* zurückgeführt werden können, desto höher steigt die Wahrscheinlichkeit, daß die betreffende allgemeine Blutsverwandtschaft wirklich dazu verhalf, einander entsprechende recessive Erbanlagen zusammenzubringen und manifest, weil homozygot werden zu lassen.

Hiefür bedarf es aber durchaus nicht einer besonders nahen Konsanguinität, d. h. unter Umständen gar keiner Vetternehen, wie der Laie immer wieder annimmt. Nicht genug kann betont werden, daß auch entferntere Blutsverwandtschaften 4.—7. Grades, ja noch darüber, sehr oft genau so verhängnisvoll sind wie Ehen von Geschwisterkindern oder selbst Inzeste.

Andererseits brauchen aus Verbindungen naher, ja sogar nächster Blutsverwandter keineswegs immer minderwertige Nachkommen hervorzugehen, wie die Erfahrung lehrt. Man ist zur Widerlegung dieser verbreiteten Ansicht heute nicht mehr auf die bekannten historischen·Beispiele aus den an Geschwister- und Halbgeschwisterehen so reichen Dynastien der *Ptolemäer* und *Inkas* angewiesen und kann sich unter anderem auf die überraschenden Ergebnisse der Erhebungen H. Orels (1934) aus dem Wiener Proletariat berufen.

Die Vorstellung, daß mit der Nähe der Blutsverwandtschaft gleichsam die Valenz überdeckter Erbanlagen zunehme und damit notwendig zu verstärkter Manifestation führe, entspricht weder den aus der experimentellen Genetik noch den aus der menschlichen Erblehre sich ergebenden Tatsachen. Sowohl der *Durchschlag (Penetranz)*, der sich in den Schwankungen der Manifestation ausdrückt, als auch der Ausdruck *(Expressivität)*, der in der quantitativen Ausprägung eines Erbmerkmals zur Geltung kommt, sind völlig unabhängig vom Grade der elterlichen Konsanguinität und demjenigen der Inzüchtung einer Bevölkerung. Eine solche kann wohl zusehends homozygoter bezüglich eines normalen, z. B. eines Rassencharakters werden, jedoch nicht auf die angedeutete Weise eine Steigerung vorhandener Krankheitsanlagen einfach-recessiver Natur bewirken und damit etwa eine „*progressive Entartung*"[1].

Daß eine derartige Erbanlage übrigens selbst bei fortgesetzter Inzucht verhältnismäßig nur sehr spärlich herausmendelt und ein zugehöriges Merkmal sogar in Geschwisterschaften mit durchschnittlich vier überlebenden Kindern ganz vereinzelt auftreten kann, zeigt das in Abb. 12a nach F. Lenz dargestellte *Schema*, welches eine in Wirklichkeit kaum jemals vorkommende Aneinanderreihung von Vetternehen ersten Grades in fünf aufeinanderfolgenden Generationen enthält.

Die geringe, sich bei Annahme eines Verhältnisses von 1:1 für überlebende Knaben und Mädchen auf bloß $^1/_4 \times {}^1/_4 = {}^1/_{16}$ belaufende durchschnittliche Wahrscheinlichkeit der Manifestation einer einfach-recessiven Erbanlage in Vetternehen ersten Grades, die von einem der gemeinsamen Großeltern her latent belastet sind, soll durch mein folgendes, sämtliche möglichen Verbindungen bezeichnendes *Schema* (Abb. 13) veranschaulicht werden.

Die von mir durchgeführte Aszendenzkontrolle der gesamten Bevölkerung von 5 Schweizer Inzuchtgemeinden (vgl. die Diss. H. Brenk, J. Müller, A. Egenter, W. Grob, G. Ruepp, O. Dietrich, R. Walker und die soeben erschienene Arbeit von K. J. Hauser[2]) zeigt, daß in derartigen Bevölkerungen der Prozentsatz an Vetternehen ersten Grades meist nur 2—3% und derjenige dritten und vierten Grades durchschnittlich etwa 9% beträgt und nur in einigen ganz

---

[1] Eine von innen heraus fortschreitende Entartung, wie sie die französischen Irrenärzte Morel und Magnan um die Mitte des vergangenen Jahrhunderts angenommen haben, gibt es glücklicherweise nicht. Eine solche wird nur öfters vorgetäuscht durch die in manchen Familien seit einigen Generationen auffällige Zunahme echter oder auch nur scheinbarer Erbschäden zufolge einer Häufung gleichartiger Belastungen. Haben doch erfahrungsgemäß gerade die irgendwie aus der Art schlagenden, namentlich aber die seelisch abwegig veranlagten Persönlichkeiten die verhängnisvolle Neigung, sich wieder mit ihresgleichen oder sonstwie abnorm gearteten Partnern zu verbinden.

[2] Hauser, K. J.: Genealogie und erbbiologische Bestandsaufnahme eines Inzuchtdorfes der Südostschweiz. Diss. Zürich 1940.

abgelegenen Gegenden über 20 oder gar 30% ansteigt (vgl. die Tabelle auf S. 295)[1].

Dagegen pflegen die von einfach-recessiven Merkmalen betroffenen Sippen in den einzelnen Familien ganz wesentlich häufiger — nicht selten in 100% — ziemlich nahe Verwandtenehen aufzuweisen, allerdings vorwiegend solche im dritten und vierten oder öfters auch erst im 5.—7. Grad, die deswegen nicht etwa belanglos sein können, weil sie sich auf ein sämtlichen Probandeneltern gemeinsames, nicht allzuweit zurückliegendes *Stammelternpaar* beziehen.

Eine Häufung von Vetternehen, wie sie sich in der von H. LUNDBORG (1913) erforschten Sippe mit einfach-recessiver *Myoklonusepilepsie* innerhalb jenes „*Großen Geschlechts*" im südschwedischen Listerlande fand, ist seither nirgends mehr angetroffen worden. Da hier fast schematisch zu nennende Verhältnisse hinsichtlich der Ausbreitung einer recessiven Mutation vorliegen, ist dieses

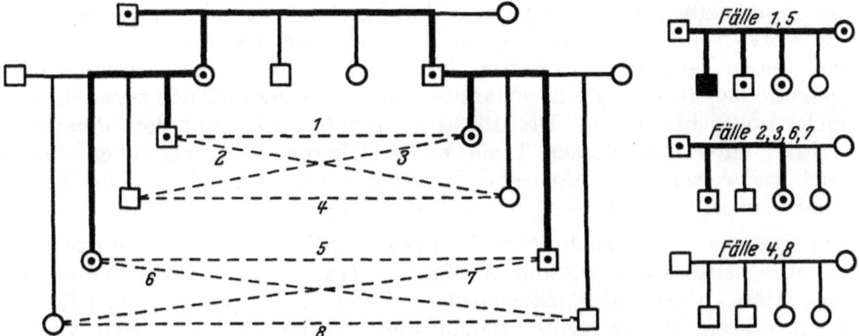

Abb 13. Schema der möglichen Geschwisterkinderchen zwischen 8 Enkeln eines Heterozygoten.

klassische Beispiel der Vererbung einer sog. *Heredodegeneration* am besten zur Einführung geeignet.

Das Listerland, jetzt größtenteils eine Halbinsel, die vor nicht allzulanger Zeit eine Insel gewesen sein soll und drei Dörfer mit sehr stark ingezüchteter Bevölkerung umfaßt, gehört zu jener Provinz Schwedens (*Blekinge* mit Hauptstadt *Karlskrona*), welche bezeichnenderweise den *größten Prozentsatz* an *Taubstummen* zeigt.

Der nordische Rassentypus wurde dort nur bei 7,3%, im Listerland fast überhaupt nicht mehr unvermischt gefunden, was damit zusammenhängen dürfte, daß dieses nunmehr etwas über 7000 Bewohner zählende Gebiet früher ein berüchtigter Schlupfwinkel für Seeräuber war.

Der schwedische Psychiater und Erbbiologe H. LUNDBORG, der schon 1903 eine preisgekrönte Monographie über die „*progressive Myoklonusepilepsie*" veröffentlicht hatte, war bei seinen diesbezüglichen Familienforschungen im engbegrenzten Gebiete des Listerlandes auf ein 2232 Köpfe umfassendes Bauerngeschlecht gestoßen, das noch vor 100 Jahren sehr wohlhabend, einfluß- und kinderreich war, dann aber zusehends entartete. Es handelt sich um die gesamte, sich auf etwas über 200 Jahre, d. h. 7 Generationen erstreckende Nachkommenschaft des aus der Aszendenz der 17 vorgefundenen Myoklonusepileptiker ersichtlichen *Stammelternpaars*, die der Autor an Hand der Kirchenbucheinträge

---

[1] Es hat sich als zweckmäßig erwiesen, die namentlich für die weiteren Grade der Blutsverwandtschaft einzig brauchbaren *kanonischen Bezeichnungen* zu verwenden.

Dabei entspricht eine Konsanguinität I. Grades einem Geschwisterinzest, eine solche II. Grades einer Vetternehe I. Grades, d. h. einer Ehe zwischen Geschwisterkindern, und eine Konsanguinität III. Grades einer Vetternehe II. Grades, d. h. einer Ehe zwischen Geschwisterenkeln, eine solche IV. Grades, wie sie bis 1918 von der katholischen Kirche noch verboten war, einer Ehe zwischen Geschwister-Urenkeln.

Der jeweilige *Grad der Konsanguinität* ist aus der Zahl der zu den ersten gemeinsamen Ahnen führenden Generationen ohne weiteres abzulesen.

sowie verschiedenster Aktenstücke medizinisch-biologisch so weitgehend zu charakterisieren vermochte, wie dies weder vorher noch seither je wieder einem Forscher in diesem Umfang gelungen ist (s. Abb. 14 auf Tafel I, nach S. 320).

Während die sich in diesem großen Geschlechte erschreckend häufig findenden Anzeichen psychischer Entartung (Psychosen, Psychopathien, Oligophrenien, sowie Trunksucht und Kriminalität) wegen ihrer allgemein, d. h. auch andernorts zu starken Verbreitung und zu wenig einheitlichen Ätiologie bezüglich ihres Ursprungs und Erbgangs keine eindeutigen Erblichkeitsverhältnisse aufwiesen, so stellte sich die in 17 Fällen darin aufgetretene *Myoklonusepilepsie* als überaus seltenes, in Schweden sonst noch nirgends beobachtetes Merkmal heraus, das mit höchster Wahrscheinlichkeit auf eine *einfach-recessive Mutation* bezogen werden kann.

Die nach der Weinbergschen Methode vom Autor berechnete Zahl von Homozygoten ergibt aus den acht meist kinderreichen Geschwisterschaften fast genau das Mendelsche Viertel (25%). Nicht weniger als 15 von den 16 Eltern der betroffenen Geschwisterschaften hatten nahe Blutsverwandtenehen eingegangen und ließen sich auf das genannte, nur 3—6 Generationen zurückliegende Stammelternpaar hinführen. Der 16. Elter (rechts außen auf der *Stammtafel*), dessen Frau einer unehelichen Linie eines sicheren Überträgers entstammt, hätte sich bei weiterer genealogischer Prüfung sicher ebenfalls auf das Stammelternpaar zurückführen lassen, was bisher leider versäumt wurde.

Lundborg hat willkürlich Pehr Pehrsson, 1721—1804, den ältesten Sohn des von ihm selbst als frühesten Ahnen des Geschlechtes festgestellten *Pehr Knutson*, 1691—1754, als „*Stammvater*" bezeichnet, jedoch zweifellos mit Recht auf dessen Heterozygotie geschlossen. Zunächst ließen sich von den 15 überhaupt zurückverfolgbaren Belastungslinien nicht weniger als 14 auf jenen *Pehr Pehrsson* hinführen, nicht dagegen die väterliche Linie der — von rechts nach links gesehen — zweiten Myoklonikerfamilie, die erst eine Generation weiter oben, nämlich bei den Eltern Pehr Pehrssons einmündet und von dessen allem nach ebenfalls heterozygoter Schwester *Anna Pehrsdotter*, 1727—1765, ausgeht[1].

Damit ist bewiesen, daß bezüglich der *Mutation „Myoklonusepilepsie"* einzig der genannte *Pehr Knutson* 1691—1754 und seine Frau *Inger Olufsdotter*, 1697— 1789 als *die Stammeltern* gelten können, weil bereits bei einem derselben die verhängnisvolle Erbänderung im überdeckten Zustande vorausgesetzt werden muß. Diese muß sich in der Keimmasse, d. h. in einer einzigen Keimzelle von einem ihrer Eltern ausgebildet haben und unpaarig (heterozygot) entstanden sein. Da man nicht weiß, welcher von den beiden Partnern des Stammelternpaars der ganzen Myoklonikersippe dieser erste Heterozygot war, habe ich in das Geschlechtssymbol eines jeden von ihnen statt eines Punktes bloß ein Ringlein eingezeichnet.

Die nach meiner bewährten Methode gegebene Darstellung der gesamten Abstammungsverhältnisse dieser Sippe erlaubt im Gegensatz zu der äußerst schwer übersichtlichen Lundborgs einen umfassenden Überblick über die Ausbreitungswege dieser einfach-recessiven Mutation und der entscheidenden Rolle der hier besonders nahen elterlichen Blutsverwandtschaften für das Herausmendeln der zunächst 3—6 Generationen lang latent vererbten Anlage.

---

[1] Ausdrücklich betont der Autor, wie schwer ihm der Nachweis dieser Verwandtschaftsbeziehung gefallen sei und wie er erst auf Grund eines *Testamentes* in einem *Gerichtsbuch* aus dem Jahre 1752 den schon von ihm vorausgesetzten Zusammenhang mit der Aszendenz der übrigen Probandeneltern, d. h. der mutmaßlichen Heterozygoten habe sicherstellen können.

Lundborg, der seinerzeit noch keine Kenntnis von der seither experimentell erwiesenen *heterozygoten Entstehung*[1] solcher bzw. ähnlicher Mutationen haben konnte, vermutete, daß einer der Ahnen der beiden Stammeltern dieser Myoklonikersippe ein homozygoter Träger der Anlage und damit des manifesten Merkmals gewesen sei. Dieselbe, wie wir heute wissen, ebenso unnötige als unwahrscheinliche Annahme hat später W. Albrecht (1923) in Bezug auf die von ihm erstmals als einfach-recessiv erkannte *sporadische Taubstummheit* gemacht. Einmal muß eben eine derartige Anlage unbedingt heterozygot entstanden sein und wir haben aus den oben angegebenen Gründen gar keine Veranlassung, diesen Ursprung immer wieder weiter nach rückwärts zu verschieben, sondern dürfen annehmen, daß er ungefähr in die Generation fällt, welche dem mutmaßlich ersten Heterozygoten, d. h. dem einen Partner des Stammelternpaars einer Sippe vorausgeht. Hiermit soll aber durchaus nicht etwa gesagt sein, daß derzeitig erfaßte Manifestationen recessiver Anlagen nicht auch einmal in direkter Linie auf einen früheren Merkmalsträger zurückführen können; nur darf der Ursprung der betreffenden Erbänderung dann ja nicht einfach auf diesen Homozygoten, vielmehr spätestens 3 Generationen weiter zurück angesetzt werden, jedoch auch nur dann, wenn dessen Eltern Geschwisterkinder (Vettern ersten Grades) waren und keine von den übrigen Fällen der Sippe ausgehende Heterozygotenlinie bei einem noch früheren Ahnen einmündet. Ein aufschlußreiches Beispiel bietet die weiter unten auf S. 343 dargestellte Stammtafel der Taubstummen aus Aroleid[2].

Während von den drei verheirateten Kindern des tatsächlichen Stammelternpaars der 17 Myoklonusepileptiker aus dem Listerland zwei als heterozygotisch, das dritte, der Sohn, 1723—1754, weil nirgends in der Aszendenz der betroffenen Familien vorkommend, als völlig frei von der Anlage, d. h. homozygotisch gesund zu betrachten ist, erweisen sich von den sechs verheirateten Kindern des Sohnes *Pehr*, 1721—1804, gerade drei als allem nach wie er selbst heterozygotisch, was zufällig genau der sich aus der Kreuzung $DR \times DD = 2DR + 2DD$ ergebenden Durchschnittsproportion von $1:1$ entspricht. Da die von Lundborg neben anderen Urkunden vorbildlich ausgenützten schwedischen Kirchenbücher bis zu Anfang des 18. Jahrhunderts zurück außer den Namen, Geburts-, Heirats- und Sterbedaten auch brauchbare Angaben über allfällige Krankheiten, das soziale Verhalten und die Todesursachen enthalten, sind wir hier über das erste Auftreten dieser so seltenen und auffälligen Heredodegeneration genau orientiert und dürfen annehmen, daß die gegen Ende des 17. Jahrhunderts in jener abgelegenen Gegend entstandene Mutation einzig zu den uns heute bekannten 17 Krankheitsfällen geführt hat; diese verteilen sich auf den Zeitraum von 1819—1876, traten also innerhalb von 2 Generationen in Erscheinung, sobald die sich in dieser Sippe beispiellos häufenden Blutsverwandtenehen in der Nachkommenschaft des Stammelternpaars den überdeckten Anlagen reichlich Gelegenheit gaben, auf ihresgleichen zu stoßen.

Bemerkenswerterweise sind in dieser Myoklonikersippe noch sieben sichere und drei wahrscheinliche Fälle von *Paralysis agitans* in typisch dominanter Erbfolge vorgekommen; darunter, wie ein Blick auf die linke Seite der Stammtafel zeigt, einmal bei einem Bruder zweier mit Myoklonusepilepsie behafteter Schwestern und einmal sogar bei einem Sohne einer schon mit 49 Jahren verstorbenen Frau mit demselben Merkmal, die möglicherweise außerdem auch noch

---

[1] Nach den Ergebnissen der Strahlengenetik (vgl. Timoféeff-Ressovsky u. a.) werden *recessive Mutationen stets heterozygot angelegt*, was zur Folge hat, daß sie niemals schon in der F_1-Generation, d. h. bei den Kindern eines bestrahlten Elters, sondern erst bei *Inzüchtung* von solchen in F_2 *homozygot* und damit manifest werden können.

[2] Pseudonym.

von Paralysis agitans befallen worden wäre, wenn sie ein höheres Alter erreicht hätte. Dasselbe gilt für ihren 55jährig gestorbenen Vater, der als Bruder von nicht weniger als drei die betreffende Anlage allem nach übertragenden Geschwistern wohl ebenfalls deren Träger gewesen sein dürfte. Die Belastungslinien für die Anlage zu Paralysis agitans laufen bei dem ältesten Sohne des der ganzen Sippe gemeinsamen Stammelternpaares zusammen, der sehr wohl heterozygotisch bezüglich der einfach-recessiven Myoklonusepilepsie und außerdem der dominanten Paralysis agitans gewesen sein könnte.

F. Kehrer (1936) hat trotz des *verschiedenen Erbgangs* der beiden Heredodegenerationen, wie er in dieser Sippe besonders deutlich zum Ausdruck kommt, deren *genetische Zusammengehörigkeit* vermutet, da es sich bei beiden Krankheiten

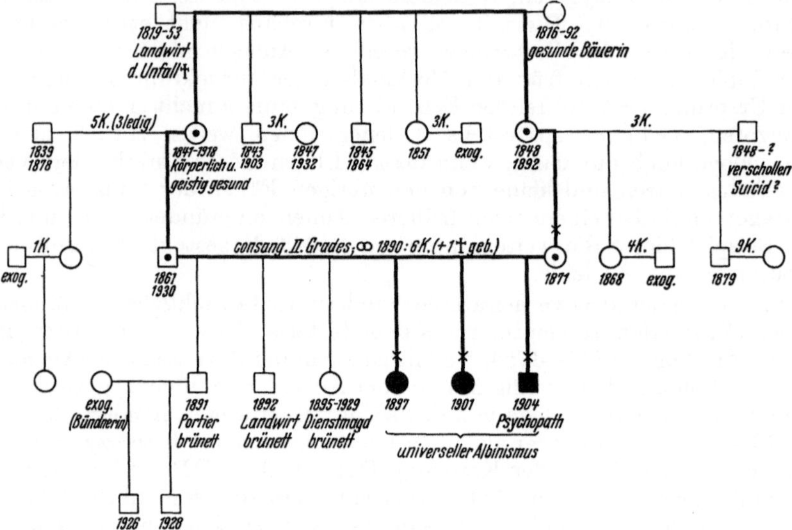

Abb. 15. Sippentafel mit universellem Albinismus aus dem Berner Oberland. (Eigene Beobachtung.)

um *extrapyramidale* Syndrome handle. Er hält jedoch auch eine „*konvergierende Vererbung*", d. h. eine völlig zufällige Vergesellschaftung beider Anlagen für möglich, eine Auffassung, die ich für die weitaus wahrscheinlichere erachte.

Die Ergebnisse meiner planmäßigen Erforschung der Schweizer Inzuchtgebiete stimmen, wie gleich gezeigt werden wird, weitestgehend mit dem hier besonders ausführlich besprochenen, weil in mehrfacher Beziehung einzigartigen Schulbeispiel des Altmeisters Lundborg überein und bestätigen die bereits von ihm gezogenen und außerdem daraus abzuleitenden Schlußfolgerungen aufs Schönste. Wir werden allerdings sehen, daß der Zeitraum vom mutmaßlichen Ursprung bis zur wahrnehmbaren Manifestation noch bedeutend größer sein, nämlich bis 300 Jahre ausmachen kann.

Zunächst sei nun aber noch gezeigt, daß dieser Zeitraum gelegentlich auch einmal als ganz wesentlich geringer anzunehmen ist und Verhältnisse vorliegen können, die dem oben angegebenen Schema des frühest möglichen Offenbarwerdens auf dem Wege einer Vetternehe ersten Grades genau entsprechen.

Zu einem solchen Schluß eignet sich freilich bloß ein Merkmal, von dem man aus der Erfahrung weiß, daß es sich bei Mensch und Tier meist einfachrecessiv vererbt, wie z. B. die Anlage zum *Albinismus universalis*.

So haben wir allen Grund, in obiger kleiner Sippe aus dem Berner Oberländischen Orte B. die *elterliche Konsanguinität zweiten Grades (Vetternehe ersten*

Additional information of this book

(Die Grundlagen der Erbbiologie des Menschen;

978-3-642-89052-9; 978-3-642-89052-9_OSFO1) is provided:

http://Extras.Springer.com

Grades) als Veranlassung dafür anzusehen, daß das bei den Eltern äußerlich
fehlende Merkmal bei den Kindern manifest hervortrat. Daß diese letzteren
hier nicht zu einem Viertel, vielmehr genau zur Hälfte homozygot heraus-
mendelten, ist als eine seltenere Streuungsvariante und ja nicht etwa als
Beweis für eine möglicherweise unregelmäßige Dominanz der Anlage anzusehen.

Da weder in der etwa 1150 Bewohner zählenden Heimatgemeinde, noch in
den benachbarten Inzuchtgegenden H. und U. seit Menschengedenken Albinos
beobachtet wurden, kann die Entstehung der betreffenden Mutation kaum
weiter als 3 Generationen hinter der Manifestation zurück liegen. Sie ist auf einen
der 4 Urgroßeltern der beiden Vettern zu beziehen, aus deren Ehe die drei
albinotischen Geschwister stammen. Einer der beiden gemeinsamen Großeltern
dürfte der erste Heterozygot gewesen sein, der die latente Albinismusanlage
auf mindestens 2 seiner 5 Kinder übertrug. Diese hätte sich bei einem auch nur
um 2 Generationen weiter zurückliegenden Ursprung in der namentlich früher
sehr kinderreichen Bevölkerung viel weiter ausbreiten und durch die häufigen
Blutsverwandtenehen öfter manifest werden müssen.

Die mutmaßliche Entstehung der Mutation, welche der von dem Wiener
Augenarzt TERTSCH (1911) bekanntgegebenen Albinosippe[1] zugrunde liegt, muß
dagegen mindestens einige Generationen früher erfolgt sein.

Maßgebend hiefür wäre der Zeitpunkt des Einmündens der beiden noch ungeklärten
Heterozygotenlinien in die Aszendenz der drei belastenden Brüder, die alle — der eine
sogar durch eine etwa 66% betragende Manifestationshäufigkeit des Albinismus bei seinen
sechs mit einer Nichte gezeugten Kindern — als sichere Überträger charakterisiert sind.
Da es sich hier jedoch nach meiner Erkundigung um eine *ungarisch-jüdische Sippe* handelt,
dürfte von Kirchenbuchstudien keine Aufklärung zu erwarten sein.

Daß eine zu *universellem Albinismus* führende Anlage aber noch viel weiter
zurückreichen kann, beweist folgende aus dem Schwyzer Bergdorf Obermatt[2]
stammende, größere *Albinosippe*. Hier reichte das vorliegende genealogische
Material gerade aus, um den Ursprung der vorauszusetzenden Mutation mindestens auf den Beginn des 17. Jahrhunderts anzusetzen. Eine spätere Entstehung
kann wegen des teilweise bis zum Ende dieses Jahrhunderts getrennten Verlaufs
der Belastungslinien nicht in Frage kommen.

In der mit meinen Mitarbeitern A. C. JÖHR (1934) und A. EGENTER (1934)
durchforschten, sehr stark ingezüchteten Bevölkerung des etwa 300 alteinge-
sessene Bewohner zählenden Ortes fand sich nur mehr ein *einziger Albino*, nämlich
der rechts außen auf der obigen Sippentafel verzeichnete Proband. Im Nachbar-
dorf lebten außerdem noch zwei der vorangehenden Generation angehörende
albinotische Geschwister, die links außen auf der Tafel vermerkt sind. Sie
schienen zunächst gar nicht mit dem ersteren Falle zusammenzuhängen, trotzdem sie aus derselben Gemeinde stammten. Überraschenderweise zeigte sich
nun aber, daß noch in drei weiteren, in einen anderen Bezirk abgewanderten
Familien des Dorfes mehrfach „Weiße", d. h. Albinos aufgetreten waren, deren
Eltern sowohl miteinander, als auch mit denjenigen der drei Ausgangsfälle nahe
blutsverwandt waren.

Leider ließ sich die in Anbetracht dieser für *einfache Recessivität überaus
typischen Konsanguinitätsverhältnisse* als sicher anzunehmende gemeinsame Abstammung sämtlicher Probandeneltern nicht mehr nachweisen, da die Kirchenbücher nur bis zum Anfang des 18. Jahrhunderts zurück reichen. Zwar schien
sich zuerst aus den Ahnentafeln der mutmaßlichen Heterozygoten ein Stammelternpaar zu ergeben, worauf mit einer Ausnahme alle Belastungslinien zurück-
führten.

---

[1] Abgebildet bei F. LENZ auf S. 330 der 4. Aufl. von BAUR-FISCHER-LENZ (1926).
[2] Pseudonym.

Es stellte sich aber bald heraus, daß das Ahnenpaar in der obersten Generation: Anton *Xaver von Rickenbach* verheiratet mit Anna *Elisabetha Suter nicht* identisch ist mit dem folgenden: Franz *Xaver von Rickenbach* verheiratet mit Maria

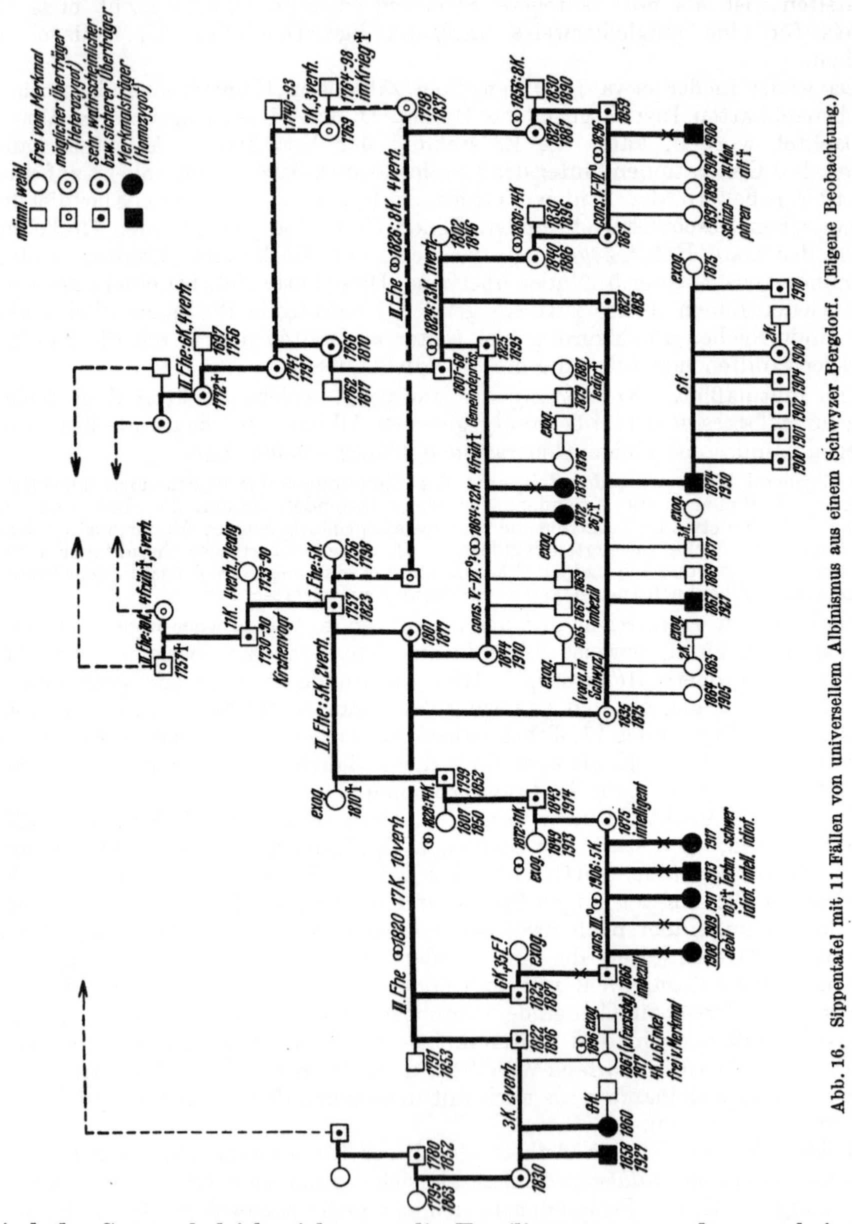

Abb. 16. Sippentafel mit 11 Fällen von universellem Albinismus aus einem Schwyzer Bergdorf. (Eigene Beobachtung.)

Elisabetha Suter, obgleich nicht nur die Familiennamen, sondern auch je ein Vorname der entsprechenden Partner übereinstimmen.

Ein lehrreiches Beispiel, das jedem Anfänger in genealogicis zur Warnung dienen mag.

Es darf indessen als recht wahrscheinlich angenommen werden, daß diese beiden so ähnlich benannten Ahnenpaare in einer der nächst höheren Generationen auf gleiche Abstammungslinien zurückführen und der in dieser Sippe in 11 Fällen herausgemendelte *universelle Albinismus* auf einer im 17. Jahrhundert entstandenen *Mutation* beruht.

Der bei den meisten unserer Merkmalsträger mehr oder weniger stark ausgeprägte *Schwachsinn* und die bei einigen davon bestehenden psychopathischen Begleiterscheinungen dürften hier als Äußerungen der ja auch mit charakteristischen *Augenstörungen* (Nystagmus, Strabismus, Amblyopie) verbundenen Albinismusanlage zu betrachten sein.

Von einem psychisch weniger auffälligen Albino dieser Sippe wurden in exogamer Ehe 6 normale Kinder erzeugt, die sämtlich als Heterozygoten zu betrachten sind. Sie und ihre wieder zu 50% gleichartig veranlagten Kinder werden erheblich zur Ausbreitung der rassenhygienisch recht bedenklichen Anomalie in ihrer jetzigen Wohngegend beitragen.

Da den jüngeren Angehörigen des abgewanderten Zweiges der Sippe ihre Abstammung immer weniger bewußt wird, würden spätere Bearbeiter des *universellen Albinismus* die von mir im Heimatort festgestellten Zusammenhänge bald kaum mehr rekonstruiert haben können.

Dieses Beispiel zeigt die *Wichtigkeit der erbbiologischen Bestandesaufnahme* und die *Notwendigkeit der Erstellung und fortlaufenden Ergänzung von Archiven für jedes Merkmal, das als erbbiologisch einheitlich betrachtet werden darf.*

Wie groß die Schwierigkeiten in der Auffindung gemeinsamer Erblinien in Gebieten mit mäßiger Inzucht und starker Vermischung werden können, wurde mir gelegentlich der Erforschung des recessiven Zwergwuchses auf der kroatischen Insel *Krk (Veglia)* bewußt:

Wohl fand ich dort in einigen Dörfern der Nord- und Ostküste rasch 19 Albinos in 8 Familien, jedoch fast stets ohne elterliche Konsanguinität und sehr oft ohne nachweisbaren Zusammenhang der Probandeneltern. Dasselbe zeigte sich bemerkenswerterweise nun aber auch ganz übereinstimmend bei der in einem dortigen Tale lebenden Sippe mit proportioniertem *Zwergwuchs*, wie ich ihn aus 2 Schweizer Inzuchtgebieten als sicher einfach-recessiv vererbt hatte nachweisen können (s. weiter unten). Allerdings reichten die Kirchenbücher jener Gegend nicht weiter als knapp 100 Jahre zurück.

Je mehr Träger eines recessiven Merkmals innerhalb einer in sich abgeschlossenen Inzuchtbevölkerung bekannt sind, um so leichter fällt es, die Entstehung einer entsprechenden Erbänderung zeitlich zu umschreiben, vorausgesetzt daß zureichende genealogische Unterlagen vorhanden sind, um die Aszendenz sämtlicher mutmaßlicher Heterozygoten soweit zu verfolgen, bis deren Abstammung von einem gemeinsamen Ahnenpaar gesichert ist. Wo wir auf ein vereinzeltes familiäres Vorkommen eines Merkmals stoßen, wie z. B. bei jenen drei albinotischen Geschwistern im Berner Oberland, darf die elterliche Blutsverwandtschaft nur dann auf den Erbgang bezogen werden, wenn es sich, wie eben beim *universellen Albinismus* um eine Anomalie handelt, die sich bekanntermaßen meist nach einfach-recessivem Modus vererbt. Ist jedoch der Erbgang erst noch zu beweisen und andererseits die durchschnittliche Konsanguinität einer Population bedeutend, so vermindert sich die Beweiskraft einer elterlichen Blutsverwandtschaft innerhalb einer *einzigen* Familie stark und wir müssen uns hüten, daraus voreilige Schlüsse zu ziehen.

Wenn z. B. wie gerade in diesem Inzuchtgebiet Obermatt beinahe jede dritte Familie auf einer Vetternehe zweiten Grades beruht (vgl. die Tabelle auf S. 295), darf eine entsprechende Konsanguinität dritten Grades nach kanonischer Bezeichnung nurmehr mit größter Reserve mit einem recessiven Erbgang in Zusammenhang gebracht werden, selbst wenn die Eltern zweier Merkmalsträger, wie in folgender Familie, doppelt derart blutsverwandt sind.

Neben dem besprochenen Albinismus und einigen anderen zum Teil ebenfalls erwähnten Merkmalen erblicher Natur (s. oben auf S. 290) kam dort nämlich noch eine *Dystrophia musculorum progressiva* vom *juvenilen* Typ bei zwei Brüdern zur Beobachtung, deren Eltern, wie aus beistehender Sippentafel ersichtlich, zweimal Vettern zweiten Grades, d. h. im dritten kanonischen Grade konsanguin waren. Weitere Fälle dieser Affektion sind auffälligerweise trotz des großen Kinderreichtums der sich auf diese Konsanguinität beziehenden Aszendenz weder in der umfangreichen Seitenverwandtschaft, noch sonst im Tale vorgekommen.

Es fragt sich nun, ob wir es hier mit einer besonderen, autochthon entstandenen Mutation zu tun haben, oder aber mit einem Ableger aus einer anderen Sippe.

Letzteres schien die weitaus nächstliegende Annahme, da Minkowski und Sidler (1928) aus dem mit O. durch einen Paßweg verbundenen Nachbartale 13 Fälle von progressiver Muskeldystrophie beschrieben haben, die allerdings einem anderen, nämlich dem *pseudo-hypertrophischen* Typ (Duchenne - Griesinger - Erb) zugehören und keinen einfach-recessiven Erbgang erkennen ließen, während ein solcher für unsere beiden Obermatter Geschwisterfälle wenigstens recht wahrscheinlich ist. Immerhin könnte selbst die zweifache elterliche Konsanguinität hier wegen der allgemein sehr starken Häufung derartiger Verwandtenehen, die dort in nicht weniger als 32,7% im dritten Grade vorkommen, schließlich auch zufällig, d. h. ohne Bezug auf die Vereinigung zweier heterozygoter Anlagen vorliegen. Eine Aufklärung hierüber ist erst vom Erscheinen weiterer Fälle in der Seitenverwandtschaft unserer beiden Probanden zu erwarten. Sie ist deswegen höchst erwünscht, weil wir davon einen Beitrag zu der noch offenen Frage der genetischen Einheitlichkeit

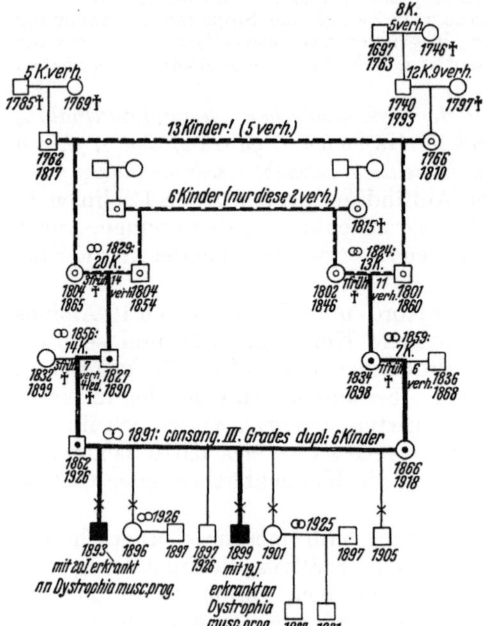

Abb. 17. Abstammungstafel zweier Geschwisterfälle mit juveniler Muskeldystrophie aus dem Schwyzer Inzuchtdorf O. (Eigene Beobachtung.)

klinisch verschiedener Formen der progressiven Muskeldystrophie erhoffen dürfen. Während Diehl, Hansen und v. Ubisch (1927) sowie Minkowski und Sidler (1928) eher für die genetische Verwandtschaft der von Erb (1891) erstmals als klinisch zusammengehörig erkannten Formen der progressiven Muskeldystrophie eintraten und Dawidenkow (1929) gerade das Gegenteil, nämlich deren Aufspaltung in verschiedene Biotypen ungleichen Erbgangs für gegeben hielt, haben Curtius (1935) und auf Grund einer ausgedehnten Sammelforschung aus Schweden Sjövall (1936) auf die mangelhafte Klärung und die großen Schwierigkeiten dieses Problems hingewiesen.

Leider reichen die Kirchenbücher von O. nicht weit genug zurück, um einen genealogischen Zusammenhang der Aszendenz der dortigen zwei Muskeldystrophiker mit derjenigen des im Nachbartal von Minkowski und Sidler bis 1600 zurückverfolgten Herdes sicherzustellen bzw. auszuschließen.

Zu den Heredodegenerationen, deren Erbgang, wie aus den folgenden Sippentafeln hervorgeht, als bestimmt *einfach-recessiv* betrachtet werden darf, gehört jene vorwiegend *spinale* Form der *Heredoataxie*, wie sie Friedreich in den Jahren

1861—1877 klassisch beschrieben hat. Sie kann als Prototyp einer solchen Mutation bezeichnet werden und eignet sich wie wenig andere Merkmale zum Nachweis dieses beim Menschen sonst nicht leicht zu belegenden Erbmodus, namentlich in der Schweiz, wo sie stellenweise auffällig gehäuft gefunden wird (HANHART, 1923). Sie muß dort, selbst wenn sie solitär und ohne nähere elterliche Konsanguinität auftritt, auf eine Erbänderung bezogen werden, die gewöhnlich — früher oder später — auf ein Inzuchtgebiet zurückführt, in welchem ein größerer oder kleinerer Herd von Heredoataxie zu bestehen pflegt. Ob wir dabei eine autochthone Entstehung annehmen dürfen oder nur einen *Teilherd*, gleichsam eine Filiale eines solchen, läßt sich an Hand der genealogischen Zusammenhänge bei diesem Merkmal weit eher feststellen, als bei den nach Erbgang und Variabilität des Erscheinungsbildes weniger genau bekannten hereditären Krankheiten. Gelegentlich können sogar laienhafte Vermerke in Kirchenbüchern über die jahrzehntelange Gehunfähigkeit normal empfindender, längst verstorbener Personen Anhaltspunkte für das frühere Vorkommen des Leidens bieten, besonders wenn es sich dabei um ungefähr gleichzeitig erkrankte Geschwister handelt. Wenn deren gesunde Blutsverwandte z. B. ein Bruder oder eine Schwester dann in der Aszendenz der Eltern erwiesener Ataktikerprobanden figurieren, weil jene allem nach Heterozygoten waren, so kann dies mit einem Schlage zur Erklärung sonst rätselhafter Belastungen durch die oft viele Generationen lang latent (überdeckt) vererbten Anlagen führen.

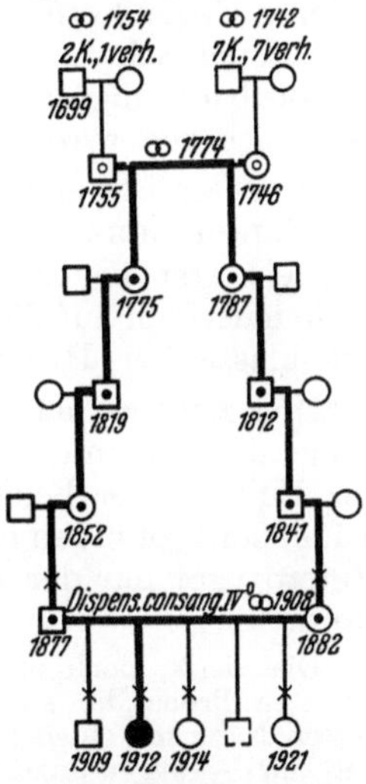

Zunächst seien einige Fälle spärlichen Vorkommens der FRIEDREICHschen Krankheit in kleineren Schweizer Kantonen als Beispiel *relativ junger Mutationen* geschildert, da ihre genealogischen Verhältnisse leichter zu übersehen sind, als diejenigen in den eigentlichen Herden von Heredoataxie.

Abb. 18. Abstammungstafel eines Solitärfalles von FRIEDREICHscher Heredoataxie aus dem Kanton Uri. [Nach E. HANHART (1924).]

Beinahe schematisch wirkt der gerade bei einem von vier überlebenden Geschwistern beobachtete Einzelfall aus einer Urner Familie mit elterlicher Konsanguinität vierten Grades (vgl. Sippentafel in Abb. 18).

Die seinerzeit in der Züricher Universitäts-Kinderklinik untersuchte Probandin trägt zwar einen italienischen Namen, so daß man zunächst nicht auf den Ursprung dieser Erbkrankheit aus einem innerschweizerischen Inzuchtgebiet schließen konnte. Es zeigte sich jedoch, daß der Vatersvater während des Baues der Gotthardbahn aus seiner Piemonteser Heimat ins Land Uri eingewandert war und sich dort mit einem Mädchen aus alteingesessenem Geschlecht verheiratet hatte.

Der aus dieser Ehe entsprossene Sohn, ein tüchtiger Lokomotivführer, hatte nun ungeachtet des damals für diesen Blutsverwandtschaftsgrad noch geltenden kirchlichen Verbotes eine ihm von mütterlicher Seite her verwandte Base III. Grades zur Frau genommen, was allen Beteiligten als unbedenklich vorgekommen sein dürfte, um so mehr als sich der Laie von der Einheirat des kerngesunden Italieners eine „*Blutauffrischung*" versprochen haben mag. Trotzdem eine solche tatsächlich in gewissem Sinne, d. h. durch Beimischung günstiger dominanter Erbanlagen stattgefunden zu haben scheint, ist dadurch offenbar die in diesem Urner Geschlecht bisher latente (heterozygote) Veranlagung zu einfachrecessiver Heredoataxie in keiner Weise beeinflußt, geschweige denn ausgemerzt worden. Eine derartige Regeneration wäre ja auch, nach dem was uns die experimentelle Genetik lehrt, keineswegs zu erwarten.

Die Erbänderung, die diesem in dem etwa 23000 Einwohner zählenden Kanton vereinzelt gebliebenen Fall von FRIEDREICHscher Krankheit zugrunde liegt, dürfte bei einem der 4 Eltern des 1774 kopulierten gemeinsamen Ahnenpaars der beiden im vierten Grade blutsverwandten Eltern unserer Probandin entstanden sein und zur Heterozygotie des 1755 geborenen Stammvaters oder der 1746 geborenen Stammutter geführt haben. Eine frühere Entstehung der Mutation ist wenigstens auf der Seite der Stammutter unwahrscheinlich, da diese durch ihre sechs verheirateten Geschwister, die dann ja auch etwa zur Hälfte Heterozygoten sein müßten, in deren kinderreicher Nachkommenschaft gelegentlich hätte herausmendeln müssen. Der Stammvater dagegen, der keine verheirateten Geschwister hatte, braucht nicht unbedingt der erste Träger einer überdeckten Anlage gewesen zu sein. Eine genauere Datierung des mutmaßlichen Ursprungs dieser Mutation wird erst nach Auftreten weiterer Manifestationen in jener Gegend erfolgen können. Bei der relativen Seltenheit der Heredoataxie auch in der Schweiz ist anzunehmen, daß in dem kleinen Kanton Uri jeder neue zur Beobachtung gelangende Fall zur Deszendenz des genannten Stammelternpaars gehören wird.

In dieser Beziehung ein recht eindrückliches Beispiel bietet das Vorkommen der Friedreichschen Krankheit in dem Uri benachbarten Kanton Glarus, wo sich ein erst neuerdings bekannt gewordener Fall wenigstens in väterlicher Linie mehrfach auf die Aszendenz zweier von mir 1922 untersuchter Geschwister mit klassischer Heredoataxie zurückführen ließ (s. Sippentafel in Abb. 19).

Hier zeigt es sich freilich, daß eben wegen dieses genealogischen Zusammenhangs die von mir seinerzeit auf die Generation vor den gemeinsamen Ahnen der Eltern jener beiden Geschwister bezogene Erbänderung bereits 100 Jahre früher stattgefunden haben muß, da als erster, alle 3 Belastungslinien erklärender Heterozygot nur der 1605 geborene Ahne bzw. seine Frau in Betracht kommen kann.

Die vierte, noch nicht weiter verfolgte Heterozygotenlinie, die von der Mutter der jüngsten Probandin ausgeht, führt in ein Inzuchtgebiet des Kantons Schaffhausen, in dessen Nähe ich einen kleinen Herd von Friedreichscher Krankheit gefunden habe, ohne daß mir — wegen unzulänglicher Kirchenbücher — der Nachweis der Blutsverwandtschaft zwischen den beiden dort betroffenen Familien geglückt wäre.

In der meine Forschungsergebnisse bis 1923 zusammenfassenden Schrift über die *Bedeutung der Inzuchtgebiete* usw. (1924) stehen die ersten gemeinsamen Ahnen der Eltern der mir damals einzig bekannten Ataktiker-Geschwister richtig verzeichnet, doch ist dabei insofern ein Irrtum unterlaufen, als die mütterliche Linie statt schon in vier, erst wie die väterliche in fünf Generationen das gemeinsame Ahnenpaar, kopuliert 1756, erreicht. Es handelt sich in Wirklichkeit also um eine Konsanguinität IV.—V. Grades und nicht um eine solche nur V. Grades, was aber natürlich für den Erbgang belanglos ist.

Als wesentlich ist festzuhalten, daß in diesem etwas über 33000 großenteils stärker ingezüchtete Bewohner zählenden Gebirgskanton die beiden einzigen bisher festgestellten Ataktikerfamilien ein gemeinsames Stammelternpaar, kopuliert 1627, aufweisen, auf welches vier mögliche und davon drei sehr wahrscheinliche Belastungslinien zurückführen, und daß dies bezüglich der vorhergehenden, um 1600 lebenden Generation noch in vermehrtem Maße zutrifft, da dort nicht weniger als sieben mögliche Heterozygotenlinien, ausgehend von 3 Eltern heutiger Probanden einmünden. Da jedoch die Deszendenz dieser allzuweit zurückliegenden Generation so groß sein dürfte, daß unser Merkmal öfter darin hätte herausmendeln müssen, so ist am ehesten der 1605 geborene Ahne oder seine Frau als erster Heterozygot zu betrachten, der die verhängnisvolle Anlage auf mindestens zwei seiner sieben verheirateten Kinder übertrug. Auf jeden Fall kann die zu postulierende Mutation nicht vor Ausgang des 16. Jahrhunderts entstanden sein.

Wie stark die Bevölkerung des Kantons Glarus bereits mit derjenigen der übrigen Schweiz durchmischt ist, geht unter anderem aus der Tatsache hervor, daß nicht bloß, wie schon erwähnt, die Mutter der neuentdeckten Ataktikerin, sondern auch der Vater der beiden älteren Friedreich-Geschwister aus andern Kantonen stammen.

Diese Verminderung der ursprünglich bedeutenden Inzucht nimmt immer mehr zu, womit sich die Forschungsmöglichkeiten zusehends schwieriger gestalten.

Auch hier ist die von der Vatersmutter herrührende Heterozygotie, genau wie in dem eben besprochenen Urner Herd durch die diesmal zwar nicht so weitgehende Exogamie keineswegs beseitigt worden.

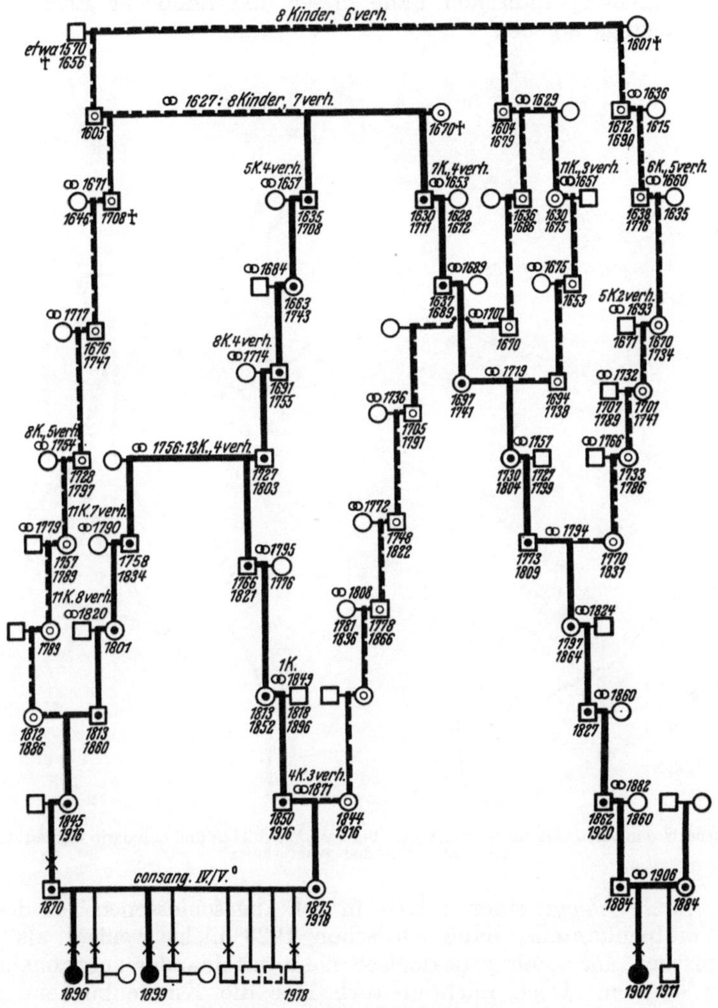

Abb. 19. Abstammungstafel dreier Fälle von FRIEDREICHscher Heredoataxie aus dem Kanton Glarus. [Nach E. HANHART (1924).]

Dagegen scheint durch die sicher aus einem andern Herd von Heredoataxie stammende Mutter der jüngeren Patientin deren in verschiedener Hinsicht etwas abweichendes Zustandsbild (Komplikation durch eine Opticusatrophie usw.) verbunden mit einem ungewöhnlich milden Verlauf (lange Erhaltung der Gehfähigkeit) bewirkt worden zu sein[1].

Die verhältnismäßig noch so spärliche Manifestation der sich nunmehr schon seit gut 3 Jahrhunderten vom hinteren Linthal her ausbreitenden Ataxieanlage im Glarnerland ist entschieden auffallend. Sie findet abgesehen von dem schon

---

[1] Die ausführliche Schilderung der einzelnen Befunde wird in einer *Monographie* über das Auftreten der FRIEDREICHschen Krankheit in der Schweiz erfolgen.

seit 1800 einsetzenden Rückgang der früheren Inzucht ihre Erklärung durch die starke Auswanderungstendenz des für seine Intelligenz und Rührigkeit bekannten Völkleins. Inwieweit dadurch eine Verschleppung dieser Heredodegeneration sowie auch sonstiger Entartungserscheinungen in andere Gegenden stattfand, wird sich erst allmählich aus der genealogischen Kontrolle der nunmehr allerorts häufiger werdenden sporadischen Fälle dieser und ähnlicher Erbkrankheiten bekannten Erbgangs ergeben.

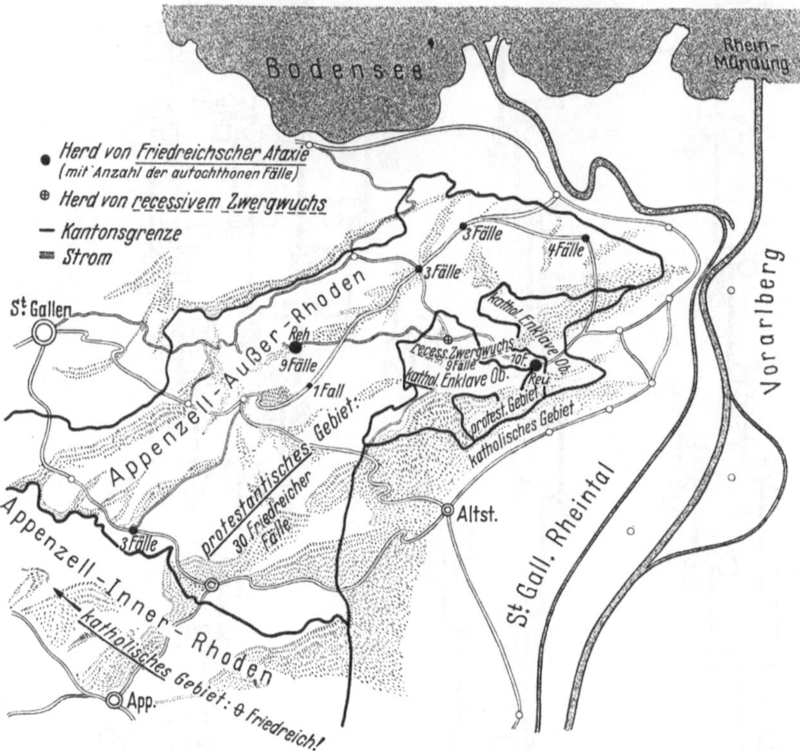

Abb. 20. Kartenskizze mit den verschiedenen Appenzeller Inzuchtgebieten und den darin festgestellten Herden bestimmter Heredodegenerationen.

In der *March Schwyz*, einem relativ in sich abgeschlossenen Teil des gleichnamigen Voralpenkantons, habe ich schon 1923 nicht weniger als 17 Fälle Friedreichscher *Ataxie* als genealogisch nahe miteinander zusammenhängend nachweisen können. Doch reichten auch hier die Kirchenbucheintragungen nicht aus, um den gemeinsamen Ursprung der hier ebenfalls ins 17. Jahrhundert zu verlegenden Mutation näher festzustellen. Trotzdem dieser große Herd nicht sehr weit von der Glarner Grenze entfernt liegt, was ja auch für den kleinen Herd im Lande Uri zutrifft, ist ein Zusammenhang beider Ausbreitungen gleichartiger Heredoataxie mit der im Glarner Hinterland entstandenen Erbänderung höchst unwahrscheinlich, da diese letztere wennschon früh, so doch nicht vor dem durch die Reformationsbewegung im 16. Jahrhundert bewirkten strengen konfessionellen Abschluß der beiden im Gegensatz zum protestantischen Glarnerland ihrem alten Glauben treubleibenden Kantone entstanden sein dürfte.

Wie selbst benachbarte Gemeinden des gleichen Kantons durch die bis in die neueste Zeit mächtigen konfessionellen Schranken getrennt wurden, zeigen die Verhältnisse in den beiden vorderglarnerischen Dörfern M. und N., zwischen denen seit der Reformationszeit so gut wie gar keine Ehen eingegangen wurden, was namentlich in dem katholischen N. zu vermehrter Endogamie führte und nach Mitteilung eines Ortsgeistlichen dort auch nicht ohne nachteilige Folgen blieb.

Eine erbbiologisch hochinteressante Aufteilung eines ursprünglich zusammenhängenden Inzuchtgebietes finden wir im Appenzellerland, wo die geographisch besonders abgeschlossene, nächst dem Säntis wohnende Bevölkerung Innerrhodens katholisch blieb und sich zu einem fast nur aus einer einzigen großen Gemeinde bestehenden Halbkanton zusammenschloß, während die Protestanten aus dem umliegenden Gebiet den Halbkanton Außerrhoden schufen und die ihnen gehörenden Hügelwellen nach ihrer Beziehung zum Bodensee in ein Vorder-, Mittel- und Hinterland einteilten.

Wie nebenstehende Kartenskizze veranschaulicht, hat die erbbiologische Bestandesaufnahme in den beiden Halbkantonen das Vorkommen zweier völlig verschiedener, umschriebener Formen teilweiser Entartung ergeben, nämlich in Innerrhoden, d. h. der dazu gehörigen Enklave Oberegg einen proportionierten, einfach-recessiv vererbten *Zwergwuchstyp* (E. HANHART) und in Außerrhoden eine wohl beispiellose Häufung (31 Fälle in 6 Herden) von FRIEDREICHscher *Ataxie*. Es liegt deshalb der Schluß nahe, daß die den betreffenden Erbanlagen zugrunde liegenden *Mutationen* nicht vor der gegenseitigen konfessionellen Abschließung der Appenzeller, also nicht wesentlich vor Ende des 16. Jahrhunderts entstanden sind; denn sonst hätten sich die entsprechenden heterozygoten Belastungen allseitig ungefähr gleichmäßig ausbreiten müssen und jedenfalls nicht zu derartig begrenzten Manifestationen führen können.

Gehen wir nun zur Besprechung der einzelnen Herde FRIEDREICHscher *Krankheit* im Appenzellerland über, so lernen wir Verhältnisse kennen, die uns aufs eindrücklichste den Begriff des *Teilherdes* oder *Ablegers* einer uralten Erbänderung und deren gleichsam sektorartige Ausbreitung von einem primären Zentrum aus vor Augen führen.

Aus folgender Stammtafel einer Sippe mit 9 Fällen von trotz auffallend später Manifestation typisch *spinaler Ataxie* geht hervor, daß die entsprechende Mutation mindestens noch eine Generation vor 1600 entstanden sein muß, weil eine wahrscheinliche Heterozygotenlinie bis zu jener Jahrhundertwende nicht mit den als sicher anzunehmenden Belastungslinien vereinigt werden kann, obwohl die Namen der Väter der beiden 1605 bzw. 1606 verheirateten Ahnen aus den hier besonders weit zurückreichenden Kirchenbüchern noch festgestellt werden konnten.

Wie links unten ersichtlich, ist es in dieser Sippe offenbar zufolge der Verbindung einer Homozygotin mit einem Heterozygoten (vgl. die Ehe der 1861 geborenen und 1886 verheirateten Ataktikerin) zu einer *Pseudodominanz* gekommen, da deren beide Kinder ungefähr im selben Alter an der gleichen klassischen Form FRIEDREICHscher *Ataxie* erkrankten wie ihre Mutter, die nebst drei Geschwistern viele Jahrzehnte daran litt und bei der die Diagnose autoptisch gesichert werden konnte.

Der Umstand, daß diese bisher noch nie beobachtete Manifestation in direkter Linie hier gleich in 100% statt gemäß der MENDELschen Durchschnittsproportion bloß in 50% erfolgte, spricht nicht gegen die Annahme der Heterozygotie des noch lebenden, äußerlich gesunden Ehemannes jener Ataktikerin, deren gleichartig kranker Sohn übrigens mit einer merkmalsfreien und unbelasteten Frau vier durchaus vollwertige, ja sogar hervorragend widerstandsfähige und sportstüchtige Söhne erzeugte, die jetzt im Alter zwischen 20 und 25 Jahren stehen und von denen der älteste bereits ein $3^1/_2$jähriges, wohlgeratenes Kind hat.

Demnach ist dieser überaus seltene Fall *nicht* etwa auf einen *Umschlag der Recessivität in echte Dominanz* zu beziehen, vielmehr einfach auf einen sich aus

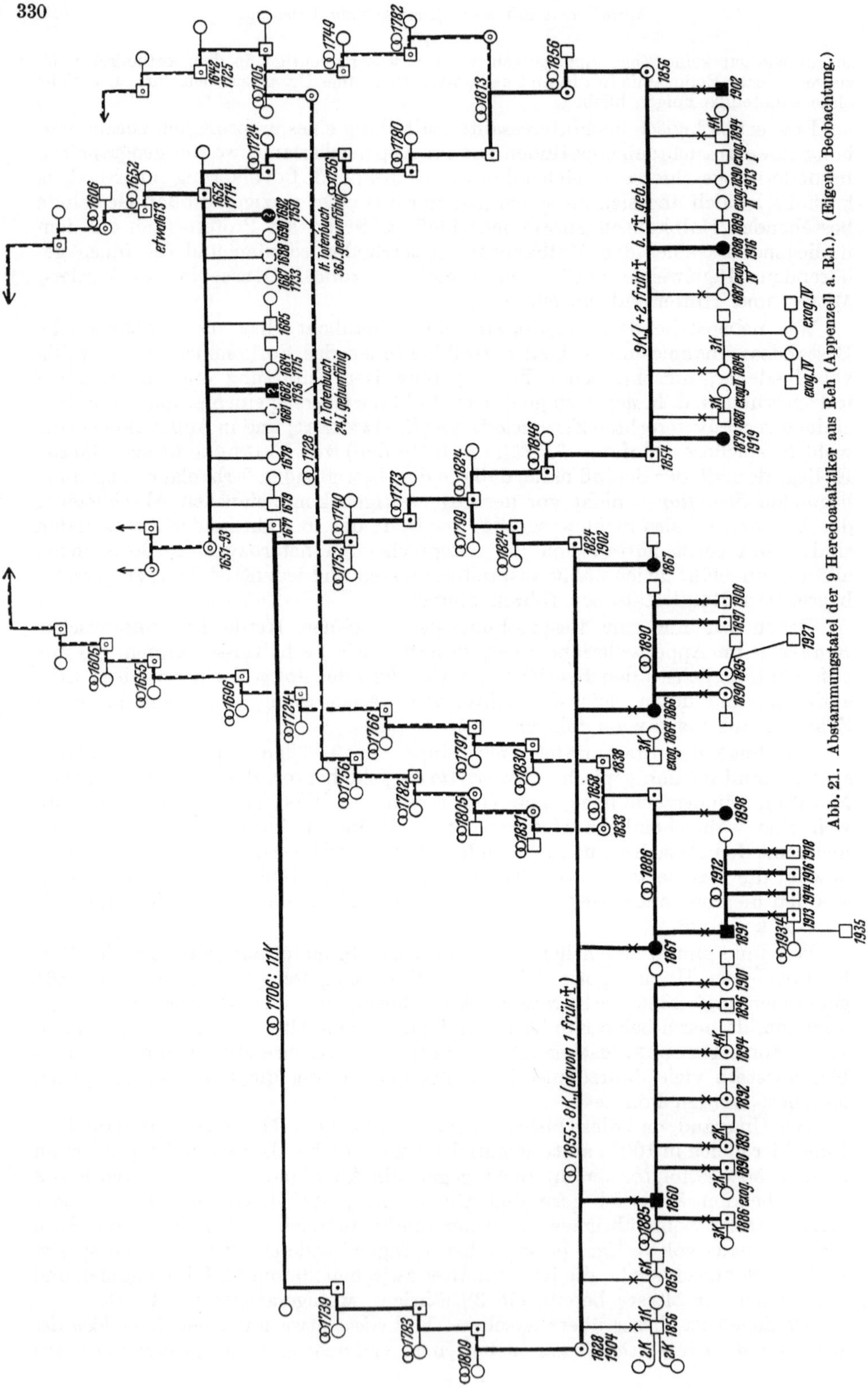

Abb. 21. Abstammungstafel der 9 Heredoataktiker aus Reh (Appenzell a. Rh.). (Eigene Beobachtung.)

der Kreuzung $RR \times DR = 2RR + 2DR$ ohne weiteres in 50% ergebenden Zufallstreffer.

Die Konsanguinitätsverhältnisse in dieser Sippe sind ungemein charakteristisch für einfach-recessiven Erbgang: Erweisen sich doch die Eltern der älteren Geschwisterschaft im 4.—5. Grade und diejenigen der jüngeren, 24 Jahre später gegründeten Familie als im sechsten Grade blutsverwandt und zwar, was erst das Entscheidende ist, bezüglich übereinstimmender Ahnen, so daß z. B. die beiden Väter der 2 Ataktikergeschwisterschaften Halbvettern ersten Grades sind.

Während so drei als sicher zu betrachtende Heterozygotenlinien auf den 1677 geborenen Ahnen und die vierte auf dessen 1724 kopulierten Halbbruder zurückführen, besitzen wir nun noch als weiteren, wertvollen Anhaltspunkt *zwei Angaben aus dem ältesten Totenbuch* der Gemeinde, welche darauf schließen lassen, daß ein Sohn und eine Tochter des zunächst alle 4 Belastungslinien in sich vereinigenden Ahnen, 1652—1714, bereits an hereditärer Ataxie gelitten haben, womit die Heterozygotie ihres Bruders und Halbbruders sogleich verständlich würde.

Unter dem Datum des 10. September 1736 steht nämlich: „† *Hans Fäßler, Joh. sel. ehel. led. Sohn, geb. 1682. 26. Nov. corpore miser erat, facie scorbutus et maceratus, 24 Jahr templum non visitare poterat, at mira cognitione Dei repletus erat.*"

Und über seine Schwester *Magdalena*, geb. 20. Nov. 1692, gest. 3. Febr. 1750 erfahren wir: „*Diese war 36 Jahr nicht mehr in die Kirche kommen, sehr gebrechlich aber großes Licht und heilsbegierd.*"

Demnach haben der 54 Jahre alt gewordene *Hans Fäßler* seit seinem 30. Jahr und seine 58 Jahre alt gewordene Schwester seit ihrem 22. Jahr nicht mehr ausgehen können; ihr offenbar kaum auf irgendeine Umweltwirkung zurückzuführendes Gebrechen scheint ohne eine stärkere Beeinträchtigung der Intelligenz und vor allem des Gemütslebens bestanden zu haben. Fast genau die gleichen Aussagen ließen sich heute über die neueren Merkmalsträger dieser Sippe machen, die ebenfalls erst nach jahrzehntelanger Gehunfähigkeit verstorben sind und bis an ihr Ende bei klarem Bewußtsein blieben.

Glücklicherweise sind wir hinsichtlich der *Diagnosen* bei den größtenteils auch nicht mehr am Leben weilenden, neueren Ataktikern dieser Sippe nicht bloß auf die nachträgliche Auslegung solch medizinisch laienhafter Kirchenbucheinträge angewiesen und verfügen über genaue Befunde, die schon vor 30 Jahren von dem Züricher Neurologen O. VERAGUTH (vgl. die unter dessen Leitung entstandene Dissertation von F. HÜBSCHER, Zürich 1909), sowie vor 17 Jahren von mir erhoben wurden.

Mit obigem, immerhin einen erheblichen Grad von Wahrscheinlichkeit erreichenden Hinweis auf das Vorhandensein zweier Geschwisterfälle innerhalb einer 1676 geschlossenen Ehe mit neun überlebenden Kindern würde der spätest mögliche Zeitpunkt der Entstehung einer allen diesen Fällen zugrunde liegenden Erbänderung auf die Generation um 1550 herum fallen, vorausgesetzt, daß die Eltern jener beiden fraglichen Ataktiker aus dem 17. Jahrhundert Geschwisterkinder waren, was leider nicht mehr festzustellen ist.

Folgende FRIEDREICH-*Sippe*, auf die ich durch die Familienanamnese des rechts unten auf nachstehender Tafel (Abb. 22) verzeichneten, jahrelang klinisch beobachteten und später autoptisch kontrollierten Falles aufmerksam wurde, scheint ein kleiner Ableger des vorigen Ataxieherdes zu sein oder wenigstens eines Herdes im Vorderland, da es sich bisher um das einzige Vorkommen der Krankheit im Mittelland handelt.

Während eine entsprechende Belastung bei seiner mütterlichen, sowohl nach Württemberg, als nach den Kantonen Bern und Schaffhausen führenden Aszendenz noch nicht nachgewiesen werden konnte, stellte sich der Vater dieses Probanden als Vetter zweier ataktischer Geschwister heraus, deren Eltern im

2.—3. Grade blutsverwandt waren. Den einen Großvater dieser Geschwister berührt diese Konsanguinität nicht, weil er aus Bayern stammt; daß er die sich bei seinen Enkeln offenbarende, mütterlicherseits ererbte, heterozygote Ataxieanlage seines Sohnes nicht beeinflußte, verwundert uns nach dem, was wir in dieser Beziehung in den Sippen aus Uri und Glarus erfuhren, keineswegs.

Wie aus obiger Kartenskizze ersichtlich, fanden sich auch noch in den fünf östlich von Reh. gelegenen Gemeinden kleinere bis größere Friedreich-*Herde*. Obwohl der Zusammenhang derselben mit der, wie wir sahen, sehr alten Mutation aus jenem Ort genealogisch nirgends sichergestellt werden konnte und diese

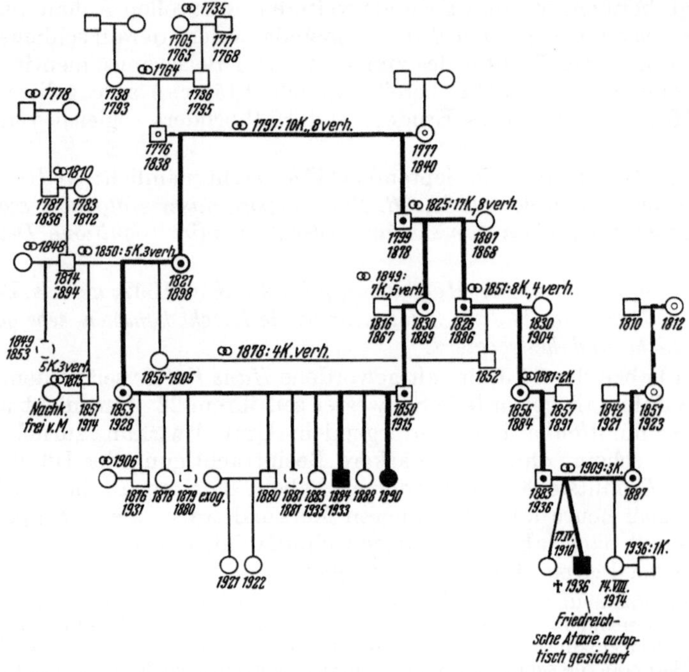

Abb. 22. Sippentafel dreier Heredoataktiker aus dem Mittelland (Appenzell a. Rh.)

weiteren Sippen nur teilweise auf die gleichen Belastungslinien zu beziehen waren, darf dennoch mit hoher Wahrscheinlichkeit angenommen werden, daß *sämtliche der klinisch übrigens weitestgehend miteinander übereinstimmenden Heredoataxien dieses so eng begrenzten und lange fast völlig nach außen abgeschlossenen Gebietes von einer einzigen, im 16. Jahrhundert entstandenen Erbänderung herrühren* und nicht etwa mehreren unabhängigen Mutationen entsprechen.

Was sich aus den dort nur bis zum Ende des 17. Jahrhunderts zurückreichenden Kirchenbüchern noch an mutmaßlichen Zusammenhängen herausholen ließ, zeigt die nächste Sippentafel (Abb. 23).

Sie stellt in ihren 2 Gipfeln das Zusammenlaufen von je 3 Heterozygotenlinien dar, die sehr wahrscheinlich weiter zurück auf ein gemeinsames Stammelternpaar führen, welcher Nachweis aber auf Grund des vorhandenen genealogischen Materials nicht mehr zu erbringen ist. Eine nähere elterliche Konsanguinität — und zwar eine solche dritten Grades — ließ sich hier nur einmal feststellen, doch erwies sich ein *jeder der* Friedreich-*Eltern als mindestens mit einem anderen blutsverwandt.*

Noch bedeutend spärlicher und in keinem Verhältnis zu der darauf verwendeten Mühe blieb das Ergebnis der Bearbeitung der Aszendenz der übrigen,

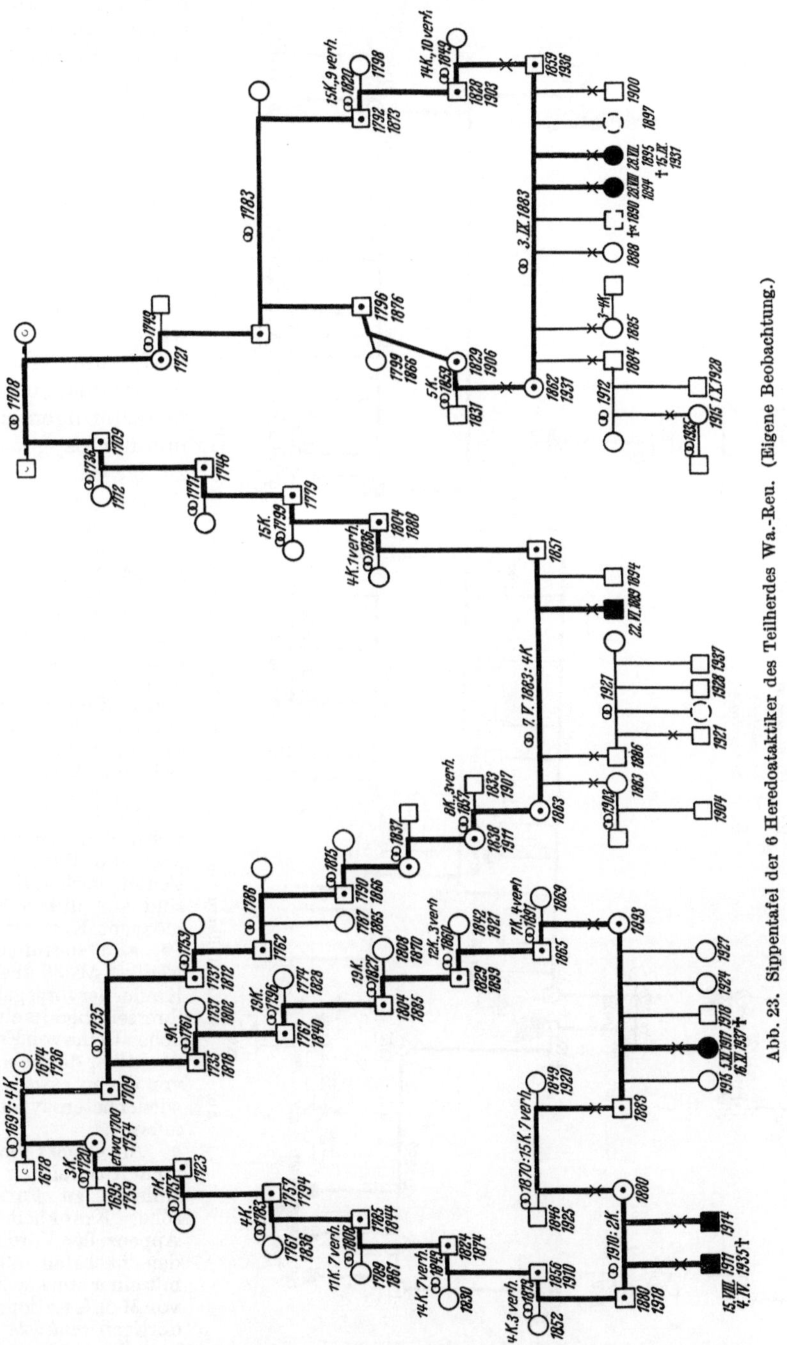

Abb. 23. Sippentafel der 6 Heredoataktiker des Teilherdes Wa.-Reu. (Eigene Beobachtung.)

nicht mit dem vorigen Teilherd zusammenhängenden Heredoataktiker aus Reu. Wohl kam hier eine doppelseitige Belastung durch Homozygote in den Seitenlinien zum Vorschein, wie sie für den einfach-recessiven Erbgang überaus charakteristisch ist; eine gemeinsame Abstammung oder auch nur eine einzige elterliche

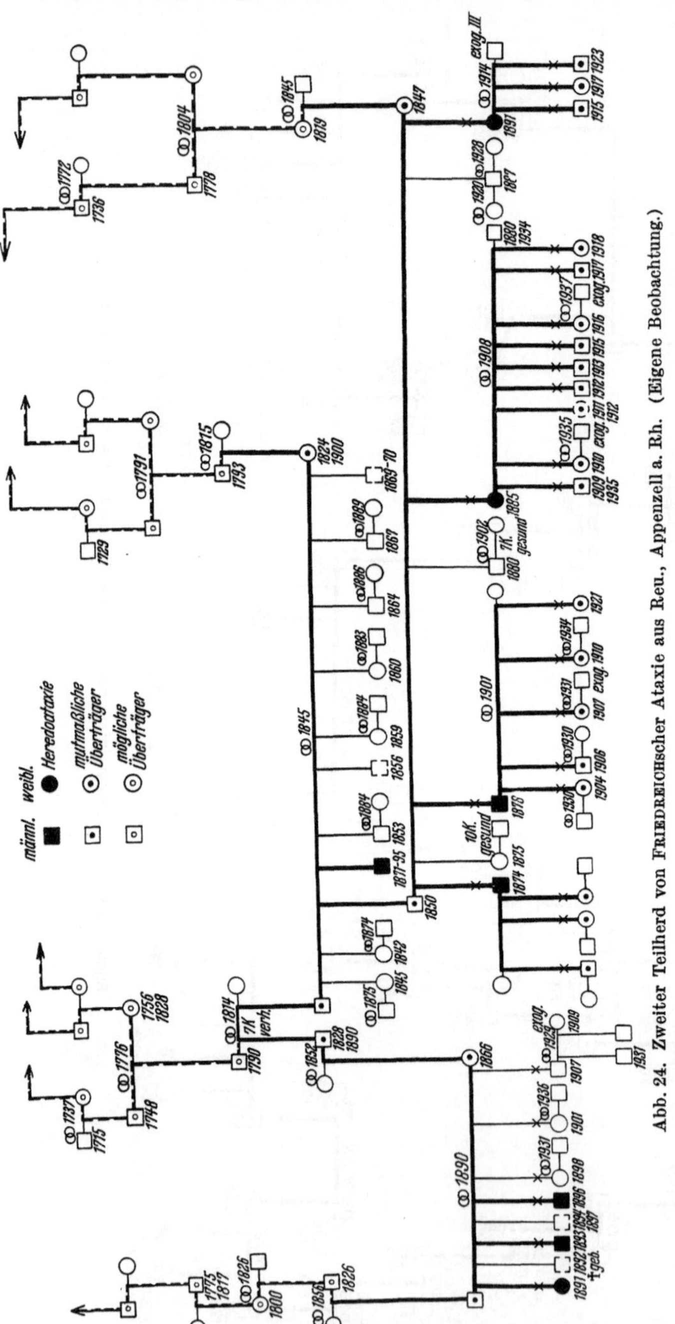

Abb. 24. Zweiter Teilherd von Friedreichscher Ataxie aus Reu., Appenzell a. Rh. (Eigene Beobachtung.)

Konsanguinität gelang es indessen für die drei eng miteinander verbundenen Einzelfamilien dieser Sippe nicht nachzuweisen. Allem nach hat die Ausstreuung von Heterozygoten in jener Gegend seit längerem bereits so stark überhandgenommen, daß es dort keiner Blutsverwandtenehen mehr bedarf, um überdeckte Ataxieanlagen zusammenzubringen und damit homozygot werden zu lassen.

Der auf die genetische Zusammengehörigkeit dieses Herdes Reu. mit demjenigen von Reh. hinweisende *auffällig späte Erkrankungsbeginn* (Ende des oder noch nach dem dritten Jahrzehnt) führte hier wie dort zu einer *besonders hohen Zahl mutmaßlicher Heterozygoten*, als welche sämtliche Kinder von Heredoataktikern betrachtet werden müssen.

Gleich wie in Reh. haben sich in Reu. vier relativ spät erkrankte Friedreich-Patienten verheiratet und es sind aus diesen Ehen homozygot Kranker 17 bzw. 19, also zusammen nicht weniger als 36 überlebende Kinder hervorgegangen, die ihrerseits bereits einer stattlichen Reihe von Enkeln der Ataktiker das Leben gaben, von denen etwa die Hälfte wieder heterozygotisch sein müssen.

Angesichts dieser enormen Ausbreitung latenter Anlagen zu Friedreichscher Krankheit ist im Appenzeller Vorderland in den nächsten 50 Jahren mit einer starken Zunahme von Manifestationen des die dortigen *multiple Sklerose-*

Fälle an Zahl weit übertreffenden alten Erbübels zu rechnen; zugleich aber auch mit einer vielfachen Verschleppung in andere Gegenden durch die zahlreichen abgewanderten Elemente aus diesem Inzuchtgebiet.

Aus dem Vergleich der theoretischen Erwartung mit der wirklichen Verbreitung dieser hier geradezu „endemischen“ Erbkrankheit wird sich erweisen lassen, ob die latenten Belastungen tatsächlich noch viele Generationen hindurch weitervererbt werden oder ob wir berechtigt sind, ein *Zurückmutieren labiler Gene zur Norm* anzunehmen.

Gerade dieser Umstand spricht für die Richtigkeit der Annahme, wonach wir es hier mit einer *sehr alten Mutation* zu tun haben, deren Entstehung indessen, wie oben auseinandergesetzt wurde, kaum wesentlich vor der 1597 erfolgten Trennung des Appenzellerlandes in die Halbkantone *Inner- und Außerrhoden* stattgefunden haben kann.

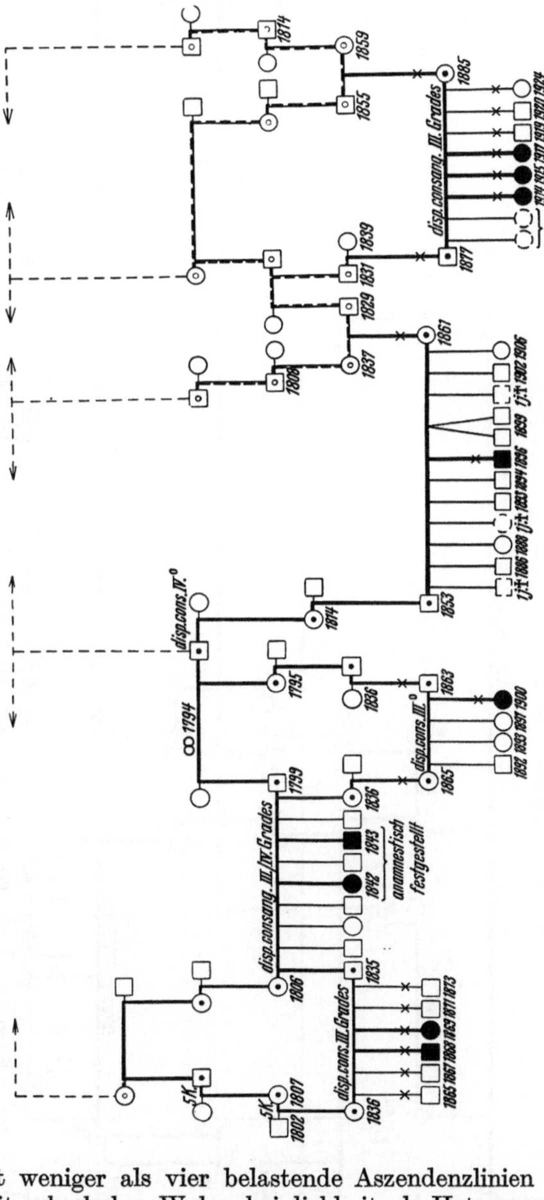

Hierfür spricht die ihrerseits wieder strenge Begrenztheit des in der innerrhodischen Enklave Ob. sich findenden *einfach-recessiven Zwergwuchses* (HANHART), der dort allem nach als autochthon entstandene Mutation zu betrachten ist und in Außerrhoden ebenso fehlt, wie in Innerrhoden die hereditäre Ataxie.

Die vermutlich gemeinsame Abstammung aller 10 Eltern der sich auf fünf Geschwisterschaften verteilenden Zwerge konnte hier wegen des Verlustes der älteren Bücher seit dem Kirchenbrand anno 1817 nur andeutungsweise rekonstruiert werden. Unsere Tafel zeigt immerhin, daß mit nur 2 Ausnahmen diese sämtlichen mutmaßlichen Heterozygoten ganz nahe blutsverwandt sind und für die Eltern der in der Mitte verzeichneten jüngeren Zwergin eine Konsanguinität dritten Grades festgestellt werden konnte, die auf einen Ahnen zurückführt, der nicht weniger als vier belastende Aszendenzlinien in sich vereinigt und deshalb mit sehr hoher Wahrscheinlichkeit als Heterozygot angesprochen werden darf.

Abb. 25. Sippentafel der 9 Zwerge aus Ob. [Nach E. HANHART (1925).]

Auf die besondere Art dieses erst nach Ablauf des zweiten Lebensjahres in Erscheinung tretenden, relativ proportionierten und einheitliche Zustandsbilder hypophysären Charakters schaffenden *Zwergwuchses* (HANHART), dessen Pathogenese vom *Zwischenhirn* ausgehen dürfte, kann hier nicht näher eingegangen werden. Die begleitende Fettsucht ist im Abschnitt über die *Erbpathologie des Stoffwechsels* (Bd. IV/2 dieses Handbuches) beschrieben.

Es sei aber betont, daß wir es dabei mit einem Erbmerkmal zu tun haben, das seiner großen Auffälligkeit halber noch viel sicherer im Gedächtnis einer Bevölkerung bleibt als die FRIEDREICHsche Ataxie, so daß man sich auch ohne diesbezügliche Kirchenbucheinträge auf die Überlieferung einigermaßen verlassen und das Fehlen bzw. Vorhandensein früherer Manifestationen dieses Zwergwuchses in der betreffenden Gegend rein daraus erschließen kann.

Ebenfalls in der Ostschweiz, jedoch in einem genealogisch mit dem Appenzellerland ganz und gar nicht verwandten Inzuchtgebiet Graubündens, nämlich dem früher äußerst abgelegenen *Samnauntal* konnte ich 1923 die seinerzeit schon von dem deutschen Arzte SCHMOLCK (1907) im VIRCHOWschen Archiv kurz beschriebenen *pseudohypophysären Zwerge* an Hand des damals im Pfarrhaus noch vorhandenen alten Familienbuches auf eine mutmaßlich in der zweiten Hälfte des 17. Jahrhunderts autochthon entstandene Erbänderung beziehen.

Der bei den dortigen 8 Zwergen festgestellte *Konstitutionstyp* entspricht demjenigen der Oberegger Zwerge so weitgehend, daß das Vorliegen eines ätiologisch und pathogenetisch gleichartigen

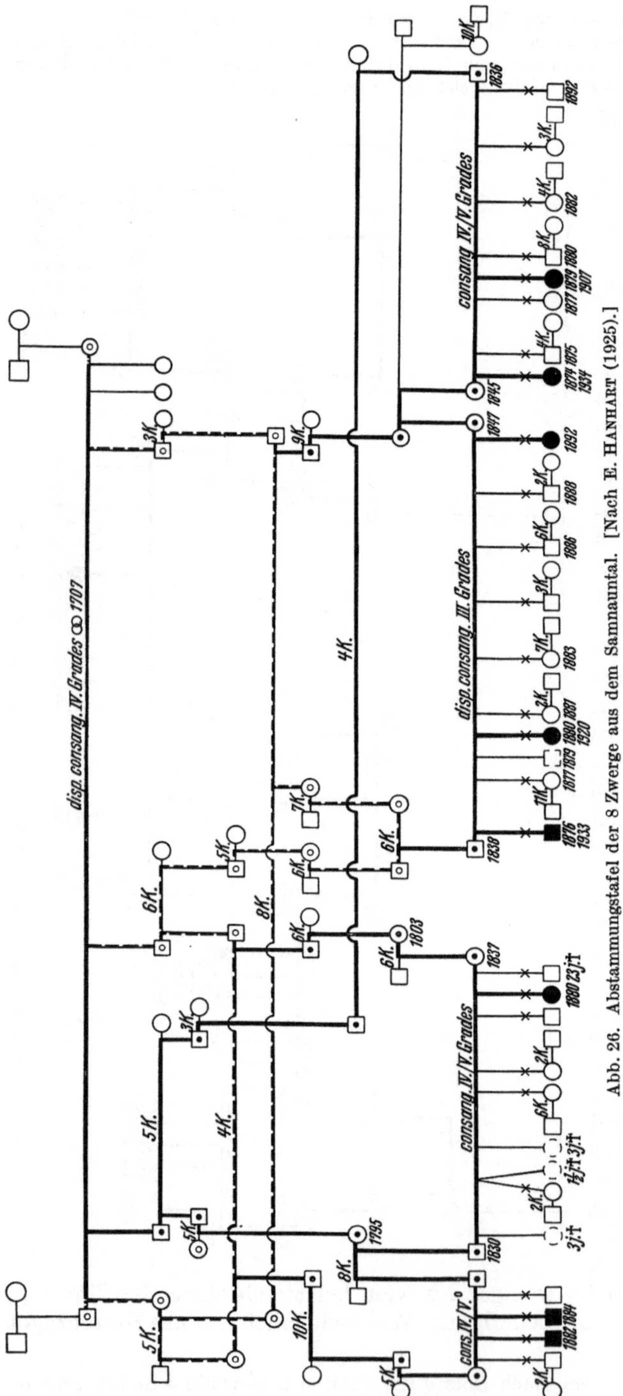

Abb. 26. Abstammungstafel der 8 Zwerge aus dem Samnauntal. [Nach E. HANHART (1925).]

Zwergwuchses schon aus den Erscheinungsbildern erschlossen werden konnte. Wie aus der beistehenden Abstammungstafel dieser Samnauner Zwerge ersichtlich, bildet deren Genealogie geradezu ein *Schulbeispiel* für die Ausbreitung einer allem nach ursprünglich heterozygot angelegten Mutation und das von FLEISCHER als „*explosiv*" bezeichnete, relativ plötzliche Herausmendeln der zuvor meist 5 Generationen lang überdeckt vererbten Anlage, nachdem die Blutsverwandtenehen in der Nachkommenschaft eines gemeinsamen Ahnenpaares eine gewisse Häufigkeit erreicht hatten.

Obgleich der Ausdruck „explosiv" in Anbetracht der sich immerhin über Jahrzehnte hinziehenden Vorgänge reichlich übertrieben ist, hat er sich seiner Prägnanz wegen ziemlich eingebürgert.

SIEMENS glaubt nicht an die Realität dieser merkwürdigen Erscheinung und hält sie durch eine statistische Fälschung bedingt, da gehäufte Fälle viel eher zur Beobachtung kämen.

So richtig dies an und für sich ist, so wenig kommt es als Fehlerquelle für unsere Forschungsgebiete in Betracht, da wir eine so gründliche erbbiologische Bestandesaufnahme durchgeführt haben, daß uns nur vereinzelte ältere Fälle entgangen sein können.

JENNY (1927), dem das „explosive" Auftreten in der unten besprochenen Sippe mit einfach-recessiver *Epidermolysis bullosa dystrophica* auffiel, glaubt irgendwelche Umwelteinflüsse dafür verantwortlich machen zu müssen (nach brieflicher Mitteilung).

Nach HANHART (1938) handelt es sich bei diesem übrigens durchaus nicht immer zu beobachtenden Phänomen um eine einfache Folge der sich erst nach stärkerer Ausbreitung eines heterozygot belasteten Geschlechtes ungefähr gleich stark häufenden Blutsverwandtenehen. Fängt doch erwiesenermaßen der „Ahnenverlust" erst jenseits der fünften Generation an, rapid zuzunehmen. Dabei pflegen sich die heute lebenden Bürger auch in solchen Inzuchtgebieten über den IV. oder V. Grad ihrer Konsanguinität nicht mehr bewußt zu sein oder diese für belanglos zu halten, so daß solche Ehen ohne jedes Bedenken eingegangen werden, um so mehr als gewöhnlich nur wenige exogame Partner zur Einheirat in Frage kommen. Sind dagegen in einem Geschlechte früher in näheren Blutsverwandtenehen Krankheiten aufgetreten, die dem Laien als erblich imponieren, so wurde auf diese Warnung hin einige Generationen lang weniger oder gar nicht „ins Blut geheiratet", nach Erlöschen der Überlieferung dagegen dann wieder um so häufiger, woraus sich ebenfalls relativ plötzliche und reichliche Manifestationen erklären.

Gewiß hätten schon aus den beiden Vetternehen ersten Grades, welche die auf unserer Tafel mit zentralen Ringlein bezeichneten Enkel des Stammelternpaars geschlossen haben und aus denen 4 bzw. 8 Kinder hervorgegangen sind, Zwerge entstehen können, vorausgesetzt, daß sowohl deren älteste Tochter als der an vierter Stelle in der Geschwisterreihe stehende Sohn heterozygot gewesen wären. Dies braucht jedoch durchaus nicht der Fall gewesen zu sein, da die entsprechende Belastung der 8 Eltern von Zwergen bloß die Heterozygotie des einen dieser beiden Kinder des Stammelternpaars zur Erklärung erfordert. Tatsächlich weiß die in solchen Gegenden recht weit zurückreichende *Überlieferung* denn auch nichts von einem früheren Zwergvorkommen, und selbst der Sage nach deutet nicht das geringste in dieser Richtung.

Wir dürfen deshalb annehmen, daß wir es in den vier so eng untereinander versippten Geschwisterschaften, aus denen die 8 Zwerge hervorgingen, mit erstmaligen Manifestationen einer Anlage zu tun haben, die bei dem einen Partner des gemeinsamen 1707 kopulierten Stammelternpaars als dem vermutlich ersten Heterozygoten latent vorhanden war und auf einer Änderung in der Keimmasse eines seiner Eltern beruhte. Der Umstand, daß die beiden Stammeltern selbst bereits laut kirchlichem Dispens im vierten Grade blutsverwandt waren, berechtigt uns nicht, die Entstehung der zu diesem Zwergwuchs führenden *Mutation* noch früher, als angegeben, anzusetzen, weil das Merkmal sonst in Anbetracht der namentlich früher noch beträchtlicheren Inzucht sonst erheblich öfter hätte herausmendeln müssen. Nicht umsonst sind übrigens gerade die beiden weitaus am stärksten ingezüchteten Geschlechter dieser Gegend von unserer sich einfach-recessiv vererbenden Abartung heimgesucht worden.

Recht auffällig ist die Tatsache, daß, wie 1937 eine Nachprüfung ergab, seit meiner nunmehr schon vor 17 Jahren im Samnauntal unternommenen Forschung keine neuen Fälle dieses Zwergwuchses mehr aufgetreten sind, obwohl von den Geschwistern jener zwischen 1873 und 1892 geborenen Zwerge über ein Dutzend meist endogamer Ehen geschlossen wurden, aus denen gegen 50 überlebende Kinder hervorgingen. Sollten trotz weiterer Inzucht innerhalb der Nachkommenschaft genannten Stammelternpaars und gleichem Kinderreichtum wirklich keine Homozygoten mehr in den nächsten 20 Jahren herausmendeln, so würde dies wohl nur durch eine *Rückmutation labiler Gene* im Sinne von A. Ernst (1936) oder durch den Einfluß eines wesentlich andersartigen *genotypischen Milieus* zu erklären sein. Vielleicht hat die in den Samnauner Kirchenbüchern recht häufig nachweisbare Einheirat von Mädchen aus dem benachbarten Tirol in letzterer Hinsicht gewirkt; auf jeden Fall kann darauf auch eine gewisse Verzögerung der Manifestation unseres recessiven Merkmals bezogen werden, nicht jedoch etwa eine Ausmerzung vorhandener heterozygoter Anlagen.

M. v. Pfaundler hat mich darauf aufmerksam gemacht, daß auch die von ihm 1906 mit Wagner v. Jauregg entdeckten und von dem letzteren für „*marine Kretinen*" gehaltenen Zwerge auf der bei Fiume gelegenen kroatischen Insel *Krk (Veglia)* zu dem von mir aufgestellten Typ *recessiven Zwergwuchses* gehören dürften. In der Tat konnte ich dort 1924 eine mit den beiden Schweizer Beobachtungen in allen wichtigen Merkmalen weitgehend übereinstimmende Sippe mit 10 Zwergen eingehend somatologisch und genealogisch untersuchen. Es gelang dabei in hohem Grade wahrscheinlich zu machen, daß diese ihrem Sippencharakter nach etwas weniger einheitlichen, obgleich mit ihrer sehr ausgesprochenen *Dystrophia adiposogenitalis* besonders stark „*hypophysär*" wirkenden Vegliazwerge, deren Vorkommen und Abstammung sich auf die ungefähr einem unserer mittleren Inzuchtgebiete entsprechende Bevölkerung des Tälchens bei *Baska* beschränkt, von einer *mindestens 300 Jahre zurückliegenden autochthonen Mutation* herrührt. Daß dies nicht noch besser genealogisch belegt werden konnte, hängt mit den dort überaus unzulänglichen Kirchenbüchern sowie mit der ziemlich starken Vermischung an der Küste dieser von allen möglichen Völkern besiedelten adriatischen Insel zusammen.

Schon weiter oben habe ich erwähnt, daß der von mir, ebenso wie für diese Zwerge, auch für die auf der Insel ziemlich zahlreichen *Albinos* versuchte Abstammungsnachweis ganz auf die gleichen Schwierigkeiten stieß, also bei einem Merkmal, dessen einfach-recessiver Erbgang bereits durch vielfältige Erfahrungen gesichert ist.

Ungleich häufiger scheint diese Form *recessiven Zwergwuchses* (Hanhart) in *Ungarn* mutativ zu entstehen, da die von den Impresarios zu Schaustellungen verwendeten Zwergtrupps dort rekrutiert zu werden pflegen.

Ganz ähnliche Verhältnisse wie in dem am nördlichen Ostzipfel der Schweiz gelegenen Samnauntale fanden sich in *Soglio*, einem Bergellerdörfchen an der Südgrenze Bündens.

Hier wie dort steht einer Jahrhunderte dauernden *Endogamie* eine erhebliche *Exogamie* durch Einheirat fremder Frauen gegenüber, so daß die zweifellos stark verbreiteten recessiven Krankheitsanlagen öfter latent, d. h. heterozygot blieben, als in einem reinen Inzuchtgebiet, wo die heutige Bevölkerung sich gewöhnlich als Nachkommenschaft einiger weniger, schon vor 300 Jahren alteingesessener Stammelternpaare erweist. Die Soglienser sind noch wesentlich gemischteren Blutes wie die Samnauner, weil sich ihre Exogamie sowohl auf die italienischen Nachbarn, als die ihrem rhätoromanischen Stamme noch viel fremderen, alamannischen Walser erstreckt.

Daß die in Soglio als *einfach-recessive Form einer Diplegia spastica infantilis* (E. Hanhart 1936) vorhandene Mutation, die sich auf ein etwa 1650 kopuliertes Ahnenpaar zurückverfolgen ließ, nur sieben rezente Fälle in 4 Geschwisterschaften betrifft, dürfte eben mit diesem, den bestehenden Ahnenverlust einigermaßen kompensierenden, exogamen Einschlag zusammenhängen. Der Beweis für die auf unserer *Abstammungstafel* verzeichneten Belastungsverhältnisse hat sich durch die Aszendenzkontrolle der gesamten Bürgerschaft des bloß 300 Bewohner zählenden Örtchens mit fast mathematischer Genauigkeit erbringen lassen. Wie ersichtlich, laufen nicht nur alle unbedingt zu erklärenden Heterozygotenlinien mindestens *einmal* in dem genannten Stammelternpaar zusammen, sondern ganz ähnlich wie bei dem ebenfalls genealogisch in sich geschlossenen

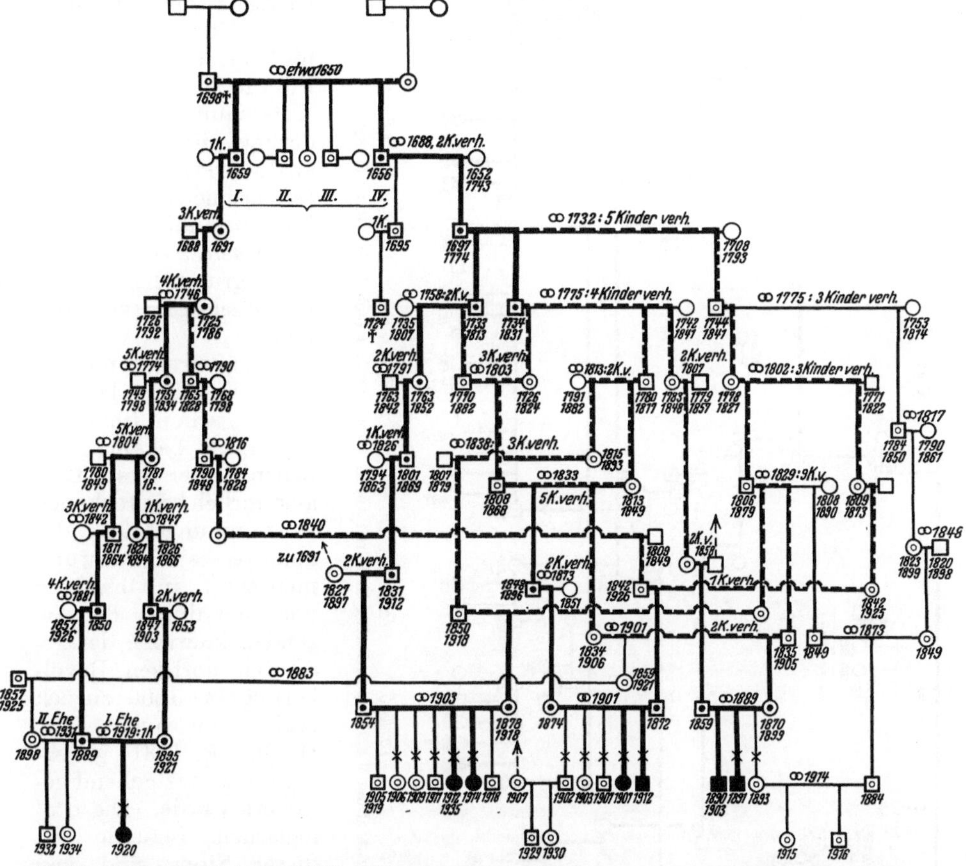

Abb. 27. Abstammungstafel der 9 Fälle mit Diplegia spastica infantilis aus Soglio. [Nach E. HANHART (1936).] Die dick-gestrichelten Linien sowie die zentralen Ringlein in den Geschlechtssymbolen sollen die verschiedenen Möglichkeiten des Weges der überdeckten Belastung anzeigen.

Stammbaum der Samnauner Zwerge größtenteils mehrfach, wodurch sich die Wahrscheinlichkeit der Übertragung einer entsprechenden Heterozygotie bedeutend erhöht.

Wie wir schon mehrfach sahen (vgl. unter anderem die Abstammungstafel der Heredoataktiker aus dem Kt. Glarus) und noch wiederholt feststellen werden, läuft man leicht Gefahr, den Ursprung einer solchen Mutation um eine oder zwei Generationen zu spät anzusetzen, wenn man nicht sämtliche Träger eines recessiven Merkmals bzw. deren Eltern auf ihre Abstammung prüft. Wäre z. B. die links unten auf unserer Tafel (Abb. 27) verzeichnete Diplegikerin nicht erfaßt worden, so hätte man die beiden 1732 kopulierten gemeinsamen Ahnen der drei übrigen Geschwisterschaften mit Homozygoten als *Stammelternpaar* betrachtet und deren einen Partner für den ersten Heterozygoten. Als solcher kommt

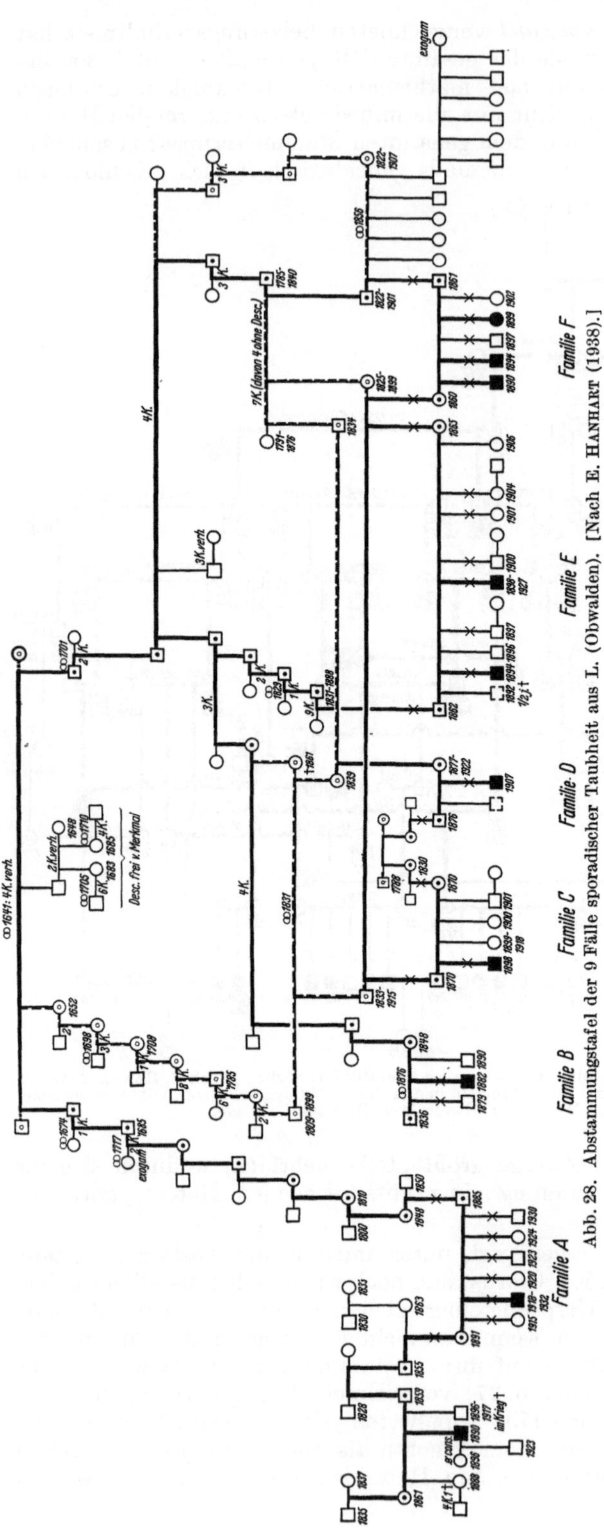

Abb. 28. Abstammungstafel der 9 Fälle sporadischer Taubheit aus L. (Obwalden). [Nach E. Hanhart (1938).]

jedoch wegen des höheren Einmündens der offenbar belastenden Aszendenzlinie der isolierten Probandin, geb. 1920, einzig der Großvater väterlicherseits des mutmaßlichen Überträgers, 1697 bis 1774, oder des ersteren Frau in Frage, so daß die Entstehung der Erbänderung, die dieser stark an die Littlesche *Krankheit* erinnernden *cerebralen Kinderlähmung* heredodegenerativen *Charakters* zugrunde liegt, wahrscheinlich kurz vor 1625 fällt.

Ein überraschend ähnlicher Fall liegt bei folgender, schon 1923 von Hanhart bekanntgegebenen, aber erst 1938 ausführlich besprochenen Abstammungstafel der neun recessiv Taubstummen aus L. in Obwalden vor, die durch die Aszendenzkontrolle der gesamten dortigen Bevölkerung bis 1600 zurück (vgl. dazu auch Diss. H. Brenk, 1931) genealogisch weitestgehend gesichert wurde. Die otologischen Befunde bei dieser Sippe sind von M. Bigler (1925) veröffentlicht worden.

Auch hier wäre man hinsichtlich des mutmaßlichen Ursprungs der einschlägigen Mutation zu einem Fehlschluß gelangt und hätte diesen 2 Generationen zu tief angesetzt, wenn der jüngste Fall (links unten auf der Tafel) unberücksichtigt geblieben wäre.

Nicht weniger als 8 Merkmalsträger aus fünf nahe blutsverwandten

Familien führen hier auf ein gemeinsames Ahnenpaar — allerdings abgesehen von drei ungeklärten Belastungen — zurück, das jedoch nicht den ersten Heterozygoten enthalten kann, da die Vaterslinie des erwähnten jüngsten Taubstummen wieder erst 2 Generationen weiter oben in die Aszendenz der übrigen Merkmalsträger einmündet. Der erste Heterozygot kann deshalb nur der eine Partner des allen Taubstummen gemeinsamen Stammelternpaars, kop. 1641, sein, was einer *Entstehung der vorauszusetzenden Mutation um ebenfalls* 1620 herum entspricht.

Die Heterozygotie der väterlicherseits aus einem Inzuchtgebiet der *Venezianeralpen* stammenden Mutter jenes jüngsten Taubstummen erklärt sich aus der Taubstummheit eines ihrer Vettern, deren „sporadischer" Typ von einem Otologen in *Padua* diagnostiziert wurde und allem nach auch genotypisch mit demjenigen aus L. übereinstimmt, was um so wertvoller ist, als es sich hier um zwei so weit voneinander entfernte Herde gleichartiger recessiver Taubheit handelt, daß ein gemeinsamer Ursprung als ausgeschlossen gelten kann. Aus dieser und mehreren ähnlichen Erfahrungen heraus habe ich die Auffassung vertreten, daß die im Hinblick auf die von W. E. MÜHLMANN (1930) mitgeteilte Sippentafel *mindestens zwei verschiedene Biotypen aufweisende recessive Taubstummheit* ganz überwiegend *einem* einheitlichen Genotypus zugehöre. Hierüber werden wir indessen erst durch den Ausfall weiterer *Homozygotenkreuzungen* sicheren Aufschluß bekommen. Ehen zweier sporadisch, d. h. recessiv Taubstummer, wie sie heute im *Deutschen Reich* zufolge des Sterilisationsgesetzes verunmöglicht sind, müssen bei genotypischer Übereinstimmung 100% taubstumme, bei einander nicht allelen Anlagen dagegen lauter normalhörige Kinder ergeben.

Es fragt sich nun, wann bei multipel herdförmigem Auftreten derartiger „Heredodegenerationen" die Annahme selbständiger Mutationen gerechtfertigt ist und welchem Ort bzw. welchen Ahnen diese zugeschrieben werden dürfen.

Wir gelangten zum Schlusse, daß die 7 Sippen mit FRIEDREICHscher Ataxie, die wir auf dem verhältnismäßig so kleinen Gebiet des vordersten Teils von Außerrhoden zusammengedrängt sahen, Absprengsel eines und desselben uralten Herdes sein müssen, trotzdem nur für einzelne dieser Sippen der Nachweis gemeinsamer Abstammung erbracht werden konnte.

Das von mir mehrfach nachgewiesene Vorhandensein kleinerer FRIEDREICH-*Herde* in allen möglichen, weit vom Appenzell abliegenden Gegenden, wie z. B. auch im französisch sprechenden Teil des Berner Jura weist deutlich auf autochthon entstandene Erbänderungen hin.

Von einem gemeinsamen Ursprung der FRIEDREICHschen *Krankheit* in der ganzen Schweiz, wie ihn F. LENZ für möglich hielt, kann nur derjenige sprechen, der die noch heutige, ganz besonders aber frühere enorme Abgeschlossenheit unserer auch nach Rassenmischung, Dialekt und Gebräuchen so unendlich verschiedenen Inzuchtbevölkerungen nicht kennt, und sich andererseits die notwendigen Folgen einer so frühen Entstehung der Anlage zu dieser Krankheit nicht vor Augen hält, wie sie zur Erklärung des Vorkommens von Heredoataxien in den weitest voneinander entfernten Gebieten angenommen werden müßte. Erst gegen die Zeit Karls des Großen nämlich laufen die meisten Aszendenzlinien der Schweizer zusammen. Eine damals schon entstandene Mutation aber müßte sich ziemlich allgemein im Lande ausgebreitet und zu ubiquitärem Auftreten der FRIEDREICHschen Krankheit geführt haben, weil die Streuung der Heterozygoten ähnlich wie der Samen des Sämannes nach allen Seiten gleichmäßig erfolgt und dieser ungefähr übereinstimmend aufgegangen wäre.

In Anbetracht des Fehlens oder nur spärlichen Vorkommens der spinalen Heredoataxie in den meisten übrigen Inzuchtgebieten der Schweiz habe ich mich zeitig nach einem anderen Merkmal umgesehen, das als Paradigma einer einfach-recessiven Erbänderung wegen seines nicht zu seltenen, aber auch nicht zu häufigen Vorkommens am besten geeignet wäre, den mutmaßlichen Ursprung solcher Mutationen aus ihrer Ausbreitung zu erschließen und auch von deren durchschnittlicher Häufigkeit, d. h. von der *Mutationsrate* allmählich eine Vorstellung zu gewinnen.

Als Erbmerkmal der Wahl hierfür hat sich nun eben die sog. *sporadische Taubheit* erwiesen. Es ist mir bisher gelungen, *zwölf größere Schweizer Herde* herauszuarbeiten, von denen einige ineinandergehen und die wahrscheinlich fast alle selbständigen, sowie genotypisch einheitlichen Mutationen entsprechen. Neben der für die Forschung gerade günstigen — weil weder allzu hohen, noch zu geringen — Frequenz dieses in der Schweiz bei etwa 4000 Menschen vorhandenen Gebrechens, ist noch dessen ausgesprochene Sinnfälligkeit als besonders günstiger Umstand zu erwähnen; auch verbindet sich damit nichts so Peinliches, daß die Angehörigen auf seine Verheimlichung bedacht sein müßten. Tatsächlich gibt es keinen Defekt, der sich leichter anamnestisch eruieren ließe, als die *angeborene Taubstummheit*, da in den Kirchenbüchern öfters deutliche Hinweise darauf vermerkt sind. Der Nachweis weit zurückliegender Manifestationen aber ist deshalb von großer Wichtigkeit, weil hieraus Schlüsse auf das Mindestalter einer Erbänderung in einem Herde gezogen werden können.

Im folgenden soll aus dem Auftreten der sog. sporadischen Taubheit, die seit dem Nachweis ihres einfach-recessiven Erbgangs durch W. Albrecht (1923), sowie E. Hanhart (1923) als *recessive Taubheit* bezeichnet werden darf, dargetan werden, daß wir es hier mit einem Erbübel zu tun haben, dessen *Mutationsrate* ungewöhnlich hoch sein muß, wennschon durchaus nicht etwa so hoch, daß es nutzlos wäre, eugenische Maßnahmen dagegen vorzukehren.

Es liegen schwerwiegende Anhaltspunkte dafür vor, daß die recessive Taubheit in der Schweiz an sogar verhältnismäßig wenig weit auseinanderliegenden Orten, an denen wir eng umschriebene Herde feststellen können, als selbständige Mutation entstanden ist, so z. B., wie wir sahen, in dem früher stark abgeschlossenen obwaldnischen Dorfe L. und, wie jetzt gezeigt werden soll, in der an den Kt. Unterwalden angrenzenden Urner Gemeinde S., die noch jetzt recht abgelegen ist.

Auffälligerweise ist die Zahl der Merkmalsträger hier genau gleich wie diejenige der Taubstummen aus dem Herde L., nur daß sie sich hier bloß auf fünf statt auf 6 Geschwisterschaften verteilt. Das System der zu erklärenden Heterozygotenlinien ist völlig in sich geschlossen und so kann diese Tafel gleich der der Samnauner Zwerge als *Schulbeispiel* für die Ausbreitung einer einfach-recessiven Erbanlage gelten.

Sämtliche Taubstummeneltern, d. h. mutmaßlichen Heterozygoten lassen sich auf den 1600 geborenen Ahnherrn zurückführen und charakterisieren diesen oder seine Ehefrau als ersten Heterozygoten. In Wirklichkeit figuriert das hinsichtlich seiner Belastung verhängnisvolle Stammelternpaar noch erheblich häufiger in der Aszendenz unserer Taubstummen, als es aus den der Übersichtlichkeit halber nur zum größeren Teil auf der Tafel angegebenen Aszendenzlinien hervorgeht; konnten doch auch die mit Pfeilen versehenen Ahnen sämtlich und lückenlos zum Stammelternpaar zurückverfolgt werden.

Mindestens drei von dessen sechs verheirateten Kindern — jedoch wahrscheinlich eben nur drei und zwar das erste, zweite und letzte — sind als latente Überträger der Anlage zu recessiver Taubheit anzusprechen.

Laut sicherer Überlieferung, die mir noch aus dem Munde seines inzwischen verstorbenen, normalhörenden Enkels Andreas, 1859—1937, bestätigt wurde, war der 1767 geborene Großvater, Urgroßvater und Ururgroßvater von sieben unserer Probanden selbst von Geburt an *taubstumm* und verdankte es einzig seiner Tüchtigkeit, daß ihm von den anfänglich widerstrebenden Behörden schließlich die Gründung einer Familie erlaubt wurde.

Daß keines der 5 Kinder dieses offenbaren Homozygoten taubstumm wurde, erklärt sich aus der nicht auf das genannte Stammelternpaar zurückführenden Abstammung seiner Ehefrau. Daß seine sämtlichen Kinder dagegen gemäß dem

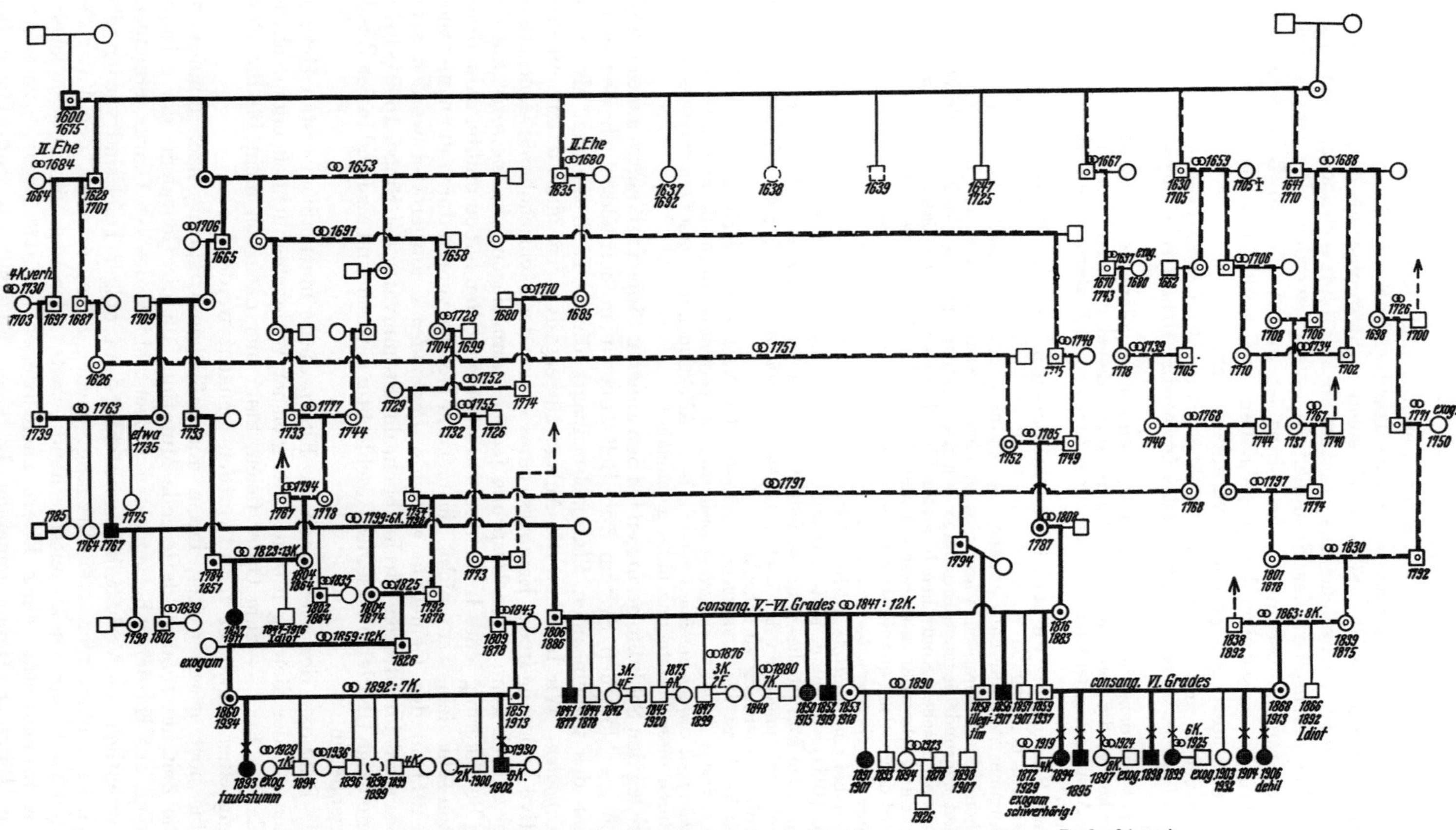

Abb. 29. Abstammungstafel der 9 Fälle von sporadischer Taubheit aus S. in Uri. (Eigene Beobachtung.)

Mendel-Fall $RR \times DD = 2DR$ heterozygotisch bezüglich recessiver Taubheit waren, ist im höchsten Grade wahrscheinlich und darf für zwei derselben als erwiesen gelten, da das eine davon, die Tochter, 1804—1874, eine taubstumme Urenkelin und der Sohn, 1806—1886, sogar nicht weniger als drei taubstumme Kinder und zwei ebensolche Enkel hatte, die mit blutsverwandten Frauen aus der Nachkommenschaft der Stammeltern erzeugt wurden. Bei einem Sohne dieses ältesten Taubstummen der Sippe ist die überdeckte Belastung, d. h. Heterozygotie einstweilen latent geblieben, weil seine Frau als von auswärts zugeheiratet nicht entsprechend veranlagt war.

Auf meine Veranlassung sind die lebenden Glieder der Geschwisterschaften mit Taubstummen in dieser Sippe von dem Zürcher Otologen K. Ulrich 1937 eingehend untersucht worden.

Es hat sich dabei herausgestellt, daß neben den ausgesprochen tauben noch mehr oder weniger hochgradig *schwerhörige Geschwister* vorhanden sind, deren Gebrechen als geringergradige Ausprägung der bei den anderen Homozygoten zu Taubstummheit führenden Anlage erscheint.

Diese Befunde, die wir auch in anderen Sippen in ähnlicher Weise erheben konnten, stimmen mit der Angabe W. Albrechts nicht überein, wonach in den Familien recessiv Taubstummer stets nur Fälle annähernder Taubheit ohne Übergänge zur Norm vorkämen.

Schon rein theoretisch wäre dies ja eher unwahrscheinlich, da die der recessiven Taubheit zugrunde liegende Erbanlage sich nach den freilich noch recht spärlichen pathologisch-anatomischen Kontrollen in erster Linie in den zentralen Bahnen, d. h. im Gehirn auswirkt und sehr wohl zu stärkeren Unterschieden der Manifestation Anlaß geben könnte. Sprechen doch solche quantitative Unterschiede in der Ausbildung eines erblichen Merkmals im Sinne der *Expressivität* keineswegs gegen seine mutative Entstehung.

Ob dabei eine *multiple Allelie* in Betracht gezogen werden muß, wie u. a. V. Hammerschlag (1934) vorschlug, muß einstweilen noch dahingestellt bleiben.

Auf jeden Fall ist diesen unzweifelhaft öfters in Sippen mit einfach-recessiv vererbter Taubheit vorkommenden *Manifestationsschwankungen* wegen ihrer *grundsätzlichen Wichtigkeit* größte Beachtung zu schenken.

Das Verdienst W. Albrechts, als Erster den Nachweis erbracht zu haben, daß sich die *sporadische Taubheit einfach-recessiv* und im Gegensatz dazu die *hereditäre Innenohrschwerhörigkeit einfach-dominant* vererbt, beide Affektionen also genetisch verschieden sind, wird durch diese Feststellung nicht geschmälert.

Analog den Schlußfolgerungen bei den anderen Sippen mit einem genealogisch in sich geschlossenen System von Belastungslinien betrachten wir den einen Partner des gemeinsamen Stammelternpaars dieser Taubstummen als *ersten Heterozygoten*. Wir beziehen die Anlage zu recessiver Taubheit damit auf eine mutative Änderung in der Erbmasse eines Ahnen der nächst höheren Generation. Weiter zurück kann deren Ursprung jedoch kaum liegen, weil sie sonst auf die ganze Bevölkerung jenes Inzuchtgebietes übergegriffen haben müßte. Allerdings könnten sehr viele, wenn nicht die meisten Heterozygoten durch die namentlich anno 1611 in der Gemeinde wütende *Pestepidemie* ausgerottet worden sein, denn es steht im ältesten Kirchenbuch, der Stammvater der Sippe, 1600—1675, sei der einzige Überlebende seines Geschlechtes gewesen und als Kind in der Wiege übriggeblieben.

Die Pestnoxe, der allem nach die Eltern dieses mutmaßlich ersten Heterozygoten — oder diejenigen seiner mit gleicher Wahrscheinlichkeit entsprechend veranlagten Frau — zum Opfer fielen, kann hier natürlich nicht für die Entstehung einer Mutation verantwortlich gemacht werden.

Eine noch etwas weiter, ihrem mutmaßlichen Ursprung nach mindestens auf die Zeit um 1550 zu datierende Mutation läßt die Genealogie der 8 Taubstummen aus E., dem abgelegensten Inzuchtgebiete des Kt. Glarus, erkennen.

Namentlich die Verhältnisse rechterseits auf obiger Tafel sind wieder sehr typisch für einfach-recessiven Erbgang. Leider gelang es nicht, den Vater der jüngsten Taubstummen als entsprechend belastet oder auch nur die wahrscheinliche Konsanguinität seiner Eltern nachzuweisen, da das Archiv seiner sehr kleinen Bündner Heimatgemeinde R. einer Feuersbrunst zum Opfer fiel.

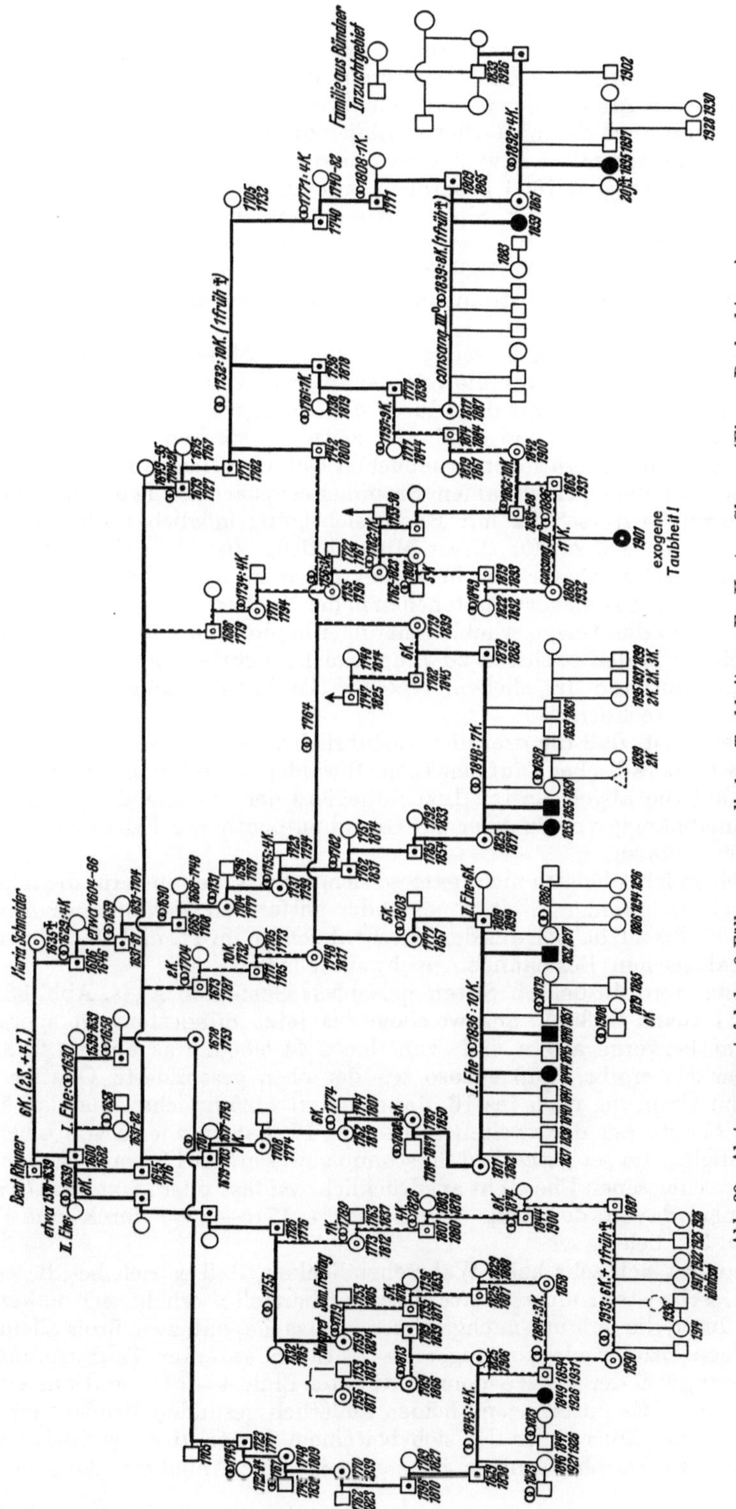

Abb. 30. Abstammungstafel der 8 Fälle von sporadischer Taubheit aus E., Kanton Glarus. (Eigene Beobachtung.)

Dagegen geht die Heterozygotie des Vaters der beiden 1853 bzw. 1855 geborenen Taubstummen (in der Mitte der Stammtafel) sowie diejenige der links darauffolgenden drei taubstummen Geschwister aus ihrer gemeinsamen Abstammung von einem näheren Ahnenpaar der erstgenannten Fälle zur Evidenz hervor und es stimmen damit auch die mütterlichen Linien der links der Mitte verzeichneten 2 Geschwisterschaften mit 1 bzw. 3 Taubstummen so gut überein, daß man zunächst geneigt wäre, den 1600 geborenen, zweimal verheirateten Ahnherrn als gemeinsamen Stammvater der Sippe anzunehmen, wenn nicht die Aszendenz der Mutter der beiden im mittleren Teil der Stammtafel angegebenen Taubstummen erst eine Generation höher einmünden würde, so daß also nur der eine Partner dieses allen Taubstummeneltern gemeinsamen Ahnenpaars als erster Heterozygot in Frage kommt.

Auffallenderweise sind in E. selbst trotz immer stärkerer Endogamie in den letzten 80 Jahren keine neuen Fälle von sporadischer Taubheit mehr aufgetreten. Es fragt sich sehr, ob dies mit dem durch den Bergsturz von 1881 verursachten Verlust von 115 Personen, sowie mit der zeitweise starken Abwanderung und dem in den letzten Generationen erheblichen Geburtenrückgang erklärt werden kann. Eine von dem gemeinsamen Stammelternpaar der Taubstummen ausgehende Deszendenzforschung mit Berücksichtigung möglichst aller Zweige ist im Gang, um die Gründe für dieses Mißverhältnis zwischen theoretischer Erwartung und nachweisbarer Manifestation näher zu beleuchten. Sollten sich so viele kinderreiche Blutsverwandtenehen in der Nachkommenschaft der Stammeltern finden, daß die Anlage erheblich häufiger homozygot geworden sein müßte, und mendelt sie in den nächsten 20 Jahren nicht mehrfach heraus, so wäre mit einem Zurückmutieren der ehedem recessive Taubheit bedingenden, vielleicht *labilen Gene* zu rechnen.

Ganz gewiß ist, daß die drei hier ausführlicher besprochenen innerschweizerischen Herde sporadischer Taubheit L. in Obwalden, S. in Uri und E. im Glarnerland, weil auf die abgelegensten Inzuchtgebiete der betreffenden Kantone beschränkt, unabhängig voneinander auf Grund autochthoner Erbänderungen entstanden sein müssen.

Wahrscheinlich, obgleich nicht ganz so sicher, trifft dies auch für die folgenden beiden, noch viel weniger weit voneinander entfernten *Taubstummenherde* aus *dem Mittel-Wallis* zu, da sich aus den Kirchenbüchern im 17. und 18. Jahrhundert keine genealogischen Beziehungen nachweisen lassen.

Der große Herd in der ob Sitten gelegenen Gemeinde A., s. Abb. 33 a—b, Tafel II, III (nach S. 352), aus welchem bis jetzt mindestens 68 sporadisch Taubstumme hervorgegangen sind, von denen 44 leben, was auf die 2100 Einwohner über 2% ergibt, muß ebenso wie der eben geschilderte Glarner Herd in E. seinem Ursprung nach ins 16. Jahrhundert hineinreichen, da das älteste Totenbuch bereits aus der zweiten Hälfte des 17. Jahrhunderts von einer Verstorbenen angibt, sie sei „muta", d. h. stumm gewesen. Bei 3 von 9 Kindern aus einer 1700 geschlossenen Ehe steht ausdrücklich „*mutus*" oder „*muta a nativitate*", was bei einem davon, der Anna Maria *Deletro*, 1715—1780 durch eine Photokopie (Abb. 31) belegt sei.

Die schon an sich sehr hohe Wahrscheinlichkeit, daß es sich bei diesen drei stummen Geschwistern um *recessive Taubheit* handelte, erhebt sich nahezu zur Gewißheit durch die von mir nachgewiesene Tatsache, daß zwei ihrer allem nach normalhörigen Brüder nicht weniger als 14 Eltern rezenter Taubstummer des Ortes belasten, weil deren Aszendenz in direkter Linie 4—5 Generationen zurück dort einmündet. Es dürften jene beiden äußerlich gesunden Brüder, geb. 1702 und 1723, latente Überträger der sich bei einem Drittel der Geschwisterschaft manifestierenden Taubheitsanlage gewesen sein; eine Annahme, die sich um so mehr rechtfertigt, als auch einige mutmaßliche Heterozygotenlinien auf die 1675 geborene Vatersschwester dieser Geschwister zurückführen, was als weitere Belastung durch Seitenverwandte Homozygoter sehr typisch für einfach-recessiven Erbgang ist. Ich glaubte deshalb auf der großen *Sippentafel der Taubstummen aus A. (Mittelwallis)* (eigene Beobachtung) die sonst für dergleichen nicht durch Untersuchung sichergestellte Fälle üblichen Fragezeichen im schwarzen Feld weglassen zu können, ohne mich eines Fehlschlusses im Sinne einer petitio principii schuldig zu machen. Sprechen doch zu viele übereinstimmende Anhaltspunkte dafür, daß die drei 1715, 1720 und 1725 geborenen und im Totenbuch als von Geburt an stumm bezeichneten Geschwister bezüglich recessiver

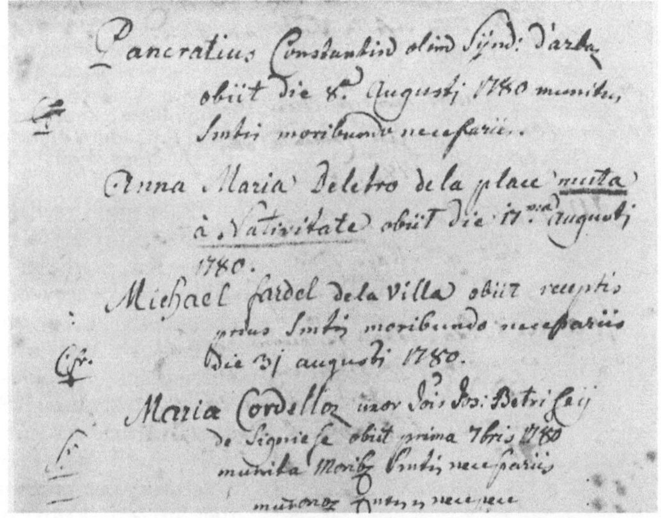

Abb. 31. Nennung einer angeboren Taubstummen in einem Totenbuch von A.

Taubheit homozygot und ihre phänotypisch merkmalsfreien, aber 14 Erzeuger von sporadisch Taubstummen belastenden 2 Brüder entsprechend heterozygot waren.

Ihre bereits erwähnte Tante, geb. 1675 muß ebenfalls Heterozygotin gewesen sein und die überdeckte Anlage auf den 1712 geborenen Sohn und die Tochter, geb. 1707 und von da noch 6 Generationen latent weitervererbt haben, bis sie in Familien heutiger Taubstummer mit einer entsprechenden Veranlagung zusammentraf und damit bei durchschnittlich einem Viertel der solchermaßen doppelseitig belasteten Kinder homozygot und manifest wurde.

Noch in drei weiteren Fällen (vgl. das zweite und vierte Viertel der Tafel) gelang es, eine ganze Reihe von Heterozygotenlinien auf selbst nicht mit dem Merkmal behaftete Geschwister längst verstorbener, durch Einträge im Sterbebuch als *angeboren stumm* gekennzeichnete Personen zurückzuführen. So z. B. bei einer Maria Rosa *Morard*, 1764—1825, bei der aus folgendem, durch die *Photokopie 2* belegtem Vermerk „*licet muta tamen sacramentis munita obiit*" auf die normale Intelligenz dieser mutmaßlichen Merkmalsträgerin geschlossen werden darf (Abb. 32).

Man sieht, zu welch wertvollen Ergebnissen man gelangen kann, wenn man sich der Mühe nicht verdrießen läßt, sämtliche vorhandenen Kirchenbucheinträge aufmerksam durchzulesen.

Der Geistliche, dem wir diesen unschätzbaren Hinweis verdanken, hat sich offenbar mit dieser Taubstummen so gut verständigen können, daß er die sonst im kanonischen Rechte geltende Auffassung, wonach derartige Gebrechliche den Geisteskranken und

Idioten gleichzustellen seien, verließ und dies ordnungshalber mit obiger lapidarer Feststellung der Nachwelt zur Kenntnis gab.

Da ein Halbbruder, geb. 1753, dieser Maria Rosa M. ebenfalls stumm gewesen sein soll, kann es sich bei der letzteren um kaum etwas anderes als recessive Taubheit gehandelt haben, um so mehr als eine seiner Schwestern einen taubstummen Urenkel hatte, von dem drei Geschwister als Eltern bzw. Großeltern von heutigen Taubstummen figurieren. Außerdem besteht hier wieder eine charakteristische Belastung in der Seitenlinie, indem eine Kusine mütterlicherseits von Maria Rosa M. als Urgroßmutter dreier taubstummer Geschwister wahrscheinlich heterozygotisch war und ihre mütterliche Aszendenz überdies auf jenes 1698 kopulierte Ahnenpaar hinführt, von welchem zwei andere, unsere lebenden Taubstummen vielfältig belastenden Heterozygotenlinien ausgehen.

Ähnlich steht es bei dem etwas weiter rechts auf der Tafel verzeichneten alten Taubstummen, 1758—1832, dessen Bruder und Base zu den nahen, nur drei Generationen weit entfernten Vorfahren zweier Geschwisterschaften mit 3 bzw. 4 Merkmalsträgern gehören und dessen mit der erwähnten Familie Deletro höchstwahrscheinlich verwandte Großmutter, kopuliert 1714, unter ihren 7 Kindern 3 hatte, die wieder als Heterozygoten betrachtet werden müssen.

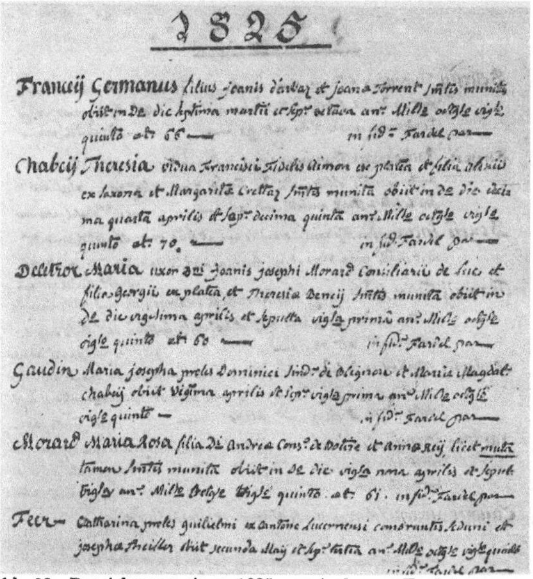
1825

Franceij Germanus filius Joanis d'arbaz et Joanæ Torrent [illegible] munitus obiit in De die septima martii et sep. octava an. Mille octgle vigle quinto æt. 66 — in fid. Fardel par —

Chabeij Theresia vidua Francisci Fidelis Simon ex platea et filia [illegible] ex Saxona et Margaritæ Crettaz [illegible] munita obiit in De die decima quarta aprilis et sep. decima quinta an. Mille octgle vigle quinto æt. 70. — in fid. Fardel par —

Deletroz Maria uxor Dni Joanis Josephi Morard Consiliarii de Luc et filia Georgii ex platea et Theresia Beneij [illegible] munita obiit in De die vigesima aprilis et sepulta vigla prima an. Mille octgle vigle quinto æt. 60 — in fid. Fardel par —

Gaudin Maria Josepha proles Dominici Sind. de [illegible] et Mariæ Magdal. Chabeij obiit vigesima aprilis et sep. vigla prima an. Mille octgle vigle quinto — in fid. Fardel par —

Morard Maria Rosa filia Di Andreæ Cons. de [illegible] et Annæ Reij licet muta tamen [illegible] munita obiit in De die vigla nona aprilis et sepulta vigla an. Mille octgle vigle quinto. æt. 61. in fid. Fardel par —

Fer— Catharina proles Guilielmi ex Cantone Lucernensi [illegible] et Josepha [illegible] obiit secunda Maij et sep. tertia an. Mille octgle vigle quinto in fid. Fardel par —

Abb. 32. Bezeichnung einer 1825 verstorbenen Taubstummen als fähig zum Empfang der Sterbesakramente.

Fast ganz rechts außen auf unserer Sippentafel ist noch eine laut Kirchenbuch „*stumme*" Jungfrau angegeben, deren Bruder, 1849—1918 unter seinen 3 Kindern aus *erster Ehe* mit einer gleichartig belasteten Frau einen taubstummen Sohn hatte; dessen einziges Kind aus *zweiter Ehe* war zwar normalhörig, erzeugte aber mit einem Neffen der ersten Frau des Vaters nach vier vollsinnigen Kindern ein taubstummes!

Der Wert dieser großen Stammtafel, als eines *einzigartigen Beweisstückes* für die *einfache Recessivität* der sog. *sporadischen Taubheit* wird weiter erhöht durch das Vorliegen zweier *illegitimer Verbindungen Taubstummer mit offenbar entsprechend belasteten und deshalb heterozygoten Verwandten.* Gemäß der Kreuzung $RR \times DR = 2RR + 2DR$ ist es dadurch zweimal zu Taubstummheit bei Mutter und Kind, d. h. zu *Pseudodominanz* und außerdem einmal zur Erzeugung eines äußerlich merkmalsfreien, aber höchst wahrscheinlich latent zu Taubheit veranlagten Sprößlings gekommen.

Der erste Fall betrifft den 1914 geborenen Knaben der Taubstummen, geb. 1887, die vom *Großvater eines anderen taubstummen Mädchens* außerehelich geschwängert wurde.

Der zweite Fall (etwas näher links der Mitte der Tafel angegeben) zeigt die 1901 geborene Taubstumme als Mutter eines Zwillingspärchens, dessen männlicher Partner taubstumm und dessen weiblicher normalhörig ist; als Vater dieser Kinder kommt nach meiner Untersuchung auf Blutgruppen und Finger- sowie Handabdrücke am ehesten deren vom Merkmal freier Großvater mütterlicherseits in Betracht.

Aus dem heimlichen Verhältnis einer weiter rechts auf der Stammtafel verzeichneten Taubstummen mit einem exogamen und deshalb begreiflicherweise nicht entsprechend belasteten Manne ist, wie zu erwarten, ein normalhöriges Kind hervorgegangen; es muß freilich wie das obige, vom Merkmal verschont gebliebene Zwillingsmädchen als heterozygot betrachtet werden und hat gleich diesem starke Aussicht, einmal taubstumme Kinder zu bekommen, wenn es sich innerhalb der Gemeinde verheiratet, in welcher auf Grund der enormen Zahl von *44 lebenden Taubstummen* der einfach-recessiven Form auf 2100 Einwohner schon jetzt mit etwa *300 latenten Überträgern* zu rechnen ist!

Die höchst seltenen Verbindungen heterozygoter mit homozygoten Personen, wie wir sie in diesem übel heimgesuchten Walliserort zweimal verwirklicht sehen, sind als zwar sehr aufschlußreiche, aber sozial höchst unerwünschte Experimente

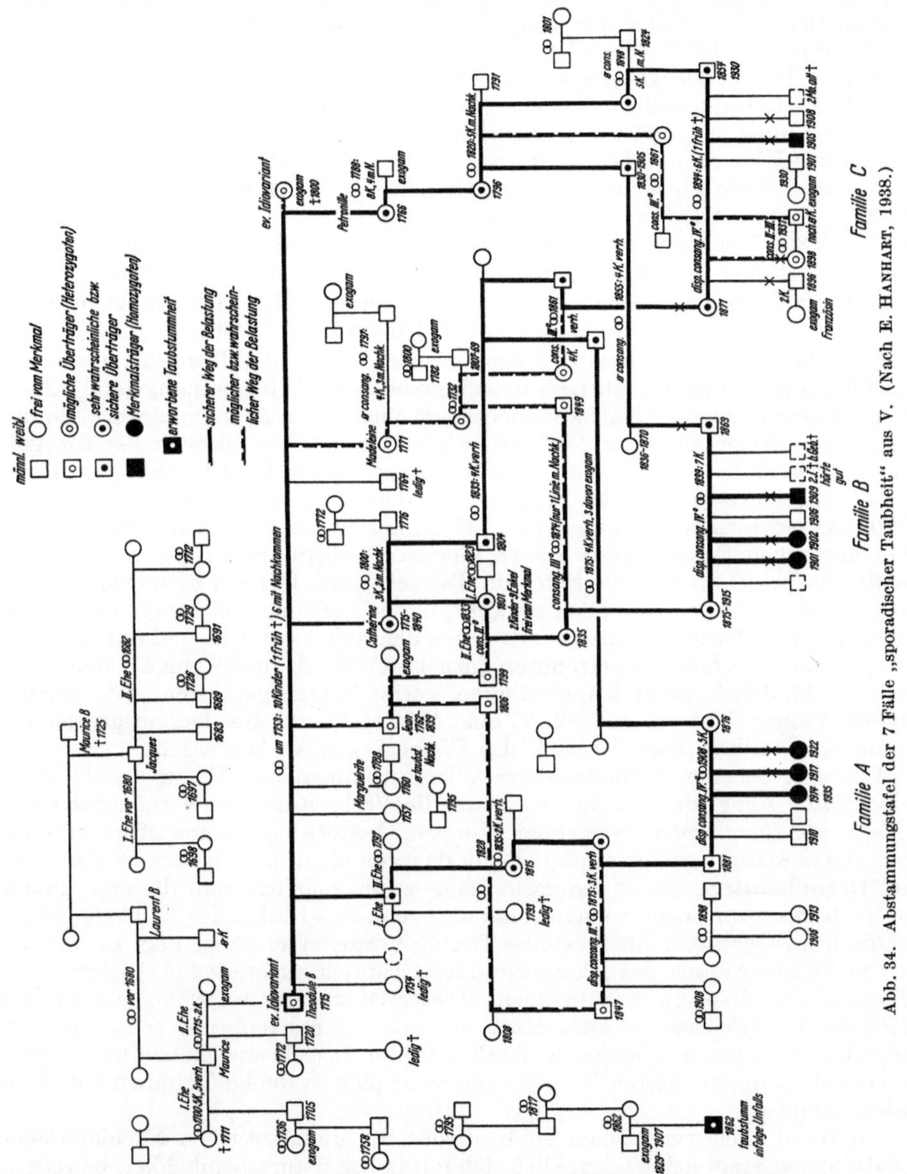

Abb. 34. Abstammungstafel der 7 Fälle „sporadischer Taubheit" aus V. (Nach E. HANHART, 1938.)

der Natur dort künftig noch häufiger zu erwarten, da die Sitten des temperamentvollen Winzervölkleins mit dem unaufhaltsamen Eindringen der modernen Zivilisation gelockert werden und die, abgesehen von ihrem Sinnesdefekt, wohlentwickelten taubstummen Mädchen dann noch stärker gefährdet sein dürften.

Das 1912 kopulierte äußerlich normale Ehepaar (links der Mitte der Tafel) aus dieser wohl größten Taubstummensippe der Erde ist nach *Paris* ausgewandert und hat als erstes von 4 Kindern ein taubstummes Mädchen, jetzt 25 Jahre alt und glücklicherweise unverheiratet. Mindestens einer seiner drei gesunden Brüder wird voraussichtlich als Heterozygot die im Wallis entstandene Anlage im fremden Lande verbreiten und so noch viele andere Auswanderer aus der überaus kinderreichen Gemeinde.

Bemerkenswerterweise hat sich dieser alte Herd recessiver Taubheit infolge der weitgehenden Dorf-Inzucht bisher nur wenig in die umliegenden, relativ streng in sich abgeschlossenen Ortschaften ausgedehnt.

Während die Fälle von recessiver Taubheit in den Nachbargemeinden derselben Talseite samt und sonders von Verschleppungen entsprechender Anlagen aus A. herrühren mögen, ist dies hinsichtlich des Vorkommens unseres Merkmals jenseits der Rhone anscheinend durchaus nicht der Fall.

Wie schon oben angedeutet, besteht ein kleinerer, bisher nur 7 Merkmalsträger aus 3 Geschwisterschaften umfassender Herd *„sporadischer Taubstummheit"* in dem bloß 300 Bewohner zählenden Dörfchen V. im Val d'Hérens am Ausgang dieses sich südlich von Sitten, links der Rhone öffnenden Seitentals.

Haben wir hier etwa doch einen *Ableger* der uralten Mutation aus A. vor uns, oder aber eine autochthon entstandene Erbänderung?

Umstehende, sich auf drei im vierten Grade bezüglich derselben Ahnen konsanguine Ehen aufbauende, mehrfach in sich geschlossene Abstammungstafel bildet einen Ausschnitt aus der Nachkommenschaft eines um 1753 kopulierten Stammelternpaars, dessen einer Partner hinsichtlich sporadischer Taubheit heterozygot gewesen sein muß. Seine latente Belastung könnte an sich sehr wohl — namentlich durch eine zugeheiratete Frau — aus dem mindestens 100 Jahre älteren Herde A. eingeschleppt worden sein, allerdings weder seitens der Mutter des 1715 geborenen Stammvaters dieser kleinen Taubstummensippe, noch seiner Gattin, da beide Frauen aus tiefer im Tal gelegenen Dörfern stammen. Allem nach haben die beiden, wie oben erwähnt, in der Luftlinie nur wenige Kilometer voneinander entfernten, jedoch früher durch den reißenden Fluß und unwegsames Berggelände entscheidend getrennten Inzuchtgebiete A. und V. im 17. und wohl auch im 16. Jahrhundert keine näheren Verbindungen gepflogen. Die einzige Einheirat einer Frau aus A. nach V. fand 1795 statt, wie aus dem ausgezeichnet zusammengestellten Familienbuch des Pfarrers von V. hervorgeht.

Der sich aus der Aszendenz der 7 Taubstummen aus V. ergebende erste gemeinsame Ahne, den wir in bezug auf die Verbreitung der verhängnisvollen Anlage als *Stammvater* bezeichnen müssen, konnte auf seine Abstammung noch etwas weiter verfolgt werden, leider dagegen nicht mehr dessen Großmutter und Urgroßmutter. Es ist indessen wenig~wahrscheinlich, daß die eine davon aus A. herkam und noch weniger, daß sie, wenn es wirklich der Fall sein sollte, gerade heterozygotisch für recessive Taubheit war. Viel näher liegt es, für die sich in V. seit Anfang des 18. Jahrhunderts typisch ausbreitende Anlage einen selbständigen Ursprung anzunehmen. Dieser ist aber kaum früher als um die *Mitte des* 17. *Jahrhunderts* anzusetzen, da sich die Erbänderung sonst aus den mehrfach erläuterten Gründen wesentlich weiter ausgebreitet haben müßte und von der stark ingezüchteten Bevölkerung nicht bloß so wenige Familien betroffen haben könnte.

An Hand einer vergleichenden Kontrolle der umfangreichen Nachkommenschaft obigen Stammelternpaars ließ sich mit hoher Wahrscheinlichkeit beweisen, daß nur drei von dessen sechs verheirateten Kindern die vom einen Elter ererbte heterozygote Anlage besessen haben können, womit ein neues Indizium für das Vorliegen eines einfach-recessiven Erbgangs gewonnen war (E. HANHART 1938).

Die verhältnismäßig geringe Zahl von Manifestationen des Merkmals — 7 Fälle in 3 Geschwisterschaften — innerhalb dieser Sippe entspricht dem relativ wenig weit zurückliegenden Ursprung der betreffenden Mutation, wie sich denn meiner

Erfahrung nach überhaupt aus der Ausbreitung solcher Erbänderungen eine *deutliche Beziehung zwischen der Zahl von betroffenen Geschwisterschaften und dem ungefähren Alter eines Herdes* ergibt.

In den von mir erforschten Inzuchtgebieten hat sich auffallenderweise gezeigt, daß die *Zahl der Fälle einer selteneren Mutation (Heredoataxie, recessiver Zwergwuchs, universeller Albinismus und sporadische Taubstummheit) meist zwischen fünf und neun beträgt und daß sich die Träger des betreffenden Merkmals gewöhnlich auf 3—5 Geschwisterschaften verteilen.* Da die Manifestation meist in wenigen, aufeinanderfolgenden Generationen, häufig sogar in einer einzigen vor sich geht und oft mit großer Wahrscheinlichkeit das Vorhandensein früherer Fälle ausgeschlossen werden kann, hat FLEISCHER eben von „*explosivem*" Auftreten gesprochen (vgl. oben S. 351).

Wenn irgendwo, so läßt sich in dieser Taubstummensippe die sog. explosive Manifestation aus den bestehenden Konsanguinitätsverhältnissen erklären.

Für die hochgradige Abgeschlossenheit eines jeden der beiden Taubstummenherde im Mittelwallis spricht auch, daß sie bisher noch in keinerlei Beziehungen zueinander traten, d. h., daß keine Fälle bekannt sind, die aus Verbindungen von Heterozygoten hervorgingen, von denen der eine aus A., der andere aus V.

Abb. 36. Die vier Geschwister C., von denen die beiden Knaben und das jüngere Mädchen angeboren taubstumm, im übrigen jedoch völlig normal sind. Es ist dies die mittlere Geschwisterschaft, deren väterliche Belastung von der Sippe aus Tö., die mütterliche dagegen von derjenigen aus Leu.Ba. stammt (vgl. nachstehende Abstammungstafel aus verschiedenen Herden).

stammt. Dies wird vermutlich mit den erst neuerdings verbesserten Verkehrsverhältnissen bald anders werden.

Ein solches Zusammenfließen sogar einer ganzen Reihe verschiedenerorts entstandener Erbströme zeigt die, aus mindestens 4 Herden recessiver Taubheit zusammengesetzte Tafel, s. Abb. 35 auf Tafel IV. Sie stellt die *Vereinigung verschiedener allem nach selbständiger Mutationen dar,* von denen die eine (linkerseits auf der Tafel) überdies in den Herd Ei. einmündet, der aber vielleicht nur ein Ableger davon ist. Die selbstverständliche Voraussetzung eines derartigen Verhaltens ist, daß die Genotypen der verschiedenen Sippen miteinander übereinstimmen.

Für die Annahme, daß die beiden Taubheitsherde Tö. und Leu. Ba. nicht ursprünglich zusammenhängen, sondern autochthon entstanden sind, spricht die überaus abgeschlossene und z. T. voneinander weit entfernte Lage dieser dazu noch in Tälern auf verschiedener Seite der Rhone befindlichen Inzuchtgebiete, deren Bevölkerung früher keinerlei familiäre Beziehungen unterhielt.

Jene beiden in sich geschlossenen Teile obiger zusammengesetzter Abstammungstafel, die durch die abgebildete *mittlere Geschwisterschaft* C. mit drei „sporadisch" Taubstummen zusammenhängen, bilden ein *Schulbeispiel für einfache Recessivität.* Münden doch sämtliche mutmaßliche, d. h. von Taubstummeneltern ausgehende Heterozygotenlinien in je ein gemeinsames Stammelternpaar ein und zwar beim Herd Tö. in ein solches, das um 1666 und beim Herd Leu. Ba. in eines, das um 1600 herum zur Verheiratung gelangte.

Die latente Veranlagung der 1890 geborenen Mutter der erwähnten mittleren Geschwisterschaft erklärt sich zwanglos aus ihrer Abstammung aus einer manifest belasteten Linie und diejenige ihres Mannes, 1893—1935, noch viel leichter, da dieser ja in der unmittelbaren Seitenverwandtschaft, d. h. als Vettern zwei taubstumme Geschwister aufweist, außerdem aber noch mehrere entferntere Vettern.

Sehr typisch ist in ersterem, links dargestellten Herde der Fall der dort ungefähr in der Mitte verzeichneten Frau, 1836—1920, die aus zweiter Ehe mit einem ihr im 4.—5. Grade blutsverwandten Manne zwei taubstumme Kinder bekam und deren einer Sohn aus erster Ehe einen taubstummen Enkel hat; dabei sind die Eltern dieses letzteren bloß im 6.—7. Grade konsanguin, aber eben hinsichtlich der offenbar entsprechend heterozygotisch veranlagten Ahnen, geb. 1681.

Im Herde Leu. Ba. handelt es sich u. a., ähnlich wie im oben besprochenen Herde V. bei Sitten um zwei im vierten Grade übereinstimmend konsanguine Ehepaare, deren 4 Partner — in einem Falle sogar doppelt — auf ein um 1720 kopuliertes Ahnenpaar zurückführen.

Außer den hier aufgeführten 5 Herden A. und V. im französisch sprechenden und Ei., Tö. und Leu. Ba. im deutsch sprechenden Teil des Wallis sind mir bis jetzt noch 2 Gegenden dieses Kantons bekannt geworden, in welchen mit autochthonen Erbänderungen im Sinne recessiver Taubheit gerechnet werden muß, und es ist wahrscheinlich, daß sich mit der Zeit noch eine Reihe selbständiger Herde nachweisen lassen wird. Auf jeden Fall gehört dieses Merkmal zu den am häufigsten mutativ entstehenden Erbfehlern in der Schweiz, woselbst heute trotz des sehr starken Rückgangs der als exogen aufzufassenden endemisch-kretinischen Taubstummheit gut *9000 Taubstumme* leben, von denen *gegen die Hälfte als „sporadisch" zu betrachten und auf recessive Erbanlagen zu beziehen ist.*

Die mit *Pigmentdegeneration der Retina* („Retinitis pigmentosa") korrelierte Form recessiver Taubstummheit scheint dagegen recht selten zu sein. Sie fehlt sogar an den beiden Orten, in welchen ich sowohl Herde sporadischer Taubheit, als solche einfach-recessiver Retinitis pigmentosa in stärkerer Ausbreitung vorfand, so in dem mehrfach erwähnten Urner Inzuchtgebiet S. und ferner in der St. Gallischen Gemeinde Wa., wo sich völlig unabhängig von dem dort vorhandenen kleinen Herde recessiver Taubheit folgende größere *Sippentafel mit „Retinitis pigmentosa"* aufstellen ließ. Es handelt sich dabei um eine äußerst langsam fortschreitende und funktionell nur wegen der hochgradigen Hemeralopie (Nachtblindheit) störende Form. Keiner der Betroffenen zeigt einen Gehördefekt, geschweige denn eine Taubheit und andererseits keiner der Taubstummen dieser Gegend eine Retinitis pigmentosa.

Die auf unserer Sippentafel, s. Abb. 37 auf Tafel V, zum Ausdruck kommenden Verhältnisse sprechen nicht nur eindeutig für die bereits durch manche andere Beobachtungen höchst wahrscheinlich gemachte einfache Recessivität der Anlage zu dieser auffällig *homochron* und *homotypisch* auftretenden, an den 4 lebenden Merkmalsträgern ophthalmologisch sichergestellten retinalen Pigmentdegeneration; vielmehr auch, was weit wichtiger ist, für den weit zurückliegenden Ursprung der entsprechenden Erbänderung, also ein ganz übereinstimmendes Verhalten wie bei den übrigen „Heredodegenerationen", aus deren Genealogie wir auf den ungefähren Zeitpunkt ihrer mutativen Entstehung schließen konnten. Da die sich klar ergebenden Heterozygotenlinien aus den nur bis zu Anfang des 17. Jahrhunderts zurückreichenden Kirchenbucheinträgen nicht zur Vereinigung gebracht werden konnten, muß die zugrundeliegende *Mutation* bereits um die *Mitte des 16. Jahrhunderts entstanden* sein. Ähnlich wie z. B. in der weiter oben dargestellten Glarner Taubstummensippe weist hier das gut bezeugte *Vorkommen älterer, schon vor nahezu 100 Jahren geborener Merkmalsträger auf das besonders hohe Alter der betreffenden Erbänderung* hin. Umgekehrt pflegt eine

Additional information of this book

(Die Grundlagen der Erbbiologie des Menschen;

978-3-642-89052-9; 978-3-642-89052-9_OSF02) is provided:

http://Extras.Springer.com

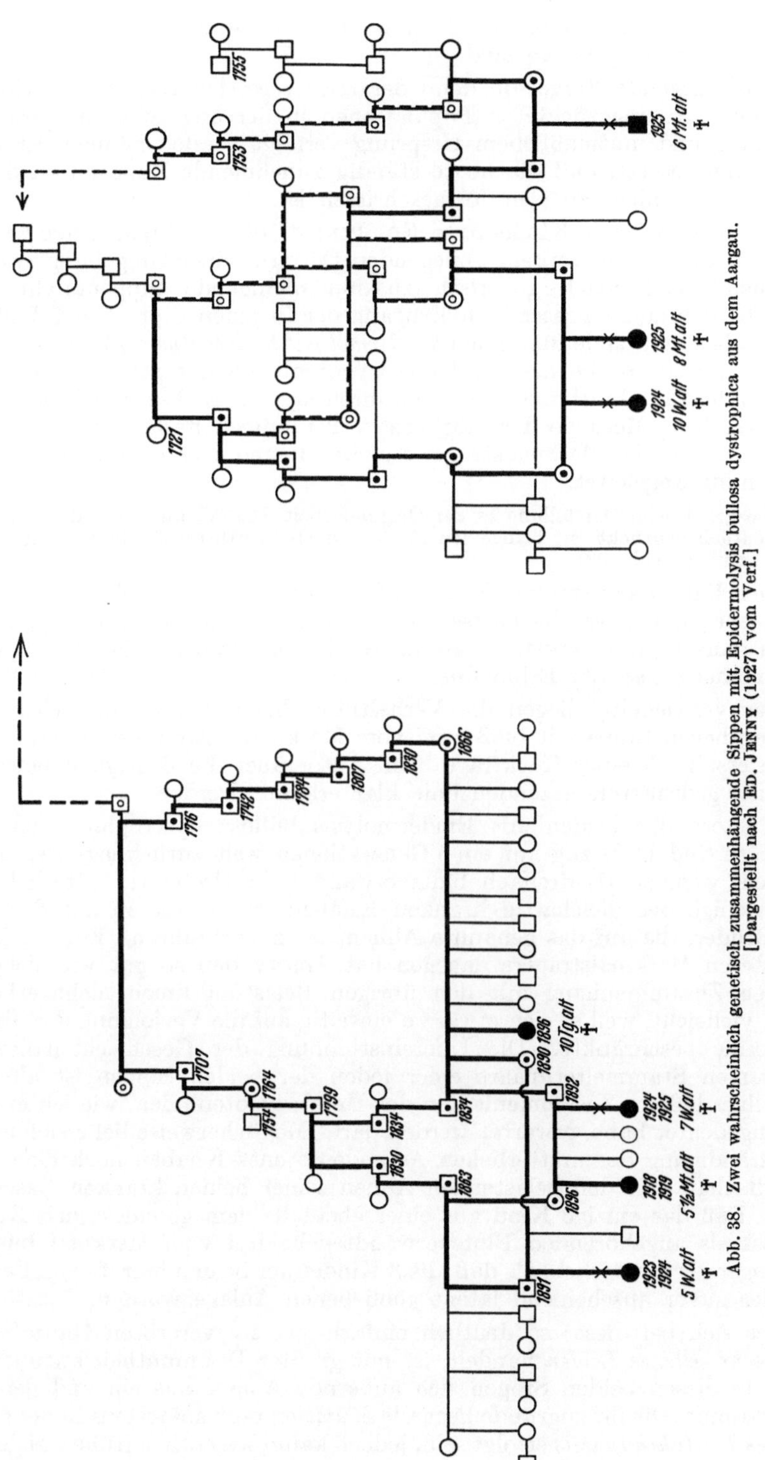

Abb. 38. Zwei wahrscheinlich genetisch zusammenhängende Sippen mit Epidermolysis bullosa dystrophica aus dem Aargau. [Dargestellt nach Ed. Jenny (1927) vom Verf.]

solche verhältnismäßig jüngeren Datums zu sein, wenn erst in neuerer Zeit Manifestationen aufgetreten sind.

Die naheliegende Frage, ob denn derartige recessive Merkmale nicht' auch in weniger stark ingezüchteten Populationen in der angegebenen Weise nach Ausbreitung und mutmaßlichem Ursprung verfolgt werden können, ist zu bejahen, vorausgesetzt, daß die heute ständig zunehmende Fluktuation der Bevölkerung noch nicht zu weit fortgeschritten ist.

So ist dem Aarauer Kinderarzte Ed. Jenny (1927) gelungen, aus zwei nur wenig vom Durchgangsverkehr abliegenden Dörfern seiner Umgebung zwei aller Wahrscheinlichkeit nach genetisch zusammenhängende Sippentafeln aufzustellen, die den einfach-recessiven Erbgang der in jenen Sippen in 7 Fällen im Säuglingsalter zum Tode führenden *Epidermolysis bullosa dystrophica* einwandfrei dartun und weitaus die meisten Heterozygotenlinien auf gemeinsame Ahnenpaare aus dem 17. Jahrhundert zurückführen lassen. Er hat dabei die von mir 1924 angegebene Methode der möglichst vollständigen Feststellung der Aszendenz der Eltern aller Merkmalsträger angewandt und daraus deren gemeinsame Abstammung abgeleitet.

Da die graphische Darstellung in der Originalarbeit Jennys unübersichtlich und zum Teil undeutlich gedruckt ist, bringe ich sie hier nach bewährter Methode umgezeichnet zur Anschauung (Abb. 38).

In der links dargestellten Stammtafel haben wir drei vollständig in sich geschlossene Blutverwandtschaftskreise vor uns, welche die Heterozygotie der 6 Eltern ohne weiteres erklären lassen. Sie bildet geradezu ein Paradigma für den monomer-recessiven Erbmodus.

Etwas verwickelter liegen die Verhältnisse bei der zweiten, rechts davon wiedergegebenen Sippe mit bloß zwei vom Merkmal betroffenen Familien. Sie konnten erst nach einer Rückfrage beim Autor über die Gültigkeit einer ganz undeutlich gedruckten Aszendenzlinie klar erkannt werden.

Die Eltern der beiden mit Epidermolysis bullosa dystrophica behafteten Schwestern sind in Bezug auf ein 5 Generationen weit zurückliegendes Ahnenpaar nicht weniger als dreifach blutsverwandt; ihr Großvater väterlicherseits und derjenige des gleichartig kranken Knaben (rechts davon auf der Tafel) waren Brüder, die auf das genannte Ahnenpaar zurückführen. Für die Mutter des letzteren Merkmalsträgers dagegen hat Jenny den so gut wie sicher bestehenden Zusammenhang mit den übrigen Belastungslinien nicht erbringen können, vielleicht, weil er sich etwas zu einseitig auf die Verfolgung der direkten Namenslinie beschränkte. Die Übereinstimmung der Geschlechtsnamen der gemeinsamen Stammelternpaare einer jeden der beiden Sippen ist allerdings so auffällig, daß ein Zusammenlaufen der Heterozygotenlinien, wie ich es durch Pfeile angedeutet habe, erwartet werden darf. Möglicherweise ließe sich aus der Vervollständigung der mütterlichen Aszendenz jenes Knaben noch eine Blutsverwandtschaft mit den belastenden Ahnen seiner beiden kranken Basen aufdecken. Daß das einzige Kind aus einer ebenfalls dem geschlossenen Konsanguinitätskreis angehörenden Blutsverwandtenehe frei vom Merkmal blieb, ist viel weniger verwunderlich, als daß alle 3 Kinder der beiden betroffenen Familien Opfer der zuvor anscheinend latent gebliebenen Anlage wurden.

Da es sich bei dieser so deutlich einfach-recessiv vererbten Hautaffektion um ein *sehr seltenes Leiden* handelt, ist mit größter Bestimmtheit anzunehmen, daß die in diesen beiden Sippen sich äußernde Anlage aus ein und derselben Quelle stammt. Die ihr zugrunde liegende *Mutation* muß spätestens in der *zweiten Hälfte des 17. Jahrhunderts* erfolgt sein, jedoch kaum wesentlich früher, angesichts ihrer regionär so eng umschriebenen Ausbreitung.

Das *homochrone* und *homotypische* Auftreten und die Progressivität dieser ausnahmslos nach Wochen oder Monaten intensiver Blasenbildung zum Tode führenden Epidermolysis erinnert ganz an eine „Heredodegeneration" des zentralen Nervensystems. Sie beruht auf einem subletalen Faktor und ist von der gutartigen, *dominanten Epidermolysis bullosa simplex* streng zu unterscheiden (H. W. SIEMENS). Es bestätigt sich hier, wie so oft — wenn auch nicht immer — die Regel, daß die *schwere Ausprägung eines Merkmals mit Recessivität, die leichte dagegen mit Dominanz* verbunden ist.

Vergleichen wir nun all diese Ergebnisse aus der Schweiz, die wegen ihrer weit zurückreichenden genealogischen Quellen ganz besonders geeignet zum Studium des Werdens und Vergehens von Erbänderungen beim Menschen ist,

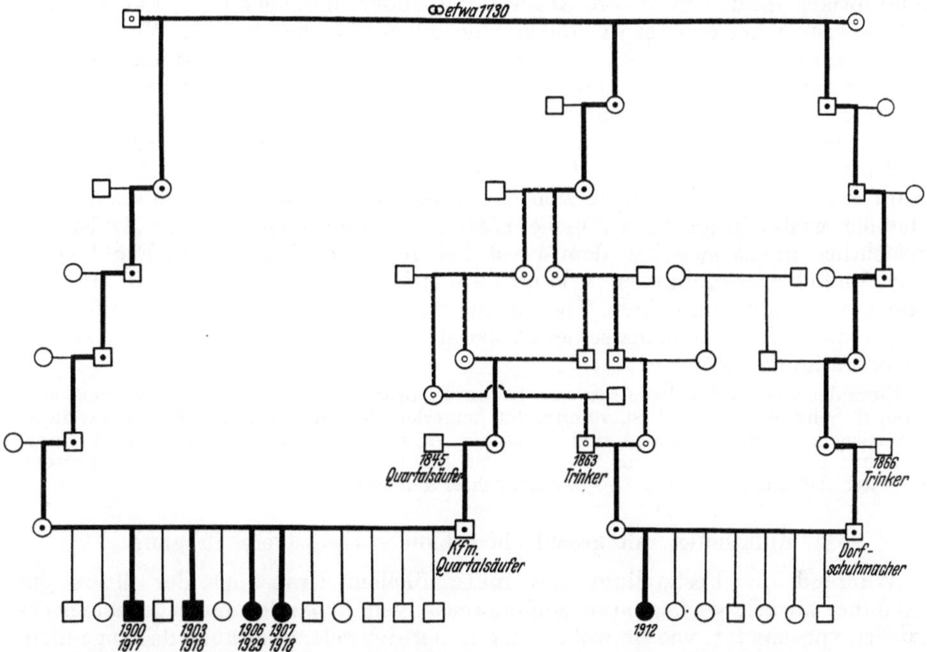

Abb. 39. Sippentafel mit juveniler amaurotischer Idiotie. [Nach T. SJÖGREN (1931), umgezeichnet vom Verf.]

mit denjenigen aus anderen Ländern, so sehen wir, daß einzig aus *Schweden* und *Norwegen* solch in sich geschlossene Abstammungstafeln vorliegen, welche Schlüsse auf den mutmaßlichen Ursprung monomer-recessiver Krankheitsanlagen zu ziehen erlauben.

Das schönste Beispiel bildet immer noch die hier bereits ausführlich gewürdigte Erforschung der *Myoklonusepilepsie* durch H. LUNDBORG (1913) in einem südschwedischen Inzuchtgebiet.

Sehr wertvoll sind aber auch die sowohl genealogisch, als klinisch und pathologisch-anatomisch mustergiltig verarbeiteten Sammelforschungen T. SJÖGRENs, vor allem diejenige über die *juvenile* Form der *amaurotischen Idiotie* (1931), eine Heredodegeneration, die für Mittel- und Südschweden ebenso typisch zu sein scheint, wie die FRIEDREICHsche Ataxie für gewisse schweizerische Gegenden, während sie andernorts überaus selten oder überhaupt nicht beobachtet wurde.

T. SJÖGREN hat davon 115 Fälle aus 59 Familien auf 23 Herde zurückführen können, in welchen die betreffende Mutation autochthon entstanden sein dürfte. Er betont die „*außerordentlich geringe Umsiedlungstendenz der Ahnen*" in jenen Ursprungsherden, sowie die relativ isolierte Lage dieser letzteren. Da die dort vorhandenen Kirchenbücher nicht weiter als bis zum Anfang des 18. Jahrhunderts zurückreichen, gelang es ihm, nur für sechs von den genannten 59 Familien das gemeinsame Ahnenpaar ausfindig zu machen, von dem sämtliche Belastungslinien ausgehen und dessen einer Partner als mutmaßlich erster Heterozygot anzusprechen ist.

Eine der Sippen, bei der dies für 2 Geschwisterschaften mit vier bzw. einem Merkmalsträger einwandfrei gelang (vgl. Sjögrens Stammbaum 3 und 3 A), habe ich unter Auslassung der für den Erbgang belanglosen Ahnen hier in Umzeichnung dargestellt und die ausschlaggebenden Konsanguinitätsverhältnisse deutlicher hervorgehoben. Klar erweist sich nun, daß die 4 Eltern der beiden Amaurotikerfamilien im 5.—6. Grade miteinander blutsverwandt sind und von 3 Geschwistern aus einer etwa 1730 geschlossenen Ehe abstammen. Wie so häufig auf meinen eigenen Sippentafeln bezüglich einfach-recessiver Merkmale ergeben sich hier zur Erklärung der Heterozygotie der beiden in der Mitte verzeichneten Eltern je zwei verschiedene Möglichkeiten, deren jede gleich viel Wahrscheinlichkeit für sich hat, was durch die dicke Strichelung angedeutet werden soll.

Auch der *Ursprung dieser Mutation ist im 17. Jahrhundert* zu suchen, jedoch kaum wesentlich vor 1650, da sich die Anlage und damit die Krankheit sonst erheblich weiter in jenem Kirchspiel hätte ausbreiten müssen. Sjögren ist also hinsichtlich dieses zwischen dem 4.—6. Lebensjahr ausbrechenden Erbübels zu ganz ähnlichen Ergebnissen gelangt, wie seinerzeit Lundborg und auf ihm fußend Hanhart, und diese Übereinstimmung würde wohl noch vollständiger sein, wenn er die Aszendenz seiner Probanden noch gut 100 Jahre weiter zurück hätte bestimmen können.

Eines der wichtigsten Resultate von Sjögrens Bearbeitung der *juvenilen amaurotischen Idiotie* in Schweden ist die Feststellung, daß keinerlei Übergänge zur *infantilen* Form dieser Heredodegeneration vorhanden sind, trotzdem wir seit Spielmeyers vergleichenden anatomischen Untersuchungen zur Kenntnis der Identität der zugrunde liegenden Prozesse und ihrer Abhängigkeit vom Lipoidstoffwechsel gelangten.

3. Mutationen mit geschlechtsgebunden-recessivem Erbgang.

Während die Feststellung des mutmaßlichen Ursprungs der öfters gut 300 Jahre zurück verfolgbaren einfach-recessiven Erbänderungen genealogische Quellen voraussetzt, wie sie wohl einzig in der Schweiz, aber auch da lange nicht allerorts vorhanden sind, so bieten die *geschlechtsgebunden-recessiven Mutationen* an sich günstigere Aussichten hierfür. Letztere können sich nämlich schon in der F_1-Generation, d. h. z. B. beim Kinde einer mit kurzwelligen Strahlen bestrahlten Mutter offenbaren, gleich wie dabei etwa entstehende neue dominante Erbanlagen. Doch sind entsprechende Beobachtungen trotz der ansehnlichen Zahl temporär sterilisierter Frauen aus einer bereits hinter uns liegenden Röntgenaera bisher nicht gemacht worden, woraus allerdings noch nicht geschlossen werden darf, daß tatsächlich keinerlei Erbschädigungen dadurch stattgefunden haben.

Die sicher häufigste geschlechtsgebunden-recessiv vererbte Anomalie, die *Rotgrünblindheit (Daltonismus)*, ist auffallenderweise anscheinend im Gebiet der europiden Rassen überall ziemlich gleichmäßig verbreitet und läßt sich wegen dieser Ubiquität nicht leicht auf ihre mutative Entstehung untersuchen.

Anders die *Bluterkrankheit (Hämophilie)*, von der eine ganze Reihe von Herden erforscht sind, die wie derjenige in *Tenna* (Graubünden) und die beiden aus der Gegend von *Heidelberg* sowie aus *Calmbach* (Württemberg) weltbekannt wurden. Die genaue Übersicht über diese alten Bluterherde verdanken wir dem Umstande, daß sie zum Teil schon vor mehr als 100 Jahren und seither immer wieder von Ärzten beschrieben worden sind, so daß die späteren Autoren sich auf die Angaben der früheren stützen und diese zugleich überprüfen konnten.

So ist das wohl am längsten bekannte große Blutergeschlecht *Mampel* aus *Kirchheim* bei Heidelberg zuerst von CHELIUS (1827), dann von MUTZENBECHER (1841), darauf von LOSSEN (1876) und neuerdings von W. J. KLUG (1926) klinisch und genealogisch bearbeitet worden.

Der weitaus umfangreichste, nicht weniger als 80 sichere Bluter umfassende, älteste, da auf eine bereits 1628 geborene und 1653 kopulierte Konduktorin zurückführbare *Bluterherd aus Calmbach* im Schwarzwald ist erstmals von M. FISCHER (1889), dann von H. SCHLOESSMANN (1930) und in letzter Zeit auf Veranlassung von W. WEITZ durch H. STUDT (1937) erforscht worden, wobei der letztere Autor wesentliche Bereinigungen und Ergänzungen anbringen konnte.

Über das fast gleich weit zurück verfolgbare *Bündner Blutergeschlecht* aus *Tenna*-Safien, einem Seitental des Vorderrheins, hat VIELI in den Jahren 1836 und 1846 dem Kasseler Arzte LUDWIG GRANDIDIER Mitteilungen gemacht, die dieser für seine 1855 erschienene Monographie über die Hämophilie verwertete. Eingehend geschildert wurde der größte und älteste Bluterherd der Schweiz aber erst in der Züricher Dissertation ANTON HOESSLYs (1885), dessen Schwiegertochter G. T. HOESSLY-HAERLE (1930) dann 45 Jahre später das gesamte genealogische Material neu bearbeitete und erstmals eine vollständige Abstammungstafel aufstellte.

Die 47 Bluter dieses Tennaer Herdes ließen sich auf eine 1669 kopulierte und 1681 gestorbene Konduktorin zurückführen, s. Abb. 40 auf Tafel VI (vor S. 353), wobei die Belastungslinie nur zweimal männliche Ahnen berührt, die in den Kirchenbüchern nicht als Bluter gekennzeichnet waren und einzig auf Grund ihrer Nachkommenschaft und mütterlichen Seitenverwandtschaft als solche postuliert werden müssen. Die *Calmbacher Sippentafel* STUDTs enthält drei derartige „*konstruktive Bluter*".

In Anbetracht des großen Kinderreichtums der Bevölkerung jenes abgeschlossenen Bergtälchens, aus welchem die Bluter von Tenna stammen, ist kaum mit einer wesentlich früheren Entstehung der betreffenden Mutation zu rechnen, da sich diese sonst weit über jene Gegend hinaus hätte verbreiten müssen. Ein Zusammenhang mit dem Calmbacher Herde, wie ihn STUDT wegen der ethnischen Verwandtschaft der dem alamannischen Volksstamme der Walser zugehörigen Tennaer mit den Württembergern für möglich hält, darf als völlig ausgeschlossen gelten, weil die verhängnisvolle, so vielen männlichen Sprossen verderbliche Erbänderung in den übrigen Walser Siedlungen sonst gänzlich fehlt; sie müßte übrigens bereits vor gut 1000 Jahren entstanden sein und sich dementsprechend über ganz Mitteleuropa ausgebreitet haben.

Es ist sogar unwahrscheinlich, daß der kleine von FONIO (1933) beschriebene Bluterherd aus *Soglio* (Bergell) ein Ableger desjenigen von Tenna sei, da ich die hier vor allem in Frage kommende weibliche Stammlinie, ausgehend von der ältesten sicheren Konduktorin bis 1600 verfolgen konnte, ohne auf Abkömmlinge dieser oder einer anderen Walser Kolonie zu stoßen[1]. Viel näher liegt die Annahme, daß beiderorts — in Tenna vor etwas über 300 und in Soglio vor etwa 100 Jahren — Erbänderungen im Sinne der Hämophilie unabhängig voneinander zur Entstehung kamen.

Da die verwickelten Belastungsverhältnisse des Tennaer Herdes aus der graphischen Darstellung G. T. HOESSLYs nicht leicht zu übersehen sind, habe ich sie nach der von mir geübten Methode umgezeichnet, damit diese neben der von STUDT aus Calmbach bestbelegten Abstammungstafel, welche die Ausbreitung

---

[1] FONIO (1933) hat diese entscheidende Linie an Hand des *Familienbuches* der Gemeinde nur bis 1690 verfolgen können, während ich zufolge eines besonderen Glücksfalles den in privaten Händen befindlichen sog. *Codex Fasciati* zur Einsicht bekam und diese Mutterlinie deshalb noch drei Generationen weiter zurück aufzudecken vermochte.

einer solchen geschlechtsgebunden-recessiven Mutation so gut veranschaulicht, gebührend zur Geltung komme.

Ebenfalls auf eine autochthone Erbänderung zu beziehen ist die Hämophilie in *Wald* (Kt. Zürich), wo eine 26 wirkliche und 7 mutmaßliche Bluter umfassende Sippe zuerst von H. Stahel (1880) und später berichtigend von H. Pfenninger (1934) in Züricher Dissertationen bearbeitet wurde. Hier müßte die mutative Entstehung nach den über die erwähnten konstruktiven Bluter geführten Belastungslinien unbedingt schon vor 1550 stattgefunden haben.

Für die Auffassung der Bluterkrankheit als einer nicht allzu häufig entstehenden Mutation sprechen auch die Ergebnisse von Fonios *Sammelforschung* aus dem *Kanton Bern* (1937). Es ließen sich dort mehrere allem nach unabhängig voneinander entstandene Herde und zwar fast ausschließlich in dem zwischen Voralpen und Jura gelegenen Mittellande nachweisen, während die Berner Alpentäler — mit Ausnahme der Gegend von Meiringen und Lenk — ebenso wie der Jura frei von Hämophilie zu sein scheinen. Aus einer Karte mit den Heimatorten der Konduktorinnen geht hervor, daß die meisten seiner Bluterfamilien aus dem Gebiete nordwestlich des Napfgebirges stammen. Es ist gut möglich, daß auch die in der weiteren Umgebung (unter anderem im angrenzenden Aargau) angesiedelten Bluter ursprünglich auf diese Quelle zurückgehen, was genealogisch noch nachzuprüfen wäre. Höchst unwahrscheinlich aber ist, daß sämtliche von A. Fonio gefundenen Einzelherde, die durchwegs jung sind, d. h. höchstens in 4 Generationen manifeste Hämophilie zeigen, auf ein und derselben Mutation beruhen. Daß es sich dort tatsächlich nirgends um ältere Herde handelt, darf aus der im Verhältnis zum Kinderreichtum der betreffenden Familien geringen Ausbreitung des Merkmals geschlossen werden. Auf alle Fälle müssen mindestens für die drei weit voneinander entfernten Konduktorenheimatorte Lenk, Unterbach bei Meiringen und die Gegend zwischen Eriswil und Huttwil *autochthone Erbänderungen* angenommen werden. Ob die drei „*sporadischen*" *Bluter*, in deren Sippen die Anomalie noch nicht beobachtet wurde, auf neu bei ihren Müttern entstandene Mutationen bezogen werden dürfen, wird sich erst mit der Zeit mehr oder weniger sicher herausstellen. Wüßten wir heute über das frühere Vorkommen der Bluterkrankheit besser Bescheid, so wären wir diesbezüglich nicht bloß auf Vermutungen und Abwarten angewiesen. Nach Fonio ist das *Merkmal „Hämophilie"* allerdings erst seit Einführung der von ihm ausgearbeiteten *funktionellen Plättchenprüfung* eindeutig zu diagnostizieren. Dank seiner mit besonderer Sachkenntnis ausgeführten Forschungen sind wir nunmehr soweit über die Verbreitung der Bluterkrankheit in dem volksreichsten Schweizer Kanton unterrichtet, daß wir die dort nachgewiesenen 65 Fälle bei Männern — wozu noch ein weiblicher Fall käme — auf mindestens sechs, noch wahrscheinlicher auf gegen 12 selbständige Mutationen zurückführen können.

Auch in Mittel- und Süddeutschland dürfte nicht nur mit den beiden großen Bluterherden in Kirchheim und in Calmbach und ihren Ablegern, vielmehr mit einer ganzen Reihe älterer und jüngerer Mutationen im Sinne der Hämophilie zu rechnen sein; ebenso in den übrigen Gebieten *germanischer Rasse*, welch letztere dafür prädisponiert zu sein scheint.

Die Bluteranlage im *englischen Königshaus* geht auf die Königin Viktoria und ihren Gemahl Albert, beide aus dem Hause Sachsen-Koburg-Gotha zurück und breitete sich von da in sechs weiteren Fürstenhäusern aus, unter anderem den letzten Zarewitsch und zwei spanische Prinzen befallend (M. Fischer 1935).

Die als „*Gross-Family*" aus der Schule C. B. Davenports (1930) beschriebene und auf nachstehender Abb. 41 dargestellte Sippe mit getrennter Manifestation von *Hämophilie* und *Rotgrünblindheit* bei 4 Söhnen der gleichen Mutter erlaubt

ausnahmsweise einmal, die der Bluteranlage zugrunde liegende Erbänderung
auf eine bestimmte Person zu beziehen.

Während die betreffende Frau ihre
sich in einem ihrer X - Chromosome
zu denkende Anlage zu Rotgrünblindheit offenbar von mütterlicher Seite
ererbte, muß sie die sich keinesfalls im
selben, sondern im zweiten ihrer beiden
X-Chromosome befindliche Hämophi-
lieanlage von ihrem Vater herhaben,
da diese trotz reichlicher Gelegenheit
zur Manifestation bei der mütterlichen
Verwandtschaft nicht zum Vorschein
kam, also dort vermutlich fehlte. DA-
VENPORT nahm nun an, die Bluteranlage sei in der Keimmasse dieser
Frau mutativ entstanden. Demgegenüber macht J. B. S. HALDANE
(1935) mit Recht geltend, daß dies
deshalb nicht möglich sei, weil ja zwei
und nicht bloß eines der Kinder dieser
Konduktorin manifest hämophil sein
sollen. Tatsächlich kann sich eine
eben bloß einmalige, d. h. an einem
einzigen Ei entstandene Erbänderung
nur auf das daraus hervorgehende Kind
übertragen haben. Wir möchten darum
mit HALDANE annehmen, daß die zu
Bluterkrankheit führende Mutation
beim Vater obiger Konduktorin stattgefunden habe, der, wie sicher bekannt,
selbst kein Bluter war und als Überträger einer Anlage zu Hämophilie
nicht in Frage kommt.

Auf diese einleuchtende Annahme
hat der genannte englische Erbbiologe nun eine Methode zur ungefähren
*Bestimmung einer Mutationsrate beim
Menschen* aufgebaut. Er ist dabei von
den in der Londoner Bevölkerung beobachteten Fällen *sporadischer* Bluterkrankheit ausgegangen und hat deren
erblichen Ursprung stillschweigend
vorausgesetzt, was auf Grund der
heutigen Erfahrung allerdings etwas
gewagt ist, da wir weder wissen, ob alle
Fälle von „*sporadischer Hämophilie*"
überhaupt idiotypisch bedingt, noch
ob sie, wenn dies tatsächlich der Fall
sein sollte, dann auch genetisch einheitlicher Natur sind. HALDANE ist
auf dem Wege einer komplizierten

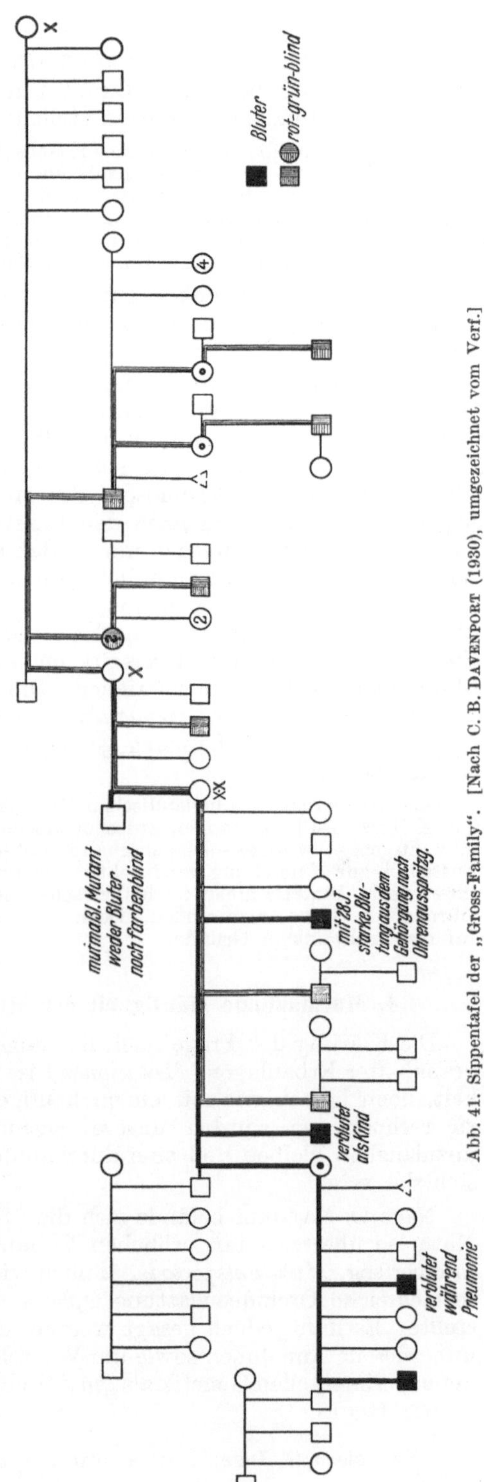

Abb. 41. Sippentafel der „Gross-Family". [Nach C. B. DAVENPORT (1930), umgezeichnet vom Verf.]

Berechnung zur Schätzung der *Mutationsrate* für die Bluteranlage beim Menschen gelangt; diese soll einmal auf 50000 Lebensläufe auftreten, die *Mutationsrate* also 1 : 50000 betragen. Damit würde sie sich innerhalb der für andere Organismen gefundenen Grenzen stellen.

Umgerechnet auf die im Gegensatz zur Generationsdauer beim Menschen (etwa 30 Jahre) durchschnittlich nur 14 Tage ausmachende Fortpflanzungsfähigkeit der *Drosophila* entspräche sie bei diesem bestbekannten Versuchstier der Genetiker einer *Mutationsrate* von 1 zu etwa 40 Millionen. Auf diese Zahl kommt man, wenn man das Verhältnis 1 : 50000 auf die so viel kürzere Generationsdauer der Taufliege umrechnet, d. h. den Nenner mit dem Wert multipliziert, den die Teilung von 30 Jahren in Intervalle von 14 Tagen ergibt.

Haldane rechnet dabei mit zwei verschiedenen Hämophilie-Allelen[1] — einem für milderen und einem für schwereren Verlauf —, wovon das letztere häufiger sei.

M. J. Sirks (1936) wendet gegen diese Berechnung ein, daß sie auf der völlig unbewiesenen Voraussetzung beruhe, das männliche Geschlecht beim Menschen enthalte nur ein X-Chromosom ohne Partner. Nach den Studien der Cytologen Painter (1923), McLean Evans und Swezy (1929), ferner Shiwago und Andres (1932) stehe dem X-Chromosom des Mannes doch ein kleines Y-Chromosom gegenüber, von welchem nach den Ergebnissen Winges (1923) an dem Fische *Lebistes* angenommen werden müsse, daß es eine Anzahl Gene einschließe, deren Wirkung sich nur auf die männliche Nachkommenschaft erstrecke. Es sei deshalb nicht nur, wie Haldane meine, mit zwei, sondern mit 3 Gruppierungen des Blutergens zu rechnen und ein *Faktorenaustausch* (Crossing-over) zwischen den einerseits im X- und andererseits im Y-Chromosom befindlichen Allelen der Bluteranlage in Betracht zu ziehen. Die der Berechnung Haldanes zugrunde liegende *Annahme einer spontanen Abnahme der Hämophilie*, weil die Bluter meist nicht zur Fortpflanzung gelangen, müßte nach Sirks deshalb fallen gelassen werden.

Obige Hypothese des holländischen Botanikers setzt ihrerseits voraus, daß die Bezirke der X- bzw. Y-Chromosomen, zwischen denen ein Faktorenaustausch erfolgt, keine Geschlechtsgene — wenn es solche überhaupt gibt — einschließen; denn sonst müßte ein solcher Austausch zur Entstehung geschlechtlich abnormer Individuen führen. Da nun derartige Intersexe in Bluterfamilien zu fehlen scheinen, ist theoretisch nichts gegen die Beweisführung von Sirks einzuwenden. Doch steht auch sein Hypothesengebäude vorerst noch auf recht schwankem Grunde.

4. Mutmaßliche Häufigkeit der Mutationsbildung beim Menschen.

Die Klärung der Frage nach der ungefähren Häufigkeit der Neuentstehung krankhafter Erbanlagen *(Mutationen)* ist rassenhygienisch von größter Wichtigkeit, denn hätten wir mit einem häufigeren Auftreten solcher Erbänderungen zu rechnen, so würden unsere eugenischen Maßnahmen notwendigerweise unzulänglich bleiben und eine durchgreifende Bekämpfung der Entartung aussichtslos sein.

Nach O. Naegeli befände sich die „Sammelart" homo sapiens, die von der Natur so überreich mit erblichen Varianten aller Art bedacht wurde, zur Zeit in einer sog. *Mutationsperiode*, ähnlich wie die von ihm jahrzehntelang studierte formenreiche Orchideengattung *Ophrys*, für die er die gleiche Hypothese aufstellte. Es muß jedoch gesagt werden, daß es sich hierbei beidemal leider um unbewiesene Annahmen sowie um Vorstellungen handelt, die von den Vertretern der experimentellen Genetik als „mystisch" abgelehnt werden (vgl. unter anderem Erwin Baur).

---

[1] Vgl. hiezu G. Just: Über multiple Allelie beim Menschen. Arch. Rassenbiol. **24** (1930).

Gerade die im Verlauf dieses Abschnitts so eingehend dargestellten Ergebnisse HANHARTs über die Verteilung und Ausbreitung einfach-recessiver Mutationen in den Schweizer Inzuchtgebieten weisen darauf hin, daß *krankhafte Erbanlagen nur in säkularen Zeiträumen zur Entstehung gelangen*, weil der *Ursprung der sich heute manifestierenden Erbänderungen häufig auf zwei und noch öfters auf drei Jahrhunderte zurück angesetzt werden muß.*

Um allmählich einen Einblick in die Häufigkeit der Neuentstehung krankhafter Erbanlagen beim Menschen zu gewinnen, bedarf es der *erbbiologischen Bestandesaufnahme* und *fortlaufenden Registrierung möglichst aller in einem bestimmten Gebiete vorkommenden Erbmerkmale.*

Die ungemein wichtige Frage, ob tatsächlich eine Zunahme erblicher Defekte und damit konstitutioneller Minderwertigkeit im Sinne echter Entartung nachweisbar ist, kann nur auf der Grundlage von Vergleichen späterer mit früheren Bestandesaufnahmen ihrer endlichen Lösung näher gebracht werden. Hierbei wären dann immer noch die *Wirkungen einseitiger Auslese*, besonders die durch Kriege verursachte verhängnisvolle Schwächung der erbtüchtigeren Volksteile mit in Betracht zu ziehen.

Der ganz ausnahmsweise Umstand, daß die Schweiz von den unermeßlichen Menschenverlusten des 30jährigen, 7jährigen und vor allem des Weltkrieges verschont blieb, erhöht die schon wegen ihrer einzigartigen genealogischen Quellen hervorragende Eignung dieses Landes zum Studium der Entartungsprobleme noch beträchtlich. Wie wir oben zeigen konnten, ist es in einigen allerdings seltenen Glücksfällen dort gelungen, eine ganze Anzahl Aszendenzlinien, ausgehend von rezenten Manifestationen FRIEDREICHscher Ataxie oder recessiver Taubheit, von Geschwistern mutmaßlich übereinstimmend behafteter Merkmalsträger in weit zurückliegenden Generationen abzuleiten und damit die heterozygoten Belastungen zu erklären. Künftig wird dies auf Grund unserer genauen Charakterisierung aller von einem Merkmal befallenen sowie der davon freibleibenden Glieder einer Sippe so gut wie regelmäßig möglich sein, wenn wir *Karteien* sowohl nach *Heimatorten* als nach *Hauptmerkmalen* und Begleitzuständen für unsere Erbkranken anlegen und die immer zahlreicher werdenden Ausstrahlungen der einzelnen Entartungsherde auf *Landkarten* verzeichnen.

Wüßten wir heute, welche Personen der letzten Jahrhunderte mit Erbfehlern behaftet und welche zeitlebens davon frei waren, so vermöchten wir nun weit besser, als es leider der Fall ist, zu entscheiden, ob unsere Bevölkerung tatsächlich weniger erbgesund, d. h. mehr mit manifesten und dementsprechend auch mit latenten Erbkranken durchsetzt ist, wie zuvor. Dafür, daß die Menschheit in früheren, verhältnismäßig gar nicht weit zurückliegenden Zeiten viel weniger heterozygot bezüglich recessiver Erbübel gewesen sein muß, spricht die damals sehr allgemein und unbedenklich betriebene *Inzucht*, die nicht nur in gewissen Herrscherhäusern *(Ptolemäer, Inkas)* eine sehr enge war, sondern sicher auch in den einzelnen sich fast kastenmäßig nach Stämmen und Horden abschließenden und dabei im Vergleich zu heute viel kleineren Völkern.

Noch die *Athener der Blütezeit Griechenlands* (530—430 v. Chr.) müssen im günstigen Sinne ungleich viel *homozygoter* gewesen sein als die heutige Bevölkerung Europas.

Hat doch schon GALTON hervorgehoben, daß kein Volk von entsprechender Größe in der kurzen Zeit von 100 Jahren eine so staunenswerte Zahl hochbegabter Männer hervorbrachte.

BATESON (1914) hat sodann nicht gezögert, den Niedergang des griechischen Reiches auf die Beseitigung der früheren strengen Inzucht und die darauffolgende Blutmischung, sowie auf Gegenauslese durch Kriege zurückzuführen, worin ihm unter anderem H. FEDERLEY (1928) Recht gibt.

Wären krankhafte Erbanlagen bei den alten Griechen ebenso zahlreich vorhanden gewesen, wie bei der heutigen Durchschnittsbevölkerung oder gar derjenigen eigentlicher Inzuchtgebiete, so müßten wir aus den reichen Dokumenten, die uns jene auch naturwissenschaftlich interessierten und gut beobachtenden Geistesgrößen (unter anderem ARISTOTELES) hinterlassen haben, weit mehr über deren Manifestation erfahren als dies der Fall ist.

5. Notwendigkeit fortlaufender erbbiologischer Bestandesaufnahmen.

Es ist freilich zuzugeben, daß eine auch nur einigermaßen genauere Bestandesaufnahme von Erbschäden erst seit den letzten 80 Jahren mit ihrem beispiellosen Aufschwung medizinischer Erkenntnis möglich war. Erst seit dem Ausbau von pathologischer Anatomie und klinischer Medizin war man ja überhaupt in der Lage, sich in dem verwirrenden Gemengsel der so unendlich mannigfachen Erscheinungsbilder *(Phänotypen)* zurechtzufinden und diese nach ätiologischen Gesichtspunkten zu ordnen. Wie weit wir trotzdem noch vom Ideal eines natürlichen Systems der Krankheitseinheiten entfernt sind, ist jedem Einsichtigen bekannt. Leider ist nicht nur infolge der anfänglichen Ignorierung der von Gregor Mendel in den sechziger Jahren des vergangenen Jahrhunderts entdeckten Vererbungsgesetze, sondern auch nach deren Wiederentdeckung kostbarste Zeit verloren worden und hat man erst neuerdings planmäßig mit der Bestandesaufnahme der Erbmerkmale des Menschen begonnen, nachdem die Fluktuation der Bevölkerung zufolge der enormen Erleichterung des Verkehrs meist bereits sehr unübersichtliche Verhältnisse schuf und ein katastrophaler Geburtenrückgang einsetzte. Bald wird es in den alten Kulturzentren der weißen Rasse, wenn nicht zu einem eigentlichen Rassenchaos, so doch zu einer derart komplizierten Vermischung der Erblinien kommen, daß eine vollständige Erfassung größerer Sippen, auf welche die Erbforschung beim Menschen immer angewiesen bleibt, leider nur mehr ausnahmsweise möglich sein wird und wir nur noch die unzulänglichen Ergebnisse mehr oder weniger unpersönlicher Statistik registrieren können.

Einzig in den von den zwiespältigen Segnungen der modernen Zivilisation noch wenig berührten Gegenden mit alteingesessener, rassisch und ständisch einheitlicher Bevölkerung, in welcher lebendige Überlieferung und starker Familiensinn den Zusammenhang größerer Sippen bewahrt, lassen sich aus periodischen Bestandesaufnahmen mit der Zeit Schlüsse auf das Werden und Vergehen krankhafter Erbanlagen ziehen.

Die von mir seit 1921 planmäßig betriebene Erforschung der Schweizer Inzuchtgebiete, deren erste Ergebnisse neuerdings überprüft und vervollständigt worden sind, erlaubt bereits einen gewissen Einblick in Verhältnisse, die einigermaßen als repräsentativ betrachtet werden dürfen. Soviel bis jetzt daraus hervorgeht, scheint die von mancher Seite arg übertriebene, von anderer dagegen auf Geratewohl als unerheblich bezeichnete Gefahr einer rasch zunehmenden Entartung, d. h. Anreicherung erblicher Defekte und Erkrankungsbereitschaften innerhalb ortsgebundener Bevölkerungen, geringer zu sein, als ich selbst annehmen zu müssen glaubte.

Hat sich doch auffallenderweise herausgestellt, daß die Häufigkeit neuer Manifestationen verschiedenster Erbschäden, wie des universellen Albinismus, recessiven Zwergwuchses, der Friedreichschen Ataxie, „sporadischen" Taubheit usw. in fast allen vor etwa 15 Jahren durchforschten Herden entgegen der sich auf die mutmaßliche Zahl von Heterocygoten stützenden Erwartung stark zurückgegangen ist. So sind z. B. weder im Appenzeller Land, noch im Samnauntal neue Fälle des von mir beschriebenen Zwergwuchses aufgetreten, obwohl in den betreffenden Sippen noch ziemlich viel relativ kinderreiche Ehen mit Blutsverwandtschaft bezüglich des gemeinsamen Ahnenpaares der Eltern von Zwergen zu verzeichnen sind. Wenn nicht bald wieder einmal ein ähnlich *„explosives"* Herausmendeln der vermutlich in jenen Populationen reichlich verbreiteten Zwergwuchsanlage oder doch wenigstens eine einzige Manifestation erfolgt, muß mit dem Erlöschen der überdeckten Belastung gerechnet werden.

Der Züricher Botaniker und Erbbiologe A. Ernst (1936) hat vom rein theoretischen Standpunkt aus die Vermutung geäußert, es könnte sich auch bei den erblichen Krankheiten des Menschen öfters nicht um irreversible Mutationen, vielmehr um solche *labiler Gene* handeln.

Die konsequente Weiterbeobachtung der hier geschilderten Herde bestimmter Heredodegenerationen wird uns hierüber schon in absehbarer Zeit genaueren Aufschluß verschaffen.

Sie muß deshalb auf alle Fälle durchgeführt werden, auch wenn es mir nicht vergönnt sein sollte, diese Nachprüfung von so ungewöhnlicher Tragweite an Hand meiner früheren Untersuchungsprotokolle selbst zu bewerkstelligen.

Gleich dem pflanzenden Landmann, der keine Aussicht mehr hat, die Früchte seiner Bemühungen einmal zu ernten, sind wir heute dringend verpflichtet, alle Gelegenheiten zu *erbbiologischen Bestandesaufnahmen* bestens auszunützen, damit unsere Nachfahren sich nicht bloß vom Hörensagen, sondern auf Grund gesicherter Befunde über den jetzigen Grad der Verbreitung krankhafter sowie möglichst auch kulturell wertvoller Erbanlagen orientieren können.

Einstweilen tun wir gut daran, uns in dieser Hinsicht noch abwartend zu verhalten, da die experimentelle Erbforschung beim Tier die beharrliche Konstanz zahlreicher pathologischer Merkmale — auch der einfach-recessiv vererbten — gezeigt hat.

Was alles für verschiedene Entartungsmerkmale und sonstige Erbvarianten in derartigen Inzuchtgebieten vorkommen, sei kurz an folgenden 2 Beispielen aus abgelegenen Gemeinden in der Nähe des Vierwaldstätter Sees erläutert:

So fanden sich 1932 in dem schon oben wegen eines größeren Herdes recessiver Taubheit genannten Urner Orte *Aroleid*[1] (etwa 650 Bewohner) außerdem drei autochthone *Schizophrenien*, 60 *Psychopathien* (meist schizoider Art), 52 *Oligophrenien* (13 Idioten, 4 Imbezille und 35 Debile), 3 *Epilepsien* (1 genuine und 2 symptomatische), 2 Geschwisterfälle von „*Retinitis pigmentosa*", 3 Fälle von *Strabismus convergens concomitans*, 4 Fälle von *Stottern* und 10 Träger von *Mißbildungen*, darunter 1 *Hydrocephalus*, 1 *Wolfsrachen*, 1 einseitige *Syndaktylie* bei *Kyphoskoliose*, 1 angeborene *Atrophie* des *rechten Beines* (Schwester der vorigen) und schließlich 1 riesiger, badehosenförmiger *Naevus pigmentosus* der Haut (vgl. Diss. J. MÜLLER, Zürich 1933).

Ganz andersartig zum Teil erwiesen sich die 1930 in dem hier ebenfalls bereits mehrfach erwähnten Schwyzer Örtchen *Obermatt*[1] (etwas über 300 Bewohner) vorgefundenen Mutationen: Nämlich je 1 Herd von *universellem Albinismus* und von *Schizophrenie* (mit 11 bzw. 5 Fällen ohne ein Zusammentreffen beider Merkmale!), 1 Fall von genuiner *Epilepsie* (aus doppelter Geschwisterkinderehe!), 20 *Oligophrenien* (9 Idioten, wovon 2 mongoloide, ferner 9 Imbezille und 2 Debile), 2 Geschwisterfälle von *Dystrophia musculorum progressiva* (juveniler, humeroscapularer Typ) und endlich die oben gemeldete Tendenz zur *Reduktion der oberen seitlichen Schneidezähne*, die sich als nichtpathologische Eigentümlichkeit bei nicht weniger als einem Drittel der dortigen Bevölkerung nachweisen ließ (vgl. die Diss. meiner Schüler A. EGENTER, 1934 und A. C. JÖHR, Zürich 1934).

Auch in einer Reihe weiterer Inzuchtgebiete konnte das Vorhandensein mehrerer, äußerlich völlig verschiedener und genetisch nicht zusammengehöriger, aber offenbar am Orte entstandener Erbänderungen festgestellt und auf bestimmte Stammelternpaare zurückgeführt werden. Es sei hier nochmals an jenes Oberwalliser Dorf Tö.. (etwa 600 Bewohner) erinnert, in welchem unabhängig voneinander je 1 Herd *recessiver Taubheit*, schwerster *Oligophrenie* und sehr wenig stark durchschlagender *Polydaktylie* zur Beobachtung kam; ferner an jene Gemeinde des St. Gallischen Rheintals mit isolierten Herden von *recessiver Taubheit* ohne Sehstörungen sowie von „*Retinitis pigmentosa*" ohne Hörstörungen.

---

[1] Pseudonym.

Der Vergleich der Ergebnisse unserer erbbiologischen Bestandesaufnahmen aus Inzuchtgebieten mit den Krankheitsstatistiken der städtischen Spitäler zeigt zunächst einen enormen Unterschied in der Häufigkeit und Mannigfaltigkeit der festgestellten „Heredodegenerationen". Gehören doch diese letzteren, hier als *Mutationen* nach Ursprung und Ausbreitung untersuchten Erbmerkmale in den ungleich volkreicheren Populationen unserer größeren Städte zu den ausgesprochenen Raritäten. Außerdem sind sie, wenn überhaupt vorkommend, so auffällig oft auf entsprechend befallene Sippen in Inzuchtgebieten zurückzuführen, daß wir eine autochthone Entstehung derartiger Erbänderungen außerhalb von diesen als unverhältnismäßig selten annehmen müssen. Das so viel häufigere Vorkommen nicht nur etwa einfach-recessiver, sondern auch dominanter sowie geschlechtsgebunden-recessiver Krankheitsanlagen in den stärker abgeschlossenen Gegenden des Landes dürfte irgendwie mit *lokalen Faktoren* zusammenhängen, die noch der Aufklärung bedürfen und im folgenden Abschnitt diskutiert werden sollen.

V. Mutation als Vorgang (Idiokinese) [1].

Während uns bisher fast ausschließlich das *Sein* sowie gelegentlich auch die Frage nach dem schließlichen *Vergehen* krankhafter Erbänderungen beschäftigte, haben wir nun noch darüber Rechenschaft zu geben, was von deren *Werden* bekannt geworden ist, soweit dies nicht schon in den vorangehenden Abschnitten über die *Mutationen beim Tier* behandelt wurde.

Wir dürfen uns dabei nicht verhehlen, daß wir über die Art der Entstehung von Mutationen beim Menschen ebenso wie beim Säugetier noch gar nicht Bescheid wissen und ganz auf Vermutungen und Analogieschlüsse aus den Ergebnissen von Bestrahlungsversuchen niederer Tiere, vor allem der Drosophila, angewiesen sind. Immerhin ist der zwar noch reichlich problematische *Begriff der Entartung* schon auf Grund unserer heutigen erbbiologischen Erkenntnis seiner früheren Mystik entkleidet und damit fruchtbringenden Fragestellungen zugänglich geworden.

Die Tatsache, daß trotz der seit bald 30 Jahren geübten und zeitweise bewußt auf die weiblichen Fortpflanzungsdrüsen eingestellten Anwendung der für die Keimmasse so gefährlichen *kurzwelligen Strahlen* (namentlich in Form der glücklicherweise wieder aufgegebenen *temporären Sterilisierung*) bisher noch kein sicherer Fall von durch Strahlenschädigung ausgelöster Mutation bekannt wurde, spricht einzig dafür, daß *dominante* sowie *geschlechtsgebunden-recessive* Erbänderungen auf diesem Wege offenbar nur sehr selten entstehen. Möglicherweise werden meist Aborte infolge von *Letalfaktoren* durch dergleichen Bestrahlungen bewirkt, sehr wahrscheinlich aber auch einfach-recessiv sich weiter vererbende Krankheitsanlagen, die so lange überdeckt bleiben, bis sie vermittelst einer Blutsverwandtenehe in der Nachkommenschaft der bestrahlten Person oder auch einmal ganz zufällig auf ihresgleichen stoßen und vom heterozygoten in den homozygoten Zustand übergeführt werden. Das letztere dürfte bei den heutzutage noch ziemlich seltenen Heredodegenerationen gar nicht leicht eintreffen; aber auch bei fortgesetzter Inzucht durch Vetternehen ersten Grades braucht eine solche Anlage, wie wir oben sahen, unter Umständen sehr lange nicht zum Vorschein zu kommen.

Um hierüber mit der Zeit Klarheit zu gewinnen, sollte jede bestrahlte Person unter genauer Angabe des bei ihr angewandten Verfahrens (Alter, Krankheitszustand, bestrahlte Körpergegend, Filter, Dosis usw.) in Karteien registriert, fortlaufend beobachtet und womöglich auch obduziert werden. Außerdem wäre deren Nachkommenschaft genau im Auge

---

[1] Vgl. hiezu vor allem auch G. Schubert u. A. Pickhan: Erbschädigungen. Leipzig: Georg Thieme 1938.

zu behalten und vor allem auf Blutsverwandtenehen unter ihnen zu achten bzw. auf Sprößlinge aus solchen mit etwaigen Defekten, die auf einen einfach-recessiven Erbgang bezogen werden könnten.

F. LENZ (1936) hält es zwar für „keine dankbare Aufgabe, ein Verzeichnis der bestrahlten Frauen anzulegen, um unter ihren Nachkommen nach mehr als 100 Jahren nach recessiven Erbleiden zu suchen", da unsere Bevölkerung — gemeint ist wohl diejenige Mitteleuropas — derart mit recessiven Krankheitsanlagen durchsetzt sei, daß ohnehin mit dem Auftreten von Fällen recessiver Erbleiden gerechnet werden müsse.

So richtig diese Überlegung scheint, so falsch dünkt es mich, darauf verzichten zu wollen, unseren kommenden Forschern möglichst genaue Unterlagen zu verschaffen.

Hätten wir z. B. heute Kenntnis von der Einwirkung ganz bestimmter Schädlichkeiten auf einzelne, leider nur ihrem Namen und den Geburts-, Ehe- und Sterbedaten nach bekannte Personen, die sich als Eltern mutmaßlicher Idiovarianten herausstellen, so wären wir nun nicht mehr in völliger Ungewißheit über die Entstehung von Mutationen beim Menschen, sondern in der Lage, solche auf genau zu rekonstruierende Außeneinflüsse zurückzuführen.

Gerade weil unser heutiges Wissen um die Neuentstehung krankhafter Erbanlagen noch so überaus gering ist, haben wir die hohe Pflicht, so viel wie nur möglich sichere Tatsachen und Befunde zu sammeln und für spätere Generationen aufzubewahren, ganz abgesehen davon, daß diese dann wahrscheinlich mit ganz neuartigen und präziseren Fragestellungen an die immer wichtiger werdenden Entartungsprobleme herangehen werden.

Auf jeden Fall hat die moderne Strahlengenetik gezeigt, daß die an sich so segensreiche therapeutische — und vielleicht auch die diagnostische — Verwendung der Kurzwellen für das Menschengeschlecht eine Quelle von heute noch gar nicht abzusehenden Gefahren bedeutet und daß wir alles tun müssen, um eine weitere Gefährdung des Genbestandes späterer Generationen zu vermeiden (TIMOFÉEFF-RESSOVSKY, 1937).

Nach diesem Autor muß die Möglichkeit einer *Erhöhung der Mutationsrate* und dadurch des schon vorhandenen „Vorrats" krankhafter Erbanlagen in der menschlichen Population in Betracht gezogen werden.

Da eine Beschränkung der Verwendung kurzwelliger Strahlen in der Medizin und Industrie kaum angeht, sind alle möglichen Vorsichtsmaßregeln zu treffen, um die der Strahlung ausgesetzten Menschen vor diesem weitaus wirksamsten „*Keimgift*" zu schützen. Entsprechende Maßnahmen sind von A. PICKHAN (1936) auf Grund von Ergebnissen der experimentellen Strahlengenetik empfohlen worden.

Ungemein wichtig ist, daß die *spontanen Mutationsraten* aller untersuchten Objekte *sehr gering* sind, was bei der anzunehmenden großen Zahl der Gene auf deren *hochgradige Stabilität* schließen läßt (TIMOFÉEFF-RESSOVSKY, 1937).

In letzter Zeit wurde auch die Möglichkeit erwogen, daß die *kosmischen Strahlen im Hochgebirge* die Mutationsrate steigern könnten (HAMSHAW THOMAS, 1936). Überschlagsrechnungen machen dies zwar unwahrscheinlich (DELBRÜCK und TIMOFÉEFF-RESSOVSKY, 1936), doch können derartige Strahlen durch sog. *Schauerbildung* besonders wirksam werden, so daß ihre mutationsauslösende Wirkung dennoch in Frage kommt.

Die, wie wir sahen, so auffällige Häufigkeit echter Entartungsmerkmale[1], vor allem der sog. Heredodegenerationen im Gebiet der Schweizer Alpen, könnte vielleicht damit zusammenhängen; da aber ziemlich allgemein die voralpinen Gegenden mindestens ebenso stark, wenn nicht sogar stärker davon betroffen sind als die hochalpinen und Länder wie Württemberg, ferner Meeresküsten und Inseln ebenfalls reichlich krankhafte Erbänderungen — obschon zum Teil wieder andersartige — aufweisen, tun wir gut, uns auch noch nach sonstigen Erklärungsmöglichkeiten umzusehen. Sind doch andererseits aus so gebirgigen

---

[1] Manches was früher als *Entartung* galt, hat sich als gar nicht erblich bedingt herausgestellt und darf deswegen nicht mehr dazu gerechnet werden. So vor allem der gerade in den österreichischen Alpentälern im Vergleich zur Schweiz noch so enorm verbreitete *endemische Kretinismus*, der neuerdings auf Grund umfangreicher Familien- und Zwillingsforschungen von J. EUGSTER (1938) überzeugend als *nicht idiotypisch* verursacht erklärt worden ist.

Ländern wie Steiermark, Kärnten und Tirol nur verschwindend wenige „Inzucht-schäden" bekannt geworden, trotzdem in neuerer Zeit sicher danach gefahndet wurde.

So scheinen z. B. meiner Erkundigung nach sowohl das *Ötz-* als das *Pitztal* gänzlich frei von den in den Schweizer Alpen so verbreiteten Erbübeln (Albinismus, Friedreichsche Krankheit, Muskeldystrophie, Hämophilie, auffällige Mißbildungen sowie Zwergwuchs) zu sein.

Gegen eine Entstehung durch kosmische Strahlung, vielmehr für eine ganz andere Ätiologie spricht auch die merkwürdig geringe Häufigkeit degenerativer Merkmale recessiven Charakters in den relativ volkreichen Inzuchtgebieten der Hochtäler des Kantons *Bern* im Gegensatz zum *Wallis* und der *Innerschweiz*, die gleich dem Appenzeller Land als eigentliche Dorados für den Erbpathologen bezeichnet werden können.

Da nun diese letzteren Gebiete vor allem es waren, aus denen sich hauptsächlich im 16. und 17. Jahrhundert die Zehntausende von Söldnern rekrutierten, die ihre besten Jahre kriegführend in fremden Ländern verbrachten und oft genug die seit der Entdeckung Amerikas in Europa grassierende *Syphilis* in ihre heimatlichen Täler eingeschleppt haben mögen, muß auch diese damals wahrscheinlich viel heftiger als heute auftretende, die ganze „Konstitution" in Mitleidenschaft ziehende Seuche als möglicherweise idiovariierende Noxe in Betracht gezogen werden.

Es ist jedenfalls noch keineswegs endgültig bewiesen, daß so schwere, chronische Infektionen nicht gelegentlich einmal auch die Keimmasse im Sinne der Veränderung einzelner Gene mit dem Erfolg einer recessiven Mutation zu schädigen vermögen, wenn schon A. Peiper (1922) durchaus recht zu geben ist, daß hierfür bisher jeder sichere Anhaltspunkt fehlt. Es ist hier jedoch dieselbe Erwägung anzustellen wie bei der gleichfalls noch unbewiesenen, weil eben sehr schwer beweisbaren Wirkung von Bestrahlungen mit kurzwelligen Strahlen, an deren Gefährlichkeit niemand mehr zweifelt.

Auch die besonders im 16. und 17. Jahrhundert in Europa pandemische *Pest* könnte sehr wohl zuweilen einmal bei einem Überlebenden zu einer Mutation geführt haben, was allerdings noch schwieriger zu beweisen sein dürfte[1]. Es ist mir aufgefallen, daß mehrere Schweizer Inzuchtgebiete mit zahlreichen, bis etwa 1600 zurückreichenden recessiven Erbschäden laut sicherer Überlieferung damals bzw. im Jahrhundert zuvor schwer vom *„schwarzen"* oder *„Beulentod"* heimgesucht worden sind, während die anscheinend davon verschont gebliebenen Gegenden heute völlig oder doch annähernd frei von Entartungsmerkmalen befunden werden.

Angesichts des Fehlens einer sicheren Erklärung für das unzweifelhaft in sehr vielen Inzuchtpopulationen überraschend zahlreiche Vorkommen krankhafter Mutationen muß auch noch die Frage aufgeworfen werden, ob nicht etwa eine jahrhundertelange Inzucht an sich die Erhöhung der Mutationsraten bewirken könnte. Bisher haben wir allerdings die Häufung von Blutsverwandtenehen einzig unter dem Gesichtspunkt der sich daraus ohne weiteres ergebenden Erleichterung des Herausmendelns recessiver Erbanlagen betrachtet. Es hat sich nun aber gezeigt, daß einerseits nicht bloß diese letzteren, vielmehr auch *dominante* sowie *geschlechtsgebunden-recessive* Anlagen weit über Durchschnitt häufig in Inzuchtgebieten zur Beobachtung kamen, andererseits dagegen Bevölkerungen mit recht beträchtlichem „Ahnenverlust" nur verschwindend wenig einfach-recessive sowie sonstige Erbübel aufweisen können. Daraus geht natürlich noch

---

[1] Im Falle jenes Urner Herdes mit verschiedenartigsten, autochthon entstandenen Entartungsmerkmalen ließ sich z. B. die nach zuverlässigen Überlieferungen anfangs des 17. Jahrhunderts am Orte herrschende *Pest nicht* für den Ursprung der dort ziemlich genau datierbaren Erbänderung *verantwortlich* machen, da die Eltern des mutmaßlich ersten Heterozygoten erst daran erkrankten, als dieser längst geboren war.

nicht hervor, daß die Inzucht, außer auf dem bekannten Wege manifestations-fördernd zu wirken, zur Auslösung spontaner Mutationen beitrage. Wahrschein-lich ist dies indessen nicht, wenn man sich der in dieser Hinsicht so völlig negativ verlaufenen *Tierversuche* erinnert:

So hat MOENKHAUS (1911) in den von ihm gezogenen 75 Generationen von *Drosophila* trotz andauernder Geschwisterpaarung keinerlei Inzuchtschäden feststellen können.

Ebenso HELEN KING, die bis 1926 schon 52 Generationen von *Ratten* entsprechend ingezüchtet hatte und krankhafte Erscheinungen, wie sie anfänglich auftraten, bei besserer Fütterung restlos verschwinden sah.

H. FEDERLEY (1928) hat sich bemüht, die Inzuchtprobleme wissenschaftlich exakt in Angriff zu nehmen und möglichst auch einer mathematischen Berechnung zugänglich zu machen.

In menschlichen Populationen besteht allerdings die meines Erachtens unüberbrückbare Schwierigkeit, die biologischen Wirkungen des *ständig wechselnden Verhältnisses von Endo-gamie und Exogamie* zahlenmäßig zu erfassen und auseinanderzuhalten.

Was die verschiedenen Einflüsse der *Domestikation* betrifft, welch letztere außer durch Inzüchtung und willkürliche Auslese wohl noch sonstwie zur An-reicherung einer Population an allerlei Erbvarianten führen mag, stehen wir erst recht auf unsicherem Boden. Neuere Zuchtexperimente an wildlebenden Tieren, wie z. B. die schon oben erwähnten Beobachtungen K. ZIMMERMANNs (1935) an Hausmäusen, haben übrigens ergeben, daß *spontane Mutationen* einfach-recessiven Erbgangs in der freien Natur ungeahnt häufig auftreten, jedoch allem nach meist sehr bald wegen ihrer gewöhnlich nachteiligen Folgen im Kampf ums Dasein durch Ausmerzung ihrer Träger verschwinden.

V. HAMMERSCHLAG (1932) meinte, daß die sog. spontanen Mutationen freilebender Tiere durch direkt auf die Gene wirkende idiokinetische Umweltfaktoren von großer Intensität und kurzer Dauer ausgelöst würden, während die pathologischen Merkmale beim domestizierten Tiere und zivilisierten Menschen als Folgen veränderter *Ernährung* auf dem Wege einer Beeinflussung des *Gesamtstoffwechsels* entstünden. Irgendwelche Beweisgründe hierfür ver-mag dieser Autor jedoch nicht anzugeben; sie dürften auch sehr schwierig zu erbringen sein.

Auf jeden Fall ist zwischen einer noch völlig rätselhaften „*Auslösung*" *spontaner Mutationen* und der einer Schußwirkung vergleichbaren Störung des Gengefüges durch *Bestrahlung mit Kurzwellen* mit F. LENZ (1936) strengstens zu unterscheiden.

Schrifttum

zum Abschnitt Geschlechterkunde (Genealogie).

ASTEL, K.: Die Sippschaftstafel und eine Anleitung zu ihrer Anfertigung. Volk u. Rasse **1933**, H. 8, 245.

BRANDENBURG, E.: Die Nachfahren Karls des Großen, I.—XIV. Generation. Leipzig 1935. — BRETSCHNEIDER, FR.: Familienforschung und Erblehre. Volk u. Rasse **1934**, H. 7, 203. — Gemeinsame Ahnen großer Männer. Volk u. Rasse **1935**, H. 11, 348.

FISCHER, M.: Ähnlichkeit und Ahnengemeinschaft. EUG. FISCHER-Festband. Z. Morph. u. Anthrop. 34, 94—104 (1934).

GOTTSCHALD, M.: Deutsche Namenkunde. München: J. F. Lehmann 1932.

HELMERKING, H. u. W. H. RUOFF: Die wichtigsten sippenkundlichen Quellen der zürcherischen Landschaft in öffentlichem Besitz. Schweiz. Ges. Familienforsch. **1937**, H. 4. — HEYDENREICH, ED.: Handbuch der praktischen Genealogie, Bd. 2. Leipzig 1913.

ISENBURG, W. K., Prinz v.: Genie und Landschaft im europäischen Raum. Berlin 1936.

LORENZ, O.: Lehrbuch der gesamten wissenschaftlichen Genealogie. Berlin 1898. — LÜTGENDORF-LEINBURG, W. L. v.: Familiengeschichte, Stammbaum und Ahnenprobe. Frankfurt a. M. 1910.

MOLLISON: Gattenwahl und Erbgut. Volk u. Rasse **1931**, H. 3.

OEHLER, R.: Hinweise auf wichtige Werke und Quellen zur schweizerischen Familien-forschung. Zentralst. Schweiz. Familienforsch. **1935**. — OETTLI, P.: Deutschschweizerische Geschlechtsnamen. Erlenbach-Zürich: Eugen Rentsch 1935.

RATH, H. W.: Regina, die schwäbische Geistesmutter. Ludwigsburg 1927. — ROLLER, O. K.: Ahnentafel der letzten regierenden Markgrafen von Baden-Baden und Baden-Durlach. Heidelberg 1902. — RÜBEL, ED.: Ahnentafel RÜBEL-BLASS, Zürich: Schulthess & Co. 1939. — RUOFF, W. H.: Nachfahren Ulrich Zwinglis. Schweiz. Ges. Familienforsch. **1937**, H. 5.

Sartorius, O.: Die Nachkommenschaft Dr. Martin Luthers in vier Jahrhunderten. Göttingen 1926. — Scheidt, W.: Einführung in die naturwissenschaftliche Familienkunde. München 1923. — Familienbuch, Anleitung und Vordrucke zur Herstellung einer Familiengeschichte. München: J. F. Lehmann 1924. — Erbbiologische und bevölkerungsbiologische Aufgaben der Familiengeschichtsforschung. Arch. Sippenforsch. **1928**. — Sommer, R.: Familienforschung und Vererbungslehre. Leipzig 1922. — Spohr, O.: Familienkunde. Leipzig 1938. — Stengel-L. v. Rutkowski: Historische Genealogie oder züchterische Familienkunde. Volk u. Rasse **1935**, H. 2, 40.

Ungern-Sternberg, R. v.: Die Bedeutung der Familienforschung. Kinderärztl. Prax. **1934**, H. 4.

Weinberg, W.: Vererbungsforschung und Genealogie. Arch. Rassenbiol. **1911**, H. 6, 753. — Wentscher, E.: Einführung in die praktische Genealogie. Görlitz 1933.

Übriges Schrifttum zum Abschnitt „Mutation".

Albrecht, W.: Arch. Ohr- usw. Heilk. **110**, 112, 116 (1923). — Z. Hals- usw. Heilk. **29**, H. 1, 18 (1931). — Alverdes, F.: Allgemeine Ätiologie. Der Transformismus oder die Lehre von der phyletischen Umbildung der Organisation und ihren Ursachen. Handbuch der vergleichenden Anatomie, Bd. 1, Bolk, Göppert, Kallius, Lubosch, S. 129. 1931. — Apert, E.: Maladies familiales et maladies congénitales. 1907. — Aschner, B.: Bericht über neuere Arbeiten aus Deutschland auf dem Gebiete der menschlichen Vererbungslehre. Wien. klin. Wschr. **1935** I. — Über die Arbeitsmethoden der menschlichen Erbforschung. Wien. klin. Wschr. **1936** II.

Bateson, W. and R. C. Punnet: The inheritance of the peculiar pigmentation of the Silky Fowl. J. of genetics **1** (1911). — Bauer, J.: Genotyp und Phänotyp. Fortbildgskurse Wien. med. Fak. **1927**. — Bauer, K. H.: Mutationstheorie der Geschwulstentstehung. Berlin: Julius Springer 1928. — Baur, E.: Einführung in die experimentelle Vererbungslehre. Berlin 1919. 5. u. 6. Aufl. 1922. — Baur-Fischer-Lenz: Menschliche Erblehre. München 1936. — Bielschowsky: Zur Histopathologie und Pathogenese der amaurotischen Idiotie mit besonderer Berücksichtigung der cerebellären Veränderungen. J. Psychol. u. Neur. **26**, 123 (1920). — Bigler, M.: Arch. Ohr- usw. Heilk. **120** (1925). — Bluhm, A.: Einige fragende Worte zum Mutationsbegriff. Biol. Zbl. **48**, H. 11, 641 (1928). — Bonnevie, K.: Pseudencephalie als spontane recessive (?) Mutation bei der Hausmaus. Oslo 1936. — Bremer, F. W.: Über die erblichen Erkrankungen des Nervensystems. Dtsch. med. Wschr. **1934** II, 1311. — Klinischer und erbbiologischer Beitrag zur Lehre von den Heredodegenerationen des Nervensystems. Arch. f. Psychiatr. **66**, Nr 3, 4 (1922). — Brenk, H.: Über den Grad der Inzucht in einem Innerschweizerischen Gebirgsdorf. Diss. Zürich 1931. — Broman I.: Das sog. Biogenetische Grundgesetz und die moderne Erblichkeitslehre. München u. Wiesbaden 1920.

Critchley, M.: Huntingtons Chorea and East Anglia. J. State Med. **42**, 575 (1934). — Cunier, F.: Histoire d'une héméralopie héréditaire depuis deux siècles dans une famille de la commune de Vendémian, près Montpellier. Ann. Soc. méd. Cand. **1838**, 383. Ref. Ann. d'Ocul. **1**, 31 (1838). — Cutler, C. W.: Über angeborene Nachtblindheit und Pigmentdegeneration. Arch. Augenheilk. **30**, 92 (1895). — Curtius, F.: Die Erbkrankheiten des Nervensystems. Stuttgart: Ferdinand Enke 1935.

Davenport, C. B.: Huntingtons Chorea in relation to heredity and Eugenics. Proc. nat. Acad. Sci. U.S.A. **1915**, Nr 5, 283. — Sex linkage in man. Genetics **15**, 401 (1930). — Dawidenkow: Über die Vererbung der Dystrophia musculorum progressiva und ihrer Unterformen. Arch. Rassenbiol. **22**, H. 2 (1929). — Diehl, Hansen u. v. Ubisch: Der Erbgang der Dystrophia musculorum progressiva. Dtsch. Z. Nervenheilk. **99** (1927). — Dietrich, O.: Familienforschungen über die Zahnverhältnisse im oberen Schächental. Diss. Zürich 1932.

Ebstein, E.: Naturwiss. Wschr. **1916** II. — Egenter, A.: Über den Grad der Inzucht in einer Schwyzer Berggemeinde und die damit zusammenhängende Häufung recessiver Erbschäden. Inaug.-Diss. Zürich 1934. — Entres, J. L.: III. Zur Klinik und Vererbung der Huntingtonschen Chorea. Berlin: Julius Springer 1921. — Genealogische Studie zur Differentialdiagnose zwischen Wilsonscher Krankheit und Huntingtonscher Chorea. Z. Neur. **98**, 497 (1925). — Kriegsdienstbeschädigung und Huntingtonsche Chorea. Ärztl. Sachverst.Ztg **40**, 117 (1934). — Erb: Dystrophia musculorum progressiva. Dtsch. Z. Nervenheilk. **1** (1891). — Ernst, A.: Vererbung durch labile Gene. Verh. schweiz. naturforsch. Ges. **1936**, 186—207. —

Farabee: Inheritance of digital malformations in man. Papers of the Peabody Museum, H. 3, Harvard University 1905. — Federley, H.: Das Inzuchtproblem. Berlin 1928. — Fetscher: Ein Stammbaum mit Spalthand. Arch. Rassenbiol. **14**, H. 2 (1922). — Fischer, Eugen: Erbschädigung beim Menschen. — Das Kommende Geschlecht. Z. Eugenik usw., **5**, H. 6 (1930). — Über Varietätenforschung. Verh. Ges. phys. Anthrop. **1929**, 16—22. — Die heutige Erblehre in ihrer Anwendung auf den Menschen. Verh. dtsch. Ges. inn. Med.

46. Kongr. Wiesbaden 1934. — FISCHER, M.: Hämophilie und Blutsverwandtschaft. Z. Konstit.lehre 16, H. 5, 502 (1932). — FONIO, A.: Bericht über einen neuen hämophilen Stammbaum im Kanton Graubünden. Verh. schweiz. naturforsch. Ges. 113. Jahresverslg 1932, 424. — Der neue hämophile Stammbaum Pool-Pool aus Soglio, Bergell (Kanton Graubünden). Z. f. klin. Med. 125, H. 1/2, 129—143 (1933). — Die Bluterkrankheit im Kanton Bern. Arch. Klaus-Stiftg 12, H. 3/4, 495 (1937). — FRANCESCHETTI: Die Vererbung von Augenleiden. Kurzes Handbuch der Ophthalmologie, Bd. 1. Berlin: Julius Springer 1930. — M. R. FRANCILLON: Schweiz. med. Wschr. 1938 II. — FREY, H.: Konstitution und Morphologie. Festschrift für Professor RUD. MARTIN. Basel 1924. — Über die Form des menschlichen Brustbeins. Gegenbaurs Jb. 76, 516—569 (1935). — Variationen und Konstitution. Arch. Klaus-Stiftg 12, H. 1, 11 (1937).

GÄNSSLEN, M.: Der hämolytische Ikterus und die hämolytische Konstitution. Klin. Wschr. 1927 I. — GARBOE, A.: Studien über eine kleine, endemische Bevölkerung in Dänemark. Genetica ('s-Gravenhage) 11, 463 (1929). — GROB, W.: Aszendenzforschungen und Mortalitätsstatistik aus einer St. Gallischen Berggemeinde. Diss. Zürich 1934. — GÜNTHER, H.: Über periodische Vorgänge bei der menschlichen Vererbung. Biol. Zbl. 52, H. 9/10, 523 (1932).

HAECKER, V.: Allgemeine Vererbungslehre, 3. Aufl. Braunschweig 1921. — HALDANE, J. B. S.: The Rate of spontaneous Mutation of a human gene. J. Genet. 31, 318 (1935). — HAMMERSCHLAG, V.: Ungemäße Lebenslage als idiokinetischer Faktor. Z. Konstit.lehre 1932, 349. — HANHART, E.: Beiträge zur Konstitutions- und Vererbungsforschung an Hand von Studien über hereditäre Ataxien usw. Schweiz. med. Wschr. 1923 I. — Weitere Ergebnisse einer Sammelforschung über die FRIEDREICHsche Krankheit usw. Schweiz. Arch. Neur. 13 (1923). — Über die Bedeutung der Erforschung von Inzuchtgebieten an Hand von Ergebnissen bei Sippen mit hereditärer Ataxie, heredodegenerativem Zwergwuchs usw. Basel: Benno Schwabe 1925. — Über heredodegenerativen Zwergwuchs mit Dystrophia adiposo-genitalis. Habil.schr. Arch. Klaus-Stiftg 1925. — Eine Sippe mit einfach-recessiver Diplegia spastica infantilis (LITTLEscher Krankheit) aus einem Schweizer Inzuchtgebiet. Erbarzt 1936, Nr 11. — Über Mutationen beim Menschen. Verh. internat. Federation of Eugenic Organisations Scheveningen 1936. — Die sporadische Taubstummheit als Prototyp einer einfach-recessiven Mutation. Z. menschl. Vererbgslehre 21, H. 5 (1938). — Neue Studien über den Erbgang von Schizophrenie, Schwachsinn, Taubstummheit usw. Sitzgsber. naturforsch. Ges. Zürich 1934. — Über aktuelle Entartungsprobleme usw. Verh. schweiz. naturforsch. Ges. 1934. — Atypische „Retinitis pigmentosa" infolge einer mindestens 350 Jahre zurückliegenden einfach-rezessiven Mutation. Festschrift für A. VOGT. Schweiz. med. Wschr. 1939 II. — HIGIER: Über die seltenen Formen der hereditären und familiären Hirn- und Rückenmarkskrankheiten. Dtsch. Z. Nervenheilk. 9 (1897); 31 (1906). — HOESSLY, A.: Geschichte und Stammbaum der Bluter von Tenna. Inaug.-Diss. Basel 1885. — HOESSLY-HAERLE, G. T.: Der Stammbaum der Bluter von Tenna. Arch. Klaus-Stiftg 5, H. 3/4, 303 (1930). — HÜBSCHER, F.: Klinische und anatomische Beiträge zur Kenntnis der FRIEDREICHschen Krankheit. Diss. Zürich 1909.

ILTIS, H.: Gregor Johann Mendel. Berlin: Julius Springer 1924.

JENDRASSIK, E.: Über Paralysis spastica, — und über die vererbten Nervenkrankheiten im Allgemeinen. Dtsch. Arch. klin. Med. 58 (1897). — Zweiter Beitrag zur Lehre von den vererbten Nervenkrankheiten. Dtsch. Arch. klin. Med. 61 (1898). — JENNY, ED.: Über eine letal verlaufende Form von Epidermolysis bullosa hereditaria beim Säugling. Z. Kinderheilk. 43, H. 1/2, 138 (1927). — JÖHR, A. C.: Reduktionserscheinungen an den oberen seitlichen Schneidezähnen. Diss. Zürich 1934. — JOSEPHY, H.: Über die hereditäre Ataxie. Zbl. Neur. 65, 164 (1932). — Extrapyramidal-motorische Erkrankungen. Chorea Huntington. Handbuch der Neurologie, S. 729. Berlin: Julius Springer 1936. — JUST, G.: Multiple Allelie und menschliche Erblehre. Erg. Biol. 12, 221 (1935).

KEHRER, F.: Erbliche organische Nervenkrankheiten. Handbuch der Neurologie, 1936. — KÖHLER, O.: Die Vererbung der Polydaktylie beim Menschen. Sitzgsber. Ges. Morph. u. Physiol. Münch. 1924. — KOMAI, TOKU: Pedigrees of Hereditary diseases and abnormalities found in the Japanese race. Kyoto 1934. — KÜHNE: Die Vererbung der Variationen der menschlichen Wirbelsäule. Stuttgart: E. Schweizerbarth 1931. — Die Zwillingswirbelsäule. Z. Morph. u. Anthrop. 35, H. 1/2 (1936). — KUFS, H.: Sind die familiäre amaurotische Idiotie (TAY-SACHS) und die Splenohepatomegalie (NIEMANN-PICK) in ihrer Pathogenese identisch? Arch. Psychiatr. 91, 101 (1930).

LANDAUER: Untersuchungen über das Krüperhuhn. Z. mikrosk.-anat. Forsch. 32 (1933). — LEHMANN, W. u. E. A. WITTELER: Zwillingsbeobachtung zur Erbpathologie der Polydaktylie. Zbl. Chir. 62, Nr 48, 2844—2852 (1935). — LENZ, F.: Über den Erhaltungswert der Geschlechtlichkeit. Z. Abstammgslehre 70 (1935). — Klin. Wschr. 1934 I. — LEVIT, S. G.: The Problem of Dominance in man. J. Genet. 33, Nr 3, 411 (1936). — LORENZ, O.: Lehrbuch der gesamten wissenschaftlichen Genealogie. Berlin 1898. — LOSSEN, H.: Die Bluterfamilie Mampel aus Kirchheim bei Heidelberg. Dtsch. Z. Chir. 7 (1877). — II. Bericht über die Familie Mampel. Dtsch. Z. Chir. 76 (1905). — LOTSY, J. P.: Kreuzung und Deszendenz. 16. Ber. zürcherisch. bot. Ges., Zürich 1924—1926. — LUNDBORG: Medizinisch-biologische Familienforschungen innerhalb eines 2232köpfigen Bauerngeschlechtes in Schweden (Provinz Blekinge). Jena: Gustav Fischer 1913. MARTIUS: Konstitution und Vererbung. Berlin 1914. — MEGGENDORFER, FR.: Die psychischen Störungen bei der HUNTINGTONschen Chorea. Klinische und genealogische Untersuchungen. Z. Neur. 87, 1 (1923). — MOHR, O. L. and CHR. WRIEDT: A new type of hereditary brachyphalangy in man. Carnegie Instit. of Washington 1919. — MEIERHOFER, M.: Atypische Psychosen in einer Chorea-Huntington-Familie. Mschr. Psychiatr. 97, 13 (1937). — MINKOWSKI u. SIDLER: Klinische und genealogische Untersuchungen zur Kenntnis der progressiven Muskeldystrophie. Arch. Klaus-Stiftg 3 (1927/28). — MÜHLMANN, W. E.: ARGB. 22, 181 (1930). — MÜLLER, J.: Erforschung eines voralpinen Inzuchtgebietes usw. Inaug.-Diss. Zürich 1933. — MUNCEY, E. B.: DAVENPORT und MUNCEYs Huntington's chorea in relation to heredity and eugenics. Bull. Eugenics Rec. Off. 1916, Nr 17.

NAEGELI, O.: Kann die DE VRIESsche Mutationstheorie gewisse auffällige Erscheinungen auf dem Gebiete der medizinischen Erfahrungen erklären? Schweiz. med. Wschr. 1926 II. — Über den familiären Typus gewisser Erbkrankheiten und dessen Bedeutung. Schweiz. med. Wschr. 1932 I, 177. — Die Bedeutung der Mutation für den Menschen. Klin. Wschr. 1934 II, 1849—1852. — NETTLESHIP, E.: Clinical notes and cases. Retinitis pigmentosa. Cases 1—4. Roy. Lond. ophthalm. Hosp. Rep. 9, 168 (1877).

OREL, H.: Die Verwandtenehen in der Erzdiözese Wien. Arch. Rassenbiol. 26, H. 3, 249 (1932).

PATTERSON, J. T., H. J. MULLER, u. B. PATZIG: Die Bedeutung der schwachen Gene in der menschlichen Pathologie. Naturwiss. 1933, 410. — Vererbung von Bewegungsstörungen. Ber. 8. Hauptverslg dtsch. Ges. Vererbgswiss. Jena 1935, 132—140. — Zur Vererbung striärer Erkrankungen. Erbarzt 3, H. 6, 161—165 (1936). — PEIPER, A.: Ist Syphilis ein Keimgift? Med. Klinik 1922 I. — PFENNINGER, H.: Der Stammbaum der Bluter von Wald usw. Inaug.-Diss. Zürich 1934. — PICKHAN, A.: Welche Strahlendosen dürfen bei der Röntgendiagnostik der weiblichen Zeugungsorgane nach den Ergebnissen der experimentellen Strahlengenetik im erbbiologischen Sinne als unschädlich betrachtet werden? Fortschr. Röntgenstr. 53 (1936). — PLATE, L.: Vererbungslehre. Leipzig 1913. — Vererbungslehre, 2. Aufl., 1. Mendelismus. Jena: Gustav Fischer 1933.

RUBBRECHT, O.: Les variations maxillo-faciales sagittales et l'hérédité. Anvers 1930. — RUEPP, G.: Erbbiologische Bestandesaufnahme in einem Walserdorf der Voralpen. Diss. Zürich 1935.

SCHLATTER, C.: Die MENDELschen Vererbungsgesetze beim Menschen an Hand zweier Syndaktylie-Stammbäume. Korresp.bl. Schweiz. Ärzte 1914, Nr 8. — SEDAN: Une famille d'héméralopes. Rec. d'Ophtalm. 11, 673 (1885). — SIEMENS, H. W.: Vererbungspathologie. Berlin: Julius Springer 1923. — SIRKS, M. J.: Haemophilia as a proof for mutation in man. Genetica ('s-Gravenhage) 19, 417 (1937). — SJÖGREN, T.: Die juvenile amaurotische Idiotie. Hereditas (Lund) 14 (1931). — Vererbungsmedizinische Untersuchungen über Huntingtons Chorea in einer schwedischen Bauernpopulation. Z. menschl. Vererbgslehre 19, 131 (1935). — SPIELMEYER: Störungen des Lipoidstoffwechsels bei Erbkrankheiten des Nervensystems. Klin. Wschr. 1933 II, 1273. — STROHMAYER, W.: Die Vererbung des Habsburger Familientypus. Arch. Rassenbiol. 8, 775 (1911); 9, 150 (1912). — Die Vererbung des Habsburger Familientypus. Nova Acta Leop. 5, Nr 29, 219 (1937). — STUDT, H.: Die Bluter von Calmbach. Inaug.-Diss. Hamburg 1937. — SVERDRUP, A.: J. Genet. 12, Nr 3 (1922).

THOMAS, HAMSHAW: Cosmic rays and the origin of species. Nature (Lond.) 137 (1936). — THOMSEN, O.: Einige Eigentümlichkeiten der erblichen Poly- und Syndactylie beim Menschen. Acta med. scand. (Stockh.) 65, 609—644 (1927). — TIMOFÉEFF-RESSOVSKY, N. W.: Experimentelle Mutationsforschung in der Vererbungslehre. Wiss. Forsch.ber. 42 (1937). — TRUC et OPIN: Un ancien foyer provençal d'héméralopie nougarienne. Arch. d'Ophtalm. 42, 481 (1925). — 38. Congr. Soc. franç. Ophtalm. Bruxelles 1925. — TSCHULOK, S.: Deszendenzlehre. Jena 1922.

ULRICH, K.: Vom Taubstummenproblem und seinen Lösungsversuchen im alten Zürich. Vortr. Gelehrten-Ges. 1936.

VERSCHUER, O. v.: Die erbbiologische Bestandesaufnahme des deutschen Volkes. Dtsch. Ärztebl. 1933, Nr 9. — Erbpathologie. Med. Prax. 18 (1937). — Der erste Nachweis von Faktorenaustausch (Crossing-over) beim Menschen. Erbarzt 1938, Nr 1, 3. — VESSIE, P. R.: On the transmission of Huntington's Chorea for 300 years. The Bures family group. J. nerv. Dis. 76, 553 (1932). — VRIES-KLEBAHN, DE: Arten und Varietäten und ihre Entstehung durch Mutation. Leipzig 1906.

WALKER, R.: Familienforschungen über die Zahnverhältnisse in drei urnerischen Tälern. Diss. Zürich 1936. — WITTELER, E. A.: Zwillingsbeobachtung zur Erbpathologie der Polydaktylie. Zbl. Chir. 62, Nr 48, 2844—2852 (1935). — WOLFF, G.: Leben und Erkennen. (Vorarbeiten zu einer biologischen Philosophie.) München: Ernst Reinhardt 1933.

ZIMMERMANN, K.: Erbarzt 1935, Nr 8, 119. — ZWIRNER, E.: Zum Begriff der Generation. Arch. Rassenbiol. 23, H. 2/3 (1930).

Die mendelistischen Grundlagen der Erbbiologie des Menschen.

Von GÜNTHER JUST, Berlin-Dahlem.

Mit 41 Abbildungen.

I. Einleitung.

Eine Darstellung der mendelistischen Grundlagen der Erbbiologie des Menschen ist gerade gegenwärtig keine einfache Aufgabe. Noch vor nicht allzuvielen Jahren konnte auf Grund des damals erreichten Forschungsstandes der Eindruck entstehen, als seien wesentliche Gebiete der allgemeinen Genetik und der Humangenetik forschungsmäßig im großen und ganzen erschöpft, und aus solcher Auffassung heraus konnten im Vorwort zur dritten, 1927 erschienenen Auflage des I. Bandes des bekannten Lehrbuches der menschlichen Erblichkeitslehre von BAUR-FISCHER-LENZ die Sätze stehen, daß die allgemeine Erblichkeitslehre „wenigstens in den Grundzügen schon eine gewisse Stabilisierung erreicht" habe, und daß auch die menschliche Erblichkeitslehre „einer ähnlichen Stabilisierung" entgegengehe, so daß, wie es weiter heißt, die Verfasser „glauben heute schon sagen zu können, daß spätere Auflagen dieses Buches keine so tiefgreifenden Umgestaltungen mehr zu erfahren brauchen".

Um genau den gleichen Zeitraum, um den diese Sätze von dem Erscheinen des vorliegenden Beitrages getrennt sind, gehen ihnen voraus die Bedenken, die MARTIUS in seinem 1914 erschienenen Buche über „Konstitution und Vererbung in ihren Beziehungen zur Pathologie" in der Richtung äußerte, „ob sich die genealogisch faßbaren Tatsachen der menschlichen Vererbungslehre wirklich restlos in das Prokrustesbett der MENDELschen Regeln zwängen lassen" (a. a. O. S. 191).

Kommen in den angeführten Sätzen, deren an zweiter Stelle zitierter um rund 25 Jahre zurückliegt, und deren zuerst zitierte gerade in der Mitte der seither verflossenen Zeitspanne liegen, die Anfangs- und die Endsituation einer Entwicklung zum Ausdruck, die sich eben auf die Erforschung der MENDELschen Regeln als eines zentralen Problems auch der menschlichen Erblichkeitslehre bezieht, so scheint seitdem die humangenetische Forschung sich in gewissem Sinne doch wieder in einer Richtung zu bewegen, in der ein Satz wie der von MARTIUS erneut, wenn auch sozusagen in anderem Sinne zu lesen, im Blickfeld erscheinen dürfte.

Dies kann indes keinesfalls in dem Sinne verstanden werden, als wenn die Anwendbarkeit der MENDELschen Gesetze auf den Menschen irgendwie in Zweifel gezogen werden könnte; vielmehr kann im Gegenteil *nichts als so sicherer Tatbestand bezeichnet werden wie die Gültigkeit dieser Gesetze im Gesamtbereich der menschlichen Erberscheinungen.* Der vielfältige Nachweis eben dieser elementaren Erbgesetzlichkeiten im Experiment an Tier und Pflanze und der mittels der besonderen Methoden der menschlichen Erblichkeitsforschung auch in ihrem Bereiche bindend geführte entsprechende Nachweis war es ja eben, der verhältnismäßig rasch jenen Zustand einer Stabilisierung im Sinne des Zitats herbeiführte, dessen Feststellung an und für sich also durchaus berechtigt war. Nur konnte allerdings, wie die Folgezeit mit immer größerer Eindringlichkeit lehrte, diese Stabilisierung bloß für einen bestimmten Bereich der experimentellen wie der menschlichen Erblichkeitsforschung in Anspruch genommen werden.

Indem nun aber die Forschungsarbeit — und ja nicht erst von diesem Zeitpunkt an — energisch über die Grenzen jenes engeren Arbeitsbereiches hinausdrang, innerhalb dessen es sich zunächst, gerade auch in der menschlichen Erbforschung, um immer neue spezielle Nachweise elementarer Mendelscher Gesetzlichkeiten handelte, mußte es auch innerhalb dieses engeren Bereiches zu einer vertieften Anschauung von eben diesen elementaren Zusammenhängen kommen. Zwar hatten schon die ersten bahnbrechenden Forscherpersönlichkeiten auf dem Gebiete der Genetik durchaus klar erkannt, daß mit der Gewinnung der Mendel-Gesetze und mit der Erarbeitung ihres Geltungsbereiches innerhalb der verschiedensten Anwendungsgebiete genetischer Fragestellungen nur ein erster Einbruch in das Gebiet der Erberscheinungen erfolgt sei, und daß von diesen Nachweisen elementarer Erbgänge sogenannter „Einzeleigenschaften" bis zum genetischen Verständnis irgendeines Organismus als eines Ganzen noch ein weiter Weg sei, auf welchem man gerade den Ganzheitscharakter des Organismus nicht aus dem Auge verlieren dürfe; aber die Freude an dem bereits Erreichten ließ so manchen der am Fortschritt der Genetik Mitarbeitenden oder Interessierten immer wieder vergessen, daß mit dem Nachweis des dominanten oder des recessiven Erbgangs auch zahlreicher Eigenschaften irgendeiner Spezies, auch des Menschen, zwar ein notwendiger und wichtiger, aber für ein tieferes biologisches Verständnis dieser Spezies, dieses Menschen letztlich doch nicht entscheidender Schritt getan sei.

Stabilisiert war die Erblichkeitslehre seinerzeit also vielfach in dem Sinne, daß sie endgültig erreicht hatte, was sich anderthalb Jahrzehnte früher *noch nicht* in diesem Umfang übersehen ließ; damit war sie aber zugleich auch so weit gekommen, daß die weitere Forschung nun *nicht mehr* in immer erneuten Spezialnachweisen Mendelscher Fälle eine zentrale Aufgabe zu erblicken brauchte. In jenen Jahren, in denen Martius' Buch erschien, war jeder einzelne Nachweis eines Mendelschen Erbganges eine prinzipiell bedeutungsvolle Leistung, da eben weder im allgemein-experimentellen Bereich, noch vor allem im Bereich der ja damals ihre Arbeit erst eigentlich beginnenden menschlichen Erbforschung überblickt werden konnte, wie weit in das Gesamtgebiet morphogenetischen, physiologischen und psychologischen Geschehens hinein diese Gesetze anwendbar wären. Heute bedarf, jedenfalls im Bereiche des morphogenetischen und physiologischen Geschehens beim Menschen, dieses Problem keiner grundsätzlichen Erörterung mehr.

Daß damit aber tatsächlich nichts als ein erster Schritt getan ist, lehrt bereits ein kurzer Blick auf den gegenwärtigen Stand der genetischen Kenntnisse über das meist untersuchte tierische Objekt, Drosophila. Wenn das Verständnis der neueren Ergebnisse der Drosophila-Forschung eine so mühevolle Mitarbeit zur Voraussetzung hat, daß die Genetik der Drosophila für manchen Fernerstehenden fast schon den Charakter einer Geheimwissenschaft annimmt, so ist ja doch ohne weiteres klar, daß die Erbverhältnisse des Menschen in morphogenetischer und physiologischer Beziehung nicht einfacher liegen können als bei diesem experimentell so gut durchgearbeiteten und dabei immer noch mehr unanalysierten als analysierten Objekt, und daß sie in psychologischer Beziehung noch wesentlich größere Komplikationen bieten müssen — man wollte denn vor der Verwickeltheit all dieser Lebenserscheinungen die Augen verschließen. Und die gleiche Einsicht gewinnt man, wenn man sich des in verhältnismäßig kurzer Zeit in gemeinsamer Arbeit von Genetik und Entwicklungsphysiologie zutage geförderten Tatsachenmaterials und der dabei gewonnenen ersten Einblicke erinnert, die in dem Kapitel von BONNEVIE in diesem Band zusammenfassend dargelegt sind.

Damit ist nun die Schwierigkeit einer Darstellung der mendelistischen Grundlagen der menschlichen Erbbiologie herausgestellt.

Eine solche Darstellung scheint sich nämlich *erstens* mit Fragen zu befassen, deren grundsätzliche Lösung ihnen eben damit bis zu einem gewissen Grade die Gegenwartsnähe lebendiger Forschung nimmt und sie nur in dem Sinne „handbuchmäßig" macht, als man in einem Handbuch einen Niederschlag endgültiger Arbeitsergebnisse sieht. Es wäre nun ungerecht, wollte man diesen bereits erarbeiteten festen Grundlagen aller erbbiologischen Forschung, auch derjenigen am Menschen, gleichsam den Stempel des weniger Bedeutungsvollen aufdrücken, weil die Forschung über sie hinausschreiten muß. Ganz im Gegenteil muß ja ein erheblicher Teil der Aufgabe auch des vorliegenden Handbuches darin bestehen, eben diese Tatsachen auszubreiten, das Beweismaterial dafür vorzulegen, und auf in dieser Hinsicht offene Fragen als sehr wesentliche Lücken unseres Einzelwissens hinzuweisen, welches schon wegen seiner praktischen Konsequenzen immer von größter Bedeutung bleiben wird.

Da nun aber an zahlreichen Stellen die menschliche Erblichkeitsforschung über die mendelistischen Fragestellungen im engeren Sinne energisch hinausstrebt, besteht nun *zweitens* die Gefahr des Mißverständnisses, als wenn mit der Erörterung dieser weiteren Gesichtspunkte die Klarheit der Grundlagen, auf denen dieses Weiterfragen beruht, ja im Grunde erst in exakter Weise möglich wird, irgendwie in Frage gestellt sei.

Eine Darstellung wie die unsere muß also auf der einen Seite deutlich zu machen suchen, daß es trotz der außerordentlichen Komplikation des Gesamtgeschehens, das mit einem lebendigen Organismus gegeben ist, doch möglich ist, für gewisse herauslösbare Teilvorgänge dieses Geschehens Erbgrundlagen von außerordentlicher Einfachheit aufzuzeigen, auf der anderen Seite aber auch, daß trotz der Einfachheit solcher Erbgänge nicht nur die Kompliziertheit auch dieses Teilgeschehens als solchen *bleibt*, sondern daß weiterhin vor allem die Frage der Zusammenfügung — der „Verfugung" — all dieser Teilgeschehnisse zur Ganzheit des Organismus ein noch ungelöstes Problem darstellt, trotz — oder auch gerade wegen — dieser Erbeinfachheiten.

Daß, nachdem das feste Fundament des Mendelismus innerhalb der menschlichen Erbbiologie ausgebaut war, darüber hinausweisende Forschungsziele immer deutlicher hervortraten, geschah nicht ohne entscheidende gegenseitige Berührung mit drei Nachbargebieten der engeren, zunächst notwendigerweise mehr „mendelistisch" eingestellten menschlichen Erblichkeitsforschung: erstens nämlich mit der mehr und mehr zu einer Verbindung mit der *experimentellen Entwicklungsphysiologie* strebenden *Experimentalgenetik*, zweitens mit der *klinischen Konstitutionsforschung* und drittens mit der von vornherein über das Klinische weit hinauswachsenden und die Bereiche des normalen körperlichen und seelischen Geschehens beim Menschen bewußt einbeziehenden *Konstitutionsbiologie* und *Konstitutionstypologie*.

Wenn auf diese Weise vielfältige Anregungen hinüber und herüber gingen, so muß doch hervorgehoben werden, daß es sich dabei in vieler Hinsicht weniger um ein Eintreten neuer Gesichtspunkte in das allgemeine Blickfeld genetischer Forschung handelte, als vielmehr darum, daß Gedankengänge, die in der allgemeinen Genetik bereits in aller Klarheit ausgesprochen waren, in ihrer Berechtigung und umfassenderen Bedeutung mehr in den Vordergrund traten.

So hat einer der Männer, die sich um eine klare Begriffsbildung und um eine bis ins kleinste hinein saubere Methodik der experimentellen Genetik die größten

Verdienste erworben haben, Wilhelm Johannsen, in der dritten, 1926 erschienenen Auflage seines zu einem historischen Meilenstein der Genetik gewordenen Werkes „Elemente der exakten Erblichkeitslehre" zu der Frage des *Organismus als eines Ganzen* Stellung genommen. Deskriptiv, führt er aus, läßt sich der Phänotypus „sehr weitgehend in Einzelheiten zergliedern ... Jedoch ist der lebende Organismus nicht nur im erwachsenen Zustande, sondern während seiner ganzen Entwicklung, stets auch als *Totalität*, als ein gesamtes System aufzufassen ... Deshalb wäre es unberechtigt, zu meinen, der Phänotypus eines *lebenden* Organismus sei restlos in Einzelelemente, in Einzelphänomene, also in lauter einfache ‚Phäne' (sit venia verbo!) auflösbar. Der Phänotypus ist nicht eine bloße Summe von Einfachcharakteren, sondern drückt das Resultat eines sehr verwickelten Zusammenspiels aus". Ebenso ist „keineswegs gesagt, daß die Genotypen aus lauter trennbaren Elementen bestehen sollen; dies ist sogar ganz unwahrscheinlich".

Eine solche Stellungnahme steht nun in keinerlei Gegensatz zur Auffassung etwa eines Klinikers, dessen Objekt ja immer zunächst die lebendige Totalität des vor seinen Augen befindlichen Menschen ist, und der daher wie Brugsch in den einleitenden Ausführungen des von ihm mitherausgegebenen „Handbuches der allgemeinen und speziellen Konstitutionslehre", das unter dem Obertitel „Die Biologie der Person" in den Jahren 1926—1931 erschienen ist, betont: „Im Vordergrund muß immer die Tatsache der *Einheit, Ganzheit* und *Einmaligkeit* der Person und damit jeder Konstitutionslehre stehen, denn von einem Individuum läßt sich nichts subtrahieren, teilen, addieren oder potenzieren, da sonst die Einheit, Ganzheit und Einmaligkeit eines Individuums wohl gefährdet werden dürfte."

Dabei schien für den oberflächlichen Blick gerade in der grundsätzlichen beiderseitigen Betrachtungsweise eine Gegensätzlichkeit vorzuliegen, die immer von neuem und bis zum heutigen Tage zu Mißverständnissen zwischen Genetik und Klinik geführt hat. Der Genetiker schien sich, wenn er von den Merkmalen, den „Phänen", zu den Erbanlagen, den Genen, zu gelangen bemüht ist, dabei an *Teile* des Organismus zu halten; er schien die Ganzheit dieses Organismus durch seine Arbeitsweise geradezu zu atomisieren, während der Kliniker bemüht bleiben wollte, in noch so vielerlei beobachtbaren Einzelheiten doch immer synthetisch das *Ganze* zu erfassen. *In der Lehre von selbständigen Genen, die sich im Erbgang unabhängig von anderen ebenso selbständigen Genen zu verhalten vermögen, schien dieses atomistische Prinzip der Genetik sogar unmittelbar vor Augen zu liegen.*

Indem nun der fälschliche Eindruck entstand, genetische Analyse bestehe ausschließlich in der Zuordnung bestimmter, möglichst scharf umschriebener Einzelmerkmale zu solchen selbständigen Genen, fürchtete man weiterhin eine Blickverengung, die Wesentliches unbeachtet lassen könnte, weil sie „monosymptomatisch" eingestellt sei. Tatsächlich hatte sich die Humangenetik aber nur in ähnlicher Weise wie die experimentelle Genetik bei ihren ersten tastenden Versuchen an möglichst scharf umschriebene Merkmale halten müssen, da nur solche es erlaubten, Erbgangsnachweise zu führen, die in klinischer und in erbbiologischer, vor allem auch in erbstatistischer Hinsicht gegen die Fülle der damals eben noch möglichen allgemeinen und speziellen Einwände gesichert werden konnten. Nur aus diesem Grunde bewegte sich die humangenetische Forschungsarbeit zunächst in zweifellos verhältnismäßig engen, den Anschein monosymptomatischen Denkens erweckenden Bahnen, um so durch immer wiederholte Nachweise klarer mendelistischer Erbverhaltensweisen normaler und pathologischer Eigenschaften des Menschen ein sicheres Fundament zu schaffen.

Wie wenig andererseits die experimentelle Genetik in monosymptomatischer Enge befangen war, geht allein schon aus so grundlegenden, aus der experimentellen Arbeit erwachsenen Begriffsbildungen wie Modifikation, umschlagende Sippen und ähnlichen hervor.

Demgemäß ist denn auch das gerade gegenwärtig so lebhaft erörterte Problem einer in verschiedenartigen, wohlunterscheidbaren Äußerungsformen sich darstellenden Gen-Manifestation, das Problem der *Heterophänie*, weder der Allgemeingenetik noch der Humangenetik fremd gewesen. Letztere hat aber den methodisch völlig richtigen, weil einzig möglichen Weg klarster Merkmalsabgrenzungen nicht bloß zunächst beschreiten müssen, sondern dabei immer wieder auch gegenüber allzu polysymptomatischen Neigungen, die die Gefahr heraufbeschworen, nicht nur, wie LENZ einmal hübsch gesagt hat, „Schlange und Blindschleiche" fälschlich zusammenzustellen, sondern womöglich Schlange und Fisch, durchaus recht behalten.

Wie bewußt die menschliche Erbbiologie diesen Weg verfolgte, mag man aus RÜDINS 1916 erschienener grundlegender Monographie ersehen, die den Erbfragen der Schizophrenie zum ersten Male auf breiter mendelistischer Basis nachging.

„Die gegenwärtige Arbeit", führt RÜDIN zur grundsätzlichen Methodik seiner Untersuchungen aus, „geht von der Voraussetzung aus, daß die Proportionenfrage zunächst nur unter Heranziehung *gleichartiger klinischer Krankheitsbilder*, eben aller derjenigen Zustände, welche wir zur Dementia praecox rechnen, entschieden werden soll.

Ein ganz *anderes Vorgehen* würde darin bestehen, die *klinischen Verschiedenheiten nicht zu beachten* und alle Psychosen bei den Eltern und ihren Kindern, mögen sie noch so verschieden sein, gerade so nach dem Plane der gegenwärtigen Arbeit zusammenzulegen, als wären sie auch klinisch gleichartig. Bietet dieses Vorgehen auch gewiß die allerschwersten Bedenken, so muß es doch späterhin, nachdem der erste gegenwärtige Weg für einzelne Krankheiten beschritten ist, ebenfalls versucht werden, da es durch die von der modernen Vererbungslehre angeregten Fragestellungen vorgezeichnet ist ....

Meiner Ansicht nach können alle diese Fragen *nicht auf Anhieb* gelöst werden. Man wird sich *durchtasten müssen*. Man wird allmählich erst, *durch viele klinische Einzeluntersuchungen und zahlreiche statistische Gruppierungen herauszubekommen versuchen müssen, welche psychopathischen und psychotischen Zustände gewissermaßen als erbäquivalent zu betrachten sind und welche nicht.*

Man wird *mehrere Berechnungen auf der Grundlage der verschiedensten Voraussetzungen, was Taxierung nach Erbäquivalenz anbelangt, vornehmen müssen.* Man wird das eine Mal die Alkoholpsychosen oder die syphilitischen Psychosen hinzuzählen, das andere Mal weglassen. Dasselbe wird man mit den senilen Zuständen tun. Nur wird man immer im klaren sein müssen, wie man das Material gesammelt hat, wie man klinisch taxiert hat und was und wieviel man hinzugezählt, was und wieviel man außer Berechnung gelassen hat."

Eine Entscheidung darüber, ob eine monosymptomatische oder eine polysymptomatische Blickweise berechtigt ist, kann eben nicht allgemein, sondern nur von Fall zu Fall getroffen werden, und zwar nicht *vor* der Durchführung der betreffenden Untersuchung, sondern *nach* ihr. „Im Einzelfalle wird es daher", wie wir an anderer Stelle ausführten (JUST 1934), „weitgehend eine Sache sei es klinischen Feingefühls, sei es genetischen Weitblicks, ja in gewissem Sinne — wie manche Polemik der vergangenen Jahre zeigt — eine Sache des allgemeinwissenschaftlichen Temperaments sein, wieweit die Bearbeitung etwa einer Erbkrankheit sich zunächst an selbstgeschaffene Bindungen, an ein scharf umrissenes phänisch-klinisches Bild halten will und wieweit sie darüber hinaus auch Erscheinungsformen, die sich als *Abwandlungen* eines solchen typischen Bildes oder als *vikariierende* Erscheinungen darzustellen scheinen, mit einbezieht.

Es kann in der Tat nicht allgemein und von vornherein gesagt werden, ob eine monosymptomatische oder eine polysymptomatische Betrachtungsweise in einem Einzelfalle den Vorzug zu erhalten hätte, weil erstens für manche Erbfälle die eine, für andere die andere Betrachtungsweise sich als gültig herausgestellt hat, und weil zweitens eben ja für den einzelnen Fall erst *gefunden* werden soll, um was für Erbverhältnisse es sich handelt. Daher wird es grundsätzlich als die richtige Arbeitsweise angesehen werden müssen, auf den gleichen Fall, wenn irgend möglich, *nebeneinander die beiden* Arbeitsweisen anzuwenden, um dann demjenigen Erklärungsprinzip den Vorzug zu geben, das die *Gesamttatsachen möglichst restlos und widerspruchslos zu deuten erlaubt und gleichzeitig mit der sparsamsten Hypothesenbildung arbeitet.* Denn selbstverständlich muß schon aus rein methodischen Gründen mit aller Strenge gefordert werden, daß jede Möglichkeit einer elementaren Erbdeutung durchaus ausgeschlossen worden ist, bevor man kompliziertere Erbverhältnisse als Erklärungsprinzipien annimmt."

Da nur kritische, unvoreingenommene Prüfung aller Möglichkeiten zum Ziele führen kann, muß daher etwa in der gegenwärtigen *Schizophrenie*forschung diejenige Arbeitsweise, die eine möglichst scharfe Herausschälung klar abzugrenzender Unterformen versucht, sehr begrüßt werden. Mit Recht betont Leonhard die Möglichkeit eines verschiedenen Erbverhaltens der Unterformen der Schizophrenie und die Notwendigkeit getrennter statistischer Durcharbeitung (Schulz-Leonhard 1940). Erst jüngst (1940) haben Kleist, Leonhard und Schwab auf die Berechtigung hingewiesen, in der Katatonie, die dabei aber immer noch eine Krankheits*gruppe* bleibe, eine besondere Unterform der Schizophrenie zu sehen; sie fanden, daß die überwiegende Mehrzahl (80%) der von ihnen katamnestisch weit genug verfolgten rund 100 Katatonen während dieser ganzen Zeit ihr Krankheitsbild beibehielt. Auch auf den von Schulz durchgeführten Vergleich zwischen dem Erkrankungsalter schizophrener Eltern und dem ihrer schizophrenen Kinder sei hingewiesen. Hier eröffnen sich also nicht durch eine Erweiterung, sondern gerade durch eine Einengung des Untersuchungsbereiches mittels klinischer Untergruppierung möglicherweise neue Wege auch für die Erbforschung bei der Schizophrenie.

Eine ähnliche Situation, wie hier an Hand einiger neuerer Arbeiten für das Schizophreniekapitel angedeutet, besteht in zahlreichen Teilgebieten der menschlichen Erbpathologie.

Mit der Vertiefung der erbbiologischen Forschungsarbeit in den klinischen Einzeldisziplinen taucht nun allerdings wieder eine neue Gefahr auf, die sich bereits abzuzeichnen beginnt und die darin besteht, daß durch zu frühzeitige Emanzipation klinisch abgegrenzter erbbiologischer Sondergebiete der mindestens heute noch durchaus notwendige Zusammenhalt der Gesamtarbeit in einer einheitlichen Erbbiologie des Menschen sich lockert. Damit ist nicht nur die Möglichkeit gegeben, daß sich nebeneinander verschiedene Terminologien entwickeln, die die gegenseitige Verständigung erschweren, sondern auch die Möglichkeit einer gewissen Erstarrung der sich allzusehr absondernden Teilgebiete.

Was schließlich den dritten Arbeitsbereich betrifft, von dem aus eine Umformung des inneren Bildes der Humangenetik mitbedingt wurde, so ist es jenes seit nunmehr zwei Jahrzehnten immer intensiver bebaute Gebiet einer typologisch ausgerichteten *Konstitutionslehre,* das durch Kretschmers bahnbrechende Schrift über Körperbau und Charakter (1. Aufl. 1921) seinen entscheidenden Anstoß erhielt und sich heute als ein zwar junges und nach jeder Richtung hin durchaus noch im Aufbau befindliches, aber in gewissen Grundzügen sich doch auch wieder bereits „stabilisierendes" Teilgebiet jeder Lehre vom Menschen darstellt. Indem der Blick des Konstitutionsbiologen in ganz besonderer Weise nicht auf das Einzelmerkmal, sondern auf das Ganze der Gesamterscheinung der Person gerichtet ist, mußte gerade die Berührung zwischen zwei scheinbar so entgegengesetzten Betrachtungsweisen wie der „atomistisch"-mendelistischen und der ganzheitlich-konstitutionsbiologischen besonders fruchtbar werden; hier drängt sich ja die Notwendigkeit einer Lösung des scheinbaren Widerspruchs zwischen den beiden Betrachtungsweisen, deren jede auf exakter und empirischer Basis zu einer Vorstellung von den Grundlagen des lebendigen Geschehens beim Menschen zu kommen trachtet, unmittelbar auf.

Diese Auseinandersetzung mußte nicht nur deswegen mehr und mehr dringlich werden, weil die beiden Betrachtungsweisen tiefere Einsichten vom lebendigen Geschehen beim Menschen ja nicht nur erhofften, sondern tatsächlich auch zu geben vermochten, sondern vor allem deswegen, weil in die konstitutionsbiologische Betrachtungsweise in stärkerem Maße, als es jedenfalls damals auf sehr weiten Gebieten der Gesamtmedizin der Fall war, die *psychische* Seite der menschlichen Persönlichkeit einbezogen ist, ja, in der Tat die *Totalität der psychophysischen Person* voll im Lichtkegel einer solchen Untersuchungsweise steht.

Die Frage, was denn nun, genetisch gesehen, hinter den Konstitutionstypen stecke, drängte sich immer stärker auf, wenngleich Forscher wie EUGEN FISCHER die Auffassung äußerten, es gehöre die Lehre von den Konstitutionstypen nicht eigentlich in die Erblehre des Menschen hinein. Auch die Fülle von morphologischen, funktionsdynamischen, psychiatrischen, vor allem aber auch normalpsychologischen Tatsachen, wie sie von KRETSCHMER und seinen Mitarbeitern, von anderen Ansatzpunkten aus von ERICH JAENSCH und seinem Bruder WALTER JAENSCH, im Anschluß vor allem an KRETSCHMERs Arbeiten von KROH und seinen Schülern, unter ihnen besonders PFAHLER, in systematischer Arbeit zusammengetragen werden konnten, drängten zu der Frage, wieviel und was an diesen „Grundformen menschlichen Seins", wie ERICH JAENSCH treffend formuliert hat, nun als „Radikal" im Sinne eines erbbedingten, nicht mehr weiter auflösbaren funktionellen Elements des Konstitutionsgesamts gelten könne. Eine sozusagen typisch konstitutionsbiologische und eine umgekehrt typisch mendelistische Betrachtungsweise gehen ja gleichsam von zwei polar verschiedenen Seiten an den gleichen Gegenstand heran: die eine sozusagen von oben, vom Ganzen her, die andere von unten, von den Elementen, den Genen her. Wenn jeder der beiden Wege berechtigt erscheint und ergebnisreich ist, so muß in dem Versuch, sie zu verbinden, Entscheidendes zu gewinnen sein.

Durch die vorhergehenden Ausführungen scheint genügend klargelegt, daß sich die menschliche Erbforschung, auch im engeren mendelistischen Sinne, nicht mit aus dem Zusammenhang des Organismus gerissenen Einzelmerkmalen und ihnen zugrunde liegenden Genen beschäftigt. Mendelistische Analyse menschlicher Erbzusammenhänge besteht nicht in der Auffindung mehr oder weniger einfacher Verbindungen zwischen Genen und ihnen zugeordneten scharf umschriebenen Phänen. Vielmehr sind die Fälle, für die dies zutrifft oder zuzutreffen scheint, nur *Grenzfälle* möglichen Erbgeschehens. Die Erbbiologie studiert nicht in einem statischen Sinne die Weitergabe manifester Eigenschaften, die sich geradlinig aus Genen entwickeln, sondern sie sucht im Sinne einer dynamischen Betrachtungsweise in Erblichkeit und Ausprägungsmannigfaltigkeit die *inneren und äußeren Entfaltungsbedingungen variabel manifestierbarer Potenzen* zu erkennen.

II. Grundergebnisse und Grundbegriffe.

Die Frage, ob es außer den Genen, deren Gesamtheit in einem noch zu erörternden Sinne als *Genom* bezeichnet wird, noch ein *Plasmon* im Sinne F. v. WETTSTEINs als die Gesamtheit des nicht im Zellkern lokalisierten Teils der Gesamterbmasse, des „*Idioplasmas*", gibt, ist heute noch nicht mit Sicherheit zu beantworten; wichtige experimentelle Erfahrungen an der Pflanze und am

Tier sprechen allerdings mehr im Sinne einer positiven Antwort. Nur wenig bisher erörtert ist die Frage einer plasmatischen Vererbung beim Menschen.

So haben Imai und Moriwaki die Hypothese vorgetragen, daß die Lebersche Krankheit rein mütterlich, und zwar über ein abnormes Ei-Cytoplasma weitergegeben werde. Die Geschlechtshormone sollen dabei stimulierend wirken, wobei die Sensibilität des Cytoplasmas gegenüber diesem stimulierenden Einfluß in verschiedenen Sippen bzw. bei verschiedenen Rassen verschieden hoch sei. (Vgl. auch Waardenburg 1932, 1935.)

In den folgenden Ausführungen beschränken wir uns auf die beim Menschen bisher *ausschließlich nachgewiesenen* mendelnden Erbeinheiten, „Erbanlagen" oder Gene.

In bezug auf die *Grundlagen der Mendelgesetzmäßigkeiten* läßt sich als allgemeinstes Ergebnis folgendes herausstellen:

1. Die körperlichen Träger dieser Erberscheinungen — wir betonen: dieser, denn wir wissen, wie soeben angedeutet, ja nicht, ob aller — sind die *Chromosomen.*

2. Die Chromosomen zeigen eine bei günstigen Objekten bis ins einzelne nachweisbare *Strukturierung in der Längsrichtung*, indem bestimmten kleinsten Abschnitten eines bestimmten Chromosoms bestimmte Feinstrukturen eigentümlich sind.

3. Unabhängig von dem Nachweis dieser sichtbaren Feinstrukturen, ja zeitlich vor ihrem Nachweis konnte mit experimentell-genetischen Methoden eine *Seriierung der Gene* ebenfalls in der Längsrichtung der Chromosomen nachgewiesen werden. Die Beziehungen dieser Topographie der Gene zu den sichtbaren Längsdifferenzierungen der Chromosomen werden gerade gegenwärtig mit größtem Erfolg untersucht.

Unter Verweisung auf die im I. Kapitel dieses Handbuchbandes gegebene ausführliche Darstellung der Chromosomenverhältnisse beim Menschen genüge hier die Feststellung, daß schon aus allgemeinbiologischen Erwägungen der bindende Schluß gezogen werden kann, daß auch die Chromosomen des Menschen eine spezifische Längsstrukturierung besitzen, und daß einzelnen Orten der einzelnen Chromosomen bestimmte Gene zugeordnet sind.

Im Anschluß an diese kurzen Vorbemerkungen seien im folgenden einige erläuternde Ausführungen zu den Begriffen Gen, Genom, Dominanz und anderen gegeben. Es mag, vor allem für die spezielle menschliche Erbbiologie, als von keinem erheblichen Belang erscheinen, von den Schwierigkeiten, die sich aus dem Wandel dieser Begriffe und ihrer dadurch entstandenen Mehrdeutigkeit ergaben, zu wissen; unseres Erachtens kann aber durch eine derartige Erörterung dem Verständnis und der Verständigung in gewissen schwierigeren Fragen nur gedient sein.

Das von Johannsen geschaffene Wort *Gen* ist in gewisser Hinsicht nur eine begriffliche Verfeinerung des schon im gewöhnlichen Sprachgebrauch benutzten Wortes „Anlage", sofern dieses Wort, das — etwa als „Organanlage" — auch in anderer Bedeutung, z. B. in der Entwicklungsmechanik, gebraucht wird, im Sinne von „Erbanlage" benutzt wird. Wenn aber mit dem Worte Anlage zum Ausdruck gebracht werden soll, daß irgendetwas „angelegt", also in irgendeinem — wenn auch noch immer durchaus vielfältig zu verstehenden — Sinne vorgebildet sei, so sollte der Begriff des Gens nach dem Willen Johannsens gerade durch seine inhaltliche „Leere", durch das Fehlen jeder wie auch immer gedachten materialen Präzisierung, ausgezeichnet sein. Dieser ursprüngliche Vorzug des Begriffes, dessen inhaltliche Erfüllung eben erst die Aufgabe der damals ganz jungen Vererbungswissenschaft sein sollte, mußte aber in die Gefahr geraten, zum Nachteil umzuschlagen, wenn, wie es in der Tat der Fall war, mit dem Fortschreiten der verschiedenen Forschungsrichtungen, die den Aufbau der Erbmasse zu klären suchten, Vorstellungen *verschiedener* Art über das Wesen dessen entstanden, was JOHANNSEN mit dem neutralen Wort Gen, das „*völlig frei von jeder Hypothese*" sein sollte, bezeichnet hatte. Als Gen sollte nach JOHANNSENs Meinung ein experimentell nachweisbares, aber damals im übrigen nicht irgendwie faßbares „Etwas" bezeichnet sein.

Bereits im Anschluß an die Ergebnisse der ersten MENDEL-Versuche mußte aber die Diskussion über dieses Etwas zu der prinzipiellen Einsicht führen, daß dieses Etwas nicht notwendig einheitlicher Natur sein müsse, sondern daß es im Einzelfalle seine Präzisierung auch in dem Sinne finden könne, daß ein sonst vorhandenes Etwas *fehle*. Zwar hat sich die auf BATESON zurückgehende presence-absence-Vorstellung, daß ein recessives Gen nichts anderes als das Fehlen des entsprechenden dominanten Gens darstelle, nicht halten lassen. Trotzdem hat die BATESONsche Vorstellung später innerhalb gewisser Grenzen insofern eine Bestätigung erfahren, als ein Ausfall eines kleinen Chromosomenstückes, eine deficiency nach der amerikanischen Nomenklatur, sich im Experiment in der Tat ähnlich auszuwirken vermag, wie ein an der entsprechenden Chromosomenstelle liegendes mutiertes Gen.

Auch abgesehen aber von der sogleich zu erörternden Frage, ob wir heute imstande sind, Gene als materielle Strukturelemente des Keimplasmas näher zu präzisieren, muß im Auge behalten werden, daß der Genbegriff zunächst ein ausschließlich für den experimentierenden Genetiker bestimmtes gedankliches Handwerkszeug war, und daß daher die Grenze seiner Präzisierungsmöglichkeit zunächst dort liegen mußte, wo das MENDEL-Experiment — bzw. eine ihm gleichzusetzende humangenetische Methodik — selber seine Grenze hatte. So ist vor allem ERWIN BAUR nicht müde geworden, zu betonen, daß als Gene im Sinne JOHANNSENs — und damit also als mendelnde Erbanlagen — nur derjenige Teil der in zwei miteinander gekreuzten Formen tatsächlich vorhandenen Anlagenbestände erwiesen werden kann, der in phänisch erfaßbaren *Unterschieden* zum Ausdruck kommt, während sämtliche bei den Kreuzungspartnern *übereinstimmenden* Anlagen durch das Kreuzungsexperiment überhaupt nicht erfaßt werden können. Um dieses im Wesen einer MENDEL-Analyse gegebene Charakteristikum mendelnder Erbanlagen möglichst scharf zum Ausdruck zu bringen, benutzte BAUR später in bewußter Vermeidung des ihm zu mißverständlich erscheinenden Genbegriffs die Bezeichnung *Grundunterschied*, daneben als Synonyma auch *Erbeinheit*, *Erbfaktor* oder kurz *Faktor*.

Was sich im Experiment als erblicher Grundunterschied mit Sicherheit herausstellen läßt, braucht damit aber noch nicht mit irgendeinem anderen ebenso nachweislichen Grundunterschied materialiter identisch zu sein. Vielmehr muß, gerade auch im Hinblick auf manche humangenetischen Sonderfragen, grundsätzlich im Auge behalten werden, daß Gene, die im Vererbungsexperiment nachgewiesen oder mittels humangenetischer Methoden mit entsprechender Sicherheit aus Familienmaterial erschlossen worden sind, nicht *notwendig* von der gleichen „Größenordnung" sein müssen. Experimentell-genetische wie humangenetische Weiterarbeit könnten etwa ein zunächst einheitlich erscheinendes Gen mit polyphäner Auswirkung als mehrere sehr eng gekoppelte Gene mit jeweils spezifischen Sonderwirkungen erweisen.

Da nun im historischen Ablauf der Forschung eine inhaltliche Analyse des Gens nicht nur vom mendelistisch arbeitenden Genetiker versucht wurde, sondern auch vom Entwicklungsphysiologen und ganz besonders vom Cytologen, so mußten je nach dem Arbeitsbereich des einzelnen Forschers verschiedene Seiten des Genproblems in den Vordergrund treten und die inhaltliche Bestimmung des Gens in demgemäß verschiedenartiger Weise erfolgen.

Durch nichts kann vielleicht der außerordentliche Wandel des Genbegriffs schärfer beleuchtet werden als durch zwei Hinweise.

Johannsen, der sich, wie bereits betont, gerade um die begrifflichen Grundlagen der Erbbiologie so große Verdienste erworben hat, ist mit dem — fast möchte man sagen, für manchen unbemerkt verlaufenen — Bedeutungswandel seines Genbegriffes innerhalb gewisser Grenzen mitgegangen, so daß er, wie Just (1929) hervorgehoben hat, in der dritten Auflage (1926) seiner „Elemente" die gleiche Bezeichnung Gen nebeneinander in zwei verschiedenen Bedeutungen gebrauchte, gerade in den beiden, die Baur so scharf zu trennen bemüht war, nämlich im Sinne einerseits des rein genetischen, andererseits des sozusagen morphologischen Gen-Begriffs.

Eine in gewisser Weise umgekehrte inhaltliche Wandlung hat der Begriff des Gens bei Goldschmidt durchgemacht, der kürzlich zur Formulierung der *Nichtexistenz* von Genen gekommen ist, während er 1927 als eine von der experimentellen Vererbungslehre erarbeitete „positive Grundtatsache" nicht nur „die Existenz der mendelnden Erbfaktoren" bezeichnete, sondern im gleichen Satz — und wenige Sätze später noch ein zweites Mal, wiederum mit dem Hinweis darauf, daß es sich um eine Tatsache handele — diese Erbfaktoren oder Gene als „Substanzteilchen" bezeichnete. Die 1927 herausgestellte „grundlegende Tatsache" der Existenz dieser Substanzteilchen hat sich also innerhalb rund eines Jahrzehnts in die Behauptung der Nichtexistenz der gleichen Gene umgewandelt.

Bleibt indes die Wandlung des Genbegriffs bei Goldschmidt doch eine solche innerhalb des rein naturwissenschaftlichen Bereichs, indem hier der Begriff von einer mehr „atomistisch" gerichteten zu einer ganzheitlichen Auffassung fortschreitet, so hat in kurzen, nicht weiter ausgebauten Ausführungen Poll den Begriff des Gens als einen über den naturwissenschaftlichen Bereich hinausreichenden philosophischen Begriff erklärt.

Die allgemeine Entwicklung des Gen-Begriffs ist aber historisch in einer anderen Richtung erfolgt, in der Richtung, der sich auch Johannsen trotz ursprünglich stärkster Bedenken später, wie gesagt, weitgehend angeschlossen hat. Das Gen wurde nämlich mehr und mehr als ein materielles Strukturelement aufgefaßt. So hat Belling die Gene mit den kleinsten Chromomeren, die sich beispielsweise in frühen Prophasen pflanzlicher Reifeteilungen beobachten lassen, unmittelbar identifiziert. Und die Entwicklung der Speicheldrüsenchromosomenanalyse wird in der Tat bald dazu führen, ja hat nach der Ansicht mancher Forscher bereits dazu geführt, Gene und chromosomale Strukturelemente bis zu dem Grade miteinander identifizieren zu können, daß eine bestimmte genau lokalisierbare Struktur innerhalb eines bestimmten Speicheldrüsenchromosoms einem Gen mit genetisch genau bestimmtem Chromosomen-Ort (Locus) gleichgesetzt werden kann.

Jedenfalls scheint uns selbst heute kein grundsätzlicher Einwand mehr gegen die Identifizierung von Genen und materiellen Strukturelementen möglich zu sein, und die Möglichkeit, in einer Reihe von Fällen diese Gleichsetzung entweder bereits vollziehen zu können oder doch nahe davor zu stehen, muß als eine erste Erfüllung des zunächst notwendigerweise inhaltlich unbestimmten Genbegriffs mit biologischem Inhalt angesehen werden.

Über diesem berechtigten Begriffswandel, der ja nur ein Ausdruck des ständig fortgeschrittenen Wissens ist, darf aber, um dies nochmals hervorzuheben, nicht vergessen werden, daß nicht alles experimentell als Gen Erfaßbare notwendigerweise der gleichen Größenordnung angehört, so daß bei der Verwendung des Wortes Gen nach wie vor eine gewisse begriffliche Unsicherheit bestehen bleibt.

Auch der Begriff des *Genoms* hat, seit ihn Winkler als eine kurze Bezeichnung für den *haploiden* (einfachen) *Chromosomensatz* schuf, einen Bedeutungswandel erfahren, der aber bemerkenswerterweise umgekehrt wie beim Gen-Begriff vom Morphologischen zum Dynamischen führte. Heute wird das Wort ziemlich allgemein nicht als eine morphologisch-chromosomale Bezeichnung benutzt, sondern als eine unmittelbar genetische, indem mit Genom die *Gesamtheit der Gene* bezeichnet wird. In diesem Sinne wird das Wort auch von C. und O. VOGT (1938) benutzt, wobei sie zwischen haploidem Genom als dem der reifen Keimzelle und diploidem Genom als dem der befruchteten Eizelle unterscheiden. „Das Genom", sagen sie, „stellt also zur Zeit eine nur gedanklich erschlossene *systematische*, der Chromosomensatz dagegen die reelle *topographische* Einheit dar".

Stellt dieser Begriffswandel zunächst nur einen schon rein terminologisch, wegen des zugrunde liegenden Wortstammes, sehr sinnvollen Schritt über das rein Morphologische hinaus dar, so nähert sich das Wort bei FEDERLEY, der von einem „System gut zueinander angepaßter Erbfaktoren" spricht, bereits einem ganzheitlichen Sinne. Und RÖSSLE (1939) schreibt geradezu: „So wie die menschliche Pathologie fortgeschritten ist zur Erfassung des Konstitutionsbegriffes als eines Prinzips der Beherrschung des Organismus aus seiner Ganzheit, so ist das Genom ein solcher Organismus eigener Art, dessen Leben nicht eine Summe von unabhängigen Teilleistungen, sondern die Resultante ihrer gegenseitigen Beziehungen ist."

Uns selbst erscheint es ebenfalls als berechtigt, vom Genom nicht einfach als von der Gesamtheit der Gene, als vielmehr von einem *Gefüge* der Gene zu sprechen; jedenfalls können wir weder Auffassungen zustimmen, die im Genom nur ein *Mosaik* von Erbanlagen sehen, noch solchen, die mit der Gesamtheit der Gene einfach ihre *Summe* meinen. Wir sind uns dabei durchaus darüber klar, daß ein strenger Nachweis, ob und in welchem Sinne das Genom gefügehaften Charakter trägt, heute noch nicht geführt werden kann, halten uns aber auf Grund des derzeitigen Standes unseres Wissens über die Zusammenarbeit der Erbanlagen zu positiven Annahmen in dieser Richtung für mehr berechtigt als zu Auffassungen im entgegengesetzten Sinne.

EUGEN FISCHER hat vor kurzem den Vorschlag gemacht, durch das Wort Genom das ebenfalls von JOHANNSEN geprägte Wort *Genotypus* überhaupt zu ersetzen. Diesem Vorschlag können wir uns nach dem geschilderten, heute nicht mehr rückgängig zu machenden Bedeutungswandel des Begriffes Genom und nach dem mißverständlich gewordenen Gebrauch des Wortes Genotypus nur voll anschließen. Wir haben selbst bereits früher (JUST 1934) darauf hingewiesen, daß auch die beiden von JOHANNSEN geschaffenen Termini Phänotypus und Genotypus eine langsame inhaltliche Umwandlung erfahren haben. Man hatte sich gewöhnt, vom Phänotypus bzw. vom Genotypus eines einzelnen *Individuums* zu sprechen, die Worte also so anzuwenden, daß mit ihnen ein individueller Besitz, *kein* typischer, bezeichnet wurde, während die Begriffe ja gerade zu dem Zweck geschaffen worden waren, *Gruppen* von Individuen, sei es zu Phänotypen, sei es zu Genotypen, zusammenfassen bzw. die einzelnen Individuen solchen Typen zuordnen zu können.

FISCHER schlägt daher mit Recht als Parallelbegriff zu Genom den Terminus *Phänom* vor, durch den in sehr zweckmäßiger Weise der Begriff Phänotypus ersetzt werden kann, und benutzt wie auch wir (JUST 1934) statt der Adjektive genotypisch und phänotypisch die heute als begrifflich sauberer anzusehenden Bezeichnungen *genisch* und *phänisch*.

Auch der *Dominanz*begriff hat, was nicht immer genügend beachtet worden ist, innerhalb zweier besonders wichtiger Bereiche der Erbforschung eine von seiner ursprünglichen Verwendungsweise abweichende Anwendung gefunden. Sowohl in der *Drosophila*-Forschung, die, vergleichend gesehen, in einem sehr erheblichen Ausmaße als Erbpathologie der Drosophila bezeichnet werden kann, wie auch in der Erbpathologie des Menschen wird *der Begriff Dominanz* nämlich *auch auf diejenigen Fälle angewandt, in denen die genetische Terminologie sonst* *den Begriff intermediär anwenden würde,* also dort, wo bereits bei *heterozygotem* Vorhandensein eines vom normalen abweichenden Gens eine mehr oder weniger deutliche Manifestation dieses Gens erfolgt. Eine dominante krankhafte Erbanlage liegt also nach der heute allgemein üblichen Terminologie beim Menschen oder bei Drosophila dann vor, wenn schon im heterozygoten Zustande eine phänische Abweichung von der Norm auftritt.

Nur in diesem Sinne ist beispielsweise die von Mohr und Wriedt beschriebene symmetrische Zeigefinger-Brachyphalangie als dominant zu bezeichnen; denn die Weitergabe dieser für ihre Träger belanglos erscheinenden geringfügigen Mißbildung erfolgt sowohl in Mohr und Wriedts Stammbaum, wie noch deutlicher in Hanharts entsprechendem Stammbaum mit seiner in fünf Generationen ununterbrochenen Reihe von Merkmalsträgern, stets von heterozygoten Personen auf einen Teil ihrer ebenfalls heterozygoten Kinder. Das *homozygote* Ausprägungsbild des gleichen Gens ist, sofern man auf Grund des einen von Mohr und Wriedt beobachteten Falles schwerer Mißbildung des gesamten Skeletsystems bei einem von drei Kindern aus einer Ehe zweier solcher heterozygoter Brachyphalanger (vgl. S. 399) einen Schluß ziehen darf, ein so viel schwereres, ja andersartiges, daß von einer unmittelbaren phänischen Vergleichbarkeit des homozygoten und des heterozygoten Krankheitsbildes keine Rede sein kann. Dominanz im ursprünglichen Sinne Mendels soll ja aber gerade die Ununterscheidbarkeit der homozygoten von der heterozygoten Ausprägungsform eines Gens bedeuten. Dieser oft unbeachtet gebliebenen andersartigen Anwendungsweise des Dominanz-Begriffs innerhalb der menschlichen Erbpathologie muß die Begriffsbestimmung des sog. dominanten Erbganges beim Menschen gegenüber dem recessiven Erbgang entsprechen (vgl. S. 404).

Es kann also zu Mißverständnissen führen, wenn Claussen (1939) sagt, „unter den vielen vermeintlich dominanten Krankheiten wären aber wohl manche eigentlich intermediär zu nennen, wenn wir es schon sehen gelernt hätten". Vielmehr müssen wir uns der grundsätzlich anderen Verwendung des *Dominanz*begriffs in der menschlichen Erbpathologie bewußt bleiben.

Lenz (1938) hat den von Fischer (1939) akzeptierten Vorschlag gemacht, in Fällen, in denen zwei verschiedene Allele weder im Dominanz-Recessivitätsverhältnis stehen noch auch in eigentlich intermediären Phänen sich auswirken, sondern wo sie sich „nebeneinander qualitativ verschieden äußern", von *kombinantem* Verhalten zu sprechen. Als Beispiele solcher Kombinanz alleler Gene hat Lenz zunächst die Blutgruppen-Gene A und B und die Blutfaktoren-Gene M und N herangezogen; in einer Diskussionsbemerkung zum Vortrag Fischers (1939) hat er weiterhin auch bestimmte Allelverbindungen innerhalb der Rotgrünsinnstörungs-Gene als Fälle von Kombinanz bezeichnet (vgl. S. 439).

In bezug auf die vielbenutzten Ausdrücke *homozygot* und *heterozygot* sei hier nur noch hinzugefügt, daß sie sich grundsätzlich immer nur auf die jeweils in Rede stehenden Erbanlagenpaare beziehen, indem sie die Gleichartigkeit oder Ungleichartigkeit der beiden Partner eines solchen Paares, der beiden allelen Gene oder *Allele*, bezeichnen.

Homozygot ist ein Individuum, das ein dominantes Gen A sowohl im ursprünglich väterlichen als auch im ursprünglich mütterlichen Chromosom eines Paares sich entsprechender (homologer) Chromosomen besitzt, homozygot ist ebenso ein Individuum, das statt dominanter alleler Gene AA zwei recessive Allele aa besitzt. Heterozygot ist der Träger eines Gens A und eines Gens a, wobei es gleichgültig ist, welches dieser beiden Allele A und a vom Vater, welches von der Mutter ererbt ist. Ob das betreffende Individuum in *anderen* als diesen Genen A bzw. a homozygot oder heterozygot ist, bedarf weiterer Aussagen. Homozygotie einer Person bedeutet also keineswegs Homozygotie *aller* ihrer Gene!

Zu den älteren, dem geschilderten Begriffswandel unterlegenen erbbiologischen Bezeichnungen haben sich in den letzten Jahren, vor allem durch die Arbeiten von Timoféeff-Ressovsky, drei Begriffe eingebürgert, die bestimmte

Seiten der Manifestationsweise der Gene betreffen, und von denen die Begriffe *Penetranz* und *Expressivität* auf O. VOGT zurückgehen, der Begriff *Spezifität* auf TIMOFÉEFF-RESSOVSKY selbst. Während sich der Begriff der Dominanz ausschließlich auf das Verhältnis eines Gens zu seinem allelen Partner bezieht, beziehen sich die drei genannten, zusammengehörigen Begriffe auf das Verhältnis eines Gens oder eines Allelen-Paares zur Gesamtheit ihrer Manifestationsbedingungen; sie charakterisieren die Variationsmöglichkeiten in der Manifestierung dieses Gens bzw. dieses Allelen-Paares. (Vgl. hierzu LENZ 1937.)

Mit *Penetranz* bezeichnet VOGT gleichsam die Durchschlagskraft, mit der sich die betreffenden Anlagen gegenüber dem Gesamtgenom, der intraindividuellen und der extraindividuellen Umwelt durchsetzen. Die Penetranz läßt sich an der relativen Häufigkeit, in der sich das betreffende Erbmerkmal ausprägt, zahlenmäßig feststellen; die prozentuale Ausprägungshäufigkeit einer Erbstruktur ist also ein Maß ihrer Penetranz.

Wenn also TIMOFÉEFF-RESSOVSKY (1934) Penetranz = Manifestationswahrscheinlichkeit setzt, so benutzt er den Begriff vielleicht nicht im gleichen Sinne wie VOGT. In dessen Auffassung bedeutet Penetranz etwas Gendynamisches, das an der Manifestationshäufigkeit gemessen wird, in der anderen Auffassung braucht einfach der auszählbare Tatbestand einer trotz gleicher Erbgrundlage variablen Merkmalshäufigkeit gemeint zu sein. Praktisch bedeutet diese Unterscheidung allerdings nicht viel.

Den *Grad* der Ausprägung des betreffenden Merkmals bezeichnen VOGT und TIMOFÉEFF als *Expressivität*, während *Spezifität* die besondere *Art* der Ausprägung eines morphologisch faßbaren Erbcharakters bedeutet.

EUGEN FISCHER hat drei kurze deutsche Termini vorgeschlagen, so daß sich folgendes terminologische Bild ergibt:

1. Ausprägungshäufigkeit: Penetranz = Durchschlag,
2. Ausprägungsgrad: Expressivität = Ausdruck,
3. Ausprägungsart: Spezifität = Besonderheit.

III. Die Umwelt.

1. Der Umweltbegriff und das Verhältnis von Anlage und Umwelt.

Wenn, wie wir sahen, eine Reihe genetischer Hauptbegriffe einen der gegenseitigen Verständigung nicht immer dienlich gewesenen Wandel erfahren hat, so gilt das Fehlen einer einheitlichen Terminologie vielleicht in noch stärkerem Ausmaße im Hinblick auf den Begriff der Umwelt, der in der biologischen Forschung der vergangenen Jahrzehnte von verschiedenen Ausgangspunkten bestimmter Teildisziplinen her seinen Eingang in die Diskussion gefunden hat. Ohne Zweifel muß eine Klärung des Umweltbegriffs und eine Vereinheitlichung der einschlägigen Bezeichnungen als gerade gegenwärtig sehr erwünscht angesehen werden. Eine solche Klärung, die allerdings ziemlich weit ausholen müßte, um allen an sie zu stellenden Forderungen gerecht zu werden, soll hier natürlicherweise nicht versucht werden; auf die Mannigfaltigkeit der mit dem Worte Umwelt verknüpften Begriffsinhalte und auf die Versuche einer theoretischen Analyse dessen, was als Umwelt bezeichnet wird, muß aber an Hand einiger Hinweise und Beispiele eingegangen werden.

Dabei stehen uns zwei Gesichtspunkte im Vordergrunde. Der eine ist die Klarlegung dessen, was wir im folgenden als *Schichtung der Umwelten* bezeichnen möchten, der andere die Unterscheidung zwischen *objektiver und subjektiver Umwelt*.

Dem Genetiker, vor allem auch dem Humangenetiker, liegen diese beiden von uns im folgenden besonders herausgestellten Punkte heute nahe. Gelten doch innerhalb des engeren genetischen Diskussionsbereiches die auf die Umwelt bezüglichen Fragen als in terminologischer Hinsicht so wenig problematisch, daß beispielsweise Johannes Lange in seinem die Grenzen der Umweltbeeinflußbarkeit von Erbvorgängen vorsichtig absteckenden Frankfurter Kongreßreferat (1937) keinerlei Bemerkungen über das unter Umwelt zu verstehende für notwendig hielt. Zwei Jahre später ist allerdings Eugen Fischer in seinem großen Würzburger Vortrag auf den Terminus Umwelt eingegangen, um zu begründen, warum er nicht von Umwelt, umweltstabil, umweltlabil, sondern von *Peristase, peristostabil, peristolabil* spricht.

Wie notwendig eine grundsätzliche Verständigung über den Umwelt-Begriff ist, wenn es nicht auch hierbei zu fortgesetzten Mißverständnissen vor allem gegenüber Nachbardisziplinen kommen soll, geht aus den kürzlich erschienenen theoretischen Erörterungen des Morphologen und Ökologen H. Weber (1939) hervor, der um die Gewinnung eines allgemeinbiologisch gültigen Umweltbegriffs bemüht ist. Der dabei von ihm eingehend begründete Umweltbegriff ist, wenn auch keineswegs ausschließlich, doch bewußt auf eine ökologische Betrachtungsweise abgestellt und wird schon wegen seiner aus dieser besonderen Blickrichtung heraus erfolgten Formulierung nicht zu wirklich allgemeiner Anwendung kommen können. Webers Ausführungen zeigen aber, welche Vielfältigkeit theoretischer Betrachtungs- und Gliederungsmöglichkeiten allein schon in dem steckt, was wir im folgenden als extraindividuelle Umwelt bezeichnen.

Weber trennt — wie auch Uexküll — scharf *Umwelt* und *Umgebung*, wobei er nur letzteren Begriff mit dem oft benutzten Wort *Milieu* identifiziert; ja, er stellt diese Unterscheidung als eine allgemein angenommene hin, was für den Genetiker und den Entwicklungsphysiologen keineswegs ohne weiteres zutrifft. In seine Definition des Umweltbegriffs aber nimmt er, in einer unseres Erachtens unzulässigen Einschränkung dieses Begriffs, die *Erhaltungsfähigkeit* einer Person, einer Art, einer Biozönose von vornherein mit hinein.

Weber definiert: „Unter (Minimal-) Umwelt soll in der Biologie die im ganzen Komplex einer Umgebung enthaltene Gesamtheit der Bedingungen verstanden werden, die einem bestimmten Organismus gestatten, sich kraft seiner spezifischen Organisation zu halten, d. h. die ihm in einem zeitlich bestimmt abgegrenzten Abschnitt einer Entwicklung innewohnenden Möglichkeiten der Lebensäußerungen (mit Einschluß der Fortpflanzung) in einem die individuelle Sterblichkeit wenigstens ausgleichenden Maß zu entfalten.“

Weber weist selbst bereits ausdrücklich darauf hin, daß sich in seiner Umweltdefinition die Verhältnisse beim Menschen nicht unterbringen ließen, und dies bleibt auch dann bestehen, wenn man in einer von Weber für die Verhältnisse beim Menschen vorgeschlagenen Erweiterung des Begriffs die Umwelt einer menschlichen Person „als einen Bedingungskomplex“ bezeichnet, „der der Person innere Befriedigung gewährt oder der der Person gestattet, sich am richtigen Platz zu fühlen“. Denn auch in einer solchen Definition ist der Reichtum dessen, was wir im folgenden als subjektive Umwelt des Menschen bezeichnen, keineswegs erfaßt.

Aber auch abgesehen von diesem einen wesentlichen Punkte, der für sich allein schon die Nichtanwendbarkeit des Weberschen Umweltbegriffs in der Erbbiologie des Menschen bedeutet, scheint uns, wie bereits gesagt, der Umweltbegriff des Entwicklungsphysiologen und Genetikers eben etwas anderes zu enthalten als der unter wesentlich ökologischen Gesichtspunkten gefaßte Begriff Webers, dessen tiefschürfende theoretische Untersuchung wir damit in ihrem Wert keineswegs antasten.

Fischer spricht in seiner bereits genannten Arbeit von *Peristase* und gibt dafür selber die gute Verdeutschung *Umstände*. „Der Begriff der Peristase,“ schreibt er, „umfaßt alle nicht vom Gen ausgehenden Einflüsse. Ich wollte mit dem Wort Peristase mehr sagen als mit dem deutschen Wort Umwelt und

Umweltwirkungen in einem engeren Sinn. Für ein im Wasser sich entwickelndes Amphibien-Ei z. B. ist wirklich wohl fast alles, was nicht genbedingt ist, wirklich von der Welt um das Ei, also seiner Umwelt, abhängig. Aber es gibt in der Entwicklung der Organe auch noch Einflüsse nicht erblicher Art, die nicht derartig von außen kommen. Man denke z. B. an den Einfluß der Lage einer menschlichen Frucht in bestimmten späteren Stufen ihrer Entwicklung, wo sie selbst durch Bewegungen die Lagen herbeiführt; man denke an Druck- und Zirkulationsschwankungen etwa in den Extremitäten eines Embryos, die abhängig sind von deren Haltung und Bewegung. Auch die Wirkung eines inneren Organes während seiner Bildung auf das andere als Umweltwirkung zu bezeichnen, widerstrebt dem Sprachgefühl. Das Wort Peristase oder Umstände drückt alle diese nicht erblichen Begebenheiten und Verhältnisse zwanglos aus, das Wort ist in gleichem Sinn etwa schon gebraucht, wenn wir von einer Frau sagen, sie sei in gesegneten oder in anderen (nämlich als den gewöhnlichen) Umständen."

Mit Umwelt im genetisch-entwicklungsphysiologischen Sinne kann in der Tat nur *die Gesamtheit der auf einen lebendigen Vorgang einwirkenden* — oder einwirkensmöglichen — *Bedingungen* gemeint sein, die zu den in diesem organischen Vorgang selbst liegenden und damit als *innere Bedingungen* zu bezeichnenden Bedingungen als *äußere Bedingungen* gegeben sind. Ob diese Bedingungen fördernd oder hemmend, ob sie indifferent oder letal, ob sie lebensnotwendig oder accidentiell sind, dies alles sind *zusätzliche* Bestimmungen dessen, was im jeweiligen Falle an äußeren Bedingungen vorliegt; Umwelt sind sie in allen Fällen.

In der Entwicklungsphysiologie im engeren Sinne ist der Ausdruck Umwelt weniger gebräuchlich gewesen. In Roux' Terminologie (1912) findet sich unter diesem Stichwort nur eine Angabe über die von Przibram (1912) benutzte Bezeichnung: Umwelt des Keimplasmas; unter Umwelt der Keimzelle verstand er „alle Faktoren, sei es des Körpers der Eltertiere, oder sei es der Außenwelt im weiteren Sinne, welche auf die Keimzellen einzuwirken vermögen".

Roux hat Determinationsfaktoren und Realisationsfaktoren (= Ausführungsfaktoren) unterschieden, zwei in der Entwicklungsphysiologie eingebürgerte Begriffe. Auch die Unterscheidung zwischen inneren und äußeren Entwicklungsbedingungen ist gebräuchlich; so unterscheidet Schleip im Anschluß an Klebs' Erbfaktoren, innere Entwicklungsbedingungen und äußere Entwicklungsbedingungen, von welch letzteren er schreibt: „Sie sind die Gesamtheit aller Entwicklungsfaktoren, die außerhalb des Systems liegen. Wenn man nicht den ganzen Keim, sondern nur einen Teil von ihm, also etwa eine der beiden ersten Blastomeren ins Auge faßt, so sind einige der inneren Entwicklungsbedingungen des ganzen Keimes in bezug auf jene Blastomere äußere Entwicklungsbedingungen, nämlich alle diejenigen, die in der anderen Blastomere liegen; sie sind also *relativ äußere Bedingungen*."

Mit einer solchen Auffassung aber, die den jeweiligen inneren organischen Geschehensbedingungen deren äußere Bedingungen als ihre Umwelt gegenüberstellt, ist unseres Erachtens eine wesentliche Einsicht notwendig verknüpft. Es ist diejenige, die wir mit dem Worte *Schichtenfolge der Umwelten* zu charakterisieren versuchen. Wenn wir nämlich, vom Gen als der letzten heute faßbaren Einheit des Erbgeschehens ausgehend, schrittweise bis zum entwickelten Organismus vorwärtsgehen, im besonderen also bis zur psychophysischen Persönlichkeit des Menschen und ihrer Einordnung in ihren gesamten — körperlichen wie geistigen — Lebensraum, so erweisen sich Bedingungen, die innerhalb einer höheren Schicht als innere Bedingungen zu betrachten sind, vom Standort einer tieferen Schicht als Umweltbedingungen.

Für das einzelne Gen stellt in dieser nun wirklich ganz allgemeinen Sichtweise bereits sein *alleles Gen*, als sozusagen sein unmittelbarster Entwicklungspartner, einen — und zwar sehr wesentlichen — „Umwelt"-Faktor dar. Das Dominanz-Recessivitäts-Verhältnis zwischen den allelen Genen D und R eines Heterozygoten ist ja in der Tat der Ausdruck einer Auseinandersetzung zwischen eben diesen beiden Allelen, deren jedem eine überaus bedeutungsvolle, nicht in ihm selbst ruhende und daher „äußere" Entwicklungsbedingung in seinem Partner mitgegeben ist. Die Entfaltungsmöglichkeiten eines Gens sind eben nicht nur von ihm selbst abhängig, sondern auch von seinem allelen Partner.

In entsprechender Weise sind nun die Entfaltungsmöglichkeiten dieses Paares alleler Gene nicht nur von ihm selbst, sondern auch von anderen im *Genom* vorhandenen Genen abhängig, sei es, um im Rahmen unserer tatsächlichen Kenntnisse zu bleiben, von mehr oder weniger zahlreichen anderen Genen, sei es, um ein theoretisches Gesamtbild zu haben, vom Gesamtgenom. Mit Recht hat sich daher der Begriff der *Gengesellschaft,* des *genotypischen Milieus,* der *genischen Umwelt* im genetischen Begriffssystem eingebürgert. C. und O. Vogt sprechen von *Rest-Genom.*

Das Genom als Ganzes ist seinerseits wieder morphologisch und physiologisch in eine weitere Ordnung eingefügt, nämlich in den nicht durch die Gene repräsentierten Teil der *Zelle.*

Auf die hier auftauchenden Fragen nach den spezielleren Beziehungen zwischen Genen und Chromosomen-Gesamtsubstanz und nach dem Anteil des Plasmas an der Gesamt-Erbmasse brauchen wir hier nur hinzuweisen.

Die bisher betrachtete Schichtenfolge der Umwelten, die vom allelen Partner eines Gens zum Gesamtgenom, von diesem zur Gesamtzelle führt, läßt sich nun ohne Schwierigkeit durch zwei weitere und letzte Schritte zu einem vollständigen Bild dieser Ineinanderschichtung der Umweltwirkungen ausweiten.

Die Zelle nämlich befindet sich ja im Verband des *Gesamtorganismus* in ständiger Abhängigkeit von dessen, sei es mehr vorübergehenden oder mehr dauernden, sei es partiellen oder totalen, morphologischen und physiologischen Zuständen. In den besonderen Nachbarschafts-, Lage-, Druck- usw. -Verhältnissen innerhalb des sich entwickelnden Keimes, in der jeweiligen Altersstufe des Individuums, in seinem Ernährungszustand usw. ist eine Fülle *intraindividueller Umweltbedingungen* gegeben.

Auf die intraindividuelle Umwelt, die sich während der embryonalen und fetalen Entwicklung in einer durch die Entwicklungsvorgänge selbst bedingten ständigen Umformung befindet, also fortgesetzt organtopographische, physiologische u. a. Veränderungen durchmacht, bezieht sich der von Lenz eingeführte Ausdruck *Entwicklungslabilität.* Er ist, was A. Bluhm mit Recht betont hat, und was auch Fischers neuerliche Diskussion der Peristaseprobleme zeigt, ein dem allgemeineren Begriff der Umweltlabilität untergeordneter, da eben für einen — allerdings besonders bedeutungsvollen — Teil von Umwelteinflüssen geltender Begriff. Fischer vergleicht diese kleinen Variationsschwankungen, deren Umweltcharakter er besonders hervorhebt, mit Recht den Schwankungsverhältnissen bei dem bekannten Versuch am Galton-Brett. Es handelt sich hier also nicht um eine Unterscheidung zwischen vorgeburtlicher und nachgeburtlicher Umweltlabilität bzw. -stabilität, eine von A. Bluhm gegebene, an sich gute Formulierung, sondern um eine Unterscheidung zwischen den extraindividuellen intrauterinen Einflüssen und dem intraindividuellen Entwicklungsgeschehen mit seinen sozusagen „autonomen" Schwankungen. In diesen Zusammenhang gehört auch ein Teil — keineswegs alle — der Rechts-Links-Unterschiede bei bilateral-symmetrischen Organismen wie dem Menschen, ein ebenfalls neuerlich, und in dieser Art erstmalig, von Eugen Fischer (1939) behandeltes vielseitiges Problem.

Erst in der äußersten der Umweltschichten überschreiten wir die Grenzen des Organismus selbst, indem wir ihn in seiner Abhängigkeit von den *extraindividuellen Umweltbedingungen* betrachten. Hier tritt uns die Vielfältigkeit der Einwirkungsmöglichkeiten auf Entwicklung und Tätigkeit des Organismus in kaum übersehbarer Weise entgegen. Sowohl im Somatischen als auch, wovon wir sogleich ausführlicher sprechen werden, im Psychischen wirken dabei *nicht nur die jeweils unmittelbar gegebenen, also aktuellen,* äußeren Bedingungen auf die Lebenstätigkeit des Organismus ein, sondern es können solche äußeren Einflüsse *auch dann wirksam bleiben, wenn sie als aktuelle Bedingungen bereits nicht mehr existieren.* Dadurch, daß beispielsweise durch eine Infektion Abwehrkräfte mobilisiert werden, die dem Individuum nun weiterhin zur Verfügung bleiben, daß über körperliche Anforderungen eine stärkere Ausbildung der Muskulatur erfolgt, daß Erlebnisse oder geistige Sachbestände gedächtnismäßig festgehalten werden, werden die Auswirkungen von Außeneinflüssen in den Bestand des Individuums aufgenommen, also sozusagen *ins Innere des Individuums hinein* verlegt. Auf dem Wege über solche ,,Residuen'' somatischer oder psychischer Beeinflussung vermögen die extraindividuellen Umwelteinflüsse in sehr mannigfaltiger Weise nachzuwirken. Das Individuum ist in diesem Sinne also, wie wir es früher einmal formuliert haben (JUST 1930), *nicht nur* umwelt,,offen'', sondern auch umwelt,,erfüllt''.

Indem aber diese Hineinnahme von Umwelt ständig vor sich geht und das Individuum aus seiner Auseinandersetzung mit der Umwelt, die es vom ersten Beginn bis zum Ende seiner Existenz durchzuführen hat, immer von neuem als ein anderes — nämlich ein in immer wieder anderer Weise *auch* umweltgeprägtes — hervorgeht, findet ein klarer Zusammenstoß zwischen sozusagen *reinen* Innenkräften und *reinen* Außenkräften im Grunde genommen nur im *Beginn* der individuellen Entwicklung statt. Das Individuum reagiert somit während des weitaus größten Teils seines Lebens nicht als unmittelbare Verkörperung seiner Anlagen, sondern als ,,Produkt'' aus Veranlagung und Umwelt.

Aber auch mit dieser Einsicht ist das komplizierte Verhältnis zwischen psychophysischem Individuum und extraindividueller Umwelt noch nicht voll erfaßt. Gerade in diesem Zusammenhang muß nämlich, vor allem dort, wo es sich um die psychischen Vorgänge handelt, mit besonderem Nachdruck auf einen gleichsam in entgegengesetzter Richtung liegenden Zusammenhang hingewiesen werden. Wenn sich nämlich die Veranlagung nur im Rahmen der Umweltbedingungen auszuwirken vermag, so vermag umgekehrt die extraindividuelle Umwelt nur im Rahmen der physischen und psychischen ,,*Ansprechbarkeiten*'' des betreffenden Individuums seine Wirkungen auszuüben. Unter diesem Gesichtspunkt gelangen wir zu jener Unterscheidung, auf die wir zu Anfang dieses Kapitels als auf die Gegenüberstellung von *objektiver und subjektiver Umwelt* Gewicht legten.

Hier berührt sich nun in eigentümlicher Weise das genetische Denken mit dem psychologischen Denken und mit dem theoretisch-biologischen Denken einer physiologisch-ökologischen Arbeitsrichtung, deren entscheidende Grundlagen durch UEXKÜLL geschaffen wurden.

Es sei außer auf das ausführliche Tatsachenmaterial seines 1909 erstmalig erschienenen Buches ,,Umwelt und Innenwelt der Tiere'' vor allem auf die kurze, durch einprägsame Abbildungen veranschaulichten ,,Streifzüge durch die Umwelten von Tieren und Menschen'' von UEXKÜLL und KRISZAT (1934) verwiesen.

Obwohl wir der Auffassung sind, daß die besondere Art der Betrachtung des Organismus-Umwelt-Verhältnisses als eines ganzheitlichen, voll geschlossenen ,,Funktionskreises'' schon in der Begründung durch UEXKÜLL selbst unhaltbare oder zum mindesten unbeweisbare theoretische Postulate enthält, und obwohl die — fast möchten wir sagen dogmatische — Fortführung der UEXKÜLLschen Funktionskreis-Vorstellung durch seinen Schüler BROCK fast schon jenseits der Grenzen des biologischen Arbeitsbereiches fällt, innerhalb deren sich experimentelle und empirische Arbeit halten muß, so kann andererseits kein Zweifel sein, daß gerade die Uexküllsche Betrachtungsweise enge Beziehungen zu der uns jetzt interessierenden besonderen Seite des Umweltproblems besitzt.

Für Uexküll besteht die *Innenwelt* einer Tierform aus den von den „Faktoren der Umwelt" hervorgerufenen, durch den funktionellen *Bauplan* dieses Tieres „gesichteten und geregelten" Vorgängen im Nervensystem. Der Innenwelt steht die ebenfalls durch diesen Bauplan bestimmte, von ihm „selbsttätig geschaffene" *Umwelt* des Tieres gegenüber. Sie zerfällt in eine *Merkwelt*, „die die Reize der Umweltdinge umfaßt", und eine *Wirkwelt*, „die aus den Angriffsflächen der Effektoren besteht". In diesem Sinne gibt es ebenso eine Welt des Hundes wie eine ganz andersartige des Seeigels oder des Regenwurms.

Petersen spricht in Weiterbildung Uexküllscher Gedankengänge von der *Eigenwelt* des Menschen. Ihm ist „*die Persönlichkeit der Inbegriff der verwirklichten Funktionskreise*" (im Sinne Uexkülls). „Was den Menschen dann aus der Gesamtheit der Tierwelt heraushebt, ist, daß zum ,*Welterlebnis*', d. h. dem Aufbau der Umwelt das ,*Icherlebnis*' hinzutritt."

In der Uexküllschen Betrachtungsweise fällt ein sehr wesentlicher Teil der Umwelt, wie sie der Genetiker und der Entwicklungsphysiologe sieht, fort, nämlich die objektiv auf den Organismus einwirkenden Umweltkräfte. Die subjektiv erlebbare Umwelt aber, also derjenige Teil der objektiven Umwelt, den sich der Organismus, sei es ein Tier, sei es der Mensch, mittels seiner Sinnesorgane und mittels der nervösen Verarbeitung des mit ihnen Rezipierten ausschneidet, ist mit der Merkwelt Uexkülls zwar nicht identisch, steht aber doch in einer grundsätzlichen Verwandtschaft mit ihr.

In gewisser Weise stellt die Uexküllsche Lehre von den *spezifischen Merkwelten* der einzelnen Tierformen eine Weiterbildung der Lehre Johannes Müllers von den *spezifischen Sinnesenergien* dar.

Man vergleiche hierzu und vor allem auch in bezug auf die erstaunlichen Parallelen zwischen den Anschauungen Uexkülls und denen des von ihm niemals gelesenen Leibniz die aufschlußreiche kleine Schrift von H. Lassen!

Uexküll hat gleichsam die Lehre von spezifischen Energien, d. h. von spezifischen Ansprechbarkeiten, der einzelnen Sinnesorgane auf das Gesamtsinnesleben der verschiedenen Tierarten erweitert, indem er, und ohne Zweifel mit Recht, jeder einzelnen Tierform eine spezifische Sinneswelt, eben die Merkwelt, zuschreibt, die durch die Sinnesqualitäten der betreffenden Tierform und durch die Verarbeitungsmöglichkeiten dieser Sinneseindrücke durch das Nervensystem eindeutig festgelegt und begrenzt ist.

In durchaus entsprechendem Sinne sprechen heute nun auch die Experimentalpsychologie und Erbpsychologie von *spezifischen Erlebniswelten* der biologischen Untergruppen einer Art, im besonderen der Art Homo sapiens, also einzelner Rassen, einzelner Konstitutionstypen, ja schließlich des einzelnen Individuums. Diese subjektiven Welten sind zunächst ebenfalls receptorischer Natur; es sei etwa an die in den letzten Jahren viel untersuchten Zusammenhänge zwischen relativer Form- und Farbbeachtung und Konstitutionstypus oder an das vielfältige Gebiet des Farbensinns und der erblichen Farbensinnstörungen erinnert. Aber die subjektive Welt eines Konstitutionstypus, einer Rasse, eines Individuums ist mit dieser receptorischen Seite des spezifischen Umweltverhältnisses nicht erschöpft, vielmehr faßt gerade der Humangenetiker hier die Gesamtheit der Beziehungen zwischen Subjekt und Umwelt ins Auge, also, bildlich gesprochen, nicht nur die spezifischen Sinnesenergien, sondern auch die spezifischen Gefühlsenergien, die spezifischen Willensenergien usw. Es ist dabei deutlich, daß in gewisser Weise zwischen solchen sozusagen spezifischen Willensenergien und der Wirkwelt Uexkülls wiederum eine gewisse Parallele besteht.

Ebensowenig übrigens wie die spezifischen Sinnesenergien auf bestimmte Tierarten beschränkt sind, sondern allgemein, etwa für das Auge, gelten, brauchen auch andere solcher spezifischen Verhaltensweisen nicht auf die Art begrenzt zu sein; dies geht aus mannigfaltigen speziellen und allgemeinen Ergebnissen der Tierpsychologie und einer in Anfängen sich anbahnenden vergleichenden Konstitutionstypologie mit Deutlichkeit hervor.

Durch die spezifische Zusammenarbeit aller dieser die Einstellung der Art oder des Individuums zur Umwelt bedingenden Funktionsgrundlagen entsteht die artspezifische oder individualspezifische subjektive Umwelt.

Indem nun das so gekennzeichnete Gesamtgefüge potentieller Energien vom Genetiker weitgehend auf Konstitution und Erbveranlagung zurückgeführt werden kann, kommt es zu dem bereits ausgesprochenen grundsätzlich wichtigen Tatbestand, daß nämlich die spezifische subjektive Umwelt des Individuums von seiner Veranlagung entscheidend mitbestimmt wird. Art und Umfang der extraindividuellen Umweltwirkung stellt sich als innerhalb gewisser Grenzen durch das Individuum selbst bestimmt dar, indem dieses sich aus den objektiven Gegebenheiten eine ihm eigentümliche subjektive Umwelt, in einem unmittelbaren Sinne also *seine* Welt, aufbaut.

Gerade an dieser Stelle, wo deutlich wird, daß durch das psychophysische Individuum selbst vom Beginn seiner Existenz an aus der objektiven Umwelt Ausschnitte, die durch die Anlagen dieses Individuums bestimmt oder mitbestimmt werden, herausgelöst und zu einem subjektiven Bild des Draußen zusammengeschlossen werden, tritt das überaus komplizierte Verhältnis, das zwischen Individuum und Umwelt, Genom und Umwelt, Gen und Umwelt besteht, in aller Schärfe hervor.

Dies alles gilt keineswegs nur für die Bezirke des psychischen oder des ihm verwandten Lebens; vielmehr ist, allgemeinbiologisch gesehen, einer solchen spezifischen Ansprechbarkeit auf psychische Umwelteinflüsse durchaus vergleichbar eine körperliche Disposition gegenüber etwa Infektionskeimen. Körperliche wie seelische Reaktionsbereitschaften, körperliche wie seelische Richtungsgebundenheiten dieser Reaktionen sind von Anlage und Konstitution bestimmt oder mitbestimmt.

Sie sind es indessen nur im Sinne von *potentiellen* Energien, von Reaktions-*möglichkeiten*. Über den Aufbau auch der subjektiven Umwelt*wirklichkeit* entscheiden daher die realen Umweltbedingungen, die im einzelnen Falle gegeben sind, ebenfalls mit.

Abschließend sei darauf hingewiesen, daß die Zusammenhänge, die hier für das Verhältnis des Individuums zu seiner Umwelt ausführlicher besprochen wurden, im Grunde genommen, wenn auch in jeweils immer abgewandelter Form, in jeder einzelnen Ebene der von uns verfolgten Schichtenstufung der Umwelten gilt. Im Verhältnis des Individuums zu seiner Umwelt werden diese Zusammenhänge nur besonders deutlich, und zugleich werden sie, weil gerade hier auch die psychischen Vorgänge ins Blickfeld rücken, hier besonders wichtig.

2. Umweltprobleme.

Jedes dem Arzt, dem Erzieher, dem Soziologen entgegentretende Einzelproblem gehört in irgendeiner Weise, an irgendeinem Punkte auch in den Gesamtkreis der Beziehungen zwischen Erbe und Umwelt hinein. Die in den letzten Jahren vielerörterte Entwicklungsbeschleunigung und Körpergrößenzunahme der Jugendlichen (KOCH, BENNHOLDT-THOMSEN, LUNDMAN u. a.), die Menarcheunterschiede in verschiedenen Klimaten (SKERLJ), die Einflüsse des Klimas überhaupt (DE RUDDER, RODENWALDT, HELLPACH, LENZ u. a.) können als beliebig herausgegriffene praktisch wichtige Sonderfragen hier ebenso genannt werden wie die Beziehungen zwischen sozialer Lage oder geographisch-historischer Situation und psychischer Entwicklung oder zwischen Milieuungunst und

Verwahrlosung u. a. m. Das Erb-Umwelt-Problem in seinem ganzen Umfang aufrollen zu wollen, hieße in der Tat alles, was an äußeren Einflüssen — und wie wir gesehen haben, auch vieles, was an inneren Einflüssen — für die körperliche und geistige Entwicklung und Leistung von Bedeutung sein kann, in die — damit ins Uferlose führende — Erörterung einbeziehen.

Schon die Versuche einer systematischen Ordnung der extraindividuellen Umwelteinflüsse auf den Menschen zeigen dies.

So unterscheidet z. B. Busemann oberhalb der *physikalischen* Umwelt eine *Biosphäre* (der Uexküllschen Umwelt vergleichbar; ,,Mensch und Milieu korrespondieren in Art einer prästabilierten Harmonie, vorausgesetzt, daß beide noch in ihrem natürlichen Zustande sind''), eine *Soziosphäre* (,,Mitwelt'') und eine *Ideosphäre* (geistige Welt). Hellpach nennt drei große Kreise von Umwelteinflüssen auf die Psyche: die *mitseelischen* zwischen Mensch und Mensch, die in der Sozialpsychologie erfaßt werden, die *tektopsychischen*, d. h. die Auswirkungen des durch die Technik entstandenen materialen Lebensraumes, und die *geopsychischen*, die seelischen Einflüsse von Wetter, Klima, Boden und Landschaft.

Man ist versucht zu sagen, daß sich in diesen beiden Einteilungsversuchen die ,,Denkwelten'' des Verfassers einer ,,Pädagogischen Milieukunde'' und des Verfassers einer grundlegenden Darstellung der geopsychischen Erscheinungen wohl ausprägen.

In unserem Zusammenhange kann es sich nur darum handeln, einige mehr als *Beispiele* gedachte Hinweise auf die Mannigfaltigkeit der Probleme zu geben. Dies ist nicht nur deswegen berechtigt, weil die speziellen einschlägigen Fragen an zahlreichen Stellen unseres Handbuches ausführlich behandelt werden. sondern auch deswegen, weil die hier gegebenen Erörterungen ja auf die mendelistischen Grundlagen der Erbbiologie des Menschen abzielen, das Erb-Umwelt-Problem in seiner Gänze aber darüber hinausgeht. Dies muß beachtet werden. wenn wir bisher auch, wie kürzlich auch E. Fischer betont hat, keine andere Art von Erbvorgängen beim Menschen kennen als Mendelsche.

Der genannte Gesichtspunkt muß auch da beachtet werden, wo es sich um die Auswertung von *Zwillingsbefunden* handelt. Was auf dem Wege der bekannten Zwillingsmethodik erreicht wird, ist zunächst ein Urteil über *Erb*bedingtheiten und Erbbedingtheits*grade*; es ist aber nicht notwendig auch zugleich ein Urteil über den näheren Charakter der Erbbedingtheit, wenngleich im allgemeinen mit genischer Bedingtheit, also mit dem Vorliegen mendelnder Anlagen, gerechnet werden darf und muß.

Ja, selbst der Schluß aus Zwillingsbefunden auf das Vorliegen von Erblichkeit überhaupt kann überaus schwierig sein. So zeigt das von Geyer aus der Literatur zusammengestellte Zwillingsmaterial über *mongoloide Idiotie* (vgl. auch die weitere Zusammenstellung bei Schröder 1939) bei 7 erbgleichen Paaren stets Konkordanz, bei 19 erbungleichen Paaren gleichen Geschlechts nur 2mal Konkordanz, dagegen 17mal Diskordanz, und bei 27 Pärchenzwillingen stets Diskordanz, ohne daß Geyer — in Übereinstimmung mit v. Verschuer — deswegen einen Schluß auf Erbbedingtheit des Mongolismus zöge, und mit Recht, da eben auch eine Schädigung der Eizelle (s. unten) sich in Konkordanz daraus hervorgehender Zwillinge äußern muß.

Wie kompliziert die Verhältnisse bei eineiigen Zwillingen liegen können, lehren auch jene extremen Fälle, in denen einer der beiden Zwillingspartner ein *Acardius* ist. Für diese und ähnliche Fälle gewinnt man ein vertieftes Verständnis nicht vom Boden genetischer, sondern entwicklungsphysiologischer Tatsachen aus. Es sei auf experimentelle Ergebnisse Spemanns hingewiesen, der durch frontale Zerschnürung des befruchteten Eies in eine dorsale und eine ventrale ,,Zwillings''-Hälfte beim Molch *(Triton)* die Entwicklung eines wohlproportionierten Embryos neben einem ungegliedert erscheinenden Bauchstück erzielte (Abb. 1), wobei diese Verschiedenartigkeit der Entwicklung beider Keimteile mit der Verschiedenartigkeit ihrer plasmatischen Ausstattung zusammenhängt.

Eine Diskussion weiterer Experimentalbefunde im Hinblick auf menschliche Mißbildungen findet sich bei HOLTFRETER.

Um die Bedeutung der *Umwelt des Genoms* — bzw. der Umwelt des jungen Keimes — an einem Beispiel zu erörtern, sei im Anschluß an die soeben angeführten Zwillingsbefunde noch einiges weitere über die *mongoloide Idiotie* gesagt, ohne daß auf Einzelheiten, über die bei BRUGGER in Bd. V, 2 des Handbuches ausführlich nachgelesen werden kann, eingegangen werden soll. Über die Entstehung der mongoloiden Idiotie, sei es auf erblicher Basis oder sei es durch Auswirkung nichterblicher Faktoren, haben sich die verschiedenen Autoren, die in letzter Zeit dieser Frage auf Grund neuen Tatsachenmaterials nähergetreten sind, in recht widersprechender Weise geäußert.

SCHRÖDER einerseits, DOXIADES und PORTIUS andererseits, die unabhängig voneinander Untersuchungen in Thüringen und Berlin durchgeführt und fast gleichzeitig abgeschlossen haben, legen starken Nachdruck auf den Nachweis der *Erbbedingtheit* des Mongolismus; vor allem weisen sie auf Einzelsymptome

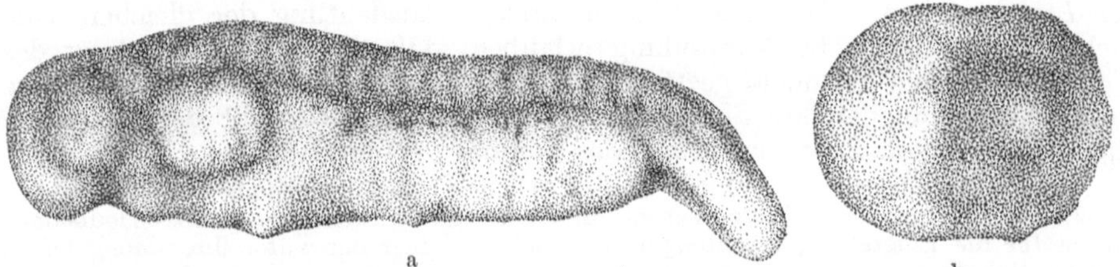

Abb. 1 a und b. „Zwillinge" von verschiedener Ausbildung, nach frontaler Schnürung des befruchteten Eies. Die dorsale Hälfte (a) entwickelt sich zu einem wohl proportionierten Embryo, die ventrale (b) zu einem äußerlich ungegliederten Bauchstück. (Nach H. SPEMANN.)

des mongoloiden Gesamtbildes hin, die sie bei einer Anzahl von Sippschaftsangehörigen Mongoloider in wechselnden Kombinationen finden. DÖRING diskutiert die Möglichkeit einer Zunahme der Mutationswahrscheinlichkeit mit zunehmendem Zeugungsalter und wirft die Frage auf, ob nicht in diesem Sinne die mongoloide Idiotie durch eine auf dem Wege der *Mutation* immer wieder neu entstehende krankhafte Erbanlage bedingt sein könne. FANCONI hat sich die gleiche Vorstellung einer mutativen Entstehung des Mongolismus, möglicherweise auf dem Wege über einen *Chromosomenausfall* bei der Reduktionsteilung der Keimzellen, gebildet. Übrigens hat, was FANCONI offenbar entgangen ist, bereits WAARDENBURG die Frage diskutiert, ob nicht der Mongolismus auf eine Chromosomenaberration zurückgehe, und verschiedene Möglichkeiten einer solchen angedeutet.

Auf der anderen Seite hatte LENZ die Vermutung geäußert, daß es bei Anwendung chemischer Präventivmittel zu einer *Schädigung von Spermien* und bei deren Befruchtung zur Entstehung Mongoloider kommen könne. Für diese Vermutung konnten aber weder GEYER, der ihr eigens nachgegangen ist, noch SCHRÖDER, noch DOXIADES und PORTIUS einen positiven Anhalt finden, ebensowenig FANCONI, der übrigens bemerkenswerterweise hinzufügt, daß bei *anderen* schweren Mißbildungen in einigen Fällen die Anwendung derartiger, zum Teil gefährlicher Mittel zugegeben worden sei. LENZ hat inzwischen, wie auf Grund persönlicher Mitteilung HOFMEIER angibt, seinen Gedanken aufgegeben, hält aber eine *Schädigung des Eiplasmas* für wahrscheinlich.

In diesem Sinne spricht sich nun auch GEYER auf Grund seiner Erhebungen aus. Während DOXIADES und PORTIUS die als verspätete Menarche oder als Menstruationsunregelmäßigkeiten bei einem Teil der Mütter der Mongoloiden nachgewiesenen Störungen der Genitalfunktionen für anlagebedingt in dem

Sinne halten, daß dieselben etwa auf Teilanlagen des Mongolismus beruhen, sieht Geyer in derartigen Störungen, die sich bei zu jungen, zu alten oder bei endokrin gestörten Müttern finden, den Ausdruck einer *ovariellen Insuffizienz*, die sich weiterhin auch in der Abgabe nicht vollwertiger, sondern „*dysplasmatischer*" *Eier* äußert.

„Gewissermaßen auf normalem Wege entstehen solche dysplasmatischen Eizellen in der Menarche und im Klimakterium. Auch bei pathologischen Zuständen (Amenorrhöe bzw. persistierenden Regelblutungen in der Schwangerschaft, ferner cystisch veränderten Ovarien sowie endlich Tuberkulose und allgemeiner Körperschwäche) kann es zu dysplasmatischen Eizellen und damit zu mongoloiden Entwicklungshemmungen kommen." (Geyer.)

Bei einem derartigen Zustandekommen des Mongolismus, für dessen Ätiologie zur Zeit also immer noch drei verschiedene Hypothesen zur Diskussion stehen, hätten wir es also mit einer *ungünstigen plasmatischen Umwelt des Genoms* zu tun.

Nun müßte die Ungunst der Umwelt nicht notwendig in einer Schädigung des *Eies* bestehen. Eine wesentlich identische Ausdeutung der gleichen Tatsachen würde auch die Vorstellung erlauben, daß die Frühentwicklung des *Keims* durch eine hormonal gestörte *uterine Umwelt* beeinträchtigt wäre. Eine solche Vorstellung äußert Schröder (1939), dieselbe aber mit der Annahme einer mongoloiden Erbveranlagung des Keimes verbindend.

Neben der Bedeutung der Mutter in der Ätiologie des Mongolismus hat Reichwage (1939) auch diejenige des *Vaters* betont, in dessen Konstitution sie einen bedeutsamen Faktor für die Entstehung des Mongolismus sieht. Keiner der Väter ihrer Mongoloiden war ein Pykniker.

Die Frage einer möglichen Bedeutung des Cytoplasmas für die Manifestation der *Schizophrenie*-Veranlagung hat Luxenburger (1935) erörtert.

Auch die Frage der *Dauermodifikationen* als möglicherweise rein plasmatisch lokalisierter, im Laufe weniger Generationen abklingender Veränderungen, die durch Außeneinflüsse, z. B. durch Behandlung mit Giften, hervorgerufen werden können, wäre hier zu nennen. Es sei auf die Zusammenstellung und Erörterung weiter zurückliegenden Experimentalmaterials bei Just (1926) hingewiesen. Möglicherweise lassen sich auch von hier aus neue und experimentell prüfbare Gesichtspunkte zu dem vielumstrittenen, von mehreren Seiten (z. B. Goldschmidt, Rössle, Hanhart, G. Steiniger) heute wieder erneut diskutierten Problem der *Anteposition* gewinnen.

Was die *intrauterine Umwelt* des Keims betrifft, so drängen sich hier zahlreiche Tatsachen auf, von denen die sinnfälligsten und eindeutigsten die Fälle intrauteriner Infektion sind, die mit dazu beigetragen haben, daß die Unterscheidung zwischen „Angeborenem" und „Ererbtem" heute eine Selbstverständlichkeit ist.

Von der intrauterinen Umwelt, vor allem anscheinend vom Ernährungszustand der Mutter, hängt nach den ebenso umfangreichen wie sorgfältigen Untersuchungen, die *Agnes Bluhm* an der weißen Maus durchführte, das *Geburtsgewicht* ab, das seinerseits nach diesen Untersuchungen nicht nur ein höheres Körpergewicht während der ersten Lebenswochen, sondern auch eine längere Lebensdauer verbürgt.

Den Fragen des Geburtsgewichtes beim Menschen ist in Verbindung mit Untersuchungen zur Pathologie der Frühgeburt Brander nachgegangen.

„Ein beträchtlicher Teil sämtlicher Zwillinge", schreibt er, „wird mehr oder minder unreif geboren; je niedriger das unternormale Geburtsgewicht solcher unreifer Kinder ist, um so ausgesprochener sind einige für die Frühgeborenen charakteristische Züge, sog. Frühgeburtsstigmata, die teils physiologischer (d. h. „normaler"), teils pathologischer Art sind; ein konkordant auftretendes unternormales Geburtsgewicht kann also eine Reihe von Ähnlichkeiten hervorrufen, ebenso wie eine diesbezügliche Diskordanz intrapaarige Unähnlichkeiten verursachen kann, — alles natürlich peristatischer Natur und unabhängig davon, ob es sich um erbgleiche oder erbverschiedene Zwillinge handelt; einige dieser „physiologischen" Frühgeburtenstigmata können für die Ähnlichkeitsdiagnose von Bedeutung sein (Gesichtszüge, Ohrmuscheln, Lanugobehaarung, anthropologische Masse, Kapillaren usw.), aber auch bei der Beurteilung zwillingspathologischer Befunde darf man es nicht ganz unberücksichtigt lassen, daß Frühgeborene eine besondere Neigung zu gewissen Krankheiten (z. B. akuten Infektionen, Rachitis, Spasmophilie, Anämien, Ectopia testis, Bruch u. a. Mißbildungen, spastischen Paresen, Epilepsie, Oligophrenie samt einer Reihe anderer Störungen von seiten des Nervensystems) besitzen; indessen wird die praktische Bedeutung dieser Tatsachen gewissermaßen dadurch eingeschränkt, daß die Mortalität in den niedrigsten Geburtsgewichtsgruppen auffallend hoch ist."

Offen bleibt aber dabei die Frage, wieweit dieses höhere oder geringere Geburtsgewicht, das sich nach BRANDERs Befunden bis in die psychische Entwicklung hinein auswirkt, von der intrauterinen Umwelt allein oder auch von erblichen Einflüssen abhängt.

Einen klaren Fall intrauteriner Umweltwirkung stellen dagegen die Befunde STEINIGERs an einem Mäusestamm mit erblicher Hasenscharte dar, in welchem sich eine hohe Umweltlabilität der *Hasenscharten*entstehung feststellen ließ. So findet STEINIGER ein Sinken in der Häufigkeit des Auftretens dieser Mißbildung mit steigender Wurfzahl des Muttertieres (Abb. 2). Andererseits konnte er auf experimentellem Wege, nämlich durch Behandlung der Muttertiere mit Preloban, das sämtliche Hormone des Hypophysenvorderlappens enthält, eine starke Erhöhung der Anzahl der Spaltbildungsträger unter den Jungen (188 neben 897 normalen Jungen = 17,3 %) gegenüber den Jungen nichtbehandelter Wurfschwestern dieser Weibchen (120 Spaltbildungsträger neben 1027 normalen Jungen = 10,5 %) erzielen.

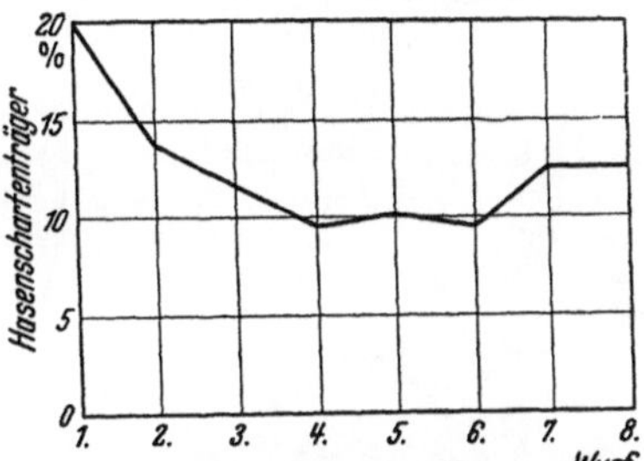

Abb. 2. Abhängigkeit der Hasenschartenhäufigkeit bei den Jungen von der Wurfzahl des Muttertieres in einem Mäusestamm mit erblicher Hasenscharte. (Nach F. STEINIGER.)

Zeigen diese Tatsachen in eindrucksvoller Weise ein Zusammenwirken von Erbbelastung und Umwelteinflüssen während der intrauterinen Entwicklung, so drängt sich hier die Frage nach den Möglichkeiten einer rein exogenen Entstehung nicht nur von solchen Spaltbildungen, sondern von Mißbildungen überhaupt auf. Für die *Lippen-Kiefer-Gaumenspalten* hat die Frage der *amniogenen Entstehung* schon seit geraumer Zeit eine mehr und mehr negative Beantwortung erfahren, da sich eben nachweisen ließ, daß die weitaus überwiegende Zahl von Hasenscharten und Gaumenspalten nicht exogenen, sondern erblichen Ursprungs ist. Auch in Fällen gleichzeitigen Vorhandenseins von Amnionsträngen kann nicht ohne weiteres gesagt werden, ob nicht die Beziehung zwischen Amnionstrang und Gesichtsspalte eine umgekehrte ist als die von der Hypothese amniogener Entstehung vermutete, ob nämlich nicht eine endogen entstandene Spalte sekundär dem Amnionfaden ermöglicht hat, sich hineinzulagern. Mit einer solchen Deutung ist die Möglichkeit einer exogenen Entstehung von Gesichtsspalten natürlicherweise aber noch nicht ausgeschlossen. (Vgl. weiterhin S. 397—398, im übrigen den Beitrag RITTER-LEHMANN in Bd. IV/2 und STEINIGER 1940.)

In ähnlicher Weise wie für die Lippen-Kiefer-Gaumenspalten hat sich in bezug auf die *amniogene Entstehung von Gliedmaßenmißbildungen* die Entwicklung der Anschauungen vollzogen, nur hat sie hier später eingesetzt und befindet sich gerade gegenwärtig im Stadium entscheidender Auseinandersetzungen. Die Mehrzahl der Forscher dürfte heute auch auf diesem Gebiete das erbliche Moment in den Vordergrund stellen, nicht zuletzt auf Grund der umfangreichen Erfahrungen über *Letalanlagen* bei Säugetieren, die sich in schweren Mißbildungen äußern (vgl. S. 399). An der Entstehung der in Abb. 3a dargestellten mißbildeten Frucht, die aus einer Geschwisterkinder-Ehe stammt, auf Grund recessiver letaler Anlagen dürfte kaum gezweifelt werden können, vor allem wegen des übereinstimmenden Verhaltens der oberen und der unteren Extremitäten und wegen der beidemal vorhandenen Rechts-Links-Symmetrie. Wir stellen dem bekannten Fall Mohrs zwei aus Grubers Institut mitgeteilte Fälle zur Seite, die Gruber ebenfalls

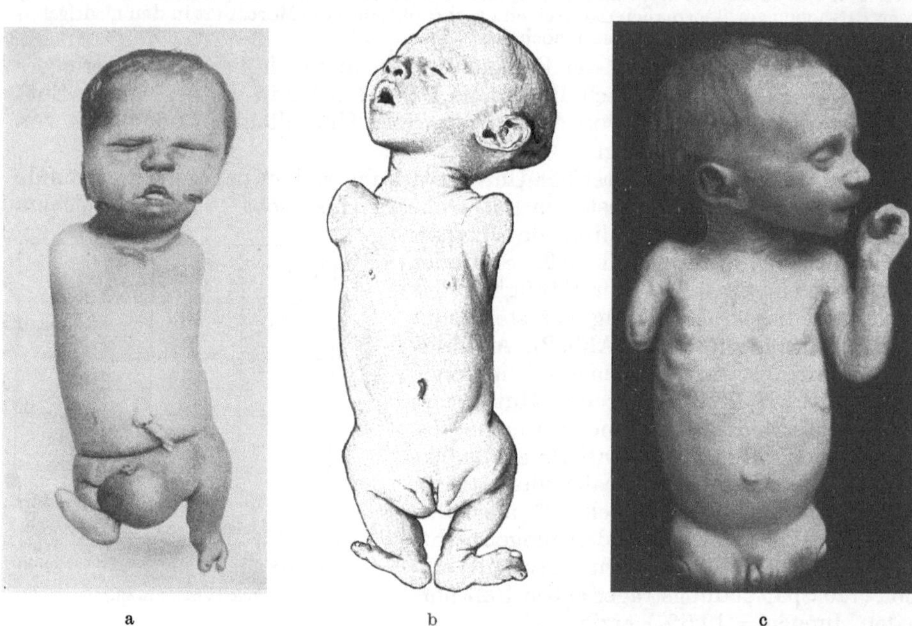

a   b   c

Abb. 3a—c. Drei Fälle schwerer endogener Mißbildungen. a „Amputation" der vorderen und hinteren Gliedmaßen, verbunden mit Inguinalhernie, Abort aus Geschwisterkinder-Ehe. (Auf die Wangen greifen von rückwärts Trageisen.) (Nach O. L. Mohr aus Koehler.) b Mangelhafte Oberschenkelbildung beiderseits und winzige Stummelbildung im Bereich der Oberarme. (Path. Inst. Göttingen, bearbeitet von Groscurth.) c Beiderseitige crurale und einseitige brachiale (endogene) Peromelie, ♀, 4 Wochen alt. (Path. Inst. Göttingen, bearbeitet von Blume.) (b und c aus G. B. Gruber 1939.)

als endogen ansieht und die, in verschiedenen Ausprägungsgraden, ein vergleichbares Bild zeigen (Abb. 3b, c).

Für die *endogene Bedingtheit von Gliedmaßen-Mißbildungen* — was, wie Schade und Gruber mit Recht betonen, nicht notwendig Erbbedingtheit zu sein braucht — spricht am meisten die *Rechts-Links-Symmetrie* derartiger Bildungen, in zweiter Linie das wenn auch nur halbseitige Auftreten entsprechender Verbildungen an *oberer und unterer* Extremität (vgl. Abb. 3). Aber selbst eine solche Symmetrie ist, wie auch Gruber hervorhebt, kein sicherer Beweis für endogene Entstehung, da, wenn auch selten, solche symmetrischen Mißbildungen auch auf amniogenem Wege entstanden sein können. Auch der quere oder schiefe Verlauf der Stummelfläche gibt, wie Gruber weiterhin hervorhebt, keine sichere Auskunft über die Entstehungsart. Und da, wie er gleichfalls bemerkt, amniotische Schnürung nicht notwendig eine Abstoßung des distalen Gliedmaßenteils zur Folge haben muß, sondern auch zu einer Hypoplasie führen kann, so bleibt zur endgültigen Klärung der in dieser zurückhaltenden Art von Gruber beantworteten Frage nach den Unterscheidungsmöglichkeiten zwischen endogen und amniogen verursachten Gliedmaßenstummelbildungen noch viel Kleinarbeit zu tun.

Amniogen mißbildete Früchte sind übrigens, wenn man sie im Rahmen der Gesamtheit mißbildeter Früchte überhaupt betrachtet, ein *seltenes* Vorkommnis. Für Göttingen gibt GRUBER (1939), der einige Zahlen über die Häufigkeit amniogener Mißbildungen zusammengestellt hat, nicht mehr als 28 von insgesamt 955 Fällen in 10 Jahren an; diesen 2,8% amniogener Mißbildungen unter sämtlichen Mißbildungsfällen eines Pathologischen Instituts stellt GRUBER die Zahlen amniogener Fälle aus 2 Frauenkliniken gegenüber, nämlich Göttingen mit 1,8%, Innsbruck mit 6% der überhaupt beobachteten Mißbildungen.

Infolge der Ergebnisse der Erbpathologie der Säugetiere und der sich mehrenden Fälle familiärer Häufung von Mißbildungen auch beim Menschen hat sich

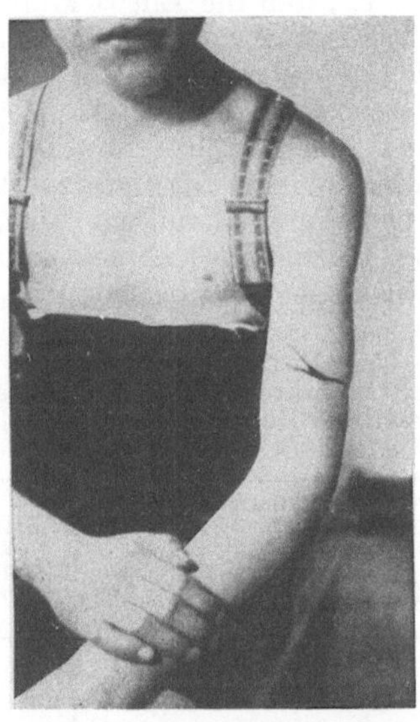
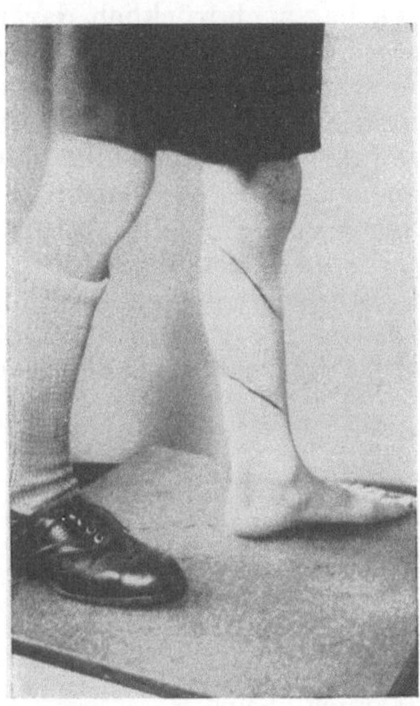

a   b

Abb. 4a und b. Amniogene Narben an Oberarm und Unterschenkel eines 11jährigen Knaben. (Die Narben wurden mit Farbe nachgezogen, um sie deutlicher hervortreten zu lassen.) (Nach L. v. UNTERRICHTER.)

heute, wie gesagt, das Schwergewicht des Urteils nach der Seite der Erblichkeitsauffassung geneigt. Gleichwohl sollte gegenüber einer Unterschätzung anderer Entstehungsmöglichkeiten solcher Mißbildungen heute noch eine gewisse Zurückhaltung geübt werden, zumal die entwicklungspathologischen Zusammenhänge beim Menschen und ihre Beziehungen zu den Ergebnissen der experimentellen Entwicklungsphysiologie noch weitgehend ungeklärt sind. Eine solche zurückhaltende Stellungnahme, wie sie grundsätzlich auch v. VERSCHUER einnimmt, ist um so berechtigter, als immer wieder Fälle unterlaufen, in denen eine andere als exogene Entstehungsweise schwer vorstellbar ist.

Einen solchen Fall offenbar amniogener Entstehung tiefer, schmaler Narbenlinien an einem Arm und einem Bein eines 11jährigen Knaben teilt v. UNTERRICHTER mit (Abb. 4). An dem betreffenden Arm findet sich eine Schnürfurche auch an der syndaktylen Hand, deren 2. und 3. Finger nur Grundphalangen, 4. und 5. Finger auch noch Teile der Mittelphalangen besitzen, sämtlich also keine Spitzen und Nägel, während der Daumen keine Veränderungen aufweist.

Es ist nun sehr wohl möglich, daß die Einflüsse der intrauterinen Umwelt sich an solchen embryonalen Vorgängen besonders leicht geltend zu machen vermögen, die im Sinne des S. 386 erörterten LENZschen Begriffs als *entwicklungslabile* Vorgänge anzusehen sind. Denn, wenn jene in ständigem Wechsel anzunehmenden kleinen „zufallsmäßigen" Schwankungen der *intraindividuellen Entwicklungsbedingungen* bereits zu einer Beeinflussung des künftigen

Phäns imstande sind, so sollte dies für die von einer verschiedenen intrauterinen Umwelt ausgehenden Einflüsse in keinem geringeren Maße gelten. Notwendig allerdings wäre ein solcher Zusammenhang nicht, schon weil die Zeitspanne, innerhalb deren intraindividuelle bzw. extraindividuelle Kräfte einen Determinationsvorgang zu beeinflussen vermögen, von verschiedener Länge sein kann, wobei eine „kleine" intraindividuelle Schwankung, die gerade in eine kurze Strecke eines embryonalen Determinationsvorganges hineinfiele, von großer Wirkung sein könnte.

Fischer hat nachdrücklich darauf hingewiesen, daß die Entwicklung *funktionswichtiger* Bauverhältnisse, beispielsweise die Entwicklung des receptorischen Anteils der Sinnesorgane, umwelt*stabil* vor sich gehen müsse, wenn anders die Gesamtfunktionstüchtigkeit des Organismus erblich und entwicklungsphysiologisch gewährleistet sein solle, und J. Lange hat geradezu im Sinne eines „allgemeinen Gesetzes" geglaubt aussprechen zu können, daß normale Anlagen (vgl. übrigens auch Tabelle 1) durch ihre hohe Umwelt*stabilität*, Anlagen zu pathologischen Erscheinungen durch ihre hohe Umwelt*labilität* gekennzeichnet seien, und zwar schienen letztere „um so umweltlabiler, je monströser sie sind".

Tabelle 1. Variabilitätsverhältnisse der für die Ähnlichkeitsdiagnose (Feststellung der Erbgleichheit oder Erbverschiedenheit) bei Zwillingen benutzten, auf völlig oder hochgradig umweltstabilen Anlagen beruhenden Merkmale. (Nach O. v. Verschuer.)

Nr.	Merkmal	Peristatische Variabilität bei EZ in %			Empirische Diskordanzhäufigkeit in % bei ZZ
		Völlige Gleichheit	Gleichheit mit kleinen Variationen	Größere Unterschiede (Diskordanz)	
1.	Blutgruppe	100	?	0	36
2.	Blutfaktoren M und N	100	?	0	38
3.	Augenfarbe	86,5	13	0,5	72
4.	Haarfarbe	75	22	3	77
5.	Hautfarbe	87	13	0	55
6.	Haarform	99,5	0,5	0	21
7.	Augenbrauen	98	2	0	49
8.	Form der Nase	80—85	15—20	0	65—70
9.	Form der Lippen	85	15	0	etwa 35
10.	Zungenfalten	84	11	5	40
11.	Form des Ohres	77	21	2	80
12.	Hautgefäße	80	15	5	etwa 30—40
13.	Form und Stellung der Zähne	—	—	—	—
14.	Sommersprossen	70—75	25—30	0	45—50
15.	Fingerleisten (quantitativer Wert)	81	11	8	60

Beide Autoren haben dabei die Zeit der intrauterinen Entwicklung im Auge, während derer nach J. Lange die *wesentlichen* Umweltentscheidungen gerade im Bereich des Neurologisch-Psychiatrischen fallen. Diesen vorgeburtlichen Einflüssen nämlich schreibt J. Lange die wesentliche Entscheidung über Manifestation oder Nichtmanifestation solcher Erbleiden wie der Schizophrenie, des manisch-depressiven Irreseins und der Epilepsie zu — „das spätere Schicksal wird mit den Anlageträgern geboren" —, wenn er mit dieser Auffassung auch die Bedeutung nachgeburtlicher Umwelteinflüsse für Ausprägung und Ablauf dieser Leiden keineswegs schmälern will.

Was uns zur Beurteilung derartiger Fragen, nicht nur im Bereiche des Krankhaften, sondern auch des Normalen, und nicht nur des Psychischen, sondern auch und zunächst des Körperlichen heute noch fehlt, ist eine genaue Kenntnis des zeitlichen Ineinandergreifens der Entwicklungsteilvorgänge und der Richtung, des Ausmaßes und der Häufigkeit der dabei auftretenden individuellen Schwankungen. Zur Heranschaffung dieser Grundlagen eines vertieften genetisch-entwicklungsphysiologischen Verständnisses menschlicher Entwicklungserscheinungen wird es schwieriger und umfangreicher Arbeit bedürfen.

Manche Einblicke in dieser Richtung verspricht die Fortführung der Arbeiten von KAVEN, der durch Röntgenbestrahlung von Embryonen der Maus und zwar an zeitlich genau bestimmten Schwangerschaftstagen des Muttertieres und damit in relativ begrenzten Entwicklungszeitspannen der Embryonen, eine Anzahl von *Röntgenmodifikationen* erzielte, die je nach dem Zeitpunkte der Bestrahlung sich auf verschiedene Organe beziehen bzw. sich als verschiedenartige Schädigungen des gleichen Organs darstellen (Tabelle 2).

Tabelle 2. Modifikationen nach Röntgenbestrahlung (Wirkungsdosis = 178 r) von Mäuse-Embryonen, geordnet nach Schwangerschaftstagen des Muttertieres. (Nach A. KAVEN.)

7.	8.	9.	10.	11.	12.	13.	14.	15.—17.	18.—19.
				Tag					
Resorption	Meningo-celen	Schwanzveränderungen: Kurz-, Knick- bzw. Kurz- und Knickschwänze							
Placenta-reste Stark letale Wirkung (soweit bisher untersucht)	Extra-kranielle Dysen-cephalie Resorp-tionen		Würfe meist aus Tot-geburten mit Schwanzver-änderungen		Hydro-cephalus mit Schwanzver-änderungen		Sterilität der ♂		Katarakt

KAVENs Befunde sind zugleich, wie er auch hervorhebt, ein weiteres Beweismaterial für die vor allem von GOLDSCHMIDT betonte und experimentell eingehend untersuchte Parallelität zwischen solchen Entwicklungsergebnissen, die auf mutativem, und solchen, die auf modifikativem Wege zustande kommen, also zwischen Mutanten und ihren *„Phänokopien"*. So wie GOLDSCHMIDT gleiche Phäne, wie sie als Mutanten bei Drosophila bekannt sind, im Temperaturversuch als modifikatorische Bildungen erzielen konnte, haben KAVENs Röntgenmodifikationen ihre Parallelen in entsprechenden mutativ entstandenen Fehlbildungen. Wir dürfen es heute als eine bloße Frage genügend umfangreichen planvollen Experimentierens bezeichnen, zu jeder bekannten mutativen Erscheinung eine phänisch entsprechende modifikative zu erzielen. Das bedeutet aber nichts anderes, als daß in alle Vorgänge, die von Genen in Gang gesetzt und gesteuert werden, auch durch Außeneinflüsse in entsprechender Weise eingegriffen werden kann.

Macht man sich dies hinreichend klar, so erscheinen manche Schwierigkeiten in bezug auf Erb-Umwelt-Fragen gerade im erbpathologischen Bereiche wesentlich geringer. Die Bedeutung der Erbgrundlagen für den normalen Ablauf der Entwicklungsvorgänge wird durch eine solche Einsicht selbstverständlich in keiner Weise eingeschränkt.

Vielleicht aber werden manche Fälle gehäufter Mißbildungen dadurch in helleres Licht gerückt, daß man sie unter dem gemeinsamen Gesichtspunkt einer Störung sei es der intrauterinen, sei es *unmittelbar* der intraindividuellen Umwelt ansieht. So finden sich *Lippen-Kiefer-Gaumenspalten* in einer Anzahl von Fällen mit schweren Hirnmißbildungen vergesellschaftet, in anderen mit Extremitätenmißbildungen, in wieder anderen mit beiden (vgl. auch die neueste

Zusammenstellung bei Steiniger 1940). Hierfür lassen sich vom genetischen Standpunkt aus mehrere Erklärungsmöglichkeiten geben. So hat z. B. Ströer einen von ihm mitgeteilten Fall doppelseitiger Lippen-Kiefer-Gaumenspalte in Verbindung mit symmetrischen Mißbildungen aller 4 Extremitäten in Analogie zu Mohr und Wriedts S. 382 besprochenem Fall als homozygoten Träger eines semiletalen Gens gedeutet. Der Gesichtspunkt indessen, auf den in unserem Zusammenhange aufmerksam gemacht werden soll, wird durch die Beobachtungen über solche Spaltbildungen bei *Doppelmißbildungen* nahegelegt. Beim Menschen sind sie in einer Reihe von Fällen — meist konkordant — beobachtet worden, und auch bei Doppelmonstren des Rindes liegen Beobachtungen über ein häufiges, teils konkordantes, teils diskordantes, Auftreten vor allem von Gaumenspalten vor (Keller und Nieboda, Stietzel). Loeschcke hält es im Hinblick auf die Befunde seines Schülers Stietzel für möglich, daß durch die Doppelbildung als solche „Richtungsablenkungen im Wachstum" bedingt seien (s. a. Keller und Nieboda), und auch Steiniger spricht sich dahin aus, daß in derartigen Fällen keine erbbedingten Spaltbildungen vorlägen, sondern daß als Ursachen hier „die andersartigen Entwicklungsverhältnisse und die räumliche Beengtheit im Uterus" angenommen werden dürfen.

Im ganzen kann gesagt werden, daß gerade der zuletzt erörterten Einflußmöglichkeiten auf die Entfaltung von Genen, vor allem von krankhaften Erbanlagen, so zahlreiche und mannigfaltige sind, daß die *Polyphänie* im Erscheinungsbild zahlreicher Erbfälle alles andere als verwunderlich ist; man müßte sich im Gegenteil eher darüber wundern, daß es trotz der Komplikationen der Gesamtentwicklung so viele verhältnismäßig leicht analysierbare Fälle eines nachweislich einfachen Erbverhaltens gibt.

Eine Polyphänie dürfte im Einzelfalle um so eher zu erwarten sein, je *frühzeitiger* das betreffende Gen in den Entwicklungsprozeß eingreift, oder je „*labiler*" die Entwicklungssituation — die zu dem betreffenden Zeitpunkt bestehende „innere Umwelt" — ist, in welche die Genwirkung hineinfällt. Eine solche Abhängigkeit der Polyphänie der Genausprägung vom Zeitpunkt der Genwirkung ist allerdings kein Tatbestand, sondern eine — wenn auch überaus plausible — Annahme.

IV. Die Mendelschen Erbgänge.

1. Der Geltungsbereich Mendelscher Vererbung.

Wenn wir am Anfang der folgenden Erörterungen die Feststellung wiederholen, daß eine andere als Mendelsche Erbgesetzlichkeit für den Menschen bisher noch nicht nachgewiesen worden ist, so müssen wir zwar ebenso wie Ernst (1936) betonen, daß dann beim Menschen ebensowenig wie bei Tier und Pflanze bereits die *Gesamtheit* allen Erbgeschehens erfaßt sein kann, werden andererseits aber mit um so stärkerem Nachdruck hervorheben müssen, daß der Gesamtbereich der von mendelnden Genen in Gang gesetzten und geleiteten Entwicklungsvorgänge nachweislich ein außerordentlich weiter ist, daß also keinesfalls die Auffassung zu Recht besteht, als sei dieses Mendelsche Erbgeschehen etwa auf bloße „Oberflächen"merkmale des Organismus beschränkt.

Aus dem allgemein-biologischen Tatsachenmaterial, das für eine solche Feststellung die Beweise liefert, sei einiges hier kurz angeführt.

Zahlreiche Gene beeinflussen mehr oder weniger stark die *Vitalität* ihrer Träger, d. h. also das physiologische Gesamtgeschehen (vgl. z. B. Kühn, Timoféeff-Ressovsky, Lüers; ferner Kemp, Altern und Lebensdauer, in Band II dieses Handbuches). Gleichsam ein Maximum einer derartigen Vitalitätsbeeinflussung durch Gene stellen die von den sog. Letalfaktoren ausgehenden Wirkungen dar.

Die *Gene mit letaler Wirkung*, kurz als *letale Gene* oder *Letalfaktoren* bezeichnet, sind dadurch charakterisiert, daß sie zu einem mehr oder weniger scharf umgrenzten, mehr oder weniger frühzeitig gelegenen Zeitpunkt des Entwicklungsablaufs diesen zum Stillstand bringen, so daß also aus unmittelbar erblicher Verursachung heraus der Tod des betreffenden Individuums eintritt.

So erzeugt ein geschlechtsgebunden-recessives Gen bei den es besitzenden männlichen Larven von *Drosophila melanogaster* einen *Tumor*, der noch während des larvalen Lebens zum Tode führt, so daß in der Nachkommenschaft von Weibchen, die dieses Gen heterozygot besitzen, die Hälfte der männlichen Tiere ihre Entwicklung nicht zu Ende zu führen vermag und daher unter den Imagines statt des Geschlechtsverhältnisses 2 Weibchen : 2 Männchen ein solches von 2 Weibchen : 1 Männchen anzutreffen ist.

In einer Unterscheidung, die mehr praktische als theoretische Bedeutung besitzt, trennt man von den letalen Genen als *subletale Gene* oder Subletalfaktoren diejenigen mit zeitlich späterer Wirkung ab, bei Säugetier und Mensch bei Wirkung erst nach der Geburt.

Ebenso wie zwischen letalen und subletalen Genen bestehen zwischen diesen und sonstigen krankhaften Erbanlagen — Nosofaktoren, wie Plate sie nannte — naturgemäß fließende Übergänge. Bei den letalen Genen zeichnet sich der aus innerer Verursachung eintretende Tod nur durch seine relative Frühzeitigkeit und durch die verhältnismäßig enge zeitliche Umgrenztheit seines Eintritts aus. Ja, es kann der frühzeitige Tod als solcher die einzige der Beobachtung zunächst zugängliche Manifestation des letalen Gens sein, dessen primäre Auswirkungen auf den Entwicklungsverlauf dabei noch unerkannt bleiben.

Infolge der Selbstausmerzung von Trägern *dominanter* Letalgene kann das Studium des Erbgangs letaler Gene nur an *recessiven Letalgenen* erfolgen. Die Verfolgung solcher Gene im Erbgang kann dadurch außerordentlich erleichtert sein, daß das betreffende Gen sich bereits im *heterozygoten* Zustande in bestimmten Phänen nicht-letalen Charakters zu manifestieren vermag, während es sich letal erst im homozygoten Zustande auswirkt. Man spricht dann, den Ausdruck Dominanz in der in der menschlichen Erbpathologie üblichen Weise benutzend, von *dominanten Genen mit recessiver Letalwirkung*.

Ein bekanntes Beispiel hierfür ist der Gelbfarbigkeitsfaktor bei der Maus, der sich im heterozygoten Zustande besonders deutlich in einer warm orangegelben Fellfärbung äußert, während er sich bei homozygotem Vorhandensein dahin auswirkt, daß *bereits während der Furchungsvorgänge* die Entwicklung abbricht, indem die Morula zerfällt.

Mohr, der 1925 erstmalig auf breiterer Basis die Fragen der Letalfaktoren, auch der *Letalfaktoren beim Menschen*, zusammenfassend behandelt hat, hat auf dem Internationalen Pathologen-Kongreß in Rom 1939 diese Fragen erneut erörtert. Er nennt hier an Fällen letalen und subletalen Verhaltens von Genen beim Menschen außer dem bereits erwähnten Fall der *Zeigefingerverkürzung* (Mohr und Wriedt), deren Gen in dem soeben gekennzeichneten Sinne ein dominantes Gen mit recessiver Letalwirkung darstellt, folgende weitere Fälle: die *Ichthyosis congenita* in ihrer typischen Form und die *Bullosis congenita* (Pemphigus hereditarius), beide auf recessiven Subletalfaktoren beruhend, ferner als ebenfalls recessiv subletal die *infantile amaurotische Idiotie* (Tay-Sachssche Krankheit), das *Xeroderma pigmentosum* und gewisse Fälle von *Glioma retinae*, von dem sowohl recessive wie partiell dominante Formen vorzukommen schienen. Im Anschluß hieran nennt Mohr die *progressive spinale Muskelatrophie* (Werdnig. Hoffmann). Auch gewisse Fälle von *Achondroplasie* und *Osteogenesis imperfecta*, die aber genetisch noch nicht genügend geklärt seien, möchte er anschließen.

Auf die recessive *Cystenniere* der Neugeborenen weist Claussen (1939) hin. (Vgl. auch die kurze Zusammenstellung der bei Vogel, Säugetier und Mensch bekannten Fälle letaler Gene bei Eaton 1937.)

Auf Fälle *gehäuften frühzeitigen Sterbens* von Kindern innerhalb bestimmter Familien als Ausdruck von Letalfaktoren hat Lenz hingewiesen; zwei derartige Fälle von Stolte lassen an die Wirksamkeit *geschlechtsgebundener* Letalanlagen denken. Frühzeitig hat Lenz auch begründet, daß das Überwiegen der Knaben bei der *vorgeburtlichen* und der *Säuglingssterblichkeit* auf recessiv-geschlechtsgebundene Gene zurückgeführt werden müsse; vgl. u. a. das von seinem Schüler Haase (1938) vorgelegte Material, ferner vor allem die eingehende Diskussion des Gesamtproblems bei Pfaundler (1935, 1939).

Mit Recht weist Mohr darauf hin, daß auch viele *Monstren* auf recessive Gene zurückführbar sein dürften, und führt als Fall eigener Beobachtung das in Abb. 3a dargestellte Kind an, das aus einer Vetternehe ersten Grades stammt und in mehrfacher Beziehung an die beim Rind als recessiv-letal nachgewiesene Mißbildung ,,amputiert'' (Mohr und Wriedt) (vgl. Abb. 14, S. 70, Bd. III dieses Handbuches) erinnere.

Zwanglos reihen sich hier Fälle an wie die von Hammer mitgeteilte siebenköpfige Geschwisterschaft, in welcher neben vier normal geborenen Geschwistern 3 Fälle von Craniorhachischisis zur Beobachtung gekommen sind, vielleicht auch Schades 4 *Anencephalen*, die von derselben Mutter stammen, und zu denen sich in der gleichen Sippschaft noch ein fünfter Anencephalus gesellt.

Die hohe *theoretische Bedeutung der letalen Gene* ist darin gegeben, daß durch sie der Nachweis der Notwendigkeit *einzelner* Gene für die Durchführung der normalen Entwicklung, d. h. also der *Lebensnotwendigkeit* dieser Gene, geführt werden kann. Denn da durch ein letales Gen eine irreparable Entwicklungsstörung gesetzt wird, während bei Vorhandensein des diesem Letalfaktor entsprechenden *normalen Allels* eine störungslose Entwicklung erfolgt, so muß die Auswirkung dieses letalen bzw. dieses ,,vitalen'' Gens entweder ausschließlich, oder doch jedenfalls auch, in der Beeinflussung sei es eines *wichtigen Teilvorgangs der Entwicklung*, sei es eines raum-zeitlich *harmonischen Zusammenarbeitens* lebenswichtiger Entwicklungsvorgänge bestehen. Der angeführte Fall der gelbfarbenen Mäuse zeigt beispielsweise, daß für die normale Weiterentwicklung einer Säugetier-Morula bestimmte Gene eine notwendige Bedingung darstellen.

Von nicht minder hoher theoretischer Bedeutung wie die Letalfaktoren sind diejenigen Gene, deren Wirksamkeit als eine *Befreiung latenter Potenzen* bezeichnet werden kann. Hiermit sind Gene gemeint, die sich in ,,atavistischen'' Bildungen manifestieren, d. h. in der Aktivierung von Potenzen, die in phylogenetisch zurückliegenden Zeiten Normalcharakter besaßen. So vermag beispielsweise das im III. Chromosom von *Drosophila melanogaster* lokalisierte recessive Gen *tetraptera*, das sich in einer großen Mannigfaltigkeit von Halteren-(Schwingkölbchen-)Umbildungen auswirkt (vgl. die Abb. S. 36 dieses Bandes), im extremsten Fall einen relativ gut ausgebildeten hinteren Flügel von nahezu der halben Länge des Vorderflügels zu liefern, so daß ein hymenopteren-(hautflügler-)ähnliches Flügelgebilde entsteht (Astauroff). Ein Organisationsmerkmal also, das die große Insektenordnung der Dipteren (Zweiflügler) systematisch grundlegend von allen anderen Insektenordnungen unterscheidet, nämlich der Besitz nur eines Flügelpaares und eines Paares Halteren, kann durch das Gen tetraptera so abgeändert werden, daß in dieser Beziehung eine, wenn auch naturgemäß nur oberflächliche, Ähnlichkeit mit einer anderen großen Insektenordnung zustande kommt. Dann aber muß das normale Allel zu tetraptera eine notwendige Vorbedingung dafür sein, daß diese an sich vorhandenen Entwicklungspotenzen *nicht* zur Aktivierung gelangen. Dabei handelt es sich um ein Organisationsmerkmal, das seit Hunderttausenden von Generationen für die Zweiflügler charakteristisch ist!

Die in ähnlichen Hinsichten in der Erbpathologie der Säugetiere und des Menschen ruhenden Fragestellungen haben bisher noch keine eingehendere Bearbeitung erfahren.

Dagegen ist gerade innerhalb der Erbbiologie des Menschen eine Frage erörtert worden, die, entwicklungsphysiologisch gesehen, zu den Problemen der Letalfaktoren und der Befreiung latenter Potenzen durch Gene in nahen Beziehungen steht, nämlich die Frage, ob nicht im Hinblick auf die Zusammenarbeit der Gene bei der Entwicklung bestimmten Genen eine *höhere Rangstufe entwicklungsphysiologischer Wertigkeit* zugeschrieben werden müsse. Solche *übergeordneten Gene*, wie sie EUGEN FISCHER genannt hat, sind dadurch charakterisiert, daß sie die Auswirkung zahlreicher anderer Gene in eine bestimmte Richtung

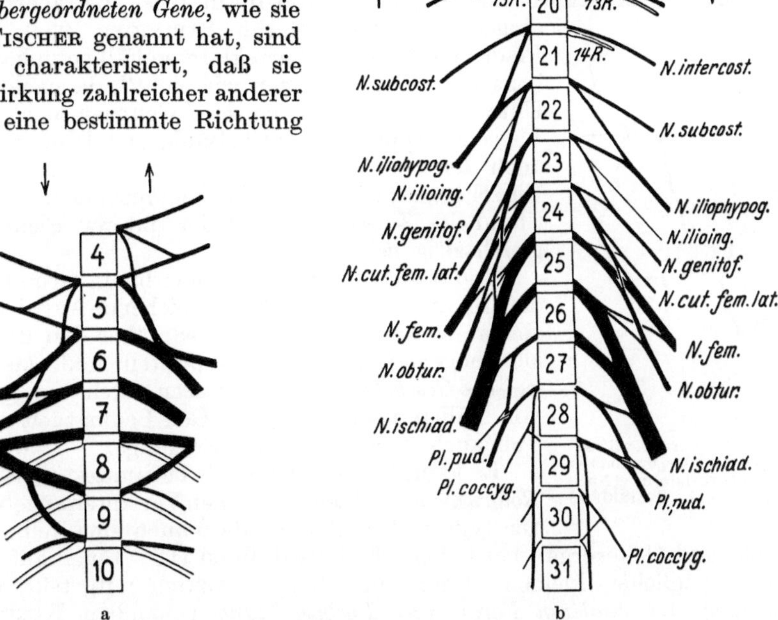

a   b

Abb. 5 a und b. a Plexus brachialis der Ratte, ↓ stärkste caudale, ↑ stärkste kraniale Variation. b Plexus lumbo-sacralis der Ratte, ↓ stärkste caudale, ↑ sehr stark kraniale Variation. (Nach M. FREDE, abgeändert, aus E. FISCHER.)

drängen. PFAUNDLER (1932) hat in ähnlichem Sinne von *sammelnden Genen* gesprochen (vgl. auch seine Ausführungen in Band II dieses Handbuches).

Außer auf die der *Geschlechtsbestimmung* zugrunde liegenden Gene und die ihnen möglicherweise vergleichbaren Gen-Grundlagen der *Konstitutionsformen* (vgl. S. 446 f.) kann hier auf die Zusammenhänge hingewiesen werden, die FISCHER und seine Mitarbeiter KÜHNE und FREDE in bezug auf die erbliche *Variabilität der Wirbelsäule* aufgefunden haben.

Die embryonale Entwicklung der menschlichen Wirbelsäule neigt nach KÜHNES umfassenden Untersuchungen schon frühzeitig zu einer steißwärts gerichteten Verschiebung der cervico-thorakalen Grenze und zu einer kopfwärts gerichteten der drei übrigen Abschnittsgrenzen; die weitere Entwicklung erfolgt aber unter dem Einfluß eines Allelen-Paares, von denen das dominante Gen Cr eine *kopf*wärts gerichtete, das recessive Gen cr eine *steiß*wärts gerichtete Variation bedingt. (Einzelheiten bringen in Band III des Handbuches ABEL sowie BAUER und BODE.) Der *Wirkungsbereich dieses Paares alleler Gene* erstreckt sich aber nicht nur auf die Wirbelsäule.

Vielmehr konnten Kühne und Frede an der Ratte zeigen, daß in festester Korrelation zu den Wirbelsäulenvarianten auch die Varianten des Plexus brachialis und lumbo-sacralis (Abb. 5), besonders die letzteren, stehen. Durch die betreffenden Allele wird also nicht nur die Variationstendenz der Wirbelsäule, sondern der Variationstypus der dorsal-axial gelegenen Organe überhaupt bestimmt. Indem sich dieser gemeinsamen Variation von Wirbelsäule und Plexus auch die Muskulatur harmonisch einordnet, besteht eine *korrelierte Gesamtvariation von Wirbelsäule, Rückenmuskulatur und Nervenstrang*, deren Richtungsvorzeichen also letztlich von einem einzigen Allelenpaar, einem Paar „übergeordneter", „sammelnder" Gene bestimmt wird. H. Frey hat auch die Variation von Brustkorb und Sternum (Abb. 6) in diese Betrachtungsweise

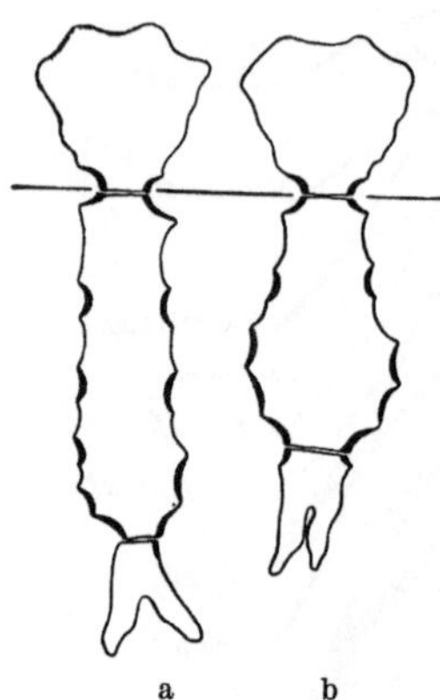

Abb. 6 a und b. Form des Brustbeins bei a caudaler, b kranialer Wirbelsäulenvariation. (Nach H. Frey aus F. Steiniger.)

eingeordnet (vgl. weiterhin Steiniger 1938). So kann Fischer betonen: „Einen klareren Fall polyphänen Wirkens eines Genes kennen wir nicht", da nach Kühnes Untersuchungen „ein einziges Genpaar nicht nur den Variationstypus der Wirbelsäule und Rippen, sondern auch den des Arm- und Bein-Nervenplexus, ferner die Einzelausgestaltung der Rückenmuskulatur, sowie den Stand des Zwerchfells und der unteren Pleuragrenzen gleichzeitig beherrscht".

Ergibt sich so insgesamt eine bis in Grundvorgänge der Gesamtentwicklung hineinreichende Auswirkung von Genen, so kennen wir, wenn wir über den Bereich des Morphogenetischen hinausschreiten und das *physiologische Geschehen* ins Auge fassen, auch hier eine Reihe von Fällen nachgewiesener Gen-Bedingtheit und zum Teil auch nachgewiesenen Erbgangs.

Es kann hier nicht nur als bekanntestes Beispiel der *Rotgrünsinn* und seine erblichen Varianten angeführt werden (vgl. S. 408, 436), sondern auch eine Reihe weiterer auf Seh- und Gehörorgan bezüglicher Fälle (vgl. Band III). Einen auf „*Farbenhören*" bezüglichen kleinen Stammbaum hat Lundborg mitgeteilt, die Erbgrundlagen der *relativen Form- und Farbbeachtung* behandeln Kleinknecht und Lüth, ersterer im Sinne der Monomerie, letzterer im Sinne der Dimerie.

In bezug auf den *Geschmackssinn* ist in erster Linie die vor allem von amerikanischer Seite untersuchte *Ansprechbarkeit auf p-Äthoxyphenylthioharnstoff (P.T.C.)* zu nennen, die nach Gottschick (1937) als umweltstabil anzusehen ist. Gottschicks Ergebnisse bestätigen die Auffassung, daß das Nichtschmecken dieses Stoffes, also eine spezifische „Geschmacksblindheit", auf ein recessives Gen zurückgeht, die häufigere spezifische Bitterempfindung auf das entsprechende dominante Gen.

Durch Zwillingsuntersuchungen konnte Hubert Habs die Erbbedingtheit der *Schwellenwerte der vier Grundqualitäten des Geschmackssinns*, d. h. also der Empfindlichkeitshöhen, nachweisen. Gerade der Bitter-Empfindlichkeit scheint uns dabei keine so starke Erbbindung zuzukommen wie den anderen drei Geschmacksqualitäten. Habs hält es für wahrscheinlich, daß die individuellen Empfindlichkeitsgrade des Geschmacks mit der individuell sehr variablen Anzahl der *Geschmackspapillen* zusammenhängen, so daß es sich letztlich um eine Erblichkeit dieser Papillenzahl handeln würde.

Auf dem Gebiete der *Wärmereaktionen* konnte Herter bei der Maus die Höhe des *thermotaktischen Optimums*, d. h. des im Versuch vorzugsweise aufgesuchten Temperaturbezirks, als erbliches Merkmal erweisen (Abb. 7; vgl. auch die weitere Abbildung in Bd. V, S. 354). Herter hat dabei nicht nur auf zu vermutende Zusammenhänge zwischen Vorzugstemperatur, Temperaturwiderstandsfähigkeit und damit auch relativer Vitalität hingewiesen, sondern konnte weiterhin auch zusammen mit SGONINA die *morphologischen* Grundlagen des verschiedenen Temperaturverhaltens in Haardichte und Epidermisdicke, vor allem in ersterer, aufzeigen.

Was schließlich den Geltungsbereich mendelnder Erbvorgänge innerhalb des *psychischen Geschehens* betrifft, so hat sich zwar durch Zwillings- und Familienforschung vielfältig die Erbbedingtheit auch psychischer Vorgänge nachweisen lassen, es gibt aber weder innerhalb des normalen psychischen Geschehens noch außerhalb desselben bisher einen sicheren Nachweis eines bestimmten mendelnden Erbgangs eines psychischen Merkmals.

Für die *normalen* psychischen Vorgänge ist ein solcher Nachweis, sozusagen bis auf weiteres, auch ebensowenig zu erwarten wie für die normalen morphogenetischen Vorgänge, da eben in beiden Fällen eher mit polymerer als mit monomerer Bedingtheit gerechnet werden muß. Hinzu kommt, daß wir gerade im psychischen Bereich die Kette der Vorgänge, die zwischen den ersten Auswirkungen des vorausgesetzten Gens und der mehr oder weniger ausgeprägten Polyphänie einfacherer oder komplizierterer psychischer Reaktionen liegen, nirgends auch nur im Überblick kennen.

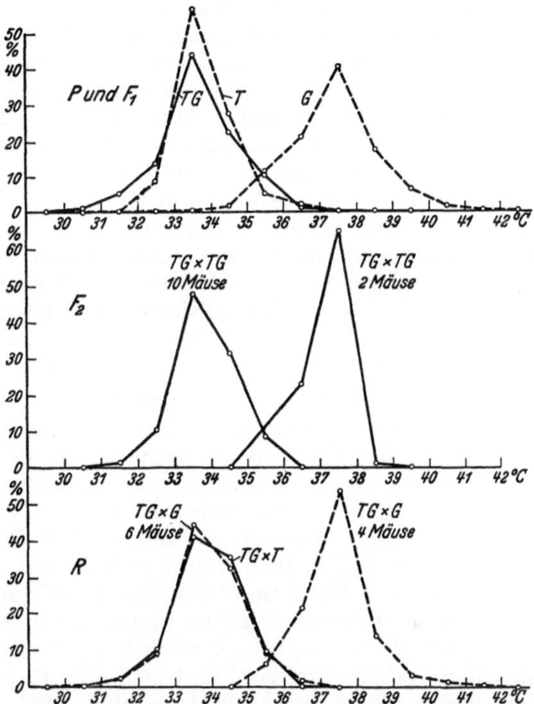

Abb. 7. Variationskurven der thermotaktischen Optima der Bastarde zwischen grauer Hausmaus und Tanzmaus. Abszisse: Bodentemperaturen. Ordinate: Frequenz in Prozenten. *G* graue Hausmaus, *T* Tanzmaus, *TG* F₁-Bastarde zwischen *G* und *T*, *TG* × *TG* F₂-Bastarde, *TG* × *G* und *TG* × *T* Rückkreuzungen. (Nach HERTER.)

Der von BERNHARD SCHULTZE-NAUMBURG beschrittene Weg, den Erbgang einer Reihe von Charaktereigenschaften zu ermitteln, kann nur als erbbiologisch wie psychologisch gleicherweise verfehlt bezeichnet werden.

Aber auch im *psychopathologischen* Bereich kennen wir keinen so klar durchschaubaren Erbgangsfall, daß aus ihm auf entsprechende normale Gene, die am Zustandekommen des betreffenden normalen psychischen Teilgeschehens beteiligt wären, geschlossen werden könnte. RIEDEL macht ebenfalls mit Recht darauf aufmerksam, „daß auch heute noch an keiner Stelle der sichere Nachweis des Erbganges pathopsychologischer Zustandsbilder zu erbringen ist".

Daß aus dem bisher fehlenden Erbgangsnachweis nicht auf die Unmöglichkeit einfacher mendelnder Erbgänge auch für psychische Geschehnisse geschlossen werden darf, braucht wohl nicht eigens hervorgehoben zu werden. Dagegen scheint uns der Hinweis von Wichtigkeit, daß auf erbpsychologischem Gebiet in mendelistischer Hinsicht so gut wie alles erst noch zu tun ist.

2. Monomerie.

Wenn wir von einfachen Erbgängen beim Menschen sprechen und darunter die Fälle eines klaren dominanten oder recessiven monomeren Erbgangs begreifen, so muß mit aller Deutlichkeit darauf hingewiesen werden, daß zahlreiche weniger durchsichtige oder vielleicht heute noch ganz undurchsichtige Erbverhältnisse beim Menschen sich wahrscheinlich von den Fällen klaren Erbganges nicht durch eine größere Komplikation des eigentlichen Erbganges selbst, also durch ein komplizierteres Verhalten der dabei beteiligten Gene in ihrem Gang durch die Generationenfolge unterscheiden, sondern nur durch eine größere Komplikation im Verhältnis von Erbanlage und Merkmalsausprägung. Man kann also damit rechnen, daß der eigentliche Erbgang noch zahlreicher anderer pathologischer Erscheinungen beim Menschen als der in dieser Hinsicht bereits analysierten ein durchaus einfacher Erbgang ist. Es ist Lenz gewesen, der auf Grund allgemein-genetischer und humangenetischer Erfahrungen die Regel aufgestellt hat: *„Krankhafte erbliche Zustände sind meist durch einzelne Erbanlagen (monomer), normale Eigenschaften durch viele (polymer) bedingt.“* Durchaus in Übereinstimmung mit dieser durch umfangreiches Einzelmaterial zu belegenden Regel werden wir sehen, daß es bis heute keinen einzigen nachgewiesenen Fall eines komplizierteren Erbganges eines genügend scharf umschreibbaren pathologischen Geschehens beim Menschen gibt.

Wenn gleichwohl in der weitaus überwiegenden Zahl der Fälle krankhaften Erbgeschehens beim Menschen durchaus von keinem klaren dominanten oder klaren recessiven Erbgang die Rede sein kann, so muß ebenfalls mit großer Deutlichkeit darauf hingewiesen werden, daß *die schematisch klaren Lehrbuchbeispiele für solchen dominanten bzw. recessiven Erbgang* gegenüber den *weitaus zahlreicheren Fällen einer mehr oder weniger großen Undurchsichtigkeit des Erbverhaltens* die *Ausnahmen* darstellen. Bei ihnen handelt es sich eben um diejenigen *Grenzfälle*, bei denen der Weg vom Gen zum Phän von den Einwirkungen anderer Gene und von den Einwirkungen der Umwelt in sehr weitgehendem Maße unabhängig ist und daher in einem scharf umschriebenen Phän endet. Nur dort, wo solche *Umweltstabilität* für ein Gen gilt, besteht die Möglichkeit eines verhältnismäßig leicht bis in die Einzelheiten auch der zahlenmäßigen Berechnung hinein durchführbaren klaren Erbgangsnachweises. Solche umweltstabilen Gene — richtiger gesagt: solche Gene, die durch Umweltstabilität ihrer phänischen Manifestierung ausgezeichnet sind — sind es denn auch, die während der ersten Versuche, mendelistisches Geschehen auch beim Menschen nachzuweisen, die Aufmerksamkeit in erster Linie auf sich ziehen mußten, vor allem, wenn die Manifestation als eine *monophäne* erschien; sie sind es auch, die in dem vorhergehenden Kapitel (Hanhart) vor allem als Paradigmata einfacher Mendelscher Erbgänge herangezogen werden können. Für sie und wohlgemerkt für sie allein gelten die Angaben der folgenden Tabelle 3, die die Grundmöglichkeiten des Erbgangs derartiger umweltstabil sich manifestierender Gene zusammenfassend darstellt. Auf derartige Fälle angewandt gibt die Tabelle *kein* Schema, während sie mehr und mehr zum *Schema* werden muß, wenn für die Ausprägung des betreffenden Gens statt der Umweltstabilität eine mehr oder weniger große *Umweltlabilität* oder wenn statt der relativen Monophänie eine mehr oder weniger hohe *Polyphänie* bzw. beides zusammen gilt.

Von einer Darstellung der historischen Entwicklung der Erforschung der elementaren Erbgrundlagen beim Menschen, deren endgültige Aufklärung vor allem beim recessiven und geschlechtsgebundenen Erbgang viel Scharfsinn und Forscherfleiß erfordert hat — es sei hier nur an Lenz' gedankenreiche Schrift aus dem Jahre 1912 und an Lundborgs bahnbrechende Monographie aus dem

Jahre 1913 erinnert —, kann im Rahmen unserer Ausführungen ebenso abgesehen werden wie von einer Belegung der vorstehenden knappen Ausführungen durch Einzelmaterial; letzteres schon deshalb, weil solches Material ja an zahlreichen Stellen des vorliegenden Werkes ausführlich ausgebreitet wird.

Ebenso soll von der Darlegung der zur Grundlage aller dieser Forschungsarbeiten am Menschen gewordenen experimentellen Befunde hier Abstand genommen werden. Für die dem Menschen zunächst stehenden Tiere, die Säugetiere, findet sich wiederum die Fülle unseres Einzelwissens in einer Reihe von Beiträgen dieses Handbuches ausgebreitet, und in bezug auf die allgemeinen Grundlagen unseres vererbungswissenschaftlichen Wissens bieten zahlreiche kleinere und größere Einführungen alle notwendigen Angaben. Es kann daher hier die Feststellung genügen, daß die experimentell-mendelistischen Grundlagen der menschlichen Erblehre keine mehr oder weniger weit ausgebauten Theoriengebäude, sondern *Tatsachen* sind. Auch für diese Tatsachen gilt allerdings die gleiche Einschränkung, die wir vorhin im besonderen für den Menschen machten, daß nämlich *die üblichen Lehrbuchbeispiele* MENDELschen *Verhaltens* in ihrer durchsichtigen Klarheit nur als *Grenzfälle* anzusehen sind, *die Umweltstabilität und relative Monophänie der beteiligten Gene zur Voraussetzung haben.*

Wenn die Hauptunterscheidungsmerkmale der verschiedenen *Erbgänge umweltstabiler Gene* (Tabelle 3) genannt werden sollen, so sind nach dem S. 382 Ausgeführten dominanter und recessiver Erbgang beim Menschen bereits durch das *phänische Verhalten der Heterozygoten* charakterisiert. Bei recessivem Erbgang einer krankhaften Erbanlage — richtiger: einer einer nichtnormalen Entwicklung zugrunde liegenden Anlage — zeigen heterozygote Individuen, üblicherweise als DR-Personen bezeichnet, keine Abweichung von der Norm, und nur die homozygoten Träger des betreffenden Gens, also die RR-Personen, sind krank. Dagegen zeigen bei dominantem Erbgang bereits die Heterozygoten, also die DR-Personen, die betreffende Anomalie, während, wie S. 382 angedeutet, über die Äußerung des gleichen Gens D im homozygoten Zustande, also bei einer DD-Person, nichts bekannt zu sein pflegt. Die Unterscheidung von dominantem und recessivem Erbgang wird also tatsächlich auf Grund des Verhaltens der Heterozygoten getroffen, und man kann die beiden Erbgänge völlig streng folgendermaßen definieren: *Bei dominantem Erbgang sind bereits die heterozygoten Genträger Merkmalsträger, bei recessivem Erbgang sind die heterozygoten Genträger noch nicht Merkmalsträger, sondern erst die homozygoten.*

Bei dieser grundsätzlichen Sachlage wird die Wichtigkeit des sog. *Heterozygoten-Problems* deutlich, d. h. des Problems der Erkennbarkeit eines Gens eben im heterozygoten Zustande. Diese theoretisch wie praktisch gleichermaßen bedeutungsvolle Frage, die neuerdings beispielsweise für die Hämophilie (SCHLOESSMANN, FONIO, STUDT, GÜNDER) oder für den Diabetes (FISCHER, LEMSER) bearbeitet worden ist, ergibt sich einmal bei den als *recessiv* bezeichneten Erbleiden, bei denen die Nichterkennbarkeit von Heterozygoten ja nicht auf einer Nichtmanifestierung des Gens zu beruhen braucht, sondern auch ein Ausdruck unserer ungenügenden Kenntnisse über *heterophäne* oder *Mikro-Manifestationen* des betreffenden Gens sein kann, weiterhin bei solchen *dominanten Erbleiden, die sich erst spät manifestieren* und bei denen sich daher die Frage der *Früh-Stigmen* erhebt, und schließlich beim sog. *unregelmäßig-dominanten Erbgang*, bei welchem die Heterozygoten teils als Merkmalsträger erkennbar, teils — heute — unerkennbar sind.

Für einen klaren *dominanten Erbgang* kann grundsätzlich nur die ununterbrochene Folge von Merkmalsträgern in der Generationenreihe gelten (Abb. 8). So gut wie stets handelt es sich dabei um Ehen eines Merkmalsträgers mit einem Nichtmerkmalsträger, also um Ehen DR × RR, aus denen zu gleichen Teilen wieder heterozygote Merkmalsträger und homozygote Nichtmerkmalsträger hervorgehen.

Besonders beweiskräftig, wenn auch im Einzelfall ohne nähere Prüfung nicht voll beweisend, sind daher Fälle von zweimaliger Ehe eines Merkmals-

Tabelle 3. Die Hauptmöglichkeiten einfachen Erbgangs einer Erbkrankheit beim Menschen. (Nach G. Just.)

Erbgang	Dominant		Recessiv		Geschlechtsgebunden-recessiv	
Erbformeln	(DD) / DR } = krank RR = gesund		DD / DR } = gesund RR = krank		DD = gesunde Frau, RR = kranke Frau DR = gesunde Frau (Konduktorin) D— = ges. Mann, R— = kranker Mann	
Ehekategorien	Eltern	Kinder	Eltern	Kinder	Eltern	Kinder
Gesund × gesund (negativ-konkordante Ehen)	RR × RR	sämtl. gesund	DD × DD DD × DR DR × DR	} sämtl. gesund 75% gesund + 25% krank	DD × D— DR × D—	sämtlich gesund Söhne: 50% gesund, 50% krank Töchter: alle gesund
Krank × krank (positiv-konkordante Ehen)	(DD × DD) (DD × DR) DR × DR	} sämtl. krank 75% krank + 25% gesd.	RR × RR	sämtl. krank	RR × R—	sämtlich krank
Gesund × krank (diskordante Ehen) — patropositive Ehen	(RR × DD) RR × DR	sämtl. krank ←—→ 50% krank + 50% gesd.	DD × RR DR × RR	sämtl. gesund 50% gesund + 50% krank	DD × R— DR × R—	sämtlich gesund 50% gesund + 50% krank
matropositive Ehen					RR × D—	alle Söhne krank alle Töchter gesund

trägers. Wenn aus *zwei* Ehen eines Kranken mit beidemal einem Gesunden kranke Kinder hervorgehen, so kann, wenn es sich nicht um ein in der Bevölkerung weitverbreitetes Gen oder aber um Verwandtenehen handelt, mit Dominanz des betreffenden Gens, also mit einer zweimaligen Ehe DR (krank) × RR (gesund) gerechnet werden. Würde nämlich der betreffende Kranke ein homozygoter Träger eines recessiven Krankheitsgens sein, so müßte die Annahme gemacht werden, daß er in beiden Ehen auf einen zwar phänisch gesunden, genisch aber durch den heterozygoten Besitz der gleichen recessiven Anlage R gekennzeichneten ˙Partner getroffen wäre; diese Annahme RR (krank) × DR (gesund, aber Überträger) ist aber im allgemeinen durchaus unwahrscheinlich, sofern es sich eben nicht um eine sehr häufige Anlage R oder um eine Verwandtenehe handelt. Einen solchen Fall einer zweimaligen Ehe eines heterozygoten Merkmalsträgers zeigt der Huntington-Chorea-Stammbaum Abb. 8.

Für den *recessiven Erbgang* (Abb. 9) muß entsprechend ein häufiges Abstammen von Merkmalsträgern aus Ehen zweier Nichtmerkmalsträger charakteristisch sein. Da alle diese Ehen sich als Ehen zweier Heterozygoten, also Ehen DR × DR darstellen, und da die Wahrscheinlichkeit des Zusammentreffens solcher phänisch normaler Heterozygoten dann besonders groß sein muß, wenn beide Ehepartner aus belasteten Sippschaften, womöglich aus der gleichen Sippschaft, stammen, so muß, worauf wieder zuerst mit allem Nachdruck Lenz hingewiesen hat, *unter den Eltern recessiver Merkmalsträger eine gegenüber der Durchschnittsbevölkerung*

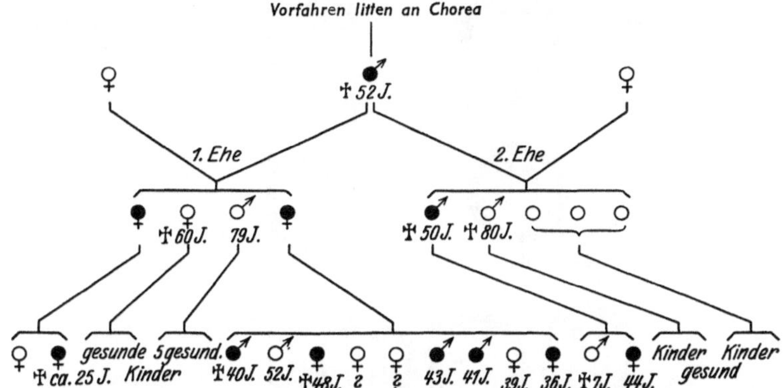

Abb. 8. Zweimalige Ehe eines Huntington-Kranken. (Nach J. Hoffmann aus Entres.)

erhöhte Zahl von Verwandtenehen bestehen. Für diesen Zusammenhang liefern die von Hanhart im vorhergehenden Kapitel ausführlich dargestellten Fälle eindrucksvolle Beispiele.

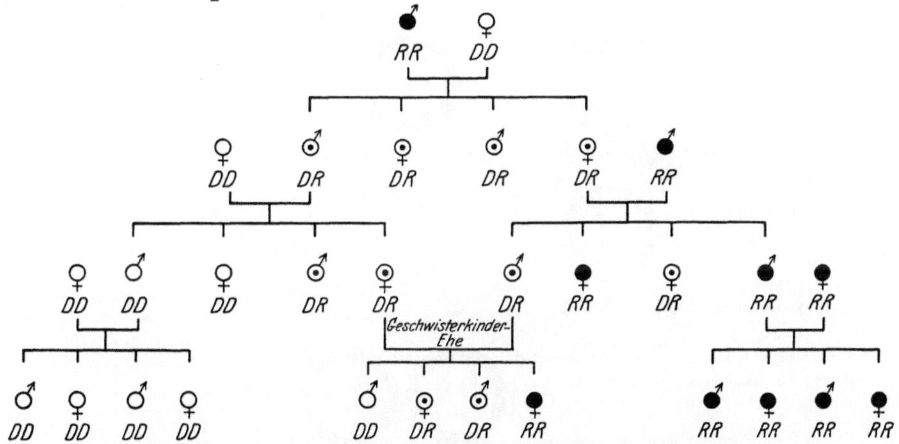

Abb. 9. Schematische Tafel des recessiven Erbgangs. (Aus G. Just.)
Merkmalsträger(in), ♂ ♀ Nichtträger(in) des Merkmals, genotypisch unbelastet,
♂ ♀ Nichtträger(in) des Merkmals, aber genotypisch belastet.

Aus Ehen zweier homozygoter Träger des gleichen recessiven Gens können ausschließlich wieder Homozygot-Recessive und damit Merkmalsträger hervorgehen.

Wenn aus Ehen zweier Merkmalsträger bei bekanntem oder vermutetem rezessivem Erbgang Nichtmerkmalsträger hervorgehen, z. B., wie in zwei Fällen beobachtet (Mühlmann, Grohmann), aus Ehen zweier auf erblicher Basis Taubstummer hörende Kinder, so gibt es für diese Sonderfälle verschiedene Möglichkeiten einer Erklärung. Es kann sich einmal um in Wahrheit *verschiedene* recessive Anlagen mit gleichem phänischen Effekt handeln, also z. B. um eine Ehe $R_1R_1D_2D_2 \times D_1D_1R_2R_2$ mit heterozygot-normalen Kindern $D_1R_1D_2R_2$; diese Erklärung hat für den Fall Mühlmanns Lenz vertreten, und Grohmann schließt sich ihr an. Es kann sich aber auch, worauf hingewiesen werden muß, um seltene Fälle einer Manifestationshemmung durch das genotypische Milieu handeln.

Von dominantem oder recessivem Erbgang schlechthin sprechen wir, wenn die betreffenden Gene als in einem der Autosomen lokalisiert zu denken sind.

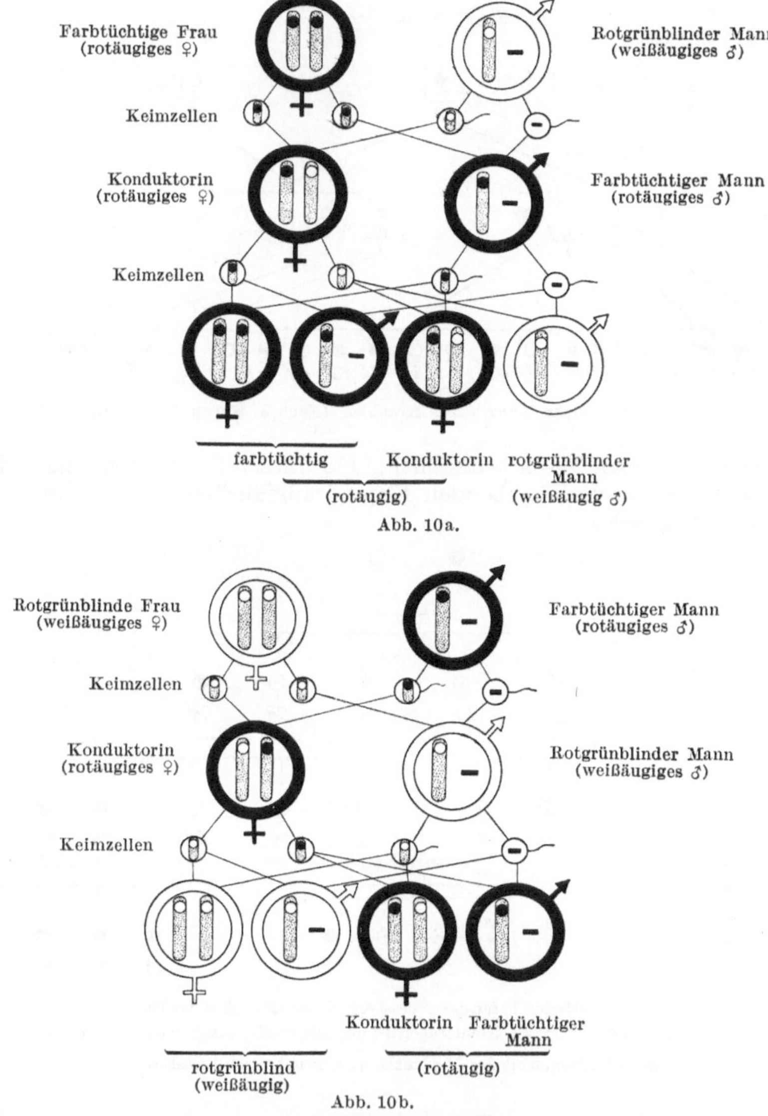

Abb. 10a und b. Geschlechtsgebundener Erbgang der Rotgrünblindheit (Weißäugigkeit von *Drosophila*). (Schemata G. Just.)

Bei Lokalisation des Gens im X-Chromosom sprechen wir von geschlechtsgebundenem Erbgang. Vor allem dem recessiv-geschlechtsgebundenen Erbgang folgen gut bekannte Merkmale.

Für den *geschlechtsgebunden-recessiven Erbgang* (vgl. Tabelle 3) gilt das für den gewöhnlichen recessiven Erbgang Gesagte, soweit es sich um die weiblichen Träger des Gens handelt, die als Homozygote (RR) Merkmalsträgerinnen, als Heterozygote (DR) phänisch normale Überträgerinnen — bei dieser Erbgangsform oft als *Konduktorinnen* bezeichnet — sind. Im männlichen Geschlecht, in welchem nicht wie im weiblichen zwei X-Chromosomen, sondern nur deren eins vorhanden ist, kann die im X-Chromosom lokalisierte Anlage auch nur einmal vorhanden sein, wobei aber diese eine Anlage, sei sie D oder sei sie R, stets über die Merkmalsausprägung entscheidet. Alle Einzelheiten des geschlechtsgebunden-recessiven Erbganges lassen sich auf Grund des Gesagten und an Hand der Abb. 10 a und b als notwendige Konsequenzen der Genlokalisation verstehen.

Äußert sich eine geschlechtsgebundene Anlage auch bei den heterozygoten weiblichen Personen, wie das, wenn auch nicht ausnahmslos und nur in unvollständiger Ausprägung, für die in Abb. 11 dargestellte Sippschaft gilt, so kann man mit SIEMENS von (unvollständig) *dominant-geschlechtsgebundenem Erbgang* sprechen. Den gleichen Erbgangstyp hat HALDANE (1937) für eine Familie mit erblichem Zahnschmelzdefekt diskutiert.

Der gleiche Autor hat auch die Möglichkeit eines *unvollständig-geschlechtsgebundenen Erbgangs* erörtert, der für solche Gene gelten würde, die in dem einem Abschnitt des Y-Chromosoms homologen Abschnitt des X-Chromosoms lokalisiert zu denken wären und daher auf dem Wege des Faktorenaustausches bald im X-, bald im Y-Chromosom lägen (vgl. S. 428).

In Tabelle 3 sind für die einzelnen Ehekategorien auch die theoretischen Häufigkeiten für das Auftreten von Merkmalsträgern und Merkmalsnichtträgern angegeben, indem in bestimmten Ehekategorien 25%, in anderen 50% der Kinder als Merkmalsträger zu erwarten sind. Unter Verweisung wiederum auf die an vielen Stellen unseres Handbuches im einzelnen angeführten MENDEL-*Proportionen* kann hier wiederum ein einziger Hinweis genügen: nämlich die Warnung vor dem Gedanken, als könne in einer einzelnen Ehe die Verwirklichung einer solchen MENDELschen Erwartung mehr als nur zufällig sein. Es gibt allerdings immer wieder Fälle — und muß rein wahrscheinlichkeitsmäßig auch immer wieder solche Fälle geben —, in denen die Verwirklichung der für die Ehekategorie zu erwartenden Merkmals-

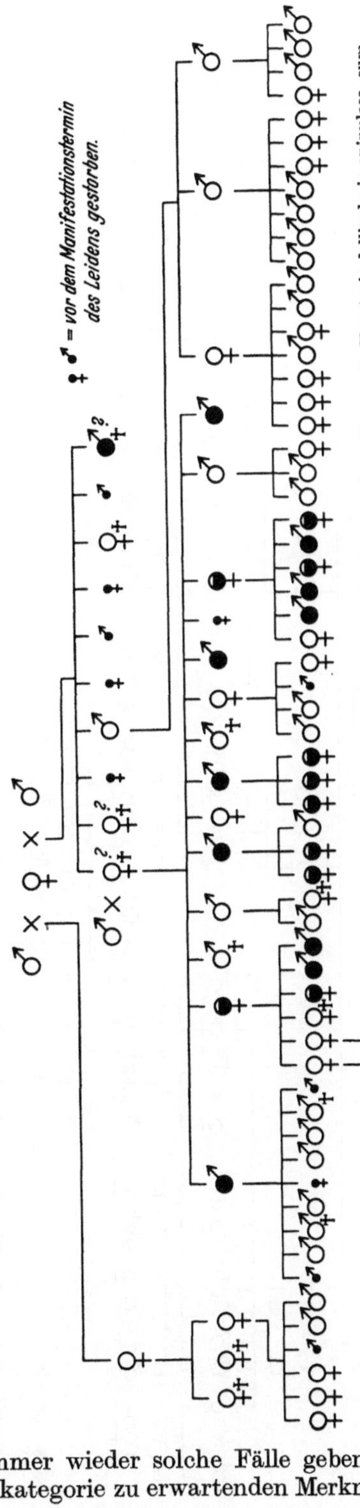

♂ = vor dem Manifestationstermin des Leidens gestorben.

Abb. 11. Dominant-geschlechtsgebundener Erbgang in einer Sippe mit Keratosis follicularis spinulosa cum ophiasi. (Nach H. W. SIEMENS.)

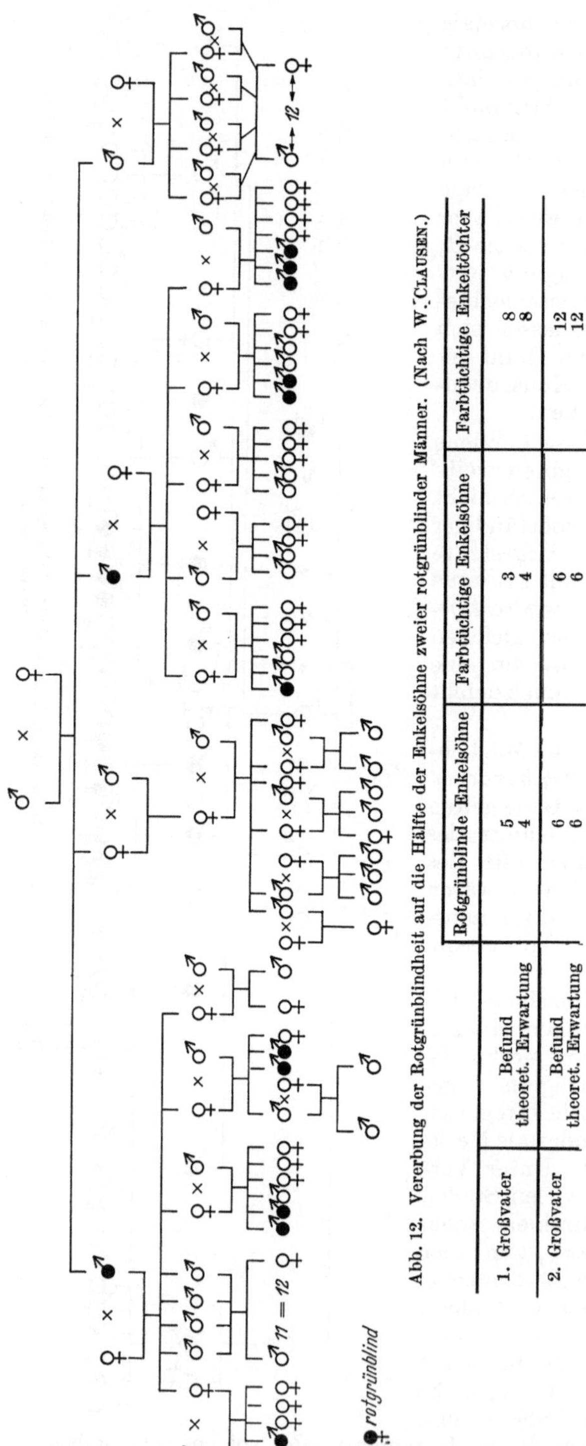

Abb. 12. Vererbung der Rotgrünblindheit auf die Hälfte der Enkelsöhne zweier rotgrünblinder Männer. (Nach W. Clausen.)

		Rotgrünblinde Enkelsöhne	Farbtüchtige Enkelsöhne	Farbtüchtige Enkeltöchter
1. Großvater	Befund	5	3	8
	theoret. Erwartung	4	4	8
2. Großvater	Befund	6	6	12
	theoret. Erwartung	6	6	12

häufigkeit schon innerhalb einer oder weniger Ehen völlig genau der Erwartung entspricht (Abb. 12). Aber mit eben der gleichen Wahrscheinlichkeit müssen sich in anderen Ehen der gleichen Kategorie und daher der gleichen Nachkommenerwartung auch geringere oder größere Abweichungen von den theoretischen Zahlen zeigen, ohne daß damit gegen die exakte Gültigkeit der zugrunde liegenden Mendel-Gesetzlichkeiten irgendein Einwand gegeben wäre. Daß allerdings in genügend großem Material eine hinreichende Übereinstimmung der empirisch ermittelten Zahlen mit den theoretischen Mendel-Zahlen aufweisbar sei, muß für den Nachweis der Gültigkeit Mendelschen Verhaltens bei jeder zu untersuchenden Einzelfrage gefordert werden. Ein solcher Nachweis hat sich in zahlreichen Fällen führen lassen.

Daß auch dieser Nachweis trotz der doch einfachen Verhältnisse, um die es sich dabei im Grunde handelt, schwierig sein kann, kann hier nur angedeutet werden. Abgesehen von den zum Nachweis von Mendel-Zahlen in menschlichem Material besonders bereitgestellten Methoden, über die Kollers Beitrag in Band II dieses Handbuches ausführlich unterrichtet, sei hier nur auf die Schwierigkeit hingewiesen, die bei einer gemeinsamen statistischen Bearbeitung von klinisch ähnlichen oder sogar übereinstimmend erscheinenden Fällen aus *verschiedenen Sippschaften* dadurch entstehen kann, daß phänisch Übereinstimmendes nicht notwendig auf gleicher genischer Grundlage beruhen muß. Auch dann nämlich, wenn nicht etwa Manifestationsunterschiede in den verschiedenen Sippschaften bestehen, worüber noch zu sprechen sein wird, könnten klinisch sehr ähnliche Leiden doch auf verschiedene Gene zurückgehen, und es könnten dann scheinbar komplizierte Verhältnisse einfach dadurch vorgetäuscht werden, daß genetisch nicht Einheitliches fälschlicherweise gemeinsam bearbeitet wird.

So könnte sich (vgl. S. 376) sehr wohl ein neuartiges und durchsichtigeres Bild von den Erbverhältnissen in der Gruppe der *Schizophrenien* ergeben, wenn auf Grund sei es klinischer, sei es genetischer Untergruppierungen die in den einzelnen Untergruppen bestehenden Erbverhältnisse für sich allein untersucht werden.

Der Vorschlag von SIEMENS (1924), *zwillings*pathologische Befunde auch für Erbgangsuntersuchungen heranzuziehen, hat, soweit wir sehen, keinen Anklang gefunden. Schon seines methodologischen Interesses halber sei aber auf ihn hingewiesen.

Die vorstehenden Ausführungen sind, wie bereits betont, in vollem Umfange dort gültig, wo die Manifestation der betreffenden Gene eine hohe Umweltstabilität zeigt. Es ist daher, wenn man an die früheren Ausführungen zurückdenkt, ohne weiteres begreiflich, daß die Zahl solcher Fälle kleiner sein muß als die Zahl derjenigen, die mehr oder weniger starke Abweichungen vom theoretischen Grundbild, dabei dann auch von den zahlenmäßigen Forderungen des vermuteten Erbgangs zeigen. Selbstverständlich muß es aber nicht nur das Bestreben bleiben, durch weitere Analyse die Ursachen der Abweichungen vom grundsätzlichen MENDEL-Bild aufzuklären, sondern ebenso selbstverständlich besitzen vor der Durchführung derartiger tieferdringender Analysen die genetischen Schlüsse auch aus umfangreicherem Material den Charakter nur von *Arbeitshypothesen*, nicht schon den von eigentlichen mendelistischen *Ergebnissen*.

Diese Einschränkung, durch die der Wert einer Untersuchung indes keineswegs geschmälert wird, gilt, was die betreffenden Autoren auch selber klar sehen, für die Schlußfolgerungen mancher umfangreicher neuerer Untersuchungen zu wichtigen erbpathologischen Fragen. So ist nach FABER für die *angeborene Hüftverrenkung* unter Berücksichtigung der bei einem großen Teil der Anlageträger bestehenden Mikromanifestation ein unregelmäßiger einfach-dominanter Erbgang anzunehmen, ebenfalls ein solcher unregelmäßig-dominanter Erbgang nach HANGARTER für eine spezifische *arthritische Erbanlage*, die sich intrafamiliär sehr variabel äußere, wobei ihre Penetranz und Expressivität auch dem Einfluß weiterer Anlagen, vor allem derjenigen zur allergischen Diathese, unterliege. Gleichfalls einfache Dominanz bei hoher Variabilität der Manifestation gilt nach CURTIUS für ein dem *Status dysraphicus* zugrundeliegendes Gen, wobei Homozygotie und Heterozygotie dieses Gens sich vermutlich in der Schwere der Merkmalsausprägung unterschieden. Ein einfach-recessives Gen von nur geringer Manifestationskraft hält K. IDELBERGER für die wahrscheinliche Grundlage des *erblichen Klumpfußes*, dessen häufigeres Auftreten beim männlichen Geschlecht der gleiche Autor auf geschlechtsgebundene Modifikationsgene zurückführen will. All solche Ergebnisse sorgfältiger Untersuchungen zeigen doch zugleich, wie viel an mendelistischer Arbeit auf humangenetischem Gebiete noch zu tun bleibt.

An dieser Stelle muß schließlich noch auf einen Zusammenhang aufmerksam gemacht werden, der eine charakteristische und nicht leicht auszuschaltende *Komplikation der Erforschung gerade menschlicher Erbverhältnisse* darstellt, nämlich die Bedeutung der *Gattenwahl* für die Zusammenführung, sei es guten und wertvollen, sei es minderwertigen Erbgutes. In ersterer Hinsicht sei auf unsere Ausführungen in Bd. V dieses Handbuches (S. 571) verwiesen, in letzterer Hinsicht die Tatsache hervorgehoben, daß stärkere körperliche oder psychische Abweichungen von der Norm ein soziales Herabsinken zur Folge haben können

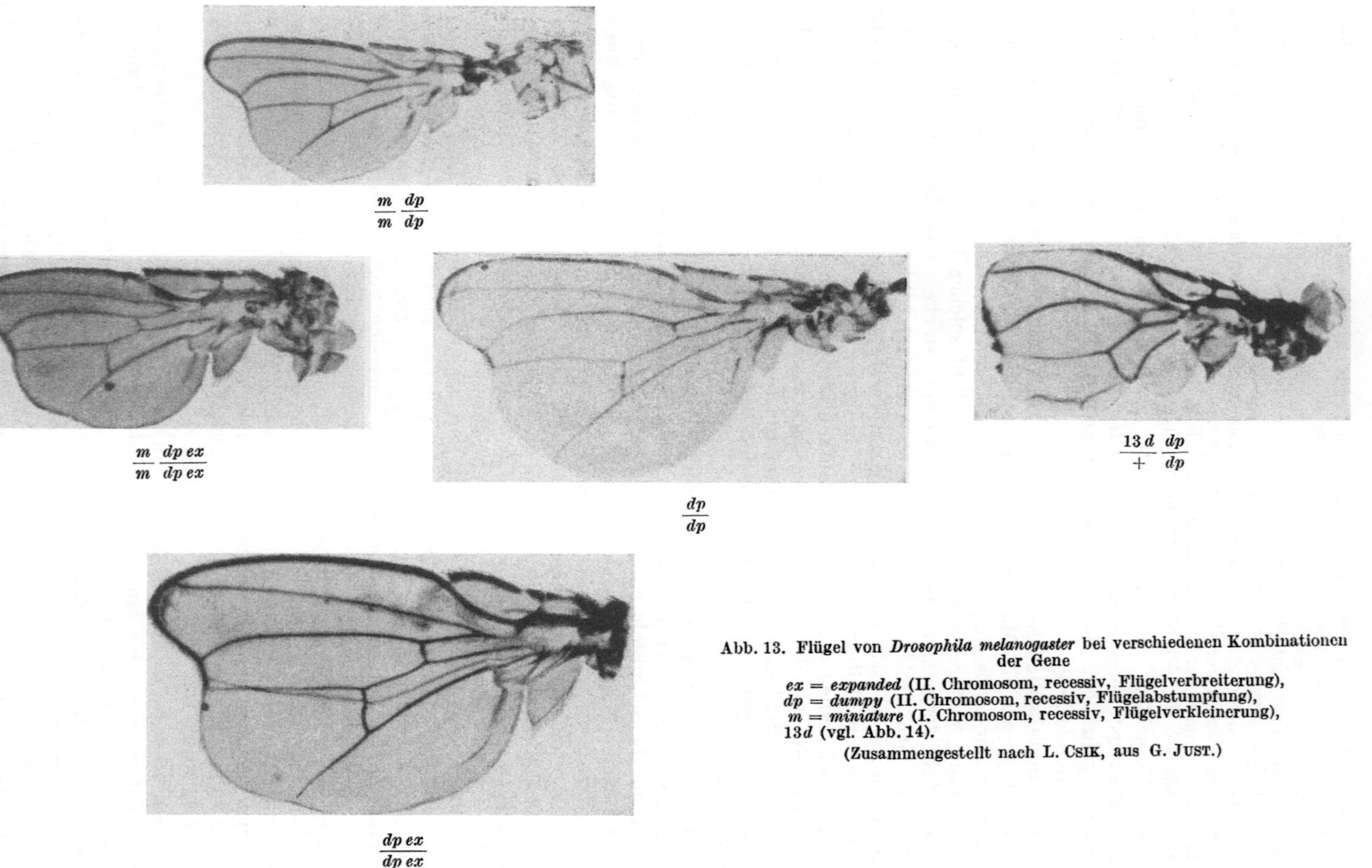

Abb. 13. Flügel von *Drosophila melanogaster* bei verschiedenen Kombinationen der Gene

ex = *expanded* (II. Chromosom, recessiv, Flügelverbreiterung),
dp = *dumpy* (II. Chromosom, recessiv, Flügelabstumpfung),
m = *miniature* (I. Chromosom, recessiv, Flügelverkleinerung),
13d (vgl. Abb. 14).

(Zusammengestellt nach L. CSIK, aus G. JUST.)

(vgl. etwa BREMER 1922, CURTIUS 1932, 1933, CONRAD 1937, RIEDEL 1939, ferner auch POHLISCH 1939), und daß auf diese Weise Selektionsvorgänge ablaufen, die zur Anhäufung *verschiedenartiger* krankhafter Erbanlagen in den gleichen Sippschaften führen. Derartige Sippschaften, die aus sozial gesunkenen oder in niederer sozialer Schicht gebliebenen Personen bestehen, stellen sich somit als Sammelbecken, Vermehrungsmittelpunkte und damit als *Zentren mannigfacher mendelistischer Kombinationen verschiedenartiger krankhafter Erbanlagen* dar. Wenn nun, wie es notwendigerweise oft der Fall ist, die Erforschung einer solchen Sippschaft zunächst von den Gesamtbefunden ausgehen muß, um auf Grund derselben nun die Durchführung einer mendelistischen Analyse zu versuchen, so kann durch reine Zufallskombinationen von krankhaften Erbanlagen, die an sich genetisch selbständig, durch den geschilderten sozialen Auslesevorgang aber sippenmäßig zusammengeführt worden sind, *ein polyphän sich manifestierendes Syndrom vorgetäuscht* werden. Beziehen sich die auf die geschilderte Art und Weise zusammengeführten Gene gar auf gleiche oder verwandte morphogenetische oder psychische Vorgänge, auf gleiche Organe o. ä.,

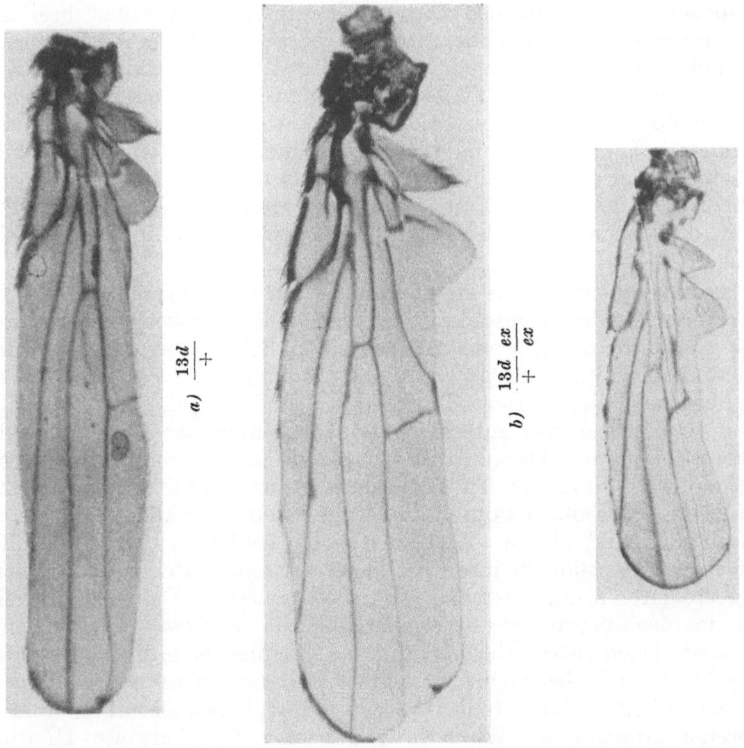

Abb. 14. Flügel von *Drosophila melanogaster* bei Vorhandensein *a* des Gens 13*d* (hitzeinduziert, I. Chromosom, dominant, charakterisiert durch lange schmale Flügel mit abgeschnittenen Rändern) und *b* eines oder *c* zweier weiterer Flügelbildungsgene. (Nach L. CSIK, aus G. JUST.)

so können auf erbkombinatorischem Wege pathologische Gesamtbilder zustande kommen, deren Aufhellung dadurch erleichtert sein kann, daß die betreffenden krankhaften Erbanlagen infolge einer nicht zu allgemeinen Verbreitung oder auch infolge einer nicht zu großen Umweltlabilität auch in der Art und Weise ihrer isolierten Auswirkung klinisch bzw. genetisch bereits erfaßt werden konnten.

Wie undurchsichtige Verhältnisse in der Tat bereits dann bestehen können, wenn es sich nur um zwei oder drei am gleichen Organ sich auswirkende Gene handelt, sei durch vorstehende Abb. 13 und 14 verdeutlicht, die einer unter ganz anderen Gesichtspunkten unternommenen Untersuchung über die Zusammenarbeit einiger Gene bei der Flügelausbildung von *Drosophila* (Csik 1935) entnommen sind, und die meist homozygote Ausprägungen teils eines, teils zweier oder dreier krankhafter Flügelbildungsanlagen darstellen. Vor welchen Schwierigkeiten würde sich die Untersuchung eines mehrere solcher Gene enthaltenden *Drosophila*-Stammes sehen, wenn die Untersuchung nicht mit experimentellen, sondern mit rein vergleichend-pathologischen und statistischen Mitteln durchgeführt werden müßte! (Vgl. in diesem Zusammenhang auch das weitere bei Höner und Waletzky mitgeteilte *Drosophila*-Material.)

3. Dimerie und Polymerie.

a) Vorbemerkungen.

Es ist vielleicht kein Zufall, daß es im besonderen das Gebiet der *neurologischen und psychiatrischen Erbleiden* ist, auf dem schon frühzeitig und bis in die neuere Zeit hinein immer wieder mit der Möglichkeit komplizierterer Mendelgrundlagen, sei es Dimerie, sei es Polymerie, gerechnet worden ist. Gerade auf diesen beiden Gebieten aber, in denen auf der einen Seite scharf charakterisierbare Krankheitsbilder bestehen, die trotz ihrer klinischen Abgrenzbarkeit noch nicht den Anspruch auf eine ebenso klare *genetische* Abgrenzbarkeit besitzen, sondern möglicherweise nur besonders scharf herausgehobene Ausprägungsformen eines polyphän ausprägungsfähigen Erbstatus sein können, und in denen auf der anderen Seite die Vielfältigkeit klinischer Erscheinungsweisen oft noch keine mehr endgültige systematische Einteilung erlaubt, muß vielleicht in besonderem Umfang erstens mit der Möglichkeit entwicklungslabiler Vorgänge gerechnet werden, zweitens aber auch mit dem das Bild der an sich vielleicht recht klaren Erbverhältnisse mehr oder weniger trübenden Einfluß der Gattenwahl, die mannigfache Belastung in das sonstige Familienbild hineinzutragen vermag.

Bei diesen grundsätzlich gerade im neurologischen und psychiatrischen Bereich zu erwartenden beiden Komplikationen der reinen Erbverhältnisse kann es denn nicht wundernehmen, wenn auf der einen Seite Curtius auf Grund umfangreicher und sorgfältiger Sippschaftsuntersuchungen die *multiple Sklerose* für polymer erbbedingt hält, während Thums auf Grund ausgedehnter Zwillingsuntersuchungen zu einer ebenso entschiedenen Ablehnung der Erblichkeit der multiplen Sklerose kommt. Diese Zwillingsbefunde setzen ohne Zweifel die Beweiskraft einer auch umfassenden Sippschaftsuntersuchung um so stärker herab, als die in den Sklerotikersippschaften erhobenen Krankheitsbefunde ein überaus wechselvolles Bild bieten. Es finden sich nämlich in diesen Familien teils stark, teils doch deutlich in ihrer Frequenz gegenüber der Durchschnittsbevölkerung gesteigert, senile Demenz, arteriosklerotische Demenz, Psychopathie, Suizid, manisch-depressives Irresein, Epilepsie, Enuresis, Oligophrenie, verschiedene heredodegenerative Einzelsymptome, Meningitis, multiple Sklerose. Eine „elektive Morbidität des Gehirns" äußert sich nach Curtius so teils in ausgeprägten Krankheitsbildern, teils in Rudimentärformen derselben und in Form angeborener Anomalien. Wiederholt war eine familienweise Häufung sexuell abnormer Personen festzustellen; wiederum hält es Curtius für wahrscheinlich, daß eine allgemeine degenerative Veranlagung der Keimdrüsen in einer innerhalb der gleichen Familien beobachtbaren Mannigfaltigkeit abnormer Manifestation zur Ausprägung komme. Weiterhin findet Curtius bei den Herdsklerotikern und ihren Verwandten deutliche Beziehungen zur allergischen Diathese, beispielsweise zum Ekzem, und zu vegetativer Labilität. Diese vielfältige neuropathologische Belastung vor allem der nächsten, aber auch der entfernteren Verwandten der Sklerotiker führte Curtius zu der Annahme, daß das seltene Syndrom auf polymeren Genen beruhe, die einzeln für sich die mannigfachsten neuropathologischen Erscheinungen bedingen, und die zusammen zur multiplen Sklerose führen, und daß die Auswirkung dieser Gene sowohl Einflüssen von Modifikationsgenen wie solchen der extraindividuellen Umwelt unterliege. Schon die Überlegung aber, daß die Sklerotikersippschaften, ähnlich wie das für Schwachsinnigen- und für Epileptikersippschaften häufig zutreffen wird, auf dem Wege entsprechender Gattenwahl Sammelbecken der verschiedenartigsten krankhaften Anlagen sein können, läßt die Schwierigkeiten eines wirklichen Nachweises der Polymerie eines solchen Krankheitsbildes klar erkennen. Denn ein derartiger *Nachweis* ist ja doch etwas anderes als die Anwendung einer *möglichen* genetischen Vorstellung auf ein kompliziertes familiäres Gesamtbild.

b) Dimerie.

Grundsätzlich muß auch beim Menschen mit der Möglichkeit gerechnet werden, daß bestimmte mehr oder weniger scharf umschreibbare Erbmerkmale nicht monomer, sondern dimer bedingt sind, daß also ihr Zustandekommen durch die Zusammenwirkung, sei es zweier dominanter Gene, sei es zweier recessiver Gen-Paare oder sei es schließlich eines recessiven Gen-Paares mit einem dominanten Gen bedingt ist. Trotz vieler Einzelerörterungen ist indes beim Menschen bisher kein sicherer Fall eines dimer bedingten Erbmerkmals nachgewiesen worden.

Dabei ließen sich sehr wohl Analogien etwa zu jenem schon aus der ersten Zeit des experimentellen Mendelismus stammenden Fall von BATESON und PUNNETT denken, in welchem eine stark ausgeprägte Reduktion des Kammes beim Haushuhn durch das gemeinsame, sei es homozygote oder heterozygote, Auftreten zweier Gene (E und R) bedingt wird, von denen das Gen E eine Umformung des gewöhnlichen Kammes in einen niedrigen, statt Zacken nur Höcker aufweisenden sog. Erbsenkamm, das Gen R eine Umformung zu dem dreieckigen, viele kleine Papillen tragenden sog. Rosenkamm zustandebringt, während bei gleichzeitigem Vorhandensein der Gene E und R, also bei kombinierter Wirkung der auch isoliert wirksamen erblichen Reduktionstendenzen, die in den Genen E und R stecken, das starke Reduktionsbild des runzeligen Walnußkammes entsteht:

rree	gewöhnlicher Kamm
RRee Rree	} Rosenkamm
rrEE rrEe	} Erbsenkamm
RREE RrEE RREe RrEe	} Walnußkamm

HOGBEN hat für eine Reihe menschlicher Erbfälle die Frage der Dimerie diskutiert. Auch er kann als Hauptergebnis sorgsamer Prüfung nur dies buchen, daß irgendeine positive Entscheidung bis heute in keinem Falle vorliegt, auch auf Grund zusammenfassender Bearbeitung von in der Literatur niedergelegtem kasuistischen Material, das möglicherweise der Gefahr einer „Interessantheitsauslese" unterlegen ist, nicht gewonnen werden kann. Nur dort vielmehr, wo umfangreiche, von einem einzelnen Untersucher nach einheitlichen Gesichtspunkten aufgestellte Stammbäume nach mendelistischen Prinzipien durchgearbeitet werden können, besteht die Möglichkeit einer klaren Entscheidung, soweit überhaupt zur Prüfung solcher komplizierteren Erbverhältnisse von den einzelnen Familien und Sippschaften ausgegangen werden soll, statt von der Gesamtbevölkerung und den bei ihr gegebenen Merkmalshäufigkeiten.

Grundsätzlich sollte stets vor allem daran gedacht werden, daß vor jeder Diskussion komplizierterer Erbverhältnisse alle Möglichkeiten elementarer Erbauffassung durch eine sorgfältige Analyse, die auch die vielfältigen Störungsmöglichkeiten elementaren Mendelverhaltens berücksichtigt, erschöpft sein müssen.

Es sollen hier nun nicht alle Fälle besprochen werden, für die ein dimerer Erbgang beim Menschen diskutiert worden ist; darüber kann an den betreffenden Stellen des Handbuches nachgelesen werden. Nur im Sinne von Beispielen sei einiges angeführt.

Für *Hasenscharte* und *Wolfsrachen* hat Droogleever Fortuyn die Vorstellung eines dimeren Erbgangs, und zwar eines Zusammenwirkens eines recessiv-geschlechtsgebundenen mit einem autosomal recessiven Faktorenpaar erörtert. Er findet diese Hypothese, daß Träger der genannten Gesichtsspalten also ausschließlich die *aabb*-Frauen und die *aab—*-Männer seien, bei Prüfung am Material von Sanders, Birkenfeld und Schröder in Übereinstimmung mit den Tatsachen. Csik und Mather lehnen die Mitwirkung geschlechtsgebundener Gene bei Hasenscharte und Gaumenspalte dagegen ab.

Der genannte Autor stellt dieselbe Hypothese auch für die Vererbung des Asthmas zur Diskussion und weist für Otosklerose und Kropfbildungstendenz auf Davenports (1932) entsprechenden Erklärungsversuch hin.

Die Diskussion von Dimerie für die *progressive Muskeldystrophie* hat Hansen und G. v. Ubisch auf Grund des von ihnen mitgeteilten Stammbaums zur Annahme zweier dominanter, Minkowski und Sidler für einen anderen Stammbaum zur Annahme zweier recessiver Gene geführt.

Für den *Schwachsinn* hat Rosanoff die Zusammenwirkung zweier recessiver Genpaare diskutiert, von denen wiederum das eine dem gewöhnlichen Erbgang, das andere dem geschlechtsgebundenen recessiven Erbgang folgen soll. Auch hierzu sei nur soviel gesagt (vgl. im übrigen den Beitrag Brugger in Bd. V, 2), daß die beiden neuesten Veröffentlichungen zur Frage der Schwachsinnsvererbung die Hypothese einer Mitbeteiligung geschlechtsgebundener Erbanlagen beim Schwachsinn nicht unterstützen. Juda findet, daß ihre Befunde einen geschlechtsgebundenen Erbgang des Schwachsinns weder stützen noch auch streng ablehnen, während Veit ausdrücklich betont, daß in dem von ihr bearbeiteten Material eine einem geschlechtsgebundenen Erbgang folgende Schwachsinnsgruppe nicht enthalten sei. (Vgl. auch Csik und Mather.)

Auf psychiatrischem Gebiet ist es vor allem die *Schizophrenie*, für die immer aufs neue die Frage eines nicht-monomeren Erbgangs erörtert worden ist. Ohne daß auch auf diese Frage, die ja im V. Bande unseres Handbuches eine ausführliche Darstellung findet, hier näher eingegangen werden soll, sei hier zunächst vom allgemein-methodischen Standpunkt mit besonderem Nachdruck darauf verwiesen, daß eine endgültige Klärung des Erbganges der Schizophrenie unseres Erachtens so lange nicht erreicht werden kann, als nicht unter immer neuer Untergruppierung und immer erneuter Zusammenfassung solcher Untergruppen zu mehr oder weniger vorläufigen Teil-Gesamtgruppen größeres Material zu der Frage vorliegt, wieweit überhaupt dieser *Gruppe* von Krankheitsbildern genetische Einheitlichkeit zugrunde liegt.

Nach wie vor möchten wir übrigens, wie bereits 1934 kurz angedeutet, in Übereinstimmung mit J. Lange, der sich in ähnlicher Richtung geäußert hat, für zweckmäßig halten, bei der genetischen Analyse der Schizophrenie auch die Möglichkeit multipler Allelie zu berücksichtigen. (Vgl. hierzu auch die Befunde von Schwab.)

In mehreren erst nach Drucklegung des V. Bandes unseres Handbuches erschienenen Arbeiten ist B. Schulz der Frage des Erbgangs der Schizophrenie nachgegangen. Auf Grund seiner Erhebungen an den Kindern einerseits schizophrener Ehepaare, andererseits manisch-depressiver bzw. überhaupt affektivpsychotischer Ehepaare kommt er zu der Auffassung, daß genetische Zusammenhänge zwischen Schizophrenie und manisch-depressivem Irresein „nahegelegt" seien. In 28 Ehen zwischen Schizophrenen findet er nämlich kein einziges manisch-depressives Kind, während aus Ehen zweier Manisch-Depressiver ein überraschend hoher Prozentsatz schizophrener Kinder hervorging, der, je nach der Untergruppierung im einzelnen bald höher, bald tiefer liegend, etwa 12% beträgt. So ausdrücklich Schulz die hypothetische Deutung seiner Befunde im Sinne von Erbzusammenhängen zwischen Schizophrenie und manisch-depressivem Irresein nur für eine *Möglichkeit* erklärt, der er selbst sogar „keineswegs eine besondere Wahrscheinlichkeit zubilligen möchte", so sehr muß der Kritiker betonen, daß für eine Verifizierung der Hypothese von Schulz gegenwärtig kaum eine Möglichkeit gegeben ist.

Zwar kann in der Kleinheit seines Ausgangsmaterials, die ja als solche auch nur erwartet werden kann, kein Grund zur Kritik seiner hypothetischen Ausführungen gesehen werden. Abgesehen davon aber, daß, wie ausgeführt, ein wirklicher Fortschritt vielleicht erst durch die gesonderte genetische Prüfung der schizophrenen Untergruppen erreicht werden kann, muß unseres Erachtens die teilweise durchaus unsicher erscheinende Einordnung des Schulzschen Krankenguts in die Krankheitskategorien, also die Sicherheit der Diagnostizierung im Einzelfall und damit der Rubrizierung des Gesamtmaterials, auf erhebliche Bedenken stoßen. Wenn Schulz selbst mehrfach die Möglichkeit durchaus offenlassen muß, ob nicht statt manisch-depressiven Irreseins auch Schizophrenie hätte diagnostiziert werden können, so erscheint uns die hohe Schizophreniehäufigkeit unter den Kindern seiner manisch-depressiven Elternpaare vielleicht weniger überraschend (vgl. aber Schulz 1940, S. 344).

Schulz nimmt einen dimer-dominanten Erbgang für die Schizophrenie an, wobei die doppelt-heterozygoten Individuen eine nur 50% ige Manifestationswahrscheinlichkeit haben sollen. Schulz' Auffassung steht also derjenigen von Koller nahe, nach der Schizophrenie und Schizoidie durch den Besitz eines dominanten Hauptgens A gleicherweise charakterisiert sind, während sie sich in bezug auf ein in der Bevölkerung ziemlich weit verbreitetes, ebenfalls dominantes Nebengen B unterscheiden, indem Heterozygotie dieses Nebengens B Schizoidie, Homozygotie dagegen Schizophrenie bedingt.

Manisch-depressives Irresein denkt sich Schulz im Rahmen seiner Arbeitshypothese dadurch bedingt, daß zu den Schizophrenie bedingenden Faktoren noch eine Art Umwandlungs- oder Auslösungsfaktor hinzukäme, der den Zahlen nach ebenfalls als aus zwei verschiedenen dominanten Genen bestehend, also dimer-dominant gedacht werden könne. Aus der Verbindung zweier Manisch-Depressiver beispielsweise, die beide in bezug auf alle 4 Gene heterozygot wären, aus der Verbindung also AaBbCcDd × AaBbCcDd, wären 31,6% manisch-depressive und 24,6% schizophrene Kinder zu erwarten.

Eine solche Hypothese, nach der zwei verschiedene dominante Gene zur Entstehung einer Psychose überhaupt, zwei weitere dominante Faktoren zur speziellen Ausformung dieser Psychose in Form eines manisch-depressiven Irreseins führen, erscheint uns, wie gesagt, heute in keiner Weise irgendwie verifizierbar.

c) Polymerie.

Bis zu welchen Einsichten eine fortgesetzte Vertiefung der erbbiologischen *und* entwicklungsgeschichtlichen Analyse zu führen vermag, geht aus den an anderen Stellen dieses Handbuches (bei Bonnevie Bd. I und bei Abel Bd. III) ausführlicher dargestellten Ergebnissen von Bonnevie über die Erbgrundlagen der *Papillarmuster.* hervor. Bonnevie hatte hier ursprünglich mit einem polymeren Erbgang, an dem 5 Genpaare beteiligt sein sollten, gerechnet, und ein anderer Untersucher von Papillarmustern, Grüneberg, dessen statistische Beweisführung allerdings zu formalistisch war, hatte mit 4—6 polymeren Genpaaren rechnen zu sollen geglaubt. Diese komplizierteren Vorstellungen konnten von einer demgegenüber verhältnismäßig einfachen Hypothese abgelöst werden, nach der sich in den quantitativen Werten der Fingerbeerenmuster drei voneinander unabhängige Gene (V, R und U) auswirken (Tabelle 4). Der Wert

Tabelle 4. Aufspaltung nach dem Dihybriden-Typus 9 : 3 : 3 : 1 in sämtlichen 15 Ehen zwischen doppelt-heterozygoten Trägern gleicher Papillarmuster-Gene in Bonnevies Material. (Nach K. Bonnévie 1931.)

Kreuzungen		Phänotyp der Kinder									
Genotyp	Anzahl	VR	VU	RU	V	U	R — R	V	U	O	total
VvRr × VvRr	2	5			1		3				9
VvUu × VvUu	5		9			4		1		1	15
RrUu × RrUu	8			14			5			3	1	23
Fam.:	15	5 + 9 + 14			1 + 4 + 5		3 + 1 + 3			2	47
Empirisch		28		:	10	:	7	:		2	47
Theoretisch		26,4 :			8,8 :		8,8 :			2,9	47
		9 :			3 :		3 :			1	16

dieser inzwischen zu ziemlich allgemeiner Anerkennung gekommenen Hypothese liegt aber nicht in erster Linie darin, daß sich mit ihr die Erbverhältnisse der quantitativen Papillarmusterwerte gut in Einklang bringen lassen, sondern vor allem darin, daß die Auswirkungen dieser drei Gene und ihre entwicklungsphysiologische Zusammenarbeit bei der Ausbildung der Papillarmuster für wenigstens eine gewisse Strecke der embryonalen Entwicklung verfolgt werden konnten. Das Gen V (Verdickungsfaktor) stellt dabei nach Bonnevie ein die allgemeine Dicke der embryonalen Epidermis bestimmendes Gen dar, R (radialer Faktor) bedingt das Auftreten einer Flüssigkeitspolsterung der embryonalen Haut auf der radialen, U ein entsprechendes Auftreten auf der ulnaren Seite der Hand. In diesem Falle eines trimeren Erbganges bestimmter Eigenschaften der Papillarmuster stellt also jedes der beteiligten Gene eine in einem Teil ihrer Auswirkungsmöglichkeiten bekannte entwicklungsphysiologische Größe dar.

Vgl. hierzu aber auch Abel (1938) und E. Fischer (1939)!

Nicht eindringlich genug kann daher darauf hingewiesen werden, daß die Aufstellung einer Polymerie-Hypothese für krankhafte Vorgänge beim Menschen niemals den theoretischen *Abschluß* einer Untersuchung bilden kann, sondern ganz im Gegenteil nur dort berechtigt ist, wo von einer solchen Arbeitshypothese aus, sei es durch Verfeinerung der genealogischen und statistischen Analyse, sei es durch jede mögliche Ausdehnung der Arbeit ins Entwicklungsphysiologische hinein, *neue Forschungsmöglichkeiten* erschlossen werden. Wo dies nicht der Fall ist, darf eine Polymerie-Hypothese durchaus als eine ungewollte Verschleierung unserer Unkenntnis durch eine vielleicht zunächst nicht widerlegbare, zugleich aber auch nicht beweisbare, damit aber im Grunde nichtssagende Allgemeinvorstellung angesehen werden.

Um wiederum einige Fälle aus erbpathologischem Gebiete anzuführen, in denen Polymerie diskutiert worden ist, so kann hier zunächst wieder an die *Schizophrenie* und das *manisch-depressive Irresein* unter Verweisung auf die Arbeiten von Rüdin und H. Hoffmann hingewiesen werden.

Für die *Taubstummheit* sind neben der für zahlreiche Fälle klar aufgezeigten monomer-recessiven Vererbung (Albrecht, Hanhart) auch Dimerie und Polymerie diskutiert worden. Dahlberg hat sogar, allerdings an Hand literaturkasuistischen Materials (vgl. S. 415), die Möglichkeit eines Zusammenwirkens von mindestens vier verschiedenen Genen, nämlich drei verschiedenen dominanten und einem recessiven, für die Taubstummheit erörtert.

Für das *Schielen* hat CZELLITZER einen dimeren, CLAUSEN einen polymeren Erbgang angenommen.

Über das nach CURTIUS anzunehmende Zusammenwirken von polymeren Genen, Modifikationsfaktoren und Umwelteinflüssen bei der Entstehung der multiplen Sklerose und der in ihrer genealogischen Nähe auftretenden mannigfaltigen abnormen Erscheinungen haben wir S. 414—415 bereits gesprochen.

V. Anlagenkoppelung und Anlagenaustausch.
1. Vorbemerkungen.

So umfangreich unser Wissen über die Erscheinungen der Faktorenkoppelung (Anlagenkoppelung) und des Faktorenaustausches (Anlagenaustausches) bei experimentell untersuchbaren Lebewesen ist, vor allem bei *Drosophila*, bei welcher bekanntlich durch bahnbrechende Untersuchungen die feste Grundlage für dieses theoretisch so bedeutungsvolle Gebiet gelegt worden ist, und so sehr sich daher dieses Sondergebiet genetischer Arbeit zu einem bereits schwierig zu überblickenden Teilgebiet der Genetik ausgeweitet hat (vgl. die ältere Monographie von STERN und die neuere von LUDWIG), so spärlich ist unser Wissen über die Erscheinungen von Anlagenkoppelung und Anlagenaustausch beim Menschen. Ja, der einzige wirklich mit Sicherheit nachgewiesene Fall eines Faktorenaustausches beim Menschen, nämlich der Nachweis des Austausches zweier geschlechtsgebundener menschlicher Erbanlagen durch v. VERSCHUER und RATH (vgl. S. 425f.), bezieht sich auf Gene, deren Lokalisation im gleichen Chromosom, nämlich im X-Chromosom, bereits sichergestellt war, so daß es sich, so wichtig dieser tatsächlich erstmalige *Nachweis* eines Austausches zwischen zwei Erbanlagen beim Menschen ist, doch dabei zugleich nur um eine *Bestätigung* eines bereits aus theoretischen Erwägungen heraus mit hoher Sicherheit aufzustellenden Postulates handelt, nicht aber eigentlich um eine positive *Erweiterung* unseres Wissens, nämlich desjenigen über *Lokalisation und Lagebeziehungen menschlicher Gene*.

Diese letztere Frage aber muß es sein, die der Forschungsarbeit auf diesem Gebiete als Ziel vorzuschweben hat, also die Feststellung der Beziehungen zwischen bestimmten, auch in ihrem Erbgang bekannten Genen und bestimmten *Chromosomen*, oder — vorsichtiger formuliert — zwischen den gedachten Genen und bestimmten weiteren, zur gleichen oder einer anderen *Koppelungsgruppe* gehörigen Genen.

Für zwei beliebige Gene ist beim Menschen die Wahrscheinlichkeit, daß sie *nicht* gekoppelt sind, wesentlich größer als die Wahrscheinlichkeit, daß sie gekoppelt sind. Denn da die Chromosomenzahl beim Menschen eine — im Vergleich etwa zu *Drosophila* mit ihren vier Chromosomenpaaren — sehr hohe ist, indem sie 24 Chromosomenpaare beträgt, so muß mit einer entsprechend größeren Zahl von Koppelungsgruppen beim Menschen gerechnet werden. BERNSTEINs Hinweis, daß die haploide Chromosomenzahl 24 auf mehrere Weise geteilt werden könne, und daß daher die Möglichkeit ines Vorliegens von Polyploidie beim Menschen berücksichtigt werden müsse — eine Möglichkeit, der HAASE-BESSELL nachgegangen ist —, ist ja zunächst nur die Aufzeigung einer grundsätzlichen Möglichkeit; umgekehrt hatte früher WEINBERG auf Grund der gleichen Chromosomenzahl geglaubt auf die Möglichkeit von Polymerien bis zum 23. Grade hinweisen zu sollen.

Auch unter Berücksichtigung solcher möglichen Einschränkungen in bezug auf die Zahl der Koppelungsgruppen muß daher von vornherein erwartet werden, daß zahlreiche menschliche Erbanlagen auf Koppelung und Austausch hin untersucht werden müssen, damit wenigstens für einige von ihnen positive Ergebnisse in bezug auf Koppelung und Austausch erhalten werden können.

Es ist demgemäß nicht verwunderlich, wenn die wenigen bisher vorliegenden *gesicherten* Ergebnisse derartiger Untersuchungen hauptsächlich darin bestehen, daß für bestimmte Gene das *Fehlen gegenseitiger Koppelung*, d. h. also ihre Zugehörigkeit zu verschiedenen Koppelungsgruppen bzw. verschiedenen Chromosomen, festgestellt werden konnte.

Es muß daher als eine Aufgabe von besonderer Wichtigkeit bezeichnet werden, für die Prüfung möglichst vieler weiterer Erbanlagen in dieser Hinsicht genügend umfangreiches Material heranzuschaffen, eine Aufgabe, auf die auch von Hogben und Pollack, sowie besonders eindringlich von Fisher hingewiesen wurde.

Auf *erbpathologischem* Gebiete könnten die Ergebnisse derartiger Untersuchungen in mannigfacher Hinsicht auch *praktische Bedeutung* gewinnen. So könnte beispielsweise ein normales Gen, das mit einer sich erst spät manifestierenden krankhaften Erbanlage eng gekoppelt wäre, in den betreffenden Sippschaften bis zu einem gewissen Grade — der durch die Enge der Koppelung gegeben wäre — eine Art indirekter Frühdiagnose ermöglichen. Bell und Haldane, die auf diese Möglichkeit hingewiesen haben, erläutern sie am Beispiel einer gedachten engen Koppelung zwischen Huntingtonscher Chorea und Blutgruppe.

Wenn diese theoretische wie praktische Wichtigkeit der Koppelungs- und Austauschfragen nicht nur für pathologische Erbcharaktere, sondern vor allem auch für *normale* körperliche und psychische Erbcharaktere gilt, hier besonders auch im Hinblick auf konstitutionsbiologische Fragen, so werden nicht zuletzt *Sippschaftsuntersuchungen auf breiter Basis*, für die alle für den gedachten Zweck brauchbaren Möglichkeiten anthropologischer, psychologischer und klinischer Untersuchungsmethoden auszunutzen wären, durchgeführt werden müssen.

Die Durchführung solcher größer angelegten Sippschaftsuntersuchungen wird zunächst nicht auf die Klärung der Koppelungsverhältnisse *seltener* Erbmerkmale ausgehen, sondern wird vielmehr Koppelungs- und Austauschverhältnisse *häufiger*, in ihrem Erbgang genügend bekannter Erbanlagen zum Ziel haben müssen. Dieser Weg, dessen Notwendigkeit und Zweckmäßigkeit Just (1934) hervorgehoben hat, hat auch zu klaren Ergebnissen geführt. Dies schließt den weiteren Weg, auch ein für *seltenere* Merkmale vorliegendes oder heranzuschaffendes Tatsachenmaterial auf das in Rede stehende Problem hin durchzuarbeiten, keineswegs als weniger erfolgversprechend aus.

Durch ein unter klaren erbtheoretischen Voraussetzungen zusammengetragenes Sippschaftsmaterial wird nicht zuletzt auch die Gefahr verringert, zum Teil sogar ausgeschlossen, daß Kausalbeziehungen physiologischer und morphogenetischer Korrelation mit Koppelung verwechselt werden. Lenz hat mit Nachdruck darauf hingewiesen, daß Korrelation zwischen Erbmerkmalen innerhalb einer Population ja doch nicht gleichbedeutend mit Koppelung sei, und daß eine Korrelation verschiedener Merkmale in solcher Population der Ausdruck einer mehr oder weniger weitgehenden, aber noch nicht vollkommenen Durchmischung der betreffenden Population sei.

Schon frühzeitig ist im Rahmen der Entwicklung der menschlichen Erblehre die Frage der Koppelung aufgetaucht und für eine Reihe von krankhaften

Erbanlagen erörtert worden, ohne daß indes in jenen Erörterungen die *Möglichkeit* des Vorliegens von Koppelung als eine besonders wahrscheinliche gegenüber anderen Möglichkeiten hätte bezeichnet werden können.

Mehr aus historischem als aus sachlichem Interesse kann etwa darauf hingewiesen werden, daß J. Bauer u. a. für die Verbindung von Pigmentdegeneration der Netzhaut, Dystrophia adiposo-genitalis, Polydaktylie und Störungen der psychischen Entwicklung, wie sie beim Bardet-Biedlschen Syndrom vorliegt, Genkoppelung annahmen, und daß der genannte Autor auch für gewisse Defekte des peripheren Bewegungsapparates eine Koppelung mehrerer krankhafter Erbanlagen annahm. In solchen und ähnlichen Fällen steht eine entwicklungsphysiologisch-phänogenetisch orientierte Betrachtungsweise heute bereits wie selbstverständlich als der erste Weg zur Klärung im Vordergrund. Vor allem dort, wo sich die Komponenten eines Syndroms in verschiedenen Sippschaften in verschiedenen Formen der Zusammenfügung finden, vielleicht dabei noch mit einer gewissen intrafamiliären Variation, muß grundsätzlich zunächst an Polyphänie, nicht aber an Koppelung gedacht und im Sinne unserer früheren Ausführungen sowohl individuelles Genmilieu wie Entwicklungslabilität als Hauptursachen solcher polyphänen Manifestation in Betracht gezogen werden.

Eine Koppelung geschlechtsgebunden-rezessiver *Letalfaktoren* mit den normalen Allelen der Gene für Hämophilie bzw. für Rotgrünblindheit haben Little und Gibbons vermutet. Der Ablehnung dieses von vornherein unwahrscheinlichen Gedankens durch Just hat sich Mohr angeschlossen. Umgekehrt hat Hogben in der großen Cunierschen Hemeralopie-Sippschaft eine Koppelung dieser dominanten Anlage für Hemeralopie mit einem letalen bzw. subletalen Gen zur Erklärung des starken Überschusses an Normalen, der sich bekanntlich in diesem Stammbaum auszählen läßt, angenommen.

Die interessanten Beziehungen, die zwischen Schizophrenie und Tuberkulose bestehen, haben Luxenburger zur Erörterung der Frage veranlaßt, ob eine in irgendeiner Weise recessiv erbliche Widerstandsschwäche gegen tuberkulöse Infektion mit den Schizophrenie-Anlagen gekoppelt sei. Uns selbst scheinen auch hier andere Erklärungsmöglichkeiten näher zu liegen.

Den Gedankengängen von Ziehen, der ein Koppelungsverhältnis zwischen zwei Schizophrenie-Faktoren annimmt, ist Koller mit methodischen Gründen entgegengetreten.

Wir begnügen uns mit der Erwähnung dieser Beispiele, denen sich noch weitere anschließen ließen, um in den beiden folgenden Abschnitten dasjenige, was an neueren Untersuchungen, sei es an autosomalen, sei es an geschlechtsgebundenen Genen zu diesem Gegenstande vorliegt, in seinen Ergebnissen zu besprechen. Auf eine Darlegung der experimentellen Grundtatsachen verzichten wir hier ebenso wie im vorhergehenden Kapitel.

In bezug auf die heutige exakte *Methodik* zur Untersuchung von Koppelungs- und Austauschverhältnissen beim Menschen, deren Begründung und Ausbau an die Namen Bernstein, Wiener, Haldane, Fisher und Penrose geknüpft ist, sei auf das Methodenkapitel von Koller in Band II dieses Handbuches, für eine Darstellung der methodischen Grundgedanken auch auf Just (1934) verwiesen. An dieser Stelle sei nur mit Fisher die Notwendigkeit, über die praktische Anwendbarkeit der Methoden selber genügende Erfahrung zu gewinnen, betont; wir selber halten geradezu eine Prüfung der Methoden auf empirischem Wege für möglich.

2. Koppelung und Austausch autosomaler Gene.

Besonders oft ist die Koppelungsfrage in Zusammenhang mit den *Blutgruppen* erörtert worden. Wir glauben nicht, daß Lenz' seinerzeitiger ironischer Hinweis, die Blutgruppen einerseits, die Koppelung andererseits seien „zur Zeit die große Mode" und eine Inbeziehungsetzung beider daher nichts verwunderliches, im ganzen das Wesentliche traf. Vielmehr boten sich die Blutgruppen als ein verhältnismäßig leicht und bei jedem einzelnen Menschen feststellbares normales Erbmerkmal, für das infolgedessen ziemlich rasch ein reiches Tatsachenmaterial zur Verfügung stand, zur Verfolgung auch allgemeinerer Fragen geradezu von selber an.

Für die *Genetik der Blutgruppen* selbst hat sich das Koppelungs- und Austauschprinzip allerdings als nicht zutreffend erwiesen, so daß die vor einem Jahrzehnt von K. H. Bauer (1929) unter diesem Gesichtspunkt durchgeführte Erörterung der Blutgruppenvererbung überholt ist. Durch diese Feststellung bleibt indes das Verdienst K. H. Bauers, diese Frage durch eine eingehende Diskussion ihrer — wenn auch negativen — Lösung nähergeführt zu haben, durchaus unberührt.

Koppelungsbeziehungen zwischen Blutgruppen-Genen und anderen Genen, die mehrfach gerade auch im Hinblick auf erbpathologisch wichtige Fragen vermutet wurden, sind bisher in keinem Fall nachweislich gewesen.

So haben die Angaben von Hirschfeld, der derartige Beziehungen zu Genen für *Empfänglichkeit bzw. Resistenz gegenüber Diphtherie und Scharlach* vermutet hatte, eine Kritik und Ablehnung durch Snyder erfahren, ebenso eine Ablehnung durch Rosling.

Für eine Reihe weiterer sicherer oder vermuteter Erbcharaktere gibt Snyder unabhängige Vererbung von den Blutgruppen an, nämlich für Augenfarbe, Drehsinn des Kopfhaarwirbels, positive Schick-Reaktion (s. o.), Tuberkuloseempfänglichkeit und Migräne.

Penrose findet — auf Grund einer eigenen Methode, die Koller für unrichtig erklärt, Fisher weiter entwickelt hat — keine Koppelung zwischen Blutgruppen-Genen und Blauäugigkeit, dagegen eine — durch weitere Untersuchungen zu prüfende — Möglichkeit einer Koppelung zwischen ersteren und Rothaarigkeit, schließlich wiederum keine Koppelung zwischen Rothaarigkeit und Blauäugigkeit.

In Familien mit Friedreichscher *Ataxie* und in solchen mit *Brachydaktylie* haben Hogben und Pollack Untersuchungen der *Blutgruppen* und Tests auf *Geschmacksblindheit* (gegen P.T.C.) durchgeführt. Ihre Ergebnisse formulieren sie vorsichtig im Sinne eines Fehlens jedenfalls einer engeren Koppelung zwischen der Friedreichschen Ataxie bzw. der Brachydaktylie und den beiden Normaleigenschaften. Bei der Friedreichschen Ataxie scheint ihnen das Material für das Fehlen einer Koppelung überhaupt, also für Unabhängigkeit der betreffenden Gene zu sprechen; doch halten sie sich in beiden untersuchten Fällen zu einem wirklichen Schluß auf solche Unabhängigkeit nicht für berechtigt.

Fisher hat zu dieser Arbeit Hogbens und Pollacks kritisch in dem Sinne Stellung genommen, daß in ihr Bernsteins Berechnungsformel eine zu mechanische Anwendung gefunden habe und die interessanteste Familie des Friedreich-Materials, in der sich Hinweise auf Koppelung fänden, übersehen worden sei.

Die von Zieve, Wiener und Fries auf Grund eigener Untersuchungen getroffene Feststellung wiederum, daß sich die *allergische* Anlage unabhängig von den Blutgruppen, den Immunreceptoren und der Augenfarbe vererbe, also auch hier keine Koppelung vorliege, arbeitet mit einer bestimmten Hypothese in bezug auf den Allergie-Erbgang. Die genannten Autoren sehen, ebenfalls auf Grund eigener Untersuchungen, als Erbgrundlage der allergischen Diathese ein recessives Gen an, das sich im homozygoten Zustand (hh) im Auftreten allergischer Äußerungen bereits vor der Pubertät dokumentiere, während bei Heterozygotie (Hh) meist normales Verhalten statthabe und nur bei einem kleineren Teil der betreffenden Personen, und zwar dann erst nach der Pubertät, allergische Symptome aufträten.

Das umfangreichste Tatsachenmaterial besitzen wir zur Frage der genetischen Beziehungen zwischen den Genen, die den klassischen Blutgruppen zugrunde liegen, und denjenigen, die die sog. *Immunreceptoren (Blutfaktoren)* bedingen. Hier ist die gegenseitige genetische Unabhängigkeit, d. h. also das Fehlen von Koppelung, als ein Tatbestand anzusehen, der bekanntlich bei der Vaterschaftsbestimmung von hoher praktischer Bedeutung ist. BERNSTEIN, ferner WIENER, zu dessen Methode sich JUST (1934) kritisch geäußert hat, sind dieser Frage eigens nachgegangen mit dem Ergebnis des unabhängigen Erbgangs der beiden Gruppen von Bluteigenschaften.

Eine gesetzmäßige Korrelation zwischen *Blutgruppencharakter und Hämophilie* hat KUBÁNYI für wahrscheinlich erklärt. FONIO (1937) hat in seinen Berner Bluterfamilien häufig Übereinstimmung in der Blutgruppe zwischen Konduktorin-Mutter und Bluter-Sohn gefunden, fügt aber seiner Angabe sogleich die Bemerkung hinzu, dieser Befund bilde „nicht die Regel". KUBÁNYI vermag nun auch den beiden ihm wichtigen Blutgruppen, nämlich 0 und A, die bekanntlich häufiger auftreten als B und AB, nur sehr kleine Anzahlen von Hämophilen zuzuteilen — beispielsweise von 8 Blutern 6 zur Gruppe 0 und 2 zur Gruppe A —, so daß sein Material schon nicht ausreicht, um überhaupt das Vorliegen einer Korrelation zu erweisen.

Aber auch wenn KUBÁNYI eine solche Korrelation wenigstens für sein Untersuchungsgut hätte aufweisen können, so wäre eine genetische Ursache entweder wegen der Geschlechtsgebundenheit der Hämophilie und der Bindung der Blutgruppengene an ein anderes als das X-Chromosom von vornherein ausgeschlossen oder aber, wenn man sogar mit einem chromosomalen Ausnahmefall (Translokation) rechnen wollte, grundsätzlich doch erst dann anzunehmen, wenn eine *entwicklungsphysiologische* Interpretation des gedachten Zusammenhanges, nämlich eine Manifestationserleichterung für das Hämophilie-Gen beim Vorliegen bestimmter Blutgruppeneigenschaften, ausgeschlossen werden könnte. Aber zunächst besteht kein Anlaß zu derartigen Überlegungen, weil, wie gesagt, die Tatsachengrundlage hierfür fehlt. (Vgl. auch PFENNINGER.)

3. Koppelung und Austausch geschlechtsgebundener Gene.

Wie bereits in den einleitenden Auseinandersetzungen dieses Kapitels über Koppelung und Austausch menschlicher Erbanlagen hervorgehoben, läßt sich für diejenigen Gene, die als geschlechtsgebundene Gene im X-Chromosom lokalisiert zu denken sind, die heute fast schon als selbstverständlich erscheinende theoretische Voraussage machen, daß sie zu einer und derselben Koppelungsgruppe gehören müssen. Nähere Untersuchungen über Koppelung und Austausch mußten also gerade bei der Einbeziehung solcher geschlechtsgebundener Gene eine besondere Aussicht auf Erfolg haben.

Diese Erfolgsaussicht mußte um so höher sein, je allgemeiner verbreitet wenigstens eines der dabei zu untersuchenden geschlechtsgebundenen Gene ist. Diese verhältnismäßig weite Verbreitung trifft nun für ein in seinem Erbgang besonders gut bekanntes Gen — bzw. eine in ihren Erbgangsverhältnissen sehr weitgehend aufgeklärte Gruppe von Genen — zu, nämlich für diejenigen Gene, die den Abweichungen des normalen *Rotgrünsinns* zugrunde liegen. Entsprechend groß war daher die Möglichkeit, solchen Rotgrünsinnstörungsanlagen auch in Sippschaften zu begegnen, in denen sich noch ein weiteres geschlechtsgebundenes Gen nachweisen läßt.

Auf Grund einer derartigen Erwägung ist DAVENPORT bereits vor einem Jahrzehnt dem Auftreten zweier verschiedener geschlechtsgebundener Gene im selben Familienkreise systematisch nachgegangen, und er konnte bereits 1929 zwei instruktive Fälle gerade für die Beziehungen derjenigen beiden Gene diskutieren, welche in den letzten Jahren erneut von zwei Seiten her zur Untersuchung auf Koppelung und Austausch herangezogen worden sind: *Rotgrünblindheit und Hämophilie.*

Die beiden von DAVENPORT erörterten Stammtafeln (Abb. 15 und 16) zeigen in eindrucksvoller Weise die *zwei Möglichkeiten* auf, die für ein gemeinsames

Vorkommen zweier geschlechtsgebundener Gene in der gleichen Familie bestehen. Es können nämlich die beiden Gene entweder *gemeinsam in dem gleichen X-Chromosom* liegen, durch welches dann also sowohl die Anlage für Farbensinnstörung wie die Anlage für Hämophilie übertragen wird, oder aber sie können *in zwei verschiedenen Chromosomen* gelegen sein, so daß mit dem einen X-Chromosom die Hämophilie-Anlage neben einer Anlage für

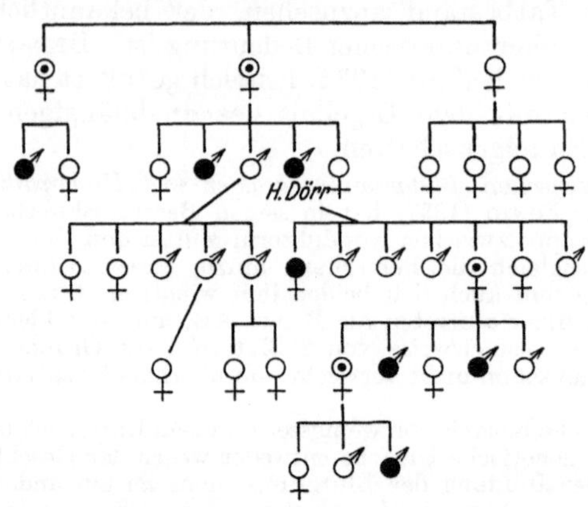

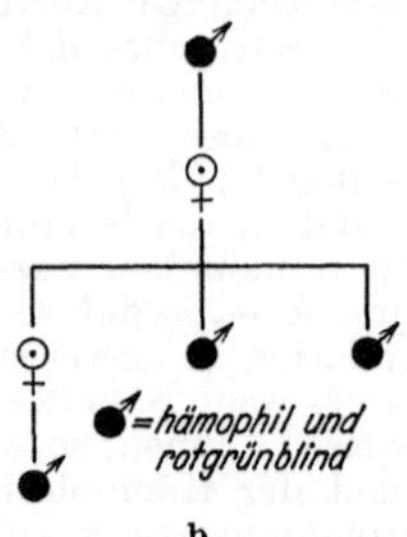

Abb. 15a und b. Koppelung von Hämophilie-Gen und Rotgrünblindheits-Gen. (Nach M. Madlener.) a Erbtafel. b Teil der gleichen Tafel: Großvater und beide Enkel sind hämophil und rotgrünblind, der Urenkel ebenfalls. Über Bruder und Vetter des Großvaters (s. Tafel a) waren Angaben über ihren Farbensinn nicht mehr zu erhalten.

Farbtüchtigkeit, mit dem anderen X-Chromosom das Allel für normales Blutungsverhalten neben dem Rotgrünblindheits-Gen weitergegeben wird.

Eine *gemeinsame Weitergabe* der beiden nicht-normalen Gene, d. h. also eine Koppelung zwischen Hämophilie-Gen und Rotgrünblindheits-Gen, zeigt der

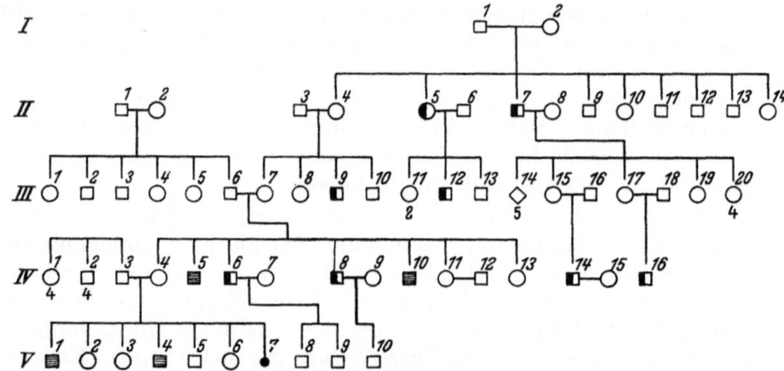

Abb. 16. Getrenntes Vorkommen von Rotgrünblindheit und Hämophilie in einer Familie. Halbschwarz: rotgrünblind; schraffiert: hämophil. (Nach C. B. Davenport.)

ursprünglich von Madlener veröffentlichte Stammbaum (Abb. 15), in welchem Urgroßvater, beide Enkel und ein Urenkel Hämophilie und Rotgrünblindheit nebeneinander besitzen, und in welchem übrigens ein im 5. Jahre an Blutungserscheinungen verstorbenes Mädchen von Madlener als hämophil angesprochen wird.

Die zweite Möglichkeit, nämlich eine *strenge Trennung* von Rotgrünblindheit und Hämophilie beim Erbgang durch die betreffende Familie, ist in der von Davenport mitgeteilten Familie (Abb. 16, vgl. auch Abb. 41 auf S. 359 dieses Bandes) verwirklicht. Hier treten in der vierten Generation als Söhne einer doppelten Konduktorin (III, 7), von deren beiden X-Chromosomen offenbar das eine nur das Hämophilie-Gen, das andere nur das Rotgrünblindheits-Gen besitzt, *zwei hämophile, aber farbtüchtige* (IV, 5 und IV, 10) und *zwei rotgrünblinde, aber in ihrem Blutungsverhalten normale Söhne* (IV, 6 und IV, 8) neben drei keine Besonderheiten zeigenden Schwestern auf.

Neuerdings wurde nun, wie gesagt, dieses Problem erneut, und zwar unabhängig voneinander von zwei Seiten aufgegriffen, einmal von BELL und HALDANE (1937), dann mit besonderem Erfolg von v. VERSCHUER (1938).

BELL und HALDANE haben zu den beiden soeben besprochenen Stammbäumen einige weitere in die Diskussion über Koppelung und Austausch der in

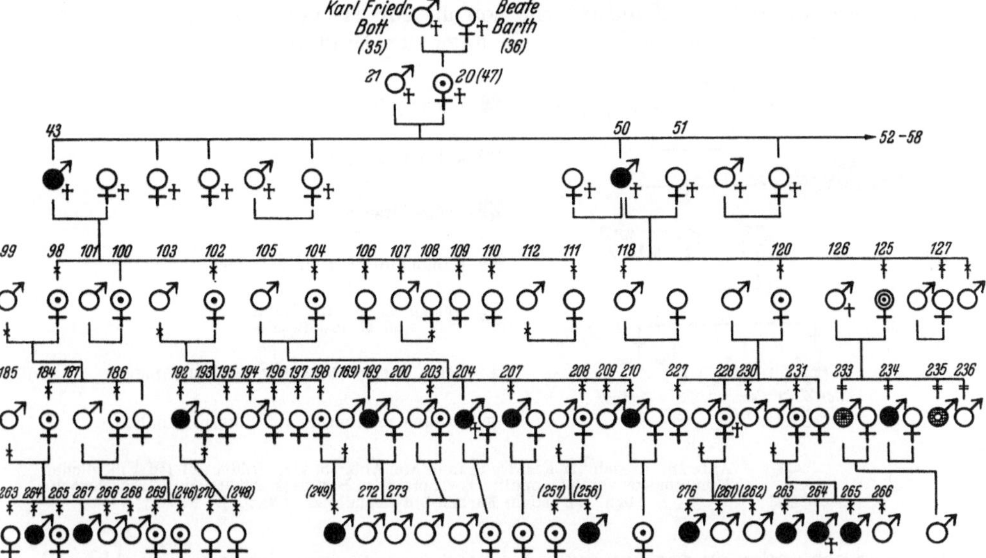

Abb. 17. Stammtafel der Blutersippe Bott-Barth. (Nach SCHLOESSMANN und STUDT aus B. RATH.)

Rede stehenden Gene einbezogen und so neues klares Material für Koppelungsverhalten beigebracht, indem auch in den neu diskutierten Stammbäumen die beiden Gene bei den männlichen Personen teils stets gemeinsam, teils stets getrennt auftreten. So sind in einem der Stammbäume die drei lebenden hämophilen Verwandten eines farbenblinden Hämophilen ebenfalls farbenblind, während fünf männliche Verwandte, die nicht hämophil sind, auch in bezug auf den Farbensinn normales Verhalten zeigen. In einer weiteren Familie, in der allerdings für die Mehrzahl der in Frage kommenden Personen eine persönliche Untersuchung noch ausstand, besteht eine Tradition des Inhalts, daß die männlichen Familienangehörigen *entweder* Bluter *oder* farbenblind sind.

Finden so die Koppelungsvoraussetzungen für diese Gene erneut Bestätigung, so können in bezug auf einen *Austausch* dieser Anlagen BELL und HALDANE nur den von RIDDELL aufgefundenen Fall diskutieren, der in seiner Deutung nicht als sichergestellt angesehen werden kann, eine Auffassung, der sich auch KOEHLER und v. VERSCHUER anschließen.

Gerade einen sicheren Austauschfall, ja sogar -doppelfall, konnte nun aber unlängst v. VERSCHUER selbst mitteilen, der seinen Schüler RATH mit einer planmäßigen Durchuntersuchung von Hämophilie-Sippschaften auf Farbensinnstörungen beauftragt hatte. Nachdem die Untersuchung in einer großen

Sippschaft und einigen kleineren Familien zu keinem positiven Ergebnis geführt hatte, fand sich in der Calmbacher Blutersippe (Abb. 17) ein Fall von Faktorenaustausch von einer *geradezu schematischen Klarheit.*

Von den in Abb. 18 nochmals gesondert herausgezeichneten *vier Brüdern,* die von einer doppelten Konduktorin abstammen, sind *zwei farbensinngestört, zwei farbtüchtig, und in jeder dieser beiden Farbensinngruppen finden sich nebeneinander ein Bluter und ein Nichtbluter.* Damit sind in dieser einen Familie nebeneinander *alle vier Kombinationsmöglichkeiten, die zwischen den beteiligten Genen auftreten können,* tatsächlich verwirklicht.

Obwohl sich in diesem Falle nun nicht hat feststellen lassen, was für X-Chromosomen die Mutter selbst besitzt, so kann doch auf jeden Fall über sie ausgesagt werden, daß sie Konduktorin sowohl für Hämophilie wie für Grünschwäche sein muß, und es können, je nach der Bindung dieser beiden Gene

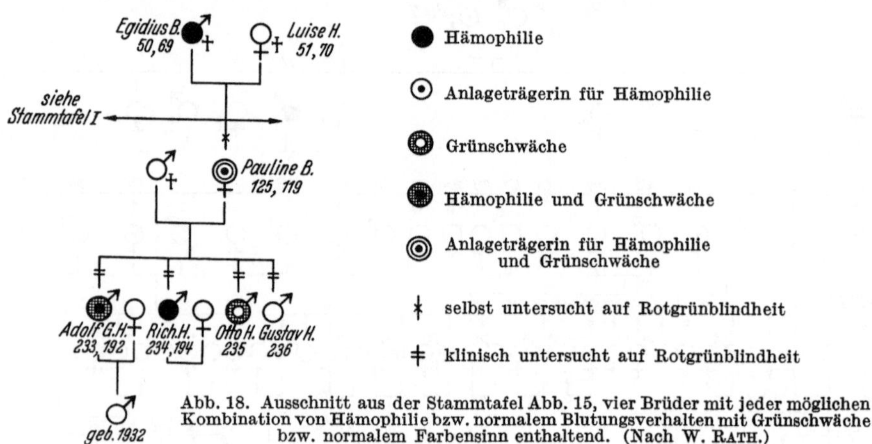

Abb. 18. Ausschnitt aus der Stammtafel Abb. 15, vier Brüder mit jeder möglichen Kombination von Hämophilie bzw. normalem Blutungsverhalten mit Grünschwäche bzw. normalem Farbensinn enthaltend. (Nach W. Rath.)

an das gleiche oder an verschiedene X-Chromosomen, nur die beiden in Abb. 19 dargestellten Erbwege A bzw. B mit jeweils bestimmt angebbaren Eigenschaften der bei Nichtaustausch zu erwartenden Söhne in Frage kommen. Eine Durchsicht der beiden Schemata (Abb. 19) überzeugt davon, daß auf jeden Fall zwei der vier Söhne auf dem Wege eines Faktorenaustausches die bei ihnen anzutreffende Merkmals-, d. h. also hier zugleich Gen-Kombination erhalten haben müssen.

Auch für die Beziehungen zwischen *Hemeralopie und Myopie* hat Davenport (1929) die Frage einer möglichen Koppelung aufgeworfen, und zwar auf Grund von Stammbäumen, in denen sich bei der geschlechtsgebunden-recessiven Form der Hemeralopie, die mit großer Regelmäßigkeit mit Achsenmyopie verknüpft zu sein pflegt, gewisse Durchbrechungen dieser Regelmäßigkeit zeigen, indem bei den betreffenden Personen nur Nachtblindheit oder nur Kurzsichtigkeit auftritt.

So ist in einem von Davenport besprochenen Stammbaum von zwei Brüdern, deren Mutter zwei nachtblinde (ob myope?) Brüder besitzt, der eine nachtblind und myop, der andere nur myop, ferner ein Neffe der Mutter nachtblind und myop. Davenport hält es für wahrscheinlich, daß diese Mutter in dem einen ihrer X-Chromosomen eine Erbanlage für Hemeralopie und eine weitere für Myopie besaß, und daß die ausschließliche Myopie des einen Sohnes auf dem Wege des Faktorenaustausches zustande gekommen ist.

Einer derartigen Auffassung von Koppelung und Austausch der gedachten beiden Gene neigt auch Gassler zu, der einen umfangreichen Stammbaum als Fall einfach-recessiver Vererbung von Hemeralopie und Myopie veröffentlicht hat, in dem von 10 Personen wiederum eine *nur* nachtblind ist.

JUST (1934) hat demgegenüber darauf hingewiesen, daß es schwer vorstellbar sei, daß sowohl eine einfach-recessiv vererbte Nachtblindheit wie auch die

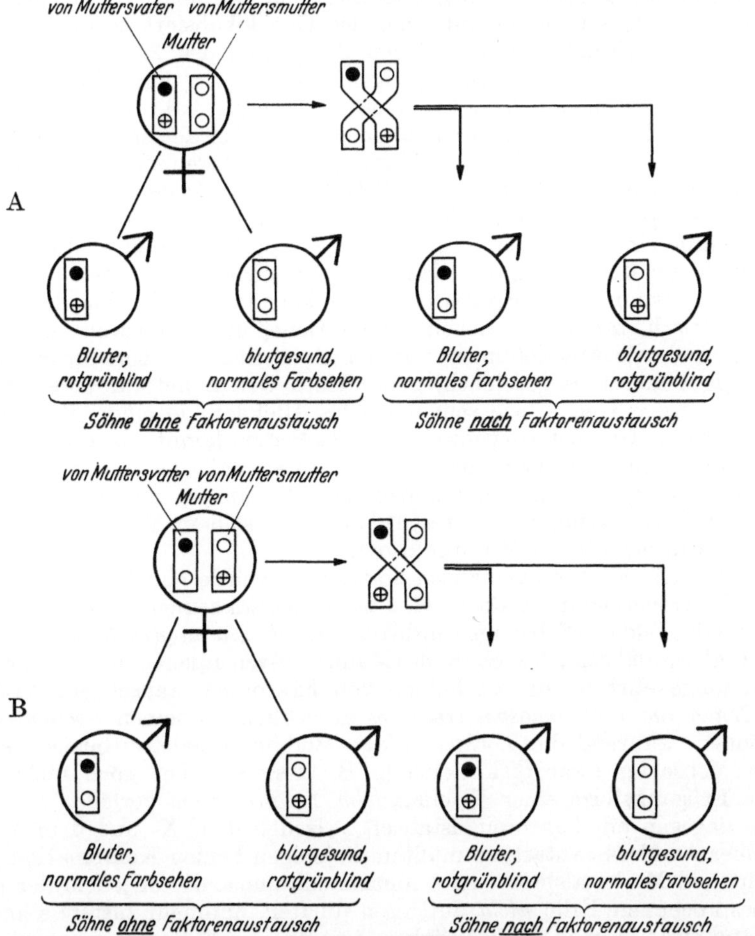

Abb. 19 A und B. Die beiden Möglichkeiten der speziellen Durchführung des Faktorenaustausches bei der in Abb. 18 dargestellten Mutter von vier Söhnen mit wechselnder Kombination von Hämophilie bzw. normalem Blutungsverhalten mit Grünschwäche bzw. normalem Farbensinn. (Nach O. VON VERSCHUER.)

● Erbanlage für Hämophilie, ○ normale Erbanlage,

⊕ Erbanlage für Rotgrünblindheit, ▯ Geschlechtschromosom.

typische geschlechtsgebunden-recessiv vererbte Nachtblindheit jeweils Koppelung gerade mit Myopie zeigen sollte, wobei also die betreffenden Gene das eine Mal beide im gleichen Autosom, das andere Mal beide im X-Chromosom gelegen sein sollten. Die unvollkommene gegenseitige Bindung der beden Augenlieiden könnte ebensogut auch auf eine polyphäne Auswirkung eines und desselben Gens zurückgehen, wobei die Teilcharaktere keine absolute Penetranz zeigten, eine Erklärung, die auch v. VERSCHUER (1939) für die einfachere hält.

Schließlich hat HALDANE (1936) die Frage aufgeworfen, ob nicht beim Menschen *Faktorenaustausch zwischen X- und Y-Chromosom* vorkomme, und

beantwortet diese Frage positiv im Sinne einer wohlbegründeten Arbeitshypothese.

In Analogie zu entsprechenden Verhältnissen beim Säugetier (Ratte) denkt
er sich nämlich ein bestimmtes Segment des X-Chromosoms als Homologon
eines Segments des Y-Chromosoms, und zwar ein Segment, in welchem kein
an der Geschlechtsbestimmung mitwirkendes Gen lokalisiert zu denken wäre.
Es könnte dann zwischen den homologen Segmenten des X-Chromosoms und
des Y-Chromosoms zu Austauschvorgängen kommen, in deren Verlauf die in
dem gedachten Segment lokalisierten Gene bald ins X-, bald ins Y-Chromosom
zu liegen kämen. Diese Gene würden daher — gegenüber den streng ans X-Chromosom gebundenen Genen mit ihrem klaren geschlechtsgebundenen Erbgang —
einem komplizierteren, nämlich *unvollständig-geschlechtsgebundenen Erbgang*
folgen, Auf Grund der für diesen Erbgang zu machenden theoretischen Voraussetzungen würde eine Möglichkeit zum Nachweis von Koppelung und Austausch,
zugleich auch zur Ermittlung der *Austauschhäufigkeit* gegeben sein.

Den Ausgangspunkt für Haldanes Gedankengänge und seine darauf aufgebaute empirisch-statistische Arbeit bilden Gene, die sich bereits im heterozygoten Zustande als Abweichungen von der Norm äußern. Eine für ein solches
unvollständig-dominantes geschlechtsgebundenes Gen A heterozygote *weibliche*
Person trüge dieses Gen A wie sein normales Allel a in je einem ihrer beiden
X-Chromosomen. Eine heterozygote *männliche* Person könnte dagegen A sowohl
im X- wie im Y-Chromosom besitzen. Im ersteren Falle hätte der betreffende
Aa-Mann die Anlage A von seiner Mutter ererbt, nämlich mit dem ja von ihr
erhaltenen X-Chromosom, im letzteren Falle von seinem Vater, nämlich mit
dem von diesem erhaltenen Y-Chromosom.

Falls nun kein Faktorenaustausch stattfände, würde ein Aa-Mann, der das
Gen A im X-Chromosom trägt, dieses Gen *ausschließlich* seinen *Töchtern* mitgeben
können, und das Bild des Erbgangs würde das eines *dominant-geschlechtsgebundenen*
Erbgangs (vgl. S. 409) sein. Die *Söhne* des Mannes wären anlage- und merkmalsfrei.

Genau umgekehrt würde bei Fehlen von Faktorenaustausch ein Aa-Mann,
der das *Gen A im Y-Chromosom* trägt, es ausschließlich seinen *Söhnen* weiter-
geben können, während die *Töchter* anlage- und merkmalsfrei blieben, so daß
die beim Menschen zwar diskutierte (z. B. Castle), aber noch nicht nachgewiesene Erbgangsform einer *Vererbung im Y-Chromosom* vorläge.

Fände dagegen ein Faktorenaustausch zwischen dem X- und dem Y-Chromosom eines Aa-Mannes statt, so müßten diejenigen beiden Kombinationen von
Geschlecht und Merkmalsbesitz bzw. Merkmalsfreiheit, die in jedem der beiden
soeben besprochenen Fälle *nicht* auftreten dürften, nunmehr zustande kommen
können, und zwar je nach der Häufigkeit, mit der der Faktorenaustausch stattfände, in geringerer oder größerer Anzahl.

Auf dem Wege eines Vergleichs der Beziehungen zwischen Merkmal und
Geschlecht unter den Kindern einerseits solcher behafteter Männer, die das
Merkmal von ihrer *Mutter,* und andererseits solcher behafteter Männer, die
das Merkmal von ihrem *Vater* erhalten haben, müßte sich also, wie die nachstehende Tabelle 5 nochmals in gedrängter Form erläutern will, die Möglichkeit
einer Austauschprüfung ergeben. Bei Koppelung dürfte nämlich stets nur
dasjenige Geschlecht der Kinder, das unter den *Großeltern väterlicherseits* das
behaftete war, die Merkmalsträger stellen, bei Austausch auch das entgegengesetzte Geschlecht. Man muß, mit anderen Worten, die *behafteten Kinder*
vom gleichen Geschlecht wie der behaftete väterliche Großelter und die *unbehafteten*
Kinder vom ungleichen Geschlecht den beiden anderen Kindergruppen gegenüberstellen, um nicht nur den Austausch als solchen feststellen, sondern zugleich auf
Grund der gegenseitigen Häufigkeit auch die *Austauschhöhe* ermitteln zu können.

Tabelle 5. Die Kinder aus Ehen einer normalen Frau ♀ (aa) mit einem behafteten Mann ♂ (Aa) bei unvollständig-geschlechtsgebundenem Erbgang des Gens A

Eltern des behafteten Mannes	Anlage A ist ererbt im Chromosom	Kinder des behafteten Mannes			
		Koppelungsklassen		Austauschklassen	
♂ × ♀⬤	X	♂	♀⬤	♂⬤	♀
♂⬤ × ♀	Y	♂⬤	♀	♂	♀⬤

Entsprechende Gedankengänge, wie sie im vorstehenden für ein dominantes Gen von unvollständig-geschlechtsgebundenem Erbgang durchgeführt sind, lassen sich auch für *recessive* Gene dieses Erbgangstyps entwickeln.

Den auf solche Weise festgelegten theoretischen Voraussetzungen eines unvollständig-geschlechtsgebundenen Erbgangs entsprachen von zahlreichen an Hand von Stammbaum-Materialien aus der Literatur von HALDANE geprüften Erbfällen insgesamt die folgenden Erbleiden, für die HALDANE daher eine unvollständige Geschlechtsgebundenheit annehmen möchte: Totale Farbenblindheit, Xeroderma pigmentosum, OGUCHIsche Krankheit, Epidermolysis bullosa dystrophica, sämtlich recessiv, und Retinitis pigmentosa in einer recessiven und einer dominanten Form (Tab. 6), die als Allele angesehen werden.

Tabelle 6. Kinder von Vätern mit dominanter Retinitis pigmentosa.
(Nach HALDANE.)

	Behaftet	Frei
Mit dem behafteten Großelter übereinstimmendes Geschlecht	81	60
Vom behafteten Großelter verschiedenes Geschlecht	64	83

Die *Austauschwerte*, die selbstverständlich nur als erste Annäherung gelten wollen, bringt beistehende Tabelle 7 (vgl. auch die Abb. auf S. 25 dieses Bandes).

Tabelle 7. Vorläufige Austauschwerte einiger Gene von zu vermutendem unvollständig-geschlechtsgebundenen Erbgang. (Nach HALDANE.)

Krankheitsbezeichnung	Genbezeichnung	Austauschwert
Achromatopsia	ac	9
Xeroderma pigmentosum	xe	14
OGUCHIsche Krankheit	og	17
Epidermolysis bullosa dystrophica.	ep	20
Retinitis pigmentosa	Re, re	28
(dominante Form, recessive Form)		

Für besonders wahrscheinlich hält HALDANE die unvollständige Geschlechtsgebundenheit für die beiden erstgenannten Erbleiden, für besonders problematisch die Austauschwerte für die OGUCHIsche Krankheit und für die Epidermolysis bullosa dystrophica, ja, die Zugehörigkeit dieser beiden Erbleiden zur Gruppe der unvollständig-geschlechtsgebundenen Gene überhaupt.

Eine eingehende statistisch-kritische Überprüfung des HALDANEschen Materials durch FISHER zeigt weiterhin, daß die schon von HALDANE selbst nur als provisorisch angesehenen Austauschwerte eine verschiedene Höhe haben müssen, je nach dem, auf welche Weise (Familienauslese, Probandenauslese) das von HALDANE bearbeitete Stammbaummaterial zustande gekommen gedacht wird, und je nach der Berechnungsmethode, die daraufhin angewendet werden muß (Tabelle 8, Abb. 20).

Tabelle 8. Austauschwerte nach 3 Berechnungsmethoden. (Nach R. A. Fisher.)

	I	II	III
Oguchische Krankheit	14,15	13,84	7,43
Xeroderma	18,26	19,07	13,79
Epidermolysis	19,87	21,04	16,17
Achromatopsia	20,57	14,40	8,12
Xeroderma (unter Fortlassung einer von den 82 Familien)	25,19	27,49	23,58

Ja die Übereinstimmung, die sich dabei zwischen einigen Zahlenwerten ergibt, läßt Fisher sogar an die Möglichkeit denken, daß in ihr eine Allelie der betreffenden Gene zum Ausdruck kommt (Abb. 20).

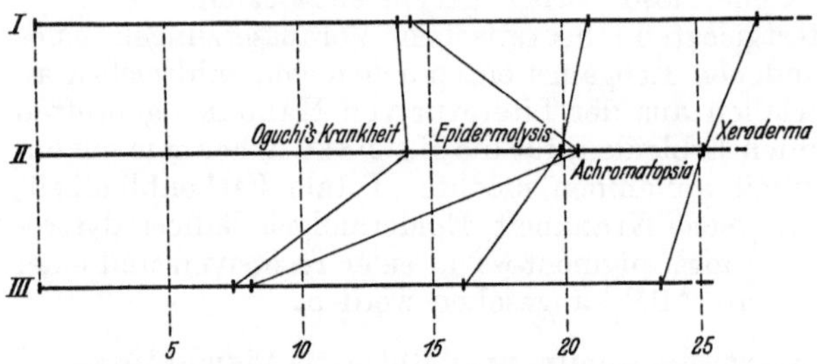

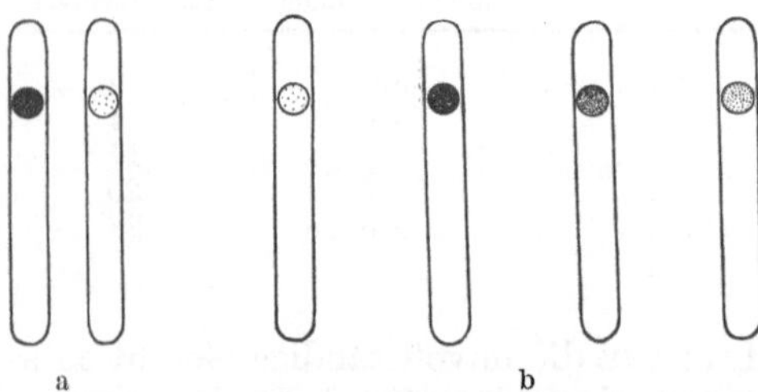

Abb. 20. Karte eines Teils des X-Chromosoms auf Grund von drei verschiedenen Berechnungsmethoden. (Nach R. A. Fisher.)

Würde sich diese Annahme durch weiteres Material bis zur Gewißheit bestätigen lassen, so würde es sich dabei, was von großer theoretischer Bedeutung wäre, um Glieder einer Serie multipler Allele mit klinisch wohl unterscheidbaren Äußerungsweisen handeln.

So hypothetisch die Schlußfolgerungen Haldanes und Fishers sind, so aussichtsreich muß der mit ihren Arbeiten eröffnete Forschungsweg genannt werden.

VI. Multiple Allelie.

1. Allgemeines.

Wenn am Ende des vorhergehenden Kapitels auf die Möglichkeit eines besonders bemerkenswerten Falles von multipler Allelie hingewiesen werden konnte, so kann überhaupt im ganzen kein Zweifel daran sein, daß die Erbbiologie auch des Menschen mehr und mehr mit einem allgemein-genetischen Tatbestand rechnen muß, dessen Aufdeckung und nähere Erforschung zu den wichtigsten Ergebnissen der experimentellen Erbbiologie gehört. So gering die Anzahl der Fälle ist, die auf diesem Sondergebiete des Studiums des multiplen Allelie beim Menschen heute als sichergestellt gelten können, so groß ist die Zahl derjenigen Fälle, für die eine künftige Durcharbeitung unter diesem Gesichtspunkt des möglichen Mitwirkens multipler Allele eine bedeutungsvolle Rolle spielen wird.

Abb. 21a und b. a Allele Gene in homologen Chromosomen (Schema). b Eine (viergliederige) Serie multipler Allele (Schema).

Dies gilt vor allem deswegen, weil gerade auf diesem Gebiete die Möglichkeiten einer *entwicklungsphysiologischen* Vertiefung der humangenetischen Arbeit und dabei eines Eindringens auch in die *quantitativen* Verhältnisse der Genwirkung besonders groß sind.

Während die menschliche Genetik ebenso wie die experimentelle Genetik Gene zunächst nur in der Form zweier einander zugeordneter Allele (Abb. 21a) kennenlernte, zeigte sich später, notwendigerweise auch hier wieder unter Vorangang der experimentellen Arbeit, daß am gleichen Chromosom-Ort (Punkt, Locus) *mehr als zwei* verschiedene „Zustandsformen", „Strukturformen" oder wie sonst

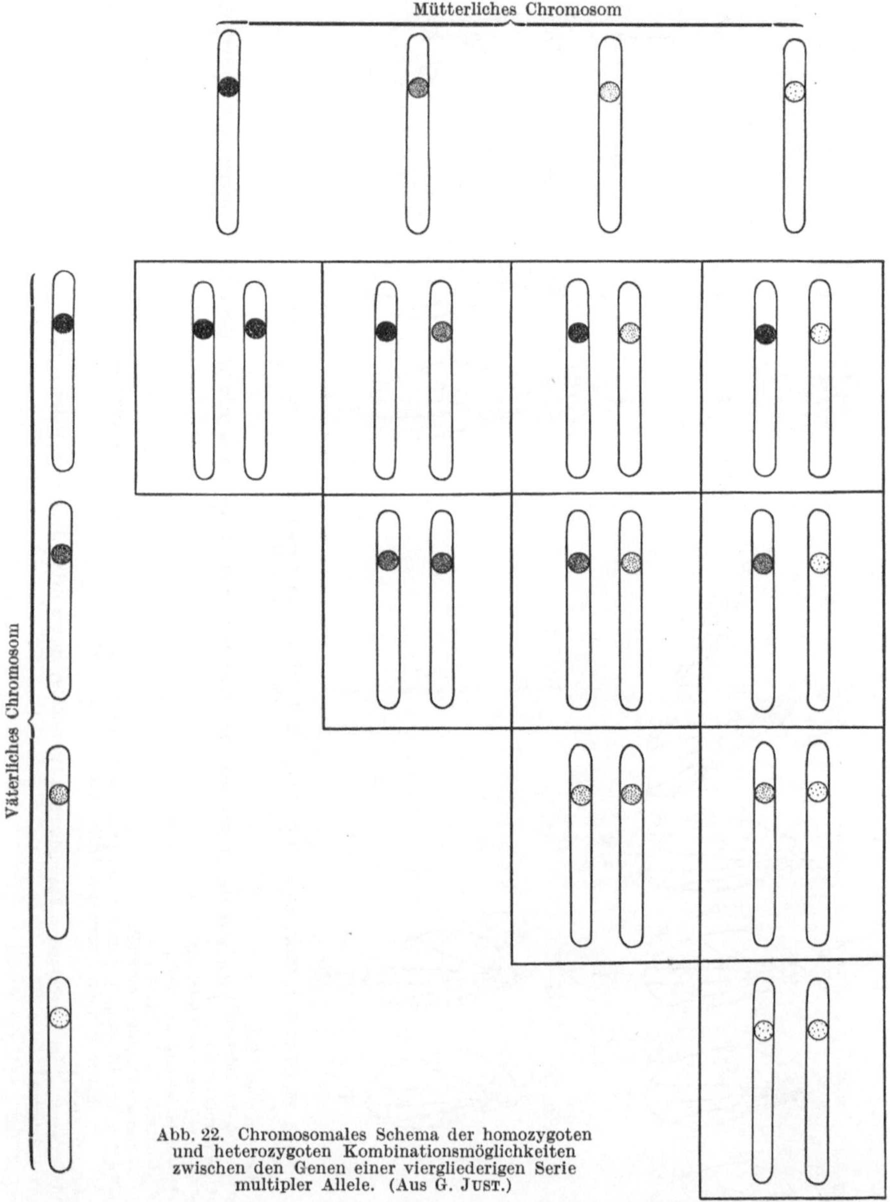

Abb. 22. Chromosomales Schema der homozygoten
und heterozygoten Kombinationsmöglichkeiten
zwischen den Genen einer viergliederigen Serie
multipler Allele. (Aus G. JUST.)

zu nennende qualitative oder quantitative Verschiedenheiten eines bestimmten Gens, d. h. also *multiple* Allele dieses Gens, ihre Lokalisation haben können. Dem gleichen Chromosom-Ort ist dann also eine Reihe voneinander unterscheidbarer, in sich — ebenso wie Gene überhaupt — relativ konstanter Zustandsformen des betreffenden Gens zugeordnet, die also nach BAURs Bezeichnung *unilokale Faktoren* sind (Abb. 21 b).

Da aus einer solchen Serie multipler Allele im einzelnen Chromosom immer nur eines vorhanden ist, im diploiden Chromosomensatz also zwei Allele, so

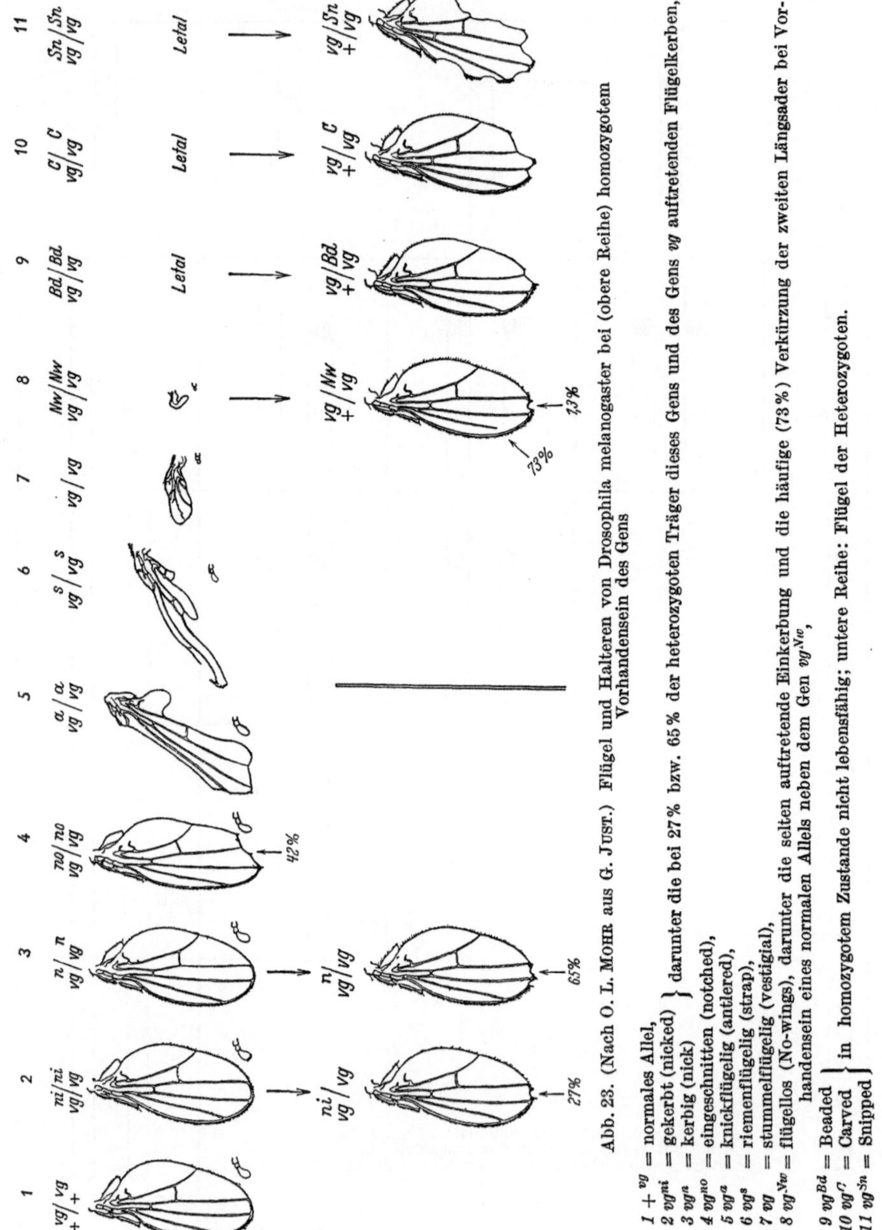

Abb. 23. (Nach O. L. Mohr aus G. Just.) Flügel und Halteren von Drosophila melanogaster bei (obere Reihe) homozygotem Vorhandensein des Gens

1 +^{vg} = normales Allel,
2 vg^{ni} = gekerbt (nicked) } darunter die bei 27% bzw. 65% der heterozygoten Träger dieses Gens und des Gens vg auftretenden Flügelkerben,
3 vg^{a} = kerbig (nick)
4 vg^{no} = eingeschnitten (notched),
5 vg^{a} = knickflügelig (antlered),
6 vg^{s} = riemenflügelig (strap),
7 vg = stummelflügelig (vestigial),
8 vg^{Nw} = flügellos (No-wings), darunter die selten auftretende Einkerbung und die häufige (73%) Verkürzung der zweiten Längsader bei Vorhandensein eines normalen Allels neben dem Gen vg^{Nw},
9 vg^{Bd} = Beaded
10 vg^{C} = Carved } in homozygotem Zustande nicht lebensfähig; untere Reihe: Flügel der Heterozygoten.
11 vg^{Sn} = Snipped

kann es nicht nur wie bei einem Paar alleler Gene (Abb. 21a) zwei verschiedene homozygote und eine heterozygote Allelenkombination geben, sondern deren mehr. So sind etwa bei 4 Allelen einer multiplen Serie (Abb. 21b) nicht weniger als 10 verschiedene Allelenkombinationen möglich, nämlich 4 homozygote und 6 heterozygote (Abb. 22).

Es sei eingeschaltet, daß in der amerikanischen experimentell-genetischen Literatur Träger zweier vom normalen Gen abweichender, also auf mutativem Wege entstandener Allele als *compounds* bezeichnet werden. Im Schema der Abb. 22 wären also 3 derartiger compounds zu finden.

Das Schema (Abb. 22) vermittelt nun in Wahrheit aber nur einen ersten Einblick in die vielfältigen Möglichkeiten des Auftretens von Kombinationen gleicher oder verschiedener Allele beim Vorliegen multipler Allelie. Denn die experimentelle Genetik kennt nicht nur weniggliedrige, sondern auch vielgliedrige Reihen solcher multiplen Allele. So umfassen zwei vielbearbeitete Serien multipler Allele von *Drosophila melanogaster*, nämlich die Serie der im X-Chromosom am Punkte 1,5 lokalisierten *Augenfarben*-Allele, deren phänische Ausprägungen vom normalen dunklen Wildrot über hellere Rotfarben und Gelbfarben bis zum pigmentlosen Weiß reichen, und die im II. Chromosom am Punkte 67,0 lokalisierte *vestigial-Serie*, deren phänisches Bild vom normalen Flügel über zunächst geringfügigen, dann immer stärkeren Fortfall von Flügelabschnitten bis zu Stummelflügeligkeit, fast völliger Flügellosigkeit und schließlich Letalität führt (Abb. 23), je eine Zahl von mehr als 10 selbständigen Allelen, wobei die weitere Beschäftigung mit diesen beiden wichtigen Allelenserien immer neue Allele auffindet.

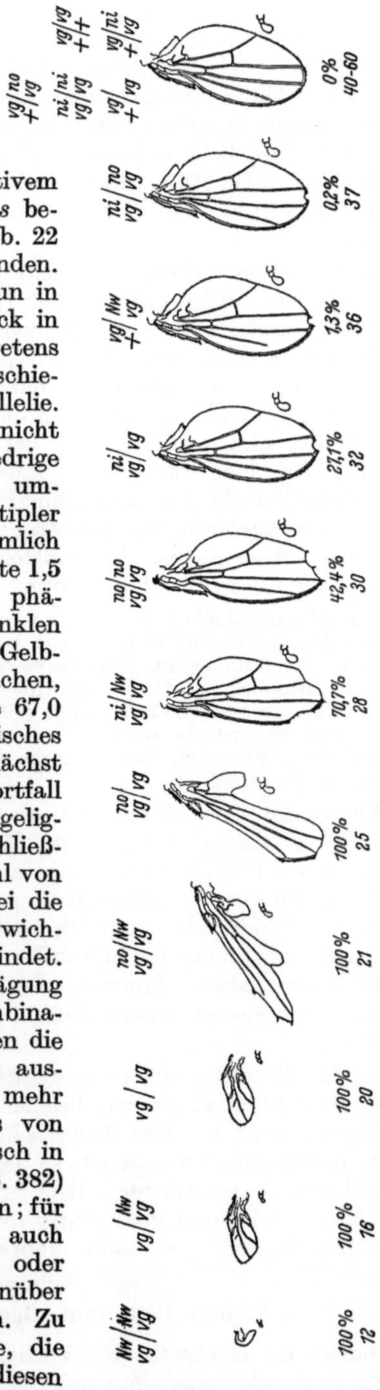

In bezug auf die phänische Ausprägung der verschiedenen heterozygoten Kombinationen in multiplen Allelenreihen können die Begriffe *Dominanz* und *Recessivität* als ausreichende Kennzeichnung nun nicht mehr genügen. Das gegenseitige Verhältnis von Allelen einer solchen Serie kann phänisch in *intermediären* und in *kombinanten* (vgl. S. 382) Verhaltensweisen zum Ausdruck kommen; für beides gibt es Beispiele. Es gibt aber auch hier den weiteren Fall, daß sich ein oder mehrere Allele anderen Allelen gegenüber phänisch voll durchzusetzen vermögen. Zu derartigen Serien gehören dann Allele, die sich stets dominant, andere, die sich diesen gegenüber recessiv verhalten, schließlich aber auch solche, die *teils ein dominantes, teils ein recessives Verhalten* zeigen, je nachdem, welches Allel es ist, mit dem sie in eine heterozygote Kombination getreten sind.

Abb. 24. Morphologische Seriierung und numerische Werte von 5 homozygoten und 10 heterozygoten Allelenverbindungen der vestigial-Serie von Drosophila melanogaster. (Nach O. L. Mohr aus G. Just.) Bezeichnungen der Allele siehe Abb. 23. Die unter den Bildern von Flügeln und Halteren stehende Zahlenreihe gibt die prozentuale Häufigkeit des Auftretens der Ausschnitte am Flügelrand an, die darunterstehende Zahlenreihe die numerischen Werte der jeweiligen Allelenverbindung.

In zahlreichen, wenn auch nicht — oder jedenfalls *noch* nicht — in allen Fällen lassen sich nun die phänischen Auswirkungen der einzelnen Glieder einer Serie multipler Allele *quantitativ seriieren*, zeigen also eine Stufenfolge von geringeren zu höheren Ausprägungsgraden (Abb. 23 u. 24). Gilt dies im allgemeinen in morphologischer Hinsicht, so kann es auch bis ins Physiologische hinein (durchschnittliche Lebensdauer, Lüers) gelten. Auf diese Weise entsteht eine außerordentliche Fülle von Variation, die als solche zunächst ausschließlich erblich, nämlich durch die Wirkunterschiede der verschiedenen Allele der Serie bedingt ist.

Es ist nun ohne weiteres einleuchtend, daß eine solche *quantitativ faßbare Variation auf rein erblicher Basis* auch für alle Verhältnisse von Variation beim Menschen die höchste Bedeutung gewinnen muß, sofern es sich bei solchen Serien multipler Allele, wie sie die experimentelle Genetik aufdecken konnte, nicht etwa nur um Ausnahmefälle handelt. Dies ist indessen keineswegs der Fall; vielmehr ermöglichen die zahlreichen Fälle multipler Allelie, die nicht nur bei Drosophila, sondern auch bei einer Reihe weiterer (Pflanzen- und) Tierformen, auch beim Säugetier, aufgedeckt wurden, die Aussage, daß grundsätzlich jedem Gen oder jedenfalls sehr zahlreichen Genen die Fähigkeit zukommt, zu *mehr als einer* anderen Zustandsform zu mutieren, d. h. also der Beobachtung in mehreren verschiedenen Zustandsformen, in Gestalt von Allelenserien geringeren oder größeren Umfangs entgegenzutreten.

Über die allgemein-biologischen Ergebnisse auf diesem Gebiet soll hier wiederum nicht berichtet werden; es sei aber in bezug auf den erwähnten und in den Abb. 23 und 24 erläuterten Fall der Stummelflügeligkeits-(vestigial)-Serie von *Drosophila melanogaster* auf die gerade im Hinblick auf Fragen multipler Allelie beim Menschen durchgeführte Diskussion des Tatsachenmaterials bei Just (1935) verwiesen. Außer der dort angeführten Literatur vergleiche auch die weiteren Untersuchungen über diesen besonders aufschluß-reichen Fall von Auerbach, Chen, Child, Goldschmidt, Howland, Ludwig, Li und Tsui, Schultz, Stanley).

Die Erforschung der durch multiple Allelie zustandekommenden Merkmals-mannigfaltigkeit erscheint nun beim Menschen auf der einen Seite deswegen besonders aussichtsreich, weil wir ja zahlreiche Fälle von mehr oder weniger starker Variation gerade pathologischer Erscheinungen beim Menschen kennen, auf der anderen Seite aber zugleich auch als besonders schwierig, weil ja eben für diese Fälle erst ausgemacht werden muß, ob ihre Variation wesentlich auf erblichem Wege zustande kommt, oder ob sie im Sinne unserer früheren Ausführungen vorzugsweise umweltmäßig bedingt ist, oder schließlich durch beides zusammen.

Gerade für die phänische Ausprägung des vorhin genannten Stummelflügel-Gens von Drosophila wissen wir beispielsweise, daß sie innerhalb überraschend weiter Grenzen auch von den *Außenbedingungen*, die während der Entwicklung des Tieres herrschen, abhängig ist, so daß eine ähnliche Seriierung, wie sie sich beim Vorliegen verschiedener Allele ergibt, auch auf Grund eines und des gleichen Allels (vg) durch quantitativ unterschiedene Umwelt-, in diesem Falle Temperaturbedingungen, zustande gebracht werden kann.

2. Sichere Fälle multipler Allelie beim Menschen.

Ein bindender Nachweis des Vorliegens multipler Allelie beim Menschen konnte bis jetzt, wie gesagt, nur in ganz wenigen Fällen, und zwar begreiflicher-weise eben in solchen Fällen, in denen die betreffenden Gene sich durch eine relativ hohe *Umweltstabilität* auszeichnen, erbracht werden.

Der klarste Fall multipler Allelie beim Menschen, nämlich die Serie der den *Blutgruppen* zugrunde liegenden Allele, bezieht sich geradezu auf diejenigen Erbanlagen, die den überhaupt höchsten Grad von Umweltstabilität aufweisen,

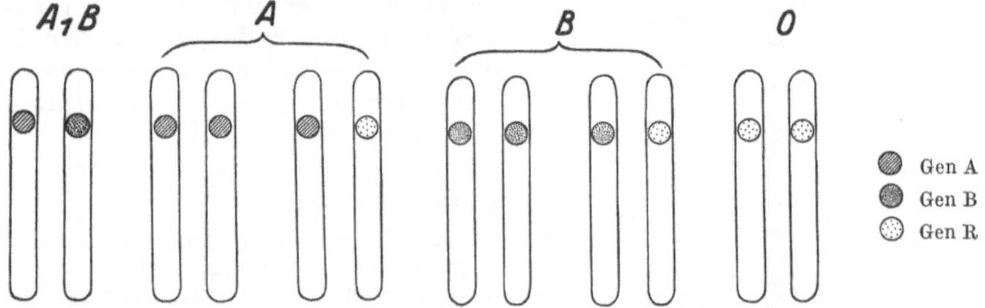

Abb. 25. Chromosomales Schema der Blutgruppen-Erbstrukturen im Sinne der BERNSTEINschen Drei-Allelentheorie. (Aus G. JUST.)
Die Blutgruppen AB und O besitzen je 1, die Blutgruppen A und B je 2 Möglichkeiten genischer Struktur; die 6 verschiedenen Erbstrukturen stellen die 6 Kombinationsmöglichkeiten der 3 möglichen allelen Zustände des Blutgruppen-Gens dar, das als A, B oder R an dem betreffenden Punkt des Blutgruppen-Chromosoms liegen kann.

den wir beim Menschen kennen, nämlich eine auf Grund umfangreicher Daten als praktisch 100%ig zu bezeichnende Penetranz.

Unter Verweisung auf die ausführliche Darstellung der Blutgruppenvererbung in Band III des Handbuches (THOMSEN) seien hier, um dadurch zugleich das

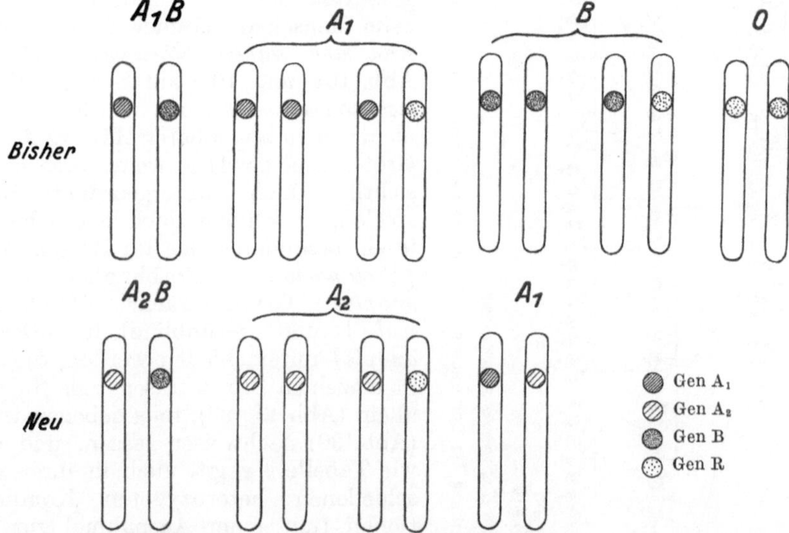

Abb. 26. Chromosomales Schema der Blutgruppen-Erbstrukturen im Sinne der BERNSTEIN-THOMSENschen Vier-Allelentheorie. (Aus G. JUST.)
Unter dem Gen A verbergen sich die beiden Allele A₁ und A₂, so daß wir es nicht mit 3, sondern mit 4 Allelen des Blutgruppen-Gens zu tun haben. Die klassischen Blutgruppen A und AB zerfallen in je 2 Untergruppen. Die im Schema dargestellten 10 verschiedenen Erbstrukturen, die sich auf 6 Blutgruppen verteilen, stellen sämtliche Kombinationsmöglichkeiten der 4 allelen Gene dar.

in Abb. 22 gegebene allgemeine Schema zu verlebendigen, die beiden beistehenden Schemata (Abb. 25 u. 26) gegeben, von denen das erste die ursprüngliche, von BERNSTEIN aufgestellte Drei-Allelentheorie der Blutgruppenvererbung veranschaulicht, das zweite die erste Fortbildung dieser Theorie zur Vier-Allelentheorie durch THOMSEN. Auch eine stammbaummäßige Darstellung von deutlich selbständigem Erbgang der beiden Allele A₁ und A₂, die den entsprechenden Untergruppen der Blutgruppe A zugrunde liegen, sei in Abb. 27 gegeben.

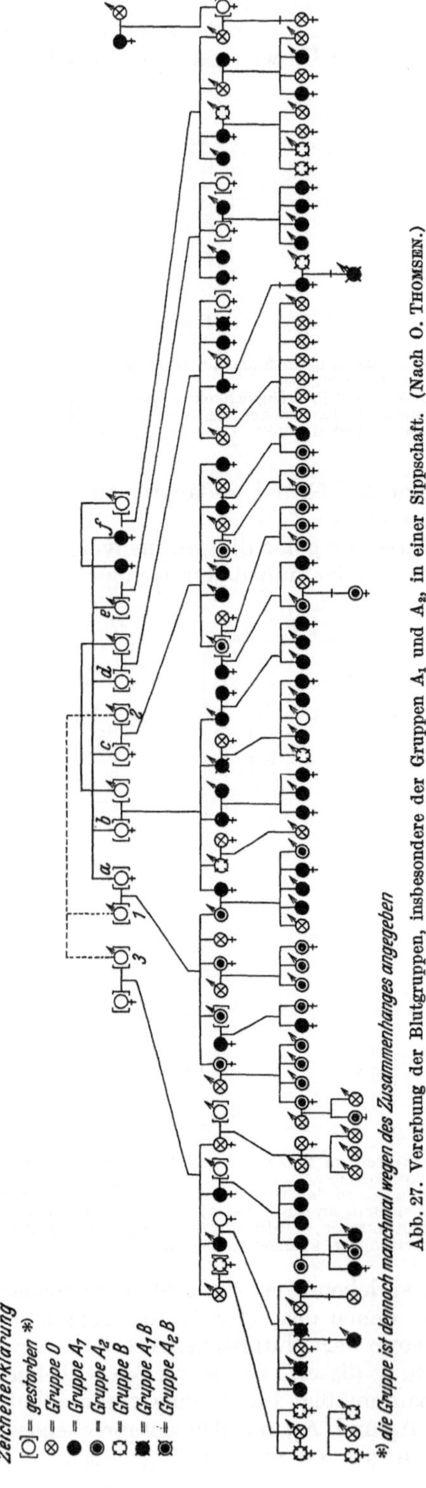

Abb. 27. Vererbung der Blutgruppen, insbesondere der Gruppen A_1 und A_2, in einer Sippschaft. (Nach O. Thomsen.)

Vor allem aber sei in unserem Zusammenhange die theoretische Wichtigkeit, die einem weiteren Studium gerade der *quantitativen* Seite des Blutgruppenproblems, zumal derjenigen der *individuellen Entwicklung der Blutgruppencharaktere*, in genetisch-entwicklungsphysiologischer Hinsicht zukommt, mit besonderem Nachdruck betont (vgl. Just 1935).

Auf die von Hirszfeld neuerdings (1939) entwickelte Vorstellung, daß in der Blutgruppenvererbung nicht nur multiple Allele, sondern auch „Genketten", also mehrere *neben*einander gelegene Gene vom Typus O bzw. A, eine Rolle spielten, braucht wohl zunächst nur hingewiesen zu werden. Die Vorstellung erinnert an die in der experimentellen Genetik eine kurze Zeit erörterte Hypothese der sog. „Treppen-Allelomorphe".

Obwohl bei dem nächst den Blutgruppen am besten durchgearbeiteten und als zweitem und letztem sichergestellten Fall von multipler Allelie beim Menschen, nämlich dem *Rotgrünsinn und seinen Störungen* (vgl. die Abb. 10a und 10b auf S. 408), *Manifestationsschwankungen* von heute noch nicht genau angebbarer Häufigkeit und Größe eine gewisse, wenn auch offensichtlich mehr untergeordnete Rolle spielen, so können doch heute bereits je ein besonderes Gen für Rotschwäche *(Protanomalie)*, Rotblindheit *(Protanopie)*, Grünschwäche *(Deuteranomalie)* und Grünblindheit *(Deuteranopie)* unterschieden werden, die sich in einzelnen Sippschaften teils für sich allein (Abb. 28, 29), teils nebeneinander (Abb. 30) nachweisen lassen, und die, wie Tabelle 9 zeigt, auch in ihren verschiedenen heterozygoten Kombinationen (mit einer Ausnahme) gut bekannt sind.

Gerade darum wird auch hier wieder die Fortführung der Arbeit unter Verwendung vielseitiger, vor allem wieder *quantitativer* Methoden zu wichtigen theoretischen Einsichten — und hier übrigens nicht nur für die Genetik, sondern auch für die Physiologie des Farbensinnes als solche — führen können.

So bedarf die Frage der *Übergangsmöglichkeiten* zwischen den genannten

Hauptformen der Rotgrünsinn-Ausprägung weiterer Untersuchung. WIELAND und neuerdings INGEBORG SCHMIDT haben ebensowenig wie FRANCESCHETTI, v. PLANTA und BRUNNER Übergänge zwischen Normalen und Deuteranomalen gefunden, während I. SCHMIDT im Rahmen der gleichen, rund 12500 Personen

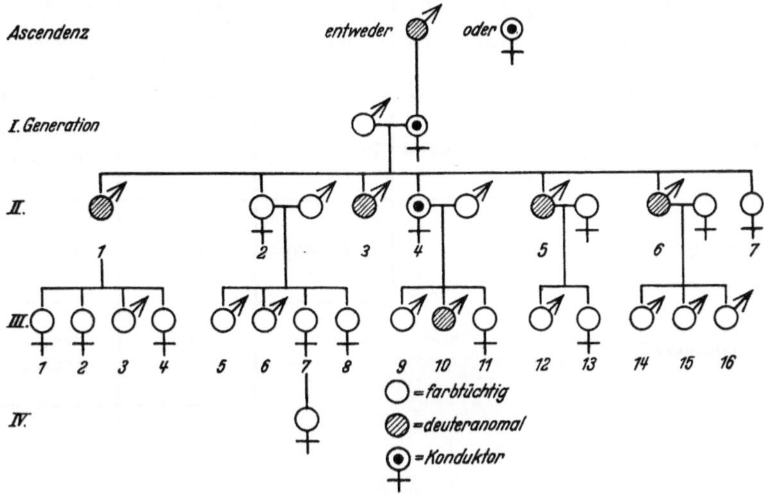

Abb. 28. Deuteranomalie, Erbtafel. Die 4 Brüder am Anomaloskop nahezu übereinstimmend. (Nach E. WÖLFFLIN aus G. JUST.)

umfassenden Massenuntersuchung auf Farbensinnabweichungen einige sich kontinuierlich einordnende Übergangsformen zwischen normalem Farbensinn und Protanomalie auffand. Nicht alle solche Übergangsformen sind, wie Abb. 31 zeigt, genetisch, d. h. hier also durch besondere Allele bedingt. Auch ob die

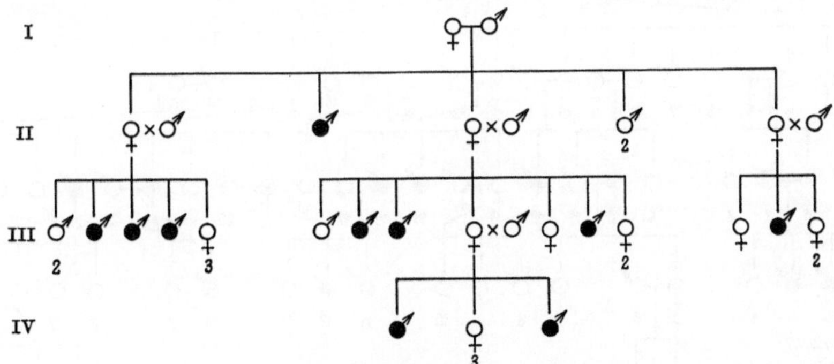

Abb. 29. Protanopie, Erbtafel. Alle Farbenblinden der III. und IV. Generation gleichgradig gestört. (Nach I. SCHIÖTZ aus G. JUST.)

sog. extremen Anomalien mit BRUNNER auf selbständige Allele oder mit TRENDELENBURG und SCHMIDT auf ein von den eigentlichen Rotgrünsinn-störungs-Genen unabhängiges Umstimmbarkeits-Gen zurückzuführen sind, bedarf weiterer Klärung.

In engem Zusammenhang mit diesen und ähnlichen Fragen (vgl. z. B. ENGEL-KING, JAENSCH, LIMPER) steht die weitere Frage, ob den Störungen des Rotgrünsinns genetisch nur *eine* Serie multipler Allele oder deren *zwei* zugrunde liegen, eine Frage, auf die wir sogleich zurückkommen, und die durch die Frage

Tabelle 9. **Art des Farbensinns bei homozygoten und heterozygoten Trägerinnen der Rotgrünsinn-Allele, Übersichtsschema. (Aus G. Just.)**

	Mütterliches Farbensinn-Gen				
Väterliches Farbensinn-Gen	normal	protanomal	protanop	deuteranomal	deuteranop
normal	normal	normal	normal	normal oder (leicht) deuteranomal	normal
protanomal		protanomal	protanomal	normal	nicht sicher bekannt
protanop			protanop	normal	normal
deuteranomal				deuteranomal	deuteranomal
deuteranop					deuteranop

nach der *Anzahl* der insgesamt zu der einen bzw. zu beiden Serien gehörigen Allele ergänzt wird.

Mit alledem hängt nicht nur aufs engste die Beantwortung auch der Frage nach der *physiologischen Auswirkung der Komponenten des Farbensinns*

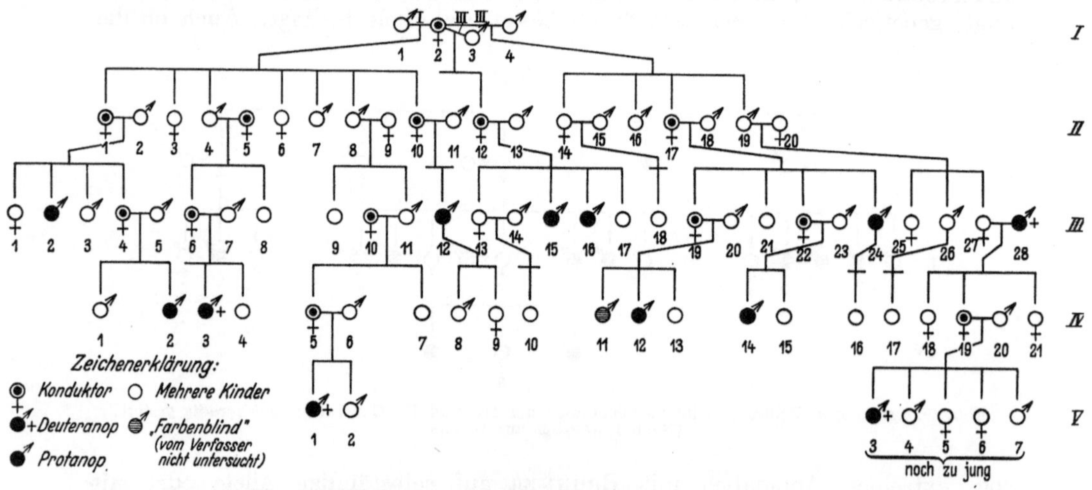

Abb. 30. Deuteranopie neben Protanopie andersartiger genealogischer Herkunft in der gleichen Sippschaft. (Nach A. Garboe aus G. Just.)

zusammen, sondern auch die Möglichkeit, dem Verständnis jener eigentümlichen Erscheinung näherzukommen, die von Göthlin gefunden und theoretisch erörtert, von Waaler, dann Franceschetti, Brunner, Wieland bestätigt und weiter diskutiert worden ist, nämlich die Tatsache, daß *heterozygote Trägerinnen je eines Anomalie- oder Anopie-Gens der Proto- und der Deuterogruppe*

selbst *farbtüchtig* oder, wie WAALER in 2 Fällen feststellte, „beinahe normal"
sind, während die Söhne derartiger Frauen sämtlich farbensinngestört sind,

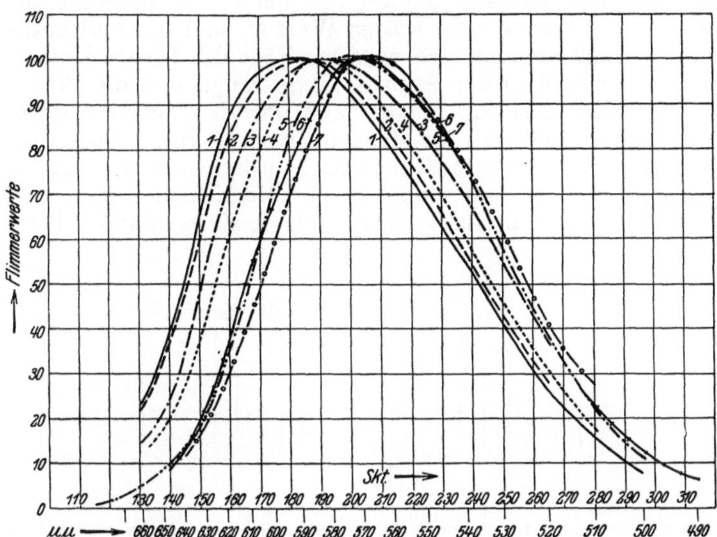

Abb. 31. Der stetige Übergang der spektralen Helligkeitsverteilung von Normalen über verschiedene Grade
von Rotanomalie zu Protanopen; Flimmerwerte im Dispersionsspektrum einer Nitralampe.
(Nach A. KOHLRAUSCH und Mitarbeitern aus G. JUST.)
1, 2 Normale (1 starke, 2 mittelstarke Maculapigmentierung). 3, 4 ganz schwach Rotanomale (3 mittelstarke,
4 schwache Maculapigmentierung),
5 typischer mittlerer Rotanomaler ⎱
6 extrem Rotanomaler ⎰ (etwa mittelstarke Maculapigmentierung).
7 Protanoper

dabei teils dem einen, teils dem anderen Störungstypus zugehörend (Abb. 32).
WAARDENBURG (1935) hat darauf hingewiesen, daß die Beobachtung des umgekehrten Falls, nämlich des Auftretens einer farbtüchtigen Tochter in einer
Ehe zweier farbensinn-
gestörter Eltern, deren
jeder einem anderen
Störungstypus zuge-
hört, noch aussteht.

Die Erklärung die-
ses merkwürdigen Phä-
nomens, das LENZ unter
seine Fälle kombinan-
ten Verhaltens von
Allelen (vgl. S. 382) ein-
reiht und das experi-
mentell bekannte Par-
allelen besitzt, läßt sich
auf doppelte Weise
durchführen. Nimmt

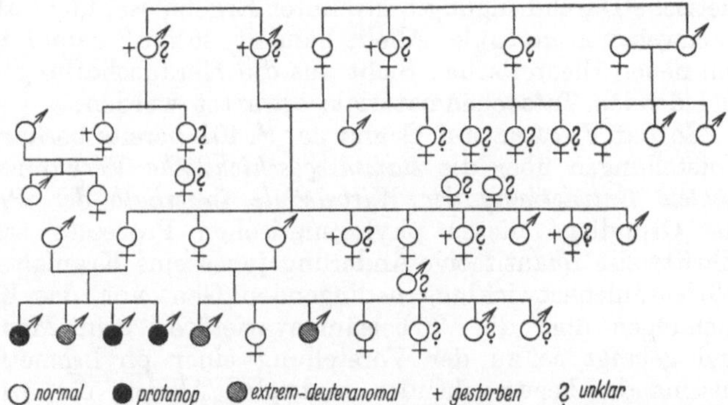

Abb. 32. Extreme Deuteranomalie neben Protanopie bei den 4 Söhnen einer
farbtüchtigen Mutter. (Nach T. KONDO aus G. JUST.)

man an, daß sowohl die Protoreihe wie die Deuteroreihe der Farbensinnstörungen je eine eigene Allelenserie zur Grundlage habe, so wären (Abb. 33)
im X-Chromosom an *zwei verschiedenen Stellen* Farbensinn-Gene gelegen
— P. HERTWIG hat geradezu an die Möglichkeit einer Duplikation des das
Farbensinn-Gen enthaltenden Stückes des X-Chromosoms gedacht —, und die

betreffenden weiblichen Personen wären Trägerinnen zweier verschiedener, jeweils vom dominanten Allel verdeckter recessiver Farbensinnstörungs-Gene.

Stellt man sich dagegen (Abb. 34) alle uns hier beschäftigenden Allele als zu *einer einzigen* Serie gehörend vor, wie es Waaler und Just diskutiert haben und wie es auch Lenz annimmt, so wird man aus der besprochenen Tatsache heraus unseres Erachtens zu der Auffassung gedrängt, daß die Proto- und die Deutero-Allele das Ergebnis von *Mutationsschritten in einander entgegengesetzten Richtungen* darstellen, und daß die Zusammenarbeit von Allelen aus je einer der beiden Reihen eine — wie auch im einzelnen immer zu interpretierende — *quantitativ* charakterisierte sein muß. In der Möglichkeit dieser Schlußfolgerung vor allem liegt die theoretische Bedeutung des interessanten Tatbestandes.

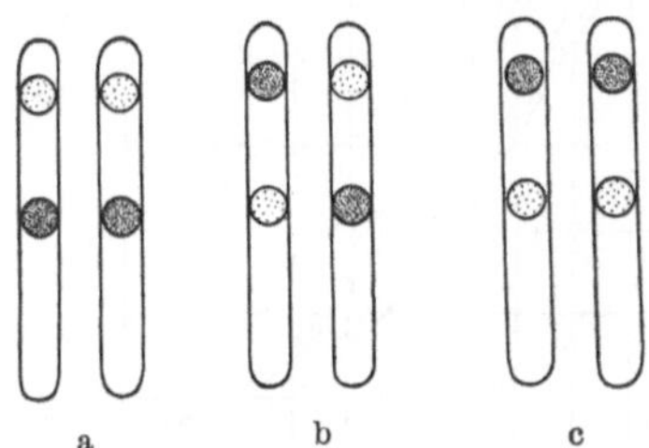

Abb. 33a—c. Chromosomales Schema bei Annahme einer verschiedenen Lokalisation der Proto- und der Deutero-Gene. (Aus G. Just.)
a Protanomale (protanope) Frau; b doppelt-heterozygote Frau, farbtüchtig; c deuteranomale (deuteranope) Frau.

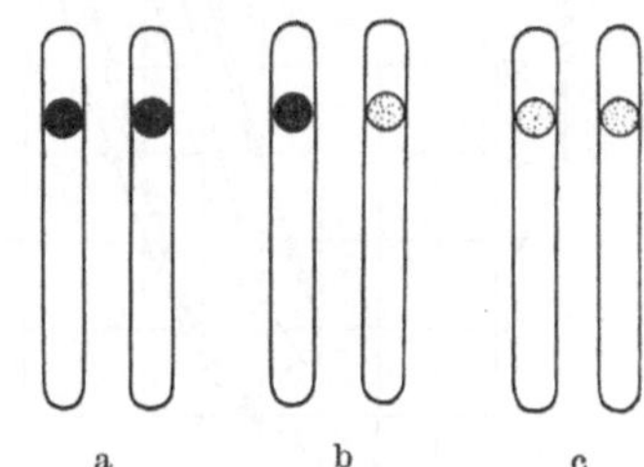

Abb. 34a—c. Chromosomales Schema bei Annahme einer Allelie der Proto- und der Deutero-Gene. (Aus G. Just.)
a protanomale (protanope) Frau; b Compound (Trägerin eines Proto- und eines Deutero-Gens), farbtüchtig; c deuteranomale (deuteranope) Frau.

3. Fragliche Fälle multipler Allelie.

a) Fragliche Fälle im Bereich des Normalen.

Von theoretischen Gesichtspunkten aus, wie sie sich im besonderen in ihrer Verbindung mit anthropologisch-phylogenetischen Fragen ergeben, hat in den letzten Jahren Eugen Fischer mehrfach zu Problemen der multiplen Allelie beim Menschen Stellung genommen. Wenngleich es sich dabei nur um die hypothetische Durchdringung bestimmter Ergebnisse, nicht aber um einen wirklichen Nachweis von multipler Allelie handelt, so muß gerade von der sich so ergebenden neuen theoretischen Sicht aus die Heranschaffung weiteren, vielleicht entscheidenden Tatsachenmaterials erwartet werden.

So hat Fischer auf Grund der S. 401 bereits berührten Ergebnisse Kühnes Vorstellungen über die *stammesgeschichtliche Verkürzung und kranialwärts gerichtete Entwicklung der Wirbelsäule innerhalb der Primatenreihe* entwickelt. Als Grundlage dieses phylogenetischen Prozesses stellt sich Fischer eine schrittweise quantitative Änderung jenes eine Kranialtendenz der individuellen Wirbelsäulenentwicklung bedingenden Gens vor, das Kühne in seinen Untersuchungen über die Wirbelsäulenvarietäten beim Menschen erfassen konnte, und gelangt so zu der Vorstellung einer phylogenetischen Schrittfolge von auseinander hervorgehenden multiplen Allelen, die, wie Fischer meint, ohne Mitwirkung von Selektionsvorgängen dem genannten stammesgeschichtlichen Prozeß als einem orthogenetischen Vorgang zugrunde liegen.

Eine solche *schrittweise Umwandlung eines Gens in neue allele Zustände* sieht Fischer, wie wir glauben mit Recht, als auch in der menschlichen *Rassenbildung* zu wiederholten Malen vor sich gegangen an. Man darf sich in der Tat mit Fischer die Vorstellung bilden, daß auch beim Menschen bestimmte Mutationen räumlich und zeitlich unabhängig voneinander mehrmals oder vielfach eingetreten sind, und daß derartige Mutationen dann von einem oder

mehreren weiteren in gleicher Richtung liegenden Mutationsschritten gefolgt
worden sein können. Auf diese Weise können dann auch bestimmte Mutations-
ergebnisse innerhalb der Hauptrassenzweige der Menschheit als nicht nur

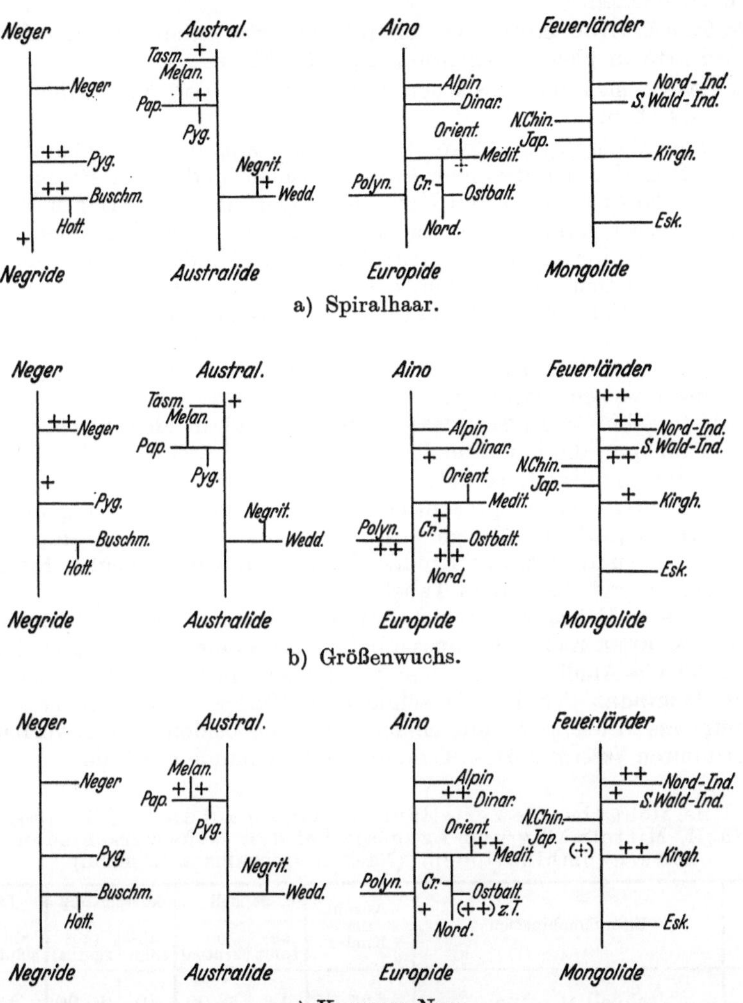

a) Spiralhaar.

b) Größenwuchs.

c) Konvexe Nase.

Abb. 35. Schemata mehrfacher mutativer Entstehung menschlicher Rassencharaktere. (Nach E. FISCHER
aus G. JUST). + bedeutet das Auftreten je einer Mutation, + + ein weiteres Mutieren in derselben Richtung.

morphologisch, sondern auch genisch homologe Erscheinungen selbständig aufgetreten sein.

So hat sich nach FISCHERs Gedankengängen beispielsweise der *Spiralhaar-
faktor* (Abb. 35a) der Negriden einmal bei der Entstehung der Buschmänner, einmal bei der der zentralafrikanischen Pygmäen in ein weiteres Allel verwandelt.

Das aus dem ursprünglichen Schlichthaar-Gen durch Mutation in umge-
kehrter Richtung entstandene *Straffhaar-Gen* der Mongoliden vermag zwar bei
einem einzelnen Mongolen oder südamerikanischen Indianer zum Schlichthaar
zurückzumutieren, ein Mutationsschritt darüber hinaus in der Richtung auf
Spiralhaarigkeit ist aber bei Mongoliden nicht bekannt.

Auch die *Pygmäen*, Pygmoiden und Kleinwüchsigen hält Fischer für Manifestationsformen einer Allelenreihe; dabei wären die einzelnen räumlich getrennten Pygmäen- und Kleinwuchsformen wieder voneinander unabhängig entstanden zu denken.

Der *Großwuchs* (Abb. 35b) etwa der Indianer wäre entsprechend auf mehrere Mutationsschritte in gleicher Richtung zurückzuführen.

Ebenso lassen sich die rassischen Parallelen bei der *Konvexität der Nase* (Abb. 35c) verstehen.

Einen ersten Vorstoß zur Anwendung des Prinzips der multiplen Allelie auf Vorgänge im Grenzbereich des noch Physiologischen und schon *Psychischen* hat I. Frischeisen-Köhler mit ihren Untersuchungen über die Erbgrundlagen des *persönlichen Tempos* getan. Wenn es sich bei der in dieser Richtung liegenden Auswertung der von ihr experimentell an Eltern und Kindern erhobenen Befunde auch nur um einen Deutungsversuch, noch nicht um einen Nachweis handelt, so kann doch dieser Versuch, auch normales psychisches Geschehen mit den im Prinzip der multiplen Allelie liegenden Erklärungsmöglichkeiten erbbiologisch zu erfassen, als *grundsätzlich bedeutungsvoll* bezeichnet werden, wenngleich er dringend weitere Arbeit erfordert.

Die Hauptergebnisse Frischeisen-Köhlers sind in den Tabellen 10—12 mitgeteilt. Faßt man die individuellen Tempi zu drei Gruppen, Schnell, Mittelmäßig und Langsam (Tabelle 10 u. 11), zusammen, oder gruppiert man die Eltern entsprechend der Größe ihrer prozentualen Abweichung von ihrem gemeinsamen Tempo-Mittelwert (Tabelle 12), so überwiegen die elterlichen Tempi deutlich bei den Kindern: rund 60% der Kinder gleichen im Tempo beiden Eltern oder einem von ihnen (vgl. besonders Tabelle 11).

Ein monomerer Erbgang läßt sich nun zwar für diese Erbverhältnisse nach Frischeisen-Köhler nicht klar ausschließen, erscheint ihr aber unwahrscheinlicher als multiple Allelie, wobei es sich *entweder* um mindestens *zwei Allelenreihen mit Dominanz* des jeweils schnelleren Tempos über die langsameren *oder* um nur *eine Allelenreihe* mit einem durch die beiden jeweils vorhandenen Allele bestimmten *intermediären* Tempoverhalten handeln würde.

Tabelle 10. Übersicht über die Verteilung der Kinder auf die drei Tempogruppen Schnell, Mittelmäßig und Langsam bei den sechs verschiedenen Elternkombinationen. (Nach I. Frischeisen-Köhler.)

Anzahl der Elternpaare	Elternkombination	Anzahl der Kinder	Schnell		Mittelmäßig		Langsam	
			absolut	prozentual	absolut	prozentual	absolut	prozentual
8	schnell × schnell	25	14	56,00	10	40,00	1	4,00
14	schnell × mittelmäßig	48	10	20,83	31	64,58	7	14,58
4	schnell × langsam	14	7	50,00	4	28,57	3	21,43
25	mittelmäßig × mittelmäßig	99	17	17,17	65	65,66	17	17,17
24	mittelmäßig × langsam	97	11	11,34	55	56,70	31	31,96
8	langsam × langsam	28	—	—	8	28,57	20	71,43

Tabelle 11. Prozentuale Verteilung der Kinder auf die drei Tempogruppen bei den konkordanten Ehen allein. (Nach I. Frischeisen-Köhler.)

Anzahl der Elternpaare	Anzahl der Kinder	Sind beide Eltern	Dann sind ...% der Kinder		
			schnell	mittelmäßig	langsam
8	25	schnell	**56,00**	40,00	4,00
25	99	mittelmäßig	17,17	**65,66**	17,17
8	28	langsam	—	28,57	**71,43**

Tabelle 12. Verhalten der Kinder bei Übereinstimmung oder Nichtübereinstimmung der beiden Eltern in ihrem persönlichen Tempo. (Nach I. Frischeisen-Köhler.)

Anzahl der Elternpaare	Sind die Eltern	Anzahl der Kinder	Dann sind ...% der Kinder												
			gleich beiden Eltern		gleich dem langsamen Elter		gleich dem schnellen Elter		langsamer als das langsame Elter		schneller als das schnelle Elter		zwischen beiden Eltern	
			absolut	prozentual	absolut	prozentual	absolut	prozentual	absolut	prozentual	absolut	prozentual	absolut	prozentual
24	konkordant	80	40	50,0	—	—	—	—	20	25,0	20	25,0	—	—
29	mäßig konkordant	117	—	—	43	36,8	41	35,0	9	7,7	24	20,5	—	—
13	mäßig diskordant	53	—	—	18	34,0	16	30,2	6	11,3	10	18,9	3	5,7
11	diskordant	40	—	—	12	30,0	15	37,5	1	2,5	2	5,0	10	25,0
6	extrem diskordant	21	—	—	4	19,0	6	28,6	3	14,3	—	—	8	38,1
83		311	40	12,9	77	24,8	78	25,1	39	12,5	56	18,0	21	6,8

b) Fragliche Fälle im Bereich der Pathologischen.

Wenn bei der Besprechung sowohl der Blutgruppenvererbung wie der Farbensinnvererbung besonderes Gewicht gerade auf die quantitative Seite des Problems gelegt wurde, so steht diese quantitative Sicht, wenn auch in verhältnismäßig einfacher Form, auch im Vordergrund einer Problemstellung, die im Hinblick auf bestimmte erbpathologische Allgemein- und Sonderfragen von Just (1930) aufgeworfen wurde.

Die Tatsache, daß die *klinisch leichteren Formen einer Reihe von Erbleiden vielfach einen dominanten, die schwereren Formen der gleichen Leiden einem recessiven Erbgang folgen,* ist von Lenz, Siemens und anderen Forschern als Ausleseergebnis angesehen worden. Ein schweres dominantes Leiden wird nämlich entweder zum vorzeitigen Tode seines Trägers oder aber zu einer stärkeren Herabsetzung seiner Fortpflanzungsaussichten und damit auf alle Fälle zu einer schneller oder langsamer verlaufenden Ausmerze des Leidens führen, so daß im ganzen nur Fälle *leichterer* dominanter Erbleiden zur Beobachtung kommen werden.

An der grundsätzlichen Richtigkeit dieses Erklärungsprinzips läßt sich nicht zweifeln.

Auf die auf das gleiche Problem bezüglichen, an Fishers Dominanztheorie anknüpfenden Erörterungen von Levit kann hier nicht eingegangen werden.

Es müssen nun aber in die Erörterung auch die *quantitativen Manifestationsunterschiede* einbezogen werden, die sich bei Erbleiden nicht verschiedenen, sondern gleichen Erbgangs finden können, und es muß weiterhin in Rücksicht gezogen werden, daß derartige Unterschiede in der Schwere oder im Zeitpunkt der Merkmalsausprägung zugleich charakteristische Unterschiede zwischen bestimmten *Familienkreisen* darstellen können.

Solche Übereinstimmung von Familienangehörigen in bezug auf ein bestimmtes Krankheitsbild kann allerdings auch, vor allem bei mehr oder weniger starker Inzucht innerhalb der Sippe, durch Übereinstimmung zahlreicher Personen im genotypischen Milieu bedingt sein. Hat indessen keine solche Inzucht stattgefunden, so muß im Gegenteil wegen der Einkreuzung immer wieder anderer Erbanlagen bei jeder Heirat eine entsprechende *Verschiedenartigkeit* der individuellen Erbbesitze innerhalb solcher Familie als Regel gelten. Wenn es dann gleichwohl zu *intrafamiliär spezifischen* Krankheitsbildern kommt, so spricht das *gegen* eine Erklärung durch gleiche Modifikations-Gene des genotypischen Milieus und *für* eine Erklärung durch *spezifische Gene*, die das Erbleiden gerade in dieser Ausprägungsform bedingen.

Von diesem grundsätzlichen Gesichtspunkt aus gelangt man leicht zu der Vorstellung, daß ebenso wie bei Drosophila auch beim Menschen ein Teil erbpathologischer Erscheinungen auf Gene zurückzuführen sein wird, die in Form mehrerer Allele auftreten.

Ja man kann sich, an die von Goldschmidt entwickelte Vorstellung *quantitativ* unterschiedener Reaktionsabläufe bei multiplen Allelen anknüpfend, ein — natürlich nur schematisches — Bild davon zu machen suchen, wie voneinander verschiedene, aber zur gleichen Allelenserie gehörende krankhafte Erbanlagen (Abb. 36) mit dem normalen Allel der Serie bei heterozygotem Zusammentreffen zusammenzuarbeiten vermögen.

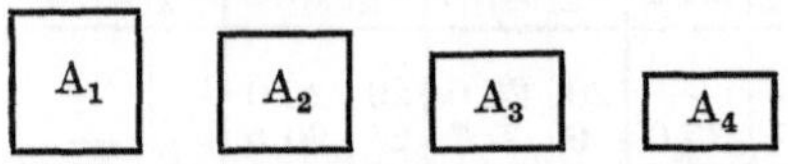

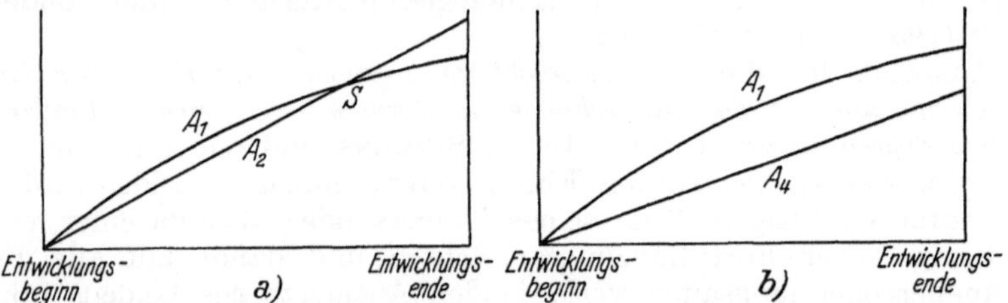

Abb. 36. Schematische Darstellung einer Serie multipler Allele; A_1 das normale Gen, A_2, A_3, A_4 krankhafte Erbanlagen. (Nach G. Just.)

Je geringer nämlich der — dabei also irgendwie quantitativ gedachte — Unterschied zwischen der krankhaften Erbanlage (A_2) und seinem normalen Allel (A_1) ist, um so länger wird die Strecke sein, innerhalb derer die beiden Allele zu gemeinsamer Reaktion kommen können (Abb. 37a), um so geringer gleichzeitig aber auch die Äußerung der krankhaften Erbanlage, wenn sich diese andererseits nun auch bereits im heterozygoten Zustande zu manifestieren vermag.

Dagegen kommt ein stark vom Normalen abweichendes Allel (A_4) bei heterozygotem Zusammentreffen mit dem normalen Allel überhaupt gar nicht erst

Abb. 37a und b. Schematische Darstellung der Reaktionskurven zweier verschiedener Allelenpaare (A_1A_2 und A_1A_4) (vgl. Abb. 36) aus einer Serie multipler Allele. a *Dominanter* Erbgang der krankhaften Erbanlage (A_2): Von dem Kurvenschnittpunkt S ab nimmt auch A_2 Einfluß auf die phänische Ausprägung. b *Rezessiver* Erbgang der krankhaften Erbanlage (A_4): Eine Strecke gemeinsamer Reaktion fehlt! (Nach G. Just.)

zu einer Reaktion auf einer mit dem normalen Allel gemeinsamen Reaktionsstrecke (Abb. 37b); es kann sich im heterozygoten Zustande — als recessives Gen — nicht manifestieren, dafür aber im homozygoten Zustande in stärkerer Auswirkung.

Auf diese Weise könnte also

ein *dominantes* Allel mit *späterem* Manifestationszeitpunkt bzw. mit *leichterem* Verlauf,

ein *recessives* Allel mit *früherem* Manifestationszeitpunkt bzw. mit *schwererem* Verlauf

verbunden sein.

Es könnten indessen von der gleichen Grundvorstellung aus außer den soeben angeführten auch durchaus andere Serierungsmöglichkeiten entwickelt werden, die ebensowohl verwirklicht sein könnten.

Die bereits durch K. H. Bauer und Schloessmann diskutierte Möglichkeit des Auftretens des *Hämophilie-Gens* in mehr als einem vom normalen Gen differenten Allel erfährt durch die skizzierte Interpretation (Just 1930) eine durch Einzelmaterial entsprechend belegbare Unterstützung. Unabhängig von diesem Gedankengang ist Haldane zur Aufstellung mindestens zweier Hämophilie-Allele gekommen. Auch Fonios (1937) Befund einer *latenten Hämophilie* bei

Tabelle 13. Streuungsbereiche der Beschränktheit, des leichten
und des mittleren Schwachsinns. (Nach G. VEIT.)

	Geschwister in 65 Familien mit Vorkommen von **Beschränktheit:** Zahl der Merkmalsträger: 112, Geschwister der Merkmalsträger: 309	Geschwister in 305 Familien mit Vorkommen von **leichtem Schwachsinn:** Zahl der Merkmalsträger: 662, Geschwister der Merkmalsträger: 2045	Geschwister in 115 Familien mit Vorkommen von **mittlerem Schwachsinn:** Zahl der Merkmalsträger: 269, Geschwister der Merkmalsträger: 819
Unauffällig in bezug auf Schwachsinn	153 = 49,5%	743 = 36,3%	271 = 33,1%
Schlechte Lernfähigkeit	56 = 18,1%	585 = 28,6%	203 = 24,8%
Beschränktheit	55 = 17,8%	11 = 0,5%	12 = 1,4%
Vermutlich Debilität	17 = 5,5%	70 = 3,4%	31 = 3,8%
Leichter Schwachsinn (leicht debil und Debilität)	10 = 3,2%	537 = 26,2%	97 = 11,8%
Mittlerer Schwachsinn (Debilität-Imbezillität und Imbezillität)	18 = 5,8%	91 = 4,5%	198 = 24,2%
Idiotie	0	8 = 0,4%	7 = 0,8%
	309 = 99,9%	2045 = 99,9%	819 = 99,9%

Männern, d. h. einer hämophilen Reaktionsweise des Blutes im *Versuch* bei völligem Fehlen von Blutungssymptomen, spricht deutlich in der gleichen Richtung.

Dem Beispiel der Hämophilie ließen sich weitere anschließen, deren nähere Bearbeitung unter den hier erörterten Gesichtspunkten wünschenswert wäre.

Auch RÖSSLE betont die Wichtigkeit der Heranziehung des Prinzips der multiplen Allelie für erbpathologische Fragen, wobei er besonderes Gewicht darauf legt, daß „die Endpunkte stufenartig unterschiedener Serien oft den Eindruck qualitativ verschiedener Erscheinungen machen".

Fragen der multiplen Allelie sind unter anderem von DAWIDENKOW und kürzlich von CONRAD auf *erbneurologischem* Gebiet, von HOFFMANN, LANGE, PANSE und PATZIG auf *erbpsychiatrischem* erörtert worden. Auf dem Gebiete der *Allergien* hat HANHART die Frage kurz aufgeworfen. In Fragen *anomaler Geschlechtsentwicklung* hat MOEBIUS das Prinzip allerdings stark überspannt.

Ein Fall, der seiner Klärung möglicherweise schon bald wird nähergeführt werden können, ist der *Schwachsinn*, bei dem meine Mitarbeiterin GERTRUD VEIT die Frage geprüft hat, wieweit sich die geringeren und stärkeren Ausprägungsgrade, die von schlechter Lernfähigkeit und Beschränktheit zu Debilität und Imbezillität führen, als genisch mehr oder weniger selbständig bedingt auffassen lassen. Es hat sich dabei gezeigt, daß unter den Geschwistern Beschränkter, leicht Schwachsinniger und mittel Schwachsinniger sich jeweils in besonderer Häufigkeit die entsprechenden Grade der Normabweichung

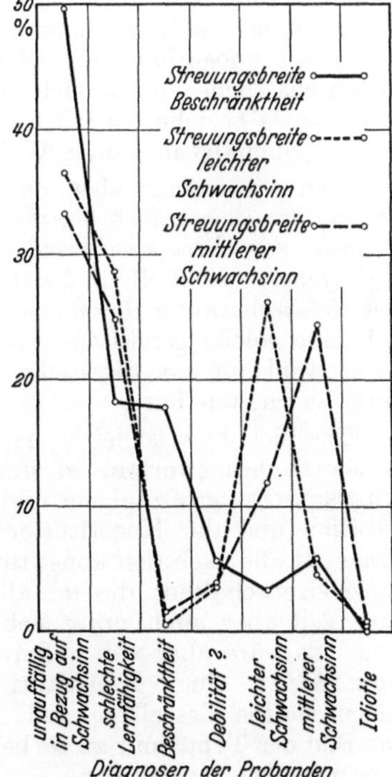

Abb. 38. Streuungsbereiche unter den Geschwistern der Beschränkten, der leicht und der mittel Schwachsinnigen. (Nach G. VEIT.)

finden (Tabelle 13), im Kurvenbild (Abb. 38) also als Gipfel hervortreten. Es wird durch diese Befunde, denen sich auch die jüngsten Ergebnisse von Juda aufs beste anschließen, zwar noch keineswegs bewiesen, aber doch als Arbeitshypothese nahegelegt, daß *den Schwachsinnsstufen Allelstufen zugrunde liegen,* deren Manifestation allerdings eine ziemlich große Streuungsbreite zukommt.

VII. Die Erbgrundlagen der Konstitution.

Wenn wir, an die Ausführungen in der Einleitung zu unserem Kapitel anknüpfend, uns am Schluß noch kurz den Fragen einer *Genetik der Gesamtperson* zuwenden, so ist ohne weiteres deutlich, daß es sich hier um eine Aufgabe handelt, die sich ihrem Gegenstande nach nicht mehr auf die Erbgrundlagen irgendwelcher, sei es somatischer, sei es psychischer *Einzeleigenschaften* bezieht, sondern um die erbbiologische Bedingtheit der Persönlichkeit als eines *Ganzen.*

Es kann nun unseres Erachtens die Aufgabe einer solchen Genetik der Gesamtperson nicht etwa darin gesehen werden, durch die Zusammenfügung der Ergebnisse über zahlreiche *einzelne* gesondert vererbbare Eigenschaften sozusagen addierend das zu erhalten, was über die Erbgrundlagen nun also der *gesamten* Person auszusagen wäre.

Ebensowenig kann natürlich mit einer solchen Genetik der Gesamtperson diejenige eines einzelnen Individuums gemeint sein. Wenn Lenz in seiner Besprechung des Handbuches „Die Biologie der Person" den grundsätzlichen Einwand erhoben hat, eine solche Biologie sei überhaupt nicht möglich, da die wissenschaftliche Arbeit sich niemals auf Einzelnes, sondern immer nur auf Allgemeines beziehe, so trifft ein solcher Einwand das, was wir hier im Auge haben, jedenfalls in keiner Weise.

Denn wir meinen eben das *allgemeine* Problem des *Daseins und der Entstehung der in relativer Ganzheit sich präsentierenden Person,* meinen also eine *Biologie, vor allem eine Erbbiologie derjenigen Gesetzmäßigkeiten und derjenigen Bedingungen, durch die und unter denen die Ganzheit der Person zustande kommt.* Der *Gefüge*charakter der menschlichen Individualität als solcher ist es, auf den sich eine solche genetische und entwicklungsphysiologische Analyse, die sich ebensowohl auf das Physische wie auf die Bereiche des Psychischen beziehen muß, zu richten hat.

Eine sich hier sogleich erhebende Vorfrage ist heute noch in gar keiner Weise zu beantworten, so umfangreich das Tatsachenmaterial ist, das seit Kretschmers großzügigem und weitblickendem Wurf zu den Fragen der Konstitution und der Konstitutionsformen zusammengetragen worden ist. Diese Frage ist die nach den konstitutionellen Zusammenhängen aller der zahlreichen Einzeleigenschaften, die im allgemeinen nur unter konstitutionsbiologischen, zum Teil aber auch unter erbbiologischen Gesichtspunkten studiert worden sind. Es wäre aber von außerordentlicher Bedeutung, zu wissen, *welche Teileigenschaften* eines Konstitutionstypus *wesentliche,* gleichsam unabdingliche Eigenschaften desselben sind, und welche Eigenschaften als nur *accidentielle* das Bild des Typus mit zu färben vermögen, ohne doch zur wesentlichen Grundlage desselben zu gehören.

Wir wissen z. B. zwar, daß Konstitutionseigenschaften wie die *relative Formund Farbbeachtung* (vgl. S. 402, vgl. ferner Kroh, O. v. Verschuer, Lüth) oder das *persönliche Tempo* (vgl. S. 442, vgl. ferner Frischeisen-Köhler, Cehak, Schroedersecker) Erbcharakter tragen, aber wir wissen nicht, wieweit es sich dabei um genetisch selbständige Erbeigenschaften handelt.

Es könnte nämlich sein, daß das, was durch die erbbiologische wie auch durch die konstitutionsbiologische Erforschung in der besonderen Art der Form- und Farbbeachtung, in dem besonderen Charakter des psychomotorischen Tempos erfaßt wird, nicht eigentlich das Ergebnis von sozusagen mehr *unmittelbar* auf die Ausbildung dieser Eigenschaften eingestellten Genen ist, sondern nur die *Ausrichtung* dieser betreffenden, genetisch mehr oder weniger selbständigen Ausbildungsvorgänge *durch das richtende Eingreifen übergeordneter Gene.*

FISCHER und PFAUNDLER haben (vgl. S. 401) die Vorstellung solcher übergeordneten Gene, sammelnden Gene, entwickelt. Es wäre nun nicht nur denkbar, sondern wird durch eine Reihe von Tatbeständen sehr nahegelegt, daß *die genetische Grundlage der großen Konstitutionskreise in dem unterschiedlichen Besitz derartiger sammelnder Gene gegeben* ist.

Trifft eine derartige Auffassung zu, so wären solche mit dem Konstitutionstypus weitgehend korrelierte Teileigenschaften wie die vorzugsweise Form- und Farbbeachtung, das persönliche Tempo u. a. *vielleicht* nichts anderes als *funktionelle Indizien* solcher übergeordneten Gene (JUST 1939).

Die genetische Analyse der Konstitution stößt nun aber weiterhin vor allem auf die Schwierigkeit, daß die Frage nach den *Abwandlungsmöglichkeiten von Konstitutionen in der Zeit,* d. h. die Frage nach den Beziehungen zwischen Entwicklungsverlauf, Entwicklungstypen und Konstitutionskonstanz bzw. -variation heute weder im einzelnen noch im ganzen eine klare Beantwortung zu finden vermag. In welcher Häufigkeit, welcher Richtung, welchem Ausmaß ein Konstitutionstypus wandlungsfähig ist, und wie es mit der Reversibilität oder Irreversibilität solcher Wandlungsvorgänge steht, bedarf sowohl nach der somatischen wie nach der psychischen Seite noch umfangreicher und vielseitiger Untersuchung.

Trotzdem lassen sich heute bereits eine Reihe allgemeiner Tatbestände anführen, die es, wenn auch naturgemäß nur im Sinne einer reinen *Arbeitshypothese,* erlauben, genetische Vorstellungen über die Entstehung der großen Konstitutionskreise zu entwickeln. Diese allgemeinen Ergebnisse, auf deren theoretische Bedeutung in dem zur Rede stehenden Zusammenhang JUST (1939) hingewiesen hat, sind die folgenden:

1. Die mindestens für einen Teil dieser Charaktere geltende *Vielfältigkeit der phänischen Ausprägungsweise (Polyphänie),*

2. im Zusammenhang damit eine mehr oder weniger große *Variationsbreite* dieser Charaktere und

3. ihre *quantitative Erfaßbarkeit,* die gerade auch auf Grund dieser Variation möglich ist;

4. die Zugehörigkeit der Konstitutionscharaktere teils zum Bereich des Physischen, teils zu dem des Psychischen, teils auch in ausgesprochener Weise ihre *Grenzstellung zwischen Physischem und Psychischem,* wie beispielsweise beim psychomotorischen Tempo und bei der Form-Farb-Beachtung.

5. Von besonderer Wichtigkeit ist die Art der *gegenseitigen Bindung der Konstitutionseinzelcharaktere,* die mindestens in zahlreichen Fällen nicht als eine absolute, sondern nur als eine *korrelative* bezeichnet werden kann, ein Tatbestand, dessen Bedeutung gerade unter Berücksichtigung der unter 1. und 2. genannten Kennzeichen zu würdigen ist.

6. Schließlich konnten für einen Teil der Konstitutionscharaktere in mehr oder weniger erfolgreicher Weise genetische Analysen im *mendelistischen* Sinne durchgeführt oder doch in Angriff genommen werden.

So könnte FRISCHEISEN-KÖHLER, wie wir im vorigen Kapitel sahen (vgl. S. 442), für die Vererbung des *persönlichen Tempos* multiple Allelie annehmen;

für die *relative Form-Farb-Beachtung* hat, wie ebenfalls an früherer Stelle schon erwähnt, Kleinknecht monomeren, Lüth dimeren Erbgang angenommen. Es wäre dabei im Sinne des S. 447 ausgeführten durchaus denkbar, daß mit solchen — möglichen! — Erbgängen von *Indikatoren* der Konstitution die *Erbgänge der Konstitutionsformen* selber erfaßt werden.

In gleicher Richtung liegt Steinigers — ausdrücklich arbeitshypothetisch gemeinter — Versuch, die Wirbelsäulenvariations-Gene (vgl. S. 402) ins Konstitutionsbiologische einzubeziehen, indem die Frage aufgeworfen wird, ob nicht womöglich *auf dem Wege kranialer Variation der breitwüchsige, auf dem caudaler Variation der schlankwüchsige Körperbautypus* entsteht.

Von unmittelbaren Untersuchungen über somatische Konstitutionscharaktere wären aus neuerer Zeit (vgl. im übrigen Davenport, Stockard) hier vor allem die Untersuchungen von Claussen und seinem Schüler Schlegel über den Erbgang der *Asthenie* zu nennen. Auf Grund der Erfahrungen an sieben Sippschaften, die von jeweils einem ausgeprägten Vertreter des Typus asthenicus aus erfaßt wurden, kommen Claussen und Schlegel zu der Auffassung, daß *dem Typus asthenicus ein Gen mit dominantem Erbgang* zugrunde liege, das bei voller Manifestation eine ausgesprochene Asthenie, bei weniger starker Ausprägung einen sehr schlank-leptosomen Habitus zustande kommen lasse.

Kann auch in diesem Falle wieder die Erbgangsform keineswegs als erwiesen gelten, sondern nur als wohlbegründete Vermutung ausgesprochen werden, so läßt sich dadurch der asthenische Typus doch anderen *Konstitutionsanomalien mit einfachem Erbgang* anschließen, die sich trotz dieser Einfachheit ihrer Erbbedingtheit nicht nur im somatischen Habitus, sondern auch in der psychischen Verfassung polyphän ausprägen (*Chondrodystrophie, Arachnodaktylie,* K. H. Bauer).

Man wird sich weiterhin auch an ein wichtiges Hauptergebnis der von Stockard in großem Umfange durchgeführten Kreuzungen von Hunderassen erinnern, nämlich an die wiederum sehr einfachen Mendel-Grundlagen der Vererbung von Rassecharakteren des körperlichen Gesamthabitus (vgl. die Abb. Bd. III, S. 86f.).

Alle diese Tatsachen legen den Gedanken nahe, daß die *wesentliche* genetische Grundlage der Konstitution und der Konstitutionsentwicklung *nicht* im Prinzip der *Koppelung* gesucht werden muß, wie das immer wieder versucht worden ist (vgl. z. B. Rittershaus), sondern im Prinzip der *sammelnden, ausrichtenden Gene* und damit verbunden im Prinzip der *multiplen Allelie.*

Weitreichend polyphäne Auswirkungen sammelnder Gene, die in multiplen Stufen vorkommen, bilden nun, wie durch umfassendes experimentelles Material belegt werden kann, die genetisch-entwicklungsphysiologische Grundlage auch einer anderen Gruppe körperbaulich-psychischer Grundcharaktere, nämlich der *Geschlechtscharaktere.* Wir sind daher zu einem prinzipiellen Vergleich der Konstitutionscharaktere und der Geschlechtscharaktere um so mehr berechtigt, als auch die letzteren durch diejenigen allgemeinen Kennzeichen charakterisierbar sind, die wir S. 447 in sechs Punkten als allgemeine Kennzeichen zahlreicher Konstitutionscharaktere anführten.

Von solcher Grundlage aus läßt sich die folgende Arbeitshypothese entwickeln (Just 1939):

Die genetisch-entwicklungsphysiologische Bestimmung des Geschlechts kommt in Zusammenarbeit von Genen der X-Chromosomen und der Autosomen durch das mit ihnen gegebene quantitative Wirkungsverhältnis von Männlichkeits- und Weiblichkeitsfaktoren, durch eine *Relation F/M,* zustande. Entsprechend sind Gene vorstellbar, deren gegenseitiges Verhältnis über die Richtung entscheidet, in der sich die Konstitutionsentwicklung vollzieht. Kommen diese Gene, die schematisch als L (leptosom) und P (pyknisch) bezeichnet seien, in mehreren Allelstufen L, L$^+$, L^{++}, P, P$^+$, P^{++} bzw. auch L$^-$, P$^-$ usw. vor, also in Serien mutativ entstandener multipler Allele, so wäre *durch die jeweilige Relation L/P nicht nur die Richtung, sondern auch die Intensität be-*stimmt, mit der sich die Entwicklung auf einen bestimmten Konstitutionspol hin bewegt.

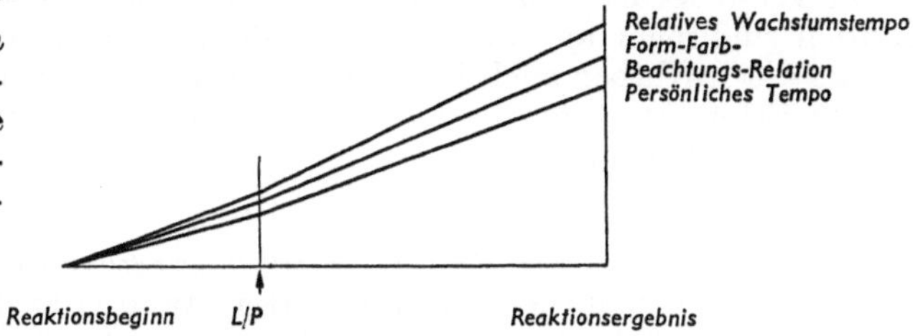

Die an der Konstitutionsdeterminierung beteiligten Gene würden sich also, entsprechend

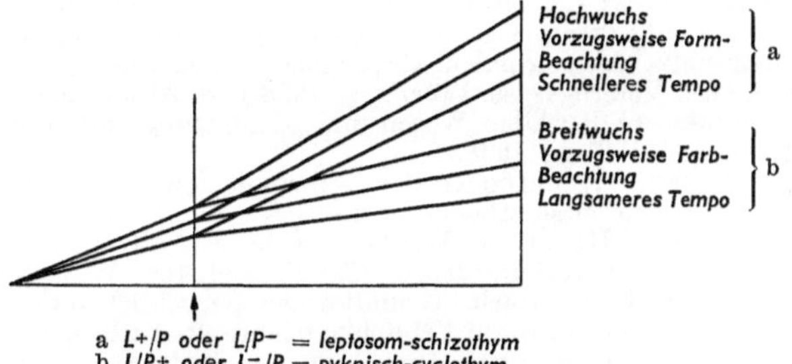

Abb. 39. Schema der Konstitutionsdeterminierung. (Nach G. Just.)

den geschlechtsrealisierenden Erbfaktoren, entwicklungsphysiologisch in der Steuerung zahlreicher an sich wieder von anderen Genen abhängiger Entwicklungsverläufe auswirken. Dies wäre etwa im Sinne einer Beschleunigung oder Intensivierung bzw. einer Verlangsamung oder Abschwächung zahlreicher, während der determinierenden Wirkungsperiode ablaufender Entwicklungsteilprozesse zu denken, wobei also Vorgänge, die die künftige Wuchs-

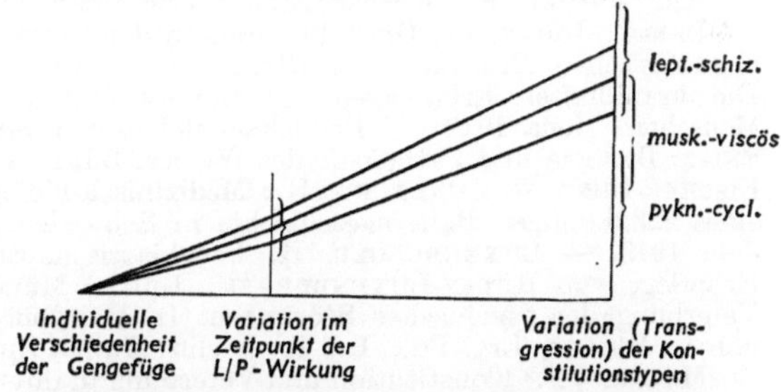

Abb. 40. Schema der Verschiebung der *L/P*-Relation durch Mutation von *L* bzw. *P*. (Nach G. Just.)

form, die künftige Form-Farb-Beachtung, das künftige Tempoverhalten bestimmen, gemeinsam in eine bestimmte Richtung gedrängt werden (Abb. 39, 40).

Die Art des Eingreifens der Konstitutionsgene mag wiederum ähnlich wie bei der Geschlechtsentwicklung im besonderen auch *hormonale Wege* benutzen; jedenfalls ist eine solche von Kretschmer, Davenport, Stockard u. a. auf Grund vielseitigen Tatsachenmaterials gemachte Annahme voll begründet.

Da nun die — von der L/P-Relation zu richtenden — Entwicklungsteilvorgänge genetisch

Abb. 41. Bedeutung der individuellen genischen Verschiedenheiten beim Entwicklungsbeginn für die Ausprägung des Konstitutionsbildes. (Nach G. Just.)

von dem am Anfang der Individualentwicklung gegebenen Anlagen*gesamt* abhängig sind, und da die einzelnen Individuen sich ja gerade in diesem Anlagenbesitz vielfältig unterscheiden, so kann bereits beim Eingreifen der konstitutionsbestimmenden Gene keine stets gleichartige entwicklungsphysiologische Situation bestehen. Diese individuellen Verschiedenheiten müssen (Abb. 41) in einer entsprechenden Variationsbreite der endgültigen Konstitutionsbilder zum Ausdruck kommen.

Bereits durch diese Überlegungen wird die nur *korrelative* Bindung der Konstitutionscharaktere aneinander und die *teilweise gegenseitige Überschneidung der Variationsfelder der Konstitutionstypen* dem Verständnis bis zu einem gewissen Grade näher geführt.

Die vorstehenden Ausführungen über die genetischen Grundlagen der Konstitution sind mehr andeutend als ausführend; sie eröffnen aber einen Ausblick darauf, wie fruchtbar auch im mendelistisch-genetischen Sinne die weitere eingehende Erforschung von *Variation, Korrelation und Vererbung der Konstitutionsteilcharaktere* sein muß.

Schrifttum.

I. Zusammenfassende Darstellungen.

Bateson, W.: Mendels Vererbungstheorien. Aus dem Englischen übersetzt von Alma Winckler. Leipzig u. Berlin: B. G. Teubner 1914. — Baur, E., E. Fischer u. F. Lenz: Menschliche Erblichkeitslehre. In: Menschliche Erblichkeitslehre und Rassenhygiene, Bd. 1, 3. Aufl. München: J. F. Lehmann 1927; 4. Aufl. München 1936.

Curtius, F.: Die organischen und funktionellen Erbkrankheiten des Nervensystems. Stuttgart: Ferdinand Enke 1935.

Diehl, K. u. O. v. Verschuer: Zwillingstuberkulose. Jena 1933.

Fischer, E.: s. a. Baur-Fischer-Lenz. — Versuch einer Genanalyse des Menschen. (Ber. 7. Verslg dtsch. Ges. Vererbgswiss.) Z. Abstammgslehre **54** (1930). — Versuch einer Phänogenetik der normalen körperlichen Eigenschaften des Menschen. (Ber. 13. Jverslg dtsch. Ges. Vererbgswiss. Würzburg 1938.) Z. Abstammgslehre **38** (1939).

Gruber, G. B.: Über Wesen und Abgrenzung amniogener Mißbildungen. Verh. dtsch. path. Ges., 31. Tagg **1938**.

Haecker, V.: Methoden der Vererbungsforschung beim Menschen. In Handbuch der biologischen Arbeitsmethoden, herausgeg. von E. Abderhalden, Abt. IX, Teil 3, H. 1. Berlin 1923. — Hellpach, W.: Geopsyche, 5. Aufl. Leipzig: Wilhelm Engelmann 1939. — Hertwig, P.: Vererbungslehre. Tabul. biol. (ed. W. Junk) **4** (1929).

Jaensch, E. u. Mitarb.: Grundformen menschlichen Seins. Berlin 1929. — Johannsen, W.: Elemente der exakten Erblichkeitslehre, 2. Aufl. Jena 1913. — Elemente der exakten Erblichkeitslehre, 3. Aufl. Jena 1926. — Just, G.: Spezielle Vererbungslehre. In: Die Biologie der Person, herausgeg. von Th. Brugsch und F. H. Lewy, Bd. 1. Berlin u. Wien 1926. — Methoden der Vererbungslehre. In Methodik der wissenschaftlichen Biologie, herausgeg. von T. Péterfi, Bd. 2. Berlin: Julius Springer 1928. — Faktorenkoppelung, Faktorenaustausch und Chromosomenaberrationen beim Menschen (nebst einem einleitenden Abschnitt zu Fragen des höheren Mendelismus beim Menschen). Erg. Biol. **10** (1934). — Multiple Allelie und menschliche Erblehre. Erg. Biol. **12** (1935).

Kretschmer, E.: Körperbau und Charakter, 11./12. Aufl. Berlin 1936.

Lange, Johannes: Über die Grenzen der Umweltbeeinflußbarkeit erblicher Merkmale beim Menschen. Ber. 12. Jverslg dtsch. Ges. Vererbgswiss. Frankfurt a. M. 1937. — Lenz, F.: Die krankhaften Erbanlagen des Mannes und die Bestimmung des Geschlechts beim Menschen. Jena 1912. — Erblichkeitslehre und Rassenhygiene (Eugenik). In Halban-Seitz: Biologie und Pathologie des Weibes, Bd. 1. Berlin u. Wien 1924. — S. auch Baur-Fischer-Lenz. — Lundborg, H.: Medizinisch-biologische Familienforschungen innerhalb eines 2232köpfigen Bauerngeschlechts in Schweden (Provinz Blekinge). Text und Atlas. Jena 1913. — Luxenburger, H.: Psychiatrische Erblehre. (Psychiatrische Erblehre und Erbpflege von Rüdin-Luxenburger, Teil 1.) München-Berlin: J. F. Lehmann 1938. — Vererbung der psychischen Störungen. In Handbuch der Geisteskrankheiten, herausgeg. von O. Bumke, Erg.-Bd., Teil 1. Berlin: Julius Springer 1939.

Martius, F.: Konstitution und Vererbung in ihren Beziehungen zur Pathologie. Berlin: Julius Springer 1914.

Naegeli, O.: Allgemeine Konstitutionslehre in naturwissenschaftlicher und medizinischer Betrachtung. Berlin 1927; 2. Aufl. Berlin 1934.

Plate, L.: Vererbungslehre mit besonderer Berücksichtigung des Menschen. Leipzig 1913. — Vererbungslehre mit besonderer Berücksichtigung der Abstammungslehre und des Menschen, 2. Aufl., Bd. I 1932; Bd. II 1933; Bd. III 1938. Jena: Gustav Fischer.

Rössle, R.: Erbpathologie des Menschen. In Rel. IV. Congr. internat. Pat. comparata Roma 1939, Vol. I. — Rüdin, E.: Studien über Vererbung und Entstehung geistiger Störungen. I. Zur Vererbung und Neuentstehung der Dementia praecox. Monographien Neur. **1916**, H. 12 (1916).

Verschuer, O. v.: Allgemeine Erbpathologie des Menschen. Erg. Path. **26** (1932). — Erbpathologie, 2. Aufl. Dresden-Leipzig 1937.

Waardenburg, P. J.: Das menschliche Auge und seine Erbanlagen. Haag 1932. (Auch als Bibliographia Genetica, Bd. 7, erschienen.) — Vererbungsergebnisse und -probleme am menschlichen Auge. Ber. 11. Jverslg dtsch. Ges. Vererbgswiss. Jena 1935.

II. Einzelarbeiten.

ABEL, W.: Kritische Studien über die Entwicklung der Papillarmuster auf den Fingerbeeren. Z. menschl. Vererbgslehre 21 (1938). — ALBRECHT, W.: Über die Vererbung der konstitutionell-sporadischen Taubstummheit, der hereditären Labyrinthschwerhörigkeit und der Otosklerose. Arch. Ohrenheilk. 110 (1923). — Zur Vererbung der Otosklerose, der labyrinthären Schwerhörigkeit und konstitutionell-sporadischen Taubstummheit. Erwiderung auf die Arbeit von J. BAUER und C. STEIN. Z. Konstit.lehre 9 (1925). — ASCHNER, B.: Zum Problem der konstitutionellen Blastomdisposition. Z. Konstit.lehre 10 (1925). — Probleme der menschlichen Vererbungsbiologie, dargestellt am Beispiele des peripheren Bewegungsapparates. Wien. klin. Wschr. 1928 II. — ASTAUROFF, B. L.: Studien über die erbliche Veränderung der Halteren bei Drosophila melanogaster. Arch. Entw.mechan. 115 (1929). — AUERBACH, CH.: The development of the legs, wings and halteres in wild type and some mutant strains of Drosophila melanogaster. Trans. roy. Soc. Edinburgh 58, part III (1935/36).

BAUER, J.: Individual constitution and endocrine glands. Endocrinology 8 (1924). — BAUER, J. u. B. ASCHNER: Zur Kenntnis der Konstitutionsdefekte des peripheren Bewegungsapparates. Z. Konstit.lehre 10 (1925). — BAUER, J. u. C. STEIN: Konstitutionspathologie in der Ohrenheilkunde. Berlin: Julius Springer 1926. — BAUER, K. H.: Zur Vererbungs- und Konstitutionspathologie der Hämophilie. Dtsch. Z. Chir. 176 (1922). — Untersuchungen über die Frage einer erbkonstitutionellen Veranlagung zur Struma nodosa colloides. Bruns' Beitr. 135 (1926). — Konstitutions- und Individualpathologie der Stützgewebe. In: Die Biologie der Person, herausgeg. von TH. BRUGSCH und H. LEWY, Bd. III. Berlin u. Wien: Urban & Schwarzenberg 1926. — Zur Lösung des Problems der Blutgruppenvererbung. Klin. Wschr. 1928 I. — Zur Genetik der menschlichen Blutgruppen. Z. Abstammgslehre 50 (1929). — Erwiderung. Klin. Wschr. 1929 I, 114. — BAUER, K. H. u. E. WEHEFRITZ: Gibt es eine Hämophilie beim Weibe? Arch. Gynäk. 121 (1924). — BAUR, E.: Untersuchungen über das Wesen, die Entstehung und die Vererbung von Rassenunterschieden bei Antirrhinum majus. Biblioth. genetica 4 (1924). — BEDICHEK, S. and J. B. S. HALDANE: A search for autosomal recessive lethals in man. Ann. of Eugen. 7 (1937/38). — BELL, J. u. J. B. S. HALDANE: The linkage between the Genes for Colourblindness and Haemophilia in Man. Proc. roy. Soc. Lond., Ser. B Biol. Sci. 123 (1937). — BENNHOLDT-THOMSEN: Über die Acceleration der Entwicklung der heutigen Jugend. Klin. Wschr. 1938 I. — BERINGER, K.: in Handbuch der Geisteskrankheiten, herausgeg. von O. BUMKE, Bd. 9. Berlin 1932. — BERNSTEIN, F.: Zusammenfassende Betrachtungen über die erblichen Blutstrukturen des Menschen. Z. Abstammgslehre 37 (1925). — Über mendelistische Anthropologie. Z. Abstammgslehre, Suppl. 1. = Verh. 5. internat. Kongr. Vererbgswiss. 1 (1928). — Über die Erblichkeit der Blutgruppen. Z. Abstammgslehre 54 (1930). — Fortgesetzte Untersuchungen aus der Theorie der Blutgruppen. Z. Abstammgslehre 56 (1930). — Zur Grundlegung der Chromosomentheorie der Vererbung beim Menschen mit besonderer Berücksichtigung der Blutgruppen. Z. Abstammgslehre 57 (1931). — BERNSTEIN, F. u. R. MACHOL: The detection of linkage in human families. Proc. roy. Soc. Lond., Ser. B Biol. Sci. 117 (1935). — BLUHM, A.: Die Bedeutung des Geburtsgewichtes für die körperliche Entwicklung des Individuums. Arch. soz. Hyg. 3 (1928). — Über einige das Geburtsgewicht der Säugetiere beeinflussende Faktoren. Arch. Entw.mechan. 116 (1929). — Buchbesprechung: BAUR-FISCHER-LENZ. Menschliche Erblehre und Rassenhygiene. Bd. 1. Menschliche Erblehre, 4. Aufl., Naturwiss. 25 (1937). — BONNEVIE, K.: Zur Analyse der Vererbungsfaktoren der Papillarmuster. Hereditas (Lund) 9 (1923). — Was lehrt die Embryologie der Papillarmuster über ihre Bedeutung als Rassen- und Familiencharakter? Teil III. Zur Genetik des quantitativen Wertes der Papillarmuster. Z. Abstammgslehre 59 (1931). — BONNIER, G.: Inherited Sex-Mosaic in Man and the Statistical treatment of Such Data. An Answer to Professor S. G. LEVIT. Hereditas (Lund) 24 (1938). — BOSTROEM, A.: Erbbiologie und Psychiatrie. Klin. Wschr. 1934 II, 1665. — BOYD, WILLIAM C. and LYLE G. BOYD: Sexual and racial variations in ability to taste Phenyl-Thio-Carbamide, with some data on the inheritance. Ann. of Eugen. 7 (1937/38). — BRANDER, T.: Studien über die Intelligenz bei frühgeborenen Kindern (Beitrag zur Kenntnis der Entstehung insbesondere leichterer Grade der exogen bedingten Unterbegabung). Soc. Sci. Fennica, Commentat. Biol. Helsingfors 8 (1936). — Über die Zwillingsforschung und ihre Berührungspunkte mit der Kinderheilkunde. Acta paediatr. (Stockh.) 21 (1937). — Über die Bedeutung des unternormalen Geburtsgewichtes für die weitere körperliche und geistige Entwicklung der Zwillinge. Z. menschl. Vererbgslehre 21 (1938). — Kann die Konstitution durch Frühgeburt verändert werden? Z. menschl. Vererbgslehre 22 (1938). — BREMER, F. W.: Klinischer und erbbiologischer Beitrag zur Lehre von den Heredodegenerationen des Nervensystems. Arch. f. Psychiatr. 66 (1922). — Heredogeneration oder pathogene Erbeinheiten? Verh. dtsch. Ges. inn. Med., 46. Kongr. Wiesbaden 1934. — BRIDGES, C. B. and T. H. MORGAN: The second-chromosome group of mutant characters. Carnegie Inst. Publ. 278 (1919). — BROCK, F.: Typenlehre und Umweltforschung. Bios 9 (1939). — Die Grundlagen der Umweltforschung Jakob v. Uexkülls und seiner Schule. Zool. Anz. 12. Suppl.-Bd. (1939). — Brugsch, Th.: Einführung in die Konstitutionslehre, ihre Entwicklung zur Personallehre. In Brugsch-Lewy: Die Biologie der Person, Bd. 1. 1926. — Brunner, W.: Über den Vererbungsmodus der verschiedenen Typen der angeborenen Rotgrünblindheit. Graefes Arch. 124 (1930). — Buining, D. J.: Bloedgroepenonderzoek in Nederlandsch Oost-Indie. Med. Diss. Amsterdam 1932. — Die Vererbung der Blutgruppen. Klin. Wschr. 1932 I, 202. — Busemann, A.: Einführung in die pädagogische Milieukunde. In Handbuch der pädagogischen Milieukunde, herausgeg. von A. Busemann. Halle/Saale: H. Schroedel 1932.

Castle, W. E.: The Y-Chromosome type of sex-linked inheritance in man. Science (N.Y.) 55 (1922). — Catsch, A.: Korrelationspathologische Untersuchungen. 1. Die Korrelationen von Erbleiden und Anlagestörungen des Auges. Graefes Arch. 138 (1938). — Cehak, G.: Über das psychomotorische Tempo und die Rhythmik, eine rassenpsychologische Untersuchung. Z. Rassenphysiol. 9 (1937). — Chen, Tsa-Yin: On the development of the imaginal buds in normal and mutant Drosophila. J. Morph. a. Physiol. 47 (1929). — Child, G.: The effect of increasing time of development at constant temperature on the wing size of vestigial of Drosophila melanogaster. Biol. Bull. 77 (1939). — Clausen, W.: Vererbungslehre und Augenheilkunde. Zbl. Ophthalm. 11 u. 13 (1924/25). — Claussen, F.: Über asthenische Konstitution. Z. Morph. u. Anthrop. 38 (1939). — Conrad, K.: Psychiatrisch-soziologische Probleme im Erbkreis der Epilepsie. Arch. Rassenbiol. 31 (1937). — Zum Begriff der Erbanlage und ihrer quantitativen Stufung. Allg. Z. Psychiatr. 112 (1939). — Csik, L.: Die Zusammenarbeit einiger Gene bei der Determination der Flügelgröße von Drosophila melanogaster. Biol. Zbl. 54 (1934). — Csik, L. and K. Mather: The sex incidence of certain hereditary traits in man. Ann. of Eugen. 7 (1937/38). — Curtius, F.: Untersuchungen über das menschliche Venensystem. I. u. II. Dtsch. Arch. klin. Med. 162 (1928); III. Klin. Wschr. 1928 I. — Diskussionsbemerkungen. Verslg dtsch. Ges. Vererbgswiss. Tübingen. Z. Abstammgslehre 54 (1930). — Familiäre diffuse Sklerose und familiäre spastische Spinalparalyse in einer Sippe. Z. Neur. 126 (1930). — Die neuropathische Familie. Das kommende Geschlecht, Bd. 7. 1932. — Organminderwertigkeit und Erbanlage. Klin. Wschr. 1932 I. — Multiple Sklerose und Erbanlage. Leipzig 1933. — Die methodische Bedeutung der Erbforschung für die Pathologie. Klin. Wschr. 1934 I. — Vererbung und Nervenkrankheiten. Med. Klin. 1934 I. — Erbbiologie und Nervenkrankheiten. Klin. Wschr. 1934 II, 1777. — Erbpathologie des Auges in ihren Beziehungen zur allgemeinen Erbpathologie. In Zeitfragen der Augenheilkunde. Vortr. vom augenärztlichen Fortbildungskurs Berlin, herausgeg. von W. Löhlein. Stuttgart: Ferdinand Enke 1938. — Status dysraphicus und Myelodysplasie. Fortschr. Erbpath. u. Rassenhyg. 3 (1939). — Curtius, F. u. I. Lorenz: Über den Status dysraphicus. Klinisch-erbbiologische und rassehygienische Untersuchungen an 35 Fällen von Status dysraphicus und 17 Fällen von Syringomyelie. Z. Neur. 149 (1933). — Curtius, F. u. R. Siebeck: Konstitution und Vererbung in der klinischen Medizin. Berlin 1935. — Czellitzer, A.: Wie vererbt sich Schielen? Arch. Rassenbiol. 14 (1915).

Dahlberg, G.: Inzucht bei Polyhybridität beim Menschen. Hereditas (Lund) 14 (1930). Davenport, C. B.: Body-build and its inheritance. Washington 1923. — Sex linkage in man. Genetics 15 (1929). — Dawidenkow, C. N.: Das Problem des Polymorphismus der erblichen Nervenkrankheiten, russisch mit deutscher Zusammenfassung (S. 132—139). Leningrad 1934. — Döderlein: Über die Vererbung von Farbensinnstörungen. Arch. Augenheilk. 90 (1921). — Döring, H.: Wachstum, Alterung und Mutation. Biol. Zbl. 57 (1937). — Doxiades, L. u. W. Portius: Zur Ätiologie des Mongolismus unter besonderer Berücksichtigung der Sippenbefunde. Z. menschl. Vererbgslehre 21 (1937). — Dubinin, N. P.: Step-allelomorphism and the theory of centres of the gene achaete-scute. J. Genet. 26 (1932).

Eaton, O. N.: A summary of lethal characters in animals and man. J. Hered. 28 (1937). — Eckhardt, H. u. B. Ostertag: Körperliche Erbkrankheiten. Leipzig: Johann Ambrosius Barth 1940. — Ehrhardt, A.: Typus. In Festschrift Felix Krueger. Neue psychol. Stud. 12 (1934). — Engelking, E.: Über die spektrale Verteilung der Unterschiedsempfindlichkeit für Farbtöne bei den Formen der anomalen Trichromasie. Klin. Mbl. Augenheilk. 77 (1926). — Über den Verlauf der Eichwertkurven bei den anomalen Trichromaten. Klin. Mbl. Augenheilk. 78 (1927). — Versuche über den Einfluß psychologischer Momente auf die farbigen Schwellen der anomalen Trichromaten. Ber. 47. Zus.-kunft dtsch. ophthalm. Ges. Heidelberg. München 1928. — „Grund" und „Figur" in ihrer Bedeutung für das Farbensehen der anomalen Trichromaten. Graefes Arch. 121 (1929). — Farbenschwäche und künstliche zeitweilige Farbenblindheit. Klin. Mbl. Augenheilk. 90 (1933). — Entres, J. L.: Mendelzahlen bei der Huntingtonschen Chorea. Allg. Z. Psychiatr. 112 (1939). — Entres, L.: Zur Klinik und Vererbung der Huntingtonschen Chorea. Monographien Neur. 1921, H. 27. — Ernst, A.: Vererbung durch labile Gene. Verh. schweiz. naturforsch. Ges. 1936. — Eugster, J.: Zur Erblichkeit des endemischen Kropfes. III. Teil: Die Zwillingsstruma. Arch. Klaus-Stiftg 11 (1936).

Faber, Alexander: Untersuchungen über die Ätiologie und Pathogenese der angeborenen Hüftverrenkung. Eine röntgenologisch-erbklinische Studie. Leipzig: Georg Thieme 1938. — Fanconi, G.: Die Mutationstheorie des Mongolismus. Schweiz. med. Wschr. 1939 II (auch in Festschrift 60. Geb. Alfred Vogt. Basel: Benno Schwabe & Co. 1939). — Federley, H.: Zur Methodik des Mendelismus in bezug auf den Menschen. Acta med. scand. (Stockh.) 56 (1922). — Fischer, E.: Die Vererbung von Wirbelsäulenvarietäten beim Menschen. Verh. Ges. phys. Anthrop. 1931. — Die gegenseitige Stellung der Menschenrassen auf Grund der Mendelschen Merkmale. Internat. Bevölkergskongr. Rom 1931 (1932). — Genetik und Stammesgeschichte der menschlichen Wirbelsäule. Biol. Zbl. 53 (1933). — Haar. Handwörterbuch der Naturwissenschaften, 2. Aufl. Bd. V, 1934. — Haut. Handwörterbuch der Naturwissenschaften, 2. Aufl. Bd. V, 1934. — Die heutige Erblehre in ihrer Anwendung auf den Menschen. Verh. dtsch. Ges. inn. Med., 46. Kongr. Wiesbaden 1934. — Die Erbunterlage für die harmonische Entwicklung der Gebilde der hinteren Rumpfwand des Menschen. Anat. Anz. 78, Erg.-H. Verh. anat. Ges. Würzburg 1934. — Fischer, E. u. H. Lemser: Zur Frage der Erkennungsmöglichkeit heterozygoter und homozygoter Erbanlagen für Diabetes mit Hilfe der Kupferreaktion. (Vorläufige Mitteilung.) Erbarzt 5 (1938). — Fischer, G. H.: Über Anlage und Gestaltung im Aufbau des Charakters. In Charakter und Erziehung. Ber. über den 16. Kongr. dtsch. Ges. Psychol. Bayreuth 1938. Leipzig: Johann Ambrosius Barth. — Über psychologische Vorfragen organischer Erziehung. Hinweise auf Ergebnisse und Ausblicke neuerer Arbeiten. Z. pädag. Psychol. 40 (1939). — Das System der Typenlehren und die Frage nach dem Aufbau der Persönlichkeit. Ein Beitrag zu den neueren Arbeiten der Erbcharakterkunde Pfahlers und der Integrationstypologie von Jaensch. Z. angew. Psychol. 56 (1939). — Fischer, G. H. (mit R. Hentze): Strukturvergleichende Untersuchungen an Eltern und Kindern (vorläufige Mitteilungen zur integrationstypologischen Erbforschung). (Auseinandersetzungen in Sachen der Eidetik und Typenlehre, herausgeg. von E. R. Jaensch, XIII.) Z. Psychol. 133 (1934). — Fischer, M.: Hämophilie und Blutsverwandtschaft. Z. Konstit.lehre 16 (1932). — Hämophilie und Blutsverwandtschaft — Nachtrag. Z. Konstit.-lehre 16 (1932). — Fisher, R. A.: The Amount of Information supplied by Records of Families as a Function of the Linkage in the Population Sampled. Ann. of Eugen. 6 (1934/35). — The Detection of Linkage with „Dominant" Abnormalities. Ann. of Eugen. 6 (1934/35). — The Use of Simultaneous Estimation in the Evaluation of Linkage. Ann. Eugen. 6 (1934/35). — Heterogenity of linkage data for Friedreichs Ataxia and the spontaneous antigens. Ann. of Eugen. 7 (1936/37). — Tests of significance applied to Haldanes data on partial sex linkage. Ann. of Eugen. 7 (1936/37). — Fleischer: Die Vererbung geschlechtsgebundener Krankheiten. 42. Verslg. dtsch. ophthalm. Ges. Heidelberg 1920. — Fleischer, B.: Vererbung. Jber. Ophthalm. 1921—1925. — Die Vererbung von Augenleiden. Übersicht bis zum Jahre 1927. Erg. Path. 21, Erg.-H., Teil 2 (1929). — Fonio, A.: Der neue hämophile Stammbaum Pool-Pool aus Soglio, Bergell (Kanton Graubünden). Z. klin. Med. 125 (1933). — Über das Vorkommen einer latenten hämophilen Erbanlage bei klinisch nichthämophilen Söhnen einer Bluterfamilie nebst weiteren gerinnungsbiologischen Untersuchungen. Z. klin. Med. 126 (1934). — Fonio, A., E. Lang u. A. Tillmann: Die Bluterkrankheit im Kanton Bern. Arch. Klaus-Stiftg 12 (1937). — Fortuyn, A. B. Droogleever: Inheritance of harelip and cleft palate in man. Genetica ('s-Gravenhage) 17 (1935). — Frädrich, G.: Über die menschlichen sireniformen Mißbildungen. Veröff. Konstit. u. Wehrpath. 10, H. 1 (1938). — Franceschetti, A.: Die Bedeutung der Einstellungsbreite am Anomaloskop für die Diagnose der einzelnen Typen der Farbensinnstörungen, nebst Bemerkungen über ihren Vererbungsmodus. Schweiz. med. Wschr. 1928 II, 1273. — Über die Dominanzverhältnisse bei der Vererbung angeborener Farbensinnstörungen. Ber. Physiol. 50. Ber. 2. Tagg dtsch. physiol. Ges. 1929. — Die Vererbung von Augenleiden. Kurzes Handbuch der Ophthalmologie, herausgeg. von F. Schieck und A. Brückner, Bd. 1. Berlin 1930. — Frede, M.: Untersuchungen an der Wirbelsäule und den Extremitätenplexus der Ratte. Z. Morph. u. Anthrop. 33 (1934). — Frey, H.: Variationen und Konstitution. Arch. Klaus-Stiftg 12 (1937). — Friedenreich, V.: Über die Serologie der Untergruppen A₁ und A₂. Z. Immun.forsch. 71 (1931). — Friedenreich, V. u. A. Zacho: Die Differentialdiagnose zwischen den „Unter"-Gruppen A₁ und A₂. Z. Rassenphysiol. 4 (1931). — Frischeisen-Köhler, I.: Über die Empfindlichkeit für Schnelligkeitsunterschiede. Psychol. Forsch. 18 (1933). — Das persönliche Tempo. Sammlung psychiatr. u. neur. Einzeldarstellungen, herausgeg. von A. Bostroem u. J. Lange, Bd. 4. Leipzig 1933. — Furuhata, T.: Über die Vererbung der Blutgruppen. Ukrain. Zbl. Blutgrupp.forsch. 1 (1927). — On the heredity of the blood groups. (Verh. 5. internat. Kongr. Vererbgs.wiss. I.) Z. Abstammgs.lehre, Suppl. 1 (1928). — A summarized review on the gen-hypothesis of the blood groups. Ukrain. Zbl. Blutgrupp.forsch. 3 (1928). — On the serological position of the Japanese, 1933. — Value of blood grouping in anthropology, 1933. — The blood groups of the human foetus and of animals. Jap. J. Genet. 8 (1933). — On the heredity of the blood groups and its application in forensic medicine. Bull. Canc. med. Assoc. 9 (1933).

Garboe, A.: Studien über eine kleine, endemische Bevölkerung in Dänemark. Genetica ('s-Gravenhage) 11 (1929). — Gassler, J. V.: Über eine bis jetzt nicht bekannte recessive Verknüpfung von hochgradiger Myopie mit angeborener Hemeralopie. Arch. Klaus-Stiftg 1 (1925). — Geyer, H.: Die rassenhygienische Bedeutung der Keimschädigung mit besonderer Berücksichtigung der mongoloiden Idiotie. Erbarzt 1937. — Zur Ätiologie der mongoloiden Idiotie. Leipzig: Georg Thieme 1939. — Glatzel, H.: Beiträge zur Zwillingspathologie. Z. klin. Med. 116 (1931). — Goldschmidt, R.: Untersuchungen über Intersexualität. I—VI. Z. Abstammgslehre 23, 29, 31, 49, 56, 67 (1920—1934). — Untersuchungen zur Genetik der geographischen Variation. I—VII. Arch. Entw.mechan. 101, 116, 126, 130 (1924—1933). — Physiologische Theorie der Vererbung. Berlin: Julius Springer 1927. — Bemerkungen zur Kritik der quantitativen Natur multipler Allele. Bull. Labor. of Genet. 1932, Nr 9. — Genetik der geographischen Variation. Proc. 6. internat. Kongr. Genet. 1 (1932). — Lymantria. Bibliogr. genetica 11 (1934). — Geographische Variation und Artbildung. Naturwiss. 23 (1935). — Gen und Außeneigenschaft. (Untersuchungen an Drosophila.) I u. II. Z. Abstammgslehre 69 (1935). — Gen und Außencharakter. III. (Untersuchungen an Drosophila.) Biol. Zbl. 55 (1935). — Gene and Character. IV—VIII. Univ. California Publ. Zool. 41 (1937). — „Progressive Heredity" and „Anticipation". J. Hered. 29 (1938). — Göthlin, G.: Nagra resultat av en släktforskning angaende „färgblindhet". Psyke 1916. — Die diagnostische Untersuchung des Farbensinnes mit dem Polarisationsanomaloskop. Handbuch der biologischen Arbeitsmethoden, Liefg. 210. 1926. — Göthlin, G. F.: Congenital red-green abnormality in colour-vision, and congenital total colourblindness, from the point of view of heredity. Acta ophthalm. (København.) 1924. — Gottschick, J.: Erbliche Unterschiede der Geschmacksempfindungen auf p-Äthoxyphenylthioharnstoff. Z. menschl. Vererbgslehre 21 (1937). — Gowen, J. W.: Anomalous human sex-linked inheritance of colour-blindness in relation to attached sex chromosomes. Human Biology 5 (1933). — Graewe, H.: Die Bedeutung der Zwillingsforschung für die Erziehungslehre. Z. pädag. Psychol. 39 (1938). — Grohmann, H.: Heterogenie der rezessiven Taubstummheit. Erbarzt 7 (1939). — Gruber, G. B.: Zur Kritik plazentarer und hypoplastischer Gliedmaßenfehler. Erbarzt 6 (1937). — Amniotische Mißbildungen. Götting. Gelehrte Anzeigen 200 (1938). — Grüneberg, H.: Die Vererbung der menschlichen Tastfiguren. Z. Abstammgslehre 46 (1928). — Zur Tastfiguren-Frage I. Z. Abstammgslehre 53 (1930). — Günder, R.: Gerinnungsprüfungen in einer großen, bisher nicht beschriebenen Blutersippe. Arch. Rassenbiol. 32 (1938). — Günther, H.: Wilsonscher Erbgang beim Menschen. Dtsch. med. Wschr. 1935 II, 1881. — Günther, R.: Zur Frage der angeborenen Amputationen. Z. menschl. Vererbgslehre 23 (1939).

Haase, F. H.: Die Übersterblichkeit der Knaben als Folge recessiver geschlechtsgebundener Erbanlagen. Z. menschl. Vererbgslehre 22 (1938). — Haase-Bessell, G.: Art- und Rassenbildung in neuester Auffassung. Arch. Bevölkerungswiss. u. Bevölkerungspolitik 10 (1940). — Habs, H.: Zwillingsphysiologische Untersuchungen über die Erbbedingtheit der alveolaren CO_2-Spannung, der Geschmacksschwellen und der Dunkeladaptation nebst einem Überblick über die bisherigen zwillingsphysiologischen Arbeiten. Z. menschl. Vererbgslehre 21 (1938). — Haldane, J. B. S.: Methods for the Detection of Autosomal Linkage in Man. Ann. of Eugen. 6 (1934/35). — The rate of spontaneous mutation of a human gene. J. Genet. 31 (1935). — A provisional map of a human chromosome. Nature (Lond.) 137 (1936). — A search for incomplete sex-linkage in man. Ann. of Eugen. 7 (1936/37). — A probable new sex-linked dominant in man. J. Hered. 28 (1937). — Haldane, J. B. S. and U. Philip: The daughters and sisters of haemophilics. J. Genet. 38 (1939). — Hammer, E.: Zur Ätiologie der Spaltbildungen am Neuralrohr. Zbl. Path. 56 (1932). — Hammerschlag, V.: Über kombinierte Heredopathien und ihren mutmaßlichen Erbgang. Wien. klin. Wschr. 1932 I. — Über Polyallelie bei Mensch und Tier und über das Dominanzphänomen. I. Z. Konstit.lehre 17 (1933). — Über Polyallelie und über das Dominanzphänomen, II., III., IV. Z. Konstit.lehre 17 (1933). — Die Polyallelie als Grundlage des Erbganges der spastischen Spinalparalyse. Klin. Wschr. 1934 I, 803. — Hangarter, W.: Das Erbbild der rheumatischen und chronischen Gelenkerkrankungen. Der Rheumatismus, herausgeg. von R. Jürgens, Bd. 13. Dresden u. Leipzig: Theodor Steinkopff 1939. — Hanhart, E.: Demonstration von Stammbäumen bei heredofamiliären Affektionen. Schweiz. med. Wschr. 1925. — Über die Vererbung von Anlagen zu Idiosynkrasien. Verh. 46. Kongr. dtsch. Ges. inn. Med. Wiesbaden 1934. — Die sporadische Taubstummheit als Prototyp einer recessiven Mutation. Z. menschl. Vererbgslehre 21 (1938). — Nachweis der ganz vorwiegend einfach rezessiven Vererbung des Diabetes mellitus. Erbarzt 6 (1939). — Hansen, K. u. G. v. Ubisch: Der Erbgang der Dystrophia musculorum progressiva. Dtsch. Z. Nervenheilk. 99 (1927). — Harnly, M. H.: A critical temperature for lengthening of the vestigial wings of Drosophila melanogaster with sexually dimorphic effects. J. of exper. Zool. 56 (1930). — The temperature effective periods and the growth curves for length and area of the vestigial wings of Drosophila melanogaster. Genetics 21 (1936). — Hartung, H.: Über drei familiäre Fälle von Tritanomalie. Klin.

Mbl. Augenheilk. **76** (1926). — HEGDEKATTI, R. M.: Congenital Malformation of Hands and Feet in Man. J. Hered. **30** (1939). — HELLPACH, W.: Psychische Auseinandersetzungen des Menschen mit seiner Naturumwelt. In: Organismen und Umwelt. 20 Vortr. 2. Wissenschaftliche Woche Frankfurt a. M. 1939, herausgeg. von R. OTTO. Dresden u. Leipzig: Theodor Steinkopff 1939. — HENKE, K. u. S. SEEGER: Über die Vererbung der myotonischen Dystrophie. Z. Konstit.lehre **13** (1927). — Progressive Vererbung und Degeneration bei der myotonischen Dystrophie. Biol. Zbl. **47** (1927). — HERTER, K.: Das thermotaktische Optimum bei Nagetieren, ein mendelndes Art- und Rassenmerkmal. Z. vergl. Physiol. **23** (1936). — Die Beziehungen zwischen Vorzugstemperatur und Hautbeschaffenheit bei Mäusen. Verh. dtsch. zool. Ges. 1938. — HERTER, K. u. K. SGONINA: Vorzugstemperatur und Hautbeschaffenheit bei Mäusen. Z. vergl. Physiol. **26** (1938). — HERTWIG, P.: Allgemeine Erblehre, II. Fortschr. Erbpath. u. Rassenhyg. **3** (1939). — HESS, C. v.: Die relative Rotsichtigkeit und Grünsichtigkeit. Graefes Arch. **105** (1921). — HIRSZFELD, L.: Konstitutionsserologie und Blutgruppenforschung. Berlin 1928. — Hauptprobleme der Blutgruppenforschung in den Jahren 1927—1933. Erg. ges. Hyg. **15** (1934). — Über serologische Mutationen bei Menschen. Rel. IV. Congr. internat. Pat. comparata, Vol. I. Roma 1939. — HÖNER, E.: Das genotypische Milieu in seiner Wirkung auf einige Glieder der dumpy-Allelen-Serie bei Drosophila melanogaster. Z. Abstammgslehre **77** (1939). HOESSLY-HAERLE, G. T.: Der Stammbaum der Bluter von Tenna. Arch. Klaus-Stiftg **5** (1930). — HOFFMANN, H.: Die Nachkommenschaft bei endogenen Psychosen. Monographien Neur. 1921, H. 26. — Die individuelle Entwicklungskurve des Menschen. Berlin 1922. — Charakter und Umwelt. Berlin 1928. — HOFMEIER, K.: Die Bedeutung der Erbanlagen für die Kinderheilkunde. Arch. Kinderheilk. **1938**, H. 14. — HOGBEN, L.: The genetic analysis of familial traits. J. Genet. **25** (1932). — The Detection of Linkage in Human Families. I. Both Heterozygous Genotypes Indeterminate. Proc. roy. Soc. Lond., Ser. B **114** (1934). — The Detection of Linkage in Human Families. II. One Heterozygous Genotype Indeterminate. Proc. roy. Soc. Lond., Ser. B **114** (1934). — HOGBEN, L. and R. POLLACK: A contribution to the relation of the gene loci involved in the isoagglutinin reaction. Taste blindness, FRIEDREICHs ataxia and major brachydactyly of man. J. Genet. **31** (1935). — HOLTFRETER, J.: Einige menschliche Mißbildungen im Lichte neuerer Amphibienexperimente. Sitzgsber. Ges. Morph. u. Physiol. Münch. **42** (1933). — HOWLAND, R., B. P. SONNENBLICK and E. A. GLANCY: Transplantations of wing-thoracic primordia in Drosophila melanogaster. Amer. Naturalist **71** (1937).

IDELBERGER, K.: Die Zwillingspathologie des angeborenen Klumpfußes. Untersuchungen an einer unausgelesenen Zwillingsserie von 251 Paaren. Stuttgart: Ferdinand Enke 1939. — IMAI, Y. und D. MORIWAKI: A probable case of cytoplasmic inheritance in man: a critique of LEBERs disease. J. Genet. **33** (1936). — ISHIHARA, S.: Tests for colour-blindness. Tokyo 1925.

JAENSCH, E. u. Mitarb.: Studien zur Psychologie menschlicher Typen. Leipzig 1930. — Neue Wege der menschlichen Lichtbiologie unter funktionellem und ganzheitlichem Betrachtungsgesichtspunkt. Leipzig 1933. — JUDA, A.: Neue psychiatrisch-genealogische Untersuchungen an Hilfsschulzwillingen und ihren Familien. II. Die Kollateralen. Z. Neur. **168** (1940). — Neue psychiatrisch-genealogische Untersuchungen an Hilfsschulzwillingen und ihren Familien. III. Aszendenz und Deszendenz. Z. Neur. **168** (1940). — JUST, G.: Letalfaktoren beim Menschen? Z. Abstammgslehre **31** (1923). — Zur Vererbung der Farbensinnstufen beim Menschen. Arch. Augenheilk. **96** (1925). — Die Entstehung neuer Erbanlagen. Eine kritische Übersicht über neuere Untersuchungen. Erg. Med. **9** (1926). — Besprechung von JOHANNSEN, Elemente usw., 3. Aufl., Arch. Rassenbiol. **22** (1929). — Die Grundlagen der menschlichen Vererbungslehre. Münch. med. Wschr. **1930**. — Über multiple Allelie beim Menschen. Arch. Rassenbiol. **24** (1930). — Das Umweltproblem. Eugenik **1** (1931). — Erziehungsprobleme im Lichte von Erblehre und Eugenik. Das kommende Geschlecht VII, auch separat, Berlin u. Bonn 1932. — Über schwierigere Fragen der Vererbung beim Menschen. Biologe **2** (1932). — Variabilität. In Handwörterbuch der Naturwissenschaften 2. Aufl., Bd. 10, Jena 1934. — Vererbung. In Handwörterbuch der Naturwissenschaften, 2. Aufl., Bd. 10. Jena 1934. — Forschungsergebnisse über multiple Allelie beim Menschen. Erbarzt **1** (1934). — Probleme der Persönlichkeit. Berlin: Alfred Metzner 1934. — Über eine weitere Möglichkeit des Nachweises multipler Allelie beim Menschen. Z. Morph. u. Anthrop. **34** (1934). — Probleme des höheren Mendelismus beim Menschen. (Ber. 10. Jverslg dtsch Ges. Vererbgswiss.). Z. Abstammgslehre **67** (1934). — Zur gegenwärtigen Lage der menschlichen Vererbungs- und Konstitutionslehre. Z. menschl. Vererbgslehre **19** (1935). — Praktische Übungen zur Vererbungslehre, 2. Aufl., Teil 1: Allgemeine Vererbungslehre. Berlin: Julius Springer 1935. — Die erbbiologischen Grundlagen der Leistung. Naturwiss. **27** (1939). — JUST, G. u. Mitarb.: Vererbung und Erziehung. Berlin 1930.

KAVEN, A.: Röntgenmodifikationen bei Mäusen. Z. menschl. Vererbgslehre **22** (1938). — Das Auftreten von Gehirnmißbildungen nach Röntgenbestrahlung von Mäuseembryonen.

Z. menschl. Vererbgslehre **22** (1938). — Kehrer, F.: Die Beziehungen zwischen der heutigen experimentellen Erbforschung und der genealogischen Neurologie. Nervenarzt **2** (1929). — Keller, K. u. Th. Nieboda: Untersuchungen an Doppelmonstren des Rindes im Sinne der Zwillingsforschung. Z. Tierzüchtg **37** (1937). — Kemp, T. u. E. Worsaae: Fortgesetzte Untersuchungen über den Empfindlichkeitsgrad der Blutkörperchen gegenüber Isoagglutininen im Kindesalter beim Menschen. Acta path. scand. (Københ.) **8** (1931). — Kirkham, W. B.: The fate of homozygous yellow mice. J. of exper. Zool. **28** (1919). — Kleiner, W.: Über den großen schweizerischen Stammbaum, in dem mit Kurzsichtigkeit kombinierte Nachtblindheit sich forterbt. Arch. Rassenbiol. **15** (1923). — Kleinknecht: unveröff., mitgeteilt bei Kroh. — Kleist, K., K. Leonhard u. H. Schwab: Die Katatonie auf Grund katamnestischer Untersuchungen. Teil 3: Formen und Verläufe der eigentlichen Katatonie. Z. Neur. **168** (1940). — Klemm, O.: Pädagogische Psychologie. Breslau 1933. — Knapp, E.: Erbliche und nichterbliche Eigenschaften? Erbarzt **8** (1940). — Koch, E. W.: Über die Veränderung menschlichen Wachstums im ersten Drittel des 20. Jahrhunderts. Leipzig: Johann Ambrosius Barth 1935. — Koehler, O.: Vererbungsforschung in der Dermatologie. Allgemeiner Teil. Arch. f. Dermat., Kongr-ber. **160** (1930). — Die hand- und fußlosen brasilianischen Geschwister. Ein Beitrag zur Frage der Erbbedingtheit angeborener Mißbildungen. Z. menschl. Vererbgslehre **19** (1936). — Koppelung und Austausch von Erbfaktoren auch beim Menschen. Dtsch. med. Wschr. **1938**. — Kohlrausch, A.: Tagessehen, Dämmersehen, Adaptation. Handbuch der normalen und pathologischen Physiologie, herausgeg. von Bethe usw., Bd. 12, 2. Hälfte. Berlin 1931. — Koller, S.: Über den Erbgang der Schizophrenie. Z. Neur. **164** (1939). — Komai, T.: Contributions to the Genetics of the Japanese Race. I. Pedigrees of hereditary diseases and abnormalities found in the Japanese Race. Kyoto 1934. — Kondo, T.: Untersuchungen bei angeborenen Farbensinn-Anomalien. V. Über das Zustandekommen und Wesen der angeborenen Farbensinn-Anomalien. Acta Soc. ophthalm. jap. **8** (1932). — Kroh, O.: Experimentelle Beiträge zur Typenkunde, Bd. 1 u. 3. Z. Psychol., Erg.-Bd. **14** (1929); Erg.-Bd. **22** (1932). — Methoden der experimentellen Typenforschung in ihrer Bedeutung für die menschliche Erblichkeitslehre. Z. Abstammgslehre **54** (1930). — Kubányi, A.: Weitere Untersuchungen über die Beziehung zwischen Hämophilievererbung und Blutgruppencharakter. Klin. Wschr. **1931 I**. Kühn, A.: Vererbung und Entwicklungsphysiologie. (In Wiss. Woche zu Frankfurt a. M. 1934, Bd. 1: Erbbiologie, herausgeg. v. W. Kolle.) Leipzig 1935. — Über die Wirkungsweise von Erbanlagen, insbesondere über Phänokopien und hormonale Genwirkungen. (C. R. XII. Congr. internat. Zool. Lisbonne 1935.) Lisboa 1936. — Kühne, K.: Die Vererbung der Variationen der menschlichen Wirbelsäule. Z. Morph. u. Anthrop. **30** (1931). — Symmetrieverhältnisse und die Ausbreitungszentren in der Variabilität der regionalen Grenzen der Wirbelsäule des Menschen. Z. Morph. u. Anthrop. **34** (1934). — Die Zwillingswirbelsäule. Z. Morph. u. Anthrop. **35** (1936).

Lange, J.: Zwillingspathologische Probleme der Schizophrenie. Wien. klin. Wschr. **1929 II**. — Lassen, H.: Leibnizsche Gedanken in der Uexküllschen Umweltlehre. Acta Biotheoretica **5**, 1 (1939). — Laubenthal, F.: Nervensystem und Ichthyosis (Erbbiologisch-pathogenetische Studien an Ichthyosissippen). Z. Neur. **168** (1940). — Lemser, H.: Kann eine Erbanlage für Diabetes latent bleiben? Erbarzt **5**, 33—37 (1938). — Zur Erb- und Rassenpathologie des Diabetes mellitus. Arch. Rassenbiol. **33** (1939). — Lenz, F.: Über das Verhältnis pathogener Erbeinheiten zu klinisch abgegrenzten Typen von Erbleiden. Klin. Wschr. **1934 I**. — Rasse und Klima. Klin. Wschr. **1939**. — Wer wird schizophren? Erbarzt **4**, 154—157 (1937). — Über kombinantes Verhalten alleler Gene. Erbarzt **5**, 83—84 (1938). — Lenz, H.: Ein Beitrag zur Erblichkeit der hereditären Ataxie und deren Beziehungen zum Status dysraphicus. Erbarzt **7** (1939). — Levit, S. G.: The problem of dominance in man. J. Genet. **33** (1936). — Genetical Analysis of Selected Human Data Bearing on the Genetics of Hermaphroditism. J. Genet. **35** (1937). — Li, Ju-Chi and Yu-Lin Tsui: The development of vestigial wings under high temperature in Drosophila melanogaster. Genetics **21** (1936). — Limper, K.: Individuelle Unterschiede des Farbensinns, insbesondere die Formen der Anomalie und Farbenblindheit, und ihre Beziehungen zur Gesamtpersönlichkeit. In E. R. Jaensch: Neue Wege der menschlichen Lichtbiologie. Leipzig 1933; auch Z. Psychol. **121** (1931). — Little, C. C. and M. Gibbons: Evidence for sex-linked lethal factors in man. Proc. Soc. exper. Biol. a. Med. **18** (1921). — Loeschcke: Diskussionsbemerkung zu Rössle: Die innere (oder anatomische) Ähnlichkeit blutsverwandter Personen. Verh. dtsch. path. Ges.. 29. Tagg Breslau, 27.—29. Sept. 1936. — Ludwig, W.: Faktorenkoppelung und Faktorenaustausch bei normalem und aberrantem Chromosomenbestand. Leipzig: Georg Thieme 1938. — Die Sonderstellung des Popoffschen Hemithorax-Stammes. Ergänzungen zu den Untersuchungen von H. Schultz. Arch. Entw.mechan. **138** (1938). — Lüers, H.: Die Beeinflussung der Vitalität durch multiple Allele, untersucht an vestigial-Allelen von Drosophila melanogaster. Arch. Entw.mechan. **133** (1935). — Lüth, K. F.: Über Vererbung und konstitutionelle Beziehungen der vorwiegenden Form- und Farbbeachtung. Z. menschl. Vererbgslehre **19** (1935). — Lund-

Borg, H.: Die Vererbung des Farbenhörens usw. Acta med. scand. (Stockh.) **59** (1923). — Lundman, B. J.: Über die fortgesetzte Zunahme der Körperhöhe in Schweden 1926—1936. (Zugleich eine Nachuntersuchung älteren Materials.) Z. Rassenkde **9** (1939). — Über die Körperhöhensteigerung in den nordischen Ländern nach dem Weltkriege. Z. Rassenkde **11** (1940). — Luxenburger, H.: Über weitere Untersuchungen zur Frage der Korrelation von schizophrener Anlage und Widerstandsschwäche gegen tuberkulöse Infektion. Z. Neur. **122** (1929). — Untersuchungen an schizophrenen Zwillingen und ihren Geschwistern zur Prüfung der Realität von Manifestationsschwankungen. Mit einigen Bemerkungen über den Begriff und die Bedeutung der cytoplasmatischen Umwelt im Rahmen des Gesamtmilieus. Z. Neur. **154** (1935). — Der heutige Stand der empirischen Erbprognose usw. Z. Neur. **81** (1936).

Macklin, M. Th.: The relation of the mode of inheritance to the severity of an inherited disease. Human Biology **4** (1932). — The Laurence-Moon-Biedl syndrome: A genetic study. J. Hered. **27** (1936). — Madlener, M.: Eine Bluterfamilie. Arch. Rassenbiol. **20** (1928). — Marchesani, O.: Partielle Farbenblindheit. In Handbuch der Erbkrankheiten, herausgeg. v. A. Gütt. Bd. 5: Erbleiden des Auges. Leipzig: Georg Thieme 1938. — Menzel, W.: Zur Kenntnis der Laurence-Moon-Biedlschen Krankheit. Erbarzt **7** (1939). — Zum Laurence-Moon-Biedl-Syndrom. Z. klin. Med. **135** (1939). — Minkowski, M. u. A. Sidler: Klinische und genealogische Untersuchungen zur Kenntnis der progressiven Muskeldystrophie. Arch. Klaus-Stiftg **3** (1927/28). — Moebius, H.: Zur Genetik des Geschlechts. Z. menschl. Vererbgslehre **19** (1935). — Mohr, O. L.: Über Letalfaktoren, mit Berücksichtigung ihres Verhaltens bei Haustieren und beim Menschen. Z. Abstammgslehre **41** (1926). — On the Potency of mutant genes and wild type allelomorphs. Proc. 6. internat. Congr. Genet. **1932**. — Lethal genes in higher animals and man. Rel. IV. Congr. internat. Pat. comparata, Vol. I. Roma 1939. — Mohr, O. L. and Chr. Wriedt: A new type of hereditary brachyphalangy in man. Carnegie Inst. Publ. **1911**, Nr 295. — Short spine, a new recessive lethal in cattle; with a comparison of the skeletal deformities in shorte-spine and in amputated calves. J. Genet. **22** (1930). — Morgan, T. H.: Data relating to six mutants of Drosophila. Carnegie Inst. Publ. **399** (1929). — Morgan, T. H., C. Bridges and A. H. Sturtevant: The Genetics of Drosophila. Bibliogr. genetica **2** (1925); auch separat. — Mühlmann, W. E.: Ein ungewöhnlicher Stammbaum über Taubstummheit. Arch. Rassenbiol. **22** (1930). — Müller-Freienfels, R.: Charakter und Erlebnis. Jb. Charakterol. **2/3** (1926). — Erlebnis und Milieu. In Handbuch der pädagogischen Milieukunde, herausgeg. v. A. Busemann. Halle 1932.

Naegeli, O.: Die Bedeutung der Mutation für den Menschen. Klin. Wschr. **1934** II, 1849.

Otto, R.: Organismen und Umwelt. 20 Vortr. 2. Wissenschaftliche Woche Frankfurt a. M. 1939. Dresden u. Leipzig: Theodor Steinkopff 1939.

Panse, F.: Über erbliche Zwischenhirnsyndrome und ihre entwicklungsphysiologischen Grundlagen. (Dargestellt am Modell des Bardet-Biedlschen Syndroms.) Z. Neur. **160** (1937). — Anmerkungen zu einer genetischen Ordnung der menschlichen Erbsyndrome. Allg. Z. Psychiatr. **112** (1939). — Panse, Fr.: Der Stand der genetischen Fragestellung in der Neurologie. Erbarzt **8** (1940). — Patzig, B.: Die Bedeutung der schwachen Gene in der menschlichen Pathologie, insbesondere bei der Vererbung striärer Erkrankungen. Naturwiss. **21** (1933). — Pearson, K., E. Nettleship and C. H. Usher: A monograph in Albinism in Man. Text, Part. I, Atlas, Part. I. London 1911. — Penrose, L. S.: The Detection of Autosomal Linkage in Data which consist of Pairs of Brothers and Sisters of Unspecified Parentage. Ann. of Eugen. **6** (1934/35). — Autosomal Mutation and Modification in Man with Special Reference to Mental Defect. Ann. of Eugen. **7** (1936/37). — Genetic linkage in graded human characters. Ann. of Eugen. **7** (1937/38). — Petersen, H.: Die Eigenwelt des Menschen. Bios **8** (1937). — Petersen, P.: Grundfragen einer pädagogischen Charakterologie. Veröff. Akad. gemeinnütziger Wissensch., Abt. Erziehgswiss. u. Jugendkde Erfurt **1928**, Nr 10. — Pfahler, G.: System der Typenlehren. Z. Psychol., Erg.-Bd. **15** (1929). — Vererbung als Schicksal. Eine Charakterkunde. Leipzig: Johann Ambrosius Barth 1932. — Pfaundler, M.: Konstitution und Konstitutionsanomalien. Handbuch der Kinderheilkunde, herausgeg von M. v. Pfaundler u. A. Schlossmann, 4. Aufl., Bd. 1. Berlin 1932. — Studien über Frühtod, Geschlechtsverhältnis und Selektion. I. Mitt.: Zur intrauterinen Absterbeordnung. Z. Kinderheilk. **57** (1935). — Studien über Frühtod, Geschlechtsverhältnis und Selektion. II. Mitt.: Zum perinatalen Sterben. A. Die Totgeburten. Z. Kinderheilk. **60** (1939). — Pfenninger, H.: Der Stammbaum der Bluter von Wald (Zürcher Oberland) 1550—1932, mit besonderer Berücksichtigung der Blutgruppenzugehörigkeit. Arch. Klaus-Stiftg **9** (1934). — Planta, P. v.: Die Häufigkeit der angeborenen Farbensinnstörungen bei Knaben und Mädchen und ihre Feststellung durch die üblichen klinischen Proben. Graefes Arch. **120** (1928). — Plate, L.: Einige Bedenken bezüglich Goldschmidtscher Vererbungsauffassungen. Arch. Rassenbiol. **24** (1930). — Plough, H. and P. Ives: Induction of mutations by high temperature in Drosophila. Genetics **20** (1935). — Pohlisch, K.: Sippenpsychiatrie. Allg. Z. Psychiatr. **112** (1939). —

POLL, H.: Genik und Melistik als Grundlage des ärztlichen Denkens. In: Einheitsbestrebungen in der Medizin, Tagung Marienbad 1932. Dresden u. Leipzig: Theodor Steinkopff 1933. — PORTIUS, W.: Mongolismus. Fortschr. Erbpath. u. Rassenhyg. 2 (1938). — PUHL, E.: Die individuellen Differenzen des Farbensinnes in ihrer Beziehung zur Gesamtpersönlichkeit. Z. Sinnesphysiol. 63; auch in E. R. JAENSCH: Neue Wege der menschlichen Lichtbiologie. Leipzig 1933. — PUNNETT, R. C.: An ocular Mendelian puzzle. Trans. ophthalm. Soc. Lond. 53 (1933).

RATH, B.: Rotgrünblindheit in der Calmbacher Blutersippe. Nachweis des Faktorenaustauschs beim Menschen. Arch. Rassenbiol. 32 (1938). — REICHWAGE, A.: Zur Ätiologie des Mongolismus. Z. menschl. Vererbgslehre 23 (1939). — RIEDEL, H.: Der Einfluß der Entwicklungstemperatur auf Flügel- und Tibialänge von Drosophila melanogaster (wild, vestigial und die reziproken Kreuzungen). Arch. Entw.mechan. 132 (1934). — RIEDEL, H.: Wesen, Bedeutung, Ergebnisse und Aufgaben der erbbiologischen Forschung an abnormen Persönlichkeiten. Allg. Z. Psychiatr. 112 (1939). — RIDDELL, W. J. B.: Haemophilia and colour blindness occurring in the same family. Brit. J. Ophthalm. 21 (1937). — RITTERSHAUS, E.: Konstitution oder Rasse? München: J. F. Lehmann 1936. — RODENWALDT, E.: Rasse und Umwelt. In Organismen und Umwelt. 20 Vortr. 2. Wissenschaftliche Woche Frankfurt a. M. 1939, herausgeg. v. R. OTTO. Dresden u. Leipzig: Theodor Steinkopff 1939. — ROUX, W.: Terminologie der Entwicklungsmechanik der Tiere und Pflanzen. Leipzig: Wilhelm Engelmann 1912. — RUDDER, DE, B.: Grundzüge der Bioklimatik des Menschen. In: Klima, Wetter, Mensch. Leipzig 1938. — RYDIN, H.: Untersuchungen über die Unterscheidungszeit für Farben bei anomalen Trichromaten. Z. Sinnesphysiol. 60 (1929).

SALLER, K.: Einführung in die menschliche Erblichkeitslehre und Eugenik. Berlin 1932. — SCHADE, H.: Beitrag zur Erblichkeit der Anenzephalie. Erbarzt 7 (1939). — SCHERMER, S. u. A. KAEMPFFER: Weitere gruppenspezifische Differenzierungen im Pferdeblut. Z. Immun.forsch. 80 (1933). — SCHIFF, F.: Die Blutgruppen und ihre Anwendungsgebiete. Berlin 1933. — SCHIFF, F. u. O. V. VERSCHUER: Serologische Untersuchungen an Zwillingen. I. Mitt. Klin. Wschr. 1931 I. — SCHIÖTZ, I.: Rotgrünblindheit als Erbeigenschaft. Klin. Mbl. Augenheilk. 68 (1922). — SCHLEGEL, W. S.: Ein klinisch-erbbiologischer Beitrag zur Frage der Asthenie. Z. Morph. u. Anthrop. 38 (1939). — SCHLEIP, W.: Die Determination der Primitiventwicklung. Leipzig: Akademische Verlagsgesellschaft 1929. — SCHLOESSMANN, H.: Die Hämophilie in Württemberg. Arch. Rassenbiol. 16 (1925). — Die Hämophilie. Neue deutsche Chirurgie, Bd. 47. Stuttgart 1930. — SCHMIDT, I.: Über manifeste Heterozygotie bei Konduktorinnen für Farbensinnstörungen. Klin. Mbl. Augenheilk. 92 (1934). — Über „Ermüdbarkeit“ des Farbensystems bei normalen Trichromaten. Klin. Mbl. Augenheilk. 94 (1935). — Ergebnis einer Massenuntersuchung des Farbensinns mit dem Anomaloskop. Z. Bahnärzte 1936. — Der gegenwärtige Stand unserer Kenntnisse von den Störungen des Farbensinns und die Farbensinnprüfungen bei der Luftfahrt (unter Berücksichtigung des Auslandes). Luftfahrtmed. 1 (1936). — Untersuchungen über die Verwendbarkeit der ISHIHARA-Tafeln zur Differentialdiagnose von Farbensinnstörungen. Klin. Mbl. Augenheilk. 96 (1936). — SCHRÖDER, H.: Die Sippschaft der mongoloiden Idiotie. Z. Neur. 160 (1937). — Die Sippschaft der mongoloiden Idiotie. Zweiter Beitrag. Z. Neur. 164 (1939). — SCHROEDERSECKER, F.: Über das psychomotorische Tempo der Konstitutionstypen. Z. menschl. Vererbgslehre 23 (1939). — SCHULTZ, H.: „Hemithorax“ bei Drosophila melanogaster, ein Beispiel einer akzessorischen Asymmetrie. Arch. Entw.-mechan. 138 (1938). — SCHULTZE-NAUMBURG, B.: Die Vererbung des Charakters. Z. Rassenkde, Beih. 8 (1938). — SCHULZ, B.: Kinder schizophrener Elternpaare. Z. Neur. 168 (1940). — Erkrankungsalter schizophrener Eltern und Kinder. Z. Neur. 168 (1940). — Kinder manisch-depressiver und anderer affektivpsychotischer Elternpaare. Z. Neur. 169 (1940). — SCHULZ, B. u. K. LEONHARD: Erbbiologisch-klinische Untersuchungen an insgesamt 99 im Sinne LEONHARDs typischen bzw. atypischen Schizophrenien. Z. Neur. 168 (1940). — SCHWAB, H.: Die Katatonie auf Grund katamnestischer Untersuchungen. Teil 2: Die Erblichkeit der eigentlichen Katatonie. Z. Neur. 163 (1938). — SEREBROVSKAJA, R.: Die Genetik des Daltonismus. Med.-biol. Ž. (russ.) 1930 (mit deutscher Zusammenfassung). — SIEMENS, H. W.: Über einen, in der menschlichen Pathologie noch nicht beobachteten Vererbungsmodus: dominant-geschlechtsgebundene Vererbung. Arch. Rassenbiol. 17 (1925). — Einführung in die allgemeine und spezielle Vererbungspathologie des Menschen, 2. Aufl. Berlin 1923. — Über „Manifestationsstörung“ bei rezessiv-geschlechtsgebundener Farbenblindheit. Sitzgsber. Ges. Morph. u. Physiol. Münch. 37 (1926). — Eine prinzipiell wichtige Beobachtung über die Vererbung der Farbenblindheit. Klin. Mbl. Augenheilk. 76 (1926). — Die Vererbung in der Ätiologie der Hautkrankheiten. Handbuch der Haut- und Geschlechtskrankheiten, herausgeg. von J. JADASSOHN, Bd. 3. Berlin 1929. — Die Krisis der Konstitutionspathologie. Münch. med. Wschr. 1934 I, 515. — Über die Frage des Auftretens beider Epidermolysis-Formen in einer Familie. Arch. f. Dermat. 173 (1935). — Dichtung und Wahrheit über die „Ichthyosis bullosa“, mit Bemerkungen zur Systematik der Epidermolysen. Arch. f. Dermat. 175 (1937). — SIMONEIT, ZILIAN, WOHLFAHRT u.

KREIPE: Leitgedanken zur psychologischen Erforschung der Persönlichkeit. Berlin: Bernard & Graefe 1937. — SKERLJ, B.: Menarche und Umwelt nebst einigen anderen Problemen, dargestellt an Hand eines norwegischen Klinikmaterials. Z. menschl. Vererbgslehre 23 (1939). — SNYDER, L. H.: The linkage relations of the blood groups. In Verh. 5. internat. Kongr. Vererbgswiss., Bd. 2. Berlin 1927. Z. Abstammgslehre. Suppl.-Bd. 2 (1928). — SPEMANN, H.: Experimentelle Beiträge zu einer Theorie der Entwicklung. Berlin: Julius Springer 1936. — STANLEY, W. F.: The effect of temperature upon wing size in Drosóphila. J. of exper. Zool. 69 (1935). — STARGARDT u. OLOFF: Diagnostik der Farbensinnstörungen. Berlin 1912. — STEFFAN, P.: Die Bedeutung der Blutgruppen für die menschliche Rassenkunde. Handbuch der Blutgruppenkunde, herausgeg. von P. STEFFAN. München 1932. — STEINIGER, F.: Die Genetik und Phylogenese der Wirbelsäulenvarietäten und der Schwanzreduktion. Z. menschl. Vererbgslehre 22 (1938). — Neue Beobachtungen an der erblichen Hasenscharte der Maus. Z. menschl. Vererbgslehre 23 (1939). — Über die experimentelle Beeinflussung der Ausbildung erblicher Hasenscharten bei der Maus. Z. menschl. Vererbgs.-lehre 24 (1939). — Die Entstehung und Vererbung der Hasenscharte. Fortschr. Erbpath. u. Rassenhyg. 4 (1940). — Polare Genmanifestierung am Zwischenkiefer bei der erblichen Hasenscharte. Dtsch. Zahn- usw. Heilk. 7 (1940). — STEINIGER, G.: Zur Genetik des Diabetes mellitus. Z. menschl. Vererbgslehre 24 (1939). — STERN, C.: Welche Möglichkeiten bieten die Ergebnisse der experimentellen Vererbungslehre dafür, daß durch verschiedene Symptome charakterisierte Nervenkrankheiten auf gleicher erblicher Grundlage beruhen? Nervenarzt 1929. — Multiple Allelie. Handbuch der Vererbungswissenschaft, herausgeg. von E. BAUR u. M. HARTMANN, Liefg. 14. Berlin 1930. — Faktorenkoppelung und Faktorenaustausch. Handbuch der Vererbungswissenschaft, Liefg. 19. Berlin 1933. — STIETZEL, B.: Schädel- und Kieferdeformitäten bei Doppelmißbildungen. Med. Diss. Greifswald 1934. — STOCKARD, CH. R.: Die körperliche Grundlage der Persönlichkeit. (Deutsch von K. D. ROSENKRANZ.) Jena 1932. — STOLTE, K.: Über das frühzeitige Sterben zahlreicher Kinder einer Familie. Jb. Kinderheilk. 73 (1911). — STRÖER, W. F. H.: Über das Zusammentreffen von Hasenscharte mit ernsten Extremitätenmißbildungen. Erbarzt 7 (1939). — STUDT, H.: Die Bluter von Calmbach. Arch. Rassenbiol. 31 (1937). — SZABÓ, Z.: Vererbungswissenschaftliche Bestimmung des Konstitutionsbegriffes. Z. menschl. Vererbgslehre 21 (1937).

THOMSEN, O.: Hämagglutination mit Einschluß der Lehre von den Blutgruppen. Handbuch der pathogenen Mikroorganismen, 3. Aufl., Bd. 2. 1929. — Über die Rezeptorenentwicklung der Blutkörperchen bei Neugeborenen und Säuglingen. Ukrain. Zbl. Blutgrupp.forsch. 3 (1929). — Die Erblichkeitsverhältnisse der menschlichen Blutgruppen mit besonderem Hinblick auf zwei „neue" A′ und A′B genannte Blutgruppen. Hereditas (Lund) 13 (1930). — Über die quantitative Entwicklung der gruppenspezifischen Rezeptoren im Serum von Neugeborenen. Z. Immun.forsch. 71 (1931). — Die Serologie der Blutgruppen. Handbuch der Blutgruppenkunde, herausgeg. von P. STEFFAN. München 1932. — Untersuchungen über die Erblichkeit der Blutgruppen A_1 und A_2 in einem großen Geschlecht. Z. Rassenphysiol. 5 (1932). — Über die A_1- und A_2-Rezeptoren in der sog. A-Gruppe. Acta Soc. Medic. fenn. Duodecim, Ser. A 15 (1932). — THOMSEN, O. u. A. KETTEL: Die Stärke der menschlichen Isoagglutinine und entsprechenden Blutkörperchenrezeptoren in verschiedenen Lebensaltern. Z. Immun.forsch. 63 (1929). — THOMSEN, O., V. FRIEDENREICH u. E. WORSAAE: Über das Verhältnis zwischen A- und B-Rezeptor in der AB-Gruppe. Z. Rassenphysiol. 3 (1930). — Über die Möglichkeit der Existenz zweier neuer Blutgruppen; auch ein Beitrag zur Beleuchtung sog. Untergruppen. Acta path. scand. (Københ.) 7 (1930). — THUMS, K.: Neurologische Zwillingsstudien. I. Mitt.: Zur Erbpathologie der multiplen Sklerose. Z. Neur. 155 (1936). — TIMOFÉEFF-RESSOVSKY, H.: Über phänotypische Manifestierung der polytopen (pleiotropen) Genovariation Polyphaen von Drosophila funebris. Naturwiss. 19 (1931). — TIMOFÉEFF-RESSOVSKY, N. W.: Über den Einfluß des genotypischen Milieus und der Außenbedingungen auf die Realisation des Genotyps. Genmutation *vti* (Venae transversae incompletae) bei *Drosophila funebris*. Nachr. Ges. Wiss. Göttingen, Math.-physik. Kl., N. F. 1 (1934). — Verknüpfung von Gen und Außenmerkmal. Wiss. Woche zu Frankfurt a. M., 2.—9. Sept. 1934. Bd. 1: Erbbiologie. Leipzig 1934. — Auslösung von Vitalitätsmutationen durch Röntgenbestrahlung bei Drosophila melanogaster. Nachr. Ges. Wiss. Göttingen, Math.-physik. Kl., N. F. 1 (1935). — TIMOFÉEFF-RESSOVSKY, N. u. O. VOGT: Über idiosomatische Variationsgruppen und ihre Bedeutung für die Klassifikation der Krankheiten. Naturwiss. 14 (1926). — TOGANO, N.: Erbbiologische Studien über die Einteilung der primären familiären Degenerationen der Netzhaut. Acta Soc. ophthalm. jap. 34 (1930), mit deutscher Zusammenfassung. — TRENDELENBURG, W.: Zur Diagnostik des abnormen Farbensinnes. Klin. Mbl. Augenheilk. 83 (1929). — TRENDELENBURG, W. u. I. SCHMIDT: Untersuchungen über Vererbung von angeborener Farbenfehlsichtigkeit. Zugleich ein Beitrag zur Theorie der Farbensysteme. Sitzgsber. preuß. Akad. Wiss., Physik.-math. Kl. II 1935. — TSCHERMAK-SEYSENEGG, A.: Licht- und Farbensinn. In Handbuch norm. u. path. Phys. 12, 1. Berlin: Julius Springer. — Über die spektrale

460   G. Just: Die mendelistischen Grundlagen der Erbbiologie des Menschen.

Verteilung der Sättigung und über Dreilichter-Eichung des Spektrums bei Rotgrünblinden. Arch. Augenheilk. **1935**. — Neues über Farbenblindheit in Theorie und Praxis. Forschgn u. Fortschr. **11** (1935). — Leukoskop zur Untersuchung Partiell-Farbenblinder. Arch. Augenheilk. **133** (1935).

Uexküll, J. v.: Umwelt und Innenwelt der Tiere. 2. verm. u. verb. Aufl. Berlin: Julius Springer 1921. — Die Lebenslehre. Potsdam: Müller & Kiepenheuer; Zürich: Orell Füßli 1930. — Uexküll, J. Baron u. G. Kriszat: Streifzüge durch die Umwelten von Tieren und Menschen. Ein Bilderbuch unsichtbarer Welten. (Verständl. Wiss., Bd. 21.) Berlin: Julius Springer 1934. — Ullrich, O.: Angeborene Muskeldefekte und angeborene Beweglichkeitsstörungen im Gehirnnervenbereich. In Handbuch der Neurologie, herausgeg. v. O. Bumke u. O. Foerster, Bd. 16. Berlin: Julius Springer 1936. — Neue Einblicke in die Entwicklungsmechanik multipler Abartungen und Fehlbildungen. Klin. Wschr. **1938** I. — Unterrichter, L. v.: Über angeborene Gliedmaßenstummel. Erbarzt **7** (1939).

Veit, G.: Über familiäres Vorkommen von Oligodaktylie. Gleichzeitig ein Beitrag zur genetischen Stellung der Oligodaktylie innerhalb der Handmißbildungen. Z. menschl. Vererbgslehre **23** (1939). — Erbbiologische Untersuchungen an Stettiner und Greifswalder Hilfsschülern. (Beitrag zur Genetik des Schwachsinns.) Z. menschl. Vererbgslehre **24** (1940). — Verschuer, O. v.: Ergebnisse der Zwillingsforschung. Verh. Ges. phys. Anthrop. **6** (1931). — Neueste Ergebnisse der Erblehre und ihre Bedeutung für die Medizin. Verh. 26. Kongr. dtsch. orthop. Ges. **1931**. — Der erste Nachweis von Faktorenaustausch (Crossing-over) beim Menschen. Erbarzt **5** (1938). — Zur Frage des Faktorenaustausches beim Menschen. Erbarzt **5** (1938). — Woran erkennt man die Erblichkeit körperlicher Mißbildungen? Arch. klin. Chir. **193** (1938). — Umwelt und Erbanlage. In: Organismen und Umwelt. 20 Vortr. 2. Wissenschaftliche Woche Frankfurt a. M. 1939, herausgeg. v. R. Otto. Dresden u. Leipzig: Theodor Steinkopff 1939. — Bemerkungen zur Genanalyse beim Menschen. Erbarzt **7** (1939). — Das Erbbild vom Menschen. Erbarzt **7** (1939). — Vogt, A.: Über geschlechtsgebundene Vererbung von Augenleiden. Schweiz. med. Wschr. **1922**. — Dyskephalie (Dysostosis craniofacialis, Maladie de Crouzon 1912) und eine neuartige Kombination dieser Krankheit mit Syndaktylie der 4 Extremitäten (Dyskephalodaktylie). Klin. Mbl. Augenheilk. **90** (1933). — Vogt, A. u. R. Klainguti: Weitere Untersuchungen über die Entstehung der Rotgrünblindheit beim Weibe. Arch. Rassenbiol. **14** (1922). — Vogt, C. u. O. Vogt: Sitz und Wesen der Krankheiten im Lichte der topistischen Hirnforschung und des Variierens der Tiere. Teil 2, 1. Hälfte: Zur Einführung in das Variieren der Tiere. Die Erscheinungsseiten der Variation. Leipzig: Johann Ambrosius Barth 1938.

Waaler, G.: Über die Erblichkeitsverhältnisse der verschiedenen Arten von angeborener Rotgrünblindheit. Z. Abstammgslehre **45** (1927). — Häufigkeitsberechnungen bei den menschlichen Blutgruppen. Z. Abstammgslehre **51** (1929). — Über K. H. Bauers Austauschhypothese für die Blutgruppen. Z. Abstammgslehre **55** (1930). — Waardenburg, P. J.: Die Zurückführung einer Reihe erblich-angeborener familiärer Augenmißbildungen auf eine Fixation normaler fetaler Verhältnisse. Graefes Arch. **124** (1930). — Waletzky, E.: The interaction of some wing mutants in *Drosophila melanogaster*. Genetics **24** (1939). — Weber, H.: Zur Fassung und Gliederung eines allgemeinen biologischen Umweltbegriffes. Naturwiss. **27** (1939). — Weidenmüller, K.: Beitrag zur Frage der Erbbedingtheit der Spina bifida. Ein Fall von familiärer Spina bifida aperta. Z. menschl. Vererbgslehre **20** (1936). — Weinberg, W.: Zur Frage der Letalfaktoren beim Menschen. Z. Abstammgslehre **34** (1924). — Über die Berechnung der Faktorenaustauschziffer bei der Blutgruppenvererbung. Arch. Rassenbiol. **22** (1929). — Wellach, H.: Familiäre Rudimentärformen der multiplen Sklerose und die erblichen Anomalien der Bauchdeckenreflexe. Z. Neur. **164** (1939). — Wettstein, F. v.: Die genetische und entwicklungsphysiologische Bedeutung des Cytoplasmas. Z. Abstammgslehre **73** (1937). — Wieland, M.: Untersuchungen über Farbenschwäche bei Konduktorinnen. Graefes Arch. **130** (1933). — Wiener, A. S.: Method of measuring linkage in human genetics; with special reference to blood groups. Genetics **17** (1932). — Wiener, A. S. and S. Rothberg: Heredity of the subgroups of group A and group AB. Human Biology **5** (1933). — Wiener, A. S., J. Zieve and J. H. Fries: The inheritance of allergic disease. Ann. of Eugen. **7** (1936/37). — Willebrand, E. A. v.: Über hereditäre Pseudohämophilie. Acta med. scand. (Stockh.) **76** (1931). — Wölfflin, E.: Über das Vererbungsgesetz der anomalen Trichromaten. Pflügers Arch. **201** (1923). — Tafeln mit Umschlagfarben zum Nachweis von relativer Rot- und Grünsichtigkeit. Lepzig 1926. — Worsaae, E.: Über die Blutkörperchenrezeptoren A_1 und A_2 bei Neugeborenen. Z. Rassenphysiol. **7** (1935). — Wriedt, Chr.: Letale Faktoren. Z. Tierzüchtg **3** (1925).

Zehnder, A.: Zur Kenntnis der Somatologie der mongoloiden Idiotie unter besonderer Berücksichtigung der Kiefer- und Zahnverhältnisse auf Grund der Untersuchung von 36 Fällen. Med. Diss. Zürich 1937. — Zieve, I., A. S. Wiener and J. H. Fries: On the linkage relations of the genes for allergic disease and the genes determining the blood groups, MN-types and eye colour in man. Ann. of Eugen. **7** (1936/37). — Zilian, E.: Über seelische Anlagen. In Simoneit, Zilian, Wohlfahrt u. Kreipe: Leitgedanken zur psychologischen Erforschung der Persönlichkeit. Berlin: Bernard u. Graefe 1937.

Konstitutionsbiologische und konstitutionspathologische Grundlagen.

Allgemeines über Konstitution.

Von **Ernst Hanhart**, Zürich.

Mit 1 Abbildung.

> „Ich hielt an dem Gedanken fest, man soll die Bestimmung jedes Teils für sich und sein Verhältnis zum Ganzen zu erforschen trachten."
> Goethe.

Einleitung.

Constitutio wörtlich = Zusammensetzung, bedeutet im weiteren Betracht *Verfassung*, d. h. eine sinnvolle Anordnung der zueinander in wechselseitiger Beziehung stehenden Teile einer Organisation.

Es lag nahe, den ursprünglich rein soziologischen und ohne weiteres durchsichtigen Begriff, wie er der Konstitution eines Staatswesens entspricht, auf die so viel schwieriger zu durchschauenden Verhältnisse im Gefüge des lebenden Organismus zu übertragen, der als Mikrokosmos eine Art „Spiegel des Universums" (Leibniz) darstellt.

Immanuel Kant stellte für die *Kausalität biologischer Vorgänge* fest, daß es sich dabei um *„eine ganz andere Form der Verknüpfung"* handelt *„als die, welche nur im Verhältnis der Ursache zur Wirkung angetroffen wird"*, weil die Teile im Körper *„einander koordiniert, nicht subordiniert"* seien, *„so daß sie einander nicht einseitig wie in einer Reihe, sondern wechselseitig wie in einem Aggregat bestimmen"*. Damit hat dieser führende deutsche Philosoph bereits den *Gefüge-Charakter* der Konstitution erkannt.

Der naturwissenschaftliche Begriff *„Konstitution"* läßt sich nicht durch den Ausdruck *„Verfassung"* ersetzen, weil der *Sprachgebrauch* für dieses deutsche Wort zweierlei Bedeutungen kennt, von denen die eine, oben umschriebene sich von der anderen ganz wesentlich durch die verschiedene *Dauer* des Seins und Wirkens unterscheidet.

Kann doch bekanntlich jemand von *„guter Konstitution"* vorübergehend in *„schlechter Verfassung"* sein, und umgekehrt; wobei unter Verfassung dann eben nicht die Konstitution, sondern das, was die Sportsleute gewöhnlich *„Kondition"* nennen, gemeint ist.

Gerade diese Abhängigkeit des landläufigen Konstitutionsbegriffs von einer nach unten nicht näher zu bestimmenden Zeitdauer, die mehr oder weniger gefühlsmäßig abgegrenzt wird, verleiht ihm jenes Schwankende, das der nach exakter Klassifizierung strebende Wissenschafter beseitigen möchte, aber wohl kaum je wird überwinden können, weil hier die uralte Erkenntnis zu Recht besteht, daß *„Alles fließt"*.

Auch der biologische Begriff der Konstitution bleibt ja eine aus der Erfahrung abgeleitete, in Analogie mit menschlichen Ordnungsprinzipien aufgestellte *Fiktion*, da wir weder aus der Gestalt den genauen Bauplan, noch aus der Leistung die funktionelle Harmonie der Teile werden restlos erkennen können.

Beruht der *theoretische* Konstitutionsbegriff auf der zweifellos richtigen Erkenntnis, daß etwas da sein müsse, was das Ganze „im Innersten zusammenhält" und den in Anpassung und Ausgleich so wunderbar zweckmäßigen Regulationen von Körper und Seele als Einheit zugrunde liegt, so entspricht der *praktische* Gebrauch dieses Ausdrucks dem dringenden Bedürfnis des Arztes, die Eigentümlichkeiten eines Individuums in ihrer Gesamtheit zusammenzufassen und nach den Gesichtspunkten der *Widerstandskraft (Resistenz)* bzw. *Erkrankungsbereitschaft (Prädisposition)* zu werten.

Konstitutionsprobleme können aber nicht bloß *individuell*, d. h. auf Einzelpersonen bezüglich, sondern auch *differentiell* sowie *generell* gestellt werden, je nachdem bestimmte Gruppen von Menschen, z. B. nach Rasse, Geschlecht, Alter auf die Übereinstimmung entscheidender Merkmale geprüft oder letztere mit denjenigen andersartiger Lebewesen verglichen werden sollen.

Ohne die Kenntnis der *generellen* Konstitutionseigentümlichkeiten der Laboratoriumstiere bliebe die Deutung vieler experimenteller Ergebnisse illusorisch.

Daß z. B. Brandenburg (im physiologischen Laboratorium von Engelmann) und Pletnew (im Laboratorium von Hering) bei sonst völlig gleicher Versuchsanordnung genau *entgegengesetzte Resultate* hinsichtlich der Digitaliswirkung auf Frösche erhielten, scheint einzig davon hergerührt zu haben, daß ersterer im Winter, letzterer im Sommer experimentierte und die *Winterfrösche* sich anders verhalten als die *Sommerfrösche*.

Die *Konstitution* dieser, derselben Art angehörenden Tiere blieb zwar gleich, nicht jedoch die hier als *Saisondisposition* wechselnde konstitutionelle Reizempfänglichkeit.

Dieses Beispiel veranschaulicht das Verhältnis der leider immer wieder miteinander verwechselten Begriffe „Konstitution" und „Disposition", von denen der erste, wie schon H. W. Siemens (1919) betonte, gegenüber dem zweiten eine gewisse Autonomie besitzt.

Es zeigt zugleich auch den behelfsmäßigen Charakter dessen, was wir hier einstweilen als „*konstitutionell*" bezeichnen, bis sich die betreffende Bereitschaft, ähnlich wie die Temperaturabhängigkeit bei *Primula sinensis rubra*, sowie beim *Russenkaninchen*, als *erbliche Reaktionsnorm* erweisen läßt.

Gibt eine vom Allgemeinbiologischen ausgehende Erklärung der „*Konstitution*" immerhin eine faßbare Vorstellung von diesem ans Metaphysische grenzenden Begriff, der letztlich undefinierbar bleibt, wie das Leben selbst, so führte der Versuch seiner Verwendung in der Pathologie zu einer solchen Sprachverwirrung und Uneinheitlichkeit[1], daß eine kurze Schilderung seines Werdeganges als unumgänglich notwendig erscheint.

Da sich wenigstens bis vor kurzem drei getrennte Lager mit jeweilen verhältnismäßig übereinstimmender Begriffswelt unterscheiden ließen, nämlich dasjenige der *Anatomen* bzw. *Pathologen*, ferner das der *Kliniker* und *Konstitutionsforscher* und schließlich dasjenige der *Erbbiologen* bzw. *Anthropogenetiker*, so sei unsere chronologische Übersicht über die so mannigfaltigen und widerspruchsvollen Äußerungen maßgebender Mediziner zum Thema „*Konstitution*" in entsprechende drei Gruppen aufgeteilt und damit wenigstens einigermaßen Ordnung in das Chaos der Meinungen und Urteile gebracht.

I. Die Stellung der Pathologen und Anatomen zum Konstitutionsbegriff.

Die Fassung des medizinischen Konstitutionsbegriffs, unzweifelhaft nach dem herrschenden System eine Aufgabe der *allgemeinen Pathologie*, ist gerade von deren Vertretern sowie auch von denjenigen der normalen Anatomie lange zu schematisch behandelt und deshalb wenig geklärt worden; sei es, daß man

---

[1] Wenn H. W. Siemens (1934) den Sprachgebrauch bezüglich des Ausdrucks „*Konstitution*" als „in sich widerspruchsvoll, undiszipliniert", ja als „total verwirrt" bezeichnet,

der Funktion des Organismus zu wenig Rechnung trug oder aus einer irgendwie wohl auch konstitutionellen Neigung zu möglichst scharfen Trennungen Gegebenheiten voneinander zu scheiden trachtete, die zusammen gesehen sein wollen.

Solange die Pathologen zugleich auch Kliniker waren, wie z. B. noch der bedeutende Leipziger Lehrer Fr. A. Puchelt, kam dies noch nicht zum Ausdruck, weil die Erkenntnis von der *Ganzheit* des Organismus gewahrt blieb.

In seinem Werke „*Die individuelle Konstitution und ihr Einfluß auf die Entstehung und den Charakter der Krankheiten*" (1823) rechnet Puchelt sowohl das Unveränderliche, Ererbte, als auch das Veränderliche zur Konstitution, die er als einen „*innerhalb gewisser Grenzen feststehenden, nicht in jedem Augenblick der Veränderung unterworfenen Zustand*" bezeichnet. Er geht darauf aus, sich einen *Totaleindruck* von einem Individuum zu verschaffen.

Im gleichen Jahre jedoch verkündete der Pathologe Ph. K. Hartmann (1823), daß das Maß der Lebenskräfte, die jeder Organismus mitbekomme, mit der Zeugung entschieden sei und während der ganzen Dauer des Lebens erhalten bleibe.

Auch der geniale Henle, der schon 1840 die belebte Natur der Infektionserreger, also noch vor deren Sichtbarmachung erkannte, setzte die Konstitution einfach der „*Krankheitsanlage*" gleich.

Zu Zeiten Rudolf Virchows war es verpönt von Konstitution zu sprechen, deren Lehre immer noch durch humoralpathologische Anschauungen kompromittiert erschien. Der große Bahnbrecher in der Erkenntnis des Wesens der Krankheit hat 1867 betont, daß „*niemals das Ganze krank*" sei und als einseitig analytisch eingestellter Forscher dem Physiologen Hermann Lotze vorgeworfen, er habe den entscheidenden Schritt zur Cellularpathologie nicht getan, weil er immer den kranken Menschen als *Ganzes* betrachtete!

Auf rein morphologischem Wege hat F. W. Beneke (1879 und 1881) die Aufstellung von *Konstitutionstypen* angebahnt. Er glaubte, daß der grobanatomische Aufbau des Körpers die Hauptrolle spiele und die *Kleinheit eines Organs* dessen *verringerte Leistungsfähigkeit* und *Widerstandskraft* anzeige und stellte deshalb systematisch das Gewicht und Volumen der Organe der Sezierten fest. Seine Auffassung, wonach „die menschliche Maschine in den verschiedenen Perioden des Lebens eine verschiedene Konstitution besitzt" spricht dafür, daß er auch die Einflüsse der Umwelt für wichtig hielt.

Der Wiener Anatom J. Tandler (1913) suchte dann den ererbten vom erworbenen Anteil beim Individuum als „Konstitution" bzw. „Kondition" streng zu scheiden, und zwar ohne sich an die Johannsensche Abstraktion von Genotypus und Phänotypus zu halten.

Er definierte das biologische Erbteil jedoch völlig *unrichtig* als die „*im Moment der Befruchtung bestimmten individuellen Eigenschaften des Somas*", die das „*unabänderliche, somatische Fatum*" des neuen Individuums bedeuten, und brachte die *Art- und Rassequalitäten* davon ganz willkürlich in Abzug. Was dagegen durch Milieueinflüsse geändert werden könne, sei niemals die Konstitution eines Individuums, sondern dessen „*Kondition*", d. h. die „Summe jener veränderbarer Eigenschaften, welche auf Reize mit Veränderung reagieren".

Ihr Bestechendes gewann diese auf den ersten Blick so klare und reinliche Trennung unter anderem durch das von Tandler sehr geschickt gewählte Beispiel von dem bezüglich seiner primären Fähigkeiten so weitgehend durch die Abstammung bestimmten *Rennpferde*, dessen zeitweilig verschiedene „*Kondition*" von Fütterung und Training abhänge, während die „Rennkonstitution" dadurch niemals beeinflußt werden könne.

Ob ein *Lymphatiker* dick oder mager, groß oder klein, krank oder gesund sei, bleibe er doch ein solcher, gleichgültig, in welcher Kondition er sich befinde.

Hiegegen ist aber entscheidend einzuwenden, daß auch das ursprünglich bestveranlagte Kind tüchtigster Eltern zufolge rein paratypischer Einwirkungen

---

kann er damit nur denjenigen der Mediziner meinen, ebenso wenn er die „Konstitution" als einen „Schaukelbegriff" auffaßt und gar von einem „Begriffssalat" spricht.

Auch v. Pfaundler leitet seine Ausführungen über den Konstitutionsbegriff mit der Feststellung ein, daß „wohl auf keinem anderen Gebiete der klinischen Pathologie eine so heillose Verwirrung herrsche".

(Infektionen, Intoxikationen, Traumen) eine höchst minderwertige Konstitution nach dem herrschenden Sprachgebrauch bekommen kann.

Was die lymphatische Diathese anbetrifft, wissen wir ja noch lange nicht, ob sie wirklich bloß erblich bedingt ist.

Auch ist gerade der von Tandler zur Begutachtung der Konstitution vor allem empfohlene *Muskeltonus* bekanntlich so stark von Umwelteinflüssen (Ernährung, Übung usw.) abhängig, daß die Verwendung seines Konstitutionsbegriffes schon an diesem Einzelmerkmal scheitert.

Die Tandlersche Abgrenzung ist, wie M. v. Pfaundler betont, auch an sich nur scheinbar scharf, da z. B. heterozygote recessive Erbanlagen sowie präkonzeptionelle, parakinetische Keimschädigungen nicht berücksichtigt sind.

Als Lamarckist hat Tandler übrigens den Übergang vom Konditionellen zum Konstitutionellen ohne weiteres für möglich gehalten. Vor allem aber hat er ganz vergessen, daß Gene keine Eigenschaften, sondern erst Entwicklungspotenzen darstellen.

M. B. Schmidt (1917) beschränkt sich darauf, den *größten* und *wichtigsten Teil* der Eigenschaften, welche die Konstitution des Einzelnen bedingen, die *Entwicklungsfähigkeit* und zukünftige *Leistungsgröße* der verschiedenen Organe als *angeboren* zu bezeichnen. Die *Rasse* bildet nach diesem Autor im allgemeinen keinen *wesentlichen* Faktor der Konstitution, sie verdient jedoch auch mitberücksichtigt zu werden.

C. Hart (1918) will wieder unter Konstitution nur diejenigen Eigentümlichkeiten des Organismus verstehen, die sich im Augenblick der Vereinigung von Ei und Samenzelle aus der Erbmasse der Aszendenz ergeben, da in dieser Anlage die Eigenart des Individuums so festgelegt sei, daß alle Eindrücke äußerer Einwirkungen dem Organismus nichts von diesen primären Eigenschaften nehmen könnten und sie höchstens zu verdecken vermöchten. Aus Anlage *und* Umwelt ergebe sich ein immer wechselnder *Augenblickszustand*, dessen Komponenten nicht leicht voneinander zu trennen seien. Er steht, wie auch Hedinger, ganz zu Tandler.

Auch Ribbert, einer der ersten Pathologen, welche die Bedeutung des Erbgutes für aas Gesund- und Kranksein hervorhoben, wollte nichts von *erworbenen* Konstitutionsdnomalien wissen.

Lubarsch (1915), der zwischen Körper-, Gewebs- und Zellkonstitution unterscheidet und sowohl die natürliche *Immunität* als auch seelische Zustände in den Konstitutionsbegriff einbezieht, ließ die Widerstandskraft anfangs auf einer angeborenen Struktur des individuellen Idioplasma beruhen, sprach sich später aber eindeutig — ebenso wie Marchand und Rössle — gegen die Tandlersche Fassung aus. Als *Konstitutionsanomalien* läßt er nur solche Fehler gelten, welche die Reaktion zu beeinflussen vermögen. *Konstitution* und *Disposition* trennt er begrifflich scharf, womit bereits ein bedeutender Fortschritt erreicht ist.

Der Leidener Pathologe N. Ph. Tendeloo (1919 u. 1921) will die Konstitution in ihrer Totalität erfaßt wissen und bezeichnet sie als „*Konstellation* sämtlicher Eigenschaften des Organismus" und als konstitutionell jede Eigenschaft, die dem Ganzen zukommt. Unter „*Konstellation*" versteht Tendeloo die „*Summe aller ursächlichen Momente*".

Der experimentelle Pathologe A. Biedl (1922) versteht unter Konstitution die Gesamtheit der Organisationsverhältnisse und sieht deren Grundlage im Genotypus, ohne die mannigfaltigen intra- und extrauterinen Modifikationen zu vernachlässigen.

Der Anatom und Anthropologe F. Weidenreich (1927), der „die Konstitution als allgemeinen biologischen Begriff aus der Beengtheit rein medizinischer Vorstellungen herausheben" möchte, weiß gar bloß die antithetische Formulierung zu geben, wonach sie als individuelle Besonderheit in Bau und Funktion des Körpers und seiner Teile „jedenfalls das Gegenteil vom Typus und Schema" sei.

R. Rössle (1934) dagegen bezeichnet die Konstitution als die jeweilige Resultante aus Erbe und Erlebnis, ohne die „Bedeutung der erblichen Anlagen für die Gestaltung der Konstitution bis ins höchste Alter" schmälern zu wollen. Auf die *Dauerhaftigkeit* einer erworbenen Eigenschaft komme es allein nicht an, vielmehr auf ihre Beziehungen zum Organismus. Konstitutionelles kann sich sowohl in *Gestalt* wie in *Leistung* äußern und ist nicht nur aus Reaktionen auf Reize zu erkennen.

Rössle hält die Erfassung der Konstitution eines gesunden oder eines kranken Menschen als Ganzes für unmöglich und jeden Versuch dazu für Stückwerk. Trotzdem brauche nicht von einer „*Krise der Konstitutionsforschung*" gesprochen zu werden, „sind es doch nur die Nachwehen ihrer Wiedergeburt, ihre unerhört große Problematik, ihre vorläufige Unselbständigkeit, was wie eine Bedrohung ihrer Lebensaussichten aussieht".

Mit seiner weder unzulässig vereinfachenden, noch unnötig komplizierenden Stellungnahme, die wie wir sehen werden, auch zu Ergebnissen von bleibendem Wert geführt haben, hat Rössle die größtenteils einseitige und unorganische Betrachtungsweise der Pathologen der letzten 110 Jahre überwunden und die Mitarbeit dieser grundlegenden medizinischen Disziplin am Ausbau der Konstitutionslehre wesentlich gefördert.

Vergleichen wir in ebenfalls chronologischer Anordnung nunmehr

II. Die Stellung der Kliniker zum Konstitutionsbegriff,

so ergibt sich ein weit weniger geschlossenes und einheitliches, aber dafür viel lebendigeres und für die bestehenden Schwierigkeiten aufschlußreicheres Bild, das freilich vielfach den bemühenden Eindruck einer Ratlosigkeit erweckt, die oft nur schlecht durch langatmige Umschreibungen verdeckt wird. Noch 1928 klagte W. His, also gerade der Kliniker, der sich besonders bemüht hatte, der *Disposition* in der Pathogenese zum verdienten Recht zu verhelfen, daß *,,der alte, ach so unklare und vieldeutige Begriff der Konstitution wieder in die Medizin eingedrungen"* sei!

Immer wieder indessen wird man auf diesen sich mit der Gewalt eines Urerlebnisses stets aufs neue dem Praktiker aufdrängenden Begriff stoßen, der unmittelbar aus der Erfahrung stammt, daß dieselben Ursachen auf die einzelnen Individuen öfters sehr verschieden wirken.

Es genügt nun natürlich nicht, diese Tatsache auszusprechen und die Konstitution einfach als derart wirksame *,,Beschaffenheit"*, *,,Anordnung"*, oder gar nur als *,,Symptomenkomplex"* zu bezeichnen. Wie groß die Schwierigkeiten für eine Wesensdefinition indessen sind, geht aus der folgenden Übersicht nur allzu deutlich hervor:

Was zunächst die alten Ärzte anbelangt, so waren sie sich der großen klinischen Bedeutung der Konstitution in der Beurteilung von *Widerstandskraft* oder *Anfälligkeit* eines Individuums besser bewußt, als viele heutige Mediziner, die über dem Wissen um zahllose Einzelheiten den Blick für die Harmonie des Ganzen verloren haben. Da es sich bei der Erkenntnis des Konstitutionellen — man denke nur z. B. an die meist ebenso richtig wie rasch erfolgende erste Beurteilung eines neuen Gesichts — um Vorgänge handelt, die mehr mit *Intuition*[1], d. h. mit Kunst und Unbewußtem, denn mit systematischer Wissenschaft zu tun haben, können wir aus den uns überlieferten Schriften eines Hippokrates, Galenus oder Paracelsus keinerlei Schlüsse darauf ziehen, wie weit sie es in dieser Hinsicht gebracht haben.

Wenn bereits Hippokrates scheinbar bloß das Ererbte zur Konstitution rechnete, indem er diese als *,,angeboren, in der Organisation des Individuums verborgen und im wesentlichen unbeeinflußbar"* kennzeichnete, ist damit noch lange nicht gesagt, daß er deswegen den Einfluß von Umweltfaktoren nach der Geburt nicht auch anerkannt habe. Dieser Aphorismus beweist höchstens, wie klar sich der große Arzt aus Kos bereits darüber war, daß die Anlage gewöhnlich mehr über das Schicksal eines Menschen entscheidet als das Milieu; eine Erkenntnis, die dann nur allzulange verschüttet blieb.

---

[1] Auf die Bedeutung der künstlerischen *Intuition,* der H. Helmholtz sowie H. Driesch nicht mehr als einer ersten Anregung zuerkennen wollten, haben Morawitz, Sauerbruch und besonders H. Günther (1929) eindrücklich hingewiesen.

Letzterer machte unter anderem darauf aufmerksam, wie hoch der allein durch den Ordnungssinn vermittelte *intuitive Identitätsnachweis* der Person vor Gericht eingeschätzt wird und daß daraufhin sogar Todesurteile ausgesprochen wurden, ohne vom Zeugen durch Messungen usw. belegte empirische Wahrheitsbeweise zu verlangen.

Ein Blick in die klinische Literatur vor hundert Jahren, etwa in die Semiotik von Suckow (1838) oder das *Enchiridion medicum* von Hufeland (1839) zeigt, daß die Medizin nach mehr als zwei Jahrtausenden in der Erfassung des Konstitutionellen kaum wesentlich über Hippokrates hinausgelangt war und sich auf eine höchst primitive Typologie der Konstitutionen stützte.

Erst der hervorragende Leipziger Internist C. A. Wunderlich (1848) brachte einen Fortschritt, indem er die *Körperkonstitution* als den *„Inbegriff der gesamten Organisationsverhältnisse"* und als das *„Resultat der leiblichen Geschichte des Individuums von seiner Entstehung an"* betrachtete. Trotzdem er wußte, daß es soviel Konstitutionen als Menschen gibt, schlug er die Abgrenzung in Gruppen und Untergruppen auf Grund von *Analyse* und *Messung* vor, hielt dabei aber an der Beachtung der Verhältnisse der *Gesamtkonstitution* für Beurteilung und Behandlung der Kranken fest.

Die Forschung schlug nun aber bekanntlich andere Wege ein, da die Erfindung des Mikroskops und damit die Entdeckung der pathogenen Mikroorganismen einen beispiellosen Aufschwung der Medizin bewirkte und die bis anhin völlig ungelöste Frage nach der *Ursache* für die meisten Krankheiten zu beantworten schien.

Gerade die Einseitigkeit der in der Verfolgung ihrer so unerhört erfolgreichen und bis heute verheißungsvollen Richtung allzu „orthodoxen" Bakteriologen (Martius) ließ darauf ein *konditionales Denken* (Verworn, v. Hansemann) und damit auch die konstitutionelle Betrachtungsweise wieder aufkommen. Als sich nach Wiederentdeckung der Mendelschen Gesetze um die Jahrhundertwende allmählich deren weitgehende Anwendbarkeit auf krankhafte Merkmale des Menschen herausstellte und zugleich die Bedeutung der Drüsen mit innerer Sekretion sowie diejenige der immunisatorischen Abwehrvorgänge im Organismus erkannt wurden, stieg das Bedürfnis nach Erkenntnis des Wesens der Konstitution und einer Methodik zu ihrer Bewertung wie nie zuvor, um so mehr als die damals stark individualistische Zeitströmung den Einzelnen und seine Persönlichkeit in den Brennpunkt des Interesses rückten.

Zunächst aber war es die gesunde Reaktion gegen die zeitweise maßlose Überschätzung der Rolle der belebten Krankheitserreger, welche die Einsichtigen (J. Orth, F. Hueppe, A. Gottstein, O. Rosenbach) veranlaßte, den individuell so deutlich verschiedenen Widerstand des Körpers endlich wieder mit in Rechnung zu stellen.

Hatte der Physiologe und Erkenntnistheoretiker R. H. Lotze in seinem „Mikrokosmos"(1896) ähnlich wie seine großen Vorgänger Leibniz, Swedenborg und Cuvier, auf das Ordnungsprinzip und damit das Wichtigste, was in der Konstitution zum Ausdruck kommt, hingewiesen, so riß diese Kette wertvollster Überlieferung nun nicht mehr ab; vor allem dank den gleichstrebigen Bemühungen des universellen Klinikers Friedrich Kraus und der ebenso klaren wie gründlichen Erläuterung der „Grundprobleme der Konstitutionsforschung" (1929) durch den von der Klinik herkommenden Endokrinologen und Variationsstatistiker Hans Günther, der die auf K. F. Burdach zurückgehende und besonders durch Hans Driesch geförderte Leipziger Tradition *ganzheitlicher Betrachtung* vertritt und gewissermaßen in Anlehnung an die moderne Quantentheorie ein *biodynamisches Einheitsquantum* als Ordnungskomplex postuliert, das als *kleinstmögliche Ganzheit* im Keime vorhanden ist.

Fr. Kraus, der als einer der ersten die Konstitution *funktionell* erfassen wollte und schon 1897 die „*Ermüdung als Maß der Konstitution*" betrachtete, hatte die nahe Verwandtschaft des „*originären Ganzen*" mit philosophischen Begriffen erkannt und suchte das medizinische Denken entsprechend differenzierter zu gestalten.

Er verpönte die Vermengung der Begriffe *Konstitution* und *Disposition*, von denen der erste *autonom*, der zweite dagegen stets nur *relativ* sei.

Sein experimentelles Verfahren, Gesunde sowie anämische oder mit schweren Herzklappenfehlern behaftete Kranke „maximale Arbeit" leisten, d. h. schwere Sandsäcke möglichst schnell eine bestimmte Treppe hinauftragen zu lassen, hat der Konstitutionslehre allerdings keine nennenswerten Ergebnisse verschafft.

Unbestreitbar hat jedoch FR. KRAUS klar gesehen, worauf es in der Konstitutionspathologie ankommt, nämlich auf die *Synthese*.

Seine 1918 herausgegebene „*Allgemeine Pathologie der Person*" oder „*klinische Syzygiologie*" enthält auch heute noch geltende Richtlinien und eine Fülle von Anregungen, brachte sich aber leider wegen der unübersichtlichen Darstellung und teilweise nicht sehr klaren Formulierung um die verdiente Wirkung, da sie allzusehr von dem bei Medizinern üblichen anschaulich-gegenständlichen Stile abweicht.

Die von KRAUS angestrebte Verquickung von Konstitutionspathologie und Persönlichkeitslehre zu erreichen, ist erst E. KRETSCHMER geglückt.

KRAUS war sich allem nach voll bewußt, daß die folgende, später auch von M. V. PFAUNDLER übernommene Definition rein beschreibenden und nicht erklärenden Charakter trägt:

Konstitution ist „eine dem Individuum vererbt oder erworben eigentümliche, ebensowohl morphologisch wie funktionell analysierbare, so gut aus dem Verhalten bestimmter Einzelfunktionen, wie aus der Summe körperlicher und seelischer Zustands- und Leistungseigenschaften sich ableitende *Beschaffenheit*, besonders in Hinsicht auf Beanspruchbarkeit, Widerstandskraft (Krankheitsbereitschaft), Verjüngungsfähigkeit und Lebensfähigkeit des Organismus".

Mit dieser Auslegung, die im Gegensatz zur Abstraktion TANDLERS sowohl die Art- und Rasseneigenschaften als auch Erworbenes im Körperlichen und Seelischen miteinbezieht und von dem uns einzig zugänglichen *Phänotypus* ausgeht, ist wenigstens eine brauchbare *Arbeitshypothese* gegeben, die keinerlei falsche Voraussetzungen birgt.

KRAUS meinte, daß man sich mit dieser seiner funktionellen Auffassung am meisten dem Paradigma des chemischen Konstitutionsbegriffs nähere. Er verzichtete auf die „scheinbare Exaktheit mathematischer Formeln" auf welche HUEPPE, V. STRÜMPELL, sowie GOTTSTEIN und MARTIUS die *Krankheit* hatten bringen wollen und erklärte, daß „es unter gewissen Voraussetzungen ein Gewinn wäre, die ältere Konstitutionsauffassung völlig in deskriptiv oder exakt faßbare Teilprobleme aufzulösen.

Als geeignete und umfassende Ergänzung für die Erblichkeitsforschung betrachtete KRAUS den *Chemismus*[1] und verglich das, was für die Trennung von Phänotypus und Genotypus entscheidend gewesen sei, mit der Unanschaulichkeit chemischer Vorgänge.

Während er mit seiner funktionellen Auffassung ganz mit OTTOMAR ROSENBACH, dem wissenschaftlichen Antipoden RUD. VIRCHOWS, übereinstimmt, lehnt er dessen abwegige Anschauung, wonach alle Energie von außen in Form feinster Ströme in den Organismus gelange, ab.

Mit LOTZE stimmte KRAUS darin überein, daß er das, worauf es bei der Konstitution ankommt nicht in mechanischer Kausalität suchte, sondern in einer gesetzlichen Ordnung, wie sie alles organische Geschehen bestimmt.

W. A. FREUND und R. VON DEN VELDEN (1912) definierten die individuelle Konstitution als eine meistens angeborene, manchmal erworbene, *konstante Beschaffenheit* des Körpers in seinen festen und flüssigen Bestandteilen, die ihn zu Erkrankung und zu schwerem Verlaufe der Krankheit in besonderem Grade geeignet mache.

---

[1] Schon F. HAMBURGER (1905) hielt Individualunterschiede durch verschiedene Eiweißstruktur bedingt, die sich auf alle Zellen eines Individuums erstreckt, und ähnlich spricht R. FICK (1907) von „*Individualplasma*", wie auch noch L. LÖHNER (1923) an eine etwas Einheitliches darstellende, individuell-charakteristische Kombination im Sinne einer „*biochemischen Individualspezifität*" glaubt.

Diese einfache Umschreibung, die besser für den Begriff der Krankheitsdisposition zutrifft und die unbestreitbare Tatsache sehr verschiedener normaler Konstitutionen unberücksichtigt läßt, trägt immerhin dem Umstande Rechnung, daß nicht nur das Ererbte, sondern auch das Erworbene im Konstitutionellen enthalten ist.

Derselben Überzeugung gab auch Fr. Martius (1914) Ausdruck, der von *„erworbenen Konstitutionsanomalien"* (auf Grund von Syphilis, Alkoholismus usw.) sprach.

Dieser aus der Praxis hervorgegangene, unermüdliche Vorkämpfer für den konstitutionellen Gedanken hat indessen, wie schon K. H. Bauer (1921) hervorhob, auch keine reale Definition des Konstitutionsbegriffs gegeben. Er setzt Konstitution = *Körperverfassung* und zwar in Analogie mit der Verfassung eines Staates, verzichtet aber von vornherein auf die Wiederbelebung des uralten Begriffs einer *Gesamtkonstitution* wegen der Aussichtslosigkeit, ein einheitliches Maß dafür zu finden. Eine allgemeine, sich auf den ganzen Körper erstreckende abnorme Konstitution gebe es nicht; eine solche sei stets auf ein bestimmtes Einzelorgan, ja auf die speziellen Apparate und Gewebe desselben zu beziehen.

Hierin weicht er von Kraus ab, der z. B. bei der Kümmerform des *extremen Hochwuchses,* sowie bei der lymphatischen und der Basedow-Konstitution das Konstitutionelle in sämtlichen Teilen und Funktionen des Individuums von Anfang an charakteristisch ausgeprägt findet.

Martius war, wie auch der österreichische Kliniker R. Schmidt (1920) überzeugt, daß nicht die makroskopische, sondern erst die „mikroskopische" konstitutionelle Forschung, d. h. die Anwendung des Konstitutionsbegriffs auf Funktionssysteme eine reiche klinische Ernte verspreche.

Leider hat der sonst so verdiente Rostocker Kliniker die Begriffe Konstitution und Disposition entgegen Kraus als gleichbedeutend verwendet.

Die von Martius als „unendlich kompliziert" bezeichnete *Gesamtkonstitution* soll die *Summe der Partialkonstitutionen* der einzelnen Organe und Gewebe darstellen. Er stimmt hierin mit dem Pathologen Hart überein, welch letzterer jedoch wie v. Baumgarten neben der Summe von Teilkonstitutionen noch eine allgemeine, allen Körperzellen gleichmäßig zukommende Konstitution annimmt.

D. D. Pletnew (1935), der für die *synthetische Auffassung in der Medizin* eintritt, hat betont, wie notwendig es ist, die Wechselwirkung der Funktionen der einzelnen Organe aufeinander in Betracht zu ziehen und wie verfehlt es wäre, die Symptome an verschiedenen Organen addieren zu wollen.

Kann man sich von einer derartigen summarischen Auffassung aber überhaupt eine Vorstellung machen und ist die Konstitution nicht ein Gefüge, dessen Zusammensetzung und Wirkung niemals bloß aus der übrigens völlig imaginären Summe seiner Bestandteile zu rekonstruieren ist?

Das Beste und Bleibende in den Darlegungen von Martius wäre nach Fr. Kraus der Hinweis, daß das allen konstitutionellen Zuständen Gemeinsame die *veränderte Reizbarkeit* sei.

Der Wiener Polikliniker Julius Bauer (1917), der sich vor allem mit seinem Standardwerk *„Die konstitutionelle Disposition zu inneren Krankheiten"* Verdienste um die Begründung und den Ausbau der Konstitutionspathologie erwarb, aber mehr sammelnd als kritisch sichtend wirkte, hat das summierende Verfahren von Martius zur Synthese der Gesamtkonstitution, d. h. deren Zusammensetzung aus Teilkonstitutionen nicht nur gutgeheißen, vielmehr als selbstverständliche Methode der Wahl bezeichnet.

Zwischen der starren Fassung des Konstitutionsbegriffs seines Lehrers Tandler und der täglichen klinischen Erfahrung hat er insofern vermitteln wollen, als er die veränderliche und jeweils wechselnde individuelle „*Körper-verfassung*" sowohl durch die ererbte „*Konstitution*" als auch durch die er-worbene „*Kondition*" bedingt sein ließ; wohl gibt er hier zu, daß die beiden Komponenten *keine Summe*, sondern eine *Amalgamierung* (Rössle) bilden, hält aber deren Scheidung praktisch durchführbar.

Schon hier liegt eine starke Inkonsequenz, da Bauer ja sehr Vieles als *Partialkonstitution* erklärt, was wie z. B. seine hypogenitale Teilkonstitution durchaus nicht etwa rein auf erblicher Anlage beruht, vielmehr ein sehr un-einheitliches Gemengsel pathogenetisch verschiedenartigster Zustände dar-stellt. Seine Definition der Körperverfassung aber, nämlich gerade desjenigen, was jeder Arzt unter Konstitution versteht, bedeutet in Wirklichkeit nichts weiter als eine terminologisch verklausulierte Annahme der einzig den Tatsachen Rechnung tragenden Einbeziehung auch erworbener Beschaffenheiten ins Kon-stitutionelle.

Daß die von J. Bauer vorgeschlagene Verwendung der sprachlich gleich-bedeutenden Ausdrücke „*Konstitution*" und „*Körperverfassung*" für zwei Be-griffe, von denen der eine ein Teil des anderen ist, zu dauernden Mißverständ-nissen führen und vor allem beim Gebrauche in Gutachten beim medizinischen Laien lauter Verwirrung stiften müßte, sei hier nur angedeutet.

Noch vor J. Bauer und selbst J. Tandler hat der Innsbrucker Gynäkologe und Kon-stitutionsforscher P. Mathes den Zustand der Chromosomen der elterlichen Keimzellen die *unveränderliche* Konstitution genannt. Später nennt er in seiner Betrachtung der Konstitutionstypen des Weibes (1924) den Konstitutionsbegriff „eine Fiktion im Sinne Vaihingers, eine Fälschung, der in Wirklichkeit nichts entspricht, weil wir wohl niemals in der Lage sein werden, die beiden Kategorien von Energiequanten, die endogenen und exogenen, getrennt voneinander zu beobachten". Trotzdem sei es denkbar, daß es einmal gelinge, durch höchst verfeinerte Untersuchungsmethoden in jedem Menschen all das genau zu umschreiben, was ihn in Bau und Leistung von andern unterscheidet, womit dann eine genaue Voraussage möglich sei, wie er sich Reizen aller Art gegenüber verhalten wird.

Mathes hält also ein *natürliches System der Konstitutionstypen* für möglich. Dieses aufzustellen bleibe jener von dem großen Claude Bernard prophezeiten Epoche vor-behalten, in der Physiologen, Philosophen und Dichter dieselbe Sprache reden und sich alle verstehen werden.

Einstweilen müssen wir freilich froh sein, wenn zunächst einmal die Mediziner und Erbbiologen darin übereinstimmen, was sie unter Konstitution verstehen und auf welche Terminologie sie sich einigen wollen. Mit der Ersetzung des Ausdrucks „Konstitution" durch einen andern, wie Mathes vorschlug, ist es allerdings nicht getan.

In der 9. Aufl. seiner „*Pathologischen Physiologie*" (1918) hat sich dann Ludolf Krehl als erster unter den führenden Klinikern gegen die Tandler-Bauersche Abstraktion ausgesprochen und auf die Einheit hingewiesen, die aus der Synthese von Angeborenem und Erworbenem folge, welche im lebenden Organismus zu einem unlöslichen Ergebnis, einem neuen Ganzen verflochten seien. Die Konstitution sei vorläufig immer noch am besten nach der Sitte der alten Ärzte als die Gesamtheit dessen, was der Körper neuen Bedingungen darbiete, zu bezeichnen.

Leider seien in der Regel Vermutung und Deutung dem Begründeten soweit voraus geeilt, daß der Boden schon überall schwanke und die konstitutionelle Betrachtung zum Schaden der Heilkunde in den Hintergrund gedrängt würde.

Krehl hatte eine sehr hohe Meinung von den Aufgaben und Aussichten der Kon-stitutionslehre und dem Wert derselben für die ärztliche Praxis, deren Anforderungen er als das eigentliche Ziel medizinischen Schaffens nachdrücklich in Erinnerung rief.

Im selben Jahre 1918 hat Fr. v. Müller wohl unter dem Eindruck der großen Errungenschaften der Mendelschen Erblehre einmal die Konstitution dem gesamten Erbgut des Menschen gleichgesetzt, dabei aber hervorgehoben, daß man wieder zur Auffassung der alten Griechen zurückkehren und den Menschen als Ganzes auffassen müsse; denn man sei sich der unter dem Einfluß der Virchowschen Cellularpathologie in Vergessenheit geratenen Wahrheit wieder bewußt geworden, daß nie ein Organ allein krank sein könne, ohne auch den übrigen Körper in Mitleidenschaft zu ziehen, welch letzteres vor allem auf endokrinem Wege erfolgen könne. Später ist Fr. v. Müller gleich dem Internisten Toenniessen und den anfänglich ebenfalls auf die Tandlersche Abstraktion abstellenden Psychiatern H. Hoffmann und E. Kahn wieder davon abgerückt und hat sich der nunmehr fast überall herrschenden und von Anfang an von His, Kraus, Brugsch und v. Pfaundler vertretenen Auffassung angeschlossen, die zum Konstitutionellen auch *erworbene Dauerzustände* rechnet[1].

Im Gegensatz dazu wollte E. Kretschmer (1922) unter Konstitution „die Summe aller der Eigenschaften eines Individuums verstanden wissen, die in seiner Erbanlage genotypisch verankert sind".

Bis zuletzt hat auch O. Naegeli, der zwar weder zu den Formulierungen von Tandler und J. Bauer kritisch Stellung nimmt, noch eine eigene Definition des Konstitutionsbegriffs gibt, „*konstitutionell*" und „*erblich*" als ziemlich gleichbedeutend verwendet. Bestrebt in seiner „*Allgemeinen Konstitutionslehre*" die exaktere naturwissenschaftliche Nomenklatur in die Medizin einzuführen, behandelte er darin so vorwiegend Probleme und Ergebnisse der botanischen und menschlichen Mutationsforschung, daß seine weitgehende Identifizierung der Konstitution mit dem Genotypus nicht zu verkennen ist.

Viel eher zu begreifen ist, daß die meisten Wiener Autoren (Hayek, Lederer, Berta Aschner und G. Engelmann u. a.) an dieser von zwei lokalen Autoritäten gestützten Auffassung des Konstitutionsbegriffs festhalten.

Einzig der durch seine etwas mittelalterlich anmutende „*Konstitutionstherapie*" sehr bekannt gewordene Wiener Frauenarzt Bernhard Aschner (1924) wußte sich schon früh von dieser weder theoretisch noch praktisch haltbaren Anschauung freizumachen. Er setzt Konstitution und Körperverfassung einander gleich und schließt sowohl die Art- und Rassequalitäten als auch erworbene Dauerzustände und Reaktionsweisen in den Konstitutionsbegriff ein und überläßt es der *Intuition* des Beurteilers, die fließende Grenze zwischen konstitutionellen und bloß vorübergehenden Eigenschaften eines Individuums zu ziehen.

Als Hauptgrundlagen der Konstitution, die eine sehr weitgehende Charakterisierung auch des Einzelindividuums sowie der Typen gestatten, betrachtet Bernhard Aschner das *Geschlecht* und *Lebensalter*, die *Komplexion* und *Dimension*, den *Tonus* und das *Temperament* und schließlich das vorherrschende *Organsystem*.

Es komme hier nicht auf eine logisch-mathematische Zergliederung, vielmehr auf das Herausheben des Typischen durch künstlerischen Zugriff an, und wenn auch jedes Individuum und jedes Organ desselben eine vom Nachbar verschiedene Konstitution habe, so sei doch die *häufige Wiederkehr ähnlicher Kombinationen von Merkmalen* und deren ähnliche Reaktionsweise gegenüber der Außenwelt speziell hinsichtlich der Erkrankungsbereitschaft nicht zu leugnen und bilde bei der klinischen Betrachtung, Prognostik, Prophylaxe und Therapie der kranken Person den größten Anreiz.

Auf die Beiträge dieses Autors zur klinischen Korrelationslehre, insbesondere der *Exterieurkunde des Weibes* wird noch verschiedentlich einzugehen sein.

Eine recht tiefschürfende Untersuchung über das Wesen des Konstitutionsbegriffs verdanken wir dem Chirurgen und Konstitutionspathologen K. H. Bauer (1921), der zunächst die meist als Axiom geltende Voraussetzung einer streng wissenschaftlichen Definition der Konstitution prüft und zum Schlusse kommt, daß sich keine erkenntnistheoretisch reine Begriffserklärung erreichen läßt, die allen Einwänden standhielte. Man dürfe sich jedoch nicht von dem bestehenden Chaos der Schwierigkeiten und Wirrnisse abschrecken lassen und könne von dem weiteren Ausbau der menschlichen Erblehre schließlich auch noch eine exakte Formulierung des Konstitutionsbegriffs erwarten.

---

[1] Wenn v. Pfaundler (1931) allerdings später einmal sogar von „*momentaner Konstitution*" spricht und die Forderung, konstitutionelle Veränderungen müßten *stabilerer Art* und *schlecht reversibel* sein, als unzweckmäßige „Konzession an bestehende Sprachgebräuche oder richtiger an geläufige Denkfehler" bezeichnet, vermag ich ihm hierin nicht zu folgen. „*Momentane* Konstitution" ist doch fraglos eine contradictio in adjecto!

Einstweilen sei die Konstitution ein *unvollkommener, erst werdender Relationsbegriff von synthetischem Charakter,* dessen Beziehung zu einer bestimmten Qualität nicht weggedacht werden könne, wenn man ihn konkret gebrauchen wolle. Seine Relativität äußere sich im Theoretischen im kausalen Zusammenhang, den er in dem Sinne voraussetze, daß die Ursache für ein Krankheitsgeschehen nicht außerhalb, sondern im Organismus selbst gesucht werden müsse.

Zu warnen sei aber vor dem verbreiteten Irrwahne, daß mit der Erklärung des konstitutionellen Anteils als Hauptursache oder Bedingung die *Ursache* selbst wissenschaftlicher Besitz geworden sei; die Verwendung des Konstitutionsbegriffs könne mit der Einführung einer die Lösung erleichternden, aber neuen Unbekannten verglichen werden.

. Sehr schön widerlegt K. H. BAUER die sich nicht nur bei MARTIUS und HART, sondern auch bei K. C. SCHNEIDER (1911), STILLER (1916), TOENNIESSEN (1921), E. KRETSCHMER (1922), G. DRAPER (1924), A. MAYER (1927) u. a. findende Vorstellung der Konstitution als einer *Summe* von Erbfaktoren oder von Merkmalen, indem er ausführt:

„Denn wie das Bündel mehr ist als die Summe der Stäbe, wie das Wort mehr ist als die Summe der Buchstaben, die Melodie mehr als die Summe der einzelnen Töne, so auch die Konstitution mehr als die Summe ihrer Teileigenschaften und Merkmale."

Der nach L. W. STERN aufgefaßte, von FR. KRAUS in das medizinische Denken eingeführte Begriff der „*Person*" wird von K. H. BAUER als übergeordnete begriffliche Einheit erkannt, die als ein Ding an sich die Konstitution als zugehöriges Korrelat habe. Letztere sei somit die „*Erscheinungsform der Person*".

Auf eine so kurze Formel ist indessen die Konstitution doch wohl nicht zu bringen, da ja die Zuhilfenahme des ebenso komplizierten Begriffes „*Person*" die erwünschte Klärung nicht bringt und der Eindruck erweckt wird, es werde dabei rein auf den Phänotypus abgestellt. Aus der ausführlichen Definition des Konstitutionsbegriffs durch K. H. BAUER geht dann allerdings ohne weiteres hervor, daß sowohl die „genotypische Art der Reaktion auf die Umwelteinflüsse" als auch die von diesen letzteren hervorgebrachten Modifikationen jener Reaktionsnorm inbegriffen sein sollen.

TH. BRUGSCH hat dann in seiner „*Biologie der Person*" (1926) den Konstitutionsbegriff als „eigentlich völlig überflüssig" und „besser, weil nicht mißverständlich, durch den Personalbegriff ersetzen" wollen, worin ihm jedoch niemand gefolgt ist.

BRUGSCH hielt es für wichtig, gegenüber HART zu betonen, daß die Konstitution rein funktionell aufzufassen sei, also der Leiche nicht mehr zukomme. Er erklärte „die Konstitution als in psychophysischer Beziehung zur Einheit geschlossene Ganzheit eines bestimmten und bestimmbaren *vitalen Systems,* dessen innere Bedingungen mit den äußeren (Umwelt) sich unter Schwankungen ins Gleichgewicht setzen, wobei die inneren Bedingungen in den Genen determiniert seien, aber den Gesamtcharakter der Konstitution erst durch die Reaktion mit der Umwelt bestimmen".

Damit glaubt er eine Definition gegeben zu haben, aus der man die Methodik der Beurteilung ableiten könne. Daß er die TANDLERsche Fassung völlig ablehnt und dem *Milieu* sogar eine „*ausschlaggebende Rolle in der Konstitutionsfrage*" zuerkennt, sei besonders hervorgehoben; ging dieser Mitarbeiter von FR. KRAUS doch darin so weit, daß er selbst „*paralytische Wuchsformen*" durch körperliche Ertüchtigung in der Jugend in „*normosthenische*" überzuführen für möglich hielt, wenn sie nicht durch Krankheiten (Tuberkulose) bedingt wären[1].

____
[1] KRAUS, FR.: Allgemeine Prognostik, 2. Aufl. 1922.

Zur dynamischen Beurteilung der Konstitution werden von Kraus und Brugsch die für eine Maschine geltenden Kriterien: *Leistung, Nutzeffekt* und *Lebensdauer* verwendet.

v. Pfaundler (1922) setzt zunächst auseinander, daß die frühere Auffassung, wonach Konstitution das im Körper allgemein Verbreitete, nirgends besonders Lokalisierte und Gerichtete wäre, seit unserer Einsicht in die Vererbungsvorgänge unhaltbar geworden sei. Die neueren Definitionen unterscheidet er nach ihrer entweder *dynamischen, potentiellen* oder *statischen* Fassung des Konstitutionellen.

Wie K. H. Bauer gebührt v. Pfaundler das große Verdienst, die von Johannsen, Lenz und Siemens geschaffene erbbiologische Terminologie unverfälscht in die Klinik eingeführt und gestützt darauf, die Tandlersche Abstraktion widerlegt zu haben.

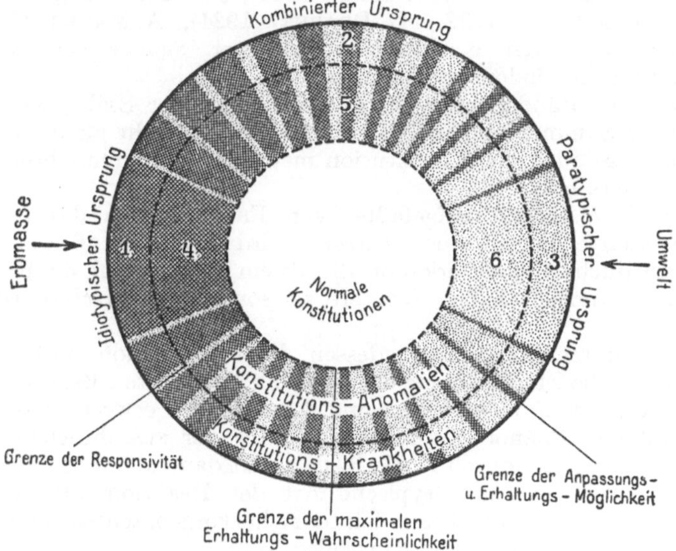

Abb. 1. Orbis constitutionum. (Nach M. v. Pfaundler.)

Übersichtsschema zur Versinnbildlichung der wechselseitigen Beziehungen von normalen Konstitutionen, Konstitutionsanomalien und Konstitutionskrankheiten idio- und paratypischen Ursprunges. Bei 1 Gegend der Erbkrankheiten s. strict. (z. B. progressive Muskeldystrophie). Bei 2 Gegend der „idiodispositionellen" Schäden kombinierten Ursprungs (z. B. Skrofulose, Rachitis). Bei 3 Gegend der rein ektogenen Konstitutionskrankheiten (z. B. Buchweizenkrankheit, Bleikachexie). Bei 4 Gegend der rein erblichen Konstitutionsanomalien (z. B. Hämophilie). Bei 5 Gegend der Konstitutionsanomalien gemischten Ursprungs (z. B. Asthenie). Bei 6 Gegend der rein ektogenen Konstitutionsanomalien (z. B. Eunuchenstatus nach Kastration, gewisse erworbene Anaphylaxien und Idiosynkrasien). Die angegebenen Grenzen sind selbstverständlich nicht als absolute und nicht als scharfe vorzustellen. Norm und Anomalien, sowie Anomalien und Krankheiten gehen fließend ineinander über, wodurch subjektive Abweichungen in der Zuteilung erklärlich werden.

Seine eigene Auffassung der Begriffe *Konstitution, Konstitutionsanomalie* und *Konstitutionskrankheit* ergibt sich aus beistehendem *Orbis constitutionum* (Abb. 1).

Die äußerste Peripherie dieses Systems konzentrischer Kreise fällt mit der Grenze der *Anpassungs-* und *Erhaltungsmöglichkeit* zusammen, während die Grenze der *Responsivität*[1] zur Abtrennung der Konstitutionsanomalien von den Konstitutionskrankheiten dient.

Die Definition L. Borchardts (1930), wonach die *Konstitution = Körperverfassung* nichts weiter als die *Summe ererbter* und *erworbener Eigenschaften* wäre, stellt dagegen einen entschiedenen Rückschritt dar, auch wenn dann

---

[1] Auf diesen speziellen Normbegriff L. R. Grotes wird weiter unten des näheren eingegangen.

weiter ausgeführt wird, daß die „ganze Erscheinungsform des Menschen hinsichtlich Bau, Form, Gestalt, physiologischer und psychischer Leistungen, Reaktionsweise, Ernährungszustand, Widerstandsfähigkeit gegen Infektionen und Gifte, Grad und Tempo der Entwicklungs- und Rückbildungserscheinungen, Psyche, unabhängig davon, inwieweit diese Erscheinungen durch Erb- oder Umwelteinflüsse bedingt sind" unter Konstitution zu verstehen sei.

Wohl gibt sie einen ziemlich anschaulichen Überblick über das, worum es sich beim Konstitutionellen dreht und was alles davon abhängt; sie bleibt indessen am Erscheinungsbild haften und trifft den Wesenskern nicht.

BORCHARDTs Anleitung zur *individuellen Konstitutionsanalyse* mit ihrer Unterteilung in *Konstitutionsanamnese, Habitus* und *Konstitutionsstatus* ist immerhin brauchbar und zeigt, wie viele Umstände, Eigentümlichkeiten und Merkmale dabei zu berücksichtigen sind. Wie die auf solche Weise erhobenen Befunde dann zu einem geschlossenen Ergebnis zusammengefaßt werden, d. h. die schon von FR. KRAUS angestrebte *Konstitutionssynthese* bewerkstelligt werden soll, wird allerdings nirgends gesagt.

Sehr klar hat GROTE (1932) erkannt, daß die Ganzheit der Individualität nicht lediglich als *Summe* aufgefaßt werden darf und daß die zweckmäßige Organisiertheit des Lebendigen eine Tatsache ist, die zu der reinen Summe der Partialkonstitutionen als etwas Autonomes hinzukommt und durch welche das Erlebnis der Persönlichkeit ihr selbst unmöglich sein wird.

Sein Schüler H. KALK (1934) versteht unter Konstitution = Körperverfassung „gewissermaßen das *Substrat,* auf dem sich der Ablauf der Krankheit vollzieht und das mit den von außen wirkenden Faktoren in Wechselwirkung tritt". Er warnt vor einer sich leicht als Reaktion gegenüber den einstigen Übertreibungen der bakteriologischen Ära einstellenden Überschätzung des Erblichen gegenüber dem Erworbenen und sieht z. B. in der *Immunitätslage* einen ganz wesentlichen Teil der Konstitution.

Schon die in der von WALTER JAENSCH herausgegebenen Vortragssammlung „*Konstitutions- und Erbbiologie*" (1934) unmittelbar darauffolgende Abhandlung über „*Konstitution und Gewächse*" von H. AULER ist jedoch wieder ganz von der TANDLERschen Auffassung der Konstitution als Genotypus beherrscht, die dem Autor als „unerläßliche begriffliche Ordnung" vorkommt.

Und kurz darauf hat dann auch noch K. HANSEN (1935) in einer Betrachtung über „*Allergie und Konstitution*" unter Berufung auf NAEGELI denselben, sonst fast von allen übrigen Klinikern verlassenen Standpunkt vertreten.

Gleichzeitig haben CURTIUS und SIEBECK, sowie KORÁNYI und ferner ULLRICH sich eindeutig dahin ausgesprochen, daß — um einen Ausdruck des letzteren Forschers zu gebrauchen — die „*Konstitution zwei Wurzeln hat: Erbmasse und Umwelt*".

Es ist also wenigstens bezüglich dieser Grundfrage eine weitgehende Übereinstimmung bei den Klinikern erreicht worden, aber erst seitdem sie sich mit den Elementen der Erblichkeitslehre vertraut gemacht haben. Ein weiterer Aufschluß über das Wesen des „Konstitutionellen" ist nun am ehesten von Seite der *Erbbiologen* zu erwarten, und zwar namentlich von denjenigen Genetikern, die durch eigene Erfahrung mit den klinischen Fragestellungen und Tatsachen der Pathogenese möglichst genau vertraut sind.

III. Die Stellung der Erbbiologen zum Konstitutionsbegriff.

Der hervorragende experimentelle Genetiker W. JOHANNSEN (1926) betont, daß sich der so vielfach und vielfältig benutzte Ausdruck Konstitution ebensowenig wie das Wort „Natur" zu einer scharf begrenzten Bedeutung einengen lasse. Er unterschied schon 1913, wie später dann auch R. GOLDSCHMIDT (1920) die „*fundamentale genotypische Konstitution*" von der *äußerlich wahrnehmbaren phänotypischen Konstitution* und warnte davor, diese beiden Begriffe durcheinander zu bringen.

Der erste Pionier der menschlichen Erblehre, der sich mit dem Konstitutionsbegriffe gründlich auseinandersetzte, ist H. W. Siemens (1919). Er befaßt sich ausschließlich mit der *„Krankheitskonstitution"*, anerkennt aber auch eine *„Leistungskonstitution"* und betrachtet beide als Probleme der *Korrelationsstatistik.* Die Gesundheit sei bei verschiedenen Menschen keineswegs gleichbedeutend, vielmehr oft nur eine *prämorbide Phase* und das Ziel der Konstitutionspathologie die genaue Kenntnis der *prämorbiden Persönlichkeit.*

Die Tandler-Bauersche Abstraktion wird von Siemens unter Hinweis auf die öfters rein exogen bedingten *Asthenien* verworfen, deren konstitutioneller Charakter unzweifelhaft ist.

Die Gleichsetzung der Konstitution mit dem *Phänotypus,* wie sie K. Saller (1932) vorschlug, bezeichnet Siemens wohl mit Recht als indiskutabel.

Die Konstitution, deren relative *Autonomie* gegenüber dem ausgesprochenen *Relationsbegriff:* *„Disposition"* hervorgehoben wird, sei als lediglich klinischer Begriff, nämlich als *„Symptomenbild"* aufzufassen, da man an Stelle des historischen, einen arbeitsprogrammatischen Konstitutionsbegriff benötige.

Konstitution sei nicht *„Körperverfassung"* schlechthin, sondern nur insoweit, als sie Häufigkeitsbeziehungen zur Krankheitsentstehung aufweise. Es gehören dazu alle an sich noch nicht krankhaften Merkmale von einiger Dauer, die in einer bestimmten Häufigkeit einen Zusammenhang mit Krankheiten zeigen. Körperbauformen und andere Eigenschaften, die keine Beziehungen zu späteren Krankheiten erkennen ließen, will er nicht dazu gerechnet wissen. Als ob man das schon voraussagen könnte (z. B. von der Lipodystrophia progressiva)!

Die klassische Konstitutionslehre lebe von Märchen und sagenhaften Übertreibungen („Konstitutionsmythologie"); gemeint ist vor allem diejenige J. Bauers. Siemens will uns von solchem „Beziehungswahn" befreien, indem er uns auf die „erstaunlich naive Verallgemeinerung von Einzelbefunden" und andererseits auf die „maßlose Überschätzung der Häufigkeit sicher bestehender Zusammenhänge", sowie darauf aufmerksam macht, daß die mit großer Mühe festgehaltenen Korrelationen meist nur wenige Prozent ausmachen, praktisch also belanglos seien.

Der „schrankenlose Subjektivismus der Konstitutionspathologen" müsse aufhören und an Stelle künstlerischer Intuition und dreister Alleswisserei wirkliches Wissen treten („*Die Krisis der Konstitutionspathologie"* 1934). Starke Worte, denen als Tat die freilich nicht ganz überzeugende Widerlegung des *Status varicosus* von Fr. Curtius folgte.

Eugen Fischer (1936) berührt sich insofern mit Siemens, als er die Konstitution für eine aus der Praxis entnommene Bezeichnung eines bestimmten Komplexes hält und diesen *nicht* mit den Begriffen *„Idiotypus"*, *„Paratypus"* usw. verglichen wissen will. Das Kennzeichen der Konstitution, die mindestens auf lange Dauer gleichbleibende Reaktionsweise und damit die relative Unveränderlichkeit brauche durchaus nicht nur erblich bedingt zu sein; könnten doch in sog. *sensiblen Phasen* auch peristatische Einflüsse *Modifikationen* hervorrufen, die dem Individuum fürs ganze Leben eine besondere Prägung geben, die Erbanlage komme dabei nur insoweit in Betracht, als auch die Beeinflußbarkeit durch die Umwelt nach Art und Grad vom gesamten Erbgute abhänge. Er weist hierbei auf die Beobachtungen W. Lehmanns (1935) an EZ mit *diskordanter Rachitis* hin, sowie auf die zweifellos *konstitutionellen Folgen vorgeburtlicher Schädigungen im frühen Säuglingsalter.* Auf endokrinem Wege könne eine *Ähnlichkeit* von Mutter und Kind entstehen, die nicht erblicher Natur zu sein brauche. Eine Vererbung der Konstitution — gemeint ist hier wohl nur die Gesamtkonstitution — sei also ihrem ganzen Wesen nach ausgeschlossen. Selbst der Beweis einer Vererbung bei Eltern und Kindern oder Geschwistern sei erst noch zu erbringen und dabei die angedeutete „Erklärung" vorliegender *Ähnlichkeit* stets in Betracht zu ziehen.

Diese zur Vorsicht mahnende Äußerung des zur Zeit führenden Anthropologen erinnert an die von JOHANNSEN schon 1913 ausgesprochene Warnung, aus der *äußeren Ähnlichkeit* auf die innere fundamentale Konstitution ohne weiteres schließen zu wollen.

F. LENZ (1936) stellt fest, daß der Konstitutionsbegriff wie der der Krankheit an der *Erhaltungswahrscheinlichkeit* orientiert, aber im Gegensatz zu letzterem *indifferent* sei. Konstitution wäre demnach ganz allgemein die *Körperverfassung* in bezug auf ihre *Widerstandskraft*. Bezieht sich eine Anfälligkeit nur auf einzelne Krankheiten, so spricht man nicht von Konstitutionsschwäche, sondern von *Disposition*.

Die Fassung TANDLERs sowie auch BAUERs wird von LENZ als theoretisch und praktisch unmöglich bezeichnet und bedauert, daß ein solch undurchführbarer Vorschlag so viel Schule machte.

O. v. VERSCHUER (1937), der sich fast genau der LENZschen Formulierung des Konstitutionsbegriffs anschließt, hebt hervor, daß die Rekonstruktion der Verfassung des Körpers keine Additionsrechnung, vielmehr die für den Arzt wichtigste produktive, von Patient zu Patient neue geistige Leistung verlangt, da das Bild der Gesamtkonstitution nicht durch Summierung der „Einzelkonstitutionen", sondern einzig durch die *Synthese aller Einzeldaten* zu gewinnen sei. Der Gesamtstatus müsse in morphologischer, physiologischer und psychischer Hinsicht erfaßt und neben der mutmaßlichen erblichen Veranlagung müßten auch die Einflüsse der Umwelt (Peristase) sowie die individuelle Entwicklung berücksichtigt werden.

Wenn durch die Peristase eine *Konstitutionsänderung* hervorgerufen werden solle, müsse jene entweder so stark wirken, daß eine *dauernde* Änderung der Widerstandskraft die Folge sei (z. B. ein Myxödem nach Schilddrüsenentfernung) oder es müsse der Körper zu Zeiten erhöhter Sensibilität (rasches Wachstum in der frühembryonalen Periode usw.) getroffen werden.

Der Konstitutionsbegriff wird auch von v. VERSCHUER als bloße *Hilfskonstruktion ärztlichen Denkens* betrachtet, da er ohne Beziehung zur Pathologie „schemenhaft und unbrauchbar" bleibe.

Im Gegensatz zur Konstitution ist der keinerlei Wertbeziehung enthaltende *Phänotypus* einem dauernden Wechsel unterworfen, also nicht mit jener gleichzusetzen, ebensowenig wie sich Konstitution und Genotypus decke, da erstere immerhin einen Teil des Phänotypus ausmache.

Die Ersetzung des Konstitutionsbegriffs durch denjenigen der „*Person*", die, wie wir oben sahen, von BRUGSCH vorgeschlagen wurde, stimmt dieser von der Klinik herkommende Erbforscher nicht zu und vergleicht das Verhältnis dieser beiden Begriffe treffend mit dem zwischen Staatsverfassung und Staat.

Der Konstitutionsforscher gehe von den Ergebnissen der speziellen Pathologie und Anthropologie aus und frage nach den Ursachen und der klinischen Bedeutung der Eigenschaftsvarianten; ferner suche er Konstitutionstypen zu umschreiben, um die Mannigfaltigkeit der individuellen Erscheinungen zu systematisieren.

Was den recht verschieden gehandhabten Begriff der „*Konstitutionskrankheit*" betrifft, so wird er durch v. VERSCHUER als überholt verworfen, da weder das Fehlen einer organpathologischen Lokalisierung, noch das Ergriffensein des ganzen Körpers, noch das Moment der „inneren Ursache" aufrechterhalten werden kann.

Auch meine eigene, 1934 gegebene Definition des Konstitutionsbegriffs war in erster Linie auf die Anwendung in Forschung und Praxis gerichtet, ohne schon ausdrücklich dem einstweilen völlig unfaßbaren Etwas Rechnung zu tragen, welches sich in der Ordnung und Harmonie der Teile kundgibt. Sie lautete: Das „*Konstitutionelle*" besteht im wesentlichen aus der *ererbten Anlage*, umfaßt aber auch noch jene früherworbenen Veränderungen des Organismus, die seine ursprünglichen Reaktionsnormen dauernd beeinflussen (z. B. durch angeborene Lues, früh akquirierte Tuberkulose, Malaria, schwere Rachitis usw.[1]. Der Begriff „*Konstitution*" bleibt eine *Fiktion*, deren Inhalt und Wertigkeit aus den gegebenen *Bereitschaften* und Zuständen (morphologischen und funktionellen) zu erschließen ist. Die „*konstitutionelle*" Natur einer Anomalie vermuten wir aus ihren *Korrelationen* mit erfahrungsgemäß konstitutionellen Anomalien und Prozessen und suchen sie durch den Nachweis entsprechender Erbanlagen festzustellen[2].

G. JUST (1935) scheint es kaum möglich, einen aus so verschiedenartiger Wissenschaftstradition heraus zwar nicht geprägten, wohl aber immer wieder für zweckmäßig erachteten und dadurch vieldeutig gewordenen Ausdruck, wie den der „Konstitution" in einen Begriff von eindeutigem und eindeutig benutztem Inhalt umzuprägen. Er sieht darin weniger ein Hilfsmittel für den täglichen Gebrauch empirischer Arbeit als vielmehr ein *Ziel*, um dessen Erreichung es geht; die Vieldeutigkeit dieses Begriffes wäre also nichts anderes als der Ausdruck vielfältiger Betrachtungsmöglichkeit des Gegenstandes, um dessen wissenschaftliche Bewältigung so verschiedenartige Forschungszweige ringen. Der Weg zu diesem Ziel ist die *typologische Gruppierung*, deren Wesen und Grenzen je nach dem Standort des Untersuchers wechseln.

Das Konstitutionsproblem in seinem *weitesten* Sinne, wie es vor allem von E. KRETSCHMER, ferner von E. JAENSCH in Angriff genommen wurde, ist nach JUST ein psychophysisches *Gesamt*problem. Zu erforschen sind die Gesetze und Bedingungen, durch die und unter denen die Ganzheit der Person zustande kommt. Das Ziel aber dabei ist, unter genetischen und entwicklungsphysiologischen Gesichtspunkten den *Gefügecharakter* der menschlichen Individualität als solchen anzugehen, also danach zu fragen, wie sich essentielle und akzidentielle Eigenschaften und Teilvorgänge der lebendigen Ganzheit Mensch eben *zu dieser Ganzheit* „konstituieren".

Daß eine *Genetik der Gesamtperson* noch so gut wie völlig fehlt bzw. nur in den ersten Anfängen vorliegt, verschweigt JUST keineswegs.

Diese Übersicht über die verschiedenen Formulierungen und Definitionen des Konstitutionsbegriffs, wie sie hier mit einer sonst nirgends zu findenden Vollständigkeit gegeben wurde, ermöglicht eine rasche Einarbeitung in den aus

---

[1] Seit der Entdeckung des nichterblichen Charakters des *endemischen Kretinismus* durch J. EUGSTER (1938) ist auch diese von mir eingehend auf ihre Somatologie untersuchte Konstitutionsanomalie (s. unten) rein auf Umweltmomente, die irgendwie im Boden liegen müssen, zu beziehen. Ob auch das relativ recht einheitliche Zustandsbild des *Mongolismus* vorwiegend peristatisch entsteht, ist wahrscheinlich, aber noch nicht sicher erwiesen.

[2] Von der Voraussetzung ausgehend, daß es in der Konstitutionslehre in erster Linie auf die statistische Sicherung von *Syntropien* (v. PFAUNDLER) und *Korrelationen* ankommt, habe ich selbst mich bei Erbforschungen niemals damit begnügt, das mehr oder weniger ausgeprägte Vorhandensein eines bestimmten klinischen Merkmals nachzuweisen, sondern bereits 1923 einen „*Konstitutionsbogen*" aufgestellt, der sowohl zur Verzeichnung der Genealogie als der *Konstitutionsanamnese* und eines die wichtigsten anthropometrischen Daten enthaltenden *Konstitutionsstatus* auf relativ knappem Raume geeignet ist und im Anhang eine recht vollständige Übersicht über die wichtigsten, ganz oder teilweise erblichen Anomalien und Krankheiten, sowie eine solche über die wichtigsten sog. Partialkonstitutionen, und am Schlusse Platz für eine *Zusammenfassung* von Hauptbefunden und den wesentlichsten Belastungen enthält.

Dieser, namentlich als Grundlage kleinerer Formulare mit spezielleren Fragestellungen sich bewährende „*Konstitutionsbogen* nach E. HANHART" (zu beziehen im Selbstverlag des Verf., Zürich 7, Voltastr. 30) ist im Anhang von Bd. 1 des „*Lehrbuchs* der *Anthropologie*" von RUD. MARTIN, 2. Aufl., 1928 einzusehen.

den einzelnen Arbeiten und selbst den zusammenfassenden Werken meist nicht
mit der wünschenswerten Deutlichkeit ersichtlichen Fragenkomplex, der, wie
schon L. KREHL anerkannte, eine Aufgabe von noch weiterer Größe und ver-
wickelterer Art betrifft als die der Physiologie und Pathologie. Gerade die
Gegenüberstellung so zahlreicher Auffassungen und Urteile, von denen fast
jede einzelne Äußerung irgend etwas Richtiges enthält, aber kaum eine die wirklich befriedigende Einsicht vermittelt, zeigt, wie weit — bzw. auch wie wenig
weit — wir es in der Klärung dieses mit am schwierigsten zu fassenden biologischen Begriffes gebracht haben, dessen Daseinsrecht weder theoretisch noch
praktisch bestritten werden kann und mit dem sich jeder Forscher und jeder
Arzt auseinandersetzen muß.

Wie der berühmte rote Faden zieht sich die Erkenntnis von der Bedeutung
der *Ganzheit* eines jeden Organismus durch das Grundproblem der Konstitution,
die deshalb eine nur mit ihresgleichen vergleichbare Einheit darstellt und nicht
schlechthin als „Beschaffenheit" oder gar als „Symptomkomplex" definiert
werden kann. Wohl vermögen wir einzelne Bausteine der Konstitution herauszuschälen, ja sogar ganze Fassaden und schließlich auch das Fundament von
unserem Standpunkte zu überblicken; doch macht ja gerade das von uns am
leichtesten durchschaubare Statische nur ganz zum Teil das Wesen des Konstitutionellen aus, das als Dynamisches und Potentielles gewertet sein will,
gleich wie die ererbte Veranlagung, die sein wichtigster und am leichtesten faß-
barer Kern bleibt.

Auf keinem Gebiete ist die Einigung auf die *Grundbegriffe* so unerläßlich
wie auf dem der Konstitutionslehre. Mit den landläufigen und so unscharfen
Ausdrücken, wie „*endogen*" und „*exogen*", „*angeboren*" und „*erworben*", „*gesund*"
und „*krank*", „*normal*" und „*entartet*", „*kraftvoll*" und „*schwach*" reicht man
hier nicht aus.

Wohl ist alles Ererbte endogen, aber letzteres, ebenso wie das Angeborene
nicht unbedingt ererbt und umgekehrt das Ererbte nicht immer angeboren,
namentlich die sog. *Heredodegenerationen.*

Die übrigen sechs genannten Bezeichnungen des täglichen Sprachgebrauchs
sind höchst relative *Wertbegriffe* und dem subjektiven Ermessen weitestgehend
anheimgestellt. Es gibt neben der dem Biologen einzig gemäßen *Werttafel
der Vitalität* ja auch noch andere Rangordnungen menschlicher Wertung, denen
sich selbst der strengste Naturwissenschafter auf die Dauer nicht ganz entziehen kann, da die *soziologische* und insbesondere *kulturelle* Betrachtungsweise
hier ebenfalls ihr Recht verlangt.

Gewiß sind die Zeiten vorbei, da ein KANT die Frage, wer „geisteskrank" sei, der philosophischen Fakultät zur Lösung anvertrauen wollte. Doch wird weder heute noch jemals
ein Psychiater oder Erbbiologe sich als ganz zuständig erachten dürfen, die Persönlichkeit eines Genialen aus Leben und Leistung zu beurteilen.

Eine gar nicht mehr rein naturwissenschaftliche Fragestellung ist die nach der *Zweck-
mäßigkeit*, deren Berechtigung neuerdings von verschiedenen Seiten, so den Pathologen
B. FISCHER-WASELS und G. HERXHEIMER, dem Anatomen K. PETER, dem Physiologen
H. WINTERSTEIN und dem Chirurgen A. BIER durchaus anerkannt wurde; es wird bei
Erörterung des Gestaltproblems näher darauf einzugehen sein.

Immer mehr sollten die meist sehr einseitig wertenden klinischen Ausdrücke
wie „Krankheit", „Diathese", „Anomalie", „Mißbildung", „Bildungsfehler",
„Degenerationsstigma" und schließlich das ebenso beliebte wie unklare Wort
„Entartung" durch erbbiologisch begründete Begriffe gestützt oder, wenn
möglich, ersetzt werden. So bietet die von O. NAEGELI mit solch großem Nachdruck geforderte Einführung des *Mutationsbegriffs* in die Pathologie entschieden
einen erheblichen, wenn auch nicht zu überschätzenden Vorteil; gleichermaßen
ist der Verwendung neutraler Begriffe, wie *Variante, Habitus* und *Korrelation*

gegenüber den mit Wertvorurteilen belasteten Termini der Klinik der Vorzug zu geben. Vor allem müssen die meist nach beiden Seiten vom Durchschnitt stärker abweichenden sog. *extremen Varianten* auf ihre idiotypische oder ihre paratypische Entstehung untersucht werden, damit das schwierig zu beurteilende Grenzgebiet zwischen „Norm" und „Entartung" nach Möglichkeit aufgehellt wird.

Man darf aber z. B. nicht, wie LUNDBORG es tat, die dunkeln Komplexionen innerhalb einer vorwiegend nordischen Bevölkerung, wie Skandinaviens, und andererseits die entsprechend wenig pigmentierten Individuen in einem so bunten Völkergemisch wie Italiens als zu Tuberkulose usw. prädisponierte „*extreme Varianten*" hinstellen, weil man in Schweden einen höheren Mortalitätsgrad an dieser Volksseuche in der mit Lappenblut durchmischten, sozial tieferstehenden Bevölkerungsschicht konstatieren konnte! Selbstverständlich können Schlußfolgerungen aus der Verbreitung einer derart häufigen Krankheit nur bei Vergleich von unter annähernd denselben Bedingungen lebenden Volksmassen gezogen werden.

Noch größer als das Bedürfnis nach einem brauchbaren Konstitutionsbegriff ist dasjenige nach der Festsetzung allgemeingültiger *Normen*.

Eine eindeutige Definition des Normbegriffs ist unmöglich. Zunächst ist mit KANT zu unterscheiden zwischen einer *Durchschnittsnorm*, die real, aus der Erfahrung abgeleitet, quantitativ meßbar und ohne Wertung ist, und einer *Idealnorm*, die irreal und qualitativ wertend bleibt.

Für die biologisch-medizinische Betrachtung, welche die Merkmale nach Maß und Zahl zu erfassen und zu vergleichen trachtet, kommt einzig die mehr oder weniger auf den Durchschnitt abstellende *statistische Norm* in Frage, während in der Praxis des Arztes und Eugenikers so gut wie immer Wertungen im Sinne irgendeines Idealtypus die Oberhand behalten. Da dieser wenigstens im Morphologischen gewöhnlich die mittleren Zonen der Variationsreihen bevorzugt, kommt einem die ständige Vermischung der beiden Normbegriffe zu wenig zum Bewußtsein.

Stärkere Abweichungen vom Durchschnitt sind wohl meist, jedoch durchaus nicht immer krankhaft; man darf diesen Ausdruck aber nicht ohne weiteres dem „Abnormen" und umgekehrt das Normale nicht, wie MARTIUS es wollte, dem Physiologischen oder Gesundhaften gleichsetzen.

Der „homme moyen", den QUETELET (1835) aus großen Zahlen relativ einheitlicher Populationen herausrechnete, bleibt eine statistische Konstruktion und ist, ebenso wie der Idealtypus, eine Fiktion, der kein wirklicher Konstitutionstyp entspricht. VIOLA (1931) will ihn zwar in ziemlicher Annäherung realisiert gefunden haben.

Selbstverständlich gelten Mittelwerte jeweilen nur innerhalb der darauf untersuchten Bevölkerung. Bei kritischer Beurteilung sind sie von größter Wichtigkeit (H. GÜNTHER).

Auch J. BAUER hält ein Merkmal dann für normal, wenn es dem Mittelwert entspricht oder „ihm nahesteht". Nach seinem Vorschlage sind alle Varianten, welche innerhalb der Grenzwert $\pm \sigma$ der Variationskurve liegen und bei binominaler Verteilung 95,5% aller Individuen betreffen, als normal zu bezeichnen, die jenseits dieser Grenzwerte stehenden Extremvarianten — bei binominaler Verteilung sind es 4,5% — dagegen als abnorm.

Die sog. *äußere Normgrenze* wäre also bei 95% der Variationsbreite eines Kollektivgegenstands zu suchen.

H. RAUTMANN (1927) betrachtet als Kliniker das für normal, was bei *Gesunden* in der Regel vorkommt. Er versuchte die Methodik der *Kollektivmaßlehre* FECHNERS in die klinische Medizin einzuführen und gelangte damit zu einer ähnlichen Abgrenzung wie J. BAUER. Da die meisten biologischen Werte keine symmetrische, sondern eine asymmetrische Variationskurve zeigen, ist ihm nicht der arithmetische Mittelwert, vielmehr der *dichteste Wert*, d. h. die am häufigsten vorkommende Variante einer Eigenschaft als am natürlichsten maßgebend.

H. GÜNTHER (1935) macht darauf aufmerksam, daß „*norma*" (im Griechischen = *kanon*) nach allgemeinem Sprachgebrauch *Regel* bedeute und mit der Erfahrung „nulla regula sine exceptione" zugleich der Begriff der Ausnahme gegeben sei.

Da die Variationsstatistik Verteilungsreihen mit größter Dichte in der Gegend des Mittelwertes ergibt, wird vom teleologisch orientierten Betrachter ein Streben nach diesem Mittelwert angenommen, so z. B. von J. Schultz.

Die Unmöglichkeit solcher Deutung wird von H. Günther am Beispiele der sog. *Konvergenzerscheinungen* aufgezeigt, welche bei ganz unabhängigen verschiedenen Tiergattungen gefunden werden. Mit Recht nennt er die Vorstellung von „Präzisionsfabrikaten der Natur", nach denen sich die anderen entstehenden Organismen zu richten hätten, „autistisch".

Die Ausdrücke „*normal-abnorm*" sollten nicht im Sinne von gewöhnlich bzw. ungewöhnlich (z. B. bei Bezeichnung des Verlaufs einer Krankheit) verwendet werden, gibt es doch auch keinen „normalen" Krankheitsbefund, wohl aber einen „typischen".

Den vor allem auf Gestaltliches, übertragen aber auch auf Funktionskomplexe zu beziehenden Begriff „*Typus*" mit Rautmann demjenigen der „*Norm*" gleichzusetzen, geht nicht an, da es zweifellos normale und anormale Typen gibt.

Während H. Günther es abwegig findet, *extreme Varianten* als „Typen" hinzustellen, werden die „*Extremtypen*" u. a. von v. Eickstedt als geeignetste Objekte für die Typenforschung angesehen.

K. Hildebrandt (1920), auf dessen geistvolles Werk „*Norm und Entartung des Menschen*" ausdrücklich hingewiesen sei, hat den Normbegriff ganz im platonischen Sinne gefaßt; er sucht nach der „*Idee, d. h. dem höchsten Wert einer Art*" und betrachtet als normal, was diese, wenn nicht mathematisch genau, so doch durchaus und rein verwirklicht. Ist diese Betrachtungsweise in der praktischen Medizin auch kaum angebracht, so bietet sie dem Rassenhygieniker, dem es darauf ankommt, daß die Menschheit nicht bloß fort-, sondern hinaufgepflanzt werde, entschieden wertvolle Anregung. Ist doch, wie Hildebrandt unbestreitbar richtig sagt, nicht die Anpassung das Höchste, vielmehr die Unabhängigkeit von den äußeren Bedingungen.

Nach Hildebrandt liest der Naturforscher die Norm aus unvollkommenen Erscheinungen heraus und muß oft lange suchen, um ein „typisches" Exemplar einer Art zu finden. Er hat das Bild der Norm, ohne es vielleicht je verwirklicht zu finden; dieses ist absolut und entspricht einem selten erreichten, aber nicht unerreichbaren Ideal. Maßgebend ist dabei nicht das Prinzip des häufigsten Vorkommens oder eines irgendwie quantitativ abgrenzbaren Mengenverhältnisses, sondern das *Prinzip des Optimums*. Eine normale Breite besteht für ihn nicht, ist doch seine Norm ihrem Wesen nach ein Gipfel. Das Optimum auf das Ganze bezogen, nicht das Maximum der Einzelleistungen ist die Norm.

Dieser Versuch eines Ersatzes der statistischen Methodik der Konstitutionslehre ist, wie auch L. R. Grote (1933) zugibt, höchst bemerkenswert, um so mehr, als auch ein so exakter Forscher wie Johannsen den Ausdruck „normal" als ein *subjektives Urteil* bezeichnet und die Abgrenzung vom Bereich des Krankhaften auf variationsstatistischem Wege bekanntlich für fast alle komplizierten Merkmale auf große Schwierigkeiten stößt.

Man denke nur z. B. an die Seltenheit eines normalen Gebisses mit 32 normal großen und normal geformten sowie gestellten, cariesfreien Zähnen!

Insbesondere die sog. „*normale Variationsbreite*" wechselt von Merkmal zu Merkmal enorm und ist fast stets nur sehr unsicher abzugrenzen. Das Ermessen, was noch „normal" sein soll, wird kaum je objektiv genügend zu begründen sein.

Nach Borchardt (1928 und 1929) lassen sich sogar die meisten körperlichen und geistigen Eigenschaften hinsichtlich ihrer Beziehung zur Norm nur *intuitiv* erfassen.

Im Hinblick auf diese Sachlage hat Grote (1921) in seinen „*Grundlagen ärztlicher Betrachtung*" den neuen Begriff der „*Responsivität*" geprägt, der u. a. auch bei Pfaundler (s. oben) Anklang fand. Gemeint ist damit jener Zustand „*persönlicher Norm*", in welchem der Mensch sich selbst entspricht, so daß sich seine Leistungen auf der Höhe des ihm erreichbaren Optimums befinden. Mit dieser Fassung, die auf eine Kongruenz von tatsächlicher und für das Individuum notwendiger Leistung hinausläuft, will der Autor die begriffliche Konstatierung praktischen „Gesundseins" bei bestehender sog. „*Irresponsivität*". Es handelt sich also um einen rein praktischen Wertungsbegriff, der die statistische Norm ergänzen und den etwas vagen, wissenschaftlich unzureichend definierbaren Ausdruck „*Gesundheit*" mit Inhalt füllen soll.

Ein Herzkranker z. B. wäre nach Grote im Bett *responsiv*, außerhalb desselben *irresponsiv*.

Bezüglich der *Wertung einzelner Merkmale* führt er aus, daß die wichtigste aller Fragen die sei, ob eine bestimmte Abweichung von der Norm, ein sog. „pathologischer Befund" auch wirklich „krankhaft", d. h. für die Person von Bedeutung sei; und er betont, daß neben „der naturwissenschaftlichen Diagnose der Veränderung gegenüber einer statistischen Norm die Wertdiagnose der Bedeutung dieser Veränderung zum Recht kommen" müsse.

F. Lenz (1936) betrachtet es als ein Vorurteil, anzunehmen, daß es einen Normaltypus („Normotypus") geben müsse und hält alle Versuche, „für die Norm in einheitlicher Weise Grenzwerte zu bestimmen" (H. Rautmann) für verfehlt. Er nimmt die *Lebenstüchtigkeit* als begrifflichen Gradmesser und nimmt an, daß es nicht nur *einen* normalen Typ innerhalb einer Bevölkerung, sondern mehrere recht verschiedene Typen gebe, die gleich erhaltungsgemäß seien.

Gern stimmt man ihm bei, daß die Begriffe „*Gesundheit*" und „*Krankheit*" letzten Endes nicht auf die Erhaltung des Individuums, sondern auf die der Rasse zu beziehen sind. Wenn er findet, daß die Mittelmäßigkeit nicht zur Norm erhoben werden dürfe, so geht er eben von seiner Idee einer *Vitalnorm* aus.

Die Häufigkeit der Anomalien wurde von E. Schwalbe (1913) auf 1—3% geschätzt. Der Bereich außerhalb der Norm darf nach H. Günther (1935) nicht mehr als 5% aller Individuen enthalten. Anomalien in einer Häufigkeit von weniger als 0,05% oder gar 0,001% bezeichnet er als selten bzw. seltenst (A. rara, A. rarissima).

Was nun die ebenso beliebten, wie schwer definierbaren Begriffe „*Gesundheit*", „*Krankheit*", „*Lebenstüchtigkeit*" (Vitalität), „*Widerstandskraft*" (Resistenz) und „*Anfälligkeit*" (Erkrankungsdisposition) betrifft, so bedürfen sie in jedem Einzelfalle einer Präzisierung und sind stets nur behelfsmäßig zu verwenden.

Der *Dispositionsbegriff*, der sich stets auf etwas Reales bezieht, d. h. ein „Wozu" im Gefolge hat, wird in einem größeren eigenen Abschnitt dieses Handbuchs allgemein behandelt werden.

Den „*Krankheitsbegriff in der Körpermedizin und Psychiatrie*" hat Pophal (1925) ausführlich und gründlich erläutert.

Als den Begriff der „*Gesundheit*" hat F. Lenz den Zustand der vollen Anpassung und als „*Krankheit*" denjenigen eines Organismus an den Grenzen seiner Anpassungsfähigkeit definiert.

In praxi gilt gemeinhin der als „gesund", bei dem sich nichts Krankhaftes nachweisen läßt, da das Vorhandensein von Störungen viel leichter festzustellen ist, als der geordnete Ablauf aller Funktionen, die ja einzeln in verschiedenen Lebenslagen geprüft werden müßten, um die Aussage, daß jemand wirklich gesund sei, objektiv zu begründen.

Noch mehr bedarf es zur Kennzeichnung der *Vitalität* einer Person der Kenntnis ihres Verhaltens bei besonderer Beanspruchung im Laufe einer möglichst großen Strecke ihrer Lebenskurve.

Bezieht man nun gar die *Lebenstüchtigkeit* auf die Erhaltung der *Rasse*, so ist neben der übrigen Konstitution in erster Linie noch die Fähigkeit und nicht zuletzt auch der Wille zur Fortpflanzung in Betracht zu ziehen.

Hierbei stellt es sich bekanntlich gar nicht selten heraus, daß die in dieser Hinsicht Fähigsten lange nicht immer die Tüchtigsten und Robustesten sind; dies gilt natürlich vor allem für die durch die Domestikation vor den Härten des Daseinskampfes bewahrten Individuen.

Lebenstüchtigkeit ist auf alle Fälle ein äußerst komplexer Begriff, auf den selbst die Bewährung bis ins hohe Alter nicht immer genügendes Licht wirft. Wir werden weiter unten bei Besprechung der Konstitutionsbewertung näher darauf einzugehen haben.

Widerstandskraft (Resistenz) bezeichnet die Tatsache, daß ein Individuum in bezug auf eine oder mehrere Noxen (Traumen, Infektionen, Intoxikationen usw.) weniger empfindlich ist als der Durchschnitt seines Volkes, Alters und Geschlechts. Sie ist bloß als vorläufige Feststellung zu gebrauchen und nach Möglichkeit durch genauere Angaben qualitativer und quantitativer Art zu ersetzen.

Bei der *Resistenz gegen Zahncaries* z. B., die nach eigenen Forschungen einfach-dominant vererbt zu werden scheint, ist man sich über die besondere Art des Schutzes gegen die so unendlich verbreitete Noxe noch nicht klar.

Daß es nicht bloß Krankheitsbereitschaften, sondern auch Dispositionen, um gesund zu bleiben, gibt, sei hier nur angedeutet.

Der Ausdruck „*Diathese*", der sprachlich genau dasselbe wie dispositio, d. h. Bereitschaft bedeutet, und von HIS, v. PFAUNDLER, B. BLOCH u. a. auch in diesem Sinne verwendet wurde, neuerdings auch noch von BORCHARDT, wird heute von den meisten Autoren für vorwiegend funktionell sich auswirkende Konstitutionsanomalien gebraucht (vgl. die sog. exsudative Diathese, allergische Diathese usw.).

F. LENZ setzt den Ausdruck „Anfälligkeit" gleich *Diathese*.

Unter *Abartung* (Deviation) versteht man eine Abweichung von der Norm durch Behaftetsein mit außerhalb der Variationsgrenze liegenden Merkmalen. Es deckt sich dieser Begriff also nicht mit dem der Entartung.

v. PFAUNDLER faßt die in seinem oben dargestellten *Orbis constitutionum* abgegrenzten Konstitutionsanomalien und -krankheiten als „*multiple Abartungen*" zusammen.

Als *Plus-* und *Minusvarianten* bezeichnet man Abweichungen von der Norm, die dem Körper zum Vorteil, bzw. Nachteil gereichen, womit allerdings ein nicht immer leicht abzugebendes Werturteil verbunden ist.

Daß FR. MARTIUS unter *Plusvarianten* etwas ganz anderes, nämlich überzählige Merkmale, wie z. B. *Polydaktylie, Polymastie* usw., und unter *Minusvarianten* Funktionsmängel infolge von Substanzdefekten, wozu er den *Daltonismus* rechnete, verstanden haben wollte, und außerdem *erbliche Dysvarianten* unterschied, wie z. B. *Hämophilie, Hemeralopie* usw., hat viel Verwirrung geschaffen.

Heute wissen wir, daß man niemals rein vom Phänotypus aus auf ein Plus oder Minus im Genotypus schließen darf, und daß z. B. eine Abweichung von der Fünfstrahligkeit der Extremitätenenden nach oben, d. h. eine Sechsfingrigkeit genau so einen Defekt darstellt, wie eine solche nach unten.

Daß die sich als Mißbildungen, Bildungsfehler, Abartungen usw. geltend machenden Abweichungen von der Norm mit O. NAEGELI und H. W. SIEMENS am zweckmäßigsten je nach ihrer rein oder teilweisen Entstehung durch Erb- oder Umweltfaktoren als *Idiovariationen* bzw. als *Paravariationen (Modifikationen, Somationen)* zu kennzeichnen sind, ist klar; es bleibt indessen die große Schwierigkeit, daß die überwiegende Mehrzahl der „Merkmale" der menschlichen Pathologie sowohl durch erbliche als auch Milieueinflüsse bedingt zu sein pflegen, weshalb wir uns meist mit dem Ausdruck „*Konstitutionsanomalie*" bzw. *Konstitutionskrankheiten* begnügen und den genotypischen und paratypischen Anteil von Fall zu Fall abzuschätzen suchen müssen.

Die *Anomalie* ist eine dauernde Abweichung von der Norm, der *Bildungsfehler* (ein namentlich von dem Hirnanatomen C. v. MONAKOW und seiner Schule verwendeter Ausdruck) ein morphologisches Abartungszeichen. *Abiotrophie* (GOWERS) bedeutet den Untergang von Organsubstanz (vor allem des Nervensystems) infolge ungenügender Lebensenergie. Es handelt sich hier um einen noch ganz dunkeln Vorgang, der durch EDINGERs Auffassung vom Anteil der Funktion bei der Entstehung sog. Abiotrophien, d. h. Heredodegenerationen nur scheinbar geklärt wurde.

Der Begriff der *Entartung (Degeneration)* ist durch die bereits so weitgehend gelungene Anwendung der MENDELschen Erbgesetze auf die mannigfaltigsten körperlichen sowie auch psychischen Merkmale des Menschen seines ehedem mystischen Schleiers entkleidet (v. PFAUNDLER) und damit der Forschung zugänglich geworden. Er bedeutet keineswegs ein unentrinnbares Fatum, das von Generation zu Generation immer verhängnisvoller wird und schließlich zum Aussterben des betroffenen Geschlechtes führt, sondern lediglich eine Häufung erblicher Defekte und Minderwertigkeiten innerhalb einer Sippe oder, klarer gefaßt, bei einem Individuum. Zü unterscheiden ist die *Entartung als Vorgang* und als *Zustand* bzw. Folge eines entsprechenden Vorgangs.

Eine scheinbar *fortschreitende Entartung*, wie sie von den französischen Irrenärzten MOREL und MAGNAN als gesetzmäßig angenommen und von dem Dichter E. ZOLA zum Leitmotiv eines Romanzyklus („Rougon-Macquart") erhoben wurde, entsteht nur dann, wenn zufolge andauernder Mißheiraten schließlich eine konvergierende Belastungshäufung statthat (vgl. hierüber H. HOFFMANN).

Die wesentlichste Klärung des Entartungsproblems hat die *Mutationsforschung* gebracht, auf deren vom Verf. an Hand zahlreicher Beispiele geschilderte Ergebnisse beim Menschen (S. 288—370 dieses Bandes) hiermit verwiesen sei.

Neben dem uns hier ausschließlich beschäftigenden *genetischen Entartungsbegriff* gibt es den davon grundsätzlich zu unterscheidenden der *Pathologen*, wie er sich in dem von JENDRASSIK geprägten und zur Bezeichnung erblicher Degenerationen vor allem des Nervensystems immer noch verwendeten Ausdruck *„Heredodegeneration"* findet.

Letzterer stellt deshalb, wie F. LENZ mit Recht bemerkte, keinen Pleonasmus dar, da mit „Degeneration" hier nicht die Entartung durch Veränderung eines Gens, sondern die Zerstörung von Nervengewebe gemeint ist.

Schrifttum.

ASCHNER, BERNHARD: Grundlagen der Konstitution. Zbl. Gynäk. **49**, 311—315 (1925). — Technik der Konstitutionstherapie. Wien-Leipzig-Bern 1936. — ASCHNER, BERTA u. G. ENGELMANN: Konstitutionspathologie in der Orthopädie: Erbbiologie des peripheren Bewegungsapparates. Konstitutionspathologie: in den medizinischen Spezialwissenschaften, herausgeg. von J. BAUER, H. 3. Wien-Berlin: Julius Springer 1928. — AULER, H.: Konstitution und Gewächse. Konstitutions- und Erbbiologie, herausgeg. von W. JAENSCH. Leipzig 1934.

BAUER, J.: Aufgaben und Methodik der Konstitutionsforschung. Wien. klin. Wschr. **1919** I, 273. — Allgemeine Konstitutions- und Vererbungslehre, 2. Aufl. Berlin: Julius Springer 1923. — Konstitutionelle Disposition zu inneren Krankheiten, 3. Aufl. Berlin: Julius Springer 1924. — BAUER, K. H.: Über den Konstitutionsbegriff. Z. Konstit.lehre **8**, 155 (1921). — BENEKE, F. W.: Anatomische Grundlagen der Konstitutionsanomalien. Marburg 1878. — Die Altersdisposition. Marburg 1879. — Konstitution und konstitutionelles Kranksein beim Menschen, 1881. — BERGMANN, G. v.: Erbkonstitution und erworbene Verfassung. Konstitutions- und Erbbiologie, herausgeg. von W. JAENSCH. Leipzig: Johann Ambrosius Barth 1934. — BESSERER, A.: Erbpflege und Konstitution. Die Konstitution. 3. ärztl. Fortbildungskurs Bad Salzuflen. Leipzig: Georg Thieme 1935. — BIEDL, A.: Innere Sekretion, 4. Aufl. Berlin-Wien: Urban & Schwarzenberg 1922. — BORCHARDT, L.: Klinische Konstitutionslehre. Berlin-Wien: Urban & Schwarzenberg 1924. — Die Grenzen der Norm in Medizin und Biologie. Med. Welt **1929** I/II. — Der Unterricht in der klinischen Konstitutionslehre. Vortrag. Verh. 1. Konf. z. Förd. med. Synthese in Riga, 16.—18. Sept. **1930**. — Gruppierung der Konstitutionsvariationen. Med. Klin. **1931** II. — Funktionelle und trophische Momente als Ursachen gegensätzlichen Verhaltens von Pyknikern und Asthenikern. Z. Konstit.lehre **16**, H. 1 (1931). — BRANDT, W.: Die biologischen Grundlagen der Konstitution des Menschen. Z. Konstit.lehre **13**, H. 6 (1928). — BROCK, FR.: Typenlehre und Umweltforschung. Bios **9** (1939). — BRUGSCH, TH.: Allgemeine Prognostik. Berlin 1918. — Berl. klin. Wschr. **1918**. — Ziel und Wege der Konstitutionsforschung oder die Personallehre. Med. Klin. **1922** I, 1082. — Biologie der Person, Bd. I. Berlin 1926. — Biologie der Person, Bd. 2, herausgeg. von BRUGSCH & LEWY 1931. — BURDACH, K. F.: Physiologie, Bd. 1 und 2. 1826/28.

CURTIUS, F.: Organminderwertigkeit und Erbanlage. Klin. Wschr. **1932** I, 177—180. — Erbbiologische Strukturanalyse im Dienste der Krankheitsforschung. Z. Morph. u. Anthrop. **34**, 63—75 (1934). — CURTIUS, F. u. R. SIEBECK: Konstitution und Vererbung in der klinischen Medizin. Berlin: Alfred Metzner 1935.

DIEPGEN, P.: Zur Geschichte der Lehre von der Konstitution. Konstitutions- und Erbbiologie, herausgeg. von W. JAENSCH. Leipzig: Johann Ambrosius Barth 1934. — DRAPER, G.: Human constitution. Philadelphia 1924.

EUGSTER, J.: Zur Erblichkeitsfrage des endemischen Kretinismus. Teil 1. Arch. Klaus-Stiftg 13, H. 3 (1938).

FICK, R.: Über die Vererbungssubstanz. Arch. f. (Anat. u.) Physiol. 1907, 101. — FISCHER, E.: Zum Konstitutionsbegriff. Klin. Wschr. 1924 I, 299, 300. — Die körperlichen Erbanlagen des Menschen. In BAUR-FISCHER-LENZ: Menschliche Erblehre. München 1936. — FREUND, W. A. u. R. VON DEN VELDEN: Anatomisch begründete Konstitutionsanomalien. Handbuch der inneren Medizin, herausgeg. von L. MOHR und R. STAEHELIN, Bd. 4, S. 533. Berlin: Julius Springer 1912.

GIGON, A.: Über Konstitution und Konstitutionsmerkmale. Z. Konstit.lehre 9, 385—441 (1923). — Innere Medizin, Krankheit und Altersaufbau. Helvet. med. Acta 1, H. 1 (1934). — GOETHE, W.: Sämtl. Werke, Bd. 36, S. 254. — GOLDSCHMIDT, R.: Vererbungswissenschaft. Leipzig 1920. — GROTE, L. R.: Münch. med. Wschr. 1921 II, 1667. — Über den Normbegriff im ärztlichen Denken. Z. Konstit.lehre 8, 361 (1922). — Über klinischen und anthropologischen Habitus. Der praktische Arzt 12, H. 13/14. Leipzig 1927. — Über persönliche Norm. Einheitsbestrebung in dem medizinischen Verhandlungsbericht vom 14.—17. Sept. 1932. Dresden u. Leipzig 1933. — GÜNTHER, H.: Die Grundlagen der biologischen Konstitutionslehre. Leipzig: Georg Thieme 1922. — Grundprobleme der Konstitutionsforschung. Würzburg. Abh., N. F. 6, H. 3 (der ganzen Reihe 26. Bd.) (1929). — Konstitutionslehre und ärztliche Praxis. Der praktische Arzt, Jahrg. XV, H. 1. Osterwieck (Harz) 1930.

HAMBURGER, F.: Assimilation und Vererbung. Wien. klin. Wschr. 1905 I, 7. — HANHART, E.: Zur Kenntnis der Beziehungen zwischen affektiver und vegetativer Übererregbarkeit. Nervenarzt 7 (1934). — HANSEN, K.: Allergie und Konstitution. Die Konstitution. 3. ärztl. Fortbildgskurs Bad Salzuflen. Leipzig: Georg Thieme 1935. — HART, C.: Konstitution und Disposition. Erg. Path. 20 I, 1—435 (1922). — HARTMANN, FR.: Allgemeine Pathologie, 1871. — HAYEK, H.: Immunbiologie — Dispositions- und Konstitutionsforschung — Tuberkulose. Berlin: Julius Springer 1921. — HILDEBRANDT, K.: Norm und Entartung des Menschen. Dresden: Sibyllen-Verlag 1920. — HIPPOKRATES: Zit. nach M. NEUBURGER: Z. angew. Anat. 1, 1 (1913). — HIS, W.: Rückblicke und Ausblicke. Dtsch. med. Wschr. 1928 I, 596.

JAENSCH, E. R.: Der Umbruch in der Medizin und der deutsche Kampf gegen den Cartesianismus der Wissenschaft. Konstit. u. Klin. 1, H. 2 (1938). — JAENSCH, W.: Konstitutionstypologie in Klinik, Persönlichkeits- und Rasseforschung. Konstitutions- und Erbbiologie, herausgeg. von W. JAENSCH. Leipzig: Johann Ambrosius Barth 1934. — JENDRASSIK, E.: Dtsch. Arch. klin. Med. 58, 137 (1897); 61, 187 (1898). — Dtsch. Z. Nervenheilk. 22, 444 (1902). — Die hereditären Krankheiten. Im Handbuch der Neurologie, herausgeg. von LEWANDOWSKY, Bd. 2, S. 321. 1911. — JOHANNSEN, W.: Elemente der exakten Erblichkeitslehre. Jena 1913. — Allgemeine Vererbungslehre. Die Biologie der Person, herausgeg. von BRUGSCH-LEWY, Bd. 1, S. 227. Berlin: Urban & Schwarzenberg 1926. — JUST, G.: Zur gegenwärtigen Lage der menschlichen Vererbungs- und Konstitutionslehre. Z. menschl. Vererbgslehre 19, 1 (1935).

KANT, I.: Anthropologie in pragmatischer Hinsicht, Teil 2. Königsberg 1798. Handschriftl. Nachlaß II/1, S. 497. — KORANYI, A.: Wien. Arch. inn. Med. 27, 169 (1935). — KRAUS, FR.: Die Ermüdung als Maß der Konstitution. Bibl. med. Cassel 1897. — Vegetatives System und Individualität. Med. Klin. 1922 II, 1515. — Allgemeine und spezielle Pathologie der Person, Bd. 1, S. 106. 1919 und Bd. 2, Teil 1, S. 45. Leipzig 1926. — KREHL, L.: Pathologische Physiologie, 9. Aufl., S. 731. 1918. — KRETSCHMER, E.: Medizinische Psychologie, S. 142. Leipzig 1922. — Konstitution und Rasse. Z. Neur. 82, 139—147 (1923). — Körperbau und Charakter, 4. Aufl., S. 214. Berlin 1925. — Der Körperbau der Gesunden und der Begriff der Affinität. Z. Neur. 107, 749—757 (1927).

LEDERER, R.: Kinderheilkunde. Konstitutionspathologie in den medizinischen Spezialwissenschaften, herausgeg. von J. BAUER, H. 1. Berlin: Julius Springer 1924. — LEHMANN, W.: Zwillingspathologische Untersuchungen über die dystrophische Diathese. Dtsch. Ges. Vererbgswiss. Ber. 8. Hauptverslg Jena 1935, S. 128—132. — LEIBNIZ, G. W.: Diss. de principio individui. Lipsiae 1663. — LENZ, F.: Menschliche Erblichkeitslehre. In BAUR-FISCHER-LENZ, 3. Aufl. München: J. F. Lehmann 1927. — LÖHNER, L.: Über Individualstoffe und biochemische Individualspezifität. Pflügers Arch. 198, 490 (1923). — LOTZE, R. H.: Allgemeine Pathologie, 1842. — Mikrokosmos, 5. Aufl. Leipzig 1896. — LUBARSCH, O.: Die Zellularpathologie usw. Jkurse ärztl. Fortbildg 6 (1915). — LUBOSCH, W.: Durchschnittsanatomie und Individualanatomie. Jena: Gustav Fischer 1922. — LUNDBORG, H.: Die Rassenmischung beim Menschen. Bibliogr. genetica 8 (1931).

MARTIUS, FR.: Konstitution und Vererbung. Berlin 1914. — MATHES, P.: Über den Konstitutionsbegriff und die konstitutionelle Menstruationsstörung. Z. angew. Anat. 6, 333 (1920). — Über das Wesen der Konstitutionsanomalien. Münch. med. Wschr. 1922 I

709. — Konstitutionelle Typen des Weibes. Handbuch von Halban und Seitz, 1924. — Mayer, A.: Die Bedeutung der Konstitution für die Frauenheilkunde. Veits Handbuch der Gynäkologie, 3. Aufl., Bd. 3, S. 282. München 1927. — Morawitz, P.: Über Krankheitsursachen. Münch. med. Wschr. 1926 II, 1961. — Müller, Fr. v.: Über Körperkonstitution usw. Vortrag. Nürnberg 1918.

Naegeli, O.: Allgemeine Konstitutionslehre, 2. Aufl. Berlin: Julius Springer 1934. — Neuburger, M.: Zur Geschichte der Konstitutionslehre. Z. angew. Anat. 1, 6 (1913).

Pende, N.: Le deboleze di costituzione. Roma 1922. — Das Gesetz der morphogenetischen Korrelation von Viola und die Grundlagen der Pathologie des Wachstums und der Konstitution. Z. Konstit.lehre 8, 378 (1922). — Peter, K.: Die Gestalt als Zweck. Handbuch der vergleichenden Anatomie der Wirbeltiere. Berlin-Wien: Urban & Schwarzenberg 1931. — Pfaundler, M. v.: Was nennen wir Konstitution usw. Klin. Wschr. 1922 I, 817. — Konstitution und Konstitutionsanomalien. Handbuch der Kinderheilkunde, 4. Aufl., Bd. 1. Berlin 1931. — Pletnew, D. D.: Über die synthetische Auffassung der Medizin. Acta med. scand. (Stockh.) 87, 272—286 (1935). — Puchelt, Fr. A.: Die individuelle Konstitution und ihr Einfluß auf die Entstehung und den Charakter der Krankheiten. Beiträge zur Medizin, Bd. 1. Leipzig 1823.

Rautmann, H.: Studien auf dem Gebiete der klinischen Variationsforschung. Z. Konstit.lehre 13, H. 4/5 (1927). — Rössle, R.: Zur Kritik des Konstitutionsbegriffs. Konstitutions- und Erbbiologie, herausgeg. von W. Jaensch. Leipzig: Johann Ambrosius Barth 1934. — Rosenbach, O.: Warum sind wissenschaftliche Schlußfolgerungen aus dem Gebiete der Heilkunde so schwierig? Z. klin. Med. 50, 1, 267 (1903).

Saller, K.: Konstitution und Rasse beim Menschen. Erg. Anat. 28 (1929). — Einführung in die menschliche Erblichkeitslehre und Eugenik. Berlin: Julius Springer 1932. — Sauerbruch: Heilkunst und Naturwissenschaft. Verh. 89. Verslg dtsch. Naturforsch. 1926. — Schade, H.: Die physikalischen Grundlagen der Konstitution und ihre Umstimmung. Die Konstitution. 3. ärztl. Fortbildungskurs Bad Salzuflen. Leipzig: Georg Thieme 1935. — Scheidegger, E.: Konstitutionsfragen und Konstitutionsforschung. Allg. homöopath. Ztg 172 (1924); 176 (1928); 177 (1929). — Schmidt, M. B.: Die Bedeutung der Konstitution für die Entstehung von Krankheiten. Festrede, gehalten in Würzburg 11. Mai 1917. — Schmidt, R.: Über Diathesen, Dyskrasien und Konstitutionen. Wien. klin. Wschr. 1911 II, 1661. — Schneider, K. C.: Deszendenztheorie, S. 135. Jena 1911. — Siemens, H. W.: Über die Begriffe Konstitution und Disposition. Dtsch. med. Wschr. 1919. — Konstitutions- und Vererbungspathologie. Berlin 1921. — Die Krisis der Konstitutionspathologie. Münch. med. Wschr. 1934 I. — Stiller, B.: Die asthenische Konstitution. Z. angew. Anat. 6, 48 (1920). — Strauss, E.: Probleme der Individualität. In Biologie der Person von Brugsch und Levy, Bd. 1. Berlin 1926.

Tandler, J.: Konstitution und Rassenhygiene. Z. angew. Anat. 1 (1914). — Tendeloo, N. Ph.: Allgemeine Pathologie. Berlin 1919. — Konstellationspathologie und Erblichkeit. Berlin 1921. — Toenniessen, E.: Münch. med. Wschr. 1921 II, 1341.

Ullrich, O.: Konstitutionen und Kinderkrankheiten. Arch. Kinderheilk. 105, 94 (1935).

Verschuer, O. v.: Konstitution und Erbbiologie. In Konstitutions- und Erbbiologie, herausgeg. von W. Jaensch. Leipzig 1934. — Erbpathologie, 2. Aufl. Dresden u. Leipzig 1937. — Viola, G.: La costituzione individuale, 2 Bde. Bologna 1933. — Virchow, R.: 100 Jahre allgemeine Pathologie. Berlin 1919.

Weidenreich, Fr.: Rasse und Körperbau. Berlin: Julius Springer 1927. — Wunderlich, C. A.: Handbuch der Pathologie und Therapie, Bd. 1, S. 212. 1848. — Arch. Heilk. 1, 97 (1860).

Konstitution beim Säugetier.

Von **H. Zwicky**, Zürich.

I. Allgemeine Grundlagen konstitutionsbiologischer Natur.

1. Übersicht über die Konstitutionsforschung beim Säugetier.

Wir erblicken in der Konstitutionsforschung beim Säugetier eine noch nicht eben starke, aber immerhin gerade verlaufende Parallele zu derjenigen des Menschen. Vielfach ist sie der humanen durch den Tierversuch sogar vorangegangen, ihre Wegbereiterin geworden. Jedes Ergebnis des Laboratoriums oder aus dem Versuchsbestande, wie auch der Akklimatisationsstätten und zoologischen Gärten kann sich sowohl zugunsten der humanen, wie auch der tierkonstitutionellen Forschung auswirken. Trotz ihrer Anlehnung an die Humankonstitution hat sich letztere eine gewisse Selbständigkeit gewahrt. Eine Berechtigung hierzu erwächst aus der anatomischen und histologischen Eigenheit der Objekte und der daraus sich ergebenden physiologischen Varianten, deren Zahl in der langen Reihe unterschiedlicher Säugetierarten und -gattungen ganz erheblich wird. Aus diesen Gründen kann auch zum Teil die Terminologie der Humankonstitution in der Tierkonstitution nicht ohne weiteres Anwendung finden, weil eine begriffliche Schablone nicht durchwegs für beide Parallelgebiete verwendbar ist.

In der Haustierhaltung hat sich sukzessive mit zunehmender Nutzungsintensität eine Selektionsmethodik entwickelt, in der stets sozusagen intuitiv der Begriffsinhalt der Konstitution berücksichtigt wurde. Schon die in der Tierselektion fast allgemein angewandte hilfsbegriffliche Bezeichnung als „Gesamtverfassung" umreißt und deutet auf ein vorläufiges Genügen hin, welches in Abwartestellung keine höheren Ambitionen barg, aber im Zögern des wissenschaftlichen Fortschrittes berechtigt erschien. Die dadurch entstandene und leider zu sehr verbreitete Empirie spiegelt sich in den in der Tierzucht verwendeten Differenzierungen einer „trockenen, harten, schwammigen, schlaffen" usw. Konstitution, wie sie heute noch in Züchterkreisen im Schwunge sind.

2. Konstitutionsmerkmale und -typen; Habitus und Komplexion; Komplexionstypen.

Ein erster ordnender und weiter führender Schritt lehnte sich an die Sigaudsche Deklaration von Konstitutionstypen in der Anthropologie an. Aber heute noch ist die Umschreibung von Konstitutionstypen beim Haustier keineswegs abgeschlossen. Die einzelnen Typmerkmale werden einer eifrigen Nachprüfung unterworfen. Inzwischen hat sich auch der Einfluß Galtons bemerkbar gemacht, womit die solide statistische Untermauerung durch die Zahl der Maße, Gewichte und Menge einsetzte. Die Beobachtung von Typmerkmalen als Bausteine für die Typen selbst und der damit im Zusammenhang stehenden und vermuteten Funktionen und Funktionsgrade und gleichzeitig auch der komplektiven Verhältnisse selbst, stellen die heute im Gange befindliche Forschungsarbeit bezüglich Tierkonstitution dar. Es steht der Beobachtung der Morphologie die Erfassung physiologisch-funktioneller und physiologisch-dynamischer Zusammenhänge zur Seite.

Auch tierkonstitutionell unterscheiden wir Rassen-, Familienhabitus, sowie den stark von Hormonen dirigierten Geschlechtshabitus und die Hungerformen. In der Selektion sind die Leistungstypen zu besonderer Bedeutung gelangt: Renntyp, Zugtyp, Milchleistungstyp, Masttyp, usw. die ihr Sondergepräge erst allmählich mit der spezifischen Leistung selbst, also zumeist erst beim ausgewachsenen Tier erlangen. In Anlehnung an die Sigaudsche Betrachtungsweise hat sich unter der Anleitung von Duerst eine Typbeschreibung herausgebildet, welche namentlich den *Typus respiratorius* und den *Typus digestivus* aufstellt. Der Typus muscularis hat indessen weniger Beachtung erlangt.

Der Typus respiratorius wird bei Pferd und Hund mit der Schnelleistung, beim Rind mit der Milchleistung in Verbindung gebracht. Er ist durch folgende Merkmale gekennzeichnet: Thorax auffallend lang, so daß die Caudalkante der letzten Rippe, namentlich beim Pferd, der Darmbeinschaufel nahe kommt. Auch beim Atmungstypus des Rindes flieht der Rippenbogen nach hinten. Es besteht die Tendenz, einen langen Lungenraum zu schaffen (Aufnahme von möglichst viel Sauerstoff). Beim reinen Atmungstyp ist der Hals lang, der Kopf leicht, meist gerade und mit stark geweitetem Nasenteil, der Unterkiefer relativ schwach, mit geringer Kaumuskulatur. Der Bauch ist wenig ausgedehnt. Intern finden wir wohl auffallend große Lungenkapazität, aber bezüglich Gewicht kleine Lungen, dabei ein relativ kleines, aber schweres Herz mit dicken Wandungen. Die Arterien zeigen sich eng, sind aber reich verzweigt, wie auch das Venennetz sich darbietet. Die Leber ist klein und der Darm relativ kurz. Wir finden das eigentliche Extrem bei gewissen auf besondere Schnelligkeitsleistung gezüchteten Pferde- und Hunderassen, wie englisches Vollblut und eine Reihe von Halbblutrassen und ferner bei den Windhundrassen.

Der Milchtyp oder Milchleistungstyp des Rindes ist wohl komplektorisch als Atmungstyp anzusehen, weist aber habituell gewisse Abweichungen von obiger Beschreibung auf: Breiten Unterkiefer mit starker Kaumuskulatur, dann den weiten Bauch, großen Darm und entsprechenden Ausbau der Verdauungsdrüsen. Die Nase ist länger als beim Verdauungstyp, wodurch auch der längere und relativ schmälere Kopf entsteht. Der Korrelationskoeffizient zum Typus digestivus beträgt nach Leroy diesbezüglich —0,104 ± 0,07. Ein wichtiges Typmerkmal bietet der Thorax, d. h. die Thoraxlänge und eine entsprechende Flankenkürze, sodann der Interkostalraum, wobei nach Lavril alle Kühe mit Zwischenrippenräumen über 5—6 cm als gute Milchkühe zu betrachten wären. Ein gleiches Kriterium bildet die Rippenlage, die beim Milchtyp, bzw. Oxydationstyp caudoventral fliehend, beim Typus digestivus dagegen mehr senkrecht ist (Duerst). Die Messung wird mit dem Kostalgoniometer des angeführten Autors vorgenommen. Zwischenrippenräume und Größe des Costalwinkels haben, wie dieser weiter interpretiert, mit der quantitativen Milchleistung direkt nichts zu tun, sondern sind „Zeichen des hohen Stoffwechsels durch starke Costalatmung". Es ist deshalb auch eher die Bezeichnung Oxydationstyp gerechtfertigt.

Beim Rennpferd mit seinem weiten Costalwinkel wird als weiteres Kriterium des Leistungstyps die direkte Brustlängenindexberechnung beigezogen. Bezüglich Milchleistung des Rindes haben die Empiriker noch eine Reihe (über 40) sog. Milchleistungszeichen aufgestellt, die wohl zum größten Teil als Folgen bereits vollbrachter Leistungen oder Merkmale ausgesprochener Milchleistungsrassen anzusehen sind. Beim Verdauungstyp, Typus digestivus, werden festgestellt: Breiter, tiefer, aber kurzer Brustkorb, weite Flanken und große Bauchfläche; Kopf kurz mit stark entwickelter Kaumuskulatur; kurzer, kräftiger Hals; Neigung zu Fettansatz. Herztätigkeit und Lungenkapazität sind dem Atmungstyp gegenüber geringer. Eine Reihe von Schrittpferd-, Schaf-, Hunde- und Schweinerassen lassen diese Typform ohne weiteres geschlossen erkennen (Pferd:

z. B. Belgier, Percherons, Pinzgauer; Rind: Mastshorthorn, Hereford, Aberdeen-Angus; Hund: Mastiff, Bulldogge).

Die *Komplexion* (Funktionstypen von Organen und Organsystemen). DUERST bezeichnet den Typus respiratorius, der von einer besonders lebhaften Tätigkeit endokriner Drüsen weitgehend beherrscht und von einem gesteigerten Stoffwechsel mit lebhafter Oxydation begleitet wird, als den gesteigert oxydativen Komplexionstyp. Die sog. Butterkühe (z. B. die Vertreterinnen der Jerseyrasse) zählt er diesbezüglich dem „Atmungstyp mit komplektorischer Oxydationsbeschränkung" zu. Eine Gleichzeitigkeit entsprechender Habitus- und Komplexionsform will der gleiche Autor nur allgemein gelten lassen, indem er darlegt, daß der gesteigert-oxydative Komplexionstyp im allgemeinen der Schöpfer des Typus respiratorius sein könne. Diesbezüglich dürften sogar Gegensätzlichkeiten bestehen, z. B. äußerlich ein Typus digestivus in Verbindung mit einem gesteigert-oxydativen Komplexionstyp; oder aber äußerlich Typus respiratorius in Verbindung mit einem inneren stark beschränkt-oxydativen.

Da die Tierkonstitutionsforschung den *Begriff der Komplexion* in Abweichung zur humanen führt, seien hier die drei von DUERST aufgestellten Komplexionstypen erwähnt:

1. Der gesteigert-oxydative.
2. Der normal-(mittel-)oxydative.
3. Der beschränkt-oxydative.

Die Tatsache, daß der Einflußbereich der Komplexion selten einseitig eine besondere Funktion beschlägt, zwingt uns, für eine Besprechung eine organsystematische Ordnung vorzunehmen. Von den Organen, welche hauptsächlich zur physiologisch-dynamischen Funktionseinheit und Erhaltung eines diesbezüglichen Gleichgewichtes beitragen, seien hier nur diejenigen berücksichtigt, die bisher einer für die Konstitutionsforschung nützlichen Untersuchung beim Tier unterzogen wurden.

Das inkretorische System. Wir beobachten seinen Einfluß beim Tier nicht nur in der intrauterinen, sondern auch extrauterinen Wachstumsphase, namentlich bis zur Pubertät, dann aber auch in der Leistungsphase, d. h. nach der ersten Geburt und zuletzt im Senium bezüglich Formgestaltung und Funktionen. Beim Säugetier wirken sich namentlich die Geschlechtshormone formativ deutlich aus. Sie bedingen die Ausbildung einer für das bzw. Geschlecht ganz spezifischen Habitusform (Geschlechtshabitus, Geschlechtstypus). Die sekundären Geschlechtsmerkmale verraten in ihrer Gesamtheit die Geschlechtskonstitution. Sie bilden deshalb gerade für die Tierselektion wichtige äußerlich sichtbare konstitutionelle Kennzeichen.

Nehmen wir als Beispiel das Pferd, d. h. Hengst und Stute, zur Gegenüberstellung der bzw. Geschlechtstypen. Der Hengst zeigt lebhafteres Temperament, namentlich bei geschlechtlicher Erregung. In seinem Skeletbau prägt sich die Vorhand gegenüber der Nachhand viel mächtiger aus. Der Kopf ist breit und kurz, der Hals kräftig und gedrungen, die Schulter muskulös, die Brust tief und breit, indessen die Kruppe schmäler ausfällt. Die Stute dagegen ist „frömmer", im Gesamtbau graziler, länger gezogen (namentlich Kopf und Hals). Bei ihr ist die Vorhand weniger wuchtig, dafür das Becken breit ausgebaut. Am deutlichsten kommt der Einfluß der Geschlechtshormone zum Ausdruck, wenn er ausgeschaltet wird, wie dies bei der Kastration der Fall ist. Aus dem Hengst entsteht ein Wallach mit intermediärem Habitus.

In der Rinderzucht macht sich die Zwillingsgeburt mit verschiedengeschlechtlichen Zwillingen sogar wirtschaftlich bemerkbar. In 92—93% der Fälle ist in der verschiedengeschlechtlichen Zwillingsgeburt der weibliche Partner als Zwitter entwickelt (LÜER, KELLER und TANDLER, LILLIE, zit. nach TUFF).

In allen solchen Fällen hat eine vasculäre Anastomose der Chorionhäute bestanden. In den normal sich entwickelnden 7—8% findet sich diese Anastomose nicht oder nur unvollständig ausgebildet vor. Zwicky erwähnt einen diesbezüglich und auch in anderer Hinsicht bemerkenswerten Fall beim schweizerischen Braunvieh.

Die Kuh Gams 495 wurde belegt vom Stier Sernft 1698 und warf verschiedengeschlechtliche Zwillinge. Diese Produkte wurden im zuchtreifen Alter, das männliche als Fürst 472, das weibliche als Rösli 473 in das Zuchtbuch aufgenommen. Fürst belegte nun seine eigene Zwillingsschwester Rösli, woraus ein Stierkalb (Kyas) resultierte, das später als Beleger anerkannt und eingestellt wurde. Rösli war also ein in der Geschlechtsanlage durchaus normaler Zwillingspartner, der auch fruchtbar war. Zudem haben wir in dem Beispiel die engste überhaupt mögliche Verwandtschaftszucht. Von der Kuh Rösli stammen 3 eingetragene Zuchtbuchtiere.

Bei allen Säugetieren beobachteten wir parallel mit der Abnahme der Geschlechtspotenz den Eintritt von Altersmerkmalen (Auftreten weißer Haare beim Pferd und Hund im Gesicht, Erschlaffen der Haut, Abnahme des Haarglanzes, Faltenbildungen, usw.).

Was die formative Mitwirkung der Schilddrüse anbetrifft, sei auf die von Simpson bei 15 Paar Zwillingslämmern gleichen Geschlechtes durchgeführten Experimente hingewiesen. Die Exstirpation der Drüse 3—4 Wochen nach der Geburt führt beim operierten Tier zu starken Wachstumshemmungen und dauerndem Zurückbleiben im Körperrahmen. Ferner stellen sich als Folgen der Thyreodektomie Organrückbildungen ein und zwar in vermehrtem Maße bei weiblichen Individuen. Auch Eiselsberg hat bei Ausfall des Schilddrüseninkretes Hemmungen des Knochenwachstums festgestellt. Außerdem werden aber auch Herz, Lunge, Leber, Niere, Speicheldrüse und die Milz in Mitleidenschaft gezogen und zwar mit Ausnahme der Leber stets in erhöhtem Maße bei weiblichen Tieren.

Auch bei der Thymektomie (Hund) ist die auffallendste Folge die Hemmung im Wachstum der Extremitätenknochen und zwar infolge Auftretens kalklosen Gewebes im ganzen Skelet, einhergehend mit extremer Verbreiterung der Knochenenden (Asher). Zahlreiche andere Experimente mit Exstirpation und andererseits Thymuszusatz verliefen sehr widersprechend. Ein treffendes Bild der Folge der Gesamtexstirpation der Hypophyse hat uns Asher durch das Hundeexperiment beschafft: Absoluter Wachstumsstillstand, Fettsucht, Bestehenbleiben der infantilen Lanugobehaarung und ein charakteristisch stupider Habitus.

Von besonderer Bedeutung ist die Mitwirkung der Hormone des Vorderlappens Dieser gibt bekanntlich ein Wachstumshormon ab, ferner ein gonadotropes, ein thyreotropes, ein adrenotropes und Stoffwechselhormone (z. B. Fettstoffwechselhormon und kontrainsuläres Hormon). Ergebnisse umfangreicher Versuche mit dem Wachstumshormon an Ratten und Hunden liegen vor (Evans und Simpson, Putnam, Benedict, Teel). Am Hunde wird die Folge monatelanger Zufuhr von Wachstumshormon besonders augenfällig, indem sich Riesenhunde entwickeln, deren Bild mit dem Gigantismus und der Akromegalie des Menschen verglichen wird. Zudem tritt eine starke Verdickung der Haut auf. Für das erbbegründete Wesen der Achondroplasie der Beine des Dachshundes bezeichnend sind Auswirkungen des Wachstumshormons bei solchen dachshundartigen Rassen. Es vermag nämlich die Form der Dackelbeine keineswegs zu beeinflussen, indessen Kopf und Körper abnormes Wachstum zeigen (Evans).

Das Blut und das Zirkulationssystem einschließlich Herz. Bei verschiedenen Pferde-, Rinder- und Schafrassen wurden Zahl, Größe und Volumen der Erythrocyten eruiert, die Leukocyten differenziert und der Hämoglobinstatus bestimmt. Im wesentlichen hat die Blutzellenforschung dahin geführt, daß nach feinzelligen, zartzelligen und grobzelligen Individuen unterschieden wurde. Die „feinzelligen" haben kleinzellig-hämoglobinreiche Blutzellen, die „zartzelligen" kleinzellig-hämoglobinarme und die „grobzelligen" großzellig-hämoglobinreiche Erythrocyten (Hogreve). Als brauchbares Resultat ergab sich lediglich, daß die Einzelkonstitution der Erythrocyten der Gesamtkonstitution des Einzeltieres gemäß sei, eine zu allgemeine und dem Konstitutionsbegriff nur unwesentlich dienende Erkenntnis.

Müller hat außerdem bei Schafen festgestellt, daß, wenn auch rassenmäßige Unterschiede des Blutbildes vorhanden sind, diese auch durch Umwelteinflüsse mitbewirkt werden. In der Stallhaltung steigen Erythrocytenzahl und Hämoglobingehalt, die Leukocyten gehen zurück. Alle weiteren Blutuntersuchungen im Sinne der Konstitutionsforschung haben bisher wenig zuverlässige Grundlagen ergeben, da sich die Bluteinzelwerte als nicht maßgebend erwiesen. Denn auch die Untersuchungen am Plasma und an der Bluttrockensubstanz stießen auf breite Schwankungen und namentlich die Schwierigkeit, die Beziehungen zwischen Individuum und Rasse deutlicher abzugrenzen. So ist z. B. der Bluttrockensubstanzgehalt von Luftfeuchtigkeit, Umgebungstemperatur und Wasseraufnahme abhängig. Ein Einfluß, der z. B. die Erythrocytenzahl variieren hilft, ist die Arbeit, dann der Stallaufenthalt und die Alpung. Einzig bezüglich Blutalkalität brachten die Arbeiten von Gärtner, Heidenreich und Zorn einen wichtigen Fingerzeig, wonach nämlich eine niedrige Quote zumeist korreliert mit einer höheren Milchnutzung des Rindes. Doch bestehen auch hier wiederum Wechselbeziehungen und zwar zwischen Alter und Familienzugehörigkeit.

Was das Herz anbetrifft, seien hier lediglich einige die Forschung erläuternde Beispiele herausgegriffen. Lempen verglich die Herzmasse von Kälbern, die auf verschiedenen Höhen über Meer gezogen wurden (1100/1800, bzw. 450/700, bzw. 30 m über dem Meer), wobei sich bei Höhenkälbern ein etwas größeres Herzgewicht und schlankere Form des Muskels feststellen ließen. Sellheim betont den Einfluß der Muskelbewegung auf das Herzvolumen. Die Herzgewichte von Schnellpferden, als den Repräsentanten des Typus respiratorius, sind für Duerst die Bestätigung für die Formulierung eines beschleunigt-oxydativen Komplexionstypes. Auf 100 cm Brustumfang bezogen besitzen Schnellpferde 2,19 kg, Schrittpferde hingegen nur 1,95 kg Herzgewicht.

Das *Nervensystem* ist anatomisch bei den unterschiedlichen Säugetierordnungen sehr abweichend gestaltet. Gerade beim wildlebenden Tier treffen wir auf eine außerordentlich fein entwickelte Reflexbereitschaft, die derjenigen des Menschen vielfach überlegen ist. Dementsprechend sind gewisse Sinnesorgane mit einer Spezialausrüstung ausgestattet, andere indessen deutlich vernachlässigt. Diese Sonderausbildung hat zur Unterscheidung von Nasen-, Gehör- und Augentieren, sowie von Tag- und Nachttieren geführt.

Die sog. *Instinkte* bedeuten ebenfalls Sondereigenschaften mit Unterschiedlichkeiten von Art zu Art und beherrschen eine Reihe lebenswichtiger Funktionen und Sicherungsmaßnahmen des Tieres. In der Domestikation, ganz besonders aber bei andauernder Stallhaltung bilden sich gewisse Instinkte nur mangelhaft aus. Wir beobachten manchmal in seinen ersten Lebenstagen, daß das Pferdefohlen nicht ohne Beihilfe des Menschen imstande ist, seinem ersten Instinkt nach dem Milchquell zu folgen. Der Instinkt als solcher besteht bei ihm, aber gewisse Umwelteinflüsse, z. B. Mangelstörungen behindern es (Beinschwäche) in der Ausübung der instinktmäßigen Direktive. Deutliche eigentliche Instinktverluste beobachten wir indessen bei alten Stallkühen, die nie gealpt wurden. Im Gegensatz hierzu zeigt das gealpte Rind eine sehr labile nervöse Abwehr- und Aktionsbereitschaft.

3. Habitus und Komplexion in ihren Beziehungen zu den wichtigsten Leistungen und Fähigkeiten der Säugetiere.

Was die wichtigsten Leistungen anbetrifft, können wir nur die domestizierten, in eigentlicher Prüfung der wirtschaftlichen Leistung stehenden Tiere berücksichtigen. Für die Selektion und die Beurteilung von Nutztieren, seien es Individuen oder ganze Rassenbestände, ergeben sich aus Habitus und Komplexion eine Reihe von Anhaltspunkten. Es wurde dargetan, daß die Habitusmerkmale nur fakultativ zuverlässig für eine Vorhersage physiologischer Leistungsfähigkeit und des inneren organischen Ausbaues seien. Ein äußerlich geprägter „Milchleistungstyp" braucht daher nicht bindend eine entsprechende Milchleistung zu garantieren. Eine Reihe körperlicher Merkmale der Milchleistung pflegen sich erst in der Folge der Leistungsbeanspruchung einzustellen und sind deshalb mehr als körperliche Verbrauchssymptome, als Folgen der Leistung, anzusehen. Es sind gerade bei der Milchleistung diejenigen Tiere die widerstandsfähigsten, welche bei hoher Dauerleistung eine wenig ausgesprochene „Milchleistungs*form*" erkennen lassen. Der extrem betonte Leistungstyp ist demnach hier als jene Grenze anzusehen, die zur eigentlichen Leistungsdegeneration hinüberleitet. In der Domestikation ist durch Steigerungsfaktoren und besondere Haltungsmaßnahmen die Milchleistung von einer kurzfristigen und quantitativ minimalen auf eine Höhe hinauf geschraubt worden, die an die Gesamtkonstitution sehr hohe Anforderungen stellt. Sie stellt eine eigentliche Konstitutionsprüfung dar. Wir beobachten in der Selektion einseitig für die Milchleistung geeigneter Individuen und Familien, daß manchmal das Milchtier die normale Einschaltung der so notwendigen Trockenperiode vor der Geburt nicht mehr verträgt. Der Milchfluß versiegt nicht einmal an jener Grenze, die in der Domestikation die Norm geworden ist, in welcher das Tier Gelegenheit bekommt, seine aufgebrauchten Mineralstoffreserven wiederum auf die arteigene Quote zu bringen. Solche Tiere müssen, damit sie nicht euterkrank werden, durchgemolken werden. Es ist schon eine Reihe von Merkmalen und physiologischen Leistungen der Haussäugetiere bekannt, welche einerseits in ihren Quantitäten und Qualitäten, andererseits durch die Begleitschaft von Verbrauchssymptomen oder umgekehrt in deren Ausbleiben auch bei hoher Leistung für die Konstitutionswertung bedeutungsvoll geworden sind. So die Frühreife, die Dauermilchleistung, die Mastleistung, Fruchtbarkeitsleistung u. a. m. Insbesondere sind es die Milchleistung und die Fruchtbarkeitsleistung, die als eindrucksvolle Belastungsproben der Konstitution von Rassen und Individuen anzusehen sind. Mit rasse-relativ höherklimmenden Leistungen und Anforderungen steigt der Futter- und der Pflegeanspruch und vielfach wird damit einhergehend eine Anfälligkeit für gewisse Infektionskrankheiten beobachtet, insbesondere die Tuberkulose. Wir sehen im allgemeinen die Morbidität der Organe parallel mit der Beanspruchung zunehmen. Es zeigt sich ferner, daß durch die manchmal mit allen verfügbaren Mitteln, auch Drogen, gesteigerte Milchleistung die konstitutionell positiv zeugende Fruchtbarkeitsleistung gefährdet wird. Dies ist namentlich bei einseitiger Stallhaltung und insuffizienter Fütterung der Fall, weil der Körperhaushalt genötigt wird, Einsparungen zu machen. Die Zunahme von Merkmalen der Leistungsdegeneration, der Empfindlichkeit gegenüber Mineralstoffunterangeboten, der sog. Zuchtseuchen, der mannigfaltigen Fruchtbarkeitsstörungen im Zusammenhang mit der Selektion von Stallhaltungstieren wird namentlich in den Gebieten der eigentlichen Abmelkwirtschaften nachgerade zur eigentlichen Rassengefahr. Dagegen ist eine hohe Milchleistung durch mehrere sich folgende Lactationen hindurch bei ungestörter Fruchtbarkeit und fortbestehender Gesundheit und Widerstandsfähigkeit gegen Infektionskrankheiten, im Familienkreise sich wiederholend, der züchterisch zuverlässigste

Ausweis einer positiven Konstitution. Die enorme Milchleistung (Rekorde) hat manchmal eine derartige Hypertrophie des Euters zur Grundlage, daß das Tier nicht einmal mehr normal gehen kann, es ist zur Milchmaschine geworden. Bei extremer Frühreife und ebensolcher Mastfähigkeit besteht zumeist eine erbliche Fettsucht.

Um die Frage der konstitutionellen Leistungszeichen am Haustier weiter zu klären, bedarf es einer darnach gerichteten konstitutionsanatomischen und -histologischen Untersuchung am lebenden und toten Leistungstier. Andererseits sind Ergebnisse über Körperbeobachtungen von Tieren aus nachweisbaren Leistungsfamilien im jugendlichen Alter, also vor erfolgter Spezialleistung beizuziehen, um entscheiden zu können, inwieweit die Konstitutionsbeurteilung eine präsumptive Leistung voraussagen kann und inwieweit die sog. Leistungsabzeichen, wie z. B. die Milchleistungsabzeichen, sich erst in der Hochleistung oder nach derselben einstellen.

Die Untersuchungen von ZIMMERMANN an der Simmentaler Rekordkuh Ruca 18, deren Milchfluß in ihrem 11. Lebensjahr versiegte, haben einige neue Anhaltspunkte gebracht. Das Lebendgewicht dieser Leistungskuh betrug im 7. Altersjahr 748 kg, im 11. noch 690 kg. Innerhalb dreier Lactationsperioden, in 1066 Tagen lieferte Ruca insgesamt 36985 kg Milch mit 1383,2 kg Fett. Als ihre Maximalleistung sei die Produktion von 15897 kg Milch mit 588 kg Milchfett in 365 Tagen erwähnt, sowie eine maximale Tagesergiebigkeit von 53,8 kg Milch. Leider fehlen Angaben über die Fruchtbarkeitsleistung. Die Sektion ergab folgende für unsere Zwecke verwertbare Einzelergebnisse: Die Hypophyse war auffallend groß, 24mal 16 mm und 6,5 g schwer (Normalgewicht nach TRAUTMANN 1,5—5,5 g). Infolge der sehr lang gestalteten Wirbelkörper war die Wirbelsäule sehr lang, ihre Gelenk- und Muskelfortsätze, namentlich die Dornfortsätze, waren stark und prägnant. Das Schulterblatt erwies sich als sehr breit, das Beckenskelet geräumig, wobei alle Knochenenden und Muskelansatzstellen deutlich markiert und lang waren. Das gleiche ist von den Extremitätenknochen zu sagen. Der ganze Knochenbau war durchaus kräftig, zeigt demnach keine leistungsdegenerative Anzeichen. Die Lunge erreichte mit 5000 g ein Maximalgewicht, wenn mit den SCHNEIDERschen Normalwerten von 2990—4900 g verglichen wird. Es entspricht dies durchaus dem Typus respiratorius, nicht aber dem vielfach irrtümlich zum Vergleich herangezogenen humanen Typus asthenicus.

In der Tierzucht gelten heute als *allgemeine Merkmale einer negativen Konstitution:*

Geringes Akklimatisationsvermögen.

Empfindlichkeit gegenüber Temperaturschwankungen, Temperaturextremen, Witterungseinflüssen und -umschlägen, Fütterungsumstellungen und -qualitäten, Lichteinflüssen.

Leistungsempfindlichkeit (z. B. Zurückgehen der Fruchtbarkeit bei hoher Milchleistung des Rindes).

Widerstandsschwäche gegenüber gewissen Infektionskrankheiten, insbesondere Tuberkulose, Brucella Abortus Bang, Streptokokkenmastitis, usw.

Empfindlichkeit gegenüber Mineralstoff- und Vitaminunterangeboten, sowie Giften.

Schwächen der Fortpflanzung.

Subnormale Entwicklungsfreudigkeit.

Vorzeitiges Altern.

Alle diese Negativanzeichen sind zwischen Rassen und Individuen relativ vergleichend zu werten.

Beim Wildtier fallen uns ganz andere Zusammenhänge bezüglich Habitus und Komplexion auf. Seine Leistung besteht darin, im Daseinskampf zu bestehen (Nahrungsgewinnung und Abwehr von Feinden, Klimaanpassung) und sich fortzupflanzen. In diesem Zusammenhang dürfen wir uns ihre Ausrüstung für den Angriff (Raubtiere) und die Verteidigung ansehen und auch zeigen, wie manchmal bei sich sehr nahestehenden Artgenossen durch konstitutionelle Vorteile gewichtige Überlegenheit entsteht. Ein derartiges Beispiel ergibt sich

aus der Gegenüberstellung von Haus- und Wanderratte. Letztere besitzt Raub-
tiercharakter. Da sie besser schwimmt und taucht, kräftiger und zäher ist,
muß die erstere stets weichen, wo die Wanderratte auftritt. Und trotzdem haben
sie beide fast gleiche Lebensgewohnheiten. Auch Waldmaus und Hausmaus
sind Feinde. Joh. v. Fischer hat im Zahlenverhältnis von 4:1 Haus- und Wald-
mäuse zusammengesperrt, wobei die ersteren innerhalb 8 Tagen vollständig auf-
gerieben wurden.

4. Peristatische und parastatische Momente modifizieren die Konstitution.

In der Tierhaltung sind Beispiele von solchen Haltungsmaßnahmen, welche
den Komplexionshabitus und eventuell indirekt die äußere Erscheinung beeinflussen, recht zahlreich. Wohl am einschneidendsten vermag dies durch die
Ernährung zu geschehen. Eine allgemein ungenügende Nährstoffversorgung
eines trächtigen Muttertieres bewirkt Einsparungen im Gesamtrahmen der
Frucht. Aus den Erhebungen Blunschys über die Körpermaße von Milchlei-
stungstieren der schweizerischen Braunviehrasse geht hervor, daß ein Geburts-
jahrgang im ausgewachsenen Stadium bezüglich seines körperlichen Gesamt-
rahmens durchschnittlich eine deutliche negative Abweichung gegenüber anderen
Jahrgängen zeigte, weil das in der Tragzeit den Muttertieren verabreichte
Raufutter aus schlechter Ernte stammte.

Vielfach sind außerdem diesbezügliche Beobachtungen mit Schweinewurf-
geschwistern angestellt worden, wobei der eine Proband lediglich das Inanitions-
futter bekam und sich in der Folge zum Kümmerling entwickelte. Das Lebendgewicht eines solchen betrug 14,5 kg, dasjenige des normal entwickelten
Wurfgeschwisters 55 kg (Nathusius). Die Abhängigkeit der normalen Skelet-
entwicklung von einem bestimmten quantitativen Verhältnis von Ca und P hat
sich auch beim Tier in den letzten Jahren einigermaßen abklären lassen, wobei
als Dritter im Bunde das Vitamin D als Regulations- bzw. Steuerungsfaktor im
Bedarfsfalle mit eine Rolle spielt. Der Einfluß der Vitamine auf Entwicklung und
Funktion ist beim Tier nicht minder deutlich als beim Menschen. Eine Reihe
von Klimafaktoren wirken außerdem mit. So macht sich das Licht als Aktivator
gewisser Vitaminvorstufen bemerkbar. Die Abhängigkeit des Futterwuchses
vom Klima wirkt sich wiederum indirekt auf das herbivore Tier aus. Das Klima
selbst ist in seinen Variationen ein Selektionsfaktor großen Stiles, namentlich
durch die Temperatur . Pigmentierte Schweine, rote oder schwarze, können dem
an ultravioletten Strahlen reichen Höhenklima bedenkenlos ausgesetzt werden,
indessen gewisse unpigmentierte Kulturrassen, wie das Edelschwein oder das
veredelte Landschwein, schon nach relativ kurzer Einwirkungsdauer des Sonnen-
lichtes sich ausgedehnte Hautverbrennungen zuziehen. Sie dürfen deshalb zu
Beginn der Alpungszeit nur kurze Zeit geweidet werden.

Ferner kommt der mechanischen Übung bezüglich der körperlichen Entwicklung der Tiere ebenfalls große Bedeutung zu. Eine dauernde Stall- oder
Gefangenhaltung bewegungsgewohnter Arten bedingt beispielsweise, daß sich
die Thoraxweite nur gering ausdehnt. In engen Gehegen oder aber solche in
sog. open pens oder open runs gehaltene Silberfüchse zeigen Umfangsunterschiede
des Thorax von durchschnittlich 2—5 cm. Bei stets im Stalle gehaltenen Rindern
bleibt der Thoraxumfang ebenfalls unterdurchschnittlich, da bei einer solchen
Haltung mit geringstem Lebensraum die Lungen nur zu kleinsten Exkursionen
veranlaßt werden. Dies ist eine der Hauptursachen, daß bei den stallgehaltenen
Kulturrassen die Lunge zum eigentlichen Locus minoris resistentiae der Tuberkulose gegenüber geworden ist.

Die durch den Züchter und Tierhalter getätigte Selektionsweise ist ein
Beeinflussungsmoment geworden, das sich auf die Konstitution von Rassen und

Familien einschneidend ausgewirkt hat. Der Züchter hat es in der Hand, eine bestimmte Habitusform zu verallgemeinern oder auszumerzen und derart die Prägnanz von Rassen und Familien zu festigen und zu verschieben.

Schließlich werden in der landwirtschaftlichen Nutztierhaltung eine Reihe chirurgischer Operationen vorgenommen, die beim Tier umformende Konsequenzen herbeiführen. Zur Erzeugung von Wallachen werden Pferdehengste kastriert, wie auch aus wirtschaftlichen Gründen das Bullenkalb zum Ochsen gemacht wird. Je früher dieser Eingriff erfolgt, desto weniger deutlich stellen sich die spezifischen Merkmale des männlichen Habitus ein. Es entwickelt sich vielmehr ein Intermediärtypus aus. Beim Schwein werden sowohl Jungeber wie Jungsauen aus wirtschaftlichen Gründen kastriert, weil solche Kastraten eine bessere Masteignung erlangen und der männliche Frühkastrat im Fleische keinen Ebergeruch trägt. Bei der Totalexstirpation der Thyroidea, wie sie etwa zur Erlangung sog. Basedowziegen ausgeführt wurde, stellten sich sehr bald die Folgen des Hormonausfalles ein (Struppigwerden des Haarkleides, zunehmende Stupidität, Nachlassen des Milchflusses). Die Kastration der Milchkuh drängt sich etwa auf, wenn bei notorischer cystöser Entartung und anderen degenerativen Vorgängen im Ovarium dauernde Sterilität oder auch die sog. Brüllerkrankheit sich einstellt. Es kann dadurch in vielen Fällen der Milchfluß wieder gesteigert, zum mindesten aber für einige Zeit noch auf einer gewissen Höhe gehalten werden.

5. Konstitutionsmerkmale im Senium der Säugetiere.

Grobmorphologisch beobachten wir beim alternden Tier insbesondere den Schwund der Muskelsubstanz. Mehr oder weniger nimmt der Gesamtkörperrahmen im fortschreitenden Senium ab. Außerdem wird eine Reihe von Vorgängen in der Pigmentbildung sichtbar, die sich zum Teil am Körper allgemein oder aber in charakteristisch lokaler Beschränkung abspielen. Beim Pferd treten die sog. Altershaare zuerst auf den Augenbogen, später auf der Stirn und noch später auf dem ganzen Gesichtsteil auf. Solche Änderungen in der Pigmentation variieren sehr je nach Gattung, Art und Rasse. Beim Pferd unterscheiden wir eine besondere Färbung der „veränderlichen" Schimmel im Gegensatz zu den „unveränderlichen". Sie werden dunkel geboren. Je mit dem Haarwechsel werden sie heller, d. h. es wird zonenmäßig immer weniger Pigment an die Haare abgegeben. Sie präsentieren sich zuerst bildlich als Apfelschimmel, dann als Forellen- und Fliegenschimmel oder werden schließlich gänzlich weiß. Diese Entwicklungsreihe ist vollständig genetisch bedingt.

Das Bild der alternden Konstitution ist namentlich beim Hund eingehend verfolgt worden. Es tritt Abnahme des Temperamentes ein, die Sinnespotenzen gehen zurück, so daß z. B. beim Jagdhund allgemein die Prognose gilt: 3 Jahre jung, 3 Jahre gut und 3 Jahre alt, sozusagen eine jagdtechnische Konstitutionswertung dieser Kategorie Hunde, die allerdings nur grosso modo aufzufassen ist.

Das Altersgrauen der Hunde setzt zuerst seitlich an den Oberlippen und auf den Backen ein. An regenerationstüchtigen Organen werden Alterserscheinungen am deutlichsten sichtbar: Keimdrüsen, reticuloendotheliales System und zwar sowohl Zellen wie auch intracelluläre Bestandteile, dann auch in der Haut (MÖLLENDORFF). Ferner weist auch das Gebiß, das ja in erster Linie für die Altersschätzung herangezogen wird, die Alterszeichen auf. Beim alternden Hund wird die Haut derb, das Haar dumpf und die Hautnerven sind manchmal bis zur regionalen Unempfindlichkeit abgestumpft.

Die sog. Alterstumoren sieht man bei Rüden häufiger als bei Hündinnen (BECK), indessen bei der Hündin vielfach Mammasarkome in Erscheinung treten. In der Umgebung der Augen stellen sich mit zunehmendem Alter je nach Rasse immer mehr Falten ein. Faltenbildungen der Haut nehmen überhaupt zu. Der alte Hund ist nicht mehr freßlustig, hat aber mehr Flüssigkeitsbedürfnis (Sand).

6. Kondition als zeitweilige Befähigungsform.

Die *Kondition als stark wandlungsfähiger körperlicher Zustand* zeigt beim Säugetier ebenfalls seine große Abhängigkeit von bestimmten Haltungsmaßnahmen, vor allem von der Ernährung und der Übung.

Wir kennen eine sog. Leistungskondition als eine Befähigungsform für die Leistung ausgesprochen wirtschaftlicher Produktion. In der Rennkondition des Pferdes haben wir dessen individuelle optimale Leistungsbereitschaft für die Geschwindigkeitsleistung. Sie steht im Zusammenhang mit der Rasse, mit der Leistungsabstammung, dann aber namentlich mit dem Training, der Art und Dauer desselben, mit der spezifischen Ernährungsweise und sie wird gelegentlich auch noch weiter zu steigern versucht durch die Verabreichung gewisser Drogen (sog. Doping). Beim Rind unterscheiden wir die Deckkondition des Stieres, andererseits die Mastkondition, die beide miteinander nicht vereinbar sind. Die Milchkuh steht in Melkkondition, wenn sie durch die Haltung und eine besondere Kraftfutterernährung auf höchste individuelle Milchleistung geschraubt wird. Jedes Nachlassen der auf maximale Leistung gerichteten Haltung und Fütterung verändert die Kondition und damit die Leistungshöhe. Sehr verderblich für die Rassenzucht hat sich die sog. Ausstellungskondition ausgewirkt. Beim Rind ist es zumeist ebenfalls eine Mastkondition. Sie wird aber auch etwa mit kosmetischen Handgriffen ergänzt, wie dies namentlich in der Hundeausstellung vorkommt, alles Vorbereitungen, die dem Tier zu einer höheren Rangstellung verhelfen sollen. Von diesen Leistungskonditionsformen abgesehen sei auch die Hungerkondition erwähnt. Falls sie nicht zu lange bestanden hat, kann sie durch angemessene Nahrungszufuhr behoben werden.

Alle Konditionsformen sind demnach in erster Linie von der Ernährung, dann von der leistungsgerichteten Übung abhängig.

7. Widerstandsvermögen der Säugetiere gegenüber der Leistungsbeanspruchung, den Infektionskrankheiten und Giften; die Immunität und das Seuchenproblem.

Die Leistungsprüfungen unserer Haustierrassen sind zu eigentlichen Konstitutionsprüfungen geworden. Es hat sich dabei gezeigt, daß namentlich bezüglich der Milchleistungsbeanspruchung und deren Folgen zwischen Rassen, Familien und Individuen sehr weit gehende Unterschiede bestehen. Die auffälligste Folge der Überbeanspruchung nach dieser Richtung sind das Zurückgehen der Fruchtbarkeit und das sich steigernde Pflegebedürfnis. Ferner treten im Skelet und in der Muskulatur deutlich Abbaumerkmale zutage. Erst in familiärer Häufung durch eine Reihe von Generationen erweist sich bei hoher Milchleistung und gleichbleibender Fruchtbarkeit die konstitutionelle Zuverlässigkeit.

Als Beispiel diene die Kuhfamilie „Hauptmann" (schweizerisches Braunvieh), welche 18 weibliche Herdebuchtiere umfaßt. Alle erreichten ein Alter von über 10 Jahren und erhielten das Fruchtbarkeitsabzeichen, d. h. sie kalbten innerhalb 8 Jahren mindestens 6mal. In etwa 55 Zuchtjahren haben diese Familientiere 50 Kälber geworfen und stets eine relativ zur Rasseleistung sehr gute Milchergiebigkeit bewiesen (Herdebuchstelle für das schweizerische Braunvieh).

Über die Leistungsfähigkeit des Pferdes orientiert das Beispiel des in der argentinischen Pampa aufgezogenen Inzestproduktes „Olvido Cardal" (Champion an der argentinischen Nationalausstellung 1922). Der Berichterstatter, Emilio Solanet, betont, daß diese Pampapferde aus natürlicher Selektion hervorgehen und bei härtester Haltung zu einer außerordentlichen Muskelstärke, Ausdauer und Zähigkeit gelangen.

SOLANET lieferte dem Schweizer TSCHIFFELY zwei Kreolenpferde für den Ritt von Buenos Aires nach Washington (in 900 Tagen 9600 Meilen; im nördlichen Peru eine Hundertmeilen-Tour ohne Wasser und Futter). Beide Pferde waren je 17 Jahre alt. Diese Widerstandsfähigkeit der Kreolenpferde wird dem Umstande zugeschrieben, daß arabische und Berberpferde ihre Ahnen waren. Mit einem 14jährigen Pferd aus der gleichen Zucht legte der Ingenieur Abelardo Oiavano 14 Tage lang je 50 Meilen zurück. Das Araberpferd „Crabbet" (U.S.A.) brachte in 5 Tagen, d. h. in einer Laufzeit von 49 Stunden und 4 Minuten 310 Meilen hinter sich und kam in bester Kondition an.

Ausdauer, Zähigkeit und Genügsamkeit sind die ausgesprochenen Rasseneigentümlichkeiten orientalischer Pferderassen, die auch in Kreuzungen mit anderen Rassen zur Geltung gelangen und vielfach züchterisch verwendet wurden.

Lebenszähigkeit und Heilvermögen bei schweren Schußverletzungen sind bei wildlebenden Tieren in besonders hohem Grade vorhanden. ZEDTWITZ erlegte einen 14—15jährigen Gemsbock, der die Narben von 6 Durchschüssen von Spitzmantelgeschoßen aufwies, „darunter je zwei durch die Lungen und durch die Eingeweide". Ein Stalltier hätte ein solches Trauma kaum überlebt.

Sehr unterschiedlich ist das Verhalten der verschiedenen Tierspezies gegenüber *Giften* tierischer, pflanzlicher und chemischer Art. So sind z. B. Festigkeiten verschiedenen Grades gegenüber dem Schlangengift bekannt. Für das Schaf sind Hahnenfuß, Wolfsmilch, Zeitlose, Schachtelhalm, Fettkraut und Binse giftig, indessen die Ziege die Wolfsmilch, das Schellkraut, den Seidelbast, den Schierling und die Hundepetersilie weitgehend verträgt (LINNÉ).

Säugetiere sind im allgemeinen sehr empfindlich für Blausäure und gewisse Alkaloide (Aconitin, Nicotin, Strychnin). Ein Pferd erliegt der Gabe von $^1/_4$ mg Tetanotoxalbumin. Für Morphin, Atropin und Hyoscin ist im allgemeinen das Säugetier weniger empfindlich als der Mensch. Es treten auch bezüglich der chemischen Gifte Empfindlichkeitsunterschiede bei den verschiedenen Tiergattungen zutage. Ruminanten sind empfindlich für Metallsalze, wie Calomel und andere Hg-Verbindungen, sowie Blei. Unterschiedlich ist auch die Wirkung von Chloroform. Nach BREHM verträgt der Elefant geradezu ungeheuere Mengen davon, wie auch von Strychnin und Blausäure. Um eine einstündige Narkose zu erhalten, benötigte im New Yorker Zoo ein Nashorn 900 g Chloroform und 200 g Äther. Dem Igel ist eine besondere Verträglichkeit für Cantharidin eigen, indem er davon 3000mal mehr zu sich nehmen kann als der Mensch. Das gleiche Tier verträgt auch 40mal mehr Viperngift als das Meerschweinchen (PHISALIX-BERTRAND). Zu beachten ist schließlich die Empfindlichkeit der Feliden gewissen Cresolen gegenüber. Bei gleichbleibender Dosierung ist i. a. die Giftwirkung um so kleiner, je größer das Tier ist; sie nimmt auch mit zunehmendem Alter ab.

Die Immunität und das Seuchenproblem vom konstitutionellen Standpunkt aus. Wir beobachten in den Tierklassen unterschiedliche Empfänglichkeit sowohl der künstlichen wie auch der spontanen Infektion gegenüber und zwar im Versuch mit gleichen lebenden Erregern. Die Gruppe der Fleischfresser verhält sich nicht gleich wie diejenige der Pflanzenfresser. Nach HAHN scheint es, als ob „fleischfressende Tiere im allgemeinen eine große Resistenz gegen Spontaninfektionen mit Bakterienarten besitzen, die bei Pflanzenfressern oder den von gemischter Kost lebenden Menschen Krankheiten erzeugen". Pflanzenfresser sind milzbrandempfindlich, indessen es einer künstlichen Infektion mit großen Dosen bedarf, um Hunde oder Ratten milzbrandkrank zu machen. Wenn Raubtiere zoologischer Gärten milzbrandkrank werden, so ist dies einer sehr massiven Infektion zuzuschreiben. Ein eigenartiges Verhalten bezüglich Tetanus zeigen gewisse Winterschläfer (z. B. Murmeltiere), die, wenn schlafend infiziert, keine Empfindlichkeit zeigen, dagegen aber im wachen Zustand (Billinger).

In der Tierzucht muß mit einer natürlichen Rassen- und individuellen bzw. familiären Resistenz gerechnet werden und zudem mit Unterschieden der Geschlechtsgruppen und Altersstufen. Bezüglich Rotlauf besitzen Yorkshireschweine und Wildschweine mehr Resistenz als andere Rassen. Die primitiven Rinderrassen sind weniger der Tuberkuloseinfektion verfallen als die hochkultivierten und spezialisierten. Prettner infizierte Büffelkälber intravenös und intraperitoneal massiv mit Tuberkelbacillen. Doch zeitigte die Obduktion keinerlei tuberkulöse Affektionen, indessen die Kontrollkälber von Hausrinderrassen umfangreiche Veränderungen aufwiesen. In der Serienimpfung von Kaninchen mit Milzbrand wird die unterschiedliche Individualresistenz deutlich beobachtet, wobei sogar einzelne Tiere den Angriff zu überstehen vermögen. Im Kaninchenversuch zeigt sich auch der Unterschied der Altersdisposition, indem die Jungtiere frühestens vom 49. Lebenstag an die Bereitschaft der Antikörperbildung erkennen lassen (Ossinin).

Zudem macht sich auch die organspezifische Bereitschaft der Aufnahme bemerkbar, indem nach Besredka die Milzbrandinfektion beim Meerschweinchen nur gelingt, wenn sie die Haut trifft.

Schwankungen der natürlichen Resistenz gegenüber Infektionen unter dem Einfluß von Umwelteinflüssen machen sich in der Tiermedizin stark bemerkbar. Die Gegensätzlichkeit der Haltung (Stallhaltung oder weiter Lebensraum), die Regelmäßigkeit der Verabreichung von Vitaminen je nach Artbedürfnis oder aber deren Mangel sind vielfach die Ursache solcher Unterschiede der Resistenz bzw. Empfänglichkeit. Sie sind unter Umständen auch dazu angetan, die Grenzen zwischen der natürlichen und erworbenen Resistenz zu verwischen. Die Inanition hat bezüglich Verminderung der antibakteriellen Widerstandsfähigkeit durchaus nicht bei allen Tieren gleiche Wirkung. Das Kaninchen wird für Staphylokokken und Typhusbacillen durch Hunger weniger resistent (Pawlowsky, P. Th. Müller). Bei Hunden in Hungerkondition vermindert sich die bactericide Agilität des Blutes gegenüber Typhus- und Milzbrandbacillen (Meltzer und Norris, Rosatzin).

Es gibt Schafrassen, die bezüglich Milzbrand erheblich weniger empfänglich sind als andere. Die Pneumokokkenresistenz albinotischer Mäuse ist geringer als bei grauen, bezüglich Rotzbacillen ist es umgekehrt (Hahn). Bertarelli und Steinfeld haben bei albinotischen Kaninchen eine höhere Empfindlichkeit bezüglich Syphilisspirochäten beobachtet als bei pigmentierten. In Meerschweincheninzuchtfamilien lassen sich erhebliche Empfänglichkeitsunterschiede gegenüber der Tuberkuloseinfektion feststellen, was durch die Generationen hindurch verfolgbar ist (Wright und Lewis). Überhaupt bestehen bezüglich Verlauf der Tuberkuloseerkrankung und zudem auch der Tuberkulinempfindlichkeit bei Meerschweinchen ganz erhebliche individuelle Unterschiede. Die Erblichkeit der Resistenz hat namentlich durch die Versuche von Webster an Mäusen mit Mäusetyphusbacillen eine wichtige Beweisreihe erhalten. In der dritten Generation der Überlebenden betrug die Sterblichkeit nur noch 15%, bei den Kontrolltieren aber 70%. Gleichzeitig war mit dieser Widerstandsfähigkeit auch eine solche gegen Sublimat verbunden.

Ganz allgemein stellen sich die oben angeschnittenen Fragen im Seuchenproblem der Haustiere. Neben der sich deutlich vererbenden Resistenz spielt diejenige durch die „stille Feiung" erworbene eine ebenso wichtige Rolle; es ist

Infektionskrankheiten bei Menschen und einigen Säugetieren[1].

	Mensch	Rind	Ziege	Schaf	Pferd	Schwein	Hund	Katze	Kaninchen	Ratte	Maus
Lepra	+	−	−	−	−	+?	+?	+?	−	+	−
Typhus	+	−	−	−	−	−	−	−	−	−	−
Dysenterie	+	−	−	−	−	−	−	−	−	−	−
Cholera	+	−	−	−	−	−	−	−	−	−	−
Diphtherie	+	(+)	−	(+)	+−	−	−	−	−	−	−
Gonorrhöe	+	−	−	−	−	−	−	−	−	−	−
Influenza	+	−	−	−	−	−	(+)?	−	−	−	−
Keuchhusten	+	−	−	−	−	−	−	−	−	−	−
Masern	+	−	−	−	−	−	−	−	−	−	−
Scharlach	+	−	−	−	−	−	−	−	−	−	−
Weilsche Kr.	+	−	−	−	−	−	(+)	−	−	+	+
Syphilis	+	−	−	−	−	−	−	−	+	−	−
Schlafkrankheit	+	−	−	−	−	−	−	−	−	−	−
Malaria	+	−	−	−	−	−	−	−	−	−	−
Fleckfieber	+	−	−	−	−	−	−	−	(±)	(+)	−
Gelbfieber	+	−	−	−	−	−	−	−	−	−	−
Kinderlähmung	+	−	−	−	−	−	−	−	−	−	−
Menschenpocken	+	+exp.	−	−	−	−	−	−	+	−	−
Rauschbrand	−	+++	+	+	−	−	−	−	−	−	−
Rinderpest	−	+++	(+)	(+)	−	−	−	−	−	−	−
Virus-Schweinepest	−	−	−	−	−	+	−	−	−	−	−
Bornasche Kr.	−	+	−	+	+	−	−	−	(+)	−	(+)
Staupe	−	−	−	−	−	−	+	+	−	−	−
Psittakose	+	−	−	−	−	−	−	−	−	−	−
Milzbrand	+	+++	+	+++	+	+	±	±	−	−	+
Tuberkulose											
T. humanus	+++	(+)−	(+)−	−	(+)	(+)	(+)	+	+	−	−
T. bovinus	+++	+++	+++	+++	+	+++	+	++	++	+	+
T. avium	+	(+)	−	−	(+)	+	−	−	++	−	++
B. melitensis	+++	(+)	+++	+	−	−	+	−	−	−	−
B. Bang human.	+++	+	+	+	−	−	+	(+)	−	−	−
B. Bang bovin.	+	++	++	+	+	(+)	+	(+)	−	−	−
B. Bang porc.	++	+	+	−	−	+++	(+)?	−	−	−	−
B. paratyph.											
Schottmüller	+++	(∓)	−	−	∓	∓	−	−	−	−	−
Breslau	++	+++	+	+	+	+	−	−	+	−	−
Gärtner	++	+++	+	+	+	+	−	−	−	−	−
Suipestifer	+	(+)	−	−	−	+++	−	−	−	−	−
Rotz	++	−	(+)	(+)	+++	−	+	+	(+)	−	+
Rotlauf	+	−	−	−	−	+++	−	−	−	−	+
Welch-Fraenkel	+	+	+	+	+	−	−	−	−	−	+
Mal. Ödem	+	+++	+	++	++	−	−	−	+	−	+
Tetanus	++	+	−	−	+++	(+)	(+)	−	(+)	(+)	+
Botulinus	++	+	+	+	+	−	−	−	−	−	+
Pest	+++	−	(+)	−	−	−	−	(+)	+	+	+
Tierpocken	+	+	+	+	+	+	−	−	+	−	−
Aphthenseuche	+	+++	++	++	+	++	(+)	(+)	(+)	(+)	(+)
Wut	+	+	+	+	+	+	+++	+	+	+	+

oft die Frage, ob es sich um ererbte oder Durchseuchungsimmunität handle, bei den Rassen nur schwer zu entscheiden. Nach beiden Richtungen hin ist namentlich die Tuberkulose einläßlich in Beobachtung gezogen worden. Keine einzige Haussäugetierart wird von Tuberkulose gänzlich verschont. Während der Befall bei Hunden zu den Seltenheiten gehört, setzt ihm das Kulturrind einen fast sprichwörtlich gewordenen geringen Widerstand entgegen. Dies trifft in erster Linie für das hochgenutzte Stalltier der Milchrassen zu. Unter 1000

[1] Veterinär-Bakteriologisches Institut der Universität Zürich.

Tuberkulosefällen fanden sich nach den von Krupski und Zwicky zusammengestellten Fleischschaubefunden makroskopisch nur vier ohne Lungenaffekt. Die Lunge ist der Locus minoris resistentiae der bovinen Tuberkulose geworden. Einengung des Lebensraumes, Leistungsbeanspruchung bis und über die Grenzen der erblichen Leistungsfähigkeit und die im Stalle häufig gegebene vermehrte Exposition unterstützen die Verbreitung. In einem systematisch nach Zusammenhängen zwischen Stall und Krankheit untersuchten Bezirk in den Alpen, wo Tuberkulose beim Rind eine Seltenheit bedeutet, fanden sich nur 2 Tuberkulosebestände. Sie waren aber auch die beiden einzigen ohne Weide und Alpung. Ein Abmelkbestand der Niederung mit 130 Stück Vieh wurde 12 Jahre hindurch regelmäßig diagnostisch tuberkulinisiert und klinisch untersucht. Durch hygienische Maßnahmen konnte die Tuberkuloseverseuchung dieses Bestandes von 96% auf unter 20% herabgedrückt werden, trotzdem fast ausnahmslos mit reagierenden Tieren weitergezüchtet wurde. Die Aufstellung des Familiengitters und die Zusammenstellung von Familienstammbäumen hat nun, was diesen Bestand anbetrifft, die Tatsache gezeitigt, daß ein Tier dann tuberkulosefrei bleibt, wenn seine beiden Eltern ebenfalls tuberkulosefrei geblieben waren. Zwicky ist auf Grund dieser Beobachtungen der Ansicht Rautmanns, daß wohl eine spezifisch bovine Anfälligkeit für Tuberkulose bestehe, dagegen eine familiäre Resistenz. Ob nun hier die Vererbung der Widerstandsfähigkeit oder der Fähigkeit zur stillen Feiung besteht oder vorherrscht, bleibt weiter zu untersuchen. Bei den besonders in der Rinderzucht recht zahlreichen Probandenausfällen läßt sich der Erbgang zahlenmäßig selten zuverlässig abklären.

Eine andere sehr verbreitete Zuchtseuche, die Bruzellose, welche das vorzeitige Abstoßen der Frucht veranlassen kann, wird ebenfalls in dieser Richtung studiert. Es hat die Blutuntersuchung ganzer Bestände gezeigt, daß durchaus nicht alle Träger des Erregers abortieren. Wagner verwies auf Rassen und Herden, die bei starker Verseuchung doch nur geringe Verwerfungsfälle registrieren lassen. Nach den bisher vorliegenden noch unvollständigen Beobachtungen scheint hier eine erbliche Resistenz zu bestehen. Im Experiment wurde der Versuch von Warwick und Gildrow (zit. nach Scjaper) beim Kaninchen durchgeführt. Hier trat deutlich eine erbliche Veranlagung zur Widerstandsfähigkeit zutage, was indessen nicht den Schluß gleichen Verhaltens beim Rind zuläßt, immerhin die Möglichkeit erhöht.

II. Pathologische Konstitutionsformen und -merkmale.

Es wird hier das Entartungsproblem angeschnitten, soweit es sich um anatomische Abweichungen dreht, welche quoad vitam oder quoad functionem erheblich sind. Die Stufen vom noch funktionstüchtig veränderten Teil zum nicht mehr funktionsfähigen sind oft schwer erkennbar, so daß hier schon zum Teil die Normabweichung Erwähnung finden muß. Die Zahl der in der Intrauterinzeit erworbenen amniogenen Mißbildungen ist außerordentlich gering im Gegensatz zu den erbbedingten, also genpathologischen. Hierher gehören eine Reihe von Begleiterscheinungen der Domestikation und Gefangenhaltung, wo die produktions- oder nach Liebhaberei gerichtete Selektion mit der sie begleitenden besonderen Faktorenauswahl und den leistungsspezifisch gerichteten Haltungsmaßnahmen wirksam werden (Faktorenneukombinationen, Faktorenausfall und -verlust, Mutationen, namentlich Verlustmutationen). Dadurch kommen in der vom Menschen geleiteten Tierselektion eine Reihe abgeänderter Lebensformen unter den Tieren zustande.

Vielfach nehmen die erblichen Anomalien ihren Weg zum Soma über das endokrine System. Ein sehr eindrucksvolles Material in dieser Richtung hat

STOCKARD zusammengetragen. Seine Studien befaßten sich insbesondere mit jenen Mutationen bei Hunden, die sich störend auf die Wachstumssteuerung auswirken. Vergleichend mit anderen Hunderassen stellt STOCKARD den deutschen Schäferhund als normalen Wachstumstyp auf. Daneben stehen als Extremvariationen die Riesen und Zwerge, auf der einen Seite die deutsche Dogge, auf der anderen der Zwergpinscher. Als Ursache ihrer Bildung sind Funktionsstörungen der Hypophyse anzunehmen. Bei Hyperfunktion des Vorderlappens entstehen indessen disproportionierte Riesen mit stark betonter Akromegalie, wie dies bei Bernhardiner und Mastiff bezüglich Kopf und Pfoten zutrifft. Beim Bluthund besteht im Skelet durchaus kein abweichender Wachstumstyp, dagegen eine übermäßig umfangreich entwickelte Haut, wodurch reiche Faltung entsteht. Auch neben den absolut wohlproportionierten Zwergen treffen wir solche, die infolge Disharmonie im Zusammenwirken der Hypophysen-, Thyreoidea- und Parathyreoideainkrete auffallende Formabweichungen erfahren haben, wie z. B. die Chondrodystrophie bei Pekinesen und französischen Bulldoggen mit deutlicher Disproportion der Knochenlängen und zudem Exophthalmus. Es resultiert aber auch auf einzelne Körperteile beschränkte Chondrodystrophie, wie beim Boston Terrier, wo sie nur Schädel und Wirbelsäule beschlägt, beim Dackel und Basset hingegen nur die Extremitäten. Als nervös hyperthyreoide Rassen bezeichnet STOCKARD, dem wir hier folgen, den Brüsseler Griffon und den Black-and-tan-Terrier, den irischen Wolfshund als mikrocephale Rasse mit unverhältnismäßig kleinem Gehirn. Einige Gestaltungsänderungen sind in der Domestikation nicht von Belang, manchmal gar mit wirtschaftspositiven Vorteilen verbunden, würden aber dem Tier in freier Wildbahn zum Verhängnis werden (Albinismus, Hornlosigkeit). So sind Entartung und ihre Abstufungen demgemäß relativ zu messen. Daneben beobachtet man in der intensiven Nutzungshaltung, wie innerhalb von Rassen und Familien Schwächen zutage treten, die als Zeichen konstitutionellen Unvermögens, gewissen Hochanforderungen folgen zu können, anzusehen sind. Die Rassenzucht brachte zudem eine teils systematisch betriebene, teils ungewollte Inzestzucht mit ihren positiven und negativen Folgen mit sich.

Eine Gruppierung für die Besprechung der nicht lebensfähigen, der vermindert lebensfähigen und der mehr oder weniger unwesentlichen körperlichen Abweichungen stößt auf gewisse Schwierigkeiten, indem vielfach Kombinationen verschiedenorganischer Verbildungen am gleichen Tier auftreten. Es wird deshalb hier vorgezogen, nach Tiergattungen zu ordnen. Die für die Charakterisierung der Konstitutionspathologie des Tieres besonders prägnanten Fälle sollen eingehender zur Beschreibung gelangen (Reihenfolge: Gesamtkörper, Farbe, Haar, Haut, Rumpf und Extremitäten, Kopf, innere Organe, Geschlechtsorgane, Mangelempfindlichkeiten, usw.). Es sei hier ausdrücklich darauf hingewiesen, daß über die spezielle Erbpathologie der Säugetiere an anderen Stellen dieses Handbuches eingehend referiert wird und auch, daß die hier folgende Zusammenstellung lediglich eine illustrierende Auswahl darstellt.

Pferd. Eigentliche Zwergformen wurden noch vor 50 Jahren in Friesland gezüchtet. Zweijährige Fohlen hatten ein Widerristmaß von 117 cm. In der Domestikation ist der Akroalbinismus zu weiter Verbreitung gelangt. Als Farbdefekt ist die Glasäugigkeit finnischer Pferderassen erwähnenswert. Hautdefekte werden bei vielen Neugeborenen unserer Haustiere beobachtet (Epitheliogenesis imperfecta neonatorum, beim Fohlen an Hals, Kopf und Extremitäten, gelegentlich vergesellschaftet mit mangelhafter Hufbildung). Der „Einschuß" des Pferdes tritt deutlich familiär auf, und zwar insbesondere bei Nachkommen von Kreuzungen mit Marschpferden (WAGNER). Mauke (Fußekzem) und Warzen treffen wir beisammen bei belgischem, rheinischem und westfälischem Kaltblut, zurückführbar auf einen flandrischen Hengst. In den Zuchtbeständen der Percheron beobachten wir nicht selten Mauke und Raspe beieinander, indessen gleichgehaltene Warmblüter diese Hauterkrankungen nicht zeigen. Während beim Pferd im allgemeinen das Skelet ziemlich verschont geblieben ist, finden wir im Verein anderer Mißbildungen am Fohlen kongenitale Zehenkontrakturen (Bernard). Von großer Bedeutung ist der Befund betreffend Flachhuf, wie ihn Kaleff nach Durchführung von Züchtungsversuchen darstellt. Früher wurden stets Außeneinflüsse, wie nasse Weide, feuchtes Klima, eine zu starke Fütterung, usw. beschuldigt. Es hat sich nun herausgestellt, daß es sich um einen eigentlichen Erbfehler handelt.

Beim Pferd sind Gebißanomalien sehr zahlreich. Rupprecht hat bei 300 Tieren 50mal Mißbildungen des Gebisses festgestellt.

Das Kehlkopfpfeifen (Roren, Roaren) wird heute zu den echten Erbfehlern gezählt. Bei niederländischen Wagen- und Zugpferden konnte eine familiäre Häufung des Leidens konstatiert werden. Der Stamm des Hengstes Roland weist diesen Gewährsmangel zu 59% auf, jener des Agamemnon zu 21% (Lent).

Was den Darmtractus anbetrifft, ist die Atresia coli zu nennen, die eine bedenkliche Ausbreitung erfahren hat. Die Obduktion der stets nach Kolik eingehenden Fohlen stößt auf einen völlig unterentwickelten Teil von 80 cm Länge im Colon ascendens. Beobachtet wurde dieser wirtschaftlich schwerwiegende Mangel beim rheinischen Kaltblut, bei schweren Pferden französisch-belgischer Herkunft in Deutschland, Amerika, Japan, Ungarn, England und Schweden. Der Japaner Yamane ging der Sache nach und fand, daß 25 derart mißgestaltete Fohlen ingezüchtet waren auf einen 1886 aus Amerika nach Japan verbrachten Hengst. Vielfach treten gleichzeitig mit Atresia coli auch Gehirngliome auf (Nusshag und Yamane).

Auch der Leistenbruch des Pferdes tritt familiär auf.

Mißbildungen und Unterentwicklungen der Geschlechtsorgane kommen beim Pferd verschiedentlich vor. So meldet Ariess Zwitterfohlen mit Atresia vaginae, Levens den Pseudohermaphroditismus masculinus in beinahe typischer Form als beidseitiger Abdominalkryptorchismus mit Verkürzung des Penis und Hypospadie in familiärer Häufung. Letztere wird auch von Koch bezüglich des Oberländerpferdes in Bayern als bedenklich betont.

Zum Aufsehen hat auch das Vorkommen relativ dünnwandiger berstender Blutgefäße bei hochgezüchteten Pferden gemahnt. Anläßlich von Anstrengungen besonderer Art (Rennen) tritt Nasenbluten auf. „Dickkopf" wird eine besondere Art von Osteoporose bezeichnet, die erst im vorgeschrittenen Alter bei ponyartigen Pferden der Philippinen vorkommt. Sie wird „Dickkopf" genannt, weil im Gefolge schwer diagnostizierbarer Lahmheiten der Hinterextremitäten Schwellungen am Kopf eintreten (Gonzalez und Valente Villegas). Nach Koch werden im Gebiete des rheinisch-deutschen Kaltblutes immer häufiger Lahmheiten, verbunden mit Verdickungen der Extremitätengelenke beobachtet. Dabei bleiben bei gleicher Haltung und Weide einzelne Individuen von befallenen Beständen ganz gesund. Kronacher bezeichnet das Leiden als Erbkrankheit, die namentlich durch starke Fütterung der Junghengste gefördert wird. Die Krankheit hat sich schon in mehreren Hengstenfamilien eingenistet.

Rind. Was den Gesamtkörper anbetrifft, ist hier das Schistosoma reflexum zu nennen. Es kommt beim Rind von allen Haustieren am häufigsten vor, nur selten bei Ziege und Schwein. Doppelmißbildungen wurden bisher nur beim Rind und Schwein beobachtet.

Albinismus mit noch blauer Iris sehen wir hier und da bei Braunvieh; indessen wird eine schwarzbunte Kuh gemeldet, sowie eine ganze Herde in Texas mit auch roter Iris (Karstens, Lauprecht). Im Kaukasus sollen Rinderalbinos häufig sein.

Vollständige oder teilweise Hypotrichosis ist beim Kalb ein nicht seltener Letalfaktor, so beim schwarzbunten Niederungsvieh Südschwedens (Wriedt und Mohr), dann auch in der Jerseyrasse, wo Regan, Mead und Gregory zwei der wichtigsten Beleger als die Erbträger eruierten. Eisele hat die Hypotrichosis ebenfalls in einer schwarzbunten Niederungszucht beobachtet. Histologisch hat er eine außerordentlich starke Vermehrung der äußeren Deckzellen der Haut und Fehlen der Schweißdrüsen festgestellt. In der Herde wurde in großem Umfang Inzucht getrieben.

Das nächste Stadium, die Epitheliogenesis imperfecta neonatorum bovis, weist nach Hadley und Warwick, sowie Kroon und v. d. Plank wiederum das schwarzbunte Niederungsvieh auf. Ein subletales Gen bedingt Hautdefekte an den Extremitäten, am Maul, in der Maulschleimhaut, vielfach verbunden mit Verbildungen der Ohrmuschel und der Klauen. In Nordholland ließen sich alle beobachteten Fälle auf eine Herde zurückführen. In Wisconsin hat die Inzucht dabei stark mitgewirkt. Einer der bedeutendsten bisher beschriebenen Mängel bildet das sog. Bulldoggkalb. Innerhalb der irischen Kerryrasse entstand durch Mutation ein für die Fleischausbeute besonders wertvoller Typ, der als „Dextertyp" Anerkennung fand. Sobald man diesen Typ reinzuzüchten suchte, wurden etwa 25% der Produkte tot und achondroplastisch frühzeitig ausgestoßen (von Selimann schon 1904 beschrieben). Wriedt und Mohr beobachteten diese Kälber mit dem verkürzten „Bulldoggkopf", der Gaumenspalte und der ausgesprochenen Verkürzung aller Skeletteile ebenfalls beim Telemarkrind.

Das Skelet ist beim Rind vielfachen erbabhängigen Mißbildungen unterworfen, so z. B. Verkürzung des Unterkiefers, dann die Krummschwänzigkeit, Knick- und Drehschwänzigkeit bei verschiedenen Rassen, sodann die Akroteriasis congenita beim schwarzbunten schwedischen Niederungsvieh, wobei namentlich Extremitäten und Unterkiefer beteiligt sind, dann die Amputation von Extremitätenenden, ferner Gelenksankylosen. Unter „Elchkalb" versteht man jenes beim norwegischen oesterdalske Fjeldfé vorkommende, durch eine starke Verkürzung des Achsenskeletes elchähnlich gewachsene Kalb (Wriedt und Mohr). Ähnlich wie bei Ferkeln und Lämmern bestehen bei Kälbern etwa Muskelkontrakturen mit Steifheit der Extremitäten in unterschiedlicher Haltung und Torticollis.

Als Doppellendner werden Kälber mit enormem Fleischpolster auf Rücken, Lende und Hüften bezeichnet. Sie haben außerdem eine sehr feine Haut und einen schmächtigen Knochenbau, kurze Beine, zeigen Rachitisempfindlichkeit und vielfach (besonders weibliche) auch unterentwickelte Geschlechtsorgane.

Die Atresia ani wird von Grabherr auch beim Kalb beobachtet. Mißgebildete Teile des Geschlechtsapparates sind beim Rind nicht selten. Humer berichtet von einem Stier, dessen rechter Testikel verkümmert war. Dieser belegte 3 Rinder, die väterlicherseits gleicher Abstammung waren. Eines der Rinder warf ein Kalb mit Hydrocephalus, das andere mußte in der 31. Trächtigkeitswoche geschlachtet werden. Seine Frucht war ein 49 kg schweres Wasserkalb.

Bekannt ist ferner die Impotentia coeundi infolge Verkürzung des Afterpenismuskels, die mit eher negativem Erfolg zur operativen Korrektur gelangt.

Mißgebildete Spermien von Bullen und Hengst finden sich auch in durchaus gesunden Hoden häufig, mehrere Köpfe mit zusammen einem Schwanz, ein Kopf mit mehreren Schwänzen, mehrere Köpfe und Schwänze aneinander und veränderte Kopf- und Schwanzformen (Vollmar). In einer Holländerherde mit vielfacher Inzestzucht fanden Finley und Williams neben völliger Sterilität bei weiblichen Tieren eine gehemmte Entwicklung der Müllerschen Gänge. Schließlich beschreiben Richter und Gering periodisch auftretende tonisch-klonische Krämpfe bei Kälbern auslösbar durch Stoß, Schlag, Geräusch. Die befallenen Tiere sind zumeist nur wenige Tage lebensfähig. Organische Veränderungen konnten die Berichterstatter nicht finden.

Schwein. Bei keinem anderen Tier treffen wir derart vielseitig kombinierte Mißbildungen, wie beim Schwein. Mit dem Rinde hat es die Doppelmißbildung gemeinsam. Beim veredelten Landschwein gibt es Ferkel, die sich schon mit 3—4 Wochen durch ihr abnormes Fettbildungsvermögen und einen allzufeinen Knochenbau von den Wurfgeschwistern unterscheiden. Ihrer rundlichen Gestalt entsprechend werden sie „Bummels" genannt. Im Gewicht von 40—80 kg sind sie überfett, sie wachsen nicht mehr und gehen in diesem Stadium häufig ein. Ähnlich sind auch die sog. Speckferkel.

Hypotrichosis kommt beim Schwein ebenfalls vor, und zwar in Mexiko (Roberts und Caroll). Normalhaarig ist dabei unvollständig dominant über haarlos, heterozygotische Tiere weisen halb so viele Borsten auf wie normale.

Der „Ferkelruß", auch Pechräude genannt, zeigt sich klinisch als Hautekzem und ist nicht selten von katarrhalischen und asthmatischen Erscheinungen begleitet. Da nun vielfach nur Würfe bestimmter Sauen und darin auch nicht alle Wurfgeschwister erkranken, wird hier eine allergische Grundlage vermutet (Schäper).

Mißbildungen des Skelets und namentlich des Kopfes sind beim Schwein sehr zahlreich: Gaumenspalten kombiniert mit Polydaktylie beim deutschen Edelschwein (Schotterer). Koch und Neumüller berichten von einem mit dieser Mißbildung behafteten Eber, die er auf einen großen Teil seiner Nachkommenschaft übertrug, wobei nicht selten Kombination mit Atresia ani und Schwanzlosigkeit bestand.

Monodaktylie und Polydaktylie sind vielfach beobachtet worden (Ossent, Hughes). Am Kopf allein beobachten wir schon bei einigen englischen Schweinerassen erhebliche Verbildungen, die zum Rassetypus gehören. Nordby beschreibt sodann eine unvollständige Entwicklung des Neuraltubus in fünf reinrassigen Schweineherden, die zumeist letal wirkt. Der gleiche Autor weiß auch von einem Eber mit starker Reduktion der Ohrgröße zu berichten, die sich bei den Produkten in variabler Prägung und verschiedentlich auch mit anderen Kopfmißbildungen zeigte.

Cyclopie wie auch kongenitale Blindheit und Exophthalmus sind ebenfalls beim Schwein zur Beobachtung gelangt.

Ein subletaler Faktor bewirkt eine totale Paralyse der Beckengliedmaßen (Wriedt und Mohr), ein Letalfaktor eine Muskelkontraktur und Steifheit der Gliedmaßen (Hallqvist).

Die „Dickbeinigkeit", wie sie von Wenzler beschrieben wurde, zeigt wiederum die Häufigkeit der kombinierten Mißbildung. Bei der Dickbeinigkeit besteht starke Verdickung der Vordergliedmaßen, ausgegangen von einer Kreislaufstörung mit starken Wucherungen des Unterhautbindegewebes. Die Expressivität ist unterschiedlich, im Extrem mit ebensolchen Wucherungen an den Hintergliedmaßen. Als Kombination kommt die Atresia ani vor. Bei der Obduktion der zumeist kurz nach der Geburt umgestandenen Früchte wurden neben den Erscheinungen im Unterhautbindegewebe der Beine Verwachsungen des Gebärmutterhalses und entartete Ovarien festgestellt.

Eine besonders den Kopf beschlagende Mißbildung wird nach ihrem Hauptsymptom „Schnüffelkrankheit" genannt. Sie tritt bei unterschiedlichen Schweinerassen in Erscheinung.

Die ersten Anzeichen machen sich zumeist bei Absatzferkeln bemerkbar, seltener bei Saugferkeln. Im Wurf trifft es einzelne Tiere, selten den ganzen Wurf. Symptome: Heftiges Niesen, Reiben der Nase an Wänden, Gegenständen und an Wurfgeschwistern, tiefe Kopfhaltung. Nach einiger Krankheitsdauer tritt oft Nasenbluten hinzu. Blutiger Schleim verkrustet an den Tieren und ihrer Umgebung. Das Nasenbluten kann derart intensiv sein, daß die Ferkel vollständig abschwächen und zugrunde gehen. Einzelexemplare überstehen bisweilen den Krankheitsprozeß. Zumeist stellen sich im Krankheitsverlauf namentlich am Kopf Verbildungen ein, so Nasenverbiegungen nach oben oder der Seite, auch Auftreibungen des Oberkiefers. Die Nasen- und Nebenhöhlen haben sich verschoben, wobei es zu Sekret- und Eiteransammlungen kommt. Dadurch entsteht bei der Atmung ein schniefendes, schnüffelndes Geräusch. Der Eiterungsprozeß wird manchmal erheblich und führt zu Komplikationen, in erster Linie Pneumonien. Individuen, die sich bis zur Rekonvaleszenz zu behaupten vermögen, bleiben stets Kümmerlinge.

Der ganze Krankheitsverlauf und das Bild sind dazu angetan, eine Seuche vorzutäuschen. Die Schnüffelkrankheit wurde denn auch zumeist als Schweinepest diagnostiziert oder als Mangelstörung (TIEDGE).

Das Tiergesundheitsamt Königsberg erklärt die krankhaften Erscheinungen auf Grund umfangreichen Materials als typische Erbkrankheit (KRAGE). Die Erbträger, männlich oder weiblich, können phänotypisch durchaus normal sein. Die Einschleppung geschieht meist durch erbkranke Eber.

Als beim Schwein wesentlich seien noch erwähnt: Zwitterbildungen familiär auftretend (SCHNEIDER T.), der in zunehmender Zahl beobachtete Kryptorchismus und eine von FUNKQUIST beschriebene Belegungsunfähigkeit bei Zuchtebern der Schweinezuchtanstalt Fogelfors. Diese Impotenz entsteht durch (in zwei verwandten Linien vorkommende) lebensunfähige Spermien.

Schaf und Ziege. Am häufigsten werden bei beiden die Ohren von Mißbildungen betroffen, Ohrlosigkeit und Stummelohrigkeit (WASSIN, LUSH, KÄB). In Norwegen ist der Mangel gepaart mit Gaumenspalte, verkürztem total verwachsenem Unterkiefer und auch etwa Dreispaltung der Klauen gesehen worden. Wirtschaftliche Bedeutung kommt namentlich den „nackten Lämmern" zu, wie sie POPOWA-WASSIMA in einer Zuchtherde nahe Moskau beobachtete. Akroteriasis kommt beim Lamm ebenfalls vor (KROON und v. D. PLANK), wie auch Brunstschwäche und Brunstlosigkeit, Kryptorchismus (bei Merino précoces bis zu 30%) und Hermaphroditismus.

Hund und Katze. Wir finden hier wiederum eine Reihe schon erwähnter Mißbildungen. Zumeist tragen Albinos auf der Irisrückseite noch Pigment, nur die „Dondos" sind völlig albinotische Pekinesen (PEARSON und USHER). Die weißen englischen Bullterrier sind im Gegensatz zu grauen vielfach taub. Verkürzte Gesichtsteile sind bei verschiedenen Rassen typisch (Bulldogg, Pekinesen, teilweise auch Boxer, u. a. m.), wobei namentlich bei den Bulldoggen auch die Korkzieherrute als Verkümmerungsform besteht.

Mit der Homozygotie der Sprenkelungsanlage des norwegischen Hasenhundes sind eine herabgesetzte Lebensfähigkeit, Taubheit und Augenfehler in unterschiedlichen Graden verbunden (WRIEDT und MOHR).

Haarlosigkeit und Haarmangel treffen wir sowohl bei Hund, wie Katze, z. B. Chinesenhunde und Siamkatzen (LETARD).

Bei den kurzköpfigen Rassen sind Spaltmißbildungen des Daches und der Maulhöhle (Wolfsrachen, Hasenscharte, Nasenspalte) mehrfach beobachtet. Beim Skyterrier kommt eine Verengerung des Kehlkopfes vor. Erwähnenswert ist ferner der in skandinavischen Pointerstämmen auftretende graue Star, der auf den finnischen Pointer Lady of Gammelgoard zurückgeführt wird. Die Katarakt macht sich zumeist erst im 2. oder 3. Lebensjahr bemerkbar (Høst und Sveinson).

Kryptorchismus beim Rüden, Brunstschwäche und eine Hypertrophie der Vaginalschleimhaut der Hündin haben in der Hundezucht zu energischen Maßnahmen Anlaß gegeben. Kryptorchismus wird namentlich bei schwarzen Spitzen, sodann aber auch bei dem deutschen Boxer nicht selten angetroffen, nach Skoda beim Hund überhaupt zu 5%. Die erwähnte Hypertrophie der Vaginalschleimhaut beeinträchtigt die Zuchtfähigkeit erheblich. Sie zeigt sich nicht selten gerade in Familien mit Kryptorchismus und Spaltmonstrositäten (Koch, W.).

Schließlich muß noch die Eklampsie erwähnt werden, die fast ausnahmslos nur bei kleinen und kleinsten Hunderassen vorkommt. Rattler und Dackel sind besonders gefährdet (Benesch).

Kaninchen und andere Kleintiere. Bei der Albinomaus besteht vollkommener Albinismus, indessen die „japanische Tanzmaus" und die „lila Albinos" stets kleine Pigmentmengen besitzen. Bei gelben Mäusen hat Danforth eine erbliche Fettsucht beobachtet, wobei alle für das dominante Gelbgen heterozygotischen Individuen und ebenfalls die ein Gelbgen besitzenden Albinos enormen Fettansatz zeigten. Nachtsheim hat Schädel von Wild- und von Hauskaninchen auf Zahnanomalien hin untersucht und fand bei den ersteren solche nur zu 1,12%, bei den letzteren indessen 10,89%; gleichzeitig kam ein Japanerkaninchenstamm zur Beobachtung, welcher eine erbliche Prognathie des Unterkiefers aufwies. Der gleiche Autor berichtet über die sog. Schüttellähmung, eine Nervenkrankheit in einer Familie des deutschen Widderkaninchens, die in mehrfacher Hinsicht für die Forschung bedeutungsvoll ist.

Die ersten Symptome der sog. Schüttellähmung werden zumeist im Alter von 8 Tagen bemerkbar, Zittern und Schütteln des ganzen Körpers. In der Ruhe des Nestes setzt das Schütteln bisweilen aus. Sobald sich die kranken Tiere bewegen oder wenn sie berührt werden, beginnt es von neuem. Auch Laute vermögen das Schütteln auszulösen. Auch beim Saugen setzt es nicht aus. Solche Erscheinungen sind diejenigen des ersten Stadiums. Im zweiten Monat stellt sich eine progressive Paralyse der Nachhand ein und im dritten das dritte und letzte Stadium mit Lähmung der Extremitäten. Es handelt sich hier um eine typisch einfach recessiv mendelnde Nervenkrankheit. Es treten allerdings hier und da Krankheitsbilder von weniger prägnanter Form auf, die faktoriell noch abzuklären sind. Nach den Sektionsbefunden von B. Ostertag besteht eine Verödung in den Stammganglien des Gehirns.

In einer 12—13 Generationen ingezüchteten albinotischen Mäusefamilie haben Elizabeth Lord und Gates ebenfalls Schüttler entdeckt, d. h. solche mit schnell aufeinander folgenden Kopfzuckungen. Sie kreisen ebenfalls, aber nicht derart ausgeprägt, wie die japanische Tanzmaus.

Die Erbfehlerforschung befindet sich bezüglich der Tiere erst in ihrem Anfangsstadium. In der landwirtschaftlichen Nutztierhaltung ist der Probandenausfall erheblich, weil der Landwirt ihm anormal erscheinende Früchte meist beseitigt, ohne der Zuchtleitung Bericht zu erstatten. Dadurch wird die Beobachtung im Familienkreis sehr erschwert und der Erbgang unübersichtlich.

Das gleiche ist bezüglich der allergischen Konstitution zu sagen. Schäper hat erstmals die Tierkrankheiten nach dieser Richtung einer Durchsicht unterzogen und rechnet den oben erwähnten Ferkelruß, eine Reihe von Hautausschlägen, die im Anschluß an die Aufnahme bestimmter Futter auftreten, ferner die Nesselsucht, das Quinckesche Ödem und den Morbus maculosus des Tieres zu diesem Kreis. Da noch eine eingehende Abklärungsarbeit vonnöten ist, soll hier nicht weiter darauf eingetreten werden.

Schrifttum.

ARIESS: Zwitterfohlen. Münch. tierärztl. Wschr. 1936 I, 18. — ASHER, L.: Physiologie der inneren Sekretion. Leipzig. u. Wien 1936.

BENESCH, F.: Bericht über 100 Fälle von eklampsieähnlichen Erkrankungen beim Hund. Wien. tierärztl. Wschr. 24 (1937). — BERNARD, A.: Kongenitale Zehenkontraktur beim Fohlen. Münch. tierärztl. Wschr. 1937 I, 27. — BERTARELLI u. STEINFELD: Zur Frage der Superinfektion bei experimenteller Kaninchensyphilis. Klin. Wschr 1923 I, 446. — BLUNSCHY, M.: Die Körpermaße bei den Milchleistungskühen der schweizerischen Braunviehrasse. Diss. Zürich 1930.

DANFORTH, C. H.: Hereditary Adiposity in Mice. J. Hered. 17 (1927). — DUERST, J. U.: Grundlagen der Rinderzucht. Berlin 1931.

FINCHER, M. G. and W. L. WILLIAMS: Arrested development of Müllerian ducts associated with inbreeding. Cornell Veterinarian 16 (1926).

GÄRTNER, HEIDENREICH u. ZORN: Beiträge zur Konstitutionsforschung bei unseren Haustieren. Z. Züchtg 9 (1928). — GONZALEZ, B. M. and VALENTE VILLEGAS: Die Dickkopfkrankheit beim Pferd, eine erbliche Krankheit. J. Hered. 19, 4 (1928). — GRABHERR, A.: Atresia ani beim Kalb. Wien. tierärztl. Mschr. 12 (1936).

HADLEY, B. and BL. WARWICK: Inherited defects in live stock. J. amer. vet. med. Assoc. 70 (1927). — HADLEY, FR.: Congenital epithelial defects of calves. J. Hered. 18, 11 (1927). — HÄRTEL, J.: Die Vererbung des Kryptorchismus beim Hund. Z. Hundeforsch. 8 (1938). — HAHN, M.: Handbuch der pathogenen Mikroorganismen von KOLLE, KRAUS und UHLENHUT, Bd. 1, Abschn. 9. Jena 1929; ebendort zit. ALESSI, BILLINGER, BESREDKA, FINDLAY, GÄRTNER, KISSKALT, P. TH. MÜLLER, OSSININ, PAWLOWSKY, PHISALIX und BERTRAND, ROSATZIN. — HALLQVIST, C.: Ein Fall von Letalfaktoren beim Schwein. Hereditas (Lund) 18, 219—224 (1933). — HARMS, J. W.: Körper- und Keimzellen. Monographien Physiol. 9 (1926); ebendort zit. SAND. — HECK, L. u. M. HILZHEIMER: BREHMs Tierleben, Bd. X—XIII. Leipzig u. Wien 1930/33; ebendort zit. HENSEL, BILLARD, J. v. FISCHER, LINNÉ, PRZWALSKY. — HOGREVE, F.: Wesen, Wege und Bedeutung der Konstitutionsforschung für die landwirtschaftliche Tierzucht. Züchtungskde 12, 6 (1931). — HØST, P. u. S. SVEINSON: Erblicher Katarakt bei Hunden. Ref. Wien. tierärztl. Mschr. 24 (1927). — HUGHES, E. H.: Polydactyly in swine. J. Hered. 26, 10 (1935). — HUMER, A.: Ein schlechtes Züchtungsergebnis. Wien. tierärztl. Mschr. 24 (1937).

KÄB, E.: Erbliche Stummelohren der Ziege. Züchtungskde 9, 12 (1934). — KELLER, K.: Über das Entartungsproblem, mit besonderer Berücksichtigung des Standpunktes der Sexualbiologie (Intersexualität). Züchtungskde 3, 3 (1928); ebendort zit. SKODA. — KOCH, P.: Über Erbfehler in der Tierzucht. Z. Züchtg u. Züchtgsbiol. 6, 2 (1926). — Erbfehler. STANGWIRTHs Tierheilkunde und Tierzucht, Bd. 3. Berlin u. Wien 1927. — KOCH, P. u. O. NEUMÜLLER: Gesichtsspalten als Erbfehler beim Schwein. Dtsch. tierärztl. Wschr. 1932 I, 23. — KOCH, W.: Neue pathogene Erbfaktoren bei Hunden. Z. Abstammgslehre 70, 503 (1935). — Über einige praktisch bedeutungsvolle Erbkrankheiten beim Pferd. Münch. tierärztl. Wschr. 1936 I, 16. — KRAGE, P.: Das Auftreten der Schnüffelkrankheit bei Schweinen in Ostpreußen und deren Bekämpfung. Dtsch. tierärztl. Wschr. 1937 I, 8. — KRONACHER, C.: Zur Erbfehlerforschung. Dtsch. landw. Tierzüchtg 24, H. 3. — Vererbungsversuche und Beobachtungen an Schweinen. Z. Abstammgslehre 34 (1924). — KRONACHER, C. u. BÖTTGER: Konstitution. STANG-WIRTHs Tierheilkunde und Tierzucht Bd. 6. Berlin u. Wien 1932. — KROON, M. u. G. M. v. D. PLANK: Enkele sub-letalfactoren bij huisdieren in Nederland. Tijdschr. Diergeneskde 58 (1931).

LAUPRECHT, E.: Über die Vererbung körperlicher Merkmale beim Rinde. Züchtungskde 5, 6 (1930). — LEMPEN, H.: Messungen an Herzen von in verschiedener Meereshöhe aufgezogenen Kälbern. Diss. Bern 1916. — VAN LENT, C. C.: Das Studium der Blutlinien als ein Beitrag zur sog. Erblichkeit des Kehlkopfpfeifens. Diss. Bern 1932. — LETARD, E.: Die Vererbung des Charakters „nackte Haut" beim Hunde. C. r. Soc. Biol. Paris 103 (1930). — L'anomalie et la maladie considerées comme caractères éthniques. Festschrift DUERST. Bern 1936. LORD, ELIZABETH u. GATES: Schüttler, eine neue Mutation der Hausmaus. Amer. Naturalist 63, 688 (1929). — LUSH, J. L.: Earlessness in Karakull sheep. J. Hered. 21 (1930).

MOHR, O.: Letalfaktoren bei Haustieren. Züchtungskde 4, 3 (1929). — MOHR, O. u. CHR. WRIEDT: Hairlessness, a new recessiv lethal factor in cattle. J. Genet. 19 (1928).

NACHTSHEIM, H.: Schüttellähmung — ein Beispiel für ein einfach mendelndes Nervenleiden beim Kaninchen. Erbarzt 4 (1937). — NUSSHAG u. YAMANE: Über das gehäufte Auftreten einer Mißbildung am Fohlendarm. Berl. tierärztl. Wschr. 1925 II.

OSSENT, H. P.: Einhufige Schweine. Züchter (Lond.) 4 (1932).

PEARSON u. USHER: Albinismus bei Hunden. Biometrika 21 (1929). — POPOWA-WASSIMA, E. T.: A nacked lamb. J. Hered. 22, 3 (1931).

Rautmann, H.: Eine Studie über das Tuberkulosegeschehen mit besonderer Berücksichtigung der erbbiologischen Forschung und Folgerungen für die Rindertuberkulosebekämpfung. Berl. tierärztl. Wschr. 1935 I, 22. — Richter, J. u. K. Gering: Über erbliche Krämpfe bei neugeborenen Kälbern. Berl. tierärztl. Wschr. 1937 I. — Roberts u. Caroll: Die Vererbung der Haarlosigkeit beim Schwein. J. Hered. 22, 4 (1931).

Schäper, W.: Über todbringende Erbanlagen (Letalfaktoren) in der Schweinezucht. Z. Schweinezucht 42 (1935). — Konstitutionsforschung und Krankheitsbekämpfung. Berlin 1936. — Konstitutionelle Hauterkrankungen beim Pferd. Z. Züchtg 37, 3 (1937). — Schneider, T.: Ein Fall erblicher Zwitterbildung beim Schwein. 8. Jber. landw. Schule Langenthal 1930. — Schotterer, A.: Polydaktylie und Gaumenspalte bei deutschen Edelschweinen. Z. Züchtg 26 (1933). — Simpson, S.: The effect of thyreoidectomy on growth in the sheep and goat as indicated by body-weight. Quart. J. exper. Physiol. 68, 2 (1924). — Solanet, Emilio: Das Kreolenpferd. J. Hered. 21, 11 (1930). — Stang, V.: Die Bedeutung der Konstitutionstypen für die Tierbeurteilung und ein Vorschlag zur Benennung der Konstitutionstypen beim Rind. Berl. tierärztl. Wschr. 1935 I. — Stockard, Chr. R.: Die genetischen Grundlagen der inneren Sekretion und damit in Zusammenhang stehende abnorme Wachstumsformen bei Hunden. Ber. Kongr. Vererbungswiss. Ithaka 1932.

Tiedge: Schnüffelkrankheit der Schweine. Dtsch. landw. Tierzucht. 8 (1937). — Tuff, P.: Unfruchtbare Zwillinge beim Rinde. Festschrift B. Bang, Kopenhagen 1928; ebendort zit.: Lüer, Keller, Tandler, Lillie.

Vollmar: Mißbildungen der Spermatozoen besonders beim Bullen und Hengst. Diss. Leipzig 1934.

Wagner, H.: Familiäres Auftreten des Einschusses bei Pferden. Dtsch. tierärztl. Wschr. 1937 I, 3. — Wassin, B.: Ohrlosigkeit bei Schafen und Ziegen. Z. Abstammgslehre 49, 1 (1928). — Wriedt, Chr. u. O. Mohr: Amputiert, ein recessiver Letalfaktor beim Rinde. J. Genet. 20, 187 (1928). — Wright, S. and P. A. Lewis: Factors of the resistance of Guineapigs to tuberculosis, with special regard to inbreeding and heredity. Amer. Naturalist 55 (1921).

Yamane, J.: Über die Atresia coli, eine letale, erbliche Darmmißbildung beim Pferde und ihre Kombination mit Gehirngangliomen. Z. Abstammgslehre 46, 188 (1928).

Zedtwitz, F. X.: Die Gemse. Zbl. Kleintierkde u. Pelztierkde 13 (1937). — Zimmermann, A.: Konstitutionsanatomische Untersuchungen an einer Rekord-Elite-Milchkuh. Z. Konstit.lehre 18, H. 5.

Konstitution beim Menschen.

Von **E. Hanhart**, Zürich.

Mit 9 Abbildungen.

I. Konstitution und Vererbung

in ihren Beziehungen zur Pathologie lautet der Titel des kleinen Buches von
Fr. Martius (1914), das einen Markstein auf dem Felde der neueren Konstitutionswissenschaft darstellt, weil es die enorme Bedeutung der Mendelschen
Vererbungslehre für die Lösung der pathogenetischen Probleme voraussehen
ließ. Wenn seither von manchen *„konstitutionell"* mit *„ererbt"* gleichgestellt
wird, weil sich unerwartet weitgehende Anwendungsmöglichkeiten der an
Pflanzen und Tieren experimentell erforschten Erbgesetze auf krankhafte Merkmale beim Menschen ergaben, so lag dies keineswegs in Martius' Absicht,
der ein sehr feines Gefühl für sprachliche und begriffliche Unterschiede besaß.

„Konstitutionell" ist was sich gemäß unserer im allgemeinen Teil gegebenen
Definition derart anhaltend und gleichmäßig auswirkt, daß man annehmen
kann, es liege solch habitueller Reaktionsweise entweder die erbliche Veranlagung
oder doch ein sich im Verlaufe des weiteren Lebens nicht mehr erheblich änderndes
Moment zugrunde. Im ersteren Fall muß der Ausdruck durch die Bezeichnung
„hereditär" ersetzt, im letzteren jedoch beibehalten werden, da er immerhin
eine sehr wesentliche Charakterisierung eines gegebenen Zustandes vermittelt,
indem er aussagt, daß dieser „das Ganze betrifft".

Selbst wenn, wie z. B. bei der Friedreichschen *Ataxie* der Erbgang der
entsprechenden Anlage hundertfältig bewiesen ist, bleibt immer noch eine Reihe
von Konstitutionsproblemen zu lösen, so unter anderem die Frage, welche genetischen Beziehungen diese sog. Heredodegeneration zu anderen Erbleiden
unterhält. Als F. Basch (1930) eine Beobachtung von Zusammengehen mit
Diabetes mellitus meldete, konnte man dies noch für Zufall erklären, weniger
schon, nachdem auch F. Curtius, Störring und Schönberg miteinander über
die gleiche Vergesellschaftung dieser scheinbar nicht zusammengehörenden
Affektionen berichteten und auf das beiden gemeinsame Vorkommen des Bremerschen *Status dysraphicus* hinwiesen, welch letzterer in Form stark ausgeprägter
Trichterbrust usw. auch von meinem Schüler M. Cowen bei Vater und Sohn
mit Diabetes beschrieben werden konnte. Vollends überzeugt von der angegebenen Korrelation wurde ich freilich erst durch die Kenntnisnahme eines neuen
sicheren Falles von Kombination typischer Heredoataxie mit schwerer Zuckerkrankheit, wobei ein 18jähriger Bruder der betreffenden Patientin ebenfalls
Ataktiker — allerdings ohne bisher diabetisch zu sein — und die Mutter hochgradig fettsüchtig ist. Auf die große Bedeutung der Sicherstellung dieser Beziehungen für die von mir angenommene *zentralnervöse Pathogenese* des Diabetes
mellitus werde ich im Abschnitt über die Vererbung der Stoffwechselstörungen
noch näher eingehen. Hier lag es mir vor allem daran, ein überzeugendes Beispiel
für die große Wichtigkeit der Korrelationsforschung zu geben, in der ich mit
H. W. Siemens eine der aufschlußreichsten Methoden zur Bereicherung der an
gesicherten Tatsachen leider noch so armen Konstitutionslehre sehe.

Wie beim Diabetes mellitus haben wir es meist nicht mit 100%ig durchschlagenden Erbanlagen zu tun, und ebenso oft auch mit solchen, die klinisch recht verschiedenartig in Erscheinung treten, wie z. B. die Allergien.

Aber auch außerdem sind die vielfältigen und gegenseitigen Beeinflussungen von *Konstitution und Umwelt* viel mehr als dies bisher geschah klinisch und experimentell in Betracht zu ziehen.

Denn es gibt Zustände unzweifelhaft konstitutioneller, aber keineswegs erblicher Natur:

So wissen wir heute bestimmt, daß der *endemische Kretinismus* und *Kropf*, die als Prototyp einer „*Entartung*" galten, gar nichts mit Vererbung und damit echter Degeneration zu tun haben (J. Eugster). Trotzdem ist wenigstens für die Vollbilder, namentlich die sog. Zwergkretinen nicht bloß eindrucksmäßig, sondern auch mittels somatologischer Methodik ein *typischer Habitus* festzustellen (Hanhart-E. Zehnder), ein Beweis, daß auch eine erworbene Konstitutionsanomalie sich im Körperbau einheitlich auswirken kann.

Für den wahrscheinlich auch nicht erblich bedingten *Mongolismus* konnte bei gleicher Methodik (Somatometrie mit Auswertung der Ergebnisse in Frequenzpolygonen und Bestimmung der Typendifferenzen bezüglich der einzelnen Merkmale) keine ebenso weitgehende Übereinstimmung im Habitus gefunden werden (Hanhart-A. Zehnder).

Auf Grund vieljähriger Erfahrung als Erbforscher und praktischer Arzt habe ich den Eindruck gewonnen, daß die konstitutionellen Unterschiede zwischen Eltern und Kindern sowie einzelnen Geschwistern öfters derart sind, daß sie nicht wohl allein oder gar nicht auf die ererbte Veranlagung bezogen werden können. Dies gilt namentlich für solche Fälle, die entweder ganz vereinzelt innerhalb einer größeren Geschwisterschaft oder aber gleich bei fast allen von deren Gliedern auftreten. Die zahlreichen Zustände von *Asthenie* und *Infantilismus*, mit denen wir uns in der Sprechstunde am meisten zu beschäftigen haben, sind zu gutem Teil auf paratypische Genese verdächtig und nicht selten auch mit hoher Wahrscheinlichkeit auf bestimmte äußere Noxen zu beziehen. Es fragt sich sogar, ob der von manchen als „*Krise der Konstitutionslehre*" empfundene Mangel an Methode und Wissen nicht teilweise auf der Überschätzung der erblichen gegenüber den Umweltfaktoren beruht. Einzig L. Borchardts „*Klinische Konstitutionslehre*" (1930) sucht allen den mannigfachen Milieueinflüssen gerecht zu werden, welche die individuelle Konstitution zu modifizieren geeingnet sind; es sei hier ausdrücklich auf diese verdienstvolle Zusammenstellung hingewiesen und nur auf einige besonders wichtige Momente aufmerksam gemacht.

Immer noch unklar ist, inwieweit und wodurch *unbefruchtete Keimzellen* geschädigt werden können, ebenso ob sie kurz vor der Befruchtung empfindlicher sind als sonst und ob eine *Zeugung im Alkoholrausch* nicht doch verhängnisvoll sein kann, so schwerwiegende Argumente dagegen eingewendet werden. Was die Fetalperiode betrifft, scheinen Temperaturänderungen viel weniger zu Fehlbildungen zu führen, als ungenügende Sauerstoffzufuhr und Infektionen. Unter letzteren verschuldet die *Syphilis* sicher vieles, was heute als Erbübel betrachtet wird, namentlich wenn sie wie in dem allerdings sehr seltenen Fall von Kay gleich 3 Geschwister miteinander angeboren taubstumm werden läßt. Ohne so weit zu gehen wie Kraupa, möchte ich die intrauterin erworbene Lues für eine wichtige Ursache körperlicher und geistiger Schwächlichkeit und manches sonst unerklärliche „aus der Art schlagen" daraufhin verdächtig halten.

Auch andere chronische Infektionen im frühen Alter wie die *Tuberkulose*, *Malaria*, Stillsche *Krankheit* usw. können fraglos die ursprüngliche Konstitution eines Menschen bis zur Unkenntlichkeit verändern, namentlich auf dem Wege über das endokrine System; desgleichen *Tumoren*, die, wenn z. B. von der Nebennierenrinde ausgehend, geradezu groteske Beschleunigungen im Verlauf der Lebenskurve eines Individuums bewirken.

Die konstitutionellen Folgen *später überstandener Krankheiten* mit ihren oft außerordentlichen Beeinflussungen von Habitus und Temperament sowie von Resistenz und Dispositionen hängen zwar im wesentlichen von der gegebenen Veranlagung ab, erzeugen jedoch nicht selten bedeutungsvolle Modifikationen, die sonst kaum oder jedenfalls nicht in dem Maße zur Verwirklichung gelangt wären.

Gewisse *Intoxikationen* chronischer Natur mit Alkohol, Tabak, Rauschgiften sowie mit Arsen, Blei, Jod, Quecksilber usw. können noch im vorgerückten Alter durch Hervorrufung eigentlicher Kachexien konstitutionsändernd wirken. Daß die *Bleivergiftung* in quantitativer und qualitativer Beziehung allerdings weitgehend von der ursprünglichen Konstitution der Betroffenen abhängt, hat O. NAEGELI nachgewiesen. Als anscheinend elektivem Gift für das endokrine System wird dem *Thallium* künftig besondere Beachtung zu schenken sein.

Noch ungewiß ist, wieweit der Einfluß der *Ernährung* die Konstitution zu bestimmen vermag. Nach dem japanischen Pathologen A. KATASE (1931), der an jungen Kaninchen entsprechende Versuche anstellte, wäre die *normale* Konstitution als ein Zustand aufzufassen, bei dem die Alkalescenz des Blutes durch Überwiegen von Calcium- und Natriumsalzen erhalten wird. Als *abnorme* Konstitutionen unterscheidet er eine *azidöse* und *alkalöse* Form, wovon die erstere zu *juvenilen* und die letztere zu *senilen* Krankheiten disponiere. Beide Typen könnten unter Umständen schon in der Embryonalzeit beginnen. Die trotz den Fortschritten der Zivilisation festzustellende Verschlechterung des Gesundheitszustandes der heutigen Menschheit sei auf falsche Ernährung zurückzuführen, und die Konstitution statt als hereditär für erworben zu betrachten. Wir werden auf diese Hypothese bei Besprechung der Typologien noch kurz zurückkommen und wollen sie als Anregung zu einer genaueren Verfolgung der unleugbaren Modifikationen durch nutritive Faktoren im Auge behalten, um so mehr als diese auf dem Wege über den hormonalen Apparat tatsächlich von unerwarteter Wirkung auf die Konstitution sein können. Sicher sind es auch *Avitaminosen* im Jugendalter, welche konstitutionsändernd wirken können.

Eher mehr als die Ernährung, die heutzutage zweifellos fast überall viel reichlicher und vielseitiger ist als früher, möchte ich das Großstadtleben mit seiner Übersättigung an ungeordneten Eindrücken und inadäquaten Reizen dafür verantwortlich machen, daß die Widerstandskraft der meisten Menschen zu wünschen übrig läßt. Es scheint sich aber glücklicherweise hierbei größtenteils um erworbene, mindestens z. T. ausgleichbare Beeinträchtigungen der Konstitution zu handeln, wie das grandiose Massenexperiment des Weltkrieges zur Genüge bewies.

II. Typologie der Konstitutionen.

Seitdem der Begriff der „konstitutionellen Krankheiten" im alten Sinne durch die vermehrte Einsicht in die Entstehung und das Wesen des Pathologischen überholt ist, bildet die *Typenforschung* die Hauptaufgabe und ihr Ergebnis den wesentlichsten Inhalt der Konstitutionslehre, die sich zwar nicht ausschließlich auf dieses Gebiet zurückzuziehen braucht, wie v. VERSCHUER annimmt, sondern noch eine Reihe weiterer Ziele hat. Stellt sie doch gewissermaßen die Philosophie der Biologie dar, die eine natürliche Systematik der Variationserscheinungen erstrebt und die Fülle analytischer Befunde organisch zusammenzufassen sucht, um dem synthetischen Wesen und der ganzheitlichen Struktur der Individuen gerecht zu werden.

Organismus und *Individualität* sind nicht gleichwertige Begriffe; der Organismus ist das Übergeordnete, das sich zum Individuum verhält wie die Regel zum Einzelfall. Zur generellen Einzigartigkeit des Organismus tritt die

Einmaligkeit des Individuums (W. Lubosch). Die enorme Zahl von Merkmalen
macht identische Kombinationen selbst bei eineiigen Zwillingen unmöglich.
Die Individualität an sich ist weder morphologisch noch physiologisch faßbar
und die Unteilbarkeit kein sicheres Kriterium, da nicht alles was unteilbar ist,
ein Individuum ausmacht und nicht alle Individuen unteilbar sind. Würden sich
die einzelnen Merkmale nicht gesetzmäßig, d. h. im Sinne bloßer *Kombinationen*,
anstatt von *Korrelationen* zusammenfinden, müßten die Individuen noch viel
verschiedener ausfallen, als sie es in Wirklichkeit sind.

Bei Annahme von nur 100 Merkmalen, von denen jedes in 50 Ausprägungen vorkäme,
ergäbe sich eine Streuung von 50^{100} Individuen, also eine unvorstellbar große Zahl, die noch
viel größer würde, wenn die tatsächliche Menge von vorkommenden Merkmalen und deren
Varianten zur Berücksichtigung gelangte.

Der französische Kriminalanthropologe Bertillon hat ein System zur Identifizierung
von Individuen auf Grund von 11 Merkmalen, die praktisch niemals in gleicher Kombination
wiederkehren, ausgearbeitet.

Auf ähnliche Weise vermochte der deutsche Zoologe Heincke Heringsindividuen und
-populationen durch Signalisierung von 13 Merkmalen und deren vorherrschende Kombinationen zu identifizieren.

Lubosch betonte 1926, daß der *Anatom* aus der damals vorliegenden Kasuistik nicht
zu entscheiden vermöchte, inwieweit es sich bei gemeinsam auftretenden Varianten um
korrelativ verbundene Merkmale handle, daß solche jedoch zweifellos vorkämen. Seither
sind hierin namentlich von der Schule Eugen Fischers bedeutende Fortschritte erzielt
worden.

Unter „*physiologischer Korrelation*" wäre nach Hammar die Beeinflussung eines Organs
z. B. des Thymus oder der Keimdrüsen (Stieve) durch zufällige Krankheitszustände des
Körpers zu verstehen, womit die Physiologen aber kaum einverstanden sein dürften.

Die von Hammar, sowie von Lubosch inaugurierte *Individualanatomie* ist in neuerer
Zeit vor allem durch R. Rössle gefördert worden, der auch die „*innere* (oder *anatomische*)
Ähnlichkeit blutsverwandter Personen" insbesondere von Zwillingen einer planmäßigen
Untersuchung unterzog.

Wie die grundlegenden Versuche Spemanns zeigten, erfolgt die Entwicklung
unter weitgehender Wirkung der Teile aufeinander, also *epigenetisch*, und das
Keimplasma wird nicht durch autonomen Zerfall der Erbfaktoren aktiviert,
wie Weismann angenommen hatte. Immerhin führt die fortschreitende Entwicklung zu einem Verlust der sog. *prospektiven Potenz* (H. Driesch), der schon
in frühen Stadien beginnt und keineswegs nur zu den Kennzeichen des Alters
gehört. Mit jedem Schritt der Entwicklung nach vorwärts werden bestimmte
Möglichkeiten ausgeschaltet, mit jeder erreichten Stufe fällt eine ganze mögliche
Entwicklungsreihe, die in anderer Richtung verlaufen wäre, dahin. In der
Geschichte des Individuums hat jedes Ereignis einen ihm eigentümlichen besonderen Stellenwert und was in einem bestimmten Moment geschehen kann,
hängt ganz von dem ab, was bis dahin alles geschehen ist. Ähnlichen Symptomen
kommt daher in verschiedenen Lebensaltern eine sehr ungleiche Bedeutung zu.
E. Straus, dessen mustergültiger Erörterung des *Problems der Individualität*
wir hier folgen, macht weiter die wichtige Feststellung, daß mit der *Messung*
und mathematischen Behandlung der Ergebnisse das Ideal der Exaktheit nicht
wirklich erreicht ist, weil die metrischen Verhältnisse ja der biologischen Bedeutung einer Eigenschaft nicht genau entsprechen und wir es mit keinen im
strengen Sinne elementaren, unabhängig voneinander variierenden Merkmalen
zu tun haben. Die aus einzelnen Maßen wie der Körpergröße, der Oberlänge,
dem Körpergewicht usw. gebildeten *Indices* von Quételet, Kaup, Livi, Buffon,
Rohrer, Bardeen, Pirquet, Pignet u. a. sind in sich widerspruchsvoll und
bieten keinerlei Gewähr dafür, daß sie nicht auf recht verschiedenartige Individuen passen. So sicher das *metrische Maß kein biologisches* ist und Menschen
gleichen Alters in konstitutioneller Hinsicht starke Unterschiede aufweisen
können, sind wir eben doch auf die Messung und den Vergleich derselben Altersklassen angewiesen, wenn wir uns bei der Registrierung somatischer Merkmale

nicht allein auf Beschreibungen und Bilder verlassen und wenigstens *möglichst* wissenschaftlich vorgehen wollen.

Freilich hat E. STRAUS recht, wenn er gegen die zeitweilige Überschätzung der anthropometrischen Methode in der Konstitutionsforschung Front macht und deren Befürwortern entgegenhält, daß *Typen* ja gerade deshalb aufgestellt werden, weil es sich als unmöglich erwies, das Individuum durch numerische Spezifikation vollständig in eine mathematisch bestimmte Reihe einzuordnen. Auch gibt die exakte Messung einzelner Dimensionen noch keine Sicherheit, daß die übrigen nicht gemessenen, unter Umständen gar nicht meßbaren Merkmale damit übereinstimmen.

Man erinnere sich dabei an die Unmöglichkeit, die geistige Bedeutung von Menschen auf Grund der Messung ihres Hirnvolumens und -gewichtes abzuschätzen, selbst wenn deren Verhältnis zum übrigen Körper berücksichtigt wird.

Die Abstraktion von Typen ist unentbehrlich, wenn diese auch stets nur einen Teil für das ganze nehmen und selten einigermaßen rein verwirklicht sein sollten. Von alters her ist man nach vorwiegend induktivem Verfahren von der *Fiktion polarer Gegensätze* ausgegangen, obwohl solche bekanntlich oft genug in einzelnen Individuen vereint vorkommen. Am nächsten lag die Betrachtung gegensätzlicher Varianten des *Körperbaus (Habitus),* der ja gleichsam die zur Gestalt gewordene Funktion darstellt.

Für die Ärzte lag es nahe, gewisse typische Körperformen als Bedingung zur Krankheitsentstehung anzusehen und namentlich für das Aufkommen jener Leiden verantwortlich zu machen, die wie die Tuberkulose und das Carcinom, sowie auch die Arteriosklerose zu den häufigsten Todesursachen gehören. Hierzu wurden allmählich auch Zustände ungenügender Ausreifung *(Infantilismus)* und solche allgemeiner körperlicher Widerstandsunfähigkeit *(Asthenie)* einbezogen, um so mehr als sie sich dispositionell in Gegensatz zu den beiden genannten Alterskrankheiten stellen ließen.

Einteilungsprinzip	Autor	Habitustypen des Menschen			
	HIPPOKRATES (400 v. Chr.)		Straffe, trockene K.	Schlaffe, fette, feuchte K.	
Rein klinischer Gesichtspunkt	ROKITANSKY (1850)	Habitus asthenicus	Norma	H. apoplecticus	H infantilis
Nach *Krankheitsbereitschaften,*	DE GIOVANNI (1870)	Habitus phtisicus	Habitus athleticus	Habitus plethoricus	
Resistenz und *Reifegrad wertend*	BENEKE (1881)	H. scrofulosophtisicus	Norma	H. carcinomatosus	
Morphologischpsychologisch, mit Wertung	SIGAUD (1904)	T. respiratoire	musculaire	digestif	cérébral
	VIOLA-PENDE (1909—1926)	Longitypus, longilineus mikrosplanchnicus	T. normosplanchnicus	Brachytypus, brevilineus makrosplanchnicus	
Zunächst ohne Wertung	KRETSCHMER	*Leptosomer Typus* schmalwüchsig (leptosom)	*Athletischer Typus*	*Pyknischer Typus* breitwüchsig (eurysom)	
		Haustier-Typen			
Bewertet nach Form und Leistung		*Milchtypus* feingliedrig schlank	*Arbeitstypus* starkgliedrig muskulös	*Fleischtypus* massig	

Aus unserer beistehenden tabellarischen Übersicht geht hervor, daß in den 2300 Jahren von Hippokrates bis Beneke kein nennenswerter Fortschritt erzielt worden ist. Noch heute muß die uralte Zweiteilung der Konstitutionen in *straffe, magere, trockene* und in *schlaffe, fette, feuchte* Typen als brauchbar zur raschen praktischen Orientierung bezeichnet werden; beruht sie doch fraglos auf der intuitiven Erfassung der grundlegenden Wichtigkeit des Stützgewebes für Habitus und Resistenz, deren verschiedene Varianten allem nach von der „strafferen" oder „schlafferen" Beschaffenheit des *mesenchymalen Netzes* abhängen (Hueck). So sicher man die kerngesunden Personen größtenteils unter den straffen Konstitutionen und die anfälligen unter den schlaffen zu suchen haben wird, so falsch wäre es, die Kriterien „mager und trocken", die unter anderem auch Alterserscheinungen sein können, oder die Eigenschaften „fett und feucht", die ja sowohl Eigentümlichkeiten des kindlichen wie auch noch recht weitgehend des weiblichen Körpers sind, ohne weiteres zur Bewertung der Widerstandskraft eines Individuums zu verwenden; ausschlaggebend bleibt eben das Moment der *größeren* oder *geringeren* „*Straffheit der Faser*", ein jedem Arzte, vor allem aber dem Chirurgen und Orthopäden aus täglicher Anschauung wohl vertrauter Konstitutionsunterschied.

Bekanntlich sind die gebärtüchtigsten und am besten stillenden Frauen meist vom üppigen Typ der Magdalenen eines *Correggio, Tizian, Rubens* oder *Van Dyk* und nicht etwa hagere, magere Sportstypen; denn die entscheidenden Beanspruchungen verlangen beim Weibe neben Elastizität in erster Linie eine gewisse Turgeszenz der Gewebe.

Schwieriger zu erklären ist der eigenartige Bau der japanischen Ringkämpfer, Riesengestalten mit rudimentärer Entwicklung der primären und sekundären Geschlechtsmerkmale, die enorm muskulös aber am Stamme zugleich auffällig fett sind (Baelz, Stratz, Härtel); vielleicht handelt es sich hier um einen dysplastischen Spezialtyp, der als recessive Mutation entsteht.

Die Einteilung der Habitusformen nach rein klinischen Gesichtspunkten mußte früher schon deshalb unzulänglich bleiben, weil das Wesen der ihr zugrunde gelegten Krankheiten noch so gut wie unbekannt war. Was den bereits Hippokrates bekannten, erstmals von Rokitansky näher beschriebenen „*Habitus phtisicus*" betrifft, so hat man in neuerer Zeit eine zeitlang sogar erwogen, ob nicht hier lange eine Verwechslung von Ursache und Folge stattfinde und die Engbrüstigkeit von in früher Jugend erworbenen tuberkulösen Infektionen herrühre (Hayek, F. v. Müller). Es mag dies für manche Fälle tatsächlich zutreffen, ist nachträglich jedoch kaum mehr sicher festzustellen. Die hier nicht näher zu erörternde Streitfrage zeigt immerhin, in welche Schwierigkeiten der Beweisführung man gerät, wenn man eine Typisierung der Konstitutionen auf deren angebliche Krankheitsbereitschaft gründen und einen bestimmten Habitustyp ohne erbbiologische Untersuchungen aufstellen und kennzeichnen will.

Dasselbe gilt für den von Beneke (1881) als Gegensatz zum eben besprochenen „Habitus phthisicus" postulierten sog. *H. carcinomatosus*, den breitwüchsigen Körperbau, welchem von Rokitansky mit weit mehr Recht eine Disposition zu Apoplexien zugeschrieben worden war und den de Giovanni (1870) einfach *H. plethoricus* genannt hatte. Gewagt ist es hier von *lymphatischem* oder *arthritischem Habitus* zu sprechen, solange die dabei vorausgesetzte Korrelation zwischen lymphatischer bzw. arthritischer Diathese und Breitwuchs nicht sicherer nachgewiesen ist.

Schon im 18. Jahrhundert ist von Hallé in Frankreich eine Einteilung begründet worden, welche an die antike Lehre von den *vier Temperamenten* anknüpft und zu der die neuere deutsche Populärphysiognomik von Huter mit ihrer Einteilung in Empfindungs-, Bewegungs- und Ernährungstypen in sehr deutlicher Abhängigkeit steht (v. Rutkowski). Der geschichtliche Werdegang der immer noch aktuellen französischen Konstitutionstypen ist von MacAuliffe dargestellt, ihre heutige Bedeutung von E. KRETSCHMER (1929) einer wohlwollend kritischen Würdigung unterzogen worden.

HALLÉ hält sich an die drei anatomisch faßbaren Funktionssysteme und unterscheidet danach ein *vasculäres, nervöses* und *musculäres Haupttemperament*, ferner nach den drei wichtigsten Körperregionen: Kopf, Brust und Bauch ein *cephalisches, thoracisches* und *abdominales Spezialtemperament*, von denen sich ein jedes in der modernen Typologie von SIGAUD fast oder ganz gleichlautend wiederfindet. Aus dem meßbaren Umfang von Hirnschädel, Thorax und Abdomen, d. h. des Sitzes der Tätigkeit von Intellekt, Atmung und Verdauung wird auf die vorherrschende Bedeutung eines dieser 3 Funktionssysteme geschlossen.

Als „*type cérébral*" wird ein Individuum bezeichnet, dessen schmächtiger oder gar annähernd hypoplastischer Wuchs im Gegensatz zur Entwicklung seines Craniums steht, welche ohne weiteres als Ausdruck eines großen, mit starker geistiger Energie geladenen Gehirns betrachtet wird.

Bemerkenswerterweise soll dieser kulturell wertvollste Menschentyp, der in der französischen Bevölkerung etwa 9% ausmache, brachycephal sein.

Als „*type respiratoire*" ist aufzufassen, wer bei besonders guter Thoraxentwicklung über hervorragende Lungenkraft verfügt und dessen Mittelgesicht[1] eine ungewöhnliche Weite und Durchgängigkeit der oberen Atemwege verbürgt.

Als „*type digestif*" gilt derjenige, dessen großer Kiefer und Bauch sowie starker Fettansatz auf außerordentlich reichliche Aufnahme und günstige Verwertung der Nahrung schließen läßt, und schließlich

als „*type musculaire*" eine hinsichtlich ihres Bewegungsapparates optimal ausgestattete, zur Schwerarbeit und Athletik befähigte Person.

Diese uns heute recht naiv anmutende Einteilung fußt erstens auf der leicht zu widerlegenden Annahme einer Proportionalität zwischen Gewicht oder gar Volumen eines Organs und dessen Leistungsvermögen, wie sie auch der deutsche Anatom und Konstitutionsforscher BENEKE machte, so daß seine während Jahrzehnten ausgeführten Messungen an der Leiche so gut wie unverwertbar blieben. Sie ist weiter von den völlig unhaltbaren Vorstellungen der Aera LAMARCKs von einer Vererbung erworbener Anpassungen an das gegebene Milieu beeinflußt:

Der *cerebrale Typ* z. B. entstünde als Folge der Anregung durch das komplizierte Getriebe der Großstadt — bekanntlich ist in bezug auf höhere Begabung in Deutschland die Kleinstadt als weitaus fruchtbarer gefunden worden —; der *respiratorische* bei überdurchschnittlicher Beanspruchung der Atmungsorgane durch atmosphärische Reize — in dieser Konzeption könnte etwas Richtiges stecken, sie wird jedoch durch die extreme Schmalnasigkeit (Leptorrhinie) gerade mancher alpiner Völkerschaften (Tiroler, Ostschweizer) wenig wahrscheinlich —; der *digestive* in Gegenden mit besten Ernährungsbedingungen und endlich der *muskuläre* umgekehrt bei der mühsamen Bearbeitung kärglichen Bodens und deswegen stärkster Muskelbeanspruchung.

Die Häufigkeit der drei letzteren Typen soll in Frankreich 30%, 14% und 47% betragen.

Es mußte hier näher auf die französische Typologie eingegangen werden, da sie zufolge der Bemühungen TH. BRUGSCHs und J. BAUERs im deutschen Schrifttume Eingang fand. Die Anregungen, die man ihr dankt, liegen mehr auf körperlichem, denn auf psychologischem Gebiet (KRETSCHMER). Ihr Hauptfehler ist, daß sie sich nicht gegenseitig ausschließen, weil ihre Charakteristika eben nicht denselben Kategorien angehören. Da sie dennoch — namentlich nach der physiognomischen Seite — manche richtige Beobachtung enthalten, kann man sie zur zusätzlichen Beschreibung mitverwenden; für sich allein jedoch bieten sie keine genügenden Anhaltspunkte zu einer ersten Einteilung der Konstitutionen, weil sie der hierfür unbedingt erforderlichen Korrelation in Temperament und Charakter ermangeln.

---

[1] Daß zwischen der Ausbildung der Brust und derjenigen der Nase eine Entsprechung besteht, scheint richtig beobachtet zu sein. Nicht unerwähnt bleibe, daß auch RICARDA HUCH in ihrem geistvollen und ahnungsreichen Buche „*Vom Wesen des Menschen*" (1922), das dem Konstitutionsforscher wertvolle Anregung bietet, zur gleichen Auffassung gelangt.

Das gelegentliche Vorkommen eines rein *cerebralen* Types, z. B. bei *Immanuel Kant* sei zugegeben, dabei aber auf die nicht damit zu verwechselnde, weil unzweifelhaft mehr oder weniger ausgesprochen hydrocephale Schädelbildung zweier so verschiedenartiger Genialer wie *Menzel* und *Helmholtz* aufmerksam gemacht.

Ganz verfehlt ist, was immer wieder geschieht, den *respiratorischen* Typ mit dem Omen der *Asthenie* zu belasten, weil selbst echte Astheniker, also Leute mit zu engem Thorax, nachweisbar relativ große Lungen haben; denn diese besitzen dafür meist im Verhältnis zu kleine und wohl auch häufig zu schwache Herzen.

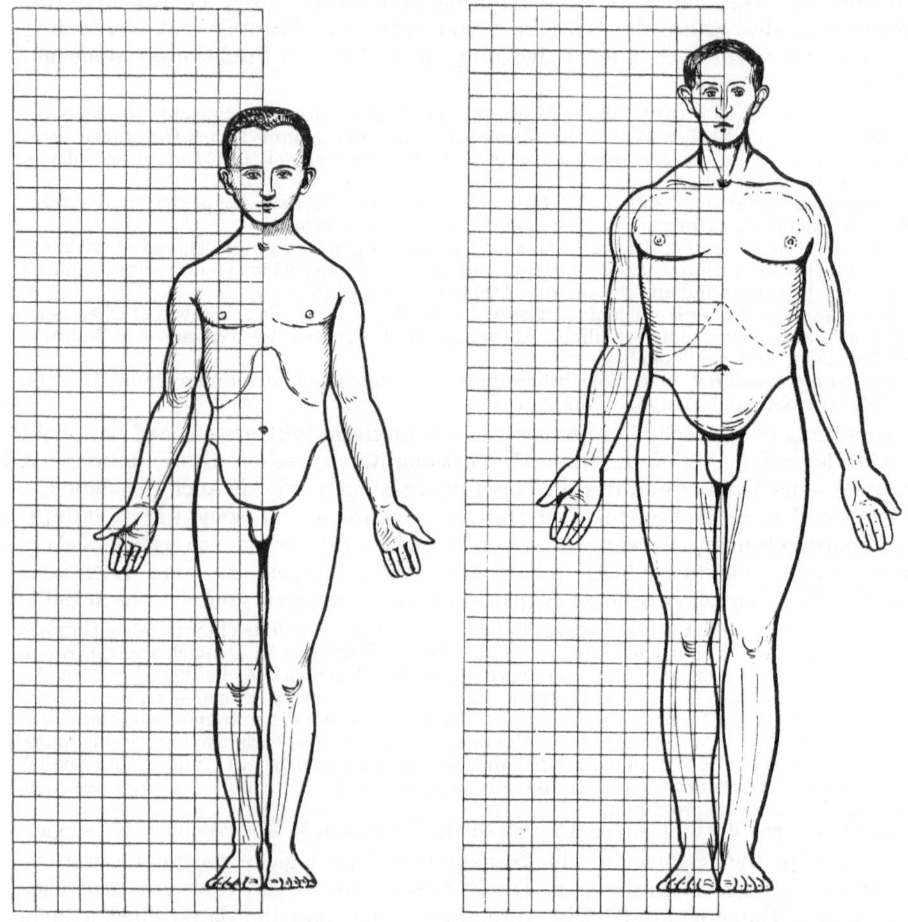

Abb. 1. Typus cerebralis.   Abb. 2. Typus respiratorius.

Als „*digestive*" Typen könnte man eventuell jene Menschen näher bezeichnen, welche die volkstümlichen Rekorde à la Gargantua und Falstaff zu erreichen trachten; man wird darunter aber auch nicht wenige ziemlich Magere finden und andererseits gibt es nicht selten Fettwänste, die von jeher auffällig wenig verzehrten.

Was die Anlage zur Entwicklung einer athletischen Muskulatur betrifft, so bildet sie kein unerläßliches Attribut eines bestimmten Körperbaus; sie kann sich bei jedem normalen Habitus vorfinden, auch dem leptosomen sowie dem gleich zu besprechenden pyknischen Typ Kretschmers.

Schon die Betrachtung verschiedener Tiere, z. B. des wuchtigen Nackens eines Stieres im Gegensatz zu dem zierlichen Halse einer Gazelle, ferner die Beobachtung der einzelnen Sportstypen lehrt, daß das, was uns besonders muskulös erscheint, nur eine spezielle Anordnung der Muskeln, nämlich die in kurzen und deshalb knollig vorspringenden Bäuchen ist, geeignet zum raschen Heben großer Lasten, daß es aber außer den Athleten mit dem übertriebenen Muskelrelief des *Farnesischen Herkules* noch solche gibt, bei denen die Kraft und Ausdauer der Muskulatur ganz außerordentlich, deren Plastik dagegen fast unauffällig ist, so vor allem bei japanischen Läufern.

Daß der erstere Typ der Muskelanordnung enge Beziehungen zum Bau des Extremitätenskeletes unterhält und von einem Faktor abhängt, der dessen Wachstum bestimmt, muß aus dessen gesetzmäßigem Vorkommen bei *Chondrodystrophikern* geschlossen werden.

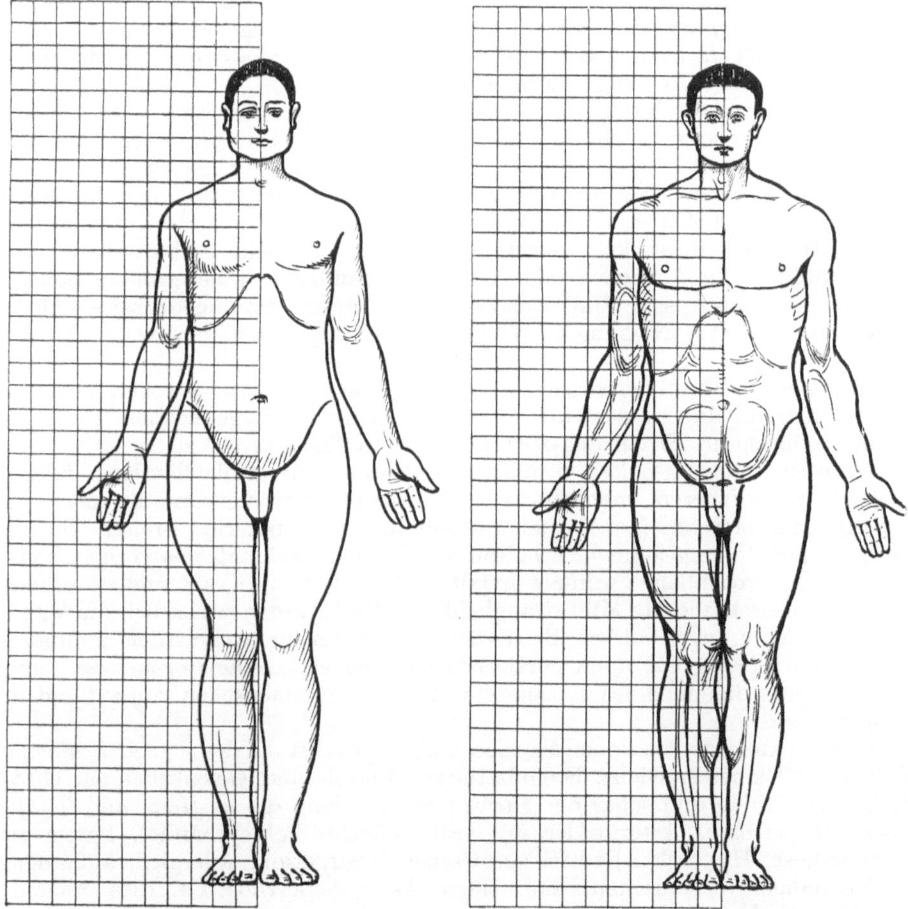

Abb. 3. Typus digestivus.　　　　　Abb. 4. Typus muscularis.
Abb. 1—4. Die vier Konstitutionstypen der französischen Schule von CLAUDE SIGAUD.
(Nach CHAILLOU und MACAULIFFE.)

Eine weitere Einteilung SIGAUDs und seines Schülers MACAULIFFE, welche die Oberflächengestaltung des Körpers als Ausdruck der Spannung und primär des Wasserhaushaltes der Gewebe betrachtet, unterscheidet nur mehr *flache* und *runde Typen*. Varianten des *type plat* und *type rond* sind der t. bossué (gebuckelt) und t. cubique. Der dauerhafte flache Typ zeichne sich durch übermäßige, der runde durch eine unterdurchschnittliche Erregbarkeit gegenüber äußeren Reizen sowie durch geringere Anpassungsfähigkeit aus. Es scheint sich hier um nichts anderes als die bekannte Gegenüberstellung KOCHERs von hyper- und hypothyreotischen Merkmalen zu handeln, wobei allerdings sehr fraglich bliebe, ob man den ersteren generell eine größere Resistenz zuschreiben darf.

Mit dieser neueren Einteilung nähert sich die französische Schule der *italienischen Konstitutionslehre*, die auf DE GIOVANNI (1870) zurückgeht und von dem Bologneser Kliniker G. VIOLA (1909) statistisch begründet wurde. Auch diese begnügt sich mit einem einzigen Kontrastpaar, nämlich dem eines *großen schlanken* und eines *kurzwüchsigen, gedrungenen* Typs und zwar ebenfalls ohne das Schwergewicht auf entsprechende Temperamentsgegensätze zu verlegen. Dagegen wird hier aus dem Grade der Entwicklung des Rumpfes auf die Größe der Eingeweide und daraus auf die vegetative Leistungsfähigkeit geschlossen. Der *Longitypus longilineus mikrosplanchnicus* sei in letzterer Hinsicht ungleich schlechter ausgestattet als der *Brachytypus brevilineus makrosplanchnicus*; dazwischen stehe als euharmonischer Typ der „normosplanchnische".

Das Charakteristische in der Gestalt der „*Mikrosplanchniker*" sei neben der geringen Körpermasse überhaupt das Zurücktreten des Rumpfes gegenüber den langen Gliedern. Am Rumpfe selbst trete der Thorax mehr hervor als das Abdomen. Die Lungen seien relativ groß, das vertikal gestellte Herz hingegen klein, ebenso wie Leber und Nieren, der Magen hängend, die äußeren Genitalien aber relativ stark entwickelt, meist sogar stärker als beim anderen Typ.

Als funktionelle Zeichen werden erhöhte Ermüdbarkeit bei großem Schlafbedürfnis, vasomotorische Übererregbarkeit, lebendige Intelligenz bei erhöhter psychischer Labilität, Neigung zu Willenschwäche und schizoidem Temperament genannt.

Als besondere Krankheitsbereitschaften diejenigen der STILLERschen *Asthenie*, d. h. zu Atonien, Magengeschwüren, Lungentuberkulose, ungenügender Immunisierung, schlechtem Ernährungszustand, „Neurasthenie".

Der *makro-* oder *megalosplanchnische Typ* mit seiner trotz häufigem Kleinwuchs beträchtlicheren, mehr horizontal angeordneten Körpermaße lasse ein stärkeres Hervortreten des Abdomen gegenüber dem immerhin breiten Thorax sowie das gerade umgekehrte Verhalten der übrigen Merkmale des vorigen Typs erkennen; so vor allem optimale nutritive Funktionen, Kraft und Ausdauer und infolgedessen höchste Militärtauglichkeit. Merkwürdigerweise soll die Vitalkapazität der Lungen dieser Breitwüchsigen unterdurchschnittlich gefunden worden sein; gewagt ist auch deren Bezeichnung als „*reine Vagotoniker*" und sicher einseitig diejenige des ganzen Typs als „Gemütsmenschen von zykloidem Temperament".

Als Krankheitsdispositionen figurieren hier zunächst die des sog. *Arthritismus* (Fettsucht, Diabetes, Gicht, Steindiathese, Muskel- und Gelenkrheuma, chronische Arthritiden und sogar der Morbus STILL), dann die zu *Herz-* und *Gefäßleiden* (Hypertonie, Arteriosklerose, GEISBÖCKsche Polycythämie), ferner zu Lebercirrhose, Hyperchlorhydrie, spastischer Obstipation, Allergien, außerdem zu Pneumonien, chronischen Nephritiden, Akne, Seborrhoe, Calvities praematura, Furunkulose und schließlich zu manisch-depressivem Irresein sowie progressiver Paralyse.

Die zunächst ganz *morphologisch* orientierte italienische Konstitutionslehre ist, wie bei Besprechung der Beziehungen des endokrinen Systems zur Konstitution gezeigt werden wird, durch PENDE (1924) nach der funktionellen Seite hin typologisch dadurch weiter ausgebaut worden, als die gegensätzlichen neuropsychischen Reaktionen der Mikro- und Makrosplanchniker VIOLAs auf hormonale und vegetative Antagonismen zurückgeführt wurden.

Auch FR. KRAUS (1917) hat zwei ähnliche Typen, einen *hochwüchsigen* mit relativ kurzem Rumpf und einen *gedrungenen* mit langem Rumpf unterschieden und diese beiden Wuchsformen als erblich angesehen. TH. BRUGSCH (1922), der die bisherigen Typisierungen als unzulänglich für eine konstitutionelle Beurteilung betrachtete, beschränkte sich auf Grund seiner Messungen von über

700 Männern auf eine Klassifizierung nach *eng-*, *normal-* und *breitbrüstigen* Typen und untersuchte deren Abhängigkeit von Körpergröße und Lebensalter.

Der Anthropologe R. MARTIN (1924), der mit seinem Mitarbeiter F. BACH sehr große Zahlen von Studenten sowie Turnern maß, fand unter den ersteren damals nicht weniger als 23,4% Engbrüstige und nur 5,2% Weitbrüstige, bei den Turnern dagegen nur 0,3% : 66,0%. Heute dürften diese Studenten diesbezüglich besser dastehen.

A. KATASE (1931), auf dessen Hypothese eines entscheidenden Einflusses der Ernährung auf die Konstitution weiter oben näher eingegangen wurde, identifiziert den *Typus mikrosplanchnicus* (VIOLA) bzw. den engbrüstigen Typ von BRUGSCH oder den Asthenikertyp STILLERs mit seiner *azidösen* und den entgegengesetzten *Typus makrosplanchnicus* oder *apoplecticus* mit der damit kontrastierenden *alkalösen Konstitution*, ohne genauer anzugeben, womit er dies rechtfertigt.

TH. BRUGSCH nahm seinerzeit an, daß aus „Asthenikern" durch zweckmäßige Gymnastik Normalwüchsige werden können, was verschiedentlich Widerspruch hervorrief. Heute wissen wir, daß das *Breitenwachstum* durch planmäßige Körperübungen immerhin gefördert werden kann (GODIN, MATHIAS). Nach Erhebungen von SCHMIDT-KEHL lassen sich diesbezüglich „*Reizberufe*" und „*Reizmangelberufe*" unterscheiden.

Jede Einteilung der Menschen in bloß 2 Haupttypen birgt die Gefahr übertriebener Schematisierung. Eine Typologie muß sich auf mehr Grundformen stützen, wenn sie der enormen Mannigfaltigkeit in Körperbau und Charakter einigermaßen Rechnung tragen will (GIGON).

Die uralte und so reiche psychologische Tradition und das starke künstlerische Empfinden der romanischen Völker kam auffälligerweise bisher in den Konstitutionslehren ihrer Ärzte nur wenig zur Geltung[1], und es blieb deutscher Wissenschaft vorbehalten, die inneren Wesenszusammenhänge zwischen Leibesformung und Seelenartung, die von den Bildhauern, Malern und Dichtern aller Zeiten erfühlt worden sind[2], in ein biologisches System zu bringen.

Im selben Jahre 1856, als GREGOR MENDEL seine Vererbungsversuche begann, hat CARL GUSTAV CARUS (1789—1869), ein sächsischer Arzt und Naturforscher aus dem Kreise *Goethes*, eine „*Symbolik der menschlichen Gestalt*" herausgegeben, die weit über die zum Teil recht fragwürdigen Erkenntnisse der früheren Physiognomiker (von *Aristoteles* über *Porta* zu *Lavater* und *Gall*) hinausführte

---

[1] Wer sich über die Ergebnisse der italienischen Konstitutionsforschung näher orientieren will, ohne auf die beiden Hauptwerke von VIOLA: „*La costituzione individuale*" (zweibändig, 1933) und die kürzere „*Semeiotica della Costituzione*" (1933) zurückzugreifen, sei auf PENDES Aufsatz in den Ergebnissen der gesamten Medizin (1927) in deutscher Sprache verwiesen. Die von P. BENEDETTI, einem eifrigen Schüler VIOLAs gegebene Übersicht „*La situazione odierna del movimento scientifico sulla costituzione individuale*" erschöpft sich in unzähligen Zitaten und vermag dem dieser Richtung Fernstehenden keinen genügenden Einblick in die Methodik und die wesentlichen Errungenschaften dieser ganz eigene Wege gehenden Lehre zu vermitteln.

[2] Nicht umsonst wollen die heutigen Niltalbewohner in dem rundlich-jovialen Typ der aus der IV. ägyptischen Dynastie stammenden Steinfigur des *Schêch-el-beled* ihren Dorfschulzen erkennen und keineswegs zufällig wird der Lästerer *Thersites* von *Homer* als „spitzköpfig" und *Cassius* von *Shakespeare* als mager bis zur Hohläugigkeit geschildert. Mehrfach ist der nicht nur körperliche, sondern auch seelische Gegensatz von *lang und mager* zu *klein und dick* zum Gegenstand witzig pointierter Darstellungen seitens großer Dichter geworden: während bei *Cervantes* z. B. *Don Quichote*, der „*Ritter von der traurigen Gestalt*" und *Ulenspegel* im alten deutschen Volksbuch dürr und hager ihrem Tatendrange leben, denken ihre komischen Gegenspieler *Sancho Pansa* und *Lamme Goedsack* immer nur an die Befriedigung der unersättlichen Bedürfnisse ihrer feisten Leiber. Auch der Film hat diesen Unterschied in Körperbau und Wesen öfters auszunützen verstanden, am erfreulichsten wohl in den Stücken von *Pat und Patachon*.

und durch ihre Fülle von ausgezeichneten Beobachtungen und geistvollen Betrachtungen noch heute sehr viel Anregung bietet, ohne sich in mystischen Spekulationen zu verlieren. Schon Leibniz hatte erkannt, daß die Physiognomie eines Volkes dem Aussehen der Flora und Fauna seines Landes entspreche, so daß z. B. Lappe und Renntier, Peruaner und Lama, Malaie und Tiger, Hindu und Elephant, Araber und Kamel irgendwie verwandt seien und zusammengehören. Carus glaubte im Bewußtsein einer *„gesetzmäßigen inneren Harmonie aller Organismen in sich"*, daß die *äußeren Gebilde in gewisser Weise die Eigentümlichkeit des Inneren verraten"* und verglich in seiner Einteilung der Konstitutionen ständig die jeweilen vorherrschenden Eigentümlichkeiten im Seelischen und Leiblichen, wobei er als *„asthenische K."* z. B. „Willensschwäche im Geistesleben, leichte Bestimmbarkeit der Seele von außen, aber ohne Nachhaltigkeit" einer „dürftigen Skelet- und Muskelbildung bei meist kleinem Körper" gegenüberstellte. Die weiter von ihm aufgestellten Typen, die sämtlich unter dem Einfluß der antiken Temperamentenlehre[1] stehen, sind viel weniger brauchbar. Vielleicht war Carus durch die in der „Anthropologie" des alternden Philosophen *I. Kant* (1799) vertretene Meinung gehemmt, daß es keine zusammengesetzten Temperamente im hippokratischen Sinne gebe.

Erst die neuere Psychiatrie hat seit Kraepelins großartiger Entdeckung des antithetischen Verhältnisses der beiden von ihm aufgestellten Formenkreise unter den nicht organischen Geisteskrankheiten die Grundlage für eine biologische Typologie der Temperamente geliefert. Es zeigte sich, daß der eine Kreis, der das *manisch-depressive Irresein* umfaßt, sowohl die *„sanguinische"* als auch die *„melancholische"* Gemütsart je nach der gerade herrschenden Phase in ein und derselben Persönlichkeit im höchsten Maße zur Geltung bringen kann; ebenso, daß auch das *„cholerische"* und *„phlegmatische"* Temperament nur äußerlich einen Gegensatz bedeutet, seiner Entstehung und seinem alternierenden und vikariierenden Vorkommen in mit Dementia praecox belasteten Sippen nach oft nur als verschiedener Ausdruck einer schizophrenen Reaktionsweise gewertet werden muß. Diese Einsichten gewannen um so größeres Gewicht, seitdem es sich herausstellte, daß die eigentlichen Geisteskranken dieser beiden Formenkreise nur extreme Varianten zyklothymer bzw. schizothymer Temperamentsanlagen sind und daß die zykloiden und schizoiden Psychopathen von da einen fließenden Übergang zur Artung des „normalen" Durchschnittsmenschen bilden. Diese Erkenntnis, die wir bezüglich des „Schizoids" E. Bleuler verdanken, wurde von E. Kretschmer auch für die zykloiden Varianten bestätigt, nachdem dieser bahnbrechende Konstitutionsforscher erkannt hatte, daß dem von Kraepelin aufgestellten Gegensatzpaare körperbaulich ebenfalls grundverschiedene Typen entsprechen.

Namentlich dem zyklothymen Temperamente konnte ein Habitus zugeordnet werden, dessen somatische Eigentümlichkeiten bis ins einzelne den seelischen Dispositionen entspricht und wobei die Breitwüchsigkeit nur eines unter zahlreichen integrierenden Merkmalen bildet. Es ist dies der sog. *pyknische*[2] Habitus, der sich schon im jugendlichen Alter sehr deutlich vom leptosomen Körperbau unterscheidet (vgl. Abb. 5) und keineswegs etwa nur eine physiologische Altersphase des letzteren Habitus darstellt. Wohl besteht bei manchen in der Jugend Schlankwüchsigen in reiferen Jahren die Tendenz zu einer gewissen Abrundung, namentlich zu Fettansatz am Bauch, doch bedeutet ein solcher „Embonpoint",

---

[1] Diese beruht auf heute unhaltbaren humoralpathologischen Anschauungen. Das *„sanguinische Temperament"* entspricht indessen weitgehend demjenigen der *hyperthyreotischen Konstitution* wie das *„phlegmatische"* der *hypothyreotischen*, während für die beiden übrigen Temperamente der Alten kein endokrines Korrelat gefunden wurde.

[2] pyknos = dicht, gedrungen.

der zwar meist mit einer größeren Ausgeglichenheit einherzugehen pflegt, durchaus noch kein völliges Hinüberwechseln sondern nur eine Annäherung zum Typ
des Pyknikers, der in diesen Jahren bereits korpulenter ist und abgesehen vom
Psychischen somatisch als wesentlich andersartig imponiert. Kommt es doch,
wie KRETSCHMER betont, bei der Gestaltung eines Habitus in erster Linie auf
die Dimensionen des Skelets an und erst in zweiter auf das durch die Weichteile
gegebene Relief.

Wie der breitwüchsige, gedrungene Pykniker in allen Besonderheiten seines
wohlabgerundeten Körperbaus, so in der Weichheit von Haut und Haaren sowie
der relativen Grazilität von Knochen und Gelenken dem beweglichen, aber stets

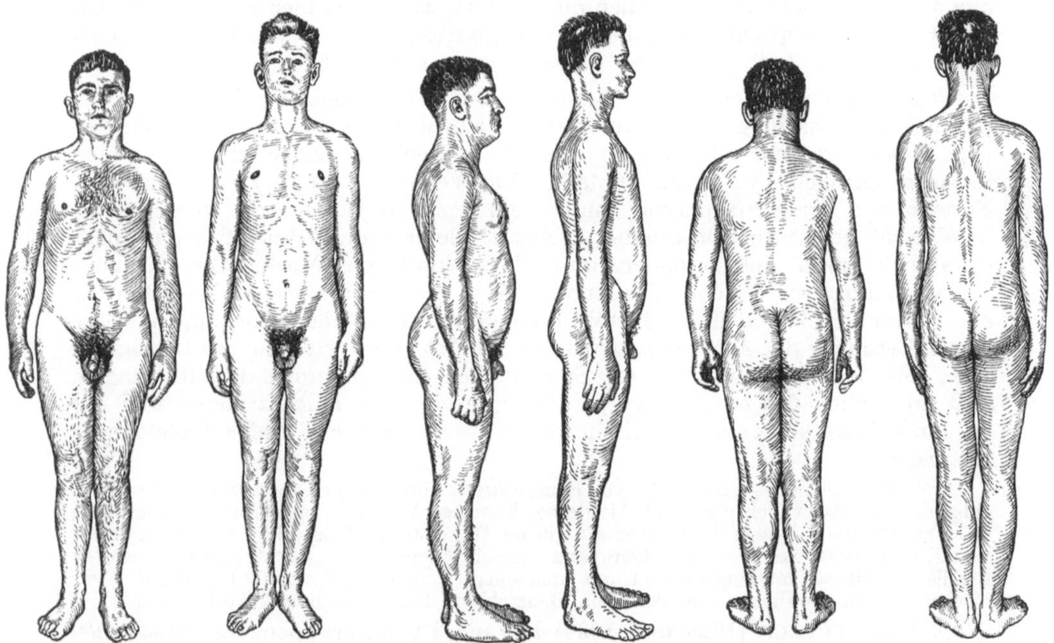

Abb. 5. Habitus je eines 23jährigen Pyknikers und Leptosomen. (Nach WERTHEIMER und HESKETH 1926.)

in rhythmischen Wellen harmonisch schwingenden Temperament aufs vollkommenste entspricht, bietet auch der eher langwüchsige, magere, eckige Leptosome mit seiner scharf profilierten Gestalt das äußere Abbild des zwischen den
Extremen „empfindlich und kühl" schwankenden Empfindens des Schizothymen.
Wie jener als krankhafte Variante zum Bau des plethorischen Apoplektikers
von ROKITANSKY, sog. Arthritikers von J. BAUER, so neigt dieser zum Habitus
des Asthenikers von STILLER, ohne daß einer der beiden Typen mit einer derartigen Stigmatisierung behaftet sein müßte. Sowohl ausgesprochen leptosome
als pyknische Menschen können bis ins hohe Alter gesund bleiben; doch liegen
die *kritischen Jahre* des ersteren Typs im Anfangsdrittel der Lebenskurve, diejenigen des letzteren dagegen mehr gegen die Involution hin.

Kaum je wäre es allein auf statistischem Wege gelungen, den Habitus des
Pyknikers, diese weitaus am schärfsten charakterisierte Menschenform zu abstrahieren. Es bedurfte hierzu zunächst eines genialen Blicks, jener Fähigkeit
zur äußeren und inneren Schau, um die vorhandene Entsprechung von Körperbau
und Charakter bzw. Temperament und den in beiderlei Hinsicht bestehenden
Gegensatz zu den übrigen Haupttypen zu erkennen. Die sich dabei ergebenden

einzelnen Zusammenhänge und Beziehungen näher zu schildern, soll den hierfür
vorgesehenen größeren Abschnitten E. KRETSCHMERs und seines Mitarbeiters
W. ENKE in diesem Handbuch vorbehalten bleiben. Hier muß aber nachdrück-
lichst festgestellt werden, daß diese Typologie einen einzigartigen Fortschritt in
der menschlichen Konstitutionslehre bedeutet und heute deren wesentlichste
Errungenschaft ausmacht.

Im Vergleich mit den eben doch reichlich künstlich anmutenden Begriffs-
konstruktionen eines Habitus ,,digestivus" oder ,,brevilineus makrosplanchnicus"
wirkt das von KRETSCHMER gezeichnete und übrigens nachträglich durch exakte
Messungen vielfältig belegte Bild des Pyknikers so wirklich und lebensnah,
daß auch dem Laien das Erkennen nicht schwer fällt, weil hier eben wie bei den
,,*Pickwickiern*" von DICKENS oder den ,,*Sommerwesten*" von MÖRIKE die Lebensäußerungen von Leib und Seele einander ganz entsprechen.

Schon die Franzosen hatten erkannt, daß die Breitwüchsigen keinen einheitlichen Menschenschlag bilden, und deshalb neben ihrem type digestif noch den
type musculaire unterschieden, während die italienische Schule alle Eurysomen
in einem einzigen Typ zusammenfaßt. KRETSCHMER wies nach, daß mit dem
Formenkreis der Schizophrenie außer dem leptosomen auch der von ihm als
,,*athletisch*" genannte Körperbau korreliert. Dieser kennzeichnet sich nun nicht
etwa bloß durch eine besonders gute Entwicklung der Muskulatur, vielmehr
vor allem durch die Derbheit des Knochenbaus und die trophische Akzentuierung
der Extremitäten und ihrer Gürtel, ferner durch den steilen Hochkopf und die
starke Betonung der Arcus supraorbitales, die Art und Verteilung der Behaarung
usw. Schon Beobachtungen auf Sportplätzen müssen einen darauf bringen,
daß tatsächlich die beiden Typen, der leptosome der Leichtathleten und der
im Sinne KRETSCHMERs athletische der Schwergewichtler, fließend ineinander
übergehen.

Der Athletiker, wie er im Buche von KRETSCHMER und ENKE en face und im Profil abgebildet ist, erweist sich eigentlich als derbe, knochige Variante leptosomen Körperbaus;
er steht jedenfalls diesem Typ näher als die im Hauptwerk ,,Körperbau und Charakter"
von KRETSCHMER skizzierte massigere und vierschrötigere Form des Athletikers, wie er
für die sog. *fälische Rasse* typisch ist und auch sonst — mehr oder weniger legiert mit Pyknischem — im nördlichen und östlichen Deutschland besonders häufig vorkommt.

E. WEISSENFELD (1925 und 1936) hat die 3 Untergruppen des ,,*Hochathle-
tischen, Breitathletischen* und *Weichathletischen*" aufgestellt. Der erste dieser
Untertypen, den er neuerdings als ,,*Derbathletischen*" bezeichnet, soll dem
männlichen Idealtyp entsprechen und die Akromegalie sozusagen seiner Über-
treibung. Ihm in vielen Zügen entgegengesetzt sei der ,,*Weichathletiker*" mit
seinem undifferenzierten Geschlechtscharakter und seiner ,,schlaffen Faser",
d. h. dem häufigen Vorkommen von Plattfuß und X-Beinen sowie diffuser
Adipositas, die Übergänge zu hypophysärem und eunuchoidem Fettwuchs zeige.
Der ,,*Breitathletische*" bilde eine auf Oberbayern wahrscheinlich beschränkte
Sondergruppe. Die anderen beiden Untertypen WEISSENFELDs sind durch gute
Abbildungen eindrücklich belegt.

Die Persönlichkeit der Athletiker als Habitustypen haben KRETSCHMER und
ENKE (1936) insofern näher präzisiert, als diesen ein ,,*visköses*", d. h. phlegmatisches, jedoch zu gelegentlichen Explosionen neigendes *Temperament* zugeschrieben
wird, das die Neigung dieses Typs sowohl zu Erkrankungen katatoner Art als
zu genuinen Epilepsien verständlich macht. Hier fehlt allerdings noch zur
Bestätigung der Nachweis einer genetischen Beziehung von Schizophrenie und
Epilepsie und die Feststellung einer sicheren Korrelation zwischen letzterer
und einem nicht nur ,,muskulären", sondern ganz mit dem Typ des Athletikers
zusammenfallenden Körperbau.

Eine Schwäche der KRETSCHMERschen Typologie liegt in der Notwendigkeit der Zuordnung der sog. *dysplastischen Spezialtypen* hauptsächlich zum schizophrenen Formenkreis. Es handelt sich hier um einen uneinheitlichen Begriff, der sehr verschiedenartige körperliche Disharmonien, so z. B. Hochwuchs mit Turmschädel oder mit eunuchoiden Stigmen, dann endokrin bedingten Fettwuchs, Infantilismen, Feminismen, Maskulinismen, allgemeine und spezielle Hypoplasien usw. umfaßt, die bekanntlich außer bei *Schizophrenie* am häufigsten bei „*genuiner Epilepsie*" angetroffen werden, welch letztere immer noch ein Sammeltopf von allen möglichen, pathogenetisch nur teilweise geklärten Prozessen ist. Einzig die Vereinigung von *Zwillings-* und *Familien-* sowie *Konstitutionsforschung* kann hier allmählich zu einer Einteilung in gesonderte Gruppen verhelfen.

Gerade auf diesem Gebiete kommen scheinbar unerklärliche Fälle von Polyphänie vor. So sah ich z. B. unter den Kindern eines schwer schizoiden Schweizer Arztes und einer geistig unauffälligen, aber akromegaloiden Deutsch-Baltin einen *epileptischen* Sohn mit *eunuchoidem Hochwuchs* und eine nicht unintelligente Tochter mit nach der Geburt entstandenem *Hydrocephalus* sowie mit einer *Mikromelie* und mehrmaliger Menstruation im 7. Lebensjahr; ein weiterer Sohn ist ein körperlich und geistig normaler Hochschullehrer.

Es lag nahe, in Analogie zu dem so fruchtbaren Begriffe der „*Schizoidie*" BLEULERS, der die „*zu viel spaltenden*" Psychopathen umfaßt, denjenigen der „*Epileptoidie*" für die „*nicht genug spaltenden*" Rudimentärformen der genuinen Epilepsie zu schaffen, aber es ist noch nicht gelungen, diese letzteren körperbaulich auch nur annähernd so eindeutig zu charakterisieren, wie die größtenteils sehr ausgesprochenen leptosomen oder zum Teil auch athletischen Schizoiden. Immerhin ist die oben erwähnte Studie von KRETSCHMER und ENKE als verheißungsvoller Anfang zu werten.

Auf jeden Fall ist jene Zeit vorbei, da sich die Psychiatrie nur um seelischgeistige Phänomene kümmern durfte und die Konstitutionslehre sich mit der Beschreibung somatischer Varianten und Abartungen begnügen konnte, ohne andere als deren körperliche Auswirkungen in Betracht zu ziehen. Erst in den so weitgehenden Entsprechungen psychischer und physischer Gestaltung, wie sie von CARUS erkannt und von KRETSCHMER nachgewiesen wurden, zeigt sich die Ganzheit des Organismus, die wir als fundamentale Eigenschaft der Konstitution kennenlernten.

Es ist sehr wahrscheinlich, daß den KRETSCHMERschen Konstitutionstypen mendelnde Erbanlagen mutativen Ursprungs zugrunde liegen. Hierfür sprechen zahlreiche Erfahrungen an *eineiigen Zwillingen*; in einem Falle v. VERSCHUERs hatte der Umstand, daß der eine von zwei leptosomen EZ sich im Gegensatz zum anderen stark gymnastisch betätigte, keinen nennenswerten Unterschied im Körperbau bewirkt.

Zuzugeben ist, daß die reinen Verkörperungen eines bestimmten Habitus gegenüber den Mischtypen erheblich zurückstehen. Der Ausdruck „*Legierung*" von KRETSCHMER spiegelt die Tatsache wieder, daß es sich dabei nicht um eine Verbindung zweier Elemente zu etwas grundsätzlich Neuem, sondern bloß um eine mehr oder weniger harmonische Vereinigung verschiedener Konstitutionstypen handelt. Solche Legierungen kommen, wie schon oben erwähnt, am häufigsten zwischen dem pyknischen und athletischen Habitus vor.

Ihr Auftreten bei eineiigen Zwillingen zeigen beistehende Abbildungen 7 und 8. Im gegebenen Falle zeigt der eher zu einer gewissen Leptosomie neigende, 4 Jahre ältere Bruder der EZ mit seinem vorwiegend athletischen Bau nur die eine Komponente von ihrer ziemlich viel Pyknisches enthaltenden Legierung. Diese verriet sich bei den Zwillingen auch ohne weiteres in einem vorwiegend zyklothymen Temperament, das von dem fast rein schizothymen Wesen ihres

älteren Bruders deutlich genug abstach. Die 3 Brüder stammen aus einem
Aristokratengeschlecht des nahen Orients und hatten zur Zeit meiner Aufnahmen jahrelang in Norddeutschland gelebt.

Väterlicherseits arabischer und mütterlicherseits tscherkessischer Abstammung vereinigen die Brüder Merkmale der mediterranen, orientalischen und vorderasiatischen Rasse;
der Einschlag des letztern Blutes mag sich vor allem in dem etwa zur Hälfte pyknischen
Habitus der Zwillinge geltend machen, die trotz ihres Alters von erst 25 Jahren und sehr
intensiver Sportsausübung bei mäßiger Nahrungszufuhr bereits viel voluminösere Abdomina
zeigen als ihr weit bequemer lebender 29jähriger Bruder, bei dem die auffallend starke
Taillenbildung übrigens spontan entstanden sein soll. Besonders schön kommt auf diesen
seltenen Bildern die weitgehende Entsprechung der Physiognomien mit dem Bau des übrigen

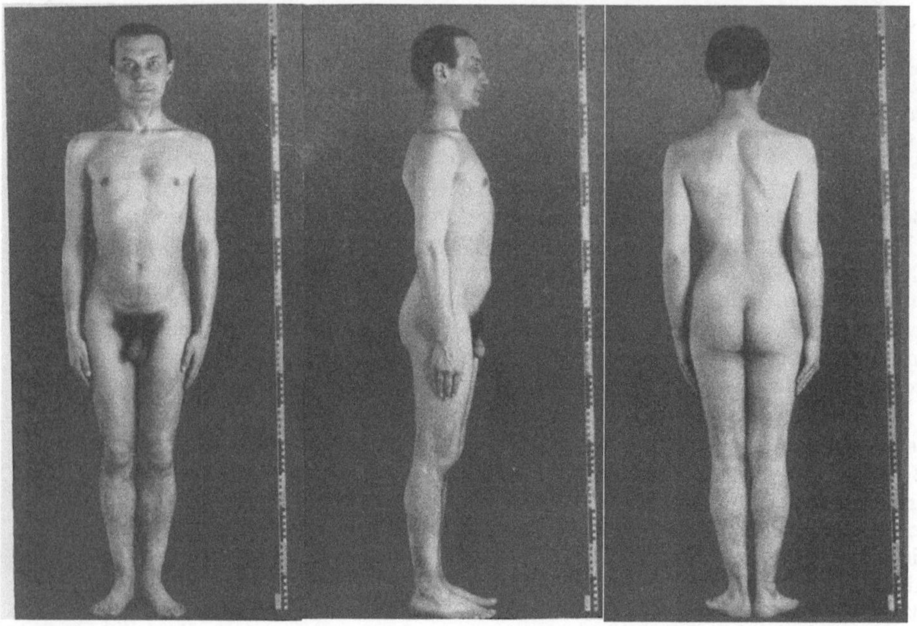

Abb. 6. *Omar:* 29jähr. Masch.-Ingenieur, 173 cm groß, 65 kg schwer; Längen-Breitenindex des Kopfes 82,9.

Körpers, und zwar sowohl des Rumpfes als der Extremitäten zum Ausdruck. Bemerkenswert ist noch die erheblich stärkere Terminalbehaarung, namentlich an den Beinen der
Zwillinge.

Fragen wir uns nun, wie es mit der *Erhaltungswahrscheinlichkeit* im Sinne von
F. Lenz bei den drei Kretschmerschen Haupttypen steht, so kann kein Zweifel
aufkommen, daß unter den äußerst schwierigen Lebensbedingungen des Menschen
der Vorzeit einzig die sich dem athletischen Habitus nähernden Formen im
Kampf ums Dasein überleben konnten. Ausgesprochene Pykniker waren schon
wegen ihrer dünnen, weichen, verletzlichen Haut im Dickicht des Urwaldes,
dann aber vor allem wegen ihres im Verhältnis zur Länge und Kraft der Extremitäten zu großen Gewichtes im Nachteil, wo sich muskulöse Leptosome noch leicht
zu behaupten vermochten. Die Mutation des pyknischen Körperbaus dürfte
erst nach Erreichung eines gewissen Kulturniveaus erhalten geblieben sein;
Vorbedingung war, daß nicht mehr alle Männer Krieger sein mußten. Noch
heute stellt der Pykniker sozial mehrheitlich den Typ des Handwerkers und
kleinen Geschäftsmannes dar, der als Bäcker, Fleischer, Viehhändler und Wirt
für die Aufbereitung und Verteilung von Nahrungs- und Genußmitteln sorgt.

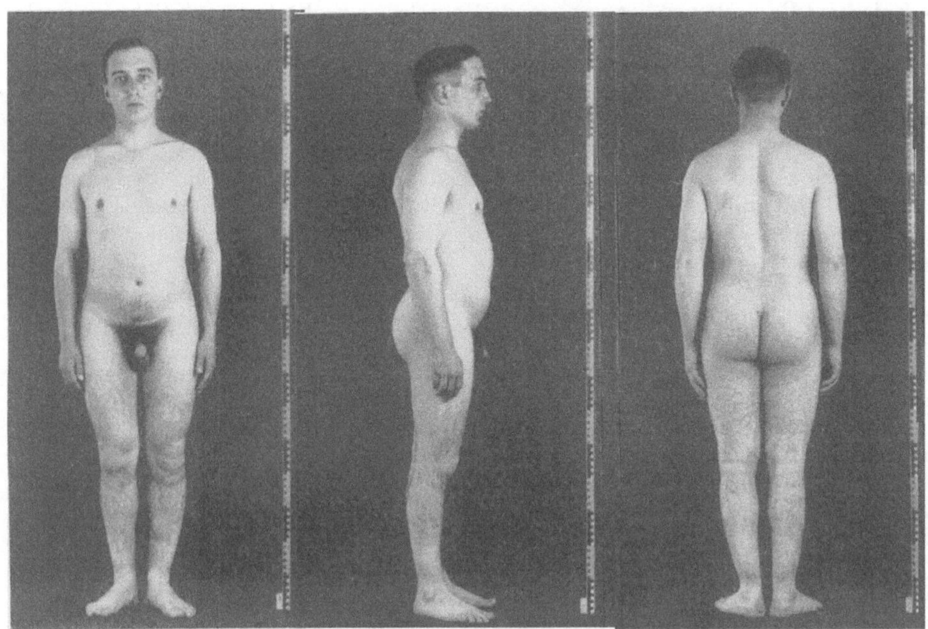

Abb. 7. *Hafis:* 25 jähr. Dipl.-Techniker, 170 cm groß, 70 kg schwer; Längen-Breitenindex des Kopfes 77,6.

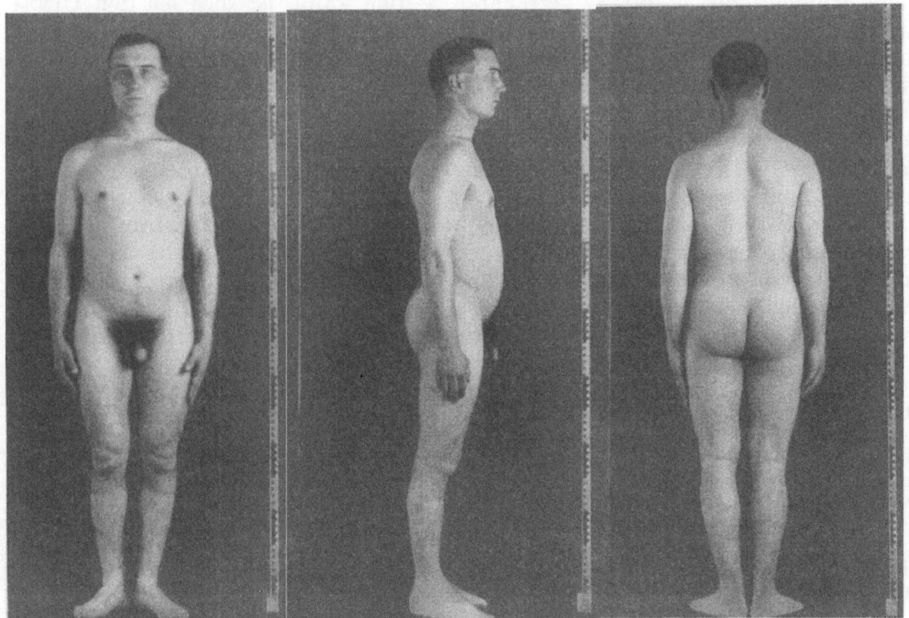

Abb. 8. *Selim:* 25 jähr. Dipl.-Chemiker, 1,68 cm groß, 71 kg schwer; Längen-Breitenindex des Kopfes 76,7.

Wenn die Leute dieser Gewerbe beleibt werden, ist das nicht etwa bloß die Folge ihres Berufs, vielmehr dieser weit eher der Ausdruck ihrer ererbten Veranlagung. Schmiede, Schlosser, Maurer und Zimmerleute sind nur selten von rein pyknischem Bau, ebenso hervorragende Sportler; am ehesten noch Schwimmer[1], wogegen niemals Boxer, da die wie gesagt in mehrerer Hinsicht erhöhte Vulnerabilität diese Betätigung ausschließt. Der Leptosome wird erst dann stärker gefährdet, wenn sein Bau nach der asthenischen Minusvariante tendiert, die mit ihren Proportionsstörungen (zu langer und schmaler Hals und Brustkorb usw.) eigentlich bereits als Dysplasie gewertet werden muß. Ob der wohlproportionierte aber relativ schmalwüchsige Mensch schon bestimmte Prädispositionen z. B. zu Tuberkulose hat, ist sehr fraglich, während die Neigung der Pykniker zu Stoffwechselstörungen, besonders zu einer wenigstens mäßigen Fettsucht, kaum bestritten werden kann.

Im Abschnitt über die *Dispositionen* und *Diathesen* in Bd. II dieses Handbuches wird näher auf die Zusammenhänge zwischen Körperbau und Erkrankungsbereitschaft eingegangen werden.

Sowohl die asthenisch Stigmatisierten unter den Leptosomen, als auch die ausgesprochenen Pykniker sind Habitustypen, die bei Primitiven nur vereinzelt, etwa in Häuptlingsgeschlechtern[2] vorkommen, sonst aber zum Aussterben verurteilt sind, während die sehr viel weiter gehende Domestikation der zivilisierten Völker immer extremere Varianten schmalen oder breiten Wuchses herauszüchtet, die als extreme oder *Ultraformen* (Hanhart) von den an und für sich noch nicht als irgendwie krankhaft veranlagt zu betrachtenden leptosomen bzw. pyknischen Kretschmer-Typen zu dem überleiten, was die ältere Klinik als *Habitus phthisicus, plethoricus, arthriticus* und *apoplecticus* bezeichnete. Während die übermäßige Leptosomie, wie sie dem Habitus *laxus* der Alten und dem *H. asthenicus* Stillers entspricht, als eine Systemerkrankung des Bindegewebes (vgl. den Abschnitt von K. H. Bauer über die Erbpathologie des menschlichen Stützgewebes in Bd. 3) betrachtet werden kann, ist dies bei den Ultravarianten des pyknischen Körperbaus weniger überzeugend nachzuweisen; aber auch die Erklärung, es handle sich hier um eine besondere endokrine Konstitution, etwa im Sinne eines relativen Hypothyreoidismus, die namentlich von den beiden romanischen Schulen herangezogen wurde, befriedigt noch nicht. Denn erstens gibt es auch Pykniker mit konstitutioneller Neigung zum Hyperthyreoidismus und zweitens ist nur ein relativ kleiner Teil selbst der ausgesprochen schmalwüchsigen und magersüchtigen Menschen in dieser Art veranlagt. Daß es je gelingen wird, obige beiden gegensätzlichen Habitustypen auf bestimmte Blutdrüsenformeln zu beziehen, erscheint um so zweifelhafter, als der hormonale Apparat ja seinerseits allzu labil und von primären Regulationen im vegetativen und zentralen Nervensystem abhängig ist, um den im Laufe des Lebens ziemlich konstant bleibenden Körperbau eines Individuums primär zu bedingen.

Charles R. Stockard (1932), der in seinem Buche *„Die körperliche Grundlage der Persönlichkeit"* die gesamte übrige Konstitutionsforschung, eingeschlossen die Kretschmersche Typologie vollkommen ignoriert und die verschiedensten Konstitutionsanomalien und Varianten bei Mensch und Tier rein auf endokrine Einflüsse beziehen will, führt seine Zweiteilung in einen *„linearen"* und *„lateralen"* i. e. leptosomen und eurysomen Grundtyp auf die reichliche bzw. mangelhafte Funktion der Schilddrüse zurück. So seien z. B. die Engländer als Seevolk in den oberen Gesellschaftsschichten fast alle „lineare" Typen, d. h. dünn

---

[1] So war z. B. der französische Bäcker Georges Michel, der in der damaligen Rekordzeit von 11 Std. 5 Min. den Ärmelkanal durchschwamm, ein ganz typischer Pykniker mit nur an der Physiognomie erkennbarem athletischen Einschlag.

[2] Die sich darin vorfindenden verfetteten Athletiker dürfen natürlich nicht mit Pyknikern verwechselt werden. Bekanntlich pflegen solch Primitive diejenigen unter den Weißen für die vornehmsten zu halten, die am wohlgenährtesten sind und dies wahrscheinlich nicht nur aus dem naheliegenden Schluß auf vorhandenen Reichtum, sondern aus der intituiven Einsicht heraus, daß dieser Menschenschlag es in ihren Kreisen materiell am weitesten bringt. Wenn wir von einer *„gewichtigen"* Persönlichkeit sprechen, so geschieht dies zum Teil mit einem ganz ähnlichen Gedankengang.

und dolichokephal, die Deutschen dagegen als Binnenländer „lateral", d. h. stämmig und brachykephal, welch letzteren Typ der Autor für die *jüngste menschliche Form* hält!

R. B. BEANS (1923 und 1925) entsprechende Zweiteilung unterschied früher „*hyperontomorphe*" und „*hypoontomorphe*" und neuerdings „*hyperphylomorphe*" und „*hypophylomorphe*" Typen, mit welch letzteren Bezeichnungen er den mehr oder minder stark erblich, d. h. stammesgeschichtlich bedingten Ursprung andeuten will.

Nach v. PFAUNDLER sind im *Kindesalter* allerdings die Habitustypen der modernen Konstitutionslehren noch nicht zu erkennen, da die wechselnden Perioden rascheren und langsameren Wachstums die individuellen Unterschiede verwischen. LEDERER ist anderer Ansicht, seine Bilder von „cerebralen", „muskulären" und „digestiven" Säuglingen überzeugen jedoch nicht. KRASUSKY, der in Odessa und WURZINGER, der in München *Schulkinder* untersuchte, halten bei diesen eine Einteilung nach Typen für möglich; ersterer fand 28% Leptosome, 29% Pykniker und 43% gemischte Formen. WURZINGER, der leider das System von SIGAUD anwandte, aber immerhin leptosome und eurysome Typen unterschied, so daß man seine Ergebnisse als Bestätigung der Anrwendungsmöglichkeit deKRETSCHMERschen Typologie in diesem Alter annehmen darf, gelangte zur Auffassung, der Grundtypus bleibe während des Individuallebens erhalten und nur die Legierungen erführen einen von den Umweltbedingungen mitbedingten Ha-

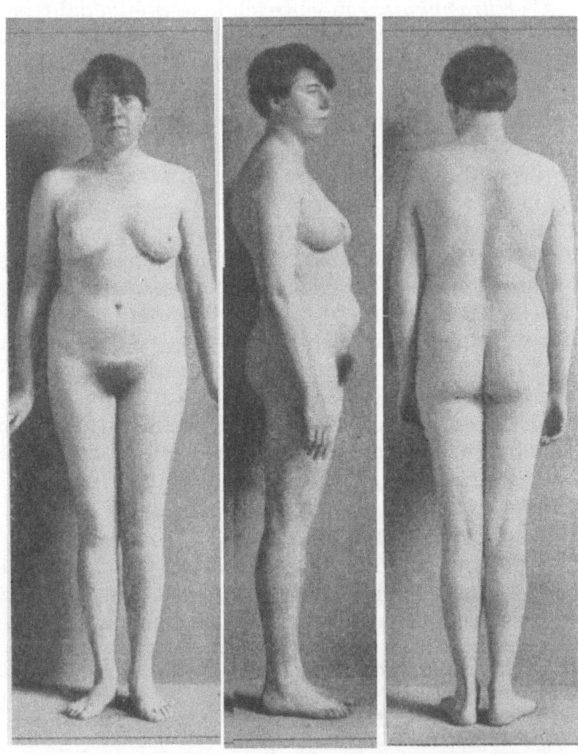

Abb. 9. 24 jähriges Mädchen. Teilweise sexuelle Hypoplasie. Erste Menses erst mit 18 Jahren. (Nach P. MATHES.)

bituswechsel. Eine einschlägige Beobachtung S. LEVYs von einem 5jährigen Zwillingspärchen, wobei der Junge deutlich leptosom, sein Schwesterchen dagegen ganz pyknisch gebaut war, ist in G. JUSTS „*Vererbung und Erziehung*" (1930) in dem von E. HANHART bearbeiteten Abschnitt über „*Körperliche Entwicklung und Vererbung*" auf S. 64 im Bilde festgehalten.

Ausführlicher findet sich dieser Zusammenhang im Abschnitt „Wachstum und Reifung in Hinsicht auf Konstitution und Erbanlage" von W. ZELLER in Bd. II dieses Handbuches belegt.

Damit sind wir zur Frage gelangt, ob sich die KRETSCHMER-Typen beim *weiblichen Geschlechte* ohne weiteres nachweisen lassen oder ob hier eine besondere Typologie notwendig ist. P. MATHES ließ sich von phylogenetischen Gesichtspunkten — freilich hypothetischer Natur — leiten und bezeichnete den vollweiblichen Typ als „pralle Jugendform", das überschlanke, bereits irgendwie intersexuelle Weib dagegen als „*Zukunftsform*". Außerdem unterschied der österreichische Gynäkologe noch die „*Robusta*", die zum Teil dem entspricht, was man eine „Virago" nennt. Er ist also zu einer ganz ähnlichen Typologie wie Kretschmer gekommen und hat es auch meisterhaft verstanden, die seelischen Züge seiner 3 Typen anschaulich zu schildern. Bei dem von ihm besonders scharf herausgearbeiteten „*intersexuellen Typ*" deckte er die zwischen Körperbau und Charakter sowie Temperament bestehenden Entsprechungen am besten auf. Es zeigt sich hier manche Parallele zur Schizothymie der Leptosomen und Athletiker Kretschmers, zu welchen Typen die „Zukunftsform" bzw. die „Robusta" von Mathes in nächster Beziehung steht, ebenso wie die „pralle Jugendform" zur normalen Pyknika[1].

Als *Ultrapyknicae* möchte ich jene wohlgenährten, vollbusigen Frauengestalten bezeichnen, bei denen die Grazilität der Extremitäten (vor allem sichtbar an der Überschlankheit von Handgelenken und Fesseln) in auffallendem Gegensatz zur Fülle und Gedrungenheit des Rumpfes und Größe des Kopfes steht und die in jüngeren Jahren jenen immer noch allzuhäufigen Typ des anspruchsvollen aber relativ gutmütigen, mehr auf Tafelgenüsse und Bequemlichkeit als auf Erotik und Intrigen versessenen Luxusweibchens ausmacht, das nicht selten frigide ist, steril bleibt, habituelle Aborte oder schwere Geburten hat, stillunfähig ist und es wegen seiner körperlich und seelisch mangelhaften Eignung zum Mutterberufe gewöhnlich höchstens zu einem einzigen Kinde bringt. Unverhältnismäßig viele der Vertreterinnen dieses meines Wissens bi her noch nirgends beschriebenen Frauentyps sind trotz günstigster äußerer Verhältnisse kinderlos geblieben, ohne dies aufrichtig zu bedauern oder gar wie die ständig um Bestätigung ringende Intersexuelle den bekannten „Schrei nach dem Kinde" auszustoßen. Die Kenntnis dieses Weibstypes, auf den wegen seiner scheinbar ebenso wohl entwickelten wie hervorragenden femininen Attribute viele unerfahrene Männer hereinfallen, ist rassenhygienisch von hoher Bedeutung. Schwere Migränen, Gallensteinkoliken, Hypertonien und ein Heer von klimakterischen Beschwerden gehören zu diesem oft psychisch wenig erfreulichen, weil kindisch-egozentrischen und nicht selten hysterischen Typ[2].

J. Bauer meinte, das weibliche Geschlecht sei nicht wie das männliche, sondern einzig nach der *Lokalisation seines Fettansatzes* zu typisieren, je nachdem diese diffus oder vorwiegend am Rumpf und zwar entweder an den Brüsten oder

---

[1] Die Frauenärztin E. Gläsmer (1930) bezeichnet als normale Varianten weiblichen Körperbaus

1. den „hypoplastischen Typ", der dem leptosomen Mann entspreche und trotzdem harmonisch und durchaus weiblich wirke,

2. den „euplastischen Typ", der dem männlichen Pykniker und in vollkommenster Form dem Ideal weiblicher Schönheit und Fortpflanzungswürdigkeit entspreche,

3. den „hyperplastischen Typ", der dem Athletiker beim Manne entspreche und die sekundären weiblichen Geschlechtsmerkmale überbetone, dabei aber zu universeller Fettsucht neige.

Abgesehen davon, daß hypoplastisch eben keineswegs mehr normal ist, wie übrigens aus mehreren Abbildungen bei Gläsmer hervorgeht, und andererseits der Pykniker durchaus nicht die vollwertigste Form männlichen Typs genannt werden kann, so fällt mit der Aufstellung des übrigens nicht einheitlichen hyperplastischen Typs, der doch am ehesten der Pyknika bzw. Ultrapyknika entspricht, gerade das Wertvolle an der Einteilung von Mathes dahin, der als Pendant zum männlichen Athletiker doch sicher mit Recht die viragoartige „Robusta" herausstellte.

Die leptosom gebaute Frau in Gläsmers Bildern ist sicher noch ein normaler Typ, aber gewiß nicht *der* Normaltyp weiblicher Statur, ihre angeblich noch normale Hypoplastica ist geradezu ein Schulbeispiel für eine infantile Intersexuelle im Sinne von Mathes und von den beiden abgebildeten Hyperplastischen handelt es sich doch wohl bloß bei der ersten um einen Normaltyp.

[2] Wenn Bernhard Aschner (1936) von den jungen pyknischen Frauen sagt, daß sie meist „innersekretorisch gestört seien und häufig an zu seltener und zu spärlicher Menstruation leiden", so kann er nur diesen *ultra-pyknischen* Entartungstyp meinen, da die gewöhnliche Pyknika ja, wie Mathes immer wieder betont, wie kein anderer Frauentyp in jeder Hinsicht für das Fortpflanzungsgeschäft ausgestattet ist.

am Unterbauch erfolge; er unterschied unter anderem als besonderen Typ das Weib mit dem sog. „Reithosenspeck", d. h. einer übermäßigen Fettansammlung an den Hüften, die zum Teil jedoch sicher auch einfach die Folge des Tragens zu enger Hüfthalter sein dürfte. So wichtig das Fett bei der Modellierung des weiblichen Körpers zweifellos ist, ähnlich wie die Muskulatur beim Manne, so wenig kann allein darauf hin eine körperbauliche Charakterisierung gegründet werden. Sämtliche stärkeren Abweichungen im Sitz und Umfang des Fettansatzes fallen in den Bereich des Anormalen, ohne allerdings wie z. B. die im Abschnitt über die Vererbung der Stoffwechselstörungen (Bd. IV/2 dieses Handbuches) beschriebene *Lipodystrophie*, die nicht immer progressiv zu sein braucht, mit einer funktionellen Beeinträchtigung oder Krankheitsbereitschaft verbunden sein zu müssen.

Ein gewisser *hyperplastischer*, in bezug auf Fruchtbarkeit, Gebär- und Stillfähigkeit hervorragend ausgestatteter Frauentyp, der seinem Oberkörper nach eher leptosom aussieht, in seinem sehr breiten Becken und mächtigen Gesäß dagegen die entsprechenden Formen der Pyknika stark übertreibt, nähert sich dem Bilde der Lipodystrophie, ohne bereits pathologisch zu wirken. Er findet sich schon in prähistorischen Darstellungen z. B. der sog. „*Venus von Brassempouy*" und „*Venus von Willendorf*" verwirklicht und dürfte immer noch mehr Zukunft haben, als die willkürlich von MATHES als „Zukunftsform" bezeichnete Intersexuelle, die sich nur als künstlich begünstigte Modegestalt dekadenter Geschmacksrichtung neben dem Vollweibe behaupten kann. Wenn der Orientale im allgemeinen[1] fette, der Arier jedoch schlanke Formen bevorzugt, äußert sich darin eine seelisch diametral verschiedene Grundstimmung, die mit dem weibischpassiven Wesen des ersteren und dem männlich-aktiven, in seiner höchsten Ausprägung faustischen Charakter des letzteren übereinstimmt.

„Ein wenig fetter, ein wenig magerer: wieviel Schicksal liegt in so wenigem!" sagt der geniale Menschenkenner *Nietzsche* mit Recht. Heute wissen wir, daß im natürlichen Fettpolster der Frau jene Vitaminreserven vorhanden sind, die sie erst voll zur Mutterschaft, d. h. zur Versorgung der werdenden Frucht im Falle der Not befähigt (E. POULSON); dieses Plus an Fett darf bei einem Körpergewicht von 55 kg gegenüber einem gleichschweren Mann etwa 10 kg betragen, auf Kosten eines entsprechenden Minus an Knochen und Muskulatur.

Für die ganz vorwiegend genotypische Bedingtheit des Habitus spricht auch die Möglichkeit einer biologischen Unterteilung der Menschen in *Rassen*. Diese erfolgt bekanntlich nicht nur nach den Farben von Haut, Haar und Auge und deren Übereinstimmung (Komplexion), sondern auch nach der durchschnittlichen *Körpergröße* und *Gestalt*, also denjenigen Merkmalen, durch welche unsere *Konstitutionstypen* somatisch charakterisiert sind.

Da alle Rassen in den Grundzügen ihrer Organisation einander gleichen, müssen Körperformen, die als Konstitutionstypen gelten wollen, als primäre Varianten in der gesamten Menschheit und damit prinzipiell innerhalb einer jeden Rasse vorkommen, wenn auch unter Umständen in sehr verschiedener Verteilung. Der Begriff der Rasse ist, was in letzter Zeit von mancher Seite verkannt wurde, gegenüber dem der Konstitution ein sekundärer. Spielt für jene die Komplexion eine ausschlaggebende Rolle, so ist sie für diese von weit geringerer Bedeutung[2]. WEIDENREICH (1928) hat sicher mit Recht davon abgesehen, von „athletischen" oder „pyknischen Rassen" zu sprechen und einzig die beiden

---

[1] Trifft z. B. für den algerischen Juden, nicht aber für den Araber zu.

[2] Der Frauenarzt und Konstitutionstherapeut BERNHARD ASCHNER (1936) freilich möchte die Komplexion, d. h. die stärkere oder geringere Pigmentierung zu den wichtigsten Merkmalen der Konstitution gezählt wissen. Ich werde im Abschnitt über „*Dispositionen und Diathesen*" (Bd. II dieses Handbuches) diese Ansicht als Überspitzung einiger richtiger Beobachtungen nachweisen.

grundsätzlichen Wuchsunterschiede: *leptosom* bzw. *eurysom* zur Kennzeichnung zugelassen. Wohl kann man allenfalls im Hinblick auf den typischen Körperbau des sog. fälischen Zweiges von einem breitwüchsigen Teile der sonst meist leptosomen *nordischen* Rasse sprechen, niemals dagegen von den ebenfalls mehrheitlich eurysomen *ostischen* Menschen kurzweg von Pyknikern, wenn schon besonders viele dieses speziellen Breitwuchstyps darunter sein werden.

Nach Henckels Untersuchungen in schwedischen Irrenanstalten kommt der pyknische Habitus dort annähernd gleich häufig wie in Deutschland vor. Hieraus darf keineswegs geschlossen werden, daß nordische und ostische Pykniker konstitutionell dasselbe seien; in seelisch-geistiger Hinsicht ist dies sicher nicht der Fall. Noch viel deutlicher wird der Unterschied, wenn man etwa je einen leptosomen Nord- und Südländer miteinander vergleicht. Mit der Rassendiagnose erfährt unsere konstitutionelle Beurteilung eines Individuums eine sehr wesentliche Bereicherung, noch mehr mit dem Nachweis eines bestimmten aus einer relativ homogenen Population stammenden Gautypes. Klinische Erfahrungen namentlich an kleineren Universitäten lehren, daß hinsichtlich der durchschnittlichen Konstitution und mehr noch der Frequenz bestimmter konstitutioneller Anomalien sehr erhebliche Unterschiede zwischen einzelnen Gegenden bestehen und jeweilen zur Entstehung spezieller medizinischer Forschungsrichtungen Anlaß geben können; ein Beispiel bietet die Schule Ottfried Müllers in Tübingen, wo Vasoneurosen aller Art besonders gehäuft vorkommen. Doch muß man sich hüten, aus der Zugehörigkeit zu einem Rassen- oder Gautyp bereits bindende Schlüsse für die Konstitutionsdiagnose zu ziehen, die stets ein individuelles Problem bleibt, das trotz aller Gruppensystematik sein besonderes Gesicht haben und in mehrfacher Hinsicht eine Ausnahme von der Regel bilden kann.

Weder die verschiedenen Rassen- noch die, wie wir sahen, nicht damit zu identifizierenden Kretschmerschen Konstitutionstypen lassen sich als Varianten des hormonalen Zusammenspiels erklären. Es handelt sich eben dabei um Mutationen, die nicht etwa bloß eine bestimmte Blutdrüse betreffen, sondern allem nach ein Zentrum endokrinen Geschehens spezifisch beeinflussen. Es gibt nun aber noch eine Reihe anderer Konstitutionstypen sowie Anomalien, welche eine gesonderte Besprechung von

III. Konstitution und Blutdrüsensystem

erfordern[1]. Durch die überraschende Entwicklung der Lehre von der inneren Sekretion hat die Konstitutionspathologie einen mächtigen Auftrieb erhalten. Eine neue Aera humoraler Beziehungen hat sich aufgetan und das Blut ist als der „besondere Saft" erkannt worden, der die Gestalt und die Funktionen des Organismus so weitgehend bestimmt, daß das *Schiller*-Wort: „Es ist der Geist, der sich den Körper baut" nur mehr teilweise zutrifft. Es handelt sich hier um eine der umwälzendsten Entdeckungen der modernen Biologie, die von Beobachtungen am Krankenbett ausging und seither durch das Experiment immer noch neue und wesentliche Ergebnisse hervorbringt. Da die *Hormone nicht artspezifisch sind,* vielmehr bei allen Wirbeltieren in gleicher Wirkungsweise vorkommen, ist der Rückschluß vom Tierversuch auf den Menschen ohne weiteres erlaubt.

Eine zeitlang wurde der Machtbereich der Blutdrüsen stark überschätzt, da man noch nicht wußte, daß die sog. *endokrine Formel* eines Individuums stets im wesentlichen *genotypisch* bedingt ist und zwar nach Maßgabe der Entwicklungskurve seiner Rasse und Art. Die im Verhältnis zum späteren Leben enorme

---

[1] Vgl. hiezu den Abschnitt „Funktionen und Zusammenarbeit der Blutdrüsen" von T. Kemp in Bd. II dieses Handbuches.

Wachstumsintensität während der ersten Fetalzeit, während welcher der Embryo weder über eigene noch mütterliche Hormone verfügt (E. Thomas), wirkt sich anscheinend ohne jeden endokrinen Impuls aus.

Die später einsetzende innersekretorische Tätigkeit ist lediglich eine ausbauende, die Entwicklung beschleunigende oder verlangsamende. Sie vermag weder aus sich heraus etwas Neues zu bilden, noch umzugestalten, was nicht im Bauplane der betreffenden Art und Klasse liegt, also vor allem auch keinerlei Mißbildungen zu erzeugen. Aus dem gleichzeitigen Vorkommen solcher mit wirklichen oder scheinbaren Anomalien der endokrinen Organe darf nicht auf eine ursächliche Rolle der letzteren geschlossen werden. Thomas betont, daß der „teratogenetische Terminationspunkt" Schwalbes, d. h. die Entstehungszeit der Mißbildungen lange vor dem Termin liegt, zu welchem nach den frühesten Schätzungen die Blutdrüsen des Fetus zu funktionieren beginnen. Von „Wachstumshormonen" zu sprechen ist nicht berechtigt, da die Beförderung der Entwicklung von Jugendstadien ebensogut mit Hormonen älterer Tiere gelingt und es somit nur darauf ankommt, daß diese auf einen wachsenden Organismus einwirken[1]. Es ist anzunehmen, daß der Hormonbedarf der Frucht in den späteren Fetalmonaten nicht von ihm selbst, sondern aus den hypertrophierten mütterlichen Blutdrüsen gedeckt wird. Unterscheiden sich doch z. B. schilddrüsenlose Kinder in den ersten Monaten nach der Geburt in nichts von normalen, wenn die Schilddrüse der Mutter leistungsfähig war. Diese pflegt bekanntlich physiologischerweise in der Schwangerschaft zu hypertrophieren, ebenso wie der Hypophysenvorderlappen, wodurch es zu einer gewissen Akromegaloidie kommen kann. Das Überwiegen der mütterlichen Hormonversorgung kann so weit gehen, daß beim Neugeborenen Anschwellungen der Schilddrüsen, Mammae, Nebennieren sowie des Uterus und der Hoden entstehen können, die dann bald rückgängig werden. Diese sog. *Synkainogenese* A. Kohns äußert sich nach G. Döderlein auch zuweilen funktionell, z. B. dadurch, daß der Hyperthyreoidismus eines Muttertiers in der Schwangerschaft zu einem solchen beim Jungen führt.

Am krassesten äußern sich endokrine Faktoren hinsichtlich der Gesamtkonstitution bei den freilich sehr seltenen Fällen *totaler Frühreife*, etwa infolge Zerstörung der *Epiphyse (Glandula pinealis)* oder eines Tumors der Nebennierenrinde, dessen Entfernung eine rasche Rückbildung zur Norm zu bewirken pflegt.

Die *Übergangsschäden*, wie sie sowohl mit dem Aufhören des intrauterinen Lebens nach erfolgter Geburt, als auch während der Pubertäts- und Involutionsperiode auftreten, beruhen hauptsächlich auf endokrinen Störungen.

Die wie kein anderer Lebensabschnitt im Zeichen hormonalen Hochbetriebs stehende *Pubertät*, während der schon normalerweise Zustände von *Akromegaloidie* oder von vorübergehendem *Eunuchoidismus* in Erscheinung treten können und zahlreiche Erbkrankheiten zur ersten Manifestation gelangen, bietet einen um so tieferen Einblick in die konstitutionellen Verhältnisse einer Person, je abwegiger diese veranlagt ist; steht auch der in dieser Zeit tobende „Sturm und Drang" bekanntlich oft genug in keinem rechten Verhältnis zum späteren Gebaren, so verrät sich dann doch schon oftmals im Körperlichen, was einst aus Einem wird, und ob er halten kann, was er verspricht; zuweilen erfolgt allerdings noch viel später, sogar erst in den Vierzigerjahren, besonders bei Männern alemannischer Abkunft — nicht umsonst spricht man vom sog. Schwabenalter — eine ganz unerwartete körperliche und seelisch-geistige *Spätentwicklung*, wie sie Kretschmer in seinem Buche „*Geniale Menschen*" plastisch von C. F. Meyer schildert. Als Nervenarzt und Konstitutionsforscher zugleich hatte er Gelegenheit,

---

[1] Der Ausdruck „*morphogenetisch*", den Biedl für jene Hormone verwandte, die sich wie dasjenige der Schilddrüse an der Körpergestaltung beteiligen, ist nach E. Thomas durch „*morphokinetisch*" zu ersetzen.

festzustellen, wie oft andererseits mit Änderungen in Gewicht, Gewebsturgor, Behaarung, Potenz unmerklich einsetzende Entwicklungsstörungen und *Vitalverluste* auf offenbar endokriner Grundlage die sog. Charaktereigenschaften, vor allem die „strömende Energie" zu beeinträchtigen und dadurch schwerste Neurosen auszulösen vermögen. Die auffälligen Bruchlinien in Persönlichkeit und Werk mancher Menschen finden so ihre natürliche Erklärung.

Frühreife Knaben sind mager, hyporchische dagegen von weiblicher Fülle, frühreife Mädchen fett, solche mit Hypovarismus aber von viriler Magerkeit. Bei früher Kastration kommt es nach einem verlängerten Kindesalter zur vorzeitigen Vergreisung, jedoch nicht zu frühzeitigem Tod, wie W. Koch (1921) bei der russisch-rumänischen Sekte der Skopzen feststellte. Ähnlich steht es bei jenem recessiven relativ proportionierten Zwergwuchs, den Hanhart (1925) nicht auf eine hypophysäre, sondern eine primär im Zwischenhirn liegende Störung bezog.

Starke Beeinflussungen der *Gesamtkonstitution* durch ein oder mehrere Blutdrüsen ergeben sich aus den allerdings noch umstrittenen Folgen eines *Status thymico-lymphaticus* und der damit verbundenen Herabsetzung der allgemeinen Widerstandskraft, ferner aus der großen Rolle, welche die *Schilddrüse* bei der Entwicklung des Knochensystems sowie für die Regulation von Stoffwechsel und Wärmehaushalt und nicht zuletzt für die Intelligenz spielt. Die Arteriosklerose der großen Gefäße nach totaler Strumektomie bei Mensch und Tier oder nach starker Adrenalinzufuhr und ihr vorzeitiges Auftreten bei Akromegalen ist ebenfalls hier zu nennen. Auf die Abhängigkeit des Tonus des vegetativen Nervensystems vom endokrinen Apparat bzw. deren Wechselbeziehung kann nicht genug hingewiesen werden. Auf ihre Beziehungen zum *Sympathicus* bzw. *Parasympathicus* hat man sogar eine *Einteilung der Blutdrüsen* gegründet.

Die Thyreoidea z. B. wäre eine Sympathicusdrüse wegen der entsprechenden Übererregbarkeit beim *M. Basedow*, der zu ihr antagonistische *Thymus* dagegen eine Parasympathicusdrüse, da in ihm Eosinophilie und beim sog. Status thymico-lymphaticus häufig „Vagotonie" gefunden wird.

Die Ansicht von C. Hart, wonach „alle Konstitution unter dem wesentlichen Einfluß des endokrinen Systems geworden" sei, muß revidiert werden. Seine Auffassung dagegen, daß die endokrinen Drüsen die von außen angreifenden Kräfte in adäquate innere transformieren, trifft durchaus zu. Völlig unhaltbar aber war die Meinung J. Tandlers, der den Blutdrüsen die Fähigkeit zusprach, erworbene Eigenschaften des Somas in erbliche zu verwandeln. In ihrer Art, schon in kleinster Menge große nachhaltige Wirkungen zu erzielen, gleichen die Inkrete[1] zwar der Vererbungssubstanz, welch letztere deshalb von R. Goldschmidt für hormonaler Natur erklärt wurde. Gerade der so deutliche Einfluß minimalster Quantitäten zwingt zur Annahme, daß die Hormone nicht direkt auf ihre Erfolgsorgane, sondern erst im Sinne einer Erregung oder Lähmung der im Zwischenhirn gelegenen Stoffwechselzentren wirken (H. Zondek).

Die konstitutionellen Schäden infolge *mangelhafter Ernährung* haben sich auf erworbene Funktionsstörungen des endokrinen Apparats zurückführen lassen.

Die Häufung von Amenorrhöe, Polyurie, Hautverfärbungen (sog. Kriegsmelanose), relativer Lymphocytose im Blut, sowie von *Myxödem* bei Rückgang der Fälle von M. Basedow (H. Curschmann) während des Weltkriegs in breiten Volksschichten Deutschlands, ferner die von den Industriechemikern nachgewiesene Verringerung der Hammelschilddrüsen an Jod und der Nebennieren an Adrenalin sprechen hierfür.

Eine andersartige, aber ebenfalls *temporale Disposition* endokriner Manifestierung kommt in dem sog. *Frühjahrsgipfel der Tetanie* zum Ausdruck, wie denn der Frühling überhaupt die Zeit der inneren Sekretion ist (Moro).

---

[1] Der Ausdruck „Inkret" von Abderhalden ist korrekter als „Hormon", das etwa „Antreiber" heißt, denn die endokrinen Wirkungen bestehen nicht immer in Reizen, sondern zuweilen auch in Hemmungen.

N. Pende, der in Genua lehrende erfolgreichste Vertreter der Schule von Viola, macht die *Art des Stoffwechsels* für den Funktionstyp des neuropsychischen Apparates verantwortlich. Die mit beschleunigtem Stoffwechsel einhergehenden sog. katabolischen Prozesse sollen einer rasch reagierenden, sozusagen explosiven Reaktionsweise mit schwacher Kontrolle, Psycholabilität und leichter Erschöpfbarkeit entsprechen im Gegensatz zu den anabolischen, die eine größere psychische Energie gewährleisten. Danach seien je 4 Untergruppen für die beiden Typen von Viola zu unterscheiden, die in dessen „*Semeiotica della costituzione*" (1933) als endokrine Varianten aufgeführt werden: Für die *Mikrosplanchniker* einen *hyperthyreoiden*, einen *hyperpituitären*, einen *hypogenitalen* und einen *hyposuprarenalen* Typ. Für die *Makrosplanchniker* einen *hypothyreoiden*, einen *hypopituitären*, einen *hypergenitalen* und einen *hypersuprarenalen* Typ.

Die wesentlichsten neurovegetativen Korrelationen des von Viola herausgearbeiteten morphologischen Gegensatzpaares wurden von Pende (1924) in folgenden „provisorischen Gleichungen" zum Ausdruck gebracht. Es wäre der *Mikrosplanchniker* Violas ein *Biotypus longilineus hypovegetativus katabolicus hyperthyreoideus* oder *hyperthyreoideo-hyperpituitarius* oder *hyperthyreo-hypersurrenalicus hypogenitalis*, vorwiegend *sympathicotonicus*, *tachypragicus* und *hyposthenicus tachypsychicus* dagegen der *Makrosplanchniker* ein: *Biotypus brevilineus hypervegetativus anabolicus hypothyreoideus* oder *hypothyreoideo-hypergenitalo-hypercorticosurrenalis*, überwiegend *parasympathicotonicus*, *bradypragicus* und *hypersthenicus bradypsychicus*.

Der erste dieser beiden Typen entspreche dem „schizoiden", der zweite dem „zykloiden" Temperament nach Kretschmer[1].

J. Bauer (1923) betonte das „*Prinzip der dreifachen Sicherung*", das darin zum Ausdruck komme, als erstens durch die Tätigkeit des *Erfolgsorgans* selbst, zweitens jene des *Nervensystems* und drittens die Steuerung seitens des *endokrinen Apparates* der regelrechte Ablauf vitaler Mechanismen gewährleistet werde. Er war sich klar, welche Schwierigkeiten dem Versuch einer Trennung der chromosomalen Partialkonstitution der Organe und Gewebe von derjenigen des neuroglandulären Systems entgegenstehen. Von einer „*individuellen Blutdrüsenformel*" verlangte Bauer, daß sie uns über die Einstellung und das gegenseitige quantitative Verhältnis der Blutdrüsen mit dem relativen Überwiegen oder Insuffizientsein bald der einen bald der anderen Drüse unterrichte. Da experimentelle Funktionsprüfungen der Hormonorgane fehlen, sind wir auf klinische Beobachtungen angewiesen z. B. während der *Menstruation*, der *Gravidität* und des *Klimakteriums*. Es werden von J. Bauer folgende *acht endokrinen Partialkonstitutionen* unterschieden:

1. Die *hypothyreotische Konstitution*, welche die Zustände bei *Myxödem* und endemischem Kretinismus in allen Graden umfaßt.

2. Die *thyreotoxische Konstitution* (hyperthyreotisches Temperament), die das Gegenstück zur ersteren darstellt und vom *Mikro-Basedow* oder *Basedowoid* bis zum ausgesprochenen *M. Basedow* führen kann. Nach französischen Autoren hätten die betreffenden Menschen stark entwickelte Augenbrauen. Ein Mischzustand von 1 und 2 wäre die *thyreolabile K.* (*Instabilité thyréoidienne* von Lévi und Rothschild), der wir bei der Analyse des „Arthritismus" wieder begegnen werden.

3. Die *hypoparathyreotische Konstitution*, die sich in der Jugend als *spasmophile Diathese* äußert und später zu *Tetanie* disponiert. So sicher die letztere auf einem Ausfall von Nebenschilddrüsensekret beruht (Erfolge der Therapie mit Parathormon AT 10!), so fraglich ist die Berechtigung zur Aufstellung eines

---

[1] Gemeint ist wohl das schizothyme bzw. zyklothyme Temperament.

derartigen Konstitutionstyps, da wenigstens nach meiner Erfahrung keine Familiarität idiopathischer Tetanie gefunden wird und das angeblich entscheidende Zeichen von Chvostek selbst bei früher zu schweren Anfällen neigenden Personen später völlig fehlen kann.

4. Die *hyperpituitäre (akromegaloide) Konstitution* dagegen ist wieder ein sich im Habitus sehr deutlich, zuweilen schon während der Pubertät vorübergehend zeigender Zustand, der unter anderem auch zum Körperbau der Athletiker nahe Beziehungen unterhält (Kretschmer).

5. Die *hypopituitäre Konstitution* geht mit einem sekundären Hypogenitalismus einher und deckt sich somatisch weitgehend mit dem primären Typ dieser Abartung und zwar in seiner fettwüchsigen Variante. Es handelt sich hier um die zweifellos vorkommenden Rudimentärformen der *Dystrophia adiposo-genitalis* bei denen mehr die typisch hypophysäre Fettverteilung als die Fettsucht auffällt und eine Disposition zu hartnäckiger Augenmigräne bestehen soll. Nach K. Westphal (1935) ist die *vasoneurotische Diathese* (O. Müller-W. Parrisius), auf die noch näher eingegangen wird, zum Teil durch „Hypofunktionen der Hypophyse" bedingt und in vereinzelten Fällen mittels Reizbestrahlung dieser Drüse zu bessern.

6. Die *hypogenitale Konstitution*, die durch eunuchoide Fettverteilung und Skeletproportionen und vor allem hypoplastische Sexualorgane und mangelhafte oder fehlende Ausbildung der sekundären Geschlechtsmerkmale charakterisiert ist und die von Tandler und Grosz erstmals geschilderten zwei verschiedenen Habitusformen des *eunuchoiden Hoch-* sowie *Fettwuchses* einschließt, deren spezielle Bedingtheit noch nicht geklärt ist. Sie kommt auch — obgleich seltener — beim weiblichen Geschlecht vor, darf hier aber nicht mit den weit häufigeren Zuständen von partiellem und totalem Infantilismus verwechselt werden.

7. Die *hypergenitale Konstitution*, die von J. Bauer für den *oligochondroplastischen* Habitus wegen seiner den eunuchoiden gerade entgegengesetzten Skeletproportionen postuliert wurde, weil bei dessen Extrem, dem *chondrodystrophischen Zwergwuchs* meist eine auffallend starke Sexualität und Ausbildung der primären und sekundären Geschlechtsmerkmale beobachtet wird. Es lag deshalb die Versuchung nahe, die ähnlich gebauten kurzbeinigen, muskelstarken, im Sinne Tandlers hypertonischen Individuen, die als Männer eine reichliche Stammbehaarung und eine damit kontrastierende frühzeitige Glatzenbildung zeigen, in diesem endokrinen Typ zusammenzufassen, als ob der ad hoc konstruierte „Hypergenitalismus" nur hierbei nachzuweisen sei und als Ursache eines derartigen Körperbaus überhaupt in Frage komme. Allein die Tatsache des Vorkommens von *Hemiachondroplasien*, d. h. Zuständen bei denen nur die eine Körperseite diesem Habitus entspricht, beweist, daß keinerlei hormonale Hyperfunktion an der übrigens schon im frühesten Fetalleben bestehenden Insuffizienz des Knorpelgewebes schuld sein kann.

8. Die *hyposuprarenale Konstitution*, die eine Blutdrüseneinstellung mit relativ insuffizienter Nebennierenfunktion darstellt und durch habituelle Hypotension, niedrigen Blutzuckerspiegel, Muskelhypotonie, Neigung zu Hypothermie und Bradykardie sowie allgemeine Kraftlosigkeit gekennzeichnet wird. Die von Wilder neuerdings herausgehobene „Zuckermangelkrankheit", welche größtenteils auf dieser Partialkonstitution beruht, scheint nach 2 Beobachtungen von W. Weitz (1936) *dominant* vererbt werden zu können. Inwieweit das wichtige Symptom der *Hypoglykämie* Ausdruck einer besonderen endokrinen Schwäche oder mehr einer vegetativ nervösen Veranlagung im Sinne von Westphal (1935) ist, muß von Fall zu Fall entschieden werden.

Ob es gerechtfertigt ist, mit H. Curschmann generell von „*Blutdrüsenschwächlingen*" zu sprechen, statt von vorwiegend *mono-* bzw. *polyglandulären*

Störungen des hormonalen Systems, ist sehr fraglich; entsprechende Konstitutionen mit Neigung zur Insuffizienz verschiedener oder gar sämtlicher Blutdrüsen sind sehr selten zu finden und scheinen meist ohne erbliche Anlage aufzutreten. Eine Ausnahme bildet die *myotonische Dystrophie*, deren endokrine und übrige Symptome entgegen der Annahme O. NAEGELIs einander gleichgeordnet sein dürften.

Die führende Stellung einzelner Hormondrüsen bei der Entstehung konstitutioneller Krankheitszustände ist stark überschätzt worden; so auch bei der Schilddrüse, die nicht einmal während eines *M. Basedow* eine vermehrte Sekretion nachweisen läßt, geschweige denn eine *Dysfunktion*, welch letzterer Begriff von dem Züricher Endokrinologen OSWALD total abgelehnt wird. Von HOFF (1937) wurden die mannigfaltigen Beziehungen von Schilddrüsentätigkeit zur vegetativen Regulation beleuchtet, als eindrucksvolles Beispiel dafür, wie an Stelle der früheren organpathologischen Auffassung eine funktionelle Betrachtungsweise getreten ist, welche die Störungen im Rahmen der gesamten Wechselwirkungen des Organismus zu sehen und so einer ganzheitlichen Auffassung näherzukommen versucht. Zu ähnlichen Schlüssen gelangte FALTA (1937) in Würdigung der wichtigen Rolle zentralnervöser Komponenten (Zwischenhirn!) bei Entstehung des *M. Basedow*.

Damit sind wir zur Besprechung der Beziehungen von

IV. Konstitution und Nervensystem

gelangt, dessen Stabilität in so hohem Grade von der Harmonie des innersekretorischen Apparates abhängt, daß eine getrennte Betrachtung seiner Wirkungen eigentlich gar nicht möglich ist. Vor allem gilt dies für die sog. *„Lebensnerven"* (L. R. MÜLLER), welche den Wasserhaushalt, Kohlehydrat- und Eiweißstoffwechsel, ferner die Trophik der Muskeln, Knochen und Gelenke, des Fettgewebes und der Haut (einschließlich deren Pigmentgehaltes) regulieren und damit den *Habitus* sowie die Rassenmerkmale eines Individuums sehr weitgehend bestimmen.

Die Wachstumsvorgänge in den Zellen höherer Organismen werden durch solch vegetativ nervöse Einflüsse geregelt und im Gegensatz zum unbeschränkten Wachstum von Gewebskulturen (BOMPIANI) von übergeordneten Zentren aus gehemmt. Nur das zu den „passiven Geweben" gehörende *Fettgewebe* besitzt eine größere Selbständigkeit. Trophische Nerven bestimmen das Maß der Ernährung (D. GOERING).

Die Bedeutung des vegetativen Nervensystems für den *Tonus* der Skeletmuskulatur ist noch umstritten. H. MIES (1937) macht auf die verschiedene Fassung des Begriffes *„Tonus"* bei Klinikern und Physiologen aufmerksam. Versteht man darunter eine Dauererregung ohne Spannungszustand, so kann ein ständiger Einfluß des autonomen Systems auf die Skeletmuskeln nicht geleugnet werden; dieser Tonus geht jedoch nicht etwa mit demjenigen parallel, den TANDLER zur Einteilung der Konstitutionen verwenden wollte.

Die nicht selten enormen *Konstitutionsänderungen* und Wechsel in der somatischen Erscheinung im Verlaufe bestimmter Geisteskrankheiten, wie der progressiven Paralyse, Epilepsie, Schizophrenie und des manisch-depressiven Irreseins, ferner die auffällige Abmagerung und der Muskel- und Knochenschwund der Tabiker sind größtenteils auf begleitende Schädigungen des vegetativen Nervensystems zurückzuführen.

Vor nunmehr 30 Jahren haben H. EPPINGER und L. HESS den pharmakologischen Antagonismus zwischen vagotropen und sympathicotropen Stoffen auf die Klinik übertragen und die beiden Konstitutionstypen des *„Vagotonikers"* und *„Sympathicotonikers"* einander gegenübergestellt.

W. R. HESS und sein Mitarbeiter W. H. v. WYSS sowie später D. D. PLETNEW haben dargelegt, daß unter *physiologischen* Verhältnissen niemals ein dauerndes Übergewicht des einen dieser Systeme über das andere bestehe und der Internist

E. v. Bergmann (1912) schlug die nichts präjudizierende Bezeichnung „*vegetative Stigmatisierung*" vor, da sich auch klinisch nur Mischtypen bezüglich der Übererregbarkeit des autonomen Nervensystems vorfänden. Pflegen doch sog. Vagotoniker meist weite Pupillen, also ein Zeichen erhöhter Sympathicusreizung aufzuweisen. Ob man nicht dennoch berechtigt ist, das Vorherrschen einer der beiden vegetativen Reaktionstypen nach Art einer *Partialkonstitution* anzunehmen, dürfte sich erst auf Grund von Erfahrungen an eineiigen Zwillingen herausstellen. Daß in einer von ihm über Jahrzehnte eingehend studierten Familie von sog. Arthritikern bei Vater und Sohn eine *ganz vorwiegend vagotonische Reaktionsweise* als vermutliches Erbmerkmal auftrat, hat E. Hanhart (1934) gezeigt. Die betreffende Sippentafel, die in der nächstfolgenden Generation ganz übereinstimmende oder doch entsprechende Symptome erkennen läßt, findet sich im Abschnitt über *Dispositionen und Diathesen* Bd. II dieses Handbuches dargestellt. Es wurde in obigem Fall die Möglichkeit offen gelassen, daß die starke vegetative Stigmatisierung in der Hauptsache gar nicht ererbt, vielmehr durch die bei Vater und Sohn sichergestellte cirrhotische Lungentuberkulose, d. h. durch Resorption kleinster Toxinmengen aus halbvernarbten Herden ausgelöst worden sei. An gleicher Stelle wird eine diesbezüglich fast beweisende Beobachtung an eineiigen Zwillingsschwestern besprochen, von denen die eine vegetativ recht ausgeglichen, die andere sehr deutlich übererregbar war und im Gegensatz zur ersten Residuen einer Spitzentuberkulose aufwies.

Das so mannigfach verflochtene System neuraler und endokriner Regulationen ist von dem Züricher Physiologen W. R. Hess einer synthetischen Betrachtung unterzogen worden, wobei sich „Ordnungsgesetze" ergaben, „durch welche die Funktionen der Organe zur funktionellen Äußerung des Organismus zusammengefügt sind". Diese Theorie trägt der seelisch-körperlichen Einheit des Organismus und damit unserem Streben nach Erfassung des lebendigen Ganzen Rechnung. Es werden folgende zwei Organsysteme unterschieden: ein *animales* für die Beziehung mit der Umwelt, das vom zentralen Nervensystem, den Sinnesorganen und der Skeletmuskulatur vertreten wird und ein *vegetatives* für die Assimilation und Dissimilation, d. h. für das Wachstum, die Speicherung und Wiederherstellung aufgebrauchter Stoffe. Beide Systeme greifen dauernd ineinander und hängen aufs engste zusammen.

So wird z. B. das Gehirn im *Schlaf* zum Erfolgsorgan des vegetativen Nervensystems, welches dann als *histotropes* Prinzip auf Restitution gerichtet ist.

Die Fähigkeit zur mehr oder weniger raschen Restitution durch den *Schlaf* ist individuell sehr verschieden und gehört zu den wichtigsten Eigenschaften einer Konstitution.

Während z. B. *Montaigne, Descartes, Kant, Schopenhauer* und *Darwin* Langschläfer waren, brauchten *Leibniz, Linné, A. v. Humboldt, Friedrich der Große* sowie *Mommsen* weit weniger Schlaf als der Durchschnitt, *Humboldt*, der 90 Jahre alt wurde, angeblich sogar bloß 3—4 Stunden. Daß der Leistungsriese *Napoleon I.* sich in schwierigsten Lagen schon nach kurzem Schlaf ausreichend zu erholen vermochte, ist bekannt und spricht für die auch sonst auf vegetativem Gebiete ganz ungewöhnliche Widerstandsfähigkeit dieses Genies.

Diesem histotropen, parasympathischen Prinzip steht das *ergotrope*, auf Leistung gerichtete des vegetativen Nervensystems gegenüber, das die Sympathicuswirkungen umfaßt.

W. Loeffler hat diese Betrachtungsweise auf die Pathologie des Stoffwechsels übertragen.

Vagus und Sympathicus sind nicht immer Antagonisten, vielmehr bis zu einem gewissen Grade auch *Synergisten*, wie Pletnew (1935) in seiner bemerkenswerten Studie über die *synthetische Auffassung der Medizin* ausführt. Erinnert sei hier an die Anschauung von Stoehr jun., wonach das ganze vegetative Nervensystem ein „ungeheures, einheitliches Syncytium" sei.

Isolierte Reaktionen gibt es im ganzen Nervensystem nicht; auch die allgemein anerkannte Reflextheorie beruht auf einer Fiktion. Der Begriff des Antagonismus bedurfte einer Ergänzung durch denjenigen der *integralen Funktionen* von Sherrington.

Dem *Konstitutionstyp* des *vegetativ Stigmatisierten* eignet so gut wie immer eine gewisse *psychische Übererregbarkeit* und *Labilität*. WESTPHAL macht auf den seelenvollen Ausdruck des Auges der oft madonnenhaften Frauen dieser Art aufmerksam, ein Eindruck, der durch das zarte, feingelockte Haar, das Feine des längs ovalen Gesichts, den meist hohen, zierlichen Wuchs und die schmalen Hände hervorgerufen werde. Sehr bemerkenswert ist, daß nach der großen Erfahrung dieses aus der Schule E. v. BERGMANNs hervorgegangenen Autors eigentliche Pykniker diesem funktionellen Typus seltener angehören, daß auch zuweilen leicht athletisch gebaute, mäßig muskulöse, schwammige, fette Leute dazu neigen, also der von WEISSENFELD als „Weichathletiker" bezeichnete Habitus. Ostische Menschen seien viel seltener darunter als nordische, dinarische und mediterrane.

Der Konstitutionstyp des vegetativ Nervösen, wie ihn WESTPHAL beschreibt, weist nahe Beziehungen zu der „*nach außen beseelten, integrierten Grundform menschlichen Seins*" von E. R. und W. JAENSCH auf, deren Übersteigerung als sog. *B-Typ* von den somatischen und psychischen Merkmalen des *M. Basedow* abgeleitet ist, ebenso wie diejenige des entgegengesetzten „desintegrierten" *T-Typs* von denen der *Tetanie*.

Beistehende Übersicht zeigt die durchgehende Gegensätzlichkeit dieser beiden Grundformen, die ihrerseits manch Verwandtes mit den „extravertierten" und „introvertierten", rein psychologischen Typen C. G. JUNGs haben, sich jedoch besser als diese zu einer konstitutionellen Charakterisierung verwenden lassen:

Nach außen und auch nach innen beseelter, integrierter Typ:	*Nach außen unbeseelter (nach innen meist beseelter) desintegrierter Typ:*
Alle Funktionen (Lebensäußerungen) arbeiten körperlich-seelisch als geschlossenes Ganzes (Integration).	Alle Funktionen arbeiten körperlich-seelisch mehr oder weniger losgelöst voneinander (Desintegration).
Gefühlsbetont.	*Willensbetont.*
Aufgeschlossen gegen die Umwelt. Nach außen und innen lebensvoll, mitschwingend, anpassungsfähig, lebhafter Stimmungswechsel. Mehr kindhaft-heiter, pulsierend.	Verschlossen gegen die Umwelt. Nach außen Maske, nach innen oft voll beherrschtem Affekt, oder gleichzeitig reizbar und stumpf. Mehr ernst, streng, sinnierend.
Biegsame (weiche) Naturen.	*Starre (harte) Naturen.*
Künstlerisch oder ästhetisch Gerichtete, mitunter Genießer.	Pflicht- und Konfliktmenschen, Idealisten, mitunter Asketen.
Phantasten.	*Theoretiker.*
Lebhafter, oft schnell wechselnder Vorstellungsverlauf.	Schleppender, oft „klebender" Vorstellungsverlauf.
Tempo.	*Beharrung.*
Lebenskünstler und geschickter Praktiker.	Soldaten der Faust und der Stirn.
Übersteigerungsform (mit körperlichen Merkmalen):	*Übersteigerungsform (mit körperlichen Merkmalen):*
B-Typus (Basedowtyp nach W. JAENSCH).	T-Typus (Tetanietyp nach W. JAENSCH).

L. BORCHARDT (1930) wollte als „*reizbare Konstitution (Status irritabilis)* die gesamten Erscheinungen zu Übererregbarkeit sowohl am Nervensystem, als auch an Haut, Schleimhäuten, Gefäßen, Gelenken usw. zusammenfassen und den „Astheniker" durch *Leistungsschwäche*, den Pykniker durch *erhöhte Reaktionsfähigkeit und vorzeitige Abnutzung* funktionell kennzeichnen, als ob es sich dabei um Gegensätze handelte. Schon die oben wiedergegebene Schilderung der vegetativ Nervösen durch K. WESTPHAL als feingliedrige Personen von höchster Irritabilität widerlegt die Zuordnung einer solch einfachen Abstraktion einzig zum pyknischen Habitus; dessen Träger wurden auch von anderer Seite völlig unberechtigt als „Hypersthehiker" angesehen, während sie dies, wie wir sahen, ja gerade nur auf dem Gebiete der vegetativen Leistungen z. B. als *types digestifs* verdienen. Das bereits von Edinger für die Entstehung von Nervenkrankheiten mißbräuchlich herangezogene Moment des *Aufbrauchs infolge starker Beanspruchung* werden wir sowohl bei Besprechung des sog. Arthritismus, wie bestimmter Stoffwechselleiden als größtenteils illusorisch hinstellen müssen. Will man überhaupt von mehr oder weniger erregbaren Partialkonstitutionen sprechen, wie etwa in der Pädiatrie von erethischen und torpiden Varianten, so muß dies stets mit ausdrücklicher Nennung der speziellen — vegetativen oder neuropathischen bis psychopathischen — Reaktionsweise geschehen; denn bekanntlich sind ja die sicher vegetativ sehr ausgeglichenen Athletiker mit ihrer „viskösen", d. h. zögernden und im allgemeinen phlegmatischen Art zu reagieren, zugleich auch zu plötzlichen explosiven Affektausbrüchen disponiert. „Reizbare Konstitution" aber ist begrifflich schon deshalb unhaltbar, da die Irritabilität zu den Kriterien allen Lebens gehört.

Wenn irgendwo, so ist zur Würdigung der vielfältigen Beziehungen zwischen Konstitution und Nervensystem eine *mehrdimensionale Betrachtungsweise* notwendig.

Etwas willkürlich mag sein, daß Martius just die *Porencephalie* als Beispiel einer Konstitutionsanomalie nennt, weniger daß J. Bauer der individuellen Variabilität in der Morphologie des Zentralnervensystems einen so weiten Platz einräumt.

Bekanntlich gibt es angeborene und später erworbene Porencephalien, welche — was Martius gar nicht erwähnt — deshalb allerdings von sehr hohem konstitutionellen Interesse sind, weil sie ähnlich wie z. B. *Agenesien des Kleinhirns* völlig symptomlos bleiben können und mit erblichen Defekten der Hirnanlage nichts zu tun zu haben scheinen [1].

Gleicherweise sind *acephale Mißgeburten* hauptsächlich insofern für die Konstitutionslehre belangreich, als sie auffallenderweise öfters mit einem *Fehlen der Nebennieren*, ferner nach Rittmeister einem doppelseitigen Bestehen von *Vierfingerfurchen* an der Handfläche verbunden sind.

Inwieweit leichtere morphologische Anomalien am zentralen Nervensystem als Anzeichen einer „*Organminderwertigkeit*" zu betrachten sind, ist noch sehr unsicher; auch Fr. Curtius, der sich auf verschiedenen Einzelgebieten mit Erfolg um die Präzisierung dieses umstrittenen Begriffes bemühte, nimmt hier eine abwartende Haltung ein. Eine solche ist noch viel mehr am Platze wo es sich um Abweichungen ganz oder teilweise funktioneller Natur, wie *Strabismus*, *Nystagmus, Linkshändigkeit, Enuresis* und die Unmenge der sog. *neuropathischen* Störungen handelt, die als Symptome verschiedenartigster Genese gewertet und von Fall zu Fall oder mindestens von Familie zu Familie individuell gewürdigt sein wollen.

Die *obligate Linkshändigkeit*, wie sie z. B. bei dem Universalgenie *Leonardo da Vinci* bestand, findet sich bekanntlich auch oft in Begleitung echt degenerativer Zustände: Schwachsinn, Epilepsie, weniger sicher bei Sprachstörungen (Kistler), so daß diesem

---

[1] Geradezu einzigartig und theoretisch sowie praktisch (Unfallmedizin!) von größter Wichtigkeit ist der viel zu wenig bekannt gewordene, wenn auch von H. Vogt (1912) zitierte Fall aus der Dissertation Altmann, Breslau 1908:

48jähriger Holzarbeiter, ohne äußerliche Zeichen von Mißbildung, der 3 Jahre als Kavallerist gedient hat und trotz seines chronischen Alkoholismus (für 50 Pfg. Schnaps pro Tag) bis kurz vor der Erkrankung gesund war und regelmäßig arbeitete, kam 1905 wegen einer Schwäche im linken Bein in die Klinik und starb 7 Wochen nachher an den Symptomen einer *Querschnittläsion des Rückenmarks*, das bei der Sektion eine *Zweiteilung* und mehrfache *Cystenbildung* zeigte und eine sehr unvollkommene Kontinuität erkennen ließ.

Offenbar können solch *schwere Mißbildungen* dann *ausgeglichen* werden, wenn sie *vor der Zeit der funktionellen Anpassung* und *Differenzierung der Organe*, also intrauterin *erworben* wurden (H. Vogt).

Erwähnt sei in diesem Zusammenhang noch A. Jubas Fall (1936) eines 39jährigen, geistig normalen Menschen mit vollständigem *Mangel des Balkens im Gehirn*, der auf eine fetale Läsion im Bereich der Commissurenplatte bezogen wird.

Merkmal, das mit *Rechtshirnigkeit* verbunden ist, ein gewisser Stigmenwert zuerkannt werden muß. Die einschlägigen Verhältnisse sind aber viel verwickelter als dies früher angenommen wurde.

Ähnliches gilt für die nicht seltenen *Halbseiten-Minderwertigkeiten,* die sich sowohl morphologisch als funktionell äußern können und als besondere Konstitutionsprobleme noch zu wenig studiert sind.

Sehr schwer hält es, die so mannigfachen Symptome der sog. *neuropathischen Diathese* zu einzelnen in sich einigermaßen abgegrenzten Syndromen zusammenzufassen und deren Beziehungen zu den übrigen Dispositionskomplexen, unter anderen vor allem der allergischen Bereitschaft aufzudecken.

Recht ansprechend ist die von J. BAUER getroffene Unterscheidung der Neuropathen und Neurastheniker, von denen die ersteren noch keine Kranken, sondern bloß Disponierte sind und sich zu den letzteren verhalten wie die Engbrüstigen zu den Schwindsüchtigen.

Ein besonders eindrückliches Beispiel bietet die vorurteilslose Studie des Jenenser Internisten W. H. VEIL (1939) über „*Goethe als Patient*", in der ausdrücklich festgestellt wird, daß der große Dichter „*voll neuropathischer, aber ohne jegliche psychopathischen Züge war*". Obgleich diese Formulierung manchem etwas zu absolut vorkommen mag, trifft sie ohne Frage im wesentlichen das Richtige.

Ein noch sehr dunkles Kapitel bildet der unzweifelhafte, bereits den Alten bekannte Zusammenhang zwischen „*konstitutioneller Nervosität*" (J. H. SCHULTZ) und hoher *Begabung,* für den LOMBROSO das immer aktuelle Schlagwort „*Genie und Irrsinn*" prägte. Sehr auffällig sind dabei die häufigen Einschläge von *Intersexualität* und vor allem die *partiellen Infantilismen* vieler Künstler- und Gelehrtennaturen, die mit deren schöpferischen Fähigkeiten untrennbar verbunden zu sein scheinen; letztere Abweichungen können körperlich und geistig zum Ausdruck kommen und mit dem den meisten Genialen eigentümlichen gigantischen Leistungsvermögen seltsam kontrastieren.

Ein Beispiel liefert uns die geradezu mythische Persönlichkeit des militärisch, politisch und künstlerisch gleich genial begabten britischen Obersten *T. E. Lawrence,* der mit seinem fast frauenhaft schlanken und kleinen Wuchs und seinem allem nach rein homoerotischen, keineswegs jedoch etwa homosexuellen, asketischen Wesen manche Züge mit *Friedrich dem Großen* gemeinsam hat.

Es sei hier auch auf die „*Mechanismen im Gehirn einseitig begabter Menschen*" aufmerksam gemacht, welche DÖLLKEN als Hirnanatom sowie auf die *Sonderbegabungen Schwachsinniger,* die der Psychiater WEYGANDT beschrieb. Wie gering unsere Einsicht in die Entstehung genialer Produktion heute noch ist, geht nicht nur aus den meist einseitigen und unzulänglichen Schlüssen der seit P. J. MÖBIUS aufgekommenen *Pathographien,* sondern auch aus den gründlichen Studien LANGE-EICHBAUMs sowie dem geistreichen Essai E. KRETSCHMERs über *geniale Menschen* hervor. Die neuerdings von einem so hervorragenden Kenner wie H. DRIESCH (1938) in seinen „*Alltagsrätseln des Seelenlebens*" vertretene Ansicht, wonach auch die Tatbestände der Normalpsychologie „zum mindesten ebenso rätselhaft" wie die parapsychologischen Phänomene seien, läßt die Aussichten für eine Klärung auf diesem schwierigsten Gebiete gering erscheinen.

Sicher bleibt, daß im Psychischen — weit mehr noch als im Körperlichen — eine Person sehr stark vom Durchschnitt abweichen und sich dennoch bewähren oder sogar in einzigartiger Weise auszeichnen kann, oft gerade weil das Anderssein an sich und noch mehr eine ausgesprochene konstitutionelle Minderwertigkeit als mächtiger Stimulus wirkt und auf dem Wege der *Überkompensation* manch einen „Gezeichneten" zum „Ausgezeichneten" werden läßt.

Der von JUVENAL stammende Glaubenssatz des Humanismus: „*Mens sana in corporo sano*", der die mittelalterliche Auffassung des Leibes als des Kerkers der Seele bekämpfte, darf nicht in dem Sinne falsch ausgelegt werden, daß eine gesunde Leiblichkeit immer mit seelischer Harmonie und umgekehrt diese mit einem gesunden Körper verbunden sei. Wohl entspricht die Idealnorm des Plato dieser auch in dem modernen Schlagwort „Kraft und Schönheit" zum Ausdruck kommenden Forderung, doch wollen wir nicht vergessen, daß ein *Demosthenes* vielleicht ohne seinen Sprachfehler nicht zu dem größten Redner seiner Zeit geworden und *Goethes* Genie der Welt verlorengegangen wäre, hätte man seinen bei der Geburt kümmerlichen Körper dem spartanischen Verfahren preisgegeben. Wenn K. Jaspers betont, daß es zu den aussichtsreichsten Methoden der Psychiatrie gehöre, ganze Lebensläufe zu erforschen und sie nach kausalen und finalen Gesichtspunkten genetisch darzustellen, so gilt dies für die Erfassung konstitutioneller Zusammenhänge überhaupt, die niemals allein aus dem Querschnitt, d. h. aus zeitgebundenen Zustandsbildern, sondern erst aus *Längsschnitten durch ganze Lebenskurven* in befriedigender Weise gelingen wird.

Ganz besondere Beachtung in konstitutioneller Hinsicht verdienen die verschiedenen *Vorgänge des Ausgleichs (Kompensation) körperlicher Defekte.*

Die mannigfaltigen Probleme des Ausgleichs und der Überkompensation körperlicher sowie auch mancher psychischer Defekte können nur ganz teilweise generell gestellt und gelöst werden, da es hier noch mehr als sonst in der Konstitutionslehre auf die Besonderheiten des einzelnen Falles ankommt und Typenbildungen auf Grund des heute noch ganz ungenügenden Beobachtungsmaterials kaum möglich sind. Die übertriebenen Schlußfolgerungen des Individualpsychologen Alfred Adler, wonach ohne den Anreiz durch irgendwelche auf „Organminderwertigkeiten" beruhende Insuffizienzgefühle gar keine höheren Leistungen zu erzielen wären, können wohl als überwunden gelten [1]. Neben der unzweifelhaft ausschlaggebenden seelischen Wirkung eines jeden Defektes kommt noch die oft erstaunliche Fähigkeit des Organismus in Betracht, einen seiner Teile für einen anderen eintreten zu lassen und z. B. einem Blinden durch Übung ein besonders feines Tastgefühl und Gehör und einem Tauben das Vermögen zur Unterscheidung sonst unmerklicher Erschütterungen zu verleihen. Noch zu wenig bekannt in diesem Sinne ist der innere Zusammenhang der Wahrnehmung von Tönen und Farben.

So hat der früh erblindete Musiker *Paul Dörken* ein völlig geschlossenes System von Ton-Farbenempfindungen in symbolisch-visueller Zuordnung entwickelt, das Anspruch auf die Anerkennung einer inneren Evidenz erhebt und vielleicht nicht als rein subjektives Erleben von der Wissenschaft abgelehnt werden kann.

Im Kompensationsproblem sieht der Hallenser Neurologe G. Anton den wirksamsten Schlüssel zum Verständnis der meisten Seelen- und Nervenkrankheiten. Allgemein sind die weitgehenden Möglichkeiten, angeborene und selbst erst im Erwachsenenalter erworbene Schäden auf *einem* Gebiete durch systematische Übung eines anderen auszugleichen, ein Vorzug des bewußt lebenden und nicht nur ums Dasein, vielmehr ständig auch um seine Würde und Behauptung ringenden Menschen, dessen höchstes Glück es bleibt, eine Persönlichkeit zu sein. Dabei kommt es allerdings in erster Linie auf die als wichtigste Mitgift wirkende erbliche Charakteranlage an, ob ein „um das Ebenmaß des Leibes Verkürzter" eine sog. Krüppelseele und gleich *Thersites* zum geifernden Lästerer oder gleich *Richard III.* zum ruchlosen Intriganten und Verbrecher oder aber gleich dem buckligen *Lichtenberg* zum lachenden Philosophen wird.

---

[1] Die hier gemeinten Entgleisungen und Übertreibungen Adlers finden sich vor allem in seiner „*Studie über Minderwertigkeit von Organen*" (1907) und den allzu optimistischen Aufsätzen „*Heilen und Bilden*". Mit dieser notwendigen Feststellung soll der Wert des Hauptwerkes von Alfred Adler „*Über den nervösen Charakter*" (1922) nicht herabgemindert werden, trotzdem dieses in seiner Einseitigkeit der von ihm kritisierten Freudschen Psychoanalyse gleicht. Beide Lehren sowie diejenige von C. G. Jung ergänzen sich und müssen von der medizinischen Konstitutionsforschung eklektisch zur Lösung individueller und Gruppenprobleme herangezogen werden.

Spaniens größter Dichter *Cervantes* hat als 24jähriger die linke Hand verloren und trotzdem die abenteuerlichsten Wagnisse unternommen, um aus der algerischen Gefangenschaft zu entfliehen, und der britische Seeheld *Nelson* hat als Einäugiger und ohne rechten Arm den entscheidenden Seesieg bei Trafalgar errungen.

Wenn Lord *Byron* seinen Landsmann *Alexander Pope* als größten englischen Dichter pries, so spielte hier zweifellos mit, daß er, der er seelisch aufs schwerste unter seinem *Klumpfuß* litt, tiefstes Mitgefühl für den durch einen Buckel verunzierten Pope empfand. Bezeichnend ist, daß *Byron* sich nicht mit dem Welterfolg seiner Dichtungen begnügte, sondern auch in gewaltigen körperlichen Leistungen, wie dem Überschwimmen des Hellespontes, um den Lorbeer rang.

Unfaßbar bleibt, daß *Beethoven* trotz seiner *frühen Ertaubung* — die Folge einer um 1800 aufgetretenen Otosklerose — oder vielleicht durch sie einer der größten Tondichter aller Zeiten werden konnte.

Wie weit es sogar *Taubstummblinde* bringen können, weiß man aus *Laura Bridgnam*'s und *Helen Keller*s Fällen, von denen der letztere durch den überaus sachverständigen Berliner Taubstummenlehrer G. RIEMANN an Ort und Stelle nachgeprüft worden ist.

Der Einarmige C. v. KÜGELGEN, dem wir die anregende Lebensbeschreibung „*Nicht Krüppel — Sieger!*" verdanken, macht u. a. darauf aufmerksam, daß der *armlose*, sein Gewehr mit den Füßen haltende Meisterschütze *Arthur Stoß* im Roman „*Atlantis*" von *Gerhart Hauptmann* keine Erfindung ist. *Armlos* ist auch der Geiger *Karl C. H. Unthan*, einarmig der Klaviervirtuose *Geza, Graf Zichy*, beide Lehrer der Schwerbeschädigten im Kriege; *Josef Weiß* ist mit demselben Gebrechen sogar Kunstflieger geworden und *Willi Post* hat ohne rechte Hand einen Weltrekord im Flug um die Erde aufgestellt.

Die durch einen Lupus nasi verstümmelte *Gertrud Fundinger* hat in ihrem Büchlein „*Optimismus*" eine eindrucksvolle Reihe einschlägiger Beispiele aus der neueren Zeit gesammelt.

Als eigene Beobachtung kann ich berichten, daß ein Mann trotz totaler *Versteifung* des einen *Kniegelenkes* mühevolle Skitouren bewältigen, eine hochgradig *Kyphoskoliotische* und ebenso ein Lungenkranker mit *Pneumothorax* Schweizer Berge von gegen 3000 m Höhe besteigen konnten.

Besonders gut pflegen Residuen von *akuter Poliomyelitis* ausgeglichen zu werden, wie alle Orthopäden bezeugen.

In einem mir genau bekannten Fall hat ein wissenschaftlich hervorragender Arzt, der als Folge einer Kinderlähmung mit 5 Jahren eine starke Atrophie des linken Gastrocnemius und der beiden Peronäei mit Hohlfuß und einer Beinverkürzung von fast 3 cm davontrug und der mit 18 Jahren wegen eines schwersten Pneumokokkenempyems aufgegeben und mit 19 Jahren wegen ungenügenden Brustumfangs definitiv *militäruntauglich* erklärt worden war, folgende Leistungen und Erfolge zu verzeichnen: Tauglicherklärung zum Militär schon mit 20 Jahren, da der Brustumfang durch intensives Turnen bei dem 180 cm großen Mann normal geworden war. Mit 25 Jahren Armeegepäckmarsch von 75 km in Reih und Glied gut ausgehalten. Später waghalsige Klettereien im Hochgebirge und mehrere Siege als Schlagmann eines Viererboots bei Ruderregatten, ferner im Crawl-Schwimmen, Boxen und Jiu-Jitsu ein gefürchteter Gegner.

Seelische Faktoren vermögen jedoch nicht — ebensowenig wie materielle — den Organismus über die ihm gesetzten Grenzen zu entwickeln. Erstaunlicher fast als das Maß möglicher Höchstleistungen ist es, wie weit wir im Alltag von den erreichbaren Grenzen fern bleiben (E. STRAUS).

Nachstehend seien einige *extreme Varianten der Leistung* von Menschen mitgeteilt, die ohne die aufstachelnde Wirkung irgendeines offensichtlichen Defektes, vielmehr größtenteils aus dem Vollgefühl ihrer das gewöhnliche Maß weit überschreitenden Kräfte zu überragenden Leistungen gelangten.

Was PAUSANIAS von der Schnelligkeit und Ausdauer der Söhne Böotiens erzählt und was von vielen Philologen für Märchen gehalten wurde, ist in neuerer Zeit noch ganz wesentlich übertroffen worden:

Schon 1882 legte ein Leutnant der italienischen Armee in 24 Stunden 170 km zurück, und der Sieger des Fernmarsches Berlin-Magdeburg brauchte für die 140 km nur 20 Stunden, ja derjenige des Marsches Berlin-Dresden (d. h. 200 km) sogar nur 27 Stunden.

Noch viel bemerkenswerter ist, daß der 40jährige Finne *Stenroos* 1924 die 42 km der Marathonstrecke in der damaligen Rekordzeit von 2 Stunden 41 Minuten bewältigte, also nur 12 Minuten mehr brauchte als der junge Japaner *Son* an der Olympiade 1936.

Der Weltmeister des Schnellaufes *Paavo Nurmi* schlug über 30 Weltrekorde und ist während eines 5monatigen Aufenthaltes in U.S.A. fast jeden Abend auf Rennbahnen aller Größen und Bedingungen siegreich geblieben, obwohl er gegen beinahe alle bisherigen Regeln dieses Sportes verstieß.

Geradezu einzigartig aber ist die Leistung des 48jährigen, den anstrengenden Beruf eines Milchführers ausübenden Schweizer Gehers *Joh. Linder,* der für die 504 km lange Straße von *Paris nach Straßburg* weniger als 100 Stunden brauchte und die ersten 250 km ohne Pause hinter sich brachte. *Linder* hat 7 Kinder, einer seiner Söhne ist ebenfalls ein Geher von Rang. Der Züricher Geher *E. Wüest* hat übrigens als 65jähriger obige Strecke „hors concours" beim selben Anlaß ohne Schaden zu nehmen absolviert![1].

Damit sind die Leistungen trainierter *Pferde* besten Alters von Menschen überboten worden!

Höchst lehrreich namentlich als Beweis einer zuweilen ans Unglaubliche grenzenden Widerstandsfähigkeit der Gewebe ist auch das Quantum von schweren Schlägen, das ein zäher *Boxer* einzustecken vermag. Ferner jene wunderbaren Heilungen Schwerverletzter, wie sie der Wiener Kriminalist HANS GROSS in seinem „*Handbuch für Untersuchungsrichter*" von Zigeunern und der bekannte Mailänder Arzt ANDREA MAJOCCHI in seinem fesselnden Buche „*Das Leben eines Chirurgen*" von Patienten aus der Verbrecherwelt erzählt.

Es genügt nicht, sich auf die stets mehr oder weniger sensationsmäßig aufgemachten Zeitungsberichte und kurze Angaben in Büchern über solche Rekorde zu verlassen. Jeder einzelne Fall muß bezüglich aller erfaßbaren Umstände studiert und registriert werden, soll er der Konstitutionswissenschaft wirklich zugute kommen und nicht später gelegentlich angezweifelt werden. Die verschiedensten Zweige ärztlicher Betätigung, so unter anderem auch die forensische und Unfallmedizin, werden daraus Nutzen ziehen.

Besonders reizvoll wird es sein, auch die *geistigen Höchstleistungen* genauer aufzuzeichnen, um so allmählich näheren Einblick in die Vorbedingungen genialen Schaffens zu gewinnen und auch die Willenskräfte jener anzuspornen, die weniger hoch begabt sind und ständig fürchten, sich allzusehr zu verausgaben.

Staunenerregend ist, in welch kurzer Zeit mit die größten Werke der Kunst und Wissenschaft entstanden sind bzw. ausgeführt wurden.

Schon der Umfang und die Fülle an Meisterwerken z. B. eines *Shakespeare, Goethe, Rembrandt, Rubens, Mozart, Beethoven* usw., vor allem derjenigen, denen kein langes Leben vergönnt war, läßt auf eine fast übermenschliche Intensität ihrer Produktion schließen.

Ans Phantastische grenzte die letztere auch bei manchen Vertretern der Wissenschaft, so z. B. bei *Leonhard Euler,* 1707—1783, der einmal in 3 Tagen eine Aufgabe löste, für die andere Mathematiker mehrere Monate verlangt hatten; er hat diese ungeheure Überanstrengung allerdings mit einem vorübergehenden Zusammenbruch seiner Widerstandskraft büßen müssen, die ihn von einer Infektion befallen werden und das rechte Auge verlieren ließ. Das linke Auge fiel einer unglücklichen Staroperation zum Opfer, so daß *Euler* die letzten 18 Jahre seines Lebens völlig *blind* war. Nichtsdestoweniger datieren von seinen besten Werken aus jener Zeit und hinterließ er mehr als 200 Manuskripte.

Gar nicht selten findet sich auch eine außergewöhnliche *physische Leistungsfähigkeit* bei *Genialen.*

Bekannt ist der sechstägige Parforceritt des von *Voltaire* besungenen Schwedenkönigs *Karl XII.,* und die spartanische Haltung und Ausdauer *Friedrichs des Großen* sowie *Napoleons I.,* der enorme Strecken zu Pferd und im Wagen auf schlechten Straßen überwand und mit seinen Ministern 18 Stunden pro Tag am Code civil arbeiten konnte.

Aber nicht nur den großen Männern und den Lieblingen des sportliebenden Publikums ist es gegeben, den Durchschnitt weit hinter sich zu lassen. Auch einfache Fabrikarbeiter stellen Rekorde auf, die freilich meist unbekannt bleiben:

So hat der Arbeitspsychologe H. MÜNSTERBERG in einem amerikanischen Betrieb mit über 10 000 Angestellten von einer gebürtigen Deutschen festgestellt, daß sie seit 12 Jahren 13 000 mal pro Tag, also im Ganzen etwa 50 millionenmal, eine Glühlampe in einen Reklamezettel einwickelte, welche Manipulation etwa 20 Fingerbewegungen erfordert. Zum Einpacken von 25 Lampen bedurfte sie jeweilen 42—44 Sekunden. Diese tagaus, tagein von früh bis spät derart beschäftigte Frau habe ihre Arbeit gar nicht etwa langweilig, vielmehr recht spannend, ja abwechslungsreich gefunden.

---

[1] Daß auch Frauen bis ins Greisenalter hinein zu bedeutenden körperlichen Leistungen fähig bleiben können, bewies die Berliner *Zirkusreiterin Therese Renz,* die ich als 68jährige noch in voller Tätigkeit sah, wie sie bei täglichen Mittags- und Abendvorstellungen je zwei feurige, zeitweise sehr aufgeregte Pferde meisterhaft in hoher Schule vorführte.

Ebenfalls guter Stimmung sah MÜNSTERBERG einen Deutsch-Amerikaner, der seit 14 Jahren eine automatische Maschine bediente und täglich etwa 34 000 gleichförmige Bewegungen ausführte. Auch diese Arbeit, die dem Autor selbst als denkbar „ödeste" vorkam und pro Tausend gestanzte Löcher nur 42 Pfg. — pro Tag allerdings 14 Mk. — abwarf, war dem Manne immer lieber geworden und wurde von ihm als „interessant und anregend" erklärt.

Aus diesen und zahlreichen anderen Erfahrungen heraus schließt MÜNSTERBERG mit Recht, daß das häufig geklagte Gefühl der Monotonie sehr viel weniger von der Art der Tätigkeit als von gewissen Dispositionen des Arbeitenden abhängt.

Eine Besprechung der extremen Varianten der Leistung nach unten erübrigt sich. Vom energiegeladenen, sein letztes hergebenden heldischen Menschen bis zum bloß vegetierenden „Stoffwechselautomaten" finden wir alle möglichen Abstufungen der „*inneren Spannung*", wie sie der Pariser Nervenarzt PIERRE JANET in seinem Werke „*La force et la faiblesse psychologiques*" auf Grund tausender von Krankengeschichten analysierte.

Den Arzt beschäftigen vor allem jene krankhaften Zustände, die JANET mit dem Ausdruck „*Asthenie*" bezeichnete und die von dem ungarischen Internisten BERTHOLD STILLER (1907) fälschlich als Äußerung einer besonderen Krankheit aufgefaßt worden waren. Wir wollen nunmehr untersuchen, inwieweit man diesen problematischen Begriff auf eine *körperliche Leistungsunfähigkeit* beziehen kann, die einem bestimmten Konstitutionstyp entspricht.

V. Die „Asthenie" als Konstitutionsanomalie.

> „Schwäche ist das Kennzeichen der meisten Menschen." *Leopardi.*

Wie wir oben sahen, hat bereits C. G. CARUS die innere Beziehung einer Schwäche des Willens zu einer dürftigen Körperbildung erkannt und von „*asthenischer Konstitution*" gesprochen, in der Meinung, daß Menschen von „schlaffer Faser" immer auch Leute mit schwachen Nerven sein müßten und als ob es keine Psychastheniker von durchaus kräftigem Körperbau gäbe. Das Bild, welches dann STILLER (1907) von der Gestalt seiner Astheniker entwarf, ist schon insofern uneinheitlich, als es eine Reihe von *infantilistischen* Zügen enthält und damit die Asthenie nicht nur auf eine Systemerkrankung des Bindegewebes (K. H. BAUER), sondern auch auf eine unvollkommene Ausreifung des Organismus bezieht.

So gibt er an, daß es sich meist um jünger aussehende Individuen handle, von denen die männlichen zuweilen kryptorchisch, die weiblichen insofern im kindlichen Zustande verbleiben, als die Vulva wegen mangelhafter Beckenneigung nach vorn gestellt und der Uterus sowie die Tuben infantil seien.

Die enge Verquickung von beiderlei Defekten beim Weibe ist von P. MATHES durch den Ausdruck „*asthenischer Infantilismus*" hervorgehoben worden, der zur raschen Orientierung in der Praxis gut verwendbar ist, der aber von MARTIUS mit Recht kritisiert wurde, weil MATHES, ähnlich wie STILLER nun alles Mögliche an Abarten und Minderwertigkeiten in diese Form hineinpreßte.

Daß unreifes, unentwickeltes Gewebe wenig widerstandsfähig ist, kann niemand bestreiten. Es fragt sich jedoch sehr, ob alles im Wachstum Zurückgebliebene von diesem Gesichtspunkt aus betrachtet werden darf. Jedenfalls bleibt sehr auffällig, daß die ein Höchstmaß von somatischem Infantilismus zeigenden HANHARTschen Zwerge gar nichts Asthenisches an sich haben, sondern im Gegenteil bis ins höhere Alter eine stark überdurchschnittliche Widerstandskraft und Leistungsfähigkeit an den Tag legen.

H. W. SIEMENS hat am Beispiel der sog. *Asthenia universalis (Status asthenicus)* und dessen vermeintlichen Leitsymptoms, der *Costa X. fluctuans* (STILLER) auf die regellose Verwendung des Begriffes „*Konstitutionsanomalie*" hingewiesen.

Die uns hier vor allem interessierenden funktionellen Kennzeichen der „asthenischen Konstitutionsanomalie" sind nach STILLER die *Atonie* sowohl der Skelet- als auch der Eingeweidemuskulatur sowie die mit letzerer Schwäche zusammenhängende *Enteroptose* und *Zirkulationsschwäche*; ferner die *Dyspepsie,* die sich motorisch, sekretorisch [1] und morphologisch äußere, und schließlich die *Neurasthenie,* welche gewissermaßen die psychische Signatur des asthenischen Habitus bedeute, da sie mit einer *depressiven Gemütsstimmung* verbunden zu sein pflege. Mit letzterer Feststellung würde diese Konstitution aus dem Rahmen des leptosom schizothymen Typs von KRETSCHMER herausfallen. Es dürfte hier jedoch eine Verwechslung des morosen Wesens der ständig durch ihre schlechte Verdauung, chronische Obstipation und die verschiedensten Überempfindlichkeiten nervöser oder allergischer Natur irgendwie gequälten oder doch im Lebensgenusse benachteiligten Astheniker mit den periodisch bei Zyklothymikern wiederkehrenden Depressionen vorliegen. Derselbe Körperbau disponiert ja auch besonders zu den zahlreichen Äußerungen *vegetativer Nervosität* (WESTPHAL), ist also schon deshalb funktionell niemals auf eine einfache Formel zu bringen. Sehr merkwürdig ist, daß STILLER unter seinen Asthenikern keine wirklich beschränkten, dummen Personen gesehen haben will. Meiner Erfahrung nach finden sich so viele intellektuell *Debile* bis schwerst *Schwachsinnige* darunter, daß an einer höheren Korrelation zwischen körperlicher und geistiger Schwäche nicht gezweifelt werden kann.

Von solchen allgemein Debilen neigen manche zur *Mania operatoria passiva,* die sich aber auch bei intelligenten Asthenicae findet, wie aus den diesbezüglichen Lebenserinnerungen des Münchener Chirurgen A. KRECKE hervorgeht, welcher die durch keine Operation zu bessernden Beschwerden dieser Weiber auf deren schlaffe Muskulatur an Rücken und Bauch, die Schwäche der intraabdominellen Aufhängebänder und die allgemeine Widerstandslosigkeit gegenüber den Ansprüchen des Lebens zurückführt.

Die übrigen Teilerscheinungen dieses wohl wegen seiner enormen Bedeutung für die praktische Medizin von den Klinikern am ehesten anerkannten Konstitutionstyps bedürfen noch sehr der Aufklärung durch planmäßige Funktionsproben und Dauerbeobachtung geeigneter Individuen während einer möglichst langen Zeit ihres Lebens. Erst dann wird ein besseres Verständnis für die krankhaften Auswirkungen des Komplexes von Anomalien gewonnen werden, der heute meist noch mit dem pauschalen Ausdruck „Asthenie" zusammengefaßt wird, der aber so oft bloß *partiell* vorhanden ist, daß man korrekter nur von „*asthenischer Stigmatisierung*" spricht.

Denn wir wissen heute immerhin, daß ein noch so ausgeprägter *asthenischer Habitus* keineswegs sicher auf eine *enge Aorta* und ein leicht versagendes „*Tropfenherz*" und noch viel weniger auf eine *Achylie,* wie STILLER meinte, schließen läßt, sowie daß selbst eine stärkere *Ptose der inneren Organe* nichts weiter als eine physiologische Folge von leptosomem Bau und Magerkeit und klinisch belanglos ist und daß die *Chlorose* bei dem gerade entgegengesetzten athletischen Habitus eher häufiger vorkommt (O. NAEGELI); ferner daß das *Ulcus ventriculi* und die *Lungentuberkulose* nicht mehr zu den obligaten Begleitkrankheiten der Asthenie gerechnet werden dürfen. Auch zu *dem sog. varikösen Symptomkomplex* (FR. CURTIUS) und zur *orthotischen Albuminurie, Dysmenorrhöe* und zum *Fluor albus* besteht nur eine stark erhöhte Bereitschaft.

MARTIUS hat die *konstitutionelle Albuminurie* als „im ganzen recht harmlose, erbliche Dysvariante" betrachtet, während GIGON sie neuerdings für recht bedenklich im Sinne einer Organminderwertigkeit der Nieren hält. Die Pathogenese der sog. *orthotischen Albuminurie* ist sicher nicht einheitlich. Um so interessanter sind die Beobachtungen von

---

[1] Besondere Beachtung verdient die wahrscheinlich bei Asthenikern stark überdurchschnittlich häufige *Fermentschwäche* der Darmsekrete, die zu vermehrter Gasbildung (Meteorismus) führt und damit den Bauch solcher Individuen auch dann hervortreten läßt, wenn noch kein Fettansatz im vorgeschrittenen Alter erfolgt ist.

A. Brandeis (1928), der bei eiweißfrei gewordenen früheren Orthotikern nach intensiven Sportleistungen, wie sie sonst an und für sich häufig zu vorübergehenden Albuminurien führen, keinerlei Eiweißausscheidung nachweisen konnte. Auf alle Fälle hängt diese Anomalie nicht nur vom asthenischen Habitus, vielmehr mindestens ebensosehr von einer begleitenden *vasoneurotischen Diathese* ab.

Im Gegensatz zu dem gedrungen gebauten „*Arthritiker*" soll der Astheniker von den Stoffwechselleiden, chronisch-rheumatischen Erkrankungen, chronischer Nephritis und schwerer Arteriosklerose viel eher verschont bleiben. Diese Meinung, welcher schon H. W. Siemens starken Zweifel entgegenbrachte, kann nur in recht beschränktem Maße aufrechterhalten werden (vgl. den Abschnitt über die Diathesen des Erwachsenenalters in Bd. II).

Nach Stiller sowie auch Glénard manifestiert sich der Status asthenicus erst vom 10. Lebensjahr an, während Wetzel denselben schon bei Säuglingen erkennen und für angeboren ansehen will. Sicher kommt er bereits beim *Schulkinde* vor, die aber nicht allein auf Grund ihrer Schlankheit und Magerkeit für „asthenisch" gehalten werden dürfen (v. Pfaundler). Die „untervollen" Kinder sind nach letzterem Autor in 5 Kategorien einzuteilen, von denen vier nichts Asthenisches an sich zu haben brauchen, auch wenn sie wenig Muskeln oder wenig Fett haben. Kleinschmidt zeigte, daß der *flache* Thorax durchaus nicht identisch mit dem asthenischen ist. Beide erfahrenen Pädiater wenden sich gegen die Versuche, die Asthenie zu einer Art Pandiathese zu machen. Selbst Lederer, der die Wetzelschen Asthenikersäuglinge für cerebrale Typen halten möchte, nennt dessen Ausdruck „Asthenia congenitalis" unglücklich.

Mit F. Lenz und O. v. Verschuer sehe ich die entscheidende Ursache der Asthenie in der erblichen Veranlagung. Hierfür sprechen außer den Ergebnissen der Zwillingsforschung auch Beobachtungen an ganzen Familien, wie man sie als Hausarzt mit Erfahrung über mehrere Generationen gewinnt. Selbstverständlich kommt eine einfach mendelnde Anlage für eine mehr oder weniger universelle Asthenie nicht in Frage, dagegen für gewisse Teilsymptome, wie Csörsz nachwies. Es gibt aber sicher auch genug asthenische Zustände, die auf Grund intrauteriner oder eventuell noch im späteren Kindesalter erworbener Dauerschäden aller Art entstehen und zeitlebens nicht mehr ausgeglichen werden. Die vom Laien mit Vorliebe für eine spätere Schwäche verantwortlich gemachte *Frühgeburt*, d. h. das Zufrühgeborensein ist ein recht uneinheitlicher Begriff und braucht durchaus nicht unbedingt mit körperlicher Debilität verbunden zu sein (A. Ylppö, M. v. Pfaundler). Auch die öfters als Allerweltsdiagnose mißbrauchte *Rachitis* kann ziemlich hochgradig bei Kindern bestanden haben, die als Erwachsene nichts weniger als schwächlich sind. Eher scheint eine massivere Infektion mit *Tuberkulose* im jugendlichen Alter zum Bilde mehr oder weniger universeller Asthenie führen zu können (F. v. Müller), was allerdings noch nicht ausreichend belegt ist.

Nicht genug zu betonen ist die Tatsache, daß viele Menschen eine ganze Reihe körperlicher Merkmale der Asthenie an sich haben können, ohne eigentliche Astheniker zu sein, ganz abgesehen von den oben geschilderten Möglichkeiten der Überkompensation auf psychischem Wege. So kann z. B. eine sich in sehr starker Lordose, Knick- und Spreizfüßen sowie hochgradigen Beinvarizen äußernde Minderwertigkeit der mesenchymalen Anlage mit kräftiger Muskulatur und widerstandsfähigem Bandapparat verbunden sein; auch finden sich nicht selten deutlich asthenisch gebaute, stark untergewichtige Individuen, die eine ausgezeichnete Blutzirkulation haben, längeres Fasten anstandslos vertragen und zeitlebens nie ernstlich erkranken, weil sie offenbar über eine gute Fähigkeit der Immunisierung verfügen. Daß manche dieser Leute den Durchschnitt nicht nur an geistiger Beweglichkeit und Phantasie, wie Stiller meinte, vielmehr überdies an Willenskraft und Ausdauer erheblich übertreffen, sei hier noch ausdrücklich erwähnt.

Der Arbeitsphysiologe A. Durig machte ebenfalls die Erfahrung, daß „selbst ein recht infantil aussehender Astheniker nicht nur geistig, sondern auch psychisch weit leistungsfähiger sein kann als ein unzweifelhaft als muskulös zu bezeichnender Mensch". Gerade der Krieg habe gelehrt, wie falsch viele Beurteilungen waren: schwächliche Leute mit akzidentellen Herzgeräuschen, langem, schmalem Thorax und geringem Brustumfang, „Schneider" aus der Ebene, die noch nie auf einem Berge waren, hätten sich im Gebirgskrieg bei größten Strapazen vorzüglich bewährt, im Gegensatz zu Preisstemmern und erstklassigen Sportsleuten, die in nicht wenigen Fällen schon bei Kriegsbeginn versagten. Auch Kohlrausch sah „Astheniker" bei anhaltender Übung gewaltig an Muskelkraft gewinnen und Leuten mit viel mächtigerer Muskulatur überlegen werden.

Die Schwierigkeit der Beurteilung der Widerstandskraft eines Menschen nach seinem Körperbau und seinen eventuellen Leistungstyp ruft nach sichereren Methoden der

VI. Konstitutionsbewertung.

Eine solche läßt sich eigentlich einzig retrospektiv aus den Gipfeln und Tälern der Kurve eines genügend langen Lebens gewinnen. Sie wäre aus der sog. Erbkonstitution — falls man diese überhaupt jemals erkennen könnte — nicht ableitbar, da, wie wir oben sahen, allzuviele Möglichkeiten paratypischer Änderungen der ursprünglichen Veranlagung bestehen. Je mehr Gefahren die Umwelt birgt, um so weniger hängt von der Konstitution ab.

Aufschlußreich ist die auf bald hundertjähriger Erfahrung über Zehntausende von Fällen basierte Einstellung der *Versicherungsmedizin,* der es bekanntlich in erster Linie darauf ankommt, ob ein bestimmter Kandidat die durchschnittliche Lebensdauer erreiche oder nicht und die zunächst ganz im Gegensatz zur Konstitutionsforschung rein auf massenstatistisch gewonnene Gruppen abstellt. Sie berücksichtigt außer Alter und Geschlecht vor allem die leicht feststellbaren Körpermaße: *Größe, Gewicht,* sowie die *Umfänge* von *Hals, Bauch* und *Brust* (letzteren je in maximalem In- und Exspirium) und legt dabei den größten Wert auf die Feststellung stärkeren *Unter-* oder *Übergewichtes,* ohne nach dessen spezieller Bedingtheit durch Rassenfaktoren oder vorübergehende Beeinflussungen (z. B. Mästung und Liegekuren) genauer zu unterscheiden. Hauptsächlich die noch in mittleren Jahren Untergewichtigen gelten dem Versicherungsarzt als gefährdet zu Tuberkulose, die Übergewichtigen — namentlich die frühzeitig Fettsüchtigen — dagegen zu Erkrankungen der Kreislauforgane (Florschütz). Diese summarischen Bewertungen sind zweifellos die sichersten der ganzen Medizin, da sie auf sehr großen und zudem mathematisch einwandfrei bearbeiteten Zahlen beruhen. Es fragt sich nur, wie weit wir berechtigt sind, aus dergleichen Gruppenkorrelationen auf das Risiko imEinzelfall zu schließen. Wenn auch 50 oder gar 60% der Unter- oder Übergewichtigen vorzeitig sterben sollten, so bleibt noch ein beträchtlicher Rest, bei dem dies keineswegs der Fall ist und dem die allgemein ärztliche und auch die eugenische Prognostik von Fall zu Fall Rechnung tragen muß.

Die *individuelle Konstitutionsbewertung* muß auch die persönlichen Risiken abschätzen können. Sie hat darum wesentlich mehr in Betracht zu ziehen, als auf den versicherungsärztlichen Formularen verlangt wird. Vor allem muß zur Beurteilung der Belastung mit eventuellen recessiven Anlagen eine von den Großeltern ausgehende Sippentafel angelegt werden; auch ist der Status durch eine morphologische und serologische Blutuntersuchung sowie die Thoraxdurchleuchtung, ferner durch Angaben über das eventuelle Vorhandensein einer *Häufung* von an sich belanglosen „*Stigmen*" (z. B. Nystagmus, Strabismus, Rothaarigkeit, Lingua plicata, Progenie, Trichterbrust, Behaarungsanomalien, besondere Lichtempfindlichkeit der Haut, Vierfingerfurche, Nageldystrophien, Hypogenitalismen und Infantilismen usw.) zu vervollständigen, und schließlich ist noch jener allergefährlichsten Defekte und psychopathischen Tendenzen zu gedenken, die auch ohne ausgesprochene Geisteskrankheit die Gesundheit des Exploranden untergraben und seine soziale Stellung erschüttern können: Intellektuelle und besonders moralische Debilität, Hemmungslosigkeit, Neigung zu Kurzschlußhandlungen, kurz die entscheidenden Charakteranlagen, wie man sie freilich meist erst nach sehr genauem Studium des Lebenslaufes eines Menschen und des Schicksals seiner Sippe kennenlernt.

Unsere *Funktionsprüfung* wird sich nicht nur auf 5 Kniebeugen beschränken, vielmehr festzustellen suchen, wie sich eine Person bei und nach stärkeren körperlichen sowie geistigen Anstrengungen unter verschiedenen Umweltbedingungen (Jahreszeit, Tageszeit, Wetter usw.) bewährt und was für Schwankungen, unter Umständen ausgelöst durch Pubertät, Menses, Gravidität und Involution oder eventuell sonstige kritische Perioden, zu verzeichnen sind. Nur auf solche Weise vermögen wir Täuschungen einigermaßen zu vermeiden und die zahlreichen Blender und übrigen Unzuverlässigen zu entlarven. Allein schon die unauffällige Beobachtung eines Menschen nach einem Defizit an *Schlaf* oder im Hungerzustande kann in dieser Hinsicht sehr aufschlußreich sein. Manches was dabei geschickt verhehlt wird, kommt in Stimme und Schrift überraschend klar zum Ausdruck, vieles auch im *Gang*, den der große Menschenkenner H. DE BALZAC einer reizvollen Studie würdigte und als Mimik des Körpers bezeichnete, die im Gegensatz zu derjenigen des Gesichtes nur schlecht zu verstellen sei.

Wie bereits im allgemeinen Teil erwähnt wurde, hat FR. KRAUS die „*Ermüdung als Maß der Konstitution*" zu prüfen vorgeschlagen, ohne aber eine überzeugende Methodik dafür vorzubringen. Wir besitzen heute wohl einen Zweig der Arbeitsphysiologie, der sich mit den Problemen der Ermüdung planmäßig beschäftigt, jedoch immer noch kein *quantitatives Maß der Ermüdung*, die ja keineswegs etwa der *Empfindung des Müdeseins*, einem Gemeingefühl, parallel geht. Es sind dabei nämlich allzuviele und variable Faktoren zu berücksichtigen; die individuelle Konstitution aber ist gerade der am schwersten faßbare darunter. Namentlich Nervöse pflegen sehr unregelmäßig zur Arbeit disponiert zu sein, doch wenn es ihnen darauf ankommt, stoßweise weit mehr als ein Durchschnittspensum zu erledigen.

Die unerhörte Popularität der Romanfigur *Sherlock Holmes* von *Conan Doyle* dürfte mit darauf beruhen, daß jener intellektuelle Genleman-Detektiv unvermittelt aus scheinbar völliger Apathie und Erschöpfung zur höchsten Anspannung seiner Kräfte fähig gewesen sein soll, was einem sehr verbreiteten Wunschtraum entspricht.

Auch von Bauern werden während gewisser Stoßzeiten (namentlich während der Heuernte im Gebirge) gewaltige Höchstleistungen verlangt, doch ist ihre übrige Beanspruchung von seltener Stetigkeit. Trotz schwerer, täglich bis zu starker Ermüdung gehender Arbeit unter vollkommener Ausnützung ihrer physischen Kräfte von früher Jugend an pflegen sie, wie DURIG betont, durchschnittlich ein höheres Lebensalter zu erreichen und oft noch als Greise zu schwerer Körperarbeit fähig zu sein, wenn der behaglich bis üppig lebende Stadtmensch längst zum alten Eisen gehört. Ein Beweis, daß die schon oben kritisierte *Aufbrauchtheorie*, welche die Funktion als wesentlichen Faktor bei der Krankheitsentstehung anklagt, bei normaler Konstitution keine Geltung hat.

Von der *Übermüdung*, die sich tage- bis wochenlang geltend machen kann, ist die *Erschöpfung* zu unterscheiden, die nach Maximalleistungen (Marathonlauf!)

sogar zum Tode führen, aber auch in kürzester Zeit völlig verschwinden kann. Ein solches vorübergehendes Nicht-mehr-weiter-können ist nach Durig kein Kriterium der Übermüdung, welch letztere als ein Minderwertigwerden des Protoplasmas aufgefaßt werden muß. Es war somit ganz folgerichtig, wenn v. Hansemann, ebenso wie Tornier, die „asthenische Konstitutions-anomalie" auf eine noch näher festzustellende *„Protoplasmaschwäche"* der Organe zurückführen wollte. O. Rosenbach hat demgegenüber immer wieder hervorgehoben, daß anatomische und funktionelle Schädigungen durchaus nicht in einfacher Proportion ständen. Wenn auch die schon im allgemeinen Teil angedeuteten Anschauungen dieses hervorragenden medizinischen Geistes hinsichtlich der Kraftquellen des Organismus als abwegig bezeichnet werden mußten, dürfte die von ihm inaugurierte *energetische Konstitutionsbetrachtung* letztlich die einzig richtige sein. Denn stets bleibt die Kernfrage bei Beurteilung der Gesamtkonstitution eines Menschen die nach seiner *Leistungsfähigkeit* und seiner *Widerstandskraft,* die beide nicht durch die Auflösung in Partialkonsti-tutionen, sondern einzig durch einen der Ganzheit des Individuums entsprechen-den Vorgang synthetischen Denkens für jeden Fall abgeschätzt werden wollen. Kann doch eine Konstitutionsanomalie nach beiderlei Richtungen ausschlagen und ein und dieselbe konstitutionelle Personalvariante das Individuum in einem Belang benachteiligen, im anderen begünstigen, so daß alle Vorsicht mit generellen Werturteilen geboten ist (M. v. Pfaundler).

Wem käme hier nicht als schlagendes Beispiel jene traurige Erfahrung der großen *Grippe-Pandemie* von 1918 in den Sinn, während welcher auf der einen Seite hauptsächlich Lungen- und Herzkranke, auf der anderen aber auch gerade die robustesten, nie zuvor erkrankten Naturen zu Tausenden dahingerafft wurden, offenbar weil sie über eine un-genügende immunisatorische Abwehr verfügten.

Auch die vielfach bestätigte Erfahrung, daß die *Tuberkulose-Mortalität* um so höher ist, je geringer die Morbidität, d. h. Durchseuchung einer Bevölkerung gefunden wird, beweist, daß eine *„gute Konstitution"* keineswegs etwa darin besteht, noch gar nie irgendwie affiziert zu sein.

Krankheit ist ein energetischer Prozeß, der sich definieren läßt als Funktion der veränderlichen Faktoren: *Prädisposition, auslösender Reiz* und *äußere Bedingungen,* die von Null bis Unendlich variieren können (Hueppe, 1901)

$$K = F (P.R.A.).$$

v. Strümpells Formel heißt: $K = \dfrac{Sw + Sb}{Wa \pm We}$, wobei Sw die Intensität des Erregers, Sb diejenige der eventuell begleitenden Noxen, Wa die ererbte bzw. angeborene und We die erworbene *Widerstandskraft* bedeuten.

Schon Martius gibt zu, daß mit derartigen Formulierungen sachlich keine neue Erkenntnis gegeben wird, sondern nur Symbole, welche wichtige Grund-sätze ohne viel Worte in Erinnerung bringen.

Die *Ursache* (Causa princeps oder res prima) im Sinne der Erkenntnistheorie deckt sich mit dem Begriff der potentiellen Energie der Mechanik. Kleine Kräfte vermögen wohl große Wirkungen *auszulösen,* aber nicht zu *verursachen.*

Als *Kraftwerk* betrachtet, stellt der Mensch ein kompliziertestes System ungemein zahlreicher, kleiner chemodynamischer Maschinen dar, in denen die chemische Energie der zugeführten Nährstoffe ohne primären Übergang in Wärme in kinetische Energie verwandelt wird, eine Leistung, die der Technik nur bei der Erzeugung und Umsetzung von Elektrizität gelingt (C. Oppen-heimer). Das Charakteristische des Lebens ist der ununterbrochene Strom von Energien; ein *„Leerlauf"* wie bei einer Maschine kommt auch dann nicht vor, wenn der Mensch völlig ruht.

Zur Bestimmung des mechanischen *Wirkungsgrades* des Gesamtorganismus muß eine genau bestimmbare äußere Arbeit, gemessen in Meterkilogramm, mit Hilfe der Jouleschen Zahl auf Calorien umgerechnet und durch den Leistungszuwachs dividiert werden, der gegenüber dem Ruhewert besteht.

Nach gutem Training hat A. Durig eine Reihe von Besteigungen des Bilkengrates (Vorarlberg) unternommen und dabei einen Wirkungsgrad von 25,6% und nach wochenlanger Gewöhnung einen solchen von 29,7%, später sogar von durchschnittlich 31% als einen bei sich und drei anderen Personen übereinstimmenden Wert festgestellt.

Damit wurde eine *Norm* gewonnen, die den gesunden Menschen als ungefähr ebenso leistungsfähig wie ein Benzinmotor und erheblich wirkungsvoller als eine Dampfmaschine erwies. Von dieser *Norm* aus sollen nunmehr die verschiedensten Varianten nach oben und unten für die einzelnen Konstitutionstypen bestimmt werden können.

Sofort zeigt sich jedoch, daß die menschliche *Arbeitskapazität* stets nur unter Berücksichtigung *psychologischer Momente* betrachtet werden darf, wie sie sich bei den aktiven Vorgängen der Übung und Gewöhnung und passiv bei der Ermüdung und Erschöpfung geltend machen. Der grundsätzliche Unterschied zwischen einem lebenden Organismus und der toten Maschine äußert sich vor allem in dem unverhältnismäßig späten Eintritt einer irreparablen Abnützung (A. Durig).

Bei den einen Menschen genügen Lust und Liebe als Fittiche zu großen Taten, während andere erst durch Minderwertigkeitsgefühle infolge eines tatsächlichen oder vermeintlichen, körperlichen oder geistigen Mangels dazu angespornt werden.

Das *Leistungstempo* läßt typische Unterschiede erkennen. So gibt es z. B. unter den Sportsleuten, ähnlich wie bei den Pferden, die zwei stark verschiedenen Typen der „*Geher*" und „*Steher*", in denen wir die vorherrschenden Eigenschaften der *Leptosomen* bzw. *Athletiker* Kretschmers wiederfinden. W. Ostwald, der die „*Energie*" als den „allgemeinsten und mannigfaltigsten Begriff der Wissenschaft betrachtet und ihn auf sämtliche Naturerscheinungen angewendet wissen will, hat folgende zwei Haupttypen bei großen Forschern aufgestellt: den der *Romantiker* (z. B. *Davy, Gerhardt, Liebig*) und den der *Klassiker* (z. B. *Rob. Mayer, Faraday, Helmholtz*), von denen die ersteren *rasch*, die letzteren *langsam Schaffende* gewesen seien.

Die Kernfrage der menschlichen Leistungsfähigkeit bleibt die Beurteilung der *Kräfte seiner Seele* (R. Reichel), handle es sich nun um einen Olympiadesieger oder einen Heros des Geistes. In einer Abhandlung über die „*Energetik der Seele*", die übrigens keinerlei konstitutionelle Gesichtspunkte berücksichtigt, betont C. G. Jung, daß der psychologische Energiebegriff kein reiner, sondern ein konkreter und angewandter Begriff sei, der unserer Anschauung als sexuelle, vitale, geistige, moralische usw. „Energie" entgegentrete, d. h. in Form des Triebes, dessen unverkennbar dynamische Natur uns zur begrifflichen Parallelisierung mit den physikalischen Kräften berechtige.

In seinem „*Buch des Betrachters*" setzt José Ortega y Gasset „*Vitalität*" und „*Körperseele*" gleich und bemerkt dabei, daß man bei der Begegnung mit einem andern Menschen sofort die Qualität und Quantität der fremden Lebenskräfte fühle und je nach deren hohen oder niedrigen Spannung gestärkt bzw. geschwächt werde. Er unterscheidet zwei Klassen von Geschöpfen, die einen von strotzender Vitalität, immer im „Superavit", die andern mit ärmlichen Lebenskräften, immer im „Defizit". Beide wirken ansteckend, der Reichtum der ersteren, ihre Lebensfülle und Gesundheit, wie die Armut und Krankhaftigkeit der letzteren; wie und durch welchen Mechanismus wissen wir nicht, doch gehöre diese geheimnisvolle Übertragung zum Wesen des Lebens.

Daß auf diesem Grenzgebiete die Konstitutionsforschung sich einer metaphysischen Betrachtung nähert, ist nicht nur von Dichtern, sondern auch von weitblickenden Biologen wie H. Driesch, Fr. Kraus, H. Günther und Th. Brugsch klar erkannt worden. Mit D. Kulenkampff, der den „*energetischen*

Gegensatz vom Toten und Lebendigen" zu umreißen suchte, halten wir es für eine „richtige und grundlegende Empfindung des Menschen, selbst Kraftquelle und nicht nur Träger überkommener Kräfte zu sein".

Das will nicht heißen, daß wir etwa vergäßen, was wir unserer ererbten Veranlagung verdanken, in welcher ein so fanatischer Kämpfer für die Rechte des Lebens wie FRIEDRICH NIETZSCHE bezeichnenderweise das einzig Echte und Wesentliche sah. Jede energetische Konstitutionsbetrachtung bleibt unvollständig, solange sie des *rassehygienischen Gesichtspunktes* ermangelt und die für die Zukunft eines Volkes entscheidenden Leistungen seiner Glieder als Bewahrer und Mehrer ihres angestammten Erbgutes vernachlässigt. Die Hauptleistung besteht hier in einer instinktsicheren Gattenwahl, die sich auch nicht davor scheut, ein sog. *Erbopfer* zu bringen und *den* Partner zu bevorzugen, der am ehesten eine gesunde Nachkommenschaft verbürgt, und nicht denjenigen, der nur ein bequemes Leben verspricht. Der Satz von RUBNER: „Verlorene Arbeit ist verlorene Macht" muß dahin ergänzt werden, daß verlorenes Erbgut begabter Familien einen noch weit schlimmeren Verlust für die Volksgemeinschaft und schließlich den sicheren Untergang unserer Kultur bedeutet.

Schrifttum.

(Siehe auch Schrifttum zu „Allgemeines über Konstitution".)

ARON, H.: Untersuchungen über die Beeinflussung des Wachstums durch die Ernährung. Berl. klin. Wschr. 1914 I, 972. — ASCHER: Konstitution und Konstitutionsbestimmung. Z. Konstit.lehre 10, 721 (1925). — Münch. med. Wschr. 1925 I, 324. — ASCHNER, B.: Die Konstitution der Frau und ihre Beziehungen zur Geburtshilfe und Gynäkologie. München 1924. — Die Komplexion (Pigmentgehalt, Haar-, Haut- und Augenfarbe) als ein Hauptkriterium der Konstitution. Arch. Frauenkde u. Konstit.forsch. 11, 365—376 (1925). — Grundlagen der Konstitution. Zbl. Gynäk. 49, 311—315 (1925).
BACH, F.: Körperbaustudien an Berufsringern. Anthrop. Anz. 1, 200 (1924). — Körperproportionen und Leibesübungen. Körperbaustudien an 3457 Teilnehmern am Deutschen Turnfest München 1923. Z. Konstit.lehre 12, 469 (1926). — Proportionsstudien an sporttreibenden Männern und Frauen mit besonderer Berücksichtigung der Körpergröße. Z. Konstit.lehre 13, 219 (1927). — BACH, F. u. W. WIESELER: Die Münchner Schulkinderuntersuchungen in den Jahren 1925 und 1926. Anthrop. Anz. 4, 120 (1927). — BAELZ, E.: Die körperlichen Eigenschaften der Japaner. Mitt. dtsch. Ges. Natur- u. Völkerkde Ostasien 3 u. 4 (1883, 1885). — Das Wachstum der Geschlechter zur Pubertätszeit. Verh. Berl. Ges. Anthrop. 1901, 211. — BAUER, J.: Individual Constitution vs. Endocrine Glands. Bull. Buffalo gen. Hosp., Okt. 1923. — Konstitutionelle Varianten der Pubertät und des Klimakteriums. Schweiz. med. Wschr. 1933 I, 585. — Phänomenologie und Systematik der Konstitution und deren dispositionelle Bedeutung auf somatischem Gebiet. Handbuch der normalen und pathologischen Physiologie, Bd. 17. Berlin: Julius Springer 1926. — BAUER, K. H.: Konstitutionsforschung beim Menschen. Züchtungskde 1, 172—207 (1926). — BAUR, E., E. FISCHER, F. LENZ: Menschliche Erblehre. München: J. F. Lehmann 1936. — BENDERS: Der hereditäre krumme fünfte Finger. Psychiatr. Bl. Feestbundel 1918, 37. Ref. Z. Neur. (holl.) 17, 252. — BENEDETTI, P.: Über die Konstitutionsbestimmung mittels anthropometrischer Indices. Z. Konstit.lehre 17, H. 2 (1932). — BENEKE, F. W.: Konstitution und konstitutionelles Kranksein des Menschen, 1881. — BÖKER, H.: Biologische Morphologie und Medizin. Münch. med. Wschr. 1925 I, 289. — BONDI, S.: Über Konstitution und Konvariabilität. Klin. Wschr. 1923 I, 490—492. — BORCHARDT, L.: Über Konstitution und Konstitutionsstörung, ihre Beziehungen zur Psychologie und Psychopathologie. Z. Neur. 125, H. 1 (1930). — BOUNAK, V.: Konstitutionstypen. J. russ. Anthrop. Moskau 1923. — BREZINA, E. u. V. LEBZELTER: Über Habitus und Rassenzugehörigkeit von Wiener Schmieden und Schriftsetzern. Z. Konstit.lehre 13, 1—41 (1927). — BUSSE, H.: Über normale Asymmetrien des Gesichts und im Körperbau des Menschen. Z. Morph. u. Anthrop. 35, H. 1/2 (1936). — BUTTERSACK, F.: Die Elastizität, eine Grundfunktion des Lebens. Stuttgart: Ferdinand Enke 1910. — Triebkräfte des Lebens. Stuttgart: Ferdinand Enke 1929.
CHAILLOU, A. et L. MACAULIFFE: Morphologie medicale. Paris 1912. — CLAUSSEN, F.: Über asthenische Konstitution. Z. Morph. u. Anthrop. 38, H. 1 (1939). — COERPER, C.: Die Habitusformen des Schulalters. Z. Kinderheilk. 33, 144 (1922). — Konstitutionsproblem bei Säugling und Kleinkind. Klin. Wschr. 1924 I, 772—774.

DAVENPORT, C. B.: Inheritance of stature. J. Genet. **2** (1917). — Body-Build and its Inheritance. Carnegie Inst. Washington **1923**, Publ. Nr 329, Pap. Nr 35, Dep. Genetica. — DECKNER, K.: Über die Beziehungen zwischen Haar- und Augenfarbe und Konstitution. Versuch einer Analyse der rassenmäßigen Zusammensetzung der deutschen Studentenschaft. Z. Konstit.lehre **13**, 602 (1928). — DOXIADES, L.: Die Bedeutung der vasoneurotischen Konstitution in den verschiedenen Lebensaltern. Konstitutions- und Erbbiologie, herausgeg. von W. JAENSCH. Leipzig: Johann Ambrosius Barth 1934. — DURIG, A.: Körper und Arbeit. Handbuch der Arbeitsphysiologie, herausgeg. von E. ATZLER. Leipzig 1927.

FISCHER, H. u. H. HOFMANN: Ein Beitrag zur Körperforschung. Innersekretorische Faktoren in der Genese der Körperproportionen von der Pubertät bis zum Reifungsabschluß. Mschr. Psychiatr. **56**, 153—160 (1924). — FREY, H.: Variationen und Konstitution. Arch. Klaus-Stiftg **12**, H. 1 (1937). — FRIEDENTAL, H.: Allgemeine und spezielle Physiologie des Menschenwachstums. Berlin: Julius Springer 1914. — FÜRST, TH.: Methoden der konstitutionsbiologischen Diagnostik. Kleine Hippokrates-Bücherei, Bd. 2. Stuttgart-Leipzig 1935.

GALANT u. J. SUSMANN: Der subathletische Konstitutionstypus der Frau. Arch. Frauenkde u. Konstit.forsch. **11**, 172—184 (1925). — Konstitution und konstitutionelle Entwicklung. Prinzipielles gegen die genotypische Theorie der Konstitution. Arch. Frauenkde u. Konstit.forsch. **11**, 253—258 (1925). — Die hypothyreoid-hypersuprarenale Konstitutionsanomalie. Virchows Arch. **258**, 678—686 (1925). — Konstitutionstypenlehre der Frau. Beitr. II: Der asthenische und stenoplastische Konstitutionstypus der Frau. Arch. Frauenkde u. Konstit.forsch. **12**, 74—89 (1926). — Konstitutionstypenlehre der Frau. Beitr. III: Der euryplastische Konstitutionstypus der Frau. Arch. Frauenkde u. Konstit.forsch. **12**, 236—242 (1926). — Konstitutionstypenlehre der Frau. Beitr. IV: Der athletische und subathletische Konstitutionstypus der Frau. Arch. Frauenkde u. Konstit.forsch. **12**, 388—391 (1926). — Konstitutionstypenlehre der Frau. Beitr. V: Der mesoplastische Konstitutionstypus der Frau. Arch. Frauenkde u. Konstit.forsch. **12**, 478 (1926). — Konstitutionstypenlehre der Frau. Beitr. VI: Der pyknische Konstitutionstypus der Frau. Anat. Anz. **63**, 237 (1926). — Konstitutionstypenlehre der Frau. Beitr. VII: Konstitutionstypensystem und Konstitutionstypenleiter. Anat. Anz. **63**, 243 (1927). — GIGON, A.: Konstitution und Rekrutierung. Schweiz. med. Wschr. **1923** I, 20. — GLANZMANN, E.: Habitus und innere Sekretion bei Kleinkindern. Ein Beitrag zur Hypophysenpathologie im frühen Kindesalter. Jb. Kinderheilk. **110**, 253—272 (1925). — GLÄSMER, E.: Körperbau und Sexualfunktion. Stuttgart: Ferdinand Enke 1930. — GOERING, D.: Beziehungen des vegetativen Nervensystems zum Fettgewebe. Die Lebensnerven von L. MÜLLER. — GREIL, A.: Irrwege und Richtlinien der erbbiologischen Konstitutionsforschung. Z. Konstit.-lehre **11**, H. 2/5 (1925). — GROEDEL, F.: Die Konstitution des Menschen im Röntgenbild. Fortschr. Röntgenstr. **30**, 55 (XXVII I, 467). — GROSSE, J.: Die Schönheit des Menschen. Dresden 1912. — GUDERNATH, F.: Die Spielweite der inneren Sekretion. Z. Anat. **80**, 750 (1926). — GÜNTHER, H.: Ein konstitutioneller Index der vitalen Lungenkapazität. Endokrinol. **16**, H. 6 (1936).

HAMMAR, J. A.: Bemerkungen über Erblichkeit und Milieu von konstitutionell-anatomischen Standpunkt. Uppsala Läk.för. Förh. **31**, 151 (1926). — HANNES, W.: Einiges über weibliche Konstitutionstypen. Med. Klin. **1925** II, 1793—1796. — HARMS, J. W.: Individualzyklen als Grundlage für die Erbforschungen des biologischen Geschehens. Schr. Königsberg. gelehrte Ges., Naturwiss. Kl. 1, 1 (1924). — HELLER, J.: Kann die geringe Paralysesterblichkeit der hervorragenden Bühnenkünstler Deutschlands auch konstitutionell bedingt sein? Dtsch. med. Wschr. **1928** I. — HENCKEL, K. O.: Der Körperbau in verschiedenen Lebensaltern. Mschr. Unfallheilk. **31**, 248—262 (1924). — Die Disproportion der Extremitäten bei eunuchoiden Hochwuchs. Z. Konstit.lehre **10**, 577 (1925). — Über Körperbautypen. Mschr. Unfallheilk. **32**, 29—40 (1925). — Die Korrelation von Habitus und Erkrankung. Klin. Wschr. **1925**. — Über Konstitution und Rasse. Nach Körperbaustudien an Geisteskranken in Schweden. Z. Konstit.lehre **12**, 215—243 (1926). — HESS, L.: Über natürlichen und krankhaften Schlaf. Klin. Wschr. **1937** I, 625, 626. — HOFFMANN, H.: Die individuelle Entwicklungskurve des Menschen. Berlin: Julius Springer 1922. — HUECK-EMMERICH: Konstitutionstypen bei chirurgischen Krankheiten. Mitt. Grenzgeb. Med. u. Chir. **40**, 56—66 (1926).

JAENSCH, W.: Unfertige Konstitutionen bei Jugendlichen und Konstitutionstherapie. Z. pädag. Psychol. **39**, H. 1/2 (1938). — Konstitution und Entwicklungsstörungen. Jkurse ärztl. Fortbildg, Aug. **1932**. — Körperform, Wesensart und Rasse. Leipzig: Georg Thieme 1934. — Konstitution und Leistungsfähigkeit. Beurteilung der Leistungsfähigkeit des Gesunden und Kranken. Leipzig: Johann Ambrosius Barth. — Die konstitutions- und rassebiologische Diagnostik des Jugendarztes. ZELLERs Handbuch der jugendärztlichen Arbeitsmethoden. Leipzig: Johann Ambrosius Barth 1938. — Klinische und experimentelle Beobachtungen zur Tetanie- und Spasmophiliefrage. Wien. med. Wschr. **1939** I. — JUBA, A.:

Über vollständigen Balkenmangel bei einem 39jährigen geistig normalen Menschen. Z. Neur. **156**, H. 1 (1936). — Jung, R.: Ein Beitrag zur Frage der Sporttypen. Leibesübungen, **2**, 27 (1926).

Kabanow, N.: Die endokrinen Faktoren der Konstitution. Schweiz. med. Wschr. **1933 I**, 589. — Kalk, H.: Konstitutions- und Erbfragen in der inneren Medizin. Konstitutions- und Erbbiologie, herausgeg. von W. Jaensch. Leipzig: Johann Ambrosius Barth 1934. — Kaup, J.: Konstitution und Umwelt im Lehrlingsalter. München: J. F. Lehmann 1922. — Bedeutung des Normbegriffes in der Personallehre. In Brugsch-Lewy: Die Biologie der Person, Bd. 1, S. 191. Berlin-Wien: Urban & Schwarzenberg 1926. — Konstitution und Arbeitsleistung. 4. Beih. Reichsgesdh.bl. Nr 52, 144 (1938). — Keiter, Fr.: Rasse und Gestaltproblem. Z. menschl. Vererbgslehre **19**, H. 1 (1935). — Klare, K.: Rasse und Krankheit. 80 Jahre Münch. med. Wschr. 1853—1933, S. 29—32. München: J. F. Lehmann. — Koch, W.: Über die russisch-rumänische Kastratensekte der Skopzen. Jena: Gustav Fischer 1921. — Kolde, W.: Die Konstitutionstypen des Weibes und die Rassenkunde. Zbl. Gynäk. **48**, 805, 806 (1924). — Kraus, Fr.: Vegetatives System und Individualität. Med. Klin. **1922 II**, 1515 (XXVIII, 129). — Kretschmer, E.: Lebensalter und Umwelt in ihrer Wirkung auf den Konstitutionstypus. Z. Neur. **101**, 278—292 (1926). — Der Körperbau des Gesunden und der Begriff der Affinität. Z. Neur. **107**, 749—757 (1927). — Der Aufbau der Persönlichkeit. Die Konstitution. 3. ärztl. Fortbildungskurs Bad Salzuflen. Leipzig: Georg Thieme 1935. — Kretschmer, E. u. W. Enke: Die Persönlichkeit der Athletiker. Leipzig: Georg Thieme 1936.

Lavedan, M. L.: Les grands types de constitution. Progrès méd. **54**, 125—130 (1926). — Lederer, R.: Kinderheilkunde. Konstitutionspathologie in den medizinischen Spezialwissenschaften, herausgeg. von J. Bauer, H. 1. Berlin: Julius Springer 1924. — Lehmann, R.: Die menschlichen Körperformen und ihre Beziehungen zur Individualität. Mschr. Unfallheilk. **31/32** (1924). — Lenz, F.: Menschliche Erblichkeitslehre. In Baur-Fischer-Lenz, 3. Aufl. München: J. F. Lehmann 1927. — Léopold-Lévi: Nervosisme et Glandes Endocrines. Paris 1931. — Nouvelles Etudes d'Endocrinologie. Paris 1933. — Lubosch, W.: Individualanatomie. In Brugsch-Lewy: Die Biologie der Person, Bd. 1, S. 431. 1926.

MacAuliffe, L.: Les mécanismes intimes de la vie. Introd. à l'étude de la personnalité. La vie humaine 3. Legrand. Paris 1925. — Les temperaments. Essai de synthese. 3. edit. Temperaments, types, formes humaines. Leurs significations biolog. et terapeutiques. Leurs rapports avec les glandes endocr. et le systeme sympathique. La Pense Contemporaine, Coll. dir. p. M. Liecien Fabre, Deux. Section: Sciences Phys. et Nat. Paris, 290 p. 1926. — Mainzer, F.: Zur Kritik einiger Norm- und Krankheitsbegriffe in der Medizin. Z. Konstit.-lehre **10**, H. 6 (1925). — Makarow, W. E.: Geschlecht und Körperbautypen des Menschen. Z. Konstit.lehre **16**, H. 6 (1932). — Martin, R.: Anthropometrie. Münch. med. Wschr. **1922 I**, 383—389. — Die Körperbeschaffenheit der deutschen Turner. Mschr. Turnen, Spiel u. Sport **1924**, H. 2. — Martius, F.: Die Lehre von Ursachen in der Konstitutionspathologie. Dtsch. med. Wschr. **1918 I**, 449, 481. — Habitus und Diathese in ihren Beziehungen zur Dienstbeschädigungsfrage. Z. angew. Anat. **4**, 184 (1919). — Michelsson, G.: Über die Bestimmung der Norm und die Konstitutionstypen der Messungen und Formeln. Z. Konstit.lehre **9**, 417—433 (1924). — Mies, H.: Skeletmuskulatur und vegetatives Nervensystem. Klin. Wschr. **1937 I**, 593—595. — Müller, F.: Konstitution und Dienstbrauchbarkeit. Münch. med. Wschr. **1917 I**, 497. — Müller, H.: Constitutiekenmerken bij het Maleische ras en Chineezen. Geneesk. Tijdschr. Nederl.-Indië Deel **63**, 1 (1923). — Müller, L. R.: Die Lebensnerven, 1924. — Müller, O.: Konstitution und Kriegsdienst. Ref. Med. Klin. **1917 I**.

Nobel, E., W. Kornfeld, A. Ronald u. R. Wagner: Innere Sekretion und Konstitution im Kindesalter. Wien: Wilhelm Maudrich 1937.

Oswald, A.: Zum Begriff der „Dysfunktion" in der Endocrinologie. Münch. med. Wschr. **1928 II**, 1915.

Pende, N.: Konstitution und innere Sekretion nebst einem Versuch der Anwendung der Endokrinologie in der Kriminalpsychologie. Abhandlungen aus den Grenzgebieten der inneren Sekretion, H. 2, 63 S. Budapest: Novak 1924. — Pfuhl, W.: Die Beziehungen zwischen Rassen- und Konstitutionsforschung. Z. Konstit.lehre **9**, 172—196 (1923).

Rittershaus, E.: Konstitution oder Rasse? München: J. F. Lehmann 1936. — Rössle, R.: Die innere (oder anatomische) Ähnlichkeit blutsverwandter Personen. Verh. dtsch. path. Ges., 29. Tagg 27.—29. Sept. **1936**. — Zur Frage der Ähnlichkeit des Windungsbildes von Gehirnen von Blutsverwandten, besonders von Zwillingen. Sitzgsber. preuß. Akad. Wiss., Physik.-math. Kl. 14 (1937). — Rössle, R. u. F. Roulet: Maß und Zahl in der Pathologie. Berlin: Julius Springer 1932. — Rohden, Fr. v.: Über Beziehungen zwischen Konstitution und Rasse. Z. Neur. **98**, 255—278 (1925). — Konstitutionelle Körperbauuntersuchungen an Gesunden und Kranken. Arch. f. Psychiatr. **79**, 786—815

(1927). — Rott, A.: Körperbaustudien an deutschen Frauen. Anthrop. Anz. **3**, 39 (1926). — Rutkowski, E. v.: Die Wurzeln der modernen Popularphysiognomik. Allg. Z. Psychiatr. **1928**.

Saller, K.: Untersuchungen über Konstitutions- und Rassenformen an Turnern der deutschen Nordmark. Z. Konstit.lehre **14**, 1 (1928). — Schlaginhaufen, Otto: Körpergröße, Kopfform und Farbmerkmale von 250 Schweizer Rekruten. Bull. schweiz. Ges. Anthrop. u. Ethnol. **21** (1927). — Schottky, J.: Rasse und Krankheit. München: J. F. Lehmann 1937. — Seitz, L.: Wachstum, Geschlecht und Fortpflanzung. Berlin: Julius Springer 1939. — Sigaud, C.: La forme humaine. Paris 1904. — Simon, E.: Leibesübungen und Konstitution. Inaug.-Diss. med. Fak. Würzburg. Kurzer Auszug in Mschr. Turn. **3**, 159 (1922). — Ssobolef, P.: Körperbau, somatische Erkrankungen und sanitäre Konstitution. Z. Konstit.lehre **13**, 42—53 (1927). — Stern-Piper, L.: Konstitution und Rasse. Z. Neur. **86**, 265—275 (1923). — Stieve, H.: Die Abhängigkeit der Keimdrüsen vom Zustand des Gesamtkörpers und von der Umgebung. Naturwiss. **1927**, H. 48/49. — Stiller, B.: Asthenische Konstitutionskrankheit, 1907. — Die asthenische Konstitution. Z. angew. Anat. **6**, 48 (1920). — Stockard, C. R.: Human Types and Growth Reactions. Amer. J. Anat. **31**, 261—288 (1923). — Die körperliche Grundlage der Persönlichkeit. Jena 1932. — Stratz, C. H.: Die Körperformen der Japaner. Stuttgart: Ferdinand Enke 1919.

Thomas, E.: Allgemeines über die Pathologie der endokrinen Organe. Handbuch der Kinderheilkunde, herausgeg. von Pfaundler und Schlossmann, 4. Aufl. — Innere Sekretion in der ersten Lebenszeit (vor und nach der Geburt). Jena: Gustav Fischer 1926.

Ullrich, O.: Konstitution und Kinderkrankheiten. Arch. Kinderheilk. **105**, H. 2 (1935).

Verschuer, O. v.: Zur Frage: Körperbau und Rasse. Z. Konstit.lehre **11**, 754—761 (1925). — Ein Beitrag zur Frage: Körperbau und Rasse. Münch. med. Wschr. **1925** I, 78. — Beiträge zur Frage Konstitution und Rasse sowie zur Konstitutions- und Rassengeographie Deutschlands. Arch. Rassenbiol. **20**, 16 (1927). — Die Variabilität des menschlichen Körpers an Hand von Wachstumsstudien an ein- und zweieiigen Zwillingen. Verh. 5. internat. Kongr. Vererbgswiss. Berlin **1928**, 1508. — Zur Frage der Asymmetrie des menschlichen Körpers. Vorl. Mitt. Z. Morph. u. Anthrop. **27**, 171 (55, 385) (1929). — Erbpathologie. Med. Prax. 18 (1937). — Versluys, J.: Hirngröße und hormonales Geschehen bei der Menschwerdung. Wien 1939.

Weissenberg, S.: Das Körpergewicht nach Alter und Geschlecht. Z. Konstit.lehre **10**, H. 6 (1925). — Weissenfeld, F.: Neue Gesichtspunkte zur Frage der Konstitutionstypen. Z. Neur. **156**, H. 3 (1936). — Werner, M.: Erb- und Umweltunterschiede in der Vitalkapazität der Lungen. Untersuchungen an 70 Zwillingspaaren. Z. Abstammgslehre **73**, H. 3/4. — Erbunterschiede bei einigen Funktionen des vegetativen Systems nach experimentellen Untersuchungen an 30 Zwillingspaaren. Verh. dtsch. Ges. inn. Med., 47. Kongr. Wiesbaden **1935**. — Westphal, K.: Allergie und Konstitution. Die Konstitution. 3. ärztl. Fortbildungskurs Bad Salzuflen. Leipzig: Georg Thieme 1935. — Willigmann, J.: Untersuchungen zur Konstitutionsfrage an Studentinnen der Reichsakademie für Leibesübungen in Berlin. Inaug.-Diss. Berlin 1938. — Wurzinger, St.: Über Konstitutionstypen im Kindesalter. Verh. Ges. phys. Anthrop. **1**, 62—66 (1926). — Habitustypen und Körperentwicklung im Schulalter nach Studien an 510 Münchener Volksschülern. Z. Konstit.lehre **13**, 715 (1928). — Wyrsch, J.: Beitrag zu Kretschmers Lehre von Körperbau und Charakter. Z. Neur. **92**, 526—530 (1924).

Yllpö, Arvo: Über die Mortalität und Pathologie der Frühgeburten und Neugeborenen. Mschr. Kinderheilk. **69**, H. 5/6 (1937).

Zeller, W.: Entwicklung und Körperform der Knaben und Mädchen von 14 Jahren. Veröff. Volksgesdh.dienst **52**, H. 10 (1939). — Zerbe, E.: Seelische und soziale Befunde bei verschiedenen Körperbautypen. Arch. f. Psychiatr. **88**, 705 (1929). — Zipperlen, V. R.: Körperbauliche Untersuchungen an Hypertonikern. Z. Konstit.lehre **16**, H. 1 (1931). — Zweig, H.: Habitus und Lebensalter. Z. angew. Anat. **4**, 255 (1919).

Rassenbiologische Grundlagen.

Allgemeine Grundlagen der Rassenbildung.

Von Hans Nachtsheim, Berlin-Dahlem.

Mit 7 Abbildungen.

Vorbemerkungen.

Wenn in einem Handbuch der Erbbiologie des Menschen ein Kapitel den allgemeinen Grundlagen der Rassenbildung gewidmet wird, so kann von vornherein keine umfassende Darstellung dieses Themas erwartet werden. Die Rassen- und Artbildung ist heute das *Zentralproblem der Biologie,* das von den verschiedensten Richtungen her intensiv bearbeitet wird. Bei der Fülle von Arbeiten, die Jahr für Jahr zu diesem Thema auf dem Gesamtgebiete der Biologie erscheinen, würde selbst für eine bloße Aufzählung des Schrifttums der für dieses Kapitel vorgesehene Raum nicht ausreichen. Paläontologie und Systematik, vergleichende Anatomie und Entwicklungsmechanik, vor allem aber die Genetik — um nur die wichtigsten beteiligten biologischen Disziplinen zu nennen — haben im Laufe der Zeit ein so umfangreiches Tatsachenmaterial zusammengetragen, daß reichlich Stoff für ein eigenes Handbuch über die Fragen der Rassen- und Artbildung gegeben wäre.

Im Rahmen des vorliegenden Handbuches kann es lediglich unsere Aufgabe sein, vom Standpunkte des Erbbiologen aus an der Hand des neuesten Schrifttums einen Überblick über den gegenwärtigen Stand des Problems zu geben. Nun sind gerade in jüngster Zeit bereits einige zusammenfassende Darstellungen dieser Art erschienen. Als Systematiker hat B. Rensch (1939) die „Typen der Artbildung" behandelt, während der Biogeograph W. F. Reinig (1938) — vielfach in Gegensatz zu Rensch — insbesondere „Elimination und Selektion" in ihrer Bedeutung für die Merkmalsprogressionen untersucht hat. N. W. Timoféeff-Ressovsky (1939) und G. Melchers (1939) haben als Genetiker, der erste von der Zoologie, der zweite von der Botanik her an das Problem herantretend, die Frage „Genetik und Evolution" betrachtet. Von umfangreicheren Veröffentlichungen in Buchform seien sodann noch genannt das vorzügliche, auch in einer deutschen Ausgabe erschienene Werk des amerikanischen Genetikers Th. Dobzhansky „Die genetischen Grundlagen der Artbildung" (1937, deutsche Ausgabe 1939), sowie die „Vererbung erworbener Eigenschaften und Auslese", eine kritische Auseinandersetzung mit dem Lamarckismus und dem Darwinismus, den beiden Erklärungsprinzipien der Evolution, von W. Zimmermann (1938), der, wenn auch selbst Pflanzenphysiologe, die botanische und die zoologische Seite in gleicher Weise berücksichtigt.

Abweichend von den genannten Autoren schlagen wir bei der Betrachtung der Grundlagen der Rassen- und Artbildung im folgenden den Weg ein, den bereits Charles Darwin gegangen ist. Die Beobachtungen über die *Rassenbildung beim Haustier* haben ihm den Schlüssel für das Verständnis der Triebkräfte der Evolution geliefert. Wenn es gelungen ist, das einheitlich gestaltete

Wildtier im Laufe der Domestikation abzuändern und daraus eine Fülle von Haustierrassen hervorgehen zu lassen, so war die erste Voraussetzung dafür die *Variation der Lebewesen*, die DARWIN als gegeben hinnahm; ihre genauere Analyse war erst der experimentell arbeitenden Vererbungsforschung in diesem Jahrhundert möglich. Die Rassenbildung beim Haustier ist das Ergebnis des *Prinzips der künstlichen Auslese*, dem der Züchter — anfangs mehr unbewußt als bewußt — die Varianten des ursprünglichen Wildtiers unterworfen hat. Diesem Selektionsprinzip des Züchters stellt DARWIN das *Prinzip der natürlichen Auslese* gegenüber, das in der freien Wildbahn wirksam ist. Wie der Züchter mit Hilfe der künstlichen Zuchtwahl so bildet die Natur durch die im „Kampfe ums Dasein" erfolgende Auslese die Rassen.

Was die *Rassenbildung beim Menschen* anbetrifft, so hat seit DARWIN vor allem EUGEN FISCHER die Parallelität der Erscheinungen bei Mensch und Haustier nachdrücklich betont. „Alle Merkmale", so sagt er (1914), „die beim Menschen als Rassenunterschiede vorkommen, treten als solche auch bei Haustierrassen auf; und umgekehrt, die meisten Haustierbesonderheiten findet man beim Menschen als Rasseneigenheiten wieder." Je mehr der Mensch aus dem Naturzustand in den Kulturzustand übergegangen ist, um so mehr ist auch bei ihm die natürliche Auslese ausgeschaltet worden. Man hat treffend von einer „Selbstdomestikation" des Menschen (G. MONTANDON, 1933) gesprochen.

Der Prozeß der Domestikation ist auch reversibel, aus der *Kultur*rasse kann wiederum eine *Natur*rasse entstehen. Dieser Vorgang findet bei der *Verwilderung* von Haustieren statt. Der in seiner Bedeutung für die Frage der Rassenbildung bisher fast ganz außer acht gelassene Prozeß der Verwilderung soll ebenfalls in die folgende Betrachtung mit einbezogen werden.

I. Art- und Rassebegriff.

Ehe wir mit der Darstellung der Wege der Rassenbildung beginnen, erscheint es notwendig, kurz zu sagen, war wir unter „Rasse" verstehen wollen.

Als CARL V. LINNÉ um die Mitte des 18. Jahrhunderts sein „Systema naturae" schuf, geschah dies aus einem wissenschaftlichen Ordnungsbedürfnis heraus, um eine Übersicht in die große Formenmannigfaltigkeit der Lebewesen zu bringen. Die Begriffe Art, Gattung, Ordnung, Klasse dienten ihm als die Kategorien für die Einordnung. Die Kategorien des LINNÉschen Systems erwiesen sich bald als nicht ausreichend. Heute benutzen wir im allgemeinen die folgenden Kategorien: Reich, Stamm, Kreis, Klasse, Ordnung, Familie, Gattung, Art, Rasse. Auch diese Einteilung genügt oft nicht, es werden weitere Zwischenstufen gebildet: Unterklasse, Unterordnung, Unterfamilie, Untergattung, Unterart, Rassenkreis, Schlag, Sippe usw.

LINNÉS System war ein künstliches, eine „bloße Abstraktion des menschlichen Geistes" (CLAUS-GROBBEN-KÜHN, 1932). Seine Kategorien Klasse, Ordnung, Gattung, Art sind rein subjektive Begriffe von willkürlich festgelegter Größenordnung, die durch Zweckmäßigkeitsgründe bestimmt wurde. „Rassen", sagt der Tierzüchter M. WILCKENS (1871), „bestehen bloß in den Gedanken oder wissenschaftlichen Systemen des Menschen, ebenso wie Arten, Gattungen und andere Begriffe, in welche die Naturkörper geordnet werden."

Mit dem Durchbruch der Abstammungslehre in der Biologie erhielt das System einen neuen Sinn, an die Stelle des künstlichen Systems suchte man ein natürliches zu setzen. Die Einordnung eines Lebewesens in eine bestimmte Kategorie wird nun zum Ausdruck seiner Verwandtschaftsverhältnisse, die Einordnung zweier Lebewesen in die gleiche Kategorie bedeutet gemeinsame Abstammung und Gemeinsamkeit aller höheren Kategorien, und je größer die Zahl der gemeinsamen Kategorien, um so größer die Blutsverwandtschaft.

Auch in einem natürlichen System, ja erst recht in einem solchen, bleibt die Abgrenzung der einzelnen Kategorien gegeneinander bis zu einem gewissen Grade eine willkürliche, da es ja zwischen den Kategorien keine scharfen Grenzen gibt und eine in die nächsthöhere übergehen, z. B. eine Rasse sich zu einer Art entwickeln kann. So ist es auch schlechterdings unmöglich, eine scharfe, vollauf befriedigende Definition für die einzelnen Kategorien zu geben. Am besten ist es noch für die *Art* gelungen, eine Definition zu finden, und von dieser ausgehend pflegt man dann die anderen Kategorien zu definieren.

„*Natürliche Erbverbände*" nennt A. Kühn (1939) die Arten. „Sie sind", sagt er weiter, „die weitesten in der Natur unmittelbar gegebenen natürlichen Gruppeneinheiten des Systems. Als Art definieren wir den Inbegriff derjenigen Einzelwesen, die in entsprechenden Entwicklungsstadien und unter gleichen äußeren Bedingungen einander in Bau und Leistungen in den wesentlichen Zügen gleichen und sich miteinander fruchtbar paaren. Die Art wird damit definiert durch die *Reaktionsnorm*. Die Reaktionsnormunterschiede zwischen den Mitgliedern einer Art sind kleiner als die Unterschiede zwischen Mitgliedern verschiedener Arten". Der Nachdruck wird bei der Definition heute darauf gelegt, daß sich die Individuen einer Art fruchtbar miteinander paaren. Arten sind „*Paarungsgenossenschaften*", heißt es bei E. Baur (1914), ein „*Syngameon*" nennt J. P. Lotsy (1931) die Art. Die physiologisch-biologische Artdefinition von A. Remane (1927) lautet: „Art ist eine natürliche kontinuierliche Fortpflanzungsgemeinschaft", und er fügt diesem Satze noch den Nachsatz hinzu: „bei disjunkter Verbreitung entscheidet die Möglichkeit der Herstellung einer Fortpflanzungsgemeinschaft unter natürlichen Bedingungen über die Artzugehörigkeit". Der Hinweis auf die disjunkte Verbreitung läßt einige der Schwierigkeiten erkennen, die der Anwendung dieser Definition in der Praxis entgegenstehen können.

„In solchen Fällen" — nämlich disjunkter Verbreitung — „kann das Naturexperiment entscheiden", sagt Remane, „indem eine Population aus einem Areal in das Gebiet einer anderen geographisch und morphologisch möglichst nahestehenden verpflanzt wird und hierbei die sexuelle Affinität geprüft wird. Praktisch stößt natürlich die Durchführung dieser Probe auf große Schwierigkeit, und so sind gerade die Fälle disjunkter Areale die Crux für die Systematiker. Es wird hier rein nach den unsicheren Methoden der morphologischen Artdefinition gearbeitet. Bald erweist sich dabei die Ähnlichkeit der Formen der getrennten Gebiete so groß, daß die Artzusammengehörigkeit überaus wahrscheinlich ist, bald sind die Unterschiede so groß, daß eine artliche Trennung gerechtfertigt erscheint; aber daneben gibt es zahlreiche zweifelhafte Fälle, die weitgehende Meinungsverschiedenheiten unter den Systematikern hervorrufen. Einige wollen dann den Artumfang möglichst groß, andere möglichst klein bemessen".

Wie wenig die äußere Morphologie einen Gradmesser für die Möglichkeit der Herstellung einer Fortpflanzungsgemeinschaft zwischen zwei Formen bildet, dafür hat uns die *Drosophila*-Genetik Beispiele geliefert. *D. melanogaster* und *D. simulans* sind einander so ähnlich, daß ihre Verschiedenheit von den Systematikern überhaupt nicht erkannt worden ist. Erst als im Verlaufe genetischer Experimente eine Wildform, die für *D. melanogaster* gehalten wurde, mit einem Zuchtstamm dieser Art gekreuzt werden sollte und die Kreuzung sich als sehr schwierig erwies und nur sterile Bastarde lieferte, wurde A. H. Sturtevant (1919, 1921) auf die Besonderheiten dieser Wildform (vor allem im Bau der männlichen Genitalien) aufmerksam und beschrieb sie als eigene Art. Ähnlich ging es mit der Spezies *D. obscura*, von der durch die cytogenetischen Untersuchungen von S. L. Frolowa und B. L. Astaurow (1929) *D. pseudoobscura* als besondere Art abgetrennt werden konnte. *D. obscura* und *pseudoobscura* unterscheiden sich in ihrer äußeren Morphologie nur geringfügig, haben aber stark voneinander abweichende Chromosomenverhältnisse und lassen sich nicht kreuzen; die Chromosomengarnitur dient hier als systematisches Merkmal. Aber auch *D. pseudoobscura* ist keine einheitliche Spezies. D. E. LANCEFIELD (1925, 1929) wies zwei Typen A und B nach, die morphologisch äußerlich vollkommen identisch sind, physiologisch aber voneinander abweichen (Sauerstoffverbrauch, Entwicklungstempo). Außerdem unterscheiden sich die Y-Chromosomen der beiden Typen etwas in der Form, weitere Strukturverschiedenheiten lassen sich an den Speicheldrüsenchromosomen erkennen. Bei einer Kreuzung der beiden Typen — LANCEFIELD nennt sie „physiologische Spezies" — erweisen sich nur die weiblichen Nachkommen als fertil, die Männchen aber als steril.

Auf der anderen Seite wiederum kennen wir Beispiele dafür, daß die Systematiker Formen ihrer weitgehenden morphologischen Differenzen wegen in verschiedene Arten, ja sogar Gattungen eingereiht haben, von denen dann im genetischen Experiment gezeigt werden konnte, daß sie voll miteinander fruchtbar sind, wie viele viviparen Cyprinodonten, deren Rassen- und Artbildung H. BREIDER (1935—1939) mit Hilfe von „Art"- und „Gattungs"-Kreuzungen studierte.

Eine experimentelle Prüfung zweier Formen auf ihre sexuelle Affinität hin ist aber nur bei so günstigen Versuchsobjekten wie Taufliegen und Zahnkarpfen möglich, d. h. in seltenen Ausnahmefällen, und so müssen wir als Genetiker im allgemeinen den Standpunkt von E. BAUR (1930) teilen, wenn er erklärt: „Die Grenze zwischen Rasse und Art ist etwas durchaus Willkürliches. Ob man zwei deutlich verschiedene Zebras aus zwei verschiedenen Gegenden von Südafrika als zwei Arten oder als zwei Rassen einer Art bezeichnet, ist Geschmackssache des betreffenden Systematikers."

Wie schon angedeutet, wird bei der Definition der Rasse von der Art ausgegangen. „Der Begriff ‚Rasse' wird ganz allgemein", sagt der Genetiker TH. DOBZHANSKY (1939), „zur Bezeichnung einzelner Gruppen innerhalb der Art verwandt, die aus Individuen bestehen, denen gewisse Erbmerkmale gemeinsam sind". Dem entspricht die Definition, die der Tierzüchter C. KRONACHER (1929) für die Haustierrassen gibt. Er versteht unter einer Rasse „eine mehr oder minder umfangreiche Gruppe von Individuen (Population) innerhalb der Art, die sich im ganzen durch den gemeinsamen Besitz bestimmter Eigenschaften vor den anderen Artgenossen auszeichnen und deren Eigenschaften unter gleichen Lebensverhältnissen bei den Nachkommen wieder in Erscheinung treten". Auch für die Menschenrassen gibt der Anthropologe E. v. EICKSTEDT (1937) eine entsprechende Definition: „Rassen sind natürliche zoologische Formengruppen innerhalb der Hominiden, deren Angehörige eine mehr oder minder kennzeichnende Vereinigung von normalen und erblichen Merkmalen der Gestalt und Verhaltensweise zeigen."

Wird bei der *Art*definition der Nachdruck auf die Fortpflanzungsgemeinschaft gelegt, die die Individuen bilden, so ist bei der *Rasse* die gleiche Erbbeschaffenheit hinsichtlich bestimmter Merkmale, eben der Rassenmerkmale, das Wesentliche. Während zwei Arten einer Gattung infolge des Fehlens der Paarungstendenz oder infolge der erfolglosen Paarung oder der doch nur begrenzten Fertilität ihrer Kreuzungsprodukte unvermischt nebeneinander bestehen können, sind andere Mechanismen notwendig, um den Fortbestand zweier miteinander unbegrenzt fruchtbarer Rassen einer Art zu sichern. Der wichtigste Mechanismus ist die *Isolation.* Der Tierzüchter bedient sich ihrer, um die Haustierrassen rein zu erhalten. In der freien Wildbahn entstehen *geographische Rassen* durch natürliche Schranken innerhalb des Verbreitungsareals einer Art, wie Meere, Flüsse, Gebirge usw., sowie *ökologische Rassen* durch Anpassung an verschiedene Standortsbedingungen, wie Tiefland, Gebirge, Hochgebirge, Binnenland, Küste, Feld, Wald usw.

Auch bei der Anwendung der Rassedefinition können sich in der Praxis gewisse Schwierigkeiten ergeben. Die Reinerbigkeit der Rassemerkmale gilt als Kennzeichen der Individuen einer Rasse. Ob aber die Unterschiede zweier Naturrassen wirklich auf Erbunterschieden beruhen, ist nur ausnahmsweise nachweisbar. Insbesondere unter den ökologischen Rassen sind manche, deren Unterschied lediglich auf nichterblichen Standortsverschiedenheiten ein und derselben Erscheinungsform beruhen mag, die also streng genommen die Bezeichnung „Rasse" nicht verdienen. Wenn wir z. B. feststellen, daß die Waldhasen in Anpassung an die anderen Lichtverhältnisse des Waldes ein dunkleres Haarkleid besitzen als die Feldhasen, und wenn wir demgemäß von zwei ökologischen Rassen sprechen, so fehlt der Beweis einer erblichen Verschiedenheit; es besteht die Möglichkeit, daß die erbliche Reaktionsnorm die gleiche ist und die Verschiedenheit in der Färbung lediglich eine individuelle Anpassung darstellt. Eine sichere Scheidung von Standortsmodifikationen und ökologischen Rassen vermag nur das Experiment zu erbringen.

Beim Haustier muß die an die Rasse gestellte Forderung auf Reinerbigkeit der Rassemerkmale ebenfalls eine gewisse Einschränkung erfahren. Reinerbig lassen sich nur dominante und rezessive Merkmale züchten. Nahezu bei allen Haustierarten gibt es jedoch Rassen, bei denen man intermediäre Merkmale zum Range von Rassemerkmalen erhoben hat, ja oft bilden diese sogar das Hauptmerkmal der betreffenden Rasse. Die Färbung der Blauen Andalusierhühner und der Marderkaninchen, die Scheckung der Englischen Schecken- und der Japanerkaninchen sowie der Tigerdogge, die Rotschimmelung des Shorthornrindes und die Kurzbeinigkeit des Dexterrindes sind Beispiele dafür. Eine konstante Vererbung dieser Merkmale läßt sich natürlich nicht erzielen, da alle Merkmalsträger Heterozygoten sind. Die Einheitlichkeit der Rasse wird nur dadurch vorgetäuscht, daß die Homozygoten eliminiert werden.

Über die *Zahl* der erblichen Merkmale, durch die sich zwei Rassen einer Art unterscheiden, wird in der Rassendefinition nichts gesagt. Tatsächlich läßt sich nach oben keine Grenze ziehen, während sich zwei Populationen mindestens in *einem* erblichen Merkmal unterscheiden müssen, damit man von zwei Rassen sprechen kann. Man hat Rassen, die nur durch *ein* monomer mendelndes Merkmal voneinander abweichen, als *einfache Genrassen* oder *einfache Mendelrassen* bezeichnet (A. Kühn, 1939). In Wirklichkeit ist aber fast jede natürliche Rasse wie auch jede Haustierrasse von der benachbarten Rasse durch einen mehr oder weniger großen Komplex von Genen gekennzeichnet und stellt eine vielfache Mendelrasse dar[1]. Die einfache Mendelrasse ist zwar der Ausgangspunkt für die Entstehung einer neuen Natur- oder Kulturrasse, doch kommt sie als *Rasse von Bestand* fast nur im genetischen Experiment vor, wie die zahlreichen *Drosophila*-Rassen der Laboratorien, die durch den Besitz eines bestimmten Mutationsmerkmals charakterisiert sind. Wenn der Haustierzüchter zwei Formen züchtet, die sich nur in *einem* Genpaar unterscheiden, so pflegt er das in der Regel *innerhalb der Rasse* zu tun, d. h. er züchtet die beiden Formen nicht nach Rassen getrennt. Das Schwarzloh- und das Blaulohkaninchen z. B. unterscheiden sich nur durch *ein* Genpaar. Das Blaulohkaninchen besitzt an Stelle des dominanten Faktors D für die schwarze Farbe das rezessive Allel, den Pigmentverdünnungsfaktor d. Schwarzloh und Blauloh wird aber nicht der Rang von Rassen zuerkannt, sondern sie werden lediglich in verschiedene Unterkategorien einer Rasse eingereiht, es sind zwei *Schläge* — in diesem Falle *Farbenschläge* — *einer* Rasse, des Lohkaninchens. Der Unterschied gegenüber der Rasse zeigt sich darin, daß die beiden Typen nicht isoliert gezüchtet, sondern miteinander gepaart werden. Die Lohfarbigkeit ist Rassemerkmal, Schwarz und Blau sind Merkmale der beiden Schläge. Die *Möglichkeit*, sie als selbständige Rassen zu züchten, ist natürlich ebenso gegeben wie die der Zucht einer rotäugigen und einer weißäugigen *Drosophila*-Rasse.

---

[1] Von Rassen, die sich durch nichtmendelnde Merkmale unterscheiden, sehen wir in diesem Zusammenhang ab; das Pflanzenreich liefert uns dafür Beispiele, wie panaschierte und nichtpanaschierte Rassen (vgl. hierzu G. Melchers 1939).

Die Rassen einer Art können mithin, genetisch betrachtet, sehr verschiedenen Rang haben. Während benachbarte Rassen einander im Genotypus oft sehr ähnlich sind, unterscheiden sich extreme Rassen nicht selten so sehr, daß sie nicht mehr miteinander gepaart werden können, daß sie also nach unserer Artdefinition streng genommen als Vertreter zweier Arten anzusprechen wären. Eine Hunderasse wie die Deutsche Dogge ist mit dem wilden Ahn des Hundes, dem Wolf, ebenso uneingeschränkt fruchtbar wie mit anderen großen und mittleren Hunderassen. Hunderassen mittlerer Größe lassen sich mit kleinen Rassen paaren und diese wiederum mit Zwergrassen. Eine Paarung der Extreme aber, etwa der Deutschen Dogge von 90 cm und mehr Schulterhöhe und einem Gewicht von über 60 kg mit einem kaum mehr als 25 cm hohen und keine 2 kg schweren Zwergpinscher, ist eine Unmöglichkeit.

Es wäre, wie hier nebenbei bemerkt sei, von Interesse zu prüfen, ob zwei so extreme Hunderassen wie Dogge und Zwergpinscher, deren natürliche Paarung der Größendifferenzen wegen unmöglich ist, noch durch künstliche Besamung miteinander zur Fortpflanzung gebracht werden können. Beim Pferd ist ein solcher Versuch geglückt. A. Walton und J. Hammond (1938) kreuzten vermittels künstlicher Besamung eine der größten Pferderassen, das englische Shirepferd, mit der Zwergrasse, dem Shetlandpony, in beiden Richtungen. Man ist a priori geneigt anzunehmen, daß die Trächtigkeit eines Muttertieres einer Zwergrasse durch ein Vatertier einer Riesenrasse schwere Geburtsstörungen zur Folge haben muß. Das ist indessen zum mindesten beim Pferd nicht der Fall. Die Geburt geht auch bei der vom großen Shire trächtigen Ponystute normal vonstatten. Es zeigte sich in allen Fällen, daß das fetale Wachstum fast ganz durch die Mutter geregelt wird, die Gene des Fetus kommen kaum zur Wirkung, das Kreuzungsfohlen wird ungefähr ebenso schwer geboren wie ein reinrassiges Shetlandpony. Beim Hund sind allerdings die Größen- und sonstigen Differenzen zwischen den extremen Rassen noch beträchtlicher als beim Pferd.

Auch in der Natur sind Reihen von Rassen, die schrittweise von einem Extrem zum anderen führen, fast in allen Gruppen häufig. Das Studium dieser „Rassenketten" oder „Rassenkreise" ist vor allem durch die Arbeiten von B. Rensch (1923—1939) angeregt worden. Ein Rassenkreis ist nach Rensch „ein Komplex geographischer Rassen, die sich unmittelbar auseinander entwickelt haben, geographisch einander vertreten und von denen jeweils die benachbarten miteinander unbegrenzt fruchtbar sind." Wie beim Haustier besteht diese unbegrenzte Fruchtbarkeit zwischen den Extremen eines solchen Rassenkreises — in diesem Falle ist wohl der Ausdruck „Rassenkette" besser — oft nicht mehr, wobei die Ursachen sehr mannigfaltig sein können. Wie in dem erwähnten Haustierbeispiel können Größendifferenzen die Paarung unmöglich machen, in anderen Fällen erschweren oder unterbinden Unterschiede im Kopulationsapparat eine erfolgreiche Paarung, oder es besteht auf Grund physiologischer Differenzen eine sexuelle Aversion, oder die Fruchtbarkeit ist im Falle einer Kreuzung mehr oder weniger herabgesetzt, bei den Kreuzungsprodukten tritt Intersexualität auf, oder sie sind sonstwie steril usw. Rensch hat in seinen zusammenfassenden Arbeiten zahlreiche derartige Grenzfälle zwischen Rasse und Art, bei denen man im Zweifel sein kann, ob man noch geographische Rassen oder schon Arten vor sich hat, zusammengestellt.

Diese Verhältnisse machen die Relativität des Rasse- und Artbegriffes deutlich. Würden keine Zwischenformen existieren, so würde man in solchen Fällen keine Bedenken tragen, die extremen Glieder der Rassenkette als „gute" Arten zu bezeichnen. Es geht hieraus auch hervor, daß Rassen unter Umständen in ihrer Erbbeschaffenheit mehr voneinander abweichen können als Arten. Eine einzige erbliche Abänderung am Kopulationsapparat oder an den sexuellen Instinkten kann die Trennung in Arten einleiten, während in anderen Fällen Rassen in zahlreichen morphologischen und physiologischen Merkmalen verschieden sein mögen, ohne daß die gemeinsame Fortpflanzung beider irgendwie eingeschränkt ist.

Fassen wir zusammen: Rassen und Arten sind, um mit Dobzhansky (1939) zu sprechen, *keine statischen Einheiten*, sondern *Stadien in einem Prozeß*, nicht das *Sein* ist an ihnen das Wesentliche, sondern das *Werden*. Die Differenzierung in Rassen stellt das unterste Stadium des Evolutionsprozesses dar. Das Werden der Rassen, die *Mikroevolution*, untersucht die Genetik mit Hilfe des Kreuzungsexperimentes. Wenn die Differenzierung der Rassen die Stufe der Artbildung erreicht hat, versagt im allgemeinen das Kreuzungsexperiment, das Studium der Entwicklung in die höheren Kategorien des Systems, die Analyse der *Makroevolution*, ist mit den Methoden der Genetik nicht mehr möglich. Nach allen unseren Erfahrungen dürfen wir aber damit rechnen, daß bei der Makroevolution keine anderen Gesetzmäßigkeiten walten als bei der Mikroevolution. Die Erkenntnis der Prinzipien der Rassenbildung erschließt uns die Vorgänge bei der Evolution im allgemeinen.

II. Milieu und Rasse.

Darwin nahm, wie schon eingangs gesagt, die Variation der Lebewesen bei der Aufstellung seiner Selektionstheorie als eine gegebene Tatsache hin. Erst die neuzeitliche Genetik hat eine Analyse der Variationserscheinungen durchgeführt. Wir unterscheiden heute im wesentlichen drei Gruppen von Variationen: *Modifikationen* oder *Paravariationen*, *Kombinationen* oder *Mixovariationen*, *Mutationen* oder *Idiovariationen*. Während Kombinationen und Mutationen die erblichen Varianten umfassen, deren Bedeutung für die Rassenbildung uns in den nächsten Abschnitten noch beschäftigen wird, sind die Modifikationen die durch die Umwelt hervorgerufenen nichterblichen Abänderungen der Individuen. Seit Lamarck und Darwin ist die Frage, ob im individuellen Leben erworbene Eigenschaften — und das sind die Modifikationen — vererbt werden oder doch im Laufe von Generationen erblich werden können, immer wieder diskutiert worden. Die Antwort der Genetik auf diese Frage ist durchaus eindeutig: *Modifikationen sind und werden nicht erblich*. Der Beweis dafür kann im vorliegenden Rahmen nicht im einzelnen geführt werden, doch sei nochmals auf das unlängst veröffentlichte Buch von W. Zimmermann „Vererbung erworbener Eigenschaften und Auslese" (1938) verwiesen, der die Frage, mit deren Beantwortung der Lamarckismus steht und fällt, an der Hand der Ergebnisse der Genetik einer eingehenden Darstellung unterzogen hat. Hier soll auf dieses Thema nur insoweit eingegangen werden, als das Milieu für die phänotypische Gestaltung der Rassemerkmale von Bedeutung ist.

Wie sehr die Faktoren der Umwelt auf die Gestaltung des Tierkörpers von Einfluß sind, weiß der Tierzüchter aus der täglichen Erfahrung. Die klimatischen Faktoren, wie Temperatur, Luftfeuchtigkeit, Luftdruck, Licht, die Art der Haltung der Tiere und vor allem die Ernährung sind als die wichtigsten Ursachen für modifikatorische Beeinflussungen zu nennen.

Besonders deutlich tritt die Wirkung der Umwelt in Erscheinung, wenn eine an ein bestimmtes Milieu angepaßte, sog. bodenständige hochgezüchtete Kulturrasse in einen ganz anderen Lebensraum versetzt wird. Schwarzbunte Niederungsrinder, aus ihrer Oldenburger Heimat unter die ganz anders gearteten klimatischen und Ernährungsverhältnisse Südwestafrikas gebracht, liefern dort eine Nachkommenschaft, die in der Größenentwicklung stark hinter den heimischen Tieren zurückbleibt und die markanten Rassekennzeichen dieser Leistungsrasse mehr oder weniger vermissen läßt. Schweizer Gebirgsvieh erfährt in dem windigen, heißen und trockenen Klima Ungarns vielfache Umgestaltungen. Schweres Belgisches Kaltblut wird unter den abweichenden Aufzuchtbedingungen des Binnenlandes zu etwas ganz anderem, die Tiere bleiben leichter und werden hochbeiniger. Beispiele ähnlicher Art liefert uns die Tierzucht in Fülle.

Die Bedeutung der Ernährung für die Entwicklung der Rassemerkmale demonstrieren sehr schön die berühmten, von S. v. NATHUSIUS im Halleschen Haustiergarten begonnenen und von H. HENSELER (1913, 1914) auf breiter Grundlage fortgeführten Fütterungsversuche an Schweinerassen. Die schon oft reproduzierte Abb. 1 zeigt zwei ganz verschieden ernährte Wurfgeschwister einer hochgezüchteten Schweinerasse aus diesen Versuchen. Die beiden reinrassigen Berkshires waren bei der Geburt gleich gut entwickelt, das Tier links erhielt aber vom dritten Lebensmonat ab nur so viel Futter, wie zur Erhaltung des Lebens notwendig ist, während das andere Tier so viel fressen konnte, wie

Abb. 1. Berkshire-Wurfgeschwister, ♂♂, 5 Monate alt, links Hungertier, rechts Masttier. Aus den Versuchen von S. v. NATHUSIUS im Halleschen Haustiergarten. (Nach HENSELER 1913.)

es wollte. Im Alter von 5 Monaten sind Hungertier und Masttier so verschieden, daß man beide kaum noch für Wurfgeschwister halten möchte. Die Tiere sind nun aber nicht einfach in Größe und Gewicht verschieden. Das Hungertier ist ein Kümmerling geblieben, dem, obwohl reinrassig, doch fast alle Eigentümlichkeiten der hochgezüchteten Kulturrasse fehlen, die bei dem Wurfgeschwister deutlich zum Ausdruck kommen. Man vergleiche den tiefen Rumpf des Masttieres mit dem schmalen Körper des hochbeinigen Hungertieres. Zwischen dem schmalen Rumpf und dem langen und schweren Kopf des Kümmerlings besteht ein arges Mißverhältnis, von dem charakteristischen kurzen Berkshire-Kopf mit dem eingeknickten Profil des Wurfbruders ist bei dem Hungertier nichts zu erkennen. Vom Alter von einem Jahr ab wurden die beiden Tiere gleichmäßig gut gefüttert. Trotzdem blieben die Unterschiede sehr groß; die infolge der mangelhaften Jugendfütterung nicht zur Entwicklung gekommenen Rassemerkmale ließen sich auch bei besserer Ernährung nicht mehr hervorrufen.

Entsprechende Versuche wurden dann auch mit Vertretern einer primitiven Landrasse durchgeführt, mit dem heute ausgestorbenen Halbroten bayerischen Landschwein. Die beiden Wurfgeschwister der Abb. 2 waren ebenfalls bei der Geburt gleich gut entwickelt. Das eine Tier erhielt als Mastfutter Gerstenschrot und Fischmehl (enges Stickstoffverhältnis), das Hungerfutter bestand nur aus Gerstenschrot (weites Stickstoffverhältnis). Mit $8^1/_2$ Monaten wog das Masttier 127 kg, das Hungertier 26,5 kg, das Masttier hatte also nahezu das fünffache Gewicht. Im ganzen hat aber das Hungertier der Landrasse doch viel weniger unter der kümmerlichen Ernährung gelitten als die hochgezüchtete Kulturrasse, es hat, wie auch ein Vergleich der Abb. 1 und 2 erkennen läßt, nicht so sehr äußerlich sichtbar seine Rassemerkmale verloren.

Die primitive Haustierrasse ist im allgemeinen umweltstabiler, die hochgezüchtete Kulturrasse ist sehr umweltlabil. Neben dem Typ gehen bei den unter optimalen Lebensbedingungen leistungsfähigen Kulturrassen unter ungünstigen Ernährungsverhältnissen gerade die wertvollen Nutzungseigenschaften phänotypisch leicht verloren, wie Frühreife, Leichtfuttrigkeit, Körperschwere, Körpertiefe usw., während die Landrassen unter den gleichen Bedingungen äußerlich noch keine oder kaum Schäden erkennen lassen.

Daß allerdings eine feinere Untersuchung auch zwischen den Hunger- und Masttieren der Landrasse wesentliche Unterschiede aufzudecken vermag, haben die weiteren Arbeiten HENSELERs ergeben. Er unterzog das Knochensystem, den Verdauungsapparat, das Nervensystem und andere Organe der

Abb. 2. Halbrote bayerische Landschweine, Wurfgeschwister, ♀♀, 8¹/₂ Monate alt, rechts Hungertier, links Masttier. Aus den Versuchen von H. HENSELER im Halleschen Haustiergarten. (Nach HENSELER 1914.)

geschlachteten Hunger- und Masttiere einer genauen vergleichenden Untersuchung und kam zu dem Ergebnis, daß alle Teile des Körpers bis in den feinsten histologischen Bau hinein bei den so extrem ernährten Tieren Verschiedenheiten aufweisen.

Wie das Haustier so reagiert auch das Wildtier auf starke Umweltveränderungen mit mehr oder weniger deutlich ausgeprägten Modifikationen. Einen besonders weitgehenden Milieuwechsel bedeutet für das Wildtier seine Überführung in die Gefangenschaft, es treten charakteristische Gefangenschaftsveränderungen auf.

A. WOLFGRAMM (1894) verglich die Schädel gefangener oder bereits in Gefangenschaft geborener und aufgewachsener Wölfe mit solchen aus voller Freiheit. Abgesehen von einer bedeutenden Verkleinerung der Schädel in Gefangenschaft aufgewachsener und noch mehr in Gefangenschaft geborener Tiere weichen sie auch in den Formverhältnissen und osteologischen Einzelheiten von der Norm ab. Der Schädel wilder Wölfe ist lang, schmal und niedrig, der Schädel der in Gefangenschaft geborenen Tiere ist kurz, breit und hoch. Schnauzen- und Hirnteil haben eine Lageveränderung in entgegengesetzter Richtung erfahren, die verkürzte Schnauze ist aufgerichtet, der Hirnschädel in seinem hinteren Abschnitt gesenkt, die Hirnbasis ist mehr nach vorn verschoben, die Gehirnkapsel ist relativ vergrößert und kann in den extremsten Fällen nahezu Kugelform annehmen. Fast kein Schädelknochen bleibt unverändert, wie ein genauer Vergleich ergibt. Die Verkürzung der Schnauze führt zu Abweichungen an den Zähnen hinsichtlich Größe, Form und Stellung, besonders im Molarengebiet. Für diese Modifikationen an Schädel und Gebiß der Gefangenschaftstiere sind vor allem zwei Faktoren verantwortlich, die veränderte Ernährung und die herabgesetzte Muskeltätigkeit. Während der wilde Wolf seine Beute jagt und reißt, wird dem gefangenen und meist in Einzelhaft befindlichen Tier seine Ration zugeteilt. Der beim Zerreißen der Nahrung besonders aktive Musculus temporalis ist infolgedessen bei den wilden Carnivoren äußerst massig entwickelt, und je mehr der unter dem Jochbogen liegende Schläfenmuskel ausgebildet wird, um so mehr wölbt sich der Jochbogen. Bei den gefangenen Wölfen weist der flache Jochbogen auf einen schwachen Gebrauch des Schläfenmuskels hin, der auch im übrigen stark formbildend auf den Schädel einwirkt.

In neuerer Zeit hat vor allem B. KLATT (1912—1934) die Gefangenschaftsveränderungen an Füchsen aus zoologischen Gärten studiert, wiederum an teils jung eingefangenen, teils schon in Gefangenschaft geborenen Tieren, und zwar untersuchte er nicht nur die Schädel, sondern er verglich auch die übrigen Organe, Körpermaße und Gewichte mit solchen von Wildfüchsen. Seine Befunde sind sehr beachtlich. Körperlänge und Körpergewicht sind bei den gefangenen Füchsen geringer als bei den Wildfüchsen, bei den in Gefangenschaft geborenen Kindern ist der Rückgang noch stärker als bei den noch aus der freien Wildbahn stammenden Elterntieren. Das Fellgewicht ist bei Eltern und Kindern höher als bei Wildtieren, die Muskulatur schwächer, vor allem die Herzmuskulatur. Sehr bemerkenswert ist der starke Rückgang des Hirngewichtes, bei den in Gefangenschaft geborenen Kindern um bis zu 30%! Die Formveränderungen am Schädel der Zoofüchse entsprechen ganz denen, die WOLFGRAMM für die gefangenen Wölfe beschrieben hat: Verkürzung des Schädels, besonders des Gesichtsschädels, bei gleichzeitiger Zunahme seiner Breitenmasse, Zunahme der Höhenmasse im Bereich des Hirnschädels, dadurch stärkere Einsenkung des Gesichtsschädelansatzes im Profil.

Wie sehr der Grad der Gefangenschaftsveränderungen von den Haltungs- und Aufzuchtsbedingungen abhängig ist, läßt ein Vergleich der Ergebnisse KLATTs mit denen von G. MÜLLER (1939) erkennen, der zu seinen Untersuchungen zwar auch gefangene Füchse, aber nicht Zootiere, sondern solche aus Pelztierfarmen benutzte. Der Pelztierzüchter hält seine Füchse nicht im engen Käfig — in den Zoologischen Gärten werden gerade die Füchse, Marder und anderen kleinen Raubtiere meist etwas stiefmütterlich behandelt —, sondern im Gehege, das ganz andere Bewegungsmöglichkeiten gewährt. Das Zootier ist in erster Linie *Schau*tier, das Farmtier hingegen *Zucht*tier, bei dem eine möglichst vollkommene Haltung und Ernährung Vorbedingung für eine erfolgreiche Zucht ist. Und so sehen wir denn, daß bei den Farmfüchsen die Gefangenschaftsveränderungen, wenn sie überhaupt vorhanden sind, weit schwächer in Erscheinung treten als bei den Zoofüchsen.

Die Gefangenschaftsveränderungen der Zootiere sind in der Regel Minusmodifikationen, denn wenn sich auch Haltung und Fütterung dieser Tiere im Laufe der Jahre wesentlich gebessert haben, so ist es eben doch unmöglich, dem gefangenen Wildtier den Lebensraum zu geben, an den es angepaßt ist. Kümmermodifikationen kommen aber gelegentlich auch in der freien Wildbahn vor. Schon WOLFGRAMM hat darauf hingewiesen, daß die von ihm beschriebenen charakteristischen Schädelveränderungen gefangener Wölfe bisweilen auch an Wildmaterial zu finden sind, das aus besonders ungünstiger Umwelt stammt. Für das Rehwild beschreibt H. KRIEG (1937) einen Fall dieser Art. In einem Revier im Westerwald ist die Entwicklung der Tiere gut, die Geweihbildung stark, in einem Revier in Oberbayern ist beides schlecht. Der Unterschied könnte genotypisch, milieubedingt oder auch beides zugleich sein. Die verschiedene Umwelt in den beiden Revieren machte Milieubedingtheit wahrscheinlich. In dem Westerwaldrevier sind die Äsungsverhältnisse weit bessere als in dem oberbayerischen Revier. Ein Versuch brachte die Entscheidung. Ein in dem oberbayerischen Revier eingefangenes Bockkitz wurde unter möglichst günstigen Haltungs- und Ernährungsverhältnissen großgezogen. Es entwickelte sich innerhalb von 4 Jahren zu einem kapitalen Bock mit einer Geweihbildung, wie sie sonst in dem Revier, aus dem das Tier stammte, überhaupt nicht zu finden ist. Gerade das Geweih ist nach Krieg ein auf Umwelteinflüsse besonders fein reagierender Indicator. Das Beispiel zeigt gleichzeitig, daß unter besonders günstigen Bedingungen bisweilen auch ein Luxurieren von Wildtieren in der Gefangenschaft möglich ist.

Die Gefangenschaftsveränderungen der Wildtiere werden von lamarckistisch eingestellten Tierzüchtern und Haustierforschern immer noch wieder als die erste Stufe der Domestikation betrachtet, als der Beginn der Rassenbildung des werdenden Haustiers. Unter dem Begriff „Domestikationserscheinungen" und „Domestikationsmerkmale" werden, wie H. Nachtsheim (1938, 1940) betont, immer noch ganz verschiedenartige Dinge verstanden, die zum Teil mit der Haustierwerdung gar nichts zu tun haben. Als Beispiel aus neuester Zeit sei eine Arbeit von M. Hilzheimer (1937) herausgegriffen, die sich betitelt „Domestikationsmerkmale am Schädel des Gorilla Bobby".

Der Gorilla Bobby kam als junges Tier von 3—4 Jahren in den Berliner Zoologischen Garten und entwickelte sich hier in 7 Jahren zum stärksten, je in Gefangenschaft gehaltenen Gorilla. Den Schädel des eingegangenen Tieres verglich Hilzheimer mit den Schädeln ausgewachsener Gorillas aus freier Wildbahn und stellte an dem gefangenen Tier ein Zurückbleiben in der Entwicklung, vor allem eine Verkürzung des Gesichtsschädels und andere Besonderheiten fest, Gefangenschaftsveränderungen, die ganz den bei Zoofüchsen und -wölfen beobachteten entsprechen. Nicht zu diesen zieht Hilzheimer aber einen Vergleich, sondern er stellt die „Domestikationsmerkmale" Bobbys und die Unterschiede gegenüber den Schädeln der Gorillas aus freier Wildbahn in Parallele zu den Schädelunterschieden zwischen hochgezüchtetem Hausschwein und Wildschwein. Er gibt die beiden Gorilla- und die beiden Schweineschädel nebeneinander wieder und meint, der Schädel Bobbys verhalte sich zu dem Schädel eines in Freiheit aufgewachsenen Gorillas wie der eines hochgezüchteten Hausschweins zu dem eines Wildschweins. „Bei den Schweinen", so sagt er, „glaubt man annehmen zu dürfen, daß die Ursache der Veränderung das Unterbleiben bzw. die starke Herabsetzung der Wühltätigkeit sei in der engen Gefangenschaft mit der geringen Bewegungsmöglichkeit, in der hochgezüchtete Mastschweine meist gehalten werden. Bei Bobby müssen natürlich andere Ursachen wirksam gewesen sein, die aber analoge Änderungen hervorgerufen haben." Die „anderen Ursachen" sieht Hilzheimer in der von der natürlichen abweichenden Körperhaltung des gekäfigten Tieres.

Es ist dies ein typisches Beispiel für die Verwirrung der Begriffe. Es werden Erscheinungen miteinander verglichen, die zwar rein äußerlich, *phänotypisch,* eine gewisse Ähnlichkeit miteinander haben, in ihrem Wesen aber völlig verschieden sind. Auf der einen Seite haben wir ein *Wildtier,* das in der Gefangenschaft aufgewachsen ist und unter den von der freien Wildbahn stark abweichenden Lebensverhältnissen gewisse Veränderungen der Schädelform erfahren hat, *Modifikationen,* die nur den *Phänotypus* des *Individuums* betreffen, den *Genotypus* jedoch unbeeinflußt lassen und infolgedessen *nicht* erblich sind. Das Vergleichsobjekt auf der anderen Seite ist ein *Haustier,* dessen Besonderheiten in der Schädelform *Rasse*merkmale darstellen, d. h. im Genotypus verankert sind. Nur im letzteren Falle liegen durch Erbänderungen, *Mutationen,* entstandene Domestikationsmerkmale vor. Die Besonderheiten Bobbys hingegen sind lediglich Gefangenschaftsveränderungen, und es ist völlig abwegig zu glauben, daß die Verkürzung des Gesichtsschädels Bobbys einen Domestikationsschritt, daß sie die erste Etappe auf dem Wege vom Wildtier zum Haustier darstellt.

Wenn die oben wiedergegebene lamarckistische Erklärung Hilzheimers für die Entstehung der Kurzköpfigkeit beim Hausschwein richtig wäre, so sollte man erwarten, daß *alle* Hausschweine durch dieses Merkmal gekennzeichnet wären. Das ist aber durchaus nicht der Fall. Abb. 3—5 zeigen 3 Schweineschädel, Abb. 3 den langgestreckten Schädel eines europäischen Wildschweins aus freier Wildbahn, Abb. 5 den kurzen Schädel einer hochgezüchteten Kulturrasse, eines mopsköpfigen Yorkshire-Schweines, wie ihn Hilzheimer zum Vergleich mit dem Gorillaschädel aus der Gefangenschaft heranzieht, und daneben Abb. 4 den langen Schädel eines Halbroten bayerischen Landschweines. Wächst das Wildschwein in Gefangenschaft auf, so mag der Schädel kleiner bleiben und insbesondere der Gesichtsschädel kürzer, aber es wird daraus ebensowenig ein mopsköpfiger Schädel, wie etwa das nach Art des Wildschweines gehaltene Yorkshire-Schwein statt des Mopskopfes einen langgestreckten Schädel erhält. Das bayerische Landschwein hinwiederum hat zwar auch keinen Wildschweinschädel mehr, aber es hat doch den langen Kopf behalten, nicht weil sein Milieu dem des Wildschweines entspricht, sondern weil die Langschädeligkeit nach dem Willen der Züchter ein Rassemerkmal gerade dieser domestizierten Form ist.

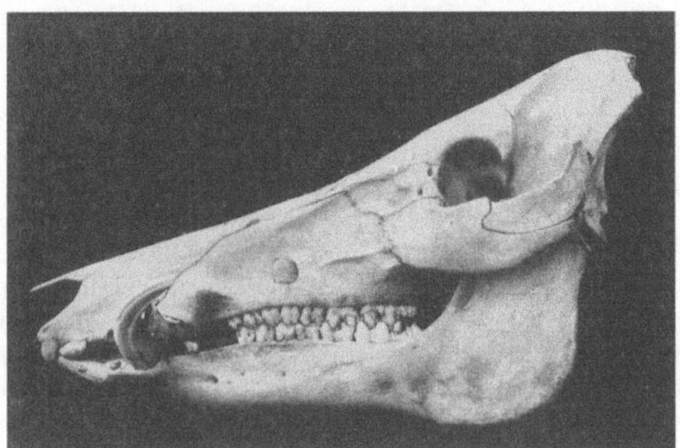

Abb. 3. Europäisches Wildschwein, ♂.

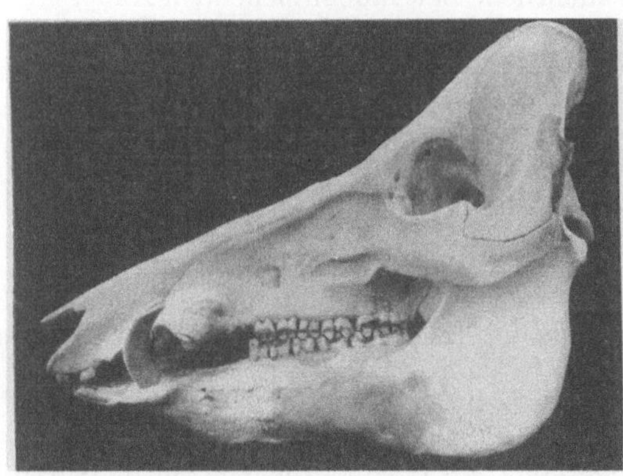

Abb. 4. Halbrotes bayerisches Landschwein, ♂.

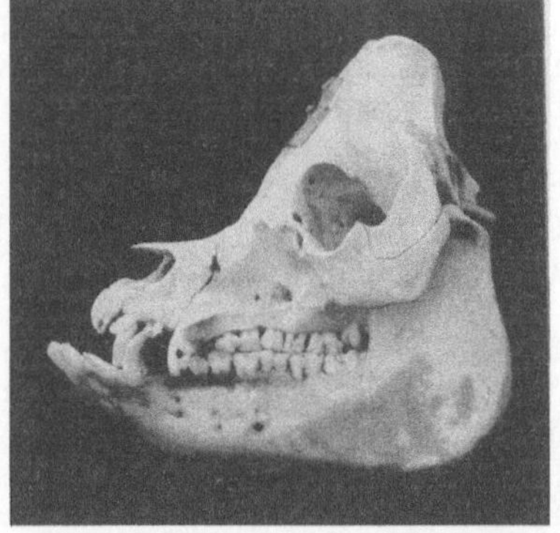

Abb. 5. Mopsköpfiges Yorkshire-Schwein, ♀.

Abb. 3—5. Schweineschädel (Originale).

Daß die langen Schädel nicht einfach eine Folge der Wühltätigkeit der Schweine sind, geht fernerhin daraus hervor, daß die Rassenunterschiede am Schädel von Wildschwein, Landschwein und hochgezüchtetem Edelschwein nach den Untersuchungen von B. Kim (1933) bereits am embryonalen Schädel deutlich nachweisbar sind. Die Abbiegung und Verkürzung der Schnauze, besonders des Oberkiefers, sodann gewisse Unterschiede am Gaumen und in der Nasenbreite lassen sich schon am Primordialcranium mit Sicherheit erkennen.

Wenn die modifikatorischen Gefangenschaftsveränderungen der Wildtiere immer wieder mit den mutativ bedingten Rassemerkmalen der Haustiere in Zusammenhang gebracht und jene Modifikationen als eine Vorstufe dieser Mutationen betrachtet werden, so liegt die Ursache nicht zuletzt darin, daß Modifikationen und Mutationen häufig *in der gleichen Richtung* gehen. Es gibt Modifikationen, die Mutationen „phänokopieren", wie es R. Goldschmidt genannt hat. Wir werden auf dieses phänotypische Übereinstimmen von Modifikationen und Mutationen im folgenden Abschnitt noch genauer zu sprechen kommen.

III. Rassenbildung beim Haustier.

Für die Rassenbildung sind *nur* die *erblichen* Variationen, *Mutation* und *Kombination*, von Bedeutung. Mutationen und Kombinationen sind beim Haustier die Triebkräfte der Rassenbildung, mit ihrer Hilfe hat der Züchter auf dem Wege der künstlichen Zuchtwahl bei allen Haustieren seit dem Beginn der Domestikation die zahlreichen Rassen geschaffen.

Als ältestes Haustier gilt der Hund. Bis in die mittlere Steinzeit, d. h. in die Zeit vor etwa 12000 Jahren, lassen sich die ersten Spuren einer Vergesellschaftung von Mensch und Hund zurückverfolgen. Um 8000 v. Chr., vor rund 10000 Jahren also, vermögen wir schon zwei Rassen des Haushundes von verschiedener Größe zu unterscheiden. Auch die anderen wichtigeren Haussäuger gehen bis weit in die Steinzeit zurück. Manche Forscher glauben auch deren Reste schon im Mesolithikum nachweisen zu können. Sicher ist, daß spätestens im Neolithikum, 6000—2000 v. Chr., die Domestikation von Rind, Schwein, Schaf, Ziege, Esel und Pferd begonnen hat. Um 3000—2000 v. Chr. kamen die Katze sowie das wichtigste Hausgeflügel, Taube und Huhn, hinzu, während Gans und Ente erst im Altertum, das Kaninchen sogar erst am Ausgang des Altertums zu Haustieren wurden. Als im Werden begriffene Haustiere können wir die Edelpelztiere Silberfuchs und Blaufuchs, Nerz, Waschbär und Nutria (Sumpfbiber) bezeichnen, deren Zucht in größerem Maßstabe erst in diesem Jahrhundert eingesetzt hat.

Es ist natürlich nicht möglich, die Rassenbildung der mit den Anfängen ihrer Domestikation bis weit in vorgeschichtliche Zeit hineinreichenden Haustiere heute noch in ihren Einzelheiten zu rekonstruieren. Die jüngsten Haustiere andererseits, die ebengenannten Edelpelztiere, stehen erst ganz am Anfang der Domestikation, wenn auch, wie H. Nachtsheim (1934) an der Hand von Abbildungen im einzelnen dargelegt hat, durch Mutation schon die ersten „Domestikationsmerkmale" aufgetreten sind und die Rassenbildung bereits einsetzt. So ist eine beim Silberfuchs aufgetretene Mutation, der *Platinfuchs*, nach O. L. Mohr und P. Tuff (1939) in Norwegen in jüngster Zeit als selbständige Rasse gezüchtet worden.

Das einzige „fertige" Haustier aber, dessen Rassenbildung im Laufe der Domestikation wir uns mit Hilfe geschichtlicher Daten noch einigermaßen befriedigend vor Augen führen können und bei dem überdies die verwandtschaftlichen Beziehungen der Rassen zueinander durch eingehende erbanalytische Untersuchungen bekannt sind, ist das *Kaninchen*. Die Haustierwerdung und Rassenbildung des Kaninchens soll uns daher als Beispiel dienen, um in Kürze ein Bild von den allgemeinen Grundlagen der Rassenbildung beim Haustier zu entwerfen. Bezüglich weiterer Einzelheiten sei auf die speziellen Arbeiten von H. Nachtsheim (1929, 1934, 1936) verwiesen.

Die ersten Anfänge der Haustierwerdung des Kaninchens gehen auf das römische Altertum zurück. Als die Römer bei der Eroberung Spaniens, der ursprünglichen Heimat des Wildkaninchens, dieses kennen lernten, versuchten sie, diesen Leporiden ebenso in sog. Leporarien, Hasengehegen, zu halten, wie es schon vorher mit jung eingefangenen Feld- und Alpenhasen üblich war, die man aufzog, um die ausgewachsenen Tiere als Fleischtiere zu verwenden. Die Haltung von Wildkaninchen in Gehegen verschieden großen Ausmaßes, in sog. Kaninchengärten und auf Kaninchenwerdern, ist dann noch während des ganzen Mittelalters und bis in die Neuzeit hinein sehr beliebt gewesen. Aber solange es bei einer Gehegehaltung blieb, war die Möglichkeit zu einer regelrechten Züchtung und zu einer Zähmung des Kaninchens noch kaum vorhanden. Man gab dem Tier im Gehege möglichst natürliche Lebensbedingungen. Es wurde zwar auf einem abgegrenzten Raum gehalten, konnte aber im übrigen doch die gleiche Lebensweise führen wie in der Freiheit, lebte in seinem Erdbau, pflanzte sich hier fort, ging als Dämmerungstier in den Abendstunden seiner Nahrung nach und kam mit dem Menschen kaum in Berührung, im allgemeinen nur dann, wenn dieser Jagd auf das Tier machte. Mit der Jagd aber verträgt sich die Zähmung nicht.

Die Vorbedingung für die Zähmung und die weitere Haustierwerdung des Kaninchens war, daß man ihm durch Stallhaltung die unterirdische Lebensweise unmöglich machte. Erst so wurde eine Kontrolle der Fortpflanzung möglich, erst dadurch konnte an die Stelle der im Gehege bereits teilweise verloren-gegangenen natürlichen Zuchtwahl die künstliche Zuchtwahl des Menschen treten, die von vornherein in entgegengesetzter Richtung ging. Für das Kaninchen der freien Wildbahn und auch noch für das zu Jagdzwecken im Gehege ausgesetzte Tier bedeutet seine Scheu einen Vorteil. Ein weniger scheues Tier wird seinen Feinden leichter zum Opfer fallen und wird so geringere Aussicht haben, zur Fortpflanzung zu kommen und sein abweichendes psychisches Verhalten auf Nachkommen zu vererben, vorausgesetzt natürlich, daß es sich um ein erbliches Merkmal handelt. Bei dem in Gefangenschaft aufwachsenden Wildkaninchen hat gerade umgekehrt das Tier günstigere Aussichten, am Leben zu bleiben und sich fortzupflanzen, das zutraulicher wird als seine Artgenossen, für das werdende Haustier stellt die geringere Scheu eine bessere Anpassung dar. Wie bei der Hausbarmachung anderer Wildtiere, so muß auch beim Kaninchen die Änderung im psychischen Verhalten das erste Zuchtziel gewesen sein. Die *Zucht auf Zahmheit* mußte bei dem gefangenen Tier sogar auch ohne die bestimmte Absicht des Menschen, fast automatisch, vor sich gehen, da ja gerade die Tiere am leichtesten zur Fortpflanzung kommen, die sich in die neue Umwelt am besten einzufügen imstande sind. Es sei aber hier nochmals besonders betont, daß nicht eine als individuelles Zahmwerden sich äußernde Modifikation einen Schritt zum Haustier hin bedeutet, es muß vielmehr eine Verschiebung der bisherigen Reaktionsnorm, eine mutative Veränderung in Richtung Zahmheit hinzu-kommen, damit bei der Nachkommenschaft ein Erfolg eintreten kann. Auch in diesem Falle können sich Modifikation und Mutation phänotypisch decken.

Mit dem Verlust der für das Wildtier unentbehrlichen, beim Haustier aber un-brauchbaren Eigenschaft, der Wildheit, war der erste Schritt zur Rassenbildung getan, es war eine Trennung der zahmen Zuchtrasse von der wilden Naturrasse eingetreten. Beim Kaninchen wurde die Etappe Zahmheit auf dem Wege der Haustierwerdung im Mittelalter erreicht. Die ersten zahmen Kaninchen ge-züchtet zu haben, scheint ein Verdienst französischer Klöster zu sein, von denen aus um die Mitte des 12. Jahrhunderts die ersten Zahmkaninchen nach Deutsch-land kamen, noch ehe sich das Wildkaninchen von Frankreich her nach Deutsch-land ausgebreitet hatte.

In der nächsten Periode der Rassenbildung ging man darauf aus, ein *größeres* Kaninchen zu schaffen, aus dem kleinen ehemaligen Wildkaninchen ein er-giebigeres Fleischtier zu machen. Berichte aus dem 16. Jahrhundert zeigen, daß man zu jener Zeit schon guten Erfolg in dieser Richtung erzielt hatte. Heute sind fast alle Zuchtrassen schwerer als das 1—2 kg schwere Wildkaninchen, die größten Riesenrassen erreichen ein Gewicht bis zu 10 und mehr Kilogramm. Es ist bemerkenswert, daß in *diesem* Falle Modifikation und Mutation bei der Haustierwerdung in *verschiedener* Richtung gingen. Zieht man jung eingefangene Wildkaninchen im Stall auf, unter den gleichen Verhältnissen wie Hauskaninchen, so zeigen sie auch bei bester Pflege die typischen Kümmermodifikationen, sie bleiben im Gewicht bis zu 50% hinter ihren freilebenden Artgenossen zurück. Die Mutation des Merkmals Größe ist unabhängig davon, sie geht in der Plus-und in der Minusrichtung, doch hat der Züchter sie beim Kaninchen im wesentlichen in der Plusrichtung ausgenutzt; daß es auch in der Minusrichtung möglich ist, zeigt das Hermelin, die Zwergrasse unter den Hauskaninchen, die im Gewicht nicht über 1 kg hinausgehen soll.

Am wichtigsten aber sind für die Rassenbildung beim Hauskaninchen die *Merkmale des Haarkleides* geworden, Färbung und Zeichnung sowie die Haarbeschaffenheit. Das Haarkleid ist zugleich der erbanalytisch bestuntersuchte Teil des Säugetierkörpers[1], und gerade diese Untersuchungen haben uns erst den vollen Einblick in den Gang der Rassenbildung ermöglicht.

Um die Mitte des 16. Jahrhunderts wurde das Hauskaninchen im allgemeinen noch in der Farbe des Wildkaninchens gezüchtet. Aber neben wildfarbigen und dem Hasen in der Farbe ähnlichen, also mehr bräunlich gefärbten Tieren kamen doch gelegentlich bereits schwarze, weiße, gelbe, blaue und gescheckte Individuen vor. Die Mutationen, die zu diesen Farbabänderungen führen, waren erfolgt, die Mutanten spalteten hier und dort heraus, es wurde auch mit ihnen weitergezüchtet, aber es war noch nicht zu einer Bildung selbständiger Farbrassen gekommen, es fehlte dazu noch die *Isolation*, die getrennte Weiterzüchtung der einzelnen Farbtypen.

Welcher Art die mutativen Änderungen am Erbbild des Kaninchens waren, die die bis 1700 bekannt gewordenen Farbtypen lieferten, können wir heute auf Grund der genetischen Untersuchungen klar beurteilen. An der Hervorbringung der Merkmale des Haarkleides ist eine große Zahl von Erbfaktoren beteiligt. Bei der Entstehung der Wildfarbigkeit sind 5 besonders wichtige Faktoren beteiligt, die wir mit den Symbolen A, B, C, D und G bezeichnen. A ist der Grundfaktor für die Pigmentierung, der vorhanden sein muß, damit überhaupt Pigment entsteht (a = Albino). B, C und D sind die eigentlichen Pigmentfaktoren, das Fehlen eines dieser Faktoren hat eine bestimmte Aufhellung der Färbung zur Folge (b = gelb, c = braun, d = blau). G ist ein Pigmentverteilungsfaktor, der eine zonenweise Anordnung der Pigmente im Haar der Decke und eine Aufhellung der Bauchseite bedingt, beim Fehlen von G ist die Pigmentierung am ganzen Körper gleichmäßig (g = schwarz). Alle durch Mutation eines der 5 Pigmentfaktoren entstehenden Mutationstypen waren um 1700 bereits vorhanden (s. Tabelle 1). Außerdem gab es zu dieser Zeit schon die

Tabelle 1. Mutationstypen des Haarkleides des Kaninchens um das Jahr 1700.

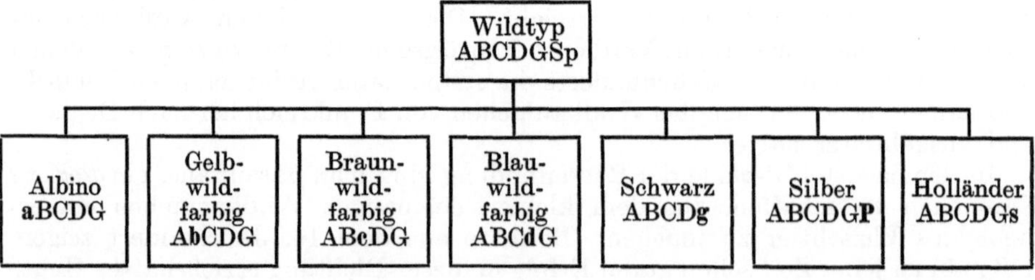

Silberung (dominanter Faktor P) und einen bestimmten Scheckungstyp, den wir heute als Holländerscheckung (s) bezeichnen.

Was seit 1700 an Mutationstypen des Haarkleides des Kaninchens noch hinzugekommen ist, ist in den Tabellen 2—4 zusammengestellt, wobei aber nur die für die Rassenbildung wichtigeren Gene genannt sind. Über ihre Wirksamkeit möge Näheres dem Kapitel über das Hautorgan der Säugetiere in Band III des

---

[1] Zur Ergänzung des folgenden sei auch auf das Kapitel „Erbbiologie und Erbpathologie des Hautorgans der Säugetiere" von F. Steiniger in Bd. III dieses Handbuches verwiesen.

Tabelle 2. Mutationstypen des Haarkleides des Kaninchens aus der Zeit von 1700—1850.

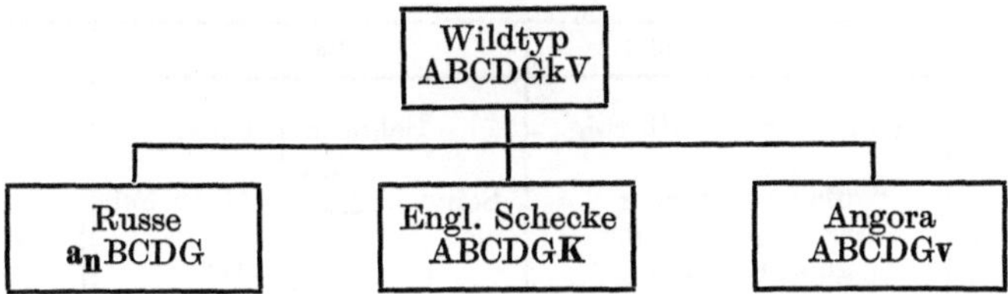

Tabelle 3. Mutationstypen des Haarkleides des Kaninchens aus der Zeit von 1850—1900.

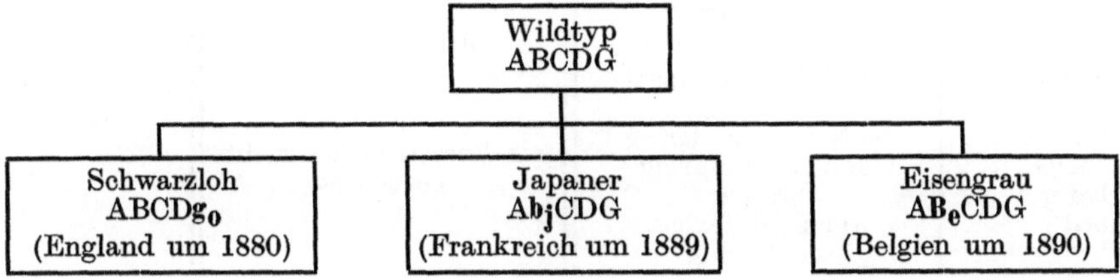

Tabelle 4. Mutationstypen des Haarkleides des Kaninchens seit 1900.

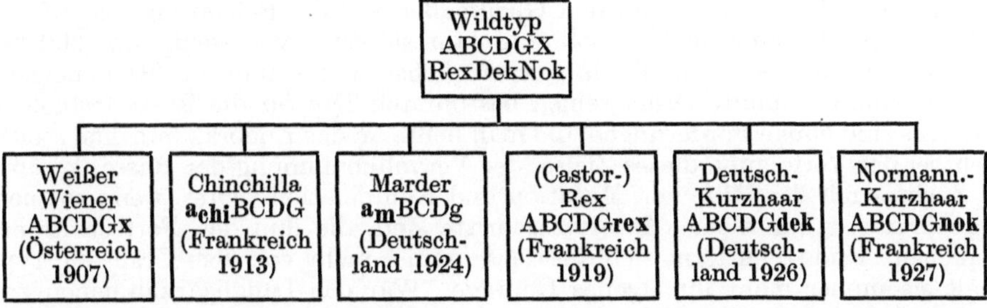

Handbuches entnommen werden. Es sind heute schon mehr als 30 gut analysierte, von denen des Wildtyps abweichende Gene bekannt, die alle das Haarkleid des Kaninchens beeinflussen. Sie gestatten die Zucht einer Fülle von *Kombinationsrassen*, die bis jetzt erst zum geringsten Teile gezüchtet worden sind. Allein die 4 Faktorenpaare Bb, Cc, Dd und Gg ermöglichen die in Tabelle 5 wiedergegebenen 16 Kombinationen.

Als Beispiel für die Zucht einer Kombinationsrasse sei die Entstehung der heute wichtigsten Wirtschaftsrasse des Kaninchens, des Angorakaninchens, geschildert. Das Hauptrassemerkmal des Angorakaninchens ist das Langhaar. Die ersten Langhaarkaninchen tauchten im Jahre 1723 in Südfrankreich auf, durch Mutation ist der Normalhaarfaktor V in den Langhaarfaktor v übergegangen. Man züchtete die Langhaarmutanten, die wohl ursprünglich die Farbe des Wildkaninchens hatten, weiter. Sie kamen von Frankreich nach England, und hier kombinierte man den Mutationstyp Langhaar mit dem schon länger vorhandenen Mutationstyp Albino (vv + aa) und nannte die neue Kombinationsrasse Angora. Nachdem so die Hauptmerkmale der Rasse, Angorismus und Albinismus, kombiniert waren, begann die Feinarbeit an der Rasse, die Vervollkommnung der einzelnen Merkmale. Über die ursprüngliche Länge des Haares sucht man noch hinauszukommen, das Haar soll möglichst fein und gleichmäßig am ganzen Körper und frei von groben Grannenhaaren sein, auch

Tabelle 5. Mutations- und Kombinationsrassen aus den Pigmentfaktoren BCDG
des Kaninchens.

Erbbild	Erscheinungsbild	Rasse	Entstehung
1. ABCDG ..	(schwarz-) wildfarbig	Belgischer Riese	Wildtypus
2. ABCDg ..	schwarz	Alaska	
3. ABCdG ..	blau-wildfarbig	Schweizer Feh, Groß-Feh	
4. ABcDG ..	braun-wildfarbig		Mutationstypen
5. AbCDG ..	gelb-wildfarbig	+ y = Roter Neuseeländer	
6. ABCdg ..	blau	Blauer Wiener	
7. ABcDg...	braun	Havanna	
8. AbCDg...	gelb (schildplattfarbig)	Thüringer	
9. ABcdG ..	feh-wildfarbig	Lux	
10. ABcdg...	fehfarbig (fahlblau)	Marburger Feh	
11. AbCdG...	creme (hellschildpatt-wildfarbig)		Kombinations-typen
12. AbCdg...	hellschildplattfarbig		
13. AbcDG...	orange-wildfarbig	als Rassen bisher nicht gezüchtet	
14. AbcDg...	orange		
15. AbcdG...	sand-wildfarbig		
16. Abcdg...	sandfarbig		

der Kopf soll eine ausgeprägte Behaarung in der Form von Backenbart, Stirn-
und Ohrbüscheln aufweisen, an den Gliedmaßen soll die Behaarung bis auf die
Füße reichen, das einzelne Tier soll eine Jahresleistung von wenigstens 300 bis
400 g Wolle aufweisen, die Wolle soll möglichst wenig zum Verfilzen neigen,
man hat eine bestimmte Größe, einen bestimmten Typ für die Rasse festgelegt
usw. Das sind einige Forderungen, die man heute an das Angorakaninchen stellt.
Auch bei der Verfolgung dieses Zieles, der Vervollkommnung der Rasse, kommt
der Züchter mit der Hilfe von Mutation und Kombination weiter, wenn es auch
nunmehr meist nur kleine Mutationsschritte sind, die ihm den Fortschritt ermöglichen. Und so entfernt sich die Rasse immer mehr von dem Ursprungstyp,
erhält sie immer mehr ihr eigenes Gepräge. War das Langhaarkaninchen zunächst eine einfache Mendelrasse, gekennzeichnet lediglich durch den Langhaarfaktor v, wurde es dann, nach der Kombination mit dem Albinismus, eine
zweifache Mendelrasse, gekennzeichnet durch die Faktoren a und v, so ist das
heutige Angorakaninchen gegenüber dem Normalhaar zu einer vielfachen
Mendelrasse geworden, von dem der Züchter nicht nur die Langhaarigkeit als
Hauptrassemerkmal, sondern auch noch viele weitere Eigenschaften in möglichst reinerbiger Form verlangt.

Betont sei auch an dieser Stelle nochmals mit Dobzhansky, daß eine Rasse
keine statische Einheit darstellt, sondern ein Stadium in einem Prozeß, daß sie
sich in einem ständigen Werden befindet. Vergleicht man das Bild eines Angorakaninchens etwa aus dem Jahre 1800 mit einem solchen aus dem Jahre 1900
und dieses wiederum mit einem aus dem Jahre 1940, so erkennt man, wie stark
der Wandel des Rassebildes ist, nicht nur über längere Zeiträume hinweg, sondern
auch innerhalb weniger Jahrzehnte. Bleiben auch die Hauptrassemerkmale die
gleichen, so wechselt doch das Zuchtziel hinsichtlich der Ausgestaltung der
Detailmerkmale oftmals im Laufe der Zucht, wobei nicht nur wirtschaftliche
Gesichtspunkte ausschlaggebend sind, sondern auch Sport, Mode und Ge-
schmack, und so bewegt sich die Selektion bald mehr in dieser, bald mehr in
jener Richtung. Zudem darf nicht vergessen werden, daß auch die Umwelt
im Laufe der Zeit bei allen Haustieren vielfache Umänderungen erfahren hat
und weiterhin erfährt. Man denke nur an die Veränderung der Ernährung, etwa

durch die Ergebnisse der Vitaminforschung innerhalb der letzten Jahrzehnte. Wenn es auch nichterbliche Modifikationen sind, die dieser Milieuwechsel hervorruft, so werden doch oftmals gerade die Rassemerkmale davon betroffen, und die hochgezüchteten Kulturrassen erweisen sich dabei, wie wir sahen, als besonders umweltlabil. Die umweltbedingte, rein phänotypische Verschiebung des Rassebildes kann abermals eine Änderung in den Zuchtmaßnahmen zur Folge haben, wodurch dann sekundär auf dem Wege der Selektion wieder eine Änderung in der Zusammensetzung des Genotypus herbeigeführt werden kann.

Das Haarkleid und seine Merkmale haben bei der Rassenbildung des Hauskaninchens eine besondere Rolle gespielt. Bei anderen Haustieren stehen andere Merkmale im Vordergrund. Auch sie wandeln sich durch Mutation und Kombination mit Hilfe der künstlichen Zuchtwahl im Laufe der Haustierwerdung prinzipiell in der gleichen Weise. Als Beispiel sei die Schädelentwicklung beim Hund genannt, die Abb. 6 und 7 veranschaulicht. Als wilder Ahn des Haushundes gilt der Wolf (Abb. 6 oben links). Einen gewissen Anteil am Aufbau der Hunderassen hat vielleicht auch der Schakal (Abb. 6 oben rechts), der sich mit Wolf und Hund erfolgreich paaren läßt. Aus diesem Wildmaterial, dem Schädel von Wolf und Schakal, sind im Laufe der Domestikation die zahlreichen Schädelformen der heutigen Hunderassen hervorgegangen, darunter so extreme Formen wie der langgestreckte flache Windhundschädel (Barsoi) und der kurzschnauzige, aber im Hirnteil hypertrophe Schädel einer französischen Bulldogge oder gar der fast kugelige, stark hydrocephale Schädel eines Zwergs, des Pekingesen. Der Genanalyse eines Körperteils wie des Schädels stehen weit größere Schwierigkeiten entgegen als der des Hautorgans. Das die Oberfläche bildende Haarkleid ist der Untersuchung viel leichter zugänglich, außerdem sind viele Haarmerkmale relativ umweltstabil und damit bei einer experimentellen Analyse leichter zu handhaben. Überdies läßt sich ein Versuchsobjekt wie der Hund aus naheliegenden Gründen nicht in dem Umfang züchten wie das Kaninchen. So liegen denn für eine Genanalyse des Hundeschädels heute erst die ersten Anfänge vor. Gleichwohl sind wir berechtigt zu sagen, daß die Rassenbildung hinsichtlich der Schädelmerkmale des Hundes nicht anders vor sich gegangen ist als die der Haarmerkmale des Kaninchens, daß überhaupt die Umwandlung aller Organe bei der Rassenbildung aller Haustiere den gleichen Prinzipien folgt.

Übrigens wird, wenn auch der Züchter bei dem einen Haustier mehr dieses, bei dem anderen mehr jenes Organ bewußt verändert, doch stets der ganze Körper mehr oder weniger durch die Domestikation betroffen. Man pflegt im allgemeinen zu sagen, daß das Wildtier unter der natürlichen, das Haustier unter der künstlichen Zuchtwahl steht. Tatsächlich ist aber auch beim Haustier die natürliche Zuchtwahl nicht vollständig ausgeschaltet. Wenn z. B. die Ernährung des Haustieres von der des Wildtieres stark abweicht — man denke an den Hund, der vorwiegend gekochte Nahrung erhält, während der Wolf von rohem Fleisch lebt —, so ist die Beanspruchung des Darmtractus eine ganz andere, und dies muß auch ohne das bewußte Zutun des Züchters zu einer Selektion führen, durch die eine bessere Anpassung des Tieres erzielt wird. Andererseits können für das Haustier weniger lebenswichtige Körperteile und -merkmale, wie die Sinnesorgane, die Zähne, die zwar der natürlichen Zuchtwahl entzogen sind, ohne daß sie aber unter der direkten künstlichen Zuchtwahl stehen, eine viel größere erbliche Variation zeigen als die entsprechenden Merkmale des Wildtiers, indem die auftretenden Mutanten beim Haustier erhalten bleiben und die mutierten Erbanlagen sich ausbreiten können. Darauf beruht es, daß erbliche Zahnanomalien, wie Zahnunterzahl und Zahnüberzahl, beim Haustier viel häufiger sind als beim Wildtier.

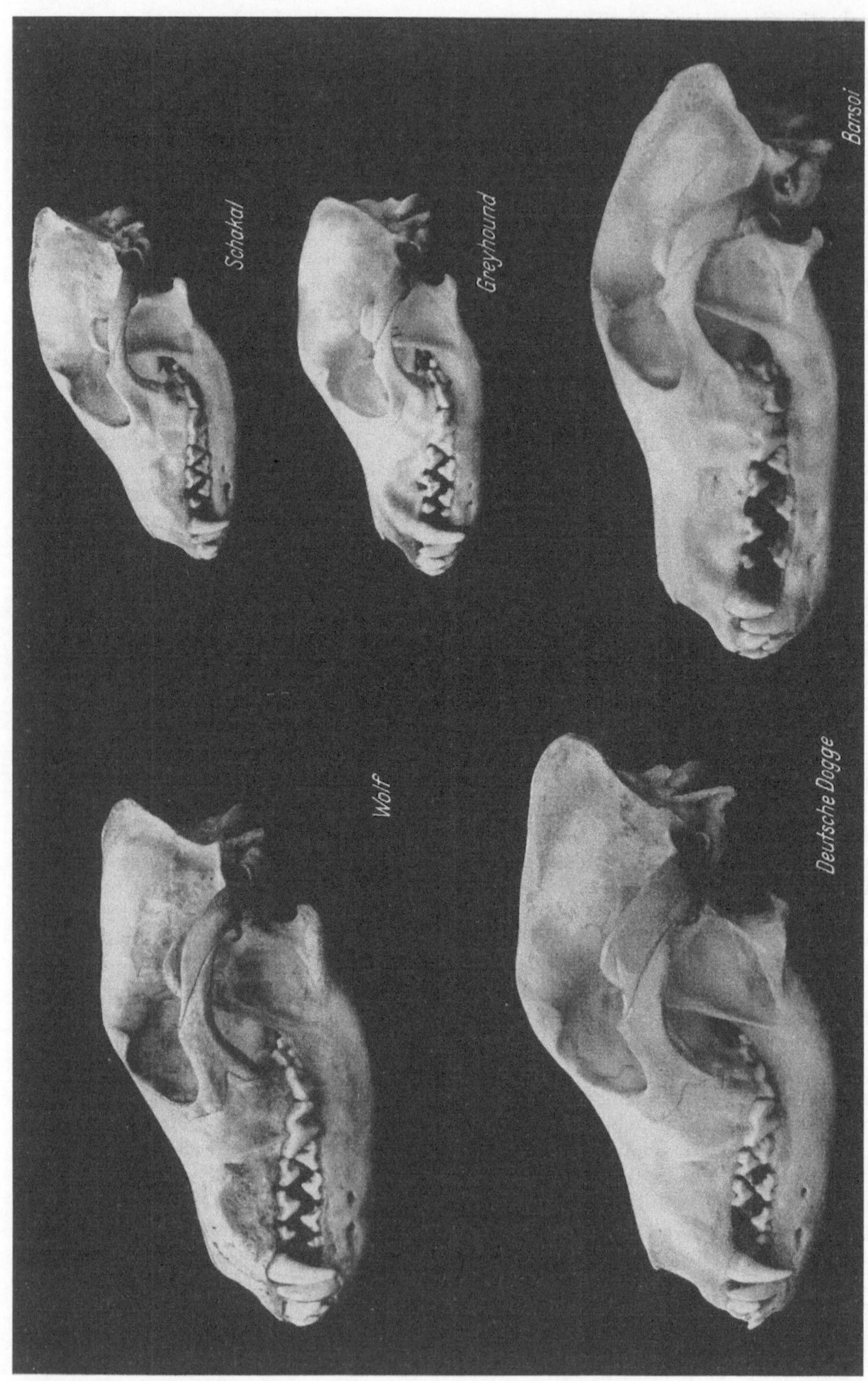

Abb. 6. Canidenschädel I. (Originale, nach Nachtsheim 1936.)

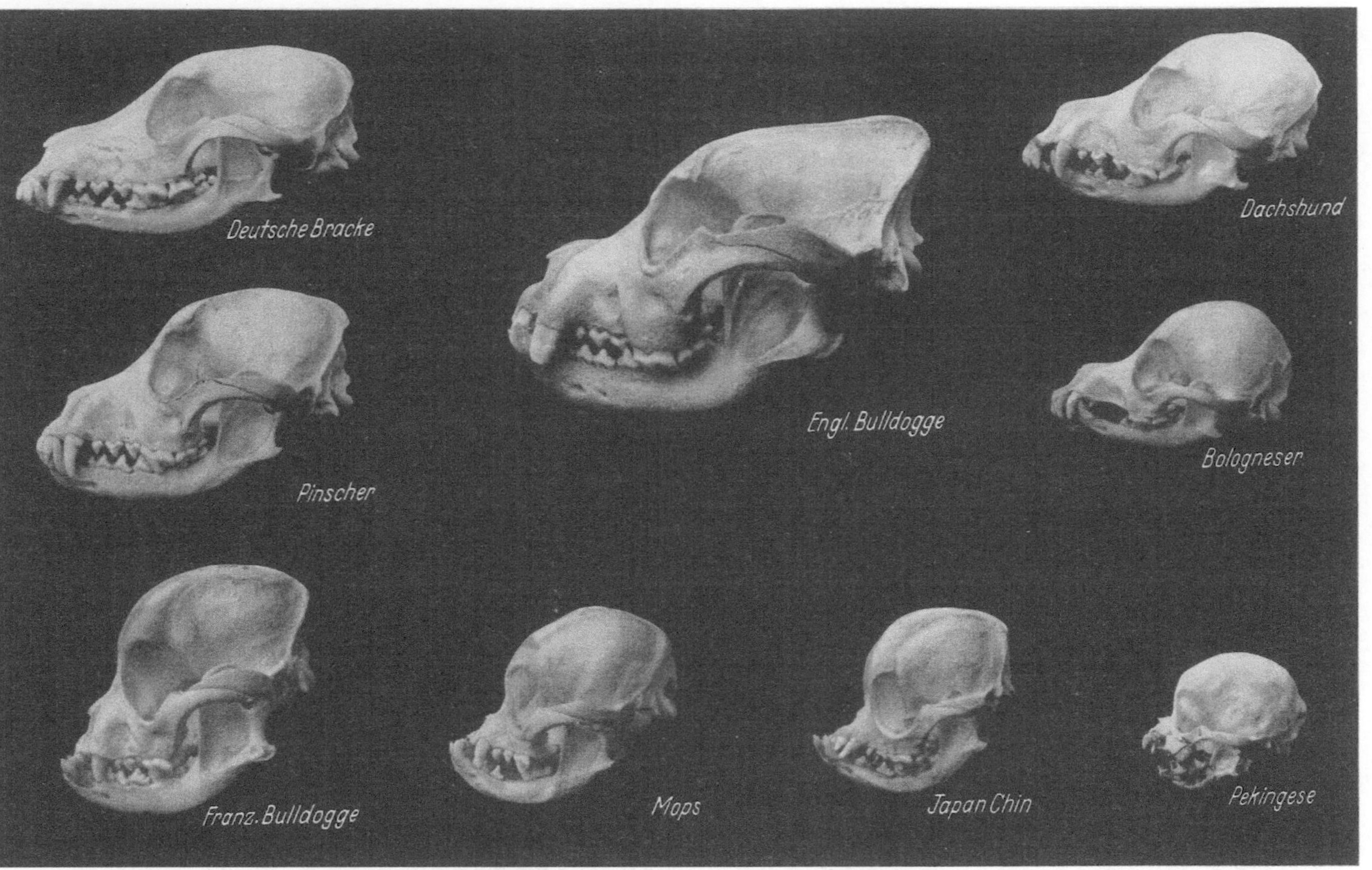

Abb 7. Canidenschädel II. Originale, nach NACHTSHEIM 1936.)

Im ganzen betrachtet bleibt kein Organ und kein Körperteil des Wildtiers im Laufe der Domestikation unverändert, wie E. Ackerknecht und seine Schüler (1929—1935) sowie neuerdings W. Herre und Mitarbeiter (1936—1940) durch vergleichende Untersuchungen an Wild- und Hausschweinen sehr schön zeigen konnten. Die Unterschiede erstrecken sich bis in den feinsten histologischen Bau hinein. Freilich haben die Genannten die Hausschweine mit Wildschweinen aus freier Wildbahn verglichen, nicht mit in Gefangenschaft aufgewachsenen Wildschweinen, so daß sich nicht sagen läßt, wie groß der Anteil der Umwelt an den aufgezeigten Unterschieden ist, wieweit sie also erblich, wieweit sie nicht- erblich bedingt sind. Daß die Gefangenschaftsveränderungen der Wildtiere sehr weitgehende sein können und vielfach in der Richtung der Besonderheiten des Haustiers liegen, wissen wir ja, und wenn Klatt z. B. bei den Zoofüchsen eine Reduktion des Hirnvolumens um bis zu 30% feststellt, so ist anzunehmen, daß diese starke modifikatorische Veränderung auch histologisch deutlich zum Aus- druck kommt. Vergleichende Untersuchungen in dieser Richtung wären sehr erwünscht. Auch die durch den Milieuwechsel hervorgerufene starke Ver- änderung in der Funktion des inkretorischen Systems (insbesondere Hypophyse, Sexualorgane), dürfte für manche Unterschiede zwischen dem Haustier und dem Wildtier der freien Wildbahn verantwortlich sein. Damit soll nicht gesagt sein, daß nicht auch mutativ entstandene Unterschiede am inkre- torischen Apparat zwischen Wildtier und Haustier bestehen. Mutationen, die die innere Sekretion beeinflussen, haben sogar unseres Erachtens für die Haus- tierwerdung eine weit größere Bedeutung, als wir bisher exakt nachzuweisen imstande sind.

Hier sei noch ein Wort gesagt über die phänotypische Übereinstimmung von Modi- fikationen und Mutationen, von Gefangenschaftsveränderungen und echten Domestikations- erscheinungen. „Gerade die weitgehende Ähnlichkeit von bloßen Phänotypusänderungen und von erbunterschiedlich bedingten Abänderungen der Erscheinung", sagt B. Klatt (1934), „ist ja jenes indirekte Argument, das wieder und wieder am stärksten verlocken kann, diese einst so heiß umstrittene Frage zu bejahen, die heute von den meisten Ver- erbungsforschern als im negativen Sinne erledigt betrachtet wird", die Frage nämlich, ob die Modifikationen eine Vorstufe der Mutationen sind, ob es also eine Vererbung erworbener Eigenschaften gibt. Daß die *Richtung* von Modifikation und Mutation oft die gleiche ist, unterliegt keinem Zweifel. Aber ist dies wirklich eine so auffällige Tatsache, wie von lamarckistisch eingestellten Biologen so gern behauptet wird? Tatsächlich sind ja die Abänderungen für Modifikation und Mutation meist nur in zwei Richtungen möglich, in negativer und in positiver Richtung. Der Schädel kann sich verkürzen oder verlängern. Die Gesamtkörpergröße kann sich nur in der Minus- oder in der Plusrichtung verändern. Die Gefangenschaftsveränderungen der Wildtiere sind, wie wir hörten, fast ausschließlich Kümmermodifikationen, der Schädel verkürzt sich, die Gesamtkörpergröße geht zurück. Wären diese Modifikationen Vorstufen entsprechender Mutationen, stellten sie den Beginn der Domestikation dar, so sollte man erwarten, daß auch die mutativen Änderungen, die echten Domestikationsmerkmale, im allgemeinen in der Minusrichtung liegen. Das ist aber ganz und gar nicht der Fall. Die Mutationen gehen vielmehr allgemein in *beiden* Richtungen, und ob mehr diese oder jene Richtung im Laufe der Domestikation für die Rassenbildung ausgenutzt wird, bestimmt nicht das Milieu, sondern das Bedürfnis und der Wunsch des Züchters, der bei dem einen Haustier mehr diese, bei dem anderen mehr jene Mutation aus- nutzt, der das Kaninchen fast in allen seinen Zuchtrassen gegenüber der Wildform ver- größert, den Hund hingegen in den meisten Zuchtrassen verkleinert hat. Wie es aber eine Kaninchenrasse gibt, die kleiner ist als das Wildkaninchen, so gibt es umgekehrt beim Hund auch Rassen, die den Wolf an Größe übertreffen, und daß beim Hund eine Ver- längerung des Schädels im Verlaufe der Domestikation ebensogut möglich ist wie eine Verkürzung, sahen wir schon auf Abb. 6 und 7.

Für den Erbbiologen weit interessanter als dieses „Phänokopieren" von Mutationen durch Modifikationen und mehr eines eingehenden Studiums wert ist die Tatsache der Parallelität der Mutationen auch bei im System weit von- einander entfernt stehenden Säugetieren. Wenn auch die vergleichende Genetik der Säuger noch in ihren Anfängen steht, so kennen wir doch heute bereits

zahlreiche homologe Mutationen — und entsprechend homologe Rassen — bei
den verschiedensten Säugern einschließlich des Menschen, und es ist oft überraschend, wieweit der Erbgang, die Entwicklungsphysiologie, die Phänogenese
der betreffenden Merkmale übereinstimmen. Es gibt fast bei allen Haussäuge-
tieren Albinos, und wenn nicht albinotische Rassen gezüchtet werden, so treten
doch gelegentlich albinotische Mutanten auf. Bei vielen Säugern kennen wir
aber auch bereits Zwischenstufen zwischen Vollpigmentierung und Albinismus,
Allelenserien, die stufenweise zum totalen Pigmentverlust führen. Die extremen
Allele oder vielmehr die durch sie bedingten Merkmale sind allgemein sehr
umweltstabil, bestimmte mittlere Stufen sind sehr umweltlabil (temperatur-
modifikabel), mag es sich nun um ein Gen des Meerschweinchens, des Kaninchens
oder das entsprechende Gen der Katze handeln. Bei vielen Säugern gibt es zwei
verschiedene Scheckungstypen, eine Plattenscheckung, recessiv bedingt, und eine
Fleckenscheckung, dominant bedingt; die dominante Scheckung beeinflußt nur
das Haarpigment, die recessive Scheckung auch das Augenpigment, die dominanten Schecken sind nur heterozygot voll lebensfähig, während die Homozygoten eine stark geschwächte Konstitution haben, bei der Maus nicht minder
als bei dem Kaninchen, bei diesem ebenso wie beim Hund. Beim Menschen ist
das zweite Paar Incisiven im Oberkiefer das Zahnpaar, das am häufigsten erblich
variiert, ebenso beim Kaninchen; beim Menschen ist das Fehlen der I^2 dominant
über das Vorhandensein, ebenso beim Kaninchen, doch ist bei Mensch und Tier
die Dominanz nicht vollständig, es können auch bei den Heterozygoten die I^2
beiderseits oder einseitig normal entwickelt, ein- oder beiderseitig rudimentär
sein, auf der einen Seite rudimentär sein, auf der anderen fehlen; und schließlich
wirkt sich das betreffende Gen bei Mensch und Tier ausschließlich in der zweiten
Dentition aus, das Milchgebiß läßt es völlig unverändert.

Das sind nur einige herausgegriffene Beispiele. Für das Hautorgan, als den genisch
am weitesten analysierten Körperteil, läßt sich die Parallelisierung der Gene am besten
durchführen. Man vergleiche das Kapitel von F. Steiniger über die Erbbiologie und
Erbpathologie des Hautorgans der Säugetiere in Bd. III dieses Handbuches. Aber auch
die anderen Kapitel über Erbbiologie und Erbpathologie der Säugetiere liefern weiteres
Material zur vergleichenden Genetik.

IV. Rassen- und Artbildung in der freien Wildbahn.

Es ist heute kaum noch ein Zweifel darüber möglich, daß die Rassenbildung
beim Wildtier — und darüber hinaus die Artbildung — grundsätzlich ebenso
verläuft wie beim Haustier. Mutation und Selektion sind auch beim Wildtier
die Triebkräfte der Evolution. Da es sich an dieser Stelle lediglich um eine
Darstellung der allgemeinen Grundlagen der Rassenbildung handelt, verzichten
wir darauf, das für das Haustier Gesagte am Beispiel des Wildtiers zu wiederholen. Es sei aber nochmals auf die schon eingangs erwähnten zusammenfassenden Arbeiten von N. W. Timoféeff-Ressovsky (1939), Th. Dobzhansky
(1939) und B. Rensch (1939) verwiesen, in denen gerade umgekehrt die Evo-
lutionsfaktoren am Wildtier betrachtet werden. Wir wollen in diesem Abschnitt
nur noch kurz einige Unterschiede in der Rassenbildung zwischen Haustier und
Wildtier betrachten und schließlich noch auf eine Art der Rassenbildung in
der freien Wildbahn aufmerksam machen, die bisher mit genetischen Methoden
kaum untersucht worden ist, auf die Umkehr des Domestikationsprozesses, die
Verwilderung von Haustieren.

Was zunächst die *Art der Mutabilität* anbetrifft, so steht fest, daß die gleichen
Mutationen, die wir vom Haustier kennen, auch beim Wildtier vorkommen,
und zwar nicht nur bei den Wildtieren, die als Ahnen von Haustieren zu betrachten sind. Albinotische Wildsäuger sind gar nicht so sehr selten, wir kennen

albinotische Wildmäuse, Wildkaninchen, Feldhasen, Maulwürfe, Igel, Rehe, Hirsche usw. Auch die Zwischenstufen zwischen Vollpigmentierung und Albinismus finden wir als Mutationen beim Wildtier wieder, wie die Russenfärbung (Akromelanismus) nach Erna Mohr (1939) bei der Wildmaus, die Chinchillafärbung (Verlust des gelben Pigmentes) nach R. Prawochenski (1935) beim Feldhasen. Das gleiche gilt für die Farbtypen, die auf der Mutation der anderen Farbgene beruhen. Im allgemeinen werden aber alle diese aberranten Farbtypen in der freien Wildbahn durch die natürliche Zuchtwahl rasch wieder ausgemerzt, es spalten nur hin und wieder einzelne Mutanten heraus, doch kommt es nicht zur Rassenbildung. Immerhin sehen wir, daß bei Formen, für die die Farbe des Haarkleides nur geringen Selektionswert hat, wie den unterirdisch lebenden Maulwurf, diese aberranten Farbtypen an Zahl stark zunehmen können. So können in manchen Gegenden atypisch gefärbte Maulwürfe zahlreicher sein als typische Individuen. Ebenso verhält sich der in seiner Lebensweise unserem Maulwurf entsprechende, systematisch aber nicht wie dieser zu den Insektenfressern, sondern zu den Nagern (Taschenratten) gehörige nordamerikanische Taschengopher, *Thomomys*. T. I. Storer und P. W. Gregory (1934) haben die Farbaberrationen des amerikanischen Gophers zusammengestellt und eine Parallele gezogen zu den Farbrassen der Laboratoriumsnagetiere; sie finden bei dem Wildtier u. a. Albinismus, Melanismus, Flavismus, die recessive Holländerscheckung, die dominante englische Scheckung.

Noch nicht endgültig beantworten läßt sich die Frage, ob hinsichtlich der *Mutationshäufigkeit* ein Unterschied zwischen Wildtier und Haustier besteht. Die Einförmigkeit des Wildtiers auf der einen Seite, die Formenmannigfaltigkeit des Haustiers auf der anderen Seite führt leicht zu dem Schluß, daß das gegenüber der Wildbahn stark veränderte Milieu des Haustiers *mutationssteigernd* wirkt. Dieser Schluß wird in der Tat oft gezogen, doch muß demgegenüber betont werden, daß exakte Unterlagen, die zur Annahme einer höheren Mutationsrate für das Haustier berechtigen, vollständig fehlen. Der Unterschied im Milieu zwischen Wildtier und Haustier ist ähnlich dem Unterschied einer freilebenden *Drosophila* und der im Kulturglas. Nicht aber die „normalen" Kulturbedingungen haben sich als mutationssteigernd für *Drosophila* erwiesen, sondern extreme Verhältnisse, Röntgenbestrahlungen, extreme Temperaturen, Behandlung mit Chemikalien, Giftstoffen usw. Wie bei *Drosophila*, so läßt sich auch für das unter „normalen" Verhältnissen gehaltene Haustier der gegenüber dem Wildtier größere Reichtum an Mutanten auch allein durch den Wegfall der natürlichen Zuchtwahl, mit anderen Worten durch das Erhaltenbleiben der Mutanten infolge der künstlichen Zuchtwahl, erklären.

Fast alle großen Mutationsschritte, die der Züchter beim Haustier ausnutzt und als Hauptrassemerkmale verwendet, bedeuten für das Wildtier ein Abwärts in der Entwicklung, etwas Unzweckmäßiges. Sind auch albinotische Wildtiere keine allzu große Seltenheit, so kommen aber doch immer nur einzelne Individuen vor, es gibt keine albinotische Wildrasse. Ein albinotisches Wildkaninchen z. B. muß ja seinen zahlreichen Feinden viel leichter zum Opfer fallen als ein wildfarbiges Tier. Wildkaninchen mit Angorahaar gibt es ebenfalls, doch sind auch sie allzu schlecht an ihre Umwelt angepaßt, um erhalten zu bleiben. Während der Haustierzüchter zum mindesten am Beginn der Rassenbildung die großen Mutationschritte, die *Makromutationen*, ausnutzt, sind es in der Natur vornehmlich die kleinen Erbänderungen, die *Mikromutationen*, die bei der Rassenbildung Verwendung finden, es sei denn, daß auch in der Natur einmal ein radikaler Milieuwechsel stark aberrante Typen erhaltungsfähig macht, wie die blinden Höhlentiere oder die flugunfähigen Insekten auf Inseln im Ozean.

Die Prämissen für die Rassenbildung, Mutation und Selektion, sind also beim Wildtier wie beim Haustier gegeben. Zur Rassenbildung gehört aber, wie schon früher ausgeführt, weiterhin noch die *Isolation* der selektionierten Mutanten. Beim Haustier besorgt die Isolation der Züchter, wie aber geht die Isolation eines neuen Typs in der Natur vor sich? Schon LAMARCK und DARWIN und viele ihrer Nachfolger haben erkannt, daß hier ein für die Evolution wichtiges Problem liegt, doch hat man erst in jüngster Zeit mit seiner experimentellen Bearbeitung begonnen. Vor allem hat TH. DOBZHANSKY in mehreren Arbeiten, zuletzt zusammenfassend in seinem Buche „Die genetischen Grundlagen der Artbildung" (1939), die Frage der Isolationsmechanismen ausführlich behandelt. Die Genetik der Artunterschiede, so betont er, muß in einem Studium der erblichen Natur der Isolationsmechanismen bestehen und ihrer Rolle in der Dynamik MENDELscher Populationen.

Man kann die *Isolationsmechanismen* in zwei große Gruppen einteilen, in *geographische* und *physiologische* Mechanismen.

Ein Weg vollkommener *geographischer Isolation* ist der Zerfall eines ursprünglich einheitlichen Verbreitungsareals, wie wir ihn bei der Inselbildung sehen.

Ein sehr schönes Beispiel dafür bieten die Untersuchungen von H. BREIDER (1935 bis 1939) an lebendgebärenden Zahnkarpfen. Vom Süden der Vereinigten Staaten von Amerika bis nach Argentinien sind die Cyprinodonten in zahlreichen Rassen, Arten, Gattungen und Familien verbreitet. Inmitten dieses Verbreitungsgebietes liegt der große Westindische Archipel, die Inselgruppe der Antillen, die im Miozän noch mit Südamerika in kontinentalem Zusammenhang stand. Im Pliozän riß die Verbindung mit dem Kontinent, später auch die Verbindung der heutigen Inseln untereinander, und seit dieser Zeit haben sich die in den Gewässern der Antillen lebenden Zahnkarpfen nicht nur isoliert von denen des Kontinents, sondern auch jede Inselpopulation getrennt von der anderen entwickelt. Das Ergebnis sind selbständige, durch eine Reihe von Merkmalen gekennzeichnete Rassen — die Systematiker rechnen sie sogar zu verschiedenen Arten — auf dem Kontinent (Venezuela) und auf jeder der großen Antillen, Cuba, Jamaika und Haiti. BREIDER konnte nachweisen, daß die auf diesen drei Inseln vorkommenden „Arten" der Gattung *Limia* sich noch leicht miteinander kreuzen lassen und vollfruchtbare Bastarde liefern. Diese „Art"bastarde verhalten sich nicht anders als Bastarde aus zwei Rassen, die sich durch eine größere Anzahl mendelnder Erbanlagen unterscheiden. Dabei ist bemerkenswert, daß die Arten der Inseln, die am spätesten voneinander isoliert worden sind, die am nächsten verwandten Formen beherbergen. Solange das Verbreitungsareal einheitlich ist, können die durch Mutation neu entstehenden Typen sich immer wieder mit der Ursprungsform mischen, sobald aber das Areal in Inseln zerfallen ist, muß die Entwicklung auf getrennten Wegen weitergehen. Auf der einen Insel wird diese, auf der anderen jene Mutation auftreten, und indem hier die eine, dort eine andere Mutation sich durchsetzt, entfernen sich die einzelnen Populationen mehr und mehr vom Ausgangstyp, die Rassen- und Artbildung beginnt.

Die Inselbildung ist der vollkommenste Weg geographischer Isolation. Auf dem Festland kann durch Bildung von Wasserscheiden ebenfalls eine Isolation erfolgen, und auch andere Wege geographischer Isolation sind möglich, wie durch Wanderungen, ein Isolationsmechanismus, der auch bei der Entstehung der Menschenrassen eine wichtige Rolle gespielt haben dürfte. Nach den neuesten Untersuchungen scheint indessen für die Rassen- und Artbildung die geographische Isolation eine geringere Rolle zu spielen als die physiologische Isolation.

Einen Übergang von der geographischen zur physiologischen Trennung bildet in gewisser Hinsicht die *ökologische Isolierung*. Die beiden aus gemeinsamem Stamm hervorgegangenen Formen leben zwar in der gleichen Gegend, aber in verschiedener Umwelt, etwa die eine auf freiem Feld, die andere im Wald.

So ist der europäische Feldhase mancherorts zum Waldbewohner geworden. Im Wald sind andere Lichtverhältnisse als auf freiem Felde gegeben, ein etwas dunkleres Haarkleid bedeutet hier eine bessere Anpassung. So bleiben in diesem etwas abweichenden Milieu Varianten erhalten, die anderswo ausgetilgt werden. Da gerade der Hase ein sehr ortsbeständiges Tier ist, zumal während der Fortpflanzungszeit, ist die Vorbedingung für die Entstehung von Standortsverschiedenheiten gegeben; der Feldhase wird sich im allgemeinen mit dem Feldhasen, der Waldhase ebenso mit seinesgleichen paaren. Tatsächlich zeichnen sich die Waldhasen allgemein durch eine dunklere Färbung aus. Hier könnte man allerdings, wie schon gesagt wurde, einwenden, die Standortsverschiedenheiten seien nur durch die Umwelt hervorgerufene Modifikationen, die für die Rassenbildung bedeutungslos sind. Richtig ist, daß noch niemand Feld- und Waldhasen miteinander gekreuzt und die Standortsverschiedenheiten auf ihr erbliches Verhalten hin geprüft hat. Da aber bei experimentellen Untersuchungen mit dem nächsten Verwandten des Hasen, dem Kaninchen, sich die Wildfärbung als relativ umweltstabil erwiesen hat, spricht die Wahrscheinlichkeit dafür, daß auch die Farbunterschiede zwischen Feld- und Waldhasen erbbedingt sind.

Eine ökologische Isolation ist weiterhin dadurch möglich, daß von zwei Formen verschiedene Futterpflanzen bevorzugt oder verschiedene Wirtstiere aufgesucht werden. Von der Malariamücke, *Anopheles maculipennis,* gibt es in Europa eine Reihe von Rassen, in Italien allein vier, die sich teilweise morphologisch nur ganz geringfügig unterscheiden, in ihrer Lebensweise aber insofern voneinander abweichen, als die einen an Mensch und Tier Blut saugen, während andere Menschenblut bevorzugen und wieder andere sich nur von Tierblut ernähren. In diesem Falle hat sich experimentell der Nachweis erbringen lassen, daß die Unterschiede erblich sind, daß sie also echte Rassenmerkmale darstellen.

Eine *jahreszeitliche Isolation* ist dadurch möglich, daß zwei Formen zu verschiedenen Zeiten geschlechtsreif werden, oder daß die Fortpflanzungsperioden in verschiedene Jahreszeiten fallen.

L. Cuénot (1933) hat die „Geburt einer Spezies", wie er sich ausdrückt, auf dem Wege jahreszeitlicher Isolation beschrieben. Zwei einander sehr nahestehende Formen eines Tintenfisches kommen im Mittelmeer und im Atlantischen Ozean nebeneinander vor und haben auch die gleichen Brutplätze in der Küstenzone. Trotzdem vermischen sie sich nicht, ihre Entwicklung geht vollkommen getrennte Wege, da die eine Form sich im Frühjahr fortpflanzt, die andere im Winter.

Ein sehr wirksamer Isolationsmechanismus ist die *sexuelle* oder *psychische Isolation.* Zwischen zwei Formen erfolgt keine Kopulation mehr, weil die beiden Geschlechter sich nicht mehr anziehen, sei es, daß die sexuellen Instinkte abgeändert sind oder die Paarungsgewohnheiten oder die geschlechtlichen Erkennungszeichen. Durch Abänderung der Kopulationsorgane können ferner mechanische Hindernisse für die Fortpflanzung entstehen.

Von der morphologischen Ähnlichkeit der beiden *Drosophila*-Spezies *melanogaster* und *simulans* war bereits die Rede. A. H. Sturtevant (1919, 1921), der beide als getrennte Spezies erkannte, fand neben geringen Verschiedenheiten an den Geschlechtsorganen Unterschiede in den Paarungsgewohnheiten. Hält man beide Geschlechter beider Spezies in einem Glas beisammen, so paart sich im allgemeinen jede Art nur mit ihresgleichen, und falls es einmal zur Befruchtung übers Kreuz kommt, sind die Bastarde stets steril. *Drosophila pseudoobscura* A und B, die beiden auch schon erwähnten, morphologisch nicht unterschiedenen „physiologischen Arten", verhalten sich ähnlich. Bringt man je 10 ♀♀ der Rassen A und B mit 10 ♂♂ der Rasse A zusammen, so bevorzugen die ♂♂ die ♀♀ der eigenen Rasse. Nimmt man dagegen ♂♂ der Rasse B, so werden vorwiegend B-♀♀ begattet. Die Kreuzung der beiden Rassen ist zwar möglich, doch nur die weiblichen Bastarde sind fruchtbar, die männlichen stets steril. Den beiden Rassen von *Drosophila pseudoobscura* steht sehr nahe *Drosophila miranda.* Die äußerlichen Unterschiede sind wiederum ganz geringfügig, auch *miranda* hat bestimmte zytologische und physiologische Besonderheiten. Die sexuelle Isolation zwischen *miranda* und *pseudoobscura* ist noch stärker als die zwischen den beiden *pseudoobscura*-Rassen, aber es war in den Versuchen ganz auffällig, daß die B-♂♂ den *miranda*-♀♀ gegenüber eine stärkere Aversion zeigten als die A-♂♂. Bastarde zwischen *pseudoobscura* und *miranda* kommen vor, doch ist die Nachkommenschaft in beiden Geschlechtern steril. War in dem vorhergehenden Falle eine Mischung der beiden Arten wenigstens noch über das eine Geschlecht möglich, wenn sie in der freien Natur infolge der sexuellen Isolation auch kaum vorkommen dürfte, so fällt sie im letzteren Falle infolge der Unfruchtbarkeit der Bastarde ganz fort.

Zum Schlusse noch einige Mitteilungen über Beobachtungen und Versuche, die sozusagen ein experimentum crucis dafür darstellen, ob unsere auf Grund von Erfahrungen am Haustier gebildeten Anschauungen über Rassenbildung in der freien Wildbahn zutreffend sind, Untersuchungen über *Verwilderung von Haustieren.*

Je mehr der Züchter das Tier im Laufe der Domestikation umgestaltet, je extremer er es züchtet, um so mehr geht es der Anpassung an das Leben in der freien Wildbahn verlustig. Der Pekingese z. B., ein chinesisches Palasthündchen, hat mit seinem wilden Ahn, dem Wolf, nicht mehr viel gemein, und es ist kaum vorstellbar, daß ein so extremes Züchtungsprodukt, in das Milieu des Wolfes zurückversetzt, im Kampfe ums Dasein erhalten bleiben kann. Gleichwohl hat sich in weniger extremen Fällen der Prozeß der Domestikation als reversibel erwiesen, die Natur vermag aus dem Haustier wieder ein Wildtier zu machen. Pferde, Rinder, Schweine, Ziegen, Hunde, Katzen, Kaninchen, die typische Haustiere waren, sind in vielen Gegenden der Welt wieder verwildert. Insbesondere im Zeitalter der großen Entdeckungsreisen haben die Seefahrer Haustiere auf ihren Fahrten mitgenommen und in Erdteilen und auf Inseln angesiedelt, wo diese Tiere und ihre wilden Ahnen bis dahin nicht vorkamen. Oft wurde den Tieren absichtlich die Freiheit gegeben, in anderen Fällen entwichen sie, und häufig blieben sie auf vom Menschen unbewohnten Inseln zurück, wenn die Seefahrer weiterzogen. Damit aber waren die verwildernden Haustiere wiederum ganz der natürlichen Zuchtwahl unterworfen, sie mußten sich der neuen Umwelt anpassen. Nicht immer war das möglich, die verwildernden Haustiere starben aus. Nicht selten jedoch gelang die „Rückkehr zur Natur", die Haustiere wurden wieder zu Wildtieren, die sich in der neuen Heimat bis auf den heutigen Tag gehalten haben. Ein Beispiel dafür ist der Wildhund Australiens, der Dingo, der — wie alle höheren Säugetiere — im Gefolge des Menschen nach Australien gekommen und wieder vollständig verwildert ist. Ein zweites Beispiel der australischen Fauna ist das dortige Wildkaninchen. Vor etwa 80 Jahren gab ein englischer Siedler ein paar Hauskaninchen, die er aus der Heimat mitgebracht hatte, im Staate Viktoria die Freiheit. Die Tiere vermehrten sich innerhalb kurzer Zeit so sehr, daß das Kaninchen heute in Australien bekanntlich zur schlimmsten Landplage geworden ist.

Schon DARWIN hat sich in seinem Werke über „Das Variieren der Tiere und Pflanzen im Zustande der Domestikation" (1868) auch mit der Frage der Verwilderung befaßt. Von der neuzeitlichen Vererbungsforschung aber ist das Problem bisher merkwürdigerweise nicht aufgegriffen worden. Durch die Domestikation hat das Tier, wie gesagt, seine Zugehörigkeit zu einer Naturrasse verloren. Verwildert es wieder, so büßt es umgekehrt seine Zugehörigkeit zu einer Kulturrasse wieder ein. Wie aber geht diese Umzüchtung in der Natur vor sich, unbeeinflußt vom Menschen, der nur für die Isolation gesorgt hat? Welche Zeiträume sind erforderlich, um wieder ein voll angepaßtes Wildtier zu erhalten, und wie verhält sich das Endprodukt der Natur nicht nur zu dem ehemaligen Haustier, sondern auch zu der ursprünglichen Wildform, von der die Domestikation ihren Anfang nahm? Die Verwilderung erfolgt ja häufig in einem ganz anderen Lebensraum als dem, den die ursprüngliche Wildform bewohnte, und so sollte man erwarten, daß die Anpassung in anderer Richtung geht, daß mithin die sekundäre und die primäre Wildform nicht übereinstimmen.

Das günstigste Objekt für das Studium der Verwilderung ist unter den Säugetieren wiederum das Kaninchen. Durch Aussetzen von Hauskaninchen in den verschiedensten Teilen der Welt ist dieser ursprünglich in seiner Verbreitung auf Südwesteuropa beschränkte Nager fast zu einem kosmopolitischen Tier geworden. Unter den extremsten, von seiner spanischen Heimat stark abweichenden Umweltbedingungen ist die Ansiedlung des Kaninchens geglückt, in Gegenden mit nahezu tropischem Klima wie auch in fast arktischen bzw. antarktischen Regionen, auf den dem antarktischen Kontinent benachbarten Kerguelen mit einer Temperatur, die sich an der Küste auch im Sommer nur wenige Grad über dem Gefrierpunkt hält. Es ist dies zunächst schon einmal ein Beweis für die weitreichende individuelle Plastizität des Kaninchens, eine notwendige Vorbedingung, wenn sich die zuerst ausgesetzten Tiere überhaupt in dem neuen Milieu halten sollen, schließlich aber auch ein Beweis dafür, daß eine starke Modifikabilität, wenn sie auch selbst nicht rassebildend wirkt, evolutionistisch doch von großer Bedeutung werden kann.

Eine ganz besondere Rolle hat bei DARWIN und überhaupt in der Geschichte der Abstammungslehre das Porto Santo-Kaninchen gespielt. Auf der kleinen, nördlich von Madeira gelegenen Insel Porto Santo wurden von den ersten Kolonisatoren zu Anfang des 15. Jahrhunderts einige aus Portugal stammende Hauskaninchen, und zwar ein Muttertier mit seinen Jungen, ausgesetzt. In den seither vergangenen Jahrhunderten sollen diese Hauskaninchen nicht nur wieder zu echten Wildkaninchen geworden sein, sondern sie sollen sich auf der Insel zu einer neuen Art entwickelt haben, die sich nach den von DARWIN in den 60er Jahren des vorigen Jahrhunderts unternommenen Kreuzungsversuchen mit dem europäischen Wildkaninchen nicht mehr kreuzen läßt. E. HAECKEL hat daraufhin einen neuen Artnamen für das Porto Santo-Kaninchen, *Lepus Huxleyi*, geprägt, und es ist seither immer wieder als Beweis für die Entstehung einer neuen Säugetierart in geschichtlicher Zeit zitiert worden.

Seitdem in Australien die Hauskaninchen ausgesetzt wurden, sind noch keine 100 Jahre vergangen, und doch wurde bereits zu DARWINS Zeiten darüber berichtet, daß das verwilderte Kaninchen im australischen Busch eine ganz andere Lebensweise angenommen hat, als sie dem europäischen Wildkaninchen eigen ist. Auch im Körperbau soll sich jenes von diesem unterscheiden. Die Richtigkeit dieser Angaben ist zwar neuerdings bestritten worden, doch liegen genaue vergleichende Untersuchungen nicht vor.

Noch merkwürdiger ist, was über das Memmert-Kaninchen berichtet wird. Auf dem Memmert, einer kleinen Nordseeinsel in der Nähe von Juist, wurden im Jahre 1920 Hauskaninchen ausgesetzt. Obwohl also erst 20 Jahre vergangen sind, sollen auch diese Tiere wieder zu typischen Wildkaninchen geworden sein.

In einem Büchlein, das sich betitelt „Neue Gesichtspunkte in der Vererbung" und Wege geht, auf denen ein Genetiker dem Verfasser nicht zu folgen vermag, behandelt der Chirurg A. BIER (1938) auch die Geschichte des Porto Santo- und des Memmert-Kaninchen und schreibt dazu: „Schnell glichen diese Kaninchen die Verlustmutationen wieder aus, die ihnen das Leben in der Freiheit erschwerten, so die Dummheit, Trägheit, Schwerfälligkeit, unpassende und unzweckmäßige Färbung."

Sollte es der Natur tatsächlich möglich sein, innerhalb weniger Generationen aus dem Haustier wieder ein echtes Wildtier zu machen, während der Mensch für den umgekehrten Prozeß lange Zeiträume und viele Generationen benötigt? Für eine so rasche Abänderungsmöglichkeit der Erbmasse und eine so schnelle erbliche Anpassung an den neuen Lebensraum würde dem Erbbiologen jede Erklärung fehlen. Lediglich der lamarckistisch eingestellte Biologe hat eine Erklärung zur Hand.

Zur Beantwortung dieser Fragen stellte H. NACHTSHEIM in den letzten Jahren noch unveröffentlichte Züchtungs- und Kreuzungsversuche mit Porto Santo- und Memmert-Kaninchen sowie mit anderen „sekundären Wildkaninchen" an.

Das Ergebnis an den Memmert-Kaninchen ist eindeutig: Die auf dem Memmert freilebenden Kaninchen sind nach ihrem Erbbild in jeder Hinsicht, d. h. in ihrem Körperbau, ihrer Lebensweise und in ihrem psychischen Verhalten, echte Hauskaninchen. Lediglich in ihrem Phänotypus sind sie durch das Leben in der Freiheit, verglichen mit Hauskaninchen, etwas abgeändert. Wenn sie sich trotz ihrer Haustiermerkmale in der Wildbahn haben halten können, so einmal dank ihrer individuellen Plastizität, und dann deshalb, weil der Kampf ums Dasein, in dem sie stehen, nicht sehr scharf ist; es fehlen auf der kleinen, vom Menschen unbewohnten Insel ihre Feinde.

Anders das Porto Santo-Kaninchen. Dieses erwies sich in der Tat nach 500 Jahren freien Lebens als echtes Wildkaninchen, als Wildkaninchen, wenn auch nicht eigener Art, so doch eigener Rasse. Seinem Körperbau nach ist das Porto Santo-Kaninchen das kleinste Kaninchen, das existiert, es ist nicht größer als ein Meerschweinchen, sein Gewicht geht nur wenig über $1/_2$ kg hinaus. Seinem psychischen Verhalten nach ist es das wildeste von allen Wildkaninchen. Kleinheit und Wildheit des Porto Santo-Kaninchens dürfte es zuzuschreiben sein, daß DARWINs Kreuzungsversuche erfolglos geblieben sind. Mitteleuropäische Wildkaninchen — mit solchen versuchte DARWIN die Kreuzung — sind zu groß für die Paarung mit dem Porto Santo-Kaninchen, zumal da das ungebärdige Verhalten der Tiere ihre Vermehrung in der Gefangenschaft selbst bei Reinzucht äußerst erschwert, es läßt sich nur dadurch eine Aufzucht von Jungen erreichen, daß man die Neugeborenen von zahmen Ammen aufziehen läßt. Unter Beachtung dieser und anderer Gesichtspunkte gelang NACHTSHEIM die Paarung der Porto Santos mit möglichst klein gebliebenen anderen Kaninchen, mit der nächst dem Porto Santo kleinsten Wildrasse, dem mediterranen Wildkaninchen, und mit der kleinsten Zuchtrasse, dem Hermelin, bzw. Kreuzungsprodukten aus diesen beiden. Die Nachkommen aus den Paarungen mit Porto Santo-Kaninchen sind durchaus vital.

DARWINs Ansicht, daß das Porto Santo-Kaninchen in 4—5 Jahrhunderten aus einem Hauskaninchen zu einer eigenen *Art* geworden sei, ist damit widerlegt. Es ist wieder ein Wildkaninchen, aber eines eigener *Rasse*. Die Untersuchungen haben weiterhin gezeigt, daß der Prozeß der Verwilderung grundsätzlich ebenso verläuft wie derjenige der Domestikation. Das im Laufe von Jahrhunderten domestizierte Tier kann nicht sozusagen von heute auf morgen wieder zum Wildtier werden. Wie bei der Domestikation wirken auch bei der Verwilderung Mutation und Selektion zusammen, um im Laufe der Zeit neue Rassen zu schaffen.

Schrifttum.

Das folgende Verzeichnis will und kann keine Zusammenstellung des gesamten Schrifttums über die allgemeinen Grundlagen der Rassenbildung liefern. Es werden im allgemeinen nur Arbeiten aus neuester Zeit aufgeführt, jedoch wird auch hier keineswegs Vollständigkeit erstrebt. Neben zusammenfassenden Darstellungen werden vornehmlich Arbeiten genannt, die sich mit Fragen der Rassenbildung beim Säugetier beschäftigen. Im übrigen sei auf die folgenden zusammenfassenden Darstellungen verwiesen, die fast alle ausführliche Literaturverzeichnisse enthalten.

I. Zusammenfassende Darstellungen

ANTONIUS, O.: Grundzüge einer Stammesgeschichte der Haustiere. Jena 1922.

BAUR, E.: Einführung in die Vererbungslehre, 1. Aufl. Berlin 1911; 7.—11. Aufl. Berlin 1930.

CLAUS, C., K. GROBBEN u. A. KÜHN: Lehrbuch der Zoologie, 10. Aufl. Berlin u. Wien 1932.

DARWIN, CH.: Das Variieren der Tiere und Pflanzen im Zustande der Domestikation, 2 Bd., 3. dtsch. Ausg. Stuttgart 1878. (1. engl. Ausg. 1868.) — DOBZHANSKY, TH.: Genetics and the origin of species. New York 1937. Deutsche Ausgabe: Die genetischen Grundlagen der Artbildung. Übers. von WITTA LERCHE. Jena 1939.

EICKSTEDT, E. v.: Rassenkunde und Rassengeschichte der Menschheit, 2. Aufl., 2 Bd. Stuttgart, seit 1937 im Erscheinen.

FISCHER, E.: Rassen und Rassenbildung. Handwörterbuch der Naturwissenschaften, 2. Aufl., Bd. 8, S. 198—214. 1933. — Die gesunden körperlichen Erbanlagen des Menschen. In BAUR-FISCHER-LENZ: Menschliche Erblehre, 4. Aufl. München 1936.

HAGEDOORN, A. L. and A. C. HAGEDOORN-VORSTHEUVEL LA BRAND: The relative value of the processes causing evolution. The Hague 1921. — HERTWIG, PAULA: Artbastarde bei Tieren. Handbuch der Vererbungswissenschaft, Bd. 2, 1936. — Hilzheimer, M.: Natürliche Rassengeschichte der Haussäugetiere. Berlin u. Leipzig 1926.

Klatt, B.: Entstehung der Haustiere. Handbuch der Vererbungswissenschaft, Bd. 3, 1927. — Kronacher, C.: Züchtungslehre. Berlin 1929. — Kühn, A.: Grundriß der Vererbungslehre. Leipzig 1939.

Lotsy, J. P.: Evolution im Lichte der Bastardierung betrachtet. Genetica ('s-Gravenhage) 7, 365—470 (1925).

Melchers, G.: Genetik und Evolution. (Bericht eines Botanikers.) Z. Abstammgslehre 76, 229—259 (1939). — Montandon, G.: La race — les races, mise au point d'ethnologie somatique. Paris 1933.

Nachtsheim, H.: Vom Wildtier zum Haustier. Berlin 1936.

Reinig, W. F.: Elimination und Selektion. Eine Untersuchung über Merkmalsprogressionen bei Tieren und Pflanzen auf genetisch- und historisch-chorologischer Grundlage. Jena 1938. — Die genetisch-chorologischen Grundlagen der gerichteten geographischen Variabilität. Z. Abstammgslehre 76, 260—308 (1939). — Rensch, B.: Das Prinzip geographischer Rassenkreise und das Problem der Artbildung. Berlin 1929. — Zoologische Systematik und Artbildungsproblem. Verh. dtsch. zool. Ges. 1933, 19—83. — Typen der Artbildung. Biol. Rev. Cambridge philos. Soc. 14, 180—222 (1939).

Schindewolf, O. H.: Paläontologie, Entwicklungslehre und Genetik. Kritik und Synthese. Berlin 1936.

Timoféeff-Ressovsky, N. W.: Genetik und Evolution. (Bericht eines Zoologen.) Z. Abstammgslehre 76, 158—218 (1939). — Genetik und Evolutionsforschung. Zool. Anz., Suppl. 12, 157—169 (1939).

Zimmermann, W.: Vererbung „erworbener Eigenschaften" und Auslese. Jena 1938.

II. Einzelarbeiten.

Abderhalden, E.: Rasse und Vererbung vom Standpunkt der Feinstruktur von blut- und zelleigenen Eiweißstoffen aus betrachtet. Nova Acta Leop., N. F. 7, 59—79 (1939). — Ammann, K.: Der Augapfel des Wildschweines. II. Beitrag zur Anatomie von *Sus scrofa* L. und zum Domestikationsproblem. Arch. Klaus-Stiftg 4, 321—349 (1929).

Benson, S. B.: Concealing coloration among some desert rodents of the southwestern United States. Univ. California Publ. Zool. 40, 1—70 (1933). — Bier, A.: Neue Gesichtspunkte in der Vererbung. Berlin 1938. — Böker, H.: Aktives und passives Lebensgeschehen. Hippokrates 1936, 797—810. — Breider, H.: Genetische Analyse von Artmerkmalen geographisch vikariierender Arten der Gattung *Limia*. Z. Abstammgslehre 70, 484—488 (1935). — Eine Erbanalyse von Artmerkmalen geographisch vikariierender Arten der Gattung *Limia*. Z. Abstammgslehre 71, 441—499 (1936). — Untersuchungen zur Rassen-, Art- und Gattungsdifferenzierung lebendgebärender Zahnkarpfenarten. Zool. Anz., Suppl. 12, 221—237 (1939). — Buxton, P. A.: Animal life in deserts; a study of the fauna in relation to the environment. London 1923.

Castle, W. E.: The incompleteness of our knowledge of heredity in mammals. J. Mammal. 14, 183—188 (1933). — Cuénot, P.: La seiche commune de la Méditerranée; étude sur la naissance d'une espèce. Archives de Zool. 75, 319—330 (1933).

Davenport, Ch. B.: The mechanism of organic evolution. J. Washington Acad. Sci. 20, 317—331 (1930). — Dice, L. R.: Variation in a geographic race of the deer-mouse, Peromyscus maniculatus Bairdii. Occas. Papers Mus. Zool. Univ. Michigan 1932, Nr 239. — Variation in Peromyscus maniculatus rufinus from Colorado and New Mexico. Occas. Papers Mus. Zool. Univ. Michigan 1933, Nr 271. — Additional data on variation in the prairie deer-mouse, Peromyscus maniculatus Bairdii. Occas. Papers Mus. Zool. Univ. Michigan 1937, Nr 351. — Variation in the wood-mouse, Peromyscus leucopus noveboracensis, in the northeastern United States. Occas. Papers Mus. Zool. Univ. Michigan 1937, Nr 352. — Variation in nine stocks of the deer-mouse, Peromyscus maniculatus, from Arizona. Occas. Papers Mus. Zool. Univ. Michigan 1938, Nr 375. — Variation in the cactus-mouse, Peromyscus eremicus. Contrib. Labor. Vertebrate Genet., Univ. Michigan 1939, Nr 8. — Variation in the wood-mouse, Peromyscus leucopus, from several localities in New England and Nova Scotia. Contrib. Labor. Vertebrate Genet., Univ. Michigan 1939, Nr 9. — Variation in the deer-mouse (Peromyscus maniculatus) in the Columbia Basin of southeastern Washington and adjacent Idaho and Oregon. Contrib. Labor. Vertebrate Genet., Univ. Michigan 1939, Nr. 12. — Dice, L. R. and Ph. M. Blossom: Studies of mammalian ecology in southwestern North America with special attention to the colors of desert mammals. Carnegie Inst. Publ. 1937, 485. — Dobzhansky, Th.: Are racial and specific characters non-mendelian? J. Mammal. 15, 1—3 (1934). — A critique of the species concept in biology. Philos. of Sci. 2, 344—355 (1935). — What is a species? Scientia (Milano) 61, 280—286 (1937). — Genetic nature of species differences. Amer. Naturalist 71, 404—420 (1937). — The raw materials of evolution. Sci. Monthly

46, 445—449 (1938). — Genetics of natural populations. IV. Mexican and Guatemalan populations of Drosophila pseudoobscura.. Genetics 24, 391—412 (1939). — Dobzhansky, Th. and R. D. Boche: Intersterile races of Drosophila pseudoobscura Frol. Biol. Zbl. 53, 314—330 (1933). — Dobzhansky, Th. and M. L. Queal: Genetics of natural populations. II. Genic variation in populations of Drosophila pseudoobscura inhabiting isolated mountain ranges. Genetics 23, 463—484 (1938). — Dunn, L. C.: Unit character variation in rodents. J. Mammal. 2, 125—140 (1921).

East, E. M.: Genetic aspects of certain problems of evolution. Amer. Naturalist 70, 143—158 (1936). — Egli, P.: Leber und Bauchspeicheldrüse des Wildschweins. X. Beitrag zur Anatomie von Sus scrofa L. und zum Domestikationsproblem. Anat. Anz. 79, 321—350 (1935).

Federley, H.: Die Bedeutung der Kreuzung für die Evolution. Jena. Z. Naturwiss. 67, 364—386 (1932). — Fischel, W.: Über die seelischen Fähigkeiten und die Artbildung der Tiere. Arch. néerl. Zool. 1, 54—70 (1934). — Fischer, E.: Die Rassenmerkmale des Menschen als Domestikationserscheinungen. Z. Morph. u. Anthrop. 18, 479—524 (1914). — Die menschlichen Rassen als Gruppen mit gleichen Gen-Sätzen. Abh. preuß. Akad. Wiss. Math.-naturwiss. Kl. 1940, Nr. 3. — Frateur, J. L.: Les bases génétiques de la formation des races animales domestiques. Neue Forschg. Tierz. u. Abstammgslehre 1, 71—80 (1936). Festschrift J. U. Duerst. — Frolowa, S. L. u. B. L. Astaurow: Die Chromosomengarnitur als systematisches Merkmal. Z. Zellforsch. 10, 201—213 (1929).

Gabriel, P.: Kopfdarm und Schlund des Wildschweines (exkl. Mundboden). VIII. Beitrag zur Anatomie von Sus scrofa L. und zum Domestikationsproblem. Z. Anat. 102, 521—571 (1934). — Gates, R. R.: Mutations and natural selection. Amer. Naturalist 70, 505—516 (1936). — Ghigi, A.: Ibridismo e specie nuove. Arch. Zool. ital. 16, 114—127 (1931). — Goldschmidt, R.: Some aspects of evolution. Science (N. Y.) 78, 539—547 (1933). — Geographische Variation und Artbildung. Naturwiss. 23, 169—176 (1935). — Green, C. V.: Gene relationships in two species of mice with reference to their possible evolutionary significance. Amer. Naturalist 69, 19—29 (1935). — Gschwend, Th.: Das Herz des Wildschweines. VI. Beitrag zur Anatomie von Sus scrofa L. und zum Domestikationsproblem. Anat. Anz. 72, 49—89 (1931). — Gubler, R.: Die Mundbodenorgane des Wildschweines. IX. Beitrag zur Anatomie von Sus scrofa L. und zum Domestikationsproblem. Anat. Anz. 77, 129—168 (1933).

Haldane, J. B. S.: Can evolution be explained in terms of known genetical facts? Proc. VI. Intern. Congr. Genetics 1, 185—189 (1932). — The effect of variation on fitness. Amer. Naturalist 71, 337—349 (1937). — Hammond, J.: Environmental conditions and livestock breeding. Probl. of Anim. Husbandry. (USSR.) 1936, 9—14. — Harland, S. C.: The genetical conception of the species. Tropical agricult. 11, 51—53 (1934). — Harms, J. W.: Wandlungen des Artgefüges unter natürlichen und künstlichen Umweltbedingungen. Beobachtungen an tropischen Verlandungszonen und am verlandenden Federsee. Leipzig 1934. — Die Plastizität der Tiere. Rev. Suisse Zool. 42, 461—476 (1935). — Henseler, H.: Untersuchungen über den Einfluß der Ernährung auf die morphologische und physiologische Gestaltung des Tierkörpers. 1. Teil. Kühn-Arch. 3, 1—119 (1913). — Untersuchungen über den Einfluß der Ernährung auf die morphologische und physiologische Gestaltung des Tierkörpers. 2. Teil. Kühn-Arch. 5, 207—288 (1914). — Herre, W.: Über Rasse und Artbildung. Studien an Salamandriden. Abh. Ber. Mus. Naturkd. Vorgesch. naturw. Ver. Magdeburg 1936, 193—221. — Untersuchungen an Hirnen von Wild- und Hausschweinen. Zool. Anz., Suppl. 9, 200—211 (1936). — Artkreuzungen bei Säugetieren. Biol. generalis (Wien) 12, 526—545 (1937). — Die Entstehung von Haustierrassen. Volk u. Rasse 1938, 215—221. — Zum Wandel des Rassebildes der Haustiere. Studien am Schädel des Berkshireschweines. Kühn-Arch. 50, 203—228 (1938). — Herre, W. u. R. Behrendt: Vergleichende Untersuchungen an Hypophysen von Wild- und Haustieren. Z. Zool. (A) 153, 1—38 (1940). — Herre, W. u. H. Wigger: Die Lockenbildung der Säugetiere. Kühn-Arch. 52, 233—254 (1939). — Hilzheimer, M.: Domestikationsmerkmale am Schädel des Gorilla Bobby. Z. Säugetierkde 12, 89—96 (1937). — Höfliger, H.: Haarkleid und Haut des Wildschweines. VII. Beitrag zur Anatomie von Sus scrofa L. und zum Domestikationsproblem. Z. Anat. 96, 551—623 (1931). — Hug, J.: Luftröhre und Lunge des Wildschweines. XI. Beitag zur Anatomie von Sus scrofa L. und zum Domestikationsproblem. Inaug.-Diss. Zürich 1934. — Huser, R.: Zur Anatomie des Wildschweines (Sus scrofa L.). Beiträge zum Domestikationsproblem. I. Literaturübersicht und Skelettsystem. Arch. Klaus-Stiftg 4, 289—320 (1929).

Just, G.: Zur Phylogenese von Anpassungscharakteren. Zool. Anz., Suppl. 7, 126—133 (1934). — Weitere Untersuchungen zur Phylogenese spezialisierter Anpassungen. Zool. Anz., Suppl. 9, 336—343 (1936).

Kelm, H.: Die postembryonale Schädelentwicklung des Wild- und Berkshire-Schweins. Z. Anat. 108, 499—559 (1938). — Kim, B.: Rassenunterschiede am embryonalen Schweineschädel und ihre Entstehung. Z. Morph. u. Anthrop. 32, 486—523 (1933). — Kinsey, A. C.:

Supra-specific variation in nature and in classification from the view-point of zoology. Amer. Naturalist 71, 206—222. (1937). — Klatt, B.: Über die Veränderung der Schädelkapazität in der Domestikation. Sitzgsber. Ges. naturforsch. Freunde Berl. 1912, 153—179. — Vergleichende metrische und morphologische Großhirnstudien an Wild- und Haushunden. Sitzgsber. Ges. naturforsch. Freunde Berl. 1918, 35—55. — Gefangenschaftsveränderungen bei Füchsen. Jena. Z. Naturwiss. 67, 452—468 (1932). — Fragen und Ergebnisse der Domestikationsforschung. Biologe 3, 1—9 (1934). — Kleinschmidt, O.: Parallelentwicklungen und Wiederholungserscheinungen in der Tierwelt. Nova Acta Leop., N. F. 4, 367—391 (1936). — Kosswig, C.: Die Evolution von „Anpassungs"-Merkmalen bei Höhlentieren in genetischer Betrachtung. Zool. Anz. 112, 148—155 (1935). — Betrachtungen und Experimente über die Entstehung von Höhlentiermerkmalen. Der Züchter 9, 91—101 (1937). — Krieg, H.: Zur Frage der Degeneration und Kümmermodifikation beim Rehwild. Biol. Zbl. 57, 225—228 (1937). — Krumbiegel, I.: Das Rassenproblem in der Zoologie. Z. Rassenkde 5, 27—38 (1937). — Kühn, A.: Genwirkung und Artveränderung. Biologe 3, 217—227 (1934). — Über den biologischen Wert von Mutationsrassen. Forschgn u. Fortschr. 10, 359—360 (1934). — Physiologie der Vererbung und Artumwandlung. Naturwiss. 23, 1—10 (1935).

Lancefield, D. E.: An interracial cross in Drosophila obscura producing partially fertile hybrids. Anat. Rec. 31, 346 (1925). — A genetic study of crosses of two races or physiological species of Drosophila obscura. Z. Abstammgslehre 52, 287—317 (1929). — Lattin, G. de: Über die Evolution der Höhlentiercharaktere. Sitzgsber. Ges. naturforsch. Freunde Berl. 1939, 11—41. — Lenz, F.: Über Rassen und Rassenbildung. Unterrichtsbl. Mathem. Naturw. 40, 177—190 (1934). — Lotsy, J. P.: On the species of the taxonomist in its relation to evolution. Genetica ('s-Gravenhage) 13, 1—16 (1931). — Lühring, R.: Das Haarkleid von Sciurus vulgaris L. und die Verteilung seiner Farbvarianten in Deutschland. Z. Morph. u. Ökol. Tiere 11, 667—762 (1928).

Marcq, J.: Genèse et évolution des races animales domestiques. Gembloux (Belgique) 1938. — Meise, W.: Über Artentstehung durch Kreuzung in der Vogelwelt. Biol. Zbl. 56, 590—604 (1936). — Sperlingsmischgebiete und Artentstehung durch Kreuzung. Forschgn u. Fortschr. 13, 286—287 (1937). — Metzdorff, H.: Untersuchungen an Hoden von Wild- und Hausschweinen. Z. Anat. 110, 489—532 (1940). — Minder, K.: Die natürlichen Körperöffnungen des Wildschweines. III. Beitrag zur Anatomie von Sus scrofa L. und zum Domestikationsproblem. Arch. Klaus-Stiftg 5, 217—257 (1930). — Mohr, Erna: Akromelanismus bei Mus musculus L.. Zool. Anz. 126, 45—46 (1939). — Mohr, O. L. and P. Tuff: The Norwegian platinum fox, a coat color mutation having great economic value. J. Hered. 30, 227—234 (1939). — Mordvilko, A.: Artbildung und Evolution. Biol. generalis (Wien) 12, 245—269, 271—298 (1936/37). — Müller, E.: Vergleichende Untersuchungen an Haus- und Wildkaninchen. Zool. Jb., Abt. allg. Zool., 36, 503—588 (1919).— Müller, G.: Der Einfluß der Domestikation des Silberfuchses auf seine anatomischen Merkmale. Z. Tierzüchtg 42, 281—302 (1939).

Nachtsheim, H.: Die Entstehung der Kaninchenrassen im Lichte ihrer Genetik. Z. Tierzüchtg 14, 53—109 (1929). — Mutationen und Rassenbildung bei den Pelztieren. Landw. Pelztierzucht 5, 57—68, 85—91, 113—120, 135—144 (1934). — Vom Wesen der Domestikation. Biologe 7, 321—329 (1938). — Gefangenschaftsveränderungen beim Tier — Parallelerscheinungen zu den Zivilisationsschäden am Menschen. In H. Zeiss u. K. Pintschovius: Zivilisationsschäden am Menschen, S. 1—13. München 1940.

Plate, L.: Über die Erklärung der Parallelformen von Somationen und Mutationen. Z. Abstammgslehre 68, 303—307 (1935). — Hypothese einer variabelen Erbkraft bei polyallelen Genen und bei Radikalen, ein Weg zur Erklärung der Vererbung erworbener Eigenschaften. Acta biotheor., Ser. A, 2, 93—124 (1936). — Prawochenski, R.: Chinchilla mutation in the wild hare. J. Hered. 26, 145—146 (1935).

Rawiel, F.: Untersuchungen an Hirnen von Wild- und Hausschweinen. Z. Anat. 110, 344—370 (1939). — Reinig, W. F.: Besteht die Bergmannsche Regel zu Recht? Arch. Naturgesch., N. F. 8, 70—88 (1939). — Remane, A.: Art und Rasse. Verh. Ges. phys. Anthrop. 2, 2—33 (1927). — Der Geltungsbereich der Mutationstheorie. Zool. Anz., Suppl. 12, 206—220 (1939). — Rensch, B.: Studien über klimatische Parallelität der Merkmalsausprägung bei Vögeln und Säugern. Arch. Naturgesch., N. F. 5, 317—363 (1936). — Bestehen die Regeln klimatischer Parallelität bei der Merkmalsausprägung von homöothermen Tieren zu Recht? (Eine Kritik von F. Reinigs Buch „Elimination und Selektion".) Arch. Naturgesch., N. F. 7, 364—389 (1938). — Umwelt und Rassenbildung bei warmblütigen Wirbeltieren. Arch. f. Anthrop., N. F. 23, 326—333 (1935). — Klimatische Auslese von Größenvarianten. Arch. Naturgesch., N. F. 8, 89—129 (1939). — Rubli, H.: Die Myologie des Wildschweines. IV. Beitrag zur Anatomie von Sus scrofa L. und zum Domestikationsproblem. Arch. Klaus-Stiftg 5, 391—431 (1930).

Saller, K.: Genotypus und Phänotypus, Konstitution und Rasse in ihrer Definition und ihren gegenseitigen Beziehungen. Anat. Anz. 71, 367—393 (1931). — Schäppi, E.:

Magen und Darm des Wildschweines. V. Beitrag zur makroskopischen Anatomie von *Sus scrofa* L. und zum Domestikationsproblem. Z. Anat. **95**, 326—363 (1931). — SCHINDE-WOLF, O. H.: Beobachtungen und Gedanken zur Deszendenzlehre. Acta biotheor. **3**, 195—212 (1937). — STORER, T. I. and P. W. GREGORY: Color aberrations in the pocket gopher and their probable genetic explanation. J. Mammal. **15**, 300—312 (1934). — STURTEVANT, A. H.: A new species closely resembling Drosophila melanogaster. Psyche **26**, 153—155 (1919). — The North American species of Drosophila. Carnegie Inst. Washington, Publ. **1921**, Nr 301. — Essays on evolution. I. On the effects of selection on mutation rate. Quart. Rev. Biol. **12**, 464—467 (1937). — Essays on evolution. II. On the effects of selection on social insects. Quart. Rev. Biol. **13**, 74—76 (1938). — Essays on evolution. III. On the origin of inter-specific sterility. Quart. Rev. Biol. **13**, 333—335 (1938). — SUMNER, F. B.: The rôle of isolation in the formation of a narrowly localized race of deer mice (Peromyscus). Amer. Naturalist **51**, 173—185 (1917). — Desert and lava-dwelling mice, and the problem of protective coloration in mammals. J. Mammal. **2**, 75—86 (1921). — Genetic, distributional, and evolutionary studies of the subspecies of deer mice (Peromyscus). Bibliogr. genetica **9**, 1—106 (1932). — Taxonomic distinctions viewed in the light of genetics. Amer. Naturalist **68**, 137—149 (1934).

TIMOFÉEFF-RESSOVSKY, N. W.: Über die relative Vitalität von *Drosophila melanogaster* MEIGEN und *Drosophila funebris* FABRICIUS (*Diptera, Muscidae acalypteratae*) unter ver-schiedenen Zuchtbedingungen, in Zusammenhang mit den Verbreitungsarealen dieser Arten. Arch. Naturgesch., N. F. **2**, 285—290 (1933). — Über die Vitalität einiger Gen-mutationen und ihrer Kombinationen bei *Drosophila funebris* und ihre Abhängigkeit vom „genotypischen" und vom äußeren Milieu. Z. Abstammgslehre **66**, 319—344 (1934).

WALTON, A. and J. HAMMOND: The maternal effects on growth and conformation in Shire horse — Shetland pony crosses. Proc. roy. Soc. Lond. B **125**, 311—335 (1938). — WIGGER, H.: Vergleichende Untersuchungen am Auge von Wild- und Hausschwein unter besonderer Berücksichtigung der Retina. Z. Morph. u. Ökol. Tiere **36**, 1—20 (1939). — WINGE, Ø.: The genetic aspect of the species problem. Proc. Linnean Soc. Lond. **150**, 231—238 (1938). — WOLFGRAMM, A.: Die Einwirkung der Gefangenschaft auf die Ge-staltung des Wolfsschädels. Zool. Jb., System. **7**, 773—822 (1894). — WRIEDT, CH.: Die Variation der Haustierarten in genetischer Beleuchtung. Z. Tierzüchtg **14**, 399—413 (1929). — WRIGHT, S.: Evolution in Mendelian populations. Genetics **16**, 97—159 (1931). — The roles of mutation, inbreeding, crossbreeding, and selection in evolution. Proc. VI. Intern. Congr. Genetics **1**, 356—366 (1932). — Physiological and evolutionary theories of dominance. Amer. Naturalist **68**, 24—53 (1934).

ZIMMERMANN, K.: Zur Rassenanalyse der mitteleuropäischen Feldmäuse. Arch. Natur-gesch., N. F. **4**, 258—273 (1935). — ZUBER, O.: Die Harnorgane des Wildschweines. XII. Bei-trag zur Anatomie von *Sus scrofa* L. und zum Domestikationsproblem. Inaug.-Diss. Zürich 1935. — ZÜNDORF, W.: Der Lamarckismus in der heutigen Biologie. Arch. Rassenbiol. **33**, 281—303 (1939).

Die jüngere Stammesgeschichte des Menschen [1].

Von GERHARD HEBERER, Jena.

Mit 63 Abbildungen.

I. Einleitung.

Die Geschichte des Menschen ist so alt wie die Geschichte des Lebens selbst.
Eine eigene Geschichte des Menschen beginnt erst während der Endphasen des
Tertiärs. Vor dieser uns geologisch vergleichsweise noch sehr nahen Zeit sind
weder echte Hominiden zu erwarten, noch Vorformen, die ausschließlich als
Praehominiden anzusprechen wären. Es zeigen vielmehr die bisher vorliegenden
paläontologischen Funde, daß in der zweiten Tertiärhälfte der Hominidenstamm
mit dem Stamm der Anthropomorphen zunächst noch eine Einheit bildete.

Unter jüngerer Stammesgeschichte des Menschen können verschieden lange
Abschnitte der Gesamtgeschichte verstanden werden. Hier soll darunter der
Abschnitt einbegriffen sein, der mit dem Tertär beginnt. Der Mensch ist ein
Primate und in seiner historischen Struktur nur zu verstehen im Rahmen der
Gesamtgeschichte der Primaten, die erkennbar eben mit dem Tertiär einsetzt.
Ein kurzer Rückblick aber soll im Interesse eines vollständigen historischen
Berichtes auch auf die Gesamtgeschichte geworfen werden, welche den Menschen
und die Primaten überhaupt als Säugetiere und als Wirbeltiere in ihrer phyleti-
schen Verwurzelung zeigt.

Die phylogenetische Forschung hat in jüngster Vergangenheit eine tiefgreifende Neubelebung erfahren [2]. Bewirkt wurde diese „Renaissance des Transformismus" (GUYÉNOT 1939) einmal durch bedeutende Fortschritte der Paläontologie, ganz besonders aber durch die neuen Ergebnisse der Genetik, die
ja heute in der Lage ist, das Werden der kleinen systematischen Kategorien
(Rassen und Arten) in seiner Kausalität zu erfassen. Dies hat dazu geführt,
daß die Selektionstheorie (auf der von DARWIN 1859 gelegten Grundlage) als
eine für die Rassen- und Artbildung bewiesene Theorie zu gelten hat.

Die Kontroverse Darwinismus-Lamarckismus gehört damit der Geschichte an.
Die Frage, ob der Selektionismus in seiner modernen Gestalt (vgl. TIMOFÉEFF-
RESSOVSKY 1938, DOBZHANSKY 1937) den gesamten phylogenetischen Formen-
wandel zu erklären vermag, ist experimentell nicht entscheidbar. Es läßt sich
aber wahrscheinlich machen, daß die Phylogenese auch in ihrem Gesamtablauf
ein mikroevolutives allmähliches Geschehen ist und daß größere Unterschiede
(„Typen") nicht durch ein makroevolutives Sondergeschehen (vgl. HEBERER
1940) zustande kommen. Die phylogenetische Differenzierung kann niemals
mit Typen beginnen, wie das immer wieder versucht wird wahrscheinlich zu
machen (z. B. DÜRKEN 1936).

Wenden wir dies sogleich auf die Geschichte des Menschen an, so ist nicht
zu erwarten, daß die letzte prähominide Affenform nun sogleich mit einem
Sprung, der zahlreiche Mutationen in sich bergen müßte, den Typus der

---

[1] *Herrn Professor Dr.* OTTO RECHE *zum 60. Geburtstag gewidmet.*

[2] Angriffe gegen die Abstammungslehre überhaupt brauchen hier natürlich nicht besprochen zu werden (vgl. z. B. die Diskussion zwischen DEWAR 1931, 1937 und DAVIS 1937
und die Berichte von HEBERER 1937, 1938, 1939, 1940).

Hominiden-Familie erreicht hat, sondern innerhalb dieser letzten Anthromorphenform müssen zunächst Rassen oder Arten mutativ gebildet worden sein, die sich von der Ausgangsform bzw. deren Weiterbildung in anthropomorpher Richtung durch die Erwerbung der Anfänge hominider Merkmale unterschieden. Erst allmählich wurden diese Unterschiede so stark, daß ein Systematiker eine neue Gattung aufzustellen gezwungen wäre. Von hier aus, dem letzten „Übergangsglied", wurden dann die Familienunterschiede und damit die eigentlichen Hominiden erreicht. Die Geschichte des Menschen muß genetisch in diesem Sinne beurteilt werden.

Gedankengänge, wie sie KOLLMANN (1905), BOLK (Fetalisationstheorie, 1927), SCHINDEWOLF (Proterogenese, 1928) u. a. ausgesprochen haben, sollen hier nicht diskutiert werden. Mit Recht weist MOLLISON (1932) darauf hin, daß „die Anschauung, daß der Mensch eine frühreife Form, gewissermaßen ein geschlechtsreifer Embryo sei, auf einer schiefen Auffassung der Wachstumsveränderungen des Schädels" beruht, die nicht als progonoplastisch zu deuten sind. Eine ernstere Berücksichtigung erfordern die Auffassungen DUBOIS' (1930, 1934), der an der Basis der Hominiden eine zweimalige Verdoppelung der Neuronenzahl, d. h. eine sprunghafte Hirnvergrößerung als erwiesen ansieht. Eine zusammenfassende Darstellung dieser Hypothesen hat letzthin VERSLUYS (1939) gegeben, auf die hier verwiesen sei [1]. Einige dieser Meinungen erfahren auch durch das nahezu lückenlose fossile Fundmaterial, das wir zur Zeit schon besitzen (s. unten), ihre Widerlegung (man vgl. auch hierzu die Ausführungen von ZIMMERMANN 1938, S. 87 f.). So erscheint uns heute die Menschwerdung als ein *kontinuierlicher* Prozeß, dessen Kausalität nicht mehr offene Fragen darbietet als das Werden anderer Organismen.

II. Die paläontologische Geschichte der Säugetiere.

Die Geschichte der Organismen wird graphisch veranschaulicht durch die erstmalig von HAECKEL (1866) umfassend angewendeten schematischen Darstellungen der meist hypothetischen (aber deshalb doch zum Teil sehr wahrscheinlichen) phylogenetischen Zusammenhänge, die sog. *Stamm„bäume"*. Die dabei zur Anwendung kommenden Methoden hat kürzlich LAM (1936) zusammengestellt.

Um ein Gesamtbild [2] der Geschichte der Säugetiere zu erhalten, möge in größter Kürze ein phyletisches Schema (Abb. 1) vorgelegt werden (HEBERER 1939) [3]. Das Schema beruht auf der Annahme einer grundsätzlichen Monophylie — auf die man immer wieder hingewiesen wird — im Sinne der Gastraetheorie HAECKELs (1872), obwohl nicht in Abrede zu stellen ist, daß auch andere Denkmöglichkeiten bestehen und es vielleicht keinen phyletisch einheitlichen Gastraeadenstamm gegeben hat, sondern dieser Organisationszustand auch unabhängig von den Vorfahren der Hauptstämme des Tierreiches erreicht werden konnte, wie dies CLARK (1937) kürzlich ausgeführt hat. Fest steht so viel, daß der Chordatenstamm, der paläontologisch zwar erst im Ordovicium (Untersilur) faßbar wird (vgl. Abb. 2), seinen Ursprüngen nach bis in praekambrische Zeiten zurückgeht. Wie im Laufe seiner paläontologisch belegten Geschichte, vom Ordovicium bis zur Gegenwart, die Aufgliederung des Vertebratenstammes erfolgt ist, zeigt das phyletische Schema der Abb. 2 nach ROMER (1938), in dem die gesamten paläontologischen Erfahrungen der Neuzeit eingearbeitet sind.

---

[1] Vgl. Bd. III dieses Handbuches S. 7 im Abschnitt W. ABEL, Die Erbanlagen des normalen Stützgewebes.

[2] Gesamtdarstellung der Geschichte der Organismen und Wirbeltiere bei FRANZ (1924, 1931), ABEL (1919), NAEF (1931, 1933), ROMER (1936, 1938), KUHN (1938).

[3] Ein ähnliches Schema hat kürzlich (1939) HEINTZ bekanntgegeben.

Die großen Stufen der Entwicklung zeichnen sich klar ab. Es ist von höchstem
Interesse, daß zwischen den Ordnungen an vielen Stellen generalisierte, die
Übergänge vermittelnde Formen gefunden worden sind, die wenigstens eine

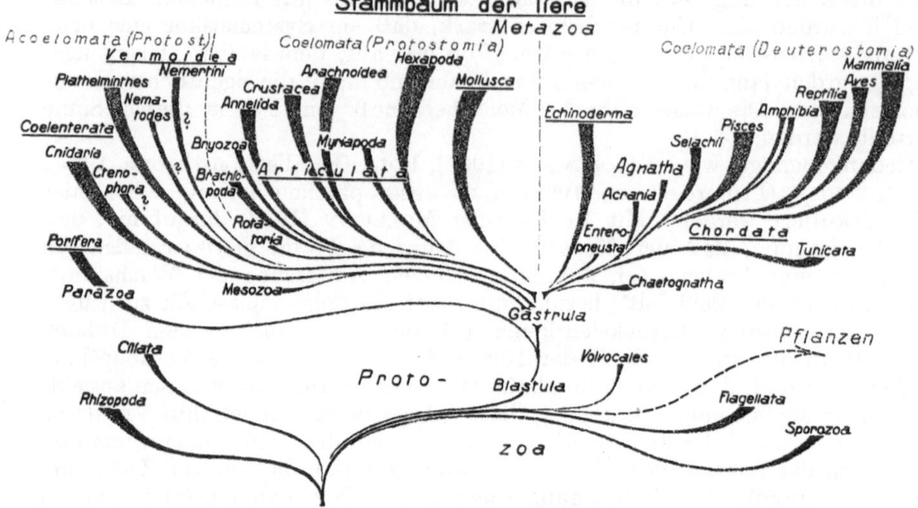

Abb. 1. Die stammesgeschichtlichen Beziehungen der Tiere. (Nach Heberer 1939.)

Vorstellung zu geben vermögen von dem Aussehen jener Übergangsformen. Daß
die *Tetrapoden* von *crossopterygier*artigen *(Rhipidistia)* Vorfahren aus entstanden
sind, kann heute kaum mehr bezweifelt werden (Gregory 1915, 1922; Watson

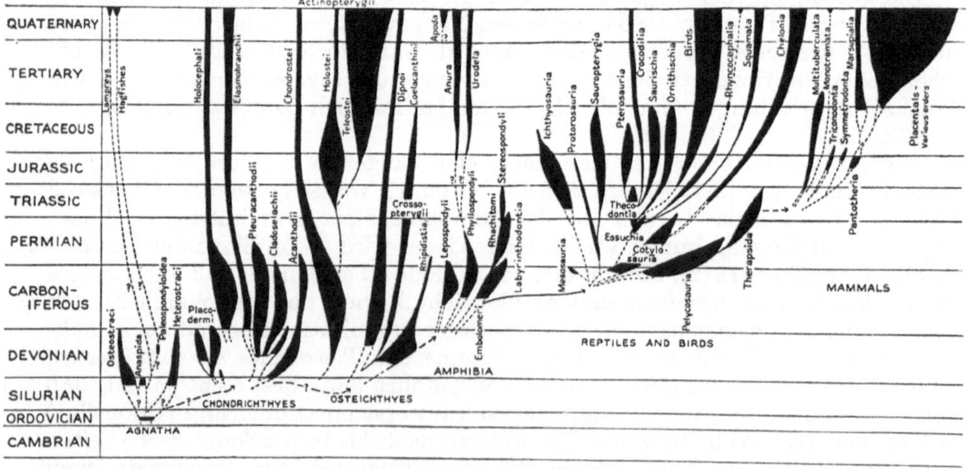

Abb. 2. Der Stammbaum der Vertebraten auf Grund neuerer paläontologischer Ergebnisse. (Nach Romer 1938.)

1919, 1926). Nur ein Hinweis: Das komplizierte Mosaik der Deckknochen
des Schädels bei den *Rhipidistia* und *embolomeren* (primitivsten) *Amphibien*
ist äußerst ähnlich. Es liegt ihm ein kompliziertes Genkomplement zugrunde,
das in seiner Zusammensetzung nicht in gleicher Weise zweimal unabhängig
erworben worden sein kann. Kürzlich hat Westoll (1938) einen Schädelfund
(Elpistostege) beschrieben, der sich zwischen Crossopterygier und stegocephale

Ichthyostegiden *(Uramphibien)* stellt. Der Anschluß der Reptilien an die Amphibien ist noch verhältnismäßig wenig geklärt. Nach WATSON sind die embolomeren Amphibien wohl als die Stammgruppe aller höheren Vertebraten anzusehen. Als primitivste Reptilienform tritt uns im unteren Perm der Cotylosaurier *Seymouria* entgegen. Diese Form aus der Gruppe der „*Stammreptilien*" *(Cotylosauria)* zeigt noch viele betonte Amphibienmerkmale, wie z. B. das geschlossene Schädeldach (WATSON 1919, ROMER 1928). An die Basis dieser Cotylosaurier lassen sich die *Pelycosaurier* anschließen (z. B. die Formen *Varanops* und *Mycterosaurus*) und an diese die „*säugerähnlichen Reptilien*" *(Therapsiden)*. Von diesen mögen erwähnt sein *Cynognathus*, *Bauria* und die *Ictidosauria*. Von ictidosaurierähnlichen Formen aus dürften dann die *Säuger* entstanden sein.

GREGORY hat mehrfach den immer wieder verbesserten Versuch gemacht, aus dem vorliegenden Fundmaterial *Stufenreihen* zusammenzustellen, die uns eine Anschauung auch von der realen Ahnenreihe vermitteln können (GREGORY 1917, 1922, 1926, 1927, 1929, 1933). Abb. 3 zeigt eine Zusammenstellung von 10 Stadien, von denen uns zunächst die Stadien I—VI interessieren. Vom Crossopterygier (I) bis zum säugerähnlichen Reptil (VI) zeigt sich eine fortschreitende Änderung der Schädelstruktur. Natürlich handelt es sich nur um eine formale und nicht um eine direkte phylogenetische Reihe. Von besonderem Interesse erscheinen die säugerähnlichen Reptilien (zusammenfassende Darstellung bei BROOM 1932, Schrifttum bei KUHN 1937). *Mycterosaurus* zeigt den Beginn der Perforation der Oberflächenknochen des Schädels, die Entstehung der Temporalgrube und des Jochbogens, ein Prozeß, der bei dem Cynodontier *Ictidopsis (Therapsida)* aus der südafrikanischen Trias so weit fortgeschritten ist, daß die Temporalgrube völlig die Säugerform erreicht hat. Man könnte glauben, bereits ein Säugetier vor sich zu haben. Der Ursprung der *echten Säuger* selbst fällt zeitlich in die Trias (Abb. 2). Als Ausgangsformen müssen kleine *Terapsiden (Ictidosauria)* gelten von einem Typus, wie er z. B. annähernd auch durch den erwähnten *Cynognathus* repräsentiert wird.

Das Tertiär, das „Zeitalter der Säugetiere", stellt nur den Abschnitt der Hauptentfaltung der Säugetiere und besonders auch des Affenstammes dar. Schon während des gesamten Mesozoikums sind die Säuger, wenn auch nur durch spärliche Funde (fast nur Zähne und Unterkiefer) kleiner maus- bis rattengroßer Formen vertreten. Man kann mit einiger Sicherheit behaupten, daß es im Mesozoikum größere Säugerformen nicht gegeben hat. Da aber zu Beginn des Tertiärs alle Hauptgruppen der Säuger vorhanden sind, muß mit ihrer Entstehung noch im Mesozoikum gerechnet werden.

Das gesamte in den Sammlungen vorhandene mesozoische Säugetiermaterial hat in neuerer Zeit SIMPSON (1928, 1929, 1930, 1935; vgl. auch WEBER 1928) zusammengestellt. Trotz der spärlichen Überlieferung heben sich doch einige Grundzüge in der mesozoischen Geschichte der Säugetiere, die ja ebenfalls die des Menschen mitenthalten muß, ab.

Die ältesten Funde aus der Trias sind spezialisierte Formen aus dem *Multituberculaten*kreis. Die *Multituberculaten* sind zu Beginn des Tertiäres nachkommenlos ausgestorben (Abb. 2). Vielleicht leben in den heutigen sehr einseitig spezialisierten *Monotremen* (Schnabeltier, Ameisenigel) noch Verwandte dieser Gruppe [1]. Im Jura treffen wir neben isoliert stehenden Sondergruppen [*Triconodonta*, *Symmetrodonat* (Abb. 2)] die vielgestaltige Gruppe der *Pantotheria* (die *Trituberculaten* i. S. OSBORNs). Es ist die phylogenetisch wichtigste Säugergruppe. Die früheste Form, *Amphitherium* (Abb. 4) aus dem Mitteljura,

---

[1] Tertiäre oder noch ältere Vorfahren der Monotremen sind bisher noch nicht bekannt geworden.

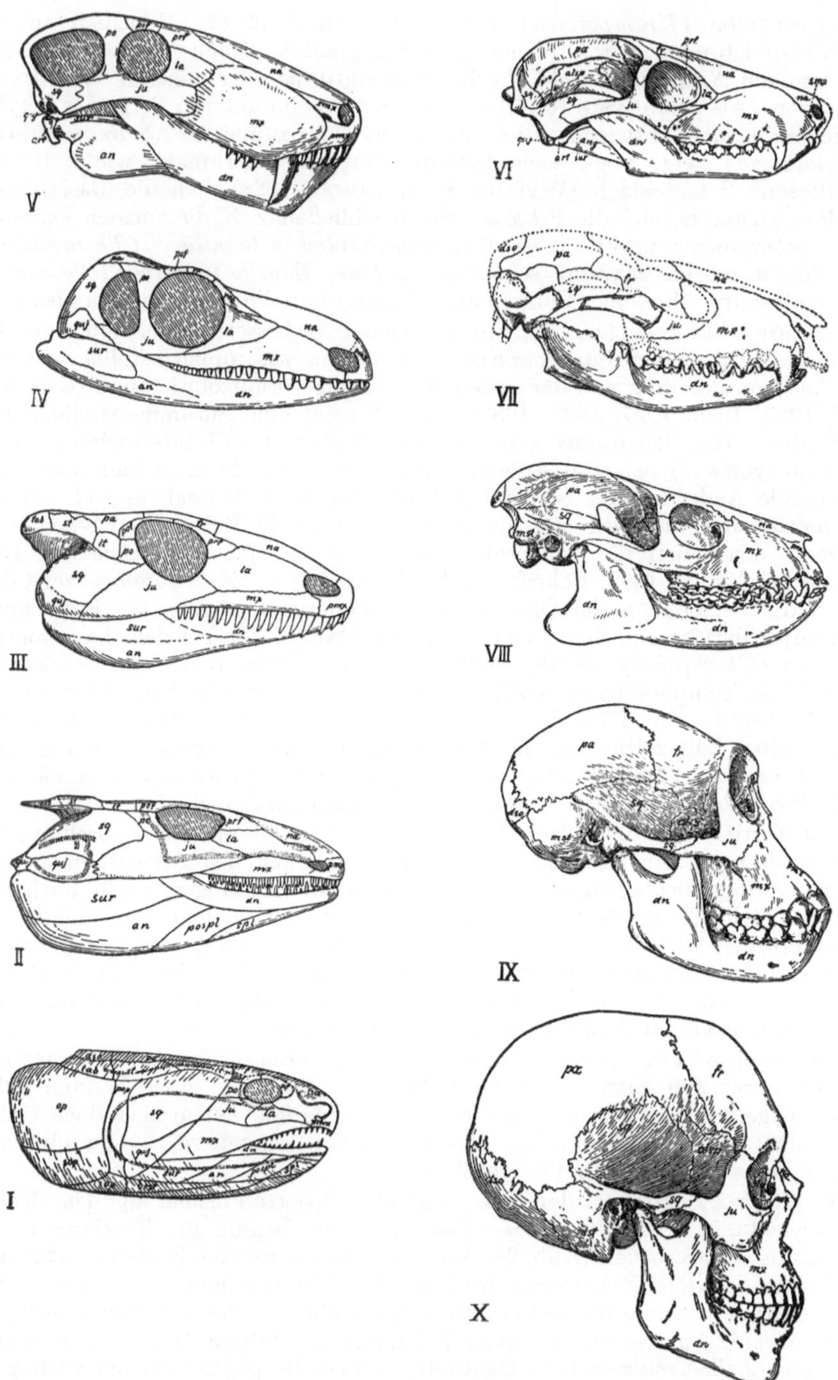

Abb. 3. Zehn Stadien aus der Entwicklung des Schädels vom Crossopterygier bis zum Menschen. I. *Rhipidopsis* (*Rhipidistia*), II. *Eogyrinus* (*Embolomera*), III. *Seymouria* (*Cotylosauria*), IV. *Mycterosaurus* (*Theromorpha*), V. *Scymnognathus* (*Gorgonopsia*), VI. *Ictidopsis* (*Cynodontia*), VII. *Eodelphis* (*Marsupialia*), VIII. *Notharctus* (*Primates*), IX. *Schimpanse*. X. *Mensch*. (Nach Gregory 1927.)

ist das älteste Säugetier, das den tuberkulosektorialen Zahnbau besitzt, Zahnformel: $I_4 C_1 P_4 M_7$ (hinsichtlich Zahnbau und Zahntheorien vgl. GREGORY 1916, ANTHONY 1935, ADLOFF 1935, VALLOIS 1936, auf Näheres kann hier nicht eingegangen werden). Der Unterkiefer von *Amphitherium*, der allein bekannt ist, zeigt einen gut entwickelten Processus angularis, der aber nicht wie bei den Marsupialiern (Beuteltiere) nach innen eingebogen ist. Sicherlich ist *Amphitherium* eine wurzelnahe Form. Es ist möglich, und SIMPSON (1935) hebt dies besonders hervor, daß, soweit von dem fragmentarischen Zustand der Funde aus geurteilt werden kann, in den *Pantotherien* die Basisgruppe für *Marsupialier* und *Plazentalier* vorliegt.

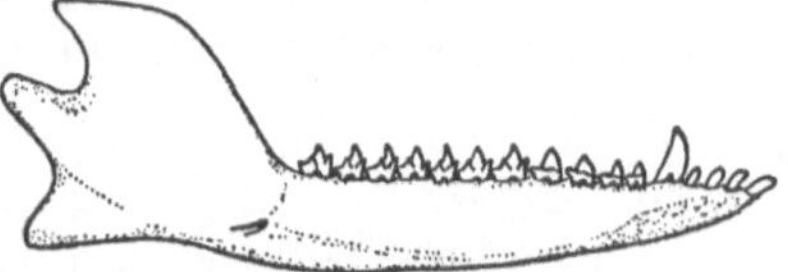

Abb. 4. Unterkiefer von *Amphitherium*
(*Pantotheria*), 2/1, Innenseite.
(Nach SIMPSON aus ROMER 1937.)

Marsupialier treten zuerst in der Oberkreide Nordamerikas auf (z. B. *Pediomys*, *Eodelphis*, Abb. 3, VII). Es sind Formen, die große Ähnlichkeit mit den heutigen *Opossums* besitzen. Die letzteren können geradezu als überlebende Kreidesäuger angesprochen werden. Aus der Vorfahrenschaft der Plazentalier aber scheiden diese Beuteltiere aus.

Das Auftreten der echten *Placentatiere* ist noch recht in Dunkelheit gehüllt. Bis in die jüngste Zeit waren überhaupt bis auf einige fragliche Zahnfunde keine sicheren Plazentalierspuren aus dem Mesozoikum bekannt geworden.

Von besonderer Bedeutung sind deshalb die Entdeckungen der Amerikaner in der Mongolei (GREGORY und SIMPSON 1926). Hier wurden in der Oberkreide (Djadochta-Formation) die Reste einwandfrei echter Plazentalier gefunden, und zwar nicht nur Zähne und Mandibeln, sondern mehr oder weniger vollständige Schädel. Erwartungsgemäß handelt es sich um Formen, die als *Insektivoren* anzusprechen sind. Die primitive Gruppe der *Deltatheriidae* mit *Deltatheridium* (Abb. 5 oben) zeigt einen Schädelbau, von dem i. S. der Hypothese MATTHEWs (1927) nicht nur die Creodonten (Urraubtiere) sich ableiten lassen, sondern es liegt in *Deltatheridium* eine Form vor, die nur wenig von dem Zustand entfernt ist, wie er für die Ahnen vieler Plazentalier und *auch der Primaten* angenommen werden muß (SIMPSON 1936, ROMER 1937). Von hier aus läßt sich eine formale Formenreihe über menotyphle Insektivoren des frühen Tertiärs, wie z. B. *Anagale* (Abb. 5, Mitte), zu einem primitiven *Lemuroiden*, wie z. B. *Notharctus*, zusammenstellen (Abb. 3, VIII, Abb. 5, unten).

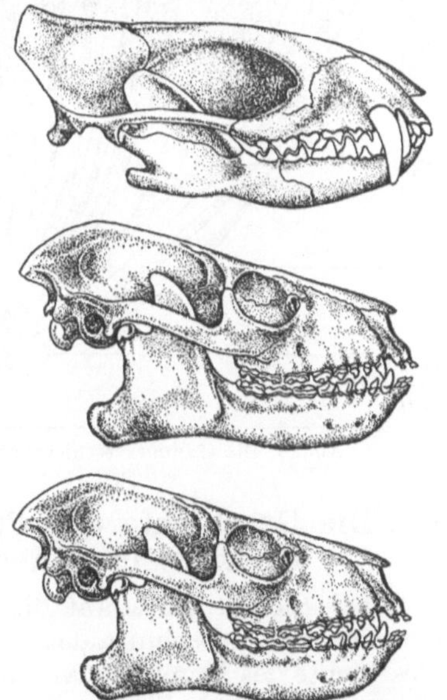

Abb. 5. Schädel mesozoischer und frühtertiärer Plazentalier. Oben *Deltatheridium*, ein Insektivor aus der Mongolei (obere Kreide). Mitte: *Anagale*, menotyphles Insektivor (Oligocän). Unten: *Notharctus*, Lemuroide (Eocän). (Zusammengestellt nach ROMER 1936.)

Zu Beginn des Tertiärs setzt dann die enorme Entfaltung des Säugerstammes — anscheinend im Zusammenhang stehend mit dem Verschwinden der Dinosaurier — ein. Das in Abb. 6 nach ROMER (1936) wiedergegebene Stammschema zeigt dies besser als eine lange Beschreibung. Mit einer Vielzahl von Wurzeln muß bereits in der Kreidezeit gerechnet werden. Aus dieser Formation sind jedoch bisher nur die beschriebenen mongolischen Insektivoren bekannt geworden.

So ist die Geschichte der Säugetiere im Verlaufe des Mesozoikums trotz der schlechten Überlieferung doch in einigen Punkten verhältnismäßig klar durchschaubar. Die Säuger waren in mehreren Gruppen vorhanden, sämtlich unscheinbar in Größe und wohl auch Lebensweise. Als Plazentalier erscheinen sie in der Oberkreide in der Gestalt, in der sie bei ihrem ersten Auftreten auch zu erwarten gewesen waren, als primitive Insektivoren.

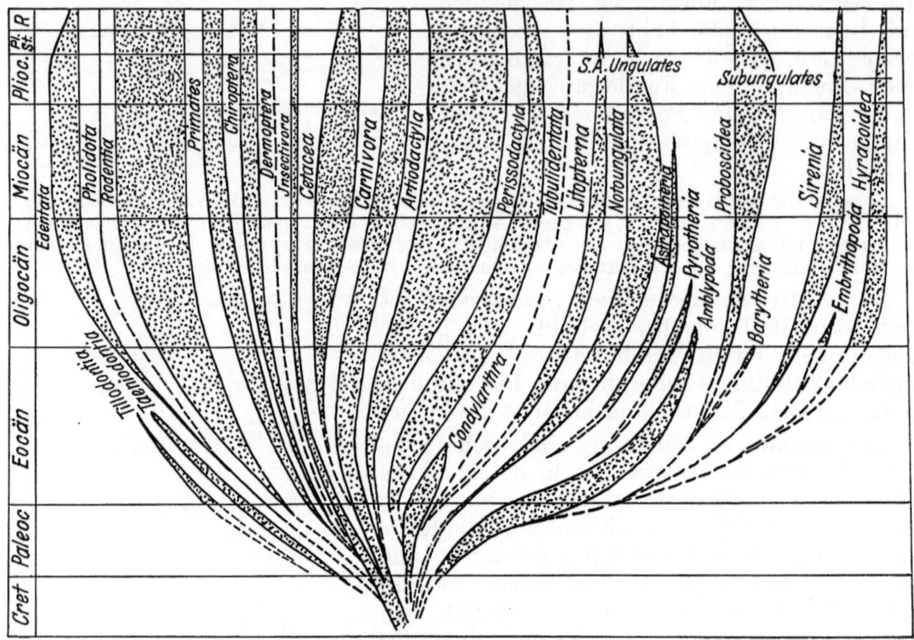

Abb. 6. Die stammesgeschichtlichen Beziehungen der Säugetiere. (Nach Romer 1936.)

III. Die Geschichte der Primaten und die stammesgeschichtliche Verwurzelung des Menschen im Primatenstamm.

Nach diesem Blick auf die Gesamtgeschichte der Säuger wenden wir uns dem jüngeren Abschnitt der Stammesgeschichte des Menschen zu, der mit der Geschichte des Primatenstammes an der Wende von der Kreidezeit zum Tertiär, also vor etwa 60 Millionen Jahren, einsetzt. Man hat *tupaja*ähnliche (Spitzhörnchen) arboricole menotyphle Insektenfresser als den phyletischen Ausgangspunkt für die Primaten angesehen. Untersuchungen von Henckel (1928)[1] am Primordialkranium der *Tupajiden* haben ergeben, daß ein engerer Anschluß dieser Gruppe an die *Insektivoren* vorhanden ist (wobei die Ähnlichkeiten mit *Tarsius* jedoch nicht übersehen werden sollten). Diese Tupajiden entsprechen allgemeingestaltlich wohl weitgehend den Ahnen der Primaten (vgl. Le Gros Clark 1934). Es gibt Funde *(Myxodectiden)*, bei denen kaum entscheidbar ist, ob man sie zu den Insektivoren oder schon zu den Primaten stellen soll. Ein sehr wertvoller Fund wurde von Weigelt (1932, 1934) als *Ceciliolemur dela saucei* aus der mitteleozänen Braunkohle des Geiseltales beschrieben. Das Geiseltal bei Halle-Merseburg hat uns schon viele wesentliche Funde zur Geschichte der Säuger und auch des Primatenstammes geliefert (über ein Dutzend

---

[1] Die stammesgeschichtliche Beurteilung der Tupajiden ist jedoch nicht einheitlich! So vertritt neuerdings Le Gros Clark (1934) wiederum die Ansicht, daß sie primitiven Primaten anzuschließen seien.

Halbaffenarten, HELLER 1930, WEIGELT 1934, 1940). Nach den Mitteilungen
WEIGELTs handelt es sich bei *Ceciliolemur* um ein winziges, ohne Schwanz nur
4 cm großes Säugetier, bei dem es fraglich erscheint, ob ein arboricoles Insektivor
mit Halbaffenbeinen oder ein Halbaffe mit Insektenfressermerkmalen vorliegt.
Sind die Vorfahren der Primaten i. S. GREGORYs baumspitzmausartig gewesen,
dann liegt in *Ceciliolemur* eine insektivorenartige Übergangsform zu den *Halbaffen* vor, die jedoch, wie WEIGELT bemerkt, schon zu ihrer Zeit als ein
überlebendes Fossil bezeichnet werden muß.

Die Sonderung der Hauptzweige der Primaten, *Lemuroidea, Tarsioidea* und *Anthropoidea* (Simoidea i. S. E. FISCHERs) muß bereits im Palaeocän vollendet gewesen sein.

Wir können zur Zeit nicht mit Sicherheit
entscheiden, an welche der alttertiären Halb-
affengruppen die eigentlichen Affen angeschlossen werden müssen. Die Meinungen
darüber sind geteilt, da sowohl primitive

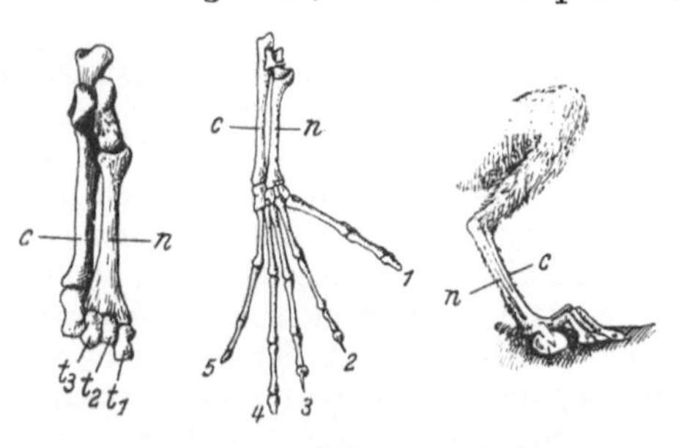

a   b

Abb. 7. *Tarsius tarsius* ERXL. a Bau der Hinterextremität. Verlängerung von Calcaneus (c) und Naviculare (n).
(Nach ABEL 1932.) b Lebensbild. (Nach einem Präparat im Zoologischen Museum Buitenzorg, Java.)

Lemuroiden, ähnlich den Gattungen *Notharctus* (Abb. 5, unten), seit GREGORYs
Monographie 1921 gut bekannt, und *Adapis,* als auch primitive *Tarsioiden*
als ancestrale Formen in Anspruch genommen werden.

Zunächst ist heute einmal die Frage eindeutig entschieden, daß die „*Tarsius*theorie", wie sie besonders im Anschluß an ältere Autoren von WOOD-JONES (1918, 1920,
1928, 1929) vertreten wurde, falsch ist. Der Mensch kann keinesfalls direkt an
primitive Urtarsier angeschlossen werden[1]. GREGORY (1922, 1927, 1928, 1930, 1934)
hat das zur Genüge ausgeführt und die phylogenetische Bedeutung der Tarsier klar
umrissen, wie dies auch von OSSENKOPP (1924) und ABEL (1931) geschehen ist.

Die fossil vorliegenden *Adapiden* (STEHLIN 1903—1916), besonders die Notharctus-
artigen, sind zwar primitiv, kommen aber aus zeitlichen und auch aus anatomischen Gründen
als Vorfahrenformen nicht in Betracht. So besitzen sie den für die madagassischen Halbaffen typischen Ohrbau, d. h. der Annulus tympanicus ist hier von der Bulla überwachsen.

[1] Die Versuche WESTENHÖFERs (1930, 1935 und ganz neuerdings 1940), den Menschen
direkt an primitive Säuger oder sogar an wasserlebende Formen anzuschließen, bedürfen
hier keiner Widerlegung. Es sei erlaubt, hier einen Ausspruch MOLLISONs (1934) anzuführen:
„Man muß sich eigentlich wundern, daß es noch immer notwendig ist, den tausendfältig
gestützten Bau klassischer Stammesgeschichte gegen die Wühlarbeit wilder Hypothesen zu
schützen." DE SNOO (1936) fordert auf Grund der anatomischen Verhältnisse der weiblichen Genitalorgane eine primäre Bipedie der Urprimaten. Er erwartet in der Kreide
bipede Formen! Auch FRECKOP (1936, 1937) hat auf Grund von Extremitätenstudien
eine primäre Bipedie versucht wahrscheinlich zu machen. Eine solche primäre Bipedie
hat nicht bestanden, sondern der Ausgangspunkt der Primaten muß eine pronograde Form
gewesen sein.

Die älteren *Plesiadapiden* des Paläocäns, die kürzlich von WEIGELT (1939) auch in Mitteldeutschland entdeckt werden konnten, sind eine aberrante Gruppe. Die Adapiden können aber als die Vorfahren der typischen Lemuriden gelten.

Die *Tarsioiden* treten schon sehr frühzeitig auf (vgl. die Zeittafel Abb. 19), sind in zahlreichen Funden in Amerika und Europa überliefert, zeigen aber bereits die Spezialisationen, die auch das einzige bis heute überlebende Relikt

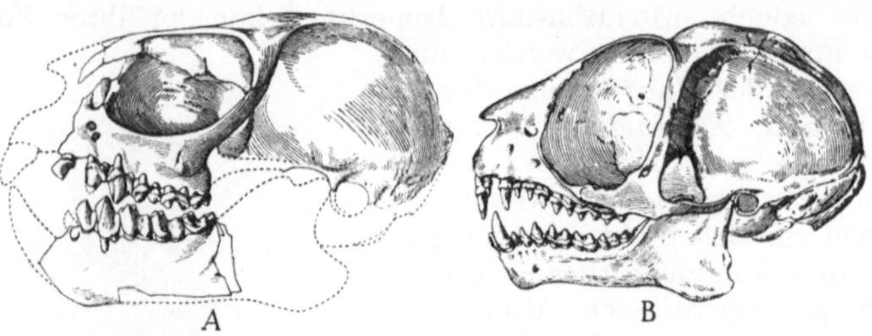

Abb. 8. Schädel von *Tetonius (Anaptomorphus) homunculus* COPE (A), nach MATTHEW aus GREGORY (1921) und *Tarsius tarsius* EXRL. (B), nach GREGORY (1921).

auf den Sunda-Inseln, *Tarsius tarsius* ERXL. (Abb. 7a und b) besitzt. Die Spezialisationen beziehen sich vor allem auf den Bau der hinteren Extremität, die als Sprungbein entwickelt ist (ABEL 1931, HENCKEL 1930). Hier haben Calcaneus und Naviculare eine Verlängerung erfahren (Abb. 7a). Auch im Bau des Schädels zeigen die fossilen Formen, wie z. B. *Tetonius (Anaptomorphus)*

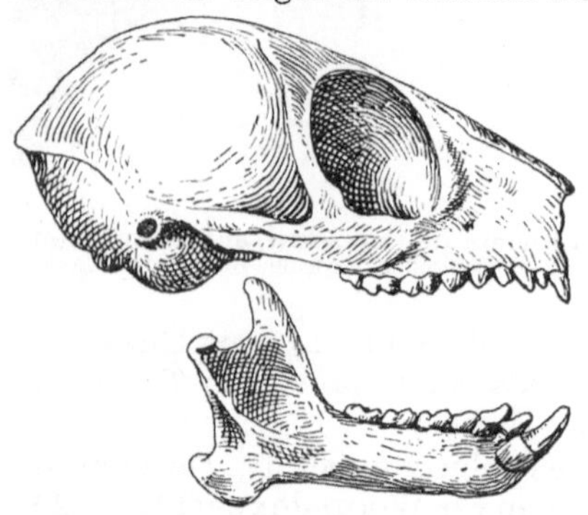

Abb. 9. Schädel von *Necrolemur antiquus* FILHOL aus den Phosphoriten des Quercy, Frankreich. (Nach STEHLIN 1916.)

homunculus COPE dieselben, ja noch extremere Differenzierungen, wie der rezente Vertreter. So zeigt der Schädel (Abb. 8) große, nach vorn gerichtete Orbitae, beginnende Trennung von Orbita und Temporalgrube, Verkürzung des Gesichtsschädels. Es spricht einiges dafür, daß die Tarsioiden sich schon seit der Kreidezeit eine eigene Entwicklungslinie bilden.

Tarsius tarsius zeigt nun in seiner Anatomie eine Reihe von merkwürdigen Anklängen an Verhältnisse, wie wir sie sonst nur bei den höheren Primaten und dem Menschen antreffen (HUBRECHT 1897, 1898, 1899; HILL 1920), so z. B. eine Scheibenplazenta. Aus diesen Gründen ist immer wieder darauf hingewiesen worden, daß in den Tarsioiden nahe Verwandte der phyletischen Ausgangsform der echten Affen zu sehen seien.

So sind die phyletischen Zusammenhänge an der Basis des Primatenstammes schwierig zu beurteilen. Ausgangsformen müssen unspezialisierte Formen von lemuroidem Habitus gewesen sein, von denen einerseits die Lemuroiden und andererseits die Tarsioiden sich entwickelten. Die Parallelitäten zwischen Tarsioiden und höheren Primaten erklären sich am besten, wenn man einen gemeinsamen Grundstock für beide Gruppen annimmt. Die Parallelitäten erscheinen dann als Homoiologien. Nach GREGORY (1921, 1930) zeigen *Necrolemur* (Abb. 9)[1] und *Microchoerus* die meisten Anklänge an die echten Affen. Der älteste echte Affenfund, *Parapithecus fraasi* SCHLOSSER aus dem Oligocän, besitzt noch Anklänge an primitiv-tarsioide Zustände. Ein *Tarsius*stadium

---

[1] Auch im Geiseltal, *Necrolemur raabi* HELLER, gefunden.

aber i. S. der *bekannten* fossilen und rezenten Tarsioiden haben die Affen und damit auch der Mensch nicht durchlaufen [1]. Es mußte hier auf die Tarsierfrage etwas näher eingegangen werden, da eine „Tarsiustheorie" heute noch gelegentlich vertreten wird. Man vergleiche die „Tarsiusdiskussion" (MAC BRIDE 1919 und ASHLEY-MONTAGNE 1930).

Auch die Frage des Ursprunges der Platyrrhinen (Neuweltaffen) wird widerspruchsvoll beurteilt. Zweifellos hängen Catarrhinen und Platyrrhinen genetisch zusammen.

Die Geschichte der letzteren ist nur sehr lückenhaft bekannt (BLUNTSCHLI 1913) [2]. Man versucht nun (GREGORY), sie an amerikanische Lemuroiden (Adapiden, Notharctusartige wie *Aphanolemur*) anzuschließen. Lemuroiden aber können nicht in eine nähere Verwandtschaft oder Ahnenschaft mit den Catarrhinen gebracht werden, mit denen die Platyrrhinen dagegen einen ursprünglichen Zusammenhang besitzen müssen.

Die Geschichte der *Catarrhinen (Altweltaffen)* und damit auch die des Menschen beginnt überlieferungsgemäß im unteren Oligocän. Als erste und primitivste Catarrhinenform tritt uns *Parapithecus fraasi* SCHLOSSER aus den fluviomarinen Schichten des Fayum (Ägypten) entgegen (Abb. 10). In einem halbaffenartigen Kiefer findet sich ein Gebiß, das im Bau seiner Molaren anthropomorphenartig ist (SCHLOSSER 1908, MOLLISON 1924, 1933). Daß *Parapithecus* als direkter Vorfahr der *Anthropomorphen* in Anspruch genommen werden kann, ist nicht sehr wahrscheinlich. Es spricht dagegen die halbaffenartige Differenzierung der Schneide- und Eckzähne, worauf MOLLISON hingewiesen hat. Hinsichtlich der Einzelheiten im Bau des Gebisses sei auf GREGORY (1922) verwiesen, auch was die später zu nennenden Formen betrifft. *Parapithecus* kann aber von einer ancestralen Catarrhinenform nicht stark abweichen, als einen Anthropomorphen (WERTH 1919) darf man ihn jedoch noch nicht bezeichnen.

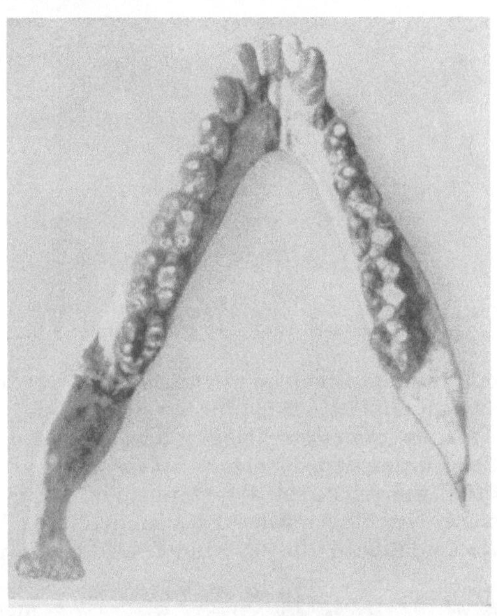

Abb. 10. Unterkiefer von *Parapithecus fraasi* SCHLOSSER. $2^1/_2 \times$. (Nach MOLLISON 1924.)

Neben anderen Funden aus dem Fayum ist besonders *Propliopithecus haeckeli* SCHLOSSER (SCHLOSSER 1908, MOLLISON 1924, 1932), der sich an *Parapithecus* anschließen läßt, wichtig. Wir haben in diesen leider nur aus einigen Kieferfragmenten bestehenden (Abb. 11 und 12) Funden nun zweifellos einen *Anthropomorphen* vor uns. Beziehungen besitzt er einmal zu späteren miocänen Formen wie *Prohylobates* und *Pliopithecus*, die bereits als *Gibbons* (Hylobatiden) bezeichnet werden können, wenn sich dieses Urteil auch nur auf die Form der

---

[1] GREGORY stellt (1921) folgende *formale* Stadien („From fish to man") zusammen: 18. Stadium: primitiv protarsioider Typus, 19. Stadium: progressives Tarsioidenstadium *(Necrolemur)*, 20. Stadium: Supertarsioidenstadium *(Parapithecus)*. Man vergleiche auch die Stammbäume von SONNTAG (1924), KEITH u. a., auch MOLLISON 1932, hier S. 607 abgedruckt.

[2] Die Theorien AMEGHINOS (vgl. AMEGHINO 1913—1917) sind restlos zusammengebrochen.

Zähne und den Bau der Kronen der Molaren stützen kann. Gibbons sind auch
durch Extremitätenfunde (*Paidopithecus*, das sog. „Eppelsheimer Femur",
Gieseler 1926) belegt. Die Hylobatidenlinie ist seit dem Oligocän selbständig.
Propliopithecus zeigt auch eine Reihe von Eigentümlichkeiten, die für Beziehungen zu den höheren Anthropomorphen zu sprechen scheinen. Ob man
allerdings *Propliopithecus* direkt in die Hominidenlinie setzen kann, wie das
verschiedentlich geschehen ist, erscheint trotz allem zweifelhaft. Der stammesgeschichtliche Wert des bedeutsamen Fundes wird dadurch nicht beeinträchtigt.

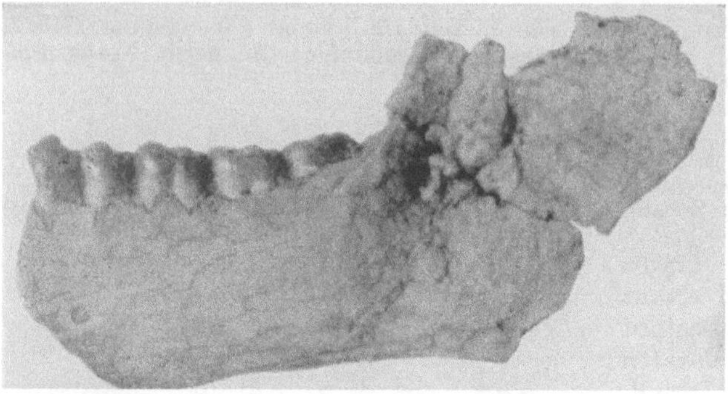

Die zeitlich nächsten Funde treten uns erst im Miocän entgegen,
und zwar klar erkenn-bar zunächst als echte *cercopithecideAffen* (z.B.
Mesopithecus pentelicus Wagn.[1] und *Lybipithecus markgrafi* Stromer),
die sich zum Teil an rezente Formen an-schließen. Ob die Cer-

Abb. 11. *Propliopithecus haeckeli* Schlosser. Unterkiefer mit Prämolaren
und Molaren. $1^1/_2 \times$. (Nach Mollison 1924.)

copitheciden schon im Alttertiär sich von der gemeinsamen Catarrhinenwurzel
getrennt haben, was durch einen Fund aus dem Fayum nahegelegt wird
(*Apidium phiomense* Osborn), ist eine offene Frage. Kürzlich hat Ehrenberg
(1938) unter dem Namen *Austriacopithecus* Extremitätenreste aus dem Miocän
Niederösterreichs beschrieben, die Merkmale höherer Anthropomorphen mit
solchen von Cercopitheciden vereinen. Das braucht allerdings nicht zu bedeuten,
daß im Miocän die Trennung beider Gruppen noch nicht durchgeführt war,
denn es können auch intermediäre For-men existiert haben.

Die *Anthropomorphen* erscheinen im Miocän mit einem großen Formenreich-
tum. Es ist die Blütezeit der menschen-ähnlichen Großaffen. Unter ihnen finden sich Formen, die zum Teil selb-ständig sind, zu einem großen Teil aber

Abb. 12. Zahnreihe (linke Prämolaren-Molaren) im
Unterkiefer von *Propliopithecus haeckeli* Schlosser.
$2 \times$. (Nach Mollison 1924.)

Beziehungen in Richtung der heutigen Großaffen erkennen lassen. So steht
z. B. *Palaeosimia rogusidens* Pilgrim (Mittelmiocän der Sivalikhills, Indien) zum
Orang-Utan, der zuerst im Oberpliocän der Sivalikhills erscheint, in Beziehung.
Die Abtrennung des Orangzweiges von den übrigen Anthropomorphen dürfte
schon im mittleren Miocän erfolgt sein (s. unten). Der altbekannte *Dryopithecus
fontani* Lartet aus dem Pariser Becken (Miocän) und, um noch eine Form anzuführen, *Dryopithecus frickae* Brown (Unterpliocän der Sivalikhills) zeigen Verbindungen zum *Gorilla*.

Es würde zu weit führen, alle diese Funde hier im einzelnen zu betrachten[2].
Es kommt vielmehr darauf an, diejenigen namhaft zu machen, die in die Hominidenlinie gehören oder doch in die nächste Nähe dieser Linie gestellt werden

---

[1] Schon von Gaudry (1864) als erster fossiler Affe beschrieben.
[2] Schrifttum: Abel (1928, 1931, 1934), Branco (1898), Gregory (1916, 1921, 1922,
1926), Gregory und Hellmann (1926, 1938), Lewis (1937), Mollison (1924). Pilgrim
(1915, 1919), Remane (1920), Schlosser (1901, 1902, 1910), Schwalbe (1908, 1923) u. a.

müssen. Es ist dies besonders die mitteleuropäische *Dryopithecusgruppe*, wie sie vorliegt in den Zahnfunden aus den Bohnerzen der schwäbischen Alb (Unterpliocän) und die heute als *Dryopithecus suebicus* KOKEN oder im Sinne ABELS als *Dr. germanicus* zusammengefaßt werden. Auch aus Afrika (Kenya) ist ein solcher — wohl miocäner Fund — bekannt geworden: *Proconsul africanus* (HOPWOOD 1933), der mit den europäischen Dryopitheciden große Ähnlichkeit besitzt. Die süddeutschen *Dryopithecus*zähne sind derart menschenähnlich, daß sie verschiedentlich für echte Menschenzähne gehalten worden sind. Abb. 13 zeigt einen oberen linken (a) und einen unteren (b) Molaren von *Dryopithecus suebicus*. In der Einfachheit der Kronenstruktur übertreffen die Zähne die des Schimpansen und gleichen sich dadurch dem Menschen an[1]. Wir werden später bei der Besprechung der Bezahnung von *Sinanthropus pekinensis* auf die Zähne der Dryopitheciden nochmals zu sprechen kommen. Jetzt mag allgemein noch

folgendes gesagt werden: Die Dryopitheciden des schwäbischen Unterpliozäns müssen der Hominidenlinie sehr nahe gestanden haben. Sie können nicht weit von der Stelle entfernt sein, die der Gabelung in die Hominiden einerseits und Gorilla und Schimpanse andererseits entspricht. Sie weisen deshalb insbesondere zu dem Schimpansen Beziehungen auf (REMANE 1921). Es ist vom Standpunkt auch des Genetikers völlig eindeutig, daß engste phyletische Verbindungen bestanden haben müssen,

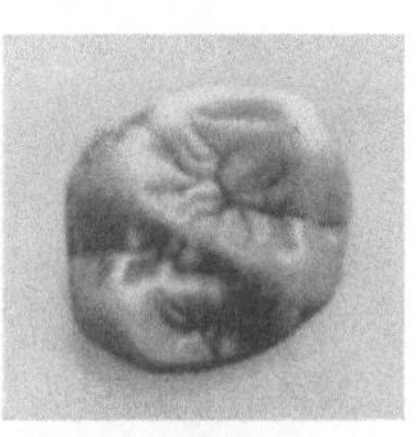

a   b

Abb. 13. *Dryopithecus suebicus* KOKEN (= *D. germanicus* ABEL). a Linker oberer Mahlzahn. b Rechter unterer Mahlzahn. 3 ×. (Nach MOLLISON 1924.)

da nicht angenommen werden kann, daß sich dieser typische Zahnkronenbau („*Dryopithecus*muster" im Sinne GREGORYs) ohne irgendeinen gemeinsamen genetischen Ausgangspunkt mehrmals entwickelt haben könnte.

Aus den Kenntnissen, die wir nun aus neuester Zeit über das Gebiß des *Sinanthropus* besitzen (s. unten), läßt sich wahrscheinlich machen, daß die Dryopitheciden schon vor der Trennung von Gorilla - Schimpanse und Mensch phyletisch eigene Linien bildeten. Mit Recht aber sagt ABEL (1931): „Wenn auch vielleicht keine einzige der bisher bekannten Dryopithecusarten in der direkten Ahnenreihe des Menschen liegen sollte, so haben wir doch in diesen Überresten ein Bild von der allgemeinen Organisation dieser Ahnen, die von der der effektiven Vorfahren der Hominiden kaum sehr verschieden gewesen sein können", zumal ja auch nach unseren heutigen Kenntnissen es richtig erscheint, den Vorfahren des Menschen bedeutend kräftigere Eckzähne, als er sie gegenwärtig besitzt, zuzuschreiben. Treten doch in jugendlichen Kiefern von *Sinanthropus* Diastemen auf[2].

Auf alle diese durch die *Dryopithecus*gruppe aufgeworfenen Fragen haben nun die Anthropomorphenfunde aus Südafrika ein neues und hochbedeutsames Licht geworfen.

Der erste Fund wurde schon 1924 bei Taungs (Betschuanaland) gemacht und von DART (1925) als *Australopithecus africanus* beschrieben. Es handelt sich um den zu einem großen Teil erhaltenen Schädel eines jugendlichen Anthropomorphen von etwa 5 Jahren, dessen bedeutende Menschenähnlichkeit

---

[1] ABEL (1902, 1931, 1934) hält *Dryopithecus darwini* ABEL (Wiener Becken) für am menschenähnlichsten.

[2] Von ADLOFF (1939) wird das Vorhandensein diastemaähnlicher Zahnlücken in jugendlichen Sinanthropusunterkiefern jedoch *nicht* im Sinne einer phylogenetischen Remineszenz gedeutet. Die Begründung ADLOFFs bedarf ernstlicher Beachtung.

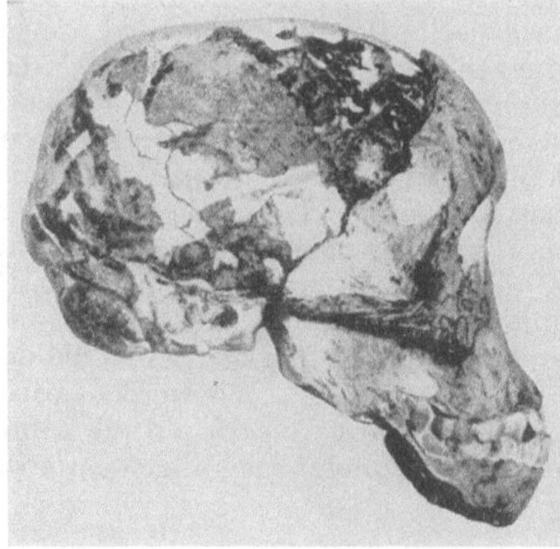

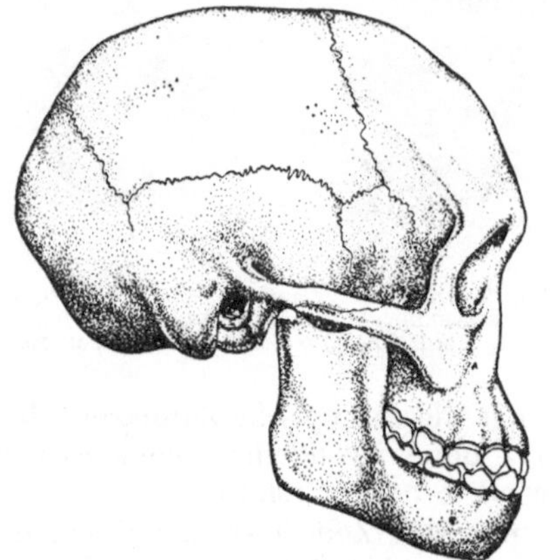

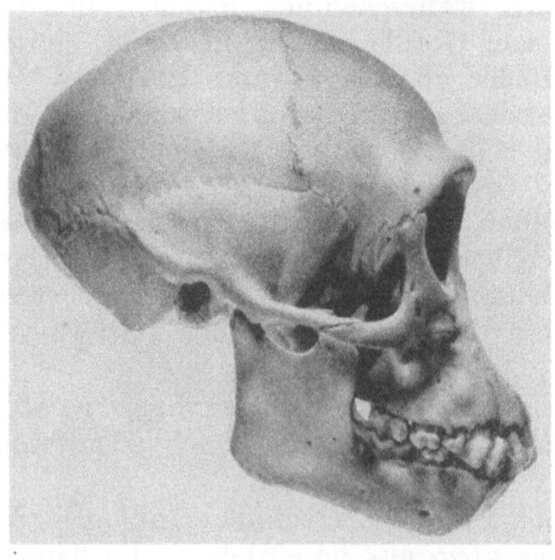

von Anfang an betont worden ist und die durch die fortschreitende Untersuchung des Stückes (Gehirn, Zahnbogen, Milchzahnstruktur) immer stärker hervortrat (Broom 1925, 1937, 1938). Adloff (1939) bemerkt, daß man die Zähne ohne weiteres als Menschenzähne beurteilen müßte, hätte man sie allein gefunden. So handelt es sich bei *Australopithecus* um den menschenähnlichsten Affen, der bekannt geworden ist, wohl mit anatomischen Eigenheiten (W. Abel 1931), aber mit deutlicher Hinneigung zum Schimpansen. Abb. 14 zeigt den Schädel und seine Rekonstruktion im Vergleich mit einem jugendlichen Schimpansen. Von dem Lebensbild vermittelt uns wohl eine Vorstellung die in Abb. 15 wieder-

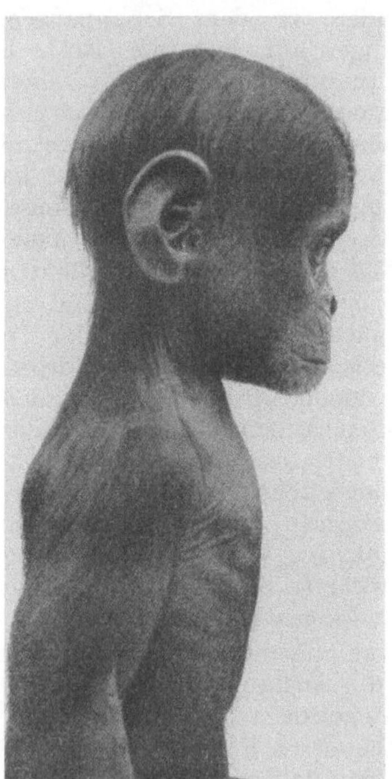

Abb. 14. *Australopithecus africanus* Dart. Oben: Der Fund. Mitte: Rekonstruktion nach Romer (1936). Unten: Jugendlicher Schimpanse. (Nach Gieseler 1936.)

Abb. 15. Schimpansenkleinkind. Aufgenommen von H. Lang, Kongoexpedition des amerikanischen Museums. (Aus Naef 1933.)

gegebene, von Lang aus dem Kongogebiet mitgebrachte Aufnahme eines Schimpansenkindes[1].

____
[1] Allen: Bull. Amer. Mus. N. H. **1925.**

Die neueste Zeit (1936—1938) hat nun wesentliche Neufunde gebracht (BROOM 1936, 1937, 1938, 1939). Es sind die Funde von Sterkfontein und Kromdraai (Transvaal). Von den Fundstücken von Sterkfontein·wird hier das 1938 geborgene Bruchstück einer Maxilla vorgeführt (Abb. 16). Die Reste, zuerst ebenfalls als *Australopithecus (transvaalensis)* bezeichnet, nennt BROOM jetzt

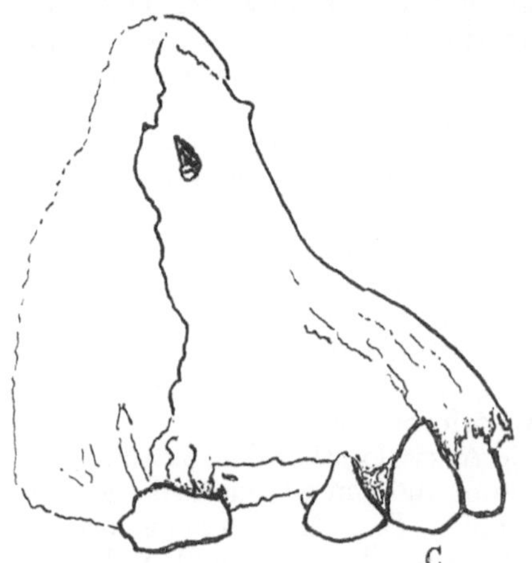

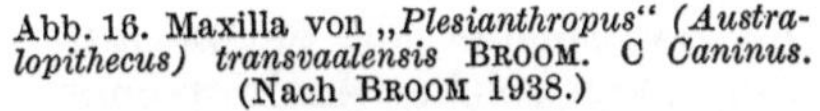

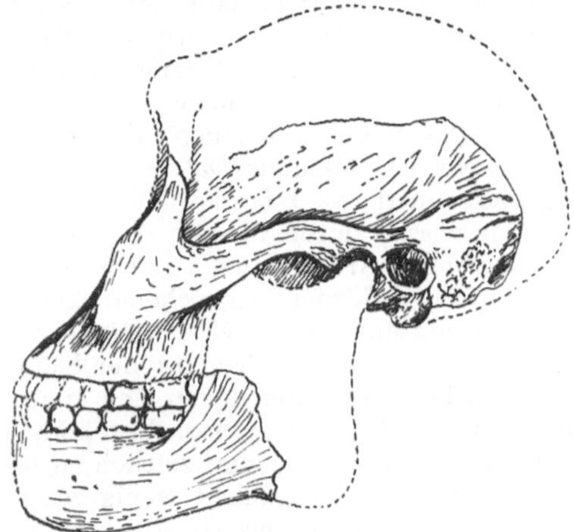

Abb. 16. Maxilla von „*Plesianthropus*" *(Austra-lopithecus) transvaalensis* BROOM. C *Caninus*. (Nach BROOM 1938.)

Abb. 17. Schädel von Kromdraai, „*Paranthropus*" *(Australopithecus) robustus* BROOM. (Nach BROOM 1938.)

„*Plesianthropus*", der Fund von Kromdraai (Abb. 17) wird als „*Paranthropus*" *robustus* bezeichnet. Es soll durch diese Namengebung die außerordentliche Menschenähnlichkeit dieser Primatenreste betont werden. Da es sich aber zweifellos um anthropomorphe Affen und nicht um Hominiden handelt, muß diese Namengebung abgelehnt werden. Die Funde gehören mit dem von Taungs

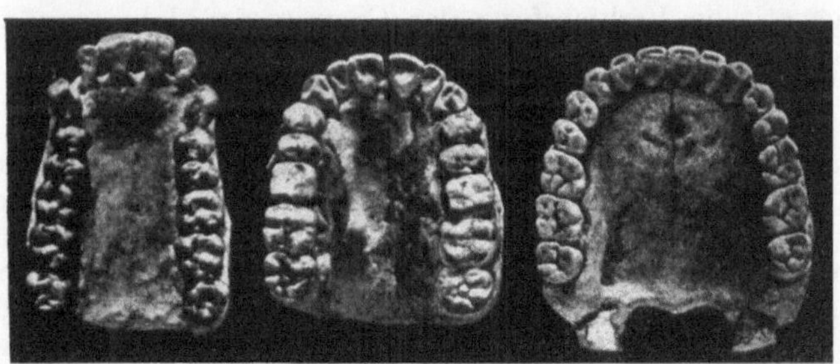

Abb. 18. Die Zahnbogen der Oberkiefer von *Sivapithecus* (links), *Plesianthropus* (Mitte) und *Homo heidelbergensis* (Rekonstruktion des Oberkiefers). (Nach GREGORY und HELLMANN 1939.)

eng zusammen, so daß für alle die Gattungsbezeichnung *Australopithecus* zutreffender sein würde. Was bieten nun die neuen Funde für Eigentümlichkeiten ? Gehirn- und Gesichtsteil der Schädel zeigen schimpansoide Formen. Gebiß und Zahnbogen aber sind z. T. sehr menschlich. Der Caninus ist nicht größer als beim Menschen und überragt kaum die Zahnreihe. Diastemen fehlen. Die Molarenreihen sind nicht parallel gestellt. Kürzlich haben GREGORY und HELLMANN (1939) nach dem Studium der Originale den Zahnbogen des Oberkiefers von „*Plesianthropus*" rekonstruiert. Den Vergleich mit dem pliozänen *Sivapithecus* und dem nach dem Unterkiefer rekonstruierten Zahnbogen des Oberkiefers von *Homo heidelbergensis* (Abb. 48) zeigt Abb. 18. Es ist ersichtlich, daß *Plesianthropus* tatsächlich einen den menschlichen Verhältnissen stark angenäherten Zahnbogen besitzt. Dazu treten noch weitere menschenähnliche Merkmale dieser „near men". So die Gelenkung des Unterkiefers in einer ausgesprochenen Fossa mandibularis, wie sie die Anthropomorphen sonst nicht besitzen. Die Ohröffnung liegt wie beim Menschen unter der Verlängerung des Jochbogens (Abb. 17). Die Lage der Condylen läßt darauf schließen, daß die Haltung der Tiere aufrechter war als die der heutigen Anthropomorphen. Broom hält Bipedie für gesichert. Die Kapazität betrug etwa 600 ccm. „*Paranthropus*" erreichte ungefähr die Größe eines weiblichen Gorillas. Zeitlich gehören die Australopitheciden in das Pleistocän. Genauere Zeitbestimmungen sind bislang nicht möglich. Broom vertritt folgende Datierungen: *Australopithecus africanus* unteres, *transvaalensis* mittleres, *robustus* oberes Pleistocän.

Wir wissen durch diese bedeutsamen Funde, daß während des Diluviums im südlichen Afrika eine Gruppe schimpansenähnlicher Menschenaffen lebte mit großen Gehirnen, menschenartigem Gebiß und Kiefergelenkung und vielleicht schon aufrechtem Gang. Phylogenetisch müssen sie sich von Vorformen des Tertiäres ableiten, die in ihrem allgemeinen Habitus nicht viel anders gewesen sein werden, und unter denen sich auch die Vorform der Hominiden befunden haben kann. Diese Vorform selbst können die Australopitheciden jedoch nicht vertreten. Sie sind einmal zeitlich zu jung, zum anderen ist Südafrika als Ursprungsland der Menschheit wenig wahrscheinlich. Die Untersuchung des Gebisses von *Sinanthropus* (Weidenreich 1937), also eines Hominiden, legt es außerdem sehr nahe, daß der Mensch sich von Formen ableitet, die ein *primitiv* anthropomorphenartiges Gebiß besaßen (s. unten). Von solcher Anthropomorphengrundlage aus ist die für den Menschen typische Einfachheit des Zahnbaues anscheinend mehrfach parallel erworben, wie das die schwäbischen Bohnerzdryopitheciden und die Australopitheciden Afrikas zeigen.

Damit ist über alle wesentlichen Funde aus der Geschichte der Menschenaffen und Menschen berichtet worden. Die Gesamtgeschichte der Primaten seit ihrem Beginn im unteren Tertiär gibt das Schema Abb. 19 im Überblick wieder. Auf eine genetische Verknüpfung der Gruppen ist dabei zunächst noch verzichtet. Sie wird später erfolgen (vgl. Abb. 26—29, 46).

Es ist nunmehr die Frage des Anschlusses der Hominiden selbst an die Anthropomorphen näher zu prüfen. Immer wieder ist, beginnend mit den klassischen Ausführungen Huxleys (1863), Haeckels (1866 und später, besonders 1874, 1895, 1908 1910,) und Darwins (1871) auf vergleichend morphologischer Grundlage der enge Anschluß an die Menschenaffen vertreten und begründet worden. In der Folgezeit und Gegenwart geschah dies unter anderem besonders von Macnamara (1905), Schwalbe (1908, 1923), Wiedersheim (1908), Klaatsch (1911, 1912), Mollison (1910, 1924, 1933), Gregory (1922, 1927, 1930, 1934, 1938), Weinert (1925, 1932, 1938), Abel (1918, 1928, 1931), Weidenreich (1922, 1924, 1931, 1934) und Schultz (1930, 1931, 1933, 1936, 1937).

Das *allgemeine* Ergebnis ist eindeutig: Der Mensch muß in die nächste Nähe der Anthropomorphen gestellt werden und hat ein primitives phylogenetisches Menschenaffenstadium durchlaufen. Die wenigen Autoren, die einen engeren phylogenetischen Anschluß an die Menschenaffen nicht glauben vertreten zu können (in Deutschland Westenhöfer 1930, 1935, 1940, der einen Zusammenhang mit den Primaten überhaupt ablehnt, und Adloff 1931, 1932, 1934, 1937, 1939, der sich wiederholt auf Grund seiner Gebißstudien gegen ein Anthropomorphenstadium ausgesprochen hat), werden diesen Ergebnissen nicht gerecht, die mit der Fossilüberlieferung in bestem Einklang stehen.

Es würde den Rahmen dieser Darstellung weit überschreiten, wenn nun auch eine Schilderung der *vergleichend-morphologischen* Beziehungen des Menschen

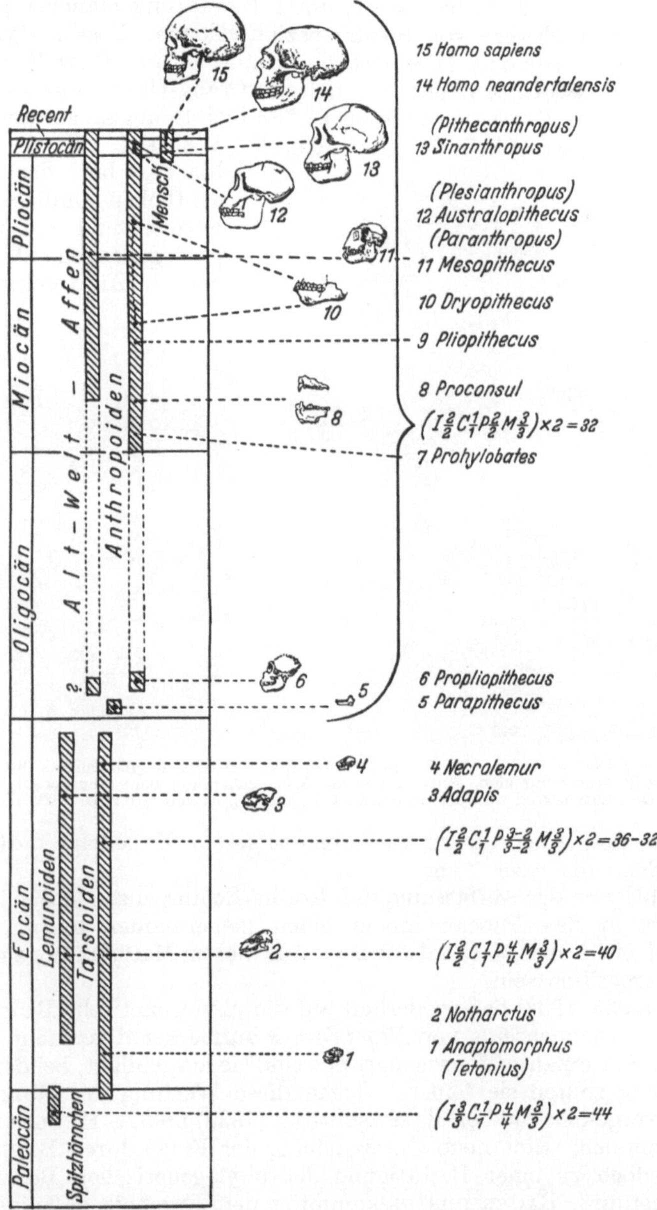

$$\left(I\tfrac{2}{2}C\tfrac{1}{1}P\tfrac{2}{2}M\tfrac{3}{3}\right)\times 2 = 32$$

$$\left(I\tfrac{2}{2}C\tfrac{1}{1}P\tfrac{3-2}{3-2}M\tfrac{3}{3}\right)\times 2 = 36-32$$

$$\left(I\tfrac{2}{2}C\tfrac{1}{1}P\tfrac{4}{4}M\tfrac{3}{3}\right)\times 2 = 40$$

$$\left(I\tfrac{3}{3}C\tfrac{1}{1}P\tfrac{4}{4}M\tfrac{3}{3}\right)\times 2 = 44$$

Abb. 19. Das zeitliche Auftreten der Primaten. Nr. 6, 12, 13, 14 sind Rekonstruktionen. (Nach GREGORY und HELLMANN 1938, ergänzt und verändert nach HEBERER 1939.)

zu den heute lebenden Anthropomorphen gegeben würde. Es wird deshalb auf das angeführte Schrifttum verwiesen und hier nur auf einige wichtige und besonders bezeichnende Punkte kurz eingegangen.

Die *phyletische Beurteilung der höheren Primaten: Hylobatiden, Anthropomorphen (Orang, Gorilla, Schimpanse) und der Hominiden*, läßt sich heute in vieler Hinsicht sicher durchführen. Danach sind von der gemeinsamen Stammlinie zuerst die Hylobatiden abgezweigt, unter Bewahrung mancher primitiver Merkmale und unter Erwerb von Sonderspezialisationen. Fossile Hylobatiden sind schon frühzeitig bekannt (*Prohylobates*, Untermiocän; *Pliopithecus*, Obermiocän; *Paidopithecus*, Unterpliocän). Auch der Orang-Utan (*Simia satyrus* L.) ist ein Sonderzweig (*Palaeosimia* im Miocän). So bleibt ein gemeinsamer Stamm für Gorilla, Schimpanse (Abb. 20) und Mensch. Weinert hält es für angebracht, bei der außerordentlichen Ähnlichkeit dieser Formen und um ihre enge phylogenetische Verbundenheit zum Ausdruck zu bringen,

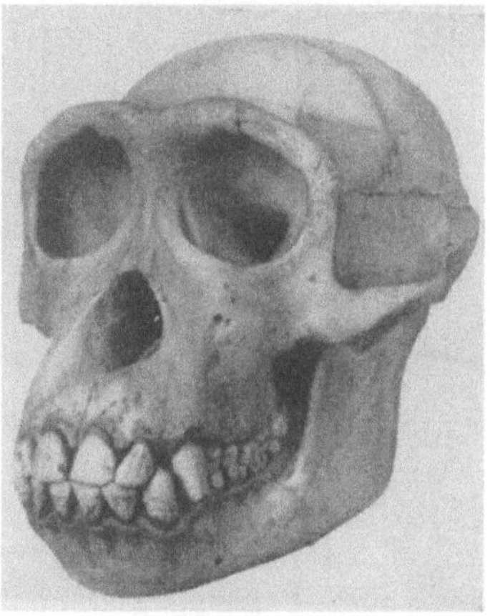

Abb. 20. Schädel von Gorilla (links) und Schimpanse (rechts), erwachsene Männchen. Die Sonderheiten der Schädelbildung (Supraorbitalregion, Entwicklung der Knochenkämme) hängen unter anderem ab vom Cerebralisationsgrad und der absoluten Körpergröße. (Nach Mollison 1933.)

sie unter einer Sonderbenennung zusammenzufassen. Er schlägt dafür die Bezeichnung „*Summoprimates*" vor.

Die Berechtigung der Auffassung, daß Gorilla-Schimpanse-Mensch im Miocän und wohl bis in das Pliocän hinein einen gemeinsamen Stamm bildeten, läßt sich durch ein großes Material stützen. Aus diesem Material möge wenigstens einiges herausgegriffen sein.

Weinert (1925, 1932) hat wiederholt auf die phylogenetische Bedeutung des Fehlens oder Vorhandenseins von *Frontalsinus* aufmerksam gemacht (Abb. 21). In der Gorilla-Schimpanse-Menschengruppe sind sie ausgebildet, bei den Gibbons und dem Orang sollten sie fehlen. Gegen diese Wertung des Weinertschen „Stirnhöhlenvergleichs" haben Kleinschmidt (1933) und A. H. Schultz (1936) Stellung genommen. Eine neue Untersuchung der Frage durch Bauermeister (1939) hat jedoch zu einer Bestätigung der phylogenetischen Bedeutung der Stirnhöhlen geführt. Bauermeister kommt zu dem Ergebnis, daß eine Pneumatisierung des Frontale zwar bei allen Anthropomorphen und auch beim Gibbon möglich ist, es stellte sich aber dabei heraus, daß die Prozesse, die zur Ausbildung von Stirnhöhlen bei Orang und Gibbon führen, grundlegend von der Bildungsweise bei Gorilla, Schimpanse (wo Stirnhöhlen regelmäßig vorkommen) und Mensch abweichen. So erfolgt beim Orang die Stirnbeinpneumatisierung, die sich stets in geringen Grenzen hält, durch einen Fortsatz der Kieferhöhle.

Beim Gibbon ist es die Keilbeinhöhle, die einen Processus in das Frontale entsenden kann. Beim Schimpansen liegen dagegen die Verhältnisse wie beim Menschen. Es besteht eine „Verbindung zum Infundibulum direkt oder zu den vorderen Siebbeinzellen". In menschlicher Ausprägung kommt das Siebbeinlabyrinth nur noch dem Schimpansen zu. Der Gorilla hat kein Siebbeinlabyrinth. Die stark entwickelten Stirnhöhlen (Abb. 21) stehen hier in direkter Verbindung mit der Nasenhöhle.

So besteht eine bedeutende Ähnlichkeit der Höhlenbildung zwischen Mensch und Schimpanse und etwas entfernter Gorilla. Die gleiche genetische Grundlage ist unverkennbar, und im Zusammenhang mit den zahlreichen anderen Befunden kann es nicht zweifelhaft sein, daß die „Summoprimates" im Sinne Weinerts einheitlich zu beurteilen sind.

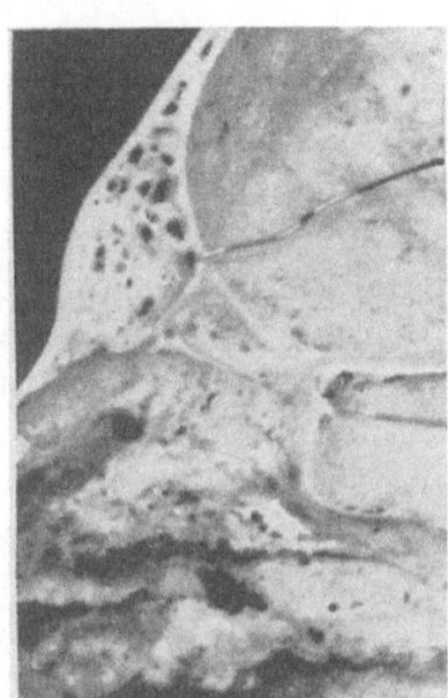 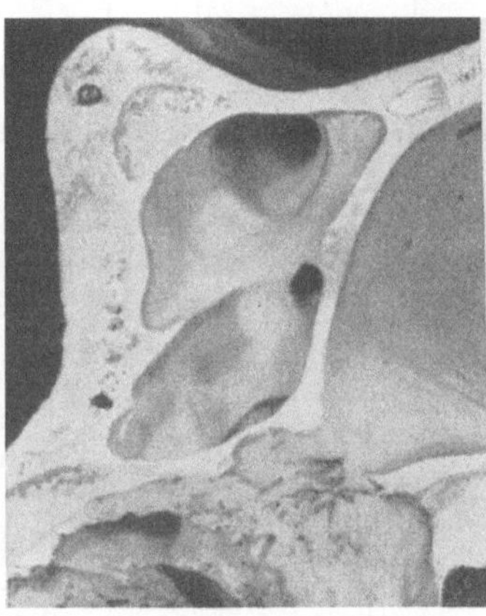 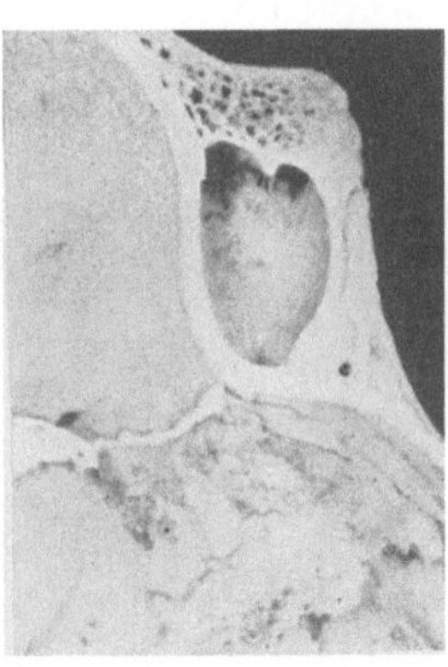

a   b   c

Abb. 21 a, b und c. Sagittalschnitte durch die Stirnregionen von Gibbon *(Symphalangus syndaktylus)* (a), Gabun-Gorilla (b) und Schimpanse (c). (Nach Bauermeister 1939.)

Das geht nun besonders eindrucksvoll auch aus physiologischen Daten hervor, wie solche in jüngster Zeit vorwiegend von Mollison (1924, 1934, 1936, 1938; Mollison und v. Krogh 1936) und von v. Krogh (1936, 1937, 1938) mit modernen Methoden (Ausbau der Präzipitinreaktion) erarbeitet worden sind. Diese Untersuchungen haben ergeben, daß das *Arteiweiß des Blutes* sich aus Einheiten aufbaut, die Mollison Proteale nennt. Die Proteale sind zu Komplexen (Molekülen) vereinigt. Im Verlaufe der Stammesgeschichte erfolgt mit der morphologischen Differenzierung eine chemische Epigenese durch Erwerb neuer und durch Verlust alter Proteale[1]. Die Eiweißkomplexe höher differenzierter Arten müssen deshalb größer sein. Mollison hat durch Filtrationsversuche hierfür den Nachweis erbringen können. Die Präzipitinreaktion fällt um so stärker aus, je größer die Zahl der gemeinsamen Protelale ist (niedere Primaten-Orang-Schimpanse-Mensch). Setzt man Präzipitation (abhängig von den Protealen) und chemische Ausfällung (abhängig von der Eiweißkonzentration) in Beziehung, so erhält man den *serochemischen Quotienten* (Mollison). Der serochemische Quotient nimmt mit der Differenzierung der Arten zu. Durch gegenseitige Reaktionen ist es möglich, die Prozentsätze gemeinsamer Proteale zwischen den verglichenen Formen (Abb. 22) festzustellen (Näheres bei v. Krogh 1937). So zeigt z. B. der Mensch infolge Neuerwerbs zahlreicher Proteale nur einen geringen Prozentsatz von mit dem Orang gemeinsamen Protealen. Beim

______

[1] Die neuesten Untersuchungen Mollisons zeigen, daß in der Ontogenese ebenfalls eine chemische Epigenese erfolgt, die als biogenetischer Parallelismus zur Stammesgeschichte zu deuten ist.

Orang dagegen ist der Prozentsatz der mit den Menschen gemeinsamen Protealen fast doppelt so groß. Von zwei Arten hat also die weniger entwickelte Form die gemeinsamen Proteale in größerer Menge.

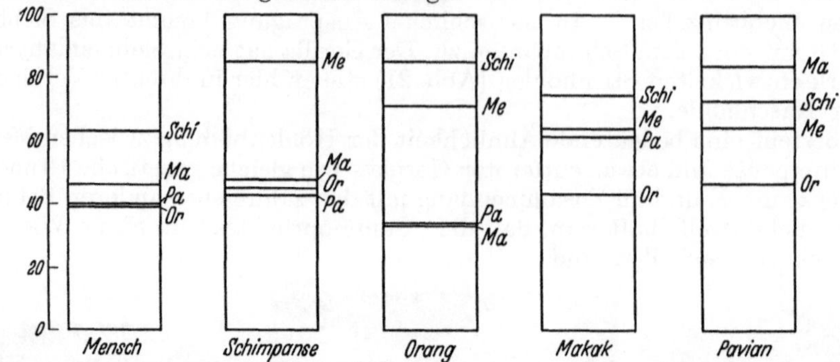

Abb. 22. Gegenseitige Protealanteile bei Mensch (Me), Schimpanse (Schi), Orang (Or), Makak (Ma) und Pavian (Pa). (Nach v. Krogh 1937.)

Diese Unterschiede sind als Maße der stammesgeschichtlichen Entfernung anzusprechen. Leider ist der Gorilla noch nicht genügend untersucht. Präzipitinreaktion, serochemischer Quotient und die gegenseitigen Reaktionen zeigen *stets den Schimpansen als den nächsten menschlichen Verwandten*. In großem Abstand erst folgen der Orang und die niederen Primaten. Es ist die Vorstellung völlig unmöglich, daß die komplizierten identischen Eiweißmoleküle im Blute des Schimpansen und des Menschen unabhängig voneinander entstehen könnten.

Die Ähnlichkeiten im Blutaufbau zwischen Mensch und Menschenaffe gehen aber noch weiter, als dies durch die soeben dargestellten Verhältnisse zum Ausdruck kommt. Sie beziehen sich auch auf die *Blutgruppen* (Weinert 1931, 1935, 1937; Reche 1938). Bei Menschen und Menschenaffen finden sich dieselben Blutgruppen. Mit verfeinerter Technik (gereinigte Agglutininlösungen, vgl. Dahr 1936, 1937, 1939) ließ sich zeigen, daß bei Schimpansen das Agglutinogen A oder die Blutgruppe O vorkommt, die Orangs gehören der Blutgruppe B,

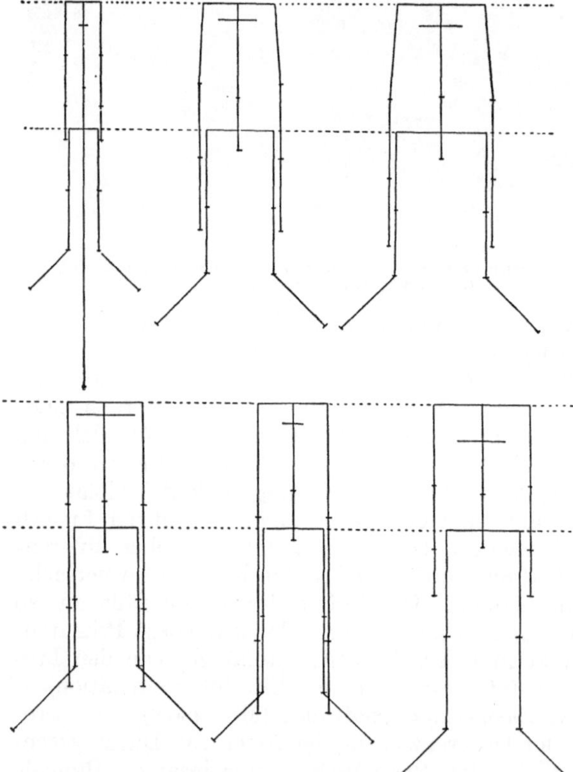

Abb. 23. Proportionsdiagramm verschiedener Primaten. Gleichsetzung der vorderen Rumpflänge. Obere Reihe von links nach rechts: Cercopithecus, Schimpanse, Gorilla. Untere Reihe: Orang-Utan, Hylobates, Mensch. (Nach Mollison 1933.)

seltener A an, entsprechend sind bei Schimpansen und Orangs die Agglutinine α

bzw. β vorhanden[1]. Von Interesse ist, worauf Reche hingewiesen hat, daß die Agglutinogene der niederen Affen gegen die menschlichen A und B abgrenzbar sind. „Der Mensch ist mit den Menschenaffen *sehr nahe blutsverwandt*" (Reche 1938).

Ein gutes Bild von den Beziehungen, die innerhalb des Primatenstammes vorhanden sind, und zugleich auch ein Bild der ökologischen Verhältnisse der verschiedenen Formen vermittelt das Studium der Körperproportionen, über die wir seit Mollison (1910) und durch die neueren Arbeiten von A. H. Schultz (1924, 1926, 1927, 1930, 1931, 1936, 1937), die auch die embryologischen Verhältnisse ausführlich berücksichtigen, gut Bescheid wissen. Damit wird zugleich auch ein Beispiel für die unter den Primaten vorhandenen großen Unterschiedlichkeiten gegeben. Bedingt durch den aufrecht-bipeden Gang, haben sich beim

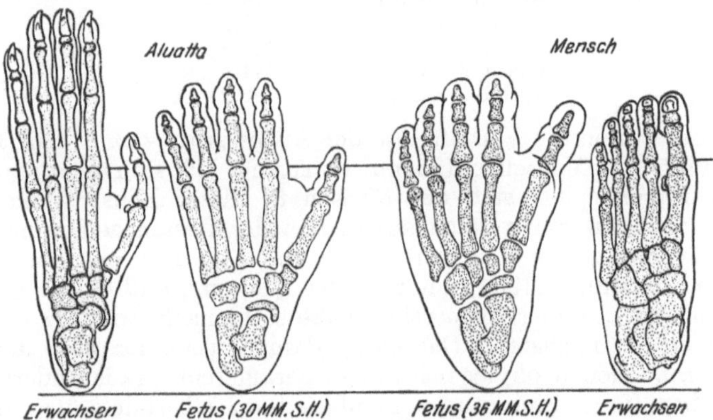

Abb. 24. Form der Füße bei einem niederen Affen *(Alouatta seniculus)* und beim Menschen im fetalen und erwachsenen Zustand. (Nach Schultz aus Saller 1930.)

Menschen spezifische Sonderverhältnisse herausgebildet. Hinsichtlich seiner Proportionen bildet der Mensch daher eine Eigenform (Abb. 23). Der aufrecht-bipede Gang ist von einem Hangelerstadium oder von dem Zustand eines quadrupeden Springers aus (Schwalbe 1923) erworben worden. Mollison hat besonders darauf aufmerksam gemacht, daß hierfür die heutigen Großanthropomorphen, die Hangeler (Schwingkletterer) sind, mit ihren gelegentlichen Aufrichtungsversuchen noch ein Beispiel bieten. Niedere pronograde Affen richten sich nicht auf. Die Erwerbung der bipeden Fortbewegung ist in einer Zone des Waldschwundes erfolgt. Hier müssen Mutabilität und langanhaltende Ausleseprozesse schließlich zu der aufrechten Haltung und den hiermit korrelierten anatomischen Umbildungen, wie Verkürzung der vorderen, Verlängerung der hinteren Extremitäten und deren Gliederungsverhältnisse, Bau des Fußes (Weidenreich 1922) — der menschliche Fuß ist aus einem Greiffuß hervorgegangen, wie ein solcher auch noch embryonal angelegt wird (Abb. 24) —, Haltung des Kopfes (Weidenreich 1924), Verkürzung der Wirbelsäule, Lendenlordose, Promontorium, transversalelliptischer Thoraxquerschnitt u. a. geführt haben. Auch die Größenzunahme des Gehirnes und die Reduktion des Gebisses

---

[1] Bisher wurden untersucht: 96 Schimpansen, 4 Gorillas (alle A), 22 Orangs. A und B, und entsprechend α und β können bei Mensch und Anthropomorphen als identisch angesehen werden. Die Anthropomorphen zeigen also eine regelmäßige Blutgruppenbildung wie der Mensch. Dahr (1939) macht auch Angaben über die Eigenschaften M und N. Sie zeigen sich um so menschenähnlicher, je näher die systematische Verwandtschaft zum Menschen ist. Nach Dahr erfolgte die Differenzierung der Faktoren M und N nach, die von A und B vor der stammesgeschichtlichen Aufspaltung.

sind auf die primäre Erwerbung des aufrechten Ganges zurückzuführen (Mollison 1933)[1].

Die niederen pronograden Catarrhinen zeigen sich in ihren Körperproportionen verhältnismäßig einheitlich (Beispiel *Cercopithecus*, Abb. 23). Von dieser Grundlage aus sind innerhalb der höheren Primaten die Verschiebungen der Proportionen in verschiedenem Grade erfolgt, so daß heute zwischen den Tieraffen und Menschenaffen eine scharfe Trennung besteht. Für den Intermembralindex (Verhältnis der vorderen zur hinteren Extremität) der mutmaßlichen Ausgangsform der höheren Primaten, verglichen mit dem rezenten Menschen und den Anthropomorphen (einschließlich *Hylobates*) lassen sich nach Martin (1928) und Saller (1930) folgende Zahlen angeben:

Ausgangsform	90
Rezenter Mensch	78
Schimpanse	107,2
Gorilla	116,9
Orang Utan	144,6
Hylobates	148,2

Ohne Zweifel weisen die Verhältnisse der *Körperproportionen* dem Menschen eine Stellung unter den Menschenaffen an. Allerdings läßt sich nicht entscheiden, welchem Anthropomorphen sich der Mensch in dieser Hinsicht am meisten nähert. Nach der Auffassung Mollisons ist in der Gesamtheit seiner Proportionen auch hier wiederum der Schimpanse die dem Menschen am nächsten stehende Form. Schultz (1934) neigt zu der Meinung, daß es der Gorilla sei. In etwa einem Drittel seiner Proportionsmaße steht nach Schultz der Mensch den Hylobatiden am nächsten. Das hängt damit zusammen, daß der Mensch eine Anzahl Proportionen phylogenetisch in geringerem Grade änderte, als die großen Menschenaffen. Einen zusammenfassenden Überblick über die innerhalb der Großprimaten herrschenden absoluten Proportionsverhältnisse gewährt die von Schultz (1934) ausgeführte wertvolle vergleichende Darstellung, die hier in Abb. 25 wiedergegeben wird.

Weiter können die morphologisch-physiologischen Beziehungen innerhalb der Großprimaten und die daraus möglichen Schlüsse im einzelnen nicht diskutiert werden.

Die phylogenetische Verknüpfung des Menschen mit seinen primitiven Anthropomorphenvorfahren findet seinen graphischen Ausdruck in der Konstruktion von Beziehungsschemen, den sog. *Stammbäumen* (s. oben S. 585). Ein Vergleich dieser im modernen Schrifttum vorhandenen Stammschemata zeigt, daß man durchwegs die monophyletische Entstehung des Menschen vertritt. Von der Grundlage der vergleichenden Anatomie (z. B. Vallois 1929) und der heutigen Genetik aus beurteilt, ist die Herausbildung der für die Hominiden charakteristischen Merkmalskombination in ihrer Spezifität ein einmaliger Vorgang gewesen. Es ist auf das Äußerste unwahrscheinlich (Fischer 1936), daß dieselbe Genkombination zweimal in der gleichen Zusammensetzung entstanden sein könnte. Es wird deshalb hier nicht auf die älteren polygenistischen Hypothesen, wie die von Klaatsch (1910), eingegangen oder in eine weitere Besprechung der bereits auf Grund der Fossilfunde abzulehnenden Versuche, den Menschen als einen Sonderzweig zu betrachten (Wood-Jones, s. oben, Westenhöfer, s. oben) eingetreten, da eben auch aus genetischen Gründen eine phyletische Isolierung des Menschenstammes von den Anthropomorphen unmöglich ist[2].

---

[1] Zur Stellung des Menschen innerhalb der Primaten vergleiche auch die älteren, aber heute noch sehr wertvollen Ausführungen von Klaatsch (1911, 1912).

[2] Völlig indiskutabel sind natürlich die Versuche, den Menschen als eine *absolut* isolierte Sonder„schöpfung" hinzustellen (Dewar 1937, Widerlegung bei Davies 1937).

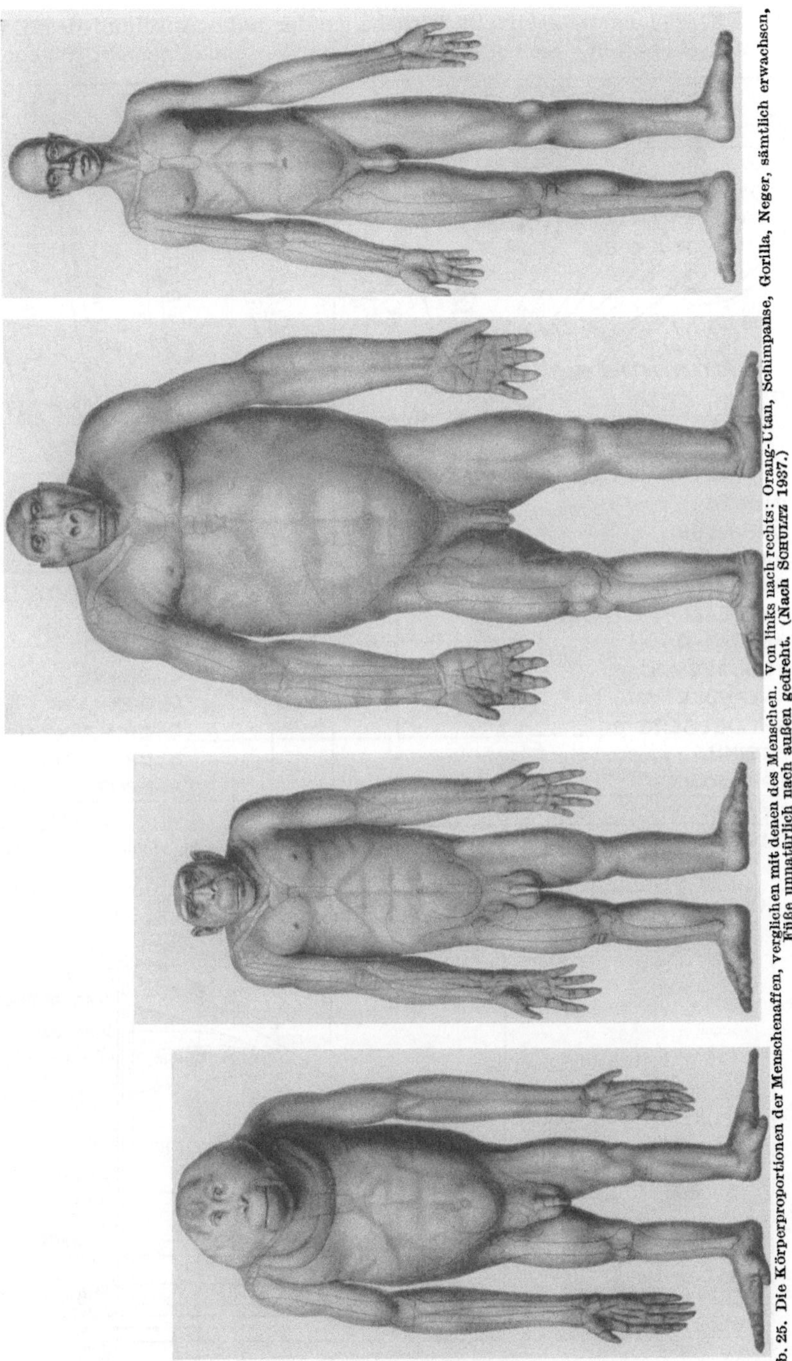

Abb. 25. Die Körperproportionen der Menschenaffen, verglichen mit denen des Menschen. Von links nach rechts: Orang-Utan, Schimpanse, Gorilla, Neger, sämtlich erwachsen, Füße unnatürlich nach außen gedreht. (Nach SCHULTZ 1937.)

Ebenfalls gleichartig beurteilt wird heute der nahe Anschluß des Menschen an die Menschenaffen. Gemeinsame Wurzeln werden allgemein angenommen.

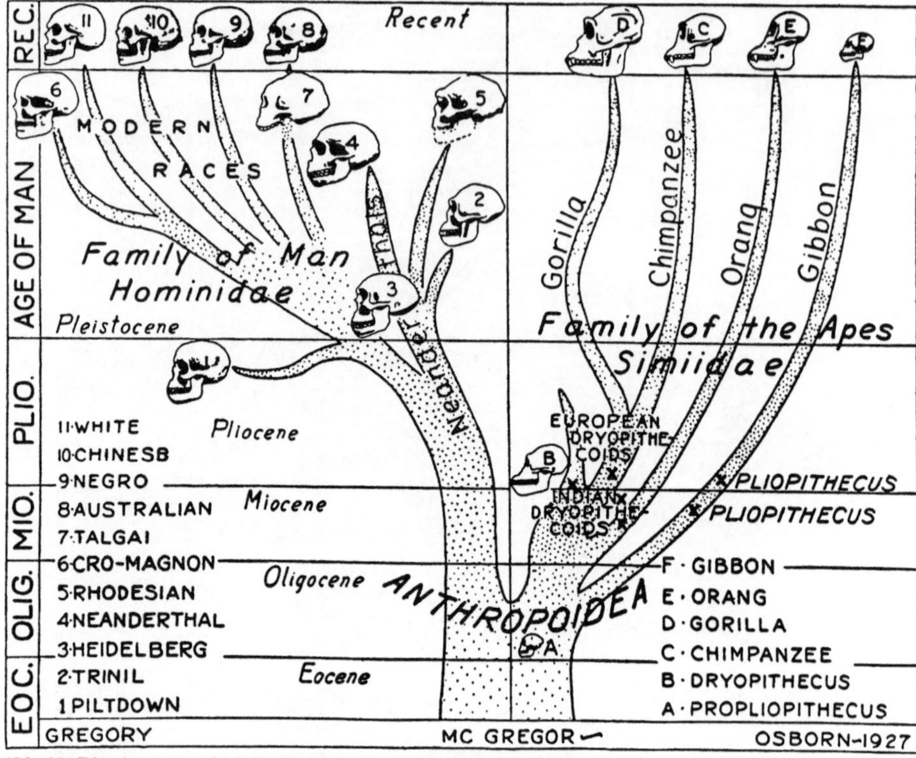

Abb. 26. Die stammegeschichtlichen Beziehungen der Menschen und Menschenaffen. (Nach Osborn 1927.)

Unterschiede bestehen jedoch in der Art der Auffassungen der speziellen Natur dieser Verwurzelung. Es lassen sich, allgemein gesehen, zwei Hauptrichtungen

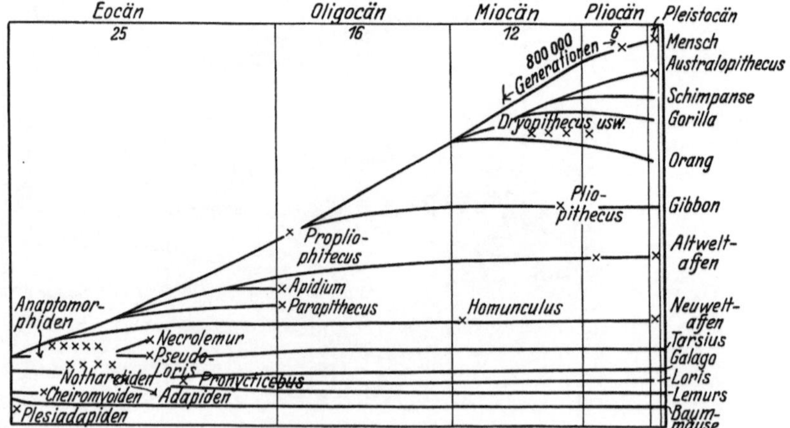

Abb. 27. Die phyletischen Beziehungen der Primaten nach Gregory (1927). (Aus Saller 1930.)

gegenüberstellen. Die eine Richtung, wie sie besonders von anglo-amerikanischen Forschern vertreten wird, schiebt die Trennung des Menschen vom Anthropomorphenstamm tief in das Tertiär hinein. So verlegen z. B. Osborn (1927,

1930) und KEITH (1931) die Trennung bis in das Oligocän zurück. Und doch muß auch hier schließlich ein primitives gemeinsames Anthropomorphenstadium angenommen werden. Mit Recht hat sich besonders GREGORY (z. B. 1927) gegen eine so frühe Isolierung, wie sie von OSBORN vertreten wurde, gewandt. Im ausländischen Schrifttum ist auch vielfach die Anschauung verbreitet, daß eine

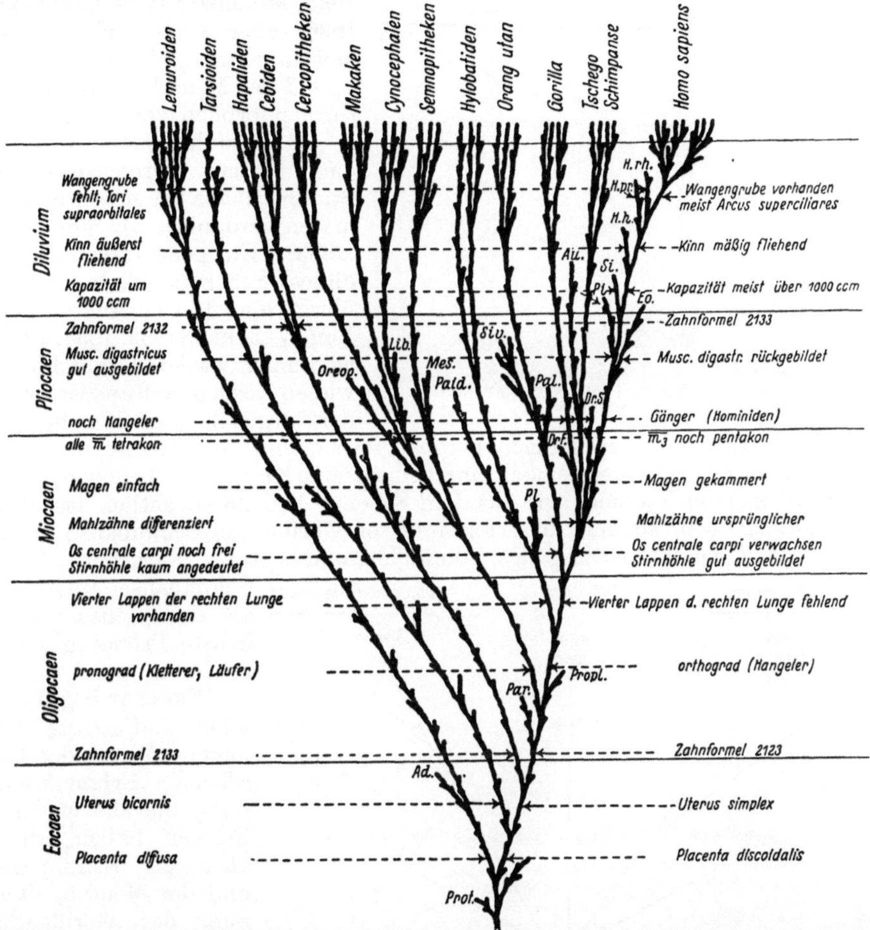

Abb. 28. Stammschema der Primaten. Ad. *Adapis*, Au. *Australopithecus*, Dr.s. *Dryopithecus suebicus*, Eo. *Eoanthropus*, H.h. *Homo heidelbergensis*, H.pr. *Homo primigenius (neandertalensis)*, H.rh. *Homo rhodesiensis*, Lib. *Libypithecus*, Mes. *Mesopithecus*, Oreop. *Oreopithecus*, Paid *Paidopithecus*, Pal. *Palaeopithecus*, Par. *Parapithecus*, Pi. *Pithecanthropus*, Pl. *Pliopithecus*, Propl. *Propliopithecus*, Prot. *Protadapis*, Si. *Sinanthropus*, Siv. *Sivapithecus*. (Nach MOLLISON 1933.)

Aufgliederung der Großanthropomorphen erst dann erfolgte, als der Menschenstamm bereits isoliert war (OSBORN a. a. O., LE GROS CLARK 1934, 1935, SCHULTZ 1930, 1933, 1936, SONNTAG 1924, KEITH 1931 und auch GREGORY 1927).

Diese Auffassungen (1. früher Ansatz der Abtrennung des Menschen vom Affenstamm und 2. Aufgliederung der Großanthropomorphen erst nach Abgliederung der Hominidenlinie) werden in Abb. 26 und 27 durch zwei Beispiele veranschaulicht. Das Schema OSBORNs zeigt außerdem den Gorilla als die dem Menschen nächste Form (ebenso bei KEITH, SCHULTZ, SONNTAG, LE GROS CLARK a. a. O.), während bei GREGORY der Schimpanse dem Menschen am nächsten steht. Weitgehend gleichartig ist jedoch das Urteil über die Stellung des *Orang-Utan*. Neben einer schon früh isolierten Orangwurzel, wie dies erst recht für die Gibbons gilt, wird für Gorilla-Schimpanse fast von allen Autoren eine gemeinsame Wurzel angenommen, wie das auch die beiden Schemata (Abb. 26 und 27) erkennen lassen. Von den deutschen Autoren wird in recht einheitlicher Weise (Schwalbe 1923, Weinert 1932, 1934, 1938, Abel 1931,

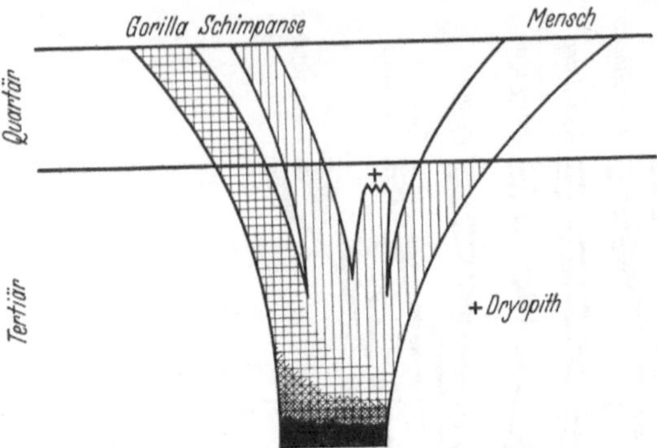

Abb. 29. Die stammesgeschichtlichen Beziehungen zwischen Gorilla-Schimpanse-Mensch. (Nach Weinert 1938.)

1934, Mollison 1933, Gieseler 1936, aber auch Gregory ist hier zu nennen) ein engerer Anschluß des Menschen an die Anthropomorphen vertreten.

Das ausführlichste und wohl am besten durchgearbeitete Stammschema der gesamten Primaten verdanken wir Mollison (1933). Ein genaueres Studium dieses Schemas (Abb. 28) erübrigt eine Einzelbeschreibung. Von Weinert (1932, 1934, 1938) ist immer wieder darauf hingewiesen worden, daß aus Gründen der vergleichenden Morphologie und aus genetischen Überlegungen heraus Mensch und Schimpanse *nach* der Abtrennung des Gorillazweiges noch eine gemeinsame Ahnenform besessen haben müßten. Mollison hat sich, wie aus dem Schema Abb. 28 ersichtlich ist, dem nicht angeschlossen, sondern die Trennung von Gorilla und Schimpanse findet hier erst nach der Abspaltung des Hominidenzweiges statt. Natürlich ist der

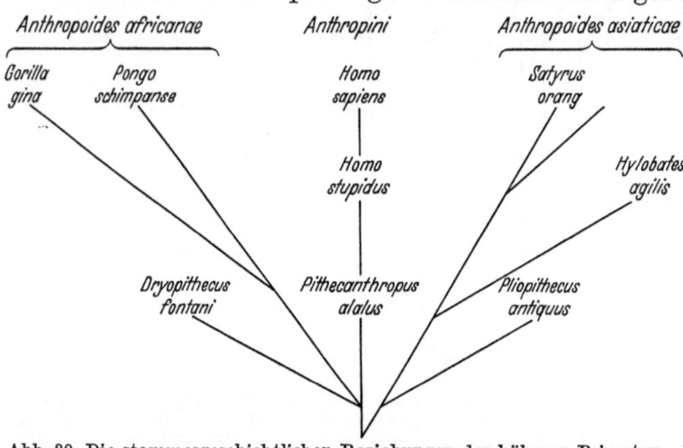

Abb. 30. Die stammesgeschichtlichen Beziehungen der höheren Primaten. (Nach E. Haeckel: Systematische Phylogenie, 1895.)

Schimpanse auch hier als der menschenähnlichste Primat gekennzeichnet.

Weinert begründet seine Auffassung wie folgt: „Wenn der Gorillaast Erbmerkmale zeigt, die alle niederen Formen haben, nicht aber der Schimpanse und der Mensch, dann muß der Gorillaahne schon vor diesen beiden abgezweigt sein" (1934, S. 20). Dieser Schluß ist nicht zwingend. Es haben uns ja auch die neuen südafrikanischen Großaffen, die keine direkten Vorfahren der Hominiden sein können (s. oben), gezeigt, daß von der gleichen genetischen Grundlage aus parallel eine Anzahl menschentümlicher Merkmale erworben werden konnten. Und es mögen hier auch noch die Bedenken methodischer Art angeführt sein, die Zimmermann (1938, S. 90—91) erhoben hat. Zimmermann weist mit Recht darauf hin, daß Gorilla und Schimpanse *untereinander* relativ ähnlicher sind, als einer dieser Affen und der Mensch. Weinert (1932) selbst macht auf die Schwierigkeiten aufmerksam, die gelegentlich bei der Unterscheidung der beiden afrikanischen Großanthropomorphen auftreten können. Man leitet jedoch, wie Zimmermann betont, immer die jeweils ähnlichsten

Formen von einer gemeinsamen Wurzel ab, wie es im vorliegenden Falle auch von Mollison geschehen ist. Im Sinne einer *Stufenfolge* ist allerdings der Schimpanse unbestreitbar die menschenähnlichste Form. Dies gilt morphologisch, physiologisch und auch psychologisch (Köhler 1921, Yerkes 1929).

Gesichert ist also der „neue Stammbaum" Weinerts keineswegs. Eine eindeutige genetische Begründung ist nicht möglich und methodisch müßte man sogar anders gruppieren. Weinert (1934, 1938) hat selbst in einer seiner letzten Stammbaumzeichnungen (Abb. 29) eine vermittelnde Auffassung zum Ausdruck gebracht. Eine Entscheidung können Fossilfunde bringen. Es erscheint deshalb angebracht, wenn man diese Frage des speziellsten Anschlusses der Hominiden an die Primaten noch nicht bis in die letzte Einzelheit hinein festlegt. Völlig gesichert ist selbstverständlich, daß Gorilla, Schimpanse und Mensch phylogenetisch eng zusammengehören.

Die Isolierung der Hominidenlinie dürfte erst während der zweiten Hälfte des Tertiärs erfolgt sein, und bis gegen Ende des Tertiärs werden die Prähominiden einen primitiv-schimpansoiden Habitus besessen haben. Auf S. 621 wird an Hand eines neuen Stammschemas (Abb. 46) auf diese Frage nochmals zurückzukommen sein.

Historisch verdient es hervorgehoben zu werden, daß bereits E. Haeckel in seinem Hauptwerk, der „Generellen Morphologie" (1866), eine völlig moderne Konstruktion des Primatenstammbaumes geliefert hat. Abb. 30 gibt ein phyletisches Schema aus der „Systematischen Phylogenie" (1898), das auch in anderen Schriften Haeckels (z. B. in „Unsere Ahnenreihe" 1908) erscheint und in der Auffassung der speziellen Beziehungen der Anthropomorphen und Hominiden dem Schema Mollisons entspricht (mit Ausnahme des Gibbons, der von der Oranglinie abzweigend gedacht wird. Haeckels Schemen waren die historisch ersten Stammbaumkonstruktionen von Bedeutung und zugleich auch die grundsätzlich richtigen (vgl. Heberer 1934, 1939) [1].

IV. Die Entfaltung der Hominiden während des Diluviums.

Aus dem Tertiär kennen wir keine Hominiden. Die Entwicklung schimpansenähnlicher Prähominiden muß aber mit Ausgang des Tertiärs bereits den Zustand endgültiger Hominisation erreicht haben, denn was an Fossilformen schon aus dem unteren Diluvium vorliegt, ist einwandfrei menschlich.

Es ist nun völlig unmöglich, auch nur im Überblick unsere Kenntnisse über den diluvialen Menschen mit einiger Vollständigkeit darzustellen [2]. Es ist dies auch umso weniger notwendig, als es eine ganze Anzahl ausgezeichneter Gesamtdarstellungen gibt (Boule 1923, Fischer 1934, Gieseler 1936, Hrdlička 1930, Keith 1929, 1931, McCurdy 1924, 1935, 1937, Obermaier 1912, Weinert 1930, 1938, Werth 1921). Auf diese Schriften muß hinsichtlich der Einzelheiten verwiesen werden. Hier handelt es sich darum, die Schilderung so zu fassen, daß der historische Ablauf der Entfaltung der Hominiden im Zusammenhang hervortritt.

Im Diluvium gelingt es nun auch, den Rahmen des absoluten Zeitablaufes schärfer als bisher zu fassen. Über das Diluvium im allgemeinen, die Eiszeit, kann hier ebenfalls nicht gesprochen werden. Es sei dazu auf die zusammenfassenden Darstellungen (Wiegers 1928, Woldstedt 1929 und Andree 1939, S. 1—71) verwiesen. Soweit die absolut zeitliche Gliederung des Eiszeitalters in Frage kommt, schließen wir uns den Auffassungen von Köppen und Wegener (1924), Soergel (1937, 1938) und Eberl (1930) an, die sich sämtlich auf die von

---

[1] In anderen Werken hat Haeckel andere Auffassungen zu Worte kommen lassen, so in der „Natürlichen Schöpfungsgeschichte" (1. Aufl. 1868) und „Anthropogenie" (1. Aufl. 1872). Der Mensch wird hier an die asiatischen Menschenaffen angeschlossen.

[2] Eine Literaturliste, die Quenstedt (1936) gegeben hat, umfaßt 3000 Titel! Eine Zusammenfassung der Literatur findet sich auch bei Moszkowski (1934).

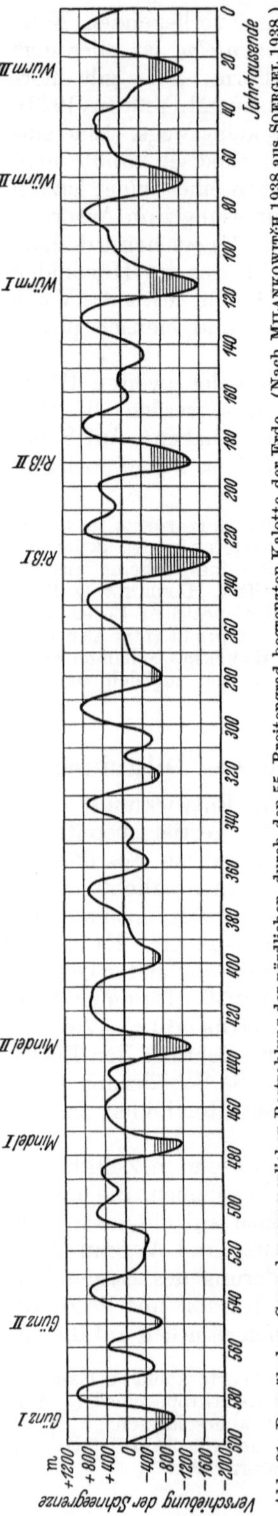

Abb. 31. Der säkulare Gang der sommerlichen Bestrahlung der nördlichen, durch den 55. Breitengrad begrenzten Kalotte der Erde. (Nach Milankowitch 1938 aus Soergel 1938.)

Milankowitch (1920, 1938) gegebenen Strahlungskurven stützen. Milankovitch hat die aus Änderungen der Exzentrizität der Erdbahn, des Perihels und der Ekliptikschiefe sich ergebenden Strahlungsschwankungen für die letzten 650000 Jahre berechnet. Köppen erkannte zuerst die Übereinstimmung der eiszeitlichen Klimakurve mit dieser Strahlungskurve. Die Parallelisierung ist dann auf geologischer Grundlage besonders von Soergel (1924, 1925, 1938) und Eberl (1930) weitergeführt worden. Die Kaltsommerperioden (Minima der Strahlungskurve) entsprechen den Eiszeiten: Günz-, Mindel- (Elster-), Riss- (Saale-) und Würm (Weichsel-) Eiszeit mit den dazwischen liegenden Zwischeneiszeiten (Interglaciale). Milankovitch hat 1938 eine modernisierte Klimakurve veröffentlicht, die in Abb. 31 wiedergegeben wird[1].

*Fossil*funde, die stratigraphisch gesichert sind, können nun auch in ihrer absoluten Zeitstellung bestimmt werden. Soergel (1938) betont mit Recht: „Die im Eiszeitalter abgelaufene Entwicklung der Tier- und Menschenarten von primitiveren zu fortschrittlicheren Formen, soweit sie von äußeren Faktoren beeinflußt wurde, war letzten Endes an den Gang der Strahlung gebunden."

Es ist schwer und zum Teil zur Zeit noch unmöglich, das außereuropäische Diluvium mit der europäischen Gliederung des Eiszeitalters zu parallelisieren. In den Tropen entsprechen den Eiszeiten Pluvialperioden, aber es gelingt bisher nicht, diese mit bestimmten Eiszeiten Nordeuropas sicher zu vergleichen. Die grundlegenden klimatischen Umgestaltungen vom Pliozän zum Diluvium mit ihren fortwährend sich verschiebenden scharfen Ausleseverhältnissen stellen zweifellos eine der Hauptbedingungen für die Menschwerdung dar.

Der Mensch erscheint im unteren Diluvium in einer Ausbildungsstufe, die man mit der Bezeichnung „*Anthropus*"[2] *(Vormensch)* kennzeichnet. Solche — sicheren — Vormenschen sind bisher von drei Fundorten bekannt geworden: Java (*Pithecanthropus erectus* Dubois), China (*Sinanthropus pekinensis* Black) und Ostafrika (*Africanthropus njarasensis* Kohl-Larsen).

Java ist das klassische Land des Vormenschen. Dubois machte hier bei Trinil 1890—91 auf der Suche nach dem „missing link" seine berühmte Entdeckung (Dubois 1894): Schädeldach (Abb. 32), Oberschenkel und 3 Zähne (ein unterer P, 2 obere M).

---

[1] Die Berechnung erfolgte unter Berücksichtigung der Schneegrenzen. Bei Senkung unter 600 m gegenüber dem heutigen Stand (0) kann eine Inlandeisbildung bis zum 55 Breitengrad erfolgen.

[2] Weinert, z. B. 1932, 1938.

Später kam noch ein Unterkieferrest und aus späteren Aufsammlungen die Bruchstücke von 5 weiteren Femora hinzu, die DUBOIS (1937) sämtlich dem *Pithecanthropus* zuschrieb, wie die ersten Funde auch. Um den *Pithecanthropus* gibt es eine ausgedehnte Literatur[1]. SCHWALBE (1899) lieferte die erste eingehende Bearbeitung. Geklärt aber wurde die Bedeutung des Fundes erst mit den Veröffentlichungen von DUBOIS (1924) und der eingehenden Untersuchung der Originalstücke durch WEINERT (1928).

In den letzten Jahren sind nun auf Java durch v. KOENIGSWALD weitere *Pithecanthropus*funde gehoben worden. Es wurde ein Unterkieferfragment (1937) mit Zähnen (P_3, M_{1-3}, M_3 am größten) und menschlichem Zahnbogen gehoben und 1937 bei Sangiran (Mitteljava) ein neuer vollständigerer Schädel (Abb. 33), der dem ersten bis in die Einzelheiten gleicht, nur kleiner und vielleicht weiblich ist, gefunden. Es liegen sodann noch Mitteilungen über einen dritten bruchstückhaft erhaltenen Schädel vor (v. KOENIGSWALD und WEIDENREICH 1938). Ob ein 1936 bei Modjokerto gefundener kindlicher Schädel „*Homo modjokertensis*" (v. KOENIGSWALD 1936), ebenfalls zu *Pithecanthropus* zu stellen ist, kann zur Zeit nicht entschieden werden. Das Stück, einer der ältesten Menschenreste überhaupt, zeigt jedoch eine Anzahl primitiver Merkmale (z. B. postorbitale Einschnürung und Abknickung

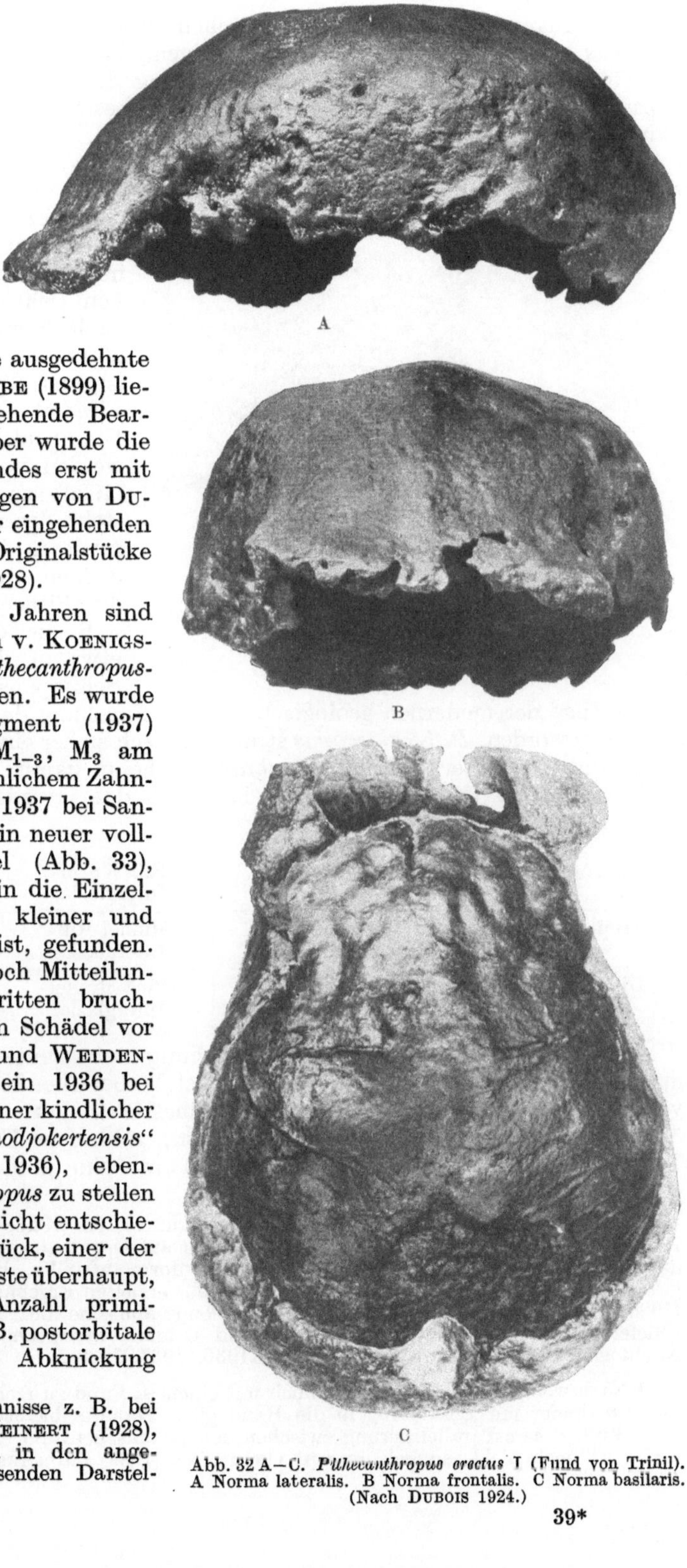

---

[1] Schriftenverzeichnisse z. B. bei MOLLISON (1924), WEINERT (1928), HEBERER (1931) und in den angeführten zusammenfassenden Darstellungen.

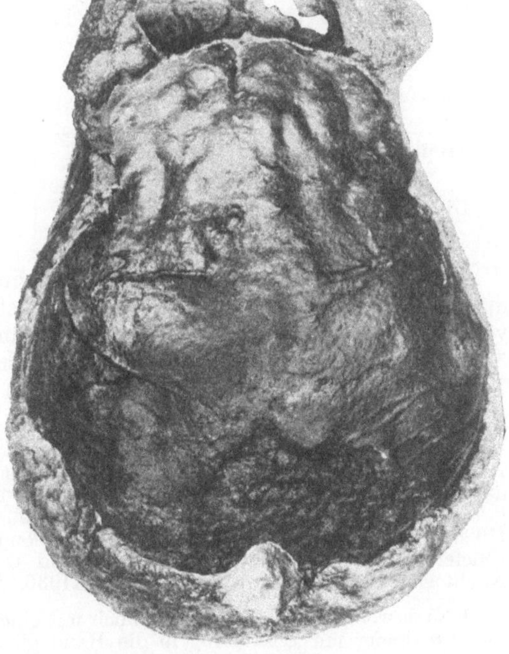

Abb. 32 A—C. *Pithecanthropus erectus* I (Fund von Trinil). A Norma lateralis. B Norma frontalis. C Norma basilaris. (Nach DUBOIS 1924.)

des Hinterhauptes). Die morphologischen Eigentümlichkeiten des *Pithecanthropus* (sehr flache Stirn mit dachartigem Vorspringen über den Augen, postorbitale Einschnürung, scharfe Abknickung der Occipitalschuppe, geringe Kapazität von 900—1000 ccm) sind oft genug beschrieben und aus den Abbildungen zu ersehen.

Die neuerlichen Versuche Dubois' (1934, 1935, 1937, 1938), *Pithecanthropus* wieder als gibbonartigen Großaffen hinzustellen, sind unbegründet. Auch die von Dubois u. a. weiter vertretene Auffassung der Zusammengehörigkeit der Fundstücke von 1890 und 1891 (Schädeldach, Femur, Zähne) läßt sich nicht mehr halten. Das Femur ist vom Typus des *Homo sapiens*, ebenso der Vormahlzahn. Die beiden oberen Molaren werden von v. Koenigswald (1939) zum Orang-Utan gestellt, der auf Java fossil nachgewiesen ist. In ihrer allgemeinen Organisation standen die Pithecanthropi (das geht z. B. aus der Abb. 42 hervor) etwa in der Mitte zwischen Schimpanse und Homo [1].

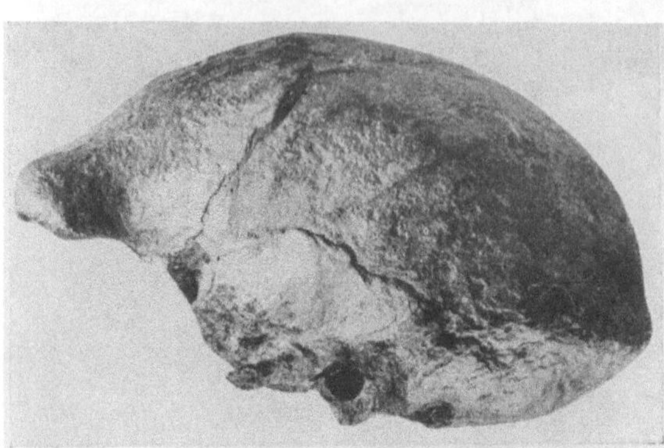

Abb. 33. *Pithecanthropus erectus* II aus dem Mittelpleistocän von Sangiran, Mitteljava. Norma lateralis. (Nach v. Koenigswald 1939.)

Im Zuge der modernen geologischen Durchforschung Javas ist es nun auch möglich geworden, *Pithecanthropus* stratigraphisch sicher einzustufen. Der lange Streit um das Alter des *Pithecanthropus* scheint damit entschieden. Nach v. Koenigswald (1936, 1937, 1939) läßt sich das javanische Pleistocän wie folgt gliedern [2].

Ngandong-Horizont	Jungpleistocän	Riß-Würm-Interglazial	*Homo soloensis*
Trinil-Horizont	Mittelpleistocän	Mindel-Riß-Interglazial	*Pithecanthropus erectus*
Djetis-Horizont	Altpleistocän	Günz-Mindel-Interglazial	*Homo modjokertensis*

Im Vordergrund der Vormenschenforschung steht heute China, wo in planmäßigen Grabungen die *Sinanthropus*-Fundstelle bei Chou Kou Tien in der Nähe von Peking ausgebeutet wird. Von dem chinesischen Vormenschen liegen bisher 5 Schädel vor (ein sechster in Bruchstücken), zahlreiche Unterkieferfragmente, Teile des Skeletes, dazu auch Gliedmaßen und eine große Menge Zähne (insgesamt 147).

Hinsichtlich der Entdeckungsgeschichte sei auf Black (1927; s. auch Weidenreich 1936, 1937) verwiesen, der *Sinanthropus* zunächst auf Grund eines Zahnfundes („the most important tooth of the world") als neue Menschenform aufstellte. Black hat dann in fortgesetzten Berichten über die an der Grabungsstelle erzielten Ergebnisse Mitteilung gemacht (1928, 1929, 1930, 1931) und zuletzt eine monographische Bearbeitung des Schädels I geliefert (1931). Alle weiteren Berichte und Originalbearbeitungen stammen von dem Nachfolger Blacks, Weidenreich (1931, 1936, 1937, 1938).

[1] Nach weiteren Nachrichten ist noch mit einem 4. Fund zu rechnen, der uns nun auch den Oberkiefer mit Bezahnung in die Hand gibt. Näheres bleibt abzuwarten (s. unten).

[2] Eine *sichere* Parallelisierung zwischen den javanischen und europäischen Schichtenserien ist noch nicht möglich, worauf Grahmann (1939) aufmerksam gemacht hat.

Von keiner Fundstelle fossiler Hominiden ist ein ähnlich reichhaltiges Material (Reste von etwa 40 Personen) bekanntgeworden. Es erlaubt bereits ein verhältnismäßigvollständiges Urteil über die anatomischen Verhältnisse dieses ostasiatischen Vormenschen. Die Beziehungen zu *Pithecanthropus* sind deutlich, besonders noch seit der Auffindung des dritten, allerdings nur bruchstückhaften, Schädels von *Pithecanthropus* (v. KOENIGSWALD und WEIDENREICH 1938). Der *Sinanthropus* ist in der Tat eine „Bestätigung des *Pithecanthropus*"(WEINERT1931)gewesen.

Die morphologischen Eigentümlichkeiten gehen aus den Abb. 34A—C, 35 und 36 hervor. Die Unterschiede zu *Pithecanthropus* beziehen sich z. B. auf den Bau der Supraorbitaltori, die von der Stirn abgesetzt erscheinen und in einer etwas stärkeren Wölbung des Stirnbeins. Die Mediansagittalkurve reicht bei einem der Schädel an den Neandertaler heran (Abb. 42). Die Kapazitäten der drei 1936 gefundenen Schädel betragen etwa 1050, 1100 und 1260 ccm. Sehr primitiven Bau zeigen auch die Unterkiefer (extrem fliehendes Kinn, anthropomorphenartiger Bau der Symphyse u. a.), über die WEIDENREICH (1936) eine ausführliche Monographie vorgelegt hat. Wesentliche Aufschlüsse für die phylogenetische Bedeutung von *Sinanthropus* hat die Bearbeitung der Zähne ergeben (WEIDENREICH 1937). Vergleichend

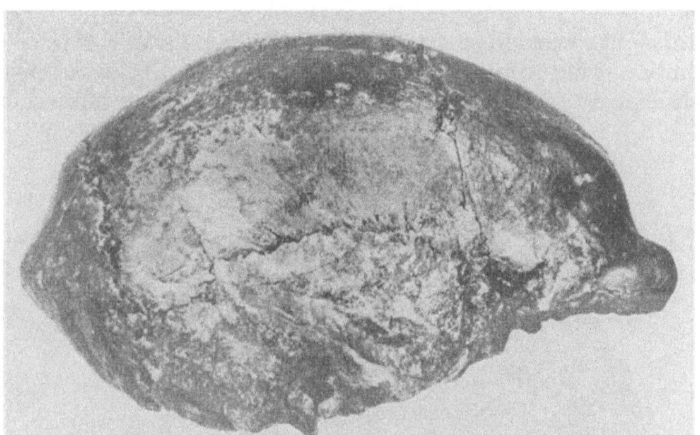

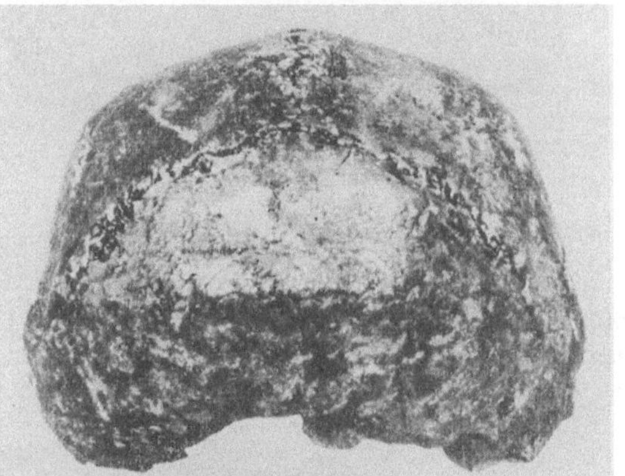

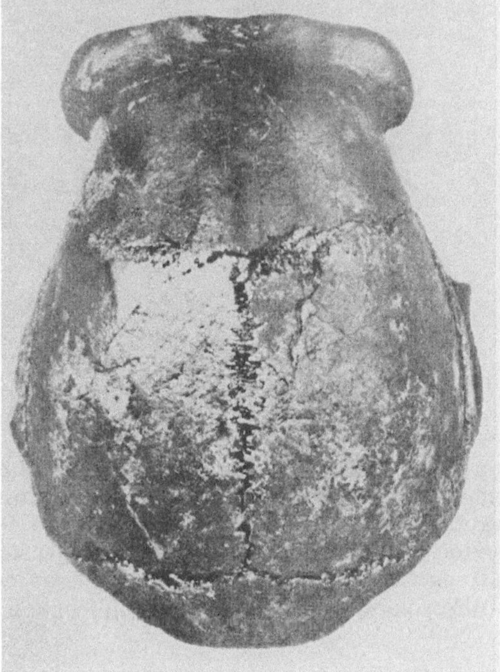

Abb. 34 A—C. *Sinanthropus pekinensis* I.
A Norma lateralis. B Norma occipitalis.
C Norma verticalis.
(Nach BLACK aus WEIDENREICH 1931.)

untersucht wurden insgesamt 147 Zähne. Es stellte sich heraus, daß im Zahnbau eine ununterbrochene Linie von *Sinanthropus* bis zum heutigen Menschen führt, aber auch rückwärts bis zu den Menschenaffen. Das letztere

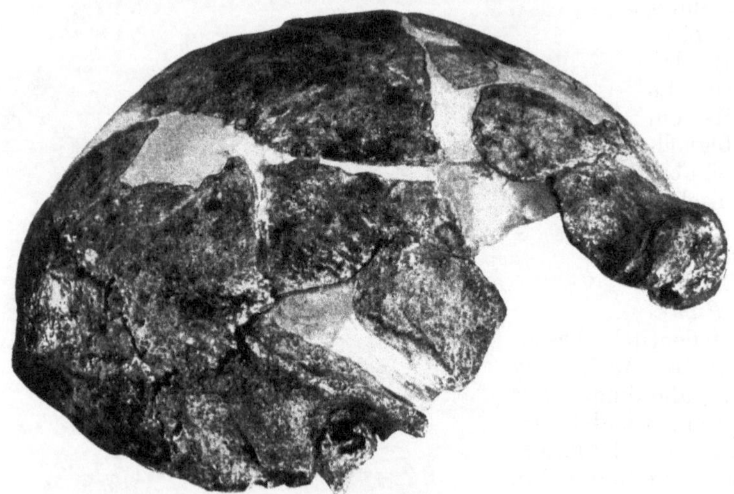

Abb. 35. *Sinanthropus pekinensis.* Schädel I, Lokalität L. Erwachsenes männliches Individuum. Norma lateralis. Etwa ¹/₂. (Nach Weidenreich 1937.)

kommt besonders in der zum Teil starken Runzelung der Zahnkronen zum Ausdruck. Wenn Weidenreich daraus den Schluß zieht, daß im Gebiß des *Sinanthropus* der Beweis dafür vorliege, daß der Mensch ein Anthropo-

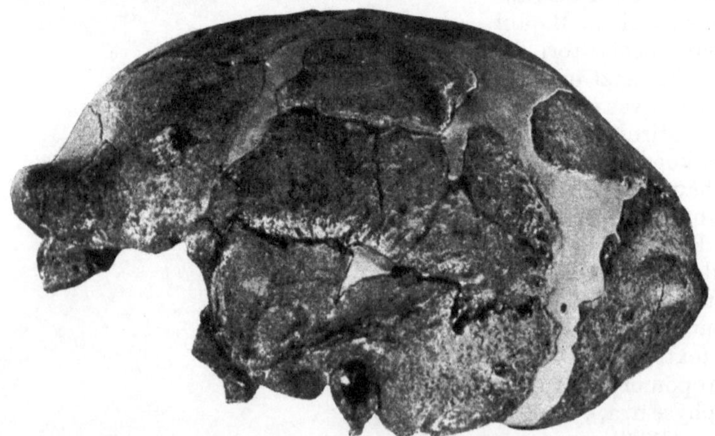

Abb. 36. *Sinanthropus pekinensis.* Schädel II, Lokalität L. Erwachsenes weibliches Individuum. Norma lateralis. Etwa ¹/₂. (Nach Weidenreich 1937.)

morphenstadium durchlaufen hat, so kann man dem im wesentlichen wohl zustimmen, trotz des Widerspruches, den Adloff (1938) neuerdings wieder dazu geäußert hat. Adloff glaubt auch nach den Befunden an den *Sinanthropus*-zähnen nicht daran, daß das heutige Menschengebiß sekundär primitiv ist. Er hält es für ursprünglich und betrachtet es als Ableitungsgrundlage für die Anthropomorphengebisse. Die Ähnlichkeiten zwischen Anthropomorphen- und

*Sinanthropus*zähnen (in Abb. 37 gehen diese Übereinstimmungen bis in die Einzelheiten) müssen nach ADLOFF auf Parallelbildung beruhen.

Besonders lehnt ADLOFF auch die Annahme ab, daß die Vorfahren der Hominiden größere Eckzähne besessen hätten, deren Existenz nach WEIDENREICH (1937) als sicher erscheint, und für die auch andere Autoren belangreiche Indizien beigebracht haben, wie z. B. REMANE (1921).

Es scheint, als ob ADLOFF dem Prinzip der Parallelentwicklung etwas viel zumutet. Man sieht hier so recht die Schwierigkeiten, mit denen des öfteren eine phylogenetische Ausdeutung morphologischer Befunde zu kämpfen hat. Die Wahrheit dürfte in der Mitte liegen. Ein schimpansoides Anthropomorphenstadium hat der Mensch bestimmt durchlaufen, aber es war ein gegenüber den heutigen Anthropomorphen generalisiertes Stadium aus der Nähe der Dryopitheciden[1], von denen sich wohl auch die merkwürdigen „Schimpansen mit

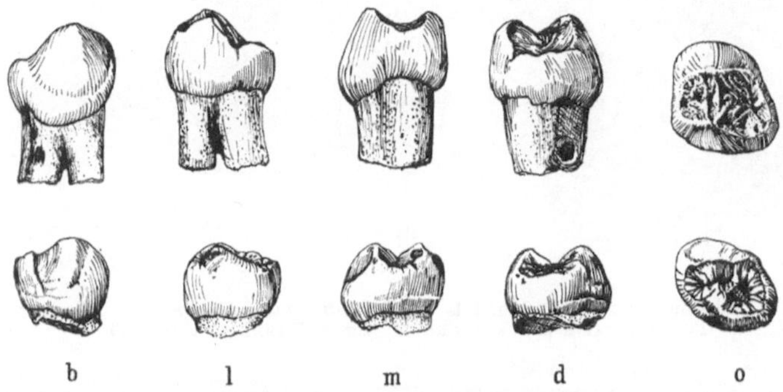

b　　　　1　　　　m　　　　d　　　　o

Abb. 37. Rechter zweiter unterer Molar eines jugendlichen Schimpansen (obere Reihe), verglichen mit einem solchen von *Sinanthropus* (untere Reihe). b buccal, 1 lingual, m frontal, d distal, o occlusal. (Nach WEIDENREICH 1937, aus HEBERER 1939.)

Menschengebissen" (BROOM) Südafrikas ableiten. Uns erscheint es als unabweisbar, daß das Gebiß des Menschen sowohl hinsichtlich des Zahnkronenbaues als auch der Zahngröße stark reduziert worden ist. Einen neuen Beitrag zu diesem Problem werden vielleicht die letzten Funde aus Java bringen. Nach den bisher vorliegenden Nachrichten soll von *Pithecanthropus* nun auch ein Oberkiefer mit großen, die Zahnreihe überragenden Eckzähnen, mit Diastema und mit Parallelstellung der Prämolaren- und Molarenreihen gefunden worden sein[2]. Sollte sich dies bestätigen, dann hätte eben *Pithecanthropus* noch ein stark anthropomorphenartiges Gebiß besessen und *Sinanthropus* würde sich dann auch in diesem Punkte als weitergebildet erweisen.

Von Bedeutung für die Gesamtbeurteilung des *Sinanthropus* ist die Möglichkeit, mit den gefundenen Resten des Gesichtsskeletes eine Rekonstruktion des Gesamtschädels durchzuführen (WEIDENREICH 1937). Das Resultat dieser Bemühungen zeigt Abb. 38. Die Rekonstruktion läßt die pithecoiden Eigentümlichkeiten des *Sinanthropus* deutlich hervortreten. Bereits vor der Kenntnis des Gesichtsskeletes hatte WEINERT (1937) eine Rekonstruktion versucht[3]. Es ist bemerkenswert, daß dieser WEINERTsche Versuch der mit den Originalstücken ausgeführten Rekonstruktionen nicht unähnlich ist.

---

[1] Von dem menschenähnlichsten Dryopitheciden *(D. germanicus)* kennen wir die Eckzähne nicht!

[2] Zit. nach ADLOFF (1939).

[3] Wie auch schon früher (1936) von WEINERT eine Rekonstruktion des *Pithecanthropus*schädels ausgeführt worden war.

Die Gliedmaßenfunde (Weidenreich 1938), die in den letzten Jahren von *Sinanthropus* bekannt geworden sind (Bruchstücke von 6 Femora, 1 Humerus,

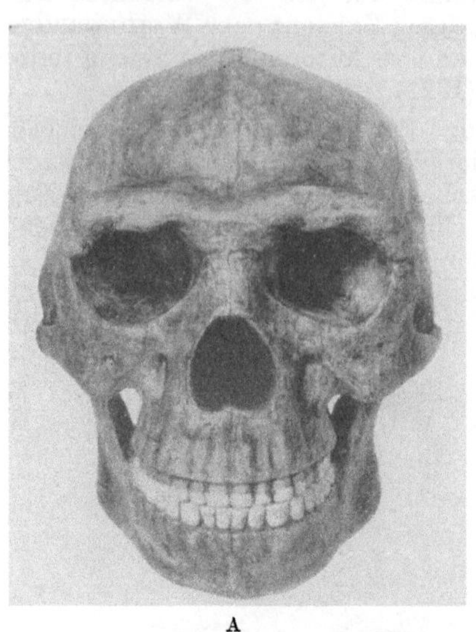
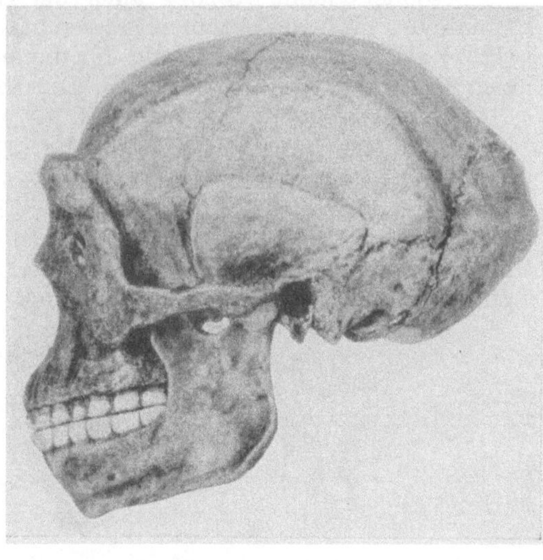

Abb. 38 A und B. Rekonstruktion des Schädels von *Sinanthropus pekinensis*. A Norma frontalis. B Norma lateralis. (Nach Weidenreich, aus v. Koenigswald 1939.)

1 Radius, 1 Ulna, nach Mitteilungen von Pei 1939) zeigen, daß *Sinanthropus* trotz seines affenähnlichen Schädels ein typisch menschliches Skelet besessen

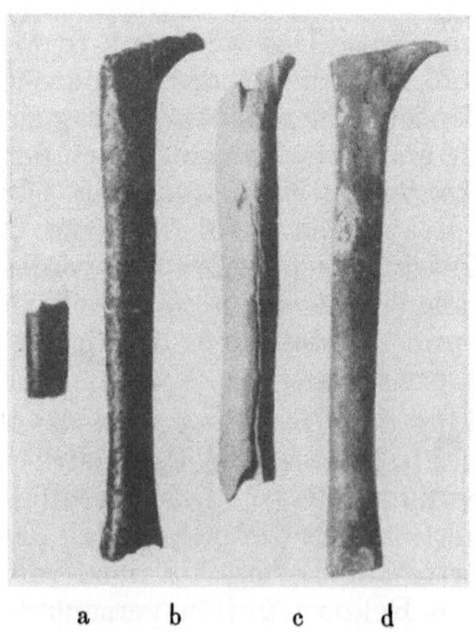
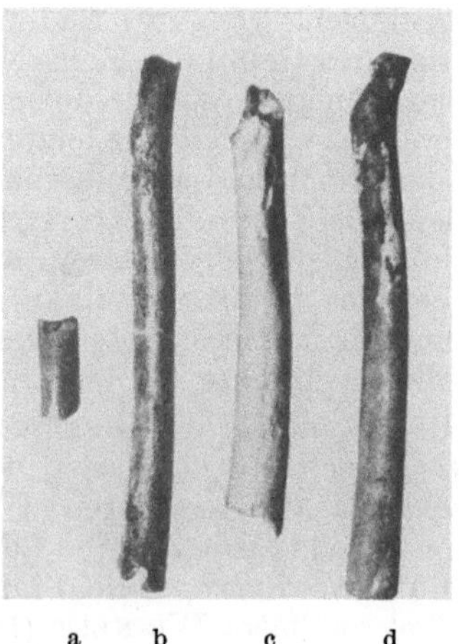

Abb. 39. Die Extremitätenfunde von *Sinanthropus pekinensis* (a Femurbruchstück „J", b Femurbruchstück „M") verglichen mit einem männlichen Femurfragment von Weimar-Ehringsdorf (c) und dem eines recenten Menschen (d). Links Vorderansicht, rechts Seitenansicht. (Nach Weidenreich 1938.)

hat (Abb. 39). Daraus geht hervor, daß der stammesgeschichtliche Wandel des Skeletes beschleunigter erfolgt ist als der des Schädels. Von dem sog. *Pithecanthropus*femur unterscheiden sich die *Sinanthropus*fragmente durch die gleichen

Merkmale wie von rezenten Femora, ein weiterer Hinweis dafür, daß der javanische Oberschenkel einem moderneren Menschentyp angehört hat. Hinsichtlich der zahlreichen und aufschlußreichen anatomischen Eigentümlichkeiten, welche die bisherigen Fundstücke des *Sinanthropus* kennen gelehrt haben, muß auf die Berichte WEIDENREICHS [1] verwiesen werden.

Hier können nur noch zwei Fragen kurz angeschnitten werden: Die phylogenetische und die zeitliche Stellung des *Sinanthropus*. Genau ist die letztere nicht geklärt (BLACK, TEILHARD DE CHARDIN, YOUNG und PEI 1933). PEI (1939) stellt die Funde in das untere Pleistozän (entsprechend dem Günz-Mindel-Interglazial), GRAHMANN (1939) hält auch noch unteres Riß-Mindel-Interglazial

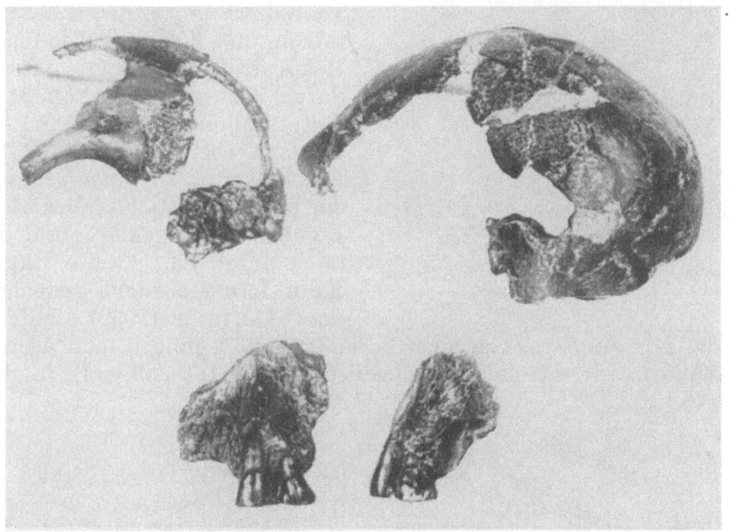

Abb. 40. *Africanthropus njarasensis*. Hirnschädelreste und Oberkieferbruchstück. (Nach WEINERT 1939.

für möglich. Wahrscheinlich ist *Sinanthropus* geologisch älter als *Pithecanthropus*. Die phylogenetische Stellung kann ziemlich eindeutig beurteilt werden. *Sinanthropus* verkörpert mit *Pithecanthropus* allgemein gesprochen eine Entwicklungsstufe, durch die die gesamte Menschheit gegangen sein muß. Ob die von dieser Stufe erfaßten Vertreter von Chou Kou Tien nun direkte Vorfahren späterer Menschenformen (Neandertalstufe) sind, ist schließlich eine Spezialfrage von geringerer Wichtigkeit. Während WEIDENREICH auf Grund des Vorhandenseins eines Torus mandibularis am Unterkiefer in *Sinanthropus* bereits einen Vorfahren der mongoliden Rassengruppe erblickt — wogegen WEINERT (1938) treffende Einwände erhoben hat (vgl. auch GRIMM 1938 und AKABORI 1939) —, weist MOLLISON (1932) auf Spezialisationen hin (Spaltenbildung am unteren Rande des Os tympanicum), die es nicht wahrscheinlich machen, daß *Sinanthropus* ein direkter Vorfahr einer uns bekannten Menschenform ist, obwohl er zweifellos eine sehr wurzelnahe Form sein muß.

Ergänzend sei noch bemerkt, daß *Sinanthropus* das Feuer verwendete und eine primitive Stein(Handspitzen-) und Knochenkultur besaß (BLACK 1931, PEI 1931, BREUIL 1932, TEILHARD DE CHARDIN 1932). Die Fundumstände lassen weiterhin mit großer Sicherheit auf Kannibalismus schließen.

---

[1] Das Schriftenverzeichnis enthält alle wesentlichen Mitteilungen über *Sinanthropus*.

Auch in Deutsch-Ostafrika (Njarasa-See) ist ein Vertreter der Anthropusstufe gefunden worden (Kohl-Larsen 1936, Reck und Kohl-Larsen 1936).

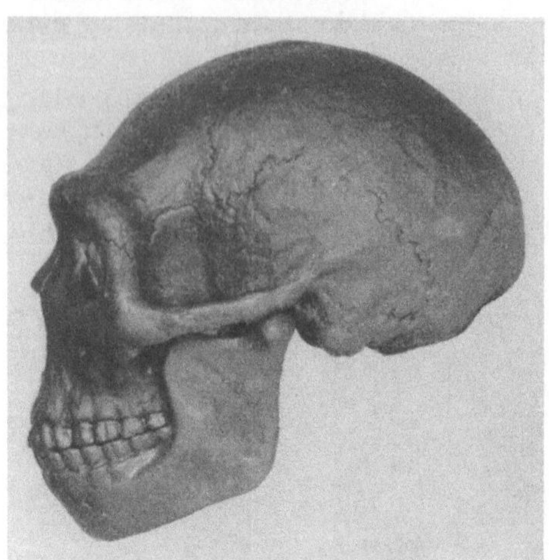

Die Bearbeitung des Fundes durch Weinert und Bauermeister führte zu dem Ergebnis, daß er in die Anthropusgruppe zu stellen ist. Diese von Weinert in Vorberichten (Weinert 1937, 1938) vertretene Auffassung wird durch die ausführliche Untersuchung (Weinert 1939) bestätigt. Abb. 40 zeigt diejenigen Teile des Fundes, deren Zusammensetzung möglich war. Die plastische Rekonstruktion des Gesamtschädels durch Weinert gibt Abb. 41. Eine Untersuchung der Zähne durch Remane (bei Weinert 1939) ergab Ähnlichkeiten zu *Sinanthropus*. Leider ist die Zeitstellung des wichtigen Fundes nicht geklärt und konnte auch durch eine zweite Expedition Kohl-Larsens nicht gesichert werden. Dietrich (1939) stellte neuer

Abb. 41. Plastische Rekonstruktion des *Africanthropus njarasensis*. (Nach Weinert 1939.)

dings fest, daß *Africanthropus* zu einer verhältnismäßig jungen quartären Fauna gehört (Riss-Würm-Interglacial: Kamasain-Gamblian-Interpluvial), in der sich

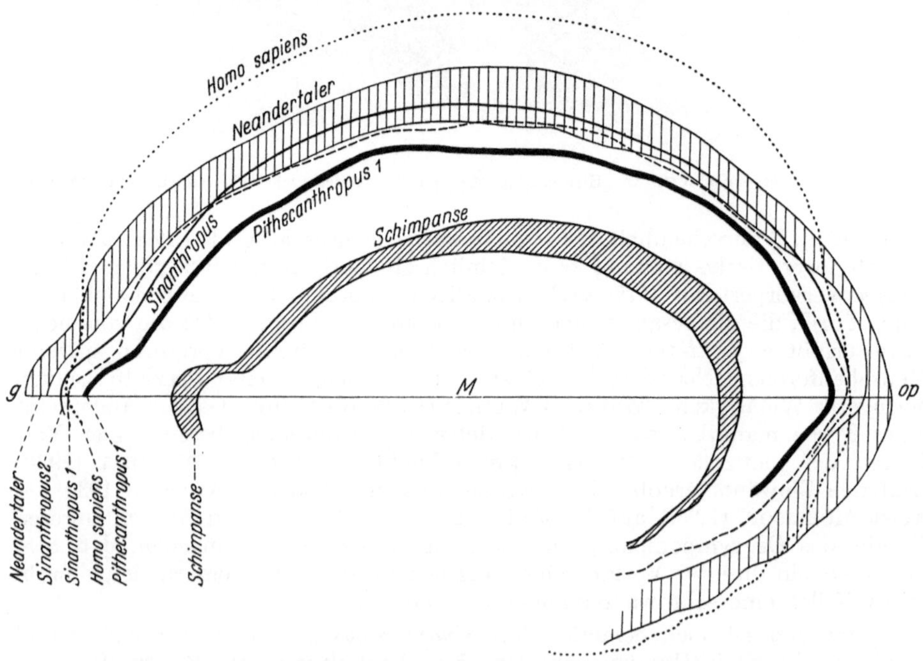

Abb. 42. Medianschnitte durch den Hirnschädel von *Homo sapiens*, Neandertaler, Sinanthropus I und II, Pithecanthropus I und Schimpanse. g Glabella, op Opistocranion. (Nach B. K. Schultz 1931.)

z. B. nur noch eine ausgestorbene dreizehige Pferdeart findet. *Africanthropus* muß deshalb in dieser Fauna als eine Reliktform aus früheren Zeiten gelten.

Der Fund ist eine neue Bestätigung, daß die Menschheit allgemein eine Anthropusstufe durchlaufen hat.

In den Dryopitheciden Mitteleuropas und den Australopitheciden Südafrikas hatten wir die menschenähnlichsten schimpansoiden Anthropomorphen erkannt. In der Anthropusgruppe liegen uns die ältesten und anthropomorphenähnlichsten — ebenfalls schimpansoiden — Hominiden vor. Es ist deshalb angebracht, hier einige Bemerkungen über die viel besprochene „Kluft" zu machen, die zwischen Menschenaffen und Menschen bestehen soll. Zunächst sei darauf hingewiesen, daß wir *zwischen der Anthropusstufe und Homo sapiens alle wesentlichen Übergänge* besitzen (Abb. 42).

Wird also heute ein „Übergangsglied" gesucht, dann müßte es unterhalb der Anthropusstufe stehen (WEINERT 1932). Wenn wir morphologische Reihen aufstellen, so müssen wir dabei bedenken, daß diese Reihen *keine Ahnenreihen (nicht „sippenphylogenetisch"[1]), sondern Stufenreihen („merkmalsphylogenetisch"[1]) sind.* Deshalb aber können uns die verglichenen Formen doch eine Vorstellung der wirklichen Ahnenreihe vermitteln. Das vorliegende morphologische Material gestattet es, vom Anthropomorphen zum Menschen genügend Stufenreihen für zahlreiche Merkmale zusammenzustellen, die immer wieder den allmählichen Übergang vom Anthropomorphenzustand zu menschlichen Formverhältnissen vorführen. Hierfür nur ganz wenige Beispiele: In Abb. 43 für die Entstehung des Kinnes (Verkürzung des Zahn-

---

[1] ZIMMERMANN (1938).

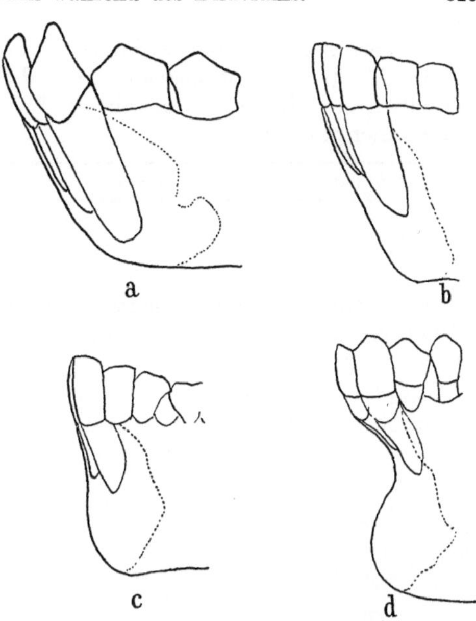

Abb. 43 a—d. Unterkiefervergleich: a Gorilla, b Sinanthropus, c Australier, d Malaie. (Zusammengestellt nach WEIDENREICH aus HEBERER 1938.)

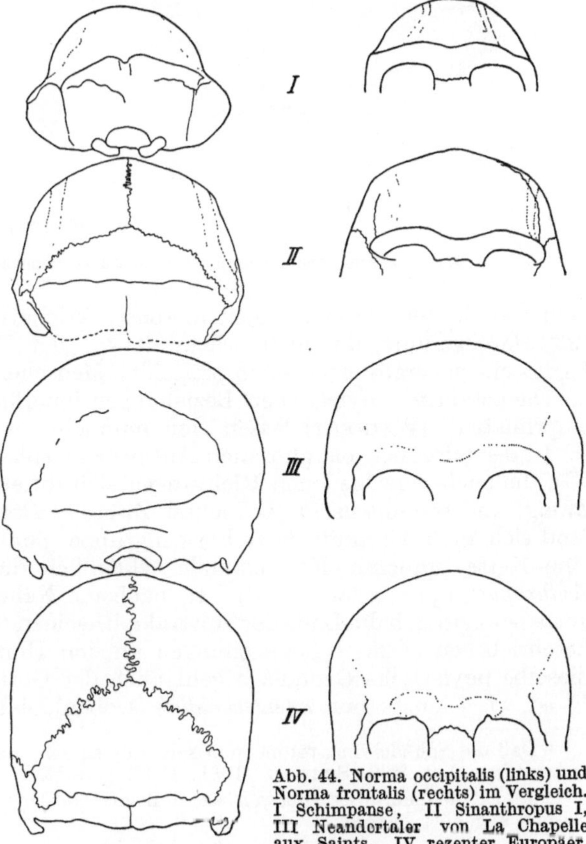

Abb. 44. Norma occipitalis (links) und Norma frontalis (rechts) im Vergleich. I Schimpanse, II Sinanthropus I, III Neandertaler von La Chapelle aux Saints, IV rezenter Europäer. (Nach WEIDENREICH 1936.)

bogens, Verkleinerung der Zähne, näheres bei Weidenreich 1934, 1937) und in Abb. 44 die Cerebralisation und die hierdurch, bedingte Änderung des Schädelbaues. Hierzu auch einige Zahlen für das Fassungsvermögen der Schädelinnenräume[1].

Schimpanse	Gorilla	Pithecanthropus	Homo sapiens
♂ 350—480 ♀ 320—450	♂ 387—655 ♀ 356—595	I (♂) 900—1000 II (♀) 750—800	♂ 1500 ♀ 1350

Die Australopitheciden dürften eine Kapazität bis zu 600, *Sinanthropus* bis zu 1200 ccm und darüber besessen haben. Niedere *Sapiens*rassen gehen bis auf 1000 ccm herunter.

Besonders die südafrikanischen Funde ermöglichen es, daß die Vorstellungen, die wir über die letzte prähominide Anthropomorphenform uns bilden können,

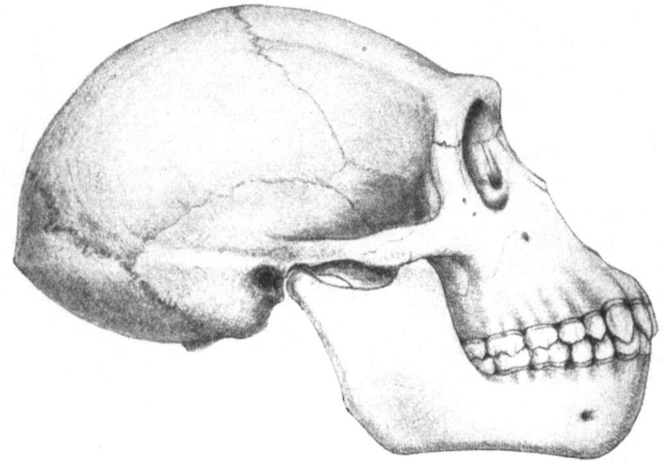

Abb. 45. Hypothetische Rekonstruktion des „heutigen missing link". (Nach Weinert 1932.)

immer konkreter werden. Einen Rekonstruktionsversuch hatte Weinert schon 1932 durchgeführt, der nicht allzuweit von der Wirklichkeit abliegen dürfte. Es ist ein generalisierter schimpansoider Menschenaffe (Abb. 45).

Die gesamten phyletischen Beziehungen innerhalb der *uns bekannten* „Summoprimaten" (Weinert) lassen sich nunmehr wie folgt darstellen (Abb. 46).

In der miozänen bis pliozänen Anthropomorphengruppe der Dryopitheciden (D), die nach verschiedenen Richtungen sich differenzierten, gorilloid (D linker Zweig) und schimpansoid (D rechter Zweig = *Dryopithecus germanicus* Abel), fand sich auch die indifferente Formengruppe (punktierter Kreis)[2], aus der über eine Kette prähominider Zustände schließlich die *Pithecanthropus*- bzw. die *Anthropus*gruppe entstand (P). In nächster Nähe dieser hominiden Formenkette bewegte sich die Linie der Australopitheciden (A), die es im Diluvium zu den beschriebenen starken Angleichungen an den Hominidentypus brachten. Auf dieselbe phyletische Grundlage geht auch der Gorilla-Schimpansezweig zurück. Es ist, wie schon betont, *unentscheidbar* (s. oben), ob ein Gorillaast isoliert bestand,

---

[1] Daß die Schädelinnenräume sich sehr gut eignen, um die sukzessive Cerebralisation aufzuweisen, hat B. K. Schultz (1931, 1937) gezeigt.

[2] Es ist möglich, aber unbeweisbar, daß von den Dryopitheciden einige dieser Formengruppe angehört haben.

bevor sich Schimpansen und Australopitheciden trennten, und dann erst die Menschenlinie selbständig wurde. Es könnte auch Gorilla-Schimpanse gegenüber dem Menschen zunächst noch eine gemeinsame phyletische Wurzel besessen haben, mit oder ohne Einschluß der Australopitheciden. Gut gestützt erscheint heute das folgende:

Alle diese Summoprimaten münden im Pliozän in die gleiche *Dryopithecus*-artige phyletische Grundlage ein. Diese Grundlage ist im Schema durch den punktierten Kreis angedeutet. Die Anthromorphen- und die Hominidenlinien sind so eingezeichnet, daß jeder die ihm wahrscheinlich dünkende Hypothese daran demonstrieren kann:

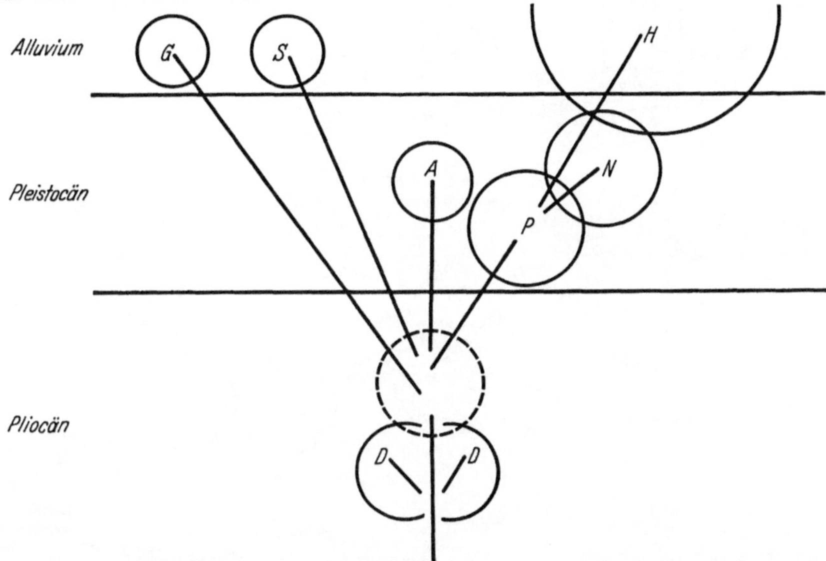

Abb. 46. Stammesgeschichtliches Beziehungsschema der Gorilla-Schimpanse-Mensch-Gruppe. Nähere Erklärung im Text. G Gorilla, S Schimpanse, H *Homo sapiens*, N *Homo neandertalensis*, P *Pithecanthropus* — *Sinanthropus* — *Africanthropus*, A *Australopithecus (Plesianthropus, Paranthropus)*, D links *Dryopithecus* (gorilloid), D rechts *Dryopithecus* (schimpansoid), punktierter Kreis Stammgruppe der „Summoprimates" des Spättertiäres.

1. Gorilla vor der Trennung von Schimpanse-Mensch isoliert,

2. Gorilla-Schimpanse erst nach der Menschenabzweigung getrennt, oder:

1. Schimpanse bzw. Schimpanse-Gorilla isoliert vor der Trennung der Australopitheciden- und Menschenlinie;

2. umgekehrt die Menschenlinien isoliert und Trennung von Schimpanse und Australopitheciden später.

Es sei noch bemerkt, daß die Australopithecidenlinie infolge der großen Menschenähnlichkeit ihrer Glieder etwas nach der menschlichen Seite des Stammschemas geneigt eingezeichnet worden ist. Die Verfolgung der Menschenlinie im Laufe des Diluviums ist die Aufgabe, der wir uns nunmehr zuwenden. Zuvor muß jedoch noch eine andere Frage gestreift werden: Wo lag die sog. „Urheimat des Menschengeschlechts"? Diese Frage ist heute nur schwer zu diskutieren. Behandelt haben dieses so wichtige Problem, die Lage des geographischen Ortes der Menschwerdung, zwar viele Autoren, z. B. BROOM, MATTHEW, ABEL, WEINERT u. a., aber es gibt keine einheitliche Auffassung. Es scheint aber doch, daß die Entscheidung heute nur zwischen Asien (Zentralasien) und dem nordafrikanisch-europäischen Raume fallen kann. Für die erste Alternative hat sich wiederholt ABEL (so 1932) eingesetzt, für die zweite

Weinert (zuletzt 1938). Südafrika, das durch die bedeutsamen Funde höchst menschenähnlich organisierter Großprimaten durch Broom ebenfalls als Ursprungsland der Hominiden in Anspruch genommen worden ist, hat wohl aus geographischen und biologischen Gründen auszuscheiden. Die tropische Waldzone würde für die ersten Frühmenschengruppen wohl ein unüberwindliches Hindernis gebildet haben. So ist also die Frage zur Zeit völlig ungelöst.

Mit der Erfassung der ersten sicheren Hominiden, der Vormenschen- oder Anthropusgruppe, ist die Schilderung der „Stammesgeschichte" des Menschen eigentlich beendet. Was sich nun anschließt, ist Geschichte der *Arten und Rassen der Hominiden*. Dieser letzte Teil der Phylogenie des Menschen liegt

Abb. 47. Fundorte menschlicher Skeletreste aus dem Alt- und Jungpaläolithicum Europas und Kleinasiens. ▌ Unterkiefer von *Mauer*, ● *Homo neandertalensis*, ○ *Homo sapiens*, ▬ *Eoanthropus*. (Nach Ehrhardt aus Gieseler 1936 umgezeichnet und ergänzt.)

keineswegs so klar vor Augen, wie dies in den Grundzügen für die Stammesgeschichte im engeren Sinne, für die Entstehung des Menschen aus tierischen Vorformen, gilt. Die Zahl der Funde ist schon bedeutend. Über ihre geographische Verteilung im europäischen Raum gibt die Karte (Abb. 47) Auskunft, in welcher die wesentlichsten Funde eingetragen sind.

Bereits früh im Diluvium treten uns verschiedene Menschenfunde entgegen, die es uns nicht leicht machen, ein Urteil über ihre phyletische Stellung zu gewinnen. Gesichert ist als ältester Fund in Deutschland der Unterkiefer von Mauer (Schoetensack 1908, Weinert 1937). Soergel (1928), der sich mit der Zeitstellung dieses ältesten europäischen Dokumentes aus der Geschichte der eigentlichen Menschen befaßt hat, stellt den Fund in das Günz-Mindel-Interglacial (Günz II-Mindel I-Interglacial); nach der Strahlungskurve (Abb. 31) kommt ihm ein absolutes Alter von 543000—522000 Jahren zu. Das sehr massig (Abb. 48)[1] gebaute Stück ist bei aller Primitivität (Breite des aufsteigenden Astes, Symphyse) menschlich. Das gilt besonders auch für den Zahnbogen und für den Zahnbau. Differenzierungen, die als spezifisch anthropomorph zu bezeichnen wären, sind nicht vorhanden. Ob *Mauer* ein direkter Vorfahr des viel späteren

---

[1] Die Aufnahme wurde von H. Weinert freundlichst zur Verfügung gestellt.

Neandertalers gewesen ist, kann als möglich angesehen werden, auch wäre es denkbar, daß das Stück noch in den *Anthropus*kreis zu stellen ist, was seinem Alter entsprechen würde. Nach den Angaben von v. KOENIGSWALD über den Unterkiefer des *Pithecanthropus* sollen hier Ähnlichkeiten vorhanden sein. Die Bezeichnung *Palaeanthropus* ist wohl besser gegenüber *Homo heidelbergensis* zurückzustellen. Eventuell käme „*Europanthropus*" (WEINERT) in Frage.

Ein besonders rätselhafter Fund, der immer wieder besprochen wird, liegt aus England (Piltdown, Sussex) in dem sog. *Eoanthropus dawsoni* (1911—1915) vor. Das Piltdown-Problem kann hier nicht diskutiert werden (vgl. DAWSON und WOODWARD 1913, RAMSTRÖM 1916, FRIEDRICHS 1932, MILLER 1915, 1918, 1929, WEINERT 1933 und die S. 609 genannten Zusammenfassungen). Zu einem geologisch in das unterste Diluvium gestelltem Hirnschädel von fast moderner Gestaltung soll ein Unterkiefer gehören von so menschenaffenartiger Form, daß er von verschiedenen Forschern für den Rest eines diluvialen Anthropomorphen gehalten und entsprechend benannt worden ist (MILLER 1915: *Pan vetus*, Friedrichs 1932: *Boreopithecus dawsoni*).

Dagegen wird besonders von den englischen Anthropologen die Zusammengehörigkeit der Stücke betont. Da zu

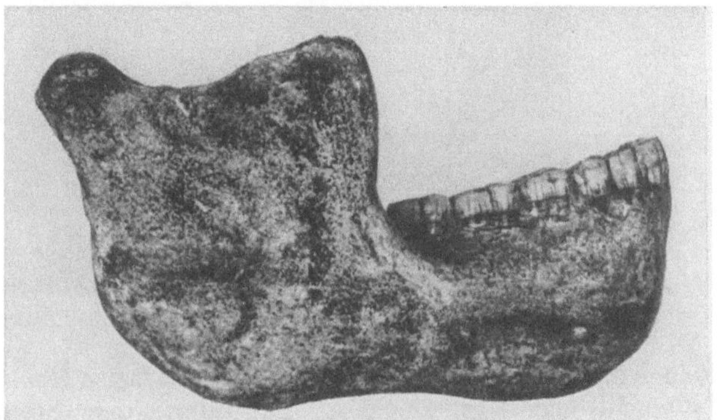

Abb. 48. Unterkiefer des *Homo heidelbergensis* SCHOETENSACK. Aufnahme parallel der Mediansagittalen. (Nach WEINERT 1938.)

den vergleichend-anatomischen Bedenken auch die Fundgeschichte Unsicherheitspunkte enthält, schließen wir uns hier der Meinung E. FISCHERS (1934) an, welcher die Frage der Zusammengehörigkeit von Schädel und Mandibula für unentscheidbar hält: „Einstweilen muß der Fund als unverständlich ausschalten." Für die direkte Vorfahrenschaft des Menschen kommt *Eoanthropus* hinsichtlich der Mandibula nicht in Frage, da hier, worauf MOLLISON (1933) aufmerksam macht, der vordere Digastricusbauch zurückgebildet ist, der bei allen Hominiden gut entwickelt ist.

Auch der zeitlich nächste Fund, der *Homo steinheimensis* (BERCKHEMER 1933, 1936, 1938, WEINERT 1936), ein 1931 bei Steinheim an der Murr (Württemberg) gehobener Schädel, ist schwierig zu beurteilen. Das prachtvolle Stück (Abb. 49 und 50[1]) ist geologisch sehr alt und gehört entweder in das Riss I-Riss II-Interstadial oder noch in die Zeit vor der Rissvereisung, ist also wesentlich älter als die sogleich zu besprechenden Neandertaler.

Die Morphologie des *Steinheimer Schädels* bietet eine Anzahl Überraschungen. Zwar zeigen sich Merkmale, die für den Neandertaler typisch sind, so besonders im vorderen Teil des Hirnschädels, aber es sind auch Eigentümlichkeiten vorhanden, wie sie bisher aus dem Neandertalkreis nicht bekannt waren (Einsenkung der Nasenwurzel, Infraorbitalgruben, kein Spitzgesicht, Bau des Hinterhauptes). Auf Grund dieser Eigenheiten wird der Steinheimer Schädel von einigen Autoren nicht in den Neandertalkreis gestellt, während von anderen Seiten hierfür zumindest keine unüberwindlichen Schwierigkeiten gesehen

---

[1] Diese Abbildung wurde freundlichst von Dr. BERCKHEMER zur Verfügung gestellt.

werden. Auf Grund seiner an rezente Verhältnisse erinnernden Eigentümlichkeiten hat man den Fund auch als neue Stütze für die Anschauung betrachtet,

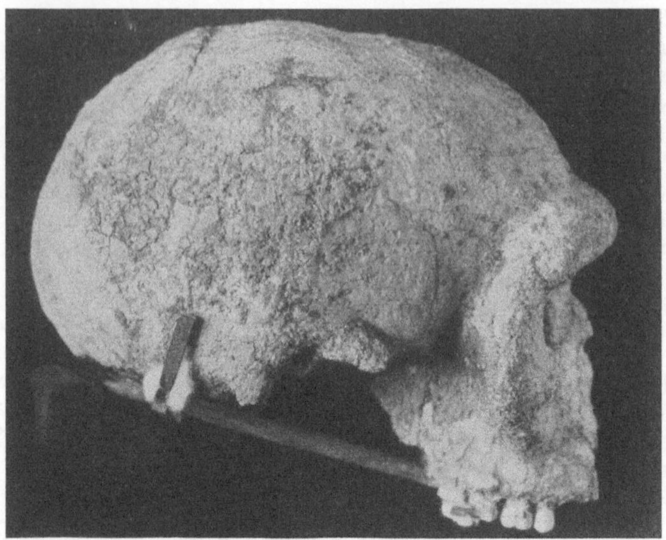

Abb. 49. Der Schädel von Steinheim. (Nach Berckhemer 1933.)

die den Neandertaler aus der Vorfahrenschaft des *Homo sapiens* völlig ausschließt.
Es sind sogar Stimmen laut geworden, den Steinheimer Fund als ersten

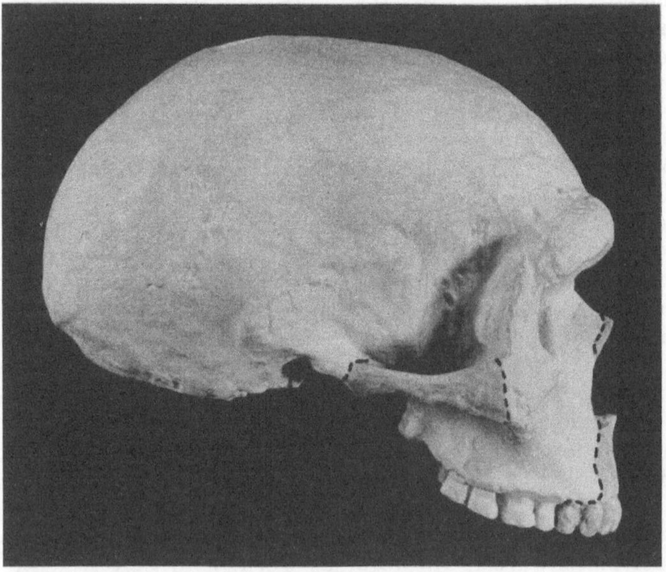

Abb. 50. Der Schädel von Steinheim, ergänzt von Berckhemer. (Aus Heberer 1938.)

Vorfahren der nordischen Rasse zu betrachten! Das ist nicht möglich; denn eine
Rassengliederung, die in direkter Beziehung zu der des heutigen Menschen
steht, gibt es nicht in so früher Zeit (s. unten). Man muß auch dem Argument

WEINERTS (1938) beistimmen, der darauf hinweist, daß von einem Einzelfund wie Steinheim eine direkte Linie zur heutigen Rassengruppe nicht annehmbar erscheint, ohne daß sie mit den in demselben Gebiet lebenden Menschenformen (d. h. hier mit dem Neandertaler) Berührung gehabt hätte. WEINERT kommt deshalb zu dem Schluß, daß es nicht angängig sei, „in dem Steinheimer einen Vorfahren zu erblicken, der, ohne mit den späteren Neandertalern in irgendwelchem Zusammenhang zu stehen, den rezenten Europäer aus sich entstehen ließ".

Zu diesem Problem ist nun in jüngster Zeit durch einen neuen Fund ein weiterer Beitrag geliefert worden. Es ist der von MARSTON (1937) entdeckte

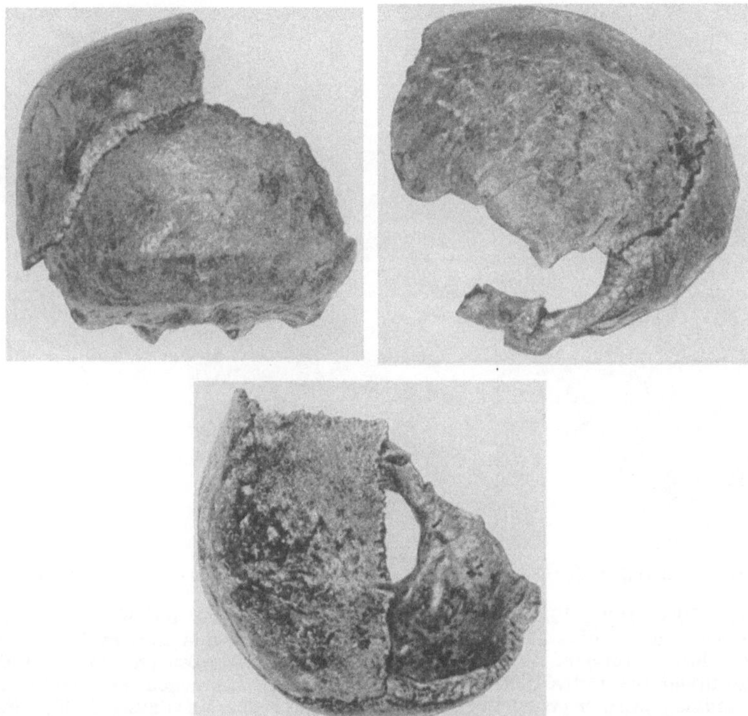

Abb. 51. Der Fund von Swanscombe. (Nach „Report of the Swanscombe Commitee" 1938.)

Schädel von Swanscombe in England. Zunächst wurde von LE (1938) durch eine vorläufige Mitteilung auf die Eigenheiten des Fundes aufmerksam gemacht. Seine Bedeutung erschien derart, daß ein Swanscombe-Kommitee gebildet wurde, das den Fund nach allen Richtungen (stratigraphisch, archäologisch und anthropologisch) überprüfte (Report on the Swanscombe skull 1938, OAKLEY und MORANT 1939).

Der Fund gehört nach diesen Ergebnissen in das Mindel-Riss-Interglacial, ist also noch älter als Steinheim. Die Kultur wird als frühes Mittelacheuléen (Faustkeilkultur) bezeichnet. Das Fundstück (Abb. 51) besteht aus einem Hinterhauptsbein und einem linken Scheitelbein. In der Gestaltung ergibt sich eine große Ähnlichkeit zu Steinheim, während zu *Pithecanthropus* und zum Neandertaler unverkennbare Unterschiede bestehen. Der Gehirnausguß soll rezente Bildungen zeigen. Eine Ergänzung der fehlenden Teile des Schädels wurde nicht vorgenommen[1]. Selbst wenn es sich zeitlich nur um die letzte Zwischeneiszeit handeln sollte, würde der Fund auch dann noch beweisen, daß zur Zeit des Neandertalers, der überlieferungsgemäß erst im Riss-Würm-Interglacial erscheint (s. unten), und auch vorher im europäischen Raum Menschen vorhanden waren, die in einem Teil ihrer Merkmale mit dem *Sapiens*typus schon vergleichbar sind. Keineswegs berechtigt der Fund natürlich dazu, die Entstehung des Menschen nun tief in das Tertiär hinein zu verschieben (Reid Moir 1938). Beziehungen zum Piltdown-Menschen (Keith 1939) erscheinen sehr gewagt.

Während wir es in Swanscombe mit einem *sapiens*tümlichen Fund hohen Alters mit gesicherter stratigraphischer Beurteilung zu tun haben, ist dies nicht der Fall mit den von

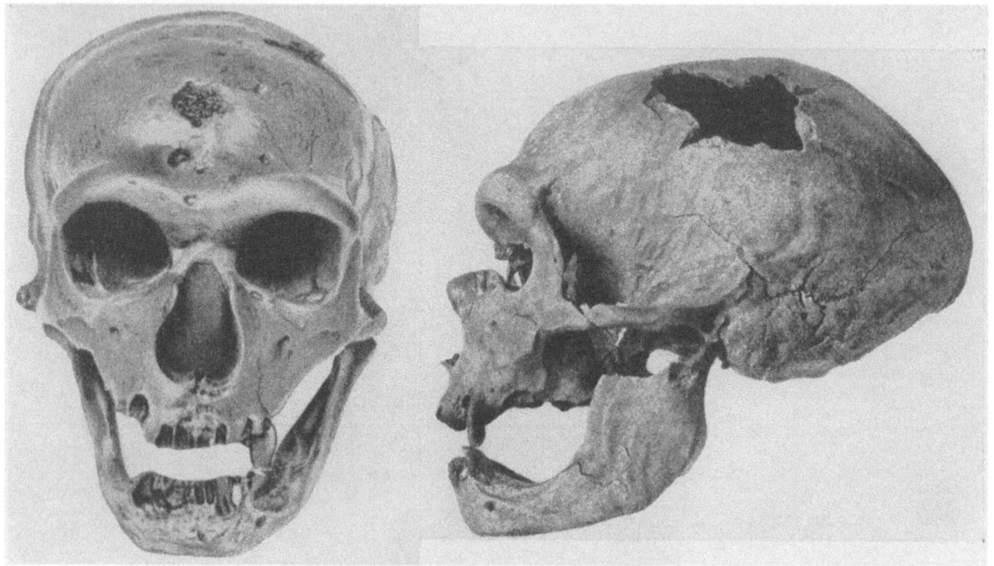

Abb. 52. Der Neandertalschädel von La Chapelle aux Saints. (Nach Mollison aus Gieseler 1936.)

Leakey (1933, 1934, 1935, 1936, 1938) in Ostafrika bei Kanam und Kanjera gehobenen Funden, die seinerzeit großes Aufsehen erregten. Sie zeigen den *Sapiens*-Typus, sollten aber aus Schichten stammen, die als vielleicht sogar noch pliozän (Kanam), mindestens aber als altdiluvial bis mitteldiluvial angesehen werden. Hiergegen ist verschiedentlich Stellung genommen worden (Weinert 1934, Heberer 1935, Veaufrey 1935). Seitdem Boswell (1935) nachwies, daß die stratigraphische Zuordnung der Funde nicht einwandfrei ist, kann die Datierung Leakeys nicht mehr als gesichert gelten. Dasselbe ist bei dem *Homo sapiens*-Skelet von Oldoway der Fall, das von Gieseler und Mollison (1929) bearbeitet worden ist und von Reck (1932, 1935) zuerst in das Mitteldiluvium mit Chelles (Faustkeil)-Kultur datiert wurde. Es stellte sich dann heraus, daß es sich frühestens um einen jungpaläolithischen Fund handeln kann.

So haben wir aus der ganzen Zeitspanne zwischen dem Auftreten der *Anthropus*(Vormenschen)-Gruppe und dem *Homo neandertalensis* eine spärliche Reihe von Funden, die uns eigentlich nur Rätsel aufgeben.

Der *Homo neandertalensis* King („Urmensch") erscheint im Riss-Würm-Interglacial und ist durch zahlreiche Funde, die sich über einen großen Teil Europas und des Mittelmeergebietes (Abb. 47) verteilen gut faßbar. Die anatomischen Eigentümlichkeiten dieser seit Fuhlrott (1859) bekannten Menschenform sind seit Schwalbes klassischen Arbeiten (1901) so oft beschrieben worden, daß es genügt, in der Abb. 52 mit dem Schädel von La Chapelle aux Saints

---

[1] Keith (1938/39) glaubt allerdings, daß die Stirn im Sinne des Piltdownschädels, also steil, zu rekonstruieren sei, was Weinert mit Recht anzweifelt (1938).

einen typischen Neandertaler vorzuführen. Der Schädel ist sehr groß, mit flacher Wölbung, starken Tori supraorbitales, kleinen Mastoidfortsätzen, wulstförmigem Torus occipitalis, rundlichen Augenhöhlen, langem „Spitzgesicht", Prognathie, kinnlosem Unterkiefer. Das Skelet ist derb und massig. Neben den altbekannten Funden möge besonders auf die neuentdeckten Neandertaler vor den Toren Roms hingewiesen sein (SERGI 1930, 1935, 1936, BREUIL und BLANC 1936, BLANC 1939, MONTANDON 1939, SERGI 1939, 1940) es liegen jetzt 3 Schädel vor und bereits ist es möglich, das zuletzt gefundene Stück (25. 2. 39 in der Grotta Guattari, Monte Circeo), zu dem auch der Unterkieferrest zu gehören scheint, in Abb. 53 hier wiederzugeben. Es fällt auf, daß die Stirn besonders geneigt ist, daß der

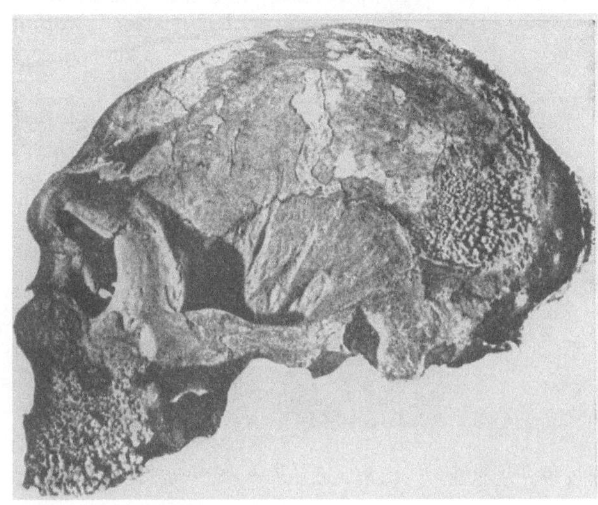

Abb. 53. Der neue Neanderschädel (III) aus der Grotta Guattari des Monte Circeo bei Rom. Am Oberkiefer und Hinterhaupt Sinterbildungen. (Nach BLANC aus MONTANDON 1939.)

Gehörgang anthropoidenartig in der Verlängerung des Jochbogens gelegen ist, daß die Temporalnaht, wie übrigens bei Steinheim auch, einen gebogenen Verlauf besitzt, um wenigstens auf einige Einzelheiten hinzuweisen.

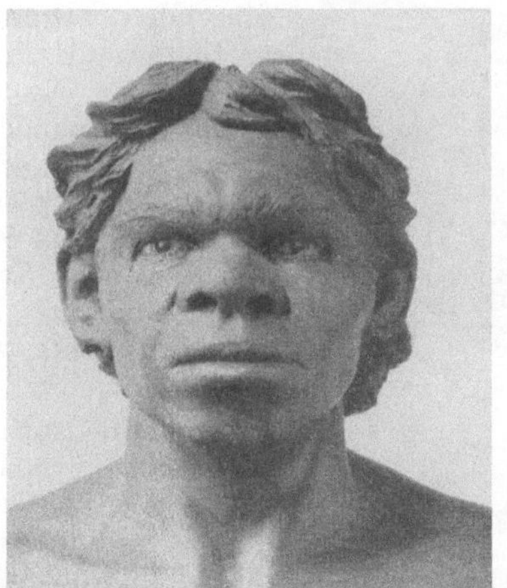
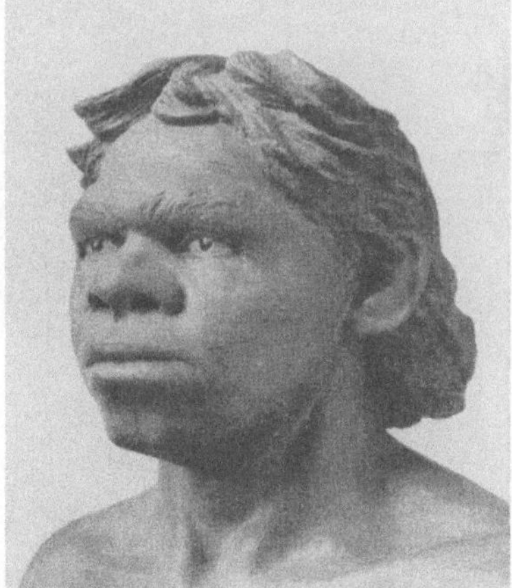

Abb. 54. Versuch einer Wiederherstellung des Lebensbildes des Neandertalers unter Verwendung des Schädels von La Chapelle aux Saints. (Nach HEBERER. Aufgestellt in der Landesanstalt für Volkheitskunde, Halle.)

Verschiedentlich sind Rekonstruktionen des Lebensbildes des Neandertalers versucht worden. Daß sie alle hypothetisch sein müssen, bedarf kaum einer Erwähnung. Genannt seien die Versuche von v. EICKSTEDT (1925) McGREGOR (1926), FRIESEN-MOLLISON (1931), KOLLER (1935) und HEBERER (Abb. 54).

40*

Auch außerhalb Europas gibt es Funde, die man trotz Unterschieden im einzelnen doch in den Neandertalkreis stellen kann. So in Afrika den Schädel von Broken Hill (Rhodesia)[1], als *Homo rhodesiensis* Smith-Woodward (Abb. 55) bezeichnet (Pycraft, Smith, Yearly, Carter, Smith, Hopwood, Bate und Swinton 1928, Weidenreich 1929), der zweifellos enge Beziehungen zum

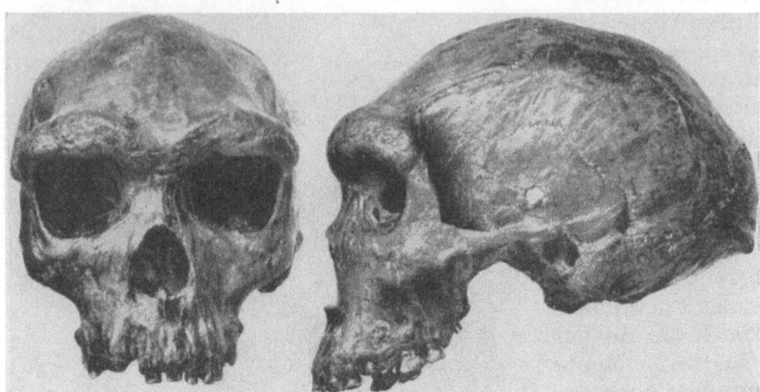

Abb. 55. Der Schädel von Broken Hill (Rhodesien). Norma frontalis und lateralis. (Nach Pycraft 1928.

Neandertaler besitzt, wenn auch einige Merkmale rezenter anmuten (Lage des Foramen magnum, geringe Prognathie). Durch Hyperostose erscheint der neandertaloide Typus des Fundes besonders stark betont. Nicht entschieden ist die Zugehörigkeit einer Anzahl Skeletreste von nahezu rezentem Bau, ebenso unentschieden ist die geologische Zeitstellung. Gegen die Annahme eines diluvialen Alters sind triftige Gründe nicht vorzubringen. Die Verletzungen am Schädel (Loch in der Temporalschuppe) rühren von Hyänenzähnen her (Mollison 1937). Der Fund zeigt wohl, daß die Neandertal-„Stufe" auch in Afrika vorhanden war.

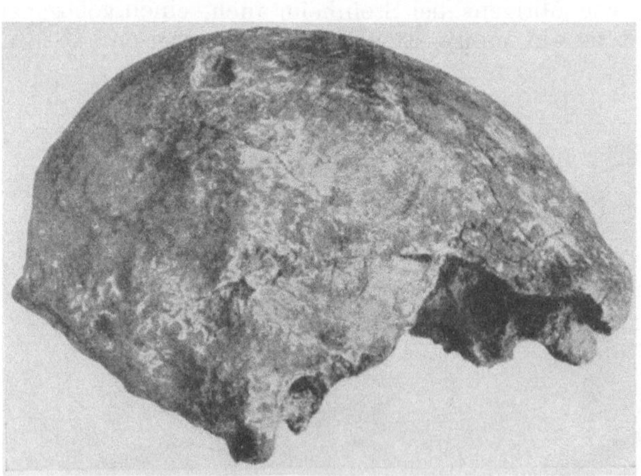

Abb. 56. Schädel I von Ngandong (Java). (Nach Oppenoorth 1932.)

Auch in Ostasien, auf Java, kommt die Urmenschenstufe vor. Bei Ngandong, 10 km von der klassischen Pithecanthropusstelle entfernt, am gleichen Solofluß, wurde (seit 1931) eine ganze Serie von Schädeln (nur Hirnschädel, Kannibalismus) gehoben (Oppenoorth 1932, v. Koenigswald 1933, 1937). Sie werden als *Homo soloensis* Oppenoorth bezeichnet (Abb. 56) und müssen ihrem Gesamttypus nach ebenfalls in den Neandertalkreis gestellt werden, obwohl sie, was ganz natürlich ist, auch abweichende Merkmale besitzen (scharfer Occipitaltorus, steilere Stellung der Unterschuppe des Hinterhauptbeines, kräftiger

---

[1] 1921 gefunden.

Processus mastoideus). Die fliehende Stirn hat Ähnlichkeit mit den Verhältnissen bei *Pithecanthropus*. Es sind unter ihnen die größten fossilen Schädel, die
wir kennen. Von verschiedenen Seiten (OPPENOORTH, MOLLISON, WEINERT) ist
darauf hingewiesen worden, daß eine Entwicklungsreihe von *Pithecanthropus* über
Ngandong zu den fossilen protoaustralischen Typen von Wadjak (Java) und
Cohuna (Australien) bis zum heutigen Australier möglich erscheint.

Von besonderer Wichtigkeit für die Frage der phyletischen Bedeutung des
Neandertalkreises sind die Funde aus Palästina (Mugharet-es-Sukhul und et
Tabun am Karmelberg, Wady el Mughara; Djebel Kafze bei Nazareth, McCown
1936, KEITH und McCown 1937, KEITH 1938). Es bieten sich hier Merkmals-
kombinationen dar, die es nur schwer möglich erscheinen lassen, jede genetische
Beziehung zwischen *Homo neandertalensis* und *sapiens* abzulehnen, da hier
sowohl primitive Neandertalgestaltung vorkommt, aber auch deutliche Anklänge
an *Homo sapiens* auftreten (Kinnbildung, Mediansagittalkurve des Schädels,
Skeletbau von fast rezentem Typ).

Wenn wir uns im Anschluß daran die Frage nach der *phyletischen Herkunft
und dem Schicksal des Neandertalkreises* nochmals vorlegen, so erscheint es zunächst
als gut gesichert, daß er aus der *Pithecanthropus-Sinanthropus*-Gruppe ent-
sprungen ist. Die Variabilität des *Sinanthropus* erreicht ja in mancher Beziehung
die Grenze des Neandertalers, wie z. B. der Kurvenvergleich Abb. 42 zeigt. In
unserem Stammschema (Abb. 46) überschneiden sich deshalb diese beiden
Kreise (*P = Pithecanthropus, N =* Neandertaler). Zweifellos ist aber auch,
daß innerhalb der Neandertalgruppe Spezialisationen eingetreten sind, die den
Weg für eine Weiterentwicklung in moderner Richtung abschnitten. Das gilt
aber wohl nicht allgemein! Die ostasiatische Reihe von *Pithecanthropus* zum
Australier ist auch möglich, und in Europa finden sich mit dem Auftreten des
Homo sapiens genug neandertaloide Anklänge, so daß nicht jeder Einfluß ab-
gelehnt werden kann. Zweifellos hatte im Neandertalkreis bei seiner ungeheueren
Verbreitung auch eine Rassengliederung eingesetzt. Man darf jedoch diese
Gliederung nicht als Vorstufe der späteren Rassenaufspaltung des *Homo sapiens*
betrachten. Diese erfolgte erst von der allgemeinen *Sapiens*-Grundlage aus.

Es ist also bei der heutigen Lage nicht möglich, *genaue* Angaben über die
phylogenetischen Wurzeln der *Sapiens*-Menschheit zu machen. Sie entstand im
letzten Abschnitt der Eiszeit. Wo, ist ebenfalls zur Zeit nicht zu klären. Die
palästinensischen Funde brauchen nicht zu bedeuten, daß dort die Heimat der
Sapiens-Menschheit gelegen hat. Es dürfte feststehen, daß extreme Neandertal-
typen des Würmglacials, wie der Patenfund aus dem Neandertal und der Fund
von La Chapelle aux Saints, aus der direkten Vorfahrenschaft des *Sapiens*-
Menschen auszuscheiden haben. SERGI hat kürzlich, anläßlich der Beschreibung
des neuen Neandertalers vom Monte Circeo (1939, 1940) betont, daß die weniger
spezialisierten Typen des letzten Interglacials (Krapina, Saccopastore, Ehringsdorf) als Vorfahrengruppe des *Homo sapiens* in Anspruch genommen werden
könnten. Das Problem bedarf jedoch intensiver Weiterbearbeitung.

In dem Stammschema (Abb. 46) ist die phyletische Stellung des Neandertalkreises so dargestellt, daß er zwar den *Sapiens*-Kreis noch überschneidet, wodurch
zum Ausdruck gebracht sein soll, daß in den *Sapiens*-Kreis Neandertalerbgut
aufgenommen worden ist; als Ganzes betrachtet aber ist der Neandertalkreis
ein „Seitenast", wie dies auch zeichnerisch zum Ausdruck gebracht wurde. Für
den *Sapiens*-Kreis ist eine Linie bis zum *Pithecanthropus* durchgezeichnet, sie
verläuft *durch* das morphologisch zu denkende „Randgebiet" des Neandertalkreises. Hier mögen weniger differenzierte Angehörige dieser Gruppe den
Übergang vermitteln und hier mögen zeitlich tief und an der Peripherie auch
die Funde von Steinheim und Swanscombe stehen.

Die Meinung, daß Zusammenhänge genetischer Art zwischen Neandertalkreis und *Homo sapiens* bestehen, wird neuerdings auch von archäologischer Seite zu stützen versucht. Die neueren Bearbeitungen der jüngeren Palaeolithkulturen lassen es heute als gesichert erscheinen, daß vom *Moustérien (Handspitzenkultur)*, der typischen Kultur des Neandertalkreises aus eine kontinuierliche Entwicklung zu den *Klingenkulturen (Aurignacien* als älteste Stufe), die für den *Sapiens*-Menschen typisch sind, geführt hat. Hierauf haben in jüngster Zeit Andree und Bicker auf Grund genauester Analysen, ausgeführt an neuestem Fundmaterial (Bicker 1938, 1939, Andree 1939) aufmerksam gemacht. Das Material reicht heute aus 1. um die Hypothesen abzulehnen, die das Aurignacien als eine asiatische Einwanderung ansehen (Garrod 1938) und 2. um die Entstehung der Klingenkultur aus der Handspitzenkultur im mitteleuropäischen Raum zumindest als höchstwahrscheinlich nachzuweisen.

Abb. 57. Der Schädel des Neandertalers von Weimar-Ehringsdorf. (Nach Weidenreich 1928.)

Findet sich doch in Deutschland bei Oberwerschen, Kr. Weißenfels (Bicker 1938) bereits im Mindel-(Elster)-Riss(Saale)-Interglacial die Handspitzenkultur[1] entwickelt, wobei in Anklängen schon die Gerätetypen der späteren Klingenkultur auftreten. Dasselbe sehen wir in ausgeprägterer Weise z. B. auch an der berühmten Fundstelle von Weimar-Ehringsdorf (Riss-Würm-, bzw. Saale-Weichsel-Interglacial). Es ist deshalb nicht verwunderlich, wenn die Archäologen geneigt sind, für diese Kontinuität der kulturellen Entwicklung von Neandertalkulturen zu Sapienskulturen (Handspitzen- zu Klingenkulturen) auch eine entsprechende Entwicklung des Menschen anzunehmen!

Der Träger der Ehringsdorfer Kultur war ein Neandertaler. Er ist durch zwei Unterkiefer (Virchow 1920) und, abgesehen von einigen Skeletresten, durch einen weiblichen Hirnschädel (Abb. 57) belegt, der von Weidenreich, Wiegers und Schuster (1928) beschrieben worden ist. Dieser Neandertaler von Weimar-Ehringsdorf ist auf Grund einiger Merkmale (vergleichsweise starke Wölbung des Stirnbeines, Reduktion des M_3) als eine Art Übergangsform zum *Sapiens*-Typus betrachtet worden. Die Zusammensetzung des stark zertrümmerten Stückes, die Weidenreich vorgenommen hat, ist aber wohl nur eine von verschiedenen Möglichkeiten. Die starke Stirnwölbung bleibt aber hiervon unberührt und es erscheint immerhin bemerkenswert, daß der Träger einer Kultur, die deutlich zu der Klingenkultur Beziehungen besitzt, wohl ein zweifelsfreier Neandertaler ist, aber doch Anklänge an die spätere Menschheitsstufe erkennen läßt. Man ersieht aus diesen kurzen Andeutungen, daß auch von archäologischer Seite her das Problem der Entfaltung der Hominiden im Laufe des Diluviums gefördert wird.

Wenn wir nun zum Schluß dieses Abschnittes noch der Frage der *Entwicklung der Sapiensstufe der Menschheit* näher treten, so kann auch das nur in der gebotenen Kürze geschehen.

---

[1] Der Fundort von Oberwerschen ist besonders noch deshalb von Bedeutung, weil er uns die *älteste* Handspitzenkultur überhaupt überliefert hat.

Es steht heute wohl fest, daß der Neandertalkreis, was bei seiner enormen geographischen Verbreitung auch nicht verwundern kann, in Rassen aufgegliedert war. Es ist zur Zeit müßig, Spekulationen darüber anzustellen, ob heutige Rassen etwa auf bestimmte Neandertalrassen zurückführbar sind. Nur *eine* als echte Entwicklungsreihe stützbare Reihe läßt sich aufstellen, die schon erwähnte Linie: Pithecanthropus, Ngandong, Wadjak, Cohuna, Australier. Weiteres ist heute nicht möglich, abgesehen von der schon umrissenen Unwahrscheinlichkeit, daß spezialisierte Neandertaler, wie sie z. B. in Westeuropa vorhanden waren, als Ahnenformen in Frage kommen.

Das Auftreten des *Homo sapiens* im Laufe der ausgehenden Würmeiszeit zeigt jedenfalls eine verhältnismäßige Einheitlichkeit, und wenn WEINERT (1938) in seinen mehrfach schon herangezogenen vorsichtigen Beurteilungen der Rassengeschichte darauf hinweist, daß es eine allgemeine Cro-Magnon-Stufe der Menschheit gegeben haben wird, von der aus dann die Aufgliederung der Menschheit in ihre Hauptrassenzweige erfolgte, so ist das wohl die Auffassung, die gegenwärtig den Tatsachen am besten gerecht wird! Es dürfte zweckmäßig sein, diese Cro-Magnon-Stufe als *diluviale Langkopfgruppe* im Sinne RECHES (1937) zusammenzufassen, womit dann wenigstens eine ihrer typischen Eigentümlichkeiten hervorgehoben wäre.

Will man die Geschichte der Rassen des *Homo sapiens* zurückverfolgen, so mündet der Weg stets in eine mehr oder weniger cro-magnonartige Form ein und es erscheint unter diesem Gesichtspunkt sinnlos, die *Rassen*linien weiter zurückzuführen als den *Homo sapiens* selbst!

V. Zur Rassengeschichte des nordeuropäischen Menschen.

Von dieser im letzten Abschnitt gekennzeichneten *Langkopfgruppe (Homo sapiens diluvialis)* greifen wir nun den europäischen Formenkreis, der mit dem ersten Interstadial der Weichsel(Würm)-Eiszeit erscheint, heraus (*„Alteuropäische Langkopfgruppe"* im Sinne RECHES). Er tritt uns sogleich in einer großen *Variationsbreite* entgegen und zeigt in seinen Frühformen noch deutliche Anklänge an die neandertaloiden Vorgänger. Es wird hier ausdrücklich gesagt: neandertalo*id* und nicht neandertal*id*! Denn — auch in diesem Zusammenhang mag dies nochmals hervorgehoben sein — die differenzierte Ausprägung der neandertaliden Menschenart *(Homo neandertalensis)*, wie sie besonders in Westeuropa belegt ist, scheidet sicher aus der direkten Vorfahrenlinie des *Sapiens*-Menschen aus, ebenso wie ja auch seine Kultur, das typische westeuropäische „Moustérien", eine hochspezialisierte Handspitzenkultur, keine Weiterbildung in eine Klingenkultur erfahren hat (ANDREE, BICKER a. a. O.).

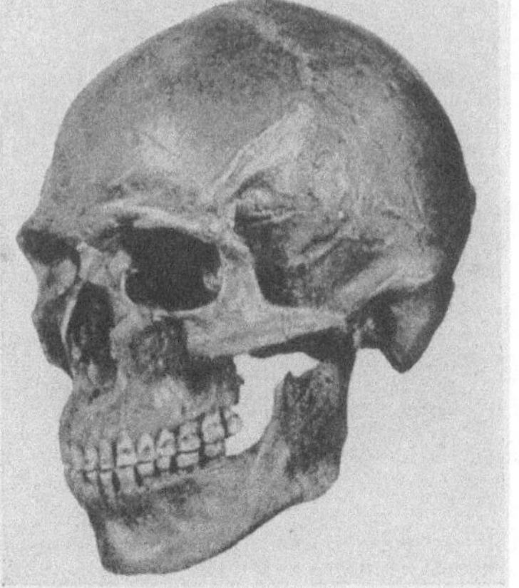

Abb. 58. Schädel eines Mannes von Předmost (Abguß). (Nach MOLLISON 1933.)

Die neandertaloiden Merkmale treten besonders betont bei den Funden von Předmost[1], der bekannten Mammutjägerstation in Mähren (MATIEGKA 1934, ABSOLON 1929), hervor und sind an dem Schädel des Mannes von Předmost (Abb. 58) deutlich zu erkennen: Glabella, Superciliarwülste, Größe des Gesichtsskelets, Prognathie

---

[1] Es können hier nur Beispiele gebracht werden. Im einzelnen vergleiche man GIESELER (1936) und WEINERT (1938), für das Kulturelle ANDREE (1939).

des Oberkiefers, breite Nase, wenig betontes Kinn. Die Menschen von Předmost waren Träger einer Spätstufe der älteren Klingenkultur.

Als zweiter Vertreter aus dem alteuropäischen Langkopfkreis möge der Fund von Combe Capelle (Périgord, Frankreich) angeführt werden (Abb. 59). Der Fund galt als Typus der sog. *Aurignac- oder Brünnrasse* (Klaatsch 1910). Inwieweit eine solche Beurteilung vertretbar ist, wird sogleich besprochen werden. Auch der Schädel von Combe Capelle zeigt eine Reihe primitiver Züge, z. B. im Bau des Unterkiefers (Kinnbildung). Er gehört in die ältere Stufe der Klingenkultur.

Zuletzt wird in Abb. 60 ein Beispiel für eine ausgesprochene Cro-Magnon-Form vorgeführt, der Mann von Oberkassel (Verworn, Bonnet, Steinmann 1919). Verkörperten die ersten beiden Typen eine schlanke, schmalschädelige Form mit langem Gesicht, so tritt uns nun eine hinsichtlich des Hirn- und Gesichtsschädels breitgebaute Form entgegen. Der breite Bau wird hier noch durch die starke Ausladung des Jochbogens und des Unterkiefers betont. Die Augenhöhlen zeigen eine gedrückte rechteckige Gestalt.

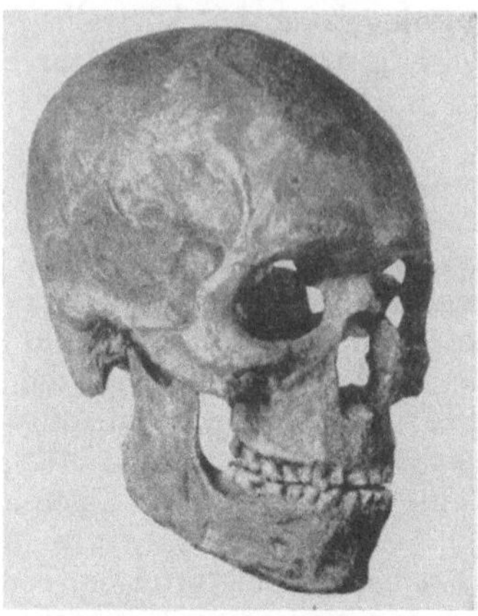

Abb. 59. Der Schädel von Combe Capelle (Abguß). (Nach Mollison 1933.)

Die Unterschiede zu dem Schädel von Combe Capelle sind also nicht unbedeutend. Zeitlich gehört der Fund von Oberkassel in eine Spätstufe der Klingenkultur.

Wenn wir alle bisher vorliegenden Funde des *Homo sapiens diluvialis* aus dem europäischen Raum betrachten, dann ist es nicht möglich, sie in scharf umrissene Gruppen anzuordnen, sondern die in unseren Beispielen herausgestellten Extremformen zeigen sich durch Übergänge vielfach verknüpft. Und auf Einzelfunde eine Rassendiagnose zu begründen, ist immer mißlich. Hierauf hat auch Weinert neuerdings mit Recht aufmerksam gemacht. Wir werden nachher sehen, daß auch in späteren Zeiten, in der jüngeren Steinzeit, ja bis in die Gegenwart hinein es nicht gelingt, innerhalb der nordeuropäischen Menschheit (Langkopfgruppe) die langgesichtige und breitgesichtige Komponente als „Rassen“ scharf zu trennen. Sie zeigen sich zwar in bestimmten Gegenden populationsweise (wohl als Auslesegruppen), aber allenthalben finden sich auch die vermittelnden Übergänge. So wird man besser von „Schlägen“ *einer* Rasse sprechen und dies scheint auch für die alteuropäische Langkopfgruppe des ausgehenden

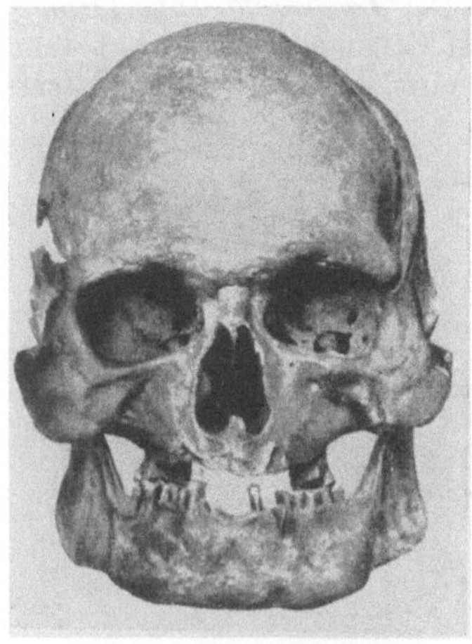

Abb. 60. Schädel des Mannes von Oberkassel, rechter Jochbogen ergänzt. (Nach Bonnet 1919.)

Diluviums angebracht. Es hat sich ja herausgestellt, daß es nicht zutrifft, daß die als die primitivere angenommene „Aurignac-Rasse“ (hier als Beispiel der Fund von Combe Capelle) die ältere, die fortschrittlichere „Cro-Magnon-Rasse“ die jüngere wäre, sondern beide Ausprägungen kommen von Beginn des Auftretens des *Homo sapiens* vor und sind auch keineswegs regional geschieden. Der Grabfund von Oberkassel zeigt z. B. einen extrem cro-magniden Mann, dazu aber noch ein weibliches Skelet, das mehr zu dem Aurignac-Brünn-Typus hinneigt. So ist es wohl zur Zeit besser, von Rassenaufstellungen innerhalb der alteuropäischen Langkopfgruppe noch abzusehen.

Ob die folgenden Verbindungen wenigstens schematisch gelten können, muß durch ein größeres Fundmaterial erst noch belegt werden:

1. Fund von Chancelade [1] → nordische Rasse (im engeren Sinne);

2. Cro-Magnon → Oberkassel → fälische Rasse (fälischer Schlag der nordischen Rasse im weiteren Sinne);

3. Brünn-Combe Capelle → südeuropide (mediterrane) Langkopfrasse.

Es können auch aus einem ähnlichen Ausgangsmaterial ähnliche Gruppen wiederholt durch Auslese populationsweise isoliert worden sein. Diese letzte Möglichkeit erscheint im Lichte der Genetik wahrscheinlicher, als ein räumlich, wenigstens für die nordeuropäische Gruppe, ja kaum getrenntes Nebeneinanderherlaufen der Linien seit dem jüngeren Paläolithikum. Übrigens findet sich auch im mediterranen Raum das Nebeneinander des breiten (Cro-Magnon-) und schmalen (Brünn-Aurignac-)Typs.

Zweifellos tritt allgemein und rein quantitativ gesehen innerhalb des diluvialen *Homo sapiens* der cro-magnide Merkmalskomplex bestimmender auf und deshalb wurde im vorhergehenden Kapitel darauf hingewiesen, daß es einmal so etwas wie eine allgemeine Cro-Magnon-Grundlage der *Sapiens*-Menschheit gegeben hat.

Es ist hier noch eine Frage zu stellen, obwohl sie über den Rahmen dieses Abschnittes hinausgreift: Finden sich Anzeichen für irgendwelche Zusammenhänge der außereuropäischen Großrassen (Mongoliden, Negriden) und der Cro-Magnonstufe? Theoretisch bietet dieses Problem kaum größere Schwierigkeiten, doch fehlt gegenwärtig das Material noch fast vollständig. Mögliche Verbindungen wären:

Combe Capelle — Eskimide (und damit Mongolide);

negroide Cro-Magnons von Grimaldi (Mentone) — echte Negride.

Es kann jedoch hier nichts Bestimmtes behauptet werden, besonders nicht darüber, ob die betreffenden Merkmale des Grimaldifundes als negroid oder negrid, also echt negertümlich zu beurteilen sind. Es dürften jedoch auch die echten Negriden auf primitiv-cro-magnonartige Vorformen zurückgehen, wofür die Funde diluvialer Sapiensmenschen in Afrika auch zu sprechen scheinen [2].

Desgleichen sind genauere Angaben über die Herkunft und die genetischen Beziehungen der ersten Kurzköpfe gegenwärtig noch nicht zu machen.

Eine völlige Kontinuität zwischen der alteuropäischen Langkopfgruppe und der heutigen nordisch-fälischen Rasse ist aber nachweisbar! Dies gilt nicht nur rassengeschichtlich, sondern auch die kulturgeschichtliche Parallele ist durch die neueren Fortschritte der Vorgeschichtsforschung, besonders im mittel- und nordeuropäischen Raume aufzuweisen (s. u.). Für die Entstehung der nordisch-fälischen Gruppe in Nordwesteuropa hat RECHE wesentliche rassenphysiologische Hinweise gegeben. RECHE (1936, 1937) geht davon aus, daß die Rassenmerkmale keine beziehungslosen Zufallsbildungen sein können, sondern Ergebnisse von Mutations- und Auslesevorgängen in einer bestimmten Umwelt

---

[1] RECHE (1927) und GÜNTHER (1935); Chancelade selbst geht auf Cro-Magnon-Grundlage zurück.

[2] Ausführliche Diskussion dieser Probleme bei WEINERT (1938). Daß von einer allgemein erreichten Sapiensstufe aus nun unter entsprechend verstärkten Domestikationswirkungen ein rapider Rassenzerfall einsetzt, ist genetisch voll verständlich. Es macht dabei auch die Tatsache keine Schwierigkeiten, daß nun vielfach in den einzelnen Rassengruppen die gleichen Mutationen auftraten und erhalten blieben, wie das auch entsprechend für die Haustierrassen gilt. Dies hat E. FISCHER ausführlich (1936) behandelt, so daß darauf verwiesen werden kann.

sind. Aus den Merkmalen der hellen europäischen Langkopfgruppe (besonders berücksichtigt werden: Funktion der Haut und Pigmentierungsverhältnisse) schließt Reche, daß das Heimatklima kühl, maritim, niederschlagsreich und sonnenarm gewesen ist. Geographisch und zeitlich kommt für das Heimatgebiet nur das würmeiszeitliche West- und Nordwesteuropa in Frage. Asien scheidet aus, auch aus geographischen Gründen [1]. In diesem Gebiet ist die nordisch-fälische Gruppe bodenständig entwickelt worden. Ihre Kontinuität bis zur Gegenwart muß sich nachweisen lassen.

Dieser Nachweis gelingt rassengeschichtlich und kulturgeschichtlich! Der bodenständigen Entwicklung der nordeuropäischen Menschen entspricht eine bodenständige kontinuierliche Entwicklung der Kulturen, deren Träger er ist.

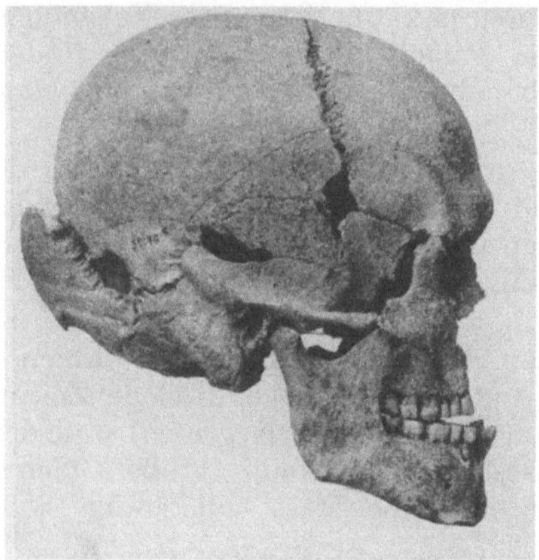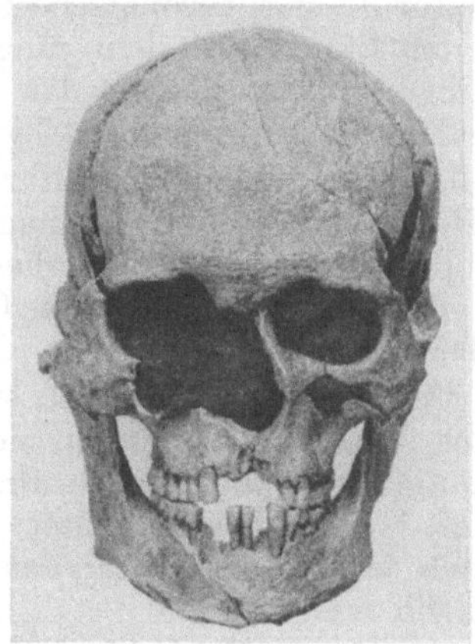

Abb. 61. Der mesolithische Schädel von Bottendorf a. d. Unstrut. (Nach Bicker und Heberer 1940.)

Wir hatten gesehen, daß die Klingenkulturen im mitteleuropäischen Raume in ihren Wurzeln auf unspezialisierte Handspitzenkulturen der vorletzten Zwischeneiszeit (Mindel-Riß-, bzw. Elster-Saale-Interglazial) zurückgehen. Die Träger der jungpaläolithischen Klingenkulturen in diesem Raum sind, wo sie erfaßt werden konnten, im wesentlichen cro-magnonartig. In den ersten nacheiszeitlichen Jahrtausenden der mittleren Steinzeit (Mesolithikum) tritt mit immer größerer Deutlichkeit ein Kulturkreis hervor, der sich unmittelbar an die Klingenkulturen anschließt, in dem aber neben den „feingerätigen" Klingen die Tradition der Handspitzenkultur in Form von sog. „Grobgeräten" fortlebt. Besonders im mitteleuropäischen Gebiet ist diese „grobfeine Mischkultur" als die bestimmende Grundstufe des Mesolithikums erkannt worden, eine Feststellung, die vorwiegend auf den Arbeiten von Bicker (1934) beruht. Auf dieser grobfeinen Mischkultur, die nach dem Eisfreiwerden des Nordens auch nach dorthin vordringt, baute sich das kulturelle Mosaik der Kulturen des nordischen Kreises der jüngeren Steinzeit (Megalithik und Schnurkeramik) in kontinuierlicher Entwicklung auf (Bicker 1933, 1937, Andree und Bicker 1936, Heberer 1938). Die Träger dieses nordischen Kreises aber sind die Indogermanen, die Träger der grobfeinen Mischkultur sind Urindogermanen.

Die geschilderte Kontinuität der Entwicklung der Kulturen im nord-mitteleuropäischen Raum, im Gebiet der indogermanischen Urheimat, ist durch ein umfangreiches Material sichergestellt. Spärlich sind jedoch noch die Belege

---

[1] Vgl. Grahmann (1936), der zeigt, daß Einwanderungsmöglichkeiten aus Asien nicht bestanden.

für die rassische Entwicklung der Träger der postglacialen Kulturen. Aber was vorhanden ist, entspricht den Erwartungen! Es sind nordisch-fälische Typen (zusammengestellt bei RECHE 1936).

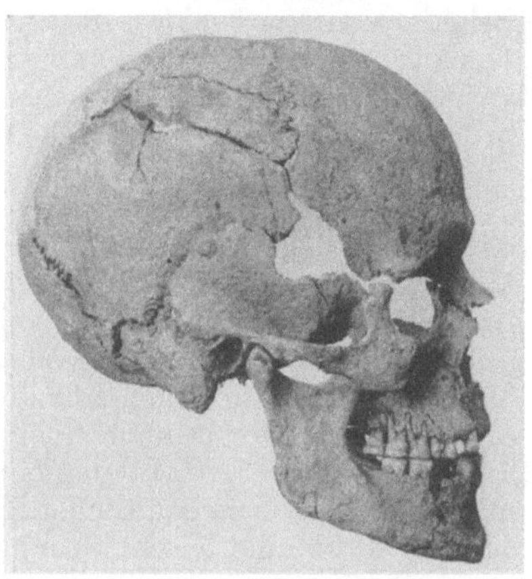
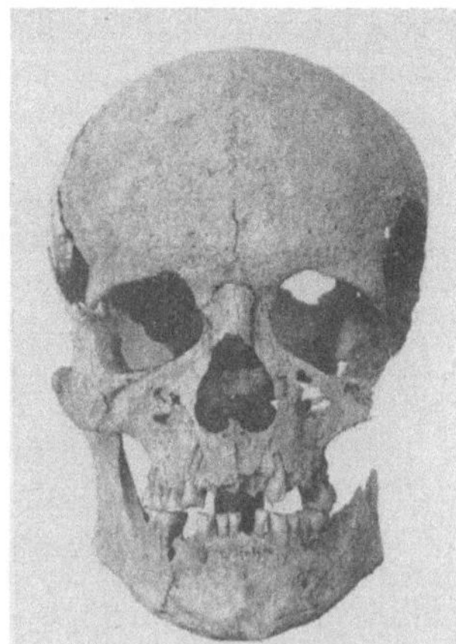

Abb. 62. Schnurkeramiker aus Mitteldeutschland. Nordische Rasse im engeren Sinne. (Nach HEBERER 1938.)

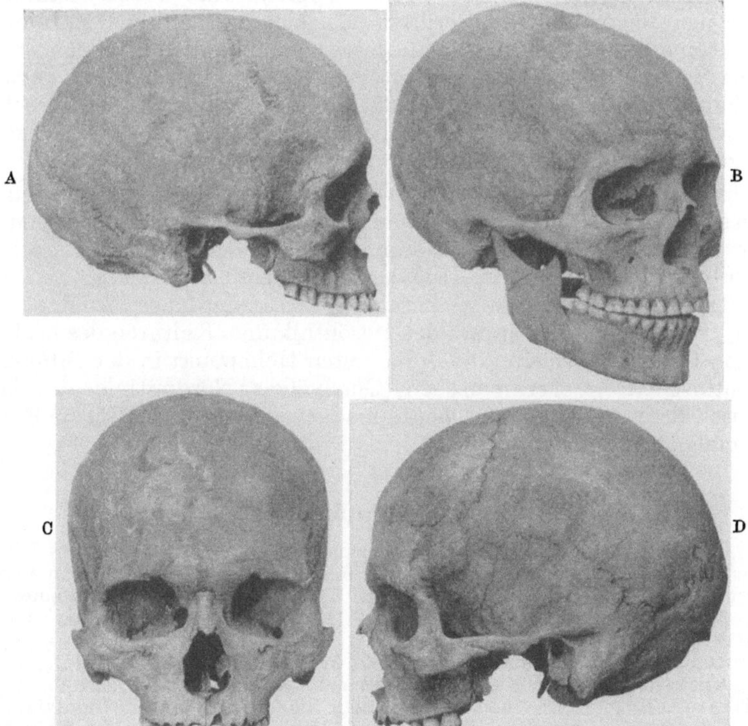

Abb. 63 A—D. Mitteldeutsche Schnurkeramiker, vorwiegend fälisch. A Schädel von Ostrau. B Schädel von Dürrenberg, mit paläeuropider Gestaltung. C Schädel von Braunsdorf (III) in Norma frontalis, D Derselbe in Norma lateralis. (Nach HEBERER 1937, 1938.)

Ein besonders wichtiger Fund ist erst 1939 bei *Bottendorf* an der Unstrut gehoben worden (BICKER und HEBERER 1940). Das Grab (dazu noch drei Kindergräber) gehört in die mesolithische grobfeine Mischkultur, zeitlich an das Ende der Ancyluszeit (6.—7. Jahrtausend vor der Zeitwende). Der Schädel (Abb. 61) zeigt einen Typus, der sich eng an den Mann von Oberkassel (Abb. 60) anschließt, aber weniger extreme Bildungen aufweist (Unterkieferwinkel) und hierdurch sich der nordischen Rasse im engeren Sinne etwas nähert (wie z. B. auch der von Reche 1935 beschriebene Schädel von Nordwalde). So entspricht der bedeutsame Fund von Bottendorf aus der frühesten Entstehungszeit der Indogermanen den Erwartungen, die man betreffs eines mitteldeutschen Mesolithikers hegen konnte und schlägt die Brücke zu den indogermanischen Quellvölkern des Neolithikums, von denen in jüngster Zeit die Schnurkeramiker Mitteldeutschlands von Heberer (1937, 1938) eingehend bearbeitet worden sind. Hierbei hat sich herausgestellt, daß innerhalb der Schnurkeramiker sowohl nordische Typen im engeren Sinne, wie Abb. 62 einen solchen zeigt, vorkommen, als auch fälische (Cro-Magnon-Typen) (Abb. 63), sowie solche, bei denen Merkmale nordischer und fälischer Prägung in inniger Durchdringung vorhanden sind. Es bietet sich hier ein ähnliches Bild, wie bereits im Jungpaläolithikum! Auch primitiv-europide Bildungen kommen — wie heute ja auch noch — vor (z. B. Schädel von Dürrenberg, Abb. 63). Dieses Neben- bzw. Ineinander findet sich also seit dem Auftreten der Langkopfgruppe im würmeiszeitlichen Europa: Alteuropäische Langkopfgruppe — Mesolithiker (grobfeine Mischkultur) — Neolithiker (nordischer Kreis: Megalithik und Schnurkeramik) — germanische Reihengräber (Nordendorfer und Groner Typus). Daß zu bestimmten Zeiten diese oder jene Ausprägung der nordisch-fälischen Rasse überwiegt, findet — wie betont — seine beste Erklärung in Auslesewirkungen, die zur populationsweisen Isolierung der nordischen (im engeren Sinne) oder fälischen Ausprägungsform geführt haben (vgl. dazu Heberer 1938). So liegt uns auch rassengeschichtlich die bodenständige Kontinuität der Entwicklung des Nordeuropamenschen seit dem Beginn seines Auftretens in den Grundzügen klar vor Augen.

Die bis zur Zeit vorliegenden Forschungsergebnisse gestatten den für die Rassengeschichte des nordisch-fälischen Kreises grundlegend wichtigen Schluß, daß der nord-mitteleuropäische Raum ein vorgeschichtliches Rassenzentrum erster Ordnung war (Heberer 1939), in dem sich seit der älteren Steinzeit (Handspitzenkultur) eine Entwicklung in kontinuierlicher Abfolge (Klingenkulturen, grobfeine Mischkulturen des Mesolithikums, Kulturen des neolithischen nordischen Kreises) abspielte, die ihren ersten Höhepunkt in der Differenzierung der neolithischen indogermanischen Quellvölker Nordmitteldeutschlands erreichte, und deren zweiter, noch heute maßgebender Höhepunkt die Entstehung des Germanentums ist.

<h3 style="text-align:center">Schrifttum[1].</h3>

Abel, O.: Die alttertiären Primaten Europas. Naturwiss. 6 (1918). — Die Stämme der Wirbeltiere. Berlin u. Leipzig 1919. — Vorgeschichte der Primaten. In Weber: Die Säugetiere. Jena 1928. — Neuere Forschungen über die Herkunft und Stammesgeschichte der Primaten. Verh. zool.-bot. Ges. Wien 78 (1928). — Die Stellung des Menschen im Rahmen der Säugetiere. Jena 1931. — Das Verwandtschaftsverhältnis zwischen dem Menschen und den höheren fossilen Primaten. Z. Morph. u. Anthrop. 34 (1934). — Abel, W.: Kritische Untersuchungen über Australopithecus africanus Dart. Z. Morph. u. Anthrop. 65 (1931). — Absolon, K.: New finds of fossil human skeletons in Moravia. Anthrop. 7 (1929). — Adloff, P.: Über den Ursprung des Menschen im Lichte der Gebißforschung. Schr. Königsberg. Gelehrte-Ges., Naturwiss. Kl. 8 (1931). — Der Eckzahn des Menschen und das Abstammungsproblem. Z. Anat. 94 (1931). — Das Gebiß von Australopithecus africanus Dart. Z. Anat. 97 (1932). — Das Tuberculum molare des ersten Milchmolaren

---

[1] Das Verzeichnis enthält nur Arbeiten, die im Text erwähnt worden sind. Eine Vollständigkeit ist hier nicht erreichbar. Es ist aber möglich, mit Hilfe der angeführten Arbeiten die gesamte Literatur über das menschliche Abstammungsproblem zu erfassen.

und die Tubercula paramolaria des Menschen, nebst einigen Bemerkungen zur Abstammungsfrage. Anat. Anz. **78** (1934). — Über die COPE-OSBORNsche Trituberkulärtheorie und über eine neue Theorie der Differenzierung des Säugetiergebisses von M. FRIANT-Paris. Anat. Anz. **80** (1935). — Art- und Rassenmerkmale im Gebiß fossiler Menschen. Z. Rassenkde **3** (1936). — Art- und Rassenmerkmale im Gebiß der fossilen Hominiden. Forschgn u. Fortschr. **13** (1937). — Über die primitiven und die sog. ,,pithecoiden" Merkmale im Gebiß des rezenten und fossilen Menschen und ihre Bedeutung. Z. Anat. **107** (1937). — Das Gebiß von Sinanthropus pekinensis. Kritische Bemerkungen zu der Arbeit von FRANZ WEIDENREICH: The dentition of Sinanthropus pekinensis. A comparative odontography of the hominids. Z. Morph. u. Anthrop. **37** (1938). — Die südafrikanischen fossilen Menschenaffen und der Ursprung des menschlichen Gebisses. Anthrop. Anz. **16** (1939). — AKABORI, E.: Torus mandibularis. J. Shanghei Soc. Inst., 4. Sect. **4** (1939). — AMEGHINO, F.: Obras compl. y Corresp., 1—7. La Plata 1913/17. — ANDREE, J.: Der eiszeitliche Mensch in Deutschland und seine Kulturen. Stuttgart 1939. — Mittel- und Westeuropa als älteste Kulturherde der Nordischen Rasse. In: Kultur und Rasse (RECHE-Festschrift). München 1939. — Ursprung und Herkunft der frühesten Kulturen der Nordischen Rasse. Forschgn u. Fortschr. **15** (1939). — ANDREE, J. u. F. K. BICKER: Bodenständige Kulturentwicklung in Mitteldeutschland von der Altsteinzeit bis zur Indogermanenzeit. Mannus **28** (1936). — ANTHONY, R.: Théorie de la dentition jugale mammalienne. I. La molaire des mammifères, son charactère et son type morphologique archaique. II. L'évolution de la molaire chez les mammifères placentaires à partir du début des temps tertiaires. Acta Sci. et Industr. **311**. Exposé d'Anatomie comparée. Paris 1935. — ASHLEY-MONTAGNE, F. M.: The Tarsian hypothesis and the descent of man. J. anthrop. Inst. Lond. **60** (1930).

BAUERMEISTER, W.: Die Pneumatisierung des Schädels bei den Anthropoiden und dem Gibbon und ihre Bedeutung für die menschliche Abstammungslehre. Z. Morph. u. Anthrop. **38** (1939). — BERCKHEMER, F.: Ein Menschenschädel aus den diluvialen Schottern von Steinheim a. d. Murr. Anthrop. Anz. **10** (1933). — Der Urmenschenschädel aus den zwischeneiszeitlichen Schottern von Steinheim a. d. Murr. Forschgn u. Fortschr. **12** (1936). — Vorweisung des Steinheimer Schädels im Original. Verh. dtsch Ges. Rassenforsch. **9** (1938). — BICKER, F. K.: Dünenmesolithikum im Fiener Bruche. Jschr. Vorgesch. sächs.-thür. Länder **22** (1934). — Die Bedeutung der mittleren Steinzeit im nördlichen Mitteldeutschland für die Indogermanenfrage. Z. vergl. Sprachforsch. **64** (1937). — Wichtige Neufunde in Mitteldeutschland zur Frage nach der Herkunft der Nordischen Rasse. Volk u. Rasse **13** (1938). — Die Altsteinzeitfundstelle von Oberwerschen, Kr. Weißenfels. Jschr. Vorgesch. sächs.-thür. Länder **29** (1938). — Die Herkunft des europäischen Homo sapiens im Lichte neuer Werkzeugfunde. Naturwiss. **27** (1939). — BICKER, F. K. u. G. HEBERER: Der mesolithische Fund von Bottendorf a. d. Unstrut. Anthrop. Anz. **17** (1940). — BLACK, D.: The lower molar hominid tooth from the Chou Kou Tien deposit. Paläontologia Sinica **7** (1927). — Discovery of further hominid remains of lower quarternary age from the Chou Kou Tien deposit. Science (N. Y.) **1928**. — Preliminary note on additional Sinanthropus material discovered in Chou Kou Tien during 1928. Bull. geol. Soc. China **8** (1929). — Preliminary notice of the discovery of an adult Sinanthropus skull at Chou Kou Tien. Bull. geol. Soc. China **8** (1929). — Sinanthropus pekinensis. IV. Pacif. Sci. Congr. **3** (1930). — Interim report on the skull of Sinanthropus. Bull. geol. Soc. China **9** (1930). — Notice on the recovery of a second adult Sinanthropus skull specimen. Bull. geol. Soc. China **9** (1930). — Discovery of a skull of an adult Sinanthropus. Anthrop. Anz. **6** (1930). — Evidence of the use of fire by Sinanthropus. Bull. geol. Soc. China **11** (1931). — On an adolescent skull of Sinanthropus pekinensis in comparison with an adult skull of the same species and with other hominid skulls, recent and fossils. Palaeontologia Sinica, s. D 7 (1931). — BLACK, D., TEILHARD DE CHARDIN, P. C. C. YOUNG and W. C. PEI: Fossil man in China: The Chou Kou Tien cave deposits with a synopsis of our present knowledge of the late Cenozoic in China. Mem. Geol. Surv. China, s. A. **11** (1933). — BLANC, A.: L'home fossile del Monte Circeo. Rend Accad. Naz. Lincei, Cl. Sci. fis., mat nat. **29** (1939). — L'homme fossile du Mont Circé. L'Anthrop. **49** (1939). — L'uomo del Monte Circeo e la sua età geologica. Boll. Soc. Geol. ital. (Roma) **58** (1939). — BLUNTSCHLI, H.: Die fossilen Affen Patagoniens und der Ursprung der platyrrhinen Affen. Anat. Anz. **44**, Erg.-H. (1933). — BOLK, L.: Das Problem der Menschwerdung. Jena 1926. — De biologische Grondslag der Menschwording. Handl. 21. Nederl. Natuur- and Geneesk. Congres Amsterdam **1927**. — BOSWELL, P. G. H.: Human remains from Kanam and Kanjera, Kenya Colony. Nature (Lond.) **135** (1935). — BOULE, M.: Les hommes fossiles, éléments de paléontologie humaine. Paris 1923. — BRANCO, W.: Die menschenähnlichen Zähne aus dem Bohnerz der Schwäbischen Alb. Jh. Ver. vaterländ. Naturkde Württ. **1898**. — BREUIL, H.: Le feu et l'industrie lithique et osseuse a Chou Kou Tien. Bull. geol. Soc. China **11** (1932). — Le feu et l'industrie de pierre et d'os dans le gisement du Sinanthropus a Chou Kou Tien. L'Anthrop. **41** (1932). — Un troisième crâne néanderthalien en Italie. Anthrop. **49** (1939). — Breuil, H. et A. C. Blanc: Le nouveau crâne néanderthalien de Saccopastore (Rome). L'Anthrop. **46** (1936). — Broom, R.: Some notes on the Taungs skull. Nature **115** (1925). (Lond.). — The origin of human skeleton. London 1930. — The mammal-like reptiles of South-Africa and the origin of mammals. London 1932. — Les origines de l'homme. Préface du Dr. George Montandon. Paris 1934. — A new fossil anthropoid skull from South-Africa. Nature (Lond.) **138** (1936). — The Sterkfontein-ape. Nature (Lond.) **139** (1937). — On Australopithecus and its affinities. In McCurdy 1937. — New discoveries at Sterkfontein. Nature (Lond.) **141** (1938). — Further evidence on the structure of the South-African pleistocene anthropoids. Nature (Lond.) **142** (1938). — More discoveries of Australopithecus. Nature (Lond.) **141** (1938). — The pleistocene anthropoid apes of South-Africa. Nature (Lond.) **142** (1938). — Les singes anthropoides fossiles de l'Afrique du Sude et leurs relations a l'homme. Rev. Sci. **77** (1939).

Clark, A. H.: Eogenesis-the origin of animal forms. Acta biother. **3** (1937). — Clark, W. E. le Gros: Early forerunners of man. A morphological study of the evolutionary origin of the primates. London 1934. — Man's place among the primates. Man **35** (1935).

Dahr, P.: Über A-B-O-Blutgruppen und M-N-Blutfaktoren anthropoider und niederer Affen. Z. Rassenphysiol. **8** (1936). — Weitere Blutgruppenbefunde bei Anthropoiden. Z. Rassenphysiol. **9** (1937). — Über Blutgruppen bei Anthropoiden. Z. Morph. u. Anthrop. **38** (1939). — Dahr, P. u. H. Lindau: Neue Blutgruppenbefunde bei Anthropoiden. Z. Immun. forsch. **94** (1938). — Dart, R. A.: Australopithecus africanus, the man-ape of South Africa. Nature (Lond.) **115** (1925). — The dentition of Australopithecus africanus. Fol. anat. jap. **69** (1934). — Darwin, C. R.: The origin of species by means of natural selection or the preservation of favoured races in the struggle for life. London 1859. — The descent of man and on selection in relation to sex. London 1861. — Davies, A. M.: Evolution and its modern critics. London 1937. — Dawson, C. and A. Smith Woodward: On the discovery of a paleolithic skull and mandible in a flint-bearing gravel overlying the Wealden (Hastingsbeds) at Piltdown Fletching (Sussex). Quart. J. geol. Soc. **70** (1913). — Dewar, D.: Difficulties of the evolution theory. London 1931. — Man: A special creation. London 1937. — Dobzhansky, T.: Genetics and the origin of species. New York, Columbia Univ. Press 1937. — Drennan, M. R.: The Florisbad and Taungs skulls. Nature (Lond.) **142** (1938). — Dubois, E.: Pithecanthropus erectus, eine menschenähnliche Übergangsform aus Java. Batavia 1894. — The proto-australian fossil man of Wadjak-Java. Proc. Akad. Wetensch. Amsterd. **23** (1921). — On the principal characters of the cranium and the brain, the mandible and the teeth of Pithecanthropus erectus. Proc. Akad. Wetensch. (Amsterd.) **27** (1924). — Figures of the calvarium and endocranial cast, a fragment of the mandible and three teeth of Pithecanthropus erectus. Proc. Akad. Wetensch. (Amsterd.) **27** (1924). — On the principal characters of the femur of Pithecanthropus erectus. Proc. Akad. Wetensch. (Amsterd.) **29** (1926). — Figures of the femur of Pithecanthropus erectus. Proc. Akad. Wetensch. (Amsterd.) **29** (1926). — Phyloblastese het beginsel der phylogenese en de grondvoorwaarde der aanpassingsbetrekkingen. Verslag. gew. Verg. Natuurk. Akad. Wetensch. **39** (1930). — New evidence of the distinct organisation of Pithecanthropus. Proc. Akad. Wetensch. (Amsterd.) **37** (1934). — On the gibbon-like appearence of Pithecanthropus erectus. Proc. Akad. Wetensch. (Amsterd.) **38** (1935). — The sixth (fifth new) femur of Pithecanthropus erectus. Proc. Akad. Wetensch. (Amsterd.) **38** (1935). — Racial identity of Homo soloensis Oppenoorth (including Homo modjokertensis von Koenigswald) and Sinanthrops pekinensis Davidson Black. Proc. Akad. Wetensch. (Amsterd.) **39** (1936). — Early man in Java and Pithecanthropus erectus. In McCurdy, 1937. — On the fossil human skulls recently discovered in Java, and Pithecanthropus erectus. Man **37** (1937). — The mandible recently discribed and attributed to the Pithecanthropus by G. H. R. von Koenigswald, compared with the mandible of Pithecanthropus erectus described in 1924 by Eugen Dubois. Proc. Akad. Wetensch. (Amsterd.) **41** (1938). — On the fossil human skull recently described and attributed to Pithecanthropus by G. H. R. von Koenigswald. Proc. Akad. Wetensch. (Amsterd.) **41** (1938). — Dürken, B.: Entwicklungsbiologie und Ganzheit. Leipzig 1936.

Eberl, B.: Die Eiszeitenfolge im nördlichen Alpenvorlande. Ihr Ablauf, ihre Chronologie auf Grund der Aufnahmen im Bereich des Lech- und Illergletschers. Augsburg 1930. — Eickstedt, E. v.: Eine Ergänzung der Weichteile am Schädel und Oberkörperskelet eines Neandertalers. Z. Anat. **77** (1925). — Eickstedt, E. v.: Rassenkunde und Rassengeschichte der Menschheit, 2. Aufl. Stuttgart, im Erscheinen. — Ehrenberg, K.: Ein neuer menschenaffenartiger Primate aus dem Miozän Niederösterreichs. Forschgn u. Fortschr. **13** (1937). — Austriacopithecus, ein neuer menschaffenartiger Primate aus dem Miozän von Klein-Hedersdorf bei Poysdorf in Niederösterreich (Niederdonau). Sitzgsber. Akad. Wiss. Wien, Math.-naturwiss. Kl. Abt. 1, **1938,** 147. — Ehrhardt, S.: Eine Karte der wichtigsten Fundorte menschlicher Skeletreste aus dem Alt- und Jungpaläolithikum. Anthropol. Anz. **9** (1932).

Fischer, E.: Fossile Hominiden. Handwörterbuch der Naturwissenschaft, 2. Aufl., Bd. 4. Jena 1934. — Anthropogenese. Handwörterbuch der Naturwissenschaft, 2. Aufl.,

Bd. 1. Jena 1934. — Die gesunden körperlichen Erbanlagen des Menschen. In BAUR-FISCHER-LENZ: Menschliche Erblichkeitslehre und Rassenhygiene, Bd. 1. München 1936.— FRANZ, V.: Die Geschichte der Organismen. Jena 1924. — Systematik und Phylogenie der Wirbeltiere. Handbuch der vergleichenden Anatomie, Bd. I. Berlin u. Wien 1931. — FRECHKOP, A.: Le pied de l'homme. Mem. Mus. roy. natur. Belg. 3 (1936.) — Notes sur les Mammifères XXIII. N'y a-t-il que deux phalanges dans le pouce et le gros orteil des primates? Bull. Mus roy. natur. Belg. 13 (1937). — FRIEDRICHS, H. F.: Schädel und Unterkiefer von Piltdown („Eoanthropus dawsoni WOODWARD") in neuerer Untersuchung. Z. Anat. 98 (1932). — FUHLROTT, C.: Menschliche Überreste aus einer Felsengrotte des Düsselthals. Ein Beitrag zur Frage über die Existenz fossiler Menschen. Verh. Naturh. Ver. preuß. Rheinl. u. Westf. 16 (1859).

GARROD, D. A. E.: The upper paleolithic in the light of recent discovery. Proc. Prehist. Soc. 1938. — GAUDRY, A.: Animaux fossiles et géologie de l'Attique. Paris 1862. — GIESELER, W.: Zur Beurteilung des Eppelsheimer Femur. Verh. Ges. phys. Anthrop. 1 (1926). — Untersuchungen über den Oldowayfund. Fundstelle, Lagerung des Skelettes und Morphologie der Extremitätenknochen. Verh. Ges. phys. Anthrop. 3 (1929). — Abstammungs- und Rassenkunde des Menschen. Öhringen 1936. — GRAHMANN, R.: Neue Hominidenfunde und ihre Altersstellung. Forschgn u. Fortschr. 15 (1939). — Lag die Urheimat der nordischen Rasse in Sibirien? Bemerkungen zur Darstellung v. EICHSTEDT: Rasse 3 (1936). — GREGORY, W. K.: I. On the relationship of the eocene Lemur Notharctus to the Adapidae and other primates. II. On the classification and phylogenie of the Lemuroidea. Bull. geol. Soc. Amer. 24 (1915). — Present status of the problem of the origin of the tetrapoda, with special reference to the skull and paired limbs. Ann. N. Y. Acad. Sci. 26 (1915). — Studies on the evolution of the primates. I. The COPE-OSBORN „theory of trituberculy" and the ancestral molar patterns of the primates. II. Phylogeny of recent and extinct anthropoids with special reference to the origin of man. Bull. amer. Mus. natur. History 35 (1916). — The evolution of human face. Amer. Mus. J. 17 (1917) u. Natur. History 19 (1918). — On the structure and relationships of Notharctus, an american eocene primate. Mem. amer. Mus. natur. History, N. s. 3 (1921). — The origin and evolution of the human dentiton. Baltimore 1922. — How near is the relationship of man to the Chimpansee-Gorilla stock? Quart. Rev. Biol. 2 (1927). — The paleomorphology of the human head. Ten structural stages from fish to man. Bull. N. Y. Acad. Med. 3 (1927). — Paleontology of the human dentition: Ten structural stages in the evolution of the cheek teeth. Amer. J. physic. Anthrop. 9 (1927). — Were the ancestors of man primitive brachiators? Proc. amer. philos. Soc. 47 (1927). — The origin of man from the anthropoid stem — when and where? Proc. amer. philos. Soc. 66 (1927). — Repley to Professor WOOD-JONES's note: Man and the anthropoids. Amer. J. physic. Anthrop. 12 (1928). — The upright posture of man: A review of its origin and evolution. Proc. amer. philos. Soc. 67 (1928). — Our face from fish to man. New York 1929. — A critique of Professor OSBORN's theory of human origin. Amer. J. phys. Anthrop. 14 (1930). — A critique of Professor FREDERIC WOOD-JONES's paper „Some landmarks in the phylogenie of the primates. Human Biology 2 (1930). — The origin of man from a brachiating anthropoid stock. Science (N. Y.) 7 (1930). — The new anthropogeny. Twenty five stages of vertebrate evolution, from silurian chordata to man. Science (N. Y.) 77 (1933). — Man's place among anthropoids. Three lectures on the evolution of man from the lower vertebrates. Oxford 1934. — Man's place among the primates. Palaeobiologia Wien u. Lpz. 6 (1938). — The South-African fossil man-apes and the origin. of the human dentition. J. amer. dent. Assoc. 26 (1939). — GREGORY, W. K. and M. HELLMANN: A dissenting opinion as to dawn man and ape man. Natur. History, New York 26 (1926). — The crown pattern of fossiland recent human molar teeth and their meaning. Natur. History, New York 26 (1926). — The dentition of Dryopithecus and the origin of man. Anthropol. Papers amer. Mus. natur. History 28 (1926). — Fossil anthropoids of the Yale-Cambridge India Expedition of 1935. Carnegie Inst Publ. 1938, Nr 495. — Evidence of the Australopithecine man-apes on the origin of man. Science (N. Y.) 88 (1938). — Fossil man-apes of South Africa. Nature (Lond.) 143 (1939). — GREGORY, W. K. and G. G. SIMPSON: Cretaceous mammal skulls from Mongolia. Amer. Mus. Novitat. 1926, Nr 225. — GRIMM. H.: Beobachtungen über den Torus mandibularis. Z. Rassenkde 8 (1938). — GÜNTHER, H. F. K.: Der Fund von Chancelade und die Entstehung der nordischen Rasse. Rasse 2 (1935). — GUYÉNOT, E.: La renaissance du transformisme. Rev. Sci. 77 (1939).

HAECKEL, E.: Generelle Morphologie. Berlin 1866. — Natürliche Schöpfungsgeschichte. Berlin 1868. — Anthropogenie. Leipzig 1874. — Systematische Phylogenie, Bd. 3. Berlin 1895. — Über unsere gegenwärtige Kenntnis vom Ursprung des Menschen. Cambridge 1898.— Unsere Ahnenreihe. Jena 1908. — HEBERER, G.: Das Abstammungsproblem des Menschen im Lichte neuerer paläontologischer Forschung. Forsch. Völkerpsych. u. Soziol. 10 (1931). — Ernst Haeckel und seine wissenschaftliche Bedeutung. Leipzig 1934. — Zur Altersfrage der ostafrikanischen Menschenfunde. Z. Rassenkde 2 (1935). — Der jungsteinzeitliche Schädel von Dürrenberg. Jschr. Vorgesch. sächs.-thür. Länder 24 (1936). — Die mitteldeutschen Schnurkeramiker. Ein Beitrag zur Indogermanenfrage. Verh. Ges. phys. Anthrop. 8 (1937). — Neuere Funde zur Urgeschichte des Menschen und ihre Bedeutung für Rassenkunde und Weltanschauung. Volk u. Rasse 12 (1937). — Rassenforschung. Jkurse ärztl. Fortbildg 28 (1937). — Beiträge zur Rassengeschichte Mitteldeutschlands. Die mitteldeutschen Schnurkeramiker. Veröff. Landesanst. Volkheitskde Halle 10 (1938). — Abstammungslehre, Paläontologie und Rassengeschichte. Jkurse ärztl. Fortbildg 29 (1938). — Der Stammbaum der Tiere und die „Systematische Phylogenie" E. Haeckels. Biologe 8 (1939). — Wichtige Neufunde zur Stammesgeschichte des Menschen. Volk u. Rasse 14 (1939). — Stammesgeschichte und Rassengeschichte des Menschen. Jkurse ärztl. Fortbildg 30 (1939). — Fortschritte der Stammes- und rassengeschichtlichen Forschung. Jkurse ärztl. Fortbildg 31 (1940). — Zum Problem der Typengenese in der Stammesgeschichte. Biol. Z. Im Druck. — Heintz, A.: Die Entwicklung des Tierreichs. Naturwiss. 27 (1939). — Heller, F.: Die Säugetierfauna der mittelozänen Braunkohle des Geiseltales bei Halle a. S. Jb. Hall. Verb. Erforsch. mitteldtsch. Bodenschätze 9 (1930). — Henckel, K. O.: Das Primordialkranium der Halbaffen und die Abstammung der höheren Primaten. Verh. Ges. Phys. Anthrop. 2 (1927). — Studien über das Primordialkranium und die Stammesgeschichte der Primaten. Morph. Jb. 59 (1928). — Das Primordialkranium von Tupaja und der Ursprung der Primaten. Z. Anat. 86 (1928). — Zur Entwicklungsgeschichte des Fußskeletes von Tarsius spectrum. Morph. Jb. 64 (1930). — Hill, J.: The affinities of Tarsius. From the embryological aspect. Proc. zool. Soc. Lond. 1919. — Hopwood, A. P.: Miocene primates from Kenya. J. Linnean Soc. Lond. Zool. 38 (1933). — Hrdlicka, A.: The skeletal remains of early man. Smithson Misc. Coll. Washington 83 (1930). — Hubrecht, A. A. W.: Die Keimblase von Tarsius. Ein Hilfsmittel zur schärferen Definition gewisser Säugetierordnungen. Leipzig 1896. — The descent of primates. New York 1897. — Über die Entwicklung der Plazenta von Tarsius und Tupaja nebst Bemerkungen über deren Bedeutung als hämatopoietisches Organ. Proc. internat. Congr. Zool. Cambridge 1898. — Die Säugetierontogenese und ihre Bedeutung für die Phylogenie der Wirbeltiere. Jena 1909. — Hülle, W.: Zur Herkunft der nordischen Rasse. Mannus 28 (1936). — Huxley, T. H.: Evidence as to mans place in nature. New York 1863.

Keith, A.: The antiquity of man (Seventh impr.). London 1929. — New discoveries relating to the antiquity of man. London 1931. — The construction of man's family tree. London 1934. — A resurvey of the anatomical features of the Piltdown skull with some observations on the recently discovered Swanscombe skull. J. of Anat. 73 (1939). — The prehistoric people of Palestine. Nature (Lond.) 141 (1938). — Keith, A. and T. D. McCown: Mount Carmel man. His bearing on the ancestry of modern races. In McCurdy, 1937. — Keith, A., E. G. Smith, A. S. Woodward and W. L. H. Duckworth: The fossil anthropoid ape from Taungs. Nature (Lond.) 115 (1925). — Klaatsch, H.: Entstehung und Entwicklung des Menschengeschlechts. In: Krämer: Weltall u. Menschheit 2 (1902). — Homo aurignacensis Hauseri, ein paläolithischer Skeletfund aus dem unteren Aurignacien der Station Combe Capelle bei Montferrand (Périgord). Prähistor. Z. 1 (1910). — Die Aurignacrasse und ihre Stellung im Stammbaum der Menschheit. Z. Ethnol. 42 (1910). — Die Stellung des Menschen im Naturganzen. In: Die Abstammungslehre, Jena 1911. — Die Entstehung und Erwerbung der Menschenmerkmale. Fortschr. naturwiss. Forsch. 7 (1912).— Kleinschmidt, O.: Über Stirnhöhlen und Siebbeinzellen beim Orang. Z. Säugetierkde 8 (1933). — Köhler, W.: Intelligenzprüfungen an Menschenaffen. Berlin 1921. — Koenigswald, R. v.: Ein neuer Urmensch aus dem Diluvium Javas. Zbl. Min. etc. 1933. — Altpaläolithische Artefakte von Java. K. Nederl. Aardrijkskund. Genootsch. 53, II. s. (1936). — Der gegenwärtige Stand des Pithecanthropusproblems. Handl. 7. Nederl.-ind. Naturwetensch. Congr. Batavia 1936. — Zur Stratigraphie des javanischen Plistocäns. De Ingenieur in Nederl.-Indie 1936, Nr 11. — Erste Mitteilung über einen fossilen Hominiden aus dem Altpleistocän Ostjavas. Proc. Akad. Wetensch. (Amsterd.) 39 (1936). — Ein Unterkieferfragment des Pithecanthropus aus den Trinilschichten Mitteljavas. Proc. Akad. Wetensch. Amstder. 40 (1937). — A review of the stratigraphy of Java and its relations to early man. In McCurdry, 1937. — Ein neuer Pithecanthropusschädel. Proc. Akad. Wetensch. Amsterd. 41 (1938). — Neue Pithecanthropusfunde. Forschgn u. Fortschr. 44 (1938). — Nieuve Pithecanthropus vondsten uit Midden-Java. Natuurk. Tijdschr. Nederl.-Indië 98 (1938). — Das Pleistocän Javas. Quartär 2 (1939). — Neue Menschenaffen und Vormenschenfunde. Naturwiss. 27 (1939). — Koenigswald, G. H. R. v. u. F. Weidenreich: Discovery of an addidtional Pithecanthropus skull. Nature (Lond.) 142 (1938). — Köppen, W. u. A. Wegener: Die Klimate der geologischen Vorzeit. Berlin 1924. — Kohl-Larsen, L.: Vorläufiger Bericht über meine Afrika-Expedition 1934/36. Forschgn u. Fortschr. 12 (1936). — Vorläufiger Bericht über den Fund eines mitteldiluviden Menschenrestes im Njarasa-Graben, nördliches Deutsch-Ostafrika. Forschgn u. Fortschr. 12 (1936). — Koller, R.: Plastische Rekonstruktionen der Physiognomie über die Schädel von Gibraltar und La Chapelle aux Saints. Mitt. anthrop. Ges. Wien. 65 (1935). — Kollmann, J.: Neue

Gedanken über das alte Problem von der Abstammung des Menschen. Korresp.bl. dtsch. Anthrop. Ges. usw. 1905. — Neue Gedanken von der Abstammung des Menschen. Globus 87 (1905). — KROGH, CHR. v.: Beiträge zur Theorie der Präzipitinreaktion und der serologischen Beziehungen zwischen Mensch und Pavian. Z. Rassenphysiol. 8 (1936). — Serologische Untersuchungen über die stammesgeschichtliche Stellung einiger Primaten. Anthrop. Anz. 13 (1936). — Serologische Verwandtschaft oder stammesgeschichtliche Verwandtschaft? Zool. Anz. 123 (1938). — KUHN, O.: Cotylosauria et Thermoorpha. Fossilium Catalogus 1, 79 (1937). — Die Phylogenie der Wirbeltiere auf paläontologischer Grundlage. Jena 1938.

LAM, H. J.: Phylogenetic symbols, past and present (Being an apology for genealogical trees). Acta biotheor. 2 (1936). — LE, W. E.: Significance of the Swanscombe skull. Nature (Lond.) 142 (1938). — LEAKEY, L. S. B.: Die Menschenreste von Kanam und Kanjera, Kenya Kolonie. Anthrop. Anz. 10 (1933). — Adams ancestors. A history of the origin of man. London 1934. — The stone age races of Kenya. Oxford Univ. Press. London 1935. — Stone age Africa. An outline of prehistory in Africa. Oxford Univ. Press. London 1936. — LEWIS, G. E.: Taxonomic syllabus of sivalik fossil anthropoidea. Ann. J. Sci. 34 (1937).

MACBRIDE, E. W.: Discussion on the zoological position of Tarsius. Proc. zool. Soc. Lond. 1920. — McCOWN, T. D.: A note on the excavation and the human remains from Mugharet es-Sukhul (Cave of the kids), season of 1931. Bull. amer. School prehist. Res. 8 (1932). — Mount Carmel man. Bull. amer. School prehist. Res. 12 (1936). — McCURDY, G.: Human origins, Vol. I u. II. London 1924. — The coming of man. Pre-man and prehistoric man. Univ. Soc. New York 1935. — Prehistoric man in Palestine. Proc. amer. philos. Soc. 76 (1936). — Early man. London 1937. — McGREGOR, J. H.: Restoring neanderthal man. Natur. History 26 (1926). — MACNAMARA, N. C.: Beweisschrift betreffend die gemeinsame Abstammung des Menschen und der anthropoiden Affen. Arch. f. Anthrop., N. F. 3 (1905). — MARSTON, A. T.: The Swanscombe skull. J. anthrop. Inst. Lond. 67 (1937). MARTIN, R.: Lehrbuch der Anthropologie in systematischer Darstellung, Bd. I—III. Jena 1928. — MATTHEW, W. D.: A revision of the lower eocene Wasatch and Wind-River faunas, Part IV. Bull. amer. Mus. natur. History 34 (1915/18). — The evolution of the mammals in the eocene. Proc. zool. Soc. Lond. 1927. — MATIEGKA, J.: L'homme fossile de Předmost en Moraire. I. Les crânes. Prag 1934. — MILANKOVITCH, M.: Théorie mathématique des phénomènes thermiques produits par la radiation solaires. Paris 1920. — MILANKOVITCH, M.: Mathematische Klimalehre und astronomische Theorie der Klimaschwankungen. Berlin 1930. — Astronomische Mittel zur Erforschung der erdgeschichtlichen Klimate. Handbuch der Geophysik, Bd. 9. Berlin 1938. — Neue Ergebnisse der astronomischen Theorie der Klimaschwankungen. Bull. Acad. Sci. math. et nat. Belgrade 1938. — MILLER, G. S.: The jaw of the Piltdown man. Smiths. Misc. Coll. 12 (1915). — The Piltdown jaw. Amer. J. phys. Anthrop. 1 (1918). — The controversy over human „missing links". Smiths. Rep. for 1928, Washington. — MOLLISON, T.: Die Körperproportionen der Primaten. Morph. Jb. 42 (1910). — Neuere Funde und Untersuchungen fossiler Menschenaffen und Menschen. Erg. Anat. 25 (1924). — Zur systematischen Stellung des Parapithecus fraasi SCHLOSSER. Z. Morph. u. Anthrop. 24 (1924). — Serologische Verwandtschaftsforschung am Menschen und anderen Primaten. Tagungsber. Dtsch. anthrop. Ges. Halle 1926. — Eine neue Rekonstruktion des Homo primigenius. Anthrop. Anz. 7 (1931). — Phylogenie des Menschen. Handbuch der Vererbungswissenschaft, Bd. 3. Berlin 1933. — Die Bedeutung neuer fossiler Menschenfunde. Ber. 52. Tagg. dtsch. Ges. Anthrop., Ethnol. u. Urgesch. Speyer 1934. — Arteiweiß und Erbsubstanz. Z. Morph. u. Anthrop. 34 (1934). — Eine Rekonstruktion des Menschen von Steinheim von Hermann Friese. Anthrop. Anz. 13 (1936). — Die serologischen Beweise für die chemische Epigenese in der Stammesgeschichte des Menschen. Arch. Rassenbiol. 30 (1936). — Verletzungen am Schädel und den Gliedmaßenknochen des Rhodesiafundes. Anthrop. Anz. 14 (1937). — Über den Begriff der Differenzierung im morphologischen und biochemischen Sinne. Verh. dtsch. Ges. Rassenforsch. 9 (1938). — Arteiweiß und Stammesgeschichte des Menschen. Volk u. Rasse 13 (1938). — MOLLISON, T. u. C. v. KROGH: Ein neuer Beweis der chemischen Epigenese in der Stammesgeschichte der Primaten. Anthrop. Anz. 13 (1936). — MONTANDON, G.: Dernières trouvailles d'hominidés fossiles. L'hominien du Mont Circé. Rev. Sci. 77 (1939). — MORANT, G. M.: Studies of paleolithic man. A biometric study of the upper paleolithic skulls of Europe IV. Ann. of Eugen. 4 (1930). — MOSZKOWSKI, M.: Menschheitsentwicklung. Die Schädel der Altsteinzeit, ihre Fundstätten und ihre Maße. Tabul. biol. Per. 10 (1934).

NAEF, A.: Phylogenie der Tiere. Handbuch der Vererbungswissenschaft, Bd. 3. Berlin 1931. — Die Vorstufen der Menschwerdung. Jena 1933.

OAKLEY, K. P. u. G. M. MORANT: Ein Menschenschädel altpalölithischen Alters von Swanscombe, Kent. Quartär 2 (1939). — OBERMAIER, H.: El hombre fosil. Madrid 1925. — OPPENOORTH, W. F. F.: Homo (Javanthropus) soloensis, een plistoceene mensch van Java.

Voorloopige Meded. Wetensch. Med. Dienst Mijnb. Nederl.-Indie 20 (1932). — Een nieuve fossile mensch van Java. Tijdschr. neerl. Aardrijksk, Genootsch. 49 (1932). — Ein neuer diluvialer Urmensch von Java. Natur u. Mus. 62 (1932). — Osborn, H. F.: Fundamental discoveries of the last decade in human evolution. New York Acad. Med. 1926. — Recent discoveries relating the origin and antiquity of man. Science (N. Y.) 65 (1927). — The origin and antiqity of man: A correction. Science (N. Y.) 65 (1927). — Recent discoveries relating the origin and antiquity of man. Palaeobiologic (Wien u. Lpz.) 1 (1928). — Ossen-kopp, G. J.: Übersicht unserer derzeitigen Kenntnis von den fossilen niederen Primaten. Erg. Anat. 25 (1924).

Pei, W. C.: Notice on the discovery of quartz and other stone artifacts in the lower pleistocene hominid bearing sediments of the Chou Kou deposit. Bull. geol. Soc. China 11 (1931). — The fifth skull of Peking man. Nature (Lond.) 139 (1937). — The recent progress of quarternary study in China. Quartär 2 (1939). — Pilgrim, G.: New Sivalik primates and their bearing on the question of the evolution of man and the anthropoidea. Rec. geol. Surv. India 45 (1915). — Pycraft, W. P., G. E. Smith, M. Yearly, J. T. Carter, R. A. Smith, A. P. Hopwood, D. M. Bate and W. E. Swinton: Rhodesian man and associated remains. Brit. Mus. London 1928.

Quenstedt, W. et A.: Hominidae fossiles. Fossilium Catalogus I. s'Gravenhage 1936.

Ramström, M.: Der Piltdownfund. Bull. geol. Inst. Uppsala 16 (1916). — Reche, O.: Das rassische Werden des Deutschen Volkes im Laufe der Jahrtausende. Z. Volksaufartg 2 (1927). — Rasse und Urheimat der Indogermanen. München 1936. — Entstehung der Nordischen Rasse und Indogermanenfrage. Hirt-Festschrift (Germanen und Indogermanen), Bd. I. Heidelberg 1936. — Rassenphysiologische Hinweise auf die Heimat der Menschen-rassen. Verh. Ges. phys. Anthrop. 8 1937). — Physiologische Hinweise auf die Heimat der Menschenrassen. Forschgn u. Fortschr. 13 (1937). — Stammesgeschichtliche Schluß-folgerungen auf Grund der menschlichen Blutgruppen. Volk u. Rasse 13 (1938). — Reck, H.: Älteste Menschheit in Ostafrika. Naturwiss. 20 (1932). — Früheste Menschheit und ihre Kultur in Ost-Afrika. Forschgn u. Fortschr. 11 (1935). — Reck, H. u. L. Kohl-Larsen: Erster Überblick über die jungdiluvialen Tier- und Menschenfunde Dr. Kohl-Larsens im nordöstlichen Teile des Njarasagrabens (Ostafrika) und die geologischen Verhältnisse des Fundgebietes. Geol. Rdsch. 27 (1936). — Reid Moir, J.: Antiquity of the modern type of man. Nature (Lond.) 142 (1938). — Remane, A.: Beiträge zur Morphologie des Anthro-poidengebisses. Arch. Naturgesch. 87 (1921). — Studien über die Morphologie des mensch-lichen Eckzahns. Z. Anat. 82 (1927). — Report on the Swanscombe skull. Prepared by the Swanscombe committee of the Roy. Anthrop. Inst. Vol. 49. 1938. — Romer, A. S.: A sceletal model of the primitive reptile Seymouria and the phylogenetic position of that type. J. of Geol. 36 (1928). — Vertebrate Paleontology. Chicago Univ. Press 1936. — Man and the vertebrates. Chicago Univ. Press 1938.

Schindewolf, O. H.: Das Problem der Menschwerdung, ein paläontologischer Lösungs-versuch. Jb. preuß. Geol. Landesananstalt 49 (1928). — Paläontologie, Entwicklungslehre und Genetik. Berlin 1936. — Beobachtungen und Gedanken zur Descendenztheorie. Acta biotheor. 3 (1937). — Schlosser, M.: Die menschenähnlichen Zähne aus dem Bohnerz der schwäbischen Alb. Zool. Anz. 24 (1901). — Beiträge zur Kenntnis der Säugetierreste aus den süddeutschen Bohnerzen. Geol. u. paläont. Abh. Jena 1902. — Anthropodus oder Neopithecus. Zbl. Min., Geol. u. Paläontol. 1903. — Beitrag zur systematischen Stellung der Gattung Necrolemur sowie zur Stammesgeschichte der Primaten überhaupt. Neues Jb. Min. usw. 1907. — Über einige fossile Säugetiere aus dem Pliocän von Ägypten. Zool. Anz. 35 (1910). — Beiträge zur Kenntnis der oligozänen Landsäugetiere aus dem Fayum. Beitr. z. Paläontol. Österr.-Ung. u. d. Orients 24 (1911). — Schoetensack, O.: Der Unter-kiefer des Homo heidelbergensis aus den Sanden von Mauer bei Heidelberg. Ein Beitrag zur Paläontologie des Menschen. Leipzig 1908. — Schultz, A. H.: Growth studies on primates bearing mans evolution. Amer. J. phys. Anthrop. 7 (1924). — Fetal growth of man and other primates. Quart. Rev. Biol. 1 (1926). — Studies on the growth of gorilla and on other higher primates with special reference to a fetus of gorilla, preser-ved in the Carnegie Museum. Mem. Carnegie Mus. 11 (1927). — The skeleton of the trunk and limbs of higher primates. Human Biology 2 (1930). — Man as a primate. Sci. Monthly 33 (1931). — Die Körperproportionen der erwachsenen catarrhinen Pri-maten, mit spezieller Berücksichtigung der Menschenaffen. Anthropol. Anz. 10 (1933). — Characters common to higher primates and characters specific for man. Quart. Rev. Biol. 11 (1936). — Die Körperproportionen der afrikanischen Menschenaffen im foetalen und im erwachsenen Zustand. Festschrift J. Duerst: Neue Forschungen in Tierzucht und Abstammungslehre. Verbandsdr. Bern 1937. — Schultz, B. K.: Der Innenraum des Schädels in stammesgeschichtlicher Betrachtung, mit besonderer Berücksichtigung des Rhodesiafundes. Verh. Ges. phys. Anthrop. 5 (1931). — Der Hominidenfund von Peking. Arch. Rassenbiol. 25 (1931). — Stammesgeschichtliche und rassische Unterschiede am Schädelinnenraum. Verh. Ges. phys. Anthrop. 8 (1937). — Schwalbe, G.: Studien über

Pithecanthropus erectus Dubois. Z. Morph. u. Anthrop. 1 (1899). — Der Neandertalschädel. Bonner Jb. 1901. — Über fossile Primaten und ihre Bedeutung für die Vorgeschichte des Menschen. Mitt. philos. Ges. Elsaß-Lothr. 4 (1908). — Die Abstammung des Menschen und die ältesten Menschenformen. Kultur der Gegenwart, 5. Abt. Leipzig 1923. — Sergi, S.: Die Entdeckung eines Schädels vom Neandertaltypus in der Nähe von Rom. Z. Morph. u. Anthrop. 28 (1930). — Die Entdeckung eines weiteren Schädels des Homo neandertalensis var. aniensis in der Grube von Saccopastore (Rom). Anthrop. Anz. 12 (1935). — Der Neandertaler des Monte Circeo. Z. Rassenkde 10 (1939). — Der Neandertalschädel von Monte Circeo. Anthrop. Anz. 16 (1940). — Simpson, G. G.: A catalogue of the mesozoic mammalia in the Geological Department of the British Museum. Brit. Mus. natur. History Lond. 1928. — American mesozoic mammals. Mem. Peabody Mus. Yale Univ. 3 (1929). — Postmesozoic marsupialia. Fossilium catalogus I. Berlin 1930. — The first mammals. Quart. Rev. Biol. 10 (1935). — Smith and G. Elliot: Evolution of man. London 1927. — Snoo, K. de: Die Stellung des Menschen unter den Vertebraten. Zbl. Gynäk. 60 (1936). — Der Ursprung der Säugetiere und die Menschwerdung. Z. Rassenkde 5 (1937). — Soergel, W.: Die diluvialen Terrassen der Ilm und ihre Bedeutung für die Gliederung des Eiszeitalters. Jena 1924. — Die Gliederung und absolute Zeitrechnung des Eiszeitalters. Fortschr. Geol. u. Paläontol. 13 (1925). — Das geologische Alter des Homo heidelbergensis. Paläontol. Z. 10 (1928). — Die Vereisungskurve. Berlin 1937. — Das Eiszeitalter. Jena 1938. — Sonntag, C. F.: The morphology and evolution of the apes and man. London 1924. — Stehlin, H. G.: Die Säugetiere des schweizerischen Eozäns, Teil 7, 1. Hälfte. Adapis. Abh. schweiz. paläontol. Ges. 38 (1912). — 2. Hälfte. Caenopithecus-Necrolemur 41 (1916). — Stromer, E.: Das geologische Alter der Gattung Homo im Vergleich zu dem anderer mitteleuropäischer Säugetiergattungen. Anthrop. Anz. 15 (1939).

Teilhard de Chardin, P.: The lithic industry of the Sinanthropus deposits in Chou Cou Tien. Bull. geol. Soc. China 11 (1932). — Peking man: our most ape-like relative. Natur. History 40 (1937). — Timoféeff-Ressovsky, K. W.: Genetik und Evolution. Z. Abstammgslehre 76 (1938).

Vallois, H.: Les preuves anatomiques de l'origine monophyletique de l'homme. L'Anthrop. 39 (1929). — Les thèories sur l'origine des molaires. L'Orthodontie Franc. 12 (1936). — Veaufrey, R.: Point final à la question de Kanam et Kanjera. L'Anthrop. 45 (1935). — Versluys, I.: Hirngröße und hormonales Geschehen bei der Menschwerdung. Mit Ausführungen von O. Poetzl und K. Lorenz. Wien 1939. — Verworn, M., R. Bonnet u. G. Steinmann: Der diluviale Menschenfund von Oberkassel bei Bonn. Wiesbaden 1919. — Virchow, H.: Die menschlichen Skeletreste aus dem Kämpfeschen Bruch im Travertin von Ehringsdorf bei Weimar. Jena 1920.

Watson, D. M. S.: On Seymouria, the most primitive known reptile. Proc. Zool. Soc. Lond. 1918. — The structure, evolution and origin of the amphibia. The orders Rachitomi and Stereospondyli. Phylos. Trans roy. Soc. Lond. Ser. B 209 (1919). — The evolution and origin of the amphibia. Philos. Trans. roy. Soc. Lond., Ser. B 214 (1926). — Weber, M.: Die Säugetiere. Jena 1928. — Weidenreich, F.: Der Menschenfuß. Z. Morph. u. Anthrop. 22 (1922). — Die Sonderform des Menschenschädels als Anpassung an den aufrechten Gang. Z. Morph. u. Anthrop. 24 (1924). — Tatsachen, Legenden und Theorien über den Duckmenschen von Rhodesia. Naturwiss. 15 (1929). — Der primäre Greifcharakter der menschlichen Hände und Füße und seine Bedeutung für das Abstammungsproblem. Verh. Ges. phys. Anthrop. 5 (1931). — Sinanthropus pekinensis und seine Bedeutung für die Abstammungsgeschichte des Menschen. Naturwiss. 19 (1931). — Das Menschenkinn und seine Entstehung. Erg. Anat. 31 (1934). — Sinanthropus pekinensis-a distinct primitive hominid. Proc. Joint Meet. Anthrop. Soc. Tokyo a. Jap. Soc. Ethnol., 1. Sess. Tokyo 1936. — The mandibles of Sinanthropus pekinensis: a comparative study. Palaeontologia Sinica, Ser. D 7 (1936). — Observations on the form and the proportions of the endocranial casts of Sinanthropus pekinensis, other hominids and the great apes: a comparative study of brain size. Palaeontologia Sinica, Ser. D 7 (1936). — Sinanthropus pekinensis and its position in the line of human evolution. Peking natur. Hist. Bull. 19 (1936). — The new discoveries of Sinanthropus and their bearing on the Sinanthropus and Pithecanthropus problem. Bull. geol. Soc. China 16 (1937). — The dentition of Sinanthropus pekinensis, a comparative odontography of the hominids. Palaeontologia Sinica, N. s. D 1 (1937). — Bericht über die neuen Schädelfunde von Sinanthropus pekinensis. Anthrop. Anz. 14 (1937). — The relation of Sinanthropus pekinensis to Pithecanthropus, Javanthropus and Rhodesian man. J. roy. anthrop. Inst. Lond. 67 (1937). — The new discovery of three skulls of Sinanthropus pekinensis. Nature (Lond.) 139 (1937). — Reconstruction of the entire skull of an adult female individual of Sinanthropus pekinensis. Nature (Lond.) 140 (1937). — Discovery of the femur and the humerus of Sinanthropus pekinensis. Nature (Lond.) 141 (1938). — The discovery of the femur of Sinanthropus pekinensis. Science (N. Y.) 87 (1938). — Tatsachen und Probleme der Menschheitsentwicklung. Biomorphosis 1 (1938). — Weidenreich, F., F. Wiegers u. E. Schuster: Der Schädelfund von Weimar-Ehringsdorf. Die

Geologie der Kalktuffe von Weimar, die Morphologie des Schädels, die altsteinzeitliche Kultur des Ehringsdorfer Menschen. Jena 1928. — Weigelt, J.: Ein neuer Halbaffe aus der Braunkohle des Geiseltales. Forschgn u. Fortschr. 8 u. Nova Acta Leopold. Halle 1 (1932). — Neue Primaten aus der mitteleozänen (oberluhetischen) Braunkohle des Geiseltales. Nova Acta Leopold, (Halle) N. F. 1 (1934). — Die Wirbeltierausgrabungen im Geiseltal. Naturwiss. 22 (1934). — Geiseltalforschung und Phylogenie. Biologe 8 (1939). — Paläocäne Säugetiere im deutschen Heimatboden. Biologe 8 (1939). — Der heutige Stand der Geiseltalforschung. Rückblick und Ausblick. Naturwiss. 28 (1940). — Weinert, H.: Die Ausbildung der Stirnhöhlen als stammesgeschichtliches Merkmal. Eine vergleichend-anatomische Studie mit einem Atlas der Stirnhöhlen und einem Meßzirkel zur Ermittlung der inneren Schädelmaße. Z. Morph. u. Anthrop. 45 (1925). — Pithecanthropus erectus Dubois — ein Bericht über die Untersuchung der Originalfossilien. Verh. Ges. phys. Anthrop. 3 (1928). — Pithecanthropus erectus (Dub.). Z. Anat. 87 (1928). — Menschen der Vorzeit. Stuttgart 1930. — Blutgruppenuntersuchungen an Menschenaffen und ihre stammesgeschichtliche Bedeutung. Z. Rassenphysiol. 4 (1931). — Der Sinanthropus pekinensis als Bestätigung des Pithecanthropus erectus. Z. Morph. u. Anthrop. 29 (1931). — Der Ursprung der Menschheit. Über den engeren Anschluß des Menschengeschlechts an die Menschenaffen. Stuttgart 1932. — Das Problem des „Eoanthropus" von Piltdown. Eine Untersuchung der Originalfossilien. Z. Morph. u. Anthrop. 32 (1932). — Das heutige „missing link". Jena. Z. Naturwiss. 67 (1932). — Der „Morgenrötemensch" von Piltdown — eine Untersuchung der Originalfossilien. Forschgn u. Fortschr. 8 (1932). — Biologische Grundlagen für Rassenkunde und Rassenhygiene. Stuttgart 1934. — Homo sapiens im altpaläolithischen Diluvium? Z. Morph. u. Anthrop. 34 (1934). — Blutgruppenuntersuchungen an Gibbonaffen im Jahre 1934. Z. Rassenphysiol. 7 (1935). — Der Urmenschenschädel von Steinheim. Z. Morph. u. Anthrop. 35 (1936). — Eine Rekonstruktion des Pithecanthropusschädels auf Grund der von Dubois 1891 bei Trinil auf Java gefundenen Calotte. Z. Morph. u. Anthrop. 35 (1936). — Die Bedeutung der bisherigen Sinanthropusfunde von Chou Kou Tien bei Peking. Biologe 6 (1937). — Eine Rekonstruktion des Sinanthropusschädels auf Grund der Calvaria Nr. 1 (Locus E) und des Unterkiefers (Locus A), gefunden 1929/30 bei Chou Kou Tien (Peking). Z. Morph. u. Anthrop. 36 (1937). — Dem Unterkiefer von Mauer zur 30jährigen Wiederkehr seiner Entdeckung. Z. Morph. u. Anthrop. 37 (1937). — Africanthropus. Der erste Affenmenschenfund aus dem Quartär Deutsch-Ostafrikas. Quartär 1 (1938). — Der erste afrikanische Affenmensch Africanthropus njarasensis. Biologe 7 (1938). — Entstehung der Menschenrassen. Stuttgart 1938. — Blutgruppenuntersuchungen an Schimpanse und Gibbon im Jahre 1935/36. Z. Rassenphysiol. 10 (1938). — Der neue Affenmensch Pithecanthropus II von Java. Umsch. 42 (1938). — Africanthropus njarasensis. Beschreibung und phyletische Einordnung des ersten Affenmenschen aus Ostafrika. Mit Beiträgen von W. Bauermeister und A. Remane. Z. Morph. u. Anthrop. 38 (1939). — Werth, E.: Parapithecus, ein primitiver Menschenaffe. Sitzgsber. Ges. naturforsch. Freunde Berl. 1918. — Der fossile Mensch. Berlin 1921. — Westenhöfer, M.: Über die primitive Stellung des Menschen unter den Säugetieren. Mitt. anthrop. Ges. Wien 1930. — Das Problem der Menschwerdung. Berlin 1935. — Westoll, T. S.: Ancestry of the tetrapods. Nature (Lond.) 141 (1938). — Kritische Bemerkungen zu neueren Arbeiten über die Menschwerdung und Artbildung. Z. ges. Naturwiss. 6 (1940). — Wiedersheim, R.: Der Bau des Menschen als Zeuge seiner Vergangenheit. Tübingen 1908. — Wiegers, F.: Diluviale Vorgeschichte des Menschen. Stuttgart 1928. — Woldstedt, P.: Das Eiszeitalter. Grundlinien einer Geologie des Diluviums. Stuttgart 1929. — Wood-Jones, F.: The problems of man's ancestry. Soc. for promoting Christian knowledge, London 1918. — Discussion of the zoological position and affinities of Tarsius. Proc. Zool. Soc. Lond. 1920. — Man and the anthropoids. Amer. J. physic. Anthrop. 12 (1928). — Man's place among the mammals. London 1929. — Woodward, A. Smith: Discussion on the zoological position and affinities of Tarsius. Proc. zool. Soc. Lond. 1919. — Wortmann, J. L.: Studies on the mammals in the Marsh collection, Peabody Museum. Amer. J. med. Sci. 15/17 (1903). — On the affinities of the Lemuridae. Amer. J. med. Sci. 17 (1904).

Yerkes, A. W. and R. M.: The great apes. New Haven 1929.

Zimmermann, W.: Vererbung „erworbener Eigenschaften" und Auslese. Jena 1938.

Allgemeine Rassenbiologie des Menschen.

Von **Ernst Rodenwaldt**, Heidelberg.

I. Einleitung.

Die *Anthropologie* der neueren Zeit beschränkte sich bis vor drei Jahrzehnten auf die Erforschung der Morphologie der menschlichen Rassen. Mit der Einbeziehung der Vererbungsforschung in ihr Gebiet und damit ihrer Entwicklung zu einer *Anthropobiologie* war ein großer und entscheidender Schritt vorwärts getan. Weit mehr als in dem Gewinn der Erkenntnis, daß die Vererbungsgesetze auch für den Menschen gelten, lag aber dessen Bedeutung vielleicht in der Einsicht, daß wir im lebenden Individuum jeder Rasse nur einen *Phänotypus* vor uns haben, in dem sich nur *eine* der Möglichkeiten manifestiert, die im *Genotypus* gegeben sind. Trat mit diesem neuen Weg unser Wissen von den erblichen Anlagen erst in das volle Licht, so gewann auch gleichzeitig die richtige Einschätzung aller formenden Kräfte der Umwelt eine gegen früher erhöhte Bedeutung.

Damit änderte sich aber auch für die beschreibende Anthropologie die Bewertung der durch reine Meßarbeit gewonnenen quantitativen Ergebnisse. Man schätzt heute die Beschreibung und Beobachtung qualitativer Unterschiede höher ein. Man mißt ferner, wenn möglich, und *beobachtet* heute weit mehr als früher weiche Teile des Körpers (Nase, Ohr, Kinn, Form der Weichteile um die Augen und um den Mund, Fingerleisten usw.), anstatt den Hauptwert auf die Gewinnung von durch Skeletpunkte gegebenen Maßabständen zu legen. Auch einer *nach festen Regeln* aufgenommenen Photographie wird heute mehr Wert zuerkannt als einer zahlenreichen Meßtafel (Scheidt). Strenger als früher wird eine Berücksichtigung der Altersklassen verlangt. Hrdlicka rät dazu, in eine Standardklasse für Rassenuntersuchungen nur Individuen zwischen 30 und 45 Jahren einzureihen. Viele Rassenmerkmale gerade der weichen Teile sind im jugendlichen Alter noch wenig ausdifferenziert, manche von ihnen differenzieren sich beim weiblichen Geschlecht erst jenseits des Klimakteriums heraus.

Man fordert aber auch, und das kann nicht genug betont werden, eine strengere Bewertung des gesamten Materials durch die Methoden der Kollektivmaßlehre und lehnt Vergleiche zwischen zwei Werten ab, wenn der Fehler der kleinen Zahl unberücksichtigt geblieben ist, wenn die Homogenität des Materials nicht gesichert ist und seine Anordnung und Sichtung nicht mit allen Vorsorgsmaßregeln umgeben ist, alles gerade beim Menschen nicht leicht erfüllbare Forderungen. Älteres Material, das diesen Anforderungen nicht entspricht, wie viele Zahlenreihen des früher grundlegenden Martinschen Lehrbuches, können heute kaum mehr zum Vergleich herangezogen werden.

An Stelle einer Scheinexaktheit durch das Nehmen einer großen Anzahl von Maßen sind Wertungsverfahren getreten, die zunächst die Maße selbst nach ihrer Verläßlichkeit und Bedeutung einschätzen, darüber hinaus aber das Ziel haben, Typen zu erfassen durch eine Methode der Beobachtung, die Eickstedt die Methode „des geschulten visuellen Zergliederns" genannt und als solche durchgebildet hat.

In der Tat lassen uns ja Meßverfahren oft im Stich, wenn es z. B. darauf ankommt, im Typus eines Europäers die in ihm verwirklichten Elemente der europäischen Rassen herauszuarbeiten, mitunter aber auch dann, wenn wir einen Einschlag farbigen Blutes erkennen wollen. Hier hilft uns nur die Beobachtung der qualitativen Unterschiede und die Bewertung der Formenbildung weicher Teile, die oft einer Messung gar nicht zugänglich sind, bei deren Beobachtung mitunter aber eine bestimmte Linienführung für den gewonnenen Eindruck so entscheidend ist, daß dem erfahrenen Beobachter kein Zweifel an der Richtigkeit seiner Schlußfolgerung bleibt.

Welche Gegensätze! Statistische Exaktheit und eine sich auf Eindrücke stützende Bewertung!

Wir sind damit in der Tat zur Zeit nicht im Besitz eines neuen, allgemein anerkannten und verwendbaren, ohne weiteres erlernbaren Verfahrens, wie es die alte Meßtechnik war. Es ist zwar ein Fortschritt, wenn Typenbewertung von dem einen oder anderen Forscher mit Geschick geübt und einem engeren Kreis von Mitarbeitern gelehrt wird. Vielen aber wird eine solche Methode zu sehr mit Subjektivität behaftet erscheinen, ohne daß man zu sagen vermöchte, welche neue Methode besser sein könnte.

Alle solche Voraussetzungen und Vorbedingungen für Forschung und Erkenntnis, auch alle solche Bedenken gelten in erhöhtem Maße für die Anthropobiologie des Seelenlebens. Die psychische Anthropologie, wie sie in den Jahrzehnten seit der Jahrhundertwende entwickelt worden ist, ist der Schwierigkeiten bisher nicht Herr geworden, auf alle Rassen und Populationen gleichmäßig anwendbare Untersuchungsmethoden zu schaffen. Über die Feststellung des „Andersseins" hinaus ist man noch nicht zu sicheren Bewertungsverfahren als Grundlage jedes Vergleichs gelangt.

Die Aufgabe ist aber überdies mit einer weiteren Auflage belastet, daß wir immer und überall nur mit physischen und psychischen Phänotypen zu tun haben. Wir werden uns, auch durch die neuere Konstitutionsforschung belehrt, dessen bewußt, daß wir ja Volk ohne weiteres nicht mit Volk vergleichen können, selbst wenn wir noch so viel Individuen messen oder bewerten wollten. Wir wissen jetzt, daß man immer nur Phänotypen miteinander vergleicht und damit in gewissem Sinne Unvergleichbares. Denn, um nur *einen* Umweltfaktor zu nennen, der zu ihrer Ausformung beigetragen hat, jede Rasse, jedes Volk ist in seinen Phänotypen, was es *ißt*. Darüber hinaus aber sind sie in ihrer Ausformung das Reaktionsprodukt ihrer Erbanlagen auf alle Besonderheiten ihrer Scholle, auf ihre Lebenslage. Ihre Anpassung wird in jedem Erdteil, in jeder Zone eine andere sein. Von einer erschöpfenden Erkenntnis der *Ökologie der menschlichen Rassen* sind wir noch weit entfernt, ja man hat erkannt, daß selbst innerhalb desselben Volkskörpers die ökologischen Verhältnisse verschiedener Lebenskreise aufs stärkste voneinander abweichen können. Auch hierüber aber wissen wir noch sehr wenig..

Alle Anthropobiologie der Zukunft hat zwei Voraussetzungen, eine immer tiefer schürfende Analyse der Erbanlagen und ein vertieftes Wissen um alle überhaupt erkennbaren und erfaßbaren Einflüsse, die an der Ausformung der Phänotypen Anteil haben. *Solange wir ein solches Wissen um die Ökologie der Rassen nicht besitzen, können alle Betrachtungen über die Biologie der Rassen und über deren Unterschiede nur einen vorläufigen Wert haben. Das gilt auch von den in folgendem gebotenen Darlegungen.*

II. Rasse als Produkt der Scholle.

Aus dem Bestande unseres anthropologischen und ethnographischen Wissens können wir die Tatsache herauslesen, daß die Verteilung der Völker über die bewohnte Erde kein ursprünglicher Zustand ist, sondern das Endergebnis von Wanderungen. Auch ihre Mischung aus verschiedenen Rassenelementen, von denen allerdings oft einige so stark dominieren, daß wir praktisch das Recht haben, von manchen Populationen als von Rassen zu sprechen, beruht auf Überschichtungen und Unterschichtungen als Folge solcher Wanderungen und Züge, in denen es Sieger und Besiegte gab.

Wir sehen so viel vom Ergebnis, daß die primitiven, widerstandslosesten Rassen in die südlichsten Endzipfel der Erdfeste oder in unzugängliche Gebirgs- und Waldgebiete verdrängt worden sind: Reliktenvölker.

Alle jene Wanderungen, deren Richtungen wir kaum mit Sicherheit zu rekonstruieren imstande sind, soweit sie in vorgeschichtlicher Zeit stattgefunden haben, müssen aber gleichzeitig von so starken Selektionswirkungen begleitet gewesen sein, daß wir schon im Aufdämmern der Geschichte die Völker und Rassen auf ihrer ihnen zugefallenen Scholle völlig angepaßt leben sehen, un-geschädigt durch Klima und Lebensumstände, sei es nun die karge Umwelt der Polarvölker, das künstliche Klima der gemäßigten Zonen oder der Lebens-überfluß mancher Tropengebiete. Jene Anpassung an die Scholle muß sich in sehr frühen Perioden des Lebens der Menschheit vollzogen haben, über deren positive und negative Bedingungen wir heute nicht einmal etwas ver-muten können, für die wir aber eines annehmen dürfen, daß sie selbst mit rassenbildend gewirkt haben. Diese seßhaft gewordenen Rassen waren damit nicht nur Besitzer, sondern auch Produkt ihrer Scholle geworden, in ihr verwurzelt, die für sie die adäquate geographische Provinz war.

Anders schon in den Zeiten, aus denen geschichtliche Überlieferungen zu uns gelangt sind oder aus denen wir aus der Wanderung von Kulturgut auf Verschiebungen der Völker schließen müssen. Hier zeigt sich, daß für bestimmte Rassen eine hemmungslose, ungestrafte Freizügigkeit nicht mehr bestand, am wenigsten vielleicht gerade für die, in deren Seele, rassisch begründet, ein elemen-tarer Antrieb zu wandern und zu erobern erwacht war (ver sacrum). Der Wechsel des Raumes aber konnte nun nicht mehr ohne schwerwiegende Einwirkungen auf den Rassenbestand vollzogen werden, sobald dabei wesentliche Unterschiede des Klimas und vieler anderer Umweltsumstände ertragen werden mußten. Vor dieser Anforderung haben sowohl hochstehende wie niedrig stehende Rassen gestanden.

Daß primitive Rassen, durch Verdrängung zum Wandern gezwungen, in neuer ungünstiger Umwelt unterlegen sind, wird sich immer vollzogen haben und vollzieht sich noch jetzt vor unseren Augen (Australier, Buschmänner). Wir würden klarer sehen, wenn wir für die hochstehenden indogermanischen Völker wüßten, mit welchen Zahlenbeständen sie einst ihre Urwohnsitze ver-lassen haben. Auch für sie aber müssen wir feststellen, daß sie sich in der rassischen Form, die sie auf der Scholle ihrer Entwicklung erworben hatten und mit der sie in eine andere geographische Provinz einwanderten, nicht haben erhalten können, daß sie der Zersetzung, dem Umbau, selbst dem Untergang der für ihre Eigenart entscheidenden Rassenelemente verfallen sind. Von dem, was man einst Ariertum in den beiden Indien, in Persien, in Armenien (Hethiter), in Syrien (Mitani), von dem was man Griechen- und Römertum des Altertums nannte, sind höchstens noch Spuren in ihren Einwanderungsgebieten nachweisbar. Der gebildete Inder überlegt sich heute, ob es sich wohl besser von dem arischen Eroberer abstammt oder von den Trägern jener uralten indischen Kultur, die *Mohenjodaro* und *Harappa* erbaute.

Etwas mehr wissen wir über den Untergang der nach dem Süden und Westen gezogenen germanischen Stämme und können vermuten, daß es hier die Kleinheit der Zahl war, die bewirkte, daß sie auf dem Wege der Vermischung und damit eines ähnlichen Vorgangs, den wir in der Tierwelt Verdrängungszucht nennen, aufgesogen worden sind von dem zahlreicheren und seiner Scholle angepaßten Volk des neu genommenen Landes (Gothen, Langobarden, Vandalen, Franken, Normannen).

Gerade aber von diesen Rassenverschiebungen der geschichtlichen Zeit gewinnen wir den Eindruck, daß, oft nach Entfaltung einer gewaltigen Blüte an Staatenbildung und Kulturleistung (Indien, Persien, Griechenland, Rom), ein seelisches Erlahmen der Rasse eintrat, ein Hinschwinden alles Kraftvollen, Beständigen, Zukunftsicheren, nicht zum wenigsten durch die zu große Gunst der Lebenslage, mit anderen Worten durch das Fehlen einer Auslese. Es ließen sich viele Umweltse·nflüsse nennen, die daran Schuld tragen könnten, Haremswirtschaft, ungehemmte Befriedigung sich immer höher steigernder Luxusbedürfnisse, Aufhören jeder ernsten Anforderung an kriegerische Leistungsfähigkeit und anderes, am entscheidendsten aber wohl der Verlust jedes Instinkts für die Reinerhaltung der Rasse. Daß aber dieser Instinkt erlahmen konnte, daß auch Kastengesetze ihn nicht zu ersetzen imstande waren, zeigt zusammen mit allen jenen anderen Einwirkungen, daß diese Rassen, Stämme und Völker eine Akklimatisation an die fremde Umwelt nicht zu vollziehen vermochten und ihr erlegen sind. Endergebnis war, daß die Unterlegenen, die Besiegten aber Angepaßten, die, unbeweglich auf ihrer Scholle verharrend, alle Stürme über sich ergehen ließen, schließlich als Rassen immer wieder empordrangen und sich durchsetzten. Wie viele Völkerströme edelsten Blutes hat der Schmelztiegel Indiens verschlungen, wie viele Völker Innerasiens sind spurlos im Chinesentum aufgegangen.

Seit vierhundert Jahren ist von Europa ein neuer Strom von Menschen in die Welt hinausgegangen, deren sich die Völker Europas fast in ihrem ganzen Umfange bemächtigt hatten. Wo der Europäer mit Weib und Kind in Klimazonen einwanderte, die denen Europas gleich oder ähnlich waren, Nordamerika, Südafrika, Australien, Neuseeland, blüht seine Rasse. Wohin Europa aber in Länder, die klimatisch wesentlich verschieden waren, seine Söhne entsandte, sind sie nicht zu Stammvätern europäischer Familien und neuer Volkssitze Europas geworden, sondern haben zum Entstehen von Mischlingsfamilien zweifelhaften Wertes beigetragen, sind der europäischen Rasse verloren gegangen. Trugen nur äußere Umstände Schuld daran, etwa Ungunst der Umwelt, Krankheiten, Ernährungsverhältnisse? Oder lag auch hier eine Unmöglichkeit der Anpassung an eine fremde Scholle vor, für die der aus dem Norden gekommene Kolonisator in seinen rassischen Anlagen keine adäquate Reaktionsfähigkeit weder im Physischen noch im Psychischen bieten konnte?

Erst in allerneuester Zeit hat man begonnen, die Frage der Akklimatisation unter realen Gesichtspunkten zu betrachten und anzufassen.

Zwar war es theoretisch richtig, zu sagen, von gelungener Akklimatisation könne man nur dann sprechen, wenn eine Familie drei Generationen hindurch sich biologisch ungeschädigt in fremdem Klima gehalten habe ohne Mischung mit der Rasse des fremden Landes und ohne Zustrom frischen Blutes aus der Heimat.

Diese Forderungen aber sind so gut wie noch nie erfüllt worden. Daß sie je erfüllt werden, dafür bietet die Gegenwart mit der Beweglichkeit allen Verkehrs weit mindere Wahrscheinlichkeit als die Vergangenheit.

Man hat daher durchaus recht, heute zu trennen zwischen individueller Akklimatisation des einzelnen für die Dauer seines Lebens, familiärer Akklimatisation im Sinne der Möglichkeit einer Familiengründung und der gesunden

Aufzucht von Kindern in fremdem Klima und demgegenüber, mit welcher Wahrscheinlichkeit es gelingen kann, ganze Volksgruppen in fremdem Klima für die Dauer von Generationen anzusiedeln.

Wie tiefe rassische Unterschiede des Vermögens zur Akklimatisation es gibt, das zeigt schon allein die Betrachtung zweier für unser europäisches Auge sich recht nahestehender Rassen, der chinesischen und der japanischen. Bei den Chinesen eine — das wird durch alle praktischen Erfahrungen aus Jahrhunderten eindeutig belegt — unbegrenzte Anpassungsfähigkeit an alle Klimate von den Grenzen der Polarzone bis zum Äquator (WEGENER), bei den Japanern ein offenbar so spezialisiertes Angepaßtsein an den Inselstandort ihrer Rasse, daß schon nur ein wenig nördlicher gelegenes Land, schon die Insel Hokaido, auch Sachalin und die Mandschurei ihnen Anpassungsschwierigkeiten bereiten. Noch schwerer scheint für sie die Anpassung an tropisches Klima zu sein. Sollte die Energie dieses Volkes, das offenbar ein „unmöglich" nicht anerkennt, diese Schwierigkeiten dennoch überwinden, so hätten wir in dieser Willenssteigerung natürlich auch etwas rassisch Bedingtes vor uns, aber doch nicht in dem Sinne einer rassisch bedingten, physischen Anpassungsfähigkeit.

Die Ansichten über die Fähigkeit der Neger, sich an gemäßigtes und kühles Klima anzupassen, haben gewechselt. Zur Zeit steht nichts darüber fest. Wenn man früher von hoher Tuberkulosesterblichkeit bei Negern sprach, die in nördliche Gegenden Nordamerikas bis nach Kanada immigriert waren, so war es schwer, die Umwelteinflüsse schwieriger Lebensumstände als mitwirkende Faktoren auszuschalten. Falls etwa in nördlich gelegenen Großstädten ein Sinken ihrer Geburtenziffer beobachtet werden sollte, wäre es sehr unvorsichtig, von rassisch bedingtem Mangel an Akklimatisationsfähigkeit zu sprechen.

Ich bin mir bewußt, nicht mehr als einen Eindruck wiederzugeben, wenn ich die Meinung ausspreche, die Anpassungsfähigkeit der malayischen Völker an kühlere Klimate sei gering. Die Verpflanzbarkeit ist bei einigen von ihnen schon im gleichen Klima beschränkt. Es ist aber besonders auffällig, eine wie große Zahl junger Malayen, die studienhalber nach Europa gegangen sind, von dort eine Tuberkulose mitbringen. Wie weit hierbei Disposition und Exposition eine Rolle spielen, bedarf selbstverständlich genauester Nachprüfung. Ich möchte nicht mehr geben als diesen Hinweis.

Die Hauptfrage war und ist für den Europäer: Können die Tropen jemals „weißen Mannes Land" werden? Können die Europäer damit rechnen, daß ihnen die Akklimatisation in der Tropenzone schließlich doch gelingen wird? Dazu kommt aber die nicht minder schicksalsschwere Frage: Wird die fremde Scholle, auch diejenige gemäßigter Zonen der Südhemisphäre, in denen der Europäer erfahrungsgemäß keine Schwierigkeiten hat, sich physisch zu akklimatisieren, nicht doch seine seelische Konstitution verändern, mit anderen Worten, bleiben die rassischen Wurzeln seiner Persönlichkeit unbeeinflußt oder wirkt die fremde Scholle abändernd?

Bleibt der Europäer in Australien, in Südafrika, in Amerika, rassisch betrachtet, der gleiche Mensch wie sein Vorfahr in Europa?

Wir sind kaum so weit, jetzt schon an eine Beantwortung solcher Fragen denken zu können. In Südafrika aber ist ein Wort in Gebrauch, mit dem man die abweichende seelische Haltung eines großen Volksstammes europäischer Abstammung kennzeichnen will, das Wort „verburen", das wir keineswegs mit „verbauern" übersetzen können. Daß die seelische Haltung der Nordamerikaner — auch ihre Sprache ist davon ein Ausdruck — sich von der seelischen Haltung der Europäer eher entfernt als ihr nähert — und das trotz gleichen Kulturguts — ist mehr als ein oberflächlicher Beobachtungseindruck.

Man wirft jetzt nicht mehr die Wirkung der Tropenkrankheiten und Klimaeinflüsse unkritisch durcheinander. Es ist für viele Einzelplätze und Gegenden der Tropen längst keine Theorie nur, wenn man von reinem Klimaeinfluß spricht. Denn vieler Orten ist es gelungen, die Tropenkrankheiten so weit zurückzudrängen, daß der erwachsene Europäer völlig von ihnen verschont bleibt, daß das europäische Kind infolge des Fehlens vieler europäischer Kinderkrankheiten sogar gesunder aufwächst als in Europa.

Es kann sich aber, wenn wir von Akklimatisation sprechen, nicht allein darum handeln, ob Dank hygienischer Erfolge und günstiger Lebensbedingungen der Europäer in gehobener Lebensstellung als Person oder mit seinen unmittelbaren Angehörigen den Tropenaufenthalt ohne Schaden verträgt — das kann man heute für viele Tropengegenden als gesichert annehmen —, sondern ob der Europäer jeden Standes und Berufes, auch als Schwerarbeiter in hartem Lebenskampf dem tropischen Klima gewachsen ist und daß dann auch seine Kinder und Enkel es sein werden. Es ist also die Frage, ob Europäer tropische Gegenden *besiedeln* können.

Ehe ich auf die Beweise eingehe, die man dafür anzuführen geneigt ist, noch wenige Worte darüber, ob man an in den Tropen geborenen und herangewachsenen Kindern rein europäischer Abkunft irgendwelche Abänderungen beobachten kann, die auf eine Beeinflussung des Typus durch das fremde Klima hinweisen. Anders ausgedrückt, reagiert der Europäer in seiner Entwicklung in fremdem Klima mit der Ausbildung eines von der Elternrasse abweichenden Phänotypus, der in dem tropischen Klima als ungünstig, oder als positive Anpassungserscheinung zu bewerten wäre?

Neben vielen Phantasien, neben bewußter Verdrehung der Frage, falls es sich etwa um die Verschleierung der Einmischung farbigen Blutes handelt, findet man in eigenartiger Übereinstimmung in allen Beschreibungen, die sich ernsthaft und streng wissenschaftlich mit dieser Frage beschäftigen, die Angabe, Europäerkinder, die in den Tropen geboren sind, würden hochwüchsiger als ihre Eltern. Hier liegt aber nicht die gleiche Zunahme der Körperhöhe vor, die in allen Ländern Europas im 19. Jahrhundert beobachtet und mit Recht auf die Verbesserung der Ernährungsverhältnisse bezogen wurde. Denn jene Zunahme findet sich auch in kleinen, innerhalb der Tropenzone angesiedelten europäischen Gruppen, deren Lebenshaltung und allgemeiner biologischer Zustand keineswegs als ein Fortschritt gegenüber der heimatlichen Lage aufgefaßt werden kann.

Es liegt hier ein Tatbestand vor, jedoch einer, über dessen Ursache wir noch völlig im unklaren sind, und übrigens ist er vorläufig der einzige, der bekannt ist.

Die neueste Literatur über die Akklimatisationsfrage, soweit in ihr überhaupt ein selbständiges Urteil und nicht bloße Spekulation zum Ausdruck kommt, bestätigt fast durchweg die Möglichkeit der individuellen Akklimatisation und der familiären Akklimatisation des Europäers, soweit er in gehobener Stellung als Kolonisator lebt.

Die Frage, ob der Europäer, als Population in tropischem Tieflandklima, körperlich arbeitend, zu voller Akklimatisation gelangen kann, wird mit voller Bestimmtheit nur für ein Land bejaht, für Australien, für *Nord-Queensland*. Eine große Anzahl durch reiches statistisches Material gesicherter Arbeiten sind über die Europäersiedlungen in Nord-Queensland erschienen (Cilento), auch umfangreiche physiologische Untersuchungen an den Siedlern und ihren Kindern sind durch Sundström ausgeführt worden. Alles scheint eindeutig für geglückte Siedlung des Europäers in den Tropen zu sprechen. Die nicht abzuweisenden Bedenken aber gegen diese Schlußfolgerung sind, daß Nord-Queensland innerhalb der Außengrenzen der Tropenzone liegt, daß der Klimacharakter kein typisch tropischer ist, daß die Zahl der dort angesiedelten Generationen noch zu klein ist, um ein Urteil zu gestatten, daß die Arbeitsbedingungen infolge der Wirtschaftslage Australiens für den Europäer günstig eingestellt sind, schließlich, daß vielleicht jene Veröffentlichungen durch die Rassenpolitik Australiens nicht unbeeinflußt geblieben sind. Jedenfalls aber ist die kritische Beobachtung dieses bisher größten Akklimatisationsversuchs eine dringliche Aufgabe der europäischen Kolonisationspolitik.

In Afrika sind in tropischem Tiefland Europäersiedlungen noch nicht versucht worden. In Amerika wohl. Bei Beurteilung der Ergebnisse wird vielfach außer Acht gelassen, ob es sich um Siedlung in ausgesprochenem Tiefland oder in höher gelegenem Gebiet handelt. Mit je 100 m Anstieg vermindert sich die mittlere Jahrestemperatur um etwa $^{1}/_{2}$ Grad. Das kann selbst bei geringer Höhe von 3—400 m entscheidend sein für das Wohlbefinden des Europäers, z. B. wenn die Höhenlage auch nur eines gewährleistet, kühle, erholende Nächte. Zwischen dem an der See gelegenen *Batavia* und *Buitenzorg* besteht nur ein Höhenunterschied von 250 m, er ist aber geradezu entscheidend für das Wohlbefinden. Übrigens aber kommt nicht jedem Anstieg in höhere Lagen der gleiche günstige Einfluß zu.

Wo die Siedlung von Europäern, wie in *Espirito Santo, El Towar* — um gerade einige deutsche Siedlungen zu nennen — in Höhen über 300 m angelegt worden ist, ist man nicht ohne weiteres berechtigt, von Siedlung in rein tropischem Gebiet zu sprechen, und es muß erst abgewartet werden, ob die Siedler von Espirito Santo die neuerdings bezogenen Sitze in tiefer gelegenem Gebiet ohne Schaden ertragen werden.

Die Urteile von Untersuchern des biologischen Zustandes der Bevölkerung dieser Siedlungen (WAGEMANN, GIEMSA und NAUCK, MÜLLER) gehen stark auseinander. Es kommt darauf an, welche Kriterien den Ausschlag geben. Mit einiger Vorsicht wird jetzt angenommen, daß eine physische Anpassung möglich sei, daß innerhalb von 3—4 Generationen keine körperliche Degeneration stattgefunden habe und daß die Fruchtbarkeit der Siedler hoch sei, teilweise erstaunlich hoch. Trotzdem kann auch für diese Siedlungen nicht ohne Einschränkung von geglückter Akklimatisation gesprochen werden.

Denn ein ganz anderes Bild bietet sich dar, wenn man nach der kulturellen Entwicklung der Siedler fragt. Zunächst ist eines sicher, daß von einer Höherentwicklung nirgends die Rede sein kann. Innerhalb einer Kolonialwelt aber sollte man von Angehörigen der europäischen Rasse eine solche erwarten müssen, selbst wenn die Einwanderer aus einfachen sozialen Schichten der Heimat stammen. Das neue Land bot doch zweifellos günstige soziale Möglichkeiten. In gemäßigten Klimaten anderer Erdteile verbessert der Europäer fast immer seine wirtschaftliche Lage. Statt dessen erhält man die Schilderungen einer im allgemeinen primitiven, bedürfnislosen Lebenshaltung, für manche tropische, selbst schon für subtropische Gegenden Süd- und Nordamerikas die Feststellung ausgesprochen sozialen Sinkens bis auf das Niveau der Eingeborenen, von Haltungslosigkeit, des Verlustes jeglichen Rassenstolzes gegenüber Rassenmischlingen in Beamtenstellungen des fremden Staates, des Fehlens jedes wirklich ernsthaften Strebens der Selbstbehauptung. Wenn man daneben stellt, mit welcher Durchschlagskraft z. B. der Deutsche in subtropischen oder den Grenzgebieten des gemäßigten Klimas in geschlossenen Siedlungen (Blumenau) nicht nur das gesamte Kulturgut seines Volkes sich erhält und darauf fortbaut, dann ist kaum ein anderer Schluß möglich, als daß es die Ungunst des tropischen Klimas, aller seiner Einflüsse, abzüglich der Tropenkrankheiten, zusammen genommen ist, die den europäischen Siedler zwar nicht zu physischer, aber zu seelischer Verkümmerung und damit zu kulturellem Stillstand, wo nicht Niedergang verdammen.

In einer Zeit, in der Europa sich um die Erhaltung seiner wertvollen Rassenelemente ernste Sorgen macht, in welcher Siedlung auf der der Rasse gemäßen Scholle der Heimat zu einem der wichtigsten Probleme der Bevölkerungspolitik geworden ist, würde es ein gefährliches, schwerlich zu verantwortendes Experiment darstellen, wertvolles, gut geartetes Menschengut aus gesunden Sippen dem Risiko der Ansiedlung auf tropischer Scholle zu unterwerfen.

III. Rassenkonstitution und Krankheit.

Die Voraussetzung für die Annahme, daß verschiedene Rassen verschieden auf Krankheitsursachen reagierten und daß der Verlauf der Krankheit sich bei ihnen unterscheiden könnte, müßten erwiesene Tatsachen einer Verschiedenheit ihrer Konstitution sein, Verschiedenheiten ihrer Disposition und Reaktion müßten darauf begründet sein.

Wie steht es mit unserm Wissen um solche Tatsachen?

Noch bis in die neueste Literatur hinein bemerken wir, daß der starke *Eindruck*, den die unmittelbar erkennbaren und beschreibbaren Rassenunterschiede machen, dazu verführt, es als evident anzusehen, daß diesen äußeren Rassenunterschieden auch solche der Konstitution und damit ihres Verhaltens gegenüber Krankheiten entsprechen *müßten*. Erst in neuester Zeit hat man die Tatsache, daß primitive Völker durch Infektionskrankheiten dezimiert worden sind, etwas, wofür man auch die Rassenkonstitution verantwortlich machen wollte, durch unser Wissen um die Immunität richtig bewerten gelernt. Aber noch heute findet man z. B. wie etwas Selbstverständliches ausgesprochen (Mühlmann), daß beim Rückgang ozeanischer Eingeborenenstämme die Malaria eine entscheidende Mitwirkung gehabt habe, auf der anderen Seite, im Widerspruch dazu, daß der Nordeuropäer für Malaria empfänglicher sei als jeder Farbige und schwerer unter ihr litte. Beides ist zweifellos falsch. Die Malaria sei aber hier nur genannt als ein Beispiel von Urteilen, für die ein Beweis nicht erbracht ist.

Demgegenüber war es ein großer Fortschritt, als in neuerer Zeit gegen die Anatomie und Physiologie als Grundlagen jeder medizinischen Forschung der Vorwurf erhoben wurde, ihre Vertreter sprächen zu Unrecht von einer Anatomie oder Physiologie *des* Menschen. Inzwischen sei alles, was auf diesem Forschungsgebiet geleistet und gegeben sei, nichts anderes als *Anatomie und Physiologie der Weißen*. Und dieser Vorwurf wurde dahin erweitert, daß, was wir von Pathologie wüßten, ebenfalls nichts anderes als *Pathologie der Weißen* sei.

Diese Einsicht nun wiederum ist türöffnend. Schien es denn nicht geradezu notwendig, anzunehmen, daß den Unterschieden in Farben, Größe, überhaupt im Gesamttypus bei Menschen extrem unähnlicher Rassen auch Verschiedenheiten im Bau ihrer nicht sichtbaren Unterteile des Körpers und ein verschiedenes Reagieren besonders der inneren Organe entsprechen müßte, wie wir es doch selbst bei den Angehörigen ein und desselben Volkes in verschiedenen Sippen festzustellen vermögen (Allergien). Mußte es nicht geradezu als ein Widersinn erscheinen, anzunehmen, in der Hülle so stark verschiedener äußerer Rassenmerkmale stecke immer nur ein allgemeiner Grundtypus „Mensch", alles Zentrale sei allgemein menschlich bedingt, alles Rassische liege nur in den peripheren Merkmalen.

Und dennoch liegt hier kein Widersinn vor. Untersuchungen von Rodenwaldt über die Korrelation von Körpermerkmalen bei den Mestizen von Kisar ergaben, daß *auch bei Rassekreuzungen die Speziesharmonie unerschüttert bleibt*. Zahlreiche Merkmale sind in Komplexen zueinander angeordnet und gehen als solche in die Bastardierung ein. Wir müssen für sie eine zentrale Regulierung ihrer Entwicklung annehmen. Daraus ergibt sich — worauf auch alle

Erfahrungen hinweisen —, daß eine tiefere Erschütterung der Konstitution durch Bastardierung beim Menschen nicht stattfindet. Es folgt daraus aber auch, daß auch weit entfernt stehende Rassen nicht durch tiefe Unterschiede ihrer Konstitution voneinander verschieden sein können. Bruch der Korrelation und übrigens auch Verbreiterung der Variationsgrenzen war nur für distale Merkmale festzustellen. Dies aber eben sind die Merkmale, welche als die eigentlichen Rassenmerkmale aufgefaßt werden müssen. Sie sind es andererseits, die in der Entwicklungsgeschichte der Menschheit als die am spätesten herausdifferenzierten angesehen werden müssen, und zu diesen spät herausdifferenzierten, an der Rassenspaltung teilnehmenden Merkmalen gehört wahrscheinlich auch das menschliche Gehirn. Es ist hiernach begreiflich, daß wir spezifische, rassisch bedingte Störungen der Funktion überall dort vergeblich suchen, wo die allgemeine Konstitutionsgrundlage der Spezies „homo sapiens", innerhalb *aller* Rassen als gleich anzusehen ist, daß wir solche Störungen aber finden können bei den distalen, spät herausdifferenzierten Merkmalen und damit auch im Seelischen.

Von der Tropenhygiene ging der Anstoß aus zu exakter Untersuchung. Aus praktischen Gründen wandte man sich vergleichend physiologischen Untersuchungen zu. Seit etwa 30 Jahren müht man sich um das Problem. Die Untersuchungen über vergleichende Rassenanatomie des Menschen liegen ganz in den Anfängen.

Rassenanatomische Untersuchungen, zum großen Teil osteologische Fragen betreffend, sind von holländischen Forschern aus Niederländisch-Indien (SITSEN, KLEIWEG DE ZWAAN und CLEAVER, LUBBERHUYZEN) und ihren Schülern veröffentlicht worden. Besonders auch in Japan und China ist man neuerdings sehr bemüht eine Rassenanatomie der Mongoliden zu schaffen. WAGENSEIL hat kürzlich Untersuchungen über die Muskulatur der Chinesen bekannt gegeben, in denen Unterschiede gegenüber Europiden herausgearbeitet worden sind. Für die Gesamtkonstitution bedeutungsvolle Unterschiede wurden bisher nicht festgestellt.

Auch die Ergebnisse physiologischer Untersuchungen sind bescheidenster Art. Viele schon als sicher verkündete Unterschiede, etwa über chemische Befunde im Blutserum (Cholesterin, Zucker), sind kurzlebig gewesen und widerrufen worden. Das darf kein Vorwurf sein. Denn alle diese physiologischen Untersuchungen sind mühevoll, zeitraubend, zum Teil an kostspielige und schwer zu bedienende Apparaturen geknüpft. Die Erfassung eines Materials von ausreichendem Umfang an Zahl der Vergleichspersonen für die unbedingt zu fordernde rechnerische Bewertung des Materials ist fast nirgends möglich gewesen, nicht einmal für so einfach zu erfragende Vorgänge wie *Menarche* und *Menopause.* Gegen die Vergleichung kleinerer Gruppen von unter 10 Personen, womöglich von verschieden großer Zahl, ist mit Recht vom biometrischen Standpunkt aus alsbald Protest erhoben worden.

Eine wie starke Rolle Vorurteile und voreilig gefaßte Meinungen gespielt haben, hat sich besonders auf dem Gebiet gezeigt, das wir als ein Zentralgebiet der menschlichen Biologie anzusehen haben, der Physiologie der weiblichen Geschlechtsfunktionen.

Es galt doch als völlig gesichert, daß die Mädchen verschiedener Rassen in verschiedenem Alter reif würden, daß schon innerhalb Europas die Frauen der brünetten Völker früher zu menstruieren begännen als die Frauen der blonden Völker. Von den farbigen Völkern der Tropen nahm man als selbstverständlich an, daß ihre Mädchen viel früher reif würden, daher auch früher zur Ehe gelangten. Schließlich auch bei reinblütigen, in den Tropen geborenen und erzogenen Töchtern von Europäern sollte die Menarche früher liegen als in Europa.

Und, um dies gleich hier mitzuerwähnen, die Unfähigkeit der Anpassung des Europäers an das tropische Klima sollte sich auch besonders darin äußern, daß die europäischen Frauen durch abnormal starke Menses geschwächt würden.

Fast alle früheren Mitteilungen über dies Gebiet beruhen auf allgemeinen Eindrücken aus dem täglichen Umgang und ärztlicher Sprechstundenpraxis, alle unzuverlässig, wie alles, was man *Eindrucksstatistik* nennen möchte.

Es gilt auch für diese physiologischen Vorgänge die Forderung, daß *nur sehr große Zahlen entscheidende* Urteile zulassen. Diese fehlen. Die Sammlung großen Materials, das weiß jeder, der es versucht hat, ist ungemein schwierig, bei Völkern mancher Rassen und Religionen fast unmöglich. Es ist schon ein Fortschritt, wenn in neuester Zeit der Zweifel an jenen Vorurteilen wenigstens zu Versuchen einer Bestandsaufnahme geführt hat. Eine gewissenhafte Zusammenstellung alles Bekannten und Gesicherten verdanken wir Škerlj.

Wenn Stieve vor einem Jahrzehnt die These aufstellte, europäische Frauen würden in den Tropen „bekanntlich" rasch steril, so konnte Rodenwaldt demgegenüber aus Niederländisch-Indien Material vorbringen, das diese Annahme widerlegte.

Daß die Menarche von der Polarzone (Hrdlicka) bis in die Tropen hinein bei den verschiedenen Rassen *nicht wesentlich* verschieden liegt, dafür bringt fast jede neue Veröffentlichung neue Bestätigung. Gewiß scheinen einige Beobachtungen darauf zu weisen, daß das europäische, in den Tropen geborene Mädchen etwas früher reift als in Europa — auch hierüber liegen nur kleine Zahlen vor —, aber ob hier nicht äußere Lebensumstände eine Rolle spielen, ist ganz ungewiß. Aufnahmen über die Menarche javanischer Mädchen, die von Missionsärzten gemacht worden sind, haben gezeigt, daß bei ihnen die Menarche eher später liegt als bei Europäerinnen, mitunter sehr spät. Aber auch hier darf vermutet werden, daß ein Leben an der Grenze des Ernährungsminimums und die Notwendigkeit schwerer Arbeit in früher Jugend eine ähnliche Rolle spielen könnten als die Milieueinflüsse, die wir in der Kriegsamenorrhöe kennengelernt haben und wie sie zur Zeit wieder für das Zessieren der Menses im Arbeitsdienst angenommen worden sind. Der weibliche Organismus reagiert sehr fein auf Änderungen des Milieus. Die Menses zessieren z. B. oft monatelang bei Übergang von einem Klima ins andere und zurück in das erste. Noch vorsichtiger müssen Mitteilungen über Fruchtbarkeitsunterschiede verschiedener Rassen bewertet werden. Möglicherweise ist das Vorkommen von Zwillingsgeburten bei einigen Rassen häufiger als bei anderen, aber auch das steht nicht fest.

Wir stoßen also schon bei diesen physiologischen Vorgängen im Leben des Weibes auf die auch für alle pathologischen Erscheinungen geltenden Schwierigkeiten, von den Milieueinflüssen verschiedenster Art zu abstrahieren, um das rassisch Bedingte klarzustellen. Gerade aber für diese Vorgänge weisen die gewiß unvollständigen und statistisch unzureichenden neueren Aufnahmen dahin, daß *für die Physiologie des weiblichen Geschlechtslebens das Artverhalten dem Rasseverhalten übergeordnet* ist.

Noch ein anderes, rein theoretisch angenommenes Vorurteil wurde widerlegt, und seine Widerlegung spricht ebenfalls für die Prävalenz des Artverhaltens, jenes Vorurteil, Frauen einer kleinwüchsigen Rasse müßten Mischlingskinder von einem Manne großwüchsiger Rasse schwerer gebären. Selbst für Pygmäenfrauen gilt das nicht. Sie bringen das Kind eines großwüchsigen Negers nicht mühevoller zur Welt als ein Kind eigener Rasse. Und für die Länder mit umfangreichen Rassemischungen ist jene Ansicht seit langem ebenso endgültig widerlegt wie die ebenso haltlose Annahme verminderter Fruchtbarkeit bei Mischlingen und eine bei ihnen anzunehmende Tendenz zum Aussterben. Man ist heute geneigt, eher das Gegenteil anzunehmen. Wahrscheinlich erweist sich aber auch diese Annahme als ebenso unbegründet, sobald man die Milieufaktoren abstreicht.

G. Frommholt schreibt in dem Werk „Rasse und Krankheit" (siehe unten), es sei vorläufig nichts anderes gegeben für die Beziehungen von Rasse zu Gynäkologie und Geburtshilfe als Hinweise und Fragen. Es sei durchaus möglich, daß sich aus geographischen Unterschieden einst Rassenunterschiede werden herausschälen lassen, daß es dazu aber noch vieler und gewissenhafter Arbeiten bedürfe. Wer unter fremden Rassen gelebt und versucht hat, Beobachtungen über diese Fragen anzustellen, wird dieser vorsichtigen Formulierung zustimmen müssen. Vielleicht wäre es noch vorsichtiger, zu sagen, daß eine ausgedehnte, gewissenhafte Arbeit möglicherweise auch zu einem ganz negativen Ergebnis führen kann.

Damit ist also gleichzeitig der Stand der Frage für die Physiologie und Pathologie der weiblichen Geschlechtsfunktionen gegeben.

Von den der physiologischen und klinischen Untersuchung zugänglichen Organen, für die Rassenunterschiede aufgesucht worden sind, ist das *Blut* das vornehmste.

Von der Entdeckung der Blutgruppen erhoffte man die Möglichkeit einer physiologischen Rassendifferenzierung. Diese Erwartung mußte stark eingeschränkt werden, als man erkannte, daß alle vier klassischen Blutgruppen bei allen Rassen und Völkern vorkommen und daß lediglich in ihrem prozentualen Vorkommen Unterschiede, weniger für Rassen und Völker als für Erdregionen, bestehen. In Europa überwiegt die Blutgruppe A, in Asien überwiegt B. Wohl nimmt man an, daß die Blutgruppe 0 die ursprünglichste sei, von der sich die anderen abgespalten hätten. Sicherlich ist ihr Überwiegen in Amerika und Australien eine zu bedenkende Tatsache. Schließlich ist auch die Verteilung der Faktoren M und N auf der Erde prozentual verschieden. Aber wir kommen zu spät. Vielleicht war es einmal anders. Die Umschichtung der Völker macht es jetzt unmöglich, bestimmte Faktoren auf bestimmte Rassen, kaum selbst auf Rassengemische zu beziehen. Das gleiche Bedenken könnte auch davon zurückhalten, reine Rassenserologie zu treiben. Trotzdem muß auch dieser Weg beschritten werden, auf dem bisher nur tastende Vorversuche gemacht sind (Bruck, Mollison).

Ganz zweifelhaft sind die Ergebnisse von Untersuchungen der Morphologie und Physiologie des Blutes.

Bei der weiten Verbreitung der Ankylostomiasis und anderer anämisierender Krankheiten über die Tropen und Subtropen müßten die Zahlen ungeheuer groß, die Bewertung der Qualität des Materials die allersorgfältigste sein, wollte man auf gültige Schlüsse Anspruch machen. Wahrscheinlich wird durch solche chronischen Krankheitszustände ganzer Völker die gesamte Morphologie und Physiologie des Blutes in verschiedenen Milieus aufs stärkste beeinflußt, so stark, daß die Heraushebung des Rassenfaktors unmöglich gemacht wird. Das gilt besonders für die Zahlen der roten und weißen Blutkörperchen und den Gehalt an Hämoglobin. Wie lange hat man von einer Tropenanämie des Europäers gesprochen, bis sich neuerdings herausstellte, daß seine Hämoglobinwerte die gleichen sind wie in Europa und übrigens die gleichen wie beim gesunden Farbigen? Ob Blutdrucksteigerung bei primitiven Völkern im Alter tatsächlich fehlt oder geringer ist als bei Europäern, ob andere Pulszahlen vorliegen, dafür müßte erst ein großes Zahlenmaterial beigebracht werden, und läge es vor, dann wäre zunächst zu erörtern, wieviel davon auf Ernährungs- und andere Lebenseinflüsse bezogen werden müßte.

Ganz unsicher ist heute noch das Urteil über angenommene Unterschiede des Cholesteringehaltes des Blutes, des Blutzuckers, des Calciumgehalts, der Alkalireserven (näheres bei Flössner in „Rasse und Krankheit").

Ein Boden, der Frucht verspricht, bietet sich dar in dem Studium der Drüsenfunktionen der Haut, also eines distalen Merkmals. Daß Größe und Verteilung der Schweiß- und Talgdrüsen bei voneinander entfernt stehenden Rassen verschieden sind, ist erwiesen. Der Neger hat stärker entwickelte Schweißdrüsen als der Europäer, der Malaye weniger entwickelte. Der spezifische Hautdrüsengeruch ist eine für jeden, der mit fremden Rassen zusammengearbeitet hat, unbestreitbare Tatsache, auch daß jede Rasse ihren eigenen Geruch kaum merkt, den jeder fremden Rasse aber als unangenehm empfindet. Negern und Japanern soll der Geruch der Europäer lästig sein, auch die Malayen empfinden ihn als unangenehm. Der Europäer aber erwidert diese Gefühle. Den Rassengeruch der Chinesen empfinden wir so stark, daß wir schon von Chinesen gewaschene Bekleidung, sobald wir in ihr selbst transpirieren und ihn damit aktivieren, sehr peinlich empfinden. Exakte Untersuchungen sind durch Adachi ausgeführt worden, der Ohrenschmalz, Schweißdrüsen- und Hautgeruch für verschiedene Rassen verglichen hat.

Ein wesentlicher Einfluß der Hautfarbe für die Wärmeregulation, also für eine zentral geregelte Funktion, hat sich nicht erweisen lassen.

Ebensowenig haben sich Unterschiede der bei den Völkern doch so extrem verschiedenen Ernährungsformen als rassisch bedingt erkennen lassen. Im Gegenteil, die festgestellten Unterschiede in der Länge des Darmes bei verschiedenen Völkern scheinen phänotypisch bedingt zu sein, eine *Folge* jener Ernährungsverschiedenheiten. Unterschiede in bezug auf Magerkeit und Fettleibigkeit müssen besonders vorsichtig bewertet werden. Sie sind fast immer umweltbedingt.

Schließlich haben sich auch die so zahlreichen älteren Angaben über Unterschiede der Sinnesschärfe, besonders der gesteigerten Schärfe von Auge und Ohr bei Primitiven, durch exakte Untersuchungen nicht beweisen lassen. Und gar für eine so feine passive Empfindlichkeit unseres Sinnensystems, wie die Wetterfühligkeit, Rassenunterschiede anzunehmen, das heißt aller exakten Forschung weit vorausgreifen.

Zudem stehen wir bei jeder Prüfung der Sinnesorgane, genau wie bei der Verwendung von Testprüfungen, vor den fast immer schwer zu überbrückenden Schwierigkeiten der Verständigung, die alle Ergebnisse verfälschen können. Auch die von Mjöen vorgeschlagenen Methoden zur Prüfung der Musikalität sind unverwertbar bei Rassen, die musikalisch mit anderen Intervallen arbeiten als wir. Ein Weg müßte aber gerade hier gefunden werden, denn wenn irgendwo im Gebiet der Sinnesorgane, so scheint hier rassische Veranlagung zu völlig verschiedenen Äußerungsmöglichkeiten geführt zu haben. Das wird uns unmittelbar deutlich, wenn der Europäer versucht, sich in die Musik der ostasiatischen Völker (Siam, Java, Bali, Japan) einzufühlen, die doch ihrerseits schon durch starke Differenzen geschieden sind. Die tiefe Verwurzelung der Musikalität im Seelischen gibt hier der Prüfung der Leistung der Sinnesorgane ihre besondere Bedeutung und ihren besonderen Wert.

In jeder Einzelfrage, die wir anschneiden, stehen wir vor der Schwierigkeit, das etwa rassisch Bedingte innerhalb der Vielzahl der Bedingungen jeder Funktion und Erscheinung rein zu erkennen. Man muß Flössner beipflichten, wenn er aus seiner Zusammenstellung aller Einzelheiten den Schluß zieht, wir stünden erst am Anfang einer rassenphysiologischen Forschungsarbeit, und wenn er mit Recht es als erstaunlich bezeichnet, daß gegenüber der Mannigfaltigkeit morphologischer Verschiedenheiten der Rassen im ganzen nur mäßige Abweichungen auf funktionellem Gebiet feststellbar gewesen sind.

Nicht weniger unsicher und unbefriedigend als unser Wissen um physische Unterschiede der Rassen ist, was wir an exakten Beweisen für psychische Unterschiede vorzubringen vermögen. Es ist aber die Frage, ob es überhaupt solcher Beweise bedarf.

Es steht, wenn wir zunächst die Intelligenz betrachten, kaum anders als mit den Blutgruppen. Unterschiede zwischen den Rassen sind vielleicht nur in prozentualer Hinsicht vorhanden. Die Gültigkeit von Ergebnissen der Untersuchungen mit Intelligenztests wird nach anfänglicher Überschätzung — ich erinnere nur an die umfangreichen Untersuchungen von amerikanischen Soldaten verschiedener Rasse im Weltkrieg — stark angezweifelt. Untersuchungsbedingungen zu schaffen, die den Prüflingen verschiedener Rasse und verschiedenen Milieus gleiche Chancen geben, ist schwer. Selbst die sog. Performance-Tests vermögen das nicht zu leisten, geschweige denn Tests, bei denen die Sprache der Vermittler ist. Aber auch, wenn es möglich wäre, hier ganz gleiche Bedingungen zu schaffen, würde doch wahrscheinlich das Untersuchungsergebnis sein, daß wesentliche Unterschiede der Intelligenzleistung, mit anderen Worten der Begabung, bei verschiedenen Rassen fehlen. Je mehr Angehörige aller einander noch so fernstehenden Rassen in moderne Schulsysteme einbezogen werden, um so mehr zeigt sich, daß sie in rein intellektueller Leistung nicht zurückbleiben. Dem vereinfachenden Schluß, man könne allen Menschen aller Rassen durchschnittlich dasselbe beibringen, steht nur das eine Bedenken entgegen, daß wahrscheinlich der Prozentsatz zu Intelligenzleistungen befähigter Individuen bei verschiedenen Rassen, die ja unter ganz verschiedenen Selektionsanforderungen an ihren Intellekt gestanden haben, verschieden groß sein wird. Erwiesen ist das aber nicht, weil z. B. für farbige Rassen zumeist bisher eine viel zu kleine Zahl von Probanden dieser Prüfung unterworfen worden ist. Der gleiche Umstand könnte bedingen, daß wir von Spitzenleistungen geistiger Produktion von Menschen farbiger Rassen noch nichts Entscheidendes kennen. Immerhin halten einige ihrer Vertreter — man braucht nur die englische Literatur über Tropenmedizin zu durchblättern — in Gebieten biologischer Forschung mit europäischen Vertretern der Wissenschaft guten Schritt. Für solche Spitzengruppen könnte aber ein starker Einfluß von Selektion vorliegen, mit dem wir ja allerdings dann auf ein Grenzgebiet zwischen Rassenwandel und Rassenanlage gelangen. Übrigens aber halte ich es keineswegs für ausgeschlossen, daß die Intelligenzleistung ebenso wie die zentralen physischen Funktionen ein allgemein der menschlichen Spezies zukommendes Vermögen darstellt.

Da aber, wo wir *mit Bestimmtheit seelisch rassische Unterschiede annehmen müssen*, im Gebiet der reaktiven Eigenschaften, auf dem Gebiet alles dessen, was wir mit dem Wort *Charakter* zusammenfassen, verfügen wir zur Zeit überhaupt noch nicht über Prüfungsmethoden, die auf Menschen verschiedener Rasse gleichmäßig anwendbar sind. Wenn wir trotzdem hier nicht im Zweifel sind, dann können wir uns berufen auf die gesamte Geschichte und Kulturgeschichte, die uns zeigt, daß es aktive und passive Rassen gibt, Rassen mit physischem und psychischem Mut und andere, denen einer oder beide fehlen, Rassen, denen Durchsetzungskraft, Verantwortlichkeits- und Pflichtgefühl gerade da höchstes Ziel und höchste Erfüllung sind, wo es sich um Dienst an höheren Gemeinschaftseinheiten des Staates und der Gesellschaft handelt, andere, denen alles das fehlt oder bei denen es nur auf bestimmte engere Lebenskreise, etwa der Familie und Sippe, beschränkt ist, wie bei fast allen Orientalen. Jenen eignet das, was wir „Altruismus zur Sache" nennen, etwas fast allen Asiaten Unbegreifliches.

Überhaupt, daß der einen Rasse *unbegreiflich ist,* was der anderen Selbstverständliches, zeigt uns diesen tiefen Unterschied des Seelenlebens der Rassen, den tiefsten Unterschied ihrer Biologie, den es gibt, den wir gar nicht zu beweisen brauchen, weil er eben da ist. Wir erfahren ihn mit eindringlichster Beweiskraft im Alltäglichen, wenn wir mit Menschen fremder Rassen zusammenleben und zusammenarbeiten müssen.

Der unüberbrückbare Unterschied vor allem auch im Moralischen ist es, der den Menschen der einen Rasse „Lug und Trug" nennen läßt, was dem Menschen anderer Rasse erlaubte Sicherung seines Daseins ist, so gewiß erlaubt, daß er den Vorwurf des anderen überhaupt nicht versteht. Die Inhalte, die der Europäer den Begriffen „Mut" und „Feigheit" gibt, haben nur für ihn selbst Gültigkeit. Der Europäer wird in gefahrvoller Lage seinen Intellekt in *doppelter* Hinsicht einsetzen, ob er der Gefahr trotzen oder sich ihr entziehen soll; fast alle Asiaten werden nur darauf sinnen, wie sie ihr entrinnen können. Im eigenartigsten Gegensatz dazu zeigt der Asiate dem unvermeidlich gewordenen Tode gegenüber eine Gelassenheit, wie sie der Europäer nur unter straffster Zusammenraffung seiner seelischen Kräfte gewinnt. Es ist dieses ganze von beiden Seiten unzugängliche Gebiet des Seelischen beim anderen, dies „Anderssein", mit dem Menschen verschiedener Rasse in verschiedenen Zungen reden und jeder Begriff für jede von beiden einen anderen Inhalt umfaßt.

So ist es notwendig, daß die seelischen Reaktionen von Menschen verschiedener Rasse verschieden sein *müssen*, daß die eine einer Selektionswirkung gegenüber standhält, die andere versagt, daß die eine die soziale Wirkung von Maßstäben durchsetzt, die der anderen nicht gemäß sind und denen gegenüber sie als minderwertig erscheinen muß. Sie sind die Ursache dafür, daß die Möglichkeit einer restlosen Verständigung unter bestimmten Umständen nicht besteht, nicht einmal angestrebt werden kann, ohne den Boden der eigenen seelischen Sicherheit ins Wanken kommen zu sehen. Hier liegt die Notwendigkeit jener tiefen Abneigung zwischen Menschen mancher verschiedenen Rassen, die in ihrer Übersteigerung zum Rassenhaß werden kann und die kein allgemeines Menschheitsideal wegdiskutieren wird, weil eben ihre Grundlagen im Rassischen liegen. Das Entscheidendste ist auch hier ein Organ, welches spät differenziert wurde, dessen Differenzierung wohl überhaupt noch nicht beendet ist, das Gehirn. Hier im Psychischen liegen die allerwesentlichsten Unterschiede der Rassen, aber auch hier wieder in den feineren Differenzierungen des Seelischen, nicht in den Intellektfunktionen, die zu den Grundfunktionen der menschlichen Art zu rechnen sind.

Was zu erforschen sein wird, ist die Frage, ob diese Unterschiede auch so tief in die weniger differenzierten Grundelemente menschlichen Seelenlebens hinabreichen, daß auch in der Psychopathologie rassische Unterschiede zutage treten müssen.

Denn angesichts jenes dürftigen und unvollständigen Bestandes unseres exakten Wissens im Bereich des Normalen ist es begreiflich, daß die Forschung einen anderen Weg einschlägt, der raschere Fortschritte zum Ziel verspricht. Wie die gesamte Lehre der Vererbung beim Menschen neben den Ergebnissen der Mischlingsforschung und den Ergebnissen der Zwillingsforschung ihre wertvollsten Ergebnisse der Erbpathologie verdankt, so erscheint es gegeben, die *Pathologie* der Rassen vergleichend zu untersuchen.

J. Schottky hat mit Mitarbeitern, die zu den befugtesten Forschern auf ihren Sondergebieten gehören, 1937 ein Werk „*Rasse und Krankheit*" herausgegeben, in dem mit Sorgfalt alles niedergelegt ist, was wir hierüber wissen.

Fast ausnahmslos schließen die Einzelabschnitte mit einem „non liquet".

Aus dem Riesengebiet der inneren Medizin bleiben bei Berücksichtigung aller Umweltumstände nur zwei Krankheiten des Blutes übrig, die als rassegebunden angesprochen werden können, die *Sichelzellenanämie*, die nur bei

Negern beobachtet wurde, und die Tatsache, daß der hämolytische Ikterus, die *Kugelzellenkrankheit,* nur bei Weißen vorkommen soll (UNVERRICHT).

Dazu darf mit einiger Vorsicht die Tatsache festgestellt werden, daß für den Blutzerfall, den wir, meist als Folge chronischer Malaria, in der Form des *Schwarzwasserfiebers* auftreten sehen, ohne Zweifel der Europäer viel stärker disponiert ist als der Farbige. Schwarzwasserfieberanfälle sind bei Negern sehr selten, bei Malayen vielleicht etwas häufiger, aber lange nicht so häufig als beim Europäer. Da die Annahme, irgendeine Rasse sei unempfänglicher für Malaria als andere, aufgegeben werden muß — alle scheinbaren Unterschiede beruhen auf Umweltumständen —, ist vorläufig keine andere Erklärung dafür gegeben, warum das Chronischwerden der Erkrankung den Europäer stärker für Schwarzwasserfieber disponiert, als die Annahme einer rassisch, konstitutionell bedingten Anlage.

Das umstrittenste Gebiet ist wohl das der Infektionskrankheiten. Zwar daß die Einschleppung einer bis dahin unbekannten Seuche in ein neues Gebiet gewaltig dezimierende Opfer an Menschenleben fordern kann, führen wir nicht mehr auf rassische Anlagen zurück. Die Immunitätslehre hat dafür zureichende Gründe aufgedeckt. Aber daß Infektionskrankheiten bei verschiedenen Rassen verschieden schwer verlaufen, daß die Krankheitsbilder im Durchschnitt andere seien, wird immer wieder vertreten. Neben oberflächlichen Behauptungen, z. B. daß die Malayen fast nur Nervenlepra bekämen (OLPP), stehen für die *Tuberkulose* Beobachtungen, die begründet erscheinen, sich aber wiedersprechen. DE RUDDER weist aber darauf, daß man wohl erwägen müsse, ob Rassenunterschiede oder Unterschiede zwischen endemisch durchseuchter oder nicht durchseuchter Bevölkerung vorlägen. Für die Hauptstädte der Insel Java muß man z. B. die starke Verbreitung und den schweren Verlauf der Tuberkulose bei der aus der Eingeborenenrasse stammenden niederen Beamtenschaft darauf beziehen, daß hier Menschen mit einem Maximum an Disposition in ein Maximum von Exposition kommen und erst relativ spät die Frühstadien der Infektion durchmachen. Wie vorsichtig geurteilt werden muß, erweist, daß KÜLZ vom besonders bösartigen Verlauf der Tuberkulose beim Neger berichtet, andere Beobachter das Gegenteil annehmen. Gerade der Neger mit seiner Neigung zu Fibromatose könnte disponiert sein für chronisch verlaufende cirrhotische Prozesse in den Lungen.

Sehr viel wäre zu sagen über das „Für und Wider", unter dem lange die Infektion mit den Plasmodien der menschlichen *Malaria* gestanden hat. Ihr Auftreten in den verschiedenen Zonen und bei verschiedenen Rassen schien deutliche Unterschiede zu zeigen. Heute wissen wir, daß jeder Mensch, welcher Rasse er auch angehört, wenn er noch keine Malariainfektion durchgemacht hat, empfänglich ist für den Stich der infizierten Anophele. Ob er sofort oder erst nach Monaten erkrankt, ist nicht rassisch bedingt und hängt, soweit wir überhaupt bisher urteilen können, vom Klima ab. Diese verschiedene Länge der Inkubationszeit ist aber ohne Bedeutung für den Krankheitsverlauf. Alles weitere, die Schwere der Erkrankung, ihr Chronischwerden, eine etwa sich entwickelnde Prämunition ist umweltbedingt und würde alle Menschen aller Rassen in gleicher Weise betreffen. Die Engländer sprechen hier von „human factor", meinen aber damit nichts erblich Bedingtes. De facto bestehen greifbare Unterschiede stärkster Art, aber ihre Ursachen liegen nicht in der Konstitution der Rassen.

Noch unwiderlegt ist eine von FLU berichtete Tatsache, daß ostasiatische Immigranten, importierte Kulis, aus Britisch-Indien und Niederländisch-Indien in holländisch Guyana (Surinam) in weit geringerem Maße empfänglich waren für *Gelbfieber* als Neger und Europäer. Holländische Forscher haben vor einigen

Jahren die Hypothese aufgestellt, meines Wissens aber wieder fallen gelassen, dieser Umstand könne dadurch erklärt werden, daß diese Ostasiaten in ihrer Heimat oder auch in Surinam selbst wiederholt an *Dengue* gelitten hätten. Diese Krankheit, wie das Gelbfieber eine Viruskrankheit, wird von Moskiten der gleichen Arten übertragen.

Es mag eine Nachprüfung jener Beobachtungen Flus noch nötig sein, auffällig bleibt es jedenfalls, daß während des Weltkrieges eine Einschleppung von Gelbfieber nach Südostasien nicht stattgefunden hat. Man hatte sie gefürchtet, weil sich damals ein lebhafter Schiffsverkehr von der Westküste Südamerikas nach Südostasien entwickelt hatte. Daß aber infektionstüchtige Mücken der genannten Arten mit dem Schiffsverkehr verschleppt werden können, ist nicht zu bezweifeln.

Hier läge also in der Tat ein Fall von Rassenimmunität vor, wohl der einzige, der erörternswert ist. Denn daß es so gut wie keine Fälle gibt, daß Europäer an Frambösie erkrankt wären, dürfte auf dem Abstand der Lebensweise und Lebensgewohnheiten zwischen Europäern und Farbigen und darauf beruhen, daß die Krankheit in ihrem infektionsfähigen Stadium abstoßend genug für Europäer wirkt, um unvorsichtige Annäherungen zu vermeiden. Mischlinge mit europäischem Blut sind keineswegs unempfänglich für Frambösie.

Daß die Infektion des Europäers mit *Lepra* auch in Ländern, in denen die Krankheit nicht selten ist, weniger häufig vorkommt als bei den Eingeborenen, beruht sicher nicht auf einer Rassenimmunität. Wir haben die Lepra in großer Ausdehnung ja auch in Europa gehabt. Es beruht auf den gleichen Milieuumständen wie oben und vor allem darauf, daß der Europäer im kindlichen, empfänglichen Alter kaum Gelegenheit hat, mit Leprösen in Berührung zu kommen.

Viel erörtert, aber noch ganz ungeklärt ist die Frage, ob in der Tat farbige Völker unempfänglicher als Europäer sind für *Scarlatina* (Neger, Malayen). Das typische Krankheitsbild der Krankheit wurde bei diesen Völkern noch nicht beobachtet. Ob es sich hier aber vielleicht nur um eine geographische Begrenzung der Krankheit oder ihres Erregers handelt, kann noch nicht gesagt werden. Man hat an Erwerbung von Immunität durch unterschwellige Infektion, an sog. stille Feiung gedacht. Dann könnten vielleicht Untersuchungen mit Negerseren, Auslöschphänomene bei Kindern in Europa zu erzeugen, die Frage der Lösung entgegenführen. Und übrigens wäre die Frage einer Rassenimmunität in negativem Sinne entschieden, wenn man bei Negerkindern in Europa und Amerika Scharlach festgestellt hätte.

Einem lange in der Literatur sich forterbenden Irrtum, die *Metalues* käme bei farbigen Rassen nicht vor, hat das Durchdringen ärztlicher Arbeit in den Tropen ein Ende bereitet. *Tabes* und *Paralyse* werden überall gefunden, und selbst Länder mit starker Malariadurchseuchung machen davon keine Ausnahme, wie man vielleicht theoretisch voraussetzen möchte (Beringer).

Und ebenso hat die Ausbreitung exakter pathologisch-anatomischer Forschung in den Tropen die irrige Annahme widerlegt, die Tropenvölker litten nicht an *bösartigen Geschwülsten*. Zweifellos kommen sie in allen Formen bei allen Völkern vor. Ob sich schließlich bei weiterer Forschung doch noch Unterschiede der Rassen in der Anfälligkeit zeigen sollten, etwa entsprechend dem verschieden häufigen Vorkommen in Sippen desselben Volkes, muß abgewartet werden.

Eine zweifellos rassisch bedingte Anlage zur Bildung von Geschwülsten, allerdings nicht von bösartigen, kennen wir, das ist die Neigung der Neger, aber auch anderer farbiger Rassen, Melanesier, Papua, zur Bildung von *Fibromen*.

Die häufige Bildung lästiger Keloide ist bei diesen Rassen ein mit vielen Wundheilungen verbundenes Übel. Manche dieser Rassen haben die Kenntnis dieser ihrer Rassenanlage benutzt zur Erzeugung von Narbenkeloiden in Tätowierungsschnitten. Aber auch auf Stoß, auf die Einkapselung von Filarien *unter* der Haut, auf vernarbende Frambösiewunden reagiert der Neger mit Knotenbildung und „nodosités iuxtaarticulaires". Es handelt sich also nicht *nur* um eine Erscheinung an dem distalen Hautorgan.

Wenig gesichert ist die Annahme einer Rassendisposition für die Bildung von Blasensteinen. Die Häufigkeit ihres Vorkommens beginnt schon in Kleinasien Europa zu überflügeln. In Ostasien, in Südchina und im Malayischen Archipel gehört die operative Entfernung oft riesenhafter Blasensteine zu den häufigsten Operationen. Aber auch dort kennt man regionäre Unterschiede, in Ostjava kommt das Leiden häufiger vor als in Westjava. Man hat an parasitäre Einflüsse gedacht — Ostasien ist ja das klassische Land der Wurmkrankheiten — aber gerade Java kennt außer der Ankylostomiasis wenig Wurmleiden. Beweisende Tatsachen sind bisher nicht vorgebracht worden. Vielleicht spielt die in diesen Ländern fast durchweg geübte Miktion im Hocken beim Manne eine Rolle. Es soll dann stets Restharn in der Blase stagnieren. In der Tat überwiegt unter den Erkrankten bei weitem das männliche Geschlecht. Die Annahme, Ernährungsgewohnheiten könnten eine Rolle spielen, ist nicht mehr als eine hingeworfene Vermutung. Daß eine echte Rassenanlage vorliegt, ist zunächst unerwiesen.

Wenn es also auch nicht ganz so ist, wie SUCK es darstellt, daß keine Befunde bekannt seien, die auf grundsätzliche Unterschiede in der Pathologie der menschlichen Rassen hinweisen, so ist das bisherige Ergebnis von Beobachtung und Forschung gering, und die Wahrscheinlichkeit, daß eine ausgedehntere und vertieftere Forschung solche Unterschiede aufdecken werde, erscheint nicht groß. Trotzdem bleibt die Aufgabe bestehen.

Wem die Unterschiede der Rassen in ihrem Seelenleben im Zusammenleben mit fremden Rassen evident geworden sind, der erwartet als selbstverständlich, daß die Erforschung der Psychopathologie der Rassen greifbare Ergebnisse liefern müsse.

Man ist enttäuscht, aus der alles Wertvolle und Verwertbare aus der Literatur über alle Völker und Rassen ausschöpfenden und kritisch bewertenden Darstellung SCHOTTKYs zu entnehmen, daß es eine Psychopathologie der Rassen heute noch nicht gibt, daß nur vereinzelte Hinweise vorhanden sind. Es muß hier auf diese Schrift verwiesen werden.

Die Schwierigkeiten der Erforschung sind die gleichen, vielleicht noch größere als beim Vergleich normaler seelischer Äußerungen. Unter anderem können Verschiedenheiten der *seelischen Inhalte* der Geisteskrankheiten verschiedener Rassen keine entscheidende Bedeutung für etwa wahrgenommene Unterschiede haben. Aber so viel scheint sicher zu sein, daß die verschiedenen *Krankheitsformen* der Psychiatrie sich bei allen Rassen vorfinden.

Jeder Forscher steht zunächst vor der Schwierigkeit, daß die Erfassung der Geisteskranken für große Gebiete der Erde, nicht nur für unerschlossene Gebiete primitiver Völker, sondern auch für Gebiete hoher Kultur, erst im Beginn ist. Auf dem Kongreß für Bevölkerungswissenschaft in Paris 1937 kam in Vortrag (POLLOCK) und Diskussion zum Ausdruck, wie irreführend vorläufig vergleichende Statistiken, aber auch die in Irrenanstalten gewonnenen Eindrücke sein können. Die Ausdehnung des Automobilverkehrs läßt in einigen Tropenländern die Zahl der Geisteskranken in steiler Kurve emporschnellen, weil die Polizei sie nun von der Straße entfernen und einliefern muß, um Unglück zu verhüten. Überbevölkerung und Beengung des Nahrungsspielraums zwingt viele Völker heute, Geisteskranke den Behörden zu übergeben, die man früher daheim behielt, sei es auch, daß man sie Jahre hindurch in den Block schloß (Bali) und lähmte. Bestimmte Schwachsinnsformen sind unter solchen Verhältnissen früher gar nicht oder in irreführendem Zahlenverhältnis in die Statistik eingegangen. Sioli (nach Schottky) hat schon 1908 für diese Umstände das Wort geprägt, die wachsende Kultur bringe die einzelnen Formen der Geisteskrankheiten ans Licht; ob sie sie vermehren oder ihren Verlauf beeinflussen kann, ist unsicher. Auf Java ist es der Gesundheitsbehörde in den letzten 10 Jahren immer nur mit Not und Mühe gelungen, dem unaufhaltsam steigenden Bedarf an Betten für Geisteskranke zu entsprechen. In Gegenden lebhaften Verkehrs und großer Volksdichte nahmen sie am stärksten zu!

Auch die Beobachtungen aus Irrenanstalten, die älteren Datums sind, sind nur mit Vorsicht zu verwerten. So ist die lange Zeit eindrucksmäßig gewonnene Ansicht, bei den Malayen seien Schizophrenien häufiger als in Europa, Manie seltener, wieder ins Wanken gekommen, so schön sich dieser Eindruck zusammenfügte mit der zweifellos überwiegend schizothymen Seelenanlage der Völker dieser Rasse. Ebenso steht es mit der früheren Annahme des häufigeren Vorkommens der Manie bei Negern, die ebenfalls so gut zu ihrem leicht erregbaren Temperament zu passen schien. Für beide Fälle könnte es auch verführerisch sein, auf die in beiden Rassen überwiegenden Konstitutionstypen Bezug zu nehmen, wenn eben auch in dieser Frage nur schon eine einigermaßen brauchbare Sicherheit der Zusammenhänge gegeben wäre, was nicht der Fall ist. Daß aber hier mit dem Aufsuchen beweisender Korrelationen einer der wichtigsten Wege zum Aufschluß zu suchen wäre, daran ist nicht zu zweifeln. Aber auch für Beziehungen zwischen Körperbau und Geisteskrankheit, wie sie für europäische Rassengruppen angenommen werden (nordisch, leptosom, Schizophrenie — ostisch, pyknisch, manisch-depressives Irresein), kann man vorläufig wohl nur von einer heuristisch wertvollen Annahme sprechen.

Sehr viel wertvolle Hinweise hat die bei Schottky ausführlich behandelte Psychopathologie des jüdischen Volkes ergeben, aber auch die großen Schwierigkeiten enthüllt, die gerade für dies seit 2 Jahrtausenden in einer Sonderlage lebenden Volkes durch Auslese und Umwelt gegeben sind.

Schottky warnt mit Recht davor, Eindrücken, wie sie oben genannt wurden, zu trauen, wenn sie nicht durch eindringende Untersuchungen und, um das hinzuzufügen, umfassende, Auslese ausschließende statistische Aufnahmen bestätigt werden können. Die Schwierigkeiten der Beobachtung, auch der Einordnung der Krankheitsbilder selbst, sind groß, erschwert durch die Verschiedenheiten der Auffassungen der Beobachter ebenso, wie durch die Mängel der Verständigung mit Kranken fremder Rasse und Unkenntnis der besonderen Reaktionsformen des Seelenlebens des fremden Volkes und seiner Gesamtlebenslage.

Wenn man somit nach dem heutigen Stande des Wissens (Schottky) nicht vermuten kann, daß irgendeiner Rasse eigene Geisteskrankheiten zukämen, noch daß irgendeiner Rasse eine sonst bekannte Geisteskrankheit fehle, so dürften doch für die Reaktionsformen der Kranken Unterschiede angenommen werden können. Mir scheint von entscheidender Bedeutung, daß eine Reaktionsform wie das *Amoklaufen* nur bei Malayen vorkommt. Die Gabeln zum Auffangen eines Amokläufers findet man nur in malayischem Gebiet, besonders in dem Gebiet, das von dem erregbaren Stamm der Maduresen in Ostjava bewohnt wird, noch überall in den Dörfern, wie bei uns die Feuerspritze. Sie verschwinden mit der besseren Bewaffnung der Polizei.

Auch eine auf Java so überaus häufig, jedenfalls viel häufiger als ähnliche Zustände anderswo, vorkommende Abweichung vom normalen Reagieren, wie das „*Latah*", eine mit Echolalie und Echopraxie verbundene Psychopathie, ist aus Umwelteinflüssen ganz und gar nicht erklärbar und kaum anders als rassisch bedingt anzusehen. Es tritt fast immer isoliert auf, von psychischer Infektion kann keine Rede sein. Die Betroffenen, es sind fast ausschließlich Frauen, empfinden ihren Zustand als höchst peinlich und werden mitunter berufsunfähig.

Das sind gewiß nur Einzelheiten aus einem begrenzten Gebiet. Man möchte aber für eine andere Rasse, für die Neger, denken an die von uns als pathologisch empfundenen Reaktionen, die sich bei ihnen einstellen unter der Wirkung religiöser Übungen, an die bei so vielen asiatischen Kulten oder wenigstens ihren Anhangskulten beobachteten exstatischen und Trancezustände der jene Kulte Übenden, Zustände, die den Zuschauenden gleicher Rasse höchste Ehrfurcht einflößen, für die der Europäer aber kein Verständnis aufbringt, die ihm meist durchaus widerwärtig sind. Man denkt weiter an die in Europa vom Norden bis zum äußersten Süden zunehmende Gefühllosigkeit für das Leiden des Tieres und die für uns Europäer völlig unbegreifliche Gefühllosigkeit des Chinesen gegenüber menschlicher Marter.

Wenn auch nicht die grobe Störung des Seelenlebens bei dem eigentlicher Geisteskrankheit Verfallenem, so wird doch vielleicht das Studium der Reaktionsweise der Kranken weitere Aufschlüsse über die rassische Bedingtheit ihres Verhaltens geben, am ersten aber das Studium der Grenzgebiete zwischen geistiger Gesundheit und Krankheit.

IV. Rassenzersetzung und Rassenneuaufbau.

Wir wissen nicht, wann und warum sich die Menschheit in verschiedene Rassen gespalten hat. Beim heutigen Stande unseres Wissens möchten wir als Ursache Mutationen voraussetzen, die unter irgendwelchen Umwelteinflüssen irgendwann einmal entstanden sind und auf deren phänotypische Manifestationen wieder andere Umwelteinflüsse selektierend eingewirkt haben. Das können Umstände einer Umwelt und einer Zeit gewesen sein, die für uns aus dem gegenwärtigen Zustand der Erdoberfläche unerkennbar sind, vielleicht sich auch nicht wiederholen werden. Aber auch für das Menschenmaterial, auf das sie einwirkten, müssen wir für jene Urzeiten einen nicht wiederholbaren Zustand voraussetzen, einen hohen Grad von Homozygotie. Alles das aber heißt nicht mehr, als etwas Unerklärtes, Unbeweisbares auf eine annehmbare Formel bringen. Vorläufig wissen wir so wenig über die möglichen Bedingungen solcher Vorgänge, daß es nicht allzuviel Wert hat, Wahrscheinlichkeiten ihres Eintretens zu erörtern. Was will es besagen, wenn man meint, die hellen Rassen seien am Rande des zurückweichenden Eises entstanden, wenn wir nicht wissen, ob Kältewirkungen oder etwa die strahlende Wärme von Höhlenfeuern oder andere Einwirkungen das Keimplasma so weit zu beeinflussen in der Lage gewesen seien, daß Menschen jener Epoche den größten Teil ihrer Gene für Farben verloren und dafür kompensatorisch breitere Reaktionsfähigkeiten anderer Gene eintauschten, die einen Gewinn darstellten.

Die uns näherliegende Frage ist, können heute noch aus den bestehenden Populationen neue Rassen entstehen, können wir von einem erneuten Auftreten von Mutationen die Entstehung neuer Rassen erwarten, die eine Zersetzung des Gefüges der alten Rassen darstellen würde. Wäre die gleiche Möglichkeit etwa gegeben durch Neukombination der Erbfaktoren der bestehenden Rassen? Und weiter, was wären solche Mutanten oder Kombinationen wert, welche Durchsetzungskraft könnten sie gegenüber den Selektionswirkungen unserer Umwelt haben, würden sie siegreich bestehen oder unterliegen? Oder, falls diese Möglichkeiten abzulehnen wären, wieviel Wahrscheinlichkeit ist gegeben, daß aus den heute lebenden Populationen durch Auslesevorgänge alte Rassen wieder in ursprünglicher Reinheit herausgehoben werden können.

Angesichts der Polymerie und Heterozygotie, die die Genetik für die rassischen Anlagen des rezenten Menschen festgestellt hat, ist die Wahrscheinlichkeit der Forterbung von Neukombinationen so gering, daß diese Möglichkeit der Neuentstehung von Rassen vernachlässigt werden kann. Auch die Mischlingsforschung hat nicht den geringsten Anhalt für solche Möglichkeit ergeben.

Die Genetik hat zwar erkannt, daß Mutationen bei Pflanze und Tier keineswegs etwas so Seltenes sind, wie man früher annahm, auch daß sie gerichtet sein können, und man hat auch einige wegweisende Erfahrungen gewonnen über ihre Entstehung unter Einwirkung von strahlender Energie und anderen Beeinflussungen des Keimplasmas. Ob man aber diese Erfahrungen auch auf den Menschen wird anwenden dürfen, ist zweifelhaft. Von der Anwendung des Experiments beim Menschen muß schon der Gedanke zurückhalten, daß die etwaige Abänderung nicht in unserer Hand liegt und daher auch schädlich ausfallen könnte. Man fürchtet das ja auch von unvorsichtiger Anwendung von Strahlen bei Frauenleiden. Für das Auftreten recessiver Krankheitsanlagen befürchtet man, daß sie spontan mutativ auftreten können und daß gerade darum ihre Ausmerze schwierig und zeitraubend sein wird. Was wir aber an solchen recessiven Krankheitsanlagen beobachten, ist auch dann nicht einer Erklärung durch einfache Vererbung entzogen, wenn das Leiden wirklich nachweisbar durch zahlreiche Generationen nicht in der väterlichen oder mütterlichen Familie aufgetreten sein sollte; es war eben dann viele Generationen hindurch überdeckt. Die Annahme des Neuauftretens solcher Anlagen durch Mutation ist eine Hilfsannahme, die kaum notwendig erscheint.

Noch gar nichts wissen wir darüber, ob etwa mutativ beim Menschen Anlagen entstehen können, die in ihren Manifestationen positiv zu bewerten seien, mit anderen Worten das Entstehen eines neuen wertvollen Menschenschlages ermöglichen würden. Aber auch wenn innerhalb einer der gemischten Populationen der Erde tatsächlich solche Mutanten auftreten sollten, ist solange die Entstehung neuer Rassetypen unwahrscheinlich, als jene sich nicht zu Paarung finden, um so weniger, als die Menschheit schwerlich jemals, in dem strengen Sinne der Forderungen des Viehzüchters, zu zielgerichteter Menschenzucht übergehen wird. Bei der Wandelbarkeit des modernen Kulturlebens würde sich dies Ziel auch allzu rasch verschieben.

Übrigens lehnt ein so erfahrener und kritischer Genetiker wie Sirks das Auftreten von Mutationen beim zezenten Menschen, „in einer so heterozygotischen Population, wie die Menschheit sie bildet", als unwahrscheinlich ab. Demgegenüber wäre einzuwenden, daß auch heute noch für die Grundelemente der menschlichen Konstitution *Spezies*anlagen entscheidend sind und ihnen noch ein hoher Grad von Homozygotie zukommen dürfte. Aus ihnen sind einst durch weitere Differenzierung die Rassenanlagen entstanden, deren Vermischung zu weitgehender Heterozygotie der Populationen geführt hat. Es könnte ja aber durch mutative Vorgänge eine erneute, weitere Differenzierung stattfinden, die durch positive Auslese oder ihr Fehlen bewahrt und somit zu Aufartung oder Entartung Veranlassung geben könnten. Es ist auch kaum richtig, von einer „Population der Menschheit" zu sprechen, da doch ohne Zweifel die Menschheit in Gruppen geschieden ist, in denen Heterozygotie und Homozygotie *dem Grade nach* sehr wesentlich verschieden vertreten sind.

Wohl wissen wir als sicher, daß es zur Zeit auf der Erde völlig reine Rassen nicht mehr gibt. Es ist aber unberechtigt, wenn Gegner einer jeden auf biologischer Grundlage errichteten Gesetzgebung diese Tatsache zur Begründung einer ablehnenden Haltung machen. Denn trotz aller Rassenmischung sind es die Unterschiede zwischen dem Überwiegen eines entscheidenden Rassenelements in der einen Population gegenüber dem Zustand einer anderen, den wir Rassenchaos nennen, die als greifbarster Angriffspunkt für die Abwehr von Zersetzungsprozessen und für das Erreichen eines Aufbauziels sich anbieten.

Gegenüber dem Wandlungstempo und der Wandlungsintensität der menschlichen Kultur, die in starkem Zunehmen begriffen sind, gegenüber der sich immer mehr steigernden Notwendigkeit, das Leben zu meistern in der Bewegung, wird der Zustand *völliger Rassenreinheit* mit seinen notwendigerweise begrenzten Anpassungsmöglichkeiten für die ihm noch nahe stehenden primitiven Urvölker zum Unheil. Aber ebensowenig kann den gleichen, sich steigernden Lebensanforderungen ein *Rassenchaos* standhalten, dessen extrem heterozygotischem Zustand gegenüber jede Auslese versagen muß. In einer Population aber, deren Rassenelemente einander nahe stehen, seit Jahrtausenden aufeinander und auf einen gemeinsamen Lebensraum eingestellt und ihm angepaßt sind, die sich gemeinsame Kulturaufgaben gestellt haben, bedeutet der Zustand einer *relativen Heterozygotie* eine *Plastizität*, welche einer zielsetzenden Ausmerze und Auslese alle Möglichkeiten der Ausschaltung des Anbrüchigen und des Herauszüchtens von Eliten gewährleistet. England hat, durch seine insulare Lage von tiefgreifenden Störungen seiner Population verschont und dennoch Herr der Straßen, die die Welt überziehen, solche Elitenzucht mit Erfolg treiben können, nicht zum wenigsten, weil es in seinen Kolonien Rassenmischung weitgehend vermied. Ob solche Eliten, einseitig überhöht, auf die Dauer innerpolitisch ein Glück und ein Gewinn für ein Volk darstellen, ist eine andere Frage.

Es ist daher ein entscheidender Unterschied, ob wir mit einem unvermischten Stamm von Australnegern zu tun haben oder mit dem Rassengemisch der malayischen Inseln, ob mit der überwiegend nordisch bestimmten Bevölkerung des Nordens Europas oder der überwiegend mediterranen seines Südens, ob mit Mischungen der nahe verwandten Rassen Europas oder mit Mischlingspopulationen Mittelamerikas und Südostasiens. Und es ist weiter ein Unterschied, ob innerhalb desselben Volkes soziale Schichten, auch nach Leistung und Erfolg unterschieden werden können, in denen die Elemente der ursprünglich in die Population eingegangenen Rassen in verschiedenem Grade des Gehalts vertreten sind. Es ist vor allem nicht gleichgültig, in welchem Grade zwischen den in eine Population eingegangenen Rassen *Nähe* oder *Ferne* der *Verwandtschaft* oder gar völlige Fremdheit bestanden hat, und dann wieder, in welcher *Zahl* völlig fremdes Rassenerbgut in eine ihm bis dahin fremde Population eingedrungen ist.

Absolute Rassenreinheit, auch wenn sie erreichbar wäre, verbürgt an sich nicht Erfolg und Erhaltung. Den Reliktenvölkern wird ihre größere Rassereinheit zur Ursache ihres Untergangs, nur Vermischung rettet Elemente ihres Daseins in eine unsichere Zukunft hinüber. Was aber wohl Ziel sein kann und sein muß, ist die Erhaltung einer Kombination von Rassenelementen in einer Population, die sich biologisch bewährt hat, zum Träger einer hohen Kulturentwicklung geworden ist.

Mehrere Möglichkeiten eines Niedergangs bestehen. Einmal kontraselektorische Einwirkungen auf die Träger wertvoller Rassenelemente innerhalb einer Population (Krieg), weiter Umschichtung infolge unterschiedlicher Geburtenhäufigkeit in verschiedenen Schichten der Population, Erhaltung der Entarteten durch pseudohumanitäre Maßnahmen, schließlich Zersetzung durch Einmischung fremder Rassenelemente, die den bestehenden, erprobten, harmonischen Aufbau der Population störend beeinflussen. Ihre und der Entarteten Eliminierung, bevor ihr zersetzender Einfluß die biologischen Grundfesten des Volkes untergraben hat, ist Pflicht der Selbstbehauptung.

Vieles, was wir über Zersetzung von Rassen wissen, alles was wir an Neuaufbau planen können, muß sich stützen auf die Beobachtung von Mischlingen aus einander fernstehenden Rassen. In ihnen haben wir einen Zersetzungsprozeß in faßbaren Beispielen vor Augen, in ihnen vermögen wir seine Folgen, seine Wirkung zu bewerten.

In der Mischlingsforschung hat das Forschungsziel im letzten Jahrzehnt eine Verschiebung erfahren. Als Fischer die Bastards von Rehoboth, später Rodenwaldt die Mestizen von Kisar untersuchte, war die Frage nach Gültigkeit der Vererbungsgesetze für den Menschen Hauptmotiv der Forschung. Was aus diesen und späteren Mischlingsuntersuchungen und weiteren Beobachtungen beim Menschen für eine Genanalyse als gesichert anzusehen ist, haben Fischer und Lundborg in zusammenfassenden Darstellungen niedergelegt. Was in jenen Arbeiten fast als Nebenbefund erscheint, die Beobachtung und Bewertung der Mischlinge als Individuen und als Mischlingspopulation, erscheint uns heute wichtiger als jene Fragen der Genetik des Menschen.

Schon Davenport und Steggerda haben bei der Untersuchung der Mischlinge von Jamaica neben anthropologischen Untersuchungen den Weg psychologischer Forschung beschritten und sind damit der Möglichkeit der Bewertung der Mischlingsprodukte näher gekommen. Für die Indoeuropäer Niederländisch-Indiens hat Rodenwaldt in mehreren Aufsätzen eine solche Bewertung zu geben versucht.

Die heute sich am meisten aufdrängende Frage für alle Völker europäischer Kultur, bald vielleicht auch für Völker asiatischer Kulturen, ist, welche Bedeutung die Mischung einander fremder Rassen für die biologische Kraft, den Bestand, die Zukunft der in sich geschlossenen Kulturvölker und damit für die von ihnen geschaffene Kultur haben kann. Durch Gesetze, die an Schärfe der Strafandrohung kaum zu überbieten sind, verhindert die Südafrikanische Union die Mischung zwischen Europäer und Farbigen (Immorality Act v. 30. 9. 1927). Ähnliche Gesetze haben zahlreiche Staaten Nordamerikas schon seit 1915 bis 1919 erlassen. Italien hat sich sofort nach der Gründung des Imperiums entschlossen, die Rassenmischung in Abessinien rücksichtslos zu verhindern.

Auch das Deutsche Volk hat diese Frage für sich bereits entschieden. Es lehnt durch seine Gesetze ab, das Risiko der Einmischung fremden Blutes fernerhin auf sich zu nehmen. Es wünscht an die Stelle einer wahrscheinlichen Zersetzung durch Rassenmischung einen stetigen Aufbau, eine Förderung aller wertvollen Rasseelemente seiner Population durch Ausmerze und Auslese zu setzen.

Die Motive der Deutschen Gesetzgebung halten sich frei von der Bewertung fremder Rassen an sich, sie enthalten kein sog. Rassekriterium, sie halten sich daher auch frei von den Vorurteilen, die früher, übrigens bei allen Völkern, auch bei angeblich vorurteilslosen, dem Mischling entgegengebracht wurden, Vorurteile, die nicht auf biologischen Gründen, sondern meist auf rein sozialen Erwägungen beruhen.

Soweit wir die Ergebnisse der Mischlingsforschung übersehen — sie sind noch keineswegs so ausgedehnt und unbedingt maßgeblich, wie es scheinen möchte — ist die auf Vorurteilen aufgebaute These endgültig widerlegt, Mischlinge erbten stets nur die schlechten Eigenschaften ihrer einander rassefremden Erzeuger. Man hatte vorschnell aus der unerfreulichen politischen Lage mancher junger Staaten, in denen das Mischlingselement überwog, auf den Mischling als Einzelwesen ungünstige Schlüsse gezogen und übersehen, daß in einigen Kolonialländern der Mischluß mit gutem Erfolg in das Staatsgefüge eingeordnet war und seinen Platz ausfüllte (Niederländisch-Indien).

Die Untersuchungen der körperlichen Merkmale und Eigenschaften von Mischlingen hat keine Erschütterung der Konstitution durch die Vereinigung einander fremder Rassenelemente erkennen lassen. *Die Harmonie der Rassenelemente allerdings wird* aufs deutlichste *gestört,* diese Störung aber bleibt für Leben und Gesundheit des *einzelnen* Individuums bedeutungslos, denn die *Speziesharmonie* des Menschen wird durch die Kreuzung auch der weitest entfernt stehenden Rassen *nicht erschüttert,* so wenig, daß selbst die empfindliche Sphäre der Fortpflanzung völlig unberührt bleibt. Denn auch jene Annahme erwies sich als ein Vorurteil, Rassenmischlinge seien unfruchtbar oder wenigstens die biologische Kraft ihrer Familien erlahme so rasch, daß sie dem Aussterben verfallen seien. Wie die Mischrassen unserer Haustiere nicht lebensschwächer sind als Edelrassen, mitunter selbst robuster, so ist auch der menschliche Mischling, *physisch* betrachtet, den Anforderungen der Umwelt gewachsen, im tropischen Klima, wenn er von Farbigen stammt, vielleicht selbst besser als der Europäer.

Dennoch muß man von einem *Risiko der Rassenmischung* auch für die physischen Eigenschaften des Menschen sprechen, denn unser Wissen um die *Rassenphysiologie* liegt noch so sehr in den Anfängen, daß von einer Sicherheit der Voraussetzungen keine Rede ist.

Äußerlich aber unterscheidet sich der Mischling erheblich von den Stammrassen, und zwar, wenn eine von ihnen eine farbige Rasse ist, von ihr weniger als von dem Europäer, von dem er abstammt, weil die dunklen Farbenanlagen des Menschen dominieren. Eine Rückkreuzung seiner Nachkommen nach der farbigen Stammwurzel läßt diese rasch wieder in der farbigen Population verschwinden. Eine reine Bastardzucht in einer langen Reihe von Generationen hat sich nur an wenigen Stellen der Erde unter besonderen Umständen und auch dann nicht mit absoluter Homogenität verwirklicht. Die Zahl der Spaltungsprodukte, in denen sich überwiegend die eine der Stammrassen verwirklicht, ist verschwindend klein. Wenn dagegen eine Aufkreuzung nach der europäischen Seite stattfindet, diese aber nicht den Charakter einer Verdrängungszucht im Sinne der Tierzucht hat, d. h. wenn sie nicht mindestens 4 Generationen konsequent nach der europäischen Seite hin fortgesetzt wird, erscheint der Mischling eben wegen des Dominierens zahlreicher Anlagen der farbigen Rassen in der Umwelt der weißen Rasse als ein fremdes Element, ebenso fremd wie nach 500 Jahren des Aufenthalts in Europa heute noch die Zigeuner, auch diese trotz vielfältiger Einkreuzung europäischen Blutes.

Es ist eine Tatsache, daß alle rassebewußten Menschen, auch die der farbigen Populationen, aus denen Mischlinge hervorgehen, ihnen ablehnend gegenüberstehen. Nur dort, wo farbige Rassen sich stark ihrer Unterlegenheit bewußt sind, empfinden sie den Einschlag europäischen Blutes als Ehre und Gewinn. Beim Malayen besteht diese Auffassung schon lange nicht mehr, beim Neger ist sie im Schwinden. Aber der Mischling selbst erstrebt nichts mehr als die Aufkreuzung nach der europäischen Seite. Der Europäer lehnt den Mischling auch dann ab, wenn er ihm, etwa unter den besonderen Verhältnissen eines Koloniallandes, Rechtsgleichheit zugesteht. Die Form dieser Ablehnung, die weitgehend verschleiert sein kann, ändert nichts an ihrem Bestehen.

Fragen wir nach den Gründen, so kommen wir geradeswegs zu dem *entscheidenden* und heute schon deutlich erkennbaren *Zentralpunkt* der *Mischlings*frage, zu den *psychischen Eigenschaften* und der *psychisch bedingten Haltung des Mischlings.*

Die Geschichte lehrt mit eindeutiger Wucht ihrer Tatsachen von der Antike bis in die Zeit der neuesten Kolonisation, daß Rassenzersetzung durch Bastardierung mit fremden Rassen von Stillstand und Rückgang der Kultur begleitet gewesen sind, daß Mischlingsvölker, Mischlingsstaaten zur Erhaltung ihrer

Selbständigkeit sich nicht befähigt gezeigt haben. Zahlreich sind die Beispiele, wie machtvolle Staatsgebilde durch eine dünne, reinrassige Herrscherschicht errichtet wurden, wie diese Schicht der Vermischung verfiel, wie dem notwendig der Zusammenbruch folgte und erst dann wieder ein Erstarken eintrat, wenn entweder das fremde Rassenelement endgültig verdrängt war und die Stammrasse des Landes zu eigener Entwicklung gelangte oder wenn eine neue fremde Herrscherschicht eine neue Staatsmacht aufbaute. Eines der einleuchtendsten Beispiele bietet Armenien, dessen *unarische,* vorderasiatische Rasse mindestens dreimal in einer Geschichte von fast 4000 Jahren durch arische Herrschersippen zur Mitgenießerin der von jenen errichteten machtvollen Staatsgebilde gemacht wurde, um jedesmal nach deren Untergang zum machtlosen Objekt der Politik fremder Völker herabzusinken. Aber *erhalten* blieb diese Rasse. Rein biologisch gesehen erlagen die Arier. Ein Heldentum der Tat muß nicht notwendig einer Stärke im Dulden überlegen sein, die sich als Gegenteil von Heldentum äußert. Auch das Judentum erhielt sich so durch 2 Jahrtausende. Beides ist rassisch bedingt. Rassisch bedingt ist auch unser Werturteil.

Die Geisteswissenschaften haben sich noch bis vor 30 Jahren völlig unfähig erwiesen, die biologische Bedingtheit, die Rassengebundenheit alles geistigen Lebens und Kulturschaffens zu begreifen. Von ihnen aus gesehen mußte die Mischlingsfrage ein ungelöstes Rätsel bleiben, die Haltung des Europäers dem Mischling gegenüber eine unentschuldbare Brutalität, jedes Streben nach Rassenreinheit ein lächerliches Phantom. Daß eine physisch konstitutionelle Schwäche des Mischlings sich nicht hat feststellen lassen, würde ihnen eine erwünschte Stütze ihrer ablehnenden Haltung gewesen sein, wenn man zu jener Zeit darüber etwas gewußt hätte. Es war aber eine ganz begründungslose, unbiologische Auffassung, wenn man von *Blutauffrischung* germanischer Sippen durch Verbindungen mit mediterranen, jüdischen oder maurischen Frauen gesprochen hat (Gothein: Loyola).

Wenn man von der Einheit von Kultur und Rasse überzeugt ist, einer Tatsache, die durch die gesamte Kulturgeschichte der Menschheit belegt wird, durch geistiges Schaffen, durch politische Haltung, durch bildende Künste, Musik und Wissenschaft, dann wird die Frage der Zersetzung der Rassen oder der aus ihnen gewordenen Populationen durch weitere Rassenmischung zur ernstesten Frage, die die Menschheit sich überhaupt stellen kann.

Sehen wir von Gruppen innerhalb der europäischen Völker ab, denen die Leugnung der Einheit von Kultur und Rasse eine Angelegenheit persönlicher Belange ist, so ist uns heute diese Gebundenheit aller Äußerungen der seelischen Gesamthaltung eines Volkes an seine rassischen Grundlagen etwas an sich Gegebenes, Unbezweifelbares.

Die körperlichen, unmittelbar erkennbaren Rassenelemente bekommen dadurch die Bedeutung eines *Indicators.* Die Feststellung, daß die Rassen in ihrer physischen Konstitution kaum wesentlich sich unterscheiden, daher auch der Mischling nicht minderwertig ist auf Grund konstitutioneller Schwäche, tritt an Bedeutung zurück. Mit jenen Merkmalen korreliert ist die geistige Konstitution, in dieser liegen die wesentlichen Unterschiede der Rassen, durch sie wird die Zwischenstellung des Mischlings bestimmt.

Auch hier überschreiten wir rasch das Vorgelände der Untersuchung, ob der Mischling etwa dem Reinrassigen unterlegen sei in seinen Intelligenzleistungen, ob er, falls seine Stammrassen sich in ihren Intelligenzleistungen unterschieden, etwa zwischen ihnen stünde oder der einen oder anderen sich nähere. An anderer Stelle wurde bereits erwähnt, daß gesicherte Tatsachen, die Rassen der Menschheit unterschieden sich *im Durchschnitt ihrer Intelligenzleistungen,* nicht bekannt sind. Auch was an Schulleistungen von Mischlingen beobachtet wird, ergibt keine wesentlichen Unterschiede gegenüber dem Europäer.

Gehen wir gleich einen raschen Schritt weiter und fragen wir nach dem sozialen Erfolg!

Wo Mischlinge durch die soziale Lage ihrer Stammväter oder die Lage der ersten Filialgeneration ungünstig gestellt waren, haben sie sich meistens imstande gezeigt, sich auf ein höheres soziales und geistiges Niveau zu erheben als die farbige Stammrasse ihrer weiblichen Vorfahren. Von Mischlingen, die von einer weiteren Einkreuzung farbigen Blutes verschont blieben, sind mitunter einzelne Persönlichkeiten aus eigener Kraft zu wirtschaftlicher Geltung gelangt. Ausnahmen, aber doch ein Beweis dafür, daß auch in der Mischung sich europäische Charakteranlagen erhalten und wieder manifestieren können.

Dennoch ist das *Ergebnis* eines Zusammenschlusses von Mischlingen zu Sondergruppen, zu kleinen Populationen, wie den Bastards von Rehoboth, den Mestizen von Kisar, den Bewohnern von Pitkairn, den „Burghers" von Ceylon und auch für den größten Teil der Mischlinge Amerikas und Südostasiens nur das gewesen, daß sie zu einer *Zwischenstellung* zwischen Europäern und Farbigen gelangten.

Aber Regel ist das nicht. In Kolonialländern, in denen den Mischling keine rechtlichen oder wirtschaftlichen Hemmnisse am Aufstieg hinderten, wo zahlreiche Mischlinge nicht nur von der Kolonialsoldateska, sondern von hochwertigen Europäern abstammen, wie z. B. in Niederländisch-Indien, ist ein Teil von ihnen, allerdings überwiegend diejenigen, bei denen Aufkreuzung den Anteil europäischen Blutes vermehrt hatte, bis zu hohen Staatsstellungen im Zivil- und Militärdienst, auch im Handel aufgestiegen.

Was entschied über ihr Geschick, Anlage oder Umwelt?

Zwar die Prüfung der geistigen und seelischen Anlagen von Mischlingen stößt auf die gleichen Schwierigkeiten, die sich einer vergleichenden Rassenpsychologie entgegenstellen. Sie ist überhaupt noch nicht ernsthaft versucht worden. Auch für die oft ausgesprochene Annahme der Häufung von Psychopathie bei Mischlingen fehlt es an beweisenden Belegen. Hier liegen dringliche Aufgaben der Völkerpsychologie und damit jeder zukünftigen Mischlingsforschung. Solange taugliche Methoden nicht vorhanden sind, könnten statistische Aufnahmen über sozialen Aufstieg von Menschen aus Mischlingsfamilien Aufschluß geben. Vorläufig liegen auch sie nicht vor.

Dennoch ist es mehr als ein Eindruck, wenn gesagt werden kann, daß auch in Ländern, in denen keine sozialen Hemmnisse vorliegen, auffallend häufig eine eigenartige Ungleichheit der Mitglieder ein und derselben Mischlingsfamilie in ihren sozialen Erfolgen festzustellen ist. Es ist in europäischen Familien zumindest selten, wenn in einer und derselben Familie der eine Sohn ein erprobter Kriegsoffizier wird und einen hohen Offiziersrang erreicht, ein zweiter in der höheren Beamtenlaufbahn in mittlerem Rang stillsteht, weil Indolenz und Mangel an Verantwortlichkeitsgefühl die Veranlassung dazu geben müssen, ihm die Qualifikation für die höheren Ränge zu versagen, ein dritter in der Stellung eines mittleren Beamten eines Tages wegen Unterschleifs entlassen wird, ein vierter in kümmerlicher Schreiber- oder Aufpassertätigkeit sein Leben fristet, alles mit dem Ergebnis, daß schließlich keiner der Brüder den anderen mehr zu kennen wünscht.

Frühzeitiges Erlahmen des Willens zum Aufstieg, Versagen in Vertrauensstellungen, egozentrisches Verhalten, beschränkt auf den Kreis der Familieninteressen, überhaupt die willige Selbstbeschränkung auf einen engen Lebenskreis, sind das *Typische* in einer Mischlingspopulation.

Diesem Allgemeintypus gegenüber, für dessen Zustandekommen die *Anlagen* entscheidend sein müssen, wirken Ausnahmen wie die oben genannten blendend und irreführend.

Vielleicht kann uns eine *vergleichende Mischlingsforschung* einmal eine vertieftere Einsicht verschaffen, denn zweifellos führt die Vermischung der Rassenelemente europäischer Populationen mit Angehörigen der verschiedenen fremden Rassen zu ganz verschiedenen Ergebnissen. Mischlinge von Chinesen und Europäern, von Europäern und Malayen, von Europäern und Negern ergeben völlig verschiedene Populationen. Die Charakterunterschiede zwischen Negermischlingen und Malayenmischlingen sind unverkennbar und groß. Aber auch Mischlinge von Spaniern oder Portugiesen mit Farbigen ergeben andere Populationen als Mischlinge von Holländern oder Deutschen mit den gleichen Farbigen.

So groß die Anzahl der Mitglieder einer dieser verschiedenen Populationen aber auch sein mag, in Niederländisch-Indien sind es rund 175000, so erfolgreich einzelne ihrer Mitglieder sein mögen, die Führung haben sie noch nie an sich bringen können. Die leitenden Stellungen des Staates, des Heeres, der Marine, in den Handelsgesellschaften und Banken sind noch stets in den Händen reinblütiger Europäer geblieben, es sei denn, ein Kolonialland sei der europäischen Führung völlig entglitten. War das der Fall, gelangte das Mischlingselement auch in die Staatsführung, so ist das Ergebnis für das Wohl des Staates bisher immer zweifelhaft gewesen.

Vorläufig erschwert uns die Vielfältigkeit der Bedingungen, unter denen der Mischling aufwächst, noch die Lösung der Frage, wieweit das Seelenleben des Mischlings anlagebedingt und damit sein sozialer Wert anlagebestimmt ist.

Eine eindeutige klare Antwort aber erhalten wir, wenn wir den einen sozialen Umstand betrachten, der für die Charakterentwicklung des Mischlings bestimmend ist, seine *Zwischenstellung* zwischen den Rassen oder seine *Sonderstellung* innerhalb einer der Rassen, von denen er abstammt.

Mit ihr ist die unentrinnbare *Tragik* seines Lebens gegeben von dem Augenblick an, wo er sich seiner Zwischenstellung bewußt wird. In diesem Augenblick, als Kind, erleidet er ein seelisches *Trauma*, das nie verheilt, mit ihm beginnt die Belastung mit einer *seelischen Hypothek,* die er nie abtragen kann.

Die Zwischenstellung macht ihn zwangsmäßig zum Menschen dauernden Kompensationsstrebens. Wie er diesem Zwange genügt, darüber entscheiden Anlage und seelische Konstitution. Nie gewinnt er, und am wenigsten, wenn ihm ein sozialer Aufstieg gelingt, die Unbefangenheit der Reinrassigeren gegenüber Menschen und Dingen. Ein „*Soupçon*", doch immer als minderwertig angesehen zu werden, begleitet ihn durch sein ganzes Leben und vergiftet seine Beziehungen zu anderen Menschen, wenn sie nicht die gleiche Last tragen wie er. Aber auch zwischen diesen und sich zieht er am liebsten eine Grenze, wenn er dadurch sozialen Anschluß nach dem Europäertum hin gewinnen kann.

Was uns beim Mischling als eine vom Schicksal auferlegte Tragik erscheint, deren Schwere wir menschlich verstehen können und sollen, auch in unserem Verhalten gegenüber dem schuldlosen Träger dieser Last, ist vom Belang des Staates und der Gemeinschaft des Volkes aus gesehen, ein Störungselement, das nicht geduldet werden kann, wenn man nicht den Bestand des Volkskörpers als Ganzes gefährden will.

Wo dem Mischling durch das Gesetz alle Möglichkeiten sozialen Aufstiegs bis zu den hohen Staatsstellungen eröffnet werden, Möglichkeiten, die der Intelligente, Protegierte mit Erfolg nutzen kann, da werden in die Führerschicht des Staates Persönlichkeiten Eingang finden, die eben wegen der unabänderlichen Belastung ihres Seelenlebens jene seelische Ausgeglichenheit gar nicht besitzen können, die dem Reinrassigen die Selbstverständlichkeit aller Voraussetzungen seines Handelns verleiht. Auch dieses Risiko kann ein Volk, das seiner Zukunft gewiß sein will, nicht tragen.

Die klare Konsequenz solcher Erwägungen stellt die Rassengesetzgebung der obengenannten Staaten dar und die Haltung einiger europäischer Völker (Engländer, Deutsche) in ihren Kolonien. Wo eine Rechtsgleichheit des Mischlings mit den Angehörigen des herrschenden Volkes abgelehnt wird, gehen nach dem Gesetz der Verdrängungszucht die Mischlinge alsbald wieder in der farbigen Bevölkerung auf. Selbst eine Aufhebung bestehender Rechtsgleichheit in Ländern, wo sie besteht, würde vom Stichtage dieser Aufhebung an, durch Aufkreuzung nach beiden Seiten hin, in wenigen Generationen die Menschen der ewigen Zwischenstellung verschwinden lassen und damit die Schuld der Väter tilgen.

Bedarf es noch vieler Worte, wie einer Rassenzersetzung vorzubeugen, wie eine schon begonnene Zersetzung behoben werden kann durch Neuaufbau? Doch nur durch eine bewußte Gestaltung der biologischen Zukunft eines Volkes!

Ausschaltung aller entarteten Rassenelemente von der Fortpflanzung, Förderung aller wertvollen, Schließen des Tors für das Einströmen fremder Rassenelemente, ihre Ausscheidung aus dem Volkskörper, soweit das noch möglich ist, wenn es nicht mehr möglich ist, die Regelung ihrer Assimilation. Was innerhalb eines geschlossenen Volksstaates durch Gesetze als erreichbar angesehen werden kann, wird durch die deutsche Rassengesetzgebung gewährleistet. Wie der Angehörige einer Rassengemeinschaft als Einzelner innerhalb fremder Rassengemeinschaft besteht, das kann nicht durch Gesetze gesichert werden, nur durch sein biologisches Denken, durch seine Gesinnung und durch sein Sippengefühl.

V. Rassentod.

Auch Völker und Rassen sterben. Darüber belehrt uns die Paläontologie (Neandertaler) ebenso, wie die Erfahrungen der Geschichte und Beobachtungen, die wir in unseren Tagen machen.

Umwelteinflüsse vereinigen sich bei solchem Geschehen mit Wesensheiten der Rassen selbst zu einer nekrobiotischen Entwicklung. Zumeist wird es so sein, daß einer der beiden Faktoren, meist wohl die Umwelt, eine wesentliche Veränderung erfährt, wodurch die gegenseitige Abstimmung von Rasse und Umwelt ins Wanken kommt, die jedes Leben formt. Den Umweltfaktor in seiner Wirkung rein zu erkennen und damit die rassenbiologische Ursache des Untergangs herauszuschälen, ist die Aufgabe, schwer zu lösen.

Von bewußtem, gewolltem Ausrotten einer Rasse durch ein Kulturvolk kann heute keine Rede mehr sein. Der Erhaltung von Rassen, deren biologischer Zustand bedroht ist, gilt im Gegenteil die besondere Sorge der Kolonialmächte. In der Vergangenheit entschied die Überlegenheit durch den Besitz eines Kriegsmittels (Bronze, Eisen, Stahl, Pferd, Pulver) zwar oft über Völkergeschicke, führte aber nur selten allein den Untergang einer Rasse herbei. Seuchen, als eingreifendste die Pocken, und Veränderungen der Lebenslage haben stets stärker selektiert als Waffen. Aber auch bei diesen Einwirkungen verknüpfen sich Umwelt und Anlage zu schwer entwirrbarem Geflecht.

Wenn heute ein primitives Naturvolk bis auf die letzte Seele den Kugelgarben der Maschinengewehre eines Überwinders unterliegen sollte, schiene zwar ein reiner Umweltfaktor die Entscheidung herbeizuführen. Dennoch müßte sich die Frage erheben, ob nicht eine rassische Anlage den Unterliegenden daran hinderte, zu einem Ausgleich zu gelangen, der ihm die Erhaltung seiner Art, sei es auch unter veränderten Umständen, ermöglichte. *Aktives oder passives Verhalten der Rassen,* auf ihrer rassischen Seelengrundlage beruhend, kann hier wesentlich die Entscheidung beeinflussen. In den letzten Kämpfen gegen die Holländer im 1. Jahrzehnt dieses Jahrhunderts führte der *Ksatryaadel Balis* gewollt im sog. *„Pupotan"* (Massenselbstmord) seinen Untergang herbei. Seine seelische Konstitution ertrug eine Unterwerfung nicht.

Es war so lange ein überwiegend umweltbedingter Vorgang, daß die Urbevölkerung Tasmaniens zusammenschmolz, als man sie ausrotten *wollte.* Aber daß es dann auch dem besten Wollen der Beherrscher nicht gelang, die Reste des Volkes zu neuer Entwicklung zu bringen, muß biologisch begründet gewesen sein. 1876 starb mit Lala Rookh, einer Frau, der letzte reinblütige Sproß dieses Urvolks, das 75 Jahre zuvor noch gegen 6000 Seelen gezählt haben soll (v. Luschan).

Was läßt sich an Ursachen des Hinscheidens von Rassen erfassen? Vorläufig ist unerklärt, daß es auch in der Tierwelt zumeist den ernstesten Bemühungen nur selten gelingt, eine aussterbende Tierart durch Hege und Anbieten günstigster Bedingungen vor dem Verschwinden zu bewahren. Es ist ebenso unerklärt, warum auch reichlicher Import bestimmter Tierarten über ihre natürlichen Grenzen hinaus in fremdes Gebiet (der Wallaceschen Linie z. B. für den weißen Kakadu) nicht erreichen kann, daß sie sich vermehren und einbürgern, auch dann nicht, wenn anscheinend völlig gleiche Umweltumstände vorliegen. Aber ebenso unerklärlich ist es auch, daß im vollsten Gegensatz dazu solche Einbürgerung landfremder Tierarten selbst mit wenigen Paaren als Ausgangspunkt in ganz fremder Umwelt *wohl* gelingen kann, wie die Verpflanzung europäischer Hirsche nach Neu-Seeland und europäischer wilder Kaninchen nach Porto Santo.

Die menschlichen Parallelen dazu fehlen nicht. Den Balier kann man nicht von seiner Insel verpflanzen. Er erträgt seelisch keine Umsiedlung, welcher Art sie auch sei. Fast immer haben Versuche, primitive Menschen als Arbeiter in fremdem Milieu anzusiedeln, mit Mißerfolgen geendet. Umgekehrt kennen wir aus der Geschichte Beispiele größter Entfaltung eines Volkes in fremder Umwelt, wie die griechische Kolonisation des 6. und 5. vorchristlichen Jahrhunderts. Wir wissen aber auch, daß jene Entfaltungskraft rasch erlahmte und ein Rassenchaos an die Stelle derer trat, die einst der griechischen Polis immer neue Stätten der Blüte geschaffen hatte. Ähnliches erlebten alle germanischen Völker, die siegreich ins Mittelmeergebiet vorgedrungen waren.

Wir beobachten an sog. Reliktenvölkern ein unaufhaltsames Schwinden ihrer Volkssubstanz, an den Weddahs Ceylons, an den Buschmännern Südamerikas, am Urvolk *Australiens,* an den Negritos der *Andamannen* (Eickstedt), den Ureinwohnern der Insel *Engano.* Selbst die gut gemeinte Einrichtung von Reservaten kommt hier zu spät. Obgleich die Population der Indianer Nordamerikas sich seit 15 Jahren wieder in zweifelloser Vermehrung befindet, obgleich für ihre Erhaltung und Entwicklung durch neuere Staatsmaßnahmen (New deal) viel geschieht (Krogmann), nehmen kritische Beurteiler an, daß sie als Rasse untergehen müssen, ihre Rassenelemente nur in der Vermischung mit dem Europäer, dann vielleicht selbst ohne Schädigung, weiterexistieren könnten.

Solche *Vermischungsprozesse,* Zunahme und rasche Vermehrung der Mischlingspopulation gegenüber dem rassereineren Urvolk werden übereinstimmend auch für Buschmänner, Australneger und südamerikanische Indianerstämme berichtet. Aus *Paraguay* berichtet KRIEG, die aktiven, beweglichen Urstämme seien untergegangen, die passiven, der Vermischung zugänglichen *Guaraní* lebten im Mischvolk des Landes weiter.

Nun bedeutet die Vermischung zwar den Untergang der Rasse, nicht aber der Rassenelemente. In gleicher Fruchtbarkeit leben die Mischstämme und Mischsippen weiter, in dem physischen Vermögen der Erhaltung ihrer Existenz nicht gestört. Mischung ist *rassenzerstörend*, aber *arterhaltend*. Ihre Bewertung aber liegt nicht auf dem Gebiet der *Existenz*, sondern auf dem der *Geltung*. Keineswegs aber finden alle rassisch einheitlichen Gemeinschaften den Weg zu dieser *Lösung zweifelhaften Wertes*. Mangel an Willen und Können zur Selbsterhaltung können unmittelbar zum Untergang führen.

Wir brauchen gar nicht weithin über die Meere zu gehen, um echte Aussterbeerscheinungen zu beobachten. In unseren Großstädten haben wir in sinkenden Geburtenziffern ein offensichtliches Versagen der Anpassungsfähigkeit in klaren statistischen Zahlen vor Augen. Es wäre unvorsichtig, nur das künstliche Stadtklima und die vielen wechselvollen Umwelteinflüsse der Großstadt für das besorgniserregende Ergebnis verantwortlich zu machen, das man mit dem Wort „Verstädterung" zusammenfaßt. Sie haben zweifellos einen großen Anteil daran. Die Entscheidung aber, ob es Familien gelingt, in der Umwelt der Großstadt zu Anpassung ohne biologische Gefährdung zu gelangen, dürfte auf seelischen Rassenanlagen begründet sein.

Selbst die stärkste der europäischen Rassen, die nordische, hat mit den *Wikingern Grönlands* und Nordamerikas eine Anpassungsaufgabe nicht zu lösen vermocht, deren Selektionswirkung zu schwer war. Umgekehrt treibt seit 500 Jahren ein indisches Volk, aus den Tropen kommend, nach unsern Maßstäben unter elendesten Bedingungen lebend, in Europa sein Wesen, ohne zu erliegen, die *Zigeuner*.

Wo es verdrängten Völkern gelingt, in abgelegenen, durch natürliche Schutzwälle von Gebirgs- oder Waldgürteln abgeriegelten Gebieten eine Zuflucht zu finden, können sie in Anpassung an diese Gebiete, in denen sie auch ihre Eigenkultur als Relikt konservieren, eine neue, ihre Erhaltung verbürgende Entwicklung finden. Das gilt für manche der erst in neuerer Zeit entdeckten *Pygmäenstämme* Neuguineas. Es ist kaum zweifelhaft, welches ihr Geschick sein würde, wenn ihre Unzugänglichkeit behoben und ein breiter Kontakt zwischen ihnen und den großwüchsigen Völkern der Insel sich herstellen sollte oder wenn sie etwa unter den Einfluß europäischer Kultur kommen sollten.

Denn ganz sicher stellt schon allein die Berührung mit der europäischen Kultur, allgemein gesagt mit Hochkulturen, für manche primitiven Völker die Belastung mit einer Aufgabe dar, die sie nicht lösen können. Sie sind nicht imstande, die Werte solcher Kulturen assimilierend zu erwerben und ihren Anforderungen sich anzupassen. Andere können das wohl.

Mit Leichtigkeit vollziehen die meisten Negerstämme diese Erwerbung und Anpassung, möge sie sich auch anfangs nur auf das Triviale der europäischen Kultur beziehen. Sie sind imstande, wenn auch zunächst unter Opfern, sich auch in kühlerem Klima zu halten und ausreichend zu vermehren. Die volkreichen Rassen Süd- und Südostasiens in den beiden Indien und im malayischen Archipel auf Java assimilieren, ohne biologisch Schaden zu erleiden, alles, was ihnen von der europäischen Kultur nutzt und dient, und verarbeiten es zu einer Mischkultur, die zunächst unerfreulich wirken mag, zweifellos aber zukunftsträchtig ist. Japan hat mit einer Vitalität ohnegleichen innerhalb seines Inselreichs diese Assimilation in kaum 75 Jahren mit beispiellosem

Erfolg vollzogen. Die Chinesen haben von jeher mit einer Assimilationskraft, mit der sie allen Rassen der Menschheit überlegen sind, alle Randvölker, alle Eroberer Chinas, assimiliert und assimilieren sich noch heute alle Bewohner der Städte Süd-Ostasiens und sich selbst der neuen Umwelt. Man möchte hier geradezu von einer Immunität solcher Rassen gegenüber der Infektion mit rassefremden Einflüssen sprechen.

Innerhalb der großen Inselwelt Süd-Ostasiens kann man Beispiel und Gegenbeispiel nebeneinander beobachten.

Die Umsiedlung von Javanen nach Sumatra in jungfräuliche Urwaldgebiete ist erfolgreich gewesen. Gewiß, die Ungunst der frisch gerodeten Gebiete, die nicht immer geschickt gewählt waren, forderte viele Menschenopfer durch Dysenterie und Malaria, besonders an kindlichem Leben. Beinahe hätte man zu früh verzagt. Schon nach 20 Jahren aber beginnen diese Gebiete zu blühen, und ihre Volkskraft steht im Begriff, die umwohnende Bevölkerung zu überflügeln. Auf vielen Inseln Niederländisch-Indiens aber, auf Wetar, auf Nias u.a. ist die Bevölkerung, genau wie auf den Salomonsinseln und anderen Inseln Ozeaniens, in dauerndem Rückgang (Bernatzki). Zum Teil beruht das sicher auf undurchdachten Verwaltungsmaßnahmen, Umsiedeln aus dem gesunden bergigen Innern der Inseln an die ungesunde Küste, auf dem Import von Infektionskrankheiten, auf sinnlosem Einführen europäischer Bekleidungsformen durch die Mission, überhaupt auf dem Glaubenswechsel mit allen seinen tief eingreifenden Erschütterungen des sozialen Gefüges, auf unzweckmäßigen Änderungen der alten Ernährungsgewohnheiten, darunter auch dem allerdings in seiner Wirkung überschätzten Import von Alkohol, schließlich auf Untergrabung alter Stammessitten und der Autorität der alten Stammesführung. Das Entscheidende ist aber doch, daß diesen Stämmen malayischer, alfurischer, melanesischer und polynesischer Rasse jeder Trieb der Abwehr und Selbsterhaltung fehlt, daß sie widerstandslos alles über sich ergehen lassen und aus sich selbst heraus nicht imstande sind, eine Korrektur zu finden. Greift nicht der moderne Hygieniker in diese Zustände rechtzeitig ein, ehe das Volk schon allzusehr dem *Dahindämmern in völlig passiver Haltung* verfallen ist, sorgt er z. B. nicht dafür, daß das Volk rechtzeitig wieder umgesiedelt wird, dann gelingt es selbst nicht mehr, sie zu freiwilliger Rückkehr in die gesunden alten Wohnsitze in den Bergen zu bewegen (Wetar).

Es ist kritisch bemängelt worden, daß Beobachter des Rückgangs und der rassischen und kulturellen Zersetzung einzelner Südseevölker (Burzendahl: Tahiti) von einer *Rassenmelancholie* gesprochen haben, beruhend auf Minderwertigkeitsgefühlen und Verlust von Mut und Willen zum Leben. Wer in Küstengegenden Süd-Ostasiens mit solchen Menschen in Berührung gestanden hat, die im Erliegen waren gegenüber dieser Last neuer Anforderungen einer neuen oder fremd gewordenen Umwelt, der hat auch gemerkt, daß diese Menschen versagen, weil sie keinen Glauben an die Möglichkeit einer Anpassung besitzen. Sie haben ihn nicht, weil ihre rassische Veranlagung dazu nicht ausreicht. Sie verzweifeln an ihrem Können, der Zersetzung ihrer Umwelt Widerstand zu leisten, sie bringen den Willen dazu nicht mehr auf. Hier also keine Immunität, keine natürliche Resistenz, keine Assimilationskraft, sondern im Gegenteil eine hoffnungslose Anfälligkeit, eine Unfähigkeit zu jeder zweckmäßigen, rettenden Reaktion.

Alledem gegenüber ist der Schluß unabweisbar, daß bei den Völkern, die sich zu solchen Übergängen und Verknüpfungen als unfähig erweisen, ein Unvermögen vorliegt, das seinem Wesen nach nur in der Rasse gesucht werden kann.

Deutschland hat mit großem Ernst vor dem Weltkriege die Frage angefaßt, wie dem deutlichen Rückgang zahlreicher Inselstämme Ozeaniens vorzubeugen wäre. Schon früh ist die eigenartige Tatsache aufgefallen, daß bei manchen Inselstämmen Ozeaniens eine dauernde Verminderung der Zahl verbunden war mit der eigenartigen Erscheinung eines starken Überwiegens der Knabengeburten. Eine zureichende, einleuchtende Erklärung konnte dafür bisher nicht gegeben werden, ebensowenig wie wir eine einleuchtende biologische Erklärung besitzen für die feststehende statistische Tatsache, daß nach dem Männerverlust großer Kriege eine Zunahme der Knabengeburten erfolgt.

Es ist aber eine unvermeidliche Folge einer Verschiebung des Geschlechtsverhältnisses, daß innerhalb von Gemeinschaften, in denen die Männer an Zahl überwiegen, alsbald eine sexuelle Überbelastung, selbst ein Mißbrauch des weiblichen Geschlechts sich einstellen muß. Diese wären auch dann untragbar, wenn überall, wo solche Erscheinungen beobachtet worden sind, nicht gleichzeitig sterilisierende Geschlechtskrankheiten Eingang gefunden hätten. Ein-Kind-Ehen, Ein-Kind-Mütter, immer das sichere Symptom des Eindringens von Gonorrhöe in ein Volk, nehmen unter solchen Umständen prozentual rasch zu und beschleunigen den Untergang. Das zur Zeit sich unaufhaltsam vollziehende Aussterben des Urvolks der Insel *Engano* (Westsumatra) beruht nach unpublizierten Berichten in erster Linie auf dem Eindringen jener Geschlechtskrankheit. Auf der Insel *Sumba* konnte RODENWALDT vor einem Jahrzehnt einen Stillstand der sexuellen Produktionskraft des Volkes feststellen, der Besorgnis erregen mußte. Auch er war größtenteils durch einen großen Hundertsatz von Ein-Kind-Ehen zu erklären.

Aber auch Sitten, die Unsitten sind, durch die Berührung mit dem Weltverkehr aber noch verstärkt werden, können den Rückgang befördern. Zwar dem Totemismus hat man wohl mit Unrecht Schädigungen zur Last gelegt. Solange die miteinander in Konnubium stehenden Sippen einigermaßen an Zahl gleich waren, konnten Totemgesetze eher förderlich als schädlich sein. Zu schwerem Schaden aber kann z. B. die Sitte des Brautkaufs werden in Gebieten, die dem Weltverkehr erschlossen sind, weil sie wertvolle Handelsprodukte produzieren. Dort sammeln sich große Geldmittel in wenigen Händen (Gummi, Pfeffer, Kopra). Dann entstehen Harems reicher alternder Männer, während die jugendliche Kraft der männlichen Jugend ungenutzt bleibt. Sexuelle Zügellosigkeit der in eine solche Ehe hineingezwängten Frauen ist keine Korrektur, sondern verschlimmert die Lage unter Mitwirkung von Geschlechtskrankheiten und Abtreibung.

In einigen Teilen des Ostindischen Archipels (Sumba) wird das junge Weib und besonders die junge Mutter quälenden Prozeduren vor der Ehe und nach der Geburt jedes Kindes unterworfen, ausgedehnten Tatauierungen und Verbrennungen. Für die letztgenannten wird ein scheinbarer Vernunftsgrund genannt, die inneren Geschlechtsorgane müßten wieder zu normaler Größe einschrumpfen. Hauptgrund ist aber doch immer der Wille der Stammesgottheit und die Furcht vor ihrem Zorn gegen die Sippe, in der ein Übertreten jener Sitte zugelassen wird. Beschränkung der Kinderzahl ist die Folge.

Daß ein scheinbar dem Untergange geweihtes Volk durch richtige Organisation einer Therapie und zugleich Beeinflussung seiner biologisch schädlichen Sitten gerettet werden kann, hat THIERFELDER durch seine Arbeit bei den *Kaja-Kaja* Neu-Guineas bewiesen. Die Verbreitung des *Granuloma venereum* in Verbindung mit unhaltbaren Sexualsitten hatte die Geburt von Kindern beinahe völlig aufgehoben. Dort aber handelte es sich um ein rassisch gesundes

Volk, dessen Rassenstolz allem Fremden gegenüber schon allein einen Erhaltungsfaktor darstellte.

Für die meisten der Reliktenvölker und für viele Inselstämme aber stellt die Aufhebung ihrer Isolierung und damit die Berührung mit den weltumfassenden, unentrinnbaren Kultureinflüssen der meerbeherrschenden Völker ein Fatum dar, dem sie unentrinnbar verfallen, auch trotz des Willens der Beherrscher zu rettendem Eingriff, trotz Fernhalten von Alkohol und anderer schädigender Importartikel, trotz ärztlicher Fürsorge, trotz Erleichterung ihrer wirtschaftlichen Lage. Auch für den Menschen scheint jene Beobachtung aus der Tierwelt Geltung zu haben, daß eine Erhaltung und Erholung unmöglich wird, wenn eine geschlossene Bevölkerungsgruppe an Zahl ein Erhaltungsminimum unterschritten hat. Vielleicht erhöht die Einengung exogamer Heiratsmöglichkeiten die Wahrscheinlichkeit rassischer Entartung.

Kann es aber überhaupt sinnvoll sein, Menschen als Objekte des Schutzes und der Hege zu betrachten wie die Pflanzen und Tiere eines Naturschutzparkes?

Inzwischen stehen wir keineswegs vor Vorgängen, die einem Abschluß nahe sind und etwa in absehbarer Zeit einem wohlabgewogenen Gleichgewicht des Lebens der Rassen nebeneinander Platz machen müssen, sobald all jenes Morsche, zum Untergang Bestimmte an Rassen zusammengebrochen sein sollte.

Die Geschichte hat gezeigt, daß der nordische Mensch trotz beispielloser Kraftentfaltung und unbestrittenen Erfolgen im Auferlegen seiner Macht im Mittelmeergebiet, in Kleinasien und Griechenland, in Italien, in Nordafrika und Spanien, ja selbst bis zu einem gewissen Grade in Frankreich, der Assimilationskraft der wohlangepaßten Urrassen dieser Länder erlegen und von ihnen aufgesogen worden ist, nicht ohne in Mischungsprodukten noch letzte glanzvolle Leistungen zu zeigen. Seine Schicksalsfrage ist, ob er auf der eigenen Scholle, der er angepaßt ist, eine größere Erhaltungskraft zeigen wird, falls es ihm nicht gelingt, seine Geburtenziffer auf eine nicht nur für Erhaltung, sondern auch auf die zur Vermehrung notwendige Zahl zu erhöhen.

Aber auch die übrigen Rassen Europas, besser gesagt die Rassengemeinschaften der Völker Europas, befinden sich keineswegs in einer unangreifbaren Position, weder in ihren Kolonialgebieten noch selbst in ihren eigenen Sitzen.

Zwar die Urrassen Nordamerikas und Australiens sind ihnen in der Lebenskonkurrenz unterlegen. Der scheinbare Gleichgewichtszustand in manchen Ländern Südamerikas erscheint aber doch als äußerst labil, und über die endgültige Entscheidung läßt sich kaum etwas vermuten. Ebensowenig können wir etwas prophezeien darüber, zu welchem Ergebnis eine Konkurrenz zwischen Europäer und Neger führen könnte, wenn der Europäer so sinnlos handeln wollte, der Negerrasse seine Grenzen zu öffnen und gleichzeitig auf dem verhängnisvollen Wege der Geburtenbeschränkung fortzuschreiten.

Mit vollem Bewußtsein ihres Ernstes betrachtet man diese Frage bisher nur in Nordamerika. Wie rasch die Verdrängung des Europäers durch den Neger bei unterschiedlicher Geburtlichkeit sich vollziehen würde, hat Lenz in einer anschaulichen Berechnung dargelegt. Wieviele schwere Probleme der rassenbiologische Eingriff des Negersklavenhandels, gar nicht so sehr für Afrika als für das gesamte Amerika heraufbeschworen hat, welche Folgen diese künstlich erzeugte „Völkerwanderung" gehabt hat und noch in Zukunft haben wird, übersieht heute noch niemand (M. Sell).

Eines können wir heute schon mit Sicherheit sagen, daß ein ungehindertes Öffnen der Grenzen Südostasiatischer Länder für den Zustrom des Chinesentums mit einem Siege dieser biologisch dominantesten Rasse enden würde. Ihr würden selbst die Anpassungsfähigen der malayischen Stämme kaum ernsthaften Widerstand zu leisten vermögen. Denn für jene bestehen alle die Hemmnisse nicht, die sich an die Frage der Akklimatisation für andere Rassen, für Europäer, für Japaner, vielleicht auch für Neger knüpfen.

Jede Ausdehnung einer in dieser Art bevorzugten Rasse bedeutet Zurückdrängung und Untergang anderer, auch wenn sich das nicht in der Form der Eroberung und gewaltsamen Verdrängung vollziehen sollte.

Eine Zukunft sichern sich nur Rassen, die wachsam jeder Zersetzung ihres Volkskörpers vorbeugen, die nie aufhören, durch eine auf biologische Gesetze begründete Auslese an der Vervollkommnung ihres physischen und psychischen Typus zu arbeiten und deren Vermehrung über das Erhaltungsminimum hinaus niemals in Frage gestellt wird.

Schrifttum.

ADACHI, B.: Ohrenschmalz als Rassenmerkmal und der Rassengeruch („Achselgeruch") nebst den Rassenunterschieden der Schweißdrüsen. Z. Rassenkde 6, 3.

BERNATZKI, H. A.: Über die Ursache des Aussterbens der Melanesen auf den britischen Salomonsinseln. Z. Rassenkde 1 (1935). — BERINGER, K.: SCHOTTKYs „Rasse und Krankheit." — BORMANN, F. v.: Ist die Gründung einer europäischen Familie in den Tropen zulässig? Arch. Rassenbiol. 31 (1937). — BRUCK, C.: Die biologische Differenzierung der Affenarten und menschlichen Rassen durch spezifische Blutreaktionen. Berl. klin. Wschr. 1907. — BURZENDAHL, O.: Tahiti. Leipzig: Verlag Werkgemeinschaft 1935.

CILENTO, R. W.: The white man in the tropics. Commonwealth of Australia, Serv. publ. Melbourne, 1925, Nr 7. — The conquest of climate. Med. J. Austral. 1933 I.

DAVENPORT, C. B. and M. STEGGERDA: Racecrossings of Jamaica. Carnegie Inst. Washington 1929.

EICKSTEDT, E. Frhr. v.: Anlage und Durchführung von rassenkundlichen Gauuntersuchungen. Z. Rassenkde 2 (1935). — Arier und Nagas. Festschr. f. HERMANN HIRT: Germanen und Indogermanen, Bd. 1. 1936.

FISCHER, E.: Die Bastards von Rehoboth. Jena: Gustav Fischer & Co. 1913. — Versuch einer Genanalyse des Menschen. Z. Abstammgslehre 54 (1930). — FLÖSSNER, O.: SCHOTTKYs Rasse und Krankheit. — FLU, P. C.: Beobachtungen während der Gelbfieberepidemie, die vom Dezember 1908 bis Februar 1909 in Paramaribo herrschte. Z. Hyg. 65 (1910). — FROMMOLT, G.: SCHOTTKYs Rasse und Krankheit.

GIEMSA, G. u. E. G. NAUCK: Rasse und Gesundheitserhaltung sowie Siedlungsfragen in den warmen Ländern. Arch. Schiffs- u. Tropenhyg. 41 (1937). — GROBER, J.: Der weiße Mensch in Afrika und Südamerika. Jena: Gustav Fischer 1939. — Die Akklimatisation. Jena: Gustav Fischer 1936.

HRDLIĆKA, A.: Puberty in Eskimogirls. Proc. Stat. Acad. Sci. 22 (1936). — Growts during adult life. Proc. amer. Phil. Soc. 76, 6.

KLEIWEG DE ZWAAN: Messungen an männlichen und weiblichen Unterkiefern. Verh. Kon. Acad. Wetensch. (1934) afd. Natuurkd. 2 sec. deel 35, Nr 4. — KRIEG, H.: Die Biologie und Soziologie der Mischlingsbevölkerung von Paraguay. Z. Rassenkde 3 (1936). — KÜLZ, L.: Zur Biologie und Pathologie des Nachwuchses bei den Naturvölkern der deutschen Schutzgebiete. Beih. z. Arch. Schiffs- u. Tropenhyg. 23 (1919).

LENZ, F.: BAUER-FISCHER-LENZ' Menschliche Erblichkeitslehre und Rassenhygiene. München: J. F. Lehmann 1926. — LUNDDBORG, H.: Die Rassenmischung beim Menschen. Bibliogr. genetica 8 (1931). — LUSCHAN, F.: Völker, Rassen, Sprachen. Berlin: Welt-Verlag 1922.

MJÖEN, J. A.: Die Vererbung der musikalischen Begabung. G. JUST: Schriften zur Erblehre und Rassenhygiene. Berlin: A. Metzner 1934. — MOLLISON, TH.: Die serologischen Beweise für eine chemische Epigenese in der Stammesgeschichte des Menschen. Arch. Rassenbiol. 30 (1936). — MÜHLMANN, W. E.: Die Frage der arischen Herkunft der Polynesier. Z. Rassenkde 1 (1935). — MÜLLER, K. P.: Soll der Deutsche in tropischen Gebieten siedeln? Auslandsdtsch. Volksforsch. 1 (1937).

OLPP, G.: SCHOTTKYs Rasse und Krankheit.

PRICE, A. G.: White Settlers in the Tropics. Amer. Geographic. Soc. New York, 1939. —
RODENWALDT, E.: De biologische toestand van de bevolking von Soemba. Geneesk.
Tijdschr. Nederl.-Indië **1923**, Deel 63. — Die Mestizen auf Kisar. Batavia: v. Kolff & Co.
1927. — Die Indoeuropäer in Niederländisch-Ostindien. Arch. Rassenbiol. **24** (1932). —
Das Geschlechtsleben der europäischen Frau in den Tropen. Arch. Rassenbiol. **26** (1932). —
Vom Seelenkonflikt des Mischlings. Z. Morph. u. Anthrop. **34** (1934). — DE RUDDER, B.:
SCHOTTKYs Rasse und Krankheit. — RUTTKE, F.: Rückgang der Buschmänner. Arch.
Rassenbiol. **30** (1936).

SCHEIDT, W.: Physiognomische Studien an niedersächsischen und oberschwäbischen
Landbevölkerungen. Jena: Gustav Fischer 1931. — SCHOTTKY, J.: Rasse und Krankheit.
München: J. F. Lehmann 1937. — SIRKS, M. J.: Der Mutationsbegriff. Arch. Rassenbiol.
30 (1936). — SITZEN, A. E.: Über den Einfluß der Rasse in der Pathologie. Virchows Arch.
245 (1923). — ŠKERLJ, B.: Zum Problem: Menarche-Rasse-Umwelt. Med Klin. **1937 II**. —
STIEVE, H.: Unfruchtbarkeit als Folge unnatürlicher Lebensweise. Grundfragen des Nerven-
und Seelenlebens, H. 126. München: J. F. Lehmann 1926. — SUCK, V.: Gedanken zu einer
Pathologie der menschlichen Rassengruppen. Z. Rassenkde 1 (1935). — SUNDSTRÖM, E. S.:
A Summary of some studies in tropical acclimatisation. Commonwelth of Australia,
Serv. publ. Melburne, **1924**, Nr 6.

THIERFELDER, M. U.: Beiträge zur Kenntnis des venerischen Granuloms. Arch. Schiffs-
u. Tropenhyg. **29** (1925). — THIERFELDER, M. U. u. M. THIERFELDER-TILLOT: Studien
über das venerische Granulom. (Vorl. Mitt.) Arch. Schiffs- u. Tropenhyg. **28** (1924).

UNVERRICHT, W.: SCHOTTKYs Rasse und Krankheit.

WAGEMANN, E.: Die deutschen Kolonisten im brasilianischen Staat Espirito Santo.
Schr. Ver. Sozialpolitik **1915**, Nr 147. — WAGENSEIL, F.: Untersuchungen über die Mus-
kulatur der Chinesen. Z. Morph. u. Anthrop. **36** (1936). — WEGENER, G.: China. Eine
Land- und Volkskunde. Leipzig u. Berlin: B. G. Teubner 1930.

Berichtigung

zum II. Band des Handbuches.

Zur Richtigstellung der Abb. 36, S. 456, in dem Artikel „Physiognomik und Mimik", in welcher die besonderen Ähnlichkeiten in den Faltenbildungen bei EZ

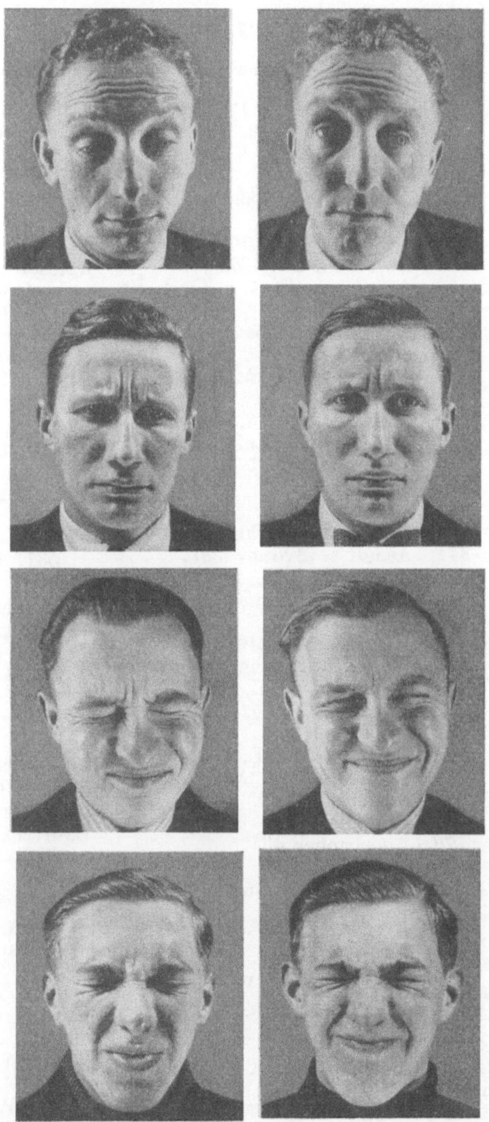

wiedergegeben werden sollten, muß ich darauf hinweisen, daß bei den aus dem Material E. Bühlers zur Reproduktion gelangten Bildern irrtümlich Stereoaufnahmen eines Partners zur Verwendung kamen. Zur richtigen Darstellung wurden in obiger Abbildung EZ-Bilder der Partner I und II gegenübergestellt. Die im Artikel „Physiognomik und Mimik" erwähnte Ähnlichkeit in der Gesichtsfaltenbildung bei EZ, die auch auf eine gleiche Ausbildung der gesamten Muskulatur schließen läßt, ist daraus deutlich ersichtlich. W. Abel.

Namenverzeichnis.

Die in *Schrägschrift* gedruckten Zahlen verweisen auf die Schrifttumsverzeichnisse.

Abderhalden, E. *450*, 530, *580*.
Abel, O. *636*.
— Wolfgang 121, 124, 312, 401, 417, 418, *451*, 585, 591, 592, 594, 595, 596, 598, 608, 621, *636*, 679.
Aberle, S. D. s. W. Landauer 119, 120, *178*.
Abramowitz, M. s. A. G. Steinberg 107, *176*.
Absolon, K. 631, *636*.
Ackerknecht, E. 572.
Adachi, B. 656, 677.
Adler, Alfred 538.
Adloff, P. 589, 595, 596, 598, 615, *636*.
Agar, W. E. 15, *28*.
Agol, J. J. s. A. S. Serebrovsky *243*.
Akabori, E. 617, *637*.
Albrecht, W. 319, 342, 344, *368*, 418, *451*.
Alessi *505*.
Allen, E. 13, 596.
— E., D. Pratt, Q. N. Newell u. L. T. Bland *28*.
— Edgar 250.
— Edgar u. Creadiek *284*.
Alexander, J. u. C. B. Bridges *237*.
Altenburg, E. 219, *237*.
— E. s. H. J. Muller 202, 207, *237*, *241*.
— E. u. H. J. Muller *70*.
Altenburger, K. s. M. Blau 228, *238*.
Altmann 536.
Altschuler, W. E. s. A. S. Serebrovsky *243*.
Alverdes, F. *368*.
Ameghino, F. 593, *637*.
Ammann, K. *580*.
Anderson, R. L. s. G. W. Beadle 98, 106, *172*.
— R. L. s. P. W. Whiting *176*.
Andree, J. 609, 630, 631, 637.
— J. u. F. K. Bicker 634, *637*.
Andres, A. H. 9, 22, 27, *28*, 360.
— A. H. u. Chessin 27, *28*.
— A. H. u. B. W. Jiv 4, 5, 21, *28*.
— A. H. u. M. S. Navaschin 5, 6, 7, 8, 11, 13, 23, 24, 26, *28*.

Andres, A. H. s. P. J. Shiwago 5, 9, 10, 13, 14, 16, 17.
— A. H. u. J. Vögel 11, 12, 22, *28*.
Anthony, R. 589, *637*.
Anton, G. 538.
Antonius, O. *579*.
Apert, E. 288, *368*.
Araratian, A. G. s. G. A. Levitzky *240*.
Ariess 500, *505*.
Aron, H. *548*.
Artzimovitch, M. V. *236*.
Ascher *548*.
Aschner, B. *368*, *451*.
— B. s. J. Bauer *451*.
— Bernhard 470, *482*, 526, 527, *548*.
— Berta 470.
— Berta u. G. Engelmann *482*.
Asdell s. Sydney *287*.
Asher, L. 488, *505*.
Ashley-Montagne, F. M. 593, *637*.
Assejeva, T. 210.
— T. u. M. Blagovidova *237*.
Astaurow, B. L. 68, *70*, 209, *237*, 400, *451*, 554.
— B. L. s. S. L. Frolowa *581*.
— B. L. u. S. L. Frolova *237*.
Astel, K. 299, *367*.
Atzler, E. *549*.
Auerbach, Ch. *451*.
Auerbaeher 434.
Auler, H. 473, *482*.
Avery, A. G. u. A. F. Blakeslee *237*.

Babcock, E. B. u. J. C. Collins *237*.
Bach, F. 517, *548*.
— F. u. W. Wieseler *548*.
Bachhuber s. Cole 279, *285*.
Baelz, E. 512, *548*.
Bagg, H. 265, 266, *284*.
— H. J. 128, 129, 145, *179*.
— H. J. s. Little 265, *284*, *285*, *286*.
— H. J. u. C. C. Little 127, *179*, *180*.
— H. J. u. Murray 127.
— H. S. u. Halter *284*.
— W. C., MacDowell u. E. M. Lord 285.

Balkaschina, E. J. *70*.
de Balzac, H. 545.
Bang, B. *506*.
Bardeen, C. R. 195, *237*, 510.
Basch, F. 507.
Bate, D. M. 628.
— D. M. s. W. P. Pycraft *642*.
Bateson 62.
— s. Gregory 62.
— W. 361, 379, 415, *450*.
— W. u. R. C. Punnet *368*.
Bauer, H. *189*, 225, *236*.
— H., M. Demerec u. B. Kaufmann 225, *237*.
— H. u. R. Weschenfelder 226, *237*.
— J. u. B. Aschner *451*.
— Julius *368*, 401, 421, *451*, 468, 469, 474, 475, 478, *482*, *483*, 513, 519, 526, 531, 532, 536, 537, *548*, *550*.
— Julius u. C. Stein *451*.
— Julius s. J. Tandler 469, 470, 474.
— K. H. 290, *368*, 422, 444, 448, *451*, 468, 470, 471, 472, *482*, 524, 541, *548*.
— K. H. u. E. Wehefritz *451*.
Bauermeister, W. 600, 601, 618, *637*, *644*.
Baumgarten, v. 468.
Baur, E., E. Fischer, F. Lenz 312, 315, *368*, 371, *450*, *451*, *483*, *548*, *550*, *579*, *639*, 677.
— E. u. M. Hartmann *459*.
— Erwin 233, *237*, 288, 289, 290, 360, *368*, 379, 431, 554, 555, *579*.
Beadle, G. W. 98, 100, 101, 102, *172*, 192.
— G. W., R. L. Anderson u. J. Maxwell 98, 106, *172*.
— G. W., C. W. Clancy u. B. Ephrussi 100, *172*.
— G. W. u. B. Ephrussi 92, 96, 97, 98, 99, 100, 101, 103, *172*.
— G. W. u. L. W. Law 107, *173*.
— G. W., E. L. Tatum u. C. W. Clancy *173*.
— G. W. s. C. W. Clancy 97.

Beadle, G. W. s. B. Ephrussi 99, 100, 101, *173*.
— G. W. s. E. L. Tatum 107, *176*.
— G. W. s. V. Thymann 104, *176*.
Beams, H. W. s. I. B. Gatenby 14, *28*.
— H. W. s. R. L. King 14, 16, 18, *29*.
Beans, R. B. 525.
Beck 493
Becker, E. 93, 106, 107, *173*.
— E. s. E. Plagge 106, 110, *175, 178*.
— E. u. E. Plagge 106, 110, *173, 176*.
Bedichek, Sarah s. J. T. Patterson *242*.
— Sarah u. J. B. S. Haldane *451*.
Behr-Pinnow, K. v. 303.
Behrendt, R. s. W. Herre *581*.
Beleites 218, *236*.
Belgovskij, M. 225, *237*.
Beljajewa, W. s. N. P. Dubinin *238*.
— W. s. S. Goldat 233, *239*.
Bell, J. 420, 425.
— J. u. J. B. S. Haldane 24, *451*.
Belling 380.
Benders *548*.
Benedetti, P. 517, *548*.
Benedict 488.
— F. G., W. Landauer u. E. L. Fox 118, *178*.
Beneke, F. W. 463, *482*, 511, 512, 513, *548*.
Benesch, F. 504, *505*.
Bennholdt-Thomsen 389, *451*.
Benson, S. B. *580*.
Berg, R. L. 223, *238*.
Bergmann, E. v. 534, 535.
— G. v. *482*.
Bergonier u. Tribondeau *285*.
Beringer, K. *451*, 660, *677*.
Berkhemer, F. 623, 624, *637*.
Bernard, A. 500, *505*.
— Claude 469.
Bernatzki, H. A. 674, *677*.
Bernstein, F. 25, *28*, 419, 421, 422, 423, 435, *451*.
— F. u. R. Machol *451*.
Bertarelli 496.
— u. Steinfeld *505*.
Bertillon 510.
Bertrand s. Phisalix 495, *505*.
Besredka 496, *505*.
Besserer, A. *482*.
Bessmertnaja, S. s. N. P. Dubinin *238*.
Bethe *456*.
de Biasi, W. 21, *28*.
Bicker, F. K. 630, 631, 634, *637*.

Bicker, F. K. s. J. Andree 634, *637*.
— F. K. u. G. Heberer 635, *637*.
Biedl, A. 464, *482*, 529.
Bielschowsky 292, *368*.
Bier, A. 477, 578, *580*.
Bigler, M. 340, *368*.
Billard *505*.
Billinger 496, *505*.
Birkenfeld 416.
Birkina 232, *238*.
Black, D. 610, 612, 613, 617, *637, 638*.
— D., P. Teilhard de Chardin, C. C. Young u. W. C. Pei *637*.
Blagovidova, M. s. Assejeva *237*.
Blakeslee, A. F. 210, *238*.
— A. F. s. A. G. Avery *237*.
— A. F. s. J. T. Buchholz *238*.
— A. F. s. J. L. Carteledge *238*.
— A. F. s. S. C. Gager 208, *239*.
Blanc, A. C. 248, 627, *637*.
— A. C. s. H. Breuil 627, *638*.
Bland, L. T. 13.
— L. T. s. E. Allen *28*.
Blau, M. u. K. Altenburger 228, *238*.
Bleuler, E. 518, 521.
Bloch, B. 481.
Blossom, Ph. M. s. L. R. Dice *580*.
Blühen, A. 386.
Bluhm, Agnes *238*, 270, 271, 272, 273, *285*, 290, *368*, 386, 392, *451*.
Blume 394.
Blunschy, M. 492, *505*.
Bluntschli, H. 593, *637*.
Boas E. P. u. W. Landauer 118, *178*.
Boche, R. D. s. Th. Dobzhansky *581*.
Bode 401.
Bodemann, Elsie 261.
— Elsie s. G. D. Snell 144, 146, 152, *180*.
— Elsie s. S. D. Snell *287*.
Bodenstein, D. 109, 111, *176*.
Boehm, H. *70*.
Böker, H. *548, 580*.
Böttger s. C. Kronacher *505*.
Bolk, L. *368*, 585, *637*.
Bompiani 533.
Bondi, S. *548*.
Bonnet, R. 632.
— R. s. M. Verworn *643*.
Bonnevie, Kristine 31, *70*, 73, 121, 122, 123, 124, 125, 126, 127, 129, 130, 131, 132, 133, 134, 135, 136, 137, 138, 139, 140, 141,

142, 143, 144, 145, 146, 147, 148, 149, 150, 151, 152, 153, 159, 162, 163, 168, *179*, 191, 265, *285*, 291, *368*, 373, 417, 418, *451*.
Bonnier, G. *451*.
Borak, S. 246, *285*.
Borchardt, L. 472, 473, 479, 481, *482*, 508, 535, *548*.
Borissenko, E. J. *70*.
Bormann, F. v. *677*.
Boss, M. 282, *285*.
Bostian, N. C. *238*.
— C. s. A. Whiting *244*.
Bostroem, A. *451*.
— A. u. J. Lange 453.
Boswell, P. G. H. 626, *637*.
Boule, M. 609, *637*.
Bounak, V. *548*.
Bounhiol, J. J. 111, *177*.
Boyd, William C. u. Lyle G. Boyd *451*.
Branco, W. 594, *637*.
Brandeis, A. 543.
Brandenburg, E. 367, 462.
Brander, T. 392, 393, *451*.
Brandt, W. *482*.
Braun, Werner *173*.
Brehm 495.
Breider, H. 555, 575, *580*.
Bremer, F. W. 293, *368*, 413, *451*, 507.
Brenk, H. 295, 300, 316, 340, *368*.
Brenneke, H. *238*, 256, 257, 264, *285*.
— H. s. Paula Hertwig *240*, 249, 257, *285*.
Bretschneider, Fr. 299, *367*.
Breuil, H. 617, *637*.
— H. u. A. C. Blanc 627, *638*.
Brezina, E. u. V. Lebzelter *548*.
Bridges, C. B. 21, *28, 70*, 182, 189, *236, 238*.
— C. B. s. J. Alexander *237*.
— C. B. u. E. G. Gabritschevsky *70*.
— C. B. u. O. L. Mohr *70*.
— C. B. s. T. H. Morgan *71*, *175, 236, 452, 457*.
Bright u. Mahogany *173*.
Brittingham 209.
Brock, Fr. 387, *452, 482*.
Broom, R. 587, 596, 597, 598, 615, 621, 622, *638*.
Broman, I. 21, *28*, 289, *368*.
Bronstein, Z. S. 209, *238*.
Bruck, C. 655, *677*.
Brückner, A. s. F. Schieck *453*.
Brugger, C. 283, *285*, 391, 416.
Brugsch, Th. 374, *452*, 470, 471, 472, 475, *482*, 513, 516, 517, 547.
— Th. u. F. H. Lewy 450, *451*, *452, 482, 483, 484, 550*.

Brunner, W. 437, 438, *452.*
Buchholz, J. T. u. A. F. Blakeslee *238.*
Buchmann, W. u. J. Hoth 214, *238.*
— W. u. N. W. Timoféeff-Ressovsky 232, *238.*
Buddenbrock, W. v. 109, *173, 177.*
Buffon 510.
Buining, D. J. *452.*
Bumke, O. *450, 451.*
— O. u. O. Foerster *460.*
Burdach, K. F. 466, *482.*
Burkhardt, Fr. *173.*
Burtt, E. T. 110, *177.*
Burzendahl, O. 674, *677.*
Busemann, A. 390, *452,* 457.
Busse, H. *548.*
Busselmann, Antonette 93, *173.*
Buttersack, F. *548.*
Buxton, P. A. *580.*
Bytinski-Salz, H. 111, *177.*

Caffier, P. *28.*
Camara 209.
Caroll s. Roberts 502, *506.*
Carr-Saunders s. J. S. Huxley *240.*
Carteledge, J. L. u. A. F. Blakeslee *238.*
Carter, J. T. 628.
— J. T. s. W. P. Pycraft *642.*
Carus, Carl Gustav 517, 518, 521, 541.
Caspari, E. 92, 93, 95, 96, *173,* 192.
— E. s. A. Kühn 92, 93, 95, 107, *175.*
— E. u. E. Plagge 110, *177.*
Caspersson, T. 220, *238.*
Castle, W. E. 25, *28,* 428, *452,* 580.
Catcheside, D. G. *236, 238.*
Catsch, A. *452.*
Cehak, G. 446, *452.*
Chaillou, A. 515.
— A. u. L. MacAuliffe *548.*
Chelius 357.
Chen, Tsa-Yin 434, *452.*
Chesley, Paul 155, 156, 157, *179,* 265.
— Paul u. L. C. Dunn 154, 156, *179, 285.*
Chessin s. A. H. Andres 27, 28.
Chevais, Simon 97, *173.*
— S. s. B. Ephrussi 102, 103, 104, *173.*
— S., B. Ephrussi u. A. G. Steinberg 107, *173.*
— S. s. Y. Khouvine *174.*
— S. u. A. G. Steinberg *173.*

Child, G. 434, *452.*
Chlop, M. L. *236.*
Christie 209.
Chritowas, T. F. 258.
— T. F. s. P. Th. Rokizky *242, 287.*
Chvostek 532.
Chvostova, V. (s. auch Khvostova) 185, 187, *189.*
— V. u. A. Gavrilova 185, *189,* 226, *240.*
— V., A. Gavrilova u. K. Eberhard 226.
Cilento, R. W. 650, *674.*
Clancy, C. W. u. G. W. Beadle 97, 100, *172, 173.*
— C. W. s. B. Ephrussy 99, *173.*
Clark, A. H. 585, *638.*
— F. H. 168, *179,* 293.
— W. E. le Gros 590, 607, *638.*
Claus, C., K. Grobben, A. Kühn 553, *579.*
Clausen, K. H. 77, *173.*
— W. 410, 419, 448, *452.*
Claussen, F. 382, 399, *452, 548.*
Cleaver s. Kleiweg de Zwaan 653.
Coerper, C. *548.*
Cole 279.
— u. Bachhuber 279, *285.*
— J. Leon u. Dewey G. Steele 279, *285.*
Colin, E. C. 280, *285.*
Collins, J. C. s. E. B. Babcock *237.*
Conrad, K. 413, 445, *452.*
Cooper, Z. s. F. B. Hanson *285.*
Cope-Osborn *639.*
Corey, E. L. 165, *179.*
Correns, C. *236.*
Cowen, M. 507.
Craig s. Stockard *287.*
Creadiek s. Edgar Allen *284.*
Creddick 250.
Crew, F. A. E. 117, *178.*
Critchley, M. 310, *368.*
Crowther, J. A. *238.*
Csik, L. 412, 413, 414, *452.*
— L. u. K. Mather 416, *452.*
Csörsz 543.
Cuénot, L. 576.
— P. *580.*
Cunier, F. 26, 310, *368.*
Curschmann, H. 530, 532.
Curtius, Fr. 292, 324, *368,* 411, 413, 414, 419, *450, 452,* 473, 474, *482,* 507, 536, 542.
— Fr. u. J. Lorenz *452.*
— Fr. u. R. Siebeck *452, 482.*
Cutler, C. W. 310, *368.*
Cuvier 466.
Czellitzer, A. 419, *452.*

Dahlberg, G. 418, *452.*
Dahr, P. 602, 603, *638.*
— P. u. H. Lindau *638.*
Danforth, C. H. 504, *505.*
Darlington, C. D. 11, 13, 20, 23, 25, *28.*
— C. D. s. P. C. Koller 11.
Dart, R. A. 595, *638.*
Darwin, Charles 552, 553, 558. 575, 577, 578, 579, 580, *580.*
— C. R. 584, 598, *638.*
Davenport u. Muncey *370.*
— C. B. 24, 117, *178,* 310, 311, 358, 359, *368,* 416, 423, 424, 426, 448, 449, *452,* 549, *580,* 666.
— C. B. u. M. Steggerda *677.*
David, L. T. s. W. Landauer 118, *178.*
— P. R. 116, *178.*
Davidenkov, S. 70.
Davies, A. M. 604, *638.*
Davis 584.
Dawidenkow, C. N. 324, *368,* 445, *452.*
Dawson, C. 623.
— C. u. A. Smith Woodward *638.*
Deckner, K. *549.*
Delaunay, L. N. 209, *238.*
Delbrück, M. 365.
— M. s. N. W. Timoféeff-Ressovsky 229, 230, 231, *244.*
— M. u. N. W. Timoféeff-Ressovsky *238.*
Demerec, M. 209, 223, 232, *236, 238.*
— M. s. H. Bauer 225, *237.*
— M. s. H. Fricke *239.*
Demidova, Z. s. N. P. Dubinin *238.*
— Z. s. M. Heptner *239.*
Deneufbourg, H. 279, *285.*
Derick 209.
Dessauer, F. *238.*
Dewar, D. 584, 604, *638.*
Dice, L. R. *580.*
— L. R. u. Ph. M. Blossom *580.*
Diehl 324.
— Hansen u. v. Ubisch *368.*
— K. u. O. v. Verschuer *450*
Diepgen, P. *483.*
Dietrich 618.
— O. 316, *368.*
Dobrovolskaja 247, 248, 258, 265.
— -Zawadskaja, N. 154, 156, *179,* 209, *238,* 265, *285.*
— N. u. N. Kobozieff *179.*
— N. u. S. Veretennikoff *179.*

Dobzhansky, Th. G. 63, *70*, 183, *189*, *236*, *238*, 552, 555, 558, 568, 573, 575, *579*, *580*, 584, *638*.
— Th. G. u. R. D. Boche *581*.
— Th. G. u. M. L. Queal *581*.
— Th. G. s. N. P. Sivertzev-Dobzhansky *190*.
— Th. G. u. A. Sturtevant *189*, 206.
Döderlein *452*.
— A. *285*.
— G. 529.
Döllken 537.
Döpp 209.
Döring 209.
— H. 391, *452*.
Dontscho s. Kostoff *286*.
Dorfmeister, G. *173*.
Doxiades, L. 391, *549*.
— L. u. W. Portius *452*.
Dozorceva, R. 209, *236*, *238*.
Draper, G. 471, *483*.
Drennan, M. R. *638*.
Driesch, Hans 465, 466, 510, 537, 547.
Drips, Della G. 250.
— Della G. u. Frances *285*.
Driver, E. C. *70*.
Droogleever Fortuyn, A. B. 416, *453*.
Drury 82, 83.
Dubinin, N. P. 184, *189*, 204, 205, *236*, *238*, *452*.
— N. P., M. Heptner, S. Bessmertnaja, S. Goldat, K. Panina, E. Pogosian, S. Saprikina, B. Sidorov, L. Ferry u. M. Tsubina *238*.
— N. P., M. Heptner, Z. Nikoro, S. Bessmertnaja, W. Beljajewa, Z. Demidova, A. Krotkova u. E. Postnikova *238*.
— N. P. u. V. Khostova *238*.
— N. P. s. A. S. Serebrovsky *243*.
— N. P. u. B. N. Sidorov 184, 185, 186, *189*.
— N. P. u. N. N. Sokolov 185.
— N. P., N. N. Sokolov u. G. G. Tiniakov *189*, *238*.
— N. P. u. E. N. Volotov 183, *189*.
Dubois, E. 462, 487, 488, 489, *515*, *519*, *521*.
Dubosqu, O. *179*.
Dubowsky, N. u. Z. Kelstein *238*.
Dubreuil, G. s. O. Regaud 195, *242*.
Duchenne-Griesinger-Erb 324.
Duckworth, W. L. H. s. A. Keith *640*.
Dürken, B. 584, *638*.

Duerst, J. U. 486, 487, 489, *505*, *581*, *642*.
Duesberg 21.
Dunn, L. C. 157, 159, *179*, 265, *581*.
— L. C. s. P. Chesley 154, 156, *179*, *285*.
— L. C. u. S. Glücksohn-Schönheimer 157, *179*.
— L. C. s. W. Landauer 117, *178*.
— L. C. u. W. Landauer 112, 115, *178*.
Dunning, W. F. 209, *238*.
Durham, F. M. 269, 270, 274, 275, 277.
— F. M. u. H. M. Woods 276, 277, *285*.
Durig, A. 544, 545, 546, 547, *549*.
Dyroff, R. 250, 251, 268, *285*.

East, E. M. *581*.
Eaton, O. N. 399, *452*.
Eberhardt, K. *189*, 226, 227, *238*.
— K. s. V. Khvostova 226.
Eberl, B. 609, 610, *638*.
Ebstein, Erich 308, *368*.
Eckhardt, H. u. B. Ostertag *452*.
Edinger 481, 536.
Efroimson, W. P. *238*.
Egenter, A. 295, 316, 321, 363, *368*.
Egli, P. *581*.
Ehrenberg, K. 594, *638*.
Ehrhardt, A. *452*.
— S. 622, *638*.
Eickstedt, E. v. 479, 555, *579*, 627, *638*, *639*, 646, 672, *677*.
Eisele 501.
Eiselsberg 488.
Eker, Reidar 248, *285*.
Elliot, G. s. Smith *643*.
Emmerich s. Hueck 549.
Engelhardt, M. v. 83, 85.
— M. v. s. A. Kühn *175*.
Engelking, E. 437, *452*.
Engelmann, G. 462, 470.
— G. s. Berta Aschner *482*.
Enke, W. 520.
— W. s. E. Kretschmer 520, 521, *550*.
Entres, J. L. 310, 311, *368*, 407, *452·*
— L. *452*.
Ephrussi, Boris 68, *70*, 104, 105, 107, 108, *173*, 192, *239*.
— Boris s. G. W. Beadle 92, 96, 98, 99, 100, 101, 103, *172*.
— Boris u. G. W. Beadle 96, 97, 100, 101, *173*.

Ephrussi, Boris, C. W. Clancy u. G. W. Beadle 99, *173*.
— Boris s. S. Chevais 107, *173*.
— Boris u. S. Chevais 102, 103, 104, *173*.
— Boris s. M. H. Harnly *174*.
— Boris u. M. H. Harnly 99, 100, *173*.
— Boris s. Y. Khouvine 104, *174*.
— Boris, Y. Khouvine u. S. Chevais *173*.
Eppinger, H. 533.
Erb *368*.
— s. Duchenne 324.
Ernst, A. 338, 362, *368*, 398, *452*.
— P. 145, *179*.
Eugster, J. 365, *452*, 476, *483*, 508.
Evans 548.
— H. M. u. O. Swezy 3, 9, 10, 12, 13, 14, 22, 23, *28*.
Eyster, W. H. *236*.

Faber, A. 411, *453*.
Falta 533.
Fanconi, G. 391, *453*.
Farabee 306, *368*.
Fechner 478.
Federley, H. 293, 361, 367, *368*, 381, *453*, *581*.
Feldotto, W. 78, 80, 81, 85, 87, 88, 89, *173*.
— W. s. W. Köhler 87, 88, 89, 90, 91, *174*.
Fell, H. B. u. W. Landauer 116, *178*.
Ferrari 270.
Ferry, L. 232.
— L. s. N. P. Dubinin *238*.
— L., N. Shapiro u. B. Sidoroff *239*.
Fetscher 368.
Feulgen 18.
Fick, R. 467, *483*.
Fincher, M. G. u. W. L. Williams *505*.
Findlay *505*.
Finley 502.
Fischel, W. *581*.
Fischer, E. 74, 91, *173*, 591, 604, 609, 623, 633, *638*, 666, *677*.
— E. s. R. Goldschmidt *174*.
— E. u. H. Lemser *453*.
— Eugen 288, 290, 292, 312, *367*, *368*, 377, 381, 382, 383, 384, 386, 390, 396, 401, 402, 405, 418, 440, 441, 442, 447, *450*, *453*, 474, *483*, 510, 553, *579*, *581*.
— G. H. *453*.

Fischer, G. H. u. R. Hentze 453.
— H. u. H. Hofmann 549.
— J. s. G. Gottschewski 107, 174.
— J. u. G. Gottschewski 107, 174.
— Johann v. 492, 505.
— M. 357, 358, 367, 369. 453.
— -Wasels, B. 477.
Fisher, R. A. 25, 28, 43, 70, 236, 420, 421, 422, 429, 430, 443, 453.
Flaskamp, W. 281, 285.
Fleischer, B. 337, 351, 453.
Flemming, W. 2, 28.
Flössner, O. 656, 677.
Florschütz 544.
Flu, P. C. 659, 660, 677.
Foerster, O. s. O. Bumke 460.
Fonio, A. 357, 358, 369, 405, 423, 444, 453.
— A., E. Lang u. A. Tillmann 453.
Fortuyn, A. B. u. Droogleever 453.
Fox, Edw. L. s. F. G. Benedict 118, 178.
Frädrich, G. 453.
Fränkel, G. 109, 177.
Frances s. Della G. Drips 285.
Franceschetti, A. 310, 369, 437, 438, 453.
Francillon, M. R. 369.
Franz, V. 585, 639.
Frateur, J. L. 581.
Frede, M. 401, 402, 453.
Frets, G. 270, 280, 284.
Freud 538.
Freund, W. A. 467.
— W. A. u. R. von den Velden 483.
Frey, H. 290, 369, 402, 453, 549.
Friant, M. 637.
Fricke, H. u. M. Demerec 239.
Friedenreich, V. 453.
— V. s. O. Thomsen 459.
— V. u. A. Zacho 453.
Friedental, H. 549.
Friedreich 324.
Friedrichs, H. F. 623.
Fries, J. H. 422.
— J. H. s. A. S. Wiener 460.
— J. H. s. I. Zieve 451.
Friesen, H. 239.
— -Mollison 627.
Frischeisen-Köhler, I. 442, 443, 446, 447, 453.
Frolowa, S. L. 554.
— S. L. s. B. Astaurow 237.
— S. L. u. B. L. Astaurow 581.
Frommholt, G. 655, 677.
Fürst, Th. 549.
Fuhlrott, C. 626, 639.

Fujii 209.
Funkquist 503.
Furuhata, T. 453.

Gabriel, E. 283, 285.
— P. 581.
Gabritschevsky, E. G. s. C. B. Bridges 70.
Gänsslen, M. 369.
Gärtner 489, 505.
— Heidenreich u. Zorn 505.
Gager, S. C. 195, 210, 239.
— S. C. u. A. F. Blakeslee 208, 239.
Galant u. J. Susmann 549.
Galippe 312.
Galton 361, 386, 485.
Garboe, A. 369, 438, 454.
Garret, F. C. 233.
— F. C. s. J. W. H. Harrison 239.
Garrod, D. A. E. 630, 639.
Gassler, J. V. 426, 454.
Gatenby 247, 248, 249.
— u. Wigoder 285.
— J. B. u. H. W. Beams 14, 28.
Gates 504.
— s. Elizabeth Lord 505.
— R. R. 581.
— W. H. 247, 285.
Gaudry, A. 594, 639.
Gavrilova, A. s. V. Chvostova 185, 226, 240.
Gay, E. H. s. J. W. Gowen 239.
Geigy, R. 239.
Geissel, H. 174.
Geitler, L. 2, 28.
Geller 250.
Generales, K. 252, 285.
— K. s. Stiasny 247, 252.
Genther, Ida 250, 285.
Geptner, M. 189, 189.
— M. u. Z. Demidova 239.
Gerassimow 195, 239.
Gering, K. 502.
— K. s. J. Richter 506.
Geyer, H. 390, 391, 392, 454.
Ghigi, A. 581.
Gibbons, M. 421.
— M. s. C. C. Little 456.
Giemsa, G. u. E. G. Nauck 651, 677.
Gierke, Else v. 174.
Giersberg, H. 112, 174, 177.
Gieseler, W. 594, 596, 608, 609, 622, 626, 631, 639.
Gigon, A. 483, 517, 542, 549.
Gildrow 498.
de Giovanni 511, 512, 516.
Gläsmer, E. 526, 549.
Glancy, E. A. s. Howland 100, 174.
— E. A. s. R. Howland 455.

Glanzmann, E. 549.
Glatzel, H. 454.
Glénard 543.
Glocker, R. 239.
Glücksohn-Schönheimer, S. 157, 158, 179.
— S. s. L. C. Dunn 157, 179.
Godin 517.
Göppert 368.
Goering, D. 533, 549.
Goethe, J. W. v. 461, 483.
Göthlin, G. 438, 454.
Goldat, S. u. W. Beljajewa 233, 239.
— S. s. N. P. Dubinin 238.
Goldschmidt, R. 73, 74, 80, 90, 91, 174, 192, 232, 239, 380, 392, 397, 434, 444, 454, 473, 483, 530, 563, 581.
— R. u. E. Fischer 174.
Gonzalez, B. M. 500.
— B. M. u. Valente Villegas 505.
Goodspeed, T. H. 208, 209, 210, 236, 239.
— T. H. s. J. W. MacKay 240.
— T. H. u. A. R. Olson 239.
Gothein 668.
Gottschald, M. 367.
Gottschewski, G. 220, 232, 234, 239.
— G. s. J. Fischer 107.
— G. u. J. Fischer 107, 174.
— G. u. E. Plagge 107.
— G. u. C. C. Tan 98, 106, 107, 174.
Gottschick, J. 402, 454.
Gottstein, A. 466, 467.
Gowen, J. W. 26, 29, 454.
— J. W. u. E. H. Gay 239.
Gowers 481.
Grabherr, A. 501, 505.
Grahmann, R. 612, 617, 634, 639.
Grandidier, Ludwig 357.
Graewe, H. 454.
Green, C. V. 581.
Gregory 501.
— de Winton u. Bateson 62.
— P. W. s. T. J. Storer 574, 583.
— W. K. 586, 587, 588, 589, 591, 592, 593, 594, 595, 598, 606, 607, 608, 639.
— W. K. u. M. Hellmann 594, 597, 599, 639.
— W. K. u. G. G. Simpson 589, 639.
Greib, A. 549.
Griesinger s. Duchenne 324.
Griffith, H. D. s. K. G. Zimmer 218, 220, 239, 244.
Grimm, H. 617, 639.
Grob, W. 295, 316, 369.

Grobben, K. s. C. Claus 553, *579*.
Grober, J. *677*.
Groedel, F. *549*.
Grohmann, H. 407, *454*.
Groscurth 394.
Gross 532.
— Hans 540.
Grosse, J. *549*.
Grosser, O. 4, *29*.
Grote, L. R. 472, 473, 479, 480, *483*.
Gruber, G. B. 394, 395, *450*, *454*.
Grüneberg, H. *239*, 418, *454*.
Gschwend, Th. *581*.
Gubler, R. *581*.
Gudernath, F. *549*.
Günder, R. 405, *454*.
Günther, Hans 300, *369*, *454*, 465, 466, 478, 479, 480, *483*, 547, *549*.
— H. F. K. 633, *639*.
— R. *454*.
Gütt, A. *457*.
Guhl, A. 209, *239*.
Guilleminot, M. H. 195, *239*.
Gulbenkian, Kh. G. 212, *239*.
Guyenot, E. *239*.
Guyénot, E. 584, *639*.

Haase, F. H. 400, *454*.
— -Bessell, G. 26, *29*, 419, *454*.
Habs, Hubert 402, *454*.
Hachlow, V. 109, *177*.
Hadjidimitroff s. Kostoff *286*.
Hadley, B. 501.
— B. u. Bl. Warwick *505*.
— Fr. *505*.
Hadorn, B. s. Bertha Scharrer 110, 111.
— E. 110, 111, 112, *177*.
— E. u. J. Neel 111, *177*.
Haeckel, E. *578*, 585, 598, 608, 609, *639*, *640*.
Haecker, V. 32, 290, 291, 311, 312, *369*, *450*.
Hämmerling 192.
Härtel 512.
— J. *505*.
Hagedoorn, A. L. u. A. C. Hagedoorn-Vorstheuvel La Brand *579*.
Hahn, M. 495, 496, *505*.
Halban u. Seitz *450*, *484*.
Haldane, J. B. S. 24, 25, 26, *29*, 209, *236*, *239*, 246, *285*, 359, 360, *369*, 409, 420, 421, 425, 427, 428, 429, 430, 444, *454*, *581*.
— J. B. S. s. Bedichek *451*.
— J. B. S. s. Bell 24.
— J. B. S. s. J. Bell *451*.
— J. B. S. u. U. Philip *454*.

Hallé 512, 513.
Hallquist, C. 502, *505*.
Hamburger, F. 467, *483*.
— V. 116, *178*.
Hamilton, Alice 279, *284*.
Hammar, J. A. 510, *549*.
Hammer, E. 400, *454*.
Hammerschlag, V. 292, 344, 367, *369*, *454*.
Hammond, J. *581*.
— J. s. A. Walton 557, *583*.
Handy s. F. B. Hanson *285*.
Hangarter, W. 411, *454*.
Hanhart, Ernst 288, 292, 293, 295, 299, 300, 303, 304, 305, 306, 307, 309, 311, 315, 325, 327, 329, 335, 336, 337, 338, 339, 340, 342, 349, 350, 356, 361, *369*, 382, 392, 404, 407, 418, 445, *454*, 461, 476, *483*, 507, 508, 524, 525, 530, 534, 541.
Hannes, W. *549*.
Hansemann, v. 466, 546.
Hansen, K. 324, 416, 473, *483*.
— K. s. Diehl *368*.
— K. u. G. v. Ubisch *454*.
Hanson, F. B. 208, 209, *239*, 270, 274.
— F. B. u. Z. Cooper *285*.
— F. B. u. Handy *285*.
— F. B. u. F. Heys 208, 213, *239*, 273, *285*.
— F. B., F. Heys u. E. Stanton *239*.
— F. B. u. E. Winkelmann 213, *239*.
Hanström, B. 112, *177*.
Hargitt, S. T. 250, *285*.
Harland, S. C. *581*.
Harms, J. W. *505*, *549*, *581*.
Harnly, M. H. 434, *454*.
— M. H. s. B. Ephrussi 99.
— M. H. u. B. Ephrussi 100, *173*, *174*.
— M. H. s. Khouvine 104, *174*.
Harris, B. B. 208, 213, *239*.
Harrison, J. W. H. 233.
— J. W. H. u. F. C. Garret *239*.
Hart, C. 464, 468, 471, *483*, 530.
Hartmann, Fr. *483*.
— M. s. E. Baur *459*.
— Ph. K. 463.
Hartung, H. *454*.
Hase, A. 76, *174*.
Hasebroek, K. *239*.
Haskins, C. P. *239*.
Hauser, K. F. 295, 316.
Hayek, H. 470, *483*, 512.
Heberer, Gerhard 1, 2, 3, 12, 15, 19, 22, *29*, 584, 585, 586, 599, 609, 611, 615, 619, 624, 626, 627, 634, 635, 636, *639*.

Heberer, Gerhard s. F. K. Bicker 635, *637*.
Heck, L. u. M. Hilzheimer *505*.
Hedinger 464.
Hegdekatti, R. M. *455*.
Heiberg, K. u. T. Kemp 27, *29*.
Heidenreich 489.
— s. Gärtner *505*.
Heincke 510.
Heitz, E. *236*.
Heller, F. 591, *640*.
— J. *549*.
Hellmann, M. s. W. K. Gregory 594, 597, 599, *639*.
Hellpach, W. 389, 390, *450*, *455*.
Helmerking, H. u. W. H. Ruoff *367*.
Helmholtz, H. 465.
Helwig 209.
Henckel, K. O. 528, *549*, 590, 592, *640*.
Henke, K. 76, 77, 82, 83, 90, *174*.
— K. s. A. Kühn *71*, *75*, *76*, *77*, *79*, 84, 85, 86, 87, 92, *175*.
— K. u. S. Seeger *455*.
Henle 463.
Hensel *505*.
Henseler, H. 559, 560, *581*.
Hensen *179*.
Hentze, R. s. G. H. Fischer *453*.
Heptner, M. u. Z. Demidova *239*.
— M. s. N. P. Dubinin *238*.
Herre, W. 572, *581*.
— W. u. R. Behrendt *581*.
— W. u. H. Wigger *581*.
Hersh, A., Karrer u. Loomis *239*.
Herter, K. 402, 403, *455*.
— K. u. K. Sgonina *455*.
Hertwig, O. 195, 209.
— Paula *236*, *239*, 245, 247, 248, 249, 251, 254, 255, 256, 258, 259, 260, 262, 263, 264, 265, 267, 273, *284*, *285*, 439, *450*, *455*, *579*.
— Paula u. H. Brenneke *240*, 249, 257, *285*.
— Paula u. K. Hülsmann 250.
Herxheimer, G. 477.
Hesketh 519.
Hess, C. v. *455*.
— L. 533, *549*.
— W. R. 533, 534.
Hey 209.
Heydenreich, Ed. 303, *367*.
Heys, Florence s. F. B. Hanson 209, 213, *239*, 273, *285*.
Higier 292, *369*.
Hildebrandt, K. 479, *483*.

ill, J. 592, *640*.
ilzheimer, M. 562, *580, 581*.
- M. s. L. Heck *505*.
inselmann, H. 13, *29*.
intz, A. 585, *640*.
ippokrates 465, *483*, 511, 512.
irschfeld 422.
irszfeld, L. 436, *455*.
irt *642*.
- Hermann *677*.
is, W. 465, 470, 481, *483*.
oadley, W. u. D. Simons *29*.
oarland 434.
öfliger, H. *581*.
öner, E. 414, *455*.
oessly, A. 357, *369*.
- -Haerle, G. T. 357, *369*, *455*.
off 533.
offmann 445.
- H. 418, *455*, 470, 482, *549*.
- J. 399, 407.
ofmann, H. s. H. Fischer *549*.
ofmeier, K. 391, *455*.
ogben, L. 25, *29*, 415, 420, 421, 422.
- L. u. R. Pollack *455*.
ogreve, F. 489, *505*.
olfelder 282, *284*.
ollander, W. 261.
- W. s. G. D. Snell 144, 145, 146, 152, *180*.
- W. s. S. D. Snell *287*.
oltfreter, J. 156, *179*, 391, *455*.
ooker, D. R. 249, 263, *286*.
opwood, A. P. 595, 628, *640*.
- A. P. s. W. P. Pycraft *642*.
orlacher, W. R. 209, *240*.
- W. R. u. D. T. Killough *240*.
ost, P. 504.
- P. u. S. Sveinson 505.
oth, J. s. W. Buchmann 214, *238*.
owland, R. B., E. A. Glancy u. B. P. Sonnenblick 100, *174*.
- R., B. P. Sonnenblick u. E. A. Glancy *455*.
rdlicka, A. 609, *640*, 645, 654, *677*.
ubrecht, A. A. W. 592, *640*.
uch, R. 513.
übscher, F. 331, *369*.
ueck 512.
- u. Emmerich *549*.
ügel, E. 77, *174*.
ülle, W. *640*.
ülsmann, K. s. P. Hertwig 250.
ueppe, F. 466, 467, 546.
üttig 209.
ufeland 466.
ug, J. *581*.

Hughes, E. H. 502, *505*.
Humer, A. 501, *505*.
Hunt, T. E. 156, *179*.
Huntington 406.
Huser, R. *581*.
Huter 512.
Huxley, J. S. u. Carr-Saunders *240*.
- T. H. 598, *640*.

Idelberger, K. 411, *455*.
Iljin, N. A. *70*.
Iltis, H. *369*.
Imai, Y. 209, *240*, 378.
- Y. u. D. Moriwaki *455*.
Iriki, S. *29*.
Isenburg, W. K. *367*.
Ishihara, S. *455*.
Ishijima 209.
Ives, P. s. H. H. Plough 232, *242, 457*.
Iwan, van der 145.

Jadassohn, J. *458*.
Jäger 282.
Jaeger u. Stubbe *286*.
Jaensch, E. u. Mitarbeiter *450, 455*.
- Erich 377, 437, *453*.
- E. R. *456, 458, 483*, 535.
- Walter 377, *455*, 473, 476, *482, 483, 484*, 535, *549, 550*.
Janet, Pierre 541.
Jaspers, K. 538.
Jendrassik, E. 292, *369*, 482, *483*.
Jenny, Ed. 337, 353, 354, *369*.
Jiv, B. W. s. A. H. Andres 4, 5, 21, *28*.
Jöhr, A. C. 290, 321, 363, *369*.
Johannsen, Wilhelm *236*, 374, 378, 379, 380, 381, *450*, *455*, 463, 472, 473, 475, 479, *483*.
Johnston, C. u. A. M. Winchester 212, *240*.
Jolles 232.
Jollos, V. 232, *240*.
Jordan, P. *236*.
Josephy, H. 310, *369*.
Juda, A. 416, 446, *455*, 536, *549*.
Jürgens, R. *454*.
Jung, C. G. 535, 538, 547.
- R. *550*.
Just, Günther 24, *29, 70*, 306, 360, *369*, 371, 375, 380, 381, 387, 392, 406, 407, 408, 412, 413, 420, 421, 423, 427, 431, 432, 433, 434, 435, 536, 437, 438, 439, 440, 441, 443, 444, 447, 448, 449, *450*, *455*, 476, *483*, 525, *581, 677*.
Juvenal 537.

Kabanow, N. *550*.
Käb, E. 503, *505*.
Kaempffer, A. s. S. Schermer *458*.
Kahn, E. 470.
Kaleff 500.
Kalk, H. 473. *550*.
Kallius *368*.
Kammerer 194.
Kant, I. 461, 477, 478, *483*.
Kantorowicz 312.
Kardymowič s. P. Th. Rokizky *242*.
Kardymowitorek s. Rokizky *287*.
Karplus, H. 4, *29*.
Karrer s. A. Hersh *239*.
Karstens 501.
Katase, A. 509, 517.
Kaufmann, B. s. H. Bauer 225, *237*.
Kaup, J. 510, *550*.
Kaven, A. 397, *455*.
Kay 509.
Keegan, J. J. 134, *180*.
Kehrer, F. 311, 320, *369, 455*.
Keiter, Fr. *550*.
Keith, A. 593, 607, 609, 626, 629, *640*.
- A. u. T. D. McCown *640*.
- A., E. G. Smith, A. S. Woodward u. W. L. H. Duckworth *640*.
Keller, C. 209.
- C. u. H. Lüers 216, 222, *240*.
- K. 398, 487, *505, 506*.
- K. u. Th. Miedoba *456*.
Kelm, H. *581*.
Kelstein, Z. s. N. Dubowsky, *238*.
Kemp, T. 3, 8, 23, *29*, 398, 528.
- T. s. K. Heiberg 27.
- T. u. E. Worsaae *456*.
Kerkis, J. 212, *236, 240*.
Kermauner, F. 145, *180*.
Kern 270.
Kettel, A. s. O. Thomsen *459*.
Khouvine, Y. 104.
- Y. s. B. Ephrussi *173*.
- Y. u. B. Ephrussi *174*.
- - B. u. S. Chevais *174*.
- - B. u. M. H. Harnly 104, *174*.
Khvostova s. unter Chvostova.
Kihara, H. s. K. Oguma 9, 12, *29*.
Kikkawa, H. *174*, 250.
Killough, D. T. s. W. R. Horlacher *240*.
Kim, B. 563, *581*.
King 626.
- Helen 367.
- R. L. u. H. W. Beams 14, 16, 18, *29*.

Kinsey, A. C. *581.*
Kirkham, W. B. *456.*
Kisskalt *505.*
Kistler 536.
Klaatsch, H. 598, 604, 632, *640.*
Klainguti, R. s. A. Vogt *460.*
Klare, K. *550.*
Klatt, B. 561, 572, *580, 581.*
Kleb 385.
Kleiner, W. *456.*
Kleinknecht 402, 448, *456.*
Kleinschmidt, O. 543, *582,* 600, *640.*
Kleist, K. 376.
— K., K. Leonhard u. H. Schwab *456.*
Kleiweg de Zwaan *677.*
— de Zwaan u. Cleaver 653.
Klemm, O. *456.*
Klug, W. J. 357.
Knapp, E. 209, 234, *236, 240, 456.*
— E. u. H. Schreiber *240.*
Kobozieff, N. 156, *180.*
— N. s. N. Dobrovolskaja-Zawadskaja *179.*
Koby 310.
Koch, E. W. 389, *456.*
— P. 500, 502, *505.*
— P. u. O. Neumüller *505.*
— W. 504, *505,* 530, *550.*
Kocher 515.
Koehler, O. 307, *369,* 394, 425, *456.*
Köhler, Wilhelm 77, 78, 79, 80, 81, 86, 87, *174,* 609, *640.*
— Wilhelm s. J. Strohl 90, *176.*
— Wilhelm u. W. Feldotto 87, 88, 89, 90, 91, *174.*
Koenigswald, G. H. R. v. 611, 612, 616, 623, 628, *638.*
— G. H. R. v. u. F. Weidenreich 611, 613, *640.*
— R. v. *640.*
Köppen, W. 609, 610.
— W. u. A. Wegener *640.*
Kohl-Larsen, L. 618, *640.*
— L. s. H. Reck 618, *642.*
Kohlrausch, A. 439, *456,* 544.
Kohn, A. 150, *180,* 529.
Kolde, W. *550.*
Kolle, W. *456.*
— Kraus u. Uhlenhuth *505.*
Koller 109, *177.*
— P. C. 9, 10, 11, 12, 13, 14, 15, 16, 18, 19, 20, 21, 22, 23, 25, 26, *29.*
— P. C. u. C. D. Darlington 11, 25, *29.*
— R. 627, *640.*
— S. 410, 417, 421, 422, *456.*
Kollmann, J. 585, *640.*
Koltzoff, N. K. *70, 189, 236, 240.*

Komai, Toku 293, *369, 456.*
Kondakova, A. A. *240.*
Kondo, T. 439, *456.*
Kopéc, Stephan 108, *177.*
Korányi, A. 473, *483.*
Kornfeld, W. s. E. Nobel *550.*
Koržinsky, S. I. 195, 196, *236.*
Kossikov, K. V. 182, 209, 215, 222, *240.*
— K. V. s. H. J. Muller *189.*
Kosswig, C. *582.*
Kostoff 252, 253.
— Dontscho u. Hadjidimitroff *286.*
Krämer *640.*
Kraepelin 518.
Krage, P. 503, *505.*
Krajevoj, S. 209, *240.*
Krasusky 525.
Kraupa 508.
Kraus s. Kolle *505.*
— Friedrich 466, 467, 468, 470, 471, 473, *483,* 516, 545, 547, *550.*
Krecke, A. 542.
Krehl, Ludolf 469, 477, *483.*
Kreipe s. Simoneit *459, 460.*
Kretschmer, E. 376, 377, 446, 449, *450,* 467, 470, 471, 476, *483,* 511, 513, 514, 518, 519, 520, 521, 522, 524, 525, 526, 528, 529, 531, 532, 537, 542, 547, *550, 551.*
— E. u. W. Enke 520, 521, *550.*
Krieg, H. 561, 562, *582,* 673, *677.*
Kriszat, G. 387.
— G.: s. Uexküll *460.*
Kröning, F. 209, *240,* 251, 268, 269, *286.*
Krogh, Chr. v. 601, 602, *640.*
— Chr. v. s. T. Mollison 601, *641.*
Krogmann 672.
Kroh, O. 377, 446, *456.*
Kronacher, C. 500, *505,* 555, *580.*
— C. u. Böttger *505.*
Kroon, M. 501, 503, *505.*
— M. u. G. M. v. d. Plank *505.*
Krotkova, A. s. N. P. Dubinin *238.*
Krumbiegel, I. *582.*
Krupski 498.
Kubányi, A. 423, *456.*
Kügelgen, C. v. 539.
Kühn, A. 68, *70,* 398, *456,* 554, 556, *580, 582.*
— A., E. Caspari u. E. Plagge 92, 93, 95, 107, *175.*
— A. s. C. Claus 553, *579.*
— A. u. M. v. Engelhardt 83, 85, *175.*

Kühn, A. u. K. Henke *71, 75,* 76, 77, 79, 84, 85, 86, 87, 92, *175.*
— A. u. H. Piepho 110, *177.*
— A. u. E. Plagge 95, *175.*
— Alfred 74, 75, 76, 77, 83, 85, 86, 90, 92, 93, 94, 95, 96, 107, 110, *174,* 192.
Kühne 290, *369.*
— K. *71,* 401, 402, 440, *456.*
Külz, L. 659, *677.*
Kufs, H. 292, *369.*
Kuhn, O. 585, 587, *641.*
Kulenkampff, D. 547.

Laitinen, F. 270, *286.*
Lam, H. J. 585, *641.*
Lamarck 513, 558, 575.
Lancefield, D. E. 555, *582.*
Landauer, W. 112, 113, 114, 115, 116, 117, 118, 120, *178,* 291, *369.*
— W. u. S. D. Aberle 119, 120, *178.*
— W. s. F. G. Benedict 118, *178.*
— W. s. E. P. Boas *178.*
— W. u. L. T. David 118, *178.*
— W. s. L. C. Dunn 112, 115.
— W. u. L. C. Dunn 117, *178.*
— W. s. H. B. Fell 116, *178.*
— W. u. E. Upham 118, *178.*
Lang 156.
— Arnold 304.
— E. s. A. Fonio *453.*
— H. 596.
Lange, Johannes 384, 396, 416, 445, *450, 456.*
— Johannes s. A. Bostroem *453.*
— -Eichbaum 537.
Langendorff, H. 209, *240,* 247, 248, *286.*
Lassen, H. 388, *456.*
Lattin, G. de *582.*
Laubenthal, F. *456.*
Lauprecht, E. 501, *505.*
Lavedan, M. L. *550.*
Lavril 486.
Law, L. W. s. G. W. Beadle 107, *173.*
Le, W. E. 625, *641.*
Leakey, L. S. B. 626, *641.*
Lebedeff, A. 144, 145, 147, 150, *180.*
— G. A. *71.*
Lebzelter, V. s. E. Brezina *548.*
Lederer, R. *483,* 525, 543, *550.*
Lehmann s. Ritter 393.
— F. E. 156, *180.*
— W. 307, 474, *483.*
— W. u. E. A. Witteler *369.*
— R. *550.*

Leibniz, G. W. 388, *456*, 461, 466, *483*, 518.
Lempen, H. 489, *505*.
Lemser, H. 405, *456*.
— H. s. E. Fischer *453*.
van Lent, C. C. 500, *505*.
Lenz, F. 288, 289, 292, 295, 315, 316, 321, 341, 365, 367, *369*, 375, 382, 383, 386, 389, 391, 395, 400, 404, 407, 420, 421, 439, 440, 443, 446, *450*, *456*. 472, 475, 480, 481, 482, *483*, 522, 543, *550*, *582*, 676, *677*.
— H. *456*.
Leonhard, K. 376.
— K. s. K. Kleist *456*.
— K. s. B. Schulz 376, *458*.
Léopold-Lévi 550.
Lerche, Witta *579*.
Leroy 486.
Letard, E. 503, *505*.
Levens 500.
Lévi s. Léopold *550*.
— u. Rothschild 531.
Levit, S. G. 25, *29*, *71*, 293, *369*, 443, *451*, *456*.
Levitzky, G. A. 209, 210, *240*.
— G. A. u. A. G. Araratian *240*.
— G. A., E. Schepeleva u. N. Titova *240*.
Levy, S. 525.
Lewandowsky 483.
Lewis, G. E. 594, *641*.
— P. A. 496.
— P. A. s. S. Wright *506*.
Lewy, F. H. s. Th. Brugsch *450*, *451*, *452*, *483*, *484*, *550*.
Li, Ju-Chi u. Yu-Lin Tsui 434, *456*.
Lillie 487, *506*.
Limper, K. 437, *456*.
Lindau, H. s. P. Dahr *638*.
Lindstrom, E. W. 210, *240*.
— E. W. s. J. W. MacArthur *240*.
Linné 495, *505*.
— Carl v. 553.
Little, C. C. 128, 135, *180*, 421.
— C. C. s. H. J. Bagg *179*, *284*.
— C. C. u. H. J. Bagg 127, 128, *179*, *180*, 265, *285*, *286*.
— C. C. u. M. Gibbons *456*.
— C. C. u. B. W. Mc Pheters 128, *180*, 265, *286*.
Livi 510.
Lobashov, M. E. 233, *240*.
— M. E. u. F. Smirnov *240*.
Loeffler, L. 281, 283, *286*.
— W. 534.
Löhlein, W. *452*.

Löhner, L. 467, *483*.
Loeschcke 398, *456*.
Lombroso 537.
Loomis s. A. Hersh *239*.
Lord, Elizabeth 504.
— Elizabeth u. Gates *505*.
— E. M. s. W. C. Bagg *285*.
— E. M. s. MacDowell 270, 271.
Lorenz, I. s. F. Curtius *452*.
— K. s. O. Poetzl *643*.
— Ottokar 293, 296, 301, 312, *367*, *369*.
Lossen, H. 357, *369*.
Lotsy, J. P. *369*, 554, *580*, *582*.
Lotze, Hermann 463.
— R. H. 466, 467, *483*.
Love 209.
Loyola 668.
Lubarsch, O. 464, *483*.
Lubberhuyzen 653.
Lubosch, W. *368*, *483*, 510, *550*.
Ludwig, W. 23, *29*, 419, 434, *456*.
Lüers, H. *71*, 209, *240*, 398, 434, *456*, 487, *506*.
— H. s. C. Keller 216, 222, *240*.
Lühring, R. *582*.
Lütgendorf-Leinburg, W. L. v. *367*.
Lüth, K. F. 402, 446, 448, *457*.
Lundborg, H. 317, 318, 319, 320, 355, 356, *370*, 402, 404, *450*, *457*, 478, *483*, 666, *677*.
Lundman, B. J. 389, *457*.
Luschan, F. v. 672, *677*.
Lush, J. L. 503, *505*.
Lutkov, A. N. 209, *240*.
Luxenburger, H. *71*, 280, *286*, 392, 421, *450*, *457*.
— H. s. E. Rüdin *450*.

MacArthur, J. W. u. E. W. Lindstrom *240*.
MacAuliffe, L. 512, 515, *550*.
— L. s. A. Chaillou *548*.
MacBride, E. W. 593, *641*.
MacDougall, M. S. 209, *240*.
MacDowell, E. C. 265, 270, 271, 273, 274, *286*.
— E. C. s. W. C. Bagg *285*.
— E. C. u. Lord 270, 271.
MacKay, J. W. u. T. H. Goodspeed *240*.
McCown, T. D. 629, *641*.
— T. D. s. A. Keith *640*.
McCurdy, G. 609, 638, *640*, *641*.
McGregor, J. H. 627, *641*.
McLean, Evans 360.
McPheters, B. W. s. C. C. Little 128, *180*, 265.

Machol, R. s. F. Bernstein *451*.
Macklin, M. Th. *457*.
Macnamara, N. C. 598, *641*. 128, *180*, 265.
Madlener, M. 24, 424, *457*.
Magnan 316.
— s. Morel 482.
Magnussen, K. *175*.
Magrzhikovskaja, K. V. 233, *240*.
Mahogany s. Bright *173*.
Mainzer, F. *550*.
Majocchi, Andrea 540.
Makarow, W. E. *550*.
Makino, S. s. K. Oguma 15, *29*.
Maltzan, H. v. 308.
Mann, M. C. 233, *240*.
Marchand 464.
Marchesani, O. *457*.
Marcq, J. *582*.
Marschlewsky, T. u. B. Slizynski *241*.
Marsh *644*.
Marston, A. T. 625, *641*.
Martin 645.
— Rud. *369*, 476, 517, *550*, 604, *641*.
Martius, Fr. 289, 296, *370*, 371, 372, *450*, 466, 467, 468, 470, 478, 481, *484*, 507, 536, 541, 542, 546, *550*.
— H. 251, 259, 281, *286*.
Mason, H. E. 252, *286*.
Mather, K. s. L. Csik *452*.
Mather, K. u. L. H. A. Stone *241*.
Mathes, P. 469, *484*, 525, 526, 527, 541.
Mathias 517.
Matiegka, J. 631, *641*.
Matthew, W. D. 589, 592, 621, *641*.
Matthey, R. 9, 14, 15, 16, *29*.
Mauer 622.
Maurer, E. 281, *286*.
Maxwell, J. s. G. W. Beadle 98, 106, *172*.
Mayer, A. 471, *484*.
Mayneord, W. V. *241*.
Mead 501.
Medvedev, N. N. 214, 215, 233, *241*.
Meggendorfer, Fr. 311, *370*.
Meierhofer, M. 311, *370*.
Meise, W. *582*.
Melchers, G. 552, 556, *580*.
Meltzer 496.
Mendel, Gregor 362, 517.
Menzel, W. *457*.
Merrifield, F. 74, 81, 88, *175*.
Metzdorff, H. *582*.
Meyer, C. F. 529.
Michelsson, G. *550*.
Middleton 209.
Miedoba, Th. s. K. Keller *456*.
Mies, H. 533, *550*.

Milankovitch, M. 610, *641.*
Miller, G. S. 623, *641.*
Minder, K. *582.*
Minkowski, M. 324, 416.
— M. u. A. Sidler *370, 457.*
Minouchi, O. u. T. Ohta 8, 9, 13, 14, 15, 16, 17, *29.*
Mjöen, J. A. 656, *677.*
Moebius 445, *457.*
Möbius, P. J. 537.
Möllendorff 493.
Moenkhaus 367.
Mohr, Erna 574, *582.*
— L. u. R. Staehelin *483.*
— O. L. *241,* 248, *286,* 304, 305, 307, 394, 399, 400, 432, 433, *457,* 501, 502, 503, *505,* 564.
— O. L. s. C. B. Bridges *70.*
— O. L. u. P. Tuff *582.*
— O. L. s. Chr. Wriedt *506.*
— O. L. u. Chr. Wriedt *370,* 382, 398, 399, 400, *457, 505.*
Mol, W. E. de *241.*
Molas, L. G. G. *29.*
Mollison, T. u. Chr. v. Krogh 601, *641.*
— Th. 299, *367,* 585, 591, 593, 594, 595, 598, 600, 601, 602, 603, 604, 607, 608, 609, 611, 617, 623, 626, 628, 629, 631, 632, *641,* 655, *677.*
— Th. s. Friesen 627.
Monakow, C. v. 481.
Montandon, G. 553, *580.*
— George 627, *638, 641.*
Moore, W. C. 213, *241.*
Morant, G. M. *641.*
— G. M. s. K. P. Oakley 625, *641.*
Morawitz, P. 465, 484.
Mordvilko, A. *582.*
Morel 316.
— u. Magnan 582.
Morgan, L. V. *189.*
— T. H. 23, *29,* 71, 201, 233, *236, 241, 457.*
— T. H. u. C. B. Bridges *236, 452.*
— T. H., C. B. Bridges u. Jack Schultz *175.*
— T. H., C. B. Bridges u. A. H. Sturtevant *71, 236, 457.*
— T. H. s. A. Sturtevant 181, *190.*
— T. H., A. H. Sturtevant, H. J. Muller u. C. B. Bridges *236.*
Moriwaki, D. 378.
— D. s. Y. Imai *455.*
Moro 530.
Morohsi, S. *175.*
Mott-Smith, L. M. s. H. J. Muller 230, *241.*

Mozkowski, M. 609, *641.*
Mühlmann, W. E. 293, 341, *370,* 407, *457,* 652, *677.*
Müller 489.
— E. *582.*
— F. *550.*
— Fr. v. 469, 470, *484,* 512, 543.
— G. 561, *582.*
— H. *550.*
— J. 316, 363, *370.*
— Johannes 388.
— K. P. 651, *677.*
— L. R. 543, *549, 550.*
— Otfried 528, 532, *550.*
— P. Th. 496, *505.*
— -Freienfels, R. *457.*
Münsterberg, H. 540, 541.
Muller, H. J. 65, 66, *71,* 182, 184, 187, 188, *189,* 201, 202, 207, 208, 209, 210, 215, 216, 230, 231, 232, 233, *236, 241, 370.*
— H. J. s. E. Altenburg *70.*
— H. J. u. E. Altenburg 202, 207, *241.*
— H. J. s. T. H. Morgan *236.*
— H. J. u. L. M. Mott-Smith 230, *241.*
— H. J. u. T. S. Painter *241.*
— H. J. s. J. T. Patterson *242.*
— H. J. u. A. Prokofyeva 184, *189, 241.*
— H. J., A. Prokofyeva u. K. Kossikov *189.*
— H. J., A. Prokofyeva u. D. Raffel *189.*
Muncey, E. B. 311, *370.*
— s. Davenport *370.*
Murphy, D. P. 281, *286.*
Murray, J. M. 250, *286.*
— W. S. 128, *180.*
— W. S. s. H. J. Bagg 127.
Mutzenbecher 357.
Morgan, T. H. u. C. B. Bridges *236.*

Nabours, R. K. 209.
— R. K. u. W. R. B. Robertson *241.*
Nachtsheim, Hans 246, 261, *286,* 504, *505,* 552, 562, 564, 569, 570, 578, 579, *580, 582.*
Nadson, G. A. 207, 209, *241.*
— G. A. u. G. S. Philippov *241.*
— G. A. u. E. J. Rochlin *241.*
Naef, A. 585, 596, *641.*
Naegeli, O. 288, 291, 293, 360, *370, 450, 457,* 470, 473, 477, 481, *484,* 509, 533, 542.
Nathusius, S. v. 492, 559.

Nauck, E. G. s. G. Giemsa 651, *677.*
Naujoks, H. 281, 283, *286.*
Naumenko, B. 233, *241.*
Navaschin, M. S. 210, *241.*
— M. S. s. A. H. Andres 5, 6, 7, 8, 11, 13, 24, 26, *28.*
Neeff 282.
Neel, J. s. E. Hadorn 111, *177.*
Nettleship, E. 310, *370.*
— E. s. K. Pearson *457.*
Neuburger, M. *483, 484.*
Neuhaus, M. *175, 241.*
— M. s. P. Th. Rokizky *242, 287.*
— M. s. N. J. Sapiro 213, *242.*
— M. u. J. Schechtmann *241.*
Neumüller, O. 502.
— O. s. P. Koch *505.*
Newell, Q. N. 13.
— Q. N. s. E. Allen *28.*
Nice, L. B. 270, 278, *286.*
Nieboda 398.
Nikoro, Z. s. N. P. Dubinin *238.*
Nilsson-Ehle 209.
Nobel, E., W. Kornfeld, A. Ronald u. R. Wagner *550.*
Noethling, W. s. H. Stubbe 219.
— W. u. H. Stubbe *241.*
Nordby 502.
Norris 496.
Noujdin, N. J. 184, *189.*
Nürnberger, L. 255, 268, *286.*
Nusshag 500.
— u. Yamane *505.*

Oakley, K. P. u. G. M. Morant 625, *641.*
Obermaier, H. 609, *641.*
Oehler, Rob. 303, *367.*
Oestergaard 255, 256, 259, 265, 268.
— -Christensen *284.*
Oettli, P. *367.*
Offermann, C. A. 183, *189.*
Oguchi 26.
Oguma, K. 9, 14, 15, 16, 17, 18, 19, 20, 21, 24, 26, *29.*
— K. u. H. Kihara 9, 12, 14, *29.*
— K. u. S. Makino 15, *29.*
— K. s. H. v. Winiwarter 5, 8, 9, 10, 14, *30.*
Ohta, T. s. O. Minouchi 8, 9, 13, 14, 15, 16, 17, *29.*
Oliver, C. P. 209, *237, 241.*
— C. P. s. O. Schmitt *243.*
Oloff s. Stargardt *459.*
Olpp, G. 659, *677.*
Olson, A. R. s. T. H. Goodspeed *239.*
Opin s. Truc 310.
Oppenheimer, C. 546.

Oppenoorth, W. F. F. 628, 629, *638*, *641*.
Orel, H. 316, *370*.
Ortega y Gasset, Josè 547.
Orth, J. 466.
Osborn, H. F. 587, 606, 607, *639*, *641*.
Ossenkopp, G. J. 591, *642*.
Ossent, H. P. 502, *505*.
Ossinin 496, *505*.
Ostertag, B. 504.
— B. s. H. Eckhardt *452*.
Ostwald, W. 547.
Oswald, A. 533, *550*.
Otto, R. *455*, *457*, *458*, *460*.

Painter, T. S. 8, 9, 10, 12, 13, 14, 16, 17, 21, 22, 23, 24, 29, *242*, 247, *286*, 360.
— T. S. s. H. J. Muller *241*.
Panina, K. s. N. P. Dubinin *238*.
Panse, F. 282, *284*, 445, *457*.
Panshin, J. B. 185, 186, 187, *190*, *242*.
Papalashwili, G. 209, *242*, 249, 258, *286*.
— G. s. P. Th. Rokizky *242*, *287*.
Papanicolaou s. Stockard 274, 275, *287*.
Parkes, A. S. 250, *286*.
Parrisius, W. 532.
Patterson, J. T. 208, 209, *242*, *370*.
— J. T. u. H. J. Muller *242*.
— J. T., W. Stone, S. Bedichek u. M. Suche *242*.
Patzig, B. *71*, 311, *370*, 445, *457*.
Paul, A. 26, *30*.
— Konstantin 279, *286*.
Pausanias 539.
Pawlowsky 496, *505*.
Pearl, R. *286*.
Pearson, K. 503.
— K., E. Nettleship u. C. H. Usher *457*.
— K. u. C. H. Usher *505*.
Pehrsson, Pehr 318.
Pei, W. C. 616, 617, *642*.
— W. C. s. D. Black *637*.
Peiper, A. 366, *370*.
Peller, S. 246, *286*.
Pende, N. *484*, 516, 517, 531, *550*.
— N. s. G. Violo 511.
Penrose, L. S. 246, 421, 422, *457*.
— L. S. u. Sunther *286*.
Peter, K. 467, *484*.
Péterfi, T. *450*.
Petersen, H. 388, *457*.
— P. *457*.
Pfahler, G. 377, *453*, *457*.

Pfaundler, M. v. 292, 338, 400, 401, 447, *457*, 463, 464, 467, 470, 472, 476, 479, 481, 482, *484*, 525, 543, 546.
— M. v. u. A. Schlossmann *457*, *551*.
Pfenninger, H. 358, *370*, 423, *458*.
Pflugfelder, O. 111, *177*.
Pfuhl, W. *550*.
Philip, U. s. J. B. S. Haldane *454*.
Philippov, G. S. 207, 209.
— G. S. s. G. A. Nadson *241*.
Phisalix u. Bertrand 495, *505*.
Picken, D. I. s. G. D. Snell 144, 145, 146, 147, *180*, *287*.
Pickhan, A. *242*, 365, *370*.
— A. s. G. Schubert *237*, 282, *284*, 364.
— A., N. W. Timoféeff-Ressovsky u. K. G. Zimmer 215, 220, *242*.
— A. u. K. G. Zimmer *242*.
Pictet, A. 274, 275, 276, *286*.
Piepho, H. 92, 110, *175*, *177*.
— H. s. A. Kühn 110, *177*.
Pignet 510.
Pilgrim, G. 594, *642*.
Pintschovius, K. s. H. Zeiss *582*.
Pirocchi, L. 209, *242*.
Pirquet 510.
Plagens, G. M. 129, 132, *180*.
Plagge, E. 92, 93, 94, 95, 96, 110, *175*, *177*.
— E. s. E. Becker 106, 110, *173*, *176*.
— E. u. E. Becker 106, 110, *175*, *177*.
— E. s. E. Caspari 110, *177*.
— E. s. Gottschewski 107.
— E. s. A. Kühn 92, 93, 95, 107, *175*.
Plank, G. M. v. d. 501, 503.
— G. M. v. d. s. M. Kroon *505*.
Planta, P. v. 437, *457*.
Plate, L. 47, 289, *370*, 399, 450, *457*, *582*.
Plato 538.
Pletnew, D. D. 462, 468, *484*, 533, 534.
Plough, H. H. u. P. Ives 232, *242*, *457*.
Plunkett, C. R. *71*.
Poetzl, O. u. K. Lorenz *643*.
Pogosian, E. s. N. P. Dubinin *238*.
Pohlisch, K. 282, 283, *286*, 413, *458*.
Poll, H. 380, *458*.
Pollack, R 420, 422.
— R. s. .L. Hogben *455*.

Pollock 661.
Ponomarev, V. P. 233, *242*.
Pophal 480.
Popova, O. T. s. N. D. Samjatina *242*.
— -Wassima, E. T. 503, *505*.
Portius, W. 391, *458*.
— W. s. L. Doxiades *452*.
Postnikova, E. s. N. P. Dubinin *238*.
Potton 308.
Poulson, E. 527.
— D. F. s. C. C. Tan 106, *176*.
Pratt, D. 13.
— D. s. E. Allen *28*.
Prawochenski, R. 574, *582*.
Prettner 496.
Price, A. G. *678*.
Prochnow, O. 74, *175*, *176*.
Prokofyeva, A. 182.
— A. s. H. J. Muller 184, *189*, *241*.
— -Belgovskaja 25.
Promptov, A. N. *71*, 219, *242*.
Przibram 385.
Przwalsky *505*.
Puchelt, Fr. A. 463, *484*.
Puhl, E. *458*.
Punnett, R. C. 415, *458*.
— R. C. s. W. Bateson *368*.
Putnam 488.
Pycraft, W. P. 628.
— W. P., G. E. Smith, M. Yearly, J. T. Carter, R. A. Smith, A. P. Hopwood, D. M. Bate u. W. E. Swinton *642*.

Queal, M. L. s. Th. Dobzhansky *581*.
Quenstedt, W. u. A. 609, *642*.
Quételet 478, 510.

Raffel, D. 209.
— D. s. H. J. Muller *189*.
Rajewsky, B. N. *242*.
— B. N. u. N. W. Timoféeff-Ressovsky *242*.
Ramström, M. 623, *642*.
Rappoport, T. 4, *30*.
Rasmussen 209.
Rath, B. 24, *30*, 419, 425, *458*.
— H. W. 299, *367*.
— W. 426.
Rautmann, H. 478, 479, 480, *484*, 498, *506*.
Rawiel, F. *582*.
Reche, Otto 584, 602, 603, 631, 633, 634, 635, 636, *637*, *642*.
Reck, H. 626, *642*.
— H. u. L. Kohl-Larsen 618, *642*.

Recklinghausen, F. v. 145,
180.
Redfield 232.
Regan 501.
Regaud, Cl. 247, 248, 286.
— O. u. G. Dubreuil 195, 242.
Reichel, R. 547.
Reichwage, A. 392, 458.
Reid Moir, J. 626, 642.
Reinig, F. 582.
— W. F. 71, 552, 580, 582.
Remane, A. 554, 582, 594, 595,
615, 642, 644.
Rensch, B. 552, 557, 573, 580,
582.
Rentschler, A. 299, 301.
Reuss, A. 219, 242.
Reutlinger 295.
Ribbert 464.
Richter, J. 502.
— J. u. K. Gering 506.
Riddell 24.
— W. J. B. 458.
Riedel, H. 403, 413, 458.
Riemann, G. 539.
Ritter u. Lehmann 393.
Rittershans, E. 448; 458.
Rittershaus, E. 550.
Rittmeister 536.
Roberts u. Caroll 502, 506.
Robertson, W. R. B. 209.
— W. R. B. s. R. K. Nabours
241.
Rochlin, E. J. s. G. A. Nadson
241.
Rochlina 207, 209.
Rodenwaldt, Ernst 389, 458,
645, 652, 654, 666, 675,
678.
Rössle, R. 381, 392, 445, 450,
456, 464, 465, 469, 484,
510, 550.
— R. u. F. Roulet 550.
Rohden, Fr. v. 550.
Rohrer 510.
Rokitansky 511, 512, 519.
Rokizky, P. Th. 71, 209, 232,
242, 249, 257, 258, 259,
286.
— P. Th., M. Neuhaus u. Kar-
dymowič 242.
— P. Th., M. Neuhaus u. Kar-
dymowitorek 287.
— P. Th., G. Papalashwili
u. T. F. Chritowa 242.
— P. Th., G. Papalashwili
u. J. Schechtmann 242.
— S., G. Papalashwili u. T.
F. Chritowa 287.
Roller, O. K. 294, 367.
Romer, A. S. 585, 586, 587,
589, 590, 596, 642.
Ronald, A. s. E. Nobel 550.
Rosanoff 416.
Rosatzin 496, 505.

Rosenbach, O. 466, 467, 484,
546.
Rosenkranz, K. D. 459.
Rosling 422.
Rost, E. 270.
— E. u. G. Wolf 287.
Rothberg, S. s. A. S. Wiener
460.
Rothschild s. Levi 531.
Rott, A. 551.
Roulet, F. s. R. Rössle 550.
Roux, W. 385, 458.
Rozanova, M. 237.
Rubbrecht, O. 311, 312, 313,
370.
Rubli, H. 582.
Rubner 548.
Rudder, B. de 389, 458, 659,
678.
Rudloff, C. F. 209.
— C. F. u. H. Stubbe 242.
Rübel, Ed. u. W. H. Ruoff
294.
Rüdin, E. 375, 418, 450.
— E. u. H. Luxenburger 450.
Ruepp, G. 295, 316, 370.
Ruoff, W. H. 301, 367.
— W. H. s. H. Helmerking
367.
Rupprecht 500.
Rutkowski, E. v. 512, 551.
Ruttke, F. 678.
Rydin, H. 458.

Sacharov, V. 184, 190, 233,
242.
Sachsenröder, M. 303.
Saez, F. A. 30.
Saller, K. 458, 474, 484, 551,
582, 603, 604, 606.
Samjatina, N. D. u. O. T. Po-
pova 242.
Sand 494, 505.
Sanders 416.
Sapehin, A. A. 209, 237, 242;
Sapiro, N. I. 213, 237, 242.
— N. I. u. M. Neuhaus 213,
242.
— N. I. s. R. I. Serebrovs-
kaja 213, 243.
— N. I. u. R. I. Serebrovs-
kaja 223, 242.
— N. u. K. Volkova 242.
— N. J. u. J. M. Žolonds 242.
Saprikina, S. s. N. P. Dubinin
238.
Sarah s. Bedichek 451.
Sartorius, Otto 301, 368.
Sauerbruch 465, 484.
Savchenko, P. 209, 243.
Sax, K. 225, 227, 243.
Schade, H. 394, 400, 458, 484.
Schäfer, H. 248, 263, 287.
Schäper, W. 502, 504, 506.
Schäppi, E. 582.

Schairer, E. 27, 30.
Scharrer, Bertha u. B. Hadorn
110, 111, 178.
Schechtmann, J. s. M. Neu-
haus 241.
— J. s. P. Th. Rokizky 242.
Scheidegger, E. 484.
Scheidt, W. 303, 368, 645, 678.
Schepeleva, E. s. G. A. Le-
vitzky 240.
Schermer, S. u. A. Kaempffer
458.
Schieck, F. u. A. Brückner 453.
Schiff, F. 458.
— F. u. O. v. Verschuer 458.
Schindewolf, O. H. 580, 582,
585, 642.
Schinz, R. 247, 248, 249, 251.
— R. u. B. Slotopolsky 287.
Schiötz, I. 437, 458.
Schkwarnikow, P. K. 243.
Schlaginhaufen, Otto 551.
Schlatter, C. 304, 370.
Schlegel, W. S. 448, 458.
Schleip, W. 385, 458.
Schloessmann, H. 357, 405,
425, 444, 458.
Schlosser, M. 593, 594, 641,
642.
Schlossmann, A. s. M. v.
Pfaundler 457, 551.
Schmidt, Ingeborg 437, 458.
— Ingeborg s. W. Trendelen-
burg 459.
— M. B. 464, 484.
— R. 468, 484.
— W. 287.
— -Kehl 517.
Schmitt 281.
— O. u. C. P. Oliver 243.
Schmolck 336.
Schneider 491.
— K. C. 471, 484.
— T. 503, 506.
Schönberg 507.
Schoetensack, O. 622, 623,
642.
Schofield, R. 24, 30.
Schotterer, A. 502, 506.
Schottky, J. 551, 658, 661,
662, 677, 678.
Schrader, K. 110, 178.
Schreiber, H. s. E. Knapp
240.
Schröder 175.
— H. 390, 391, 392, 416, 458.
— P. 270, 287.
Schroedersecker, F. 446, 458.
Schubert, v. 250, 287.
— G. u. Pickhan 282, 284.
— G. u. A. Pickhan 237, 364.
Schugt, P. 250, 259, 268, 287.
Schultz 598, 603, 604, 605, 607.
— A. H. 600, 603, 642.
— B. K. 618, 620, 642.
— H. 434, 456, 458.

Schultz, J. 479.
— Jack 96, 97, *175*, 184, *190*, 209, *237*, *243*.
— Jack s. T. H. Morgan *175*.
— J. H. 537.
Schultze-Naumburg, Bernhard 403, *458*.
Schulz, B. 376, 416, 417, *458*.
— B. u. K. Leonhard 376, *458*.
— J. *71*.
Schuster, E. 630.
— E. s. F. Weidenreich *643*.
Schwab, H. 376, 416. *458*.
— H. s. K. Kleist *456*.
Schwalbe *180*, 529.
— E. 480.
— G. 594, 598, 603, 608, 611, 626, *642*.
Schwanwitsch, B. N. 75, 76, *175*.
Schwarz, E. 4, *30*.
Schweizer, Paul 301.
Scjaper 498.
Sedan 310, *370*.
Seeger, S. s. K. Henke *455*.
Seidel, Fr. 112, *178*.
Seitz, L. *551*.
— L. s. Halban *450*, *484*.
Selimann 501.
Sell, M. 676.
Sellheim 489.
Semon 194.
Serebrovskaja, R. *458*.
— R. s. N. I. Šapiro 223, *242*.
— R. I. u. N. J. Šapiro 213, *243*.
Serebrovsky, A. S. 208, 223, *243*.
— A. S. u. N. P. Dubinin *243*.
— A. S., N. P. Dubinin, J. J. Agol, W. N. Slepkoff u. W. E. Altschuler *243*.
Sergi, S. 627, 629, *643*.
Seynsche, K. 281, *287*.
Sgonina, K. 403.
— K. s. K. Herter *455*.
Shapiro, N. s. L. Ferry *239*.
Sherrington 534.
Shiw 5.
Shiwago, P. I. 360.
— P. I. u. A. H. Andres 5, 9, 10, 13, 14, 16, 17, *30*.
Sidler, A. 324, 416.
— A. s. M. Minkowski *370*, *457*.
Sidoroff, B. N. 188, *190*, 213, *243*.
— B. N. s. N. P. Dubinin 184, 185, 186, *189*, *238*.
— B. N. s. L. Ferry *239*.
Siebeck, R. 473.
— R. s. F. Curtius *452*, *482*.
Siemens, H. W. 298, 337, 355, *370*, 409, 411, 443, *458*, 462, 472, 474, 481, *484*, 507, 541, 543.

Sigaud, Claude 486, 511, 513, 515, 525, *551*.
Simon, E. *551*.
Simoneit, Zilian, Wohlfahrt u. Kreipe *451*, *459*.
Simonds, M. 248, *287*.
— D. s. W. Hoadley *29*.
Simpson, G. G. 587, 589, *643*.
— G. G. s. W. K. Gregory 589, *639*.
— S. 488, *506*.
Sioli 662.
Sirks, M. J. 360, *370*, 664 *678*.
Sitsen, A. E. 653, *678*.
Sivertzev-Dobzhansky, N. P. 183.
— N. P. u. Th. Dobzhansky *190*.
Sjögren, T. 292, 310, 355, 356, *370*.
Sjövall 324.
Skerlj, B. 389, *459*, 654, *678*.
Skoda 504, *505*.
Slepkoff, W. N. s. A. S. Serebrovsky, *243*.
Slizynski, B. s. T. Marschlewsky *241*.
Slotopolsky, B. 247, 248, 251.
— B. s. R. Schinz *287*.
Smirnov, F. s. M. Lobashov *240*.
Smith u. G. Elliot *643*.
— E. G. 628.
— E. G. s. A. Keith *640*.
— G. E. s. W. P. Pycraft *642*.
— R. A. s. W. P. Pycraft *642*.
Snell, G. D. 145, 153, 209, *243*, 255, 256, 257, 258, 259, 260, 261, 263, 265, 266, 267, 283, *287*.
— G. D., E. Bodemann u. W. Hollander 144, 145, 146, 152, *180*.
— G. u. I. Picken *287*.
— G. D. u. D. I. Picken 144, 145, 146, 147, *180*.
— S. D., Elsie Bodemann u. W. Hollander *287*.
Snoo, K. de 591, *643*.
Snyder, L. H. 263, *287*, 422, *459*.
Soergel, W. 609, 610, 622, *643*.
Sokolov, N. N. s. N. P. Dubinin 185, *189*, *238*.
Solanet, Emilio 494, 495, *506*.
Sommer, R. *368*.
Sonnenblick, B. P. s. R. Howland *455*.
— B. P. s. R. B. Howland 100, *174*.
Sonntag, C. F. 593, 607, *643*.
Spemann, H. 390, 391, *459*, 510.
Spielmeyer 291, 292, 356, *370*.
Spindler 295.

Spohr, O. *368*.
Sprague, G. F. s. L. J. Stadler 220, *243*.
Ssobolef, P. 551.
Stadler, L. J. 208, 209, 214, 216, 220, 222, 224, 233, *237*, *243*.
— L. J. u. G. F. Sprague 220, *243*.
Staehelin, R. s. L. Mohr *483*.
Stahel, H. 358.
Stancati 209.
Standfuss, M. 74, 91, *176*.
Stang, V. *506*.
— -Wirth *505*.
Stanley, W. F. 434, *459*.
Stantey, W. M. *237*.
Stanton, E. s. F. B. Hanson *239*.
Stargardt u. Oloff *459*.
Steele, Dewey G. s. J. Leon Cole 279, *285*.
Steffan, P. *459*.
Steggerda, M. *666*.
— M. s. C. B. Davenport *677*.
Stehlin, H. G. 591, 592, *643*.
Stein, C. s. J. Bauer *451*.
— E. 195, *243*.
Steinberg, A. G. u. M. Abramowitz 107, *176*.
— A. G. s. S. Chevais 107, *173*.
Steinfeld 496.
— s. Bertarelli *505*.
Steiniger 393, 398, 402, 448.
— F. 393, 402, *459*, 566, 573.
— G. 392, *459*.
Steinmann, G. 632.
— G. s. M. Verworn *643*.
Stengel v. Rutkowski, Lothar 299, *368*.
Stern, C. 63, 65, 66, *71*, *237*, 419, *459*.
— L. W. 471.
— Piper, L. *551*.
Stiasny u. Generales 247, 252, *284*.
Stietzel 398, *459*.
Stieve, H. 12, 21, *30*, 248, 252, 253, 278, 279, *287*, 510, *551*, 654, *678*.
Stiller, Berthold 290, 471, *484*, 516, 517, 519, 524, 541, 542, 543, *551*.
Stockard, Charles R. 269, 270, 274, 275, *287*, 448, 449, *459*, 499, *506*, 524, *551*.
— Charles R. u. Craig *287*.
— u. Papanicolaou 274, 275, 276, *287*.
Stoehr jun. 534
Störring 507.
Stolte, K. 400, *459*.
Stone, L. H. A. s. K. Mather *241*.
— W. s. J. T. Patterson *242*.
Storer, T. I. u. P. W. Gregory 574, *583*.

Stossberg, G. 79, *176.*
Strandskov, H. H. 209, *243.*
— H. J. 247, 249, 257, 258, 259, 263, 265, *287.*
Stratz, C. H. 512, *551.*
Strauss, E. *484*, 511, 539.
Ströer, W. F. H. 145, 398, *459.*
— W. F. H. u. A. van der Zwan *180.*
Strohl, J. 77.
— J. u. W. Köhler 90, *176.*
Strohmayer, W. 312, *370.*
Stromer, E. *643.*
Strümpell, v. 467, 546.
Stubbe, H. *71*, 202, 209, 210, 216, 217, 233, *237*, *243*, 282.
— H. s. Jaeger *286.*
— H. s. W. Noethling *241.*
— H. u. W. Noethling 219.
— H. s. C. F. Rudloff *242.*
Studt, H. 357, *370*, 405, 425, *459.*
Sturtevant, A. H. *71*, 96, 97, *176*, 181, 182, 183, 187, *190*, 232, *243*, 554, 576, *583.*
— A. H. s. Th. Dobzhansky *189*, 206.
— A. H. s. T. H. Morgan *71*, *236*, *457.*
— A. H. u. T. H. Morgan 181, *190.*
— A. H. u. C. C. Tan *176.*
Suche, M. s. J. T. Patterson *242.*
Suck, V. 661, *678.*
Suckow 466.
Süffert, F. 74, 75, 76, 79, *176*, 202.
Sumner, F. B. 39, *583.*
Sundström, E. S. 650, *678.*
Sunther s. Penrose *286.*
Susmann, J. s. Galant *549.*
Suzuki 209.
Sveinson, S. 504.
— S. s. P. Host *505.*
Sverdrup, A. 308, *370.*
Sveschnikova, I. N. *243.*
Swedenborg 466.
Swezy, O. 360.
— O. s. H. M. Evans 3, 10, 12, 13, 14, 22, 23.
Swinton, W. E. 628.
— W. E. s. W. P. Pycraft *642.*
Sydney, A. 249.
— A., Asdell u. St. L. Warren *287.*
Szabó, Z. *459.*

Tan, C. C. u. D. F. Poulson 106, *176.*
— C. C. s. Gottschewski 98, 106, 107, *174.*
— C. C. s. A. H. Sturtevant *176.*

Tandler, J. 463, 464, 467, 468, 469, 470, 471, 472, 473, 475, *484*, 487, *506*, 530, 532, 533.
— J. u. J. Bauer 469, 470, 474.
Tarnavsky 209.
Tateishi, S. 15, *30.*
Tatum, E. L. s. G. W. Beadle *173.*
— E. L. u. G. W. Beadle 107, *176.*
Teel 488.
Teilhard de Chardin, P. 617, *643.*
— de Chardin, P. s. D. Black *637.*
Tendeloo, N. Ph. 464, *484.*
Ternovsky, M. F. 210, *243.*
Tertsch 321.
Thierfelder, M. U. 675, *678.*
— M. U. u. M. Thierfelder-Tillot *678.*
Thimann, V. u. G. W. Beadle 104, *176.*
Thomas, E. 529, *551.*
— Hamshaw 365, *370.*
Thomsen, O. 308, 309, *370*, 435, 436, *459.*
— O. s. Bennholdt 389, *451.*
— O., V. Friedenreich u. E. Worsaae *459.*
— O. u. A. Kettel *459.*
Thums. K. 414, *459.*
Tiedge 503, *506.*
Tillmann, A. s. A. Fonio *453.*
Timoféeff-Ressovsky 246, 255, 259, 263, 282, 284, *287*, 382, 383, 398.
— H. *459.*
— H. A. 49, *71*, 209, *243.*
— H. A. u. N. W. 71, *243.*
— H. A. s. S. R. Zarapkin *72.*
— K. W. 584, *643.*
— N. W. 25, 31, 32, 34, 35, 40, 42, 44, 45, 46, 47, 52, 53, 54, 55, 56, 57, 58, 63, 66, 68, *71*, 181, 186, *190*, 191, 193, 196, 197, 198, 199, 200, 201, 202, 203, 204, 208, 209, 211, 212, 213, 214, 215, 223, 224, 225, 227, 229, 230, 231, 232, *237*, *243*, *244*, 319, 365, *370*, *459*, 552, 573, *580*, *583.*
— N. W. u. H. A. 35, *72.*
— N. W. s. W. Buchmann 232, *238.*
— N. W. u. M. Delbrück 229, *238*, *244.*
— N. W. s. A. Pickhan 215, 220, *242.*
— N. W. s. B. N. Rajewsky *242.*
— N. W. u. O. Vogt *72*, *459.*

Timoféeff-Ressovsky, N. W. s. E. Wilhelmy *244.*
— N. W. u. S. R. Zarapkin *72.*
— N. W. s. K. G. Zimmer 218, 220, *244.*
— N. W. u. K. G. Zimmer 217, 218, 221, 228, 229, 230, *237*, *244.*
— N. W., K. G. Zimmer u. M. Delbrück 229, 230, 231, *237.*
Tiniakov, G. G. s. N. P. Dubinin *189*, *238.*
Titova, N. s. G. A. Levitzky *240.*
Toenniessen, E. 470, 471, *484.*
Togano, N. *459.*
Tollenaar 210.
Tornier 546.
Trautmann 491.
Trendelenburg, W. 437, *459.*
— W. u. I. Schmidt *459.*
Tribondeau s. Bergonier *285.*
Truc u. Opin 310.
Tschermak-Seysenegg, A. *459.*
Tschetverikov, S. S. *237*, *244.*
Tschiffely 495.
Tschulok, S. 289, *370.*
Tsubina, M. G. 66, *244.*
— M. G. s. N. P. Dubinin *238.*
Tsui, Yu-Lin s. Li 434, *456.*
Tuff, P. 487, *506*, 564.
— P. s. O. L. Mohr *582.*

Ubisch, G. v. 324, 416.
— G. v. s. Diehl *368.*
— G. v. s. K. Hansen *454.*
Uexküll, Jakob Baron v. 384, 387, 388, 390, *452*, *456*, *460.*
— Jakob Baron v. u. G. Kriszat *460.*
Uffenorde, H. 13, *30.*
Uhlenhuth s. Kolle *505.*
Ullrich, O. *460*, 473, 484, *551.*
Ulrich, H. 107, *176.*
— K. 344, *370.*
Umbach, W. 93, *176.*
Ungern-Sternberg, R. v. 303, *368.*
Unterrichter, L. v. 395, *460.*
Unverricht, W. 659, *678.*
Upham, E. s. W. Landauer 118, *178.*
Usher, C. H. 503.
— C. H. s. K. Pearson *457*, *505.*

Vaihinger 469.
Vallois, H. V. *180*, 589, 604, *643.*
Vasilyev, B. s. A. Yefeikin *244.*
Vavilov 46.

Veaufrey, R. 626, *643*.
Veil, W. H. 537.
Veilands, Anna 252, *287*.
Veit *484*.
— Gertrud 416, 445, *460*.
Velden, R. von den 467.
— R. von den s. W. A. Freund *483*.
Veraguth, O. 145, *180*, 331.
Veretennikoff, S. s. N. Dobro-volskaja-Zawadskaja *179*.
Vernadsky, V. I. *244*.
Verschuer, O. v. 24, *30*, *72*, 290, *370*, 390, 395, 396, 419, 425, 427, 446, *450*, *460*, 475, *484*, 509, 521, 543, *551*.
— O. v. s. K. Diehl *450*.
— O. v. s. F. Schiff *458*.
Versluys, J. 551, 585, *643*.
Verworn, M. 466, 632.
— M., R. Bonnet u. G. Steinmann *643*.
Vessie, P. R. 310, *370*.
Vieli 357.
Villegas, Valente 500.
— Valente s. Gonzalez *505*.
Villemin, F. 248, *287*.
Viola, G. 478, *484*, 516, 517, 531.
— G. u. Pende 511.
Virchow, H. 630, *643*.
— Rudolf 463, 467, 469, *484*.
Vögel, I. s. A. H. Andres 11, 12, 22, *28*.
Vogt 108.
— A. *369*.
— A. u. R. Klainguti *460*.
— Alfred *453*, *460*.
— C. 381, 386.
— C. u. O. Vogt *72*, *460*.
— H. 536.
— M. *72*.
— O. 381, 383, 386.
— O. s. N. W. Timoféeff-Ressovsky *72*, *459*.
Volkova, K. s. N. Šapiro *242*.
Vollmar 502, *506*.
Volotov, E. N. 183, *190*.
— E. N. s. N. P. Dubinin 183.
Vries, H. de 195, 196, *237*, 288, 289.
de Vries-Klebahn *370*.

Waaler, G. 438, 439, 440, *460*.
Waardenburg, P. J. 378, 391, 439, *451*, *460*.
Wagemann, E. 651, *678*.
Wagenseil, F. 653, *678*.
Wagner, H. 498, 499, *506*.
— R. s. E. Nobel *550*.
— Jauregg v. 338.
Waletzky, E. 414, *460*.
Walker, R. 295, 316, *370*.

Walton, A. u. J. Hammond 557, *583*.
Ward 218.
Warren, St. L. 249.
— St. L. s. A. Sydney *287*.
Warwick 498, 501.
Wassin, B. 503, *506*.
Watson, D. M. S. 586, 587, *643*.
Weber, H. 384, *460*.
— M. 587, *636*, *643*.
Webster 496.
Weed, Lewis 134, *180*.
Wegener, A. 609.
— A. s. W. Köppen *640*.
— G. 649, *678*.
Wehefritz, E. s. K. H. Bauer *451*.
Weidenmüller, K. *460*.
Weidenreich, Franz 464, *484*, 527, 598, 603, 612, 613, 614, 615, 616, 617, 619, 620, 628, 630, *637*, *643*.
— Franz s. G.H.R. v. Koenigswald 611, 613, *640*.
— Franz, F. Wiegers u. E. Schuster *643*.
Weigandt 537.
Weigelt, J. 590, 591, 592, *643*.
Weinberg, W. 296, 318, *368*, 419, *460*.
Weinert, H. 598, 600, 601, 602, 608, 609, 610, 611, 613, 615, 617, 618, 619, 620, 621, 622, 623, 625, 626, 629, 630, 632, 633, *644*.
Weinstein, A. 208, *244*.
Weismann 510.
— Aug. 74, 110, *176*, *178*.
Weissenberg, S. 551.
Weissenfeld, E. 520, 534.
— F. *551*.
Weitz, W. 295, 357.
Wellach, H. *460*.
Weller, C. V. 279, *287*.
Wentscher, E. 303, *368*.
Wenzler 502.
Werdnig 399.
Werner, M. *551*.
Werth, E. 593, 609, *644*.
Wertheimer 519.
Weschenfelder, R. s. H. Bauer *237*.
Westenhöfer, M. 591, 598, 604, *644*.
Westoll, T. S. 586, *644*.
Westphal, K. 532, 535, 542, *551*.
Wettstein, F. v. 377, *460*.
Wetzel *543*.
Whiting, A. R. *176*, 208, 209.
— A. R. u. C. Bostian *244*.
— P. W. 76, 105, *176*, *244*.
— P. W. u. R. L. Anderson *176*.

Whiting, P. W. u. A. R. Whiting 105, *176*.
Widersperg, F. 21, *30*.
Wiedersheim, R. 598, *644*.
Wiegers, F. 609, 630, *644*.
— F. s. F. Weidenreich *643*.
Wieland, M. 437, 438, *460*.
Wiener, A. S. 421, 422, 423, *460*.
— A. S. u. S. Rothberg *460*.
— A. S. s. J. Zieve *460*.
— A. S., J. Zieve u. J. H. Fries *460*.
Wieseler, W. s. F. Bach *548*.
Wigger, H. *583*.
— H. s. W. Herre *581*.
Wigglesworth, V. B. 108, 109, 110, *178*.
Wigoder, Sylvia 247, 248, 249, *287*.
— Sylvia s. Gatenby *285*.
Wilckens, M. 553.
Wilder 532.
Wilhelmy, E., K. G. Zimmer u. N. W. Timoféeff-Ressovsky *244*.
Willebrand, E. A. v. *460*.
Williams 502.
— W. L. s. M. G. Fincher *505*.
Willigmann, J. *551*.
Winchester, A. M. s. C. Johnston 212, *240*.
Winckler, Alma *450*.
Winge, O. 360, *583*.
Winiwarter, H. v. 2, 8, 9, 11, 12, 13, 14, 21, *30*.
— H. v. u. K. Oguma 5, 8, 9, 10, 14, *30*.
Winkelmann, E. s. F. B. Hanson 213, *239*.
Winkler 380.
Winterstein, H. 477.
Winton de s. Gregory 62.
Wirth s. Stang *505*.
Witteler, E. A. 307, *370*.
— E. A. s. W. Lehmann *369*.
Wölfflin, E. 437, *460*.
Wohlfahrt s. Simoneit *459*, *460*.
Woldstedt, P. 609, *644*.
Wolf, G. 270, 290, *370*.
— G. s. E. Rost *287*.
Wolff, Fr. u. Marg. Wolff *287*.
Wolfgramm, A. 560, 561, *583*.
Wood-Jones, F. 591, 604, 639, *644*.
Woods, H. M. 270, 274, 275.
— H. M. s. F. M. Durham 276, 277, *285*.
Woodward, A. Smith 623, 628.
— A. Smith s. C. Dawson *638*.
— A. Smith s. A. Keith *640*.
Worsaae, E. *460*.
— E. s. T. Kemp *456*.
— E. s. O. Thomsen *459*.
Wortmann, J. L. *644*.
Woskressensky, N. M. *237*, *244*.

Wriedt, Chr. 117, *178*, 304, 305, 307, *460*, 501, 502, 503, *583*.
— Chr. s. O. L. Mohr *370*, 382, 398, 399, 400, *457*, *505*.
— Chr. u. O. L. Mohr *506*.
Wright, S. 43, *72*, *237*, 276, 496, *583*.
— S. u. P. A. Lewis *506*.
Wrinch, D. M. *244*.
Wulkopf, H. 81, 82, *176*.
Wulz 295.
Wunderlich, C. A. 466, *484*.
Wurzinger, St. 525, *551*.
Wyrsch, J. *551*.
Wyss, W. H. v. 533.

Yamamoto 209.
Yamane, J. 500, *506*.
— J. s. Nusshag *505*.
Yearly, M. 628.
— M. s. W. P. Pycraft *642*.
Yefeikin, A. 209.
— A. u. B. Vasilyev *244*.
Yerkes, A. W. u. R. M. 609, *644*.
Ylppö, A. 543, *551*.
Young, C. C. 617.
— C. C. s. D. Black *637*.

Zacho, A. s. V. Friedenreich *453*.
Zarapkin, S. R. 62, 68, *72*.
— S. R. u. H. A. Timoféeff-Ressovsky *72*.
— S. R. s. N. W. Timoféeff-Ressovsky *72*.
Zedtwitz, F. X. 495, *506*.
Zehnder, A. *460*, 508.
— E. 508.
Zeiss, H. u. K. Pintschovius 582.
Zeleny, Ch. *190*.
Zeller 75, *173*, *174*, *175*, *176*.
— W. 515, 549, *551*.
Zerbe, E. *551*.
Zichy 312.
Zickler 209.
Ziehen 421.
Zieve, I. 422.
— I. s. A. S. Wiener *460*.
— I., A. S. Wiener u. J. H. Fries *460*.
Zilian, E. *460*.
— E. s. Simoneit *459*, *460*.
Zimmer, K. G. 235, *237*, 282, 287.
— K. G. s. H. D. Griffith 239.

Zimmer, K. G., H. D. Griffith u. N. W. Timoféeff-Ressovsky 218, 220, *244*.
— K. G. s. A. Pickhan 215, 220, *242*.
— K. G. s. N. W. Timoféeff-Ressovsky 217, 218, 221, 228, 229, 230, 231, *244*.
— K. G. u. N. W. Timoféeff-Ressovsky *244*.
— K. G. s. E. Wilhelmy *244*.
Zimmermann, A. 491, *506*.
— K. 54, *72*, 293, 367, *370*, *583*.
— W. 552, 558, *580*, 585, 608, 619, *644*.
Zipperlen, V. R. *551*.
Zolonds, J. M. s. N. J. Sapiro *242*.
Zondek, H. 530.
Zorn 489.
— s. Gärtner *505*.
Zuber, O. *583*.
Zündorf, W. *583*.
Zwan, A. van der s. W. F. H. Ströer *180*.
Zweig, H. *551*.
Zwicky, H. 485, 488, 498.
Zwirner, E. *370*.

Sachverzeichnis.

Abartungen, multiple 481.
Abdomen 513, 516.
abdominales Temperament 513.
Abdominalkryptorchismus, Pferd 500.
Abiotrophie 481.
abnorm 478, 479.
Aborte, habituelle 281, 282, 526.
Abortus Bang, Säugetier 491, 497.
Abstammungsnachweis 302.
Abstammungstafel 301.
Abtreibung 675.
Abwehrreaktion im Eiplasma 273.
Acardius 390.
Acephalie (s. a. Acranie) 536.
Acetabularia 192.
Achondroplasie (s. a. Chondro-dystrophie) 288, 399.
— Hemi- 532.
— Hund 488.
— Rind 501.
Achroea (kleine Wachsmotte), Verpuppungshormon 110.
Achromatopsia 26, 429, 430.
Achsenmyopie 426.
Achylie 542.
Acidalia, Ovar 95.
Acranie (s. a. Acephalie) 144.
Adapiden 591, 592, 593, 606.
Adapis 591, 599, 607.
additive Genwirkung 40.
— Wirkung multipler Allele 65.
Adel 294, 672.
Adipositas (s. a. Fettsucht) 520.
Adrenalin 530.
Ägypten 517.
Ähnlichkeitsdiagnose, Zwillinge 393, 396.
Ätherversuche, Drosophila 215, 233.
affektive Psychosen 416, 417.
Affen (s. a. Anthropoidea, Anthropomorphe, Menschenaffen, Primaten) 587, 591, 592, 593.
— Altwelt- 593, 599, 606.
— Kryptorchismus 290.
— Neuwelt- 593, 606.
— niedere, Agglutinogene 603.
— XY-Geminus 14.
Affinität, sexuelle 554.

Africanthropus 610, 618, 621.
— Hirnschädel 617.
— Oberkiefer 617.
— Schädel 618.
— Zähne 618.
Afrika 441, 595, 598, 610, 618, 619, 621, 622, 626, 628, 633, 648, 649, 651, 666, 676.
Afrikanische Union, Süd- 666.
Agglutinogene, Affen, niedere 603.
— Menschenaffen 602.
— Orang-Utan 602.
— Schimpanse 602.
Aggregatchromomeren 2.
Ahnengleichheit, -identität 294, 295.
Ahnentafel 294—302.
Ahnenverlust 294, 295, 315, 337, 366.
Ahnenzahl, theoretische 294.
Aino 441.
Akklimatisation 648, 649, 650, 651, 677.
— familiäre 648, 650.
— individuelle 648, 650.
— Säugetier 491.
Akne 516.
Akroalbinismus, Pferd 499.
Akromegalie 312, 488, 520, 530.
— Hund 499.
akromegaloide Konstitution 532.
Akromegaloidie 521, 529.
Akromelanismus, Maus 574.
Akroteriasis, Rind 501.
— Schaf 503.
Aktivität 672.
Albinismus 291, 320, 321, 338, 366.
— Akro-, Pferd 499.
— Hase 574.
— Haustiere 573.
— Hirsch 574.
— Hund 503.
— Igel 574.
— Kaninchen 496, 566, 567, 568, 574.
— Maulwurf 574.
— Maus 142, 145, 496, 504, 574.
— Rassenhygiene 323.
— Reh 574.
— Rind 501.
— Säugetier 499, 573, 574.

Albinismus universalis 290, 303, 320—323, 351, 362, 363.
— Wildtier 574.
Albuminurie 543.
— konstitutionelle 542.
— orthotische 542.
Alemannen 529.
alfurische Rasse 674.
Algerien 527.
alkalöse Konstitution 509, 517.
Alkohol, Alkoholismus, Alkoholmißbrauch 251, 252, 282—284, 318, 355, 468, 509, 536, 674, 676.
— Mutationsauslösung 269 bis 280, 283.
alkoholgeschädigte Samenzellen 273.
Alkoholiker, stigmatisierte 282.
— Umwelts- 282.
Alkoholkonzentration im Blut 270.
Alkoholpsychosen 375.
Alkoholrausch, Zeugung im 508.
Alkoholversuche 233.
— Drosophila 233.
— Kaninchen 206, 252, 253, 270.
— Maus 206, 270—273.
— Meerschweinchen 206, 270, 274—278.
— Ratte 206, 273, 274.
— Säugetier 270—278.
Allele, allele Gene 57, 187, 382, 383, 385, 386, 401, 430.
— amorphe 66.
— antimorphe s. Antimorphie.
— Ausgangs- 64—67, 188.
— heteromorphe 66.
— hypermorphe 65.
— hypomorphe s. Hypomorphie.
— labile s. Gene, labile.
— multiple, additive Wirkung 65.
— — nicht seriierbare 62.
— — Seriierbarkeit 62, 66, 434, 444.
— mutante 33.
— neomorphe 66.
Allelenreihe, Allelenserie s. Allelie, multiple.
Allelenzahl 64, 65.

Allelie, multiple 62, 63, 64, 92, 102, 154—157, 198, 200, 224, 344, 360, 416, 429, 430—446, 447, 448, 449, 573.
Allelomorphgruppe s. Allelie, multiple.
Allelomorphie, multiple s. Allelie, multiple.
— Treppen- 436.
Allergien 445, 508, 516, 542, 652.
allergische Bereitschaft 292, 537.
— Diathese 411, 414, 422, 481.
— Konstitution, Säugetier 504.
Alles- oder Nichts-Gesetz, Alles- oder Nichts-Prinzip 43, 107.
Alouatta seniculus 603.
Alphastrahlen 218, 219, 221.
alpine Rasse 441.
Alter (s. a. Lebensalter, Senium) 511, 512, 519, 540.
— Jugend- 509, 518, 645.
— Schwaben- 529.
— Zeugungs- 391.
Altern, Hund 488, 493.
— Pferd 488, 493.
— vorzeitiges, Säugetier 491.
Altershaare, Pferd 493.
Altersklassen 510, 645.
Altersmerkmale, Säugetier 488.
Alterstumoren, Hund 493.
Altweltaffen 593, 599, 606.
amaurotische Idiotie 291, 292.
— — infantile 356, 399.
— — juvenile 292, 355, 356.
Amblyopie 323.
Ameisenigel 587.
Amenorrhöe 392, 530.
— Kriegs- 654.
Amerika 310, 441, 589, 592, 648, 649, 651, 655, 657, 660, 665, 666, 669, 672, 673, 676.
amniogene Mißbildungen 393 bis 395.
— — Säugetier 498.
Amnion 4, 5, 7.
— Maus 146.
Amnionstränge 393—395.
Amoklaufen 662.
amorphe Allele 66.
Amphibien 587.
— Chorda 156.
— Ei 195.
— embolomere 586, 587.
— Medullarrohr 156.
— Merogone 111.
— Spermien 195.
— Ur- 587.
amphidiploide Artbastarde 234.

Amphitherium 587, 589.
Amputationen 394.
amputiert, Rind 340.
anabolische Prozesse 531.
Anämie 393, 467.
— Kugelzellen- 291, 659.
— Maus 267, 268.
— Sichelzellen- 291, 658.
— Tropen- 655.
Anämien, hämolytische 291.
Anagale 589.
Anaphase 1, 16, 17, 20, 21, 23.
Anaphylaxie 472.
Anaptomorphus 592, 599, 606.
Anatomie, Individual- 510.
— Rassen- 653.
Andamannen 672.
Anencephalie 144, 340.
Anfälligkeit 465, 480, 481.
angeboren 392, 477.
Angorakaninchen 567, 568, 574.
Ankylostomiasis 655, 661.
Anlage 378.
— Erb- (s. a. Gen) 378.
— Organ- 191, 378.
— und Umwelt 383—389, 464.
Anlagenaustausch (s. a. Crossing-over, s. a. Faktorenaustausch) 26, 419—430.
Anlagenkoppelung s. Koppelung.
Anomalia rara 480.
— rarissima 480.
Anomalie 477, 481.
Anomalien, Häufigkeit der 480.
— konstitutionelle, Konstitutions- 464, 472, 481, 508, 528, 541.
Anopheles, Rassen 576.
Anpassung 34, 194, 234, 290, 472, 479, 480, 646, 648, 649, 650, 651, 654, 665, 673, 674, 677.
— funktionelle, Krüperhuhn 114.
Anpassungen, Vererbung erworbener 513.
Anpassungsfähigkeit 515, 673.
Ansprechbarkeit 387, 388, 389.
— auf P.T.C. 402, 422.
Antagonismus 534.
Anteposition 392.
Anthropobiologie 645, 646.
Anthropoidea (s. a. Affen, Anthropomorphe, Menschenaffen) 591, 599, 606.
Anthropologie 645.
Anthropomorphe (s. a. Menschenaffen) 584, 585, 593—599, 606, 607, 608, 614, 615, 619, 620, 621, 623.
— Faktoren M und N 603.
— Intermembralindex 604.

Anthropomorphe, Körperproportionen 604, 605.
Anthropus, -gruppe, -kreis, -stufe 610, 618, 619, 620, 622, 626.
antimorphe Allele s. Antimorphie.
Antimorphie 65, 66, 192.
Antirrhinum, Betastrahlen 217.
— Mutation 195.
— Mutationsauslösung, chemische 233.
— Mutationsrate 202, 203, 216.
— Pollen 202, 219.
— Pollenzellen, alte 202.
— Samen 233.
— Strahlengenetik 210.
— Ultraviolettbestrahlung 219.
Antisymmetrie 59, 60.
Anury-Maus 154—157.
Aorta, enge 542.
Apfelschimmel, Pferd 493.
Aphanolemur 593.
Aphthenseuche, Säugetier 497.
Apidium 594, 606.
Apodemus, Y-Chromosom 15.
apoplektischer Habitus, — Typus 511, 517, 519, 524.
Apoplexie 512.
Aporia, Metamorphosenzentrum 109.
Apotettix, Strahlengenetik 209.
Araber 308, 518, 522, 527.
Arachnodaktylie 448.
Arbeit, maximale 467.
Arbeiter 540, 541.
Arbeitskapazität 547.
Arbeitstypus, Säugetier 511.
Arcus supraorbitales 520.
Argynnis, Flügel, Flügelmuster 75, 87.
— Temperaturexperimente 74, 75.
Arier 647, 668.
Armenien 647, 668.
Arsen 280, 509.
Arsenversuche, Drosophila 233.
Art s. a. Spezies.
Artbastarde, amphidiploide 234.
Artbegriff 553—558.
Artbildung, Artdifferenzierung 91, 205, 206, 552, 555, 573.
Arten, physiologische 555, 576.
Arteriosklerose 511, 516, 530, 543.
arteriosklerotische Demenz 414.
Arthritis 411, 516, 519, 534, 543.

arthritische Diathese 512.
arthritischer Habitus 512, 524.
Arthritismus 516, 531, 536.
Artmerkmale 33, 199.
Ascomycetae, Strahlengenetik 209.
Asien 611, 613, 621, 622, 629, 630, 634, 648, 655, 656, 657, 658, 660, 663, 665, 666, 669, 673, 674, 676, 677.
Aspidium, Strahlengenetik 209.
Assimilation 534.
Asthenia congenitalis 543.
— universalis 541.
Asthenie 448, 472, 474, 508, 511, 514, 517, 518, 524, 535, 541—544, 546.
— STILLERsche s. asthenischer Habitus.
asthenische Stigmatisierung 542.
asthenischer Habitus, — Status 511, 516, 517, 519, 524, 542, 543.
— Infantilismus 541.
Asthma 416.
— Schwein 502.
Asymmetrie 55, 59, 60, 61, 478.
Aszendenz 294, 296.
Aszendenz-Deszendenzkontrolle 302.
— kombinierte 300.
Atavismus 340.
Ataxie, cerebelläre 292.
— Heredo-, FRIEDREICHsche 292, 324—334, 336, 339, 341, 351, 355, 361, 362, 366, 422, 507.
— spinale 329, 341.
Atemwege, obere 513.
Athen 361.
Athleten, Athletik 513, 515.
— Leicht- 520.
Athletiker, athletische Konstitution, — Habitus (s. a. muskulär) 511, 514, 520 bis 522, 524, 526, 527, 532, 535, 536, 542, 547.
— Breit- 520.
— Derb- 520.
— Hoch- 520.
— Weich- 520, 535.
Atmungstypus s. Typus respiratorius.
— Säugetier 486, 487.
Atomanregung 228.
Atonie 542.
Atresia ani, Rind 501.
— — Schwein 502.
— coli, Pferd 500.
— vaginae, Pferd 500.
Aufartung 664.
Aufbrauch, Aufbrauchtheorie 536, 545.

Aufspaltung, dihybride 418.
— monohybride (s. a. Monomerie) 38.
— polygene (s. a. Polymerie) 39.
— polyhybride 39, 40.
Auge, Augenanomalien 290, 292, 323, 656.
— -anomalien, -mißbildungen, Maus 127—130, 132, 133, 135, 137, 150, 153, 154, 170, 265.
— Augendefekte, Augenmißbildungen, Meerschweinchen 276, 278.
— Ausdruck 535.
— Ephestia 92—107, 172 bis 176.
— Hund 503.
— Säugetier 270.
Augenanomalien, Krüperhuhn 116.
Augenbrauen 396, 531.
Augenfalten, Hund 493.
Augenfarbe 396, 422, 439.
Augenmigräne 532.
Augenpigmente Calliphora 106.
— Hymenopteren 106.
Augenpigmentierung, Insekten 96—106, 172—176.
Augenpigment-Wirkstoffe, Drosophila 105—108.
— Ephestia 105—108.
Aurignacien, Aurignac-Rasse 630, 632, 633.
Ausdruck (s. a. Expressivität) 316, 383.
Ausführungsfaktoren 385.
Ausgangsallele 64—67, 188.
Auslese (s. a. Selektion) 34, 43, 205, 291, 299, 361, 367, 443, 552, 558, 603, 610, 632, 633, 648, 662, 664, 665, 677.
— Familien- 429.
— Gegen- 361.
— Interessantheits- 415.
— künstliche 553.
— natürliche 63, 65, 194, 200, 203, 206, 553.
— Probanden- 429.
— soziale 413.
Ausmerze 338, 367, 443, 664, 665, 666.
Ausprägungsart 383.
Ausprägungsgrad 383.
Ausprägungshäufigkeit 383.
Aussterben 654.
Austausch, Anlagen-, Faktoren- (s. a. Crossing-over) 24, 26, 181, 182, 186, 360, 409, 419—430.
— Chromosomenstück- 12, 23, 24, 25, 197, 198.
Australide 441.

Australien, Australier 290, 441, 606, 619, 629, 631, 647, 648, 649, 650, 651, 655, 672, 676.
Australneger 665, 672.
Australopithecus 596, 597.
— africanus 595, 598.
— robustus 598.
— transvaalensis 597, 598.
Austriacopithecus 594, 597, 598, 599, 606, 607, 619, 620, 621.
autosomale Gene, Koppelung 421—423.
— Mutation 199, 255.
Autosomen 5, 6, 7, 8, 11, 12, 13, 14, 19, 25, 26, 27, 187, 408, 448.
Avena, Mutationsrate 222.
— Polyploidie 222.
— Röntgenbestrahlung 208, 209, 222.
Avitaminosen 509.
azidöse Konstitution 509, 517.
Azoospermie 281.
— Maus 262, 263.

Bali 656, 662, 672.
Balkenmangel 536.
Balten 521.
BANGsche Krankheit, Säugetier 491, 497.
BARDET-BIEDLsches Syndrom 421.
Basedow, Mikro- 531.
Basedow-Konstitution (s. a. Typus, B-) 468.
Basedowoid 531.
BASEDOWsche Krankheit 530, 531, 533, 535.
Basedowziege 493.
Basilome, Haut- 27.
Bastarde s. a. Mischlinge, Rasse.
— Heterosis der 279.
— Rehobother 666, 669.
— sterile, Drosophila 554, 555, 576.
Bastardierung (s. a. Mischling) 652, 653, 667.
Bastard-Merogon 112.
Bastardpuppen, letale, Celerio 111.
— — Schmetterlinge 111.
Batavia 651.
Bauch, -umfang 513, 518, 544.
Bauern 317, 545.
Baummäuse 606.
Bauplan 388.
Bauria 587.
Bayern 310, 311, 332, 520.
Becken 527.
Bedeutung, prospektive 89.
Bedingungen, äußere 385.

Bedingungen, innere 385.
Befreiung latenter Potenzen
  400, 401.
Befruchtungsaffinität, Droso-
  phila 48.
Befruchtungsfähigkeit, Kanin-
  chen 279.
Begabung 298, 513, 548, 657.
— einseitige 537.
— Hoch- 361, 537.
— musikalische 656.
Begabungen, Sonder- 537.
Begriff, Art- 553—558.
— Dispositions- 480.
— Dominanz-, Drosophila
  381, 382.
— — Mensch 381, 382.
— Rassen- 553—558.
Begriffe, genetische 377—383.
Behaarung s. Haar.
Bein, X- 520.
Belgier 8, 24.
Bereitschaft s. a. Disposition.
— allergische 292, 537.
— Erkrankungs-, Krankheits-
  462, 467, 476, 481, 511,
  512, 524, 527.
— Reaktions- 389.
Berlin 391.
Bern 294, 358, 366.
Beruf 299, 522, 523.
Berufe, Reiz- 517.
— Reizmangel- 517.
Besamung, künstliche, Droso-
  phila 220.
— — Kaninchen 258.
— — Pferd 557.
— — Schaf 259.
Beschränktheit 445, 542.
Besonderheit 383.
Bestandsaufnahme, erbbio-
  logische 306, 323, 329,
  361—364.
Bestrahlung (s. a. Strahlen,
  Röntgenstrahlen) 208,
  210, 214, 222, 254, 263,
  266.
— Drosophila, Spermato-
  gonien 263.
— Meerschweinchen 258, 265,
  268, 269.
— Neutronen-, Drosophila
  218.
— Ratte 263.
— Sperma-, Säugetiere 195,
  249, 258, 261, 268.
— Spermatogonien, Droso-
  phila 263.
Bestrahlungsdosis (s. a. Strah-
  lendosis) 210, 225—228,
  235, 245, 248, 256, 257,
  259, 264, 267, 283.
— Drosophila 217.
Betastrahlen 208, 217, 218,
  220, 221, 227.

Beuteltiere 588, 589.
— Y-Chromosom 14.
Beulentod (s. a. Pest) 366.
Bevölkerungsdichte, Droso-
  phila 56.
Bewegungsapparat 421, 513.
Bewegungsstörungen, Maus
  167.
Bewegungstypus 512.
Biber, Sumpf-, Domestikation
  564.
Bilateralität, Bilateralsymme-
  trie (s. a. Symmetrie) 59,
  61, 386.
Bildungsfehler 477, 481.
Bindegewebe 4, 524, 541.
— Maus 133, 170.
binomiale Verteilung, Bino-
  mialkurve 28, 478.
biochemische Individual-
  spezifität 467.
biodynamisches Einheits-
  quantum 466.
Biologie, Rassen- 645—677,
  677—678.
Biosphäre 390.
Biotypus 292, 311, 324, 341.
Bipedie 591, 598, 603.
Bitterempfindlichkeit 402, 422.
Blasen, embryonale 129.
— — Maus 129—133, 135 bis
  137, 140—144, 154.
— Epidermis- 124.
Blasen-Maus 127—144, 155,
  158.
Blasensteine 661.
Blastomeren 257, 385.
Blastula, Maus 268.
Blauäugigkeit 422.
— Rind 501.
Blaufuchs, Domestikation 564.
Blei 509.
— Mutationsauslösung 233,
  269—280.
Bleikachexie 472.
Bleiversuche, Drosophila 233.
— Säugetiere 279—280, 495.
Blekinge 317.
Blindheit 252, 538, 539.
— Höhlentiere 574.
— Schwein 502.
Blondheit 653.
Blumenau 651.
Blütenfarbe, Primula sinensis
  62.
Blut 530, 655.
— Arteiweiß 601.
— Cholesteringehalt 656.
— Maus 129.
— Rind 489.
— Säugetier 488, 489.
— Schaf 489.
— Strupphuhn 118.
Blutauffrischung 325, 668.
Blutblasen, Maus 129—133.
Blutdruck 516, 526, 532, 655.

Blutdruck, Maus 168.
Blutdrüsen s. a. endokrine
  Drüsen.
— Einteilung 530.
— mütterliche 529.
Blutdrüsenformel, individuelle
  531.
Blutdrüsenschwächlinge 532.
Blutdrüsensystem und Kon-
  stitution 528.
Bluter, konstruktive 357, 358.
Bluterherde 356—358.
Bluterkrankheit s. a. Hämo-
  philie.
— sporadische 358, 359.
Blutfaktoren 382, 396, 423,
  603, 655.
Blutgefäßsystem, Krüperhuhn
  115.
Blutgruppen 382, 396, 420 bis
  423, 435, 436, 443, 655,
  657.
— Anthropomorphe 603.
— Gorilla 603.
— Menschenaffen 602, 603.
— Orang-Utan 602, 603.
— Schimpanse 602, 603.
— Untergruppen 435, 436.
— Vererbung 435.
Blutgruppen-Chromosom 435.
Blutkörperchen, rote (s. a.
  Erythrocyten) 291, 655.
— weiße (s. a. Leukocyten)
  655.
Blutkrankheiten 658.
Blutserum 653.
Blutsverwandtenehe, Bluts-
  verwandtschaft s. Ver-
  wandtenehe (s. a. Geschwi-
  sterehe, Inzucht, Kon-
  sanguinität).
Blutsverwandtschaft mit den
  Menschenaffen 603.
Blutuntersuchung 544.
Blutzucker 532, 653, 656.
Bogengänge, Maus 162, 164,
  167.
Bombardia, Strahlengenetik
  209.
Bombyx, Strahlengenetik 209.
Boreopithecus dawsoni 623.
BORNAsche Krankheit, Säuge-
  tier 497.
Bottendorf a. d. Unstrut,
  Schädel von 634—636.
Botulinus, Säugetier 497.
Boxer 524, 540.
Brachycephalie (s. a. Kurz-
  köpfigkeit) 513, 525.
Brachydaktylie (s. a. Brachy-
  phalangie) 306, 422.
Brachyphalangie, Zeigefinger-
  304—306, 382, 399.
Brachytypus brevilineus
  makrosplanchnicus 511,
  516, 520.

Bradykardie 532.
Braunsdorf, Schädel von 635.
Brautkauf 675.
Breitathletiker 520.
Breitwüchsigkeit 448, 511, 512, 516, 518—520, 528.
Broken Hill, Schädel von 628.
Brucella Abortus BANG, Säugetier 491, 497.
Brucellose 498.
Bruchus, Strahlengenetik 209.
Brüllerkrankheit, Rind 493.
Brünnrasse 632.
Brunst, -zyklus, Meerschweinchen 251.
Brunstlosigkeit, -schwäche, Schaf 503.
Brunstschwäche, Hund 504.
Brust, Brustkorb 289, 402, 513, 517, 524.
— Trichter- 507, 545.
— weibliche 526, 529.
Brustbein 402.
Brustkorb, Säugetier 486.
Brustlängenindex, Pferd 486.
Brustumfang 539, 544.
Bruzellose, Kaninchen 498.
— Rind 498.
B-Typus (Basedow-Typ) JAENSCH 535.
Buchweizenkrankheit 472.
Büffel, Tuberkulose 496.
Buitenzorg 651.
Bulldogge 487, 503.
Bulldoggkalb 501.
Bullosis congenita 399.
„Burghers" von Ceylon 669.
Buschmänner 441, 647, 672.

Calliphora, Augenpigmente 106.
— Corpus allatum 110.
— diffusible Substanzen 107.
— Häutung 109.
— Hormon, Verpuppungs- 110.
— Lymphe 104.
— Pigmente, Augen- 106.
— Ringdrüse 110.
— Verpuppung 109.
— Verpuppungshormon 110.
Calmbacher Bluter 356—358.
Calvities praematura 516, 532.
Capillaren 393, 396.
— Maus 129, 132, 162, 163, 165, 167, 171.
Carcinom 3, 27, 28, 511.
Carcinomatöser Habitus 511, 512.
Caries, Zahn- 481.
Catarrhinen 593, 594.
— Körperproportionen 604.
Cavia cobaya s. Meerschweinchen.
Cebiden 607.

Cebus, Geschlechtschromosomen 17.
— XY-Geminus 14.
Ceciliolemur 590, 591.
Celerio, letale Bastardpuppen 111.
Cellularpathologie 463, 469.
Centromer 20, 25.
cephalisches Temperament 513.
Cercopithecus 594, 607.
— Körperproportionen 604.
cerebelläre Ataxie 292.
cerebralis, Typus 511, 513, 514, 525, 543.
Cerebralisation 600, 620.
Cerebrospinalflüssigkeit, Maus 134, 135, 144, 164, 167 bis 169.
— Schwein 134.
Ceylon 672.
— „Burghers" von 669.
Chancelade 633.
Charakter 403, 513, 517, 519, 526, 530, 538, 557, 669, 670.
Cheiromyoiden 606.
chemische Epigenese 601.
— Keimschädigung 246, 251—253.
— Mutationsauslösung 231 bis 234, 269—280.
Chemismus 467.
Chiasma 19, 20, 25.
Chiasmatypie 13.
Chilodon, Strahlengenetik 209.
China, Chinesen 441, 606, 610, 612, 648, 649, 653, 656, 661, 663, 670, 674, 677.
Chinchillafärbung, Hase 574.
Chironomus, Corpus allatum 110.
Chitin 219.
Chloroformversuche, Maus 252.
Chlorophylldefekte 202.
Chlorose 542.
Cholera 497.
cholerisches Temperament 518.
Cholesterin 653.
— Blut 656.
Chondrodystrophie, chondrodystrophischer Zwergwuchs (s. a. Achondroplasie) 115, 448, 515, 532.
— Hund 499.
— Krüperhuhn 112, 113, 115, 116.
— Säugetiere 113, 115.
chondroplastischer Habitus, oligo- 532.
Chorda, Amphibien 156.
— Maus 146, 153, 155—157.
Chordaten 585.
Chorea Huntington 310, 311, 406, 407, 420.

chorioidale Plexus 150, 169, 171.
Chorion, Maus 146, 153.
— Rind 488.
Chromatiden 1.
Chromatin 1.
Chromomeren 1, 2, 380.
— Aggregat- 2.
— homologe 2, 12.
Chromonema 1, 2, 17.
chromosomale Rassenunterschiede 22—24.
Chromosom, Blutgruppen- 435.
— X- 3, 9, 10, 12, 14—18, 20, 21, 24—26, 108, 112, 181, 183, 254, 255, 359, 360, 408, 409, 419, 423—429, 439, 440, 448.
— — Distalsegment 16.
— — Drosophila 16, 182 bis 186, 189, 200, 201, 207, 211, 213, 223, 225, 226, 235, 433.
— — Genkarte 25, 26. 429, 430.
— — Proximalgranulum 16.
— — Proximalsegment 16. 17, 19.
— — Ratte 25, 428.
— — Säugetier 25.
— Y- 3, 4, 8, 9—13, 16, 17, 21, 22, 24—26, 112, 360, 409, 427—429.
— — Apodemus 15.
— — Beuteltiere 14.
— — Clethriomys 15.
— — Drosophila 185.
— — Evatomys 15.
— — Maus, japanische 15.
— — Microtus 15.
— — Ratte 25.
— — Säugetiere 14, 25.
— — Vererbung im 428.
Chromosomen 1—30, 28—30, 31, 44, 105, 182, 188, 195, 197, 219, 231, 234, 245, 260—262, 378, 379, 382, 386, 419, 420, 469.
— -Feinbau, Struktur 1, 2, 228, 378.
— Geschlechts- (s. a. X-Chromosom, Y-Chromosom) 3, 5, 8, 14, 16, 18, 20, 22, 23, 64, 65, 427.
— — Cebus 17.
— — Frettchen 11.
— — inerte Region 187.
— — Macacus 17.
— — Macropus 15.
— — Maus 11, 273.
— — Neger 17.
— — Opossum 17.
— — Pferd 17.
— — Ratte 11.
— — Säugetier 15, 20.

Chromosomen, Hetero-, Säugetier 14.
— homologe 4, 10, 12, 24, 382, 430.
— Krebszellen 27, 28.
— meiotische 1, 12—21.
— nachhinkende 256.
— Nichttrennen 5, 22, 28, 199.
— und Pathologie 26—28.
— Reifephase 12.
— Riesen-, Drosophila 2, 182, 185, 223, 224, 380, 555.
— Säugetiere 2.
— Schraubenbau 1.
— Speicheldrüsen-, Drosophila 2, 182, 185, 223, 224, 380, 555.
— Spiralisierung 22.
— Spiralstruktur 1, 2.
— Translokation s. Translokation.
Chromosomenaberrationen 31, 65, 197, 391.
Chromosomenausfall 391.
Chromosomenbruch 65, 67, 184, 188, 197, 198, 225 bis 227, 230, 247, 257, 262, 283.
Chromosomen-Duplikation 65 bis 67, 182, 183.
Chromosomenelimination 5, 22, 28, 199.
Chromosomenfragmentation 5, 19, 28, 183.
Chromosomengarnitur, -satz 10, 197, 198, 222, 380, 381, 555.
Chromosomeninversion 2, 183, 187—189, 197, 198, 201, 205, 206.
Chromosomenkarte 25, 26, 429, 430.
— cytogenetische 2.
— statistische 2.
Chromosomenkonjugation 12, 20, 25.
Chromosomenlänge 23, 24.
— Drosophila 223.
Chromosomenmarkierung 266.
Chromosomenmicellen 230, 231.
Chromosomenmutationen 2, 183, 186, 187, 197, 198, 205, 206, 208, 214, 225 bis 227, 230, 234, 246, 247, 254, 259.
— Auslösung 225—227.
— Mais 220.
— Säugetier 247.
Chromosomenmutationsraten 225.
Chromosomensatz, Zeilenanalyse 9, 11.
Chromosomenstückausfall s. Deficiency, Deletion.

Chromosomenstückaustausch 12, 23—25, 197, 198.
Chromosomentheorie der Vererbung 1, 31, 32, 193.
Chromosomenverdoppelung 28, 222.
Chromosomenzahl 1, 3—5, 21, 197, 419.
Chromosomort (s. a. Genort) 380, 431.
CHVOSTEK-Zeichen 532.
Cimex, Verpuppungshormon 110.
Circotettix, Strahlengenetik 209.
Cirrhose, Lungen- 659.
CLB-Methode, Drosophila 201—203, 207, 210, 211, 214, 215, 220, 223.
cleidokraniale Dysostosen 288.
Clethriomys, Y-Chromosom 15.
Coffein 251, 252, 284.
— Mutationsauslösung 269 bis 280.
Coffeinversuche, Kaninchen 253, 278.
— Maus 253.
— Säugetier 278—279.
Colon, Pferd 500.
Combe Capelle, Schädel von 632, 633.
Combe Capelle-Rasse 632, 633.
Compound 182, 433, 440.
Cornea, Maus 137.
— Meerschweinchen 276.
Corpora lutea, Maus 270—272.
Corpus allatum, Dixippus 111.
— — Fliegen 110.
— — Hemiptera 108.
— — Rhodnius, 108, 110.
— — Schmetterlinge 110.
— — Termiten 111.
— — Tipula 110.
Corpuscularstrahlen 217, 219, 220, 227.
Costa decima fluctuans 290, 541.
Cotylosauria 587, 588.
Cranioschisis 144.
Cranium (s. a. Schädel) 145, 163.
— Krüperhuhn 114, 115.
— Maus 150, 159, 164, 167.
Creodonten 589.
Crepis, Strahlengenetik 210.
Cricetus s. Hamster.
Cro-Magnon-Rasse 441, 606, 632—636.
Cro-Magnon-Stufe 631.
Crossing-over (s. a. Austausch) 20, 25, 360.
Crossopterygier 586—588.
Cycloidie 516, 518, 531.
Cyclopie, Schwein 502.
Cyclothymie 449, 518, 521, 531, 542.

Cynocephalen 607.
Cynodontia 587, 588.
Cynognathus 587.
Cyprinodonten (s. a. Lebistes) 555, 575.
— Rassen 555, 575.
Cystenniere der Neugeborenen 399.
Cytoplasma s. Plasma.

Dackelhund, Dachshund 488, 499, 504.
Dänemark 304, 309.
Daltonismus (s. a. Rotgrünblindheit) 356, 481.
Daphnia, Strahlengenetik 209.
Darm, Maus 157, 158.
— Säugetier 486.
Darmlänge 656.
Darmsekrete, Fermentschwäche 542.
Darwinismus 194, 552, 584.
Datura, Strahlengenetik 208, 210.
Dauermodifikation 45, 273, 392.
Daumen 126, 395.
— Maus 139.
Debilität (s. a. Oligophrenie, Schwachsinn) 282, 283, 363, 445, 542, 545.
— moralische 545.
Deficiency 41, 67, 379.
Degeneration 288, 481, 508, 651.
— Heredo- 292, 293, 311, 317, 341, 352, 355, 363, 364, 477, 481, 482, 507.
Degenerationsstigma 477.
Deletion 2, 197, 198.
Delirium tremens 282.
Deltatheriidae 589.
Deltatheridium 589.
Dementia praecox (s. a. Schizophrenie) 375, 518.
Demenz, arteriosklerotische 414.
— senile 414.
Dengue 660.
Derbathletiker 520.
desintegrierter Typus 535.
Deszendenz 300.
Deszendenztafel 294, 299, 301.
Determination 82, 83, 84, 85, 86, 89, 110, 396.
— Prä- 95.
Determinationsfaktoren 385.
Determinationsstrom 84, 85, 86, 87, 92.
Deuteranomalie 426, 427, 436, 437, 438, 440.
— extreme 439.
Deuteranopie 436, 438, 440.

Deutsche, Deutschland 293, 295, 311, 520, 528, 630, 635, 636, 651, 666, 670, 671, 675.
Deviation 481.
Dexter-Rind 501, 556.
Diabetes, — mellitus 405, 507, 508, 516.
Diakinese 13, 14, 19, 20.
Diastema, Australopithecus 597.
— Pithecanthropus 615.
— Sinanthropus 595.
Diathese 477, 481.
— allergische 411, 414, 422, 481.
— arthritische (s. a. Arthritis, Arthritismus) 512.
— exsudative 481.
— lymphatische (s. a. Lymphatiker) 464, 512.
— neuropathische 537.
— spasmophile 531.
— Stein- 516.
— vasoneurotische 532, 543.
Dichte, größte, dichtester Wert 478, 479.
Dickbeinigkeit, Schwein 502.
Dickkopf, Pferd 500.
Differenzierung 90, 234.
— phylogenetische 584.
digestiver Typus (s. a. Ernährungstyp, Verdauungstyp) 486, 511, 513, 514, 515, 520, 525, 536.
Dihybridität 418.
diluvialer Mensch 609—631.
Dimension 470.
Dimerie 402, 414—419, 448.
dinarische Rasse 535, 441.
Dingo 577.
Dinosaurier 589.
Diphtherie, Säugetier 497.
Diphtherie-Empfänglichkeit, -Resistenz 422.
Diplegia spastica infantilis 338, 339.
Diploidie 3—5, 8, 12, 13, 21, 22, 28, 198, 199.
— Hyper- 8.
— Sub- 5, 8, 22.
Dipteren, Corpus allatum 110.
— Flügel 400.
— Häutung 111.
— Speicheldrüse 2.
Diskordanz, Zwillinge 390, 392.
Disposition (s. a. Bereitschaft) 46, 47, 462, 464, 465, 467, 468, 474, 475, 481, 509, 652, 659.
— Begriff 480.
— Erkrankungs-, Krankheits- 462, 468, 480.

Disposition, Prä- 462, 546.
— Saison- 462.
— temporale 530.
Dissimilation 534.
Dissymmetrie 55, 59, 60, 61, 126, 136, 143, 158.
Dixippus, Corpus allatum 111.
Dogge 556, 569.
Dolichokephalie (s. a. Langkopf-) 525.
Domestikation (s. a. Gefangenschaftsveränderungen, s. a. Haustierwerdung) 367, 480, 553, 562, 564, 572, 577, 579, 633.
— Blaufuchs 564.
— Huhn 564.
— Hund 564, 572.
— Kaninchen 564, 565.
— Katze 564.
— Pferd 564.
— Rind 564.
— Säugetier 490, 498, 564.
— Schaf 564.
— Schwein 564, 572.
— Selbst- 553.
dominante Gene 379.
— — mit recessiver Letalwirkung 399.
— Mutation s. dominanter Erbgang.
— — Drosophila 41, 42, 44.
dominanter Erbgang (s. a. Dominanz) 303 bis 314, 364, 382, 404, 405, 406, 408, 443, 444.
— — unregelmäßig- 405.
dominant-geschlechtsgebundener Erbgang 409, 428.
Dominanz (s. a. dominanter Erbgang) 41—44, 52, 107, 184, 185, 199, 263, 293, 329, 378, 379, 383, 385, 433.
— Herabsetzung 184, 185, 188.
— Pseudo- 329, 348.
— schwache 41, 70.
— starke 41.
— unvollkommene 41, 69.
Dominanzbegriff, Drosophila 381, 382.
— Mensch 381, 382.
Dominanzgrad 41, 42, 43, 53.
Dominanztheorie, entwicklungsphysiologische (WRIGHT) 43.
— evolutionistische 43.
— R. A. FISHER 43, 443.
— selektionistische 43.
Dominanzverschiebung 91.
Dominanzwechsel 43, 44.
Don Carlos, Ahnentafel 295, 296.

Doping 494.
Doppelmißbildungen, Rind 500, 502.
— Säugetier 398.
— Schwein 500, 502.
Dosismessung bei Röntgenstrahlen 282.
Dosisproportionalität 216, 217, 226, 228.
Drehschwänzigkeit, Rind 501.
Drosophila, 93, 97, 98—103, 200, 372, 556.
— Abdomen, abnormes 38, 45, 46, 47 49, 51.
— abdomen rotatum 59.
— abnormes Abdomen 38, 45, 46, 47, 49, 51.
— achaete 188.
— additive Genwirkung 40.
— Ätherversuche 215, 233.
— Alkoholversuche 233.
— Allelenzahl, erhöhte 65.
— Amorphie 66.
— Antimorphie 66.
— antlered 432.
— apricot 99.
— aristopedia 63.
— Arsenversuche 233.
— attached X 26, 201, 211, 214, 232.
— Auge 35, 37, 47, 48, 49, 60, 96, 97, 98, 99, 101, 103, 104, 107, 181, 182, 183, 184, 197.
— Augenimaginalscheibe 97, 99, 100, 101—103, 107.
— Augenpigment-Wirkstoffe 105—108.
— Augenpigmente, -pigmentierung 35, 51, 63, 64, 96—106, *172—176*, 197.
— Autosomen 201.
— — inerte Region 185.
— Bandauge s. —, Bar.
— Bar 37, 60, 100, 107, 181 bis 183, 186, 187, 201.
— baroid 183.
— Bastarde, sterile 554, 555, 576.
— Beaded 51, 432.
— Befruchtungsaffinität 48.
— Besamung, künstliche 220.
— Bestrahlung 214, 222, 266.
— — Plasma 210, 211.
— — Röntgen- s. —, Röntgenbestrahlung.
— — Soma 210.
— — der Spermatogonien 263.
— — Ultraviolett- 207, 219.
— Bestrahlungsdosis 217.
— Bevölkerungsdichte 56.
— Bleiversuche 233.
— blood 60, 63, 64, 200.
— bobbed 66, 67, 183.

Drosophila, Borsten, -reduktion 35, 44, 45, 47, 49, 54, 61, 63, 188, 197.
— braun 99.
— buff 51, 200.
— cardinal 97.
— Carved 432.
— Chaetotaxie 49.
— cherry 102.
— Chromosom, X- 16, 182, 183, 185, 186, 189, 200, 201, 207, 211, 213, 223, 225, 226, 235, 433.
— — Y- 185.
— Chromosomen, Riesen-, Speicheldrüsen- 2, 182, 185, 223, 555.
— Chromosomenbrüche 65, 67.
— Chromosomenlängen 223.
— cinnabar 97, 98, 99, 106.
— claret 97, 98, 102, 106.
— ClB-Kreuzungsmethode 201—203, 207, 210, 211, 214, 215, 220, 223.
— coral 51.
— Corpus allatum 111.
— ci s. Drosophila, cubitus interruptus.
— cubitus interruptus 184 bis 187, 226.
— curved 48.
— cut 51.
— Deficiencies 41, 67.
— Dichaeta 35.
— diffusible Substanzen 98 bis 107.
— Divergens 48.
— dominante Mutationen 41, 42, 44.
— Dominanzbegriff 381, 382.
— double-Bar 181, 182, 186.
— — -Infrabar 181, 182, 186.
— dumpy 412.
— ebony 66.
— Ei 219.
— eingeschnitten 432.
— Entwicklungsdauer 203.
— Entwicklungsgeschwindigkeit 63, 64.
— Entwicklungsverlangsamung 45.
— eosin 63, 64, 200.
— expanded 412.
— eyeless 37, 60.
— Facettenzahl 181, 182, 183.
— Faktorenaustausch 201, 419.
— Fertilität 63.
— Fettkörper 100.
— Flügel 35, 45, 47, 48, 49, 51, 52, 53, 54, 57, 90, 96, 185, 197, 340, 412, 413, 414, 432, 433.

Drosophila, Flügeladern (s. a. —, Queradern) 35, 47, 49, 197, 432.
— Flügellosigkeit 432, 433.
— forked 182.
— Fühler 63.
— funebris 35, 40, 41, 42, 45, 46, 47, 48, 49, 51, 52, 53, 54, 55, 56, 57, 58, 60, 61, 196, 197, 204, 205, 209, 216, 221, 222.
— fused 182.
— Gameten 213, 214, 217, 218.
— gekerbt 432.
— Gen 13d 413.
— Gene, letale s. —, letale Gene.
— — Positionseffekt der 181 bis 189, 189, 190.
— Genhormone, Genwirkstoffe 106, 107, 172.
— Genkombinationen 412.
— Genwirkung, additive 40.
— geschlechtsgebundene Letalfaktoren 202, 203, 235.
— — Mutationen 44, 210, 214, 215, 218, 220, 222, 223, 226, 232, 233.
— Geschlechtsverhältnis 399.
— Geschlechtszellen 213, 214, 217, 218.
— glass 107.
— Gonaden 219.
— hairy 184—187.
— Hairy wing 66.
— Halteren 35, 36, 45, 340, 432, 433.
— Haplo-IV-Fliegen 184.
— Heterochromatin 186, 187.
— Heteromorphie 66.
— Hitzemutation 91.
— Hoden 218.
— Hodenfärbung 63.
— honey 102.
— Hormone, Gen- 106, 107, 172.
— — Verpuppungs- 111.
— hydei 111.
— Hypermorphie 66.
— Hypersexualität 21.
— Hypomorphie 66, 67.
— Imaginalscheiben 97, 111.
— — Augen- 97, 99, 100, 101 bis 103, 107.
— inerte Region der Autosomen 185.
— Infrabar 181—183, 186.
— Intersexualität 21.
— Inzuchtschäden 367.
— Kathodenstrahlen 217.
— kerbig 432.
— Knickflügeligkeit 432.
— Kurzwellenbehandlung 215.

Drosophila, Längsaderverkürzung 432.
— Lebensdauer (s. a. —, Vitalität) 434.
— letale Gene, Letalfaktoren, letale Mutationen, Letalität 201, 203, 207, 213, 214, 226, 232, 235, 266, 399.
— Letalfaktoren, geschlechtsgebundene 202, 203, 235.
— lethal giant 111.
— lozenge 107.
— Lymphe 99—101.
— MALPIGHIsche Gefäße 100 bis 102.
— melanogaster 34, 35, 37, 42, 44, 51, 59, 60, 63, 64, 66, 67, 96—111, 181, 182, 184, 186, 188, 189, 196—233, 245, 340, 399, 412, 413, 432, 433, 434, 554, 576.
— miniature 412.
— minute-Gruppe 44.
— miranda 576.
— Morphietypen 66, 67.
— Morphiumversuch 233.
— mottled 184, 186, 187.
— multiple Allelie 63, 64, 65, 433, 434.
— Mutation s. Mutation.
— — Chromosomen- 183, 195, 205.
— — dominante 41, 42, 44.
— — geschlechtsgebundene 44, 210, 214, 215, 218, 220, 222, 223, 226, 232, 233.
— — Hitze- 91.
— — letale s. —, letale.
— — recessive 42, 44, 53, 197.
— — Rück- 212.
— — somatische 198, 199.
— Mutationsauslösung, chemische 207, 233.
— — Schwermetallsalze 214, 233.
— Mutationsrate 181, 202, 203, 208, 211, 214, 216, 217, 220—224, 230, 233, 235, 245, 263, 266, 360.
— — Gesamt- 217, 225.
— Narkoseversuche 215, 233.
— Neomorphie 66.
— Neutronenbestrahlung 218.
— nick 432.
— nicked 432.
— notched 432.
— No-wings 432.
— obscura 554, 555.
— orange 106.
— Ovarien 96.
— Paarungsgewohnheiten 576.

Drosophila, Pigmentierung (s.
a.—Augenpigmente) 35,
40, 97—104, 172, 197.
— Plasmabestrahlung 210,
211.
— Plum 184.
— Polychaeta 35.
— polymorpha 48, 49.
— Polyphän 47, 49.
— Populationen, freilebende
204, 205.
— Positionseffekt der Gene
181—189, *189, 190.*
— pseudoobscura 22, 106,
107, 205, 206, 209, 554,
555, 576.
— Pupariumbildung 111.
— Puppen, Pseudo- 111.
— quantitative Merkmale 47.
— Queradern (s. a. —, vti)
51, 52, 53, 54, 55, 56,
66.
— radius incompletus 48, 51,
52.
— recessive Mutation 42, 44,
53, 197.
— Riemenflügeligkeit 432.
— Riesenchromosomen 2, 182,
185, 223, 224, 380, 555.
— Riesenlarven 111.
— Ringdrüse 111.
— Röntgenbestrahlung, Röntgenmutation 34, 183,
185, 200, 207—209, 211,
215, 216, 223, 224, 232.
— rotated abdomen 59.
— scarlet 48, 97.
— Schlüpfungsrate 40.
— Schwermetallsalze, Mutationsauslösung 214, 233.
— Schwingkölbchen s. —,
Halteren.
— scute 184, 188.
— sepia 100.
— Signalgene 201.
— simulans 111, 209, 222, 554,
576.
— Snipped 432.
— Soma, Bestrahlung 210.
— somatische Mutation 198,
199.
— Speicheldrüsen 100.
— Speicheldrüsenchromoso-
men 2, 182, 185, 223,
224, 380, 555.
— Speicheldrüsenmethode 2,
22, 25.
— Spermatheka 63, 64.
— Spermatogonien, Bestrahlung 263.
— Spermien 201, 213, 214,
220, 234.
— spineless 63.
— sterile Bastarde 554, 555,
576.
— strap 432.

Drosophila, Stummelflügeligkeit 36, 432, 433, 434.
— subobscura 209.
— Substanzen, diffusible 98
bis 107.
— Temperaturmodifikationen
397, 434.
— Temperaturshocks 231,
232.
— tetraptera 36, 340.
— Thorax 35, 47, 49, 54, 61.
— Transplantation 92, 96 bis
103, 106.
— Triploidie 21.
— Tumor 399.
— venae transversae incompletae 51, 52, 53, 54, 55,
56, 57, 58, 60, 66, 67.
— vermilion 96, 97, 98, 99,
100, 106, 108.
— vestigial 36, 432, 433, 434.
— virilis 209.
— Übermännchen 21.
— Ultraviolettbestrahlung
207, 219.
— Verpuppung 111.
— Verpuppungshormon 111.
— Vitalität (s. a. —, Lebensdauer) 34, 41, 46, 63,
199, 235, 290.
— vti 51, 52, 53, 54, 55, 56,
57, 58, 60, 66, 67.
— Weißäugigkeit 63, 64, 102,
186, 187, 213, 224, 408,
433.
— weiß-Serie, white-Allelenreihe, white-Serie 51, 63,
64, 102, 103, 104, 200,
201, 224, 225, 433.
— white s. —, Weißäugigkeit.
— white-Serie s. —, weiß-
Serie.
— Wirkstoffe 106, 107, 172.
— X-Chromosom 16, 182 bis
186, 189, 200, 201, 207,
211, 213, 223, 225, 226,
235, 433.
— Y-Chromosom 185.
— yellow 188.
Drüsen, endokrine s. endokrin.
— Haut- 656.
— Schweiß- 656.
Dryopithecus 595, 599, 606,
608, 621.
— darwini 595.
— fontani 594, 608.
— frickae 594.
— germanicus 595, 615, 620.
— suebicus 595, 607.
Dryopithecusmuster 595.
Dryopitheciden 598, 606, 615,
619, 620.
Ductus endolymphaticus 167.
— — Maus 162.
Dürrenberg, Schädel von 635,
636.

Duplikation, Chromosomen-
65, 66, 67, 182, 183.
Durchschlag (s. a. Penetranz)
316, 383, 508.
Durchschnittsbevölkerung
361, 414.
Durchschnittsnorm 478.
Dysantisymmetrie 59, 60, 61.
Dysencephalie, extrakranielle,
Maus 397.
Dysenterie 497, 674.
Dysfunktion 533.
Dysmenorrhöe 542.
Dysostosen, cleidokraniale 288.
Dyspepsie 542.
dysplasmatische Eier 392.
Dysplastiker 512, 521, 524.
Dystrophia adiposo-genitalis
338, 421, 532.
— musculorum progressiva
324, 363, 366, 416, 472.
— myotonische 533.
Dysraphie 411, 507.
Dysvarianten, erbliche 481.

Echolalie 663.
Echopraxie 663.
Ectopia testis 393.
Ehen, diskordante 406.
— konkordante 406.
— matropositive 406.
— patropositive 406.
Eheberatung 299.
Ehebücher 302, 303.
Ehringsdorf, Schädel von 629,
630.
Ehringsdorfer Kultur 630.
Ei, Eizelle (s. a. Oo-) 95, 246,
250, 264, 378, 385, 390,
392.
— Amphibien 195.
— Bestrahlung 269.
— — Fische 195.
— — Seeigel 195.
— Maus 256, 257.
— Ratte 257.
— Säugetier 257.
Eibestrahlung 269.
Eier, dysplasmatische 392.
— Ur- 250.
Eierstock s. Ovar.
Eifollikel 250, 251, 253, 268.
Eigenschaft s. Merkmal.
Eigenschaften, Einzel- 372.
— Zustands- 467.
Eigenschaftsanalyse, entwick-
lungsgeschichtliche 291.
Eigenwelt des Menschen 388.
Ei-Implantation s. Implan-
tation.
Eiplasma 254, 391.
— Abwehrreaktion im 273.
Eindrucksstatistik 654.
Ein-Kind-Ehe 675.

Einschuß, Pferd 499.
Eiszeit 609, 610, 629.
Eiweißstruktur, individuelle 467.
Eklampsie, Hund 504.
Ekstase 663.
Ektoderm 4.
— Maus 159, 166, 167.
Ekzem 414.
— Fuß-, Pferd 499.
— Schwein 502.
Elchkalb, Rind 501.
Elefant, Giftfestigkeit 495.
elektrischer Strom, Mutationsversuche 220.
· elektromagnetisches Feld, Mutationsversuche 220.
Elektronen 228, 229.
Elimination 552.
— Chromosomen- 5, 22, 28, 199.
Elpistostege 586.
Embolomera 588.
Embryo (s. a. Keim) 127, 385, 475, 509, 529.
— Finger, -beere, -haut 121, 122, 123, 125.
— Hand, Handplatte 121, 123, 125.
— Maus 129, 130, 131—134, 135, 136, 141, 142, 145, 146, 147, 148, 150, 154, 155, 156, 161, 162, 163, 166—170, 171, 260.
— Schwein 134.
— Zehen 123.
Embryonale Blasen 129.
— — Maus 129—137, 140 bis 144, 154.
— Epidermis 121, 123, 126, 418.
Empfindungstypus 512.
Endogamie (s. a. Verwandtenehe) 294, 338, 367.
endogen 477.
endokrine Drüsen 392, 449, 470, 474, 498, 508, 509, 516, 518, 524, 526, 528—534.
— — Säugetier 487, 572.
— — Strupphuhn 117, 121.
— Formel 528.
— Partial-Konstitutionen 531.
energetische Konstitutionsbetrachtung 546, 548.
Energie 188, 467, 469, 546, 547.
— Lebens- 481.
Energiebegriff, psychologischer 547.
Engano 672, 675.
Engbrüstigkeit 517.
England, Engländer 310, 524, 623, 625, 665, 671.

Entartung 293, 302, 317, 361, 362, 363, 364, 365, 477, 478, 481, 482, 499, 508, 664, 665.
— Begriff 482.
— progressive 316.
— Säugetier 498.
Enteroptose 542.
Entoderm 4.
Entwicklung, epigenetische 510.
— Spät- 529.
— Stundenplan der 191.
Entwicklungsbedingungen, äußere 385, 386.
— innere 385.
— intraindividuelle 395.
Entwicklungsbeschleunigung 389.
entwicklungsgeschichtliche Eigenschaftsanalyse 291.
Entwicklungsgeschwindigkeit 67, 74, 91.
Entwicklungskurve 528.
Entwicklungslabilität 386, 395, 398, 421.
Entwicklungsphysiologie 31, 66, 68, 191, 192, 373, 384, 385, 388, 395, 396, 397, 418, 421, 423, 430, 436, 448.
— genetische 31, 68, 73—180, *172—180*, 192.
— — Säugetiere 127—154, *178—180.*
— — Vögel 112—121, *177* bis *178.*
entwicklungsphysiologische Dominanztheorie (Wright) 43.
— Potenzen 191.
Entwicklungstypus 447.
Entwicklungsvariation (s. a. Entwicklungslabilität) 68, 69.
Enuresis 414, 536.
Eoanthropus 607, 622, 623.
Eodelphis 588, 589.
Eogyrinus 588.
Eosinophilie 530.
Ephestia 77, 82, 85, 105, 106, 107, 110.
— A-Hormon 93—96, 105, 106.
— a⁺-Hormon 93—96, 105, 106.
— Auge, Augenfärbung, Augenpigment 92—107, *172—176.*
— Augenimaginalscheibe 96.
— Augenpigmentierung 92 bis 107, *172—176.*
— Augenpigment-Wirkstoffe 105—108.
— Corpus allatum 110.
— Ei 96.

Ephestia, Entwicklungsdauer 76.
— Flügel, Flügelanlagen 75 bis 80, 92.
— — Querbinden, -system 81, 82, 85, 86, 87.
— — Randflecken 81, 82.
— Flügelfärbung 75, 76, 77, 80.
— Flügelform 81.
— Flügelmuster 75—81, 83, 86, 87, 90.
— — Symmetriefeld, -system 83, 86, 90, 92.
— Flügelschuppen s. Ephestia, Schuppen.
— Flügelzeichnung, -zeichnungsmuster 75—81, 83, 86, 87, 90.
— Flügelzeichnungselemente 80.
— Genwirkstoffe 172.
— Hämolymphe 94.
— Haut 92, 106, 110.
— Hirn 92, 93, 95, 96, 110.
— — Larven- 96.
— — Puppen- 96.
— Hoden 92, 93, 96.
— Hodenfärbung 94.
— Hodentransplantation 93, 95.
— Hormon, A- 93—96, 105, 106.
— — a⁺- 93—96, 105, 106.
— — Metamorphosen- 96.
— — Verpuppung 96, 108 bis 112, *176—178.*
— Hypodermis 110.
— Infeld des Symmetriesystems 86, 90.
— Larvenhaut 92.
— Metamorphosenhormone 96.
— Mitosen 79, 80.
— Mitosenmuster 86.
— Pigmententwicklung 106.
— Pigmentierung 92, 93, 96, 107, 172.
— Ovar, -implantation 93, 94, 95, 96.
— Ozellen, Raupenaugen 92, 93, 95.
— Rotäugigkeit 92.
— Schuppen 77, 79—81, 82, 90.
— Schuppenfarbe s. Ephestia, Flügelfärbung.
— Schuppenform 77.
— Schuppenstruktur 77.
— Schwarzäugigkeit 92.
— Schwarzfärbung 75, 76.
— Stemmata 92, 93, 95.
— Temperaturexperimente 75, 76, 81, 82, 85, 86, 87.

Ephestia, Testikel s. Ephestia, Hoden.
— Transplantation 92, 93, 107.
— Verpuppungshormon 96, 108—112, *176—178.*
— Verpuppung, Teil- 110.
— Vitalität 92.
— Vorpuppe 78.
— Wirkstoffe (s. a. Ephestia, Hormon) 106, 107.
— — Augenpigment- 105 bis 108.
— Zeichnung (s. a. Ephestia, Flügelzeichnung) 75, 78, 86, 90.
Epidermis s. a. Haut.
— Elastizität 125, 126.
— embryonale 121, 123, 125, 126, 418.
— Zellengröße 124.
Epidermisblasen 124.
Epidermisflüssigkeit 124, 125, 127.
Epidermispolster (s. a. Flüssigkeitspolster) 121—127, 143, 144.
Epidermolysis 355, 430.
— bullosa dystrophica 26, 337, 353, 354, 429.
— — simplex 355.
Epigenese, chemische 601.
epigenetische Entwicklung 510.
Epilachna, Strahlengenetik 209.
Epilepsie 252, 363, 393, 396, 414, 415, 520, 521, 533, 536.
— Myoklonus- 317, 318, 319, 355.
Epileptoidie 521.
Epilobium, Strahlengenetik 209.
Epiphyse 529.
— Maus 149.
Epithel 4, 5, 6, 7.
Epitheliogenesis imperfecta neonatorum,Rind 501.
— — — Pferd 499.
EPPELSHEIMER Femur 594.
Erbänderung s. Mutation.
Erbanlage (s. a. Gen) 378.
Erbanlagen, Entstehung neuer s. Mutation.
erbbiologische Bestandsaufnahme 306, 323, 329, 361, 362—364.
Erbeinheit 379.
Erbfaktor 379, 380, 385.
Erbgang, dominant-geschlechtsgebundener 409, 428.

Erbgang, dominanter (s. a, Dominanz) 303—314, 364, 382, 404, 405. 406, 408, 443, 444.
— — unregelmäßig- 405.
— geschlechtsgebundener (s. a. Geschlechtsgebundenheit) 404, 408, 409.
— — unvollständig- 25, 409, 428, 429.
— intermediärer 41, 65, 382, 433, 556.
— MENDELscher s. Mendeln.
— Nachweis an Zwillingen 411.
— psychischer Merkmale 403.
— recessiver 41, 62, 293, 314 bis 360, 379, 382, 385, 404—408, 433, 443, 444.
— unvollständig-geschlechtsgebundener 25, 409, 428, 429.
Erbgleichheit, Zwillinge 396.
Erbkrankheiten 69, 206, 234, 252.
— Klassifikation 31.
— pleiotrope 50.
Erbmasse 472, 473.
Erbmerkmal s. Merkmal.
Erbopfer 548.
Erbprognose 298.
Erbschädigung 234, 235, 236, 247, 270, 278, 279, 280 bis 284, 356.
— Röntgenstrahlen 263, 280 bis 282, 284.
Erb-Umwelt-Problem 390.
Erbsenkamm, Huhn 415.
ererbt 507.
Erethismus 536.
ergotropes Prinzip 534.
Erhaltungsminimum 676, 677.
Erhaltungswahrscheinlichkeit 472, 475, 522.
Erkrankungsbereitschaft, -Disposition (s. a. Krankheitsbereitschaft) 462, 468, 524.
Erlebnis 387.
— Ich- 388.
— Welt- 388.
Erlebniswelt 388.
Ermüdung 466, 545, 546, 547.
Ernährung 367, 392, 464, 473, 509, 513, 516, 517, 522, 530, 533, 558, 560, 648, 650, 654, 655, 656, 661.
— Haustier 568, 571.
— Kaninchen 509.
— Pferd 494.
— Rind 494, 558.
— Säugetier 492, 494.
— Schwein 559.

Ernährungstypus (s. a. Typus digestivus,Verdauungstyp) 512.
Erregbarkeit 515, 516.
— Über- 535.
Erschöpfung 545, 547.
erworben 477.
Erythem 216.
Erythrocyten (s. a. Blutkörperchen, rote) 291.
— Maus 267.
— Pferd 488.
— Rind 488.
— Säugetier 489.
— Schaf 488, 489.
Esel, Domestikation 564.
Eskimide Rassen 633.
Eskimos 441.
Eugenik s. Rassenhygiene.
Eunuchenstatus 472.
eunuchoider Fettwuchs 520, 532.
— Hochwuchs 521, 532.
Eunuchoidismus 521, 529, 532.
euplastischer Typ 526.
Europa, Europäer 294, 592, 595, 610, 611, 619, 621, 622, 625, 626, 629—636, 646—663, 665—677.
Europanthropus 623.
Europide Rassen 356, 441, 635, 653.
eurysomer Typus 511, 520, 524, 525, 528.
Evatomys, Y-Chromosom 15.
Evolution, Makro- 558, 584.
— Mikro- 558, 584.
evolutionistische Theorie der Dominanz 43.
Evolutionstheorien 35, 43, 193, 194, 195, 200, 205, 206, 234, 289, 552, 573.
Exogamie 338, 367.
exogen 477.
Exophthalmus 311.
— Hund 499.
— Schwein 502.
Explantation, Krüperhuhn 116.
Explosivität 531, 536.
Expressivität 51, 52, 53, 54, 55, 56, 57, 58, 61, 67, 136, 168, 316, 383.
exsudative Diathese 481.
extraindividuelle Umwelt 383, 384, 386, 387, 389, 390, 396.
extravertierter Typ 535.
Extremitäten, -anomalien, -mißbildungen 127, 304, 393, 394, 397, 398, 520, 526, 604.
— — Maus 127, 128, 131, 133, 135, 136, 138, 140, 142, 143, 155.
— Hund 499.

Extremitäten, Kaninchen 504.
— Krüperhuhn 113—116.
— Meerschweinchen 276.
— Pferd 500.
— Rind 501.
— Säugetiere 115.
— Schaf 501, 503.
— Schwein 501, 502.
— Sinanthropus 616.
Extremitätenblasen 129.
— Maus 128, 129, 138, 140, 141, 143, 144.
Extremitätengelenke, Pferd 500.
Extremtypen 479.

Fälische Rasse 520, 528, 633 bis 636.
Faktor, Erb- 379.
Faktoren, Ausführungs- 385.
— Determinations- 385.
— M und N 382, 396, 423, 603, 655.
— M und N, Anthropomorphe 603.
— Realisations- 292, 385.
— unilokale 431.
Faktorenaustausch (s. a. Anlagenaustausch, s. a. Crossing-over) 24, 186, 360, 409, 419, 426, 427, 428.
— Drosophila 201, 419.
— ungleicher 181, 182.
Faktorenkoppelung s. Koppelung.
Familienanthropologie 303.
Familienauslese 429.
Familieneigentümlichkeiten 293.
Familienforschung 293, 303.
Familienkunde s. Genealogie.
Familienregister 300, 302.
Familientypus, Habsburgischer 296, 312—314.
Farbbeachtung, relative 388, 402, 446—449.
Farbenblindheit (s. a. Achromatopsia, Rotgrünblindheit) 24, 26, 359, 425.
— totale (s. a. Achromatopsia) 429.
Farbenhören 402, 538.
Farbensinn, Farbtüchtigkeit 388, 408, 410, 424—427.
— -störungen (s. a. Farbenblindheit, Rotgrünblindheit) 436—440, 443.
Farbige 653, 655, 657, 659, 660, 666, 667.
Farb-Ton-Empfindungen 538.
Faser, schlaffe 520, 541.
— straffe 512.
Fayum 593, 594.

Feder, -kleid, Strupphuhn 117, 118, 120, 121.
Fehler der kleinen Zahl 645.
Fehlgeburt 281.
Feinzelligkeit, Säugetier 489.
Feiung, stille 660.
— — Rind 498.
— — Säugetier 496, 498.
Feminismen 521.
Femur, Pithecanthropus 610 bis 612, 616, 617.
— Sinanthropus 616.
Ferkelruß, Schwein 502, 504.
Fermentschwäche der Darmsekrete 542.
Fertilität (s. a. Fruchtbarkeit) 205, 257, 283.
— Maus 260—265, 272, 283.
— Meerschweinchen 251, 268, 276.
— Röntgenassistentinnen 281.
Fetalisationstheorie 585.
Fetalperiode, -leben, -zeit 508, 529, 532.
Fett, Fettansatz, Fettgewebe 512—514, 518, 526, 527, 533, 535, 543.
— Säugetier 486.
— Schwein 502.
Fettablagerung, Strupphuhn 117, 118.
Fettleibigkeit 656.
Fettlokalisation, -verteilung 526, 532.
Fettsucht, Fettwuchs (s. a. Adipositas) 335, 488, 507, 516, 521, 524, 526, 532, 544.
— Maus 504.
— Säugetier 491.
Fettwuchs, eunuchoider 520, 532.
— hypophysärer 520.
Fetus 529.
Feuerländer 441.
Feuerverwendung, Sinanthropus 617.
Fibroblasten 3, 7.
Fibrom, Fibromatose 659, 660.
Filarien 661.
Finger, -mißbildungen 121, 124—127, 307, 310.
Fingerbeere, Fingerhaut, Embryo 121—123, 125.
Fingerbeeren 121, 124—126.
Fingerbeerenmuster (s. a. Papillarmuster) 418.
—, Fingerleisten, quantitativer Wert 121, 396, 418.
Fische, Ei 195.
— Spermien 195.
Flachhuf, Pferd 500.
Flavismus, Wildtier 574.
Fleckfieber, Säugetier 497.
Fleischtypus 511.

Fliegenschimmel, Pferd 493.
Flügel, Ephestia 75—83, 85 bis 87, 90, 92.
— -färbung, Lymantria 73, 80.
— Flügelmuster, Argynnis 75, 87.
— Schmetterlinge 73—92, 172—176.
Flügelschuppen, Schmetterlinge 77.
Flügelzeichnung, Ephestia 75 bis 81, 83, 86, 87, 90.
Flüssigkeitspolster (s. a. Epidermispolster) 418.
Flugunfähigkeit, Insekten 574.
Fluor albus 542.
Follikel, Primär- 250, 251.
Follikelzellen 250.
Foramen anterius, Huhn 134.
— — Maus 134, 135, 144, 161 bis 163.
— — Ratte 134.
— Magendie, Maus 134, 161, 162.
Forellenschimmel, Pferd 493.
Formbeachtung, relative 388, 402, 446—449.
Fortpflanzung 526, 667.
— Wille zur 480.
Fortpflanzungsfähigkeit 259.
— Kaninchen 279.
Fortpflanzungsgemeinschaft 554.
Fragmentation, Chromosomen- 5, 19, 28, 183.
Frambösie 660, 661.
Franken 648.
Frankreich, Franzosen 23, 308, 310, 512, 513, 515, 516, 520, 632, 676.
Frettchen, Geschlechtschromosom 11.
FRIEDREICHsche Ataxie, — Heredoataxie 292, 324—334, 336, 339, 341, 351, 355, 361, 362, 366, 422, 507.
Frigidität 526.
Frizzle 112, 117—121.
Frontalsinus 600.
Frosch, · Digitaliswirkung 462.
Fruchtbarkeit (s. a. Fertilität) 527, 554, 557, 651, 654.
— Säugetier 490, 494.
Fruchtschädigung (s. a. Keimschädigung) 270, 283.
Frühgeburt 392, 400, 543.
Frühgeburtsstigmata 392, 393.
Frühjahrsgipfel der Tetanie 530.
Frühreife 530.
— Haustiere 560.
— Säugetier 490, 491.
— totale 529.
Fuchs, Blau- 564.
— Domestikation 564.

Fuchs, Gefangenschaftsver-
    änderungen 492, 561,
    562, 572.
— Hirn, -gewicht, -schädel
    561, 572.
— Körpergewicht 561.
— Körperlänge 561.
— Platin- 564.
— Schädel 561.
— Silber- 492, 564.
Fürstengeschlecht, Fürsten-
    haus (s. a. Herrscherge-
    schlecht) 301, 358.
Funktionen von SHERRING-
    TON, integrale 534.
Funktionskreis 387, 388.
Furchung 198, 199, 257.
— Maus 399.
Furunkulose 516.
Fuß, -anomalien 124, 130, 139,
    603.
— Greif- 603.
— Klump- 411, 539.
— Knick- 543.
— Platt- 520.
— Spreiz- 543.
Fußplatte 127, 143.

Galago 606.
Gallensteinkolik 526.
Galleria 105.
— Hormon, Verpuppungs-
    110.
— Verpuppungshormon 110.
Gallus s. Huhn.
Gameten 198, 207.
Gametogenese 198.
Gammastrahlen 208, 215, 217,
    220, 221, 227, 235.
Gang 545.
— aufrechter 598, 603, 604,
    607.
Ganzheit 372—374, 376, 387,
    446, 463, 464, 466, 469,
    471, 473, 476, 477, 521,
    533, 534, 546.
Gastraeatheorie 585.
Gastrula, Maus 146, 152.
Gattenwahl 299, 316, 411, 414,
    415, 482, 548.
Gattungsmerkmale,
    systematische 199.
Gaumen, Schwein 563.
Gaumenspalte 393.
— Rind 501.
— Säugetier 398.
— Schaf 503.
— Schwein 502.
— Ziege 503.
Gautyp 528.
Gebärfähigkeit 527.
Gebärmutter, Schwein 503.
Gebärtüchtigkeit 512.
Gebirge 365, 647.

Gebiß 289, 290, 479, 603, 614,
    615.
— Australopithecus 597.
— Menschenaffen 598.
— Pferd 500.
— Sinanthropus 598.
— Wolf 561.
Geburt 526, 529, 675.
— Früh- 340, 392, 543.
— — Stigmata 392, 393.
— von Zwillingen in ver-
    schiedenen Jahren 300.
Geburtenbeschränkung 676.
Geburtenfolge 300.
Geburtenhäufigkeit 665.
Geburtenrückgang 346.
Geburtenziffer 649, 676.
Geburtsgewicht 392, 393.
— Maus 392.
— Meerschweinchen 259, 277.
    280.
— Ratte 273.
Gedächtnis 387.
Gefangenschaftsveränderun-
    gen (s. a. Domestikation)
    498, 561—563, 572.
— Fuchs 492, 561, 562, 572.
— Gorilla 562.
— Wolf 560, 561, 562.
Gefäße, Gefäßleiden 516, 530,
    535.
— Haut- 393, 396.
Gefäßsystem, Maus 129.
Gefüge 446, 461, 476.
Gefühllosigkeit 388, 663.
Gegenauslese 361.
Geher 547.
Gehirn s. Hirn.
Gehör 538.
Gehörorgan 292.
Geiseltal 590, 592.
Geisteskrankheiten 318, 347,
    417, 533, 661, 662, 663.
Gelbfarbigkeit, Maus 340, 399,
    504.
Gelbfieber 497, 659, 660.
Gelehrte 537.
Gelenk, Hand- 526.
— Hüft-, Luxation 288, 411.
— Knie-, Versteifung 539.
Gelenke 519, 533, 535.
Gelenkrheuma 516.
Gelenksankylosen, Rind 501.
Gemini 13, 14, 16, 17.
Gemse, Lebenszähigkeit 495.
Gemüt 331, 516, 518, 542.
Gen 1, 2, 25, 62, 73, 105, 195,
    197, 232, 245, 365, 374,
    377—380, 382—386, 389,
    464.
— Begriff 378—380.
— Haupt- 38, 39, 51, 52, 54,
    56, 61, 67—69, 128 bis
    130, 135, 136, 138, 141
    bis 143, 417.

Gen und Merkmal 32—50,
    67—69, 192.
— Primärwirkung 107, 154,
    157, 161, 167, 169, 171,
    172, 189, 191.
— Signal- 182.
— Wirkungsfeld 52, 54, 55,
    56, 58, 187.
Gene, allele 57, 187, 382, 383,
    385, 386, 401, 430.
— autosomale, Koppelung
    421—423.
— chemische Struktur 187.
— dominante (s. a. Dominanz)
    379.
— — mit recessiver Letal-
    wirkung 399.
— geschlechtsgebundene s.
    Geschlechtsgebunden-
    heit.
— labile 38, 293, 307, 308,
    335, 338, 346, 363, 399.
— letale s. Letalfaktoren.
— — sub- s. Subletalfaktoren.
— Markierung 255, 266.
— Modifikations- (s. a. Gene,
    Nachbar-, Neben-) 38,
    39, 42, 43, 49, 51—53,
    56, 65, 67—69, 128, 135
    bis 138, 141—143, 411,
    415, 419, 443.
— Nachbar- (s. a. Gene, Modi-
    fikations-, Neben-) 187.
— Neben- (s. a. Modifika-
    tionsgene) 417.
— pleiotrope s. Pleiotropie.
— Positionseffekt 31, 181 bis
    190, 189, 190, 191, 192,
    226.
— recessive (s. a. Erbgang,
    recessiver) 379.
— sammelnde 401, 402, 447,
    448.
— Seriierung 378.
— Stabilität 223, 224.
— subletale s. Subletal-
    faktoren.
— Topographie (s. a. Gen-
    lokalisation) 378.
— übergeordnete 401, 402, 447.
— vitale 340.
— Wertigkeit, entwicklungs-
    physiologische 401.
— Zusammenarbeit der 401.
Genealogie 293—303, 367 bis
    370.
Generationen, Tendenz zu
    langen 301.
Generationsdauer 301, 302.
Generationsrhythmen 300.
Generationsverschiebung 301.
Genetik der Gesamtperson
    446, 476.
Genetische Entwicklungs-
    physiologie 31, 68, 73 bis
    180, 172—180, 192.

Gengesellschaft 386.
Genhormone 50, 92, 105, 107,
108, 192.
— Drosophila 106, 107, 172.
— Ephestia 106, 107, 172.
— Habrobracon 106.
Geniale, Genie 295, 312, 477,
514, 534, 537, 538, 540.
Genie und Irrsinn 537.
genisch 381.
genische Umwelt (s. a. geno-
typisches Milieu) 386.
Genkarte, X-Chromosom 25,
26, 429, 430.
Genketten 436.
Genlokalisation (s. a. Gene,
Topographie, Chromo-
somenkarte) 195.
Genmanifestation,-manifestie-
rung 31—72, *70—72*, 73
bis 180, *172—180*, 191, 405.
Genmanifestierung, Intensität
der 50—53, 56, 58, 69,
70.
— Konstanz der 36—38.
— Papillarmuster 121.
— polare 35, 36.
— Schema 69.
— Spezifität der, s. Spezifität.
— Symmetrieverhältnisse 58
bis 62.
— variable 36—38, 50, 56
bis 58, 60, 67, 68.
Genmilieu, Genumgebung (s.
a. genotypisches Milieu)
136, 187, 188, 192, 292,
421.
Genmutation s. Mutation.
Genom 46, 67, 202, 283, 290,
377, 378, 380, 381, 383,
386, 389.
— artfremdes 112.
— diploides 381.
— Gesamt- 386.
— haploides 381.
— Rest- 386.
— Umwelt des 391, 392.
Genommutation 197, 198, 234.
Genort (s. a. Chromosomort) 2.
Genotypische Konstitution
473.
Genotypisches Milieu (s. a.
Genmilieu) 51, 52, 55—58,
61, 68, 338, 386, 407, 443.
Genotypus 32, 47, 68, 69, 197,
374, 381, 463, 467, 470,
473, 475, 481, 645.
— Rest- 51.
Genquantität 66.
Genrealisation 181, 191, 192.
Genstruktur 188, 228, 230,
231, 234.
Genwirkstoffe 50, 92, 107, 108,
192.
— Drosophila 106, 107, 172.
— Ephestia 106, 107, 172.

Genwirkung 181, 188, 430.
— additive, Drosophila 40.
— intracelluläre 192.
— Mechanismus der 189.
— primäre 107, 154, 157, 161,
167, 169, 171, 172, 189,
191.
Genzahl und Hormonwirkung
108.
— und Merkmal 38—41.
Geographische Isolation 575.
Geopsychische Umwelt 390.
Germanen 358, 636, 648, 668,
672.
Germinale Mutation 198.
Gerste, Bestrahlung 208, 214.
— Mutation, -srate 195, 216.
— Samen 214.
— Schwermetallsalze 214.
Geruch, Haut- 656.
— Rassen- 656.
Gesamtkonstitution 466, 468,
474, 546, 653.
Gesamtmutation 201, 222.
Gesamtperson, Genetik der
446, 476.
Gesamtverfassung (s. a. Kon-
stitution) 485.
Gesäß 527.
Geschlecht, weibliches, Kör-
perbautypen 525—527.
Geschlechterkunde 293—303,
367—370.
Geschlechtsapparat, Rind 501.
Geschlechtsbestimmung 25,
401, 428, 448.
Geschlechtsbestimmungs-
mechanismus 65.
Geschlechtscharaktere (s. a.
Sexualität) 448, 470, 512.
Geschlechtschromosomen (s. a.
X-Chromosom, Y-Chro-
mosom) 3, 5, 8, 14, 16, 18,
20, 22, 23, 64, 65, 427.
— Cebus 17.
— Frettchen 11.
— inerte Region 187.
— Macacus 17.
— Macropus 15.
— Maus 11, 273.
— Neger 17.
— Opossum 17.
— Pferd 17.
— Ratte 11.
— Säugetier 15, 20.
Geschlechtschromosomen-
mechanismus 12—21, 26.
Geschlechtsentwicklung,
anomale 445.
Geschlechtsfunktionen, weib-
liche 653—655.
Geschlechtsgebunden-domi-
nanter Erbgang 409, 428.
Geschlechtsgebundene Letal-
faktoren, Drosophila 202,
203, 235.

Geschlechtsgebundene Mutationen (s. a. Ge-
schlechtsgebunden-
heit) 199, 255, 364.
— — Drosophila 44, 210, 214,
215, 218, 220, 222,
223, 226, 232, 233.
Geschlechtsgebundener Erb-
gang, unvollständig- 25,
409, 428, 429.
Geschlechtsgebundenheit 24,
25, 42, 64, 199, 255, 340,
356—360, 364, 399, 404,
406, 408, 409, 411, 416,
419, 421, 423—430.
Geschlechtshabitus, -typus,
Säugetier 487.
Geschlechtshormone 378.
— Säugetier 487.
Geschlechtskrankheiten 675.
Geschlechtsmerkmale, primäre
532.
— sekundäre 532.
Geschlechtsorgane 516, 675.
— Pferd 500.
Geschlechtsproportion s. Ge-
schlechtsverhältnis.
Geschlechtsrealisation 449.
Geschlechtsreife 653, 654.
Geschlechtstypus, Pferd 487.
Geschlechtsverhältnis, Droso-
phila 399.
— Meerschweinchen 269, 274,
277.
— Verschiebung des 269, 675.
Geschlechtszellen 217.
— Ur- 8.
Geschmacksblindheit 402, 422.
Geschmackspapillen 402.
Geschmacksqualitäten 402.
Geschwisterehe (s. a. Inzest)
316.
Geschwülste (s. a. Carcinom)
28, 508, 529, 660.
Gesetz der homologen Reihen
46.
Gesicht 393, 535.
Gesichtsspalten 393, 416.
Gesichtstypus der Habsburger
296, 312—314.
Gestalt, -problem 477, 479.
Gesundheit, Begriff der 480.
Gewebe, passive 533.
— Widerstandsfähigkeit 540.
Gewebekultur 3, 533.
Gewebskonstitution 464.
Gewebsspannung, -turgor 515,
530.
Gewicht s. Körpergewicht (s.a.
Geburtsgewicht).
— Organ- 463, 513.
Gewinn-Mutation 289.
Gewöhnung 547.
Gibbon 593, 594, 600, 601,
606, 608, 609, 612.

Gicht 516.
Gifte 246, 392, 464, 509.
— Keim- 251, 252, 254, 280
　　bis 283, 365.
— Rausch- 509.
Giftempfindlichkeit, -festig-
　　keit, Säugetiere 491, 495.
Gigantismus 488.
Glandula pinealis 529.
Glasäugigkeit, Pferd 499.
Glatzenbildung, frühzeitige
　　516, 532.
Gleichgewichtsstörungen,
　　Maus 159, 162, 167.
Gliedmaßen s. Extremitäten.
Glioma retinae 399.
Glomerella, Strahlengenetik
　　209.
Göttingen 395.
Gonaden s. a. Keimdrüsen.
— Drosophila 219.
— Strupphuhn 117, 118.
Gonorrhöe 497, 675.
Gopher, Farbaberration 574.
Gorgonopsia 588.
Gorilla 594, 595, 600, 602, 606
　　bis 609, 621.
— Blutgruppen 603.
— Gefangenschaftsverände-
　　rungen 562.
— Intermembralindex 604.
— Körpergröße 600.
— Körperproportionen 604,
　　605.
— Schädel 562, 600.
— Schädelkapazität 620.
— Stirnhöhlen 600, 601.
— Unterkiefer 619.
Gossipium, Strahlengenetik
　　209.
Goten 648.
Gramineae, Strahlengenetik
　　209.
Granuloma venereum 675.
Gravidität (s. a. Schwanger-
　　schaft) 531, 545.
— Meerschweinchen 268.
Greiffuß 603.
Greisenalter 540.
Grenzstrahlen 217, 220, 221,
　　226—228.
Griechen, Griechenland 361,
　　647, 648, 672, 676.
Grimaldi 633.
Grippe 546.
Grobzelligkeit, Säugetier 489.
Grönland 673.
Größe s. a. Körpergröße.
Größenwuchs 441.
Großaffen 594, 608.
Großstadt (s. a. Stadt) 509,
　　513, 649, 673.
Großwuchs, -wüchsigkeit 442,
　　654, 673.
Grünblindheit 436, 438, 440.

Grünschwäche 426, 427, 436
　　bis 440.
Grundformen JAENSCH 535.
Grundunterschied 379.
Guarani 673.
Gymnastik 517, 521.

Haar, Alters-, Pferd 493.
— -anomalien 493, 519, 520,
　　530, 535, 545.
— Hund 488, 493, 503.
— Kaninchen 566, 567, 571.
— Lanugo-, 393, 488.
— Pferd 488.
— Schlicht- 441.
— Spiral- 441.
— Stammbehaarung 532.
— Straff- 441.
— Terminal- 522.
Haardichte, Maus 403.
Haarfärbung, Hase 556.
Haarfarbe 396, 422, 545, 653.
— Maus 268.
Haarlosigkeit, -mangel, Katze
　　503.
— Schwein 502.
Haarwechsel, Pferd 493.
Haarwellung, Maus 267.
Haarwirbel, Drehsinn 422.
Haarwuchs, Maus 135, 144.
Habitus (s. a. Konstitution,
　　Körperbau, Status, Tem-
　　perament, Typ) 448, 477,
　　508, 509, 511, 512, 518,
　　520, 521, 527, 532, 533.
— apoplecticus 511, 517, 519,
　　524.
— arthriticus (s. a. Arthritis,
　　Arthritismus) 512, 524.
— asthenicus 511, 516, 517,
　　519, 524, 542, 543.
— athleticus s. Athletiker.
— athletischer s. Athletiker.
— carcinomatosus 511, 512.
— digestivus s. Typus, dige-
　　stiver.
— Geschlechts-, Säugetier
　　487.
— infantilis (s. a. Infantilis-
　　mus) 511.
— laxus 524.
— lymphaticus (s. a. Lym-
　　phatiker) 512.
— oligochondroplastischer
　　532.
— phtisicus 511, 512, 524.
— plethoricus 511, 512, 519,
　　524.
— pyknischer s. Pykniker.
— Säugetier 485, 490, 491,
　　493.
— scrofuloso-phtisicus 511.
Habrobracon, Auge, Augen-
　　farbe 105, 106.

Habrobracon ivory 105, 106.
— Mosaik-Wespen 105.
— orange 105, 106.
— Strahlengenetik 208, 209.
— Transplantation 106.
— Wirkstoffe 106.
Habsburger Unterlippe 312,
　　313.
Habsburgische Progenie 313,
　　314.
Habsburgischer Gesichtstypus,
　　Familientypus 296, 312,
　　313, 314.
Hämoglobin 655.
— Pferd 488.
— Rind 488.
— Säugetier 489.
— Schaf 488, 489.
— Strupphuhn 118.
hämolytische Anämien 291.
hämolytischer Ikterus 659.
Hämophilie 24, 246, 356, 357,
　　358, 359, 360, 366, 405,
　　421, 423, 424, 425, 426,
　　444, 445, 472, 481.
Häutung, Schmetterlinge 109,
　　111.
Häutungshormon, Rhodnius
　　109.
Hafer, Röntgenbestrahlung
　　222.
Halbaffen 591.
— Ohr 591.
Halbseiten-Minderwertigkeit
　　537.
Hals, -umfang 524, 544.
— Säugetier 486.
Hamster, Melanismus 204,
　　205.
— Rassenbildung 204.
Hand 122, 123, 124, 535.
— Handplatte, Embryo 121,
　　123, 125, 127, 143.
Handgelenk 526.
Handpolster 126.
Handspitzenkultur 630, 631,
　　634, 636.
Handwerk 522.
Hangeler 607.
HANHARTscher Zwergwuchs
　　(s. a. Zwergwuchs) 329,
　　335, 336, 338, 362, 541.
Hapaliden 607.
Haploidie 15, 198.
Harmonie, Spezies- 652, 667.
Harmonisch-äquipotentielles
　　System 82.
Hase 564.
— Albinismus 574.
— Chinchillafärbung 574.
— Haarfärbung 556.
— Rassenbildung 575, 576.
Hasenscharte 393, 416.
— Hund 503.
— Katze 503.

Hasenscharte, Maus 393.
Haushuhn s. Huhn.
Hausmaus (s. a. Maus) 492.
Haustiere s. a. Säugetiere.
— Albinismus 573.
— Ernährung 568, 571.
— Frühreife 560.
— Hypophyse 572.
— inkretorisches System 572.
— Körpergewicht 560.
— Konstitutionstypen 485, 511.
— Mutationsrate 574.
— Rassen, -bildung 552, 553, 555, 556, 563—573, 633.
— Schädel 572.
— Variabilität 203.
— Verwilderung 553, 573, 577.
— Zahnanomalien 571.
Haustierwerdung (s. a. Domestikation) 562.
Haut (s. a. Epidermis) 519, 522, 530, 535, 545, 634, 661.
— embryonale, Maus 136.
— Hund 494, 499.
— Pferd 499.
— Rind 501.
— Säugetier 504.
— Schwein 492, 502.
— Strupphuhn 120, 121.
Hautanomalien, Maus 133, 136, 137, 144, 265, 403.
Hautbasilome 27.
Hautdrüsen 656.
Hautfarbe 396, 656.
Hautgefäße 393, 396.
Hautgeruch 656.
Hegel 299.
Heidelberg 356.
Helligkeitsverteilung, spektrale 439.
Hemeralopie (s. a. Nachtblindheit) 310, 352, 421, 426, 427, 481.
— Typ Nougaret 310.
Hemiachondroplasie 532.
Hemiptera, Corpus allatum 108.
hereditär 507.
Heredoataxie (Friedreich) 292, 324—334, 336, 339, 341, 351, 355, 361, 362, 366, 422, 507.
— spinale 329, 341.
Heredodegeneration 292, 293, 311, 317, 341, 352, 355, 363, 364, 477, 481, 482, 507.
Heredopathia acustico-optico-cerebrospinalis 292.
Hering 510.
Hermaphroditismus, Schaf 503.
Hernien 393, 394.

Herrschergeschlecht, Herrscherhaus (s. a. Fürstengeschlecht) 308, 361.
Herz, -leiden 467, 514, 516, 542, 544, 546,
— Maus 159, 165, 167, 168.
— Pferd 489.
— Ratte 165.
— Rind 489.
— Säugetier 486, 488.
— Strupphuhn 118.
Herzgewebe 3.
Heterochromosomen, Nagetiere 15.
— Säugetier 14.
Heterogametie 64, 254.
heterogene Merkmalsgruppen 44—47, 67, 69, 191.
Heterogenesis 195.
Heterokinese 22.
heteromorphe Allele 66.
Heterophänie 311, 375, 405.
Heteroploidie 22, 197, 198.
Heteropyknose 12.
Heterosis der Bastarde 279.
Heterotypie 28.
Heterozygoten-Problem 405.
Heterozygoter, erster 299, 301.
Heterozygotie 41, 42, 43, 53, 382, 405, 556, 664, 665.
— Inversions- 20, 23.
Hethiter 647.
Heuschrecken, Hoden 248.
Hindu 518.
Hirn, Australopithecus 596.
— Ephestia 92, 93, 95, 96, 110.
— Fuchs 561, 572.
— Hund 499.
— -anomalien, -mißbildungen 144, 290, 291, 292, 397, 414, 513, 534, 536, 537, 603, 625, 653, 658.
— — — Maus 121, 129, 132, 134, 135, 144 bis 154, 159—171, 261, 267.
Hirnflüssigkeit s. Cerebrospinalflüssigkeit.
Hirngewicht 511.
Hirngliom, Pferd 500.
Hirnhäute, Maus 163, 164.
Hirnhernien, Maus 159, 160, 164, 165, 167.
Hirnschädel 513, 571, 618.
— Africanthropus njarasensis 617.
— Eoanthropus 623.
— Fuchs 561.
— Neandertaler 618.
— Pithecanthropus 618.
— Schimpanse 618.
— Sinanthropus 618.
— Wolf 560.
Hirnvergrößerung, phylogenetische 585.

Hirnvolumen 511.
Hirsch, Albinismus 574.
— Verpflanzung nach Neuseeland 672.
Hirschmaus, Färbung 39.
histotropes Prinzip 534.
Hitze (s. a. Temperatur, Wärme).
Hitzemutation, Drosophila 91.
Hitzeversuche 251.
— Maus 253.
Hochathletische 520.
Höchstleistungen 539, 545.
— geistige 540, 657.
Hochwuchs, Hochwüchsigkeit 468, 516. 521.
— eunuchoider 521, 532.
Hoden 5, 251, 252, 253, 263, 529, 530.
— Drosophila 218.
— Heuschrecken 248.
— Kaninchen 249, 253, 279.
— Maus 249, 262.
— Ratte 249.
— Rind 501.
— Röntgen-, Kaninchen 247.
— — Maus 247.
— — Meerschweinchen 247.
— — Ratte 247.
— — Säugetier 247—249.
— — Schaf 249.
— Säugetier 247—249.
— Schmetterlinge 93.
Hodentransplantation, Ephestia 93, 95.
Hodenzellen, indifferente 248.
Höhlentiere, blinde 574.
Hölderlin 299.
Holacranie 144.
Holländer 670, 672.
Hominiden 584, 585, 594, 595, 597, 598, 600, 604, 606, 607, 608, 609—631.
— Prä- 584, 609.
homme moyen 478.
Homochronie 352, 355.
Homoerotik 537.
Homo heidelbergensis 597, 606, 607, 622, 623.
— modjokertensis 611, 612.
— neandertalensis s. Neandertaler.
— primigenius (s. a. H. neandertalensis) 607.
— rhodesiensis 607, 628.
— sapiens 599, 607, 629, 630, 631, 632, 633.
— — diluvialis 631, 632.
— soloensis 612, 628.
— steinheimensis 623.
homologe Chromomeren 2, 12.
— Chromosomen 4, 10, 12, 24, 382, 430.
— Mutationen 46, 573.
— Reihen, Gesetz der 46.
Homosexualität 537.

Homotypie 352, 355.
Homozygotie 41, 199, 304, 361, 382, 398, 405, 663, 664.
Homunculus 606.
Hordeum, Strahlengenetik 209,
Hormone (s. a. endokrin, s. a. Wirkstoffe) 63, 105, 488, 528, 530,
— a+-, Schmetterlinge 94.
— Gen- 50, 92, 107, 108, 192.
— — Drosophila 106, 107, 172.
— — Ephestia 106, 107, 172.
— Geschlechts- 378.
— — Säugetier 487.
— Häutungs-, Rhodnius 109.
— Hemmungs-, Rhodnius 109, 110.
— Metamorphosen- s. Hormone, Verpuppungs-.
— — Ephestia 96.
— morphogenetische 529.
— morphokinetische 529.
— Verpuppungs- 96, 108 bis 112, *176—178*.
— Wachstums- 529.
Hormonversorgung, mütterliche 529.
Hornhaut s. Cornea.
Hornlosigkeit, Säugetier 499.
Hottentotten 441.
Hüfte 527.
Hüftgelenksluxation 288, 411.
Hüftverrenkung 288, 411.
Hühner, blaue Andalusier 556.
Huf, Pferd 499, 500.
Huhn, Bleiacetatfütterung 279.
— Domestikation 564.
— Erbsenkamm 415.
— Foramen anterius 134.
— Kamm 415.
— Krüper- 112—116, 118, 172, 291.
— Medullarplatte 145.
— Mutation 112.
— Röntgenbestrahlung 209, 251.
— Rosenkamm 415.
— Strahlengenetik 209.
— Strupp- 112, 117—121.
— Walnußkamm 415.
Humerus, Sinanthropus 616.
Hund, Achondroplasie (s. a. —, Chondrodystrophie) 488.
— Akromegalie 499.
— Albinismus 503.
— Altersgrauen 493.
— Altersmerkmale (s. a. —, Senium) 488.
— Alterstumoren 493.
— Augen 503.
— Augenfalten 493.
— Brunstschwäche 504.
— Bulldogge 487, 503.
— Chinesen- 503.

Hund, Chondrodystrophie (s. a. —, Achondroplasie) 499.
— Dachs- 488, 499, 504.
— Dogge 556, 569.
— Domestikation 564, 572.
— Eklampsie 504.
— Exophthalmus 499.
— Extremitäten 499.
— Gebiß 493.
— Haar 488, 493.
— Haarlosigkeit, Haarmangel 503.
— Hasenscharte 503.
— Haut 494, 499.
— Hirn 499.
— Hungerkondition 494, 496.
— Hydrocephalus 571.
— Hypophyse 499.
— Infektionskrankheiten 497.
— Katarakt 504.
— Kehlkopf 503.
— Keimdrüsen 493.
— Kondition, Hunger- 494, 496.
— Konstitution 486, 487.
— Körpergröße 557, 572.
— Kryptorchismus 504.
— Mammasarkom 493.
— Mikrocephalie 499.
— Milzbrand 495, 496, 497.
— Mißbildungen 503.
— — Spalt- 503, 504.
— Mutation 499.
— Nasenspalte 503.
— norwegischer Hasen- 503.
— Parathyreoidea 499.
— Pekinese 503.
— Rasse, -bildung 486, 499, 557, 571.
— Rassenkreuzung 448.
— Riesen- 488, 499.
— Schädel 499, 569, 570, 571, 572.
— Scheckung 573.
— Senium (s. a. —, Alters-) 493, 494.
— Spaltmißbildungen 503, 504.
— Sprenkelung 503.
— Star 504.
— Taubheit 503.
— Thymus 488.
— Thyreoidea 499.
— Tigerung 556.
— Tuberkulose 497.
— Typhus 496, 497.
— Typus digestivus 486.
— — respiratorius 486.
— Verwilderung 577.
— Wachstum 488, 499.
— Wild- 577.
— Wind-, 486.
— Wirbelsäule 499.
— Wolfsrachen 503.
— Zwergrassen 499, 557.

Hunger s. a. Inanition.
— Kaninchen 496.
Hungerkondition 494, 496.
Huntington-Chorea 310, 311, 406, 407, 420.
Hydrocephalie 168, 363, 514, 521.
Hydrocephalus, Hund 571.
— Maus 168—172, 293, 397.
— Rind 501.
Hylobates agilis 608.
— Intermembralindex 604.
Hylobatiden 594, 600, 607.
— fossile 600.
— Körperproportionen 602, 604.
Hymenopteren, Augenpigmente 106.
Hyperchlorhydrie 516.
hypergenitale Konstitution, Hypergenitalismus 532.
hypergenitaler Typ 531.
hypermorphe Allele 65.
hyperontomorpher Typ 525.
hyperphylomorpher Typ 525.
hyperpituitäre Konstitution, — Typ 531, 532.
hyperplastischer Typ 526, 527.
Hyperploidie 5, 21, 22, 28, 247, 257, 261.
Hyperstheniker 536.
hypersuprarenaler Typ 531.
Hyperthyreoidismus 518, 529, 531.
— Strupphuhn 118, 119, 120, 121.
Hypertonie 516, 526, 532, 655.
Hypodaktylie, Maus 138, 139, 140.
hypogenitale Konstitution, Hypogenitalismus 469, 532, 545.
hypogenitaler Typ 531.
Hypoglykämie 532.
hypomorphe Allele 65, 188.
Hypomorphie 65—67, 188, 192.
hypoontomorpher Typ 525.
hypoparathyreotische Konstitution 531.
hypophylomorpher Typ 525.
hypophysärer Fettwuchs 520.
Hypophyse, Haustiere 572.
— Hund 499.
— Maus 150, 167, 168.
— Reizbestrahlung 532.
— Rind 491.
Hypophysenvorderlappen 280, 312, 335, 393, 488, 529 bis 532.
hypopituitäre Konstitution, — Typ 531, 532.
Hyporchismus 530.
Hypospadie, Pferd 500.
hyposuprarenale Konstitution, — Typ 531, 532.

Hypotension 532.
Hypothermie 532.
Hypothyreoidismus 518, 531.
— Strupphuhn 118, 119.
Hypotrichosis, Rind 501.
— Schwein 502.
Hypovarismus 530.
Hysterie 526.

Icherlebnis 388.
Ichthyosis congenita 399.
Ichthyostegiden 587.
Ictidopsis 587, 588.
Ictidosauria 587.
Idealnorm 478.
Identifizierung 510.
Identitätsnachweis, intuitiver 465.
Ideosphäre 390.
idiodispositionelle Schäden 472.
Idiokinese 289, 364—370.
Idioplasma 377.
Idiosynkrasien 292, 472.
Idiotie 348, 363, 445.
— amaurotische 291, 292.
— — infantile 356, 399.
— — juvenile 292, 355, 356.
— mongoloide 363, 390, 391, 392, 476, 508.
Idiotypus 474.
Idiovariant, Idiovariante 299, 301, 314.
Idiovariation (s. a. Mutation) 195, 289—291, 299, 300, 314, 481, 558.
Igel, Albinismus 574.
— Giftfestigkeit 495.
Ikterus, hämolytischer 659.
Imbezillität 363, 445.
Immunisierung 516, 543.
Immunität 464, 473, 652, 659, 660.
— Durchseuchungs-, Säugetier 497.
— Fleischfresser 495.
— Pflanzenfresser 495.
— Rassen- 660.
— Ratte 495.
— Säugetier 495.
Immunreceptoren 422, 423.
Implantation des Keims, Maus 156, 157, 159, 166, 167, 170, 261, 262, 268.
Impotentia coeundi, Rind 501.
Impotenz, Schwein 503.
Inanition s. a. Hunger.
— Säugetier 496.
— Schwein 492.
Indianer 441, 442, 672.
Indices 510.
Indien 594, 647, 648, 659, 673.
— Niederländisch- 653, 654, 659, 666, 669, 670, 674.

Individualanatomie 510.
Individualität 446, 473, 476, 509, 510.
— Zwillinge 510.
Individualplasma 467.
Individualpsychologie 538.
Individualspezifität, biochemische 467.
individuelle Blutdrüsenformel 531.
individuelles Tempo 442, 443, 446, 447, 449.
Individuum 374, 381, 387, 388, 389, 467, 510, 546.
Indoeuropäer 666.
Indogermanen 634, 636, 647.
— Ur- 634.
Induktion, somatische 212.
inerte Region der Autosomen, Drosophila 185.
— — der Geschlechtschromosomen 187.
Infantilismus, asthenischer 541.
— infantiler Habitus 508, 511, 521, 526, 541, 545.
— partieller 532, 537.
— totaler 532.
Infektion 387, 389, 393, 464, 473.
— intrauterine 392.
— psychische 663.
Infektionskrankheiten 47, 652, 659, 674.
— Säugetier 490, 491, 494 bis 498.
Infeld (Schmetterlingsflügel) 84.
Influenza, Säugetier 497.
infrarotes Licht 220.
Inhalationsmethode, Alkohol- 270, 273, 274.
Inkas 316, 361.
Immorality Act 666.
Innenohrschwerhörigkeit 292, 344.
Innenwelt der Tiere 387, 388.
innere Drüsen s. endokrin.
— Umwelt 398.
inneres Milieu 61, 62, 68, 69, 191.
Innsbruck 395.
Insectivoren 589, 590, 592.
Insekten, Augenpigmentierung 96—106, 172—176.
— Entwicklungsphysiologie, genetische 73—112, 172—177.
— Flügelmuster 172—176.
— Flugunfähigkeit 574.
— Metamorphose, Hormonregulierung 108—112.
— Metamorphose-Hormone s. Verpuppungshormone.

Insekten, Pigmentierung 107.
— Strahlengenetik 209.
— Wirkstoffe s. Genhormone.
Insektenfresser 589, 590, 592.
Insel Engano 672, 675.
— Krk 323, 338.
Inseln 365, 574, 575, 577, 675, 676.
— malayische 665, 673.
Instabilité thyréoidienne 531.
Instinkte, Pferd 489.
— Rind 489.
— sexuelle 557.
Insuffizienzgefühl (s. a. Minderwertigkeitsgefühl) 538.
Integrale Funktionen von SHERRINGTON 534.
Integrierter Typ 535.
Intelligenz 328, 331, 513, 516, 530, 657, 658, 668.
Intelligenztests 656, 657.
Intensität der Genmanifestierung 50—53, 56, 58, 69, 70.
Interessantheitsauslese 415.
Intermediär, intermediärer Erbgang 41, 65, 382, 433, 556.
Intermembralindex 604.
— Gorilla 604.
— Hylobates 604.
— Orang-Utan 604.
— Schimpanse 604.
Intersexualität 21, 360, 537, 557.
— Drosophila 21.
— Lymantria 73.
intersexueller Typ, weiblicher 525, 526, 527.
Intoxikation s. Gifte.
intrafamiliäre Spezifität 443.
— Variation 421.
intraindividuelle Entwicklungsbedingungen 395.
— Umwelt 383, 386, 395, 396, 397.
— Variation 68.
intrauterine Einflüsse, — Infektion, — Umwelt 386, 392, 393, 395, 536, 543.
introvertierter Typ 535.
Intuition 465.
intuitiver Identitätsnachweis 465.
Inversion 2, 183, 187—189, 197, 198, 201, 205, 206.
Inversions-Heterozygotie 20, 23.
Inzest 314, 316, 317.
— Pferd 494.
— Rind 502.
— Säugetier 499.

Inzucht 51, 56, 61, 145, 156, 255, 269, 273, 275, 276, 279, 291, 308, 312, 316, 317, 319, 321, 323, 354, 361, 367, 443, 501.
— Ratte 367.
Inzuchtdörfer, -gebiete 293, 294, 295, 296, 298, 300, 316, 320, 323, 324, 325, 326, 328, 329, 334, 336, 337, 338, 341, 344, 346, 350, 351, 352, 355, 361, 362, 363, 364, 366.
Inzuchtschäden 366.
— Drosophila 367.
Inzuchtstämme Säugetier 254.
Ionisation 220, 228, 229, 230.
Iris, Rind 501.
Irresein, manisch-depressives 396, 414, 416, 417, 418, 516, 518, 533, 662.
Irresponsivität 480.
Irritabilität 535, 536.
Isolation 555, 566, 575, 577.
— geographische 575.
— jahreszeitliche 576.
— ökologische 575, 576.
— physiologische 575.
— psychische 576.
— sexuelle 576.
Isolationsmechanismen 575.
Italien 296, 478, 516, 517, 520, 539, 666, 676.

Jaenschs B-Typus (Basedow-Typ) 535.
— T-Typus (Tetanie-Typ) 535.
jahreszeitliche Isolation 576.
Jamaica 666.
Japan, Japaner 7, 8, 24, 293, 441, 539, 649, 653, 656, 673, 677.
japanische Läufer 515.
— Ringkämpfer 512.
Java 610—612, 615, 617, 628, 629, 654, 656, 659, 661, 662, 673, 674.
Jochbogen 632.
Jod 233, 509, 530.
Juden 321, 527, 662, 668.
jüngere Stammesgeschichte 584—644, *636—644*.
Jugendalter 509, 518, 645.
Jugendform, pralle 525, 526.
Jung, C. G., Typologie 535.

Kachexie 509.
Kaffee s. Coffein.
Kaja-Kaja 675.
Kakadu, Einbürgerung 672.
Kalymma 1.
Kamm, Huhn 415.
Kampf ums Dasein 553.
Kanada 649.

Kaninchen, Albinismus 496, 566, 567, 568, 574.
— Alkoholversuche 206, 252, 253, 270.
— Angora- 567, 568, 574.
— Antikörperbildung 496.
— Befruchtungsfähigkeit 279.
— Besamung, künstliche 258.
— Bleiacetatfütterung 279.
— Bruzellose 498.
— Coffeinversuche 253, 278.
— Deckfähigkeit 279.
— Domestikation 564, 565.
— englische Scheckung 556.
— Ernährung 509.
— Extremitäten 504.
— Fortpflanzungsfähigkeit 279.
— Haar 566, 567, 571.
— Hoden 249, 253, 279.
— — Röntgen- 247.
— Holländerscheckung 566.
— Hunger 496.
— Infektionskrankheiten 497.
— Japaner 567.
— — Färbung 556.
— Konstitution 509.
— Körpergewicht 565.
— Körpergröße 572.
— Lebensschwäche 279.
— Lohfarbigkeit 556, 567.
— Marder-, Färbung 556.
— Memmert- 578.
— Milzbrand 496, 497.
— Ovar, Röntgen- 250, 251.
— Ovulation 279.
— Pigmentierung 566, 568, 573.
— Porto Santo- 578, 579, 672.
— Prognathie 504.
— Rassenbildung 571.
— Rassen, Kombinations- 567, 568.
— Röntgenbestrahlung 195.
— Röntgenhoden 247.
— Röntgenovar 250, 251.
— Russen- 462, 567.
— Scheckung 556, 566, 567, 573.
— — englische 556.
— — Holländer 566.
— Schüttellähmung 504.
— Silberung 566.
— Spermatozoen 195, 249.
— Staphylokokken 496.
— Sterblichkeit 279.
— — embryonale 279.
— Sterilität, temporäre 251.
— Strahlengenetik 209.
— Syphilis 496, 497.
— Tanz- 279.
— Typhus 496, 497.
— Verwilderung 577, 578, 579.
— Wildfärbung 566, 576.
— Wurfgröße 257, 258, 279.
— Zahmheit 565.

Kaninchen, Zahn, -anomalien 504, 573.
— Zwergwuchs 566.
Kannibalismus 628.
— Sinanthropus 617.
Karl der Große 294.
Kastration 530.
— Rind 493.
— Röntgen-, Maus 253.
— Säugetier 493.
— Schwein 493.
katabolische Prozesse 531.
Katarakt, Hund 504.
— Maus 397.
Katatonie 376, 520.
Kathodenstrahlen 217, 218.
Katze, Domestikation 564.
— Haarlosigkeit, -mangel 503.
— Hasenscharte 503.
— Infektionskrankheiten 497.
— Mißbildungen 503.
— Nasenspalte 503.
— Pigmentierung 573.
— Siam- 503.
— Verwilderung 577.
— Wolfsrachen 503.
Kehlkopf, Hund 503.
Kehlkopfpfeifen, Pferd 500.
Keim (s. a. Embryo) 385, 391, 392.
Keimbahn 5, 19, 21, 22, 198, 213.
Keimbahnzellen, Mitose 8—12.
Keimblätter 4, 172.
— Maus 146, 152, 153, 167.
Keimdrüsen 245, 252, 270, 414, 510.
— Hund 493.
Keimdrüsenbestrahlung 284.
Keimdrüsenschädigung 247 bis 253.
Keimepithel 248, 249, 250, 251, 252, 262, 263, 268.
Keimgifte 251, 252, 254, 280, 281, 282, 283, 365.
Keimplasma 195, 290, 510, 663, 664.
— Umwelt des 385.
Keimschädigung 245, 246, 255, 268, 269, 270, 273, 276, 277, 279, 283, 284, 464.
— durch Chemikalien 246, 251—253.
Keimzellen 22, 202, 245, 246, 247, 249, 254, 263, 270, 276, 282, 283, 385, 391, 508.
Keimzellenschädigung 247 bis 253, 283, 508.
Keimzellselektion 263.
Keloid 661.
— Narben- 661.
Keratosis follicularis spinulosa 409.
Kern 21, 111, 195.
— Ruhe- 1, 2.

Kerne, Neben- 256, 257.
— pyknotische 261.
— überzählige 257.
Kerry-Rind 501.
Keuchhusten 497.
Kiefer 513.
— Ober- 311, 632.
— Propliopithecus 593.
— Sinanthropus 595.
— Unter- 311, 594, 619, 632, 636.
Kind, Kindesalter 512, 525, 530, 543.
— Schul- 525, 543.
Kinderlähmung 539.
— cerebrale 340.
Kinderlosigkeit 526.
Kinderreichtum 301, 308, 317, 321, 324, 350, 357, 358, 362.
Kinderzahl s. a. Fruchtbarkeit.
— Beschränkung der 675.
Kinn 607, 613, 619, 629, 632.
Kirchenbücher 298, 300, 302, 317, 319, 325, 329, 332, 335, 336, 338, 342, 344, 346, 347, 352, 355.
Kirghisen 441.
Kisar, Mestizen von 652, 666, 669.
Klassiker 547.
Kleinasien 661, 676.
Kleinhirn-Agenesie 536.
Kleinmutation 34, 37, 200, 290.
Kleinstadt (s. a. Stadt) 513.
Kleinwuchs (s. a. Zwergwuchs) 442, 516, 654.
Kletterer 607.
Klima 293, 389, 390, 492, 558, 634, 647—650, 654, 659, 663, 667, 673.
— eiszeitliches 610, 663.
— Rind 558.
— Stadt- 673.
Klimakterium (s. a. Menopause) 392, 526, 531, 645.
Klingenkultur 630, 632, 634, 636.
Klopfhengst 290.
Klumpfuß 411, 539.
— Maus 128, 265.
Knabengeburten, Zunahme der 675.
Knickfuß 543.
Knickschwänzigkeit, Rind 501.
Knickschwanz, Maus 267, 397.
Kniegelenksversteifung 539.
Knochensystem s. Skelet.
Knorpelbildung, Krüperhuhn, 113, 115, 116.
Knorpelgewebe 532.

Körperbau (s. a. Habitus, Konstitution, Status, Typ) 58, 508, 511, 517—521, 526, 528, 532, 541, 544, 662.
— breitwüchsiger s. Breitwüchsigkeit.
— leptosomer s. Leptosomie.
— pyknischer s. Pykniker.
Körperbautypen, weibliche 525—527.
Körpergewicht 39, 251, 510, 522, 527, 530, 543, 544.
— Fuchs 561.
— Haustiere 560.
— Kaninchen 565.
— Maus 392.
— Meerschweinchen 274, 280.
— Schwein 559.
Körpergröße 510, 517, 527, 544, 572.
— Gorilla 600.
— Hund 557, 572.
— Kaninchen 572.
— Schimpanse 600.
— Schwein 559.
Körpergrößenzunahme 389, 650.
Körperkonstitution 464, 466.
Körperproportionen 602, 605.
— Catarrhinen 604.
— Cercopithecus 604.
— Gorilla 604, 605.
— Hylobatiden 602, 604.
— Menschenaffen 604, 605.
— Neger 605.
— Orang-Utan 602, 605.
— Primaten 602, 603, 604.
— Schimpanse 602, 604, 605.
Körperschwäche, allgemeine 392.
Körpertemperatur, Strupphuhn 117, 118, 119.
Körperübungen (s. a. Sport, Turnen) 517.
Körperverfassung (s. a. Habitus, Körperbau, Konstitution, Typ) 468—470, 472 bis 475.
Kollektivmaßlehre 478.
Kolonisation 651.
Kombinanz 382, 433.
Kombinationen 34, 37, 38, 39, 40, 45, 58, 288, 510, 558, 564, 568, 571, 663, 664.
Kompensation körperlicher Defekte 538.
— Über- 537, 538.
Kompensationsstreben von Mischlingen 670.
Komplexion 470, 478, 487, 527.
— Säugetier 485—492.
— — Begriff 487.
Komplexionstypus, beschleunigt oxydativer, Säugetier 489.

Komplexionstypus, beschränkt oxydativer, Säugetier 487.
— Säugetier 485, 487, 489.
Kondition 461, 463, 469.
— Renn-, Pferd 494.
— Rind 494.
— Säugetier 494.
Konditionales Denken 466.
Konduktor, Konduktorin 357 bis 359, 406, 408, 409, 425, 437, 438.
konfessionelle Abschließung,
— Schranken 328, 329.
Konjugation, Chromosomen- 12, 20, 25.
Konkordanz, Zwillinge 390, 392, 398.
Konsanguinität (s. a. Geschwisterehe, Inzucht, Verwandtenehe) 294, 296, 298, 299, 300, 314, 315, 316, 320, 321, 323, 324, 325, 334, 335, 337, 344, 351, 356.
Konsanguinitätsdispens 300.
Konsanguinitätsgrade 295, 317.
Konstellation 464.
Konstitution, Konstitutionstypus (s. a. Habitus, Körperbau, Status, Temperament, Typ) 373, 374, 377, 388, 389, 392, 401, 420, 446—448, 461 f., 477, 478, 480, *482—484*, 507 bis 551, *548—551*, 622, 646, 653, 659, 664, 667, 668.
— akromegaloide 532.
— alkalöse 509, 517.
— allergische, Säugetier 504.
— asthenische s. Asthenie.
— athletische s. Athletiker.
— azidöse 509, 517.
— Basedow- (s. a. Basedow-Typ) 468.
— und Blutdrüsensystem 528.
— Erbgrundlagen der 446 bis 450, 521.
— geistige, seelische 668, 670, 672.
— genotypische 473.
— Gesamt- (s. a. Verfassung, Gesamt-) 466, 468, 474, 546, 653.
— Geschlechts-, Säugetier 487.
— Gewebs- 464.
— Hund 486, 487.
— hypergenitale 531, 532.
— hyperpituitäre 531, 532.
— hyperthyreotische (s. a. Hyperthyreoidismus) 518.
— hypogenitale 469, 532, 545.

Konstitution, hypopara-
thyreotische 531.
— hypopituitäre 531, 532.
— hyposuprarenale 531, 532.
— hypothyreotische 518, 531.
— Kaninchen 509.
— Körper-, 464, 466.
— Krankheits- 474.
— Leistungs- 474.
— lymphatische (s. a. Lymphatiker) 468.
— Maß der 466.
— momentane 470.
— und Nervensystem 533.
— Orbis constitutionum 472.
— pathologische, Säugetier
498—504.
— Pferd 486.
— phänotypische 473.
— pyknische s. Pykniker.
— Rassen- 652—663.
— reizbare 535, 536.
— Reversibilität 447, 470.
— Rind 486.
— Säugetier 485—504, *505,
506.*
— Schaf 486.
— schlaffe, fette, feuchte 511,
512.
— Schwein 486.
— straffe, magere, trockene
511, 512.
— thyreolabile 531.
— thyreotoxische 531.
— Ultraformen 524, 526.
— unveränderliche 469.
— Zell- 464.
— Zwillinge 521, 522, 523.
Konstitutionen, Einzel- s.Kon-
stitutionen. Partial-.
— endokrine Partial- 531.
— Partial- 468, 469, 473, 475,
476, 531, 532, 534,
536, 546.
— — endokrine 531.
— Typologie der 509—528.
konstitutionell 507.
konstitutionelle Minderwertigkeit 290, 291.
Konstitutionsänderung 475.
Konstitutionsanamnese 473,
476.
Konstitutionsanomalien 448,
464, 472, 481, 508, 528,
541.
— asthenische s. Asthenie.
— erworbene 468.
Konstitutionsbegriff 381, 461,
478.
— chemischer 467.
— dynamischer 472.
— der Kliniker 465—473.
— der Pathologen und Ana-
tomen 462—465.
— potentieller 472.
— statischer 472.

Konstitutionsbetrachtung,
energetische 546, 548.
Konstitutionsbewertung 480,
511, 544—548.
Konstitutionsbiologie 373,
376, 377.
Konstitutionsbogen 303, 476.
Konstitutionsdetermination
449.
Konstitutionsdiagnose 528.
Konstitutionsforschung, klini-
sche 373.
Konstitutionsindikatoren 448.
Konstitutionskrankheiten 472,
475.
— ektogene 472.
Konstitutionslegierungen 521,
525.
Konstitutionslehre, Krise der
508.
Konstitutionsmodifikation,
Säugetier 492, 493.
Konstitutionsmythologie 474.
Konstitutionspathologie 461f.,
467, 468.
Konstitutionsstatus 473, 476.
Konstitutionssynthese 473.
Konstitutionstherapie 470.
Konstitutionstypen, Haus-
tiere 485, 511.
— KRETSCHMERsche 521, 522,
525, 528.
— — weibliches Geschlecht
525.
— natürliches System 469.
— Säugetier 485—489.
— Transgression 449.
— Variation 447, 449, 450.
Konstitutionstypologie, ver-
gleichende 389.
Konstitutionsvariation 447,
449, 450.
Konstitutionswertung 480,
511, 544—548.
Kontraselektion 665.
Konvergenzerscheinungen
479.
Kopf 160, 513, 526, 603.
— Hoch- 520.
— Längen-Breitenindex 522,
523.
— Säugetier 486.
Kopfblasen, Maus 129, 130,
132, 136.
Kopfhaarwirbel, Drehsinn der
422.
Koppelung 24, 25, 268, 379,
419—430, 448.
Koppelungsgruppe 419, 420.
Kopulationsapparat 557.
Korrelation 49, 50, 51, 116,
142, 280, 402, 420, 423,
447, 449, 470, 474, 476,
477, 486, 507, 510, 512,
513, 520, 542, 544, 652,
653, 662.

Korrelation, neurovegetative
531.
— physiologische 510.
— Rechts-Links- 59, 60.
kosmische Strahlung 230, 365,
Krämpfe 251.
— Rind 502.
— Schaf 259.
Kraniorhachischisis 400.
Krankheit, konstitutionelle,
Begriff 509.
— und Rasse 652.
Krankheitsbegriff 467, 475,
477, 480, 509, 546.
Krankheitsbereitschaft (s. a.
Erkrankungsbereitschaft)
467, 481, 511, 512, 527.
Krankheitsdisposition 462,
468, 524.
Krankheitskonstitution 474.
Krapina 629.
Krebszellen, Chromosomen 27,
28.
Kreislauf 542, 544.
— Schwein 502.
Kretinen, marine 338.
— Zwerg- 508.
Kretinismus, endemischer 365,
476, 508, 531.
KRETSCHMERsche Konstitu-
tionstypologie (s. a.
Konstitution,Tempe-
rament) 521,522,525,
528.
— — weibliches Geschlecht
525.
Kreuzungsanalyse, -experi-
ment, -methode 41, 193,
379.
Krieg 361, 509, 522, 530, 544,
648, 660, 665, 671, 675,
Kriegsamenorrhöe 654.
Kriegsmelanose 530.
Kriminalität (s. a. Verbrecher)
318.
kritische Periode s. sensible
Periode.
Kröte, Spermienbestrahlung
195.
Kropf 416, 508.
Krüperhuhn 112—116, 118,
172, 291.
— Anpassung, funktionelle
114.
Krüppel 539.
Krummschwänzigkeit, Rind
501.
Krustenspermatogonien 248.
Kryptorchismus 290, 541.
— Abdominal-, Pferd 500.
— Affe 290.
— Hund 504.
— Pferd 290, 500.
— Schaf 503.
— Schwein 503.
Kümmerwuchs 254, 255.

Kümmerwuchs, Maus 267, 273.
Künstler 537.
Kugelzellenanämie, -krankheit 291, 659.
Kulte, religiöse 663.
Kultur 648, 651, 662, 665 bis 667, 673, 676.
— Handspitzen- 630, 631, 634, 636.
— Klingen- 630, 632, 634, 636.
— Misch-, grobfeine 634 bis 636.
— und Rasse 668.
— Sinanthropus 617.
kulturelle Betrachtungsweise 477.
Kulturpflanzen 203.
Kulturrassen 553, 558, 559, 560 562, 571, 577.
Kulturuntergang 548.
Kurzbeinigkeit, Dexterrind 556.
Kurzköpfigkeit (s. a. Brachycephalie) 633.
— Schwein 562.
Kurzschwänzigkeit, Maus 154, 156—168, 172, 265, 397.
kurzwellige Strahlen 207, 208, 212, 216, 217, 219, 220, 227, 228, 231, 235, 236, 245—287, *284—287*, 364 bis 367.
Kyphoskoliose 363, 539.

Labile Allele s. labile Gene.
— Gene 38, 293, 307, 308, 335, 338, 346, 363, 399.
Labilität, psychische 531, 535.
— vegetative 414.
La Chapelle aux Saints, Schädel 619, 626, 627, 629.
Längen-Breitenindex, Kopf 522, 523.
Läufer 607.
— japanische 515.
— Schnell- 540.
Lamarckismus 194, 206, 464, 552, 558, 562, 572, 578, 584.
Langkopfgruppe, -rasse 631, 632, 633, 634, 636.
Langobarden 648.
Langschläfer 534.
Lanugobehaarung 393, 488.
Lappen 478, 518.
Latah 663.
lateraler Typus 524, 525.
Lebensalter (s. a. Alter) 470, 517, 545.
Lebensdauer (s. a. Vitalität) 472, 544.
— Maus 272, 392.
Lebensfähigkeit 191, 467.
— Maus 157, 262, 266.

Lebenskurve 480, 538.
Lebenslauf 538, 545.
Lebensnerven 533.
Lebensschwäche, Kaninchen 279.
Lebenstüchtigkeit 480.
Lebensunfähigkeit s. Letalität.
Lebenszähigkeit, Gemse 495.
Leber, Lebercirrhose 516.
— Säugetier 486, 488.
Leberhernie, Maus 258.
LEBERsche Krankheit 378.
Lebistes, Y-Chromosom 360.
Legierungen, Konstitutions- 521, 525.
Leistenbruch, Pferd 500.
Leistung, Leistungsfähigkeit, Pferd 494, 540, 547.
— Milch-, Rind 486, 489, 491, 492, 494, 511.
— — Säugetier 486, 490, 491, 494.
Leistungen, Höchst- 539, 545.
— — geistige 540, 657.
— Säugetier 490.
— Schul- 669.
Leistungsabzeichen, Säugetier 491.
Leistungsdegeneration, Säugetier 490.
Leistungsempfindlichkeit, Säugetier 491.
Leistungsfähigkeit 464, 467, 469, 472, 473, 477, 479, 511, 540, 541, 544, 546, 547, 665.
Leistungskondition, Säugetier 494.
Leistungskonstitution 474.
Leistungsschwäche, -unfähigkeit 535, 541.
Leistungstempo 547.
Leistungstypen, Säugetier 486.
Lemuren 606.
Lemuriden 592.
Lemuroiden 589, 591, 592, 593, 599, 607.
Lepidopteren s. Schmetterlinge.
Lepra 660.
— Nerven- 659.
— Säugetier 497.
Leptophase 12.
Leptorrhinie 513.
Leptosomie 448, 449, 511, 514, 518—528, 542, 547, 662.
— Zwillinge 521, 525.
Leptotän 20.
Lepus cuniculus s. Kaninchen.
— Huxleyi 578.
Lernfähigkeit, Ratte 274.
— schlechte 445.
letale Bastardpuppen, Schmetterlinge 111.

Letalfaktoren, Drosophila 201, 203, 207, 213, 214, 226, 232, 235, 266, 399.
— geschlechtsgebundene, Drosophila 202, 203, 235.
— letale Gene, Letalität 34, 41, 86, 111, 112, 117, 145, 154, 156, 157, 159, 171, 183, 191, 200, 246, 254, 258, 259, 260, 261, 266, 267, 268, 272, 273, 276, 283, 340, 364, 393, 394, 397, 398, 399, 401, 421, 433, 501, 502.
— Sub-, Letalität, Sub- 34, 246, 276, 283, 304, 355, 399, 421, 502.
Letalität s. Letalfaktoren.
— Semi- 398.
Letalmutationen s. Letalfaktoren.
Letalwirkung, dominante Gene mit rezessiver 399.
Leukocyten s. a. Blutkörperchen, weiße.
— Pferd 488.
— Rind 488.
— Schaf 488, 489.
Libypithecus 594, 607.
Licht 558.
— infrarotes 220.
Lichtempfindlichkeit 545.
— Schwein 492.
Lid, -öffnung, -spalte, Maus 127, 137, 153, 154, 258.
Limia, Rassenbildung 575.
linearer Typus 524.
Lingua plicata 545.
Linkshändigkeit 536.
LINNÉsches System 553.
Linse, Meerschweinchen 276.
Lipodystrophie 474, 527.
Lipoidstoffwechsel 291, 292, 356.
Lippe 396.
— Unter- 311.
— — Habsburger 312, 313.
Lippen-Kiefer-Gaumenspalten 393, 397, 398.
LITTLEsche Krankheit 340.
LITTLE-BAGGscher Mäusestamm 127—144.
Lockigkeit, Strupphuhn 117.
Locus s. Chromosomort, Genort.
Löwenmaul s. Antirrhinum.
Lohfarbigkeit, Kaninchen 556, 567.
London 359.
Longitypus longilineus mikrosplanchnicus 511, 516.
Loris 606.
Loxoblemmus, Strahlengenetik 209.
Lucilia, Ringdrüse 111.

Lues (s. a. Syphilis) 476.
— intrauterine 508.
— Meta- 660.
Lunge, Rind 491, 492, 498.
— Säugetier 486, 488.
Lungen, -krankheiten 270, 514, 516, 539, 546, 607.
Lungencirrhose 659.
Lungentuberkulose (s. a. Tuberkulose) 516, 534, 542.
Lupus nasi 539.
Luthers Nachfahren 301.
Lymantria, Dauerlarven 108.
— Flügel, -färbung 73, 80.
— Hirn-Exstirpation 108.
— Intersexualität 73.
Lymphatiker, lymphatische Diathese, — Konstitution, lymphatischer Habitus, 463, 464, 468, 512, 530.
Lymphe, Lymphgefäße, Maus 129.
— Lepidopteren 109.
Lymphocytose 530.

Macacus (s. a. Makaken), Geschlechtschromosomen 17.
— Proteale 602.
— XY-Geminus 14.
Macropus, Geschlechtschromosomen 15.
Macrosiphum, Strahlengenetik 209.
Maculapigmentierung 439.
Männlichkeitsfaktoren 448.
Magen 516, 607.
Magengeschwür 516, 542.
Magerkeit 530, 542, 543, 656.
Magersucht 524.
Mais, Chromosomenmutationen 220.
— Mutation 195.
— Mutationsrate 216, 224.
— Röntgenbestrahlung 208, 224.
— Strahlengenetik 209.
— Ultraviolettbestrahlung 220.
Majorspirale 1.
Makaken (s. a. Macacus) 607.
Makroevolution 558, 584.
Makromutation 574.
Makrosplanchniker 516, 517, 531.
Malaien 518, 619, 649, 656, 659, 660, 661, 662, 667, 670, 674, 677.
Malaria 476, 497, 508, 652, 659, 660, 674.
Malariamücke, Rassen 576.
malayische Inseln 665, 673.
Mamma 526, 529.
Mammalia s. Säugetier.

Mammasarkom, Hund 493.
Mania operatoria passiva 542.
Manie 662.
Manifestation, Gen- s. Genmanifestation.
— Mikro- 405, 411.
Manifestationsintensität s. Genmanifestierung, Intensität der.
Manifestationsschwankung, -variabilität s. Genmanifestierung, variable.
Manifestationswahrscheinlichkeit, 51, 383.
Manifestationszeitpunkt 444.
manisch-depressives Irresein 396, 414, 416, 417, 418, 516, 518, 533, 662.
Marderkaninchen, Färbung 556.
Markierungsgene 255, 266.
Marsupialia 588, 589.
Masern 497.
Maskulinismen 521.
Mastfähigkeit, -leistung, Säugetier 490, 491.
Mast, Rind 494.
— Schwein 493, 559, 560, 562.
Mastitis, Streptokokken-, Säugetier 491.
Masttypus, Säugetier 486.
Maße, Messung 393, 510, 511, 645, 646.
Matrix 1.
matrokline Vererbung 95.
Mauer, Unterkiefer von 622.
Mauke, Pferd 499, 500.
Maulwurf, Albinismus 574.
— Färbung 574.
Mauren 668.
Mäusetyphus 496.
Maus 291.
— Akromelanismus 574.
— Albinismus 145, 496, 504, 574.
— Alkoholversuche 206, 270 bis 273.
— Amnion 146.
— Anury- 154—157.
— Anämie 267, 268.
— Aquaeductus Sylvii 149, 168, 170.
— Atlas 159, 163, 167.
— Auge, Augenanomalien, -mißbildungen 127 bis 130, 132, 133, 135, 137, 150, 153, 154, 170, 265.
— Augenlid s. —, Lid.
— Augennerv 149, 154.
— Azoospermie 262, 263.
— Beinblasen 142.
— Bewegungsstörungen 167.
— Bindegewebe 133, 170.
— Blasen- 127—144, 155, 158.

Maus, Blasen, embryonale 128, 129—137, 139, 140, 141, 142, 144, 154.
— Blasenflüssigkeit 141, 142, 144.
— Blastula 268.
— Blut 129.
— Blutblasen 129—133.
— Blutdruck 168.
— Bogengänge 162, 164, 167.
— Brachy-Gen 154—157, 172.
— Brunst 251.
— Capillaren 129, 132, 162, 163, 165, 167, 171.
— Cerebellum 147.
— Cerebrospinalflüssigkeit 134, 135, 144, 164, 167, 168, 169.
— Chloroformversuche 252.
— Chorda 146, 153, 155, 156, 157.
— Chorion 146, 153.
— Chromosomen, Geschlechts- 11, 273.
— Coffeinversuche 253.
— Cornea 137.
— Corpora lutea 270—272.
— Cranium (s. a. —, Schädel) 150, 159, 164, 167.
— Darm 157, 158.
— Daumenabduktion, -verdoppelung 139.
— Diencephalon 149, 150, 152, 170.
— Dottersack 170.
— D-short 157—158.
— Ductus endolymphaticus 162.
— Dysencephalie, extrakranielle 397.
— Ei 256, 257.
— Ektoderm 159, 166, 167.
— Embryo 129—136, 141, 142, 145, 146, 147, 148, 150, 154, 155, 156, 161 bis 163, 166—171, 260.
— embryonale Blasen 128, 129—137, 139, 140 bis 144, 154.
— Epidermis s. —, Haut.
— Epiphyse 149.
— Erythrocyten 267.
— Extremitäten, -anomalien 127, 128, 131, 133, 135, 136, 138, 140, 142, 143, 155.
— Extremitätenblasen 128, 129, 138, 140, 141, 143, 144.
— Fertilität 260—265, 272, 283.
— Fettsucht 504.
— Flüssigkeitstranssudation 170, 171.

Maus, Foramen anterius 134, 135, 144, 161, 162, 163.
— — Magendie 134, 161, 162.
— Frühprobanden 259, 260, 263, 264, 267.
— Furchung 399.
— Fußblasen 129, 138, 140, 141, 144.
— Gastrula 146, 152.
— Geburtsgewicht 392.
— Gefäßsystem 129.
— Gelbfarbigkeit 340, 399, 504.
— Gen, Brachy- 154—157, 172.
— — shaker-short 168.
— — Sd- 157, 167.
— — s^t- 159—168.
— — T- 154—157.
— Geschlechtschromosomen 11, 273.
— Gleichgewichtsstörungen 159, 162, 167.
— Haardichte, -wuchs 135, 144, 403.
— Haarfarbe 268.
— Haarwellung 267.
— Hasenscharte 393.
— Haus- 492.
— Haut, Hautanomalien 133, 136, 137, 144, 265, 403.
— — embryonale 136.
— Herz 159, 165, 167, 168.
— Hirn, Hirnanomalien, -mißbildungen 121, 129, 132, 134, 135, 144—154, 159—171, 261, 267.
— Hirnflüssigkeit s. —, Cerebrospinalflüssigkeit.
— Hirnhäute 163, 164.
— Hirnhernien 159, 160, 164, 165, 167.
— Hitzeversuche 253.
— Hoden 249, 262.
— — Röntgen- 247.
— Hydrocephalie 168—172, 293, 397.
— Hypodaktylie 138—140.
— Hypophyse 150, 167, 168.
— Implantation des Keimes 156, 157, 159, 166, 167, 170, 261, 262, 268.
— Infektionskrankheiten 497.
— japanische, Y-Chromosom 15.
— Katarakt 397.
— Keimblätter 146, 152, 153, 167.
— Klumpfuß 128, 265.
— Knickschwanz 267, 397.
— Körpergewicht 392.
— Kopfblasen 129, 130, 132, 136.
— Kümmerwuchs 267, 273.

Maus, Kurzschwänzigkeit 154, 156—168, 172, 265, 397.
— Lamina terminalis 167.
— Lebensdauer 272, 392.
— Lebensfähigkeit 157, 262, 266.
— Leberhernie 258.
— Lid, -öffnung, -spalte 127, 137, 153, 154, 258.
— Little-Baggscher Stamm 127—144.
— Lymphe, Lymphgefäße 129.
— Mäusetyphus 496.
— Medullarplatte 166.
— Medullarrohr 147, 150, 151 bis 154, 155, 156, 158, 163, 166, 167, 170, 171, 261.
— Meningocele 397.
— Mesencephalon 132, 144, 145, 148, 151, 152, 159, 160, 165, 167, 169, 170.
— Mesenchym 153.
— Mesoderm 167.
— Metencephalon 145, 159, 160, 164, 165, 167, 169.
— Milz 266, 267.
— Mißbildungen 258, 262, 265, 266, 272, 273.
— Modifikationen, Röntgen- 397.
— Moles, solid 146, 152.
— Morula 399.
— Mutation, Röntgen- 128, 265, 266, 267.
— — spontane 367.
— Myelencephalon, Nachhirn 134, 135, 148—151, 154, 164, 170.
— Nackenblasen 131, 132, 133.
— Nase 132, 133.
— Nebennieren 150.
— Neuralrohr s. —, Medullarohr.
— Nieren 158.
— Ohr 149, 150, 170.
— Ohrblasen 162, 164, 167, 168, 171.
— Oligodaktylie 267.
— Ovar 250, 253.
— — Röntgen- 251.
— Ovulation 251, 270.
— Pallium 147, 149, 150.
— Plexus chorioidei 146, 150, 161—164, 168, 169, 171.
— Pneumokokkenresistenz 496.
— Polydaktylie 128, 139, 140.
— Primitivstreifen 157.
— Primordialcranium 164.
— Pseudencephalie 144—154, 172.

Maus, Randblasen 129, 131, 132, 133, 139, 140, 143.
— — fibulare 143.
— — tibiale 143.
— Röntgenbestrahlung 128, 144, 145, 209, 251, 255 bis 268, 397.
— Röntgenhoden 247.
— Röntgenkastration 253.
— Röntgenmodifikationen 397.
— Röntgenmutation 128, 265, 266, 267.
— Röntgenovar 251.
— Rotz 496, 497.
— Rückenblasen 129, 132, 133, 135, 142.
— Russenfärbung 574.
— Säuglingssterblichkeit 272, 273.
— Schädel (s. a. —, Cranium) 258, 259.
— Scheckung 54, 573.
— Schüttler 265, 504.
— Schulterblasen 129, 130, 132, 133, 142.
— Schwanz 162, 163, 167, 168.
— — Knick- 267, 397.
— Schwanzblasen 131—133.
— Schwanzlosigkeit 154, 156, 157, 158, 172.
— Schwanzverkürzung 154 bis 168.
— shaker-short 159, 168, 172.
— Spätprobanden 259, 260, 263, 264, 267.
— Spermatozoen 248, 261.
— Spontanmutation 367.
— Sterblichkeit, pränatale, vorgeburtliche 270, 271, 272, 274.
— — Säuglings- 272, 273.
— — Über-, Unter- 271, 273.
— Sterilität 159, 167, 168, 251, 260, 262, 273, 397.
— Sd-Gen 157, 167.
— s^t-Gen 159—168.
— Syndaktylie 128, 138, 139.
— — partielle 139, 140.
— Tanz-, 159—168, 172, 247, 403, 504.
— Taubheit 159, 162, 167.
— T-Gen 154—157.
— Thalamus 146—148, 150.
— thermotaktisches Optimum 402, 403.
— Totgeburten 159, 258, 270, 271, 397.
— Trigeminus 149, 150.
— Unterkiefer 258.
— Ureter 158.
— Urethra 158.

Maus, Urogenitalsystem 158.
— Ursegmente 154, 155, 163.
— Uterus 158.
— Vagus 165.
— Vesiculae seminales 259.
— Vitalität 159, 403.
— Vorzugstemperatur 403.
— Wachstum 262, 272.
— Wärmereaktionen 402.
— Wald- 492.
— Wirbelsäule 158, 159, 163.
— Wurfgröße 256, 257, 263, 264, 270, 271, 272.
— Wurfzahl 393.
— Zehen 138, 139, 143.
maximale Arbeit 467.
Maximalleistungen 539, 545.
mediterrane Rasse 441, 522, 535, 633, 665, 668.
Medullarplatte 145.
— Maus 166.
Medullarrohr, Amphibien 156.
— Maus 147, 150—156, 158, 163, 166, 167, 170, 171, 261.
Meerschweinchen, Alkoholversuche 206, 270, 274 bis 278.
— Auge,Augendefekte,Augenmißbildungen 276, 278.
— Bestrahlung 209, 258, 265, 268, 269.
— Brunstzyklus 251.
— Chiasmata optica 276.
— Cornea 276.
— Extremitäten 276.
— Fertilität 251, 268, 276.
— Follikel 268.
— Fruchtbarkeit 251, 268, 276.
— Geburtsgewicht 259, 277, 280.
— Geschlechtsproportion, -verhältnis 269, 274, 277.
— Giftfestigkeit 495.
— Gravidität 268.
— Hoden, Röntgen- 247.
— Körpergewicht 274, 280.
— Linse 276.
— Milzbrand 496.
— Mißbildungen 276—278.
— Ovar, Röntgen- 250, 251.
— Ovulation 251.
— Paralysis agitans 276.
— Penis 259.
— Pigmentierung 573.
— Röntgenbestrahlung s. —, Bestrahlung.
— Röntgenhoden 247.
— Röntgenovar 250, 251.
— Schiefköpfigkeit 278.
— Sehnerv 276.
— Spermatozoen 249, 268.
— Sterblichkeit 274, 275, 277, 280.

Meerschweinchen, Sterblichkeit, embryonale, pränatale 274, 275.
— Sterilität 258.
— — temporäre 251, 258, 268.
— Strahlengenetik 209.
— Totgeburten 258, 277.
— Tuberkulose 496.
— Wachstum 274, 280.
— Wurfgröße 257, 258, 263, 268, 269, 274, 275, 277, 280.
— Wurfhäufigkeit 269, 280.
— Zittern 278.
Megalithik 634, 636.
Megaloblasten, Pro- 4.
Megalocyten 291.
megalosplanchnischer Typ (s. a. Makrosplanchniker) 516.
Mehlmotte s. Ephestia.
Mehrkernigkeit 21.
Meiose 1, 3, 12—21, 28.
Melancholie 518.
— Rassen- 674.
Melanesier 660, 441, 674.
Melanine 106.
Melanismus, Hamster 204, 205.
— Selenia bilunaria 233.
— Wildtier 574.
Melanistische Mutationen s. Melanismus.
Melanose, Kriegs- 530.
Menarche 389, 391, 392, 653, 654.
MENDEL-Analyse 69, 379.
— Proportionen, -Zahlen 300 301, 314, 319, 329, 409, 410.
Mendeln, MENDELsche Erbgänge, — Gesetze, — Regeln 12, 196, 306, 371, 372, 378, 390, 398—419.
mendelnde Merkmale, nicht- 556.
— Vererbung, Geltungsbereich 398—403.
Meningitis 414.
Meningocele, Maus 397.
Menopause (s. a. Klimakterium) 653.
Menschenaffen (s. a. Anthropomorphe) 609, 619, 620.
— Agglutinogene 602.
— Blutgruppen 602, 603.
— Blutsverwandtschaft 603.
— Gebiß 598.
— Körperproportionen 604, 605.
— -stadium, phylogenetisches 598.
— Stammesgeschichte 600, 606.
— Zähne 614.
Menschwerdung 610.

Menschwerdung, Ort der 621.
Menses, Menstruation (s. a. Menarche, Menopause) 392, 521, 525, 526, 531, 545, 654.
Merkmal, Erb-, Einzel- 33, 45, 67—69, 374, 377, 446, 471, 481.
— monogenes (s. a. Monomerie) 40.
— und Gen 32—50, 67—69, 192.
— und Genzahl 38—41.
Merkmale, nicht mendelnde 556.
— quantitative 39.
— asymmetrische 59.
Merkmalsgruppen, heterogene 44—47, 67, 69, 191.
Merkmalsphylogenese 612,619.
Merkmalsunterschiede 39—41.
— polygene (s. a. Polymerie) 40.
Merkwelt 388.
Merogon, Bastard- 112.
— Amphibien 111.
Mesenchym 3, 5, 7, 24, 512, 543.
— Maus 153.
Mesoderm 4, 5.
— Maus 167.
Mesopithecus 594, 599, 607.
Messung, Maße 393, 510, 511, 645, 646.
Mestizen von Kisar 652, 666, 669.
Metalues 660.
Metamorphosen-Hormone s. Verpuppungshormone.
Metamorphosenzentrum, Aporia 109.
— Vanessa 109.
Metaphase 2, 4, 5, 9, 11, 14 bis 17, 19, 21, 23.
Meteorismus 542.
Methode des geschulten visuellen Zergliederns 646.
Micellen 230, 231.
Microchoerus 592.
Microcleptidae 587.
Microtus, Y-Chromosom 15.
Migräne 422, 526.
— Augen- 532.
Mikrocephalie, Hund 499.
Mikroevoluiton 558, 584.
Mikromanifestation 405, 411.
Mikromelie 521.
Mikromutation (s. a. Kleinmutation) 574.
Mikronuclei 256, 257, 264.
Mikrosplanchniker 516, 517, 531.
Milchleistung, Rind 486, 489, 491, 492, 494.
— Säugetier 486, 490, 491, 494.

Milchleistungsabzeichen, Säugetier 491.
Milchtypus, Rind 486, 511.
Milieu (s. a. Umwelt, s. a. Peristase) 38, 45, 52, 68, 384, 389, 390, 463, 471, 513, 558, 572, 654, 655, 657, 660.
— äußeres 58, 61, 68, 69.
— Gen- s. Genmilieu.
— genotypisches (s. a. Genmilieu) 51, 52, 56—58, 61, 68, 338, 386, 407, 443.
— Gesamt- 68.
— inneres 61, 62, 68, 69, 191.
— und Rasse 558—563.
Militärtauglichkeit 516, 539.
Milz 255.
— Maus 266, 267.
— Säugetier 488.
Milzbrand, Hund 495—497.
— Kaninchen 496, 497.
— Meerschweinchen 496.
— Ratte 495.
— Säugetier 495—497.
— Schaf 496, 497.
Mimik 545.
Minderwertigkeit, Halbseiten- 537.
— konstitutionelle 290, 291.
— Organ- 536, 538, 542.
Minderwertigkeitsgefühl (s. a. Insuffizienzgefühl) 547, 674.
Minorspirale 1.
Minusvarianten 289, 481.
Mirabilis jalapa, Strahlengenetik 209.
Mischling (s. a. Bastard) 648, 651, 654, 660, 664, 666 bis 671.
— Kompensationsstreben 670.
— psychische Eigenschaften 667.
— Zwischenstellung 669 bis 671.
Mischlingspopulation 666, 669, 672.
Mischlingsstaaten, -völker 667.
Mißbildungen 283, 304, 363, 366, 391, 393, 395, 397, 477, 481, 529.
— amniogene 393—395.
— — Säugetier 498.
— Doppel-, Rind 398, 500, 502.
— — Säugetiere 398.
— — Schwein 500, 502.
— Gliedmaßen- s. Extremitäten.
— Hirn- 397.
— Hund 503.
— Katze 503.

Mißbildungen, Maus 258, 262, 265, 266, 272, 273.
— Meerschweinchen 276 bis 278.
— Rind 501.
— Schaf 503.
— Schwein 502.
— Spalt-, Hund 503, 504.
— symmetrische 394.
— Ziege 503.
Mitose 1—12, 14, 22, 79, 80, 247, 252.
— Keimbahnzellen 8—12.
— mehrpolige, polypolare 4, 5, 22.
— somatische 3—8, 12.
Mitosenhäufigkeit 79.
Mittelmeer 676.
Mittelwert 478, 479.
Mitwelt 390.
Mixovariation 558.
Modifikation 38, 45, 46, 74, 77, 89, 90, 172, 191, 288, 375, 397, 471, 474, 481, 558, 560—563, 565, 571, 572, 578.
— Dauer- 45, 273, 392.
— Röntgen-, Maus 397.
— Standorts- 556.
— Temperatur-, Drosophila 397, 434.
— — Vanessa 74, 87, 88, 91.
Modifikationsfaktoren s. Modifikationsgene.
Modifikationsgene, modifizierende Gene (s. a. Gene, Nachbar-, Neben-) 38, 39, 42, 43, 49, 51—53, 56, 65, 67, 68, 69, 128, 135—138, 141—143, 411, 415, 419, 443.
Modifikabilität s. Modifikation.
Mörike 299.
Molch, Zwillinge 390.
Moleküle 230, 231.
moles, solid, Maus 146, 152.
Mongolen, Mongolei 23, 589.
Mongolide, — Rasse 441, 617, 633, 653.
Mongolismus, mongoloide Idiotie 363, 390—392, 476, 508.
Monodaktylie, Schwein 502.
Monogene Bedingtheit, monogenes Merkmal (s. a. Monomerie) 38, 40.
monoglanduläre Störungen 532.
Monohybride Aufspaltung (s. a. Monomerie) 38.
Monomerie 38, 40, 404—414.
Monophänie 48, 404, 405.
monophyletische Entstehung des Menschen 604.
Monophylie 585.

Monosymptomatisches Denken 374, 375.
Monotonie 541.
Monotremen 587.
Monotrope Mutationen 48.
Mopsköpfigkeit, Schwein 562, 563.
Morbus Basedow 530, 531, 533, 535.
— maculosus, Säugetier 504.
— STILL 508, 516.
Morphietypen, Drosophila 66, 67.
Morphinismus 282, 283.
Morphiumversuch, Drosophila 233.
Morphogenetische Hormone 529.
Morphokinetische Hormone 529.
Morula, Maus 399.
— Säugetier 340.
Mosaikfleck 198, 199.
Mosaikwespen, Habrobracon 105.
Moustérien 630, 631.
München 525.
Multiple Abartungen 481.
— Allele, additive Wirkung 65.
— — nichtseriierbare 62.
— — Seriierbarkeit 62, 66.
— Allelie, Drosophila 63 bis 65, 433, 434.
— —, multiple Allelomorphie 62—64, 92, 102, 154 bis 157, 198, 200, 224, 344, 360, 416, 429 bis 449, 573.
— — Säugetier 434.
— Sklerose 334, 414, 415, 419.
Multituberculaten 587.
Murmeltier, Tetanus 496.
Mus s. Maus.
Musikalität 656.
Muskelatrophie, progressive spinale 399.
Muskeldystrophie, progressive 324, 363, 366, 416, 472.
Muskelkontraktur, Rind 501.
— Schaf 501.
— Schwein 501, 502.
Muskelrheuma 516.
Muskeltonus 464, 532.
— Krüperhuhn 114.
Muskulärer Typus (s. a. Athletiker) 449, 511, 513, 515, 520, 525.
Muskuläres Temperament (s. a. muskulärer Typus) 449, 513.
Muskulatur 402, 449, 512, 515, 518, 520, 527, 532—535, 542—544, 653.
— Säugetier 494.
Mutabilität s. Mutation.

Mutant, Mutante 299, 301, 314.
Mutante Allele 33.
Mutation (s. a. Idiovariation)
33, 35, 37, 41, 42, 44 bis
46, 62, 63, 73, 90, 172,
183, 184, 186, 188, 189,
191, 193—244, *236* bis
244, 245, 247, 254, 259,
288—370, *367—370*, 391,
397, 440, 441, 477, 482,
521, 522, 558, 562—565,
568, 571—573, 575, 579,
584, 585, 603, 663, 664.
— Antirrhinum 195.
— Auslösung durch Chemi-
kalien 231—234, 269
bis 280.
— — durch Temperatur 231
bis 234.
— autosomale 199, 255.
— Chromosomen- 2, 183, 186,
187, 195, 197, 198,
205, 206, 208, 214,
225—227, 230, 234,
246, 247, 254, 259.
— — Auslösung von 225 bis
227.
— — Säugetier 247.
— dominante s. dominanter
Erbgang.
— — Drosophila 41, 42, 44.
— explosives Auftreten 337,
351, 362.
— Genom- 197, 198, 234.
—, geographia medica 293.
— germinale 198.
— Gerste 195, 216.
— Gesamt- 201, 222.
— geschlechtsgebundene (s. a.
Geschlechtsgebun-
denheit) 199, 255,
364.
— — Drosophila 44, 210, 214,
215, 218, 220, 222,
223, 226, 232, 233.
— in freilebenden Popula-
tionen 43, 203—206.
— Gewinn- 289.
— gute 36, 68.
— Hitze-, Drosophila 91.
— homologe 46, 573.
— Huhn 112.
— Hund 499.
— Klein-, Mikro- 34, 37, 200,
290, 574.
— letale, Drosophila s. Drosophila, letale Gene.
— — s. Letalfaktoren.
— Mais 195.
— Makro- 37, 574.
— monophäne s. Monophänie.
— monotrope 48.
— Oenothera 195.
— Parallelität der 572.
— Pflanzen 289.
— physiologische 34.

Mutation, pleiotrope s. Pleiotropie.
— polyphäne s. Polyphänie.
— polytope 47.
— progressive 289.
— Protisten 196.
— Punkt- 225.
— recessive, Drosophila 42,
44, 53, 197.
— regressive 290.
— retrogressive 289.
— Röntgen-, Drosophila 34,
183, 185, 200, 207 bis
209, 211, 215, 216,
223, 224, 232.
— — Maus 128, 265—267.
— röntgeninduzierte (s. a. —,
strahleninduzierte) 188,
219, 221, 235, 255—269.
— Rück- 62, 181, 182, 200,
212, 213, 224, 230, 293,
335, 338, 346, 441.
— Säugetier 245—287, *284*
bis *287*, 498.
— — Methodik 247—255.
— schlechte 36—38, 68.
— somatische 198, 199, 213.
— — Drosophila 198, 199.
— spontane 194, 196—208,
221, 223, 225, 230, 246,
247, 367, 664.
— Spontan-, Säugetier 246,
247.
— strahleninduzierte (s. a. —,
röntgeninduzierte) 206
bis 231, 265.
— Verlust- 289.
— — Säugetier 498.
— Vitalitäts- 259.
— Weizen 195.
— und Wellenlänge 210, 220,
221, 226, 227, 229.
— Wellenlängenunabhängig-
keit 220, 221.
Mutationsauslösung durch Alkohol 269—280, 283.
— durch Blei 233, 269—280.
— chemische 231—234, 269
bis 280.
— — Antirrhinum 233.
— Chromosomen- 225—227.
— durch Coffein 269—280.
— durch Schwermetallsalze,
Drosophila 214, 233.
Mutationsbegriff 289—291.
Mutationshäufigkeit s. Mutationsrate.
Mutationsperiode 360.
Mutationsprozeß s. Mutation.
Mutationsrate 43, 200, 202,
207, 208, 210, 212, 213,
215—217, 221, 222, 227,
229—232, 236, 245, 246,
254, 255, 283, 310, 341,
342, 359—361, 365, 366.

Mutationsrate, Antirrhinum
202, 203, 216.
— Avena 222.
— Chromosomen- 225.
— Drosophila 181, 202, 203,
208, 211, 214, 216, 217,
220—225, 230, 233, 235,
245, 263, 266, 360.
— Gesamt- 200.
— — Antirrhinum majus 203.
— — Drosophila 217, 225.
— Hafer 222.
— Haustiere 574.
— Mais 216, 224.
— Samen, Pflanzen- 202.
— spontane 203, 231, 235,
365.
— Teil- 200.
— Temperaturabhängigkeit
202, 203.
— Weizen 222.
— Wildtier 574.
— Zeitabhängigkeit 202.
Mutationstheorie 289.
Mutationstypen 197, 198.
Mutationsvorgang, physi-
kalische Analyse 227—231.
Mutative Entstehung von
Rassencharakteren 441.
Mutterberuf, Mutterschaft 526,
527.
Mycterosaurus 587, 588.
Myoklonusepilepsie 317—319,
355.
Myopie 426, 427.
— Achsen- 426.
Myotonische Dystrophie 533.
Myxodectiden 590.
Myxödem 475, 530, 531.

Nachfahrentafel 299, 301, 302.
Nachtblindheit (s. a. Hemera-
lopie) 310, 352 426, 427.
Nackenblasen, Maus 131 bis
133.
nackte Lämmer, Schaf 503.
Nadsonia, Strahlengenetik
207, 209.
Nägel, -anlage, -dystrophien
126, 127, 395, 545.
Naevus pigmentosus 363.
Nagetiere s. a. Kaninchen,
Maus, Meerschweinchen,
Ratte usw.
— Heterochromosomen 15.
— Ovar 250.
Namensgleichheit 303.
Narbenkeloid 661.
Nase 311, 396, 513, 632.
— Konvexität 441, 442.
— Maus 132, 133.
— Säugetier 486.
Nasenbluten, Pferd 500.
— Schwein 503.

Nasenhöhle 601.
Nasenspalte, Hund 503.
— Katze 503.
Nashorn, Giftfestigkeit 495.
Naturrassen, Naturvolk (s. a.
Primitive) 553, 556, 577,
671.
Neandertaler 599, 606, 607,
613, 617, 618, 619, 621,
622, 623, 624, 625, 626,
628, 629, 630, 631.
— Hirnschädel 618.
— Lebensbild 627.
— Prognathie 627.
— Rassengliederung 629, 631.
— Schädel 627, 630.
— Skelet 627.
— Stirn 627, 630.
— Unterkiefer 627, 630.
Nebengene (s. a. Modifika-
tionsgene) 417.
Nebenkerne 256, 257.
Nebennieren 508, 529, 531,
532.
— Fehlen 536.
— Maus 150.
Nebennierentumor 529.
Nebenschilddrüse s. Para-
thyreoidea.
Necrolemur 592, 593, 599, 606.
Neger 10, 14, 23, 24, 441, 606,
622, 649, 654, 656, 659,
660, 661, 663, 667, 670,
673, 676, 677.
— Austral- 665, 672.
— Geschlechtschromosomen
17.
— Körperproportionen 605.
Negride Rassen 441, 633.
Negritos 672, 441.
Nekrospermie 281.
neomorphe Allele 66.
Nephritis 516, 543.
Nerven, Lebens- 533.
Nervenkrankheiten 536, 538.
Nervenlepra 659.
Nervensystem 281, 388, 393,
481, 482, 531, 534, 536.
— und Konstitution 533.
— Säugetier 489.
— Schwein 502, 560.
nervöses Temperament 513.
Nervosität 532, 535, 545.
— konstitutionelle 537.
— vegetative 542.
Nerz, Domestikation 564.
Nesselsucht, Säugetier 504.
Netzhaut, Pigmentdegenera-
tion der 26, 352, 363, 421,
429.
Neugeborener 529.
Neuguinea 673, 675.
Neurasthenie 516, 537, 542.
Neuronenzahl 585.
Neuropathie 536, 537.

neuropathische Diathese 537.
Neurose 530.
Neurospora, Strahlengenetik
209.
Neuseeland 648.
Neutronenbestrahlung 218,
219, 221.
Neuweltaffen 593, 606.
nicht-mendelnde Merkmale
556.
Nichttrennen von Chromo-
somen 5, 22, 28, 199.
Nicotiana, Strahlengenetik
210.
Nicotin s. Nikotin.
Niederländisch-Indien 653,
654, 659, 666, 669, 670,
674.
NIEMANN-PICKsche Spleno-
hepatomegalie 292.
Nieren 516, 542.
— Maus 158.
— Säugetier 488.
Nikotin (s. a. Tabak) 251, 284.
Nikotinempfindlichkeit,
Säugetier 495.
Nikotinversuche 280.
nodosités iuxtaarticulaires
661.
Nordische Rasse 317, 441, 478,
528, 535, 624, 633—636,
662, 665, 673, 676.
Nordwalde, Schädel von 636.
Norm, Durchschnitts- 478.
— Ideal- 478.
—, normal, Normaltypus 477
bis 481, 547.
— persönliche 478, 479.
— statistische 478, 480.
— Vital- 480.
normale Variationsbreite 479.
Normannen 648.
Normbegriff 472, 479.
Normgrenze, äußere 478.
normosplanchnischer Typ 511,
516.
normosthenische Wuchs-
formen 471.
Normotypus 480.
Norwegen 304, 308, 355.
Nosofaktoren 399.
Notharctus 588, 589, 591, 593,
599, 606.
Nucleinsäure 1, 105.
Nutria, Domestikation 564.
Nutzeffekt 472.
Nymphalidenzeichnung 75, 87.
Nystagmus 323, 536, 545.

Oberkassel, Schädel des Mannes von 632, 633, 636.
Oberkiefer 311, 632.
— Africanthropus njarasensis
617.

Oberkiefer, Pithecanthropus
612, 615.
Obermatt 321—324.
objektive Umwelt 383, 387,
388, 389.
Obstipation 516, 542.
Odessa 525.
Ödem, malignes, Säugetier 497.
— QUINCKEsches, Säugetier
504.
Ökologie 384, 387.
— Rassen- 646.
Ökologische Isolation 575, 576.
— Rassen 556.
Oenothera, Mutationen 195.
— Strahlengenetik 209.
Österreich 365, 594.
OGUCHIsche Krankheit 26,
429, 430.
Ohr 393, 396, 656.
— Halbaffen 591.
— Maus 149, 150, 170.
— Schwein 502.
Ohrblasen, Maus 162, 164, 167,
168, 171.
Ohrenschmalz 656.
Ohrlosigkeit, Schaf 503.
— Ziege 503.
Ohrmuschel, Rind 501.
Oldoway, Skelet von 626.
oligochondroplastischer
Habitus 532.
Oligodaktylie, Maus 267.
Oligophrenie (s. a. Debilität,
Schwachsinn usw.) 318,
363, 393, 414.
Oligospermie 281.
Ommine 106.
Ontogenese, Ontogenie 31, 68,
69, 191, 192, 601.
— autonome Variabilität (s.
a. Entwicklungslabilität)
68, 69.
Oo- s. a. Ei.
Oocyten 245, 249, 250.
— Reserve- 270.
Oocytogenese 12.
Oogenese 21, 22, 247.
Oogonien 7, 8, 11, 12, 13, 22,
24, 250.
Ophrys 360.
Opossum 589.
— Geschlechtschromosomen
17.
Opticusatrophie (s. a. LEBER-
sche Krankheit) 327.
Optimum, Prinzip des 479.
Orang-Utan 594, 600, 606 bis
609.
— Agglutinogene 602.
— Blutgruppen 602, 603.
— Intermembralindex 604.
— Körperproportionen 602,
605.
— Präzipitinreaktion 601,
602.

Orang-Utan, Proteale 601, 602.
— Stirnhöhlen 600.
— Zähne 612.
Orbis constitutionum 472.
Ordnung 467, 475.
Ordnungsgesetze 534.
Ordnungsprinzip 466.
Ordovicium 585.
Oreopithecus 607.
Organanlage 191, 378.
Organgewicht 463, 513.
Organismus 47, 191, 372, 373, 374, 377, 386, 387, 463, 467, 509, 521, 534, 546, 547.
— Wirkungsgrad des Gesamt- 546.
Organminderwertigkeit 536, 538, 542.
Organsystem 470, 534.
orientalische Rasse 441, 522, 527, 657.
Orthogenese 440.
Orthoploidie 4, 5, 11, 22.
Oryza, Strahlengenetik 209.
Ossifikation, Krüperhuhn 113, 114, 115.
ostbaltische Rasse 441.
Osteogenesis imperfecta 399.
Osteoporose, Pferd 500.
ostische Rasse 528, 535, 662.
Ostrau, Schädel von 635.
Otosklerose 292, 416, 539.
Ovalocyten 291.
Ovar 5, 253, 530.
— Maus 250, 253.
— Nagetiere 250.
— Rind 493.
— Röntgen- 249—251.
— — Kaninchen 250, 251.
— — Maus 251.
— — Meerschweinchen 250, 251.
— — Ratte 250.
— Schwein 503.
ovarielle Insuffizienz 392.
Ovis aries s. Schaf.
Ovulation, Kaninchen 279.
— Maus 251, 270.
— Meerschweinchen 251.
Oxydationstypus, Säugetier 486.
Ozeanien 674, 675.

Paarungsgenossenschaft 554.
Pachytän 13, 20, 25.
Paidopithecus 594, 600, 607.
Palaeanthropus 623.
Palaeopithecus 607.
Palaeosimia 594, 600.
Palästina 629.
Panthotheria 587, 589.
Pan vetus 623.
Papillarfaltung 125.

Papillarmuster (s. a. Finger-beerenmuster) 121—127, 417, 418.
— Genmanifestierung 121.
— quantitativer Wert 121, 396, 418.
— Variation der 121, 124.
Papillarnerven 125.
Papillarzentrum 122, 123.
Papua 441, 660.
Paraguay 673.
Parallelismus, phänotypischer 46.
Parallelität der Mutationen 572.
Paralyse 660.
— der Beckengliedmaßen, Schwein 502.
— progressive 516, 533.
Paralysis agitans 319, 320.
— — Meerschweinchen 276.
paralytische Wuchsformen 471.
Paramaecium, Strahlengenetik 209.
Paranthropus 597, 598, 599, 621.
Parapithecus 592, 593, 599, 606, 607.
Parapsychologie 537.
Parasympathicus 530, 534.
Parathyreoidea 531.
— Hund 499.
Paratyphus, Säugetier 497.
Paratypus 474.
Paravariation (s. a. Variation) 481, 558.
Paresen, spastische 393.
Paris 349.
Pariser Becken 594.
Partialkonstitutionen 468, 469, 473, 475, 476, 531, 532, 534, 536, 546.
— endokrine 531.
Passivität 672, 674.
Pathographie 537.
Pathologie, Rassen- 658.
— und Chromosomen 26—28.
Pavian, Proteale 602.
Pechräude, Schwein 502, 504.
Pediomys 589.
Peking 612.
Pelycosaurier 587.
Pemphigus hereditarius 399.
Penetranz 51, 52, 53, 55, 56, 57, 58, 61, 67, 316, 383, 435, 508.
Penis, Meerschweinchen 259.
— Pferd 500.
Periode, kritische 74, 109.
— sensible 74, 75, 77, 78, 80, 81, 82, 85, 86, 88, 89, 90, 91, 94, 109, 110, 191, 474.
Peristase (s. a. Milieu, Umwelt) 384, 385, 386, 392, 396, 475.

peristolabil, -stabil 384.
Peritoneum 4.
Peromelie 394.
Peromyscus, Färbung 39.
Persien 647, 648.
Person, Gesamt-, Genetik der 446, 476.
— psychophysische 374, 377, 385, 446, 471, 475, 476.
Personalbegriff 471.
persönliche Norm 479.
persönliches Tempo 442, 443, 446, 447, 449.
Persönlichkeit 388, 446, 466, 473, 477, 530, 538.
— prämorbide 474.
Persönlichkeitslehre 467.
Peru 518.
Pest 344, 366.
— Säugetier 497.
Pestalozzi, Ahnentafel, Sippentafel 296—299.
Pferd, Abdominalkryptorchismus 500.
— Akroalbinismus 499.
— Albinismus, Akro- 499.
— Altern 488, 493.
— Altershaare 493.
— Apfelschimmel 493.
— Araber- 495.
— Atresia coli 500.
— — vaginae 500.
— Besamung, künstliche 557.
— Brustlängenindex 486.
— Colon 500.
— Dickkopf 500.
— Domestikation 564.
— Einschuß 499.
— Ekzem, Fuß- 499.
— Epitheliogenesis imperfecta neonatorum 499.
— Ernährung 494.
— Erythrocyten 488.
— Extremitäten, -gelenke 500.
— Flachhuf 500.
— Fliegenschimmel 493.
— Forellenschimmel 493.
— Gebiß 500.
— Geschlechtschromosomen 17.
— Geschlechtsorgane 500.
— Geschlechtstypen 487.
— Giftfestigkeit 495.
— Glasäugigkeit 499.
— Haar 488.
— — Alters- 493.
— — -wechsel 493.
— Hämoglobin 488.
— Haut 499.
— Herz 489.
— Hirngliom 500.
— Huf 499, 500.
— Hypospadie 500.
— Infektionskrankheiten 497.
— Instinkte 489.

Pferd, Inzest 494.
— Kaltblut 499, 500.
— Kehlkopfpfeifen 500.
— Konstitution 486.
— Kryptorchismus 290.
— — Abdominal- 500.
— Leistenbruch 500.
— Leistungsfähigkeit 494, 540, 547.
— Leistungstypus 486.
— Leukocyten 488.
— Mauke 499, 500.
— Nasenbluten 500.
— Osteoporose 500.
— Penis 500.
— Pseudohermaphroditismus masculinus 500.
— Raspe 500.
— Rassen 486, 495.
— Renn- 463, 486, 494.
— Rennkondition 494.
— Schimmel, unveränderliche 493.
— — veränderliche 493.
— Schnell- 489.
— Schritt- 486, 489.
— Spermien 502.
— Typus digestivus 486.
— — Leistungs- 486.
— — respiratorius 486, 489.
— Vagina 500.
— Verwilderung 577.
— Warmblut 500.
— Warzen 499.
— Zehen 290.
— Zehenkontraktur 500.
— Zwitter 500.
Pflanzen, Mutation 289.
— Samen, Mutationsrate 202.
— Strahlengenetik 209.
— Temperaturshock 232.
Pflanzenfresser, Immunität 495.
Pflanzenzüchtung 234.
Phän 374, 377.
phänisch 381.
Phänogenese, Phänogenetik 31, 32, 291, 421, 573.
Phänokopie 90, 397, 563, 572.
Phänokritische Phase 32.
Phänom 381.
Phänomenologie der Genmanifestierung 33, 67, 68, 69.
phänotypische Konstitution 473.
phänotypischer Parallelismus 46.
Phänotypus 63, 362, 374, 381, 463, 467, 471, 474, 475, 481, 645, 646, 650.
Phäommatin 106.
Pharbitis, Strahlengenetik 209.
Philosamia, Flügel, -zeichnungsmuster 82—86.

Philosamia, Symmetriesystem 82, 84.
— Temperaturversuche 85.
phlegmatisches Temperament 518, 520.
Phokomelie, Krüperhuhn 115, 116.
phthisischer Habitus 511, 512, 524.
Phylogenese (s. a. Stammesgeschichte) 26, 290, 440, 525, 584, 604.
— Merkmals- 619.
— Sippen- 619.
Physiognomie, Physiognomik 512, 513, 517, 518, 522.
Physiologie, Rassen- 656, 667.
physiologische Arten 555, 576.
— Mutationen 34.
— Rassendifferenzierung 655.
— Theorie der Vererbung 192.
Pigment, Pigmentierung 219, 527, 634.
Pigmentbildung, Säugetier 493.
Pigmentdegeneration der Retina 26, 352, 363, 421, 429.
Pigmentierung, Ephestia 92, 93, 96, 107, 172.
— Insekten 107.
— Kaninchen 566, 568, 573.
— Katze 573.
— Meerschweinchen 573.
— Strupphuhn 118.
— Thomomys 574.
Piltdownschädel 606, 626.
Pisum, Strahlengenetik 209.
Pithecanthropus 599, 607, 613, 617, 618, 621, 623, 625, 628, 629, 631.
— alalus 608.
— Diastema 615.
— erectus 610, 611.
— Femur 610, 611, 612, 616, 617.
— Hirnschädel 618.
— Schädel 610—612, 615.
— Schädelkapazität 620.
— Zähne 610, 611, 612, 615.
Placenta diffusa 607.
— discoidalis 607.
Plasma 45, 61, 68, 69, 107, 111, 112, 192, 378, 386, 390, 392.
— -bestrahlung, Drosophila 210, 211.
— Ei- 254, 391.
— Idio- 377.
— Individual- 467.
plasmatische Vererbung 378.
Plasmon 254, 290, 377.
Plattfuß 520.
Platyrrhinen 593.
Plazenta, Scheiben-, Tarsius 592.
Plazentalier 589, 590.

Plesiadapiden 592, 606.
Plesianthropus 597, 599, 621.
Pleiotropie (s. a. Polyphänie) 47—50, 61, 63, 67, 69, 92, 130, 159, 168, 200.
plethorischer Habitus 511, 512, 519, 524.
Plexus brachialis 402.
— chorioidales, Maus 146, 150, 161—164, 168, 169, 171.
— lumbosacralis 402.
Pliopithecus 593, 599, 600, 606, 607, 608.
Pneumokokkenresistenz, Maus 496.
Pneumonie 516.
— Schwein 503.
Pocken 497, 671.
— Tier-, Säugetier 497.
polare Genmanifestierung 35, 36.
polares Variieren 70.
Polarvölker 647.
Poliomyelitis 539.
Pollen, Antirrhinum 202, 219.
Pollenzellen 202.
Polster, Epidermis-, Flüssigkeits- 121—127, 143, 144, 418.
polyzentrische Teilungsfiguren 21.
Polycythämie, Geisböcksche 516.
Polydaktylie 289, 307, 308, 309, 363, 421, 481.
— Departement Isère 307.
— Maus 128, 139, 140.
— Schwein 502.
— Vordingborgtyp 309.
Polydaktylismus, postaxialer 308.
polygene Aufspaltung 39.
— Bedingtheit (s. a. Polymerie) 39.
polygenistische Hypothesen 604.
polyglanduläre Störungen 532.
polyhybride Aufspaltung 39, 40.
Polymastie 481.
Polymerie 39, 40, 291, 403, 404, 414—419, 664.
Polynesier 441, 674.
Polyphänie (s. a. Pleiotropie) 47—50, 379, 398, 402, 403, 404, 413, 414, 421, 427, 447, 448, 521.
Polyploidie 22, 26, 64. 195, 197, 198, 223, 419.
— Hafer 222.
— Spirogyra 195.
— Weizen 222.
Polysomie 28.
polysymptomatische Betrachtungsweise 375.

polytope Mutationen 47.
Polyurie 530.
Pongoschimpanse (s. a. Schimpanse) 608.
Population 420, 554, 555, 556, 575, 663—665, 667, 670.
— Mischlings- 666, 669, 672.
Populationen, freilebende, Drosophila 204, 205.
— — Mutationen in 43, 203 bis 206.
Populationsstatistik 69.
Porencephalie 536.
Portugiesen 670.
Positionseffekt der Gene 31, 181—190, *189*, *190*, 191, 192, 226.
— — — Spezifität des 185, 188.
— — — theoretische Deutung 187, 188.
Postreduktion 20, 23.
Potenz 530.
— prospektive 89, 510.
Potenzen, Befreiung latenter 400, 401.
— entwicklungsphysiologische 191.
Prädetermination 95.
Prädisposition 546.
Prähominiden 584, 609.
prämorbide Persönlichkeit 474.
Präreduktion 20, 23.
Präspermatiden 252.
Präspermiden 248, 251, 262.
Präventivmittel, chemische 391.
Präzipitinreaktion, Orang-Utan 601, 602.
— Primaten, niedere 601, 602.
— Schimpanse 601, 602.
Precocity der Chromosomen 11, 13, 20, 22.
Předmost, Schädel von 631, 632.
Preloban 393.
presence-absence-Hypothese, — -Theorie 42, 43, 62, 63, 64, 379.
Primärfollikel 250, 251.
Primärreaktion des Gens 107, 154, 157, 161, 167, 169, 171, 172, 189, 191.
Primaten 440, 588, 589, 591, 599, 607, 608, 609, 622.
— höhere, Intermembralindex 604.
— Körperproportionen 602, 603, 604.
— niedere, Präzipitinreaktion 601, 602.
— Proportionen, Körper- 602, 603, 604.

Primaten, Stammbaum, Stammesgeschichte 590, 600, 606, 609.
Primitive (s. a. Naturrassen) 524, 647, 652, 656, 665, 671, 673.
Primordialkranium 590.
— Maus 164.
— Schwein 563.
Primula sinensis 62, 462.
— — Strahlengenetik 209.
Probandenauslese 429.
Probandengeneration 254.
Proconsul 595, 599.
Progenie (s. a. Prognathia) 311—313, 545.
— habsburgische 313, 314.
Prognathia inferior, Prognathie (s. a. Progenie) 311, 628, 631.
Prognathie, Kaninchen 504.
— Neandertaler 627.
progressive Entartung 316.
— Mutationen 290.
— Paralyse 516, 533.
Progressivität 290.
Prohylobates 593, 599, 600.
Proletariat 316.
Pronycticebus 606.
Pronogradie 603, 604, 607.
Prophase 2, 4, 11, 12, 13, 22.
Propliopithecus 593, 594, 599, 606, 607.
Proportionen, Körper- 602, 605.
— — Catarrhinen 604.
— — Gorilla 604, 605.
— — Hylobatiden 602, 604.
— — Menschenaffen 604, 605.
— — Neger 605.
— — Orang-Utan 602, 605.
— — Primaten 602, 603.
— — Schimpanse 602, 604, 605.
— Mendelsche 300, 301, 314, 318, 319, 329, 409, 410.
prospektive Bedeutung 89.
— Potenz 89, 510.
Protadapis 607.
Protanomalie 436, 437, 438, 439, 440.
Protanopie 436, 437, 438, 439, 440.
Proteale 601.
— Macacus 602.
— Orang-Utan 601, 602.
— Pavian 602.
— Schimpanse 602.
Proterogenese 585.
Protisten, Mutation 196.
Protonen 219, 221.
— Rückstoß- 219.
Protoplasmaschwäche 546.
Protozoa, Strahlengenetik 209.

Proximalgranulum, X-Chromosom 16.
Proximalsegment, X-Chromosom 16, 17, 19.
Pseudencephalie, Maus 144 bis 154, 172.
— Vögel 144.
Pseudodominanz 329, 348.
Pseudohermaphroditismus masculinus, Pferd 500.
Pseudoloris 606.
Psittakose 497.
Psychasthenie 541.
Psychische Infektion 663.
— Isolation 576.
— Labilität 531, 535.
— Merkmale, Erbgang 403.
Psychoanalyse 538.
Psychologie, Individual- 538.
— Para- 537.
— Rassen- 657, 658, 669, 673.
— Sozial- 390.
psychomotorisches Tempo 442, 443, 446, 447, 449.
Psychopathie 318, 320, 323, 363, 375, 414, 518, 521, 536, 545, 663, 669.
Psychopathologie, Rassen- 658, 661.
Psychosen s. Geisteskrankheiten.
— affektive 416, 417.
— Alkohol- 375.
— syphilitische 375.
P.T.C., Ansprechbarkeit auf 402, 422.
Pteromalus, Strahlengenetik 209.
Ptolemäer 316, 361.
Ptose der inneren Organe 542.
Pubertät 422, 529, 532, 545.
— Säugetier 487.
Pulszahl 655.
Pygmäen 441, 442, 654, 673.
Pygmoide 442.
Pykniker, pyknischer Habitus, — Konstitution, — Körperbau, — Typus 392, 449, 511, 514, 518, 519, 520, 521, 522, 524 bis 528, 535, 536, 662.
— weibliche 526, 527.
— — Ultra- 526.
Pyknose, Hetero- 12.
pyknotische Kerne 261.

Quanten 228, 229.
quantitative Merkmale 39.
quantitativer Wert (Fingerleisten) 121, 396, 418.
Quecksilber 509.
Quinckesches Ödem, Säugetier 504.
Quotient, serochemischer 601, 602.

Rachitis 393, 472, 474, 476, 543.
— Krüperhuhn 116.
— Rind 501.
Radikal 377.
radioaktive Substanzen 217.
Radiowellen, Mutations-
 versuche 220.
Radium, -strahlen 188, 195, 207, 208, 212, 214, 215, 217, 218, 220, 221, 227, 230, 235, 236, 245, 664.
Radiumpersonal 284.
Radiumschwestern 282.
Radius, Sinanthropus 616.
Randblasen, Maus 129, 131, 132, 133, 139, 140, 143.
— — fibulare 143.
— — tibiale 143.
Raspe, Pferd 500.
Rasse 291, 293, 378, 388, 463, 464, 480, 527, 528, 533, 544, 584, 585, 606, 620, 622, 624, 625, 632, 635, 648, 652, 653, 659, 677.
— alfurische 674.
— alpine 441.
— Aurignac- 632.
— Begriff 553—558.
— Brünn- 632.
— Combe Capelle- 633.
— Cro-Magnon- 606, 631, 632 bis 636.
— dinarische 535.
— europide 356, 441, 635, 653.
— fälische 520, 528, 633, 634, 635, 636.
— Gen-, einfache 556.
— Hund 486, 499, 557.
— und Krankheit 652.
— und Kultur 668.
— malaiische s. Malaien.
— mediterrane 441, 522, 535, 633, 665, 668.
— melanesische s. Melanesier.
— Mendel-, einfache 556.
— und Milieu 558—563.
— mongolide 441, 617, 633, 653.
— nordische 317, 441, 478, 528, 535, 624, 633—636, 662, 665, 673, 676.
— orientalische 441, 522, 527, 657.
— ostbaltische 441.
— ostische 528, 535, 662.
— polynesische s. Polynesier.
— Schaf 486.
— vorderasiatische 522, 668.
— weiße 667.
Rassen, aktive 657.
— Cyprinodonten 555, 575.
— eskimide 633.
— europide 356, 441, 653.
— farbige 657, 667.

Rassen, geographische 555, 557.
— helle 663.
— Haustier- 553, 555, 556, 563, 633.
— Kombinations-, Kaninchen 567, 568.
— -Kreuzung, Hund 448.
— Kultur- 553, 556, 558, 559, 560, 562, 571, 577.
— Malariamücke 576.
— Natur- (s. a. Rassen, primitive) 553, 556, 577.
— negride 441, 633.
— ökologische 556.
— passive 657.
— Pferd 486, 495.
— primitive (s. a. Rassen, Natur-) 524, 647, 652, 656, 665, 671, 673.
— Rassenbildung, Haustiere 486, 552, 553, 555, 556, 563—573, 633.
Rassenanatomie 653.
Rassenaufspaltung 629.
Rassenbastarde, -kreuzungen, -mischung (s. a. Bastarde, s. a. Mischlinge) 23, 652, 654, 655, 665—668.
Rassenbegriff 553—558.
Rassenbildung 91, 205, 440, 552f., 573, 663, 664.
— Cyprinodonten 555, 575.
— Hamster 204.
— Hase 575.
— Hund 571.
— Kaninchen 571.
— Limia 575.
— Wildtier 573.
Rassenbiologie 645—677, *677* bis *678*.
Rassenchaos 362, 665, 672.
Rassencharaktere, mutative Entstehung 441.
Rassendifferenzierung, physiologische 655.
Rassengeruch 656.
Rassengeschichte 631—636.
Rassengesetzgebung (s. a. Rassenhygiene) 671.
Rassengliederung im Neandertalkreis 629, 631.
Rassenhaß 658.
Rassenhygiene (s. a. Rassengesetzgebung, Sterilisationsgesetz) 245, 246, 360, 479, 548.
— Albinismus 323.
— Strahlen, kurzwellige 283 bis 284.
— Taubheit, sporadische 342.
Rassenimmunität 660.
Rassenketten 557.
Rassenkonstitution 652—663.
Rassenkreise 557.
Rassenmelancholie 674.

Rassenneuaufbau 663—671.
Rassenökologie 646.
Rassenpathologie 658.
Rassenphysiologie 656, 667.
Rassenpsychologie 657, 658, 669, 673.
Rassenpsychopathologie 658, 661.
Rassenreinheit 664, 665, 668.
Rassenserologie 655.
Rassentod 671—677.
Rassenunterschiede, chromosomale 22—24.
Rassenwandel 657.
Rassenzentrum 636.
Rassenzerfall 633.
Rassenzersetzung 663—671.
Ratte, Alkoholversuche 206, 273—274.
— Bestrahlung 263.
— Chromosomen, Geschlechts- 11.
— Ei 257.
— Foramen anterius 134.
— Geburtsgewicht 273.
— Geschlechtschromosomen 11.
— Haus- 492.
— Herz 165.
— Hoden 249.
— — Röntgen- 247.
— Immunität 495.
— Infektionskrankheiten 497.
— Inzucht 367.
— Lernfähigkeit 274.
— Milzbrand 495.
— Ovar, Röntgen- 250.
— Röntgenhoden 247.
— Röntgenovar 250.
— Spermatozoen 248, 249, 257.
— Sterilität, temporäre 263.
— Wachstumshormon 488.
— Wander- 492.
— Wurfgröße 257, 263, 273.
— X-Chromosom 25, 428.
— Y-Chromosom 25.
Rattus norvegicus s. Ratte.
Raubtiere, Ur- 589.
Rauschbrand 497.
Rauschgifte 509.
Reaktionsgeschwindigkeiten, abgestimmte 73, 90, 172.
Reaktionsnorm 462, 471, 476, 554, 556, 565.
Reaktionstypen, vegetative 534.
Realisationsfaktoren 292, 385.
recessive Gene 379.
— Mutation, Drosophila 42, 44, 53, 197.
recessiver Erbgang, Recessivität 41, 62, 293, 314—360, 379, 382, 385, 404—408, 433, 443, 444.
— Zwergwuchs 362.

Recessivität. schwache 41.
— starke 41.
Rechtshirnigkeit 537.
Rechts-Links-Korrelation 59, 60.
Rechts-Links-Problem, -Symmetrie (s. a. Bilateralität, Symmetrie) 58, 386, 394.
Reduktion, Post- 20, 23.
— Prä- 20, 23.
Reduktionsteilung (s. a. Reifeteilung) 10, 12, 252, 261, 391.
Regeln, MENDELsche s. Mendeln.
Regeneration 137, 293, 308, 325.
Regina, die schwäbische Geistesmutter 299.
regressive Mutationen 290.
Regressivität 290.
Reh, Albinismus 574.
— Geweih 561, 562.
Rehobother Bastarde 666, 669.
Reife 653, 654.
Reifegrad 511.
Reifephase der Chromosomen 12.
Reifeteilung, — abnorme (s. a. Reduktionsteilung) 14, 15, 16, 17, 18, 20, 22, 248, 250, 253, 262.
Reihengräber 636.
Reithosenspeck 527.
reizbare Konstitution 535, 536.
Reizbarkeit 468.
Reizberufe 517.
Reizmangelberufe 517.
Relation F/M 448.
— L/P 448, 449.
religiöse Kulte 663.
Reliktenvölker 647, 665, 672, 673, 676.
Renntypus, Säugetier 486.
Reptilien 587.
Resistenz 462, 480, 481, 509, 511, 512.
respiratorischer Typus (s. a. Atmungstyp) 511, 513, 514.
Responsivität 472, 479.
Restgenom 386.
Restgenotypus 51.
Retina, Pigmentdegeneration der 26, 352, 363, 421, 429.
Retinagliom 399.
Retinitis pigmentosa 26, 352, 363, 421, 429.
retrogressive Mutationen 289.
Reversibilität der Konstitution 447, 470.
Rhachischisis 144.
Rheuma, Gelenk- 516.
— Muskel- 516.
Rheumatismus 543.
Rhipidistia 586, 588.

Rhipidopsis 588.
Rhodesia-Mann 606, 607, 628.
Rhodnius 108, 109, 110.
— Corpus allatum 108, 110.
— Häutungshormon 109.
— Hemmungshormon 109, 110.
— Verpuppungshormon 110.
Ricinbehandlung 280.
Riesenchromosomen, Drosophila 2, 182, 185, 223, 224, 380, 555.
Riesenhund 488, 499.
Riesenkerne s. Riesenchromosomen.
Riesenspermatocyten 21, 22.
Riesenspermatozoen 21.
Riesenzellen 18, 21, 22, 252.
Rind, Achondroplasie 501.
— Akroteriasis 501.
— Albinismus 501.
— amputiert 340.
— Atresia ani 501.
— Ausstellungskondition 494.
— Blauäugigkeit 501.
— Blut 489.
— Brüllerkrankheit 493.
— Bruzellose 498.
— Bulldoggkalb 501.
— Chorion 488.
— Deckkondition 494.
— Dextertyp 501, 556.
— Domestikation 564.
— Doppellendner 501.
— Doppelmißbildungen 398, 500, 502.
— Drehschwänzigkeit 501.
— Elchkalb 501.
— Epitheliogenesis imperfecta neonatorum 501.
— Ernährung 494, 558.
— Erythrocyten 488.
— Extremitäten 501.
— Feiung, stille 498.
— Gaumenspalte 501.
— Gelenksankylosen 501.
— Geschlechtsapparat 501.
— Hämoglobin 488.
— Haut 501.
— Herz 489.
— Hoden 501.
— Hydrocephalus 501.
— Hypophyse 491.
— Hypotrichosis 501.
— Impotentia coeundi 501.
— Infektionskrankheiten 497.
— Instinkte 489.
— Inzest 502.
— Iris 501.
— Kastration 493.
— Kerryrasse 501.
— Klimaeinfluß 558.
— Knickschwänzigkeit 501.
— Kondition 494.
— Konstitution 486.
— Krämpfe 502.

Rind, Krummschwänzigkeit 501.
— Kurzbeinigkeit 556.
— Leukocyten 488.
— Lunge 491, 492, 498.
— Mastkondition 494.
— Melkkondition 494.
— Milchleistung 486, 489, 491, 492, 494.
— Milchtypus 486, 511.
— Mißbildungen 501.
— — Doppel- 500, 502.
— MÜLLERsche Gänge 502.
— Muskelkontrakturen 501.
— Ohrmuschel 501.
— Ovarium 493.
— Rachitis 501.
— Rotschimmelung 556.
— Schimmelung, Rot- 556.
— Schistosoma reflexum 500.
— Schweißdrüsen, Fehlen der 501.
— Skelet 491, 501.
— Spermien 502.
— Sterilität 493, 502.
— Telemark- 501.
— Testikel 501.
— Thorax 492.
— Torticollis 501.
— Tuberkulose 492, 496, 497, 498.
— Typus asthenicus 491.
— — respiratorius 486, 491.
— Unterkiefer 501.
— Verwilderung 577.
— Wasserkalb 501.
— Wirbelsäule 491.
— Zwillinge, Zwillingsgeburt 487, 488.
— Zwitterigkeit 487.
Rinderpest, Säugetier 497.
Ringdrüse, Drosophila 111.
Ringkämpfer, japanische 512.
Rippen (s. a. Costa) 402.
Robusta 525, 526.
Röntgenärzte, Nachkommenschaft 281, 282.
Röntgenassistentinnen, Fertilität 281.
— Nachkommenschaft 281.
Röntgenbestrahlung s. a. Bestrahlung.
— Avena 209, 222.
— Drosophila 34, 183, 185, 200, 207—209, 211, 215, 216, 223, 224, 232.
— Hafer 222.
— Huhn 209, 251.
— Kaninchen 195.
— Mais 208, 224.
— Maus 128, 144, 145, 209, 251, 255, 268, 397.
—, Röntgenmutation, Drosophila 34, 183, 185, 200, 207, 208, 209, 211, 215, 216, 223, 224, 232.

Röntgenhoden, Kaninchen 247.
— Maus 247.
— Meerschweinchen 247.
— Ratte 247.
— Säugetier 247—249.
— Schaf 249.
röntgeninduzierte Mutation (s. a. strahleninduzierte —) 188, 219, 221, 235, 255 bis 269.
Röntgenkastration, Maus 253.
Röntgenmodifikationen, Maus 397.
Röntgenmutation, Drosophila s. Röntgenbestrahlung, Drosophila.
— Maus 128, 265, 266, 267.
Röntgenovar 249—251.
— Kaninchen 250, 251.
— Maus 251.
— Meerschweinchen 250, 251.
— Ratte 250.
Röntgenpersonal 284.
Röntgensterilisation 281, 356.
Röntgenstrahlen 34, 62, 65, 183, 188, 195, 207, 208, 212, 214, 216, 217, 218, 219, 220, 221, 222, 224 bis 226, 228, 229, 230, 245, 255, 256, 257, 258, 259, 260, 261, 262, 263, 264, 265, 266, 267, 268, 269, 283, 284, 664.
— Dosismessung 282.
— Erbschädigung 263, 280 bis 282, 284.
Röntgentechniker, Nachkommenschaft 281, 282.
Rom, Römer 627, 647, 648.
Romantiker 547.
Rosenkamm, Huhn 415.
Rotanomalie 436, 437, 438, 439, 440.
Rotblindheit 436, 437, 438, 439, 440.
Rotgrünblindheit, Rotgrünsinn 24, 356, 358, 359, 382, 402, 408, 410, 421, 423 bis 427, 436, 437, 438, 439, 440, 443, 481.
Rothaarigkeit 422, 545.
Rotlauf, Säugetier 497.
— Schwein 496.
Rotschwäche 436, 437, 438, 439, 440.
Rotz, Maus 496, 497.
— Säugetier 497.
Rückenblasen, Maus 129, 132, 133, 135, 142.
Rückenmark, Querschnittläsion 536.
Rückkreuzungsverfahren 254.

Rückmutation 62, 181, 182, 200, 212, 213, 224, 230, 293, 335, 338, 346, 441.
Ruhekern 1, 2.
Rumänen 530.
Rumex, Strahlengenetik 209.
Russen 7, 24, 530.
Russenfärbung, Maus 574.
Russenkaninchen 462, 567.

Säuger, Scheckung 573.
Säugetier s. a. Haustiere.
— Akklimatisation 491.
— Albinismus 499, 573.
— Alkoholversuche 270—278.
— Allelie, multiple 434.
— allergische Konstitution 504.
— Altern, vorzeitiges 491.
— Altersmerkmale (s. a. —, Senium) 488.
— amniogene Mißbildungen 498.
— Aphthenseuche 497.
— Atmungstypus 486, 487.
— Auge 270.
— BANGsche Krankheit 491, 497.
— Bleiversuche 279—280, 495.
— Blut 488, 489.
— BORNAsche Krankheit 497.
— Botulinus 497.
— Brucella Abortus BANG 491, 497.
— Brustkorb 486.
— Chondrodystrophie 113, 115.
— Chromosomen 2.
— — Geschlechts- 15, 20.
— — Hetero- 14.
— — -Mutation 247.
— Coffeinversuche 278—279.
— Darm 486.
— Diphtherie 497.
— Domestikation 490, 498, 564.
— Doppelmißbildungen 398.
— Ei 257.
— Entartung 498.
— Entwicklungsphysiologie, genetische 127—154, *178 bis 180.*
— Ernährung 492, 494.
— Erythrocyten 489.
— Extremitäten, Vorder- 115.
— Feiung, stille 496, 498.
— Feinzelligkeit 489.
— Fettansatz 486.
— Fettsucht 491.
— Fleckfieber 497.
— Fruchtbarkeit 490, 494.
— Frühreife 490, 491.
— Gaumenspalte 398.

Säugetier, Geschlechtschromosomen 15, 20.
— Geschlechtshabitus 487.
— Geschlechtshormone 487.
— Giftempfindlichkeit, -festigkeit 491, 495.
— Grobzelligkeit 489.
— Habitus 485, 490, 491, 493.
— Hämoglobin 489.
— Hals 486.
— Haut 504.
— Herz 486, 488.
— Heterochromosomen 14.
— Hoden 247—249.
— — Röntgen- 247—249.
— Hormone, Geschlechts- 487.
— Hornlosigkeit 499.
— Immunität 495.
— — Durchseuchungs- 497.
— Inanition 496.
— Infektionskrankheiten 490, 491, 494—498.
— Influenza 497.
— Inzest 499.
— Inzuchtstämme 254.
— Kastration 493.
— Komplexion 485—492.
— — Begriff 487.
— Komplexionstypen 485, 487.
— Komplexionstypus, beschleunigt-oxydativer 489.
— — beschränkt-oxydativer 487.
— Kondition 494.
— Konstitution 485—504, *505, 506.*
— — allergische 504.
— — pathologische 498 bis 504.
— Konstitutionsmodifikation 492, 493.
— Konstitutionstypen 485 bis 489.
— Kopf 486.
— Lebenszähigkeit 495.
— Leber 486, 488.
— Leistungen 490.
— Leistungsabzeichen 491.
— Leistungsdegeneration 490.
— Leistungsempfindlichkeit 491.
— Leistungskondition 494.
— Leistungstypen 486.
— Lepra 497.
— Letalfaktoren s. Letalfaktoren.
— Lunge 486, 488.
— Mastfähigkeit, -leistung 490, 491.
— Mastitis, Streptokokken- 491.
— Masttypus 486.

Säugetier, Milchleistung 486, 490, 491, 494.
— Milchleistungsabzeichen 491.
— Milz 488.
— Milzbrand 495, 496, 497.
— Mißbildungen, amniogene 498.
— — Doppel- 398.
— Morbus maculosus 504.
— Morula 340.
— multiple Allelie 434.
— Muskulatur 494.
— Mutation 245—287, *284* bis *287*, 498.
— — Chromosomen- 247.
— — Spontan- 246, 247.
— — Verlust- 498.
— Mutationsforschung, Methodik 247—255.
— Nase 486.
— Nervensystem 489.
— Nesselsucht 504.
— Nicotinempfindlichkeit 495.
— Niere 488.
— Ödem, malignes 497.
— — QUINCKEsches 504.
— Oxydationstypus 486.
— Paratyphus 497.
— Pest 497.
— Phylogenese 584—591.
— Pigmentbildung 493.
— Pubertät 487.
— QUINCKEsches Ödem 504.
— Renntypus 486.
— Rinderpest 497.
— Röntgenhoden 247—249.
— Rotlauf 497.
— Rotz 497.
— Selektion 485, 486, 490, 498.
— Senium (s. a. —, Altern) 487, 493.
— Seuchen 495—498.
— Sinnesorgane 489.
— Skelet 494.
— Speicheldrüsen 488.
— Spontanmutation 246, 247.
— Stammesgeschichte 584 bis 591.
— Staupe 497.
— Sterilität 249.
— Stoffwechsel 487.
— Strahlengenetik 209.
— Streptokokkenmastitis 491.
— Subletalfaktoren s. Subletalfaktoren.
— Tetanus 497.
— Thorax 486.
— Thyreoidea 493.
— Tierpocken 497.
— Tuberkulose 490, 491, 497.
— Typen, Leistungs- 486.

Säugetier, Typus, Atmungs- 486, 487.
— — digestivus 486, 487.
— — Mast- 486.
— — Milchleistungs- 486.
— — muscularis 486.
— — Oxydations- 486.
— — Renn- 486.
— — respiratorius 486, 487.
— — Verdauungs- 486, 487.
— — Zug- 486.
— Unterkiefer 486.
— Verdauungstypus 486, 487.
— Verlustmutation 498.
— Vitamine 492.
— WEILsche Krankheit 497.
— WELCH-FRAENKELsche Krankheit 497.
— Wut 497.
— X-Chromosom 25.
— Y-Chromosom 14, 25.
— Zartzelligkeit 489.
— Zirkulationssystem 488.
— Zuchtseuchen 490.
— Zugtypus 486.
Säuglingsalter 354, 474, 525, 543.
Säuglingssterblichkeit s. Sterblichkeit.
Salomonsinseln 674.
Samen, Antirrhinum 233.
— Bestrahlung 269.
— Gerste 214.
— Pflanzen-, Mutationsrate 202.
Samenfäden, Samenzellen (s. a. Spermatozoen, Spermien) 255, 256.
Samenzellen, alkoholgeschädigte 273.
sanguinisches Temperament 518.
Sarcoma Kaposi 5, 6, 7.
Satelliten 6.
Satyrus orang (s. a. Orang-Utan) 608.
Scarlatina 422, 497, 660.
Schädel (s. a. Cranium) 311, 585, 620, 629.
— Africanthropus njarasensis 618.
— Caniden 569, 570.
— Fuchs 561.
— Gesichts- 592, 632.
— Gorilla 562, 600.
—- Haustiere 572.
— Hirn- 513, 571, 618.
— — Africanthropus njarasensis 617.
— — Eoanthropus 623.
— — Fuchs 561.
— — Neandertaler 618.
— — Pithecanthropus 618.
— — Schimpanse 618.
— — Sinanthropus 618.

Schädel, Hirn-, Wolf 560.
— Hund 499, 569—572.
— Krüperhuhn. 115.
— Mann von Oberkassel 632, 636.
— Maus 258, 259.
— Neandertaler 627, 630.
— phylogenetische Entwicklung 586, 587, 588.
— Pithecanthropus 610—612, 615.
— Plazentalier 589.
— Schakal 569, 571.
— Schimpanse 600.
— Schwein 562, 563.
— Sinanthropus 613, 615, 616.
— Steinheimer 623, 624, 625, 627, 629.
— Turm- 521.
— von Bottendorf a. d. Unstrut 634, 635, 636.
— von Braunsdorf 635.
— von Broken Hill 628.
— von Combe Capelle 632.
— von Dürrenberg 635, 636.
— von Ehringsdorf 629, 630.
— von La Chapelle aux Saints 619, 626, 627, 629.
— von Nordwalde 636.
— von Ostrau 635.
— von Piltdown 606, 626.
— von Předmost 631, 632.
— von Swanscombe 625, 626, 629.
— von Weimar-Ehringsdorf 629, 630.
— Wolf 560, 561, 569, 571.
Schädelkapazität 620.
— Gorilla 620.
— Pithecanthropus 620.
— Schimpanse 620.
Schaf, Akroteriasis 503.
— Besamung, künstliche 259.
— Blut 489.
— Brunstlosigkeit, -schwäche 503.
— Domestikation 564.
— Erythrocyten 488, 489.
— Extremitäten 501, 503.
— Gaumenspalte 503.
— Giftfestigkeit 495.
— Hämoglobin 488, 489.
— Hermaphroditismus 503.
— Hoden, Röntgen- 249.
— Infektionskrankheiten 497.
— Konstitution 486.
— Krämpfe 259.
— Kryptorchismus 503.
— Leukocyten 488, 489.
— Milzbrand 496, 497.
— Mißbildungen 503.
— Muskelkontraktur 501.
— nackte Lämmer 503.
— Ohrlosigkeit 503.
— Rassen 486.
— Röntgenhoden 249.

Schaf, Schilddrüse 488.
— Sperma, Bestrahlung 259.
— Strahlengenetik 209.
— Stummelohrigkeit 503.
— Torticollis 501.
— Typus digestivus 486.
— Wachstum 488.
— Wurfgröße 257.
— Unterkiefer 503.
— Zwillinge 488.
Schakal, Schädel 569, 571.
Scharlach 422, 497, 660.
Schauerbildung kosmischer Strahlen 365.
Scheckung, englische, Kaninchen 556.
— Holländer-Kaninchen 566.
— Hund 556, 573.
— Kaninchen 556, 566, 567, 573.
— Maus 54, 573.
— Säuger 573.
— Wildtier 574.
Schelling 299.
Schichtenfolge der Umwelten 383, 385, 386, 389.
Schick-Reaktion 422.
Schiefköpfigkeit, Meerschweinchen 278.
Schielen s. Strabismus.
Schilddrüse s. Thyreoidea.
— Schaf 488.
— Strupphuhn 118, 119, 120, 121.
Schiller 299.
Schimmel, Apfel-, Pferd 493.
— Fliegen-, Pferd 493.
— Forellen-, Pferd 493.
— unveränderliche, Pferd 493.
— veränderliche, Pferd 493.
Schimmelung, Rot-, Rind 556.
Schimpanse 588, 595, 596, 600, 606—609, 612, 618, 619, 621.
— Agglutinogene 602.
— Blutgruppen 602, 603.
— Hirnschädel 618.
— Intermembralindex 604.
— Körpergröße 600.
— Körperproportionen 602, 604, 605.
— Präzipitinreaktion 601, 602.
— Proportionen, Körper- 602, 604, 605.
— Proteale 602.
— Schädel 600.
— Schädelkapazität 620.
— Stirnhöhlen 600, 601.
— Zähne 615.
Schistosoma reflexum, Rind 500.
— — Schwein 500.
— — Ziege 500.
Schizoidie 295, 363, 417, 516, 518, 521, 531.

Schizophrenie (s. a. Dementia praecox) 252, 363, 375, 376, 392, 396, 411, 416, 417, 418, 421, 518, 520, 521, 533, 662.
Schizothymie 449, 518, 519, 521, 526, 531, 542, 622.
Schläge 556, 632.
— Farben- 556.
Schlaf, -bedürfnis 516, 534, 545.
schlaffe Faser 520, 541.
Schlafkrankheit 497.
Schlankwüchsigkeit 448, 516, 518.
Schlichthaar 441.
Schlupfwespe s. Habrobracon.
Schmalwüchsigkeit 511, 524.
Schmetterlinge, a+-Hormon 94.
— Augenpigmente 106.
— Corpus allatum 110.
— Flügelmuster 73—92, *172* bis *176*.
— Flügelschuppen 77.
— Gehirn 110.
— Häutung 109, 111.
— Hoden 93.
— letale Bastardpuppen 111.
— Lymphe 109.
— Metamorphose 109.
— Symmetriesysteme der Flügelzeichnung 82.
— Temperaturversuche 74, 80, 91, 206, 231.
— Zeichnungsmuster 73—92, *172—176*.
Schnabeltier 587.
Schneidezähne, Reduktion 290, 363.
Schnüffelkrankheit, Schwein 503.
Schnurkeramik 634—636.
Schotten 23.
Schrift 545.
Schüttellähmung, Kaninchen 504.
Schulkind 525, 543.
Schulleistungen 669.
Schulterblasen, Maus 129, 130, 132, 133, 142.
Schwabenalter 529.
Schwachsinn (s. a. Debilität, Oligophrenie usw.) 252, 323, 415, 416, 445, 446, 536, 537, 542, 662.
Schwalbenschwanz, Flügel 73, 74.
Schwangerschaft (s. a. Gravidität) 283, 392, 529.
Schwanz, Knick-, Maus 267, 397.
— Kurz-, Maus 154, 156 bis 168, 172, 265, 397.
— Maus 158, 162, 163, 167, 168.

Schwanzblasen, Maus 131 bis 133.
Schwanzlosigkeit, Maus 154 bis 158, 172.
— Schwein 502.
Schwanzverkürzung, Maus 154—168.
Schwarzwald 357.
Schwarzwasserfieber 659.
Schweden 310, 311, 317, 318, 319, 324, 355, 356, 478, 528.
Schwein, Asthma 502.
— Atresia ani 502.
— Blindheit, congenitale 502.
— Bummels 502.
— Cerebrospinalflüssigkeit 134.
— Cyclopie 502.
— Dickbeinigkeit 502.
— Domestikation 564, 572.
— Doppelmißbildungen 500, 502.
— Ekzem 502.
— Embryo 134.
— Ernährung 559.
— Exophthalmus 502.
— Extremitäten 501, 502.
— Ferkelruß 502, 504.
— Fettbildung 502.
— Gaumen 563.
— Gaumenspalte 502.
— Gebärmutter 503.
— Haarlosigkeit 502.
— Haut 492, 502.
— Hypotrichosis 502.
— Impotenz 503.
— Inanition 492.
— Infektionskrankheiten 497.
— Kastration 493.
— Körpergewicht 559.
— Körpergröße 559.
— Konstitution 486.
— Kreislauf 502.
— Kryptorchismus 503.
— Kurzköpfigkeit 562.
— Langschädeligkeit 563.
— Lichtempfindlichkeit 492.
— Mast 493, 559, 560, 562.
— Mißbildungen 502.
— — Doppel- 500, 502.
— Monodaktylie 502.
— Mopsköpfigkeit 562, 563.
— Muskelkontraktur 501, 502.
— Nasenbluten 503.
— Nervensystem 502, 560.
— Ohr 502.
— Ovarium 503.
— Paralyse der Beckengliedmaßen 502.
— Pechräude 502, 504.
— Pneumonie 503.
— Polydaktylie 502.
— Primordialcranium 563.
— Rassen 486.

Schwein, Rotlauf 496.
— Schädel 562, 563.
— Skelet 502, 560.
— Schistosoma reflexum 500.
— Schnüffelkrankheit 503.
— Schwanzlosigkeit 502.
— Schweinepest 497, 503.
— Torticollis 501.
— Typus digestivus 486.
— Verdauungsapparat 560.
— Verwilderung 577.
— Zwitterigkeit 503.
Schweinepest 497, 503.
Schweißdrüsen 656.
— Rind 501.
Schweiz 290, 293, 294, 295, 296, 298, 302, 303, 306, 311, 316, 320, 321, 326, 336, 338, 341, 342, 352, 355, 357, 361, 362, 365, 366, 513, 521, 540.
Schwerhörigkeit 344.
— Innenohr- 344.
Schwermetallsalze, Mutationsauslösung durch, Drosophila 214, 233.
Schwimmer 524.
Scymnognathus 588.
Seborrhoe 516.
Secale, Strahlengenetik 209.
Sechsfingerigkeit s. Polydaktylie.
Seeigel, Eibestrahlung 195.
— Spermien 195.
Seele, Seelenleben 547, 653, 662, 663.
Sehnerv, Maus 149, 154.
— Meerschweinchen 276.
Sehorgan s. Auge.
Seitenlinie 302.
Seitenverwandtschaft 296.
Sekundärelektronen 228, 229.
Selbstmord 414.
— Massen- 672.
Selektion (s. a. Auslese, Ausmerze, Zuchtwahl) 43, 49, 51, 56, 60, 61, 67, 128, 276, 413, 440, 487, 492, 494, 552, 568, 571, 573, 579, 584, 647, 657, 658, 663, 673.
— germinale 214.
— Keimzell- 263.
— Kontra- 665.
— Säugetier 485, 486, 490, 498.
Selektionsdruck 43.
Selektionstheorie 558.
Selenia, Melanismus 233.
Semiletalität s. Letalfaktoren.
Seminom 27, 28.
Semnopitheken 607.
Senile Demenz 414.
— Krankheiten 509.
— Zustände 375.

Senium (s. a. Altern), Hund 493, 494.
— Säugetier 487, 493.
Sensibilisierbarkeit 292.
Sensibilität 475.
sensible Periode 74, 75, 77, 78, 80, 81, 82, 85, 86, 88, 89, 90, 91, 94, 109, 110, 191, 474.
Seriierbarkeit multipler Allele 62, 66, 434, 444.
serochemischer Quotient 601, 602.
Serologie, Rassen- 655.
Sertolizellen 248, 251, 262.
Sexualanomalien 21, 414.
Sexualität (s. a. Geschlecht) 532.
Sexualsitten 675.
sexuelle Affinität 554.
— Aversion 557.
— Hypoplasie 525, 532.
— Instinkte 557.
Seymouria 587, 588.
SHERRINGTON, integrale Funktionen von 534.
Siam 656.
Siamkatze 503.
Sichelzellen, -anämie 291, 658.
Sicherung, Prinzip der dreifachen 531.
Siebbeinlabyrinth 601.
— Schimpanse 601.
SIGAUDsche Typologie (s. a. Typ) 485.
Signal-Gene 182.
— Drosophila 201.
Silberung, Kaninchen 566.
Simia satyrus (s. a. Orang-Utan) 600.
Simiidae 606.
Simoidea 591.
Sinanthropus 595, 599, 607, 610, 614, 616, 617, 620, 621, 629.
— Diastema 595.
— Extremitäten 616.
— Feuerverwendung 617.
— Gebiß 598.
— Hirnschädel 618.
— Kannibalismus 617.
— Kiefer 595.
— Kinn 613.
— Schädel 613, 615, 616.
— Skelet 612, 616.
— Stirn 613.
— Unterkiefer 612, 613, 617, 619.
— Zähne 595, 612—615, 618.
Sinnesenergien, spezifische 388, 389.
Sinnesorgane 388, 396, 534, 656.
— Säugetier 489.
Sippen, umschlagende 375.
Sippengefühl 671.

Sippenphylogenese 619.
Sippschaftstafel 294, 298, 299, 300, 301, 302.
Sitten, biologisch schädliche 675.
Sivapithecus 597, 607.
Skandinavien 293, 308, 478.
Skelet (s. a. Wirbelsäule) 304, 382, 488, 518, 519, 520, 527, 530, 532, 533, 629, 631.
— -anomalien, Krüperhuhn 113—116.
— Neandertaler 627.
— Rind 501.
— Säugetier 494.
— Schwein 502, 560.
— Sinanthropus 612, 616.
Sklerose, multiple 334, 414, 415, 419.
Skopzen 530.
Skrofulose 472.
Solanum, Strahlengenetik 210.
Soma 22, 463.
— -Bestrahlung, Drosophila 210.
Somation 481.
somatische Induktion 212.
— Mitose 3—8, 12.
— Mutation 198, 199, 213.
Sommersprossen 396.
Sonderbegabungen 537.
soziale Auslese 413.
— Erfolge 669.
— Lage 413, 478, 669.
— Schicht 413, 651, 665.
soziales Sinken 411, 413, 478, 651.
Sozialpsychologie 390.
soziologische Betrachtungsweise 477.
Soziosphäre 390.
Spätentwicklung 529.
Spaltmißbildungen, Hund 503, 504.
Spanien, Spanier 670, 676.
Spannung, innere 541.
spasmophile Diathese 531.
Spasmophilie 393.
spastische Parese 393.
Speicheldrüsen, Dipteren 2.
— Säugetier 488.
Speicheldrüsenchromosomen, Drosophila 2, 182, 185, 223, 224, 380, 555.
Speicheldrüsenmethode, Drosophila 2, 22, 25.
spektrale Helligkeitsverteilung 439.
Spermabestrahlung, Säugetiere 195, 249, 258, 259, 261, 268.
Spermagglutinate 252, 253.
Spermatiden 252, 264.
Spermato- s. a. Spermio-.

Spermatocyten 13, 14, 15, 16, 17, 18, 19, 20, 22, 23, 262, 263.
— Riesen- 21, 22.
Spermatocytogenese 12.
Spermatogenese 21.
Spermatogonien 7, 8, 9, 10, 11, 13, 17, 18, 20, 21, 22, 23, 24, 27, 245, 248, 251, 262, 263.
— Bestrahlung 263.
— — Drosophila 263.
— Krusten- 248.
— Reserve- 270.
— Staub- 248.
Spermatozoen (s. a. Spermien) 245, 248, 249, 257, 262, 263.
— abnorme 252.
— Maus 248, 261.
— Meerschweinchen 249, 268.
— Ratte 248, 249, 257.
— Riesen- 21.
Spermiden 248, 251, 262, 263.
Spermien (s. a. Spermatozoen) 202, 226, 234, 248, 251, 257, 283, 391.
— alkoholgeschädigte 273.
— Amphibien 195.
— Fische 195.
— Kröte 195.
— Pferd 502.
— Rind 502.
— Seeigel 195.
Spermio- s. a. Spermato-.
Spermiocyten 248, 251, 252, 264.
Spermiogenese 247, 248, 249, 262, 268, 283.
Spezies s. a. Art.
— physiologische 555, 576.
Speziesharmonie 652, 667.
spezifische Sinnesenergien 388, 389.
Spezifität 50, 51, 52, 53, 54, 55, 56, 58, 68, 69, 141, 142, 143, 383.
— biochemische Individual- 467.
— der Genmanifestierung 53 bis 56.
— intrafamiliäre 443.
— des Positionseffektes 185, 188.
Sphaerocarpus, Strahlengenetik 209.
Spindelfaseransatz, -region 6, 20, 25.
Spiralhaar 441.
Spiralisierung der Chromosomen 22.
Spiralstruktur der Chromosomen 1, 2.
Spirogyra, Polyploidie 195.
Spitzhörnchen 590, 599.

Splenohepatomegalie, Niemann-Picksche 292.
Spontanmutation 194, 196 bis 208, 221, 223, 225, 230, 246, 247, 367, 664.
Spontanmutationsrate 203, 231, 365.
Sporobolomyces, Radiumbestrahlung 207.
— Röntgenbestrahlung 207.
— Strahlengenetik 207, 209.
Sport (s. a. Turnen) 520, 522, 524, 540, 543, 544, 547.
Sportstypen 514.
Sprachstörungen 363, 536.
Spreizfuß 543.
Stadt 296, 298, 364, 545, 673.
— Groß- 509, 513, 649, 673.
— Klein- 513.
Stammbaum 585, 604.
— der Tiere 586.
Stammbücher 294, 300, 302.
Stammesgeschichte (s. a. Phylogenese), jüngere 584 bis 644, 636—644.
— Menschenaffen 606.
— Primaten 590, 600, 606, 609.
— Säugetiere 584—591.
Stammlinie 302.
Stammtafel 294.
Standortsmodifikation 556.
Staphylokokken 496.
— Kaninchen 496.
Star, Hund 504.
Statistik, Eindrucks- 654.
statistische Norm 478, 480.
Status (s. a. Habitus, Konstitution, Körperbau, Temperament, Typ).
— asthenicus s. asthenischer Habitus.
— dysraphicus 411, 507.
— irritabilis 535, 536.
— thymico-lymphaticus 530.
— varicosus 474, 542.
Staubspermatogonien 248.
Staupe, Säugetier 497.
Stegocephalen 586.
Steher 547.
Steindiathese 516.
Steinheimer Schädel 623, 624, 625, 627, 629.
Steinzeit 564.
Sterbebücher 302.
Sterben, frühzeitiges 340.
Sterblichkeit, embryonale, Kaninchen 279.
— —, pränatale, Meerschweinchen 274, 275.
— Kaninchen 279.
— Meerschweinchen 274, 275, 277, 280.
— pränatale, vorgeburtliche, Maus 270, 271, 272, 273, 274.

Sterblichkeit, Säuglings- 340.
— Über-, Unter-, Maus 271, 273.
— vorgeburtliche 340.
sterile Bastarde, Drosophila 554, 555, 576.
Sterilisation, Röntgen- 281, 356.
— temporäre 268, 364.
Sterilisationsgesetz (s. a. Rassenhygiene) 341.
Sterilität (s. a. Unfruchtbarkeit) 248, 253, 268, 526, 557, 654.
— Maus 159, 167, 168, 251, 260, 263, 273, 397.
— Meerschweinchen 258.
— Rind 493, 502.
— Säugetiere 249.
— Strupphuhn 117, 118.
— temporäre 250, 255—263.
— — Kaninchen 251.
— — Meerschweinchen 251, 258, 268.
— — Ratte 263.
Sternalpunktion 4.
Sternum 402.
Stheniker, Hyper- 536.
Stigma, Degenerations- 477.
Stigmatisierung, asthenische 542.
— vegetative 534, 535.
Stigmen 405, 537, 545.
— Frühgeburts- 392, 393.
Stillfähigkeit 283, 512, 526, 527.
Stillsche Krankheit 508, 516.
Stimme 545.
Stimmung 527, 535.
Stirn 629.
— Neandertaler 627, 630.
— Pithecanthropus 612.
— Sinanthropus 613.
Stirnhöhlen 600, 607.
— Gibbon 600.
— Gorilla 600, 601.
— Orang-Utan 600.
— Schimpanse 600, 601.
Stoffwechsel, -störungen 367, 488, 524, 527, 530, 531, 532, 533, 534, 536, 543.
— Lipoid- 291, 292, 356, 488.
— Säugetier 487, 488.
— Strupphuhn 118, 119, 488.
Stottern 363.
Strabismus 323, 419, 536, 545.
— convergens concomitans 363.
Straffhaar 441.
Straffheit der Faser 512.
Strahlen (s. a. Bestrahlung).
— Alpha- 218, 219, 221.
— Beta- 208, 217, 218, 220, 221, 227.

Strahlen, Beta-, Drosophila
    217, 218.
— Corpuscular- 217, 219, 220,
    227.
— Gamma- 208, 215, 217, 220,
    221, 227, 235.
— Grenz- 217, 220, 221, 226,
    227, 228.
— Kathoden- 217, 218.
— kosmische 230, 365.
— kurzwellige 207, 208, 212,
    215, 216, 217, 219,
    220, 227, 228, 231,
    235, 236, 245—287,
    284—287, 364, 365,
    366, 367.
— — Rassenhygiene 283 bis
    284.
— Radium- s. Radium.
— Röntgen- s. Röntgen-
    strahlen.
— Streu- 211, 284.
— ultraviolette 207, 219, 220,
    227.
Strahlendosis (s. a. Bestrah-
    lungsdosis) 216, 217, 229.
Strahlengenetik, Ergebnisse
    227.
— Liste der Tier- und
    Pflanzenarten 209, 210.
strahleninduzierte Mutation
    (s. a. röntgeninduzierte —)
    206—231, 265.
Strahlenschädigung 263, 280
    bis 282, 284.
Strahlenschutz 235, 236, 284.
Strahlenwirkung 210—215,
    216.
— Trefferprinzip 228—230.
Strahlung, natürliche 230.
Strahlungsschwankungen 610.
Streptokokkenmastitis,
    Säugetier 491.
Streustrahlen 211, 284.
Strupphuhn 112, 117—121.
Studenten 517.
Stützgewebe 512.
Stummelohrigkeit, Schaf 503.
— Ziege 503.
subjektive Umwelt 383, 384,
    387, 388, 389.
Subletalfaktoren, subletale
    Gene, Subletalität 34, 246,
    276, 283, 304, 355, 399,
    421, 502.
Substanzen, diffusible, Calli-
    phora 107.
— — Drosophila 98—107.
Süchtigkeit, Morphium- 282,
    283.
Suizid s. Selbstmord.
Sumatra 674, 675.
Summoprimates 600, 601, 620,
    621.
Sumpfbiber, Domestikation
    564.

Surinam 659, 660.
Swanscombe, Schädel von 625,
    626, 629.
Symmetrie 55, 59, 61, 67,
    136.
— A- 55, 59, 60, 61, 478.
— Bilateral- 59, 61, 386.
— Dis- 55, 59, 126, 136, 143,
    158.
— Disanti- 59.
— Rechts-Links- 58, 386, 394.
Symmetrieachse 87.
Symmetriefeld, -system,
    Flügelmuster,
    Ephestia 83, 86, 90,
    92.
— — Schmetterlingsflügel
    82, 84, 85, 86, 87, 88,
    90, 92.
Symmetrieverhältnisse in der
    Genmanifestierung 58—62.
symmetrische Mißbildungen
    394.
— Variation 60, 478.
Symmetrodonta 587.
Sympathicotonie 533.
Sympathicus 530, 534.
Symphalangus syndaktylus
    (s. a. Gibbon) 601.
Synapsis 260.
Syndaktylie 304, 306, 309,
    363, 395.
— Maus 128, 138, 139.
— partielle, Maus 139, 140.
Syndese 12.
Synergisten 534.
Syngameon 554.
Synkainogenese 529.
Synthese 467, 468, 475.
Syntropien 292, 476.
Syphilis 366, 468, 497, 508.
— Kaninchen 496, 497.
syphilitische Psychosen 375.
Syrien 647.
Systematik 552.
systematische Artmerkmale
    199.
systematisches Merkmal 555.
System, harmonisch-
    äquipotentielles 82.
— Kategorien 553, 554, 558.
— künstliches 553.
— Linnésches 553.
— natürliches 553, 554.
— Organ- 470, 534.
— vitales 471.
Systeme, zentrierte 82, 86.
Syzygiologie 467.

Tabak (s. a. Nicotin) 509.
— Bestrahlungsversuche 208.
Tabes 533, 660.
Tätowierung 661, 675.
Tahiti 674.

Tanzkaninchen 279.
Tanzmaus 159—168, 172, 247,
    403, 504.
Tarsioiden 591, 592, 593, 599.
    607.
Tarsius 590, 591, 592, 606.
— Scheibenplazenta 592.
Tarsiustheorie 591, 593.
Tasmanien, Tasmanier 441,
    672.
Tastgefühl 538.
Tatauierung 661, 675.
Taube, Domestikation 564.
Taubheit (s. a. Taubstumm-
    heit) 252, 351, 538, 539.
— Hund 503.
— Maus 159, 162, 167.
— recessive 292, 293, 342,
    344, 346, 348, 350, 352,
    361, 363.
— sporadische 300, 319, 340
    bis 350, 362.
Taubstummheit (s. a. Taub-
    heit) 317, 340, 341, 342,
    344, 346, 348, 349, 350,
    352, 407, 418, 419, 508,
    539.
— recessive 341.
— sporadische 341, 347, 350,
    351, 352.
Taufbücher 302, 303.
Taufliege s. Drosophila.
Taungs-Fund 595, 597.
Tay-Sachssche Krankheit
    399.
Teilkonstitution s. Partial-
    konstitution.
tektopsychische Umwelt 390.
Telophase 11, 13.
Temperament (s. a. Habitus,
    Konstitution, Status,
    Typ) 470, 509, 512, 513,
    516, 518, 519, 521, 526.
— abdominales 513.
— cephalisches 513.
— cholerisches 518.
— hyperthyreotisches (s. a.
    Hyperthyreoidismus)
    531.
— muskuläres (s. a. Typus,
    muskulärer) 513.
— nervöses 513.
— phlegmatisches 518, 520.
— sanguinisches 518.
— schizothymes 449, 531.
— thoracisches 513.
— vasculäres 513.
— visköses 449, 520, 536.
— zykloides 516, 518, 531.
— zyklothymes 449, 518, 521,
    531, 542.
Temperatur (s. a. Hitze,
    Wärme) 558, 663.
— Mutationsauslösung durch
    231—234.

Temperaturabhängigkeit der Mutationsrate 202, 203.
Temperaturexperimente, Argynnis 74, 75.
— Ephestia 75, 76, 81, 82, 85, 86, 87.
Temperaturmodifikationen, Drosophila 397, 434.
— Vanessa 74, 87, 88, 91.
Temperaturreaktionen, Maus 402.
Temperaturshock 231.
— Drosophila 231, 232.
— Pflanzen 232.
Temperaturversuche 49, 66, 67, 214, 215.
— Schmetterlinge 74, 80, 91, 206, 231.
Tempo, individuelles 442, 443, 446, 447, 449.
— Leistungs- 547.
— persönliches 442, 443, 446, 447, 449.
— psychomotorisches 442, 443, 446, 447, 449.
Tenna, Bluter von 356, 357.
teratogenetischer Terminationspunkt 529.
Terminalbehaarung 522.
Terminationspunkt, teratogenetischer 529.
Termiten, Corpus allatum 111.
Testikel s. Hoden.
Testis s. Hoden.
Tests, Intelligenz- 656, 657.
Tetanie 531, 535.
— Frühjahrsgipfel 530.
— idiopathische 532.
Tetanietypus 535.
Tetanus, Murmeltier 496.
— Säugetier 497.
Tetonius 592, 599.
Tetraden 19, 22.
Tetraploidie 21, 22, 26, 28, 41, 67.
Tetrasomie 27, 28.
Thais polyxena, Flügel 73, 74.
Thallium 509.
Therapsiden 587.
thermotaktisches Optimum, Maus 402, 403.
Theromorpha 588.
Thomomys, Farbaberrationen 574.
thoracisches Temperament 513.
Thorax 513, 514, 516, 517, 543, 544, 603.
— Rind 492.
— Säugetier 486.
Thüringen 391.
Thymonucleinsäure 220.
Thymus 510, 530.
— Hund 488.

Thyreoidea 524, 529, 530, 531, 533.
— Hund 499.
— Säugetier 493.
Thyreoidismus, Hyper- 524, 529.
— Hypo- 515, 524.
thyreolabile Konstitution 531.
thyreotoxische Konstitution 531.
Tierpocken, Säugetier 497.
Tierpsychologie 389.
Tigerung, Hund 556.
Tintenfisch 576.
Tipula, Corpus allatum 110.
Tirol 366, 513.
Tod 302.
— frühzeitiger 399.
Todesursachen 300, 302, 319, 511.
Ton-Farb-Empfindungen 402, 538.
Tonus 470.
— Begriff 533.
— Muskel- 464, 532.
Torpidität 536.
Torticollis, Rind 501.
— Schaf 501.
— Schwein 501.
Totemismus 675.
Totenbücher, -register 302, 303.
Totgeburten, Maus 159, 258, 270, 271, 397.
— Meerschweinchen 258, 277.
Trancezustand 663.
Translokation 145, 183—188, 197, 198, 226, 227, 255, 261, 267, 283, 423.
— reziproke 183, 197, 260.
Transplantation, Drosophila 92, 96—103, 106.
— Ephestia 92, 93, 107.
— Krüperhuhn 116.
Transvaal 597.
Treffbereich 229, 230.
Treffer, Trefferprinzip der Strahlenwirkung 228 bis 230.
Treppen-Allelomorphie 436.
Triatoma, Verpuppungshormon 110.
Tribolodontidae 587.
Trichterbrust 507, 545.
Triconodonta 587.
Trigeminus, Maus 149, 150.
Trimerie 418.
Trinil 606.
Trinker s. Alkohol.
Triploidie 21.
— Drosophila 21.
Trisomie 27, 28.
Triticum s. Weizen.
Triton, Zwillinge 390, 391.
Trituberculaten 587.

Tropen 610, 647, 649, 650, 651, 652, 653, 654, 655, 660, 661, 667, 673.
Tropenanämie 655.
Tropenkrankheiten 650, 651.
Tropfenherz 542.
Trunksucht s. Alkohol.
Tschego 607.
Tuben 541.
Tuberkulose 392, 471, 476, 508, 511, 512, 524, 534, 543, 544, 546, 649, 659.
— Büffel 496.
— -Disposition 421, 422, 478.
— Hund 497.
— Lungen- 516, 534, 542.
— Meerschweinchen 496.
— Rind 492, 496, 497, 498.
— Säugetier 490, 491, 497.
Tuberkulosesterblichkeit 649.
Tübingen 528.
Tumoren (s. a. Carcinom) 28, 508, 529, 660.
— Alters-, Hund 493.
Tumor, Drosophila 399.
Tupajiden 590.
Turgor, Gewebs- 530.
Turmschädel 521.
Turnen, Turner (s. a. Sport) 517, 539.
Typ, Type, Typus (s. a. Habitus, Konstitution, Körperbau, Status, Temperament) 381, 479, 646, 650.
— breitbrüstiger 517.
— desintegrierter 535.
— dysplastischer 512, 521, 524.
— engbrüstiger 517.
— euplastischer 526.
— extravertierter 535.
— Gau- 528.
— gedrungener 516.
— hochwüchsiger 516.
— hypergenitaler 531, 532.
— hyperontomorpher 525.
— hyperphylomorpher 525.
— hyperpituitärer 531, 532.
— hyperplastischer 526, 527.
— hypersuprarenaler 531.
— hyperthyreoider (s. a. Hyperthyreoidismus) 531.
— hypogenitaler 531.
— hypoontomorpher 525.
— hypophylomorpher 525.
— hypopituitärer 531, 532.
— hypoplastischer 526.
— hyposuprarenaler 531, 532.
— hypothyreoider (s. a. Hypothyreoidismus) 531.
— integrierter 535.
— intersexueller, weiblicher 525, 526, 527.

Typ, introvertierter 535.
— lateraler 524, 525.
— linearer 524.
— makrosplanchnischer 516, 517, 531.
— megalosplanchnischer (s. a. —, makrosplanchnischer 516.
— normalbrüstiger 517.
— normosplanchnischer 511, 516.
— schizoider 531.
— Verdauungs- (s. a. Ernährungstyp, Typus digestivus) 486, 487.
type bossué 515.
— cubique 515.
— plat 515.
— rond 515.
Typen, Extrem- 479.
— Konstitutions-, natürliches System 469.
— Körperbau-, weibliche 524 bis 527.
— Leistungs-, Säugetier 486.
— Sports- 514.
Typhus, Hund 496, 497.
— Kaninchen 496, 497.
Typologie C. G. JUNG 535.
— der Konstitutionen 509 bis 528.
— — vergleichende 389.
— KRETSCHMERsche (s. a. Konstitution, Temperament) 521, 522, 525, 528.
— — weibliches Geschlecht 525.
— SIGAUDsche (s. a. Typ) 485.
T-Typus (Tetanie-Typus) JAENSCHs 535.
Typus apoplecticus 517.
— Arbeits-, Säugetier 511.
— asthenicus s. Asthenie.
— — Rind 491.
— Atmungs- s. a. Typus respiratorius.
— — Säugetier 486, 487.
— B- (Basedow-Typ), JAENSCH 535.
— Bewegungs- 512.
— Brachy-, brevilineus makrosplanchnicus 511, 516, 520.
— cerebralis 511, 513, 514, 525, 543.
— desintegrierter 535.
— digestivus (s. a. Ernährungstyp, Verdauungstyp) 486, 511, 513, 514, 515, 520, 525, 536.
— — Hund 486.
— — Pferd 486.
— — Säugetier 486, 487.

Typus digestivus, Schaf 486.
— — Schwein 486.
— Empfindungs- 512.
— Entwicklungs- 447.
— Ernährungs- 512.
— eurysomer 511, 520, 524, 525, 528.
— flacher 515.
— Fleisch-, Säugetier 511.
— Geschlechts-, Pferd 487.
— — Säugetier 487.
— Komplexions- s. Komplexionstypus.
— — Säugetier 487, 489.
— Leistungs-, Pferd 486.
— leptosomer s. Leptosomie.
— Longi-, longilineus mikrosplanchnicus 511, 516.
— Mast-, Säugetier 486.
— mikrosplanchnicus 516, 517, 531.
— Milchleistungs-, Säugetier 486, 490, 511.
— muscularis, — muskulärer (s. a. Athletiker) 449, 511, 513, 515, 520, 525.
— — Säugetier 486.
— Normal- 480.
— Normo- 480.
— Oxydations-, Säugetier 486.
— pyknischer s. Pykniker.
— Renn-, Säugetier 486.
— respiratorius (s. a. Typus, Atmungs-) 511, 513, 514.
— — Hund 486.
— — Pferd 486, 489.
— — Rind 486, 491.
— — Säugetier 486, 487.
— runder 515.
— T- (Tetanie-Typ) JAENSCH 535.
— Verdauungs-, Säugetier 486, 487.
— Zug-, Säugetier 486.

Überempfindlichkeit 542.
Übererregbarkeit 535.
Übergangsschäden 529.
Übergewicht 544.
Überkompensation 537, 538.
Überschichtung 647.
Übervölkerung 661.
Übung 547.
Uhland 299.
Ulcus ventriculi 516, 542.
Ulna, Sinanthropus 616.
Ultraformen der Konstitution 524, 526.
Ultraschallwellen, Mutationsversuche 220.
Ultraviolettbestrahlung, Antirrhinum 219.

Ultraviolettbestrahlung, Mais 220.
ultraviolette Strahlen 207, 219, 220, 227.
Umfeld (Schmetterlingsflügel) 84.
Umgebung 384.
umschlagende Sippen 375.
Umsiedlung 672, 674.
Umstände 384, 385.
Umwelt (s. a. Milieu, Peristase) 293, 389—398, 415, 419, 464, 465, 471, 472, 473—476, 481, 508, 534, 535, 544, 545, 646, 656—659, 662—663, 667, 669, 671, 673.
— und Anlage 383—389, 464.
— extraindividuelle 383, 384, 386, 387, 389, 390, 396.
— genische (s. a. Milieu, genotypisches) 386.
— des Genoms 391, 392.
— geopsychische 390.
— innere 398.
— intraindividuelle 383, 386, 395, 396, 397.
— intrauterine s. intrauterine.
— des Keimplasmas 385.
— Minimal- 384.
— mitseelische 390.
— objektive 383, 387, 388, 389.
— physikalische 390.
— subjektive 383, 384, 387, 388, 389.
— tektopsychische 390.
— der Tiere 387, 388.
— uterine s. intrauterine.
Umweltbegriff 383—389.
Umwelten, Schichtenfolge der 383, 385, 386, 389.
Umwelterfülltheit 387.
Umweltlabilität 384, 386, 393, 396, 404, 560, 571.
Umweltoffenheit 387.
Umweltstabilität 384, 386, 396, 404, 405, 411, 434, 435, 560.
Unfruchtbarkeit (s. a. Sterilität) 667.
Ungarn 321, 338.
unilokale Faktoren 431.
Untergewicht 544.
Unterkiefer 311, 594, 619, 632, 636.
— Eoanthropus 623.
— Gorilla 619.
— von Mauer 622.
— Maus 258.
— Neandertaler 627, 630.
— Pithecanthropus 611.
— Rind 501.
— Säugetier 486.
— Schaf 503.

Unterkiefer, Sinanthropus 612, 613, 617, 619.
— Ziege 503.
Unterlippe 311.
— Habsburger 312, 313.
Unterschichtung 647.
Uramphibien 587.
Ureier 250.
Ureter, Maus 158.
Urethra, Maus 158.
Urgeschlechtszellen 8.
Urheimat des Menschengeschlechts 621.
Urmensch 626.
Urogenitalsystem, Maus 158.
Urraubtiere 589.
Ursache 471.
uterine Umwelt s. intrauterine.
Uterus 3, 5, 7, 398, 529, 541, 607.
— Maus 158.

Vagina, Pferd 500.
Vagotonie 516, 530, 533, 534.
Vagus, Maus 165.
Vandalen 648.
Vanessa, Hohlflecksystem 88.
— Flügel, -Zeichnungsmuster 87, 88, 89, 90, 91.
— io 89.
— Metamorphosenzentrum 109.
— Modifikationen, Temperatur- 74, 87, 88, 91.
— Ozellensystem 88.
— Schuppenfärbung 88, 89, 90, 91.
— Symmetriesystem 88.
— urticae 87, 88, 89, 91.
— — var. ichnusa 91.
— — var. polaris 91.
— Zwillingsflecken 87, 88, 89, 91.
Varanops 587.
Variabilität (s. a. Variation) 50, 51, 62, 67, 194, 203, 396, 536.
— erbliche 34, 35, 37, 46, 67, 193, 434.
— Haustiere 203.
— der Ontogenese, autonome (s. a. Entwicklungslabilität) 68, 69.
variable Genmanifestierung 36, 38, 50, 56, 58, 67.
Variante 477.
Varianten, Dys-, erbliche 481.
— extreme 478, 479.
— Minus- 289, 481.
— Plus- 289, 481.
Variation (s. a. Variabilität) 194, 196, 290, 447, 553, 558, 653.
— antisymmetrische s. Antisymmetrie.

Variation, asymmetrische 55, 60, 61, 478.
— dysantisymmetrische s. Dysantisymmetrie.
— dyssymmetrische s. Dissymmetrie.
— Erb- s. Variation, Idio- (s. a. Mutation).
— Idio- (s. a. Mutation) 195, 289—291, 299, 300, 314, 481, 558.
— intrafamiliäre 421.
— intraindividuelle 68.
— Mixo- 558.
— Para- 481, 558.
— polare 70.
— quantitative 447.
— symmetrische s. Symmetrie.
— Wirbelsäule 290, 401, 402, 440, 448.
Variationsbreite 478.
— normale 479.
Variationsmodus 50, 53, 54, 55, 56.
Variationsmuster 52, 58, 67.
Variationsrichtung 50.
Varicen 542, 543.
variköser Symptomenkomplex s. Status varicosus.
vasculäres Temperament 513.
Vasoneurosen 528.
vasoneurotische Diathese 532, 543.
Vaterschaftsbestimmung 301, 423.
vegetative Labilität 414.
— Nervosität 542.
— Reaktionstypen 534.
— Stigmatisierung 534, 535.
Veglia, Zwergwuchs 323, 338.
Veitstanz s. Chorea.
Venus von Brassempouy 527.
— von Willendorf 527.
Verbrecher (s. a. Kriminalität) 540.
Verdauung 513, 542.
Verdauungsapparat, Schwein 560.
Verdauungstyp s. a. Ernährungstyp, Typus digestivus.
Verdauungstypus, Säugetier 486, 487.
Verdrängungszucht 648, 667, 671.
Vererbung erworbener Anpassungen 513.
— — Eigenschaften 194, 530, 552, 558.
— konvergierende 320.
— matrokline 95.
— physiologische Theorie der 192.
— plasmatische 378.
— im Y-Chromosom 428.

Verfassung, Gesamt- (s. a. Konstitution, Gesamt-) 485.
Vergreisung, vorzeitige 530.
Verlustmutation 289.
— Säugetier 498.
Verpuppungshormon 96, 108 bis 112, 176—178.
Verstädterung (s. a. Stadt) 673.
Vertebraten 584, 585, 586, 587.
Verwahrlosung 390.
Verwandtenehe (s. a. Geschwisterehe, Inzucht, Konsanguinität) 294, 295, 299, 300, 308, 314, 315, 317, 318, 319, 321, 323, 332, 337, 340, 352, 354, 362, 364, 365, 366, 394, 406, 407, 510.
Verwilderung 579.
— Haustiere 553, 573, 577.
— Hund 577.
— Kaninchen 577, 578, 579.
— Katze 577.
— Pferd 577.
— Rind 577.
— Schwein 577.
— Ziege 577.
Vesiculae seminales, Maus 259.
Vicia, Strahlengenetik 209.
Vierfingerfurche 536, 545.
Virago 525.
Virilität 530.
Virus 192, 231.
visköses Temperament 449, 520, 536.
Vitalität 34, 57, 200, 203, 206, 234, 398, 477, 480, 547.
— Drosophila (s. a. Drosophila, Lebensdauer) 34, 41, 46, 63, 199, 235, 290.
— Maus 159, 403.
— Strupphuhn 117.
Vitalitätsmutationen 259.
Vitalkapazität 516.
Vitalnorm 480.
Vitalverlust 530.
Vitamine 252, 496, 509, 527.
— Säugetier 492.
Vitaminmangel, Krüperhuhn 116.
Vögel, genetische Entwicklungsphysiologie 112 bis 121, 177—178.
— Pseudencephalie 144.
Volksdichte 662.
vorderasiatische Rasse 522, 668.
vorgeburtliche Schädigungen 474.
Vormensch 610, 612, 613, 622, 626.
Vorzugstemperatur, Maus 403.
Vulva 541.

Wachsmotte 105, 110.
— kleine, Verpuppungshormon 110.

Wachstum (s. a. Wuchs) 449,
475, 517, 529, 534.
— Hund 488, 499.
— Krüperhuhn 115, 116.
— Maus 262, 272.
— Meerschweinchen 274, 280.
— Schaf 488.
Wachstumshormone 529.
— Ratte 488.
Wärme s. Hitze, Tempe-
ratur.
Wärmehaushalt, -regulation
530, 656.
Wahrscheinlichkeit, Erhal-
tungs- 472, 475, 522.
Waldmaus 492.
Walnußkamm, Huhn 415.
Warzen, Pferd 499.
Waschbär, Domestikation 564.
Wasserhaushalt 515.
Wasserkalb, Rind 501.
Weddas 441, 672.
Weibliche Geschlechtsfunk-
tionen 653, 654, 655.
— Körperbautypen 525—527.
— Zukunftsform 525, 526,
527.
Weiblichkeitsfaktoren 448.
Weichathletiker 520, 535.
WEILsche Krankheit, Säuge-
tier 497.
WEINBERGsche Methode 318.
Weißäugigkeit, Drosophila
63, 64, 102, 186, 187, 213,
224, 408, 433.
Weizen, Mutation 195.
— Mutationsrate 222.
— Polyploidie 222.
— Röntgenbestrahlung 222.
— Strahlengenetik 208, 209,
222.
WELCH-FRAENKELsche Krank-
heit, Säugetier 497.
Wellenlängen und Mutation
210, 220, 221, 226, 227,
229.
Weltkrieg s. Krieg.
WERDNIG-HOFFMANNsche
Muskelatrophie 399.
Wert, dichtester 478, 479.
Wertung 477, 478, 480.
Westfalen 311.
Wetter 390, 545.
Wetterfühligkeit 656.
Widerstandskraft 462, 463,
464, 465, 467, 475, 480, 481,
512, 530, 540, 541, 544, 546.
Wien 316.
Wikinger 673.
Wildfärbung, Kaninchen 566,
576.
Wildheit, Kaninchen 565, 579.
Wildtier (s. a. Säugetier).
— Albinismus 574.
— Flavismus 574.

Wildtier, Melanismus 574.
— Mutationsrate 574.
— Rassenbildung 573.
— Scheckung 574.
Wille 388, 544.
— zur Fortpflanzung 480.
Willensschwäche 516, 518, 541.
Windhund, Konstitution 486.
Wirbel, Kopfhaar-, Drehsinn
422.
Wirbelsäule, Entwicklung 401.
— Hund 499.
— Maus 158, 159, 163.
— Rind 491.
— Variation 290, 401, 402,
440, 448.
— Verkürzung 440, 603.
Wirbeltiere 584—587.
Wirkstoffe (s. a. endokrin, s. a.
Hormone) 63, 106, 192.
— Augenpigment-, Droso-
phila 105—108.
— — Ephestia 105—108.
— Ephestia 106, 107.
— Gen- 50, 92, 107, 108, 192.
— — Drosophila 106, 107,
172.
— — Ephestia 106, 107, 172.
Wirkungsfeld 67.
— des Gens 52, 54, 55, 56, 58,
187.
Wirkungsgrad, mechanischer,
des Gesamtorganismus 546.
Wirkwelt 388.
Wolf, Gebiß 561.
— Gefangenschaftsverände-
rungen 560, 561, 562,
— Hirnschädel 560.
— Schädel 560, 561, 569, 571.
Wolfsrachen 363, 416.
— Hund 503.
— Katze 503.
Wuchs (s. a. Wachstum) 39.
— Hoch- 468, 521.
— Klein- 442, 516, 654.
— Kümmer- 254, 255.
— Zwerg- s. Zwergwuchs.
Wuchsformen, normostheni-
sche 471.
— paralytische 471.
Württemberg 299, 356, 365.
Wurfgröße 254, 255.
— Kaninchen 257, 258, 279.
— Maus 256, 257, 263, 264,
270, 271, 272.
— Meerschweinchen 257, 258,
263, 268, 269, 274, 275,
277, 280.
— Ratte 257, 263, 273.
— Schaf 257.
Wurfhäufigkeit nach Bestrah-
lung 250.
— Meerschweinchen 269, 280.
Wurfzahl, Maus 393.
Wurmkrankheiten 661.
Wut, Säugetier 497.

X-Beine 520.
X-Chromosom 3, 9, 10, 12, 14,
15, 16, 17, 18, 20, 21, 24,
25, 26, 108, 112, 181, 183,
254, 255, 359, 360, 408,
409, 419, 423, 424, 425,
426, 427, 428, 429, 439,
440, 448.
— Distalsegment 16.
— Drosophila 16, 182—186,
189, 200, 201, 207, 211,
213, 223, 225, 226, 235,
433.
— Genkarte 25, 26, 429, 430.
— Proximalgranulum 16.
— Proximalsegment 16, 17,
19.
— Ratte 25, 428.
— Säugetier 25.
Xeroderma pigmentosum 26,
399, 429, 430.
XXY-Kreuzungsmethode,
Drosophila 201.
XY-Geminus, Cebus 14.
— Macacus 14.
XY-Komplex 9, 10, 11, 13, 14,
15, 16, 17, 18, 19, 20, 21.

Y-Chromosom 3, 4, 8, 9, 10,
11, 13, 16, 17, 21, 22,
24, 25, 26, 112, 360, 409,
427, 428, 429.
— Apodemus 15.
— Beuteltiere 14.
— Clethriomys 15.
— Drosophila 185.
— Evatomys 15.
— Lebistes 360.
— Maus, japanische 15.
— Microtus 15.
— Ratte 25.
— Säugetier 14, 25.
— Vererbung im 428.

Zähmung s. Domestikation.
Zähne, Africanthropus njara-
sensis 618.
— Amphitherium 589.
— Australopithecus 596.
— Dryopethicus 595.
— Homo heidelbergensis 622.
— Menschenaffen 614.
— Orang-Utan 612.
— Parapithecus 593.
— Pithecanthropus 610, 611,
612, 615.
— Plazentalier 589.
— Propliopithecus 594.
— Schimpanse 615.
— Schneide-, Reduktion 290,
363.
— Sinanthropus 595, 612,
613, 614, 615, 618.
Zahmheit, Kaninchen 565.

Zahn, Zähne 290, 396, 573, 595, 607, 620.
— Zahnanomalien, Kaninchen 504, 573.
Zahnanomalien, Haustiere 571.
Zahncaries 481.
Zahnformel 607.
Zahngröße 615.
Zahnkarpfen (s. a. Lebistes) 555, 575.
Zahnschmelzdefekt 409.
Zartzelligkeit, Säugetier 489.
Zea mais s. Mais.
Zehen 125, 126, 127, 306, 307.
— Embryo 123.
— Maus 138, 139, 143.
— Pferd 290, 500.
Zehenbeeren 121, 125, 126.
Zeichnungsmuster, Ephestia 75, 78, 86, 90.
— Schmetterlinge 73—92, 172 bis 176.
Zeigefinger-Brachyphalangie, -verkürzung 304, 305, 306, 382, 399.
Zeilenanalyse der Chromosomensätze 9, 11.
Zeitfaktor 216, 217.
Zelle 386.
Zellkonstitution 464.
Zentralfeld (Schmetterlingsflügel) 84.
Zeugung im Alkoholrausch 508.
Zeugungsalter 391.
Ziege, Basedow- 493.
— Domestikation 564.
— Gaumenspalte 503.
— Giftfestigkeit 495.
— Infektionskrankheiten 497.
— Klauen, Dreispaltung 503.
— Mißbildungen 503.
— Ohrlosigkeit 503.
— Schistosoma reflexum 500.
— Stummelohrigkeit 503.
— Unterkiefer 503.
— Verwilderung 577.
Zigeuner 540, 667, 673.
Zirkulationsschwäche 542.
Zirkulationssystem, Säugetier 488.
Zittern, Meerschweinchen 278.
Zucht, Verdrängungs- 648, 667, 671.
Zuchtseuchen, Säugetier 490.
Zuchtwahl s. a. Selektion.
— künstliche 564, 565, 571, 574.
— natürliche 565, 571, 574, 577.
Zucker, Blut- 532, 653, 656.
Zuckerkrankheit s. Diabetes.
Zuckermangelkrankheit 532.
Züchtung, Pflanzen- 234.

Zürich 290, 294, 296, 302, 358, 540.
Zugtypus, Säugetier 486.
Zukunftsform, weibliche 525, 526, 527.
Zungenfalten 396.
Zweckmäßigkeit 477.
Zwerchfell 402.
Zwergformen, Pflanze 202.
Zwergkretinen 508.
Zwergrassen, Hund 499, 557.
Zwergwuchs 323, 328, 335, 337—339, 351, 366, 530.
— chondrodystrophischer (s. a. Achondroplasie) 115, 448, 515, 532.
— HANHARTscher 329, 335, 336, 338, 362, 541.
— Kaninchen 566.
— pseudohypophysärer 336.
— recessiver 362.
— Veglia- 323, 338.
Zwillinge, Ähnlichkeitsdiagnose 393, 396.
— Anämie 393.
— anatomische Ähnlichkeit 510.
— Asthenie 543.
— Augenbrauen 396.
— Augenfarbe 396.
— Blutfaktoren 396.
— Blutgruppen 396.
— Bruch 393.
— Capillaren 393, 396.
— Diskordanz 390, 392.
— Ectopia testis 393.
— Epilepsie 393.
— Erbgangsnachweis 411.
— Erbgleichheit 396.
— Ernährung 522.
— Fingerleisten 396.
— Frühgeburtsstigmata 392, 393.
— Geburt in verschiedenen Jahren 300.
— Geburtsgewicht 392, 393.
— Gesicht 393, 522.
— Gymnastik, Sport 521, 522.
— Haar, Lanugo- 393.
— Haarfarbe 396.
— Haarform 396.
— Hautfarbe 396.
— Hautgefäße 393, 396.
— Idiotie, mongoloide 390.
— Individualität 510.
— Infektionen 393.
— Körperbau 521.
— Konkordanz 390, 392, 398.
— Konstitution 521—523.
— Kopf, Längen-Breitenindex 522, 523.
— Kretinismus 365.
— Kryptorchismus 290.

Zwillinge, Lanugobehaarung 393.
— Leibesübungen 521, 522.
— leptosome 521, 525.
— Lippen 396.
— Maße, anthropologische 393.
— Merkmalsdivergenz 62.
— Methodik 390.
— Mißbildungen 393.
— Molch 390.
— mongoloide Idiotie 390.
— Mortalität 393.
— multiple Sklerose 414.
— Nase 396.
— Nervensystem 393.
— Ohr 393, 396.
— Oligophrenie 393.
— Papillarmuster 396.
— Physiognomie 393, 522.
— Polydaktylie 307.
— psychische Merkmale 403.
— pyknische 522, 525.
— quantitativer Wert der Fingerleisten 396.
— Rachitis 393, 474.
— Rind 488.
— Schaf 488.
— Sklerose, multiple 414.
— Sommersprossen 396.
— Spasmophilie 393.
— spastische Paresen 393.
— Stigmata, Frühgeburts- 392, 393.
— Taubstummheit 348.
— Temperament 521.
— Haar, Terminal- 522.
— Terminalbehaarung 522.
— Triton 391.
— Tuberkulose 534.
— Variabilität, peristatische 396.
— vegetative Stigmatisierung 534.
— Zähne 396.
— Zungenfalten 396.
— Zyklothymie 521.
Zwillingsgeburt, Rind 487.
Zwillingsgeburten, Rassenunterschiede 654.
Zwingli, Nachfahrentafel 301.
Zwischenhirn 335, 530, 533.
Zwischenstellung der Mischlinge 669—671.
Zwitterigkeit, Pferd 500.
— Rind 487.
— Schwein 503.
Zygophase 12.
Zykloides Temperament 516, 518, 531.
Zyklothymie 449, 518, 521, 531, 542.